Richard van Basshuysen | Fred Schäfer (Hrsg.)

Handbuch Verbrennungsmotor

Richard van Basshuysen | Fred Schäfer (Hrsg.)

Handbuch Verbrennungsmotor

Grundlagen, Komponenten, Systeme, Perspektiven

5., vollständig überarbeitete und erweiterte Auflage

Mit 1793 Abbildungen

PRAXIS | ATZ/MTZ-Fachbuch

VIEWEG+
TEUBNER

Bibliografische Information der Deutschen Nationalbibliothek
Die Deutsche Nationalbibliothek verzeichnet diese Publikation in der Deutschen Nationalbibliografie; detaillierte bibliografische Daten sind im Internet über <http://dnb.d-nb.de> abrufbar.

1. Auflage 2002
2., verbesserte Auflage 2002
3., vollständig überarbeitete und erweiterte Auflage 2005
4., aktualisierte und erweiterte Auflage 2007
5., vollständig überarbeitete und erweiterte Auflage 2010

Lektorat: Ewald Schmitt | Gabriele McLemore

Vieweg+Teubner ist Teil der Fachverlagsgruppe Springer Science+Business Media.
www.viewegteubner.de

Umschlaggestaltung: KünkelLopka Medienentwicklung, Heidelberg
Satz: Druckhaus Thomas Müntzer, Langensalza
Bilder: Grafik Text Studio, Dr. Wolfgang Zettlmeier, Barbing
Druck und buchbinderische Verarbeitung: Těšínská Tiskárna, a. s., Tschechien
Gedruckt auf säurefreiem und chlorfrei gebleichtem Papier.
Printed in the Czech Republic

ISBN 978-3-8348-0699-4

Vorwort zur 5. Auflage

Die Komplexität, die heute einen modernen Verbrennungsmotor ausmacht, ist sicherlich einer der Gründe dafür, dass ein Einzelner nicht mehr in der Lage ist, alle wichtigen Zusammenhänge in ihrer Tiefe umfassend darzustellen. Vielleicht ist das auch mit ein Grund dafür, dass es bisher weltweit überraschenderweise keine Gesamtdarstellung zu diesem Thema gibt. Eine Vielzahl von Fachbüchern beschäftigt sich zwar mit Teilaspekten des Verbrennungsmotors; es fehlte jedoch bis heute ein Werk, das alle bedeutenden Aspekte von Diesel- und Ottomotoren berücksichtigt.

Die über 100-jährige Entwicklung des Verbrennungsmotors hat bezüglich der unterschiedlichen Anforderungen, der großen Anzahl von Bauelementen und deren Zusammenwirken eine explosionsartige Vielfalt an wichtigen Erkenntnissen und Detailwissen hervorgebracht. Mit einem aktualisierten und erweiterten Umfang auf über 1200 Seiten, 1793 Abbildungen und 1.046 Literaturangaben sind nun die wesentlichen Inhalte der Technik des Verbrennungsmotors dargestellt.

Es war das besondere Bestreben der Herausgeber, Akzente an der richtigen Stelle zu setzen und damit ein Werk zu präsentieren, das Defizite in der Fachliteratur beseitigt. Von besonderer Bedeutung ist, dass diese Überarbeitung und Erweiterung in kürzester Zeit entstand und somit den aktuellen, hohen Stand der heutigen technischen Entwicklung widerspiegelt und einen Blick in die Zukunft erlaubt.

Besonders wichtig war es den Herausgebern, Theorie und Praxis in einem ausgewogenen Verhältnis darzustellen. Das gelang vor allem dadurch, dass über 120 Autoren aus Wissenschaft und Industrie zur Mitarbeit gewonnen werden konnten. Mit ihrer Hilfe entstand ein Werk, das in Lehre, Forschung und Praxis gleichermaßen ein einmaliger Helfer und Ratgeber bei der täglichen Arbeit ist.

Es richtet sich vor allem an in Wissenschaft und Praxis tätige Fachleute der Automobil-, Motoren-, Mineralöl-, und Zubehörindustrie und an Studenten, denen es ein hilfreicher Begleiter durch das Studium sein soll. Darüber hinaus soll es Patentanwälten, dem Kraftfahrzeuggewerbe, Regierungsstellen, Journalisten sowie interessierten Laien ein nützlicher Ratgeber sein.

Die Frage nach der Zukunft des Verbrennungsmotors spiegelt sich in vielen neuen Ansätzen zur Lösung der Probleme beispielsweise im Zusammenhang mit Kraftstoffverbrauch und Umweltverträglichkeit. Insbesondere unter diesen Aspekten, im Vergleich zu den Alternativen, fällt die Prognose nicht schwer, dass uns der Hubkolbenmotor für den mobilen Einsatz in seinen grundlegenden Elementen noch lange erhalten bleiben wird. Neue Antriebssysteme haben immer das Problem, gegen eine über 100-jährige Entwicklung mit weltweit enormen Entwicklungskapazitäten konkurrieren zu müssen. Das gilt sicherlich auch für den Elektroantrieb für Kraftfahrzeuge entgegen der zur Zeit von politischer Seite entfachten Euphorie.

Neben der Darstellung des aktuellen Standes der Motorenentwicklung ist die Beantwortung der Fragen wichtig: Wohin entwickelt sich der Verbrennungsmotor? Wie ist sein Potenzial im Hinblick auf Kraftstoffverbrauch, Kostenoptimierung und Umweltverträglichkeit nach über hundert Jahren Entwicklungszeit zu bewerten? Welche Möglichkeiten bieten alternative Kraftstoffe in der Zukunft? Gibt es Wettbewerbssysteme, die ihn in den nächsten Jahrzehnten ablösen könnten? Auf diese Fragen wurden nach dem heutigen Kenntnisstand schlüssige Antworten gegeben.

Wenn auch der Schwerpunkt des Buches beim Pkw-Motor liegt, betreffen grundsätzliche Zusammenhänge auch Nutzfahrzeugmotoren. Neu ist auch, dass die in vielen Bereichen unterschiedlichen Aspekte des Ottomotors im Vergleich zum Dieselmotor in diesem Buch herausgearbeitet werden. Sind in einigen Jahren überhaupt noch grundsätzliche Unterschiede zwischen Diesel- und Ottomotoren vorhanden? Man denke an die sich annähernden Verbrennungsverfahren zwischen Otto- und Dieselmotoren: Ottomotoren mit Direkteinspritzung – zukünftig vielleicht Dieselmotoren mit homogener Verbrennung.

Unser besonderer Dank gilt allen unseren Autoren für ihre konstruktive und disziplinierte Mitarbeit sowie ihr Verständnis für die schwierige Aufgabe, die Beiträge so vieler Mitarbeiter zu koordinieren. Besonders hervorzuheben ist die Termintreue der Autoren, die es ermöglichte, auch das Erscheinen des überarbeiteten und erweiterten Buches zeitnah und damit aktuell am Markt zu platzieren – ein besonders erwähnenswerter Vorgang, wie wir meinen.

Nach dem großen Erfolg der ersten vier Auflagen – von 2002 bis 2009 wurden mehr als 17.000 Exemplare in deutscher und englischer Sprache gedruckt – wurde der Inhalt für die nunmehr vorliegende fünfte Auflage sorgfältig überarbeitet, erweitert und an den erforderlichen Stellen auf den aktuellen Stand der Technik gebracht. Es wurden Literaturstellen ergänzt und der Inhalt bei folgenden Beiträgen überarbeitet und neue Beiträge aufgenommen:

- Alternative Fahrzeugantriebe
- Ottomotoren
- Hybridantriebe
- Energiemanagement in Motor und Fahrzeug

Dem Vieweg+Teubner Verlag und insbesondere dem Lektorat Ewald Schmitt und Gabriele McLemore sei für seine konstruktive und vorausschauende Mitarbeit gedankt.

Last but not least danken die Herausgeber insbesondere der Firma IAV GmbH für die fachliche und materielle Unterstützung bei der Entstehung dieses Werkes, ohne deren Mithilfe dieses Handbuch so nicht hätte realisiert werden können.

Bad Wimpfen/Hamm, im Jahr 2010

Richard van Basshuysen, VDI
Fred Schäfer, VDI/SAE

Die Herausgeber

Dr.-Ing. E.h. **Richard van Basshuysen**, VDI, wurde 1932 in Bingen/Rhein geboren. Nach einer Lehre mit Abschluss als Kfz-Schlosser studierte er an der Fachhochschule Braunschweig/Wolfenbüttel von 1953 bis 1955 mit Abschluss als Ingenieur für Maschinenbau. 1982 wurde ihm der Hochschulgrad *Diplom-Ingenieur* verliehen.
Von 1955 bis 1965 war er wissenschaftlicher Mitarbeiter der Aral AG in Bochum. 1965 wechselte er zur NSU AG, wo er die Versuchsleitung der Motor- und Getriebeentwicklung einschließlich der Wankelmotorentwicklung übernahm und zum stellvertretenden Leiter des Fahrzeugversuchs berufen wurde. In dieser Funktion war er mitverantwortlich für die Entwicklung der Fahrzeuge Prinz 4, NSU 1000 und 1200, RO 80 und K 70. 1969 wurde die NSU AG von der heutigen Audi AG übernommen. Bei der Audi AG war er dann Entwicklungsleiter der Fahrzeugkomfortklasse und Leiter der Motoren- und Getriebeentwicklung und parallel dazu Aufsichtsratsmitglied der Audi AG als gewählter Vertreter der leitenden Angestellten. Seine bedeutendste Entwicklung war die des weltweit ersten abgasentgifteten Pkw-Dieselmotors mit Direkteinspritzung und Turboaufladung, die er gegen große Widerstände auch im eigenen Hause im VW-Konzern durchsetzte. Da dieser Motor 20 % weniger Kraftstoff als sein Vorgänger als Kammerdieselmotor verbraucht und ein Motor mit hoher Leistung und Drehmoment ist, hat er sich weltweit durchgesetzt. In Europa wuchs sein Marktanteil von circa 12 % im Jahr 1989 auf circa 50 % im Jahr 2009.
Nach seiner aktiven Laufbahn in der Automobilindustrie gründete Richard van Basshuysen 1992 ein Ingenieurbüro, das er bis heute leitet. Seine Aufgaben sind: Herausgeber der international bedeutenden technisch-wissenschaftlichen Fachzeitschriften ATZ (Automobiltechnische Zeitschrift) und MTZ (Motortechnische Zeitschrift), Beratung internationaler Automobilhersteller und Ingenieurdienstleister und Autor und Herausgeber technisch-wissenschaftlicher Fachbücher, die auch ins Englische übersetzt wurden. Sein neuestes ATZ/MTZ-Fachbuch trägt den Titel „Ottomotor mit Direkteinspritzung", das in zweiter Auflage im Jahr 2008 erschienen ist. Außerdem ist er seit 2006 zusammen mit Prof. Dr. Ing. Fred Schäfer Herausgeber und Mitautor des Internetportals www.motorlexikon.de. Darüber hinaus ist er Beiratsmitglied und Mitglied des Vorstandes in verschiedenen Gremien wie dem Verein Deutscher Ingenieure (VDI) und dem Österreichischen Verein für Kraftfahrzeugtechnik. Insgesamt ist er Autor und Mitautor von über 60 technisch-wissenschaftlichen Publikationen. Seine Editorials und Kommentare in ATZ und MTZ erscheinen seit 1991. 2001 erhielt er für die Entwicklung des zukunftsweisenden Dieselmotor mit Direkteinspritzung den hochdotierten Ernst-Blickle-Preis 2000 und die BENZ-DAIMLER-MAYBACH-EHRENMEDAILLE des VDI für „seine herausragende Ingenieurleistung bei der Entwicklung des Pkw-Dieselmotors mit Direkteinspritzung sowie seine langjährigen Engagements als Herausgeber der ATZ/MTZ und als Beiratsmitglied der VDI-Gesellschaft Fahrzeug- und Verkehrstechnik". Für sein Lebenswerk wurde ihm 2004 von der Universität Magdeburg die Ehrendoktorwürde verliehen.

Prof. Dr.-Ing. **Fred Schäfer** wurde im Jahre 1948 in Neuwied am Rhein geboren. Nach einer Lehre als Maschinenbauer folgte ein Studium des Maschinenbaus an der staatlichen Ingenieurschule Koblenz. Im Anschluss daran absolvierte er ein Studium an der Universität Kaiserslautern in der Fachrichtung Kraft- und Arbeitsmaschinen mit dem Abschluss „Dipl.-Ing.". Die Promotion zum Dr.-Ing. am Institut für Kraft- und Arbeitsmaschinen der Universität in Kaiserslautern wurde mit dem Thema „Reaktionskinetische Untersuchungen der Wasserstoff-Methanolverbrennung im Ottomotor" abgeschlossen. Der weitere Berufsweg führte zur Audi AG nach Neckarsulm, zunächst als Assistent des Entwicklungsleiters. Weitere Stationen während der 10-jährigen Tätigkeit waren Hauptgruppenleiter im Motorenversuch und im Anschluss daran Leiter der Abteilung Motorkonstruktion. 1990 wurde er zum Professor für Kraft- und Arbeitsmaschinen an die damalige Fachhochschule Iserlohn berufen, die heute Teil der Fachhochschule Südwestfalen mit Sitz in Iserlohn ist. Im Rahmen dieser Tätigkeit leitet er das Labor für Verbrennungsmotoren und Strömungsmaschinen. Herr Prof. Dr.-Ing. Schäfer war in vielen Hochschulgremien tätig unter anderem im Senat der Hochschule. In der Funktion als Prodekan für Lehre und Forschung war er Mitglied im Leitungsgremium des Fachbereiches Maschinenbau. Herr Prof. Dr.-Ing. Schäfer ist darüber hinaus freiberuflich im Bereich Forschung und Entwicklung auf dem Sektor der Motorentechnik tätig.
Zusammen mit Herrn Dr. van Basshuysen war er unter anderem von 1996 bis 2003 Herausgeber der Zeitschriftenbeilage *Shell-Lexikon Verbrennungsmotor*, welche im Jahre 2004 als Buch mit dem Titel „Lexikon Motorentechnik" erschienen ist. Darüber hinaus ist er mit Herrn Dr.-Ing. E.h. van Basshuysen Herausgeber und Mitautor des Internetportals www.motorlexikon.de und des „Handbuch Verbrennungsmotor". Herr Prof. Dr.-Ing. Fred Schäfer ist seit Jahren Mitglied des VDI und der SAE.

Kapitel, Beiträge und Mitarbeiter

1	**Geschichtlicher Rückblick**	Prof. Dr. Ing. Stefan Zima (†)/ Prof. Dr.-Ing. Claus Breuer
2	**Definition und Einteilung der Hubkolbenmotoren**	Dr.-Ing. Hanns Erhard Heinze/ Prof. Dr.-Ing Helmut Tschöke
2.1	Definitionen	
2.2	Möglichkeiten der Einteilung	
3	**Kenngrößen**	Prof. Dr.-Ing. Ulrich Spicher/ Dr.-Ing. Sören Bernhardt
3.1	Hubvolumen	
3.2	Verdichtungsverhältnis	
3.3	Drehzahl und Kolbengeschwindigkeit	
3.4	Drehmoment und Leistung	
3.5	Kraftstoffverbrauch	
3.6	Gasarbeit und Mitteldruck	
3.7	Wirkungsgrad	
3.8	Luftdurchsatz und Zylinderfüllung	
3.9	Luft-Kraftstoff-Verhältnis	
4	**Kennfelder**	Dr.-Ing. Peter Wolters/ Dipl.-Ing. Bernd Haake
4.1	Verbrauchskennfelder	
4.2	Emissionskennfelder	
4.3	Zündungs- und Einspritzkennfelder	
4.4	Abgastemperaturkennfelder	
5	**Thermodynamische Grundlagen**	Prof. Dr.-Ing. Fred Schäfer
5.1	Kreisprozesse	
5.2	Vergleichsprozesse	
5.3	Offene Vergleichsprozesse	
5.4	Wirkungsgrade	
5.5	Energiebilanz am Motor	
6	**Triebwerk**	
6.1	Kurbeltrieb	Prof. Dr.-Ing. Stefan Zima (†)
6.2	Drehschwingungen	Prof. Dr.-Ing. Claus Breuer
6.3	Variabilität von Verdichtung und Hubvolumen	Prof. Dr.-Ing. Fred Schäfer
7	**Motorkomponenten**	
7.1	Kolben/Kolbenbolzen/Kolbenbolzensicherung	Dr.-Ing. Uwe Mohr/ Dr. Wolfgang Issler
7.2	Pleuel	Philippe Damour
7.3	Kolbenringe	Prof. Dr.-Ing. Claus Breuer/ Dipl.-Ing. Frank Münchow
7.4	Kurbelgehäuse	Dipl.-Ing. Günter Helsper/ Dipl.-Ing. Karl B. Langlois/ Dr. Michael Wagner

7.5	Zylinder	Prof. Dr.-Ing. Claus Breuer/ Dipl.-Ing. Frank Münchow
7.6	Ölwanne	Dipl.-Ing. Günter Helsper/ Dipl.-Ing. Karl B. Langlois/ Dr. Michael Wagner
7.7	Kurbelgehäuseentlüftung	Dr.-Ing. Uwe Meinig
7.8	Zylinderkopf	Prof. Dr.-Ing. Wilhelm Hannibal/ Dipl.-Ing. Johann Schopp
7.9	Kurbelwellen	Dr. mont. Leopold Kniewallner
7.10	Ventiltriebskomponenten	Dipl.-Ing. Michael Haas
7.11	Ventile	Dr.-Ing. Klaus Gebauer/ Dr. Olaf Josef
7.12	Ventilfedern	Dr.-Ing. Rudolf Bonse
7.13	Ventilsitzringe	Dr.-Ing. Gerd Krüger
7.14	Ventilführungen	
7.15	Ölpumpe	Dr. Christof Lamparski/
7.16– 7.16.9	Nockenwelle	Dipl.-Ing. Hermann Hoffmann/ Dr.-Ing. Martin Lechner/ Dipl.-GwL. Falk Schneider/ Dipl.-Ing. Markus Lettmann/ Dipl.-Ing. Rolf Kirschner
7.16.10	Nockenwellenverstellsysteme	Andreas Strauss
7.17	Kettentrieb	Dr.-Ing. Peter Bauer
7.18	Riementriebe	Dipl.-Ing. Ralf Walter/ Dipl.-Ing. Wolfgang Körfer/ Dipl.-Ing. Michael Neu/ Dipl.-Ing. Franz Fusenig
7.19	Lager in Verbrennungsmotoren	Dipl.-Ing. Dr. techn. Rainer Aufischer
7.20–	Ansaugsysteme	Kay Brodesser
7.20.1	Thermodynamik von Luftansaugsystemen	Dr.-Ing. Stephan Wild
7.20.2	Akustik	Dipl.-Ing. Matthias Alex
7.21	Dichtsysteme	
7.21.1	Zylinderkopfdichtungssysteme	Dipl.-Ing. Armin Diez
7.21.2	Spezialdichtungen	Dipl.-Ing. Wilhelm Kullen/ Dr.-Ing. Oliver Göb
7.21.3	Elastomer-Dichtsysteme	Dipl.-Ing. Eberhard Griesinger
7.21.4	Entwicklungsmethoden	Dipl.-Ing. Uwe Georg Klump/ Dr. rer. nat. Hans-Peter Werner
7.22	Verschraubungen am Motor	Dipl.-Ing. Siegfried Jende
7.23	Abgaskrümmer	Dipl.-Ing. Hubert Neumaier
7.24	Kühlmittelpumpen für Verbrennungsmotoren	Dipl.-Ing. Peter Amm/ Dipl.-Ing. Franz Pawellek
7.25	Steuerorgane des Zweitaktmotors	Dr.-Ing. Uwe Meinig
8	**Motoren**	
8.1	Motorkonzepte	Prof. Dr.-Ing. Fred Schäfer
8.2	Aktuelle Motoren	
8.3	Motorradmotoren/Sondermotoren	Andreas Bilek
8.4	Kreiskolbenmotor/Wankelmotor	
9	**Tribologie**	
9.1	Reibung	Dr.-Ing. Franz Maassen
9.2	Schmierung	Prof. Dr. Stefan Zima (†)

10	**Ladungswechsel**	
10.1	Gaswechseleinrichtungen beim 4-Takt-Motor	Prof. Dr.-Ing. Ulrich Spicher/
10.2	Ladungswechselrechnung	Dr.-Ing. Sören Bernhardt
10.3	Gaswechsel bei Zweitaktmotoren	Dr.-Ing. Uwe Meinig
10.4	Variable Ventilsteuerungen	Prof. Dr.-Ing. Wilhelm Hannibal/ Dipl.-Ing. Andreas Knecht/ Dipl.-Ing. Wolfgang Stephan
10.4.4	Perspektiven des variablen Ventiltriebs	Prof. Dr.-Ing. Rudolf Flierl/ Prof. Dr.-Ing. Wilhelm Hannibal
10.5– 10.5.6	Impulsaufladung und Laststeuerung von Hubkolbenmotoren durch ein Lufttaktventil	Dr.-Ing. Alfred Elsäßer/ Dipl.-Ing. René Dingelstadt/ Dipl.-Ing. Tobias Neubrand
10.5.7	Impulsaufladung mit steuerbaren Ansaugluft-Ventilen	Dipl.-Ing. Werner Wallrafen
11	**Aufladung von Verbrennungsmotoren**	
11.1	Mechanische Aufladung	Prof. Dr.-Ing. Hans Zellbeck
11.2	Abgasturboaufladung	Dr.-Ing. Tilo Roß
11.3	Ladeluftkühlung	
11.4	Zusammenwirken von Motor und Verdichter	
11.5	Dynamisches Verhalten	
11.6	Zusatzmaßnahmen bei aufgeladenen Verbrennungsmotoren	
11.7	Leistungsexplosion durch Register- und zweistufige Aufladung bei Personenkraftwagen (Hochaufladung)	Dipl.-Ing. Marc Sens/ Dipl.-Ing. Guido Lautrich
11.8	Ermittlung von Turboladerkennfeldern an Turboladerprüfständen	Dipl.-Ing. Marc Sens/ Dr. Panagiotis Grigoriadis
12	**Gemischbildungsverfahren und -systeme**	
12.1	Innere Gemischbildung	Prof. Dr.-Ing. Fred Schäfer
12.2	Äußere Gemischbildung	
12.3	Gemischbildung mittels Vergaser	
12.3.8.1	Saugrohreinspritzsysteme	Prof. Dr.-Ing. Helmut Tschöke
12.3.8.2	Systeme für Direkteinspritzung	Dipl.-Ing. Achim Koch
12.4	Gemischbildung bei Dieselmotoren	Prof. Dr.-Ing Helmut Tschöke
12.4.3	Systeme mit zentralem Druckspeicher	Dipl.-Ing. Wolfgang Bloching/ Dr. Klaus Wenzlawski
12.4.4	Einspritzdüsen und Düsenhalter	Prof. Dr.-Ing. Helmut Tschöke
12.4.5	Anpassung des Einspritzsystems an den Motor	
12.5	Kraftstoffversorgungssystem	Dr.-Ing. Thomas Zapp
12.5.1	Kraftstoffbehälter	
12.5.2	Das Tankentlüftungssystem	
12.5.3	Anforderungen an ein Kraftstofffördersystem	Dipl.-Ing. Holger Dilchert/ Dipl.-Ing. Bernd Jäger/ Dipl.-Ing. Frank Kühnel/ Dipl.-Ing. Ralph Schröder
12.5.4	Die Füllstandsmessung	Dipl.-Ing. Knut Schröter
13	**Zündung**	Dr. Manfred Adolf/
13.1	Ottomotor	Dipl.-Ing. Heinz-Georg Schmitz
13.2	Dieselmotor	

Firmen- und Hochschulverzeichnis

Firmenverzeichnis

AFT Atlas Fahrzeugtechnik GmbH, Werdohl	Dr.-Ing. Hans-Walter Wodtke
Akustikzentrum GmbH, Lenting	Prof. Dipl.-Ing. Dr. techn. Hartmut Bathelt
Audi AG, Ingolstadt	Dr.-Ing. Erich Blümcke Dipl.-Ing. Andreas Gruber
AVL List GmbH, A-Graz	Dr. F. Walter Piock Dr. Rüdiger Teichmann Dr. Ernst Winklhofer Dr. Christoph R. Weidinger Dipl.-Ing. Dr. techn. Dipl.-Ing. Klaus-Christoph Harms
Behr GmbH & Co. KG, Stuttgart	Dipl.-Ing. Matthias Banzhaf Dr. Ing. Wolfgang Kramer
BERU AG, Ludwigsburg	Dr. Manfred Adolf Dipl.-Ing. Heinz-Georg Schmitz
Bleistahl, Wetter	Dr.-Ing. Gerd Krüger
BMW Group, München	Dipl.-Ing. Johann Schopp Dr.-Ing. E.h. Johannes Liebl
Deutsche BP AG, Bochum	Wolfgang Dörmer Norbert Neumann Dr. Ulrich Pfisterer Dr. Oliver Busch
Deutsche BP AG, Hamburg	Martin Redzanowski
DirschmidCAE	Dr.-Ing. Werner Dirschmid
BRP-Rotax GmbH & Co. KG, Gunskirchen	Dipl.-Ing. Gerd Ohrnberger Dr.-Ing. Michael Wagner
Dr.-Ing. h.c. F. Porsche AG, Weissach	Dipl.-Ing. Günter Helsper (ehemals) Dipl.-Ing. Karl B. Langlois
Continental Automotive GmbH	Dipl.-Ing. Wolfgang Bloching Dipl.-Ing. Holger Dilchert Dr.-Ing. Anton Grabmeier Dipl.-Ing. Friedrich Graf Dipl.-Ing. Gerwin Höreth Dipl.-Ing. Bernd Jäger Dipl.-Ing. Stefan Klöckner Dipl.-Ing. Frank Kühnel Dr.-Ing. Bernd Last Dipl.-Ing. Uwe Möhrstädt Dr.-Ing. Robert Rehbold Dipl.-Ing. Rainer Riecke Dr. rer.nat. Dipl.-Phys.Thomas Riepl Dipl.-Ing. Ralph Schröder

	Dipl.-Ing. Knut Schröter Dipl.-Ing. Karl Smirra Dipl.-Wirt.-Ing. Axel Tuschik Dr.-Ing. Michael Ulm Dipl.-Ing. Werner Wallrafen Dr. Klaus Wenzlawski Dr.-Ing. Thomas Zapp
ElringKlinger AG, Dettingen/Erms	Dipl.-Ing. Armin Diez Dipl.-Ing. Uwe Georg Klump Dipl.-Ing. Wilhelm Kullen Dipl.-Ing. Eberhard Griesinger Dr. rer. nat. Hans-Peter Werner Dr.-Ing. Oliver Göb
Emitec Produktion Eisenach GmbH, Eisenach	Dr. Andrée Bergmann
ehemals Engelhardt Technologies GmbH, Hannover	Dr. rer. nat. Peter Scherm Dr. Stephan Siemund Dr. rer. nat. Tilman Beutel Dipl.-Ing. Uwe Dahle Dr.-Ing. Susanne Stiebels Dipl.-Ing. Alfred Punke Dipl.-Ing. Stefan Brandt (ehemals)
Federal-Mogul Burscheid GmbH (vorm. Goetze AG), Burscheid	Dipl.-Ing. Frank Münchow
Federal-Mogul Wiesbaden GmbH & Co. KG, Wiesbaden	Philippe Damour Dr.-Ing. Uwe Lehmann Dr. Ralf Meske
Federal-Mogul Nürnberg GmbH, Nürnberg	Dipl.-Ing. Jürgen Goller (ehemals) Dipl.-Ing. Jens Scholz
FEV Motorentechnik GmbH, Aachen	Dipl.-Ing. Bernd Haake Dr.-Ing. Franz Maassen Dr.-Ing. Franz Koch (vormals)
Gates GmbH, Aachen	Dipl.-Ing. Ralf Walter Dipl.-Ing. Wolfgang Körfer Dipl.-Ing. Michael Neu Dipl.-Ing. Franz Fusenig
Georg Fischer Fahrzeugtechnik AG, CH-Schaffhausen	Dr. mont. Leopold Kniewallner
Geräte- und Pumpenbau GmbH Dr. Eugen Schmidt, Merbelsrod	Dipl.-Ing. Peter Amm Dipl.-Ing. Franz Pawellek
SHW Automotive, Bad Schussenried	Dr.-Ing. Uwe Meinig
Hilite International/Hydraulik-Ring, Nürtingen	Dipl.-Ing. Andreas Knecht
hofer mechatronik, Oberboihingen	Dipl.-Ing. Wolfgang Stephan
IAV GmbH, Berlin	Dipl.-Ing. Guido Lautrich Dipl.-Ing. Marc Sens Dipl.-Ing. Michael Riess Carsten von Essen Dr. Panagiotis Grigoriadis

IAV GmbH, Gifhorn	Dipl.-Ing. Wilfried Nietschke Dr.-Ing. Peter Eckert Dipl.-Ing. Reinhold Bals Dipl.-Ing. Ralf Waschek
INA-Schaeffler KG, Herzogenaurach	Dipl.-Ing. Michael Haas Andreas Strauss
IWIS Ketten Joh. Winklhofer & Söhne GmbH & Co. KG, München	Dr.-Ing. Peter Bauer
KTM Sportmotorcycle AG	Andreas Bilek
MAHLE Filtersysteme GmbH, Stuttgart	Cand.-Ing. Alina Krause
MAHLE International GmbH, Stuttgart	Dipl.-Ing. Hermann Hoffmann Dr.-Ing. Uwe Mohr Dipl.-Ing. René Dingelstadt Dr.-Ing. Alfred Elsäßer Dr.-Ing. Martin Lechner (ehemals) Dipl.-Ing. Tobias Neubrand Dr. Wolfgang Issler
MAHLE Ventiltrieb GmbH, Stuttgart	Dipl.-Ing. Rolf Kirschner Dipl.-Ing. Markus Lettmann Dipl.-GwL. Falk Schneider
Mann + Hummel GmbH, Ludwigsburg	Dr.-Ing. Stephan Wild Dipl.-Ing. Matthias Alex Markus Kolzcyk Dr.-Ing. Pius Trautmann Jochen Reyinger
Mann + Hummel GmbH, Marklkofen	Dr.-Ing. Manfred Tumbrink Kay Brodesser
Matter Engineering AG, CH-Wohlen	Dr. Markus Kasper
Mazda Motors (Deutschland) GmbH, Leverkusen	Andreas Bilek
Miba Gleitlager GmbH, A-Laarkirchen	Dipl.-Ing. Dr. techn. Rainer Aufischer
Muhr und Bender KG, Attendorn	Dr.-Ing. Rudolf Bonse
Schatz Thermo Engineering, Kröppen	Dr.-Ing. Oskar Schatz
SHW, Bad Schussenried	Dr. Christof Lamparski Christof Härle
Tenneco-Automotive-Heinrich Gillet GmbH & Co. KG, Edenkoben	Dipl.-Ing. Hubert Neumaier
TEXTRON Peiner Umformtechnik GmbH, Peine	Dipl.-Ing. Siegfried Jende
TRW, Barsinghausen	Dr.-Ing. Klaus Gebauer Dr. Olaf Josef
TTM Technik Thermische Maschinen, CH-Niederrohrdorf	Dr. h.c. Dipl.-Ing. C. R. Andreas Mayer

Hochschulverzeichnis

Fachhochschule Aargau, CH-Windisch	Prof. Dr. Heinz Burtscher
Fachhochschule Gießen-Friedberg	Prof. Dr.-Ing. Claus Breuer Prof. Dr.-Ing. Stefan Zima (†)
Fachhochschule Südwestfalen, Iserlohn	Prof. Dr.-Ing. Wilhelm Hannibal Prof. Dr.-Ing. Fred Schäfer
Brandenburgische Technische Universität Cottbus	Dipl.-Ing. Dirk Goßlau Prof. Dr.-Ing. Peter Steinberg Dipl.-Ing. Adrian Schima
Technische Universität Braunschweig	Prof. Dr.-Ing. Ulrich Seiffert
Technische Universtiät Darmstadt	Prof. Dr.-Ing. Christian Beidl (ehemals AVL List GmbH, A-Graz)
Technische Universität Dresden	Prof. Dr.-Ing. Hans Zellbeck Dr.-Ing. Tilo Roß
Technische Universität Kaiserslautern	Prof. Dr.-Ing. Rudolf Flierl
Technische Universität Wien	ao. Univ.-Prof. Dipl.-Ing. Dr. techn. Ernst Pucher
Universität Hannover	Dr.-Ing. Peter Eckert
Otto-von-Guericke-Universität Magdeburg	Dr.-Ing. Hanns Erhard Heinze Dr.-Ing. Detlef Hieber Prof. Dr.-Ing. Helmut Tschöke
Universität Karlsruhe (TH)	Prof. Dr.-Ing. Ulrich Spicher Dr.-Ing. Sören Bernhardt

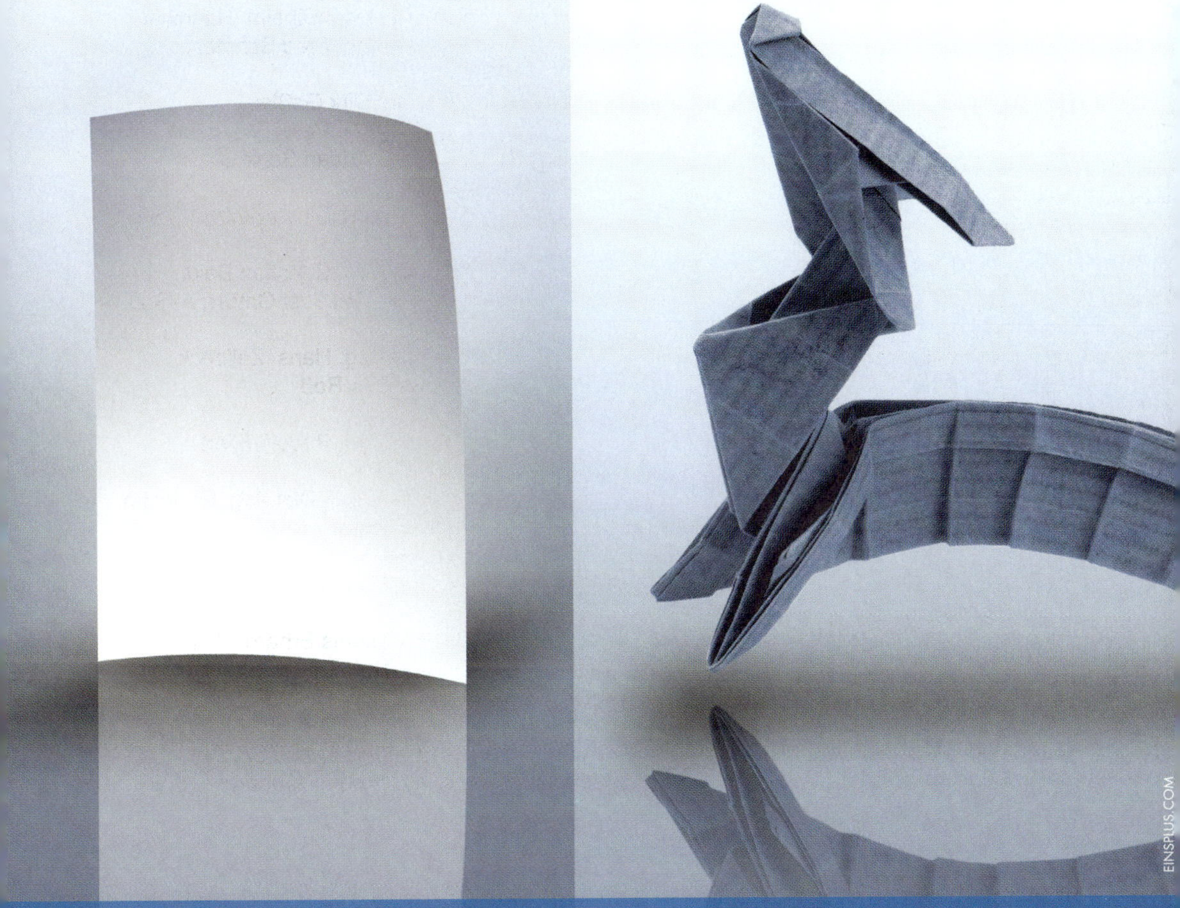

Autorenzeichnis

Adolf, Manfred, Dr.	BERU AG, Ludwigsburg
Alex, Matthias, Dipl.-Ing.	Mann + Hummel GmbH, Ludwigsburg
Amm, Peter, Dipl.-Ing.	Geräte- und Pumpenbau GmbH, Dr. Eugen Schmidt, Merbelsrod
Aufischer, Rainer, Dipl.-Ing. Dr. techn.	Miba Bearing Group-Miba Gleitlager GmbH, A-Laakirchen
Bals, Reinhold, Dipl.-Ing.	IAV GmbH, Gifhorn
Banzhaf, Matthias, Dipl.-Ing.	Behr GmbH & Co. KG, Stuttgart
Bathelt, Hartmut, Prof. Dipl.-Ing. Dr. techn.	Akustikzentrum GmbH, Lenting
Bauer, Peter, Dr.-Ing.	IWIS Ketten, Joh. Winklhofer & Söhne GmbH & Co. KG, München
Beidl, Christian, Dr.	AVL List GmbH, A-Graz
Bergmann, Andrée, Dr.	Emitec Produktion Eisenach GmbH, Eisenach
Bernhardt, Sören, Dr.-Ing.	Universität Karlsruhe
Beutel, Tilman, Dr. rer. nat.	Engelhardt Technologies GmbH, Hannover
Bilek, Andreas	KTM Sportmotorcycle AG
Bloching, Wolfgang, Dipl.-Ing.	Continental Automotive GmbH
Blümcke, Erich, Dr.-Ing.	Audi AG, Ingolstadt
Bonse, Rudolf, Dr.-Ing.	Muhr und Bender KG, Attendorn
Brandt, Stefan, Dipl.-Ing.	ehemals Engelhardt Technologies GmbH, Hannover
Breuer, Claus, Prof. Dr.-Ing.	FH Gießen-Friedberg, Friedberg
Brodesser, Kay	Mann + Hummel GmbH, Ludwigsburg
Burtscher, Heinz, Prof. Dr.	Fachhochschule Aargau, CH-Windisch
Busch, Oliver, Dr.	Deutsche BP, Bochum
Dahle, Uwe, Dipl.-Ing.	ehemals Engelhardt Technologies GmbH, Hannover
Damour, Philippe	Federal-Mogul Wiesbaden GmbH & Co. KG, Wiesbaden
Diez, Armin, Dipl.-Ing.	ElringKlinger AG, Dettingen/Erms

Dilchert, Holger, Dipl.-Ing.	Continental Automotive GmbH
Dingelstadt, René, Dipl.-Ing.	MAHLE International GmbH, Stuttgart
Dirschmid, Werner, Dr.-Ing.	DirschmidCAE, Ingolstadt
Dörmer, Wolfgang	Deutsche BP AG, Bochum
Eckert, Peter, Dr.-Ing.	IAV GmbH, Gifhorn
Ederer, Ulf G., Dipl.-Ing.	Miba Gleitlager GmbH, A-Laarkirchen
Elsäßer, Alfred, Dr.-Ing.	MAHLE International GmbH, Stuttgart
Flierl, Rudolf, Prof. Dr.-Ing.	TU Kaiserslautern, Kaiserslautern
Fusenig, Franz, Dipl.-Ing.	Gates GmbH, Aachen
Gebauer, Klaus, Dr.-Ing.	TRW, Barsinghausen
Göb, Oliver, Dr.-Ing.	ElringKlinger AG, Dettingen/Erms
Goßlau, Dirk, Dipl.-Ing.	Brandenburgische Technische Universität Cottbus, Institut für Fahrzeug und Antriebe, Cottbus
Grabmeier, Anton, Dr.-Ing.	Continental Automotive GmbH
Graf, Friedrich, Dipl.-Ing.	Continental Automotive GmbH
Griesinger, Eberhard, Dipl.-Ing.	ElringKlinger AG, Dettingen/Erms
Grigoriadis, Panagiotis, Dr.	IAV GmbH, Berlin
Gruber, Andreas, Dipl.-Ing.	Audi AG, Ingolstadt
Haake, Bernd, Dipl.-Ing.	FEV Motorentechnik GmbH, Aachen
Haas, Michael, Dipl.-Ing.	INA-Schaeffler KG, Herzogenaurach
Hannibal, Wilhelm, Prof. Dr.-Ing.	FH Südwestfalen, Iserlohn
Harms, Klaus-Christoph, Dipl.-Ing. Dr. techn.	AVL List GmbH, A-Graz
Heinze, Hanns Erhard, Dr.-Ing.	Otto-von-Guericke-Universität Magdeburg, Magdeburg
Helsper, Günter, Dipl.-Ing.	Dr.-Ing. h.c. F. Porsche AG, Weissach
Hieber, Detlef, Dr.-Ing.	Otto-von-Guericke-Universität Magdeburg, Magdeburg
Hoffmann, Hermann, Dipl.-Ing.	MAHLE International GmbH, Stuttgart
Höreth, Gerwin, Dipl.-Ing.	Continental Automotive GmbH

Issler, Wolfgang, Dr.	MAHLE International GmbH, Stuttgart
Jäger, Bernd, Dipl.-Ing.	Continental Automotive GmbH
Jende, Siegfried, Dipl.-Ing.	TEXTRON Peiner Umformtechnik GmbH, Peine
Josef, Olfaf, Dr.	TRW, Barsinghausen
Kasper, Markus, Dr.	Matter Engineering AG, CH-Wohlen
Kirschner, Rolf, Dipl.-Ing.	MAHLE Ventiltrieb GmbH, Stuttgart
Klöckner, Stefan, Dipl.-Ing.	Continental Automotive GmbH
Klump, Uwe Georg, Dipl.-Ing.	ElringKlinger AG, Dettingen/Erms
Knecht, Andreas, Dipl.-Ing.	Hilite International/Hydraulik-Ring, Nürtingen
Kniewallner, Leopold, Dr. mont.	Georg Fischer Fahrzeugtechnik AG, CH-Schaffhausen
Koch, Achim, Dipl.-Ing.	Continental Automotive GmbH
Körfer, Wolfgang, Dipl.-Ing.	Gates GmbH, Aachen
Koch, Franz, Dr.-Ing.	vormals FEV Motorentechnik GmbH, Aachen
Kolzcyk, Markus	Mann + Hummel GmbH, Ludwigsburg
Kramer, Wolfgang, Dr.-Ing.	Behr GmbH & Co. KG, Stuttgart
Krüger, Gerd, Dr.-Ing.	Bleistahl, Wetter
Kühnel, Frank, Dipl.-Ing.	Continental Automotive GmbH
Kullen, Wilhelm, Dipl.-Ing.	ElringKlinger AG, Dettingen/Erms
Lamparski, Christof, Dr.	SHW, Bad Schussenried
Langlois, Karl B., Dipl.-Ing.	Dr.-Ing. h.c. F. Porsche AG, Weissach
Last, Bernd, Dr.-Ing.	Continental Automotive GmbH
Lautrich, Guido, Dipl.-Ing.	IAV GmbH, Berlin
Lehmann, Uwe, Dr.-Ing.	Federal-Mogul Wiesbaden GmbH & Co. KG, Wiesbaden
Liebl, Johannes, Dr.-Ing. E.h.	BMW Group, München
Maassen, Franz, Dr.-Ing.	FEV Motorentechnik GmbH, Aachen
Mayer, Andreas C. R., Dr. h.c. Dipl.-Ing.	TTM Technik Thermische Maschinen, CH-Niederrohrdorf
Mazda Motors (Deutschland) GmbH	Leverkusen

Meinig, Uwe, Dr.-Ing.	SHW Automotive GmbH, Bad Schussenried
Merker, Günter P., Univ. Prof. Dr.-Ing. habil.	ehemals Leiter Institut für Technische Verbrennung, Universität Hannover
Meske, Ralf, Dr.	Federal-Mogul GmbH, Nürnberg
Möhrstädt, Uwe, Dipl.-Ing.	Continental Automotive GmbH
Mohr, Uwe, Dr.-Ing.	MAHLE International GmbH, Stuttgart
Neu, Michael, Dipl.-Ing.	Gates GmbH, Aachen
Neubrand, Tobias, Dipl.-Ing.	MAHLE International GmbH, Stuttgart
Münchow, Frank, Dipl.-Ing.	Federal-Mogul Burscheid GmbH (vorm. Goetze AG), Burscheid
Neumaier, Hubert, Dipl.-Ing.	Tenneco-Automotive-Heinrich Gillet GmbH & Co. KG, Edenkoben
Neumann, Norbert	Deutsche BP AG, Bochum
Nietschke, Wilfried, Dipl.-Ing.	IAV GmbH, Gifhorn, Berlin
Ohrsberger, Gerd, Dipl.-Ing.	BRP-Rotax GmbH & Co. KG, Gunskirchen
Pawellek, Franz, Dipl.-Ing.	Geräte- und Pumpenbau GmbH, Dr. Eugen Schmidt, Merbelsrod
Pfisterer, Ulrich, Dr.	Deutsche BP, Bochum
Piock, F. Walter, Dr.	AVL List GmbH, A-Graz
Pucher, Ernst, ao.Univ.-Prof. Dipl.-Ing. Dr. techn.	Technische Universität Wien, Institut für Verbrennungskraftmaschinen und Kraftfahrzeugbau, A-Wien
Punke, Alfred, Dipl.-Ing.	Engelhardt Technologies GmbH, Hannover
Rehbold, Robert, Dr.-Ing.	Continental Automotive GmbH
Reyinger, Jochen	Mann + Hummel GmbH, Ludwigsburg
Redzanowski, Martin	Deutsche BP, Hamburg
Riecke, Rainer, Dipl.-Ing.	Continental Automotive GmbH
Riepl, Thomas, Dr. rer. Nat. Dipl.-Phys.	Continental Automotive GmbH
Riess, Michael, Dipl.-Ing.	IAV GmbH, Berlin
Roß, Tilo, Dr.-Ing.	Technische Universität, Dresden

Schäfer, Fred, Prof. Dr.-Ing.	FH Südwestfalen, Iserlohn
Scherm, Peter, Dr. rer. nat.	ehemals Engelhardt Technologies GmbH, Hannover
Schima, Adrian, Dipl.-Ing.	Brandenburgische Technische Universität Cottbus
Schmitz, Heinz-Georg, Dipl.-Ing.	BERU AG, Ludwigsburg
Schopp, Johann, Dipl.-Ing.	BMW Group, München
Schröder, Ralph, Dipl.-Ing.	Continental Automotive GmbH
Schröter, Knut, Dipl.-Ing.	Continental Automotive GmbH
Seiffert, Ulrich, Prof. Dr.-Ing.	Technische Universität Braunschweig
Sens, Marc, Dipl.-Ing.	IAV GmbH, Berlin
Siemund Stefan, Dr.	ehemals Engelhardt Technologies GmbH, Hannover
Smirra, Karl, Dipl.-Ing.	Continental Automotive GmbH
Spicher, Ulrich, Prof. Dr.-Ing.	Universität Karlsruhe
Steinberg, Peter, Prof. Dr.-Ing.	Brandenburgische Technische Universität Cottbus, Institut für Fahrzeug und Antriebe
Stephan, Wolfgang, Dipl.-Ing.	hofer mechatronik, Oberboihingen
Stiebels, Susanne, Dr.-Ing.	ehemals Engelhardt Technologies GmbH, Hannover
Strauss, Andreas	INA-Schaeffler KG, Herzogenaurach
Teichmann, Rüdiger, Dr.	AVL List GmbH, A-Graz
Trautmann, Pius, Dr.-Ing.	Mann + Hummel GmbH, Ludwigsburg
Tschöke, Helmut, Prof. Dr.-Ing.	Otto-von-Guericke-Universität Magdeburg
Tumbrink, Manfred, Dr.-Ing.	Mann + Hummel GmbH, Ludwigsburg
Tuschik, Axel, Dipl.-Wirt.-Ing.	Continental Automotive GmbH
Ulm, Michael, Dr.-Ing.	Continental Automotive GmbH
van Basshuysen, Richard, Dr.-Ing. E. h.	Herausgeber ATZ und MTZ, Bad Wimpfen
von Essen, Carsten	IAV GmbH, Berlin
Wagner, Michael, Dr.	BRP-Rotax GmbH & Co. KG, Gunskirchen
Wallrafen, Werner, Dipl.-Ing.	Continental Automotive GmbH

Walter, Ralf, Dipl.-Ing.	Gates Gmbh, Aachen
Waschek, Ralf, Dipl.-Ing.	IAV GmbH, Gifhorn
Weidinger, Christoph R., Dr.	AVL List GmbH, A-Graz
Wenzlawski, Klaus, Dr.	Continental Automotive GmbH
Werner, Hans-Peter, Dr. rer. nat.	ElringKlinger AG, Dettingen/Erms
Winklhofer, Ernst, Dr.	AVL List GmbH, A-Graz
Wodtke, Hans-Walter, Dr.-Ing.	AFT Atlas Fahrzeugtechnik GmbH, Werdohl
Zapp, Thomas, Dr.-Ing.	Continental Automotive GmbH
Zellbeck, Hans, Prof. Dr.-Ing.	Technische Universität Dresden
Zima, Stefan, Prof. Dr.-Ing. (†)	FH Gießen-Friedberg, FB Maschinenbau, Friedberg

Inhaltsverzeichnis

1 Geschichtlicher Rückblick

Seit mehr als hundert Jahren werden Kraftfahrzeuge gebaut. Das Aussehen der Fahrzeuge verdeutlicht auf Anhieb auch dem technischen Laien, welche Fortschritte in diesem Zeitraum gemacht worden sind. Anders verhält es sich mit den Motoren: Der Grundaufbau des Triebwerks ist derselbe geblieben, nur an Dimensionen, Ausführungsart und im Detail ist zu erkennen, dass sich auch in der Motortechnik vieles getan hat **(Bild 1-1)**.

Der Ursprung der Kraftfahrzeugmotoren liegt letztlich in den Nöten der Handwerker und Kleingewerbetreibenden, die sich teuere, aufwendige und strengen behördlichen Auflagen unterliegende Dampfmaschinen als Krafterzeuger nicht leisten konnten und deshalb gegenüber größeren Unternehmen ins Hintertreffen gerieten. Aus der Forderung nach einer erschwinglichen und einfachen Kraftquelle entstanden die ersten Verbrennungsmotoren – gasbetriebene Stationärmotoren zum Antrieb von Arbeitsmaschinen aller Art.

Es wurde von verschiedenen Stellen an solchen Antrieben gearbeitet. NIKOLAUS AUGUST OTTO hatte 1876 mit seinem Motor das bereits von dem Franzosen BEAU DE ROCHAS beschriebene Viertakt-Verfahren erfolgreich in die Praxis umgesetzt, wobei der entscheidende Vorteil gegenüber den Gasmotoren des Franzosen JEAN JOSEPH ETIENNE LENOIR in der Vorverdichtung des Gemisches lag. Der britische Ingenieur DOUGALD CLERK „verkürzte" das Viertakt-Verfahren zum Zweitakt-Verfahren, indem er die Ladewechselhübe entfallen ließ. Unabhängig voneinander schufen KARL BENZ und GOTTLIEB DAIMLER mit WILHELM MAYBACH 1886 den leichten, weil schnelllaufenden Motor, der zudem mit flüssigen Kraftstoffen betrieben werden konnte. Damit waren die entscheidenden Bedingungen für den Antrieb von Kraftfahrzeugen – und später auch von Luftschiffen und Flugzeugen – erfüllt.

RUDOLF DIESELS „rationeller Wärmemotor" 1893–1897 konnte zunächst nur stationär eingesetzt werden; das gilt auch für seine Vorläufer, die Motoren von GEORGE BAILEY BRAYTON und HERBERT AKROYD STUART. Bis der Dieselmotor „auf die Straße kam", sollte es noch Jahrzehnte dauern.

Der grundsätzliche Aufbau des Verbrennungsmotors war von der Dampfmaschine vorgegeben: Der Kurbeltrieb steuert den Ablauf des thermodynamischen Prozesses und wandelt den Gasdruck erst in eine oszillierende und dann in eine Drehbewegung um. Der hohe Entwicklungsstand der Dampfmaschine Ende des 19. Jahrhunderts bildete das Fundament für die Motoren: Gießen, Schmieden und genaues Bearbeiten komplizierter Maschinenteile wurden beherrscht. Mit dem einteiligen selbstspannenden Kolbenring von JOHN RAMSBOTTOME (1854) konnten die hohen Arbeitsdrücke im Brennraum von Verbrennungsmotoren überhaupt erst aufrechterhalten werden; er war deshalb ebenso eine Voraussetzung für das Beherrschen des motorischen Prozesses wie die an Dampfmaschinen mit Gasturbinenantrieb gewonnenen Kenntnisse und Erfahrungen mit Triebwerkslagern und deren Schmierung.

Zunächst ging es darum, zentrale Motorfunktionen darzustellen. Das schwierigste Problem der frühen Motoren war die Zündung. Die Flammzündung *(Otto)* und ungesteuerte Glührohrzündung *(Maybach/Daimler)* – stellten eine Hürde für die Motorentwicklung dar, die erst mit elektrischen Zündverfahren überwunden wurde: Abschnapperzündung *(Otto)*, Summerzündung *(Benz)*, die Bosch-Magnet-Niederspannungszündung mit Abreißfunken und schließlich mit der Hochspannungsmagnetzündung *(Bosch)*. Als Nächstes musste die Gemischbildung qualitativ und quantitativ verbessert werden. Mit Docht-, Oberflächen- und Bürstenvergasern konnten nur die niedrig siedenden Fraktionen des Benzins (Siedeende circa 100 °C) genutzt werden, außerdem verdampften die einzelnen Fraktionen nicht gleichzeitig. Im Spritzdüsenvergaser von WILHELM MAYBACH wurde der Kraftstoff nicht mehr „vergast", sondern zerstäubt. Jetzt konnte man auch Schwerbenzin (Siedeende um 200 °C) verwenden. Das Spektrum nutzbarer Kraftstoffe wurde erheblich erweitert. Vor allem aber ließ sich der Kraftstoff in nahezu beliebiger Menge aufbereiten – Voraussetzung für weitere Leistungssteigerung. Vergaser mit selbsttätiger Zusatzluftregelung von *Krebs*, *Claudel (Zenith)* sowie *Menesson* und *Goudard (Solex)* verbesserten das Betriebsverhalten der Motoren und senkten den Verbrauch.

Mit steigender Leistung musste auch mehr Wärme mit dem Kühlwasser abgeführt werden. Nun erwies sich die einfache Verdampfungskühlung als leistungsbegrenzendes Kriterium: Die Wärmeabfuhr war zu gering, der mitzunehmende Wasservorrat zu groß und außerdem ließen sich mit natürlichem Wasserumlauf (Thermosyphon) kritische Bauteile nicht sicher und ausreichend kühlen. Der *Bienenwabenkühler* von WILHELM MAYBACH bot die physikalisch „richtige" Lösung: Intensivierung des Wärmeübergangs auf der Seite des schwachen Wärmeübergangs – der Luftseite!

Nachdem motorseitig diese Grundlagen geschaffen waren, entwickelte sich das Kraftfahrwesen rasch, wobei die Fortschritte auf der Motorseite die auf der Fahrzeugseite beflügelten – und umgekehrt! Immer

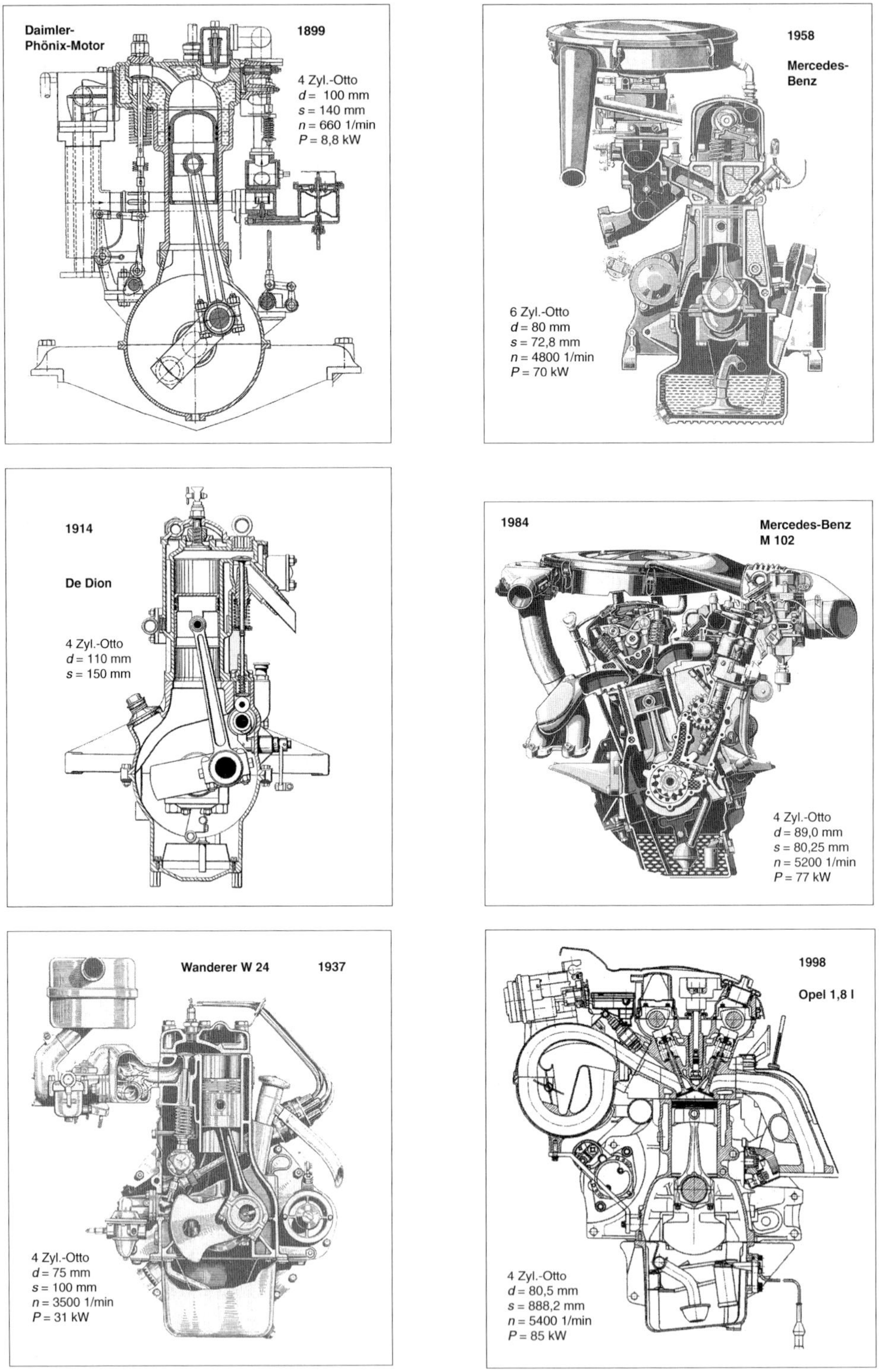

Bild 1-1 Motoren 1899 bis 1998 [10]

mehr Firmen nahmen die Fertigung von Fahrzeugen und Motoren auf. Um die Leistung zu steigern und die Laufruhe zu verbessern, erhöhte man die Zylinderzahl – von einem auf zwei und dann auf vier, wie beim *Mercedes-Simplex*-Motor. Die Aufteilung des Arbeitsraums auf mehrere Zylinder gestattet höhere Drehzahlen und eine bessere Ausnutzung des Arbeitsraumes, das heißt höhere spezifische Arbeit (effektiver Mitteldruck). In anderen Ländern – Frankreich, Italien, England und später in den USA – hatte man ebenfalls den Bau von Kraftfahrzeugen und Motoren aufgenommen, zunächst noch an deutschen Vorbildern orientiert, doch löste man sich bald davon und schuf eigene Konstruktionen. Mit der Fliegerei nahm die Motortechnik einen ungeheuren Aufschwung, wovon die Fahrzeugmotoren profitierten: Erfahrungen flossen zurück, andererseits konnten Irrwege in der Flugmotorenentwicklung – weil als solche erkannt – bei Kfz-Motoren von vorneherein vermieden werden. Ungeachtet dessen standen mehrere Antriebskonzepte im Wettbewerb: Die bewährte technisch ausgereifte Dampfmaschine hatte auch als Antrieb von Straßenfahrzeugen Vorteile: Selbstanlauf, ein elastisches, dem Zugkraftbedarf des Fahrzeugs entsprechendes Betriebsverhalten und ruhiger Lauf. Noch vorteilhafter schien der Elektroantrieb. Doch wurde man sich der Nachteile dieser Antriebskonzepte rasch bewusst.

Mit der Motorleistung nahmen Geschwindigkeit und Masse der Fahrzeuge zu. Nun kam es darauf an, motorische Funktionen wie Gemischzusammensetzung, Zündzeitpunkt, Schmierung und Kühlung an die Bedingungen des Straßenverkehrs anzupassen. Das komplexe technische System *Motor* musste für ungeübtes Personal – nämlich die Fahrzeugbetreiber – handhabbar gemacht werden. Kraftstoff- und Ölverbrauch mussten gesenkt werden; letzterer nicht nur aus Kostengründen, sondern weil die mit ganz- und teilverbranntem Öl angereicherten Abgase öffentliches Ärgernis erregten.

Aus diesem Gemenge von Anforderungen, Mängeln, Erfahrungen und neuen Erkenntnissen entwickelten sich Motorkonzepte mit unterschiedlichen, aber auch gleichen konstruktiven Elementen. W-, Stern-, Einwellen-Gegenkolben und Umlaufmotoren wurden nur vereinzelt für Kraftfahrzeuge gebaut. Die Standardbauart war der Reihenmotor mit vier, sechs und acht Zylindern, auch V-Motoren mit 8, 12 und sogar 16 Zylindern gab es. Der „typische" Motor bestand aus niedrigem Kurbelgehäuse mit aufgesetzten Einzel- oder Doppelzylindern. Zylinder und Zylinderkopf waren einteilig gegossen, die stehenden Ventile wurden von der/den tief im Kurbelgehäuse gelagerten Nockenwelle(n) angetrieben. Die Kurbelwelle wurde hängend in Lagerbrücken, nur nach jeder zweiten oder sogar dritten Kröpfung gelagert. Zwar hatte man mittlerweile die selbsttätigen zu Gunsten zwangsbetätigter Einlassventile aufgegeben. Dennoch bereitete die Ventilsteuerung Schwierigkeiten: Ventile brannten durch, Ventilfedern brachen, auch war die Geräuschentwicklung hoch. Deshalb schien damals die laufruhige *Knight*-Schiebersteuerung überlegen zu sein. *Knight*-Schiebermotoren wurden in England von der *Daimler Co.*, in Belgien von *Minerva*, in den USA von *Willys* und in Deutschland von der *Daimler-Motorengesellschaft* gebaut. Doch letztlich konnte sich die konstruktiv und betriebsmäßig einfachere Ventilsteuerung behaupten.

In den USA wurde der Wandel des Pkw vom Freizeitvergnügen Wohlhabender zum Gebrauchsgegenstand schon vor dem ersten Weltkrieg eingeleitet: 1909 hatte HENRY FORD die Produktion des Modell T *(Tin Lizzie)* aufgenommen; bis 1927 wurden über 15 Millionen dieser Fahrzeuge hergestellt. In Europa kam es erst durch den ersten Weltkrieg zum Einsatz von Kraftfahrzeugen, vornehmlich Nutzfahrzeugen in großer Zahl. Die Massenfabrikation erzwang eine gewisse Vereinheitlichung und Normung von Bauteilen. Der Betrieb unter den extremen Bedingungen an der Front deckte konstruktive Mängel schonungslos auf. Einsatz, Wartung und Reparatur so vieler Fahrzeuge verlangten die Ausbildung und Schulung des Fahrpersonals. Die durch den Krieg forcierte Entwicklung der Flugmotoren gab den Kfz-Motoren Anfang der 1920er Jahre kräftige Impulse. Das gilt für die Konzeption (Grundaufbau) wie für Details einzelner Bauteile. Neben stehenden Ventilen mit L- und T-förmigen Zylinderköpfen baute man nun auch Motoren mit hängenden Ventilen und kompakten Brennräumen; das ermöglichte höhere Verdichtungsverhältnisse – Voraussetzung für mehr Leistung und niedrigeren Verbrauch.

Mit dem Kolbenwettbewerb von 1921, veranstaltet vom *Reichsverkehrsministerium*, wurden der deutschen Motorenindustrie die Vorteile des Leichtmetallkolbens gegenüber dem Gusseisenkolben überzeugend aufgezeigt. In der Folge wurden in den 1920er Jahren die Motoren auf Leichtmetallkolben umgestellt, was – trotz mancher Rückschläge – einen beträchtlichen Zuwachs an Leistung und Wirkungsgrad brachte. Mit den Regelkolben konnte das Kolbenklappern verringert und schließlich beseitigt werden. Anfang der 1920er Jahre hatte es mit den Pleuellagern der Flugmotoren erhebliche Schwierigkeiten gegeben; sie waren an die Grenze ihrer Belastbarkeit gestoßen. Das Stahl-Bleibronzelager, von NORMAN GILMANN bei *Allison* (USA) entwickelt, brachte Abhilfe. Diese Lager fanden in Nkw-Dieselmotoren Eingang, dann auch in Pkw-Hochleistungsmotoren. Den nächsten Entwicklungsschritt stellten die Dreistofflager dar, bestehend aus Stahlstützschale, Bleibronze-Zwischenschicht und Weißmetall-Laufschicht; sie waren von *Clevite* in den USA entwickelt worden.

Höhere Drehzahlen und Leistungen sowie gesteigerte Anforderungen an die Zuverlässigkeit der Motoren verlangten eine bessere Motorschmierung.

Von der Docht- und Vasenschmierung (Schmierung aus Vorratsgefäßen) sowie der Schmierunge mittels Handpumpe(n) bei den frühen Fahrzeugmotoren ging man zur Tauchschmierung über, bei der durch Eintauchen von Triebwerksteilen oder speziellen Schöpfmechanismen die Ölverbraucher mit Schmierstoff versorgt wurden; dann folgte die Zwangsumlaufschmierung, wie sie in Flugzeugmotoren üblich war. Zweitaktmotoren arbeiteten mit Mischungsschmierung, das heißt Ölzugabe zum Kraftstoff.

Mit der konstruktiv einfachen Thermosyphonkühlung konnte nicht mehr genug Wärme aus thermisch hoch belasteten Bauteilen abgeführt werden, so dass man – abgesehen von kleinen Motoren – allgemein die Zwangsumlaufkühlung einführte.

Das Klopfen war schon im ersten Weltkrieg zu einem leistungsbegrenzenden Kriterium bei Ottomotoren geworden. 1921 entdeckten in den USA THOMAS MIDGLEY, JR. und T.A. BOYD die Wirksamkeit von Bleitetraethyl *(TEL)* als „Klopfbremse“. Dadurch klopffestere Kraftstoffe erlaubten höhere Verdichtungsverhältnisse und führten zu besseren Wirkungsgraden.

In den 1920er Jahren wurde ein Vielzahl von Kleinwagen entwickelt, deren Motoren leicht, einfach und billig sein mussten. Hier bot sich das Zweitaktverfahren mit seiner hohen Leistungsdichte an. Dafür sprachen zwei – letztlich sich einander ausschließende – Argumente: Hohe Leistungsdichte und konstruktive Einfachheit. Ventillose Zweitakter mit Kurbelkastenspülung eigneten sich für Motorräder und Kleinkraftwagen, die *Schnürle*-Umkehrspülung von *DKW* war ein entscheidender Fortschritt gegenüber der Querstromspülung, weil sie eine bessere Spülung des Zylinders ermöglicht und weil die thermisch hoch belasteten Nasenkolben durch Flachkolben ersetzt werden konnten.

Mit den *Goldenen Zwanziger Jahren* kam die Zeit der „großen“ *Mercedes, Horch, Stöhr* und *Maybach* mit 8-Zylinder-Reihen- und 12-Zylinder-V-Motoren. In England waren es *Rolls-Royce*, *Bentley*, *Armstrong-Siddeley*, in Frankreich *Delage* und *Bugatti*, in den USA *Pierce Arrow, Duesenberg, Auburn, Cord, Cadillac* und *Packard.*

Beeinflusst von der Entwicklung im Flugmotorenbau begann man Motoren aufzuladen, mit – je nach Leistungsbedarf zu- und abschaltbaren – Gebläsen in Verdrängerbauweise (Roots-Gebläse): *Mercedes-Benz, Itala* oder *Bentley* und mit Radialgebläsen (Turboverdichter): *Duesenberg*. Vorteile schien auch die Luftkühlung der Flugmotoren zu versprechen. Doch gestaltete sich diese bei Kfz-Motoren wegen der niedrigen Fahrzeuggeschwindigkeit und ungünstigerer Betriebsbedingungen erheblich schwieriger. Ein Pionier der Luftkühlung war die amerikanische Firma *Franklin Mfg. Co*, die schon vor dem ersten Weltkrieg einen luftgekühlten 6-Zylinder-Reihenmotor herstellte. Auch *General Motors* setzte mit einem *Chevrolet (Chevrolet Copper Engine)* auf die Luftkühlung, wobei zur Verbesserung der Wärmeabfuhr die Kühlrippen aus Kupfer gefertigt wurden. Wegen technischer Probleme ging dieser Motor nicht in die Großserie. Auch in Europa wurden in den 1920er und 1930er Jahren luftgekühlte Kfz-Motoren entwickelt und gebaut: Nutzfahrzeugmotoren von *Krupp* und *Phänomen*, Pkw-Motoren von *Tatra* und FERDINAND PORSCHE für den neuen *Volkswagen.* Der luftgekühlte Boxer-Motor von *Volkswagen* wurde – erst im Kübel- und im Schwimmwagen – später im „Käfer“ zu einem Synonym für Zuverlässigkeit und Robustheit.

In den 1920er Jahren entstand in Symbiose mit der Fahrzeug- und Motorenindustrie eine leistungsfähige Zubehörindustrie, die als Schaltstellen der Entwicklung fungierend, nicht nur Wissen und Erfahrungen auf den jeweiligen Gebieten vereinigte, sondern auch, da für mehrere oder sogar alle Motorhersteller produzierend, erprobtes, weitgehend vereinheitlichtes und preisgünstiges Zubehör wie Kolben, Lager, Kühler, Vergaser, Elektrik und Dieseleinspritz-Einrichtungen anbieten konnte. Das Kraftfahrwesen forderte und begünstigte Bau und Ausbau von Fernstraßen. Bessere Straßen ließen höhere Geschwindigkeiten und Radlasten zu. Die Verkehrsdichte nahm langsam, aber stetig zu. Die Bedienung der Motoren wurde erleichtert, vor allem durch den von CHARLES F. KETTERING bei *General Motors* eingeführten elektrischen Anlasser, der nicht nur das Starten des Motors erleichterte, sondern auch ungefährlich machte. Zündzeitpunkt *(früh – spät)* und Gemischzusammensetzung *(arm – reich)* mussten nicht mehr vom Fahrer verstellt werden, sondern erfolgten nun selbsttätig. In den 1930er Jahren wurden Pkw zunehmend auch im Winter gefahren; bis dahin waren viele Fahrzeuge im Winter stillgesetzt. Der Ganzjahresbetrieb verlangte eine Abstimmung des Ölwechsels auf die Jahreszeiten *(Sommeröl – Winteröl)*; außerdem musste den niedrigen Außentemperaturen durch Regelung der Kühlwassertemperatur Rechnung getragen werden, zuerst durch Abdeckung des Kühlers mit Lederdecken, dann durch verstellbare Kühlerjalousien und schließlich durch Thermostatregelung der Motorwassertemperatur.

In den 1930er Jahren arbeite man auch an alternativen Konzepten für Fahrzeugmotoren. In Europa wurde der Dampfmotor in Nutzfahrzeuge eingesetzt *(Foden, Sentinel, Leyland und Henschel)*, um Kraftstoffkosten zu sparen und um höhere Leistungen darzustellen als damals mit Fahrzeug-Dieselmotoren möglich war. Auch spielten dabei Erwägungen über eine wirtschaftliche Autarkie eine Rolle. In den USA hatten sich *Doble*-Pkw mit Dampfantrieb wegen ihres ruhigen Laufs einen Namen gemacht. Trotz der vorteilhaften Zugkraft-Kennlinie konnte sich der Dampfantrieb letztlich nicht gegen den Verbrennungsmotor durchsetzen. Mit Gas – Speichergas und

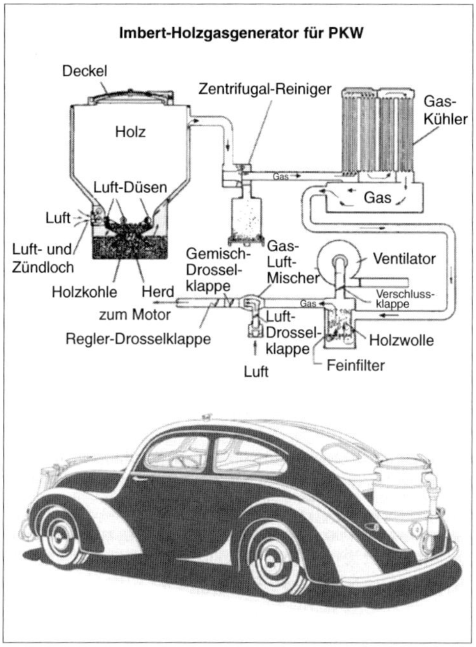

Bild 1-2 Holzgasgenerator für Pkw-Motoren [3]

Generatorgas – wurden Nutzfahrzeuge betrieben. Im zweiten Weltkrieg und in der Zeit danach mussten auch Pkw-Motoren aus Kraftstoffmangel auf Generatorgas umgestellt werden **(Bild 1-2)**.

Die Kraftstoffeinspritzung mittels Druckluft („Lufteinblasung") war ein Hindernis für den Einsatz des Diesels im Fahrzeug gewesen. Anfang der 1920er Jahre wurde von verschiedener Seite intensiv an einer „kompressorlosen" Einspritzung gearbeitet. Aufbauend auf Vorarbeiten vor und im ersten Weltkrieg (L'ORANGE, LEISSNER) entstanden kompressorlose Fahrzeug-Dieselmotoren – in Deutschland von *MAN*, *Benz* (später: *Mercedes-Benz*) und *Junkers* entwickelt. Auf der Grundlage von *Acro*-Patenten entwickelte die Fa. *Robert Bosch* komplette Einspritzsysteme für Fahrzeug-Dieselmotoren. Die Einspritzpumpen hatten Schrägkantensteuerung und Überströmregelung. Weil man die direkte Einspritzung bei Fahrzeugmotoren mit ihrem großen Drehzahlbereich nicht beherrschte, gab man der indirekten Einspritzung (Vor- und Wirbelkammer, Luftspeicher) den Vorzug. Der Dieselmotor bewährte sich im schweren Nutzfahrzeug und wurde zunehmend in leichte Nutzfahrzeuge, schließlich auch in Pkw eingesetzt (*Mercedes-Benz, Hanomag, Oberhänsli, Colt, Cummins* und so weiter). Einer der ersten Pkw mit Dieselantrieb war ein *Packard* mit *Cummins*-Motor. Um die Eignung von Dieselmotoren für Pkw nachzuweisen, wurden speziell umgerüstete Fahrzeuge in Rennen eingesetzt. Ein *Packard*-Roadster mit *Cummins*-Dieselmotor erreichte auf der Daytona-Beach-Rennstrecke in Florida 1930 eine Geschwindigkeit von 82 Meilen pro Stunden (131 km/h). In Deutschland schaffte ein *Hanomag*-Stromlinienfahrzeug mit Dieselantrieb 155,6 km/h; 1978 war es ein *Mercedes-Benz C 111*, der mit 316,5 km/h einen Rekord aufstellte.

Ungeachtet der Vorzüge von Dieselmotoren wurden großvolumige Pkw-Ottomotoren zum Antrieb von Nfz eingesetzt – in den USA wie in Deutschland, wo der 12-Zylinder-Motor des *Maybach-Zeppelin* Omnibusse, Feuerwehrfahrzeuge und Halbketten-Zugmaschinen antrieb und der Nkw Opel-Blitz mit dem 6-Zylinder-Reihenmotor des *Opel-Admiral* zum Standardfahrzeug der deutschen Wehrmacht wurde. Auch kleine Lieferwagen *(Tempo, Goliath, Standard)* liefen mit Ottomotoren. Andererseits drang der Dieselmotor in den Pkw-Bereich vor. Domäne des Pkw-Dieselmotors war das Taxi.

Im Zweiten Weltkrieg stagnierte weltweit die Entwicklung von Pkw-Motoren, jetzt galten andere Prioritäten! Nach dem Krieg wurde die Fertigung von Vorkriegsmotoren aufgenommen. In den USA konnte man sich großvolumige Motoren leisten – 6-Zylinder-Reihen- und 8-Zylinder-V-Motoren. In Europa entstand eine Vielzahl von Kleinst- und Kleinwagen mit Antrieb durch luft- und wassergekühlte Zwei- und Viertaktmotoren. Für Deutschland sind zu nennen: *Gutbrod, Lloyd, Goliath* und *DKW*, für Frankreich *Dyna-Panhard, Renault 4 CV* und *Citroën 2 CV*, für England *Austin* und *Morris* und für Italien *Fiat*. Um den hohen Kraftstoffverbrauch von Zweitakt-Ottomotoren durch Spülverlust zu vermeiden, erhielten *Gutbrod-* und *Goliath*-Motoren eine mechanische Benzineinspritzung. Mit dem „Wirtschaftswunder" ging die Nachfrage nach Kleinwagen zurück, so dass sich der Zweitaktmotor im Pkw nicht behaupten konnte; lediglich in der DDR wurden die Pkw *Wartburg* und *Trabant* bis Ende der 1980er Jahre damit ausgerüstet.

Anfang der 1950er Jahre waren noch viele Viertakt-Pkw-Motoren seitengesteuert und die Kurbelwelle nur nach jeder zweiten Kröpfung gelagert. Doch das begann sich zu ändern; neue Motoren wurden modern konzipiert: Tief unter die Kurbelwellenmitte herabgezogene Kurbelgehäuse, Lagerung der Kurbelwelle nach jeder Kröpfung, kompakte Brennräume mit schräg hängenden Ventilen (OHV), dann Tassenstößel mit obenliegenden Nockenwellen (OHC) erlaubten höhere Drehzahlen; auch nahmen die Hubvolumina zu. *Mercedes-Benz* beteiligte sich wieder erfolgreich an Rennen; die Motoren der *Silberpfeile* hatten eine von den Flugzeugmotoren abgeleitete Benzineinspritzung und zwangsbetätigt schließende Ventile (desmodromische Steuerung).

Der wirtschaftliche Aufschwung in der westlichen Welt ließ den Wohlstand allgemein ansteigen, so dass sich Angehörige breiter Bevölkerungsschichten ein Kfz leisten konnten. Die Fahrzeugproduktion nahm zu. Mittel für die Fahrzeugentwicklung standen reichlich zur Verfügung. Mit Japan erschien ein neuer Anbieter auf dem Weltmarkt, der mit hohem Qualitätsstandard, Verringerung der Fertigungstiefe, Ausgliedern von Fertigungs-, Montage und Entwicklungsprozessen, zeitgerechte Zulieferung (*just-in-time*) die Kfz-Fertigung revolutionierte. Ein globaler Wettbewerb zwang zu noch schärferer Kostenbetrachtung; die Motoren wurden – weit mehr noch als früher – in Hinblick auf wirtschaftliche Fertigung, einfache Wartung und Reparatur gebaut. Die elektronische Datenverarbeitung *(EDV)* setzte sich ab den 1970er Jahren in der Entwicklung durch und führte zu Rationalisierung, Beschleunigung und zielgenauerer Entwicklung mit Rechenmethoden der *Finiten Elemente (FEM)*, des Konstruierens mit *CAD* und der Simulation von motorischen Prozessen.

Immer wieder wurde das Konzept des Hubkolbenmotors in Frage gestellt: Ende der 1940er Jahre hatte *Rover* in Großbritannien ein Fahrzeug mit Gasturbinenantrieb entwickelt **(Bild 1-3)**.

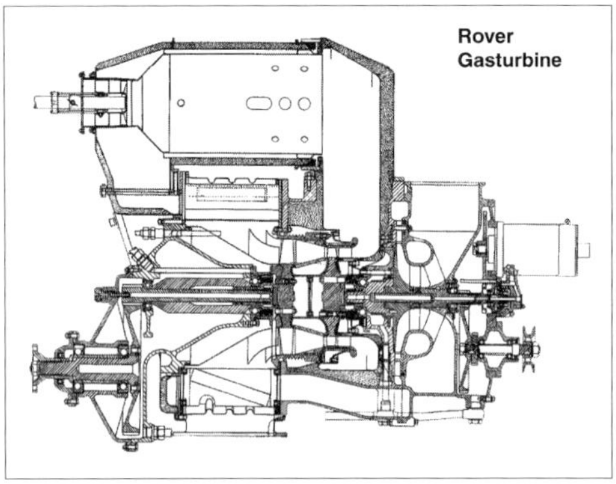

Bild 1-3 Gasturbine für Rover-Pkw [2]

Hohe Leistungsdichte, kompakter Aufbau, wenig bewegte Teile, keine freien Massenwirkungen – dadurch ruhiger Lauf, gutes Schadstoffverhalten mit rauchfreiem Abgas und gute Kaltstartfähigkeit sind gewichtige Argumente für die Gasturbine. Aber es zeigte sich, dass Gasturbinen für die kleinen Leistungen und die Betriebsbedingungen von Pkw nicht geeignet sind. Die Spaltverluste sind zu groß, was den Wirkungsgrad verschlechtert.

In den 1960er Jahren versprach der Kreiskolbenmotor von FELIX WANKEL, entwickelt von *NSU* **(Bild 1-4)**, eine Alternative zum Hubkolbenmotor zu werden. Seine Kinematik, Leistungsdichte und kompakte Bauart sind Vorteile gegenüber Hubkolben-Triebwerken. Doch letztlich überwogen die Nachteile: Begrenztes Verdichtungsverhältnis, ungünstiger Brennraum, Verbrennung mit hohem Gleichdruckanteil, „späte“ Verbrennung in die Expansion hinein, problematische Abdichtung des Arbeitsraumes führen zu hohen Verbräuchen und schlechten Abgaswerten. Lediglich *Mazda* gelang es, mit einigem Erfolg sportliche Fahrzeuge mit Wankelmotor zu bauen.

Die Energiekrisen der 1970er Jahre und ein für die Umweltproblematik geschärftes Empfinden der Öffentlichkeit verlangten sparsamere und schadstoffärmere Motoren. Ausgehend von der mechanischen Einspritzung wurde – vor allem von *Bosch* vorangetrieben – eine Niederdruckeinspritzung mit elektronisch geregelter Kraftstoffzumessung entwickelt. Trotz hohem Entwicklungsstand der Vergasertechnik (Doppelvergaser, Registervergaser, Gleichdruckvergaser) setzte sich die Benzineinspritzung schnell durch. Immer mehr hielt die Elektronik Einzug in die Motorsteuerung. Eine gemeinsame mikroprozessorgesteuerte Elektronik mit Kennfeldspeicherung steuert Zündung und Gemischbildung.

Da innermotorische Maßnahmen nicht mehr ausreichten, die Schadstoffe auf die gesetzlich begrenzten Werte herabzudrücken, wurden 3-Wege-Katalysatoren eingesetzt, die ein genaues Einhalten des stöchiometrischen Luftverhältnisses verlangen. Durch kontinuierliches Messen des Sauerstoffgehaltes im Abgas mit der *Lambda*-Sonde lässt sich solchermaßen die Schadstoffemission reduzieren. Zusätzliche Besserung erreicht man mit geregelter Abgasrückführung.

Die Abgasturboaufladung als Mittel zur Leistungssteigerung und Verringerung des Verbrauchs wurde ab den 1960er Jahren bei Nkw-Motoren eingesetzt. Mit steigendem Entwicklungsstand konnten Abgasturbolader so weit „miniaturisiert“ werden, dass man auch Pkw-Ottomotoren damit ausrüstete. Da die Strömungsmaschine *Abgasturbolader* und die Kolbenmaschine *Verbrennungsmotor* unterschiedliches Betriebsverhalten zeigen, musste man – anfangs durch Überbrücken der Turbine mit einem Teil des Abgasstromes (*waste-gate*-Regelung), mittlerweile mittels verstellbarer Turbinengeometrie bei Dieselmotoren – „Luftangebot“ des ATL und „Nachfrage“ des Motors in Einklang bringen. Weitere Verbesserung erzielte man durch die Ladeluftkühlung. Bezüglich ihres Ansprechverhaltens für den Kfz-Betrieb sind mechanisch angetriebene Lader von Vorteil. *Volkswagen* entwickelte einen Spirallader *(G-Lader)*, *Mercedes-Benz* verwendet *Roots*-Gebläse für „sportliche“ Fahrzeugmotoren. Ein an sich bestechendes Konzept der Aufladung ist der Druckwellentauscher (*Comprex*-Lader) der *BBC*, bei dem die Energie aus dem Abgas dynamisch direkt auf die Ladeluft, das heißt ohne Abgasturbine und Turboverdichter, übertragen wird. Trotz erheblichen Entwicklungsaufwands hat sich dieses Prinzip in der Motorpraxis nicht durchsetzen können – nicht zuletzt aus Kostengründen. Bei Ottomotoren ist außer-

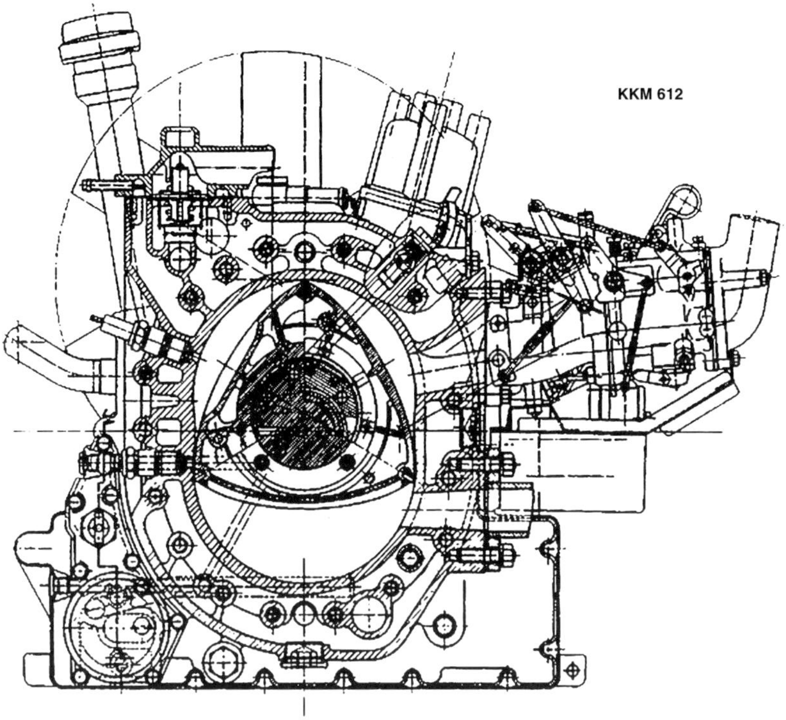

Bild 1-4 Kreiskolbenmotor, Bauart NSU KKM 612 [11]

dem die Abgastemperatur für dieses Verfahren zu hoch.

Pkw-Dieselmotoren, schon in den 1930er Jahren entwickelt und serienreif gemacht, erfreuten sich ab den 1950er Jahren einer zwar begrenzten, aber überzeugten Anhängerschaft durch Taxifahrer und so genannte Vielfahrer, die weniger Wert auf sportliches Fahren, dafür umso mehr auf geringen Kraftstoffverbrauch und lange Lebensdauer legten. Neben den Motoren von *Mercedes-Benz* und *Borgward* gab es zunächst nur Dieselmotoren von *Peugeot* und *Fiat*, bis in den 1970er Jahren *VW* einen Pkw-Diesel herausbrachte und dann weitere Hersteller in Deutschland: *Opel, BMW, Ford* und *Audi* damit folgten. In den USA ist das Interesse an Diesel-Pkw gering. In den 1960er/1970er Jahren kam die Verteilerpumpe auf, die sich gerade für die kleinen Einspritzmengen der Pkw-Dieselmotoren als geeignet erwies. Nachdem sich in den 1960er Jahren die direkte Einspritzung bei Nkw-Motoren durchgesetzt hatte, versprach diese auch bei Pkw-Motoren beachtliche Verbrauchsvorteile. *Ford* hatte bereits einen Lieferwagen mit einem Motor mit Direkteinspritzung ausgerüstet, als *Audi* Ende der 1980er Jahre schadstoffarme Pkw-Motoren mit Direkteinspritzung herausbrachte. Andere Firmen folgten, so dass heute die Direkteinspritzung bei Pkw-Dieselmotoren Standard ist. Zunehmend wurden Pkw-Diesel (abgas-) turboaufgeladen, häufig auch mit Ladeluftkühlung. Hohe Einspritzdrücke werden mit der Pumpedüse und neuerdings auch mit der Speichereinspritzung *(common rail)* verwirklicht. Um die Dieselkolben thermisch zu entlasten, werden diese durchweg durch Anspritzen der Kolbenunterseiten oder durch Kühlkanäle gekühlt.

In den 1980er und 1990er Jahren wurde der Ladungswechsel zu einem Schwerpunkt der Entwicklung. Durchflussbeiwerte und Liefergrad konnten mit der Mehrventiltechnik verbessert werden; ein weiteres brachten verstellbare Steuerzeiten und Ventilhübe sowie Schaltsaugrohre. Die Entwicklung geht nun in Richtung elektromagnetisch betätigter und gesteuerter Ventile. Damit kann der Ansaugvorgang entdrosselt und so ein prinzipieller Nachteil des Ottomotors gemildert werden. Die direkte Benzineinspritzung in die Zylinder von Ottomotoren liefert höhere Leistung, niedrigere Schadstoffemission und geringeren Verbrauch.

Motorseitig wurde der Kraftstoffverbrauch mit einem ganzen Bündel von Maßnahmen gesenkt: Kleinere Abmessungen und Massen des Triebwerks *(downsizing)*, Rollenabgriff statt Gleitabgriff in der Steue-

rung, Leichtlauföle, bedarfsgesteuerter Betrieb von Gebläse und Pumpen usw.
Steigenden Drehzahlen und die 5-Zylinder-Reihen- und V-6-Motoren-Bauweise verlangten Maßnahmen zur Verbesserung der Maschinendynamik dieser Motoren. Ausgleichsgetriebe sorgen für die gewünschte Laufruhe; auch Drehschwingungsdämpfer tragen dazu bei.
Begrenzte Ressourcen und insgesamt hoher Schadstoffausstoß zwingen zur Suche nach anderen Antriebskonzepten. Zum einen geht es um die Substitution des Erdöls, zum anderen um die Entlastung der Umwelt. Eine von der Politik zeitweise stark favorisierte Lösung war die Verwendung regenerativer Energie in Gestalt von Planzenöl (Rapsmethylester); doch weder reichen die Rapsanbauflächen für eine ausreichende Kraftstoffversorgung aus, ganz abgesehen von den ökologischen Problemen von Monokulturen; noch ist es technisch sinnvoll, Mineralöle in Kfz-Motoren, wo die Gemischbildung im Millisekundenbereich erfolgen muss, durch Rapsöl zu ersetzen, solange man in Hausheizungen wertvolles Leichtöl (= Dieselöl) zu Wärmeerzeugung verschwendet.
Eine andere Entwicklung zielt auf die Verwendung von Wasserstoff als Kraftstoff. Wasserstoff in herkömmlichen Kolbenmotoren kann die Schadstoffsituation entschärfen helfen, ebenso wie dessen Einsatz in der Brennstoffzelle. Allerdings muss der Wasserstoff in Umkehr der Elektrolyse „erzeugt" werden, was erheblichen Energieeinsatz verlangt. Eine andere Möglichkeit der Wasserstoffgewinnung besteht in der Konvertierung von Methanol oder Benzin; doch damit werden keine Ressourcen geschont. Ein denkbares Szenario besteht im verstärkten Einsatz von erdgasbetriebenen Motoren, womit einerseits die Energieversorgung bei knapper werdendem Erdöl gesichert und der Einstieg in eine Gastechnologie mit Wasserstoff vorbereitet werden könnte.

Literatur

[1] *Robert Bosch GmbH (Hrsg.):* Bosch und die Zündung. In: Bosch-Schriftenreihe Folge 5, Stuttgart, 1952
[2] *Bussien, R. (Hrsg.):* Automobiltechnisches Handbuch. 18. Aufl. Technik Verlag H. Cram, 1965
[3] *Eckermann, E.:* Alte Technik mit Zukunft. (Hrsg. Deutsches Museum) München: R. Oldenbourg, 1986
[4] *von Fersen, O. (Hrsg.):* Ein Jahrhundert Automobiltechnik – Personenwagen. Düsseldorf: VDI-Verlag, 1986
[5] *von Frankenberg, R.; Mateucci, M.:* Geschichte des Automobils. Künzelsau: Siegloch, 1988
[6] *Kirchberg, P.:* Plaste, Bleche und Planwirtschaft. Die Geschichte des Automobilbaus in der DDR. Berlin: Nicolasche Verlagsbuchhandlung, 2000
[7] *Krebs, R.:* 5 Jahrtausende Radfahrzeuge. Berlin, Springer, 1994
[8] *Sass, F.:* Geschichte des deutschen Verbrennungsmotorenbaues. Berlin, Springer, 1962
[9] *Pierburg:* Vom Docht zur Düse. Ausgabe 8/1979. Neuss: Fa. Pierburg, 1979
[10] *Zima, S.:* Kurbeltriebe; 2. Aufl. Wiesbaden, Vieweg, 1999
[11] ATZ 69 (1967), 9, S. 279–284

2 Definition und Einteilung der Hubkolbenmotoren

2.1 Definitionen

Kolbenmaschinen sind Maschinen, bei denen Energie von einem Fluid (Gas oder Flüssigkeit) auf einen bewegten Verdränger (zum Beispiel einen Kolben) oder von dem Kolben auf das Fluid übertragen wird [1, 2, 14]. Sie gehören damit zu den Fluidenergiemaschinen, die als Arbeitsmaschinen mechanische Energie aufnehmen, um die Energie des geförderten Fluids zu erhöhen. Dagegen wird bei Kraftmaschinen mechanische Energie als Nutzarbeit am Kolben beziehungsweise am Kurbeltrieb freigesetzt.

Für die Arbeitsweise von Kolbenmaschinen ist charakteristisch, dass durch die Bewegung des Verdrängers (Kolbens) ein sich periodisch verändernder Arbeitsraum entsteht. Abhängig von der Art der Bewegung des Verdrängers unterscheidet man zwischen Hub- und Rotationsverdrängermaschinen. Bei Hubkolbenmaschinen bewegt sich als Verdränger ein zylindrischer Kolben in einem Zylinder zwischen zwei Endlagen, den Totpunkten. Der Begriff „Kolben" wird oft auch auf nichtzylinderförmige Verdränger angewendet. Bei den Rotationskolbenmaschinen bewirkt üblicherweise ein rotierender Verdränger die Veränderung des Arbeitsraumes.

Verbrennungskraftmaschinen sind Maschinen, bei denen durch die Verbrennung eines zündfähigen Luft-Kraftstoff-Gemisches chemische in mechanische Energie umgesetzt wird. Die bekanntesten Verbrennungskraftmaschinen sind Verbrennungsmotoren und Gasturbinen. Einen Überblick gibt **Bild 2-1**.

Verbrennungsmotoren sind Kolbenmaschinen. Je nach Ausbildung des gasdichten, veränderlichen Arbeitsraums beziehungsweise nach der Kolbenbewegung werden **Hubkolbenmotoren** (mit oszillierender Kolbenbewegung) und Rotationskolbenmotoren (mit rotierender Kolbenbewegung) unterschieden. Die Rotationskolbenmotoren wiederum werden eingeteilt in Drehkolbenmotoren (mit Innen- und Außenläufer mit reiner Drehbewegung um feste Achsen) und in Kreiskolbenmotoren (mit einem Innenläufer, dessen Achse eine Kreisbewegung ausführt) [7]. **Bild 2-2** zeigt die unterschiedlichen Wirkprinzipien. Nur der Wankelmotor, ein Kreiskolbenmotor, hat Bedeutung erlangt.

Nach Art der Prozessführung unterscheidet man weiterhin zwischen Verbrennungsmotoren mit innerer und mit äußerer Verbrennung. Bei Motoren mit innerer Verbrennung ist das Arbeitsmedium (Luft) zugleich Träger des für die Verbrennung erforderlichen Sauerstoffs. Durch die Verbrennung des zugeführten Kraftstoffes entsteht Abgas, das in einem Ladungswechsel vor jedem Arbeitsspiel durch Frischladung ersetzt werden muss. Die Verbrennung erfolgt daher zyklisch, wobei je nach Verbrennungsverfahren zwischen Otto-, Diesel- und Hybridmotoren unterschieden wird.

<table>
<tr><td colspan="2" rowspan="5">Art der Prozessführung</td><td colspan="4">offener Prozess</td><td colspan="2">geschlossener Prozess</td></tr>
<tr><td colspan="4">innere Verbrennung</td><td colspan="2">äußere Verbrennung</td></tr>
<tr><td colspan="4" rowspan="3">Brenngas = Arbeitsmedium</td><td colspan="2">Brenngas ≠ Arbeitsmedium</td></tr>
<tr><td colspan="2">Phasenumwandlung des Arbeitsmediums</td></tr>
<tr><td>nein</td><td>ja</td></tr>
<tr><td colspan="2">Art der Verbrennung</td><td colspan="3">zyklische Verbrennung</td><td colspan="3">kontinuierliche Verbrennung</td></tr>
<tr><td colspan="2">Art der Zündeinleitung</td><td>Selbst-zündung</td><td colspan="5">Fremdzündung</td></tr>
<tr><td rowspan="2">Art der Maschine</td><td>Motor</td><td>Diesel-</td><td>Hybrid-</td><td>Otto-</td><td>Rohs- [4]</td><td>Stirling- [5]</td><td>Dampf- [6]</td></tr>
<tr><td>Turbine</td><td>–</td><td>–</td><td>–</td><td>Gas-</td><td>Heißdampf-</td><td>Dampf-</td></tr>
<tr><td colspan="2">Art des Gemisches</td><td>heterogen (homogen)</td><td></td><td>homogen (heterogen)</td><td colspan="3">heterogen</td></tr>
<tr><td colspan="2"></td><td colspan="3">(im Brennraum)</td><td colspan="3">(in kontinuierlicher Flamme)</td></tr>
</table>

Bild 2-1 Systematik der Verbrennungskraftmaschinen, nach [3]

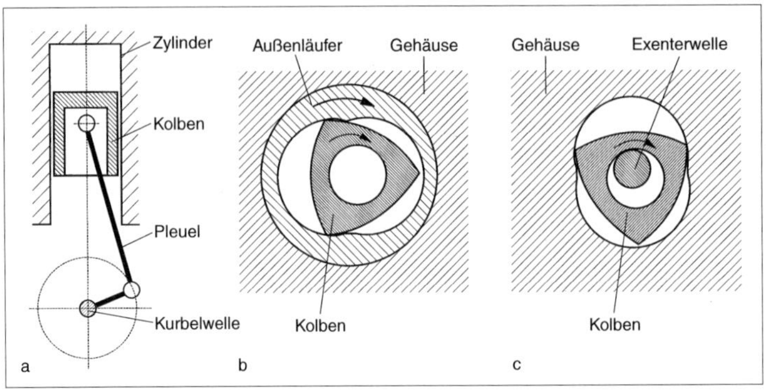

Bild 2-2 Wirkprinzipien von Hub-, Dreh- und Kreiskolbenmotor; a Tauchkolbenmotor; b Drehkolbenmotor: kraftabgebender Außenläufer mit epitrochoidenförmiger Innenkontur und Innenläufer als Absperrorgan; c Kreiskolbenmotor (Wankelmotor): Gehäuse mit epitrochoidenförmiger Innenkontur und kraftabgebendem Innenläufer, der sich exzentrisch um ein Ritzel dreht und gleichzeitig die Abdichtfunktion hat.

Bei Motoren mit äußerer Verbrennung (z.B. Stirlingmotor) wird die außerhalb des Arbeitsraumes durch kontinuierliche Verbrennung entstehende Wärme auf das Arbeitsmedium übertragen. Damit ist ein Arbeitsprozess mit geschlossenem Kreislauf und beliebigem Kraftstoff möglich.
Im weiteren werden nur Hubkolbenmotoren mit innerer, zyklischer Verbrennung betrachtet.

2.2 Möglichkeiten der Einteilung

Die Möglichkeiten der Einteilung von Hubkolbenmotoren sind auf Grund der komplexen Zusammenhänge sehr vielfältig. Hubkolbenmotoren mit innerer Verbrennung [8] kann man unterscheiden nach:

- Verbrennungsverfahren
- Kraftstoff
- Arbeitsverfahren
- Gemischbildung
- Ladungswechselsteuerung
- Ladungseinbringung
- Bauform.

Weitere Unterscheidungsmerkmale können sein [9, 10]:

- Zündung
- Kühlung
- Lastregelung
- Einsatzzweck
- Drehzahl- und Leistungsabstufung.

Einige Einteilungsmerkmale sind heute nur noch von historischer Bedeutung.

2.2.1 Verbrennungsverfahren

Nach dem Verbrennungsverfahren wird vorrangig zwischen dem Ottoverfahren und dem Dieselverfahren unterschieden. Hybridmotoren weisen Kennzeichen sowohl des Otto- als auch des Dieselverfahrens auf.

Der Ottomotor ist ein Verbrennungsmotor, bei dem die Verbrennung des verdichteten Kraftstoff-Luft-Gemisches durch zeitlich gesteuerte Fremdzündung eingeleitet wird. Dagegen entzündet sich beim Dieselmotor der in den Verbrennungsraum eingespritzte flüssige Kraftstoff an der Luftladung, nachdem diese vorher durch Verdichtung auf eine für die Einleitung der Zündung hinreichend hohe Temperatur gebracht worden ist [8].
Bei Hybridmotoren wird unterschieden zwischen Motoren mit Ladungsschichtung und Vielstoffmotoren [3] (siehe auch Kapitel 15.1 und 15.2).

2.2.2 Kraftstoff

In Verbrennungsmotoren können gasförmige, flüssige und feste Kraftstoffe verbrannt werden:

- Gasförmige Kraftstoffe: Methan, Propan, Butan, Erdgas (CNG), Generator-, Gicht-, Biogas (Klär-, Deponiegas), Wasserstoff
- Flüssige Kraftstoffe:
  Leichtkraftstoffe: Benzin, Kerosin, Benzol, Alkohole (Methanol, Ethanol), Aceton, Ether, verflüssigte Gase (LNG, LPG)
  Schwerkraftstoffe: Petroleum, Gasöl (Dieselkraftstoff), Fettsäure-Methyl-Ester (FAME) beziehungsweise vorrangig in Europa Raps-Methyl-Ester (RME), auch als Biodiesel bezeichnet, Pflanzenöle, Schweröle, Marine Fuel Oil (MFO)
  Mischkraftstoffe: Diesel – RME, Diesel – Wasser, Benzin – Alkohol
- Feste Kraftstoffe: Kohlenstaub, Entwicklung seit langem eingestellt.

2.2.3 Arbeitsverfahren

Beim Arbeitsverfahren wird zwischen Viertakt- und Zweitaktverfahren unterschieden. Beiden gemeinsam ist die in einem ersten Takt (Hub) ablaufende

Verdichtung der Ladung (Luft- oder Kraftstoffdampf-Luft-Gemisch) durch Verringerung des Arbeitsraumes sowie die kurz vor Umkehr der Kolbenbewegung einsetzende Zündung, die Verbrennung mit einer Druckerhöhung bis auf maximalen Zylinderdruck und Ausdehnung des Arbeitsgases im darauf folgenden Takt, bei der am Kolben Arbeit geleistet wird.
Das Viertaktverfahren benötigt zwei weitere Takte, um das Verbrennungsgas durch Ausschieben aus dem Arbeitsraum zu entfernen und durch Ansaugen den Arbeitsraum mit frischer Ladung zu füllen.
Beim Zweitaktverfahren erfolgt der Ladungswechsel im Bereich des unteren Totpunkts bei nur noch geringer Änderung des Arbeitsvolumens durch Ausspülen der Verbrennungsgase mit frischer Ladung, so dass für die Verdichtung und Ausdehnung nicht der volle Hub ausgenutzt wird. Für den Spülvorgang ist oft ein zusätzliches Spülgebläse erforderlich.

2.2.4 Gemischbildung

Eine Unterscheidung von Verbrennungsmotoren bezüglich der Gemischbildung kann man vornehmen nach der Art der Gemischbildung:

- äußere Gemischbildung: Bildung des Kraftstoff-Luft-Gemisches im Einlasssystem
- innere Gemischbildung: Gemischbildung im Arbeitsraum,

nach der Qualität der Gemischbildung:

- homogene Gemischbildung: Vergaser und Saugrohreinspritzung beim Ottomotor oder Benzindirekteinspritzung während des Ansaugtakts
- inhomogene Gemischbildung: Einspritzung innerhalb sehr kurzer Zeitintervalle beim Dieselmotor und beim Ottomotor mit Benzindirekteinspritzung (BDE) während des Verdichtungstaktes

und nach dem Ort der Gemischbildung:

- direkte Einspritzung in den Arbeitsraum, zum Beispiel bei DI-Dieselmotoren und BDE-Motoren. Die Einspritzung kann dabei luft-, strahl- oder wandgeführt sein.
- indirekte Einspritzung in einen Nebenraum, zum Beispiel Vorkammer- oder Wirbelkammer- sowie Luftspeicher-Dieselmotoren
- Saugrohreinspritzung (bei Ottomotoren).

2.2.5 Ladungswechselsteuerung

Zur Steuerung des Ladungswechsels kommen Ventil-, Schlitz-und Schiebersteuerungen zur Anwendung.
Bei der Ventilsteuerung unterscheidet man obengesteuerte und untengesteuerte Motoren [8]. Der obengesteuerte Motor hat hängende Ventile; das heißt die Schließbewegung der Ventile erfolgt gleichsinnig mit der Kolbenbewegung in Richtung OT. Umgekehrt hat der untengesteuerte Motor stehende Ventile und die Ventilschließbewegung erfolgt gleichsinnig mit der Kolbenbewegung in Richtung UT.
Bei modernen 4-Takt-Motoren wird ausschließlich die „overhead valves“ (ohv)-Bauweise mit hängenden, im Zylinderkopf angeordneten Ventilen verwendet. Die Nockenwelle kann dabei im Zylinderkopf oder im Zylinderkurbelgehäuse angeordnet sein.
Bei 2-Takt-Motoren kommen überwiegend Schlitzsteuerungen (Schlitze in der Zylinderbüchse, Kolben als Schieber), in Einzelfällen auch Kegel-, Walzen-, Flachschieber sowie Membransteuerungen zur Anwendung. Bei Neuentwicklungen von Pkw-Motoren und großen Schiffsmotoren wird zusätzlich auch eine Ventilsteuerung (oft Auslassventil) verwendet.

2.2.6 Ladungseinbringung

Beim Saugmotor wird die Frischladung (Luft oder Gemisch) durch den Arbeitskolben in den Zylinder gesaugt (Selbstansaugen).
Durch Aufladung wird die Ladungsmenge durch Vorverdichtung vergrößert; dabei fördert ein Lader die Frischladung in den Zylinder. Vorrangige Ziele der Aufladung sind Leistungs- und Drehmomentensteigerung, Kraftstoffverbrauchssenkung sowie Abgasemissionssenkung.
Eine Übersicht über mögliche Aufladearten gibt **Bild 2-3** (nach [11]).
Die in der Praxis verbreiteste und wirkungsvollste Variante ist die Selbst- oder Eigenaufladung mit Verdichter:

- Mechanische Aufladung: Der Verdichter wird direkt vom Motor angetrieben
- Abgasturboaufladung: Eine mit Motorabgas beaufschlagte Turbine (Abgasturbine) treibt den Verdichter an.

Daneben finden noch Verfahren ohne Verdichter Anwendung, die gasdynamische Vorgänge im Ansaug- und Abgassystem für die Ladungserhöhung nutzen.

2.2.7 Bauform

In der über 120-jährigen Geschichte des Verbrennungsmotors sind zahlreiche Varianten der Zylinderanordnung vorgeschlagen worden. Überlebt haben nur einige wenige Standardbauformen [9, 10].
Ausgehend vom Einzylindermotor werden bei Fahrzeugmotoren Zylinderzahlen bis 12 gewählt. Flugmotoren wurden mit bis zu 28 oder gar bis zu 48 Zylindern und Hochleistungsmotoren mit bis zu 56 Zylindern gebaut.
Bei der Zylinderanordnung gibt es zahlreiche Kombinationsmöglichkeiten, die zum Teil selbsterklärend mit Buchstaben bezeichnet werden. **Bild 2-4** zeigt eine Auswahl möglicher Zylinderanordnungen und Bauformen.

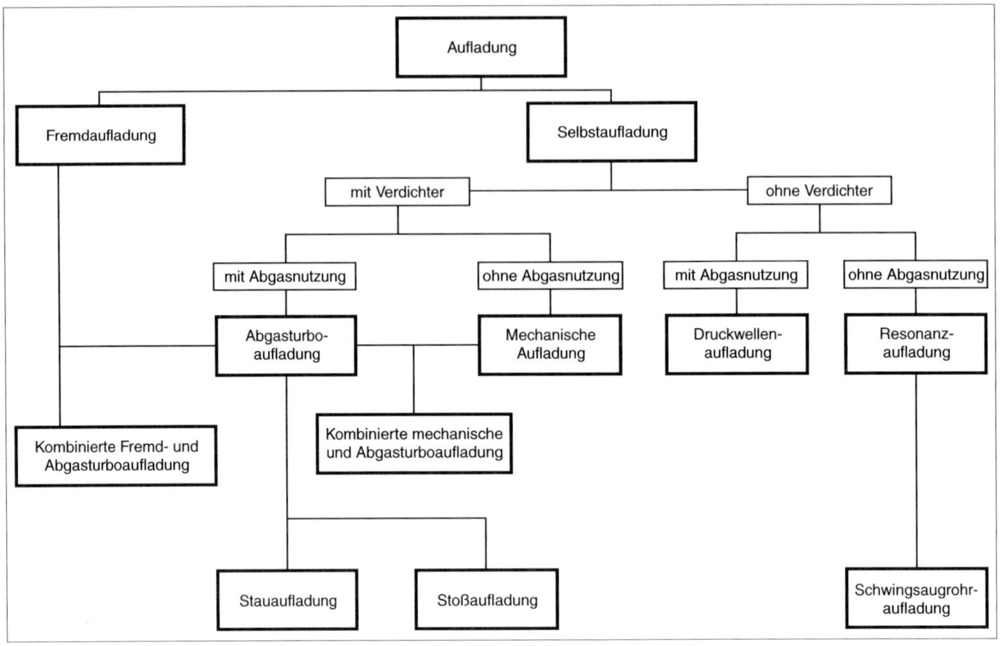

Bild 2-3 Arten der Aufladung, nach [11]

Bedeutung haben heute:

- der Reihenmotor (eine Zylinderbank, eine Kurbelwelle)
- der V-Motor (zwei Zylinderbänke, eine Kurbelwelle): An jedem Kurbelzapfen sind zwei Pleuel angelenkt. Übliche V-Winkel sind 45°, 60°, 90°, 180°. Der VR-Motor [12] hat einen V-Winkel von 15°, wobei die Kurbelwelle für jedes Pleuel einen separaten Kurbelzapfen hat.
- der W-Motor (drei Zylinderbänke, eine Kurbelwelle): Je drei Pleuel sind an einem Kurbelzapfen angelenkt. Ein V-Motor aus zwei VR-Bänken wird als V-VR-Motor oder ebenfalls als W-Motor bezeichnet [12].
- der Boxermotor: Im Unterschied zum V-Motor mit 180° V-Winkel ist jedes Pleuel an einem separaten Kurbelzapfen angelenkt.

Bei der Triebwerkausführung hat sich der Kurbeltrieb bewährt. Als Varianten werden Tauchkolben- und Kreuzkopfmotoren unterschieden. In der Literatur werden auch noch Kurbelschleifen-und Nockentriebwerke sowie kurbelwellenlose Motoren (Kurvenscheiben-, Kurvenbahn-, Taumelscheiben-, Schrägscheibenmotor) beschrieben [9].

Nach der Wirkungsweise lassen sich einfach und doppelt wirkende Motoren unterscheiden, je nachdem, ob der Kolben einseitig oder von beiden Seiten mit den Verbrennungsgasen beaufschlagt wird. Der Doppelkolbenmotor hat zwei zu einem Verbrennungsraum gehörende Kolben, die entweder gegenläufig (Gegenkolbenmotor) oder gleichläufig (U-Kolbenmotor) angeordnet sind.

Nach Lage der Zylinderachse unterscheidet man den stehenden, liegenden und hängenden Motor und nach Lage der Steuerungseinrichtung den obengesteuerten und den untengesteuerten Motor.

2.2.8 Zündung

Die Zündung des Kraftstoff-Luft-Gemisches kann durch Fremd- oder Selbstzündung erfolgen:

- Fremdzündung (Ottomotor): ein elektrischer Zündfunken entzündet das Gemisch im Zylinder.
- Selbstzündung (Dieselmotor): In der durch Kompression erhitzten Luft im Zylinder entzündet sich der eingespritzte Kraftstoff von selbst (Kompressionszündung).

2.2.9 Kühlung

Wegen der hohen auftretenden Temperaturen muss der Verbrennungsmotor zum Schutz der Bauteile und des Schmieröles gekühlt werden. Man unterscheidet direkte und indirekte Motorkühlung.

Die direkte Kühlung erfolgt mit Luft (Luftkühlung) mit oder ohne Unterstützung durch ein Gebläse.

Bei der indirekten Kühlung wird der Motor mit einer Wasser-Frostschutz-Korrosionsschutzmischung oder

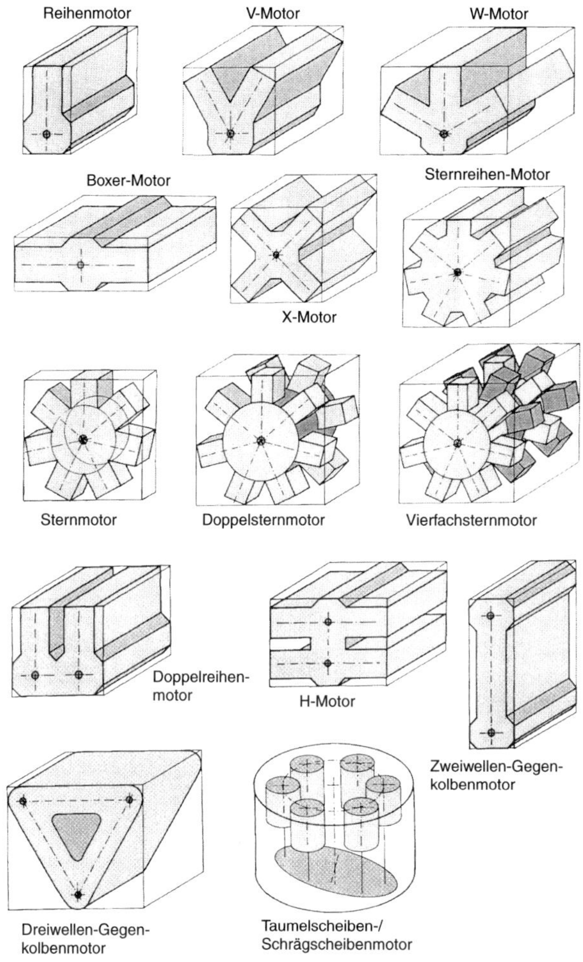

Bild 2-4
Zylinderanordnungen von Hubkolbenmotoren [9, 13]

mit Öl gekühlt (Flüssigkeitskühlung). Die Wärmeabfuhr an die Umgebung erfolgt durch Wärmeübertrager. Dabei wird nach Verdampfungs-, Umlauf-, Durchfluss- und Mischkühlung unterschieden.

2.2.10 Lastregelung

Die Motorleistung P

$$P = M \cdot \omega = M \cdot 2 \cdot \pi \cdot n \qquad (2.1)$$

kann sowohl durch Änderung der Drehzahl n als auch des Drehmomentes M (Last) an den Bedarf angepasst werden. Bei der Lastregelung unterscheidet man:

- Quantitätsregelung oder Füllungsregelung: Ein Drosselorgan (Drosselklappe, Dreh-, Flachschieber, Ventil) steuert bei annähernd konstantem Luftverhältnis λ die Gemischmenge, die in den Zylinder strömt (herkömmliche Ottomotoren).
- Qualitätsregelung: Bei Dieselmotoren und in bestimmten Betriebsbereichen bei Ottomotoren mit Benzindirekteinspritzung (BDE) erfolgt eine bedarfsgerechte Zumessung des Kraftstoffes. Bei annähernd konstanter Luftmenge wird die Einspritzmenge variiert (variables Luftverhältnis λ).

2.2.11 Einsatzzweck

Einige Beispiele für die Verwendung von Verbrennungsmotoren sind:

- Landfahrzeuge: Straßenfahrzeuge (Krafträder, Pkw, Omnibus, Nkw), Off-Road-Fahrzeuge, Schienenfahrzeuge

- Wasserfahrzeuge: Boote, Binnenschiffe, Küsten- und Hochseeschiffe
- Luftfahrzeuge: Flugzeuge, Luftschiffe
- Landwirtschaftliche Maschinen und Fahrzeuge
- Gewerbe- und Industrieanwendungen: Baumaschinen, Förder- und Hebeanlagen, Schlepper, Zugmaschinen
- Stationäre Motorenanlagen: Motorenkraftwerke, Blockheizkraftwerke (BHKW), Elektroaggregate, Notstromaggregate und Versorgungsanlagen.

2.2.12 Drehzahl- und Leistungsabstufung

Verbrennungsmotoren werden in einem sehr breiten Drehzahl- und Leistungsspektrum verwendet. Ihr Leistungsbereich reicht von Modellmotoren mit 0,1 kW bis zu Großanlagen mit 50.000 kW. Mit dem Drehzahlbereich sind auch Leistung und Größe eines Motors festgelegt.
Nach der Drehzahl unterscheidet man [1]:

- langsamlaufende Motoren zum Beispiel in Schiffen (60 bis 200 1/min bei Dieselmotoren)
- mittelschnelllaufende Motoren (200 bis 1000 1/min bei Dieselmotoren, Höchstdrehzahl <4000 1/min bei Ottomotoren)
- schnelllaufende Motoren, zum Beispiel für Pkw (Höchstdrehzahl >1000 1/min bei Dieselmotoren, Höchstdrehzahl >4000 1/min bei Ottomotoren).

Bei Motoren für Sport- und Rennfahrzeuge werden Drehzahlen bis zu 22.000 1/min erreicht.

Literatur

[1] *Grote, K.-H.; Feldhusen, J. (Hrsg.):* Dubbel – Taschenbuch für den Maschinenbau, 22. Aufl. Berlin; Heidelberg; New York: Springer, 2007

[2] *Kleinert, H.-J. (Hrsg.):* Taschenbuch Maschinenbau – Bd. 5: Kolbenmaschinen, Strömungsmaschinen, 1. Aufl. Berlin: Verlag Technik, 1989

[3] *Robert Bosch GmbH (Hrsg.):* Kraftfahrtechnisches Handbuch, 26. Aufl. Wiesbaden: Vieweg, 2007

[4] *Rohs, U.:* Kolbenmotor mit kontinuierlicher Verbrennung. Offenlegungsschrift DE 199 09 689 A 1, veröffentlicht: 07.09. 2000

[5] *Werdich, M.; Kübler, K.:* Stirling-Maschinen: Grundlagen – Technik – Anwendung, 11. Aufl. Staufen: Ökobuch, 2007

[6] *Buschmann, G. et al.:* Zero Emission Engine – Der Dampfmotor mit isothermer Expansion. In: MTZ 61 (2000) H. 5, S. 314–323

[7] *Bensinger, W.-D.:* Rotationskolben-Verbrennungsmotoren. Berlin; Heidelberg: Springer, 1973

[8] *DIN Deutsches Institut für Normung (Hrsg.):* DIN 1940: Verbrennungsmotoren – Hubkolbenmotoren – Begriffe, Formelzeichen, Einheiten. Berlin: Beuth, 1976

[9] *van Basshuysen, R.; Schäfer, F. (Hrsg.):* Lexikon Motorentechnik, 2. Aufl. Wiesbaden: Vieweg, 2006

[10] *Beier, R. et al.:* Verdrängermaschinen, Teil II: Hubkolbenmotoren. Köln: TÜV Rheinland, 1983

[11] *DIN Deutsches Institut für Normung (Hrsg.):* DIN 6262: Verbrennungsmotoren – Arten der Aufladung – Begriffe. Berlin: Beuth, 1976

[12] *Braess, H.-H.; Seiffert, U. (Hrsg.):* Vieweg Handbuch Kraftfahrzeugtechnik, 5. Aufl. Wiesbaden: Vieweg, 2007

[13] *Zima, S.:* Kurbeltriebe, 2. Aufl. Wiesbaden: Vieweg, 1999

[14] *Eifler, W.; Schlücker, E.; Spicher, U.; Will, G.:* Küttner Kolbenmaschinen, 7. Aufl. Wiesbaden: Vieweg+Teubner, 2009

3 Kenngrößen

Motorkenngrößen dienen dem Entwickler, dem Konstrukteur sowie dem Benutzer von Verbrennungsmotoren als wichtiges Hilfsmittel bei der Auslegung der Grundabmessungen, bei der Leistungs- und Verbrauchsbetrachtung und bei der Beurteilung und dem Vergleich verschiedener Motoren. Man unterscheidet zwischen den *Motor*kenngrößen wie Hub, Bohrung, Hubvolumen, Verdichtungsverhältnis und den *Betriebs*kenngrößen wie Leistung, Drehmoment, Drehzahl, Mitteldruck, Liefergrad und Kraftstoffverbrauch.

3.1 Hubvolumen

Das Hubvolumen V_h für einen Motorzylinder ist der Raum, den der Kolben bei einem Kolbenhub vom unteren Totpunkt bis zum oberen Totpunkt durchläuft.

$$V_H = V_h \cdot z = \frac{\pi \cdot d_K^2}{4} \cdot s \cdot z \tag{3.1}$$

mit

s = Kolbenhub
d_K = Kolben- beziehungsweise Zylinderdurchmesser
V_h = Hubvolumen für einen Zylinder
V_H = Gesamthubvolumen des Motors
z = Zylinderzahl

Herleitung des Hubes und des Hubvolumens über Kurbelstellung, siehe Bild 3-1

$$s_\alpha = r + l - x = r + l - r \cdot \cos\alpha - l \cdot \cos\beta \tag{3.2}$$

mit:

r = Kurbelradius
l = Pleuellänge

Zwischen dem Kurbelwinkel α und dem Pleuelschwenkwinkel β (Pleuelwinkel) besteht der Zusammenhang:

$$l \cdot \sin\beta = r \cdot \sin\alpha \tag{3.3}$$

$$\beta = \arcsin\left(\frac{r}{l} \cdot \sin\alpha\right) \tag{3.4}$$

Mit Berücksichtigung von

$$\cos\beta = \sqrt{1-\sin^2\beta} = \sqrt{1-(r/l)^2 \cdot \sin^2\alpha} \tag{3.5}$$

und Einführung des Schubstangenverhältnisses

$$\lambda_s = \frac{r}{l} \tag{3.6}$$

erhält man für den Kolbenweg die Beziehung:

$$s_\alpha = r \cdot \left(1 + \frac{l}{r} - \cos\alpha - \frac{l}{r} \cdot \sqrt{1-(r/l)^2 \cdot \sin^2\alpha}\right) \tag{3.7}$$

$$s_\alpha = r \cdot \left[\left(1-\cos\alpha\right) + \frac{1}{\lambda_s} \cdot \left(1 - \sqrt{1-\lambda_s^2 \cdot \sin^2\alpha}\right)\right] \tag{3.8}$$

beziehungsweise

$$s_\alpha = r \cdot f(\alpha) \tag{3.9}$$

mit $f(\alpha)$ = Hubfunktion.

Das Schubstangenverhältnis λ_s liegt bei Pkw-Motoren üblicherweise im Bereich von 0,2 bis 0,35. Mit der Formel für den Kolbenweg lässt sich schwierig rechnen, vor allem dann, wenn Kolbengeschwindigkeit beziehungsweise Kolbenbeschleunigung zu ermitteln sind. Meistens kann vereinfachend eine Näherungsformel benutzt werden, in der der Wurzelausdruck nach einer Potenzreihe (Mac-Laurin-Reihe) entwickelt wird:

$$\sqrt{1-\lambda_s^2 \cdot \sin^2\alpha} = 1 - \frac{1}{2} \cdot \lambda_s^2 \cdot \sin^2\alpha - \frac{1}{8} \cdot \lambda_s^4 \cdot \sin^4\alpha - \frac{1}{16} \cdot \lambda_s^6 \cdot \sin^6\alpha - \ldots \tag{3.10}$$

Wegen der Werte von $\lambda_s \approx 0{,}2$ bis $0{,}35$ ist bereits das 3. Glied gegenüber dem 1. Glied (1) sehr klein, so dass

$$\sqrt{1-\lambda_s^2 \cdot \sin^2\alpha} \approx 1 - \frac{1}{2} \cdot \lambda_s^2 \cdot \sin^2\alpha \tag{3.11}$$

gesetzt werden kann.
Mit der trigonometrischen Beziehung:

$$\sin^2\alpha = \frac{1}{2} \cdot \left(1-\cos 2\alpha\right) \tag{3.12}$$

ergibt sich dann für den Kolbenweg s_α:

$$s_\alpha \approx r \cdot \left[\left(1-\cos\alpha\right) + \frac{1}{\lambda_s} \cdot \left(1 - 1 + \frac{1}{2} \cdot \lambda_s^2 \cdot \sin^2\alpha\right)\right] \tag{3.13}$$

$$s_\alpha \approx r \cdot \left[\left(1-\cos\alpha\right) + \frac{1}{2} \cdot \lambda_s \cdot \frac{1}{2} \cdot \left(1-\cos 2\alpha\right)\right] \tag{3.14}$$

$$s_\alpha \approx r \cdot \left[1 - \cos\alpha + \frac{\lambda_s}{4} - \frac{\lambda_s}{4} \cdot \cos 2\alpha\right] \tag{3.15}$$

Für das augenblickliche Brennraumvolumen V_α folgt:

$$V_\alpha = V_c + A_K \cdot s_\alpha \tag{3.16}$$

mit

V_C = Kompressionsvolumen (siehe 3.2)
A_K = Kolbenfläche

Damit ergibt sich:

$$V_\alpha \approx V_c + A_K \cdot r \cdot \left[1 - \cos\alpha + \frac{1}{4} \cdot \lambda_s \cdot \left(1-\cos 2\alpha\right)\right] \tag{3.17}$$

3.2 Verdichtungsverhältnis

Das Verdichtungsverhältnis ist definiert als der Quotient aus maximalem und minimalem Zylindervolumen: Das maximale Zylindervolumen liegt vor, wenn sich der Kolben im unteren Totpunkt (UT) befindet. Bei Kolbenstellung im oberen Totpunkt (OT) ist das Volumen minimal und wird als Kompressions- oder Totvolumen bezeichnet.

Das Kompressionsvolumen setzt sich zusammen aus dem Brennraumvolumen des Zylinderkopfes, den Ventiltaschen im Kolben, einer Kolbenmulde sowie dem Feuerstegvolumen bis zum oberen Verdichtungsring. Kompressions- und Hubvolumen lassen sich durch Auslitern bestimmen.

Bild 3-1 stellt Hub- und Kompressionsvolumen schematisch dar.

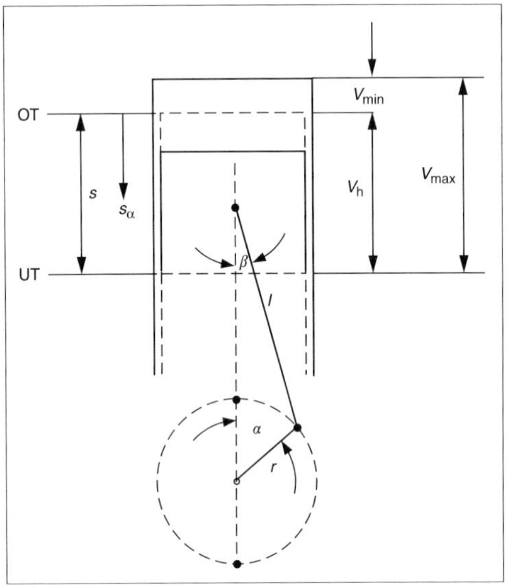

Bild 3-1 Hubvolumen und Verdichtungsverhältnis

Für das Verdichtungsverhältnis eines 4-Takt Motors ergibt sich somit:

$$\varepsilon = \frac{V_{max}}{V_{min}} = \frac{V_h + V_c}{V_c} \tag{3.18}$$

$V_C = V_{min}$ = Kompressions- oder Totvolumen

Das Verdichtungsverhältnis beim Ottomotor wird nach oben begrenzt durch Klopfen sowie durch Glühzünden.

Beim Ottomotor mit Direkteinspritzung ist eine Erhöhung des Verdichtungsverhältnisses auf Grund der verbesserten Innenkühlung durch die innere Gemischaufbereitung möglich. Hieraus ergibt sich ein Wirkungsgradvorteil gegenüber dem Ottomotor mit Saugrohreinspritzung.

Beim Dieselmotor muss das Verdichtungsverhältnis mindestens so groß gewählt werden, dass bei Kälte ein sicheres Anspringen ermöglicht wird. Generell steigt der thermodynamische Wirkungsgrad mit steigendem Verdichtungsverhältnis. Ein zu hohes Verdichtungsverhältnis ergibt jedoch Einbußen im effektiven Wirkungsgrad bei Volllast, bedingt durch stark ansteigende Reibungskräfte. Im Teillastbetrieb wirkt sich ein hohes Verdichtungsverhältnis positiv auf den Wirkungsgrad aus. Unabhängig davon begrenzt der aus Festigkeitsgründen limitierte Spitzendruck sowie der Druckanstieg beim Beginn der Verbrennung das praktisch realisierbare Verdichtungsverhältnis.

Bild 3-2 zeigt den Einfluss des Verdichtungsverhältnisses auf den effektiven Wirkungsgrad und den effektiven Mitteldruck bei einem Ottomotor im Volllastbetrieb. Der Zündzeitpunkt wurde auf maximales Drehmoment eingestellt. Deutlich erkennbar ist ein Anstieg des Wirkungsgrades bis zu einem Verdichtungsverhältnis von circa 17 : 1. Danach fällt der Wirkungsgrad ab, im vorliegenden Fall bedingt durch zunehmende Reibungskräfte sowie durch eine ungünstigere Brennraumform auf Grund zunehmender Quetschflächenanteile.

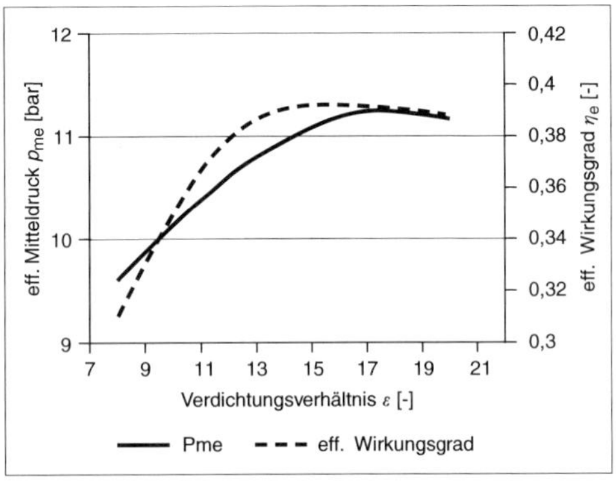

Bild 3-2 Einfluss Verdichtungsverhältnis auf effektiven Mitteldruck und effektiven Wirkungsgrad bei Volllast eines Ottomotors [2]

Mit steigender Verdichtung nehmen weiterhin die NO_x- und HC-Emissionen zunächst zu. Die Stickoxide steigen durch die erhöhten Verbrennungstemperaturen im Brennraum, die HC-Emissionen durch die stärkere Zerklüftung des Brennraums (relativ größerer Anteil an Spalten) sowie der Zunahme des Verhältnisses von Brennraumoberfläche zu Brennraumvolumen (Oberflächen-Volumen-Verhältnis). Um dies zu vermeiden, müssen Brennräume möglichst kompakt ausgeführt werden. Mit steigender Verdichtung sinkt zudem wegen des besseren Wirkungsgrades die Abgastemperatur, so dass Nachreaktionen von unverbrannten Kohlenwasserstoffen und von Kohlenmonoxid im Auslasstrakt behindert werden. Eine

Verdichtungserhöhung bewirkt aber gleichzeitig eine bessere Abmagerungsfähigkeit und erlaubt einen späteren Zündzeitpunkt auf Grund der schnelleren Verbrennung. Hierdurch können HC- und NO_x-Emissionen wieder abgesenkt werden.

Bei 2-Takt-Motoren mit Schlitzsteuerung unterscheidet man zwischen dem geometrischen Verdichtungsverhältnis ε und dem effektiven Verdichtungsverhältnis ε'. **Bild 3-3** veranschaulicht den Unterschied. Die effektive Verdichtung beginnt erst, nachdem der Kolben die Einlass- und Auslassschlitze verschlossen hat. Das effektive Verdichtungsverhältnis berechnet sich aus

$$\varepsilon' = \frac{V_h' + V_c}{V_c} \tag{3.19}$$

mit

$$V_h' = \frac{\pi \cdot d_K^2}{4} \cdot s' \tag{3.20}$$

V_h' = Restvolumen oberhalb der Schlitze
s' = Resthub oberhalb der Schlitze

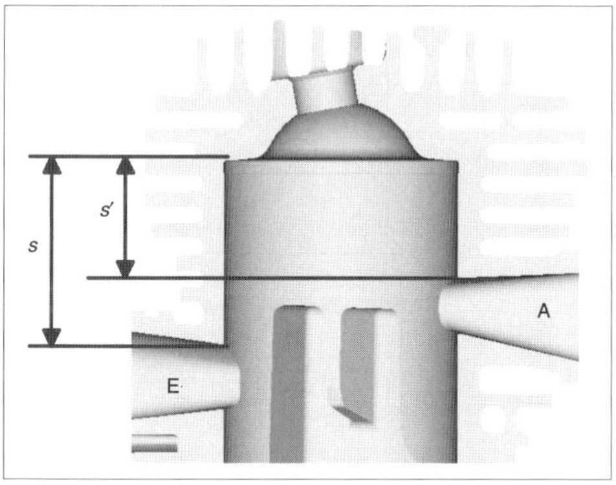

Bild 3-3 Geometrisches und effektives Verdichtungsverhältnis beim 2-Takt Motor

Bild 3-4 stellt die möglichen Bereiche des Verdichtungsverhältnisses für gängige Motoren dar.

Neue Entwicklungen zielen darauf ab, während des Motorlaufs das Verdichtungsverhältnis betriebspunktabhängig zu variieren. Beim Ottomotor wird im Teillastbetrieb das Verdichtungsverhältnis wirkungsgradoptimal gewählt, während im Volllastbetrieb das Verdichtungsverhältnis abgesenkt wird, um Klopfen zu verhindern. Beim Dieselmotor ist die Verdichtung durch den maximalen Zylinderdruck auf Grund der Bauteilbelastung begrenzt. Bei Dieselmotoren kann das geometrische Verdichtungsverhältnis in der Volllast optimal zwischen gutem Wirkungsgrad und maximaler Bauteilbelastung gewählt werden. Zum sicheren Kaltstart wird das Verdichtungsverhältnis möglichst hoch eingestellt.

3.3 Drehzahl und Kolbengeschwindigkeit

Drehzahl

$$n = \frac{\text{Anzahl Umdrehungen Kurbelwelle}}{\text{Zeit}} \tag{3.21}$$

Winkelgeschwindigkeit

$$\omega = 2 \cdot \pi \cdot n \tag{3.22}$$

Kolbengeschwindigkeit

Die Kolbengeschwindigkeit in Abhängigkeit vom Kurbelwinkel ergibt sich durch die zeitliche Ableitung aus der Bewegungsgleichung des Kurbeltriebes zusammen mit der Winkelgeschwindigkeit.

$$\dot{s}_\alpha = \frac{\mathrm{d}s_\alpha}{\mathrm{d}t} = \frac{\mathrm{d}s_\alpha}{\mathrm{d}\alpha} \cdot \frac{\mathrm{d}\alpha}{\mathrm{d}t} \tag{3.23}$$

$$\frac{\mathrm{d}\alpha}{\mathrm{d}t} = \omega = 2 \cdot \pi \cdot n \tag{3.24}$$

folgt:

$$\dot{s}_\alpha = \omega \cdot \frac{\mathrm{d}s_\alpha}{\mathrm{d}\alpha} \approx \omega \cdot r \cdot \left[\sin\alpha + \frac{1}{2} \cdot \lambda_s \cdot \sin 2\alpha \right] \tag{3.25}$$

Motortyp	ε		obere Begrenzung durch
	von	bis	
Zweitakt-Ottomotor	7,5	10	Glühzünden
Ottomotor-SE	9	11	Klopfen, Glühzünden
Ottomotor-SE Turbo	8	10	Klopfen, Glühzünden
Otto-DE	11	14	Klopfen, Glühzünden
Otto-DE Turbo	9	12	Klopfen, Glühzünden
Diesel (Kammermotor)	18	24	Wirkungsgradeinbuße Volllast, Bauteilbelastung, Geräusch
Diesel (Direkteinspritzung)	17	21	Wirkungsgradeinbuße Volllast, Bauteilbelastung, Geräusch

Bild 3-4 Verdichtungsverhältnisse heutiger Motoren

Motortyp	maximal Drehzahl [1/min] circa	mittlere Kolbengeschwindigkeit [m/s] circa
Rennmotoren (Formel 1)	18.000	25
Kleinmotoren (2-Takt)	20.000	19
Motorradmotoren	13.500	19
Pkw-Ottomotoren	7.500	20
Pkw-Dieselmotoren	5.000	15
Lkw-Dieselmotoren	2.800	14
Größere Dieselschnellläufer	2.200	12
Mittelschnellläufer (Diesel)	1.200	10
Kreuzkopfmotoren (2-Takt-Diesel)	150	8

Bild 3-5 Maximale Drehzahl und mittlere Kolbengeschwindigkeit bei Nenndrehzahl heutiger Motoren

Mit ansteigender Kolbengeschwindigkeit steigen

- Massenkräfte
- Verschleiß
- Strömungswiderstände beim Ansaugen
- Reibleistung
- Geräusch

ebenfalls an. Insbesondere die maximal zulässigen Massenkräfte begrenzen die Kolbengeschwindigkeit und damit auch die maximale Drehzahl. Bei Motoren mit innerer Gemischbildung, also Dieselmotoren und Ottomotoren mit Direkteinspritzung, ist die Drehzahl außerdem durch die zur Gemischbildung erforderliche Zeit begrenzt. Bei Dieselmotoren ist dies ein Grund für die im Verhältnis zu einem Ottomotor vergleichbarer Größenordnung deutlich niedrigere Höchstdrehzahl.

Mittlere Kolbengeschwindigkeit

$$c_m = 2 \cdot s \cdot n \qquad (3.26)$$

Die mittlere Kolbengeschwindigkeit ist ein Maß zum Vergleich der Triebwerke verschiedener Motoren untereinander. Sie gibt eine Information über die Belastung der Gleitpartner und Anhaltspunkte für die Leistungsdichte des Motors.

Im **Bild 3-5** sind Drehzahlen und Kolbengeschwindigkeiten heutiger Motoren zur Orientierung aufgelistet.

Maximale Kolbengeschwindigkeit

Zur Bewertung und Auslegung der Kolbenringe und des Geitsystems Kolben-Zylinderlaufbahn ist nicht die mittlere sondern die maximale Kolbengeschwindigkeit maßgebend. Unter Annahme eines unendlich langen Pleuels ($\lambda_s = 0$) vereinfacht sich die maximale

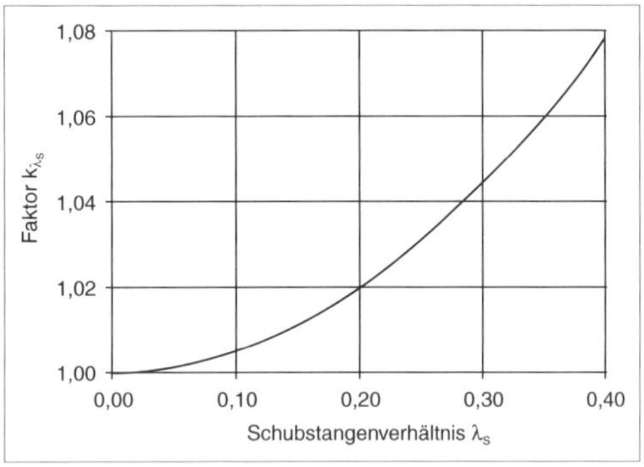

Bild 3-6 Korrektur der maximalen Kolbengeschwindigkeit durch das reale λ_s

Kolbengeschwindigkeit zu:

$$c_{\max} = \omega \cdot r$$

Für die Berücksichtigung des endlich langen Pleuels muss das Maximum der Gleichung 3.25 bestimmt werden. Eine Korrektur nach **Bild 3-6** zeigt den Einfluss anschaulich

$$c_{\max} = \omega \cdot r \cdot k_{\lambda_s}$$

3.4 Drehmoment und Leistung

Die Leistung an einem Betriebspunkt des Motors errechnet sich aus Drehmoment und Drehzahl:

$$P_e = M_d \cdot \omega = M_d \cdot 2 \cdot \pi \cdot n \qquad (3.27)$$

Eine Leistungssteigerung kann nach dieser Gleichung durch Steigerung der Drehzahl oder des Drehmomentes realisiert werden. Beiden sind Grenzen gesetzt (siehe Kapitel 3.3).

Beispielhaft zeigt **Bild 3-7** Motorkennlinien eines Dieselmotors. Eingezeichnet sind das maximale

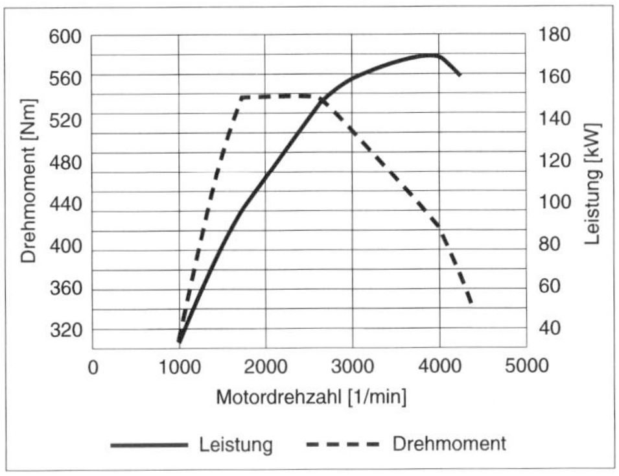

Bild 3-7 Leistungs- und Drehmomentverlauf eines Dieselmotors mit Aufladung [6]

Drehmoment und die maximale Leistung über der Drehzahl. Das Leistungsmaximum liegt nicht unbedingt bei Höchstdrehzahl. Nicht nur die Spitzenwerte von Leistung und Drehmoment, sondern ihr Verlauf über der Drehzahl ist maßgebend für die Beurteilung des Zusammenspiels Motor-Fahrzeug beziehungsweise Motor-Arbeitsmaschine (siehe auch Kapitel 3.6: Gasarbeit und Mitteldruck).
Bezieht man die effektive Leistung P_e auf das Hubvolumen V_H, so spricht man von Literleistung P_l.

$$P_l = \frac{P_e}{V_H} \tag{3.28}$$

Wird die Motormasse m_M auf die Leistung bezogen, ergibt sich das Leistungsgewicht m_G:

$$m_G = \frac{m_M}{P_e} \tag{3.29}$$

Erfahrungswerte hierzu zeigt **Bild 3-8**.

3.5 Kraftstoffverbrauch

Die mit dem Kraftstoff zugeführte Energie ergibt sich zu:

$$E_K = m_K \cdot H_u \tag{3.30}$$

mit

m_K = zugeführte Kraftstoffmasse
H_u = unterer Heizwert des Kraftstoffes

Der Kraftstoffverbrauch wird als Volumenstrom oder als Massenstrom gemessen

$$\dot{m}_K = \frac{m_K}{t} = \rho_K \cdot \dot{V}_K \tag{3.31}$$

mit

ρ_K = Dichte des Kraftstoffes

Auch der Kraftstoffverbrauch kann zur besseren Vergleichbarkeit auf die innere Leistung oder auf die effektive Leistung bezogen werden.
Innerer spezifischer Kraftstoffverbrauch:

$$b_i = \frac{\dot{m}_K}{P_i} = \frac{1}{\eta_i \cdot H_u} \tag{3.32}$$

mit

η_i = indizierter Wirkungsgrad oder Innenwirkungsgrad

Effektiver spezifischer Kraftstoffverbrauch:

$$b_e = \frac{\dot{m}_K}{P_e} = \frac{1}{\eta_e \cdot H_u} \tag{3.33}$$

mit

η_e = effektiver Wirkungsgrad

Die Gleichung

$$b_e = \frac{1}{\eta_e \cdot H_u} \tag{3.34}$$

Motortyp	Literleistung [kW/l] bis	Leistungsgewicht [kg/kW] bis
Rennmotor (Formel 1)	200	0,4
Pkw-Ottomotor	70	2,0
Pkw-Ottomotor mit Aufladung	100	3,0
Pkw-Dieselmotor (Saugmotor)	45	5,0
Pkw-Dieselmotor (Aufgeladen)	64	4,0
Nutzfahrzeugdieselmotor	30	3,0
Größere Dieselschnellläufer	50	11,0
Mittelschnelllaufender Dieselmotor	25	19,0
Langsamlaufender Großdieselmotor (2-Takt)	3,0	55,0

Bild 3-8 Erfahrungswerte für Literleistung und Leistungsgewicht

grafisch dargestellt, **Bild 3-9**, verdeutlich den Zusammenhang zwischen effektivem Wirkungsgrad und effektivem spezifischen Kraftstoffverbrauch:

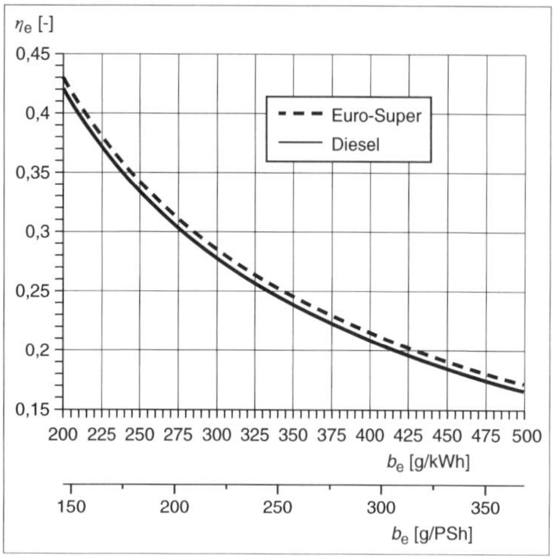

Bild 3-9 Wirkungsgrad über Kraftstoffverbrauch ($H_{U,\text{ Euro-Super}} = 42{,}0$ MJ/kg; $H_{U,\text{ Diesel}} = 42{,}8$ MJ/kg)

Die **Bilder 3-10** bis **3-12** zeigen beispielhaft Leistungs- und Kraftstoffverbrauchskennfelder eines Pkw-Ottomotors, eines Pkw-Dieselmotors und eines Nfz-Dieselmotors. Die Isolinien (Glockenkurven) kennzeichnen Betriebspunkte gleichen Kraftstoffverbrauchs. Zur Beurteilung des Kraftstoffverbrauchs eines Motors ist nicht nur der Bestpunkt sondern der Verbrauch an allen genutzten Betriebspunkten zu berücksichtigen.

Bild 3-13 zeigt Erfahrungswerte für den spezifischen Kraftstoffverbrauch.

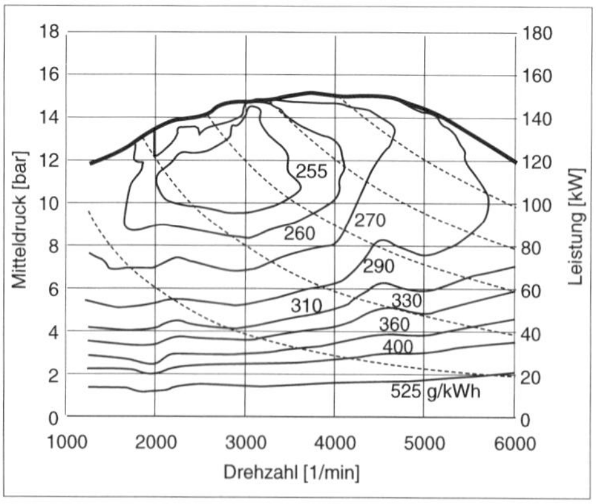

Bild 3-10 Leistungs- und Verbrauchskennfeld, Pkw-Ottomotor [7]

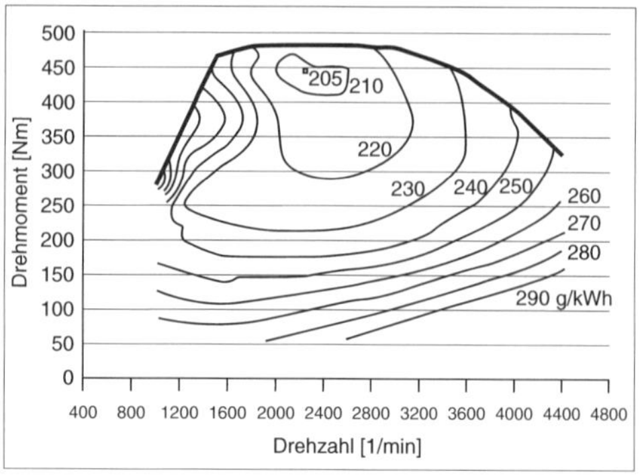

Bild 3-11 Verbrauchskennfeld, Pkw-Dieselmotor V8-TDI [8]

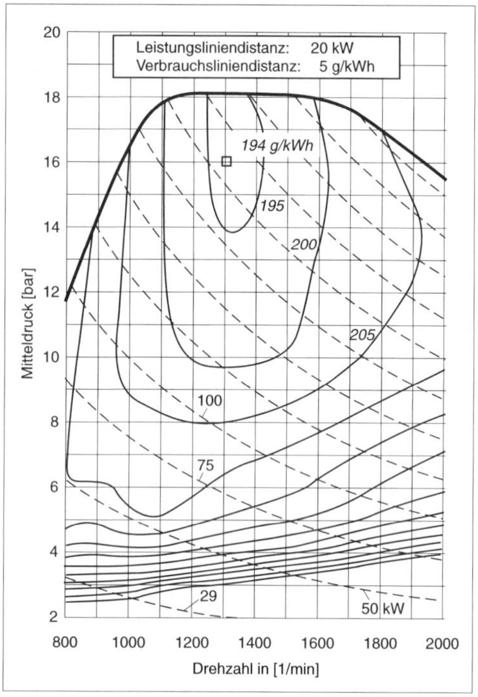

Bild 3-12 Leistungs- und Verbrauchskennfeld, Nfz-Motor mit $V_H = 12\ l$ [1]

3.6 Gasarbeit und Mitteldruck

Die Gasarbeit ist die durch den Zylinderdruck am Kolben verrichtete Arbeit. Beim Mitteldruck unterscheidet man zwischen innerem und effektivem Mitteldruck sowie dem Reibmitteldruck.

Innerer Mitteldruck

Der innere oder indizierte Mitteldruck p_{mi} ist äquivalent zu der auf den Kolben wirkenden spezifischen Arbeit.

Motortyp	spezifischer Kraftstoffverbrauch [g/kWh] minimal	Wirkungsgrad [%] maximal
Kleinmotoren (2-Takt)	350	24
Motorradmotoren	270	31
Pkw-Ottomotoren	250	34
Pkw-Dieselmotoren IDE	240	35
Pkw-Dieselmotoren DE mit Aufladung	200	42
Lkw-Dieselmotoren mit Aufladung	185	45
Größere Dieselschnellläufer	190	44
Mittelschnellläufer	185	45
Kreuzkopfmotoren (2-Takt-Diesel)	156	54

Bild 3-13 Erfahrungswerte für Kraftstoffverbrauch und Wirkungsgrad im Bestpunkt

Der innere Mitteldruck wird aus dem Zylinderdruckverlauf und dem Hubvolumen bestimmt **(Bild 3-14)**. Aus dem *p*-*V*-Diagramm kann der indizierte Mitteldruck durch planimetrieren (Ausmessen des Flächeninhaltes) bestimmt werden. Wird die von der Kurve eingeschlossene Fläche im Uhrzeigersinn umfahren, so ergibt sich ein positiver, wird sie gegen den Uhrzeigersinn durchfahren, ein negativer innerer Mitteldruck. Man kann daher zwischen einem inneren Mitteldruck des Hochdruckteils und einem inneren Mitteldruck der Gaswechselschleife unterscheiden. Die Summe dieser beiden Anteile ergibt den inneren Mitteldruck des Motors p_{mi} **(Bild 3-15)**. Der innere Mitteldruck der Gaswechselschleife p_{miGW}, setzt sich zusammen aus Ansaug- und Ausschiebearbeit und kann daher als ein Maß für die Qualität des Gaswechsels [9] angesehen werden. Bei Saugmotoren ist das p_{miGW} in der Regel negativ, das heißt eine Verlustarbeit. Bei aufgeladenen Motoren ist dieser Anteil meistens positiv.

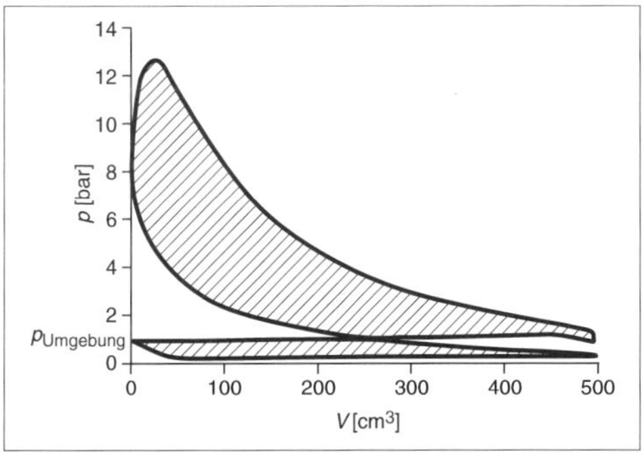

Bild 3-14 Zylinderdruck über Hubvolumen, (2000 U/min, p_{mi} 2 bar, $V_h = 500$ cm^3)

Der innere Mitteldruck, **Bild 3-15**, lässt sich aus der während eines Arbeitsspiels am Kolben übertragenen Arbeit der Gaskraft herleiten:

$$dW_{KA} = p \cdot A_K \cdot ds_\alpha \quad (3.35)$$

mit

p = Verbrennungsdruck beziehungsweise Zylinderdruck

A_K = Kolben- beziehungsweise Zylinderfläche

s_α = Kolbenweg = f (Kurbelwinkel α)

W_{KA} = Gasarbeit am Kolben pro Arbeitsspiel

mit Volumenänderung in Abhängigkeit vom Kolbenweg:

$$A_K \cdot ds_\alpha = dV_\alpha \quad (3.36)$$

dV_α = Volumenänderung = f (Kurbelwinkel α)

und Integration über das gesamte Arbeitsspiel ergibt sich:

$$W_{KA} = \oint p \cdot dV_\alpha \quad (3.37)$$

Die innere Leistung P_{iZ} eines Zylinders ergibt sich somit zu:

$$P_{iZ} = n_A \cdot W_{KA} \quad (3.38)$$

mit:

n_A = Arbeitsspiele pro Zeit = $i \cdot n$

n = Motorumdrehungen pro Zeit

i = Arbeitsspiele pro Umdrehung
Für 4-Takt-Motor gilt: $i = 0{,}5$
Für 2-Takt-Motor gilt: $i = 1$

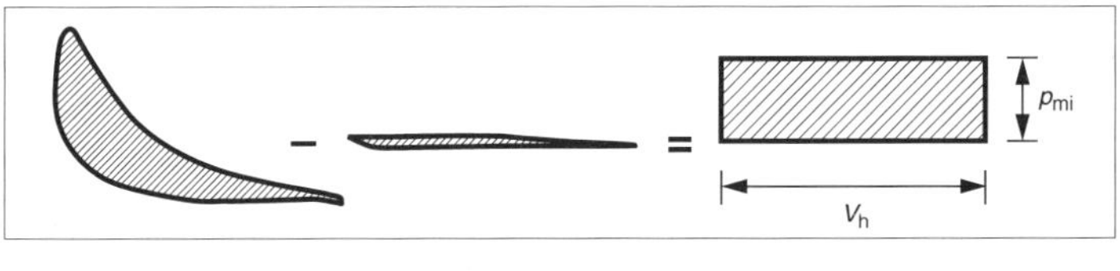

Bild 3-15 Bestimmung des inneren Mitteldrucks aus den Flächen über dem Hubvolumen

Motortyp	Effektiver Mitteldruck [bar]
	bis
Motorradmotor	12
Rennmotoren (Formel 1)	16
Pkw-Ottmotoren (ohne Aufladung)	13
Pkw-Ottomotoren (mit Aufladung)	17
Pkw-Dieselmotoren (mit Aufladung)	20
Lkw-Dieselmotoren (mit Aufladung)	24
Größere Dieselschnellläufer	28
Diesel-Mittelschnellläufer	25
Kreuzkopfmotoren (2-Takt-Diesel)	15

Bild 3-16 Effektiver Mitteldruck heutiger Motoren

Damit gilt für die Zylinderleistung:

$$P_{iZ} = i \cdot n \cdot W_{KA} \tag{3.39}$$

Die auf das Hubvolumen V_h bezogene Gasarbeit W_{KA} je Arbeitsspiel wird als innerer Mitteldruck p_{mi} bezeichnet:

$$p_{mi} = \frac{W_{KA}}{V_h} \tag{3.40}$$

beziehungsweise

$$p_{mi} \cdot V_h = W_{KA} \tag{3.41}$$

Somit kann man die innere Zylinderleistung durch

$$P_{iZ} = i \cdot n \cdot p_{mi} \cdot V_h \tag{3.42}$$

ausdrücken. Diese Gleichung gilt für einen Zylinder. Ein Motor mit mehreren Zylindern (z = Zylinderzahl) hat die innere Leistung:

$$P_i = i \cdot n \cdot p_{mi} \cdot V_h \cdot z = i \cdot n \cdot p_{mi} \cdot V_H \tag{3.43}$$

Zur Beurteilung der Regelmäßigkeit der Verbrennung wird der indizierte Mitteldruck vieler aufeinander folgender Zyklen herangezogen, zum Beispiel durch Bildung der Varianz. Auf diese Weise lassen sich unregelmäßige Verbrennungen und Zündaussetzer ermitteln. Dies sind Kriterien für Kohlenwasserstoffemissionen, Leistung und Rundlauf des Motors. Bei gut ausgelegten Motoren ist die Varianz des indizierten Mitteldruckes kleiner als 1 %, wobei die Varianz mit steigender Drehzahl zunimmt.
Die Varianz wird folgendermaßen berechnet:

$$COV = \frac{\sigma_{p_{mi}}}{\overline{p}_{mi}} \tag{3.44}$$

$$\sigma_{p_{mi}} = \sqrt{\frac{1}{n-1} \sum_{i=1}^{n} \left(p_{mi\,i} - \overline{p}_{mi} \right)^2} \tag{3.45}$$

wobei:

COV = Varianz (Coefficient of Variation)
$\sigma_{p_{mi}}$ = Standardabweichung des inneren Mitteldrucks
$\overline{p}_{mi}$ = Mittelwert des inneren Mitteldrucks

Analog zum inneren Mitteldruck p_{mi} definiert man den effektiven Mitteldruck p_{me} und den Reibmitteldruck p_{mr}:

Effektiver Mitteldruck

Der effektive Mitteldruck lässt sich aus dem Drehmoment M_d bestimmen:

$$p_{me} = \frac{M_d \cdot 2\pi}{V_H \cdot i} \tag{3.46}$$

M_d = Drehmoment des Motors
i = Arbeitsspiele pro Umdrehung (0.5 für 4-Takt, 1 für 2-Takt)
V_H = Gesamthubvolumen des Motors

Bild 3-16 stellt Beispiele für den effektiven Mitteldruck heutiger Motoren dar.

Reibmitteldruck

Der Reibmitteldruck ist die Differenz aus innerem Mitteldruck und effektivem Mitteldruck:

$$p_{mr} = p_{mi} - p_{me} \tag{3.47}$$

Der Reibmitteldruck nach SAE ist die Verlustleistung aus mechanischer Reibung des Triebwerks und Pumpverlusten im Kurbelgehäuse. Die Reibung des Motors ist primär von der Motordrehzahl und somit der Kolbengeschwindigkeit abhängig, wobei mit steigender Motordrehzahl die Reibung zunimmt. Einen geringeren Einfluss auf die Reibung haben der Zylinderdruck, d.h. die Motorlast sowie die Motortemperatur und die Ölviskosität. Zu den Reibverlusten nach DIN zählen zusätzlich zu den Verlusten nach SAE-Definition auch die Antriebsleistungen für Nebenaggregate des Motors wie Generator, Klimakompressor oder Servopumpe.

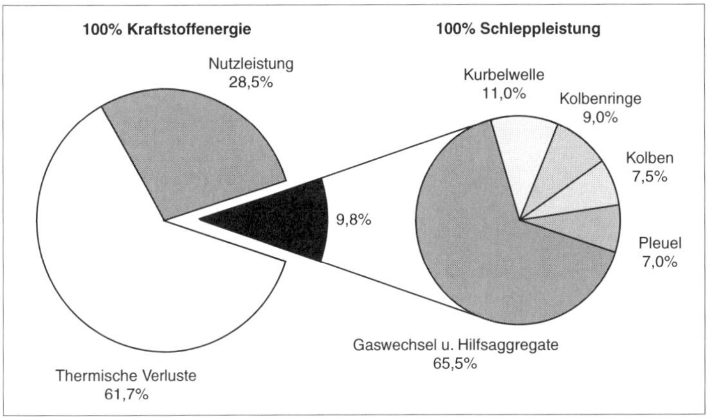

Bild 3-17 Aufteilung des Wirkungsgrades bei einem 4-Takt-Ottomotor [4]

3.7 Wirkungsgrad

Beim Verbrennungsmotor unterscheidet man zwischen innerem, effektivem und mechanischem Wirkungsgrad. Die Bestimmung von innerem und effektivem Wirkungsgrad geht zunächst von der im Kraftstoff gespeicherte Energie aus.
Die mit dem Kraftstoff zugeführte Energie pro Zeit ergibt sich zu:

$$\frac{E_K}{t} = \dot{m}_K \cdot H_u \quad (3.48)$$

mit

$\dot{m}_K$ = zugeführte Kraftstoffmasse pro Zeit
H_u = unterer Heizwert des Kraftstoffes

Betrachtet man die Motorleistung P als Nutzen des Motorprozesses und die zugeführte Kraftstoffenergie pro Zeit als Aufwand, so lässt sich der Wirkungsgrad η formulieren:

$$\eta = \frac{\text{Nutzen}}{\text{Aufwand}} = \frac{P}{\frac{E_K}{t}} = \frac{P}{\dot{m}_K \cdot H_u} \quad (3.49)$$

innerer Wirkungsgrad

$$\eta_i = \frac{P_i}{\dot{m}_K \cdot H_u} \quad (3.50)$$

effektiver Wirkungsgrad

$$\eta_e = \frac{P_e}{\dot{m}_K \cdot H_u} \quad (3.51)$$

Das Verhältnis von effektivem Wirkungsgrad zu innerem Wirkungsgrad, wird durch den mechanischen Wirkungsgrad beschrieben:

mechanischer Wirkungsgrad

$$\eta_m = \frac{\eta_e}{\eta_i} = \frac{P_e}{P_i} \quad (3.52)$$

Bild 3-17 zeigt die Aufteilung der eingebrachten Kraftstoffenergie auf thermische Verluste sowie Nutz- und Reibleistung. Dargestellt ist weiterhin die Aufteilung der Reibleistung oder Schleppleistung in die jeweiligen Anteile.

3.8 Luftdurchsatz und Zylinderfüllung

Die Leistung eines Motors ist von der Zylinderfüllung abhängig. Zur Beurteilung und Kennzeichnung der Füllung dienen der Luftaufwand λ_a und der Liefergrad λ_l.

Luftaufwand

Der Luftaufwand ist ein Maß für die dem Motor zugeführte Frischladung. Vorausgesetzt wird, dass die Ladung gasförmig vorliegt. Für den Luftaufwand ergibt sich somit die Beziehung:

$$\lambda_a = \frac{m_G}{m_{\text{th}}} = \frac{m_G}{V_h \cdot \rho_{\text{th}}} \quad \text{bzw.} \quad \lambda_a = \frac{m_{G\,\text{ges}}}{V_H \cdot \rho_{\text{th}}} \quad (3.53)$$

m_G = gesamte einem Zylinder zugeführte Frischladungsmasse je Arbeitsspiel
$m_{G\,\text{ges}}$ = gesamte dem Motor zugeführte Frischladungsmasse je Arbeitsspiel
m_{th} = theoretische Ladungsmasse je Arbeitsspiel (Zylinder beziehungsweise gesamter Motor)
ρ_{th} = theoretische Ladungsdichte

Die gesamte zugeführte Frischladung besteht aus:
Ottomotor:

$$m_G = m_K + m_L \quad \text{bzw.} \quad m_{G\,\text{ges}} = m_{K\,\text{ges}} + m_{L\,\text{ges}} \quad (3.54)$$

Dieselmotor:

$$m_G = m_L \quad \text{bzw.} \quad m_{G\,\text{ges}} = m_{L\,\text{ges}} \quad (3.55)$$

Die theoretische Frischladungsmasse wird ermittelt aus dem geometrischen Hubvolumen und dem Umgebungszustand der Ladung. Bei aufgeladenen Motoren wird an Stelle des Umgebungszustandes der thermodynamische Zustand vor den Einlassorganen angesetzt. Die Ladung besteht bei Motoren mit inne-

rer Gemischbildung aus Luft, bei Motoren mit äußerer Gemischbildung aus Luft und Kraftstoff.
Mit der Gasgleichung ergibt sich:

$$p_u \cdot V_h = m_{\text{th}} \cdot R \cdot T_u \quad \text{bzw.} \quad p_u \cdot V_H = m_{\text{th ges}} \cdot R \cdot T_u \quad (3.56)$$

mit

R = R_G (Gaskonstante des Gemisches) beim Ottomotor
R = R_L (Gaskonstante von Luft) beim Dieselmotor oder Otto-DI
T_u = Umgebungstemperatur
p_u = Umgebungsdruck

Setzt man die Dichte des angesaugten Gemisches beziehungsweise der angesaugten Luft gleich der theoretischen Ladungsdichte ρ_{th}, lässt sich der Luftaufwand auch durch volumetrische Größen ermitteln:

$$m_G = V_G \cdot \rho_G \quad \text{bzw.} \quad m_{G\,\text{ges}} = V_{G\,\text{ges}} \cdot \rho_G \quad (3.57)$$

mit

V_G = volumetrischer Ladungseinsatz je Arbeitsspiel eines Zylinders
$V_{G\,\text{ges}}$ = volumetrischer Ladungseinsatz je Arbeitsspiel des Motors

Ottomotor:

$$\lambda_a = \frac{V_G}{V_h} \quad \text{bzw.} \quad \lambda_a = \frac{V_{G\,\text{ges}}}{V_H} \quad (3.58)$$

Dieselmotor:

$$\lambda_a = \frac{V_L}{V_h} \quad \text{bzw.} \quad \lambda_a = \frac{V_{L\,\text{ges}}}{V_H} \quad (3.59)$$

Um den Luftaufwand am Motor experimentell zu bestimmen, wird das angesaugte Luftvolumen oder die Luftmasse gemessen. Zusätzlich müssen Druck und Temperatur der Luft sowie der Umgebungszustand und beim Ottomotor der Kraftstoffverbrauch erfasst werden.

Liefergrad

Der Liefergrad ist ein Maß für die im Zylinder nach Abschluss des Ladungswechsels verbleibende Frischladung. Diese wird wie beim Luftaufwand auf die theoretische Ladungsdichte bezogen.

$$\lambda_l = \frac{m_Z}{m_{\text{th}}} = \frac{m_Z}{V_h \cdot \rho_{\text{th}}} \quad \text{bzw.} \quad \lambda_l = \frac{m_{Z\,\text{ges}}}{V_H \cdot \rho_{\text{th}}} \quad (3.60)$$

Für die Zylinderfrischladung m_Z beziehungsweise $m_{Z\,\text{ges}}$ gilt:
beim Ottomotor:

$$m_Z = m_{ZL} + m_{ZK} \quad \text{bzw.} \quad m_{Z\,\text{ges}} = m_{ZL\,\text{ges}} + m_{ZK\,\text{ges}} \quad (3.61)$$

beim Dieselmotor:

$$m_Z = m_{ZL} \quad \text{bzw.} \quad m_{Z\,\text{ges}} = m_{ZL\,\text{ges}} \quad (3.62)$$

Dabei bedeutet:

m_{ZL} = Luftmasse in einem Zylinder
$m_{ZL\,\text{ges}}$ = Luftmasse in allen Motorzylindern
m_{ZK} = Kraftstoffmasse in einem Zylinder
$m_{ZK\,\text{ges}}$ = Kraftstoffmasse in allen Zylindern

Die im Zylinder beziehungsweise in allen Motorzylindern verbleibende Ladungsmasse lässt sich nicht direkt ermitteln beziehungsweise messtechnisch erfassen. Näherungsweise wird folgende Vorgehensweise gewählt:

a) Zylinderdruckindizierung in einem oder allen Motorzylindern
b) Annahme, dass die Zylinderladungstemperatur zum Zeitpunkt „Einlassventil schließt" näherungsweise gleich der Temperatur im Einlasskanal vor dem Einlassventil ist (Messung dieser Temperatur mit Thermoelement)
c) Ansatz der Gasgleichung zum Zeitpunkt „Einlassventil schließt"

$$p_{ZEs} \cdot V_{Es} = m_Z \cdot R \cdot T_{ZEs}$$

Für die Gaskonstante R wird wieder R_G oder R_L gesetzt.

Bei 4-Takt-Otto-Motoren ist der Kurbelwinkelbereich der Ventilüberschneidung (Zeitbereich, in dem sowohl Einlassventil als auch Auslassventil beim Ladungswechsel gleichzeitig geöffnet sind) relativ klein. Für den Fall der kleinen Ventilüberschneidung kann in guter Näherung $\lambda_a \approx \lambda_l$ gesetzt werden.
Bei Motoren ohne Aufladung sind λ_a und λ_l immer kleiner als 1, da Strömungswiderstände beim Ansaugen und beim Ausschieben ein vollständiges Ausspülen des geometrischen Hubvolumens verhindern. Motoren mit Aufladung zum Beispiel auch Motoren mit Schwingsaugrohren haben Betriebszustände, bei denen λ_a und λ_l größer als 1 sind.
Dieselmotoren, insbesondere solche mit Aufladung, haben große Ventilüberschneidungen, um eine Innenkühlung und eine bessere Ausspülung des Brennraumes von Restgasen zu erreichen. Hier kann $\lambda_a \gg \lambda_l$ werden.
Bei schlitzgesteuerten 2-Takt Motoren existiert ein erheblicher Unterschied zwischen Luftaufwand und Liefergrad bedingt durch die Überströmverluste. Der Quotient aus Liefergrad und Luftaufwand ergibt den Fanggrad, welcher ein Maß für die im Zylinder verbleibende Frischladung ist.

3.9 Luft-Kraftstoff-Verhältnis

Bei der motorischen Verbrennung wird das Verhältnis aus der tatsächlich im Zylinder vorhandenen Luftmasse m_L zur stöchiometrischen Luftmasse $m_{L,\,St}$ als Luft-Kraftstoff-Verhältnis λ bezeichnet.
Der stöchiometrische Luftbedarf L_{St} ist definiert als der Quotient aus der Luftmasse und der Kraftstoff-

masse bei stöchiometrischen Verhältnissen

$$L_{St} = \frac{m_{L,St}}{m_K} \tag{3.63}$$

$$\lambda = \frac{m_L}{m_{L,St}} = \frac{m_L}{m_K \cdot L_{St}} \tag{3.64}$$

mit

$m_{L,St}$ = Luftmasse bei stöchiometrischen Verhältnissen
m_K = Kraftstoffmasse

Der stöchiometrische Luftbedarf kann aus den Massenanteilen der im Kraftstoff enthaltenen chemischen Elemente ermittelt werden. Dabei sind die bei der Verbrennung entstehenden Verbrennungsprodukte (Abgase) zu berücksichtigen. Der Verbrennungsprozess selbst läuft über eine große Anzahl von Zwischenreaktionen ab, an denen zahlreiche, vor allem aber auch kurzlebige Verbindungen, so genannte Radikale, beteiligt sind. Die wichtigsten Verbrennungsprodukte bei vollständiger Verbrennung sind Kohlendioxid (CO_2), Wasser (H_2O) und Schwefeldioxid (SO_2) sowie durch die Verbrennung praktisch unveränderter Luftstickstoff (N_2, Inertgas). Somit ergibt sich für die vollständige Verbrennung eines Kraftstoffes mit der Zusammensetzung $C_xH_yS_qO_z$ die chemische Reaktionsgleichung:

$$C_xH_yS_qO_z + \left(x + \frac{y}{4} + q - \frac{z}{2}\right) \cdot O_2$$
$$\Rightarrow x \cdot CO_2 + \frac{y}{2} \cdot H_2O + q \cdot SO_2 \tag{3.65}$$

mit den stöchiometrischen Komponenten

$$x = \frac{M_K}{M_C} \cdot c \qquad y = \frac{M_K}{M_H} \cdot h \qquad q = \frac{M_K}{M_S} \cdot s \qquad z = \frac{M_K}{M_O} \cdot o$$

Hierbei bedeuten:

c, h, s, o = Massenanteile der im Kraftstoff enthaltenen Elemente Kohlenstoff (c), Wasserstoff (h), Schwefel (s) und Sauerstoff (o)
M_C, M_H, M_S, M_O = Molmassen der Elemente im Kraftstoff
M_K = Molmasse des Kraftstoffes

Unter Berücksichtigung des Massenanteils von Sauerstoff in Luft $\xi_{O_2,L}$ ergibt sich für den stöchiometrischen Luftbedarf:

$$L_{St} = \frac{1}{\xi_{O_2,L}} \cdot \frac{m_{O_2,St}}{m_K} = \frac{1}{\xi_{O_2,L}} \cdot \frac{M_{O_2}}{M_K} \cdot \frac{n_{O_2,St}}{n_K} \tag{3.66}$$

mit

M_{O_2} = Molmasse von Sauerstoff
n_{O_2}; n_K = Stoffmengen von Sauerstoff und Kraftstoff

Mit den Beziehungen $n_{O_2,St} = x + \frac{y}{4} + q - \frac{z}{2}$ und $n_K = 1$ aus den chemischen Reaktionsgleichungen ergibt sich

$$L_{St} = \frac{1}{\xi_{O_2,L}} \cdot \left(\frac{M_{O_2}}{M_C} \cdot c + \frac{1}{4} \cdot \frac{M_{O_2}}{M_H} \cdot h + \frac{M_{O_2}}{M_S} \cdot s - o\right) \tag{3.67}$$

	Einheit	Wert	
Mittlere Molmasse des Kraftstoffs	G/mol	99,1	
Zusammensetzung der Kraftstoffprobe:	Gew-%	87,08	Kohlenstoff
	Gew-%	12,87	Wasserstoff
	Gew-%	0,05	Sauerstoff
Theoretische Summenformel	–	7,2	Kohlenstoff
	–	12,6	Wasserstoff
	–	0,0	Sauerstoff
Brennwert (Ho)	MJ/kg	45,72	
Heizwert (Hu)	MJ/kg	42,88	
Theoretischer stöchiometrischer Luftbedarf	kg Luft / kg Krst	14,47	

Bild 3-18 Beispiel einer Kraftstoffanalyse, Euro-Super

$$L_{St} = \frac{1}{0,232} \cdot (2,664 \cdot c + 7,937 \cdot h + 0,988 \cdot s - o) \quad (3.68)$$

Beispielhafte Daten einer Kraftstoffanalyse zeigt **Bild 3-18**.

Die Kraftstoffzumischung im Motorbetrieb wird durch den stöchiometrischen Luftbedarf beeinflusst. Daher muss das Gemischbildungssystem bei Anwendung verschiedener Kraftstoffe (zum Beispiel Benzin und Alkoholkraftstoffe) jeweils angepasst werden.

Bei der motorischen Verbrennung weicht das Mischungsverhältnis mehr oder weniger vom stöchiometrischen ab.

Ein Gemisch mit Luftüberschuss ($\lambda > 1$) bezeichnet man als „mageres Gemisch" (Magerbetrieb), ein Gemisch mit Luftmangel ($\lambda < 1$) wird als „fettes Gemisch" bezeichnet. Ottomotoren mit Saugrohreinspritzung werden heute in weiten Kennfeldbereichen fast nur noch mit stöchiometrischem Gemisch ($\lambda = 1$) betrieben. Ottomotoren mit Direkteinspritzung können homogen mit $\lambda = 1$, homogen-mager ($\lambda > 1$) und auch geschichtet-mager (im Mittel des Brennraumes $\lambda \gg 1$, partiell aber auch $\lambda = 1$) betrieben werden.

Dieselmotoren werden immer mit Luftüberschuss ($\lambda > 1$) kleine Zweitaktmotoren werden in erster Linie im Luftmangelbereich ($\lambda < 1$) betrieben.

Literatur

[1] *Mollenhauer (Hrsg.).*: Handbuch Dieselmotoren. Berlin: Springer, 2007. – ISBN 978-3-540-72164-2

[2] *Heywood, John B.*: Internal Combustion Engine Fundamentals. New York: Mc Graw-Hill, 1988. – ISBN 0-07-100499-8

[3] *Spicher, Ulrich:* Umdruck zur Vorlesung Verbrennungsmotoren. Karlsruhe: Universität

[4] *Mahle* (Hrsg.): Einflussgrößen auf die Reibleistung der Kolbengruppe. (Technische Information Nr. 7148). Stuttgart, 1994

[5] *Robert Bosch GmbH* (Hrsg.): Kraftfahrtechnisches Taschenbuch. 26. Aufl. Wiesbaden: Vieweg, 2007. – ISBN 978-3-8348-0138-8

[6] *Anisizs, F.; Borgmann, K.; Kratochwill, H.; Steinparzer, F.*: Der erste Achtzylinder-Dieselmotor mit Direkteinspritzung von BMW. In: MTZ 60 (1999), Heft Nr. 6, S. 362 – 371

[7] *Fortnagel, M.; Heil, B.; Giese, J.; Mürwald, M.; Weining, H.-K.; Lückert, P.*: Technischer Fortschritt durch Evolution: Neue Vierzylinder Ottomotoren von Mercedes-Benz auf der Basis des erfolgreichen M111. In: MTZ 61 (2000), Heft Nr. 9, S. 582 – 590

[8] *Bach, M.; Bauder, R.; Endress, H.; Pölzl, H.-W.; Wimmer, W.*: Der neue TDI-Motor von Audi: Teil 3 Thermodynamik. In: MTZ 60 (1999) Sonderausgabe 10 Jahre TDI-Motor von Audi, S. 40 – 46

[9] *Kuratle, R.*: Motorenmeßtechnik. 1. Aufl. Würzburg: Vogel, 1995. – ISBN 978-3-8033-1554-4

4 Kennfelder

Der Betriebspunkt eines Verbrennungsmotors ist durch seine Drehzahl und sein Drehmoment definiert. Die Gesamtheit aller möglichen Betriebspunkte spannt in einer zweidimensionalen Darstellung das sogenannte Motorkennfeld auf. In diesem Kennfeld wird der Betriebsbereich des Verbrennungsmotors durch die Volllastkurve sowie die minimale und maximale Drehzahl begrenzt **(Bild 4-1)**. Die vom Motor im jeweiligen Betriebspunkt abgegebene Leistung errechnet sich nach der Beziehung $P_e = 2 \cdot \pi \cdot M \cdot n$. Linien konstanter Leistung werden im Motorkennfeld als Leistungshyperbeln bezeichnet.

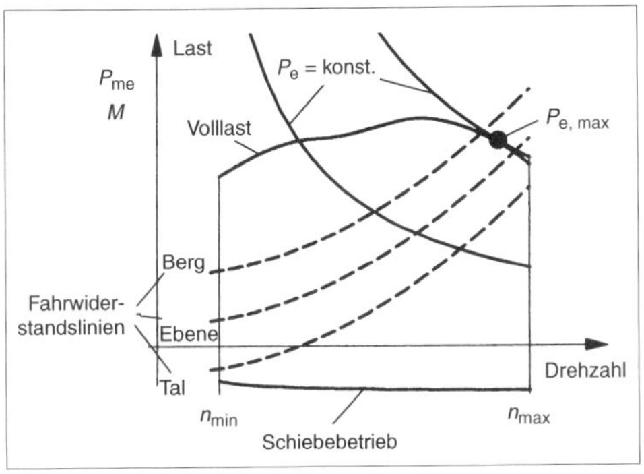

Bild 4-1 Motorkennfeld

Das Motorkennfeld wird herangezogen, um bestimmte Motoreigenschaften in Abhängigkeit vom Betriebspunkt zu dokumentieren. Diese Darstellung kann aus der Angabe diskreter Werte in einzelnen Punkten bestehen. Bei Vorliegen einer Vielzahl von Einzelwerten im gesamten Betriebsbereich des Motors lassen sich aus diesen Einzelwerten durch Interpolation Linien gleicher Ausprägung der jeweiligen Motoreigenschaft, die so genannten Isolinien, erzeugen. Die gebräuchlichste Kennfelddarstellung betrifft den spezifischen Kraftstoffverbrauch, dessen Isolinien sich im Kennfeld als die so genannten Muschelkurven zeigen (siehe **Bild 4-3**).

Neben den Motoreigenschaften lassen sich im Kennfeld auch die Eigenschaften des Fahrzeugs und seines Antriebstrangs aufzeigen. Dies erfolgt üblicherweise durch die Fahrwiderstandslinie. Diese Kurven zeigen den Zusammenhang zwischen Motordrehzahl und dem vom Antriebstrang aufgenommenen Drehmoment für jeweils einen Gang für Konstantfahrt in der Ebene. Für Berg- beziehungsweise Talfahrt ergeben sich jeweils parallel verschobene Kurvenverläufe der Fahrwiderstandslinie (siehe **Bild 4-1**).

Liegt der Betriebspunkt des Motors oberhalb der Fahrwiderstandslinie, wird das Fahrzeug beschleunigt; liegt er unterhalb, so wird es verzögert. Die zur Beschleunigung verfügbare Überschussleistung resultiert aus der aktuellen Drehzahl und dem Überschussdrehmoment, das dem Abstand der Fahrwiderstandslinie zur Volllastlinie entspricht. Bei einem Gangwechsel resultiert, für gleiche Fahrgeschwindigkeit, aus der Änderung der Motordrehzahl bei näherungsweise gleichem Leistungsbedarf ein geändertes Drehmoment, das heißt es erfolgt eine Verlagerung des Betriebspunkts entlang der Leistungshyperbel bis zum Schnittpunkt mit der dem Gangwechsel entsprechenden Fahrwiderstandslinie. Auf diese Weise lassen sich aus dem Motorkennfeld die Änderungen des Betriebs- oder Emissionsverhaltens in Abhängigkeit von den Randbedingungen des Fahrzeugs und des Fahrbetriebs beurteilen.

Für Fahrzustände mit geringem Fahrleistungsbedarf, wie sie in weiten Bereichen von Emissionszyklen für die Typprüfung eines Fahrzeugs oder im Stadtverkehr vorkommen, sind eher Betriebspunkte mit geringen bis mittleren Drehzahl-Lastkombinationen relevant. Die für Fahrten auf der Autobahn typischen Lastkollektive liegen dagegen im rechten oberen Bereich des Motorkennfelds.

Aus Gründen der Vergleichbarkeit von Motoren mit unterschiedlichen Hubräumen werden häufig anstatt des Drehmoments die auf den Hubraum bezogenen spezifischen Kenngrößen der Last, der spezifische Mitteldruck oder die spezifische Arbeit verwendet.

Kennfelder werden sowohl zur Dokumentation der Betriebsparameter wie Zündzeitpunkt, Einspritzzeitpunkt oder Luftverhältnis zwecks Veranschaulichung der Betriebsstrategie verwendet als auch zur Beurteilung der daraus resultierenden gemessenen und errechneten Größen wie Emissionen, Kraftstoffverbrauch oder Temperaturen. **Bild 4-2** zeigt am Beispiel eines Ottomotors mit Direkteinspritzung, wie das Motorkennfeld zur Darstellung der Betriebsstrategie des Motors eingesetzt wird.

Zur Übersicht der Betriebsstrategie werden im Kennfeld charakteristische Bereiche unterschiedlich kenntlich gemacht. Im vorliegenden Beispiel wird der Motor unterhalb einer Last von pme = 4 bar und bis zu Drehzahlen von 3500 1/min durch Einspritzung in den Verdichtungstakt mit geschichtetem Kraftstoff-Luftgemisch bei hohem Luftüberschuss betrieben. Im übrigen Kennfeld erfolgt die Einspritzung des Kraftstoffs in der Ansaugphase mit der Folge, dass die längere Zeit der Gemischaufbereitung in einem homogenen Gemisch resultiert. Auch im homogenen Betrieb gibt es im unteren Lastbereich für Drehzahlen

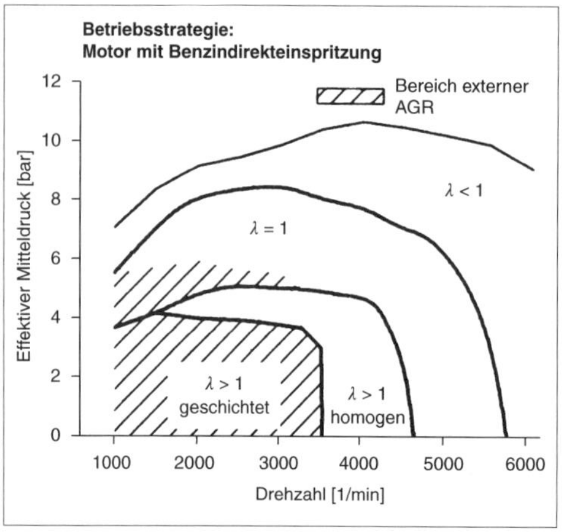

Bild 4-2 Übersichtskennfeld

zwischen 3500 1/min und 4500 1/min ein Gebiet mit Luftüberschuss. Im verbleibenden Last- und Drehzahlbereich oberhalb des geschichteten und des homogen mageren Betriebs wird dieser Motor ähnlich wie bei konventionellen Ottomotoren mit stöchiometrischem Gemisch betrieben. Bei Annäherung an die Volllast, insbesondere bei höheren Motordrehzahlen, wird das Gemisch zum Schutz des Abgaskatalysators vor zu hohen Abgastemperaturen und zum Erzielen einer hohen Leistung angefettet.

Weiterhin ist in diesem Betriebskennfeld durch entsprechende Markierungen vermerkt, dass im gesamten geschichteten und in einem Teil des stöchiometrischen Bereichs eine externe Abgasrückführung erfolgt. In ähnlicher Weise lassen sich auch noch weitere Merkmale, welche die Betriebsstrategie des Motors charakterisieren, im Betriebskennfeld darstellen. Hierzu zählen beispielsweise die Abstimmung einer Nockenwellenverstellung oder eines Schaltsaugrohres.

Das Motorkennfeld stellt für den erfahrenen Ingenieur eine hoch verdichtete Informationsquelle dar, aus welcher er eine Beurteilung des vorliegenden Motors ableiten kann. Bei der vergleichenden Bewertung von Kennfeldern auf Basis spezifischer Motorkenngrößen ist zu berücksichtigen, dass sich konstruktive Kriterien, wie zum Beispiel das Hubvolumen, das Hub-Bohrungsverhältnis, das Verdichtungsverhältnis oder die Auslegung und Anordnung der Einspritzventile erfahrungsgemäß nur in geringen Unterschieden äußern. Dagegen verursachen operative Maßnahmen wie die jeweilige Abstimmung variabler Systeme (Schaltsaugrohre, Nockenwellensteller) und der Motorsteuerung sowie Maßnahmen zur Abgasnachbehandlung (Katalysatorsysteme, Wärmeisolierung der Abgasanlage bis zum Katalysator) auch für ähnliche Motoren stark ausgeprägte Unterschiede im Betriebsverhalten. Als Beispiel hierfür seien Ottomotoren mit Direkteinspritzung genannt, die auf dem japanischen Markt ein ähnliches Verhalten wie der zuvor beschriebene Motor aufweisen, während die Abstimmung des gleichen Basismotors für den europäischen Markt im gesamten Kennfeld keinen geschichteten oder homogen mageren Bereich aufweist. Dies macht deutlich, dass Maßnahmen zur Abgasnachbehandlung für unterschiedliche Märkte oder auch bereits für schärfere Emissionszertifizierungsstufen signifikantere Unterschiede im Motorkennfeld zeigen als beispielsweise herstellerspezifische oder konstruktive Unterschiede das erwarten lassen.

4.1 Verbrauchskennfelder

Bild 4-3 zeigt ein für konventionelle Ottomotoren mit Saugrohreinspritzung typisches Verbrauchskennfeld. Wie bereits erwähnt, werden die Linien konstanten spezifischen Kraftstoffverbrauchs auf Grund ihrer Form auch Muschelkurven genannt. Das Minimum des spezifischen Kraftstoffverbrauchs befindet sich im unteren Drehzahlbereich im Bereich hoher Last. In einem größeren Bereich um das Verbrauchsminimum ist nur ein flacher Gradient des Verbrauchsanstiegs zu verzeichnen. Zu niedrigen Lasten hin steigt der Gradient stark an. Als wesentliche Ursachen hierfür sind zunehmende Drosselverluste beim Ottomotor sowie der im Verhältnis zum abgegebenen Nutzmoment zunehmende Anteil der Reibung zu nennen. Diese beiden Faktoren führen auch zum sichtbaren Anstieg des Verbrauchs bei konstanter Last und zunehmender Drehzahl. Zur Volllast hin muss durch Gemischanreicherung einerseits der Klopfneigung des Motors begegnet werden und andererseits die Abgastemperatur unterhalb einer für die Katalysatoralterung kritischen Grenztemperatur gehalten werden. Daraus resultiert ein zunehmender Gradient des Verbrauchsanstiegs.

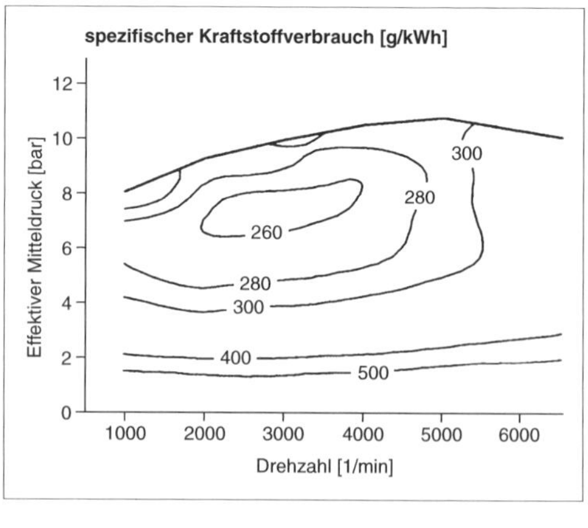

Bild 4-3 Verbrauchskennfeld (MPI-Ottomotor)

Bild 4-4 zeigt das typische Verbrauchskennfeld eines Dieselmotors mit Direkteinspritzung und Turboaufladung. Auffällig ist der geringere Anstieg des Verbrauchs mit abnehmender Last, da die Qualitätsregelung des Dieselmotors nicht mit Drosselverlusten verbunden ist. Trotz der im Vergleich zum Ottomotor deutlich günstigeren Teillastverbrauchswerte liegen insbesondere im für den Europäischen Fahrzyklus relevanten Kennfeldbereich die mit der Fahrzeugkalibrierung realisierten Verbräuche über denen einer verbrauchsoptimierten Abstimmung. Ursache hierfür ist die zur Einhaltung der zulässigen NO_x- und Partikelemissionen erforderliche spätere Kalibrierung der Einspritzzeitpunkte.

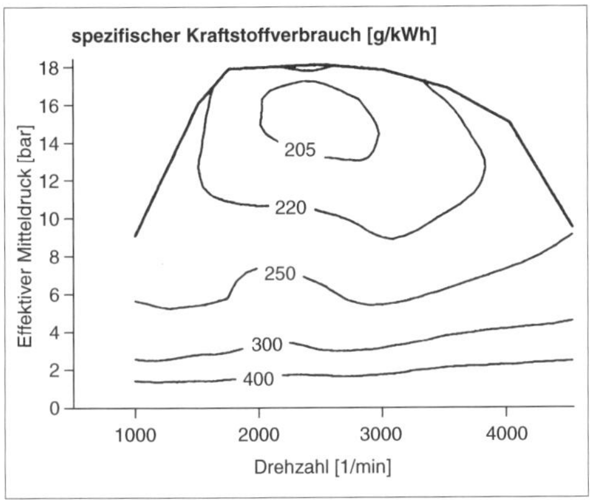

Bild 4-4 Verbrauchskennfeld (DI-TCI Dieselmotor)

Das Verbrauchskennfeld eines Motors kann bei Kenntnis der wesentlichen fahrzeugspezifischen Daten wie Fahrwiderstände und Übersetzungen auch zur Berechnung des Kraftstoffverbrauchs des Fahrzeugs verwendet werden. Zur Berechnung des Verbrauchs im instationären Testzyklus wird die Fahrkurve als Funktion der fahrzeugspezifischen Parameter in eine Folge stationärer Betriebspunkte zerlegt, die jeweils durch die Drehzahl und das Drehmoment charakterisiert sind. Die zu diesen Lastpunkten gehörenden stationären Verbrauchswerte gehen dann zeitlich gewichtet in die Berechnung für den Zyklusverbrauch ein. Die zur exakten Verbrauchsberechnung erforderlichen Modelle berücksichtigen neben den fahrzeugspezifischen Daten zusätzliche verbrauchsbeeinflussende Vorgänge wie zum Beispiel den Motorwarmlauf sowie Gangwechsel und andere instationäre Effekte. Mit Hilfe dieser Modelle lassen sich fahrzeugseitige Einflüsse auf das Verbrauchs- und Emissionsverhalten des Motors im Fahrzeug abschätzen. Als Anwendungsbeispiele für diese Vorgehensweise seien die Getriebeabstimmung oder die Strategie bei der Steuerung eines kontinuierlichen Getriebes (CVT) genannt.

4.2 Emissionskennfelder

Gegenstand der Emissionskennfelder sind in der Regel die Rohemissionen der gesetzlich limitierten Schadstoffkomponenten Kohlenwasserstoffe, Stickoxide und Kohlenmonoxid. Üblich ist dabei die Darstellung der auf die Arbeit bezogenen spezifischen Werte (in g/kWh) oder als Massenströme (in g/h). Für Dieselmotoren sowie für Ottomotoren mit Direkteinspritzung sind auch die Kennfelder der Partikelemissionen von Bedeutung. Neben den Rohemissionskennfeldern werden häufig auch die Emissionswerte hinter den Katalysatoren ausgewiesen. Diese erlauben einerseits eine Bewertung der Konvertierung im Katalysator und werden andererseits zur Abschätzung der vom Fahrzeug in einem Fahrzyklus emittierten Schadstoffmengen herangezogen.

Die **Bilder 4-5** bis **4-9** zeigen charakteristische Kennfelder von konventionellen Ottomotoren sowie ausgesuchte Kennfelder operativer Parameter mit Relevanz für das Emissionsverhalten. Die den gezeigten Kennfeldern zugrundeliegenden Motoren sind zur effizienten Abgasnachbehandlung mit Dreiwegekatalysator ausgestattet. Die Kennfelder beziehen sich auf den Betrieb des betriebswarmen Motors. Dies sowie die an den ausgewählten Motoren zur exakten Einhaltung eines stöchiometrischen Gemisches eingesetzte λ-Regelung gewährleisten eine hohe Konvertierung aller Schadstoffkomponenten im Katalysator nach dem Dreiwegeprinzip. Das in **Bild 4-5** gezeigte Luft-Kraftstoff-Verhältnis weist den großen Kennfeldbereich aktiver λ-Regelung deutlich aus. Wie im zuvor gezeigten Beispiel des Ottomotors mit Direkteinspritzung wird auch hier eine Gemischanreicherung sowohl im Bereich der Volllast als auch bei hohen Drehzahlen vorgenommen. Im Bereich des Nennleistungspunkts sind die minimalen Luft-Kraftstoff-Verhältnisse mit Werten um $\lambda = 0.80$ kalibriert.

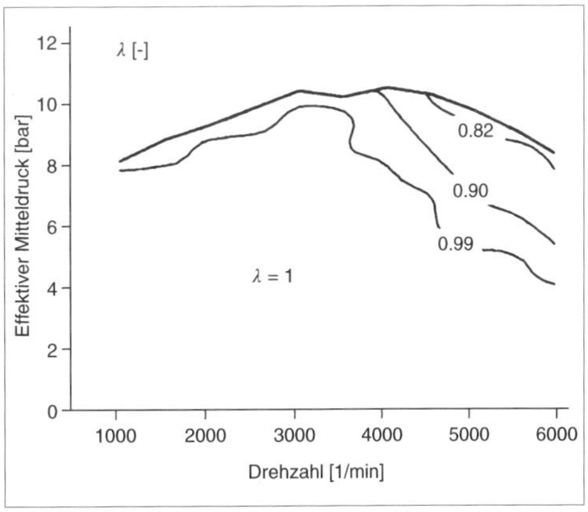

Bild 4-5 Luft-Kraftstoff-Verhältnis (MPI-Ottomotor)

Die CO-Konzentration ist in erster Linie eine Funktion des Luftverhältnisses, wie die Kennfelder in **Bild 4-5** und **4-6** zeigen. Im Kennfeldbereich mit aktiver λ-Regelung liegen die Konzentrationen üblicherweise in einer unkritischen Größenordnung zwischen 0.5 Vol.-% und 0.8 Vol.-%. An der Volllast findet, bedingt durch die Gemischanreicherung, die Verbrennung unter Sauerstoffmangel statt. Bei den maximalen Anreicherungsraten im Bereich des Nennleistungspunkts stellt sich das Maximum der CO-Konzentration von 7.5 Vol.-% ein. Diese in **Bild 4-6** zum Ausdruck kommende Abhängigkeit der CO-Konzentration vom Luft-Kraftstoff-Verhältnis kann als typisch für moderne Ottomotoren hoher spezifischer Leistung gelten.

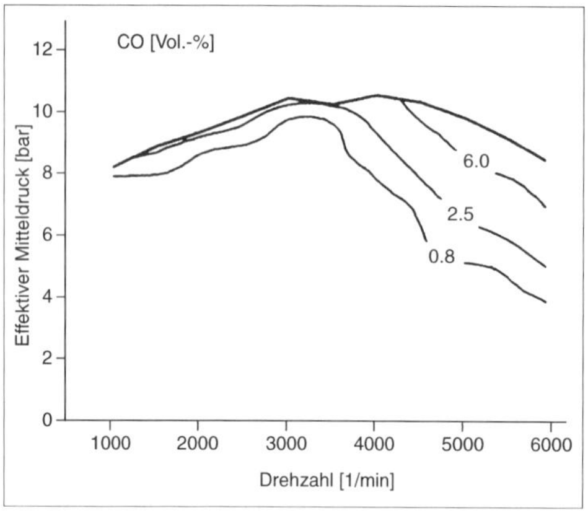

Bild 4-6 CO-Konzentration vor Katalysator (MPI-Ottomotor)

Für die NO_x-Rohemissionen bieten sich auch im stöchiometrischen Betrieb Möglichkeiten, durch die Abstimmung der operativen Parameter das Niveau zu beeinflussen. Bei der Kalibrierung des Motors im Kennfeld wird hierzu in Grenzen eine späte Kalibrierung der Zündwinkel gewählt. Diese Maßnahme ist jedoch mit Wirkungsgradeinbußen verbunden, so dass sie auch bei der Beurteilung des Verbrauchskennfelds zu berücksichtigen ist. Dagegen bietet die Abgasrückführung (AGR) im Teillastbetrieb ein erhebliches Potenzial zur Reduzierung der NO_x-Rohemissionen bei gleichzeitigen Wirkungsgradvorteilen infolge der mit ihr verbundenen Entdrosselung des Motors. Die Abgasrückführung kann entweder extern über ein Ventil oder als interne Abgasrückführung durch Änderung der Steuerzeiten realisiert werden. Das Kennfeld der spezifischen NO_x-Emissionen eines Ottomotors mit externer Abgasrückführung in **Bild 4-7** und das zugehörige Kennfeld der mittels AGR-Ventil kalibrierten AGR-Raten in **Bild 4-8** geben ein Beispiel für die praktische Anwendung der Abgasrückführung. Das Minimum der NO_x-Emissionen wird im Betriebspunkt mit der maximalen AGR-Rate erzielt. Außerhalb des Kennfeldbereichs externer AGR stellt sich ein typisches Verhalten der NO_x-Emissionen ein. Die an der Volllast sowie bei hohen Drehzahlen zu erkennende starke Abnahme der NO_x-Emission ist eine Folge der Gemischanreicherung.

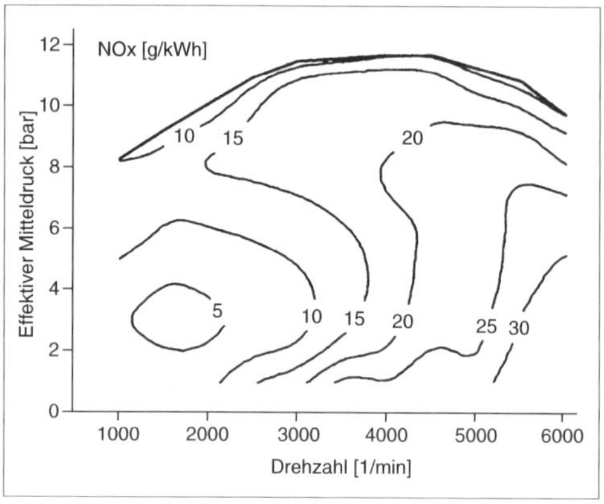

Bild 4-7 Spezifische NO_x-Emissionen vor Katalysator (MPI-Ottomotor)

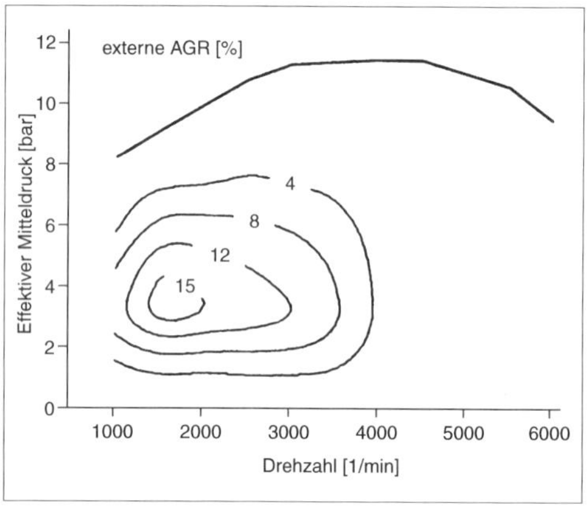

Bild 4-8 Abgasrückführrate (MPI-Ottomotor)

Kontinuierlich wirkende Systeme zur Nockenwellenverstellung werden bei Großserienmotoren häufig nicht nur zur Realisierung einer internen Abgasrückrührung eingesetzt sondern auch zur Verbesserung des Volllast-Drehmomentverhaltens. Durch die Optimierung der Steuerzeiten als Funktion der Drehzahl lassen sich Luftaufwandsvorteile mit der Folge eines verbesserten Drehmomentverlaufs realisieren.

Im Gegensatz zu den NO_x- und CO-Emissionen wird das Niveau der HC-Rohemissionen deutlich stärker durch konstruktive Parameter beeinflusst. An erster Stelle ist hier die Brennraumform zu nennen, wobei das Oberflächen/Volumenverhältnis eine charakteristische Kenngröße darstellt. Die Sensitivität der HC-Emission gegenüber operativen Parametern ist für den betriebswarmen Motor zwar vorhanden, in den üblichen Variationsbereichen jedoch eher von untergeordneter Bedeutung. Positiv kann sich bezüglich der HC-Emissionen eine interne AGR durch variable Steuerzeiten auswirken, da der gegen Ende des Ausschiebevorgangs typischerweise zu verzeichnende HC-Peak wieder der Verbrennung zugeführt wird. Ein typisches HC-Emissions-Kennfeld eines Ottomotors mit Einlassnockenwellenverstellung ist in **Bild 4-9** dargestellt.

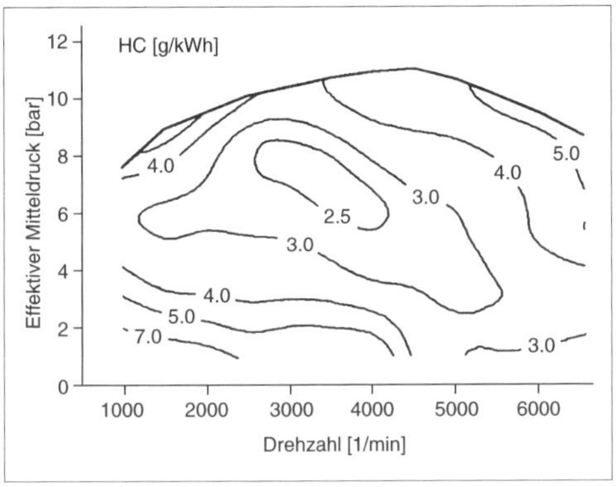

Bild 4-9 Spezifische HC-Emissionen (MPI-Ottomotor)

Die hier nicht dargestellten Kennfelder der Emissionen nach Katalysator sind für moderne Ottomotoren mit Dreiwegekatalysator durch die nahezu vollständige Konvertierung der Schadstoffe geprägt. Abweichungen von den extrem niedrigen Emissionsniveaus ergeben sich in den Kennfeldbereichen mit unterstöchiometrischem Betrieb, wo die katalytische Oxidation der HC- und CO-Anteile auf Grund des Sauerstoffmangels eingeschränkt bleibt.

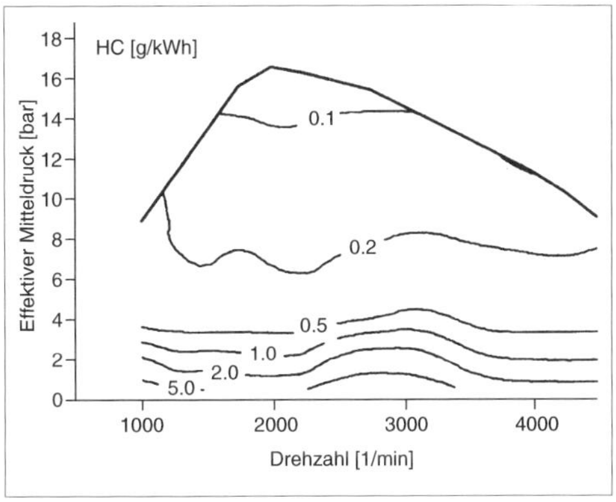

Bild 4-11 Spezifische HC-Emissionen (DI-TCI Dieselmotor)

Auf Grund der für Dieselmotoren typischen Verbrennung mit Luftüberschuss stellen sich die Kohlenmonoxid- und Kohlenwasserstoff-Emissionen im Vergleich zum Ottomotor auf deutlich niedrigerem Niveau ein (**Bild 4-10**, **Bild 4-11**). Wegen des im Abgas von Dieselmotoren stets vorhandenen Restsauerstoffs ist eine weitere Reduzierung dieser Schadstoffkomponenten durch Oxidationskatalysatoren möglich.

Kritischer für Dieselmotoren stellen sich jedoch die NO_x-Rohemissionen (**Bild 4-12**) dar. Da die katalytische Nachbehandlung bei Luftüberschuss nicht zielführend ist, wird hier primär der Weg verfolgt, über eine Beeinflussung des Verbrennungsprozesses die NO_x-Entstehung einzuschränken. Die hierzu angewendeten Maßnahmen sind wie beim Ottomotor die Abgasrückführung sowie die Spätverlegung des Einspritzvorgangs, was der ottomotorischen Spätzündung weitgehend äquivalent ist.

Zur Erhöhung der die emittierten Stickoxide reduzierenden Wirksamkeit der AGR wird das zurückge-

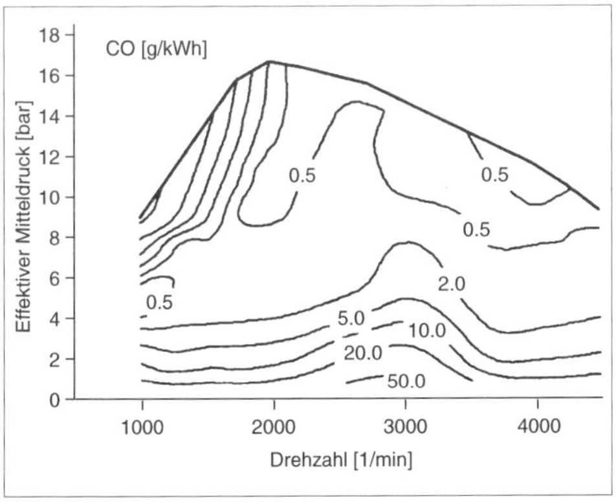

Bild 4-10 Spezifische CO-Emissionen (DI-TCI Dieselmotor)

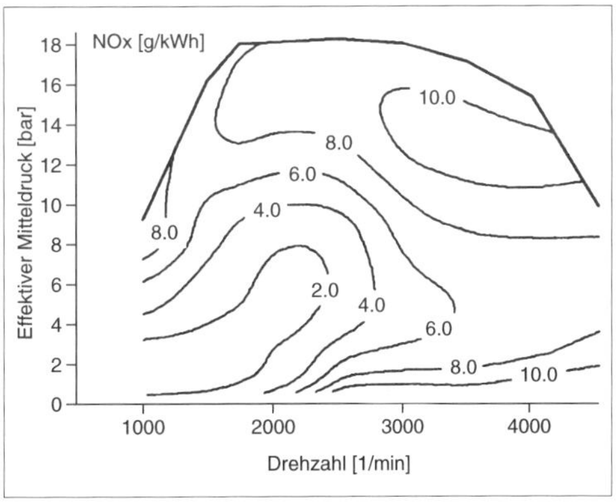

Bild 4-12 Spezifische NO_x-Emissionen (DI-TCI Dieselmotor)

führte Abgas bei Dieselmotoren gekühlt. Das in **Bild 4-13** gezeigte Kennfeld der AGR-Raten zeigt, dass im vorliegenden Beispiel die Abgasrückführung im Wesentlichen für den emissionsrelevanten Kennfeldbereich kalibriert ist. Die Abgasrückführraten betragen bis zu 50 % und liegen im Vergleich zu Ottomotoren auf einem deutlich höheren Niveau. Anders als beim Ottomotor sind hier die Möglichkeiten der Abgasrückführung nicht durch das Auftreten von Verbrennungsaussetzern begrenzt. Hierbei ist zu berücksichtigen, dass die Verbrennung bei hohem Luftüberschuss erfolgt und die Sauerstoffkonzentration im Abgas noch bis zu 15 Vol.-% beträgt.

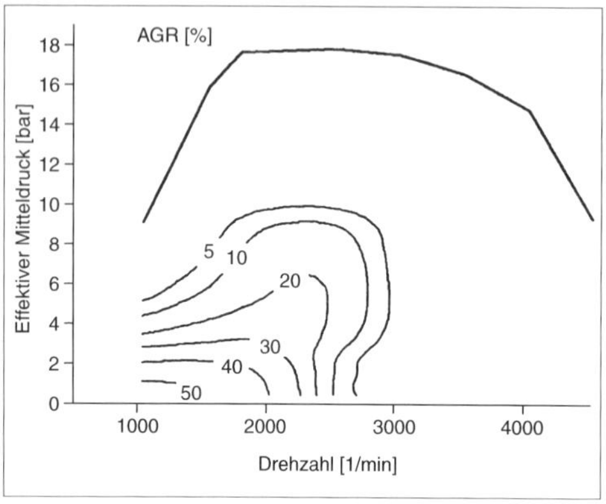

Bild 4-13 Abgasrückführrate (DI-TCI Dieselmotor)

Für Dieselfahrzeuge sind zusätzlich die Partikelemissionen gesetzlich limitiert. Eine gebräuchliche Messgröße zur Beurteilung der Partikelemission von Dieselmotoren ist die Filter Smoke Number (FSN). Die erhöhten Schwarzrauchwerte im emissionsrelevanten Kennfeldbereich **(Bild 4-14)** deuten auf den Zusammenhang zwischen der Partikelbildung und AGR. Dieser Zusammenhang weist ebenso auf den

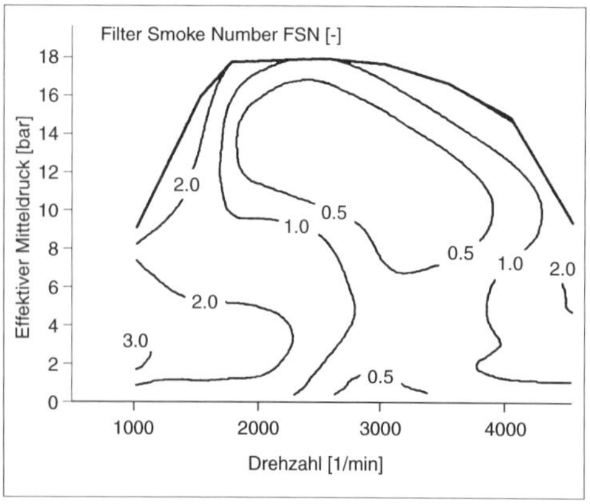

Bild 4-14 Partikelemissionen (DI-TCI Dieselmotor)

bekannten Zielkonflikt zwischen NO_x- und Partikelemissionen. Außerhalb des mit AGR abgestimmten Kennfeldbereichs ist das Niveau der Schwärzungszahlen auf relativ niedrigem Niveau und steigt erst im volllastnahen Bereich, und hier insbesondere bei niedrigen Drehzahlen, wegen dem dort vorherrschenden geringeren Luft-Kraftstoff-Verhältnis wieder signifikant an.

Der Partikelbildung muss durch eine gute Aufbereitung des eingespritzten Dieselkraftstoffs begegnet werden. Deshalb stellt die Hochdruckeinspritzung mit hoher Zerstäubungsgüte eine der wesentlichen Entwicklungsrichtungen moderner Dieselmotoren dar. Bei einer weiteren Verschärfung der Partikel-Emissionsgrenzwerte wird neben den innermotorischen Maßnahmen die Anwendung von Partikelfiltersystemen wesentliche Entwicklungsschritte ermöglichen. Trotz des relativ hohen Aufwands wird diese Technologie zunehmend in Serie eingesetzt. In sensiblen Märkten ist von einem annähernd flächendeckenden Einsatz auszugehen. Abweichend zu der in den Motorkennfeldern dokumentierten Stationärkalibrierung erfolgen bei der intermittierenden Regeneration des Partikelfilters Eingriffe in die Kalibrierung des Motors, die zur zeitweisen Anhebung der Abgastemperaturen in bestimmten Kennfeldbereichen dienen, um darüber den Abbrand der an der Filteroberfläche angesammelten Partikelbeladung zu fördern.

4.3 Zündungs- und Einspritzkennfelder

Die typische Kalibrierung der Zündwinkel konventioneller Ottomotoren mit λ-Regelung weist eine starke Abhängigkeit vom Betriebspunkt auf. In der mittleren Teillast werden die Zündwinkel in der Regel im Bereich des Wirkungsgradoptimums kalibriert. In **Bild 4-15** ist zu erkennen, dass sich eine grundsätzliche Tendenz eines steigenden Vorzündbedarfs bei zunehmender Drehzahl sowie bei abnehmender Last einstellt. Dieses Verhalten wird von weiteren Effekten überlagert. Im unteren Lastbereich ist bereits bei niedrigen Drehzahlen eine deutliche Frühverstellung der Zündung zu erkennen. Für den gezeigten Motor ist in diesem Bereich eine externe Abgasrückführung kalibriert. Das als Inertgas wirkende zurückgeführte Abgas verzögert den Brennverlauf, der entsprechend früher eingeleitet werden muss. Weiter zeigt sich nahe der Volllast bei Drehzahlen um 4500 1/min eine Spätverstellung der Zündung. Dieses Verhalten ist auf die im Bereich des höchsten Luftaufwands häufig festzustellende Klopfneigung zurückzuführen. Dem heutigen Stand der Technik entsprechend können die aus dieser Maßnahme resultierenden Nachteile durch die Anwendung dynamischer Klopfregelungssysteme minimiert werden. Diese ermöglichen hinsichtlich des Drehmoments optimierte Vorzündwinkel ohne die Gefahr eines Motorschadens auf Grund von klopfender Verbrennung.

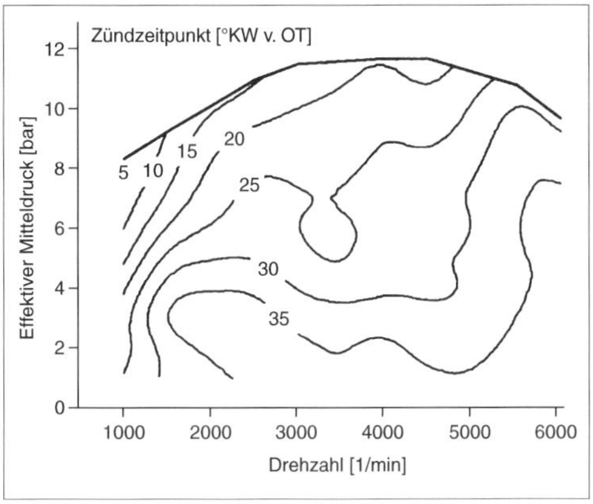

Bild 4-15 Zündzeitpunkt (MPI-Ottomotor)

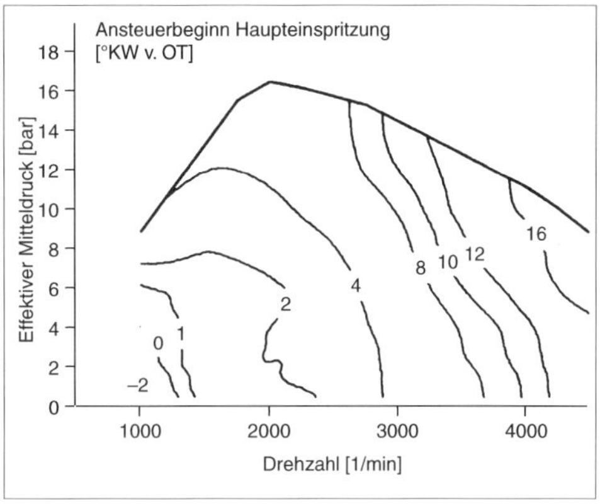

Bild 4-17 Ansteuerbeginn Haupteinspritzung (DI-TCI Dieselmotor)

Bei Dieselmotoren wird die Verbrennung primär durch den Einspritzvorgang gesteuert. Der Einspritzbeginn hat daher eine vergleichbare Bedeutung wie beim Ottomotor der Zündwinkel. Beim Übergang auf die heute vorherrschende Direkteinspritzung hat die schnelle Verbrennung mit steilen Gradienten des Zylinderdruckverlaufs zu akustischen Problemen geführt. Eine wirkungsvolle Maßnahme zur Absenkung der Zylinderdruckgradienten stellt bei modernen EDC-Motorsteuerungen (Electronic Diesel Control) die Voreinspritzung dar. Bei der Voreinspritzung wird zunächst durch eine kleinere Einspritzmenge die Verbrennung ausgelöst. Daran anschließend wird dem Prozess die restliche Dieselmenge während der Haupteinspritzung zugeführt. **Bild 4-16** und **Bild 4-17** zeigen die Kennfelder für den Einspritzbeginn der Vor- und der Haupteinspritzung eines modernen Pkw-Dieselmotors. Es ist zu erkennen, wie mittels der EDC-Motorsteuerung die Voreinspritzung auf einen gewissen Drehzahlbereich beschränkt bleibt. Im Übrigen weisen die relativ späten Lagen des Einspritzbeginns der Haupteinspritzung auf die Anwendung der zuvor beschriebenen Maßnahmen zur Reduzierung der NO_x-Emissionen hin. Im Kennfeldbereich ohne Voreinspritzung wird demgegenüber die Haupteinspritzung zu früheren Zeitpunkten hin verschoben.

4.4 Abgastemperaturkennfelder

Das Verhalten der Abgastemperatur eines Ottomotors ist in **Bild 4-18** dargestellt. Der steile Anstieg der Abgastemperatur zu hohen Lasten hin erfordert gezielte Maßnahmen, um den Abgaskatalysator vor thermischer Alterung oder gar Zerstörung zu schützen. Hierzu dienen sowohl konstruktive Maßnahmen

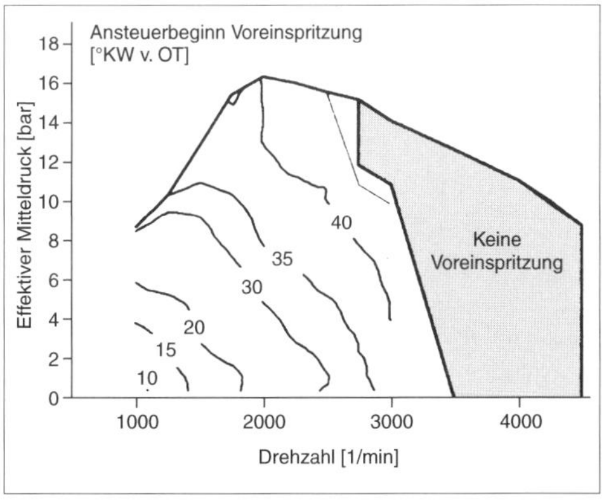

Bild 4-16 Ansteuerbeginn Voreinspritzung (DI-TCI Dieselmotor)

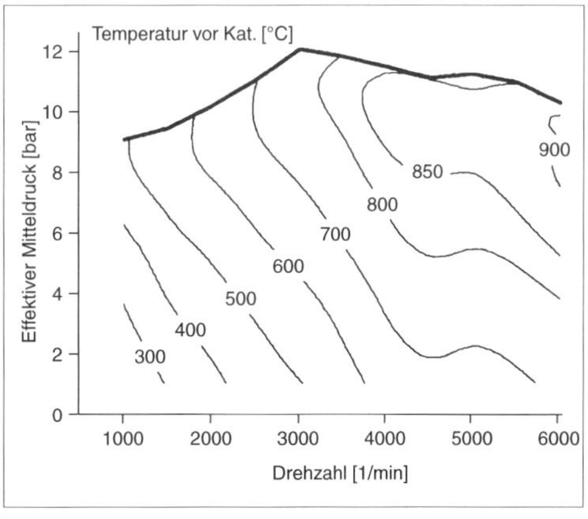

Bild 4-18 Abgastemperaturkennfeld am Katalysatoreintritt (MPI Ottomotor)

als auch die Kalibrierung der motorischen Betriebsparameter. Für Motoren mit Abgasturboaufladung ist unter Berücksichtigung des Bauteilschutzes zusätzlich die Gastemperatur am Turbineneintritt kritisch. Für Ottomotoren wird daher im Kennfeldbereich kritischer Abgastemperaturen wie zuvor beschrieben eine Anreicherung des Kraftstoff-Luftgemisches als wirkungsvolle Maßnahme zum Bauteilschutz vorgenommen.

Für den Betrieb bei niedrigen Lastpunkten ist dagegen eher eine zu geringe Abgastemperatur zu vermeiden, damit der Katalysator nicht auskühlt. Aus diesem Grund kann hier eine relativ späte Zündeinstellung erforderlich werden. Zusätzlich zu diesen in den Stationärkennfeldern erkennbaren Maßnahmen werden üblicherweise nach dem Motorkaltstart abweichende Steuergrößen hinsichtlich des Zündwinkels und der AGR-Raten kalibriert, damit der Katalysator die für eine Konvertierung der Rohemissionen in unschädliche Komponenten erforderliche Light-Off Temperatur rasch erreicht.

5 Thermodynamische Grundlagen

Verbrennungsmotoren sind Wärmekraftmaschinen, bei denen eine Umwandlung von chemisch gebundener Energie in mechanische Energie erfolgt [1–3]. Das geschieht mittels eines Reaktionsablaufs, dem Verbrennungsvorgang, bei dem Energie freigesetzt wird. Ein Teil dieser im Brennraum des Zylinders freigesetzten Wärme wird mittels des Kurbeltriebs in mechanische Energie umgewandelt, die restliche Energie wird mit dem Abgas abgeführt und über die brennraumbegrenzenden Wände an ein Kühlmittel sowie direkt an die Umgebung abgegeben.

Ziel des Prozessablaufs bei der Umwandlung von chemischer in mechanische Energie ist es, einen möglichst hohen Prozesswirkungsgrad, der sehr stark von dem Ablauf des thermodynamischen Prozesses abhängt, zu erreichen.

Diese Umwandlungsprozesse sind sehr komplex, was insbesondere auf den Verbrennungsvorgang, mit seinen Energie-Stoffaustauschvorgängen und chemischen Vorgängen des Gases im Zylinder zutrifft [14]. Aber auch die Wärmeübertragungsprozesse vom Gas auf die unmittelbar den Brennraum umgebende Wand sowie auf angrenzende Motorbauteile und das Kühlmedium beziehungsweise das Öl sind nur näherungsweise mit großem Aufwand zu erfassen [9, 15–17].

Da die Kraftstoffe für Otto- und Dieselmotoren Gemische aus diversen Kohlenwasserstoffen sind, ist eine Behandlung der Reaktionskinetik unter Berücksichtigung der Vielzahl von Reaktionen praktisch nicht möglich. Häufig behilft man sich mit der Betrachtung „reiner" Substanzen, zum Beispiel Methanol, Methan, Wasserstoff, für die ein hinreichend genauer Reaktionsmechanismus mit allen zugehörenden Stoffdaten vorliegt. Je nach Betrachtungsweise genügt auch die Nutzung spezifischer Reaktionsabläufe zum Beispiel für die NO-Bildung [8] oder die vereinfachende Annahme eines O–H–C-Gleichgewichtes in der Flammenfront [5].

Betrachtet man den Vorgang örtlich mehrdimensional, instationär, mit allen im Gas in Realität vorliegenden Transportmechanismen, so ergeben sich aufwendige mathematische Modelle, für deren physikalisch-chemische Darstellung zum Beispiel die benötigten Stoffdaten wenn überhaupt, nur mit einer gewissen Unschärfe vorliegen.

Um qualitative Aussagen bezüglich der Abhängigkeit bestimmter Prozessgrößen von vorgegebenen Parametern zu erhalten, werden daher mehr oder weniger einfache Modellrechnungen genutzt. Damit können mit einem stark reduzierten Aufwand prinzipielle Aussagen über die Wirkung des Energieumsatzes auf motorische Parameter gemacht werden.

Es haben sich in der Vergangenheit eine Reihe von Betrachtungsweisen ergeben, die von einer einfachen geschlossenen Prozessführung bis zu mehr oder weniger komplizierten offenen Mehrzonenmodellen [8, 12, 13, 19] reichen.

5.1 Kreisprozesse

Um grundsätzliche Aussagen zu erhalten, bildet man vereinfachte Modelle und beschreibt sie als Kreisprozesse. Kreisprozesse sind aufeinander folgende Zustandsänderungen eines Arbeitsmittels, bei denen dieses wieder auf den Ausgangszustand zurückgeführt wird. Man bezeichnet sie als geschlossene Kreisprozesse mit Wärmezu- und -abfuhr **(Bild 5-1)** [27].

Diese Modellvorstellung vernachlässigt den stofflichen Umsatz von den Ausgangsprodukten der Verbrennung zum Beispiel Luft und Kraftstoff zu den Abgasen (CO, HC, NO_x, CO_2, HCO, H_2, N_2 und so weiter.).

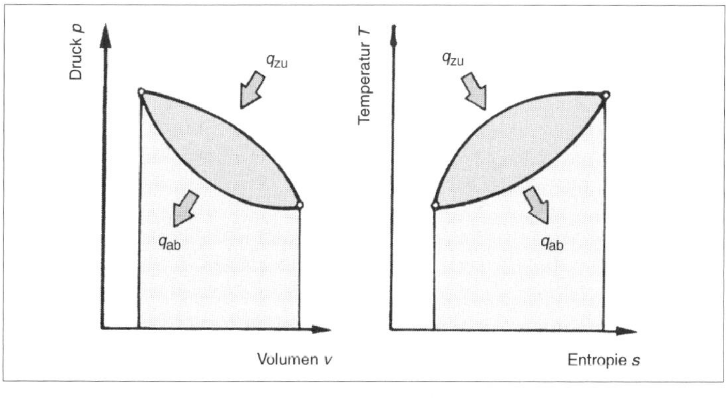

Bild 5-1 Zustandsänderungen und Arbeiten bei einem Kreisprozess [20]

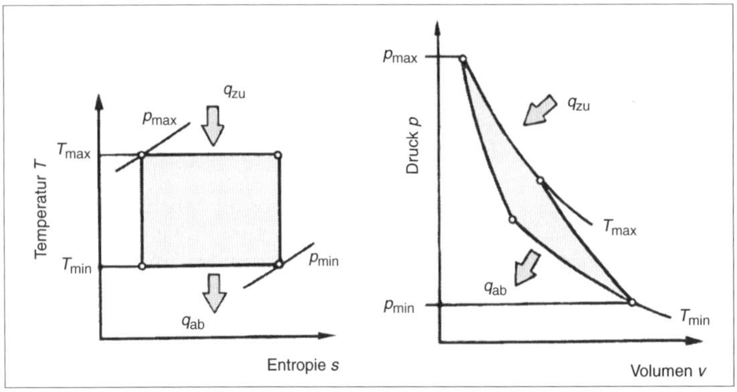

Bild 5-2 Zustandsänderungen beim Carnot-Prozess [20]

Die vier Takte des Verbrennungsmotors werden über Verdichtung, Wärmezufuhr als „Ersatz" für den Verbrennungsvorgang, Expansion und Wärmeabfuhr, als „Ersatz" für den Ladungswechsel durchgeführt. Der Zustand des Mediums am zum Beispiel Beginn der Verdichtung und am Ende der Wärmeabfuhr ist identisch. Solche Zustandsdiagramme für Verbrennungsmotoren sind:

- Druck-Volumen-Diagramm (p-v-Diagramm): Die darin enthaltene Fläche stellt eine Arbeit dar, die als indizierte Arbeit bezeichnet wird.
- Temperatur-Entropie-Diagramm (T-s-Diagramm): Die Flächen stellen Wärmen dar. Die Kreisprozessarbeit ist die Differenz aus zugeführter und abgeführter Wärme. Damit ist die von den Linien der Zustandsänderungen umschlossene Fläche ein Maß für die Nutzarbeit des Kreisprozesses.

Zentrale Aussagen, die bezüglich des motorischen Prozesses mit solchen Kreisprozessen ermöglicht werden, sind solche über den Prozesswirkungsgrad.
Als Definition eines solchen Wirkungsgrades, des thermischen Wirkungsgrades gilt:

$$\eta_{\mathrm{th}} = \frac{q_{\mathrm{zu}} - q_{\mathrm{ab}}}{q_{\mathrm{zu}}} = 1 - \frac{q_{\mathrm{ab}}}{q_{\mathrm{zu}}} \tag{5.1}$$

Darin bedeuten: q_{zu} = zugeführte Wärmemenge und q_{ab} = abgeführte Wärmemenge.
Die Theorie der Kreisprozesse geht auf den französischen Offizier Sadi Carnot (1796 bis 1832) zurück, der erkannte, dass zur Umwandlung von Wärme in Arbeit ein Temperaturgefälle vorhanden sein muss, und dass der thermische Wirkungsgrad einer Wärmekraftmaschine umso höher ist, je höher die Temperatur, bei der die Wärme zugeführt und je niedriger die Temperatur, bei der sie abgeführt wird; besonders deutlich wird das an dem von ihm beschriebenen optimalen Kreisprozess, dem sogenannten Carnot-Prozess **(Bild 5-2)**.

Die Zustandsänderungen des Carnot-Prozesses sind:

- Isotherme Verdichtung
- Isentrope Verdichtung
- Isotherme Expansion
- Isentrope Expansion.

Im T-s-Diagramm stellt sich der Carnot-Prozess als Rechteck dar. Der thermische Wirkungsgrad ergibt sich als Verhältnis von Nutzarbeit zu zugeführter Wärme.

$$\eta_{\mathrm{th}} = \frac{q_{\mathrm{zu}} - q_{\mathrm{ab}}}{q_{\mathrm{zu}}} = 1 - \frac{q_{\mathrm{ab}}}{q_{\mathrm{zu}}} \tag{5.2}$$

$$\eta_{\mathrm{th}_c} = 1 - \frac{T_{\mathrm{min}} \cdot (s_1 - s_2)}{T_{\mathrm{max}} \cdot (s_4 - s_3)} = 1 - \frac{T_{\mathrm{min}}}{T_{\mathrm{max}}} \tag{5.3}$$

Der thermische Wirkungsgrad nimmt bei gegebenem Temperaturverhältnis beim Carnot-Prozess den höchsten überhaupt erreichbaren Wert an. Im p-v-Diagramm ist die Diagrammfläche des Carnot-Prozesses aber so klein, dass – um eine akzeptable Nutzarbeit (entsprechend der Fläche im p-v-Diagramm) zu erhalten – die Temperaturen und Drücke auf technisch nicht mehr vertretbare Höhen getrieben werden müssten. Diese Erfahrung musste Rudolf Diesel machen, als er mit seinem rationellen Wärmemotor den Carnot-Prozess verwirklichen wollte. Ein als Rechteck verlaufender Prozess im p-v-Diagramm liefert zwar die größte Arbeitsausbeute, hat aber – wegen der kleinen Fläche im T-s-Diagramm – einen sehr niedrigen Wirkungsgrad. Als Rechteck verlaufende Prozesse sind also für die Praxis nicht geeignet.
Die mit einer Wärmekraftmaschine technisch realisierbaren Kreisprozesse unterliegen Vorgaben durch Geometrie und Kinematik der jeweiligen Maschinenart, Bedingungen der Energieumwandlung sowie dem Stand der Technik. Beurteilungskriterien für Vergleichsprozesse, die im Folgenden beschrieben werden, sind:

- Wirkungsgrad
- Arbeitsausbeute und
- technische Realisierbarkeit.

5.2 Vergleichsprozesse

5.2.1 Einfache Modellprozesse

Die motorischen Kreisprozesse beschreiben die Energieumwandlung, wobei die einzelnen Zustandsänderungen des Arbeitsmittels dem tatsächlichen Geschehen im Motor möglichst nahe kommen sollen. Im Rahmen dieser Betrachtungen stellen Verbrennungsmotoren geschlossene Systeme dar, in denen die Energieumwandlung diskontinuierlich verläuft. Ein Charakteristikum der Kreisprozesse von Verbrennungsmotoren ist, dass die Zustandsänderungen in einem Arbeitsraum ablaufen, dessen Größe sich durch die Bewegung des Kurbeltriebs im Laufe des Arbeitsspiels ändert. Verdichtung und Expansion lassen sich durch einfache Zustandsänderungen beschreiben. Die Verbrennung und der Gaswechsel werden durch Wärmezu- und Wärmeabfuhr ersetzt.

Ideale Kreisprozesse für Verbrennungsmotoren werden nach der Art der Wärmezufuhr unterschieden. Ein allgemeiner Prozessverlauf lässt sich mit Wärmezufuhr bei konstantem Volumen (isochor) und bei konstantem Druck (isobar), wie er von MYRON SEILIGER (1874 bis 1952) beschrieben worden ist und als Seiliger-Prozess bezeichnet wird, darstellen. Daraus lassen sich Grenzfälle ableiten wie der reine Gleichraum- (nur isochore Wärmezufuhr) und der reine Gleichdruckprozess (nur isobare Wärmezufuhr).

5.2.1.1 Der Gleichraumprozess

In **Bild 5-3** ist der Zustandsverlauf des Gleichraumprozesses dargestellt. Die Folge von Zustandsänderungen bei diesem Prozessverlauf ist:

- Isentrope Verdichtung
- Isochore Wärmezufuhr
- Isentrope Expansion
- Isochore Wärmeabfuhr.

Er besitzt den thermodynamisch günstigsten Prozessverlauf, der in einer Maschine mit periodisch veränderlichem Arbeitsraum, unter vertretbarem technischem Aufwand, realisiert werden kann [1]. Der daraus resultierende thermische Wirkungsgrad ist bei gleichem Verdichtungsverhältnis größer als der des Seiliger- und des Gleichdruckprozesses. Der Wirkungsgrad ist abhängig von der Gasart (Isentropenexponent) und dem Verdichtungsverhältnis. Er steigt mit zunehmendem Verdichtungsverhältnis und bestimmt sich mit:

$$\eta_{th} = \frac{q_{zu\,v} - q_{ab}}{q_{zu\,v}} \tag{5.4}$$

5.2.1.2 Gleichdruckprozess

Die Zustandsänderungen des Gleichdruckprozesses sind in **Bild 5-4** dargestellt. Die Folge der Zustandsänderungen bei diesem Prozess ist:

- Isentrope Verdichtung
- Isobare Wärmezufuhr
- Isentrope Expansion
- Isochore Wärmeabfuhr.

Er kann dann als Vergleichsprozess herangezogen werden, wenn aus Gründen der Bauteilbelastung eine Begrenzung des Höchstdruckes notwendig ist. Der thermische Wirkungsgrad bestimmt sich dann mit:

$$\eta_{th} = \frac{q_{zu\,p} - q_{ab}}{q_{zu\,p}} \tag{5.5}$$

Der Wirkungsgrad dieses Prozesses ist von der Gasart (Isentropenexponent), dem Verdichtungsverhältnis und der zugeführten Wärmemenge bei konstantem Druck abhängig. Er steigt mit zunehmendem Verdichtungsverhältnis; sinkt jedoch mit zunehmender Wärmezufuhr. Der Gleichdruckprozess erreicht von den drei betrachteten Prozessführungen den geringsten Wirkungsgrad.

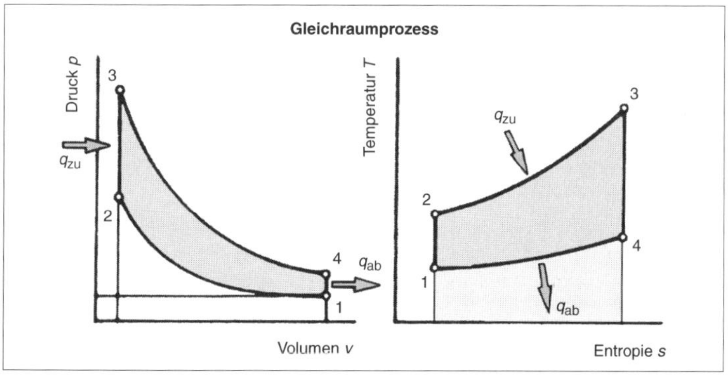

Bild 5-3 Zustandsänderungen im Gleichraumprozess [20]

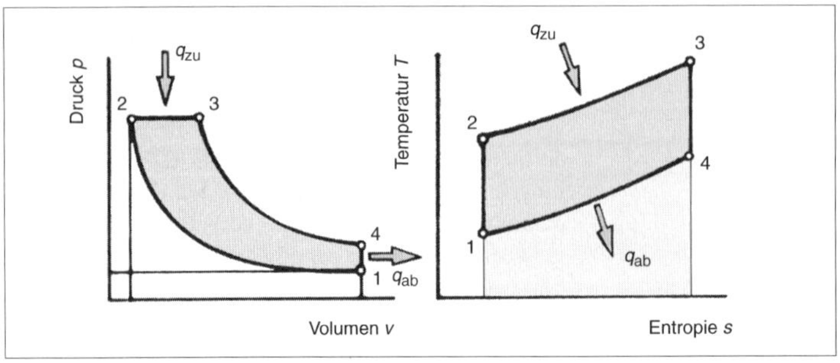

Bild 5-4 Zustandsänderungen im Gleichdruckprozess [20]

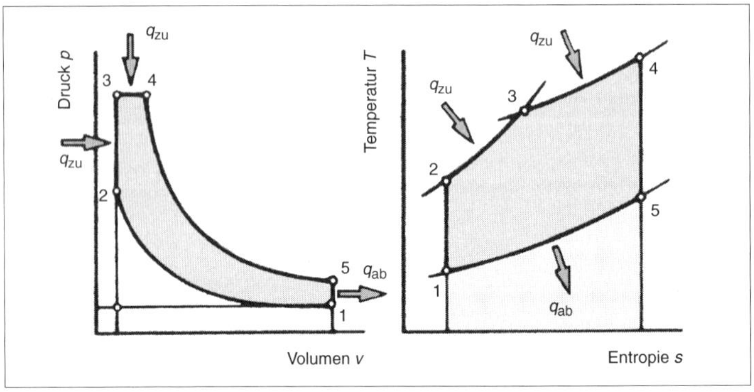

Bild 5-5 Zustandsänderungen im Seiliger Prozess [20]

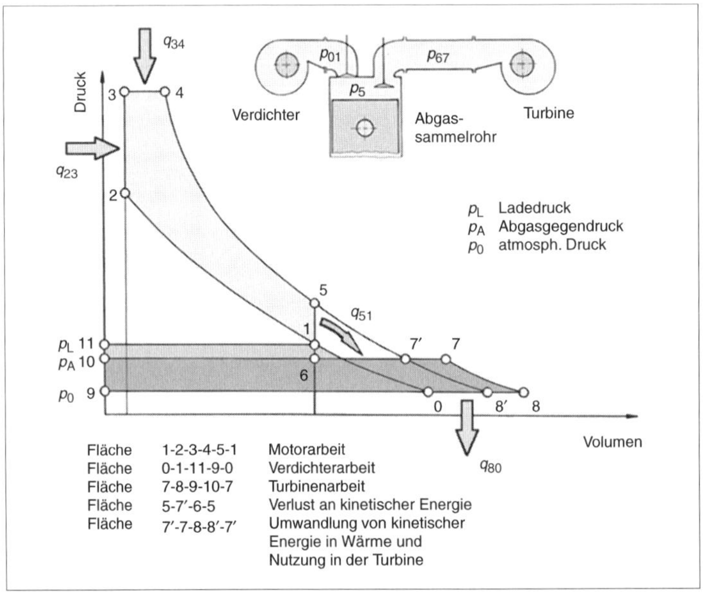

Bild 5-6 Zustandsänderungen im Seiliger Prozess eines abgasturboaufgeladenen Motors [20]

5.2.1.3 Seiliger Prozess

Die Zustandsänderungen des Seiliger-Prozesses sind in **Bild 5-5** dargestellt. Im Einzelnen sind dies:

- Isentrope Verdichtung
- Isochore Wärmezufuhr
- Isobare Wärmezufuhr
- Isentrope (adiabat-reversible) Expansion
- Isochore Wärmeabfuhr.

Bei gegebenem Verdichtungsverhältnis ist eine Höchstdruckbegrenzung vorzugeben. Die zugeführte Wärme erfolgt teilweise isochor und teilweise isobar. Der sich aus dieser Prozessführung ergebende thermische Wirkungsgrad ist:

$$\eta_{th} = \frac{q_{zu\,v} + q_{zu\,p} - q_{ab}}{q_{zu\,v} + q_{zu\,p}} \tag{5.6}$$

Zu beachten ist, dass die Wärmemenge $q_{zu\,v}$ bei konstantem Volumen zugeführt wird und daher über die Temperaturdifferenz mittels spezifischer Wärme bei konstantem Volumen (c_v) zu bestimmen ist, während die Wärmezufuhr bei konstantem Druck $q_{zu\,p}$ aus der Temperaturdifferenz mittels spezifischer Wärme bei konstantem Druck (c_p) zu bestimmen ist.
Je nach Aufteilung der zugeführten Wärmemenge auf die isochore und isobare Zustandsänderung ergibt sich als Grenzkurve für den thermischen Wirkungsgrad diejenige, die bei reinem Gleichraum beziehungsweise Gleichdruck vorliegen würde.
Betrachtet man diesen Prozessverlauf für einen aufgeladenen Motor, so ergeben sich die in **Bild 5-6** dargestellten Zusammenhänge.
Durch die Aufladung ändert sich der motorische Prozess prinzipiell nicht; lediglich das Druckniveau wird angehoben. Der Verdichtung im Motor ist die im Verdichter vorgeschaltet, und nach der Expansion im Motor und einer Expansion im Abgasrohr folgt die Expansion in der Turbine.

- Isentrope Verdichtung im Verdichter
- Isentrope Verdichtung im Motor
- Isochore Wärmezufuhr im Motor
- Isobare Wärmezufuhr im Motor
- Isentrope Expansion im Motor
- Isochore Wärmeabfuhr aus dem Motor
- Isobare Wärmezufuhr zur Turbine
- Isentrope Expansion in der Turbine
- Isobare Wärmeabfuhr aus der Turbine.

Die Arbeiten der Abgasturbine und des Verdichters stellen sich entsprechend als Flächen im *p*-*V*-Diagramm dar **(Bild 5-6)**.

5.2.1.4 Vergleichende Betrachtung der Kreisprozesse

Bild 5-7 zeigt den Vergleich der drei betrachteten Prozesse im *p*-*V*- und *T*-*s*-Diagramm. Der Wirkungsgrad des Gleichraumprozesses ist dabei bei gleichem Verdichtungsverhältnis der maximal erreichbare. Das begründet sich in der geringeren abzuführenden Wärmemenge bei gleichem Verdichtungsverhältnis und gleicher zugeführter Wärmemenge gegenüber den beiden anderen Prozessführungen.

5.2.2 Exergieverluste

Die exergetische Betrachtung der behandelten Prozessführungen zeigt, dass die Exergie der zugeführten Energie nur teilweise in mechanische Arbeit umge-

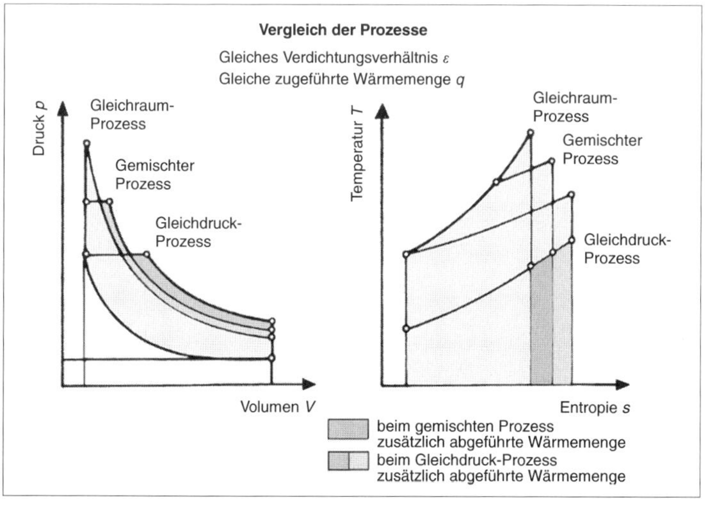

Bild 5-7 Vergleich der motorischen Vergleichsprozesse [20]

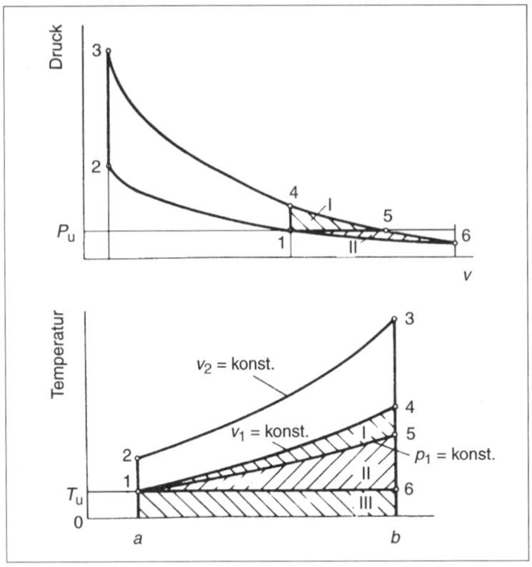

Bild 5-8 Thermodynamische Verluste am Beispiel des Gleichraumprozesses

wandelt werden kann. Unter Exergie soll dabei die Energie verstanden sein, die sich unter Berücksichtigung einer vorgegebenen Umgebung in jede andere Energieform umwandeln lässt. Anergie ist dabei der Teil der Energie, der sich nicht in Exergie umwandeln lässt [1].

Eine anschauliche Darstellung am Beispiel des Gleichraumprozesses liefert **Bild 5-8**. Im *p-V*-Diagramm sind zwei der Prozessverluste darstellbar:

- Würde das Medium vom Punkt 4 aus bis auf den Punkt 5, d.h. auf den Ausgangsdruck entspannt, so wäre die Arbeit (Fläche 4-5-1-4) nutzbar.
- Die Fläche 5-6-1-5 wäre nutzbar, wenn das Medium nicht nur auf den Ausgangsdruck, sondern auch noch weiter auf die Ausgangstemperatur expandiert würde. Daran müsste sich eine isotherme Verdichtung auf den Ausgangsdruck anschließen.

Dies würde jedoch bei dem realen Motor einen erheblichen zusätzlichen technischen Aufwand bedeuten, der in keinem Verhältnis zum erzielten Gewinn stehen würde.

Der dritte Verlust speist sich aus der Anergie der zugeführten Energie. Er ist nicht unmittelbar der Prozessführung anzulasten. Hat ein Medium die Umgebungstemperatur und den Umgebungsdruck erreicht, so befindet es sich im thermischen und mechanischen Gleichgewicht mit der Umgebung. Der zweite Hauptsatz der Thermodynamik verbietet dann die Umwandlung der inneren Energie in Exergie beziehungsweise in Nutzarbeit. [1].

5.3 Offene Vergleichsprozesse

5.3.1 Arbeitsprozess des vollkommenen Motors

Die idealen Kreisprozesse sind nur eine grobe Näherung, mit denen wenige prinzipielle Aussagen möglich sind. Bezüglich des Wirkungsgrades liefern sie im Vergleich mit der Realität zu „gute“ Werte: Die Arbeitsausbeute ist größer, der Wirkungsgrad besser als beim realen Motor, weil die Eigenschaften des Arbeitsgases Luft als reales Gas behandelt und die Wärme-, Ladungswechsel- und Reibungsverluste und die chemischen Reaktionen nicht berücksichtigt werden.

Um weitergehende Informationen über den Prozessverlauf zu erhalten und Fragen hinsichtlich der optimalen Prozessführung beantworten zu können, wurden Prozessabläufe definiert, die eine bessere Annäherung an den realen Motor gestatten. Das ist möglich mit offenen Vergleichsprozessen. Ein zweckmäßiger und häufig verwendeter Vergleichsprozess ist der Prozess des „vollkommenen“ Motors.

Die Randbedingungen, unter denen der Prozess abläuft, sind wie folgt definiert:

- Ladung im Brennraum ohne Restgas
- Gleiches Luft-Kraftstoff-Verhältnis wie der wirkliche Motor
- Verlustfreier Ladungswechsel (keine Strömungs- und Lässigkeitsverluste)
- Verbrennungsablauf nach vorgegebener Gesetzmäßigkeit
- Wärmedichte Wandungen
- Isentrope Kompression und Expansion mit spezifischen Wärmen c_p und c_v in Abhängigkeit von der Temperatur
- Verbrennungsprodukte liegen im chemischen Gleichgewicht vor.

Mit dem so definierten Prozess lassen sich Einflüsse der Parameter Verdichtungs- und Luft-Kraftstoff-Verhältnis auf Mitteldruck, Prozesswirkungsgrad und einige Konzentrationen von Stoffkomponenten bestimmen, **Bild 5-9**.

Je nach Betrachtungsweise kann in Anlehnung an die einfachen Kreisprozesse eine Prozessführung für die Verbrennung gewählt werden. Das kann ein isochorer (Gleichraumverbrennung), isobarer (Gleichdruckverbrennung) oder ein gemischt isochorer-isobarer Prozessverlauf sein.

5.3.1.1 Grundlagen der Berechnung

Die Berechnung des Prozesses des vollkommenen Motors kann in folgende Schritte aufgeteilt werden:

a) Isentrope Kompression des Frischgemisches. Der Ausgangszustand wird beschrieben durch den Druck p_0, die Temperatur T_0 und die Zusammensetzung des

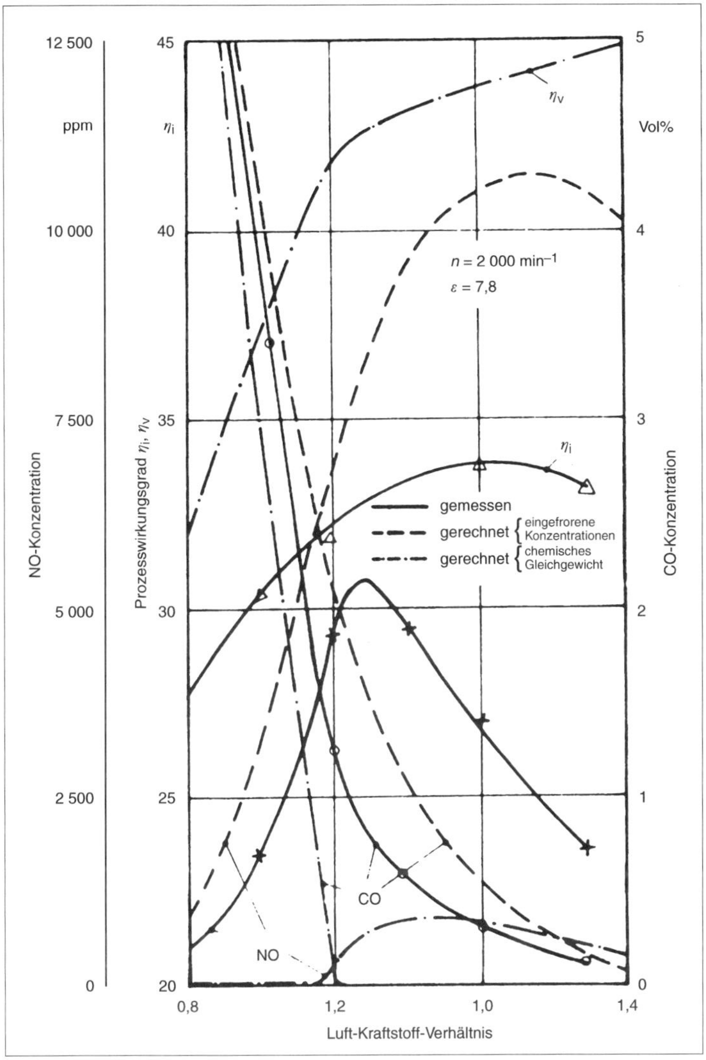

Bild 5-9 Berechnete Größen mit dem Arbeitsprozess des vollkommenen Motors und am Motorprüfstand gemessene Größen [4]

Frischgases, charakterisiert durch das Luft-Kraftstoff-Verhältnis λ. Dieses ist definiert mit

$$\lambda = \frac{\dot{m}_{\text{Luft}}}{\dot{m}_{\text{Kr}} \cdot m_{\text{Luft, stöch}}} \tag{5.7}$$

Darin bedeuten $\dot{m}_{\text{Luft}}$ die Luftmasse, $\dot{m}_{\text{Kr}}$ die Kraftstoffmasse, $m_{\text{Luft, stöch}}$ die stöchiometrische Luftmasse des entsprechenden Kraftstoffes. Das Verdichtungsverhältnis kann dem des entsprechenden Versuchsmotors gewählt werden. Als Repräsentant von Benzin kann zum Beispiel Iso-Oktan (C_8H_{18}) gewählt werden, da dies den physikalisch-chemischen Eigenschaften von handelsüblichen Kraftstoffen einigermaßen gerecht wird.

Es wird vorausgesetzt, dass die Gaszusammensetzung während der Kompression konstant bleibt. Der Verdichtungsendzustand kann mit Hilfe der Isentropenbeziehung $S_{1,T1} = S_{2,T2}$ und der thermischen Zustandsgleichung für ideale Gase $p \cdot v = \sum_i \sigma_i \cdot R_m \cdot T$,

mit p = Druck, v = spezifisches Volumen, T = Temperatur, R_m = allgemeine Gaskonstante, σ_i = spezifische Molzahl der Komponente i, berechnet werden aus:

$$\sum_i \sigma_{i,1} \cdot \left(s^0_{i,T1} - R_m \cdot \ln \frac{p_1}{p^0} \right) = \sum_i \sigma_{i,2} \cdot \left(s^0_{i,T2} - R_m \cdot \ln \frac{p_2}{p^0} \right) \tag{5.8}$$

Darin bedeutet $s^0_{i,T1}$ die Entropie der Komponente i beim Standarddruck p^0 und der Temperatur T.

Die Lösung der Gleichung kann zum Beispiel auf iterativem Wege erfolgen.

b) Isochore adiabate Verbrennung. Vorausgesetzt wird, dass sich ein totales chemisches Gleichgewicht einstellt. Die Verbrennungsprodukte bestehen zum Beispiel aus den Komponenten:

CO, CO_2, N_2, NO, NO_2, NH_3, O_2, O, H, N, H_2, H_2O und OH.

Der Zustand des Gasgemisches im Zylinder nach der Verbrennung ist gekennzeichnet durch den Druck p_3, die Temperatur T_3 und die spezifischen Molzahlen der beteiligten – in diesem Beispiel dreizehn – Komponenten. Zur Bestimmung dieser Größen sind somit fünfzehn voneinander unabhängige Gleichungen notwendig. Diese Gleichungen sind:

1. Erster Hauptsatz der Thermodynamik für geschlossene Systeme

Setz man voraus, dass während der Verbrennung keine Wärme zu- oder abgeführt und keine Arbeit verrichtet wird, so folgt daraus: $du = 0$, das heißt keine Änderung der inneren Energie. Damit ergibt sich:

$$\sum_i \sigma_{i,2} \cdot u_{i,T2} = \sum_i \sigma_{i,3} \cdot u_{i,T3} \tag{5.9}$$

2. Thermische Zustandsgleichung

Diese ist gegeben mit:

$$p_3 \cdot v_3 = \sum_i \sigma_i \cdot R_m \cdot T_3 \tag{5.10}$$

3. Chemisches Gleichgewicht

Die dreizehn Gaskomponenten, zwischen denen chemische Reaktionen ablaufen, bestehen aus den Basiselementen Sauerstoff, Stickstoff, Wasserstoff und Kohlenstoff. Zur Beschreibung des chemischen Gleichgewichtes werden daher neun unabhängige Reaktionsgleichungen benötigt mit den stöchiometrischen Koeffizienten $\tau_{j,i}$ ($j = 1$ bis 9):

$\sum_i \mu_i \cdot \tau_{j,i} = 0$. μ_i ist das chemische Potential der Komponente i und definiert als:

$$\mu_i = g^0_{i,T} + R_m \cdot T \cdot \ln \frac{p_i}{p^0} \tag{5.11}$$

wobei $g^0_{i,T}$ die molare freie Enthalpie der Komponente i im Standardzustand repräsentiert.

4. Stoffbilanzen

Die restlichen vier Gleichungen zur Bestimmung des Zustandes nach der Verbrennung liefern die Stoffbilanzen. Während der Verbrennung ändert sich die Menge der vier Basisstoffe $j = 1 - 4$ entsprechend O, H, N und C nicht, so dass die Stoffbilanzen lauten:

$$\sigma_{B,j} = \sum_i \alpha_{j,i} \cdot \sigma_i \tag{5.12}$$

$\alpha_{j,i}$ gibt die Anzahl der Atome des Basisstoffes j in der Komponente i an.

Das so entstandene nichtlineare Gleichungssystem, bestehend aus fünfzehn Gleichungen kann zum Beispiel mittels eines Newton-Verfahrens gelöst werden.

c) Expansion. Die Rahmenbedingungen zur Darstellung des Expansionszustandes sind chemisches Gleichgewicht und konstante Gaszusammensetzung. Die Zustandsänderung erfolgt isentrop. Damit ergibt sich:

$$\sum_i \sigma_{i,3} \cdot \left(s^0_{i,T3} - R_m \cdot \ln \frac{p_3}{p^0} \right) = \sum_i \sigma_{i,3} \cdot \left(s^0_{i,T4} - R_m \cdot \ln \frac{p_4}{p^0} \right) \tag{5.13}$$

5.3.1.2 Arbeit des vollkommenen Motors

Die Arbeit W_{VM} des vollkommenen Motors ergibt sich aus der Differenz der inneren Energie mit:

$$W_{\text{VM}} = U_4 - U_1 \quad \text{beziehungsweise mit} \tag{5.14}$$

$$W_{\text{VM}} = m \cdot \left(\sum_i \sigma_{i,1} \cdot u_{i,T1} - \sum_i \sigma_{i,4} \cdot u_{i,T4} \right), \tag{5.15}$$

wobei U beziehungsweise u_i die innere Arbeit repräsentieren.

5.3.1.3 Wirkungsgrad des vollkommenen Motors

Der Wirkungsgrad η_{VM} des vollkommenen Motors ist prinzipiell definiert mit:

$$\eta_{\text{VM}} = \frac{W_{\text{VM}}}{m_{\text{Kr}} \cdot H_u} \tag{5.16}$$

mit H_u als unterer Heizwert des Kraftstoffs und m_{Kr} als eingesetzter Kraftstoffmasse. Ist der Wirkungsgrad definiert als das Verhältnis aus gewonnener Prozessarbeit W_{VM} und der maximal theoretisch gewinnbaren Arbeit, so muss $m_{\text{Kr}} \cdot H_u$ durch den Begriff $W_{\text{theoretisch}}$ ersetzt werden. Die Größe $W_{\text{theoretisch}}$ kann als die maximal gewinnbare Arbeit bei reversibler Prozessführung, oder als reversible Reaktionsarbeit gewertet werden. Diese ergibt sich aus der Differenz der freien Enthalpie aus dem Zustand des Frischgemisches und des Abgases mit

$$W_{\text{theoretisch}} = \frac{H^n_{T0} - H^{nn}_{T0} - T_0 \cdot \left(\sum_i S^n_{i,p0,T0} - \sum_i S^{nn}_{i,p0,T0} \right)}{m_{\text{Kr}}} \approx H_u \tag{5.17}$$

Darin bedeuten: H^n_{T0} und H^{nn}_{T0} die Enthalpie der Stoffströme des Verbrannten und des Unverbrannten bei Umgebungszustand; $S^n_{i,p0,T0}$ und $S^{nn}_{i,p0,T0}$ die Entropie der Komponente i im Verbrannten und Unverbrannten, bezogen auf den Umgebungszustand.

Die Unterschiede aus reversibler Reaktionsarbeit und unterem Heizwert sind für einige als Ersatzkraftstoffe definierte Substanzen, wie zum Beispiel C_7H_{14}, C_8H_{18}

oder für Methanol sehr gering, so dass $W_{theoretisch}$ ungefähr gleich H_u gesetzt werden kann. Für Wasserstoff beträgt die Differenz jedoch bereits ca. 6 % [4].

5.3.1.4 Exergieverlust beim vollkommenen Prozess

Aus dem prinzipiellen Verlauf des Wirkungsgrades beim vollkommenen Motor ist ersichtlich, dass dieser mit steigendem Luft-Kraftstoff-Verhältnis ansteigt. Zur weiteren Diskussion dieses Ergebnisses ist es zweckmäßig den Exergieverlust zu betrachten. Die spezifische Exergie für geschlossene Systeme ist definiert mit:

$$e_{T,p} = u_T - u_{0,T0} - T_0 \cdot (s_{T,p} - s_{0,T0,p0}) + p_0 \cdot (v - v_0) \tag{5.18}$$

Darin bedeuten u_T und $s_{T,p}$ die spezifische innere Energie beziehungsweise Entropie bei der Temperatur T und dem Druck p sowie $u_{0,T0}$ und $s_{0,T0,P0}$ Größen die sich ergeben, wenn die Verbrennungsgase sich im thermodynamischen Gleichgewicht mit der Umgebung befinden.
Der relative Exergieverlust E_V der Verbrennung kann definiert werden mit:

$$E_V = \frac{E_2 - E_3}{E_1}, \tag{5.19}$$

der relative Abgasexergieverlust mit:

$$E_A = \frac{E_4}{E_1} \tag{5.20}$$

Bild 5-10 zeigt den Verlauf des relativen Exergieverlustes beim vollkommenen Ottoprozess.
Der relative Exergieverlust des Abgases sinkt mit steigendem Luft-Kraftstoff-Verhältnis, während der relative Exergieverlust der Verbrennung mit steigendem Luft-Kraftstoff-Verhältnis zunimmt. In Summe resultiert daraus ein Anstieg des Wirkungsgrades mit dem Luft-Kraftstoff-Verhältnis.

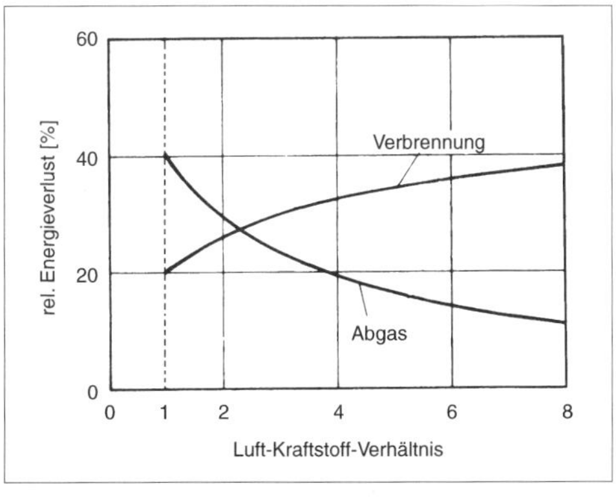

Bild 5-10 Exergieverlust durch Verbrennung und Abgas [nach 4]

5.3.2 Annäherung an den realen Arbeitsprozess

Sowohl die einfachen Kreisprozesse als auch der Prozess des vollkommenen Motors liefern nur begrenzt Aussagen über die realen im Motor ablaufenden Prozesse. Daher sind Modelle notwendig, die eine weitere Annäherung an den realen Prozess ermöglichen. Insbesondere sind Aussagen über indizierter Mitteldruck, Innenwirkungsgrad, Verbrennungsverläufe (Brennfunktionen), Verbrennungstemperaturen, Schadstoffbildung etc. wünschenswert. Solche Aussagen erhält man mit Modellen, die zum Beispiel als Zwei-Zonen-Modelle beschrieben werden können.
Weitere Modellrechnungen basieren auf der Vorgabe des Einspritzratenverlaufs, mit dessen Hilfe Aussagen über den Brennverlauf und die NO-Emissionen möglich sind [10, 17, 18] oder benutzen Einzonenmodelle mit vorgegebenem Ersatzbrennverlauf [7].
Viele dieser Modelle verzichten auf die Betrachtung des Reaktionsablaufs und bedienen sich stattdessen geeigneter Funktionen bezüglich der Energiefreisetzung durch die Verbrennung [11], zum Beispiel die Vibe-Funktion [6].
Weiter gehende thermodynamische Betrachtungen können zu Modellen führen, die neben dem zeitlichen Verlauf von Parametern auch die Ortskoordinate mit einbeziehen. Diese erfordern jedoch wegen ihrer Mehrdimensionalität hohe Rechenkapazitäten.

5.3.2.1 Nulldimensionale Modelle

Einfache Modelle der Arbeitsprozessrechnung von Verbrennungsmotoren sind „nulldimensionale" Modelle, die als Füll- und Entleermethode bekannt ist [21]. Dabei hängen die Prozessgrößen nur von der Zeit und nicht vom Ort ab. Zwei- oder dreidimensionale Strömungsfelder werden dabei nicht berücksichtigt. Der Brennraum und die angrenzenden gasführenden Baugruppen wie zum Beispiel Ansaug- und Abgasrohre, beziehungsweise Behälter, Absperrorgane wie Klappen, Ventile etc. werden bezüglich der Ein- und Ausströmvorgänge physikalisch/mathematisch beschrieben.
Das Simulationssystem wird aufgebaut aus Behältern mit entsprechenden Volumina, Strömungswiderständen (Drosseln und Blenden) und Rohrleitungen. Die Drosseln und Blenden simulieren zum Beispiel Drosselklappen, AGR-Ventile und starke Querschnittsveränderungen [25]. Verdichter und Turbine werden bei aufgeladenen Motoren durch entsprechende Kennfelder berücksichtigt.
Die Lösung des Differentialgleichungssystems der Bilanzgleichungen für die Masse und die Energie unter Berücksichtigung der thermischen Zustandsgleichung liefert die Größen Masse, Temperatur und Druck im entsprechenden Modellelement.
Beim Ein-Zonen-Modell, als „nulldimensionales" Modell, wird die Wärmefreisetzung der chemischen

Energie des Kraftstoffs oft mit Hilfe eines Ersatzbrennverlaufs vorgegeben. Das System beschreibt sich über Massen- und Energiebilanz in definierten Systemgrenzen. Die dazu notwendigen Bilanzgleichungen berücksichtigen die unterschiedlichen Möglichkeiten der Kraftstoffzufuhr in den Brennraum, wobei die daraus folgenden unterschiedlichen Randbedingungen zur Aufbereitung (Verdampfung) des Kraftstoffs wichtig sind. Neben der Energiefreisetzung werden in der Regel Annahmen zum Wärmeübergang [15, 16, 22, 23] und Ladungswechsel benötigt.

Eine weitere Variante der „nulldimensionalen" Modelle sind Zwei-Zonen-Modelle. Hierbei wird der Brennraum in zwei Zonen unterteilt, die durch eine so genannte Flammenfront getrennt sind.

Die Zone eins repräsentiert das unverbrannte Gemisch aus Luft und Kraftstoff, die Zone zwei die Verbrennungsprodukte, die sich im OHC (Sauerstoff-Wasserstoff-Kohlenstoff)-Gleichgewicht befindet. Die fiktive, räumlich nicht vorhandene Flammenfront, die außerdem als masselos betrachtet wird, trennt die beiden Zonen. Solche Modelle, die reaktionskinetische Einflüsse berücksichtigen, lassen bei vorgegebenem Brennverlauf Rückschlüsse auf die NO_x-Bildung zu [8].

Eine schematische Darstellung des Zwei-Zonen Modells zeigt **Bild 5-11**.

Modelle zur Bestimmung des Brennverhaltens

Da eine direkte Bestimmung des zeitlichen Stoffumsatzes während der Verbrennung im Motor praktisch nicht möglich ist, verwendet man Modellrechnungen. Trotz Vereinfachungen zeigen die Erfahrungen, dass damit sehr gut zumindest qualitative Aussagen möglich sind.

Beschrieben wird im Nachfolgenden ein auf der Thermodynamik beruhendes Modell, welches wie folgt definiert ist:

- Verwendung des im Motor gemessenen Druckverlaufs für die Prozessrechnung
- Zum Zeitpunkt der Zündung besteht der Zylinderinhalt aus Restgas und Frischgemisch
- Die in den Zylinder einströmende Masse verbleibt vollständig im Zylinder (keine Masseverluste)
- Während der Verdichtung finden keine chemischen Reaktionen statt
- Die Ladung im Zylinder besteht während der Verbrennung aus zwei homogenen Bereichen in Bezug auf Druck, Temperatur und Zusammensetzung (Bereich I = Unverbranntes; Bereich II = Verbranntes)
- Die beiden homogenen Bereiche sind durch eine infinitesimal dünne Flammenfront getrennt und tauschen Masse aber keine Wärme miteinander aus
- Die Zustandsänderung des Bereichs I erfolgt bei konstanter Enthalpie
- Das aus der „Flammenfront" austretende Gas wird in den Bereich II überführt und vermischt sich mit diesem zu einem neuen Gleichgewichtszustand
- Der Wärmeübergang zwischen dem jeweiligen Bereich („Verbranntes", „Unverbranntes") an die Brennraumwand folgt vorgegebenen Gesetzmäßigkeiten
- Die Zusammensetzung im Bereich I ändert sich während der Verbrennung nicht.

Ziel ist die Bestimmung der Temperatur als Funktion der Zeit im Verbrannten und Unverbrannten, sowie der spezifischen Molzahlen im Verbrannten und der sog. Brennfunktion, die das Verhältnis von verbrannter Kraftstoffmasse zur Gesamtkraftstoffmasse darstellt. Im Unverbrannten ändern sich die spez. Molzahlen definitionsgemäß nicht. Aus diesen Größen sind Aussagen über die Brenngeschwindigkeit, die Brenndauer und den Brennverzug möglich. Die Prozessrechnung erfolgt dann mit folgenden Schritten als Funktion der Zeit beziehungsweise des Kurbelwinkels α:

1. Zylinderfüllung zu Beginn der Reaktion

Mit der thermischen Zustandsgleichung

$$p \cdot v = \sum_i \sigma_i \cdot R_m \cdot T \tag{5.21}$$

und den empirisch ermittelten Größen Brennraumdruck, Volumen oberhalb des Kolbens und Frischgaszusammensetzung lässt sich die Temperatur bestimmen.

2. Verbrennungsablauf

Zone I Unverbranntes: Die thermische Zustandsgleichung und der erste Hauptsatz der Thermodynamik für offene Systeme ergeben

$$p \cdot v_I = \sum_i \sigma_{iI} \cdot R_m \cdot T_I \quad \text{und} \tag{5.22}$$

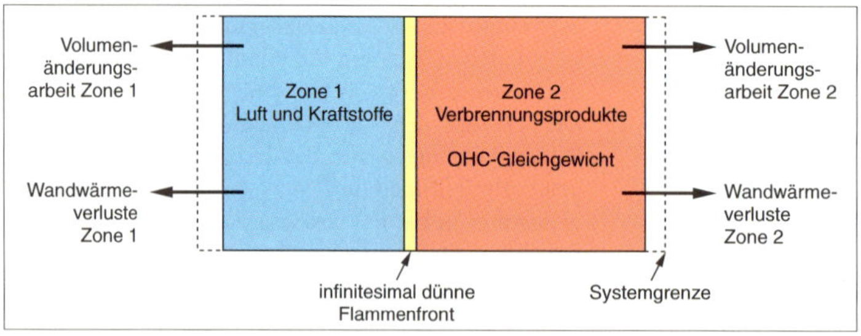

Bild 5-11 Schematische Darstellung des Zwei-Zonen-Modells

$$\frac{\mathrm{d}T_{\mathrm{I}}}{\mathrm{d}\alpha}=\frac{1}{\sum_{i=1}^{k_{\mathrm{I}}}\sigma_{i\mathrm{I}}\cdot c_{p\,mi}(T_{\mathrm{I}})}\cdot\left(\frac{\mathrm{d}q_{\mathrm{I}}}{\mathrm{d}\alpha}+\frac{R_m\cdot T_{\mathrm{I}}}{p}\cdot\frac{\mathrm{d}p}{\mathrm{d}\alpha}\cdot\sum_{i=1}^{k_{\mathrm{I}}}\sigma_{i\mathrm{I}}\right)\quad(5.23)$$

Zone II (Verbranntes)

Als unbekannte Größen treten hier die k_{II} spezifischen Molzahlen im Verbrannten $\sigma_{i\,\mathrm{II}}$, die Temperatur T_{II} und die umgesetzte Gemischmasse auf. Für die Gaszusammensetzung der Zone II sind zum Beispiel die Komponenten CO_2, CO, OH, H, O, O_2, H_2O, H_2 und N_2 als inerte Komponente sinnvoll. Zur Ermittlung der k_{II} spezifischen Molzahlen dienen r unabhängige Gleichungen für das chemische Gleichgewicht und b Gleichungen aus den Basisstoffbilanzen ($k_{\mathrm{II}} = r + b$). Das Gleichungssystem wird vervollständigt durch je eine unabhängige Gleichung für die Temperatur im Verbrannten und den Stoffumsatz. Dieser wird charakterisiert durch die Brennfunktion, definiert mit:

$$x_B=\frac{m_{\mathrm{II}}}{m_{\mathrm{gesamt}}}\,.$$

Es ergeben sich somit r Gleichungen der Form:

$$\sum_{i=1}^{k_{\mathrm{II}}}\upsilon_{i,j}\cdot\left(S_{mi}^{0}(T_{\mathrm{II}})-R_m\cdot\ln\frac{\sigma_{i\mathrm{II}}}{\sum_{i=1}^{k_{\mathrm{II}}}\sigma_{i\mathrm{II}}}\cdot\frac{p}{p^0}\right)\cdot\frac{\mathrm{d}T_{\mathrm{II}}}{\mathrm{d}\alpha}$$
$$-\frac{\mathrm{d}p}{\mathrm{d}\alpha}\cdot\frac{R_m\cdot T_{\mathrm{II}}}{p}\cdot\sum_{i=1}^{k_{\mathrm{II}}}\upsilon_{i,j}$$
$$=R_m\cdot T_{\mathrm{II}}\cdot\sum_{i=1}^{k_{\mathrm{II}}}\upsilon_{i,j}\cdot\left(\frac{\upsilon_{i,j}}{\sigma_{i\mathrm{II}}}-\frac{\sum_{i=1}^{k_{\mathrm{II}}}\upsilon_{i,j}}{\sum_{i=1}^{k_{\mathrm{II}}}\sigma_{i\mathrm{II}}}\right)\cdot\frac{\mathrm{d}\sigma_{i\mathrm{II}}}{\mathrm{d}\alpha}\quad(5.24)$$

und b Gleichungen aus der Basisstoffbilanz:

$$\sum_{i=1}^{k_{\mathrm{II}}}a_{i,l}\cdot\frac{\mathrm{d}\sigma_{i,\mathrm{II}}}{\mathrm{d}\alpha}=0\qquad\text{mit}\quad l=1\ldots b\quad(5.25)$$

Die Gleichung für die Temperatur des Verbrannten lautet:

$$\frac{\mathrm{d}T_{\mathrm{II}}}{\mathrm{d}\alpha}=\frac{1}{x_B\cdot\sum_{i=1}^{k_{\mathrm{II}}}\sigma_{i,j}\cdot cp_{mi}(T_{\mathrm{II}})}$$
$$\times\left(\left(\sum_{i=1}^{k_{\mathrm{II}}}h_{i,\mathrm{Flamme}}-\sum_{i=1}^{k_{\mathrm{II}}}\sigma_{i,j}\cdot H_{mi}(T_{\mathrm{II}})\right)\frac{\mathrm{d}x_B}{\mathrm{d}\alpha}\right.$$
$$-x_B\cdot\sum_{i=1}^{k_{\mathrm{II}}}H_{mi}(T_{\mathrm{II}})\cdot\frac{\mathrm{d}\sigma_{i,\mathrm{II}}}{\mathrm{d}\alpha}$$
$$\left.+x_B\cdot\frac{\mathrm{d}q_{\mathrm{II}}}{\mathrm{d}\alpha}+\frac{x_B}{p}\cdot R_m\cdot T_{\mathrm{II}}\cdot\frac{\mathrm{d}p}{\mathrm{d}\alpha}\cdot\sum_{i=1}^{k_{\mathrm{II}}}\sigma_{i,j}\right)\quad(5.26)$$

Die Gleichung für den prozentualen Kraftstoffumsatz lautet:

$$\frac{\mathrm{d}x_B}{\mathrm{d}\alpha}=\frac{1}{\frac{R_m}{p}\cdot\left(T_{\mathrm{II}}\cdot\sum_{i=1}^{k_{\mathrm{II}}}\sigma_{i,\mathrm{II}}-T_{\mathrm{I}}\cdot\sum_{i=1}^{k_{\mathrm{I}}}\sigma_{i,\mathrm{I}}\right)}\cdot\left(\frac{\mathrm{d}V}{m\cdot\mathrm{d}\alpha}-\frac{x_B\cdot R_m}{p}\right.$$
$$\times\left(\frac{\mathrm{d}T_{\mathrm{II}}}{\mathrm{d}\alpha}\cdot\sum_{i=1}^{k_{\mathrm{II}}}\sigma_{i,\mathrm{II}}+T_{\mathrm{II}}\cdot\sum_{i=1}^{k_{\mathrm{II}}}\frac{\mathrm{d}\sigma_{i,\mathrm{II}}}{\mathrm{d}\alpha}-\frac{T_{\mathrm{II}}}{p}\cdot\frac{\mathrm{d}p}{\mathrm{d}\alpha}\sum_{i=1}^{k_{\mathrm{II}}}\mathrm{d}\sigma_{i,\mathrm{II}}\right)$$
$$\left.-\frac{(1-x_B)\cdot R_m}{p}\cdot\left(\frac{T_{\mathrm{II}}}{\mathrm{d}\alpha}\cdot\sum_{i=1}^{k_{\mathrm{I}}}\mathrm{d}\sigma_{i,\mathrm{I}}-\frac{T_{\mathrm{I}}}{p}\cdot\frac{\mathrm{d}p}{\mathrm{d}\alpha}\sum_{i=1}^{k_{\mathrm{I}}}\mathrm{d}\sigma_{i,\mathrm{I}}\right)\right)\quad(5.27)$$

Damit stehen $k_{\mathrm{II}} + 3$ Gleichungen zur Bestimmung der Brennfunktion x_B, der Temperatur im Unverbrannten T_{I}, der Temperatur des Verbrannten T_{II} und der Zusammensetzung des verbrannten $\sigma_{1,\mathrm{II}}\ldots\sigma_{8,\mathrm{II}}$ zur Verfügung.

Typische Aussagen, die mit solchen Modellen darstellbar sind, zeigen **Bild 5-12** und **Bild 5-13**.

5.3.2.2 Mehrdimensionale Modelle

Mehrdimensionale Modelle beschreiben die Vorgänge bei der Prozesssimulation des motorischen Verhaltens als Funktion der Zeit und des Ortes, wobei die drei Ortskoordinaten berücksichtigt werden. Damit sind insbesondere das Einströmverhalten in und das Strömungsverhalten im Zylinder darstellbar. Das ist wichtig um prozessrelevante Parameter wie Drall- und Tumbleausbildung zu berechnen beziehungsweise zu berücksichtigen. Aber auch Ausströmprozesse, Ladungswechsel, AGR etc. sind damit abbildbar. Diese

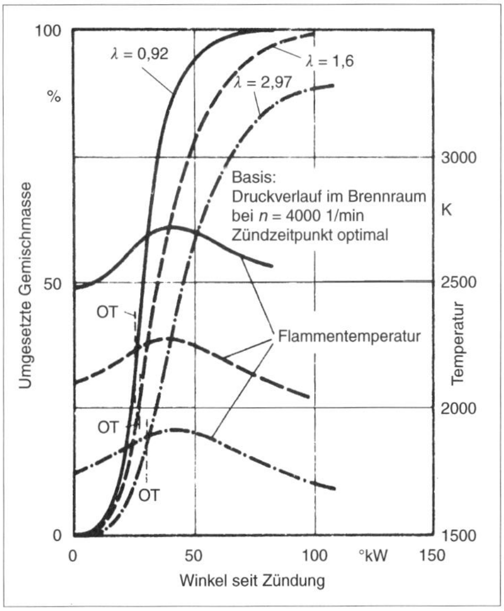

Bild 5-12 Berechnete Brennfunktionen und Flammentemperaturen mit Hilfe eines 2-Zonen Modells (Methanol – H_2)

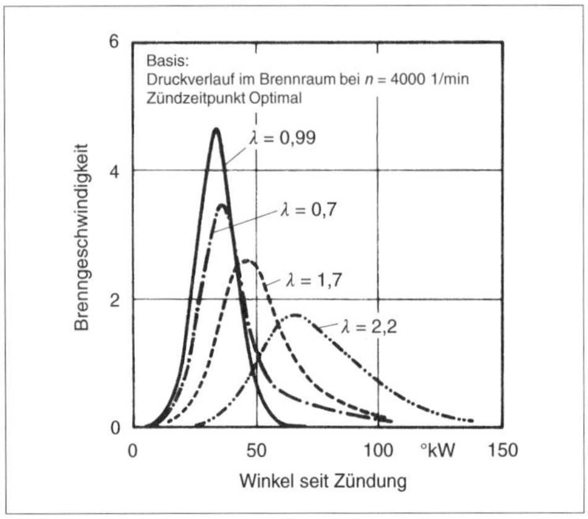

Bild 5-13 Berechnete Brenngeschwindigkeiten mit Hilfe eines 2-Zonen Modells (Methanol – H_2)

als CFD-Simulation benannten Verfahren sind Aufwendig, da die notwendigen Netze zur Berechnung generiert werden und die entsprechenden Anfangs-/ Randbedingungen festgelegt werden müssen [24, 26]. Der Grad der Komplexität wird weiter wesentlich erhöht, wenn die reaktionskinetischen Prozesse sowie Transportvorgänge von Energie und Materie mit in die Berechnungen einbezogen werden.

Mehrdimensionales Modell zur Verbrennungssimulation ohne strömungsmechanische Überlagerung

Auch ohne die Überlagerung von reaktionskinetischen Abläufen durch strömungsmechanische Gegebenheiten ist der Aufwand zur Berechnung extrem hoch. Haupthindernis ist der teilweise nicht bekannte beziehungsweise nur fragmentarisch vorliegende Reaktionsablauf eines Kraftstoffs wie zum Beispiel Benzin, der ein Gemisch aus vielen Einzelkomponenten darstellt. Daher sind Modellrechnungen oft nur mit einzelnen Komponenten des Kohlenwasserstoffgemisches Kraftstoff möglich.

Eine bessere Annäherung an den realen Prozess der Verbrennung im Motor gegenüber zum Beispiel nulldimensionalen Zwei-Zonen-Modellen, kann erreicht werden, wenn Transportvorgänge wie Diffusion und Wärmeleitung im Gas mit in die Modellrechnung einbezogen werden.

Dies setzt voraus, dass sowohl das zeitliche wie örtliche Verhalten wichtiger Prozessgrößen dargestellt wird. Der dazu notwendigen Formulierung der Bilanzgleichungen liegt die Thermodynamik der irreversiblen Prozesse zu Grunde. Betrachtet werden dabei kontinuierliche Systeme, das heißt die intensiven Zustandsvariablen wie zum Beispiel Temperatur, Druck, Dichte sind stetige Funktionen des Ortes und der Zeit. Die Bilanzgleichungen beschreiben die lokalen Änderungen in jedem Volumenelement. Neben dem Quellltherm zur Produktion oder Abbau der zugelassenen Komponenten ist ein Austausch von Energie und Materie mit dem Nachbarelement vorhanden [14]. Vernachlässigt man Reibungseinflüsse sowie zeitliche und örtliche Druckgradienten, stellen die wesentlichen Gleichungen zur Beschreibung solcher Systeme die Mengenbilanz und die Energiebilanz dar.

a) Mengenbilanz: Unter Berücksichtigung von chemischen Reaktionen und Diffusion ergibt sich für die Änderung der spezifischen Molzahl σ_i:

$$\rho \frac{\partial \sigma_i}{\partial t} = -v \cdot \rho \frac{\partial \sigma_i}{\partial x} - \frac{\partial I_i}{\partial x} + \sum_{j=1}^{r} (v_{j,i}^{n} - v_{j,i}^{nn}) \cdot J_j \quad (5.28)$$

b) Energiebilanz: Nicht berücksichtigt sind äußere Kraftfelder, Reibungseinflüsse sowie örtliche und zeitliche Druckgradienten.

$$\sum_{i=1}^{k} \sigma_i \cdot \rho \frac{\partial H_{m,i}}{\partial t} = -\sum_{i=1}^{k} H_{m,i} \sum_{j=1}^{r} \cdot (v_{j,i}^{n} - v_{j,i}^{nn}) \cdot J_j$$

$$- \operatorname{div} \vec{I}_Q \sum_{i=1}^{k} \sigma_i \cdot \rho \cdot v \cdot \operatorname{grad} H_{m,i}$$

$$- \sum_{i=1}^{k} \vec{I}_i \cdot \operatorname{grad} H_{m,i} \quad (5.29)$$

Darin bedeuten: i die Anzahl der zugelassenen Komponenten im Gas; j die Anzahl der zugelassenen chemischen Reaktionen; nn charakterisiert das Verbrannte, n dass Unverbrannte; I_j ist die Diffusionsstromdichte; J_j die Reaktionsgeschwindigkeit der Reaktion j, $\vec{I}_Q$ charakterisiert den Wärmestrom und $H_{m,i}$ die partielle molare Enthalpie der Komponente i.

5.4 Wirkungsgrade

Die Betrachtung der einfachen Kreisprozesse (Kapitel 5.2) liefern Wirkungsgrade, als thermische Wirkungsgrade η_{th} definiert, die als maximal mögliche Wirkungsgrade abhängig vom gewählten Prozessverlauf gewertet werden können. Unter den oben angegebenen Voraussetzungen liefert der „Vollkommene Motor" einen Wirkungsgrad η_v, der bei gleicher Prozessführung einen geringeren Wirkungsgrad ergibt als η_{th}.

Mit weiterer Annäherung der Rechenmodelle an den realen Prozess entfernt man sich immer weiter von den Idealisierungen; die dann erhaltenen Wirkungsgrade werden immer geringer beziehungsweise nähern sich der Wirklichkeit immer mehr an.

Die Abweichungen Wirkungsgrades des „vollkommenen Motors" vom inneren Wirkungsgrades η_i des realen Motors sind bestimmt durch:

- unvollständige Verbrennung und Brennverlauf. Das Abgas enthält noch Komponenten, die weiter oxidiert werden können und somit noch einen nicht in der Prozessführung genutzten Heizwert repräsentieren. Außerdem weicht der reale Brennverlauf von dem des Vergleichsprozesses ab.
- Undichtigkeiten, Wärmeverluste und Ladungswechselverluste.

Der innere Wirkungsgrad η_i des realen Motors kann aus der Indizierung von Hoch- und Niederdruckschleife gewonnen werden. Der weitere Schritt zum effektiven Wirkungsgrad η_e erfolgt über die Berücksichtigung weiterer Verluste wie zum Beispiel Reibungsverluste (Triebwerksreibung, Nebenaggregate, Hilfsantriebe etc.).

5.5 Energiebilanz am Motor

Wird ein Motor stationär betrieben, das heißt bei fest eingestelltem Betriebspunkt, so ist der Prozess als stationärer Fließprozess zu betrachten, bei dem technische Arbeit verrichtet wird. Zur Darstellung einer Energiebilanz definiert man eine Systemgrenze und betrachtet die über diese Grenze fließenden Stoff- und Energieströme, **Bild 5-14**.

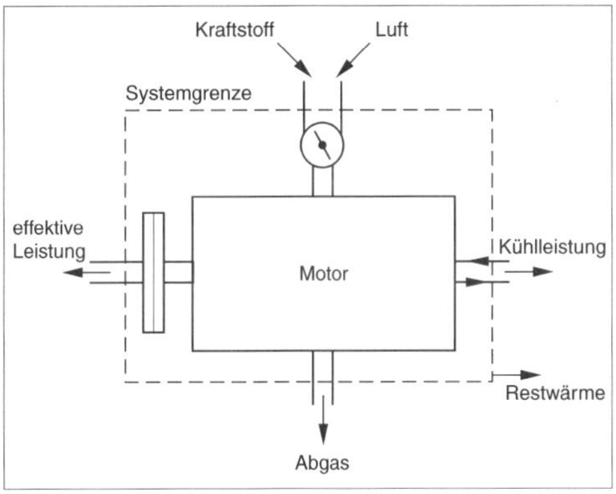

Bild 5-14 Stoff- und Energieströme am Motor

Im Einzelnen fließen über die Systemgrenze folgende Ströme:

P_e effektive Leistung
$\dot{Q}_{\text{Rest}}$ Restwärme (Wärmestrom an die Umgebung auf Grund von Wärmestrahlung, Wärmeleitung und Konvektion)
$\dot{H}_{\text{Luft}}$ Enthalpiestrom der Luft
$\dot{H}_{\text{Kr}}$ Enthalpiestrom des Kraftstoffes
$\dot{H}_{\text{KWE}}$ Enthalpiestrom des Kühlwassers (Eintritt)
$\dot{H}_{\text{KWA}}$ Enthalpiestrom des Kühlwassers (Austritt)
$\dot{H}_{\text{Abgas}}$ Enthalpiestrom des Abgases

5.5.1 Bilanzgleichung

Bilanziert man die Stoff- und Energieströme, die den Kontrollraum passieren, so ergibt sich:

$$\begin{aligned}&\dot{H}_{\text{Kr}} + \dot{H}_{\text{Luft}} + \dot{H}_{\text{KWE}}\\ &= \dot{H}_{\text{KWA}} + P_e + \dot{Q}_{\text{Rest}} + \dot{H}_{\text{Abgas}\,T_2}\end{aligned} \tag{5.30}$$

Die Energiedifferenz durch unterschiedliche Geschwindigkeiten der Gasströme zwischen Ein- und Austritt aus dem Motor wird vernachlässigt. Luft und Kraftstoff werden über einen chemischen Prozess zu Abgas gewandelt. Zur Berechnung benutzt man die Definition des Heizwertes:

$$H_u = \frac{\dot{H}_1' - \dot{H}_1''}{\dot{m}_{\text{Kr}}} \tag{5.31}$$

wobei $\dot{H}_1'$ der Enthalpiestrom des Unverbrannten bei der Temperatur T_1 und $\dot{H}_1''$ der Enthalpiestrom des Verbrannten (Abgas) bei der Temperatur T_1 ist. Die Temperatur T_1 des Verbrannten wird erreicht durch Rückkühlung des Verbrannten auf die Ausgangstemperatur. Die Enthalpieströme sind definiert zu:

$$\dot{H}_1' = \dot{H}_{\text{Luft}} + \dot{H}_{\text{Kr}} \quad \text{und} \quad \dot{H}_1'' = \dot{H}_{\text{Abgas}\,T_1} \tag{5.32}$$

Damit folgt:

$$\begin{aligned}&\dot{H}_{\text{KWA}} - \dot{H}_{\text{KWE}} + P_e + \dot{Q}_{\text{Rest}} + \dot{H}_{\text{Abgas}\,T_2}\\ &= H_u \dot{m}_{\text{Kr}} + \dot{H}_{\text{Abgas}\,T_1}\end{aligned} \tag{5.33}$$

oder

$$H_u \dot{m}_{\text{Kr}} = \Delta\dot{H}_{\text{KW}} + P_e + \dot{Q}_{\text{Rest}} + \Delta\dot{H}_{\text{Abgas}} \tag{5.34}$$

Dabei ist zu beachten, dass $\Delta\dot{H}_{\text{Abgas}}$ die Enthalpiedifferenz zwischen Abgas bei der jeweiligen Abgastemperatur T_2 und der Temperatur T_1 ist.
Aus der obigen Gleichung wird die Aufteilung der durch den Kraftstoff beziehungsweise Heizwert zugeführten Energie deutlich. Sie teilt sich in die effektive Leistung, die Restwärme, die Enthalpiedifferenz des Kühlwassers und die des Abgases.
Die Enthalpie des Kühlwassers bestimmt sich mit:

$$\Delta\dot{H}_{\text{KW}} = \dot{m}_{\text{KW}} \cdot c_{\text{W}} \cdot \left(T_{\text{KWA}} - T_{\text{KWE}}\right) \tag{5.35}$$

Mit:

$\dot{m}_{\text{KW}}$ = zeitlicher Kühlwasserdurchsatz,
c_W = spezifische Wärme des Wassers (4.185 kJ/kg K),
T_{KW_A} = Temperatur des Kühlwassers bei Austritt,
T_{KW_E} = Temperatur des Kühlwassers bei Eintritt

Die Enthalpiedifferenz des Abgases bestimmt sich zu:

$$\Delta\dot{H}_{\text{Abgas}} = \dot{m}_{\text{Abgas}} \cdot \left(c_{p\,\text{Abgas}}\Big|_0^{T_2} T_2 - c_{p\,\text{Abgas}}\Big|_0^{T_1} T_1\right) \tag{5.36}$$

Mit:

$\dot{m}_{\text{Abgas}}$ = Massenstrom des Abgases,
$c_{p\,\text{Abgas}}\Big|_0^{T}$ = mittlere spez. Wärme des Abgases

Der Abgasmassenstrom ist: $\dot{m}_{\text{Abgas}} = \dot{m}_{\text{L}} + \dot{m}_{\text{Kr}}$

Die Restwärme, die im Wesentlichen die Strahlungswärme, Wärmeleitung und Konvektion umfasst, ist somit berechenbar, da alle anderen Größe aus Messdaten berechnet werden können

$$\dot{Q}_{\text{Rest}} = H_u \cdot \dot{m}_{\text{Kr}} - P_e - \Delta\dot{H}_{\text{KWA}} - \Delta\dot{H}_{\text{Abgas}} \tag{5.37}$$

Literatur

[1] *Behr, H. D:* Thermodynamik, Springer Berlin, Heidelberg, New York, 1989

[2] *Pischinger, R.; Kraßnig, G.; Taucar, G.; Sams, Th.:* Thermodynamik der Verbrennungskraftmaschine. Die Verbrennungskraftmaschine Neue Folge Band 5. Wien: Springer 1989

[3] *Heywood, J. B.:* Internal Combustion Engine Fundamentals. New York McGraw Hill International Editions 1988

[4] *Jordan, W.:* Erweiterung des ottomotorischen Betriebsbereiches durch Verwendung extrem magerer Gemische unter Einsatz von Wasserstoff als Zusatzkraftstoff, Dissertation 1977, Universität Kaiserslautern

[5] *Torkzadeh, D. D.; Längst, W.; Kiencke, U.:* Combustion and Exhaus Gas Modeling of a Common Rail Diesel Engine – an Approach, SAE 2001-01-1243

[6] *Vibe, I.:* Brennverlauf und Kreisprozess von Verbrennungsmotoren, Berlin, VEB Verlag Technik, 1970

[7] *Barba, C.; Burkhard, C.; Boulouchos, K.; Bargende, M.:* Empirisches Modell zur Vorausberechnung des Brennverlaufs bei Common-Rail-Dieselmotoren, MTZ 60 (1999) 4

[8] *Heider, G.; Woschni, G.; Zeilinger, K.:* 2-Zonen Rechenmodell zur Vorausberechnung der NO-Emission von Dieselmotoren, MTZ 59 (1998) 11

[9] *Eiglmeier, C.; Merker, G. P.:* neue Ansätze zur phänomenologischen Modellierung des gasseitigen Wandwärmeübergangs im Dieselmotor, MTZ 61 (2000) 5

[10] *Chmela, F.; Orthaber, G.; Schuster, W.:* Die Vorausberechnung des Brennverlaufs von Dieselmotoren mit direkter Einspritzung auf der Basis des Einspritzverlaufs, MTZ 59 (1998) 7

[11] *Codan, E.:* Ein Programm zur Simulation des thermodynamischen Arbeitsprozesses des Dieselmotors, MTZ 57 (1996) 5

[12] *Jungbluth, G.; Noske, G.:* Ein quasidimensionales Modell zur Beschreibung des ottomotorischen Verbrennungsablaufs, Teil 1 und Teil 2. MTZ 52 (1991)

[13] *Stiech, G.:* Phänomenologisches Multizonen-Modell der Verbrennung und Schadstoffbildung im Dieselmotor, VDI Fortschrittberichte, Reihe 12, Verkehrstechnik/Fahrzeugtechnik Nr. 399, VDI Verlag, Düsseldorf, 1999

[14] *Schäfer, F.:* Thermodynamische Untersuchung der Reaktion von Methanol-Luft-Gemischen unter der Wirkung von Wasserstoffzusatz, VDI Fortschrittberichte, Reihe 6, Energietechnik/Wärmetechnik Nr. 120, VDI Verlag, Düsseldorf, 1983.

[15] *Bargende, M.:* Ein Gleichungsansatz zur Berechnung der instationären Wandwärmeverluste im Hochdruckteil von Ottomotoren, Dissertation, TH Darmstadt, 1990

[16] *Woschni, G.:* Die Berechnung der Wandwärmeverluste und der thermischen Belastung der Bauteile von Dieselmotoren, MTZ 31 (1970)

[17] *Mollenhauer, K.:* Handbuch Dieselmotoren, Springer 1997

[18] *Sams, T.; Regner, G.; Chmela, F.:* Integration von Simulationswerkzeugen zur Optimierung von Motorkonzepten, MTZ 61 (2000) 9

[19] *Ohyama, Y.; Yoshishige, O.:* Engine Control Using a Real Time Combustion Model, SAE 2001-01-0256

[20] *Zima, S.:* Unveröffentlichte Darstellungen

[21] *Ramos, J. I.:* Internal Combustion Engine Modelling, hemisphere Publishing Corporation, New York, 1998

[22] *Kleinschmidt, W.:* Der Wärmeübergang in aufgeladenen Dieselmotoren aus neuerer Sicht, 5. aufladetechnische Konferenz, Augsburg, 1993

[23] *Merker, G. P.; Kessen, U.:* Technische Verbrennung: Verbrennungsmotoren, Teubner-Verlag Stuttgart, 1999

[24] *Ferziger, J. H.; Peric, M.:* Computational Methods for Fluid Dynamics, Springer Berlin Heidelberg new York, 1996

[25] *Seiffert, H.:* Instationäre Strömungsvorgänge in Rohrleitungen an Verbrennungskraftmaschinen, Springer verlag Berlin Göttingen Heidelberg, 1962

[26] *Merker, G.; Schwarz, C.; Stiesch, G.; Otto, F.:* Verbrennungsmotoren Simulation der Verbrennung und Schadstoffbildung, Teubner Verlag, 2004

[27] *van Basshuysen, R.; Schäfer, F (Hrsg.).:* Lexikon Motorentechnik. Der Verbrennungsmotor von A – Z, Vieweg Verlag Wiesbaden, 2006

[28] *Schwaderlapp, M.; Bick, W.; Duesemann, M.; Kauth, J.:* 200 bar Spitzendruck, Leichtbaulösungen für zukünftige Dieselmotorblöcke. MTZ Motortechnische Zeitschrift 65 (2004), Vieweg Verlag, Wiesbaden

6 Triebwerk

6.1 Kurbeltrieb

6.1.1 Aufbau und Funktion

Das Triebwerk – umgangssprachliche Bezeichnung für den Kurbeltrieb – ist diejenige Funktionsgruppe der Hubkolbenmotoren, die eine wirkungsgradgünstige Umwandlung von oszillierender (hin- und hergehender) in drehende Bewegung und umgekehrt bewirkt. Hinsichtlich Arbeitsausbeute, Wirkungsgrad und technischer Realisierbarkeit wird mit ihm eine optimale Umsetzung thermodynamischer Prozesse ermöglicht, auch wenn dies mit einigen wesentlichen Nachteilen erkauft werden muss:

- Begrenzung der Drehzahl – und damit der Leistungsentwicklung – durch freie Massenwirkungen
- Ungleichmäßige Kraftabgabe, deren Beherrschung besondere Maßnahmen erfordert in Gestalt von Mehrzylindertriebwerken, geeigneter Kröpfungs- und Zündfolge, Massenausgleich und Massenausgleichsgetrieben
- Anregung zu Drehschwingungen, welche die Kurbelwelle und den Antriebsstrang hoch beanspruchen
- Hohe Schwankungsbreite der Kraftverläufe im Vergleich zu den Nennwerten dieser Kräfte
- Ungünstige Bauteilgeometrie bezüglich des Kraftflusses mit hohen Spannungsspitzen
- Hohe tribologische Beanspruchung.

Der Kurbeltrieb besteht aus Kolben mit Ringen, Kolbenbolzen, Pleuel (Pleuelstange), Kurbelwelle mit Gegenmasse(n) (Gegengewichte), und den Lagern (Pleuelbuchse, Pleuellager, Kurbelwellengrundlager) **(Bild 6-1)**.

Bild 6-1 Triebwerk eines V-8-Pkw-Ottomotors

Für die nachfolgenden Betrachtungen wird der Kurbeltrieb auf seine kinematisch relevanten Teile zurückgeführt. Die einzelnen Teile des Kurbeltriebs führen verschiedene Bewegungen aus:

- Der Kolben bewegt sich im Zylinder oszillierend
- das Pleuel
  - mit dem kleinen Pleuelauge am Kolbenbolzen angelenkt, bewegt sich ebenfalls oszillierend
  - das große Pleuelauge – am Hubzapfen angelenkt – macht dessen Drehbewegung mit
  - der Pleuelschaft schwingt in der Kurbelkreisebene und
- die Kurbelwelle rotiert **(Bild 6-2)**.

Während einer Kurbelwellenumdrehung bewegt sich der Kolben vom oberen zum unteren und wieder zum oberen Totpunkt; dabei legt er zweimal den Hub zurück. Bei dieser Bewegung wird er beschleunigt und verzögert. Die Triebwerksbewegung, das heißt die jeweilige Stellung des Kolbens, wird durch den Kurbelwinkel φ – den Winkel zwischen der Zylinderachse und der Kurbelkröpfung – beschrieben. Dieser

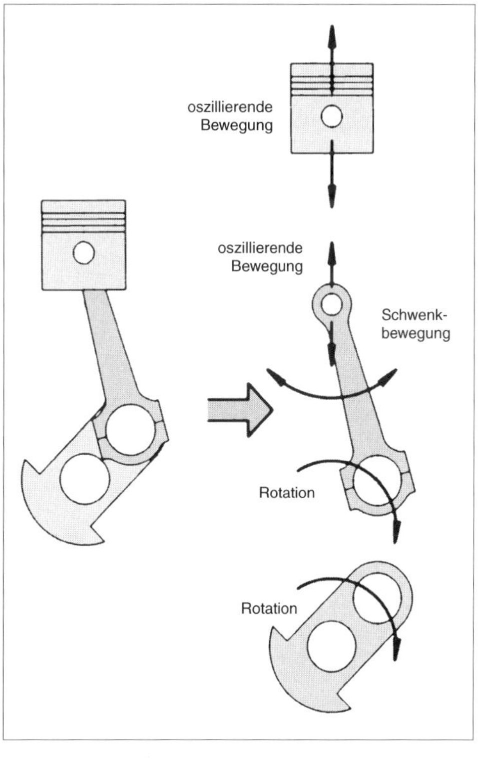

Bild 6-2 Bewegungen der Triebwerksteile

Kurbelwinkel ist gleichermaßen ein Maß für Weg und Zeit, denn – abhängig von der jeweiligen Drehzahl – gibt er die Zeit an, in der das Triebwerk eine bestimmte Stellung erreicht. Es gilt die Zahlenwertgleichung:

$$\varphi[°\text{KW}] = 6 \cdot n\ [\text{min}^{-1}] \cdot t\ [s] \tag{6.1}$$

Die Kolbenbewegung wird durch die Abhängigkeit des Kolbenwegs vom Kurbelwinkel, $s = f(\varphi)$, beschrieben und ergibt sich aus den geometrischen Verhältnissen **(Bild 6-3)**.

r = Kurbelradius
s = Kolbenweg
l = Pleuellänge
v = Kolbengeschwindigkeit
$\lambda = \frac{r}{l}$ Pleuelverhältnis
a Kolbenbeschleunigung

$$s_0 = l + r \tag{6.2}$$

$$s_x = r \cdot \cos\varphi + l \cdot \cos\psi \tag{6.3}$$

$$s = s_0 - s_x \tag{6.4}$$

$$s = l + r - (r \cdot \cos\varphi + l \cdot \cos\psi) \tag{6.5}$$

Der Zusammenhang zwischen dem Kurbelwinkel φ und dem Pleuelschwenkwinkel ψ stellt sich wie folgt dar:

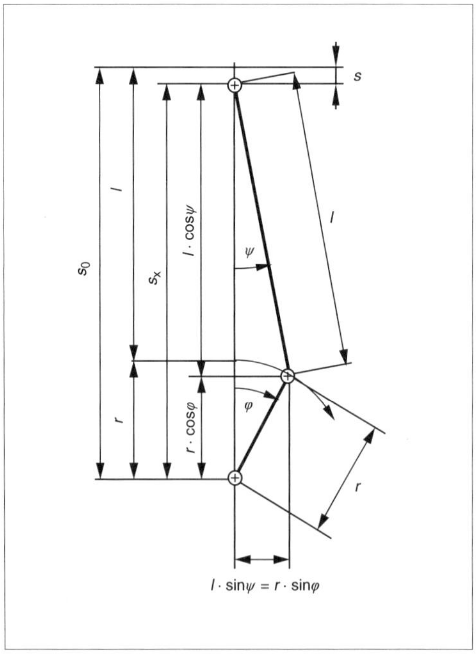

Bild 6-3 Geometrische Verhältnisse am Kurbeltrieb

$$\psi = \arctan\frac{\lambda \cdot \sin\varphi}{\sqrt{1 - \lambda^2 \cdot \sin^2\varphi}} \tag{6.6}$$

$$s = r \cdot \left[1 - \cos\varphi + \frac{1}{\lambda} \cdot \left(1 - \sqrt{1 - \lambda^2 \cdot \sin^2\varphi}\right)\right] \tag{6.7}$$

Da der Wurzelausdruck in der Kolbenweg-Gleichung umständlich zu handhaben ist, wird er durch eine Reihe ersetzt, die – schnell konvergierend – schon nach dem zweiten Glied abgebrochen werden kann, weil sowohl λ als auch $\sin\varphi$ kleiner als 1, mithin ihre Potenzen beziehungsweise Produkte noch viel kleiner sind.

$$\sqrt{1+x} = 1 + \frac{1}{2}x - \frac{1}{8}x^2 + \frac{1}{16}x^3 - \ldots \tag{6.8}$$

$$x = -\lambda^2 \cdot \sin^2\varphi \tag{6.9}$$

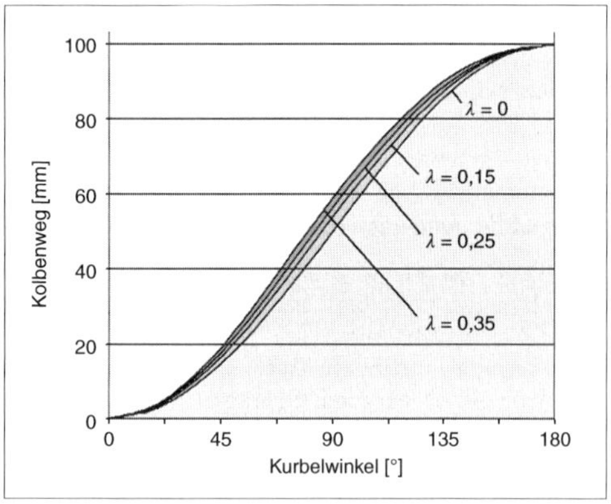

Bild 6-4 Kolbenweg in Abhängigkeit vom Kurbelwinkel für verschiedene Pleuelverhältnisse

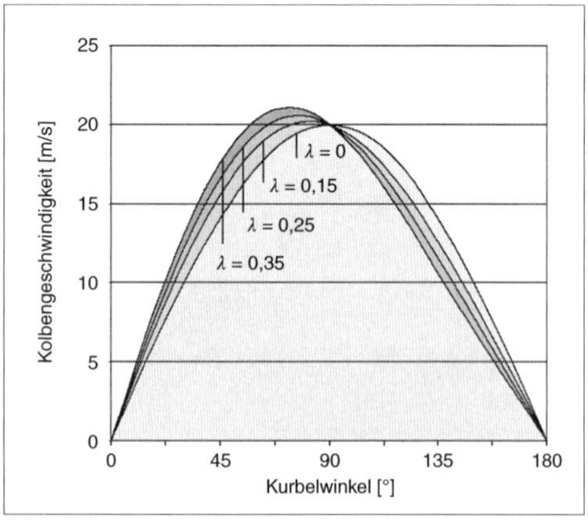

Bild 6-5 Kolbengeschwindigkeit in Abhängigkeit vom Kurbelwinkel für verschiedene Pleuelverhältnisse

Somit erhält man die vereinfachte Kolbenweg-Gleichung **(Bild 6-4)**:

$$s = r \cdot \left(1 - \cos\varphi + \frac{1}{2} \cdot \lambda \cdot \sin^2 \varphi\right) \qquad (6.10)$$

Ein Differenzieren nach der Zeit liefert die Kolbengeschwindigkeit **(Bild 6-5)**.

$$v = r \cdot \omega \cdot \left(\sin\varphi + \frac{1}{2} \cdot \lambda \cdot \sin 2\varphi\right) \qquad (6.11)$$

Die mittlere Kolbengeschwindigkeit ist der Weg von zwei Hüben, der während einer Umdrehung zurückgelegt wird, bezogen auf die dazugehörige Zeit $t = 1/n$

$$v_m = 2 \cdot s \cdot n \qquad (6.12)$$

Zweifaches Differenzieren der Kolbenweggleichung nach der Zeit ergibt die Kolbenbeschleunigung **(Bild 6-6)**:

$$a = r \cdot \omega^2 \cdot (\cos\varphi + \lambda \cdot \cos 2\varphi) \qquad (6.13)$$

Kolbenweg, -geschwindigkeit und -beschleunigung werden durch das Pleuelverhältnis λ beeinflusst. Bei einer unendlich langen Pleuelstange ($\lambda = 0$) entfällt in der Kolbenweggleichung das der rein harmonischen Kosinus-Schwingung überlagerte Glied $\frac{1}{2} \cdot \lambda \cdot \sin^2 \varphi$.

Je größer das Pleuelverhältnis λ, desto größer die Abweichung von der harmonischen Bewegung. Große Pleuelverhältnisse, d.h. relativ zum Hub kurze Pleuelstangen, verringern zwar die Motorhöhe, haben aber wegen der stärkeren Schrägstellung der Pleuelstangen auch größere Reibungskräfte zur Folge. Heute übliche λ-Werte für Fahrzeugmotoren liegen etwa zwischen 0,2 bis 0,35.

Durch eine Vielzahl unterschiedlicher Maßnahmen versucht man die oszillierenden Massen zu verringern beziehungsweise sie trotz angehobener Leistung nicht weiter ansteigen zu lassen, wie zum Beispiel:

- Kolben mit reduzierter Kompressionshöhe und Schaftlänge sowie reduzierten Kolbenringhöhen, ggf. auch reduzierter Kolbenringanzahl; optimierter Innengeometrie (Einzug der Bolzenaugen, Verringerung des Augenabstandes)
- Belastungsoptimierte Kolbenbolzengeometrie (zum Beispiel konische Innenbohrungen oder sogenannte Formbolzen mit optimierter Außenkontur)
- Massenreduktion im Bereich des kleinen Pleuelauges durch so genannte Trapez- oder Stufenpleuel
- Klemmpleuel (ein im kleinen Pleuelauge eingeschrumpfter Kolbenbolzen, dadurch Entfall der Bolzensicherungsringe und der Lagerbuchse)
- Kleine Pleuelverhältnisse zur Reduktion der Massenkräfte 2. Ordnung (der harmonischen Schwingung überlagerter Anteil).

Mit Motorgröße und -belastung nehmen die Massen deutlich zu; so beträgt die Masse des „nackten" Kolbens des V8-Audi-Ottomotors 355 g [1], die des kompletten Kolbens des Porsche Carrera 650 g [2].

Durch Schränken beziehungsweise Desaxieren des Kurbeltriebes kann der Bewegungsablauf des Kurbeltriebs im jeweils erwünschten Sinn verändert werden **(Bild 6-7)**. Es gibt

- desaxierte Kurbeltriebe, bei denen der Kolbenbolzen aus der Zylindermitte verschoben ist;
- geschränkte Kurbeltriebe, bei denen die Kurbelwellenmitte aus der Zylindermitte verschoben ist.

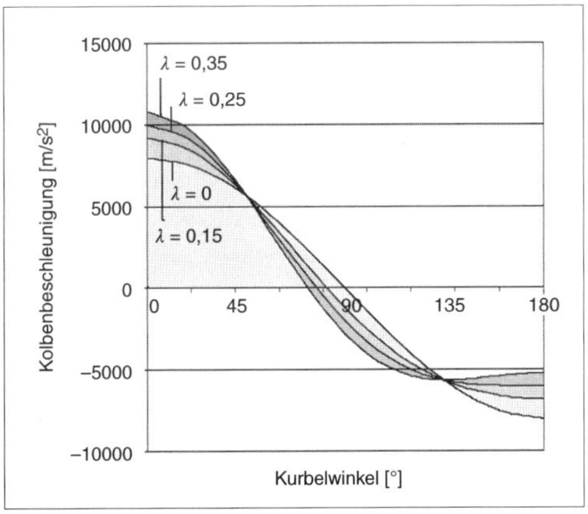

Bild 6-6 Kolbenbeschleunigung in Abhängigkeit vom Kurbelwinkel für verschiedene Pleuelverhältnisse

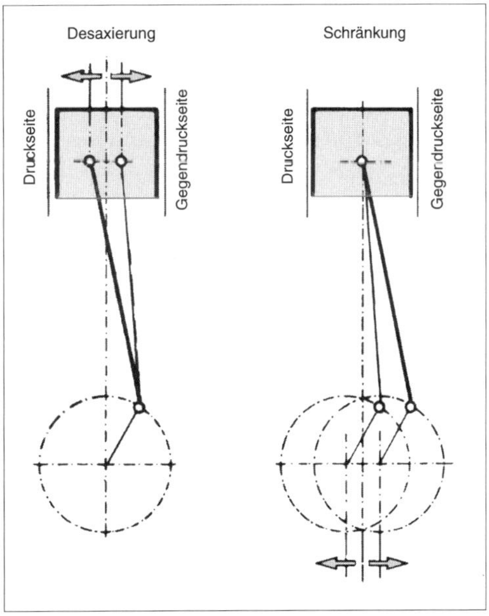

Bild 6-7 Schränkung und Desaxierung des Kurbeltriebs

Möglich ist auch die Kombination von Schränkung und Desaxierung. Durch das Schränken wird der Bewegungsablauf so verändert, dass die Strecklagen des Triebwerkes nicht mehr in der Zylinderachse liegen, der Kolbenweg nicht mehr symmetrisch zum UT ist und die Kolbengeschwindigkeiten für Hin- und Rückhub unterschiedliche Werte annehmen. Kolbenweg, -geschwindigkeit und -beschleunigung des geschränkten Kurbeltriebs ergeben sich mit der auf die Pleuellänge bezogenen Schränkung y:

$$e=\frac{y}{l} \quad \text{zu [3; 4]:} \tag{6.14}$$

$$s=r\cdot\left[\cos\varphi+\frac{1}{\lambda}\cdot\sqrt{1-(\lambda\cdot\sin\varphi+e)^2}\right] \tag{6.15}$$

$$v=-r\cdot\omega\cdot\left[\sin\varphi+\frac{\cos\varphi\cdot(\lambda\cdot\sin\varphi+e)}{\sqrt{1-(\lambda\cdot\sin\varphi+e)^2}}\right] \tag{6.16}$$

$$a=-r\cdot\omega^2\cdot\left[\cos\varphi+\frac{\lambda\cdot\cos^2\varphi\cdot(\lambda\cdot\sin\varphi+e)}{[1-(\lambda\cdot\sin\varphi+e)^2]^{2/3}}+\frac{\lambda\cdot\cos^2\varphi-\sin\varphi\cdot(\lambda\cdot\sin\varphi+e)}{\sqrt{\left[1-(\lambda\cdot\sin\varphi+e)^2\right]}}\right]$$
$$-r\cdot\omega^2\cdot\left[\sin\varphi+\frac{\cos\varphi\cdot(\lambda\cdot\sin\varphi+e)}{\sqrt{1-(\lambda\cdot\sin\varphi+e)^2}}\right] \tag{6.17}$$

Die Gründe für Schränkung und Desaxierung sind unterschiedlich. In der Frühzeit des Motorenbaus schränkte man den Kurbeltrieb um Werte bis zu 1/10 des Hubes [5]. Damit sollte die Pleuelstange bei Durchgang durch den OT möglichst in Zylinderachsrichtung gehalten werden, um im Bereich der Zündung die Normalkraft (Kolbenseitenkraft) und somit Belastung und Verschleiß zu verringern. Heute wird die Schränkung bei VR-Motoren (V-Motoren mit V-Winkeln zwischen 10 und 20°) mit Rücksicht auf den nötigen Freigang der sich gegenüberliegenden Zylinder angewendet [6; 7].

Desaxieren in Druckrichtung (Richtung, in die sich der Kolben im Expansionshub an die Zylinderlaufbahn anlegt) bewirkt einen früheren Anlagewechsel des Kolbens, wenn die Normalkraft weniger stark auf den Kolben wirkt. Dabei legt sich der Kolben infolge seiner Kippbewegung zuerst mit dem „weichen" Unterteil (Kolbenhemd) an den Zylinder an, was zusätzlich den Aufprall mildert. Man spricht deshalb von Geräusch-Desaxierung. Das optimale Maß für die Desaxierung wird experimentell ermittelt; für einen Boxermotor ergaben sich zum Beispiel 0,9 mm. Bei Fahrzeugdieselmotoren wendet man das thermische Desaxieren an – ein Desaxieren zur Gegendruckseite. Dadurch hält sich der Kolben (innerhalb des Kolbenspiels) mehr in der Zylindermitte, was sich günstig auf die Dichtwirkung der Kolbenringe auswirkt und dem Ansatz von Ölkohle am Feuersteg entgegenwirkt **(Bild 6-8)**.

6.1.2 Kräfte am Kurbeltrieb

Die Kräfte im Kurbeltrieb eines Verbrennungsmotors rühren vom Gasdruck im Brennraum und von den Massenkräften her **(Bild 6-9)**.

Der Anteil der Gas- und der Massenkräfte an den Triebwerkskräften hängt ab von:

- Thermodynamischem Prozess: Ottomotor/Dieselmotor
- Auslegung des Motors: Saugmotor/ATL-Motor
- Lastpunkt im Kennfeld, zum Beispiel
  - hohe Gaskraft, niedrige Massenkräfte
  - niedrige Gaskraft, hohe Massenkräfte.

Infolge der ungleichförmigen Arbeits- und -bewegungsabläufe des Hubkolbenmotors ändern die Kräfte

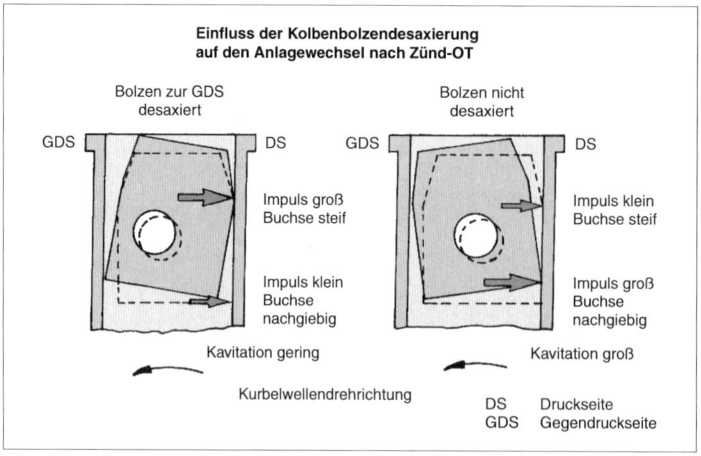

Bild 6-8 Kolbenbolzendesaxierung

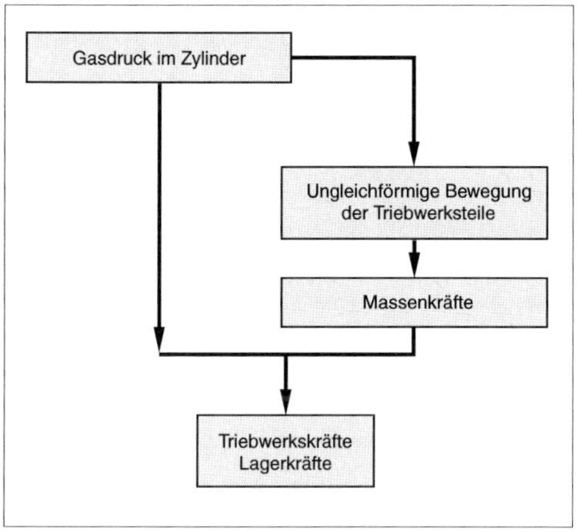

Bild 6-9 Schema der Triebwerkskräfte

im Triebwerk während eines Arbeitsspieles ihre Größe und Richtung.

Am Triebwerk sind wirksam:

- Gaskraft
- oszillierende Massenkraft des Kolbens
- oszillierende Massenkraft des Pleuels
- rotierende Massenkraft des Pleuels
- rotierende Massenkraft der Kurbelkröpfung
- rotierende Massenkraft der Gegenmasse.

Die Massenkraft durch die Schwenkbewegung des Pleuels wird vernachlässigt. Den folgenden Betrachtungen liegen die Kräfte kurz nach Zünd-OT bei einer Kurbelwellenstellung von etwa 30° nach OT zu Grunde **(Bild 6-10)**.

Der sich durch die Verbrennung des Gemisches aufbauende Gasdruck hängt in Höhe und Verlauf von verschiedenen Einflüssen ab, zum Beispiel:

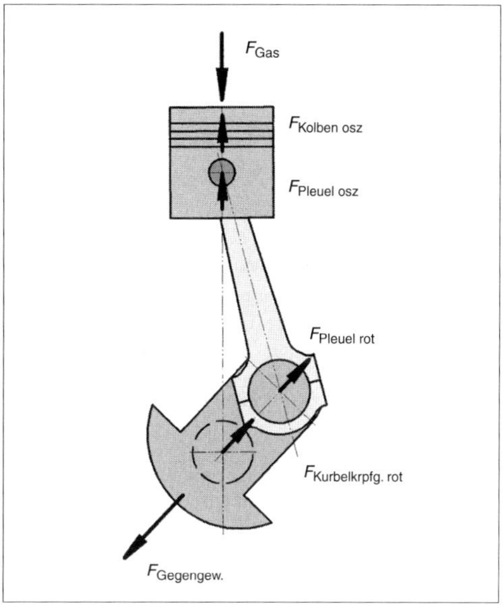

Bild 6-10 Am Triebwerk wirksame Kräfte

- thermodynamischem Prozess
- Verbrennungsverfahren
- Leistung und
- Betriebspunkt im Kennfeld, auf dem der Motor gefahren wird.

Der Gasdruck wird mit einer Prozessrechnung oder durch Messung (Indizieren) ermittelt **(Bild 6-11)**.

Vereinfachend werden die oszillierenden Massenkräfte zu einer Kraft F_{osz} zusammengefasst. Diese ist der auf den Kolben lastenden Gaskraft entgegengesetzt gerichtet. Gas- und Massenkräfte ergeben zusammen die Kolbenkraft F_K.

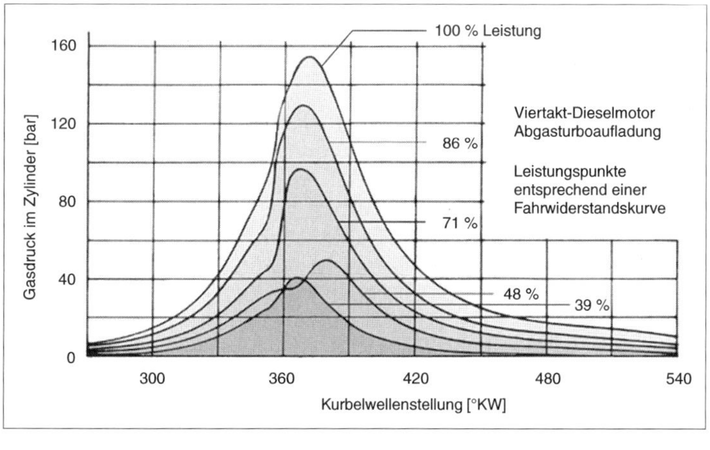

Bild 6-11 Gasdruckverläufe eines aufgeladenen Dieselmotors mit Direkteinspritzung

$$F_K = F_{Gas} + F_{Kolben\,osz} + F_{Pleuel\,osz}$$

$$F_{Gas} = p(\varphi) \cdot A_K \qquad A_K = \frac{\pi}{4} \cdot d^2$$

$$F_{osz} = -m_{osz} \cdot r \cdot \omega^2 \cdot (\cos\varphi + \lambda \cdot \cos 2\varphi) \qquad (6.18)$$

$$m_{osz} = (m_{Kolben\,osz} + m_{Pleuel\,osz})$$

$$F_K = p(\varphi) \cdot A_{Kolben} - r \cdot \omega^2 \cdot m_{osz} \cdot (\cos\varphi + \lambda \cdot \cos 2\varphi)$$

Da die Pleuelstange, abgesehen von den Totpunkten, eine von der Zylinderachsrichtung abweichende Stellung einnimmt, muss die Kolbenkraft F_K entsprechend umgeleitet werden. Das hat die Stangenkraft F_{ST} und die normal, das heißt senkrecht zur Zylinderwand wirkende Normalkraft F_N (andere Bezeichnung: Kolbenseitenkraft) zur Folge (**Bild 6-12** und **Bild 6-13**).

$$F_{ST} = \frac{F_K}{\cos\psi} \qquad (6.19)$$

$$F_N = -F_K \cdot \tan\psi \qquad (6.20)$$

Deutlicher werden die Verhältnisse, wenn man getrennt den Weg der einzelnen Kräfte vom Brennraum bis zum Kurbelwellenlager beziehungsweise zur Motorlagerung verfolgt [11].

Kräfte am Kolben: Der auf den Kolben lastende Gasdruck ergibt die Gaskraft; ihr entgegen wirkt die oszillierende Massenkraft des Kolbens. Die Summe aus diesen beiden Kräften ergibt die Kolbenkraft F'_K. Diese Kolbenkraft ändert im Laufe des Arbeitsspieles eines Viertaktmotor mehrfach ihr Vorzeichen und belastet den Kolben dynamisch.

$$F'_K = F_{Gas} + F_{Kolben\,osz} \qquad (6.21)$$

$$F_{Kolben\,osz} = -m_{Kolben\,osz} \cdot r \cdot \omega^2 \cdot (\cos\varphi + \lambda \cdot \cos 2\varphi) \qquad (6.22)$$

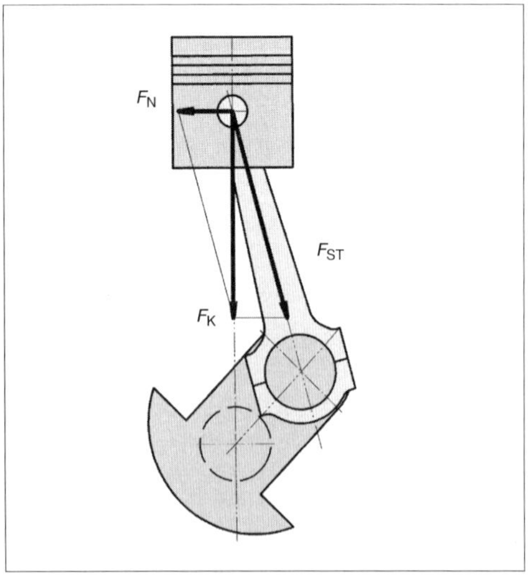

Bild 6-12 Aufteilung der Kolbenkraft

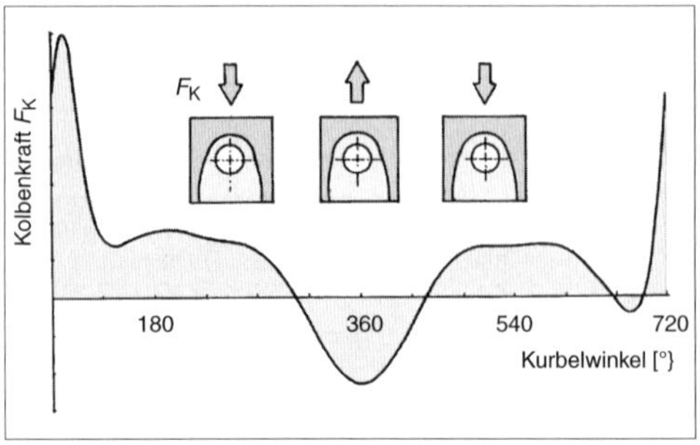

Bild 6-13 Verlauf der Kolbenkraft eines schnelllaufenden Viertakt-Dieselmotors über ein Arbeitsspiel

Kräfte am Kolbenbolzen: Die über das Kolbenoberteil und die Bolzenaugen am Kolbenbolzen angreifende Kolbenkraft F'_K wird in Richtung der Pleuelstange umgelenkt. Es ergibt sich ein Kräfteparallelogramm aus der Kolbenkraft F'_K, der in Pleuelrichtung wirkenden Stangenkraft F'_{ST} und einer normal (= senkrecht) auf die Zylinderlaufbahn wirkende Normalkraft F'_N. Der Kolbenbolzen wird durch die Stangenkraft F'_{ST} belastet.

$$F'_{ST} = \frac{F'_K}{\cos\psi} = \frac{F'_K}{\sqrt{1-\lambda^2 \cdot \sin^2\varphi}} \qquad (6.23)$$

$$F'_N = -F'_K \cdot \tan\psi = -F'_K \cdot \frac{\lambda \cdot \sin\varphi}{\sqrt{1-\lambda^2 \cdot \sin^2\varphi}} \qquad (6.24)$$

Kräfte an der Pleuelstange: Die oszillierende Pleuelkraft $F_{Pleuel\,osz}$ wirkt in Zylinderachsrichtung:

$$F_{Pleuel\,osz} = -m_{Pleuel\,osz} \cdot r \cdot \omega^2 \cdot (\cos\varphi + \lambda \cdot \cos 2\varphi) \qquad (6.25)$$

Sie teilt sich ebenfalls in eine Komponente in Pleuelrichtung und in eine Normalkomponente auf. Erstere entlastet das Pleuel von F'_{ST} zu F_{ST}, letztere verringert die Normalkraft von F'_N zu F_N.

$$F_{ST} = F'_{ST} - F_{Pleuel\,osz} \cdot \frac{1}{\cos\psi} = \frac{F_K}{\cos\psi} \qquad (6.26)$$

$$F_N = -F'_N + F_{Pleuel\,osz} \cdot \tan\psi = -F_K \cdot \tan\psi \qquad (6.27)$$

Der Vorzeichenwechsel der Normalkraft F_N bedeutet, dass diese mehrfach während eines Arbeitsspiels ihre Richtung ändert **(Bild 6-14)**.

Der Kolben wird von der einen auf die andere Seite der Zylinderlaufbahn gedrückt – mit unerwünschten Folgen:

- Bei kaltem Motor macht sich das bei Leichtmetallkolben durch ein lästiges Geräusch, das Kolbenklappern, bemerkbar (reduzierbar durch sogenannte Regelkolben und/oder Desaxsierung).
- Nasse Zylinderbuchsen werden zu Schwingungen angeregt, denen das Kühlmittel nicht mehr folgen kann, so dass es zu Kavitation kommen kann.

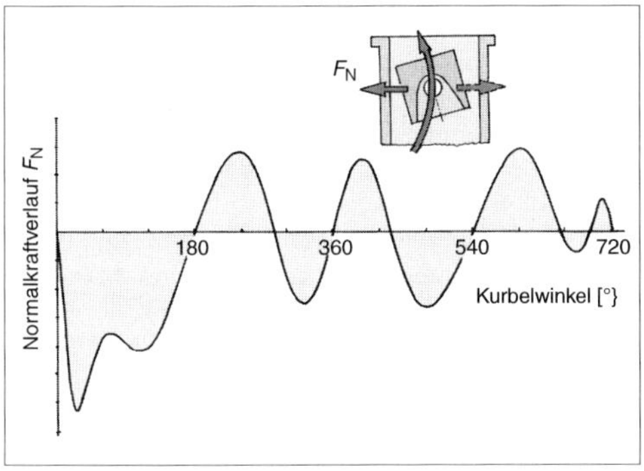

Bild 6-14 Verlauf der Normalkraft eines schnelllaufenden Dieselmotors über dem Arbeitsspiel

Die Stangenkraft F_{ST} greift in ihrer Wirkungsrichtung am Hubzapfen an **(Bild 6-15)**.
Der Hubzapfen dreht sich unter der Wirkung der Stangenkraft auf dem Drehkreis des Kurbelradius weg, wobei die tangentiale Komponente der Stangenkraft, die Tangentialkraft F_T, mit dem Kurbelradius das Drehmoment M ergibt (**Bild 6-16** und **Bild 6-17**).

$$F_T = F_{ST} \cdot \sin(\varphi + \psi) = F_K \cdot \frac{\sin(\varphi + \psi)}{\cos \psi} \tag{6.28}$$

Die radiale Komponente, die Radialkraft F_R, liefert keinen Beitrag zum Motordrehmoment; sie belastet lediglich die Kurbelkröpfung auf Biegung **(Bild 6-18)**; sie ist eine leistungslose oder Blindkraft.

$$F_R = F_{ST} \cdot \cos(\varphi + \psi) = F_K \cdot \frac{\cos(\varphi + \psi)}{\cos \psi} \tag{6.29}$$

Gemäß dem Gesetz von actio = reactio muss ein dem Motornutzdrehmoment am Motorblock entgegengesetzt wirkendes Drehmoment auftreten, das Reaktionsmoment. Dieses ergibt sich aus der Normalkraft F_N und dem sich mit der Kolbenstellung ändernden Abstand b der Normalkraft von der Kurbelwellenachse.

$$M = F_T \cdot r \qquad M_{\text{Reaktion}} = F_N \cdot b$$

$$b = r \cdot \cos\varphi + l \cdot \cos\psi \tag{6.30}$$

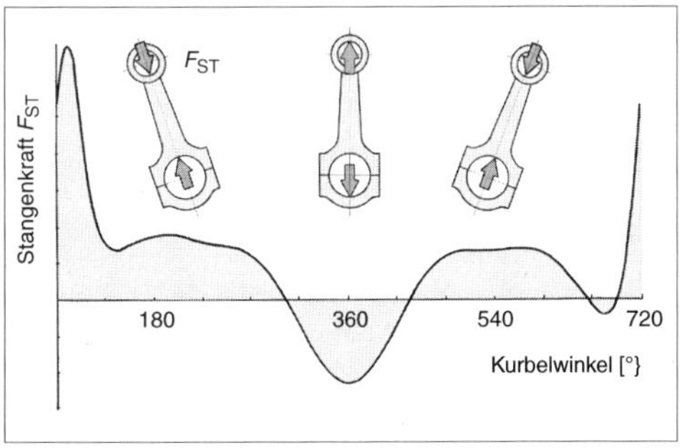

Bild 6-15 Verlauf der Stangenkraft eines schnelllaufenden Viertakt-Dieselmotors über ein Arbeitsspiel

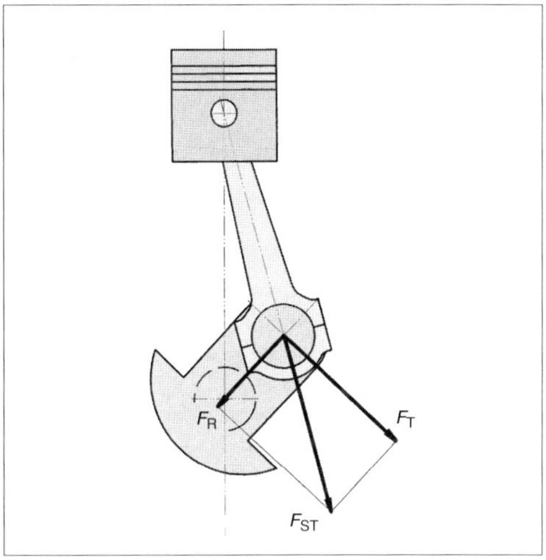

Bild 6-16 Aufteilung der Stangenkraft

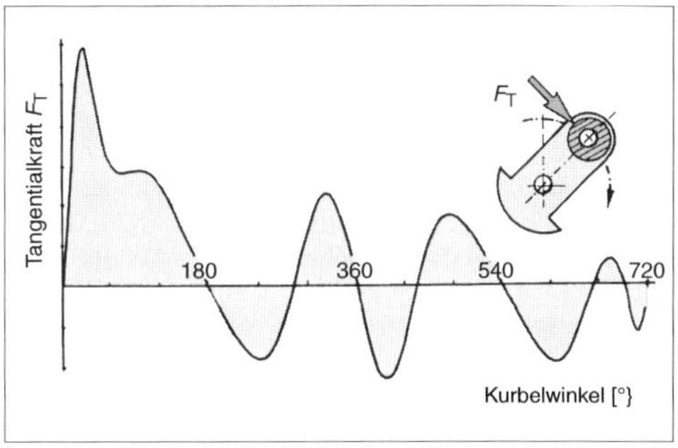

Bild 6-17 Tangentialkraftverlauf eines schnelllaufenden Dieselmotors

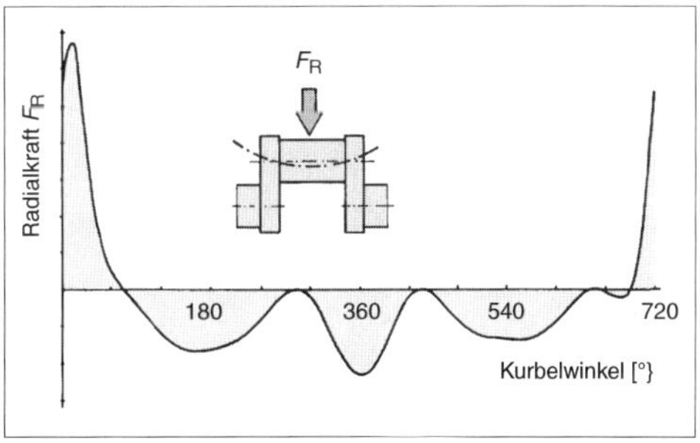

Bild 6-18 Radialkraftverlauf eines schnelllaufenden Dieselmotors

Somit ergeben sich die Auflagerkräfte F_A und F_B aus dem Reaktionsmoment und ihrem Abstand a zu **(Bild 6-19)**:

$$F_A = -\frac{M_{\text{Reaktion}}}{a} \tag{6.31}$$

$$F_B = \frac{M_{\text{Reaktion}}}{a} \tag{6.32}$$

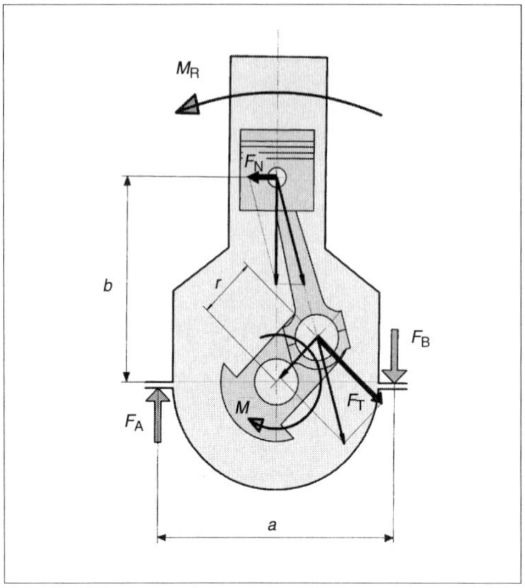

Bild 6-19 Aktions-, Reaktionsmoment und Auflagerkräfte [30]

Der Hubzapfen wird durch die Stangenkraft F_{ST} und durch die rotierende Massenkraft des Pleuels $F_{PL\,rot}$ belastet. Geometrisch addiert, ergeben diese Kräfte die Hubzapfenkraft F_{HZ}.

$$F_{HZ} = \sqrt{F_{ST}^2 + F_{Pleuel\,rot}^2 - 2 \cdot F_{ST} \cdot F_{Pleuel\,rot} \cdot \cos(\varphi + \psi)} \quad (6.33)$$

Als Reaktion der Hubzapfenkraft F_{HZ} wirkt die Pleuellagerkraft F_{PL} auf das Pleuellager **(Bild 6-20)**.

$$F_{PL} = -F_{HZ} \quad (6.34)$$

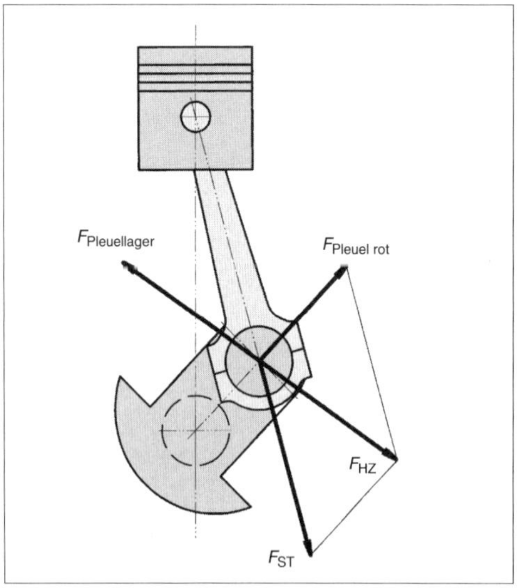

Bild 6-20 Hubzapfenkraft

Wenn sich Kräfte während eines Arbeitsspieles der Größe und der Richtung nach ändern – wie zum Beispiel die Pleuellagerkraft, stellt man diese Kräfte in Polardiagrammen dar, indem man sie unter dem jeweiligen Winkel ihrer Wirkungsrichtung in der Reihenfolge des Kurbelwinkels aufträgt **(Bild 6-21)**. Hierbei ist zu beachten, dass Kurbelwinkel und Winkel der Kraftrichtung nicht identisch sind. Man muss deshalb, will man den zeitlichen Verlauf der Kräfte verfolgen, den Kurbelwinkel für die einzelnen Punkte des Kraftverlaufs angeben. Oft ist es sinnvoll, die Kräfte auf verschiedene Koordinatensysteme zu beziehen **(Bild 6-22)**.

- raum- (beziehungsweise gehäuse-)festes System (zum Beispiel Grundlagerkräfte)
- zapfenfestes System (zum Beispiel Wirkung der Kräfte auf rotierende Zapfen)
- stangenfestes System (zum Beispiel Wirkung von Kräften auf das Pleuellager).

Die Triebwerkskräfte werden über Grundlagerzapfen und Grundlager auf das Kurbelgehäuse übertragen. Die rotierende Massenkraft der Kurbelkröpfung $F_{KR\,rot}$, die Hubzapfenkraft F_{HZ} beziehungsweise deren Komponenten F_T, F_R sowie $F_{Pleuel\,rot}$, und die Kräfte der Gegenmasse $F_{Gegenmass}$ („Gegengewichte“) ergeben zusammen die Grundlagerkraft F_{GL} **(Bild 6-23)**.

$$F_{GL} = \sqrt{(F_{KW\,rot} + F_R + F_{Pleuel\,rot} - F_{Gegenmasse})^2 + F_T^2} \quad (6.35)$$

Die rotierenden Massen der Kröpfung werden auf die Hubzapfenachse bezogen.

$$m_{Kröpfung} = m_{Hubzapfen} + 2 \cdot m_{Wange\,red} \quad (6.36)$$

$$m_{Wange\,red} = m_{Wange} \cdot \frac{r_{Schwerpunkt}}{r} \quad (6.37)$$

Als Reaktion auf die Grundlagerkraft F_{GL} tritt die gleich große, aber entgegengesetzt wirkende Grundlagerzapfenkraft F_{GZ} auf. Die Grundlagerkraft F_{GL} teilt sich auf die beiden der Kurbelkröpfung benachbarten Grundlager auf.

Die Kurbelwelle ist, abgesehen von Einzylindermotoren, mehr als zweifach gelagert; sie stellt ein statisch unbestimmtes System dar. Angesichts der Schwankung des Gasdruckes von Arbeitszyklus zu Arbeitszyklus, der Toleranzen der Massen, der Verformung der Kurbelwelle, des Ölfilms und der Nachgiebigkeit der Lagerung verzichtet man oft auf eine (scheinbar) exakte Bestimmung der Auflagerkräfte und betrachtet die Kurbelwelle als aus einzelnen Kröpfungen – gelenkig miteinander verbunden – bestehend. Der Unterschied zwischen den Ergebnissen des statisch unbestimmten und des als statisch bestimmt angesehenen Systems ist gering, und insbesondere für eine grundlegende Auslegung vernachlässigbar. Die von jeder Kröpfung wirkenden Teil-Auflagerkräfte werden addiert und ergeben die Gesamtlagerkraft.

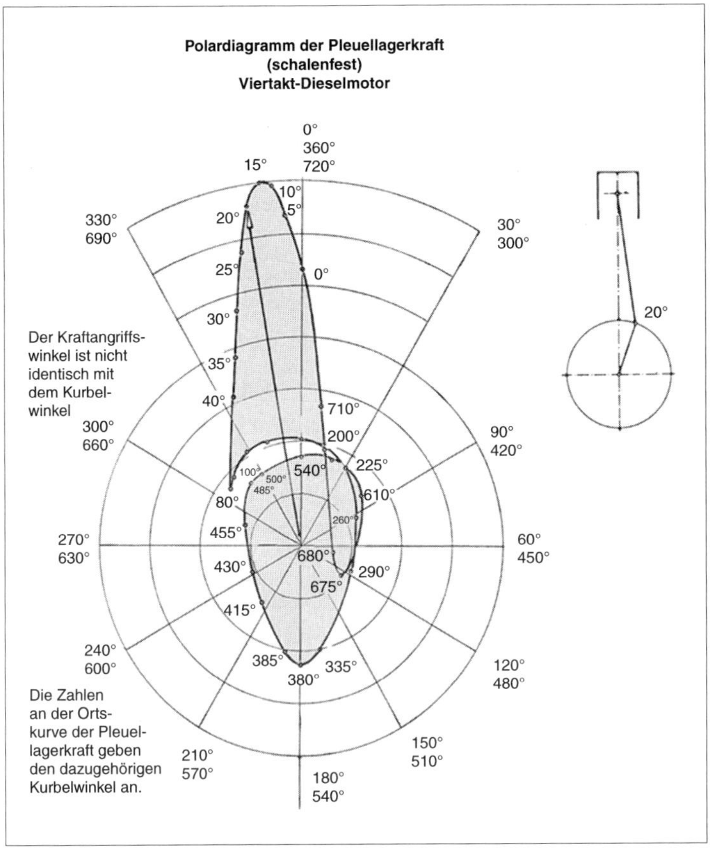

Bild 6-21 Polardiagramm der Pleuellagerkraft eines schnelllaufenden Dieselmotors

Die Berechnung der Triebwerkskräfte erfolgt zweckmäßigerweise so, dass man die Kräfte in ihre *X*- und *Y*-Komponenten zerlegt, die *X*- und *Y*-Komponenten jeweils – unter Berücksichtigung der getroffenen Vorzeichenfestlegung – aufsummiert und diese Summen geometrisch addiert. Die Richtung der Resultierenden erhält man aus dem Quotienten der *X*- und *Y*-Komponenten. Dabei ist zu berücksichtigen,

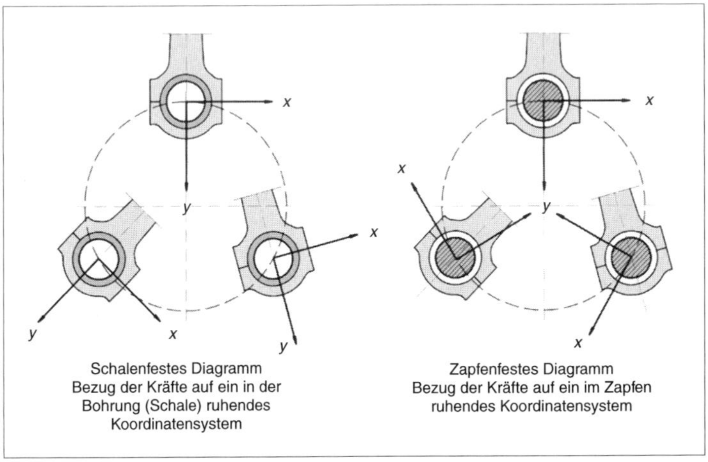

Bild 6-22 Koordinatensysteme

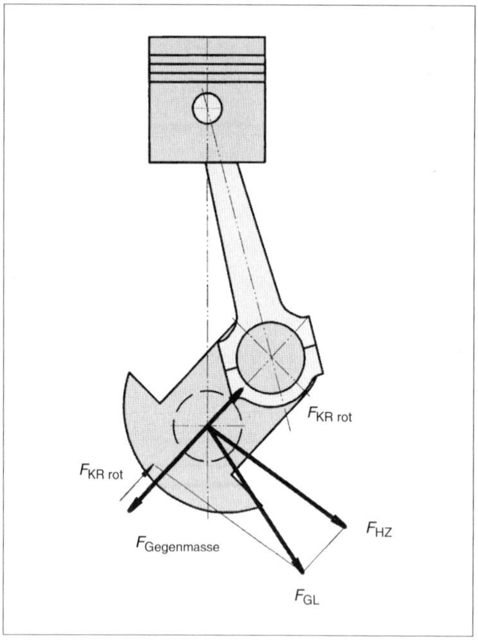

Bild 6-23 Grundlagerkraft

dass der Tangens mit π periodisch ist. Die Quadranten, in denen die Winkel liegen, erhält man aus den Vorzeichen der einzelnen Komponenten

$$Z = \sqrt{\left(\sum X\right)^2 + \left(\sum Y\right)^2} \tag{6.38}$$

$$\gamma = \arctan \frac{\sum X}{\sum Y} \tag{6.39}$$

Die Gaskraft, die den Kolben nach unten drückt, versucht auch, den Zylinderkopf abzuheben. Das wird durch die Zylinderkopfschrauben verhindert, welche den Zylinderkopf auf dem Zylinderkurbelgehäuse festhalten. Andererseits wirkt die Gaskraft über Kolben, Pleuel und Kurbelwelle auf die Kurbelwellengrundlager. Diese werden von den Grundlagerbrücken (Grundlagerdeckel) und den Grundlagerschrauben gehalten. Somit schließt sich der Kraftfluss, wobei die Kurbelgehäusezwischenwand (dynamisch) auf Zug beansprucht wird **(Bild 6-24)**.

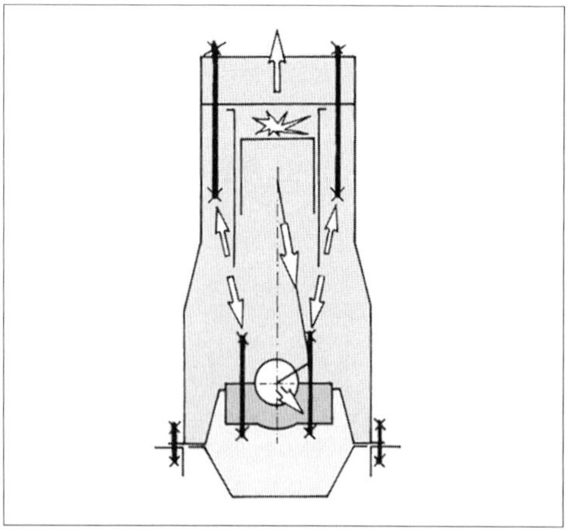

Bild 6-24 Kraftfluss im Kurbelgehäuse

6.1.3 Tangentialkraftverlauf und mittlere Tangentialkraft

Mit den sich periodisch ändernden Gas- und Massenkräften schwankt auch die Tangentialkraft (Drehkraft). Die mittlere Tangentialkraft errechnet sich aus dem Tangentialkraftverlauf über ein Arbeitsspiel. Die von der Tangentialkraft und den Diagrammachsen eingeschlossene Fläche ist ein Maß für die (indizierte oder innere) Arbeit W_i. Bezieht man diese Arbeit auf die Länge des Arbeitsspiels, erhält man die *mittlere Tangentialkraft* F_{Tm}. Diese beträgt nur einen Bruchteil der maximalen Tangentialkraft **(Bild 6-25)**.

$$F_{Tm} = \frac{1}{\varphi_p} \cdot \int_0^{\varphi_p} F_T(\varphi) \cdot d\varphi \tag{6.40}$$

$$F_{Tm} = \frac{\left(\text{Summe der positiven Flächen}\right) + \left(\text{Summe der negativen Flächen}\right)}{\varphi_p} \cdot m_F \cdot m_\varphi \tag{6.41}$$

m_F = Kräftemaßstab
m_φ = Winkelmaßstab
φ_p = Länge des Arbeitsspiels in °KW

Um den Tangentialkraftverlauf zu vergleichmäßigen und die Leistung zu erhöhen, baut man Motoren, von Ausnahmen abgesehen, mehrzylindrig. Die Tangentialkräfte (Drehkräfte) der einzelnen Zylinder addieren sich phasenverschoben entsprechend den Zündabständen über die Kurbelwelle zur Gesamtdrehkraft an der Kupplungsseite des Motors. Dadurch vergleichmäßigt sich die Tangentialkraft, so dass schon bei einem sechszylindrigen Reihentriebwerk die Tangen-

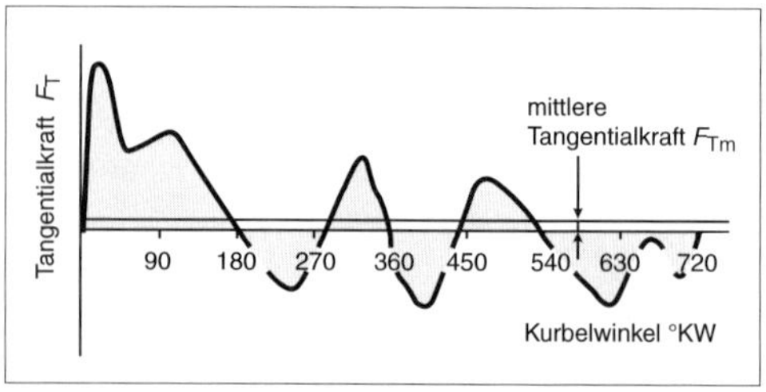

Bild 6-25 Tangentialkraftverlauf und mittlere Tangentialkraft

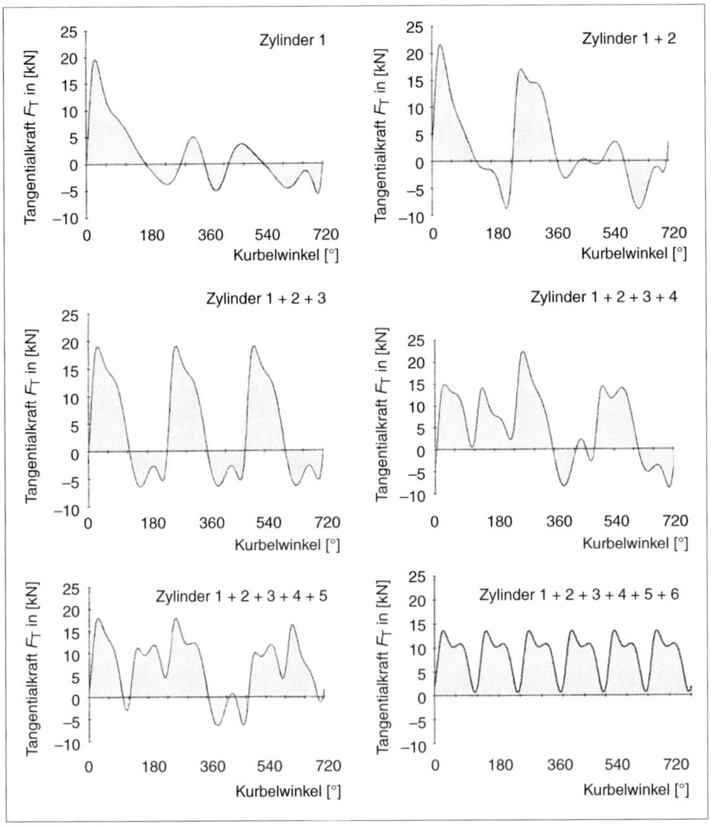

Bild 6-26 Überlagerung der Tangentialkräfte eines Viertakt-Sechszylinder-Reihen-Motors

tialkraftschwankung auf einen Bruchteil der eines Einzylindertriebwerkes gesunken ist **(Bild 6-26)**.
Der ungleichförmige Drehkraftverlauf hat Schwankungen der Drehzahl zur Folge, weil der Überschuss an Drehkraft $F_T(\varphi)$ über den Mittelwert F_{Tm} das Triebwerk beschleunigt, der Unterschuss es verzögert. Die Schwankung der dem Triebwerk zugeführten Energie wird als Arbeitsschwankung W_S bezeichnet. Mit dem Trägheitsmoment I des Triebwerks folgt:

$$W_S = \frac{1}{2} \cdot I \cdot (\omega_{max}^2 - \omega_{min}^2)$$
$$= \frac{1}{2} \cdot I \cdot (\omega_{max} - \omega_{min}) \cdot (\omega_{max} + \omega_{min}) \qquad (6.42)$$

$$\omega_m = 2 \cdot \pi \cdot n \approx \frac{1}{2} \cdot (\omega_{max} + \omega_{min}) \qquad (6.43)$$

Durch ein Schwungrad lässt sich die Drehzahlschwankung verringern. Das Schwungrad wirkt als Energiespeicher, der bei Tangentialkraftüberschuss Energie speichert, bei Unterschuss abgibt. Je nach Art der vom Motor anzutreibenden Maschine werden unterschiedliche Anforderungen an den Gleichlauf gestellt. Die Drehzahlschwankung wird durch den Ungleichförmigkeitsgrad δ angegeben. Je ruhiger der Motor laufen soll, desto kleiner muss der Ungleichförmigkeitsgrad δ sein; insbesondere beim Hochfahren des Motors unter Last wirkt sich der Ungleichförmigkeitsgrad unangenehm aus, indem er die Hilfsaggregate des Motors zu Schwingungen anregt.

$$\delta = \frac{\omega_{max} - \omega_{min}}{\omega_m} \qquad (6.44)$$

$$W_S = I \cdot \delta \cdot \omega_m^2 \qquad (6.45)$$

$$\delta = \frac{W_S}{I \cdot \omega_m^2} \quad \text{bzw.} \quad I = \frac{W_S}{\delta \cdot \omega_m^2} \qquad (6.46)$$

Die mittlere Tangentialkraft lässt sich auch aus der inneren Leistung des Motors bestimmen:

$$P_i = A_K \cdot s \cdot z \cdot w_i \cdot n \cdot i \qquad (6.47)$$

$$P_i = M_i \cdot \omega \qquad \omega = 2 \cdot \pi \cdot n \qquad (6.48)$$

$$M_i = F_{Tm} \cdot r \qquad r = \frac{s}{2} \qquad (6.49)$$

$$F_{\mathrm{Tm}} = \frac{A_{\mathrm{K}} \cdot z \cdot w_i \cdot i_i}{\pi} \qquad (6.50)$$

$$w_i = w_e \cdot \frac{1}{\eta_m} \qquad (6.51)$$

$$P_e = F_{\mathrm{Tm}} \cdot r \cdot 2 \cdot \pi \cdot n \cdot \eta_m \qquad (6.52)$$

A_{K} = Kolbenfläche
r = Kurbelradius
s = Hub
z = Zylinderzahl
P_e = effektive Leistung
w_i = indizierte spezifische Arbeit
w_e = effektive spezifische Arbeit
i = Taktzahl
η_m = mechanischer Wirkungsgrad

Die Kurbelwelle wird beansprucht durch:

- das Nutz- oder Arbeitsdrehmoment aus der mittleren Tangentialkraft, das sich von Kröpfung zu Kröpfung aufaddiert
- Das pulsierende Drehmoment, wie es sich durch den stark schwankenden Verlauf der Tangentialkraft ergibt. Die Drehkräfte der einzelnen Zylinder addieren sich entsprechend ihrer Phasenverschiebung (Zündabstand); zur Kupplungsseite hin vergleichmäßigt sich zwar das pulsierende Drehmoment, maßgeblich für die Kurbelwellen-Beanspruchung ist aber die Schwankungsbreite an den einzelnen Kröpfungen
- Die Drehschwingungen, welche zu zusätzlichen Drehmomenten in der Kurbelwelle führen. Diese Schwingungsmomente können ein Mehrfaches der anderen Momente betragen.

Bild 6-27 zeigt die Überlagerung der einzelnen Belastungen einer 6-Zylinder-Kurbelwelle über ihren einzelnen Kröpfungen.

6.1.4 Massenkräfte

An Hubkolbenmotoren treten Massenwirkungen auf, die von den Bewegungen der Triebwerksteile herrühren. Massenkräfte haben ambivalenten Charakter:

- Zum einen sind sie unerwünscht, weil sie zusätzliche Beanspruchungen hervorrufen und die Leistungsentwicklung der Hubkolbenmotoren beeinträchtigen
- zum andern vergleichmäßigen sie die Kraftabgabe des Triebwerks, indem sie Kräfte aus Gasdruckspitzen kompensieren und somit Kräfte und Beanspruchungen verringern.

Das Triebwerk führt teils rotierende, teils oszillierende sowie Schwenkbewegungen aus. Zur Vereinfachung der Berechnung reduziert man das Triebwerk auf zwei Massenpunkte **(Bild 6-28)**, in denen man sich die oszillierenden und rotierenden Massen konzentriert denkt:

- auf den Anlenkpunkt des Pleuels am Kolben (Kolbenbolzenachse) und
- auf den Anlenkpunkt des Pleuels an der Kurbelwelle (Hubzapfenachse).

Das Pleuel führt auch eine Schwenkbewegung durch **(Bild 6-29)**, die gleichfalls Massenkräfte zur Folge hat. Bei schnelllaufenden Motoren können diese nicht mehr vernachlässigt werden.
Die Masse des Pleuels wird umgekehrt proportional zu den jeweiligen Schwerpunktabständen (*a*, *b*) in

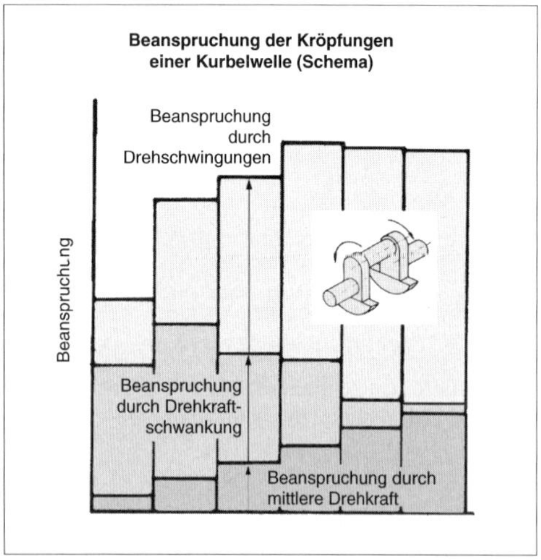

Bild 6-27 Beanspruchungen einer 6-Zylinder-Kurbelwelle

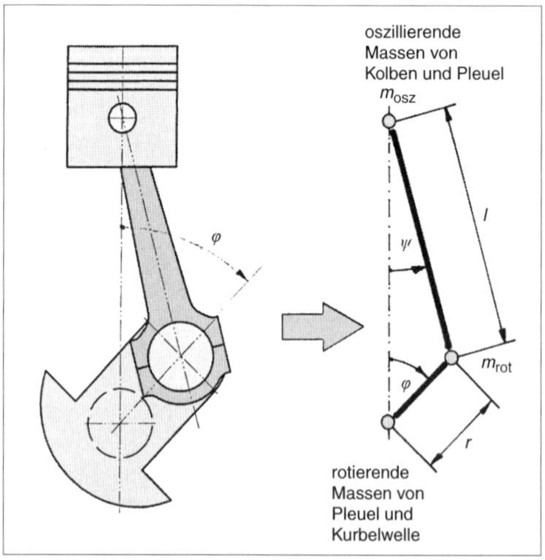

Bild 6-28 Reduktion des Kurbeltriebs auf zwei Massenpunkte

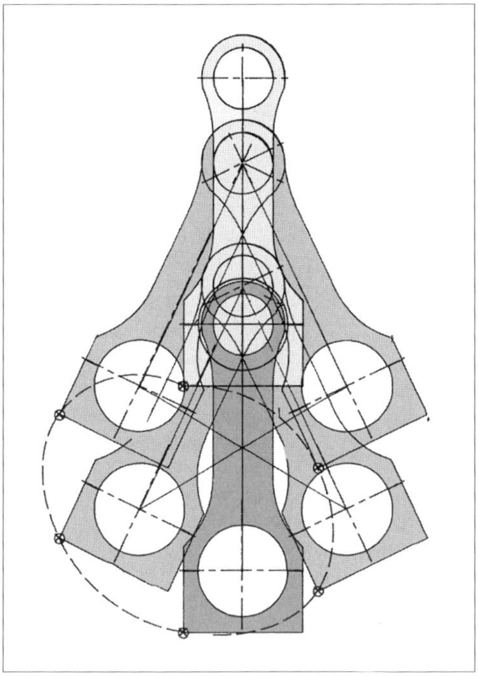

Bild 6-29 Pleuelgeige: Umhüllende aller Pleuelstellungen während einer Kurbelwellenumdrehung

einen oszillierenden und in einen rotierenden Teil aufgeteilt, so dass der Schwerpunkt des Pleuels erhalten bleibt. Bei Pleuelstangen für Kfz-Motoren entspricht das in etwa einem Verhältnis von 1/3 (oszillierende Masse) zu 2/3 (rotierende Masse).

$$m_{\text{Pleuel osz}} = \frac{a}{l} \cdot m_{\text{Pleuel}} \quad (6.54)$$

$$m_{\text{Pleuel rot}} = \frac{b}{l} \cdot m_{\text{Pleuel}} \quad (6.55)$$

Diese Massenkräfte und die von ihnen hervorgerufenen Massenmomente wirken sich nach außen als freie Kräfte und freie Momente aus, die das Kurbelgehäuse in waagerechter und senkrechter Richtung hin und her zu bewegen versuchen; außerdem führen sie zu Kippbewegungen um die Motorachsen. Diese freien Kräfte und Momente können mehr oder weniger – mit entsprechendem Aufwand sogar vollständig – durch Gegenmassen (Gegengewichte) oder/und durch entsprechende Zahl und Anordnung von Kröpfungen ausgeglichen werden, so dass der Motor nach außen hin in Ruhe verharrt.

6.1.4.1 Massenkräfte am Einzylinder-Triebwerk

Am Triebwerk treten eine rotierende Massenkraft auf und oszillierende Massenkräfte 1. und höherer Ordnungen. Werden nicht besondere Anforderungen an die Genauigkeit gestellt, berücksichtigt man die oszillierende Massenkräfte nur bis einschließlich der 2. Ordnung.

- Rotierende Massenkraft
  Die rotierende Massenkraft ist eine Fliehkraft; ihr Betrag ist – bei konstanter Motordrehzahl – von gleich bleibender Größe, aber sich mit dem Kurbelwinkel ändernder Richtung. Die rotierende Massenkraft läuft mit Kurbelwellenfrequenz um. Ihre Ortskurve ist ein Kreis.

$$F_{\text{rot}} = m_{\text{rot}} \cdot \omega^2 \cdot r \quad (6.56)$$

- Oszillierende Massenkräfte
  Die oszillierenden Massenkräfte wirken in Zylinderachsrichtung, wobei sie im Laufe des Kolbenhubs Größe und Vorzeichen (Richtung) ändern:

$$F_{\text{osz}} = m_{\text{osz}} \cdot \omega \cdot r \cdot (\cos\varphi + \lambda \cdot \cos 2\varphi) \quad (6.57)$$

$$F_{\text{osz}} = m_{\text{osz}} \cdot \omega^2 \cdot r \cdot \cos\varphi + m_{\text{osz}} \cdot \omega^2 \cdot r \cdot \lambda \cdot \cos 2\varphi \quad (6.58)$$

- Massenkraft 1. Ordnung
  Unter einer Ordnung versteht man in diesem Zusammenhang „die Häufigkeit, mit der ein Ereignis im Verhältnis zur Kurbelwellendrehzahl auftritt“. Die Massenkraft 1. Ordnung ändert ihre Größe mit Kurbelwellenfrequenz – daher „1. Ordnung“ – und während einer Umdrehung zweimal die Richtung.

$$F_{\text{I osz}} = m_{\text{osz}} \cdot \omega^2 \cdot r \cdot \cos\varphi \quad (6.59)$$

- Massenkraft 2. Ordnung
  Ihr Größtwert beträgt nur den λ-fachen Teil der oszillierenden Massenkraft 1. Ordnung; sie ändert mit doppelter Kurbelwellenfrequenz ihre Größe und während einer Umdrehung viermal die Richtung.

$$F_{\text{II osz}} = m_{\text{osz}} \cdot \omega^2 \cdot r \cdot \lambda \cdot \cos 2\varphi \quad (6.60)$$

Die Kurvenverläufe der oszillierenden Massenkräfte 1. und 2. Ordnung addieren sich zur resultierenden oszillierenden Massenkraft **(Bild 6-30)**.
Diese Gesamtmassenkraft für einen Zylinder ergibt sich aus der vektoriellen Addition der rotierenden, der oszillierenden Massenkräfte 1. und 2. Ordnung, ggf. noch der Kräfte höherer Ordnung **(Bild 6-31)**.

6.1.4.2 Massenkräfte am 2-Zylinder-V-Triebwerk

Wirken zwei unter einem Winkel δ **(Bild 6-32)** zueinander geneigte Zylinder gemeinsam auf eine Kurbelkröpfung (V-Motor), dann addieren sich die Massenkräfte beider Zylinder vektoriell.
Die Ortskurve der rotierenden Massenkräfte beider Zylinder ist ein Kreis, die Ortskurven der oszillierenden Massenkräfte können – abhängig vom V-Winkel δ und der Ordnung der betrachteten Kraft – Kreise, Ellipsen und Geraden bilden **(Bild 6-33)**.

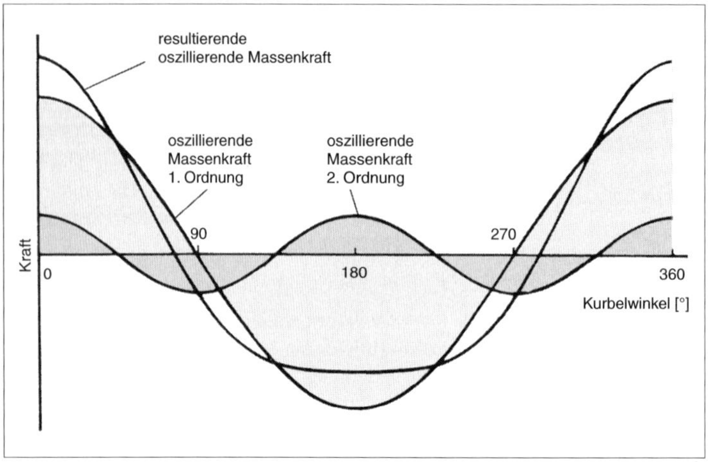

Bild 6-30 Resultierende oszillierende Massenkraft am Einzylinder-Triebwerk

- Rotierende Massenkraft
  Die resultierende rotierende Massenkraft ist wie beim Einzylindertriebwerk ein mit Kurbelwellendrehzahl umlaufender Vektor konstanter Größe. Die rotierende Masse setzt sich aus den rotierenden Massen der beiden Pleuel und der rotierenden Masse der Kurbelkröpfung zusammen; ihre Ortskurve ist ein Kreis.

$$F_{\mathrm{V2\,rot}} = m_{\mathrm{V2}} \cdot \omega^2 \cdot r \tag{6.61}$$

$$m_{\mathrm{V\,2}} = 2 \cdot m_{\mathrm{pleuel\,rot}} + (m_{\mathrm{KW\,rot}} - m_{\mathrm{Gegenmasse}}) \tag{6.62}$$

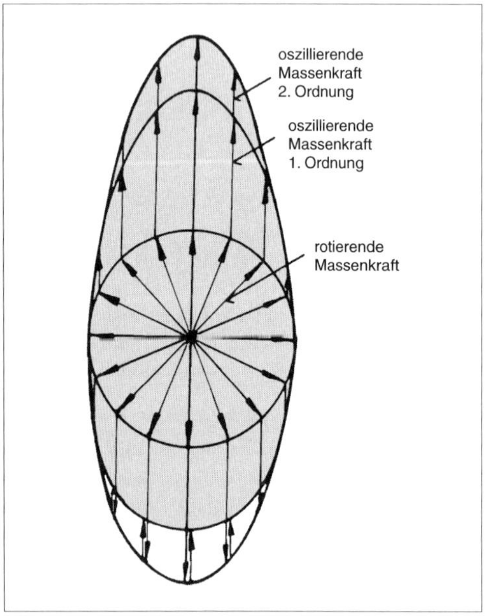

Bild 6-31 Ortskurve der resultierenden Massenkraft am Einzylinder-Triebwerk

- Oszillierende Massenkraft 1. Ordnung
  Die resultierende oszillierende Massenkraft 1. Ordnung ergibt sich durch vektorielle Addition der Massenkräfte der beiden Zylinder *A* und *B*. Zählt man den Kurbelwinkel φ der Kurbelkröpfung von der Halbierenden des V-Winkels aus, dann ist (bei Rechtsdrehung) der Kurbelwinkel des Zylinder *A*: $\varphi_A = \varphi + (\delta/2)$ und der des Zylinder *B*: $\varphi_B = \varphi - (\delta/2)$. Zwischen den oszillierenden Massenkräften der Zylinder *A* und *B* besteht ein Laufzeitunterschied von der Größe des V-Winkel δ.

$$F_{\mathrm{I\,osz}\,A} = F_{\mathrm{I}} \cdot \cos\left(\varphi + \frac{\delta}{2}\right) \tag{6.63}$$

$$F_{\mathrm{I\,osz}\,B} = F_{\mathrm{I}} \cdot \cos\left(\varphi - \frac{\delta}{2}\right) \tag{6.64}$$

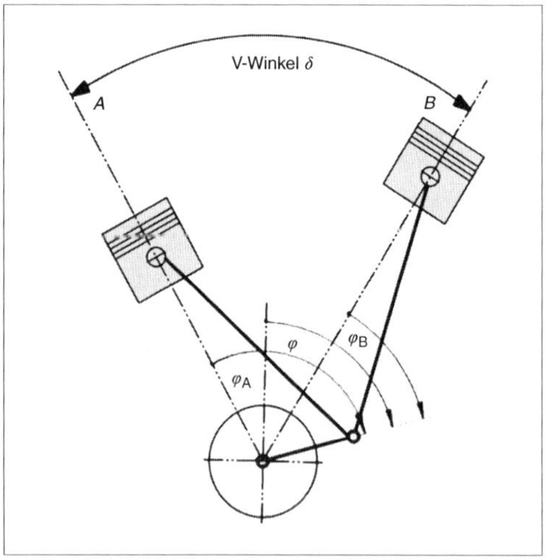

Bild 6-32 Bezeichnung der Kurbelwinkel am V-Triebwerk

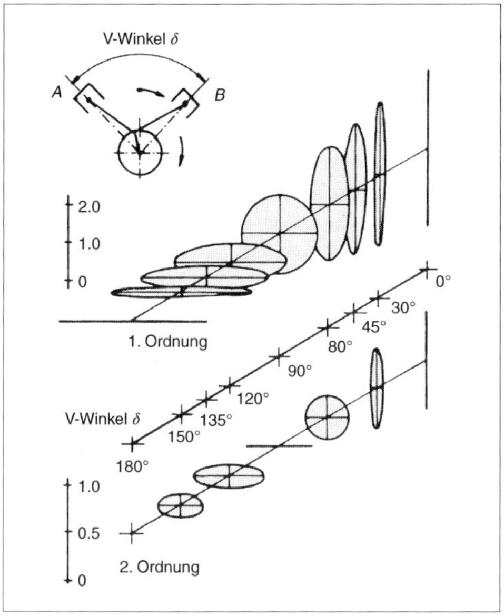

$$F_{\mathrm{I}} = m_{\mathrm{osz}} \cdot r \cdot \omega^2 \quad (6.65)$$

$$F_{\mathrm{I\,osz\,res}} = 2 \cdot F_{\mathrm{I}} \cdot \sqrt{\cos\delta \cdot \cos^2\varphi + \sin^4\frac{\delta}{2}} \quad (6.66)$$

Grafisch lässt sich die Resultierende so bestimmen, dass man die Kurbelwellen-Kröpfung in ihrer jeweiligen Lage durch einen Zeiger der Größe F_{I} darstellt. Diesen Zeiger projiziert man auf die Zylinderachsen *A* und *B*. Die so ermittelten Momentanwerte der Massenkräfte der beiden Zylinder werden vektoriell addiert und ergeben den resultierenden Massenkraftvektor 1. Ordnung ($F_{\mathrm{osz\,1\,res}}$) **(Bild 6-34)**.

- Oszillierende Massenkraft 2. Ordnung
  Die resultierende oszillierende Massenkraft 2. Ordnung setzt sich ebenfalls aus den Massenkräften von Zylinder *A* und *B* zusammen. Da sich die oszillierende Massenkraft 2. Ordnung mit

Bild 6-33 Ortskurven der freien Massenkräfte von V-Triebwerken abhängig vom V-Winkel

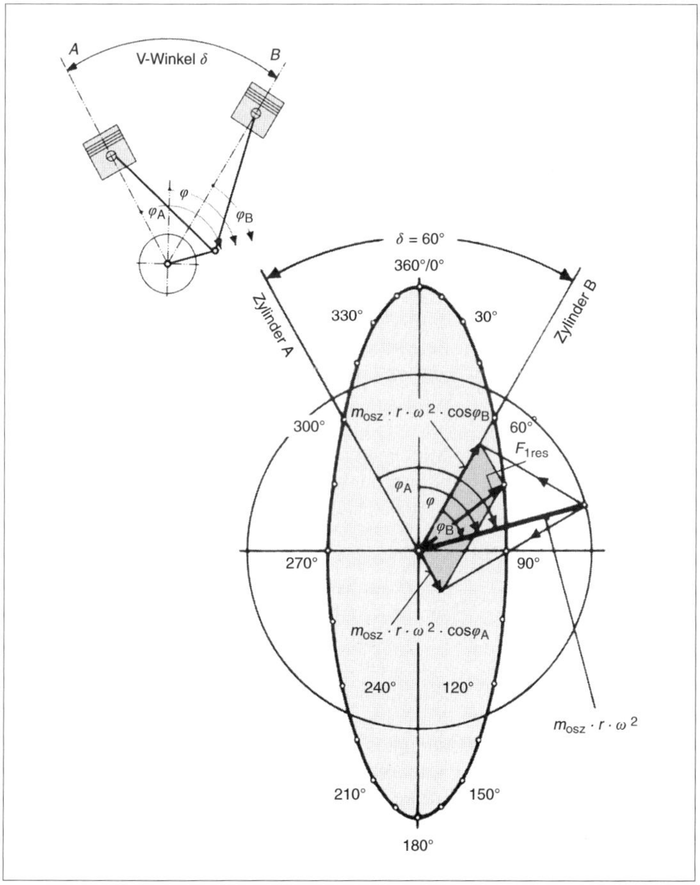

Bild 6-34 Ortskurve der oszillierenden Massenkraft 1. Ordnung eines 2-V-60°-Triebwerks

doppelter Kurbelwellenfrequenz ändert, ergeben sich für die Zeigerdrehwinkel die doppelten Werte der 1. Ordnung. Der Betrag hat den λ-fachen Teil der Massenkraft 1. Ordnung.

$$\varphi_A = 2 \cdot \varphi + \delta \tag{6.67}$$

$$\varphi_B = 2 \cdot \varphi - \delta \tag{6.68}$$

$$F_{\text{II osz}\,A} = F_{\text{II}} \cdot \cos(2\varphi + \delta) \tag{6.69}$$

$$F_{\text{II osz}\,B} = F_{\text{II}} \cdot \cos(2\varphi - \delta) \tag{6.70}$$

$$F_{\text{II}} = \lambda \cdot m_{\text{osz}} \cdot \omega^2 \cdot r \tag{6.71}$$

$$F_{\text{II osz res}} = \sqrt{2} \cdot F_{\text{II}} \times \sqrt{\cos^2 2\varphi \cdot (\cos 2\delta + \cos\delta) + \sin^2\delta \cdot (1 - \cos\delta)} \tag{6.72}$$

Grafisch lässt sich die Resultierende ermitteln, indem man die Momentanwerte der oszillierenden Massenkräfte 2. Ordnung für die Zylinder A und B bestimmt und vektoriell addiert. Den Momentanwert für den Zylinder A bekommt man, indem man von der Zylinderachse A den Massenkraftzeiger F_2 unter dem Winkel $\varphi_A = 2\varphi + \delta$ aufträgt und auf die Zylinderachse A projiziert. Den Momentanwert für den Zylinder B erhält man durch Auftragen des Zeigers F_2 unter dem Winkel $\varphi_B = 2\varphi - \delta$, nun aber von der Zylinderachse B gezählt, und Projizieren auf die Achse des Zylinders B.

6.1.4.3 Massenkräfte und Massenmomente bei Mehrzylinder-Triebwerken

Die Massenkräfte an den einzelnen Kröpfungen haben entsprechend ihren Abständen vom Motorschwerpunkt Momente – Massenmomente – zur Folge. Kräfte und Momente sind vektorielle Größen, so dass die Kraft- und Momentenvektoren der einzelnen Kröpfungen in die Schwereebene des Motors verschoben und zu resultierenden Kräften und Momenten aufaddiert werden können. V-Motoren stellen triebwerksmechanisch zwei um den V-Winkel zueinander geneigte Reihentriebwerke dar. Man kann die Massenwirkung jeweils einer Motorreihe bestimmen und sie dann mit der anderen – um den V-Winkel phasenverschoben – addieren, oder aber die Resultierenden der im V gegenüberliegenden Triebwerke wie beim Reihentriebwerk zusammensetzen. Die Massenwirkungen sind durch die Lage der jeweiligen Kröpfungen bestimmt **(Bild 6-35)**.

- **Massenkräfte.** Die rotierenden Kräfte wirken in Kröpfungsrichtung, die oszillierenden werden durch gegensinnig umlaufende Zeiger dargestellt, so dass durch die Projektion der Kurbelkröpfungen auf die Schwerebene des Motors – den Kröpfungs- oder Kurbelstern – Richtungen der Massenkraftvektoren vorgegeben sind. Man wählt als Bezug die erste Kröpfung (je nach Festlegung von der Kraftabgabeseite oder Gegenkraftabgabeseite gezählt) in OT-Stellung. Die Lage der folgenden Kröpfungen ist durch den jeweiligen Kröpfungsabstand (Kröpfungswinkel) festgelegt.
Bei der oszillierenden Massenkraft 2. Ordnung bedient man sich des Kröpfungssterns 2. Ordnung, den man erhält, indem man die Kröpfungen jeweils unter dem doppelten Kröpfungswinkel anordnet.

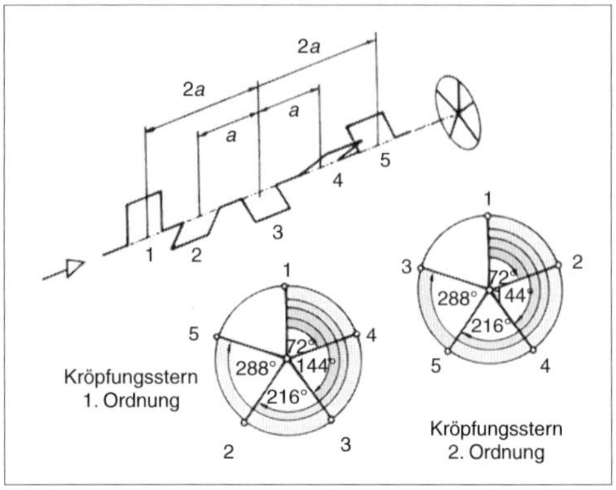

Bild 6-35 Schema Kröpfungssterne eines 5-Zyl.-Reihenmotors (ZF 12453)

- **Massenmomente.** Der Momentenvektor steht senkrecht auf seiner Wirkungsebene. Das Vorzeichen hängt von der Lage der betrachteten Kröpfung bezüglich des Motorschwerpunktes ab; es muss deshalb entsprechend berücksichtigt werden. Liegt die Kröpfung links vom Schwerpunkt, so wird der Vektor positiv gezählt, liegt sie rechts davon, ist die Zählweise negativ. In der Ansicht des Momentensterns zeigen die Vektoren der Momente, die von Kräften links des Motorschwerpunktes herrühren, vom Kurbelwellen-Mittelpunkt weg, bei Momenten rechts des Schwerpunktes zum Mittelpunkt hin. Weil der Momentenvektor senkrecht auf seiner Wirkungsebene, das heißt senkrecht zu seiner Kröpfung, steht, eilt der Momentenstern dem Kurbelstern um 90° nach. Man kann deshalb die Momentenvektoren in Kröpfungsrichtung zeichnen und den Vektor des resultierenden Momentes um 90° entgegen dem Uhrzeigersinn zurückstellen. Bei V-Motoren fasst man die Massenkräfte der beiden auf eine Kröpfung wirkenden Zylinder zusammen und bestimmt mit diesen das Massenmoment.
- **Rotierende Massenmomente.** Die Massenmomente ergeben sich aus der rotierenden Massenkraft und dem jeweiligen Abstand von der Schwerebene. Sie werden entsprechend dem Kröpfungsstern geometrisch addiert.

- **Oszillierende Massenmomente.**
  - Oszillierende Massenmomente 1. Ordnung
    Die Vektoren der oszillierenden Massenmomente 1. Ordnung werden in Richtung des Kröpfungssterns 1. Ordnung aufgetragen. Nach der Vektoraddition wird der sich ergebende Momentenvektor auf die Zylinderachse projiziert, weil die oszillierenden Kräfte nur in Zylinderachsrichtung wirken. Diese Projektion wird um 90° entgegen dem Uhrzeigersinn verdreht; das ist dann das resultierende oszillierende Massenmoment 1. Ordnung.
  - Oszillierende Massenmomente 2. Ordnung
    Mit den oszillierenden Massenmomenten 2. Ordnung wird genau so verfahren, lediglich dass nun der Kröpfungsstern 2. Ordnung zu Grunde gelegt wird.

6.1.4.4 Beispiel

Zur Verdeutlichung dieser Zusammenhänge wird die Kurbelwelle eines 5-Zylinder-Reihenmotors graphisch und analytisch untersucht. Es werden vorausgesetzt:

- gleiche Massen der Triebwerksteile aller Kröpfungen
- gleiche Zylinderabstände a
- Motorschwerpunkt liegt in der Mitte des Motors in Kurbelwellenachse
- erste Kurbelwellenkröpfung in OT-Stellung.

Rotierendes Massenmoment

Die Kröpfungsabstände im Kröpfungsstern 1. Ordnung betragen

$\alpha_1 = 0$ $\qquad \alpha_2 = 216°$

$\alpha_3 = 144°$ (entfällt, weil die Kröpfung im Schwerpunkt liegt)

$\alpha_4 = 72°$ $\qquad \alpha_5 = 288°$

Unter Berücksichtigung der Vorzeichen der Momente der einzelnen Kröpfungen ergeben sich die Wirkrichtungen der Momente **(Bild 6-36)**:

$\varphi_1 = 0$ $\qquad \varphi_2 = 216°$

φ_3 entfällt $\qquad 72°\ (+\ 180°) = 252°;\ \varphi_4 = 252°$

$288°\ (+\ 180°) - (360°) = 108;\ \varphi_5 = 108°$

$$F_{\text{rot}} = m_{\text{rot}} \cdot r \cdot \omega^2$$

$$\sum M_X = a \cdot F_{\text{rot}} \cdot (2 \cdot \sin 0° + \sin 216° + \sin 252° + 2 \cdot \sin 108°)$$

$$\sum M_X = a \cdot F_{\text{rot}} \cdot 0{,}363$$

$$\sum M_Y = a \cdot F_{\text{rot}} \cdot (2 \cdot \cos 0° + \cos 216° + \cos 252° + 2 \cdot \cos 108°)$$

$$\sum M_Y = a \cdot F_{\text{rot}} \cdot 0{,}264$$

$$M_{\text{rot res}} = a \cdot F_{\text{rot}} \cdot \sqrt{0{,}363^2 + 0{,}264^2} = a \cdot F_{\text{rot}} \cdot 0{,}4488$$

$$\tan \delta = \frac{0{,}363}{0{,}264} = 1{,}375 \qquad \delta = 54°$$

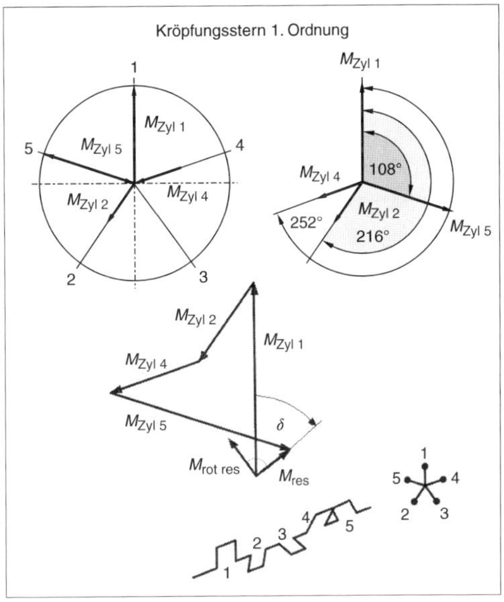

Bild 6-36 Ermittlung des resultierenden rotierenden Massenmomentes

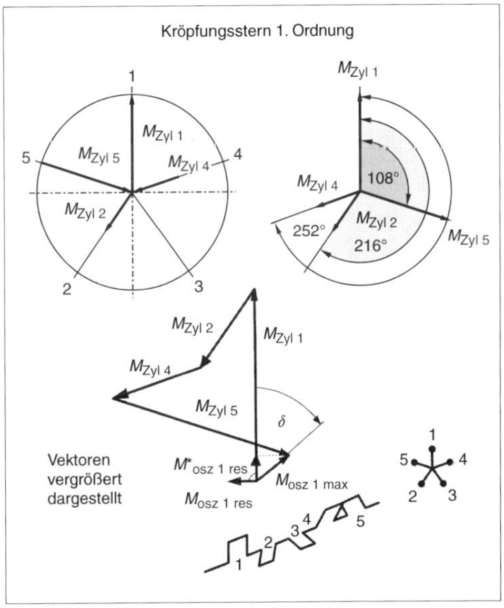

Bild 6-37 Ermittlung des resultierenden oszillierenden Massenmomentes 1. Ordnung

Oszillierendes Massenmoment 1. Ordnung

Die Wirkungsrichtungen der Vektoren sind dieselben wie bei den rotierenden Massenmomenten (**Bild 6-37**), und somit auch der Rechenweg:

$$F_1 = m_{osz} \cdot r \cdot \omega^2$$

$$M_{osz\,1\,max} = a \cdot F_1 \cdot \sqrt{0{,}363^2 + 0{,}264^2} = a \cdot F_1 \cdot 0{,}4488$$

$$\tan\delta = \frac{0{,}363}{0{,}264} = 1{,}375 \qquad \delta = 54°$$

Oszillierendes Massenmoment 2. Ordnung

Die Kröpfungsabstände im Kröpfungsstern 2. Ordnung betragen

$\alpha_1 = 0$ $\alpha_2 = 72°$

$\alpha_3 = 288°$ entfällt $\alpha_4 = 144°$

$\alpha_5 = 216°$

Unter Berücksichtigung der Vorzeichen der Momente der einzelnen Kröpfungen ergeben sich die Wirkrichtungen (**Bild 6-38**).

$\varphi_1 = 0$ $\varphi_2 = 216$

φ_3 entfällt $\varphi_4 = 144°\ (+180) = 324°$

$\varphi_5 = 216°\ (+180) - (360°) = 36°$

$$F_2 = \lambda \cdot m_{osz} \cdot r \cdot \omega^2$$

$$\sum M_X = a \cdot F_2 \cdot (2 \cdot \sin 0° + \sin 72° + \sin 324° + 2 \cdot \sin 36°)$$

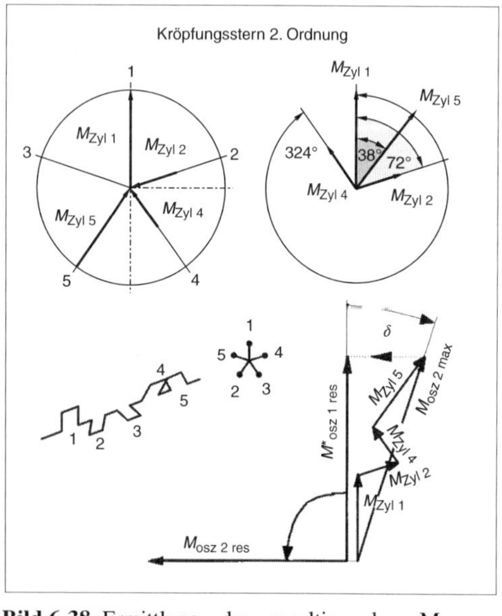

Bild 6-38 Ermittlung des resultierenden Massenmomentes 2. Ordnung

$$\sum M_Y = a \cdot F_2 \cdot (2 \cdot \cos 0° + \cos 72° + \cos 324° + 2 \cdot \cos 36°)$$

$$\sum M_X = a \cdot F_2 \cdot 1{,}539$$

$$\sum M_Y = a \cdot F_2 \cdot 4{,}736$$

$$M_{osz\,2\,max} = a \cdot F_2 \cdot \sqrt{1{,}539^2 + 4{,}736^2} = a \cdot F_{rot} \cdot 4{,}98$$

$$\tan\delta = \frac{1{,}539}{4{,}736} = 0{,}325 \qquad \delta = 18°$$

6.1.5 Massenausgleich

Unter Massenausgleich versteht man den Ausgleich konstruktiv bedingter Unwuchten; den Ausgleich fertigungsbedingter Unwuchten bezeichnet man als Auswuchten.

6.1.5.1 Ausgleich am Einzylinder-Triebwerk

Die rotierende Massenkraft lässt sich durch Gegenmasse(n) ausgleichen, wobei die Bedingung erfüllt sein muss, dass sich das statische Moment (Produkt aus Masse und Abstand von der Drehachse) der rotierenden Massen und der Ausgleichsmasse(n) entsprechen.

$$F_{Ausgleich} = F_{rot} \tag{6.79}$$

$$m_{Ausgleich} \cdot r_{Ausgleich} = m_{rot} \cdot r$$

$$m_{Ausgleich} = m_{rot} \cdot \frac{r}{r_{Ausgleich}} \tag{6.80}$$

Bei Aufteilung der Ausgleichsmasse auf zwei Gegengewichte gilt:

$$m_{Ausgleich} = \frac{1}{2} \cdot m_{rot} \cdot \frac{r}{r_{Ausgleich}} \tag{6.81}$$

Um die Ausgleichsmassen klein zu halten, muss man sie in möglichst großem Abstand von der Drehachse (Kurbelwellenachse) anbringen; dem sind jedoch durch bauliche Gegebenheiten enge Grenzen gesetzt. Grundsätzlich soll der Massenausgleich möglichst ein großes statisches Moment und ein kleines Trägheitsmoment haben.

Oszillierende Massenkräfte lassen sich ebenfalls durch umlaufende Gegenmassen ausgleichen, denn deren Kraftvektor setzt sich aus Komponenten in Zylinderachsrichtung (*Y*-Richtung) und quer dazu (*X*-Richtung) zusammen. Man wählt nun die Ausgleichsmasse so, dass die Komponente in Zylinderachsrichtung der oszillierenden Massenkraft entspricht; dann ist diese zwar ausgeglichen – allerdings um den Preis einer freien Komponente quer zur Zylinderachse (**Bild 6-39**).

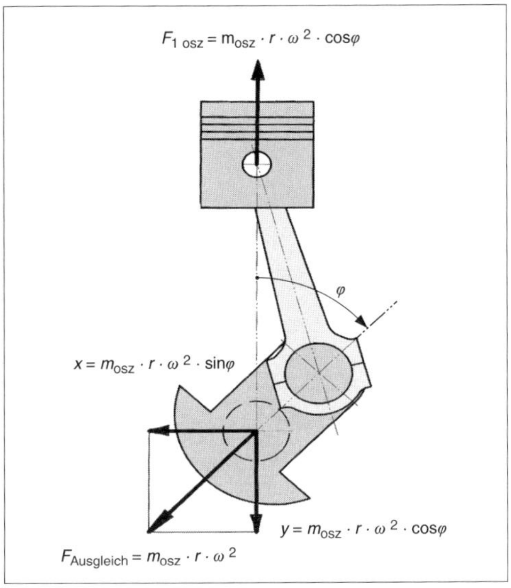

Bild 6-39 Ausgleich oszillierender Kräfte mittels umlaufender Massen

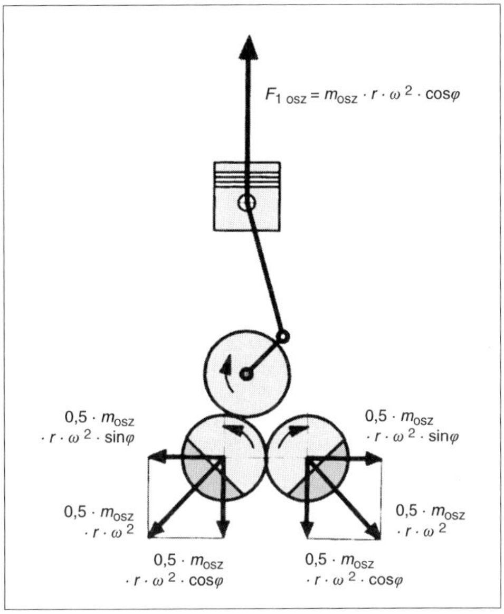

Bild 6-40 Vollständiger Ausgleich der Massenkräfte 1. Ordnung

$$F_{\text{Ausgleich}} = m_{\text{Ausgleich}} \cdot r \cdot \omega^2 \qquad (6.82)$$

$$X_{\text{Ausgleich}} = m_{\text{Ausgleich}} \cdot r \cdot \omega^2 \cdot \sin\varphi \qquad (6.83)$$

$$Y_{\text{Ausgleich}} = m_{\text{Ausgleich}} \cdot r \cdot \omega^2 \cdot \cos\varphi \qquad (6.84)$$

Bessere Verhältnisse ergeben sich, wenn man die oszillierende Massenkraft 1. Ordnung nicht vollständig ausgleicht. Da das Kurbelgehäuse in Hochrichtung (Y-Richtung) steifer ist als in Querrichtung (X-Richtung), verzichtet man auf einen vollständigen Ausgleich der oszillierenden Massenkraft 1. Ordnung, um die freie X-Komponente nicht zu groß werden zu lassen, und gleicht sie meist nur zu 50 % aus. Den vollständigen Ausgleich der rotierenden Massenkraft F_{rot} und den 50 %igen Ausgleich der oszillierenden Massenkraft 1. Ordnung bezeichnet man als Normalausgleich – er wurde schon im 19. Jahrhundert bei den Triebwerken von Dampflokomotiven angewendet. Der Massenausgleich ausgeführter Pkw-Motoren liegt im Bereich von 50 bis 60 % der oszillierenden und 80 bis 100 % der rotierenden Massenkräfte.

$$m_{\text{Ausgleich}} \cdot r_{\text{Ausgleich}} = \left(\alpha_1 \cdot m_{\text{rot}} + \alpha_2 \cdot m_{\text{osz}}\right) \cdot r \qquad (6.85)$$

$$m_{\text{Normalausgleich}} = \left(1 \cdot m_{\text{rot}} + 0{,}5 \cdot m_{\text{osz}}\right) \cdot \frac{r}{r_{\text{Ausgleich}}} \qquad (6.86)$$

Vollständig ausgleichen lässt sich die oszillierende Massenkraft 1. Ordnung, wenn man zwei gegensinnig umlaufende Ausgleichsmassen der halben Größe der oszillierenden Triebwerksmassen in symmetrischer Anordnung zur Motorhochachse vorsieht. Dann gleichen die beiden Komponenten in Zylinderachsrichtung die oszillierende Massenkraft aus; die beiden Komponenten quer zur Zylinderachse heben sich gegenseitig auf **(Bild 6-40)**.
Um einen Ausgleich 2. Ordnung zu erhalten, müssen die Gegenmassen mit doppelter Kurbelwellendrehzahl umlaufen **(Bild 6-41)**.

6.1.5.2 Ausgleich am Mehrzylinder-Triebwerk

Fahrzeugmotoren werden mehrzylindrig, das heißt mit 3 bis 12 (16) Zylindern gebaut, meist als 3-, 4-, 5- und 6-Zylinder-Reihenmotoren und als V6-, V8- und V12 (V16)-Motoren sowie als VR5- und VR6-Motoren.

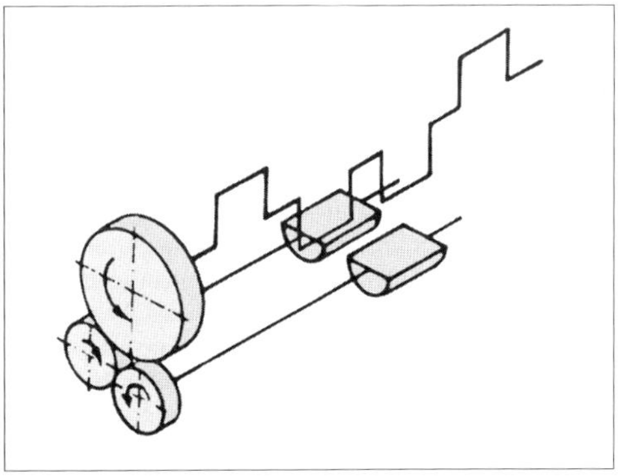

Bild 6-41 Schema Massenausgleich 2. Ordnung bei einem vierhübigen Triebwerk

Diese Motoren haben 3-, 4-, 5- und 6- (8-)hübige Kurbelwellen, so dass sich bei entsprechender Anordnung die Massenwirkungen der einzelnen Kröpfungen gegenseitig aufheben (Selbstausgleich). Zu diesem Zweck sind die Kröpfungen in Umfangsrichtung und in Längsrichtung gleichmäßig zu verteilen:

- Bei zentralsymmetrischen Wellen (gleiche Kröpfungsabstände über den Umfang) gleichen sich die freien Kräfte gegenseitig aus.
- Zentral- und längssymmetrische Anordnung der Kröpfungen einer Viertaktmotoren-Welle haben keine freien Kräfte und Momente 1. Ordnung; ab sechs Hüben sind die Wellen völlig kräfte- und momentenfrei.

Kriterien für die Kröpfungsfolge sind:

- Keine oder möglichst geringe freie Massenwirkungen. Eine einfache Merkregel für Kröpfungsfolgen günstigsten Massenausgleichs ist in [8, 9] angegeben.
- Es dürfen durch den Massenausgleich keine zusätzlichen Momente, durch den Momentenausgleich keine zusätzlichen Massenkräfte auftreten.
- Gleichmäßige Zündabstände.

Freie Massenmomente 1. Ordnung lassen sich durch eine mit Kurbelwellendrehzahl gegensinnig umlaufende Welle mit zwei Gegenmassen von entsprechender Größe und Längenabstand ausgleichen (Momentenausgleichsgetriebe). Die Anordnung im Motor ist frei wählbar. Der Antrieb erfolgt durch Zahnräder oder Ketten; oft verbindet man damit den Ölpumpenantrieb. Für den Ausgleich von Momenten zweiter Ordnung läuft das Ausgleichsgetriebe mit doppelter Kurbelwellendrehzahl **(Bild 6-42)**.
Für die Kurbelwellen von Viertaktmotoren gilt:

- 2-hübige Welle: Für 2-Zyl. 4-Takt-Reihenmotoren lassen sich alle drei zuvor genannten Kriterien gleichzeitig nur mit konstruktiv aufwendigen Ausgleichsmechaniken erfüllen. Bei Wellen mit um 180° versetzten Kröpfungen treten keine Massenkräfte 1. Ordnung sowie keine Momente 2. Ordnung auf; es lassen sich aber nur im 2-Takt-Verfahren gleiche Zündabstände erzielen. Gleiche Zündabstände im 4-Takt-Verfahren – auch als Voraussetzung für ausgewogene Ladungswechsel – sind nur durch Kurbelwellen ohne Hubzapfenversatz (Kröpfungen um 0° beziehungsweise 360° versetzt) zu realisieren, die gleichzeitig die Momente 1. und 2. Ordnung eliminieren. Allerdings führt dieser Wellenaufbau zu Kräften 1. Ordnung. Eine neuartige Ausgleichsvorrichtung arbeitet mit einem Ausgleichspleuel und daran angelegter Ausgleichsschwinge **(Bild 6-43)** [10]. Das Schwingensystem ist in Kurbelwellenmitte angeordnet, um die Entstehung neuer Momente zu vermeiden.

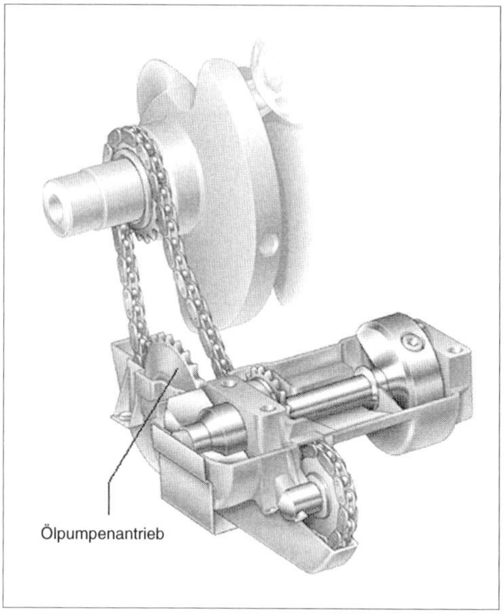

Bild 6-42 Momentenausgleichsgetriebe Audi V6

Je nach Auslegung können so die Kräfte 1. Ordnung vollständig, die Kräfte 2. Ordnung zu hohen Anteilen ausgeglichen werden.

- 3-hübige Welle: Es treten freie Momente 1. und 2. Ordnung auf. Die Momente 1. Ordnung werden – vor allem bei V-Motoren – durch Momentenausgleichsgetriebe kompensiert

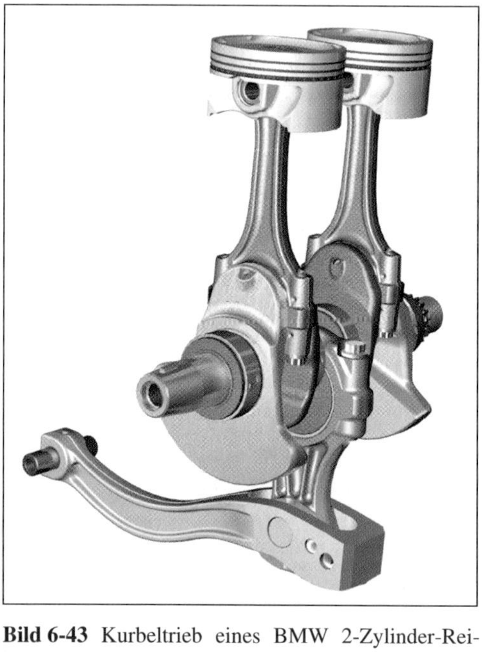

Bild 6-43 Kurbeltrieb eines BMW 2-Zylinder-Reihenmotors mit Ausgleichsmechanik [10]

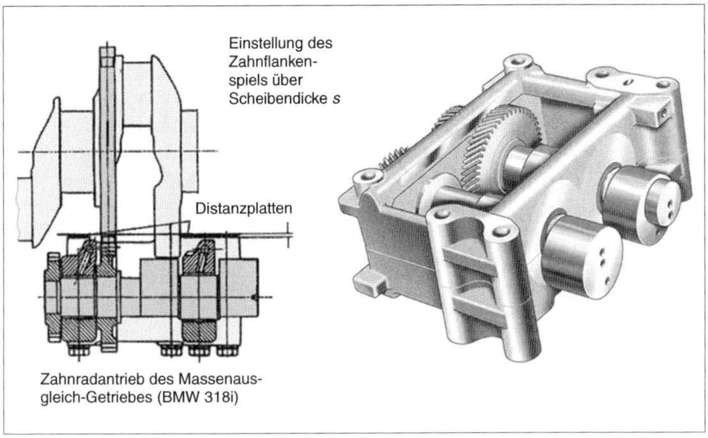

Bild 6-44 Ausgleichsgetriebe für Massenkräfte 2. Ordnung

4-hübige Welle: Bei Vierzylinder-Viertakt-Reihenmotoren summieren sich die Massenkräfte 2. Ordnung. Der Ausgleich dieser Kräfte durch zwei mit doppelter Kurbelwellendrehzahl gegensinnig umlaufender Wellen mit Gegenmassen (Ausgleichsgetriebe) gewinnt für Motoren mit Nenndrehzahlen >4000 min^{-1} aufgrund steigender Komfortansprüche zunehmend an Bedeutung.

Wegen der hohen Umfangsgeschwindigkeiten der Lagerzapfen dieser Ausgleichsgetriebe – immerhin bis 14 m/s – müssen Lagerung und Antrieb sorgsam gestaltet werden. Angetrieben werden die Ausgleichswellen von einem Zahnrad auf der Kurbelwange, wobei das Zahnflankenspiel des Antriebs auf die Verlagerungen und Drehschwingungen der Kurbelwelle abgestimmt sein muss **(Bild 6-44)**.

Durch Höhenversatz der Ausgleichswellen **(Bild 6-45)** lässt sich ein zusätzliches Wechselmoment 2. Ordnung erzeugen, mit dem man auch Gaskraftanteile des Wechseldrehmomentes ausgleichen kann. Die Wirkung des Höhenversatzes muss daher sowohl drehzahl- als auch lastabhängig optimiert werden **(Bild 6-46)**, zum Beispiel durch Variation des Höhenversatzes.

Bild 6-45 Massenausgleich 2. Ordnung mit Höhenversatz der Ausgleichswellen [11]

- 5-hübige Welle: Es treten große freie Massenmomente auf, die je nach gewählter Zündfolge entweder in der 1. Ordnung (zum Beispiel für ZF 15234) oder in der 2. Ordnung (zum Beispiel für ZF 12453; siehe Beispiel) – besonders ausgeprägt sind oder einen Kompromiss für beide Ordnungen darstellen. Pkw- und Nkw-Motoren werden teils mit, teils ohne gesonderten Momentenausgleich gebaut.
- 6-hübige Welle: Zentral- und längssymmetrische Wellen ab sechs Hüben sind in sich ausgeglichen, sie haben keine freien Massenwirkungen.

Übergeordnete Gesichtspunkte für die Auslegung des Massenausgleichs sind:

- Konstruktiver Aufwand (Ausgleichsgetriebe)
- Betriebsverhalten bei hohen Drehzahlen (2. Ordnung): Lagerung, Schmierung etc.
- Be- beziehungsweise Entlastung der Triebwerkslager
- Ausgleich der Gaskraft
- Drehschwingungsverhalten
- Massenträgheit
- Reibungsverhalten.

Die freien Kräfte und Momente der verschiedenen Zylinderkonfigurationen findet man in der einschlägigen Literatur tabellarisch zusammengestellt.

Nicht nur am Kurbeltrieb, sondern auch am Ventiltrieb, das heißt an Nockenwellen, wird ein Massenausgleich vorgenommen:

- Die Kernseele wird exzentrisch (mittenversetzt) gebohrt, so dass über die fertigungsbedingte Unwucht auch freie Ventilmassenkräfte weitgehend ausgeglichen werden.
- Es werden Ausgleichsmassen direkt an der Nockenwelle angebracht **(Bild 6-47)**.

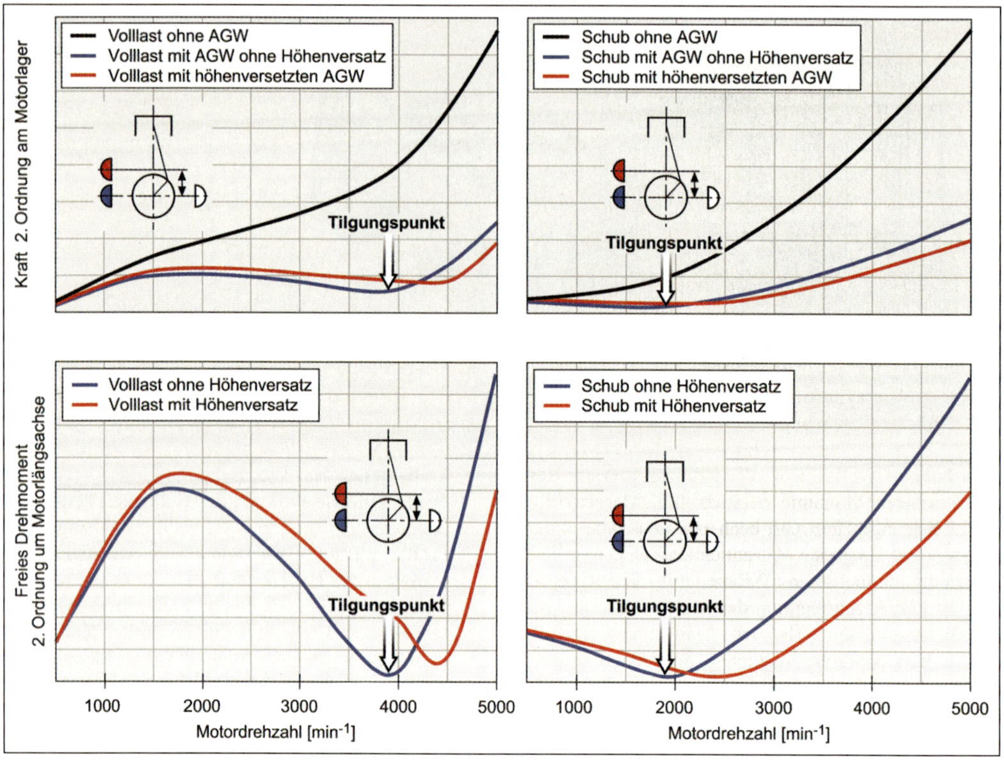

Bild 6-46: Systemverhalten von Ausgleichswellen mit und ohne Höhenversatz [12]

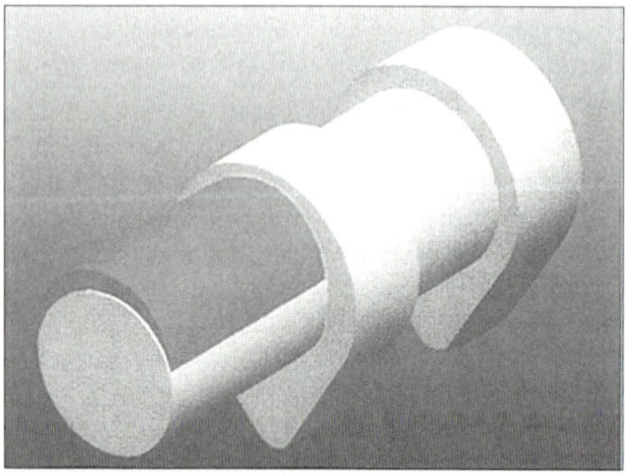

Bild 6-47 Nockenwelle mit Ausgleichsmasse

6.1.6 Innere Momente

Neben unausgeglichenen Massenkräften und -momenten, die sich als freie Massenwirkungen bemerkbar machen, treten am Motor auch noch innere Momente auf. Hierunter versteht man Biegemomente, die an der – frei schwebend gedachten – Kurbelwelle auftreten **(Bild 6-48)**.

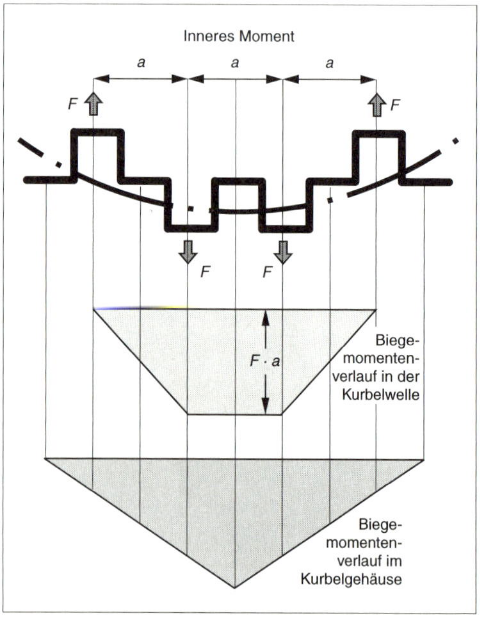

Bild 6-48 Innere Momente (Schema)

Bild 6-49 Vierzylinder-Ottomotor (Opel-Ecotec) mit Ausgleich an allen Wangen

Diese inneren Momente belasten die Kurbelwellengrundlager zusätzlich und beanspruchen das Kurbelgehäuse auf Biegung. Mit zunehmender Schnellläufigkeit stellen die inneren Momente höhere Anforderungen an die Konstruktion des Motors, vornehmlich bei V-12 und V-16-Motoren. Das innere Moment nimmt von den Kurbelwellenenden zur Motormitte hin zu. Bei längssymmetrischen Wellen wird das mittlere Lager durch die Massenkräfte der benachbarten gleichgerichteten Kröpfungen hoch belastet, was man durch inneren Massenausgleich, d.h. Ausgleich der Massenkräfte am Ort ihrer Entstehung, an jeder Kröpfung also, verhindern kann (**Bild 6-49**).

Die Vorteile eines vollständigen inneren Massenausgleichs sind gegen die Nachteile einer Erhöhung von Masse, Trägheitsmoment und Kosten abzuwägen.

6.1.7 Kröpfungs- und Zündfolgen

Für einen möglichst gleichmäßigen Drehmomentenverlauf muss die Zündung der einzelnen Zylinder gleichmäßig über das Arbeitsspiel erfolgen. Voraussetzung dafür ist, dass die Kröpfungen gleichmäßig über den Umfang verteilt sind. Somit betragen die Kröpfungsabstände:

Viertaktmotoren	720° KW/Zylinderzahl
Zweitaktmotoren	360° KW/Zylinderzahl

Die Zündfolge wird auch durch die Drehrichtung der Kurbelwelle bestimmt. Für Kfz-Motoren ist die Drehrichtung in der DIN 73021 festgelegt.

- Rechtslauf: im Uhrzeigersinn bei Blick auf die Gegenkraftabgabeseite (GKS), Zählrichtung der Zylinder von GKS aus.
- Linkslauf: entgegen dem Uhrzeigersinn bei Blick auf die Gegenkraftabgabeseite (GKS), Zählrichtung der Zylinder von GKS aus.

Die Zylinder von V-Motoren werden (Blick von GKS aus) ausgehend von der linken Motorreihe, dann – beginnend mit $z/2 + 1$ – von der rechten Reihe aus gezählt. Bei V-Motoren sind gleiche Zündabstände nur dann zu erhalten, wenn der V-Winkel dem Arbeitsspiel (720° beziehungsweise 360° KW) – dividiert durch die Zylinderzahl – entspricht. Weitere Gesichtspunkte für die Zündfolge sind:

- keine oder möglichst kleine freie Massenwirkungen
- günstiges Drehschwingungsverhalten
- gute Verhältnisse für die Aufladung.

Bei Zweitaktmotoren mit einer Arbeitsspieldauer von 360° KW entspricht die Kröpfungsfolge der Zündfolge; Viertaktmotoren haben je Arbeitsspiel von 720° KW zwei Totlagen:

- Zünd-OT und
- Ladungswechsel-OT.

Deshalb ergeben sich zu jeder Kröpfungsfolge mehrere Zündfolgen durch

- kurzen Zündabstand (V-Winkel δ)
- langen Zündabstand (je nach Drehrichtung: V-Winkel $\delta + 360°$ oder V-Winkel $\delta - 360°$).

Die Zahl der möglichen Zündfolgen ist bei Reihenmotoren mit k = Kröpfungszahl [13]:

- vollsymmetrische Wellen (Viertaktmotoren)

  $2^{\left(\frac{k}{2}-1\right)}$
- teilsymmetrische Wellen (Viertaktmotoren mit ungerader Kröpfungszahl; Zweitaktmotoren)

  $k!/2 \cdot k$.

V-Motoren stellen einen guten Kompromiss zwischen hoher Leistungsdichte und kompaktem Grundaufbau dar. Deshalb ist der *V*-Motor eine auch bei Pkw-Motoren bevorzugte Bauart. Kleine V-Winkel verlangen längere Pleuel (kleinere Pleuelverhältnisse $\lambda = r/l$) und ggf. eine Schränkung des Kurbeltriebs, um den nötigen Freigang der Zylinder zu gewährleisten. Das ergibt höhere Kurbelgehäuse bei allerdings geringeren Kolbenseitenkräften als Folge kleinerer Pleuelschwenkwinkel. Für Fahrzeugmotoren wird der 90°-V-Winkel bevorzugt, weil dieser einen vollständigen Ausgleich der oszillierenden Massenkräfte 1. Ordnung durch umlaufende Gegengewichte ermöglicht; zudem entspricht bei 8-Zylinder-V-90°-Viertaktmotoren der V-Winkel dem gleichmäßigen Zündabstand, sogenannter „natürlicher V-Winkel“. Wenn Zylinderzahl und V-Winkel nicht korrespondieren, erreicht man dennoch gleiche Zündabstände durch „Aufspreizen“ der Hubzapfen um die Differenz zwischen V-Winkel und Zündabstand (gekröpfter Hubzapfen; Hubversatz; split-pin-Kurbelwelle). So werden heute 6-Zylinder-Pkw- und Nkw-Motoren mit V-Winkeln von 90° (zum Beispiel Audi, Deutz, Daimler-Chrysler), 60° (Ford) und sogar 54° (Opel), 8-Zylinder-Motoren von 75° (DaimlerChrysler) gebaut, was einen Kröpfungsversatz von insgesamt 30°, 60°, 66° beziehungsweise 15° erfordert. Für die Wahl des V-Winkels sind neben triebwerksmechanischen vor allem Gesichtspunkte des Einbauraums der Motoren und der Abstimmung des Motorprogramms bestimmend.

Ermittlung von Zündfolgen:
Bei Zweitaktmotoren entspricht die Zündfolge der Kröpfungsfolge.
Bei Viertaktmotoren werden die zwei Kurbelwellenumdrehungen eines Arbeitsspiels auf eine Umdrehung reduziert. Man erhält so den Phasenstern 0,5. Ordnung. Man verteilt die Zündungen gleichmäßig über den Umfang und in Längsrichtung. V-Motoren sind triebwerksmechanisch zwei um den V-Winkel δ zueinander versetzte Reihenmotoren halber Zylinderzahl. Die gemeinsam auf eine Kröpfung arbeitenden Zylinder zünden im Abstand von

- $\delta°$ (kurzer Zündabstand) oder
- $(\delta + 360)°$ (langer Zündabstand).

Die Phasensterne der beiden Teil-Reihenmotoren werden für den kurzen Zündabstand um $(\delta/2)°$, für den langen um $([\delta + 360]/2)°$ übereinander aufgetragen; daraus lassen sich dann die Zündabstände ablesen.

6.2 Drehschwingungen

6.2.1 Grundlagen

Das Triebwerk ist ein Feder-Masse-System, das durch die periodisch wirkenden Drehkräfte (Tangentialkräfte) zu Schwingungen (schwingende Drehbewegung der auf der Welle aufgereihten Einzelmassen) angeregt wird, die sich der eigentlichen Drehbewegung der Kurbelwelle überlagern. Die Drehbewegung der Kurbelwelle setzt sich somit aus drei Anteilen zusammen:

- gleichmäßige Drehung entsprechend der Drehzahl
- Drehzahlschwankung infolge des ungleichmäßigen Drehkraftverlaufes (Tangentialkraftverlaufs) über ein Arbeitsspiel („statische Drehzahlschwankung") und
- Schwingung um den durch die Drehkraft hervorgerufenen Verschiebungswinkel („dynamische Drehzahlschwankung").

Die Bewegung des Systems wird durch den Verdrehwinkel der Drehmassen gegenüber der Ausgangslage beschrieben.
Die in den Drehmassen gespeicherte kinetische Energie wird an die Drehfedern abgegeben und in potenzielle Energie umgewandelt, um danach wieder in kinetische Energie zurückgewandelt zu werden. Bei einer verlustfreien Energieumsetzung dauern die freien Schwingungen ewig; die Eigenfrequenz hängt ausschließlich von den Systemeigenschaften Federsteifigkeit und Masse ab. Infolge von Bewegungswiderständen wird dem System Energie entzogen und in Wärme umgewandelt: Die Schwingung wird gedämpft und klingt, je nach Dämpfung, schnell oder weniger schnell ab.
Greift an dem System von außen eine periodische Kraft an, dann zwingt ihm diese ein anderes Schwingungsverhalten auf; das System schwingt – nach einer Einschwingphase – mit der Frequenz der Erregerkraft. Stimmen Eigen- und Erregerfrequenz überein, liegt Resonanz vor. Ohne Dämpfung nähmen dann die Schwingungsausschläge unendliche Werte an. Doch die stets vorhandene Dämpfung begrenzt die Ausschläge, wobei die Größe des Ausschlages von der Stärke der Dämpfung abhängt. Ein anschauliches Bild dieser Zusammenhänge liefert die Vergrößerungsfunktion V in Abhängigkeit vom Frequenzverhältnis Ω/ω. (Die Vergrößerungsfunktion ist das Verhältnis der (maximalen) Schwingungsamplitude des Systems zur Amplitude, die sich ergeben würde, wenn die Feder des Systems statisch durch die Erregerkraft belastet würde.)
Stellt man den Verlauf der Schwingungsausschläge der einzelnen Massen über der Länge der Welle als Kurvenzug dar, erhält man die Schwingungsformen mit dem (oder den) Nulldurchgänge(n) dieser Kurve als Schwingungsknoten, bei dem/denen zwei benachbarte Massen in entgegengesetzte Richtung schwingen. An diesen Stellen findet keine Drehschwingungsbewegung statt (sehr wohl aber Drehschwingungsbeanspruchungen) **(Bild 6-50)**.
Zu jeder möglichen Schwingungsform gehört je eine Eigenfrequenz, mit der das System in der betreffenden Schwingungsform freie Schwingungen ausführen kann. Die Schwingungsformen und die Eigenfrequenzen hängen von der Größe und von der Verteilung der Drehsteifigkeiten und der Drehmassen im System ab.
Weil bei Resonanz die Schwingungsausschläge zur Zerstörung der Kurbelwelle führen können **(Bild 6-51)**, kommt es darauf an, solche betriebsgefährdende Zustände schon im Vorgriff zu erkennen und durch entsprechende Maßnahmen auszuschließen.
Hierzu wird das Triebwerk rechnerisch untersucht. Da es sich um ein komplexes System handelt, muss das Triebwerk gedanklich so vereinfacht (reduziert) werden, dass es mit vertretbaren Aufwand berechnet werden kann. Grundlage einer solchen Reduktion ist die Übereinstimmung der dynamischen Eigenschaften des reduzierten mit denen des wirklichen Systems. Eine Drehschwingungsrechnung besteht aus:

- Reduktion der Maschinenanlage
- Ermittlung der Eigenfrequenzen und Eigenschwingungsformen

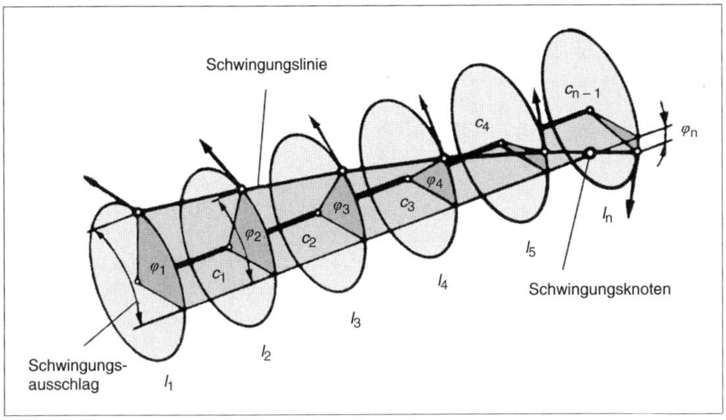

Bild 6-50 Schema eines Drehschwingungssystems

Bild 6-51 Torsionsbruch einer Pkw-Kurbelwelle aus GGG 70

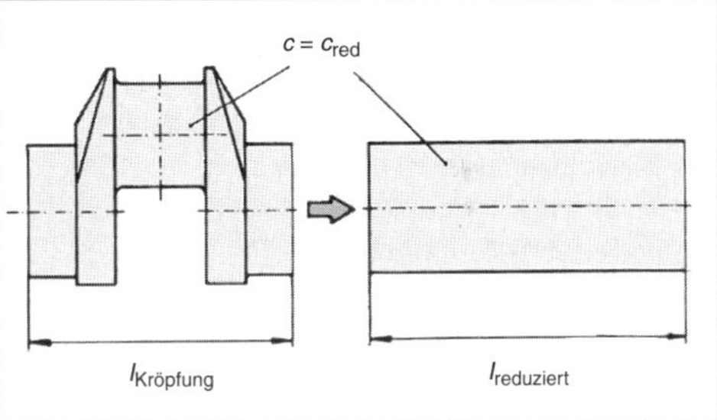

Bild 6-52 Längenreduktion einer Kurbelwellenkröpfung

- Berechnung der Erregerkräfte sowie der Erregerarbeiten und -amplituden
- Berechnung der Kurbelwellenausschläge bei Resonanz
- Berechnung der Kurbelwellenbeanspruchung durch die Schwingungsausschläge bei Resonanz
- Berechnung der kritischen Drehzahlen.

6.2.2 Reduktion der Maschinenanlage

Das Triebwerk mit den angekoppelten Massen (Schwungrad, Rädertrieb, Steuerung, Riementriebe etc.) wird so auf ein einfaches geometrisches Modell zurückgeführt, dass sich potenzielle und kinetische Energie von wirklichem und reduziertem System entsprechen.

- Massenreduktion: Die Kurbelwelle mit Pleuel, Kolben und den von ihr angetriebenen Massen (Rädertrieb, Schwungscheibe, Dämpfer etc.) werden durch kreiszylindrische Scheiben konstanten Trägheitsmomentes ersetzt. Zwar ändern sich die Trägheitsmomente des Kurbeltriebs infolge der Kolben- und Pleuelbewegung, der Berechnung werden jedoch konstante Trägheitsmomente zu Grunde gelegt.
- Längenreduktion: Die Kurbelkröpfung wird durch ein gerades trägheitsloses Wellenstück vom Durchmesser des Kurbelwellen-Grundlagers (oder des Hubzapfens) ersetzt, dessen Länge so bemessen wird, dass Kröpfung und Wellenstück die gleiche Drehsteifigkeit (Federkonstante) aufweisen. Hierfür gibt es eine Reihe von Reduktionsformeln. Für Pkw-Motoren bedient man sich der BICERA-Formel. Weil die Kurbelkröpfung wegen ihrer Form relativ drehweich ist, ist ihre reduzierte Länge im Allgemeinen größer als die Länge der Kröpfung (**Bild 6-52**).

6.2.3 Eigenfrequenzen und Eigenschwingungsformen

Das Triebwerk besteht aus miteinander gekoppelten Drehmassen und Drehsteifigkeiten, die sich in ihrem Schwingungsverhalten gegenseitig beeinflussen.

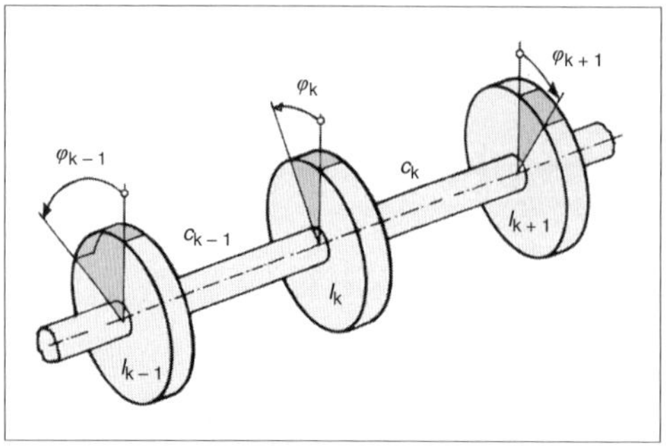

Bild 6-53 Gegenseitige Verdrehung der Drehmassen des reduzierten Triebwerks

Für die einzelnen Drehmassen entsprechend **Bild 6-53** werden die Bewegungsgleichungen aufgestellt.

$$I_k \cdot \ddot{\varphi} + c_{k-1} \cdot (\varphi_k - \varphi_{k-1}) + c_k \cdot (\varphi_k - \varphi_{k+1}) = 0 \qquad (6.87)$$

I = Massenträgheitsmoment der Drehmasse
φ = Verdrehwinkel der Drehmasse
c = Drehsteifigkeit des Wellenstücks
k = Zähler für die Drehmassen

Man erhält ein System von homogenen gekoppelten linearen Differentialgleichungen mit konstanten Koeffizienten, die das Gleichgewicht beschreiben zwischen:

- Beschleunigungsmomenten infolge des Trägheitsmomentes und der Winkelbeschleunigung sowie
- Rückstellmomenten aus Federsteifigkeit und Differenz der Verdrehwinkel beiderseits der betrachteten Masse.

Das Dämpfungsmoment kann bei der Bestimmung der Eigenfrequenzen vernachlässigt werden, weil bei schwacher Dämpfung die Eigenfrequenzen nur unwesentlich durch Dämpfung beeinflusst werden. Die Integration dieser Gleichungen liefert die Eigenfrequenzen des Systems. Zur Lösung dieser Differentialgleichungen wird ein Ansatz in Form einer harmonischen Bewegung gemacht. Systeme mit mehr als drei Drehmassen führen zu unübersichtlichen und umständlich handzuhabenden Gleichungssystemen, weshalb verschiedene Probierverfahren entwickelt worden sind, wie zum Beispiel das Verfahren von Gümbel-Holzer-Tolle durchgesetzt. Es bietet Einblick in das physikalische Geschehen der Schwingungsvorgänge und lässt sich nach einem einfachen und übersichtlichen Rechenschema durchführen, bei dem das Ergebnis des einen Rechenschrittes in den anderen eingesetzt wird. Sein Grundgedanke ist folgender: Man denkt sich am Ende eines schwingungsfähigen System ein Wechselmoment angreifend, so dass das System erzwungene (ungedämpfte) Schwingungen ausführt; dabei wird die Größe der Amplitude dieses Wechselmomentes (Erregermoment-Amplitude) so bemessen, dass der Schwingungsausschlag der ersten Masse den Wert 1 annimmt. Ändert man dann die Erregerfrequenz, ändert sich auch das zum Aufrechterhalten des Schwingungsausschlags 1 der ersten Masse nötige Erregermoment M (Resterregermoment). Wenn nun die Erregerfrequenz mit einer der Eigenfrequenzen des Systems übereinstimmt, wird die Amplitude M_k des erforderlichen Erregermomentes M zu Null.

$$M_{k+1} = -M_k + I_k \cdot \Omega^2 \cdot u_k \qquad (6.88)$$

$$u_{k+1} = u_k - \frac{M_{k+1}}{c_{k+1}} \qquad (6.89)$$

$$u_1 = 1 \qquad M_1 = 0 \qquad (6.90)$$

M = Erregermoment
u_k = relativer Ausschlag
I = Massenträgheitsmoment
c = Federsteifigkeit
Ω = Erregerfrequenz
k = Zähler für die Drehmassen

Bei der Durchführung der Rechnung geht man so vor, dass man für verschiedene Erregerfrequenzen das zur Aufrechterhaltung des Schwingungsausschlags 1 der ersten Masse nötige Resterregermoment berechnet und über der Erregerfrequenz aufträgt. Die Schnittpunkte der Resterregermoment-Kurve mit der Abszisse liefern die gesuchten Eigenfrequenzen **(Bild 6-54)**.

Wenn man die Rechnung mit den so gefundenen Eigenfrequenzen wiederholt, erhält man die jeweiligen Eigenschwingungsformen (Gesamtheit der Amplituden aller Drehmassen, durch die der Verformungzustand des Schwingungssystems für jede

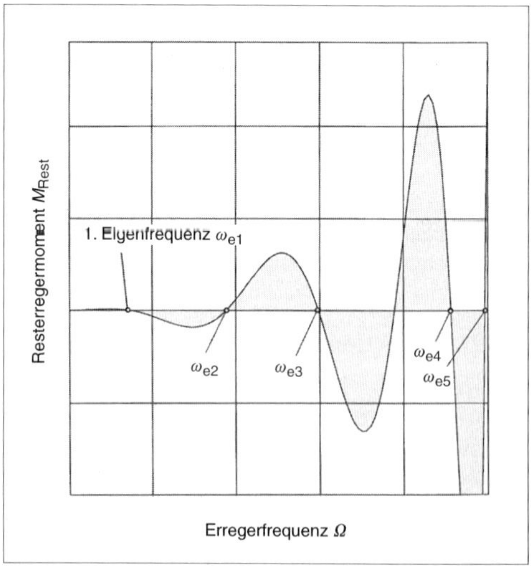

Bild 6-54 Resterregermoment-Kurve

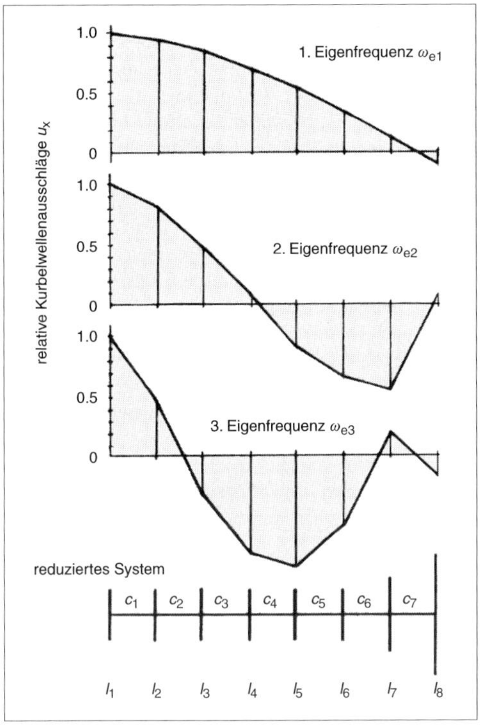

Bild 6-55 Eigenschwingungsformen für die drei ersten Eigenfrequenzen eines sechshübigen Triebwerks mit Rädertrieb und Kupplung

Eigenfrequenz definiert ist) – allerdings nur die relativen Ausschläge, das heißt die Ausschläge der einzelnen Drehmassen bezogen auf den Ausschlag der ersten Drehmasse **(Bild 6-55)**.

Es handelt sich also um ein Eigenwertproblem, dessen Lösungen nur bis auf einen gemeinsamen Faktor bestimmt sind. Zur Bestimmung der absoluten Ausschläge benötigt man die erregenden Kräfte. Einen anderen, dem Gümbel-Holzer-Tollen-Verfahren entsprechenden Lösungsweg bietet die Matrizenrechnung, die sich insbesondere mit Hilfe der rechnergestützten Analyse zunehmend durchsetzt. Dabei wird ein mit Matrizen darstellbares Gleichungssystem gelöst, das wiederum aus den Bewegungsgleichungen hergeleiteten Beziehungen zwischen den Amplituden der Drehschwingungsausschläge und den Rückstellmomenten abgeleitet wird.

$$\boldsymbol{I} \cdot \ddot{\varphi} + \boldsymbol{D} \cdot \dot{\varphi} + \boldsymbol{c} \cdot \varphi = \boldsymbol{M}(t) \qquad (6.91)$$

6.2.4 Erregerkräfte, -arbeit und -amplituden

Die schwingungserregende Drehkraft (Tangentialkraft) setzt sich zusammen aus der:

- Gasdrehkraft **(Bild 6-56)** und der

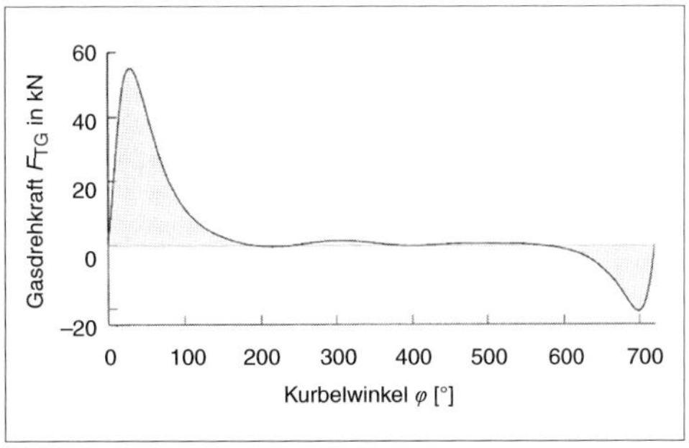

Bild 6-56 Gasdrehkraftverlauf eines Viertakt-Dieselmotors

- Drehkraft der oszillierenden Massenkräfte (die rotierenden Massenkräfte haben keinen Anteil an der Erregung) **(Bild 6-57)**.

Da die Gasdrehkraft von der Belastung (spezifische Arbeit), die Massendrehkraft vom Quadrat der Drehzahl abhängig sind, untersucht man ihren Einfluss getrennt. Die Gasdrehkraft lässt sich nicht durch eine geschlossene Funktion beschreiben und wird deshalb einer Fourier-Analyse unterzogen. Sie setzt sich aus einem statischen Anteil – dem Nenndrehmoment – und einem dynamischen Anteil – einer Grundschwingung und sich überlagernder Oberschwingungen – zusammen. Die erregenden Frequenzen sind also die Grundfrequenz (Zahl der Arbeitsspiele pro Zeiteinheit) und deren ganzzahlige Vielfache. Sie sind der Kurbelwellendrehzahl proportional. Alle diese erregenden Frequenzen können mit einer der Eigenfrequenzen Resonanz bewirken **(Bild 6-58)**.

Für die Schwingungserregung ist die Erregerarbeit maßgeblich. Eine Erregerkraft (resultierende Erregerkraftamplitude aus den Amplituden von Gas- und Massendrehkräften für die einzelnen Erregerfrequenzen) ruft einen umso größeren Ausschlag hervor, je weiter entfernt sie vom Schwingungsknoten angreift (Erregerarbeit = Erregerkraft × Schwingungsausschlag). Die Phasenlage der Erregerkräfte, das heißt ihre zeitliche Aufeinanderfolge, wird in Phasen-

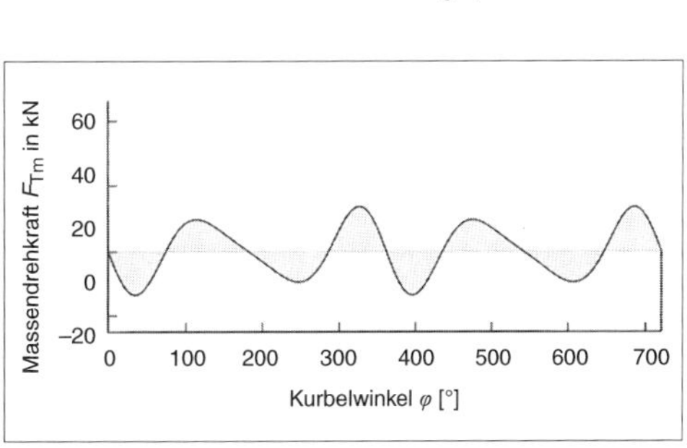

Bild 6-57 Massendrehkraftverlauf eines Viertakt-Dieselmotors

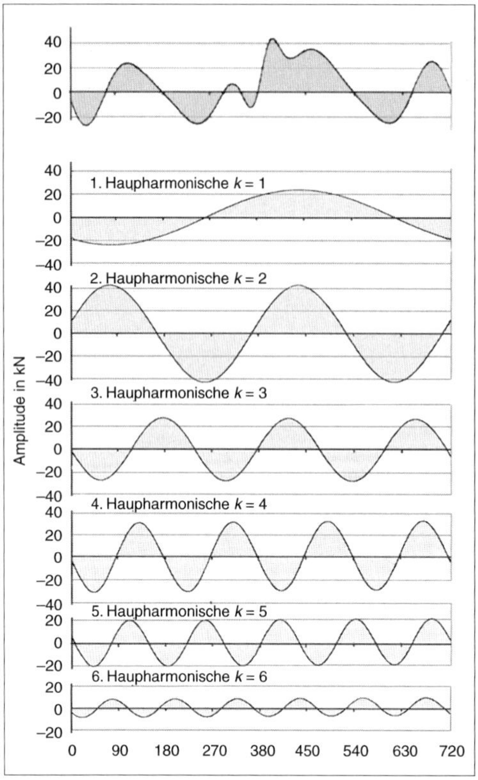

Bild 6-58 Fourieranalyse eines Tangentialkraft-Diagramms: Die Tangentialkraftkurve wurde aus den ersten sechs Harmonischen zusammengesetzt

richtungssternen dargestellt. Die Phasenrichtungssterne der einzelnen Ordnungen ergeben sich aus dem Kröpfungsstern 0,5. Ordnung (4-Takt) beziehungsweise 1. Ordnung (2-Takt) **(Bild 6-59)**.

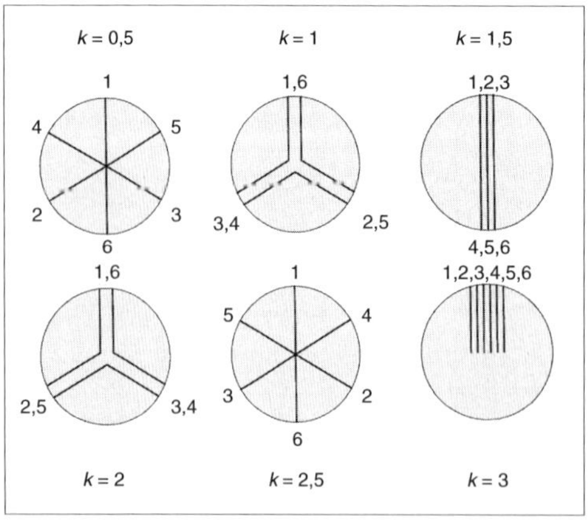

Bild 6-59 Phasenrichtungssterne bis zur 6. Ordnung für ein Reihensechszylinder-Viertakt-Triebwerk

Unter Berücksichtigung der Schwingungsausschläge der einzelnen Kröpfungen und der Phasenverschiebung (Zündfolge) erhält man die effektive Erregerkraft des Motors.

Die relativen Kurbelwellenausschläge der einzelnen Zylinder sind in Richtung der Strahlen der Phasenrichtungssterne geometrisch zu addieren. Hieraus erklärt sich, dass bestimmte Ordnungen besonders gefährlich sind, weil deren geometrische Summe große Werte annimmt. Diese geometrische Summe wird als spezifische Erregerarbeit, das heißt auf die Kraft 1 bezogene Erregerarbeit des Motors, bezeichnet. Je nach Ordnung und Phasenlage nimmt die spezifische Erregerarbeit unterschiedliche Werte an.

Die Amplitude – der absolute Ausschlag – der Masse 1 errechnet sich aus dem Gleichgewicht von Erregungsarbeit und Dämpfungsarbeit (je Schwingung). Hieraus lassen sich die absoluten Ausschläge A der einzelnen Massen des Ersatzsystems bestimmen:

$$A_1 = \frac{F_{Tk} \cdot \sum_1^z \vec{u}_x}{\omega_e \cdot \sum_1^z \beta_x \cdot (u_x)^2} \tag{6.92}$$

$$A_x = u_x \cdot A_1 \tag{6.93}$$

F_{Tk} = resultierende Erregerkraftamplitude aus den Amplituden von Gas- und Massendrehkräften (für alle Zylinder als gleich angenommen)
u_x = relative Kurbelwellenausschläge
ω_e = Eigenfrequenz
β_x = Dämpfungsbeiwert des x-ten Zylinders, in der Regel werden für alle Zylinder gleiche Dämpfungsbeiwerte angenommen
A_1 = Amplitude (absoluter Ausschlag) der ersten Masse des Systems
$\vec{u}_x$ = geometrische Summe der relativen Kurbelwellenausschläge
Index x = Zylinderzahl
Index k = Ordnung

Die Relativverdrehung $\Delta\varphi$ der Massen x und $x + 1$ infolge der Drehschwingung beansprucht die Kurbelwelle zusätzlich zur statischen Drehkraft.

$$\Delta\varphi - (u_x \quad u_{x+1}) \cdot A_1 \tag{6.94}$$

$$\tau = \frac{M_d}{W_p} = \frac{c_x \cdot A_1 \cdot (u_x - u_{x+1})}{W_p} \tag{6.95}$$

Die Gaskräfte regen besonders Schwingungen solcher Ordnung an, die ein ganzzahliges Vielfaches der Anzahl i der Zündungen innerhalb einer Umdrehung der Kurbelwelle sind.

- Viertaktmotor: $i = z/2$ Zündungen je Kurbelwellenumdrehung
- Zweitaktmotor: $i = z$ Zündungen je Kurbelwellenumdrehung

Alle ganzzahligen Vielfachen von $z/2$ (Viertakt) beziehungsweise z (Zweitaktmotor) sind gefährlich, weil bei diesen Ordnungen die Erregenden aller Zylinder gleichgerichtet wirken. Die kritischen Drehzahlen ergeben sich als Schnittpunkte der Hauptharmonischen mit den Erregerschwingungszahlen. Das Ausmaß der Gefährdung des Motors bei den einzelnen kritischen Drehzahlen ergibt sich aus der Berechnung der Resonanzausschläge der Kurbelwelle.

6.2.5 Maßnahmen zur Verringerung der Kurbelwellenausschläge

Ohne Dämpfung würden die Ausschläge der Kurbelwelle immer größer werden, bis die Welle bricht. In der Praxis liegt aber stets Dämpfung vor: Werkstoffdämpfung, Reibungsdämpfung und Dämpfung durch den Schmierfilm, doch reicht diese bei modernen hochbelasteten Triebwerken meistens nicht aus, so dass zusätzliche Maßnahmen getroffen werden müssen. Zur Vermeidung gefährlicher Drehschwingungszustände kann man

- die Erregerarbeiten durch Variation der Zündfolge beeinflussen und/oder
- die Eigenschwingungszahlen durch Verändern von Massen und Federsteifigkeiten verlagern.

Diese Maßnahmen sind allerdings nur von begrenzter Durchführbarkeit und Wirksamkeit. Eine scheinbar einfache Maßnahme ist das Vergrößern des Trägheitsmomentes des Schwungrades. Dadurch lässt sich zwar die Eigenfrequenz absenken, gleichzeitig wird der Schwingungsknoten zum Schwungrad hin verlagert und die Wellenbeanspruchung vergrößert.
Aus diesen Gründen bleibt nur die Möglichkeit, die Drehschwingungen auf ein ungefährliches Ausmaß zu begrenzen. Hierzu gibt es prinzipiell zwei Möglichkeiten:

- Dämpfen: Umwandlung von Schwingungsenergie in Wärme. Bei stationär erzwungenen Schwingungen und geschwindigkeitsproportionaler Dämpfung herrscht Gleichgewicht zwischen den Momenten der Massenträgheit, der Dämpfung, der Rückstellkraft und der Erregung. Je größer nun das Dämpfungsmoment ist, desto kleiner werden die Schwingungsausschläge.
- Tilgen, das heißt „Auslöschen" von Resonanzen durch Verstimmen des Systems, genauer: Verlagern der Eigenfrequenzen in andere Drehzahlbereiche durch die Gegenwirkung einer Masse: Durch Ankoppelung einer Zusatzmasse, des Tilgers, bekommt das System einen Freiheitsgrad mehr; die ursprüngliche Eigenfrequenz spaltet sich in zwei Eigenfrequenzen auf, die dicht ober- und unterhalb der ursprünglichen liegen. Wird das System in der ursprünglichen Eigenfrequenz erregt, dann bleibt es in Ruhe, während der Tilger in Schwingung gerät. Solche Tilger sind aber nur für eine Frequenz wirksam. Ein auf eine bestimmte Schwingungszahl abgestimmtes an das Schwingungssystem angelenktes Pendel geht bei Auftreten dieser Schwingung in Gegenphase und wirkt so dem erregenden Moment entgegen. Die Resonanzdrehzahl wird aufgespalten und nach oben oder unten verlagert. Fliehkrafttilger sind drehzahlabhängig wirksam.

Die Wirkung von Schwingungsdämpfern für Kfz-Motoren beruht auf beiden Effekten; Dämpfung und Tilgung. Sie sind bezüglich Federsteifigkeit, Dämpfungsverhalten und Massenträgheit so ausgelegt, dass sie die Drehschwingungsausschläge des Systemes nachhaltig verkleinern.
Für Pkw-Motoren werden Gummischwingungsdämpfer eingesetzt: Eine kreisringförmige Dämpfermasse (Sekundärteil) ist mit der primärseitigen L-Förmigen Mitnehmerscheibe über eine aufvulkanisierte Gummischicht elastisch angekoppelt. Die Schwingungsenergie wird durch die Werkstoffdämpfung (Hysterese) des Gummis in Wärme umgewandelt. Die Resonanzspitze wird in zwei Resonanzen aufgespalten, deren Spitzen durch die Dämpfung abgesenkt werden. Je nach Bauart wird die Dämpfermasse radial oder/und axial am Primärteil befestigt; auch werden zweistufig wirkende Dämpfer eingesetzt, bei denen zwei Dämpfermassen auf zwei verschiedene Frequenzen abgestimmt sind [14] **(Bild 6-60)**, so zum Beispiel der Zweimassen-Gummischwingungsdämpfer für einen 5-Zylinder-Dieselmotor (2,5 *l*), bei dem beide Massen auf Torsion abgestimmt sind.

Durch das Absenken der Drehschwingungsausschläge **(Bild 6-61)** werden nicht nur die Kurbelwelle und Nockenwelle mechanisch entlastet – auch werden das spielbedingte Geräusch des Motors und die Anregung

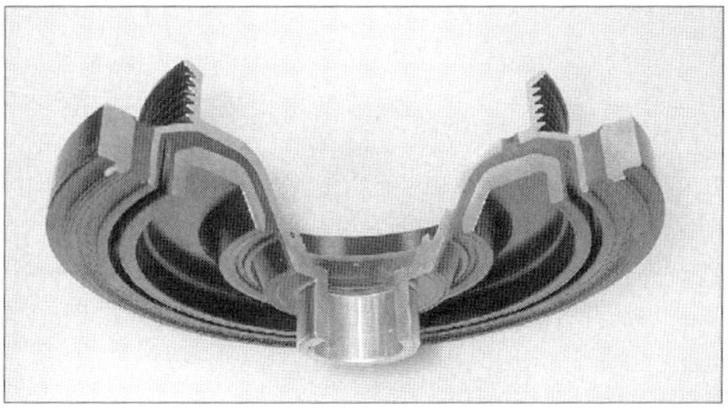

Bild 6-60 Zweimassen-Gummischwingungsdämpfer (Bauart Palsis) mit vulkanisiert gehafteten Gummispuren, Keilrippenspur auf der Primärseite, Primärseite mit Wellendichtflansch aus St24W, sekundärseitig aus EN-GJS-400-15, primärseitiges Massenträgheitsmoment $\Theta = 0{,}008\ \mathrm{kg\ m^2}$, sekundärseitig $0{,}012\ \mathrm{kg\ m^2}/220\ \mathrm{Hz}$ beziehungsweise $0{,}006\ \mathrm{kg\ m^2}/360\ \mathrm{Hz}$, Gummi AEM (Vamac) (Quelle Palsis)

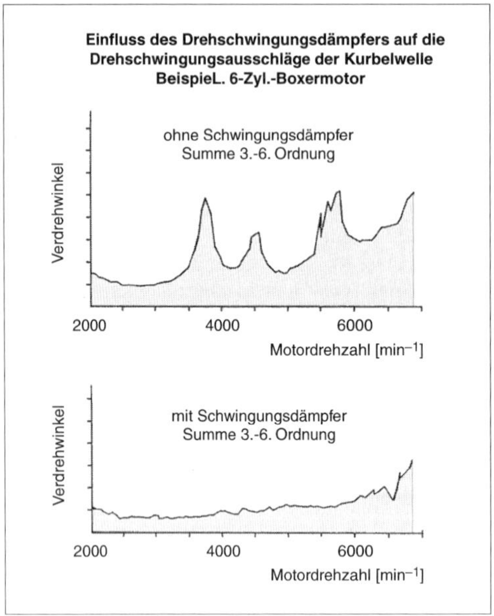

Bild 6-61 Wirkung eines Drehschwingungsdämpfers

der Nebenaggregate zu Schwingungen verringert [15].
Große Motorabmessungen (Hubvolumen) und steigende spezifische Arbeiten (eff. Mitteldruck) erhöhen die Notwendigkeit effektiver Schwingungsdämpfer, zum einen wegen der stärkeren Erregung, zum anderen wegen der niedrigeren Eigenfrequenzen als Folge größerer Triebwerksmassen. Die Eigenfrequenzen von Pkw-Triebwerken liegen im Bereich von 300 bis 700 Hz, für die auch zunehmend Viskosedämpfer eingesetzt werden, wie sie sonst überwiegend nur für größere Motoren verwendet wurden **(Bild 6-62)**.

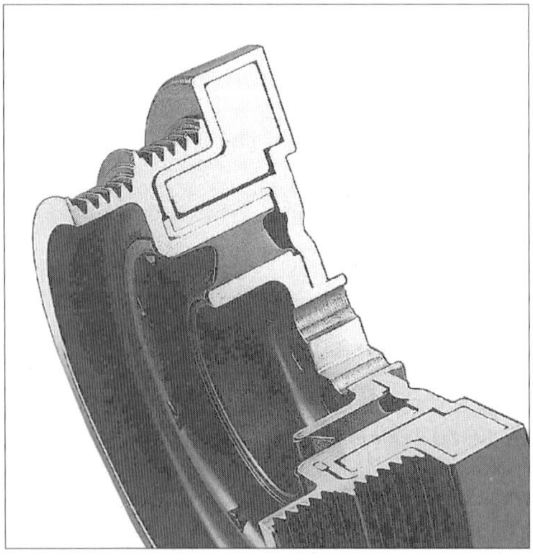

Bild 6-62 Viskose-Schwingungsdämpfer mit entkoppelter Riemenscheibe (drehelastische Gummikupplung) für Reihen-6-Zylinder-Dieselmotor (Palsis)

6.2.6 Zweimassenschwungräder

Der Antriebsstrang eines Kraftfahrzeuges besteht aus Motor, Getriebe und Fahrzeug, so dass sich die Schwingungsanregung vom Motor auch auf die übrigen Komponenten des Antriebs auswirkt. Motorinduzierte Schwingungen des Getriebes machen sich bemerkbar als

- Ruckeln: Der Motor regt das System mit der 0,5. Ordnung an, er schwingt gegen das Fahrzeug
- Rasseln: Der Motor regt das Getriebe vorwiegend mit der 4. bis 6. Ordnung an, so dass Zahnräder und Synchronringe, die nicht im Kraftfluss liegen, mit vergleichsweise großen Amplituden gegeneinander schwingen.

Hinzu kommt, dass der Antriebsstrang bei Lastwechsel tordiert wird und – nur schwach gedämpft – ausschwingt. Diese Schwingungen machen sich unangenehm bemerkbar, sie beeinträchtigen den Fahrkomfort und beanspruchen die Bauteile zusätzlich. Um Schwingungs- und Geräuschverhalten des Antriebes zu verbessern, setzt man Zweimassenschwungräder ein: Die Masse des Motorschwungrades wird in einen mit der Kurbelwelle starr verbundenen Primärteil und einen auf dem Primärteil beweglich angeordneten Sekundärteil aufgeteilt. Primär- und Sekundärteil sind durch Federn drehelastisch verbunden. Dadurch wird eine Schwingungsisolation erreicht, das heißt der Arbeitsbereich wird in den überkritischen Bereich der Vergrößerungsfunktion verlagert. Weil zur Unterdrückung des Getrieberasselns in den unterschiedlichen Betriebsbereichen (Zug, Schub, Leerlauf) unterschiedliche Drehsteifigkeiten und Dämpfungseigenschaften erforderlich sind, müssen die Kennlinien der Federn entsprechend ausgelegt werden. Das wird zum Beispiel durch Reihenschaltung von Federn verschiedener Steifigkeit erreicht. Bei entsprechend abgestimmten Feder-Keil-Systemen sorgt Reibung für die gewünschte Dämpfung [16] **(Bild 6-63)**.
Wegen des geringeren Trägheitsmomentes des Primärteils des Schwungrades verändert sich das Drehschwingungsverhalten des Motortriebwerks **(Bild 6-64)**.
Mit Zweimassenschwungrädern werden nicht nur der Fahrkomfort verbessert, sondern auch das Getriebe von zusätzlichen Wechselmomenten entlastet. Sie werden hauptsächlich in Pkw-Motoren ≥ 2 l Hubraum eingesetzt, hier wiederum besonders in Verbindung mit Dieselmotoren [16]. Mittlerweile werden auch schon Dreimassenschwungräder verwendet.

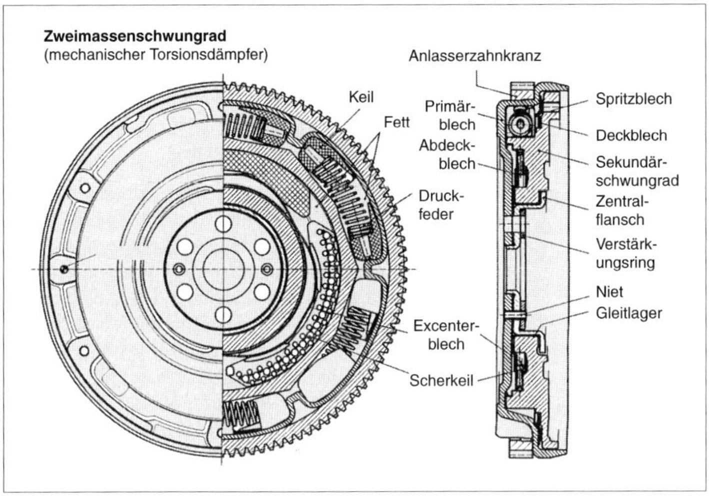

Bild 6-63 Zweimassenschwungrad (GAT)

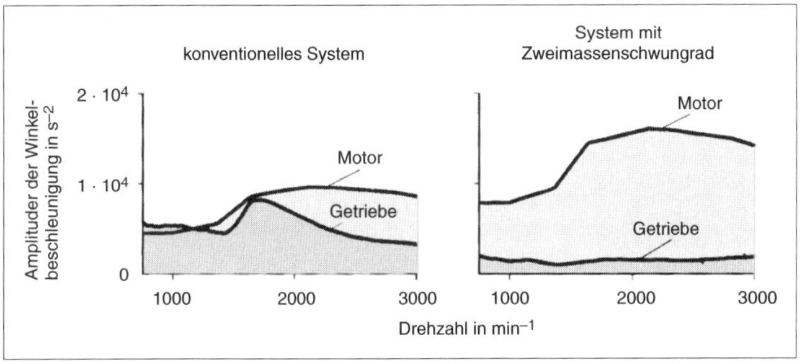

Bild 6-64 Wirkung eines Zweimassenschwungrades

Literatur

[1] *Bauder, A.; Krause, W.; Mann, M.; Pischke, R.; Pölzl, H.-W.:* Die neuen V8-Ottomotoren von Audi mit Fünfventiltechnik. MTZ 60 (1999) 1; S. 16

[2] *Dorsch, H.; Körkemeier, H.; Peiters, S.; Rutschmann, S.; Zwickwolf, P.:* Der 3,6-Liter-Doppelzündungsmotor des Porsche Carrera 4. MTZ 50 (1989) 2

[3] *Biezeno, C. B.; Grammel, R.:* Technische Dynamik. Berlin: Springer 1953 (2. Nachdruck 1982)

[4] *NN:* Kolben für Pkw- und Nkw-Motoren. Kapitel 1: Grundlagen. Hsg.: Kolbenschmidt

[5] *Riedl, C.:* Konstruktion und Berechnung moderner Automobil- und Kraftradmotoren, 3. Aufl. Berlin: R.C. Schmidt 1937; S. 224–231

[6] *Krüger, H.:* Sechszylindermotoren mit kleinem V-Winkel. MTZ 51 (1990) 10

[7] *Krüger, H.:* Der Massenausgleich des VR6-Motors. MTZ 54 (1993) 2

[8] *Kraemer, O.:* Kurbelfolge günstigsten Massenausgleichs 1. Ordnung. ZVDI 81 (1937) 51; S. 1476

[9] *Kraemer, O.:* Bau und Berechnung der Verbrennungsmotoren, 4. Aufl. Berlin: Springer 1963; S. 74

[10] *Gumpesberger, M.; Landerl, C.; Miritsch, J.; Mosmüller, E.; Müller, P.; Ohrnberger, G.:* Der Antrieb der neuen BMW F800. MTZ 67 (2006) 6

[11] *Neukirchner, H.; Arnold, O.; Dittmar, A.; Kiesel, A.:* Die Entwicklung von Massenausgleichseinrichtungen für PKW-Motoren. MTZ 64 (2003) 5

[12] *Gruber, G.; Prandstötter, M.; Hollnbuchner, R.:* Integriertes Ausgleichswellensystem des neuen Vierzylinder-Dieselmotors von BMW. MTZ 69 (2008) 6

[13] *Lang, O. R.:* Triebwerke schnelllaufender Verbrennungsmotoren. Berlin: Springer 1966; S. 66

[14] *Anisits, F.: Borgmann, K.; Kratochwill, H.; Steinparzer, F.:* Der neue BMW Sechszylinder Dieselmotor. MTZ 59 (1998) 11

[15] *Pilgrim, R.; Gregotsch, K.:* Schwingungstechnisch-akustische Entwicklung am Sechszylinder-Triebwerk des Porsche Carrera 4. MTZ 50 (1989) 3

[16] *Nissen, P.-J.; Heldingsfeld, D., Kranz, A.:* Der MTD – Neues Dämpfungssystem für Kfz-Antriebsstränge. MTZ 61 (2000) 6

6.3 Variabilität von Verdichtung und Hubvolumen

6.3.1 Variables Hubvolumen

Hubvolumen ist das Produkt aus dem Hub und der Fläche, die durch den Bohrungsdurchmesser des Zylinders bestimmt ist. Es ist die zentrale Größe, welche das Drehmoment und im Zusammenhang mit der Drehzahl die Leistung eines Motors bestimmt. Bei Otto- und Diesel-Pkw-Motoren liegt das Hubvolumen je nach Anzahl der Zylinder überwiegend im Bereich zwischen 1 und 3 Litern. Pro Zylinder beträgt das Hubvolumen in der Regel zwischen 350 und 600 cm^3.

Bei Teillast muss beim konventionellen Ottomotor, im Gegensatz zum Dieselmotor, die angesaugte Luft- beziehungsweise Gemischmasse durch Drosselung (Quantitätsregelung) reduziert werden. Durch den Drosselvorgang entstehen Verluste, so dass die Füllung nicht derjenigen entspricht, die aufgrund des Hubvolumens theoretisch möglich wäre.
Zur Verringerung dieser Drosselverluste im Motorbetrieb gibt es mehrere Wege. Zwei Wesentliche sind:

- variables Hubvolumen
- Zylinderabschaltung.

Mit beiden Methoden lassen sich die Ladungswechselverluste reduzieren, da für einen gegebenen Lastpunkt bei verkleinertem Hubvolumen, gleichgültig durch welche der oben genannten Maßnahmen, die Drosselung entscheidend verringert wird.
Wird das Hubvolumen verkleinert, muss, um gleiche spezifische Arbeit zu erhalten, der Motor in einem höheren Lastbereich betrieben werden, wodurch sich Saugrohrunterdruck und Drosselverluste verringern. Die Wirkung auf die Verringerung der Gaswechselarbeit führt zur Verringerung des Kraftstoffverbrauchs [6, 7, 11].
Da aus funktionalen Gründen eine Variabilität der Bohrung nicht realisierbar ist, konzentrieren sich die Bemühungen auf eine Variabilität des Kolbenhubes. Bei gegebener Bohrung und einer Verringerung des Hubes ändert sich aber auch das Hub-/Bohrungsverhältnis, es wird geringer. Das hat zur Folge, dass sich ebenso das Oberflächen-/Volumenverhältnis des Brennraums ändert mit dem bekannten Einfluss auf die HC-Emissionen [8–10]. Wirkungsgrad und Stickoxidemissionen werden ebenfalls beeinflusst [9].
Konstruktive Lösungen zu einer kontinuierlichen Variation des Kolbenhubs sind seit langem bekannt und stellen im Hinblick auf eine Reduktion der Gaswechselarbeit eine optimale Lösung dar, da im Extremfall ganz auf die Drosselklappe verzichtet werden kann.
Die konstruktiven Überlegungen im Zusammenhang mit variablem Hubvolumen gehen prinzipiell von einer Modifikation der Kinematik des Kurbeltriebes aus. Durch zum Beispiel seitliches Verschieben der Kurbelwelle wurde der Hub und damit das Hubvolumen reduziert. Versuche mit variablem Hubvolumen wurden zwar durchgeführt, doch waren die technischen Lösungen zu aufwendig.

6.3.2 Variable Verdichtung

Der Vorgang der Verdichtung ist einer der vier Arbeitstakte eines Verbrennungsmotors. Er sorgt dafür, dass eine Temperatur- und Druckerhöhung im Arbeitsmedium erfolgt und so eine Verbrennung mit höherem Wirkungsgrad stattfindet. Die Abhängigkeit des thermischen Wirkungsgrades vom Verdichtungsverhältnis an einem Modellprozess zeigt **Bild 6-65**.
Hoher thermischer Wirkungsgrad des Modellprozesses lässt einen hohen Wirkungsgrad des motorischen Prozesses erwarten mit der Folge einer Minimierung des Kraftstoffverbrauchs. Aus **Bild 6-65** lässt sich jedoch erkennen, dass mit zunehmendem Verdichtungsverhältnis der thermische Wirkungsgrad immer weniger stark ansteigt. Die Konsequenz daraus in bezug auf die Realisierung der variablen Verdichtung im Motor und dem damit verbundenen Bauaufwand legt nahe, dass Verdichtungsverhältnis nur bis zu einer bestimmten Größe zu erhöhen. In dargestellten Motoren wird daher ein Verdichtungsverhältnis zwischen 8 : 1 und 16 : 1 realisiert [25].
Bild 6-66 stellt die möglichen Bereiche des Verdichtungsverhältnisses für gängige Motoren dar.

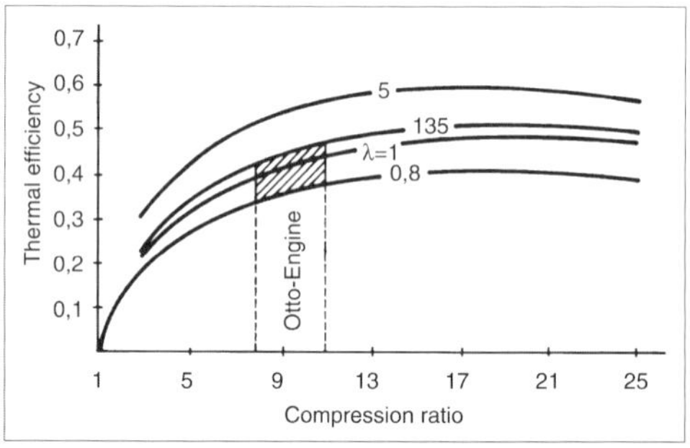

Bild 6-65 Verdichtungsverhältnis und thermischer Wirkungsgrad

Motortyp	ε	Begrenzung durch
Ottomotor (2-Takt)	7,5 ... 10	Glühzünden
Ottomotor (2-Ventiler)	8 ... 10	Klopfen, Glühzünden
Ottomotor (4-Ventiler)	9 ... 11	Klopfen, Glühzünden
Ottomotor (Direkteinspritzung)	11 ... 14	Klopfen, Glühzünden
Diesel (Kammermotor)	18 ... 24	Wirkungsgradeinbuße, Bauteilbelastung
Diesel (Direkteinspritzung)	17 ... 21	Wirkungsgradeinbuße, Bauteilbelastung

Bild 6-66 Verdichtungsverhältnisse

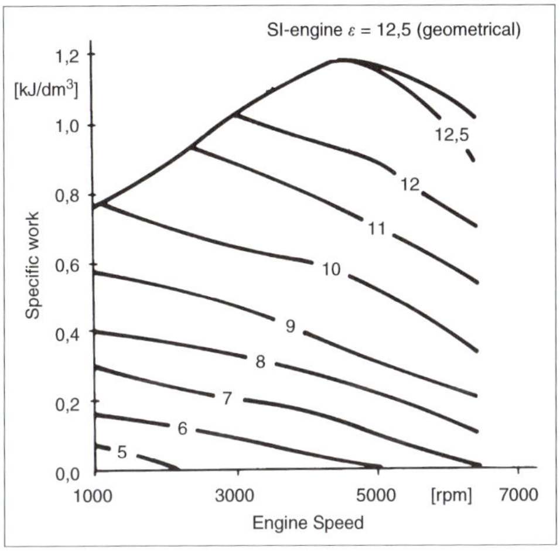

Bild 6-67 Effektives Verdichtungsverhältnis bei einem Ottomotor

Mit zunehmender Drosselung sinkt beim Ottomotor das effektive Verdichtungsverhältnis bei gleichbleibender geometrischer Verdichtung. Dies hat einen sinkenden Wirkungsgrad zur Folge. Dies wird noch drastischer, wenn man einen aufgeladenen Ottomotor betrachtet. Mit Rücksicht auf die höhere Klopfempfindlichkeit in Vollastnähe muss beim aufgeladenen Ottomotor die geometrische Verdichtung gegenüber einem Saugmotor reduziert werden. Dies hat einen weiteren Wirkungsgradabfall in der Teillast zur Folge. **Bild 6-67** zeigt das effektive Verdichtungsverhältnis bei einem Ottomotor im Kennfeld.

Die variable Verdichtung ist beim Ottomotor wirkungsgraderhöhend, da sein Verdichtungsverhältnis durch die Klopfneigung des Ottokraftstoffes bei Volllast begrenzt ist. Wird bei Teillast das Verdichtungsverhältnis erhöht, verbessert sich der Innenwirkungsgrad beachtlich. Im CVS-Test relevanten Bereich können 10 % Verbrauchseinsparung gegenüber Motoren mit fester Verdichtung erreicht werden. Noch bedeutender sind die Verbesserungen bei aufgeladenen Motoren mit variabler Verdichtung, da in diesem Fall ein zusätzlicher Gewinn durch die Betriebspunktverlagerung auftritt. In einem gegebenen Fall wurde die Verdichtung eines aufgeladenen Motors bei Teillast auf ein Verdichtungsverhältnis von $\varepsilon = 13{,}5$ angehoben, während das Verdichtungsverhältnis bei Volllast $\varepsilon = 8$ betrug. Der Verbrauchsgewinn lag in diesem Fall über 20 % im CVS-Test bei gleichen Fahrleistungen. Hochaufladung mit bis zu 100 KW/Liter Hubraum können bis zu 30 % Verbrauchseinsparung im NEFZ bringen [25].

Systeme mit variabler Verdichtung haben sich wegen ihres hohen Aufwandes und der hohen Kosten noch nicht in der Serie durchgesetzt. Folgende Systeme wurden unter anderen beispielhaft untersucht:

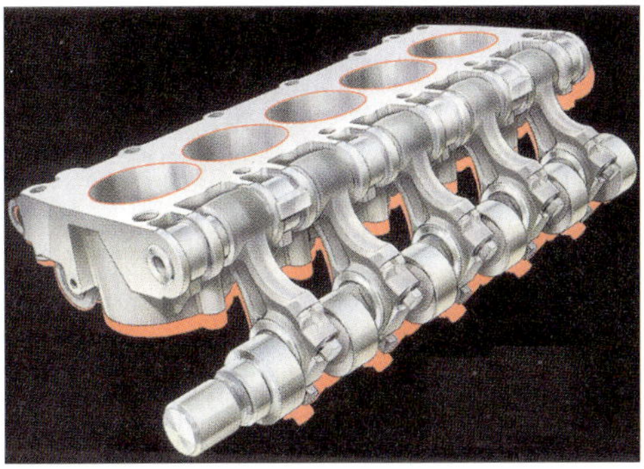

Bild 6-68 Mechanismus zum Schwenken des Zylinderkopfes (Quelle: MOT)

- Kolben mit variabler Kompressionshöhe. Der Nachteil ist die hohe Masse des Kolbens, welche bei hohen Drehzahlen zu hohen Massenkräften führt.
- Vergrößerung beziehungsweise Verkleinerung des Brennraumes durch Verschieben zum Beispiel eines Zylinders im Zylinderkopf. Der Nachteil liegt in verschlechterten Verbrennungsbedingungen durch einen zerklüfteten Brennraum.
  Verlagerung der Kurbelwellenachse zum Beispiel durch ein Parallelkurbelgetriebe. Mit Hilfe einer Exzentereinheit verlagert sich die Kurbelwelle nach oben beziehungsweise nach unten. Die Rotationsbewegung der schwenkbaren Kurbelwellenachse wird auf die ortsfeste Achse des Getriebeeingangs übertragen. Diese konstruktiv sehr aufwändige Lösung erhöht die Motormasse nur marginal [1–4, 11].
- Neigung des Zylinderkopfes, der so ausgebildet ist, dass die Trennfuge zwischen Kopf und Block nach „unter" verschoben wird, das heißt die Blockhöhe ist gegenüber dem konventionellen Motor verringert [1, 5]. Das ist ebenfalls eine sehr aufwändige Lösung. **Bild 6-68** und **Bild 6-69** zeigen den Schwenkmechanismus, mit dem der Zylinderkopf bis zu 4 Grad geschwenkt werden kann, was eine Änderung des Verdichtungsverhältnisses von 8 : 1 auf 14 : 1 ermöglicht.
  Eine andere Möglichkeit das Verdichtungsverhältnis variabel zu gestalten liegt in der konstruktiven Ausführung des Pleuels mit Hilfe einer exzentrischen Kolbenbolzenlagerung [12, 13]. Durch diese exzentrische Lagerung im kleinen Pleuelauge **(Bild 6-70)** wird ein längenvariables Pleuel ermöglicht, das die auftretenden Triebwerkskräfte zur Verstellung nutzt.

Es gibt viele Wege um eine variable Verdichtung zu realisieren. **Bild 6-71** zeigt einige weitere prinzipielle Möglichkeiten.

Welche Verfahren sich zukünftig in der Serie durchsetzen werden, kann aus heutiger Sicht nicht ab-

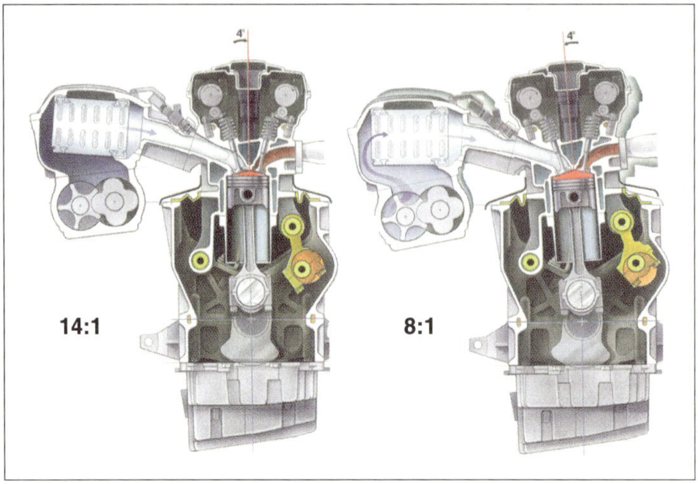

Bild 6-69 Längsschnitt durch den Motor Saab Variable Compression (Quelle: MOT)

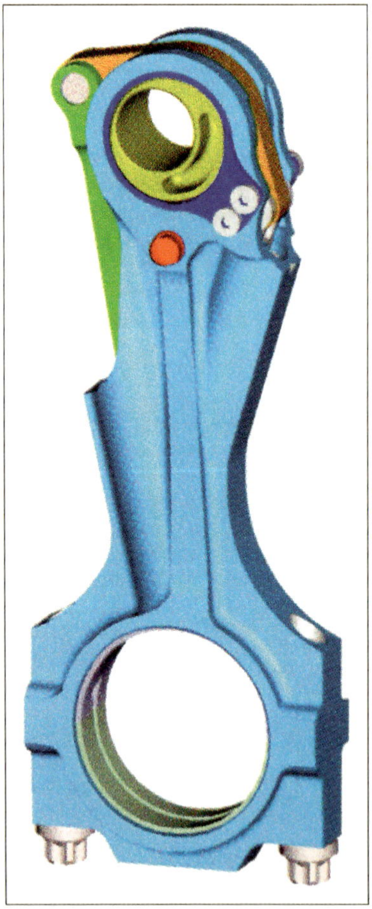

Bild 6-70 VCR-Pleuel (Variable Vompression Ratio) (Quelle MTZ/Pischinger)

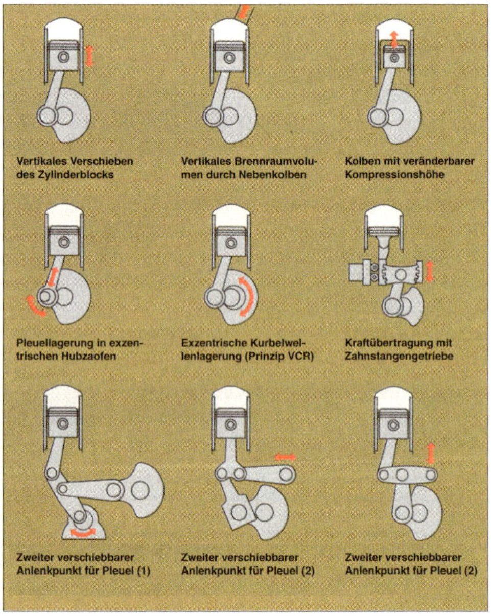

Bild 6-71 Schematische Darstellung zur Realisierung der Variablen Verdichtung (Quelle: MOT)

schließend beurteilt werden. Einige wesentliche Gesichtspunkte für den Großserieneinsatz sind neben der sicheren Funktionalität sicherlich:

- Packagefähigkeit (Bauraum)
- Herstellkosten
- Übertragbarkeit auf andere Motorbauformen
- Motormasse

Eine Abschätzung der Vor- und Nachteile einzelner Prinzipien zur Variation der Verdichtung zeigt **Bild 6-72**.

System / Criterion	1	2	3	4	5	6	7	8	9	10
Suitability for cont. VCR	Continuous VCR						2-stage VCR			
Determin. of actual CR	+	+	+	+	+	+	-	-	-	-
Combustion chamber shape	--	++	++	++	++	++	++	++	++	++
Impact on package	-	--	--	--	-	-	++	+	+	+
Modification of production	o	--	--	--	-	-	+	+	+	+
Oscillating mass	++	--	--	++	++	--	--	+	+	--
Friction	++	-	-	++	-	-	o	+	--	o
Costs	o	-	--	--	-	-	o	-	-	--

++ very good / very low neg. impact + good / low neg. impact o neutral / moderate neg. impact
- inappropriate / high neg. impact -- very inappropriate / very high neg. impact

Bild 6-72 Vergleich verschiedener Systeme zur variablen Verstellung des Verdichtungsverhältnisses (Quelle MTZ/Pischinger)

Literatur

[1] *Blumenstock, K. U.:* Ungenutzte Potenziale, mot, Heft 14, Juni 2004

[2] *Schwaderlapp, M.; Pischinger, S.; Yapici, K. I.; Habermann, K.; Bolling, C.:* Variable verdichtung – eine konstruktive Lösung für Downsizing-Konzepte, Aachener Kolloquium Fahrzeug- und Motorentechnik Okt. 2001

[3] *Guzella, L.; Martin, R.:* Das SAVE-Motorkonzept, MTZ 10, 1998

[4] *Fraidl, K. G.; Kapus, P.; Piock, W.; Wirth, M.:* Fahrzeugklassenspezifische Ottomotorenkonzepte, MTZ 10 1999

[5] *Bergsten, L.:* Saab Variable Compression SVC, MTZ 62 (2001) 6

[6] *Schäfer, F.; Basshuysen, v. R.:* Schadstoffreduzierung und Kraftstoffverbrauch von Pkw-Verbrennungsmotoren, Die Verbrennungskraftmaschine, Band 7, Springer-Verlag Wien New York, 1993

[7] *Basshuysen, R.; Schäfer, F. (Hrsg.):* Lexikon Motorentechnik, Vieweg Verlag, 2006

[8] *Kreuter, P.; Gand, B.; Bick, W.:* Beeinflussbarkeit des Teillastverhaltens von Ottomotoren durch das Verdichtungsverhältnis bei unterschiedlichen Hub-Bohrungs-Verhältnissen, 2. Aachener Kolloquium Fahrzeug- und Motorentechnik, 1989

[9] *Gand, B.:* Einfluss des Hub-Bohrungs-Verhältnisses auf den Prozessverlauf des Ottomotors, Diss. RWTH Aachen, 1986

[10] *Bick, W.:* Einflüsse geometrischer Grunddaten auf den Arbeitsprozess des Ottomotors bei verschiedenen Hub-Bohrungs-Verhältnissen, Diss. RWTH Aachen, 1990

[11] *Pischinger, F.:* Gedanken über den Automobilmotor von morgen, Vortrag VW-AG, Juli 1990

[12] *Pischiner, S.; Wittek, K.; Tiemann, C.:* Zweistufiges Verdichtungsverhältnis durch exzentrische Kolbenbolzenlagerung, MTZ 02/ 2009 Jahrgang 70

[13] *Wittek, K.:* Variables Verdichtungsverhältnis beim Verbrennungsmotor durch Ausnutzung der im Triebwerk wirksamen Kräfte, Dissertation RWTH Aachen, 2006

7 Motorkomponenten

7.1 Kolben/Kolbenbolzen/ Kolbenbolzensicherung

7.1.1 Kolben

7.1.1.1 Anforderungen und Funktion

Die Aufgabe des Kolbens besteht darin, die bei der Verbrennung des Kraftstoff-Luft-Gemisches entstehenden Druckkräfte aufzunehmen, über den Kolbenbolzen und die Pleuelstange auf die Kurbelwelle zu übertragen und zusätzlich das obere Pleuelauge zu führen.

Als bewegliche kraftübertragende Wand muss der Kolben zusammen mit den Kolbenringen den Brennraum gegen Gasdurchtritt und Schmieröldurchfluss bei allen Lastzuständen zuverlässig abdichten. Durch ständige Leistungssteigerungen der Motoren werden auch die an die Kolben gestellten Anforderungen immer höher.

Ein Beispiel für die Kolbenbelastung: Bei einer Drehzahl von 6000 1/min eines Ottomotors wird jeder Kolben ($D = 90$ mm) bei einem Zylinderspitzendruck von 75 bar 50 mal pro Sekunde mit einer Last von circa 5 t beaufschlagt!

Die Erfüllung unterschiedlichster Aufgaben, wie Anpassungsfähigkeit an verschiedene Betriebsbedingungen, Fresssicherheit bei gleichzeitig hoher Laufruhe, geringes Gewicht bei ausreichender Gestaltfestigkeit, geringer Ölverbrauch und niedrige Schadstoffemissionswerte, resultiert in Anforderungen an Konstruktion und Werkstoff, die zum Teil gegenläufig sind. Diese Kriterien müssen für jeden Motortyp sorgfältig gegeneinander abgewogen werden. Die jeweils für den Einzelfall optimale Lösung kann daher sehr verschiedenartig ausfallen.

In **Bild 7-1** sind die Betriebsbedingungen des Kolbens, die sich daraus für seine Gestaltung ergebenden Anforderungen sowie die konstruktiven und werkstoffseitigen Forderungen zusammengestellt.

7.1.1.2 Konstruktive Gestaltung

Aus den Betriebsanforderungen der jeweiligen Verbrennungskraftmaschinen (2-Takt-, 4-Takt-, Otto- und Dieselmotor) ergibt sich, dass in der Regel Aluminium-Silizium-Legierungen die zweckmäßigsten Kolbenwerkstoffe sind. Kolben aus Stahl werden in Sonderfällen eingesetzt, erfordern dann aber besondere Kühlmaßnahmen.

Aus Gewichtsgründen ist eine sorgfältige konstruktive Auslegung der Kolben notwendig, verbunden mit der Forderung nach guter Kolbenkühlung. Wichtige Begriffe und Abmessungen zur Beschreibung der Geometrie zeigen die **Bilder 7-2** und **7-3**.

Die Steigerung der spezifischen Leistungen der Motoren erfolgt zum Teil über die Drehzahlerhöhung. Der dadurch bedingte starke Anstieg der Massenkräfte der sich hin- und herbewegenden Motorteile wird durch Verkleinerung der Kompressionshöhe (KH) und durch die gewichtsoptimierte Kolbenbauweise weitgehend kompensiert.

Die Gesamtlänge GL des Kolbens, bezogen auf den Kolbendurchmesser, ist besonders bei kleineren schnelllaufenden Motoren kürzer als bei größeren, mittelschnelllaufenden Motoren.

Die Kompressionshöhe KH beeinflusst neben der Bauhöhe des Motors entscheidend das Kolbengewicht. Der Motorenkonstrukteur ist deshalb bestrebt, diese so niedrig wie möglich auszuführen. Die KH wird deshalb immer einen Kompromiss zwischen der Forderung nach geringster Bauhöhe und hoher Betriebssicherheit darstellen.

Die in **Bild 7-3** angegebenen Werte für die Bodendicke s gelten allgemein für Kolben mit ebenen und flachen, konvex oder konkav gewölbten Böden. Bei Kolben für Dieselmotoren mit Direkteinspritzung mit tiefen Mulden liegen die Bodendicken, je nach maximalen Zylinderdruck, zwischen 0,16 ... 0,23 des maximalen Muldendurchmessers (D_{Mu}).

Aus den Richtwerten des **Bildes 7-3** für den Kolbenbolzendurchmesser BO ist zu entnehmen, dass die höheren Arbeitsdrücke der Dieselmotoren größere Bolzendurchmesser erfordern.

Die Kolbenringzone sorgt zusammen mit den Kolbenringen für die bewegliche Abdichtung des Verbrennungsraums gegen den Kurbelraum. Ihre Höhe richtet sich nach der Zahl und Höhe der eingesetzten Kolbenringe und der Höhe der Stege zwischen den Ringen. Das Ringpaket besteht mit wenigen Ausnahmen aus zwei Verdichtungsringen und einem Ölabstreifring. Der 3-Ringkolben ist heute die Standardausführung.

Die Höhe des ersten Ringstegs wird nach dem auftretenden Zünddruck des Motors und der Stegtemperatur gewählt. Die Steghöhen nehmen bei den darunter liegenden Ringstegen wegen der fallenden Temperatur und sinkender Gasdruckbelastung ab.

Der Kolbenschaft dient zur Führung des Kolbens im Zylinder. Er überträgt die bei der Auslenkung der Pleuelstange entstehenden Seitenkräfte gleitend an die Zylinderwand. Durch genügende Schaftlänge und enge Führung wird das so genannte „Kolbenkippen“ beim Anlagewechsel des Kolbens von der einen zur gegenüberliegenden Zylinderwand (Kolbensekundärbewegung) gering gehalten. Dies ist für ruhigen Motorlauf und zur Reduzierung des Verschleißes an allen Gleitflächen des Kolbens wichtig.

Betriebsbedingungen	**Anforderungen an den Kolben**	**Lösung Konstruktion**	**Lösung Werkstoff**
Mechanische Belastung a) Kolbenboden/Verbrennungsmulde Ottomotoren: Zünddrücke 50–120 bar Dieselmotoren: Zünddrücke 80–230 bar b) Kolbenschaft: Seitenkraft: circa 6–8 % der maximalen Zündkraft c) Kolbennaben: zulässige Flächenpressung temperaturabhängig	Hohe statische und dynamische Festigkeit bei hohen Temperaturen. Hohe Flächenpressung in den Nabenbohrungen. Geringe plastische Deformation.	Genügende Wandstärke, gestaltfeste Bauweise, gleichmäßiger „Kraftfluss“ und „Wärmefluss“. Nabenbuchse, Ferrotherm-Kolbenköpfe aus Stahl oder einteilige Stahlkolben	Verschiedene Al–Si-Gusslegierungen warmausgelagert (T5) oder ausgehärtet (T6), gegossen oder geschmiedet Sondermessing, Bronze, Vergütungsstahl
Hohe Temperatur im Verbrennungsraum: mittlere Gastemperatur circa 1.000 °C am Kolbenboden/Muldenkante: 200–400 °C bei Eisenwerkstoffen: circa 350–500 °C an Bolzennabe: 150–260 °C am Kolbenschaft: 120–180 °C	Festigkeit muss auch bei hoher Temperatur noch erhalten bleiben. Kennzeichen: Warmhärte, Dauerfestigkeit, hohe Wärmeleitfähigkeit, zunderbeständig (Stahl)	Ausreichende Wärmeflussquerschnitte, Kühlkanäle	Wie oben
Beschleunigung von Kolben und Pleuel bei hoher Drehzahl: zum Teil weit über 25.000 m/s^2	Geringes Gewicht, ergibt kleine Massenkräfte beziehungsweise Massenmomente	Leichtbau mit höchster Werkstoffausnutzung	AlSi-Legierung, geschmiedet
Gleitende Reibung in den Ringnuten, am Schaft, in den Bolzenlagern. Zum Teil ungünstige Schmierverhältnisse	Geringer Reibungswiderstand, hohe Verschleißfestigkeit (beeinflusst Lebensdauer), geringe Neigung zum Fressen	Ausreichend große Gleitflächen, gleichmäßige Druckverteilung. Hydrodynamische Kolbenformen im Schaftbereich. Nutarmierung, Ölversorgung	AlSi-Legierungen, Schaft verzinnt, graphitiert, beschichtet, Nutenbewehrung durch eingegossenen Ringträger
Anlagewechsel von einer Zylinderseite zur anderen (vor allem im Bereich des oberen Totpunktes)	Geräuscharmut, kleines „Kolbenkippen“ bei kaltem und warmem Motor, geringe Kavitationsanfälligkeit, kleine Aufschlagimpulse	Geringes Laufspiel, elastische Schaftgestaltung mit optimierter Kolbenform, Desachsierung der Nabenbohrungen	Niedrige Wärmeausdehnung. Eutektische oder übereutektische AlSi-Legierungen

Bild 7-1 Betriebsbedingungen und sich daraus ergebende Forderungen an den Kolben sowie konstruktions- und werkstoffseitige Lösungen

Die Kolbennaben haben die gesamten Längskräfte vom Kolben auf den Bolzen zu leiten und müssen daher gegen den Boden und Schaft gut abgestützt sein. Der ausreichend dimensionierte Abstand zwischen Oberkante der Nabenbohrung und Kolbenbodeninnenform führt zu einer gleichmäßigeren Spannungsverteilung im Abstützquerschnitt. Bei hohen Belastungen ist deshalb eine besonders sorgfältige Gestaltung des Nabenabstützungsbereichs erforderlich. Um Nabenrisse zu vermeiden, sollte die mittlere rechnerische Flächenpressung in der Nabenbohrung von Aluminiumkolben in Abhängigkeit von der Naben-Bolzen-Konfiguration und besonders in Abhängigkeit von der Nabentemperatur Werte zwischen

	Ottomotoren		Dieselmotoren (Viertakt)
	Zweitakt	Viertakt	Pkw-Diesel
Durchmesser D (mm)	30 ... 70	65 ... 105	65 ... 95
Gesamtlänge GL/D	0,8 ... 1,0	0,6 ... 0,7	0,8 ... 0,95
Kompressionshöhe KH/D	0,4 ... 0,55	0,30 ... 0,45	0,5 ... 0,6
Bolzendurchmesser BO/D	0,20 ... 0,25	0,20 ... 0,26	0,32 ... 0,40
Feuersteg F (mm)	2,5 ... 3,5	2 ... 8	4 ... 15
1. Ringsteg St/D*	0,045 ... 0,06	0,040 ... 0,055	0,05 ... 0,09
Nutenhöhe für 1. Ring (mm)	1,2 und 1,5	1,0 ... 1,75	1,75 ... 3,0
Schaftlänge SL/D	0,55 ... 0,7	0,4 ... 0,5	0,5 ... 0,65
Nabenabstand AA/D	0,25 ... 0,35	0,20 ... 0,35	0,20 ... 0,35
Bodendicke s/D beziehungsweise s/D_{Mu}	0,055 ... 0,07	0,06 ... 0,10	0,15 ... 0,22**

* Werte bei Dieselmotoren gelten für Ringträgerkolben; je nach Verbrennungsspitzendruck
** Bei Direkteinspritzern ~ 0,2 × Muldendurchmesser (D_{Mu})

Bild 7-2 Hauptabmessungen für Leichtmetallkolben/Pkw

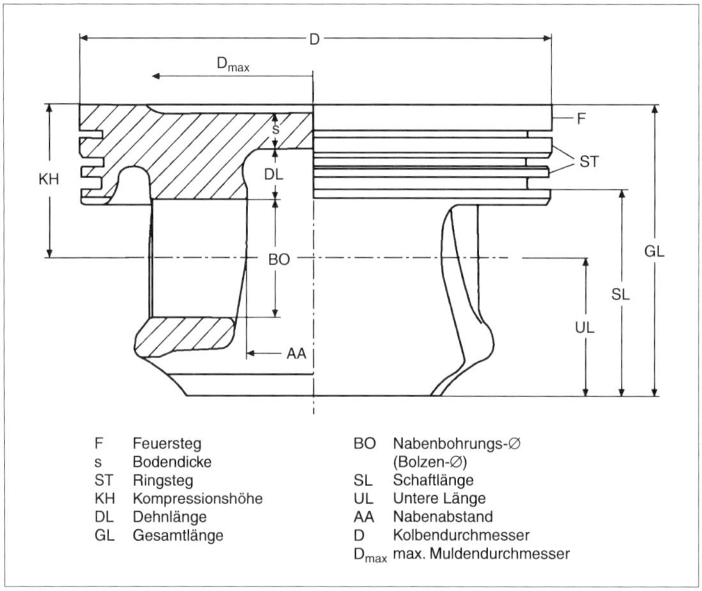

Bild 7-3 Wichtige Begriffe und Abmessungen am Kolben

55 und 75 N/mm^2 nicht überschreiten. Noch höhere Werte sind nur durch besondere Maßnahmen zur Festigkeitssteigerung der Nabenbohrung möglich.

Der Abstand AA zwischen den beiden Naben richtet sich nach der Breite des oberen Pleuelauges. Im Interesse geringer Verformungswerte von Kolben und Kolbenbolzen muss dieser Wert optimiert werden. Nur mit kleinstmöglichen Nabenabständen kann eine optimale Abstützung ausgeführt und die oszillierenden Massen können kleingehalten werden.

7.1.1.3 Desachsierung der Nabenbohrung

Ein Versatz der Bolzenachse zur Kolbenlängsachse (Desachsierung) bewirkt ein optimiertes Anlageverhalten des Kolbens beim Seitenwechsel. Die Aufschlagimpulse können mit dieser Maßnahme entscheidend beeinflusst werden. Durch Berechnung der Kolbenbewegung wird die Lage und Größe des Versatzes zur Kolbenlängsachse optimiert. So wird eine Reduzierung des Kolbenlaufgeräusches und eine Minimierung der Gefahr von Kavitation an der Zylinderlaufbuchse erreicht.

Kolbenbauart	Regelkolben		ohne Regelstreifen		
	Hydrothermik®	Hydrothermatik®	Al-Kolben		Moderne Leichtkolben
Arbeitsverfahren	Otto	Otto und Diesel	Otto (Zweitakt)	Diesel	Otto (Viertakt)
Einbauspiele (Nennmaßbereich)	0,3 ... 0,5		0,6 ... 1,3	0,7 ... 1,3	0,3 ... 0,5
Oberes Schaftende	0,6 ... 1,2	1,8 ... 2,2	1,4 ... 4,0*	1,8 ... 2,4	1,7 ... 2,2

* Nur bei 1-Ring-Ausführung und Hochleistungsmotoren (Schaftende nahe Feuersteg)

Bild 7-4 Übliche Einbauspiele von Leichtmetall-Kolben für Fahrzeugmotoren (in ‰ vom Nenndurchmesser; Einbau in GG-Motorblock)

7.1.1.4 Einbau- und Laufspiele

Am Kolbenschaft strebt man an, das Einbauspiel möglichst klein zu halten, damit bei allen Betriebszuständen ein gleichmäßig ruhiger Lauf erreicht wird. Bei Leichtmetallkolben ist dieses Ziel infolge der hohen Wärmeausdehnung der Leichtmetall-Legierungen nur durch besondere Konstruktionsmaßnahmen zu erreichen. Hierfür wurden früher häufig eingegossene Stahlstreifen zur Beeinflussung der Wärmeausdehnung eingesetzt („Regelkolben").

Bild 7-4 gibt eine Übersicht über die Spiele verschiedener Kolbenbauarten an Schaft und Feuersteg.

Das Spiel des Kolbenbolzens in den Bolzennaben ist für einen ruhigen Lauf der Kolben und den Verschleiß dieser Lagerstellen wichtig. Für die Mindestspielauslegung **(Bild 7-5)** ist für Ottomotoren zu unterscheiden, ob es sich um eine „schwimmende" Bolzenlagerung oder einen im kleinen Pleuelauge eingeschrumpften Bolzen handelt. Die schwimmende Bolzenlagerung ist die Standardausführung und die in den Kolbennaben spezifisch am höchsten belastbare Variante. Die nach Aussage einiger Motorenbauer kostengünstigere „Schrumpfpleuel-Ausführung" wird nur im Ottomotorbereich eingesetzt. Die Schrumpfpleuel-Ausführung ist für moderne Dieselmotoren und für Turbo-Otto-Motoren ungeeignet.

Schwimmende Bolzen-Lagerung	Schrumpfsitz Kolbenbolzen (fixed pin)
0,002 ... 0,005	0,006 ... 0,012

Bild 7-5 Mindestbolzenspiel für Ottomotoren in mm (nicht für Rennmotoren)

7.1.1.5 Kolbenmassen

Der Kolben mit seinem Zubehör (Ringe, Bolzen, Sicherungsringe) bildet mit dem oszillierenden Pleuelanteil die oszillierenden Massen. Je nach Motorenbauart entstehen dadurch freie Massenkräfte oder/ und freie Momente, die zum Teil nicht mehr oder nur mit erheblichem Aufwand ausgeglichen werden können. Daher entsteht vor allem bei schnelllaufenden Motoren der Wunsch nach niedrigsten oszillierenden Massen. Der Kolben und der Kolbenbolzen haben den größten Anteil an den oszillierenden Massen. Somit muss die Gewichtsoptimierung hier beginnen.

Etwa 80 % des Kolbengewichts sind ab Mitte Kolbenbolzen bis zur Bodenoberkante enthalten. Die restlichen 20 % liegen ab Mitte Kolbenbolzen zum Schaftende hin. Aus den früher bereits besprochenen Hauptabmessungen kommt somit der Kompressionshöhen-Festlegung entscheidende Bedeutung zu, das heißt es werden mit der Festlegung der Kompressionshöhe bereits circa 80 % des Kolbengewichts vorgegeben.

Für Ottomotoren mit Direkteinspritzung wird der Kolbenboden zur Strahlumlenkung herangezogen und entsprechend geformt, **Bild 7-6**. Die Kolben bauen höher und werden schwerer. Der Schwerpunkt verschiebt sich nach oben. Bei strahlgeführten Einspritzverfahren werden die Böden wieder flacher.

Die Kolbenmassen G_N lassen sich am besten vergleichen, wenn man sie auf das Vergleichs-Volumen $V \sim D^3$ bezieht (ohne Ringe und Bolzen).

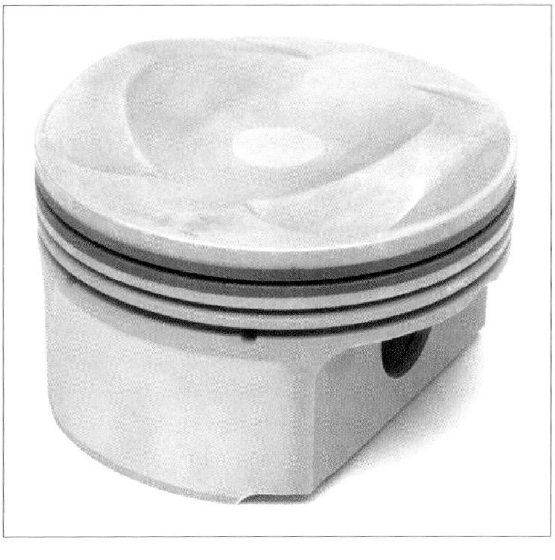

Bild 7-6 Kolben für einen Ottomotor mit Direkteinspritzung

Werkstoff	Arbeitsverfahren	G_N/D^3 (g/cm³)
Aluminium-Legierungen	4-Takt-Ottomotoren*	0,40 ... 0,55
	2-Takt-Ottomotoren*	0,5 ... 0,7
	4-Takt-Dieselmotoren	0,80 ... 1,10

* Saugrohreinspritzung

Bild 7-7 Massekennzahlen für Pkw-Kolben < 100 mm Durchmesser

Für bewährte Kolbenausführungen sind die Massekennzahlen G_N/D^3 (ohne Ringe und Bolzen) in **Bild 7-7** dargestellt.

7.1.1.6 Betriebstemperaturen

Eine hinsichtlich der Betriebssicherheit und Lebensdauer wichtige Größe ist die Bauteiltemperatur von Kolben und Zylindern. Der den heißen Verbrennungsgasen ausgesetzte Kolbenboden nimmt eine je nach Betriebspunkt (Drehzahl, Drehmoment) unterschiedliche Wärmemenge auf. Diese Wärmemenge wird bei nicht ölgekühlten Kolben hauptsächlich durch den 1. Kolbenring, in wesentlich geringerem Maß durch den Kolbenschaft, an die Zylinderwand abgegeben. Bei Einsatz einer Kolbenkühlung wird dagegen ein wesentlicher Anteil der Wärmemenge an das Motoröl abgegeben. Durch die konstruktiv gegebenen Materialquerschnitte ergeben sich Wärmeströme, die zu charakteristischen Temperaturfeldern führen. Typische Temperaturverteilungen an Kolben für Otto- und Dieselmotoren zeigen die **Bilder 7-8** und **7-9**.

Hohe thermische Belastung mindert einerseits die Dauerfestigkeit des Kolbenwerkstoffs. Die kritischsten Stellen diesbezüglich sind beim Dieselmotor mit Direkteinspritzung der Naben-Zenit sowie der Muldenrand, beim Ottomotor der Übergangsbereich Nabenanbindung zu Kolbenboden.

Andererseits sind die Temperaturen in der 1. Ringnut hinsichtlich der Ölverkokung von Bedeutung. Bei Überschreiten gewisser Grenzwerte neigen die Kolbenringe zum „Festgehen" und werden hierdurch in ihrer Funktion beeinträchtigt. Neben den Maximaltemperaturen ist die Abhängigkeit der Kolbentemperaturen von den motorischen Betriebsbedingungen (wie Drehzahl, Mitteldruck, Zündwinkel, Einspritzmenge) von Bedeutung. **Bild 7-10** zeigt typische Werte für Pkw Otto- und Dieselmotoren im Bereich der 1. Ringnut, abhängig von den Betriebsbedingungen.

7.1.1.7 Kolbenkühlung

Durch steigende Motorleistungen und Aufladung wird die gezielte Kolben-Kühlung auch bei Ottomotoren weiter an Bedeutung gewinnen.

Anspritzkühlung

Eine übliche Ausführung ist eine am unteren Ende des Zylinders befindliche Düse, die Motoröl in die Innenkontur des Kolbens spritzt. Die Kühlwirkung ist abhängig von der Kühlölmenge und der zur Wärmeabfuhr zur Verfügung stehenden Oberfläche. Es lassen sich hiermit an Nut 1 und Nabe Temperaturabsenkungen bis zu 30 °C erzielen. Eine einfachere Variante ist eine Bohrung im großen Pleuelauge, die über die Pleuellagerschmierung mit Öl versorgt wird. Neben einer geringen Kühlwirkung bewirkt der teilweise auf die Zylinderlaufbahn auftreffende Ölstrahl hier eine bessere Schmierung, die eine größere Sicherheit gegen Kraftstoffreiber bietet.

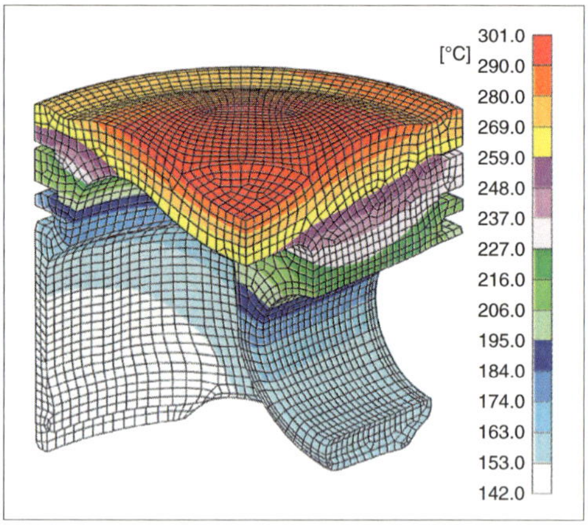

Bild 7-8 Temperaturverteilung an einem Kolben für einen Ottomotor

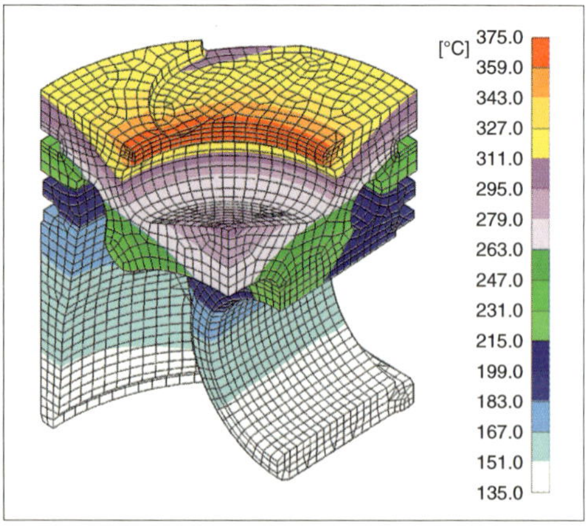

Bild 7-9 Temperaturverteilung an einem Kolben mit Kühlkanal für einen Dieselmotor

Motorbedingungen	Änderung der Motorbedingungen	Änderung der Kolbentemperatur in der Nut 1
Wasserkühlung	Wassertemperatur 10 °C	4 ... 8 °C
	50 % Frostschutz	+5 ... 10 °C
Schmieröltemperatur (ohne Kolbenkühlung)	10 °C	1 ... 3 °C
Kolbenkühlung durch Öl	Spritzdüse im Pleuelfuß	−8 ... 15 °C einseitig
	Normale Spritzdüse (Standdüse)	−10 ... 30 °C
	Kühlkanal	−25 ... 50 °C
	Kühlöltemperatur 10 °C	4 ... 8 °C (auch Muldenrand)
Mitteldruck (n = konst.)	0,1 MPa	5 ... 10 °C (Muldenrand 15 ... 20 °C)
Drehzahl (p_e = konst.)	100 1/min	2 ... 4 °C
Zündzeitpunkt, Förderbeginn	1° kW	1,5 ... 3,5 °C
Luftverhältnis Lambda	Lambda = 0,8 ... 1,0	Geringer Einfluss

Bild 7-10 Einfluss der Motorbetriebsbedingungen auf die Kolbenringnuttemperaturen

Kolben mit Kühlölhohlräumen

Eine aufwändigere, jedoch wirkungsvollere Möglichkeit zur Kolbenkühlung ist die Einbringung von Hohlräumen im thermisch hoch beanspruchten Bereich Kolbenboden und Ringnuten. Durch eine Zulauföffnung wird ein ringförmiger Kühlkanal über eine Spritzdüse mit Motoröl versorgt, das nach Wärmeaufnahme (ΔT bis circa 40 °C) durch eine Ablauföffnung auf der gegenüberliegenden Seite des Kolbens in den Ölsumpf zurückgeführt wird. Die empfohlenen spezifischen Kühlölmassen betragen etwa 5 kg/kWh. Optimal wirksam hinsichtlich der Nutkühlung ist ein direkt an den Ringträger angeformter Kühlkanal („gekühlter Ringträger“).
Bild 7-11 zeigt die typischen Einsatzbereiche verschiedener Kolbenausführungen.

7.1.1.8 Kolbenbauarten

Die Kolbenentwicklung hat eine große Zahl von Bauarten hervorgebracht, von denen die wichtigsten im Motorenbau bewährten Ausführungen vorgestellt werden. Daneben werden neue Entwicklungsrichtungen verfolgt, wie zum Beispiel Kolben für extrem niedrig bauende Motoren, Kolben aus Verbundwerkstoff mit lokalen Verstärkungselementen oder Kolben mit veränderlicher Kompressionshöhe (VKH-Kolben), die eine variable Verdichtung zulassen.
Zur Anwendung kommen in modernen Ottomotoren Leichtbaukonstruktionen mit symmetrischen oder asymmetrischen ovalen Schaftformen und gegebenenfalls unterschiedlichen Wanddicken für die Druck- und Gegendruckseite. Diese Kolbenbauarten zeichnen sich durch Gewichtsoptimierung und be-

Arbeitsverfahren	Belastung		
Otto	keine Kolbenkühlung	Kolben mit Anspritzkühlung	geschmiedeter Kolben mit Anspritzkühlung
	niedrig ≈40 kW/l	mittel ≈65 kW/l	hoch ≥60 kW/l
Pkw-Diesel	Anspritzkühlung	Kühlkanalkolben	gekühlter Ringträger
	niedrig ≤35 kW/l	mittel ≈35–60 kW/l	hoch >45 kW/l

Bild 7-11 Übersicht Kühlungsvarianten

sondere Flexibilität im mittleren und unteren Schaftbereich aus. Aus den genannten Gründen treten die „Regelkolben" immer mehr in den Hintergrund. Der Vollständigkeit wegen werden auch ältere Bauarten kurz angesprochen.

Kolben mit wärmeausdehnungsregelnden Streifeneinlagen für den Einbau in Grauguss-Motorblöcke

Das Hauptziel der Regelkolben-Konstruktionen und vieler Erfindungen auf diesem Sektor war und ist das Bestreben, die verhältnismäßig großen Unterschiede in den Wärmeausdehnungen zwischen Grauguss-Motorblock und Aluminiumkolben zu verringern. Die bekannt gewordenen Lösungen reichen vom Invarstreifenkolben bis zu den Hydrothermik®- oder Hydrothermatik®-Kolben.

Hydrothermik®-Kolben

Hydrothermik®-Kolben, **Bild 7-12**, sind Konstruktionen mit einem nach hydrodynamischen Gesichtspunkten ausgebildeten Schaftprofil. Sie werden in Ottomotoren für Pkw eingebaut. Die Kolben sind im Übergang vom Kolbenboden zum Schaft auf der Höhe der 3. Nut geschlitzt. Diese Kolben zeichnen sich durch besonders ruhigen Lauf und lange Lebensdauer aus. Die zwischen Schaft und Bolzennaben eingegossenen Streifen aus unlegiertem Stahl bilden zusammen mit dem sie umgebenden Leichtmetall Regelglieder, die die Wärmeausdehnung des Schafts in der für die Führung im Zylinder maßgeblichen Richtung verringern.

Hydrothermatik®-Kolben

Hydrothermatik®-Kolben, **Bild 7-13**, arbeiten nach dem gleichen Regelprinzip wie die Hydrothermik®-Kolben.
Beim Hydrothermatik®-Kolben ist der Übergang vom Kopfteil zum Schaft nicht geschlitzt; die Übergangs-

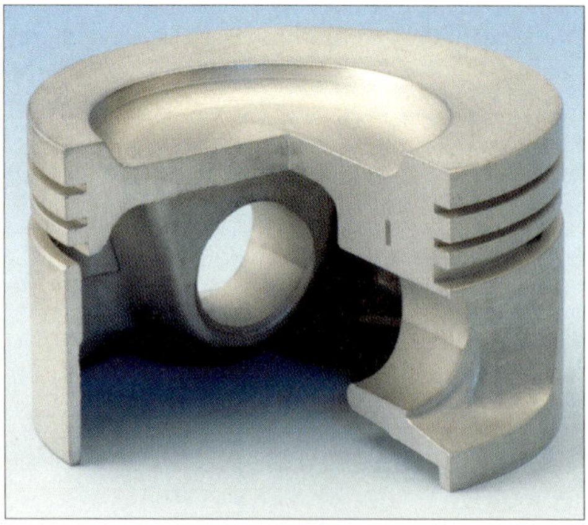

Bild 7-12 Hydrothermik-Kolben

Bild 7-13 Hydrothermatik-Kolben

querschnitte sind so bemessen, dass einerseits der Wärmefluss vom Kolbenboden zum Schaft relativ unbehindert bleibt, andererseits die Wirkung der Stahlstreifen durch die Verbindung des Schafts mit dem starren Kopfteil nicht wesentlich beeinträchtigt wird. So vereint diese Kolbenkonstruktion die hohe Festigkeit des ungeschlitzten Kolbens mit den Vorzügen der Regelstreifenbauart. Der Hydrothermatik®-Kolben ist auch zum Betrieb in Saugdieselmotoren geeignet.

Asymdukt®-Kolben

Diese moderne Kolbenbauart zeichnet sich durch sehr geringes Gewicht, eine optimierte Abstützung und kastenähnliche ovale Schaftgestaltung aus. Sie ist hervorragend für den Einsatz in modernen Pkw-Ottomotoren geeignet. Sie eignet sich sowohl für Al-Motorblöcke wie auch für Grauguss-Motorblöcke. Durch die flexible Schaftgestaltung kann die unterschiedliche Wärmeausdehnung zwischen Grauguss-Block und Aluminium-Kolben sehr gut im elastischen Bereich kompensiert werden. Die Kolben können gegossen oder aber auch geschmiedet sein. Die geschmiedete Ausführung kommt vor allem in hochbelasteten Sportmotoren oder in hochbelasteten Turbo-Ottomotoren zum Einsatz.

Evotec®-Kolben

Eine stark gewichtsoptimierte Weiterentwicklung des Asymdukt-Kolbens ist der Evotec®-Kolben, der ohne Kompromisse in der Belastbarkeit eines erheblichen Vorteils in den bewegten Massen aufweist.

Kolben für den Rennsport

Hier handelt es sich durchweg um Sonderkonstruktionen, **Bild 7-15**. Die Kompressionshöhe KH ist sehr niedrig und der Kolben insgesamt extrem gewichts-

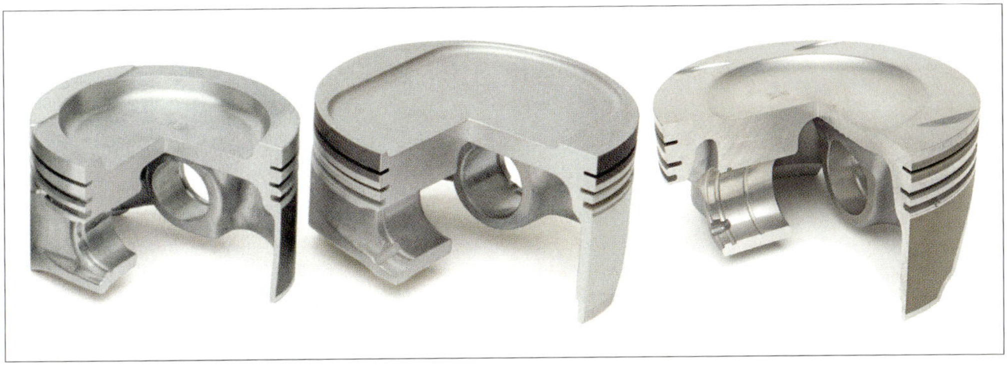

Bild 7-14 Asymdukt- und Evotec-Kolben

Bild 7-15 Formel 1-Kolben geschmiedet

optimiert. Es kommen nur geschmiedete Kolben zum Einsatz. Die Gewichtsoptimierung und die Kolbenkühlung sind hier entscheidende Kriterien für die Auslegung dieser Kolben. In der Formel 1 sind spezifische Leistungen von mehr als 200 kW/l und Drehzahlen von mehr als 18.000 1/min üblich. Die Lebensdauer der Kolben ist auf die extremen Bedingungen abgestimmt.

Kolben für Zweitaktmotoren

Beim Zweitaktkolben, **Bild 7-16**, ist die thermische Belastung wegen des häufigeren Wärmeeinfalls – bei jeder Umdrehung der Kurbelwelle ein Arbeitshub – besonders hoch. Er muss bei seiner Auf- und Abbewegung im Zylinder außerdem die Ein-, Auslass- und Überströmkanäle abdecken beziehungsweise freigeben; das heißt er muss den Gaswechsel steuern. Dies führt zu einer hohen thermischen und mechanischen Belastung.

Zweitaktkolben sind mit einem oder zwei Kolbenringen ausgestattet und können in ihrer äußeren Gestalt von der offenen Fensterkolbenbauart bis zur Ausführung als Vollschaftkolben variieren. Dies ist abhängig von der Gestaltung der Überströmkanäle (lange Kanäle oder kurze Henkelkanäle). Die Kolben wer-

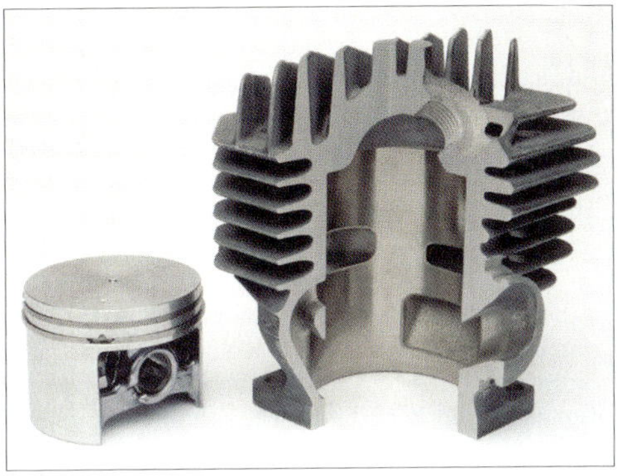

Bild 7-16 Kolben und Zylinder für Zweitaktmotor

den in diesem Fall üblicherweise aus der übereutektischen Al-Si-Legierung MAHLE 138 hergestellt.

Ringträgerkolben

Bei Ringträgerkolben, **Bild 7-17**, – schon 1931 serienmäßig eingeführt – liegt die oberste, mitunter

Bild 7-17 Ringträgerkolben mit Nabenbuchsen aus Sondermessing

Bild 7-18 Kühlkanalkolben mit Ringträger für einen Pkw-Dieselmotor

auch noch die zweite Ringnut in einem durch intermetallische Bindung fest mit dem Kolbenwerkstoff verbundenen, so genannten „Ringträger".
Der Ringträgerwerkstoff besteht aus einem nichtmagnetischen Gusseisen mit ähnlichem Wärmeausdehnungsverhalten wie der Kolbenwerkstoff. Der Werkstoff ist gegen Reib- und Schlagverschleiß besonders widerstandsfähig. Die am meisten gefährdete erste Nut und der darin eingesetzte Kolbenring werden dadurch wirksam vor überhöhtem Verschleiß geschützt. Dies wirkt sich besonders vorteilhaft bei hohen Betriebstemperaturen und -drücken aus, wie sie speziell im Dieselmotor auftreten.

Gekühlte Kolben

Um eine besonders wirksame Kühlung im brennraumnahen Bereich zu erreichen und den durch Leistungssteigerungen bedingten, erhöhten Temperaturen zu begegnen, gibt es verschiedene Ausführungen von Kühlkanälen beziehungsweise Kühlräumen. Die Zufuhr des Kühlöls erfolgt allgemein über im Kurbelgehäuse angebrachte Standdüsen.
Beim Kühlkanalkolben, **Bild 7-18**, werden die ringförmigen Hohlräume durch Eingießen von Salzkernen geschaffen. Die eingegossenen Kerne werden mit Wasser, das mit sehr hohem Druck eingespritzt wird, herausgelöst.

Kolben mit gekühltem Ringträger

Eine weitere gekühlte Kolbenvariante ist der Kolben mit „gekühltem Ringträger", **Bild 7-19**. Der „gekühlte Ringträger" erlaubt eine wesentlich verbesserte Kühlung der ersten Ringnut und des thermisch hochbelasteten Verbrennungsmuldenrandes. Durch die intensive Kühlung der ersten Ringnut ist es möglich, den üblichen Doppeltrapezring durch einen Rechteckring zu ersetzen.

Bild 7-19 Pkw-Kolben mit gekühltem Ringträger

Kolben mit Buchsen in der Nabenbohrung

Einer der höchstbelasteten Bereiche des Viertakt-Kolbens ist die Bolzenlagerung. Dort unterliegt der Kolbenwerkstoff thermischen Belastungen bis zu 240 °C und kommt damit in einen Temperaturbereich, in dem die Werkstofffestigkeit der Aluminiumlegierungen abfällt.
Für extrem belastete Kolben reichen geometrische Maßnahmen, wie Formbohrung, Entlastungstaschen sowie ovale Nabenbohrungen, zur Steigerung der Nabenbelastbarkeit nicht mehr aus. Deshalb wurde eine Armierung der Nabenbohrungen mittels eingeschrumpfter Buchsen aus einem Werkstoff höherer Festigkeit (zum Beispiel CuZn 31 Si 1) entwickelt.

Ferrotherm®-Kolben

Beim Ferrotherm®-Kolben, **Bild 7-20**, werden Führungs- und Abdichtfunktionen voneinander getrennt. Die beiden Teile, Kolbenkopf und Kolbenschaft, sind über den Kolbenbolzen beweglich miteinander verbunden.
Der Kolbenkopf, bestehend aus Schmiedestahl, überträgt den Zünddruck über Bolzen und Pleuel auf die Kurbelwelle.
Der leichte Aluminiumschaft stützt lediglich die Seitenkräfte ab, die durch die Winkelstellungen des Pleuels entstehen und unterstützt durch entsprechende Formgebung die notwendige Ölkühlung des Kolbenkopfs. Neben dieser „Shakerkühlung" über den Schaft können auch geschlossene Kühlräume im Kolbenkopf realisiert werden. Der äußere Kühlraum des Stahl-Kolbenkopfes wird dazu mit geteilten Federblechen verschlossen, **Bild 7-20**.
Der Ferrotherm®-Kolben bietet durch seine Bauweise neben hoher Festigkeit und Temperaturbeständigkeit

Bild 7-20 Ferrotherm®-Kolben

geringe Verschleißwerte. Sein konstant niedriger Ölverbrauch, sein geringes Schadvolumen sowie seine vergleichsweise hohe Oberflächentemperatur bieten gute Voraussetzungen für die Einhaltung niedriger Abgas-Emissionsgrenzwerte.

Monotherm®-Kolben

Der Monotherm®-Kolben [4], **Bild 7-21**, ist aus der Entwicklung des Ferrotherm®-Kolbens hervorgegangen. Diese neue Kolbenbauart – ein einteiliger Kolben aus geschmiedetem Stahl – ist sehr stark gewichtsoptimiert. Bei kleiner Kompressionshöhe und Bearbeitung oberhalb des Augenabstands (innen) kann das Kolbengewicht mit Kolbenbolzen nahezu gleich dem Gewicht des vergleichbaren Aluminium-Kolbens mit Kolbenbolzen sein. Der äußere Kühlraum ist zur Verbesserung der Kolbenkühlung durch zwei Federblechhälften verschlossen. Der Monotherm®-Kolben wird vorwiegend für hochbelastete Nkw-Motoren eingesetzt.

Bild 7-21 Monotherm®-Kolben für Nkw-Motor

7.1.1.9 Kolbenherstellung

Modernste Gieß- und Bearbeitungsmaschinen in Verbindung mit einem integrierten Qualitätsmanagementsystem garantieren ein Höchstmaß an Qualität der gesamten Produktpalette.

Kokillenguss

Kolben aus Aluminiumlegierungen werden überwiegend im Schwerkraft-Kokillengießverfahren hergestellt. Die aus Eisenwerkstoffen bestehenden Kokillen bewirken eine rasche Erstarrung der Schmelze, wodurch sich bei kurzer Gieß-Zykluszeit ein feinkörniges Gefüge mit guten Festigkeitseigenschaften ausbildet. Eine optimierte Kokillenkühlung in Verbindung mit einer sorgfältig ausgelegten Speiser- und Anschnitttechnik ist notwendig, um bei den konstruktiv vorgegebenen Wanddickenunterschieden vom dünnen Schaft zum dicken Kolbenboden durch eine gezielte Erstarrung ein möglichst fehlerfreies und dichtes Gussstück zu erzeugen. Mehrteilige Gießformen und Gießkerne erlauben eine freizügige Gestaltung der Kolbengeometrie, so dass auch Hinterschneidungen, zum Beispiel an der Kolbeninnenform, realisiert werden können. Zur Erhöhung des Verschleißwiderstands der Ringnuten lassen sich Ringträger aus austenitischem Gusseisen mit intermetallischer Bindung (Alfin-Bindung) ebenso problemlos eingießen wie dehnungsregelnde Stahlstreifen oder andere Konstruktionselemente. Durch Eingießen von Kernen aus gepresstem Salz, die anschließend durch Wasser ausgelöst werden, können Hohlräume zur Kolbenkühlung gebildet werden. Um den hohen Ansprüchen an Qualität und Wirtschaftlichkeit Rechnung zu tragen, werden in der Großserienherstellung Mehrfachkokillen und Gießroboter eingesetzt.

Schleuderguss

Für die Herstellung der Ringträger zur Kolbennutbewehrung wird das Schleudergießverfahren eingesetzt. In rotierenden Kokillen werden Rohre aus austenitischem Gusseisen mit Lamellengraphit gegossen, aus denen die Ringträgerringe bearbeitet werden.

Strangguss

Dieses Verfahren ist bekannt für Knetlegierungen – vorwiegend für Barren und Blöcke. MAHLE hat dieses Verfahren, bei dem der Strang unmittelbar nach der Kokille direkt mit Wasser abgekühlt wird,

für die üblichen Kolbenlegierungen weiterentwickelt. Die hohe Erstarrungsgeschwindigkeit hat positive Auswirkungen auf das Gefüge.
Die Stränge werden in verschiedenen Durchmessern gegossen und dienen als Ausgangsmaterial für geschmiedete Kolben oder Kolbenteile.

Schmieden (Pressen)

Für die Herstellung von Kolben und Kolbenunterteilen (gebaute Kolben) aus Al-Legierungen für hochbelastete Motoren wird das Schmieden beziehungsweise Warmfließpressen angewendet. Als Ausgangsmaterial dienen üblicherweise Stranggussabschnitte. Das Umformen führt zu wesentlich höheren und gleichmäßigeren Festigkeitswerten als sie beim Gießen zu erreichen sind. Eine weitere Möglichkeit besteht in der Verwendung von Halbzeug aus sprühkompaktierten oder pulvermetallurgisch hergestellten Werkstoffen. Mit dieser Verfahrenstechnik lassen sich für höchstbelastete Kolben (Rennsport) extrem warmfeste Werkstoffe einsetzen, die schmelzmetallurgisch nicht herstellbar sind.

Flüssigpressen (Liquostatik®, squeeze casting)

Das Flüssigpressen unterscheidet sich vom Schwerkraft-Kokillenguss durch den auf die Schmelze aufgebrachten Druck (bis 100 MPa und darüber), der bis zur vollständigen Erstarrung des Gussstücks aufrechterhalten bleibt. Der außerordentlich gute Kontakt der erstarrenden Schmelze mit den Kokillenwänden bewirkt eine sehr schnelle Erstarrung. Dadurch wird ein für die Werkstofffestigkeit vorteilhaftes feines Gefüge erzielt.
Mit dem Flüssigpressen lassen sich Kolben herstellen, die örtlich am Kolbenboden, im Nut- oder Nabenbereich mit Keramikfasern oder porösen metallischen Werkstoffen verstärkt sind. Diese Eingießteile werden vollständig durch den auf die Schmelze aufgegebenen Druck mit der Kolbenlegierung durchdrungen.

Vergütung

Leichtmetallkolben erfahren je nach Legierung und Herstellungsart eine ein- oder mehrstufige Wärmebehandlung. Dadurch erhöhen sich bei den meisten Legierungen die Härte und die Festigkeit. Außerdem werden dadurch bleibende Volumenänderungen („Wachsen“) und Verzüge, die sonst unter dem Einfluss der Betriebswärme auftreten würden, vorweggenommen.

Bearbeitung

Bedeutende Kolbenhersteller entwickeln für die Kolbenbearbeitung selbst Fertigungskonzepte und Sondermaschinen. Die Besonderheiten liegen in

- komplexen Kolbenaußenformen und engen Kolben-Durchmessertoleranzen
- komplexen Nabenbohrungsformen (rund, oval oder Sonderformen) und engen Nabenbohrungstoleranzen
- hoher Oberflächengüte und Geometrie bei Rechteck- und Trapeznuten in Alu-Kolbenlegierungen sowie in Ringträgern aus Niresist
- engen Kompressionshöhentoleranzen.

So erfolgt die Bearbeitung komplexer Kolbenaußenformen auf freiprogrammierbaren Formdrehmaschinen, deren CNC-Steuerung hohe Flexibilität und Qualität garantieren. Damit sind zum Beispiel aus Motorenversuchen empirisch als optimal gefundene unregelmäßige Kolbenformen problemlos in der Großserie herstellbar.
Das Gleiche gilt für die Bearbeitung der Nabenbohrung. Mit einer ebenfalls frei programmierbaren Formfeinbohrmaschine sind unterschiedliche Nabenbohrungsformen in Nabenbohrungsachsrichtung und in Nabenbohrungsumfangsrichtung möglich.
Die Bearbeitung der Ringnuten im Eisenwerkstoff von Ringträgerkolben stellt besonders hohe Ansprüche an die Fähigkeiten der eingesetzten Maschinen.

7.1.1.10 Laufflächenschutz/Oberflächenschutz

Die heutigen hoch entwickelten Werkstoffe und Feinbearbeitungsverfahren für Kolben gewährleisten hohe Verschleißbeständigkeit und gute Laufeigenschaften. Trotzdem sind für die Einlaufphase und für ungünstige Betriebszustände – Trockenlauf nach häufigen Kaltstarts, vorübergehende Überlastung, Mangelschmierung – Laufschutzschichten mit besonderen Notlaufeigenschaften am Kolbenschaft vorteilhaft. Unter besonderen Bedingungen sind Verschleißschutzschichten, zum Beispiel im Nutbereich, erforderlich. Hoher thermischer Beanspruchung am Kolbenboden muss mit zusätzlichen lokalen Schutzmaßnahmen begegnet werden. Für die verschiedenen Aufgaben haben sich die nachfolgend erläuterten Beschichtungen vielfältig bewährt.
Mit automatischen Sondermaschinen für die Oberflächenbehandlung werden Kolben beschichtet durch:

- Verzinnung der kompletten Kolbenoberfläche
- Phosphatieren + Grafitieren (Spritzverfahren)
- Grafitieren (Siebdruck) mit und ohne Phosphatieren
  a) Kolbenschaft
  b) Kolbenschaft und Ringpartie
- Fe-Beschichtung Kolbenschaft partiell (bei Aluminium-Zylinderlaufflächen)
- HA-Beschichtung (Hartanodisieren)
  a) 1. Nut
  b) Kolbenboden (komplett oder teilweise).

Verbesserung des Gleitverhaltens

Ein dünner Überzug aus Zinn, der chemisch auf den Leichtmetallkolben aufgebracht wird, beugt bei Kaltstarts und beim Einlaufen unter ungünstigen Schmier-

verhältnissen Fressangriffen vor. Die Schichtdicke liegt bei circa 1 µm.
Bei engen Einbauspielen und sehr hohen Anforderungen hinsichtlich Fresssicherheit wird die GRAFAL®-Laufschicht verwendet. Diese Beschichtung besteht aus mit Grafit gefülltem Kunstharz, das haftfest auf die Kolbenlauffläche aufgebracht wird. Die Dicke der Schicht liegt im Allgemeinen bei 20 µm. Kolben für Pkw-Motoren erhalten typischerweise die im Siebdruck aufgebrachte Schichtvariante GRAFAL® 255, während bei Kolben für Nutzfahrzeug- und Großmotoren die Spritzschicht GRAFAL® 240 oder die Siebdruckschicht GRAFAL® 255 zum Einsatz kommt.
Die Paarung Bolzen/Nabe ist bei Aluminumkolben normalerweise – richtige Form- und Spielgebung vorausgesetzt – bezüglich des Gleitverhaltens auch ohne spezielle Beschichtung unkritisch. Bei Stahl-Kolben sind dagegen besondere Schutzmaßnahmen erforderlich. Als Alternative zu Nabenbuchsen gewinnt hier eine Gleitphosphatierung zunehmende Bedeutung.

Erhöhung des Verschleißschutzes

Mit dem unbeschichteten SILUMAL®-Zylinder oder anderen unbeschichteten Zylinderwerkstoffen auf Basis Aluminium-Silizium werden FERROSTAN®-beschichtete Kolben gepaart. FERROSTAN®-Kolben besitzen am Schaft eine Eisenschicht mit einer Schichtdicke von 6 µm und einer Härte von HV 350 ... 600. Die Eisenschicht wird maßgenau aus speziellen Elektrolyten galvanisch abgeschieden. Zur Konservierung und zur Verbesserung des Gleitverhaltens wird der eisenbeschichtete Kolben zusätzlich mit einer 1 µm dicken Zinnschicht überzogen. Neu ist die Anwendung von Siebdruckschichten, die Eisenpartikel enthalten. Als FERROPRINT®-Schicht sind sie erfolgreich im Serieneinsatz.
Auf Grund gestiegener thermischer und mechanischer Belastungen treten an den Flanken der ersten Nut von Ottomotor-Kolben zunehmend Verschleiß- und Zerrüttungseffekte auf. Als wirksame Gegenmaßnahme wurde ein Hartanodisieren des gefährdeten Bereichs in die Serie eingeführt. Beim Hartanodisieren von Aluminum-Legierungen wird eine oberflächennahe Randzone des Grundmaterials Aluminum elektrolytisch in Aluminum-Oxid umgewandelt. Die dabei erzeugte Schicht ist keramischer Natur, mit einer Härte von circa 400 HV. In dieser Anwendung wird eine Schichtdicke von circa 15 µm eingestellt und die Verfahrensparameter wurden so optimiert, dass eine relativ geringe Schichtrauheit entsteht, so dass die Nutflanken nicht mehr nachbearbeitet werden müssen.

Thermischer Schutz

Kolben für Dieselmotoren sind im Boden- und Muldenrandbereich sehr hohen Temperaturwechselbelastungen ausgesetzt. Diese können zu Temperaturwechselrissen führen. Eine Hartoxidschicht am Boden des Aluminiumkolbens, **Bild 7-22**, mit einer typischen Dicke von circa 80 µm, verbessert die Temperaturwechselbeständigkeit und verhindert dadurch die Bildung von Muldenrand- beziehungsweise Bodenrissen. In Bolzenrichtung sind Aussparungen sinnvoll, um keine Kerbwirkung im Bereich der maximalen Zugspannungen zu erzeugen.

Bild 7-22 Hartanodisierter Kolbenboden

7.1.1.11 Kolbenwerkstoffe

Aluminiumlegierungen

Reinaluminium ist für Kolben wie für viele andere Verwendungszwecke zu weich und zu wenig verschleißbeständig. Deshalb sind Legierungen entwickelt worden, die besonders auf die im Kolbenbau gestellten Anforderungen abgestimmt sind. Sie vereinigen bei niedrigem spezifischen Gewicht gute Warmfestigkeitseigenschaften mit geringer Verschleißneigung, hoher Wärmeleitfähigkeit und zumeist auch niedriger Wärmeausdehnung.
Je nach dem Hauptzusatz Silizium oder Kupfer haben sich zwei Legierungsgruppen herausgebildet:

Aluminium-Silizium-Legierungen:

- Eutektische Legierungen mit 11 bis 13 % Si und kleineren Zusätzen von Cu, Mg, Ni unter anderem Zu dieser im Motorenbau am häufigsten verwendeten Gruppe von Kolbenlegierungen gehört MAHLE 124, die auch bei Zylindern eingesetzt wird. Sie bietet für viele Anwendungsfälle eine ideale Kombination aus mechanischen, physikalischen und technologischen Eigenschaften. Für den Einsatz speziell bei hohen Temperaturen wurde die Legierung MAHLE 142 mit größeren Gehalten an Cu und Ni entwickelt. Sie zeichnet sich durch bessere thermische

Stabilität und deutlich gesteigerte Warmfestigkeit aus. Einen weiteren Schritt in diese Richtung stellt die nahezu eutektische Legierung MAHLE 147+ dar.

- Übereutektische Legierungen mit 15 bis 25 % Si und Zusätzen von Cu, Mg und Ni, zum Beispiel bei MAHLE 138 und für hohe Temperaturen bei MAHLE 145. Sie werden für Kolben dort eingesetzt, wo die Forderung nach geringer Wärmeausdehnung und hoher Verschleißbeständigkeit im Vordergrund steht. Für Zylinder beziehungsweise Motorblöcke ohne Laufbahnbewehrung kommt die Legierung MAHLE 147 (SILUMAL®) zum Einsatz.

Werkstoffkennwerte zeigen die **Bilder 7-23** und **7-24**.

Aluminium-Kupfer-Legierungen: In geringerem Umfang werden wegen ihrer guten Warmfestigkeit auch nahezu siliziumfreie Legierungen mit Kupfer und niedrigen Nickelzusätzen eingesetzt. Im Vergleich zu den AlSi-Legierungen weisen sie höhere Wärmeausdehnung und geringere Verschleißbeständigkeit auf. Während die AlSi-Legierungen sowohl gießbar als auch warm umformbar sind, eignen sich die AlCu-Legierungen eher für die Warmumformung.

Leichtmetall-Verbundwerkstoffe

Durch die Verbundwerkstofftechnik eröffnen sich verschiedenartige Möglichkeiten, die Belastbarkeit von Leichtmetallkolben wesentlich zu steigern. Hierbei werden Verstärkungselemente, z. B. aus Keramik, Kohlenstofffasern oder porösen metallischen Werkstoffen, in besonders hoch belasteten Kolbenregionen gezielt angeordnet. Die Herstellung des Verbundwerkstoffs geschieht durch Infiltration der Verstärkungselemente mit Leichtmetallen wie Aluminium oder Magnesium unter Anwendung des Flüssigpressverfahrens. Magnesium hat sich bis heute in der Großserie nicht durchsetzen können. Der hohe Preis und die ungünstigen Kriecheigenschaften sind die Hauptgründe dafür.

Unter den vielfältigen Möglichkeiten ist vor allem die Verstärkung von Aluminiumkolben mit keramischen Kurzfasern aus Aluminiumoxid zu einer erfolgreichen Serienanwendung gekommen. Die Fasern werden nach einem Waschprozess zur Entfernung nicht faserförmiger Bestandteile zu eingießbaren Formteilen (Preforms) mit Fasergehalten zwischen 10 und 20 Volumen-% verarbeitet. Damit werden zum Beispiel am Muldenrand von DI-Dieselkolben deutliche Festigkeitssteigerungen erzielt.

Für Ringnuten wurde ein Verstärkungselement aus porösem Sinterstahl mit durchgehender Porosität von 30 bis 50 % entwickelt. Der Porostatik®-Verbundwerkstoff weist günstige Verschleißeigenschaften und eine sichere Verbindung zum umgebenden Aluminiumgrundwerkstoff auf. Er eignet sich beispielsweise zur Bewehrung extrem hoch liegender Ringnuten, bei denen für ein Umgießen auf der Bodenseite kein Raum verbleibt.

7.1.2 Kolbenbolzen

7.1.2.1 Funktion

Der Kolbenbolzen stellt die Verbindung zwischen Kolben und Pleuel her. Er ist den hohen wechselnden Belastungen aus Gasdruck und Massenkraft ausgesetzt. Wegen der nur geringen Relativbewegungen (Drehbewegungen) zwischen Kolben und Bolzen beziehungsweise Bolzen und Pleuel liegen zudem ungünstige Schmierverhältnisse vor.

Bezeichnung		**MAHLE 124**	**MAHLE 138**	**MAHLE 142**
Elastizitätsmodul E [N/mm^2]	20 °C 150 °C 250 °C 350 °C	80 000 77 000 72 000 65 000	84 000 80 000 75 000 71 000	84 000 79 000 75 000 70 000
Wärmeleitzahl λ [W/mk]	20 °C 150 °C 250 °C 350 °C	155 156 159 164	143 147 150 156	130 136 142 146
Mittlere, lineare Wärmeausdehnung α [1/k · 10^{-6}]	20–100 °C 20–200 °C 20–300 °C 20–400 °C	20 21 21,9 22,8	18,6 19,5 20,2 20,8	19,2 20,5 21,1 21,8
Dichte ρ [g/cm^3]	20 °C	2,70	2,68	2,77

Bild 7-23 Physikalische Eigenschaften von MAHLE-Aluminiumkolbenlegierungen

Festigkeitswerte gelten für getrennt hergestellte Probestäbe.					
Bezeichnung		**MAHLE 124 G**	**MAHLE 124 P**	**MAHLE 138 G**	**MAHLE 142**
Zugfestigkeit	20 °C	200 ... 250	300 ... 370	180 ... 220	200 ... 280
R_m [N/mm^2]	150 °C	180 ... 230	250 ... 300	170 ... 210	180 ... 240
	250 °C	100 ... 150	110 ... 170	100 ... 140	100 ... 160
	350 °C	40 ... 65	40 ... 70	60 ... 80	50 ... 70
Dehngrenze	20 °C	190 ... 230	280 ... 340	170 ... 200	190 ... 250
$R_{p0,2}$ [N/mm^2]	150 °C	180 ... 220	230 ... 280	150 ... 190	180 ... 220
	250 °C	70 ... 110	90 ... 120	80 ... 120	80 ... 120
	350 °C	20 ... 30	10 ... 30	20 ... 40	40 ... 60
Bruchdehnung	20 °C	0,1 ... 1,5	1 ... 3	0,2 ... 1,0	0,1 ... 0,5
A [%]	150 °C	1,0 ... 1,5	2,5 ... 4,5	0,3 ... 1,2	0,2 ... 1,0
	300 °C	2 ... 4	8 ... 10	1,0 ... 2,2	1 ... 3,5
	400 °C	9 ... 15	31 ... 35	5 ... 7	5 ... 13
Biegewechsel-	20 °C	80 ... 120	110 ... 140	80 ... 110	90 ... 130
festigkeit	150 °C	70 ... 110	90 ... 120	60 ... 90	70 ... 110
σ_{bw} [N/mm^2]	250 °C	50 ... 70	60 ... 70	40 ... 60	50 ... 70
	350 °C	15 ... 30	15 ... 25	15 ... 30	30 ... 50
Relative Verschleißzahl		1		0,9	0,95
Brinellhärte HB 2,5/62,5		90 ... 130			100 ... 150

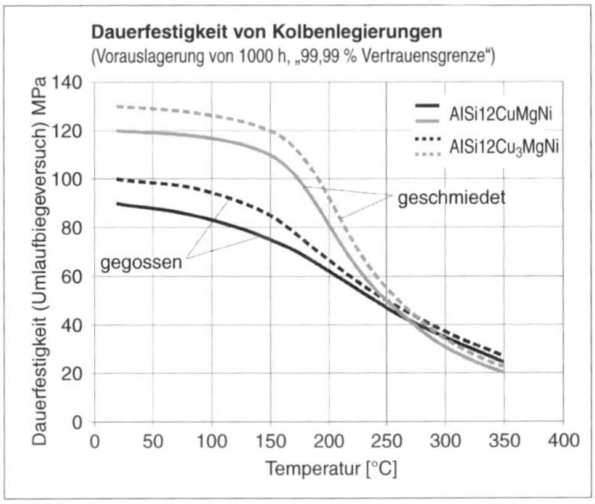

Bild 7-24 Mechanische Eigenschaften von MAHLE-Aluminiumkolbenlegierungen

7.1.2.2 Bauarten

Für die meisten Anwendungen hat sich der Bolzen mit zylindrischer Innen- und Außenkontur durchgesetzt. Zur Gewichtsreduzierung und damit Reduzierung der Massenkräfte können die äußeren weniger belasteten Enden der Bolzeninnenbohrung konisch ausgeführt werden.

Bei Kolben für Pkw-Ottomotoren werden die Bolzen oft durch Schrumpfspannungen im Pleuel („Schrumpfpleuel, Klemmpleuel“) gehalten. In hochbeanspruchten Otto- und in Dieselmotoren wird der Bolzen mit Spiel im Pleuel „schwimmend“ gelagert. Er muss dabei mit Bolzensicherungen gegen seitliches Auswandern im Kolben gesichert sein (siehe Kapitel 7.1.3).

7.1.2.3 Anforderung und Dimensionierung

Unter der Wirkung der oben beschriebenen Kräfte ergibt sich für den Bolzen eine sehr komplexe Beanspruchung, zusätzlich beeinflusst durch die Deformationen von Kolben und Pleuel.

Die wesentlichen Aspekte für die Auslegung des Kolbenbolzens sind:

- Ausreichende Festigkeit (Betriebssicherheit) des Bolzens
- Rückwirkung auf die Kolbenbeanspruchung
- Gewicht (Massenkraft)
- Oberflächengüte, Formgenauigkeit (Laufeigenschaften)
- Oberflächenhärte (Verschleiß).

Anwendung		Verhältnis von Bolzen-außen- zu Kolbendurch-messer	Verhältnis von Bolzen-außen- zu Bolzeninnen-durchmesser
Ottomotoren	2-Takt-Kleinmotoren	0,20 ... 0,25	0,60 ... 0,75
	Pkw	0,20 ... 0,26	0,55 ... 0,70
Dieselmotoren	Pkw	0,32 ... 0,40	0,48 ... 0,52

Bild 7-25 Dimensionierung von Kolbenbolzen (Richtwerte)

Werkstoffklasse		L (17Cr3) Einsatzstahl	M (16MnCr5) Einsatzstahl	N (31CrMoV9) Nitrierstahl
Chemische Zusammensetzung in Gew.-%	C	0,12 ... 0,20	0,14 ... 0,19	0,26 ... 0,34
	Si	0,15 ... 0,40	0,15 ... 0,40	0,15 ... 0,35
	Mn	0,40 ... 0,70	1,00 ... 1,30	0,40 ... 0,70
	P	maximal 0,035	maximal 0,035	maximal 0,025
	S	maximal 0,035	maximal 0,035	maximal 0,25
	Cr	0,40 ... 0,90	0,80 ... 1,10	2,3 ... 2,7
	Mo	–	–	0,15 ... 0,25
	V	–	–	0,10 ... 0,20
Oberflächenhärte HRC		59 ... 65 (vol.konst. 57 ... 65)	59 ... 65	59 ... 65
Kernfestigkeit in N/mm^2		wanddicken-abhängig von 700 bis 1500	wanddicken-abhängig von 850 bis 1350	1000 ... 1400
Mittlere lineare Wärmeausdehnung $1/K \cdot 10^{-6}$ 20 ... 200 °C		12,8	12,7	13,1
Wärmeleitzahl W/m · K	20 °C 200 °C	51,9 48,2	50,0 48,7	46,4 45,5
Elastizitätsmodul N/mm^2		210000	210000	210000
Dichte kg/dm^3		7,85	7,85	7,85
Verwendung		Standardwerkstoff für Kolbenbolzen	für hochbean-spruchte Kolben-bolzen	für hochbean-spruchte Kolben-bolzen (Sonderfälle)

Bild 7-26 Kolbenbolzenstähle DIN 73 126

Die Dimensionierung des Bolzens erfolgt heute meist mit Hilfe von 3-D-FE-Berechnungen, z. T. unter Berücksichtigung der Schmierfilmausbildung (Druckverteilung) in Nabe und Pleuel. Für die Beurteilung der berechneten Spannungen sind fundierte Kenntnisse des dynamischen Werkstoffverhaltens nötig. Richtwerte für die Auslegung des Bolzendurchmessers sind für die verschiedenen Einsatzgebiete aus **Bild 7-25** zu entnehmen.

7.1.2.4 Werkstoffe

Verwendet werden heute hauptsächlich die Einsatzstähle 17Cr3 und 16MnCr5. Für höhere Belastungen kann auch der Nitrierstahl 31CrMoV9 herangezogen werden. Werkstoffkennwerte für Kolbenbolzen zeigt **Bild 7-26**.

Bolzen für den Rennsport werden aus ESU-Material („Elektro-Schlacke-Umschmelzverfahren") hergestellt, damit ein hoher Reinheitsgrad des Werkstoffes sichergestellt ist.

7.1.3 Kolbenbolzensicherungen

Sofern der Bolzen nicht durch eine Schrumpfverbindung im Pleuel gehalten wird, muss er gegen seitliches Auswandern aus der Nabenbohrung und Anlaufen gegen die Zylinderwand gesichert werden. Dazu werden fast ausschließlich außenspannende Sicherungsringe aus Federstahl verwendet, die in Nuten am Außenrand der Nabenbohrungen eingesetzt werden.
Bei kleinen Bolzendurchmessern werden überwiegend gewickelte Ringe aus Runddraht eingesetzt. Die

Bild 7-27 Kolbenbolzensicherungen

Enden können bei etwas langsamer laufenden Motoren zur Montageerleichterung nach innen hakenförmig umgebogen sein. Bei Ringen für Rennsportmotoren wird häufig ein Hakenende als Verdrehsicherung nach außen abgewinkelt. Tritt starker Bolzenaxialschub auf, kommen in Einzelfällen auch innenspannende Sicherungsringe, die in Nuten an den Bolzenenden eingesetzt sind, zur Anwendung.

Literatur

[1] *Zima, S.:* Kurbeltriebe, Konstruktion, Berechnung und Erprobung von den Anfängen bis heute, 2. Auflage, Braunschweig, Wiesbaden: Vieweg, 1999

[2] *Junker, H.; Ißler, W.:* Kolben für hochbelastete Diesel-Motoren mit Direkteinspritzung, 8. Aachener Kolloquium Fahrzeug- und Motorentechnik, Aachen, 1999.

[3] *Röhrle, M.:* Kolben für Verbrennungsmotoren, Verlag moderne Industrie AG, Landsberg, 1994.

[4] *Kemnitz, P.; Maier, O.; Klein, R.:* Monotherm, a new forged Steel piston design for highly loaded diesel engines. SAE 2000-01-0924.

7.2 Pleuel

Das Triebwerk von Verbrennungsmotoren als Hubkolbenmotor ist ein Kurbeltrieb, bei dem der Pleuel oder die Pleuelstange den Kolben mit der Kurbelwelle verbindet. Über den Pleuel wird die oszillierende Bewegung des Kolbens in eine rotierende Bewegung der Kurbelwelle umgesetzt. Darüber hinaus überträgt der Pleuel die Kräfte vom Kolben auf die Kurbelwelle. Die Aufnahme von Bohrungen zur Schmierölversorgung der Kolbenbuchse, beim schwimmenden Zapfen, ist eine weitere Aufgabe des Pleuels.

Gewicht und Gestaltung des Pleuels beeinflussen direkt Leistungsgewicht und Leistungsfähigkeit sowie die Laufruhe eines Motors. Daher kommt einem gewichtsoptimierten Pleuel im Hinblick auf komfortable Motoren wachsende Bedeutung zu.

Entsprechend der umgekehrten Lage des Pleuels in den ersten Motoren im 19. Jahrhundert wird der untere (kolbenseitige) Teil Pleuelfuß und der obere (kurbelwellenseitige) Teil Pleuelkopf genannt.

7.2.1 Aufbau des Pleuels

Der Pleuel hat zwei sogenannte Pleuelaugen [2].

Über das kleine Pleuelauge wird die Verbindung zum Kolben mittels Kolbenbolzen hergestellt. Wegen der seitlichen Auslenkung des Pleuels während einer Kurbelwellenumdrehung muss es drehbar am Kolben befestigt werden. Das geschieht mit Hilfe eines Gleitlagers. Dazu wird während der Bearbeitung eine Lagerbuchse in das kleine Pleuelauge eingepresst (**Bild 7-28**). Alternativ kann die Lagerung im Kolben integriert sein. In diesem Fall wird der Kolbenbolzen in das kleine Pleuelauge eingeschrumpft.

Auf der Kurbelwellenseite befindet sich das geteilte große Pleuelauge. Mittels Gleitlager seltener Wälzlager, Fixierung und Verschraubung des Pleuellagerdeckels wird die Funktion sichergestellt.

Die Verbindung zwischen den Pleuelaugen stellt der Pleuelschaft dar. Je nach Anforderung hat dieser einen besonderen Querschnitt, zum Beispiel I-Form oder H-Form.

Der Pleuel muss ausreichende Gleiteigenschaften der Lager im kleinen und großen Auge sicherstellen.

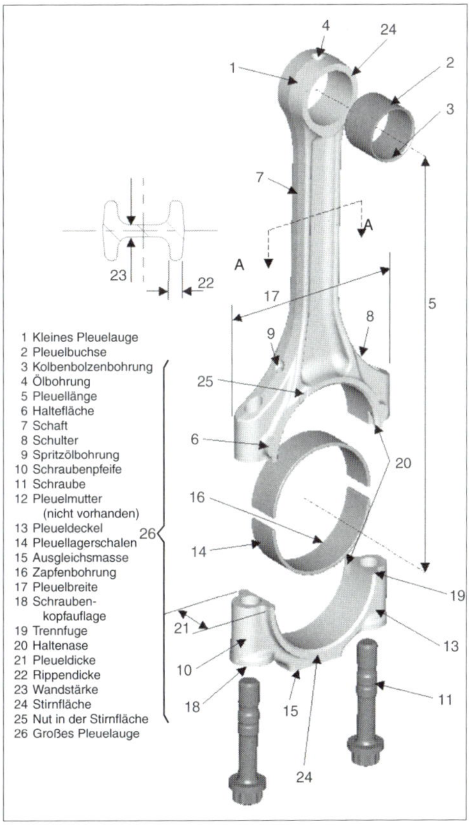

Bild 7-28 Geometrie und Bezeichnungen einer gerade geteilten Pleuelstange (Quelle Federal-Mogul)

Zur besseren Schmierung des großen Auges beziehungsweise zur Schmierung der Zylinder und der Kolbenbolzen können Nuten in die Stirnflächen eingebracht werden, die eine Ölversorgung erleichtern.

Die Schmierung der Kolbenbolzenlagerung kann durch eine Bohrung in der Längsachse des Schaftes erfolgen, durch die das Öl vom großen Auge aus geleitet wird. Aber diese Bohrung stört die Verhältnisse im hochbelasteten Pleuellager. Deshalb werden alternativ zur Längsbohrung im Schaft eine oder mehrere Bohrungen in der Kolbenseite des kleinen Auges angebracht (**Bild 7-28**). Diese Lösung ist kostengünstiger.

7.2.2 Belastung

Der Pleuel wird durch Gaskräfte im Zylinder und Trägheitskräfte der bewegten Massen beansprucht. Die kinematischen Verhältnisse am Kurbeltrieb zeigt **Bild 7-29**.

Die durch die seitliche Auslenkung in der Pleuelschwingebene erzeugten Fliehkräfte führen zu Biegungen, die in erster Approximation vernachlässigt werden können.

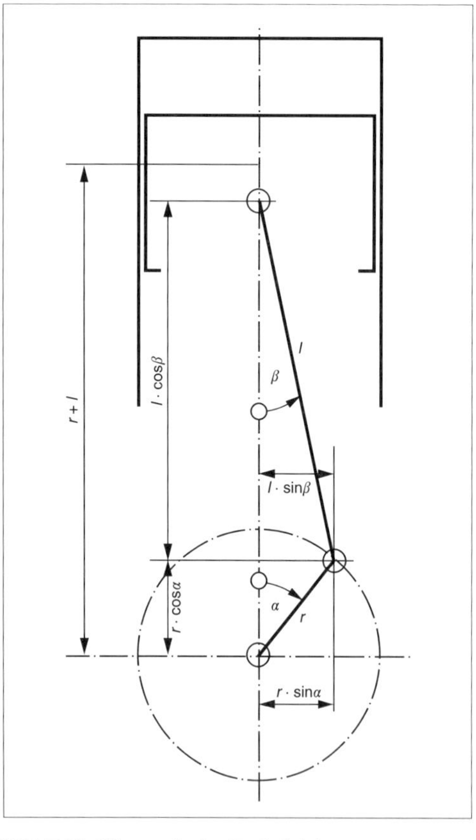

Bild 7-29 Kinematik des Kurbeltriebes

Die beschleunigt-verzögerte Bewegung der Pleuel- und Kolbenmasse führt zu einer Zugspannung im Schaft sowie im Übergang vom Schaft zum großen Auge. Der Pleuel ist damit einer Zug-Druck Wechselbelastung ausgesetzt, wobei für Diesel und aufgeladene Ottomotoren der Betrag der Druckkraft den der Zugkraft überschreitet. Aus diesem Grund muss bei der Auslegung des Pleuels die Knicksicherheit sorgfältig überprüft werden.

Für die heutigen hochdrehenden Ottomotoren sind die Zugkräfte mit entscheidend.

Die während der beschleunigt-verzögernden Bewegung innerhalb eines Arbeitszykluses des Hubkolbenmotors entstehenden Trägheitskräfte werden von der Masse des Kolbens, des Kolbenbolzens und des Pleuels beeinflusst.

Zur vereinfachten Ermittlung der daraus resultierenden Kräfte wird die Masse des Pleuels aufgeteilt in einen rotierenden und einen oszillierenden Massenanteil unter der Voraussetzung, dass die Gesamtmasse und der Pleuelschwerpunkt erhalten bleiben. Der im großen Auge konzentrierten Masse wird ausschließlich eine rotierende Bewegung, der im Kleinen Auge konzentrierten Masse wird eine oszillierende Bewegung zugeordnet.

Zur Berechnung der Massenanteile wird zunächst der Schwerpunkt (SP) des Pleuels ermittelt. Der Massenanteil des kleinen Auges ergibt sich aus:

$$m_{\text{Pl, kl. Auge}} = m_{\text{Pl,gesamt}} \cdot \frac{\text{SP}}{l} \tag{7.1}$$

mit l als Mittenabstand zwischen den Pleuelaugen, der als Pleuellänge bezeichnet wird. Die Differenz zum Gesamtgewicht ergibt den Massenanteil des großen Auges [1].

Die oszillierende Masse von Pleuel (und Kolben mit Bolzen und Ringen) beeinflusst über die daraus resultierenden Massenkräfte die Beanspruchung und die Laufruhe des Motors. Diese oszillierenden Kräfte können nur durch zusätzliche Ausgleichwellen 100 % ausgeglichen werden.

Daher ist es notwendig, die Pleuelmasse beziehungsweise den oszillierenden Massenanteil des Pleuels zu reduzieren. Das kann erfolgen durch Gestaltoptimierung des Pleuelschaftes und zum Beispiel durch die Ausführung des kleinen Auges als Trapezauge.

Die wahren Bewegungsverhältnisse eines Pleuel-Masseteilchens und damit die Kraftwirkungen sind sehr viel komplizierter als dies die oben beschriebene nährungsweise Aufteilung widerspiegelt. Prinzipiell führt jedes Masseteilchen zwischen kleinem und großem Pleuelauge eine oszillierende und eine rotierende Bewegung aus. In Richtung des großen Pleuelauges nimmt der oszillatorische Anteil ab.

Mit Hilfe moderner FEM-Berechnungsverfahren ist es möglich, dieses dynamische Verhalten zu simulieren und die wirkende Spannungen zu beurteilen. Die Elasto-Hydrodynamische Lagerberechnungen (siehe

Einsatzgebiet	Masse	Werkstoff
Lkw Diesel Großserie	1,6–5 kg	Schmiedestahl
Pkw Otto Großserie	0,4–1 kg	Schmiedestahl, GGG, Sinterstahl
Sporteinsatz	0,4–0,7 kg	Stahl, Titan
Rennmotor/F1	0,3–0,4 kg	Titan, Kohlefaser
Kompressor	0,2–0,6 kg	Aluminium

Bild 7-30 Pleuelmassen für verschiedene Einsatzgebiete

7.19.2.3) haben auch gezeigt wie wesentlich die Verformungen der Pleuelaugen für das Laufverhalten des Pleuellagers und der Pleuelbuchse sind.
Dadurch soll diese Gestaltoptimierung des Pleuels simultan mit der Lagerberechnung stattfinden.
Die Masse für unterschiedliche Pleuel geht aus **Bild 7-30** hervor.

7.2.3 Pleuelverschraubung

Mit der Pleuelverschraubung werden Pleuelstange und Pleueldeckel miteinander verbunden.
Diese Verschraubung hat zwei Funktionen zu erfüllen [3]:

- Die Pleuelschraube muss verhindern, dass es zu einem Klaffen in der Trennfuge zwischen Deckel und Stange kommt. Auf die Pleuelschraube wirken die Trägheitskräfte von Pleuelstange und Kolben sowie eine Querkraft auf Grund der außermittigen Belastung und die Kräfte durch Wegdrücken des Überstands der Lagerschalen. Während der Motormontage wird in der Regel durch zur Streckengrenzen oder Drehmoment plus Drehwinkel kontrollierten Anzug eine entsprechende Vorspannung in die Schraube gebracht, die der wirkenden Trägheitskraft entgegen gerichtet ist [4, 5].
- Pleuelstange und Deckel müssen exakt zueinander geführt und gegen Verschieben (Versatzt) gesichert sein. Dazu stehen mehrere Möglichkeiten zur Verfügung:
  a. Führung mittels Pleuelschraube, deren Bund oder Riffelungen in der Trennebene liegen und somit das Verschieben von Stange und Deckel verhindern
  b. Führung mittels kleiner Stifte neben Schrauben oder Buchsen um die Schrauben **(Bild 7-31)**
  c. Einbringen einer Verzahnung in der Trennebene
  d. Führung in der Bruchtrennfläche (Cracken) (**Bild 7-32**)

Werden bruchgetrennte Pleuel (Cracken) oder Stifte beziehungsweise Buchsen eingesetzt, kann auf Passschrauben verzichtet werden, da in diesem Fall die strukturierte Trennfläche beziehungsweise die Stifte und Buchsen ausreichend Halt gegen Relativbewegung von Stange und Deckel bieten (siehe 7.22.3.3).

Bild 7-31 Passhülse und Dehnschraube

7.2.4 Gestaltung

Bezüglich der Pleuelgestaltung sind folgende Aspekte von Bedeutung:

- Formstabilität der Bereiche zur Aufnahme der beiden Pleuellager
- Eventuell ein Kanal zur Ölversorgung des kleinen Pleuelauges (bei modernen Konstruktion unüblich)
- Teilung des großen Pleuellagers zur Montage auf den Pleuelzapfen der Kurbelwelle
- Fixierung und Befestigung des Pleueldeckels
- Gestaltoptimierte beziehungsweise massereduzierte Auslegung des Pleuelschaftes
- Beanspruchungsgerechte Gestaltung der kritischen Zonen.

Zur Reduzierung der Kolben- beziehungsweise der Pleuelmasse kann das kleine Auge nach oben hin trapezförmig abgeflacht werden, was aus Belastungs-

Bild 7-32 Pleuel gecrackt

Bild 7-33 Spannungsanalyse einer schräg geteilten Pleuelstange mit trapezförmigen kleinen Auge. (Halbmodell, Federal-Mogul)

gründen (zum Beispiel für Turbomotoren) vorteilhaft für die Beanspruchung ist, da sie engen Abstand der Kolbenbolzenaugen und damit geringere Durchbiegung des Bolzens ermöglichen.
Für die Pleuelmontage auf der Kurbelwelle ist das große Auge geteilt ausgeführt und wird mit zwei Schrauben zusammengehalten.
Die Teilung des großen Auges erfolgt üblicherweise senkrecht zur Längsachse des Pleuels. Alternativ kann zur Reduzierung der größten Breite des Pleuels das große Auge auch schräg geteilt werden. Diese schräge Ausführung erlaubt es, die Pleuelstange ohne Deckel durch die Zylinderbohrung zu montieren. Ein schräg geteilter Pleuel hat Paar Nachteile. Zuerst durch diese Schräge soll in der Trennfläche einer hohen Querkraft aufgenommen werden. Dazu durch die Unsymmetrie der Struktur des großen Auges in Lastrichtung, wird das Verhältnis den Pleuellagern wegen ungleichmäßigen statischen und dynamischen Verformungen der tragenden Gehäuse beachtlich erschwert. Einsatzbereich schräg geteilter Pleuel sind vor allem V-Motoren sowie große Dieselmotoren, die aufgrund der Belastung einen großen Hubzapfendurchmesser haben.
Das große und kleine Auge werden durch den Pleuelschaft verbunden, der als I- oder H-Querschnitt ausgeführt wird. Dadurch lassen sich die Forderungen nach reduziertem Gewicht bei hohem Widerstandsmoment erfüllen.

7.2.4.1 Pleuelstangenverhältnis

Das Pleuelstangen- oder Schubstangenverhältnis ist eine geometrische Vergleichsgröße – gebildet aus dem Kurbelradius r und dem Mittenabstand l von kleinem und großem Auge **(Bild 7-34)** und definiert

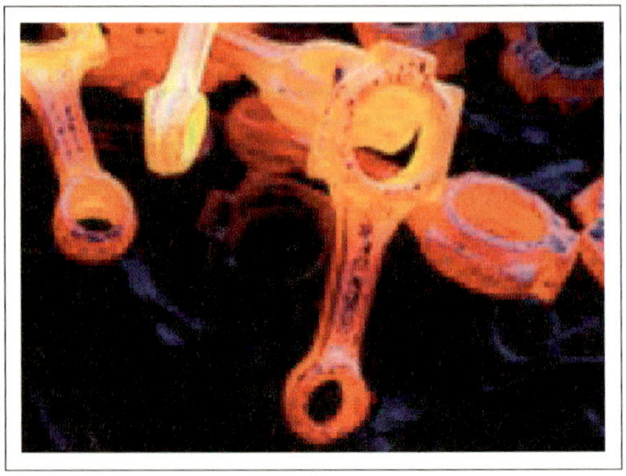

Bild 7-34 Warme Rohlinge (Quelle Krupp Gerlach)

als

$$\lambda = r/l \qquad (7.2)$$

Es beträgt für Pkw-Motoren üblicherweise 0,28 bis 0,33, wobei die niedrigeren Werte für Dieselmotoren gelten. Die Gestaltung der Pleuellänge ist von vielen Einflussfaktoren geprägt, wie Hub-/Bohrungs-Verhältnis, Kolbengeschwindigkeit, Motordrehzahl, Brennraum-Spitzendruck, Blockhöhe, Kolbenauslegung, und so weiter.
Mit steigendem Pleuelstangenverhältnis erhöhen sich die Seitenkräfte auf den Kolben. Das führt zum Beispiel zu geänderten Vorgaben für die Kolbenauslegung. Mit sinkendem Pleuelstangenverhältnis steigt die Bauhöhe des Motors als Folge der Zylinderblockerhöhung. Nicht zuletzt verbieten fertigungsbedingte Restriktionen (Zylinderblockhöhe) eine Veränderung der Pleuelstange.

Bild 7-35 Gestrahlte Rohlinge (Quelle Plettac)

7.2.5 Pleuelfertigung

7.2.5.1 Rohteileherstellung

Die Herstellung des Pleuel-Rohteils kann je nach Anwendungsfall auf verschiedene Arten erfolgen:

a. Gesenkschmieden. Ausgangsmaterial für die Rohteilherstellung ist Stabstahl in Rund- oder Quadratquerschnitt, der auf eine Temperatur zwischen 1.250 °C und 1.300 °C erwärmt wird. In einem Reckwalzprozess wird zunächst eine Vorverteilung der Massen zum großen und kleinen Pleuelauge hin durchgeführt. Alternativ zum Reckwalzen wird auch Querkeilwalzen eingesetzt, womit die Vorformgeometrie verbessert werden kann.

Die Hauptumformung erfolgt in einer Presse oder einem Hammeraggregat. Das überschüssige Material fließt in einen Grat, der in der nachfolgenden Operation entfernt wird. Gleichzeitig mit dem Abgraten wird das große Auge und bei größeren Pleuel das kleine Auge (aus-)gelocht.

Zur Einstellung der erforderlichen Gefüge- und Festigkeitseigenschaften werden die Pleuel je nach Stahllegierung verschiedenen Behandlungsverfahren unterzogen:

- Vergütung aus der Schmiedewärme (VS)
- Gesteuerte Abkühlung im Luftstrom (BY)
- Konventionelle Vergütung.

Abschließend wird der Zunder auf dem Rohteil durch Reinigungsstrahlen entfernt, wobei Druckeigenspannungen von 200 MPa im oberflächennahen Bereich erzeugt werden. Weitere Arbeitsgänge wie Rissprüfung etc. schließen sich an.

In den meisten Fällen werden Pleuelstange und Pleueldeckel gemeinsam geschmiedet und während der Bearbeitung getrennt. Je nach Pleuel und Anlagengröße werden zur Steigerung der Produktivität Doppelstücke, das heißt zwei Pleuel gleichzeitig im Gesenk geschmiedet.

b. Gießen. Ausgangspunkt für die Rohteilherstellung ist ein Modell aus Kunststoff oder Metall bestehend aus zwei Hälften, welche zusammengesetzt ein positives Abbild des Pleuels darstellen. Mehrere solcher identischen Hälften werden auf einer Modellplatte zusammengefasst und mit dem Modell für das Gieß- und Anschnittsystem verbunden. In einem vielfach reproduzierbaren Prozess werden die beiden Modellplatten mit Grünsand über eine Verdichtung des Sandes abgeformt. Die entstandenen Sandformen stellen je ein negatives Abbild der entsprechenden Modellplatte dar. Übereinander gestellt bildet sich ein Hohlraum in Gestalt der herzustellenden Pleuel. Dieser wird mit flüssigem Gusseisen gefüllt, das im Kupol- oder Elektroofen mit Stahlschrott als Einsatz erschmolzen wird. Das Metall erstarrt langsam in der Form.

c. Sintern. Der Herstellprozess beginnt mit dem servo-hydraulischem Pressen des fertiglegierten Pulvers zu einem Grünling. Das nachfolgende Wiegen stellt sicher, dass der Grünling eine enge Gewichtstoleranz von ±0,5 % erfüllt.

Der Sinterprozess, **Bild 7-36**, findet in einem elektrisch beheizten Durchlaufofen statt, in dem die Teile bei etwa 1.120 °C circa 15 min verweilen.

Im anschließenden Schmiedevorgang wird ausschließlich eine Höhenreduktion des Bauteils durchgeführt, um die Dichte des Bauteils bis zur theoretisch möglichen Grenze zu erhöhen. Abschließend wird durch Kugelstrahlen ein Druckeigenspannungszustand in der Oberfläche eingestellt.

Da der Schmiedevorgang in diesem Herstellverfahren kostenintensiv ist, gibt es Entwicklungen mit dem Ziel, durch neue Pulvertechnologie diesen einzusparen [11, 12].

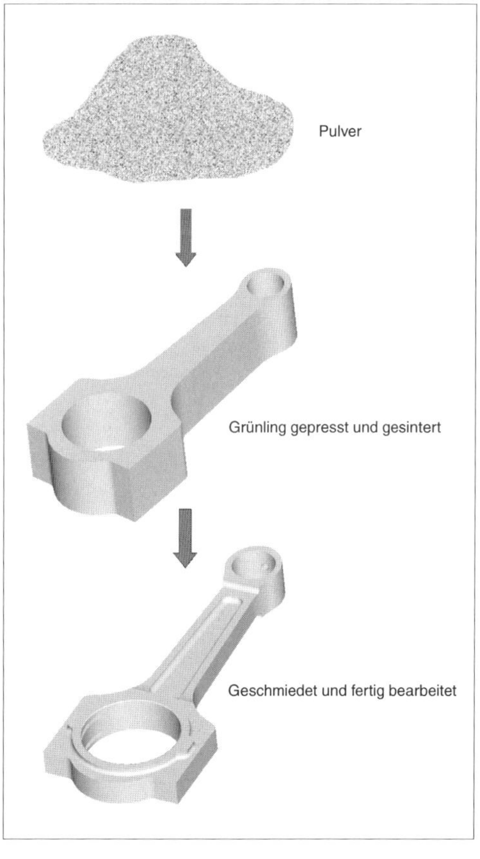

Bild 7-36 Prozess – Sintergeschmiedete Pleuelstange

7.2.5.2 Bearbeitung

Die Rohteile werden spanend auf das Fertigmaß bearbeitet. In der Großserienfertigung geschieht dies auf vollautomatischen Bearbeitungslinien, die in die Motorenfertigung integriert sind. Für kleinere Serien stehen Bearbeitungszentren mit geringerem Automatisierungsgrad zur Verfügung.

Im Anschluss an die Bearbeitung wird das Fertigteil gewogen und in Klassen eingeteilt. In den Motor werden dann Pleuel einer Gewichtsklasse eingebaut. Wird bereits das Rohteil mit enger Gewichtstoleranz gefertigt, kann das Einteilen in Klassen entfallen.

Zum Erreichen des Sollgewichts für das fertig bearbeitete Pleuel können am kleinen und/oder großen Auge des Rohteils Nocken vorgesehen werden (**Bild 7-37**), die während der mechanischen Bearbeitung des Pleuel so weit abgefräst werden, dass das Sollgewicht exakt erreicht wird.

In den modernen Herstellverfahren lassen sich die Fertigungsparameter exakt überwachen, so dass Rohteile mit einer ausreichenden Gewichtstoleranz gefertigt werden können.

Das früher übliche Gewichtsfräsen, das heißt Abtragen einer Bearbeitungszugabe bis zum Erreichen eines Sollgewichtes, wird daher heute nur noch selten durchgeführt.

Im Folgenden sind beispielhaft die Bearbeitungsschritte für bruchgetrennte Pleuel (Cracken) aufgeführt:

- Schleifen der Stirnflächen von großem und kleinem Auge
- Vorspindeln von großem und kleinem Auge
- Bohren und Gewindeschneiden der Schraubenlöcher
- Cracken, Bruchschmutz wegblasen
- Verschrauben von Deckel und Stange und – wenn nötig – Einsetzen der Buchse
- Schrauben lösen, Deckel öffnen, dann Schrauben wieder anziehen
- Fertigschleifen der Stirnflächen, Trapez des kleinen Auges fräsen
- Bohren des kleinen Auges
- Spindeln des großen Auges, optional Honen.

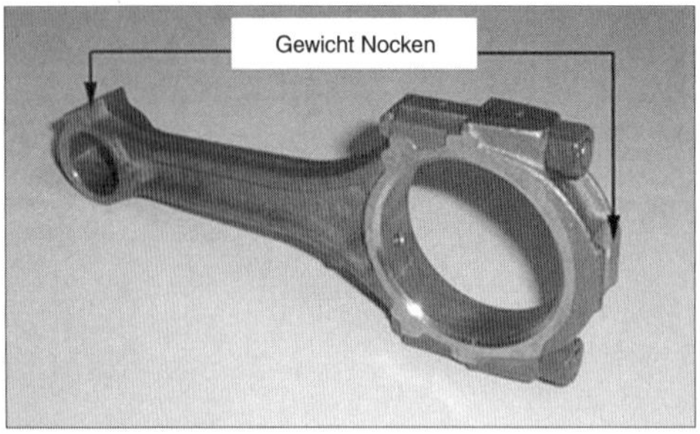

Bild 7-37 Traditioneller Pleuel, Körper und Deckel separat geschmiedet mit Schrauben und Muttern

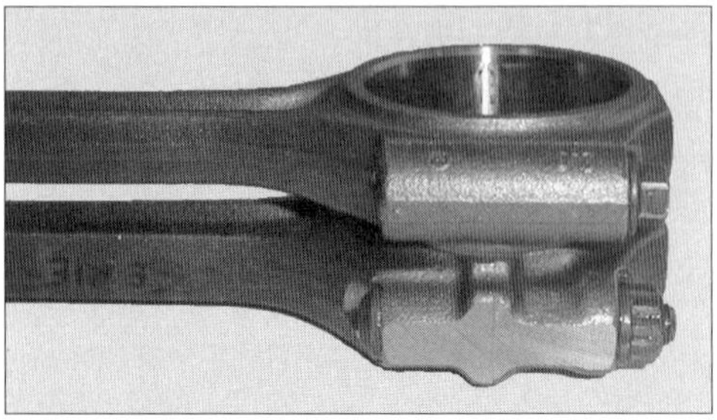

Bild 7-38 Konstruktionsunterschied zwischen einem Crackpleuel (oben) und einem gesägten Pleuel

Als Cracken bezeichnet man dabei das Bruchtrennen von Pleuelstange und Deckel während der Bearbeitung. Voraussetzungen dafür sind auf der Werkstoffseite das Vorliegen eines grobkörnigen Gefüges und auf der Anlagenseite eine Crackeinrichtung, welche die erforderliche Bruchenergie mit einer hohen Geschwindigkeit aufbringt. Liegt für den Werkstoff das Verhältnis zwischen Zugfestigkeit und Streckgrenze in der Nähe von zwei zu eins, lässt sich das Cracken ohne große Verformungen durchführen. Rohteile aller Herstellverfahren lassen sich heute durch Cracken trennen [6]. Die Unterschiede im konstruktiven Aufbau des Pleuels zeigt **Bild 7-38**.

Vor dem Cracken werden in die Seitenfläche des großen Auges Kerben mittels Laser oder Räumnadeln eingebracht, um an der gewünschten Trennebene eine hohe Kerbwirkung zu erzielen (**Bild 7-39**). Das

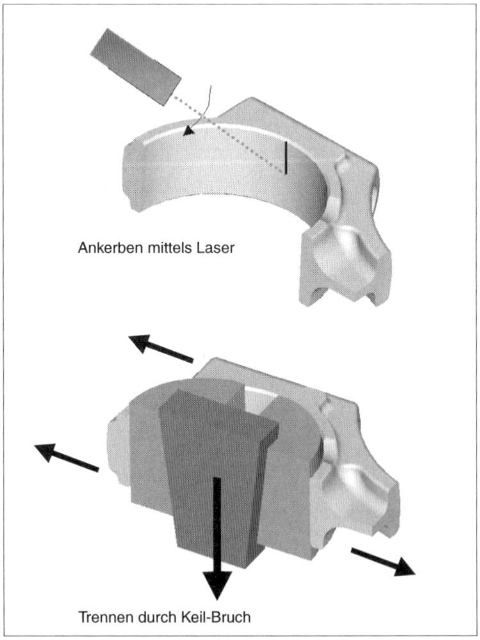

Bild 7-39 Pleuel-Bruchtrennen

große Auge wird auf einen zweigeteilten Brechdorn gesetzt und gespannt. Der Brechdorn wird mit hoher Geschwindigkeit gespreizt und die dabei im Werkstück entstehende Spannung führt zu einem Bruchbeginn an den Kerben, der sich dann radial nach außen fortpflanzt. Bei optimalem Prozessverlauf liegt die Unrundheit nach dem Cracken bei maximal 30 µm.
Der Vorteil des Crackens liegt vor allem in der Reduzierung der Bearbeitungsschritte. Das bisher übliche mechanische Bearbeiten der Trennfläche entfällt. Die beiden Hälften lassen sich nach dem Cracken passgenau fügen und sind durch die unregelmäßige Bruchstruktur gegen Relativbewegung gesichert, so dass keine zusätzlichen Führungselemente erforderlich sind. Einen weiteren Vorteil bietet die Verwendung einer vereinfachten Pleuelschraube, da diese keine Führungsaufgabe beziehungsweise Fixierungsaufgabe übernehmen muss [7].
Bruchgetrennte Pleuel sind eine kostengünstige Alternative zu herkömmlich getrennten Pleuel.

7.2.6 Pleuel-Werkstoffe

Je nach Einsatzfall und daraus resultierender Belastung werden für Pleuel unterschiedliche Werkstoffe eingesetzt.

Gusswerkstoff. Als Pleuelgusswerkstoffe kommen in erster Linie Gusseisen mit Kugelgraphit (GGG-70) und Schwarzer Temperguss (GTS-70) zur Anwendung. Dabei hat GGG-70 sowohl technische als auch wirtschaftliche Vorteile gegenüber Temperguss. Insbesondere die für Pleuel wichtige spezifische Schwingfestigkeit liegt bei GGG-70 deutlich höher.
Beim GGG-70 handelt es sich um einen Eisen-Kohlenstoff-Gusswerkstoff mit weitgehend kugelförmiger Graphiteinlagerung im vorwiegend perlitischen Grundgefüge. Die kompakte Form des Graphits verleiht dem Werkstoff ein Maximum an Festigkeit und Duktilität. Gleichzeitig ist der Kohlenstoff aber auch für die guten Gießeigenschaften verantwortlich. Der erforderliche Gefügezustand wird ohne zusätzliche Wärmebehandlung beim Gießvorgang erzeugt.
Beim Temperguss, ein ebenfalls Eisen-Kohlenstoff-Gusswerkstoff, wird das Gefüge über eine dem Gießen nachgeschaltete Wärmebehandlung eingestellt.

Schmiedestahl. Der überwiegende Teil der Pleuel wird aus Stahl im Gesenkschmiedeverfahren hergestellt. Dabei werden in den meisten Fällen mikrolegierte Stähle wie 27MnVS6 BY oder Kohlenstoff-Mangan Stähle wie C40 mod BY verwendet. Für bruchgetrennte Schmiedepleuelstangen (Cracken) wird ein Stahl mit hohem Kohlenstoffgehalt (C70 S6 BY) eingesetzt. Bei diesen Werkstoffen wird eine Zugfestigkeit von Rm = 1.000 MPa erreicht [8].
Für hochbelastete Pleuel steht mit 34CrNiMo6 V (oder 42CrMo4) ein Stahl zur Verfügung, der eine Zugfestigkeit von 1.200 MPa erreicht. In diesem Fall ist eine zusätzliche Wärmebehandlung (Vergüten) erforderlich.
Verbesserungen des C70S6 Stahls sorgen auch bei bruchtrennfähigen Werkstoffen für Zugfestigkeiten bis 1.000 MPa bei Streckgrenzen über 700 MPa. Diese Stähle sind mit dem Begriff „C70+" in der Material-Tabelle gekennzeichnet [9].
Um Forderungen nach höheren Festigkeiten zwecks Massenreduzierungen nachzukommen, wird der AFP-Stahl 36MnVS4 in die Entwicklung einbezogen. Wie C70S6 ist der neue Stahl gut zu „cracken" und zeigt eine im Durchschnitt um 30 % höhere Dauerfestigkeit [13].

Pulvermetall. Der Werkstoff P/F-11C50 wird derzeit am häufigsten für Pleuel aus Pulvermetall verwendet. Die festigkeitssteigernden Elemente, 2 % Cu und 0,5 % C, erlauben nach dem Sintern und dem Schmieden eine Zugfestigkeit bis 950 MPa zu erreichen [10]. Weitere Entwicklungen dieses Sinterwerkstoffs durch eine Erhöhung des Cu-Anteils von 2 % auf 3 % zeigen eine Verbesserung der Zugfestigkeit um 10 % beziehungsweise eine Verbesserung der Wechselfestigkeit um 22 % [14].

Alternative Werkstoffe. Neben den obligatorischen Werkstoffen für Pleuel in Großserienfertigung verfolgt der Einsatz von alternativen Werkstoffen vor allem das Ziel, bei gleicher Belastbarkeit das Gewicht

Material Name	NCI	P/F-11C50 Cu2C5	HS150 Cu3C6	C70S6/ C70+	36MnVS4	C38	42Cr	Al	TiAl4V4
Process comment	cast	forge in open die	open die	forged & fracturable truck/car		BY	HT	cast	forged aircraft
Young Modulus (GPa)	170	199	200	213	210	210	210	68,9	128
Fatigue Strength (pull) (MPa)	200	320	390	300/365	430	420	480	50	225
Fatigue Strength (push) (MPa)	200	330	395	300/365	430	420	480	50	309
Rp 0,2 % Yield Strength (MPa)	410	550	700	550/650	750	550	>800	130	1000
Compressive Yield Str. (MPa)	–	620	–	550/650	700	620	850	150	–
Rm: Tensile Strength (MPa)	750	860	950	900/1050	950/1100	900	1050	200	1080
Conrod Material Density	7,2	7,6	7,8	7,85	7,85	7,85	7,85	2,71	4,51

Bild 7-40 Werkstoffeigenschaften von Pleuel (Quelle Federal-Mogul)

des Pleuels zu reduzieren. Dazu wird kohlenfaserverstärktes Aluminium oder kohlenfaserverstärkter Kunststoff verwendet.
Im Rennsport weit verbreitet sind Titan-Pleuel, mit denen eine beträchtliche Gewichtsreduktion erzielt wird. Nachteil der Titan-Pleuel ist die starke Bohrungserweiterung im Betrieb, die sich nachteilig auf den Presssitz der Lagerschalen auswirken. Titan ist auch kein guter Reibpartner zum Stahl, dadurch sind Gleitbeschichtung an der Stirnseiten gegen Reibschweißungen (Scuffing) beziehungsweise am Lagerstahlrücken gegen Fretting erfordelich.
Den Pleuel dieser alternativen Werkstoffe gemeinsam sind die hohen Herstellkosten, die für Einzelmotoren gerechtfertigt sind, jedoch einer größeren Verbreitung in Großserienmotoren entgegenstehen.
Die wichtigsten Werkstoffe und ihre Eigenschaften sind in **Bild 7-40** zusammengefasst.

Literatur

[1] *Künstscher:* Kraftfahrzeug Motoren, Verlag Technik, Berlin 1995, § 3.2.2. Kräfte an der Pleuelstange
[2] Vogel Fachbuch, Motorschäden, Greuter/Zima, § 6.2.3 Pleuelstangen
[3] *Fisher, S.:* Berechnungsbeispiel einer Pleuellagerdeckelverschraubung, VDI-Berichte Nr. 478, 1983
[4] VDI 2230: Systematische Berechnung hochbeanspruchter Schraubenverbindungen. Berlin und Köln: Beuth-Verlag 1986
[5] *Thomala, W.:* Erläuterung zur Richtlinie VDI 2230 Blatt 1(1986), RIBE-Blauheft Nr. 40, 1986
[6] *Ohrnberger, V.; Hähnel, M.:* Aalen, bruchtrennen von Pleueln erlangt Serienreife. Werkstatt und Betrieb 125 (1992) 3
[7] *Adlof, W. W.:* Bruchgetrennte Pleuelstangen aus Stahl, Schmiede-Journal September 1996
[8] *Herlan, Th.:* Optimierungs und Innovationspotential stahlgeschmiedeter Pleuel, VDI, Schwelm, 1996 oder 1997
[9] *Moldenhauer, F.:* Verbesserungen bei bruchtrennfähigen Pleuelstangen durch neuen mikrolegierten Stahl, MTZ Motortechnische Zeitschrift 61 (2000) 4
[10] *Weber, M.:* Comparison of Advanced Procedures and Economics for Production of Connecting Rods. Powder Metallurgy International 25 (1993) No. 3, pp. 125–129
[11] *Richter K.; Hoffmann E.: Rüsselsheim: Lipp, K.; Sonsino, C. M.: Darmstadt*: Single-Sintered Con Rods – An illusion?, Metal Powder Report 49 (1994) Nr. 5, S. 38–45
[12] *Skoglund, P.; Bengtsson, S.; Bergkvist, A.; Sherborne, J.; Gregory, M.*: Performance of High Density P/M Connecting Rods, Powdered Metal Applications (SP-1535)
[13] *Spangenberg, S.; Kemnitz, P.; Kopf, E.; Repgen, B.*: Massenreduzierung an Bauteilen des Kurbeltriebs, Pleuel in Fokus. MTZ 04/2006 S.24-261
[14] *Depp, J. C.; Ilia, E.; Hähnel, M.:* Neue hochfeste Werkstoffe für sintergeschmiedete Pleuelstangen. MTZ 04/2005 S. 292–298

7.3 Kolbenringe

Kolbenringe sind metallische Dichtungen und haben die Aufgaben der Abdichtung des Brennraums gegen das Kurbelgehäuse, der Wärmeleitung vom Kolben zur Zylinderwand und der Regulierung des Ölhaushaltes, wobei einerseits eine Mindestölmenge zur Bildung eines hydrodynamischen Schmierfilms auf die Zylinderlauffläche gelangen muss, andererseits der Ölverbrauch aber so gering wie möglich eingestellt werden soll.

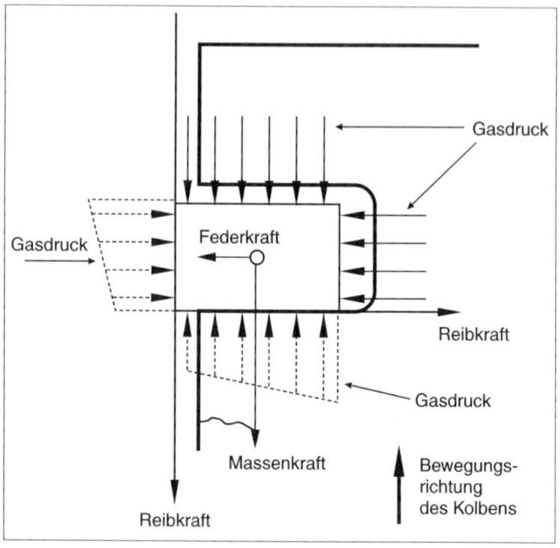

Bild 7-41 Kräfte am Kolbenring

Dazu ist es notwendig, dass die Kolbenringe an der Zylinderwand und an der Flanke der Kolbennut anliegen. Die Anlage an der Zylinderwand wird durch eine radial wirkende Kraft, die Federkraft des Ringes, bewirkt. **Bild 7-41** zeigt die Kräfte am Kolbenring.
Ölabstreifringe werden meistens noch von einer zusätzlichen Feder unterstützt.
Durch den auf den Ring wirkenden Gasdruck wird sowohl die radiale als auch die axiale Anlage in der Ringnut des Kolbens wesentlich unterstützt. Die axiale Anlage kann durch das Zusammenwirken von Gas-, Massen- und Reibungskräften zwischen der unteren und der oberen Kolbennutflanke wechseln [1].
Die störungsfreie Funktion der Kolbenringe ist abhängig von den sich während der Arbeitstakte zum Teil sehr dynamisch ändernden thermischen und mechanischen Belastungen, resultierend aus der Verbrennung, den konstruktiven Gegebenheiten, aber auch der Bearbeitung und Werkstoffpaarung von Kolben, Kolbenring und Zylinder. Somit bestimmt die Qualität der Ringe selber, aber auch die exakte Abstimmung dieser Komponenten aufeinander entscheidend das Betriebsverhalten der Kolbenringe [1].
Die Zahl der Ringe pro Kolben hat Einfluss auf die Reibleistung des Motors. Ihre Masse hat Anteil an den oszillierenden Massenkräften. Beides begründet den Trend zu wenigen Ringen pro Kolben. Üblich ist die Kombination aus Verdichtungsringen und Ölabstreifringen zu einem Ringpaket aus drei Ringen. Vereinzelt werden auch nur zwei Kolbenringe unter anderem zur Reduzierung der Reibverluste serienmäßig eingesetzt.
Die wichtigsten Bezeichnungen am Kolbenring zeigt **Bild 7-42**.

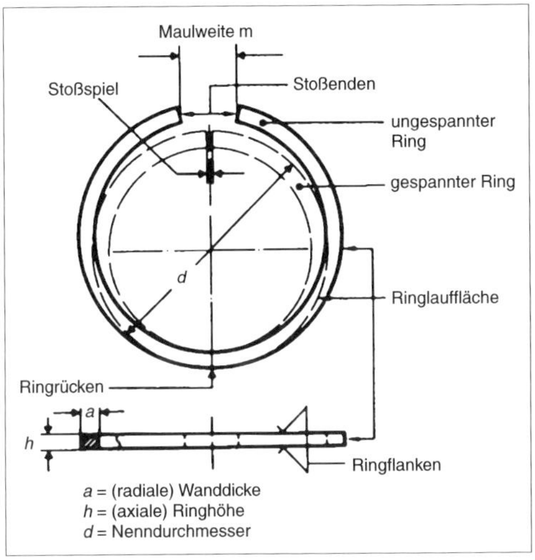

Bild 7-42 Bezeichnungen am Kolbenring

7.3.1 Ausführungsformen

Die unterschiedlichen Ausführungsformen der Kolbenringe unterscheidet man zunächst nach ihrer primären Aufgabe in

- Verdichtungsringe zur Abdichtung des Brennraumes gegen das Kurbelgehäuse
- Ölabstreifringe zur Regulierung des Ölhaushaltes.

7.3.1.1 Verdichtungsringe

Bei den Verdichtungsringen **(Bild 7-43)** unterscheidet man wiederum zwischen:

Rechteckring. (Bild 7-43 a) Er wird als Kolbenring mit rechteckigem Querschnitt zur Abdichtung bei normalen Betriebsbedingungen eingesetzt.

Minutenring. (Bild 7-43 b) Er besitzt eine konische Lauffläche, durch die die Einlaufzeit verkürzt wird. Wegen der ölabstreifenden Wirkung wird er auch zur Unterstützung der Steuerung des Ölverbrauchs verwendet.

Doppeltrapezring. (Bild 7-43 c) Durch die konischen Ringflanken wird das „Festgehen" des Ringes stark gemindert, da er sich ständig von Verkokungs- und Verbrennungsrückständen selbständig freiarbeitet. Er kommt nur in Dieselmotoren zum Einsatz.

Einseitiger Trapezring. (Bild 7-43 d) Der einseitige Trapezring mit oberer, schräger Flanke vermindert wie der Doppeltrapezring des „Festgehen" und wird hauptsächlich in Dieselmotoren eingesetzt.

Ring mit Innenfase beziehungsweise Innenwinkel, oben. (Bild 7-43 e) Durch die Querschnittsstörung der Innenfase beziehungsweise des Innenwinkels an der Oberflanke von Rechteck- oder Minutenringen wird beim Einbau erreicht, dass sich der Ring tellerförmig verwirft. Dadurch liegt der Ring in allen Laufphasen ohne Gasdruckbelastung nur mit der

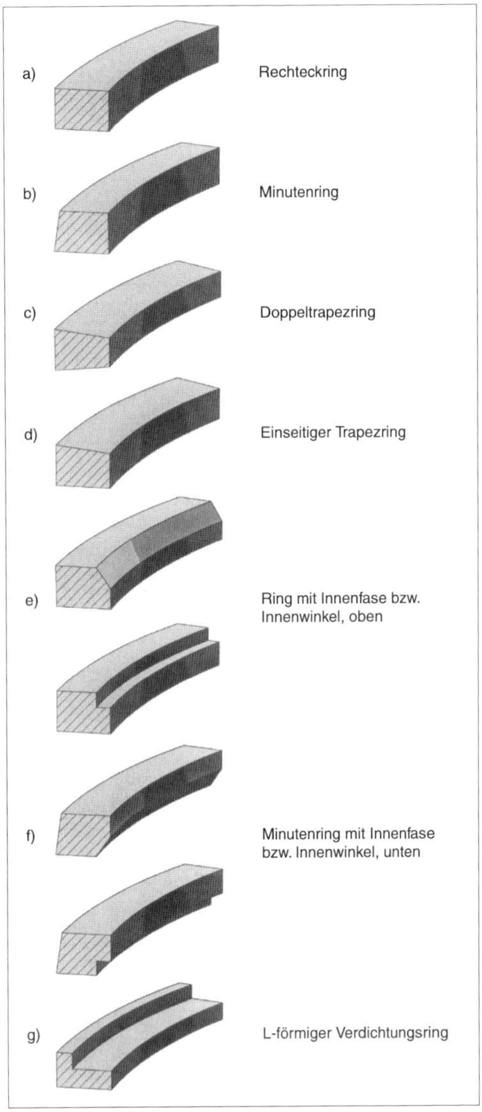

Bild 7-43 Verdichtungsringe

unteren Laufflächenkante an der Zylinderwand und mit der Innenkante an der unteren Kolbennutflanke an (sogenannter positiver Twist). Die dadurch gebildete konische Lauffläche führt zu einer verbesserten ölabstreifenden Wirkung. Allerdings wird der Ring unter Gasdruck plan gedrückt, wodurch im Betrieb eine zusätzliche dynamische Beanspruchung entsteht.

Minutenring mit Innenfase beziehungsweise Innenwinkel, unten (Bild 7-43 f) beziehungsweise so genannter negativer Torsionsring. Eine entsprechende Querschnittsstörung an der unteren Ringflanke bewirkt im eingebauten Zustand eine negative Vertwistung des Ringes, das heißt in umgekehrter Richtung wie beim positiv twistenden Ring. Um trotzdem eine Anlage der oberen Laufkante an der Zylinderwand zu vermeiden, muss die Konizität der Lauffläche größer ausgeführt werden als beim Minutenring ohne oder mit positiver Vertwistung.

L-förmiger Verdichtungsring. (Bild 7-43g) Er wird hauptsächlich bei kleinen 2-Takt-Otto-Motoren als so genannter „Head-Land-Ring" eingesetzt, wobei der senkrechte L-Schenkel in Richtung der oberen Kolbenbodenkante zeigt. Durch den hinter dem senkrechten L-Schenkel wirkenden Gasdruck dichtet dieser Ring auch bei Anlage an der Kolbennutoberflanke ab.

7.3.1.2 Ölabstreifringe

Ölabstreifringe sind von besonderer Bedeutung für den Ölhaushalt eines Motors [2] und unterteilen sich in:

- Abstreifringe, die praktisch Verdichtungsringe mit besonders ölabstreifender Wirkung sind, wie sie oft in der 2. Nut von Otto- und Dieselmotoren verwendet werden **(Bild 7-44a–c)**
- einteilige, selbstspannende Ölabstreifringe für die unterste Kolbennut **(Bild 7-44d–f)**
- mehrteilige, federgespannte beziehungsweise federgestützte Ölabstreifringe, ebenfalls für die unterste Kolbennut. Hier differenziert man noch zwischen zweiteiligen **(Bild 7-45a–e)** und dreiteiligen Systemen **(Bild 7-45f–h)**.

Nasen- und Nasenminutenring. Durch die Ein- beziehungsweise Hinterdrehung im Bereich der unteren Ringlauffläche wird beim Nasenring **(Bild 7-44a)** eine besonders gute Ölabstreifwirkung erreicht. Zur Verstärkung dieser Wirkung wird beim Nasenminutenring **(Bild 7-44b)** die Lauffläche zusätzlich konisch ausgeführt.

Nasenminutenring am Stoß geschlossen. Diese Sonderform des Nasenminutenringes **(Bild 7-44c)** zeichnet sich durch eine bessere Gasabdichtung aus, da im Stoßbereich die Nase geschlossen und ohne Hinterdrehung ausgeführt ist. Er wird in Einzelfällen auch in der 1. Nut eingesetzt.

Ölschlitzring. Durch die verringerte Höhe der Laufstege am Ölschlitzring **(Bild 7-44d)** im Vergleich zur Gesamthöhe lässt sich mit diesem selbstspannenden Ring eine deutlich höhere Flächenpressung als beim Rechteckring erreichen. Die Flanken des Ölschlitzringes sind parallel zueinander.

Dachfasenring. Der Dachfasenring **(Bild 7-44e)** unterscheidet sich gegenüber dem Ölschlitzring durch jeweils außen angefaste Laufstege, wodurch die Flächenpressung weiter erhöht werden kann.

Gleichfasen. Beim Gleichfasenring **(Bild 7-44f)** sind die Laufstege jeweils an ihrer zum Brennraum gerichteten Flanke angefast. Bei gleicher Flächenpressung wie beim Dachfasenring lässt sich durch die verbesserte Abstreifwirkung ein geringerer Ölverbrauch erzielen.

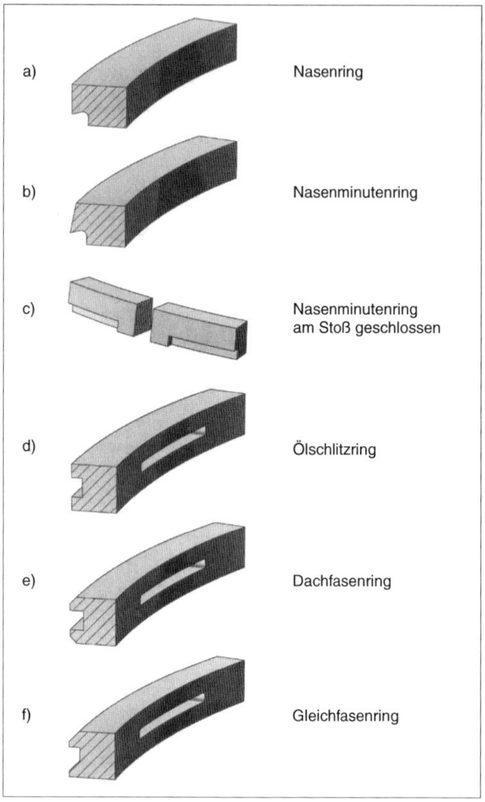

Bild 7-44 Abstreif- beziehungsweise einteilige Ölabstreifringe

Neben dem Anpressdruck an der Lauffläche ist das Formfüllvermögen von Ölabstreifringen ein ebenso wichtiges Merkmal, um einen geringen Ölverbrauch realisieren zu können. Der übliche Weg, um beide Forderungen zu kombinieren, ist der Einsatz von mehrteiligen Ölabstreifringen, bei denen eine zusätzliche Feder, die sich an den Federenden selbst abstützt, den optimierten Ringkörper gegen die Zylinderwand drückt. Federn, die sich im Nutgrund abstützen, werden heute praktisch nicht mehr verwendet, da hierbei die Ringe die Kolbenseitenkräfte mitübertragen müssen.

Ölschlitz-, Dachfasen- und Gleichfasenring mit Schlauchfeder. Diese, in Bild **7-45a–c** dargestellten Ringtypen weisen zusätzlich zu den entsprechenden einteiligen Ölabstreifringen eine Nut am Innendurchmesser zur Aufnahme der Schlauchfeder auf.

Dachfasenring mit verchromten, profilgeschliffenen Laufstegen und Schlauchfeder. Die verchromten Laufflächen ermöglichen eine hohe Langzeitstabilität, weshalb dieser Ringtyp **(Bild 7-45d)** meist in Dieselmotoren eingesetzt wird. Bedingt durch das Profilschleifen der Laufstege sind an diesen wichtigen Funktionsflächen enge Toleranzen erreichbar.

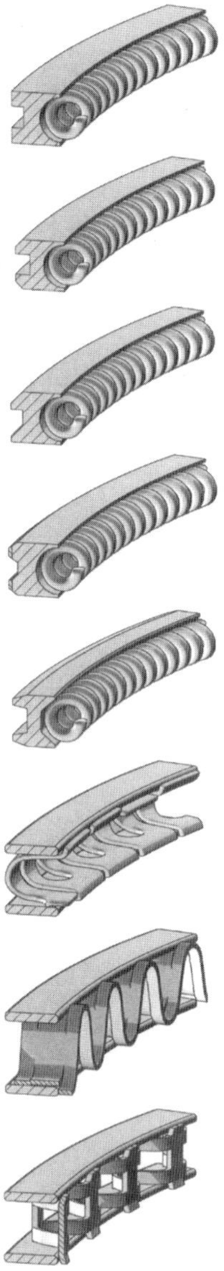

Bild 7-45 Zwei- und dreiteilige Ölabstreifringe

Profilstahlring nitriert. Dieser Dachfasenring wird aus einem hochchromhaltigen Stahl hergestellt und zum Verschleißschutz allseitig nitriert (**Bild 7-45e**).

Dreiteilige Ölabstreifsysteme bestehen aus zwei dünnen Stahlbandringen – auch Rails oder Stahllamellen genannt – sowie einer Abstandsfeder, die einerseits die Rails in dem gewünschten axialen Abstand zueinander hält und sie zum anderen gleichzeitig an die Zylinderwand presst. Bei den Bauformen der Feder sind drei grundsätzliche Ausführungen etabliert, nach denen diese dreiteiligen Systeme benannt werden.

VF-System. Dieses, in **Bild 7-45f** dargestellte, dreiteilige System zeichnet sich durch eine Feder aus, die aus einem geschlitzten Bandstahl U-förmig gebogen wird und deren Öffnung zum Innendurchmesser zeigt. Sie wird vornehmlich aus einfachem C-Stahl oder aus einem nitrierbaren Cr-Ni-Stahl gefertigt.

MF-System. Die Feder besteht aus einem axial gewellten Cr–Ni-Stahlband (**Bild 7-45g**). Es sind Systeme mit unbehandelter Feder und verchromten Rails sowie vollständig nitrierte Systeme im Einsatz.

SS50-System. Wie die MF-Feder ist die Feder des SS50-Systems aus Cr–Ni-Stahl gefertigt. Im Gegensatz dazu wird das Stahlband jedoch radial gewellt (**Bild 7-45h**).

7.3.2 Ringbestückungen

Kolbenringauslegungen sind im Wesentlichen durch die Funktionsanforderungen bestimmt, die wiederum abhängig sind von den technischen und kommerziellen Rahmenbedingungen der Segmente Pkw-Otto-, Pkw-Diesel, und Nkw-Diesel-Anwendungen als auch von kundenspezifischen Einsatzerfahrungen. Somit sind immer die spezifischen Forderungen der Motorausführungen maßgebend bei der Optimierung der jeweiligen Kolbenringbestückung. In den folgenden **Bildern 7-46** bis **7-47** werden daher nur exemplarisch typische Bestückungen für die einzelnen Marktsegmente dargestellt.

Die in **Bild 7-46** wiedergegebene Ringbestückung zeigt eine heute übliche Auslegung für Pkw-Ottomotoren.

Für Pkw-Dieselmotoren ist in **Bild 7-47a** eine typische Bestückung dargestellt.

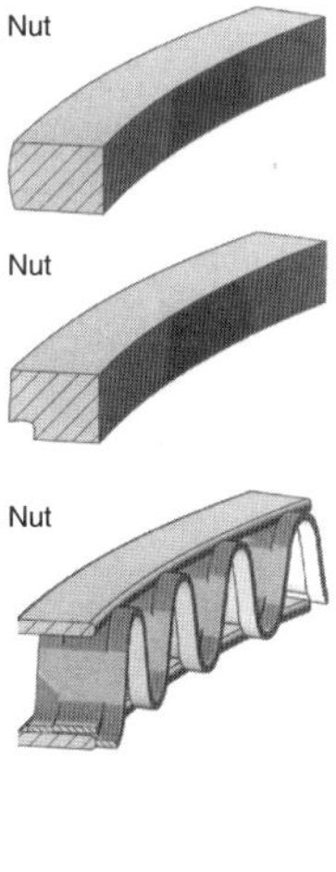

Bild 7-46 Ringbestückung für Pkw-Ottomotoren

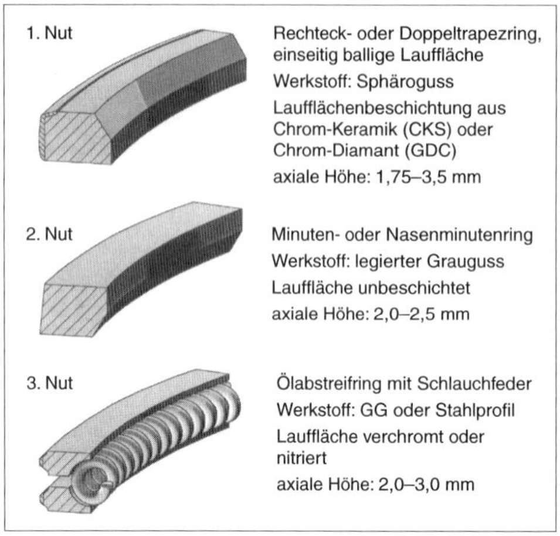

Bild 7-47 a Ringbestückung für Pkw-Dieselmotoren

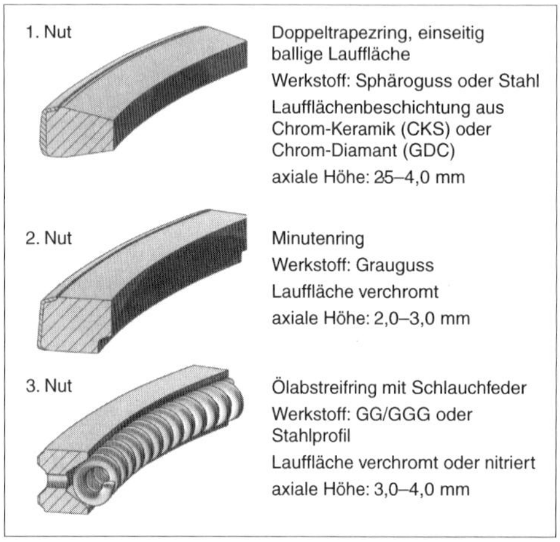

Bild 7-47 b Ringbestückung für Nkw-Dieselmotoren

Bei höherer thermischer Beanspruchung wird der Ring der ersten Nut oft als Doppeltrapezring mit sonst gleichen Merkmalen ausgeführt.

Für Nkw-Dieselmotoren stellt der Doppeltrapezring in angepasster axialer Höhe den Standard dar, wird im Gegensatz zur Pkw-Anwendung aber auch in Stahl ausgeführt. **Bild 7-47 b** zeigt eine typische Nkw-Bestückung.

7.3.3 Kenngrößen

Tangentialkraft. Die Tangentialkraft F_t ist die Kraft, die an den Ringenden am äußeren Durchmesser angreifend erforderlich ist, um den Kolbenring auf Stoßspiel zusammenzudrücken **(Bild 7-48)**.

Sie ist die bestimmende Größe für die Ermittlung des Anpressdruckes. Der Anpressdruck, also der Druck mit dem der Ring gegen die Zylinderwand drückt, bestimmt wesentlich die Dichtfunktion. Er berechnet

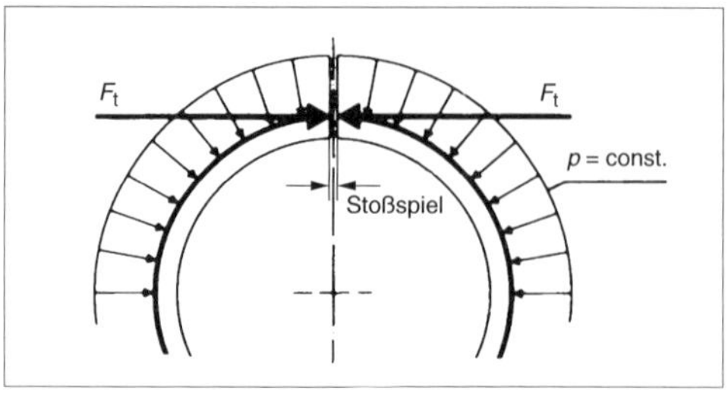

Bild 7-48 Tangentialkraft am Kolbenring

sich mit p = Anpressdruck; d = Nenndurchmesser, h = Ringhöhe zu:

$$p = \frac{2 \cdot F_t}{d \cdot h} \ \left[\text{N/mm}^2\right] \tag{7.3}$$

Radialdruckverteilung. Der Anpressdruck kann über dem Umfang als konstant gewählt sein oder entsprechend einer vorgegebenen Charakteristik, der so genannten Radialdruckverteilung.

Die Radialdruckverteilung ist von großer Bedeutung für die Dichtfunktion des Kolbenringes an der Lauffläche der Zylinderwand. Die Weiterentwicklung von konstanten Anpressdrücken führte zu inkonstanten Radialdruckverteilungen, wie in **Bild 7-49** gezeigt, um dadurch das Funktionsverhalten der Ringe im Motor gezielt beeinflussen zu können.

Inkonstante Charakteristiken konnten in der Vergangenheit nur durch zusätzliche Forderung von positiver oder negativer Ovalität erzeugt werden. Als Maß für die Ovalität wird die Differenz der Ringaußendurchmesser angenommen, die in Richtung Ringstoß/Ringrücken und 90° versetzt dazu gemessen werden.

Einbaubiegespannung. Sie ist die Biegebeanspruchung, die der Kolbenring im eingebauten Zustand im Zylinder erfährt. Die Maximalspannung liegt dabei im Ringrücken und errechnet sich für den Rechteckring nach:

$$\delta_b = \frac{a \cdot E}{d - a} \cdot 2 \cdot k \ \left[\text{N/mm}^2\right] \tag{7.4}$$

und für einen Ölabstreifring nach:

$$\delta_b = \frac{x_l \cdot E}{d - a} \cdot k \cdot \frac{I_u + I_s}{I_s} \ \left[\text{N/mm}^2\right] \tag{7.5}$$

mit: a = Restwanddicke; d = Nenndurchmesser; E = Elastizitätsmodul des Ringwerkstoffes; k = Kolbenringparameter; x_l = doppelter Abstand des Schwerpunktes zum Außendurchmesser; I_u = Flächenträgheitsmoment des ungeschlitzten Querschnitts; I_s = Flächenträgheitsmoment des geschlitzten Querschnitts.

Überstreifspannung. Die größte Beanspruchung erfährt der Ring beim Aufziehen auf den Kolben, da er mindestens so weit aufgespreizt werden muss, dass die Innenkontur über den Durchmesser des Kolbens

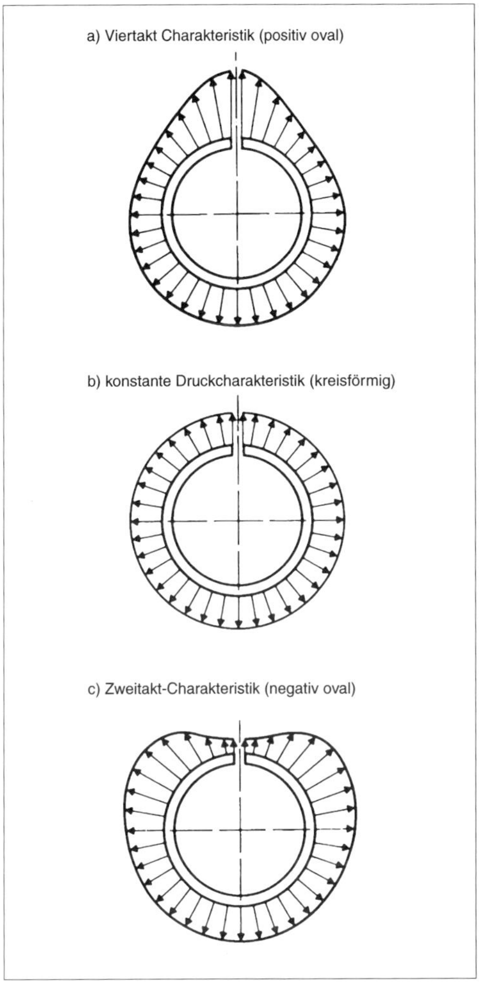

Bild 7-49 Radialdruckverteilungen

gespreizt werden kann. Bei der allgemein in der Literatur angegebenen Formel für die Überstreifspannung $\delta_{bü}$ wird vorausgesetzt, dass Einbaubiege- und Überstreifspannung gleich sind, was jedoch nur unter sehr eingeschränkten Randbedingungen gültig ist und zu beträchtlichen Fehlern führen kann. Ausgehend vom mathematisch exakten aber aufwendigen Ansatz zur Berechnung der Überstreifspannung wurden handlichere Formeln zur Berechnung von Rechteckquerschnitten als auch von Ölabstreifringen abgeleitet. Diese in [1] ausführlich dokumentierten Formeln unterscheiden ebenfalls das Aufziehen des Ringes unter rein tangentialer Belastung sowie das Aufziehen über eine Überstreifhülse. Grundsätzlich sei hier angemerkt, dass die rein tangentiale Belastung zur maximalen Überstreifspannung im Ringrücken führt, während beim Aufziehen mittels Überstreifhülse diese eher im Bereich 90°/270° liegen.

Kolbenringparameter. Der Kolbenringparameter k charakterisiert das elastische Verhalten des Ringes. Er ist zum Beispiel für Rechteckringe definiert als:

$$k = 3 \cdot \frac{(d-a)^2}{h \cdot a^3} \cdot \frac{F_t}{E} \tag{7.6}$$

bei Anwendung der Tangentialkraft F_t beziehungsweise

$$k = \frac{2}{3 \cdot \pi} \cdot \frac{m}{d-a} \tag{7.7}$$

bei Einsatz der Maulweite m **(Bild 7-42)**.

Formfüllvermögen. Unter Formfüllvermögen versteht man die Eigenschaft des Kolbenringes, sich auch unrunden Zylindern anzupassen. Hohes Formfüllvermögen sichert funktionsgerechte Abdichtung gegen Gas und Öl.

Das Formfüllvermögen des Ringes Q_R im Ringrücken für eine radiale Verformung i-ter Ordnung u_i des Zylinders, bei der gerade noch Anlage des Ringes an der Zylinderwand mit einem Radialdruck des Ringes $p = 0$ gewährleistet ist, berechnet sich zu:

$$Q_R = \frac{u_i}{r} = \frac{k}{\left(i^2 - 1\right)^2} \tag{7.8}$$

mit $r = (d - a)/2$.

Da mit steigender Ordnungszahl i das Formfüllvermögen mit annähernd vierter Potenz abnimmt sind Zylinderverzüge höherer Ordnung für die Funktion der Kolbenringe besonders kritisch.

Bei Kompressionsringen erhöht der Gasdruck hinter dem Ring das Formfüllvermögen, während bei Ölabstreifringen insbesondere die zusätzliche Unterstützung durch Federkraft wirkt, so dass sich das gesamte Formfüllvermögen ergibt zu:

$$Q_{ges} = Q_R \cdot (1 + x) \tag{7.9}$$

mit: $x = \frac{p_z}{p}$ für Kompressionsringe und $x = \frac{p_f}{p}$ für Ölabstreifringe

p_z = Anpressdruck durch Gasdruck
p_f = Anpressdruck durch Federkraft

Es ist zu beachten, dass die vereinfachten Gleichungen 7.8 und 7.9 nur Aussagen über das Formfüllvermögen im Ringrücken ermöglichen, nicht jedoch über das örtliche Vermögen am Ringumfang [3].

Stoßspiel. Das Stoßspiel ist der von den Ringenden gebildete Spalt im eingebauten Zustand, der unter anderem zum Ausgleich der Wärmeausdehnung des Ringes erforderlich ist **(Bild 7-48)**. Während zu groß ausgelegte Stoßspiele oft erhöhte Gasleckagen – also Blowby-Mengen – verursachen, führt eine zu kleine Auslegung zum so genannten „Ringdrücken" beziehungsweise „Ringbeißen". Dabei wird die Wärmeausdehnung des Ringes durch sich berührende Stoßenden behindert. Es kann sowohl zum Ringbrechen aber auch zu Fressern zwischen Ring- und Zylinderlauffläche kommen, da der Anpressdruck unzulässig steigt.

Ringstoß. Ringstöße werden im Allgemeinen gerade ausgeführt. Schrägstöße sowie überlappte Stöße finden für Pkw- und Nkw-Motoren keine Anwendung und weisen bezüglich Dichtigkeit keine Vorteile auf. Ringstöße mit erhöhter Dichtigkeit (Typ „walzenförmig" oder „schräg") verbessern dagegen die Abdichtung gegenüber dem Geradstoß. Diese Ausführungen werden oft im Hydraulik-Bereich eingesetzt, im Verbrennungsmotor führten die Erprobungen zu unterschiedlichem Erfolg.

7.3.4 Herstellung

Kolbenringe aus Gusseisen werden zum einen im Einzelgussverfahren als Einfach-, Doppel- oder Mehrfachrohlinge auf Formplatten nach einem mathematisch bestimmten Modell geformt und im Stapelguss abgegossen. Ein anderes Herstellverfahren ist, Gussbuchsen im Stand- oder Schleuderguss zu erstellen.
Für Kolbenringe aus Stahl wird bevorzugt kaltgezogener Profilstahl verwendet. Dabei kommen nicht nur Einzelprofile für Kompressionsringe, sondern auch Spezialprofile für Ölabstreifringe zur Anwendung.

7.3.4.1 Formgebung

Während die Flankenbearbeitung der Ringe mit konventionellen Arbeitsverfahren wie Planschleifen oder Läppen geschieht, wird die Außenkontur, die die Charakteristik der Kolbenringe bestimmt, durch spezielle Verfahren – dem Doppelformdrehen für Gussringe und dem Wickeln für Stahlringe – hergestellt.
Doppelformdrehen. Beim Doppelformdrehen wird der an den Flanken geschliffene Rohling innen und außen gleichzeitig im Kopierdrehverfahren bearbeitet, welches eine gleichmäßige Wanddicke über den Ringumfang gewährleistet. Nach Heraustrennen des der Maulweite entsprechenden Ringsegmentes hat der Ring die ungespannte Form, die nach Einbau in den Zylinder die gewünschte Radialdruckverteilung realisiert. Die Form des Kopiernockens ist dabei speziell für jede Radialdruckcharakteristik des Ringes mathematisch berechnet und ausgelegt.
Wickeln. Das Wickeln von Kolbenringen wird für Stahlringe praktiziert. Der profilgezogene Stahldraht wird rund gewickelt. Die so entstehende Spirale wird längs aufgetrennt, dadurch werden die Ringe vereinzelt. Anschließend werden die Ringe auf einen Formdorn gezogen und in einem Wärmebehandlungsprozess formgeglüht. Hierbei muss der Dorn entsprechend der zu erzielenden Radialdruckcharakteristik berechnet und ausgelegt werden.
Die Profilgebung der Laufflächen, insbesondere von Minuten-, Nasen- und Ölschlitzringen erfolgt je nach Ausführung auf Außendrehautomaten oder Profilschleifmaschinen mit Hilfe von speziellen Profilwerkzeugen vor beziehungsweise nach einer eventuellen Laufflächenbeschichtung.

7.3.4.2 Verschleißschutzschichten

Zur Verringerung des Verschleißes an den Kolbenringen und am Zylinder werden vor allem die Ringlaufflächen mit verschleißfesten Schutzschichten bewehrt [6]. Eingesetzt werden folgende Verschleißschutzschichten:
Verchromung. Im tribologischen System Kolbenring/Zylinderwand zeichnen sich elektrochemisch erzeugte Hartchromschichten auf Kolbenringlaufflächen durch eine hohe Eigenverschleißbeständigkeit sowie geringe von ihnen ausgelöste Zylinderverschleiße aus. Anwendung finden normale Chromschichten heute eigentlich nur noch auf Ringen der 2. Nut, sowie auf Ölringen. Gegen Schädigungen der Schicht, wie Brandspuren und/oder ermüdungsbedingte Ausbrüche, die vor allem in der Einlaufphase auftreten können, wurden besondere Oberflächentopographien zur Optimierung der Schmierfilmaufbereitung entwickelt. Hier ist besonders die Sonderläppung zu nennen [1].
Chrom-Keramik-Schicht (CKS®). Ständig steigende Anforderungen an die Belastungsniveaus bei modernen Verbrennungsmotoren erfordern für Ringe der 1. Nut, sowie für Ölabstreifringe vielfach eine über den Einlauf hinausgehende Verbesserung der mechanisch/thermischen Belastbarkeit der Schichten. Durch die Einlagerung von keramischen Partikeln (Al_2O_3) in eine elektrochemisch erzeugte Hartchromschicht wird nicht nur deren Verschleißwiderstand über der gesamten Lebensdauer der Schichtdicke verbessert, sondern auch der Widerstand gegen Brandspurbildung, also gegen die thermische Überlastung **(Bild 7-50)**.
Chrom-Diamant-Schicht (GDC®). Für noch höhere motorische Belastungen wurde die CKS®-Schicht dahingehend weiterentwickelt, dass statt der Einlagerung von Keramikpartikeln nun kleinste Diamantpartikel in sonst vergleichbarer Hartchromschicht verankert werden. Dadurch kann der Eigenverschleiß bei nochmals verbesserter Brandspursicherheit etwa halbiert werden, ohne den Zylinderverschleiß wesentlich zu erhöhen [7].
Molybdänbeschichtung. Sie wird vor allem wegen ihres hohen Widerstandes gegen Brandspurbildung angewendet. Molybdän wird als thermische Spritzschicht hauptsächlich im Flammspritzverfahren auf die Kolbenringfläche aufgetragen. Die hohe Resistenz der Mo-Schicht gegen Brandspuren wird hypothetisch auf den hohen Schmelzpunkt von Mo (2.600 °C) und auf die poröse Schichtstruktur zurückgeführt.
Plasmaspritzschichten. Die Technik des Plasmaspritzverfahrens ermöglicht es, metallische beziehungsweise metallkeramische Mischschichten zu

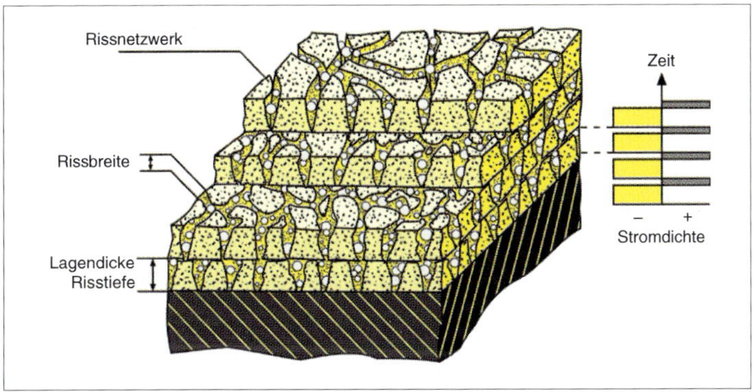

Bild 7-50 Schematische Darstellung von Chromschichten mit Feststoffeinlagerungen

erstellen, deren Basiswerkstoffe besonders hohe Schmelzpunkte haben. Die dadurch erzielten Verschleißschutzschichten haben einen noch höheren Verschleißwiderstand als Molybdänschichten und höhere Brandspursicherheit als Chromschichten.

HVOF-Schichten (**H**igh **V**elocity **O**xy-**F**uel). Die HVOF-Beschichtung, ein Hochgeschwindigkeits-Flammspritzen, baut auf der sehr hohen Brandspurresistenz der Plasmabeschichtung auf, wobei die Eigen- und Zylinderverschleißwerte weiter reduziert werden können. Beim HVOF-Beschichten wird ein Überschall-Flammstrahl zur Beschleunigung und Erwärmung der Spritzwerkstoffe verwendet, was gegenüber dem Plasmaspritzen deutlich dichtere und festere Schichten entstehen lässt [4]. Diese prinzipiellen Vorteile gegenüber dem Plasma können für den Motor aber nur realisiert werden, wenn die Schichtwerkstoffe optimal auf die besonderen Prozesseigenschaften abgestimmt sind. Als Werkstoffe kommen vor allem Metalle mit hohem Karbidanteil zum Einsatz.

Nitrieren und Nitrocarburieren. Hierbei werden durch thermochemische Behandlung (Diffusion) Stickstoff und zum Teil auch Kohlenstoff in die Oberfläche des Kolbenringes (überwiegend aus Werkstoff Stahl) eingelagert. Diese Diffusion erzeugt eine sehr hohe Oberflächenhärte (circa 1.300 HV 0,025), die der Schicht einen hohen Verschleißwiderstand vermittelt. Härte und Schichtdicke wachsen mit der Höhe nitridbildender Legierungselemente des Ringwerkstoffes (überwiegend Stahl mit 13 % beziehungsweise 18 % Chromgehalt). Bei Ottomotoren werden sie als Alternative zu galvanischen Chromschichten und teilweise auch zu thermischen Spritzschichten angewendet, insbesondere bei Ringhöhen ≤1,2 mm. Weitere Vorteile sind die Formtreue, die die Abbildung scharfer Laufkanten am Kolbenring ermöglicht, sowie die allseitige Beschichtung, durch die ein zusätzlicher Schutz gegen Flankenverschleiß gewonnen wird. Die Brandspursicherheit dieser Schichten kann wie die von galvanischen Normalchromschichten gewertet werden, die von thermischen Spritzschichten wird nicht erreicht.

PVD-Schichten (**P**hysical **V**apor **D**eposition). Mit der Technologie des Aufdampfens von Hartstoffen wie CrN werden Verschleißschutzschichten erzeugt, die eine konturengenaue Abbildung der Oberflächen ermöglichen. Dadurch können unter anderem gezielt nur die Funktionsflächen der Verschleißpartner beschichtet werden, was von Vorteil sein kann. PVD-Schichten zeichnen sich teilweise durch hohen Verschleißwiderstand, hohe Brandspursicherheit und niedrigen Zwickelverschleiß an Zylindern von Dieselmotoren aus. Die erreichbaren Schichtdicken von 50 µm begrenzen die Lebensdauererwartungen insbesondere für Lkw-Anwendungen. Eine zu erwartende Verbesserung der Schichtsysteme gegenüber den heute meist eingesetzten CrN-Systemen lassen zukünftig jedoch einen erweiterten Einsatz möglich werden. Weitere Einsatzgebiete sind in zunehmenden Maße durch Vorteile hinsichtlich der Reibungsminimierung gegeben, hier gewinnen DLC (Diamont like Carbon)-Beschichtungen insbesondere in Motoren mit Al-Zylinderlaufbahnen an Bedeutung [8].

7.3.4.3 Oberflächenbehandlungen

Die nachfolgend aufgeführten Oberflächenbehandlungen dienen bei Kolbenringen hauptsächlich zum Korrosionschutz bei der Lagerung, zur optischen Aufwertung sowie zur Verbesserung des Einlaufs. Eine nennenswerte Erhöhung der Brandspursicherheit im Einlauf wird allerdings nicht erreicht.

Phosphatieren. (Zinkphosphat- beziehungsweise Manganphosphatschichten) Durch chemische Behandlung wird die Oberfläche des Kolbenringes in Phosphatkristalle umgewandelt. Diese Phosphatschicht ist weicher als das Grundmaterial des Ringes und trägt sich demnach leichter ab, was den Einlauf der Ringe beschleunigt. Die Dicken dieser Schicht liegen zwischen 2 und 5 µm.

Verzinnen und Verkupfern. Beide Schichten werden elektrochemisch aufgetragen und wirken auf Grund ihrer geringen Härte quasi als Schmiermittel. Übliche Schichtdicken liegen ebenso zwischen 2 und 5 µm.

Brünieren. Brünierschichten werden hauptsächlich zur Flankenbeschichtung von Rails aus Kohlenstoffstahl eingesetzt. Diese sehr dünnen (<1 µm) Eisenoxidschichten stellen einen gewissen Korrosionsschutz dar.

CPS und CPG. CPS (bei nitrierten Stahlringen) und CPG (bei nitrierten Gussringen) sind Verfahren der chemischen Passivierung und vermindern die Gefahr des sogenannten Microweldings infolge einer gezielten Veränderung der Oberflächenmorphologie [5]. Gleichzeitig werden Korrosionsbeständigkeit und Gestaltfestigkeitsverhalten positiv beeinflusst.

7.3.4.4 Werkstoffe für Kolbenringe

Bestimmend für die Wahl der Kolbenringwerkstoffe sind die Forderungen nach guten Lauf- und Notlaufeigenschaften (Verschleißverhalten), gutem elastischen Verhalten, guten Wärmeleit- und thermischem Ausdehnungseigenschaften sowie hoher Korrosionsbeständigkeit. Hohe Festigkeit ist dann gefordert, wenn motorenseitig extreme Bedingungen wie hohe Drehzahlen oder hohe Gradienten des Verbrennungsdruckes vorliegen. Folgende Werkstoffe kommen zum Einsatz [6]:

Gusseisen mit Lamellengraphit, unvergütet. „Standard-Werkstoff" für Kolbenringe mit guten Einlauf- und Notlaufeigenschaften sowie befriedigendem Verschleißverhalten. Die Biegefestigkeitswerte sind mit mindestens 350 N/mm^2 relativ niedrig. „Standard-Werkstoff" wird für Ringe der 2. Nut und Ölabstreifringe verwendet.

Gusseisen mit Lamellengraphit, legiert, vergütet. Die niedrigen Festigkeitswerte des „Standard-Werkstoffes" sind durch Vergüten angehoben. Die Biegefestigkeiten liegen bei mindestens 650 N/mm^2, gleichzeitig wird die Härte gesteigert. Dieser Werkstoff wird ebenfalls für Ringe der 2. Nut eingesetzt.

Gusseisen mit Kugelgraphit (Sphäroguss), nidriglegiert, vergütet. Dieses Gusseisen zeichnet sich durch hohe Biegefestigkeit von mindestens 1.300 N/mm^2 aus. Wegen der hohen Biegefestigkeit wird Sphäroguss vorzugsweise für Ringe der 1. Nut verwendet.

Stahl. Wegen der hohen Bruchsicherheit wird Stahl zum Beispiel bei niedriger Ringhöhe ($\leq$1,2 mm) für Ottomotoren und in Dieselmotoren mit hohen Drucksteigerungsraten sowie bei Ölabstreifringen für Stahllamellen, Abstandsfedern und als Profilstahlölring eingesetzt.

7.3.5 Beanspruchung, Schäden, Verschleiß, Reibung

Kolbenringe werden im eingebauten Zustand im Zylinder durch die Einbaubiegespannung und bei der Montage durch die Überstreifbiegespannung beansprucht. Zusätzlich treten dynamische Belastungen auf, nämlich eine Axialbewegung des Kolbenringes, die durch die Wechselwirkung zwischen Gas-, Massen- und Reibungskräften hervorgerufen wird. In extremen Fällen werden unkontrollierte, axiale und auch radiale Bewegungen des Ringes hervorgerufen, die insbesondere in Benzinmotoren bei niedrigen Mitteldrücken und hohen Drehzahlen zu stark reduzierter Dichtfunktion und somit zu hohen Blowby-Verlusten führen können. Diese extremen Ringbewegungen können in Einzelfällen ebenso zum Ringbruch führen wie extreme Druckanstiegsraten bei klopfender Verbrennung eines Otto- beziehungsweise nagelnder Verbrennung eines Dieselmotors. Außergewöhnlich hohe Beanspruchung des Ringes entsteht auch durch Ölverkokung in der Kolbennut, was zum Ringstecken führen kann. Weitere Ringschäden sind Brandspuren und Fressen der Ringe.

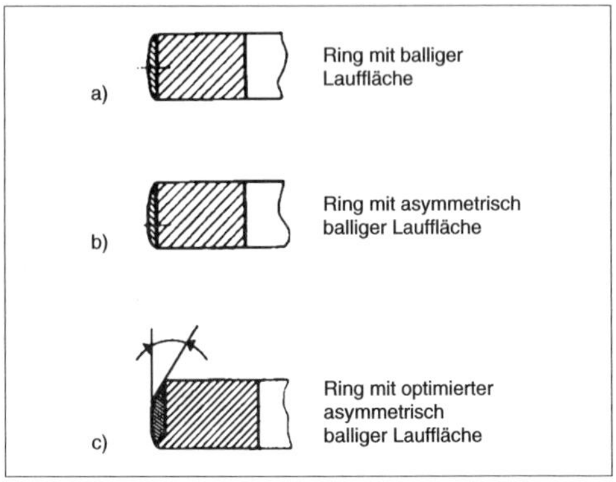

Bild 7-51 Laufflächenformen

Die Lebensdauer der Kolbenringdichtung wird entscheidend von ihrem Verschleiß bestimmt. Es tritt Radialverschleiß (Laufflächenverschleiß), Axialverschleiß (Ringflanken- und Kolbennutverschleiß, „Microwelding") und Sekundärverschleiß an Ölringen (Verschleiß zwischen Ring und Schlauchfelder beziehungsweise zwischen Lamellen und Abstandsfeder) auf. Das tribologische System der Kolbenringdichtung ist sehr komplex, weil praktisch alle üblichen Verschleißarten wie abrasiver, adhäsiver und korrosiver Verschleiß mit mehr oder weniger starker Auswirkung auftreten. Der Anteil der Kolbengruppe an den mechanischen Verlusten eines Motors beträgt circa 40 %. Die Kolbenringe verursachen hiervon etwas mehr als die Hälfte. Wesentliche Einflussgrößen auf die Kolbenringreibung sind die Flächenpressung, die Ringhöhe (Breite des Laufspiegels) beziehungsweise die Laufsteghöhe bei Ölringen, die Laufflächenform (Balligkeit; unterschiedliche Ausführungen siehe **Bild 7-51**), der Reibbeiwert der Laufflächenbeschichtung (nur im Mischreibungsgebiet in den Totpunkten; hier ist aber die Kolbengeschwindigkeit sehr niedrig) und die Anzahl der zur ausreichenden Dichtfunktion notwendigen Ringe pro Kolben. Alle Maßnahmen zur Reduzierung der Kolbenringreibung müssen daher so gewählt werden, dass sie das Funktionsverhalten der Kolbenringe, insbesondere die Abdichtwirkung gegen Brenngas und Schmieröl, nicht negativ beeinflussen.

Literatur

[1] *N. N.*: Kolbenringhandbuch der Federal-Mogul Burscheid GmbH, Neuauflage 2008 (Online-Ausgabe)

[2] *Esser, J.*: Einfluss von Ölabstreifringen auf den Ölverbrauch; MTZ 63, 2002, Nr. 7/8

[3] *Mierbach, A.*: Radialdruck und Spannbandform eines Kolbenringes; MTZ 55, 1994, Nr. 2

[4] *Herbst-Dederichs, C.; Münchow, F.*: Modern Piston Ring Coatings and Liner Technology for EGR Applications; SAE Paper 2002-01-0489

[5] *Ishaq, R.; Grunow, F.*: Wege zur Optimierung des Reibsystems Kolbenring und Ringnut; MTZ 60, 1999, Nr. 9

[6] *Esser, J.; Hoppe, S.; Linde, R.; Münchow, F.*: Kompressionskolbenringe in Otto- und Dieselmotoren; MTZ 66, 2005 Nr. 7 – 8

[7] *Esser, J.; Linde, r.; Münchow, F.*: Diamantbeschichtete Laufflächenschicht für Kompressionsringe; MTZ 65, 2004 Nr. 7 – 8

[8] *Hoppe, S.; Münchow, F.; Esser, J.*: DLC-Hochleistungsbeschichtungen für Kolbenringe, Potenzial und Einsatzerfahrungen; VDI-Bericht Nr. 1994, 2008, S. 143 – 156

7.4 Kurbelgehäuse

Als Kurbelgehäuse bezeichnet man das Bauelement des Motors, das den Zylinder, den Kühlmantel und das Triebwerksgehäuse umfasst.

7.4.1 Aufgaben und Funktionen

Als Hauptfunktionen, die das Kurbelgehäuse zu erfüllen hat gelten:

- Aufnahme der Gas- und Massenkräfte in den Kurbelwellenlagern beziehungsweise in der Verschraubung des Zylinderkopfes
- Aufnahme des Triebwerkes, bestehend aus Kolben, Pleuel, Kurbelwelle und Schwungrad
- Aufnahme und Anschluss der Zylinder oder bei mehrteiliger Kurbelgehäusebauart Anschluss zu einzelnen Zylindern oder zu Zylinderblock/Zylinderblöcken
- Lagerung von Kurbelwelle, von gegebenenfalls einer Zwischenwelle für den Steuerungsantrieb und von gegebenenfalls einer oder zwei Ausgleichswellen für den Massenausgleich
- Aufnahme von Kanälen zum Transport von Schmier- und Kühlmitteln. Mit Schmiermittel zu versorgen sind Kurbelwellen- und Pleuellager, gegebenenfalls Kolbenspritzdüsen für die Kolbenkühlung, gegebenenfalls vorhandene hydraulische Kettenspanner sowie die im Zylinderkopf angeordneten Bauteile. Dieses sind Nockenwelle(n), Tassenstößel oder Kipp- oder Schlepphebel, gegebenenfalls vorhandene Hydraulikelemente für den automatischen Ausgleich des Ventilspiels sowie gegebenenfalls vorhandene Verstelleinrichtungen für die Steuerzeitenverstellung. Der Schmiermittelrücklauf aus dem Zylinderkopf/den Zylinderköpfen erfolgt meistens ebenfalls durch im Kurbelgehäuse angeordnete Kanäle
- Bei flüssigkeitsgekühlten Motoren beinhaltet das Kurbelgehäuse um die Zylinder herum den sogenannten Wassermantel sowie gegebenenfalls weitere Kühlmittel führende Kanäle. Häufig dient hier das Kurbelgehäuse auch zur Aufnahme der Kühlmittelpumpe
- Integration eines Systems zur Kurbelgehäuseentlüftung
- Anschluss zu Getriebe und Ventilsteuerungsantrieb und dessen Abdeckung sowie Aufnahme und Führung von Übertragungselementen wie zum Beispiel Ketten
- Anschlüsse und Aufnahme diverser Nebenaggregate so zum Beispiel für Motorlagerung im Fahrzeug, Bauteile für die Kühlmittelvorwärmung, Öl-Wasser Wärmetauscher, Ölfilter, Ölabscheider für Kurbelgehäuseentlüftung, Sensoren für Öldruck-, Öltemperatur-, Kurbelwellendrehzahl-, Klopferkennung und so weiter.
- Verschluss des Kurbelraumes nach außen durch die Ölwanne und für den Kurbelwellendurchtritt mittels Radialwellendichtringen.

Auf Grund der vielfältigen zu erfüllenden Funktionen ist das Kurbelgehäuse unterschiedlichen und sich überlagernden Beanspruchungen ausgesetzt. Es wird auf Zug-Druck, Biegung und Torsion beansprucht durch Massen- und Gaskräfte. Im Einzelnen sind dies:

- Gaskräfte, die von der Zylinderkopfverschraubung und der Kurbelwellenlagerung aufzunehmen sind
- Innere Massenmomente (Biegemomente), resultierend aus rotierenden und oszillierenden Massenkräften
- Innere Torsionsmomente (Kippmomente) zwischen einzelnen Zylindern
- Kurbelwellendrehmoment und die daraus resultierenden Reaktionskräfte in der Motorlagerung
- Freie Massenkräfte und Massenmomente, resultierend aus oszillierenden Massenkräften, die in der Motorlagerung aufzunehmen sind.

Arbeitsverfahren und Betriebsgrenzen bestimmen die maximal auftretenden Kräfte. So benötigen Dieselmotoren aufgrund ihrer höheren Spitzen- und Mitteldrücke im Allgemeinen stärker dimensionierte Kurbelgehäuse als Ottomotoren. Die Höhe der auftretenden Massenkräfte wird durch die maximale Drehzahl und die Auslegung des Kurbeltriebes bestimmt. Die Tendenz zur Aufladung von Diesel- und Ottomotoren, sowie zum Down-Sizing mit gleicher Leistung bei kleinerem Hubvolumen, erhöht die vom Kurbelgehäuse aufzunehmenden Kräfte.

Die Wirkung der Kräfte und der daraus resultierenden Momente sowohl im Inneren des Kurbelgehäuses als auch nach außen (Motorlagerung, mechanische Schwingungen, Geräuschabstrahlung) hängt ab von der konstruktiven Ausführung des Motors.

Die wesentlichen Einflussparameter der Motorbauart auf die Beanspruchung des Kurbelgehäuses sind die Zahl und Anordnung der Zylinder sowie die Kröpfungsanordnung der Kurbelwelle und die Zündfolge.

Werkstoffe
(gängige Werkstoffe für Kurbelgehäuse)

Werkstoffgruppe:	Aluminium						Eisen		
Werkstoff:	AlSI6Cu4		AlSi17Cu4Mg		AlSi9Cu3		G3L-240	G3L-300	G3V
Bemerkung:	untereutektisch		übereutektisch,	übereutektisch	untereutektisch		Gusseisen mit Lamellengraphit	Gusseisen mit Lamellengraphit	Vermicular Graphit
Werkstoffzustand:	Gusszustand		wärmebehandelt	Gusszustand	Gusszustand				
Gusstechnik:	Sand- und Kokillenguss	Druckguss	Sand- und Kokillenguss	Druckguss	Sand- und Kokillenguss	Druckguss			
Dehngrenze R_{p02} (N/mm²):	90–100	140	190–320	150–210	90–180	150	165–228	195–260	240–300
Zugfestigkeit R_m (N/mm²):	150–170	240	220–360	260–300	150–170	220	250	300	300–500
Bruchdehnung A_6 (%):	1	1	0,5	0,3	1	1	0,8–0,3	0,8–0,3	2–6
Brinelhärte HB:	60–75	80	90–150	25	60–75	80	180–250	200–275	160–280
Biegewechselfestigkeit (N/mm²)	60–80	70–90	90–125	70–95	60–95	70–90	87,5–125	105–150	160–210
E-Modul (kN/mm²):	73–76	75	83–87	83–87	74–78	75	103–118	108–137	130–160
Wärmeausdehnungskoef. (20°–200° C) (10^{-4} /K):	21–22,5	22,5	18–19,5	18–19,5	21–22,5	21	11,7	11,7	11–14
Wärmeleitfähigkeit (W/mK):	100–110	100–110	117–134	117–150	110–120	110–120	48,5	47,5	42–44
Dichte (kg/dm³):	2,75	2,75	2,75	2,75	2,75	2,75	7,25	7,25	7,0–7,7

Quellen: Kolbenschmidt AG, Neckarsulm, Handbuch Aluminium – Gussteile, Heft 18
DIN EN 1706, Aluminium und Aluminiumlegierungen, Gussstücke, chemische Zusammensetzung und mechanische Elgenschaften
DIN EN 1591, Gusseisen mit Lamellengraphit
Porsche Technische Lieferungsbedingungen 2002
Vermiculargraphitguss (GGV) – Ein neues Material für den Verbrennungsmotor,
Aachener Kolloquium Fahrzeug- und Motorentechnik 95,
Prof. Dr. techn. F. Indra, Dipl. Ing. M. Tholl, Adam Opel AG, Rüsselsheim

Bild 7-52 Werkstoffe von Kurbelgehäusen

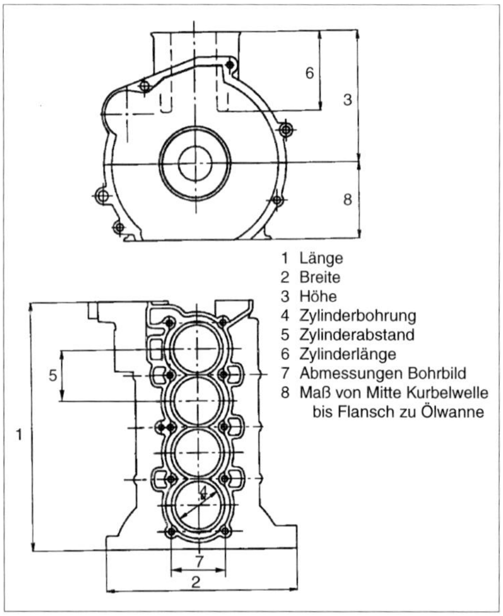

Bild 7-53 Hauptabmessungen des Kurbelgehäuses

Die dabei im Kurbelgehäuse auftretenden Beanspruchungen sind von Einfluss auf die Konstruktion des Kurbelgehäuses beziehungsweise die Kurbelgehäusebauart im Hinblick auf ausreichende Festigkeit, minimale Verformungen, kostengünstige Herstellung, Recycling, Geräuschabstrahlung und auf das Kurbelgehäusegewicht und damit auf das Motorgesamtgewicht.

Die Festigkeit eines Kurbelgehäuses wird bestimmt durch den verwendeten Werkstoff, durch die in Abhängigkeit vom verwendeten Gießverfahren und Werkstoff mögliche Wärmebehandlung sowie durch die konstruktive Gestaltung, charakterisiert durch Kurbelgehäusebauart, Verrippung, Wandstärken etc. Gängige Kurbelgehäuse-Werkstoffe, zum Vergleich auch GGV, und die wichtigsten Werkstoffeigenschaften sind in **Bild 7-52** dargestellt.
Kurbelgehäuse werden je nach der Motorbauart, wie zum Beispiel Reihen-, V- und Boxermotor durch die folgenden Hauptabmessungen charakterisiert **(Bild 7-53)**:

- Länge, als Maß von Vorderkante Kurbelgehäuse bis Motor-Getriebeflansch
- Breite, als maximale Breite über alles
- Höhe, als Maß von Mitte Kurbelwelle in Zylinderachsrichtung bis Deckplattenebene
- Zylinderbohrung als Nenninnendurchmesser der Zylinder.
- Zylinderabstand als Maß zwischen den Mitten zweier benachbarter Zylinder
- Zylinderversatz, bei V-, W- und Boxermotoren als Maß zwischen den Mitten von zwei sich in benachbarten Zylinderbänken gegenüberliegenden Zylindern
- Zylinderlänge als Maß von Deckplatte bis unterem Zylinderende.

Das Bohrbild gibt die Lage der Zylinderkopfverschraubung an: je nach deren Ausführung, zum Beispiel 4- oder 6-fach je Zylinder.

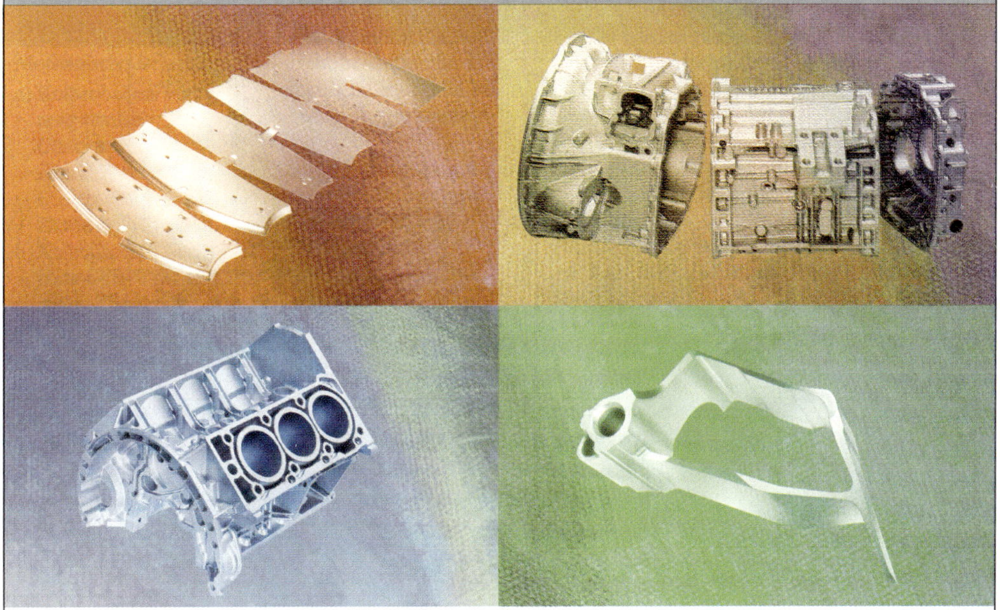

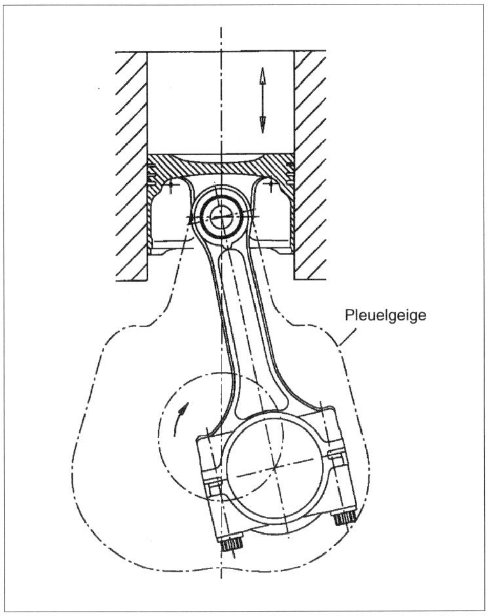

Bild 7-54 Pleuelgeige

Folgende Maße von der Kurbelwellenmitte bis zum Flansch der Ölwanne sind definiert:

a) gleich null bei Trennebene zu Ölwanne auf Mitte Kurbelwelle
b) Höhe des Deep-Skirt bei Kurbelgehäuse mit heruntergezogenen Seitenwänden
c) Höhe des Kurbelgehäuse-Unterteils bei zweigeteilten Kurbelgehäusen.

Bild 7-53 zeigt die wesentlichen Abmessungen.
Bei jeder Kurbelwellenumdrehung führt der Pleuel eine Schwenkbewegung aus. Die dabei entstehende Hüllkurve, bestimmt durch die Außenkontur des Pleuels und durch den Kurbelradius, wird wegen ihrer charakteristischen Form, die der Außenkontur einer Geige ähnelt, als Pleuelgeige bezeichnet **(Bild 7-54)**. Bei der Konstruktion eines Kurbelgehäuses ist daher ein entsprechender Freigang zur Pleuelgeige sicherzustellen. Die wichtigsten Engstellen zwischen Kurbelgehäuse und Pleuelgeige sind üblicherweise:

- Unterkante Zylinder, bei V-, W- und Boxermotoren auch des gegenüberliegenden Zylinders
- Kurbelgehäuseseitenwände mit insbesondere neben der Pleuelgeige angeordneten Kanälen für Ölrücklauf oder Kurbelgehäuseentlüftung.

Der Freigang beträgt in der Regel zwischen 3,5 und 4,5 mm und ist bedingt durch die Berücksichtigung aller Toleranzen der beteiligten Bauteile, einschließlich der Gusstoleranzen des Kurbelgehäuses.

7.4.2 Gestaltung von Zylinderkurbelgehäusen

7.4.2.1 Kurbelgehäusebauart

Die Kurbelgehäusebauarten können strukturiert werden entsprechend der konstruktiven Ausführung im Bereich von:

- Deckplatte
- Hauptlagerstühlen
- Zylinder.

Da den Zylindern ein eigenes Kapitel gewidmet ist, werden sie in diesem Zusammenhang nicht behandelt.

Deckplatte

Ein wesentliches Konstruktionsmerkmal, welches die Auswahl des Gießverfahrens einschränkt, ist die Kurbelgehäusedeckplatte. Dabei kann man unterscheiden zwischen Closed Deck- und Open-Deck-Bauweise.

a) Closed-Deck. Bei dieser Bauweise ist die Kurbelgehäusedeckplatte in dem Bereich um die Zylinder herum weitgehend geschlossen. In der Deckplatte sind, unabhängig von deren Ausführung, immer Öffnungen der Zylinder, Öffnungen für Gewindebohrungen zur Zylinderkopfverschraubung und in der Regel Bohrungen und Kanäle für Drucköl, Kühlwasser, Ölrücklauf und Kurbelgehäuseentlüftung vorhanden **(Bild 7-55)**.

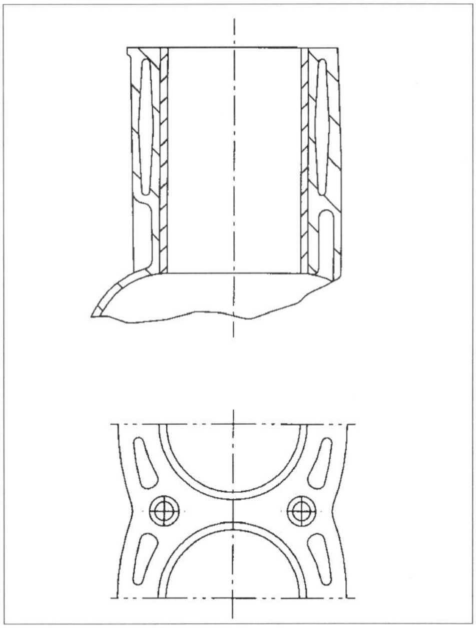

Bild 7-55 Closed-Deck Bauweise

Die Deckplatte wird, mit Ausnahme der Zylinder, im Wesentlichen nur von kleineren, im Querschnitt abgestimmten Öffnungen für das Kühlmittel durchbrochen. Diese Öffnungen verbinden den die Zylinder umfassenden Wasserraum über festgelegte Öffnungsquerschnitte in der Zylinderkopfdichtung und Öffnungen in der Zylinderkopfbrennraumplatte mit dem Wassermantel im Zylinderkopf. Diese Bauart hat Nachteile bezüglich der Zylinderkühlung im OT-Bereich. Die Darstellung des Kurbelgehäusewassermantels erfordert bei der Closed-Deck-Bauweise einen Sandkern, da der Wassermantel im oberen Bereich des Kurbelgehäuses größtenteils durch die Deckplatte verschlossen ist. Er ist daher nicht, zum Beispiel als Bestandteil der Gießaußenform für den oberen Teil des Kurbelgehäuses, abformbar und muss in der Gießform gelagert werden. Diese Lagerstellen finden sich meist am fertigen Kurbelgehäuse als Gussaugen in den Kurbelgehäuseseitenwänden wieder. Die Öffnungen der Kernlagerungen werden mit Blechverschlussdeckeln verschlossen. Derartige Kernlageraugen am Kurbelgehäuse sind bei einem fertig montierten Motor ein Indiz für die Closed-Deck-Bauart der Deckplatte.

Der Vorteil der Closed-Deck-Bauart im Vergleich zur Open-Deck-Bauart ist die höhere Steifigkeit der Deckplatte. Dies wirkt sich positiv auf Deckplattenverformung, Zylinderverzug und Akustik aus.

Die Ausführung von Kurbelgehäusen mit Closed-Deck-Design schränkt jedoch die Auswahl an Gießverfahren ein. Wegen des erforderlichen Wassermantelsandkernes wird die Closed-Deck-Bauart nahezu ausschließlich im Sand- oder Kokillenguss hergestellt.

Das für die Darstellung des Wassermantelkernes auch anwendbare Lost-Foam-Verfahren wird nur ganz vereinzelt angewendet.

Gusseisen-Kurbelgehäuse, hergestellt im Sandgussverfahren, haben ausschließlich ein Closed-Deck-Design. Kurbelgehäuse aus Aluminium-Silicium-Legierungen mit Closed-Deck-Design werden in Großserie überwiegend im Kokillen-/Niederdruckguss und zum geringen Teil auch im automatisierten Sandgussverfahren hergestellt.

b) Open-Deck. Bei der Open-Deck-Bauweise ist der die Zylinder umfassende Wassermantel nach oben hin offen, **Bild 7-56**. Das bedeutet gießtechnisch, dass für die Darstellung des Wassermantels kein Sandkern und damit auch keine Kernlagerungen erforderlich sind. Der Wassermantelkern ist ohne Hinterschnitte abformbar und als Stahl-Formteil darstellbar.

Der nach oben offene Wassermantel ermöglicht im Vergleich zur Closed-Deck-Bauweise eine bessere Kühlung des heißen oberen Bereiches der Zylinder.

Die Steifigkeit der Deckplatte ist beim Open-Deck-Design geringer als bei der Closed-Deck-Bauweise. Der daraus resultierende negative Einfluss auf Deckplattenverformung und Zylinderverzug wird kompensiert durch Verwendung einer Metallzylinderkopfdichtung. Diese ermöglicht durch ihr, im Vergleich zur herkömmlichen Weichstoffzylinderkopfdichtung, geringeres Setzverhalten eine niedrigere Vorspannkraft der Zylinderkopfverschraubung, wodurch Deckplattenverformung und Zylinderverzug reduziert werden.

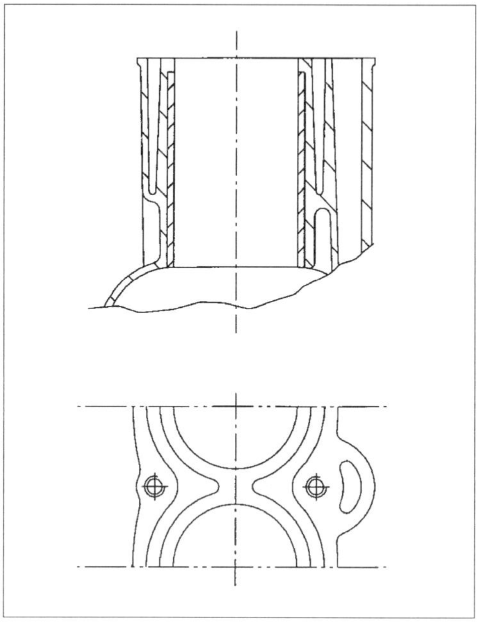

Bild 7-56 Open-Deck-Bauart

Die Ausführung von Kurbelgehäusen mit Open-Deck-Design lässt prinzipiell die Anwendung aller Gießverfahren zu.

Das Open-Deck-Design eröffnete für Kurbelgehäuse aus Aluminium-Silicium Legierungen die Möglichkeit der Herstellung mit dem wirtschaftlichen Druckgussverfahren. Das ermöglicht darüber hinaus die Realisierung spezieller Zylinder-/Zylinderbuchsen-Techniken.

Hauptlagerstuhl-Bereich

Der Hauptlagerstuhl-Bereich ist bei Kurbelgehäusen der Bereich der Kurbelwellenlagerung. Die konstruktive Ausführung dieses Bereiches ist von besonderer Bedeutung, da unter anderem die auf die Kurbelwellenlager wirkenden Kräfte aufgenommen werden müssen.

Möglichkeiten, die Kurbelgehäuseausführung weiter zu strukturieren, sind zum einen die Lage der Trennebene zwischen Kurbelgehäuse und Ölwanne und zum anderen die Konstruktion der Hauptlagerdeckel.

Bezüglich der Trennebene unterscheidet man zwischen Ölwannenflansch auf Mitte Kurbelwelle und Ölwannenflansch unterhalb Mitte Kurbelwelle.

Bei der Konstruktion der Hauptlagerdeckel lässt sich differenzieren zwischen einzelnen Hauptlagerdeckeln, der Einbindung in eine Leiterrahmenkonstruktion und der Integration in das Kurbelgehäuse-Unterteil.

Hauptlagerdeckel

Die Hauptlagerdeckel bilden den unteren Abschluss der Hauptlagerstühle, werden mit diesen fixiert und verschraubt. Hauptlagerdeckel und Hauptlagerstühle haben prinzipiell die gleiche Funktion, nämlich Aufnahme der Kräfte und Momente, die die Kurbelwelle belasten, Aufnahme der entsprechenden Lager, einschließlich Passlager (Bundlager oder Anlaufscheiben) sowie auf der Getriebeausgangsseite am letzten Hauptlager die Aufnahme eines Radialwellendichtringes für die Abdichtung des hinteren Kurbelwellenendes.

Hauptlagerdeckel und Hauptlagerstühle im Kurbelgehäuse werden gemeinsam bearbeitet und sind daher und auch für die nach der Bearbeitung erfolgenden Montagevorgänge zueinander fixiert. Übliche Fixierungen sind seitlich in den Hauptlagerstühlen geräumte Flächen oder Bohrungen für Passhülsen.

Hauptlagerdeckel werden ausschließlich aus Gusseisen hergestellt und mit Kurbelgehäusen sowohl aus Gusseisen als auch aus Al-Legierungen kombiniert. Die gemeinsame Bearbeitung von Al-Hauptlagerstuhl und Gusseisen-Lagerdeckel ist wegen der werkstoffspezifisch unterschiedlichen optimalen Schnittgeschwindigkeiten zwar nicht unproblematisch aber Stand der Technik in der Großserie. Die Kombination von Al-Hauptlagerstuhl und Gusseisen-Hauptlagerdeckel hat Gusseisen-werkstoffbedingte Vorteile: Der niedrigere Wärmeausdehnungskoeffizient des Hauptlagerdeckels aus Gusseisen begrenzt das Betriebslagerspiel der Kurbelwellenlagerung. Dies reduziert den Öldurchsatz durch die Kurbelwellenhauptlager. Reduziertes Hauptlagerspiel und höhere werkstoffbedingte Steifigkeit des Gusseisen-Lagerdeckels (E-Modul von Gusseisen ist höher als E-Modul von Al) reduzieren die Geräuschentstehung und -Emission im Hauptlagerstuhlbereich.

Die in Großserienfertigung früher am meisten verbreitete Bauart waren Kurbelgehäuse aus Gusseisen mit einzelnen Gusseisen-Hauptlagerdeckeln. Die Kurbelgehäuse waren sowohl mit Ölwannenflansch auf Mitte Kurbelwelle als auch als Kurbelgehäuse mit heruntergezogenen Seitenwänden ausgeführt. V-Motoren hatten häufig bereits Al-Kurbelgehäuse mit einzelnen Gusseisen-Hauptlagerdeckeln.

Seit Anfang/Mitte der 90er Jahre wurden und werden bei Motor-Neukonstruktionen für die Großserie die Kurbelgehäuse vermehrt als Voll-Aluminium-Ausführungen dargestellt.

Hauptlagerstuhl

Als Hauptlagerstuhl wird die obere Hälfte einer Kurbelwellenlagerstelle im Kurbelgehäuse bezeichnet. Unabhängig von der konstruktiven Ausführung

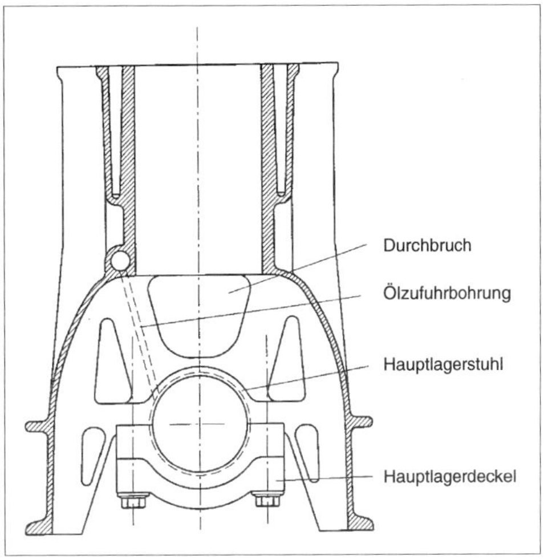

Bild 7-57 Hauptlagerstuhl/Hauptlagerdeckel

eines Kurbelgehäuses im Bereich der Kurbelwellenlagerung sind die Hauptlagerstühle immer im Guss des Kurbelgehäuses oder Kurbelgehäuse-Oberteils integriert (**Bild 7-57**).

Die Anzahl der Hauptlagerstühle eines Kurbelgehäuses hängt ab von der Motorbauart und insbesondere der Zylinderanzahl und Zylinderanordnung. Heute werden Kurbelgehäuse aus schwingungstechnischen Gründen nahezu ausschließlich mit einer sogenannten Voll-Lagerung der Kurbelwelle ausgeführt. Vollgelagerte Kurbelwellen haben neben jeder Kurbelwellenkröpfung einen Hauptlagerzapfen. Ein vollgelagerter Reihenvierzylindermotor hat daher fünf Hauptlagerstühle; vollgelagerte Reihensechszylinder- und Sechszylinderboxermotoren haben sieben Hauptlager; V6- und V8-Motoren haben vier beziehungsweise fünf Hauptlager und so weiter.

Die wichtigsten Funktionen der Hauptlagerstühle sind:

- Aufnahme von axial und radial wirkenden Kräften und Momenten der Kurbelwellenlagerung
- Aufnahme der oberen Gleitlagerschalen für die radiale Lagerung der Kurbelwelle sowie Aufnahme der Bundlager oder der Anlaufscheiben in einem Hauptlagerstuhl, dem sogenannten Passlager, für die axiale Lagerung der Kurbelwelle
- Aufnahme der Gewinde, Fixierbohrungen oder Einpass für Fixierungen zur Befestigung und Fixierung von Hauptlagerdeckel oder Leiterrahmen oder Kurbelgehäuse-Unterteil
- Aufnahme von Ölzufuhrbohrungen und Ölnuten für die Versorgung der Kurbelwellenhauptlager mit Öl
- Je nach Motorkonstruktion Aufnahme des Radialwellendichtringes im letzten Hauptlagerstuhl für die Abdichtung des hinteren Kurbelwellenendes.

Die Hauptlagerstühle weisen häufig Durchbrüche auf, die dem Druckausgleich der einzelnen Kammern des Kurbelraumes dienen und dadurch Verluste durch innere Motorreibung reduzieren.
Ebenfalls häufig werden vertikale Bohrungen oder Kanäle für den Ölrücklauf aus dem Zylinderkopf beziehungsweise für die Kurbelgehäuseentlüftung seitlich durch die Hauptlagerstühle geführt.
Diese vielfältigen Funktionen erfordern eine große Sorgfalt bei der konstruktiven Auslegung und Gestaltung der Hauptlagerstühle und den mit ihnen kombinierten Bauteilen Hauptlagerdeckel oder Leiterrahmen oder Kurbelgehäuse-Unterteil. Eine Auslegung dieser Baugruppen erfolgt fast ausschließlich durch die heute verfügbaren Konstruktionshilfsmittel, wie zum Beispiel FEM (Finite Element Method)-Berechnungen.

Kurbelgehäuse-Unterteil

Beim Kurbelgehäuse-Unterteil sind die einzelnen Hauptlagerdeckel wie bei der Leiterrahmenkonstruktion in einem Bauteil zusammengefasst. Im Gegensatz zum Leiterrahmen liegt das Kurbelgehäuse-Unterteil nicht innerhalb des Motors. Die Seitenwände des Kurbelgehäuse-Unterteils bilden vielmehr die äußere Begrenzung des Kurbelraumes; die untere Ebene bildet den Flansch zur Ölwanne.
Ein Kurbelgehäuse-Unterteil bietet prinzipiell die selben konstruktiven Gestaltungsmöglichkeiten wie unter Leiterrahmenkonstruktion beschrieben. Da Kurbelgehäuse-Unterteile in Serienfertigung fast ausschließlich aus Al-Legierungen und im Druckguss hergestellt werden, sind weitere Funktionen integrierbar:

- Ölhobel, das heißt radiales Abstreifen des Motoröls um die Hüllkurven der Kurbelwellengegengewichte und der Pleuel
- Teile des Motor-Ölkreislaufes, wie zum Beispiel Ölansaugkanal zwischen Ölpumpe und Ölsumpf, Ölkanal zwischen Ölfilterflansch und Ölpumpe, Ölfilterflansch selbst, Ölrücklaufkanäle, Hauptölkanal und Ölkanäle zu den einzelnen Hauptlagerstellen, partielle Integration des Ölpumpengehäuses
- Aufnahme von Wellendichtringen für die Abdichtung der Kurbelwelle.

Kurbelgehäuse-Unterteile werden bei in Serie gefertigten Vollaluminiummotoren und bei Rennmotoren verwendet.

Leiterrahmenkonstruktion

Bei der Leiterrahmenkonstruktion sind die einzelnen Hauptlagerdeckel ähnlich der Bauart mit Kurbelgehäuse-Unterteil in einem Bauteil zusammengefasst, **Bild 7-58**. Im Gegensatz zum Kurbelgehäuse-Unterteil hat der Leiterrahmen keine Flanschebene zur Ölwanne. Der Leiterrahmen liegt vielmehr innerhalb

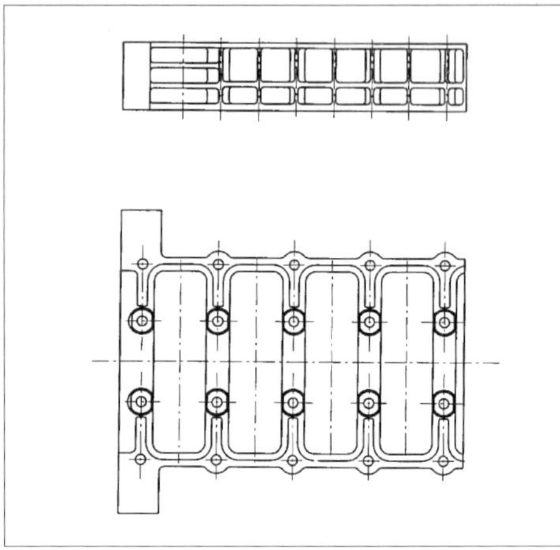

Bild 7-58 Leiterrahmenkonstruktion

des Motors, wird also bei der Bauart mit Ölwannenflansch auf Mitte Kurbelwelle von der Ölwanne eingehüllt beziehungsweise bei Kurbelgehäusen mit heruntergezogenen Seitenwänden von diesen umschlossen. Die Vorteile eines Leiterrahmens sind:

- Im Vergleich zu einzelnen Hauptlagerdeckeln höhere Steifigkeit und dadurch bessere Akustikeigenschaften, einfacher und schneller montierbar
- Nahezu gleiche konstruktive Gestaltungsfreiheiten bezüglich der Integration von Funktionen wie sie das Kurbelgehäuse-Unterteil bietet
- Kostengünstiger und leichter als ein Kurbelgehäuse-Unterteil.

Leiterrahmen aus Al-Legierungen sind im Druckguss darstellbar. Dies ermöglicht auch die Integration von gegossenen Ölnuten zur Ölversorgung der Hauptlager.
Im Bereich der einzelnen Lagerstellen können Einsätze aus Gusseisen mit Kugelgraphit (zum Beispiel GJS 600) mit eingegossen werden. Dann ergeben sich die gleichen Vorteile (Reduzierung des Betriebslagerspiels der Kurbelwelle, Erhöhung der Steifigkeit des Leiterrahmens und Reduzierung der Geräuschabstrahlung im Hauptlagerstuhlbereich) wie bei der Kombination Al-Kurbelgehäuse und Hauptlagerdeckel aus Gusseisen.
Bei bestehenden Kurbelgehäusekonstruktionen mit einzelnen Gusseisen-Hauptlagerdeckeln können diese zur Erhöhung der Steifigkeit beziehungsweise zur Verbesserung der Akustik durch eine Leiterrahmenkonstruktion ersetzt werden, ohne dass gleich eine komplette Neukonstruktion des Kurbelgehäuses erforderlich ist. Auch Zwitterlösungen zwischen einzelnen Hauptlagerdeckeln und einem integralen Leiterrahmen sind möglich, indem die einzelnen Lagerdeckel über ein als Leiter ausgebildetes eigenständiges Gussteil durch Verschrauben miteinander verbunden werden.

Kurbelgehäuse mit Leiterrahmen können sowohl mit Ölwannenflansch auf Mitte Kurbelwelle als auch als Kurbelgehäuse mit heruntergezogenen Seitenwänden ausgeführt werden.

Ölwannenflansch auf Mitte Kurbelwelle

Ein weiteres Konstruktionsmerkmal von Kurbelgehäusen ist die Lage der Trennebene zwischen Kurbelgehäuse und Ölwanne auf Mitte Kurbelwelle, **Bild 7-59**. Bei dieser Konstruktion sind die oberen Hälften der Kurbelwellenlagerstellen als Hauptlagerstühle im Guss des Kurbelgehäuses integriert. Die unteren Hälften der Kurbelwellenlagerstellen sind entweder als einzelne Hauptlagerdeckel, als Leiterrahmenkonstruktion oder als Kurbelgehäuse-Unterteil ausgeführt.
Die Abdichtung zwischen Kurbelgehäuse und Ölwanne erfolgt zwischen den in der Trennebene liegenden Flanschen. Die Abdichtung der Kurbelwelle am vorderen und hinteren Ende erfolgt entsprechend der jeweiligen Motorkonstruktion, zum Beispiel vorderes Kurbelwellenende über Radialwellendichtring im Ölpumpengehäuse oder im Stirndeckel, hinteres Kurbelwellenende über Radialwellendichtring im letzten Hauptlagerstuhl oder in einem separaten Deckel.
Gusseisen-Kurbelgehäuse mit Trennebene zur Ölwanne auf Mitte Kurbelwelle und mit einzelnen Hauptlagerdeckeln wurden früher bei hubraumkleineren (bis circa 1,8 l) Reihenvierzylindermotoren sowie bei einigen V6- und V8-Motoren verwendet.
Die Vorteile dieser Bauweise sind günstige Herstellkosten. Die Nachteile dieser Konstruktion im Vergleich zu Kurbelgehäusen mit heruntergezogenen Seitenwänden oder mit Kurbelgehäuse-Unterteil sind geringere Steifigkeit und schlechteres Akustikverhalten.

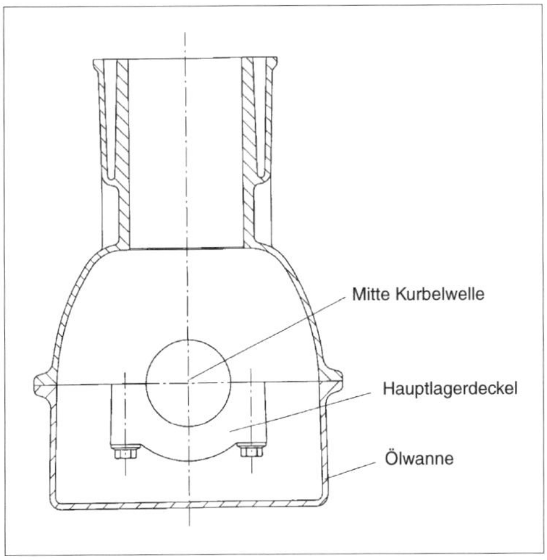

Bild 7-59 Ölwannenflansch auf Mitte Kurbelwelle

Ölwannenflansch unterhalb Mitte Kurbelwelle

Bei dieser Lage der Trennebene zwischen Kurbelgehäuse und Ölwanne sind zwei Kurbelgehäusebauarten zu unterscheiden:

a) Bauart mit Kurbelgehäuse-Oberteil und -Unterteil (Bild 7-60a). Bei dieser Bauweise sind die

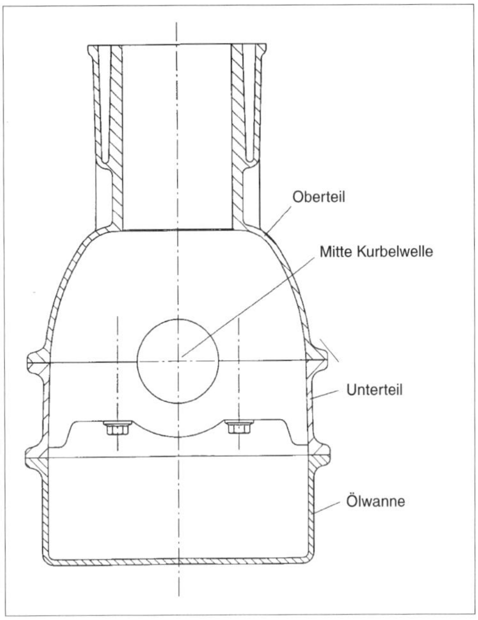

Bild 7-60a Bauart mit Kurbelgehäuse-Oberteil und -Unterteil

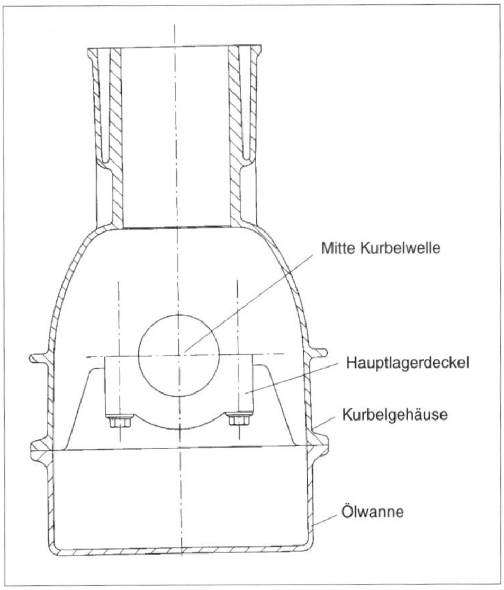

Bild 7-60b Kurbelgehäuse mit heruntergezogenen Seitenwänden

Hauptlagerdeckel zu einem Lagergehäuse, dem so genannten Kurbelgehäuse-Unterteil, zusammengefasst. Die Trennebene zwischen Kurbelgehäuse-Oberteil und -Unterteil liegt auf Mitte Kurbelwelle. Das heißt, das hier mit Kurbelgehäuse-Oberteil bezeichnete Bauteil entspricht dem Kurbelgehäuse der Bauart Ölwannenflansch auf Mitte Kurbelwelle.
Die untere Seite des Kurbelgehäuse-Unterteils bildet die Flanschfläche zur Ölwanne. Die Abdichtung der Kurbelwelle erfolgt je nach Motorkonstruktion getriebeseitig durch einen Radialwellendichtring im letzten Hauptlagerstuhl und am vorderen Ende durch einen Radialwellendichtring im zum Beispiel Ölpumpengehäuse oder im Stirndeckel.
Vorteile dieser Bauweise sind hohe Steifigkeit, gute Akustikeigenschaften und die konstruktiven Gestaltungsmöglichkeiten für insbesondere das Kurbelgehäuse-Unterteil, wie unter Kurbelgehäuse-Unterteil und Leiterrahmenkonstruktion beschrieben (zum Beispiel Eingießen von Einsätzen aus Gusseisen mit Kugelgraphit im Bereich der einzelnen Lagerstellen bei Kurbelgehäuse-Unterteilen aus Al-Legierungen und hergestellt im Druckguss). Nachteile sind höhere Herstellkosten und gegebenenfalls etwas höheres Gewicht im Vergleich zur Bauweise mit einzelnen Hauptlagerdeckeln.
Diese Bauart ist in Serie mit Kurbelgehäuse-Oberteil und -Unterteil aus Al-Legierungen ausgeführt. Da Rennmotoren häufig als tragendes Bauteil in die Gesamtkonzeption des Fahrzeuges miteinbezogen sind, werden Rennmotoren-Kurbelgehäuse wegen der hohen erforderlichen Steifigkeit praktisch ausschließlich nach diesem Konstruktionsprinzip dargestellt.

b) Kurbelgehäuse mit heruntergezogenen Seitenwänden (Bild 7-58b). Bei dieser Bauweise sind die Außenwände des Kurbelgehäuses bis unterhalb Mitte Kurbelwelle heruntergezogen und enden dort in der Flanschebene zur Ölwanne. Die Teilung der Hauptlagerstühle ist aus Gründen der Bearbeitung weiterhin auf Mitte Kurbelwelle. Ausgeführte Konstruktionen haben sowohl einzelne Hauptlagerdeckel als auch zu einer Leiterrahmenkonstruktion zusammengefasste Hauptlagerdeckel.
Die Vorteile der Konstruktion mit Leiterrahmen sind ähnlich hohe Steifigkeit, ähnlich gutes Akustikverhalten und, nicht zuletzt auch von der Stückzahl abhängig, etwas geringere Herstellkosten im Vergleich zur Bauart mit Kurbelgehäuse-Oberteil und -Unterteil.

7.4.3 Optimierung der Akustik

Die Einhaltung gesetzlicher Geräuschvorschriften und die Erfüllung von Geräusch-Komfortansprüchen sind Schwerpunkte bei der Akustik-Entwicklung von Antriebsaggregaten.
Das akustische Verhalten und die Laufruhe eines Verbrennungsmotors sind eine Funktion vieler Parameter und werden in hohem Maße bereits durch die Festlegung der Motor- und Kurbelgehäusebauart vorausbestimmt.
Die Optimierung der akustischen Eigenschaften der Kurbelgehäuse-Struktur, zum Beispiel Erhöhung der Steifigkeit der Kurbelgehäuse-Seitenwände unter Berücksichtigung der vielfältigen Anforderungen an die Funktion, ist dabei ein wichtiges Entwicklungsziel. Das wird erreicht durch eine geringe Geräuschabstrahlung, Vermeidung von Resonanzen und durch Dämpfung von Erregerschwingungen.
Die Beanspruchung des Kurbelgehäuses durch den ungleichförmigen Drehmomentenverlauf in der Kurbelwelle und durch die freien Massenkräfte und Massenmomente führt zu mechanischen Schwingungen. Deren Erregerfrequenz steht entsprechend der Erregerordnungen der freien Gas- und Massenkraftwirkungen in einem bestimmten Verhältnis zu der Drehfrequenz der Kurbelwelle. Mechanische Schwingungen werden durch niedrige Erregerordnungen hervorgerufen, sind tieffrequent und wirken hauptsächlich im Bereich des Hauptlagerstuhl- und Kurbelraumbereiches.
Hochfrequente Schwingungen in den Kurbelgehäusewänden werden durch den Verbrennungsvorgang, zum Teil durch impulsförmige Kraftübertragung im Ventiltrieb und durch Kolbenkraftanregungen hervorgerufen. Die hohen Frequenzen liegen im Bereich des hörbaren Schalls und werden als akustische Schwingungen bezeichnet. Ein Teil der hochfrequenten, akustischen Schwingungen wird über die Kurbelgehäuseseitenwände abgestrahlt.
Tief- und hochfrequente Schwingungen wirken über die Verbindung des Kurbelgehäuses mit der Motorlagerung im Fahrzeug. Abhängig von der Art der Motorlager können Schwingungen und Körperschall in das Fahrzeug übertragen werden. Bei der akustischen Optimierung eines Motors sind zu berücksichtigen:

- die oben genannten Körperschall-Anregungsursachen
- die Körperschallwege in Zylinderkopf, Zylinder, Kolben, Kolbenbolzen, Pleuel, Kurbelwelle
- die Ausführung der Motorlagerung und deren Anbindung an das Kurbelgehäuse oder an andere Motor- und Antriebsaggregatebauteile
- die Struktur des Kurbelgehäuses in Verbindung mit der Kurbelgehäusebauart.

Bei der Optimierung der akustischen und schwingungstechnischen Eigenschaften ist insbesondere auch das Zusammenspiel mit dem angeflanschten Getriebe zu berücksichtigen, es beeinflusst sowohl die Schwingung des Gesamtverbandes Motor-Getriebe als auch die Übertragung auf die Fahrzeugstruktur.
Die moderne Kurbelgehäuse-Entwicklung erfolgt in der geschlossenen CAE Prozesskette. 3D-CAD-Darstellung und Vernetzung der Gehäuse-Struktur sind

die Grundlage für FEM-Berechnungen von Festigkeit, Steifigkeit, Dynamik und Akustik.
Eine experimentelle Modalanalyse am ausgeführten Kurbelgehäuse gibt zusätzlich Aufschluss über dessen Eigenschwingungsformen.
Erfahrung und die heute verfügbaren Konstruktions-, Berechnungs- und Analysemöglichkeiten führen zu der prinzipiellen Aussage, dass für eine geräuschoptimierte Kurbelgehäusegestaltung ein möglichst steifes Kurbelgehäuse und ein möglichst steifer Motor-Getriebe-Verbund notwendig sind.
Erreicht wird dieses durch kurbelgehäusebauartunabhängige Maßnahmen und durch die Nutzung bauartspezifischer Vorteile wie:

- Ausbildung der Kurbelgehäuse-Oberflächenstruktur mit Bombierungen und Verrippungen zur Reduktion der Luftschallemission
- steife Deckplatte und tief unter der Deckplatte liegender Kraftangriffspunkt der Zylinderkopfschrauben. Sie führen zu geringen Dichtflächen- und Zylinderverzügen. Letzteres ist Voraussetzung für geringes Kolbenlaufspiel und damit geringes Kolbengeräusch
- steifer Kurbelwellen-Hauptlagerstuhlverbund, der geringe Lagerspiele erlaubt
- steife Flansche zur Ölwanne und zum Getriebe als Voraussetzung für einen steifen Motor-Getriebe-Verbund.

Die verschiedenen Kurbelgehäusebauarten haben unterschiedliche spezifische akustische Vorteile:

- Closed-Deck-Design hat eine steife Deckfläche mit Vorteilen bei Dichtflächen- und Zylinderverzug im Vergleich zum Open-Deck-Design
- Eine Bauart, bestehend aus Kurbelgehäuse-Oberteil und -Unterteil, ergibt einen steifen Motor-Getriebe-Verbund im Vergleich zu einem Kurbelgehäuse mit unter die Kurbelwellenmitte heruntergezogenen Seitenwänden in Kombination mit einzelnen Hauptlagerdeckeln. Bei letzterer Bauart wird die Steifigkeit erhöht durch die Zusammenfassung der einzelnen Hauptlagerdeckel zu einem Leiterrahmen
- Bei Vollaluminiumkurbelgehäusen, bestehend aus Oberteil und Unterteil, reduzieren Eingussteile aus Grauguss in den Hauptlagerstellen die thermische Aufweitung und damit das Lagerspiel
- Die Verwendung einer gegossenen Aluminiumölwanne mit Flansch zum Getriebe ergibt in Kombination mit den verschiedenen Kurbelgehäusebauarten einen steifen Motor-Getriebe-Verbund.

7.4.4 Minimierung der Kurbelgehäusemasse

Ein wichtiges Ziel in der Motorenentwicklung ist neben der Minimierung von Schadstoffemissionen die Senkung des Kraftstoffverbrauchs bei gleichzeitiger Verbesserung der Fahrzeug-Fahrleistungen. Die Zielerreichung erfordert neben anderen Maßnahmen die Umsetzung von konsequentem Leichtbau aller Fahrzeugkomponenten. Ein Beitrag zur Gewichtsminimierung des gesamten Antriebsstranges ist die Reduzierung des Kurbelgehäusegewichtes.
Der Anteil des Kurbelgehäusegewichtes am Motorgesamtgewicht (nach DIN 70020 A) liegt je nach Motorgröße, Motorbauart, Verbrennungsverfahren und Kurbelgehäusebauart bei etwa 25 % bis 33 %. Die Reduzierung des Kurbelgehäusegewichtes verringert daher wesentlich das Motorgesamtgewicht. Die Maßnahmen zur Gewichtsreduzierung des Kurbelgehäuses sind unterteilbar in Gewichtsreduktion durch Strukturoptimierung und werkstoffspezifische Gewichtsreduktion. Dem Trend zur Gewichtsreduktion steht die Tendenz zu höheren Belastungen des Kurbelgehäuses durch Down-Sizing mit steigenden Spitzen- und Mitteldrücken und (Hoch-)aufladung entgegen.

Gewichtsreduktion durch Strukturoptimierung. Einen wesentlichen Einfluss auf das Kurbelgehäusegesamtgewicht hat die Kurbelgehäusebauart. Mit den heute üblichen Konstruktions- und Berechnungsmethoden wie zum Beispiel CAD und FEM ist im Vergleich zu früher eine gezielte beanspruchungs- und funktionsgerechte Strukturoptimierung möglich.
Das heißt, die für die Funktion erforderlichen Wandquerschnitte und die genaue Position, Anzahl und Geometrie von Rippen, die der Erhöhung der Steifigkeit und zur Verbesserung der Akustik dienen, werden heute mit minimiertem Werkstoffeinsatz dargestellt. Zusammengegossene Zylinder sowie Integration vieler Funktionen in das Kurbelgehäuse tragen ebenfalls zur Verringerung des Motorgesamtgewichtes bei.

Werkstoffspezifische Gewichtsreduktion. Bis Anfang/Mitte der 90er Jahre war die Mehrzahl der in Großserie hergestellten Kurbelgehäuse aus Gusseisen. Der Zwang zum Leichtbau führte dazu, dass im Zuge von Motorneukonstruktionen auch für in Großserie hergestellte Otto- und inzwischen sogar Dieselmotoren der Werkstoff für Kurbelgehäuse vermehrt auf Aluminium-Silizium-Legierungen umgestellt wurde.
Das bei Kurbelgehäusen aus Gusseisen vorhandene Gewichtsreduzierungspotential ist geringer als die bei Verwendung von Al–Si-Legierungen erreichbare Gewichtseinsparung. Bei Gusseisenkurbelgehäusen ist durch Strukturoptimierungen, durch Dünnguss und durch Verwendung von Vermikulargraphitguss (GJV) ein Gewichtseinsparungspotential von etwa 30 % vorhanden. Der Vorteil von GJV im Vergleich zu Gusseisen mit Lamellengraphit (GJL) ist der höhere E-Modul, der Nachteil sind die höheren Werkstoffkosten.

Werkstoff	0,2 % Dehngrenze N/ mm²	Dichte g/cm³	E-Modul kN/mm²	Biegewechselfestigkeit N/mm²
Magnesium-Legierung Druckguss	140–160	1,8	45	
Al–Si-Legierung Druckguss	140–210	2,75	74–78	70–90
Gusseisenwerkstoff		7,2–7,7	100 bis 160	85 bis 210

Bild 7-61 Werkstoffe von Kurbelgehäusen

Dem gegenüber steht, bei vergleichbarer Kurbelgehäusebauart, eine Reduzierung von 40 bis 60 % des Kurbelgehäusegewichtes durch Verwendung von Al–Si-Legierungen anstatt von Gusseisen.
Diese Gewichtsreduzierung fällt geringer aus als das Verhältnis der spezifischen Gewichte von Al–Si-Legierung und Gusseisen, dabei der Konstruktion die unterschiedlichen Werkstoffeigenschaften Biegewechselfestigkeit und insbesondere der E-Modul zu berücksichtigen sind.
Bild 7-61 zeigt die Daten einiger Werkstoffe für Kurbelgehäuse.
Ein Werkstoff, der eine noch niedrigere Dichte als Aluminium aufweist und daher immer wieder Interesse findet ist Magnesium. Für die Anwendung von Mg-Legierungen als Kurbelgehäusewerkstoff spricht deren geringes spezifisches Gewicht. Nachteilig im Vergleich zu den heute in Serienproduktion üblichen Al–Si-Legierungen sind, die geringere Werkstoff-Festigkeit, die geringere Korrosionsbeständigkeit und die hohen Werkstoffkosten.

- Durch die geringere Werkstoff-Festigkeit gilt, dass Kurbelgehäuse aus Mg-Legierungen gegenüber Al-Legierungen nicht im Verhältnis der spezifischen Gewichte leichter darstellbar sind. Bei der beanspruchungsgerechten konstruktiven Auslegung sind die Unterschiede der Werkstoffeigenschaften zu berücksichtigen. Im Vergleich zu einem Kurbelgehäuse aus einer Al–Si-Legierung ist bei Verwendung einer Mg-Legierung bei vergleichbarer Kurbelgehäusebauart eine Gewichtseinsparung in der Größenordnung von 25 % erzielbar.
- Die Korrosionsbeständigkeit von Bauteilen aus Mg-Legierungen ist ohne Zusatzmaßnahmen geringer als die von Bauteilen aus Al–Si-Legierungen, deren natürliche Gussoberfläche/Gusshaut bereits ausreichend korrosionsbeständig ist. An ungeschützten Oberflächen tritt nicht nur Oberflächenkorrosion sondern auch Kontaktkorrosion auf. Kontaktkorrosion entsteht bei Kontakt von Bauteilen aus Mg-Legierungen mit Bauteilen aus anderen Metallen beziehungsweise Metall-Legierungen. Ursache sind die unterschiedlichen Stellungen der verschiedenen Metalle in der elektrochemischen Spannungsreihe. Kontaktkorrosion entsteht beispielsweise an Schraubverbindungsstellen und Bohrungen für Fixierelemente wie Passhülsen und Passstifte.
- Der Kostenvorteil von Al–Si-Legierungen im Vergleich zu Mg-Legierungen liegt in der Größenordnung des Faktors drei und resultiert im Wesentlichen aus dem nichtvorhandenen Mg-Recyclingmarkt. Während Al–Si-Legierungen kostengünstig in Form von Sekundärlegierungen aus wieder eingeschmolzenen Bauteilen zur Verfügung stehen, muss bei Mg-Legierungen auf die teuren Primärlegierungen zurückgegriffen werden.

Die moderne Konstruktion eines 3,0 Liter-Ottomotors in Reihenbauweise kompensiert diese Nachteile durch das Umgießen eines Aluminium-Inserts, welches die Zylinderlaufbuchsen, die Kurbelwellenhauptlagerstühle sowie die Kühlmittelführung beinhaltet. Das aggressive Kühlmittel kommt dadurch mit dem Magnesium-Mantel des Kurbelgehäuses nicht in Berührung, Korrosion wird vermieden. Für diese Bauart werden Gewichtsersparnisse von 57 % gegenüber einem vergleichbaren Grauguss-Block und von 24 % gegenüber einem Aluminium-Kurbelgehäuse genannt.

7.4.5 Gießverfahren für Kurbelgehäuse

Kurbelgehäuse für Fahrzeugmotoren werden hauptsächlich aus Gusseisen oder Aluminium-Silizium-Legierungen hergestellt. Kosten, Stückzahlen und konstruktive Auslegung sind die Hauptkriterien für die Auswahl des Gießverfahrens.

7.4.5.1 Druckguss

Beim Druckgussverfahren werden Dauerformen aus vergüteten Warmarbeitsstählen verwendet. Vor jedem Gießvorgang müssen die Formteile mit einem Trennmittel behandelt werden.
Im Gegensatz zu Sand- und Kokillenguss können keine Kerne in die Gießform eingelegt werden, da die Leichtmetallschmelze unter hohem Druck und hoher Geschwindigkeit in die Gießform eingebracht wird.
Die Höhe des Druckes ist abhängig von der Größe des Gussteils und liegt zwischen 400 bar bis circa 1000 bar. Der Druck wird während der Erstarrung aufrechterhalten. Bei größeren Gussteilen werden die

Gießformhälften gekühlt, womit eine gerichtete Erstarrung des Gussteiles erreicht wird.
Im Vergleich zu Sand- und Kokillenguss ermöglicht Druckguss die genaueste Wiedergabe des Gießformhohlraumes und damit des Gussteiles. Es können dünnwandige Gussstücke mit engen Maßtoleranzen, hoher Formgenauigkeit und hoher Oberflächengüte erzeugt werden. Maßgenaues Gießen von Augen, Bohrungen, zum Teil auch Passungen und Beschriftungen ohne nachträgliche mechanische Bearbeitung sowie Eingießen von Buchsen zum Beispiel Zylinderlaufbuchsen aus Grauguss, Bolzen und anderen Einlegeteilen sind möglich.
Das Druckgussverfahren hat im Vergleich zu Sand- - beziehungsweise Kokillenguss die höchste Produktivität, da alle Gieß- und Formbewegungsabläufe weitgehend vollautomatisch stattfinden.
Nachteile sind die eingeschränkte konstruktive Gestaltungsfreiheit für das Gussteil, da keine Hinterschnitte möglich sind. Möglicherweise eingeschlossene Luft- beziehungsweise Gasporen lassen eine doppelte Wärmebehandlung wie bei Sand- und Kokillenguss nicht zu.
Kurbelgehäuse in Aluminium-Silizium-Legierungen, insbesondere in Kombination mit speziellen Zylinderbuchsen-Techniken, werden im Druckgussverfahren hergestellt.

7.4.5.2 Kokillenguss

Eine Kokille ist eine metallische Dauerform aus Grauguss oder Warmarbeitsstählen zur Herstellung von Gussteilen aus Leichtmetalllegierungen. Wie beim Sandguss werden Sandkerne in die Gießform eingelegt mit dem Vorteil großer konstruktiver Gestaltungsfreiheit. Hinterschnitte im Gussteil sind im Gegensatz zu Druckguss möglich. Das Kokillengussverfahren ermöglicht im Gegensatz zum Sandguss ein vielfaches Abgießen je Gießform, wobei für jeden Gießvorgang neue Sandkerne benötigt werden.
In der Kokille erfolgt, im Gegensatz zur Sandgussform, eine schnelle und gerichtete Erstarrung der Metallschmelze. Eine gezielte Kühlung der Kokille ist möglich und wird häufig eingesetzt.
Die Kokille muss durch Auftragen eines Trennmittels, der sogenannten Schlichte, gegen die Leichtmetallschmelze geschützt werden.
Im Vergleich zum Sandguss besitzen Gussteile aus der Kokille ein feineres Gefüge, höhere Festigkeit, höhere Maßgenauigkeit und eine bessere Oberflächengüte.
Bei Kokillengussteilen ist eine doppelte Wärmebehandlung möglich. Neben gezielter Steuerung der Abkühlung des Gussstückes in der Kokille als erste Wärmebehandlung wird häufig eine weitere Wärmebehandlung, die Warmauslagerung, vorgenommen.
Beim Kokillenguss unterscheidet man zwischen Schwerkraft- und Niederdruckguss. Der Unterschied liegt im Wesentlichen nur in der Art, wie die Schmelze eingebracht wird.
Das flüssige Metall wird beim Niederdruckgussverfahren unter einem Überdruck von 0,2 bis 0,5 bar von unten in die Kokille eingespeist und erstarrt unter diesem Druck. Die dadurch erzielte, nahezu ideale gerichtete Erstarrung des Gussteils ist ein wesentlicher Grund für die Hochwertigkeit von Niederdruckgussteilen.
Beim Schwerkraft-Kokillenguss erfolgt dagegen die Befüllung der Gießform bei Atmosphärendruck durch die auf die Metallschmelze wirkende Schwerkraft.

7.4.5.3 Lost-Foam-Verfahren

Dieses ist eine Sonderform des Sandguss-Verfahrens. Von dem zu erstellenden Gussstück wird ein Schaumstoffmodell aus EPS (expandierbares Poly-Styrol)durch Aufschäumen und gegebenenfalls Zusammenkleben einzelner Segmente hergestellt. Das Schaumstoffmodell wird mit Schlichte auf Wasserbasis geschlichtet. Das geschlichtete und getrocknete Modell wird in einen Gießbehälter eingeformt, indem reiner Quarzsand ohne jegliches Bindemittel mit Vibrationstechnik zugeführt wird. Beim schnell stattfindenden (15 bis 20 Sekunden) Gießvorgang wird die Schmelze als sogenannter Vollformguss auf das Schaumstoffmodell geleitet. Durch die Hitze der Schmelze wird das Schaumstoffmodell zersetzt: Dessen flüssige und gasförmige Bestandteile gehen in den Formsand über. Nachdem Abkühlen und Entformen liegt ein gratfreies Gussstück vor.
Der besondere Vorteil des Verfahrens liegt infolge der Möglichkeiten der Herstellung von Schaumstoffmodellen in der Darstellbarkeit von Gussteilgeometrien, die mit herkömmlichen Sandgussverfahren aus formtechnischen Gründen nicht möglich sind. Nachteilig ist, dass dieses Gießverfahren größere Wandstärken benötigt als zum Beispiel Druckguss.
Das Lost-Foam-Verfahren eignet sich zur Herstellung von Gussteilen aus Gusseisen und aus Leichtmetalllegierungen.

7.4.5.4 Sandguss

Zur Formausbildung des späteren Kurbelgehäusegussteils in der Sandform werden Modelle und Kernkästen aus Hartholz, Metall oder Kunststoff verwendet. Die Gussformen werden in der Regel aus Quarzsand (Natursand, synthetischer Sand) und Bindern (Kunstharz, CO_2) hergestellt. In Kernschießmaschinen werden durch Einschießen von Sand die Kerne dargestellt. Der Zusammenbau von einzelnen Kernen zu einem Kernpaket und von Kernpaket und Gussaußenform erfolgt bereits bei der Fertigung von mittleren Stückzahlen maschinell und vollautomatisch.
Modell-, Kern- und Formteilungen in verschiedenen Ebenen und das Einlegen von Kernen in die Gießform lassen die Darstellung von komplizierten Gussteilen mit Hinterschnitten zu.

Beim Gießvorgang werden die Hohlräume zwischen Außenform und Kernen mit Schmelze gefüllt.
Nach dem Gießvorgang und der Erstarrung der Metallschmelze wird das Gussstück aus der Sandform herausgenommen. Dabei wird die Sandform zerstört. Anschließend erfolgt der Putzvorgang des Gussteils mit Entfernen von Anguss, Steigern, Gusshaut und Gussgraten.
Bei Sandgussteilen aus Al–Si-Legierungen ist eine doppelte Wärmebehandlung zur Festigkeitssteigerung möglich. Die erste Wärmebehandlung besteht aus der gesteuerten Abkühlverweildauer des Gussstückes in der Sandform. Die zweite Wärmebehandlung ist die Warmauslagerung, eine zeit- und temperaturgesteuerte Lagerung des Gussteils in einem Ofen. Das Sandgussverfahren ergibt nur einen einmaligen Abguss je Gießform.
Sandguss ist die traditionelle Gießtechnik für Kurbelgehäuse aus Gusseisen. Es werden aber auch Kurbelgehäuse aus Al–Si-Legierungen in einem Präzisions-Sandgussverfahren in Großserie hergestellt.
Ein weiteres Anwendungsgebiet des Sandgussverfahrens ist die Herstellung von Prototypen- und Kleinserienteilen.

7.4.5.5 Squeeze Casting

Das Squeeze Casting Verfahren (Pressguss) stellt eine Kombination aus Kokillen-Niederdruckguss und dem Druckguss-Verfahren dar. Metallische Dauerformen werden unter einem Überdruck von 0,2 bis 0,5 bar von unten mit der Leichtmetallschmelze befüllt. Anschließend erfolgt die Erstarrung unter hohem Druck um 1000 bar.
Die sehr gute Dichtspeisung der Gießform ermöglicht auch die Verwendung von hochfesten Legierungen mit schlechter Gießbarkeit.
Die Erstarrung der Schmelze unter hohem Druck ergibt ein sehr feines Gefüge des Gussteiles.
Langsame Formfüllung und Erstarrung der Schmelze unter hohem Druck resultieren in einem nahezu porenfreien Gefüge und damit höherer Dauerfestigkeit gegen wechselnde Beanspruchung und höherer Temperaturwechselfestigkeit im Vergleich sowohl zum Niederdruckguss- als auch zum Druckgussverfahren.
Die Verwendung von Sandkernen ist beim Squeeze Casting Verfahren wie beim Druckguss nicht möglich. Mangels Darstellbarkeit von Hinterschnitten bestehen für Squeeze Casting Gussteile die gleichen konstruktiven Restriktionen wie für Druckgussteile.
Im Gegensatz zum Druckgussverfahren ist beim Squeeze Casting wegen des nahezu porenfreien Gefüges eine doppelte Wärmebehandlung möglich.
Das Squeeze Casting vereint also die Vorteile von Kokillenguss/Niederdruckgussverfahren und Druckguss.

Literatur

Herbst-Dederichs, C.; Münchow, F.: Hybrid-Laufbuchsen aus Grauguss und Aluminium. In: MTZ 65(2004), Heft 10, S. 820–822
Martin, T.; Weber, R.: Compacted Vermicular Cast Iron (GJV) für den V6-Dieselmotorvon Audi. In: MTZ 65(2004), Heft 10, S. 824–832
Schwaderlapp, M.; Bick, W.; Duesmann, M.; Kauth, J.: 200 bar Spitzendruck – Leichtbaulösungen für zukünftige Dieselmotorblöcke. In: MTZ 65(2004), Heft 2, S. 84 ff.
Zeitschrift Aluminium, Ausgabe11/2003
N.N.: BMW Presse-Information vom 23.06.2004.

7.5 Zylinder

Zylinder dienen der Aufnahme der Kolbengruppe und erfüllen mit ihrer Oberfläche und dem verwendeten Werkstoff im Zusammenwirken mit den Kolbenringen Gleit- und Dichtfunktionen. Darüber hinaus tragen sie, je nach Bauweise, zur Wärmeabfuhr über das Kurbelgehäuse oder direkt ins Kühlwasser bei.

7.5.1 Gestaltung von Zylindern

Die Ausführung von Zylinder und Zylinderlaufbahn hat konstruktive und werkstoffliche Aspekte. Beide sind miteinander verknüpft. Die Zylinder- beziehungsweise Kurbelgehäuseausführung kann werkstofforientiert gegliedert werden in:

- Monometall-Bauart
- Einsatztechnik
- Verbundtechnik.

7.5.1.1 Monometall-Bauart

Typische Vertreter der Monometall-Bauart sind Kurbelgehäuse aus Gusseisenlegierungen, bei denen die Zylinder Bestandteil des Kurbelgehäuses sind. Die erforderliche Oberflächengüte wird durch Bearbeitung in mehreren Schritten, wie Vor- und Feinbearbeitung, sowie Honen, hergestellt. Monometall-Kurbelgehäuse aus Al–Si-Legierungen werden in zwei Ausführungen dargestellt:

- Herstellung des Kurbelgehäuseteils aus einer übereutektischen Al–Si-Legierung. Als übereutektisch werden Al–Si-Legierungen bezeichnet, deren Siliziumanteil größer als 12 Prozent ist. Das im Gussteil ausgeschiedene Primärsilizium wird nach der mechanischen Bearbeitung des Kurbelgehäuses im Bereich der Zylinderlaufbahn durch einen chemischen Ätzvorgang oder durch eine spezielle, mechanische Honbearbeitung freigelegt. Es entsteht eine harte, verschleißfeste, sogenannte unbewehrte Zylinderlaufbahnoberfläche, für die als Laufpartner ein eisenbeschichteter Kolben erforderlich ist.
  Wegen des hohen Siliziumanteils von übereutektischen Al-Si-Legierungen lassen sich Werkstücke aus dieser Legierung prinzipiell schlechter bearbeiten als Gussteile aus untereutektischen Legierungen. Die im Gussteil ausgeschiedenen Primär-

siliziumkristalle werden bei der mechanischen Bearbeitung zerstört und splittern. Die Folge ist eine unerwünscht kurze Spanbildung. Bei übereutektischer Al–Si-Legierung und Closed-Deck-Design wird diese Monometall-Zylinder- beziehungsweise Kurbelgehäuseausführung im Niederdruckgussverfahren, bei übereutektischer Al–Si-Legierung und Open-Deck-Design im Druckgussverfahren, hergestellt. Bei Anwendung des Druckgussverfahrens wird das Primärsilizium mit wesentlich kleineren Korngrößen ausgebildet als beim Niederdruckgussverfahren, wodurch die Bearbeitbarkeit deutlich verbessert wird. Die kleineren Siliziumkristalle können aufgrund der reduzierten Splitterneigung daher bei gleichzeitig besseren Schnittergebnissen schneller zerspant werden.

- Herstellung des Kurbelgehäuses aus einer untereutektischen Al–Si-Legierung in Kombination mit einer Beschichtung der Zylinderlaufbahn. Die Beschichtung kann entweder mit galvanischen Verfahren oder mit thermischen Spritzverfahren aufgebracht werden. Mittlerweile sind ebenfalls mittels Laser umgeschmolzene oder auflegierte Zylinderlaufbahnen in der Entwicklung.
  Im Serieneinsatz ist auch die Quasi-Monometall-Kurbelgehäusebauart, bei der galvanisch eine Nickel-Dispersionsschicht auf die Zylinderlaufbahn aufgebracht wird. Die Schicht besteht aus einer Nickelmatrix, in die Siliziumkarbidteilchen gleichmäßig verteilt eingelagert sind. Derartig beschichtete Zylinderlaufbahnen haben sehr gute Laufeigenschaften, geringen Verschleiß und können mit den bekannten Kolben und Kolbenringwerkstoffen beziehungsweise -beschichtungen kombiniert werden. Es besteht allerdings eine Empfindlichkeit der Schicht gegenüber Korrosion bei der Verwendung von schwefelhaltigen Kraftstoffen.
  Die Nickel-Dispersionsschicht ist besser bekannt unter geschützten Firmenbezeichnungen wie zum Beispiel NISKAL®, GALNICAL® oder GILNISIL®. Die Nickel-Dispersionsschicht ist sowohl mit einem Closed-Deck- als auch mit einem Open-Deck-Design kombinierbar. Da bereits kleinste Porositäten in der Zylinderlauffläche Beschichtungsprobleme in Form von Schichtablösungen hervorrufen, ist die Auswahl der verwendbaren Giesverfahren für Kurbelgehäuse aus Al-Si-Legierungen eingeschränkt. Das konventionelle Druckgussverfahren zum Beispiel ohne Sondermaßnahmen wie Vakuumunterstützung kann nicht angewendet werden. Nickeldispersionsbeschichtete Zylinder werden häufig bei Einzelzylindern von Motorradmotoren angewendet. Mehrzylinder-Kurbelgehäuse von Fahrzeugmotoren in Großserie mit nickeldispersionsbeschichteten Zylindern werden in geringem Umfang realisiert.

Zylinderkonstruktion bei Monometall-Bauart

Man unterscheidet zwischen in der Kurbelgehäuselängsachse nicht zusammengegossenen sowie zusammengegossenen Zylindern. Früher wurden Kurbelgehäuse, sowohl mit Closed-Deck- als auch mit Open-Deck-Design beziehungsweise sowohl aus Grauguss- als auch aus Aluminium-Silizium-Legierungen, mit in der Kurbelgehäuselängsachse nicht zusammengegossenen Zylindern ausgeführt. Dies erfolgte, um eine möglichst gleichmäßige Temperaturverteilung in den Zylindern (durch auch zwischen den Zylindern vorhandenes Kühlmittel) und möglichst geringe Zylinderverzüge (durch Verhinderung der gegenseitigen Beeinflussung von benachbarten Zylindern) zu erreichen. Nachteilig war die dadurch bedingte größere Kurbelgehäuselänge. Heute kann durch entsprechende konstruktive Maßnahmen gewährleistet werden, dass auch in der Motorlängsachse zusammengegossene Zylinder, trotz des fehlenden Kühlmittels zwischen den Zylindern, eine in etwa gleichmäßige Temperaturverteilung aufweisen können. Dadurch können Verzugsprobleme und damit einhergehende Funktionsprobleme wie hoher Ölverbrauch oder auch hohes Blow-by reduziert werden. Die Vorteile von zusammengegossenen Zylindern sind höhere Kurbelgehäusefestigkeit, kürzere Kurbelgehäuselänge und geringeres Motorgewicht. Die geringere Motorlänge ist heute ein dominierendes Kriterium in Hinblick auf den Motorenquereinbau und auf den für Antriebsaggregate immer geringeren zur Verfügung stehenden Einbauraum. Je nach Motorbauart (Reihenmotor, V-Motor, Boxermotor) wird durch Ausführung des Kurbelgehäuses mit zusammengegossenen Zylindern eine unterschiedliche Baulängen- und Gewichtsreduzierung erreicht. Die Grenze für das Zusammengießen von Zylindern stellt der noch verbleibende Steg zwischen den Zylindern dar. Unabhängig vom Kurbelgehäusewerkstoff werden bei heute in Serie gefertigten Motoren Zylinderstege von kleiner 5,5 mm realisiert. Dieses wurde nicht zuletzt durch den Einsatz von Metallzylinderkopfdichtungen mit geringem Setzverhalten und deswegen geringerem Vorspannkraftbedarf funktionell beherrschbar. Neben der einwandfreien Abdichtung des Zylindersteges wird infolge der geringeren Vorspannkraft für den Verbund aus Zylinderkopf und Kurbelgehäuse die Zylinderverformung auf ein Minimum reduziert.

7.5.1.2 Einsatztechnik

Die Einsatztechnik von Zylinderbuchsen erfolgt bei Fahrzeugmotoren in der Regel in Verbindung mit Al-Kurbelgehäusen. Es werden verschiedenen Arten von Buchsen in das Kurbelgehäuse eingesetzt. Man unterscheidet nach ihrer Funktion zwischen nassen und trockenen Buchsen, nach ihrer Verbindung von Buchse und Kurbelgehäuse zwischen eingegossenen, eingepressten, eingeschrumpften, sowie eingeschobenen Buchsen. Darüber hinaus ist eine Unterscheidung nach dem Werkstoff der Buchse in Grauguss- beziehungsweise Al-Buchsen üblich.

Nasse Buchsen

Nasse Buchsen werden in das Kurbelgehäuse in dafür entsprechend bearbeitete Aufnahmen eingeschoben. Der Wassermantel um die Zylinder herum wird zwischen dem Kurbelgehäuseguss und der Buchse gebildet (**Bild 7-62**).

Bei der hängenden Buchse wird die Zylinderbuchse über einen Bund am oberen Buchsenende zwischen Kurbelgehäuse und Zylinderkopfdichtung beziehungsweise Zylinderkopf eingespannt. Die Zentrierung im Kurbelgehäuse erfolgt durch den Bund selbst oder über einen Durchmesser unterhalb des Bundes. Die Zentrierung durch den Bund hat den Vorteil der guten Kühlung der Zylinderbuchse im oberen, thermisch hochbelasteten Teil. Der Nachteil ist die hohe Belastung der Hohlkehle im Kurbelgehäuse. Die Zentrierung der Buchse unterhalb des Bundes verschlechtert die Kühlung des oberen Buchsenendes, entlastet jedoch die Hohlkehle im Kurbelgehäuse. Nasse, oben aufgehängte Buchsen werden über O-Ringe gegen Kühlmittel und unten gegen Öl aus dem Kurbelraum abgedichtet.

Bei der stehenden, nassen Buchse erfolgt die Auflage und Zentrierung entweder im unteren Bereich der Buchse oder etwa in der Mitte (so genannte „Mid-Stop" Ausführung). Diese Buchsenbauart erfordert eine besonders sorgfältige Auslegung, um den Zylinderverzug klein zu halten. Die Abdichtung erfolgt oben über die Zylinderkopfdichtung und unten über eine Flachdichtung unterhalb der Buchsenauflage beziehungsweise über O-Ringe. Problematisch kann ein Über- oder Rückstand von nassen Buchsen in Bezug auf die Deckenplattenebene sein. Dieser wirkt sich negativ auf die Flächenpressung der Zylinderkopfdichtung um die Zylinder herum sowie auf den Zylinderverzug aus

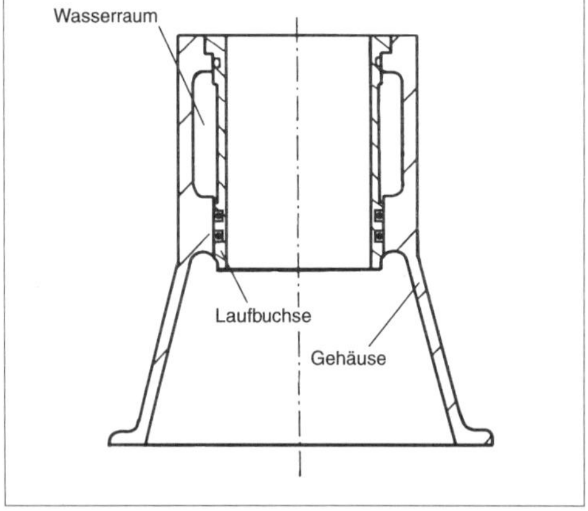

Bild 7-62 Nasse Laufbuchse

Buchsenüber- oder -rückstand ist daher auf ein unvermeidbares Minimum zu reduzieren.

Das Einsetzen von fertigbearbeiteten, nassen Buchsen ins Kurbelgehäuse mit fertigbearbeiteter Deckplatte erfolgt durch extreme Toleranzeinschränkung der entsprechenden Buchsenmaße. Bei stehenden Buchsen ist auch ein Ausdistanzieren üblich. Eine andere Möglichkeit ist eine abschließende gemeinsame Bearbeitung von Kurbelgehäusedeckplatte und eingesetzten Buchsen.

Üblicherweise werden nasse Buchsen aus GG-Werkstoffen gefertigt. Die selteneren Al-Buchsen werden sowohl aus übereutektischen als auch aus untereutektischen Al–Si-Legierungen hergestellt.

Nasse Buchsen werden aus wirtschaftlichen Gründen bevorzugt in Kurbelgehäusen mit Open-Deck-Design, hergestellt im Druckguss, eingesetzt. Die Vorteile der Verwendung von nassen Buchsen sind die Freiheit bei der Wahl des Buchsenwerkstoffes, Flexibilität in Bezug auf Zylinderbohrung und damit Hubraum durch Kombination von entsprechenden Buchsen mit demselben Kurbelgehäuse und einfache Auswechselbarkeit beziehungsweise Reparaturmöglichkeit. Nachteilig sind die höheren Herstellungskosten im Vergleich zur Monometall-Bauart. Nasse Al-Buchsen finden sich fast ausschließlich in Leichtmetallmotoren von Sportwagen oder Rennwagen, wo geringerem Gewicht und besserer Wärmeübertragung Vorrang gegenüber höheren Kosten eingeräumt wird.

Trockene Buchsen

Trockene Buchsen werden in das Kurbelgehäuse eingepresst, eingeschrumpft, eingeschoben oder eingegossen (**Bild 7-63**). Für das Eingießen werden Buchsen in die Gießform des Kurbelgehäuses eingelegt und mit der Al-Legierungsschmelze umgossen. Der Wassermantel befindet sich im Gegensatz zu nassen Buchsen nicht zwischen Buchsenwerkstoff und Kurbelgehäuseguss, sondern ist wie bei der Monometall-Bauart Bestandteil des Kurbelgehäuse-

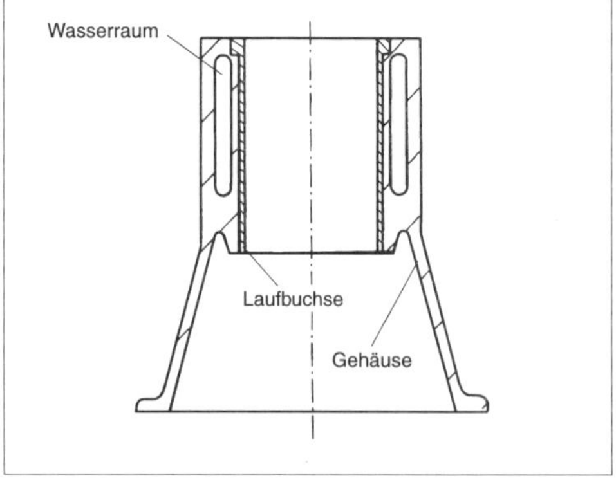

Bild 7-63 Trockene Laufbuchse

gussteils. Zwischen trockener Buchse und Kurbelgehäuse ist deshalb keine Abdichtung erforderlich.
Ein Überstand der trockenen, eingepressten oder eingegossenen Buchsen in Bezug auf die Deckplattenebene wird eliminiert, indem eine gemeinsame Bearbeitung von Deckplatte und eingefügter Buchsen erfolgt. Trockene Buchsen werden sowohl aus Grauguss als auch aus übereutektischen Al-Legierungen sowie gelegentlich als gesinterte Buchsen aus pulvermetallischen Werkstoffen hergestellt. Trockene GG- und Al-Buchsen werden bezüglich der Zylinderlaufbahn prinzipiell gleich ausgeführt wie die entsprechenden nassen Buchsen und haben die dort beschriebenen Eigenschaften.
Trockene Buchsen können, unabhängig vom Werkstoff, prinzipiell mit Open-Deck- und Closed-Deck-Design und auch mit allen für Kurbelgehäuse üblichen Gießverfahren kombiniert werden. In Großserie werden Al-Kurbelgehäuse mit Closed-Deck-Design, Kokillen/Niederdruckguss und eingepressten GG-Buchsen sowie mit Open-Deck-Design, Druckguss und eingegossenen GG-Buchsen ausgeführt. Zur Erzielung formschlüssiger Verbindungen beim Eingießen wird die äußere Oberfläche der Zylinderbuchse zum Beispiel durch eine spanende Bearbeitung rilliert oder mit einer rauhen Oberfläche (sogenannte Raugussbuchse) gegossen [5].
Die Vorteile trockener Zylinderbuchsen sind Freiheit bei der Wahl des Buchsenwerkstoffes, bei GG-Buchsen die einfache Reparaturmöglichkeit durch Ausschleifen im Übermaß und bei Al-Buchsen, die separate Herstellung der Zylinderlaufbahn und Kombinierbarkeit mit Kurbelgehäusen aus einer im Vergleich zur Buchsen-Legierung anderen Al-Legierung. Ein Ausführungsbeispiel hierfür ist der aus einer übereutektischen, sprühkompaktierten Al-Legierung bestehende eingegossene Buchse mit der geschützten Bezeichnung SILITEC®. Nachteilig ist der prinzipbedingte schlechtere Wärmeübergang zwischen Zylinderlaufbahn und Wassermantel.
Bezüglich der Herstellkosten ergeben sich im Vergleich zur Monometall-Bauart abhängig von Stückzahl, Gießverfahren und konstruktiver Detailausführung von Kurbelgehäuse und Buchse Vor- oder Nachteile. Insbesondere eine in hohen Stückzahlen im Druckguss- oder automatisierten Sandgussverfahren eingegossene GG-Buchse kann sehr kostengünstig ausgeführt werden.

7.5.1.3 Verbundtechnik

Die Verbundtechnik kann nur bei Kurbelgehäusen aus Al-Legierungen angewendet werden. Bei der Verbundtechnik wird im Gegensatz zu Al-Gehäusen in klassischer Monometall-Bauart mittels spezieller Maßnahmen eine untrennbare Einheit von Kurbelgehäuse und Zylinderlaufbahn erzeugt. Grundsätzlich werden entweder zylindrische Formkörper, so genannte Preforms, aus einem Verbund aus geeigneten metallischen und keramischen Werkstoffen, in die Gießform eingelegt und von der Aluminiumlegierungsschmelze beim Gießvorgang unter hohem Druck infiltriert.
Alternativ werden aus mehreren Lagen beziehungsweise mehreren metallischen Werkstoffen ausgebaute Buchsen beim Gießvorgang intermetallisch mit dem Kurbelgehäuse verbunden. Die Verbundtechnik beschränkt die Auswahl der Gießverfahren auf Druckguss beziehungsweise auf vom Druckguss abgeleitete Verfahren, wie das „Squeeze Casting" oder das von Honda entwickelte „New Die-Cast" Verfahren. Auf Grund der technologiebedingten Einschränkung auf Druckguss- und Druckgussverwandte Verfahren muss bei der Verbundtechnik die Deckplattenausführung im Open-Deck-Design erfolgen. Sowohl zusammengegossene als auch nicht zusammengegossene Zylinder sind darstellbar.
Hinsichtlich der Verwendung von Preforms können zwei Verfahren der Verbundtechnik unterschieden werden:

- Honda MMC-Verfahren. Dieses Metal-Matrix-Composite-Verfahren ist bereits seit einigen Jahren in Serie. Es ist im Grundsatz dem KS-Lokasil-Verfahren ähnlich. Faser-Preforms bestehen unter anderem aus einem Verbund von Al_2O_3- und Kohlenstoff-Fasern und werden beim Honda New-Die-Cast-Verfahren mit der Aluminiumlegierungsschmelze infiltriert.
- KS-Lokasil®-Verfahren. Ein hochporöser zylindrischer Formkörper aus Silizium wird im Sqeeze Cast Verfahren unter hohem Druck mit der flüssigen Aluminiumlegierung infiltriert. Die Zylinderlaufbahn wird durch dreistufiges Honen erzeugt. Beim Vorhonen mittels Diamantleisten werden viele der in der Oberfläche befindlichen Siliziumkristalle zerstört. Durch Zwischenhonen mit Siliziumkarbid wird diese zerstörte Siliziumkristallschicht entfernt. Der dritte Honvorgang mit in Leisten elastisch gebundenem Korn legt die Siliziumkörner frei. Diese bilden, ähnlich den bei der Monometall-Bauart im Fall der übereutektischen Al-Legierung durch Ätzen freigelegten Siliziumkristalle, eine harte und verschleißfeste Zylinderlaufbahnoberfläche. Als Laufpartner ist ein eisenbeschichteter Kolben erforderlich. Als Kolbenringbestückung reicht in der Regel eine Ausführung, wie bei Zylinderlaufbahn aus Grauguss üblich.

Bei Anwendung der Verbundtechnik mit metallischen Buchsen können zum einen vollständig thermisch gespritzte, aus verschiedenen Werkstoffen mehrlagig aufgebaute Buchsen (geschützte Firmenbezeichnung GOEDEL®) im Druckguss eingegossen werden. Die intermetallische Verbindung zwischen Buchse und Al-Legierungsschmelze wird durch geeignete Werkstoffauswahl (üblicherweise eine dem Kurbelgehäu-

sewerkstoff ähnliche Al-Si-Legierung) und die spezielle Oberfläche der thermisch gespritzten Außenlage der Buchse sichergestellt.
Bezüglich des tribologisch wirksamen Werkstoffs der Zylinderlaufbahn besteht auf Grund des thermischen Spritzverfahrens eine große Bandbreite der Anwendbarkeit von Fe-Basis-Legierungen. Die jeweilige Zylinderlaufflächenbearbeitung (in der Regel durch einen mehrstufigen Honprozess) erfolgt in Abhängigkeit des gewählten Werkstoffes. Gleiches gilt für die Wahl der entsprechenden Kolben- oder Kolbenring-Gegenlaufpartner.
Zum anderen kann die gewünschte intermetallische Verbindung auch durch Applikation der thermisch gespritzten Außenschicht der GOEDEL®-Buchse auf eine konventionelle GG-Buchse erreicht werden (Firmenbezeichnung HYBRID-Buchse). Damit gelten bezüglich der Zylinderlaufflächenbearbeitung und der Wahl von Kolben und Kolbenringen die für GG-Laufflächen üblichen Gesetzmäßigkeiten. Diese Variante ist daher besonders kostengünstig und hat im Gegensatz zu den im Wesentlichen bei Sport- beziehungsweise Hochleistungsmotoren angewendeten übrigen Verbundtechniklösungen mittlerweile Einzug in die Großserie gefunden.

7.5.2 Bearbeitung von Zylinderlaufflächen

Die Zylinderlauffläche von Verbrennungsmotoren ist tribologischer Laufpartner und Dichtfläche für Kolben und Kolbenringe. Die Oberflächenbeschaffenheit der Zylinderlauffläche ist maßgeblich am Aufbau und der Verteilung eines Ölfilms zwischen den Laufpartnern beteiligt. Es besteht ein starker Zusammenhang zwischen der Oberflächenbeschaffenheit des Zylinders und dem Ölverbrauch und Verschleiß eines Motors.
Die klassische Endbearbeitung von Zylinderlaufflächen erfolgt durch Feinbohren oder -drehen und einer anschließenden Honbearbeitung. Beim Honen überlagern sich eine rotatorische und eine alternierende, translatorische Bewegung zur Schneidbewegung. Es wird so eine Zylinderform von unter 10 µm und eine gleichmäßige Oberflächenrauheit erzielt. Die durch die Schneidbewegung entstehenden Honriefen schließen den so genannten Honwinkel ein.

Die Honbearbeitung zum Beispiel mit dem in **Bild 7-64** dargestellten Mehrleistenhonwerkzeug soll möglichst schonend für das Material vonstatten gehen, um Ausbrüche, Verquetschungen der Randzone sowie Gratbildung zu verhindern. Der Werkstoffschnitt erfolgt mit Hilfe von Honleisten unter wasserhaltigem Kühlschmierstoff oder speziellem Honöl [1]. Bei vorgegebenem Anpressdruck oder Vorschub wird ein Materialabtrag von 100 µm im Durchmesser in weniger als einer Minute erzielt.

7.5.2.1 Bearbeitungsverfahren

Bei der Normalhonung wird durch ein- oder mehrstufige Bearbeitung eine normalverteilte Oberflächenstruktur erzeugt, das heißt es existieren ebenso viele Vertiefungen wie Spitzen im Rauheitsprofil.
Die Plateauhonbearbeitung hingegen kappt durch einen zusätzlichen Bearbeitungsschritt die Rauheitsspitzen und schafft eine plateauartige Gleitfläche mit ölhaltenden tiefen Riefen.
Das Spiralgleithonen ist eine Weiterentwicklung des Plateauhonens. In erster Linie unterscheidet es sich vom Plateauhonen durch die geringere Rauheit, insbesondere der Spitzenrauheit, und einem sehr großen Honwinkel von 120 bis 150° der tiefen Riefen. Durch spezielle, der Bohrungsform folgende Honleisten wird eine sehr gleichmäßige Oberflächenrauheit erzielt.
Das Laserstrukturieren ermöglicht eine nahezu freie Gestaltung der Oberfläche durch das gezielte Abtragen von Material mittels Laser [2]. Die Zylinderlauffläche wird zum Beispiel im Bereich des OT strukturiert und ansonsten glatt ausgeführt. Strukturen, wie spiralförmig angeordnete Schlitze und Taschen, sowie Näpfchen sind neben gleichmäßigen konventionellen Kreuzriefenstrukturen möglich.
Rauheitsprofile verschiedener Honverfahren zeigt **Bild 7-65**. Der Einfluss der Laufflächentopographie auf den Ölverbrauch und die Partikelemission wurde am Beispiel eines DI-Dieselmotors eindeutig nachgewiesen [3].
Eine aufwändige Variante des Honens, bei dem freies Schleifkorn zum Einsatz kommt, ist das Läpphonen. Hierbei wird loses Korn verwendet, um der Zylinderlauffläche eine chaotische Hochtiefstruktur zu verlei-

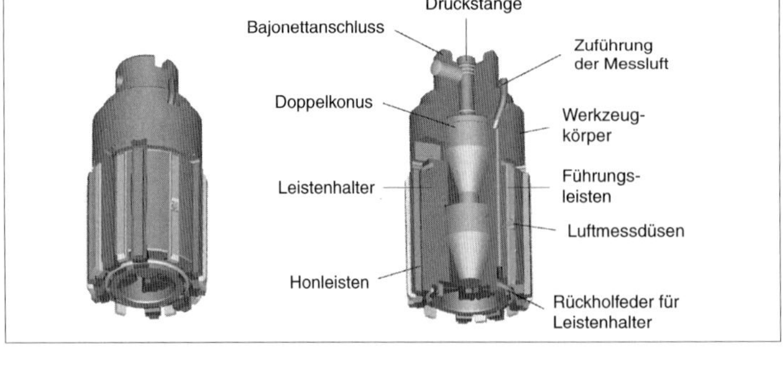

Bild 7-64 Mehrleistenhonwerkzeug (Fa. Nagel)

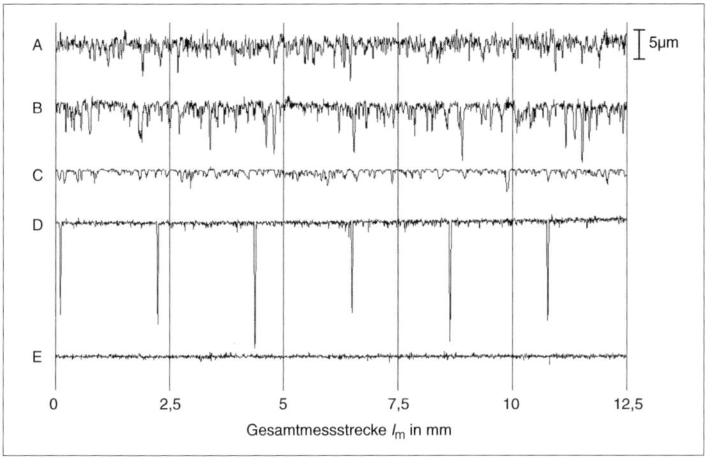

Bild 7-65 Rauheitsprofile einer Normalhonung (A), einer Plateauhonung (B), einer Spiralgleithonung (C), einer Lasertaschenstruktur (D) und einer glatten Normalhonung (E)

hen. Das harte Läppmittel wird durch solide Leisten zum Teil in die Oberfläche eingedrückt und eine Plateaufläche erzeugt.

Beim Bürsthonen wird nach der Normalhonbearbeitung eine Verrundung und Entgratung der Oberflächenstruktur mittels einer mit Hartstoff beschichteten Bürste erzeugt. Ein weiteres Verfahren die Metallflitter – auch Blechmantel genannt – von der Oberfläche zu entfernen und vorhandene Poren in der Oberfläche frei zu spülen, ist das Fluidstrahlen. Bei diesem Verfahren wird mit wasserhaltigem Kühlschmierstoff unter einem Druck von circa 120 bar die gesamte Zylinderlaufbahn gestrahlt.

Auch eine Belichtung von Graugusszylinderlaufflächen mittels Eximerlaserstrahlung kommt zum Einsatz, die durch ein Öffnen der Graphitausscheidungen und gleichzeitiges Anschmelzen der Oberfläche verbesserte Laufeigenschaften verspricht [4].

Das Freilegungshonen von Aluminiumzylinderlaufbahnen bewirkt durch speziell ausgelegte Honleisten eine Zurücksetzung der weichen Aluminiummatrix gegenüber der Faser- oder Partikelverstärkung. Die Freilegung der Partikel kann auch mittels Ätzen erfolgen. Ziel der Freilegung ist die Zurücksetzung der zu Verschweißungen neigenden Aluminiumbindung um 0,5 – 1 µm. Das durch die Rücksetzung des Aluminiums entstehende Ölhaltevolumen verbessert die Laufeigenschaften der Oberfläche.

Plasma- oder flammgespritzte Zylinderrohre können wie induktivgehärteter Grauguss sehr glatt bearbeitet werden. Das durch die Werkstoffporosität vorhandene Ölhaltevolumen sorgt für gute Laufeigenschaften.

Als weitere Sonderverfahren gelten das aufwendige Nitrieren und Phosphatieren der gehonten Zylinderlaufflächen. Durch das Nitrieren wird eine sehr raue und harte Schicht erzeugt, die sich ohne Zusatzbehandlung, zum Beispiel Phosphatierbehandlung, nicht als Zylinderlauffläche eignet. Die Phosphatierung wird auch ohne Nitrierung eingesetzt und wirkt einerseits glättend und andererseits als Festschmierstoff.

Beispielhafte 3D-Oberflächenbilder einer gehonten Graugusszylinderlauffläche sowie einer Aluminiumzylinderlauffläche zeigen die **Bilder 7-66** und **7-67**.

7.5.3 Zylinderkühlung

7.5.3.1 Flüssigkeitskühlung

Heutige Fahrzeugmotoren sind praktisch ausschließlich flüssigkeitsgekühlt. Im Gegensatz zu luftgekühlten Zylindern, die mit Kühlrippen versehen sind,

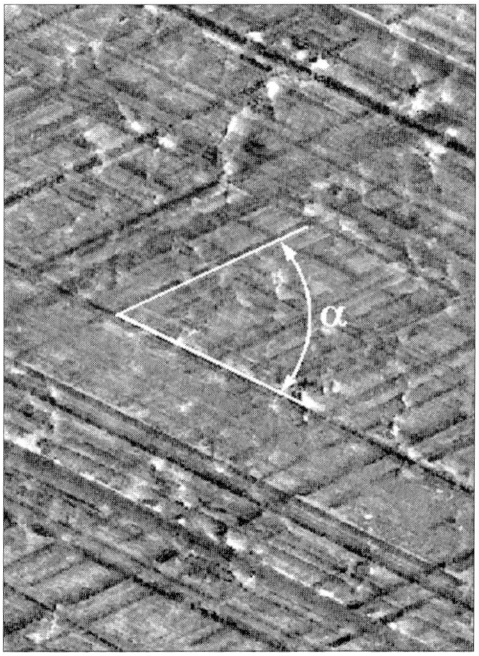

Bild 7-66 3D-Oberflächenbild einer gehonten Graugusszylinderlauffläche mit Blechmantel (weiße Marmorierung) und eingezeichnetem Honwinkel

Bild 7-67 3D-Oberflächenbild einer Aluminiumzylinderlauffläche mit freigelegter Partikelverstärkung

werden die Zylinder mit einem Wasserraum, dem sogenannten Wassermantel, umgeben.
Ein wichtiges Konstruktionsmaß ist die Wassermanteltiefe, das Maß von Deckplattenebene bis zur tiefsten Stelle des Wassermantels. Bei Grauguss-Motorblockkonstruktionen endet der Wassermantel etwa im Bereich der unteren Kolbenringzone, das heißt, im Bereich zwischen erstem Kompressionsring und Ölabstreifring bei Position des Kolbens im unteren Totpunkt.
Bei Al-Kurbelgehäusen ist der Wassermantel nochmals kürzer ausgeführt. Die Wassermanteltiefe liegt im Bereich von etwa einem Drittel der Zylinderlaufbahnlänge. Dies ist durch die höhere Wärmeleitfähigkeit von Aluminiumlegierungen im Vergleich zu Gusseisenwerkstoffen sowie durch Kolben mit immer kleineren Kompressionshöhen möglich. Ein kürzerer Wassermantel reduziert die Kühlmittelmenge im Motor und damit das Motorgewicht sowie auf Grund des geringeren Motorkühlmittelinhalts die Warmlaufphase des Motors, mit positiven Auswirkungen auf HC-Rohemissionen und Katalysatoransprechzeit.

7.5.3.2 Luftkühlung

Bei Fahrzeugmotoren werden luftgekühlte Zylinder heute nur noch von einigen wenigen Herstellern verwendet. Die Wärmeabfuhr bei luftgekühlten Zylindern hängt ab von der Wärmeleitfähigkeit der Zylinderrippen und des Zylinderwerkstoffes, der Ausbildung der Kühlrippen und der Art der Kühlluftführung.

Ausbildung der Kühlrippen

Bei luftgekühlten Zylindern sind zur Erhöhung der wirksamen Wärmeübertragungsfläche an der Zylinderaußenwand Kühlrippen angeordnet. Theoretisch sind Rippen mit dreieckigem Querschnitt am wirkungsvollsten. Bei gegossenen Zylindern entstehen verfahrensbedingt schwach trapezförmige Rippen mit verrundeten Kanten, die kaum schlechter als die mit dreieckigem Querschnitt sind. Die Wärmeübertragung an Kühlrippen kann erhöht werden durch:

- Vergrößerung der Rippenoberfläche, durch zum Beispiel Erhöhung, sowie durch größere Rippenhöhe
- Erhöhung der Kühlluftgeschwindigkeit
- Umstellung von ungeführten auf geführten Kühlluftstrom, zum Beispiel durch Luftleitbleche
- Verwendung eines Zylinder- und Zylinderrippenwerkstoffes mit möglichst hoher Wärmeleitfähigkeit, zum Beispiel Al-Legierungen statt Grauguss.

Die Verrippung von Kurbelgehäusen erfüllt neben der Wärmeabfuhr noch weitere Funktionen:

- Erhöhung der Steifigkeit, zum Beispiel der Kurbelgehäuse-Seitenwände, wodurch die Akustik verbessert wird
- Optimierung der Krafteinleitung von weniger steifen Bereichen in tragende Bereiche der Kurbelgehäusestruktur
- Optimierung des Gießvorgangs durch besseren Materialfluss der Schmelze zu Stellen im Kurbelgehäuse.

Moderne Berechnungsmethoden ermöglichen eine Optimierung der Verrippung bezüglich Gewicht, Strukturfestigkeit und Wärmeabfuhr. Die Wärmeleitfähigkeit von Al-Legierungen ist im Vergleich zu der von Gusseisenwerkstoffen fast dreimal so hoch. Deswegen wurden Zylinder aus Gusseisen, nachdem geeignete Laufbahntechnologien für Al-Zylinder entwickelt waren, zunehmend durch Zylinder aus Aluminiumlegierungen ersetzt. Bei hochbelasteten, luftgekühlten Otto- und Dieselmotoren reichte die Formstabilität des reinen Leichtmetallzylinders gelegentlich nicht aus. Daher wurden Zylinder verwendet, bei denen eine Grauguss- oder Stahlbuchse von einem Leichtmetallrippenmantel umgeben ist. Diese so genannten Verbundgusszylinder wurden mit zwei Verfahren hergestellt:

- Umgießen einer Graugusszylinderbuchse mit aufgerauter Außenwand mit einem Rippenmantel aus einer Leichtmetall-Legierung im Druckguss-Verfahren sowie
- Umgießen einer Stahl- oder GG-Buchse, bei der vor dem Gießprozess auf der Buchsenwand eine dünne Eisenaluminiumschicht erzeugt wurde. Diese ergibt eine intermetallische Verbindung

zwischen Buchse und Rippenmantel und daraus resultierend einen gleichmäßigen Wärmefluss.

Bei gering beanspruchten Motoren wurden auch Zylinderausführungen verwendet, bei denen eine GG-Buchse ohne besondere Bindung mit einem Leichtmetallrippenmantel umgossen oder eine GG-Buchse in einem vorbearbeiteten Leichtmetallrippenmantel eingeschrumpft wurde.

Kühlluftführung

Bei den luftgekühlten Fahrzeugmotoren wird in der Regel eine Zwangskühlung durch Gebläse verwendet. Die Kühlluft wird dabei von einem Gebläsegehäuse über Luftleitbleche, welche die Zylinder und die Zylinderköpfe umhüllen, gezielt auf die Kühlrippen und zwischen diesen hindurch geführt. Je günstiger dabei die Strömungsverhältnisse und die Wärmeübergangswerte sind, umso geringer ist die erforderliche Kühlluftmenge und damit die benötigte Förderleistung des Gebläses.

Literatur

[1] *Flores, G.*: Grundlagen und Anwendung des Honens; Vulkan-Verlag, 1992, Essen

[2] *Abeln, T.; Klink, U.*: Laserstrukturieren zur Verbesserung der tribologischen Eigenschaften von Oberflächen; Tagungsband, Stuttgarter Lasertage, 2001

[3] *Robota, A.; Zwein, F.*: Einfluss der Zylinderlaufflächentopografie auf den Ölverbrauch und die Partikelemissionen eines DI-Dieselmotors; MTZ 60, 1999, Nr. 4

[4] *Herbst, L.; Lindner, H.*: Verschleiß- und schmierstoffmindernde Bearbeitung von Zylinderoberflächen mit Excimerlaser im Motorenbau; VDMA-Nachrichten 12-2002

[5] Mahle GmbH (Hrsg.); Zylinderkomponenten; Eigenschaften, Anwendungen, Werkstoffe, Vieweg + Teubner, 1. Aufl. 2009

7.6 Ölwanne

Die Ölversorgung von Pkw-Motoren wird heute fast ausschließlich mit einer Nasssumpfschmierung sichergestellt. Die Ölwanne bildet daher bei solchen Motoren meist den unteren Abschluss des Kurbelgehäuses, **Bild 7-68**. Die Form und Konstruktion der Ölwanne wird stark durch die Einbausituation (Package) des aktuellen Fahrzeuges bestimmt. Dies führt unter Umständen dazu, dass gleiche Motoren in Längs- und Quereinbau unterschiedliche Ölwannen aufweisen.

Die Ölwanne hat die folgenden wichtigsten Funktionen zu erfüllen:

- Sie dient als Behälter zur Aufnahme des Motoröls und als Sammelbehälter für das rücklaufende Motoröl aus den Lager- und Schmierstellen.
- Als Verschluss des Kurbelraumes dient sie bei speziell strukturierten Ölwannenbauarten gleichzeitig der Versteifung des Motor-Getriebe-Verbundes. Sie verbessert dadurch das akustische Verhalten des Motor-Getriebeverbundes im niederfrequenten Bereich.

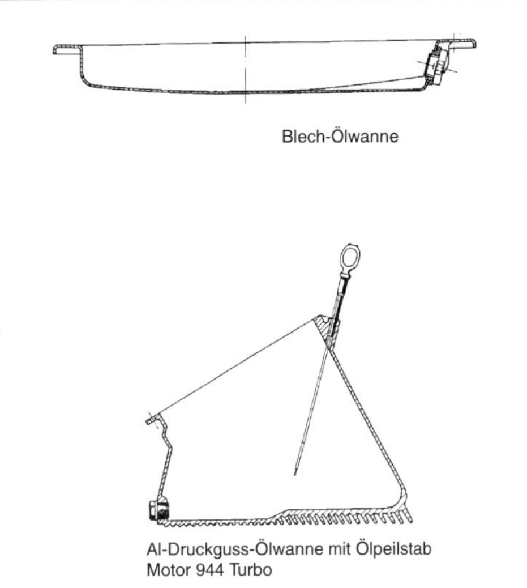

Bild 7-68 Ölwanne

- Sie leitet das Öl durch Ölleitrippen gezielt zur Ölansaugstelle, beinhaltet Schwallbleche zur Ölberuhigung und ermöglicht die Abscheidung von Luft aus dem Öl.
- Neben der Aufnahme eines Gewindes für die Ölablassschraube und das Ölmessstabführungsrohr enthält sie häufig einen Ölstandsgeber für die Anzeige des Ölstandes im Fahrzeug.

7.6.1 Ölwannenbauart

Bei Großserienmotoren wird die Ölwanne überwiegend als einlagiges Tiefziehteil aus Stahlblech hergestellt. Zur Verbesserung der Akustik wird auch eine Bauweise mit zwei Lagen Stahlblech und dazwischen liegender Kunststoff-Folie verwendet. Bei großvolumigen Motoren mit Gusseisen oder Al-Kurbelgehäusen werden häufig Ölwannen aus Al–Si-Legierungen, hergestellt im Kokillenguss oder im Druckguss, eingesetzt. Durch steife Gestaltung der Ölwannenseitenwände und hauptsächlich durch einen integrierten Flansch auf der Kupplungsseite des Motors als Anschluss zum Getriebeflansch trägt diese Bauart wesentlich zur Versteifung des Motor-Getriebe-Verbundes und damit zu einem besseren Akustikverhalten bei. Diese Bauart wird etwa bei der Hälfte der europäischen Motorkonzepte eingesetzt. Ölwannen aus Al-Legierungen werden sowohl einteilig als auch zweiteilig ausgeführt. Zweiteilige Ölwannen bestehen aus einem Oberteil aus Leichtmetall und einem mit diesem verschraubten Unterteil aus Stahlblech. Dieses Stahlblech kann bei Verformungen (Aufsitzen des Fahrzeuges) kostengünstiger gewechselt werden. Im Gegensatz dazu müsste eine Ölwanne aus Al komplett ersetzt werden. Dieser Vorteil ist heute nur noch von untergeordneter Bedeutung im Hinblick auf die

vermehrt im Bereich des Motors verwendeten Fahrzeug-Unterbodenverkleidungen.
Eine neuere Entwicklung ist die Verwendung von glasfaserverstärktem Polyamid für die Konstruktion der Ölwanne. Spezielle Anforderungen an den Kunststoff ergeben sich in dieser Anwendung durch die langen Zeiten des Kontaktes mit Luft und Öl bei hohen Temperaturen. Das Alterungsverhalten wird daher in Tests mit Ölbenetzung bei 160 °C über 5.000 Stunden getestet. Mechanische Anforderungen an den Kunststoff ergeben sich zum Beispiel insbesondere durch Aufnahme und Absetzen des Motors durch Gabelstapler in der Werkstatt.
Konstruktiv kann man zwischen reinen Kunststoffölwannen und Kunststoffölwannen in Verbindung mit Aluminiumdruckgussteilen (Hybrid) unterscheiden. Diese erlauben dann wieder die Abstützung des Getriebes. Die Abdichtung der Kunststoffölwanne entspricht der von Zylinderkopfhauben, es kommen T- oder I-Profildichtungen zum Einsatz. Auch die Abdichtung durch Flüssigsilikon ist möglich.
Ölwannen aus Kunststoff bieten folgende Vorteile:

- Gewichtsreduzierungen von circa 30 % für die Hybridlösung und circa 60 % für die reine Kunststoffkonstruktion gegenüber einer zum Beispiel 2,2 kg schweren Aluminiumkonstruktion
- Durch hohe Integrationsdichte lassen sich Packagingvorteile erreichen. So können nicht nur Ölkanäle und Kanäle der Kurbelgehäuseentlüftung sondern auch der Ölfilter, die Öldruckregelung und der Ölkühler integriert werden. Dies kann bei geeigneter Auslegung auch zu einer Reduktion des Druckverlustes in den Ölkanälen führen und damit die für die Ölpumpe benötigte Antriebsleistung reduzieren.

Literatur

MTZ 10/2008: Pkw-Kunststoffölwanne zur Reduzierung von Kosten, Gewicht und CO_2

ATZ online: Neues Kunststoff-Ölwannenmodul spart 1,1 Kilogramm Gewicht

ATZ online: Crash-Simulationen am gealterten Kunststoff

innovations-report 11.09.2007: Mann + Hummel plant im Jahr 2009 Serienstart von Kunststoffölwanne für Pkw

innovations-report 22.10.2008: DuPont liefert Zytel Polyamid für erstes in Serien-Pkw eingesetztes Kunststoff-Ölwannenmodul

7.7 Kurbelgehäuseentlüftung

Wegen der begrenzten Dichtheit der Kolbenringe gelangt beim Betrieb von Hubkolbenverbrennungsmotoren ein kleiner Teil des Arbeitsgases als Blow-By-Gasstrom (Durchblase- beziehungsweise Leckgasstrom) aus dem Brennraum an den Wandungen von Zylindern und Kolben vorbei ins Kurbelgehäuse. Weitere Ursachen für entsprechende Leckgasströme ins Kurbelgehäuse sind Leckagen an den Ventilführungen und den Wellenlagerungen von Turboladern, aber auch die bei Diesel- und Ottomotoren mit Benzindirekteinspritzung eingesetzte Vakuumpumpe (Bremsservopumpe). Insbesondere die an den Kol-

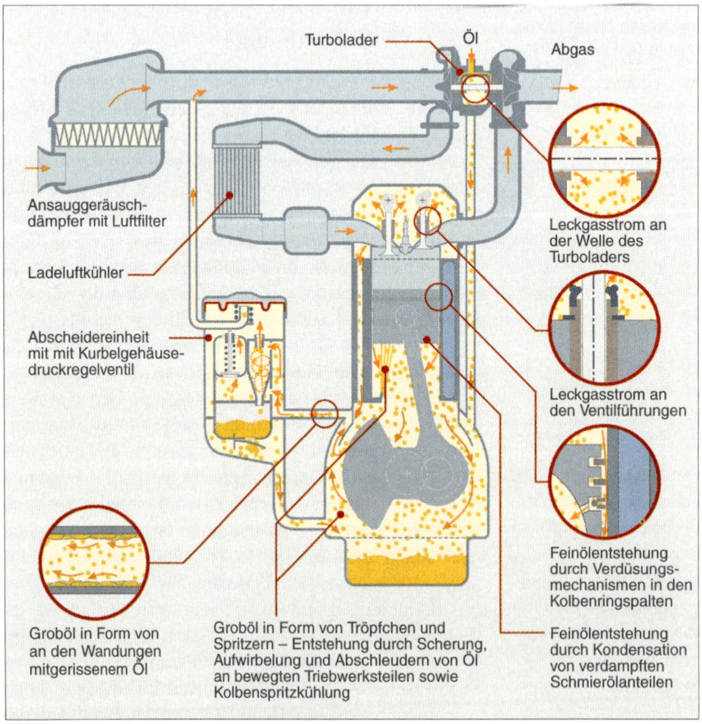

Bild 7-69 Illustration von Blow-By-Gaspfaden sowie Transportmechanismen für Ölnebel und Ölwandfilm am Beispiel eines abgasturboaufgeladenen Ottomotors

Region	Vorschrift/Grenzwert	Gesetz	gültig ab
USA Kalifornien	Freiwilliger Einbau von sogenannten „halboffenen" Systemen	Empfehlung: Vehicle Combustion Products Committee	01. 01. 1961
	„Positive Crankcase Ventilation" (PCV) Systeme für Pkw mit Ottomotoren	Californian Health and Safety Code	01. 01. 1964
USA-Bund	Einbau der in Kalifornien eingebauten Systeme	Freiwillige Maßnahme	Modelljahr 1963
	100 %ige Eliminierung der aus dem Kurbelgehäuse von Ottomotoren emittierten Kohlenwasserstoffe	Code of Federal Regulations (40 CFR)	Modelljahr 1968
Japan	Einsatz von PCV-Systemen in allen neuen Pkw-Modellen mit Ottomotoren	Code of Federal Regulations for Road Vehicles (SRRV) Chapter II, Article 31(12)	01. 09. 1970 (neue Modelle), 11. 01. 1971 (laufende Produktion)
Schweden	Geschlossene Systeme zur Kurbelgehäuseentlüftung für Ottomotoren	F12-1968	01. 01. 1969
	Übernahme der US-Bundes-Gesetzgebung	Code of Federal Regulations (40 CFR)	1976
Kanada	Übernahme der US-Bundes-Gesetzgebung	Code of Federal Regulations (40 CFR)	1971
Deutschland	Grenzwert für HC-Emission aus KGH: 0,15 % des verbrauchten Kraftstoffs	Übernahme der Direktive 70/220 EWG als Anhang XIV zu § 47 StVZO ins nationale Recht	01. 10. 1970
EU (Pkw)	Grenzwert für HC-Emission aus KGH: 0,15 % des verbrauchten Kraftstoffs	ECE/R15 (veröffentlicht 1. 8. 1970)	01. 10. 1971
		70/220/EWG (veröffentlicht 4. 4. 1970)	
EU (Nfz)	Allgemeiner Geltungsbereich: „Emission gasförmiger Schadstoffe und luftverunreinigender Partikel" (Forderung nach Rückführung der Kurbelgehäusegase)	88/77 EWG Anhang I	09. 02. 1988

Bild 7-70 Beginn der Einführung von Vorschriften zur Begrenzung der Emission aus dem Kurbelgahäuse von Kraftfahrzeugen (Angaben unter Verwendung von [1] und Info Fa. Berg-Automotive, Stuttgart)

benringen anliegenden hohen Druckdifferenzen, in Verbindung mit hohen Temperaturen, bewirken, dass ein Teil des an Kolben und Zylinder anhaftenden Motoröls, zu einem feinen Öltröpfchennebel zerstäubt, zusammen mit den Blow-By-Gasen ins Kurbelgehäuse gefördert wird. Unabhängig hiervon werden bei laufendem Motor überwiegend größere Öltröpfchen von den bewegten Triebwerkskomponenten (Kurbelwelle, Kolben, Pleuel, Nockenwelle, Steuerkette) abgeschleudert. Als eine wesentliche Quelle von Ölnebel ist auch die bei Hochleistungsmotoren verbreitete Kolbenspritzölkühlung anzusehen, bei der neben der Schmierölzerstäubung auch Kondensationsvorgänge von zuvor verdampften, niedrig siedenden Schmierölbestandteilen zur Ölpartikelbildung beitragen. **Bild 7-69** illustriert am Beispiel eines Entlüftungssystems für einen abgasturboaufgeladenen Motor Blow-By-Gaspfade und die Transportmechanismen für Ölnebel und Ölwandfilm. Um im Motorbetrieb einen unzulässigen Druckanstieg im Kurbelgehäuse zu vermeiden (Gefahr von Gas- und Öllekagen/Umweltschutz, Funktionsstörungen der Wellendichtringe) muss das Blow-By-Gas über ein Kurbelgehäuseentlüftungssystem kontinuierlich aus dem Kurbelgehäuse abgeführt werden.

7.7.1 Gesetzliche Randbedingungen

In den ersten Jahrzehnten des Motorenbaus wurden die Kurbelgehäuseentlüftungsgase üblicherweise direkt in die Atmosphäre geleitet. Insbesondere die hohen Anteile an Kohlenwasserstoffen in den Blow-By-Gasen von Ottomotoren bildeten den Hintergrund für die zunächst freiwillige, später gesetzlich geforderte Einführung von geschlossenen Kurbelgehäuseentlüftungssystemen (CCV-Systemen: **C**losed **C**rankcase **V**entilation) zur Rückführung der Blow-By-Gase in den Ansaugtrakt in den 1960er Jahren in Kalifornien und den übrigen US-Bundesstaaten [1]. Entsprechende gesetzliche Regelungen wurden in der Folge auf allen wichtigen Märkten beschlossen und auf Pkw- sowie Lkw- Dieselmotoren ausgeweitet [2]. Insbesondere bei Motoren für Off-Road-Anwendungen und schwere NFZ ist im Grundsatz aber noch immer eine Entlüftung des Kurbelgehäuses in die Atmosphäre (OCV-Systeme: **O**pen **C**rankcase **V**entilation) zulässig. **Bild 7-70** zeigt eine Aufstellung über die diesbezüglichen gesetzlichen Meilensteine auf den verschiedenen Märkten. Gemäß der im Anhang V, Prüfung Typ III der in der EU für Pkw gültigen Vorschrift 70/200/EWG muss dabei nachgewiesen werden, dass im Kurbelgehäuse bei drei verschiedenen Betriebspunkten des Motors kein Überdruck herrscht. Die Kurbelgehäuseentlüftungsgase, deren Zusammensetzungen und Massenströme (bei europäischen Applikationen bis zu 1 % des Ansaugluftmassenstroms) in erheblichem Maße vom Brennverfahren, von der Gestaltung des Triebwerks, vom Betriebszustand (eff. Mitteldruck, Drehzahl, Kühlmitteltemperatur) und vom Verschleißzustand des Triebwerks abhängen, müssen dementsprechend durch das Kurbelgehäuseentlüftungssystem kontinuierlich in das Ansaugsystem des Motors zurückgeführt werden. Verglichen mit der Abgasrückführung und der Rückführung der Aktivkohlefilterspülgase der Tankentlüftung (Ottomotoren), bei denen die Massenströme, entsprechend den Erfordernissen im Kennfeld, im Grundsatz frei appliziert werden können, wird durch die vom Triebwerk aufgeprägten Blow-By-Massenströme, vor allem bei Ottomotoren, eine schadstoffoptimierte Gemischbildung und damit die Einhaltung strenger Abgasemissionsgrenzwerte wesentlich erschwert. Insbesondere die sich verschärfenden technischen Anforderungen, im Hinblick auf die Ölverbräuche der Motoren, Verschmutzungen sowie Ablagerungen in den Komponenten der Ansaugsysteme, den Brennräumen und den Einrichtungen zur Abgasnachbehandlung (insbesondere bei der Kombination gekühlter EGR-Systeme mit CCV) erfordern es, die im Entlüftungsgas befindlichen Schmierölbestandteile möglichst vollständig abzuscheiden, um Ruß-Ablagerungen an klebrigen HC-Bestandteilen zu verhindern.

7.7.2 Technische Anforderungen

Aus den genannten gesetzlichen Randbedingungen resultieren zahlreiche technische Anforderungen an Kurbelgehäuseentlüftungssysteme. Wesentliche Forderungen betreffen das Einhalten eines bestimmten Druckes im Kurbelgehäuse, die Abscheidung der Ölbestandteile aus dem Entlüftungsgas und die Rückführung des abgeschiedenen Öls in den Ölsumpf des Motors. Zur Einhaltung des vorgeschriebenen Drucks im Kurbelgehäuse dienen entweder in der Zu- und Abströmleitung zum Kurbelgehäuse angeordnete Drosseln beziehungsweise Strombegrenzungsventile oder bei modernen Kurbelgehäuseentlüftungssystemen überwiegend verwendete Druckregelventile (DRV). Die Förderung der Entlüftungsgase ins Ansaugsystem des Motors und die Abscheidung der Schmierölpartikel erfolgt bei konventionellen Entlüftungssystemen mittels der Druckdifferenz zwischen dem Kurbelgehäuse und dem Ansaugsystem. Wie aus den in den **Bildern 7-71** und **7-72** exemplarisch für einen abgasturboaufgeladenen Ottomotor mit Benzindirekteinspritzung dargestellten Saugrohrdruck- und Blow-By-Gaskennfeldern ersichtlich ist, variieren die Blow-By-Massenströme und die Druckgefälle zur Rückführung der Entlüftungsgase ins Ansaugsystem des Motors im Allgemeinen erheblich. Erschwerte Bedingungen für eine wirksame Ölnebelabscheidung herrschen im Kennfeld beim Vorliegen von ungünstigen Verhältnissen zwischen Blow-By-Gasströmen und vorhandenen Ansaugunterdrücken zum Beispiel in der Volllast bei niedrigen Motordrehzahlen (große Blow-By-Gasströme, niedrige für die Ölnebelabscheidung nutzbare Druckdifferenzen, im Allgemeinen kleine Partikelgrößenverteilungsspektren). Weitere Einflüsse ergeben sich sowohl durch kurbelgehäuse- als auch saugrohrseitige Druckpulsationen, die in der Regel bei bestimmten Motordrehzahlen durch Rohr- beziehungsweise Pfeifenschwingungen verstärkt werden. Die Quantitätsregelung konventioneller Ottomotoren mit stöchiometrischen oder auch zeitweilig „fetten“ Luft-Kraftstoff-Verhältnissen bedingt, dass wesentliche Anteile der mit dem Blow-By-Gas ins Kurbelgehäuse geförderten schwersiedenden Kraftstoffkomponenten und bei der Verbrennung entstehendes Wasser im Kurbelgehäuse kondensieren. Diese Kondensate können sich bei an-

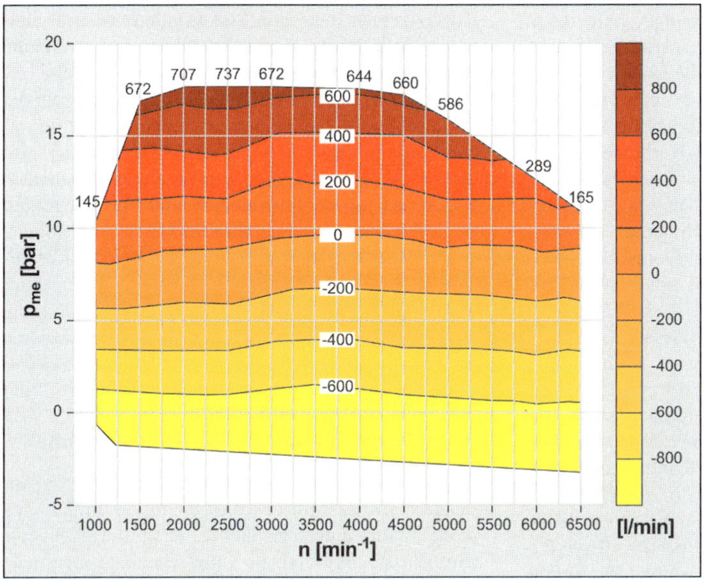

Bild 7-71 Kennfeld der Druckdifferenz Saugrohrdruck – Atmosphärendruck eines turboaufgeladenen, quantitätsgeregelten 1,8 l-Pkw-Ottomotors mit Direkteinspritzung

haltendem Schwachlast- und Kurzstreckenbetrieb, insbesondere bei nicht betriebswarmem Motor, im Kurbelgehäuse anreichern. Abgesehen von der hiermit verbundenen Beeinträchtigung der Schmierölqualität – bei Berücksichtigung einer generellen Tendenz zur Verlängerung der Ölwechselintervalle – kann im Winter eingefrorenes Kondensat durch Verblocken der Kurbelgehäuseentlüftung oder der Schmierölversorgung schwerwiegende Motorstörungen beziehungsweise Motorschäden verursachen. Die dargestellte Problematik betrifft in besonderem Maße aufgeladene Ottomotoren mit Benzindirekteinspritzung, bei denen große Kraftstoffmengen in kurzen zur Verfügung stehenden Zeiträumen zur Verbrennung aufbereitet werden müssen. Insbesondere bei nicht optimal ausgebildeter Gemischbildung besteht die Gefahr, dass vor allem in Kennfeldpunkten hoher Last innerhalb verhältnismäßig kurzer Zeiträume große Mengen an flüssigem Kraftstoff ins Kurbelgehäuse gefördert werden. Neben der Verringerung der Schmierölviskosität können sehr hohe Kraftstoffanteile (bis zu 20 %) im Öl auch zum Versagen bewähr-

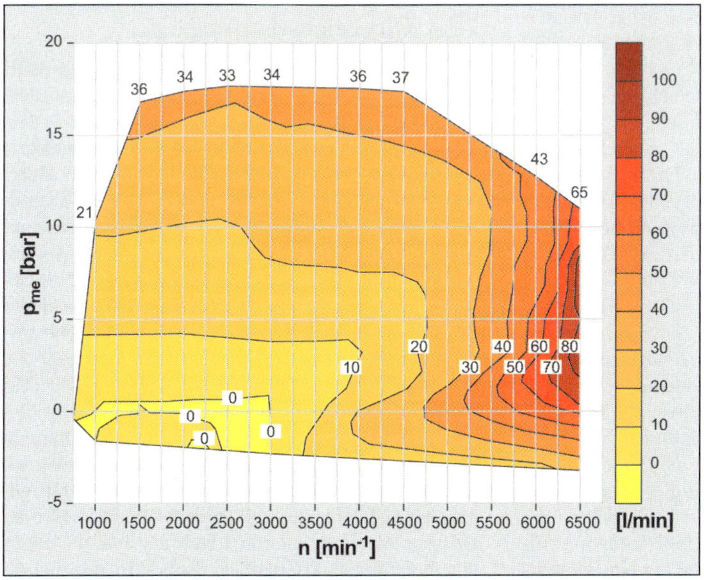

Bild 7-72 Kennfeld der Blow-By-Gasströme (ohne Durchlüftung) eines turboaufgeladenen, quantitätsgeregelten 1,8 l–Pkw-Ottomotors mit Direkteinspritzung

ter Dichtelastomere (starke Quellung, „Schwitzen" der Dichtung) führen, was durch entsprechende Lastenheft- beziehungsweise Materialvorgaben der Motorenhersteller bei der Entwicklung eines Motors zu berücksichtigen ist. Um eine Anreicherung von Wasser und Kraftstoffkondensaten im Kurbelgehäuse zu vermeiden, wird daher bei Ottomotoren häufig ein kleiner Teil der Ansaugluft als Spülluft durch das Kurbelgehäuse geführt (PCV-Systeme: **P**ositive **C**rankcase **V**entilation, – Achtung: Doppelbedeutung mit **P**ressure **C**ontrol **V**alve). Wesentlich für die Funktion von PCV-Systemen ist, dass Wasser und Kraftstoffkondensate nicht im Ölnebelabscheider abgeschieden und ins Kurbelgehäuse zurückgeführt werden, sondern zum Beispiel gasförmig durch den Abscheider geführt werden, was durch ein niedriges Druck- und ein hohes Temperaturniveau im Abscheider begünstigt wird. Die hohen Kohlenwasserstoffkonzentrationen im Entlüftungsgas in der Warmlaufphase, aber auch bei betriebswarmem Motor, bedingen bei Berücksichtigung ansteigender Blow-By-Gasströme mit steigender Laufleistung des Motors wesentliche Einflüsse auf die Gemischbildung sowie die Lambda-Regelung und damit auf die Abgasemissionen. Um diese Einflüsse soweit wie möglich zu minimieren, muss durch die Anordnung und Gestaltung der Einleitstelle(n) des Entlüftungsgasstroms in das Ansaugsystem eine möglichst gleichmäßige Verteilung des Blow-By-Gasstroms auf alle Zylinder des Motors (einheitliche Luftverhältnisse und Klopfgrenzen in den einzelnen Zylindern) erreicht werden. In [3] am Beispiel der Tankentlüftung dargestellte Untersuchungen zum Einfluss der Einleitung von Kohlenwasserstoff beladenen Gasströmen ins Ansaugsystem zeigen, dass sich gute Mischbedingungen und eine gute Gleichverteilung bei einer über den Kanalumfang verteilten Einleitung im Bereich der Drosselklappe (hohe Luftgeschwindigkeiten/Turbulenz) verwirklichen lassen.

Bei Kurbelgehäuseentlüftungssystemen für zukünftige Fahrzeugmotoren resultieren wesentlich gesteigerte Anforderungen vor allem aus der generellen Tendenz zur Verlängerung oder zum Entfall von Wartungsintervallen, zur Verschärfung von Emissionsstandards und zur Ausdehnung dieser auf hohe Fahrleistungen sowie zur Überprüfung der Einhaltung dieser Forderungen durch Feldüberwachung oder **On**bor**d**diagnose (OBD) [4]. Die Erfüllung dieser Anforderungen wird im Allgemeinen dadurch erschwert, dass in Folge der zunehmenden Entdrosselung der gesamten Ansaugsysteme bei modernen Otto- und Dieselmotoren, insbesondere in kritischen Kennfeldbereichen (Volllast und niedrige Motordrehzahlen), in der Tendenz immer niedrigere für die Feinölabscheidung nutzbare Druckdifferenzen zur Verfügung stehen. Bei aufgeladenen Ottomotoren machen die wechselnden Druckniveaus im Saugsystem im Allgemeinen die Anordnung von zwei, bei einigen Aufladekonzepten sogar drei Einleitstellen für die Einleitung von Entlüftungsgasen ins Ansaugsystem und die Verwendung entsprechender Rückschlagventile erforderlich. Hierdurch steigt der Komplexitätsgrad der Entlüftungssysteme. Gleichzeitig zwingen die beengten Bauraumverhältnisse in den Motorräumen moderner Fahrzeuge zu einer kompakten, platzsparenden Bauart der Einzelkomponenten und zur Integration von verschiedenen Funktionsumfängen in Module. Zu erwähnen ist außerdem der anhaltende Kostendruck in der Automobilindustrie, der trotz steigender Anforderungen an Funktion und Zuverlässigkeit, die Entwicklung kostengünstiger Komponenten, Module und Systeme erzwingt.

7.7.3 Systemaufbau aktueller Kurbelgehäuseentlüftungssysteme

Für die Rückführung von Blow-By-Gasen in das Ansaugsystem des Motors kommen in der Praxis eine große Zahl unterschiedlicher Entlüftungskonzepte zum Einsatz. Wesentliche Unterscheidungsmerkmale sind die Verwendung oder der Verzicht auf ein Kurbelgehäusedruckregelventil und die Frage, ob das Kurbelgehäuse lediglich entlüftet oder auch be- beziehungsweise durchlüftet wird. In **Bild 7-73** ist eine Übersicht über verschiedene Entlüftungssysteme für aufgeladene Otto- **(Bild 7-73a–d)** und Dieselmotoren **(Bild 7-73e–g)** mit jeweiligen Vor- und Nachteilen dargestellt [5] (entspr. Darst. f. Saugmot. in 3. und 4. Aufl.). Bei modernen Fahrzeugottomotoren werden, insbesondere im Hinblick auf ausreichende Ölnebelabscheidegrade, überwiegend Entlüftungskonzepte mit Druckregelventilen verwendet. Die Einleitung der Entlüftungsgase erfolgt bei aufgeladenen Dieselmotoren vor dem Verdichter des Turboladers.

7.7.4 Ölnebelabscheidung

Eine wesentliche Funktion des Kurbelgehäuseentlüftungssystems stellt die Abscheidung der mit dem Blow-By-Gas mitgeführten Ölanteile dar. Bei dem durch das Entlüftungssystem aus dem Kurbelgehäuse geführten Gasstrom handelt es sich um eine Mehrphasenströmung, bei der im allgemeinen Fall, zusammen mit dem Gas, auch Schmieröltröpfchen unterschiedlicher Größe und ein Wandfilm aus Motoröl in Richtung des Saugrohrs gefördert wird. In Anlehnung an entsprechende Begriffsdefinitionen in der Verfahrenstechnik [6] werden vielfach Ölnebelpartikel im Blow- By-Gas mit $x_P < 10$ µm als Feinöl und $x_P < 1$ µm als Feinstöl (Nanopartikel) bezeichnet. Für Ölbestandteile, die in dieser Strömung mit dem bloßen Auge sichtbar sind (Spritzer, Wandfilme) hat sich die Bezeichnung „Groböl" eingebürgert. Da bei den meisten für die Feinölabscheidung eingesetzten Ölnebelabscheidern die Abscheiderleistung bei Zufuhr größerer Mengen an Groböl einbricht und die gegen eine hohe Druckdifferenz ins Kurbelgehäuse rückzu-

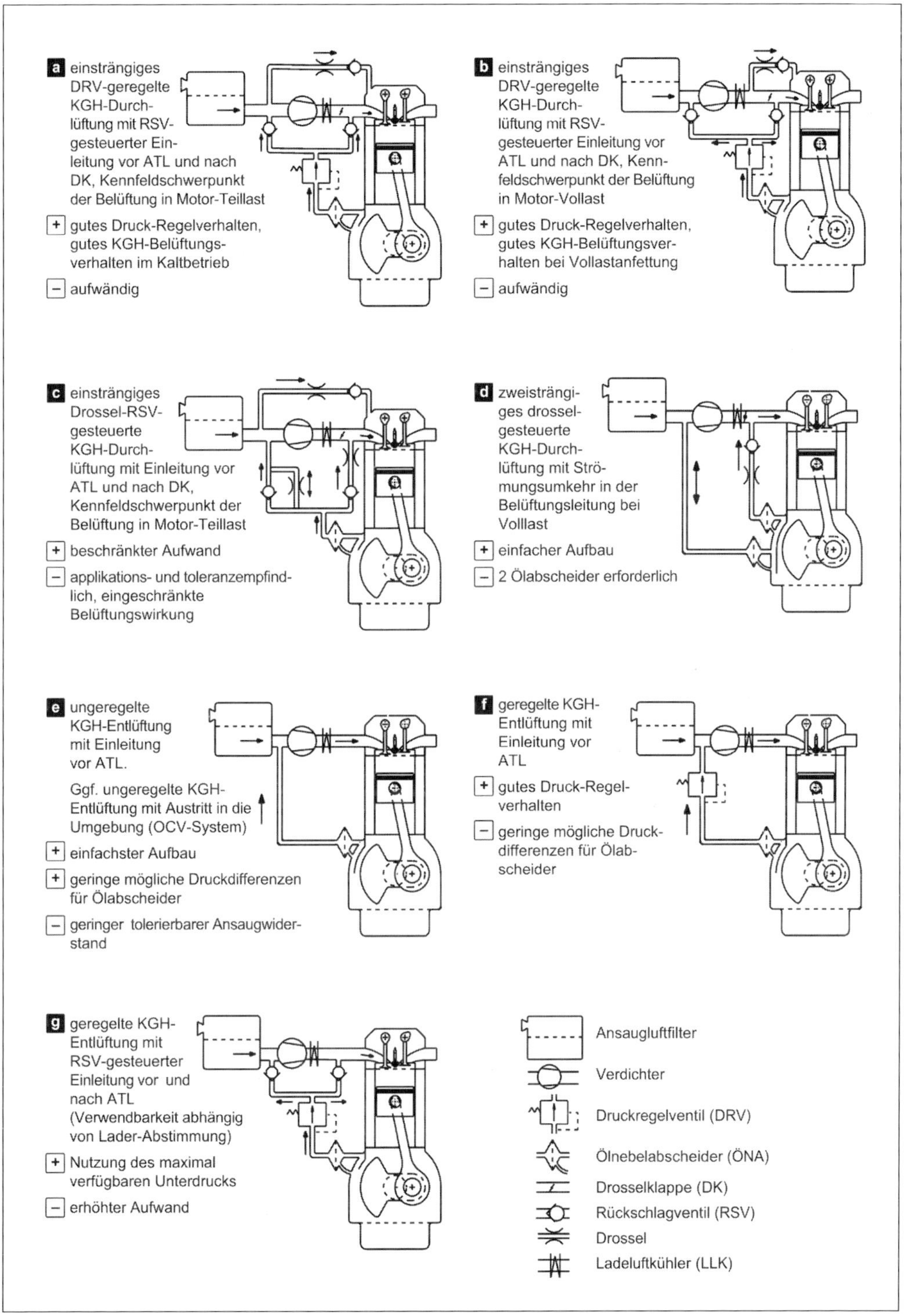

Bild 7-73 Übersicht über verschiedene Entlüftungssysteme von aufgeladenen Ottomotoren (a, b, c, d) und aufgeladenen Dieselmotoren (e, f, g) mit den jeweiligen Vor- und Nachteilen

führenden Ölmengen minimiert werden sollten, werden Feinölabscheidern in der Regel Grobölabscheider (zum Beispiel Volumenabscheider, Prallplattenabscheider, Drahtgestrickabscheider oder Grobölzyklone) vorgeschaltet. Kriterien für die Auswahl eines Grobölabscheiders sind unter anderem: Bauraumverhältnisse beziehungsweise Bauraumbedarf, Kosten, Skalierbarkeit und Druckverlust. Derartige Grobölabscheider müssen eine unter ungünstigen Bedingungen auftretende Förderung von Schwallöl durch den Entlüftungsstrang („Ölreißen") sicher verhindern. Entscheidend für die sichere Funktion von Grobölabscheidern ist es, dass das strömende Entlüftungsgas auf das die Oberflächen des Entlüftungsstrangs benetzende Öl keine so hohen Schubkräfte ausübt, dass es zu einem Mitreißen von gegebenenfalls sogar bereits abgeschiedenem Öl kommt. Während bei gut ausgelegten Grob- und Feinölabscheidersystemen die durch die Kurbelgehäuseentlüftung bedingten Ölverbräuche zum Beispiel bei Pkw-Motoren auf unter 1 g/h (circa 1 – 2 % der durch die Kolbenringe und Ventilführungen bedingten direkten Ölverluste) gesenkt werden können, können im Falle von Ölreißen die durch die Entlüftung geförderten Ölmengen 10 bis 2000 g/h betragen. Abgesehen von einer zweckmäßigen Gestaltung des Grobölabscheiders und des entsprechenden Ölrücklaufs lässt sich die Gefahr des Ölreißens auch durch die folgenden Maßnahmen verringern:

- Wahl einer günstigen von Spritzöl abgeschirmten Entnahmestelle für den Blow-By-Gasstrom im Kurbelgehäuse oder Zylinderkopf
- Ausreichende Dimensionierung der Entlüftungs- und Ölrückführungsleitungsquerschnitte
- Begrenzung der Entlüftungsgasströme aus dem Kurbelgehäuse (zum Beispiel durch optimierte Kolbenringbestückung)
- Abschirmung der rotierenden Triebwerksteile vom Ölsumpf durch Schwallbleche oder Ölhobel
- Begrenzung der Motorölfüllstände
- Begrenzung der Öltemperaturen
- Begrenzung der Viskositätsverringerung der eingesetzten Motoröle
- Verminderung von Pulsationen.

Die im Motorbetrieb stark schwankenden Entlüftungsvolumenströme, Druckpulsationen im Kurbelgehäuse und Saugrohr, unterschiedliche in [7] illustrierte Phasenverteilungszustände von Groböl in Rohrleitungen, die in einzelnen Kennfeldbereichen begrenzten, für die Abscheidung nutzbaren Druckdifferenzen, verbunden mit steigenden Anforderungen an die Abscheidegüte, stellen insgesamt betrachtet hohe Anforderungen an die eingesetzten Abscheider. Für die Abscheidung von Ölnebel aus dem Gasstrom der Kurbelgehäuseentlüftung stehen, wie in [8] dargestellt, grundsätzlich eine Vielzahl unterschiedlicher Ölnebelabscheider zur Auswahl, die entweder die Druckdifferenz zwischen Saugrohr und Kurbelgehäuse, mechanische Antriebsenergie oder elektrische Energie zur Abscheidung nutzen. Wesentliche Auswahl- beziehungsweise Bewertungskriterien sind dabei die Abscheidegrade, die Druckverluste über dem Abscheider, die Kosten, der Wartungsbedarf und die grundsätzliche Umsetzbarkeit eines jeweiligen Abscheiderprinzips in einem Fahrzeugmotor. Zur Beurteilung des Feinölabscheidevermögens eines Abscheiders wird dabei vielfach der Abscheidegrad für ein mittleres Tröpfchengrößenspektrum von $x_P = 1$ µm herangezogen. Hierbei handelt es sich um einen Partikelgrößenbereich in dem entsprechend den physikalisch wirksamen Abscheidemechanismen [9] besondere Maßnahmen zur Verwirklichung einer effektiven Abscheidung notwendig sind.

Die in der Vergangenheit vielfach eingesetzten Drahtgestrickabscheider besitzen den Nachteil begrenzter Abscheidegrade insbesondere für Feinöl. Im Vergleich hierzu lassen sich mit Faserabscheidern höhere bis höchste Abscheidegrade verwirklichen. Faserabscheider können entsprechend dem Funktionsprinzip in volldurchströmte Faserabscheider und Prallvliese untergliedert werden. Volldurchströmte Faserabscheider haben einen relativ großen Bauraumbedarf, sind jedoch verglichen mit Prallvliesabscheidern bei entsprechender Auslegung auch bedeutend leistungsfähiger, insbesondere bei sehr kleinen Partikelgrößen. Nachteilig ist insbesondere bei Dieselmotoren deren Neigung zu Ablagerungen auf den Abscheidermedien, die in vielen Fällen einen Austausch des Abscheidereinsatzes volldurchströmter Faserabscheider innerhalb der Fahrzeuglebensdauer erforderlich macht. Ferner besteht wegen der Speicherfähigkeit des Abscheidemediums für Kondensate die grundsätzliche Gefahr des Einfrierens dieser Abscheider im Winter. Zur Vermeidung eines schädlichen Kurbelgehäuseüberdruckes durch Verblockungserscheinungen werden bei volldurchströmten Faserabscheidern oftmals Notventile vorgesehen, die beim Verblocken einen Bypass zum Faserabscheider freigeben.

Aus den genannten Gründen werden bei den Kurbelgehäuseentlüftungssystemen aktueller Fahrzeugmotoren überwiegend Zyklonabscheider als Kompromiss zwischen Leistungsfähigkeit, Bauraum und Kosten eingesetzt. Diese besitzen eine geringe Empfindlichkeit gegen Verschmutzungen und sind daher Lebensdauerbauteile. Durch zahlreiche Detailoptimierungen an mehreren klein dimensionierten parallel geschalteten Zyklonen konnten – bezogen auf gleiche Abscheiderdruckverluste – die Feinölabscheidegrade in den vergangenen Jahren wesentlich gesteigert werden. Im Grundsatz ist es als Nachteil zu werten, dass Zyklonabscheider, aber auch andere Ölnebelabscheider, unter der Randbedingung begrenzter, für die Ölnebelabscheidung verfügbarer Druckgefälle, lediglich bei einem jeweiligen durch die Dimensionierung des Abscheiders festgelegten Gasdurchsatz optimale Abscheidegrade liefern. Ein Ansatz um diesen

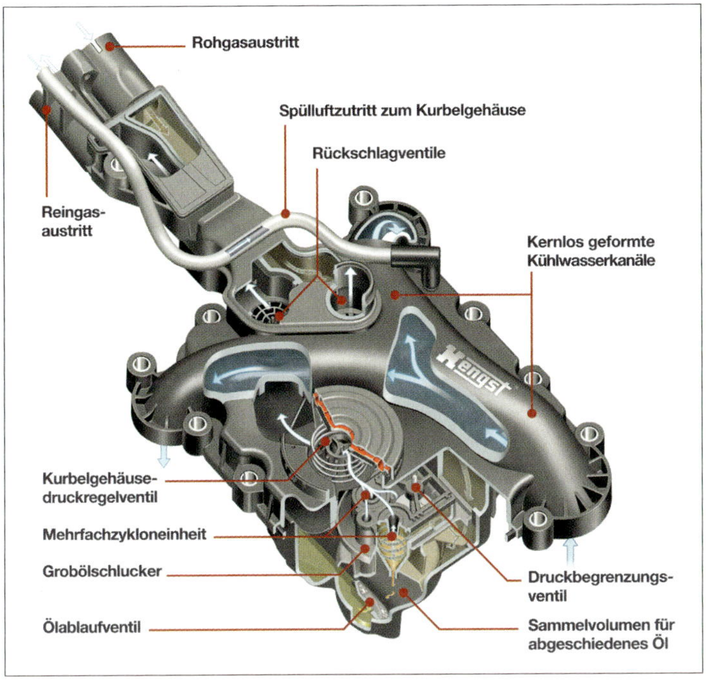

Bild 7-74 Schnittdarstellung eines Kurbelgehäuse-entlüftungsmoduls für einen turboaufgeladenen Benzin-direkteinspritz-Ottomotor mit Grobölabscheider, Feinölabscheider, diskontinuierlicher Ölrückführung über Sammelbehälter und Rückschlagventile, Kurbelgehäusedruckregelventil und reingasseitigen Rückschlagventilen (Fa. Hengst)

Nachteil abzumildern besteht darin, der verhältnismäßig klein dimensionierten Abscheidereinheit, wie in **Bild 7-74** dargestellt, ein DBV (Druckbegrenzungsventil) parallel zu schalten, welches beim Überschreiten einer vorgegebenen Druckdifferenz einen Impaktorabscheider als Bypass öffnet und auf diese Weise bei großen Blow-By-Massenströmen einen unzulässigen Aufbau eines Überdrucks im Kurbelgehäuse verhindert. Die Gestaltung des DBVs als Impaktor verhindert dabei ein unzulässiges Absinken der Abscheidegrade des Abscheiders bei parallel durchströmtem DBV. In **Bild 7-75** sind die entsprechenden Druckverlustkennlinien und Abscheidegrade einer Zyklonabscheidereinheit mit und ohne DBV dargestellt. Bei Verzicht auf ein DBV muss zur Vermeidung unzulässiger Überdrücke im Kurbelgehäuse bei großen Blow-By-Massenströmen (verschlissenes Triebwerk) ein sehr groß dimensionierter Feinölabscheider eingesetzt werden. Dies hat zur Folge, dass bei in weiten Kennfeldbereichen vorliegenden niedrigen Blow-By-Massenströmen die Feinölabscheidegrade nur niedrige Werte annehmen (**Bild 7-75**, Zyklonvariante II).

Alternativ zu den genannten Vlies-, Wickel- und Zyklonabscheidern werden von einzelnen Motorenherstellern zur Ölnebelabscheidung von der Nockenwelle oder einer von der Massenkraftausgleichswelle angetriebenen Grobölzentrifuge eingesetzt. Mit derartigen Zentrifugen lassen sich größere Mengen von mit dem Blow-By-Gasstrom gefördertem Grobölzuverlässig abscheiden. Wegen der begrenzten Drehzahlen von Nockenwellen oder Ausgleichswellen, begrenzten Bauabmessungen und verhältnismäßig hohen Fördergeschwindigkeiten des Entlüftungsgases durch diese Abscheider sind die Feinölabscheidegrade derartiger Zentrifugen allerdings verhältnismäßig gering.

Hohe Feinölabscheidegrade lassen sich mit Feinölzentrifugen erzielen, die mit entsprechenden Vor- und Nachteilen behaftet [10], entweder mechanisch über die Kurbelwelle, hydraulisch über Drucköl, pneumatisch oder elektrisch angetrieben werden können. Der hydraulische Antrieb mit dem Drucköl des Motors ermöglicht eine kostengünstige und betriebssichere Applikation. Allerdings wird die nutzbare Leistung durch den zulässigen Absteuervolumenstrom, die Ablaufquerschnitte und die im Motorkennfeld zur Verfügung stehenden Öldrücke begrenzt. Veränderungen in der Ölviskosität (Temperatur, Ölzustand) stellen eine Herausforderung an die Auslegung derartiger Antriebe dar. Die notwendigen hydraulischen Schnittstellen schränken universelle Applikationsmöglichkeiten ein. Ein elektrischer Antrieb stellt im Hinblick auf die Gesamtwirkungsgrade und der erforderlichen Abscheideleistungen eine im Vergleich zum hydraulischen Antrieb vorteilhaftere Lösung dar. Ferner ist der Antrieb unabhängig vom Betriebszustand des Verbrennungsmotors und erlaubt sogar einen bedarfsgerechten Betrieb bis hin zum gezielten Nachlauf der Zentrifuge nach dem Abstellen des Verbrennungsmotors (Start-Stopp bei Hybridmotoren). Die bei strengen Abgasstufen geforderte OBD-Überwachung kann sehr einfach realisiert werden. Schließ-

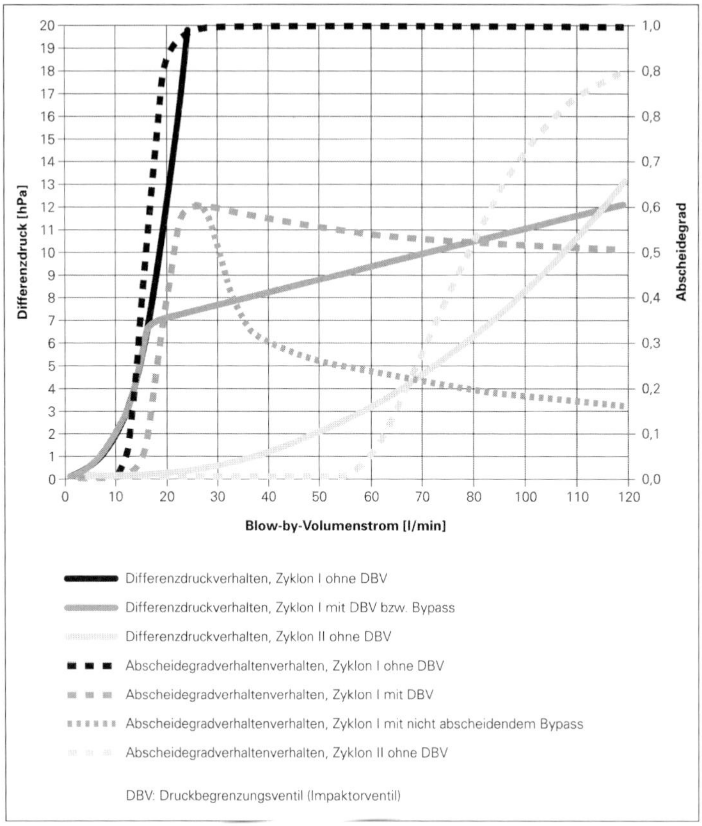

Bild 7-75 Druckverlustkennlinien und Abscheidegrade einer Zyklonabscheidereinheit mit und ohne Druckbegrenzungsventil

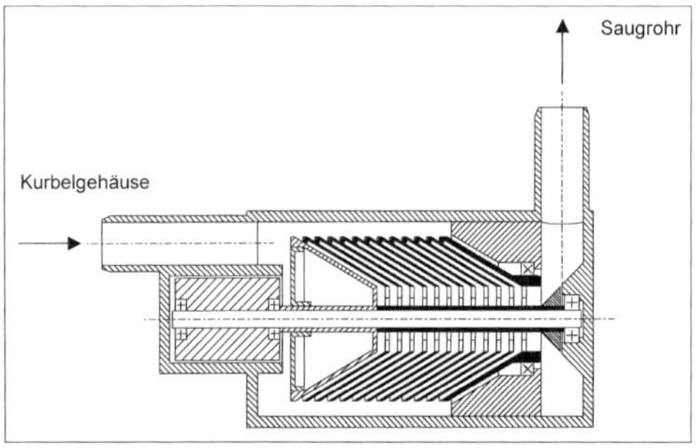

Bild 7-76 Schnittdarstellung eines Tellerseparators zur Ölnebelabscheidung (schematisch)

lich lassen sich standardisierte Bauteile relativ universell auch für Kleinserienanwendungen installieren. Die höheren erreichbaren Dauerdrehzahlen erlauben eine Miniaturisierung der Abscheiderzentrifugen. Anspruchsvoll ist die Entwicklung preisgünstiger lebensdauer- und temperaturfester bürstenloser Elektromotoren.

Der in **Bild 7-76** im Schnitt illustrierte Tellerseparator stellt eine klassische Bauart derartiger Abscheiderzentrifugen dar, die seit mehr als hundert Jahren in der Verfahrenstechnik eingesetzt werden. Kernstück dieses Abscheiders ist der Rotor, bei dem zahlreiche hohlkegelförmige Teller axial hintereinander mit der Welle verspannt werden. Bei der Durchströmung der engen Spalte zwischen den Tellern werden die Ölnebeltröpfchen aufgrund ihrer höheren Dichte durch die Zentrifugalbeschleunigung radial nach außen bewegt und prallen auf die Unterseite des jeweils axial oberhalb angeordneten Tellers, so dass sich dort ein Wandfilm ausbildet. Am Außenradius der Teller wird das abgeschiedene Öl in Form von größeren Tropfen abgeschleudert, die von der Gasströmung nicht mehr mitgerissen werden und sich an der Innenwand des Zentrifugengehäuses abscheiden. Dieses Öl sammelt sich am Boden des Zentrifugengehäuses und kann von da aus ins Kurbelgehäuse zurückgeführt werden. **Bild 7-77** zeigt für eine Abscheiderzentrifuge der in **Bild 7-76** dargestellten Tellerseparator-Bauart die Abhängigkeit der Abscheidegrade von der Drehzahl des Rotors für verschiedene mittlere Partikelgrößenspektren. Die Abbildung zeigt den für Abscheiderzentrifugen typischen Anstieg der Abscheidegrade mit zunehmender Drehzahl des Rotors. Mit Tellerseparatoren lassen sich grundsätzlich höchste Abscheidegrade, insbesondere für kleine Partikelgrößen, verwirklichen. Konzeptionell ist eine Durchströmung der Tellerseparatoren von außen nach innen aber auch

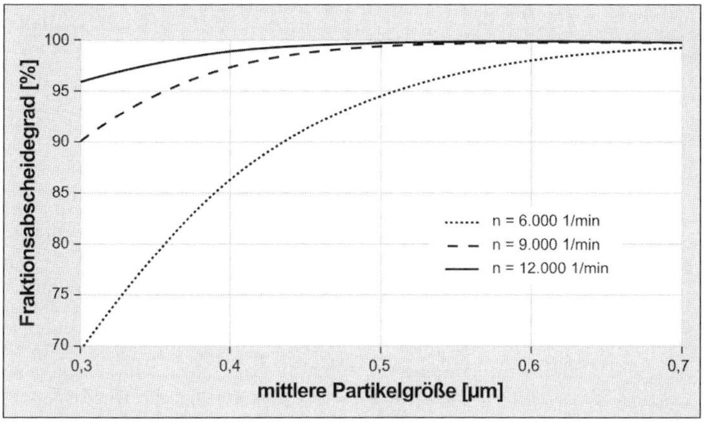

Bild 7-77 Abhängigkeit der Feinölabscheidegrade eines Tellerseparators von der Rotordrehzahl und der mittleren Partikelgröße

von innen nach außen möglich. Eine Durchströmung von innen nach außen hat den Vorteil eines negativen Differenzdruckes in vielen Betriebsbereichen. Die konventionelle Bauart des Tellerseparators mit einzelnen mit der Welle verspannten Tellern weist Herausforderungen im Hinblick auf die Toleranzproblematik, die Wuchtung und die Herstellkosten auf. Prinzipiell können als Feinölnebelzentrifugen in der Kurbelgehäuseentlüftung auch Zentrifugen mit alternativen Rotorformen, wie Wabenkörper, in Frage kommen.

Bei sehr hohen Anforderungen an die Ölnebelabscheidegrade, auch von Feinstpartikeln und geringen für die Abscheidung nutzbaren Druckgefällen, ist der Einsatz von E-Abscheidern [11] in Betracht zu ziehen. Derartige Abscheider nutzen zur Abscheidung die Kräfte auf ein geladenes Partikel im elektrischen Feld [9]. Bei Rohrabscheidern ist zentrisch in einem rohrförmigen Kanal eine Sprühelektrode angeordnet, während die Kanalwandung als Niederschlagselektrode dient. Durch Anlegen einer Hochspannung zwischen der Sprüh- und der Niederschlagselektrode in einer Größenordnung von 10 kV entsteht ein elektrisches Feld. Freie Elektronen in unmittelbarer Nähe der negativ geladenen Sprühelektrode werden in Richtung des positiveren elektrischen Potentials zur Niederschlagselektrode beschleunigt und erzeugen beim Zusammenprall mit neutralen Gasmolekülen weitere Elektronen und Kationen. Die hierdurch entstehende Koronaentladung wird zum einen durch Kationen, die weitere Elektronen aus der Sprühelektrode herausschlagen, stabilisiert. Weiterhin erzeugen angeregte Gasionen durch Photoionisation weitere Ladungsträger. Auf dem Weg zur Niederschlagselektrode lagern sich die erzeugten Elektronen an den Öltröpfchen an, die infolge der im elektrischen Feld wirkenden Kräfte auf der Niederschlagselektrode abgeschieden werden. Mit E-Abscheidern lassen sich in Dieselmotoren bei minimalen Druckverlusten Fein- und Feinstölabscheidergrade von annähernd 100 % erreichen. Als nachteilig sind bei bisherigen konzeptionellen Ansätzen vor allem die vergleichsweise hohen Kosten, aber auch die Gefahr von Ablagerungen im Abscheider zu werten. Einem Einsatz in Ottomotoren steht vor allem die Entzündungsgefahr von stark kraftstoffhaltigen Blow-By-Gasen bei möglichen Überschlägen entgegen.

7.7.5 Kurbelgehäusedruckregelung

Zur Förderung der Entlüftungsgase in den Ansaugtrakt und zur Abscheidung der Schmierölpartikel wird bei konventionellen Kurbelgehäuseentlüftungssystemen die Druckdifferenz zwischen dem Kurbelgehäuse und dem Ansaugsystem genutzt. Dabei besteht die Anforderung, dass bei stark wechselnden Saugrohrdrücken und unterschiedlichen Blow-By-Massenströmen im Kennfeld ein leichter Unterdruck ($\Delta p_{\text{Umg.-KG}}$ < circa 30 hPa) herrscht. Bei der Einführung geschlossener Kurbelgehäuseentlüftungssysteme in den 1960er Jahren wurde dies bei (quantitätsgeregelten) Ottomotoren durch PCV-Systeme gelöst. Bei derartigen Systemen wird die vom Kurbelgehäuse ins Saugrohr strömende Entlüftungsgasmenge über einen festen Drosselquerschnitt oder alternativ hierzu durch ein im Querschnitt variables federbelastetes Stromregelventil dosiert. Um bei niedrigen Blow-By-Gasmengen in der Teillast ein unzulässiges Absinken der Drücke im Kurbelgehäuse zu verhindern, wird über eine weitere Leitung Frischluft ins Kurbelgehäuse gefördert. Bei hohen Blow-By-Gasmengen und hohen Absolutdrücken im Saugrohr (Volllast) kehrt sich die Strömungsrichtung in der Frischluftleitung um, so dass unter diesen Bedingungen auch eine Einleitung von Entlüftungsgasen vor der Drosselklappe erfolgt. Bei aktuellen Kurbelgehäuseentlüftungssystemen für Otto- und Dieselmotoren sorgen im Leitungsstrang zwischen Kurbelgehäuse und Saugrohr eingefügte Druckregelventile (DRV) (**Bild 7-73a, b, f, g**) dafür, dass die Druckdifferenz zwischen dem Kurbelgehäuse und der Umgebung, auch bei in weiten Bereichen variierenden Blow-By-Gasströmen und Saugrohrdrücken, weitgehend konstant gehalten wird. **Bild 7-78** zeigt eine Schnittdarstellung eines in wesentlichen Merkmalen konventionellen Druckregelventils. Der von der Membran und dem korrespondie-

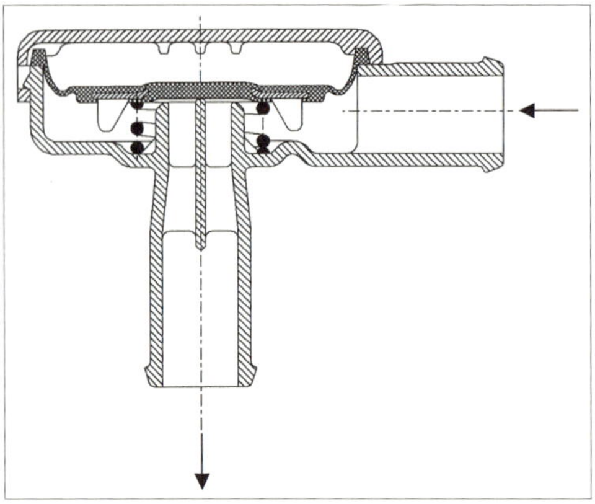

Bild 7-78 Schnittdarstellung eines Kurbelgehäusedruckregelventils

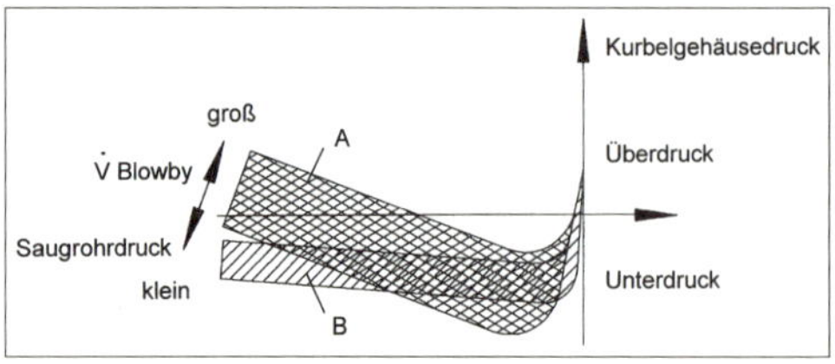

Bild 7-79 Kennlinienvergleich zweier Kurbelgehäusedruckregelventile (schematisch) Ventil A: ungünstige Kennlinie, Ventil B: vorteilhafte Kennlinie

renden Abströmstutzen gebildete Strömungsquerschnitt durch das Ventil stellt sich entsprechend dem Kräftegleichgewicht zwischen der Kraft der Regelfeder, dem auf der Oberseite der Membran wirkenden Umgebungsdruck und dem auf der Unterseite der Membran wirkenden Druck im Zuströmraum sowie dem Abströmstutzen des Ventils ein. In **Bild 7-79** sind in schematischer Darstellung im Vergleich die Kennlinien von zwei verschiedenen Druckregelventilen dargestellt. Die Kurve von Ventil A zeigt eine große Abhängigkeit des Kurbelgehäusedrucks vom jeweiligen Saugrohrdruck und vom Blow-By-Gasmassenstrom. Eine derartige Kennlinie birgt die Gefahr, dass bei niedrigen Absolutdrücken im Saugrohr und großen Blow-By-Gasströmen ein unzulässiger Überdruck im Kurbelgehäuse entsteht. Die dargestellte Problematik wird zudem dadurch verschärft, dass bei großen Blow-By-Gasströmen auch wesentliche Druckverluste in dem in den meisten Fällen dem Druckregelventil vorgeschalteten Ölnebelabscheider entstehen. Dementsprechend sind die unter diesen Bedingungen im Kurbelgehäuse herrschenden Drücke sogar noch um das Maß der Druckverluste im Ölnebelabscheider erhöht. Im Vergleich hierzu zeigt die Kurve von Ventil B eine erwünschte weitgehende Unabhängigkeit der Druckregelkennlinie vom Blow-By-Massenstrom und vom Druck im Saugrohr. Vorteilhafte Druckregelkennlinien lassen sich durch große Membranwirkflächen oder eine zweistufige Bauart verwirklichen. Ein kostengünstiger und mit verringerten Toleranzproblemen behafteter alternativer Ansatz ist in **Bild 7-80** zu erkennen. Bei dieser Lösung be-

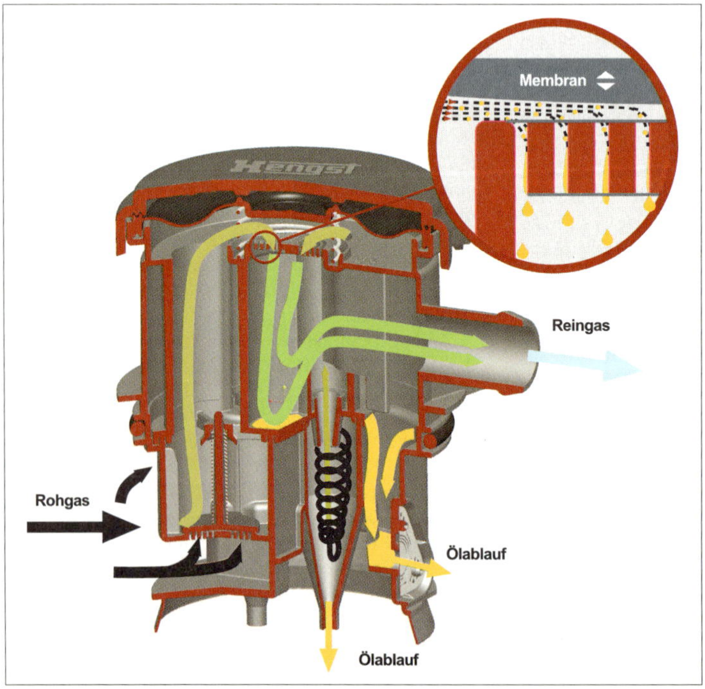

Bild 7-80 Schnittbild eines Feinölabscheidereinsatzes mit Impaktordruckregelventil, Feinölzyklonen, Feinöl abscheidendem By-Pass-Ventil und Ölrückführung über Ölsammelvolumen und Rückschlagventil (Fa. Hengst)

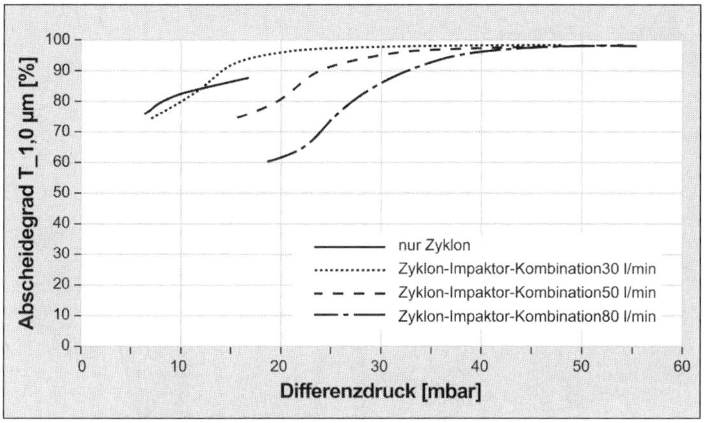

Bild 7-81 Feinölabscheidegradkurven des Feinölabscheidereinsatzes aus Bild 7-80 in Abhängigkeit von der Druckdifferenz über dem Abscheider für unterschiedliche Entlüftungsgasvolumenströme

findet sich im Abströmquerschnitt aus dem Membranraum ein über radiale Rippen angeordneter konzentrisch angeordneter Stift, der mit der Stirnfläche des Abströmquerschnitts und den radialen Rippen entweder bündig ist, oder wenige Zehntel Millimeter vorsteht. Bei Annäherung der Membran an die Stirnfläche kommt es zunächst zu einem Aufsetzen der elastischen Membran auf dem Stift beziehungsweise den Rippen. Hierdurch wird bei fast geschlossenem Ventil ein wesentlicher Teil der bei hohen Saugrohrunterdrücken auf die Membran im Bereich des Abströmquerschnitts wirkenden resultierenden Druckkräfte direkt am Gehäuse des Ventils abgestützt. Auf diese Weise wird ein vorzeitiges Schließen des Ventils bei hohen Saugrohrunterdrücken vermieden. Die dargestellte Lösung ermöglicht bei gleicher Regelcharakteristik und gleichem Druckverlust über dem voll geöffneten Ventil eine erhebliche Verringerung der Bauabmessungen oder umgekehrt bei unveränderten Bauabmessungen im Vergleich eine wesentliche Verbesserung der Regelcharakteristik. Davon abgesehen müssen die Bauteile von Druckregelventilen eine uneingeschränkte Medienbeständigkeit gegen Blow-By-Gase besitzen. Die Gefahr von Funktionsstörungen durch das Einfrieren des Ventils wie auch der Leitungen und des Ölnebelabscheiders im Winter lässt sich durch eine Positionierung in warmen Bereichen des Triebwerks und eine Gestaltung und Anordnung der Komponenten minimieren, die einen ungehinderten Kondensatablauf zulässt.

Eine grundsätzliche Problematik beim Einsatz von konventionellen Druckregelventilen in der Kurbelgehäuseentlüftung besteht darin, dass die insbesondere bei konventionellen Ottomotoren in weiten Kennfeldbereichen herrschenden großen Druckdifferenzen zwischen Saugrohr und Kurbelgehäuse wegen der Drosselung des Entlüftungsgasstroms im Druckregelventil nur zu einem Bruchteil für die Feinölabscheidung genutzt werden können. Ein Beispiel dafür, wie die im Druckregelventil gedrosselte Druckenergie in weiten Kennfeldbereichen effektiv und ohne erheblichen Zusatzaufwand zur Feinölabscheidung genutzt werden kann, ist in dem in **Bild 7-80** dargestellten Ölnebelabscheidereinsatz erkennbar. Bei dem dort dargestellten Druckregelventil (siehe hierzu auch EP 1723480) sind in dem stirnseitig zur Membran angeordneten Abströmquerschnitt konzentrisch verlaufende schmale Rippen mit einem radialen Abstand von circa 1,3 mm zueinander angeordnet. In der Regelstellung des Ventils nähert sich die Elastomermembran je nach Gasdurchsatz und Druckdifferenz am Ventil der beschriebenen Rippengeometrie des Abströmquerschnitts an. Das radial mit hoher Geschwindigkeit in den Spalt zwischen Membran und Rippengeometrie einströmende Entlüftungsgas wird beim axialen Einströmen in die konzentrisch verlaufenden Strömungsquerschnitte zwischen den Rippen so scharf umgelenkt, dass große Anteile von Feinöltröpfchen, die in Folge ihrer Massenträgheit dem Gasstrom nicht folgen können, an den Seitenflächen der Rippen abgeschieden und zusammen mit dem übrigen Groböl ins Kurbelgehäuse zurückgeführt werden. Bei großen Entlüftungsgasdurchsätzen oder niedrigen Druckdifferenzen entfernt sich die Membran des Druckregelventils von der Rippengeometrie des Abströmquerschnitts, wodurch sich die Umlenkung der Strömung und damit die Abscheidung von Feinöl in diesem Bereich vermindert. In diesen Betriebspunkten verlagert sich der Schwerpunkt der Feinölabscheidung zu zwei dem Druckregelventil in Reihe geschalteten Feinölzykonen und einem parallel zu den Zyklonen geschalteten Feinöl abscheidenden By-Pass-Ventil. **Bild 7-81** zeigt die Feinölabscheidegrade dieser Abscheidereinheit in Abhängigkeit vom Differenzdruck über dem Abscheider für verschiedene Volumenströme. Insbesondere durch das Prinzip der Anpassung der Abscheidergeometrie an den Gasdurchsatz im Impaktordruckregelventil lassen sich über weite Kennfeldbereiche des Motors mit vergleichsweise geringem Bauaufwand wartungsfrei über der Lebensdauer des Motors hohe beziehungsweise sehr hohe Feinölabscheidegrade verwirklichen. Ein weiteres Optimierungspotential dieses Abschei-

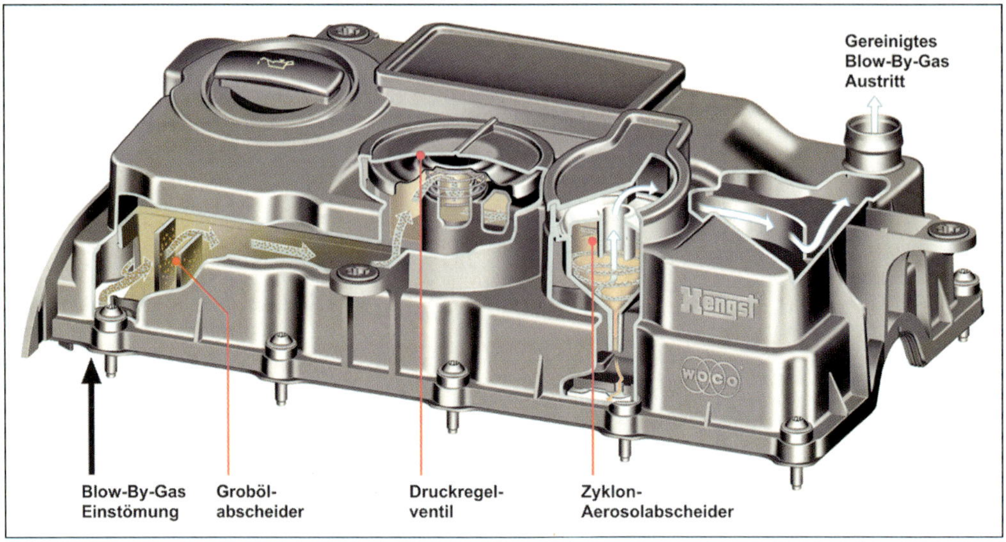

Bild 7-82 Schnittbild einer Ventilhaube mit integriertem Grobölabscheider, Druckregelventil, Zyklonabscheider und eine Ölrückführung für das abgeschiedene Öl (Fa. Woco/Fa. Hengst)

derkonzepts besteht in einer Durchmesservergrößerung der Impaktorrippengeometrien im Abströmstutzen des DRV (Vergrößerung der DRV-Membran), dem Einsatz hoch effektiver kleiner Feinölmultizyklone und dem Einsatz eines Feinöl abscheidenden Bypassventils (siehe hierzu Pat. WO 2007000281 Fig. 24 „Impaktierende Stromregelventile") bei dem die Strömung vor der Umlenkung, unabhängig vom Durchsatz, stark beschleunigt wird.

7.7.6 Module und Ventilhaubenintegration

Insbesondere die fortwährenden Bestrebungen in der Automobilindustrie zur Reduzierung von Bauteil- und Montagekosten, Restriktionen bezüglich der verfügbaren Bauräume sowie Bestrebungen zur Verringerung der konstruktiven und logistischen Schnittstellen in der Automobilproduktion bilden seit Jahren den Hintergrund für Funktionsintegration und Modulbildung bei den verschiedensten Funktionsumfängen im Fahrzeug. Bezogen auf die Kurbelgehäuseentlüftung besteht dementsprechend schon seit längerer Zeit ein Trend, die Funktionsumfänge Druckregelung, Grob- und Feinölabscheidung sowie die Rückschlagventile zur Rückführung abgeschiedenen Öls in einem Modul zu vereinen. Daneben wird eine Integration von Druckregelventilen und Komponenten zur Grobölabscheidung in den Ventilhauben von Otto- und Dieselmotoren ebenfalls bereits seit Jahren prak-

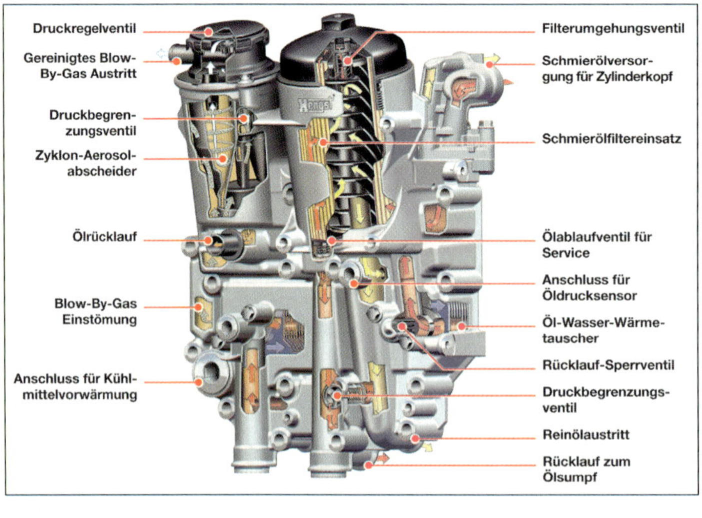

Bild 7-83 Schnittdarstellung eines Multifunktionsmodul mit integriertem Becherölfilter, Öl- Wasserwärmetauscher, Ölabsteuerventil, Temperatur- und Drucksensorik, Ölnebelabscheider und Kurbelgehäusedruckregelventil (Fa. Hengst)

tiziert. Neuerdings besteht zudem die Anforderung, auch eine wirksame Feinölabscheidung in derartigen Ventilhauben zu integrieren. Als Beispiel hierfür ist in **Bild 7-82** das Ventilhaubenmodul eines Pkw-Dieselmotors dargestellt, in dem ein Grobabscheider, ein Druckregelventil, ein Zyklonabscheider und eine Ölrückführung für das abgeschiedene Öl integriert sind. **Bild 7-83** zeigt ein Multifunktionsmodul für einen Nutzfahrzeugmotor, in dem ein Becherölfilter, ein Öl/Wasserwärmetauscher, ein Ölabsteuerventil, Temperatur- und Drucksensoren sowie eine Ölnebelabscheidereinheit mit einem Druckregelventil integriert sind.

Literatur

[1] *Berg, W.*: Aufwand und Probleme für Gesetzgeber und Automobilindustrie bei der Kontrolle der Schadstoffemissionen von Personenkraftwagen mit Otto- und Dieselmotoren, Dissertation TU Braunschweig, 1981

[2] *Gruden, D.*: Volume Editor: Traffic and Environment, The Handbook of Environmental Chemistry, Volume 3 Part I. Berlin, Heidelberg, New York: Springer- Verlag 2003

[3] *Meinig, U.; Spies, K.-H.; Heinemann, J.*: Canister Purge Flow Influence on EGO- Sensor Signal and Exhaust Gas Emissions (Purgeopt.). Warrendale, PA.: SAE- paper 970029, 1997

[4] *N.N.*: California Code of Regulation (CRR), Title 13, Section 1988.2

[5] *Brunsmann, I.*: Ölabscheidung in Entlüftungssystemen. In: Tumbrink, M. (Hrsg.) und 12 Mitautoren: Filtersysteme im Automobil – Innovative Lösungsansätze für die Automobilindustrie, Renningen : expert-Verlag, 2002

[6] *Verhoefen, U.*: Filtration technischer Gase – Teil 1. In: pneumatic digest, 16. Jahrgang. Heft 3 – 4, April 1982

[7] *Brauer, H.*: Grundlagen der Einphasen- und Mehrphasenströmung. Frankfurt a. M.: Verlag Sauerländer und Aarau, 1971.

[8] Krause, W.: Ölabscheidung in der Kurbelgehäuseentlüftung. Dissertation Uni Kaiserslautern, 1995

[9] *Löffler, F.*: Staubabscheiden, Lehrreihe Verfahrenstechnik. Stuttgart: Georg Thieme Verlag, 1988

[10] Sauter, H., Brodesser, K., Brüggemann, D.: Hocheffizientes Ölabscheidesystem für die Kurbelgehäuseentlüftung. In: MTZ 64 (2003), Nr. 3, S. 180 – 184

[11] Ahlborn, St., Blomerius, H., Schumann, H.: Neue Wege in der Reinigung von Kurbelgehäuseentlüftungsgasen. In: MTZ 60 (1999), S. 454 – 459

[12] Sauter, H.: Analysen und Lösungsansätze für die Entwicklung innovativer Kurbelgehäuseentlüftungen. Dissertation Uni Bayreuth, 2004

7.8 Zylinderkopf

Der Gestaltung und Auslegung des Zylinderkopfes kommt während der Motorenentwicklung eine große Bedeutung zu. Der Zylinderkopf bestimmt wie kaum eine andere Baugruppe des Motors die Eigenschaften im Hinblick auf das Betriebsverhalten wie Leistungsausbeute, Drehmoment- und Abgasemissionsverhalten, Kraftstoffverbrauch und Akustik.

Das nachfolgende Kapitel soll einen Einblick in die Entwicklung und über aktuelle Bauformen von Zylinderköpfen geben. In der Reihenfolge der behandelten Inhalte wird auf Schwerpunkte während der Zylinderkopfentwicklung und die Fertigungsverfahren eingegangen. Auf Grund des zur Verfügung stehenden Umfangs beschränken sich die Darstellungen auf Pkw-Motoren. Auch auf Zweitaktmotoren wird nicht eingegangen.

7.8.1 Grundauslegung des Zylinderkopfes

Die Zylinderkopfbauformen haben sich in den letzten hundert Jahren der Motorengeschichte ständig gewandelt und weiterentwickelt. Auch heutzutage steht man bei einer Neuentwicklung vor der Frage, welche Bauform und welche Komponenten des Zylinderkopfes für die Neuentwicklung verwendet werden sollen. Aktuelle Technologien wie variable Ventilsteuerungen oder die Thematik der Brennverfahren mit Direkteinspritzung bei Otto- und Dieselmotoren spielen bei dieser Diskussion der Neuentwicklung eines Motors eine entscheidende Rolle. Nicht jedes Unternehmen der Automobilbranche geht dabei auf Grund unterschiedlicher Anforderungen und der damit gesetzten Zielspinnen den gleichen Weg. Wie schon vor circa hundert Jahren kommen deshalb an Pkw-Motoren unterschiedliche Konstruktionen zum Einsatz.

Der Zylinderkopf beinhaltet die wesentlichen Elemente zur mechanischen Steuerung des Gaswechsels beziehungsweise der Verbrennung. Der Ventilsteuerung kommt dabei eine besondere Bedeutung zu. In den letzten zwanzig Jahren hat sich gerade auf diesem Gebiet die Technik und die Komponenten der Ventilsteuerung stark weiter entwickelt. Die Zweiventilmotoren, bei denen zwei Ventile je Brennraum verwendet werden, sind schwerpunktmäßig von modernen Mehrventilmotoren verdrängt worden. Gerade die in den letzten Jahren stark anwachsende Hubraumleistung der Motoren verlangt nach ausgereiften Ladungswechselgeometrien. Mit den Merkmalen der Mehrventiltechnik so wie zum Beispiel der Verwendung von zwei Nockenwellen lassen sich größere Freiheitsgrade zur Steuerung der Motoren erzielen. Variable Ventilsteuerungen kommen fast an allen modernen Ottomotoren zum Einsatz [1].

7.8.1.1 Auslegung der Grundgeometrie

Für die Auslegung der Grundgeometrie des Zylinderkopfes gilt es eine Vielzahl von technischen Anforderungen zu erfüllen. Zu Beginn der Neuentwicklung eines Zylinderkopfes können die einzelnen Parameter wie Ventilwinkel, Zylinderkopfaussenabmessungen, Lage der Gaswechselkanäle oder zum Beispiel die Lage der Zündkerze an einem Ottomotor noch beeinflusst werden. Liegen die Hauptgeometrien hierfür fest, ist der Entwickler in der Wahl der restlichen Zylinderkopfgeometrie eingeschränkt.

In **Bild 7-84** sind die Einflussgrößen für die Zylinderkopfbauform dargestellt. Steht zu Beginn der Neuentwicklung nur die Motorbauart wie zum Beispiel eine Reihen- oder V-Motorisierung fest, gilt es einen Kompromiss aus den im Motorraum vorhandenen Bauraum, der Motorkomplettmontage in diesen Bauraum und den Einflussgrößen wie Ventiltriebskomponenten und deren Abmessungen, der Form der Gaswechselkanäle oder der Anforderungen der Fertigung wie der Gießtechnologie oder der mechanischen

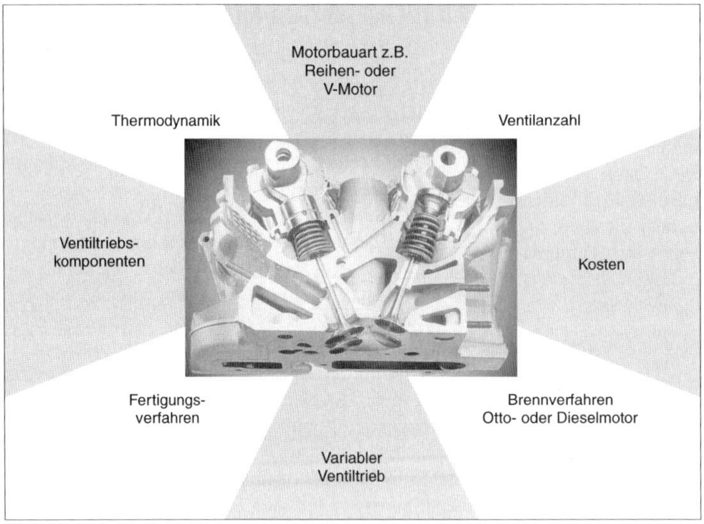

Bild 7-84 Einflussgrößen auf die Zylinderkopfbauform

Bearbeitung zu finden. Hierfür ist viel Erfahrung nötig, um den Kompromiss zu finden, der zu Verbesserungen der motorischen Zielgrößen wie der Senkung des Verbrauchs und der Abgasemissionen führt.
Nicht alle Wege führen während der Entwicklung eines neuen Zylinderkopfkonzeptes zum Ziel. Vielleicht weisen auch deshalb die ausgeführten Motoren in der Serie unterschiedliche Ausführungen von Zylinderköpfen auf. So kommen zum Beispiel die unterschiedlichsten Ventilanzahlen je Zylinder wie drei bis fünf an Mehrventil-Ottomotoren in der Großserie zum Einsatz.
Traditionell steht der Zweiventilzylinderkopf für die kostengünstigste Lösung. Seine Ventiltriebskomponenten sind mit einem Auslass- sowie einem Einlassventil auf ein Minimum beschränkt. Die Anzahl der bewegten Teile sind gering und der damit erzeugte Anteil an Verlustreibung ist ebenfalls gering. In seinen Außenabmessungen kann der Zylinderkopf kompakt gestaltet werden. Für die Form der Gaswechselkanäle sind große Freiheiten möglich. Auch die Bauteilgeometrien bezüglich der Gießmodelle und deren Kernaufbau sind auf Grund dieser Gestaltungsmöglichkeiten einfacher in der Großserie zu beherrschen. In der Standardmotorisierung vieler Automobilhersteller finden die Zweiventilmotoren daher bei Otto- und Dieselmotoren immer noch eine weite Verbreitung.
Da auf dem Zylinderblock der Zylinderkopf und an diesem die unterschiedlichsten Motorkomponenten befestigt sind, wie zum Beispiel Saugrohr, Abgasanlage und Nockenwellenantrieb, Unterdruck- und Hochdruckpumpe ist je nach Motorbauart – Reihen-, Boxer- oder V-Motor – die Konstruktion des Zylinderkopfes sehr unterschiedlich. Nur selten gelingt es, das aufwändige Bauteil des Zylinderkopfes für einen Vierzylindermotor auch für einen V8-Motor zu verwenden. In der Regel handelt es sich dabei um unterschiedliche Zylinderköpfe. Aus Kostengründen wird deshalb versucht, möglichst viele Gleichteile an Komponenten an verschiedenen Zylinderköpfen zu verwenden.

7.8.1.2 Festlegung der Fertigungsverfahren

Schon früh sollte das verwendete Gießverfahren für den Zylinderkopf festgelegt werden. Es empfiehlt sich, das nach Auswahl des Gießverfahrens vorhandene Know-how der Gießerei und des Modellbaus mit bei der Grundauslegung des Zylinderkopfes zu berücksichtigen. Nicht mit allen Gießverfahren lassen sich die vom Entwickler gewünschten Geometrien umsetzen. Zur Steigerung der Produktqualität des doch komplexen Gussteils des Zylinderkopfes und einer gleichzeitig anspruchsvollen Geometrie des Zylinderkopfes steht das Entwicklerteam oft vor einer Herausforderung. Die für Zylinderköpfe geeigneten Gießverfahren gilt es unter diesem Szenario stetig weiter zu entwickeln.
Ebenfalls ist je nach später produzierter Serienstückzahl die Wahl des Fertigungsverfahrens für die mechanische Bearbeitung des Zylinderkopfes mit in der frühen Entwicklungsphase zu berücksichtigen. Dabei stehen besonders Neukonstruktionen unter dem hohen Druck der Kosten.

7.8.1.3 Auslegung der Gaswechselorgane

Die Form und Lage der Ein- und Auslasskanäle sowie die Form des Brennraum bestimmen mit die Gesamtgeometrie des Zylinderkopfes. Viele Untersuchungen hierzu werden experimentell oder durch Berechnungen auf Grund von 3D-Simulationen durchgeführt. Blasversuche an Kanälen, die nach Rapid-Prototyping-Modellen durchgeführt werden, dienen der Bestimmung der Durchflusszahlen. Durch Aufbau von Einzylindermotoren in der Vorentwicklung kann flexibel auf die Kanalentwicklung reagiert werden. Je nach Brennverfahren, Otto- oder Dieselkonzept, werden im Vorfeld der Geometrieauslegung die verschiedensten Grundsatzuntersuchungen durchgeführt. Während der Zylinderkopfentwicklung werden auch begleitend diese Grundsatzuntersuchen fortgeführt. Für ein Dieselkonzept gilt es zum Beispiel bei der Abstimmung eines Drall-Einlasskanals eine günstige Form zu finden. Bei einem neuen Brennverfahren wie zum Beispiel der Entwicklung eines Mehrventil-Dieselmotors mit Direkteinspritzung ist die Erprobung vieler Varianten notwendig. Erst im Verlauf der Gesamtentwicklung des Zylinderkopfes werden alle Geometriefestlegungen der Bauteile im Zylinderkopf getroffen.

7.8.1.4 Variable Ventilsteuerungen

Mit dem Einsatz variabler Ventilsteuerungen sind in der Regel auch neue Zylinderkopfkonzepte nötig. Der Einsatz von Nockenwellenverstellern an modernen Ottomotoren bedingt in der Regel nur Applikationsarbeiten am Nockenwellenantrieb und am Ölhaushalt des Zylinderkopfes. Mit vollvariablen Ventilsteuerungen wie zum Beispiel mit dem System „Valvetronic“ der Fa. BMW [2] kommen komplett neue Zylinderköpfe zum Einsatz. Die für die Verstellung des Ventilhubs benötigten Komponenten sind neuartig und an der Zylinderkopfgeometrie sind erhebliche Anpassungen zu treffen. Der Entwicklungsumfang mit diesen Verfahren ist erheblich; mehrere Baustufen von Zylinderköpfen gilt es darzustellen, bevor das Gesamtkonzept in Serie umgesetzt werden kann. Die Parameterstudien zur Festlegung von Gaswechselkanälen, Ventildurchmessern, Brennraumvarianten und Steuerzeiten sowie der Ventilhubverläufe sind sehr umfangreich.

7.8.2 Die Konstruktion des Zylinderkopfes

Zylinderbohrung und Zylinderabstand geben die Grundgeometrie des Zylinderkopfes vor. In der Regel steht bei der Neukonstruktion auch die Ventilanzahl je Brennraum fest. Auf Grund von Mindestwandstärken aus den Anforderungen der Fertigung und aus Gründen der Stabilität engt sich der zur Verfügung stehende Bauraum für die Unterbringung der Ventiltriebskomponenten ein. Durch die Vorgabe der Nockenwellenanzahl bei Beginn der Konstruktion gilt es zunächst, die Lage und Anordnung der Ventiltriebskomponenten zu bestimmen und die Geometrie der Ladungswechselorgane wie Kanäle und Brennraum zu berücksichtigen. Im Rahmen von Studien wird anschließend untersucht, wie die Grobabmessungen des Zylinderkopfes sich gestalten, wenn Parameter wie zum Beispiel Ventilwinkel, freie Ventilquerschnittsfläche oder Gestalt der Gaswechselkanäle verändert werden.

7.8.2.1 Auslegung der Grobabmessungen

Ein Weg zur Grundauslegung der Zylinderkopfgeometrie ist die Erstellung einer groben Konstruktion für die Ventiltriebskomponenten. Dieses erfolgt mittels CAD-Unterstützung. Hierbei können die einzelnen geometrischen Maße der Komponenten parametrisiert werden. Durch Variation der Maße wie zum Beispiel Ventilwinkel, Ventilfedereinbauabmessungen, Lage der Nockenwellen oder Zündkerzenlage können geometrische Auswirkungen auf das Gesamtkonzept grob beurteilt werden. In **Bild 7-85** sind Grobabmessungen für eine Parameterstudie zur Konstruktion eines Fünfventilzylinderkopfes mit Tassenstößel dargestellt [3]. Der Zylinderkopf weist drei Einlass- und zwei Auslassventile auf. In der Mitte des Brennraums ist zentral die Zündkerze dargestellt. Unterhalb der dargestellten Nockengeometrie ist der für Tassenstößel benötigte Bauraum angedeutet. Je nach Lage der Zylinderkopfschrauben, die entsprechenden Freiraum benötigen, sind nur eingeschränkt unterschiedliche Ventilwinkel möglich. Die Zugängigkeit zu den Zylinderkopfschrauben bei komplett vormontiertem Zylinderkopf ist bei fast allen Motoren aus Fertigungs- und Wartungsgründen zwingend. In der mittleren Darstellung ist zum Beispiel der Fall dargestellt, bei dem bei einem senkrecht

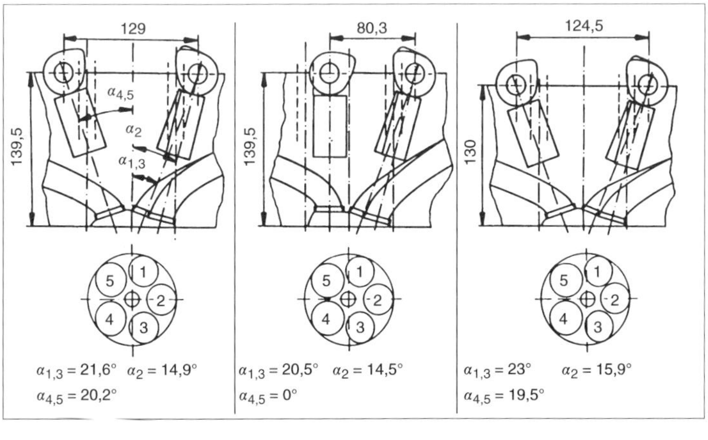

Bild 7-85 Studie zur Grundgeometrieauslegung eines Zylinderkopfes mit fünf Ventilen [3]

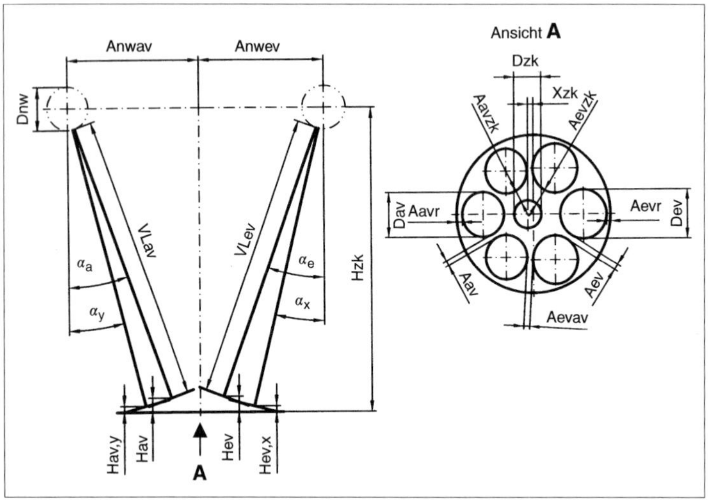

Bild 7-86 Studie zur Bestimmung der Ventilquerschnittsgeometrie [5]

hängenden Auslassventil mit einem Ventilwinkel von 0° die Zylinderkopfschraube auf Grund ihrer Zugängigkeit außerhalb der Nockenwellenachse liegt. Eine Zylinderkopfkonstruktion dieser Art würde bei einem V-Motor auf der Auslassventilseite mehr Bauraum für die Gestaltung der Abgasseite ermöglichen. Die Abgasführung der Krümmer könnte günstiger ausfallen. Diese Studien helfen bei der Entwicklung der Zylinderköpfe, die Gesamtauswirkungen an Motoren besser beurteilen zu können. Mittels parametrisierter Ansätze im CAD-System kann gerade in dieser Phase der Entwicklung die Grundauslegung der Zylinderkopfgeometrie auf ihre Auswirkungen für den Gesamtmotor hin untersucht werden. Konzeptvergleiche zwischen Tassenstößel- oder Schlepphebelkonstruktionen lassen sich ebenfalls auf diese Weise sehr gut erstellen.

Ein Kriterium für die Wahl der Ventilwinkel sowie der Lage und Größe der Ventile ist die Bestimmung der freien Ventilquerschnittsfläche. Hiermit ist die nach Dong [4] in Abhängigkeit vom Ventilhub freie für den Gaswechsel zur Verfügung stehende Fläche gemeint. Für das Atmungsverhalten des Motors wird versucht, diese in Abstimmung mit den restlichen nur möglichen Geometrieverhältnissen von Ventiltriebskomponenten und Gaswechselkanälen möglichst groß zu gestalten. Zwänge und Erfahrungswerte wie die Breite von Stegen zwischen den Kanälen gilt es einzuhalten. Im Rahmen von geometrischen Grundsatzuntersuchungen zur Vorbestimmung der Ventilwinkelgeometrieverhältnisse können Varianten schnell und einfach miteinander verglichen werden [5]. Konzeptstudien mit verschiedenen Ventilanzahlen sind einfach und schnell durchzuführen. Damit diese Studien in der frühen Phase der Konzeption des Zylinderkopfes schnell erfolgen können, sollten wie in [3] und [5] einfache PC-Programme verwendet werden. In **Bild 7-86** sind exemplarisch für die Grundauslegung eines Sechsventilzylinderkopfes die Parameter dargestellt, die für die Grundauslegung relevant sind. Mindeststegbreiten zwischen den Ventilen gilt es auf Grund der Kühlung und Festigkeit des Zylinderkopfes einzuhalten. Ein Ziel ist hierbei das Unterbringen von möglichst großen Ventildurchmessern. Als Ergebnis dieser Untersuchungen werden geometrische Größen wie zum Beispiel die Flächenausnutzung ausgegeben. Unter diesem Begriff ist der Quotient von Gesamtfläche Einlass oder Auslass zur Fläche der Zylinderbohrung definiert. In Abhängigkeit von Zylinderbohrung oder -hub ergeben sich unterschiedliche Ergebnisse, die in ihrer Interpretation zu verschiedenen Ventilzahlen je Brennraum führen. Diese Phase während der Zylinderkopfentwicklung ist besonders spannend, da mit der Festlegung der Ventilanzahl bei vorgegebener Zylinderbohrung die Gestalt des Zylinderkopfes maßgeblich mit bestimmt wird.

7.8.2.2 Brennraum- und Kanalauslegung

Für die Konstruktion des Zylinderkopfes ist die Geometrie des Brennraumes von großer Bedeutung. In der frühen Entwicklungsphase werden hierzu simultan technische Berechnungen durchgeführt. Vor der Konzeptfestlegung werden deshalb die zu entwickelnden Geometrien der Brennraumvarianten festgelegt. In Abstimmung mit dem im Kolben befindlichen Teilvolumen des Verbrennungsraums werden umfangreiche Grundlagenuntersuchungen durchgeführt. Konzepte wie zum Beispiel Ladungsschichtung bei Ottomotoren mit Direkteinspritzung werden durch Zusammenspiel von Kanal- und Brennraumgeometrie abgeschätzt und in Form von Hardware erprobt. In **Bild 7-87** sind für die Entwicklung verschiedener Brennraumvarianten drei Beispiele für die Entwicklung eines Zweiventilkonzeptes aufgezeigt. Mit der Variation des Ventilwinkels ergibt sich in der Regel auch die Grobgeometrie des Brennraums. Bei diesem Beispiel wurde zur besseren Vergleichbarkeit bei allen drei Varianten

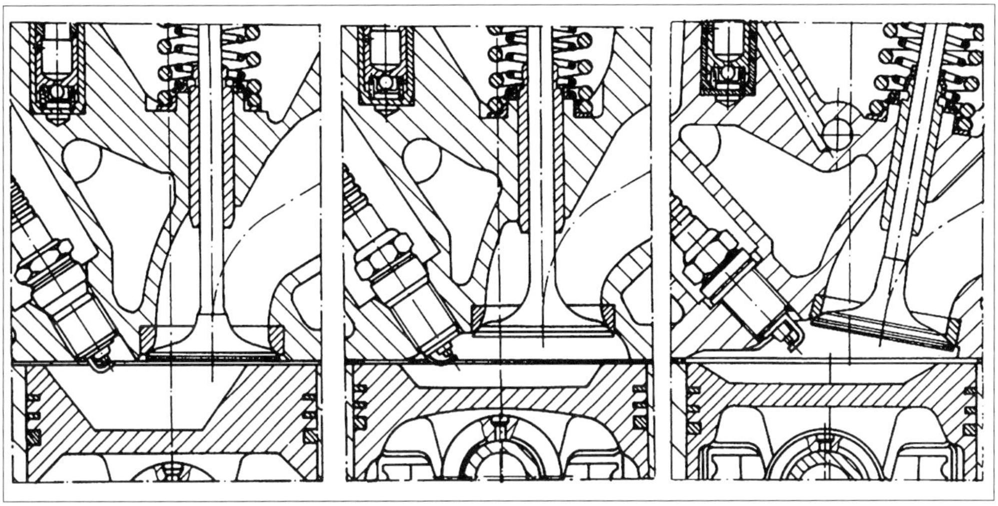

Bild 7-87 Brennraumvarianten für einen Zweiventilzylinderkopf

eine identische Schlepphebelkonstruktion gewählt. Untersucht wurde unter anderem, inwieweit die zur Verfügung stehende Ladungsmenge am günstigsten verbrennt. Der Gesamteinfluss wird im spezifischen Verbrauch, der Abmagerungsfähigkeit und besonders an den NO_x- und HC-Abgasrohemissionen deutlich. Die im rechten Bild dargestellte Situation erwies sich als vorteilhaft. Die weit in den Brennraum ragende Zündkerze ist so angeordnet, dass sie vom angesaugten Gemisch gut umströmt wird. Bei dieser gewählten Konstruktion sind circa 70 % des Brennraumvolumens im Zylinderkopf und 30 % im Kolben untergebracht. Diese hier dargestellten Abhängigkeiten zwischen Brennraumgeometrie und motorischer Auswirkung sind gerade bei den aktuellen in Entwicklung befindlichen Ottomotoren mit Direkteinspritzung und bei Verwendung vollvariabler Ventilsteuerungen wieder zu finden. Der in der Entwicklung hierfür benötigte Aufwand ist erheblich. Die für diese Brennraumerprobung festzulegenden Parameterstudien verlangen von der Thermodynamikern viel Erfahrung und Entwicklungsdisziplin.

Vierventilzylinderköpfe mit zentraler Zündkerzenlage ermöglichen den grundsätzlichen Vorteil von kurzen Brennwegen im Brennraum. Auf Grund des großen Oberflächenanteils der Ventilteller an der brennraumbildenden Fläche hat die Gusskontur nur wenig Einfluss auf die Volumentoleranz, die sehr eng wie in einem Beispiel mit 0,5 cm^3 gehalten werden kann. Um die thermodynamischen Verluste während der Verbrennung zu verringern, wird ein kleinstmögliches Verhältnis von Brennraumoberfläche zu Brennraumvolumen angestrebt. Ein Entwicklungsschwerpunkt stellt die Optimierung der Quetschflächengeometrie dar. Dabei wird die Lage relativ zu den Ventilen, Form und Größe variiert. Ein zu großer Quetschflächenanteil erweist sich auf Grund der Vergrößerung des Oberflächen-/Volumen-Verhältnisses und damit verbundener Wärmeverluste als nachteilig. Am Beispiel des hier aufgezeigten Vierzylindermotors erwies sich ein Quetschflächenanteil von 7 % als günstig. An modernen Vierventil-Motoren mit äußerer Gemischbildung geht der Trend zu flachen Kolbenböden und der Hauptunterbringung des Brennraums im Zylinderkopf.

Mit der Entwicklung neuer Brennverfahren wie Otto- und Dieselmotoren mit Direkteinspritzung ist die Entwicklung der Gaswechselkanäle eine Wissenschaft für sich. Die Erzielung einer bestimmten reproduzierbaren Ladungsbewegung ist Gegenstand vieler Grundsatzuntersuchungen, die die gesamte Zylinderkopfentwicklung begleitet. Die Kanalauslegung muss im Zusammenhang mit der Saug- und Abgasrohrauslegung gesehen werden. Diese Thematik wird schwerpunktmäßig durch Versuche und Strömungssimulationen bearbeitet. Der Konstrukteur achtet dabei auf die rechtzeitige Geometriefestlegung, da Änderungen am Kanal oft große Zylinderkopfänderungen nach sich ziehen. Oft treten während der Geometrieauslegung von Kanälen und Brennraum derart viele thermodynamische Wechselwirkungen auf, dass diese Auslegung zeitlich schwer zu kalkulieren ist. In **Bild 7-88** sind mögliche Kanalanordnungen für einen Dieselmotor mit Direkteinspritzung dargestellt [6]. Bei Dieselmotoren wird zur Intensivierung der Gemischbildung die einströmende Luft in eine Drehbewegung versetzt. Dafür bieten sich zwei prinzipielle Möglichkeiten der Einlasskanalgestaltung an:

- Spiralförmige (Drall- beziehungsweise Spiralkanal) oder
- Schräggeneigte Kanalausbildung (Tangentialkanal).

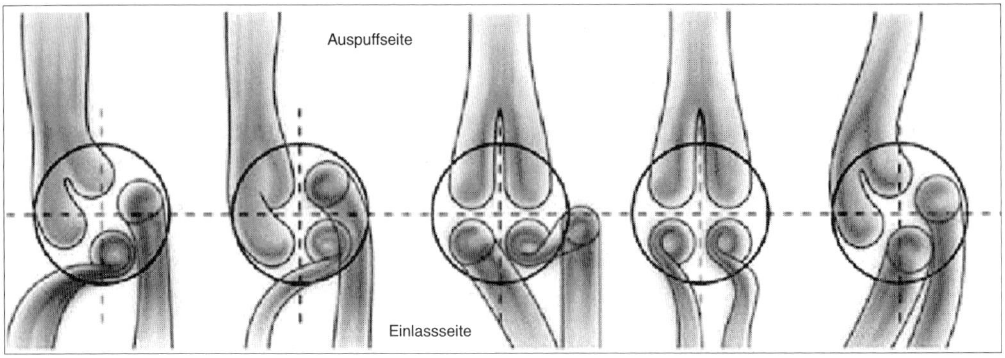

Bild 7-88 Einlass- und Auslasskanalvarianten für einen Vierventildieselmotor [6]

Bei der Wahl der Kanalform orientiert man sich an der Zielsetzung, die geforderte Drallcharakteristik bei möglichst gutem Durchfluss zu erreichen. Diese Auslegung gilt es durch die Serienfertigung zu halten. Im Drallkanal wird die Drehbewegung der einströmenden Luft durch die Formgebung erzeugt. Dies führt zu kleineren Drallstreuungen bei relativ ungünstigerem Durchfluss. Im Gegensatz dazu wird die einströmende Luft beim Tangentialkanal infolge der exzentrischen Anordnung durch die Zylinderwand in Rotation versetzt. Charakteristisch sind dabei hohe Durchflusszahlen für die gute Zylinderfüllung. Die Kombination eines Drallkanals mit einem stromabwärts gelegenen Tangentialkanal ist daher ein sehr guter Kompromiss beim Zielkonflikt zwischen Durchfluss und Drallstabilität.

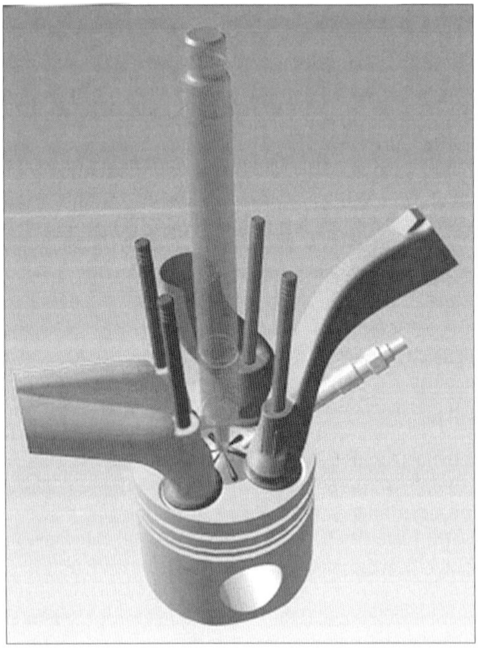

Bild 7-89 Anordnung der Gaswechselkanäle im Zylinderkopf [6]

Die Ausführung „Spiralkanal von oben senkrecht zum Brennraum" in **Bild 7-89** steigert die Kanalqualität im Vergleich zu einer seitlichen Anordnung. Außerdem können die Glühkerzen auf der kalten, thermisch niedrig belasteten Zylinderkopfseite angeordnet werden. Durch die kurze Führung der Auslasskanäle im Zylinderkopf wird das Aufheizen auf ein geringes Maß begrenzt [6]. Die beschriebene Kanalkonfiguration ermöglicht zusätzlich ein symmetrisches Ventilbild, das sich positiv auf die Anordnung des Ventiltriebes auswirkt, **Bild 7-89**.

7.8.2.3 Ventiltriebsauslegung

Die Diskussion, welcher Ventiltrieb für den Motor der Günstigste ist, wird an dieser Stelle nicht geführt. Je nach Anforderungsprofil der Motoren bezüglich ihres Einsatzgebietes ergeben sich unterschiedliche Auslegungsstrategien, die verschiedene Ventiltriebskonzepte zur Folge haben. An Pkw-Serienmotoren lässt sich jedoch ein Trend zu rollenbetätigten Schlepp- oder Kipphebeln beobachten. Diese Konstruktionen haben den geringsten Reibungsbedarf des Einzelventiltriebs. Jedoch sind diese Lösungen im Vergleich zu Gleitschlepphebelkonstruktionen schwerer, so dass sie zum Beispiel bei Sportmotoren nicht eingesetzt werden. Hier gilt es, die bewegten Massen sehr gering zu halten und die Elastizitäten zu minimieren. Oft werden deshalb an Sportmotoren Konzepte mit mechanischer Ventilspieleinstellung eingesetzt.

Die Auslegung des Ventiltriebs nimmt in der Zylinderkopfentwicklung einen hohen Stellenwert ein. Bei Neuentwicklung werden Tassenstößel- im Vergleich zu Schlepphebelkonzepten bewertet. Die Einbausituationen für die Ventile ist dabei in der Regel unterschiedlich. Für die Ventilführungslänge gibt es für Tassen- und Schlepphebelköpfe unterschiedliche Erfahrungswerte. Eine Schlepphebelsteuerung benötigt eine bessere und damit längere Ventilschaftführung als eine Tassensteuerung, da die Tasse selbst eine

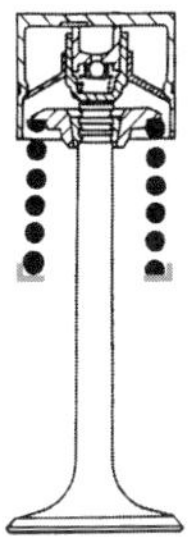

	Modelljahr 1990	Modelljahr 1993	Modelljahr 1995
Tasse	Ø 35, 80g	Ø 35, 65g	Ø 33,48 g
Federteller	15 g	11,1 g	7,9 g
Kegelstück	1,5 g	1 g	1,0 g
Feder	Zylindrische Doppelfeder 69 g x ½ = 34,5 g	Zylindrische Einfachfeder 51 g x ½ = 25,5 g	Konische Einfachfeder 40,5 g x 1/3 = 13,5 g
Ventil	Ø Schaft 7, 58g	Ø Schaft 6, 46g	Ø Schaft 6, 46g
Summe	**189,5 g**	**148,6 g**	**116,4 g**

Basis: 2,5-l-Motor auf der Einlassventilseite

Bild 7-90 Entwicklungsschritte zur Gewichtsreduktion der Ventiltriebskomponenten [7]

Führung hat. Die Ventillänge wiederum ergibt sich aus der benötigten Einbaulänge der Ventilfeder. Diese gegenseitigen Abhängigkeiten führen bei Neuentwicklungen während der Vorentwicklungsphase zum verstärkten Einsatz der Simulationstechniken, um die für die Erprobung nötigen Prototypen möglichst gering zu halten.

Am Beispiel der Entwicklung des Ventiltriebs eines Sechszylindermotors der Fa. BMW sind in **Bild 7-90** die Entwicklungsschritte über mehrere Modelljahre im Hinblick auf Gewichtsreduzierung des Ventiltriebs aufgezeigt.

Um ein Abheben der Ventile bei hohen Drehzahlen zu verhindern, muss die Ventilfeder mit einer Mindestkraft F_1 ausgelegt werden und die Nockenform dafür entsprechend ausgelegt sein. Auf Grund der benötigten Federkraft und der damit verbundenen Federgeometrie ergibt sich der Mindesteinbauraum für die Feder. Um die Federkraft F_2 bei maximalem Ventilhub zu begrenzen, ist das Hauptbestreben der Ventiltriebsauslegung, die auf das Ventil wirkenden Massen möglichst klein zu halten.

7.8.2.4 Kühlkonzepte

Für die Zylinderkopfkühlung wird bei Wasserkühlung zwischen Querstromkühlung, Längsstromkühlung und der Kombination dieser beiden Arten unterschieden. Bei der Querstromkühlung fließt das Kühlmedium von der heißen Auslassventilseite zur Einlassventilseite, bei der Längsstromkühlung erfolgt der Kühlmittelstrom längs zur Zylinderkopfachse. Das Ziel der Kühlung ist, die Temperaturverteilung innerhalb eines Zylinderkopfsegmentes auf einem niedrigen Niveau zu vergleichsmäßigen wie gleichartigen Kühlungsbedingungen für alle Zylindersegmente zu erzeugen. Ferner sollen das Brennraumdach und die Ventilstege gut umströmt werden, wobei der Druckverlust der Gesamtströmung im Zylinderkopf möglichst klein zu halten ist. Über die Zylinderkopfdichtung gelangt das Kühlmedium vom Kurbelgehäuse aus über mehrere Übertritte in die Unterseite des Zylinderkopfes. Form, Lage und Größe der Übertritte gilt es entsprechend abzustimmen. Stand der Technik sind hierzu die in Kapitel 7.8.2.9 beschriebenen Kühlmittelströmungsberechnungen. Erst durch die Simulation sind Problemzonen, wie die Stege zwischen den Auslasskanälen oder der Bereich um die Zündkerzen, betriebssicher auszulegen.

7.8.2.5 Ölhaushalt

Die Druckölversorgung für die Schmierung des Zylinderkopfes erfolgt in der Regel durch die Ölpumpe im Zylinderblock über Übertrittsbohrungen in der Zylinderkopfdichtung. Durch Querbohrungen oder spezielle Zusatzleitungen gelangt das Öl zu den Verbrauchsstellen wie Nockenwellenlager, Hydrostößel, hydraulische Ventilspielausgleichselemente, Nockenwellenversteller oder Ölspritzdüsen über den Nocken. Durch die Leitungsquerschnitte der Ölzuführungen und speziell angeordnete Drosselstellen in der Druckölversorgung des Zylinderkopfes wird der Ölverbrauch auf das nötige Minimum abgestimmt. Um ein Leerlaufen der hydraulischen Ventilspielausgleichselemente und der Nockenwellenverstellungen zu vermeiden, werden in der Druckversorgung dieser Elemente Rücklaufsperrventile vorgesehen. Mehrventilzylinderköpfe sind auf Grund der größeren Anzahl an Verbraucherstellen schwieriger abzustimmen und weisen einen höheren Ölbedarf auf. Durch die Verwendung von Nockenwellenverstellern ist oft eine stärkere Ölpumpe nötig. Dennoch konnte in den letzten Jahren der Gesamtölverbrauch auch bei Mehrventilmotoren in Grenzen gehalten werden. Durch eine höhere Präzision in der mechanischen Bearbeitung, wodurch die Spiele geringer sind, durch eine feinere Abstimmung des Ölkreislaufes und durch technische Berechnungen wurde diese Zielsetzung erreicht.

Der Ölabfluss zur Ölwanne geschieht durch entsprechend große Rücklaufbohrungen zwischen Zylinderkopf und -block. Je nach Einbaulage des Motors sind die Rückläufe möglichst an tiefster Stelle vorzusehen. Durch die Rotation der Nockenwellen wird das Öl teilweise derart geschleudert, dass es aufschäumt. Entsprechend sind auch im Bereich unterhalb der Nockenwellen ausreichende Querschnitte zum Ablauf in Richtung Zylinderblock vorzusehen. Besonders bei Boxer- oder V-Motoren ist auf Grund der Einbaulage des Zylinderkopfes die Konstruktion auf genügend große Ablaufquerschnitte hin auszulegen.

7.8.2.6 Konstruktive Detailauslegungen

Bei den Zylinderkopfschrauben handelt es sich meist um Bundschrauben. Hierbei ist der Bund auf Grund der zu übertragenden Flächenpressung zwischen Schraubenauflage und Zylinderkopf breiter als der Schraubenkopf. Dieses kann bei einteiligen Zylinderköpfen zu Einschränkungen auf die Anordnung der Nockenwellen führen. Der Werkzeugdurchmesser zum Anziehen der Schrauben oder der Außendurchmesser der Schrauben bedingen daher die Lagen der Nockenwellen, wenn diese zur Zylindermontage im Zylinderkopf verbleiben sollen. Teilweise werden Zylinderköpfe mehrteilig ausgeführt, wobei die Ventilsteuerelemente durch ein oder zwei separate Gussteile aufgenommen werden. Das Zylinderkopfunterteil ist dann einfacher auszuführen und gießtechnisch herzustellen. Aus Kostengründen sind die Mehrzahl der Zylinderkopfe an Pkw-Motoren einteilig.

Je nach Brennverfahren ist der benötigte Bauraum im Zylinderkopf für Zündkerzen, Glühkerzen oder Einspritzdüsen sowie für deren Werkzeugdurchmesser für die Montage vorzusehen. Wenn möglich sollten Zündkerzen für gängige Gewindedurchmesser oder Schlüsselweiten verwendet werden. Bei Dieselmotoren oder Ottomotoren mit Direkteinspritzung wird es mit der Anordnung der Komponenten des Zylinderkopfes gerade bei Mehrventilzylinderköpfen eng. Die Ventilanzahl wird wohl aus diesen Gründen auf vier Ventilen je Brennraum begrenzt sein. Der Platzbedarf für diese Komponenten kann bei der Grundauslegung des Zylinderkopfes mit den 3D-CAD-Systemen parametrisch modelliert werden. Damit können mögliche geometrische Lagen einfach dargestellt werden. Die um diese Komponenten benötigten Wandstärken am Zylinderkopfrohteil engen den Gesamtbauraum für die Ventilbaugruppe oder die Nockenwellen ein. Auch die für die Kühlung benötigten Durchflussquerschnitte werden damit begrenzt.

Moderne Mehrventilottomotoren weisen im Zylinderkopf Nockenwellenversteller auf. Die in Serie befindlichen Systeme befinden sich alle am Nockenwellenantrieb und werden entweder durch Zahnriemen oder Kette von der Kurbelwelle angetrieben. Für die Ölversorgung der Versteller gilt es im Zylinderkopf geeignete Versorgungsleitungen vorzusehen. Bei der Neuentwicklung eines Zylinderkopfes gelingt dies einfacher. Der Platzbedarf für die Versteller ist bei den heute üblichen Systemen nach den „Vane-Type-System“ nicht besonders hoch. Mit diesen Verstellern kann der Verstellwinkel der Nockenwellen stufenlos zur Kurbelwelle verdreht werden [1].

Die Durchmessergröße der Antriebsräder der Nockenwellen ist verantwortlich für den Mindestnockenwellenabstand. Gerade bei direkt von der Kurbelwelle angetriebenen Nockenwellen bestimmt der damit verbundene Abstand die Konstruktion des Zylinderkopfes maßgeblich. Oft werden auch bei Mehrventilmotoren die Nockenwellen über Zwischentriebe angetrieben. Bei Verwendung von Nockenwellenverstellern ist jedoch der Antrieb direkt an einer Stirnseite des Zylinderkopfes am kostengünstigsten zu realisieren. Bei dieser Nockenwellenantriebsart ist der Nockenwellenabstand entsprechend groß oder zwischen Kurbel- und Nockenwelle wird ein Zwischentrieb verwendet. Die größte Verbreitung finden Nockenwellenantriebe an der Frontseite des Motors – das heißt gegenüber der Kupplungsseite. Mittenantriebe zwischen den Zylindern kommen an Pkw-Motoren eher selten vor, wobei man sie an Motoradmotoren häufiger vorfindet. Antriebe über der Kupplungsseite sind ebenfalls selten.

7.8.2.7 Konstruktion in Baustufen

Alle Einflüsse während der Konstruktion des Zylinderkopfs können insbesondere bei der Entwicklung neuer Brennverfahren nicht vorherbestimmt werden. Die rechnergestützte Grundauslegung oder die Berechnungsverfahren der Simulationstechniken helfen hier zwar schon viele Erkenntnisse im Voraus zu gewinnen, doch die wechselseitig wirkenden Einflussfaktoren auf die Zylinderkopfentwicklung sind sehr komplex, dass sich eine Entwicklung der Zylinderköpfe in mehreren Baustufen empfiehlt. Außerdem liefert die Thermodynamik- und Mechanikerprobung der Motoren viele Erkenntnisse, die ebenfalls nicht vorhersehbar sind **(Bild 7-91)**.

Bei der Entwicklung völlig neuer Zylinderkopfkonzepte kann es sinnvoll sein, schnell und kostengünstig Zylinderköpfe als Prototypen für die Vorentwicklung zu erhalten. Für die Erstellung erster Prototypen sind oft andere Herstellverfahren als für die Serienzylinderköpfe sinnvoll. So können für Prototypen und

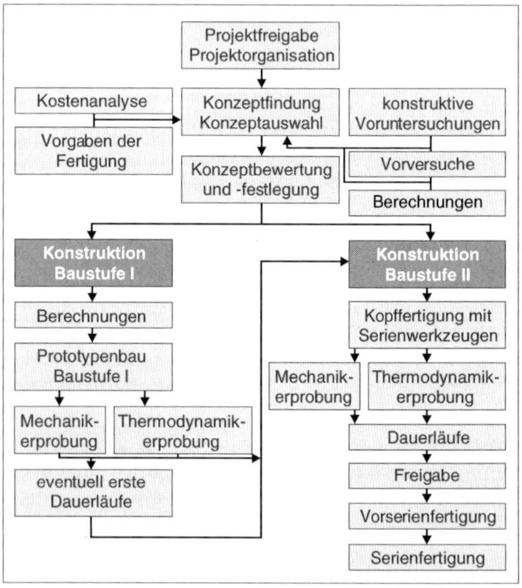

Bild 7-91 Beispiel für Entwicklungsschritte von Zylinderköpfen in zwei Baustufen

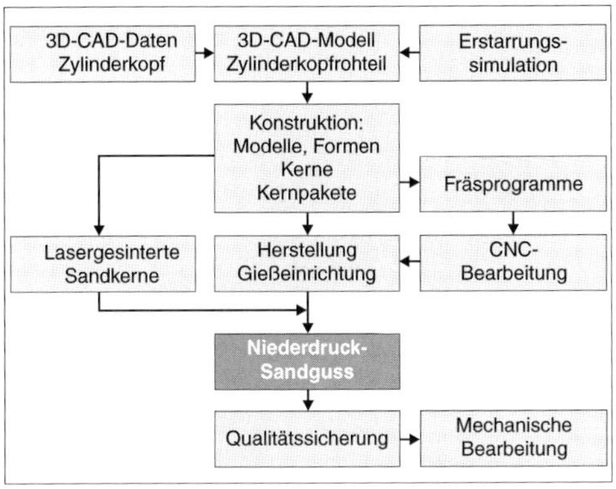

Bild 7-92 Beispiel eines Ablaufs für die Erstellung von Zylinderkopfprototypen nach Becker [8]

kleine Stückzahlen Zylinderköpfe im Niederdruck-Sandgussverfahren hergestellt werden. In **Bild 7-92** ist exemplarisch für die Erstellung von Zylinderkopfprototypen nach diesem Verfahren ein Ablaufschema dargestellt. Auch kleinere Unternehmen haben sich auf diese Thematik spezialisiert, um möglichst schnell und kostengünstig erste Prototypen liefern zu können.

Zur Reduzierung der Gesamtentwicklungszeit für den Zylinderkopf gilt es die in einer Baustufe zu entwickelnden Ziele genau festzulegen. Dem Projektmanagement hierfür kommt ein hoher Stellenwert zu. Simultan wird in der Regel während der Erprobung der ersten Baustufe mit der Entwicklung der zweiten Baustufe begonnen. Dabei sollten die für die Serie geplanten Fertigungsverfahren eingesetzt werden. Insbesondere das Zylinderkopfrohteil sollte mit dem in der Serie geplanten Gießverfahren hergestellt werden.

Die Entwicklung eines Zylinderkopfes in einer einzigen Baustufe bis zur Serie ist bei Konstruktionen möglich, die auf Basis von vorhandenen Köpfen nur geringe Modifikationen aufweisen.

7.8.2.8 CAD-Einsatz in der Konstruktion

Aus Gründen der vielfachen Verwendung von CAD-Daten werden Zylinderköpfe komplett dreidimensional in den CAD-Systemen modelliert. Auf Basis dieser Daten können sowohl die Modell- als auch die Gießeinrichtungen abgeleitet werden. Die Geometrien eignen sich ebenfalls für Simulationsrechnungen. Bei der Neuauslegung eines Zylinderkopfes können Abhängigkeiten zwischen den Komponenten des Zylinderkopfes parametrisiert werden. Damit lassen sich Grundlagenstudien einfach und schnell durchführen. Sobald das Zylinderkopfgrobkonzept mit der Festlegung der inneren Komponenten und der Hauptabmessungen steht, sollten Modellbauer und Gießer während der Detailkonstruktion die Tätigkeiten begleiten. Fertigungsgesichtspunkte können früh einfließen. Je nach verwendetem CAD-System sind die angewendeten Konstruktionsmethoden unterschiedlich. Sinnvoll ist zum Beispiel die Parametrisierung des Zylinderkopfes auf wenige Parameter zu beschränken, um bei Änderungen am Modell flexibel zu bleiben. Alle am Projekt beteiligten Konstrukteure sollten mit der gleichen Software und deren identischen Grundeinstellungen arbeiten. Auf Grund der Komplexität der CAD-Methodik sollte im Entwicklerteam jemand für die Einhaltung der Methodik verantwortlich sein. Da der Zylinderkopf viele Schnittstellen zu benachbarten Bauteilen aufweist, sind die Übergabebedingungen zu diesen Bauteilen festzulegen.

Die CAD-Prozesskettendurchgängigkeit bringt viele Vorteile mit sich. Daten sind reproduzierbarer, können leichter für Zylinderkopfbaureihen verwendet werden und schließen Ungenauigkeiten zwischen Konstruktion und Fertigung weitestgehend aus. Zylinderkopfkonstrukteure, die das Gesamtkonzept eines neuen Bauteils erstellen, benötigen viel Erfahrung. Heutzutage werden die Konstruktionen zu 100 % in CAD hergestellt.

7.8.2.9 Rechnergestützte Auslegung

Zur Dimensionierung der Zylinderkopfgeometrie werden heutzutage eine Vielzahl von Berechnungsmethoden eingesetzt [9]. Durch einen frühen Berechnungseinsatz – schon von der Konzeptphase an – können Berechnungserkenntnisse in erste Zylinderkopf-Prototypen einfließen. Damit gelingt die Steuerung nachfolgender Entwicklungsschritte effektiver, wodurch auch der im Versuch eingesetzte Bauteileumfang reduziert werden kann. Das stetige Verifizieren der Berechnungen durch Versuchsergebnisse ist weiterhin erforderlich. Die Rechnerunterstützung reicht von der Bauteilgrobdimensionierung über Detailauslegungen bis hin zu Optimierungs- und Simulationsrechnungen. Die Zielkriterien für neue Motoren nach verbesserten Umweltverträglichkeiten, Abgasemissionen, Kraftstoffverbräuchen, Fahrleistungen, verbesserter Produktqualität und verbessertem Fahrkomfort können durch technische Berechnungen besser erfüllt werden.

Bevor die ersten Prototypen aufgebaut werden, befassen sich die Berechnungen schwerpunktmäßig mit der Festlegung der Ventil-Brennraum- und Gaswechselkanalgeometrie. Zunehmend können auch erstellte 3D-CAD-Daten der Geometrie des Kopfes direkt für die technischen Berechnungen genutzt werden. Während der Entwicklung eines Zylinderkopfes in Baustufen, womit wesentlich unterschiedliche Zylinderkopf-Hardwareentwicklungsstände verstanden werden, beginnen die technischen Berechnungen schon zu Entwicklungsbeginn. Im Entwicklungsverlauf der ersten Baustufe wird der Großteil an Berechnungen durchgeführt. Die Zielsetzung ist hier eine Unterstützung zur Konzeptfindung und -festlegung der Zylinderkopfhauptgeometrien zu liefern. Während der Erprobung nachfolgender Baustufen dienen technische Berech-

nungen eher der Konzeptpräzisierung und der Detailfestlegung. Zum Serieneinsatz hin nehmen die Aktivitäten der Berechnungen ab.
An dieser Stelle wird nur kurz auf einige Umfänge eingegangen, die bei der Dimensionierung der Zylinderköpfe eine wesentliche Rolle spielen. Technische Berechnungen tragen dazu bei, dass die komplexen Vorgänge bei der Entwicklung des Zylinderkopfes verständlicher interpretiert werden können.
Zur Berechnung des Ladungswechsels wird das Programm PROMO [10] verwendet, mit dem instationäre Gasströmungen in den Ansaug- und Abgassystemen von Saug- und Turbomotoren berechnet werden. Die Ladungswechselorgane eines Motorsystems mit seinem Saug- und Abgassystem werden zu einem Ersatzmodell aufgebaut. Das Strömungsgeschehen, wie zum Beispiel Druckschwingungen oder Massenströme, kann an bestimmten Stellen des Motors analysiert werden. Das Programm gibt Aufschluss über die zu erwartenden motorischen Kennwerte wie zum Beispiel Liefergrad, maximales Drehmoment oder Leistung einer bestimmten Motorkonfiguration. Der Berechnungskern ist in einer grafisch interaktiven Bedienoberfläche eingebettet, über die die Datensatzaufbereitung und die Ergebnisauswertung geschieht. Im Rahmen der Geometrieauslegung der Kanäle am Zylinderkopf ist das Programm PROMO in der frühen Phase der Konzeptauslegung gerade für die erste Dimensionierung der Ladungswechselorgane sehr gut geeignet, besonders zur Auslegung der Steuerzeiten. Hierdurch können zum Beispiel bei der Entwicklung von Zylinderkopfkonzepten mit variablen Ventilsteuerungen kostentreibende Versuche minimiert werden.
Für die Motorenentwicklung liefert das Programm ferner Erkenntnisse zur:

- Dimensionierung von Saugrohren
- Konzeption von Schalt- und Resonanzsaugrohren
- Bewertung von Nockenkonturen und Steuerzeiten
- Potenzialabschätzung verschiedener Konzepte für variable Ventilsteuerungen
- Bewertung unterschiedlicher Kanalformen
- Auspuffkrümmergestaltung hinsichtlich Länge und Durchmesser der Rohre.

Ergänzend hierzu werden zur Auslegung der Ein- und Auslasskanäle sowie des Brennraums in Zylinderkopf und Kolben dreidimensionale Strömungssimulationen durchgeführt. Die Simulation der Ladungsbewegung erfolgt auf Basis der CAD-Beschreibung von Kanal und Brennraumoberflächen. Mit der Berechnung sollen Erkenntnisse zum Strömungsverhalten der Ladung in Ansaug- oder Abgaskanälen sowie der in den Zylinder einströmenden Ladung gewonnen werden. Durch Lösung der Gleichungen können die komplexen Strömungsvorgänge für stationäre und zeitlich veränderliche Zustände simuliert werden. Bei transienten Berechnungen (das heißt für zeitlich veränderliche Zustände) wird das zu erstellende Berechnungsnetz in jedem Zeitschritt entsprechend der aktuellen Ventil- und Kolbenposition modifiziert. Die Ergebnisse der Simulation wie Druck, Geschwindigkeiten, Turbulenz- und Mischungsgrößen müssen im Hinblick auf optimale Verbrennung bewertet werden. Als ein Berechnungsergebnis ist für eine mittlere Ventilhubstellung eines Einlassventils in **Bild 7-93** die Geschwindigkeitsverteilung der in den Zylinder einströmenden Ladung dargestellt (hier 90 Grad nach Ladungswechsel-OT). Die dreidimensionale Strömungssimulation ist besonders bei Entwicklung neuer Brennverfahren hilfreich. Drall- oder Tumbleeffekte können besser analysiert und entsprechend weiter entwickelt werden.

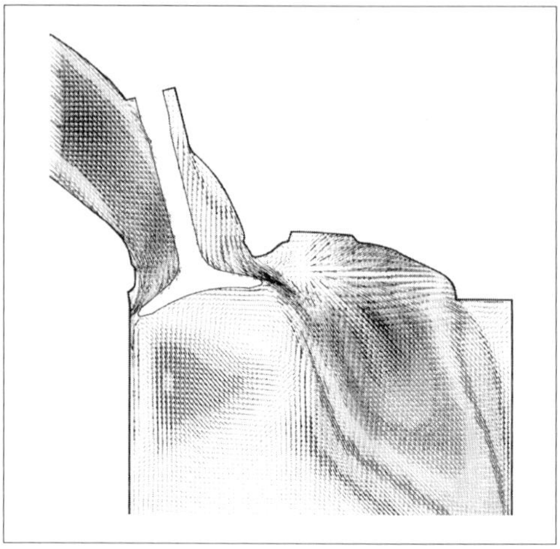

Bild 7-93 Strömungssimulation am Einlassventil [9]

Einen großen Stellenwert bei der Zylinderkopfentwicklung nimmt die Auslegung der Ventilerhebungskurven und die Simulation der Ventiltriebsdynamik ein. Die Erkenntnisse hierzu beeinflussen direkt die Konstruktion des Zylinderkopfes. Geometrien wie zum Beispiel Tassenstößeldurchmesser, Ventillänge oder -schaftdurchmesser, Ventilfederabmessungen, Geometrie von Schlepp- oder Schwinghebeln werden durch diese Berechnungen bestimmt. Durch die Abbildung des gesamten Ventiltriebs in mechanische Ersatzmodelle können auch die dynamischen Eigenschaften recht genau ermittelt werden. Die Erkenntnisse fließen direkt in die Geometrie der Nockenwellen oder der Ventiltriebskomponenten ein [11].
Einen wesentlichen Beitrag zur Auslegung des Kühlwasserraums des Zylinderkopfes leistet die dreidimensionale Strömungssimulation des gesamten Kühlkreislaufs [9]. Diese Methode ist in einem größeren Berechnungsrahmen integriert, der der Optimierung der gesamten Motorkühlung einschließlich Wasserpumpen- und Kühlerauslegung dient. Die vom Wasser durchströmte Geometrie von Zylinderblock und -kopf wird modelliert und anschließend zu einem

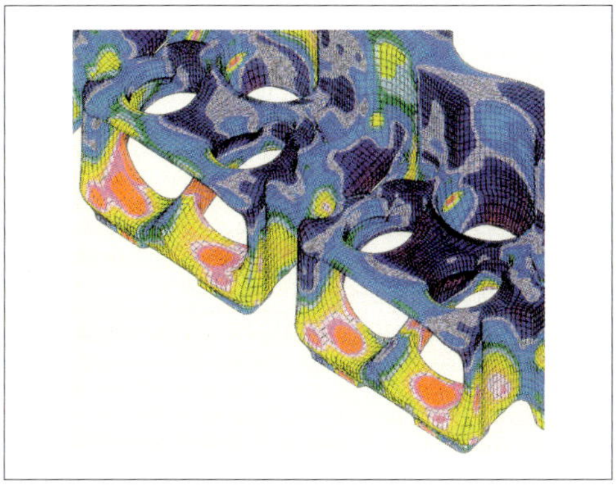

Bild 7-94 Wassermantelausschnitt für die Kühlmittelströmungssimulation [9]

Berechnungsgitter aufgebaut. **Bild 7-94** zeigt den Ausschnitt des Wassermantels als ein Beispiel der Kühlmittelströmungssimulation an einem Fünfventil-Zylinderkopf mit Querstromkühlung. Der Zylinderkopf erhält das Kühlwasser über Durchtrittsbohrungen in der Zylinderkopfdichtung, durch deren abgestimmte Durchmesser eine annähernde Gleichverteilung der unterschiedlichen Zylinder mit Kühlwasser sichergestellt wird. Etwa zwei Drittel der Kühlmittelmenge gelangt auf der Auslassventilseite in den Zylinderkopf. Der Kühlmittelstrom führt über den Brennraumboden und den Auslasskanälen zum Zündkerzenschacht. Hinter dem Kerzenschacht erfolgt die Abströmung entlang eines längs durch den Zylinderkopf führenden zentralen Wassersammelkanals. Als Beispiel des Ergebnisses einer Simulationsrechnung sei in **Bild 7-94** die Darstellung des konvektiven Wärmeübergangskoeffizienten im thermisch hochbelasteten Bereich des Auslasskanals angeführt. Die dunklen Flächen entsprechen einem hohen Wärmeübergangskoeffizienten, ein Ergebnis, das durch optimierte Position und Wahl der Durchmesser der Übertrittsbohrungen in der Zylinderkopfdichtung erzielt wurde. Durch die Optimierung der Zylinderkopfkühlungsauslegung mit Unterstützung von Simulationsrechnungen kann das Temperaturniveau aller Zylinder innerhalb kleiner Streuungen konstant gehalten werden. Diese Methode liefert in der Zylinderkopfentwicklung einen Beitrag, der auf konventionellem Wege nur mit sehr hohem versuchstechnischen Aufwand darzustellen ist.

Zur Dimensionierung von Zylinderköpfen und deren Komponenten stellen Festigkeitsberechnungen einen Schwerpunkt technischer Berechnungen in der Motorenentwicklung zur Festlegung der Zylinderkopfgeometrie dar. Um Zylinderköpfe möglichst leicht und ausreichend steif zu gestalten, werden Finite-Element-Berechnungen des kompletten Zylinderkopfes durchgeführt [9], [12]. Die Strukturfestigkeit der Nockenwellen und deren Lager können zum Beispiel in Hinblick auf Gestalt und Lage der Nockenwellenlager untersucht werden. Wandstärken können durch die Festigkeitsanalyse minimiert werden. Versteifungsrippen werden zur Steigerung der Strukturfestigkeit vorgesehen. Damit lassen sich kraftflussgünstige Konstruktionen im Detail vorherbestimmen. Ein Ausschnitt aus dem Finite-Elemente-Modell eines kompletten Zylinderkopfes ist in **Bild 7-95** dargestellt [12]. Die Belastungsgrößen für die Berechnung sind die Feder- und Massenkräfte des Ventiltriebs, Riemen- und Kettenkräfte am Nockenwellenende und die durch die Zylinderkopfverschraubung auftretenden Kräfte. In **Bild 7-95** sind die Vergleichsspannungen nach Mises am verformten Zylinderkopf bei Temperaturbelastung im Nennlastpunkt dargestellt.

Auf Grund hoher Anforderungen an Zuverlässigkeit und Laufruhe des Ventiltriebs kommt der Nockenkonturauslegung ein hoher Stellenwert zu. Neben der rein kinematischen Auslegung von Nockenkonturen kommen verschiedene Programme zum Einsatz, um ein gutes dynamisches Verhalten des Ventiltriebs zu gewährleisten. Zur Durchführung der Simulationsrechnungen wird die Ventiltriebsstruktur in ein Mehrkörper-Schwingunssystem mit einstellbaren Koppelbedingungen für Reibung, Steifigkeit, Dämpfung und Bewegungsfreiheitsgrad überführt. Über Berechnungen zur Auslegung des Einzelventiltriebs wird die dynamische Simulation am gesamten Ventiltrieb durchgeführt, um die Wechselwirkungen einzelner Komponenten untereinander besser beurteilen zu können. Die Anregung des Ventiltriebs erfolgt über die Nockenkontur. Die Ermittlung der Steifigkeiten erfolgt auf Grund von Messungen an den Bauteilen oder aus Finite-Element-Berechnungen. Die Dämpfungswerte sind in erster Linie Erfahrungswerte, die durch Abgleich von Rechnung und Messung bestimmt werden. Die Ventilfeder als Hauptschwingungselement wird in viele Teilschwingungssysteme zerlegt. Ein Ziel der Dynamikberechnung ist der Drehzahlfestigkeitsnachweis der Ventilfeder für möglichst geringe Ventilfederkräfte, um die Gesamtreibung des Ventiltriebs möglichst gering zu halten. Mit Hilfe der Simulationsrechnungen lässt sich schon in einem frühen Entwicklungsstadium das Zusammenspiel einzelner Bauteile abschätzen. Durch gezielte Veränderung von Bauteileigenschaften lässt sich die Gesamtstruktur des Zylinderkopfes und des

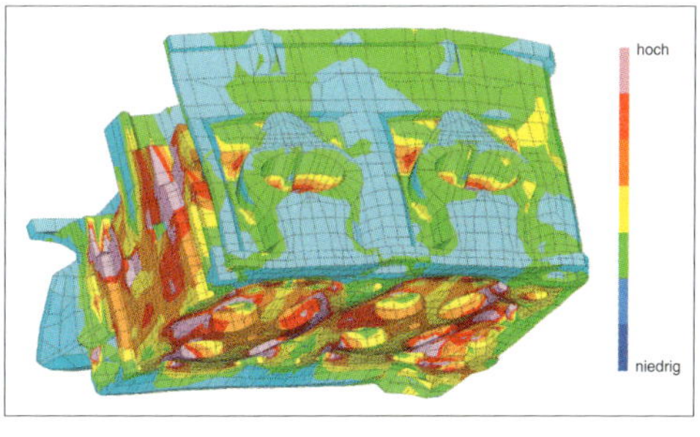

Bild 7-95 Festigkeitsanalyse am Zylinderkopf [12]

sen Komponenten so beeinflussen, dass das Eigenformverhalten der Bauteile beherrschbar innerhalb vom Anregungsspektrums des Ventiltriebs liegt. Die geeignete Abstimmung der Anregung selbst, die in erster Linie von der Gestalt der Nockenkontur bestimmt wird, ermöglicht ebenfalls eine deutliche Reduzierung der dynamischen Effekte am Ventiltrieb.

Zur Abstimmung des Ölhaushaltes im Zylinderkopf können Ölkreislaufsberechnungen durchgeführt werden [9]. Über die Berechnungen von Teilsystemen wie zum Beispiel den Ölhaushalt des Zylinderkopfes wird über die Simulationsrechnung des gesamten Motorölversorungssystems die Minimierung des Ölverbrauchs angestrebt. Damit wird die Ölpumpenleistungsaufnahme möglichst gering gehalten. Hierzu werden alle ölführenden Komponenten des Motors in einem hydraulischen Ersatzsystem modelliert. Die Ölverbrauchsstellen im Zylinderkopf wie Tassenstößel, Nockenwellenlager, Nockenwellenversteller oder Ölspritzdüsen gilt es durch die Simulation zu optimieren. Anhand von experimentellen Grundsatzuntersuchungen werden die Berechnungsmodelle feiner abgestimmt. Durch diese Vorausberechnungen lassen sich die Querschnitte für die Ölführungen sowie gewünschte Drosselstellen gut vorherbestimmen, wodurch die kostentreibenden Versuchsdurchführungen am Vollmotor reduziert werden.

7.8.3 Gießverfahren

Zylinderköpfe für Verbrennungsmotoren stellen hohe Anforderungen an die mechanischen Eigenschaften der Werkstoffe im Temperaturbereich über 150 °C. Die Gestaltungsmöglichkeiten für die Geometrie der Zylinderköpfe wird durch die zu verwendenden Bauteile im Zylinderkopf stark eingeschränkt. Insbesondere bei neu entwickelten Zylinderköpfen für Dieselmotoren mit Direkteinspritzung haben die Komplexität der Form und Höhe der im Betrieb auftretenden Spannungen erheblich zugenommen. Um diese gestiegenen Anforderungen zu erfüllen, müssen die verfügbaren Werkstoffe optimiert und weiter entwickelt werden. Je nach Anforderungsprofil der Motoren und verwendetem Gießverfahren werden unterschiedliche Werkstoffe für Zylinderköpfe eingesetzt. Für Großmotoren und Nutzfahrzeuge kommen neben Aluminium auch noch Gusseisenwerkstoffe zum Einsatz. Im Bereich der Pkw-Motoren wird bis auf wenige Ausnahmen Aluminium eingesetzt. Für Zylinderköpfe kommen sowohl Primärlegierungen – im Hüttenwerk gewonnenes Aluminium – als auch Umschmelzlegierungen – aus recyceltem Aluminium durch Schmelzen und Reinigungsbehandlung hergestellte Legierung in Blockform oder flüssigem Zustand angeliefert – zum Einsatz. Auch für die hochbeanspruchten Dieselmotoren mit Direkteinspritzung werden Aluminium-Gusslegierungen verwendet; alle Gießverfahren sind jedoch für diese Zylinderköpfe nicht verwendbar.

Bei Zünddrücken über 150 bar werden Legierungen benötigt, die bezüglich

- hoher Zugfestigkeit und hoher Kriechbeständigkeit zwischen Raumtemperatur bis zu erhöhten Temperaturen von etwa 250 °C
- hoher Wärmeleitfähigkeit
- niedriger Porosität
- hoher Duktilität und Elastizität bei hoher Thermoschockbeständigkeit
- guter Gießeigenschaften bei geringer Warmrissanfälligkeit.

hohen Ansprüchen genügen müssen.

Der zentrale Bereich des Zylinderkopfes in Brennraumnähe sowie insbesondere alle Stege, die sich im Bereich der Auslasskanäle befinden, werden neben der mechanischen Belastung zusätzlich sehr stark in einer Spanne von circa 180–220 °C temperaturbeansprucht [13]. Sobald die Konzeption eines neuen Zylinderkopfes sich präzisiert, sollte das Gießverfahren festgelegt werden. Eine frühe Beteiligung des Modellbaus und der Gießerei vermeiden viele Fehler in der Konstruktionsphase. Die Gießerei hat den Auftrag, die Konstruktion des Zylinderkopfes so zu beeinflussen, dass das Rohteil optimal gießbar ist. Größtenteils wird durch Simulation das Befüllungs- und Erstarrungsverhalten für den Gießprozess durchgeführt. Diese 3D-Berechnungen liefern schon während der Konzeptionsphase dem Gießer wichtige Erkenntnisse über zu erwartende Problemstellen. Die Geometrie des Zylinderkopfes kann, auf diese Stellen hin angepasst werden, bevor der erste Prototyp erstellt ist. Damit werden im Entwicklungsprozess erhebliche Kosten eingespart.

Die wesentlichen Gießverfahren für Zylinderblöcke können auch bei Zylinderköpfen eingesetzt werden. Im Folgenden wird auf die gebräuchlichsten Gießverfahren kurz eingegangen.

7.8.3.1 Sandguss

Zur Formausbildung des späteren Zylinderkopfes in der Sandform werden Modelle und Kernkästen aus Hartholz, Metall oder Kunststoff verwendet. Die Gussformen werden in der Regel aus Quarzsand – Natursand oder synthetischem Sand – in Verbindung mit zugegebenen Bindern (Kunstharz, CO_2) hergestellt. Die Sandkerne werden in Kernschießmaschinen hergestellt, wobei der Sand mit Druck eingebracht wird und das Sand/Harzgemisch durch Temperatureinbringung zum Kern sich verdichtet. Für die Prototypenphase empfiehlt sich, Sandkerne im Lasersinter-Verfahren herzustellen. Schon bei der Herstellung von mittleren Stückzahlen in der Serie erfolgt der Zusammenbau von einzelnen Kernen zu einem Kernpaket und von Kernpaket und Gussaußenform maschinell und vollautomatisch. Modell-, Kern- und Formteilungen in verschiedenen Ebenen und das Einlegen von Kernen in die Gießform lassen die Darstellung von komplizierten

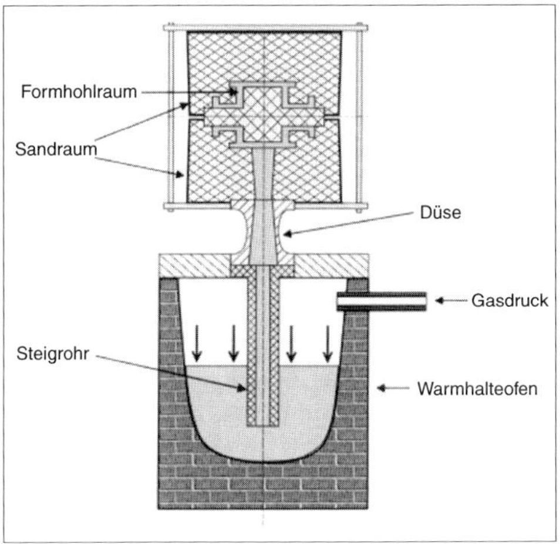

Bild 7-96 Niederdrucksandgussverfahren

Gussteilen mit Hinterschnitten zu. Beim Gießvorgang werden die Hohlräume zwischen Außenform und Kernen mit Schmelze gefüllt. Nach dem Gießvorgang und der Erstarrung der Metallschmelze wird das Gussstück aus der Sandform herausgenommen. Dabei wird die Sandform zerstört (daher „verlorene Form"). Nach dem Guss wird das Rohteil gesäubert und der Anguss und die Steiger abgetrennt. In der Großserie erfolgen diese Schritte vollautomatisiert. Bei Sandgussteilen aus Al–Si-Legierungen ist eine doppelte Wärmebehandlung möglich. Die erste Wärmebehandlung besteht aus einer gesteuerten Abkühlverweildauer des Gussstückes in der Sandform. Die zweite Wärmebehandlung ist die Warmauslagerung, eine zeit- und temperaturgesteuerte Lagerung des Gussteils in einem Ofen. Diese Wärmebehandlungen dienen der Festigkeitssteigerung des Gussteils sowie des Abbaus von Eigenspannungen, die durch den Abkühlprozess entstehen. Die Geometrie der Bauteile kann auf Grund der verlorenen Formen Hinterschnitte aufweisen, da nur ein einmaliger Abguss je Gießform erfolgt.

Ein Vorteil beim Sandgussverfahren ist, dass bei kleinen Stückzahlen die Fertigungseinrichtungen schnell und kostengünstig erstellt werden können. Zylinderköpfe für Sondermotoren, wie zum Beispiel Sportmotoren, lassen sich schnell realisieren; die Umsetzung von Änderungen während der Entwicklung ist auf Grund der Verwendung von Kunststofformen relativ einfach und kostengünstig.

Für die Fertigung von Prototypen und Kleinserien eignet sich das Niederdrucksandguss-Verfahren. Hierbei wird die Schmelze von unten durch ein Steigrohr in die Sandform unter Druckbeaufschlagung des Schmelzbades von circa 0,1 bis 0,5 bar gepresst, **Bild 7-96**. Während des Gießens wird der Druck gehalten. Da die Erstarrung unter Druck nahezu gerichtet erfolgt, sind die Zylinderköpfe in ihrer Gefügestruktur sehr hochwertig.

Das Cosworth-Niederdrucksandguss-Verfahren wird auf Grund hoher Maßgenauigkeit und Festigkeit, dichter Gefügequalität und Porenfreiheit auch bei Zylinderköpfen eingesetzt. Verfahrensgemäß wird die Aluminiumlegierung in Form von geprüften Blockmetallen im widerstandsbeheizten Elektroofen unter Schutzgasatmosphäre eingeschmolzen, **Bild 7-97**. Die Schmelze wird in einem großbemessenen Warmhalteofen unter Schutzgas gespeichert. Das Gießen erfolgt mit einer elektromagnetischen Pumpe, die das flüssige Aluminium zur Sandform hochfördert, wobei es von unten in den Formhohlraum einströmt. Die Druckbeaufschlagung auf das flüssige Metall wird wie beim Niederdruckguss-Verfahren während der Erstarrung aufrechterhalten. Durch programmierbare Steuerung der Pumpenleistung kann eine der jeweiligen Form angepasste Formfüllungsweise eingestellt werden. Das Abgießen kann weitgehend automatisiert

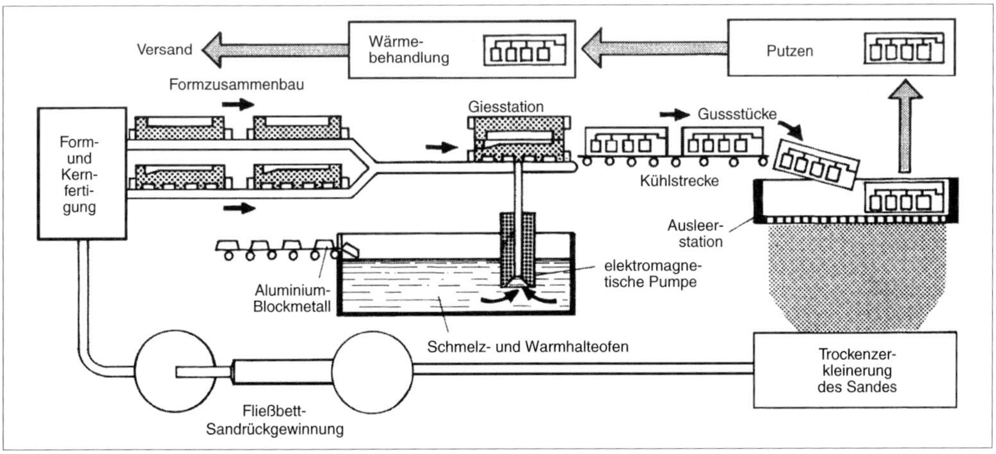

Bild 7-97 Gießverfahren der Fa. Cosworth

werden, wobei die fertigen Formen nacheinander in die Gießstation über der elektromagnetischen Pumpe einfahren.
Das Core Package-Verfahren oder auch Kernpaket-Verfahren wird seit circa 20 Jahren für den Abguss von Zylinderköpfen verwendet. Bei diesem Sandgussverfahren wird ein geschlossenes Sandkernpaket aus mehreren Einzelsandkernen zusammengesetzt. Der Zusammenhalt erfolgt in der Regel durch Kleben, aber auch durch Verschrauben bei der Kernmontage. Kernpakete werden bei kompliziert gestalteten Kernen, die nicht in einem Stück hergestellt sind, angewandt. In seinem Ursprung ist das Kernpaket-Verfahren auf der Basis des Niederdruckgießprinzips mittels elektromagnetischer Pumpe wegen seiner geringen Produktivität auf Kleinserien von Zylinderköpfen beschränkt. Neueste Ansätze zeigen auch die Perspektive, durch Anpassung der Fertigungseinrichtungen diese Verfahren für die Großserie vorzusehen. Die Gussteile unterschreiten nach dem Gießen bis zur vollständigen Entsandung nicht eine Temperatur von rund 500 °C. Damit werden sie weitestgehend spannungsfrei gegossen, wodurch die Bauteile eine hohe Maßgenauigkeit aufweisen. Da jedes Bauteil in einer neuen kalten Form gegossen wird, treten Maßabweichungen wie beim Kokillenguss, bei dem die Dauerformen verschleißen, praktisch nicht auf.

7.8.3.2 Kokillenguss

Circa 90 % der Zylinderköpfe in Europa werden mit Kokillenguss hergestellt. Kokillen sind metallische Dauerformen aus Grauguss oder Warmarbeitsstählen zur Herstellung der Gussteile aus Leichtmetalllegierungen. In die Gießform werden wie beim Sandguss die Sandkerne in die Form eingelegt. Der Kokillenguss lässt sich unterteilen in Schwerkraft- und Niederdruckguss.
Beim Schwerkraft-Kokillenguss erfolgt die Befüllung der Form allein durch die Schwerkraft der Schmelze unter atmosphärischem Druck. Der Gießvorgang erfolgt überwiegend auf teil- oder vollautomatisierten Gießanlagen. Bei diesen Gießverfahren können die Kokillen im Vergleich zum Sandguss vielfach verwendet werden. Lediglich neue Sandkerne werden bei jedem Gießvorgang benötigt. Man spricht deshalb auch von verlorenen Kernen. Auf Grund der Verwendung von Sandkernen hat der Kokillen- wie der Sandguss den Vorteil großer konstruktiver Gestaltungsfreiheit. Hinterschnitte im Gussteil sind im Gegensatz zu Druckguss möglich. Durch die Verwendung von Stahl als Kokillen erfolgt, im Gegensatz zur Sandgussform, eine schnelle und gerichtete Erstarrung der Metallschmelze. Durch Auftragen eines Trennmittels, der sogenannten Schlichte, wird die Kokille gegen die Leichtmetallschmelze geschützt. Im Vergleich zum Sandguss weisen beim Kokillenguss die Gussteile einen feineren Gefügeaufbau bei höherer Festigkeit und Maßgenauigkeit sowie einer besseren Oberflächengüte auf. Bei Kokillen ist wie bei Sandgussteilen eine doppelte Wärmebehandlung möglich. Neben dem Vorteil einer gesteuerten Abkühlung des Gussstückes als erste Wärmebehandlung in der Kokille wird häufig eine weitere Wärmebehandlung (Warmauslagerung) vorgenommen. Im Vergleich zu Sandguss dürfen an den Dauerformen keine Hinterschnitte existieren, da sie mehrfach verwendet werden.
Die meisten Zylinderköpfe zum Beispiel im VW-Konzern werden mit diesem Verfahren hergestellt. Die Zylinderköpfe werden brennraumseitig durch eine je Zylinder eingelegte Stahlkokille gekühlt. Der Anguss erfolgt an der Oberseite des Zylinderkopfes, von dem aus die absinkende Schmelze die Form füllt. Der Brennraumbereich erstarrt durch die gekühlten Brennraumkokillen schneller, was zu einer Festigkeitssteigerung im Brennraumbereich führt. Der Gießprozess erfolgt auf einer Karussellgießanlage mit mehreren Stationen, wodurch die Fertigungskosten in der Großserie sehr gering sind. Als Standartlegierung wird G-AlSi7MgCu0,5 vergossen. Kleinserien werden bei Lieferanten gegossen. Hier kommen ähnliche Verfahren zum Einsatz, wobei teilweise die Zylinderköpfe von unten durch spezielle Fließleisten angegossen werden. Die Ergebnisse bezüglich der Qualität des Endproduktes sind vergleichbar.
Im Niederdruckgussverfahren werden ebenfalls eine große Anzahl an Zylinderköpfen, wie zum Beispiel bei der Fa. HONSEL in Meschede, hergestellt. Die Gießerei der Fa. BMW setzt unter anderem dieses Verfahren für ihre Diesel- und den Großteil der Ottomotoren ein. Ähnlich wie oben beschrieben wird die induktiv erhitzte Schmelze unter einem Überdruck von circa 0,1 bis 0,3 bar durch ein Steigrohr in die Form gepresst. Der unten liegende Brennraum wird von unten gespeist. Die Brennraumplatte wird auch hier mit Luft oder Wasser gekühlt. Die Wasser- und Ölräume sowie die für den Kettenantrieb der Nockenwellen benötigte Geometrie der Zylinderköpfe werden mit Sandkernen hergestellt. Der Rest der Zylinderkopfgeometrie wird durch Kokillen geformt. Durch das Niederdruckgussverfahren werden die Oberflächen der Zylinderköpfe sehr gut verdichtet. Für hochbelastete Dieselzylinderköpfe eignet sich dieses Verfahren besonders gut.
Ein von der Fa. VAW Mandl&Berger entwickeltes Verfahren ist das Rotacast-Verfahren. Während des Gießprozesses wird die gesamte Form geschwenkt. Mit diesem Verfahren soll ein turbulenzfreies Befüllen der Form erzielt werden. Die Form wird von unten angegossen und während des Befüllens innerhalb von 15 Sekunden um 180° geschwenkt. Die Schmelze gelangt durch mehrere variable Öffnungen in die Form. Metallurgische Untersuchungen haben gezeigt, dass mit diesem Verfahren und der Legierung

G-AlSi7Mg0,5 mit 0,19 % Fe gerade im Bereich des Brennraums eine sehr gute und reproduzierbare Gefügestruktur erzielt wird. Die mechanischen Eigenschaften bezüglich der Streckgrenze Rm liegen bei der Legierung „LM Rotacast T6" im Brennraumbereich mit 272 MPa höher als bei der Legierung G-AlSi7MgCu0,5 (Schwerkraftguss) mit 260 MPa. Diese Werte sind von dem verwendeten Gießprozess und der anschließenden Wärmebehandlung abhängig. So wurden zum Beispiel nach dem Rotacast-Verfahren Zylinderköpfe der Fa. Isuzu hergestellt.

7.8.3.3 Lost Foam-Verfahren (Vollform-Verfahren)

Das Vollform- oder auch Lost Foam-Verfahren wird in den USA in Großserie eingesetzt. Bei der Fa. BMW in Landshut wurde dieses Verfahren erstmals an einem Sechszylinder-Reihen-Ottomotor angewandt. Das Lost Foam-Verfahren kann auch als Sonderform des Sandguss-Verfahrens bezeichnet werden. In **Bild 7-98** sind die wesentlichen Schritte zur Herstellung eines Zylinderkopfes schematisch dargestellt.

Zunächst wird das Poly-Styrol-Granulat erwärmt, auf das 30fache Volumen aufgeschäumt, getrocknet und gelagert. Im ersten Schritt des Gießprozesses werden die Konturen, aus denen der Zylinderkopf sich in verschiedenen Schichten zusammensetzt, aus dem Poly-Styrol-Material geschäumt. Zur Formstabilität werden die Schäumwerkzeuge mit Wasser gekühlt. Mit Greifern erfolgt die Entnahme des Schäumlings, der ausgehärtet auf ein Transportband gelegt wird. Die Summe der aufgeschäumten Konturen entspricht dabei bis auf das Schwundmaß der exakten Geometrie des Zylinderkopfes. Die einzelnen Konturen werden nun an der zweiten Station durch Aufbringen von Heißkleber zusammengeklebt. Das Positivmodell eines Zylinderkopfes besteht aus fünf verklebten Poly-Styrol-Scheiben. Zwei Zylinderkopfmodelle werden mit dem Anguss und den Steigern zur einer Gießtraube zusammengeklebt. An der dritten Station wird die Modelltraube in einer wasserlöslichen keramischen Schlichte getaucht. Dabei rotiert das Bauteil zur besseren Homogenisierung des Schlichteauftrags. In der vierten Station wird die Traube in einer entfeuchteten erwärmten Luftströmung getrocknet. Durch den Wasserentzug soll eine dichte gasdurchlässige Schlichteschicht erzeugt werden. Im nachfolgenden Schritt wird die Traube in den Gießbehälter eingebracht und mit losem ungebundenem Quarzsand eingesandet. Durch Vibration wird der Sand in der sechsten Station verdichtet. Anschließend erfolgt der Einguss. Das flüssige Aluminium wird portioniert und durch einen Gießlöffel automatisiert in die Form gegossen. Während der Formfüllung weicht das Poly-Styrol zurück und vergast. In der achten Station wird die Form entnommen, beziehungsweise die Gießeinrichtung vom Sand entleert. In einem Wasserbad wird die Schlichte entfernt, und im letzten Schritt werden die Zylinderköpfe von der Traube getrennt.

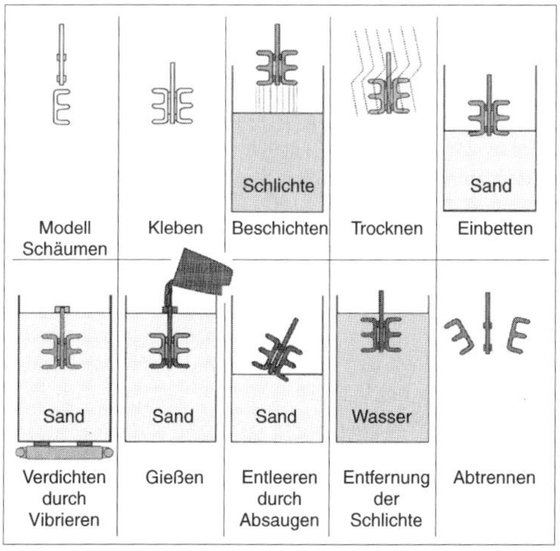

Bild 7-98 Lost Foam-Verfahren

Der eigentliche Gießprozess setzt auch bei diesem Verfahren viel Know-how voraus. Die Gestaltungsvielfalt bei der Konstruktion des Zylinderkopfes ist sehr groß. Bohrungen im Zylinderkopf können bis zu einer Mindestwandstärke von 4 mm direkt mitgegossen werden. Änderungen im Verlauf der Serie können am Werkzeug relativ einfach und damit kostengünstig eingebracht werden, da die Werkzeuge aus Aluminium bestehen. Bei einer Taktzeit von vier Köpfen in drei Minuten kann diese Anlage eine Kapazität von circa 330.000 Zylinderköpfen pro Jahr produzieren, **Bild 7-99**. Auf Grund der hohen Festigkeitsanforderungen an Dieselmotoren mit Direkteinspritzung, wird das Verfahren für diese Anwendung zur Zeit noch nicht in der Serie eingesetzt.

In **Bild 7-99** ist für den erstmals in Europa produzierten Zylinderkopf nach dem Lost Foam-Verfahren der Fa. BMW die Poly-Styrol-Gießtraube abgebildet. Bei dem Werkstoff handelt es sich um G-AlSi6Cu4 (Aluminiumlegierung 226). Für die US-Varianten wurde ein thermisch abgekoppelter Sekundärluftkanal auf der Auslassseite integriert.

Mit diesem Verfahren ist es möglich:

- Ölkanäle in nahezu beliebiger Form zu gießen
- Wasserräume mit aufwändig geformten Strömungsrippen zu erhalten
- gekrümmte Ein- und Auslasskanäle zu gießen
- deutlich genauere Toleranzen im Brennraumbereich zu erreichen
- Einsatz von nur einem Schäumwerkzeug für die gesamte Produktionsdauer
- den notwendigen Bearbeitungsaufwand am Zylinderkopf deutlich zu reduzieren.

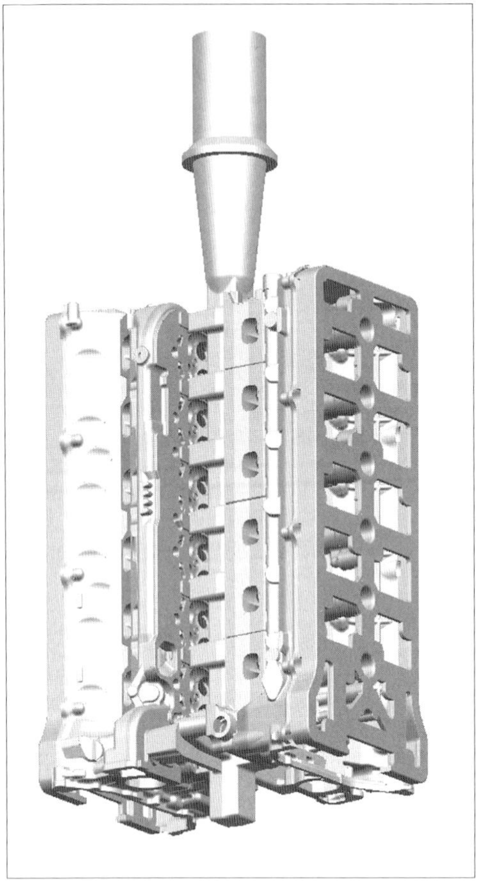

Bild 7-99 Lost Foam-Zylinderkopfgießmodell der Fa. BMW

7.8.3.4 Druckgussverfahren

Beim Druckgussverfahren werden Dauerformen aus vergüteten Warmarbeitsstählen verwendet. Vor jedem Gießvorgang, der beim Druckguss auch als „Schuss" bezeichnet wird, müssen die Formteile mit einem Trennmittel behandelt werden. Im Gegensatz zu Sand- und Kokillenguss können keine Kerne in die Gießform eingelegt werden, da die Leichtmetallschmelze unter hohem Druck und hoher Geschwindigkeit in die Gießform eingebracht wird. Die Höhe des Druckes hängt ab von der Größe des Gussteils und reicht in der Regel von 400 bar bis zu rund 1.000 bar. Wie beim Niederdruckguss wird der Druck während der Erstarrung aufrechterhalten. Die Kühlung der Gießformhälften wird bei größeren Gussteilen angewendet und dient sowohl der gerichteten Erstarrung als auch der schnellen Abkühlung des Gussteiles. Nach der Erstarrung des Gussteiles wird die aus festen und beweglichen Formteilen sowie gegebenenfalls beweglichen Schiebern bestehende Gießform geöffnet, und das Gussteil wird mittels Auswerferstifte ausgeworfen. Dieses Verfahren kann nur an luftgekühlten Zylinderköpfen, wie bei Kleinmotoren, zum Einsatz kommen.

Im Vergleich zu Sand- und Kokillenguss ermöglicht der Druckguss die genaueste Wiedergabe und Maßhaltigkeit der Geometrie des Zylinderkopfes. Dünnwandige Gussstücke mit engen Maßtoleranzen, hoher Formgenauigkeit und hoher Oberflächengüte werden erzeugt. Ein maßgenaues Gießen von Augen, Bohrungen, zum Teil Passungen und Oberflächen ist ohne nachträgliche mechanische Bearbeitung möglich. Das Druckgussverfahren hat im Vergleich zu Sand-, Kokillen- und Niederdruckguss die höchste Produktivität, da alle Gieß- und Formbewegungsabläufe weitgehend vollautomatisch stattfinden. Nachteilig sind die eingeschränkte konstruktive Gestaltungsfreiheit für das Gussteil, da keine Hinterschnitte möglich sind. Möglicherweise eingeschlossene Luft- beziehungsweise Gasporen lassen eine doppelte Wärmebehandlung wie bei Sand-, Kokillen- und Niederdruckguss nicht zu. Für die Großserienfertigung von Zylinderköpfen für Pkw-Motoren mit Wasserkühlung ist dieses Verfahren ungeeignet.

7.8.4 Modell- und Formenbau

Für die Erstellung der Gießmodelle, Kerne, Kokillen sowie sämtlicher Gießwerkzeuge werden weitestgehend im Modellbau auf Basis von 3D-CAD-Daten die gesamten Teile durch CAD/CAM-Prozessketten abgebildet. Damit sind Geomtriedaten reproduzierbarer und im Rahmen von Änderungen kann flexibler reagiert werden. Schon bei der Erstellung der Zylinderkopfkonstruktion können vom modellierten CAD-Rohteil über das mechanisch bearbeitete Bauteil alle für den Modellbau benötigten CAD-Teilmodelle abgeleitet werden. Dabei gilt es über ein ausgeklügeltes Datenmanagementsystem die Transparenz zu erhalten, dass bei durchgeführten Änderungen alle am Projekt beteiligten informiert werden und Änderungen am CAD-Bauteil des Zylinderkopfes in alle im Modell- und Werkzeugbau nötigen Datensätze einfließen. Im Modellbau werden traditionell Details wie Formteilungen, Formschrägen, Gussschwund, Fertigungsaufmaße und unter Umständen zu erwartende Gussverzüge festgelegt und im CAD-Modell berücksichtigt. Ein reger und frühzeitiger Erfahrungsaustausch mit den Zylinderkopfkonstrukteuren zahlt sich aus. Je nach Serien- oder Prototypenauslegung und nach Wahl des Gießverfahrens sind die Modellbautätigkeiten unterschiedlich.

Für das Niederdrucksandgussverfahren der Fa. Becker [8], das sich sehr gut für Kleinserien oder Prototypen eignet, sind in **Bild 7-100** ein Kernformwerkzeug (oben) und das Paket eines Wassermantelkerns (unten) dargestellt. Die Gussrohteilkontur zuzüglich des Schwindmaßes (Schwindung des Metalls beim

Bild 7-100 Kernformwerkzeug und Paket eines Wassermantelkerns der Fa. Becker [8]

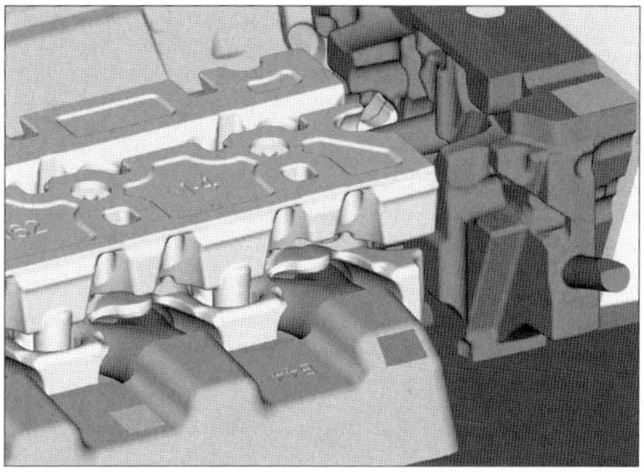

Bild 7-101 Modelleinrichtung eines Achtzylinderkopfes der Fa. BMW

Erstarren) dient als Ausgangsbasis für die Konstruktion der Modelleinrichtung. Dabei werden jeweils Bereiche des Gussteils, die in einer Entformungsrichtung liegen, in einem sogenannten Kernformwerkzeug als Positiv dargestellt. Diese Bereiche sind beim Zylinderkopf zum Beispiel der Brennraumkalottenbereich, die Stirnseiten, die Ein- und Auslasskanalseite, die Ein- und Auslasskanäle, der Nockenwellenlagerbereich sowie die inneren Konturen für Wasser und Öl. Alle Kernformwerkzeuge besitzen Dichtflächen und sogenannte Kernmarken, die ein genaues Zentrieren und Abdichten der Kerne untereinander ermöglichen. Die Kernformwerkzeuge werden innerhalb weniger Tage auf Basis des 3D-Datenmodells auf CNC-Maschinen in einen speziellen Kunststoff gefräst. In diese Kernformwerkzeuge wird dann in der Gießerei ein mit Kunstharzbinder vermischter Sand eingefüllt, der nach kurzer Zeit selbstständig aushärtet. Der aus dem wiederverwendbaren Kernformwerkzeug entnommene Sandkern besitzt nun die Negativkontur des späteren Gussteils. Eine Besonderheit sind die sogenannten Sandlasersinterkerne, die direkt aus den 3D-CAD-Daten schichtweise erzeugt werden können. Hierfür sind keine Kernformwerkzeuge notwendig. Kerne für filigrane Innenkonturen wie Wassermantel oder Ölraum bieten sich für dieses Verfahren an, da ein Kernformwerkzeug für diese Kerne teuer und zeitaufwändig in der Herstellung ist. Letztlich werden alle diese Kerne (konventionell oder sandlasergesintert) zu dem sogenannten Kernpaket zusammengesetzt und im Niederdruckgussverfahren abgegossen. Ein Kernpaket kann nur für einen Abguss verwendet werden.

Für einen nach dem Niederdruckguss-Verfahren herzustellenden Zylinderkopf für einen Achtzylindermotor der Fa. BMW ist in **Bild 7-101** ein Ausschnitt des gesamten Kernaufbaus dargestellt. Alle Kerne bestehen aus Sand. Die Kernkästen hierzu werden in der Serie aus Stahl gefertigt. Die Freiräume zwischen den Kernen werden mit Aluminium ausgegossen. Im Entwicklungsstadium werden die Sandkerne für die Beurteilung der Gesamtgeometrie als Rapid-Prototyping-Modelle hergestellt. Im unteren Teil des Bildes sieht man die sehr dunkel dargestellte Brennraumplatte. Rechts darüber befindet sich der Kernaufbau des Kettenkastens. Vorn in der Abbildung ist das Auslasskanalkernpaket, das in den Wassermantelkern hineinragt, dargestellt. Darüber befindet sich der Ölraumkern.

7.8.5 Mechanische Bearbeitung und Qualitätssicherung

7.8.5.1 Großserienfertigung

Die mechanische Bearbeitung von Zylinderköpfen erfolgt in der Großserie auf Transferstraßen oder auf verketteten Bearbeitungszentren, mit denen bezüglich Änderungen flexibler reagiert werden kann. Eine Tendenz, die mechanische Bearbeitung durch Verkettung von Bearbeitungszentren zu bewerkstelligen, ist festzustellen. Dabei durchläuft das Rohteil einzelne hintereinander aufgereihte Bearbeitungsstationen. Für jede Station gilt es, die vorgesehenen Taktzeiten einzuhalten. Um die hohen Gesamtinvestitionen zu begrenzen, werden möglichst viele Bearbeitungsvorgänge in einer Station integriert. Bei der Neuentwicklung eines Zylinderkopfes sollten im Rahmen des Simultaneous Engineering Fertigungsplaner im Projekt integriert sein, um die Belange der Fertigung in Hinblick auf eine wirtschaftliche Realisierung schon zu einem frühen Zeitpunkt mit zu berücksichtigen. Änderungen am Zylinderkopf, die nachträglich eingebracht werden, sind bei der Fertigung auf Transferstraßen aufwändig und kostspielig, da der gesamte Fertigungsprozess unterbrochen werden muss. Auf Grund der Großserienfertigung werden oft Kompromisse an Zylinderköpfen nötig, die die Gestaltungsfreiheiten der Entwickler einschränken.

7.8.5.2 Prototypenfertigung

Für Kleinserien und Prototypen erfolgt die mechanische Bearbeitung in der Regel auf Bearbeitungszentren. Diese Einzelstationen sind flexibel zu programmieren. Oft handelt es sich um standardisierte Werkzeugmaschinen. Auf Änderungen am Zylinderkopf kann entsprechend schnell eingegangen werden. Die Bearbeitungskosten sind im Vergleich zur Großserie höher. Zur besseren Reproduzierbarkeit der Verbrennungsvorgänge werden teilweise die Brennräume mechanisch bearbeitet. Auch Bereiche vom Übergang der Gaswechselkanäle zum Brennraum sowie ganze Kanalformen können bearbeitet werden.

7.8.5.3 Qualitätssicherung der Zylinderköpfe

Der Ausfall des Zylinderkopfes in der Serie hat oft einen kompletten Motorschaden zur Folge. Sowohl für die Gussteile als auch für die mechanische Bearbeitung gilt es, einen hohen für den Kunden geforderten Qualitätsstandart zu erreichen. Der komplette Zylinderkopf wird deshalb zu 100 % auf Dichtigkeit geprüft. Stichproben durch Bauteilvermessungen sind Standardmaßnahmen der Qualitätssicherung. Die in der Fertigung auftretende Ausschussrate gilt es zu minimieren. Mit der Computertomographie, die aus medizinischen Anwendungen bekannt ist, können Zylinderköpfe geröntgt und die Wandstärken schichtweise auf Form- und Maßhaltigkeit überprüft werden. Besonders bei dünnen Wandstärken im Bereich von circa 2,5 mm, wie sie im Rennsport aus Gewichtsgründen erforderlich sind, sind diese Untersuchungen üblich, **Bild 7-102**.

Bild 7-103 zeigt die Vermessung eines Zylinderkopfes mit einem Koordinatenmessgerät. Hiermit ist auch das Vermessen der Kanalinnengeometrie möglich. Die Kanaloberfläche kann durch punktweises Abtasten in Form einer Punktewolke erfasst werden. Abweichungen zur Istgeometrie, die durch CAD-Datensätze beschrieben sind, können ermittelt werden. Über die in CAD-Systeme übertragenen Punkte können durch Methoden des Reverse Engineering

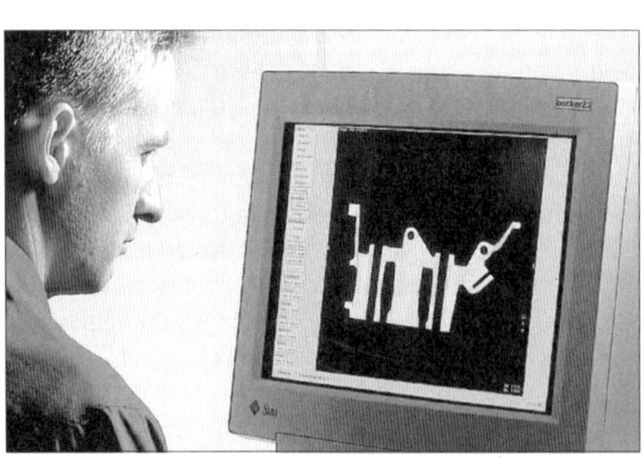

Bild 7-102 Computertomographieschnitt eines Zylinderkopfes [8]

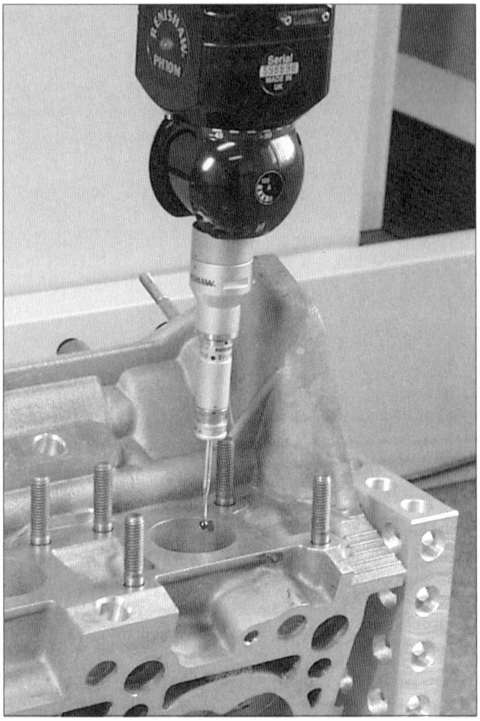

Bild 7-103 Digitalisieren eines Einlasskanals [14]

(Flächenrückführung) Flächen auf Basis der Punktewolke aufgebaut werden, die auch für dreidimensionale Strömungssimulationen genutzt werden. Bei den Brennverfahren mit Direkteinspritzung können diese Techniken besonders genutzt werden, da bei geringen Maßabweichungen schon erhebliche motorische Auswirkungen erfolgen.

7.8.6 Ausgeführte Bauformen von Zylinderköpfen

7.8.6.1 Zylinderköpfe an Ottomotoren

An dieser Stelle wird nur auf Viertaktmotoren eingegangen. Die dargestellten Zylinderköpfe geben einen Ausschnitt aus der Vielfalt der auf dem Markt vorhandenen Ventiltriebskonzepte, die die Geometrie der Köpfe maßgeblich beeinflussen. Das erste Ausführungsbeispiel, **Bild 7-104**, zeigt einen Zweiventil-Zylinderkopf mit Rollenschlepphebel der Fa. BMW. Dieses kompakte Zylinderkopfkonzept wird an Vier- und Zwölfzylindermotoren eingesetzt. Der hier abgebildete Kopf des V12-Motors ist als Wendekopf ausgeführt und für beide Zylinderreihen identisch. Zur Minimierung der Reibleistung wurden Rollenschlepphebel aus Feinguss eingesetzt. Durch diese Maßnahme verringerte sich die Reibleistung des Ventiltriebs gegenüber dem vorher verwendeten Zylinderkopf mit Gleitschlepphebeln um bis zu 70 %.

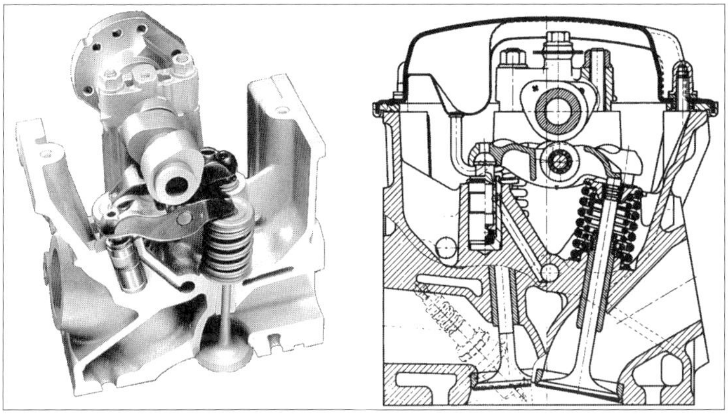

Bild 7-104 Zweiventil-Zylinderkopf des V12-Motors der Fa. BMW mit Rollenschlepphebel

Aus Gewichtsgründen wurde eine hohle gebaute Nockenwelle nach den Verfahren der Fa. Süko entwickelt.
Tassenstößel mit hydraulischem Spielausgleich werden an ausgeführten Serienmotoren sehr häufig verwendet. In **Bild 7-105** wird das Beispiel eines Vierventil-Zylinderkopfes eines V8-Motors der Fa. BMW dargestellt. Für die Ölversorgung der Stößel sind im einteiligen Zylinderkopf Längsbohrungen vorgesehen, die im Bereich der Stößelbohrungen von aussen angebohrt werden. Bei V-Motoren mit hydraulisch betätigten Tassenstößeln ist der Ölbedarf im Zylinderkopf und die Gefahr der Ölaufschäumung durch die Nockenwellendrehung groß, so dass für den Ölabfluss durch den Zylinderblock zur Ölwanne hin genügend Querschnitt vorzusehen ist. Bei diesem Zylinderkopf wurden je Zylinderbank sechs Rücklaufschächte vorgesehen. Die Tellerdurchmesser der Einlassventile betragen für den 3-l-Motor 32 mm und für den 4-l-Motor 35 mm, die der Auslassventile 28,5 mm und 30,5 mm. Die Ventilschaftdurchmesser betragen lediglich 6 mm. Die Winkel zwischen Kanal und Ventil betragen auf der Einlassseite 39°45′, auf der Auslasseite 55°45′. Ein- und Auslassventile bilden einen Winkel von 39°30′ und ermöglichen dadurch einen sehr kompakten, linsenförmigen Brennraum. Die Zündkerze ist zentral zwischen den Ventilen angeordnet. Die Zylinderkopfhaube ist elastisch befestigt und damit weitestgehend akustisch entkoppelt. Die Brennräume im Zylinderkopf werden zur Einhaltung einer engen Volumentoleranz komplett mechanisch bearbeitet. Der Längsstromzylinderkopf ist in der Aluminiumlegierung 226 gegossen. Aus Gewichtsgründen werden bei diesem Achtzylindermotor die Köpfe nicht als Wendeköpfe ausgeführt. Beide Zylinderkopfvarianten werden auf einer Linie gefertigt und erreichen komplett vormontiert die Endmontage.
In **Bild 7-106** wird ein Vierventil-Zylinderkopfkonzept mit Tassenstößeln in einer mehrteiligen Ausführung dargestellt. Sowohl auf der Einlass- als auch auf der Auslasseite sind für die Nockenwellen

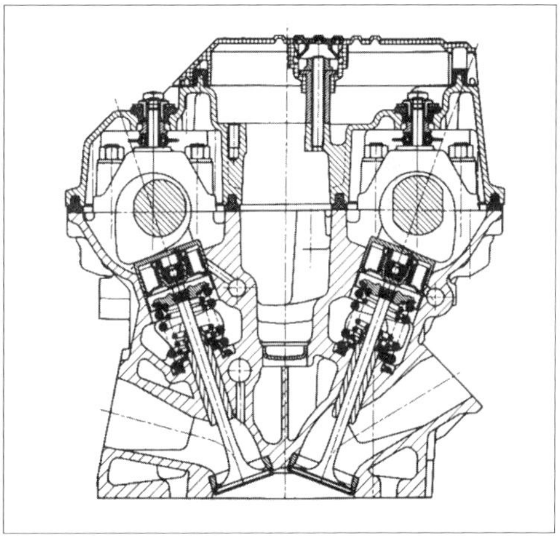

Bild 7-105 Vierventil-Zylinderkopf der Fa. BMW mit Tassenstößeln

und Tassenstößel getrennte Lagerleisten vorgesehen. Damit kann in der Serie der Zylinderkopf in Aluminiumkokillenguss hergestellt werden, weil im oberen Bereich des Zylinderkopfes keine Hinterschneidungen auftreten.
Ein Beispiel für einen Vierventilzylinderkopf mit Rollenschlepphebeln ist in **Bild 7-107** dargestellt. Bei diesem Zylinderkopf der Fa. BMW handelt es sich um eine Weiterentwicklung des Kopfes, der in **Bild 7-106** abgebildet ist. Ziel der Überarbeitung des Ventiltriebs war die Verminderung der Reibleistung des Zylinderkopfes, der vorher mit Tassenstößeln ausgestattet war. Der hydraulische Spielausgleich erfolgt hier durch stehende Ausgleichselemente. Durch die Unterbringung des Spielausgleichs im unbewegten Teil des Ventiltriebs werden aufgrund der geringeren oszillierenden Massen geringere Federkräfte ermöglicht, obwohl der Ventilhub und die Ventilöffnungsdauer beibehalten werden. Zu Konstruktionsbeginn war die Randbedingung der Fertigung vorgegeben,

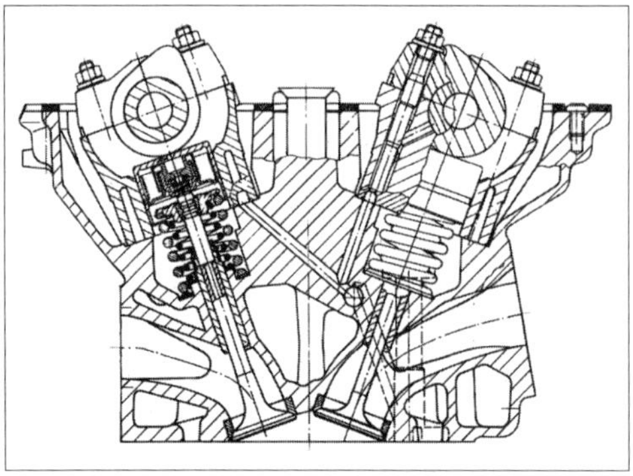

Bild 7-106 Mehrteiliger Vierventil-Zylinderkopf der Fa. BMW

die bestehende Fertigungslinie beizubehalten. Damit wurden die Ventilwinkel, die Ventillagen und die Nockenwellenlagen übernommen. Der Änderungsumfang beschränkt sich dadurch auf den Entfall der Lagerleisten mit den Tassenstößelbohrungen, auf die Aufnahmebohrungen der Ausgleichselemente, die kleeblattförmig um die Zündkerzendome angeordnet wurden, und auf die Ölversorgung. Durch das Eingiessen der Nockenwellenlager konnte zusätzlich der Zylinderkopf versteift werden. Ein- und Auslasskanäle sowie der Brennraum wurden unverändert vom Vorgänger-Zylinderkopf übernommen.
Dreiventil-Zylinderkopfkonzepte kommen an den V-Motoren der Fa. DaimlerChrysler zum Einsatz, **Bild 7-108**. Diese Zylinderköpfe verwenden eine obenliegende Nockenwelle und setzen für die Ventilbetätigung Rollenkiphhebel ein. Je Brennraum werden für eine schnellere Flammenausbreitung zwei Zündkerzen verwendet. An den Acht- und Zwölfzylindermotoren setzt DaimlerChrysler zur Verbrauchsreduzierung mit dieser Kipphebelsteuerung eine Zylinderabschaltung ein. Dabei werden beim Achtzylinder vier und beim Zwölfzylinder sechs Zylinder über die Deaktivierung der Ventile stillgelegt. Die Unterbringung einer Nockenwellenverstellung ist mit dieser Einnockenwellenlösung schwierig. Auf Grund der relativ schweren Kipphebel ist diese Zylinderkopfkonzeption nicht für hohe Drehzahlkonzepte geeignet. Das Gesamtkonzept ist jedoch gegenüber einer Vierventillösung mit zwei Nockenwellen kostengünstiger.

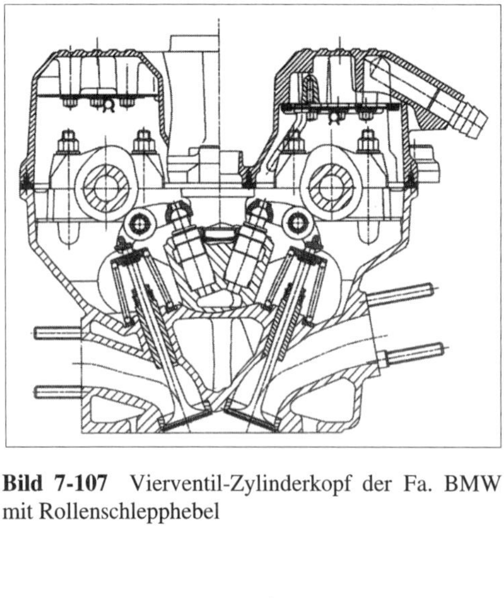

Bild 7-107 Vierventil-Zylinderkopf der Fa. BMW mit Rollenschlepphebel

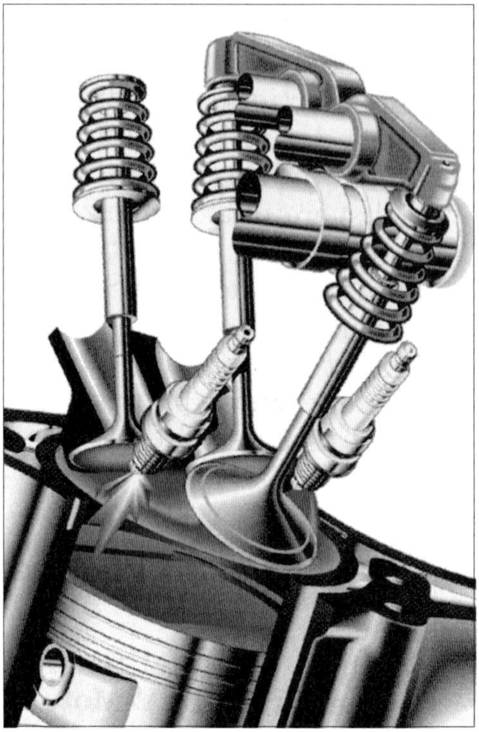

Bild 7-108 Dreiventil-Zylinderkopf der Fa. Daimler Chrysler [15]

1994 hat die Fa. Audi mit der Einführung des A4 erstmals einen Fünfventil-Zylinderkopf an Pkw-Motoren in der Großserie realisiert. Dieser Zylinderkopf wurde auf Vierzylinder-, Sechszylinder- und Achtzylindermotoren des gesamten VW-Konzerns übertragen, **Bild 7-109**. Bis auf den Achtzylindermotor, der Rollenschlepphebel einsetzt, verwenden die Motoren Tassenstößel mit hydraulischem Spielausgleich. Das mittlere der drei Einlassventile ist aus geometrischen Gründen (Ventilschaftachse schneidet die Achse der Nockenwelle) gegenüber den beiden äußeren geneigt. Der Ventilwinkel der äußeren Einlassventile beträgt 21,6°, der des inneren Ventils 14,9° und der Auslassventilwinkel beträgt 20,2°. Für die Zylinderkopfverschraubung wird zur besseren

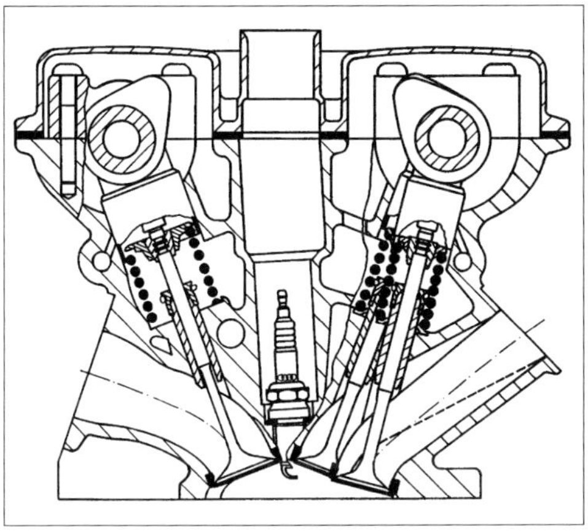

Bild 7-109 Fünfventil-Zylinderkopf der Fa. Audi [3]

Krafteinleitung eine eingeschraubte Hülse im Zylinderkopf verwendet, wodurch die Zylinderkopfschraube im Bundbereich schmal bleibt. Dieser Effekt hilft bei den engen Geomtrieverhältnissen im Zylinderkopf. Ferner kann dadurch der Nockenwellenabstand mit 129 mm gehalten werden, da die Schrauben sehr eng an den Nockenwellen vorbeiführen. Der Zylinderkopf ist einteilig ausgeführt und wird im Schwerkraftkokillenguss hergestellt. Ähnliche Fünfventilkonstruktionen hatte vor Audi die Fa. Yamaha an Ein-, Zwei- und Vierzylindermotoren an Motorrädern in Serie gebracht.

7.8.6.2 Zylinderköpfe an Dieselmotoren

Als erstes Beispiel einer konstruktiven Ausführung wird auf den Zylinderkopf eines Zweiventilmotor mit Wirbelkammer verwiesen. Diese Dieselmotorenkonzepte bestimmten seit der Einführung der Dieselmotoren in Personenkraftwagen die Konzeption der Zylinderköpfe. Im Querschnitt durch den Zylinderkopf ist in **Bild 7-110** die Vorkammer mit dem Einspritzventil sowie der Glühkerze zu erkennen. Die hohlgegossene Nockenwelle betätigt über Tassenstößel mit hydraulischem Spielausgleich die Einlass- und Auslassventile, die einen Durchmesser von 36 beziehungsweise 31 mm aufweisen. Im Pkw-Bereich war diese Bauart bei der Fa. BMW seit 1983 in Serie. Mit der Einführung der Dieselmotoren mit Direkteinspritzung durch die Fa. Audi in Jahre 1989 hat sich der Dieselanteil an Pkw-Motoren hauptsächlich in Europa deutlich erhöht. Um noch höhere Leistungsdichten auch bei Dieselmotoren zu erhalten, wurde mehr und mehr die Vierventiltechnik eingeführt. Auf Grund der stark angestiegenen Zünddrücke werden an heutige Dieselmotoren-Zylinderköpfe bezüglich Festigkeit und Dauerhaltbarkeit höchste Anforderungen gestellt. Zur Minimierung der Reibungsverluste im Zylinderkopf können Rollenschlepphebel eingesetzt werden, **Bild 7-111**.

Bei diesem Beispiel handelt es sich um eine Ausführung an einem Sechszylindermotor der Fa. BMW, die diese Zylinderkopftechnik auch am Vier- und Achtzylindermotoren einsetzt. Der Zylinderkopf ist mit Drallkanälen versehen, wobei die Luft von oben durch den Zylinderkopf geführt wird. Der Zylinderkopf wird aus einer Hüttenlegierung abgegossen. Für den Achtzylinderkopf ist am vorderen Ende der Kettenkasten angegossen. Dadurch erfährt das Bauteil einen deutlichen Festigkeitsgewinn. Am hinteren Ende ist ein Abgasrückführkanal integriert. Der Antrieb der Nockenwellen erfolgt über geradverzahnte Stirnräder, wobei jeweils die Einlassnockenwellen über Ketten angetrieben werden. Die verwendete Common Rail-Einspritztechnik bedingt zwei an der Seite des Zylinderkopfes befestigte Rails für die Kraftstoffversorgung der Einspritzventile, die mittig im Zylinderkopf angeordnet sind. Die Kühlmittelströmung im Zylinderkopf erfolgt von der Auslass-

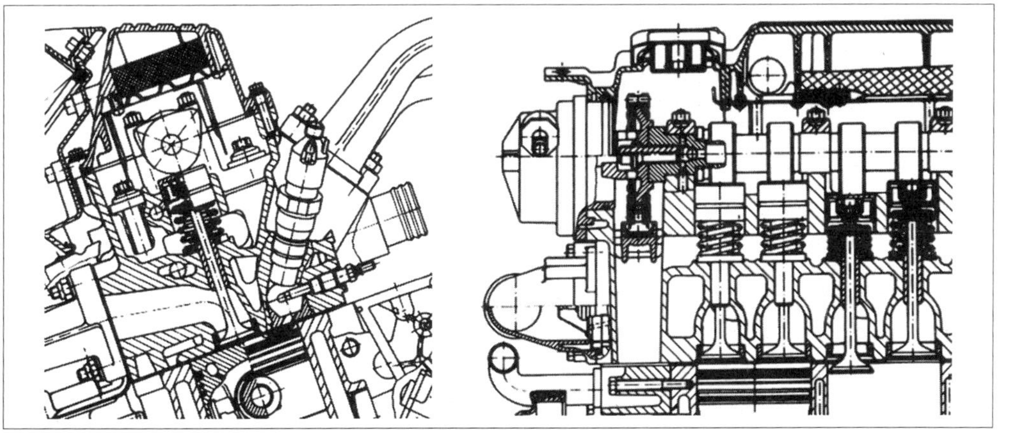

Bild 7-110 Quer- und Längsschnitt mit Einbausituation eines Diesel-Zweiventil-Zylinderkopfes der Fa. BMW

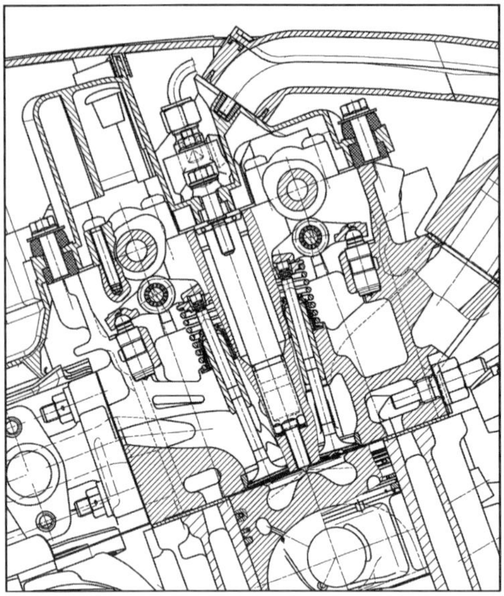

Bild 7-111 Vierventil-Zylinderkopf mit Rollenschlepphebel für einen Sechszylindermotor

zur Einlassseite. Zur Sicherstellung der Querstromkühlung sind die Zylindereinheiten im Kühlwasserraum durch Schottwände voneinander getrennt und haben einen gemeinsam eingegossenen Wassersammler auf der Einlassseite.
Ein weiteres Verfahren der Dieseldirekteinspritzung ist die Pumpe-Düse-Technik der Fa. VW. Je Zylinder wird eine von der Nockenwelle betätigte Einspritzpumpe verwendet, die die Gesamtkonzeption des Zylinderkopfes maßgeblich mitbestimmt, **Bild 7-112**.

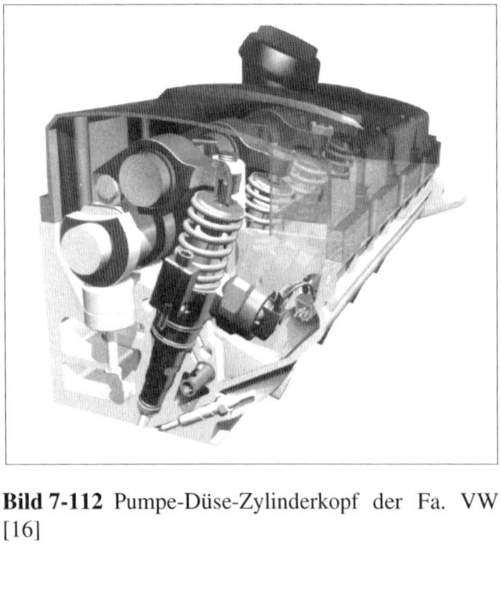

Bild 7-112 Pumpe-Düse-Zylinderkopf der Fa. VW [16]

Dieser Zweiventil-Zylinderkopf besitzt Tassenstößel mit hydraulischem Ventilspielausgleich. Seitlich über der Nockenwelle befindet sich eine Lagerachse für die Kipphebelbetätigung der Pumpe-Düse-Elemente. Als Steuertrieb kommt ein Zahnriemen zum Einsatz, der aus einem hochfesten Material bestehen muss, da die Momente an der Nockenwelle durch den Pumpe-Düse-Antrieb sehr hoch sind. Die Kraftstoffversorgung der Pumpe-Düse-Elemente erfolgt innerhalb des Zylinderkopfes über je ein Vor- und Rücklaufrail.
Den erforderlichen Vorlaufdruck liefert eine Flügelzellenpumpe, die über die Nockenwelle angetrieben wird. Mit Pumpe-Düse-Elementen können schon heute Einspritzdrücke von über 2.000 bar ermöglicht werden. Damit lässt sich der Zielkonflikt zwischen niedrigen Schadstoffemissionen und gleichzeitig hoher spezifischer Leistung lösen, weil auch mit kleinen Düsenlöchern und hohen Teillasteinspritzdrücken noch eine kurze Einspritzdauer bei Nennleistung ermöglicht wird. Durch den Entfall der Verteilereinspritzpumpe einschließlich Konsole, Antrieb und Einspritzleitungen wird eine Vereinheitlichung der Nebenaggregateanordnung mit dem Ottomotor ermöglicht.

7.8.6.3 Sonderbauformen von Zylinderköpfen

Mit der VR-Motorbaureihe der Fa. VW werden Fünf- und Sechszylindermotoren hergestellt, die sich mit einem V-Winkel von 15° sehr kompakt als eine Art Kombination von Reihen- und V-Motor darstellen. Die einteiligen Zylinderköpfe fallen recht breit aus [17]. Auf Grund der Wahl des Ansaugs- beziehungsweise Abgastraktes auf jeweils einer Seite des Zylinderkopfes werden unterschiedliche Ein- und Auslasskanallängen bei dieser Konzeption erforderlich. Konzepte mit symmetrischen Gaswechselkanälen sind auch möglich, benötigen jedoch mindestens drei statt der hier verwendeten zwei Nockenwellen [18]. In **Bild 7-113** sind zwei Querschnitte durch den Serien-Vierventil-Zylinderkopf mit der Darstellung der unterschiedlichen Gaswechselkanäle aufgeführt. Der Zylinderkopf ist mit einer Nockenwellenverstellung versehen und benutzt zum Ventilantrieb Feinguss-Rollenschlepphebel. Die gewählte Bauart mit zwei Nockenwellen ermöglicht durch die Anpassung der Ventillängen eine zentrale Lage der Zündkerzen. Der Längenunterschied der Ventile beträgt 33,9 mm. Die Ventildurchmesser betragen 31 mm für die Einlassventile und 27 mm für die Auslassventile; der Schaftdurchmesser beträgt 6 mm. Die Brennräume beider Zylinderreihen sind nahezu spiegelbildlich ausgeformt. Der Winkel zwischen Ein- und Auslassventilen beträgt 42,5°. Das Querstromkonzept des VR-Zylinderkopfes bedingt unterschiedliche Neigungen der Ventile zur Zylinderachse: 34,5° bei den langen Kanälen und 8,0° bei den kurzen Kanälen. Zudem sind die Neigungen zu den Kanalachsen unterschiedlich. Zur Erzielung

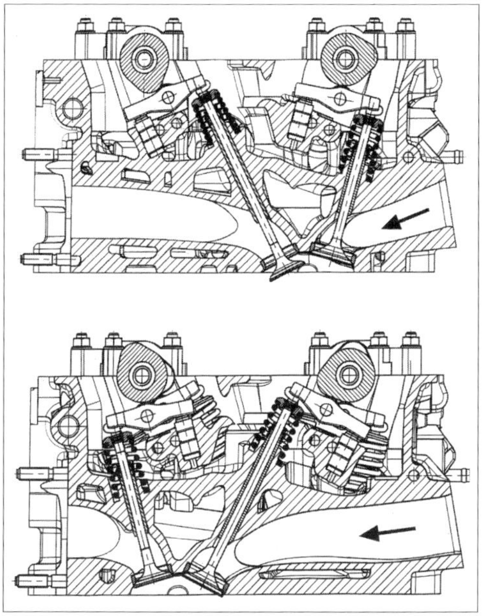

Bild 7-113 Querschnitte des VR-Vierventil-Zylinderkopfs der Fa. VW

gleichmäßigen Brennverhaltens beider Zylinderreihen sind daher die kurzen und langen Einlasskanäle hinsichtlich des Durchströmungs- und Tumbleverhaltens anzupassen.

Luftgekühlte Pkw-Zylinderköpfe sind sehr selten. Der Zweiventil-Zylinderkopf für einen Sechszylinder-Boxermotor der Fa. Porsche in **Bild 7-114** ist in aktuellen Baureihen durch wassergekühlte Vierventil-Zylinderköpfe abgelöst worden. Entsprechend der Wärmeabfuhr über den Zylinderkopf sind großflächige Kühlrippen zu der vorhandenen Gebläsekühlung erforderlich. Bei diesem Beispiel ist im Zylinderkopf ein Keramik-Portliner eingegossen, mit dem als isolierende Wirkung die in den Zylinderkopf übertragene Wärme begrenzt werden soll. Ferner kann das Niveau der Abgastemperatur damit hochgehalten werden, um das Aufheizen des Katalysators nach dem Kaltstart zu beschleunigen.

Für Sportmotoren mit sehr hohen spezifischen Literleistungen werden hohe Drehzahlen und damit sehr leichte Ventiltriebskomponenten benötigt. Die bewegten Massen sind nach Möglichkeit sehr gering zu halten. Auf schwere hydraulische Ventilspielausgleichselemente sollte dann verzichtet werden. Ein Beispiel für eine derartige Konstruktion hat die Fa. BMW an einem Sechszylindermotor mit Feingussschlepphebeln und mechanischem Ventilspielausgleich realisiert. Diese Gleitschlepphebel sind sehr leicht und sind auf einer Steckachse im Zylinderkopf gelagert. Bei der Wahl des Übersetzungsverhältnisses für den Schlepphebel wurde der Steifigkeit gegenüber dem benötigten Bauraum der Vorzug gegeben. Das Übersetzungsverhältnis des Hebeltriebs ist 1 : 1, um keine Biegebeanspruchung zu induzieren, **Bild 7-115**. Der Vierventil-Zylinderkopf hierzu ist einteilig ausgeführt und wird in einer Stahlkokille gegossen. Für den Zylinderkopf wird ein Querstromkühlkonzept verwendet. In den Zylinderkopf integriert ist eine

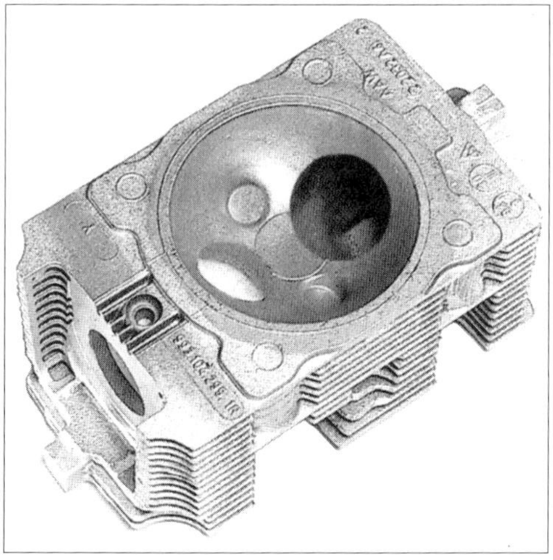

Bild 7-114 Luftgekühlter Zylinderkopf der Fa. Porsche [19]

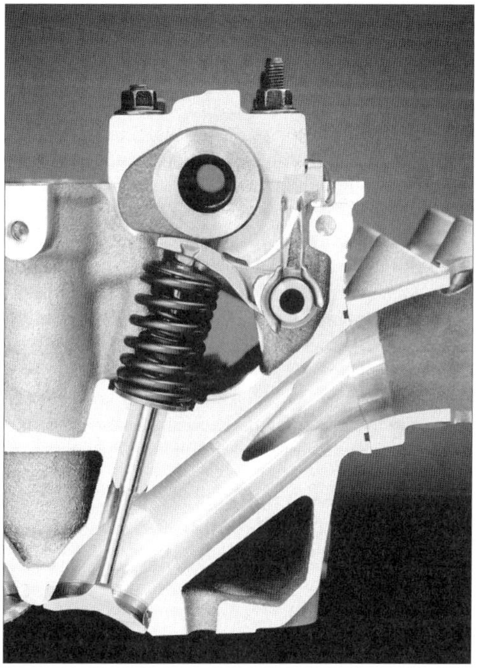

Bild 7-115 Vierventil-Zylinderkopf mit Gleitschlepphebel der Fa. BMW

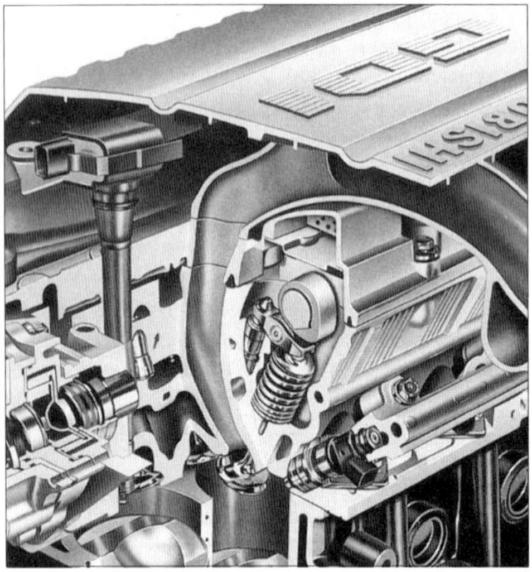

Bild 7-116 Zylinderkopf eines Ottomotors der Fa. Mitsubishi mit Direkteinspritzung [20]

Luftverteilungsleitung für die Zusatzlufteinblasung. Von dieser Leitung mit 12 mm Durchmesser führen Bohrungen mit 4 mm Querschnitt direkt in die Auslasskanäle neben jedes Auslassventil. Ottomotoren mit Direkteinspritzung werden derzeit weltweit mit viel Kapazität zur Serie entwickelt. Im Zylinderkopf muss, ähnlich wie bei den Dieselmotoren mit Direkteinspritzung, neben der Zündkerze Raum für die Einspritzdüse geschaffen werden. Schon bei einen Vierventilkonzept wird es hierfür eng. Die Lage und Form von Gaswechselkanälen ist auf Grund der mit dem Brennverfahren verbundenen Ladungsschichtung extrem aufwändig zu entwickeln und abzustimmen. **Bild 7-116** stellt ein Beispiel eines Vierventil-Zylinderkopfes im Schnitt dar, der für einen Motor mit Direkteinspritzung der Fa. Mitsubishi in Serie ist. Die Luftführung durch den Einlasskanal erfolgt über das Saugrohr von der Oberseite des Zylinderkopfes, um in Abstimmung mit den Brennraumtaschen im Kolben eine gezielte Tumble-Einlassströmung zu erhalten. Die Betätigung der Ventile erfolgt über Rollenschlepphebel. Seitlich am Zylinderkopf ist die Einspritzdüse positioniert. Die Zündkerze ist zentral in der Mitte des Zylinderkopfes untergebracht.

7.8.7 Perspektiven in der Zylinderkopftechnologie

Im Zylinderkopf erfolgt die Steuerung des Gaswechsels und damit die Steuerung der Verbrennung. Die Weiterentwicklung der Zylinderkopftechnologie wird in Richtung Leichtbau, hochfestere Werkstoffe und wirtschaftlicher Fertigungsverfahren bei gleichzeitiger Verbesserung aller motorischer Zielgrößen gehen. Mehrventilzylinderköpfe haben sich auf breiter Front, sowie auch an Dieselmotoren, durchgesetzt. Mit ihnen sind durch einen verbesserten Gaswechsel höhere spezifische Zylinderleistungen realisierbar. Dieses führt durch den Einsatz fortschrittlicher Zylinderkopfkonzepte zu Downsizing-Konzepten mit leistungsstarken, verbrauchs- und emissionsgünstigen Verbrennungsmotoren, die den Kunden je nach Leistungsbedarf oder Fahrspass zur Verfügung stehen. In der letzten Zeit sind vermehrt direkteinspritzende Ottomotoren in Serie realisiert worden, bei denen sowohl Lambda-1-Konzepte als auch Magerkonzepte eingesetzt werden. Die damit neu eingeführten Brennverfahren bedingen auch eine Brennraumanpassung im Kolben, der in der Regel Mulden erhält, wodurch die Gemischaufbereitung begünstigt wird. Bei der strahlgeführten Direkteinspritzung rückt die Einspritzdüse in die Zylinderkopfmitte. Ottomotoren werden zur Erzielung höherer Leistungen und zur Verfolgung einer verbrauchseffizienteren Downsizing-Strategie vermehrt als Turbomotoren eingesetzt, zum Teil schon mit zwei Aufladesystemen. Die Zielrichtung hierbei ist eindeutig auf eine Senkung der CO_2-Emissionen gerichtet. Für die Anbringung der Einspritzdüsen bei der Direkteinspritzung wird entweder eine seitliche Lage wie am Einlasskanal in **Bild 7-116** am Mitsubishi Motor gewählt oder die zentrale Lage im Zylinderkopf, wobei dann für die Zündkerze eine geneigte Lage zur Zylinderbohrung zu wählen ist. Sowohl für Magermotor-Konzepte als auch für den $\lambda = 1$ Betrieb werden hierzu von den Automobilherstellern beide Positionen gewählt [21]. Mit der Steigerung der spezifischen Leistung der Motoren stellen sich für Zylinderkopfwerkstoffe und deren Dauerfestigkeitsverhalten erhöhte Anforderungen dar. Die sonstigen Auswirkungen der Direkteinspritzung auf die Zylinderkopfkonzeption beziehen sich im Wesentlichen darauf, für die Einspritzdüse eine geeignete Lage zu finden. Konzeptionen mit einer zentralen Lage der Einspritzdüse im Zylinderkopf haben bezüglich Geometrie, Thermik und Festigkeit größere Auswirkungen auf Zylinderköpfe.

Ferner hat die Zylinderkopftechnologie mit dem Einsatz vollvariabler Steuerzeiten an Ottomotoren eine neue Dimension bekommen. Durch die drosselfreie Laststeuerung werden die Ladungswechselarbeit und nahezu proportional hierzu der spezifische Kraftstoffverbrauch deutlich gesenkt. Zur Zeit sind rein mechanische Wirkprinzipien an Serienmotoren realisiert [2, 22]. Nachdem die Fa. BMW das System Valvetronic in verschieden Baustufen an Vier-, Sechs-, Acht- und Zwölfzylindermotoren eingesetzt hat, sind bei den Firmen Toyota, Nissan und Mitsubishi ebenfalls mechanische variable Ventilsteuerzungen in Serie umgesetzt. Die Zylinderkopfgeometrie ist mit der Einführung dieser Systeme komplett neu gestaltet worden. Die zusätzlichen Bauteile im Zylinderkopf bedingen neue Ventilantriebskonzepte, bei den zur Verstellung der Ventilerhebung ein Verstell-

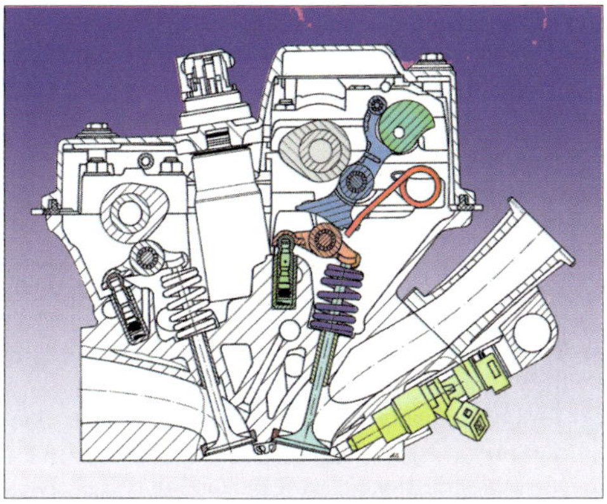

Bild 7-117 Zylinderkopf des V12-BMW Motors mit Direkteinspritzung und Valvetronic

getriebe zusätzlich im Zylinderkopf unter zu bringen ist. An einem V12- Motor der Fa. BMW ist die Kombination der Direkteinspritzung mit vollvariablen Ventilsteuerungen – dem System Valvetronic umgesetzt worden [23] **Bild 7-117**. Dieser Trend wird anhalten und erste Konzepte dieser Art mit Turboaufladung werden an Serienmotoren erwartet. Inwieweit die drosselfreie Laststeuerung in Richtung noch höherer Freiheitsgrade für die Ventilsteuerung und damit für die Motorsteuerung sich zukünftig darstellt, bleibt spannend zu beobachten. Untersuchungen mit einer zusätzlichen Variabilität auf der Auslassventilseite weisen weiteres Potenzial zur Senkung der CO_2-Emissionen auf. Das ganze Potenzial zur weiteren Senkung des Kraftstoffverbrauchs mit dem Einsatz der voll variablen Ventilsteuerung ist noch nicht umgesetzt.

Ein weiterer Entwicklungsschwerpunkt für neue Zylinderkopfkonzepte ist die Senkung der Ventiltriebsreibung und der Senkung des Schmierstoffbedarfs für die Ventiltriebsbauteile. Derzeit laufen intensive Untersuchungen an wälzgelagerten Nockenwellen und an extrem kompakten Ventiltriebsbauteilen [24].

Mit Ventilantriebskonzepten, die vielleicht elektromechanische oder andere innovative Wirkprinzipien aufweisen, werden sich die Anforderungen an Zylinderköpfe weiter wandeln. Wie schon vor circa hundert Jahren bleibt damit die Vielzahl an verschiedenen Zylinderkopfkonzepten an Serienmotoren groß. Für die Motorenentwickler bedeutet dieses eine große Herausforderung, sich den weiterentwickelnden Anforderungen zu stellen.

Literatur

[1] *Hannibal, W.; Meyer, K.:* Patentrecherche und Überblick zu variablen Ventilsteuerungen. Vortrag Haus der Technik, März 2000

[2] *Flierl, R.; Hofmann, R.; Landerl, C.; Melcher, T.; Steyer, H.:* Der neue BMW-Vierzylinder-Ottomotor mit VALVETRONIC. In: MTZ Motortechnische Zeitschrift 62 (2001) 6

[3] *Hannibal, W.; Lukas, F.:* Rechnergestützte Auslegung des Audi-Fünfventil Zylinderkopfkonzeptes. In: MTZ Motortechnische Zeitschrift 55 (1994) 12

[4] *Dong, X.:* Öffnungsquerschnitt von Ventilen. In: MTZ Motortechnische Zeitschrift 46 (1985) 6

[5] *Schäfer, F.; Barte, S.; Bulla M.:* Geometrische Zusammenhänge an Zylinderköpfen. In: MTZ Motortechnische Zeitschrift 58 (1997) 7/8

[6] *Eidenböck, T.; Ratzberger, R.; Stastny, J; Stütz, W.:* Zylinderkopf in Vierventiltechnik für den BMW DI-Dieselmotor. In: MTZ Motortechnische Zeitschrift 59 (1998) 6

[7] *Krappel, A.; Riedl, W.; Schmidt-Troje, D.; Schopp, J.:* Der neue BMW Sechszylindermotor in neuer Hubraumstaffelung und innovativer Leichtbauweise. In: MTZ Motortechnische Zeitschrift 56 (1995) 6

[8] n.n.: Becker CAD CAM CAST. Broschüre der Fa. Becker GmbH CAD CAM CAST, Steffenberg-Quotshausen 2001

[9] *Hannibal, W.;* Begleitende Entwicklung der Audi-Fünfventil-Technologie mittels Rechnereinsatz. Wiener Motoren Symposium 1995

[10] *Seifert, H.:* 20 Jahre erfolgreiche Entwicklung des Programmsystems PROMO. In: MTZ Motortechnische Zeitschrift 51 (1990) 11

[11] *Dirschmid, W.;* Schober, M.: Computersimulation in der Ventiltriebsauslegung. In: MTZ Motortechnische Zeitschrift 57 (1996) 4

[12] *Nefischer, P.; Blumenschein, S.; Keber, A.; Seli, B.:* Verkürzter Entwicklungsablauf beim neuen Achtzylinder-Dieselmotor von BMW. In: MTZ Motortechnische Zeitschrift 60 (1999) 10

[13] *Scheeren, H. W.; Koreneef, A.; Fuchs, H.:* Herstellung von Zylinderköpfen für hochbeanspruchte Diesel- und Ottomotoren. Vortrag Haus der Technik, 27. Juni 2000, Essen

[14] *Hannibal, W.; Metzlaw, A.:* Von der Idee zum Produkt. In: Digitalisierung und Flächenrückführung in der CAD-Prozesskette. Zeitschrift QZ, Qualität und Zuverlässigkeit, 46 (2001) 7

[15] *Fortnagel, M.; Doll, G.; Kollmann, K.; Weining, H.-K.:* Aus Acht mach Vier: Die neuen V8-Motoren mit 4,3 und 5l Hubraum. In: Sonderausgabe MTZ Motortechnische Zeitschrift, Mercedes-Benz S-Klasse 1998

[16] *Dorenkamp, R.; Hadler, J.; Simon, B.; Neyer, D.:* Der Vierzylinder-Pumpe-Düse-Motor von Volkswagen. In: Sonderausgabe der MTZ Motortechnische Zeitschrift (1999)

[17] *Aschoff, G.; Ebel, B.; Eissing, S.; Metzner, F.:* Der neue V6-Vierventilmotor von Volkswagen. In: MTZ Motortechnische Zeitschrift 60 (1999) 11

[18] *Fuoss, K.; Hannibal, W.; Paul, M.:* Mehrzylinder-Brennkraftmaschine. Patentanmeldung DE 34 44 501, Deutsches Patentamt München, 1993

[19] *Klos R.:* Aluminium Gusslegierungen. Die Bibliothek der Technik, Nr. 116, Verlag Moderne Industrie, 1995

[20] *N.N.:* Ansicht eines Mitsubishi-Galant-Motors. Prospekt der Fa. Mitsubishi Japan, 2001

[21] *Krebs, R.; Böhme, J.; Dornhöfer, R.; Wurms, R.; Friedmann, K.; Helbig, J; Hatz, W.:* Der neue Audi 2,0T FSI Motor – Der erste direkteinspritzende Turbo-Ottomotor bei Audi. 15. Wiener Motorensymposium 2004

[22] *Klaus, B.:* Die Valvetronic der 2. Generation im neuen BMW-Reihen-Sechszylindermotor. VDI-Tagung in Stuttgart, 15. und 16. September 2004

[23] *Jägerbauer E.; Fröhlich K.; Fischer H.:* Der neue 6,0 l-Zwölfzylindermotor von BMW. MTZ Motorentechnische Zeitschrift 64 (2003) 7/8

[24] *Hannibal, W.; Flierl, R.; Groenewold, C.; Paulov, M.:* Konzepte des variablen Ventiltriebs im Vergleich mit Hinblick auf das Potenzial zur Kraftstoffverbrauchssenkung. Vortrag Haus der Technik, 3. März 2009, Essen

7.9 Kurbelwellen

7.9.1 Funktion im Fahrzeug

Trotz der Notwendigkeit, die durchschnittlichen CO_2-Emissionen zu reduzieren, und der damit verbunde-

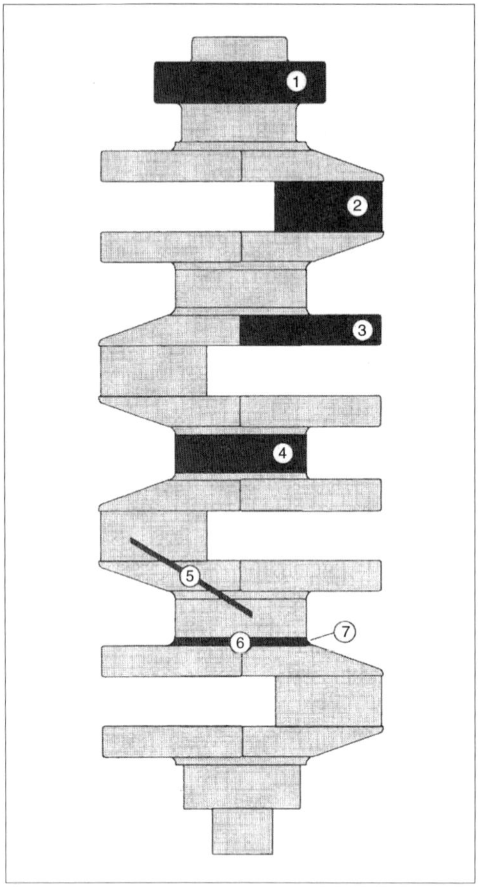

Bild 7-118 Funktionselemente einer Kurbelwelle, schematische Darstellung: 1 = Flansch, 2 = Pleuellager, 3 = Gegengewicht, 4 = Hauptlager/Passlager, 5 = Ölkanäle, 6 = Hohlradien, 7 = Anlaufbunde

nen Anstrengungen alternative Antriebe zu entwickeln dominiert im Kraftfahrzeug nach wie vor der Verbrennungsmotor, vorzugsweise als Hubkolbenmotor. Das wird auch die nächsten Jahre so bleiben. Um die Emissionsziele zu erreichen werden durch das sogenannte Downsizing und den Einsatz von Hybridantrieben verstärkt aufgeladene Motoren mit einer niedrigeren Zylinderanzahl verwendet.

7.9.1.1 Kurbelwellen im Hubkolbenmotor

Über die Kröpfung der Kurbelwelle werden die geradlinigen Bewegungen der Kolben unter Zwischenschaltung der Pleuelstangen in eine Drehbewegung mit einem Nutzdrehmoment an der Kurbelwelle umgewandelt. Die Funktionselemente einer Kurbelwelle sind schematisch in **Bild 7-118** dargestellt. Durch die Belastung, mit sich zeitlich und örtlich ändernden Kräften, mit Dreh- und Biegemomenten sowie die daraus resultierenden Schwingungsanregungen unterliegt die Kurbelwelle hohen und sehr komplexen Beanspruchungen.

7.9.1.2 Anforderungen

Die Lebensdauer einer Kurbelwelle wird beeinflusst durch:

a) Biegewechselfestigkeit (Schwachstellen im Übergang Lagersitz zur Wange)
b) Torsionswechselfestigkeit (Schwachstellen häufig die Ölbohrungen)
c) Torsionsschwingungsverhalten (Steifigkeit, Geräusche)
d) Verschleißfestigkeit, zum Beispiel der Kurbelwellenhauptlager
e) Verschleiß von Wellendichtringen (undicht, Austritt von Motorenöl).

Aus ökologischen Gründen geht der Trend zu aufgeladenen Motoren mit hohem Drehmoment und niedrigerer Zylinderzahl, die bereits bei niedrigen Drehzahlen hohe Momente abgeben. In diesen Motoren wird die Kurbelwelle in allen oben erwähnten Belangen ungleich höher beansprucht als in konventionellen Saugmotoren. Neben dem Drehmoment ist die Motorausführung ein entscheidendes Kriterium für die Belastung der Kurbelwelle. Bei gleicher Motorleistung sind zum Beispiel: V6-Kurbelwellen in der Regel deutlich höher belastet als R6-Kurbelwellen [14].

7.9.2 Herstellung und Eigenschaften

2002 wurden in Westeuropa 16.5 Mio. Personenkraftwagen und leichte Nutzfahrzeuge produziert. Die weltweite Produktion betrug 57.2 Mio. Fahrzeuge. Ein entsprechender Bedarf an Kurbelwellen wurde benötigt.

7.9.2.1 Verfahren und Werkstoffe

Kurbelwellen werden gegossen oder geschmiedet. Die Anteile der einzelnen Herstellverfahren für das Jahr 1993 sind in **Bild 7-119** zu erkennen. In den letzten Jahren hat der Anteil an geschmiedeten Wellen in Europa durch die steigenden Bedarfe an Dieselmotoren und durch den Entwicklungstrend zu höheren Drehmomenten zugenommen.
Die Notwendigkeit zur Reduzierung des CO_2-Ausstoßes und des Kraftstoffverbrauches wird mehr und mehr auch beim Benzinmotor zu aufgeladenen Motoren führen, die zur Zeit ebenfalls bevorzugt mit geschmiedeten Wellen ausgerüstet werden.

Gießen

Zur Herstellung von gegossenen Kurbelwellen gibt es verschiedene Verfahren, die aus **Bild 7-120** zu entnehmen sind.
Aus der Bewertung der verschiedenen Verfahren ergeben sich, bedingt durch bessere Maßhaltigkeit,

ALFING
MASCHINENFABRIK
ALFING KESSLER GMBH
AUTOMOTIVE CRANKSHAFTS
LARGE CRANKSHAFTS
HARDENING EQUIPMENT
Die Maschinenfabrik ALFING Kessler GmbH ist seit beinahe 100 Jahren Lieferant von hochwertigen Kurbelwellen und Härtemaschinen.
Wir sind der weltweit größte unabhängige Lieferant von Hochleistungs-Kurbelwellen für die Automobilindustrie und den Großmotorenbau.
Darüber hinaus sind wir in der Entwicklung und beim Bau von Induktions-Härtemaschinen international führend.
Die kontinuierlich steigende Nachfrage nach unseren Produkten und Entwicklungen sorgt für stetig zukunftsorientierte Lösungen.
Unsere Kunden sind die namhaftesten Zulieferer und Hersteller von:
Automobilen, Nutzfahrzeugen, Großbaustellen- und Spezialfahrzeugen, Schiffen, Energiegewinnungsanlagen, Großmotoren, Lokomotiven und — als besonderes Highlight — Rennsportfahrzeugen aus sämtlichen Kategorien.
Mehr Informationen über uns finden Sie im Sachwortverzeichnis.
Maschinenfabr. ALFING Kessler GmbH
Auguste-Kessler-Strasse 20
73433 Aalen, Germany
Kontaktdaten und Informationen:
www.alfing.de
www.pbw-internet.de

	Pkw	Geschmiedet	Gegossen
Westeuropa	11.3	3.1	8.2
USA	6	0.35	5.65
Japan	8.5	4.75	3.75
Welt	34.1	*)	*)

	Lkw und Busse	Geschmiedet	Gegossen
Westeuropa	1.25	0.85	0.4
USA	4.9	4.0	0.9
Japan	2.75	2.1	0.65
Welt	13.1	*)	*)

*) Zahlenangabe nicht möglich

Bild 7-119 Kurbelwellen nach Herstellverfahren in Straßenfahrzeugen (in Mio. Stück, Stand 1993) – [1]

Verfahren	Lage in der Form	Formprozess
Grünsand IMD	Liegend	Automatische Anlage mit Formkasten
Grünsand	Liegend	Automatische Anlage mit Formkasten
Maskenform	Stehend	Croningsandschalen in Boxen mit Stahlkies hinterfüllt
Maskenträger	Stehend	Cronigsandschalen in Stahl-Stützschalen
Wasserglas-CO_2-Prozess	Stehend	Doppelseitige Formen aus Formautomat, liegend geformt = 1 Paket. Begasung in stehender Lage
SF-Prozess mit Cold Box Sand	Liegend	Formautomat mit Kasten, Verschleiß-Sand wird erneuert
Lost Foam	Stehend	Styropor Modell in Boxen, mit Sand hinterfüllt

Bild 7-120 Übersicht über Gießverfahren zur Herstellung von Kurbelwellen

Vorteile für das Grünsand IMD-Verfahren [5]. In der Praxis vorzugsweise genutzt wird jedoch das Maskenform-Verfahren. Die Weiterentwicklung der Gießverfahren [2] erfolgt in Richtung Near-Net-Shape-Geometrie, hochfeste und härtere Gusswerkstoffe und die Herstellung von Ölkanälen im Gusszustand.

Schmieden

In Deutschland haben sich auf geschmiedete Kurbelwellen für Straßenfahrzeuge zwei Unternehmen konzentriert [1]. 1993 betrug in Westeuropa der Anteil an geschmiedeten Wellen 28 %. Aus technologischen Gründen nimmt der Trend zu geschmiedeten Wellen zu.
Kurbelwellen für Pkw-Motoren erreichen ihre Betriebsfestigkeit durch die Grundfestigkeit des Werkstoffs und durch Nachbehandlung im endnahen Zustand (Wärmebehandlung, Oberflächenverfestigung). Bei Schmiedewerkstoffen steht neben dem höheren E-Modul vor allem auch eine höhere Grundfestigkeit zur Verfügung. Für eine flexible Fertigung ist der spätere Ausbau einer Motorengeneration unproblematischer, wenn die höhere Betriebsfestigkeit über die Grundfestigkeit und nicht über die Veränderung der Nachbehandlung erreicht wird.

Vor- und Nachteile geschmiedeter und gegossener Kurbelwellen

Vorteile gegossener Kurbelwellen gegenüber geschmiedeten

- Gegossene Kurbelwellen sind erheblich kostengünstiger als geschmiedete.
- Gusswerkstoffe sprechen sehr gut auf Oberflächenbehandlungsverfahren zur Steigerung der Schwingfestigkeit an. So kann beispielsweise die Biegewechselfestigkeit durch Rollen der Radien im Übergangsbereich Zapfen/Wangen erheblich gesteigert werden.
- Gegossene Kurbelwellen sind hohl ausführbar und dadurch bis zu 1,5 kg leichter darstellbar.
- Gegossene Kurbelwellen bieten bei gleicher Ausführung gegenüber Stahl einen Gewichtsvorteil von circa 10 %, bedingt durch die geringere Dichte des Gusseisens mit Kugelgraphit.
- Generell ist die Bearbeitung der gegossenen Kurbelwellen besser. Es kann mit geringeren Zerspanungszugaben gearbeitet, die Formteilungsgrate sind kleiner und müssen nicht mehr verputzt und die Schrägen im Wangenbereich können enger spezifiziert werden. Auf die Bearbeitung

von Wangenpartien kann vielfach sogar verzichtet werden.

- Durch die höheren Designfreiheitsgrade der Gießverfahren können Geberräder zur Einstellung der Zündzeitpunkte oder Antriebe für Hilfsaggregate mit ähnlichen Aufgaben leichter integriert werden.

Nachteile gegossener Kurbelwellen gegenüber geschmiedeten

- Gusswerkstoffe haben gegenüber Stahl einen niedrigeren E-Modul und eine niedrigere Grundfestigkeit. Gegossene Kurbelwellen sind dadurch weniger steif und weisen ein anderes Schwingungsverhalten auf.
- Maßnahmen zur Erhöhung der Steifigkeit des Antriebsstranges sind umso mehr erforderlich, wenn mit Aluminiumblöcken und -Kurbelgehäusen gearbeitet wird, einem Werkstoff mit wesentlich kleinerem E-Modul und daher geringerer Materialsteifigkeit.
- Gegossene Kurbelwellen können gegenüber Stahl, das ungünstigere **Verschleißverhalten** im Lagerzapfen aufweisen, bedingt durch die Ungänzen in der Oberfläche (freigelegte Sphärolithen), niedrigere Grundhärte des Materials und geringere Härteannahme bei den üblichen Härtevorgängen [7].

Man kann diesen Nachteil ausgleichen:

- durch größere Durchmesser im Lagerbereich, was jedoch bei bestehenden Motorkonzepten nicht möglich und bei neuen Konzepten wegen höherer Reibungsverluste und dem damit verbundenen Anstieg des Kraftstoffverbrauches nicht erwünscht ist.
- Mit aufwändigeren Schwingungsdämpfern, was jedoch zu höheren Kosten des Systems führt und den Kostenvorteil der gegossenen Kurbelwelle gegenüber der geschmiedeten aufzehren kann.
- Durch eine sehr steife Konstruktion des Kurbelgehäuses, verbunden mit Kurbelwellenlagerbrücken, gegossenen Ölwannen und steifer Anbindung des Getriebes.
- Durch das sich in Entwicklung befindliche **ISAD-System (I**ntegrierter **S**tarter **A**lternator **D**ämpfer) [4]. Durch den Wegfall von Anlasser und Lichtmaschine bietet dieses System die Möglichkeit der Dämpfung von Motorschwingungen nach dem Prinzip der „alternierenden Blindleistungen", wobei während des Überschwingens der Kurbelwelle generatorisch gebremst wird und Unterschwingungen durch Aufbringen der gespeicherten Kondensatorenergie ausgeglichen werden.

Bei Drehmoment optimierten Motoren haben die gegossenen Kurbelwellen physikalisch, bedingt durch niedrigeren Elastizitätsmodul und damit weniger Steifigkeit mehr Probleme mit Torsionsschwingungen, da diese zu einem nicht akzeptablen Geräuschpegel im Fahrzeug führen. Der E-Modul für Stahl liegt bei 210 kN/mm^2, der von Gusseisen mit Kugelgraphit bei 180 kN/mm^2.

Daher werden in Motoren, die bei niedrigen Drehzahlen hohe Drehmomente aufweisen, zur Zeit geschmiedete Kurbelwellen eingebaut. Dies betrifft vor allem Motoren mit mehr als 4 Zylindern und Dieselmotoren zu.

7.9.2.2 Werkstoffliche Eigenschaften von Kurbelwellen

Die Eigenschaften von Kurbelwellenwerkstoffen zeigen die **Bilder 7-121** und **7-122**.

Die Entwicklung von Schmiedestählen für Kurbelwellen geht in Richtung **AFP-Stähle** (das heißt ausscheidungshärtende ferritisch-perlitische Stähle) [13, 17]. Diese Stähle müssen nicht vergütet werden, damit sie ihre Grundfestigkeit erreichen.

Der ferritisch-perlitische Gusswerkstoff GJS-700-2 ist jene Werkstoffsorte, die üblicherweise bei Kurbelwellen eingesetzt wird. Hinsichtlich Härtestreubänder haben die Motorenhersteller zum Teil werkseigene Spezifikationen.

Neue Entwicklungen gehen ebenfalls in Richtung Erhöhung der Grundfestigkeit und der Optimierung der Nachbehandlung, ohne die übrigen Eigenschaften negativ zu beeinflussen [16].

Stahl	Zugfestigkeit R_m [N/mm^2]	Dehngrenze $R_{p0.2}$ [N/mm^2]	Bruchdehnung A [%]	Zerspanbarkeit	Potential der Nachbehandlung		
					nitriert	Gewalzt/ Rolliert	Induktiv gehärtet
C38+N2^{++}	780–900	>450	>12	Gut	Gut	Gut	Sehr gut
C38mod^{++}	820–1000	>550	>12	Gut	Gut	Gut	Sehr gut
37Cr4	880–1030	>620	>11	anspruchsvoll	Gut	Gering	Sehr gut
37Cr4V	850–950	>650	>14	anspruchsvoll	Gut	Gering	Sehr gut
42CrMo4V	980–1100	>850	>12	anspruchsvoll	Gut	Gering	Sehr gut

$^{++}$ Bezeichnung Gerlach-Werke in BY-Qualität (BY = aus Schmiedehitze gezielt abgekühlt: Zur Erreichung der Grundfestigkeit keine weitere Wärmebehandlung erforderlich)

Bild 7-121 Eigenschaften von Stahl-Schmiedewerkstoffen für Kurbelwellen [14]

Guss	Zug-festigkeit R_m [N/mm²]	Dehn-grenze $R_{p0.2}$ [N/mm²]	Bruch-dehnung A [%]	Härte HB 30	Zerspan-barkeit	Potential der Nachbehandlung [14]		
						nitriert	Gewalzt/ Rolliert	Induktiv gehärtet
GJS-600-3	600	370	3	200–250	Sehr gut	Gut	Sehr gut	Gering
GJS-700-2	700	420	2	230–280	Sehr gut	Gut	Sehr gut	Gut
GJS-800-2	800	500	2	250–300	Gut	Gut	Sehr gut	Gut

Bild 7-122 Eigenschaften von Gusseisen mit Kugelgraphit (GJS); minimale Werte nach DIN EN 1563

7.9.3 Leichtbau und Verfahren zur Steigerung der Festigkeit

Grundsätzlich besteht der Trend, dass bei gleicher Leistung die Baugrößen der Motoren kleiner werden. Zur Gewichtsreduktion werden verstärkt Leichtmetalle für Kurbelgehäuse und Zylinderköpfe eingesetzt. Dadurch werden einerseits die Anforderungen an die Kurbelwelle höher, andererseits lassen die Platzverhältnisse immer weniger Spielraum für ein werkstoff- und herstellungsgerechtes Design.

7.9.3.1 Hohlgegossene Kurbelwellen

Generell sind gegossene Kurbelwellen, bei vergleichbarem Design, bedingt durch die niedrigere Dichte rund 10 % leichter als geschmiedete. Hohl gegossene Kurbelwellen bieten die Möglichkeit, das Gewicht zusätzlich um bis zu 1.5 kg zu reduzieren (**Bild 7-123**).

7.9.3.2 ADI Austempered Ductil Iron (ausferritisches Gusseisen)

Für die Erhöhung der Grundfestigkeit von Gusseisenwerkstoffen bietet sich die Umwandlung in ein austenitisch-ferritisches Gefüge an. Dieser Werkstoff wird durch ein zusätzliches Wärmebehandlungsverfahren hergestellt und besitzt Eigenschaften (**Bild 7-124**), wie hohe Festigkeit, gute Dehnung, hohe Härte aber schlechte Bearbeitbarkeit.
Neben den erheblich höheren Kosten ändert auch eine Fertigung im „Endnahen Zustand" [2] nichts am Grundproblem eines Gusswerkstoffes mit Kugelgraphit: Der Elastizitätsmodul kann durch die Wärmebe-

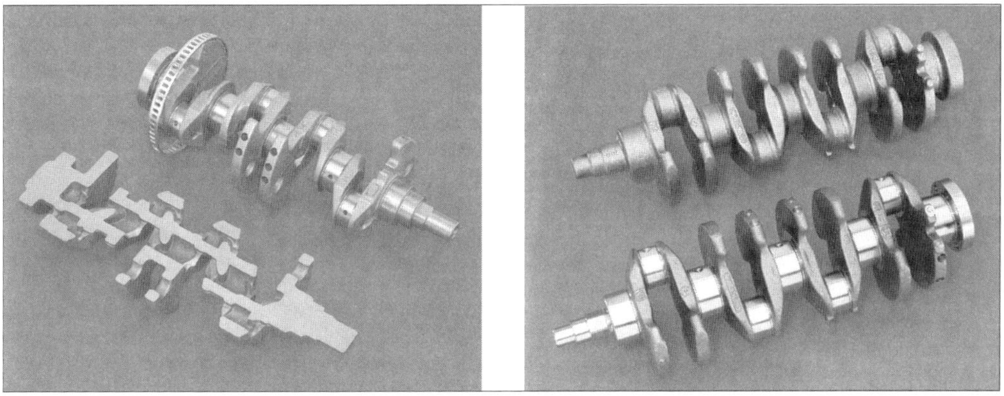

Bild 7-123 Gegossene Kurbelwelle eines Vier-Zylinder-Motors aus GJS-600-3 (links vollgegossene, 12 kg schwere Ausführung, rechts hohle, 10,6 kg schwere Ausführung)

Werkstoff-Kurzzeichen	Zugfestigkeit R_m [N/mm²]	0.2 %-Dehngrenze $R_{p0.2}$ [N/mm²]	Bruchdehnung A [%]	Härte HB 30 (Richtwerte)
EN-GJS-800-8	≥800	≥500	≥8	260 bis 320
EN-GJS-1000-5	≥1000	≥700	≥5	300 bis 360
EN-GJS-1200-2	≥1200	≥850	≥2	340 bis 440
EN-GJS-1400-1	≥1400	≥1100	≥1	380 bis 480

Bild 7-124 Mechanische Eigenschaften von ausferritischem (boinitischem) Sphäroguss (ADI) nach DIN EN 1564

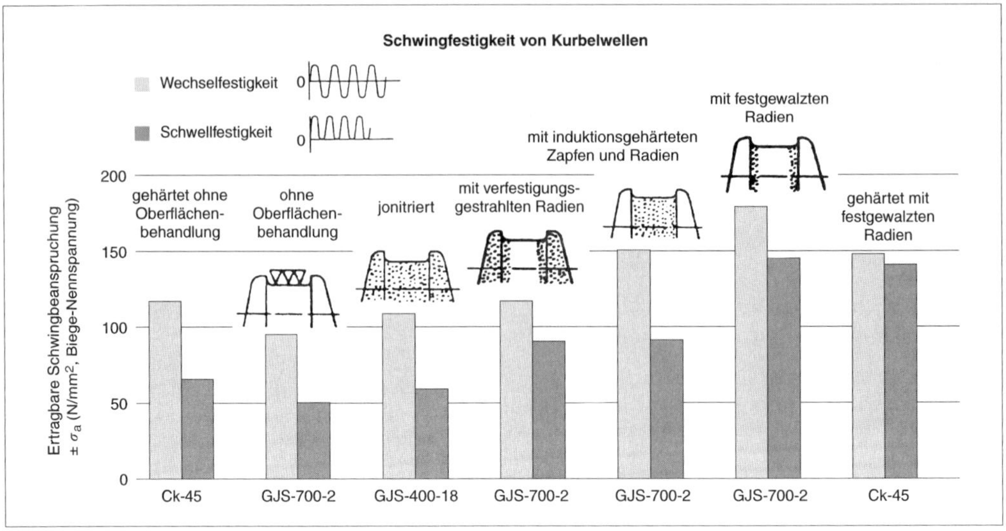

Bild 7-125 Einfluss der Nachbehandlung auf die Schwingfestigkeit von Kurbelwellen

handlung zur Erzielung hoher Festigkeiten nicht über die Werte des normalen GJS erhöht werden.

7.9.3.3 Erhöhung der Bauteilfestigkeit durch Nachbehandlung

Die statischen Eigenschaften sagen wenig über die Lebensdauer einer Kurbelwelle aus. Die Bauteilfestigkeit, geprägt durch eine ausreichende Schwingfestigkeit, wird sowohl bei Guss als auch bei Stahl erst durch Nachbehandlungsverfahren erreicht **(Bild 7-125)**. Vor allem die kritischen Radien der Pleuel- und Hauptlager müssen durch ein Verfahren zur Steigerung der Festigkeit für den betrieblichen Einsatz ertüchtigt werden.

Radienrollen

Das Rollen der Radien ist das bei Guss und Stahlkurbelwellen übliche Verfahren [9–12] zur Steigerung der Biegewechselfestigkeit von Kurbelwellen. Dabei werden im Übergang Lagerzapfen/Wangen Druck-Eigenspannungen aufgebracht, die in diesem hoch beanspruchten Bereich die Dauerfestigkeit erheblich erhöhen.

Induktives Härten Radien mit/ohne Zapfen

Dieses Verfahren wird zum Teil bei Kurbelwellen für Dieselmotoren angewandt, um die Schwing- und Verschleißfestigkeit des Lagerzapfens zu erhöhen. Es ist auch eine Kombination induktives Härten – Radienrollen möglich [9].

Nitrieren

Auch über dieses Verfahren können Druckeigenspannungen im Zapfen und Radienbereich aufgebracht werden, die die Dauerwechsel- und Verschleißfestigkeit erhöhen. Auf Nitrierverfahren wird allerdings mehr und mehr verzichtet, da sie nicht in den Fertigungsablauf integrierbar sind und die Entsorgung der Salze schwierig ist.

Kugelkalibrieren

Mit diesem Verfahren lässt sich die Torsionswechselfestigkeit durch Verfestigen der Ölbohrungen in den Lagerzapfen erhöhen.
Zu beachten gilt es, dass die Nachbehandlungsverfahren für jeden Werkstoff optimiert werden müssen. Bei einer Werkstoffumstellung muss dies berücksichtigt werden.

7.9.4 Berechnung von Kurbelwellen

Für die Auslegung von Kurbelwellen ist das Knowhow über die Werkstoffkenndaten und die Möglichkeit der Beeinflussung durch Nachbehandlung von entscheidender Bedeutung. Zusätzlich hilft die kontinuierliche Weiterentwicklung vom FEM- und Mehrkörpersimulationsprogrammen eine gewichtsoptimierte Auslegung von Kurbelwellen zu erreichen. Mit einem **integrierten Simulationsprozess** sind sowohl Dynamik- und Akustikanalysen als auch Lebensdauerbewertungen möglich.
Der Ablauf des integrierten Simulationsprozesses [15]:

- Die Kurbelwelle wird als linear elastische Struktur berücksichtigt. Die auftretenden nichtlinearen Bewegungen und nichtlinearen Kopplungen zwischen den Bauteilen werden innerhalb der **Mehrkörpersimulation** (MKS) behandelt **(Bild 7-126)**. Die dynamischen Eigenschaften des Schmierfilms in den Hauptlagern des Kurbeltriebs werden mithilfe des elastohydrodynamischen Ölfilmmodels (EHD) abgebildet und in die MKS eingebunden.

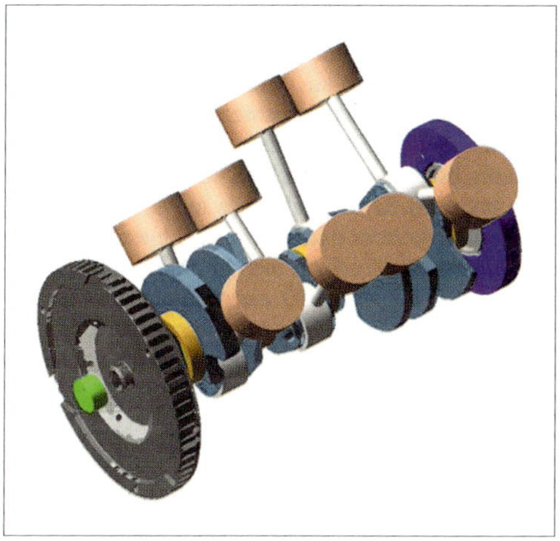

Bild 7-126 MKS Modell mit flexibler Kurbelwelle und EHD Lagermodell

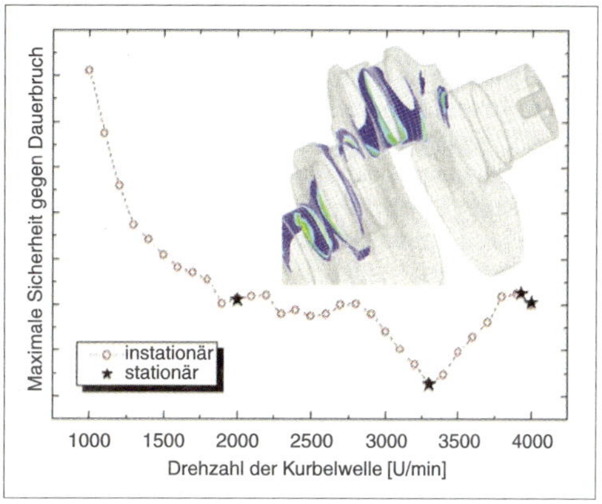

Bild 7-128 Beispiel einer Verteilung der minimalen Dauerbruchsicherung über Drehzahl

Mit der MKS wird ein instationärer Motorhochlauf simuliert. Dabei wird der gesamte Drehzahlbereich durchfahren, so dass alle auftretenden Systemresonanzen durchfahren werden können. Mittels Campbell-Diagrammen von relevanten Mess-größen **(Bild 7-127)** erhält man detaillierte Informationen über mögliche auftretende Effekte (Biege- und/oder Torsionsschwingungen, Schwungradtaumeln, etc.)

An die dynamische Simulation folgt die **Lebensdauervorhersage**. Als Spannungsdatensätze dienen die Spannungsverteilungen der einzelnen Modeformen (modale Spannungen) aus Finite Elemente Analyse (FEA). Das Ergebnis ist die Drehzahlabhängigkeit gegen Dauerbruch **(Bild 7-128)**.

Besonders bei hochdrehenden Motoren, wo immer wieder dynamische Effekte entscheidenden Einfluss auf die Bauteilsicherheiten haben, erhält man durch den integrierten Simulationsprozess ein effizientes Entwicklungstool um frühzeitig Schwachstellen zu erkennen. Es ist möglich, bereits in einem frühen Stadium der Entwicklung Varianten- und Werkstoffvergleiche durchzuführen oder eine Abstimmung von Anbauteilen vorzunehmen (zum Beispiel: Torsionsdämpfer).

Literatur

[1] *Adolf, W.:* Wer an Leichtbau denkt, kommt an einer Stahlkurbelwelle nicht vorbei. Schmiede-Journal, März 94, S. 13 – 16

[2] *Heck, K.; et al.:* Herstellen von Endmaßah-Gusskurbelwellen – Innovative giesstechnologische Entwicklung. Konstruieren und Gießen 23, Nr.3 1998, S. 4 – 12

[3] IMC Consultants, IMC, Bericht für Georg Fischer/DISA Analysis of alternative strategies designed to increase market share of the magnesium converter, may 1998

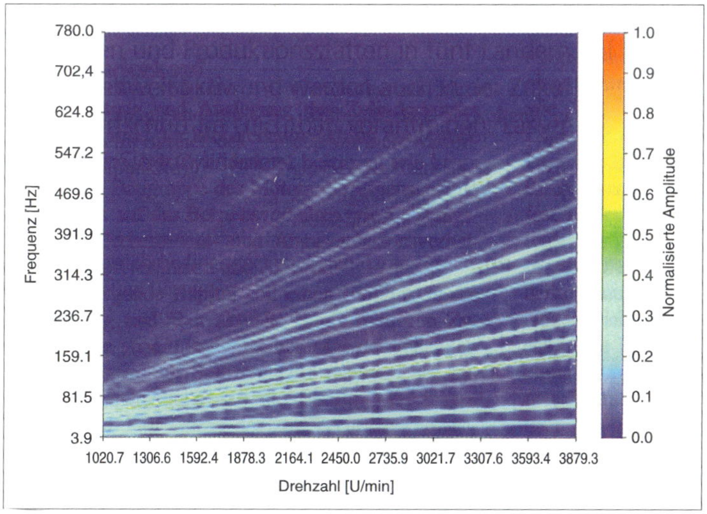

Bild 7-127 Campbell-Diagramm eines Motorhochlaufs

[4] *Nickel, F.*: ISAD der integrierte Starter – Alternator – Dämpfer, Tagung Motor und Umwelt 98, AVL Graz, S. 175–182

[5] *Becker, E.; Hornung, K.*: Projekt 78274 Kurbelwellenfertigung im Masken- oder Grünsandverfahren, Georg Fischer F&E Berichte Aug. 85, Sept. 85

[6] Gusseisen mit Kugelgraphit – ein duktiler Werkstoff von Georg Fischer. Georg Fischer, Technisches Merkblatt über Herstellung und Eigenschaften von GJS, 08/93

[7] *Engel, U.; et al.*: Influence of Micro Surface Structures of Nodular Cast Iron Crankshafts on Plain Bearing Wear. SAE Technical Paper Series, 880097, Detroit Michigan USA, March 4, 1988

[8] *Hornung, K.; Mahnig, F.*: Beanspruchungsgerechte Gestaltung und anwendungsbezogene Eigenschaften von Gussteilen, Georg Fischer, Technisches Merkblatt, 8/87

[9] *Heuler, P.; et al.*: Steigerung der Schwingfestigkeit von Bauteilen aus Gusseisen mit Kugelgraphit. ATZ 94 (1992), Nr. 5, S. 270–281

[10] *Fuchsbauer, B.*: Untersuchungen zur Schwingfestigkeitsoptimierung bauteilähnlicher Proben unterschiedlicher Größe durch Festwalzen. Diss. TH Darmstadt, 1983

[11] *Albrecht, K. H.; et al.*: Optimierung von Kurbelwellen aus Gusseisen mit Kugelgraphit. MTZ 47 (1986) 7/8, S. 277–283

[12] *Sonsino, G. M.; et al.*: Schwingfestigkeit von festgewalzten, induktionsgehärteten sowie kombiniert behandelten Eisen-Graphit-Gusswerkstoffen unter konstanten und zufallsartigen Belastungen. Gießereiforschung 42 (1990) 3, S. 110–121

[13] *Hagen, W. W.*: Neuere Entwicklungen bei geschmiedeten Kraftfahrzeug-Kurbelwellen. Schmiede-Journal, Sept. 2001, S. 14–17

[14] *Götz, C.*: Wärmebehandlungskriterien bei der Werkstoffauswahl für Kurbelwellen. MTZ 2/2003; S. 134–139

[15] *Prandstötter, M.; Riener, H., Steinbatz, M.*: Simulation of an Engine Speed-Up Run: Integration of MBS-FE-EHD-Fatigue. ADAMS User Conference 2002, London

[16] *Menk, W.; Kniewallner, L.; Prukner, S.*: Neue Perspektiven im Fahrzeugbau – Gegossene Kurbelwellen als Alternative zu geschmiedeten. MTZ 05/2007, S. 384–388

[17] *Muckelbauer M.; Arndt, J.*: Schmiedeteile behaupten sich erfolgreich im Technologiewettbewerb. Schmiede-Journal, März 2008, S. 36–38

7.10 Ventiltriebskomponenten

7.10.1 Standard Ventiltrieb

In den vergangenen Jahren hat sich bei Pkw-Motoren ein Trend zu obenliegenden Nockenwellen (overhead camshaft = OHC und double overhead camshaft = DOHC) entwickelt, wobei Motoren mit unten liegenden Nockenwellen (overhead valve = OHV) gerade bei großvolumigen V-Motoren nach wie vor Anwendung finden. Der Grund für die Entwicklung von Motoren mit obenliegenden Nockenwellen liegt in dem Bestreben, für Motoren hoher Leistung noch drehzahlfestere Ventiltriebe bereitzustellen. DOHC-Konzepte geben dem Konstrukteur die Möglichkeit, mittels Nockenwellenverstellern die Steuerzeiten von Einlass- und/oder Auslassnockenwellen unabhängig voneinander zu steuern. OHV- und OHC-Konzepte zeichnen sich durch kompakte Bauformen und kostengünstige Herstellung aus.

Im Bereich der Dieselmotoren für Nutzkraftfahrzeuge zeichnet sich ein Trend zu 4-Ventilkonzepten ab. Kipphebel beziehungsweise Doppel-Kipphebel mit mechanischer Einstellung des Ventilspiels, die von unten liegenden Nockenwellen über Stößelstangen – wie bei den 2-Ventil-Anordnungen – angetrieben werden, übernehmen die Betätigung der Ventile.

Für die kleineren Nutzfahrzeugmotoren, die ohne den Motorbremsbetrieb auskommen, werden neben OHV- auch OHC-Konzepte eingesetzt – zunehmend mit hydraulischem Ventilspielausgleich.

7.10.1.1 Ventiltriebe mit direktem Antrieb

In diese Kategorie fallen Ventiltriebe mit hydraulischen **(Bild 7-129)** oder mechanischen Tassenstößeln sowie sogenannte „Brücken"-Lösungen, wobei säulengeführte Elemente die Bewegung von mehreren Ventilen durch direkte Betätigung einer Nockenwelle übernehmen. Eine Unterbauart der letztgenannten Lösung stellt die Brücke dar, die auf zwei hydraulische Tassenstößel aufgelegt wird (Opel-DI-Diesel-Motoren).

Der direkte Antrieb bietet stets sehr gute Steifigkeitswerte bei relativ niedrigen bewegten Massen. Dies ist die Voraussetzung für ein unproblematisches Ventiltriebsverhalten auch bei sehr hohen Drehzahlen (Kontaktkraftverlust, vorzeitiges Ventilaufsetzen). Somit lassen sich gerade mit Tassenstößeln effiziente und hochdrehende Motoren verwirklichen.

Um geringe bewegte Massen zu erreichen, werden unter den mechanischen Tassenstößeln vorzugsweise Tassen mit gestufter Bodenstärke **(Bild 7-130)** oder solche mit unten liegenden Einstellscheiben verwendet.

Hinsichtlich Servicearbeiten (Ventilspieleinstellung) sind Tassen mit obenliegender Einstellscheibe **(Bild 7-131)** vorzuziehen, da bei dieser Bauform eine Demontage der Nockenwelle nicht unbedingt erforderlich ist. Diese sind allerdings deutlich schwerer und benötigen einen größeren Einbauraum als erst genannte Tassen (bei gleicher Ventilerhebung). Die

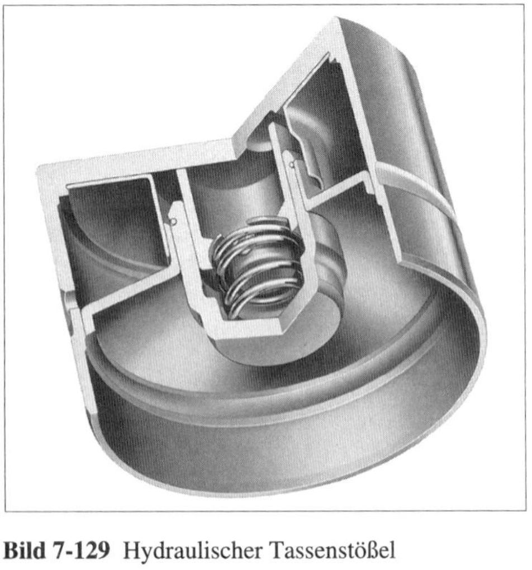

Bild 7-129 Hydraulischer Tassenstößel

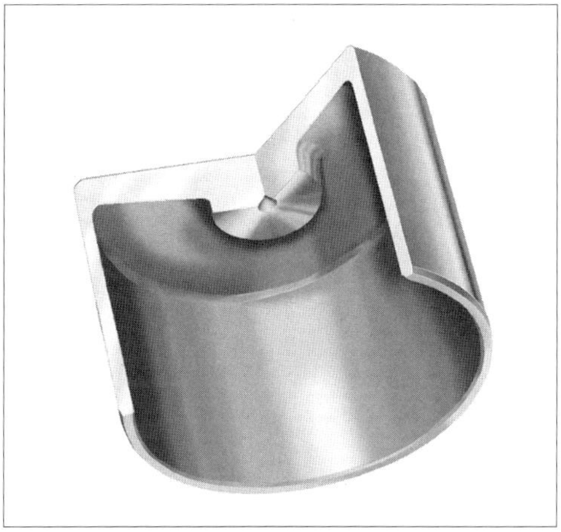

Bild 7-130 Mechanischer Tassenstößel mit gestufter Bodenstärke

Grundkörper der Tassenstößel bestehen aus umformbarem Stahl. Es sind nur zwei Anwendungsfälle mit Aluminium bekannt (TOYOTA Lexus V8, Jaguar V6 und V8). Die Scheiben sind zumeist aus durchhärtbarem Stahl hergestellt. Mit Grundkörpern aus tiefgezogenem Stahlblech und kleinen Hydraulikelementen (AD: 11 mm) erreichen hydraulische Tassenstößel sehr niedrige Massen, die bei gleichem Nockenkontaktdurchmesser das Gewicht von mechanischen Tassen mit „topshin" deutlich unterschreiten.

Der Gleitkontakt zum Nocken erfordert eine sorgfältige Bearbeitung der Nockenwelle – am vorteilhaftesten erweist sich ein Stein-Finishen nach dem Nockenschleifen. Darüber hinaus muss auch der Nockenwellenwerkstoff auf den Belastungsfall abgestimmt sein, um Verschleiß zu vermeiden. Als besonders vorteilhaft erweisen sich Schalenhartgussnockenwellen sowie Nockenwellen aus an der Oberfläche umgeschmolzenem Grauguss. Um ein gleichmäßiges Einlaufen der Nockenkontaktfläche zu erzielen, soll der Tassenstößel beziehungsweise die Scheibe rotieren. Dies wird erreicht durch einen Versatz des Nockens zur Scheibe (in Richtung der Nockenwellenachse) beziehungsweise durch einen Versatz plus Schrägschliff des Nockens bei Kontakt des Nockens mit dem Stößel selbst. Tassenstößelventiltriebe und hier gerade die mechanischen liefern bei DOHC-Anwendungen den Vorteil geringer Bauhöhe des Zylinderkopfs. Tassenstößel finden sich in vielen unterschiedlichen Anwendungsfällen – 2- beziehungsweise 4-Ventil-Benzin- und Dieselmotoren.

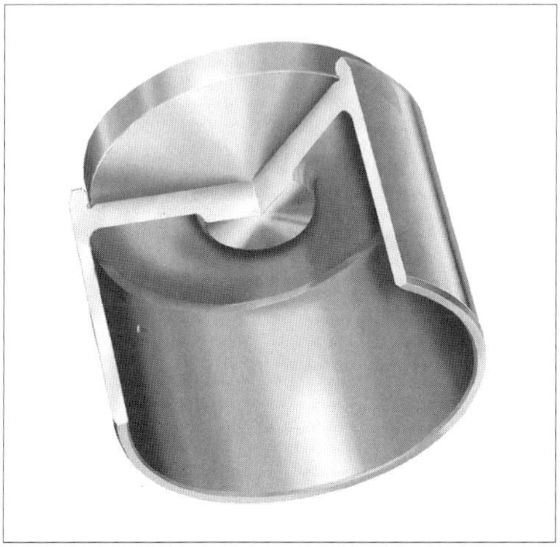

Bild 7-131 Mechanischer Tassenstößel mit obenliegender Einstellscheibe

Ein Tassenstößel mit einem speziellen Hydraulikelement, das entwickelt wurde, um Kontaktkraftüberhöhungen während der Grundkreisphase zu eliminieren, findet in allen Pumpe-Düse-Diesel-Motoren des Volkswagen-Konzern-Anwendung.

7.10.1.2 Ventiltriebe mit indirektem Antrieb

Zu dieser Gruppe von Ventiltrieben zählen:

- Schlepphebelventiltriebe mit stationärem Ventilspielausgleichselement; der Schlepphebel ruht auf dem als Kugel ausgebildeten oberem Ende des Hydraulikelements.
- Kipphebel, die drehbar auf einer Achse gelagert sind
- OHV-Konzepte, bestehend aus Nockenfolger (Flach- oder Rollenstößel), Stößelstange und Kipphebel.

Im Bereich der Schlepphebelventiltriebe gibt es einen klaren Trend zu Schlepphebeln, die aus Blech umgeformt werden und im Kontakt zur Nockenwelle eine wälzgelagerte Rolle aufweisen. Schlepphebel, die im Feingussverfahren aus Stahlguss hergestellt werden, liefern dem Konstrukteur größeren gestalterischen Freiraum (Steifigkeit, Massenträgheitsmoment). Die Kostenvorteile des aus Blech hergestellten Schlepphebels sind jedoch so groß, dass Feinguss-Schlepphebel nur in Ausnahmefällen eingesetzt werden (**Bild 7-132**). Der Einsatz einer wälzgelagerten Rolle führt im Vergleich zu Gleitflächenschlepphebeln beziehungsweise Tassenstößel-Ventiltrieben zu einer Reduzierung der Reibleistung gerade in dem für die Verbrauchsreduzierung relevanten unteren Drehzahlbereich. Allerdings wird die Reduzierung an Reibleistung mit einer deutlichen Verminderung an Dämpfung bezüglich Torsionsschwingungen der Nockenwelle erkauft mit Folgen für den Ketten- beziehungsweise Riementrieb. Massenträgheitsmoment und Steifigkeit hängen sehr stark von der Bauform des Hebels ab. Kurze Hebel ermöglichen kleine Massenträgheitsmomente mit geringeren auf die Ventilseite reduzierte Massen als Tassenstößel. In der Gesamtheit betrachtet sind Rollenschlepphebel hinsichtlich Steifigkeit Tassenstößeln unterlegen.

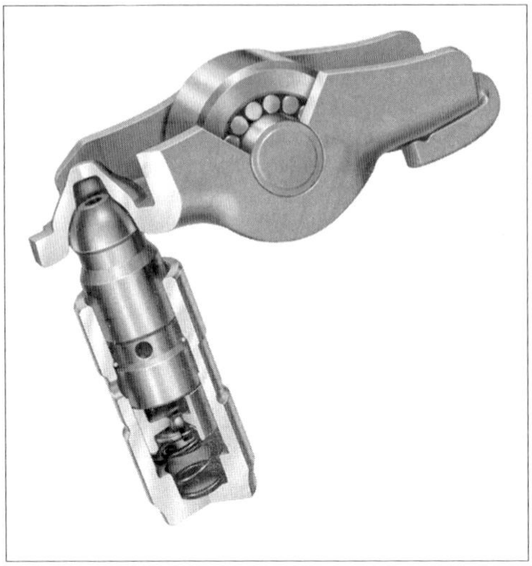

Bild 7-132 Rollenschlepphebel mit hydraulischem Abstützelement

Das Nockenprofil des Rollen-Schlepphebel-Ventiltriebs unterscheidet sich deutlich von dem des Tassenstößelventiltriebs (großer Spitzenradius, kleinerer Nockenhub – abhängig vom Übersetzungsverhältnis, konkave Flanken). Um die Konkavitäten des Nockens so eng zu halten, dass sie großserientechnisch schleifbar bleiben, werden Ventiltriebsgeometrien bevorzugt, in denen die Rolle etwa mittig zwischen Ventil und dem Hydraulikelement positioniert wird. Die Nockenwelle liegt dabei oberhalb der Rolle. Diese Anordnung führt dazu, dass die Gefahr des „Aufpumpens" (siehe hydraulischer Ventilspielausgleich) beherrschbar bleibt.

Diese Konfiguration der gegenüber dem Ventil versetzten Lage des Nockens macht den Schlepphebel für 4V-DI-Diesel-Motoren interessant, da bei diesen Motoren die Ventile parallel oder nur in einem engen Winkel zueinander stehen **(Bild 7-133)**. Erst die Verwendung von Schlepphebeln ergibt ausreichend Abstand zwischen den Nockenwellen. Mit Schlepphebeln lassen sich auch „verdrehte" Ventilanordnungen bedienen (zum Beispiel DCC OM 668).

Anders als Schlepphebel werden Kipphebel an Achsen geführt. Man unterscheidet Kipphebel, bei denen die Lagerung in der Mitte des Hebels **(Bild 7-134)** erfolgt, und solche, die am Ende gelagert sind, die auch als Schwinghebel bezeichnet werden.

Bei ersteren ist die Nockenwelle an einem Ende unterhalb des Hebels angeordnet. Die Übertragung der Nockenbewegung übernimmt eine Gleitfläche oder eine Nockenrolle. Um einen niedrigeren Reibungsverlust zu erzielen, werden für moderne Kipphebel meistens nadelgelagerte Nockenrollen verwendet. Das Motorventil wird auf der gegenüberliegenden Seite des Hebels über ein hydraulisches Ventilspielausgleichselement oder eine Einstell-

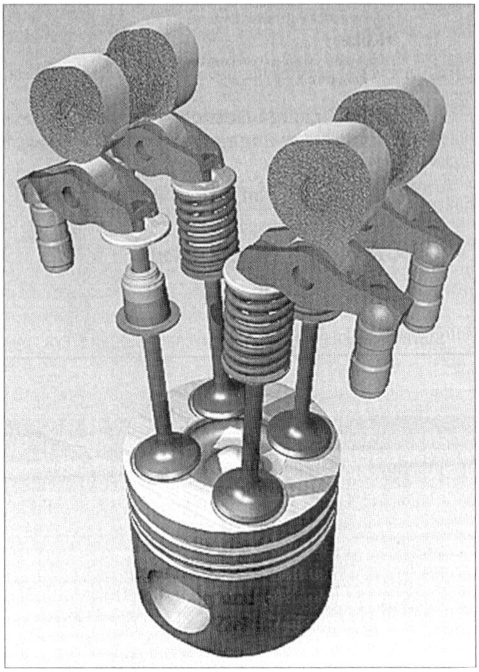

Bild 7-133 Ventiltrieb eines DI-Diesel-Motors mit Rollenschlepphebeln [1], Wiener Motorensymposium (2001)

schraube zur mechanischen Einstellung des Ventilspiels betätigt **(Bild 7-135)**.

Um den Kontaktpunkt zwischen Einstellelement und Ventil bei der Schwenkbewegung des Hebels stets auf dem Ventilschaftende zu halten, muss die Kontaktfläche des Hebels gekrümmt sein. Da sowohl Hydraulikelement wie mechanische Einstellschraube

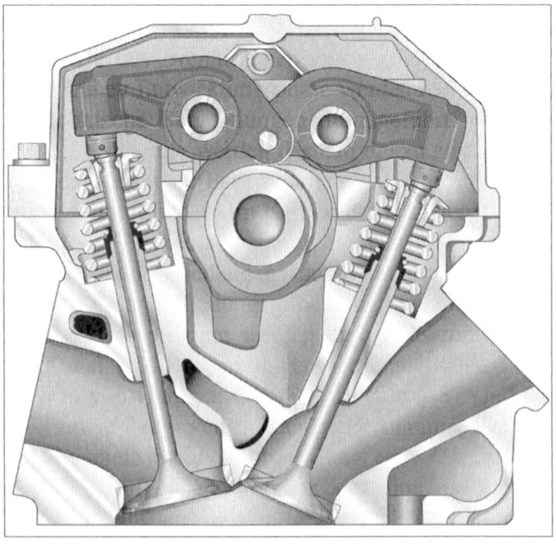

Bild 7-134 Typischer Kipphebelventiltrieb

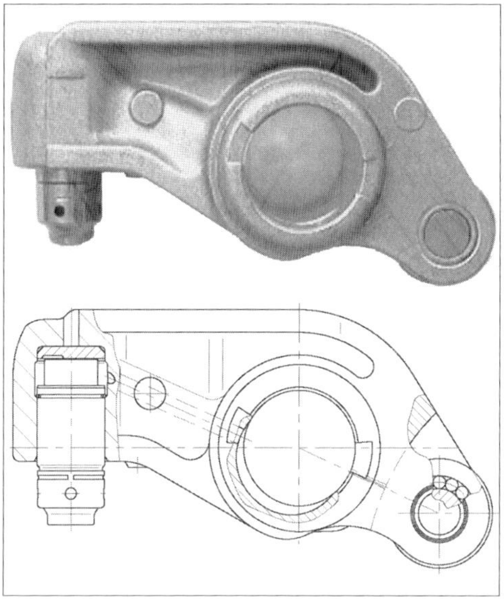

Bild 7-135 Ansicht und Schnitt eines Aluminiumkipphebels

nicht richtungsgebunden im Hebel montiert sind, ergibt sich eine ballige Kontaktfläche am Ventilbetätigungselement. Diese geometrische Gestalt führt zu vergleichsweise hohen Flächenpressungen am Ventilschaftende. Bei zu hohen Flächenpressungen werden Hydraulikelemente eingesetzt, die im Kontakt zum Ventil einen Schwenkfuß aufweisen. Den Kontakt selbst übernimmt eine annähernd ebene Fläche, während der Schwenkfuß eine Bewegung um eine am Hydraulikelement angebrachte Kugel ausführt **(Bild 7-136)**.

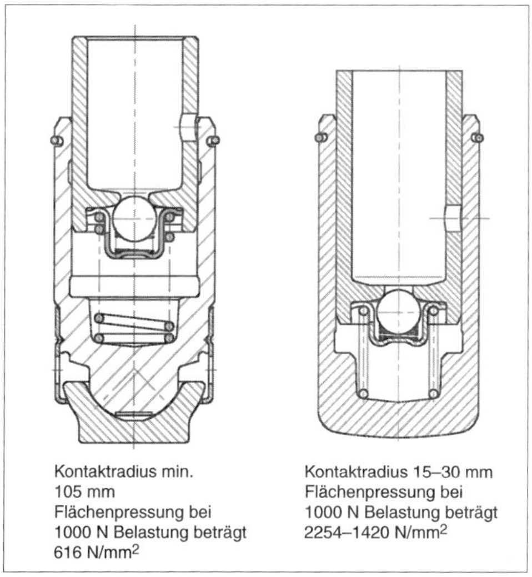

Bild 7-136 Hydraulikelemente für Kipphebel mit Außendurchmesser 11 mm

Als Material für die Hebel wird Aluminium, vorzugsweise im Druckgussverfahren hergestellt oder Stahlguss verwendet.

Die Ölversorgung der Hydraulikelemente erfolgt von der Kipphebelachse aus. Von hier führen Bohrungen im Kipphebel zu den Hydraulikelementen. Abstützscheiben mit engem Führungsspiel, die grundsätzlich in Aluminiumhebeln verwendet werden, erlauben das Entweichen der Luft, die zum Beispiel beim Starten des Motors bis zum Hydraulikelement gelangen kann. Bei Stahlkipphebeln werden zur Entlüftung entweder solche Scheiben oder sehr kleine Bohrungen verwendet.

Ausgehend von Ölversorgungsbohrungen in der Kipphebelachse können Bohrungen im Kipphebel zur Anspritzung der Nockenrolle beziehungsweise der Nockengleitfläche verwendet werden.

Dermaßen ausgebildete Hebel finden in Diesel- und Ottomotoren Anwendung. Mit Kipphebeln ist es möglich, 2-, 3- oder 4-Ventil-Anordnungen zu realisieren mit nur einer Nockenwelle. Bei Ventiltrieben mit zwei Einlass- oder Auslassventilen können Doppel- oder Zwillingskipphebel eingesetzt werden, die mit einem Nocken zwei Ventile gleichzeitig betätigen können. Mit Hilfe von Hydraulikelementen wird das Ventilspiel individuell ausgeglichen.

Sogar Dreifach-Betätigungen sind möglich **(Bild 7-137)**. Audi verwendet für die 3-Einlassventiltriebe bei den V8-Motoren einen Dreifach-Schwinghebel.

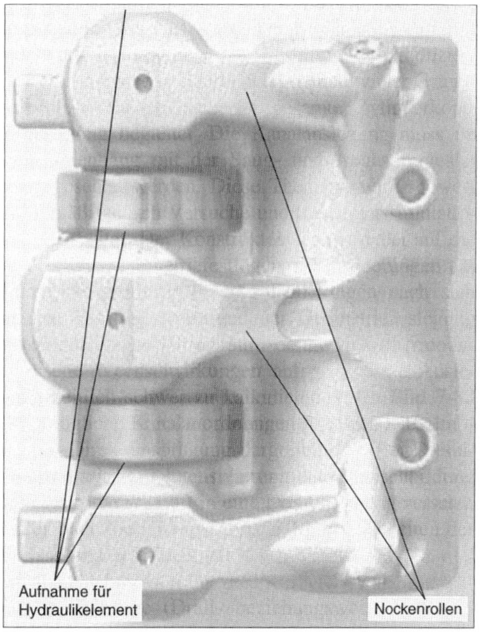

Bild 7-137 Dreifach-Schwinghebel aus dem Audi V8-Motor

Der Kraftfluss erfolgt von zwei Nocken über zwei Rollen im Hebel auf drei Hydraulikelemente.
Neben den bisher genannten Lösungen, bei denen der Kipphebel direkt die Ventile betätigt, finden sich auch Ventiltriebe mit Kipphebeln, die über säulengeführte oder frei bewegliche Brücken zwei Ventile gleichzeitig bedienen. Bei 4-Ventil-Dieselmotoren auch mit gedrehter Ventilanordnung ergibt sich so die Möglichkeit, alle Ventile mit nur einer Nockenwelle zu betätigen und dabei Raum für die Einspritzdüsen beizubehalten.
Auf Grund der Geometrie der Kipphebel, insbesondere dem großen Abstand zwischen Nockenkontakt und Ventilkontakt, der vergleichsweise großen Anzahl von Kontaktstellen und der zusätzlich zu berücksichtigenden Achse sind die Steifigkeitswerte niedrig. Der viel direktere Kraftfluss beim Schwinghebel sorgt für viel bessere Steifigkeitswerte.

7.10.1.3 Hydraulischer Ventilspielausgleich

Seit sehr langer Zeit ist es das Bestreben der Motorkonstrukteure, die Einstell- beziehungsweise Servicearbeiten am Motor so gering wie möglich zu halten. Deshalb ist es nicht verwunderlich, dass die ersten Motoren mit hydraulischem – automatischem – Ventilspielausgleich lange vor dem 2. Weltkrieg produziert wurden. Allerdings waren dies großvolumige Motoren, die nur mäßige Drehzahlen erreichten. Höhere Drehzahlen wurden in den 70er Jahren in den Mercedes-Benz V8-Motoren mit hydraulischen Einschraubelementen (Schlepphebel-System) bewältigt. Ein weiterer Meilenstein war in den 70er Jahren die Einführung von hydraulischen Tassenstößeln im V8-Motor des Porsche 928. Heute wird der hydraulische Ventilspielausgleich in allen Fahrzeugklassen eingesetzt – selbst in hochdrehenden Motoren wie zum Beispiel Ferrari oder Porsche.
Ein Hydraulikelement besteht aus einem Gehäuse, das in seinem Inneren einen Kolben mit integriertem Rückschlagventil aufnimmt. Beide Teile sind zueinander verschiebbar und bilden an der Berührfläche einen nur wenige Micrometer großen Leckspalt. Beide Teile werden durch eine innenliegende Feder auseinandergedrückt.
Während des Ventilhubs belasten Motorventilfeder und Massenkräfte das Hydraulikelement. Es entsteht ein hoher Druck in dem vom Gehäuse und vom Kolben (Rückschlagventil geschlossen) gebildeten Raum. Durch den sehr engen Leckspalt entweicht eine kleine Menge Öl und wird in den Vorratsraum im Kolben geführt. In der anschließenden Grundkreisphase (Ventil geschlossen) drückt die innenliegende Feder das Hydraulikelement solange auseinander, bis das Ventilspiel wieder vollständig ausgeglichen ist. Der dabei entstehende Differenzdruck lässt das Rückschlagventil öffnen und die für den Ausgleichsvorgang notwendige Menge Öl nachströmen. Somit sind Längenänderungen des Hydraulikelementes in beiden Richtungen möglich.

Die Vorzüge des hydraulischen Ausgleichs sind:

- Einfache Zylinderkopfmontage (Keine Mess- beziehungsweise Einstellarbeiten, da das Hydraulikelement alle Toleranzsituationen ausgleicht)
- Servicefrei
- Steuerzeitenkonstanz in allen Betriebspunkten zu jeder Zeit (Keine Änderung der Steuerzeiten infolge thermischer Effekte oder Verschleiß der Ventiltriebskomponenten)
- Geringes Geräuschniveau (durch niedrige Öffnungs- und Schließrampen an der Nockenwelle und niedrige Öffnungs- und Schließgeschwindigkeiten).

Um dies zu erreichen, wurden bestimmte Anforderungen an den Ölkreislauf gestellt (Öldruck, Verschäumung) und eine Bearbeitung des Nockengrundkreises mit kleinen Formtoleranzen gefordert. Bei unzureichender Ölversorgung können die Elemente kompressibel werden (Luft in Hochdruckraum). Dies führt zu Ventilhubverlusten mit der Folge von Geräuschen oder Änderungen des dynamischen Verhaltens bei hohen Drehzahlen. Kontaktkraftverluste werden vom Hydraulikelement als Spiel erkannt und können zu einer ungewollten Verlängerung des Elements führen mit der Folge von offen stehenden Ventilen.

7.10.1.4 Mechanische Ventilspieleinstellung

Die Einstellung des Ventilspiels erfolgt über:

- Schrauben
- Einstellplättchen mit gestuften Stärken oder
- Tassenstößel mit gestufter Bodenstärke (nur für Tassenstößelventiltriebe).

Diesen Möglichkeiten ist eine endliche Einstellgenauigkeit gemein, die bei der Auslegung der Rampen beim Öffnen und Schließen der Ventile berücksichtig werden muss. Das Messen und Einstellen des Ventilspiels ist bei der Montage des Zylinderkopfs notwendig. Der Vergrößerung des Ventilspiels durch Verschleiß der Ventiltriebskomponenten kann durch Einstellen des Spiels (Service) begegnet werden; Änderung des Spiels mit dem Temperaturgang des Motors lassen sich nicht ausgleichen. Die genannten Effekte führen zu einer möglichen großen Streuung des Spiels und erzwingen hohe Rampen mit großen Öffnungs- und Schließgeschwindigkeiten. Die große Streuung bedeutet große Veränderungen der Steuerzeiten und hat damit negative Auswirkungen auf die Abgasqualität; die hohen Schließgeschwindigkeiten verursachen Ventiltriebsgeräusche.
Die Vorteile der mechanischen Ventilspieleinstellung (gegenüber vergleichbaren Ventiltriebskomponenten mit hydraulischem Spielausgleich) sind:

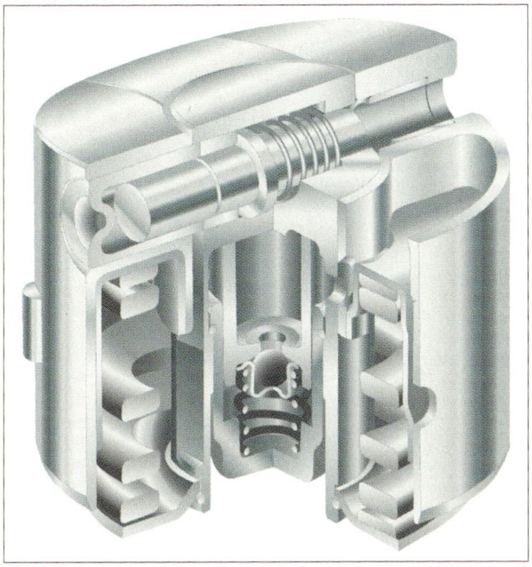

Bild 7-138 Schaltbarer Tassenstößel

- Höhere Steifigkeit
- Geringere Reibungsverluste (durch Entfall Grundkreisreibung und geänderte Motorenventilfedercharakteristik)
- Geringere Bauteilkosten.

7.10.1.5 Variable Ventiltriebe

Aufbauend auf den vorangegangenen bereits (Kapitel 7.10.1.1 – 7.10.1.4) erläuterten Systemen kann der Notwendigkeit der Motorenkonstrukteure und dem Wunsch der Thermodynamiker entsprochen werden, verschiedene Ventilhubkurven auf ein Motorventil alternativ zu übertragen. Dies wird durch eine Umschaltung in den Übertragungsweg des Ventiltriebes integriert.

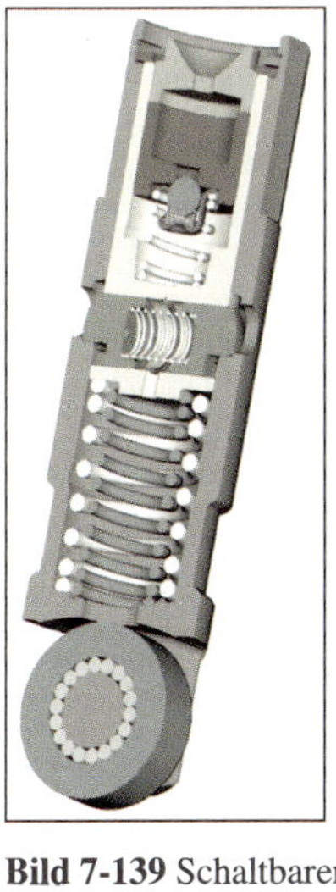

Bild 7-139 Schaltbarer Rollenstößel

Hubumschaltungs- und Hubabschaltungssysteme mit schaltbaren Nockenfolgern wie Tassenstößel **(Bild 7-138)**, Rollenstößel **(Bild 7-139)** oder Kipphebel sind in verschiedenen Anwendungen in Serie. Dabei gilt, dass für jeden weiteren Alternativ-Ventilhub auch ein entsprechender Nocken als hubgebendes Element vorhanden sein muss – es sei denn, der Alternativ-Hub ist der Nullhub.

Hubumschaltung

Die Hubumschaltung ermöglicht die betriebspunktabhänige Nutzung von mindestens zwei verschiedenen Ventilerhebungen. Hierbei kommt ein speziell auf den Teillastbereich abgestimmter kleinerer Ventilhub zum Einsatz, welcher den Drehmomentverlauf verbessert und den Verbrauch und die Emissionen reduziert. Der große Ventilhub kann dann auf weitere Leistungssteigerung optimiert werden.
Der kleine Ventilhub mit geringerem Maximalhub und kürzerer Eventlänge ermöglicht durch den deutlich früheren „Einlass Schließt" Zeitpunkt und der Entdrosselung im Ansaugtrakt eine Verringerung der Ladungswechselarbeit (Miller-Zyklus). Ähnliche Resultate sind mit dem Atkinson-Zyklus, das heißt extrem spätem Einlassschluss möglich.Eine optimale Füllung des Verbrennungsraumes bewirkt im Teillastbereich eine Drehmomentsteigerung. Weitere Verbrauchsvorteile lassen sich durch eine Erhöhung der Restgasverträglichkeit, zum Beispiel durch a-symmetrische Ventilerhebungen (unterschiedliche kleine Ventilerhebungen für beide Einlassventile zur Drallerzeugung) und durch die Maskierung der Einlassventile zur gezielten Ladungsbewegung erreichen. Weitere Anwendungsgebiete erschließen sich im Hinblick auf neue Brennverfahren, wie HCCI, welche eine gezielte Restgassteuerung benötigen.

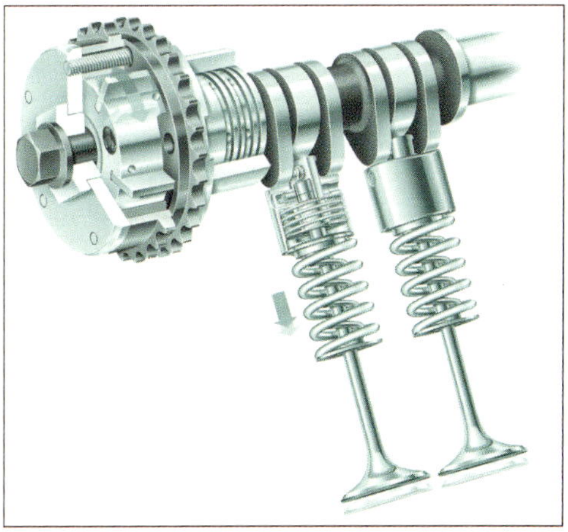

Bild 7-140 VarioCamPlus-System Porsche [2], Wiener Motorensymposium (2000), Porsche AG, Dr. Neußer

In Kombination mit einer Nockenwellenverstellung kann in vielen Betriebspunkten des Motors eine thermodynamische Optimierung erreicht werden, was sich in einer deutlichen Absenkung des Kraftstoffverbrauchs niederschlägt.
Die Markteinführung dieser Technologie zum Beispiel mit der Schalttasse erfolgte bei Porsche 1999 mit dem sogenannten VarioCamPlus-System (**Bild 7-140**).
Bei verschiedenen Serienanwendungen sind Verbrauchseinsparungen im NEFZ von bis zu 6 % dargestellt worden.
Positive Effekte bezüglich der Reibleistung sind nachweislich ebenfalls vorhanden, da im Teilhubbetrieb bei kleineren Ventilhüben geringere Ventilfederkräfte auftreten.

Zylinderabschaltung

Die Zylinderabschaltung (ZAS) wird vorwiegend bei großvolumigen, vielzylindrigen Motoren (zum Beispiel 8-, 10- oder 12-Zylinder) eingesetzt. Dabei werden ausgewählte Zylinder durch Hubabschaltung an den Ein- und Auslassventilen stillgelegt, es findet eine komplette Entkopplung vom Nockenhub statt. Auf Grund von äquidistanten Zündfolgen lassen sich damit gängige V8- und V12-Triebwerke auf V4- beziehungsweise R6-Motoren „umschalten". Zweck der Zylinderabschaltung ist es, die Ladungswechselverluste (Pump- beziehungsweise Drosselverluste) zu minimieren und eine Betriebspunktverlagerung hin zu höheren Mitteldrücken und damit höheren thermodynamischen Wirkungsgraden durchzuführen.
Serienanwendungen wie der Chrysler HEMI-V8-Motor zeigen, dass sich durch den Einsatz einer Zylinderabschaltung ein Kraftstoffeinsparpotenzial in üblichen Fahrzyklen von circa 10 % erreichen lässt.
Der zuvor genannte positive Effekt der Reibleistungsverringerung im Ventiltrieb ist bei Zylinderabschaltung für den abgeschalteten Betrieb natürlich noch ausgeprägter.

Technische Ausführungen

Mittlerweile sind unterschiedliche technische Lösungen für Hubum- und -abschaltung am Markt vertreten. Eine Variante ist, das den Nocken abgreifende Element vom Motorventil zu entkoppeln. Die entstehende „verlorene" Bewegung wird „Lost-motion"-Hub oder Leerhub genannt. Die negativen Massenkräfte müssen hierbei von einer „Lost-motion"-Feder aufgenommen werden, da die Ventilfeder nicht mehr auf den entkoppelten Nockenfolger wirkt.
Im Falle einer Hubumschaltung bestimmt nun der Nocken für den Teillasthub die Bewegung des Ventilhubes.
Für die unterschiedlichen Ventiltriebstypen, wie zum Beispiel Tassen- oder Schlepphebeltriebe, gibt es entsprechend angepasste technische Lösungen, mit gleichem Wirkprinzip.

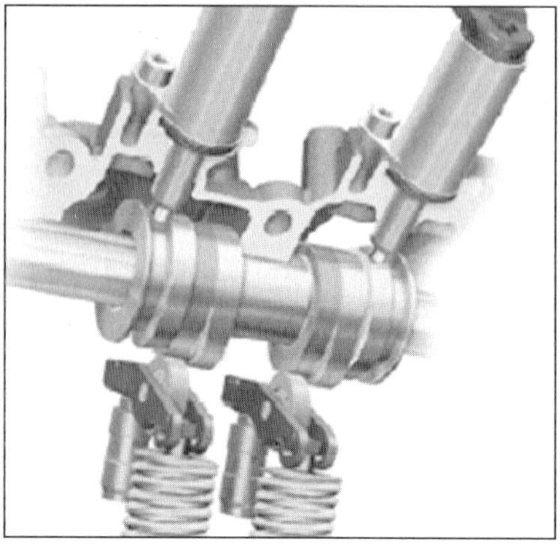

Bild 7-141 Audi Valvelift System [3]

Eine weitere Variante besteht darin, wie im Audi Valvelift System, durch axiales Verschieben des Nockens beziehungsweise Nockenpaketes auf der Welle mittels elektromechanischem Aktuator den abzugreifenden Hub zu steuern (**Bild 7-141**).

Aufbau Schaltkomponenten

Die Schalttasse besteht aus zwei koaxial angeordneten Tassen, dem Innen- und dem Außengehäuse. Die Verdrehsicherung stellt die korrekte Ausrichtung der balligen Nockenkontaktflächen der Schalttasse zu den Nocken sicher. Der Vorteil einer gekrümmten Nockenabgriffsfläche besteht in der Unterbringung eines größeren Hubes im Vergleich zu einem flachen Tassenboden. Im entriegelten Zustand verhindert die „Lost-motion"-Feder, als Druckfeder ausgeführt, das Abheben des Außengehäuses vom Nocken.
Durch den Verriegelungsmechanismus können Innen- und Außengehäuse miteinander gekoppelt oder entkoppelt werden (**Bild 7-142**). Je nach geforderter Schaltstrategie kann die Verriegelung als drucklos verriegelt oder drucklos entriegelt ausgeführt werden. Das hydraulische Ventilspielausgleichselement (HVA) befindet sich im Innengehäuse.
Schaltbare Rollenstößel, welche in OHV-Motoren zum Einsatz kommen und schaltbare Abstützelemente (**Bild 7-143**) weisen prinzipiell den selben beschriebenen Aufbau auf, jedoch ist mit diesen Komponenten nur eine Hubabschaltung beziehungsweise Zylinderabschaltung möglich.
Der schaltbare Schlepphebel besteht aus zwei miteinander koppelbaren Hebeln, die mit Gleit- oder Rollenabgriff ausgeführt sein können. Die „Lost-motion"-Feder ist in den meisten Fällen eine Drehschenkelfeder. **Bild 7-144** zeigt eine Variante, die je nach Nockenwellenausführung zur Ventilhubumschaltung beziehungsweise -abschaltung verwendet

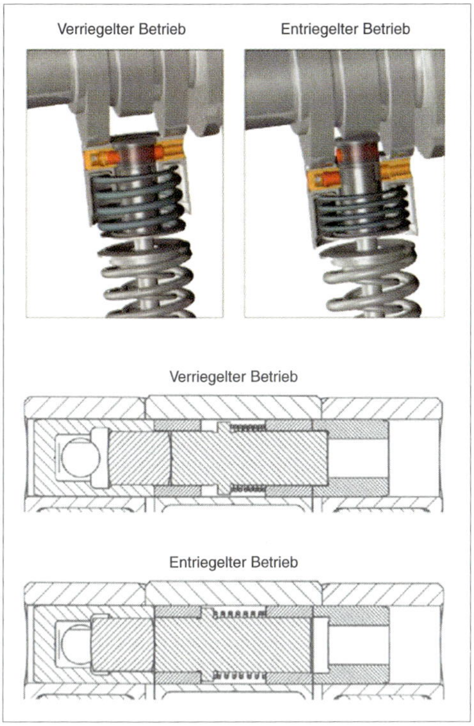

Bild 7-142 Schaltstellungen Koppelmechanismus [2], Wiener Motorensymposium (2000)

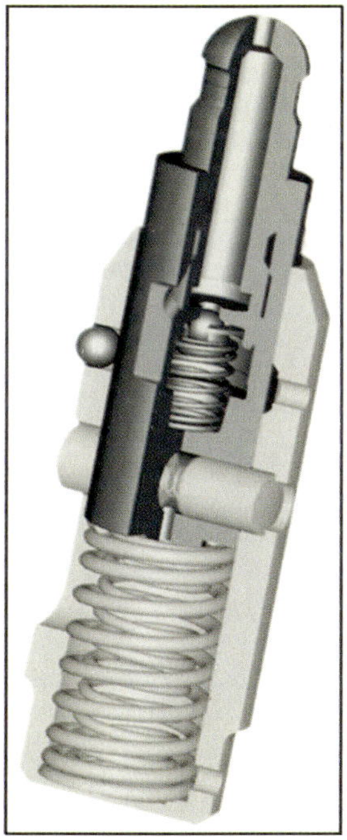

Bild 7-143 Schaltbares Abstützelement

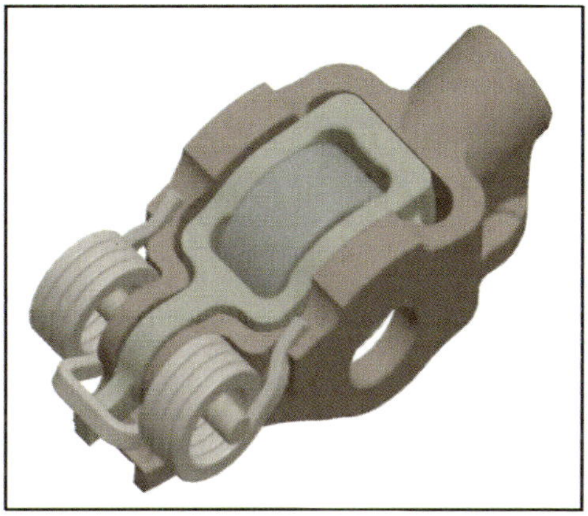

Bild 7-144 Schaltbarer Schlepphebel zur Ventilhubumschaltung oder -abschaltung

werden kann. Die Übertragung des kleinen Hubes erfolgt hier mittels Gleitabgriff. Eine Variante für Rollenabgriff für den kleinen Hub ist in **(Bild 7-145)** dargestellt.

Die Betätigung der Verriegelung der oben genannten Schaltkomponenten erfolgt meistens über den bereits in der Umgebung des Schaltelementes zur Verfügung stehenden Motoröldruckes über die bestehende HVA-Versorgung oder über eine separate Galerie. Dabei erfolgt die Steuerung über ein 3/2-Wege-Schaltventil **(Bild 7-146)**, welches den Druckaufbau in den Ölgalerien für das Betätigen der Schaltelemente beziehungsweise den zügigen Druckabbau für das Zurückschalten steuert.

Das Schaltventil selbst wird elektrisch über die ECU nach einem hinterlegten Kennfeld angesteuert.

Alternativ gibt es technische Lösungen für eine direkte elektro-magnetische Ansteuerung der Verrie-

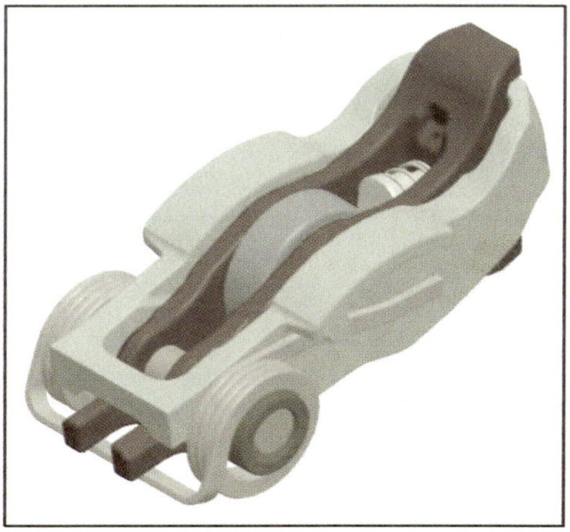

Bild 7-145 Schaltbarer Schlepphebel zur Ventilhubumschaltung

Bild 7-146 3/2-Wege-Schaltventil

gelungsmechanismen, welche bauraumtechnisch bisher noch größere Herausforderungen an die Unterbringung im Zylinderkopf stellen.

Mit einem gut abgestimmten hydraulischen System lassen sich Schaltzeiten von 10–20 ms erzielen, welche eine Umschaltung innerhalb einer Nockenwellenumdrehung im üblichen geforderten Drehzahlbereich ermöglichen.

Für die Gestaltung des Schaltölkreislaufes im Motor (**Bild 7-147**) ist besondere Sorgfalt auf die Lage und Geometrie der Galerien zu legen, um ein möglichst hydraulisch steifes System darzustellen, Luftansammlungen zu unterbinden und Drosselstellen zu vermeiden. Ein optimales Ansprechverhalten wird durch eine ständige Spülung der Schaltgalerie bei reduziertem Öldruck sichergestellt. Hiermit werden eventuell angesammelte Luftblasen schnell ausgespült und gleichzeitig sorgt das geringe Druckniveau für eine Vorspannung des Hydraulikkreislaufes.

Vollvariable Ventiltriebe

Zu den serienreifen Umsetzungen von vollvariablen Ventiltrieben gehört die VALVETRONIC von BMW. Sie ermöglicht sowohl hohe Verbrauchsvorteile, als auch das Beibehalten des stöchiometrischen Betriebes mit allen seinen Vorteilen und ist zudem weltweit unabhängig von Kraftstoffsorten einsetzbar (Schwefelgehalt).

Mit der VALVETRONIC ist die Motorfunktion ohne Drosselklappe gegeben. Die Füllung der Zylinder wird bei Teillast über den Ventilhub der Einlassventile und über die Öffnungsdauer eingestellt. Die Einlass- und Auslassnockenwellen werden über eine variable Nockenverstellung angetrieben.

Zur stufenlosen Verstellung des Einlass-Ventilhubes wird zwischen der Nockenwelle und dem Schlepphebel ein Zwischenhebel eingefügt, der sich auf der Exzenterwelle abstützt. Die Kontur der Kontaktfläche des Zwischenhebels zum Rollenschlepphebel definiert die Ventilerhebungskurve. Durch Verdrehen der Exzenterwelle lässt sich der Drehpunkt des Zwischenhebels und damit das Übersetzungsverhältnis zwischen Nockenhub und Ventilhub stufenlos verändern. Hierdurch kann ein Ventilhub zwischen etwa 0,3 mm im Leerlauf und 9,7 mm bei Volllast realisiert werden [4].

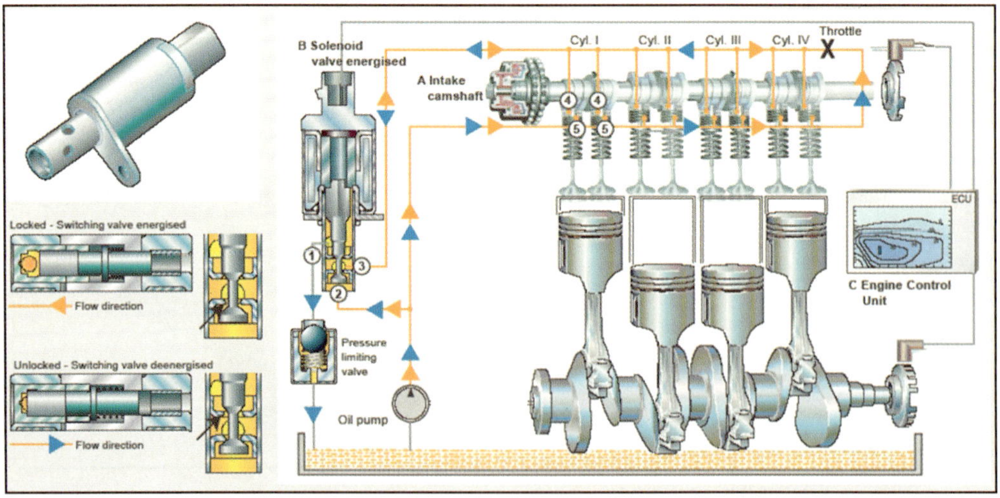

Bild 7-147 Ölkreislauf für die Ansteuerung der Schaltelemente

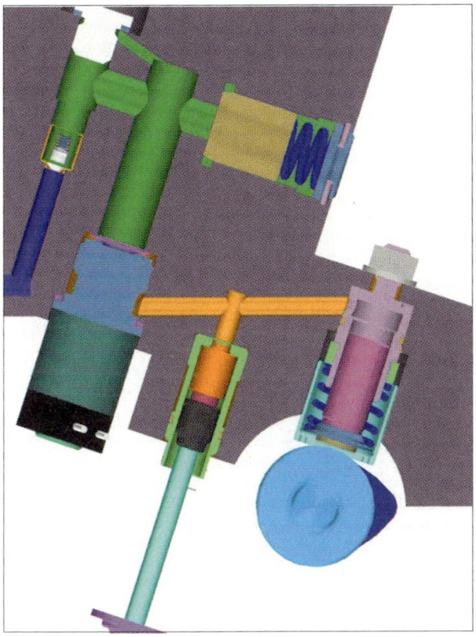

Bild 7-148 Prinzipdarstellung UNIAIR System

Größere Freiheitsgrade sind mit elektrohydraulischen Ventiltrieben wie das bei der Schaeffler KG in der Entwicklung befindliche UNIAIR-System **(Bild 7-148)** möglich.

Hierbei überträgt ein Tassenstößel oder ein Hebel mit Rollenabgriff die Nockenkontur auf eine Pumpeneinheit. Das Öl wird dabei in eine Druckkammer ausgeschoben, die am anderen Ende durch ein Schaltventil abgeschlossen werden kann. Ist dies der Fall, betätigt der dadurch in dieser Kammer aufgebaute Druck über einen Nehmerkolben das Motorventil. Das Schaltventil bietet nun die Möglichkeit, die Hochdruckkammer zu jedem beliebigen Zeitpunkt zu öffnen und zu schließen. Hierdurch sind neben dem Vollhub, bei dem das Schaltventil während des gesamten Nockenhubes geschlosssen bleibt, diverse Variationen bei der Ventilhubgestaltung möglich **(Bild 7-149)**.

Wird das Schaltventil während des Motorventilhubes geöffnet, fällt der Druck in der Hochdruckkammer ab und das Motorventil wird durch die Motorventilfeder geschlossen (EVC – Early Valve Closing). Der Schließvorgang ist somit nicht nockengesteuert, sondern entspricht einem ballistischen Flug. Um die Ventilaufsetzgeschwindigkeit zu verringern, verzögert eine hydraulische Bremse das Motorventil circa 1,5 mm vor dem Aufsetzen. Das beim vorzeitigen Schließen des Motorventils aus der Hochdruckkammer ausdringende Öl wird im durch ein Rückschlagventil zur Ölversorgung hin abgetrennten, sogenannten Mitteldruckbereich in einen Druckspeicher geschoben. Beim Wiederbefüllen der Hochdruckkammer gibt der Druckspeicher die in seiner Feder gespeicherte Energie wieder an die Nockenwelle zurück.

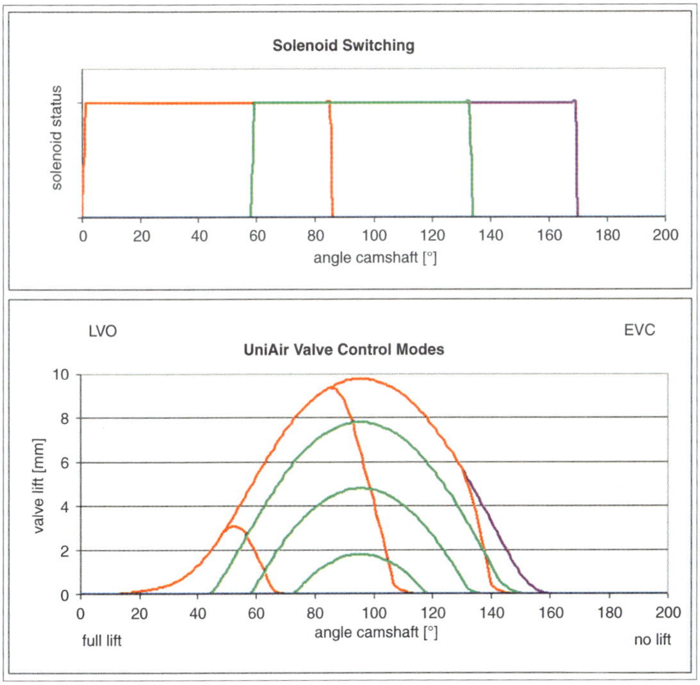

Bild 7-149 Ventilhub-Modi UNIAIR System

Wird das Schaltventil erst nach Beginn des Nockenhubs geschlossen, schiebt die Pumpe zunächst Öl aus der Hochdruckkammer in den Druckspeicher aus. Nach dem Schließen des Schaltventils beginnt der Hub des Motorventils, die Vollhubkurve wird demzufolge nach unten verschoben (LVO – Late Valve Opening). Auch hier findet das Ventilschließen, wie in allen Modi, nicht nockengesteuert statt, sondern wird das Aufsetzten durch die hydraulische Bremse bestimmt.
Bleibt das Schaltventil während des gesamten Nockenhubs geöffnet, findet kein Motorventilhub statt. Somit lässt sich mit Hilfe des UNIAIR-Systems für jedes Motorventil individuell der Ventilhub steuern, begrenzt von der durch die Nockengeometrie bestimmte Vollhubkurve. Die hierfür benötigte Steuerungselektronik kommuniziert mit der Motorsteuerung und betätigt abhängig von den momentanen Anforderungen an den Ventilhub und Sensordaten, wie zum Beispiel die Öltemperatur, die Schaltventile. Diese vollvariable Ventilsteuerung ist sowohl auf Otto- als auch Dieselmotoren einsetzbar und wird über den vorhandenen Motorölkreislauf versorgt. Sie ermöglicht beim Ottomotor eine drosselfreie Laststeuerung, eine Verbesserung der Gemischbildung sowie die Erzeugung von Ladungsbewegung. Beim Dieselmotor ist neben der Erzeugung von Luftbewegung im Brennraum (Verwirbelung) auch eine Regulierung der internen Abgasrückführung sowie die Ermöglichung einer homogenen Verbrennung (Steuerung der Luftmasse im Zylinder) als Vorteile zu nennen. Hierdurch entstehen Potentiale zur Verbrauchssenkung, Leistungs- und Drehmomentsteigerung sowie zur Verbesserung des Emissionsverhaltens.
Die erste Serienanwendung von FIAT Powertrain (MultiAir genannt) besticht durch eine intelligente Architektur, so dass mit einer Nockenwelle die beiden Auslassventile und der Pumpenantrieb angesteuert werden. Der Pumpenantrieb wirkt gleichzeitig auf beide Einlassventile, über eine sogenannte hydraulische Brücke **(Bild 7-150)**.

Bild 7-150 Hydraulische Brücke

7.10.2 Riemenspannsysteme, Spann- und Umlenkrollen

7.10.2.1 Einführung

Zahnriementriebe zum Antrieb von Nocken- oder Ausgleichswellen werden seit 40 Jahren erfolgreich bei Verbrennungsmotoren in Serie eingesetzt. Die erste Anwendung erfolgte an einem 4-Zylinder-Glas-Motor, hier allerdings ohne jegliche Zusatzkomponenten wie Spann- oder Umlenkrollen. Bei späteren Konstruktionen erfolgte die Vorspannung des Zahnriemens entweder über ein exzentrisch gelagertes Aggregat im Zahnriementrieb (zum Beispiel Wasserpumpe), oder über sogenannte starre Spannrollen (Exzenterspannrollen oder Ähnliches). Eine optimale Einstellung der Riemenspannkraft ist mit solchen Systemen nicht möglich, da weder temperatur- oder alterungsbedingte Schwankungen der Riemenkraft ausgeglichen, noch dynamische Effekte (Riemenschwingungen, Einflüsse aus dem Ventiltrieb und so weiter) kompensiert werden können. Der Ausgleich solcher Schwankungen und Effekte ist bei modernen Zahnriementrieben zwingend erforderlich, da nur so die von der Automobilindustrie inzwischen geforderten Systemlebensdauern (entsprechend Motorlebensdauer) erreicht werden können.
Welchen Einfluss die Verwendung einer starren Spannrolle auf die statische Riemenvorspannkraft hat, ist vergleichend in **Bild 7-151** dargestellt.
Bei Verwendung eines automatischen Riemenspannsystems kann zum einen die Streuung der Vorspannkraft bei der Erstmontage deutlich reduziert werden, zum anderen wird die Vorspannkraft über der Betriebstemperatur des Motors nahezu konstant gehalten. Automatische Riemenspannsysteme werden seit Beginn der 90er Jahre bei Zahnriementrieben in Verbrennungsmotoren eingesetzt und haben die starren Systeme aus den oben geschilderten Gründen weitestgehend vom Markt verdrängt.

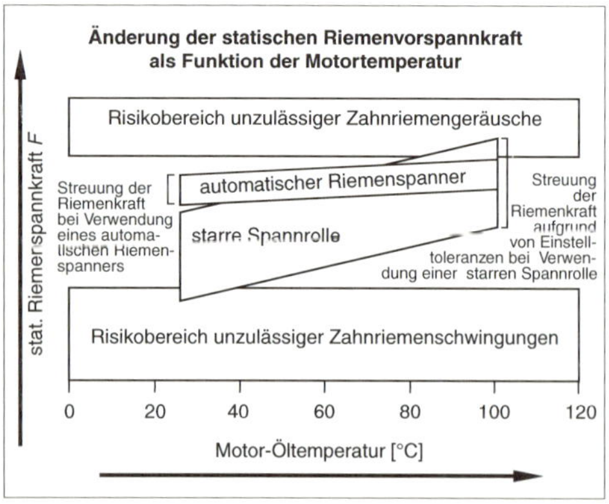

Bild 7-151 Änderung der statischen Riemenvorspannkraft über der Motoröltemperatur, Vergleich zwischen starrer Spannrolle und automatischem Spannsystem

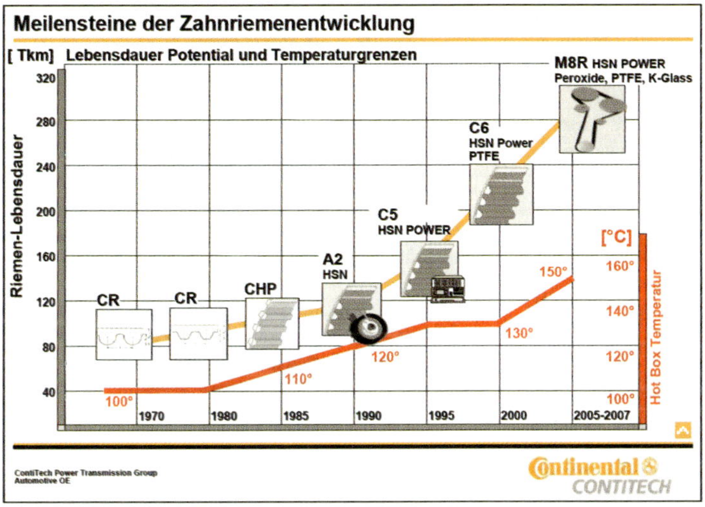

Bild 7-152 Meilensteine der Zahnriemenentwicklung

7.10.2.2 Automatische Riemenspannsysteme für Zahnriementriebe

Die Hauptanforderungen an automatische Spannsysteme ergeben sich somit aus den oben angegebenen Bedingungen wie im Folgenden aufgelistet:

- Einstellung der spezifizierten Riemenkraft bei Erstmontage und Service (Ausgleich der Riemen-, Durchmesser- und Positionstoleranzen)
- Einhalten einer möglichst konstanten Riemenkraft unter allen Betriebsbedingungen über die geforderte Systemlebensdauer (Ausgleich von Wärmedehnung, Riemenlängung und -verschleiß, Berücksichtigung der Kurbel- und Nockenwellendynamik)
- Optimales Geräuschniveau gewährleisten bei gleichzeitiger Reduzierung von Riemenschwingungen
- Zahnüberspringen verhindern.

Zur Auslegung des Arbeitsbereiches eines solchen Spannsystems müssen die in **Bild 7-153** gezeigten Parameter berücksichtigt werden.

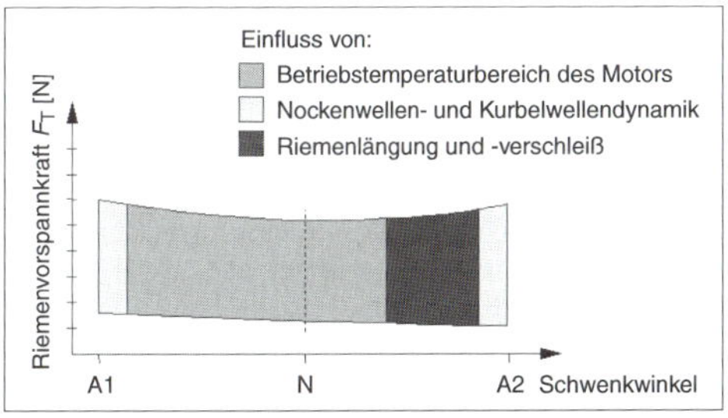

Bild 7-153 Mechanische Zahnriemenspanneinheit – beispielhaftes Arbeitskennfeld mit Einflussparametern

Von den verschiedenen Bauformen von Zahnriemenspannsystemen (mit hydraulischer Dämpfung, linear wirkend mit Umlenkhebel; mit hydraulischer Dämpfung, rotativ; mit mechanischer Dämpfung, rotativ) kommen aus Kosten- und Bauraumgründen überwiegend mechanisch rotative Systeme zum Einsatz.
Auch die in der Vergangenheit bei einigen Motoren eingesetzten thermischen Spannsysteme auf Basis von Wachsthermostaten konnten sich nicht durchsetzen. Der prinzipielle Aufbau eines solchen mechanischen Spannsystems nach dem sogenannten Doppelexzenterprinzip ist in **Bild 7-154** dargestellt.
Hierbei übernimmt der Einstellexzenter den Ausgleich der Toleranzen aller im Riementrieb vorhandener Bauteile und wird nach der Ersteinstellung fixiert. Der beweglich auf dem Einstellexzenter gelagerte Arbeitsexzenter gleicht die thermisch bedingten Längenänderungen aller im Riementrieb vorhandenen Komponenten aus und kompensiert Riemenlängung und -verschleiß sowie dynamische Effekte aus dem Kurbel- und Nockenwellentrieb. Die Schenkelfeder wird entsprechend der optimalen

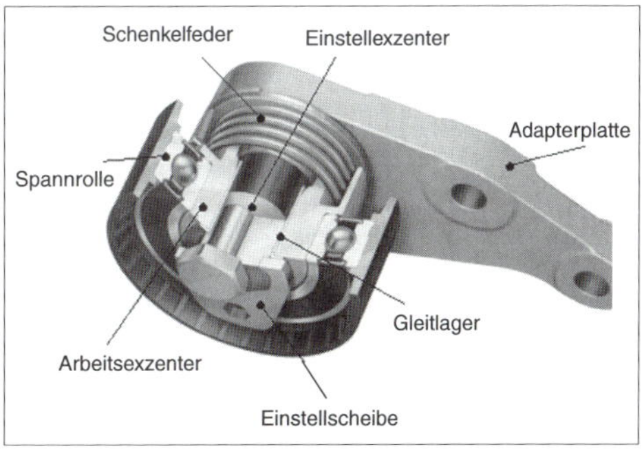

Bild 7-154 Mechanische Zahnriemenspanneinheit mit Doppelexzenter – Aufbau

Riemenvorspannkraft ausgelegt, die Dämpfung durch das Gleitlager erzeugt und über entsprechende Auslegung der Geometrieverhältnisse den Erfordernissen des Riementriebes angepasst.

7.10.2.3 Spann- und Umlenkrollen für Zahnriementriebe

Aus den vorgenannten Gründen werden starre Spannrollen bei modernen Verbrennungsmotoren kaum noch verwendet. Umlenkrollen, die zum Beispiel zur Beruhigung kritischer Riemenabschnitte, zur Vermeidung von Kollisionsproblemen mit der Umgebungskonstruktion oder zur Erhöhung der Umschlingungswinkel an benachbarten Scheiben eingesetzt werden, müssen die gleichen Anforderungen bezüglich Lebensdauer und Geräuschvermeidung erfüllen. Bewährt haben sich für diesen Einsatzfall hochpräzise einrillige Kugellager mit vergrößertem Fettvorratsvolumen; oft kommen zur verbesserten Riemenführung auch zweirillige Schrägkugellager, ebenfalls mit optimiertem Fettvorratsvolumen, zum Einsatz. Diese Lager sind in der Regel mit Hochtemperatur-Wälzlagerfetten und entsprechenden Dichtringen ausgerüstet; Standard-Kataloglager sind für diesen Einsatzfall weniger gut geeignet. Entsprechend den Geometrieanforderungen werden diese Lager mit Laufscheiben versehen. Beispielhafte Ausführungen mit Kunststoff- und Stahllaufscheiben sind in **Bild 7-155** dargestellt; zu Führungszwecken können diese Laufscheiben noch mit ein- oder beidseitigen Borden versehen werden.

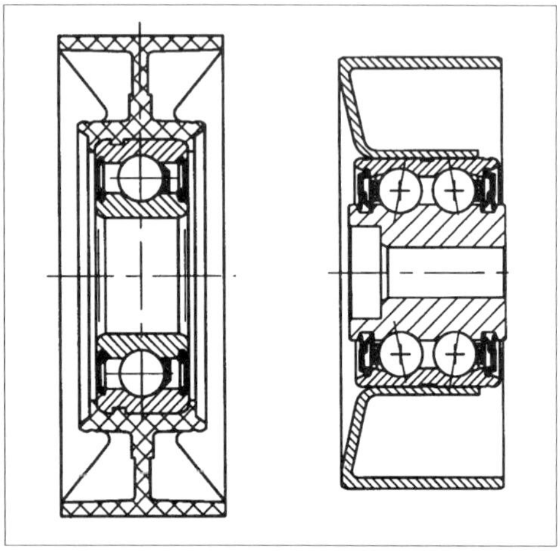

Bild 7-155 Umlenkrollen mit ein- und zweirilligem Kugellager sowie Laufscheibenausführungen in Kunststoff und Stahl

7.10.2.4 INA Durability Drive

ID²® (INA Durability Drive) stellt ein System zur Reduzierung von Kräften und Schwingungen in Zahnriementrieben dar. Durch die Verwendung von exakt auf das jeweilige Riementriebssystem abgestimmten Riemenscheiben lassen sich folgende Effekte erzielen:

- Reduzierung der im Riementrieb auftretenden Kräfte um bis zu 30%
- Reduzierung der Nockenwellen-Schwingwinkel um bis zu 60%
- Geräuschoptimierung durch Senkung des Kraftniveaus.

Die beiden nachfolgenden Diagramme (**Bild 7-156**) verdeutlichen die Effekte – die schwarz dargestellten Kurven zeigen dabei den Ausgangszustand, die grünen Kurven verdeutlichen die Möglichkeiten der Optimierung: Hierdurch ergeben sich folgende Möglichkeiten:

- Kostenoptimierte Zahnriementriebsysteme durch Downsizing der Riementriebkomponenten
- deutliche Erhöhung der Lebensdauer von Zahnriementrieben im Vergleich zu Standard-Auslegungen
- Darstellung kritischer Triebkonfigurationen mit Zahnriemen.

7.10.2.5 Ausblick

Moderne Zahnriemenantriebe von Verbrennungsmotoren sind ohne automatische Spannsysteme nicht mehr denkbar, da nur so die geforderte Systemlebensdauer erreicht werden kann. Aus Kosten- und Bauraumgründen werden hydraulisch gedämpfte Systeme immer mehr durch mechanisch gedämpfte ersetzt. Entwicklungsschwerpunkte sind momentan mechanische Spannsysteme für hochbelastete Zahnriementriebe bei Dieselmotoren, Systeme mit verbesserten Montageeigenschaften sowie gesteuerte oder geregelte mechanische Spannsysteme zur optimierten Vorspannkraftanpassung an die Motorbetriebsbedingungen.
Ebenso sind gegenüber Kettentrieben Reibungsoptimierungen erkennbar. Insbesondere in Ölumgebungen (Belt In Oil) sind hier noch erhebliche Einsparpotenziale zu erwarten.

7.10.3 Kettenspann- und Führungssysteme

7.10.3.1 Einführung

Neben den bereits in Abschnitt 7.10.2 beschriebenen Zahnriemensteuertrieben haben sich Kettentriebsysteme in den letzten Jahren im Steuertrieb und verschiedenen Nebenaggregatantrieben wie Ölpumpentrieben, Ausgleichswellentrieben oder anderen deutlich etabliert. Permanente Weiterentwicklung der einzelnen Komponenten und technische Detailverbesserungen helfen den ständig steigenden Kundenforderungen Rechnung zu tragen, obwohl die Kette als Zugmittel auch im Verbrennungsmotor prinzipiell schon eine sehr lange Geschichte aufweist – erste Anwendungen gab es bereits vor über 100 Jahren.

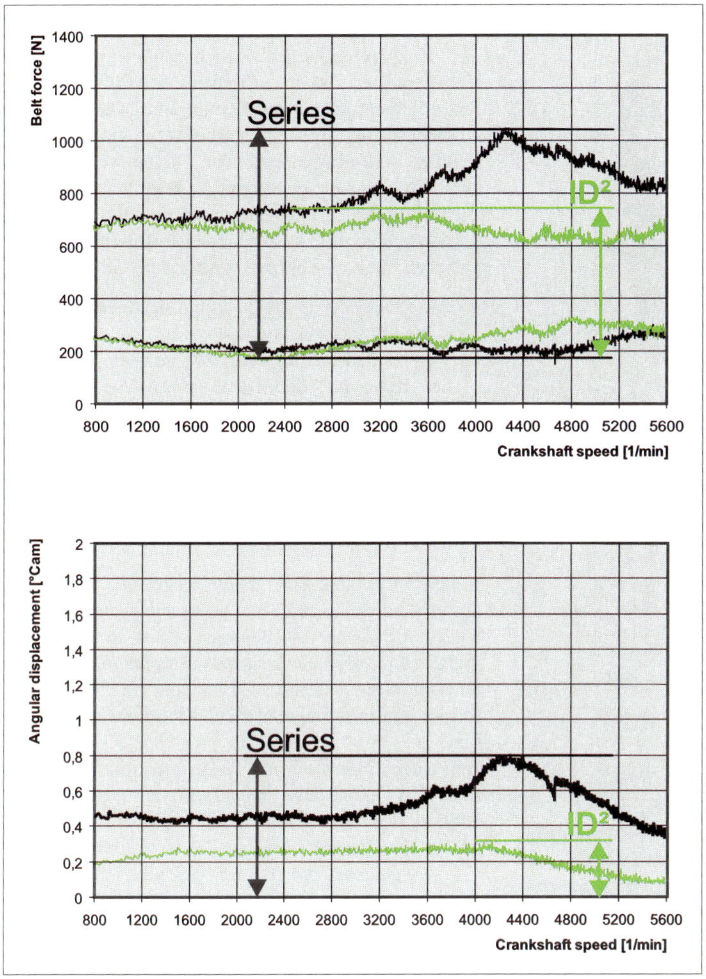

Bild 7-156 Effekte des INA Durability Drive Systems

Kettentriebe zeichnen sich aus durch:

- geringen Bauraum
- Wartungsfreiheit (kein Wechselintervall)
- hohe Belastbarkeit
- zuverlässige Übertragung großer Drehmomente
- weitgehende Anpassbarkeit ihrer Geometrie an vorgegebene Bauräume.

Neben der Kette als dem wichtigsten Element im Kettentrieb kommt dem Kettenspannelement eine große Bedeutung zu. Da im Gegensatz zum Riementrieb freie Trumlängen im Kettentrieb nur in sehr geringem Maße einsetzbar sind, muss die Kette über weite Bereiche geführt werden. Dazu werden in der Regel Spann- und Gleitschienen, in Ausnahmefällen auch Kettenräder verwendet. Auf alle diese Bauteile soll im Folgenden etwas genauer eingegangen werden. Die dabei verwendeten, keiner Normierung unterliegenden Begriffe, sind in **Bild 7-157** am Beispiel eines Kettentriebes beschrieben.

7.10.3.2 Kette

Bei der Auslegung eines Kettentriebsystems ist die Kette eines der wichtigsten Bauteile. Abhängig von den zu übertragenden Momenten und der Motordrehzahl ist die Teilung und die Kettenbauart (Einfach- oder Mehrfachkette, Rollen-, Hülsen- oder Zahnkette) auszuwählen. Ketten in Verbrennungsmotoren sind immer mit geraden Gliederzahlen auszulegen. Für die Baugröße des Systems ist die Teilung von entscheidender Bedeutung, sie beeinflusst obendrein das Geräuschverhalten (Polygoneffekt). Neben der Berücksichtigung der Grenzzähnezahl (zum Beispiel 18 bei Kfz-Motor-Kurbelwellen) ist auch eine stetige Kettenlinie (geometrischer Verlauf der Kette im Motor) auch bei Grenzwertbetrachtung der Toleranzen und der Kettenlängung wichtig. Für die dynamische Auslegung des Kettentriebsystems über Simulationsprogramm sind Kettendaten wie Steifigkeit, Massebelegung und Verzahnung von entscheidender Bedeu-

Bild 7-157 Zweiteiliger Kettentrieb

tung. Selbst ähnliche Bauformen können hier erhebliche Unterschiede aufweisen **(Bild 7-158)**.
Die Auswahl der Kette hat aber auch Auswirkungen auf die Gestaltung der anschließenden Systeme wie zum Beispiel Nockenwellenversteller. Hier ist das Kettenrad der Nockenwelle fester Bestandteil des Verstellers und beeinflusst damit auch die Größe dieses Elements. Die Auslegung beider Elemente ist somit aufeinander sowohl geometrisch als auch später dynamisch abzustimmen.

Bild 7-158 Zahnketten mit 9,525mm Teilung unterschiedlicher Bauformen

7.10.3.3 Kettenspannelement

Die Hauptaufgabe des Kettenspannelements, kurz Kettenspanner, ist die Kontrolle der hochdynamischen Schwingungen des Kettentriebes, die durch die ungleichförmig drehende Kurbelwelle und die wechselnden Antriebsmomente der Nockenwelle entstehen. Das Spannelement muss zu jeder Zeit und unter allen Betriebsbedingungen ein einwandfreies Führen der Kette über die Spannschiene gewährleisten.
Daneben muss es weiteren Anforderungen genügen:

- Ausgleich der Toleranzen im Kettentrieb durch Anpassung der Kettenlinie
- Vorspannen des Kettentriebes, um ein Aufsteigen der Kette auf den Kettenrädern zu verhindern (insbesondere bei hohen Drehzahlen und/oder durch Verschleiß gelängter Kette
- Anpassung der Kettenlinie bei Achsabstandsänderung durch Wärmeausdehnung
- Ausgleich des über die Motorlebensdauer auftretenden Kettenverschleißes.

Kettenspanner werden in der Regel als Hydraulikkomponenten ausgeführt. Die bekannteste Bauform eines hydraulischen Kettenspanners ist der geschwindigkeitsproportionale Leckspaltdämpfer mit gerichteter Dämpfung. Derartige Elemente sind über eine Versorgungsbohrung mit dem Motorölkreislauf verbunden.
Bei einer Entlastung des Lostrums im Kettentrieb fährt der durch die Rückstellfeder vorgespannte Kolben des Spanners aus dem Gehäuse aus und drückt die Spannschiene an die Kette. Dabei öffnet sich das Rückschlagventil und Öl wird in den Hochdruckraum des Spanners gesaugt. Die Ausfahrbewegung des Kolbens erfolgt somit ungedämpft. Bei einer Lastumkehr im Lostrum schließt das Rückschlagventil, der Kolben wird belastet und Öl wird durch einen schmalen Ringspalt (Leckspalt) zwischen Kolben und Gehäuse des Spanners aus dem Hochdruckraum ausgepresst. Dadurch kommt es zu einer Dämpfung der Kettenschwingung.
Hydraulische Spannelemente zeichnen sich aus durch:

- Verschleißarmut der Bauteile (vielfach aus gehärtetem Stahl)
- genau einstellbare Dämpfung durch Auslegung des Leckspaltes
- gerichtete Dämpfung bei Anwendung eines Rückschlagventils
- geringen Bauraumbedarf
- kostengünstige Herstellbarkeit durch Mehrfachverwendung von Bauteilen.

Neben den beschriebenen einfachen Elementen gibt es auch Spanner mit Zusatzfunktionen in Form von Überdruckventilen. Aufgabe dieser Ventile ist es, bei bestimmten Kettenlasten oder Schwingungsfrequenzen eine gezielte Entlastung des Kettentriebes zu

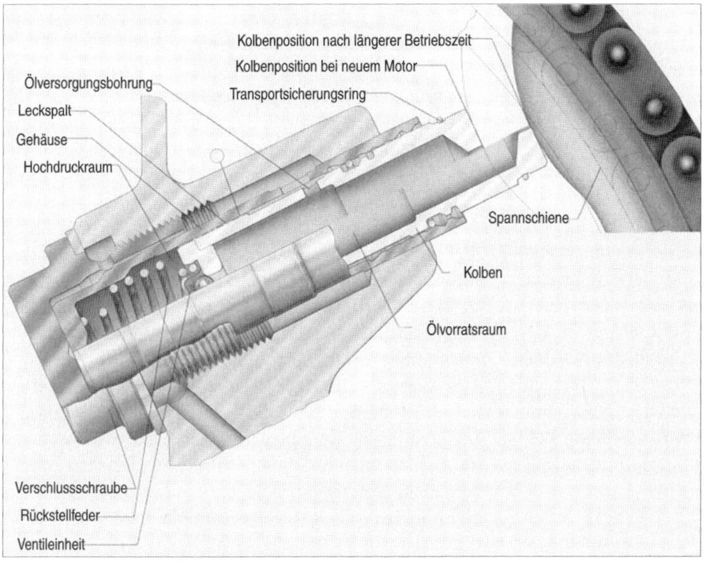

Bild 7-159 Schemadarstellung eines hydraulischen Spannelements im eingebauten Zustand

ermöglichen. Damit lassen sich alle anderen Bauteile unter Umständen schwächer dimensionieren und somit Bauraum und Kosten sparen.

Die Auslegung der korrekten Spannerabstimmung erfolgt in der Regel mit Hilfe von Simulationsprogrammen, die messtechnisch im dynamischen Motorversuch verifiziert werden. Sie ist ein immer wichtiger werdender Abschnitt bei der Auslegung moderner Kettentriebe und muss selbstverständlich auch die Rückwirkung auf andere Systeme wie Nockenwellensteller oder Ventiltriebe berücksichtigen (siehe auch Anmerkung bei 7.10.3.2 Kette). Damit wird die Aufgabe interdisziplinär und verlangt über die Kenntnis des Kettentriebs hinausgehendes Systemverständnis.

Befinden sich in einem Kettentrieb ausschließlich Aggregate mit geringen Wechselmomenten, so kommen meist mechanische Kettenspanner zum Einsatz. Auf eine gezielte Dämpfung wird bei diesen Spannern in der Regel verzichtet. Sie bestehen häufig nur aus einer Feder – oft als Schenkelfeder ausgeführt – und einer Spannschiene. Reicht eine geringe Federkraft für die Kontrolle des Kettentriebs aus, so können kostengünstige Kunststoffelemente zum Einsatz kommen.

7.10.3.4 Spann- und Führungsschienen

Zur Führung der Kette in den freien Kettentrums werden Spann- und Führungsschienen eingesetzt. Dadurch wird auch ein Schwingen der Kette in der Triebebene – sogenannte Transversalschwingung – verhindert.

Führungsschienen sind ortsfest durch Schraub- oder Steckverbindungen mit dem Motor verbunden. Spannschienen hingegen können als Drehpunktschienen ausgeführt werden und heißen dann auch Spannhebel. Der Kettenspanner bildet mit seinem Kolben das zweite Widerlager der Schiene, das erste stellt den Drehpunkt dar.

Bei der Auslegung der Schienen, die in der Regel mit Hilfe von Finiten-Element-Berechnungen erfolgt und so funktions- und kostenmäßig optimiert wird, müssen die Einflussparameter wie Belastung, Bauraum, Anwendungstemperatur und Kosten berücksichtigt werden. Zur Auswahl stehen, **(Bild 7-160)**:

- Einkomponentenschienen aus Kunststoff
- Zweikomponentenschienen mit einem Gleitbelag aus unverstärktem Kunststoff und Tragkörpern aus Aluminium, Blech oder Kunststoff (in der Regel faserverstärkt).

Bild 7-160 Kettenspanner für Nockenwellenantrieb

Neben den beschriebenen Spannschienen gibt es auch Spannschuhe, die fest mit dem Kolben des Spannelements verbunden sind und eine translatorische Bewegung ausführen. Sie werden in sehr kurzen Kettentrieben (zum Beispiel Nockenwellentrieben) eingesetzt.

7.10.3.4 Kettenräder

Die Übertragung der rotatorischen Bewegung der Motorwellen auf die translatorische der Kette erfolgt über Kettenräder. Verschleiß – und geräuscharmer Betrieb wird durch Passgenauigkeit der Welle-Nabe Verbindung und einem zur Kette optimal passenden Zahnprofil ermöglicht. Während die Zahnformen bei Rollen- und Hülsenketten weitgehend an Normen angelehnt sind, findet sich bei Zahnketten eine Vielzahl von Profilen, die oft nur in Details variieren und auf die jeweils verwendete Kette abgestimmt und oft patentrechtlich geschützt sind.
Unter Berücksichtigung der Wirtschaftlichkeit, der zu realisierenden Anschlussgeometrie und vor allem der auftretenden Belastung gibt es mehrere Möglichkeiten bei der Auswahl. Grundsätzlich wird unterschieden nach der:

- Herstellung: Feinstanzen, spanabhebend, Schmieden oder Fließpressen, Pulvermetallurgie (Sintern)
- Bauform: Ein- oder mehrreihig, Rollen-, Hülsen- oder Zahnkettenrad
- Teilung: 6,35 mm (1/4″), 7 mm, 8 mm, 9,525 mm (3/8″) oder Sonderteilungen

Bild 7-161 Kettenräder

Literatur

[1] *ÖKV, Institut für Verbrennungskraftmaschinen, Kraftfahrzeugbau der TU Wien (Veranst.):* 22. Internationales Wiener – Motorensymposiuum (Wien 2001). Düsseldorf: VDI, 2001. – Tagungsschrift
[2] *Dr. Neußer, Porsche AG, ÖKV, Institut für Verbrennungsmaschinen, Kraftzeugbau der TU Wien (Veranst.):* 21. Internationales Wiener Motorensymposium (Wien 2000)
[3] *Dr. Wurms, R.*: Audi AG, Aachener Kolloqiolm 2008, Audi Valvelift System
[4] *Eidenböck, T.; Ratzberger, R.; Stastny, J.; Stütz, W.*: Zylinderkopf in Vierventiltechnik für den BMW Di-Dieselmotor. In: MTZ (1998), Heft 6, S. 372

7.11 Ventile

Eine entscheidende Bedeutung für die Zuverlässigkeit eines Hubkolbenmotors kommt der Gaswechselsteuerung zu. Dabei hat sich hinsichtlich Funktion und Betriebssicherheit das Tellerventil als besonders geeignet herausgestellt. Hinsichtlich der Thermodynamik und Strömungsmechanik hingegen ist das Tellerventil nicht in allen Belangen optimal. So ist der durch die Gaskanäle führende Ventilschaft ein den Querschnitt verringerndes Hindernis und auch die Geometrie der Hohlkehle und des Sitzes sind unter Umständen nur ein Kompromiss zwischen mechanischer beziehungsweise tribologischer Notwendigkeit und strömungstechnischem Ideal.
Darüber hinaus stößt die Dynamik herkömmlicher Ventilantriebe, insbesondere im oberen Drehzahlbereich, schnell an ihre Grenzen. Eine schnellere Freigabe des Öffnungsquerschnittes käme sowohl der maximal erreichbaren Leistung als auch dem Kraftstoffverbrauch zugute.
Der Versuch, die dynamischen und strömungstechnischen Probleme der Tellerventilsteuerung zu umgehen, hat in der Vergangenheit zur Konstruktion diverser Schiebersteuerungen geführt, die alle ein gemeinsames Ziel verfolgen: Die Erzielung großer Zeitquerschnitte bei völliger Unabhängigkeit von der Drehzahl des Motors. Probleme mit der Wärmeabfuhr, der Abdichtung und der Betriebssicherheit lassen die Schiebersteuerung jedoch nur so lange attraktiv erscheinen, wie keine hohe Lebensdauer von den Motoren verlangt wird. Aktuelle Entwicklungen verfolgen daher das Ziel, vollvariable Ventilsteuerungen auf Basis des Tellerventils darzustellen.
Das Tellerventil mit all seiner Problematik hat einen entscheidenden Vorteil: Es dichtet unter Innendruck selbstständig ab. Dies wird bei Brennkraftmaschinen mit gleicher Zuverlässigkeit von keinem anderen Verfahren erreicht [1].

7.11.1 Funktion und Begriffserklärungen

Einlass- und Auslassventile sind Präzisionsmotorenteile zur Sperrung von Strömungsquerschnitten und zur Steuerung des Gaswechsels in Verbrennungskraftmaschinen. Sie dichten den Arbeitsraum des Zylinders nach außen ab. Das Beispiel eines eingebauten Ventils zeigt **Bild 7-162.**

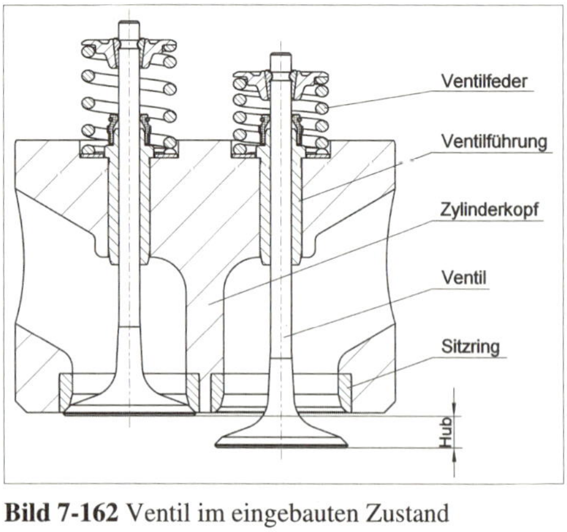

Bild 7-162 Ventil im eingebauten Zustand

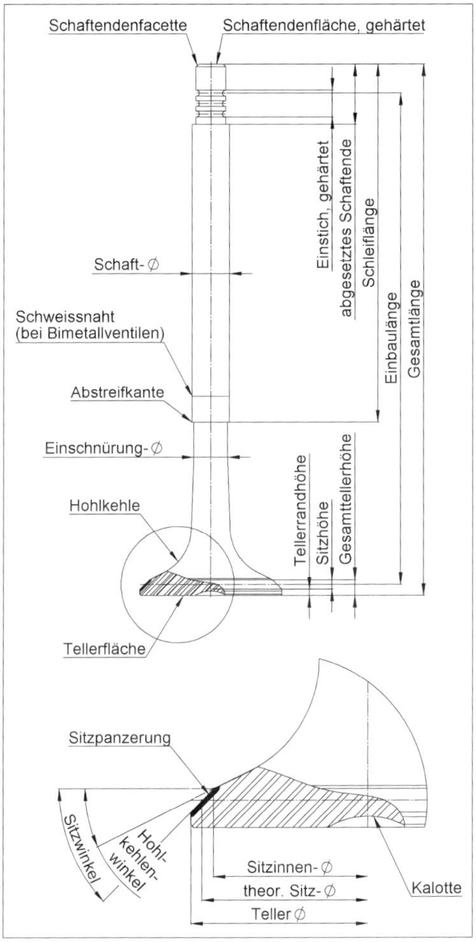

Bild 7-163 Bezeichnungen an einem Ventil

Die thermisch geringer beanspruchten Einlassventile werden durch Umspülung von Frischgasen und hauptsächlich durch Wärmeleitung am Sitz gekühlt. Auslassventile unterliegen dagegen hohen thermischen Belastungen und chemischer Korrosion. Beide Ventilausführungen werden daher ihren Anforderungen entsprechend aus unterschiedlichen Werkstoffen hergestellt. Während der Lebensdauer eines Motors kann davon ausgegangen werden, dass die Ventile bei zum Teil sehr hohen Temperaturen circa 300 Mio. Lastwechseln unterworfen sind. Die wichtigsten Bezeichnungen an einem Ventil sind in **Bild 7-163** dargestellt.

7.11.2 Fertigungsmethoden und Ventilarten

Gaswechselventile können nach dem Warmfließpressverfahren und dem Stauchverfahren hergestellt werden.

Ausgangspunkt beim Warmfließpressverfahren ist ein Stangenabschnitt mit einem Durchmesser von circa 2/3 des fertigen Tellerdurchmessers und einer Länge entsprechend dem Volumen des zu fertigenden Rohlings. Dieser wird erwärmt und in zwei Schmiedestufen zum Rohling umgeformt.

Beim Stauchverfahren wird ein geschliffener Stangenabschnitt, dessen Durchmesser etwas größer als der Ventilschaftdurchmesser ist, an einem Ende erhitzt und durch Nachschieben der Stange zu einer „Birne“ ausgebildet, die dann in einem Gesenk zum Ventilkopf umgeformt wird.

Unterteilt werden Gaswechselventile im Wesentlichen in drei Hauptgruppen: Monometallventile, Bimetallventile und Hohlventile.

7.11.2.1 Monometallventile

Monometallventile werden aus einem Stück nach den oben genannten Verfahren hergestellt. Der hauptsächlich genutzte Werkstoff ist X45CrSi93 (1.4718).

7.11.2.2 Bimetallventile

Bimetallventile ermöglichen eine Kombination der jeweils für Schaft und Kopf optimalen Werkstoffe. Hierbei wird ein nach den in Kapitel 7.11.2 genannten Verfahren hergestelltes, warmverformtes Kopfstück durch Reibschweißen mit einem Schaftstück verbunden, **Bild 7-164**.

Die bevorzugten Werkstoffe sind für das Kopfstück X50CrMnNiNb219 (1.4882), X60CrMnMoVNbN 2110 (1.4785), NiCr20TiAl (2.4952) und für das Schaftstück X45CrSi93 (1.4718).

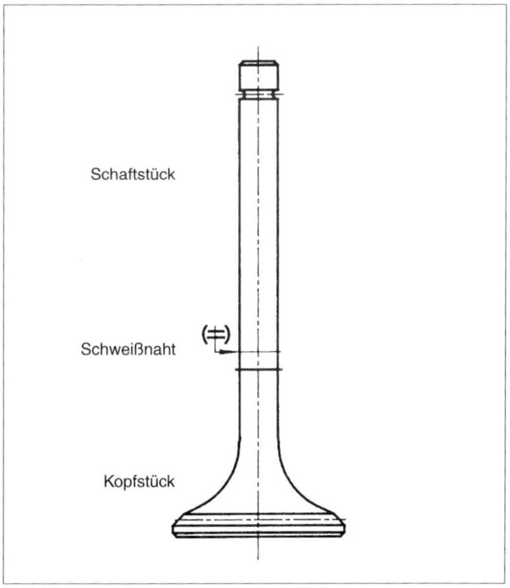

Bild 7-164 Bimetallventil

Die Schweißnaht wird derart positioniert, dass sie sich bei geschlossenem Ventil einen halben Hub tief in der Führung befindet, beziehungsweise ca. 6 mm oberhalb der Abstreifkante (vergleiche Kapitel 7.11.3.3). Dabei ist zu beachten, dass aus fertigungstechnischen Gründen die Länge des zylindrischen Teils am Kopfstück vor dem Schweißen mindestens das Anderthalbfache des Schaftdurchmessers beträgt.

Austenitische Kopfstücke bei Bimetallventilen sind in der Regel nicht verschleißfest genug und erhalten daher eine geeignete Bewehrung der Sitzfläche (vergleiche Kapitel 7.11.3.2).

7.11.2.3 Hohlventile

Der Einsatz erfolgt überwiegend auslassseitig, unter besonderen Umständen auch einlassseitig, zur Absenkung der Temperaturen vorwiegend im Hohlkehlen- und Tellerbereich und zur Gewichtsreduzierung.

Setzt man Hohlventile zur Temperaturabsenkung ein, wird der Hohlraum zu etwa 60 % des Volumens mit metallischem Natrium gefüllt. Das Natrium befindet sich dabei frei beweglich im Hohlraum des Ventilschafts.

Das flüssige Natrium (Schmelzpunkt 97,5 °C) erfährt je nach Motordrehzahl eine entsprechend starke „Shakerwirkung“ und transportiert dabei einen Teil der am Ventilkopf und an der Hohlkehle anfallenden Wärme in den Ventilschaft und damit über die Ventilführung in den Kühlkreislauf. Die erreichbare Temperaturabsenkung bei optimalem Wärmeabfluss und engstmöglichen Laufspielen beträgt 80 °C bis 150 °C.

Hohlventilvarianten:

- Ausführung „Rohr auf Voll“ (**Bild 7-165**): An dem vom Schaftende her gebohrten Kopfstück (Rohr) wird mittels Reibschweißen ein härtbares Schaftendenstück (Voll) angesetzt.
- „Zugezogene“ Ausführung: Diese Variante ist in der Herstellung wesentlich aufwendiger als die zuvor genannte Ausführung. Der Grundkörper wird ebenfalls vom Schaftende her gebohrt. Das Verschließen der Bohrung erfolgt jedoch durch induktives Erwärmen mit anschließendem „Zuschmieden“. Das Schaftendenstück wird durch Reibschweißen angesetzt. Zugezogene Hohlventile finden überwiegend in Hochleistungs- und Flugmotoren Anwendung.
- Hohlraumventil (**Bild 7-166**): Dieses Ventil stellt eine weitere Maßnahme bezüglich Gewichtsreduzierung und Wärmeableitung aus der Ventiltellermitte dar. Die Ventile werden im Gegensatz zu den zuvor genannten Ausführungen von der Tellerseite her gebohrt und bearbeitet. Die Öffnung wird durch Einschweißen eines Deckels verschlossen. Der Einsatz solcher in der Herstellung teuren Ventile erfolgt überwiegend im Motorsport.

Hohlventile sind ab einem Schaftdurchmesser von 5 mm herstellbar. Der Bohrungsdurchmesser beträgt dabei circa 60 % des Schaftdurchmessers. Um die Ventilschaftabdichtungen nicht zu hohen Temperaturen auszusetzen, muss die Bohrung des Ventils etwa 10 mm vor dem Laufbereich der Dichtlippe enden.

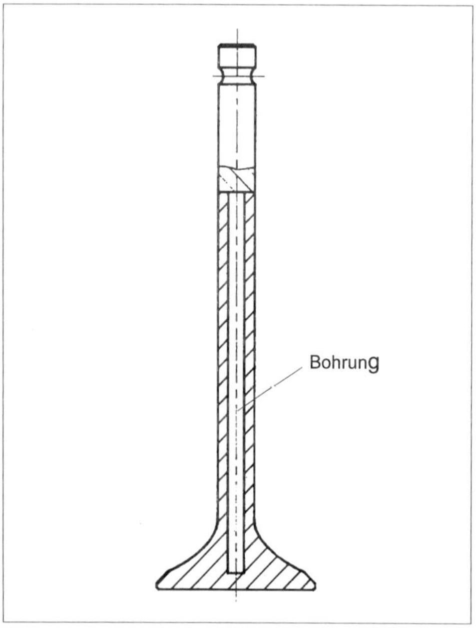

Bild 7-165 Hohlventil

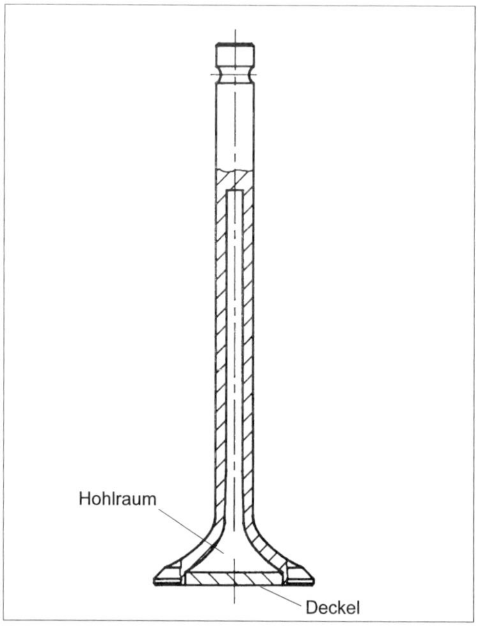

Bild 7-166 Hohlraumventil

Ein aufgrund der höheren Temperaturen verändertes Spiel zwischen Ventilschaft und der Ventilführung gegenüber Vollventilen ist ebenfalls zu beachten.
Hohlventile können Monometallventile sein, üblicher sind aber Bimetallventile aus folgenden Werkstoffen: Kopfstück, X50CrMnNiNb219 (1.4882) und NiCr20TiAl (2.4952); Schaftstück X45CrSi93 (1.4718).

7.11.3 Ausführungsformen

7.11.3.1 Ventilkopf

Basis für die konstruktive Auslegung eines Ventils ist der theoretische Ventilsitzdurchmesser.
Die Gesamttellerhöhe ist abhängig vom jeweiligen Verbrennungsdruck und der mittleren Bauteiltemperatur am Ventil. Zweckmäßigerweise sollte sie zum Beispiel über eine FE-Analyse bestimmt werden. Die Praxis zeigt, dass Werte von 7 bis 10 % des Ventilkopfdurchmessers erforderlich sind.
Die Tellerrandhöhe bestimmt die Steifigkeit des Ventilkopfs und richtet sich nach dem Ventilsitzwinkel: bei 45° circa 50 % der Gesamttellerhöhe, bei 30° circa 50–60 % der Gesamttellerhöhe.
Im Allgemeinen beträgt der Sitzwinkel 45°. Zur Reduzierung des Sitzverschleißes werden auch Sitzwinkel von 30° und 20° gewählt. In Gasmotoren sind aufgrund der fehlenden Schmierwirkung des Brennstoffs kleine Sitzwinkel unerlässlich, um den Sitzverschleiß in zulässigen Grenzen zu halten. Aus fertigungstechnischen Gründen ist zwischen Sitz- und Hohlkehlenwinkel eine Differenz von mindestens 5° erforderlich, **Bild 7-163.**

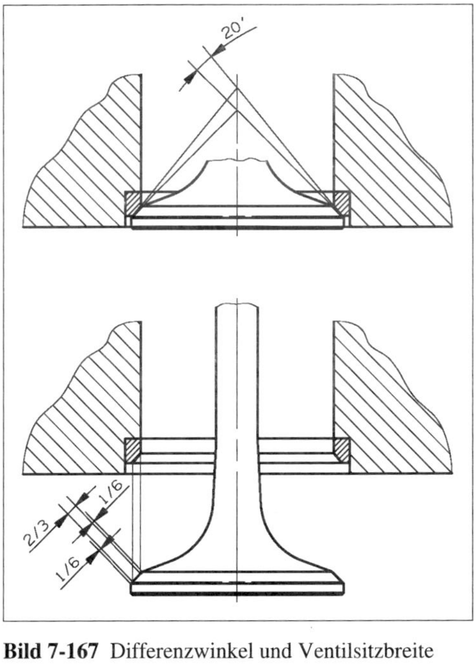

Bild 7-167 Differenzwinkel und Ventilsitzbreite

Durch einen Differenzwinkel zwischen Ventilsitz und Sitzring wird erreicht, dass die dem Verbrennungsraum zugewandte Seite durch eine anfängliche Linienberührung besser abgedichtet wird, **Bild 7-167**.
Die Ventilsitzbreite wird stets größer als die Sitzringtragbreite im Zylinderkopf festgelegt. Die Überdeckung zwischen Ventilsitz und Sitzung sollte dabei unter Gesichtspunkten der Dichtigkeit bei Sitzverschleiß in einem Verhältnis von 1/6 freiem Ventilsitz, 2/3 Überdeckung und 1/6 freiem Ventilsitz ausgeführt werden, **Bild 7-167**.
Kalotten auf der Ventiltellerfläche dienen der Gewichtsreduzierung, der Brennraumbeeinflussung und als Unterscheidungsmerkmal zwischen Einlass- und Auslassventil beziehungsweise ähnlichen Ventilen.
Eine optimale Ausführung der Gestaltung der Hohlkehle erfolgt entsprechend der vorliegenden mechanischen Belastungen sowie unter strömungsmechanischen Gesichtspunkten.

7.11.3.2 Ventilsitz

Der Sitz eines Auslassventils ist thermisch und bezüglich Korrosion chemisch stark beansprucht und wird daher in der Regel mit Sonderlegierungen gepanzert. In Einzelfällen wird dies auch für Einlassventile durchgeführt, obwohl hier üblicherweise eine, aufgrund der verwendeten Werkstoffe mögliche, martensitische Härtung angewendet wird. Mit einer Panzerung kann der Verschleiß verringert und die Dichtwirkung erhöht werden. Als Ventilpanzerungsverfahren kommen zum Einsatz:

- Schmelzschweißverfahren, wobei das Panzerstabmaterial mittels Acetylen-Sauerstoffflamme geschmolzen und aufgetragen wird.
- Elektrisches PTA-Verfahren (Plasma-Transfered-Arc), wobei der pulverisierte Panzerwerkstoff in einem Plasmalichtbogen aufgeschmolzen und auf das Werkstück aufgetragen wird.

Anwendung finden diese Panzerverfahren bei Hohl-, Bi- und gelegentlich auch bei Monometallventilen.
Um eine Härteabnahme an einem induktiv gehärteten monometallischen Ventilsitz zu begrenzen, ist darauf zu achten, dass die maximale Ventiltemperatur am Sitz eine genügende Sicherheit zur Anlasstemperatur des verwendeten Werkstoffs besitzt (zum Beispiel maximale Dauerbetriebstemperatur von X45CrSi93 (1.4718) circa 500 °C).

7.11.3.3 Ventilschaft

Der Ventilschaft dient zur Führung des Ventils in der Ventilführung und wird begrenzt durch den ersten Einstich zur Aufnahme der Ventilkegelstücke sowie die Abstreifkante beziehungsweise den Übergang zur Hohlkehle.

Um den Aufbau von Ölkohle in der Führung gaskanalseitig zu begrenzen, wird durch Zurücknahme des Schaftdurchmessers eine Abstreifkante angebracht, **Bild 7-163**. Die Abstreifkante liegt bei geschlossenem Ventil circa einen halben Hub innerhalb der Ventilführung.

Falls während des Schließvorgangs Biegung im Ventil durch Zylinderkopfverzug oder Koaxialitätsfehler auftritt, sollte sich die Schweißnaht in der Ventilführung abstützen können. Deshalb wird bei Bimetallventilen die Reibschweißnaht mindestens um einen halben Hub innerhalb der Ventilführung positioniert.

Je nach den tribologischen Gegebenheiten kann die Schaftoberfläche der Ventile durch Verchromen oder Nitrieren gegen Verschleiß geschützt werden.

In der Regel wird der Ventilschaft zylindrisch ausgeführt. Zur Berücksichtigung der unterschiedlichen Dehnungen auf Grund des Wärmegefälles zwischen Ventilkopf und Schaftende kann der Ventilschaft je nach Länge und Durchmesser um 10–15 µm konisch ausgeführt werden.

Die Schaftenden, der in den Kegelstücken frei drehbaren Ventile mit Mehrrilleneinstich **(Bild 7-168)**, werden üblicherweise im Bereich der Kegelstückanlage induktiv gehärtet, um Verschleiß zu vermeiden.

Ventile mit Einrilleneinstich werden im Einstichbereich selten gehärtet, da keine Relativbewegung zwischen Schaft und Kegelstück stattfindet (vergleiche Kapitel 7.11.6.1).

Je nach Art der auf die Schaftendenfläche wirkenden Ventilbetätigung kann es erforderlich sein, die Schaftendenfläche zusätzlich vor Verschleiß zu schützen. In erster Linie bietet sich dabei die induktive Härtung an. Sollte sich diese Maßnahme als nicht ausreichend erweisen, beziehungsweise der Schaft aus einem nicht härtbaren Material bestehen, können auch eine Schweißpanzerung oder Plättchen aus einem harten beziehungsweise härtbaren Werkstoff auf das Schaftende aufgeschweißt werden.

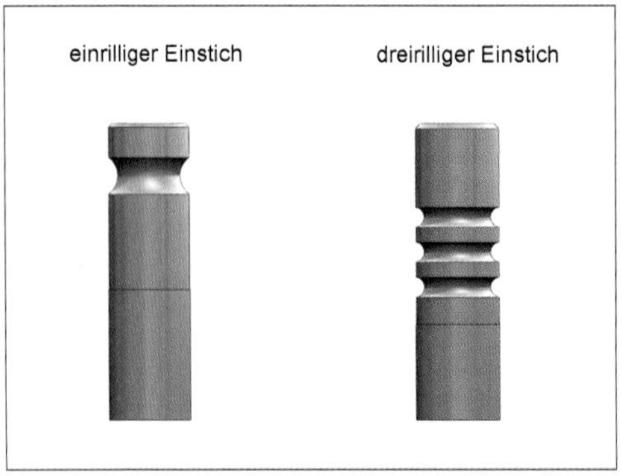

Bild 7-168 Einstichtypen in Ventilschäften

Ventilführung

Die Ventilführung dient der Zentrierung des Ventils auf dem Ventilsitz sowie dem Wärmetransport vom Ventilkopf über den Ventilschaft an den Zylinderkopf. Das bedingt ein optimales Spiel zwischen Führungsbohrung und Ventilschaft. Bei zu kleinem Spiel neigt das Ventil zum Stecken, ein zu großes Spiel behindert die Wärmeabfuhr. Anzustreben ist das minimal mögliche Ventilführungsspiel. Dieses beträgt je nach Schaftdurchmesser bei Auslassventilen 0,03 bis 0,08 mm, bei Einlassventilen 0,01 bis 0,07 mm. Weiter ist drauf zu achten, dass das Ende der Ventilführung nicht frei in den Abgaskanal hineinragt, da sonst die Gefahr eines Aufweitens der Ventilführung und des Eintritts von Verbrennungsrückständen gegeben ist. Als Faustformel gilt, dass die Ventilführung mindestens 40 % der Ventillänge betragen sollte.

Für die einwandfreie Funktion des Ventils ist es erforderlich, dass der Mittenversatz zwischen Ventilführung und Sitzring in bestimmten Grenzen gehalten wird (0,02 bis 0,03 mm bei neuem Motor). Übermäßiger Mittenversatz bewirkt vor allem eine starke Verbiegung des Ventiltellers gegen den Schaft. Diese übermäßige Belastung kann zum vorzeitigen Ausfall führen; weitere Folgen können auch Undichtheit, schlechter Wärmeübergang und hoher Ölverbrauch sein.

7.11.4 Ventilwerkstoffe

Die Anforderungen an ein Ventil umfassen hinreichende Zeitstandfestigkeit bei erhöhten Temperaturen, Verschleißfestigkeit, Beständigkeit gegen Hochtemperaturkorrosion und -oxidation sowie Resistenz gegen Korrosion.

Standardventilwerkstoffe sind:

- Ferritisch-martensitische Ventilstähle: X45CrSi93 (1.4718) findet seine Verwendung als Standardlösung für monometallische Einlassventile und kommt bei Bimetallventilen ausschließlich als Werkstoff für die Schäfte zur Anwendung. X85CrMoV182 (1.4748) ist höher legiert und wird dort als Einlassventilwerkstoff eingesetzt, wo das Beanspruchungsniveau in thermischer wie mechanischer Hinsicht eine Verwendung des Cr–Si-Materials nicht zulässt.
- Austenitische Ventilstähle: Hier haben sich die austenitischen Cr–Mn-Stähle als preiswerte Lösung bewährt. Große Verbreitung hat der Werkstoff X50CrMnNiNb (1.4882), der als klassischer Auslassventilwerkstoff, auch für Hohlventile, anzusehen ist.
- Hochnickelhaltige Ventilwerkstoffe: Genügen die Cr–Mn-Stähle den thermischen Anforderungen nicht mehr, dann ist der Übergang auf hochnickelhaltige Werkstoffe, wie etwa NiCr20TiAl

(2.4952), geboten. Sie werden dort erforderlich, wo höchste Betriebssicherheit, also Abreiß- und Korrosionsbeständigkeit, gefragt sind (Flugmotoren, Rennsporteinsatz, hoch aufgeladene Dieselmotoren und Schwerölbetrieb).

7.11.4.1 Wärmebehandlung

Durch eine gezielte Wärmebehandlung lassen sich die technischen Eigenschaften der Ventilstähle steigern. In vielen Fällen erübrigt sich dadurch der Übergang auf höherwertige Legierungen.
Martensitische Ventilstähle werden generell vergütet. Bei austenitischen Stählen lassen sich die Härte und die Festigkeit durch eine sogenannte Ausscheidungshärtung anheben.

7.11.4.2 Oberflächenveredelung

Folgende Maßnahmen kommen zum Einsatz:

- Hartverchromen des Ventilschafts: Herstellverfahren, Werkstoffauswahl und Betriebsbedingungen machen bei Standard-Ventilen unter Umständen eine Verchromung des Ventilschafts im Laufbereich erforderlich. Bei Standard-Bimetallventilen überdeckt eine Chromschicht der Stärke zwischen 3 – 7 µm beide Ventilwerkstoffe. Bei hohen Belastungen oder erhöhtem Verschleiß können im Lkw- oder Großmotorenbereich stärkere Chromschichten, bis 25 µm, zur Anwendung kommen.
- Polierschleifen: Bei einer verchromten Oberfläche muss der Schaft in jedem Fall poliergeschliffen werden, um anhaftende Chromknospen zu entfernen und Unebenheiten zu egalisieren. Die Rauhigkeit liegt nach der Polieroperation bei maximal Ra 0,2 (unverchromt maximale Ra 0,4), was sich sehr günstig auf den Ventilführungsverschleiß auswirkt und deshalb auch minimale Führungsspiele erlaubt.
- Nitrieren der Ventile: Angewendet werden Bad- und Plasmanitrieren. Die circa 10 bis 30 µm starken Nitrierschichten sind in der Randschicht sehr hart (circa 1.000 HV 0,025) und besonders verschleißunempfindlich. Badnitrierte Ventile werden wie verchromte Ventile poliergeschliffen.

7.11.5 Sonder-Ventilausführungen

7.11.5.1 Ventile mit werkstofflich bedingt geringer Masse

Das Interesse an leichten Ventilen hat mit Blick auf die theoretisch möglichen Verbrauchseinsparungen in den letzten Jahren stark zugenommen. Dabei ist die Idee vom Einsatz leichter Ventilwerkstoffe nicht neu. Insbesondere bei hoch drehenden Rennsportmotoren werden leichte Ventile schon seit langer Zeit sehr erfolgreich eingesetzt. Dabei bestand das Hauptinteresse in der Vergangenheit nur darin, sehr hohe Drehzahlen und damit eine hohe Leistung zu erreichen.

Hinzu kommen die Anforderungen durch neue Abgasgesetze. Um den Schadstoffausstoß zu verringern und gleichzeitig den Kraftstoffverbrauch zu senken, sind immer höhere Spitzentemperaturen und Drücke notwendig. Daher ist eine Intensivierung der Bemühungen bei der Entwicklung leichter, hochwarmfester Ventilwerkstoffe unumgänglich geworden. Bislang wurde eine Vielzahl von Lösungsansätzen verfolgt.
Neben den keramischen Werkstoffen, wie zum Beispiel Siliziumnitrid, bieten sich intermetallische Titanaluminid-, Aluminium- und Titan-Legierungen aus der Gruppe der metallischen Werkstoffe für Leichtbauventilkonzepte an. Ausgehend vom Beanspruchungsprofil der Ein- und Auslassventile eignen sich Keramik- und TiAl-Ventile aufgrund der hohen Temperaturbeständigkeit gut als Auslassventile. Titanventile sind auslassseitig nur bedingt einsetzbar. Al-Legierungen eignen sich für den Einsatz als Einlassventile und stellen damit auch gleichzeitig eine kostengünstigere Lösung dar.

7.11.5.2 Abgassteuerventile

Ladedruckregelventil für ATL (Abblasventil): Das Abblasventil begrenzt den Ladedruck des Abgasturboladers und unterliegt dabei im Ottomotor Temperaturen von bis zu 1.050 °C; die maximale thermische Belastung im Dieselmotor liegt bei circa 850 °C. Hieraus resultiert die Wahl der geeigneten Werkstoffe. Für Dieselmotoren genügt im Allgemeinen der Werkstoff X50CrMnNiNb (1.4882), bei Ottomotoren hingegen kommt ein hochtemperaturfestes Material, wie NiCr20TiAl (2.4952), zur Anwendung.
Es kommen hauptsächlich zwei Konstruktionen zur Anwendung. Typische Ausführungsformen des tellerventilähnlichen Typs sind auf **Bild 7-169** dargestellt. Die Anbindung erfolgt durch Verschraubung oder Vernietung. Dieses Design ist in modernen Pkw-Motoren allerdings eher unüblich und wurde durch das auf **Bild 7-170** gezeigte Klappenventil ersetzt.

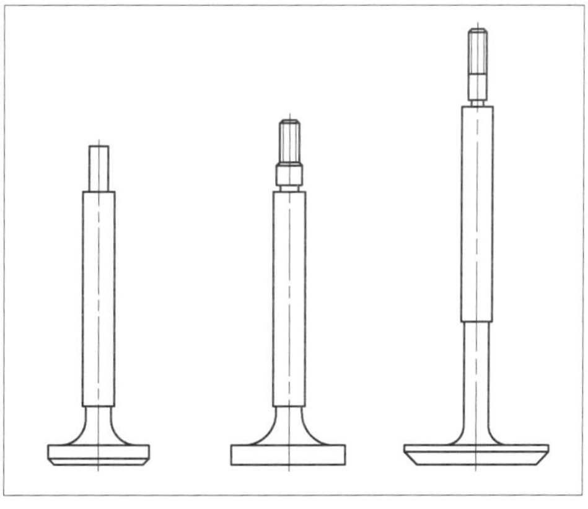

Bild 7-169 Ventilausführungsformen von Abblasventilen

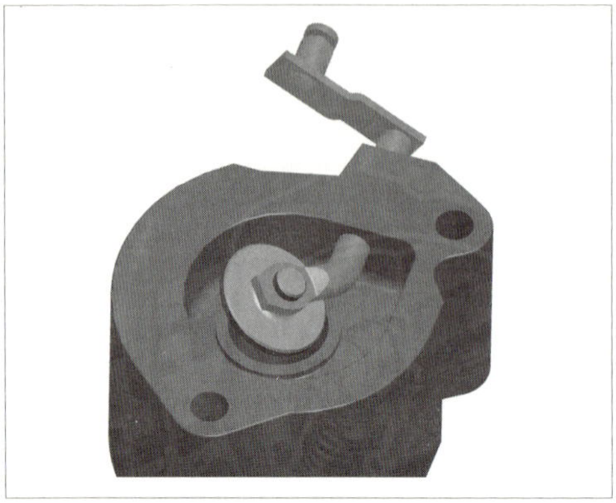

Bild 7-170 Abblasventil mit Klappenmechanismus

Abgasrückführungsventil (AGR): AGR-Ventile unterliegen Temperaturen bis circa 800 °C. Aus den zur Verfügung stehenden Ventilwerkstoffen hat sich hier X50CrMnNiNb (1.4882) als ausreichend für diesen Anwendungsfall herausgestellt, da die Ventile lediglich thermisch, zu einem geringen Maß korrosiv und nur sehr gering mechanisch beansprucht werden.

7.11.6 Ventilkegelstücke

7.11.6.1 Aufgabe und Funktion

Ventilkegelstücke haben die Aufgabe, den Ventilfederteller mit dem Ventil so zu verbinden, dass die Ventilfeder das Ventil stets in seiner geforderten Stellung hält.
Für Ventilschaftdurchmesser bis 12,7 mm sind kaltgeprägte Ventilkegelstücke Stand der Technik. Es kommen die Werkstoffqualitäten C10 beziehungsweise SAE1010 zur Anwendung.
Die Ventilkegelstücke werden ihrer Funktion entsprechend unterteilt in:

- klemmende Verbindung, wodurch Kraftschluss zwischen Ventil, Kegelstück und Federteller erreicht wird und
- nicht klemmende Verbindung, die eine freie Drehung des Ventils ermöglicht.

Klemmende Verbindungen: Klemmende Kegelstücke übertragen die Kraft durch Reibschluss zwischen Kegelstück und Ventil. Hierzu muss zwischen den Kegelstückhälften ein Spalt bleiben. Es werden Kegelstücke mit einem Kegelwinkel von 14°15′ sowie von 10° verwendet. Kegelstücke mit kleinerem Kegelwinkel bewirken eine wesentlich intensivere Klemmung. Sie sind besonders für Motoren mit höchsten Drehzahlen geeignet. Für stark beanspruchte Klemmverbindungen empfehlen sich einsatzgehärtete (480–610 HV1) oder nitrierte (>400 HV1) Kegelstücke.
Ein Beispiel für den Einbauzustand eines klemmenden Kegelstücks zeigt **Bild 7-171**.

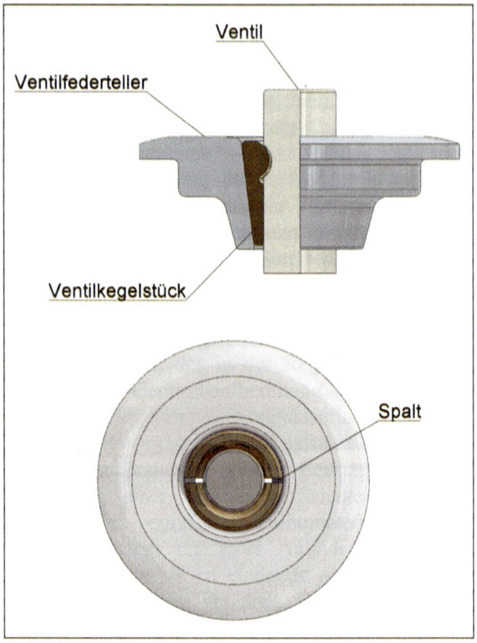

Bild 7-171 Einbauprinzip für Kegelstücke mit klemmender Verbindung

Nicht klemmende Verbindungen: Es werden Kegelstücke mit einem Kegelwinkel von 14°15′ eingesetzt. Bedingt dadurch, dass sich die Kegelstückhälften im eingebauten Zustand an den Planflächen gegeneinander abstützen, erlauben sie ein Spiel zwischen den Kegelstücken und dem Ventilschaft. Dadurch wird eine Drehung des Ventils im Federteller ermöglicht. Eine selbständige Drehbewegung des Ventils entsteht aufgrund einer Anregung durch Resonanzen, eines exzentrischen Angriffspunkts des Kipphebels auf dem Ventilschaftende und eines Drehimpulses aus der Torsion der Ventilfeder.
Bei nicht klemmenden Verbindungen werden die Kräfte in axialer Richtung über die 3 beziehungsweise 4 Kegelstückwülste übertragen. Aus diesem Grund ist eine Einsatzhärtung der Kegelstücke unerlässlich. Ein Beispiel für den Einbauzustand eines nicht klemmenden Kegelstücks zeigt **Bild 7-172**.

7.11.6.2 Fertigungsmethoden

Ventilkegelstücke werden aus profiliertem Bandstahl kalt geprägt. Mehrrillen-Ventilkegelstücke sind grundsätzlich einsatzgehärtet und an ihren Trennflächen geschliffen. Andere Ausführungen können wahlweise ungehärtet, einsatzgehärtet oder nitriert werden. Fertigungsbedingt kann der Außenmantel im Bereich der mittleren Höhe je nach Ausführung bis 0,06 mm konkav ausgebildet sein. Ein konvexer Außenmantel ist nicht zulässig.

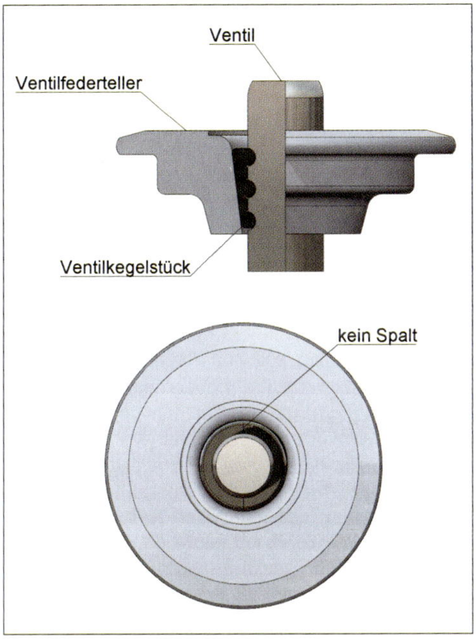

Bild 7-172 Einbauprinzip für Kegelstücke mit nicht klemmender Verbindung

Bei frei drehenden Mehrrillenkegelstücken wird ein einwandfreies Spiel zum Ventilschaft durch ein um 0,06 mm größeren Innendurchmesser der zusammengesetzten Kegelstücke im Verhältnis zum Außendurchmesser des Ventilschafts erreicht.

Die Konuslänge des Ventilfedertellers muss so groß sein, dass die Kegelstücke im fest eingebauten Zustand an keiner Seite überstehen, **Bild 7-171, 7-172**. Der Kegelmantel darf keinesfalls konvex ausgebildet sein und sollte als Bezugsfläche für die Form- und Lagetoleranzen des Ventilfedertellers dienen.

7.11.7 Ventildrehvorrichtung

7.11.7.1 Aufgabe

Für eine einwandfreie Funktion des Ventils ist die stetige Ventildrehung von entscheidender Bedeutung. Damit wird eine ungleiche Temperaturverteilung am Ventilkopf sowie Undichtigkeiten durch Verzug vermieden. Darüber hinaus werden Ablagerungen auf dem Ventilsitz sowie einseitiger Verschleiß verringert. Zwangsdrehvorrichtungen werden immer dann eingesetzt, wenn die natürliche Drehung der Ventile nicht mehr ausreicht, zum Beispiel in Großmotoren.

7.11.7.2 Bauarten und Funktion

Ventildrehvorrichtungen funktionieren nach zwei Prinzipien:

Drehung erfolgt beim Ventilöffnungshub: Das System besteht aus einem Grundkörper, der mit mehreren in Umfangsrichtung orientierten Taschen versehen ist. In jeder Tasche wird durch eine tangential wirkende Schraubenfeder eine Stahlkugel an das obere Ende der schrägen Laufbahn gedrückt. Auf dem Innenrand des Grundkörpers stützt sich eine Tellerfeder ab, über die zur Einleitung der Ventilfederkräfte ein Deckel greift, **Bild 7-173.**

Öffnet das Ventil, so wird die Tellerfeder durch die ansteigende Ventilfederkraft abgeflacht. Dabei zwingt sie die in den Taschen des Grundkörpers befindlichen Kugeln zum Abrollen auf ihren schrägen Laufbahnen und rollt selbst auf den Kugeln ab. Durch die Abstützung auf den Kugeln wird der Druck der Tellerfeder auf den inneren Rand des Grundkörpers verringert, so dass hier ein Gleiten stattfindet. Deckel und Tellerfeder hingegen sind durch Kraftschluss drehfest miteinander verbunden. Die relative Drehung zwischen Tellerfeder/Deckel und Grundkörper wird bei der Ausführung „Drehung beim Ventilöffnungshub" über Deckel, Ventilfeder, Federteller und Kegelstücke auf das Ventil übertragen. Bei schließendem Ventil tritt eine Entlastung der Tellerfeder und damit der Kugeln ein, die dann ohne zu rollen durch die Tangentialfedern wieder in ihre Ausgangslage zurückgeschoben werden.

Beim Öffnen eines Ventils mit Drehvorrichtung wird dieses zum einen durch die Funktion der Drehvorrichtung und zum anderen durch die Torsion der zusammengedrückten Ventilfeder verdreht. Während sich beim Schließen des Ventils die entlastete Ventilfeder bis auf einen kleinen Restwinkel wieder in ihre Ausgangslage zurückbewegt, bleibt die Verdrehung der Drehvorrichtung bestehen. Der effektive Dreh-

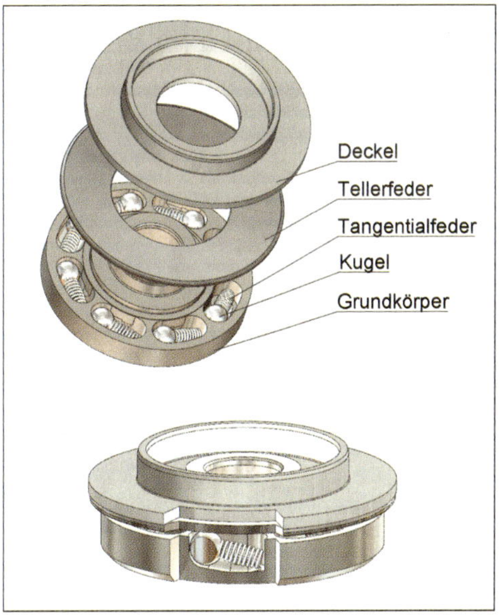

Bild 7-173 Ventildrehung beim Öffnungshub

winkel pro Hub ist, gleichsinnige Drehung vorausgesetzt, somit die Summe aus beiden Werten.

Drehung erfolgt beim Ventilschließhub: Dieses Prinzip wird möglichst als oben liegende Ausführung eingesetzt, weil seine Funktion dort weniger durch Verschmutzung beeinträchtigt ist, **Bild 7-174**.

Die Funktion der Ventildrehvorrichtung ist eine Umkehrung der Arbeitsweise des bei Ventilöffnungshub drehenden Ventils.

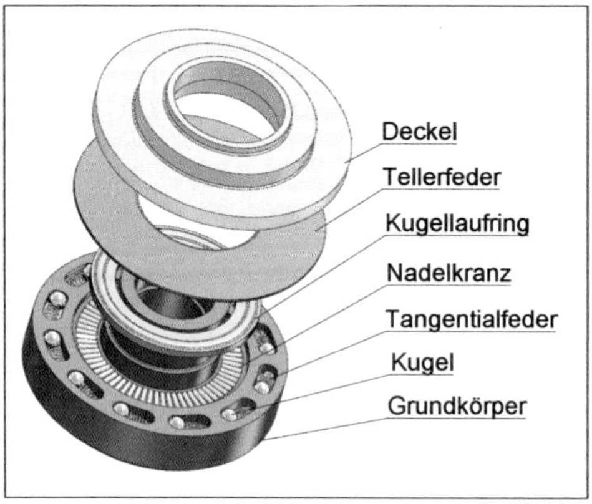

Bild 7-174 Ventildrehung beim Schließhub

Beide Typen können grundsätzlich sowohl als unten liegende, wie auch als oben liegende Ausführung verwendet werden. In schnell laufenden Motoren wird vorzugsweise die unten liegende Ausführung eingebaut, damit sich die Massenkräfte des Ventiltriebs nicht vergrößern.

Bei der oben liegenden Ausführung ersetzt die Drehvorrichtung den Federteller. Sie wird in langsam laufenden Motoren oder dann angewendet, wenn aus Platzgründen die unten liegende Ausführung nicht untergebracht werden kann. Wesentlich ist eine stetige, von der Drehzahl des Motors abhängige Drehung des Ventils.

Literatur

[1] *Groth, K.:* Universität Hannover, Institut für Kolbenmaschinen: Grundzüge des Kolbenmaschinenbaus. 2. Aufl. 1983

[2] TRW Thompson GmbH & Co. KG: Handbuch. 7. Aufl. 1991

[3] *Milbach, R.:* TRW Thompson GmbH & Co. KG: Ventilschäden und ihre Ursache. 5. Aufl. 1989

7.12 Ventilfedern

Die Ventilfeder hat die Aufgabe, das Ventil kontrolliert zu schließen, das heißt, den Kraftschluss der Ventiltriebskomponenten während der Ventilbewegung aufrecht zu halten. Im Zustand „Ventil geschlossen" muss die Ventilkraft F_1 so groß sein, dass das Schwingen des Ventils direkt nach dem Schließen, auch „Nachhüpfen" genannt, verhindert wird. Im Zustand „Ventil geöffnet" muss das sogenannte „Überfliegen", das heißt das Abheben des Ventils vom Nocken bei maximaler Verzögerung verhindert werden. Kinematisch ergibt sich die hierfür erforderliche Federkraft F_2 aus dem Produkt der Ventilmasse und der maximalen Ventilverzögerung a_{max} [1].

Bei der Auslegung der Ventilfedern sind neben den zu erreichenden Federkräften weitere, teilweise konkurrierende Ziele zu erfüllen:

- Reduzierung der Federkräfte: Der Kraftstoffverbrauch des Motors kann neben anderen Maßnahmen durch die innere Reibung des Motors beeinflusst werden. Die im Ventiltrieb anfallenden Reibverluste verlaufen proportional zu den erforderlichen Federkräften. Die maximal erforderlichen Federkräfte werden durch das Massenträgheitsmoment der im Kraftfluss liegenden, bewegten Ventiltriebsteile ab dem Nocken bis zum Ventil und damit auch durch die Federmasse sowie von der Nockenkontur und der maximalen Nockenwellendrehzahl bestimmt. Eine Verringerung der Federmasse ist durch eine Erhöhung der Schwingfestigkeit und eine Optimierung der Gestalt der Ventilfeder zu beeinflussen.
- Reduzierung der Bauhöhen: Auch die Reduzierung der Bauhöhen kann sich positiv auf den Kraftstoffverbrauch auswirken. Zum einen ergibt sich hierdurch ein größerer konstruktiver Spielraum zur Gestaltung der Motorhaube und zur Verringerung der Strömungswiderstände. Zum anderen eröffnet die Reduzierung der Bauhöhen ein weiteres Potenzial zur Verringerung des Motorgewichts. Die Gestalt der Ventilfeder sowie die Erhöhung ihrer Schwingfestigkeit kann die Bauhöhe positiv beeinflussen.
- Gewährleistung minimaler Ausfallquoten: Die gestiegenen Anforderungen an die Ventilfedern führen zwangsläufig zu einer Erhöhung der Betriebsfestigkeit. Diese erstrecken sich im Laufe des Lebenszyklus eines Motors bei circa 200.000 km auf bis zu 300 Millionen Lastwechsel. Gleichwohl wird nur eine minimale Fehlerausfallquote akzeptiert. Diese Ausfallquote für die einzelne Ventilfeder wird durch den Einsatz der Mehrventiltechnik im Motor noch weiter verschärft. Unterstellt man beispielsweise eine Ausfallwahrscheinlichkeit von nur 1 ppm bezogen auf die Ventilfeder bei einem 24-Ventilmotor, bedeutet dies, dass max. jeder vierzigtausendste Motor auf Grund eines Ventilfederschadens ausfällt. Die Gewährleistung minimaler Ausfallquoten stellt höchste Ansprüche an die Auslegung, das Vormaterial und die Produktion der Ventilfedern.
- Wirtschaftlichkeit der Produktverbesserung: Die genannten Forderungen müssen wirtschaftlich gerechtfertigt sein, das heißt der mit der Maßnahme verbundene Nutzen muss größer sein, als möglicher-

weise zusätzlich anfallende Kosten. Diese Herausforderung wird vom Ventilfederproduzenten vor dem Hintergrund eines scharfen Wettbewerbs wahrgenommen.

Ermittlung der Lastspannung

Grundsätzlich entspricht die Belastung einer Schraubendruckfeder der eines auf Torsion beanspruchten Stabes. Im Längs- und Querschnitt wirken beim Angreifen eines Torsionsmomentes M_t zwei Schubspannungen τ, wie in **Bild 7-175 a** zu sehen ist. Nach dem Mohrschen Spannungskreis können diesen Schubspannungen zwei gleich große Hauptnormalspannungen σ_1 und σ_2 unter 45° zugeordnet werden.
Während beim Torsionsstab eine reine Schubbeanspruchung vorliegt, führen bei einer Schraubendruckfeder auf Grund der geometrischen Verhältnisse sowie gegebenenfalls der Abweichung der Kraftwirkungslinie von der Federachse das Biegemoment M_b, die Querkraft Q sowie die Normalkraft N zu zusätzlichen Lastspannungen. Zum anderen ergibt sich auf Grund der Krümmung des Drahtes ein in Umfangsrichtung ungleichmäßiger Spannungszustand. Maximale Lastspannungen treten demnach bei Federn aus Runddraht an der Federinnenseite auf.
Die zur Berechnung von Schraubendruckfedern gültigen Formeln sind in der DIN 2089 enthalten. Es gelten folgende Zusammenhänge für die Federrate R, die Kraft F und die Torsionsspannung τ

$$R = \frac{G}{8} \cdot \frac{d^4}{D_m^3\ n} \tag{7.10}$$

$$F = s \cdot R \tag{7.11}$$

$$\tau = \frac{8}{\pi} \cdot \frac{D_m}{d^3} \cdot F\ . \tag{7.12}$$

Zur Korrektur der Spannungswerte infolge der Drahtkrümmung wird unter anderem die von Bergsträsser entwickelte Näherungsformel

$$k = \frac{w + 0{,}5}{w - 0{,}75} \tag{7.13}$$

verwendet. Die an der Federinnenseite auftretenden Lastspannungen ergeben sich damit zu [2]

$$\tau = k \cdot \frac{8}{\pi} \cdot \frac{D_m}{d^3} \cdot F\ . \tag{7.14}$$

Die analytisch ermittelten Schubspannungen berücksichtigen nicht die bereits erwähnten zusätzlichen Lastspannungen, die sich aus dem Biegemoment und den Quer- und Normalkräften ergeben. Zudem ergeben sich aus den Federeigenschwingungen bei hohen Drehzahlen dynamische Überhöhungen, welche die statisch ermittelten Lastspannungen um bis zu 50 % übersteigen können. Diese dynamischen Effekte können entweder durch Programme für die Mehrkörpersimulation oder messtechnisch mit Dehnungsmessstreifen ermittelt werden. Die experimentelle Methode wird meist an speziell vorbereiteten Motorattrappen durchgeführt [3]. Als Messschrieb ergibt sich die Lastspannung über der Motordrehzahl und dem Kurbelwellenwinkel.
Abhängig von der Belastung und den Bauraumanforderungen ergeben sich die in **Bild 7-175 b** gezeigten Bauformen. Die Standardbauform ist die symmetrische, zylindrische Feder. Bei dieser Feder sind die Windungsabstände symmetrisch zu beiden Federenden und der Windungsdurchmesser konstant. Die Progression der Federkennlinie wird durch das teilweise Berühren von Windungen über dem Einfederungsweg erreicht. Je nach eingestellter Progression ändern sich die Federrate und die Eigenfrequenz der Feder über dem Einfederungsweg. Die dynamische Anregung der Feder wird dadurch breitbandiger und die dynamische Überhöhung geringer.
Um die bewegte Federmasse möglichst gering zu halten, kann die Feder asymmetrisch gewickelt werden. Das heißt, dass die zur Progression erforderli-

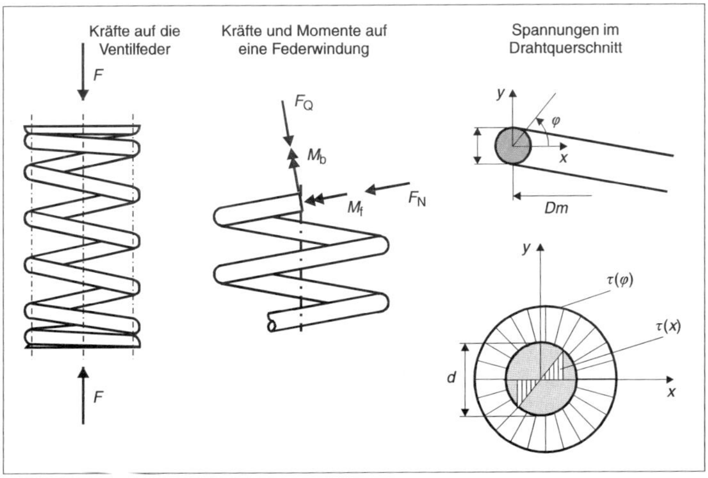

Bild 7-175 a Kräfte, Momente und Spannungen bei Ventilfedern

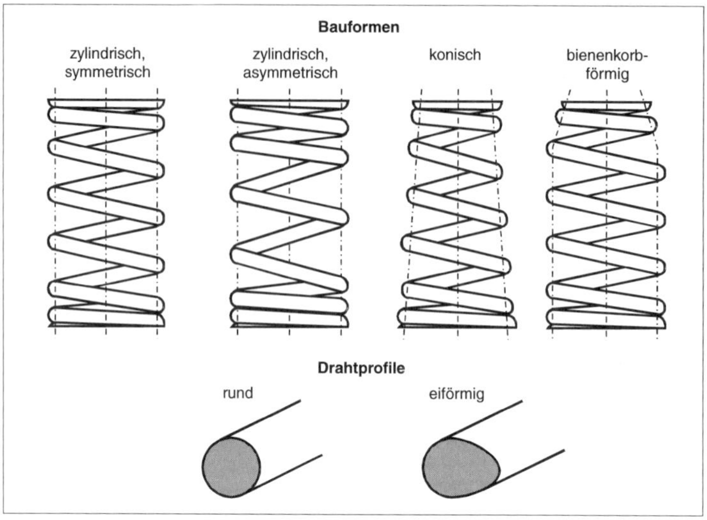

Bild 7-175b Bauformen und Drahtprofile von Ventilfedern

chen engen Windungsabstände zum Zylinderkopf gerichtet sind. Nachteil der asymmetrisch gewickelten Feder ist, dass für die gerichtete Montage der Feder im Zylinderkopf zusätzliche Maßnahmen ergriffen werden müssen, um Falschverbau auszuschließen.

Die konische Ventilfeder hat den Vorteil, dass zum einen die bewegten Massen geringer sind als bei einer zylindrischen Feder und zum zweiten die Blockhöhe geringfügig kleiner ist. Zudem kann mit einer konischen Ventilfeder ein kleinerer Federteller am Ventil verwendet werden, was wiederum einen positiven Einfluss auf die bewegten Massen hat. Nachteilig ist, dass eine konische Feder oft weniger Progression hat als eine zylindrische Feder.

Die sogenannte „Bienenkorbfeder" besteht aus einem ortsfesten zylindrischen Teil und einem konischen Teil, an den der Federteller angreift. Diese Bauform kombiniert die Vorteile der zylindrischen und der konischen Feder. Dabei kann die bewegte Masse über den kleineren Federteller gegenüber einer zylindrischen Feder deutlich reduziert werden. Über den zylindrischen Teil kann die erforderliche Progression eingestellt werden.

Als Drahtquerschnitte werden hauptsächlich runde und „eiförmige" Drähte verwendet. Durch den „eiförmigen" Draht hat man zum einen den Gewinn einer reduzierten Einbauhöhe und zum anderen den Vorteil, dass die Spannungsverteilung im Drahtquerschnitt gleichmäßiger ist als beim Runddraht, der, wie eingangs beschrieben, an der Federinnenseite am höchsten beansprucht ist. Eine optimale Werkstoffausnutzung ergibt sich nach den von [4] vorgeschlagenen Drahtquerschnitten. Dieser Drahtquerschnitt gibt zum einen den äquivalenten Durchmesser eines Runddrahtes und das Achsverhältnis der beiden Hauptachsen an. So bezeichnet ein 3,8 MA 25 einen eiförmigen Draht („multi-arc"), dessen Achsverhältnis 1 : 1,25 beträgt und dessen polares Flächenträgheitsmoment dem eines Runddrahts mit einem Durchmesser von 3,8 mm entspricht.

Die geforderten niedrigen Ausfallquoten stellen höchste Ansprüche an das Ventilfedervormaterial. Eine Hauptursache für Federversagen stellen nichtmetallische Einschlüsse im Ventilfederdraht oder mechanische Beschädigungen an seiner Oberfläche dar. Die früher häufig verwendeten CrV-Stähle können den Ansprüchen der erforderlichen Zugfestigkeit hoch beanspruchter Ventilfedern nicht mehr gerecht werden. Sie sind in Europa weitestgehend durch CrSi-legierte Stähle ersetzt worden. CrSi-Stähle weisen im Vergleich zu CrV-Stählen weniger hochschmelzende, nichtmetallische Einschlüsse und eine höhere Zugfestigkeit auf. Zunehmend werden auch hochfeste Drähte (HT, High Tensile) eingesetzt, die CrSiV oder CrSiNiV legiert werden. Der Walzdraht wird vor dem Kaltziehen geschält, um einen von Oberflächenfehlern freien Draht zu erhalten. Die erforderliche Festigkeit wird durch einen Vergüteprozess, meist Ölschlussvergütung, aber auch Induktive Vergütung erreicht. Im Anschluss an die Vergütung wird der Draht mittels Wirbelstromsensoren auf Oberflächenfehler geprüft. Eventuelle Fehlstellen werden markiert und bei der Federherstellung ausgeschleust.

Nach dem Winden der Feder wird diese zur Reduzierung der Windeeigenspannung spannungsarm geglüht. Anschließend werden die Federenden plangeschliffen, um eine parallele Federaufnahme zu gewährleisten. Je nach Anwendung wird die Feder angefast. Durch den Kugelstrahlprozess wird die Oberfläche verdichtet und Druckeigenspannung in die oberflächennahen Bereiche eingebracht. Diese Druckeigenspannungen werden im Betrieb durch die

Produktform Fertigungsschritt		Faktoren der Schwingfestigkeit				
		Reinheitsgrad	Oberfläche	Mech. Kennwerte	Gefüge	Eigenspannung
Flüssiger Stahl	Erschmelzen und Raffinieren	•		•		
Bramme/Block	Vergießen	•				
Knüppel	Warmwalzen	•	•			
Walzdraht	Warmwalzen	•	•		•	
	Schälen		•			
	Patentieren			•	•	
Ventilfederdraht	Kaltziehen		•	•		
	Ölschlussvergüten			•	•	
Ventilfeder	Winden		•			•
	Spannungsarmglühen			•	•	•
	Planschleifen der Federenden					
	Kugelstrahlen		•	(•)		•
	Warmvorsetzen					•

Bild 7-175c Faktoren auf die Schwingfestigkeit von Ventilfedern [1]

auftretenden Zugspannungen überlagert und verhindern eine Rissausbreitung.
Zur weiteren Steigerung der Schwingfestigkeiten werden hochbeanspruchte Federn zusätzlich stückvergütet. Hierdurch steigt die ertragbare Spannung gegenüber konventionellen Federn deutlich um circa 10 % **(Bild 7-175c)**.
Zudem werden Ventilfedern in einigen Anwendungen nitriert und anschließend erneut kugelgestrahlt. Wegen der damit verbundenen Kosten hat sich dieses Verfahren bislang in Europa und Amerika nicht durchsetzen können.

Literatur

[1] *Muhr, T.:* Zur Konstruktion von Ventilfedern in hochbeanspruchten Verbrennungsmotoren. Diss. RWTH Aachen, 1992

[2] *Deutsches Institut für Normung e.V. (Hrsg.).:* DIN-Taschenbücher, Berlin: Beuth, Zylindrische Schraubendruckfedern aus runden Stäben, DIN 2089 (Teil 1), 7. Aufl. 1984

[3] *Niepage, P. et al:* Meßstellenermittlung und Meßwertkalibrierung zur Spannungmessung an Ventilfedern mittels Dehnungsmessstreifen. In: Draht 41 1990 (3), S. 333–336

[4] *Yamamoto:* Valve Spring Made by Sankos Multi-Arc Wire; Kyoto: Sanko Senzai Kogyo Co. Ltd., 1989

7.13 Ventilsitzringe

7.13.1 Einleitung

Ventilsitzringe (im Folgenden VSR) und Ventilführungen (im Folgenden VF) sind wichtige Bauteile innerhalb des Ventiltriebes und essenziell für den einwandfreien Verbrennungsablauf im Zylinder. Zusammen mit dem Ventil haben die oben genannten Komponenten eine einwandfreie Abdichtung des Verbrennungsraumes zu gewährleisten, damit die erforderlichen Verdichtungs- beziehungsweise Verbrennungsdrücke im Zylinder erreicht werden. Ein erhöhter Verschleiß führt zu Veränderungen der Verbrennungsbedingungen und damit zu schlechteren Leistungs- und Emissionsdaten des Motors.
Bild 7-176 zeigt einen Tassenstößelventiltrieb mit oben liegender Nockenwelle. VSR und VF sind

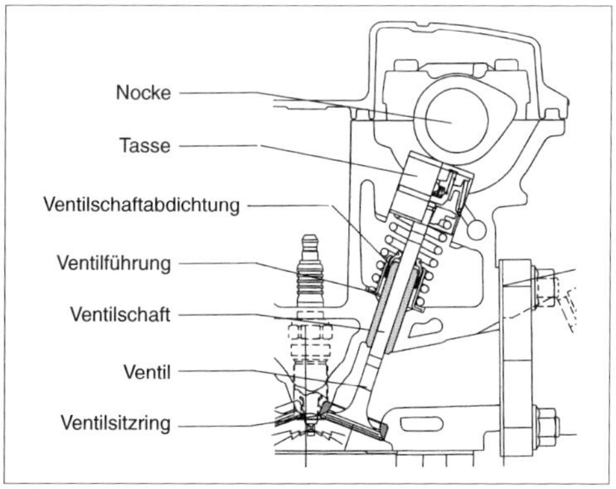

Bild 7-176 Tassenstößelventiltrieb mit obenliegender Nockenwelle

typische Vertreter von Bauteilen, die in hohen Stückzahlen produziert werden. **Bild 7-177** gibt eine Übersicht der produzierten Pkw-Motoren der Jahre 2006 und 2007 [1]. Hieraus ergibt sich ein Bedarf von über 1.000 Millionen Komponenten. Weltweit produzieren 13 Hersteller Ventilsitzringe, die sich in die Werkstoffgruppen der Gusswerkstoffe und der pulvermetallurgischen (PM) Materialien, die 90 % Marktanteil besitzen, unterteilen lassen.

Markt	Produzierte Fahrzeugmotoren	
	2006	2007
Europa	21.394.826	22.890.157
Nafta	15.877.161	15.425.600
Mercosur	3.043.135	3.517.469
Asien	26.762.274	29.118.108
Übrige	1.041.325	979.097
Gesamt	**68.118.871**	**71.930.431**

Bild 7-177 Weltweite Produktion von Kraftfahrzeugmotoren

7.13.2 Anforderungen an Ventilsitzringe

Über 99 % aller Aluminiumzylinderköpfe besitzen Ventilsitzringe, da das Aluminium und seine Legierungen keine für Ventilsitze ausreichenden Werkstoffeigenschaften besitzen. Der Ventilsitzring bildet zusammen mit dem Ventil ein tribologisches System, welches auch nach mehreren Millionen Lastzyklen die Funktionalität des Abdichtens sicherstellen muss. So werden in modernen Motoren Verschleißraten gefordert, die den wartungsfreien Betrieb eines mechanischen Ventiltriebes ohne Spielausgleich bis zu einer Laufleistung von 300.000 km erfüllen (< 1 µm/1.000 km). Dem gegenüber stehen äußerst anspruchsvolle Laufbedingungen. Im Folgenden werden die Haupteinflussfaktoren auf den Ventilsitzringverschleiß behandelt.

7.13.2.1 Ventilsitzbeanspruchungen

Je nach verwendetem Motorentyp treten unterschiedliche Beanspruchungen im Ventilsitzkontaktbereich auf. Die Art der Kraftstoffzufuhr, die Verdichtungs- und Verbrennungsdrücke und die damit verbundenen spezifischen Leistungen sowie die herrschenden Temperaturen im Kontaktbereich beeinflussen maßgeblich das Verschleiß- und Deformationsverhalten im Tribosystem Ventil/Ventilsitzring. Die so hervorgerufenen Verschleißfaktoren lassen sich wie folgt zusammenfassen:

a) **Mechanische Belastung des Sitzbereiches.** Sie setzt sich zusammen aus der Federvorspannkraft (F_f), der Aufprallkraft des Ventils (F_B) und der Verbrennungsdruckkraft (F_p). **Bild 7-178** gibt als Beispiel einen Überblick über die prozentuale Lastverteilung eines Ventilsitzes bei einem Motor mit oben liegender Nockenwelle.
Diese Belastung teilt sich entsprechend dem verwendeten Sitzwinkel in eine senkrecht und eine parallel zur Sitzfläche vorherrschende Kraft. Letztere ist primär für das Verschleiß- und Verformungsverhalten des Sitzes verantwortlich. Die Höhe der Kräfte und deren Lastaufteilung ist abhängig vom Motortyp und dessen Betriebszustand (zum Beispiel elektromagnetischer Ventiltrieb, Motorbremsbetrieb).

	Anteil an Gesamtbelastung
Federvorspannkraft	1–3 %
Aufprallkraft (maximale Beschleunigung 1.500–7.900 m/s^2)	2–17 %
Verbrennungsdruckkraft	80–97 %

Bild 7-178 Lastverteilung am Ventilsitz [2]

b) **Dynamische Sitzbelastungen durch Relativbewegungen des Ventils zum Sitzring.** Hierbei handelt es sich einerseits um eine Rotationsbewegung des Ventils. Diese ist abhängig von der Motordrehzahl und kann bei konventionell betätigten Ventilen bis zu 10 1/min beziehungsweise beim Einsatz von sogenannten Rotocaps bis zu 45 1/min betragen. Diese Bewegung ist erwünscht, da sie einerseits eine gleichmäßige Ventiltemperatur gewährleistet, andererseits reinigend am Sitz wirkt. Eine weitere dynamische Sitzbelastung ist die Ventiltellerbiegung, die automatisch bei einer brennraumseitigen Druckbeaufschlagung am Ventilkopf auftritt. Unterstützt wird dieser Effekt durch einen um 0,5–1° vergrößerten Ventilsitzwinkel im Vergleich zum Sitzring, genannt Differenzwinkel **(Bild 7-179)**. Hierdurch wird eine geringere Sitzbreite und damit eine höhere Flächenpressung mit besserer Dichtwirkung bei geringen Verbrennungsdrücken erzielt. Bei Erhöhung des Druckes vergrößert sich durch die Ventiltellerbiegung der Flächentraganteil und bewirkt so eine reduzierte Flächenpressung auf den Sitz.

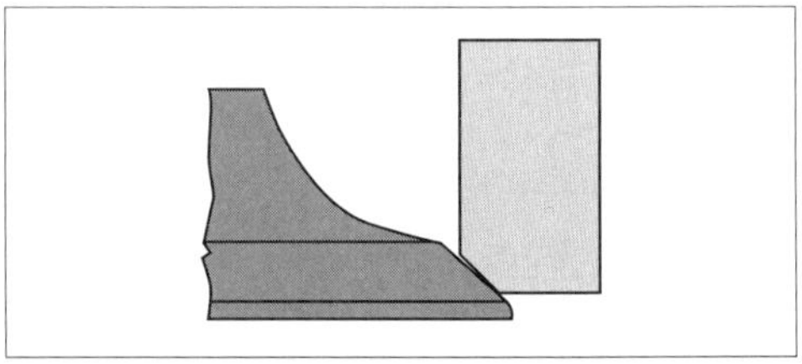

Bild 7-179 Differenzwinkel am Ventil

	Einlass		Auslass	
Ottokraftstoff Verschleißrate 1 – 5 µm/1000 km	++ –	Flüssigkeitsschmierung bei Saug- und Turbomotor bei Otto-DI, keine Schmierung, da lediglich Ansaugluft über den Einlass gelangt	+	Festkörperschmierung durch Ablagerungen aus den Verbrennungsgasen
Dieselkraftstoff Verschleißrate 1 – 5 µm/1000 km	–	Keine Schmierung durch Kraftstoff, da lediglich Ansaugluft über den Einlass gelangt	++	Festkörperschmierung durch Ablagerungen aus den Verbrennungsgasen
Alkohol Verschleißrate 1 – 10 µm/1000 km	O	Flüssigkeitsschmierung bei Saug- und Turbomotor, jedoch mit korrosiven Anteilen. Effekt variiert je nach Alkoholgehalt (ab E50 kritisch)	O --	geringe Festkörperschmierung, erhöhter Wasseranteil, Effekt variiert je nach Alkoholgehalt (ab E50 kritisch) problematisch thermisch hoch belastete Turbomotore
CNG Verschleißrate 1 – 50 µm/1000 km	–	Keine Schmierung , da lediglich ein Gasgemisch über den Einlass gelangt	--	geringe Festkörperschmierung, da geringe Verbrennungsrückstände problematisch thermisch hoch belastete Turbomotore
LPG Verschleißrate 1 – 70 µm/1000 km	--	Keine Schmierung, da lediglich ein Gasgemisch über den Einlass gelangt	--	geringe Festkörperschmierung, da geringe Verbrennungsrückstände
Wasserstoff Verschleißrate 3 – 70 µm/1000 km	--	Keine Schmierung, da lediglich ein Gasgemisch über den Einlass gelangt	--	Keine Schmierung, da keine Verbrennungsrückstände, erhöhter korrosiver Anteil durch Wasserdampf
Wertung: ++ sehr gut; + gut; o mittel; – schlecht; -- sehr schlecht				

Bild 7-180 Einfluss der Kraftstoffart auf das Verschleißverhalten Ventil/Ventilsitzring

	Ventil	Ventilsitzring
Einlass	270–370 HBW2,5/187,5 gehärtet >48 HRC	220–320 HBW2,5/187,5
Auslass (gepanzert)	30–50 HRC	30–46 HRC

Bild 7-181 Härtevergleich Ventil/Ventilsitzring

c) **Schmierung des Sitzkontaktes.** Die Verschleißraten des Tribosystems Ventil/VSR werden maßgeblich durch schmierende Zwischenschichten beeinflusst. Je nach Zusammensetzung des Verbrennungsgasgemisches unterscheiden sich die Effekte im Ein- und Auslass. **Bild 7-180** vergleicht den Einfluss der Kraftstoffarten auf das Verschleißverhalten zwischen Ventil und Sitzring.
Grundsätzlich werden diese Effekte durch weitere Phänomene überlagert. Insbesondere ist hier die mögliche Anfettung des Ansauggemisches durch Einleitung der Kurbelgehäusedämpfe in den Ansaugtrakt zu nennen. Des Weiteren gelangen Ölbestandteile über die Ventilschaftabdichtung entlang des Ventilschaftes in den Sitzkontaktbereich.

d) **Der Verschleißpartner – das Ventil.** Bei der Auslegung des Ventiltriebes ist darauf zu achten, dass die Härte der Kontaktfläche des Ventiles höher ist als die des Ventilsitzringes. Hierdurch soll eine Verschleißaufteilung von 1/3 am Ventil zu 2/3 am Ventilsitzring erzielt werden. Dieses Verschleißverhältnis ist notwendig, da es im umgekehrten Fall zur allmählichen Schwächung des Ventiltellers mit der Folge eines Ventildurchziehens und der Zerstörung des Motors kommen könnte. Typische Härtewerte sind in **Bild 7-181** zusammengefasst.

7.13.2.2 Werkstoffe und Eigenschaften

Werkstoffe

Gusslegierungen. Um diese Werkstofflegierungen herzustellen, werden die Produktionsmethoden Form- oder Sandguss sowie Schleuderguss herangezogen. So hergestellte Werkstoffe sind:

- **Gusseisen** [3]: Das Einsatzgebiet von niedrig legiertem Grauguss liegt bei gering belasteten Motoren sowohl im Ein- als auch im Auslass. Die hohen Anteile freien Graphits im Werkstoff sorgen für gute Notlaufeigenschaften. Über thermische Behandlungen können die Werkstoffeigenschaften verbessert werden, zum Beispiel Erhöhung der Duktilität, was beim Einsatz von Titanventilen erforderlich ist. Zur Anpassung an den Wärmeausdehnungskoeffizienten von Aluminiumzylinderköpfen findet austenitisches Gusseisen seine Anwendung. Durch eine Erhöhung des Karbidanteils wird bei diesem Werkstoff die Verschleißfestigkeit gesteigert.
- **Martensitischer Stahlguss** [3]: Hierbei handelt es sich um Werkstoffe auf Basis von Werkzeugstählen beziehungsweise rostfreien Martensitstählen. Sie werden im Allgemeinen als gehärtete Qualitäten für Einlass-/und Auslassventilsitzringe bei Nutzkraftfahrzeugen mittlerer und hoher Beanspruchung für Temperaturen bis circa 600 °C eingesetzt. Bei Zugabe von Chrom ergeben sich gute Korrosionsbeständigkeiten.
- **Nichteisengusslegierungen** [3]: Bei dieser Werkstoffgruppe handelt es sich um hochlegierte Nickel- oder Kobaltbasislegierungen. Sie finden insbesondere bei hochbelasteten Motoren als Auslasswerkstoffe Anwendung. Charakteristisch für diese Werkstoffgruppe sind die hohen Anteile an Karbiden und intermetallischen Phasen. Es werden sehr gute Hochtemperatureigenschaften bis 875 °C erreicht. Nachteilig sind die hohen Werkstoffkosten, die niedrige Wärmeleitfähigkeit und die schwierige Bearbeitbarkeit. In höchstbelasteten Motoren (Motorsport/Formel1) kommen Cu-Basis Legierungen mit Zusätzen von Beryllium auf Grund der hohen Wärmeleitfähigkeit zum Einsatz.

PM-Werkstoffe: Nach dem Verpressen einer Pulvermischung in einer endkonturnahen Form bei Drücken bis zu 900 MPa werden die Presslinge, sogenannte Grünlinge, bei hohen Temperaturen (1.000 – 1.200 °C bei Eisenbasislegierungen) gesintert und thermisch nachbehandelt. Die mechanischen Bearbeitungen Drehen und Schleifen bilden den Abschluss des Produktionsprozesses. Je nach Art des verwendeten Werkstoffes können zusätzliche Fertigungsschritte erforderlich sein. Ziel moderner PM-Entwicklungen ist es, die Anzahl der Fertigungsschritte niedrig zu halten, um deutliche Kosteneinsparungen zu erzielen [4].
PM-Werkstoffe werden differenziert nach

- **niedrig legierten Stählen:** Niedriglegierte Stähle werden vorwiegend für Einlassventilsitzringe bei Ottomotoren benutzt. Diese Werkstoffe basieren auf dem System Fe-Cu-C. Das Gefüge ist im Allgemeinen ferritisch/perlitisch mit Anteilen an Zementit. Geringe Anteile von Nickel oder Molybdän dienen zur Verbesserung der Verschleißfestigkeit. Zur Optimierung der Zerspanbarkeit dienen häufig Festschmierstoffe (zum Beispiel MnS, Pb, MoS_2, CaF_2 oder Graphit). Insgesamt liegt der Anteil an Legierungselementen unter 5 %.
- **mittelhochlegierten Stählen:** Diese Werkstoffe sind im Allgemeinen in Auslassventilsitzringen von Ottomotoren sowie bei Dieselmotoren sowohl im Einlass- als auch Auslassbereich zu finden. Diese Werkstoffgruppe stellt die am weitesten verbreitete dar und besitzt eine breite Variantenvielfalt, aus der die drei gängigsten Gruppierungen erwähnt werden sollen.
  Bei den Martensitstählen besteht das Gefüge im Wesentlichen aus einem martensitischen Anlassgefüge mit fein verteilten Karbiden, Festschmierstoffen und gegebenenfalls Hardphasen (intermetallische Phasen hoher Härte und Temperaturbeständigkeit (zum Beispoel Co-Mo-Cr-Si-Laves-Phasen, Co-Cr-W-C-Phasen [5])). Schnellstähle beziehen ihre hohe Verschleißfestigkeit aus einer martensitischen Matrix mit einer feinen Verteilung von Sonderkarbiden des Typs M_6C oder MC, welche sich über Legierungselemente wie Cr, W, V, Mo oder Si bilden können. Aufbauend auf den Schnellstahlstandardzusammensetzungen (zum Beispiel M2, M4, M35) führen legierungstechnische Modifikationen, wie das Verdünnen mit Eisenpulvern, die Zugabe von Festschmierstoffen oder weiteren Hardphasen, zum Ventilsitzringwerkstoff. Bainitische Stähle besitzen im Gegensatz zu den anderen beiden Werkstoffgruppen kein Anlassgefüge, sondern ein thermisch stabileres bainitisches Grundgefüge. Zugaben von Festschmierstoffen, Karbidbildnern und Hardphasen ergeben in Kombination mit dem Gefüge gute Warmverschleißeigenschaften. Typische Legierungselemente sind Co, Ni und Mo.
  Die mittelhochlegierten Stahlgruppen können auch als kupferinfiltrierte Qualitäten bezogen werden. Hierzu wird während des Sinterprozesses das offene Porenvolumen des Sinterkörpers mit flüssigem Kupfer gefüllt. Der Vorteil dieser Legierung liegt neben einer besseren Wärmeleitfähigkeit auch in einer besseren Bearbeitbarkeit.

- **hochlegierten Stählen:** Diese Gruppe umfasst martensitische beziehungsweise austenitische Werkstoffe. Der Anwendungsbereich liegt bei Motoren mit hoher Anforderung bezüglich Hochtemperaturoxidations/-korrosionsfestigkeit. Typische Legierungselemente sind Ni, Cr und Co. Auf Grund des hohen Legierungsanteils sind diese Werkstoffe im Vergleich zu den anderen Werkstoffgruppen sehr kostenintensiv. Aus diesem Grund wird häufig die sogenannte Doppellagentechnologie angewandt, bei welcher der Ventilsitzring aus 2 unterschiedlichen Werkstofflagen, sitzseitig eine hochlegierte und kanalseitig eine niedriglegierte Werkstoffqualität, besteht [6].
- **Nichteisenlegierungen:** Ni-/Co-Basislegierungen sind im Gegensatz zu den Gusslegierungen im pulvermetallurgischen Bereich sehr selten anzutreffen. Insbesondere für Rennsportapplikationen sind Kupferwerkstoffe von besonderem Interesse. Moderne Werkstoffentwicklungen haben die Zielsetzung, das toxische Beryllium als Legierungselement zu substituieren. Durch Anteile keramischer Partikel (zum Beispiel Al_2O_3) wurden bereits Verschleißfestigkeiten nachgewiesen, die denen der Standardapplikationen entsprechen [9].

Eigenschaften

Um den anwendungstechnischen Anforderungen zu genügen, müssen Ventilsitzringe gewisse Materialeigenschaften besitzen. Diese Schlüsseleigenschaften werden im Folgenden dargestellt.

- **Warmhärte:** Die Härte eines Werkstoffes korrespondiert im Allgemeinen mit dessen Verschleißfestigkeit. Aus diesem Grund dient die Warmhärte als Indikator für die Verschleißfestigkeit eines Materials bei erhöhter Temperatur. Starke Härteabfälle bei steigenden Temperaturen zeigen mögliche Grenzeinsatztemperaturen an **(Bild 7-182)**.
- **Thermische Gefügestabilität:** Die thermische Gefügestabilität indiziert Veränderungen im Werkstoff auf Grund von Temperatureinflüssen. **Bild 7-183** fasst verschiedene Effekte zusammen. Insbesondere bei Werkstoffen mit Anlassgefüge muss von diffusionsbedingten Veränderungen unter thermischer Belastung ausgegangen werden.

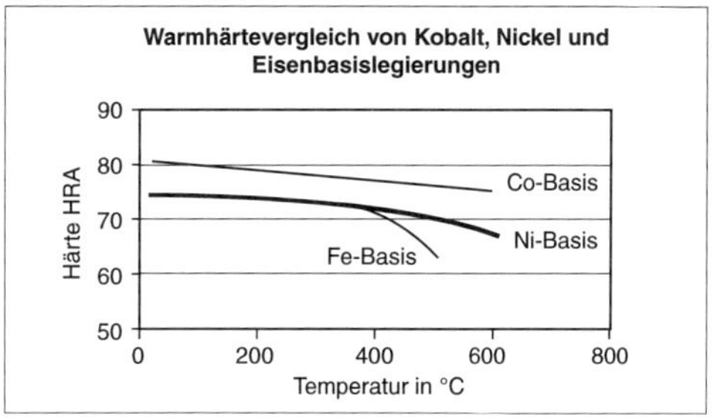

Bild 7-182 Warmhärtevergleich [7]

- **Wärmeausdehnungskoeffizient:** Der Wärmeausdehnungskoeffizient von Ventilsitzringen und Zylinderkopfwerkstoffen ist für die Montage von VSR in Zylinderköpfen über eine Pressverbindung von erheblicher Bedeutung. Vorteilhaft ist es, wenn die Werkstoffe beider Fügepartner ähnlich hohe Wärmeausdehnungskoeffizienten besitzen. Ist dies nicht gegeben, so kommt es zum Beispiel bei der Kombination von Fe-Basis-Ventilsitzringen/Aluminiumzylinderkopf bei Erwärmung zu einer Abnahme der Presskraft. Dies kann zum Herausfallen des Sitzringes aus der Zylinderkopfbohrung und damit zur Zerstörung des Motors führen. **Bild 7-184** zeigt typische Wärmeausdehnungskoeffizienten.
- **Wärmeleitfähigkeit:** Zur Reduzierung der Ventiltemperatur ist es erforderlich, einen guten Wärmefluss vom Ventilteller über den Ventilsitzring in den Zylinderkopf zu erhalten. Dies wird neben der Schaffung von guten Wärmeübergängen über Werkstoffe erreicht, die hohe Wärmeleitfähigkeiten aufweisen. **Bild 7-185** veranschaulicht die theoretischen Wärmeflüsse am Ventil.
  Theoretische Berechnungen [8] haben ergeben, dass eine Erhöhung der Leitfähigkeit von 20 W/mK auf 40 W/mK die Betriebstemperatur des Sitzringes um 50 °C und die des Ventils um 30 °C reduziert. Messungen in verschiedenen Motoren bestätigen die Reduzierung der Ventilkopftemperatur [9]. Um diese Eigenschaftswerte zu erreichen, werden insbesondere mittelhochlegierte Auslasswerkstoffe mit Kupfer infiltriert. **Bild 7-186** fasst einige repräsentative Kennwerte zusammen. Bei der Auslegung des Zylinderkopfs

Temperatur	Vorgang	Wirkung
–190 °C ... 21 °C	Umwandlung Restaustenit in Martensit	Zunahme der Härte Dimensionelle Veränderungen
250 °C ... 900 °C	Abbau Eigenspannungen Diffusionsvorgänge Ausscheidungsvorgänge	Härteveränderungen Eigenschaftsveränderungen Gefügeveränderungen

Bild 7-183 Effekte auf Grund thermischer Beanspruchung

		Wärmeausdehnung [10^{-6} K]
Zylinderkopf	Gusseisen	9–11
	Aluminium	23–27
Ventilsitzring	Fe-Basis (martensitisch)	9–13
	Fe-Basis (austenitisch)	17–19
	Ni-Basis	12–16
	Co-Basis	12–14

Bild 7-184 Wärmeausdehnungskoeffizienten

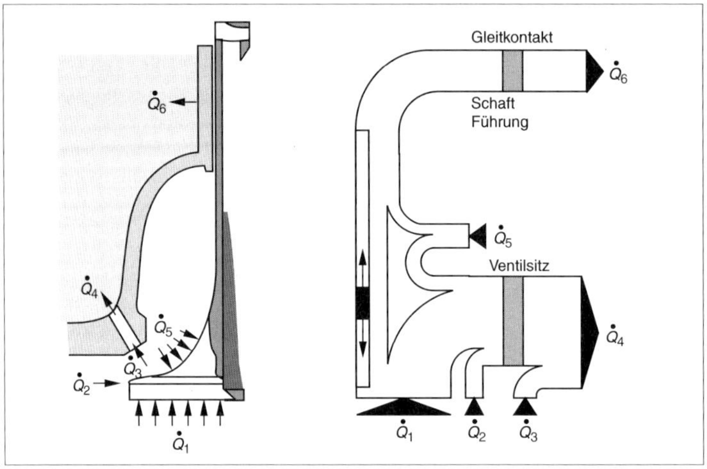

Bild 7-185 Wärmefluss am Ventil [9]

ist zu berücksichtigen, dass die größere Wärmeeinbringung in das Aluminium des Zylinderkopfes bei hochwärmeleitfähigen Ventilsitzringen zu einem Festigkeitsverlust des Aluminiums führt. Rissbildungen im Stegbereich sind Folgen dieser Art von thermischer Überbelastung.

- **Dichte:** Um die Werkstoffbeanspruchung möglichst niedrig zu halten, sind Werkstoffe mit hoher Dichte auf Grund ihres höheren spezifischen Traganteils bei gegebener Belastung vorteilhaft. Zusätzlich wird so vermieden, dass es durch Kerbwirkung der Poren zu Ermüdungserscheinungen mit Materialausbrüchen kommt. Im Gegensatz zu gegossenen Ventilsitzringen muss bei pulvermetallurgischen Erzeugnissen grundsätzlich mit einem gewissen Porenanteil gerechnet werden.

	Wärmeleitfähigkeit [W/mK]
Fe-Basis	17–35
Fe-Basis (Cu-infiltriert)	40–49
Ni-Basis	16–18
Co-Basis	14–15
Cu-Basis	100–200

Bild 7-186 Wärmeleitfähigkeiten

- **Oxidations-/Korrosionsbeständigkeit:** Aufgrund der extremen Betriebsbedingungen müssen Ventilsitzringe gegen die heißen Abgase korrosionsbeziehungsweise oxidationsbeständig sein. Dies kann entweder durch die chemische Zusammensetzung des Werkstoffes erreicht werden oder durch eine gezielte Passivierung der Bauteiloberflächen zum Beispiel Voroxidation.
- **Verschleißfestigkeit:** Grundsätzlich wirken folgende Verschleißmechanismen:
Adhäsion: Lokale Mikroverschweißungen mit anschließendem Aufbrechen der Kontaktstellen. Es kommt zum Materialtransfer von einem Reibpartner zum anderen sowie zur Grübchenbildung.
Abrasion: Materialabtrag auf Basis von Schleif- und Schneidmechanismen im Mikrobereich. Ein Materialtransfer findet nur im begrenzten Maße statt.
Oxidation: Bildung von spröden, nicht fest anhaftenden Oxidschichten, die bei Belastung von der Oberfläche platzen, beziehungsweise eingebettet werden. In diesem Fall wird von Tribooxidation gesprochen. Korrosion: Bildung von Reaktionsphasen, zum Beispiel führt bei hochnickelhaltigen

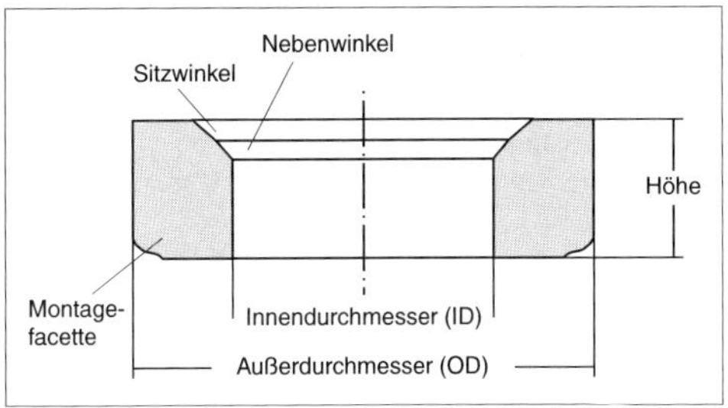

Bild 7-187 Typische Ventilsitzringkontur

Werkstoffen das niedrigschmelzende Nickel-Schwefel-Eutektikum zur Materialschwächung und Auslösung von Materialbereichen.

- **Mechanische Bearbeitbarkeit:** Eine gute mechanische Bearbeitbarkeit ist ein wichtiges Kriterium zur Beurteilung von Ventilsitzringwerkstoffen, da die Endsitzbearbeitung auf Grund der Toleranzlagen im Zylinder und am Sitzring im montierten Zustand vorgenommen werden muss. Der Aufbau des Gefüges, eine möglichst hohe Dichte sowie die Zugabe von Festschmierstoffen können die Werkzeugstandzeiten positiv beeinflussen.

7.13.2.3 Geometrie und Toleranzen

Ventilsitzringe besitzen im Allgemeinen eine einfache ringförmige Kontur. Hiervon abweichende Sonderformen mit konturierten Außenmantelflächen werden bei Bauteilen verwendet, welche während der Zylinderkopfherstellung eingegossen werden. Diese Konturen sollen ein Herausfallen der Sitzringe durch Formschluss verhindern [10]. **Bild 7-187** veranschaulicht eine typische Ventilsitzringkontur. **Bild 7-188** fasst gängige Toleranzkennwerte zusammen.

- **Ventilsitz:** Der Ventilsitz des Ringes ist der eigentliche Funktionsbereich des Bauteils. Er wird in der Regel erst nach der Zylinderkopfmontage endgültig über Drehoperationen hergestellt, um eine genaue Ausrichtung der Ventilachse zur Ventilsitzringachse zu erhalten (Mittenversatz max. 0,02 ... 0,03 mm bei neuen Motoren). Eine konstruktive Möglichkeit, den Verschleiß am Sitz zu reduzieren, besteht in der Verringerung des Sitzwinkels beziehungsweise der Erhöhung der Sitzbreite. Durch das Verkleinern des Sitzwinkels beziehungsweise der Verbreiterung des Sitzes reduzieren sich die parallel zur Sitzfläche wirkenden Belastungen, wie **Bild 7-189** darstellt. Untersuchungen haben gezeigt, dass die Verminderung der Flächenlängsbelastung zu einer Verringerung der Verschleißrate führt. Übliche Kennwerte für Sitzwinkel und Sitzbreiten sind **Bild 7-190** zu entnehmen.
- **Montagefacette:** Die Facette positioniert den Ventilsitzring und verringert die Einpresskräfte vor und während der Zylinderkopfmontage. Gedrehte Facetten besitzen im Allgemeinen eine einfache Schräge mit einem Winkel von 10°–45°. Bei Sitzringen, deren Facette während des pulvermetallurgischen Produktionsprozesses angepresst wird, sind häufig Radien in der Größe von 0,4–1,4 mm mit einer mantelseitigen Schräge von 10°–15° vorzufinden. Grundsätzlich kann davon ausgegangen werden, dass kleinere Winkel der Schrägen zu geringeren Montagekräften führen. Des Weiteren ist darauf zu achten, dass im Mon-

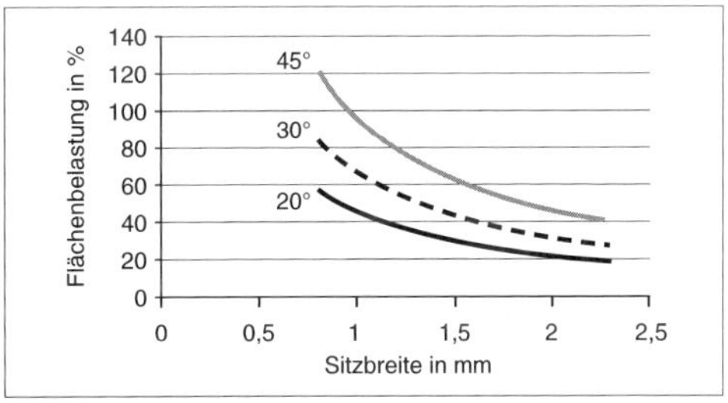

Bild 7-189 Vergleich der Flächenbelastung in Abhängigkeit von Sitzwinkel und Sitzbreite

Außendurchmesser	*Da* < 45 mm	± 0.013 mm
	Da > 45 mm	± 0,010 mm
	Rechtwinkligkeit	0,03 bezogen auf Facettenseite
	Oberfläche	Ra = 1,25
Innendurchmesser	Zylindermaß	± 0,1
	Auslaufmaß von Schrägen	± 0,15
	Oberfläche	*Ra* = 3,2
	Koaxialität	0,2
Sitz	Winkel	± 1°
	Oberfläche	*Ra* = 3,2
Höhe	Maß	± 0,05
	Parallelität	0,04
	Oberfläche Stirnflächen	*Ra* = 1,6
Montagefacette	Toleranz Radius	± 0,15 – ± 0,3
	Toleranz Winkelschräge	± 2°

Bild 7-188 Toleranzbereiche bei Ventilsitzringkonstruktionen

	Sitzbreite in mm		Sitzwinkel
	Einlass	Auslass	
Ottomotor	1,2–1,6	1,4–1,8	45°
Dieselmotor			
Pkw	1,6–2,2	1,6–2,2	45°
Nkw	2,0–3,0	2,0–3,0	20°–45°
Gasmotor	1,8–2,5	1,8–2,5	20°–45°

Bild 7-190 Sitzbreiten und Sitzwinkel

tagebereich keine Gradbildung durch Bearbeitungsvorgänge beim Drehen vorliegt. Verhindert wird dies durch Gleitschleifen der Bauteile.

- **Innendurchmesser:** Innendurchmesser von Ventilsitzringen sind im Allgemeinen unbearbeitet. Zur Optimierung von Strömungsvorgängen werden in bestimmten Motorenfamilien Einlassventilsitzringe mit speziellen Innenkonturen verwendet, wie zum Beispiel Venturiformen. Zur Verbesserung der Einlaufbedingungen und zum Erreichen konstanter Sitzbreiten nach der Fertigbearbeitung des Sitzringes im Zylinderkopf werden häufig Nebenwinkel im Bereich des Ventilsitzes vorgesehen. Der übliche Wert solcher Winkel liegt bei 30° (**Bild 7-191**).
- **Wandstärke:** Aufgrund der immer kompakteren Bauweise bei modernen Motoren ergeben sich Forderungen nach immer dünnwandigeren Ventilsitzringen. Dem gegenüber stehen die mechanischen Beanspruchungen im Sitzring sowie Aspekte der Produktionssicherheit. Übliche im Großserienmaßstab hergestellte Wandstärken liegen über 1,8 mm. Das Verhältnis von Höhe/Wandstärke sollte sich entsprechend **Bild 7-192** verhalten.
- **Außendurchmesser:** Für einen ausreichenden Presssitz im Zylinderkopf werden Überdeckungen von 0,05–0,13 mm zur Zylinderkopfbohrung verwendet [7]. Ein weiterer Orientierungswert zur Auslegung von Aluminiumzylinderkopfmontagen berechnet sich zu: Überdeckung = 0,3–0,4 % × Bohrungsdurchmesser Zylinderkopf. Grundsätzlich sollte die Überdeckung dem jeweiligen Anwendungsfall angepasst werden. Für das Ableiten der Wärme in den Zylinderkopf ist es notwendig, dass insbesondere die dem Brennraum zugewandte Seite gut an der Bohrungsfläche des Zylinderkopfes anliegt, da hier der höchste Wärmetransfer stattfindet. **Bild 7-193** zeigt die Temperaturverteilung innerhalb eines Auslassventilsitzringes. Bei der pulvermetallurgischen Herstellung von Ventilsitzringen ist darauf zu achten, dass das Verhältnis Außendurchmesser/Wandstärke im Bereich von 10–13 liegt. Ursache hierfür ist die Sicherstellung einer ausreichenden Grünstabilität der noch nicht gesinterten Pulverpresslinge. Gusstechnisch ist eine solche Limitierung nicht bekannt. Die Oberflächenrauigkeit der Außenmantelfläche beeinflusst die Montagekräfte beim Fügen der VSR in den Zylinderkopf.

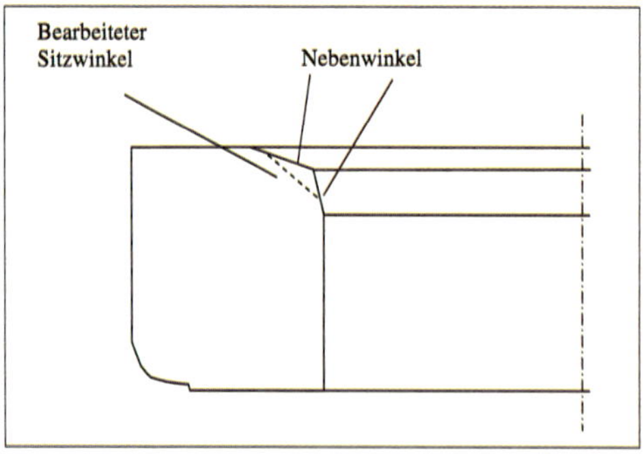

Bild 7-191 Nebenwinkel

Ringhöhe H	Höhe/Wandstärke
5–6 mm	≤2,5
6–9 mm	≤3,0
>9 mm	≤4,0

Bild 7-192 H/W-Verhältnis

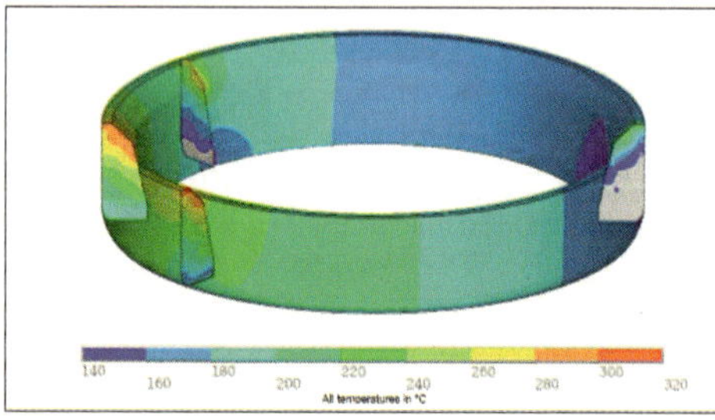

Bild 7-193 Temperaturverteilung innerhalb eines Auslassventilsitzringes

7.13.2.4 Zylinderkopfgeometrie und -montage

Die Geometrie des Zylinderkopfes beeinflusst erheblich die Funktionalität der Ventilsitzringe. Insbesondere werden durch entsprechende Konstruktionen und Montagen die Temperaturen im Sitzring maßgeblich beeinflusst. Wichtig ist eine saubere Anlage der Sitzringmantelfläche an der Zylinderkopfbohrungsfläche. Daher sind die Rundheiten der Durchmesser und Rechtwinkligkeiten der Mantelflächen zu den Auflageflächen von Bohrung und Sitzring ebenso wichtige Kenngrößen, wie die Neigung des Zylinderkopfes zum Verzug. Bei der Verwendung von VSR-Werkstoffen mit erhöhter Wärmeleitfähigkeit ist zu berücksichtigen, dass hierdurch eine erhöhte thermische Belastung des Stegbereiches im Zylinderkopf erfolgt. Dies kann insbesondere bei höher belasteten Motoren zur Rissbildung in diesem Bereich führen.

Bei der Installation von Sitzringen in den Zylinderkopf bei Raumtemperatur besteht die Gefahr, dass es auf Grund der Überdeckung vom Sitzring zur Bohrung zu plastischen Verformungen des Zylinderkopfmaterials mit Materialaufschub während der Montage kommen kann. Um dies zu vermeiden, wird für die Montagefacette ein Winkel von < 10° empfohlen. Das Einziehen der Ventilsitzringe in Kombination mit einer Tiefkühlung in flüssigem Stickstoff bietet den Vorteil einer geringen Fügeüberdeckung mit der Folge geringer Einpresskräfte. Nachteilig wirkt sich die erhöhte Sprödigkeit des Sitzringwerkstoffes im tiefgekühlten Zustand aus. Des Weiteren ist eine genaue Prozessführung absolut notwendig, da zeitliche Verzögerungen während der Montage sofort zu veränderten thermischen Fügebedingungen mit der Folge erhöhter Einpresskräfte und mit dem Risiko eines nicht exakten Presssitzes führen.

Literatur

[1] *VDA-Mitteilungen 2008, Internet:* www.vda.de

[2] *Dolenski, T.:* Konstruktion eines Hochtemperatur-Stift-Scheibe-Verschleißprüfstandes. Diplomarbeit FH Bochum, 1998

[3] SAE Valve Seat Information Report, SAE J 1692, Society for Automotive Engineers, Inc. Warrendale, PA (1993)

[4] *Rodrigues, H.:* Sintered Valve Seat Inserts and Valve Guides: Factors Affecting Design, Performance & Machinability, proceedings of the International Symposium on Valve Train System Design and Materials, ASM, 1997

[5] *Dooley, D.; Trudeau, T.; Bancroft, D.:* Materials and Design Aspects of modern valve seat inserts, Proceedings of the International Symposium on Valve Train System Design and Materials, ASM (1997)

[6] *Motooka, N.; et al:* Double-Layer Seat inserts for Passenger Car Diesel Engines, SAE Technical Paper Series 850455 (1985)

[7] Valve seat insert information report, SAE J 1692, 30. 08. 1993

[8] *Richmond, J.; Barrett, D. J. S.; Whimpenny, C. V.:* ImechE, C389/057, 121 – 128 (1992)

[9] *Dalal, K.; Krüger, G.; Todsen, U.; Nadkarni, A.:* Dispersion strengthed copper valve seat inserts and guides for automotive engines, SAE Technical Paper Series 980327 (1998)

[10] *Rehr, A.:* Offenlegungsschrift DE 3937402 A1, Deutsches Patentamt, (1991)

7.14 Ventilführungen

Ventilführungen sind ebenso wie Ventile und Ventilsitzringe wichtige Komponenten des Ventiltriebes. Der jährliche Bedarf ist mit über 1.000 Millionen Teile identisch zu dem der Ventilsitzringe (siehe **Bild 7-177**).

Werkstofflich teilt sich der Markt in PM (Pulvermetall), umgeformte Messing- und Gusseisenqualitäten auf.

7.14.1 Anforderungen an Ventilführungen

Ventilführungen haben die Aufgabe, das oszillierende Ventil so zu führen, dass dieses stets einwandfrei im Dichtungssitz des Ventilsitzringes positioniert wird. Dieses tribologische System wird aus dem Ventilschaft und der Ventilführung gebildet. Die Schmierung erfolgt durch Motorenöl, welches gezielt über einen Ölleckagestrom durch den Spalt Ventilschaft/-führung zugeführt wird. Bei bestimmten Werkstoffen kommt ein Eigenschmierungsanteil über bestimmte Legierungszusätze beziehungsweise Gefügebestandteile hinzu. Auf Grund der immer restriktiveren Abgasemissionsgesetzgebung steigt die Anforderung, dieÖlleckageraten zukünftig zu minimieren. Hier sind Werkstoffkombinationen gefragt, die einen Trockenlauf gewährleisten. Ein erhöhter abrasiver oder adhäsiver Verschleiß insbesondere an den Ventilführungsenden führt zu schlechteren Leistungs- und Emissionsdaten des Motors. Letzterer kann zum sogenannten Fressen führen. Wie auch bei Ventilsitzringen gibt es diverse Einflussgrößen, die bei der Verwendung und Auslegung von Ventilführungen zu berücksichtigen sind.

7.14.1.1 Ventilführungsbeanspruchungen

Die Belastungen innerhalb der Ventilführung sind Reaktionen auf Kräfte, die durch den Ventilschaft in das Tribosystem Ventilführung/Ventil eingeleitet werden und ein Kippen des Ventils bewirken. Sie bestehen aus [1]:

- Der Reibkraft an der Ventilstirnfläche (F_q)
- Der Querkraft der Ventilfeder (F_f)
- Der außermittigen Normalkraft auf der Ventilstirnfläche (F_n)
- Den Gaskräften am Ventilteller (F_{gas}).

Die so verursachten Momente werden durch Gegenkräfte an beiden Enden der Ventilführung aufgefangen. **Bild 7-194** veranschaulicht dieses Kräftegleichgewicht.

$$\sum F = 0 = F_q + F_n + F_f + F_{gas} + \sum_{n=1}^{N=4} F_{vfn} \qquad (7.15)$$

Bei Trockenlauf verursachen die Belastungen an den Ventilführungsenden einen Festkörperkontakt zum Ventilschaft. Bei der Anwesenheit von Öl innerhalb der Ventilführung kommt es auf Grund der oszillierenden Bewegung des Ventils zur Ausbildung eines hydrodynamischen Schmierfilms und einem Druckaufbau an den Enden der Ventilführung. Dieser Schmierfilm trennt die Reibungspartner bis zum Punkt der Bewegungsumkehr. Danach kommt es kurzfristig zu einem Festkörperkontakt, der sich anschließend von Haftreibung wieder in Gleitreibung

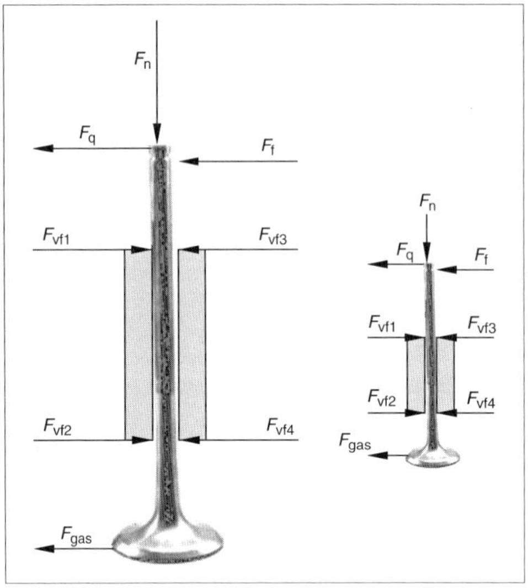

Bild 7-194 Kräfte am Ventil und an der Ventilführung

umkehrt. Prinzipiell durchläuft der Kontakt Ventilschaft/-führung kontinuierlich die in der sogenannten Stribeck-Kurve beschriebenen Reibverhältnisse in Abhängigkeit von der Gleitgeschwindigkeit. Folgende Punkte beeinflussen die Beanspruchungen innerhalb der Ventilführung:

a) Ventiltrieb: Je nach Bauart des Ventiltriebes sind die an den Enden der Ventilführung auftretenden Kräfte unterschiedlich. So besitzen Kipphebeltriebe bis zu 5-mal höhere Seitenkräfte als Tassenstößelantriebe. **Bild 7-195** zeigt den typischen Querkraftverlauf eines Kipphebelventiltriebes.

b) Ventilspiel: Dynamische Vorgänge der Ventilbetätigung verursachen zusätzliche Kräfte **(Bild 7-196)**. Die Erhöhung des Ventilspiels um 0,1 mm bewirkt eine Steigerung der Querkraft um 22 % [1].

c) Ventilschaftabdichtung: Zum Aufbau eines hydrodynamischen Schmierfilms im Kontaktbereich Ventilschaft/Ventilführung ist neben der Ventilgleitgeschwindigkeit auch eine ausreichende Ölmenge notwendig. Dies wird mit Ventilschaftabdichtungen erreicht, welche definiert bestimmte Ölmengen durch den Schaftabdichtungsbereich passieren lassen. Übliche Kennwerte liegen in der Größenordnung von 0,007 .... 0,1 ccm/10 h. Bei Verwendung von Abgasturboladern beziehungsweise Motorbremsen bei Nutzfahrzeugen können sich die Druckverhältnisse an der Kanalseite der Ventilführung ändern und dadurch die Ölleckage beeinflussen. Untersuchungsergebnisse zeigen, dass ein kanalseitiger Überdruck von 0,8 bar zu einem Verdrängen des Öls aus der Ventilführung

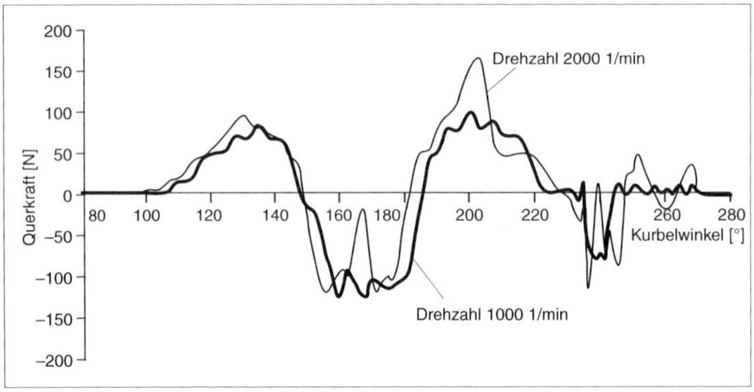

Bild 7-195 Querkräfte an einer Ventilführung bei unterschiedlichen Drehzahlen [1] (Motor befeuert, Ventilspiel 0,1 mm, Ventilführungsspiel 45 µm, Öltemperatur 50 °C, Ventiltrieb Kipphebel)

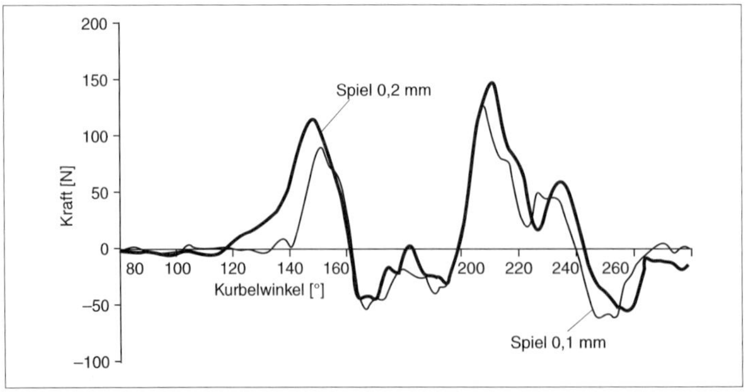

Bild 7-196 Querkräfte an einer Ventilführung bei unterschiedlichen Ventilspielen [1] (Motor befeuert, Drehzahl 1.000 1/min, Ventilführungsspiel 45 µm, Öltemperatur 60 °C, Ventiltrieb Kipphebel)

und damit zu einer Mangelschmierung mit erhöhtem Verschleiß beziehungsweise Fressen führt [1]. Spezielle Konstruktionsformen von Schaftabdichtungen (zum Beispiel Gaslippendichtungen) eliminieren dieses Problem.

d) Ventilführungsspiel: Die Ventilführung ist verantwortlich für die exakte Positionierung des Ventiles im Sitz des Ventilsitzringes. Damit diese Aufgabe erfüllt werden kann, sind die Ventilführungsbohrung und der Außendurchmesser des Ventilschaftes aufeinander abzustimmen. Grundsätzlich ist das minimal mögliche VF-Spiel anzustreben. Dadurch wird neben eines besseren Wärmeüberganges auch die Gefahr des Ventilkippens verringert. Zusätzlich unterstützt diese geometrische Bauteilabstimmung den Aufbau des hydrodynamischen Schmierfilms. Nach unten begrenzt wird diese Durchmesserdifferenz durch unterschiedliche Ausdehnungskoeffizienten von Führung und Ventilschaft. **Bild 7-197** fasst einige Richtwerte für Ventilführungsspiele zusammen.

e) Ventil: Das Ventil beeinflusst als Laufpartner zur Ventilführung maßgeblich das Verschleißverhalten über zwei Faktoren.

(1) ***Die über den Ventilschaft zugeführte Wärme:*** Theoretische Berechnungen gehen davon aus, dass circa 10–25 % der gesamten am Ventil auftretenden Wärme durch die Ventilführung abgeleitet wird. Dieser Effekt hängt zum einen von der Wärmeleitfähigkeit des Schaftwerkstoffes ab (12 ... 21 W/mK), zum anderen ist die konstruktive Ausführung des Ventiles von entscheidender Bedeutung. So dienen natriumgekühlte Hohlventile dazu, die Temperatur im kritischen Kehlbereich des Ventils abzusenken (um 80 °C–150 °C). Die Kühlung wird dadurch erreicht, dass ein Wärmetransport über das im Ventil befindliche flüssige Natrium vom Kopf in den Bereich des Schaftes erfolgt. Die so hervorgerufene höhere thermische Belastung der Führung stellt besondere Anforderungen an den Werkstoff und die Systemabstimmung.

(2) ***Der Werkstoff des Schaftes:*** Hier sind folgende Werkstoffgruppen zu unterscheiden:

Eisenbasislegierungen. Die Schäfte von Ventilen bestehen im Wesentlichen aus martensitischen oder austenitischen Werkstoffqualitäten. Die Oberflächenrauigkeit liegt bei $R_a < 0{,}4$. Durch Verchromen oder Nitrieren kann eine zusätzliche Veredelung erfolgen. Typische Schichtdickenwerte für Verchromen betragen 3 – 15 µm und für Nitrieren 10 – 30 µm [2]. Eine Nachbehandlung der veredelten Oberflächen in Form von Polieren ist unerlässlich, da Rückstände aus dem Produktionsprozess (Chromknospen beziehungsweise Nitridnadeln) vollständig entfernt werden müssen, um erhöhten Verschleiß bei den Ventilführungen zu vermeiden. Die zu erreichenden Oberflächenrauigkeiten liegen bei $R_a < 0{,}2$.

Schaftdurchmesser [mm]	Einlass [µm]	Auslass [µm]
6 – 7	10 – 40	25 – 55
8 – 9	20 – 50	35 – 65
10 – 12	40 – 70	55 – 85

Bild 7-197 Anhaltswert Ventilführungsspiel [2]

Nickelbasislegierungen: Diese Werkstoffgruppe wird insbesondere dort eingesetzt, wo Auslassventile sehr hohen thermischen und mechanischen Belastungen ausgesetzt sind. Allgemein ist diese Werkstoffgruppe unter dem Begriff Nimonic-Legierungen bekannt. Bezogen auf das Tribosystem Ventilschaft/-führung gibt es gegenüber den Eisenbasislegierungen keine Besonderheiten.

Leichtmetalllegierungen: Um bewegte Massen im Ventiltrieb zu reduzieren, bearbeiten aktuelle Forschungsvorhaben den Einsatz von Titan- und Aluminiumlegierungen für Ventile.

Nichtmetallische Werkstoffe: Keramische Werkstoffe zeigen in den derzeit verwendeten Qualitäten gute Verschleißeigenschaften. Besondere Maßnahmen beim Einsatz konventioneller Ventilführungswerkstoffe sind nicht erforderlich. Ursächlich hierfür sind die sehr guten Oberflächengüten der keramischen Ventile.

7.14.2 Werkstoffe und Eigenschaften

7.14.2.1 Werkstoffe

PM-Werkstoffe: Diese von den Marktanteilen her steigende Werkstoffgruppe bietet Anwendungsmöglichkeiten für alle Kraft- und Nutzfahrzeugbereiche.

- **Eisenbasiswerkstoffe:** Das Gefüge dieser Stahlqualitäten mit geringen Legierungsanteilen an Cu, P, Sn, ist im Allgemeinen ferritisch/perlitisch. Kupfer als Legierungselement übernimmt verschiedene Aufgaben. Zum einen verbessert es die Maßhaltigkeit während des Sinterns; des Weiteren werden die Wärmeleitfähigkeit und die mechanischen Eigenschaften wie Härte und Festigkeit positiv beeinflusst. Bei zusätzlicher Anwesenheit von Zinn kommt es zu Reaktionen mit dem Kupfer unter Bildung einer niedrig schmelzenden Bronzephase. Dies führt bereits bei relativ niedrigen Sintertemperaturen zu flüssigen Phasen, mit der Folge höherer Dichten beim gesinterten Bauteil. Phosphor bildet zusammen mit Eisen und Kohlenstoff die von den Gusswerkstoffen her bekannte Fe-P-C-Hardphase. Festschmierstoffe, wie zum Beispiel MnS, MoS_2, Graphit, CaF_2 oder BN, verbessern die Notlaufeigenschaften.

  PM-Ventilführungen besitzen einen relativ hohen Anteil an Poren, was sich in einer Dichte von 6,2 ... 7,1 g/cm³ wiederspiegelt. Diese werden häufig mit Öl gefüllt, um beim Anlauf von Motoren eine Grundschmierung zwischen Ventilschaft und -führung zu erhalten. Das Füllen der Poren mit Öl kann zum einen über ein Tauchen des Bauteils in ein erwärmtes Ölbad erfolgen. Auf Grund von Kapillarkräften und Oberflächenspannungen tritt Öl in die offenen Poren des Sinterkörpers ein. Dieses Verfahren ist sehr empfindlich gegenüber äußeren Einflüssen wie Zustand des Öles, Sauberkeit der Bauteile, Temperaturen, Viskositäten etc. Ein anderes, weitaus reproduzierbareres Verfahren ist das Ölimprägnieren. Hier werden die Ventilführungen zunächst in einer Kammer einem Unterdruck ausgesetzt, um die Luft aus den Poren zu evakuieren. Anschließend tritt erwärmtes Öl in die Kammer und gelangt durch den Umgebungsdruck in die Poren. So wird sichergestellt, das nahezu alle offenen Poren mit Öl gefüllt werden.

- **Nichteisenwerkstoffe.** Hier beschränkt sich die Anwendung auf Cu-Basis-Werkstoffe. Neben Sonderwerkstoffen wie dispersionsverfestigtes Kupfer [6] werden auch unterschiedliche PM-Messingqualitäten erprobt. Eine Markteinführung konnte bislang aber nicht erreicht werden, da im Vergleich mit derzeitigen Applikationen weder Kosten- noch Funktionalitätsvorteile nachgewiesen wurden.

Buntmetalle: Für den Einsatz bei Ventilführungen in Kraftfahrzeugmotoren sind häufig Knetlegierungen auf Kupferbasis (Cu-Zn-Verbindungen) vorgesehen. Diese Werkstoffe werden als gezogenes Rohr- beziehungsweise Stangenmaterial bezogen und zu Ventilführungen spanend weiterverarbeitet. Das Gefüge besteht aus 2 Hauptphasenanteilen,

- der kubisch flächenzentrierten α-Phase: Diese zeichnet sich durch eine hohe Kaltverformbarkeit aus und ist deshalb charakteristisch für alle Messing-Knetlegierungen. Die Kennwerte für die Härte und Zugfestigkeit sind relativ niedrig. Diese Phase ist dominant bei Zn-Legierungsgehalten <37,5 %. In der Anwendung als VF-Werkstoff sollte der α-Gehalt <20 % liegen, da ansonsten das Risiko zum Fressen deutlich ansteigt.
- der kubisch raumzentrierten β-Phase: Die Anwesenheit dieser Phase lässt sowohl die Härte als auch die Zugfestigkeit steigen. Die Zähigkeit wird reduziert. Eine Zunahme dieses Phasenanteils wird durch Erhöhung des Zn-Gehaltes von 38 % bis circa 46 % erreicht.

Die Heterogenität von Cu-Zn-Legierungen bietet die Möglichkeit, eine Anpassung der Eigenschaften an den jeweiligen Anwendungsfall vorzunehmen und begünstigt die Zerspanbarkeit des Werkstoffes. Zugaben von Aluminium erhöhen die Härte, ohne das Warmformvermögen negativ zu beeinflussen. Gleichzeitig werden die Gleiteigenschaften verbessert [3]. Die Werkstoffbasis für Ventilführungen besteht im Wesentlichen aus der Legierung $CuZn_{40}Al_2$. Unterschiedliche Zugaben von weiteren Legierungselementen zum Beispiel Mn, Si dienen der Verbesserung der Verschleißfestigkeit. Neben der überragenden Zerspanbarkeit, im Vergleich zu den anderen Ventilführungswerkstoffen, ist die hohe thermische Leitfähigkeit eine weitere positive Eigenschaft dieses Materials.

Gusseisen/Stahlguss: Ventilführungen aus Gusslegierungen auf Eisenbasis sind insbesondere im Nutzfahrzeugsektor stark verbreitet. Das Gefüge besteht aus einer ferritisch/perlitischen Grundstruktur mit freien Graphitanteilen (Größe circa 4 ... 7 µm). Diese wirken als eingebauter Festschmierstoff. Der Ferritanteil liegt dabei im Allgemeinen unter 5 %. Bei Anwesenheit von Phosphor können sich Phosphidverbindungen sowohl als einzelne fein verteilte Gefügebestandteile wie auch als ausgeprägte Netzwerke bilden. Bei höheren Anforderungen an das Bauteil kann durch gezielte Zugabe von Legierungselementen (Si, P, Cu, Mo oder Mn) die Verschleißfestigkeit erhöht werden. Hier ist insbesondere die ternäre Verbindung Fe-P-C zu nennen, welche häufig als Hartphase in Gusslegierungen vorzufinden ist. Cr als Legierungselement ist eher von untergeordneter Bedeutung und findet bei Sonderwerkstoffen mit guten Heißkorrosionseigenschaften seine Verwendung. Die Herstellung erfolgt über das Sandgussverfahren. Gemäß Herstellerangaben sind diese Werkstoffe bei allen Kraftstoffarten einsetzbar. Die maximale Betriebstemperatur beträgt 600 °C.

7.14.2.2 Werkstoffeigenschaften

Um die anwendungstechnischen Anforderungen zu ermöglichen, müssen Ventilführungen gewisse Schlüsseleigenschaften besitzen, die im Folgenden diskutiert werden.

- **Verschleißfestigkeit:** Die Hauptbelastung bei Ventilführungen ist an deren Enden, wobei die Kanalseite im Allgemeinen stärkere Verschleißerscheinungen aufzeigt als die Nockenseite **Bild 7-198**. Ursächlich hängt dies mit der höheren Temperaturbelastung dieses Bereiches zusammen. Die wirkenden Verschleißmechanismen sind Abrasion und Adhäsion. Letztere führt in Grenzfällen zum Fressen zwischen Ventilführung und Schaft und damit zu einem Versagen des Motors. Eine hohe Neigung zu adhäsivem Verschleiß weisen austenitische Schaftwerkstoffe auf. Bei der Verwendung von verchromten oder nitrierten Ventiloberflächen tritt Verschleiß vorwiegend in der Ventilführung auf. Im Auslass stellt der erhöhte kanalseitige Verschleiß ein Problem dar. Durch die Spaltverbreiterung zwischen Ventil und Führung gelangen Abgasbestandteile in den Gleitbereich und lagern sich dort ab.

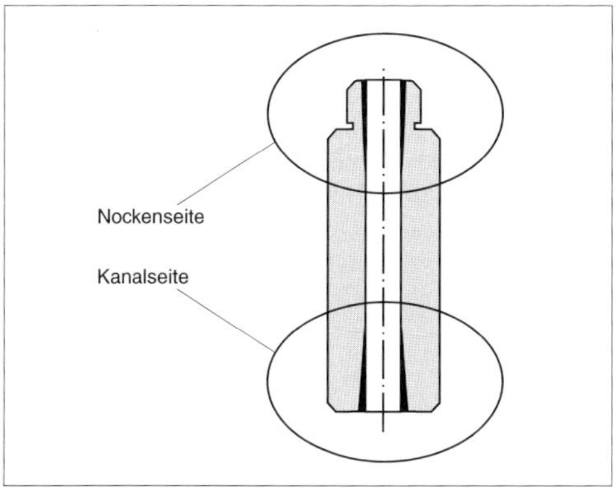

Bild 7-198 Verschleißbereiche Ventilführung

In Extremfällen kommt es zum Klemmen des Ventilschaftes in der Führung und damit zu einem Versagen des Motors.

- **Dichte:** Porenfreie Werkstoffe, wie zum Beispiel die umgeformten Buntmetalle beziehungsweise Gusswerkstoffe besitzen auf Grund ihres hohen spezifischen Traganteils den Vorteil, bei gegebener Belastung die Werkstoffbeanspruchung niedrig zu halten. Dies reduziert die Verschleißneigung.
Zusätzlich werden Ermüdungserscheinungen mit Rissbildung und -fortschritt vermieden, die auf Grund von Kerbwirkung durch Poren entstehen können. Bei pulvermetallurgischen Erzeugnissen ist grundsätzlich von einem gewissen Porenanteil auszugehen. Bei der Herstellung von PM-Ventilführungen stellt sich auf Grund des beidseitigen Verdichtens des Pulvers ein Dichtegradient ein, wobei sich der Ort höchster Porosität in der Mitte der Ventilführung befindet **(Bild 7-199)**. Diese Art der Dichte-/Porenverteilung ist eine positive Eigenschaft dieser Ventilführungskategorie, da die höchste Dichte im Bereich der höchsten Beanspruchung vorliegt. Der mittlere Bereich bei PM-Führungen kann auf Grund des hohen Porenanteils ein größeres Volumen an Öl aufnehmen und somit als Ölspeicher fungieren. Dichtekennwerte der unterschiedlichen Werkstoffgruppen für Ventilführungen sind **Bild 7-200** zu entnehmen.

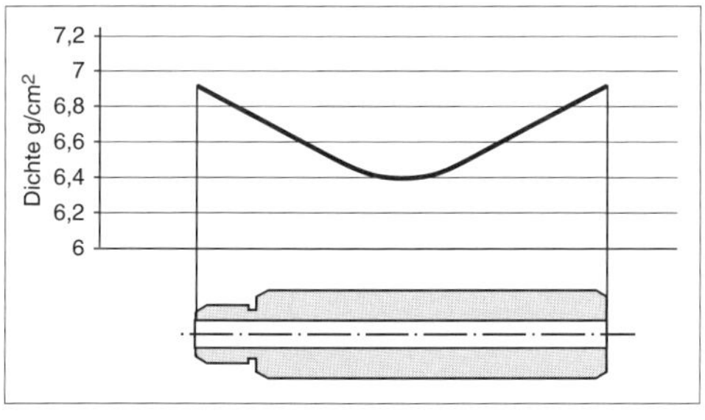

Bild 7-199 Dichteverteilung innerhalb einer PM-Ventilführung

	Dichte [g/cm³]
Buntmetalle ($CuZn_{40}Al_2$-Basis)	>8,0
PM-Werkstoffe (Fe-Basis)	6,2–7,0
Gusswerkstoffe (Fe-Basis)	>7,1

Bild 7-200 Dichtekennwerte

- **Wärmeleitfähigkeit:** Die Wärmeleitfähigkeit besitzt für Auslassventilführungen eine entscheidende Bedeutung. Zum einen muss über die Ventilführung ein Anteil der Wärme des Ventils in den Zylinderkopf abgeleitet werden. Messungen im Funktionsprüfstand zeigen, dass je nach Wärmeleitfähigkeit des Führungswerkstoffes die Ventilkopftemperatur um bis zu 8 % gesenkt werden kann. Zum anderen werden die Auslassventilführungen heißen Abgasströmen ausgesetzt. Eine gute Wärmeleitfähigkeit senkt somit die thermische Belastung des Bauteiles. Die Temperatur an der Nockenseite der Ventilführung sollte nicht mehr als 150 °C betragen, da ansonsten die Funktionsfähigkeit der Ventilschaftabdichtung gefährdet ist. **Bild 7-201** zeigt den Temperaturverlauf bei Auslassventilführungen. Deutlich sichtbar ist der Unterschied in der thermischen Belastung vom kanal- zum nockenseitigen Ende der Ventilführung, das heißt die physikalischen Vorgänge der Wärmeableitung zum Zylinderkopf erfolgen in der unteren kanalseitigen Hälfte der Ventilführung (Position A bis D). Oberhalb dieses Bereiches sind die

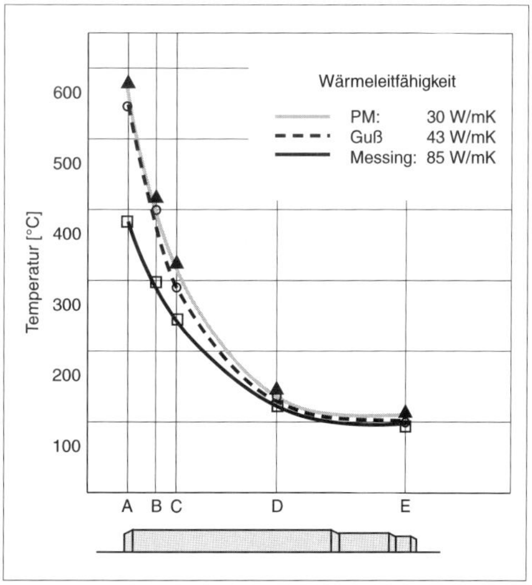

Bild 7-201 Temperaturverteilung in Ventilführungen bei unterschiedlichen Wärmeleitfähigkeiten [4]

	Wärmeleitfähigkeit [W/mK]
Buntmetalle ($CuZn_{40}Al_2$-Basis)	46–100
PM-Werkstoffe (Fe-Basis)	21–48
Gusswerkstoffe (Fe-Basis)	38–45

Bild 7-202 Wärmeleitfähigkeiten

unterschiedlichen Wärmeleitfähigkeiten von untergeordneter Bedeutung. **Bild 7-202** fasst einige typische Wärmeleitfähigkeiten zusammen.

Wärmeausdehnung: Ventilführungen werden, wie die Sitzringe, über eine Pressverbindung im Zylinderkopf montiert. Auf Grund des niedrigeren Temperaturniveaus und der größeren Passungsflächen ist die Gefahr des Lösens dieser Verbindung auf Grund unterschiedlicher Wärmeausdehnungen gering. Wird das tribologische System Ventilschaft/-führung betrachtet, so zeigt sich, dass es Materialkombinationen gibt, welche ein voreingestelltes Ventilführungsspiel auf Grund äußerer Temperatureinflüsse einengen beziehungsweise in Grenzfällen aufbrauchen und damit ein Klemmen des Ventils verursachen. Dies ist immer dann der Fall, wenn:

$$\lambda_{\text{Ventilschaft}} \geq \lambda_{\text{Ventilführung}} \quad (7.16)$$

λ = Wärmeausdehnungskoeffizient

Ist diese Relation invers, so kommt es bei Erwärmung zu einem kanalseitigen Aufweiten und damit zu einer Ventilführungsspielvergrößerung. Damit besteht die Möglichkeit, dass sich Verunreinigungen aus den Abgasen in die Ventilführung hineinziehen und im Gleitbereich ablagern. Ein Klemmen des Ventils ist die Folge. Gelangen harte Partikel in den Spalt zwischen Schaft und-Führung, fördert dies den abrasiven Verschleiß. **Bild 7-203** stellt einige Kennwerte für den Wärmeausdehnungskoeffizienten zusammen.

- **Härte:** Die Anforderung an die Härte der Ventilführungen ist relativ niedrig. Dies lässt sich unter anderem darauf zurückführen, dass die Beanspruchungen in diesem Teil des Ventiltriebes nicht übermäßig hoch sind. Des Weiteren sorgen die polierten und teilweise beschichteten Oberflächen der Ventilschäfte für einen geringen abrasiven Angriff. **Bild 7-204** zeigt übliche Härtebereiche von Ventilführungswerkstoffen.
- **Ölgehalt:** Der Ölgehalt ist ein Charakteristikum, das nur bei pulvermetallurgisch erzeugten Ventilführungen vorzufinden ist. Er gibt die Menge an Öl (in Gewichtsprozent) an, die sich in den Poren des Bauteils befindet. Die Kennwerte liegen in der Größenordnung von 0,5 ... 1,2 Gewichtsprozent.
- **Mechanische Bearbeitung:** Die Fertigbearbeitung der Ventilführungen erfolgt im Zylinderkopf gleichzeitig mit dem Schneiden des Sitzes in den Sitzring. Dadurch wird sichergestellt, dass der Mittenversatz zwischen Ventilführung und Sitz ring in bestimmten Grenzen gehalten wird. Werte für einen neuen Motor liegen in der Größenordnung von 0,02 ... 0,03 mm [2].

		Wärmeausdehnung [10^{-6} K]
Ventilführungen	Buntmetalle ($CuZn_{40}Al_2$-Basis)	18–22
	PM-Werkstoffe (Fe-Basis)	9–13
	Gusswerkstoffe (Fe-Basis)	9–11
Ventile	Fe-Basis (martensitisch)	9–13
	Fe-Basis (austenitisch)	17–19
	Ni-Basis	12–16

Bild 7-203 Wärmeausdehnungskoeffizienten

	Härte Brinell 2,5	Härteverlust in % bis 250 °C
Buntmetalle ($CuZn_{40}Al_2$-Basis)	150–170	circa 20 %
PM-Werkstoffe (Fe-Basis)	120–200	0 %
Gusswerkstoffe (Fe-Basis)	190–250	0 %

Bild 7-204 Härtebereiche von Ventilführungswerkstoffen

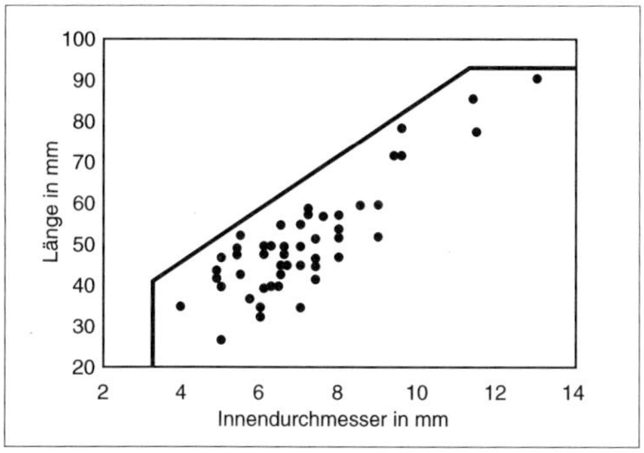

Bild 7-205 VF-Kennwerte Innendurchmesser/Länge [5]

Bei Ventilführungen wird der Innendurchmesser über eine Reibbearbeitung eingestellt. Hierzu werden Reibahlen mit 1–6 Schneiden aus TiN-beschichteten Hartmetallqualitäten verwendet. Bearbeitungswerkzeuge aus kubischem Bornitrid oder polykristallinen Diamanten werden nur in Ausnahmefällen benutzt. Die Standzeit hängt von diversen Einflussgrößen ab. Positiv wirken sich enge Toleranzen im Mittenversatz zwischen Führung und Sitzring aus. Eine gratfreie Bohrung sowie ein homogenes Gefüge führen zusätzlich zu längeren Werkzeugstandzeiten. Hardphasen oder martensitische Gefügebestandteile wirken sich auf Grund der hohen Härte negativ aus. Ebenso sollten kleine Innendurchmesser bei langen Ventilführungen auf Grund der hohen Torsionsmomente im Bearbeitungswerkzeug (Reibahle) vermieden werden. Übliche Kennwerte für Innendurch-messer in Abhängigkeit von der Länge zeigt **Bild 7-205**.

7.14.3 Geometrie Ventilführung

Bei Ventilführungen handelt es sich typischerweise um Zylindergeometrien, deren Enden je nach Ausführungsart unterschiedlich ausgebildet sind. Kanalseitig sind im Allgemeinen einfache Facetten als Einpresshilfen angebracht. Nockenseitig ist die Variantenvielfalt höher und abhängig vom jeweils verwendeten Typ der Ventilschaftabdichtung. Darüber hinaus existieren Ausführungsformen mit einem Bund an der Außenmantelfläche, welcher den Anschlag beim Einpressen der Ventilführung bildet (Beispiele siehe **Bild 7-206**). **Bild 7-207** fasst Standardtoleranzwerte für Ventilführungen zusammen.

- **Außendurchmesser:** Das Außendurchmessermaß der Ventilführung ist sorgfältig auf die Bohrung des Zylinderkopfes abzustimmen, da es verantwortlich ist für den einwandfreien Presssitz im Zylinderkopf. Überdeckungen zur Zylinderkopfbohrung von 0,02 ... 0,05 mm für Gusseisen- und von 0,04–0,08 für Aluminiumzylinderköpfe werden standardmäßig verwendet [5]. Bei der Herstellung von PM-Ventilführungen sollte folgendes Verhältnis gelten:

  $$\text{Länge/Außendurchmesser} \leq 4 \text{ (PM-Ventilführung); } 6 \text{ (Gussventilführung)} \quad (7.17)$$

- **Wandstärke:** Die minimale Wandstärke für PM-Ventilführungen beträgt 1,8 mm (wird beeinflusst durch das Fließverhalten des verwendeten Pulvers und durch presstechnische Restriktionen). Bei angedrehten Schaftabdichtungssitzen sollte die Ausgangswandstärke nicht unter 2,6 mm liegen, da sie durch Drehoperationen noch weiter reduziert wird. Je kürzer die Ventilführung ist, desto größer sollte die Wandstärke werden, da durch den verkleinerten Hebelarm die Reaktionskräfte zum Führen des Ventilschaftes steigen. Dies führt zu einer höheren Beanspruchung der Ventilführungsenden. **Bild 7-208** stellt Standardwerte für Wandstärken in Abhängigkeit von der Länge von zylinderförmigen Ventilführungen dar.

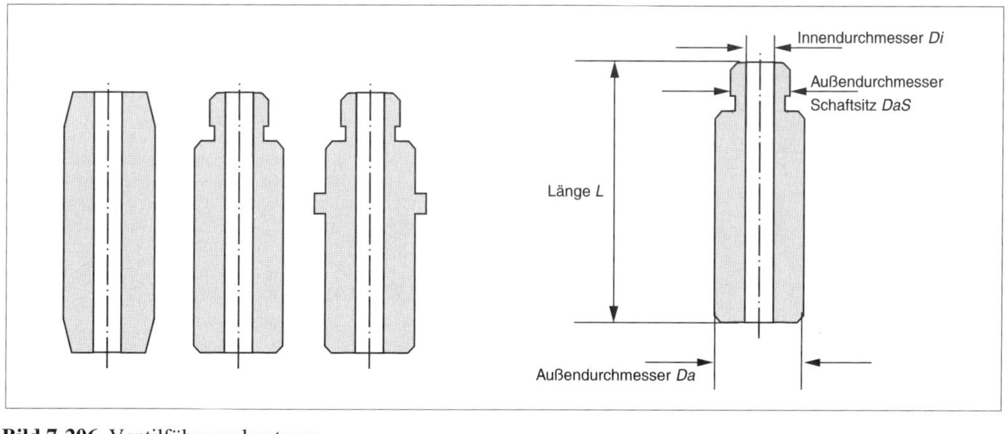

Bild 7-206 Ventilführungskonturen

Außendurchmesser	Da	±0,01 mm
	Zylinderform	0,01
	Oberfläche	R_a = 1,6
Innendurchmesser	Di	±0,1 mm
	Oberfläche (vor Zylinderkopfbearbeitung)	R_a = unbearbeitet
	Oberfläche (nach Zylinderkopfbearbeitung)	R_a = 2,0
	Koaxialität zur Mantelfläche	0,15
	Zylinderform	0,1
Höhe	Maß	±0,25 mm
	Oberfläche Stirnflächen	R_a = 6,3
Montagefacette	Toleranz Radius	±0,15 mm bis ±0,3 mm
	Toleranz Winkelschräge	±1°

Bild 7-207 Toleranzbereiche bei Ventilführungskonstruktionen

- **Innendurchmesser:** Der Innendurchmesser von nicht montierten Ventilführungen ist im Allgemeinen unbearbeitet.
- **Länge:** Grundsätzlich ist die Verwendung der maximal möglichen Einbaulänge bei Ventilführungen von Vorteil, um den Kippwinkel des Ventiles möglichst niedrig zu halten. Die Länge der Ventilführung sollte mindestens 40 % der Ventillänge betragen [2].

7.14.4 Zylinderkopfmontage

Die Montage von Ventilführungen erfolgt über das Einpressen des Bauteiles in die Zylinderkopfbohrung, im Allgemeinen bei Raumtemperatur, das heißt sowohl Führung als auch Zylinderkopf besitzen Umgebungstemperatur.

Auf folgende konstruktive Gesichtspunkte sollte geachtet werden:

- Die Ventilführungsmantelflächenlänge sollte der Bohrungslänge des Zylinderkopfes entsprechen, damit die höher belasteten Ventilführungsendbereiche durch das Zylinderkopfmaterial gestützt werden.
- Das kanalseitige Ende sollte nicht in den Ansaug-/beziehungsweise Auslasskanal hineinragen. Hierdurch werden zum einen die Gasströmungen negativ beeinflusst; zum anderen wird das Ende der Ventilführung einer sehr hohen thermischen Belastung ausgesetzt. Dies führt unter Umständen zu erhöhtem Verschleiß beziehungsweise bei unzureichender Abstimmung zum Ventilschaftmaterial zu Funktionsstörungen im Ventiltrieb bis hin zum Motorversagen.

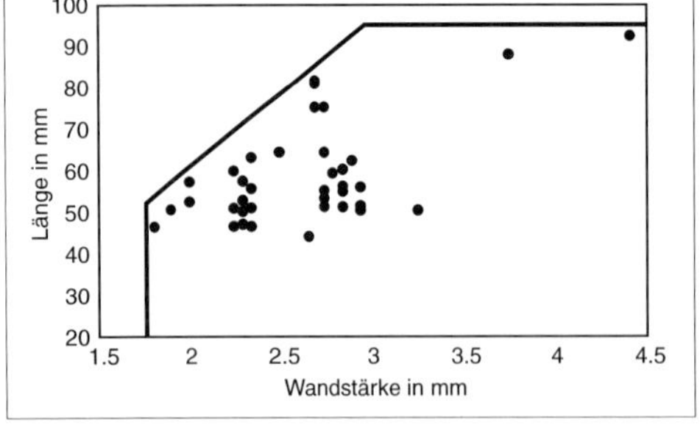

Bild 7-208 Wandstärke von zylindrischen PM-Ventilführungen in Abhängigkeit von der Länge [5]

Literatur

[1] *Meinecke, M.*: Öltransportmechanismen an den Ventilen von 4-Takt-Dieselmotoren, FVV-Abschlussbericht Vorhaben Nr. 556, Institut für Reibungstechnik und Maschinenkinetik, Technische Universität Clausthal, (1994)

[2] *Linke, A.; Ludwig, F.*: Handbuch TRW Motorenteile, TRW Motorkomponenten GmbH. 7. Aufl., 1991

[3] *NN:* Kupfer-Zink-Legierungen, Messing und Sondermessing, Informationsdruck Deutsches Kupfer-Institut, Nr. I 005,

[4] *Todsen, U.*: Interne Schulungsunterlagen Motorentechnik, FH Hannover, Labor f. Kolbenmaschinen, 1996

[5] *Funabashi, N., et .al.*: US-Japan PM Valve Guide History and technology, Proceedings of the international Symposium on Valve Train Systems Design and Materials, ASM, 1998

[6] *Rehr, A.*: Offenlegungsschrift DE3937402 A1, Deutsches Patentamt, 1991

7.15 Ölpumpe

Für die Ölversorgung von Verbrennungsmotoren haben sich Verdrängerpumpen nach dem Gerotor-, Außenzahnrad- und Flügelzellenpumpenprinzip etabliert. Obwohl die Leistungsdichte moderner Verbrennungsmotoren ständig zunimmt und die

Drehmomente bereits bei niedrigen Drehzahlen vornehmlich durch Turboaufladung der Diesel- und Ottomotoren ständig wachsen, ist ein direkter Zusammenhang mit der Pumpengröße nicht unbedingt zu beobachten. Viel mehr beeinflussen die Zahl und die Konstruktion der Kurbelwellenlager so wie die Zahl der Verbraucher die Pumpengröße. Abgesehen vom Familiengedanken – eine Pumpe für eine Motorenreihe – bleibt der Ölbedarf im sogenannten Heißleerlaufbetrieb eines jeden Motors die bestimmende Kennzahl für die Auslegung der Ölpumpe. Die **Bilder 7-209** für Ottomotoren und **7-210** für Dieselmotoren zeigen einen nahezu direkt proportionalen Zusammenhang zwischen Motorleistung und Pumpengröße normiert auf 1000 min^{-1} Motordrehzahl.

Auch bei Einsatz von Regelpumpensystemen lohnt es sich, den Grundbedarf des Motors so weit wie möglich zu drosseln. Die Vermeidung von großen Reibflächen am Laufzeug der Pumpe, hat unmittelbar eine reduzierte Reibleistungsaufnahme der Pumpe zur Folge. Misst man die Schleppleistung einer Ölpumpe entsprechend dem Verbrauchszyklus nach der EG-Richtlinie 80/1268/EWG (NEFZ), so stellt man fest, dass der Anteil der Ölpumpe an der Gesamtschleppleistung bis 2,5 % betragen kann. Entscheidend für die Leistungsaufnahme ist dabei, neben den konzeptbedingten Abmessungen der bewegten Teile innerhalb der Pumpe, der Drehzahlbereich und die Druckverluste bis zum Zylinderkurbelgehäuse. Je besser der gesamte Ölhaushalt des Motors ist, umso geringer fällt die Leistungsaufnahme der Ölpumpe aus.

7.15.1 Übersicht über Ölpumpensysteme

Die Variantenvielfalt von Ölpumpen ist sehr groß; allerdings eignen sich für den Einsatz im Verbrennungsmotor nicht alle Systeme. Die Hauptauswahlkriterien sind der notwendige Bauraum, die Kosten und die Effizienz im konkreten Einsatzfall. Ebenfalls wichtig ist die Möglichkeit eines breitbandigen Einsatzes des Systems. Es sind ausschließlich Doppelläufersysteme – die sogenannten Innenzahnradpumpen nach dem Gerotorprinzip und Außenzahnradpumpen

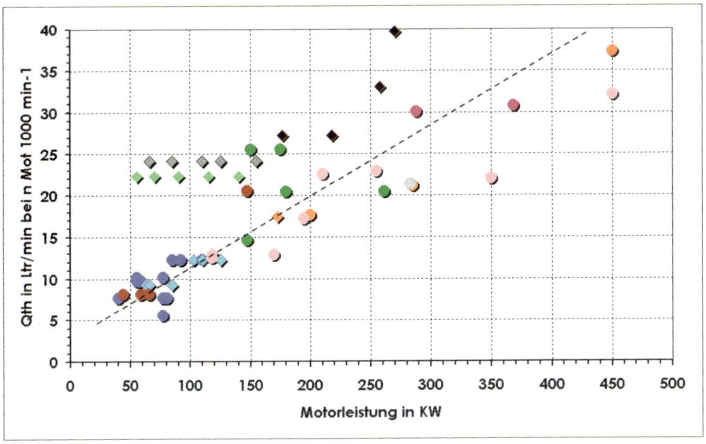

Bild 7-209 Um die Übersetzung bereinigte Pumpengröße als Funktion der Motorleistung bei Ottomotoren

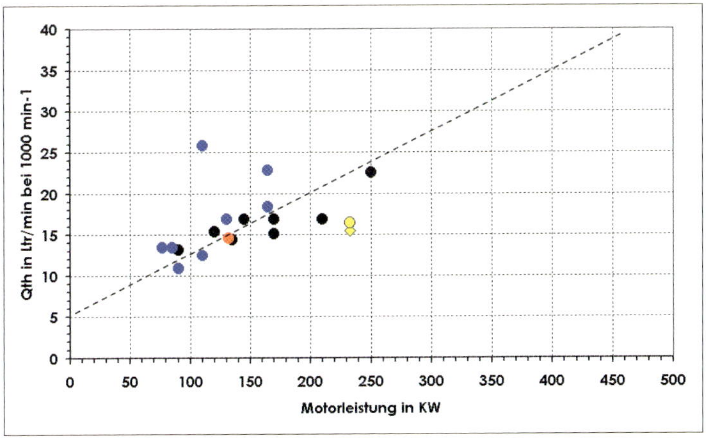

Bild 7-210 Um die Übersetzung bereinigte Pumpengröße als Funktion der Motorleistung bei Dieselmotoren

mit Evolventenzahnrädern, so wie verschiedene Varianten der Flügelzellenpumpen im Einsatz.

7.15.1.1 Innenzahnradpumpe

Wie bereits oben erwähnt, zählt die Innenzahnradpumpe zur Familie der Doppelläufersysteme. Doppelläufer deshalb, da zwei ineinandergreifende Elemente hier Innen- und Außenzahnrad miteinander die Drehbewegung ausführen. Angetrieben wird das System in der Regel durch den Innenrotor. Die Drehzahlkopplung des nicht angetriebenen Rotors geschieht durch die Verzahnung. Der Außenrotor ist stets um die halbe Zahnhöhe exzentrisch zum Innenrotor angeordnet, so dass im Zahneingriff die Räder miteinander kämmen. Auf der gegenüberliegenden Seite der Zahnkopfabdichtung, abhängig von der Zähnezahldifferenz zwischen Innenrotor und Außenrotor, gleiten die jeweiligen Zahnköpfe entweder aufeinander ab, oder an einem Füllstück der sogenannten Sichel vorbei. Diese Sichel wird auch der Form nach Halbmond genannt. Daraus resultieren zwei prinzipielle Bauformen der Innenzahnradpumpen mit und ohne Sichel.

Sichellose Ölpumpen

In sichellosen Ölpumpen kommen üblicherweise Zahnräder zum Einsatz bei denen die Zähnezahl des Innenrotors (Z_I) um einen Zahn geringer ist, als die Zähnezahl des Außenrotors (Z_A).

$$Z_I = Z_A - 1$$

Sie werden auch Zahnringpumpen genannt. Typische Zähnezahlen liegen im Bereich zwischen 4/5 und 13/14. Die Wirkungsweise lässt sich anhand der im **Bild 7-211** schematisch dargestellten Pumpenverzahnung, wie folgt beschreiben. Betrachtet man die Vorgänge im Radsatz in Drehrichtung, so entfernen sich die Zähne, bedingt durch den Achsversatz, infolge Rotation zunächst allmählich voneinander. Durch die damit verbundene Volumenvergrößerung entsteht Unterdruck, der für das Ansaugen der Flüssigkeit verantwortlich ist. Der Verdrängungsvorgang beginnt, sobald sich die beiden Kopfkreise schneiden, also sofort nach der Zahnkammer des größten Volumens, im Zahnkopfabdichtbereich. Die Volumenverringerung erfolgt kontinuierlich – gleich dem Saugvorgang. Der Gradient mit dem die Zunahme des Volumens auf der Saugseite und Verkleinerung des Volumens auf der Druckseite geschieht, kann allerdings maßgeblich von der gewählten Zahngeometrie beeinflusst werden.

Näherungsweise folgt die Flächeninhaltänderung in Abhängigkeit des Drehwinkels einer Sinusfunktion. Die Volumenveränderung, als zeitliche Ableitung der Flächenfunktion mal der Radsatzbreite gehorcht entsprechend der Kosinusfunktion. Dies hat entscheidenden Einfluss auf die Veränderung der Druckverhältnisse im Radsatz, Kavitation und Geräuschverhalten – behandelt später im Text.

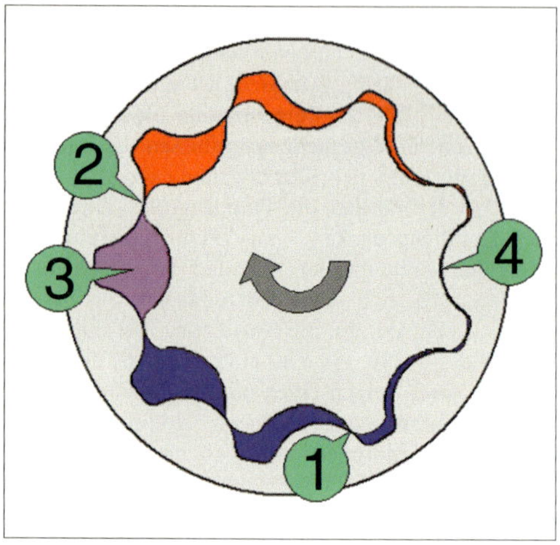

Bild 7-211 Schematische Darstellung der Pumpe

Voraussetzung für den Transport der Flüssigkeit vom Saug- in den Druckraum ist die Trennung beider Bereiche voneinander. Diese erfolgt zum einen durch die Flankenberührung entlang des Zahneingriffes ① und zum anderen im Zahnkopfbereich durch das Vorbeigleiten der beiden Zahnköpfe der Räder ②. Axial sind neben dem Axialspalt der Räder zum Gehäuse die Bereiche des Dicht- ③ und des Triebsteges ④ zu nennen, die zum Gehäuse, beziehungsweise Deckel gehören und hier nicht dargestellt sind. Die Abdichtung dieser Pumpengruppe geschieht im Bereich des Radsatzes durch die Zähne selbst, wodurch sich nur eine Linienabdichtung am jeweils abdichtenden Zahn ergibt. Diese nur geringe Abdichtungsfähigkeit macht deutlich, warum diese Pumpen hauptsächlich für den Niederdruckbereich eingesetzt werden, zumal sie nicht spaltkompensiert sind und sich damit konstruktiv immer ein Spalt ergibt, der natürlich hydraulische Verluste mit sich bringt. Auf der anderen Seite jedoch ist so ein Spalt natürlich auch gewünscht, da er die Reibleistungsverluste reduzieren hilft. Der Vollständigkeit halber sei aber erwähnt, dass ein Einsatz solcher Pumpensysteme bis in Druckbereiche von 30–40 bar prinzipiell möglich ist. Allerdings sind die Herausforderungen im Bezug auf die Fertigungstoleranzen, Öldruckpulsation und Akustik so groß, dass für diese Anwendungen andere Systeme bevorzugt werden.

Eine der gängigsten Verzahnungsgeometrien der Zahnringpumpen ist, eine aus zusammenhängenden Kreisbögen am Außenrotor konstruierte Verzahnung, die auf die Arbeiten von Myron F. Hill [1] zurückgeht und „generated rotor" kurz Gerotor genannt wird, siehe **Bild 7-212**.

Eine weitere sehr verbreitete Verzahnung, ist die Duocentric®-Verzahnung, aufgebaut aus nicht zusammenhängenden Kreisbögen, siehe **Bild 7-213**.

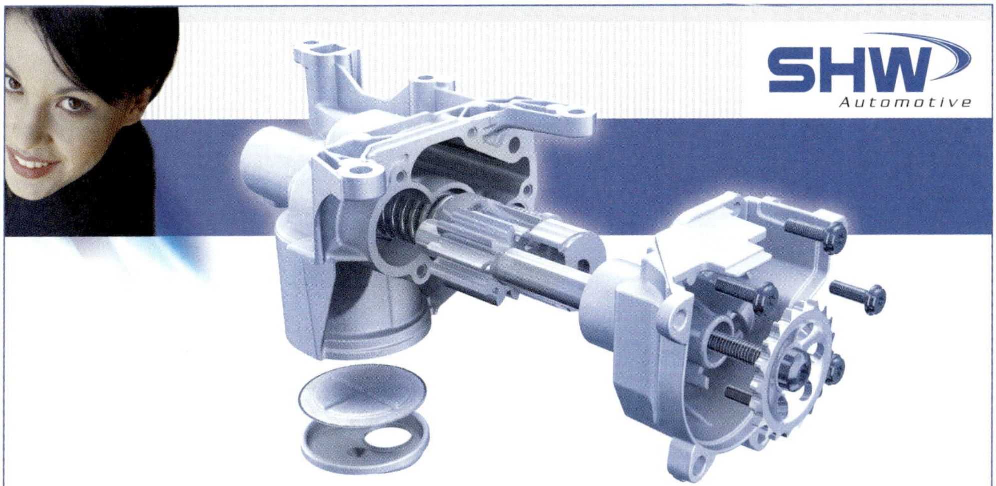
SHW
Automotive

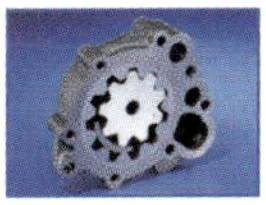
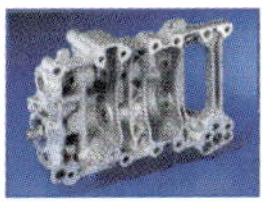

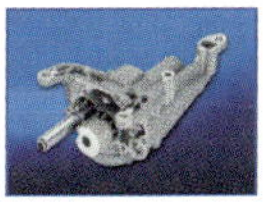

Bild 7-212 Gerotor – Verzahnung

Der Gerotor findet hauptsächlich im nordamerikanischen Markt Verbreitung, wo er auch entstanden ist, hingegen die Duocentric®-Verzahnung findet man hauptsächlich in Europa. Durch die mehr oder weniger freie geometrische Wahl der Abdicht- und Triebflanke ergibt sich die kompaktere Bauform der Duocentric®-Verzahnung. Sie ermöglicht damit konstruktiv höhere Zähne, wodurch sich eine bessere Ausnutzung des Bauraumes einstellt, was gleichbedeutend mit einer kompakten Bauweise ist. In der Regel liegen die Platzvorteile gegenüber den Gerotoren je nach Radsatzgröße bis zu 8 %. Neben den beiden oben beschriebenen Verzahnungen ist neuerdings eine Zykloidenverzahnung am Markt erhältlich. Hierbei handelt es sich um eine aus einer Hypo- und Epizykloide konstruierte Verzahnung, sie wird Duocentric IC® genannt, siehe **Bild 7-214**.

Bild 7-213 Duocentric®-Verzahnung

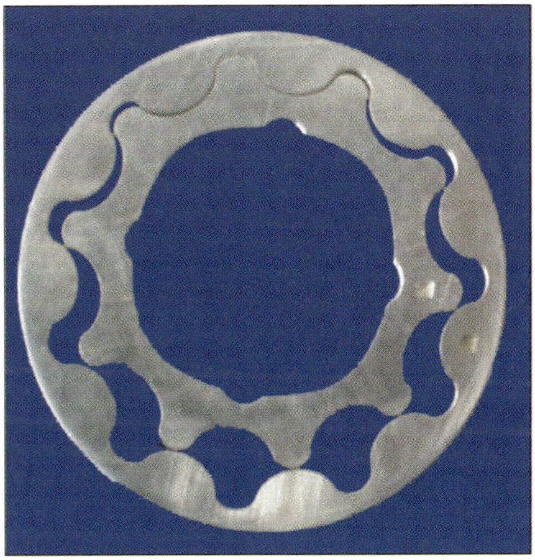

Bild 7-214 Duocentric-IC®-Verzahnung

Durch entsprechende Wahl der Profilverschiebung – Gewichtung zwischen den beiden Zykloiden – kann die Laufruhe und das Pulsationsverhalten des Volumenstroms positiv beeinflusst werden. Diese Pumpensysteme findet man sowohl auf der Kurbelwelle als auch im Nebenantrieb, zum Beispiel im Ölsumpf. Von der Kurbelwelle direkt angetrieben findet man typische Zähnezahlen von 8/9 bis 13/14. Die Wahl der Zähnezahlen wird im Wesentlichen von den Abmessungen des Kurbelwellenzapfens, von dem der Innenrotor angetrieben wird, bestimmt. Im Ölsumpf mit entsprechend geringeren Durchmessern und damit auch kleineren Umfangsgeschwindigkeiten bewegt man sich zwischen 4/5 oder 7/8 Zähnen – typisch sind hier 6/7 Verzahnungen.

Sichel Öl-Pumpen

Wie der Name sagt, dient als Abdichtungselement bei dieser Pumpenart eine sichelförmige Dichtfläche. Diese erstreckt sich über mehrere Zahnköpfe und bildet somit eine lange Dichtstrecke. Dadurch ist dieser Pumpentyp auch für höhere Pumpendrücke geeignet. Da diese Konstruktion eine Zähnezahldifferenz zwischen dem Innenrotor und Außenrotor von mindestens zwei verlangt, ist der Platzbedarf gegenüber sichellosen Pumpen höher.

$$Z_I = Z_A - X; \qquad X \geq 2$$

Diesen Nachteil kompensieren diese Pumpen jedoch durch sehr geräuscharmen Lauf und geringe Druckpulsationen. Hier kommt, neben der langen Dichtstrecke dieser Pumpenart, auch die Tatsache zu gute, dass im Gegensatz zu sichellosen Pumpen, keine Volumenveränderung im Bereich der Dichtstrecke statt findet. Der Druck baut sich treppenförmig wie im **Bild 7.215** dargestellt, über der Sichel auf. Die Zahl der Stufen ist

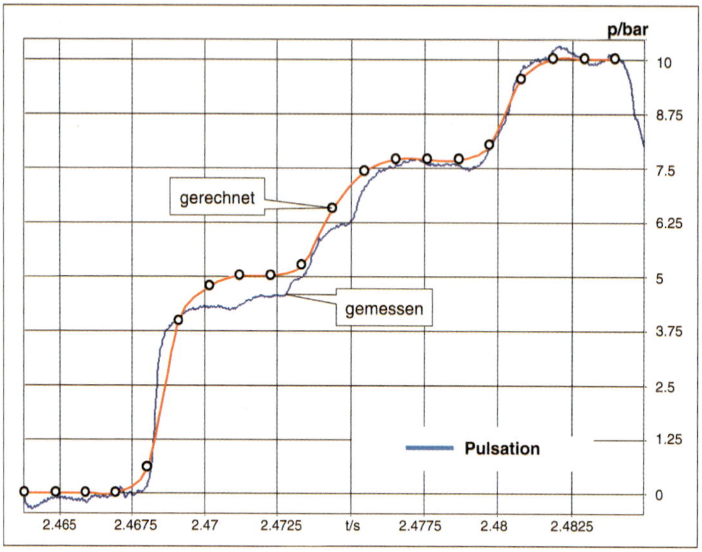

Bild 7-215 Gemessener und berechneter Druckverlauf im Bereich der Sichel einer Trochocentric®-Pumpe

abhängig von der Zahl der Zähne, die sich im Bereich der Sichel befinden. Dadurch werden große Druckgradienten vermieden. Darüber hinaus ist es möglich durch Optimierungen der Sichelgeometrie die scharfen Drückübergänge nahezu ganz zu vermieden.

Für diesen Pumpentyp kommen üblicherweise zwei Verzahnungssysteme zur Anwendung. Ein System mit Evolventenverzahnung und ein zweites mit aus Trochoiden aufgebautem Profil. Beim ersteren findet man typischerweise Zähnezahlverhältnisse von 19/24, siehe **Bild 7-216**. Bei der Trochoidenverzahnung Trochocentric® sind dies 11/13, siehe **Bild 7-217**. Einsatz finden diese Systeme unter anderem bei direkt von der Kurbelwelle angetriebenen Anwendungen. Aufgrund der Eignung für höhere Drücke sind sie typischerweise auch in Ölkreisläufen von Getrieben zu finden.

Bild 7-216 Evolventen-Verzahnung

Bild 7-217 Trochocentric®-Verzahnung

7.15.1.2 Außenzahnradpumpe

Bei der Außenzahnradpumpe kommen zwei oder mehrere außenverzahnte Zahnräder zum Einsatz. Durchgesetzt haben sich bisher die Evolventenzahnräder, siehe **Bild 7-218**. Aus Kostengründen aus Sinterstahl als geradverzahnte Zahnräder hergestellt. Auch der Einsatz von Schrägverzahnung ist ohne Weiteres denkbar. Sowohl die Volumenänderung während des Saugvorgangs als auch die Volumenverdrängung während des in Eingriffkommens der Zähne verlaufen bei einer Schrägverzahnung kontinuierlicher. Aufgrund der Axialkräfte bei der Verwendung einer Schrägverzahnung, werden nur geringe Schrägungswinkel von bis zu etwa 9° empfohlen. Die nicht im Eingriff stehenden Zähne bilden, zusammen mit dem Gehäuse

Bild 7-218 Außenzahnradpumpe

ähnlich einer Sichelpumpe den Abdichtbereich. Dadurch ist die Verwendung dieser Pumpenart bis in Druckbereiche von 30 bis 40 bar auch ohne Spaltkompensation möglich. Eine Drehzahlgrenze für die Verwendbarkeit dieser Pumpenart, gemessen an den Drehzahlen heutiger Verbrennungsmotoren existiert nicht. Prinzipiell lässt sich ein kavitationsfreier Lauf bis 8.000 1/min Pumpendrehzahl problemlos realisieren. Durch Zusatzmaßnahmen kann dieser Bereich noch weiter ausgedehnt werden. Allerdings muss man dabei beachten, dass die quadratisch mir der Drehzahl zunehmende Leistungsaufnahme überproportional steigt. Dies gilt natürlich auch für alle anderen hier behandelten Pumpenarten. Darüber hinaus nehmen mit steigender Drehzahl die Strömungsgeschwindigkeiten im Radsatz zu. Dies kann ebenfalls zu Flankenschädigung führen. In diesem Zusammenhang ist auch der Aufbau des Quetschöls im Zahnfußgrund zu nennen. Diese Drücke lassen sich durch geeignete Entlastungsgeometrien nennenswert reduzieren. Allerdings handelt es sich hierbei um ein räumliches Problem, dass mit zunehmender Radbreite schwieriger zu beherrschen ist. Durch die Möglichkeit, im Gegensatz zu den Innenzahnradpumpen, auch radial zu befüllen, ergeben sich für dieses Bauprinzip besondere Vorteile bei größeren Fördermengen.

7.15.1.3 Flügelzellenpumpe

Die Flügelzellenpumpe zählt zu den sogenannten Treibschiebersystemen. Die Verdrängerflügel – auch Treibschieber genannt – sind beweglich in Radialschlitzen eines Rotors gelagert. Sie werden von einem exzentrisch gelagerten Laufring auf einer kreisförmigen Hubkurve geführt. Die von 2 Flügeln dem Rotor, dem Laufring und den seitlichen Flächen gebildete Verdrängerzelle fördert durch die Drehbewegung Drucköl vom Saugraum in den Druckraum. Das Volumen der Zelle ändert sich dabei kontinuierlich. Die ersten Flügelzellenpumpen gehen auf **Agostino Ramelli**, einen Ingenieur des XVI. Jahrhunderts zurück.

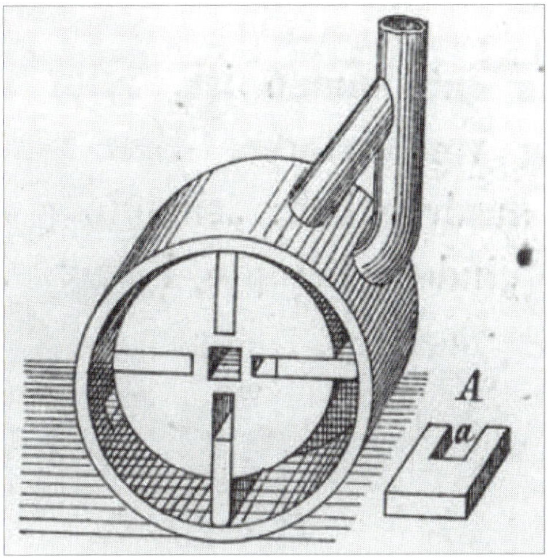

Bild 7-219 Flügelzellenpumpe von Agostino Ramelli um 1590 [2]

Dieser gilt als Vater sogenannter rotierender Pumpen oder Kurbel-Kapselwerke. Das bekannteste Kapselwerk ist der im folgenden **Bild 7-219** dargestellte Vorläufer moderner Flügelzellenpumpen.

Es wird angenommen, dass das herausgezeichnete Element A einen Flügel darstellt, der in dem Ausschnitt „a“ auf einer konzentrischen Rippe geführt wurde. Die Anordnung der Führungsrippe sorgte dafür, dass der Flügel stets mit der zylindrischen Außenwand in Berührung blieb. Diese Konstruktion kommt mit nur geringen Modifikationen in modernen Ölpumpen zur Anwendung, siehe **Bild 7-220**.

Eine weitere Erfindung von Ramelli stand Pate für ein weiteres Flügelzellenprinzip, eine Pumpe mit gelenkig angeordneten Flügeln.

In der theoretischen Abhandlung über die Kinematik von Prof. Franz Reuleaux aus dem Jahre 1875 findet man eine genaue Auseinandersetzung mit den Kurbel-

Bild 7-220 Flügelzellenpumpe

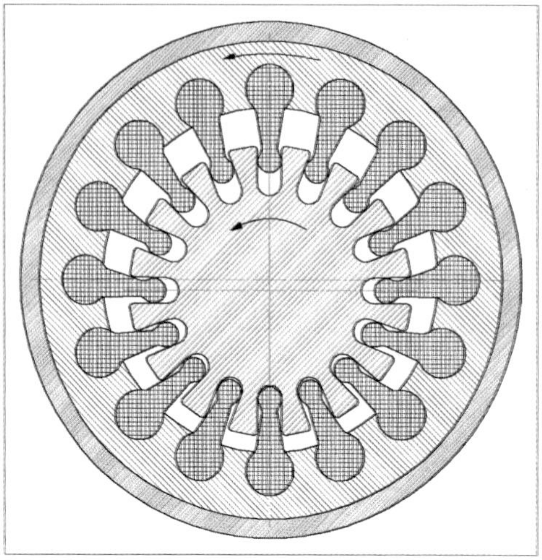

Bild 7-221 Durch Albert Sylvain Toussaint Vrolix angemeldete Pendelschieberpumpe [8]

Kapselwerken von Ramelli und deren systematischen Abwandlungen. Eine davon behandelt eine Pumpenart, die in abgewandelter Form am 26. Februar 1943 durch Albert Sylvain Toussaint Vrolix in Frankreich zum Patent angemeldet wurde, siehe **Bild 7-221**.
Auch diese Pumpenbauart findet bis heute, in nur geringfügig geänderter Form, Anwendung in modernen Verbrennungsmotoren, allerdings meist als Volumenstrom – Regel – Pumpe. Durch den energetischen Nachteil des großen Reibdurchmessers des äußeren Mitnehmers blieb jedoch dieses Prinzip auf nur wenige Motortypen bisher begrenzt.

7.15.1.4 Vor- und Nachteile der einzelnen Pumpensysteme

Die in Vergangenheit aufgestellte eindeutige Bewertung der Pumpenmerkmale lässt sich auf Basis heutiger Erkenntnisse nicht mehr darstellen. Viel mehr als die einzelnen Kriterien bezüglich des Bauraums, Geräusch, Anbauort, Wirkungsgrad und so weiter beeinflussen die spezifischen Kundenbedingungen die Entscheidung für ein Pumpenkonzept. Lediglich allgemeine Hinweise bezüglich der einzelnen Kriterien können hier genannt werden. Einen allgemeinen Überblick über die realisierten Werte der Pumpen aus dem Bereich der Verbrennungsmotoren und Getriebe gibt das **Bild 7-222** wieder.

Bauraum:
Impliziert der zur Verfügung stehende Bauraum eine kurze im Durchmesser ausgedehnte Bauart, so stehen die Zahnringpumpen und Flügelzellenpumpen im Vordergrund, insbesondere wenn die Option der Regelbarkeit beachtet werden muss. Eine geschickte Anordnung der Zahnräder und die Tatsache, dass Außenzahnradpumpen in der Lage sind ohne seitlich angeordnete Nieren auszukommen – also radial anzusaugen – macht ihre Verwendung im beschriebenen Bauraum nicht unmöglich.

Geräusch:
Für das Geräuschverhalten unterschiedlicher Pumpenbauarten lassen sich keine eindeutigen Bewertungskriterien angeben. Natürlich sind das Arbeitsprinzip und der interne Druckaufbau in der Pumpe maßgeblich für das Geräuschverhalten verantwortlich. Eine Resonanzsituation mit den umgebenden Bauteilen, ungünstige Strömungsführung oder starke Ölverschäumung sind gleichermaßen als Geräuschverursacher zu nennen wie die Pumpe selbst – gleich welchen Prinzips.

Kenngrößen der Pumpensysteme

System	Maximale Antriebsdrehzahl [1/min]	Typischer Betriebsdruck [bar]	Typische Baubreiten [mm]	Zul. Betriebstemperatur [°C]	Kin. Viskosität [mm²/s]
Sichel Innenzahnradpumpe	650 ... 8000[1)]	1 ... 40	8 ... 25	–40 ... +160	2 ...
Sichellose Innenzahnradpumpe (Zahnringpumpe)	600 ... 7500 (Kurbelwelle) 350 ... 7500[1)] (Nebenantrieb)	1 ... 25	8 ... 14 (Kurbelwelle) 20 ... 32 (Nebenantrieb)	–40 ... +160	5 ...
Außenzahnradpumpe	350 ... 9000	1 ... 30	16 ... 60	–40 ... +160	2 ...
Flügelzellenpumpe	400 ... 7000	1 ... 13	15 ... 30	–40 ... +160	5 ...

[1] Abhängig von der Strömungsführung und Radsatzbreite

Bild 7-222 Realisierte Werte im Bereich Verbrennungsmotor und Getriebe

Anbauort:
Im Bezug auf die Verwendbarkeit als Kurbelwellenpumpe müssen die Außenzahnradpumpen als nicht geeignetes Konzept genannt werden. Alle anderen Bauarten bis hin zu Flügelzellen-Konzepten sind als Pumpen auf der Kurbelwelle verwendbar. Im Ölsumpf können ohne Einschränkung alle Bauarten werdet werden.

Volumetrischer Wirkungsgrad:
Hier haben vor allem die Sichelpumpen ihre Vorteile. Die langen Dichtspalte entlang der Sichel machen sie auch für Anwendungen für hohe Druckbereiche geeignet. Volumetrisch „dichte" Pumpen weisen naturgemäß hohe Druckgradienten auf. Dies führt häufig zu Geräuschproblemen. Muss man sie aus diesem Grund „undichter" machen, so können andere Pumpenprinzipien wie zum Beispiel: die Außenzahnradpumpen mit vergleichbaren Wirkungsgraden und Geräuschverhalten aufwarten.

Mechanischer Wirkungsgrad:
Entscheidend für die mechanische Leistungsaufnahme jeder Pumpe sind bei Zahnradpumpen die Reibungsvorgänge in der Verzahnung, ferner zwischen den bewegten Teilen und Scherung des Öls in den Spalten zwischen bewegten Teilen und Gehäuse. Die Reibung in der Verzahnung ist maßgeblich von der Zahnform und der Empfindlichkeit im Bezug auf Verzahnungsabweichungen und Positionsverlagerung bestimmt. Hier haben Sichelpumpen und die Außenzahnradpumpen mit Evolventenverzahnungen ihre Vorteile. Bei den Verlustanteilen, die durch Scherung des Öls zwischen den bewegten Teilen entstehen, können die Zahnringpumpen ihre Vorteile bezüglich der Baugröße ausspielen. Die großen Reibdurchmesser der Zahnringpumpen und der Pendelschieberpumpen sind für ihre mechanische Reibleistungsaufnahme nachteilig. Letztlich bleibt aber auch hier die Wahl des Konzeptes fallabhängig je nach Rahmenbedingungen des Kunden.

Volumenstromregelung:
Alle Pumpenprinzipien mit Ausnahme der Sichelpumpe lassen sich als volumenstromvariable Pumpe darstellen. Bei den Sichelpumpen wäre eine Volumenstromregelung nur durch eine Veränderung der Pumpendrehzahl möglich.

Schmutzempfindlichkeit + Verschleißfestigkeit:
Unter Verwendung entsprechender Materialien beziehungsweise Schutzschichten kann jede Lösung standfest gemacht werden.

Pulsation des Ölvolumenstroms:
Unter idealen Bedingungen eines nicht verschäumten Öls und im kavitationsfreien Drehzahlbereich sind alle Pumpenbauarten bezüglich der Pulsation unkritisch. Durch Sondermaßnahmen bezüglich Befüllung der Zahnräume, Druckaufbau und Ölrezirkulation lassen sich bei allen Pumpenbauarten akzeptable Ergebnisse im Bezug auf die Pulsation, auch unter schwierigen Bedingungen erzielen. Voraussetzung hierzu ist der zur Verfügung stehende ausreichende Bauraum.

Kosten:
Die Komplexität einer Pumpe bestimmt ihre Kosten. Hier haben die Flügelzellen und zwar nicht nur die klassischen, durch die Anzahl der Bauteile einen entscheidenden Nachteil. Sichelpumpen schneiden gegenüber Zahnringpumpen und Außenzahnradpumpen durch die teure Sichelbearbeitung schlechter ab. Bei der Außenzahnradpumpe bestimmt im Wesentlichen die zusätzliche Welle das Kostendelta zu den Zahnringpumpen.

7.15.2 Regelprinzipien

Aufgrund der Diskrepanz zwischen der effektiven Förderleistung der Pumpe und dem tatsächlichen

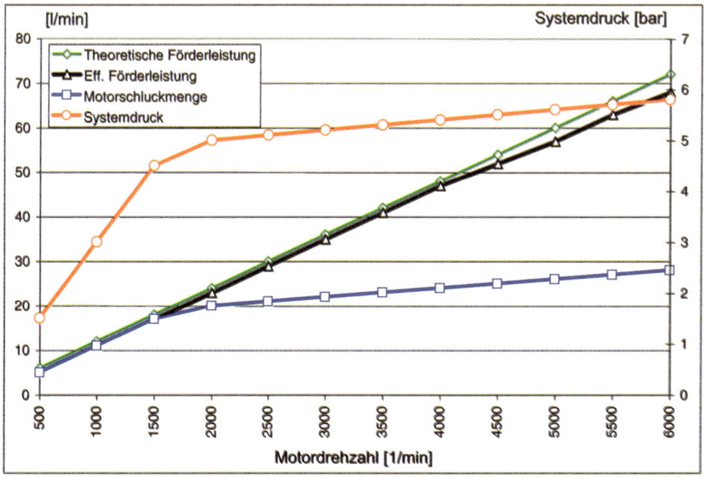

Bild 7-223 Motorschluckkurve, Systemdruck, theoretische und effektive Förderleistung

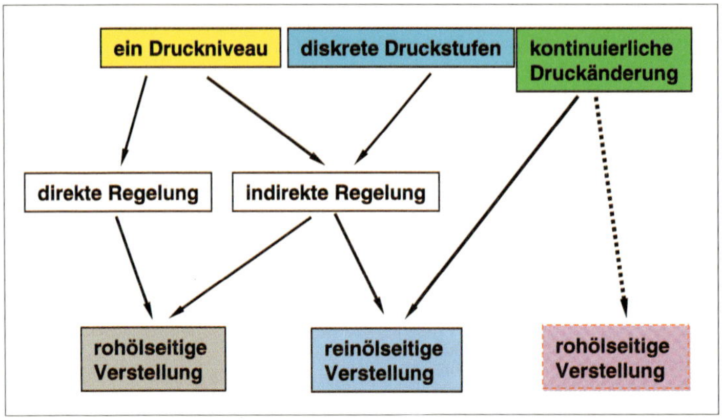

Bild 7-224 Systematik der Druckregelung

Ölbedarf des Verbrennungsmotors, siehe **Bild 7-223**, ist es notwendig eine Regelung in das System zu integrieren.

Diese Regelung dient dazu den maximalen Systemdruck im Motor zu begrenzen. Es wird zwischen einer Regelung auf ein Druckniveau, auf mehrere diskrete Druckstufen oder einer kontinuierlichen Druckänderung unterschieden. Abhängig davon welche Druckinformation für die Regelung benutzt wird, unterscheidet man ferner zwischen einer direkten und einer indirekten Regelung. Die Verstellung der Druckregelorgane kann dabei rohölseitig also mit Hilfe des Öls vor Filter oder reinölseitig also mit Hilfe des Öls nach dem Filter erfolgen. Die Systematik fasst das **Bild 7-224** zusammen.

7.15.2.1 Direkte Regelung

Von der direkten Regelung spricht man, wenn sich das Regelorgan innerhalb der Ölpumpe befindet und der Pumpendruck selbst die Regelgröße vorgibt. Eine schematische Darstellung dieser Regelungsart ist im **Bild 7-225** beschrieben. Tritt diese Regelung in Kraft, so erhält man annähernd einen konstanten Druck nach der Pumpe unabhängig von Drehzahl und Temperatur. Je nachdem wie viele Drosselstellen und Verbraucher sich bis zur Hauptgalerie befinden, reduziert sich der Systemdruck bis zu den Hauptlagerstellen. Diese Drosselverluste, insbesondere im Filter oder Kühler/Filter Modul, sind proportional zur durchgesetzten Fördermenge beziehungsweise zum Quadrat der Strömungsgeschwindigkeit. Dadurch, dass mit zunehmender Temperatur und sinkender Ölviskosität der Öldurchsatz durch den Motor in der Regel stark zunimmt, wachsen auch diese Drosselverluste stark an. Ein System, das im Fall einer direkten Regelung das Drucksignal nach Pumpe nutzt, ist nicht in der Lage automatisch diese Verluste auszugleichen. Um einen unzulässig hohen Druckabfall in der Lagerhauptgalerie vorzubeugen wird das Regelorgan auf den maximalen Druckverlust eingestellt. Dies führt dazu, dass sich bei geringen Drehzahlen und geringen Temperaturen in der Regel ein tendenziell zu hoher Druck einstellt, was zu unnötigen hydraulischen Verlusten führt. Der Vorteil dieses Systems liegt in der Einfachheit des Regelaufbaus. Bevorzugt führt man das abgeregelte überschüssige Öl in einen internen Bypass der Pumpe ab. Dadurch erhält man geringfügig günstigere Verhältnisse im Ansaugtrakt, was das Problem der Kavitationsneigung reduzieren hilft. Viel wichtiger ist jedoch die Tatsache, dass durch den internen Ölfluss sich nicht noch eine zusätzliche Ölverschäumung des Öles im Ölsumpf ergibt.

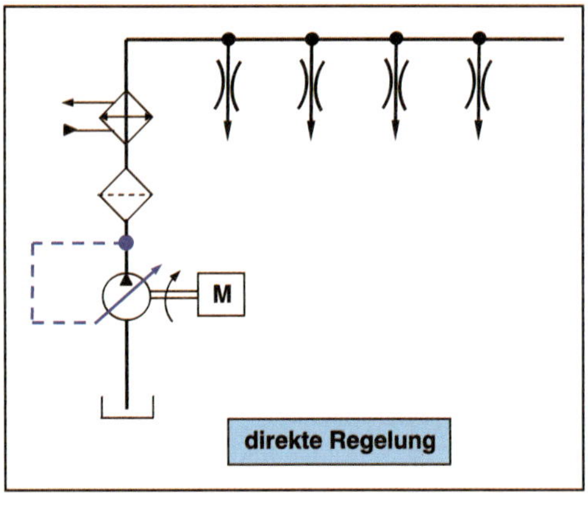

Bild 7-225 Schema einer direkten Druckregelung

7.15.2.2 Indirekte Regelung

Von der indirekten Regelung spricht man, wenn sich zwar das Regelventil in der Pumpe befindet, der Regeldruck aber nicht der Pumpendruck selbst, sondern ein vom Motor zurückgeführter Druck ist, siehe **Bild 7-226**. Dieser ist in der Regel der Hauptgaleriedruck. Durch dieses Regelprinzip erhält man einen annähernd konstanten Systemdruck in der Hauptgalerie, unabhängig von Motordrehzahl und -temperatur, sobald das System in Regelung geht. Mit dieser Art von Regelung kann sich bei tiefen Temperaturen

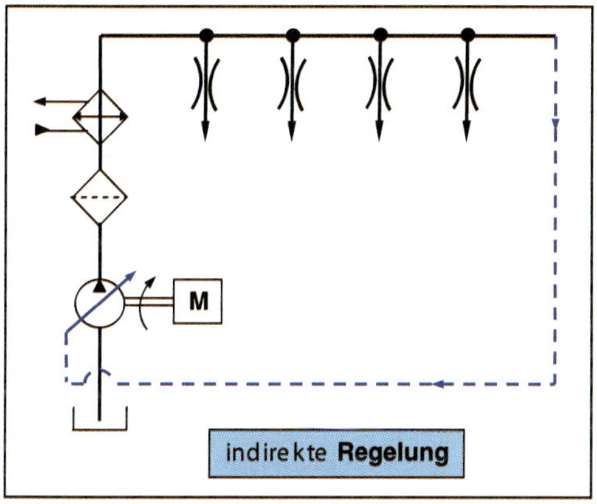

Bild 7-226 Schema einer indirekten Druckregelung

kurzzeitig ein hoher Pumpendruck einstellen, da die Drosselverluste bei hohen Viskositäten der Leitungen und des Filters ebenfalls hoch sind. Besonders kritisch verhält sich dieses System während des Kaltstarts. Hier kann es durch den geringen Ölbedarf des Motors verbunden mit der Trägheit des Systems dazu führen, dass der Ölfilter mit einem sehr hohen Druck beaufschlagt wird. Da die Druckspitze in der Regel nur wenige Millisekunden wirksam ist, kommt es gewöhnlich zu keiner Zerstörung der nachfolgenden Bauteile. Um dem vorzubeugen kann man in der Ölpumpe ein sogenanntes „Panikventil" installieren, das den maximalen Druck in der Pumpe begrenzt. Diese Sicherheitsventile sind in der Regel auf 10 bis 13 bar eingestellt.

7.15.2.3 Rohöl- und reinölseitige Verstellung

Beide oben beschriebenen Regelsysteme haben den Nachteil, dass sie vor dem Ölfilter installiert sind, also im sogenannten schmutzölseitigen Bereich arbeiten. Dies kann dazu führen, dass durch einen oder mehrere Schmutzpartikel im Öl ein Klemmen des Regelorgans auftreten kann. Dadurch können sich 2 prinzipielle Zustände einstellen.

Das Stellglied verharrt in geschlossener Stellung, das heißt der maximale Systemdruck kann nicht mehr abgeregelt werden und dadurch kann es zur Zerstörung des Filters, oder auch zum Aufblähen der Hydrostößel kommen.

Oder aber das Regelorgan verharrt im geöffneten Zustand, was dazu führt, dass die Ölpumpe nicht mehr ansaugt, da das Regelsystem auf Bypass geschaltet ist.

Diese Fälle sind jedoch äußerst selten, bezogen auf Bauteile innerhalb der Pumpe. Meistens sind die Stellorgane mit einer so hohen Federkraft belastet, dass es massiver Partikel bedarf um diese zu blockieren. Viel interessanter ist die Frage der Stellenergie insbesondere, wenn es um Reaktionszeiten geht. Wie bereits beschrieben, ist der Druck nach Pumpe aufgrund der Drosselverluste bis zur Lagerhauptgalerie in der Regel immer höher als der Hauptlagerdruck. Sind keine besonderen Reinheitsforderungen zu beachten, so bietet die rohölseitige Verstellung prinzipiell einen Vorteil bezüglich der Stellkraft.

7.15.2.4 Zwei- oder Mehrstufenregelung

Die klassische Ausführung von Regeleinheiten besitzt einen Abregelpunkt, das heißt es gibt einen Öffnungspunkt, des Regelventils, der bei Überfahren der Steuerkante das Druckniveau vorgibt. Dabei stellt sich ein Systemdruck ein, der dem in **Bild 7-227** (durchgezogene Linie) dargestellten Verlauf entspricht. Es hat sich nun gezeigt, dass es nicht in jedem Fall notwendig ist, im Motor einen solchen Druckverlauf zu haben, vielmehr ist es durchaus auch möglich andere Druckverläufe einzusetzen, zum Beispiel einen drehzahlabhängig reduzierten Druck bei mittle-

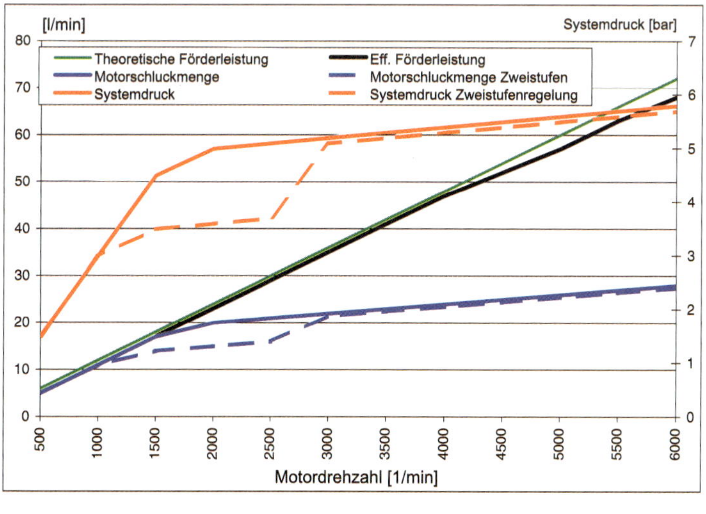

Bild 7-227 Zweistufenregelung

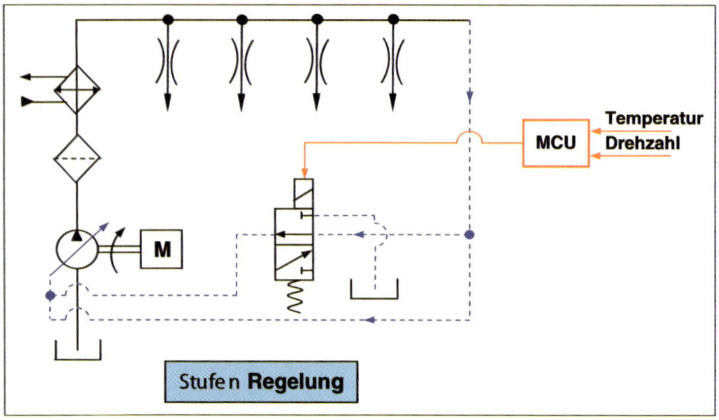

Bild 7-228 Schema einer elektrischen Stufenregelung

ren bis niederen Drehzahlen, siehe **Bild 7-227** (gestrichelte Linie).

Durch diesen Verlauf kann elegant die erzeugte hydrostatische Leistung der Ölpumpe reduziert und trotzdem der Mindestöldruck im Motor sichergestellt werden.

Dieser Verlauf lässt sich bei Konstantpumpen durch eine entsprechende Beaufschlagung des Regelventils bewerkstelligen. Bei Volumenstrom-Regelpumpen ist es üblich den Schaltpunkt frei zu wählen und die Schaltung mittels eines 2/2 Wegeventils, das vom Motorsteuergerät angesprochen wird, vorzunehmen. Dabei ist das Ventil so beschaffen, dass bei Ausfall der Elektrik stets das hohe Druckniveau eingeregelt wird, siehe **Bild 7-228**.

7.15.2.5 Registerregelpumpe

Im Zuge der Anforderung an die Förderleistungen im Verbrennungsmotorbereich ist es zum Teil – bauraumbedingt – nicht mehr möglich oder auch nicht gewollt den benötigten Volumenstrom mit einer einstufigen Ölpumpe abzudecken. Eine mögliche Lösung ist eine zwei- oder mehrstufige Ölpumpe. Dabei werden zwei- oder mehrere Förderstufen parallel geschaltet. Mit dieser Parallelschaltung kann man dann die doppelte beziehungsweise mehrfache Förderleistung erzielen. Der Vorteil dieser Parallelschaltung liegt darin, dass durch Regelventilschaltung bei Überschreitung eines bestimmten Systemdruckes die zweite beziehungsweise die weiteren Stufen drucklos geschaltet werden, fällt der Systemdruck wieder unter diesen Regeldruck, so wird die Stufe wieder zugeschaltet. Damit wird man dem nur temporären Ölmehrbedarf gerecht, ohne dauernd die volle Pumpleistung erzeugen zu müssen. Allerdings fallen die mechanischen Verluste zu einem großen Teil dauernd an. Eingesetzt werden momentan nur zweistufige Ölpumpen für großvolumige Verbrennungsmotoren. Da es nur die beiden Zustände Förderung oder Nichtförderung gibt, zeigt sich im Druckverlauf im Motor immer ein Drucksprung bei Zu- beziehungsweise Abschalten der Stufe(n), dies kann sich zum Teil störend auf bestimmte Motorelemente auswirken.

7.15.3 Volumenstrom-Regelpumpen

Die Leistungsaufnahme einer Ölpumpe setzt sich aus dem hydraulischen und dem mechanischen Anteil zusammen. Der mechanische Anteil entspricht dem Energieanteil, der aufgewendet werden muss um die Reibung innerhalb der Pumpe zu überwinden. Es handelt sich dabei überwiegend um Flüssigkeitsreibung. Näherungsweise ist die mechanische Leistung proportional dem Produkt der Viskosität ν, der Dichte ρ, der Höhe des Axialspaltes x, der Drehzahl n und dem Durchmesser des Radsatzes d nach folgender Beziehung.

$$P_{\text{mech}} \sim \nu \cdot \rho \cdot x^{-1} \cdot n^2 \cdot d^4$$

Der hydraulische Anteil entspricht der Energie, die dem Flüssigkeitsvolumenstrom Q zugefügt wird beim Transport auf ein höheres Druckniveau Δp.

$$P_{\text{hydr}} = Q \cdot \Delta p$$

Je nach Betriebszustand und Fahrzyklus kann der Betrag der aufgenommenen Gesamtleistung bis zu 4 % der Schleppleistung des Motors betragen. Im NEFZ Zyklus sind bis zu 2,5 % Leistungsersparnis erreichbar.

Der Einsatz einer Volumenstrom-Regelpumpe bietet die Möglichkeit einer Einsparung der hydraulischen Leistung durch Anpassung der Förderleistung der Pumpe an die tatsächliche Motorschluckmenge, dargestellt im **Bild 7-229**.

Im einfachsten Fall wird eine Regelung auf einen bestimmten Druck angestrebt. Das heißt, dass der Volumenstrom nach dem Erreichen eines bestimmten Druckniveaus konstant bleibt, und zwar unabhängig von der steigenden Motordrehzahl. Der Vorteil einer solchen Regelung beschränkt sich im Wesentlichen auf die hydraulische Leistung. Auch, wenn die Fläche **(3)** zwischen der Leistungsaufnahme einer Konstantpumpe **(1)** und einer nominell gleichgroßen Regel-

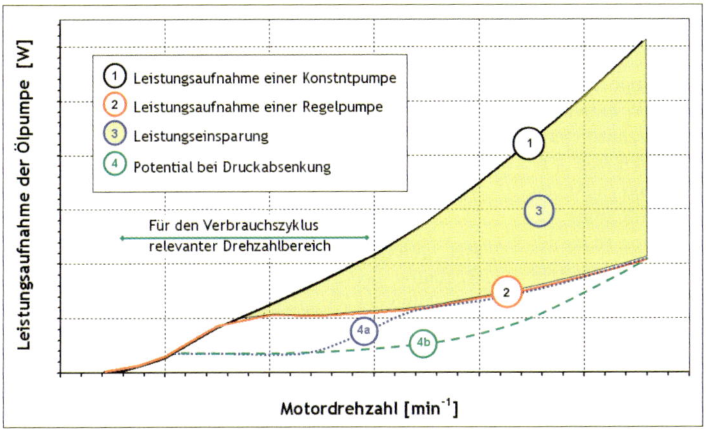

Bild 7-229 Potential der Leistungseinsparung

pumpe **(2)** einen enormen Gewinn im Bezug auf die Leistungseinsparung verspricht, ist der Vorteil, bezogen rein auf den Verbrauchszyklus nach der gültigen EU Norm ernüchternd. Aufgrund der gewählten Getriebeübersetzung und der Übersetzung zwischen Motor und Ölpumpe, beschränkt sich das Drehzahlspektrum lediglich auf einen schmalen Bereich, bei dem die Diskrepanz in der Leistungsaufnahme beider Pumpenkonzepte nur unzureichend zum Zuge kommt. Aus diesem Grund ist eine frühere Druckabsenkung, bei der eine weitere Reduzierung der Leistungsaufnahme möglich ist **(4a, b)**, sinnvoll. Wie weit der Druck dabei abgesenkt werden kann, wird von der Verschleißgrenze des Motors festgelegt. Dabei können prinzipiell zwei Wege beschritten werden – einer zwei Stufen Regelung **(4a)** und einer kontinuierlichen Regelung des Druckes **(4b)**. Bei einer zwei Stufen Regelung wird der Abregeldruck innerhalb der Pumpe mit Hilfe von zwei unabhängigen Wirkflächen geregelt. Üblicherweise ist die eine Wirkfläche permanent mit dem Druck der Lagerhauptgalerie verbunden. Die zweite Wirkfläche wird wahlweise mit Hilfe eines Magnetventils zu- und abgeschaltet.

Da das jeweilige Druckniveau mechanisch innerhalb der Pumpe auf zwei feste Werte eingeregelt wird, begnügt sich dieses System mit einer einfachen Steuerung. Eine Rückkopplung des Drucksignals ist nicht notwendig. Zur Servicezwecken kann das elektrische Ventil außerhalb des Ölraumes angebracht werden. Allerdings ist das Ventil, wegen Drosselverlusten in den Steuerleitungen bei höheren Viskositäten, möglichst nahe an der Pumpe anzubringen.

Eine völlige Freiheit im Bezug auf die Druckregelung lässt sich verwirklichen, im dem die Position der Stellorgane mit Hilfe eines Proportionalventils kontrolliert wird, siehe **Bild 7-230**.

Da der Druck nun nicht mehr mechanisch zum Beispiel über Federkräfte eingestellt wird, sondern elektrisch über das Proportionalventil, gestaltet sich die Druckkontrolle schwierig. Im einfachsten Fall wird der Druck in der Hauptgalerie gemessen und über das Motorsteuergerät geregelt. Prinzipiell lassen sich die genannten Regelstrategien auf alle Pumpenbauarten anwenden. Welcher Vorteil in der Leistungsaufnahme zu erwarten ist, wird später anhand der Leistungsaufnahme im NEFZ Zyklus beschrieben.

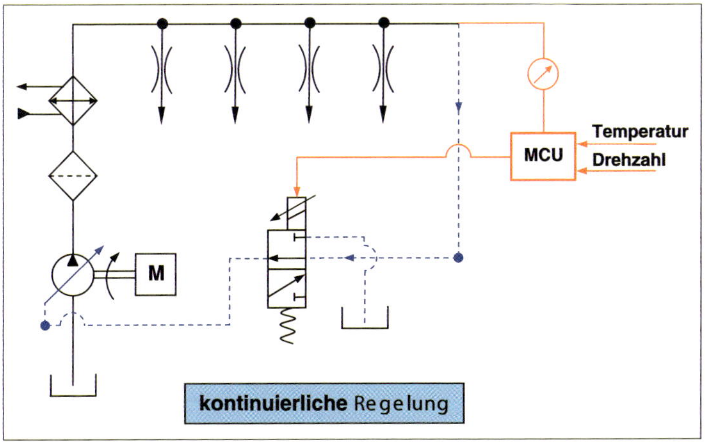

Bild 7-230 Schema einer elektrischen stufenlosen Regelung

7.15.3.1 Innenzahnrad Regelpumpe (Volumenstromvariable Zahnringpumpe)

Die erste Volumenstromvariable Ölpumpe im Verbrennungsmotor in Serie, ist die von SHW entwickelte und im **Bild 7-231** dargestellte Innenzahnringpumpe (IRP) für die 4 Zylinder FSI Motoren von VW. Die Veränderung der Fördermenge erfolgt in Abhängigkeit vom Pumpendruck durch Verdrehung der Exzenterachse. Um eine schnelle Regelung zu ermöglichen, erfolgt die Verdrehung durch einen Regelring, der in der Verzahnung des Gehäuses abrollt, siehe **Bild 7-232**.
Die vom Regelring mitgenommene Verzahnung verändert in Abhängigkeit der Exzenterlage ihren Arbeitshub. Die momentane Winkellage des Regelringes wird von dem Kräftegleichgewicht an dem Regelring bestimmt. Die Haupteinflussgrößen sind der Pumpendruck, die Federkraft und die internen Radsatzkräfte.
Durch die bedarfsgerechte Volumenstromregelung kann die aufgenommene Leistung betriebspunktabhängig um bis zu 30 % gegenüber einer Konstantpumpe reduziert werden.

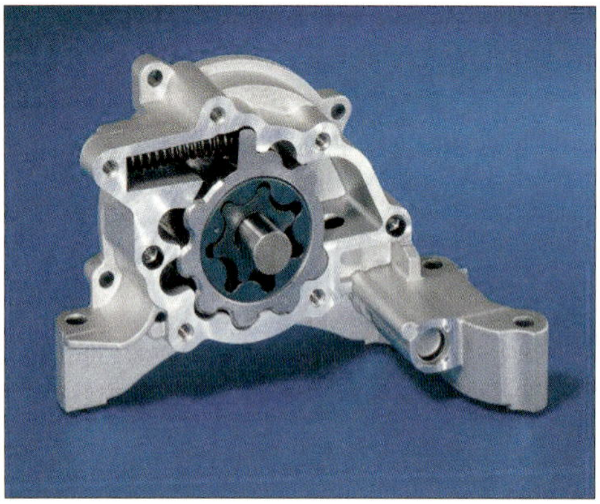

Bild 7-231 Weltweit erste Volumenstrom Regelpumpe in Serie (VW FSI Motoren)

Ein Vergleich der Leistungsaufnahme zwischen einer direkt geregelten konventionellen Ölpumpe und einer IRP lässt im NEFZ Zyklus eine Kraftstoffersparnis zwischen 0,5–0,8 % erwarten.

7.15.3.2 Außenzahnrad Volumenstrom Regelpumpe

Bei geregelten Außenzahnradpumpen erfolgt die Regelung der Fördermenge durch die axiale Verschiebung der Zahnräder zueinander. Dazu wird eines der beiden Zahnräder gegenüber dem anderen ortsfesten Zahnrad verschoben. Die Verschiebung machen die rechts und links vom Verschieberad angebrachten Kolben möglich. Sie übernehmen auch die Wellenlagerung des Losrades. Durch die Druckbeaufschlagung dieser Regeleinheit wird die aktive Radbreite verkleinert. Dadurch ändert sich stufenlos die an der aktiven Förderung beteiligte Zahnbreite, siehe **Bild 7-233**.
Die axiale Verschiebekraft wird im Fall einer direkten Regelung von der Pumpe unmittelbar zur Verfügung gestellt. Bei einer indirekten Regelung übernimmt auch hier der Druck der Lagerhauptgalerie die Aufgabe der Führungsgröße. Eine Rückstellfeder sorgt dafür, dass die Zahnräder beim Druckabfall stets in Richtung der Maximalförderung zurück gestellt werden. Das Einsparpotential an Kraftstoff einer solchen Regelpumpe kann im Europäischen Abgaszyklus NEFZ bei Regelung auf ein Druckniveau bis zu 1 % betragen.
Der Serieneinsatz dieser Pumpe mit Reinölregelung erfolgte 2006, siehe **Bild 7-234**.
Das Maximum im Bezug auf die Einsparung der hydraulischen Leistung bietet die Kennfeldregelung. Die Kontrolle der Pumpenleistung übernimmt in diesem Fall ein elektrisches Regelventil, welches die Einstellung einer nahezu beliebigen Fördermenge erlaubt. Die erste Serienumsetzung dieses Pumpenkonzeptes erfolgte 2007. **Bild 7-235** zeigt das umgesetzte Seriendesign.

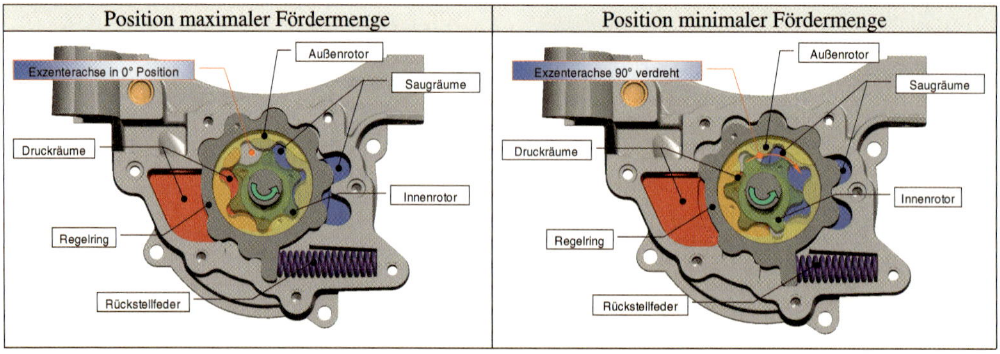

Bild 7-232 Volumenstromvariable Zahnringpumpe

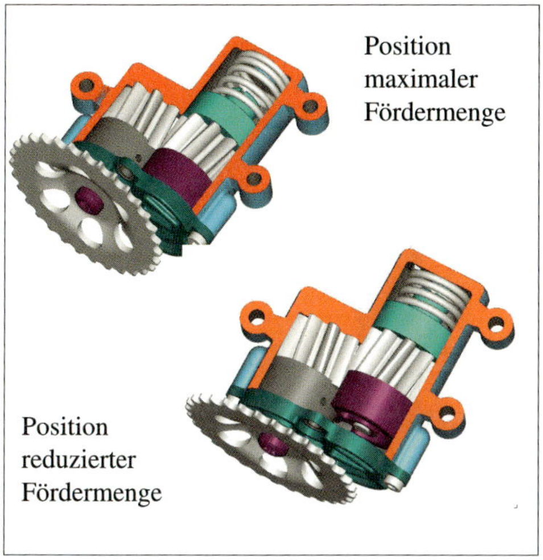

Bild 7-233 Volumenstromvariable Außenzahnradpumpe

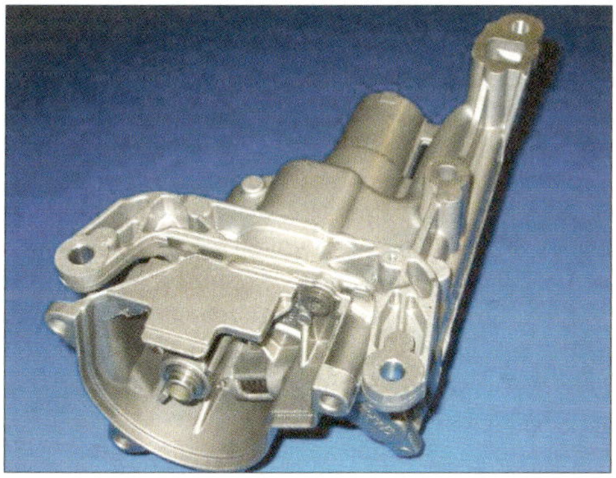

Bild 7-234 Regelbare Außenzahnradpumpe mit reinölseitiger Regelung

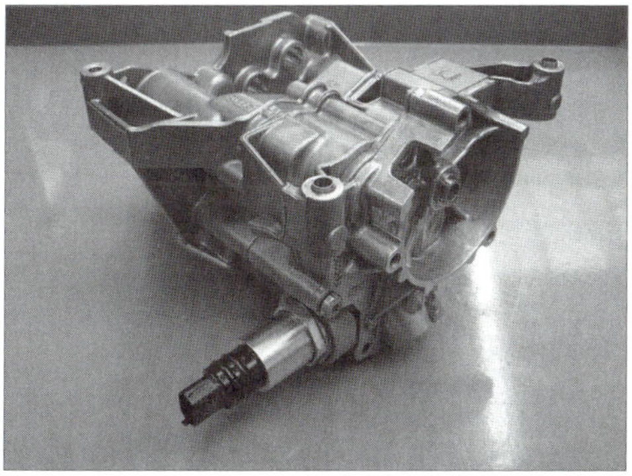

Bild 7-235 Regelbare Außenzahnradpumpe mit stufenloser Druckregelung

7.15.3.3 Flügelzellenpumpe

Bei der Flügelzellenpumpe führt die Verstellung des zentralen Exzenterringes relativ zur Außenkontur zur Veränderung des geometrischen Volumens der Ölpumpe. Die Verstellung kann durch das Schwenken um einen festen Drehpunkt erfolgen (siehe **Bild 7-236**) oder durch lineare Verschiebung des äußeren Ringes relativ zum inneren Rotor. Führungsringe, angeordnet auf der Innenseite der Flügel sorgen dafür, dass die Flügel stets mit der zylindrischen Außenwand in Berührung bleiben. Auf diese Weise ändern die Räume, begrenzt durch jeweils zwei Flügel abhängig von der Verstellung des Exzenterringes ihr Volumen über dem Drehwinkel. Ist der Exzenterring infolge der Verstellung konzentrisch zum inneren Rotor angeordnet, erfolgt keine Änderung der Kammervolumen und die Pumpe fördert nichts. Damit ist es möglich Fördermengen zwischen der maximalen und „0" Fördermenge stufenlos einzustellen. Die daraus resultierende Ersparnis dieses Pumpenprinzips ist vergleichbar dem Potential der Außenzahnradpumpe.

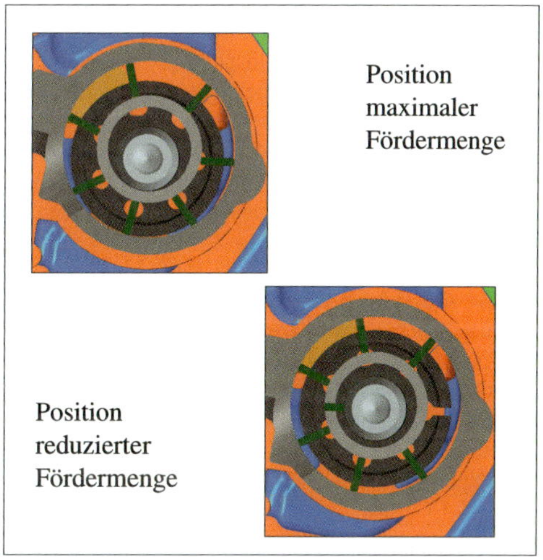

Bild 7-236 Regelbare Flügelzellenpumpe

7.15.4 Leistungseinsparung im NEFZ Zyklus

Die Ermittlung des Kraftstoffverbrauches von Kraftfahrzeugen in der Europäischen Union erfolgt seit dem 1. Januar 1996 gemäß einem genormten Fahrzyklus entsprechend der EG-Richtlinie 80/1268/EWG in der Fassung 93/116/EWG. Er wird auch Neuer Europäischer Fahrzyklus – **NEFZ** genannt. Im englischsprachigen Raum hat sich die Bezeichnung NEDC (New European Driving Cycle) beziehungsweise MVEG (Motor Vehicle Emissions Group) durchgesetzt.
Der genormte Fahrzyklus dauert insgesamt 1.180 Sekunden und definiert zunächst nur die Fahrzeuggeschwindigkeit und die Gangwahl passend zur Ge-

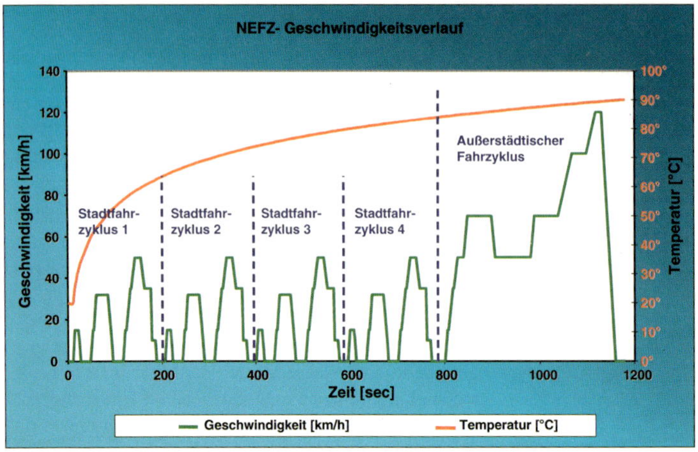

Bild 7-237 Der NEFZ Zyklus nach 80/1268/EWG

schwindigkeitsstufe beim manuellen Schaltgetriebe. Er besteht aus einem 780 Sekunden dauernden City-Zyklus (städtische Bedingungen) und einem 400 Sekunden dauernden Überland-Zyklus (außerstädtischen Bedingungen). Dieser Zyklus dargestellt im **Bild 7-237**, bildet auch die Beurteilungsgrundlage für das Potential der Leistungseinsparung.

Um unterschiedliche Regelkonzepte miteinander vergleichen zu können, muss zunächst eine einheitliche Möglichkeit geschaffen werden, von der durch die EG Richtlinie definierter Fahrzeuggeschwindigkeit auf die Pumpendrehzahl schließen zu können.

Ausgehend von einem mittleren Reifendurchmesser, der für alle Fahrzeuge mit 70 cm einheitlich angenommen werden kann, wird die momentane Motordrehzahl durch die Übersetzung im Achsdifferential und Getriebe bestimmt. Während die Getriebeübersetzung zunächst eine Unbekannte darstellt, ist die passende Übersetzung zwischen Motor und Ölpumpe dem Ölpumpenhersteller bekannt.

Ein Vergleich existenter Getriebe für Fahrzeuge mit unterschiedlicher Motorisierung und von verschiedenen Herstellern zeigt, dass die wesentlichen Unterschiede in der Getriebeübersetzung nur auf wenige Merkmale beschränkt sind. Das Hauptmerkmal ist die Anzahl der Getriebegänge. Abhängig davon, ob es sich um ein 5-Gang oder ein 6-Gang Getriebe handelt, ist die unterschiedliche Anzahl der Getriebestufen im außerstädtischen Fahrzyklus zu berücksichtigen. Innerhalb einer Getriebefamilie streuen die Übersetzungen in den einzelnen Gängen vergleichsweise gering, siehe **Bild 7-238**.

Lediglich die Achsübersetzung und der erste Gang zeigen insbesondere beim 6-Gang Getriebe eine gewisse Streuung. Die reduziert sich deutlich, je höher der Gang ist. Durch die Bestimmung von Mittelwerten für die einzelnen Gänge lassen sich „Normübersetzungen" ableiten, so dass bei der späteren Betrachtung der Leistungsaufnahme der Ölpumpe lediglich zwischen 5- und 6-Gang Getrieben unterschieden werden muss.

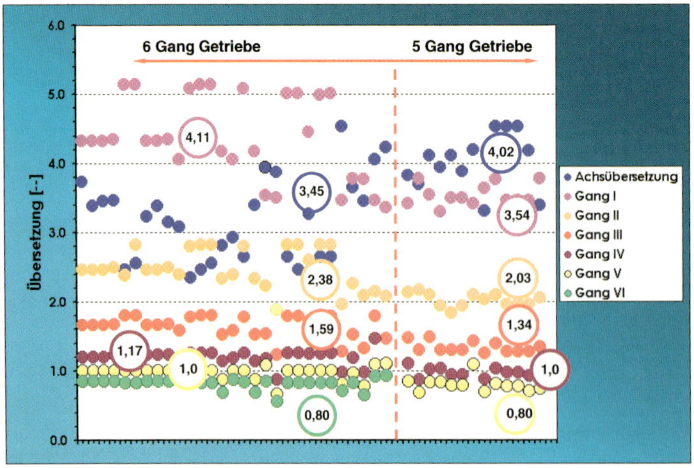

Bild 7-238 Getriebeübersetzungen von verschiedenen Fahrzeugen unterschiedlicher OEM's; Mittelwerte in Kreisen dargestellt

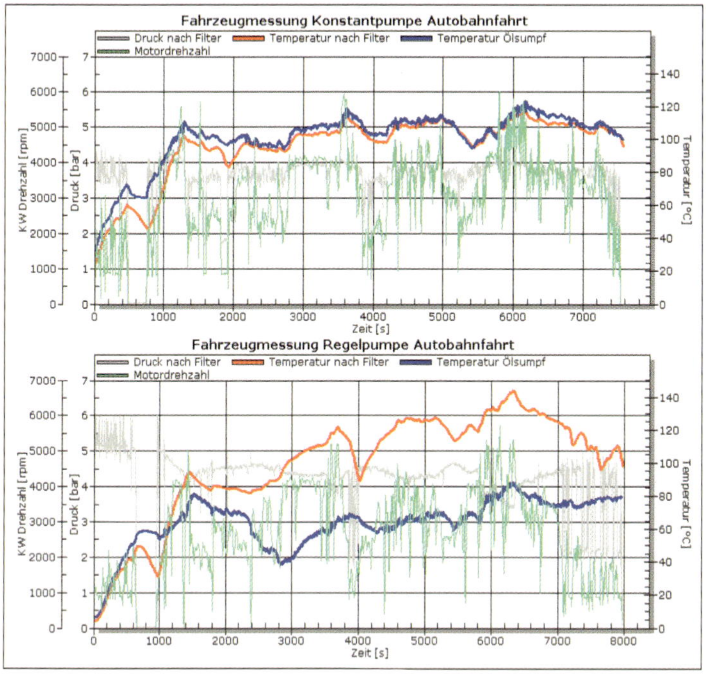

Bild 7-239 Entwicklung der Ölsumpftemperatur während einer Autobahnfahrt bei einer Regelpumpe (oben) und einer Konstantpumpe gleicher Nenngröße (unten)

Ein weiterer wichtiger Parameter bei der Betrachtung der Leistungsaufnahme ist die Temperaturentwicklung im Zyklus. Sie bestimmt die Ölviskosität und damit maßgeblich auch die Leistungsaufnahme der Ölpumpe. Die EG Richtlinie definiert lediglich die Temperatur zu Beginn der Messung. Diese soll zwischen 20 °C und 30 °C liegen um die Kaltphase im Motorbetrieb zu berücksichtigen.

Die angenommenen Temperaturverläufe basieren allerdings häufig nur auf den Temperaturgradienten des Motors in Abhängigkeit von dessen Konstruktion und dem Fahrwiderstand. Tatsächlich muss aber die Entwicklung der Temperatur in der Ölwanne betrachtet werden, da nur diese die maßgebliche Ölviskosität für die Bestimmung der Reibleistung in der Pumpe liefert. Das **Bild 7-239** zeigt die Temperaturentwicklung in der Ölwanne eines Fahrzeugs während einer Autobahnfahrt bei einer Konstantpumpe und einer Regelpumpe im Vergleich.

Durch die „Nichtförderung“ des Öls infolge der Regelung, erkennt man eine deutliche Diskrepanz zwischen der Ölsumpftemperatur (rot) und der Motortemperatur (blau) bei vergleichbarem Geschwindigkeits- und Druckprofil.

Dies kann zu einer Reduktion der Leistungsersparnis führen. Der Vollständigkeit halber sei erwähnt, dass auch bei Stadtfahrten die Ölsumpftemperatur deutlich auch wenn nicht im gezeigten Maße von der Motortemperatur abweicht.

Unter diesen Randbedingungen erzielbare Reduktion im Kraftstoffverbrauch ist in der nachfolgenden Grafik **(Bild 7-240)** zusammengefasst.

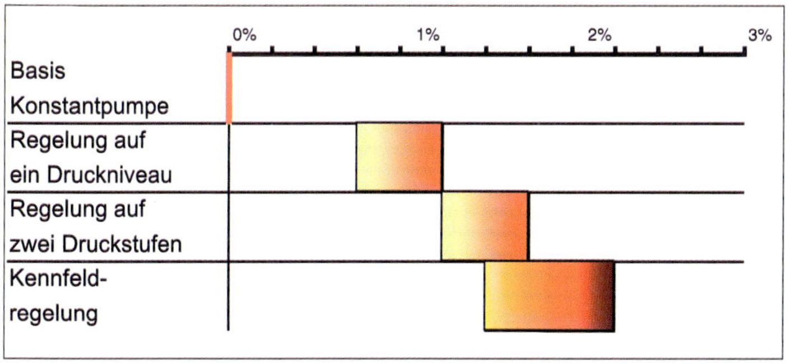

Bild 7-240 Erzielbare Kraftstoffersparnis im NEFZ Zyklus

7.15.5 Konstruktionsgrundlagen

An dieser Stelle soll zuerst auf die theoretischen Grundlagen eingegangen werden, damit an späterer Stelle die Beziehungen der Radsatzabmessungen für Sumpf- und Kurbelwellenpumpen verstanden werden.
Optimalerweise sind bei Beginn eines Projektes keine Bauraum und Kostenvorgaben vorhanden. Es gibt Motorölbedarfs- und Motoröldruckkurven für verschiedene Temperaturen. Diese werden entweder errechnet oder setzen sich aus Messungen mit vergleichbaren Motoren zusammen.
Aus diesen gemessenen und errechneten Kenngrößen wird unter Einbeziehung des volumetrischen Wirkungsgrades der theoretisch benötigte Förderstrom der Ölpumpe berechnet. Ist noch nicht festgelegt, ob die Ölpumpe im Sumpf oder auf der Kurbelwelle angeordnet werden soll, so sollte ein Radsatz für jede Variante ausgelegt werden.

Theoretische Radsatzauslegung (Zahnringpumpe)

Ist der Fördermengenbedarf des Motors annähernd bekannt, so erfolgt die Auslegung der Pumpe auf den sogenannten Heißleerlauf des Motors. Das heißt die Ölpumpe muss auf diesen Punkt abgestimmt werden, damit im Betrieb auch genügend Öldruck vorhanden ist.
Konstruktionsseitig wird als erstes die Radsatzgröße festgelegt. Es muss von der bekannten/angenommenen Fördermenge rückwärts auf die theoretische Förderfläche und den dafür benötigten Fuß- und Kopfkreis des Innenrotors gerechnet werden. Dazu wird die Radbreite benötigt, welche aus dem zur Verfügung stehenden Bauraum genommen wird. Ist der Bauraum noch nicht begrenzt, so können Erfahrungswerte genommen werden. Sind oben angegebene Abmessungen bekannt, so kann unter Berücksichtigung entsprechender Wandstärken der Außendurchmesser ermittelt werden.
Rechnerisch wird unter Zuhilfenahme der unten aufgeführten Formeln vorgegangen:

$$q_{\text{th}} = 1000 \cdot \frac{Q_{\text{eff}}}{\eta_{\text{vol}} \cdot n}$$

q_{th} = theor. Fördermenge der Ölpumpe/Umdr. [cm^3]
Q_{eff} = effektive Fördermenge aus Motorschluckkurve entnommen [dm^3/min]
η_{vol} = volumetrischer Wirkungsgrad
n = Drehzahl des Motors bei Q_{eff} [min^{-1}].

Ist dieser Wert nun bekannt, so kann über die Radbreite die theoretische Förderfläche ermittelt werden.

$$A = \frac{q_{\text{th}}}{RB}$$

A = Förderfläche des Radsatzes [cm^2]
RB = Radbreite [cm]

Über die Förderfläche kann mittels der Beziehung

$$A = \left(d_{a1}^2 - d_{f1}^2\right)\frac{\pi}{4}$$

d_{a1} = Kopfkreis des Innenrotors [cm]
d_{f1} = Fußkreis des Innenrotors[cm]

und mit

$$d_0 = m \cdot z$$

d_0 = Teilkreis
m = Modul
z = Zähnezahl (Innen- und Aussenrotor)

können nun die Abmessungen der Verzahnung bestimmt werden.
Nun liegen die geometrischen Abmessungen des Radsatzes für die Kurbelwellen und die Sumpfpumpe vor. Aufgrund der Radsatzabmessungen können die benötigten Tiefen für die Nierenkonturen, welche zur Befüllung und Entleerung des Radsatzes dienen, berechnet werden.
Als nächster Schritt sollten die Sauggeschwindigkeiten und die kritischen Umfangsgeschwindigkeiten des Radsatzes über die Motor- beziehungsweise Pumpendrehzahlen ermittelt werden. Bedingt durch die oben getroffene Festlegung der Radbreite kann der Bauraum für die Ölpumpen abgeschätzt werden.
Sind die Auslegungen sowohl für die Kurbelwellen, als auch die Sumpfpumpe gemacht, so muss die Entscheidung getroffen werden, ob die Ölpumpe auf der Kurbelwelle oder im Sumpf angeordnet werden soll. Für diese Entscheidung stehen aus technischer Sicht hauptsächlich folgende Auswertungskriterien zur Verfügung:

- Bauraum
- Antriebs- und Förderleistung
- Geräusch und Pulsation.

Aus kaufmännischer Sicht kommt noch der Faktor der Kosten hinzu.
In den nachfolgenden Kapiteln soll detailliert auf die verschiedenen Varianten Kurbelwelle- und Sumpfpumpe eingegangen werden.

7.15.5.1 Kurbelwellenpumpe

Kurbelwellenpumpen kommen heutzutage vor allem in der Automobilindustrie in Nordamerika und Japan zur Anwendung. In Europa sind es hauptsächlich Unternehmen, welche von den Mutterunternehmen aus Nordamerika beeinflusst werden.
Der Aufbau der Kurbelwellenpumpen ist meist folgendermaßen:

- Druckgussgehäuse mit eingepresstem Wellendichtring und integriertem Regelventil
- Druckguss- oder Stahldeckel
- Innenrotor direkt auf der Kurbelwelle zentriert
- Außenrotor angetrieben vom Innenrotor.

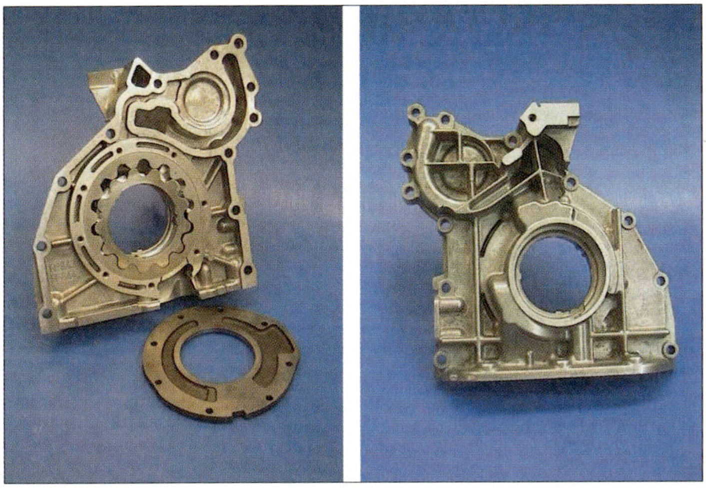

Bild 7-241
Kurbelwellenpumpe

Es werden normalerweise Innenzahnradpumpen vom Typ Duocentric®, DuoIC® oder Gerotor verwendet.
Kurbelwellenpumpen werden meist aus Kostengründen eingesetzt. Da jeder Motor einen Frontdeckel zur Aufnahme des Wellendichtringes benötigt liegt es nahe in diesen Deckel gleich die Ölpumpe zu integrieren.
Bedingt durch den Kurbelwellendurchmesser und die entsprechende Abdichtstrecke zwischen Kurbelwellenbohrung in Gehäuse und Deckel einerseits und dem Fußkreis des Innenrotors andererseits ergibt sich automatisch ein Fußkreis im Innenrotor. Dieser ist bestimmend für die geometrischen Abmessungen.
Wie bereits beschrieben ergibt sich durch Wahl des Zähnezahlverhältnisses der Innenverzahnung bei entsprechendem Fußkreis eine theoretische Förderfläche. Durch Auswahl einer entsprechenden Radbreite ergeben sich unter Annahme eines geeigneten volumetrischen Wirkungsgrades die Abmessungen der Ölpumpe für die Kurbelwelle.
In der Praxis bewegen sich die Kurbelwellendurchmesser zwischen 35 mm Durchmesser (kleine 3–4 Zylindermotoren) bis circa 50 mm (V6–V8 Motoren). Es ist leicht vorstellbar, dass bei Kurbelwellendurchmesser >40 mm schnell sehr große Außendurchmesser am Hohlrad erzielt werden, siehe **Bild 7-241**.
In der Praxis müssen oft Kompromisse bei den Kurbelwellenpumpen eingegangen werden, da die Baulänge des Motors begrenzt werden soll. Das heißt es werden oft ungenügende Querschnitte für die Ansaugung zur Verfügung gestellt. Des Weiteren wird oft aus Kostengründen ein Stahldeckel zur Abdeckung des Radsatzes verwendet. Dieser ist üblicherweise gestanzt und hat eine Breite von 4–5 mm. Mit diesem Deckel kann jedoch die Ölpumpe bei großen und breiten Radsätzen von der Deckelseite her nicht sehr gut befüllt werden. Die Befüllung ist daher nur über die Gehäuseseite möglich, was bei mittleren und hohen Drehzahlen zu Befüllungsproblemen führt und daraus entsprechenden Kavitations- und Geräuschproblemen.
Üblicherweise werden die Innenrotoren auf der Kurbelwelle gelagert. Seltener werden Ausführungen gesehen, welche am Innenrotor einen Lagerbund aufweisen. Das Gehäuse hat ebenfalls eine Lagerbohrung zur Aufnahme des Innenrotors. Die Nachteile sind höhere Kosten und etwas mehr Reibleistung. Der Vorteil dieser Ausführung ist, dass der Innenrotor nicht die Bewegungen der Kurbelwelle mit machen muss. Auch kann das Hohlradspiel und das Zahnkopfspiel kleiner ausgeführt werden, als bei der direkt auf der Kurbelwelle gelagerten Variante. Hier muss der Pumpenversatz zur Kurbelwellenmitte und die Kurbelwellenbewegung durch Hohlradspiel und Zahnkopfspiel aufgefangen werden, damit es zu keinen Zwängen kommt. Um eine möglichst genaue Ausrichtung der Pumpe zur Kurbelwellenmitte zu gewährleisten werden die Kurbelwellenpumpen üblicherweise über Zentrierstifte, Zentrierhülsen oder über „Zentriernasen" am Motor zentriert.
Als Mitnahme des Innenrotors werden üblicherweise Zweiflach, Sechskant oder Innenverzahnungen mit verschiedensten Zahngeometrien gewählt. Sonderausführungen wie zum Beispiel Polygonmitnahmen werden auch angetroffen.
Die Anbindung der Saugrohre erfolgt über einen verschraubten Saugflansch mit Dichtung. Der Druckausgang wird direkt zwischen Ölpumpe und Motorblock mittels Dichtung oder O-Ring realisiert.
Da die Kurbelwellenpumpe üblicherweise als Abschlussdeckel dient befindet sich zwischen Motorblock und Ölpumpe eine Flächendichtung. Das Ölpumpengehäuse trägt in diesen Fällen den Wellendichtring. Auf der Unterseite der Ölpumpe wird oft die Ölwanne angeflanscht, was zu einer weiteren Abdichtstelle führt.

7.15.5.2 Sumpfpumpe

Sumpfpumpen werden hauptsächlich von den deutschen Automobilunternehmen eingesetzt. Ziel ist es mit etwas höherem Kostenaufwand Leistungseinsparungen zu erreichen. Auch können geringere Motorbaulängen realisiert werden.
Sumpfpumpen bestehen üblicherweise aus folgenden Komponenten:

- Druckgussgehäuse mit Lagerbohrung für die Antriebswelle und integriertem Regel- oder Kaltstartventil
- Druckgussdeckel mit Lagerbohrung für die Antriebswelle
- Innenrotor auf die Antriebswelle aufgepresst
- Außenrotor angetrieben vom Innenrotor.

Sumpfpumpen werden gewöhnlich über Kette und Kettenrad direkt von der Kurbelwelle aus angetrieben.
Oft werden auch Mehrstufenpumpen im Ölsumpf angetroffen. Diese bestehen aus einer oder mehreren Druckstufen und eventuell aus einer oder mehreren Lenzstufen. Eine solche Anordnung ist auf der Kurbelwelle unmöglich.
Da diese Ölpumpen direkt im Ölsumpf sitzen, entfällt oft ein langes Saugrohr mit Saugsieb. Dieses kann bei optimaler Konstruktion direkt in das Gehäuse oder Deckel als Druckgussteil mit integriert werden.
Da die Ölpumpen im Sumpf sitzen wird keine Abdichtung für eventuell austretendes Öl benötigt.
Die Ölpumpen werden an den Motorblock mittels Zentrierstiften oder Zentrierhülsen angeschraubt, damit die Kettenspur fluchtet. Die Ölübergabe findet zwischen gegossener Bohrung im Gehäuse und bearbeiteter Bohrung im Motorblock statt.
Es werden Innenzahnradpumpen vom Typ Duocentric®, DuoIC® oder Gerotor verwendet. Außenzahnradpumpen finden ebenfalls Verwendung.
Eine Untergruppe der Sumpfpumpen sind Ölpumpen, welche durch Nebenantriebe angetrieben werden. Folgende Antriebsarten- und Orte sind üblich:

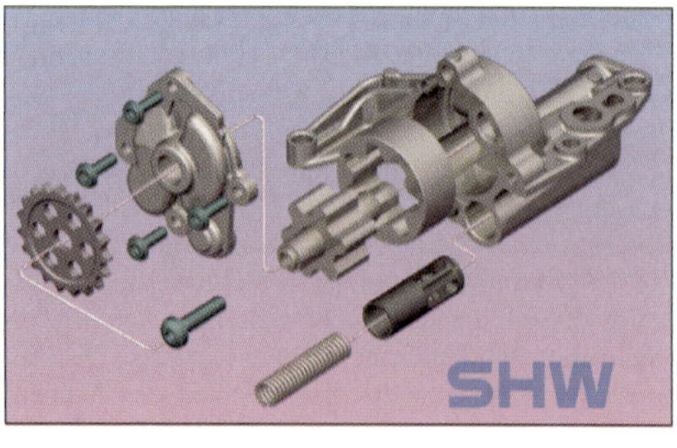

Bild 7-242 Sumpfpumpe in 3D Explosionsdarstellung

- Ölpumpe über Schaft von der Verteilerwelle angetrieben
- Ölpumpe im Motorblock integriert und über Kette oder Stirnräder angetrieben
- Ölpumpe im Ausgleichswellengetriebe integriert und über Kette oder Stirnräder angetrieben.

7.15.5.3 Ölpumpenkennwerte aus der Praxis

Bild 7-243 zeigt Ölpumpenkennwerte aus der Praxis. Es handelt sich um einen Vergleich von 4-, 6- und 8-Zylindermotoren. Der 4-Zylinder Vollaluminium Motor mit der Kurbelwellenpumpe besitzt die meisten Ölverbraucher und ist daher auch von der Ölpumpenseite her sehr groß ausgelegt. Der Vierzylindermotor mit Sumpfpumpe, der Sechszylindermotor und der Achtzylindermotor sind schon seit längerer Zeit auf dem Markt.

7.15.5.4 Vergleich zwischen Kurbelwellen und Sumpfpumpen

Da jedes Pumpensystem Vor- und Nachteile besitzt muss je nach Anwendungsfall die richtige Entscheidung getroffen werden.
Erfahrungsgemäß muss zwischen den folgenden Punkten ein Kompromiss eingegangen werden:

- Bauraum (Motorhöhe- und Länge)
- Kosten
- Antriebsleistung und Förderleistung
- Pulsation und Geräusch.

Bauraum:
Soll eine Kurbelwellenpumpe Verwendung finden, so ist diese meist durch das erste Motorlager und die Ketten- oder Riemenspur begrenzt. Normalerweise wird auf eine möglichst geringe Baulänge des Motors geachtet. Unter dieser Zielsetzung ist wenig Platz für einen breiten Radsatz und eine gute Befüllung für den Radsatz.
Im Gegensatz zu Kurbelwellenpumpen können Sumpfpumpen meist sehr breit ausgeführt werden. Auch ist bei den meisten Motorkonstruktionen Platz zwischen Motorblock, Pleuelgeige, Kurbelwange und Ölwanne, um eine Sumpfpumpe zu integrieren.

Kosten:
Bei üblich verwendeten Systemen wird die Sumpfpumpe meist etwas teurer ausfallen. Dies liegt hauptsächlich an Zusatzkosten für Kette und Antriebsritzel. Wird die Konstruktion der Sumpfpumpe unter dem Gesichtspunkt Kosten durchgeführt, so kann diese sehr nahe an die Kosten der Kurbelwellenpumpe heran kommen.

Technischer Vergleich:
Im Folgenden soll nun ein Vergleich einer Kurbelwellen- und Sumpfpumpe durchgeführt werden (**Bild 7-246**). Beide Pumpen sind auf einen Durchsatz

Benennung	4 Zyl Kurbel-welle	4 Zyl Sumpf	6 Zyl Kurbel-welle	6 Zyl Sumpf	8 Zyl Kurbel-welle	8 Zyl Sumpf
Zähnezahl	8/9	6/7	9/10	6/7	9/10	6/7
theor. Fördermenge bezogen auf Motor-drehzahl [cm^3] (incl. Übersetzung bei Sumpfpumpen)	20.6	10.3	17.0	12.8	15.72	21.3
Aussendurchmesser [mm]	84.5	58.2	91	58.2	90.0	65.2
Radbreite [mm]	14	20	10.8	25	10.7	31.2
maximale Pumpendrehzahl [min^{-1}]	6800	7000	7000	4500	5800	4450
Leistung bei 6000 min^{-1} * Motordrehzahl [Watt]	2560	830	2330	970	2100	1830
Kennwerte Motorölverbraucher						
Hydr. Ventilspielausgleich	X	X	X	X		X
Nockenwellenversteller	X					
Turbolader		X		X		
Steuerkette	X				X	
Ausgleichswellen	X					
Vollaluminiummotor	X					

* Leistungswerte bei: 80 °C Öltemperatur; 5 bar Öldruck, Ölsorte 5W30 Shell Helix Ultra

Bild 7-243 Typische Ölpumpenkennwerte

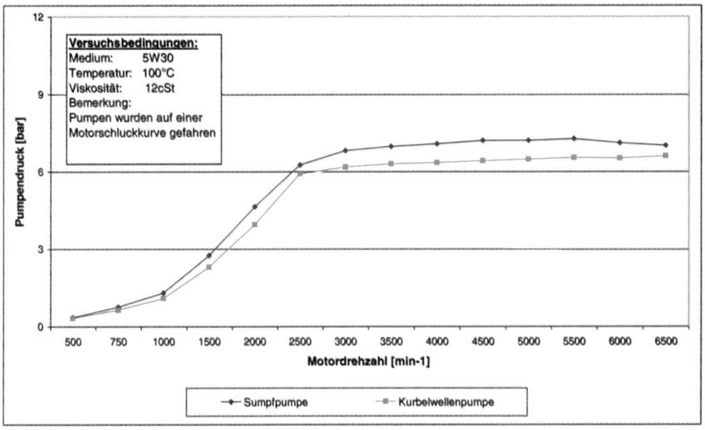

Bild 7-244 Pumpendruck bei Kurbelwelle und Sumpfpumpe

von 5,2 l/min bei 750 min^{-1} Motorumdrehungen, 1,5 bar und 120 °C ausgelegt. Das heißt beide Pumpen könnten bei Motorheißleerlauf dem Motor die gleiche Durchflussmenge zur Verfügung stellen. Beide Pumpen wurden unter motorrelevanten Bedingungen auf einem Komponentenprüfstand auf einer Motorölschluckkurve für 100 °C Öltemperatur gefahren. Es stellte sich mit beiden Ausführungen ein ähnliches Druckniveau ein **(Bild 7-244)**.

Antriebsleistung und Förderleistung:
Grundvoraussetzung für eine Pumpe mit geringem Antriebsleistungsbedarf ist eine optimale Auslegung des Radsatzes (Durchmesser-Breitenverhältnis). Wie aus **Bild 7-245** ersichtlich ist, liegt die Antriebsleistung der Kurbelwellenpumpe deutlich über der Sumpfpumpe. Dies hat im Wesentlichen zwei Gründe. Erstens kann durch die breitere Bauweise der Sumpfpumpe der Außendurchmesser im Vergleich

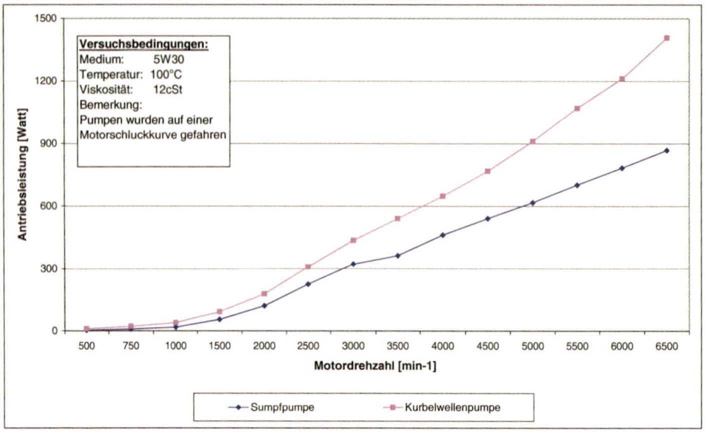

Bild 7-245 Antriebsleistung von Kurbelwellen- und Sumpfpumpe

Die technischen Pumpendaten sind wie folgt:

Benennung	Kurbelwellenpumpe	Sumpfpumpe
Zähnezahl	9/10	6/7
theor. Fördermenge bezogen auf Motordrehzahl [cm^3] (inklusive Übersetzung bei Sumpfpumpe)	8,1	8,1
Radbreite [mm]	8.1	20
Außendurchmesser [mm]	72	58.2
Fußkreis [mm]	46.1	29.4
Wellendurchmesser [mm]	35	16
Übersetzung	1	2 (ins Langsame)

Bild 7-246 Technische Daten

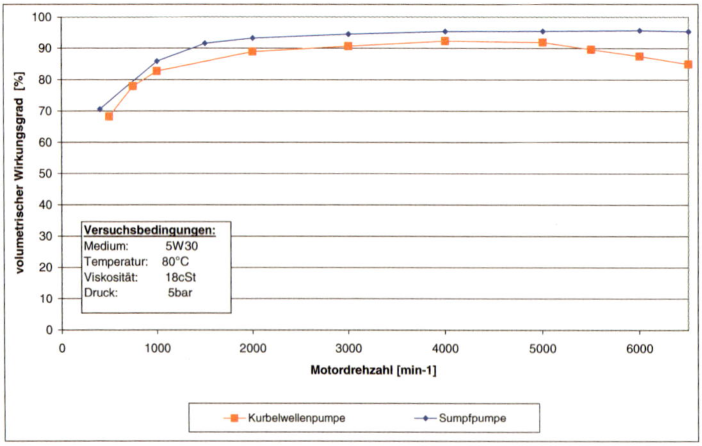

Bild 7-247 Volumetrischer Wirkungsgrad von Kurbelwellen- und Sumpfpumpe

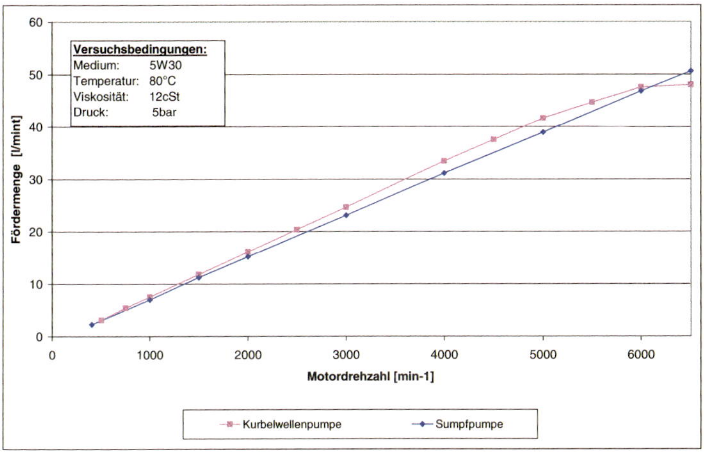

Bild 7-248 Fördermenge von Kurbelwellen- und Sumpfpumpe

zur Kurbelwellenpumpe reduziert werden. Dies hat den Vorteil, dass die Reibleistung des Räderpaares deutlich geringer ist.

Zweitens kann durch eine Reduzierung der Übersetzung ins Langsame bei der Sumpfpumpe der Reibleistungsanteil weiter gesenkt werden. Nachteilig kann sich eine Untersetzung ins Langsame im Heißleerlauf auswirken. Bei Heißleerlauf wird eine bestimmte Fördermenge benötigt, um den Öldruck im Motor sicherzustellen. Jedoch ist das Öl temperaturbedingt sehr dünn und verursacht durch die Leckspalte relativ hohe Verluste.

Ist die Pumpe stark ins Langsame untersetzt, so sind die Leckverluste prozentual hoch im Vergleich zu der Ölmenge, welche zum Motor gefördert wird. Man spricht von einem schlechten volumetrischen Wirkungsgrad bei niederen Drehzahlen und hohen Temperaturen (**Bild 7-247**).

Sind jedoch die Übersetzung und die Spiele richtig gewählt, so hat die Sumpfpumpe eine vergleichbare Fördermenge im niederen Drehzahlbereich. Durch die Untersetzung ins Langsame wird die Ölpumpe bei hohen Motordrehzahlen jedoch sehr gut befüllt und knickt nicht so stark ab wie die Kurbelwellenpumpe (**Bild 7-248**). Die Folge ist ein besseres Kavitationsverhalten.

7.15.6 Kavitation und Geräuschemission

Bei einer Geräuschbeanstandung ist mit einer Messung des Luftschalls unter der Ölwanne häufig die Quelle schnell gefunden, die wahre Ursache bei Weitem jedoch nicht! Die Geräuschemission einer Zahnradpumpe ist von den Übertragungspfaden abhängig und diese gilt es zunächst zu bestimmen. Abhängig davon, ob es sich um eine Übertragung des Körperschalls, eine Anregung der Ölwanne oder Zylinderkurbelgehäuses durch saug- beziehungsweise druckseitigen Öldruckpulsation handelt, können die Maßnahmen sehr unterschiedlich sein. Interessanterweise ist der abgestrahlte Luftschall nur in den seltensten Fällen eine Quelle der Beanstandung.

Folgende drehzahlabhängige Einflussgrößen bestimmen die Schallanregung:

- Mechanische Eigenschaften der Verzahnung
- Kavitationsvorgänge
- Änderungen der Strömungsgeschwindigkeit durch periodische Schwankungen der Fördermenge
- Plötzliche Druckausgleichsvorgänge beim Zusammentreffen von Räumen unterschiedlichen Druckes
- Schwingung von Druckregelelementen
- Resonanzen mit Ölwanne und Kurbelgehäusestruktur.

Eine weitere Einflussgröße auf das Geräuschverhalten einer Ölpumpe ist die Ölviskosität. Diese kann durch die Dämpfungseigenschaft bei geringen Temperaturen die Schallabstrahlung positiv beeinflussen. Die hohe Viskosität und geringe Abnahmemengen des Motors bei geringen Temperaturen können aber auch zu unerwünschten Effekten führen, die das Geräuschergebnis verschlechtern.

Im unteren Drehzahlbereich bestimmen die mechanischen Eigenschaften der Verzahnung maßgeblich das Geräusch. Fertigungsbedingte Verzahnungsabweichungen, wechselnde Zahnfedersteife sowie lastbedingte Eingriffsstörungen sind bis zur vielfachen ihrer Grundfrequenz im Schallpegelspektrum sichtbar.

Fehler in der Verzahnung des außenverzahnten Ritzels und des innenverzahnten Rades erscheinen zusätzlich mit einer sogenannten Wiederholfrequenz, im englisch sprachigen Literatur auch als „hunting tooth frequency" bekannt. Die Wiederholfrequenz kann aus folgender Gleichung ermittelt werden. Hierbei bedeuten f_{GMF} die Zahnfrequenz und z_1 und z_2 die Zähnezahlen der Zahnräder, n_a ist die Zahl der möglichen Einbaulagen.

$$f_{HT} = \frac{f_{GMF}}{z_1 \cdot z_2} \cdot n_a$$

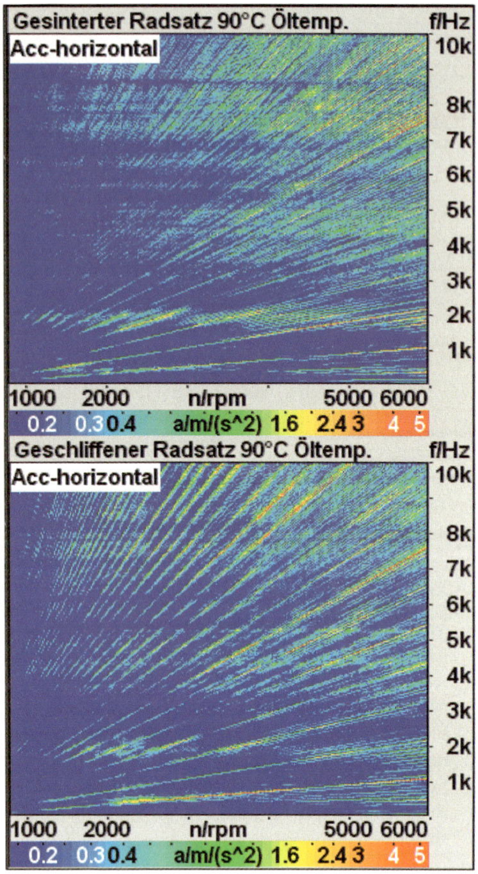

Bild 7-249 Unterschied im Körperschall zwischen einer gesinterten (oben) und geschliffenen Verzahnung (unten)

Die mechanischen Geräusche einer Verzahnung, mit Ausnahme der lastbedingten Eingriffsstörungen einer Außenverzahnung, treten angesichts der hohen Qualität der gesinterten oder erodierten Radsätze jedoch zunehmend in den Hintergrund. Bei den Evolventen – Zahnrädern einer außenverzahnten Zahnradpumpe erlauben die Verwendung der Schrägverzahnung und angepasste Profilkorrekturen eine weitere Reduktion des Geräuschniveaus.

Darüber hinaus haben die im Sinterprozess dargestellten Zahnräder einen weiteren entscheidenden Vorteil. Dadurch, dass die Zähne nicht durch einen regelmäßigen Herstellungsprozess, wie es zum Beispiel das Fräsen oder Schleifen einer Verzahnung darstellt, hergestellt werden, weisen sie stochastisch verteilte Verzahnungsfehler auf, die eher zu einem unauffälligen Rauschen tendieren als zu einer auffälligen tonalen Komponente. Aus diesem Grund sind gesinterte Zahnräder selbst geschliffenen im Geräuschverhalten oft überlegen.

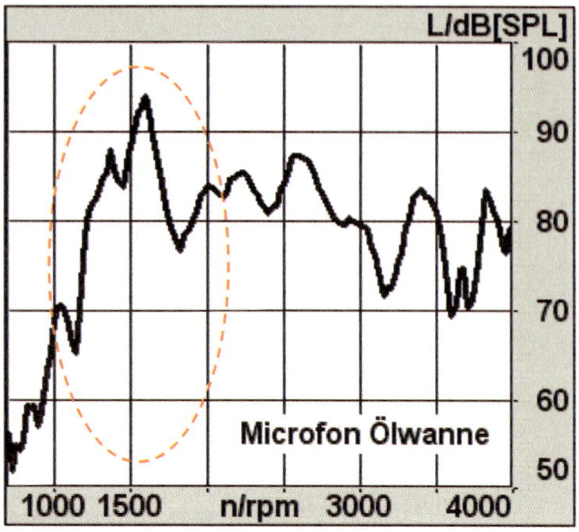

Bild 7-250 Resonanz mit der Ölwanne nahe Leerlaufdrehzahl

Bild 7-249 dokumentiert die deutliche Ausprägung der Zahneingriffsfrequenz und ihrer harmonischen bei einer geschliffenen Verzahnung im Vergleich zum Verhalten gesinterter Zahnräder.

Die Stärke der mechanisch dargestellten Verzahnung liegt in der geringen Neigung zu Drehzahlmodulation, die sich in Form von Nebenbändern im Spektrum bemerkbar macht.

Eine weitere Auffälligkeit, die besonders im unteren Drehzahlbereich prominent sein kann, ist durch Resonanzen mit Ölwanne, Zylinderkurbelgehäuse oder anderen Elementen der Fahrzeugstruktur hervorgerufene Überhöhung der Anregung. Diese Art der Geräuschanregung ist besonders unangenehm, da sie beim Überfahren des Resonanzdrehzahlbereiches das Geräusch ein und ausschaltet, siehe **Bild 7-250**.

Mit zunehmender Drehzahl und steigendem Druckniveau werden neben der Zahneingriffsfrequenz auch die Zweifache und die Dreifache der Zahneingriffsfrequenz sichtbar. Verantwortlich hierfür ist eine weitere Schallquelle – der Wechseldruck (Pulsation) in der Flüssigkeit, der auf die diskontinuierliche Ölförderung der einzelnen Zahnkammern zurückzuführen ist. Während der Öffnung der in den Zahnkammern eingeschlossener Fördervolumina zur Hochdruckseite werden diese zunächst durch den höheren Flüssigkeitsdruck auf der Ausgangsseite komprimiert. Die Verkleinerung der Zahnräume während des weiteren Transportes sorgt für ihre Entleerung. Der so entstehende Pulsationsdruck verursacht eine Wechselschnelle der Flüssigkeitsteilchen, die der Gleichströmung überlagert ist. Bei den Außenzahnradpumpen dominiert häufig das Geräuschbild das Quetschen des Öls in den Zahnlücken. Korrespondierend mit der Lückenzahl beider Räder ist die Zweifache der Zahneingriffsfrequenz oft deutlich sichtbar. Auch das diskontinuierliche Öffnen der Zahnzwischenräume auf der Saugseite führt zu einer Überlagerung der Saugströmung mit einer Wech-

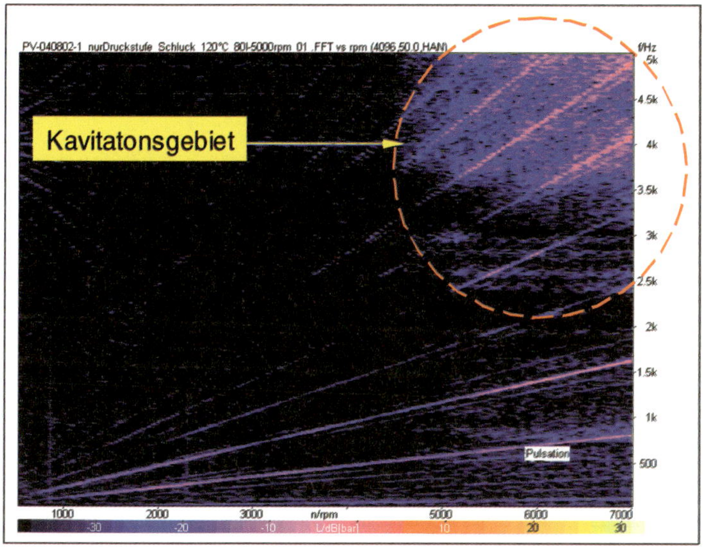

Bild 7-251 Drehzahl – Frequenzanalyse der Öldruckpulsation einer Zahnradpumpe

selschnelle der Flüssigkeitsteilchen, was zu einer Anregung des Ölwannenbodens führen kann.

Mit steigender Drehzahl führen Geschwindigkeitsunterschiede zwischen der Flüssigkeit im Gehäuse und Radsatz und die rasche Volumenänderung in den Zahnlücken zum lokalen Druckabfall. Wird dabei der kritische Druck von circa 0,4 bar absolut unterschritten, so scheidet sich das im Öl gelöste Gas in Blasenform aus. Das entstandene Gas-Flüssigkeitsgemisch erhöht den abgestrahlten Luftschall, siehe **Bild 7-252**.

Steigt, infolge des raschen Zusammentreffens der Förderräume mit dem Druckausgang, der Druck in den Zahnkammern wieder an, implodieren die Blasen schlagartig. Dieser Vorgang wird von sehr hohen örtlichen Druckspitzen begleitet, die zu einer beträchtlichen Geräuschentwicklung und Pulsation beitragen. Diese typische Erscheinung wird auch als Kavitation

Bild 7-252 Mit einer Bildfolge von 500 Bildern pro Sekunde aufgezeichnete Blasenbildung bei einer Innenzahnradpumpe.

bezeichnet. Wichtig für diesen Vorgang ist die Anwesenheit von Kavitationskeimen zum Beispiel in Form der bereits genannten Luftblasen. Der Beginn der Geräuschzunahme infolge Kavitation wird nämlich nicht nur von der zur Drehzahl proportionaler Strömungsgeschwindigkeit bestimmt, sondern auch von der Zahl der Kavitationskeime im Fluid. Daher kann bei zunehmender Ölverschäumung bei ansonsten konstanten Druckverhältnissen und konstanter Strömungsgeschwindigkeit eine Zunahme der Kavitationsblasen beobachtet werden. Bei hohem Luftgehalt setzt die Kavitation bereits bei niedrigen Drehzahlen ein. Der damit verbundene frühe Anstieg des Schallpegels setzt sich nur allmählich fort. Ist dagegen der Luftgehalt im Öl sehr niedrig, beginnt die Bildung der Blasen erst bei hoher Umfangsgeschwindigkeit. Der Schallpegel wächst in diesem Fall sprunghaft an, siehe **Bild 7-251**.

Das nachfolgende **Bild 7-253** zeigt ein Ergebnis einer Ordnungsanalyse einer Zahnradpumpe. Deutlich sichtbar ist der Anstieg des Schalldruckpegels zu hohen Drehzahlen hin. Ab circa 4.000 U/min steigen die Pegel bis zur dritten Ordnung stark an. Dieser Effekt ist auf die bereits beschriebene Kavitation der Blasen zurückzuführen, die vermehrt mit Zunahme der Geschwindigkeit entstehen.

Ein weiteres Phänomen, das bei der untersuchten Pumpe in einem Drehzahlband zwischen 2.000 und 4.000 U/min in Erscheinung tritt, ist auf eine Torsionsresonanz im Triebstrang zurückzuführen. Eine qualitativ gute Vorhersage des Schallleistungspegels, **Bild 7-254** und **Bild 7-255** liefert die folgende Gleichung der VDI Richtlinie 3743 für den kavitationsfreien Bereich. Messungen bestätigen ihre Gültigkeit für Außenzahnradpumpen.

$$L_{\mathrm{WA}} = 78 + 11 \cdot \lg\left(\frac{P}{P_0}\right) \pm 3\,[\mathrm{d}B]$$

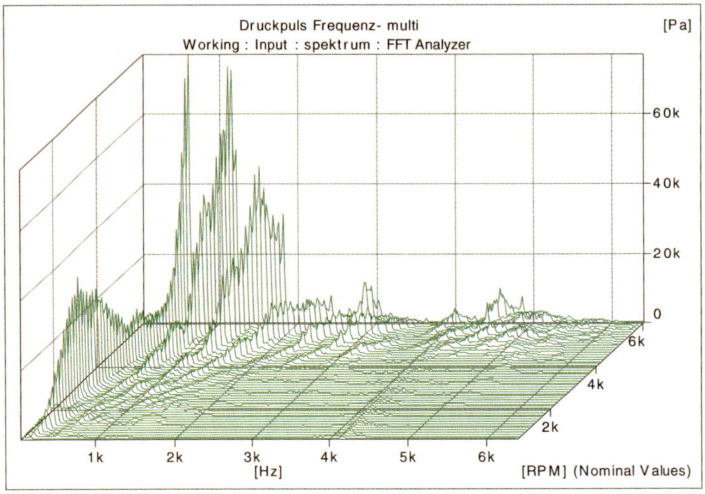

Bild 7-253 Ordnungsanalyse beim Hochlauf einer Zahnradpumpe

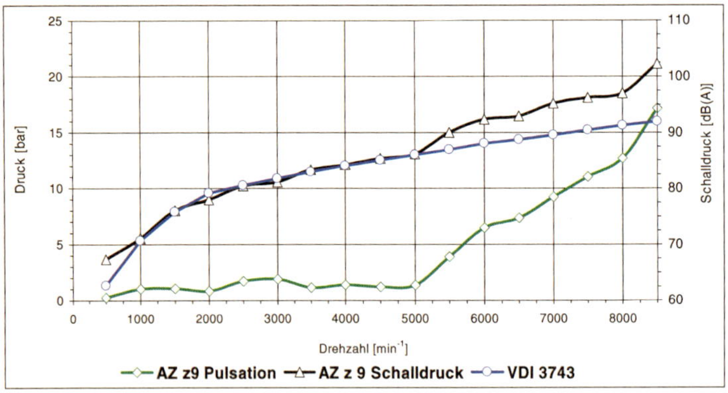

Bild-254 Flächenbewerteter Schalldruckpegel einer Außenzahnradpumpe

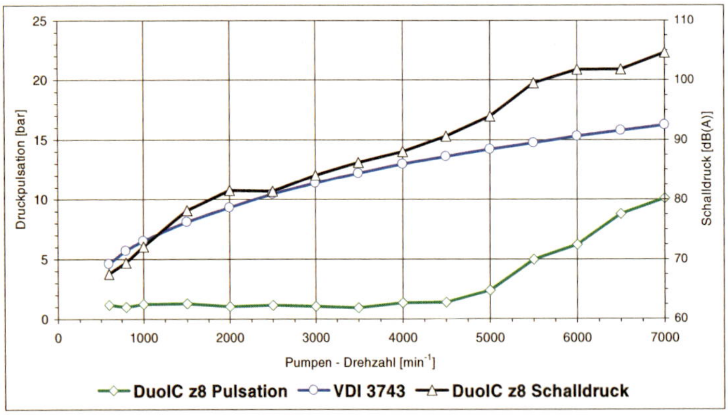

Bild-255 Flächenbewerteter Schalldruckpegel einer Innenzahnradpumpe

Für Innenzahnradpumpen erzielt man eine bessere Näherung durch eine modifizierte Form der oben genannten Beziehung.

$$L_{WA} = 78 + 17 \cdot \lg\left(\frac{P}{P_0}\right) \pm 5\,[\mathrm{d}B]$$

In beiden Fällen stimmen die berechneten Schallpegel mit den gemessenen bis zum Beginn der Kavitation erkennbar am sprunghaften Anstieg der Pulsation sehr gut überein.

7.15.7 Berechnung

7.15.7.1 Numerische Strömungssimulation CFD

Die Formulierung der Bewegungsgleichungen für eine mehrdimensionale Strömung führt zu partiellen Differentialgleichungen, die sowohl zeit- als auch ortsabhängig sind. Eine häufig komplizierte Geometrie der Strömungsführung, aufgrund des geringen zur Verfügung stehenden Bauraumes, macht eine geschlossene Lösung dieser Gleichungen unmöglich. Was liegt näher als die Berechnungsräume so zu vereinfachen, dass sie auf geometrisch einfach zu berechnende Volumina zurückgeführt werden können. Mit entsprechenden Übergabe- und Randbedingungen können so komplizierte Strömungskanäle als Summe der einzelnen einfachen Volumenelemente dargestellt werden. Diese Idee liegt der modernen Strömungssimulation (CFD) zugrunde. Es werden heute nicht nur die Erhaltungsgleichungen der Masse, Energie des Impulses und Spezies berechnet, sondern auch der Wärmetransport für eine laminare und turbulente Strömungsform.

Auf diese Weise lassen sich bereits in der Konstruktionsphase die Strömungsführung vom Ansaugpunkt und innerhalb des Gehäuses überprüfen. Druckverluste, die eine Entstehung der Kavitation begünstigen, können frühzeitig erkannt und unter Umständen beseitigt werden.

Neben der stationären Strömungsbetrachtung lassen sich heute auch die Bewegung von Ventilen und die

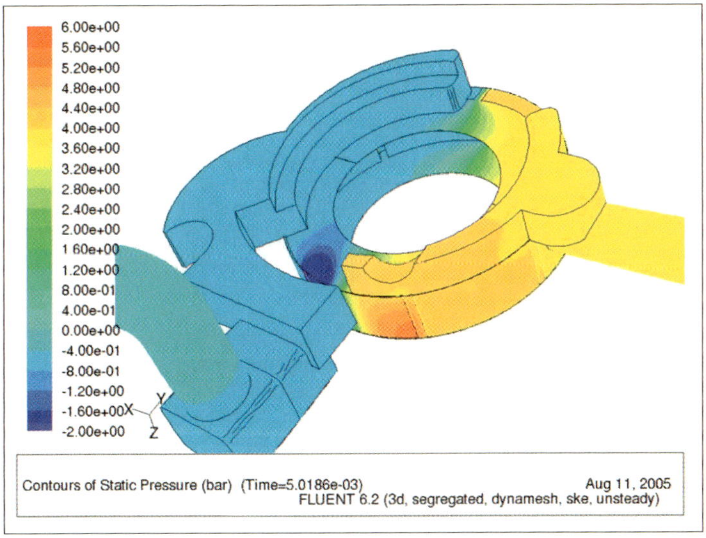

Bild 7-256 Berechnete Strömung innerhalb des Pumpengehäuses einer Flügelzellenpumpe

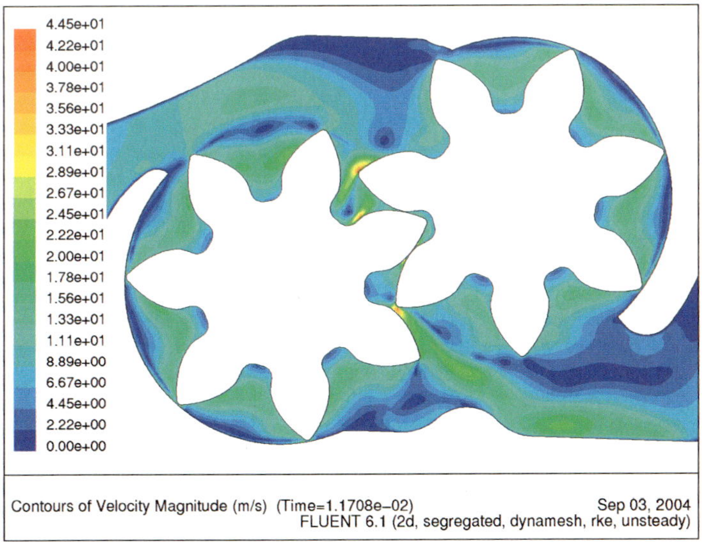

Bild 7-257 Berechnete Verteilung der Strömungsgeschwindigkeiten im Radsatz einer Außenzahnradpumpe

Veränderung der Räume im Radsatz darstellen. Mit Hilfe der sogenannten Technik der bewegten Gitter wird die Bewegung der Strömungsräume simuliert. Die Berechnung des Verhaltens von Regelkolben, sowie die Optimierung der Strömung im Ventilbereich und der Rückströmung in den Förderkanal kann sowohl zur Steigerung der Effizienz der Pumpe beitragen als auch wichtige Informationen zur Schwingneigung von Ventilen liefern.
Die Kenntnis über die Geschwindigkeit- und Druckverteilung in den Zahnräumen bildet wichtige Voraussetzung nicht nur in Bezug auf Kavitation und Pulsation sondern auch in Fragen zum Thema Verschleiß. Während die Messung des globalen Druckes im Radsatz kein Problem darstellt, kann nur die CFD-Analyse Information über die lokalen Druck- und Geschwindigkeitsgradienten liefern. Die weiterentwickelte Technik der verformbaren Gitter, macht es möglich die Zustandsgrößen des Arbeitsmediums in den Arbeitsräumen zu beobachten. **Bild 7-256** zeigt beispielhaft die Druckverteilung in den Zellen einer Flügelzellenpumpe. Im nächsten **Bild 7-257** ist die Momentaufnahme der berechneten Geschwindigkeitsverteilung im Radsatz einer Außenzahnradpumpe dargestellt.
Korrespondierend zur Radsatzdrehzahl und den Eigenschaften des Öls bei einer Temperatur, repräsentieren die berechneten Werte die Geschwindigkeiten bei einer isothermen Zustandsänderung. Wird parallel dazu die Energiegleichung gelöst, so erhält man Zusatzinformationen über lokale Erwärmung damit auch Dichte und Viskositätsänderung und somit entscheidende Hinweise auf die Tragfähigkeit des Schmierspaltes.
Die Rotation der Radsätze, ihr Saug- beziehungsweise Entleerverhalten beeinflusst die Strömung insbesondere im Bereich der Nierengeometrie.
Auch diese Vorgänge lassen sich heute sehr gut simulieren. Um numerische Singularitäten zu vermeiden, die durch die Kompression der theoretischen Volumina auf „Null“ entstehen können, wird die Verzahnungskontur eines Läufers mit einem äquidistantem Offset versehen. Die dadurch entstandene ursprünglich als Problem angesehene Spaltströmung hat sich nicht als nachteilig erwiesen.

7.15.7.2 Eindimensionale Simulation von Strömungsnetzwerken

Neben der bereits erwähnten klassischen mehrdimensionalen Simulation der Strömung haben sich seit einigen Jahren wissensbasierte Programme zur Berechnung verzweigter Strömungsnetzwerke etabliert. Diese Programme basieren auf der Grundlage der Stromfadentheorie. Sie sind in der Lage stationäre und instationäre Strömungsvorgänge von kompressiblen Gasen und inkompressiblen Flüssigkeiten zu beschreiben. Die besondere Stärke dieser Programme liegt im modularen Aufbau, wobei die einzelnen Module wie Ölpumpe, Ventile, Gleitlager, Nockenwellenverstelleinrichtungen, Rohrkrümmer und viele mehr wissensbasiert sind. Individuell auf das jeweilige Bauteil zugeschnittenen Gleichungen, oft durch Versuchsergebnisse untermauert, geben das Strömungsverhalten dieser Bauteile wieder. Häufig lässt sich auch diese Datenbasis durch eigene Erfahrungen oder Messergebnisse erweitern. Mit Hilfe der genannten Module können sehr komplexe mehrsträngige Netzwerke, wie es zum Beispiel der Ölhaushalt eines Verbrennungsmotors darstellt, aufbauen und untersuchen. Sie werden oftmals zur Erstauslegung des Ölbedarfs bei verschiedenen Betriebszuständen des Motors genutzt.

Literatur

[1] *Myron, F. Hill.:* Kinematics of Gerotors. 2. Aufl. The Peter Reilly Company
[2] *Beck, Th.:* Beiträge zur Geschichte des Maschinenbaus. Springer Verlag 1999
[3] *Lips, W.:* Strömungsakustik in Theorie und Praxis. 2. Aufl. Expert Verlag
[4] *VDI Richtlinie 3743 Bl. 1+2:* Emissionskennwerte technischer Schallquellen
[5] *Heckl, M.; Müller, H.A.:* Taschenbuch der technischen Akustik. 2. Aufl. Springer Verlag
[6] *Findeisen, D. u. F.:* Ölhydraulik. 4. Aufl. Springer Verlag
[8] Patentschrift FR000000980766A
[9] EG-Richtlinie 80/1268/EWG
[10] *Dr. Lamparski, C.:* Bedarfsgerechte Ölversorgung; Regelölpumpen im Serieneinsatz, Ölkreislauf von Verbrennungsmotoren II, Expert Verlag 2007

7.16 Nockenwelle

Der Verbrennungsmotor gehört zu den periodisch arbeitenden Maschinen. Frische Ladung strömt durch einen geöffneten Einlassquerschnitt in den Zylinder, wird komprimiert, verbrennt, expandiert und gelangt über den geöffneten Auslassquerschnitt in das Abgassystem. Das Öffnen und Schließen der Gaskanäle geschieht beim herkömmlichen Viertaktmotor, zum Teil auch beim Zweitaktmotor, durch nockenbetätigte Ventile.
Beim Wankel- und Zweitaktmotor übernimmt normalerweise der Kolben die Steuerung von Ein- und Auslassquerschnitt. Mögliche weitere Ausführungsformen wie zum Beispiel rotierende oder oszillierende Schieber werden nicht beziehungsweise nicht mehr in Serie angewendet.

7.16.1 Aufgaben der Nockenwelle

Die Hauptaufgabe der Nockenwelle ist das Öffnen und Schließen der Ein- und Auslassventile zu festgelegten, mit der Position des Kolbens und mit der Kurbelwelle synchronisierten Steuerzeiten für den Ladungswechsel.
Bei einer herkömmlichen Ventilsteuerung wird beim Öffnen der Ventile eine Kraft vom Nocken über den Nockenfolger und gegebenenfalls weitere Betätigungselemente zum Ventil übertragen und dieses entgegen der Ventilfederkraft geöffnet. Beim Schließvorgang wird das Ventil durch die Kraft der vorgespannten Ventilfeder geschlossen und im Bereich des Grundkreises (keine Erhebung am Nocken) entgegen der kanalseitigen Gaskraft (Ladedruck beziehungsweise Ab-

gasgegendruck) auf das Ventil geschlossen gehalten. Bei der Auslegung ist zu beachten, dass alle Randbedingungen dynamisch betrachtet werden müssen. Zwangssteuerungen zur Erhöhung der möglichen Motordrehzahl (sowohl Öffnungs- als auch Schließbewegung wird durch einen Nocken bewirkt) werden auf Grund der reduzierten Ventiltriebsmassen bei Mehrventilmotoren und verbesserten Ventilfedern in der Serie selten angewendet.
Beim Viertaktmotor rotiert die von der Kurbelwelle angetriebene Nockenwelle mit halber Kurbelwellendrehzahl. Die Bestimmung der Ventilsteuerzeiten für jedes einzelne Ventil erfolgt durch die Geometrie und die Phasenlage von einzelnen Nocken, normalerweise getrennt für Ein- und Auslass und für die Zylinder, die an einer oder mehreren Nockenwellen angeordnet sind. Bei Mehrventilmotoren können mittels Ventilbrücke oder Gabelhebel mehrere Ventile über einen Nocken betätigt werden. In besonderen Bauformen werden Ventile verschiedener Zylinder oder Ein- und Auslassventile vom selben Nocken betätigt.
Zusätzlich zu den Bewegungen der Ein- und Auslassventile für den Ladungswechsel kann die Nockenwelle auch zur Erzeugung der Zusatzbewegung von Ventilen bei Motorbremssystemen (mittlere bis schwere Nfz) verwendet werden. Dabei werden vorhandene oder zusätzliche Nockenerhebungen derart verwendet, dass die Schleppverluste des Motors im Schubbetrieb vergrößert werden; zum Beispiel wird das Auslassventil im Bereich des Kompressionstaktes kurzzeitig oder dauerhaft geöffnet.
Eine weitere Aufgabe der Nockenwelle ist neben der Leistungsabgabe an Hilfs- und Nebenaggregate (wie Vakuum-, Hydraulik-, Kraftstoff- oder Einspritzpumpen) die Betätigung von Einzeleinspritzpumpen im Motorblock (Pumpe-Leitung-Düse = PLD) oder Pumpedüsen im Zylinderkopf (= PD). Dies gilt hauptsächlich für Nfz-Anwendungen. Dabei sind neben den Nocken für die Betätigung der Ladungswechselventile zusätzliche Nocken zur Erzeugung der Hubbewegung in der Einspritzpumpe angeordnet, die auf Grund der auftretenden Belastung meist deutlich stabiler ausgeführt werden müssen.
Durch die Lage der Ventilsteuerzeiten werden Drehmoment, Leistung, Kraftstoffverbrauch und Abgasemissionen entscheidend beeinflusst. Die vom Kunden gewünschte hohe spezifische Leistung, ein ausgeglichener Drehmomentverlauf sowie niedriger Kraftstoffverbrauch und niedrige Schadstoffemissionen im gesamten Drehzahlbereich sind mit konventionellen Ventiltrieben nur bedingt zu erfüllen (siehe auch Nockenwellenverstellsysteme und Variable Ventilsteuerung).
Bei allen Anwendungen sind Ventilhub, -geschwindigkeit und -beschleunigung immer ein Kompromiss zwischen möglichst schnellem Öffnen und Schließen der einzelnen Ventile einerseits und den dabei auftretenden Kräften und Flächenpressungen andererseits. Die Reibung beziehungsweise Reibungsverluste der Nockenwelle und des gesamten Ventiltriebsystems sind ebenfalls ein wichtiges Kriterium bei der Auslegung.

7.16.2 Ventiltriebkonfigurationen

Bei unten liegender Nockenwelle (overhead valves = OHV) ist diese im Motorblock angeordnet und überträgt die Hubbewegung über Stößel oder Schlepphebel, Stoßstange und Kipphebel auf das Ventil. Der Aufbau der artiger Ventiltriebe ist meist einfacher, die Steifigkeit jedoch deutlich geringer als bei Systemen mit obenliegender Nockenwelle (overhead camshaft = OHC beziehungsweise double overhead camshaft = DOHC). Die Nockenwelle oder -wellen sind dabei im Zylinderkopf angeordnet und werden über Zahnräder, Kette oder Zahnriemen (vereinzelt auch Zahnkette) von der Kurbelwelle angetrieben. Die Betätigung der Ventile erfolgt dabei über Kipp- beziehungsweise Schlepphebel oder Tassenstößel. Die verschiedenen Ventiltriebsvarianten für Pkw- und Nfz-Anwendungen und deren Anwendungsbereiche sind im **Bild 7-258** dargestellt. Auf die angeführten Werkstoffe für Nocken und Nockenfolger wird später eingegangen.
Bei der Übertragung der Hubbewegung vom Nocken auf den Nockenfolger (Hebel, Stößel oder Tasse) kann zwischen Gleitkontakt und Rollkontakt unterschieden werden. Der Entwicklungstrend geht weiter in Richtung Rollkontakt zur Verminderung der Antriebsverluste und Erhöhung der ertragbaren Belastung einerseits und bei einfachen Stößeltrieben zur Kostenreduktion in Richtung Gleitkontakt (einteiliger Nockenfolger ohne hydraulischen Spielausgleich) andererseits.
Neben verminderten Reibungsverlusten (= erhöhter Motorwirkungsgrad) kann durch die verbesserten tribologischen Eigenschaften auch der Verschleiß reduziert werden. Im Rollkontakt ist die ertragbare Flächenpressung zwischen Nocken und Nockenfolger deutlich höher als im Gleitkontakt, wobei durch den Übergang von Gleit- auf Rollkontakt die auftretende Hertzsche Pressung steigt (Krümmungsradien).
Bei der Auslegung eines Rollkontaktes müssen Werkstoffe mit der erforderlichen Wälzermüdungsfestigkeit gewählt werden; als Standard wird gehärteter Stahl (zum Beispiel Wälzlagerstahl) verwendet.
Als Varianten bei der Nockenwellenlagerung werden „offene Lagerung" und „Tunnellagerung" unterschieden. Die Nockenwellenlager befinden sich bei der offenen Lagerung direkt am Nockenwellenschaft; die Lager für die Abstützung der Nockenwelle müssen geteilt sein. Bei der Tunnellagerung sind an der Nockenwelle Lagerringe mit einem Durchmesser

	OHV Stoßstange	OHC Kipphebel	OHC Schlepphebel	OHC Tassenstößel
Trend	Wenig verbreitet, für einfache V-Motoren und Nfz-Anwendungen	Wenig verbreitet, gleichbleibend	Standard	Weit verbreitet
Varianten	Gleitkontakt Rollkontakt mit/ohne HVA	Gleitkontakt Rollkontakt mit/ohne HVA	Gleitkontakt Rollkontakt mit/ohne HVA	Gleitkontakt mit/ohne HVA
	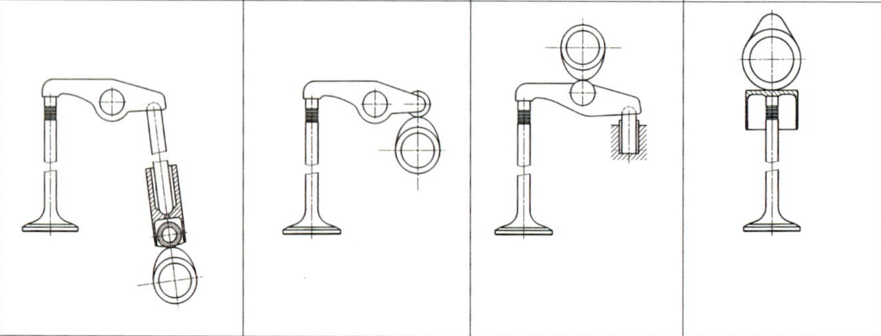			
Nockenfolger (Nockenkontakt)	Stahl (Rollkontakt) Gusseisen (Gleitkontakt) (GJL,SHG)	Stahl (Rollkontakt) Stahl,Gusseisen (Gleitkontakt) (GJL,GJS)	Stahl (Rollkontakt) Gusseisen (Gleitkontakt) (GJL,GJS)	(Rollkontakt) Stahl (Gleitkontakt)
Nockenwerkstoff Rollkontakt Gleitkontakt	Stahl Gusseisen SHG (GJL,GJS)	Stahl Gusseisen SHG (GJL,GJS)	Stahl, P/M Gusseisen SHG (GJL,GJS)	Gusseisen SHG (GJL,GJS)

Bild 7-258 Ventiltriebkonfigurationen für Pkw-, Motorrad- und Nfz-Motoren

größer als die maximale Nockenerhebung angeordnet. Die Nockenwelle kann dabei in geschlossene, einteilige Lager im Zylinderkopf oder Motorblock eingeschoben werden, **Bild 7-259**.

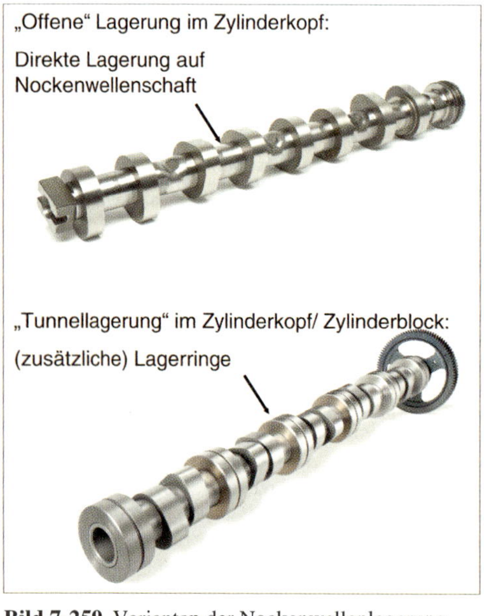

Bild 7-259 Varianten der Nockenwellenlagerung

7.16.3 Aufbau einer Nockenwelle

Den grundsätzlichen Aufbau einer Nockenwelle zeigt **Bild 7-260**.

Hauptbestandteil ist der zylinderförmige Nockenwellenschaft (hohl oder voll), auf dem die einzelnen Nocken für die Ventilbetätigung angeordnet sind. Zusätzlich können auch, wie bereits erwähnt, Nocken für die Einspritzung vorhanden sein. Die Abstützung der Betätigungskräfte erfolgt über Nockenwellenlager, von denen meist eines als Axiallager zur Führung der Nockenwelle in Längsrichtung ausgebildet ist. Über ein fest oder lösbar mit dem Antriebsflansch der Nockenwelle verbundenes Antriebsrad oder einen Nockenwellenversteller erfolgt der Antrieb von der Kurbelwelle. Der Nockenwellensteller kann auch fest mit dem Nockenwellenrohr verbunden sein, um den Antriebsflansch zu eliminieren. Alternativ dazu kann bei DOHC-Motoren die zweite Nockenwelle von der ersten angetrieben werden. In diesem Fall ist an den Nockenwellen je ein Koppelrad (meist Ketten- oder Zahnrad) angebracht.

Für den Antrieb von Hilfs- oder Nebenaggregaten wird am freien Ende der Nockenwelle ein zusätzliches Abtriebselement oder ein Mitnehmer, oder, zum Beispiel an einer Stelle am Nockenwellenschaft, ein Exzenter oder Hubprofil angebracht. Zur Bestimmung der Phasenlage einer Nockenwelle, insbesondere bei Verwendung von Nockenwellenstellern, kann auch

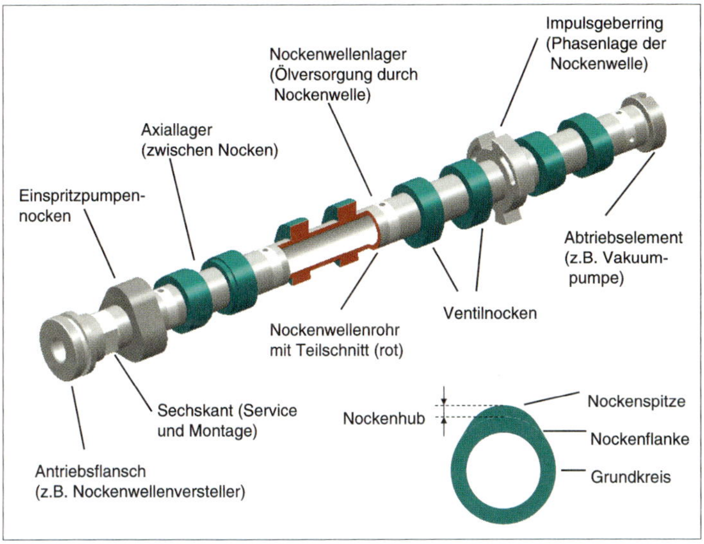

Bild 7-260 Aufbau einer Nockenwelle mit Teilschnitt (rot)

ein Impulsgeberring (ein oder mehrere Impulse pro Umdrehung) an der Nockenwelle angeordnet sein.

Der Nocken besteht aus einem Bereich mit konstantem Radius (Grundkreis) und dem Hubbereich (An- und Ablauframpe, Nockenflanke und Nockenspitze). Die Differenz zwischen Grundkreis und Nockenspitze ist der Nockenhub, der proportional dem gewünschten kinematischen Ventilhub gewählt ist.

Bei Systemen mit mechanischer Spieleinstellung haben Grundkreisfehler (Abweichungen des Grundkreises vom Konstantradius) keinen Einfluss auf das Betriebsverhalten. Ein System mit hydraulischem Spielausgleich hingegen reagiert auf jede Änderung des Grundkreises. Bei einem Fehler entgegen der Bewegungsrichtung gleicht das hydraulische Ventilspielausgleichselement (HVA) diesen Fehler als Ventilspiel aus; in diesem Fall vergrößert sich der Ventilhub. Liegt ein Grundkreisfehler in Erhebungsrichtung vor, wird das Ventil durch den damit verbundenen Kraftanstieg bereits im Grundkreisbereich geöffnet. Durch dieses sogenannte Aufpumpen kann es in ausgeprägten Fällen zum vollständigen Verlust der Kompression im Brennraum, zum Durchbrennen von Ventilen beziehungsweise Ventilsitzringen und damit zum Motorausfall kommen.

Technologie	Nockenwerkstoffe	In Serie für:
Gussnockenwelle	Gusseisen mit Kugelgraphit (GJS) Induktiv gehärtet	Pkw
	Gusseisen mit Lamellengraphit (GJL) Umschmelzgehärtet (WIG)	Pkw
	Gusseisen mit Kugelgraphit (GJS) Schalenhartguss	Pkw / Lkw
	Gusseisen mit Lamellengraphit (GJL) Schalenhartguss	Pkw / Lkw
Gebaute Nockenwelle	Stahl	Pkw / Lkw
	Sinterwerkstoffe	Pkw
	Sinterwerkstoffe (Präzisionsnocken)	Pkw
	Guss	in Entwicklung
Geschmiedete Nockenwelle	Stahl	Pkw / Lkw
Stangenmaterial bearbeitet	Stahl	Lkw

Bild 7-261 Technologien und Werkstoffe bei Nockenwellen

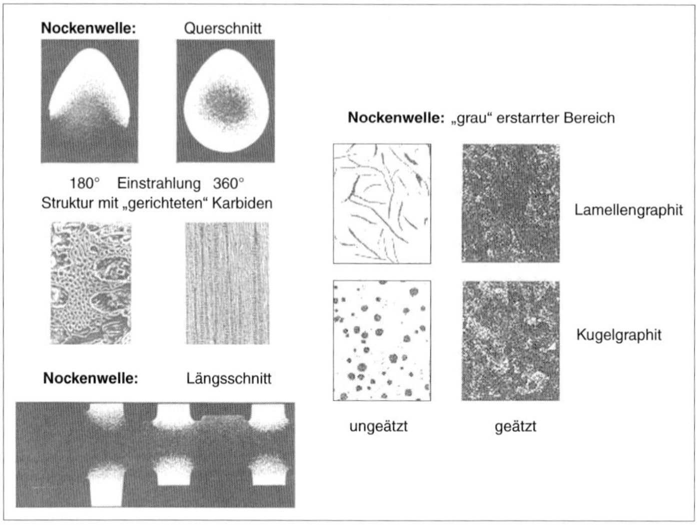

Bild 7-262 Schalenhartgussnockenwellen im Schnitt

7.16.4 Technologien und Werkstoffe

Nockenwellen aus Gusseisen sind sehr weit verbreitet und können über Gefüge und Härte unterschieden werden. **Bild 7-261** zeigt einen Überblick über die verwendeten Technologien und Werkstoffe.
Zunehmend Verbreitung finden gebaute Nockenwellen. Diese bestehen aus gefügten Einzelteilen (Rohr, Nocken, Antriebsflansch etc.). Die Werkstoffe können daher den jeweiligen Anforderungen angepasst werden.
Für höchste Beanspruchungen werden aus Stahl geschmiedete Nockenwellen beziehungsweise aus dem Vollen bearbeitete Nockenwellen (Stangenmaterial) verwendet.

7.16.4.1 Gussnockenwelle

Für Gleitkontakt und niedrig belasteten Rollkontakt bietet eine Nockenwelle aus Gusseisen mit Kugelgraphit (GJS) oder Lamellengraphit (GJL) den idealen tribologischen Partner für viele Anwendungen. Durch Legierungen und gezieltes Härten der Nocken können dabei ertragbare Pressungen bis deutlich über 1.000 MPa erreicht werden.
Beim Schalenhartguss (SHG) wird im Bereich der Nocken durch schnelles Abkühlen beim Gießvorgang eine verschleißfeste Karbidstruktur (Ledeburit) mit hoher Härte und guter tribologischer Verträglichkeit erzeugt. Im Kernbereich und an den Lagerstellen der Nockenwelle ist eine Graugussstruktur mit guter Bearbeitbarkeit vorhanden, **Bild 7-262.** Eine Sonderbauform der Gussnockenwelle stellt die sogenannte TriLobe-Nockenwelle der Ventilsteuerung VarioCam Plus dar. **Bild 7-263** zeigt den Aufbau der Nocken mit großen Nockenhub (äußere Nocken) und kleinem Nockenhub (innerer Nocken). In Kombination mit einer Schalttasse wird eine Ventilhubumschaltung und somit ein variabler Ventiltrieb dargestellt.

7.16.4.2 Gebaute Nockenwelle

Als Basis für eine gebaute Nockenwelle dient ein Rohr, mit dem einzelne Nocken durch thermischen Schrumpfsitz, kraft- und reibschlüssiges Verpressen, Innenhochdruckumformung oder ein vergleichbares Fügeverfahren verbunden sind. Grundsätzlich kann dabei zwischen Nockenwellen unterschieden werden, bei denen das Rohr und alle Fügeteile bereits beim Fügevorgang als Fertigteile vorliegen und keine weitere Bearbeitung benötigen, und Verfahren, bei denen die Nockenwelle nach dem Fügevorgang ganz oder teilweise als Rohteil vorliegt und wie herkömmliche (nicht gebaute) Nockenwellen geschliffen werden müssen.
Der Vorteil solcher gebauter Nockenwellen ist neben der Gewichtsersparnis auch die Designfreiheit für die einzelnen Nockenwellenbauteile als auch die Freiheit in der Materialauswahl. So kann der Werkstoff für Nocken, Rohr, Lager, An- und Abtriebselemente unabhängig voneinander und für den jeweiligen Einsatz hinsichtlich Kosten, Eigenschaften und Fertigungstechnologie optimal gewählt werden.

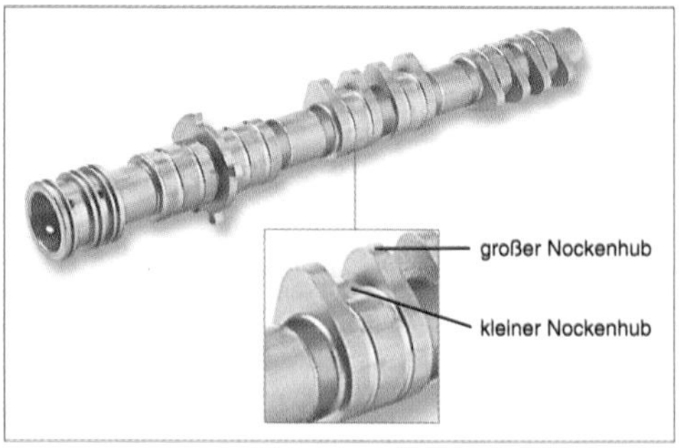

Bild 7-263 TriLobe – Nockenwelle für Hubumschaltung

	Stahlnocken	Gussnocken	Präzisions-sinternocken	Sinternocken
Gefüge				
Technologie	Geschmiedet	Sandguss, Croning	Doppelt gepresst und gesintert	Flüssigphasen-gesintert
Material	100Cr6	GJS oder GJL	P/M Stahl	PLS 1800
Härteverfahren	Gehärtet und angelassen	Schalenhartguss	Einsatzgehärtet und angelassen	Sinterhart
Härte	≥ 54 HRC	≥ 48 HRC	≥ 51 HRC	≥ 45 HRC
Anwendung	Rollkontakt (Gleitkontakt)	Gleitkontakt (Rollkontakt)	Rollkontakt (Gleitkontakt)	Gleitkontakt (Rollkontakt)
Besonderheit	Geeignet für hohe Kontaktpressungen im Rollkontakt	Entfall der Beschichtung der Gleittasse	Entfall des Profilschleifens der Nocken	Entfall der Beschichtung der Gleittasse

Bild 7-264 Nockenwerkstoffe für gebaute Nockenwellen

Als Werkstoff für die Nocken wird Stahl oder Sintermaterial (P/M-Stahl) verwendet, Gussnocken befinden sich in der Entwicklung.

Stahlnocken werden meist als Rohteil geschmiedet, anschließend wird die Innenbohrung bearbeitet und der Nocken auf das Rohr gefügt. Zum Erreichen der notwendigen Materialeigenschaften kann der Nocken vor oder nach dem Fügen gehärtet und angelassen werden.

Beim Sintermaterial für Rollkontakt kann durch die Möglichkeit, die Nockengeometrie exakter als die geforderten Fertigungstoleranzen zu sintern, nach dem Bearbeiten der Innenbohrung und dem Fügen auf ein Rohr mit Fertiggeometrie eine Nockenwelle erzeugt werden, die nicht mehr nachbearbeitet werden muss.

Bild 7-264 zeigt einige Beispiele für Nockenwerkstoffe für gebaute Nockenwellen.

Für die Anwendung von Sintermaterial für Gleitabgriff wird ein hochlegierter, flüssigphasengesinterter P/M-Stahl entwickelt. In Entwicklung befinden sich gebaute Nockenwellen mit Schalenhartgussnocken. Damit können die Vorteile des Gussmaterials im Gleitkontakt zum Nockenfolger mit den Vorteilen der gebauten Nockenwellen, wie zum Beispiel geringes Gewicht, kombiniert werden. Die Schalenhartgussnocken können im Einzelguss oder als Stangenmaterial hergestellt werden. Nachdem die Nocken in der Bohrung bearbeitet sind, erfolgt das Fügen analog zu Stahl oder Sinternocken.

7.16.4.3 Stahlnockenwelle

Für fast alle Anwendungen mit Rollkontakt in Nfz-, Stationär- und einigen Pkw-Motoren werden geschmiedete Stahlnockenwellen oder Stahlnockenwellen, die aus Vollmaterial bearbeitet sind, verwendet (**Bild 7-265**). Vor allem wenn Nockenwellen über zusätzliche Nocken zur Betätigung von Einspritzpumpen (PD/PLD) hohe Kräfte aufnehmen oder lange Lebensdauerzeiten sicherstellen müssen (Stationär- oder Marineanwedungen), kommen Stahlnockenwellen zum Einsatz. Bei hohen Anforderungen an die Torsions- beziehungsweise Zugfestigkeit müssen auch bei Gleitkontakt Stahlwellen eingesetzt werden.

Bild 7-265 Segmentnockenwelle für Stationärmotor: Je Zylinder ein austauschbares Nocken-/Lagerelement

Durch die hohe ertragbare Pressung sowie die mechanischen Materialeigenschaften können diese Nockenwellen für höchste Beanspruchungen verwendet werden, sofern die tribologischen Partner abgestimmt sind.

7.16.4.4 Sonderformen von Nockenwellen

Um den vielschichtigen Anforderungen moderner Verbrennungsmotoren an die Ventilsteuerung gerecht zu werden, kann die gebaute Nockenwelle einen entscheidenden Beitrag leisten. Zu den bekannten Vorteilen gegenüber Gussnockenwellen (Gewichtsersparnis, Materialwahl) kommt die Integration von Zusatzfunktionen sowie die Optimierung der Nockenwelle hinsichtlich der Einsatzbedingungen hinzu.

Zur Reduktion der Ventiltriebsreibung und des Verschleiß bei Mangelschmierung oder stetig steigenden Belastungen können Nockenwellen mit beschichteten Funktionsflächen eingesetzt werden. Hierzu kommen insbesondere Beschichtungen in Frage, wie diese bereits für Nockenfolger zum Einsatz kommen. Ausführungen solcher Nockenwellen sind derzeit in der Entwicklung.

Die wälzgelagerte Nockenwelle (Low Friction Camshaft (LFC); siehe **Bild 7-266**) ermöglicht bei minimalen Änderungen eine Reduktion der Verluste im Verbrennungsmotor durch Einsatz von Wälzlagern anstelle der üblichen Gleitlagern. Durch die auf die Nockenwelle verbauten, geschlossenen Wälzlager kann die Lagerreibung halbiert und eine Druckölversorgung der Lagerstellen, wie sie für Gleitlagerstellen erforderlich ist, entfallen. Die Schmierung der Wälzlager erfolgt durch Ölnebel im Zylinderkopf. Eine direkte Integration der LFC in den vereinfachten Zylinderkopf (-haube) ist möglich.

Bei der Nockenwelle mit integrierter Ölnebelabscheidung wird das Blowbygas durch die Nockenwelle geleitet, in der ein Drallerzeuger mitrotiert, **Bild 7-267**. Durch die Zentrifugalkraft werden die schweren Ölanteile im Blowbygas nach außen getragen und bilden innen am Nockenwellenrohr einen

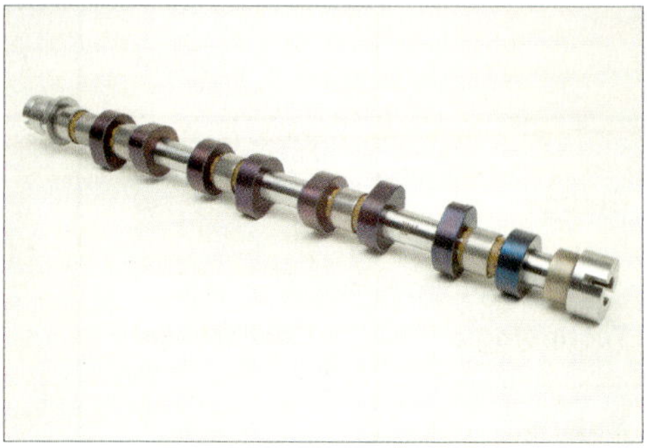

Bild 7-266 Wälzgelagerte Nockenwelle

Wandfilm. Dieser wird am – zur Nockenwellenantriebseite abgewandten – Nockenwellenende vom gereinigten Blowbygas getrennt. Dieses aktive Abscheidesystem zeichnet sich im Vergleich zu konventionellen, separat verbauten Abscheidesystemen durch erhöhte Ölabscheideraten, die Einfriersicherheit und eine deutlich vereinfachte Zylinderkopfhaube mit verringerter Bauhöhe aus.

Die Verwendung variabler Nockenwellen wirkt sich positiv auf Verbrauch, Emissionen und Drehmomentcharakteristik aus, weil nicht der Kompromiss zwischen hohem Drehmoment im unteren und mittleren Drehzahlbereich und der geforderten Motornennleistung erfolgen muss. Durch die teil- oder vollvariable Ventilsteuerung mittels Funktionsintegration in der Nockenwelle, kann die Steuerzeit und/oder die Ventilhubfunktion entsprechend des jeweiligen Motorbetriebspunktes im Kennfeld gewählt werden.

Die Integration der Funktion von zwei Nockenwellen im Bauraum von einer Nockenwelle ist durch die MAHLE CamInCam® (siehe **Bild 7-268**) umgesetzt.

Diese Nockenwelle besteht aus einer äußeren Nockenwelle, auf welcher einerseits Nocken wie bei einer herkömmlichen Nockenwelle fest mit dem Nockenwellenrohr über einen thermischen Schrumpf-

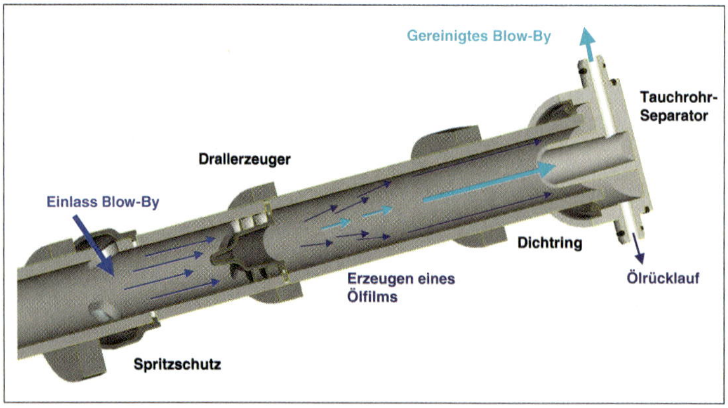

Bild 7-267 Nockenwelle mit integriertem Ölnebelabscheider

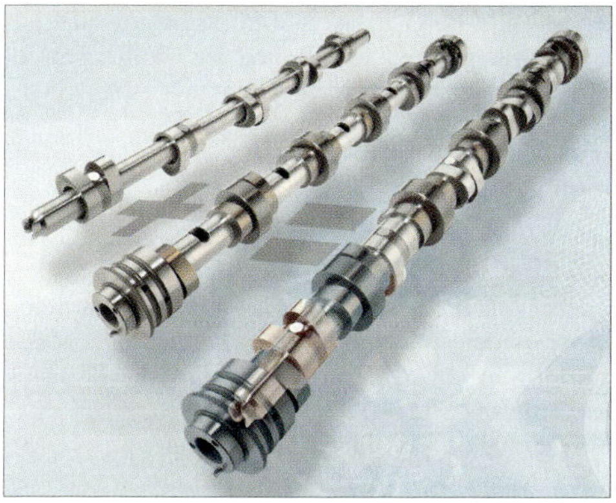

Bild 7-268 MAHLE CamInCam®

sitz verbunden sind. Die anderen Nocken sind drehbar auf dem Nockenwellenrohr aufgebracht und sind mittels einer Stiftverbindung mit der zweiten, innenliegenden Welle verbunden. Mit Hilfe eines einfachen, eines doppeltwirkenden oder zwei Nockenwellenverstellern lassen sich die beiden Wellen und somit benachbarte Nockenpaare unabhängig von einander in deren Winkelposition verstellen (zum Beispiel die Einlass- und Auslasssteuerzeit der zugehörigen Ventilerhebungen). Im Vergleich zu Motoren mit zwei Nockenwellen (DOHC) lassen sich bei Motoren mit bauartbedingt einer Nockenwelle (SOHC, OHV) weiteres Gewicht und Bauraum einsparen. Der freie Bauraum kann zur Verbesserung von Aerodynamik und passiven Fußgängerschutz genutzt werden.

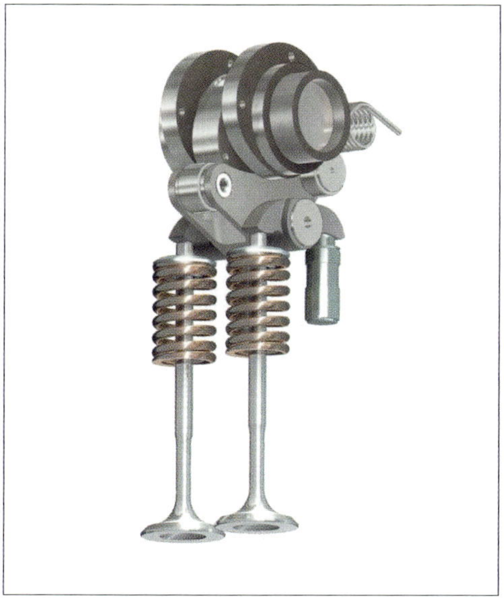

Bild 7-269 Vollvariabler Ventiltrieb VLD

Mit einer CamInCam® kann bei Motoren mit bauartbedingt zwei Nockenwellen durch eine relative Einlass- und/oder Auslassverstellung die Öffnungsdauer der Ventile hinsichtlich optimaler Gaswechselarbeit auf den vorliegenden Betriebszyklus (Miller/Atkinson-Cycle) stufenlos optimiert werden.

Durch die Verwendung eines Zwischenhebels in Verbindung mit einer modifizierten CamInCam® kann ein mechanisch vollvariabler Ventiltrieb zur drosselfreien Laststeuerung dargestellt werden (**V**ariable **L**ift and **D**uration (VLD); siehe **Bild 7-269**). Hierbei werden auf das Nockenwellenrohr besonders geformte Nocken aufgebracht, die jeweils nur das Öffnen oder Schließen der Ventile bewirken. Der generelle Aufbau der Nockenwelle in diesem vollvariablen Ventiltriebsystem gleicht dem der CamInCam®.

Die Integration einer Hubumschaltung in die Nockenwelle ist in dem teilvariablen Ventiltriebsystem AVS (Audi Valvelift System) (siehe **Bild 7-270**) umgesetzt. Die Nockenwelle besteht aus einer Grundwelle mit aufgewalzter Evolentenverzahnung und federbelasteten Verriegelungen für die – auf der Welle in axialer Richtung verschiebbaren – Nockensegmente, welche ebenfalls innen eine Längsverzahnung aufweisen. Die Verzahnung der Welle und der Nockensegmente greifen ineinander ein und übertragen das über die Steuerkette von der Kurbelwelle eingeleitete Drehmoment über die unterschiedlichen Nockenkonturen der Nockensegmente auf den Nockenfolger.

Eine weitere Sonderform von Nockenwellen ist eine aus Kunststoff gespritzte Nockenwelle (siehe **Bild 7-271**), wie sie in tragbaren Motorgeräten (zum Beispiel Fadenmäher, Laubgebläse, portable Hochdruckreiniger) zum Einsatz kommt. Insbesondere die im Vergleich zu Pkw-, Nfz- oder Motorradmotoren deutlich geringeren mechanischen und thermischen Belastungen sowie moderaten Anforderungen an die Lebensdauer bei gleichzeitig geringem Gewicht ermöglichen den Einsatz von Kunststoffen, wie diese sonst bei Kettenspannsystemen verwendet werden.

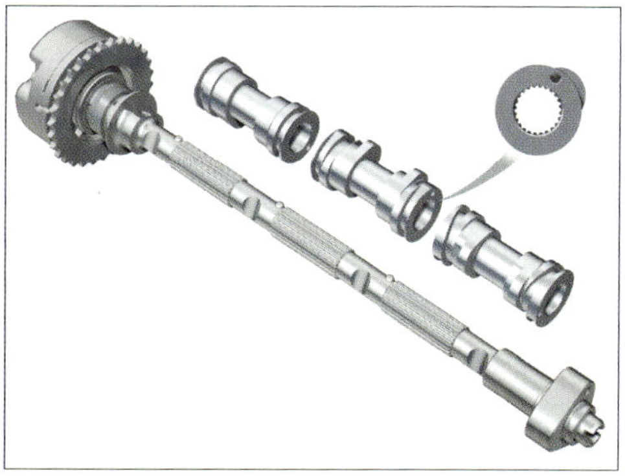

Bild 7-270 Explosionsdarstellung einer Audi Valvelift System-Nockenwelle [10]

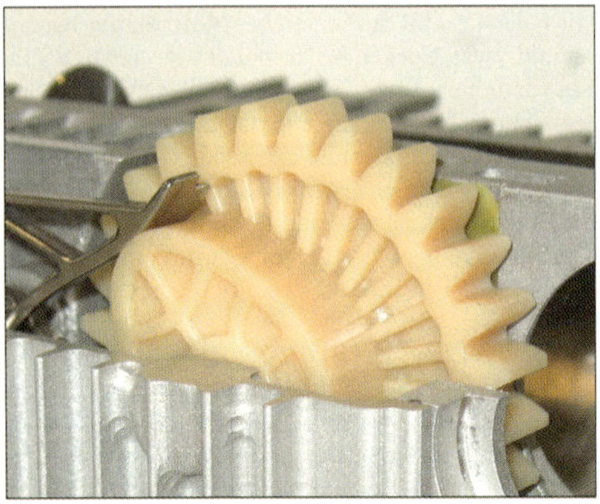

Bild 7-271 Kunststoffnockenwelle für tragbare Motorgeräte

7.16.4.5 Werkstoffeigenschaften und empfohlene Paarungen

Bild 7-272 zeigt für verschiedene Gusswerkstoffe exemplarisch die Streubereiche für Torsions- und Zugfestigkeit. Verschiedene mögliche Paarungen für Roll- und Gleitkontakt und die dabei ertragbaren Hertzschen Pressungen sind in **Bild 7-273** und in der Zusammenfassung der Serientrends in **Bild 7-258** aufgezeigt.

Ausgehend von den einfachsten Graugussnockenwellen mit Gussstößel als Nockenfolger für den Gleitabgriff kann mit den dargestellten Werkstoffpaarungen der gesamte Bereich bis zum höchstbelasteten Rollabgriff mit Nocken und Rollen aus Wälzlagerstahl (100Cr6) abgedeckt werden.

7.16.5 Massereduktion

Ähnlich wie beim Gesamtfahrzeug oder dem gesamten Ventiltrieb unterliegt auch das Einzelbauteil Nockenwelle der Notwendigkeit der Massereduktion. Einerseits soll die statische Masse des Motors minimiert werden, andererseits hat die bewegte Masse (rotatorisch) einen hohen Einfluss auf die Dynamik des Gesamtsystems.

Gleichzeitig muss immer ein Kompromiss zwischen technischer Machbarkeit (Mindestwandstärke etc.), Kosten (Material, Bearbeitungsschritte etc.) und Funktion (Nockenbreite, Grundkreisdurchmesser, Torsionssteifigkeit etc.) gefunden werden.

Eine Möglichkeit ist Hohlbohren oder zylindrisches Hohlgießen von Nockenwellen mit bis zu 20 % Gewichtseinsparung. Beim Hohlgießen mit gestufter Innenkontur (profilhohl) kann die Masse noch weiter reduziert werden. **Bild 7-274** zeigt einige Beispiele für Massenreduktion im Vergleich zu Nockenwellen aus Vollmaterial sowie Beispiele für zylindrisch- und profilhohle Nockenwellen.

Die gebaute Nockenwelle bietet zur Zeit das größte Potenzial zur Massereduktion. Die Wandstärke des Stahlrohrs kann weiter reduziert werden als die Wandstärke beim Gießvorgang. Durch Integration der Nockenwellenlager in den Nockenwellenschaft (Rohrdurchmesser = Lagerdurchmesser) kann zusätz-

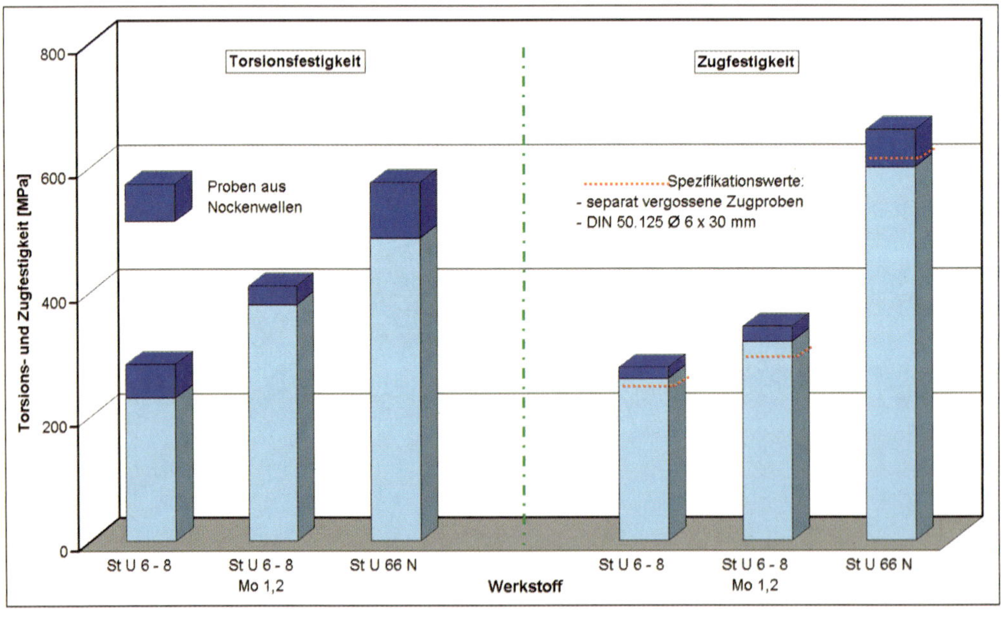

Bild 7-272 Festigkeitswerte verschiedener Gusswerkstoffe

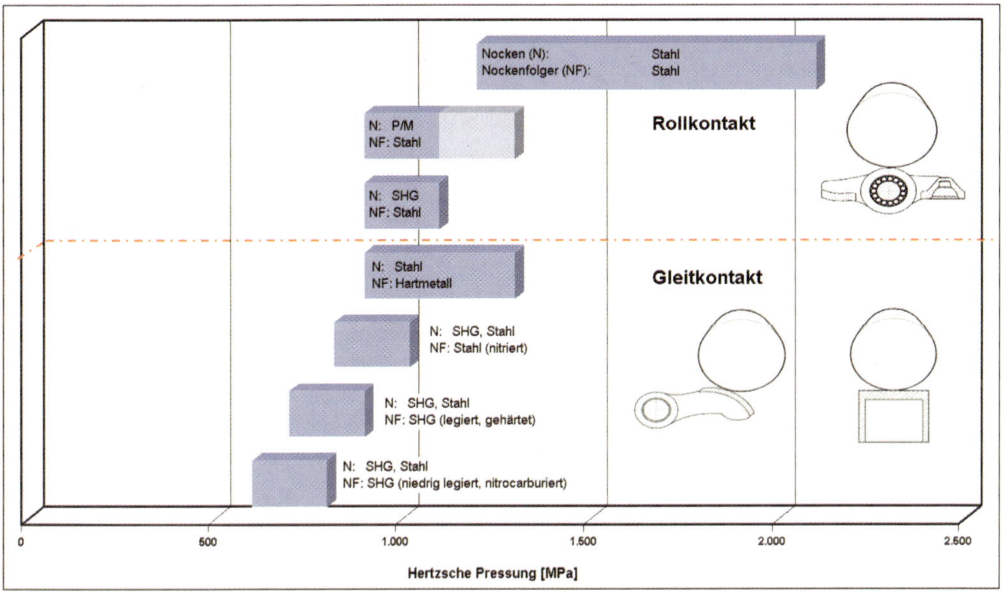

Bild 7-273 Werkstoffpaarungen und Hertzsche Pressungen

lich Masse eingespart werden. Ein wichtiges Auslegekriterium bei derartigen Wellen ist die Fügeverbindung zwischen Nocken und Rohr mit ihrem Einfluss auf das übertragbare Moment.

7.16.6 Einflussfaktoren für Nockenwellenbelastung

Die Ventiltriebskinematik bestimmt hauptsächlich die Belastung für die Nockenwelle. Dabei sind besonders die geometrischen Randbedingungen entscheidend wie zum Beispiel Übersetzungsverhältnis oder Nockenprofil (zum Beispiel hohe Beschleunigungen). Zusätzlich wird die Nockenwelle durch die bewegten Ventiltriebsmassen und die Summenkraft aus Ventilfeder und Abgasgegendruck belastet. Durch ein integriertes Motorbremssystem kann die Nockenwelle weiter und meist in erheblichem Maße (fünf bis zehnfache Ladungswechselkräfte) belastet werden. **Bild 7-275** zeigt einige Einflussfaktoren für die Belastung einer Nockenwelle.

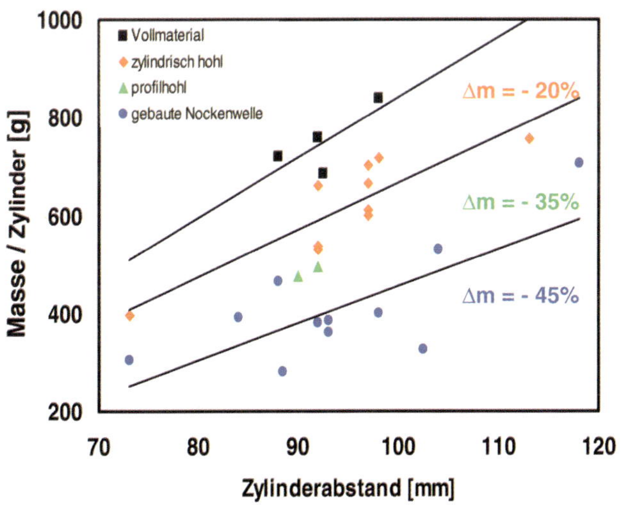

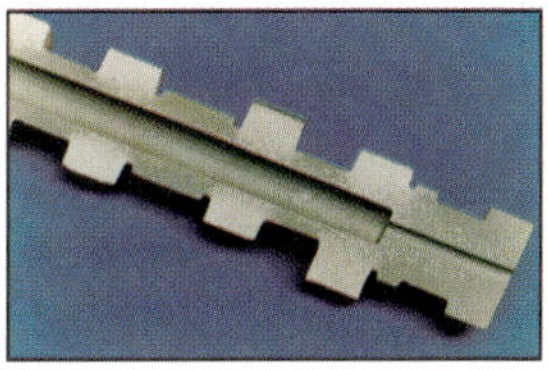
Zylindrisch hohl (gestuft)

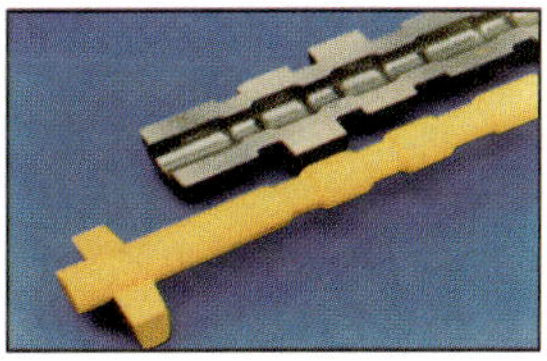
Profilhohl

Bild 7-274 Massereduktion bei Nockenwellen

Die so entstehenden Kontaktkräfte zwischen Nocken und Nockenwelle bewirken ein Dreh- und Biegemoment an der Nockenwelle, die in Summe mit dem Antriebsmoment für Hilfs- und Nebenaggregate die gesamte Torsions- und Biegebelastung der Nockenwelle ergeben. Neben den Kontaktkräften und den resultierenden Momenten bestimmen auch die geometrischen Oberflächen und die Elastizitätsmodule die auftretenden Hertzschen Pressungen und Verformungen. Zu den geometrischen Oberflächen der Nocken und der Nockenfolger gehören der Formverlauf in Bewegungsebene, die Kontaktfläche (Punkt-, Linien- oder Flächenkontakt), die Kontaktbreite und die Balligkeit über die Kontaktbreite.

7.16.7 Auslegung von Nockenprofilen

Hohes Motordrehmoment im unteren und mittleren Drehzahlbereich und eine gleichzeitig hohe Motornennleistung stellen widersprüchliche Anforderungen an den Ventilhubverlauf. Bei Ventiltrieben mit festen Steuerzeiten stellt der Ventilhubverlauf einen Kompromiss für die optimale Füllung über den gesamten Motorkennfeldbereich dar.

Dieser Zielkonflikt kann durch teil- oder vollvariable Ventilsteuerungen partiell oder ganz gelöst werden, in dem für die jeweiligen Motorbetriebspunkte im Kennfeldbereich entsprechend unterschiedliche, angepasste Ventilhubverläufe dargestellt werden können.

Der aus den thermodynamischen Berechnungen des Motorenherstellers geforderte Ventilhubverlauf sowie die geometrischen Randbedingungen wie Ventildurchmesser, Ventilhub und Ventilfreigang zum Kolben im oberen Totpunkt einerseits und die funktions- und fertigungstechnischen Forderungen wie zum Beispiel ruckfreie Übergänge im gesamten Ventilhubbereich oder die thermische Beanspruchung des Auslassventils beim Öffnen andererseits sind die wichtigsten Parameter.

Dieser geforderte beziehungsweise angestrebte Ventilhubverlauf wird je nach Ventiltriebsbauart und Kinematik in ein dem Nockenfolger angepasstes Nockenprofil umgerechnet.

Wird in der Auslegung ein mechanischer Spielausgleich gewählt, ist vor dem Öffnen des Ventils Spiel im Gesamtsystem zwischen Nocken und Ventil vorhanden, um auftretende thermische Ausdehnungen und mechanische Setzungserscheinungen während dem Betrieb auszugleichen. Dieses Spiel bewirkt einen unstetigen Hubbeginn und damit immer eine Stoßbelastung. Beim Schließvorgang ergibt sich ebenfalls ein Stoß, da das Ventil im Ventilsitz landet, bevor der Nockenhub beendet ist. Um die Aufsetzgeschwindigkeiten und Stoßbeschleunigungen der beteiligten Ventiltriebsteile zu beschränken, müssen

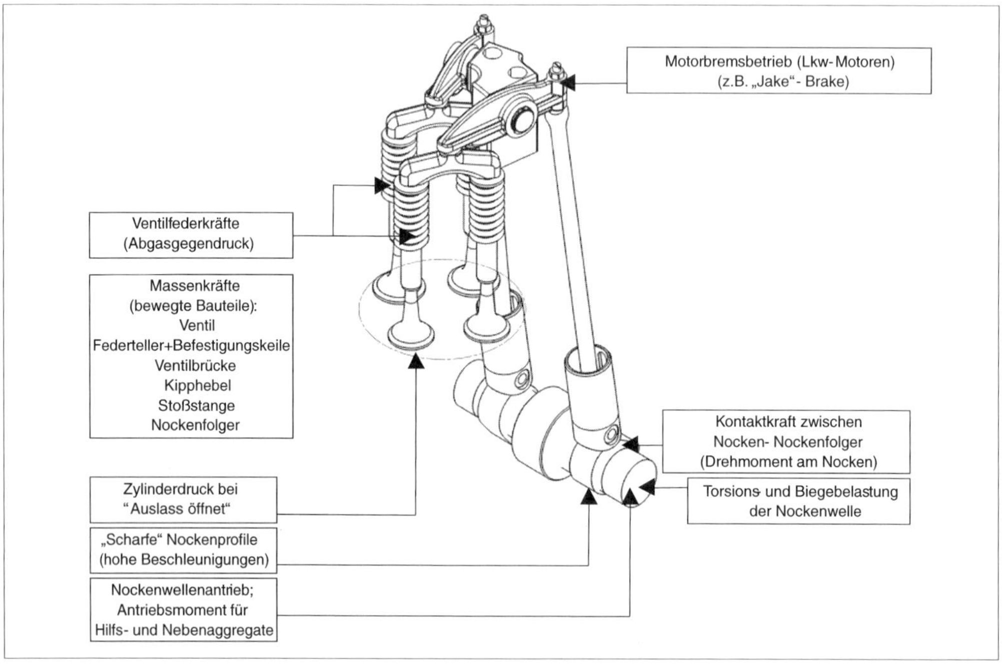

Bild 7-275 Einflussfaktoren für die Nockenwellenbelastung

entsprechende Öffnungs- und Schließrampen vorgesehen werden. Abhängig von Verschleiß und Temperatur ergibt sich bei Systemen mit mechanischem Ventilspielausgleich unterschiedlicher Ventilhub und auch unterschiedliche Ventilüberschneidung (Bereich in dem Auslass- und Einlassventile gleichzeitig geöffnet sind). Bei Ventilsteuerungen mit hydraulischem Spielausgleich (HVA) ist dieses Spiel nicht vorhanden und somit können diese Rampen kleiner ausgeführt werden, **Bild 7-276**, Ventilhub und -überschneidung sind mit HVA sind näherungsweise konstant.

Ein wichtiges Kriterium der Auslegung ist die Hertzsche Pressung. Diese Kenngröße beschreibt die Druckbelastung der Kontaktpartner. Mit der maximal ertragbaren Hertzschen Pressung lässt sich eine Vorauswahl der möglichen Werkstoffe für Nocken und Nockenfolger treffen. Die Dynamikrechnung zeigt im Vergleich mit der kinematischen Basisauslegung meist realistischere Werte für die Lage und Größe der maximalen Pressungen, **Bild 7-277**.

Beim Einsatz einer Rolle als Nockenfolger (Rollenstößel, Rollenhebel, Rollenschlepphebel) ergeben sich häufig Hohlradien in den Nockenflanken, um den geforderten Ventilhubverlauf hinsichtlich Ventilhubhöhe, Ventilöffnungsdauer und Ventilbeschleunigung darstellen zu können. Die errechneten Hohlradien der Nocken müssen immer größer dem Abgriffradius des Nockenfolgers sein, um einen stetigen Ventilhubverlauf zu gewährleisten. Hier müssen bezüglich der Schleifbearbeitung fertigungstechnische Grenzen beachtet werden, das heißt unter Umständen ist es notwendig, Abweichungen von der geforderten Ventilhubkurve zu akzeptieren. Bei Verwendung von Sinternocken, deren Außenkontur keiner Schleifbearbeitung mehr bedarf, kann im Prinzip jeder Hohlradius realisiert werden.

Beim Einsatz einer gebauten Nockenwelle ist, je nach System, das zu übertragende beziehungsweise das

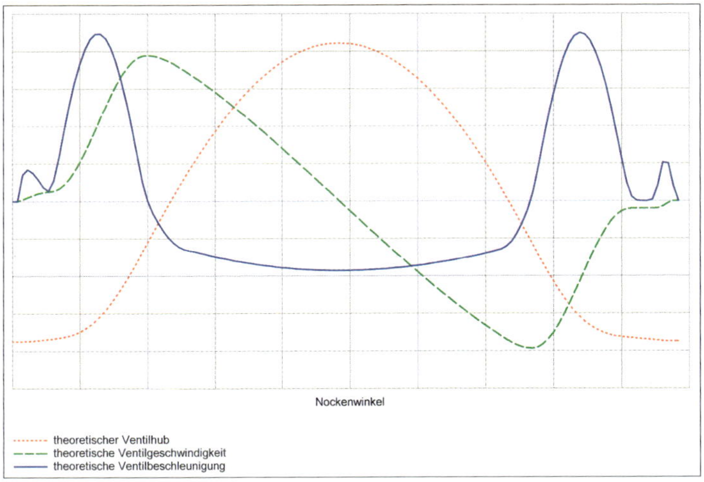

Bild 7-276 Ventilhub, -geschwindigkeit und -beschleunigung über dem Nockenwinkel für einen Rollenhebel-Ventiltrieb mit HVA

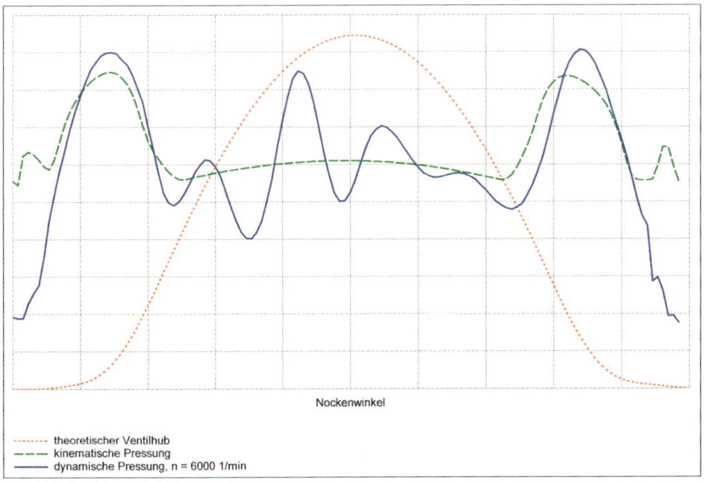

Bild 7-277 Theoretischer Ventilhub und Hertzsche Pressung (kinematisch und dynamisch) für einen Rollenhebel-Ventiltrieb mit HVA

übertragbare Moment als entscheidende Größe zu betrachten. Bei der Auslegung ist darauf zu achten, dass die maximalen dynamisch auftretenden Momente auch mit der notwendigen Sicherheit übertragen werden müssen.

7.16.8 Kinematikrechnung

Bei der kinematischen (quasistatischen) Berechnung werden die bewegten Massen des Einzelventiltriebs auf eine Einzelmasse und eine Feder (Ventilfeder) reduziert. Dieser Einzelmasse wird eine Sollbewegung (entsprechend dem Ventilhubverlauf) vorgegeben (aufgeprägt). Damit werden Massen- und Federkräfte berücksichtigt; zusätzliche äußere Kräfte wie beispielsweise Gaskräfte beim Öffnen des Auslassventils können berücksichtigt werden.

Die wichtigsten Resultate der kinematischen Berechnung sind hydrodynamisch wirksame Geschwindigkeit bei Gleitabgriff beziehungsweise Rollendrehzahl bei Rollenabgriff, Kontaktkräfte beziehungsweise Hertzsche Pressungen zwischen Nocken und Nockenfolger sowie Lagerbelastungen der Ventiltriebsteile, Belastung und Relativbewegung des Abtriebsgliedes auf dem Ventilschaftende beziehungsweise einer Ventilbrücke (zum Beispiel „Ventilfingerradius“, „Elefantenfuß“, ...).

Die hydrodynamisch wirksame Geschwindigkeit (Summengeschwindigkeit, Schmierzahl) ist ein Maß für die Tragfähigkeit des Schmierfilms zwischen den Kontaktpartnern, **Bild 7-278**. Beim Gleitabgriff treten üblicherweise während einer Nockenumdrehung zwei „Nulldurchgänge“ (Vorzeichenwechsel) dieser Kurve auf. Da in diesem kurzen Moment die Tragfähigkeit des Schmierfilms zusammenbricht, können hier durch entsprechende Gestaltung Verschleißrisiken verringert werden.

Bei Rollenabgriff mit Wälzlagerung (zum Beispiel Nadellager bei einem Rollenschlepphebel) kann eine Lebensdauerbetrachtung (mit Berücksichtigung unterschiedlicher Lastkollektive) durchgeführt werden.

7.16.9 Dynamikrechnung

Die Dynamikrechnung liefert ein wesentlich genaueres Abbild des realen Systemverhaltens als das relativ einfache Kinematikmodell. Dementsprechend ist auch der Modellierungsaufwand höher. Das Werkzeug für die Dynamikrechnung ist die Mehrkörpersimulation. Allen Programmen ist gemeinsam, dass die zu betrachtenden mechanischen Systeme in Einzelmassen zerlegt werden, und diese über Feder- und Dämpferelemente, die den Steifigkeiten der Bauteile und deren Dämpfungseigenschaften entsprechen, miteinander gekoppelt werden. Neben der Einbindung von hydraulischen Teilsystemen (HVA) in die Simulation ist es auch möglich, Ergebnisse der FEM-Rechnung, zum Beispiel kraft- oder weg-abhängige Steifigkeiten von Bauteilen in die Rechnung einzubinden. Der Detaillierungsgrad der Dynamikrechnung ist praktisch beliebig und lediglich durch das Verhältnis Nutzen zu Aufwand beschränkt.

Mit all diesen Elementen und Randbedingungen entsteht ein schwingungsfähiges Modell, das neben der Steifigkeit insbesondere auch Eigenfrequenzen des betrachteten Systems abbildet. Als Ergebnisse werden die Bewegung der einzelnen Komponenten sowie die auf sie wirkenden Kräfte und Pressungen ausgegeben.

In **Bild 7-279** ist zu erkennen, dass die Kraft zwischen Nocken und Rolle durch die der Sollbewegung überlagerten Schwingungen deutlich vom kinematisch ermittelten Verlauf abweicht. Besonders in Ventiltrieben mit hydraulischem Spielausgleich kann ein Kontaktkraftverlust zu gravierenden Problemen (Aufpumpen des HVA mit der Folge Ver-

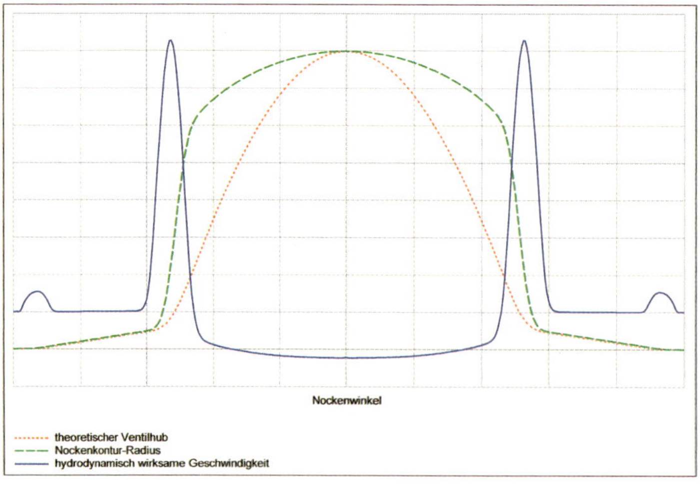

Bild 7-278 Nockenkontur, theoretischer Ventilhub und hydrodynamisch wirksame Geschwindigkeit über dem Nockenwinkel für Nocken/Flachstößel-Kontakt.

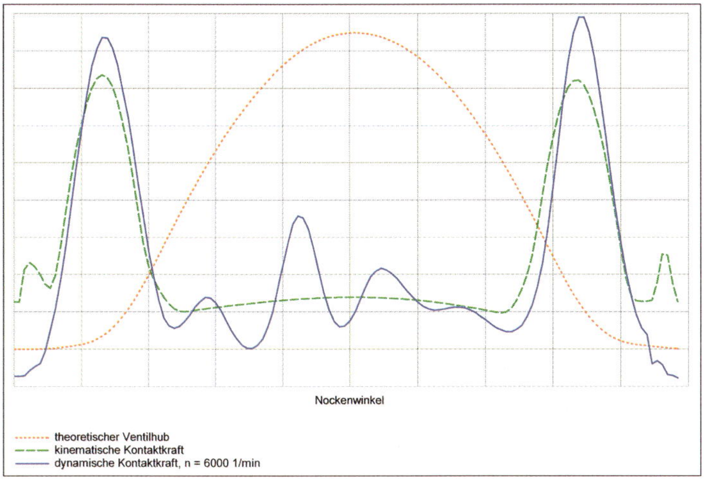

Bild 7-279 Theoretischer Ventilhub, kinematische und dynamische Kontaktkraft über dem Nockenwinkel für einen Hebel-Ventiltrieb mit HVA

schleiß oder Ausfall von Ventiltriebsbauteilen) führen. Eine dynamische Analyse des Ventiltriebs kann bereits in der Auslegungsphase (lange bevor Teile für Messung und Motorbetrieb angefertigt werden) kritische Komponenten oder Zustände detektieren und dadurch den Entwicklungsprozess deutlich verkürzen.

7.16.10 Nockenwellenverstellsysteme

Zur Einhaltung zukünftiger Abgasvorschriften und zur Absenkung des Verbrauchs werden bei Ottomotoren zunehmend Elemente zur Veränderung der Ventilsteuerzeiten eingesetzt. Ein solches ist der Nockenwellenversteller, der eine kontinuierliche Veränderung der Steuerzeiten einer Nockenwelle in einem weiten Winkelbereich zulässt. Damit ist bei DOHC-Motoren eine Veränderung der Ventilüberschneidung möglich und damit eine Einstellung des Restgasgehaltes im Brennraum. Weiterhin können, vor allem im Leerlauf und in der Volllast, die Steuerzeiten auf besten Komfort beziehungsweise höchstes Drehmoment und höchste Leistung abgestimmt werden. Nockenwellenverstellungen werden seit Mitte der 80er Jahre in Fahrzeugen eingesetzt, zunächst als einfach gesteuerte 2-Punkt-Verstellungen, heute aber zunehmend als kontinuierlich einstellbare Systeme, betrieben im Regelkreis.

Bei DOHC-Motoren werden Nockenwellenversteller meist auf der Einlasswelle eingesetzt; typische Verstellwinkel liegen bei 40 bis 60 °KW. Es sind jedoch auch Auslassverstellungen vorzugsweise bei aufgeladenen Motoren in Serie, sowie die Kombination beider Freiheitsgrade bei höchsten Anforderungen hinsichtlich Leistung und Abgasqualität.

Teilweise werden bei DOHC-Motoren Nockenwellenversteller eingesetzt zur Entdrosselung, das heißt Verbrauchsabsenkung durch spätes Schließen der Einlassventile. Bei diesem Konzept ist jedoch weder eine Leistungssteigerung noch eine Komfortverbesserung im Leerlauf darstellbar, da die Ventilüberschneidung nicht verändert wird.

Die kontinuierliche Nockenwellenverstellung wird in einem geschlossenen Regelkreis betrieben und ist heute durchweg hydraulisch betätigt.

In der Motorsteuerung wird je nach Last und Drehzahl aus einem Kennfeld der geforderte Sollwinkel der Steuerzeiteinstellung ausgelesen. Dieser wird mit dem gemessenen Istwinkel verglichen. Abweichungen von Soll- zu Istwinkel werden von einem Regelalgorithmus ausgewertet und führen zu einer Veränderung des Stromes zum Steuerventil. Damit steuert das Ventil Öl in die jeweils der gewünschten Verstellrichtung entsprechende Ölkammer des Nockenwellenverstellers, während Öl aus der jeweils anderen Kammer ablaufen kann. Entsprechend der Befüllung der Ölkammern des Verstellers ändert sich die Winkellage der Nockenwelle zur Kurbelwelle. Sensoren lesen die Geberräder an Nockenwelle und Kurbelwelle ab; aus diesen Signalen wird wiederum der Istwinkel ermittelt. Dieser Regelvorgang läuft ständig mit hoher Frequenz ab und führt so zu einem guten Folgeverhalten bei Sollwinkelsprüngen und einer hohen Winkelgenauigkeit beim Halten des Sollwinkels. Das System wird in der Regel mit Motoröldruck betrieben; für Sportmotoren sind auch Systeme mit Hochdruckversorgung bekannt.

Folgende Komponenten werden zur Darstellung einer Nockenwellenverstellung benötigt:

- Die **hydraulische Verstelleinheit**, befestigt auf der Antriebsseite der Nockenwelle. In diesem Bauteil wird der Verstellwinkel durch wechselweise Befüllung zweier Ölkammern eingestellt. Geringe Leckage und ausreichende Kolbenflächen stellen eine hohe Laststeifigkeit sicher. Die Verstelleinheit ist in verschiedenen Bauformen – mit Linearkolben und Schrägverzahnung oder mit Rotationskolben – ausgeführt.

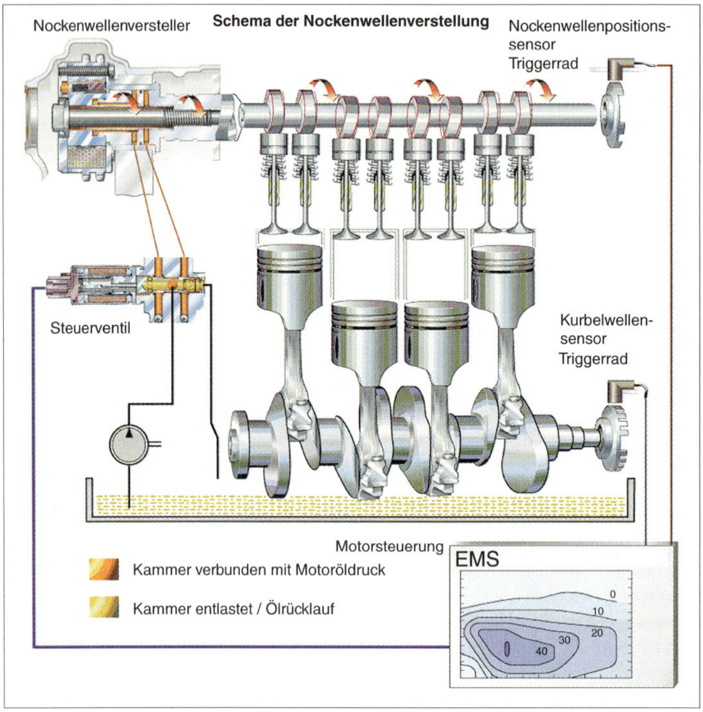

Bild 7-280 Kontinuierliche Nockenwellenverstellung

- Das **Steuerventil**, eingebaut in den Zylinderkopf oder in ein Anbauteil, sollte nahe am Ölübertritt zur Nockenwelle liegen. Das Ventil ist elektrisch angesteuert, meist mit einem pulsweitenmodulierten Signal und steuert den Zu- und Ablauf des Öls in die Kammern des Verstellers. Hoher Durchfluss bei Verstellung und präzise Regelbarkeit zur Fixierung des Winkels sind die wichtigsten Merkmale des Ventils.
- Der **Regelkreis** zur kontinuierlichen Einstellung besteht aus einer entsprechenden Software und einer Treiberendstufe in der Motorsteuerung sowie Geberrädern und Sensoren an Kurbelwelle und Nockenwelle. Hier können die im Motor bereits vorhandenen Bauteile genutzt werden, wobei das Geberrad der Nockenwelle zu modifizieren ist.

Das Gesamtsystem der kontinuierlichen Nockenwellenverstellung sowie die beschriebenen Komponenten sind in **Bild 7-280** dargestellt.

Zwei Bauformen der hydraulischen Verstelleinheit haben sich durchgesetzt. Im Folgenden wird kurz auf deren prinzipiellen Aufbau eingegangen. Der Nockenwellenversteller mit Schrägverzahnung besteht aus den Hauptfunktionsteilen Antriebsrad (verbunden zur KW), Verstellkolben und Abtriebsnabe (verschraubt mit der NW). Diese Bauteile sind paarweise miteinander über geschrägte Steckverzahnungen verbunden, so dass eine axiale Verschiebung des Verstellkolbens eine Verdrehung der Antriebsnabe zum Antriebsrad bewirkt. Die Übertragung des Drehmoments über Steckverzahnungen ist sehr robust. Die in **Bild 7-281** dargestellte Ausführung ist komplett abgedichtet für den Einsatz in Zahnriementrieben.

Beim Motorstart hält die dargestellte Feder den Verstellkolben in seiner Basis- oder Endlage (Grundstellung). Im geregelten Betrieb sind beide Kammern ölbefüllt; die gute Abdichtung der beiden Kammern zueinander bewirkt eine hohe Laststeifigkeit. Motorseitig benötigte Sprungantworten werden ab circa 1,5 bar Motoröldruck erreicht.

In **Bild 7-282** ist der Schwenkmotor- oder Flügelzellenversteller in einer Ausführung für Kettentriebe dargestellt. Diese Bauform des Nockenwellenverstellers ist kompakter und kostengünstiger als die Ausführung mit Schrägverzahnung; sie besteht nur noch aus den Bauteilen Antriebsrad und Abtriebsnabe – die Übertragung des Drehmomentes im Betrieb erfolgt durch die Ölfüllung der Kammern. Nur während des Motorstarts sorgt zumeist ein Verriegelungselement für eine feste mechanische Verbindung von Antrieb und Abtrieb. Nach Befüllung des Nockenwellenverstellers mit Öl wird das Verriegelungselement hydraulisch entsperrt. Die verriegelte Endlage ist dabei in der Regel für eine Verstellung der Einlassnockenwelle die „späte“ Steuerzeit, für eine Verstellung der Auslassnockenwelle die „frühe“ Steuerzeit der Nockenwelle.

Das Steuerventil besteht aus einem hydraulischen Teil und einem Elektromagneten. Der hydraulische Schieber sitzt in einer Bohrung mit Anschlüssen für

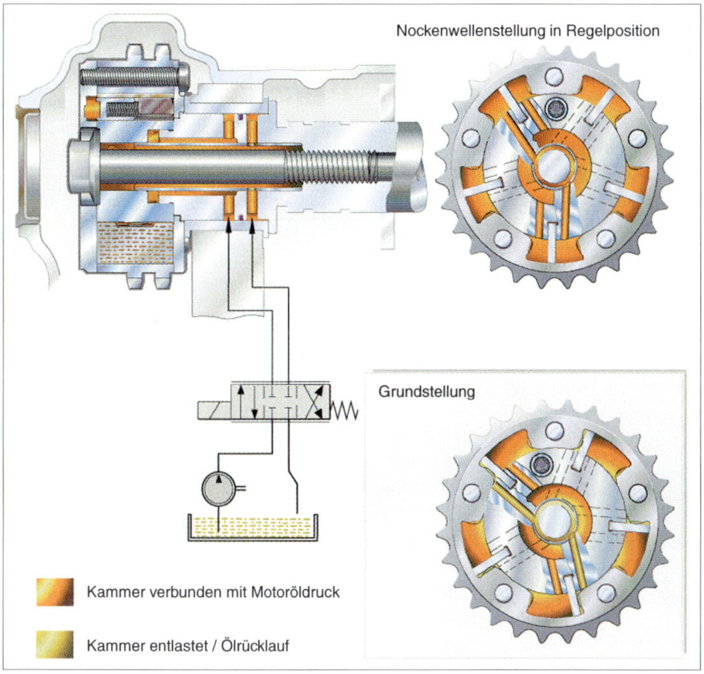

Bild 7-281 Schwenkmotor- oder Flügelzellenversteller

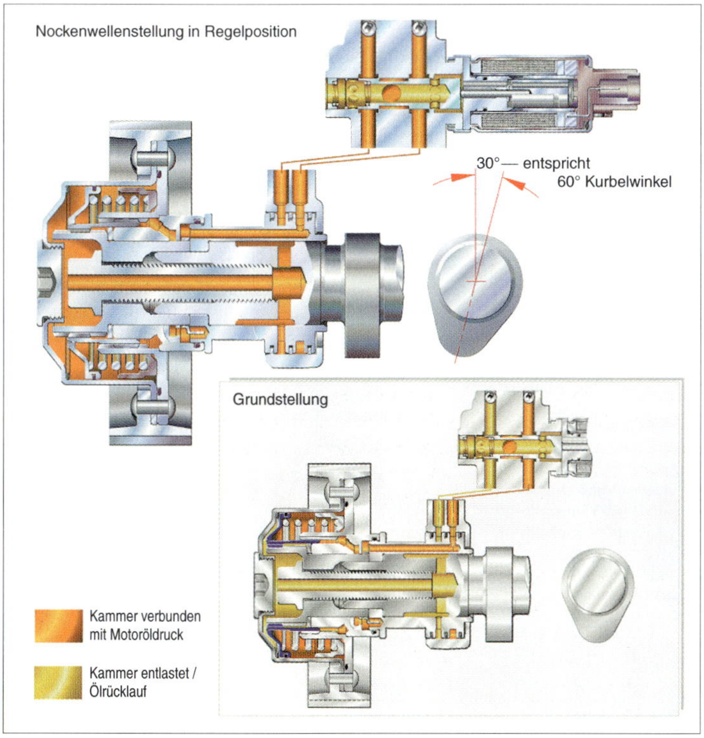

Bild 7-282 Nockenwellenversteller mit Schrägverzahnung

Ölversorgung, Arbeitskammern des Nockenwellenverstellers, sowie Ölrücklauf. Der Schieber wird durch eine Feder in Richtung der Grundstellung belastet. Bei Bestromung des Elektromagneten wird der Schieber gegen die Kraft der Feder verschoben. Dabei ändert sich der Ölzufluss bzw. -abfluss der beiden Kammern; in der sogenannten Regelposition sind alle Ölwege weitgehend verschlossen. Damit wird eine steife Einspannung des Verstellkolbens im Nockenwellenversteller erreicht. Entsprechend der Gegebenheiten des jeweiligen Anwendungsfalles wird das Steuerventil direkt in den Zylinderkopf integriert oder über ein Zwischengehäuse angebaut. Elektrisch ist das Steuerventil mit dem Motorsteuergerät verbunden.

Literatur

[1] *Bensinger, W.-D.:* Die Steuerung des Gaswechsels in schnelllaufenden Verbrennungsmotoren. Konstruktionsbücher, Bd. 16, Springer-Verlag, 1967

[2] *Holland, J.:* Die instationäre Elastohydrodynamik. Konstruktion 30, Heft 9, 1978

[3] *Ruhr, W.:* Nockenverschleiß - Auslegung und Optimierung von Nockentrieben hinsichtlich des Verschleißverhaltens. FVV-Vorhaben Nr. 285, 1985

[4] *Holland, J.:* Nockentrieb Reibungsverhältnisse – Untersuchung zur Verminderung der Reibung am Nocken-Gegenläufer-System unter Verwendung von Gleit- und Rollengegenläufern. FVV-Vorhaben Nr. 341, 1986

[5] *Brands, Ch.:* Dynamische Ventilbelastung – Rechnergestützte Simulation der Beanspruchung des Ventiltriebs. FVV-Vorhaben Nr. 614, 1998

[6] *Dachs, A.:* Beitrag zur Simulation und Messung von Tassenstößelventiltrieben mit hydraulischem Ventilspielausgleich. Diss. TU Wien, 1993

[7] *Ruhr, W.:* Nockentriebe mit Schwinghebel. Diss. TU Clausthal, 1985

[8] *Rahnejat, H.:* Multi-Body Dynamics. Vehicles, Machines and Mechanisms. SAE International 1998

[9] *Beitz, W.; Küttner, K.-H.:* Dubbel Taschenbuch des Maschinenbau. Springer-Verlag

[10] *Wurms, R.; Dengler, S.; Budack, R.; Mendl, G.; Dicke, T.; Eiser, A.:* Audi valvelift system – ein neues innovatives Ventiltriebsystem von Audi, 15. Aachener Kolloquium Fahrzeug- und Motorentechnik 2006

[11] *Schneider, F.; Simmonds, S.:* MAHLE CamInCam – Neue Freiheit für variable Steuerzeiten am Beispiel eines 8- und 4-Zylindermotors, MTZ/ATZ Konferenz „Ladungswechsel im Verbrennungsmotor“ 2008

[12] *Mohr, U.; Hoffmann, H.; Lancefield, T.:* Modularität im Ventiltrieb, MTZ Konferenz „Antrieb von Morgen“ 2005

[13] *Bunsen, E.; Grote, A.; Willand, J.; Hoffmann, H.; Fritz, O.; Senjic, S.:* Verbrauchspotenziale durch Einlassventilhub und Steuerzeitenvariation – ein mechanisch vollvariables Ventiltriebsystem an einem 1.6 l Motor mit Benzindirekteinspritzung, Variable Ventilsteuerung ISBN 978-3-8322-5910-5

[14] *Schneider, F.; Steichele, S.; Ruppel, S.:* Integration von Zusatzfunktionen in die gebaute Nockenwelle, 3. VDI-Tagung Ventiltrieb und Zylinderkopf Würzburg 2008

7.17 Kettentrieb

Die Nockenwelle hat die Aufgabe, Öffnungs- und Schließzeiten der Ventile sicherzustellen. Dies erfolgt an modernen kopfgesteuerten Triebwerken mittels eines Zugmitteltriebes. Zum Einsatz kommen in den meisten Fällen Zahnriemen, Rollen-, Zahn- oder Hülsenketten [1], [2], abhängig von der Auslegungsphilosophie mit unterschiedlichen Gewichten.

	Steuerkette	Zahnriemen
Bauraum	+	O
Lebensdauer	++	O
Kosten	O	+
Wartungsfreundlichkeit	O	O
Geräuschverhalten	O	O

Legende: ++ sehr gut + gut O ausreichend

Bild 7-283 Vergleichende Bewertung Steuerkette Zahnriemen

Die wichtigsten Kriterien bei der Entscheidung über den Antrieb sind Kosten, Bauraum, Wartungsfreundlichkeit, Lebensdauer und Geräuschentwicklung.

Eine vergleichende Bewertung Steuerkette zu Zahnriemen zeigt **Bild 7-283**.

Steuertriebe in modernen Motoren treiben neben der Nockenwelle häufig noch andere Bauteile wie die Ölpumpe, die Wasserpumpe und die Einspritzpumpe an. Mögliche Anordnungen zeigt als Beispiel **Bild 7-284**.

Da sowohl Nockenwelle als auch Kurbelwelle ungleichförmig umlaufen und auch der Kraftbedarf der Einspritzpumpe sehr starken periodischen Schwankungen unterliegt, entstehen sehr komplexe dynamische Beanspruchungen des Triebes [3, 4].

Im Verlauf jahrzehntelanger Erfahrung haben sich für Steuertriebe einige Abmessungen von Rollen- und Hülsenketten als besonders geeignet herausgestellt.

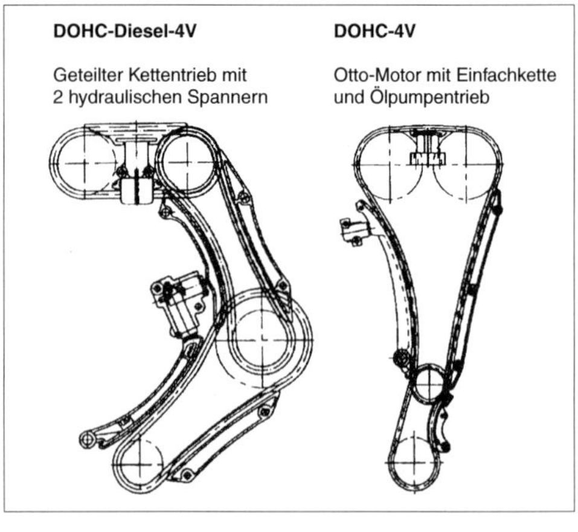

Bild 7-284 Steuerkettenantriebe

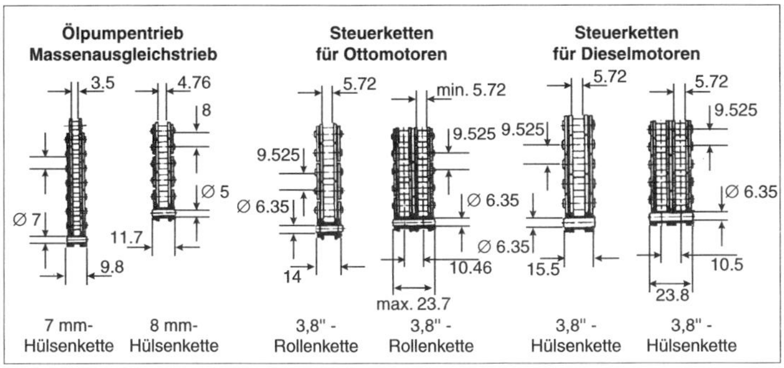

Bild 7-285 Kettenbauformen

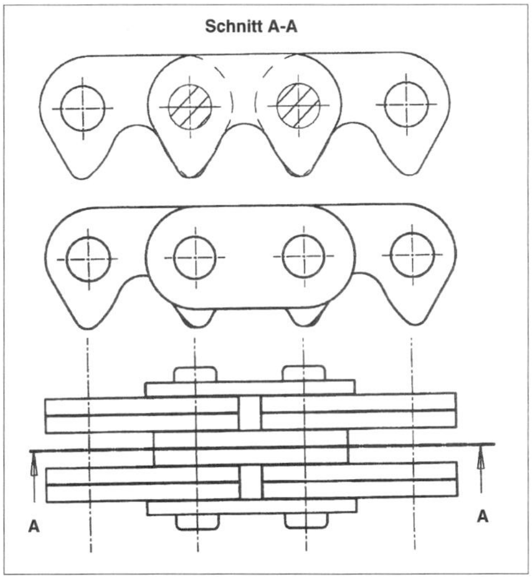

Bild 7-286 Zahnkette

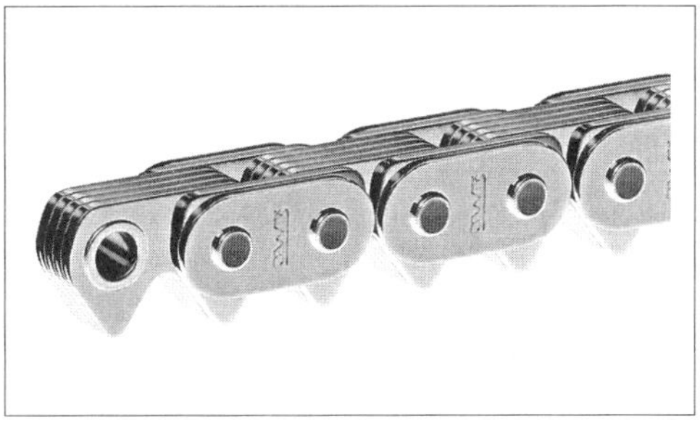

Bild 7-287 Hülsenzahnkette

7.17.1 Kettenbauformen

Bei den Standardketten unterscheidet man zwischen Rollen- und Hülsenketten. Darüber hinaus gibt es Einfach- und Duplexketten, **Bild 7-285**. Eine Sonderbauform der Kette ist die Zahnkette, **Bild 7-286**, auch als Silentchain bezeichnet.

Herkömmliche Zahnketten die in Steuertrieben eingesetzt werden weisen durchwegs ein Bolzengelenk auf. Durch die Kombination der Vorteile einer Hülsenkette und einer Zahnkette entsteht ein neuer Kettentyp für Steuertriebe, eine Hülsenzahnkette, **Bild 7-287**. Diese Kettenvariante empfiehlt sich überall dort, wo es auf geringen Verschleiß sowie auf gutes Akustik- und Dynamikverhalten ankommt [5].

Bei den Zahnketten sind die Laschen so ausgebildet, dass sie die Kraftübertragung zwischen Kette und Kettenrad übernehmen können, während bei Rollen- oder Hülsenketten die Verbindung mit dem Kettenrad in der Gelenkstelle über Bolzen, Hülse oder Rolle erfolgt. Zahnketten können ohne grundsätzliche Aufbauänderung in jeder beliebigen Breite gebaut werden. Gegen das Ablaufen vom Rad werden Führungslaschen eingebaut, die entweder in der Mitte oder außen (beidseitig) angebracht werden.

Die sich über den Hülsen drehenden Rollen einer Rollenkette rollen mit wenig Reibung an den Zahnflanken des Kettenrades ab, so dass immer wieder eine andere Stelle des Umfangs zum Tragen kommt. Der Schmierstoff zwischen Rollen und Hülsen trägt zur Geräusch- und Stoßdämpfung bei. Bei einer Hülsenkette berühren die Zahnflanken des Kettenrades die feststehenden Hülsen stets an der gleichen Stelle. Deshalb ist eine einwandfreie Schmierung bei solchen Trieben besonders wichtig.

Hülsenketten verfügen bei gleicher Teilung und Bruchkraft über eine größere Gelenkfläche als die entsprechenden Rollenketten. Eine größere Gelenkfläche ergibt eine geringere Gelenkflächenpressung und damit einen geringeren Verschleiß in den Gelenken.

Besonders bewährt haben sich Hülsenketten bei hochbeanspruchten Nockenwellen-Antrieben in schnelllaufenden Dieselmotoren. Sobald die Übertragung eines gegebenen Drehmoments mit einer Einfachkette bei einem bestimmten maximalen Kettenraddurchmesser zu einer Zähnezahl von <18 Zähnen führen würde, empfiehlt es sich, auf eine Mehrfachkette kleinerer oder gleicher Teilung überzugehen.

7.17.2 Kettenkennwerte

Drei wesentliche Faktoren kennzeichnen die Gebrauchseigenschaften von Steuerketten:

- Bruchfestigkeit
- Dauerfestigkeit, **Bild 7-288**
- Verschleißfestigkeit.

Als Ursache für einen Bruch kommt ein Überschreiten der statischen oder dynamischen Bruchlast in Frage.
Speziell bei Steuertrieben wird man keine gleichmäßige Belastung antreffen. Infolge der schwellenden Drehmomente der Nockenwelle, der Einspritzpumpe bei zum Beispiel Dieselmotoren, der Drehungleichförmigkeit der Kurbelwelle und der durch den Polygoneffekt verursachten, schwellenden Kettenlängskraft entsteht eine dynamische Belastung der Kette. Dabei darf die Dauerfestigkeit der Kette nicht überschritten werden, da die Zahl solcher Lastwechsel während der Lebensdauer eines Motors in jedem Fall größer als 10^8 LW ist.
Bei den heutigen Motoren mit präzisen Steuerzeiten sind geringe Längungen durch Verschleiß von 0,2–0,5 % der Kettenlänge bei bis 250.000 km Laufleistung erreichbar.
Ein Kettensteuertrieb stellt mit Masse, Steifigkeit und Dämpfung ein schwingungsfähiges System mit mehreren Freiheitsgraden dar. Dies kann bei entsprechender Anregung durch Nockenwelle, Kurbelwelle, Einspritzpumpe etc. auf Grund von Wechselwirkungen Resonanzeffekte verursachen, die zu einer Extrembelastung des Steuertriebes führen.
Durch konstruktive Maßnahmen ist eine Steifigkeitserhöhung der Kette unter Beibehaltung der spezifischen Masse realisierbar **(Bild 7-289)**. Dies führt zu einer Verschiebung der Resonanzstellen zu höheren Frequenzen hin.

7.17.3 Kettenräder

Die Zahnform der Kette ist für Rollenketten, Hülsenketten und Zahnketten genormt (DIN 8196). Die zweckmäßige Ausbildung der Zahnform ist für den sicheren Betrieb eines Steuertriebes ebenso von großer Bedeutung wie zum Beispiel die Verschleißfestigkeit der Kette.

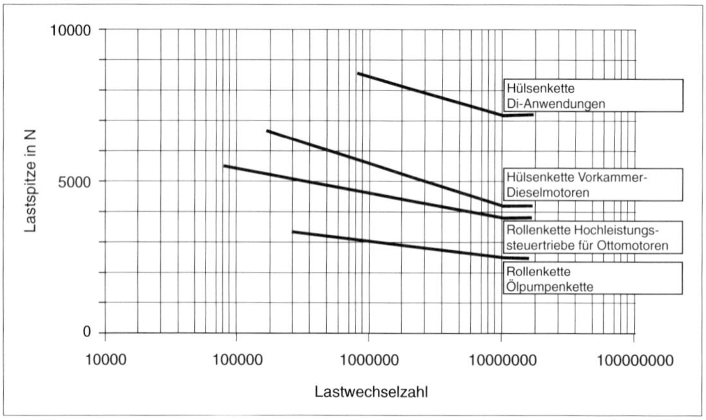

Bild 7-288 Dauerfestigkeitsergebnisse Hülsen- und Rollenketten

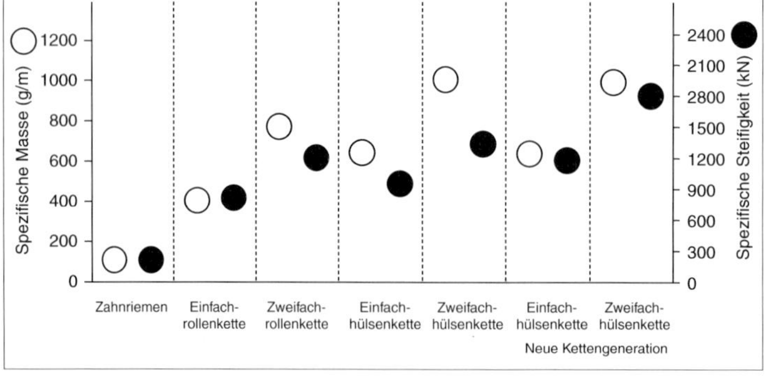

Bild 7-289 Kettenkennwerte: Steifigkeit und Masse

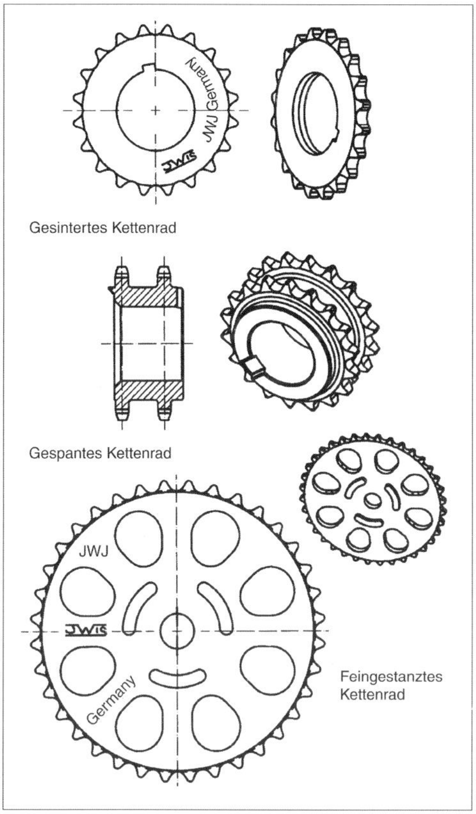

Bild 7-290 Kettenräder

Zur Anwendung kommen meist Kettenräder mit maximaler Zahnlückenform. Diese Ausführung gestattet infolge der niedrigen Zahnkopfhöhe und der größeren Zahnlückenöffnung den ungestörten Ein- und Auslauf der Kette auch bei höheren Kettengeschwindigkeiten.

Je nach Bauraum und Anwendungsfall werden Scheibenräder oder Kettenräder mit einseitiger oder zweiseitiger Nabe verwendet **(Bild 7-290)**. Die Materialauswahl hängt von den Steuertriebsverhältnissen, den Betriebsbedingungen und der Leistungsübertragung ab.

Eingesetzt werden Kettenräder aus Kohlenstoffstahl und legierten Stählen sowie gesinterten Werkstoffen.

Als Werkstoffe für feingestanzte Räder kommen zum Beispiel C 10, für spanend hergestellte Räder zum Beispiel 16MnCr5 oder in gesinterter Ausführung D 11 mit der für den Werkstoff entsprechenden Wärmebehandlung zur Anwendung.

7.17.4 Kettenführungselemente

Durch den Einsatz von permanent wirkenden Spann- und Führungselementen, die auf den jeweiligen Motor genau abgestimmt sind, lässt sich der Trieb so optimieren, dass seine Lebensdauer der des Motors entspricht, ohne dass neben der vorgeschriebenen Motorwartung besondere Pflege notwendig wäre.

Der Kettenspanner, **Bild 7-291**, übernimmt eine Reihe von Aufgaben im Steuertrieb. Zum einen wird die Steuerkette in allen Betriebsbedingungen im Leertrum unter einer definierten Last vorgespannt, auch bei im Betrieb auftretender Verschleißlängung. Durch ein Dämpfungselement, entweder Reibungs- oder Viskose-Dämpfung, werden Schwingungen auf ein zulässiges Maß reduziert.

Als Führungselemente dienen zum Teil einfache Schienen aus Kunststoff oder aus Metall mit Kunststoffauflage, die je nach Kettenbahn eben oder gekrümmt sind, **Bild 7-292**. Bei neueren Bauformen werden die Schienen zumeist aus Kunststoff gespritzt.

Dabei wird bei der Spannschiene auf einen Träger aus PA 66 mit 50 % Glasfaser ein Reibbelag aus PA 46 aufgespritzt oder aufgeclipst. Die Gleitschienen sind meist als Einkomponenten-Schiene ausgeführt.

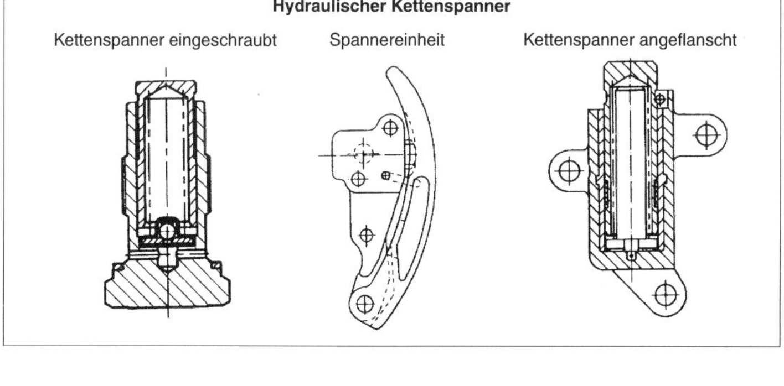

Bild 7-291 Kettenspanner

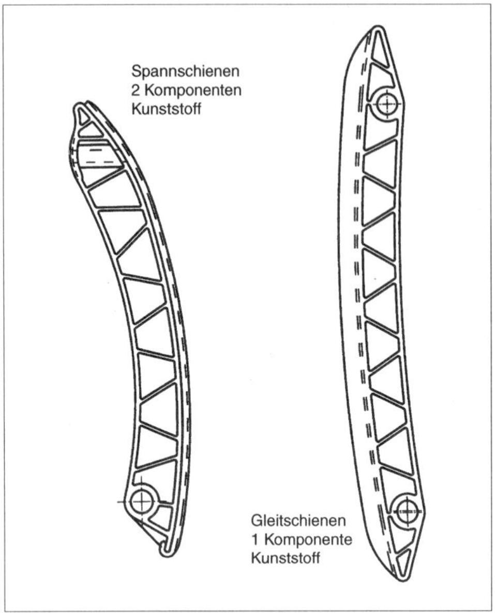

Bild 7-292 Führungselemente

Literatur

[1] *Arnold, M.; Farrenkopf, M.; Mc Namar, S.*: Zahnriementriebe mit Motorlebensdauer für zukünftige Motoren. 9. Aachener Kolloquium; Fahrzeug- und Motorentechnik. Aachen: 2000 ika/VKA

[2] IWIS-Ketten: Handbuch Kettentechnik. München

[3] *Fritz, P.*: Dynamik schnellaufender Kettentriebe. VDI Fortschrittsberichte, Reihe 11: Schwingungstechnik, Nr. 253, VDI-Verlag GmbH, Düsseldorf: 1998

[4] *Fink, T.; Hirschmann, V.*: Kettentriebe für den Einsatz in modernen Verbrennungsmotoren. In: MTZ 62 (2001), Nr. 10, S. 796–806

[5] *Hirschmann, V.; Bongard, A.; Welke, L.*: Neue Zahnkettengeneration für den Einsatz in Steuertrieben von Dieselmotoren. In MTZ 67 (2006) Nr. 11, S. 878–883

7.18 Riementriebe

Der folgende Artikel gibt einen Überblick über die Anforderungen und die Funktion aktueller Riementriebe an Verbrennungsmotoren, Zahnriementriebe zum Antrieb der Nockenwellen und Micro-V®-Riementriebe zum Antrieb der Nebenaggregate.

7.18.1 Zahnriementriebe zum Antrieb von Nockenwellen

Der Zahnriementrieb zum Antrieb der Nockenwellen ist heute mit einem Marktanteil von 50 % in europäischen Motoren vertreten. Dies ist im Wesentlichen auf Vorteile in der Einfachheit des Triebes, in der Flexibilität der Riemenführung, der geringen Reibung, sowie auf Kostenvorteile gegenüber alternativen Antriebssystemen zurückzuführen. Weiterhin können Nebenaggregate wie Ölpumpen oder Wasserpumpen im Trieb integriert werden.

7.18.1.1 Antriebselement Zahnriemen

Aufbau des Zahnriemens

Der Zahnriemen ist ein Verbund aus drei Komponenten (**Bild 7-293**):

- Polyamidgewebe
- Gummimischung
- Zugkörper, üblicherweise endlos gewickelter Glascord.

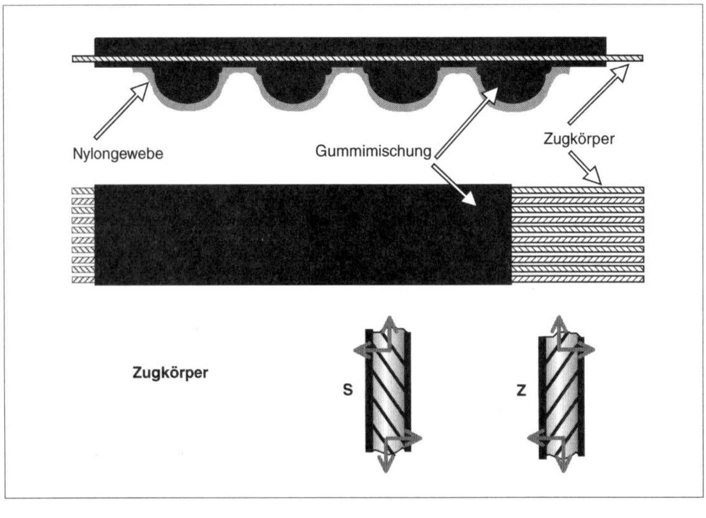

Bild 7-293 Aufbau des Zahnriemens

Das Gewebe besteht aus hochfestem Polyamid und ist abrieb- und verschleißfest beschichtet. Es schützt sowohl die Gummizähne als auch den Cord im Bereich des Riemenstegs vor Verschleiß.
Die Gummimischung besteht aus einem widerstandsfähigen Polymer. In den ersten Anwendungen wurde Polychloroprene (CR) verwendet. Bedingt durch die hohen Anforderungen an die Temperatur- und Alterungsbeständigkeit sowie die dynamische Festigkeit kommen heute vorwiegend HNBR-Materialien (Hydrierter Acrylnitrilbutadien-Kautschuk) zum Einsatz.
Der Zugkörper besteht aus zu Cord zusammengefassten Glasfaserfilamenten – eine Konstruktion, die sich durch hohe Zugfestigkeit bei geringster Dehnung verbunden mit hoher Biegewilligkeit auszeichnet. Dadurch eignet sie sich besonders gut für Nockenwellenantriebe, die einerseits über Lebenszeit hohe Anforderungen an den stationären wie dynamischen Synchronlauf stellen und andererseits aus Bauraumgründen teils kleinste Riemenscheiben aufweisen.
Bedingt durch den Fertigungsprozess liegen die Zugkörper spiralförmig im Riemenverbund, und zwar paarweise jeweils *S* und *Z* (gegenläufig) gezwirnt, um ein neutrales axiales Laufverhalten des Riemens zu erzielen.

Zahnriemenprofile

Seit Einführung der Zahnriementriebe für Nockenwellensteuerungen hat es eine vielseitige Evolution in der Profilgebung der Riemen gegeben. Deshalb ist heute eine Vielzahl von Profilen im Einsatz. Im Folgenden werden die verschiedenen Profile mit ihren Eigenschaften dargestellt.
Die ersten Nockenwellenriemen basierten auf der klassischen Power Grip® Trapezzahnform, wie sie bereits im Industriebereich bekannt war. Aufgrund der gestiegenen Anforderungen bezüglich Lastübertragung, Überspringsicherheit und Geräuschentwicklung wurden kreisbogenähnliche (Power Grip® HTD/ High Torque Drive) Profile entwickelt. Im Vergleich zum Trapezprofil werden die Kräfte bei kreisförmigen Profilen gleichmäßiger in den Zahn eingeleitet und damit Spannungsspitzen vermieden **(Bild 7-294)**. Auf heutigen Anwendungen kommen ausschließlich kreisbogenförmige Profile zu Einsatz.
Bei der ersten Generation Zahnriemen für Nockenwellenantriebe – den Trapezzahnriemen – gab es zwei verschiedene Zahnformen – den kleineren „C-Zahn“ für Ottomotoren und den größeren „B-Zahn“ für Dieselmotoren, jeweils mit einer Teilung von 9,525 mm **(Bild 7-295)**. Diese Unterscheidung wird bei den neuentwickelten HTD Zahnprofilen nicht mehr gemacht.
Mit der Einführung der HTD Profile im Markt musste berücksichtigt werden, dass bei einigen Automobilherstellern die bestehenden Trapezzahnscheiben weiterhin verwendet wurden.
Für diese Anwendungen sind die Profile in Bezug auf Fußradius, Flankenform und Zahnhöhe so optimiert worden (Power Function Profile), dass sie auf den bestehenden Trapez-Zahnscheiben eingesetzt werden konnten. Die zugehörigen Zahnscheiben Typ ZA (C beziehungsweise CF-Zahn) und Typ B (B beziehungsweise BF-Zahn) sind in ISO 9011 festgelegt.

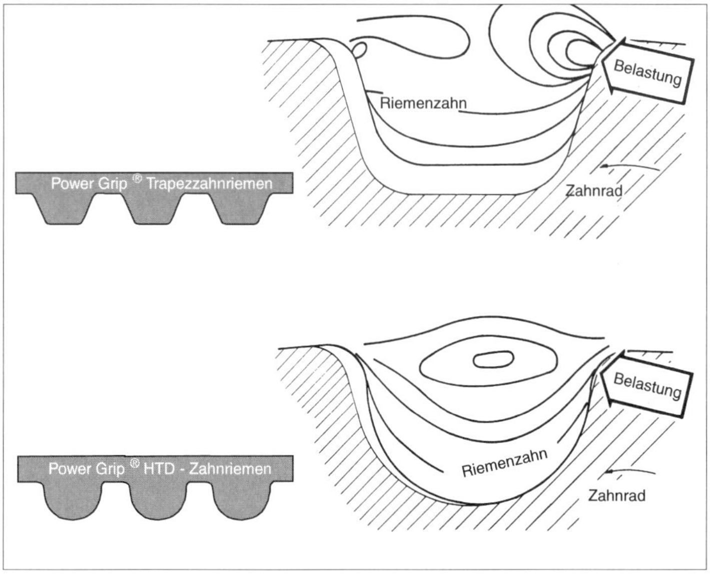

Bild 7-294 Entwicklung der Zahnriemenprofile

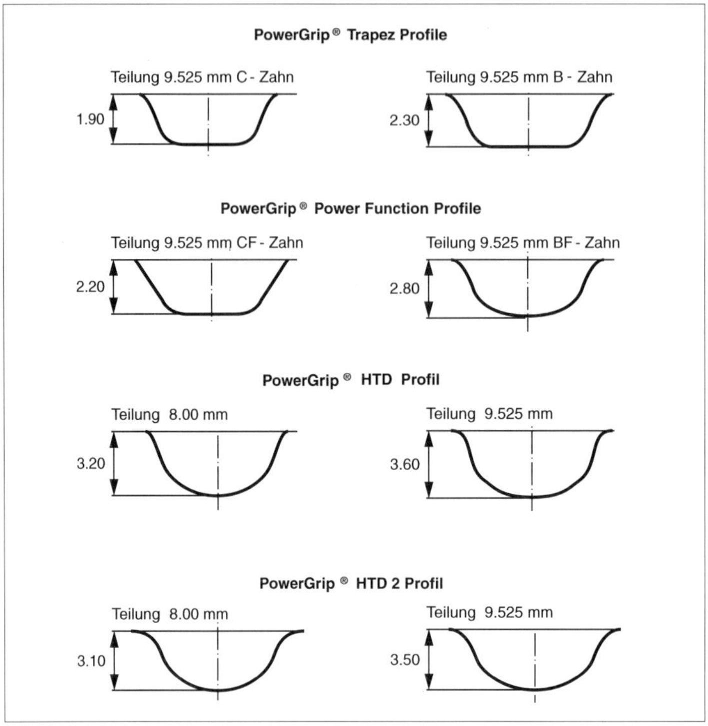

Bild 7-295 Zahnprofile

HTD steht für „High Torque Drive" und wurde von Gates entwickelt und patentiert. Mit diesem kreisbogenähnlichen Profil gelang eine wesentliche Verbesserung hinsichtlich der Geräuschreduzierung und der Lastübertragung und damit der Lebendauer.

Mit der Einführung der nächsten Generation HTD 2 wurden die bereits vorhandenen Vorteile von HTD Profilen weiter verbessert. Hier sind nochmals die Fußradien und die Flankenwinkel vergrößert worden.

Für beide Profiltypen werden eigenständige Zahnscheibenprofile verwendet. Die genauen Profildaten stehen bei Gates zur Verfügung. Es werden bei beiden Profilen zwei Teilungen eingesetzt: 9,525 mm und 8,00 mm. Die kleinere Teilung kommt bei weniger stark belasteten Trieben zur Anwendung – vorwiegend Benzinmotoren – und erlaubt eine kompaktere Baugröße des gesamten Triebes.

Jedes der vorgenannten Profile kann auch bei einem doppelseitigen Zahnriemen eingesetzt werden **(Bild 7-296)**. Anwendungen für doppelseitige Zahnriemen sind zum Beispiel Ausgleichswellentriebe.

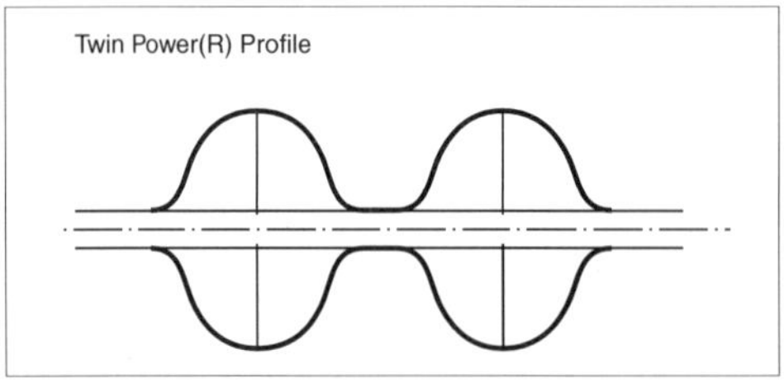

Bild 7-296 Doppelseitiger Zahnriemen

Kenngrößen – Zahnriemen und Zahnscheiben

In **Bild 7-297** sind die wichtigsten Kenngrößen des Zahnriemens dargestellt. Die Zahnhöhe plus die Stegstärke ergibt die Gesamtdicke des Zahnriemens. Der Wirklinienabstand (PLD), der Abstand vom Stegbereich zur Mitte der Zugstränge, ist abhängig von der Zahnriemenkonstruktion, der Gewebedicke, dem Durchmesser der Zugstränge und verschiedenen produktionstechnischen Parametern. Die Breite des Zahnriemens wird entsprechend der dynamischen Wechselbelastung ausgelegt und liegt bei Verbrennungsmotoren üblicherweise zwischen 15 und 25 mm, bei einzelnen Anwendungen bis zu 30 mm.

Für die Zahnscheibe muss das Profil in Abhängigkeit vom Durchmesser bestimmt werden. Der Wirkdurchmesser ergibt sich aus der Anzahl der Zähne und der Teilung, der Außendurchmesser der Zahnscheibe ist um den PLD reduziert **(Bild 7-298)**.

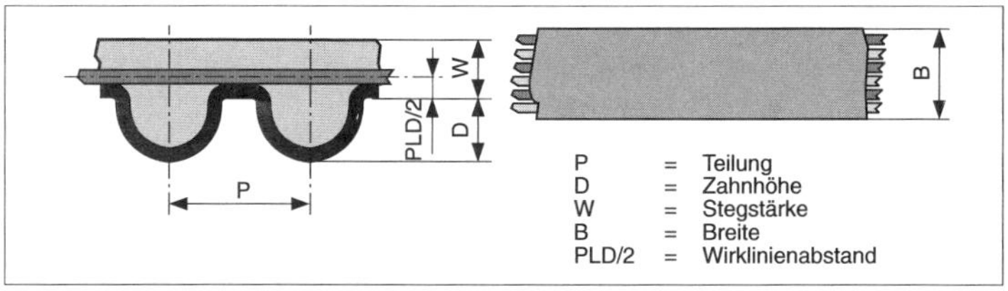

Bild 7-297 Kenngrößen Zahnriemen

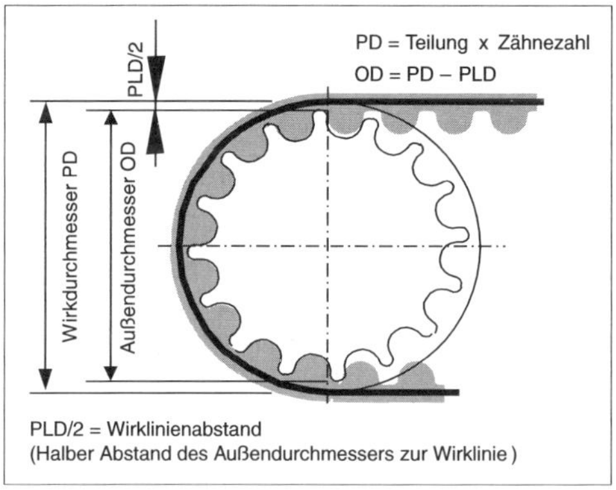

Bild 7-298 Kenngrößen Zahnscheibe

7.18.1.2 Antriebssystem Zahnriemen

Die wichtigste Anforderung an das System Zahnriementrieb ist die Synchronisation der Nockenwelle über die Motorlebensdauer. Dies ist ein wichtiges Kriterium für die Einhaltung der Emissionswerte auch nach längeren Laufstrecken. Durch die Wahl der Materialien des Zahnriemens, den Einsatz eines automatischen Spannsystems sowie einer optimierten Systemdynamik kann die Längung des Zahnriemens unter 0,1 % der Riemenlänge gehalten werden. Dies ergibt bei 4-Zylinder-Motoren eine Steuerzeitenabweichung von 1 – 1,5° bezogen auf die Kurbelwelle. Diese Verstellung ist so gering, dass sie im Allgemeinen nicht vorgehalten werden muss.
Weiterhin gelten die im Motorenbau üblichen Anforderungen hinsichtlich Motorlebensdauer (aktuell 240.000 – 300.000 km) [1], Temperaturen von circa 120 °C sowie möglichst geringer Bauraum und minimales Gewicht. Störende Geräusche des Zahnriementriebs sind nicht akzeptabel.

Auslegungskriterien

Die Auslegung komplexer Zahnriementriebe wird rechnergestützt durch hauseigene Programme vorgenommen. Hier soll ein Überblick über die wichtigsten Parameter der Auslegung sowie einige allgemeine Auslegungskriterien dargestellt werden. Wichtige Eingabedaten sind die Anordnung der Komponenten, also die Antriebskonfiguration, die Drehmomentverläufe der Komponenten und daraus berechnet die dynamischen Umfangskräfte, sowie die Riemendaten. Mit diesen Daten lässt sich die Systemgeometrie wie zum Beispiel Trumlängen und die Umschlingungswinkel, aber auch die Lebensdauer des Riemens in Bezug auf verschiedene Fehlermodi berechnen und optimieren. Mit den dynamischen Kräften und Schwingungen können ebenso die anderen Komponenten im System wie die Auslegung der Umlenkrollen und der Spannrollen berechnet werden.
Im Folgenden werden einige allgemeine Auslegungskriterien dargestellt, die bei Zahnriemensystemen berücksichtigt werden sollen, um ein funktionsfähiges System mit den heute geforderten Lebendauern von 240.000 km zu erhalten:

Empfohlene Mindestumschlingungswinkel

Kurbelwelle	150°
Nockenwelle/Einspritzpumpe	100°
Nebenaggregatescheibe	90°
Spannrolle (glatt oder verzahnt) min. 30°, besser	>70°
Umlenkrolle (glatt oder verzahnt)	30°

Periodischer Zahneingriff

Ein periodischer Zahneingriff bedeutet, dass immer die gleichen Riemenzähne in die gleichen Scheibenlücken eingreifen. Dies ist zu vermeiden, um dadurch bedingten ungleichmäßigen Riemenverschleiß, beziehungsweise Riemenbeschädigungen auszuschließen. Das Auftreten von Periodizität errechnet sich folgendermaßen:

X.nnn = Zähnezahl der Zahnriemens/
Zähnezahl der Zahnscheibe

wobei folgende X.nnn – Werte vermieden werden sollten:

X.nnn = X.0, X.5 (müssen vermieden werden)
X.nnn = X.25, X.333, X.666, X.75 (sollten vermieden werden)

Mindestdurchmesser von Zahnscheiben und Umlenkrollen

Teilung 9,525 mm	17 Zähne
Teilung 8,00 mm	18 Zähne
Unverzahnte Umlenkrollen	∅ 50 mm

Toleranzen der Zahnscheiben und Umlenkrollen

Rundlauf/Planlauf: ∅ 50 bis 100 mm 0,1 mm
∅ > 100 mm 0,001 mm pro mm ∅
Konizität des Außendurchmessers: ≦0,001 mm pro mm Scheibenbreite
Parallelität von Bohrung zur Verzahnung:
≦0,001 mm pro mm Scheibenbreite
Oberflächenrauhigkeit: $R_a \leqq 1{,}6$ µm
Teilungsfehler < 100 mm ∅ ± 0,03 mm Lücke/Lücke/ 0,10 mm über 90°
100 bis 180 mm ∅ ± 0,03 mm Lücke/Lücke/0,13 mm über 90°

Axiale Führung

Ein Zahnriemen muss zumindest an einer Scheibe durch Bordscheiben geführt werden, um ein Ablaufen vom Trieb zu vermeiden. In der Regel wird der Riemen an der Kurbelwellenscheibe geführt. Hierbei dient oft der Kurbelwellendämpfer als vordere Bordscheibe. Die hintere Scheibe ist an der KW-Zahnscheibe befestigt beziehungsweise integriert. Bei komplexen Mehrventiltrieben, können je nach Anzahl der Scheiben und Umlenkrollen weitere Bordscheiben notwendig werden. In diesen Fällen empfiehlt es sich, die Bordscheiben an Zahnscheiben anzuordnen und nicht an Umlenkrollen. Generell ist bei Zahnscheiben mit Bordscheiben auf eine genaue Fluchtung zu den anderen Scheiben zu achten, um den Riemen nicht von seiner Laufspur abzulenken. Zahnscheiben und Rollen mit nur einer Bordscheibe oder ohne Bordscheiben werden breiter als der Riemen ausgeführt, um ein sicheres Laufen des Riemens auf der Scheibe beziehungsweise der Rolle zu gewährleisten. Die Breite der Zahnscheiben sowie die geometrische Auslegung der axialen Führungsscheiben ist in **Bild 7-299** dargestellt.

Riemenspannsysteme

Feste Spannrollen

In der Vergangenheit sind ausschließlich feste Spannrollen eingesetzt worden. Es wurden überwiegend exzentrisch gelagerte Umlenkrollen verwendet **(Bild 7-300)**. Die Vorspannung wurde maschinell an der Linie eingestellt und mit geeigneten Messmitteln kontrolliert (Trumfrequenzmessung). Feste Spannrollen haben den Nachteil, zum einen den temperaturbedingten Spannungsaufbau, bedingt durch die höhere Ausdehnung des Motors im Vergleich zum Zahnriemen bei Motorerwärmung, und zum anderen den Spannungsabfall der Riemen über die Laufzeit durch Riemenlängung und Riemenverschleiß, nicht kompensieren zu können.

Automatische Spannrollen

Bedingt durch die Nachteile der festen Spannrollen und die stark angestiegenen dynamischen Kräfte im Nockenwellenantrieb bei gleichzeitig gestiegenen Lebensdauerforderungen werden in zunehmendem Maße automatische Spannrollen eingesetzt. Mit dieser Technologie kann sowohl der Spannungsanstieg über Temperatur und die Riemenlängung kompensiert werden als auch die notwendige hohe Spannung konstant aufgebracht werden, die für einen zuverlässigen Betrieb bei hoher Motordynamik erforderlich ist. Am weitesten verbreitet ist der mechanische, reibgedämpfte Kompaktspanner. Bei sehr hohen dynamischen Kräften im System Zahnriementrieb werden in einigen Anwendungen auch hydraulische Spannrollen eingesetzt, die aufgrund ihrer asymmetrischen Dämpfung selbst bei geringen Vorspannkräften sehr gute Dämpfungseigenschaften aufweisen.

7.18.1.3 Zahnriementriebdynamik

Die Optimierung der Systemdynamik ist ein wesentlicher Schritt auf dem Weg zu Zahnriementrieben mit Motorlebensdauer, weil damit die Randbedingungen in Bezug auf Kräfte und Belastungen möglichst minimiert und gleichzeitig kontrolliert werden. Dabei muss sichergestellt werden, dass alle Komponenten im Trieb unter diesen Bedingungen das Lebensdauerziel erreichen.
Die dynamische Belastung des Triebes, Drehschwingungen, dynamische Kräfte und Trumschwingungen müssen im Zusammenspiel optimiert werden. Dazu sind die Parameter wie die Charakteristik des Span-

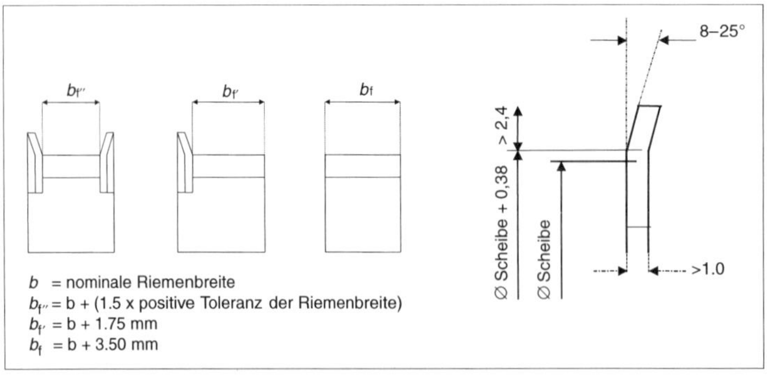

Bild 7-299 Scheibenbreite und Riemenführung

Bild 7-300 Riemenspannsysteme

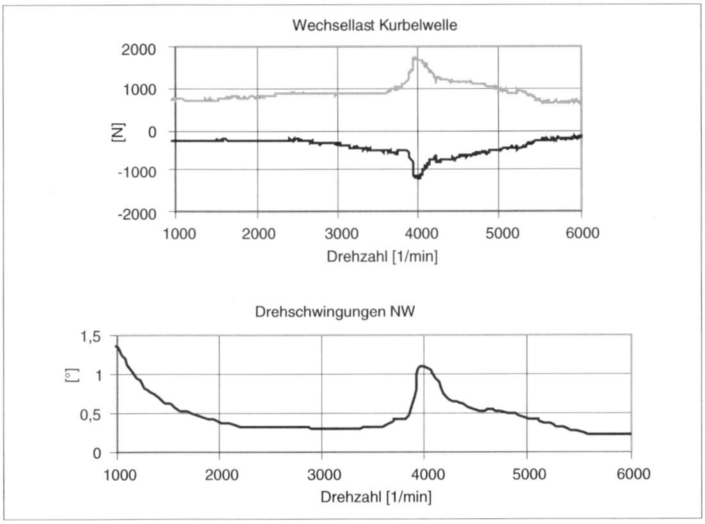

Bild 7-301 Systemresonanz

ners, Vorspannung und Dämpfung, die Riemenkennwerte, Riemensteifigkeit und Riemendämpfung, das Riemenprofil sowie die Trägheitsmomente der Nockenwellenräder so zu optimieren, dass die dynamische Belastung des Systems minimiert wird. In **Bild 7-301** sind 2 wichtige Kenngrößen für die Dynamik des Zahnriementriebs dargestellt, die Wechsellast an der Kurbelwelle und die Drehschwingungen der Nockenwelle. Die Resonanz des Systems, hier bei 4000 Umdrehungen pro Minute, wird durch eine optimale Systemauslegung auf ein Minimum reduziert und muss über die Lebensdauer des Triebs kontrolliert werden. Gleichzeitig werden ebenfalls die Belastungen der anderen Systemkomponenten wie Umlenkrollen und Spannrollen minimiert.

7.18.1.4 Ovalradtechnologie

Riementriebe für Verbrennungsmotoren mit ungleichförmiger Übersetzung sind heute Stand der Technik, entsprechende Patentschriften stammen bereits aus den 1990er Jahren.

Die durch die Ventilbetätigung bedingten Wechselmomente der Nockenwellen stellen insbesondere im mittleren und höheren Drehzahlbereich neben Hochdruck-Einspritzpumpen für Dieselmotoren die Hauptanregungsquelle für dynamische Effekte dar und wirken sich damit primär auf Lebensdauer und Funktion eines solchen Systems aus. Das Ovalrad wirkt diesen dynamischen Einflüssen entgegen, das heißt sie werden durch eine lastsynchrone Änderung partieller Riemenlängen weitgehend kompensiert.

Durch die anwendungsbezogene optimierte Auswahl von Ovalität und Phasenlage eines solchen Rades in einem zahnriemengetriebenen Steuertrieb, zum Beispiel auf der Kurbelwelle, lassen sich die Auswirkungen auf den Trieb minimieren. Der Effekt eines mit Ovalrädern ausgestatteten Triebes hängt weitgehend von der Veränderung der Dynamik über alle Betriebszustände ab; für den Idealfall (konstante äußere Dynamik) lässt sich die Schwingung der Komponenten gänzlich unterbinden während die Dynamik der Riemenkräfte auf einem Niveau gehalten werden kann, das der äußeren Dynamik der Komponenten entspricht.

Die Praxis zeigt, dass Riemenkräfte um bis zu 45 %, Schwingungsamplituden der Nockenwellen um bis zu

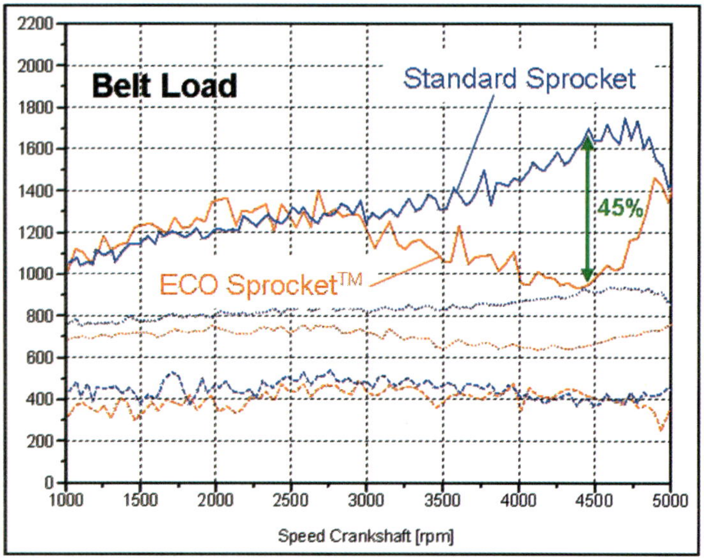

Bild 7-302 Reduzierung der Riemenkräfte im Vergleich zu einem runden Kurbelwellenrad

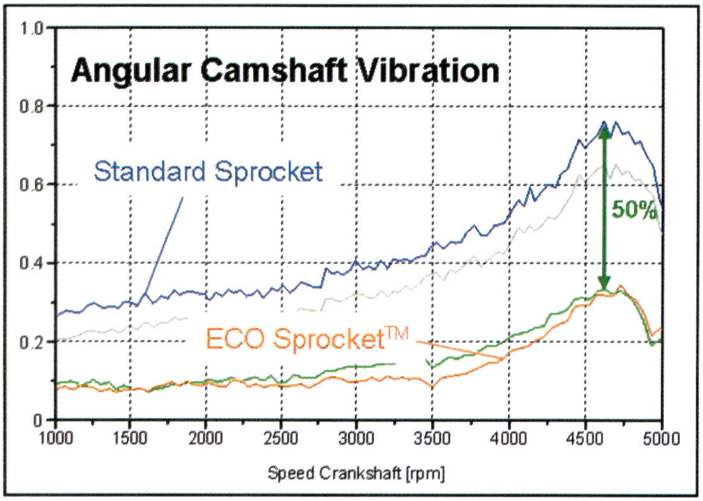

Bild 7-303 Reduzierung der Schwingungsamplituden der Nockenwelle im Vergleich zu einem runden Kurbelwellenrad

zu 50 % reduziert werden können. Beispielhaft ist dies in den beiden **Bilder 7-302** und **7-303** dargestellt.

Durch die Verwendung solcher Systeme ergeben sich unter anderem folgende Vorteile beziehungsweise konstruktive Möglichkeiten:

- Verringerung der Riemenbreite, Verwendung einer kostengünstigeren Riemenkonstruktion und/oder Erhöhung der Systemlebensdauer
- Gleichbleibende Motor-Performance bei geringeren Abgasemissionen und geringerem Kraftstoffverbrauch durch erhöhte Konstanz der Steuerzeiteneinhaltung über Lebensdauer
- Verringerung der Reibverluste
- Verringerung der Geräschentwicklung durch Reduzierung des Kraftniveaus.

Kombinationen unrunder Räder, zum Beispiel auf Kurbel- und Nockenwelle oder auf Kurbelwelle und Einspritzpumpe, versprechen weiteres Optimierungspotential hinsichtlich der oben angegebenen Vorteile.

7.18.1.5 Anwendungsbeispiele

In **Bild 7-304** sind typische Anwendungsbeispiele von zwei Motoren dargestellt. Bei beiden Trieben ist die Wasserpumpe im Trieb integriert. Bei den Dieselmotoren werden in vielen Anwendungen die Einspritzpumpen (Verteilereinspritzpumpe oder Common-Rail Pumpe) im Primärriementrieb mit integriert.

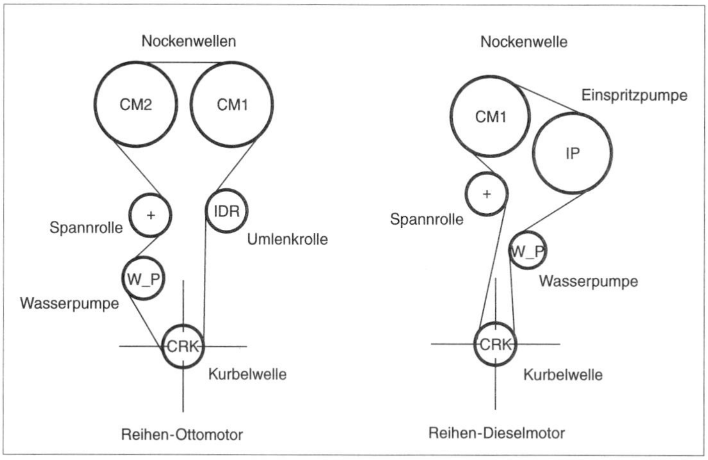

Bild 7-304 Anwendungsbeispiele

7.18.2 Keilrippenriementriebe zum Antrieb von Nebenaggregaten

Der Nebenaggregatetrieb wurde in der Vergangenheit als Keilriementrieb ausgeführt. Durch die gestiegene Komplexität, bedingt durch erhöhte Komfortansprüche der Kunden, ist heute neben der Lichtmaschine und der Wasserpumpe auch die Integration von Lenkhilfepumpe und Klimakompressor in den Trieb Stand der Technik. Durch weitere Aggregate wie Lüfter, mechanische Lader oder Pumpen zur Sekundärlufteinblasung erhöht sich die Komplexität der Triebe weiter. Heute werden die Nebenaggregatetriebe als Serpentinentriebe mit Mehrrippenkeilriemen (Micro-V®-Riemen) ausgeführt. Die wesentlichen Vorteile des Micro-V®-Riemens gegenüber Keilriementrieben ist die höhere Leistungsübertragung sowie ein geringerer Bauraum bei komplexen Antrieben.

7.18.2.1 Antriebselement Micro-V®-Riemen

Aufbau des Micro-V®-Riemens

Der Micro-V®-Riemen ist ein Verbund aus drei Komponenten **(Bild 7-305)**:

- faserverstärkte Gummimischung
- Zugstränge
- Rückengewebe oder die Gummierung.

Die Zugstränge übertragen die Antriebsleistung von der Kurbelwelle auf die Nebenaggregate und nehmen die dynamischen Kräfte auf, bei geringer Längung und hoher Biegewechselfestigkeit.

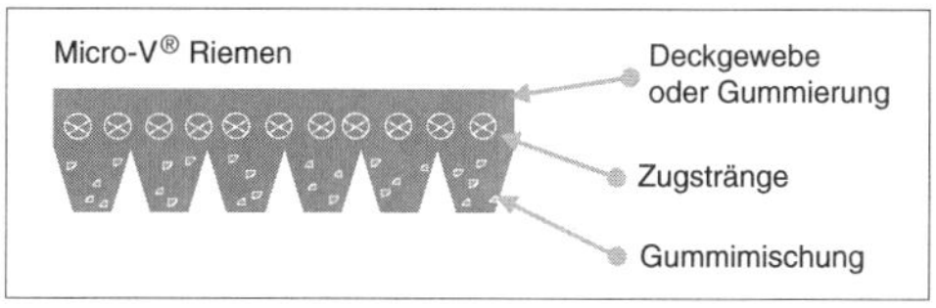

Bild 7-305 Aufbau des Micro-V®-Riemens

Die Zugstränge bestehen aus Nylon, Polyester oder Aramid, mit den sehr unterschiedlichen E-Modulen der Zugstränge kann die dynamische Abstimmung des Systems optimiert werden. Das Gummi bildet die Keilrippen und überträgt die Antriebskräfte von der Riemenscheibe in die Zugstränge. Als Material kommt Chloropren oder EPDM zum Einsatz, zur Versteifung wird das Gummimaterial fasergefüllt.

Der Riemenrücken kann sowohl als Rückengewebe als auch als Gummierung ausgeführt werden. Im Fertigungsprozess liegen die Zugkörper spiralförmig im Riemenverbund, und zwar paarweise jeweils *S* und *Z* gezwirnt um ein weitgehend neutrales Ablaufverhalten des Riemens zu erzielen.

Der Micro-V®-Riemen wird im Vulkanisationsprozess hergestellt. Die Keilrippen werden dabei entweder geformt oder nach dem Vulkanisationsprozess eingeschliffen. Bei den doppelseitigen Riemen erfolgt der Schleifprozess von beiden Seiten.

Micro-V®-Riemenprofil

Für die Anwendung im Automobilbereich wird üblicherweise das PK-Profil verwendet (ISO-Norm). Der Rillenabstand beträgt 3,56 mm. Die Bezeichnung des Riemens, zum Beispiel 6 PK 1.270 bedeutet 6 Rippen, PK-Profil, 1.270 mm Bezugslänge. Für den Antrieb von leistungsstarken Komponenten wie Lichtmaschine, Lenkhilfepumpe oder Klimakompressor mit dem Riemenrücken kann der Riemen auch als doppelseitiger Micro-V®-Riemen, mit Rippen auf beiden Seiten, ausgeführt werden **(Bild 7-306)**.

Kenngrößen Micro-V®-Riemen und Scheiben

In **Bild 7-307** sind die wichtigsten Kenngrößen des Micro-V® Riemens dargestellt. Die Riemenbreite berechnet sich aus der Anzahl der Rippen multipliziert mit 3,56 mm (PK-Profil). Die Riemenhöhe beträgt je nach Konstruktion 4,3–5,3 mm. Die Bezugsriemenlänge wird auf einem 2-Scheiben Prüf-

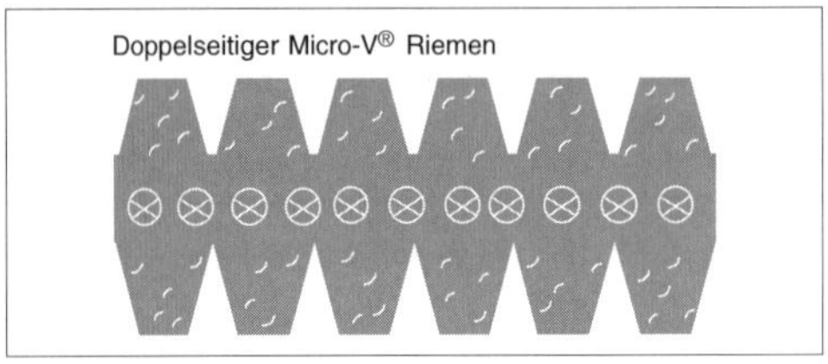

Bild 7-306 Doppelseitiger Micro-V®-Riemen

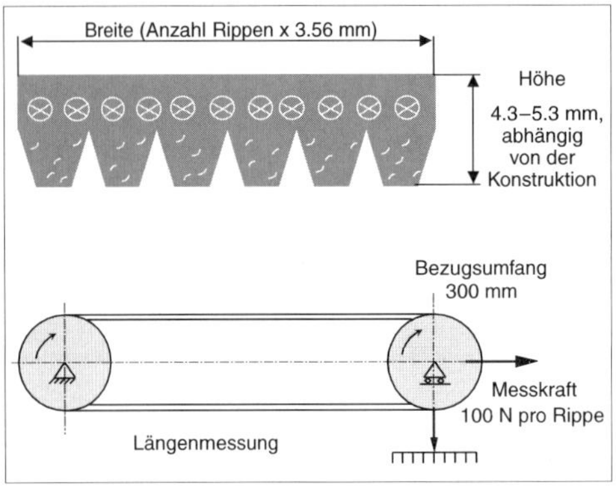

Bild 7-307 Kenngrößen Micro-V®-Riemen

stand mit einer definierten Vorspannung ermittelt (ISO 2790). Dabei beträgt der Bezugsumfang der Riemenscheiben 300 mm.
Die Profilnorm der Riemenscheiben ist in **Bild 7-308** dargestellt. Als Durchmesser der Riemenscheiben wird zum einen der Außendurchmesser der Scheiben verwendet, wichtiger für die Auslegung und die Längenbestimmung des Riemens ist jedoch der Scheibendurchmesser über den Prüfkugeln (∅ 2,5 mm). Bei dieser Messmethode wird auch das Profil der Scheibe und damit der Rillenwinkel berücksichtigt. Je nach Durchmesser der Scheibe wird der Rillenwinkel an das in der Umschlingung laufende und deformierte Riemenprofil angepasst. Übliche Rillenwinkel sind im Bereich von 40–44°. Aus dem Scheibendurchmesser über den Prüfkugeln kann dann entsprechend der Riemenkonstruktion der Wirkdurchmesser errechnet werden. Der Wirkdurchmesser verläuft durch die Mitte der Zugstränge im Micro-V®-Riemen. Kennwerte gängiger Riemenkonstruktionen sind in der DIN 7876, beziehungsweise ISO 9981 festgelegt, für eine detaillierte Auslegung sollte allerdings auf die Kennwerte der Riemen, beziehungsweise Scheibenhersteller zurückgegriffen werden.
Die Riemenscheiben werden entweder in Stahl oder in Kunststoff ausgeführt.

7.18.2.2 Antriebssystem Nebenaggregatetrieb

Die wichtigsten Anforderungen an das System Nebenaggregatetrieb ist der schlupffreie Antrieb aller Nebenaggregate in allen Belastungszuständen über Motorlebensdauer. Bei modernen Motoren mit Volltrieben werden damit über den Micro-V®-Riemen, in 5- oder 6-rippiger Ausführung, maximale Drehmomente von bis zu 30 Nm und maximale Leistungen von 15–20 KW bei Volllast aller Aggregate übertragen. Die Umgebungstemperaturen sind mit durchschnittlich 80–100 °C etwas niedriger als im Zahnriementrieb. Insbesondere Geräusche, wie beispielsweise das bekannte Keilriemenquietschen bei feuchtkaltem Wetter, verursacht durch Schlupf zwischen Riemen und Scheibe, müssen durch eine optimale Systemauslegung hinsichtlich Geometrie und Dynamik vermieden werden. Weiterhin gilt es, Riemengeräusche durch Scheibenfluchtungsfehler bereits in der Auslegung zu vermeiden. Auch für die Nebenaggregatetriebe gilt 240.000 km bei aktuellen Entwicklungen als Lebensdauerforderung.

Auslegungskriterien

Die Auslegung der Nebenaggregatetriebe wird rechnergestützt durch hauseigene Programme vorgenommen.
Hier soll ein Überblick über die wichtigsten Parameter der Auslegung sowie einige allgemeine Auslegungskriterien dargestellt werden. Wichtige Eingabedaten sind die Anordnung der Komponenten, also die Antriebskonfiguration, die Drehmomentverläufe und die Trägheitsmomente der Komponenten, sowie die Riemendaten. Mit diesen Daten lässt sich die Systemgeometrie, wie zum Beispiel Trumlängen und die

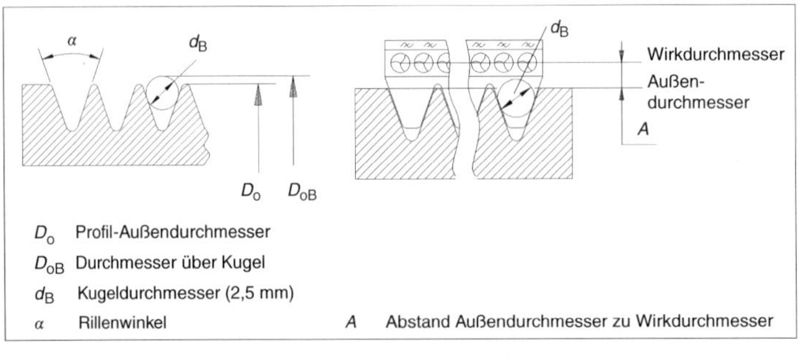

Bild 7-308 Kenngrößen Micro-V®-Riemenscheibe

Umschlingungswinkel, die Systemeigenfrequenzen, die Schlupfgrenzwerte aber auch die Lebensdauer des Riemens berechnen und optimieren.
Im Folgenden werden einige allgemeine Auslegungskriterien dargestellt, die bei Micro-V®-Riemensystemen berücksichtigt werden sollen, um ein funktionsfähiges System mit der heute geforderten Lebensdauer von 240.000 km zu erhalten.

Empfohlene Mindestumschlingungswinkel

Kurbelwelle	150°
Lichtmaschine	120°
Lenkhilfepumpe, Klimakompressor	90°
Spannrolle	60°

Fluchtungsfehler/Einlaufwinkel

Um unzulässigen Verschleiß des Riemens und Geräusche zu vermeiden, sollte der Einlaufwinkel des Riemens in die gerillten Scheiben 1° nicht überschreiten.

Systemeigenfrequenz

Die Systemeigenfrequenz sollte nicht im Leerlaufbereich des Motors liegen (2. Motorordnung).

Mindestdurchmesser von Scheiben und Umlenkrollen

In der Praxis befindet sich die kleinste Riemenscheibe häufig an der Lichtmaschine, um dort die erforderlichen hohen Drehzahlen zu ermöglichen. Typische Lichtmaschinenscheiben liegen bei einem Durchmesser von 50–56 mm. Die Riemenermüdung nimmt bei Verwendung sehr kleiner Scheiben exponentiell zu, dies ist bei der Riemenauslegung zu berücksichtigen. Für Umlenkrollen wird empfohlen, Durchmesser nicht kleiner als 70 mm zu verwenden.

Riemenspannsysteme

Die Riemenspannung bei Nebenaggregatetrieben wird heute üblicherweise über automatische Spannrollen aufgebracht. Die Spannrollen stellen eine konstante Spannung über die Lebenszeit sicher und gleichen Riemendehnung beziehungsweise Riemenverschleiß über die Laufzeit aus. Die Konstruktion der Spannrollen wird wesentlich durch den zur Verfügung stehenden Bauraum bestimmt **(Bild 7-309)**. Bei Langarmspannern liegt das Feder-Dämpfersystem in einer Ebene mit dem Riementrieb, bei Z-Typ Spannern taucht das Spannergehäuse in den Bereich hinter dem Riementrieb ein. Die Vorspannung wird durch eine Schenkelfeder erzeugt, gleichzeitig ist der Spanner reibgedämpft. Die Vorspannungen bei 6 PK Riemen liegen abhängig von der Systemdynamik üblicherweise im Bereich von 250–400 N.

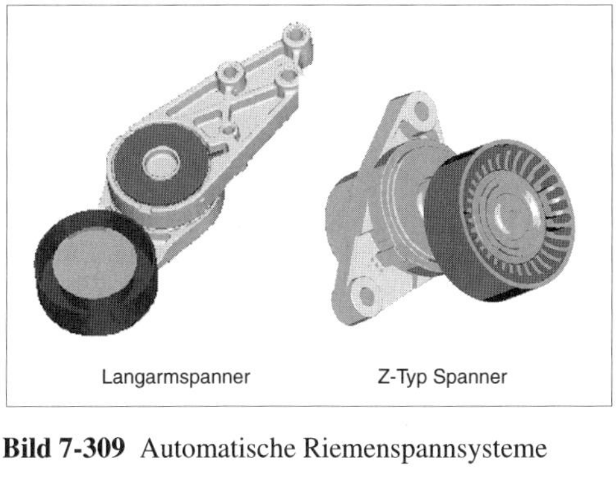

Bild 7-309 Automatische Riemenspannsysteme

7.18.2.3 Anwendungsbeispiele

In **Bild 7-310** ist ein typischer Micro-V®-Riementrieb dargestellt. Bei vielen Trieben ist bereits die Lenkhilfepumpe und der Klimakompressor standardmäßig integriert. Insbesondere bei sehr komplexen Trieben sind zusätzliche Umlenkrollen notwendig, um die notwendige Umschlingung an allen Aggregaten und damit einen schlupffreien Betrieb sicherzustellen.

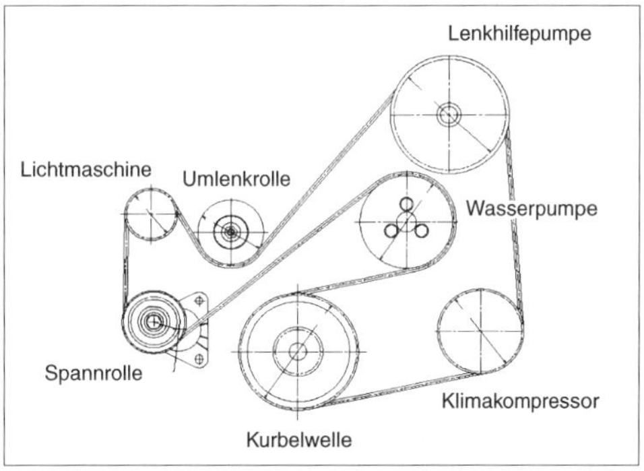

Bild 7-310 Beispiel Nebenaggregatetrieb

7.18.2.4 Riemengetriebener Starter Generator (RSG/Start-Stopp System)

Sowohl Emissionen als auch Kraftstoffverbrauch und Verschleiß können mit einem automatischen Start-Stopp System reduziert werden. Unabhängige Studien bestätigen eine Kraftstoffreduzierung zwischen 4–25 % mit diesen Systemen, je nach Fahrzyklus.
Der Starter-Generator dreht den Motor auf hohe Kurbelwellen Startdrehzahl. Dies gewährleistet einen sehr schnellen, geräuscharmen und Kraftstoff sparenden Start. Das riemengetriebene Start-Stopp System bietet zusätzlich die Möglichkeit, gespeicherte Elektrizität für die Beschleunigung zu nutzen und Bremsenergie in elektrische Energie umzuwandeln und wiederum der Batterie zuzuführen. Der konventionelle Starter kann bei solchen Systemen normalerweise entfallen, dies bringt Vorteile hinsichtlich Kosten und Gewicht. Modifizierte Starter werden heute auch für Start-Stopp Systeme angeboten, allerdings bieten diese weder Geräusch- noch Gewichtsvorteile.

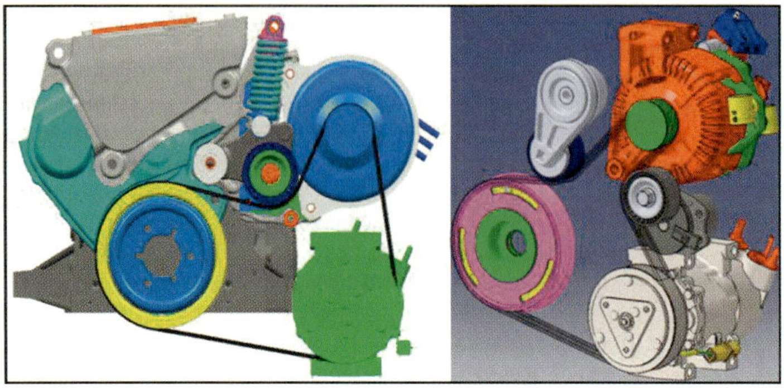

Bild 7-311 Riemenspannerkonzepte für Starter-Generatortriebe

Für RSG Anwendungen mussten ein spezieller Hochleistungskeilrippenriemen und spezielle Riemenspannsysteme **(Bild 7-311)** entwickelt werden. Da der Start des Verbrennungsmotors nun über den im Riementrieb integrierten Starter-Generator erfolgt, werden besonders an die Eigenschaften des Riemens neue Anforderungen gestellt. Dank optimierter Adhäsion der Riemenbestandteile, der Entwicklung einer Gummimischung mit höherer Lasttragfähigkeit und verbesserten Zugsträngen ist der neue High-Load-Micro-V®-Riemen in der Lage, Momente von 70 Nm und mehr unter allen Betriebsbedingungen und bis zu einer Lebensdauer von einer Million Startvorgänge zu übertragen. Diese Leistungsfähigkeit stellt einen Durchbruch in der Riementechnologie dar und ermöglicht die kostengünstige Integration eines Starter-Generator-Systems ohne gravierende Änderungen im Nebenaggregatetrieb oder am Motor. RSG Systeme benötigen den gleichen Bauraum wie konventionelle Riementriebe heutiger Motoren, während zum Beispiel der auf der Kurbelwelle montierte Starter-Generator (KSG) Platz zwischen Motor und Getriebe benötigt. Riemengetriebene Starter-Generator Systeme haben außerdem ein niedrigeres Gewicht und sind deutlich kostengünstiger.

Für die Riemenspannsysteme in den Start-Stopp Systemen ist die Funktionsumfang in sofern erweitert, als dass hier nun auch während des Motorstarts eine entsprechende Riemenkraft vorgehalten wird. Nach dem Motorstart wechseln Last- und Leertrum.

In Serienproduktion sind Konzepte für Spannsysteme mit hydraulisch gedämpften Spanner, Doppelspanner-Spannsysteme, oder ein asymmetrisch gedämpfter Spanner, die dann im Zugtrum des Riementriebs (generatorisch) platziert wird. Die Entscheidung für das Spannsystem hängt hauptsächlich von den einzelnen funktionellen Ansprüchen (zum Beispiel Stopp-Start, Drehmomentunterstützung) und Bauraumbedingungen ab.

Die Kundenakzeptanz für das RSG System ist aufgrund der geräuscharmen Starteigenschaften und des reduzierten Kraftstoffverbrauchs sehr hoch. Der Zielmarkt für RSG Systeme sind alle Otto- und Dieselmotoren die im Bereich Pkw und Kleintransporter zum Einsatz kommen. 12 V und 42 V Bordnetze machen für das Riementriebsystem dabei keinen Unterschied.

Literatur

[1] *Arnold, M.; Farrenkopf, M.; McNamara, St.*: Zahnriementriebe mit Motorlebensdauer für zukünftige Motoren. In MTZ Motortechnische Zeitung 62 (2001) 2

[2] *Di Giacomo, T.; Schulte, G.; Steffens, C.; Tiemann, C.; Walter, R.; Wedowski, S.*: Zahnriemen versus Kette, Studie zum CO_2-Sparpotenzial im Steuertrieb. MTZ-Artikel 70 (2009) 5

7.19 Lager in Verbrennungsmotoren

Wellen in mehrzylindrigen Hubkolbenmotoren – Kurbeltrieb, Ventiltrieb und Massenausgleichswellen – sind in der Regel in Gleitlagern gelagert. Die Gründe dafür sind die hohe Stoßbelastbarkeit und Dämpfung, die leichte Teilbarkeit zur Montage über Kurbel- oder Nockenwelle, der geringe Platzbedarf, Unempfindlichkeit gegenüber Verschmutzung und – last, but not least – die niedrigen Kosten im Vergleich zu Wälzlagern. Prinzipieller Nachteil von Gleitlagern gegenüber Wälzlagern ist die höhere Reibung und der daraus resultierende höhere Ölbedarf.

Wälzlager werden in Motoren teilweise dort eingesetzt, wo die Vorteile des Gleitlagers nicht zum Tragen kommen: Im Kurbeltrieb von kleinen Einzylindermotoren, in der Lagerung des Rädertriebs und zunehmend im Ventiltrieb (Rollenstößel).

7.19.1 Grundlagen

7.19.1.1 Radiallager

Konstante Belastung

In einem Radialgleitlager wird das Schmiermittel durch Adhäsion in den Schmierspalt zwischen den relativ bewegten Oberflächen gezogen und baut dadurch einen Druck auf, der der äußeren Kraft das Gleichgewicht hält und die Partner, Zapfen und Lager, durch einen Ölfilm trennt, **Bild 7-312**.

Die dimensionslose Sommerfeldzahl beschreibt den Zusammenhang für ein zylindrisches Radiallager.

$$\mathrm{So}_D = \frac{\overline{p} \cdot \psi^2}{\eta \cdot \omega} = f(b/d, \varepsilon) \tag{7.25}$$

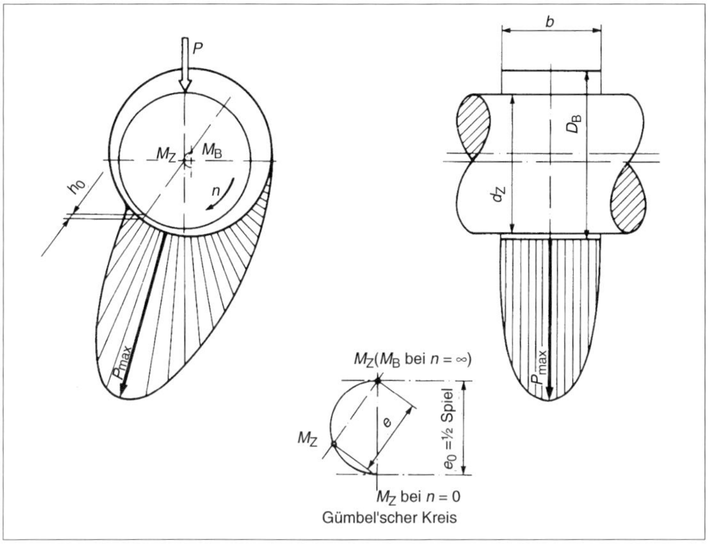

Bild 7-312 Hydrodynamischer Druckaufbau durch Drehung

In dieser Formel bedeuten:

$\overline{p}$	N/m²	spezifische Lagerbelastung $F/(b \cdot d)$
ω	sec^{-1}	Winkelgeschwindigkeit
ψ	–	relatives Lagerspiel, s/d
η	$N/m^2 \cdot sec$	dynamische Viskosität
ε	–	relative Exzentrizität des Zapfenmittelpunkts im Lagerspiel

Jeder Last und Drehzahl entspricht eine bestimmte exzentrische Gleichgewichtslage des Zapfens im Lager.

$\varepsilon = 0 \rightarrow So_D = 0; \quad \varepsilon = 1 \rightarrow So_D = \infty$

Dynamische Belastung

Kennzeichnendes Merkmal von Motorenlagern ist ihre in Größe und Richtung periodisch wechselnde

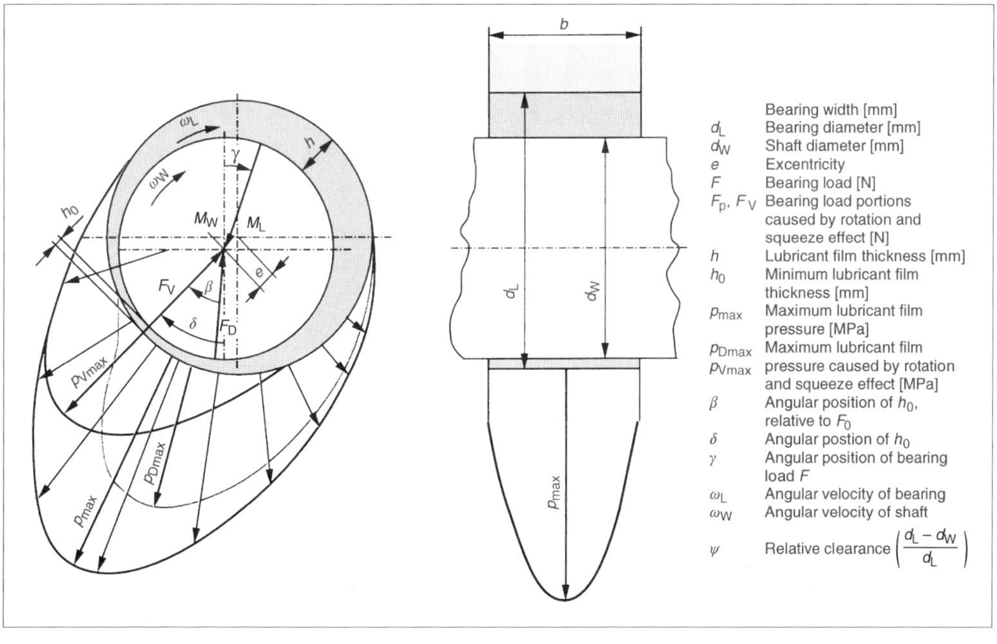

Bild 7-313 Hydrodynamischer Druckaufbau durch Drehung und Verdrängung

Belastung, zum Beispiel aus den Gas- und Massenkräften am Kurbeltrieb oder die Schwelllast aus der Ventilbetätigung an der Nockenwelle.
Die Veränderung der Kraft bewirkt ein Ungleichgewicht, das zu Verlagerung des Wellenmittelpunkts in radialer und Umfangsrichtung führt. Bei steigender Last vergrößert sich die Exzentrizität; der Widerstand gegen die Verdrängung des Schmiermittels dämpft die Radialbewegung. Daraus resultiert die hohe Stoßbelastbarkeit des Gleitlagers.
Die resultierende zusätzliche Tragkraft wird durch die Sommerfeldzahl bei Verdrängung definiert:

$$So_V = \frac{\bar{p} \cdot \psi^2}{\eta \cdot (\partial \varepsilon / \partial t)} = f(b/d, \varepsilon) \qquad (7.26)$$

Die Gesamttragkraft des Lagers ergibt sich aus der vektoriellen Addition beider Effekte, **Bild 7-313**.

Reibung

Würde eine dauernde vollständige Trennung der Gleitflächen durch den Ölfilm erfolgen, wäre kein eigenes Lagermaterial notwendig; das Lager würde rein hydrodynamisch laufen. Die Reibung ist in diesem Fall nur von der Scherkraft des Öls bestimmt und sehr niedrig, in der Größenordnung von μ = 0,002 – 0,005. Im tatsächlichen Betrieb kommt es aber zu Kontakt der Gleitflächen, da das Lager nicht für jeden Betriebszustand einen ausreichenden hydrodynamischen Schmierfilm aufbauen kann. Dieser Zustand der „Mischreibung“ ist mit wesentlich höherer Reibung verbunden – als Größenordnung bis zum Zehnfachen. Die bekannte Stribeck-Kurve beschreibt die Zusammenhänge **(Bild 7-314)**.
Wenn die entstehende Reibenergie nicht abgeführt werden kann, wird das System thermisch instabil. Die Wahrscheinlichkeit, dass in einem Gleitlager ein thermisch instabiler Zustand erreicht wird, das heißt die Anfälligkeit der Lagerung gegenüber Störungen, ist von der Energiedichte in der Lagerung abhängig (Last, Gleitgeschwindigkeit).
Entsprechend der dynamischen Belastung beschreibt der Wellenmittelpunkt im Lager eine periodische „Verlagerungsbahn“, siehe **Bild 7-317**, mit zeitlich-

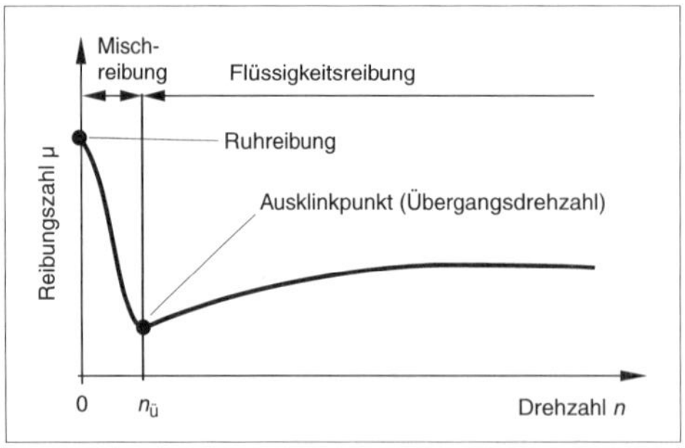

Bild 7-314 Stribeck-Kurve

unterschiedlicher Größe und Lage des kleinsten Schmierspalts. Dies hat zur Folge, dass das Lager einerseits lokal einen wesentlich höheren Grad an direktem Materialkontakt ertragen kann, dass aber andererseits jeder Bereich einer Schwelllast unterliegt. Damit kann das Lager kleiner dimensioniert werden, aber das Material wird auch auf Dauerfestigkeit belastet.

7.19.1.2 Axiallager

Axiallager dienen der Führung der Wellen und nehmen den Axialschub von Schrägverzahnungen und eventuell Schräglagen auf. Kurzzeitig können höhere Lasten auftreten, zum Beispiel von der Kupplung oder Stöße durch Beschleunigungen.
Axiallager sind entweder als Anlaufringe oder kombiniert mit einem Radiallager als sogenanntes „Bundlager“ ausgeführt. Diese Lager sind einfache, mit Lagermetall versehene Planflächen und arbeiten im Mischreibungsgebiet, das heißt es findet kein hydrodynamischer Druckaufbau statt. Wichtig ist, dass eine Benetzung der Oberflächen mit Schmieröl sichergestellt ist.
Auch Axiallager versagen in der Regel durch Überhitzung; Brüche aus Überlastung durch Stöße oder Schwingungen sind wenig wahrscheinlich.

7.19.2 Berechnung und Dimensionierung von Motorlagern

Die Dimensionierung einer Lagerung erfolgt bei der Konstruktion eines Motors in mehreren Schritten. Die Festlegung der Hauptdimensionen, Durchmesser und Breite, wird wesentlich von den konstruktiven Gegebenheiten des Motors und den Anschlussteilen bestimmt.
Nach der Berechnung der Lagerbelastung kann in der Konzeptphase die spezifische Lagerbelastung ($F/b \cdot d$) als grober Anhaltswert dienen. Wegen des großen Einflusses von Lastcharakteristik, Breiten-/Durchmesser-Verhältnis, Lagerspiel, Ölviskosität und konstruktiven Gegebenheiten muss jedoch möglichst früh eine genauere Berechnung zur Lagerdimensionierung stattfinden.
Im Zusammenhang mit den zulässigen Grenzwerten ist die Auswahl der geeigneten Lagerbauart für den Einsatzfall neben den Lagerdimensionen das Hauptergebnis der Berechnung.

7.19.2.1 Belastung

Die Belastung von Motorlagern ist zyklisch veränderlich. Als repräsentatives Beispiel sind in **Bild 7-315** die am Kurbeltrieb wirksamen Kräfte dargestellt. Die Kräfte setzen sich aus dem Zylinderdruck, den oszillierenden und den rotierenden Massenkräften zusammen.
Bild 7-316 zeigt beispielhaft den Verlauf der Lagerkraft des Pleuellagers eines Dieselmotors bei maxi-

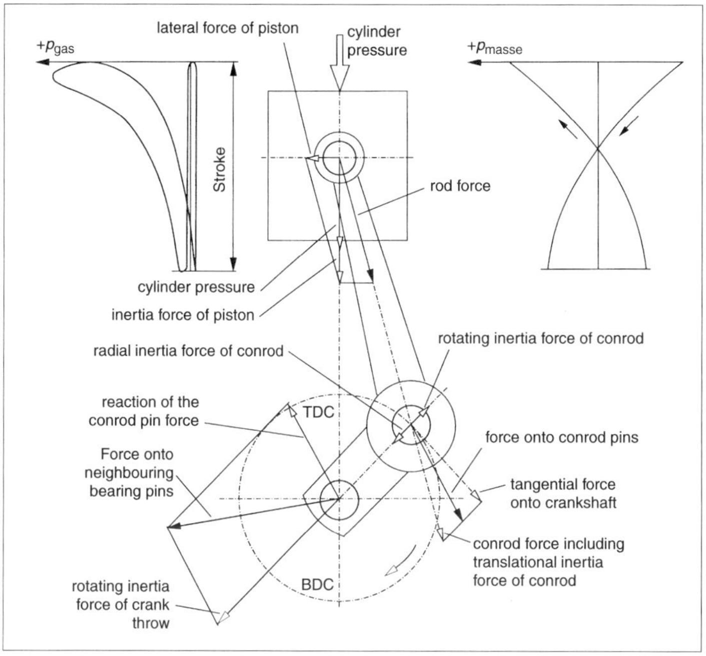

Bild 7-315 Kräfte am Triebwerk eines Motors

malem Drehmoment in Größe und Richtung über ein Arbeitsspiel, dargestellt in Polarkoordinaten. Bei höheren Drehzahlen und niedrigeren Lasten nimmt die Spitzenlast aus der Zündung ab und die Massenkraftellipse zu.

Bei der Auslegung des Kurbeltriebs werden die Lagerlasten in der Regel gemeinsam mit den Steifigkeiten und Schwingungslagen der Kurbelwelle unter Berücksichtigung der elastischen Verformungen berechnet. Damit ergibt sich vor allem bei Hauptlagern

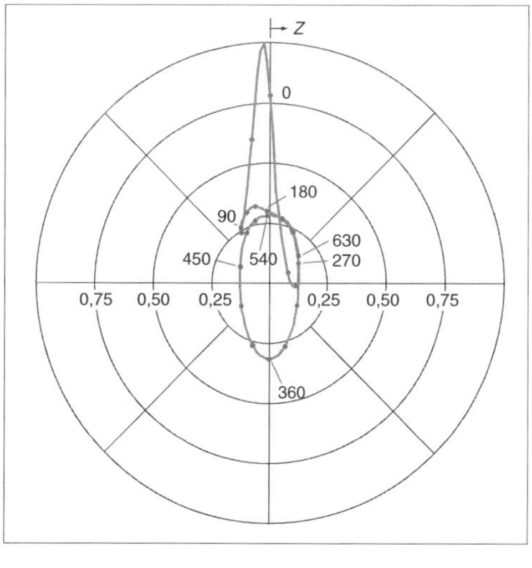

Bild 7-316 Polardiagramm der Kräfte für das Pleuellager eines Dieselmotors

(statisch unbestimmte Lagerung!) eine genauere Ermittlung der Lastverteilung auf die einzelnen Lagerstellen. Mit den derart ermittelten zyklischen Belastungen können nun die auftretenden hydrodynamischen Drücke und Schmierspaltweiten berechnet werden. Die gängigste Methode ist die Berechnung der Zapfenverlagerungsbahn.

7.19.2.2 Zapfenverlagerungsbahn

Die in jedem Arbeitsspiel einmal durchlaufene Zapfenverlagerungsbahn, **Bild 7-317**, kann mit relativ einfachen Mitteln berechnet werden. Die Ergebnisse werden sehr stark von der Art des Modells (Methode von Holland-Lang oder Mobility Method nach Booker), von den Randbedingungen für das Druckprofil und von den Annahmen für die Ölviskosität beeinflusst. Daher ist der Vergleich der Ergebnisse unterschiedlicher Programme nur dann möglich, wenn diese Annahmen übereinstimmen. Auch die zulässigen Grenzwerte, die aus Zuordnung von Erfahrungen aus praktischem Betrieb und aus Versuchsergebnissen zu den berechneten Daten ermittelt werden, gelten nur für vergleichbare Berechnungsmodelle.

Über das Arbeitsspiel wird die Bahn in Schritten von einigen Grad Kurbelwinkel bis zur Konvergenz iteriert. Die Berechnung erfolgt für jeden Lastfall gesondert. In der Regel werden die Werte für Nennlast und maximaler Moment bei niedriger Drehzahl ermittelt.

Die wichtigsten Ergebnisse der Berechnung sind:

- kleinster Schmierspalt
- höchster Schmierfilmdruck.

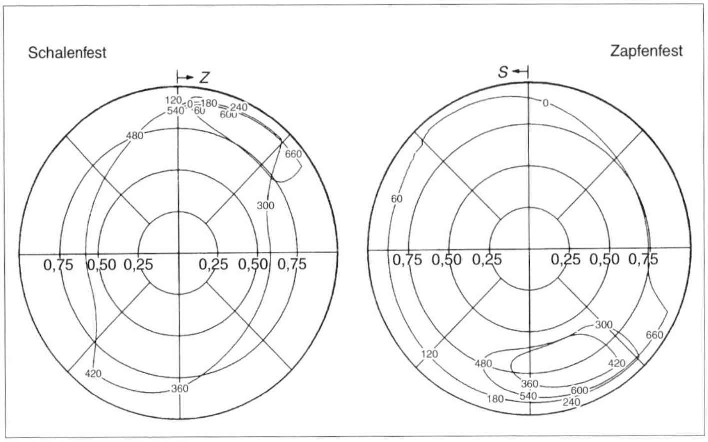

Bild 7-317 Verlagerungsbahn eines Pleuellagers (relativ von Lager und Zapfen aus betrachtet)

Als weitere Resultate werden Öldurchsatz, hydrodynamische Reibung und daraus resultierende Ölerwärmung berechnet. Die Verweildauer des kleinsten Schmierspalts in einem bestimmten Bereich gibt einen Hinweis auf die Konzentration der Reibenergie und damit auch des zu erwartenden Verschleißes.

Die Berechnung der Verlagerungsbahn eignet sich besonders für Parameterstudien in einem frühen Stadium der Motorkonstruktion, zum Beispiel zur Bestimmung der optimalen Auslegung des Massenausgleichs im Hinblick auf die Kurbelwellenlager, und/oder des Einflusses von Konstruktionsparametern wie Breite-/Durchmesser-Verhältnis oder Lagerspiel. Die Berechnung von Belastung und Verlagerungsbahn ist häufig integriert.

7.19.2.3 Elastohydrodynamische Berechnung

Eine genauere, in den letzten Jahren weiter entwickelte Methode zur Berechnung von Motorenlagern ist die elastohydrodynamische Berechnung. Hier wird die im Lager entstehende Schmierfilmdruckverteilung lokal unter Berücksichtigung von elastischen Verformungen berechnet, **Bild 7-318**.

Durch die numerische Lösung der Reynold'schen Differentialgleichung können die Steifigkeit der Lagerumgebung und der Einfluss lokaler Geometriemerkmale des Lagers und des Zapfens erfasst werden. Zusätzlich ermöglicht diese Berechnungsmethode die Überprüfung von Werten, die in der globalen Betrachtung als gegeben angenommen werden, zum Beispiel der Spaltfüllung. In **Bild 7-319** sind die Ergebnisse für ein Pleuellager mit leicht asymmetrischem Lastangriff kurz nach der Zündung dargestellt. Diese Methode erfordert wesentlich detailliertere Daten und einen bedeutend höheren Berechnungsaufwand als die Berechnung der Verlagerungsbahn und wird daher sinnvoll in einem fortgeschrittenen Stadium der Konstruktion und zur Untersuchung von lokalen Einflüssen eingesetzt.

Eine Lebensdauerabschätzung mit Hilfe von Schadensakkumulationsmodellen kann angeschlossen werden, wenn die Lastkollektive und die erforderlichen Werkstoffdaten bekannt sind. In der Regel wird die Lebensdauer und Betriebssicherheit heute durch Feldversuche und begleitende Bauteiluntersuchungen verifiziert.

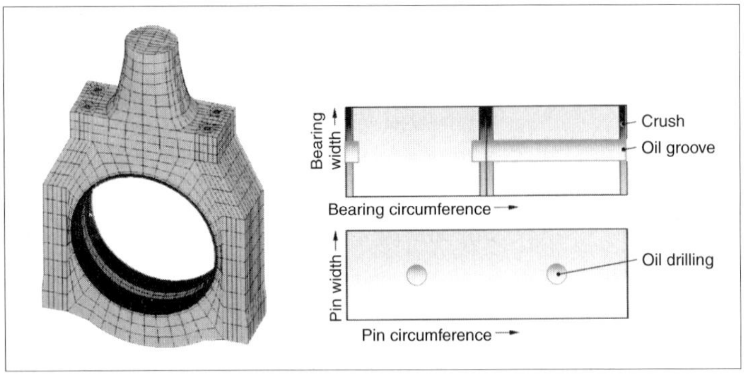

Bild 7-318 Gehäuse- und Lagermodell (abgewickelt) für die elastohydrodynamische Schmierfilmberechnung

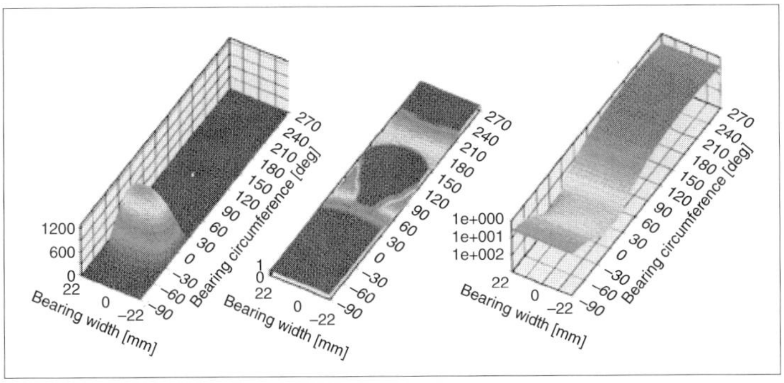

Bild 7-319 Ergebnisse der elastohydrodynamischen Berechnung

7.19.2.4 Hauptdimensionen: Durchmesser, Breite

Lagerdurchmesser und -breite sind in engen Grenzen durch die Motorkonstruktion und die dynamischen Werte der Wellen vorgegeben. Innerhalb dieser Grenzen lässt sich die spezifische Lagerbelastung beeinflussen, was für die Bauartenwahl entscheidend sein kann.
Das übliche Breite/Durchmesser-Verhältnis beträgt 0,25–0,35. Bei gleicher spezifischer Belastung $F/(B \cdot D)$ ergibt ein relativ kleinerer Durchmesser bei größerer Breite einen größeren Schmierspalt, niedrigeren Spitzendruck und auch eine kleinere Reibleistung. Da durch die niedrigere Umfangsgeschwindigkeit die Empfindlichkeit gegenüber Festkörperkontakt und Störungen sinkt, ist diese Situation anzustreben. Die für die Kurbelwellensteifigkeit notwendigen Mindest-Zapfendurchmesser setzen dieser Optimierung jedoch eine Grenze.

7.19.2.5 Ölführungsgeometrie

Auf das System zur Verteilung des Schmier- und Kühlöls des Motors wird in Kapitel 9 näher eingegangen. Hier werden nur die unmittelbar das Lager betreffenden Merkmale beschrieben.
Wesentlich beeinflusst wird der Aufbau des hydrodynamischen Schmierfilms durch die für die Schmierölversorgung notwendigen Nuten und Bohrungen, zum Beispiel in den Hauptlagern. Für eine kontinuierliche Versorgung der Pleuellager wäre eine Ringnut in den Hauptlagern ideal, würde bei ansonsten gleichen Bedingungen aber den kleinsten Schmierspalt auf circa 30 % reduzieren. Durch die bessere Ölversorgung der Lagerstelle wird dies teilweise kompensiert, so dass die Tragfähigkeit auf circa die Hälfte sinkt.
Es ist daher eine ausreichende Ölversorgung durch Bohrungen und Teilnuten in den Gebieten des Lagers mit niedriger Belastung beziehungsweise großen Schmierspaltweiten anzustreben. Die oben beschriebene Verlagerungsbahn gibt Aufschluss über die günstigste Lage von Nuten (Lager) und Bohrungen (Welle).
Für Pkw-Motoren hat sich als Standard eine Halbnut in der Oberschale des Hauptlagers und eine Bohrung in der Kurbelwelle, deren Austritt am Pleuelzapfen circa 45 Grad vor dem Scheitel in Drehrichtung liegt, durchgesetzt.
Zur Vermeidung von Unstetigkeiten in der Ölströmung, die zu Versorgungsengpässen und Kavitation führen können, müssen häufig schroffe Unstetigkeiten der Ölführungsgeometrie beseitigt werden. Dies geschieht durch Verrundung von Bohrungen und kontinuierlichen Auslauf von Nuten.
Bei der Konstruktion der Schmierölversorgung ist nicht nur auf ausreichende Zufuhr, sondern auch auf ausreichende Abflussquerschnitte zu achten. Dies gilt besonders für die Führungslagerstelle, wo radial durchgehende Nuten in der Lauffläche sowohl für Benetzung der Axiallagerfläche als auch für eine wenig gedrosselte Ausströmung aus dem Radiallager sorgen.
Nuten im Lagergehäuse sind häufig für die Ölverteilung erforderlich, wobei wichtig ist, dass die Lagerschalen in belasteten Zonen nicht hohl liegen, weil sie sich ansonsten unter dem Schmierfilmdruck durchbiegen und Brüche des Lagermetalls auftreten können.

7.19.2.6 Feindimensionen

Die eigentliche Lagerkonstruktion konzentriert sich neben der Wahl der Bauart auf die Feindimensionierung:

- Festsitz, Überstand
- Lagerspiel
- Verlauf der Lagerdicke über den Umfang, Freistellung am Stoß der Lagerschalen
- Oberflächenbeschaffenheit, Form- und Lagetoleranzen der Anschlussteile.

Festsitz, Überstand

Die Lagerkraft muss auf das Gehäuse übertragen werden. Dazu ist ein Festsitz des Lagers im Gehäuse notwendig, der die durch Schwelllast entstehenden Relativbewegungen zuverlässig unterdrückt. Dieser Festsitz wird zum Beispiel beim Radiallager durch eine Überdeckung der Durchmesser beziehungsweise durch den sogenannten „Überstand“ S_n der Halbschalen erzeugt, **Bild 7-320**.

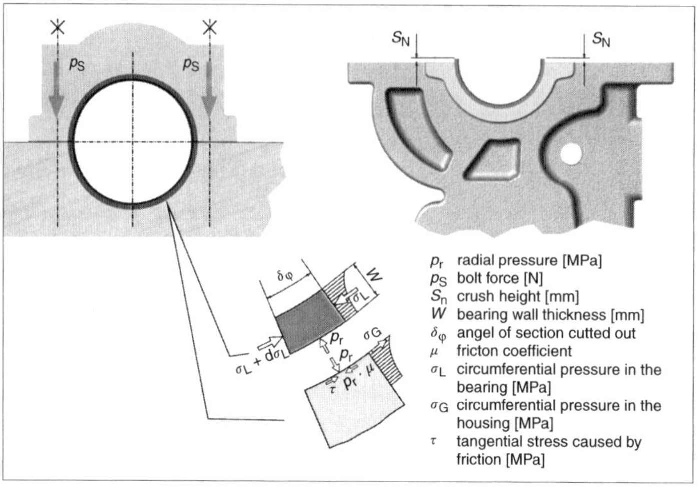

Bild 7-320 Überdeckung und Einbauspannung

Die üblicherweise zur richtigen Positionierung des Lagers angebrachten Nasen oder Stifte sind für die Fixierung des Lagers nicht geeignet.

Die Grenzen sind einerseits ein ausreichend hoher radialer Anpressdruck (siehe **Bild 7-320**), andererseits eine für die Lagerschale ohne große plastische Verformung ertragbare Tangentialspannung. Bei den heute üblichen geringen Lagerdicken sind alle gängigen Lagermetalle überfordert; eine Stahlstützschale muss für den Festsitz sorgen. Ein Motorenlager besteht also in der Regel aus einem Verbundmaterial von Stahl und eigentlichem Lagermetall, je nach Zusammensetzung und Einsatzbereich mit oder ohne zusätzliche Beschichtung. Nur in Einzelfällen, zum Beispiel in großen Kolbenbolzenbüchsen, kann Vollmaterial verwendet werden.

Die in der Lagerfertigung erforderlichen niedrig legierten Stahlsorten haben eine Stauchgrenze von maximal 360 N/mm^2; daraus ergibt sich auch eine Untergrenze der Lagerdicke, die bei circa 2,5 % des Durchmessers liegt.

Von besonderer Bedeutung ist der Temperaturgang bei Leichtmetallgehäusen. Wegen der unterschiedlichen Wärmeausdehnung von Stahl und Aluminium ergibt sich bei Erwärmung eine Abnahme, die bis zum Verlust der Vorspannung gehen kann, während bei niedriger Außentemperatur die Festigkeit der Lagerschale beziehungsweise der Bohrung überschritten wird.

Hier wird oft die unmittelbare Lagerumgebung durch eingegossene Sinterstahl- oder Stahlgussteile versteift. Zur Auslegung der Lagerstelle bei Verbundkonstruktionen reichen die globalen Modelle für eine Presssitz-Berechnung nicht mehr aus; es müssen die lokalen Spannungen und Verformungen mittels FE-Methode ermittelt werden.

Lagerspiel

Das Lagerspiel ist die wichtigste frei wählbare Größe bei der Lagerkonstruktion. Kleines Lagerspiel ergibt nominell höhere hydrodynamische Tragfähigkeit und durch die höhere Dämpfung gegen Verdrängung bessere akustische Bedingungen. Dagegen wird mit größerem Lagerspiel der Schmieröldurchsatz überproportional (mehr als quadratisch) größer; das Lager wird gegen Verformungen und Störungen toleranter. Man wird also das Mindestspiel so klein wie für die Betriebssicherheit möglich wählen. Das Größtspiel ergibt sich aus den Fertigungstoleranzen der Lagerwanddicke (6 – 12 µm) und der angrenzenden Bauteile und kann besonders bei kleinen Motoren, $D < 60$ mm, unzulässig hoch werden. Eine Klassierung der Lagerdicke ist häufig eine günstigere Methode zur Einschränkung der Spieltoleranz als genauere Fertigung.

Wie beim Presssitz ist auch die Beherrschung des Lagerspiels bei Gehäusen aus Leichtmetall schwierig. Hier ergibt sich über den Temperaturbereich eine unzulässige Veränderung von zum Beispiel 15 µm bei –30 °C auf bis zu 120 µm bei 130 °C für einen Durchmesser von 50 mm. Zur Einschränkung des Größtspiels ist eine genauere Klassierung erforderlich, bei der Bohrung, Welle und Lager einander zugeordnet werden.

Wanddickenverlauf, Freistellung am Lagerstoß

Ideal für die Lagerfunktion ist eine ungestört kreiszylindrische Bohrung. Die Spannungen aus dem Lagereinbau und die Massenkräfte erzeugen jedoch eine meist unrunde Bohrung, die durch eine kontinuierliche Veränderung der Lagerschalendicke von Scheitel zum Stoß kompensiert wird. Bei halbschalig geteilten Lagern sorgt eine unmittelbar neben dem Stoß liegende, einige mm lange Freistellung von circa 5 – 15 µm Tiefe für den Ausgleich unterschiedlicher Dicken der Halbschalen. Einige Kenngrößen zeigt **Bild 7-321**.

Wesentlich für eine störungsfreie Funktion des Lagers ist auch die richtige Gestaltung der Bohrung und Zapfen in Bezug auf Fluchtung, Rundheit, Balligkeit,

Lagerstelle	Betriebsbedingungen				Konstruktionsgrößen		
	Bewegungsart	Belastungsart	U m/sec	P_{max} N/mm²	ψ_{min} %	B/D --	$p_{r\,min}$ N/mm²
Kurbeltrieb: Kolbenbolzen-büchse	schwenkend	Schwelllast aus Zylinderdruck oszillierenden Massen	2–3	70–130	0,8	<1,0	9
Pleuellager	ungleichförmig rotierend, ~ n	Schwelllast aus Kolbenbolzenkraft und rotierenden Massen	10–20	50–100	0,5	0,28–0,35	10
Kurbelwellen-lager	rotierend, n	Schwelllast aus benachbarten Pleuel-lagern	12–22	40–75	0,8	0,25–0,32	8
Axiallager	gleitend	Führungskraft, Kupplungskraft, Stoßlast	15–24	<2 Dauer <5 kurz <12 Stoß	--	---	--
Ventiltrieb: Kipphebellager	schwenkend, >0	stoßförmig		60–90	0,7	0,5–0,8	9
Nockenwellen-lager	rotierend, $n/2$	schwellend		20–50			8
Massenaus-gleich	rotierend, $2n$	umlaufend		20–40	1,2	0,3–0,4	>10
Rädertrieb, Kettenräder, Nebenaggre-gate	rotierend	gleichförmig	Konstruktiv bedingt				

Bild 7-321 Kenngrößen und typische Anhaltswerte für wichtigste Lagerstellen

Welligkeit und Rauigkeit. Hier wird auf die einschlägigen Konstruktionsrichtlinien und Normen verwiesen.
Die Wahl der Lagerbauart in Abhängigkeit von Belastung und anderen Randbedingungen erfolgt anhand von zulässigen Grenzwerten. Die Belastungsgrenzen und die Gebrauchseigenschaften der üblichen Lagerbauarten sind in 7.19.4 näher beschrieben. Wichtig ist bereits im Entwurfstadium des Motors die simultane Entwicklung mit dem Lagerhersteller.

7.19.3 Lagerwerkstoffe

Das Lager hat neben seiner eigentlichen Funktion, Last bei Relativbewegung zu übertragen, zusätzlich die wichtige Aufgabe, Störungen des Systems auf sich zu konzentrieren und die angrenzenden Bauteile, wie die Kurbelwelle, möglichst lange zu schützen. Dies wird durch die steigenden Belastungen, Erhöhung des Mischreibanteiles während des Zyklus und Einschränkungen von Materialien wie Blei durch die Umweltgesetzgebung zunehmend schwieriger und erfordert neue Ansätze. Bei den bekannten Standardwerkstoffen, die aus einer härteren Matrix mit guter Wärmeleitfähigkeit (zum Beispiel CuSn und AlCu) mit Einlagerungen aus weichen, unmischbaren Phasen (hauptsächlich Pb und Sn) bestehen, setzt man auf ein gutes Notlaufverhalten durch Schmierung aus den niedrig schmelzenden Bestandteilen. Bei den neuen, eher homogenen Werkstoffen tritt durch spezielle, triobologisch aktive Legierungselemente der Schaden erst bei größeren Störungen ein. Dünne Einlaufschichten unterstützen den Lagereinlauf durch rasches Anpassen im Einlauf und verhindern Fressen bei Motorenanlauf.
Jeder gute Lagerwerkstoff ist ein Kompromiss zwischen den widersprüchlichen Anforderungen nach Festigkeit und tribologischen Eigenschaften. Die beste Zusammensetzung richtet sich nach der Gewichtung für den vorliegenden Einsatzfall.
Trotz der Vielzahl unterschiedlicher, zum Teil sehr ähnlicher Werkstoffe verschiedener Lagerhersteller lassen sich die für den Einsatz in Verbrennungsmotoren wichtigsten in drei Gruppen von Lagermetallen und drei Gruppen von Laufschichten zusammenfassen **(Bild 7-322)**.

Lagermetalle

Weißmetalle, gegossen (DIN-ISO 4381, SAE 12 - 17)

$PbSb_{14}Sn_9Cu$

$SnSb_8Cu_4$, $SnSb_{12}Cu_5$

Aluminium Legierungen, walzplattiert (SAE 770 - 788)

$AlSn_{40}Cu$, $AlSn_{25}CuMn$, $AlSn_{20}Cu$, $AlSn_6Cu$

$AlSn_{12}Si_4$, $AlSn_{10}NiMn$

$AlZn_{4,5}SiPb$

Bleibronzen, gegossen, gesintert
(DIN 1716; DIN-ISO 4382,4383; SAE 790-798)

$CuPb_{30}$

$CuPb_{25}Sn_4$, $CuPb_{20}Sn_2$

$CuPb_{15}Sn_7$, $CuPb_{10}Sn_{10}$

Bleifreie Kupferwerkstoffe, gegossen

CuSn 5 zu 1, $CuZn_{20}$, $CuAl_8$, ...

Laufschichten

Weißmetall, galvanisch (SAE 19, ...)

$PbSn_8$, $PbSn_{10}Cu_2$, $PbSn_{16}Cu_3$, $PbIn_9$

$SuSb_{12}Cu$, $SuSb_7$, $SuCu_4$

Synthetische Laufschichten

$PAlMoS_2C$

Al-Legierung, gesputtert

$AlSn_{20}Cu$

Bild 7-322 Wichtigste Lagermetalle für Verbundlager

Die genaue Definition, Toleranzen der Werkstoffzusammensetzung und mechanische Eigenschaften sind in [1] und den oben angegebenen Normen angeführt.

7.19.3.1 Lagermetalle

Weißmetalle

Stahl-Weißmetall-Lager findet man im Pkw-Motorenbau nur noch selten in niedrig belasteten Lagerstellen (Nockenwellenlager, Rädertrieb). Die Legierungen SnSb8Cu oder PbSn8 haben hervorragende Laufeigenschaften, aber zu geringe Dauerfestigkeit für die bei modernen Motoren im Triebwerk auftretenden Schwelllasten.

Die Herstellung des Verbundmaterials mit Stahl erfolgt im Standguss oder Schleuderguss für Dickwand-Lager beziehungsweise als Bandguss für Dünnwandlager kleinerer Abmessungen.

Leichtmetalle (Bild 7-323)

Legierungen auf Aluminium-Basis haben sich in weiten Bereichen als Hauptlager und Nockenwellenlager bewährt. Als Zweistofflager ohne Laufschicht sind sie bei mäßigen Belastungen eine sehr kostengünstige Lösung, als Dreistofflager und Rillenlager stehen sie in direktem Wettbewerb mit Bleibronzen.
Nicht geeignet sind Al-Legierungen nach heutigem Standard für hochbelastete Buchsen mit Schwenkbewegung, zum Beispiel im kleinen Pleuelauge, und Kipphebel und als Untergrund für Sputterlager.
Am häufigsten eingesetzt werden AlSn-Legierungen. Ab einem Sn-Gehalt von circa 15 % haben diese Legierungen gute Gleiteigenschaften; ihre exzellente Korrosionsbeständigkeit erlaubt vor allem auch den Einsatz in Gasmotoren und großen Viertaktern, die mit Schweröl betrieben werden. Im angelsächsischen Raum und in Japan werden auch AlSiSn-Werkstoffe und auch AlPb-Legierungen eingesetzt.
Für hohe Belastungen, zum Beispiel in Pleuellagern, wird AlZn4,5SiPb verwendet. Dieser Werkstoff hat keine eingelagerte Weichphase mehr und eignet sich daher nur mit Laufschicht als Untergrund für Dreistoff- oder Rillenlager.
Die Herstellung von Al-Lagerlegierungen erfolgt durch kontinuierliche oder halbkontinuierliche Gussverfahren, wobei die Verfahrensfenster durch das Entstehen von Seigerungen der weichen Phase und durch das Auftreten von Rissen in der harten Phase begrenzt sind. Je fester die Matrix und je höher der Sn-Gehalt, umso enger das Verfahrensfenster.
Die heute am weitesten verbreitete Methode ist der horizontale Strangguss (HSG), der für AlSn-Werkstoffe unkritisch ist, allerdings keine höherfesten Gefüge produzieren kann. Ein etwas homogeneres Gefüge ist mit dem vertikalen Strangguss zu erzielen, allerdings ist das Verfahren wegen der schwieriger zu beherrschenden Kühlbedingungen anfälliger.

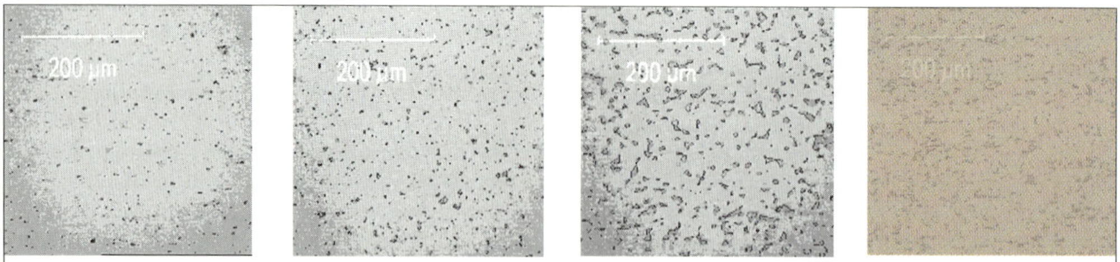

$AlZn_5SiPb$ Härte HB 55–65	$AlSn_6Cu$ Härte HB 36–45	$AlSn_{20}Cu$ Härte HB 34–38	$AlSn_{25}CuMn$ Härte HB 43–55

Bild 7-323 Gefügevergleich von Al-Lagerlegierungen

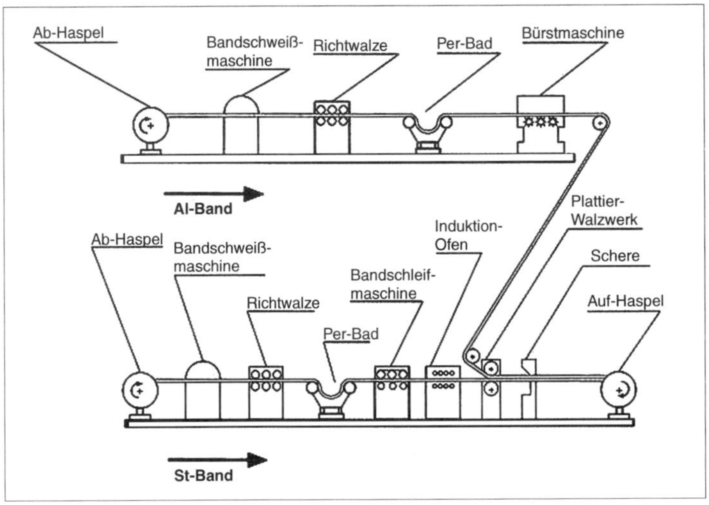

Bild 7-324 Herstellung des Stahl-Aluminium-Verbundmaterials (aus [1])

Neuere Entwicklungen, wie die so genannte „Belt Casting“ Technologie erlauben eine größere Bandbreite im Verfahren und daher auch die Kombination: hoher Anteil matrixverstärkender Elemente/hoher Weichphasengehalt. Da hier die Kokille – im Gegensatz zu den beiden anderen Verfahren – aus einem mitlaufenden Band besteht, können die Erstarrungsbedingungen besser auf die jeweilige Werkstoffzusammensetzung abgestimmt werden. Durch die Verwendung dieser Gießmethode wurden Lagermetalle, wie das oben angesprochene AlSn25CuMn erst ermöglicht.

Nach dem Gießen werden die Streifen in mehreren Schritten abgewalzt und wärmebehandelt; AlSn-Legierungen werden danach noch mit einer dünnen Bindeschicht aus Al verbunden und – abhängig von der Dicke der fertigen Lager – zu Coils aufgewickelt oder in Streifen zwischengelagert.

Die Verbindung mit Stahl erfolgt durch Walzplattieren – im Prinzip ein Reibschweißvorgang **(Bild 7-324)**. Die Oberflächen der beiden Bänder werden gereinigt und aktiviert; danach erfolgt eine Erwärmung und das Zusammenwalzen bei Abwalzgraden von 20–35 %. Das fertige Band wird wieder aufgerollt. Bei kleineren Losgrößen ist das Plattieren in Streifen von mehreren Metern Länge wirtschaftlicher; das Verfahren ist im Prinzip das Gleiche.

Die neueren AlSn-Legierungen werden auch mit legierten Zwischenschichten, zum Beispiel AlZn, plattiert, damit ihre höhere Festigkeit auch im Verbund genutzt werden kann.

Kupfer-Legierungen

Die Werkstoffe für Lageranwendung auf Cu-Basis sind sehr vielfältig. Für Verbundwerkstoffe werden fast ausschließlich Legierungen vom Typ CuPbSn eingesetzt. Andere Legierungen wie CuAl oder CuZn werden nur in Sonderfällen als Massivwerkstoff eingesetzt.

Bleibronzen bestehen aus einer festen CuSn-Matrix, in die Blei eingelagert ist. Zinn wird im Bereich von 1–10 %, Blei von 10 bis 30 % zulegiert. Je höher der Sn-Gehalt, desto fester; je höher der Pb-Gehalt, desto lauffähiger wird der Werkstoff. Es bilden sich die beiden Gruppen

- CuPb(18–23)Sn(1–3) für höhere Gleitgeschwindigkeiten, das heißt für den Einsatz in Pleuel- und Hauptlagern und
- CuPb(10–15)Sn(7–10) für Schwenkbewegung, das heißt für den Einsatz in Kipphebel- und Kolbenbolzenbüchsen

heraus. Im Bereich der bleifreien Kupferwerkstoffe sind eher homogene Werkstoffe wie Messing oder Bronzen im Einsatz.

- CuSn basierende Bronzen mit guter Verformbarkeit und
- CuZn basierende Messinglegierungen mit guter Korrosionsbeständigkeit.

Für rotierende Anwendungen sind Bleibronzen nur mit zusätzlicher galvanischer oder gesputterter Laufschicht geeignet. Kolbenbolzen- und Kipphebelbüchsen werden abhängig von ihrer Größe mit und ohne Laufschicht eingesetzt.

Ein wesentlicher Nachteil von Bleibronzen ist die Empfindlichkeit des Bleis gegen korrosiven Angriff durch Schwefel- und Chlorverbindungen. Daher werden bei Schwerölbetrieb und in Gasmotoren Al-Legierungen bevorzugt.

Die Herstellung des Bronze/Stahl-Verbundmaterials erfolgt durch Gießen oder Sintern.

Als Gussverfahren eignet sich der Bandguss bis circa 6 mm Dicke des Verbundmaterials, beziehungsweise der Schleuderguss für dickere Lager.

Beim für Pkw-Lager am weitesten verbreiteten Bandguss wird das vorbehandelte Blechband an den Kan-

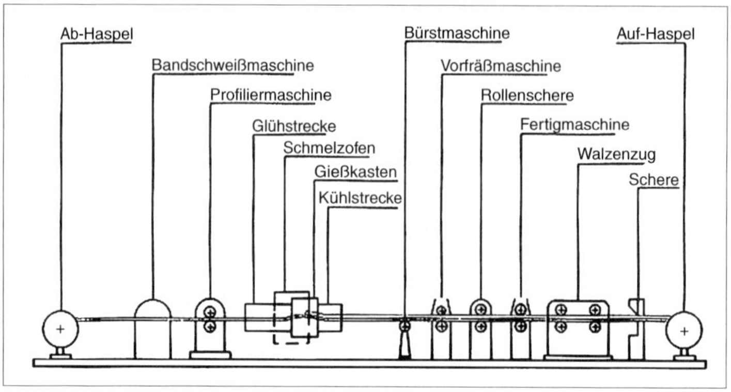

Bild 7-325 Herstellung des Bleibronze-Verbundmaterials im Bandguss (aus [1])

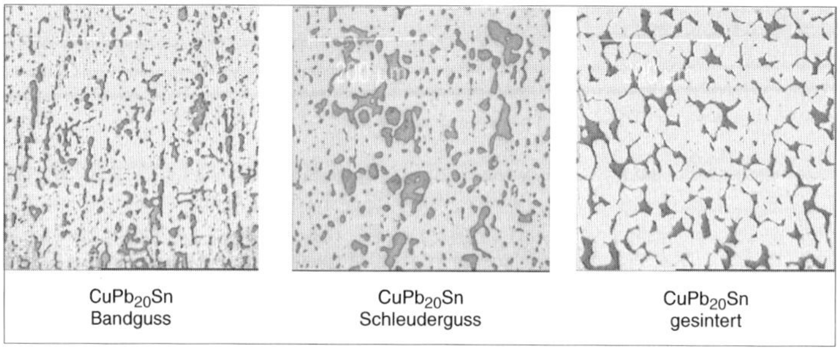

Bild 7-326 Gefüge der Legierung CuPb20Sn2 aus verschiedenen Herstellverfahren

ten aufgebogen und die Schmelze in den Trog eingegossen. Nach dem Abkühlen wird die Oberfläche gefräst und die Seitenkanten werden beschnitten. Eine leichte Reckung des Bandes während der letzten beiden Schritte sorgt für eine stabile Stahlfestigkeit. Ein optional nachgeschalteter Walzvorgang erhöht für hochbelastete Lager (Sputterlager) die Festigkeit sowohl des Stahls als auch der Bronze. Zur Zwischenlagerung wird das Band wieder aufgerollt **(Bild 7-325)**.
Beim Sintern wird wiederum das Blechband vorbehandelt, danach Bronzepulver aufgestreut. Der eigentliche Sinterprozess (Sintern – Walzen) erfolgt in zwei Stufen, um ein Gefüge mit wenigen und kleinen Poren zu erhalten.
Die Gefüge unterscheiden sich deutlich **(Bild 7-326)**, auch die Festigkeit von gegossenen Bronzen ist ohne besondere Maßnahmen höher als die von gesinterten.

7.19.3.2 Laufschichten

Auf alle höherfesten Lagermetalle müssen sogenannte Laufschichten aufgebracht werden, um ausreichend gutes Laufverhalten und Störunempfindlichkeit herzustellen. Es gibt im Wesentlichen drei grundsätzlich verschiedene Arten der Beschichtung:

- elektrochemisch abgeschiedene Weißmetalle
- gespritzte/gedruckte Kunststoffschichten auf Polymer Basis
- durch PVD-Verfahren (Sputtern) aufgebrachte AlSn-Legierungen.

Oberflächen-Modifikationen wie zum Beispiel Zinkphosphatieren finden sich zwar in Nischenanwendungen, setzen sich aber auf breiter Basis nicht durch.
Zur guten Bindung am Untergrund und/oder zur Unterbindung von Diffusionserscheinungen ist eine Zwischenschicht erforderlich, in der Regel aus Nickel oder NiSn. Nickel ist kein Gleitwerkstoff; daher soll die Dicke dieser Schicht deutlich geringer sein als die Oberflächenrauigkeit. Üblich sind 1 – 3 µm, ansonsten kommt es zu größeren zusammenhängenden Ni-Feldern an der Lauffläche und einem aggressiven Verhalten des Lagers bei Störungen, wenn die Laufschicht verschlissen ist.

Galvanische Laufschichten

Diese Laufschichten sind legierungstechnisch gesehen ähnlich den gegossenen Weißmetallen, haben aber eine geringere Härte und auch ein feineres Gefüge, weil sie bei Temperaturen unterhalb des Schmelzpunkts, quasi im eingefrorenen Zustand, abgeschieden werden (siehe **Bild 7-331**, Dreistofflager). Sie sind sehr unempfindlich gegen Mischreibung, verschleißen aber wegen ihrer niedrigen Härte von 14–22 HV auch schnell.
Weit verbreitet ist das System PbSn(8 – 18)Cu(0 – 8), wobei der Sn-Anteil die Korrosionsempfindlichkeit reduziert und Cu die Dauerfestigkeit erhöht. Sn-Gehalte über 16 % führen zu schneller Diffusion und daher Langzeitinstabilität, Cu-Gehalte über 6 % zur Versprödung, so dass die festigkeitssteigernde Wirkung zunichte gemacht wird.

Bild 7-327 Querschliff SYNTHEC

Als weiterer Standard haben sich Sn basierende Laufschichten mit Sb oder Cu Anteilen etabliert. Sie stellen auch einen Ansatz für bleifreie Dreistofflager dar. Eine gewisse Bedeutung haben in diesem Zusammenhang auch Bi Laufschichten erlangt.
Hergestellt werden diese Schichten in galvanischen Bädern unter Strom in einem vielstufigen Prozess von Vorbehandlung, Aufbringen und Aktivieren der Zwischenschicht, Abscheiden der Laufschicht und nachfolgender Wärmebehandlung zur Stabilisierung des Gefüges und zur Herstellung einer ausreichenden Diffusionsbindung.
Die Dicke von Laufschichten ist aus mehreren Gründen begrenzt:

- Die Dauerfestigkeit nimmt mit zunehmender Dicke schnell ab.
- Bei Verschleiß darf sich die Schmierspaltgeometrie nicht unzulässig verändern.
- Durch Konzentration elektrischer Spannungen kommt es an Kanten und Rändern zu Verdickungen.

Auch aus wirtschaftlichen Gründen ist möglichst eine Maßbeschichtung anzustreben.
In der Regel werden Laufschichten von 15–35 µm Dicke maßgalvanisch, in Abhängigkeit von der Lagerdimension aufgebracht; wo dickere Schichten notwendig sind, zum Beispiel in Großlagern, müssen diese nachbearbeitet werden.

Synthetische Laufschichten

Diese sind Weiterentwicklungen von Trockenschmierstoffen auf Basis neuer Polymergruppen mit der notwendigen Alterungsstabilität. Die Laufschicht wird spritz- oder drucktechnisch aufgebracht und erhält ihre Festigkeit durch den Polymerisationsvorgang in einer gesteuerten Temperaturbehandlung. Als tribologisch aktive Füllstoffe werden hauptsächlich Graphit und MoS_2 verwendet.
Die Schichten wirken durch die Reduktion von Reibung durch gezielten Verschleiß im Falle von Festkörperkontakt, reduzieren so den Energieeintrag wesentlich und verhindern auf diese Weise Lagerversagen. Ein Schliff durch eine derartige Schicht als Laufschicht ist in **Bild 7-327** dargestellt. Weiters werden diese Schichten auch als Einlaufschichten in einer Dicke von 6 bis 10 µm verwendet.

Gesputterte Laufschicht

Eine Entwicklung, die erst im letzten Jahrzehnt in größerem Umfang in Serie gegangen ist, stellt die Anwendung des Sputter-Verfahrens zur Abscheidung von AlSn-Schichten auf Gleitlager dar.
Sputtern (Kathodenzerstäuben) ist ein Beschichtungsverfahren, bei dem im Hochvakuum ein Arbeitsgas (Argon) ionisiert wird. Ein elektrisches Feld beschleunigt die Ionen zur Kathode, dem „Target", aus dem durch den Aufprallimpuls Atome herausgeschlagen werden. Diese Atome kondensieren an der Lagerlauffläche und bilden die Gleitschicht, **Bild 7-328**.
Durch atomare Abscheidung bildet sich ein festes Gefüge mit extrem feiner Weichphasenverteilung, was trotz der hohen Härte von circa 90 HB gute Laufeigenschaften erzeugt **(Bild 7-329)**.
Ein weiterer Vorteil des Verfahrens ist die Steigerung der Bindefestigkeit durch Vorreinigung des Substrats

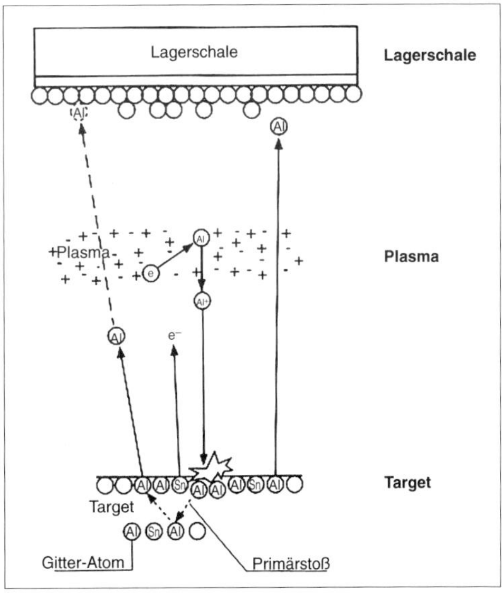

Bild 7-328 Sputterverfahren, schematisch

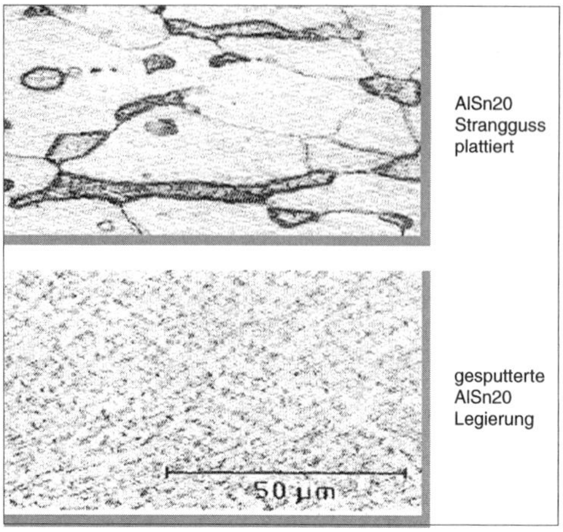

Bild 7-329 Gefügevergleich von AlSn20-Schichten, walzplattiert und gesputtert

durch „Sputter-Ätzen" im Vakuum, wodurch eine hochaktive Oberfläche erzeugt wird.
Heute wird fast ausschließlich AlSn20Cu als Sputterschicht für hochbelastete Lager verwendet, doch ist das Verfahren grundsätzlich sehr flexibel und erlaubt die Abscheidung einer viel größeren Legierungsbreite als die herkömmlichen elektrochemischen Verfahren. Der einzige wesentliche Nachteil sind die hohen Kosten der Beschichtung.

7.19.4 Lagerbauarten – Aufbau, Belastbarkeit, Anwendung

Aus Kostengründen wird angestrebt, mit einem möglichst einfachen Aufbau des Lagers die Anforderungen für den jeweiligen Einsatzfall zu erfüllen. Die widerstrebenden Forderungen nach Festigkeit, gutem Festsitz und guten Laufeigenschaften führen aber letztendlich zu einem arbeitsteiligen Prinzip und mehrschichtigem Aufbau der Lager.
Die Gebrauchseigenschaften der Lager, vor allem ihre dynamische Belastbarkeit, sind neben den verwendeten Werkstoffen auch durch ihren Schichtaufbau, die Schichtdicken und andere konstruktive Maßnahmen zu beeinflussen. So gibt es über die klassische Mehrschichtigkeit hinaus neuere Bauformen, die durch gezielten Schichtaufbau oder Laufflächengestaltung die Gebrauchseigenschaften des Lagers optimieren.
Die grundlegenden Vor- und Nachteile wurden bereits bei den Werkstoffen erwähnt. Das **Bild 7-330**

	Stütz-schale	Lager-Metall	Laufschicht	maximal p_{quer}	Hauptanwendung
Massiv-Lager	keine	CuPb15Sn7 AlSn6	keine	60	Kolbenbolzenbüchsen Anlaufringe, Nockenwellenlager
Zweistoff-Lager	Stahl	CuPb10Sn10 CuPb15Sn7	keine	120	Kolbenbolzenbüchsen, Kipphebelbüchsen
		AlSn6		45	Anlaufringe, Nockenwellenlager
		AlSn20		40	Hauptlager, Pleuellager
		SnSb12Cu		20	Nockenwellenlager
Dreistoff-Lager	Stahl	CuPb10Sn10	PbSnCu	90	große Kolbenbolzenbüchsen
		CuPb20Sn2	PbSn16Cu PbSn10 Cu PbSn10	55	Pleuellager, Hauptlager
			SuSb7 Keramik	65	
			SYNTHEC	70	
		CuZn5Zn	SnCu4	65	
			SYNTHEC	70	
		AlZn4,5	PbSn16Cu2	50	Pleuellager
Rillenlager™	Stahl	CuPb20Sn2	SnSb7	50	Hauptlager großer Motoren
		AlZn4,5	PbSn16Cu2	55	Hauptlager, Pleuellager
Sputter-Lager	Stahl	CuPb20Sn2 CuPb10Sn10	AlSn20	>100	Pleuellager
		CuSn5Zn		>120	
		CzSn5Zn	AlSn20 + SYNTHEC	>130	

Bild 7-330 Wichtigste Lagerbauarten und Einsatzgebiet

gibt einen Überblick über die am häufigsten verwendeten Bauarten für das jeweilige Einsatzgebiet.

7.19.4.1 Massivlager

Massivmaterial wird vorwiegend in Großmotoren verwendet, in Form von harten Bronzen für dickwandige Buchsen und AlSn6 für Anlaufringe (Axiallager). Vorteil ist die einfache Herstellung, bei Anlaufringen noch die Möglichkeit, bei entsprechender Konstruktion eine beidseitige Verwendbarkeit zu erreichen.
Bei Pkw-Motoren werden häufig die langsam laufenden Nockenwellen direkt im Leichtmetall-Zylinderkopf gelagert. Obwohl diese Legierungen keine Lagermetalle sind, ist ihre Funktion wegen der geringen Energiedichte in der Lagerung ausreichend sicher.

7.19.4.2 Zweistofflager

Hier gibt es zwei grundsätzlich unterschiedliche Einsatzgebiete:

- Für Kolbenbolzen- und Kipphebellagerung eignen sich gerollte Buchsen aus harten Bleibronzen. Sie ertragen die hohen Belastungen bis 120 N/mm^2, die reduzierte Lauffähigkeit spielt durch die geringe Umfangsgeschwindigkeit keine Rolle. Bei ungenügendem Ölangebot neigen diese Buchsen zu Bleiaustritt aus dem Werkstoff und Ölverkokung („Brandspuren“).
- Lager auf AlSn-Basis sind wegen ihres ausgezeichneten Performance-/Kosten-Verhältnisses die
- bevorzugte Lösung für moderat belastete Einsatz-

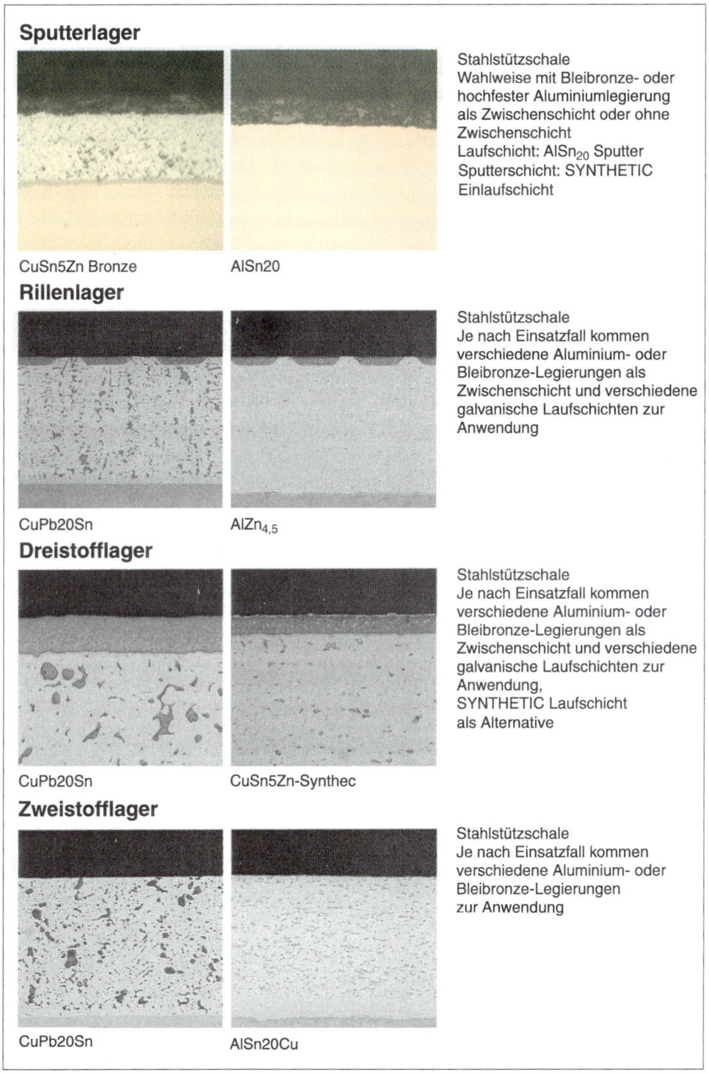

Bild 7-331 Materialaufbau (Beispiele)

fälle mit Rotationsbewegung, vorwiegend also Haupt- und Pleuellager von Ottomotoren und Großdiesel. Ihr Verschleiß ist niedrig; der Anpassungsfähigkeit sind Grenzen gesetzt. Der niedrige Verschleiß birgt auch ein Risiko: Das Erscheinungsbild der Lager ändert sich kaum; daher ist auch eine Diagnose des Zustands durch optische Beurteilung schwierig. Im Erprobungsstadium eines Motors ist daher eine ausreichende statistische Absicherung der Lebensdauer erforderlich.

Die immer weiter steigenden Belastungen in der Neu- und Weiterentwicklung von Motoren hatten die Entwicklung von Zweistofflagern mit höherfesten AlSn-Legierungen zur Folge. Für diese gilt grundsätzlich das oben Gesagte, doch sind diese Lager wegen der kleineren Schmierspalte und der höheren Energiedichte verreibgefährdeter. Die Erhöhung der Festigkeit durch Reduktion des Zinn-Gehalts ist daher kein zielführender Ansatz. Auch die Bindeschicht aus Reinaluminium kann zur Schwachstelle werden.

7.19.4.3 Dreistoff-Lager

Dreistoff-Lager mit galvanisch aufgebrachter Laufschicht, vor allem auf Bleibronze-Basis sind die vorherrschende Bauart für Kurbelwellenlager. Sie stellen eine ausgereifte Technologie dar, sind weltweit verfügbar und haben ein gutes Kosten/Nutzen-Verhältnis. Sie zeichnen sich durch gute Anpassungsfähigkeit sowie Schmutz- und Fehlertoleranz aus, solange die weiche Laufschicht erhalten ist. Für größere Motoren werden auch Dreistoff-Lager auf Leichtmetallbasis eingesetzt.

Für die hohen Belastungen vor allem in Pleuellagern moderner Motoren mit Direkteinspritzung (sowohl Otto als auch Diesel) sind Dreistoff-Lager nur beschränkt geeignet. Ihre Schwachstelle ist der bei zunehmender Belastung immer raschere Verschleiß der Laufschicht. Auch die Korrosionsfestigkeit, die bei längeren Ölwechselintervallen immer wichtiger wird, ist nicht hoch. Der Verschleiß der 15–30 μm dicken Laufschicht beeinträchtigt die Lagerfunktion an und für sich nur unwesentlich; die Freilegung des Untergrunds führt aber zu einer drastischen Erhöhung der Empfindlichkeit gegenüber Störungen. Das klassische Dreistoff-Lager mit PbSnCu-Laufschicht wird daher zunehmend durch höherfeste Al-Zweistoff-Lager im unteren Lastbereich, durch Dreistofflager mit Sn basierender Drittschicht im angestammten Lastbereich und durch die eigentlichen Hochleistungsbauarten – Rillenlager für Großmotoren und SYNTHEC beziehungsweise Sputterlager für Pkw- und Nfz-Motoren – ersetzt.

7.19.4.4 Miba-Rillenlager

Das von Miba vor fast 20 Jahren entwickelte Rillenlager, **Bild 7-332** verzögert den Abtrag der Laufschicht durch eine spezielle Geometrie der Oberfläche. Die Laufschicht ist in feinste Rillen in Laufrichtung eingelagert; dazwischen befinden sich Stege des härteren Lagermetalls. Das Werkstoffverhältnis an der Lauffläche ist circa 75 % Laufschicht, 25 % Lagermetall. Mit dieser Geometrie wird erreicht, dass die tribologischen Eigenschaften nach wie vor von der Laufschicht bestimmt werden, diese aber durch die härteren Stege vor Verschleiß geschützt ist. Damit bleiben die guten Laufeigenschaften wesentlich länger erhalten als bei Dreistoff-Lagern.

Das Rillenlager findet heute sein Hauptanwendungsgebiet in Dieselmotoren hoher spezifischer Leistung für den Antrieb von Lokomotiven und Schiffen; im Segment der Pkw- und Nfz-Motoren wurde es wegen der immer weiter steigenden Belastungen in den letzten Jahren mehr und mehr durch das Sputterlager ersetzt.

7.19.4.5 Sputterlager

Die am höchsten belastbaren Lager, die heute in großen Stückzahlen produziert werden, sind Bleibronze-Dreistofflager mit gesputterter Laufschicht. Wegen der hohen Belastbarkeit bis über 100 N/mm^2 bei gleichzeitig guten Laufeigenschaften finden sie in Motoren hoher Leistungsdichte für Pkw, Nutzfahr-

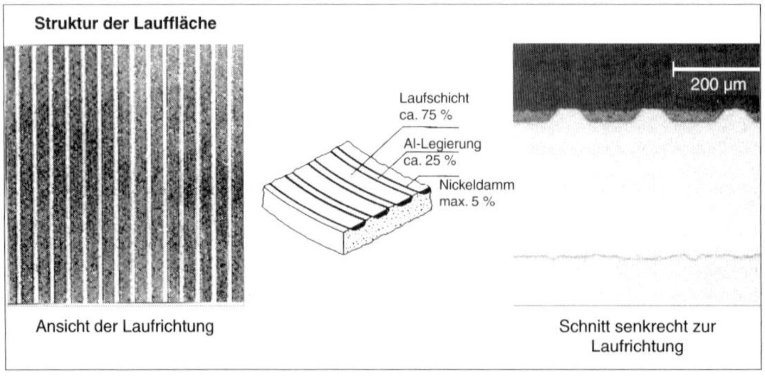

Bild 7-332 Miba Rillenlager™

Richtwerte für Einsatzgrenzen und Kosten von Lagerbauarten zeigt **Bild 7-333a–e**

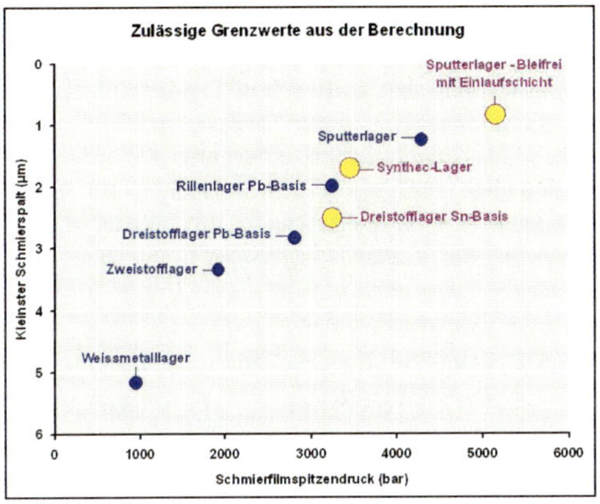

a

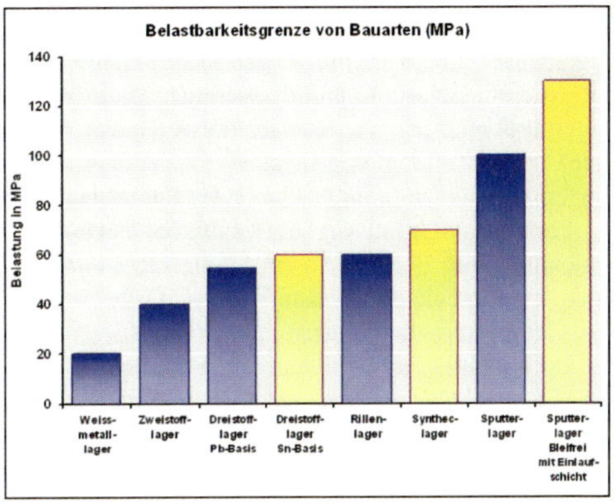

b

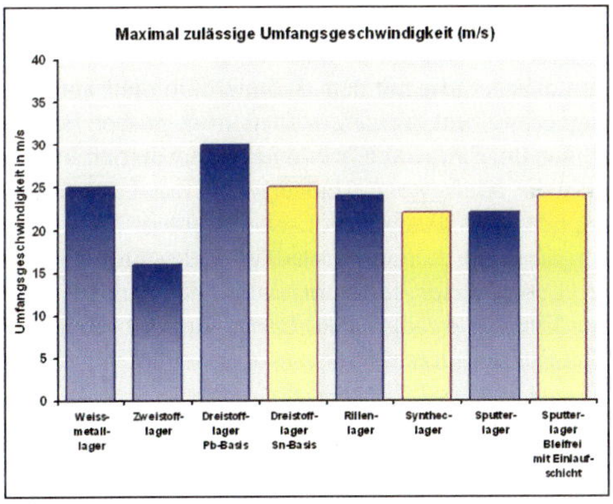

c

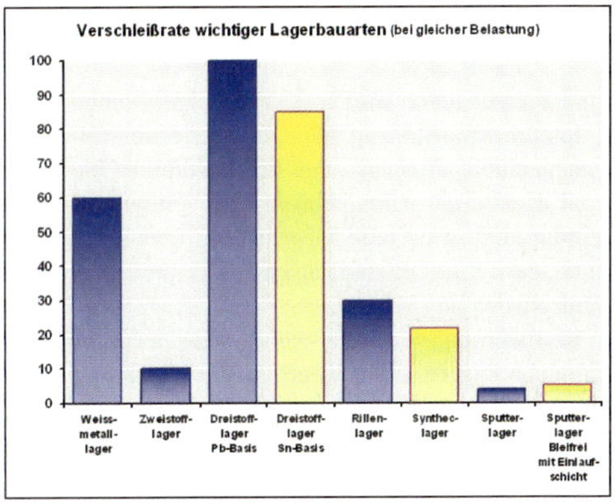

d

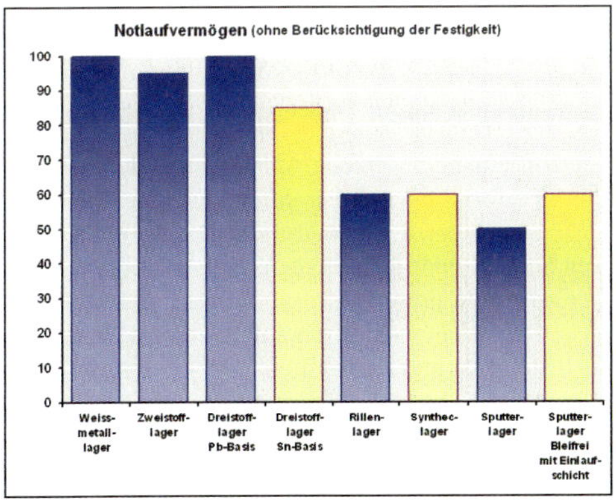

e

Bild 7-333 Richtwerte für Lagerbauarten

zeuge und Antriebe schneller Schiffe Anwendung. Vor allem für Pleuellager von Pkw-Dieselmotoren mit Direkteinspritzung kommt heute keine andere Lagerbauart in Frage. Für Lager in Nutzfahrzeugen mit extremer Belastung und Sputterlager mit größeren Lagerdurchmessern werden sie, teilweise mit SYNTHEC Einlaufschicht versehen.
Der einzige wesentliche Nachteil der Sputterlager ist ihr Preis. Auf Grund der aufwändigen Vakuumbeschichtung zum Beispiel ist ein Sputterlager circa 5–8 mal so teuer wie ein Dreistoff-Lager. Daher wird in den Pleuel- und Hauptlagern eine Sputter-Schale auf der hoch belasteten Seite mit einer Dreistoff- oder Rillenlagerschale auf der weniger belasteten Seite kombiniert. Diese Kombination hat zusätzlich den Vorteil, dass kleine Schmutzpartikel in der weichen Laufschicht eingebettet werden können.
Einsatzgrenzen von Lagerbauarten zeigt das **Bild 7-333**.

7.19.5 Lagerversagen

7.19.5.1 Hergang eines Schadens

Ein Lagerschaden, **Bild 7-334** im eigentlichen Sinn ist immer eine Störung der Geometrie des Gleitraumes in einem Ausmaß, das keine stabile Operation der Lagerstelle mehr zulässt. Die Folge ist hohe Reibung, damit örtliche Überhitzung und Zerstörung des Lagers und der angrenzenden Bauteile bis zum Totalschaden des Motors.
In Verbrennungsmotoren, wo im Gegensatz zu Maschinenbaulagern die Lastgröße und Richtung zyklisch wechselt, ist der Schadensverlauf vom Ort, Zeitpunkt und Lastniveau abhängig und daher statistisch zu sehen. Die selbe Ursache kann in einem Lager zu einem Totalschaden führen, während im Nachbarlager kaum eine Schädigung zu bemerken ist. Auch können Störungen kurzzeitig überbrückt und ausgeheilt werden, wenn die Ursache behoben ist

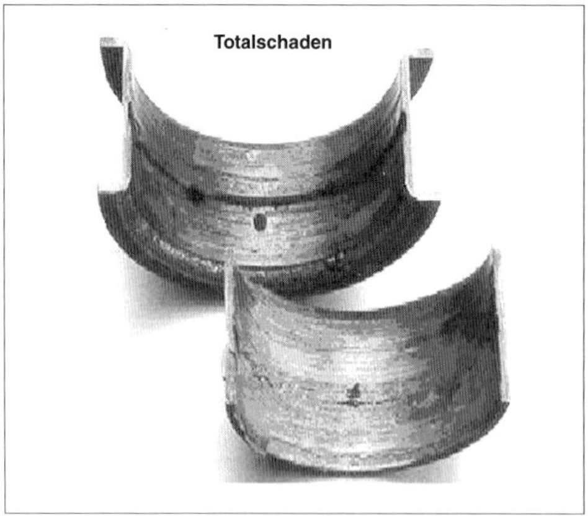

Bild 7-334 Totalschaden eines Bleibronze-Lagers

(zum Beispiel Übertemperatur, Ölmangel etc.) oder ein Geometriefehler durch Verschleiß oder Anpassung gemildert wird.
Wegen der hohen Folgeschäden eines Lagerversagens werden aber auch schon Erscheinungen, die für sich betrachtet noch keinen Ausfall verursachen, als Lagerschäden eingestuft. Derartige Erscheinungen sind als Frühwarnzeichen für einen sich anbahnenden Lagerschaden zu verstehen und daher für die Zustandsdiagnose des Systems sehr wichtig.

7.19.5.2 Arten von Lagerschäden

Die Norm DIN-ISO 7146 und Fachpublikationen der Gleitlagerhersteller beschreiben die häufigsten Lagerschäden, daher hier nur eine kurze Übersicht. Die Darstellung folgt der Gliederung der DIN-ISO 7146.

Schäden an der Lauffläche

Fremdkörper, Schmutz

Fremdkörper, die mit dem Schmieröl in die Lagerung eingeschwemmt werden, stellen trotz großer Bemühungen um Sauberkeit in Montage und Betrieb immer noch die häufigste Ausfallsursache von Lagern dar, besonders bei Hauptlagern. Das Problem bei diesen Vorgängen ist neben der verbleibenden Störung, die die Lebensdauer reduziert, auch der Verriefungs- oder Einbettvorgang selbst! Dabei wird örtlich extrem hohe Reibung erzeugt.

Flächiger Verschleiß

Bei hoher Last, falschem Öl (zu dünn) oder Wahl einer ungeeigneten Lagerbauart kann in der Zone des kleinsten Schmierspalts vorzeitiger Verschleiß entstehen. In der Regel ist Verschleiß bei Normalbetrieb kein Problem; Dreistoff-Lager werden aber störanfälliger, wenn die tolerante Laufschicht nicht mehr vorhanden ist.

Kantenträger, lokale Überlastung, Überhitzung

Geometriemängel, örtliche Anlaufstellen durch elastische Verformungen oder Montagefehler kleineren Ausmaßes können durch örtlichen Abtrag der weichen Schicht gemildert werden. Dieser Vorgang führt aber zu einem erhöhten Mischreibgrad, entsprechend der örtlichen Temperaturerhöhung, und im Extremfall zur Instabilität und Zerstörung.

Dauerbruch

Der Lagerwerkstoff muss ausreichend Dauerfestigkeit aufweisen, damit für die geforderte Lebensdauer die Schwelllast sicher übertragen werden kann. Ist dies nicht der Fall, entstehen feine Risse und in weiterer Folge ein Abplatzen von Partikeln. Das Gefahrenpotenzial von Dauerbrüchen ist von der Dicke der betroffenen Schicht abhängig: Ausbrüche der Laufschichten führen selten direkt zu Lagerversagen. Brüche des circa zehnmal so dicken Lagermetalls stören die Gleitraumgeometrie nachhaltig.

Kavitation

Kavitation ist eine Folge von Dampfblasen im Schmieröl, die entstehen, wenn der Schmieröldruck örtlich den Dampfdruck unterschreitet. Wenn diese Blasen wieder in ein Gebiet höheren Drucks kommen, implodieren sie. Der dabei entstehende Druckstoß reißt aus der Lageroberfläche Teilchen heraus, in schweren Fällen durch das Lagermetall durch bis in den Stahl der Stützschale.
Kavitation ist sehr häufig ein konstruktives Problem (Nutausbildung, Lagerspiel etc.). Ihr Auftreten kann zusätzlich zu Änderungen der Ölführungsgeometrie auch durch Maßnahmen verringert werden, die den Öldruck im System heben.

Korrosion

Von den in der Lagertechnik gebräuchlichen Materialien ist das Blei der galvanischen Laufschicht und der Bleibronze durch Reaktion mit Schwefel und Chlor am meisten betroffen. In den Fällen, wo Korrosion im Betrieb zu erwarten ist, zum Beispiel bei mit Schweröl oder Deponiegas betriebenen Großmotoren, ist eine Erhöhung des Sn-Gehalts in den CuPb-Werkstoffen oder die Verwendung von AlSn statt CuPbSn erforderlich.

Schäden am Lagerrücken

Mangelnder Festsitz

Die zweite wichtige Funktionsfläche des Radiallagers ist der Außendurchmesser. Zur Übertragung der Kraft ist ausreichende Haftreibung erforderlich. Der Festsitz des Lagers in der Gehäusebohrung wird durch eine ausreichende Überdeckung der Durchmesser hergestellt, bei Halbschalen durch eine Überlänge, den sogenannten „Überstand". Durch die elastischen Verformungen unter den Betriebskräften ergibt sich an der Schnittstelle zwischen Lager und Gehäuse eine Schubbeanspruchung, die bei ungenügendem Festsitz zu Relativbewegungen zwischen Lager und Gehäuse führt.
Die Folge sind Materialverschiebungen, Reibrost, Materialübertrag (Pittings) und in schweren Fällen Wanderung der Schalen.
Durch höheren Überstand können diese Relativbewegungen unterdrückt werden. Die Grenze ist allerdings durch die Tangentialspannungen in der Stahlschale gegeben, die die Kriechgrenze nicht überschreiten dürfen. Drehzahlerhöhungen bestehender Motoren machen daher häufig konstruktive Änderungen notwendig.

Montagefehler

Neben den Betriebsbeanspruchungen und geometrischen Mängeln sind häufig Fehler bei der Montage der Lager die Ursache für schwere Lagerschäden. Daher sollen Lager so konstruiert sein, dass Falschlagen, Verwechslungen und Ähnliches mit Sicherheit vermieden werden.

7.19.6 Ausblick

Die rasante Entwicklung der Motorentechnik, die gerade durch die Einführung der Motoren mit Direkteinspritzung eine Beschleunigung erfährt, wird durch Entwicklungen der Komponenten begleitet und teilweise erst ermöglicht.
Wesentliche Treiber für Neuentwicklungen auf dem Lagersektor sind:

- Belastbarkeit (höhere Zünddrücke, Mitteldrücke, Laufzeiten)
- Kosten (hochbelastbare Mehrschichtlager sind teuer)
- Umweltfragen (Blei, Reinigung, Herstellprozesse).

Auch wenn heute alle Anforderungen von technischer Seite abgedeckt werden, stellt die Kombinationen von Belastbarkeit, Laufeigenschaften und Herstellkosten, in Zusammenhang mit dem Ersatz von umweltbedenklichen Stoffen wie Blei eine besondere Herausforderung für die Entwicklung dar.
Aus wirtschaftlichen Gründen wird die Verwendung von Lagern ohne Laufschicht auch bei höheren Belastungen angestrebt, so dass die meisten Werkstoffentwicklungen der letzten Jahre auf eine Erhöhung der Festigkeit bei möglichst wenig Einschränkungen in Bezug auf die Lauffähigkeit gerichtet sind. Die Entwicklungen gehen derzeit auf Grund des Technologiewechsels in unterschiedlichste Richtungen:

- Verbesserung der Belastbarkeit von Zweistoff-Lagern, so dass sie in Teilbereichen die Dreistoff-Lager ersetzen. Dies geschieht durch Entwicklung neuer Leichtmetall-Legierungen in Verbindung mit fortschrittlicher Gusstechnologie. Neuere Entwicklungen sind zum Beispiel AlSn10NiMn, AlSn12Si4 oder AlSn25CuCoZr – erstere wegen der immer noch deutlichen Reduktion des Sn-Gehalts eher für den Einsatz in kleineren Motoren (Pkw) bei moderaten Belastungen
- Erhöhung der Verschleiß- und Dauerfestigkeit der galvanischen Laufschichten, durch neue Werkstoffkombinationen im Zinnsystem, teilweise auch mit Partikelverstärkung, und komplett neue Systeme wie Wismut.
- Neue Synthetische Laufschichten auf Basis Polymerebasis mit Festschmierstoffeneinlagerungen
- Neue PVD Schichtkombinationen zur Erhöhung der Temperaturfestigkeit.

Mehrere derartige Neuentwicklungen sind knapp vor der Serieneinführung. Sie werden die herkömmlichen

Lager in Bereichen mit Umweltrelevanz wie die Pkw Industrie verdrängen und für andere Anwendungen unter Berücksichtigung der tribologischen Notwendigkeiten Alternativen für höhere Lebensdauer und höhere Belastungen darstellen.

Literatur

[1] *Affenzeller, J.; Gläser, H.*: Lagerung und Schmierung von Verbrennungsmotoren. Springer, 1996 (enthält ausführliches Literaturverzeichnis).
[2] *Lang, O. R.; Steinhilper, W.*: Berechnung und Konstruktion von Gleitlagern mit dynamischer Belastung. Springer, 1978
[3] *N.N:* Gleitlager-Handbuch, Miba Gleitlager AG, 2000
[4] *Ederer, U. G.; Aufischer, R.*: Schadenswahrscheinlichkeit und Grenzen der Lebensdauer. TA Esslingen, 1992
[5] *Arnold, O.; Budde, R.*: Konstruktive Gestaltung von Lagerungen in Verbrennungsmotoren. HdT Essen, 1999
[6] *Ederer, U. G.;* Werkstoffe, Bauformen und Herstellung von Verbrennungsmotoren-Gleitlagern. HdT Essen, 1999.
[7] DIN-ISO 7146: Schäden an Gleitlagern

7.20 Ansaugsysteme

Luftansaugsysteme moderner Verbrennungsmotoren erfüllen neben Luftführung und Filtration heute eine Fülle unterschiedlicher Funktionen. Mit zunehmender Komplexität der Motoren werden die Anforderungen an Ansaugsysteme weiter steigen. Grundsätzlich zeichnen sich zwei Haupttrends ab.

Systemkompetenz

Die Luftführung wird von der Ansaugöffnung bis zum Zylinderkopf als System betrachtet, das vom Zulieferer ausgelegt, hergestellt und einbaufertig geliefert wird. Dies setzt beim Zulieferer ein entsprechendes Systemverständnis voraus, das sich über die gesamte Luftführung erstreckt und im Hinblick auf den Ladungswechsel die Abgasanlage einschließt.

Modularisierung

Ein zweiter Trend ist die zunehmende Modularisierung des Ansaugsystems. Diese Modularisierung bietet sich deshalb an, weil die Luftführung über weite Teile des Motors verteilt ist und sich auf Grund ihrer Baugröße zum Anbau unterschiedlichster Komponenten eignet. Dabei müssen diese Komponenten nicht zum Luftführungssystem gehören. Ein Beispiel ist der Einbau der Motorsteuerung im Luftfilter, wobei die vorbeiströmende Luft zur Kühlung der Elektronik benutzt wird. Modularisierung verlangt neben Systemverständnis auch noch gesteigerte Kompetenz bei Fertigung und Integration.
Bild 7-335 zeigt schematisch die Luftführung eines Vierzylindermotors mit den wichtigsten Funktionen und einigen Anbauteilen. Nachfolgend wird die Thermodynamik entlang der Luftführung erläutert und die Nähe zu den Bereichen Akustik und Filtration beschrieben.

7.20.1 Thermodynamik von Luftansaugsystemen

Die Thermodynamik des Luftführungssystems hängt von der Art des Verbrennungsprozesses (Otto oder Diesel) und vom Aufladeprinzip ab. Rohluftleitung und Luftfilter sind bei allen Varianten ähnlich. Je nach Aufladeprinzip unterscheiden sich die Systeme stromabwärts des Luftfilters jedoch deutlich, **Bild 7-336**.
Aufgeladene Motoren besitzen einen aufwändigen Reinluftbereich mit Verdichter und Ladeluftkühler, während das Saugrohr einfach gestaltet ist, da es hauptsächlich der Luftverteilung auf die Zylinder dient. Saugmotoren besitzen demgegenüber eine einfache Reinluftleitung, dafür aber meist komplexe Schaltsaugrohre zur Verbesserung der Zylinderfüllung.

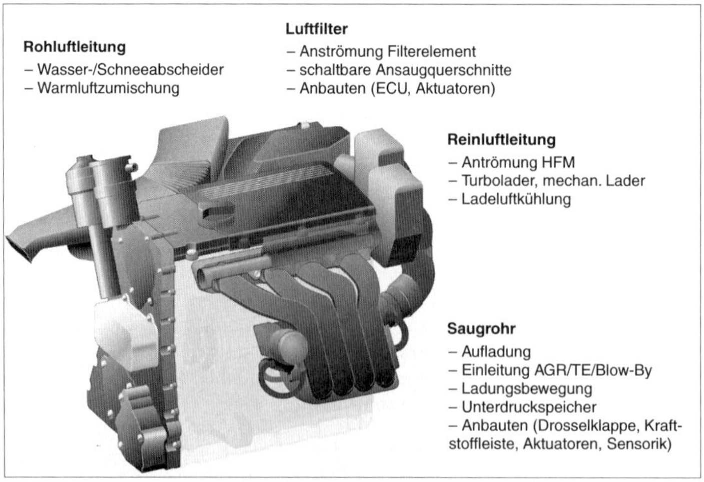

Bild 7-335 Luftführungssystem eines Verbrennungsmotors (schematisch)

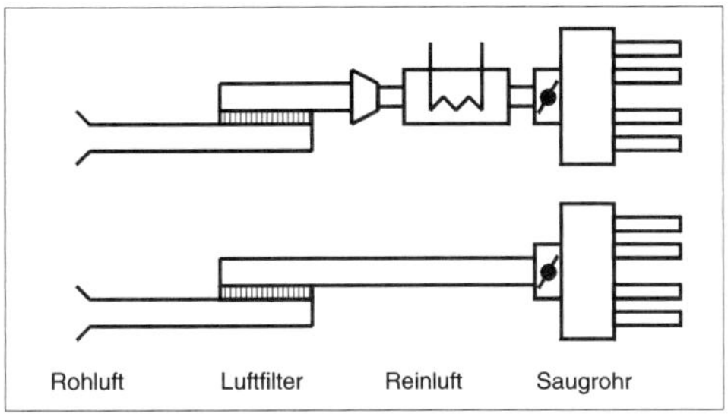

Bild 7-336 Luftführung bei Saugmotoren (unten) und bei aufgeladenen Motoren (oben)

Rohluftleitung

Die Rohluftführung, also der Bereich des Ansaugsystems zwischen Ansaugöffnung und Luftfilter, erfüllt neben der Strömungsführung die Funktionen Warmluftzumischung und Schmutzabscheidung. Die Warmluftzumischung beeinflusst das Betriebsverhalten des Motors, insbesondere in der Kaltstartphase. Diese Funktion wird mit verschärften Grenzwerten in der Abgasgesetzgebung zukünftig an Bedeutung gewinnen. Auch Trocknung des Filterelements und Abtauen von Schnee sind Aufgaben der Warmluftzumischung. Der Kraftstoffverbrauch kann durch intelligente Temperaturregelung der Ansaugluft positiv beeinflusst werden. Die Zumischung der Warmluft erfolgt über eine zweite Ansaugung in der Nähe der Abgasanlage, die über Klappen zugeschaltet wird. Die Klappen werden durch Dehnstoffelemente oder Aktuatoren wie Unterdruckdose oder Elektroantrieb betätigt.

Eine geeignete Rohluftführung ist weiterhin in der Lage, Grobpartikel (Tropfen, Schnee, Schmutz) über Umlenkungen mit geringem Druckverlust auszuscheiden. Diese Vorabscheidung entlastet die Schmutzaufnahme des Luftfilters und schützt das Luftfilterelement vor Nässe. Partikelabscheidung und Druckverlust an der Umlenkung werden heute mit Hilfe der Strömungssimulation (CFD – Computational Fluid Dynamics) rechnerisch vorherbestimmt.

Luftfilter

Unter Luftfilter versteht man im Allgemeinen das Gehäuse zur Aufnahme des Luftfilterelements. Neben der akustischen Wirkung hat der Luftfilter die Funktion der Luftführung zur optimalen Anströmung des Filterelements. Unter „optimal" versteht man dabei eine möglichst gleichmäßige Anströmung. Dabei muss die Geschwindigkeit senkrecht zum Filterelement über die gesamte Filterfläche homogen sein. Bei ungleichmäßiger Anströmung steigt der Druckverlust am Filterelement an und der Motorwirkungsgrad verschlechtert sich. Auch das Schmutztragevermögen (Staubkapazität) des Filtermaterials wird bei homogener Anströmung optimal genutzt.

Zur Auslegung der Strömung in Luftfiltern, **Bild 7-337** wird bereits zu einem sehr frühen Zeitpunkt die dreidimensionale Strömungssimulation (CFD) eingesetzt. Damit ist es möglich, mit einem minimalen versuchstechnischen Aufwand sehr früh die optimale Geometrie zu bestimmen.

Beispielweise konnte bei dem in **Bild 7-337** dargestellten System bei gleichem Druckverlust und gleicher Staubkapazität die Baugröße um 30 % verringert werden. Die Anströmung konnte dabei bis auf drei Prozent an den idealen Prüfstandswert angenähert werden.

Reinluftleitung

Die Anströmung des Massenstrommessers (MM) für die Ansaugluft auf der Reinluftseite wird bei neuen Ansaugsystemen mittels CFD-Simulation betrachtet, um eine gleichmäßige Strömung sicherzustellen. Im Hinblick auf verschärfte Emissionsgrenzwerte ist die zuverlässige Funktion des MM in allen Betriebszuständen und über die Lebensdauer des Fahrzeugs vorgeschrieben. Schleichende Degradation des MM durch Ablagerungen von Öltropfen aus dem Kurbelgehäuse oder aus der Abgasrückführung (AGR) auf dem Sensor kann ebenfalls mit Hilfe der CFD-Simulation der Strömungsführung drastisch verringert werden.

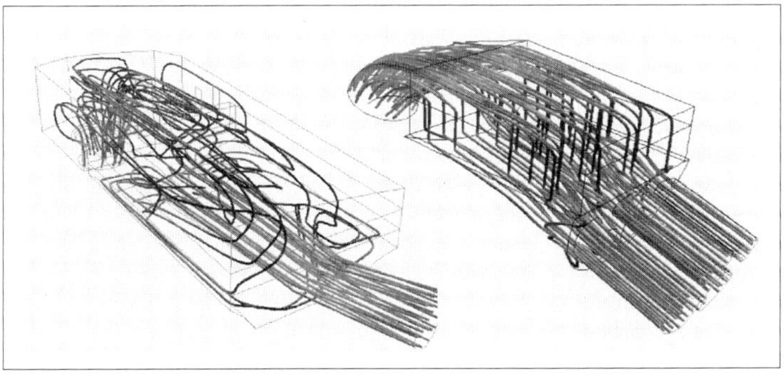

Bild 7-337 Anströmung von Filterelementen: ungleichmäßig mit hohem Druckabfall (links) – annähernd optimal (rechts)

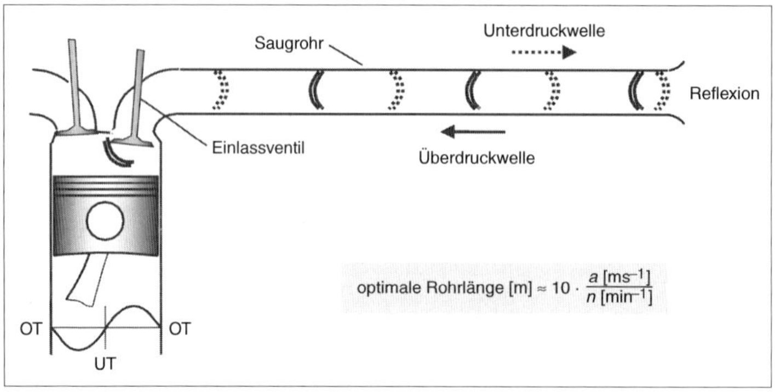

Bild 7-338 Prinzip der Schwingrohraufladung

Auf der Reinluftseite stromabwärts werden die vom Verbrennungsmotor erzeugten Gaspulsationen intensiver. Falls nicht grundsätzlich Thermodynamik und Akustik ganzheitlich betrachtet werden, muss dies spätestens im Bereich der Reinluftleitung erfolgen, weil sich beide Disziplinen in ihrer Wirkung auf die Luftführung beeinflussen. Im Bereich der Reinluftleitung findet man akustische Bauteile (Nebenschluss-Resonatoren, $\lambda/4$ Rohre), die auch den Ladungswechsel beeinflussen. Dazu werden heute Simulationswerkzeuge benutzt, die zu einem sehr frühen Zeitpunkt in der Auslegungsphase Luftaufwand und Mündungsgeräusch errechnen. Der Modellierungsaufwand kann dabei erheblich reduziert werden, weil *ein* Berechnungsmodell *beide* Ergebnisse liefert.

Aufgeladene Motoren haben eine längere Luftführung als Saugmotoren. Bei Motoren mit Abgasturbolader (ATL) wird die Ansaugluft vom Frontmodul über den Luftfilter zum Verdichter des ATL beim Abgaskrümmer geführt. Die komprimierte Luft wird dann wieder zum Frontmodul mit Ladeluftkühler geleitet. Schließlich führt die Reinluftleitung wieder zum Saugrohr am Motor.

Saugsysteme

Motoren mit mechanischer Aufladung oder Abgasturboladern benötigen Saugsysteme zur Verteilung der Ladeluft auf die Zylinder. Dazu werden kurze Saugrohre mit geringem Druckverlust und guter Gleichverteilung auf die Zylinder angestrebt.

Saugmotoren nutzen die vom Kolben angeregten Wellenvorgänge zur Aufladung. Der Vorgang der „Schwingrohraufladung" kann anhand **Bild 7-338** beschrieben werden.

Nach Öffnen des Einlassventils erzeugt der Kolben bei seiner Abwärtsbewegung eine Unterdruckwelle, die sich gegen die Strömungsrichtung vom Brennraum weg entlang des Schwingrohrs bewegt. Am Sammler erfolgt durch den Querschnittssprung eine Reflexion der Unterdruckwelle. Die zum Brennraum zurücklaufende Überdruckwelle kann zur Verbesserung der Zylinderfüllung genutzt werden, wenn sie vor Schließen des Entlassventils im Brennraum ankommt.

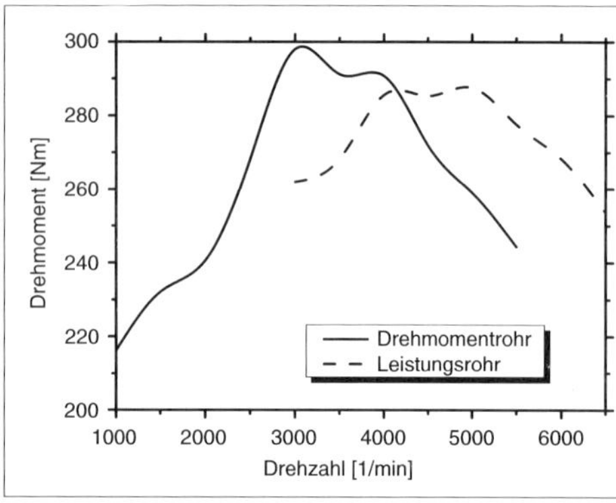

Bild 7-339 Drehmomentverlauf eines Sechszylindermotors mit Schaltsaugrohr

Die optimale Rohrlänge ist bei konstanter Schallgeschwindigkeit *a* umgekehrt proportional zur Motordrehzahl *n*. Um über einen weiten Drehzahlbereich eine gute Zylinderfüllung zu erreichen, werden zunehmend in allen Fahrzeugklassen Schaltsaugrohre eingesetzt, die zwischen kurzen und langen Schwingrohren umschalten können. Ein typischer Drehmomentverlauf für ein Schaltsaugrohr mit zwei Schwingrohrlängen ist in **Bild 7-339** dargestellt.

Mit steigender Komplexität der Sauganlagen hängt die Steigerung des Luftaufwands zunehmend von Fertigungsqualität und Materialgüte ab. **Bild 7-340** zeigt am Beispiel der Dichtungsqualität die Abhängigkeit des Luftaufwands von der Leckage. Eine Dichtung, die beim zweistufigen Schaltsaugrohr eine Steigerung des Luftaufwands ermöglicht, kann bei drei- und mehrstufigen Saugrohren durchaus wieder zu einer Verschlechterung des Luftaufwands führen.

Neben der Leckage über die Schaltelemente gibt es noch eine Reihe weiterer Einflussgrößen, die den Ladungswechsel im Saugrohr beeinflussen. **Bild 7-341** gibt einen Überblick über die möglichen Verlustquellen.

Hieraus ergibt sich für den Systemlieferanten moderner Sauganlagen die Notwendigkeit, bereits zu einem sehr frühen Zeitpunkt der Entwicklung die gesamte Sauganlage thermodynamisch und mechanisch zu

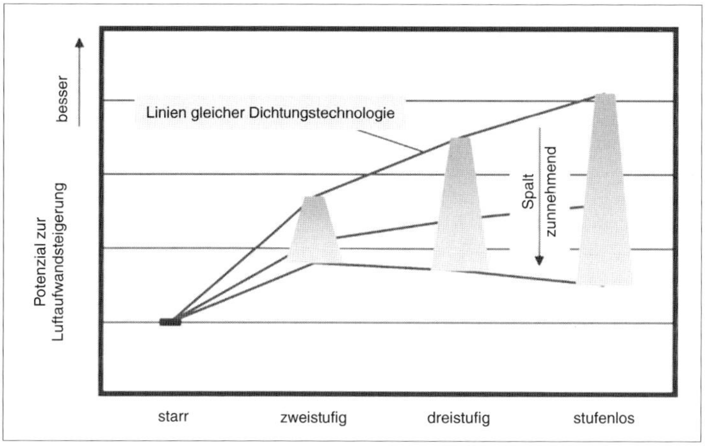

Bild 7-340 Einfluss der Dichtungstechnik bei Schaltklappen auf den Luftaufwand

definieren. Dies erfordert die Einbindung und Vernetzung sämtlicher CAE-Werkzeuge (Computer-Aided-Engineering) bereits zu Beginn der Entwicklung.

Literatur

Anwender, D.; Brodesser, K.; Morgillo, I.: Das variable Ansaugsystem für die V6-Ottomotoren von Audi. In: MTZ 65 (2004), Heft 10, S. 792–796

7.20.2 Akustik

Unter Schall versteht man mechanische Schwingungen und Wellen in einem elastischen Medium. Im Kapitel 7.20.1 wurde anhand **Bild 7-338** beschrieben, dass sich durch die Bewegung des Kolbens nach dem Öffnen des Einlassventils eine Unterdruckwelle entgegen der Strömungsrichtung bewegt. Diese Druckschwankungen werden als Schall über die Mündung des Ansaugsystems abgestrahlt (Mündungsgeräusch). Daneben regt die Pulsation im Innern der Bauteile die Wände zu Schwingungen an (Körperschall), die dann wiederum Luftschall abstrahlen. Von der Umwelt wird dieser Schall nicht immer als angenehm empfunden, weshalb es Geräuschgrenzwerte gibt, die von jedem Fahrzeug eingehalten werden müssen (siehe auch Kapitel 27).

Gesetzgebung

Die Geräuschproblematik eines Kraftfahrzeuges lässt sich in zwei Bereiche unterteilen:

- Fahrzeuginnengeräusch und
- Vorbeifahrgeräusch.

Während die Reduzierung des Innengeräusches einhergeht mit den gestiegenen Komfortansprüchen der Fahrzeuginsassen und damit auch dem Image einer Automobilmarke unterworfen ist, gilt für das Außengeräusch ein gesetzlich festgelegter Grenzwert für Kraftfahrzeuge bei der beschleunigten Vorbeifahrt. Das Verfahren zur Messung dieses Grenzwertes ist auf dem **Bild 7-342** dargestellt. Seit 1. Oktober 1995 dürfen Pkw den Wert von 74 dB(A) für die beschleunigte Vorbeifahrt nicht überschreiten.
Der akustische Gesamtpegel lässt sich ursächlich auf die Summe von wenigen Einzelgeräuschquellen zurückführen. Für das Vorbeifahrgeräusch sind dies:

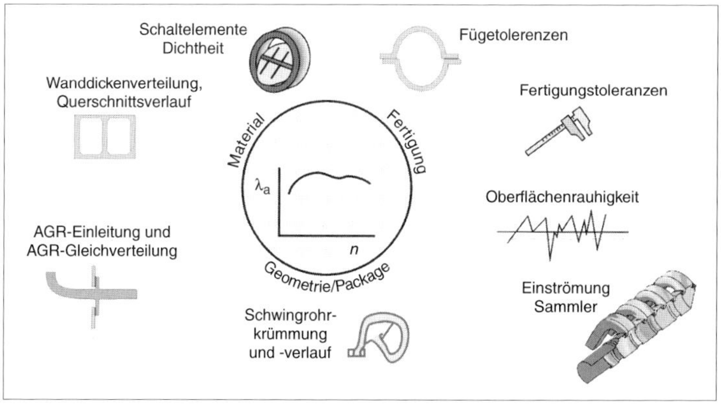

Bild 7-341 Einflussfaktoren auf den Luftaufwand bei Schaltsaugrohren

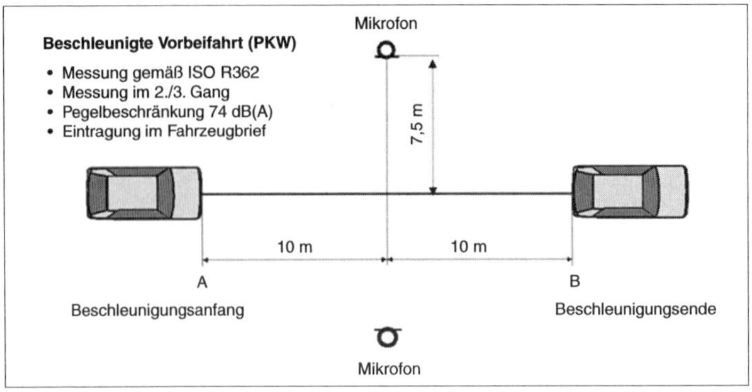

Bild 7-342 Kfz-Lärm: EG-Richtlinie 92/97/EG

Motorgeräusch, Ansaug- und Abgasgeräusch, Reifengeräusch und Windgeräusch.

Geräuschentstehung

Bei einem Verbrennungsmotor erzeugen die Kolben durch ihre Auf- und Abbewegung Luftdruckschwankungen (Luftpulsationen) und als Folge davon Luftschall. Der Kolben wirkt somit als aeropulsive Geräuschquelle. Durch Störungen der Luftströmung entlang der Ansauganlage können außerdem noch aerodynamische Quellen zu dem Ansauggeräusch beitragen.
In erster Linie wird dieses Geräusch über die Ansaugmündung emittiert und gelangt so direkt in die Umgebung. Ein zweiter Teil der Pulsationsenergie regt innerhalb der Ansauganlage die elastische Struktur zu Körperschallschwingungen an. Diese werden dann von den Außenflächen auf die umgebende Luft übertragen beziehungsweise über die Befestigungspunkte in die Karosserie eingeleitet. Diese Zusammenhänge sind auf dem **Bild 7-343** schematisch dargestellt.

Optimierungsmaßnahmen

Das Ziel der Maßnahmen zur Optimierung des Ansauggeräusches ist eine konsequente Akustikentwicklung, wobei das Geräusch schon im Entwurfsstadium reduziert werden sollte. Die Maßnahmen zur Optimierung des Geräusches unterteilt man in:

Primäre Maßnahmen: Sie nehmen Einfluss auf die Schallquelle. Bei den luftschallerregten Geräuschen bedeutet dies eine Verringerung der Wechseldrücke, bei den körperschallerregten Geräuschen eine Verringerung der anregenden Kräfte und eine Veränderung des Körperschallverhaltens und der Abstrahlung (Admittanz und Abstrahlgrad).

Sekundäre Maßnahmen: Sie vermindern nachträglich den entstandenen Luftschall und senken die Geräuschemissionen durch Schalldämpfer und/oder Kapselung.
Die aeropulsive Schallquelle der Ansauganlage ist der Motor; der Einfluss darauf kollidiert aber häufig mit den Zielvorgaben aus der Thermodynamik. Deshalb setzt man Sekundärmaßnahmen, wie Dämpferfilter und Nebenschlussresonatoren ein, um das Ansauggeräusch zu reduzieren. Die Wirkung einer akustischen Maßnahme auf das Mündungsgeräusch und auf den Ladungswechsel ist auf dem **Bild 7-344** beispielhaft dargestellt.

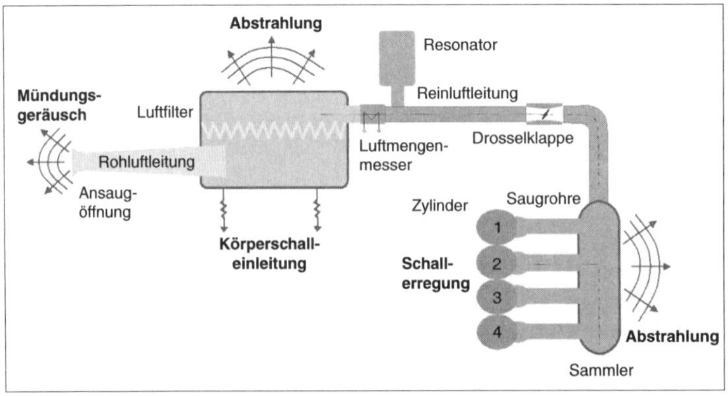

Bild 7-343 Geräuschquellen eines Ansaugsystems

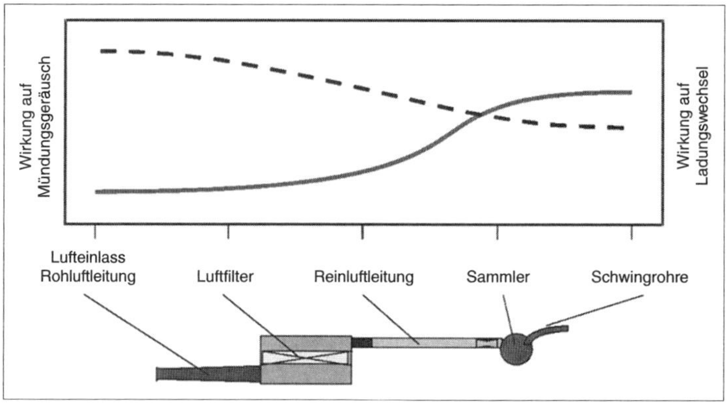

Bild 7-344 Wirkung auf das Mündungsgeräusch und den Ladungswechsel

Akustische Elemente von Rohrleitungssystemen

Für die Dämpfung von Ansauggeräuschen können verschiedenste akustische Prinzipien angewendet werden, siehe **Bild 7-345**. Die wichtigste Dämpferbauart ist im Prinzip wie ein sogenannter Reihenresonator aufgebaut. Darunter ist ein System nach der Form eines „Helmholtz"-Resonators zu verstehen, bei dem an eine Dämpferkammer ein Rohrstück angeschlossen ist. Im Prinzip wirkt ein solcher Resonator wie ein Feder-Masse-System, in dem die Feder durch die kompressible Luft in der Kammer, die Masse dagegen durch die Luftstöße im Rohr realisiert wird. Abhängig von seinen Abmessungen, lässt sich eine Resonanzfrequenz f_0 errechnen, bei der solch ein Resonator den eingeleiteten Schall verstärkt. Die Frequenz berechnet sich nach der Formel

$$f_0 = \frac{c}{2 \cdot \pi} \sqrt{\frac{A_w}{l_{\text{akust}} \cdot V}} \qquad (7.27)$$

wobei A_w der mittlere Querschnitt des Resonator-Halses, l_{akust} die effektive akustische Länge des Halses und V das Kammervolumen ist. Umgekehrt werden Frequenzen ab $f_0 \cdot \sqrt{2}$ gedämpft. Diesen Zusammenhang gilt es mit dem Dämpferfilter auszunutzen. Um möglichst gute Dämpfung zu erzielen, muss f_0 so tief wie möglich, das heißt weit unterhalb der im Betrieb auftretenden Frequenzen liegen. Das kann man mit Vergrößerung des Luftfiltervolumens, mit Verkleinerung des Ansaugquerschnitts oder mit einer Verlängerung des Ansaugrohres erreichen. Wegen des meist begrenzten Bauraums lässt sich das Gehäusevolumen nicht beliebig steigern. Auch ein stark verkleinerter Ansaugquerschnitt hat unerwünschte Nebenwirkungen, weil dadurch der Ansaugluftstrom gedrosselt wird. Ein erhöhter Druckverlust bedeutet aber immer auch ein Verlust an Motorleistung, weshalb in der Praxis der Druckverlust im Ansaugrohr dadurch in Grenzen gehalten wird, dass die Ansaugöffnung ähnlich einem Venturirohr diffusorartig gestaltet wird. Auch die Verlängerung des Ansaugrohres stößt an Systemgrenzen, birgt eine solche Maßnahme doch die Gefahr von Rohrresonanzen, die der Dämpfung dann bei bestimmten Frequenzen wieder entgegenwirken können. Deshalb sorgt nur eine exakte Abstimmung des Gesamtsystems für einen optimalen Kompromiss aus Aufwand und Rentabilität.

Akustische Mess- und Simulationswerkzeuge

Für die Auslegung eines Ansaugsystems stehen viele Werkzeuge zur Verfügung; insbesondere die Simulationswerkzeuge haben in den letzten Jahren an Bedeutung stark zugenommen, da mit ihnen in einem sehr frühen Stadium der Entwicklung schon Aussagen über das akustische Verhalten gemacht werden können. Neben der Finite-Elemente-Methode haben sich 1D-Berechnungsprogramme,

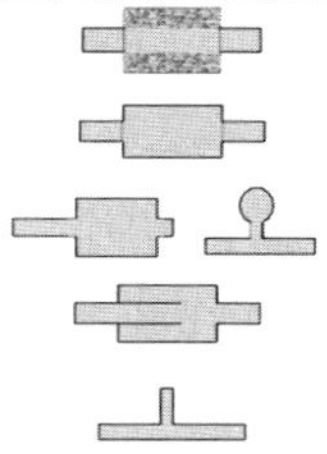

Typ	Bauformen	Einsatzbereich
Absorptionsdämpfer		Breitbandig, geeignet für mittler und höhere Frequenzen
Relexionsdämpfer		Relativ breitbandig, geeignet für tiefe und mittlere Frequenzen
Resonanzdämpfer		Schmalbandig, geeignet für tiefe und mittlere Frequenzen
Pfeifendämpfer		Schmalbandige, große Dämpfung, geeignet für mittlere Frequenzen oberhalb der Helmholtzresonanz
Abzweigpfeifendämpfer (λ/4-Rohr)		Schmalbandig, geeignet für mittlere Frequenzen

Bild 7-345 Bauformen von akustischen Dämpfern mit ihrem Einsatzbereich

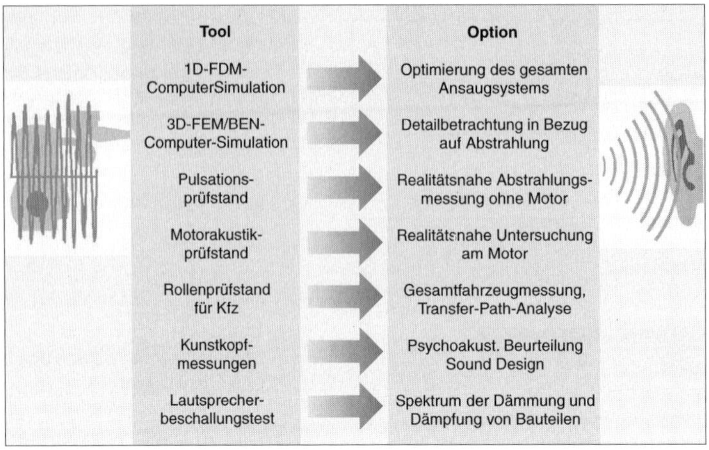

Bild 7-346 Akustische Mess- und Simulationswerkzeuge

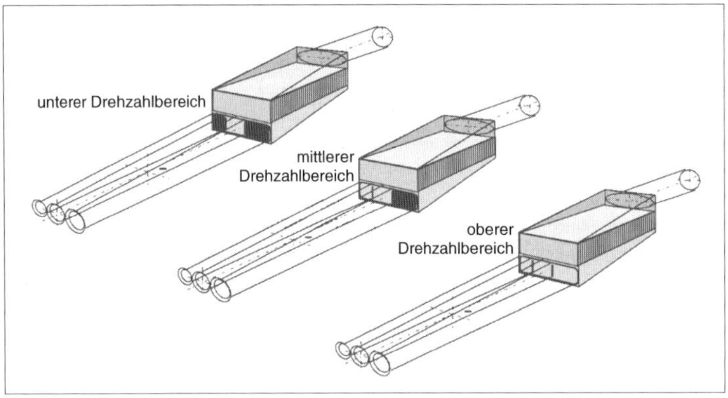

Bild 7-347 Stufig zuschaltbares Ansaugrohr

basierend auf der Transfermatrix-Methode oder der Finite-Differenzen-Methode, durchgesetzt. Letztere hat den Vorteil, dass neben den akustischen Größen auch thermodynamische Kennwerte berechnet werden können. Sobald erste Muster vorhanden sind, können die Berechnungsergebnisse an einfachen Bauteilprüfständen validiert werden. Eine abschließende Optimierung mit seriennahen Teilen erfolgt dann auf dem Motorakustikprüfstand beziehungsweise im Fahrzeug.

Neben der reinen Pegelminimierung spielt auch die Geräuschqualität eine immer wichtigere Rolle bei der Entwicklung. Hierfür werden mit Hilfe von Kunstkopfaufnahmen die Geräusche aufgenommen, um sie dann in Hörvergleichen subjektiv von Probanden beurteilen zu lassen.

In **Bild 7-346** sind die Werkzeuge dargestellt.

Zukünftige Systeme

Neben den passiven Maßnahmen finden bei Ansaugsystemen immer mehr adaptive Maßnahmen Verwendung. Vornehmlich zur Steigerung des Luftaufwandes werden Schaltsaugrohre eingesetzt. Aber auch bei Luftführungssystemen können diese Bauteile zur Optimierung des akustischen Verhaltens einge-

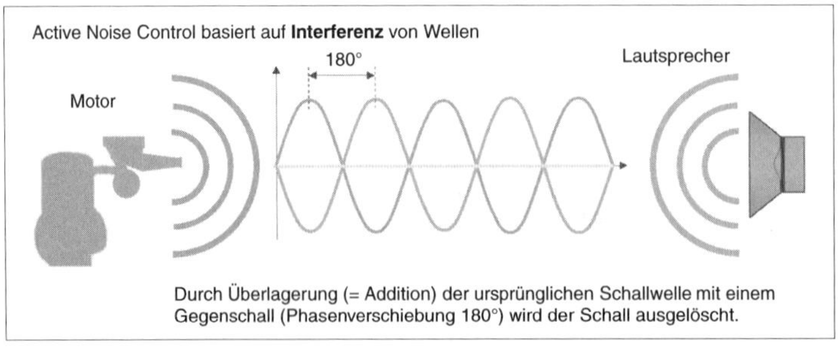

Bild 7-348 Active Noise Control

setzt werden. So kann zum Beispiel durch ein einstufig schaltbares Ansaugrohr im niederen Drehzahlbereich, wenn der Motor noch nicht seinen vollen Volumenstrom benötigt, ein kleinerer Ansaugquerschnitt verwendet werden, um so eine niederfrequente Abstimmung des Helmholtz-Resonators zu erreichen. **Bild 7-347** zeigt beispielhaft einen solchen Aufbau.
Mit dem Einzug der Elektronik in das Ansaugsystem könnten sich auch noch ganz andere Systeme durchsetzen, wie die Verwendung von Gegenschall zum Löschen von Geräuschen. Wird dem vom Motor kommenden Schall eine um 180° phasenverschobene Welle mit gleicher Amplitude entgegengeschickt, so löschen sich diese beiden Wellen aus. Dieses Prinzip wird auch als Active Noise Control bezeichnet und ist auf dem **Bild 7-348** dargestellt.

Literatur

[1] *Müller, K.; Mayer, W.*: Einfluss der Ventilgeometrie auf das Einströmverhalten in den Brennraum. 3. Aufl. Wiesbaden: Vieweg, 1999
[2] *Wild, S.*: Torque vs. Power – No Conflict with Highly Variable Resonance Runners; Global Powertrain Congress, Detroit 2001
[3] *Weber, O.; Wild, St.*: Leistung plus drehmoment – optimierte Sauganlage mit voll variablen Resonanzrohren; 22. Internationales Wiener Motorensymposium 2001; VDI Fortschrittsberichte Reihe 12, Nr. 455, Band 2, S. 320–332
[4] *Alex, M.*: Akustikoptimierung bei der Filterentwicklung; Haus der Technik Essen, 1996
[5] *Weber, O.*: topsys – A New Concept for Intake Systems; SAE 98 „Merra“
[6] *Weber, O.; Paffrath, H.; Beutnagel, H.; Cedzich, W.*: Thermodynamische und akustische Auslegung von Ansaugsystemen für Fahrzeugmotoren unter Berücksichtigung fertigungstechnischer Belange; 19. Internationales Wiener Motorensymposium, Mai 1998
[7] *Paffrath, H.; Hummel, K.-E.; Alex, M.*: Technology for Future Intake Air Systems; SAE, März 1999
[8] *Weber, O.; Vaculik, R.; Füßer, R.; Pricken, F.*: Qualitativ hochwertige Akustik von Ansaugsystemen und Kunststoffen – ein Widerspruch?; High Quality Acoustics of Plastic Intake Systems – Vision or Contradiction?; 20. Internationales Wiener Motorensymposium, Mai 1999
[9] *Pricken, F.*: Active noise concellation in future air intake systems; SAE 2000
[10] *Pricken, F.*: Sound Design in the Passenger Compartment with Active Noise Control in the Air Intake System; SAE 2001
[11] DIN ISO 362 Akustik, Messung des von beschleunigten Straßenfahrzeugen abgestrahlten Geräusches; Verfahren der Genauigkeitsklasse 2 (ISO 362 AMD 1-1985, ISO 382; 1981)

7.21 Dichtsysteme

Dichtungen sind im Verbrennungsmotor in vielen Varianten und Werkstoffen vertreten. Üblicherweise wird man auf diese meist unscheinbaren Konstruktionselemente erst dann aufmerksam, wenn sie versagen. In diesen Fällen ist jedoch meist die Funktion des gesamten Systems gefährdet. Der hohe Stellenwert des Bauteils Dichtung zeigt sich schon während der Motorentwicklung. Ohne funktionsfähige Abdichtung kann praktisch keine sinnvolle Komponentenerprobung erfolgen.
Moderne Dichtsysteme arbeiten heute sehr zuverlässig. Mit hohem Entwicklungsaufwand wurden Lösungen geschaffen, die eine langlebige und sichere Funktion auch unter kritischen Randbedingungen, wie zum Beispiel aggressiven Medien, hohen Drücken und Temperaturen sicherstellen.
In diesem Kapitel soll dem Leser ein Überblick über die unterschiedlichen Dichtungsbauarten, deren Anwendung sowie die funktionellen Grundlagen vermittelt werden.

7.21.1 Zylinderkopfdichtungssysteme

Der Zylinderkopfdichtung (ZKD) kommt in modernen Motoren eine zunehmend wichtigere Bedeutung zu. Neben der Abdichtung des Brennraums, der Kühlmittelbereiche und der Öldurchgänge dient die Zylinderkopfdichtung als Kraftübertragungsglied zwischen Zylinderkopf und Kurbelgehäuse. Daraus resultiert ein erheblicher Einfluss auf die Kraftverteilung innerhalb des gesamten Verspannungssystems und die dadurch verursachten elastischen Bauteilverformungen.
Steigende Anforderungen bezüglich Verbrauchs- und Emissionsreduzierung führen zu gewichtsoptimierten Motorkonstruktionen und speziell beim Dieselmotor zu höheren Zünddrücken. Durch die Verwendung von Leichtmetall und reduzierten Guss-Wanddicken ist mit einer weiteren Verringerung der Bauteilsteifigkeit zu rechnen. Um die für das Abgasverhalten schädlichen Zylinderverzüge weiter abzusenken, wird eine Reduzierung der Schraubenkräfte angestrebt. Durch diese Maßnahmen ergeben sich für die Zylinderkopfdichtung erheblich höhere Belastungen in Form von dynamischen Dichtspaltschwingungen. Die Brennraumabdichtung muss in der Lage sein, bei allen Betriebsbedingungen die erforderliche Mindestdichtkraft dauerhaft zu gewährleisten. Daraus resultieren sehr hohe Anforderungen an die Dauerhaltbarkeit des verwendeten Abdichtsystems.

7.21.1.1 Ferrolastic-Weichstoff-Zylinderkopfdichtungen

Die Zylinderkopfdichtung aus asbestfreien Ferrolastic-Weichstoffen, **Bild 7-349**, ist das System, das nach der Umstellung auf asbestfreie Werkstoffe Ende der 1980er Jahre hauptsächlich zur Anwendung kam. Der Aufbau besteht aus einem gezackten Trägerblech mit beidseitig aufgewalztem Weichstoff.
Durch die überwiegend flächige Abdichtwirkung ist eine hohe Schraubenkraft erforderlich. Die Nachteile dieses Systems liegen in den vergleichsweise niedrigen elastischen Rückfederungseigenschaften. Hohe dynamische Dichtspaltschwingungen oder thermische Pressungsänderungen können nicht kompensiert werden und sind nur teilweise durch höhere Schraubenkräfte auszugleichen. Insbesondere thermisch hochbeanspruchte Motoren mit geringen Stegbreiten

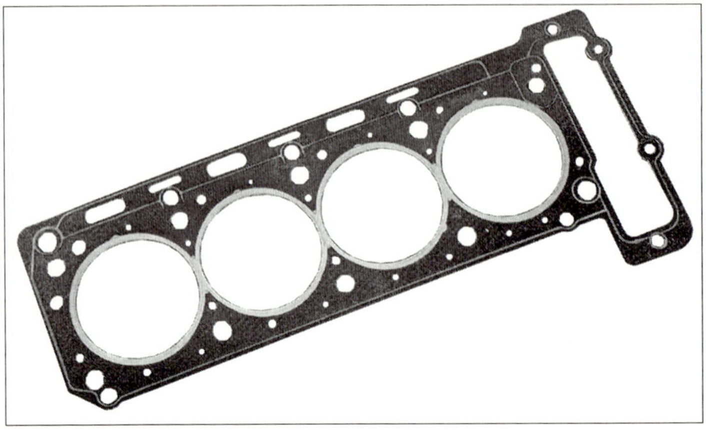

Bild 7-349 Ferrolastic-Weichstoff-ZKD

und großen Dichtspaltschwingungen haben die Grenzen dieses Systems aufgezeigt und zur Entwicklung leistungsfähigerer Systeme geführt.

7.21.1.2 Metall-Elastomer-Zylinderkopfdichtungen

Metall-Elastomer-Zylinderkopfdichtungen, **Bild 7-350**, kommen heute hauptsächlich bei schweren Nfz-Motoren zum Einsatz. Kennzeichnend für das Funktionsprinzip dieser Bauart, **Bild 7-351** ist die Funktionstrennung zwischen Brennraum- und Flüssigkeitsabdichtung und das hohe Potenzial der jeweiligen Dichtsysteme. Zur Abdichtung des Brennraums werden neben rein plastischen Sickenkonzepten auch elastische Systeme eingesetzt. Die Flüssigkeitsdurchtritte werden mit Elastomerdichtlippen hoher Anpassungsfähigkeit und elastischer Rückfederung abgedichtet. Durch die Auswahl eines geeigneten Elastomerwerkstoffs lässt sich die Alterungsbeständigkeit gegen die Medien Kraftstoff, Kühlmittel und Öl sicherstellen. Je nach Gesamtkonzept der Dichtung können die Elastomerlippen an die Dichtungsplatte stirnseitig oder auf die Oberfläche direkt angespritzt werden. Alternativ dazu kommen auch so genannte Inserts, das heißt Metallträger mit anvulkanisierter Dichtlippe, zur Anwendung.

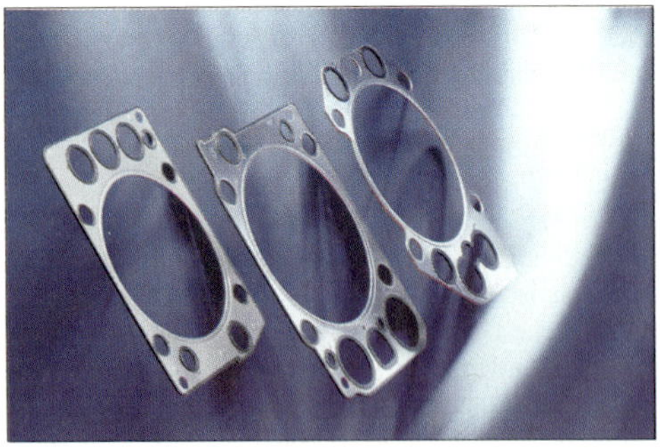

Bild 7-350 Metall-Elastomer-ZKD

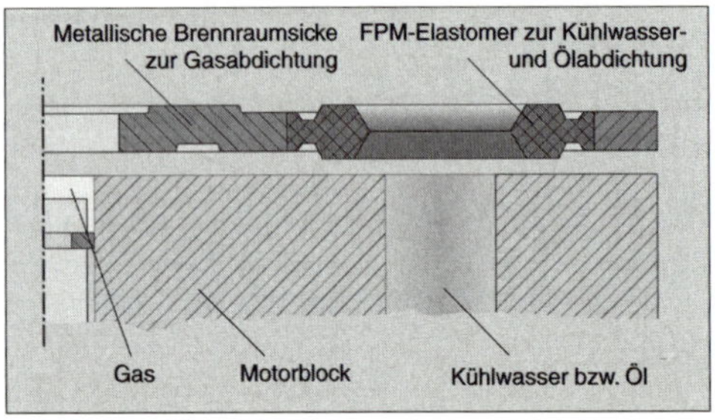

Bild 7-351 Brennraumschnitt durch eine Metall-Elastomer-ZKD

Zur Vermeidung von Bauteilverzügen und zur gezielten Pressungseinleitung in die angrenzenden Bauteile können optional Abstützelemente im Außenbereich der Dichtung vorgesehen werden.

Da die Elastomerelemente nur unbedeutende Dichtkräfte im Verhältnis zur Schraubenkraft benötigen, kann nahezu die gesamte Schraubenkraft für die Brennraumabdichtung und gegebenenfalls für die Bauteilabstützung eingesetzt werden. Dadurch wird die verfügbare Schraubenkraft sehr effizient genutzt; der Bauteilverzug oder die Anzahl der Schrauben kann reduziert werden.

7.21.1.3 Metalllagen-Zylinderkopfdichtungen Metaloflex®

Seit 1992 werden Mehrlagen-Stahldichtungen als Zylinderkopfdichtungen, **Bild 7-352** in Großserien eingesetzt. Speziell bei modernen Dieselmotoren sowie bei hochbeanspruchten Ottomotoren war mit den bis dahin verwendeten Weichstoffdichtungen nur mit höchstem Aufwand eine serientaugliche Lösung darzustellen. Der wesentliche Vorteil der Metalllagen-ZKD für den Entwickler besteht darin, dass die Dichtungsauslegung zielsicher auf die technischen Anforderungen des Motors angepasst wird und damit kosten- und vor allem zeitaufwändige Iterations-

Bild 7-352 Metalllagen-ZKD

schritte vermieden werden. Die Metalllagen-ZKD ist, entsprechend der Anwendung, ein- oder mehrlagig aufgebaut.

Funktion

Die Abdichtfunktion der Metalllagen-ZKD wird im Wesentlichen durch die Sicken in den Federstahllagen bestimmt. Die Verformungscharakteristik ermöglicht einerseits eine plastische Anpassung an die Bauteilsteifigkeiten und andererseits ein hohes Rückfederungsvermögen zur Kompensation von dynamischen Dichtspaltschwingungen und thermischen Bauteilverformungen. Durch die Verwendung von Halbsicken im Flüssigkeitsbereich und üblicherweise Vollsicken am Brennraum werden jeweils die zur Abdichtung erforderlichen Linienpressungen erreicht, **Bild 7-353**.

Am Umfang des Brennraums werden die Motorbauteile durch den Stopper elastisch vorgespannt. Damit wird eine Reduzierung der durch die Gaskraft verursachten Dichtspaltschwingungen erreicht und gleichzeitig eine unzulässige Verformung der Vollsicken verhindert. Die üblichen Stopperdicken liegen im Bereich 100 bis 150 µm. Zur Realisierung der geforderten Einbaudicke oder unterschiedlicher Dickenabstimmungen für Dieselmotoren kann eine Zwischenlage, die keinerlei Einfluss auf die Abdichtfunktion hat, eingefügt werden.

Bisher wurden lasergeschweißte und umgefalzte Stopperlagen sehr erfolgreich in Serie eingesetzt, inzwischen wird der Generationswechsel zu geprägten Stoppern vollzogen. Neben der dauerhaften Gewährleistung der Stopperwirkung gelingt es mit diesem Konzept, zusätzliche Funktionen in die Dichtung zu integrieren. Durch die Einbindung des geprägten Stoppers in eine ohnehin vorhandene Dichtungslage werden wirtschaftlichste Lösungen erreicht. Grundsätzlich ist zwischen Stopperprägungen in den Federstahllagen und im Trägerblech zu unterscheiden. Die Herstellverfahren für Karo- und Mäanderstopper erlauben nahezu jegliche geometrische Profilierung, sowohl bezüglich der Stopperbreite, als auch der Stopperdicke. Über den Bereich der klassischen Stopperfläche hinaus eröffnet sich für den Konstrukteur die Möglichkeit, fast überall auf der Dichtung zusätzliche Abstützungen darzustellen.

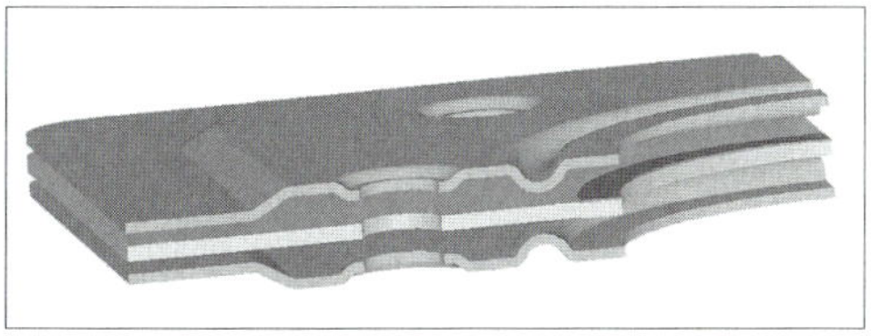

Bild 7-353 3D-Querschnitt durch eine Metalllagen-ZKD

Applikationsbeispiele

Mäanderstopper in Federstahllagen

Mit dem Mäanderstopper wird die vom Motor geometrisch vorgegebene Fläche für den Stopper ideal ausgenutzt. Eine in Mäanderform geprägte „Mikrosicke" erzeugt eine Verdickung, die mit nahezu identischer Steifigkeit den geschweißten Stopper substituieren kann, **Bild 7-354**. Der Grund: Die durch die Mäandergeometrie bedingten zahlreichen Windungen erhöhen die Steifigkeit des Stoppers, so dass ein Setzen im Motorbetrieb und ungewollte Elastizität vermieden werden. Denn ein derartiger elastischer Stopper würde zu einer Erhöhung der Dichtspaltschwingungen unter Zünddruck im Motor führen und sich damit negativ auf die Dauerhaltbarkeit des Systems auswirken.

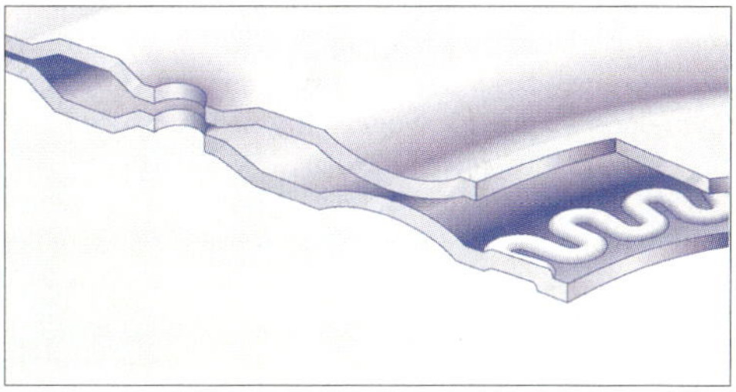

Bild 7-354 Der Mäanderstopper erreicht nahezu die identische Steifigkeit wie ein lasergeschweißter Stopper

Karostopper im Trägerblech

Der geprägte Stopper im Trägerblech verfügt über eine Karogeometrie, **Bild 7-355**. Die beidseitig eingeprägten pyramidenstumpfförmigen Vertiefungen erzeugen auf der jeweils gegenüberliegenden Seite Aufwerfungen, die in einem zweiten Arbeitsgang kalibriert, das heißt auf die beabsichtigte Stopperdicke geprägt werden. Damit wird eine erhebliche Kaltverfestigung im duktilen Grundmaterial erreicht, so dass eine Stopperstruktur mit sehr hoher mechanischer Festigkeit entsteht. Die derart hergestellten Stopper sind in der Steifigkeit vergleichbar mit ge-

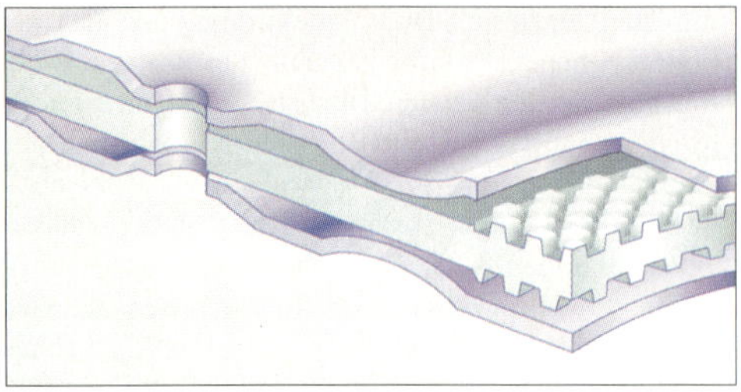

Bild 7-355 Der Karostopper kommt bei nahezu allen Zylinderkopfdichtungen mit Trägerblech zur Anwendung

schweißten Stoppern. Der beschriebene Kalibrierprozess kann sowohl mit planen als auch mit profilierten Werkzeugen erfolgen; dadurch lassen sich auch topographische Stopper in einem sehr wirtschaftlichen Verfahren produzieren.

Variable Stopperdicke

Mit der Gestaltung des Stoppers kann gezielt Einfluss auf die Pressungsverteilung und damit auf die Dichtspaltschwingung genommen werden. Im Stopperbereich ist die Dichtungsdicke, entsprechend der Motorsteifigkeit, um üblicherweise 0,10 bis 0,15 mm erhöht. Dadurch wird eine Pressungserhöhung und elastische Vorspannung des Dichtverbands erzielt, **Bild 7-356**. Gerade mit den geprägten Stoppern lässt sich nahezu jede für die Motorbauteile erforderliche topographische Ausbildung des Stoppers erreichen. Die Höhenprofilierung, **Bild 7-357**, kann sowohl für jeden Zylinder als auch für weitere Bereiche auf der Dichtung variabel festgelegt werden.
Durch den topographischen Stopper besteht die Möglichkeit, inhomogene Bauteilsteifigkeiten zu kompensieren. Bereiche mit niedrigeren Steifigkeiten können dadurch vorgespannt und somit die Pressungsbeaufschlagung vergleichmäßigt werden. Auf diese Weise wird die zur Verfügung stehende Schraubenkraft exakt auf die gewünschten Bereiche verteilt und dadurch optimal eingesetzt.

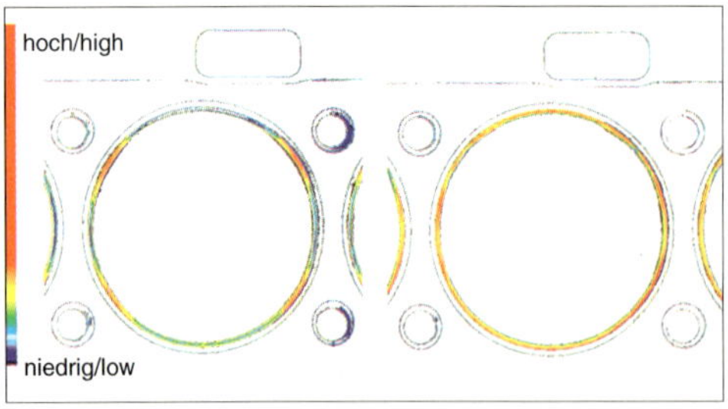

Bild 7-356 Vergleich der Pressungsverteilung, links ein Stopper mit konstanter Dicke und rechts der optimierte Stopper mit variabler Dicke

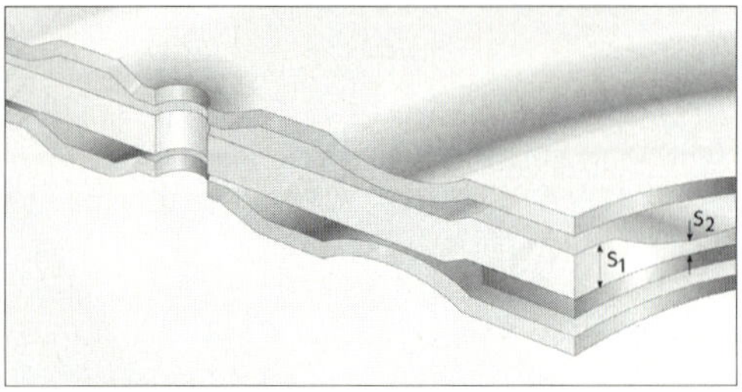

Bild 7-357 3D-Ansicht einer ZKD mit höhenprofiliertem Stopper

Da die ZKD ein zentrales Element des Verspannungssystems zwischen Zylinderkopf und -block ist, kann mit ihr die Pressungsverteilung und damit die Krafteinleitung in die Motorbauteile exakt gesteuert werden. Durch die Verwendung zusätzlicher Abstützelemente lassen sich Durchbiegungen und die Spannungsverteilung in Kopf und Block optimieren. Die Abstützelemente sind aufgrund der speziellen Prägetechnologie von nahezu an jeder Stelle der Dichtung auch in Kombination mit konventionellen Stoppern, möglich. Dies ist sowohl mit Mäander- als auch mit Karostoppern realisierbar.
Durch die Auslegung der Dichtung werden die Verformungen der Motorbauteile unter Berücksichtigung der Schraubenkraft gezielt beeinflusst und begrenzt. Auf diese Weise lassen sich auch Spannungen in den Motorbauteilen reduzieren, womit beispielsweise Risse in Zylinderköpfen wirksam verhindert werden können. Wegen der hohen lokal eingeleiteten Schraubenkräfte sind üblicherweise die Zylinderkopfverzüge an den Endzylindern deutlich erhöht. Abstützungen in diesen Bereichen, **Bild 7-358**, zur Optimierung der Lagergassenverzüge werden seit langem bei zahlreichen Motoren eingesetzt. Sie begrenzen die Durchbiegung des Zylinderkopfs auf ein Minimum, **Bild 7-359**, und verringern dadurch die Biegebeanspruchungen in der Nockenwelle. Ein weiterer positiver Effekt ist die Reduzierung von Laufgeräuschen durch erhöhtes Lagerspiel.

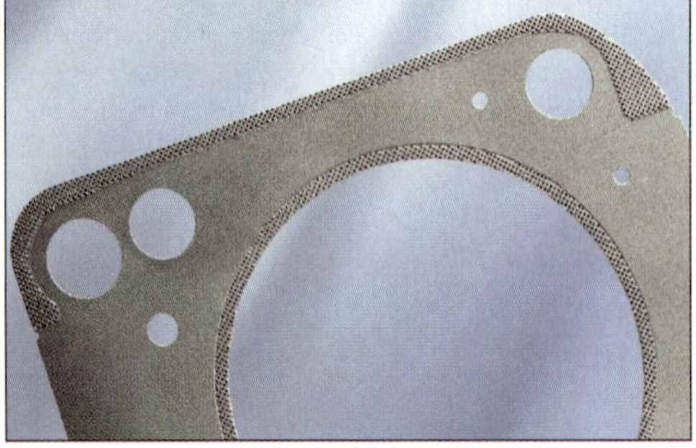

Bild 7-358 Trägerlage mit stirnseitigen Karo-Abstützelementen

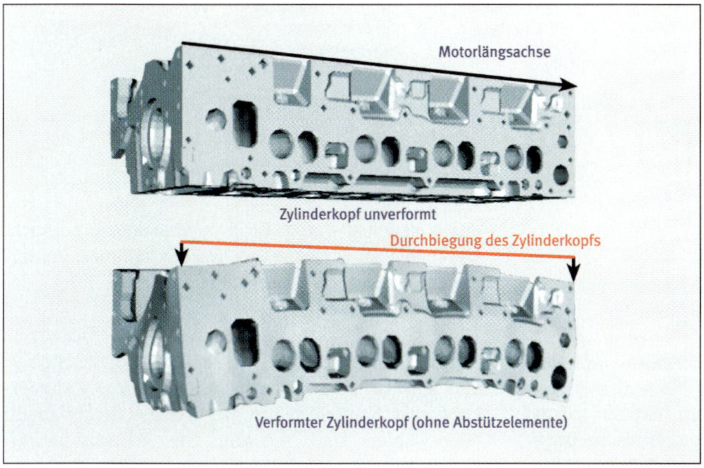

Bild 7-359 Zylinderkopfverformung mit und ohne stirnseitige Abstützelemente

Mehrfunktionslagen-Design, **Bild 7-360**

Zu große Dichtspaltschwingungen führen zu einer dynamischen Überbeanspruchung der Sicken; speziell die Vollsicken am Brennraum sind dabei gefährdet. Es kommt zur Relaxation, das heißt zur Abnahme der Sickenkraft und des Rückfederungspotenzials oder gar zu Sickenrissen. Die mit Sicken versehenen Funktionslagen der Metaloflex-ZKD kompensieren durch ihr Rückfederungsvermögen die im Motor auftretenden Dichtspaltschwingungen. Durch die Verwendung mehrerer Funktionslagen kann die Gesamtamplitude auf die Einzellagen aufgeteilt und damit auf ein akzeptables Niveau reduziert werden. Das Gesamt-Rückfederungsvermögen der Dichtung steigt mit der Anzahl der verwendeten Funktionslagen. Dadurch werden auch bei niedrigen Schraubenkräften und hohen Spitzendrücken die Funktion und Dauerhaltbarkeit sichergestellt.

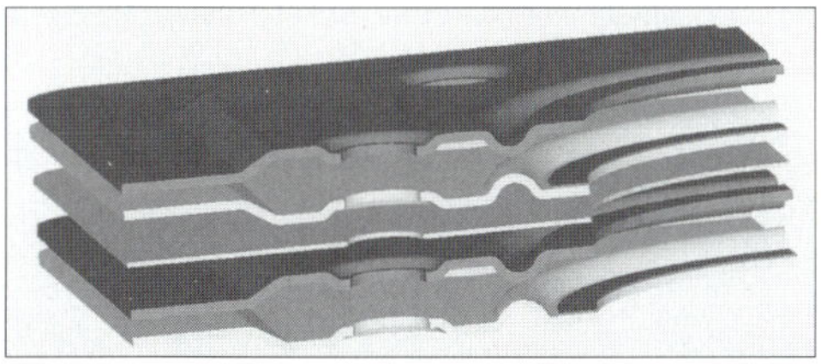

Bild 7-360 3D-Ansicht einer ZKD im Mehrfunktionslagen-Design

Partielle Elastomerbeschichtung, **Bild 7-361**

Durch die partielle Beschichtung werden nur die für die Abdichtung relevanten Oberflächenbereiche der Zylinderkopfdichtung beschichtet. Dadurch besteht die Möglichkeit, die Beschichtung auf den frei im Kühlmittel oder Öl stehenden Dichtflächen auszusparen und somit unter kritischen Randbedingungen Beschichtungsablösungen auszuschließen.

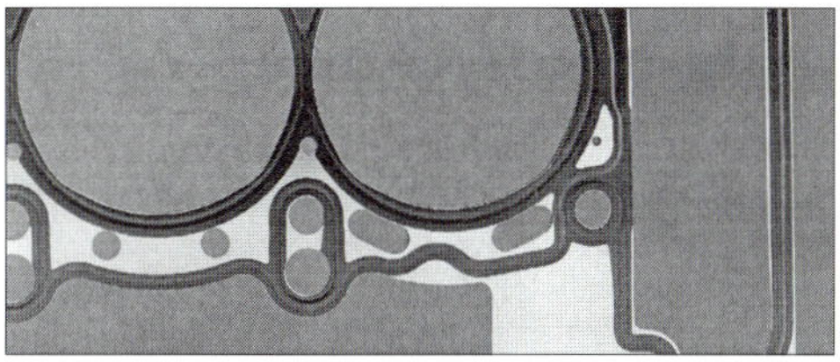

Bild 7-361 Metalllagen-ZKD mit partieller Beschichtung

Weitere Vorteile dieses Verfahrens liegen darin, dass durch das spezielle Auftragsverfahren sowohl die Schichtdicke als auch das Beschichtungsmedium anwendungsbezogen ausgewählt werden können. Den zum Teil unterschiedlichen Beschichtungsanforderungen im Brennraum- und im Flüssigkeitsbereich kann damit gezielt Rechnung getragen werden. Für die Kühlmittel- und Ölabdichtung sind beispielsweise bei großen Bauteilrauigkeiten oder Poren eine höhere Schichtdicke und ein weicheres Elastomer vorteilhaft. Gleichzeitig sind zur Abdichtung des Zünddrucks im Brennraumbereich niedrigere Schichtdicken erforderlich. Diese Zielkonflikte können durch die selektive Beschichtung gelöst werden.

Doppelstopper-Design für Buchsenkonstruktionen

Für Buchsenkonstruktionen ist in vielen Fällen eine angepasste Dichtungsauslegung notwendig. Um plastische Deformationen und ein Absinken der Buchsen zu vermeiden, müssen die erforderlichen Abdicht- und Vorspannkräfte gezielt in den Dichtverband eingeleitet werden, **Bild 7-362** und **7-363**.
Durch die Verwendung eines so genannten Doppelstoppers wird die Kraftbeaufschlagung der Buchse gezielt definiert. Bei dieser Konstruktion liegt ein erster geprägter Stopper, wie bei Standardauslegungen, auf der Buchse entlang des Brennraumumfangs

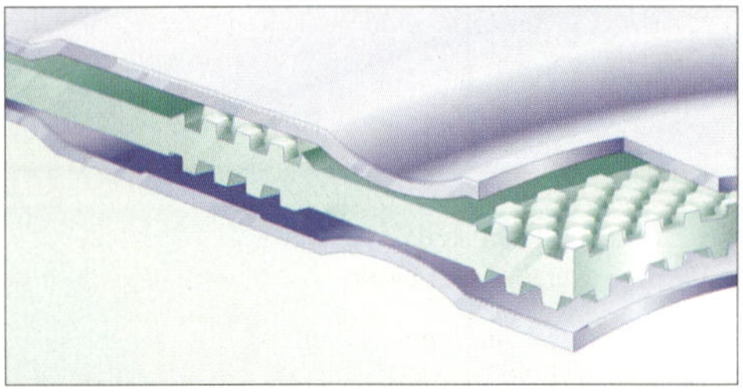

Bild 7-362 3D-Ansicht einer ZKD mit Doppelstopper: Falzbördel

und ein zweiter Stopper hinter der Sicke auf dem Kurbelgehäuse.

Für ein optimales Betriebsverhalten darf die auf die Buchse wirkende Stopperkraft keine plastische Buchsenabsenkung verursachen. Durch die Prägung unterschiedlicher Stopperdicken wird die Pressungsverteilung auf den beiden Stoppern individuell gesteuert. So kann beispielsweise der außen liegende Stopper eine um 20 µm größere Dicke aufweisen, wodurch der größte Teil der Vorspannkraft nicht auf die Buchse, sondern auf den äußeren Bereich des Zylinderrohrs geleitet wird. Durch diese Maßnahme wird einerseits die erforderliche Bauteilvorspannung gewährleistet und andererseits eine Buchsenabsenkung vermieden. In vielen Fällen lässt sich durch die Zweiteilung des Stoppers eine erhebliche Reduzierung der Zylinderverzüge erreichen.

Stopperloses Design

Bei Ottomotoren, speziell bei Verwendung von Leichtmetallkurbelgehäusen, kann unter bestimmten Voraussetzungen auf den Stopper verzichtet werden. Auf diese Weise werden die durch die Zylinderkopfdichtung verursachten elastischen Bauteilverzüge drastisch vermindert. Neben der Reduzierung von Zylinderverzügen können auch Verformungen im Bereich der Ventilsitze deutlich verringert werden.

Allerdings erfordert die Auslegung dieses Konzepts eine exakte Anpassung der Sickengeometrien an die Bauteilgegebenheiten. Bei den üblicherweise verwendeten Dichtungen mit Stopper ist die Verformung

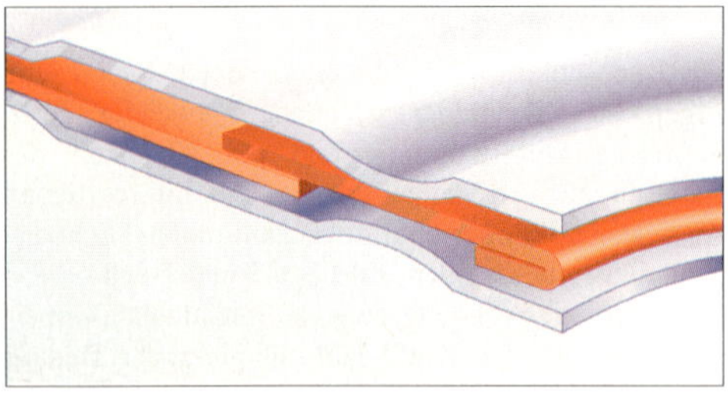

Bild 7-363 3D-Ansicht einer ZKD mit Doppelstopper: Karodesign

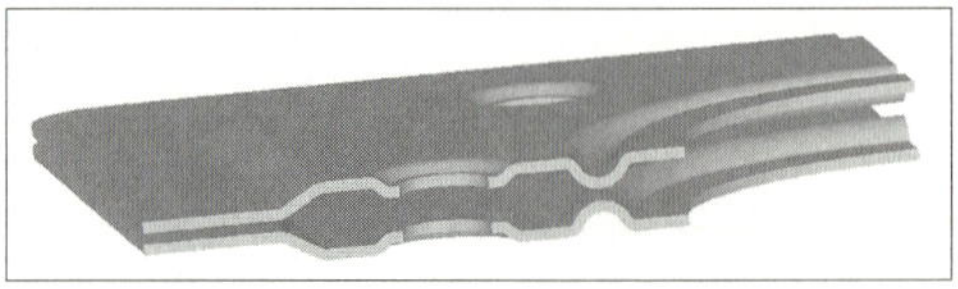

Bild 7-364 3D-Ansicht einer ZKD ohne Stopper

der Vollsicken durch die Stopperdicke vorgegeben. Durch diesen Sickenschutz werden optimale Bedingungen bezüglich Dauerhaltbarkeit und Rückfederungsvermögen erreicht.

Ohne Stopper, **Bild 7-364**, hängt die Sickenverformung im Wesentlichen von der Bauteilsteifigkeit ab. Das heißt je nach Steifigkeit von Zylinderkopf und Kurbelgehäuse werden die Sicken mehr oder weniger stark verformt. Um einerseits ausreichende Dichtpressungen und andererseits optimale Dauerhaltbarkeit zu erreichen, ist eine individuelle Anpassung an die Motor-Randbedingungen erforderlich.

Integrierte Zusatzfunktionen

Durch die Integration eines hochempfindlichen Sensorsystems direkt in die Zylinderkopfdichtung – integrierte Dichtspaltsensorik (IDS). **Bild 7-365** – können Vorgänge im Motor noch zuverlässiger wahrgenommen werden.

Das Sensorsystem macht sich die enormen Drücke zu Nutze, die bei der Verbrennung im Zylinder entstehen. Diese Drücke bewirken eine Relativbewegung zwischen Motorblock und Zylinderkopf. Der Sensor registriert die Bewegung und ist dadurch beispielsweise in der Lage, Unregelmäßigkeiten im Motor – etwa Fehlfunktionen bei der Verbrennung – frühzeitig zu erkennen.

Die Messung von Kühlmittel- und Bauteiltemperaturen im Motor gewinnt zunehmend an Bedeutung, da im Zusammenhang mit zum Beispiel kennfeldgesteu-

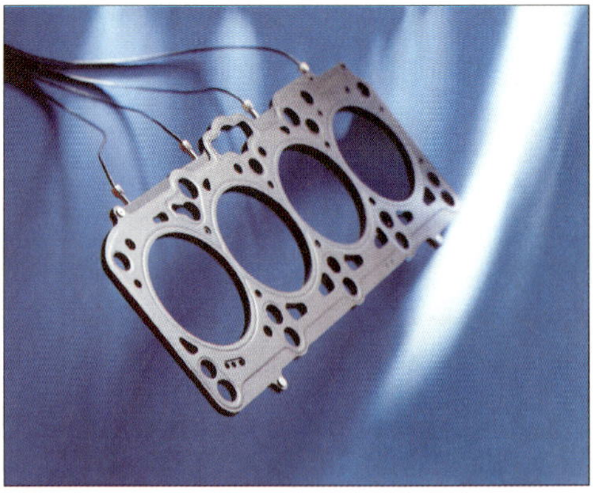

Bild 7-365 ZKD mit integrierter Dichtspaltsensorik (IDS)

erter Kühlung an den bisher verwendeten Messstellen kaum repräsentative Werte erfasst werden können. Speziell in Betriebsbereichen mit keiner oder nur geringer Kühlmittelströmung muss die Temperatur zwangsläufig im Motor an kritischen Stellen gemessen werden.

7.21.1.4 Ausblick

Die Anforderungen zukünftiger Motorkonstruktionen an die Zylinderkopfdichtung sind im Wesentlichen durch höhere Spitzendrücke, höhere thermische Beanspruchung, reduzierte Bauteilsteifigkeiten und neue Werkstoffe gekennzeichnet.
Die Metalllagen-Zylinderkopfdichtung bietet durch ihren modularen Aufbau alle Möglichkeiten zur individuellen Anpassung an die spezifischen Motorrandbedingungen. Durch die konstruktive Freiheit dieses Systems wird eine gezielte Beeinflussung der Verspannung und Pressungsverteilung im Motor möglich. Dadurch kann die zur Verfügung stehende Schraubenkraft, bei gleichzeitig minimierten Bauteilverzügen, effizient eingesetzt werden. Die weiterentwickelte Metalllagen-Zylinderkopfdichtung Metaloflex® stellt auch in Zukunft ein sicheres, langlebiges und kostengünstiges Abdichtkonzept dar.
Die Metall-Elastomer-Technologie wird auch weiterhin die beherrschende Zylinderkopfdichtungsbauart im Bereich der schweren Nutzfahrzeugmotoren sein. Durch die Funktionstrennung von Brennraum- und Flüssigkeitsabdichtung ist eine optimale Anpassung der Abdichtung, speziell bei Motoren mit nassen Laufbuchsen, an die besonderen Anforderungen gegeben.

7.21.2 Spezialdichtungen

7.21.2.1 Funktionsbeschreibung der Flachdichtung

Mit Flachdichtungen lassen sich hocheffektive, kostengünstige Abdichtungen sowohl für eine Vielzahl flüssiger Medien als auch für Gase realisieren. Druck- und Temperaturbelastungen sind in einem weiten Rahmen beherrschbar. Die Anforderungen an die Flanschflächen der abzudichtenden Bauteile sind gering; mit dem Messerkopf eben bearbeitete Oberflächen sind ausreichend. Um eine sichere Abdichtung zu erreichen, muss bei statischen Flachdichtungen eine ausreichende Flächenpressung in allen Betriebszuständen gewährleistet sein. Einflussparameter wie Betriebsmedien, Schwankungen von Temperatur und Betriebsdruck, konstruktive Elemente (zum Beispiel Schrauben und Dichtflächen), die Lage der Dichtung im Verbund und auch das Langzeitverhalten der Dichtung selbst auf den Dichtverband müssen bei der Auslegung berücksichtigt werden.
Somit ergibt sich folgendes Anforderungsprofil an das Dichtelement:

- Adaption an Bauteiloberflächen (Mikrostruktur – Rauigkeit/Makrostruktur – Unebenheit)
- Druckstandfestigkeit (Setzverhalten) unter Wärme und/oder Medieneinwirkung
- Dichtheit über die Oberfläche der Dichtung
- Querschnittsdichtheit im Dichtungswerkstoff
- Mechanische Stabilität (Zugfestigkeit)
- Elastische Rückstelleigenschaften
- Temperaturbeständigkeit.

Demzufolge ist die ideale Dichtung ein gummielastisches Metall mit hoher Festigkeit sowie Medien- und Temperaturbeständigkeit.

7.21.2.2 Weichstoffdichtungen

Das Einsatzgebiet von Weichstoffdichtungen (**Bild 7-366** ist breit gefächert. Sie sind aus einem Compositematerial aufgebaut, das aus Fasern, Füllstoffen und Bindemitteln besteht, **Bild 7-367**. Seit Ende der 1980er Jahre wurden die als IT-Materialien (Gummi-Asbest) bekannten Weichstoffdichtungen fast 100%ig durch asbestfreie Qualitäten ersetzt. Bei hochwertigen Weichstoffdichtungen wurde die Asbestfaser weitgehend durch die Aramidfaser substituiert. Diese hat ausgezeichnete mechanische und thermische Eigenschaften. Zellulose und Mineralfasern finden in kostengünstigen Dichtungsmaterialien mit untergeordneten Anforderungen Verwendung.
Die Vielzahl der vorhandenen Werkstoffqualitäten, wie zum Beispiel EWP®-Dichtungswerkstoffe, ermöglicht für fast jeden Anwendungsfall die Auswahl eines geeigneten Dichtungsmaterials. Weichstoffdichtungsmaterial steht im Dickenbereich von 0,20 mm bis über 2,5 mm zur Verfügung. Über die Materialdicke lässt sich eine Dichtung hinsichtlich der Parameter Anpassungsfähigkeit, mechanische Stabilität und Setzverhalten einstellen. Die Leistungsfähigkeit der Weichstoffdichtung kann durch zusätzliches Auftragen von linienförmigen Elastomerschichten verbessert werden. In diesen Bereichen wird die vorgegebene Vorspannkraft auf der Fläche (niedrige Dichtpressung) auf schmale Linienbereiche reduziert (hohe Dichtpressung).

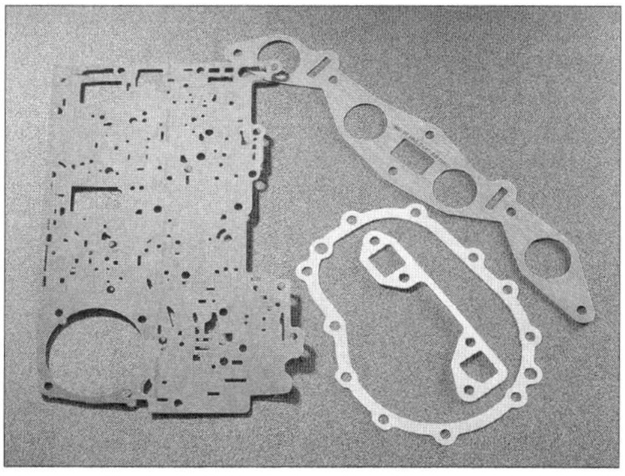

Bild 7-366 Weichstoffdichtungen

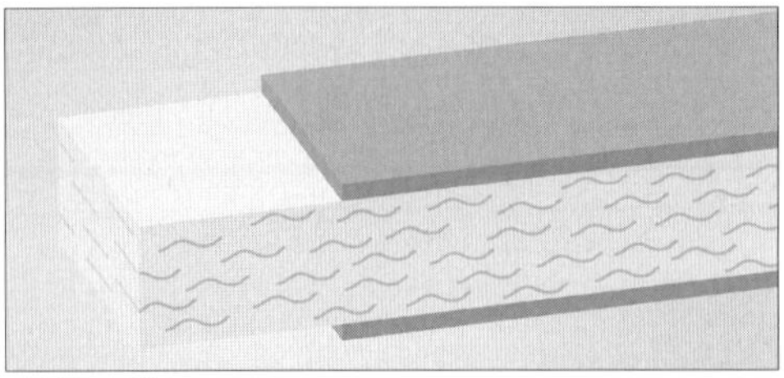

Bild 7-367 Weichstoffdichtungen – Compositeaufbau

Die Konfektionierung der Weichstoffdichtungen erfolgt heute auf modernen CNC-gesteuerten Wasserstrahl-Schneidanlagen. Mit dieser Technologie werden Dichtungen werkzeuglos geschnitten.

Die Grenze für den Einsatz von asbestfreien Weichstoffdichtungen liegt bei thermisch sehr hochbelasteten Abdichtstellen.

7.21.2.3 Metall-Weichstoff-Dichtungen

Metall-Weichstoff-Dichtungen, **Bild 7-368**, unterscheiden sich von den im vorigen Kapitel beschriebenen Weichstoffdichtungen durch die in der Materialmitte liegende Metalleinlage, **Bild 7-369**. Sie werden hauptsächlich im Automobilbereich eingesetzt und kommen im Kühlmittel-, Öl-, Kraftstoff- und Abgasbereich zur Anwendung.

Bild 7-368 Metall-Weichstoff-Dichtungen

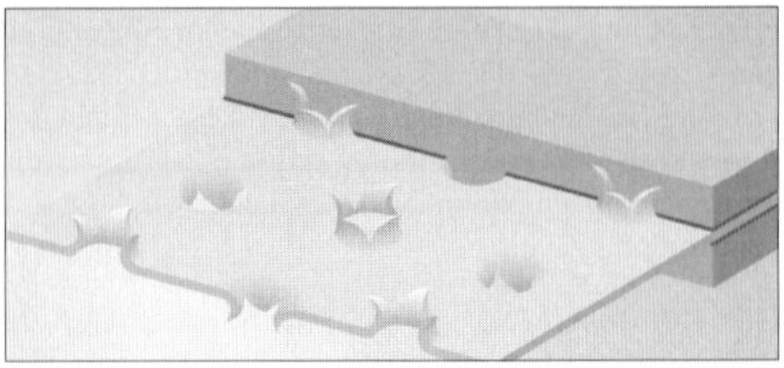

Bild 7-369 Aufbau der Metall-Weichstoff-Dichtung

Die Metalleinlage (Trägerblech) besteht meist aus einem Stahlblech, das gezackt, perforiert oder auf einer glatten Oberfläche aufgeklebt zum Einsatz kommt.

Durch die Metalleinlage ergeben sich eine Reihe von Vorteilen:

- Hohe Zugfestigkeit
- Mechanische Robustheit
- Hohe Maßhaltigkeit der Dichtung
- Verfahrenstechnische Vorteile (Coilfertigung)
- Kostensenkung durch Reduzierung des Fasergehalts
- Applikation unterschiedlicher Dichtwerkstoffe auf dem Trägerblech.

Da die erforderliche Zugfestigkeit durch das Trägerblech erreicht wird, können, wie das nachfolgende **Bild 7-370** zeigt, andere spezifische Eigenschaften der Dichtungsmaterialien gezielt optimiert werden.

Die spezifischen Eigenschaften der in **Bild 7-370** aufgeführten Werkstoffe werden hauptsächlich über die Zusammensetzung der Dichtauflage festgelegt. **Bild 7-371** zeigt die wichtigsten Einstellparameter für die Auswahl der Dichtauflage.

Die Zusammensetzung der Dichtauflagen hängt am stärksten von den thermischen Anforderungen ab. Im Temperaturbereich bis 150 °C sind sie mit Compositewerkstoffen (Kapitel 7.21.2.2) vergleichbar. Für Abgasdichtungen werden thermisch hochbelastbare Graphit- und Glimmerwerkstoffe verwendet. Wie auch im vorigen Kapitel über Weichstoffdichtungen beschrieben, kann die Leistungsfähigkeit der Metall-Weichstoff-Dichtungen durch eine zusätzliche linienförmige Elastomerbeschichtung weiter gesteigert

Werkstoffe	Optimierte Eigenschaften	Anwendungsbeispiel
FW 522	Druckstandfestigkeit, Querschnittsdichtheit, Medienbeständigkeit	Zylinderkopfdichtung
FW 715	Anpassungsfähigkeit, Querschnittsdichtheit	Ölwanne
FW 520	Temperaturbeständigkeit bis 450 °C	Abgaskrümmer
FW 501	Anpassungsfähigkeit, Temperaturbeständigkeit bis 500 °C	Abgasrückführung
FW 610	Temperaturbeständigkeit bis 800 °C	Turbolader

Bild 7-370 Übersicht über die Metall-Weichstoff-Werkstoffe

	Druckstand-festigkeit	Anpassungs-fähigkeit	Innendichtheit	Rückstell-eigenschaften	Temperatur-beständigkeit
Füllstoffgehalt	↑	↓	→	↓	↑
Fasergehalt	↓	↑	↓	↑	→
Elastomeranteil	↓	↓	↑	↑	↓
Imprägnier-mittelgehalt	↓	→	↑	↓	↓
Verdichtung	↑	↓	↑	↓	→

Bild 7-371 Werkstoffparameter und deren Funktionseinfluss

werden. Insbesondere die Oberflächenabdichtung lässt sich dadurch signifikant verbessern.

7.21.2.4 Spezialdichtungen aus Metaloseal®

Die Bezeichnung Metaloseal® wird von dem englischen Begriff „Metal sealing“ (metallisches Abdichten) abgeleitet. Der prinzipielle Aufbau metallischer Dichtungen **Bild 7-372**, beruht auf einem Metallträger, der meist beidseitig elastomerbeschichtet ist. Einer der großen Vorteile liegt darin, dass sich, je nach Anwendungsstelle, verschiedene Metalle mit unterschiedlichen Elastomertypen kombinieren lassen. Durch die zusätzlich eingeprägten Sicken können die Trägermaterialeigenschaften optimal auf den Dichtverband abgestimmt werden, **Bild 7-373**. Die bereits in Kapitel 7.21.2.1 beschriebenen Anforderungen an das Dichtelement können nur durch metallische Dichtungen, die beschichtet und mechanisch modifiziert sind, erfüllt werden.

Bild 7-372 Ölfilterhalterdichtung mit Lamellen

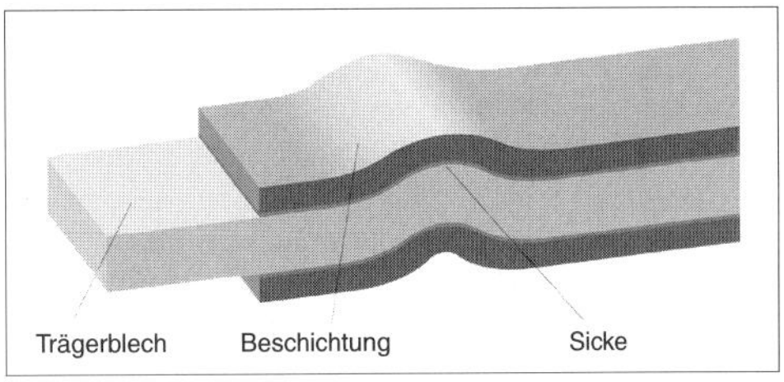

Bild 7-373 Aufbau metallischer Dichtungen

Trägerwerkstoffe

Über die Auswahl der Trägerwerkstoffe wird ein direkter Einfluss auf das Abdichtverhalten ausgeübt. Eine optimale Anpassungsfähigkeit der Dichtung an die Flanschflächen (Makroabdichtung) lässt sich über die entscheidenden Einstellparameter Trägermaterial-

Trägermaterialien	Einsatzbedingungen
Kaltband	Standardausführung
Federstahl	Dynamische Dichtspaltbewegungen, hohe Drücke
Edelstahl	Aggressive Medien, Korrosionsschutz, erhöhter Schutz gegen Reibverschleiß
Temperaturbeständige Stähle	Abgasbereich oder bei Temperaturen zwischen 400 °C und 1.050 °C
Aluminium	Präventiv zur Vermeidung von Kontaktkorrosion bei Magnesium-, Aluminium- oder GG-Gehäusen

Bild 7-374 Metaloseal®-Trägerwerkstoffe

Elastomerwerkstoffe	Einsatzbedingungen
NBR	Kühlmittel, Öl, Luft, begrenzt bei Kraftstoff
FPM	Kraftstoff
EPDM	Bremsflüssigkeit, Hydrauliköl
Temperaturbeständige Beschichtung	Abgasbereich bis Flanschtemperaturen < 1.000 °C
Graphitbeschichtung	Als Gleitbeschichtung, um hohe Relativbewegungen der Bauteile ausgleichen zu können

Bild 7-375 Einsatzbedingungen für die verschiedenen Elastomerwerkstoffe

eigenschaften und Sickengeometrie erreichen. **Bild 7-374** gibt einen Überblick über die unterschiedlichen Trägerwerkstoffe.
Die üblichen Materialdicken liegen zwischen 0,20 und 0,30 mm. In besonderen Fällen können dickere oder auch mehrlagige Dichtungen verwendet werden. Somit lässt sich für nahezu jeden Anwendungsfall durch Auswahl geeigneter Werkstoffe und Sickengeometrien eine bestmögliche Makroabdichtung erreichen.

Beschichtung

Die Auswahl des Elastomerwerkstoffs richtet sich in erster Linie nach den abzudichtenden Medien und der vorhandenen Betriebstemperatur. Eine der wichtigsten Aufgaben der Beschichtung ist das Verschließen der Oberflächenrauheit. Somit wird das abzudichtende Medium am Austreten über die Oberfläche gehindert. Die Auftragsdicke der Beschichtung pro Seite kann, je nach Anwendungsfall, zwischen 5 µm und 100 µm variieren. In **Bild 7-375** werden einige Anwendungsbeispiele für die unterschiedlichen Elastomerwerkstoffe genannt.

Funktionsweise der metallischen Abdichtung

In der Vergangenheit mussten mit den herkömmlichen Weichstoffmaterialien zum Teil erhebliche konstruktive „Klimmzüge" gemacht werden, um ein sicheres Abdichten zu gewährleisten. So benötigen Weichstoffdichtungen zum Beispiel einen exakt definierten Schraubenanzug, um einerseits eine ausreichende Flächenpressung zu erreichen und andererseits ein Überpressen des Weichstoffes zu verhindern, was zwangsläufig zu einer Zerstörung des Weichstoffes und damit zu einer Leckage führen würde. Darüber hinaus besteht bei der Zusammensetzung eines Weichstoffwerkstoffes immer ein Zielkonflikt zwischen den verschiedenen Dichtungseigenschaften (siehe **Bild 7-371**, Kapitel 7.21.2.3). Und genau hier setzen die metallischen Dichtungen an. Durch eine eingeprägte Sicke wird die Flächenpressung auf eine Linienpressung reduziert. Somit lassen sich bei gleichen Schraubenkräften höhere Flächenpressungen erzielen oder es wird umgekehrt bei gleichen Flächenpressungen eine geringere Schraubenkraft benötigt. Durch die Verwendung eines metallischen Trägers können nun alle physikalischen Eigenschaften eines Metalls ausgenutzt werden. Zusätzlich erhält man eine weitere Größe, die variabel eingestellt werden kann: die Sickenkraft.
Die Sickenkraft wird sowohl durch ein bestimmtes Höhen-/Breitenverhältnis der Sicke als auch durch die Sickenform selbst – Halb- oder Vollsicke – beeinflusst und individuell an jede Anwendungsstelle angepasst. Beim Erstanzug der Bauteile wird die Elastomerbeschichtung über die Sickenkraft in die Oberfläche gepresst und verschließt dort vorhandene Kanäle. Zudem wird über die Sicke die Anpassungsfähigkeit der Dichtung an die Bauteilebenheit eingestellt. Die Sicke arbeitet im klassischen Sinne wie eine Feder, die abhängig von der Verformung die

Anforderungen an die Dichtung	Funktionselement
Adaptionsfähigkeit an Bauteilrauheit	Anpassungsfähige Elastomerbeschichtung
Adaptionsfähigkeit an die Bauteilunebenheit	Sicken
Querschnittsdichtheit der Dichtung	Porenfreie Elastomerbeschichtung
Druckstandfestigkeit (Setzverhalten)	Metallischer Träger, dünne Elastomerbeschichtung
Mechanische Stabilität	Metallischer Träger
Elastische Rückstelleigenschaften	Trägerwerkstoff zum Beispiel Federstahl, Sicke
Temperaturbeständigkeit	Träger- und Beschichtungswerkstoff

Bild 7-376 Die verschiedenen Funktionselemente der Metaloseal®-Dichtung erfüllen jeweils spezifische Anforderungen

Kriterien	Einsatzbereich
Temperatur	–40 °C bis 1.050 °C
Druck	bis 350 bar
Medien	Kühlmittel, Öl, Abgas, Bremsflüssigkeit, Hydrauliköl, Luft, Kraftstoff, Biodiesel, Harnstofflösung
Oberflächenparameter	
Rauheit	$R_{max} \leq 25$ µm
Unebenheit	≤0,30 mm

Bild 7-377 Der Einsatzbereich metallischer Dichtungen

benötigte Dichtkraft aufbaut. In **Bild 7-376** wird der Zusammenhang zwischen den Anforderungen des Bauteils an die Dichtung und den Einflussmöglichkeiten der verschiedenen Funktionselemente beschrieben.

Einsatzbedingungen

Durch die Vielzahl der Kombinationsmöglichkeiten zwischen metallischen Trägerwerkstoffen und den verschiedenen Elastomerwerkstoffen können nahezu alle Anwendungsstellen im Motor abgedeckt werden. Selbstverständlich muss jeder Dichtverband analysiert und müssen die entsprechenden Dichtungseigenschaften wie Materialaufbau und Sickengeometrien definiert werden. **Bild 7-377** gibt einen Überblick über den großen Einsatzbereich metallischer Dichtungen.

7.21.2.5 Ausblick

Im Zuge steigender Abgasemissionsanforderungen nach Euro 5 und Euro 6 im Pkw- und Lkw-Bereich, werden auch an Dichtsysteme höhere Forderungen gestellt. Dies führt zu neuen, innovativen Produkten.

Der Trend in der Motorenentwicklung geht hin zum Downsizing und Motoren mit Abgasturbolader. Bei Temperaturen von über 1.000 °C im Abgasbereich, werden spezialbeschichtete metallische Dichtungen benötigt, die auch bei diesen Temperaturen noch ein ausreichendes, mechanisches Federverhalten aufweisen. Hierbei werden zunehmend Nickelbasislegierungen als Dichtungswerkstoff angewandt. Metallische Dichtringe (V- beziehungsweise C-Ringe) aus Nickelbasislegierungen stellen hier eine technische Dichtlösung dar, **Bild 7-378**. Durch spezielle Herstellungsverfahren können hier extrem niedrige Leckageraten auch bei hohen Temperaturen realisiert werden. Da geringste Leckageraten in der Regel auch eine zusätzliche Beschichtung der Abdichtsysteme erfordern, muss hier insbesondere im Hochtemperaturbereich ein besonderes Augenmerk darauf gerichtet werden.

Zusätzliche Abgasnachbehandlungssysteme wie SCR (Selective Catalytic Reduction) stellen an Dichtsysteme verstärkt Ansprüche in Bezug auf Korrosion. Auch beim Einsatz von Biokraftstoffen muss darauf geachtet werden, dass die Dichtungen keiner Schädigung unterliegen.

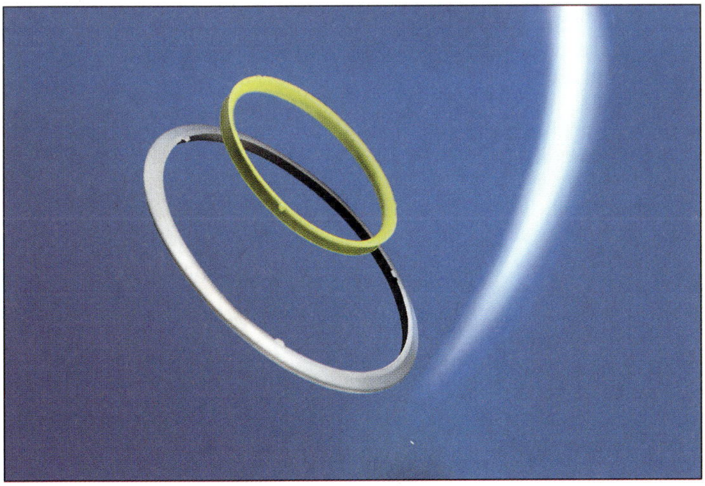

Bild 7-378 Metall-Dichtungen aus Nickelbasislegierungen

Elastomerwerkstoff							
Kurzform (ISO 1629)	Chemische Bezeichnung	Einsatzbereich Motor Kraftstoff	Kühlmittel	Öl	Thermische Anwendungsbereiche	Anwendungsbeispiele
FPM	Fluor-Kautschuk	+	+	+	–20 bis +230 °C	ZKD, Ansaugbereich
MVQ	Silikon-Kautschuk	–	o	o	–50 bis +200 °C	ZKD, Spezialanwendungen
MFQ	Fluor-Silikon-Kautschuk	–	o	+	–70 bis +180 °C	ZKD, Spezialanwendungen
ACM	Polyacrylat-Kautschuk	–	–	+	–30 bis +150 °C	Ölwanne, Zylinderkopfhaube
AEM	Ethylen-Acrylat-Kautschuk	–	–	+	–35 bis +160 °C	Ölwanne, Zylinderkopfhaube
EPDM	Ethylen-Propylen-Dien-Kautschuk	–	+	–	–50 bis +130 °C	Wasserpumpe
ECO	Epichlorhydrin-Kautschuk	+	–	+	–40 bis +120 °C	Spezialanwendungen im Kraftstoffbereich
HNBR	Hydrierter Nitrilkautschuk	o	o	+	–30 bis +150 °C	Spezialanwendungen

+ gut geeignet / o geeignet / – ungeeignet ZKD = Zylinderkopfdichtung

Bild 7-379 Elastomerwerkstoffe

Durch die Verwendung von metallischen Trägerwerkstoffen können Dichtungen zusätzliche Funktionen übernehmen, wie beispielsweise die Integration von Ölschwallblechen oder Sensoren für ein effizientes Motormanagement. Darüber hinaus bieten Vormontagelösungen wie Halteklammern und Zentrierelemente zusätzliche Vorteile beim Einbau des Bauteils.

7.21.3 Elastomer-Dichtsysteme

Mehr Leistung bei weniger Gewicht, geringerem Kraftstoffverbrauch und sinkenden Emissionen – diese zentralen Vorgaben der Motorkonstrukteure stellen immer höhere Anforderungen an die Dichtsysteme. So werden Motorkomponenten und Anbauteile aus Gewichts- und Funktionsgründen zunehmend aus Kunststoffen gefertigt. Reduzierte Bauteilsteifigkeiten (geringerer E-Modul) im Vergleich zu den bisher verwendeten Werkstoffen Aluminium und Magnesium sind die Folge. Bei der Verspannung treten dadurch höhere Deformationen auf, die durch das Dichtsystem kompensiert werden müssen.

Um diese anspruchsvollen Forderungen zu erfüllen, eignen sich die elastomeren Dichtsysteme hervorragend. Zum einen ist die erforderliche Dichtpressung von Elastomerdichtungen sehr niedrig und zum anderen ermöglicht das hohe elastische Verhalten einen großen Toleranzausgleich. Auf Grund der Temperaturbeständigkeit von elastomeren Dichtungswerkstoffen werden diese ausschließlich zur Abdichtung von Flüssigkeiten oder Gasen eingesetzt. Die Abdichtung des Brennraums erfolgt bei Elastomerdichtungen über eine metallische Konstruktion.

In Abhängigkeit vom abzudichtenden Medium und den vorhandenen Temperaturen werden entsprechend dem Anforderungsprofil geeignete Elastomere ausgewählt. **Bild 7-379** gibt einen Überblick über die zur Verfügung stehenden Elastomerwerkstoffe und ihre jeweiligen Einsatzbereiche.

7.21.3.1 Elastomerdichtungen

Elastomerdichtungen, **Bild 7-380**, haben keinen Träger. Um eine Überbeanspruchung des Elastomerprofils zu verhindern, werden diese Dichtungen zum Beispiel in eine Bauteilnut eingelegt. Grundsätzlich müssen die Bauteile so gestaltet sein, dass eine extreme Verformung ausgeschlossen wird. Charakteristisch für diese Ausführung der Dichtung ist das Höhen-/Breiten-Verhältnis. Der Geometriequerschnitt ist in Richtung der verpressenden Kraft (Höhe) wesentlich größer als in der Querrichtung (Breite). Dies bewirkt bei einer Verpressung von 20 bis 30 % einen sehr weiten Arbeitsbereich der Dichtung und ermöglicht damit die Abdichtung von sich stark deformierenden Bauteilen aus Kunststoff. Insbesondere wird diese Bauart in Kombination mit Ventilhauben, Ansaugkrümmern oder Wasserflanschen aus Kunststoff eingesetzt. Für die Abdichtung von Nockenwellenlagern und anderen dreidimensionalen Durchbrüchen in Bauteilen stellt die Elastomerdichtung die einzige Möglichkeit dar, die Abdichtung sicher zu beherrschen. In diesen

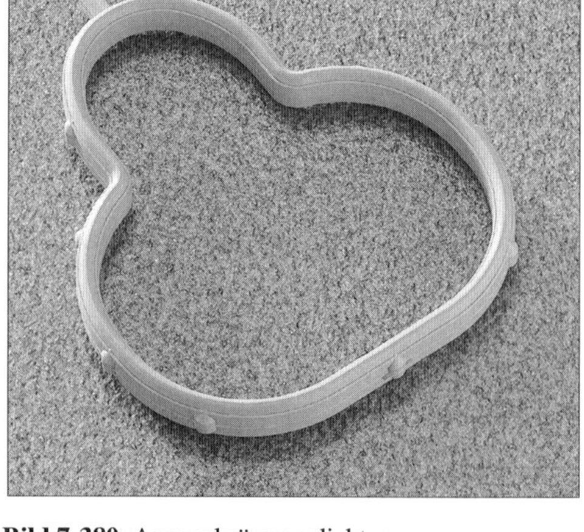

Bild 7-380 Ansaugkrümmerdichtung

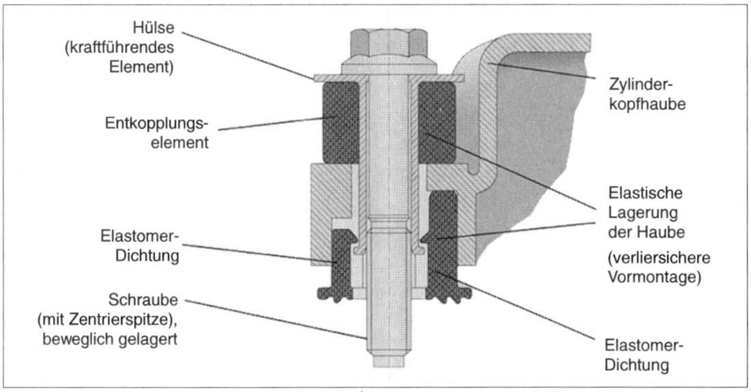

Bild 7-381 Beispiel für ein entkoppeltes Zylinder-kopfhauben-System

Bereichen kann durch eine spezielle Formgebung der Elastomerdichtung eine optimale Abdichtung gewährleistet werden.

Mit speziell per Finite-Elemente-Methode (FEM) errechneten Querschnitten wird das Dichtungsprofil an die spezifischen Eigenschaften der abzudichtenden Bauteile angepasst. Ein rechteckiger Dichtungsquerschnitt wird nur sehr selten eingesetzt, da die Verformungseigenschaften sehr begrenzt sind.

Im Bereich der Akustik ist der T-Querschnitt ein bevorzugtes Dichtungsprofil. In Kombination mit besonders ausgelegten Entkopplungselementen für die Verschraubung wird dieses Design bei der Ventilhaubenabdichtung angewandt. Da die abzudichtenden Bauteile mittels Elastomerelementen zusammengepresst werden (siehe **Bild 7-381**), kann dieses System mit den in der Vergangenheit angewendeten Konstruktionsmethoden nicht mehr berechnet werden. Um diese Systeme funktionssicher zu gestalten, ist eine Analyse des kompletten Verspannungssystems aus Dichtung, Entkopplungselement, Schraube und Hülse mittels FE-Berechnung unumgänglich (siehe **Bild 7-387** und **7-389**, Kapitel 7.21.4.1).

Anforderungen an akustisch entkoppelte Systeme sind:

- Körperschall-Entkopplung
- Sichere Bauteilverschraubung
- Abdichtung
- Vormontage der Einzelteile.

Das Zusammenspiel von Finite-Elemente-Berechnung, Laborsimulation und Werkstoffentwicklung ermöglicht maßgeschneiderte schallentkoppelte Dichtsysteme.

7.21.3.2 Metall-Elastomer-Dichtungen

Da sich bei einigen Bauteilen aus geometrischen oder funktionellen Gründen reine Elastomerdichtungen (benötigen eine Nut im Bauteil) oftmals nicht einsetzen lassen, wurde die Metall-Elastomer-Dichtung, **Bild 7-382**, entwickelt. Bei dieser Dichtungsbauart wird das Elastomer direkt an einen Aluminium- oder Stahlträger anvulkanisiert. Die Elastomerhöhe wird auf die Trägerdicke abgestimmt, ist aber deutlich niedriger als bei reinen Elastomerdichtungen. Das Elastomer wird auch hier, wie bei den reinen Elastomerdichtungen, im Kraftnebenschluss eingesetzt. Eine Bauteilnut ist nicht erforderlich, da der Träger aus Aluminium oder Stahl den Krafthauptschluss bildet, **Bild 7-383**.

Die Konstruktionsfreiheit für den Motorenentwickler wird bei dieser Bauart durch die Integration von Zusatzfunktionen im Träger wesentlich erhöht. Darüber hinaus zeichnet sich dieses System durch hohe

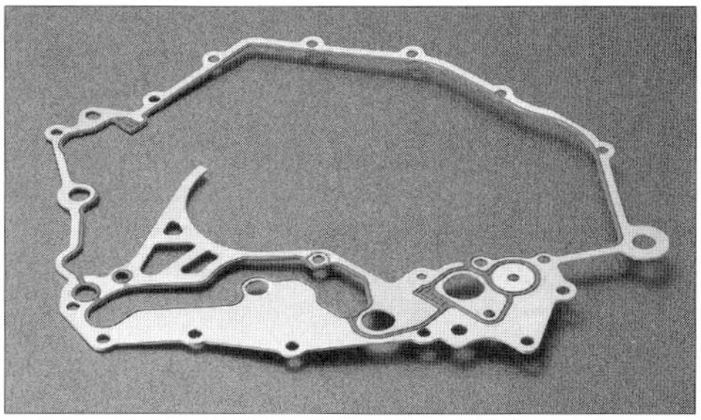

Bild 7-382 Metall-Elastomer-Dichtung für Kurbelgehäuse

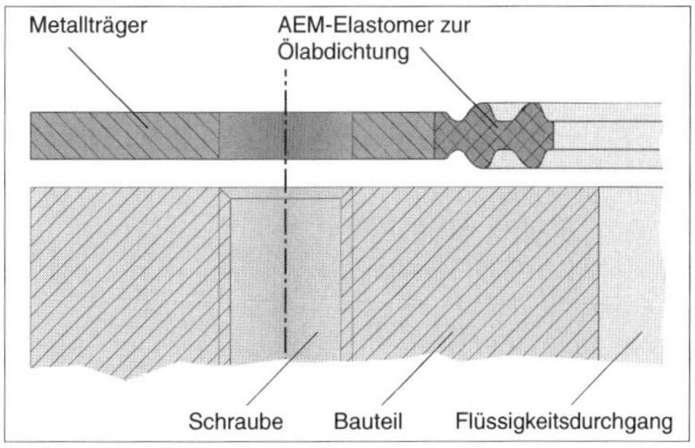

Bild 7-383 Schnitt durch eine Metall-Elastomer-Dichtung

Funktionssicherheit und Wirtschaftlichkeit aus. In der Praxis häufig integrierte Funktionen sind:

- Kalibrierung von Fluidströmen
- Abgasrückführung
- Montagehilfe
- Vormontage mittels Klammern
- Kabelabdichtungen.

Durch den Einsatz von Zwei-Komponenten-Spritzmaschinen ist es möglich, zwei verschiedene Elastomere in einem Spritzarbeitsgang an einen Träger anzuvulkanisieren. Dies hat den Vorteil, dass für jedes abzudichtende Medium der dafür am besten geeignete Elastomerwerkstoff eingesetzt werden kann. Unverzichtbare Voraussetzung für dieses Verfahren sind zuverlässige Haftvermittler-Systeme, die für beide Elastomere eine gute Metallanbindung gewährleisten.
Metall-Elastomer-Zylinderkopfdichtungen aus Metallträgern mit anvulkanisierten Elastomerprofilen werden in Kapitel 7.21.1.2 beschrieben. Diese Dichtungsbauart kommt im Nutzfahrzeugbereich, bis hin zu Großmotoren in Schiffen und Lokomotiven, zum Einsatz.

7.21.3.3 Module

Für einen optimal funktionierenden Dichtverband ist es wichtig, das Dichtsystem nicht isoliert zu betrachten, sondern das komplexe Zusammenspiel aller beteiligten Einzelsysteme zu berücksichtigen. Dichtungshersteller entwickeln daher in zunehmendem Maße auch Bauteilkomponenten und bieten diese zusammen mit Dichtungen als vormontierte, multifunktionale Systeme an. Diese montagefertigen Module lösen mehr und mehr die bisherigen Einzelkomponenten ab. Dabei sind alle erdenklichen Kombinationen aus Dichtsystem und Bauteil (aus Aluminium, Magnesium, Stahl oder Kunststoff) möglich.
Für reduzierten Kraftstoffverbrauch bei steigender Motorleistung sind Leichtbaukonstruktionen unverzichtbar. Kunststoff bietet hier entscheidende Vorteile und ersetzt zunehmend die bisher für Motorkomponenten verwendeten Werkstoffe. Das Know-how und die Systemkompetenz aus der Dichtungstechnologie, insbesondere aus der Elastomerverarbeitung, bilden die Basis für die Entwicklung von innovativen Kunststoff-Modulen. Diese werden besonders in folgenden Bereichen eingesetzt:

- Ventilhauben, **Bild 7-384**
- Motorraumabdeckungen
- Ölabscheider
- Kühlmittelflansche
- Ansaugkrümmer.

Je nach Anforderung an das Kunststoff-Bauteil werden die Werkstoffe PA 6 für Designteile sowie PA 6.6 für Teile mit Krafteinleitung beziehungsweise Kraftübertragungsfunktion verwendet. Erste Ansätze, PA 6.6 durch PA 6 zu ersetzen, befinden sich in der Entwicklung. Um die notwendigen Festigkeits- und Verarbeitungseigenschaften zu erhalten, gibt man zu diesen Grundtypen Glasfasern und teilweise mineralische Füllstoffe hinzu. Bei Modulen mit integrierter Dichtfunktion werden elastomere Dichtsysteme eingesetzt, da diese sich optimal auf das abzudichtende Medium und die Erfordernisse der Bauteilsteifigkeit abstimmen lassen.
In Module können auf Grund der Verarbeitungseigenschaften von Kunststoffen zahlreiche Funktionen sehr effizient und wirtschaftlich integriert werden. Große Vorteile liegen zudem – wie bereits erwähnt – in der erzielbaren Gewichtsreduzierung und der Fertigungstechnologie, die es bei Kunststoffbauteilen erlaubt, auf Nacharbeiten wie etwa Entgraten, Gewindeschneiden oder Bearbeiten von Oberflächen vollständig zu verzichten. Gegenüber Aluminium hat thermoplastischer Kunststoff den Vorteil, dass durch Schweißen Komponenten integriert werden können.
Beispiele für die Multifunktionalität von Modulen sind:

- Akustische Entkopplung des Bauteils
- Integration der Blow-by-Gas-Ausleitung aus dem Kurbelgehäuse

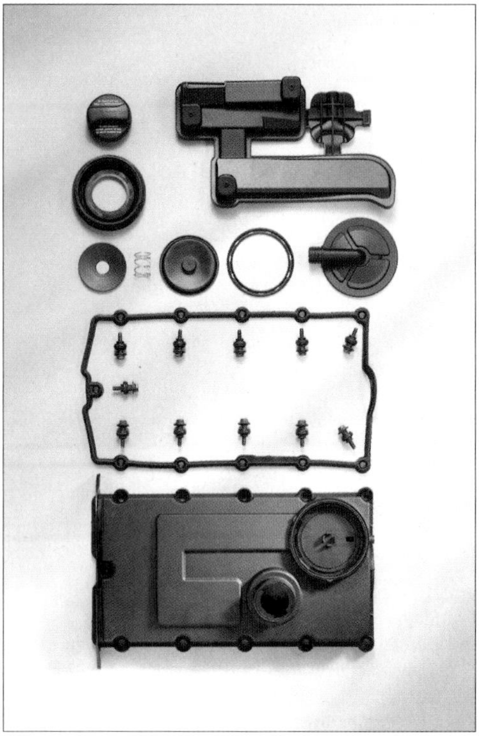

Bild 7-384 Ventilhaubenmodul mit integrierter Dichtung und Ölabscheidung

- Integration von Ölabscheidungssystemen in eine Ventilhaube
- Integration von Ventilen zur Regelung des Kurbelgehäusedrucks
- Integration von Kabeldurchführungen aus dem Zylinderkopf
- Vormontiertes Komplettsystem.

Um die sichere Funktion des Moduls über die gesamte Lebensdauer des Motors hinweg gewährleisten zu können, führt man in der Entwicklungsphase umfassende Funktions- und Geometrieüberprüfungen durch. Darüber hinaus werden Simulationstests erarbeitet, die die auftretenden Belastungszustände im Fahrzeugbetrieb abbilden und eine Reduzierung der Testzeit erlauben. Bei der Entwicklung dieser Tests werden permanent die Erfahrungen und Ergebnisse aus der Praxis berücksichtigt.
Das Zusammenspiel von FE-Berechnungen, Simulation und Motortests ermöglicht es, innerhalb kürzester Zeit Kunststoff-Module, die alle Lastenheftanforderungen zum Beispiel hinsichtlich Belastbarkeit und Lebensdauer erfüllen, in Serie zu bringen.

7.21.4 Entwicklungsmethoden

Motorprüfläufe sind bis heute ein Hauptbestandteil der Dichtungserprobung. Die Versuche im befeuerten Prüfstandsmotor sind jedoch teuer und zeitaufwändig. Da der Trend aber hin zu immer kürzeren Entwicklungszeiten geht, treten Berechnungen des Dichtverbands und Laborprüfungen unter motornahen Randbedingungen mehr und mehr in den Vordergrund. Wesentliche Aussagen über die Funktion des Dichtungsdesigns sollen damit bereits vor der eigentlichen Motorerprobung gewonnen werden, um die Anzahl kostenintensiver Motorprüfläufe auf das absolut notwendige Minimum zu beschränken. Die Vorprüfungen an Dichtungen ohne reale Motorbauteile geben schon weitgehend Aufschluss über die Funktionstauglichkeit des Produkts.
Als Berechnungswerkzeug dient die Methode der „Finiten Elemente". Dieser Begriff beschreibt den mathematischen Algorithmus zur Übersetzung eines physikalischen Phänomens an einem Teilstück des zu berechnenden Bauteils für den Computer. Ein Finite-Elemente-Modell ist die Abbildung einer Geometrie durch eine genügende Zahl von Elementen.

7.21.4.1 Finite-Elemente-Analyse

Aufgabe des Berechners ist es, die für seine Problemstellung notwendigen Phänomene zu erkennen und in das Rechenprogramm einzubinden. Sowohl in der Konstruktions- als auch in der darauf folgenden Testphase wird durch FE-Berechnungen eine Optimierung der Bauteile vorgenommen. Durch diese Vorauswahl lässt sich die Anzahl der erforderlichen Prototypen reduzieren.
Viele Probleme des Konstrukteurs können heute direkt im CAD-Programm in ein FE-Rechenmodell umgewandelt und mit entsprechendem Materialverhalten und Randbedingungen versehen einem FE-Analyseprogramm zur Berechnung zugeführt werden. Voraussetzung für diese Vorgehensweise ist eine lineare Berechnung mit kleinen Bauteilverformungen, elastischem Materialgesetz sowie eindeutigen Einspannungen und Belastungen. Ein weites Feld von Spezialanwendungen ergibt sich für die Bauteilberechnung dann, wenn eine der Voraussetzungen für die lineare Betrachtungsweise verletzt wird. Die Nichtlinearität eines Berechnungsproblems (siehe **Bild 7-385**) entsteht in der Regel durch große Verformungen eines Bauteils unter Last, wodurch sich zum Beispiel die Länge des Hebelarms zur Einspannung verkürzt und damit ein kleineres Biegemoment auftritt, als es die Grundabmessung definiert. Gibt es zusätzlich Wegbegrenzungen für die Deformation des Bauteils, so sind diese als nichtlineare Kontaktbedingungen zu beschreiben. Das Materialverhalten der meisten technischen Werkstoffe ist ebenfalls nur in einem kleinen Bereich linear; sie gehorchen dort dem „Hookeschen Gesetz", welches Spannung und Dehnung über den Faktor „Elastizitätsmodul" verknüpft. An die Grenzen dieses Bereichs führen Optimierungsstrategien zur Gewichtsreduzierung oder besseren Materialausnutzung im Sinne eines gleichmäßigen Spannungsniveaus. Verlässt man diesen linearen Bereich, so treten typischerweise plastische Verformungen an Metallen, Kriechdehnungen an Kunststoffen oder Spannungsrelaxationsvorgänge auf. Grundsätzlich nichtlineare Zusammenhänge in der Spannungs-Dehnungs-Beziehung findet man bei Gummiwerkstoffen. Dort spielen auch die zeitlichen Bedingungen – das heißt wie schnell eine Last aufgebracht wird sowie die Einwirkdauer – eine wesentliche Rolle beim Deformationsverhalten eines Körpers.

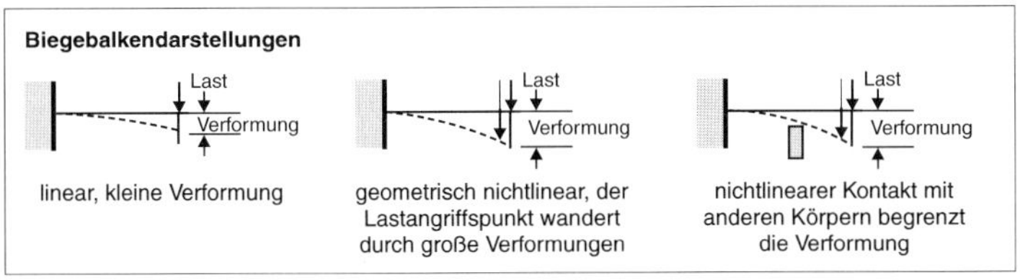

Bild 7-385 Biegebalken linear, nichtlinear und mit Kontakt

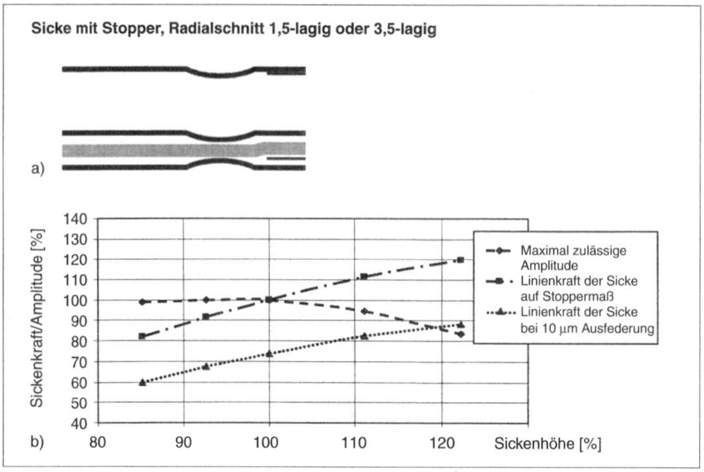

Bild 7-386 Dichtspaltamplitude und Linienkraft einer Sicke als Funktion der Sickenhöhe

Produktberechnungen

Die Vorausberechnung und Optimierung von Bauteileigenschaften erfordert sowohl detaillierte Kenntnisse des Materialverhaltens als auch ein gutes Verständnis für den Herstellungsweg vom Halbzeug bis zum lieferfertigen Produkt. An einer Vollsicke einer Metalllagendichtung (siehe **Bild 7-386** oben) werden mehrere Umformschritte bis zur endgültigen Montage im Motor vorgenommen. Alle Schritte werden durch strukturelle Veränderungen im Metall gespeichert und legen die Sickeneigenschaften „Federcharakteristik" und „ertragbare Dichtspaltamplitude" fest. Durch geeignete Werkzeugabmessungen kann das Federelement bei konstanter Breite auf hohe Kraft bei entsprechend geringer zulässiger Dichtspaltamplitude oder aber auf hohe Dichtspaltamplitude bei niedrigerer Kraft ausgelegt werden (siehe **Bild 7-386** unten). Die notwendige Abstimmung der Sicke wird von der Steifigkeit der Motorbauteile und der Zündkraft bestimmt.

Elastomerprofile werden am Motor häufig zur Abdichtung von Hauben, Ansaugrohren und Deckeln des Motors eingesetzt. Sie zeichnen sich aus durch hohe Anpassungsfähigkeit an die Dichtflächen bei gleichzeitig niedriger Vorspannkraft. Ein T-Profil (siehe **Bild 7-387**) wird unter anderem eingesetzt, um das Spritzöl des Ventiltriebs zwischen der Motorhaube und dem Zylinderkopf nach außen abzudichten. Die vertikale Verspannung des Profils erzeugt im Nutgrund und an der Doppeldichtlippe zum Zylinderkopf die Dichtpressung. Das Profil ist für schallentkoppelte Systeme ausgelegt und hat seitlich zwei Blöcke, die einen direkten Kontakt der Haube zum Kopf verhindern. Die Spannungsrelaxation des Elastomerwerkstoffs verringert die Dichtkraft des verspannten Profils mit der Zeit und muss daher bei der Auslegung berücksichtigt werden.

Berechnung des Bauteilverbands

Die Zylinderkopfdichtung stellt das Bindeglied zwischen Kurbelgehäuse und Zylinderkopf eines Motors dar und bildet im Zusammenwirken mit den Zylinderkopfschrauben den Dichtverband. Für die Analyse eines Dichtverbands benötigt man neben den geometrischen Bauteilbeschreibungen als FE-Modell, den Materialeigenschaften und den Dichtungscharakteristika auch die Temperaturverteilung in den Bauteilen und den Zünddruck im Brennraum. Ein Motor wird während seiner Betriebszeit unter verschiedensten Lastzuständen gefahren und muss dabei stets gas- und flüssigkeitsdicht sein. Extreme Betriebspunkte für die Zylinderkopfdichtung treten bei Motorvolllast mit maximaler Kühlwassertemperatur und beim Kaltstart

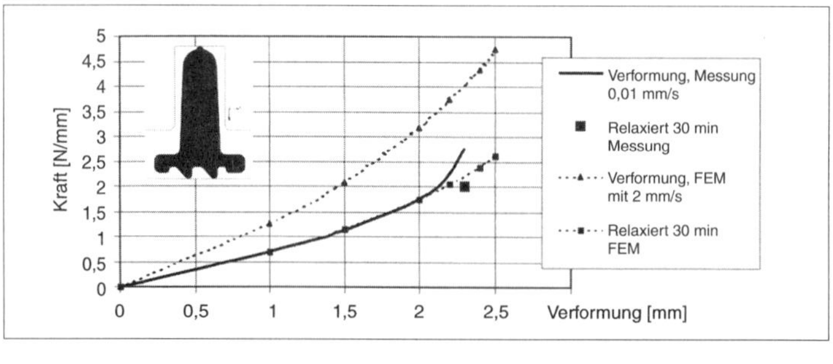

Bild 7-387 Schnitt durch T-Profil in Nut. Berechnung der Kraft-Verformungskurve

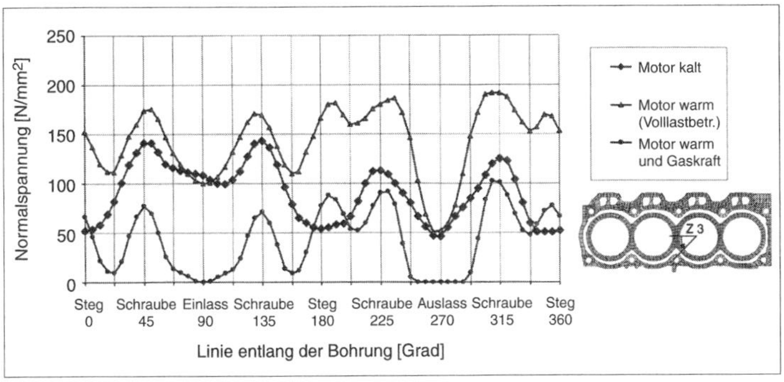

Bild 7-388 Kraftverteilung am Brennraumumfang mit starrem Stopper

des Motors auf. Durch die Schraubenvorspannkraft wird die Dichtung am Brennraum auf die Stopperhöhe gepresst und in den übrigen Bereichen lokal auf die Blechdicke. Der Stopper wirkt wie ein Keil am Brennraum und spannt die Bauteile elastisch vor. Die Pressung auf dem Stopper am Brennraumumfang muss größer als Null sein, um eine sichere Abdichtung bei allen Betriebszuständen zu gewährleisten. In **Bild 7-388** ist auf der Auslassseite unter Zünddruck ein abgehobener Bereich zu erkennen, der durch Anpassung der Stopperhöhe korrigiert werden muss, um die Brennraumsicke vor hohen Dichtspaltamplituden zu schützen. Bei zu hohen Pressungen am Stopper kann zum Beispiel bei Aluminiumbauteilen eine Werkstoffüberbeanspruchung auftreten und damit das Bauteil beschädigt werden. Die hohe Temperatur der Bauteile am Brennraum schränkt die Belastbarkeit zusätzlich ein.

Die Schallentkopplung eines Bauelements unterbricht die mechanischen Übertragungswege durch elastische Lagerung zwischen Elastomerelementen, **Bild 7-389**. An einer Ventilhaube wirken dabei die Dichtkräfte zwischen Zylinderkopf und Ventilhaube einerseits und die Kräfte am Gegenlager, dem Entkopplungselement, andererseits. Das Entkopplungssystem (siehe **Bild 7-381**, Kapitel 7.21.3.1) aus Haube, Dichtung und mehreren Gegenlagern wird durch Schrauben mit Distanzhülsen vorgespannt. Ist die Verformungscharakteristik der Dichtung und des Entkopplungselements bekannt, so kann bei gegebener Vorspannung der Arbeitspunkt bestimmt werden. Da alle Bauteile Fertigungstoleranzen aufweisen, wird die tatsächliche Vorspannung eines Systems vom Auslegungspunkt abweichen. Aus den Berechnungen des Dichtprofils ist die kleinste zulässige Verformung bei sicherer Abdichtung als Wert für die Mindestdichtpressung zu ermitteln. Damit lässt sich die kleinste für den Betrieb notwendige Anpresskraft der Dichtung bestimmen. Die maximale Vorspannkraft des Systems wird von der Tragfähigkeit der Entkopplungselemente begrenzt; die ertragbaren Spannungen im Elastomer dürfen nicht überschritten werden. Innerhalb dieser Grenzen ist das System betriebssicher und kann durch Abstimmen der Vorspannung mit Toleranzlagen auf einen Arbeitsbereich fixiert werden. Zielsetzung ist es, mit möglichst kleinen Kräften zu arbeiten und damit die Verformungen an den Bauteilen zu minimieren.

7.21.4.2 Simulation im Labor – Funktions- und Lebensdauerprüfung

Unter Laborbedingungen werden reale Beanspruchungen simuliert – abhängig von der Dichtungsbau-

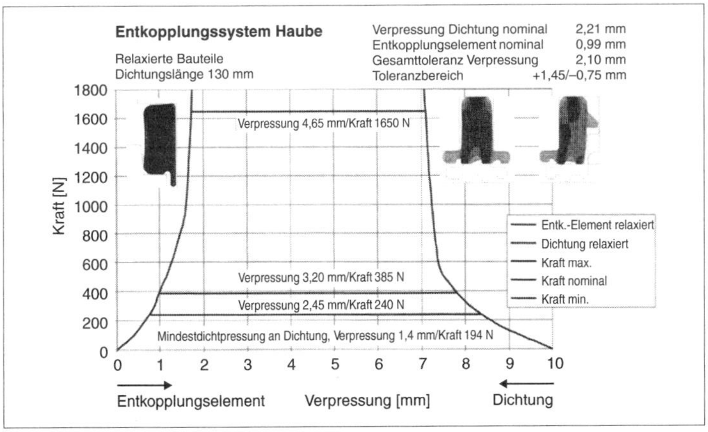

Bild 7-389 Entkopplungssystem mit Arbeitsbereich durch Bauteiltoleranzen

art zum Beispiel mit Tests zur Ermittlung von Medien- und Temperaturbeständigkeit, Dauerhaltbarkeit, Anpassungsfähigkeit, Setzverhalten und Dichtwirkung.

Gängige Dauerhaltbarkeits-Prüfverfahren im Labor stützen sich auf servohydraulische Prüfmaschinen, die hydraulische Verbrennungsdrucksimulation zur Erprobung der Zylinderkopfdichtung, Shaker und Temperaturkammern zur Baugruppenuntersuchung sowie auf Heißgaserzeuger zur Simulation der thermischen Belastungen im Abgasstrang.

Servohydraulische Prüfmaschinen

Servohydraulische Prüfmaschinen werden für quasistatische, quasistatisch-thermische und dynamische Prüfungen eingesetzt. Quasistatische Prüfungen, die auch mit elektromechanischen Prüfmaschinen durchgeführt werden können, liefern Aussagen über das Kompressions- und Rückfederungsverhalten von Dichtungen. Mit quasistatisch-thermischen Prüfungen wird die Standfestigkeit und das Kriechverhalten von Dichtungswerkstoffen unter Pressungs- und Temperatureinfluss untersucht.

Dynamische Tests zur Vorselektion und Prüfung des Dichtungsdesigns sind insbesondere für Metalllagendichtungen von Bedeutung, **Bild 7-390**. Der Brennraumbereich der Dichtung wird dabei zwischen Metallflanschen verspannt und über eine festgelegte Anzahl von Zyklen (zum Beispiel 10^7) bei gegebener Frequenz mit konstanter Kraft- oder vorzugsweise Wegamplitude beaufschlagt. Ziel ist es, die maximal ertragbare Schwingungsamplitude zu ermitteln. Die Flanschflächen können zudem mit definierter Oberflächenqualität (Rauigkeit, Porosität) hergestellt werden, so dass sich mit Abpresstests auch die zur Abdichtung minimal notwendige Dichtpressung bestimmen lässt.

Hydraulische Innendrucksimulation

Aufbauend auf den Tests an der servohydraulischen Anlage prüft man mit der dynamischen Innendrucksimulation, **Bild 7-391**, den gesamten Dichtverband unter realitätsnahen Bedingungen. Die Zylinderkopfdichtung wird dabei zwischen den Original-Motorbauteilen (Kopf, Block) verbaut. Die einzelnen Brennräume werden dann über schnelle Servoventile hydraulisch unter Berücksichtigung der Zündfolge „befeuert". Überlagert zur Innendruckbeaufschlagung werden über einen an den Wassermantel des Motors angeschlossenen Medienkreislauf Temperaturzyklen gefahren. Das Zusammenspiel zwischen Bauteilsteifigkeit und Dichtungsdesign lässt sich durch die Messung der eintretenden dynamischen Dichtspaltöffnungen beurteilen. Schwachstellen der Bauteile können frühzeitig erkannt werden; Optimierungsmaßnahmen am Dichtungsdesign sind damit vor dem Beginn der eigentlichen Motorerprobung möglich.

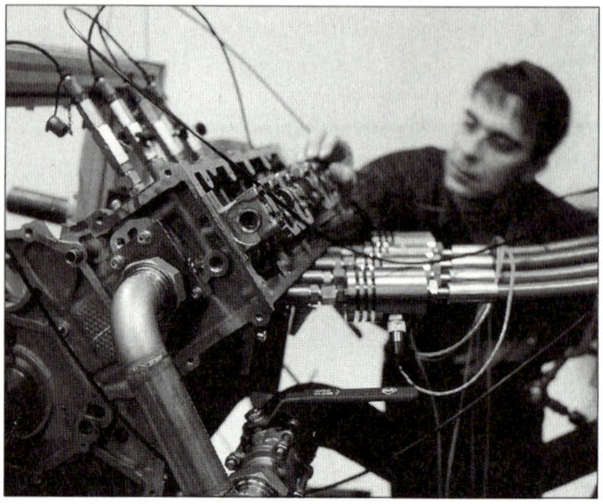

Bild 7-391 Dynamische Innendrucksimulation mit Original-Motorbauteilen

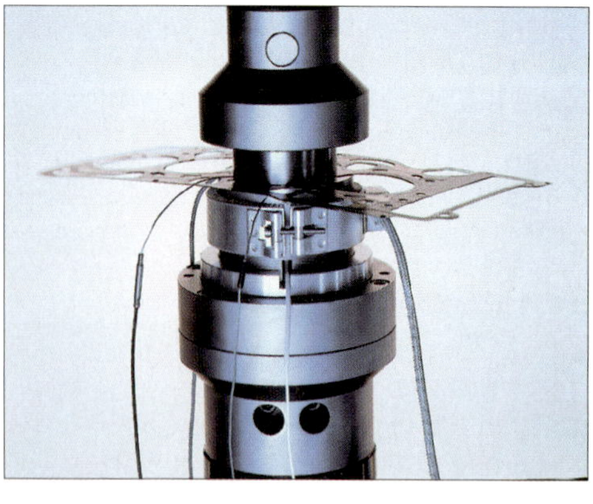

Bild 7-390 ZKD-Test an der servohydraulischen Anlage

Lebensdauerversuche

Mit diesen Prüfverfahren wird das Langzeitverhalten von Dichtungen, Dichtungsmaterialien und Modulen untersucht. Es handelt sich dabei überwiegend um Prüfungen von Elastomerwerkstoffen und Kunststoffen (Module). Ausnahmen bilden die Untersuchungen des Setzverhaltens und der Druckstandfestigkeit von Weichstoff-Dichtungswerkstoffen.

Elastomerdichtungen und Kunststoffe erfahren im Betrieb eine zeitliche Alterung, die während der sonst üblichen Abpresstests, Kurzzeit-Thermoschocktests und Wärmeeinlagerungen nicht auftritt. Um die Funktion des Moduls über die Lebensdauer zu gewährleisten, werden Simulationstests erarbeitet, die die im Fahrzeugbetrieb auftretenden Belastungszustände berücksichtigen und angemessene Testzeiten ermöglichen. Dazu müssen die Einflussgrößen Temperatur-, Medien- und Druckbeanspruchung in ein Prüfprogramm einbezogen werden. Dies kann durch den Anschluss von externen Medienkreisläufen (Öl,

Kühlmittel) an den Prüfling und/oder durch die Einlagerung in einer Temperaturkammer realisiert werden. Mit diesen Prüfungen, die die thermischen Betriebszustände des Motors nachstellen, können innerhalb einer Testdauer von 2.000 h die Belastungen, die einer Beanspruchung von circa 10 Jahren Fahrzeugbetrieb entsprechen, simuliert werden. Sind auch Schwingungseinflüsse zu beachten, dann kann ein derartiger Test zusätzlich in Kombination mit einem Schwingerreger durchgeführt werden.

Schwingprüfanlagen

Motorkomponenten und Module sind im Betrieb mechanischen Schwingbeanspruchungen auf Grund von Fahrbahneinflüssen und direkter Schwingungsanregung durch den Motor ausgesetzt. Diese dynamischen Beanspruchungen können mit so genannten „Shakern“ auf das zu untersuchende Bauteil übertragen werden. Neben hydraulischen Systemen werden primär elektrodynamische Shaker verwendet. Eine Kombination mit einem Gleittisch ermöglicht neben der Anregung in vertikaler Richtung auch eine Prüfung bei horizontaler Schwingbeanspruchung. Mit hydraulischen Systemen lässt sich bei Bedarf eine mehrachsige Beanspruchung realisieren. Mit Beschleunigungsaufnehmern werden die Bauteilschwingungen am Prüfling erfasst, so dass gezielt im kritischen Schwingungsresonanzbereich getestet werden kann. Ermüdungserscheinungen am Prüfling lassen sich daher mit einem deutlichen Zeitraffereffekt untersuchen.

Heißgassimulation

Die thermische Beanspruchung der Bauteile, und damit auch der Dichtstellen im Bereich der Abgasanlage, kann mit Heißgaserzeugern nachgestellt werden. Diese liefern definierte Abgasmassenströme bei konstanter Temperatur durch die Verbrennung von Heizöl, Dieselkraftstoff oder Erdgas. Zur Erzielung hoher Bauteilverzüge (Beispiel Abgaskrümmer), wie sie auch im Motorbetrieb auftreten, wird der Prüfling einem Thermoschockprogramm unterworfen, wobei er abwechselnd mit Heißgas und kalter Umgebungsluft durchströmt wird. Die Dichtfunktion kann durch Abpresstests bei Raumtemperatur untersucht werden (vor und nach dem Prüflauf). Dies ist aber keine entscheidende Einschränkung für die Beurteilung der Abdichtung, da der Schraubenkraftverlust durch Wärmeausdehnungen im Verspannungssystem insbesondere bei niedrigen Temperaturen voll zum Tragen kommt. Müssen auch dynamische Einflüsse berücksichtigt werden, kann der Heißgaserzeuger mit einer Schwingprüfanlage kombiniert werden. Abhängig von der Aufgabenstellung und der Gestalt des Prüflings kommen hierfür elektrodynamische Shaker oder servohydraulische Anlagen in Frage.

Literatur

[1] *Diez, A.; Baur, M.*: Geprägte Stopper – wichtiger Entwicklungsschritt bei Metaloflex-Metalllagen-Zylinderkopfdichtungen. In: MTZ 9/2004, S. 706–709

[2] *Bendl, K.; Griesinger, E.; Lieb, F.*: Kunststoffmodule auch für Nutzfahrzeugmotoren – Gewichtsreduzierung und Kosteneinsparung. In: MTZ 9/2004, S. 714–718

[3] *Van Basshuysen/Schäfer (Hrsg.)*: Dichtsysteme. In: Lexikon Motorentechnik. Wiesbaden: Vieweg, 2006

[4] *ElringKlinger AG*: Fachdokumentationen Zylinderkopfdichtungen, Spezialdichtungen, Module- und Elastomer-Dichtsysteme

[5] *Diez, A.; Dr. Maier, U.; Dr. Eifler, G.; Schnepf, M.*: Integrierte Drucksensorik in der Zylinderkopfdichtung. In: MTZ 1/2004, S. 22–25

[6] *Griesinger, E.*: Ventilhaubenmodule von ElringKlinger – kompaktes Design, vielfältige Funktionen. In: MTZ 6/2003, S. 504–509

[7] *Walter, G.; Griesinger, E.*: Kunststoffmodule – Funktion und Ästhetik. In: ATZ/MTZ System Partners 2002, S. 32–37

[8] *Diez, A.; Gruhler, T.*: Dichtung mit Profil. In: Automobil Industrie Special Mercedes-Benz E-Klasse, Mai 2002, S. 60

[9] *Dr. Zerfaß, H.-R.; Diez, A.*: Zylinderkopfdichtungskonzepte für zukünftige Motorgenerationen. In: MTZ 1/2001, S. 30–35

7.22 Verschraubungen am Motor

7.22.1 Hochfeste Schraubenverbindungen

Ein moderner Grundmotor enthält zwischen 250 und 320 Schraubenverbindungen, die mit 80 bis 160 verschiedenen Schraubentypen verbaut werden. Die Anzahl der Schraubverbindungen ist in erster Linie abhängig von der Bauform (zum Beispiel R4- oder V6-Motor) und weniger vom Verbrennungsverfahren (Diesel- oder Ottomotor). In Japan entwickelte Motoren haben gegenüber den europäischen pro Motor circa 15 % mehr Schraubverbindungen bei gleichzeitig geringerer Typenvielfalt. Die Schraubengröße/-anzahl wächst mit größer werdendem Hubraum beziehungsweise größer werdender Zylinderanzahl.

Die Serienfertigung wurde bei allen Automobilherstellern in Europa seit 1983 im Endmontagebereich sehr stark automatisiert. Vorreiter war hier VW mit der „Halle 54“ im Werk Wolfsburg zur Produktion des damals gerade anlaufenden GOLF III [1]. Dazu war es erforderlich, die Schrauben zuführ- und montagegerecht zu konstruieren.

Beim Motorenbau handelt es sich um eine hochpräzise Komponentenfertigung, wobei die Fertigungstoleranzen der Basiswerkstücke (zum Beispiel Zylinderblock und -kopf) sehr gering sind und die Positioniergenauigkeit der Betriebsmittel beziehungsweise Roboter unter 0,5 mm liegt.

Bei vollautomatisierten Montagestraßen werden die Verbindungselemente über Zuführungen zur Einschraubstelle befördert; das Einschrauben und Festziehen wird von einem Einfach- oder Mehrfachschrauber in einer automatischen Schraubstation vorgenommen – schon um das Reaktionsmoment abzufangen. Werden auf einer Fertigungsstraße viele verschiedene Motorvarianten gebaut, ist eine Vollautomatisierung unzweckmäßig. Mit der Weiterentwicklung der elektrischen Steuersysteme und der ergonomischen Bauweise werden verstärkt Handschrauber mit integrierter Elektronik (Drehmoment- und Drehwinkel-Messwertgeber) zur Überwachung oder Steuerung des Anziehvorganges eingesetzt [2 a]. Dadurch werden die Investitions- und Wartungskosten der Montagelinie gesenkt und die Flexibilität in Richtung „joint production systems" erhöht.

7.22.2 Qualitätsanforderungen

Werden Fehlverschraubungen nicht erkannt, kommt es zu Störungen im Produktionsablauf. Bei ausgelieferten Aggregaten ist mit Funktionsstörungen zu rechnen. Die Ursache für einen Störfall wird meist der Schraube zugeordnet, obwohl neben der Qualität der Schraube die Toleranz und Beschaffenheit der zu verschraubenden Teile und des Mutterngewindes sowie die Qualität der Montage genauso Einfluss auf die Verbindung haben.

Somit ist bei der Automatisierung die Verwendung qualitativ hochwertiger Schrauben wichtig. Deshalb werden Schrauben bei renommierten Schraubenherstellern neben Stichproben in der Fertigung oftmals am Ende des Fertigungsprozesses auch einer Vollprüfung mittels Kontrollautomaten unterzogen. Damit wird der Qualitätsforderung der Schraubenabnehmer nach dem „0-Fehlerziel" Rechnung getragen. In der Praxis lässt sich bis zur Schraubengröße M14 – bis zu dieser Abmessung ist eine Automatenkontrolle technisch problemlos durchführbar- ein Fehleranteil unter 50 ppm bezogen auf die überprüften Hauptmerkmale realisieren. Die modernsten Automaten erreichen je nach Prüfumfang und Prüfungsart zwischen 100 Stück/min (mechanische Prüfung) und 300 Stück/min (optische Prüfung). Bei größeren Abmessungen ist die Vollautomatenkontrolle und das damit verbundene Handling durch Schraubengewicht und -größe oftmals unwirtschaftlich, so dass eine visuelle Kontrolle, meist kombiniert mit einem anderen Arbeitsgang (zum Beispiel Einhängen der Teile in Gestelle für die Oberflächenbeschichtung oder Verpacken der Teile) durchgeführt wird. Im Zusammenspiel mit einer prozesssicheren Fertigung, bei der nur Zufallsfehler (auf die Jahresproduktion bezogenes Auftreten von Fehlern in großen Zeitabständen und in erfassbaren Stückzahlen) und keine Einzelfehlteile auftreten, werden in der Regel Fehleranteile unter 50 ppm erreicht, ansonsten unter 300 ppm.

Diese Prozesssicherheit wurde im letzten Jahrzehnt nicht zuletzt durch die konsequente Einführung der Technischen Spezifikation ISO/TS 16949: QM-Systeme: Besondere Anforderungen bei Anwendung von ISO 9001 [3] in den Betrieben erreicht. Damit konnte der Fehleranteil in der Fertigung von 1.000 ppm auf <300 ppm ohne weitere Maßnahmen reduziert werden.

Um spätere Vermischungen auszuschließen und der Forderung nach Fremdteilfreiheit zu entsprechen, ist der Prüfung die Verpackung unmittelbar nachgeschaltet. Die Ware wird hier in spezielle Behälter (KLT) gefüllt oder in Klarsichtbeutel abgepackt und anschließend versiegelt. Eine andere, wenn auch

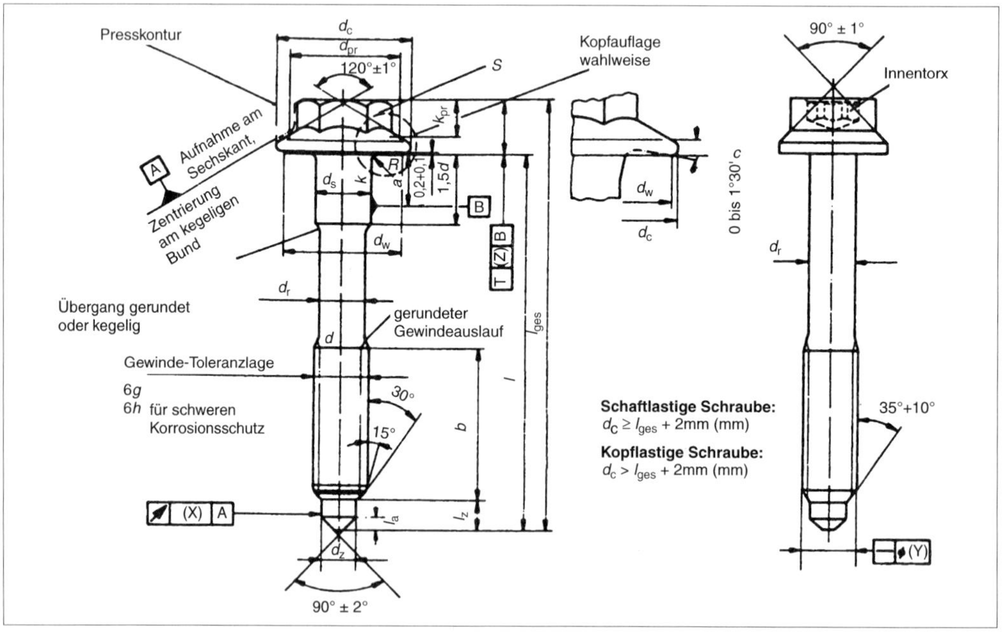

Bild 7-392 Gestaltungsvorschlag für montagefreundliche Schrauben [1]

wenig benutzte Variante ist es, die Schrauben erst beim Anwender einer Prüfung zu unterziehen.
Einen Gestaltungsvorschlag für montagefreundliche Schrauben zeigt **Bild 7-392**.
Werden Schrauben von unterschiedlichen Herstellern gemischt verbaut, gibt es erfahrungsgemäß Schwierigkeiten, wenn nicht exakte Festlegungen im Hinblick auf Werkstoff, Streckgrenzverhältnis und Reibungskennwerte getroffen worden sind. Bei Lieferantenwechsel ist häufig ein erneutes Einfahren der Anlage erforderlich [4, 5, 6].

7.22.3 Schraubverbindungen

Am Motor sind im Allgemeinen 5 kritische Schraubstellen vorhanden, die im Folgenden erläutert werden:

- Zylinderkopfschraube
- Hauptlagerdeckelschraube
- Pleuelschraube
- Riemenscheibenschraube
- Schwungradschraube.

Weiterhin sind folgende Schraubverbindungen problematisch, die zwar nicht als kritisch aus Sicht der Anwendungstechnik eingestuft werden, jedoch den Hauptanwendungsfällen am Motor zuzurechnen sind:

- Nockenwellen-Lagerdeckelschraube
- Ölwannenbefestigungsschraube, Ventilhaubenbefestigungsschraube.

An dieser Stelle werden die Aggregatverschraubungen und Anflanschungen bis auf das Verschrauben von Magnesiumbauteilen nicht weiter betrachtet. Hierbei werden größtenteils hochfeste Schrauben ab M6 eingesetzt, wobei es sich überwiegend um Norm- beziehungsweise normähnliche Ausführungen handelt.

7.22.3.1 Zylinderkopfschraube

Die Funktion von Zylinderkopfschrauben besteht darin, eine betriebssichere Verbindung des Gesamtsystems Zylinderkopf, Zylinderkopf-Dichtung und Kurbelgehäuse im Langzeitbetrieb unter Berücksichtigung der maximal möglichen Zündkräfte herzustellen. Ziel sind vor allem geringe, gleichmäßige Bauteilbeanspruchungen und Dichtheit gegen Verbrennungsgase, Schmiermittel und Kühlmittel.
Nachdem früher Zylinderkopfschrauben zum Ausgleich von Setzvorgängen bis zu zwei Mal nachgezogen werden mussten, ist heute die nachzugsfreie Zylinderkopfverbindung Stand der Technik.
Dies wurde mit dem Einsatz von Dehnschaft- oder Gewindedehnschrauben mit hoher Elastizität, eingeengten Toleranzen der Zugfestigkeit und des Reibungsverhaltens, mit setzarmen Zylinderkopf-Dichtungen (zum Beispiel Ganzmetalldichtungen) und einem Verschraubungsverfahren mit niedriger Streuung der Vorspannkraft möglich. Als Verschraubungsverfahren hat sich weitgehend das drehwinkelgesteuerte Anziehen in den überelastischen Bereich durchgesetzt. Die immer stärker forcierte Leichtbauweise mit daraus resultierender geringerer Bauteilsteifigkeit von Block und Zylinderkopf wird in der Regel durch eine Absenkung der maximalen Schraubenfestigkeit ausgeglichen. Die Einhaltung der minimal notwendigen Schraubenkraft kann dann nur über eine drastische Einschränkung der Toleranzen der Zugfestigkeit und der Reibungszahlen erreicht werden. Bei der Auslegung der Zylinderkopf-Verschraubung müssen gegebenenfalls thermische Einflüsse Berücksichtigung finden. Es ist möglich, dass sich beim Warmlauf des Motors die Zylinderkopfschrauben weniger stark erwärmen als die zu verspannenden Teile von Zylinderkopf und Kurbelgehäuse. Es kann zu einem erheblichen Anstieg der Vorspannkraft führen, wenn für diese Bauelemente Werkstoffe mit höherem thermischen Ausdehnungskoeffizienten wie zum Beispiel Aluminium Verwendung finden. Auch unter diesem Aspekt ist der Einsatz von Dehnschaft- oder Gewindedehnschrauben **(Bild 7-393)** von Vorteil, da auf Grund des geringeren Anstiegs der Feder-Kennlinie der Zuwachs der Schraubenbelastung deutlich geringer ausfällt [7, 8].
Das Ausdehnungsverhalten von Stahl wird grundlegend nur durch das Zulegieren von Nickel bestimmt. Deshalb sehen die neuesten Entwicklungen Zylinderkopfschrauben aus austenitischem Werkstoff vor, dessen thermischer Ausdehnungskoeffizient ähnlich dem von Aluminium ist. Ein noch ungelöstes Problem ist der hohe Werkzeugverschleiß auf Grund der großen Festigkeit des Materials. Außerdem haben die Legierungszuschläge für Stahl seit Beginn 2004 stark angezogen und bewegen sich aktuell bei 190 €/to (davor circa 80 €/to). Durch beide Faktoren ist eine wirtschaftliche Fertigung noch nicht gegeben.
Der immer stärker vorhandene Zwang zur Kostenreduzierung wurde bei der Optimierung der Zylinderkopfschraube in zwei Bereichen umgesetzt:

- Einsatz von Gewindedehnschrauben als Kompromiss zwischen ausreichender Elastizität und redu-

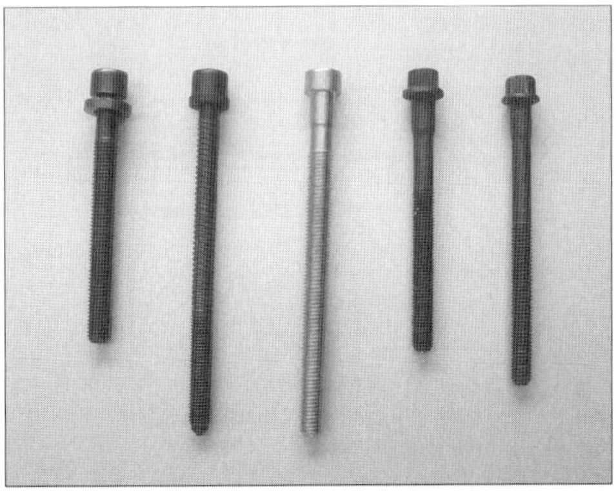

Bild 7-393 Dehnschaft- oder Gewindedehnschrauben für die Zylinderkopfverschraubung (KAMAX-Werke)

zierten Fertigungskosten im Vergleich zu Dehnschaftschrauben mit einem deutlich aufwändigeren Fertigungsablauf.

- Ersatz des Unterlegelements auch bei Aluminium-Zylinderköpfen durch seine Integration in den Schraubenkopf in Form einer Schraube mit Flanschkopf. Zur Vermeidung von „Fresserscheinungen“ bei der Schraubenmontage muss die Geometrie der Unterkopfauflage im Vorfeld in engen Grenzen bestimmt und anschließend fertigungstechnisch umgesetzt werden. Dies beinhaltet eine Oberflächenbehandlung mit extrem geringer Varianz der Reibungs-Kennwerte und exzellenter Haftung auf dem Grundmaterial, wie es zum Beispiel das Verfahren der Dünnschichtphosphatierung mit quasiamorpher Kristallausbildung bietet.

7.22.3.2 Hauptlagerdeckelschraube

Zur Verbindung der Hauptlagerdeckel für die Kurbelwellen-Lagerung mit dem Kurbelgehäuse dienen Hauptlagerdeckelschrauben. Davon werden in der Regel zwei für jeden Hauptlagerdeckel eingesetzt, die als Ganzgewinde-Bundschrauben, gegebenenfalls in Verbindung mit Unterlegscheiben, ausgeführt sind. **Bild 7-394** zeigt die Einbausituation einer solchen Verbindung sowie den dazugehörigen Kraftfluss. Darin bedeuten: l_k = Klemmlänge, l'_k = Plattendicke, F_B = Betriebskraft.

Das wesentliche Problem bei der Auslegung dieser Schrauben ist in den meisten Fällen der knapp bemessene Bauraum, der für den Schraubenkopf zur Verfügung steht. Es ist sehr präzise auf die Einhaltung der zulässigen Flächenpressung für die Unterkopfauflage und die Gegenlage zu achten. Jede Hauptlagerdeckelverschraubung wird zwei Mal montiert: erstmals bei der spanenden Bearbeitung der Lagerschalensitze auf

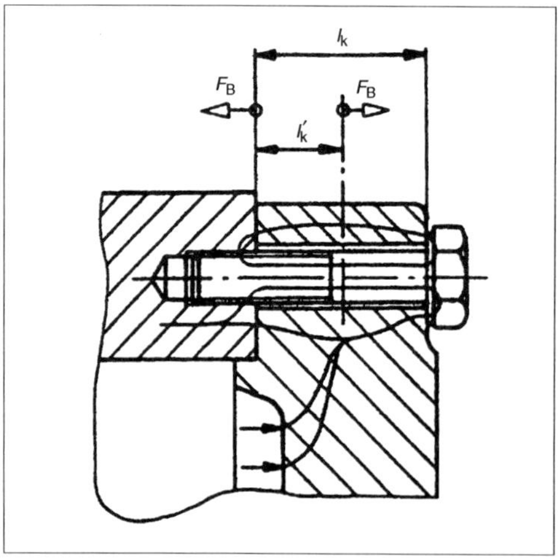

Bild 7-394 Einbausituation und Kraftfluss an der Hauptlagerdeckelverschraubung

Passmaß; dann nach der Montage der Kurbelwelle und dem Aufsetzen der Lagerdeckel. Bei der zweiten Montage kann es zum „Fressen“ im Gewinde kommen, wenn die Schraube im Kuppenbereich/Gewindeanfang Beschädigungen, zum Beispiel Schlagstellen, aufweist. Vorbeugend wird dies in der Konstruktion durch eine optimale Kuppengestaltung und in der Fertigung durch möglichst niedrige Fallhöhen (maximal 300 mm) vermieden. Unter Kuppengestaltung versteht man das Anfasen des Schraubenschaftanfangs vor dem Gewindewalzen, damit das Gewinde beim Aufwalzen nicht ausbricht. Am Gewindeanfang entstehen lediglich stumpfe Gewindezähne, deren Neigung zur Schlagstellenbildung gering ist.

Um die Steifigkeit des Kurbelgehäuses zu erhöhen, werden in Motoren immer häufiger sogenannte „Ladderframes“ eingesetzt. Sie stellen eine Verbindung zwischen einzelnen Hauptlagerdeckeln dar. Dadurch kann der untere Motorenbereich verwindungssteifer gestaltet werden. Meist sind dabei die Lagerdeckel in den „Ladderframe“ aus Leichtmetall eingegossen. In diesem Fall wird mit der Hauptlagerschraube die komplette Einheit verschraubt.

Als Montageverfahren haben sich das streckgrenz- oder das drehwinkelgesteuerte Verfahren durchgesetzt.

7.22.3.3 Pleuelschraube

Bei der Pleuelverschraubung liegt der typische Fall einer dynamisch hochbeanspruchten Schraubenverbindung vor. Der Abmessungsbereich bei Pkw-Motoren geht von M 7 bis M 9, für Nutzfahrzeug-Motoren von M 11 × 1,5, M 12 × 1,25, M 14 × 1,5 bis M 16 × 1,5. Bei der richtigen Dimensionierung der Pleuelschraube wird auf den Vorgängermotor oder auf Motoren ähnlicher Bauart und Größe zurückgegriffen. Bei der Verschraubung des großen Pleuelauges ist die Betriebsbelastung für das Lagergehäuse durch die Gesetzmäßigkeiten des Kurbelgetriebes (Massen- und Gaskraft) bekannt.

Nicht bekannt sind zunächst die Betriebsbelastungen nach Größe, Richtung und Lage bezogen auf die Schraubenachse in der Trennfugenebene, die in die einzelne Schraubenverbindung eingeleitet werden, um die Verformungen und Beanspruchungen der Schraube zu ermitteln. In der Fachliteratur [9, 10] finden sich verschiedene analytische Verfahren, mit denen die Axialkraft F_A, die Querkraft F_Q (rechnerische Größe aus dem Reibwert in der Trennfuge) und der exzentrische Abstand a der Axialkraft von der Schraubenachse in Abhängigkeit von den Gestaltparametern des Pleuellagergehäuses errechnet werden können. Liegen diese Werte vor, ist es möglich, zum Beispiel mit Softwareprogrammen wie „VDI-Schraubenberechnung“, „SR1“ oder „KABOLT“ [Schraubenberechnung nach VDI 2230; 11, 12, 13, 13a] die erforderliche Vorspannkraft zur Verhinderung des partiellen Abhebens und der Querschiebung der verspannten Teile und damit die entsprechende Gewindeabmessung und Festigkeitsklasse der Schraube zu ermitteln. Auf Grund der ermittelten Werte werden dann Vorgaben für den Schraubenanzug gegeben. Ist die rechnerische Auslegung der Pleuelverbindung abgeschlossen, wird durch Pulsertests am gesamten Pleuel die Dauerhaltbarkeit nachgewiesen. Anschließend werden durch Feldversuche die Berechnungs- und Laborergebnisse abgesichert. Die Berechnungsparameter einer Pleuelschraubenverbindung sind aus **Bild 7-395** ersichtlich. Das Beispiel betrifft einen 4-Zyl.-Ottomotor mit 1996 cm^3 Hubraum.

Das Pleuelschrauben-Design richtet sich in erster Linie nach den Belastungen und nach der Zusam-

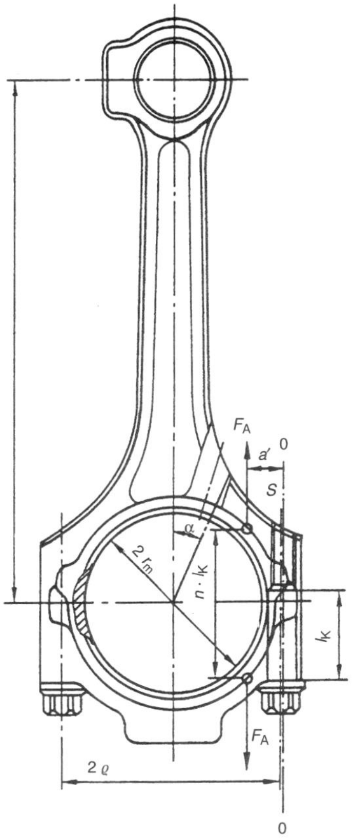

Sachmerkmale:

linearer Berechnungssatz (kann auch nichtlinear gerechnet werden: Trennfugenfläche rechteckig, Kraftangriff exzentrisch)
Kraftangriff exzentrisch
Dehnschaftschaube
Gewinde schlussvergütet
Unterlegscheibe nicht vorhanden

Oberfläche phosphatiert → Reibwert
Drehmomentenanzug → Anziehfaktor

KABOLT-Definiton:

sonstige Schraube mit Zylinderschaft
MB x 1 x 43 – 11.9 (Rp0,2 = 1035 N/mm²)

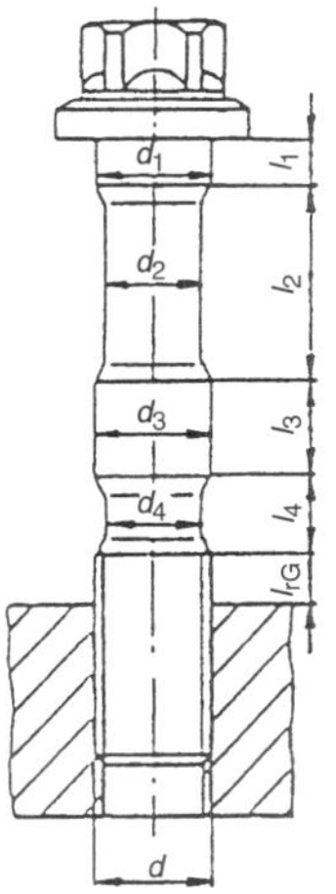

Schrauben-Abschnitt:

Nr. 1	Durchmesser	d_1	7,75
	Länge	l_1	3,0
Nr. 2	Durchmesser	d_2	6,5
	Länge	l_2	14,0
Nr. 3	Durchmesser	d_3	8,3
	Länge	l_3	6
Nr. 4	Durchmesser	d_4	7,35
	Länge	l_4	3,55
	frei Gew.-Länge	l_f	3

Belastungen und Kenndaten:

Betriebskraft	F_{Ao}	=	10600 N
Betriebskraft	F_{Au}	=	0 N
Erf. Restklemmkr.	F_{Kerf}	=	–
Streckgrenze	$R_{p0,2}$	=	1035 N/mm²
Anziehfaktor	α_A	=	1,18 l
Reibung, Gwinde	μ_G	=	0,10 l
Reibung unter Kopf	μ_k	=	0,14 l
Flanschwerkstoff		=	C 45

Geometrie:

Schraubendurchm.	d	=	8,00 mm
Gewindesteigung	p	=	1,00 mm
Kopfauflagendurchm.	d_w	=	12,70 mm
Reibdurchmesser	d_{km}	=	10,60 mm
Verspannte Hülse	D_A	=	13,18 mm
Klemmlänge	l_K	=	28,55 mm
Krafteinleitungsfaktor	n	=	0,50 l
Krafeinleitungsfaktor	n_{red}	=	0,45 l

Bohrungsdurchmesser	d_h	=	8,50 mm
Bohrungsfasendurchm.	D_F	=	9,20 mm
Exzentrität, Schr.	s	=	± 0,48 mm
Excentrität, Kraft	a	=	2,70 mm
Länge	c_T	=	13,20 mm
Länge	c_B	=	12,70 mm
Breite	b	=	33,10 mm
Stichmaß Pleuel	l	=	132,00 mm
	l_1	=	31,50 mm
	l_2	=	100,50 mm
Radius Pleuellagerauge	r_m	=	27,00 mm
Abstand beider Schraubenmitten	$2\,\varrho$	=	62,00 mm
Einspannwinkel	α	=	23°

Bild 7-395 Verhältnisse bei der Pleuelverschraubung [12]

menbauweise des Pleuels. Je nachdem, ob eine Mutter verwendet wird oder nicht, sind die Schrauben entweder mit Kopfformen mit Kraftübertragungselementen oder mit Verdrehsicherungen ausgestattet. Die Zentrierung der beiden Pleuelhälften geschieht entweder über Rändel, Passbund oder einen separaten Splint; bei großen Pleueln von Nutzkraftfahrzeugen wird häufig mit Verzahnungen nach dem Feder-Nut-Prinzip gearbeitet.

Für Pleuel, die in mittlerer Stückzahl hergestellt werden, ist der Einsatz eines Sinterpleuels wirtschaftlich. Während bei der konventionellen Fertigung das große Pleuelauge spanend aufgeschnitten werden muss, um dort nach der Bearbeitung die Pleuellagerschalen einzusetzen, hat sich in den letzten Jahren parallel beim Sinter- Guss- und Schmiedepleuel das „Cracken" in der Großserienfertigung etabliert. Dabei wird der spätere Gehäusedeckel in einer Vorrichtung durch eine von außen definiert angreifende Belastung über Sollbruchstellen von der Pleuelstange abgesprengt. Der Vorteil neben der Einsparung des Aufschneidens liegt darin, dass die beiden Pleuelhälften sich über die Bruchflächen beim späteren Zusammenfügen (für das Ausdrehen der Lagerschalensitze) selbst zentrieren. Deshalb ist beim „gecrackten" Pleuel ein genauer Passschaft an der Pleuelschraube nicht erforderlich. Hier darf der Schraubendurchmesser eine Toleranz von 0,1 mm aufweisen.

Jedes Pleuel wird nach dem Aufschneiden zwei Mal montiert. Das erste Mal für das spanende Bearbeiten der Lagerschalensitze. Dabei muss die Montagevorspannkraft ähnlich groß sein wie später im Einsatz, damit sich für das Pleuellagergehäuse auch ähnliche Verformungen ergeben. Aus diesem Grund werden die Schrauben entweder über Drehmoment und Drehwinkel bis kurz unter die Streckgrenze angezogen oder direkt streckgrenzgesteuert verschraubt.

Nach dieser Bearbeitung erfolgt eine Demontage (Einsetzen der Lagerschalen) und dann die Montage auf der Kurbelwelle. Hierbei wird ein drehwinkelgesteuertes Anziehverfahren, das die Schraube überelastisch verspannt, angewendet oder es kommt das streckgrenzgesteuerte Anziehen zum Einsatz. Entscheidet man sich für den Drehwinkelanzug, müssen vorab aufwändige Laborversuche durchgeführt werden, um Anzugsempfehlungen anzugeben. Beim streckgrenzgesteuerten Einsatz reicht es aus, über einige Anzugsversuche das sogenannte „grüne Fenster" zu definieren.

Gerade weil die Pleuelschraube, bedingt durch das Herstellverfahren des Pleuels, zwei Mal im Streckgrenzbereich montiert werden muss, stellt sich die Frage, welche Schrauben für den streckgrenzüberschreitenden Anzug besonders geeignet sind [17].

Bei der Dimensionierung von Schraubenverbindungen ist zu berücksichtigen, dass der Schraubenbolzen im Falle einer Überbeanspruchung durch statische Zugkräfte in seinem schwächsten Querschnitt brechen wird. Üblicherweise ist dies im freien belasteten Gewindeteil oder im Dehnschaftbereich der Fall. Bei den in jüngster Zeit entwickelten Vieltaillenschrauben liegt der Bruch ebenfalls im Taillenbereich. Für den überelastischen Anzug sind insbesondere die in **Bild 7-396** gezeigten Pleuelschrauben verwendungsfähig.

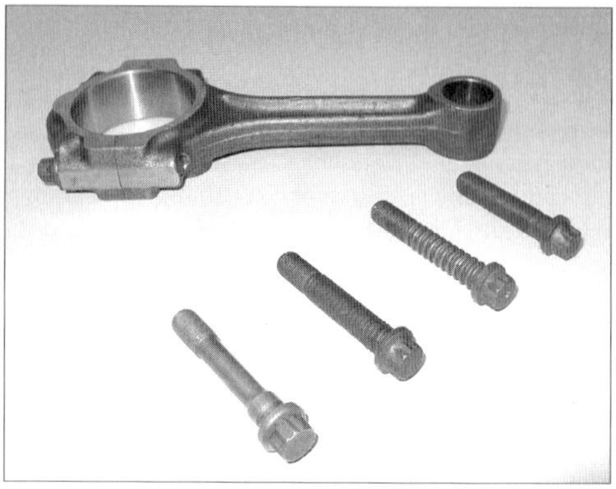

Bild 7-396 Pleuelschrauben für das überelastische Anziehen [17]

Bei den Schrauben mit Schaft (ähnlich DIN EN 24014) sollten mindestens sechs freitragende Gewindegänge vorhanden sein, um die plastische Längung auf einen größeren Bereich zu verteilen und somit die Gefahr einer vorzeitigen Einschnürung zu vermeiden. Das beste Anzugsverhalten im überelastischen Bereich zeigen Dehnschaftschrauben beziehungsweise Schrauben mit Gewinde bis unter den Kopf (ähnlich DIN/EN 24017). Die gemessenen Nachgiebigkeiten ordnen die Vieltaillenschrauben zwischen der Dehnschaftschraube und der Schraube mit Gewinde bis unter den Kopf ein.

Die Dauerhaltbarkeit von Schraubenverbindungen wird ausschließlich von der Höhe der örtlichen Spannungskonzentration bestimmt. In der Regel sollte für Schraubenwerkstoffe die Bruchfestigkeit des gekerbten zum glatten Stab >1 sein, der Werkstoff also ausreichende Duktilität besitzen. Zulässig bei hochfesten Schrauben sind Dauerhaltbarkeitswerte im Zug-Schwellbereich von $\sigma_A = +/-55$ N/mm^2 [14]. Die Dauerfestigkeit erhöht sich bei Schrauben, bei denen das Gewinde nach dem Vergüten aufgerollt wird. Die dynamischen Zusatzkräfte, die bei dynamisch aufgebrachten Betriebskräften von der Schraube über die Montage-Vorspannkraft hinaus aufgenommen werden müssen, werden bei exzentrisch beanspruchten Verbindungen umso geringer, je höher das Vorspannkraft-Niveau ist. Auch dies spricht für ein überelastisches Anzugsverfahren.

7.22.3.4 Riemenscheibenschraube

Die Riemenscheibe wird mit einer Zentralschraube befestigt. Auf die Kurbelwelle wird oft neben der

Riemenscheibe auch ein Zahnrad für den Ölpumpenantrieb und eventuell der Schwingungsdämpfer verschraubt. Die Riemenscheibe wird über ihre Innenbohrung auf den Kurbelzapfen aufgesetzt. Der große Bohrungsdurchmesser der Riemenscheibe macht es erforderlich, dass durch eine große Scheibe oder durch einen großen Schraubenbunddurchmesser eine kraftschlüssige Verbindung zwischen Schraube und Riemenscheibe geschaffen wird. Oft ist eine Schraube M 12 mit einem Scheiben- beziehungsweise Bunddurchmesser bis 38 mm (zum Beispiel Ottomotor) oder eine Schraube M 18 mit einem Bunddurchmesser bis 65 mm (zum Beispiel Dieselmotor mit 2,5 Liter Hubvolumen) ausgestattet. Die Riemenscheibe wird auf den Kurbelzapfen separat aufgepresst oder über die Schrauben mit einem vorher definierten Anziehdrehmoment auf die Kurbelwelle aufgezogen. Bei Nutzfahrzeug-Motoren geht man in der Regel bis zum Abmessungsbereich M 24 × 1,5 und setzt die Unterlegscheibe kurz vor der Montage auf. Bei großen Nutzfahrzeug-Motoren wird die Riemenscheibe auf den Schwingungsdämpfer aufgesetzt und über Durchgangsbohrungen direkt mit 6 beziehungsweise 8 Schrauben beziehungsweise Stehbolzen (zum Beispiel M 10) mit der Kurbelwelle verschraubt.

Riemenscheibenschrauben wurden früher nur mit einem Drehmoment angezogen. Heute hat sich das Drehwinkelverfahren durchgesetzt. Der Anzug erfolgt über ein Fügemoment, bis alle Trennfugen satt aufeinander liegen. Daran schließt sich ein Weiterdrehen an, das über eine Drehwinkelmessung gesteuert wird. Dabei können extrem hohe Endanzugsmomente erreicht werden. Bei einer Schraube M 12 × 1,5 – 10.9 werden Momente bis zu 260 Nm erreicht, wobei das theoretisch errechnete Endmoment zwischen 120 und 150 Nm liegt. Die große Streuung des Endmomentes ergibt sich auf Grund der großen Kopfauflage, die bei kleinster Verkantung ein „Fressen" hervorruft. Ein streckgrenzgesteuertes Verfahren kann dann bei Riemenscheibenschrauben nicht durchgeführt werden, wenn ein extrem großer Bunddurchmesser vorliegt oder mehrere Teile miteinander verspannt werden, so dass sich daraus eine hohe Trennfugenanzahl zwischen den zu verspannenden Teilen ergibt. Diese ergeben auf Grund von Fertigungsungenauigkeiten und unvermeidbarer Verschmutzung ein höheres Setzverhalten beziehungsweise eine so nachgiebige Verbindung, dass der Streckgrenzpunkt nicht über die Schraube sondern auch über die Verbindung bestimmt werden kann.

7.22.3.5 Schwungradschraube

Bauseitig ist auf der Kurbelwelle ein relativ kleiner Teilkreis vorgegeben. In der Montage ist darauf zu achten, dass zwischen den Schrauben genügend Freiraum für die Anziehwerkzeuge liegt. Die Schrauben werden mit einer Mehrspindeleinheit gleichzeitig streckgrenzgesteuert angezogen. Dies auch, weil hier geringe Klemmlängen (zum Beispiel 7 mm) vorliegen. Durch den geringen Abstand zwischen Kurbelzapfen und Schwungrad sind die Kopfhöhen kleiner als nach Norm. Um das erforderliche Drehmoment sicher aufzubringen, wird deshalb oft ein Außenzwölfkant- oder ein Außensechsrund-Angriff, gegebenenfalls auch ein Innenvielzahn-Schlüsselangriff, vorgesehen. Wenn eine Ölversorgung durch Kanäle in der Kurbelwelle gegeben ist, werden die Schrauben zur Abdichtung gegenÖlleckagen mit einem mikroverkapselten Dichtkleber oder mit einer Nylon-Rundumbeschichtung versehen.

Einige Motorenhersteller ziehen Schwungradschrauben noch drehmomentgesteuert an, die dann manuell „nachgeknickt" werden.

Bei den in jüngster Zeit vermehrt zum Einsatz kommenden Zweimassenschwungrädern werden die Gesamt-Module dem Fahrzeughersteller komplett mit Schwungradschrauben angeliefert und dort als Einheit montiert. Die Schrauben werden dabei mit einem mehrspindeligen Schrauber durch Bohrungen in der Kupplungstellerfeder und der Kupplungsscheibe angezogen.

7.22.3.6 Nockenwellen-Lagerdeckelschraube

Bei dieser Schraubverbindung werden meist normähnliche Bundschrauben im Abmessungsbereich M 6, M 7 und M 8 für Pkw-Motoren, sowie M 10 und M 12 für Nutzfahrzeug-Motoren eingesetzt. Da beim drehmomentgesteuerten Anzug die Gefahr besteht, dass sich die Nockenwellenlager unterschiedlich verspannen, wird vermehrt das drehwinkelgesteuerte Verfahren gewählt, um definierte Vorspannkräfte zu erreichen. Die Besonderheit einiger Pkw-Hersteller liegt im Einsatz von Stiftschrauben, die in den Zylinderkopf eingeschraubt werden; anschließend wird der Lagerdeckel aufgesetzt und mit Muttern festgeschraubt.

7.22.3.7 Ölwannenbefestigungsschraube

Die Ölwanne wird ebenfalls mit normähnlichen Bundschrauben, **Bild 7-397**, (Außen- oder Innenschlüsselangriff; M 6, M 7, M 8) mit dem Motorblock verschraubt. Damit eine vollständige Öldichtheit erreicht wird, muss die Flächenpressung über die gesamte Ölwannenabdichtung gleichmäßig hoch sein. Dies wird mit einem möglichst kleinen Schraubendurchmesser erreicht, der dadurch eine entsprechende Nachgiebigkeit aufweist, sowie einem entsprechend große Bunddurchmesser oder einer Scheibe, worüber die Schraubenkräfte gleichmäßig eingeleitet werden. Außerdem wird eine hohe Anzahl von Schrauben benötigt, damit es bei der Krafteinleitung zu großen Überlappungen der Druckkegel im Bereich der Dichtung kommt. Trotz der hohen Ansprüche an die Dichtheit wird diese Verbindung als unproblematisch angesehen und in der Regel lediglich über einen Drehmomentanzug (Mehrfachschrau-

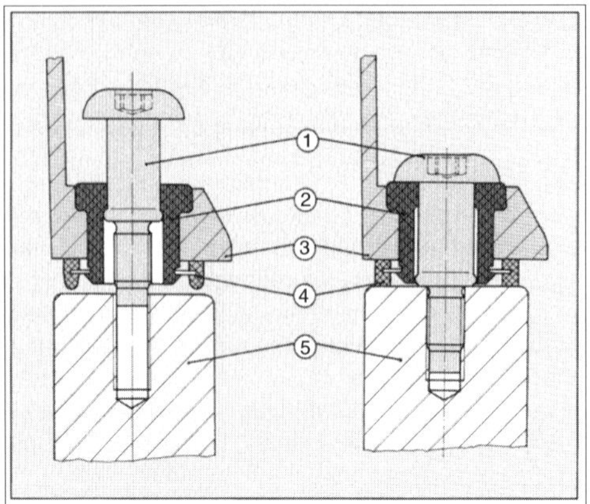

Körperschallkoppelndes Befestigungselement vor und nach der Montage (rechts):
1 Verbindungselement
2 Entkopplungselement
3 Gehäusedeckel
4 Dichtung
5 Gehäuse

Bild 7-397 Ölwannenbefestigungschraube mit Körperschallentkopplungselement (prinzipielle Darstellung vor [links] und nach der Montage [rechts] (KAMAX-Werke)

ber) angezogen. Damit es zu keinen Überwerfungen kommt, wird in der Mitte des Motorblockes mit dem Festziehen begonnen, welches nach außen hin fortgeführt wird.
Rippen an der Unterseite des Blockes reduzieren die Geräuschabstrahlung. Von der Ölwanne selbst geht auf Grund der großen Fläche und des geringen Gewichtes eine hohe Geräuschemission aus. Hier bietet sich die Lösung einer Körperschallentkopplung über die verwendeten Ölwannen-Befestigungsschrauben an. Allerdings scheitert die Verbreitung des Einsatzes an den Kosten.
Um Kosten zu sparen, zeigt der Markt einen Trend zur Vormontage von Verbindungselementen in Systembaugruppen wie Ölwannen, Ventildeckelhauben, Steuergehäusen etc. Hier arbeiten führende Schraubenhersteller an kostengünstigen und platzsparenden Vormontagelösungen wie zum Beispiel selbstfurchenden Spezialschrauben, die durch das Formen eines Innengewindes in dem zu befestigenden Bauteil vormontiert werden. Eine andere Lösung, die gleichzeitig der Schallentkopplung dienen könnte, besteht in einer Kunststoffhülse die einer Spezialschraube übergestülpt wird und dann gemeinsam mit dem Bauteil vormontiert werden kann, **(Bild 7-398)**.

Bild 7-398 Ölwannenschraube mit Innensechsrund und Bund (KAMAX-Werke)

7.22.4 Verschrauben in Magnesiumbauteilen

Der seit Jahren anhaltende Trend zum Leichtbau in der Automobilindustrie erfordert neben der Optimierung von Komponenten aus den bewährten Konstruktionswerkstoffen wie Stahl, Aluminium oder Kunststoff auch den Einsatz von alternativen Werkstoffen, wie zum Beispiel Magnesium. Der Vorteil von Magnesium ist die relative Steifigkeit bei sehr dünnwandigen Ausführungen. Im Hinblick auf seine Dichte ist es dem Kunststoff vergleichbar.
Im Motorenbereich wird dieser Werkstoff zur Zeit nur in Nebenaggregaten wie in der Zylinderkopfhaube für gekapselte Motoren oder Luftfilteransaugstutzen angetroffen. Magnesium ersetzt hier Kunststoff. Im Motorblock selbst sind die thermischen Belastungen für die Gesamtverbindung zu hoch. So können Stahlschrauben in Magnesiumverbindungen auf Grund von Setz- und Relaxationsverhalten lediglich bei Raumtemperatur eingesetzt werden. Im Motor-Aggregatebereich werden deshalb wärmebehandelte Aluminiumschrauben aus zum Beispiel: AL 6056 in Verbindung mit der Magnesiumdruckgusslegierung AZ 91, AS 21 bis 120 °C (Spitzentemperatur: 150 °C) eingesetzt. Beim Einsatz von Magnesiumbauteilen ist das Kontaktkorrosionsverhalten in Kombination mit Stahl- oder Aluminumschrauben zu berücksichtigen [15, 15a].

7.22.5 Schraubenanziehverfahren

Bei der Wahl der Anzieh- und Montageverfahren ist zu bedenken, dass Pkw-Motoren in großen Stückzahlen gefertigt werden; Nfz-Motoren teilweise in Kleinserien- oder in Einzelfertigung [16].

7.22.5.1 Drehmomentgesteuertes Anziehen

Der drehmomentgesteuerte Schraubenanzug wird zumeist nur für untergeordnete Schraubfälle (Mindestvorspannkraft muss nicht genau definiert aufgebracht werden) angewendet und nur in Einzelfällen für hochwertige Anwendungen (zum Beispiel Riemenscheibenmontage) in automatisierten Montagestraßen. Es wird auch zukünftig seinen Bestand im Service-Bereich behalten. Die Problematik besteht darin, dass die über das Drehmoment erzielte Vorspannkraft so gewählt werden muss, dass auch im ungünstigsten Fall (zum Beispiel kleinerer IST-Reibbeiwert als bei der Drehmomentfestlegung abgeschätzt wurde) die Streckgrenze nicht überschritten wird, da ansonsten die Schraube gelängt wird. Die Vorspannkraft ist die Kraft, die in der Schraubverbindung nach Abschluss der Montage vorhanden ist. Bei einem sehr hohen IST-Reibbeiwert (höher als angenommen) fällt die Vorspannkraft sehr niedrig aus. Somit kann mit diesem Verfahren die Schraube nicht optimal ausgenutzt werden. Die zwischen den Schraubenherstellern und der Automobilindustrie vereinbarten zu erwar-tenden Reibbeiwerte liegen zwischen μ_{ges} = 0,08 bis 0,14. Sie sind Bestandteil des jeweiligen Qualitätsabkommens und werden je Schraubenlos auf einem Reibwertprüfstand stichprobenartig überwacht [17].

Eine spezielle Form des Drehmomentanzuges ist die Kombination mit dem sogenannten „Nachknicken", zum Beispiel nach dem abgeschlossenen Schraubvorgang wird die Verbindung mit einem messenden Drehmomentschlüssel nachgezogen. Dieses Verfahren wird in der Großserie an den verbleibenden Handmontageplätzen eingesetzt und in der Kleinserie bei

(Werkbild: Atlas Copco Tools)

Bild 7-399 Aggregatemontage mittels Handschrauber mit integriertem Drehmoment- und Drehwinkel-Messwertgeber (Atlas-Lopco)

allen kritischen Verbindungselementen. Bei der manuell durchgeführten Verschraubung wird mit einem drehmomentgesteuerten Druckluft-Schrauber oder bis zum vorgegebenen Moment angezogen und anschließend mit einem messenden Drehmomentschlüssel nachgeknickt und üblicherweise farbmarkiert. Das zum Beginn des Weiterdrehens erforderliche Drehmoment ist das Nachknickmoment (auch Nachziehmoment genannt). Das „Nachknicken" erfolgt erfahrungsgemäß etwas über dem Einstellwert des Knickschlüssels hinaus, so dass sich dadurch oft ein indirekt drehwinkelgesteuerter Anziehvorgang ergibt.

7.22.5.2 Drehwinkelgesteuertes Anziehen

Beim Drehwinkelanzug bis in die Streckgrenze liegt die Vorspannkraft im Mittelwert 25–30 % höher als beim drehmomentgesteuerten Anziehen. Während beim drehmomentgesteuerten Anziehen die Vorspannkraft um circa +/–25 % schwankt (praktisch im gleichen Maße wie die Reibung), beträgt die Vorspannkraftschwankung beim drehwinkel- und streckgrenzgesteuerten Anziehen hingegen nur circa +/–10 %. Beim Drehwinkelanzug ist die Vorspannkraftstreuung lediglich im Bereich bis zum Fügemoment reibungsabhängig. Das Fügemoment ist dabei das Moment, welches aufgebracht werden muss, bis durch Anziehen der Verbindung die Flächen aller Trennfugen durch elastische und plastische Verformung „satt" aufeinander liegen. Die Streuung ergibt sich hauptsächlich aus den unterschiedlichen Ist-Streckgrenzen der Schrauben, vorausgesetzt, die geforderte Wiederholgenauigkeit beim Anfahren der eingestellten Winkel wird erreicht. Dies ist bei den heutigen Impulsgebern der Fall. Darüber hinaus ist aus den Kurvenverläufen oberhalb des Streckgrenzpunktes erkennbar, dass eine Winkelstreuung nur einen untergeordneten Einfluss auf die Montagevorspannkraft hat (**Bild 7-400**). Zur Qualitätssicherung der Verbindung wird eine Drehmoment-Überwachung eingesetzt.

Man erkennt, dass beim Drehmomentanzug die minimale Vorspannkraft F_m zwischen 48 und 57 kN liegt; beim streckgrenzgesteuerten Anzug zwischen 67 und 85 kN und beim drehwinkelgesteuerten Anzug zwischen 77 und 94 kN. Damit weist der Drehmomentanzug bei kleinstem Vorspannkraftniveau die größte Vorspannkraftstreuung auf. Das Vorspannkraftniveau beim drehwinkelgesteuerten Anziehverfahren liegt im Mittel circa 10 % über dem des Streckgrenzverfahrens.

Der Bereich der $R_{p0,2}$-Punkte stellt beim streckgrenzgesteuerten Anziehen das sogenannte „grüne Fenster" dar. In diesem Bereich muss der Abschaltpunkt des Schraubers liegen, damit die Verschraubung als in Ordnung erfasst wird und die gegebenenfalls vorgesehene Farbmarkierung erhält.

Bei der Dimensionierung von Schraubverbindungen ist zu berücksichtigen, dass der Schraubenbolzen im

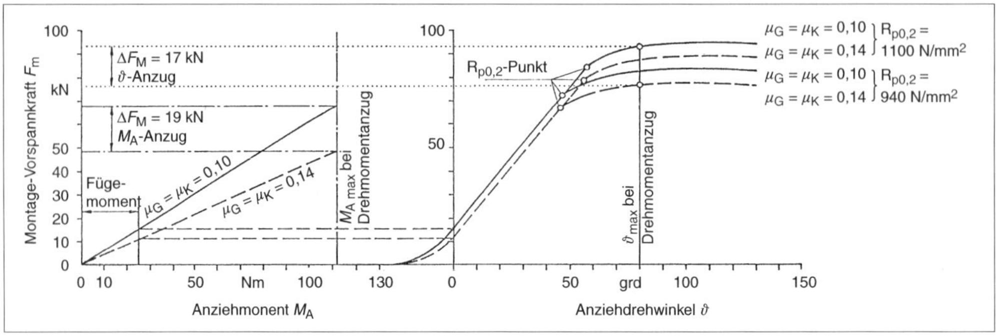

Bild 7-400 Anziehkurven einer Schraube DIN EN ISO 24014 – M 12 × 1,5 × 70 – 10.9 für den drehmoment- (links) und drehwinkel- und steckgrenzgesteuerten Anzug (rechts), mit Darstellung der Einflüsse von Gewinde- und Kopfreibung sowie der Schraubenfestigkeit

Falle einer Überbeanspruchung durch statische Zugkräfte in seinem schwächsten Querschnitt brechen wird. Üblicherweise ist dies im freien belasteten Gewindeteil oder im Dehnschaftbereich der Fall.

Der Einsatz des Drehwinkelanzugs (als streckgrenzüberschreitendes Verfahren) ist bei Schrauben mit einer Schaftlänge über $2 \times d$ beziehungsweise einem freien belastetem Gewindeteil mit mehr als 10 Gängen unkritisch. Dann sind bei der Auslegung des Anziehdrehwinkels selbst Toleranzen von 20 Grad verkraftbar. Bei einer Schraube mit zum Beispiel der Steigung $P = 1{,}5$ mm bedeutet ein Weiterdrehen der Schraube über den Streckgrenzpunkt um 30 Grad eine plastische Längung von circa 0,125 mm. Auf eine Klemmlänge von 60 mm bezogen, ist dies eine bleibende Verformung von 0,21 %. Dieser Wert ist unbedenklich. Im Umkehrschluss ist bei dem Einsatz von kurzen Schrauben ($<2 \times d$ Schaftlänge) der Drehwinkel so genau zu bestimmen, dass der Abschaltpunkt nahe im Bereich des Streckgrenzpunktes liegt, zumal heute Schrauben mehrfach bis in die Streckgrenze angezogen werden. Als Faustformel gilt, dass in diesen Fällen auf die Klemmlänge bezogen eine bleibende Dehnung von maximal 1 % zulässig ist. Hierbei ist jedoch zu beachten, dass durch das mehrmalige Anziehen die Kopfauflage und auch die tragenden Gewindegänge in Mitleidenschaft gezogen werden können und deshalb zum „Fressen" neigen. Ist dies der Fall, wird die erforderliche Vorspannkraft nicht mehr erreicht.

Ein weiterer Vorteil des Drehwinkelanzuges ist die Reproduzierbarkeit mit einfachem Anzugswerkzeug, so dass er gerne für den Erstanzug in der Linie und für den Servicebetrieb ausgewählt wird.

7.22.5.3 Streckgrenzgesteuertes Anziehverfahren

Dieses Verfahren hat gegenüber dem drehwinkelgesteuerten Verfahren den Vorteil, dass immer die Ist-Streckgrenze der jeweils montierten Schraube angefahren wird. Dieses Verfahren kann nur sehr eingeschränkt eingesetzt werden, wenn während und kurze Zeit nach dem Anzug mit größeren Setzbeträgen zu rechnen ist. Die bleibende Dehnung der Schraube pro Anzug liegt je nach Sensibilität der Schraubersysteme zwischen 0,1 und 0,2 % und damit noch unterhalb der 0,2 %-Dehngrenze. Eine unzulässig verbleibende Längung der Schraube über die Dehngrenze hinaus ist kaum noch möglich. Gegenüber dem drehwinkelgesteuerten Verfahren liegt das mittlere Vorspannkraftniveau 4–7 % niedriger. Die Qualitätssicherung der Verbindung erfolgt durch die Überwachung des „grünen Fensters". Das „grüne Fenster" legt den Abschaltpunkt des Schraubers im Streckgrenzbereich der Schraube fest, der über minimale und maximale Winkel- und Drehmomentvorgaben definiert ist.

Literatur

[1] *Jende, S.:* Robotergerechte Schrauben – Hochfeste Verbindungselemente für flexible Automaten, Techno TIP 12/84. Würzburg: Vogel-Buchverlag

[2] *N.N.:* Industriewerkzeuge – Montagewerkzeuge, Firmenkatalog 2000-2001 der Atlas Copco Tools GmbH, Essen

[2 a] *N.N.:* Schraub- und Einpresssysteme. Firmenkatalog der Robert Bosch GmbH Automationstechnik, Ausgabe 1.1 (2001), Murrhardt

[3] *Technische Spezifikation ISO/TS 16949: QM-Systeme:* Besondere Anforderungen bei Anwendung von ISO 9001: 2000 für die Serien- und Ersatzteilproduktion in der Automobilindustrie, VDA-QMC, 2002, Frankfurt

[4] *Jende, S.; Mages, W.:* Roboterschrauben. Wie sollen Roboterschrauben gestaltet sein? Schriftreihe Angewandte Technik (Verlag für Technikliteratur, 1990), S. 12–18

[5] *Jende, S.:* Automatische Montage hochfester Schrauben – Anwendungsbeispiele aus der Praxis – wt – Zweitschrift für industrielle Fertigung Berlin; Heidelberg: Springer-Verlag, 1986

[6] *N.N.:* Informations-Centrum Schrauben – Automatische Schraubmontage, Herausgeber: Deutscher Schraubenverband e.V., Hagen, 2. Aufl. 1997 (Iserlohn: Mönning-Druck)

[7] *Jende, S.; Knackstedt, R.:* Warum Dehnschaftschrauben? Definition – Wirkungsweise – Aufgaben – Gestaltung. In: VDI-Z 128 (1986), Nr. 12

[8] *Illgner, K. H.; Blume, D.:* Schraubenvademecum Herausgeber: Bauer & Schauerte Karcher GmbH, 6. Aufl.

[9] *Lang, O. R.:* Triebwerke schnelllaufender Verbrennungsmotoren. Konstruktionsbücher Nr. 22 Berlin; Heidelberg: Springer-Verlag, 1966[10]*Grohe, H.:* Otto- und Dieselmotoren: Arbeitsweise, Aufbau und Berechnung von Zweitakt- und Viertakt-Verbrennungsmotoren. Kamprath – Reihe kurz und bündig, Technik, 6. Aufl. Würzburg: Vogel-Buchverlag, 1982

[11] VDI: Systematische Berechnung hochbeanspruchter Schraubenverbindungen. VDI-Richtlinie 2230 (2002)

[12] *Jende, S.*: KABOLT – ein Berechnungsprogramm für hochfeste Schraubenverbindungen, Beispiel: Die Pleuelschraube. In: VDI-Z 132 (1990), Nr. 7, Juli, Seite 66/78

[13] Schraubenberechnungsprogramme: VDI-Software „Schraubenberechnung" 3. Auflage April 2009, Beuth-Verlag GmbH, Berlin (über 1000 Demoversionen ausgegeben) SR1-Schraubenberechnung nach VDI 2230; update 2007; Prof. Schwarz, Uni Siegen (über 170 Installationen)

[13a] *Esser, J.*: Ermüdungsbruch – Einführung in die neuzeitliche Schraubenberechnung, 23. Aufl. 1999 (TEXTRON Verbindungstechnik GmbH + Co. OHG, Neuss, 1998

[14] *Kübler, K. H.; Turlach, G.; Jende, S.*: Schraubenbrevier, 3. Aufl. 1990 (KAMAX-Werke Rudolf Kellermann GmbH & Co. KG, Osterode am Harz)

[15] *Scheiding; W.*: Verschrauben von Magnesium braucht mehr als Alltagswissen, Konstruktion und Engineering, 04/01. Landsberg/Lech: Verlag Moderne Industrie

[15a] *Westphal, K.*: Verschraubung von Magnesiumkomponenten. In: Metall, 56. Jg., Heft 1–2 2002 (Giesel-Verlag, Isernhagen)

[16] *Kübler, K. H.; Mages, W.*: Handbuch der hochfesten Schrauben. Herausgeber: KAMAX-Werke, 1. Aufl. Essen: Verlag W. Girardet, 1986

[17] *Jende, S.; Mages, W.*: Schraubengestaltung für streckgrenzüberschreitende Anzugsverfahren – überelastische Grenzgänger. KEM, Ausgabe 9/1986 Leinfelden-Echterdingen: Konradin Verlag

7.23 Abgaskrümmer

Im Fahrzeugbereich wurden über lange Zeit kostengünstige Gusskrümmer standardmäßig eingesetzt. Lediglich für sportliche Motorvarianten wurden wegen der Drehmoment- und Leistungsoptimierung auch einwandige Rohrkrümmer verwendet, die angepasste Einzelrohrlängen, Rohrdurchmesser und Rohrzusammenführungen ermöglichten. Die motorische Verbrennung erfolgte bei Volllast weit unterstöchiometrisch, so dass die Abgastemperaturen relativ niedrig waren.

Mitte der 1980er Jahre forderte der Gesetzgeber auch in Europa eine Limitierung der Schadstoffemission, die es notwendig machte, die Fahrzeuge mit Katalysatoren auszurüsten. Auf Grund der sich immer weiter verschärfenden Abgasgesetzgebung mussten die Emissionen nach dem Kaltstart des Motors immer schneller und weiter reduziert werden.

Eine der Möglichkeiten zur schnellen Reduktion stellt die Verminderung der thermischen Masse des Krümmers dar. In der Gussausführung kann die Masse mit 4–8 kg für einen Vierzylinderkrümmer recht hoch sein. Ist die thermische Masse des Krümmers gering, dann kann die Wärmeenergie des Abgasstromes den Katalysator schneller auf „Anspring"-Temperatur bringen. Als Anspringtemperatur wird diejenige Abgastemperatur bezeichnet, bei der die Hälfte der Schadstoffe konvertiert wird. In den Kapiteln 7.23.2 bis 7.23.4 werden Möglichkeiten zur Massenreduktion vorgestellt. **Bild 7-401** zeigt den Einfluss der Krümmerkonstruktion auf die Temperatur vor dem Katalysator beim MVEG-Fahrprofil.

Ein weiterer Aspekt, der sich negativ auf die etablierte Konstruktionsweise der Gusskrümmer auswirkte, war die Erhöhung der Abgastemperaturen, die als Ergebnis der Erhöhung der Leistungsdichte und des Betriebes mit stöchiometrischem Gemisch in weiten Bereichen des Motorkennfeldes entstand. Hatte man es in den frühen 80er Jahren noch mit Abgastemperaturen von 850 °C bei Ottomotoren und 650 °C bei Dieselmotoren zu tun, so haben sich heute die Abgastemperaturen bis auf über 1000 °C bei Ottomotoren und bis zu 850 °C bei Dieselmotoren erhöht.

Diese Tatsache hat auch vor allem bei Ottomotoren einen erheblichen Einfluss auf die Wahl des Gussmaterials. Bisherige Gusskrümmer haben mit Silizium-Molybdän (SiMo)-Legierungen ihre Anwendungsgrenze bei Abgastemperaturen von bis zu 900 °C. Höherwertige Graugussqualitäten mit einem Nickelgehalt von 20–36 % sind bis etwa 1000 °C einsetzbar. Für noch höhere Abgastemperaturen muss man auf Nickel- oder Kobalt – Basislegierungen ausweichen, die auch im Turbinenbau zum Einsatz kommen. Da Gusskrümmer generell wegen der typischen Wandstärke von 4–6 mm (Rohrkrümmer im Ver-

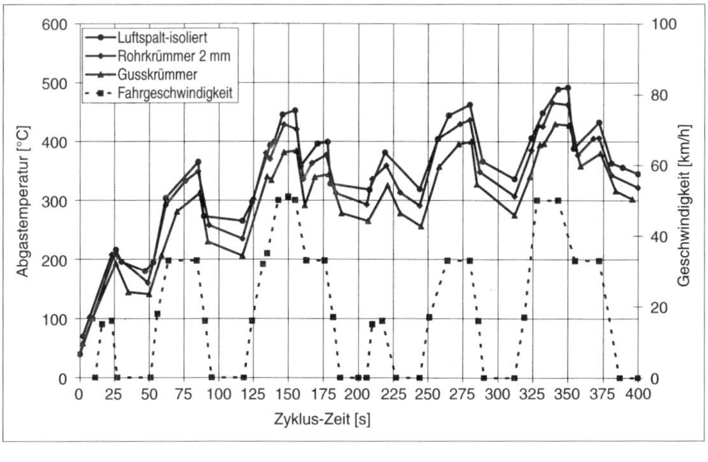

Bild 7-401 Einfluss der Krümmerkonstruktion auf die Temperatur vor dem Katalysator

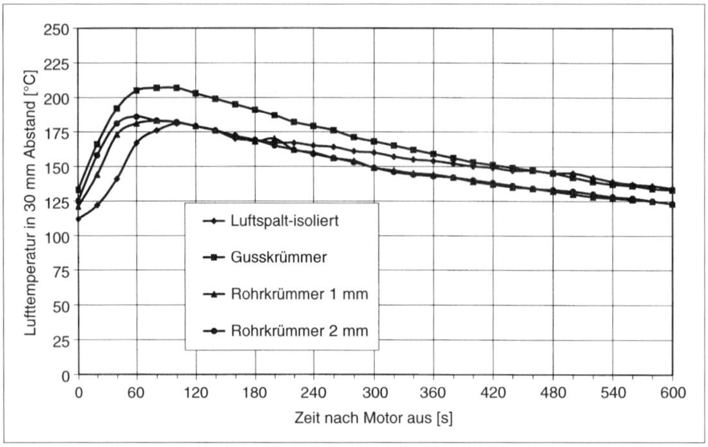

Bild 7-402 „Soaking" – Verhalten verschiedener Krümmerkonstruktionen

gleich 1,0–1,8 mm) in der Zeitstandfestigkeit betrieben werden, führen die in diesem Temperaturbereich auftretenden Gefügeänderungen und die nicht hinreichende Warmfestigkeit zu plastischen Verformungen [6]. Während des Abkühlens entstehen Mikrorisse, die auf Dauer zu einem Ausfall des Krümmers führen. Auch eingehende Untersuchungen zur Entwicklung neuer Gusswerkstoffe für Krümmer führten nicht zu einer hinreichend verbesserten Lebensdauer [1]. Als Lösung bieten sich gebaute Krümmer aus Stahlblech oder Stahlrohr an, die auf Grund ihres Designs eine höhere Zeitstandfestigkeit haben. So gibt es Beispiele, bei denen SiMo-Gusskrümmer mit 250 h und gebaute Krümmer für den gleichen Motor unter gleichen Prüfbedingungen mit bis zu 500 h getestet wurden.

Bessere Voraussetzungen für Gussmaterial bezüglich der maximalen Abgastemperatur bieten Dieselmotoren. Auf Grund der neuen Abgasgesetzgebung zeigen sich jedoch auch hier Tendenzen, Guss- durch Blechmaterial zu ersetzen.

Weitere Argumente zum Ersatz von Guss durch Blech sind die Bestrebungen, das Fahrzeuggesamtgewicht zu reduzieren, und letztendlich auch das starke Nachheizverhalten eines Gusskrümmers nach dem Abstellen des Motors **(Bild 7-402)**.

Die Einbausituation lässt eine sehr kompakte Gestaltung mit Gusskrümmern zu, während Blechkrümmer auf Grund der optimierten Rohrleitungslängen und von minimal einzuhaltenden Biegeradien bei Rohrkrümmern eher mehr Platz in Anspruch nehmen.

Beim Aufheizen und Abkühlen der verschiedenen Krümmerkonstruktionen zeigt sich, dass Gusswerkstoff im Vergleich zum Rohr- und Blechwerkstoff thermisch sehr träge ist. Eine gebaute luftspaltisolierte Konstruktion bewegt sich bezüglich dieses Verhaltens zwischen Guss und Rohr.

Die Notwendigkeit für Hitzeschutzmaßnahmen wird in der Hauptsache von der Bauteiloberflächentemperatur, dem Nachheizverhalten und der Nähe umgebender Bauteile bestimmt. Da die übertragene Energie im Strahlungsbereich mit der vierten Potenz der Oberflächentemperatur steigt, ist es sinnvoll, Guss- und Rohrkrümmer, die bis zu 800 °C Oberflächentemperatur aufweisen können, abzuschirmen. Eine sehr gute Alternative sind luftspaltisolierte Krümmer (LSI), bei denen die gasführenden Rohre durch einen Luftspalt gegenüber der tragenden Struktur getrennt sind. Diese Krümmer, die dadurch naturbedingt ihr eigenes Hitzeschild mitbringen und eine maximale Oberflächentemperatur von 550 °C–600 °C aufweisen, benötigen im Allgemeinen keine weiteren Abschirmeinrichtungen.

7.23.1 Ablauf einer Krümmerentwicklung

Im Folgenden sind die wesentlichen Schritte eine Krümmerentwicklung aufgezeigt:

- Kundenanfrage für ein gewünschtes Krümmerkonzept
- Übergabe des Bauraums durch den Kunden (unter Umständen mit einer Geometrie des Grobkonzepts sowie des Zylinderkopfflansches, Abgasflanschgeometrie, Schrauberfreigänge, umgebende Motorraumgeometrien etc.)
- Übergabe von Beanspruchungsdaten (Motortyp und Motorleistung, Schwingungsanregung durch Motor- oder Straßenanregung, Abgastemperatur)
- Definition des Abgaskonzepts (EURO 4 oder EURO 5 oder ...)
- Entwicklung eines Feinkonzepts und Ausarbeitung des Designs unter Einsatz von CAE-Werkzeugen, wie zum Beispiel Wärmeübertragungsrechnungen, strömungs-mechanischen Berechnungen oder FEM-Berechnungen [3, 4]
- Bau von Musterteilen aus seriennahen Hilfswerkzeugen
- Test mit Zertifizierungsläufen im Haus des Entwicklers oder des Kunden
- Freigabe der Entwicklung zur Produktion durch den Kunden

- Bau von Serien-Werkzeugen
- Test mit Serienteilen zur Absicherung des Designs
- Beginn der Produktion (SOP).

In der Regel beträgt die Gesamtzeit zwischen Anfrage und SOP etwa zwei Jahre. Neuere Entwicklungen werden auch bereits jetzt schon in einer Zeit von 14 Monaten durchgeführt, wobei acht Monate als reine Entwicklungszeit anfallen und die restlichen sechs Monate für den Bau der Serienwerkzeuge und den Aufbau der Fertigungslinien benötigt werden.

7.23.2 Krümmer als Einzelkomponente

7.23.2.1 Gusskrümmer

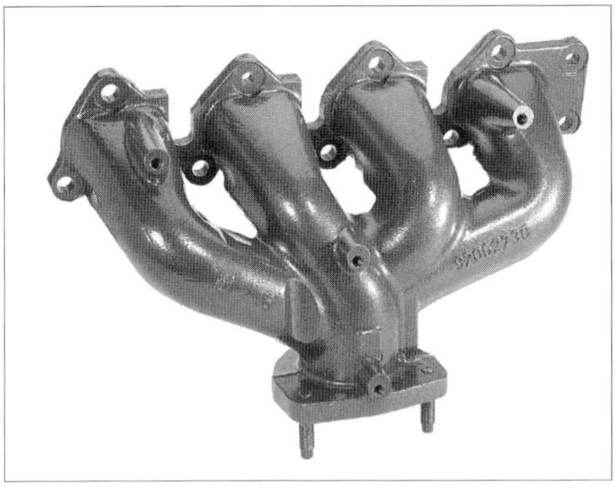

Bild 7-403 Gusskrümmer für Vierzylindermotor (Ottomotor)

Typische Werkstoffe:
Globularer Grauguss (GGG), SiMo-Grauguss: Globularer Grauguss mit Silizium-Molybdän (GGG-SiMo), SiMoGrauguss mit vermikularem Graphit, austentisches Gusseisen (GGV-SiMo) [6]
Wanddicken: 7 mm – 8 mm bei GGG-Krümmern
2,25 mm – 4 mm bei Schalenguss

Vorteile:
- kompakte Konstruktion
- große Möglichkeiten der Formgestaltung
- gute akustische Eigenschaften durch hohe Materialdämpfung
- preiswert (15 – 18 € bei SiMo-Guss).

Nachteile:
- hohes Gewicht
- beim Gussmaterial sind die maximal zulässigen Abgastemperaturen beschränkt
- falls durch sehr hohe Temperaturen der Einsatz von Nickel-Legierungen notwendig wird, erhöht sich der Preis auf bis zu 100 €, abhängig vom Ni-Gehalt. Typischer Preis: 35 – 40 €.
- Gusskrümmer fahren im Zeitstandfestigkeitsbereich (schlecht für die Dauerhaltbarkeit unter dem Aspekt der erhöhten Leistungsdichte der Motoren und damit höheren Temperaturen)
- hohe Oberflächentemperaturen (Hitzeabschirmung erforderlich)
- kritischer als Rohrkrümmer bezüglich der Emissionen nach dem Kaltstart durch die relativ hohe thermische Masse des Krümmers
- starkes Nachheizverhalten durch die hohe thermische Masse
- beliebige beziehungsweise optimierte Rohrlängen sind durch das Gussmaterial nur eingeschränkt umsetzbar (eine Leistungsoptimierung ist nur bedingt möglich).

7.23.2.2 Rohrkrümmer

Bild 7-404 Leichtbau-Rohrkrümmer für Vierzylindermotor (Ottomotor)

Typische Werkstoffe:
Austenitische Stähle wie zum Beispiel 1.4301, 1.4828 oder 1.4841
Ferritische Stähle wie zum Beispiel 1.4509 oder neu entwickelte ferritische Stähle mit bis zu 14 % Chrom sowie einer Titan- und Niob-Stabilisierung (wie zum Beispiel SUS 425 Ti, LR 429 EX oder F 14 Nb)
Wanddicken: 1,0 mm – 1,8 mm

Vorteile:
- eine leistungsoptimierte Auslegung ist möglich
- geringes Gewicht
- vorhandene Standardstähle können hohe Abgastemperaturen vertragen
- geringes Nachheizverhalten.

Nachteile:
- kompaktere Konstruktionen sind möglich, sollten aber bei 4-Zylinder-Motoren aus Leistungsgesichtspunkten nicht unbedingt umgesetzt werden. Heute werden teilweise solche Designs realisiert, um eine vorhandene Gusskonstruktion durch eine Rohrkonstruktion bei gleichem Bauraum zu ersetzen. Das jedoch hat neben vielen anderen Nachteilen auch erhebliche Probleme beim Erreichen der geforderten Dauerhaltbarkeit zur Folge

- hohe Oberflächentemperaturen (Hitzeabschirmung erforderlich)
- ein Rohrkrümmer ist bezüglich der Startemissionen im Vergleich zum Gusskrümmer zwar besser, kann aber immer noch kritisch sein, wenn die thermische Masse des Krümmers auf Grund einer zu stark gewählten Wandstärke von 1,8–2,0 mm noch relativ hoch ist. Dem Problem kann mit einer Wandstärkenreduktion auf typischerweise 1,2 mm begegnet werden. Ausgewählte Konstruktionen haben heute schon Wandstärken von 0,8–1,0 mm [5]
- kritisches akustisches Verhalten durch geringe Materialdämpfung. Zusätzliche Maßnahmen sind unter Umständen erforderlich
- höhere Kosten (20–35 €).

7.23.2.3 Einfachwandige Halbschalenkrümmer

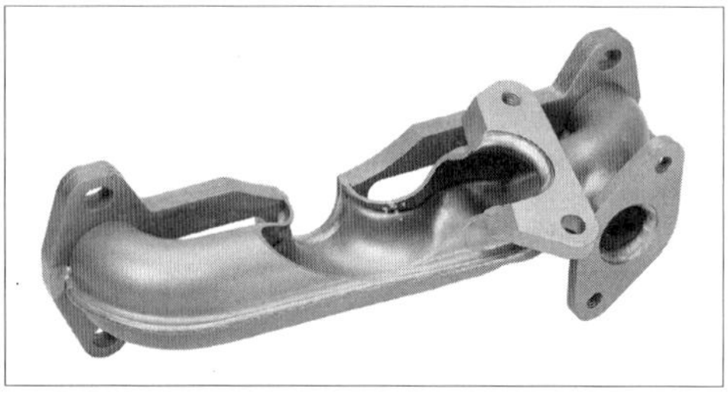

Bild 7-405 Halbschalenkrümmer für Dreizylindermotor (Dieselmotor)

Typische Werkstoffe:
Austenitische Stähle wie zum Beispiel 1.4301, 1.4828 oder 1.4841
Ferritische Stähle wie zum Beispiel 1.4509 oder neu entwickelte ferritische Stähle mit bis zu 14 % Chrom sowie einer Titan- und Niob-Stabilisierung (wie zum Beispiel SUS 425 Ti, LR 429 EX oder F 14 Nb)
Wanddicken: 1,5 mm–1,8 mm

Vorteile:
- preiswert (15–20 €)
- geringes Gewicht
- vorhandene Standardstähle können hohe Abgastemperaturen vertragen
- geringes Nachheizverhalten.

Nachteile:
- geht es um einen Vierzylindermotor, dann sind nur sehr kurze Rohrlängen realisierbar; die Geometrie eines solchen Krümmers ist dann typischerweise sehr eingeschränkt
- formbedingt fällt beim Herstellungsprozess sehr viel Materialverschnitt an
- sehr lange Schweißnähte erforderlich
- hohe Oberflächentemperaturen (Hitzeabschirmung erforderlich)
- kritisches akustisches Verhalten (zusätzliche Maßnahmen sind unter Umständen in Form von doppelwandigen Schalen erforderlich).

7.23.2.4 Luftspaltisolierte Krümmer (LSI-Krümmer)

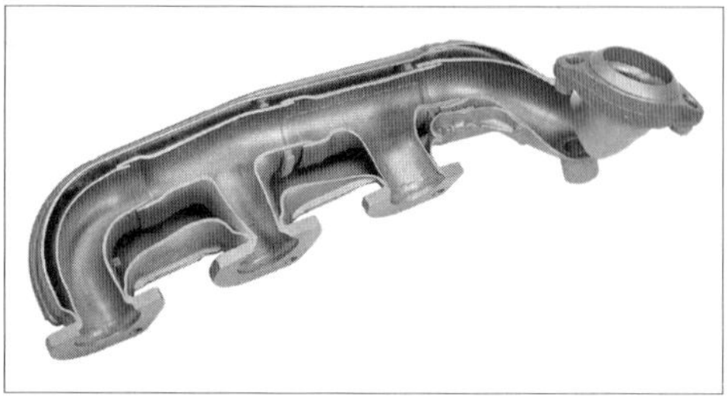

Bild 7-406 Luftspaltisolierter Krümmer für V6-Ottomotor

Funktionstrennung: Innen sind leichte gasführende Bauteile, außen sind die tragenden Elemente mit höherer Materialstärke. Diese Innenbauteile sind durch Schiebesitze entkoppelt. Dadurch ist die Dauerhaltbarkeit eines solchen Krümmers leicht darstellbar.

Typische Werkstoffe für die gasführenden Innenteile:
Austenitische Stähle wie zum Beispiel 1.4301, 1.4828 oder 1.4841
Typische Werkstoffe für die tragenden Außenteile:
Austenitische Stähle wie zum Beispiel 1.4301
Ferritische Stähle wie zum Beispiel 1.4509
Wanddicken: gasführende Innenteile 1,0 mm, tragende Außenteile 1,5 mm

Vorteile:
- relativ geringes Gewicht bei kompakter Bauweise
- eine leistungsoptimierte Auslegung ist in einem definierten Spielraum möglich
- vorhandene Standardstähle können hohe Abgastemperaturen vertragen
- keine hohen Oberflächentemperaturen (dadurch können umgebende Bauteile ohne weitere Schutzmaßnahmen relativ nahe an dem LSI-Krümmer platziert werden)
- geringes Nachheizverhalten
- geeignet für emissionsoptimierte Systeme. Die inneren gasführenden Bauteile haben nur eine geringe Wärmekapazität, so dass ein geringer Energieverlust bis zum Katalysator vorliegt, während die äußeren Bauteile mit einer höheren thermischen Masse erst nach dem Katalysatorstart die Wärmeenergie aufnehmen
- erfolgt in der Startphase des Motors eine fahrzyklus bedingte Leistungsreduktion, so verhindert die umgebende tragende Struktur als „Isolation“ das schnelle Auskühlen des Katalysators
- selbst ein wassergekühltes Außenmantelkonzept ist möglich [2]
- gutes akustisches Verhalten kann mit geringem Aufwand erreicht werden.

Nachteile:
- hohe Kosten (40 – 66 €)
- teilweise müssen innenhochdruck-umgeformte Rohre (IHU) verwendet werden, um die geforderten komplexen Geometrien auf kleinstem Raum zu realisieren; das heißt hohe Kosten und lange Leadtime für die Werkzeuge
- eine beliebige Rohrlänge kann nicht realisiert werden.

7.23.3 Krümmer als Teilmodul

7.23.3.1 Krümmer und Katalysator integriert

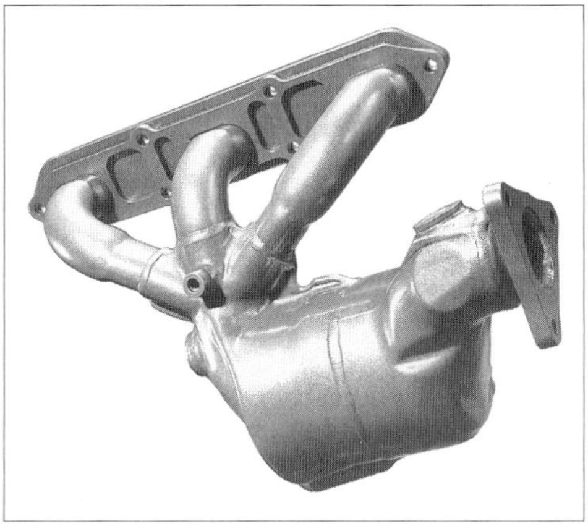

Bild 7-407 Motornaher Katalysator mit verschweißtem Krümmer (6-Zylinder-Boxermotor)

Da ein motornaher Katalysator mit dem Krümmer durch Verfahren wie Schweißen oder Flanschen verbunden werden kann, hat man alle Möglichkeiten, die unter Punkt 7.23.2 dargestellt wurden, als Option für die Krümmerseite.

7.23.3.2 Krümmer und Turbolader integriert

Das gezeigte Krümmer-Lader-Modul, **Bild 7-408**, wird sowohl für Ottomotoren als auch für Dieselmotoren eingesetzt. Im Vergleich zu der Kombination von Einzelbauteilen entfallen bei diesem Modul die

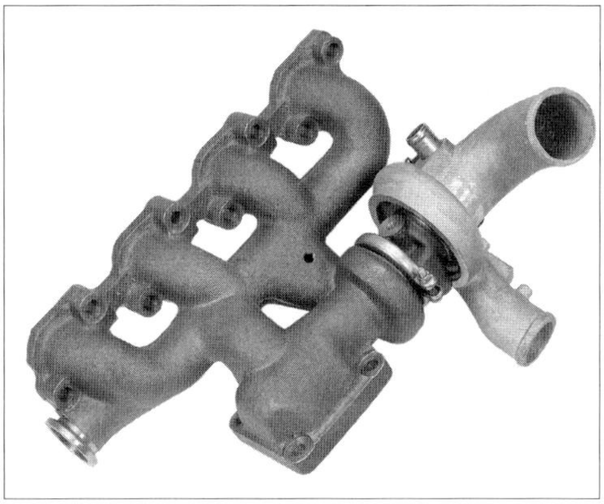

Bild 7-408 Gusskrümmer mit integriertem Guss-Turbolader (Dieselmotor)

Massen der Einzelbauteilflansche und es vereinfacht sich die Montage. Ein klarer Nachteil dieses Moduls ist, dass bei Ausfall von nur einer Komponente der Austausch des Gesamtsystems erforderlich wird. Im Falle eines nicht notwendigen Austausches des Laders entstehen hier sehr hohe Kosten.
Will man auch in diesem Bereich aus den schon beschriebenen Gründen auf andere Krümmertypen wechseln, so ist eine zusätzliche Abstützung des schweren Laders am Motorblock erforderlich.
In der Entwicklung befinden sich auch Turboladergehäuse aus Blech, mit denen weiter Wärmekapazität und Gewicht reduziert werden können.

7.23.4 Krümmer-Komponenten

Bauteile, wie die Anschlussstutzen der Abgasrückführung oder die Kanäle der Sekundärluftzuführung, die bis vor kurzem noch im Krümmer oder den angeschweißten Eingangsflanschen beinhaltet waren, werden mehr und mehr im Motorblock selbst integriert.
Flanschkonzepte für Rohrkrümmer zeigt das **Bild 7-409**.
Dargestellt sind Flanschkonstruktionen von komplexen und schweren Gussflanschen mit integrierter

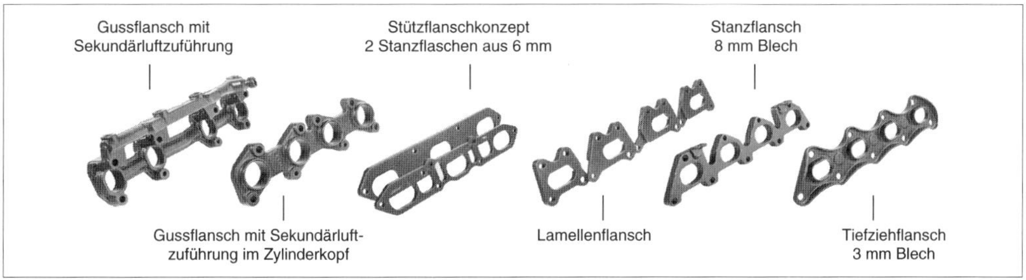

Bild 7-409 Flanschkonzepte für Rohrkrümmer

Sekundärluftzuführung bis hin zu sehr einfachen und leichten Tiefziehflanschen aus Blech. In einigen Fällen weisen Tiefziehflansche bei gleicher Funktionalität eine bis zu 50 % reduzierte Masse gegenüber einem vergleichbaren Gussflansch auf. So entsteht zum Beispiel durch das „Hochstellen" der Randbereiche des Tiefziehflanschs das gleiche Steifigkeitsverhalten wie beim Gussflansch. Die Dichtheit wird durch höhere Flächenpressung mittels Anprägungen um die Eintrittsöffnungen erreicht.

Typischerweise ist die thermische Belastung des Eingangsflanschs wegen der Auflage am relativ kühlen Zylinderkopf gering. Daher können hier kostengünstige, leicht vergütete Normalstähle wie zum Beispiel ST52-3 verwendet werden. Bei Ausgangsflanschen gleicher Bauart müssen wegen der hohen Temperaturen höherwertige ferritische oder austenitische Stähle gewählt werden [3].

Literatur

[1] „Grenzen für Grauguss" , Automobil-Produktion, Oktober 2000

[2] *Hein, M.:* Deutsches Patentamt, Offenlegungsschrift DE 4324458A1; Az.: P4324458.0, 1.94

[3] *Weltens, H.; Garcia, P.; Neumaier, H.:* „Neue Leichtbaukonzepte bei Pkw-Abgasanlagen sparen Gewicht und Kosten"

[4] *Voeltz, V.; Kuphal, A.; Leiske, S.; Fritz, A.:* „Der Abgaskrümmer – Vorkatalysator für die neuen 1.0 *l*- und 1.4 *l*-Motoren von Volkswagen". In: MTZ 60 (1999) 7/8

[5] *Eichmüller, C.; Hofstetter, G.; Willeke, W.; Gauch, P.:* „Die Abgasanlage des neuen BMW M 3"; MTZ 62 (2001) 3

[6] *Hockel K.:* „Der Abgaskrümmer von Personenwagenmotoren als Entwicklungsaufgabe", MTZ 45 (1984) 10

7.24 Kühlmittelpumpen für Verbrennungsmotoren

7.24.1 Anforderungen, Bauarten und konstruktiver Aufbau

Die Kühlmittelpumpe stellt den anforderungsgerechten Kühlmittelumlauf im Kühlkreislauf unter allen Betriebsbedingungen und Betriebszuständen des Verbrennungsmotors sicher. Dabei soll eine hohe Ausfallsicherheit, geringe Antriebsleistung und kavitationsfreier Betrieb bei gleichzeitig kleinstem Bauraum und niedrigen Kosten gewährleistet werden.

Derzeit werden in Kfz-Kühlkreisläufen mehrheitlich einstufige radiale Kreiselpumpen verwendet. Deren Drehzahl, und damit nach den Ähnlichkeitsbeziehungen für Kühlmittelpumpen der Pumpenvolumenstrom, ist durch den direkten Antrieb von der Kurbelwelle des Motors über ein Übersetzungsverhältnis an die Motordrehzahl gekoppelt. Die zunehmend gestellten Forderungen nach teilweise oder vollständig motordrehzahlunabhängigen Kühlmittelvolumenströmen können in Zukunft mit schaltbaren beziehungsweise elektrisch angetriebenen Kühlmittelpumpen erreicht werden.

Wegen konstruktiv bedingter unterschiedlicher Einbauverhältnisse sowie differierender Anforderungsprofile an die Kühlmittelpumpen kommen unterschiedliche Bauarten und Fertigungskonzepte zur Anwendung.

Der konstruktive Aufbau einer Kfz-Kühlmittelpumpe besteht nach den **Bildern 7-410** und **7-411** im Wesentlichen aus Lagergehäuse mit Lagereinsatz,

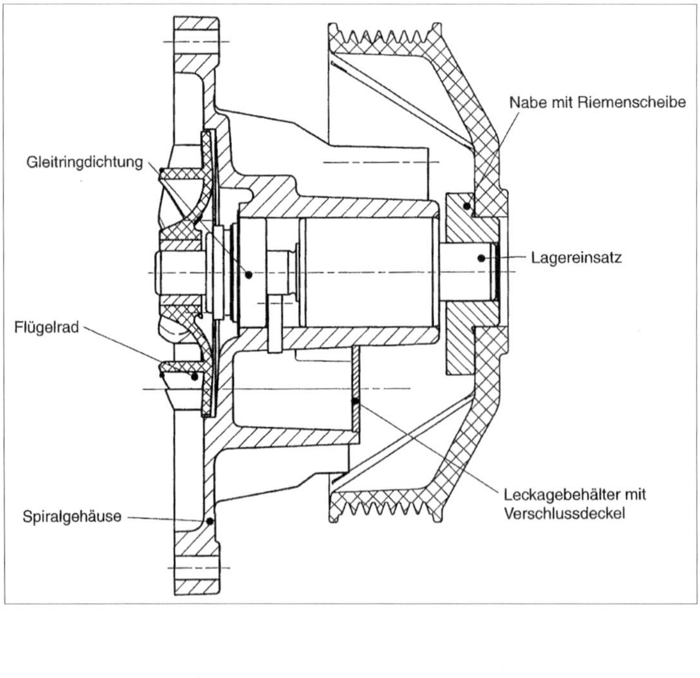

Bild 7-410 Kfz-Kühlmittelpumpe (Anbaupumpe) der Firma GPM

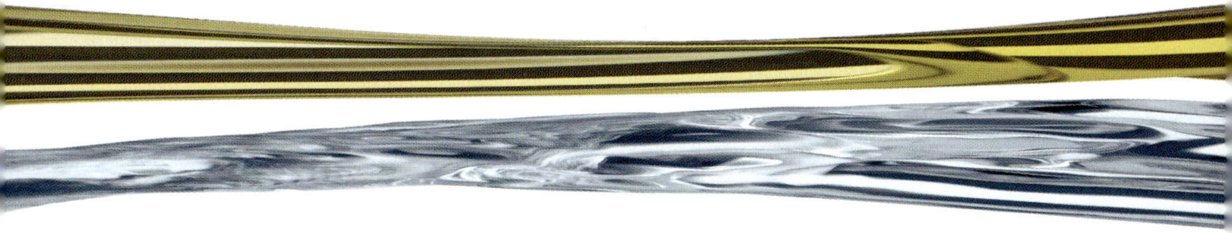

Öl und Wasser in Bewegung

Intelligenter. Wirtschaftlicher. Ökologischer.

Durch langjährige Erfahrung in Entwicklung und Produktion sind wir Technologieführer weltweit. Gemeinsam mit unseren Kunden entwickeln wir in „Simultaneous Engineering" die optimale Lösung für den jeweiligen Kühlkreislauf. Für die Motorkühlung und –schmierung von morgen entwickeln wir intelligente regelbare Pumpen, die Energie, Bauraum, Gewicht und Kosten sparen.

Die mechanisch angetriebene PSF-Pumpe (Pneumatically Switched Flow) kann problemlos in die bekannte Motorarchitektur integriert werden. Mittels eines Unterdruckaktuators kann die Pumpenfördermenge last- und drehzahlabhängig zwischen 0 und 100% (ON/OFF) verändert werden.

Goldmedaille bei der 37. Internationalen Messe für „Innovationen, Erfindungen, neue Techniken und Produkte" in Genf 2009

schaltbare PSF-Wasserpumpe GPM

Die Pumpe zeigt eine verringerte Pumpenaufnahmeleistung im Regelbetrieb. Stehendes Wasser um das Zylinderrohr vermindert den Wärmetransport über den Kühlkreislauf, der Wärmestrom geht verstärkt ins Motoröl über. Durch die Anhebung der Öltemperatur verringert sich die Ölviskosität und die Reibung im Motor wird reduziert. Die schnellere Erwärmung des Motors während des Kaltstartes dient der Erfüllung der Abgasemissionsnormen.

Die Abschaltfunktion der Pumpe beruht auf dem ringförmigen Regelschieber (4), der bei Bedarf über den Austrittsquerschnitt des Flügelrads geschoben werden kann und somit den Durchfluss unterbindet. Die Schließbewegung des Schiebers wird über einen in das Pumpengehäuse integrierten Unterdruckaktuator (2,3) hervorgerufen. Die Schieberöffnung wird durch Druckfedern realisiert, damit ist eine vollständige fail-safe Funktion gewährleistet. Die schaltbare Pumpe benötigt gegenüber einer Konstantpumpe keinen zusätzlichen Bauraum. Infolge des konsequenten Einsatzes von Kunststoffwerkstoffen konnte eine beträchtliche Gewichtsreduktion gegenüber einer Aluminiumpumpe erreicht werden. Die innovative PSF-Wasserpumpe von GPM wurde international als Patent angemeldet.

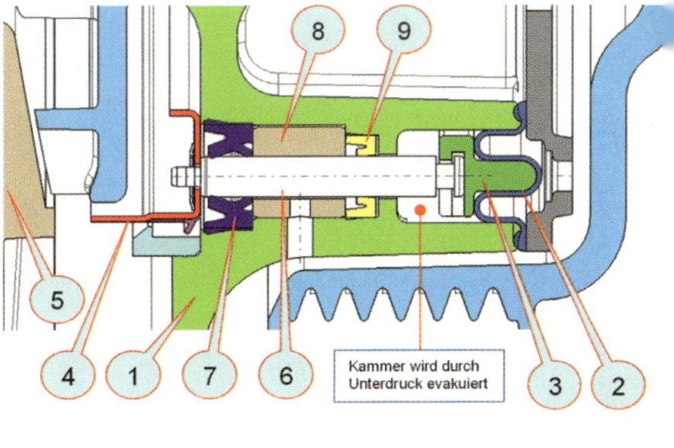

GPM

Get it flowing

GPM GmbH | Wasserpumpen, Ölpumpen, Module, Gleitringdichtungen
Schwarzbacher Straße 28, 98673 Merbelsrod | Telefon: 036878 64-0 | www.gpm.eu | info@gpm.eu

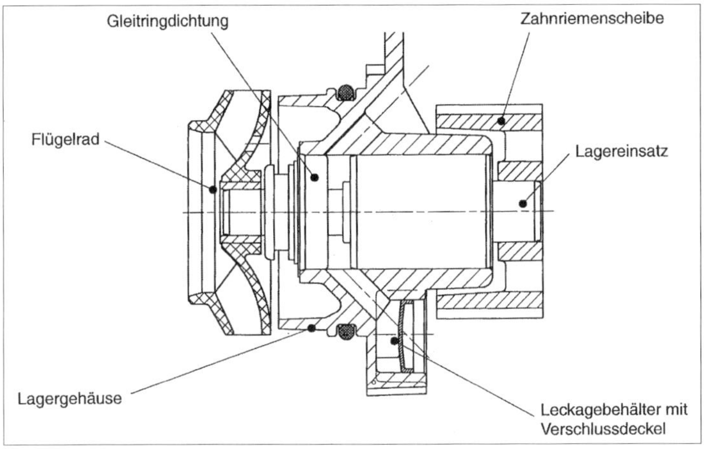

Bild 7-411 Kfz-Kühlmittelpumpe (Einsteckpumpe) der Firma GPM

Gleitringdichtung, Flügelrad, Nabe (Riemenscheibe), Leckagebehälter mit Deckel und bei Anbaupumpen dem Gehäuse mit Spiralkanal.

Der Kühlmittelzulauf sollte strömungsoptimal achsensymmetrisch erfolgen, jedoch kann aus konstruktiven Gründen der Pumpenzulauf auch rückseitig über das Pumpengehäuse und die Gleitringdichtung ausgeführt werden. **Bild 7-412** zeigt eine Anbaupumpe mit im Pumpengehäuse integriertem Zulauf und Spiralkanal.

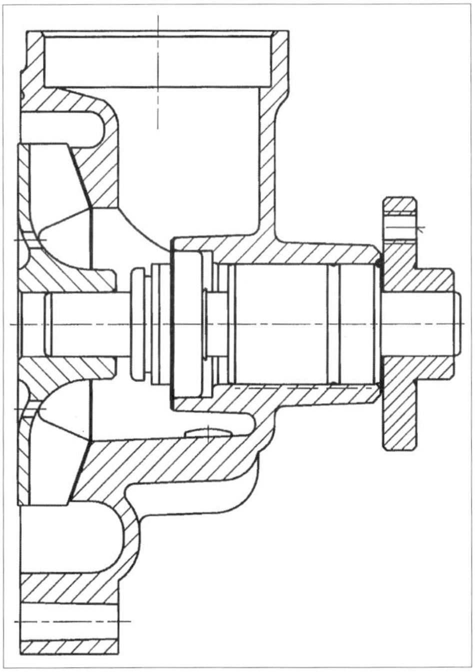

Bild 7-412 Kfz-Kühlmittelpumpe (Anbaupumpe) der Firma GPM mit gehäuseintegriertem Zulauf und Spiralkanal

Bei Kühlmittelpumpen für Verbrennungsmotoren wird hinsichtlich ihrer Befestigung beziehungsweise ihres konstruktiven Aufbaus in Anbaupumpen (**Bilder 7-410** und **7-412**) und Einsteckpumpen (**Bild 7-411**), nach verschiedenen Flügelradbauarten, nach saugseitiger oder druckseitiger Anordnung der Gleitringdichtung sowie nach Ausführung des Antriebes unterschieden. Bei Einsteckpumpen liegen Teile der Pumpenkonstruktion wie zum Beispiel Spiralkanal und Zulauf im Motorengehäuse.

Der Kühlmittelpumpenantrieb erfolgt mittels Keilriemen, Zahnriemen oder Poly-V-Riemen. Bei motorkonstruktionsbedingter Lage der Kühlmittelpumpe außerhalb der Riemenebene(n) kann der Antrieb auch mittels Steckwelle oder Zahnrädern erfolgen.

Kühlmittelpumpengehäuse werden in Grauguss oder Aluminium und künftig zunehmend in Kunststoff gefertigt. Für Flügelräder kommen überwiegend im Pkw-Bereich temperaturbeständige Kunststoffe, Blech und Aluminium und im Nkw-Bereich Grauguss zum Einsatz.

7.24.2 Flügelrad und Spiralkanal

Die Umwandlung der über die Antriebsscheibe an die Pumpenwelle zugeführten mechanischen Energie in Druck- und Geschwindigkeitsenergie findet im Flügelrad statt. Dabei tritt bei radialen Flügelrädern das Kühlmittel axial in das Flügelrad ein und wird infolge der Fliehkraft radial zum Umlauf des Flügelrades im Flügelradkanal geführt. Die Verzögerung der Strömung erfolgt nach Flügelradaustritt im Spiralkanal.

Üblicherweise werden in Kraftfahrzeugkühlmittelpumpen radiale Flügelräder verwendet, bei kleinen Flügelraddurchmessern und hohen Pumpendrehzahlen können auch halbaxiale oder axiale Flügelräder eingesetzt werden.

Radiale Flügelräder werden in offener (**Bild 7-413**) oder geschlossener (**Bild 7-414**) Bauweise gefertigt.

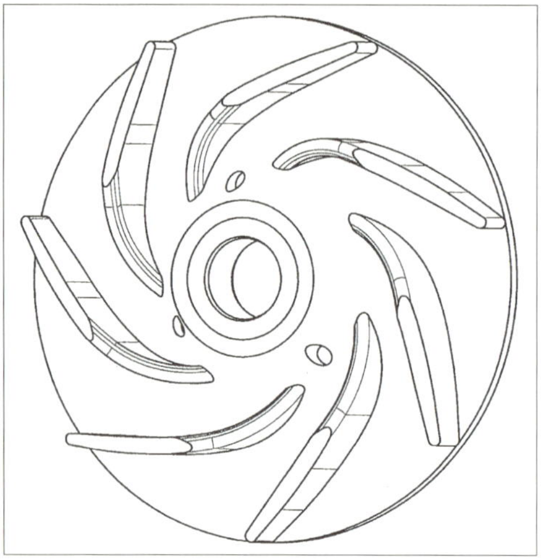

Bild 7-413 Offenes Flügelrad

Ein geschlossenes Flügelrad ist gegenüber einer offenen Ausführung in Hinsicht auf Kennlinienverhalten und Kavitationsanfälligkeit unempfindlicher bei fertigungsbedingten Spaltgrößenstreuungen. Die Werkzeugkosten zur Flügelradherstellung sind jedoch wegen der zusätzlichen Deckscheibe höher als bei offener Ausführung.

Die konstruktive Auslegung des Flügelrades und des Spiralkanals erfolgt auf Kundenwunsch nach Vorgabe des Auslegungspunktes mit GPM – spezifischem Rechenprogramm. Dabei werden neben den Auslegungsdaten auch die jeweiligen Einbau- und Einsatzbedingungen beachtet.

Die Anströmung des Flügelrades sollte in axialer Richtung möglichst ungestört und drallfrei erfolgen.

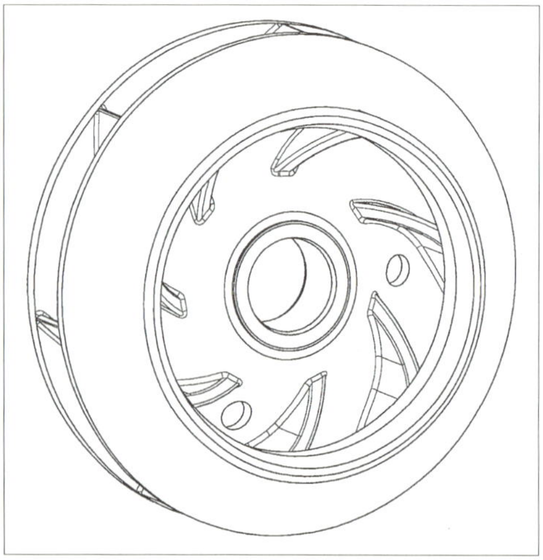

Bild 7-414 Geschlossenes Flügelrad

Bild 7-415 Spiralkanal (Einfachspirale)

Eventuelle Versperrungen und Vordrall müssen daher in der Berechnung berücksichtigt werden.

Der Spiralkanal (**Bild 7-415**) beziehungsweise das Spiralgehäuse kann als Leitkanal mit einer Leitschaufel aufgefasst werden. Die Spirale entspricht dabei dem Schrägabschnitt der Leitschaufel.

Spiralgehäuse werden meist bei einstufigen Pumpen verwendet. Sie können sich im Motorblock (bei Einsteckpumpen) beziehungsweise im Pumpengehäuse (bei Anbaupumpen) befinden. Der Querschnitt des Spiralkanals nimmt im Drehsinn des Flügelrades zu.

Damit eine homogene achsensymmetrische Strömung gewährleistet ist, muss in jedem Parallelkreis der Spirale der gleiche Strömungszustand, das heißt konstanter Drall, vorherrschen.

Bei V-förmig angeordneten Motorzylinderreihen kann der Kühlmittelzulauf zu den Zylinderbänken

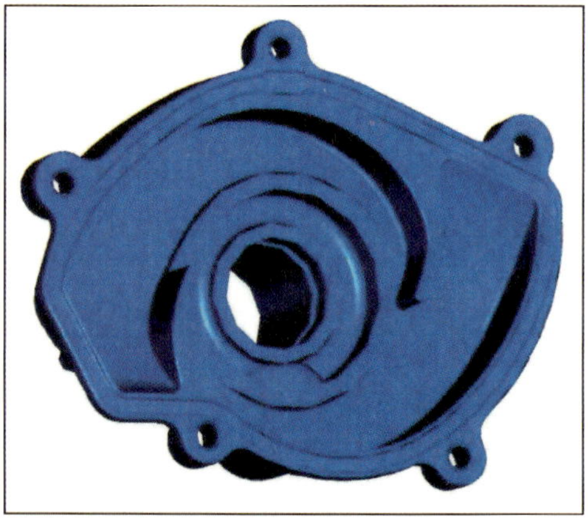

Bild 7-416 Zwillingsspiralkanal

über einen Zwillingsspiralkanal erfolgen **(Bild 7-416)**. Zwillingsspiralen können sowohl bei Anbaupumpen (pumpenintern) als auch bei Einsteckpumpen (kurbelgehäuseintern) realisiert werden.

7.24.3 Kühlmittelseitige Abdichtung

Die kühlmittelseitige Abdichtung zum Pumpenlager wird durch eine Gleitringdichtung (radiales Dichtsystem) **(Bild 7-417a)** oder durch eine Radialwellendichtung, zum Beispiel VR-Dichtung (axiales Dichtsystem) **(Bild 7-417b)** sichergestellt. Sie kann auf der Saugseite oder der Druckseite des Flügelrades angeordnet werden. Bei saugseitig angeordneten Dichtungen wird wegen der Umspülung mit dem gesamten Pumpenvolumenstrom die Reibungswärme gut abgeführt. Bei druckseitig angeordneten Gleitringdichtungen muss ein ausreichender Spülvolumenstrom über die Flügelradrückseite zur Wärmeabfuhr gewährleistet werden.

Die Gleitpaarungen der Gleitringdichtung werden mit dem Kühlmittel geschmiert und gekühlt. Dadurch kann eine geringfügige Leckage von Dampf beziehungsweise Flüssigkeit in die Atmosphäre austreten. Der Austritt dieser sogenannten kosmetischen Leckage in die Atmosphäre kann durch konstruktive Maßnahmen innerhalb des Kühlmittelpumpengehäuses verhindert werden. Die somit im Gehäuse verbleibende Leckage verdampft durch die entstehende Motorwärme (siehe **Bilder 7-410** und **7-411**).

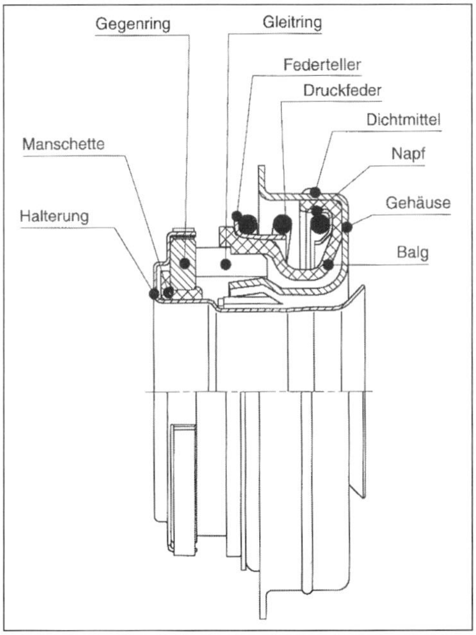

Bild 7-417a Gleitringdichtung (axiales Dichtsystem)

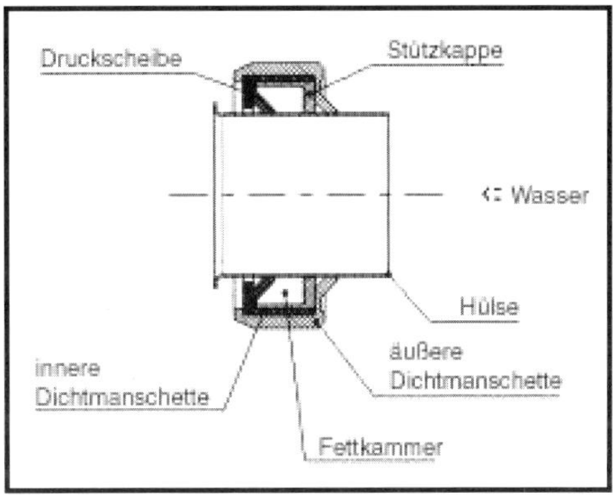

Bild 7-417b VR-Dichtung (radiales Dichtsystem)

Die VR-Dichtung (radiales Dichtsystem) stellt eine kostengünstige Alternative zur axialen Gleitringdichtung dar. Das Dichtprinzip erfordert keine Leckage über den Dichtspalt. Da die Dichtlippen gegen eine speziell gehärtete Wellenschutzhülse laufen, tritt während der Lebensdauer kein messbarer Verschleiß auf. Besondere Vorteile liegen im geringen Bauraum sowie dem möglichen Einsatz bei hohen Drehzahlen (10.000 1/min). Ein weiterer Vorteil des radialen Dichtsystems besteht darin, dass Geräuschbildung unter normalen Umständen nicht auftreten kann.

7.24.4 Kennfeld und Ähnlichkeitsbeziehungen der Kühlmittelpumpe

Die Abhängigkeit des Pumpendifferenzdruckes beziehungsweise der Pumpenförderhöhe vom geförderten Kühlmittelvolumenstrom und von der Pumpendrehzahl wird im Kühlmittelpumpenkennfeld dargestellt. **Bild 7-418** zeigt ein typisches Kennfeld einer Pkw-Kühlmittelpumpe.

Die Darstellung des Kühlmittelpumpenkennfeldes sollte wie in **Bild 7-418** mittels der Kenngröße ‚Förderhöhe' und damit von der Temperatur und Zusammensetzung des Kühlmittels unabhängig erfolgen, das heißt das Kennfeld gilt für alle Kühlmitteltemperaturen und prozentualen Frostschutzmittelanteile. Demgegenüber würde der Kennlinienverlauf mit Verwendung der Pumpenkenngröße ‚Differenzdruck' nur für die bei der Kennfeldermittlung vorherrschenden Strömungsmittelzustände gelten.

Der Verlauf beziehungsweise die Steilheit der Pumpenkennlinien kann durch Form und Anzahl der Flügelradschaufeln beeinflusst werden.

Für die Förderhöhe H gilt:

$$H = \frac{\Delta p_{\text{ges}}}{\rho \cdot g} \tag{7.28}$$

$$= \frac{p_D - p_S}{\rho \cdot g} + h_D - h_S + \frac{c_D^2 - c_S^2}{2 \cdot g} \tag{7.29}$$

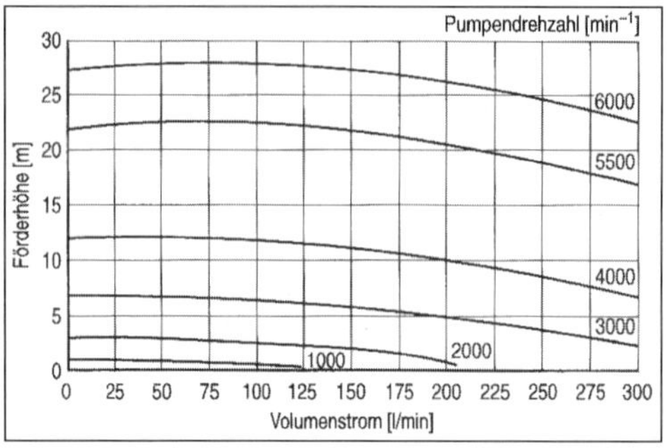

Bild 7-418 Kennfeld einer Pkw-Kühlmittelpumpe

c_D = Strömungsgeschwindigkeit an der Pumpendruckseite [m/s]
c_S = Strömungsgeschwindigkeit an der Pumpensaugseite [m/s]
g = Erdbeschleunigung [m/s²]
H = Förderhöhe [m]
h_D = geodätische Höhe der Pumpendruckseite [m]
h_S = geodätische Höhe der Pumpensaugseite [m]
p_D = örtlicher Druck an der Pumpendruckseite [m/s]
p_s = örtlicher Druck an der Pumpensaugseite [m/s]

D bezeichnet die Messstelle an der Pumpendruckseite, *S* die Messstelle an der Pumpensaugseite.
Nutzleistung, Antriebsleistung und Wirkungsgrad der Kühlmittelpumpe errechnen sich aus

$$P_{\text{Nutz}} = \Delta p_{\text{ges}} \cdot \dot{V} = H \cdot \rho \cdot g \cdot \dot{V} \quad (7.30)$$

$$P_{\text{An}} = M_d \cdot 2 \cdot \pi \cdot n \quad (7.31)$$

$$\eta = \frac{P_{\text{Nutz}}}{P_{\text{An}}} \quad (7.32)$$

g = Erdbeschleunigung [m/s²]
M_d = Drehmoment [Nm]
n = Drehzahl [s⁻¹]
P_{Nutz} = Nutzleistung [W]
P_{An} = Antriebsleistung [W]
Δp_{ges} = Gesamtdruckdifferenz nach Bernoulli [N/m²]
$\dot{V}$ = Volumenstrom [m³/s]
η = Wirkungsgrad [–]
ρ = Strömungsmitteldichte [kg/m³]

Bild 7-419 stellt die Abhängigkeit der Pumpenantriebsleistung von der Motordrehzahl und vom Pumpenvolumenstrom dar. Üblich sind je nach Volumenstrombedarf, Pumpenwirkungsgrad und Kühlkreislaufwiderstand Pumpenantriebsleistungen bei Motornenndrehzahl zwischen 500 W und 3,5 kW. Zu beachten ist, dass sich die Pumpenantriebsleistung bei gleicher Motordrehzahl abhängig vom Kühlkreislaufbetriebszustand (zum Beispiel Heizung offen oder geschlossen, Thermostat offen, regelnd oder geschlossen) wegen der damit unterschiedlichen Kühlkreislaufgesamtwiderstände ändern kann.
Mit Hilfe der Ähnlichkeitsbeziehungen für Kreiselpumpen können die Kennwerte einer messtechnisch ermittelten oder vorgegebenen Kühlmittelpumpenkennlinie auf andere Pumpendrehzahlen umgerechnet werden. Es gilt:

$$\frac{n_1}{n_2} = \frac{\dot{V}_1}{\dot{V}_2} \quad (7.33)$$

$$\frac{n_1^2}{n_2^2} = \frac{\Delta p_1}{\Delta p_2} = \frac{H_1}{H_2} = \frac{M_{d1}}{M_{d2}} \quad (7.34)$$

$$\frac{n_1^3}{n_2^3} = \frac{P_{\text{Nutz1}}}{P_{\text{Nutz2}}} \quad (7.35)$$

H = Förderhöhe [m]
M_d = Drehmoment [Nm]
n = Drehzahl [s⁻¹]
P_{Nutz} = Nutzleistung [W]
P_{An} = Antriebsleistung [W]
Δp_{ges} = Gesamtdruckdifferenz nach Bernoulli [N/m²]

Die Gleichungen (7.33), (7.34) und (7.35) zeigen, dass der Volumenstrom linear, der Pumpendifferenzdruck beziehungsweise die Förderhöhe sowie das Pumpendrehmoment quadratisch und die Pumpennutzleistung in dritter Potenz mit höherer Pumpendrehzahl ansteigen. Die Antriebsleistung steigt ähn-

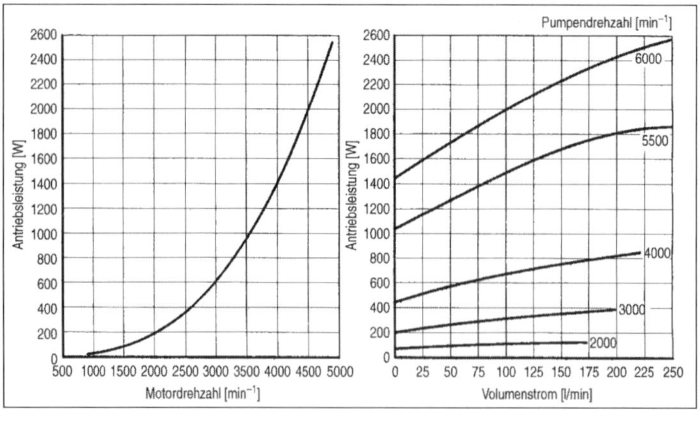

Bild 7-419 Kühlmittelpumpenantriebsleistung in Abhängigkeit von Drehzahl und Kühlmittelvolumenstrom

lich wie die Pumpennutzleistung, ist jedoch zusätzlich vom Wirkungsgradverlauf abhängig.
Die Ähnlichkeitsbeziehungen nach den Gleichungen (7.33) bis (7.35) gelten uneingeschränkt für ein Pumpenkennfeld nach **Bild 7-418**, das heißt die Pumpenkennwerte lassen sich auf veränderte Drehzahlen umrechnen.
Bei Betrieb der Kühlmittelpumpe im Kühlkreislauf gelten die Ähnlichkeitsbeziehungen jedoch nur für konstanten Strömungswiderstand des Kühlkreislaufes. Da zumindest im unteren Motordrehzahlbereich durch eine nicht vollständig hydraulisch rauh ausgebildete Strömung der Kühlkreislaufwiderstand ansteigt, können die Ähnlichkeitsbeziehungen bei Betrieb der Kühlmittelpumpe im Kühlkreislauf zur Umrechnung der Pumpenkennwerte nur eingeschränkt, das heißt ab Erreichen einer hydraulisch rauhen Strömung, verwendet werden.
Bild 7-420 zeigt schematisch den charakteristischen Verlauf eines Kühlkreislaufgesamtwiderstandes unter Kennzeichnung des Punktes, ab dem eine hydraulisch rauhe Strömung vorliegt und die Ähnlichkeitsbeziehungen angewendet werden können.
Die gleiche Charakteristik des Strömungswiderstandverlaufes wie in **Bild 7-420** dargestellt zeigen die einzelnen Kühlkreislaufkomponenten wie zum Beispiel Motor, Kühler, Heizung, Thermostat, Ölwärmetauscher und so weiter.
Das Ansteigen des Kühlkreislaufwiderstandes nach **Bild 7-420** bei kleinen Volumenströmen beziehungsweise Drehzahlen ist dafür verantwortlich, dass von der Kühlmittelpumpe im unteren Motordrehzahlbereich eine unterproportionale Kühlmittelmenge gefördert wird. Diese strömungstechnischen Verhältnisse müssen bei Festlegung des Pumpenauslegungspunktes vom Motorenhersteller beachtet werden.
Der Schnittpunkt der Pumpenkennlinien mit dem Kühlkreislaufwiderstand ergibt für die jeweiligen Pumpendrehzahlen die Arbeitspunkte der Kühlmittelpumpe. Bei verändertem Kühlkreislaufwiderstand

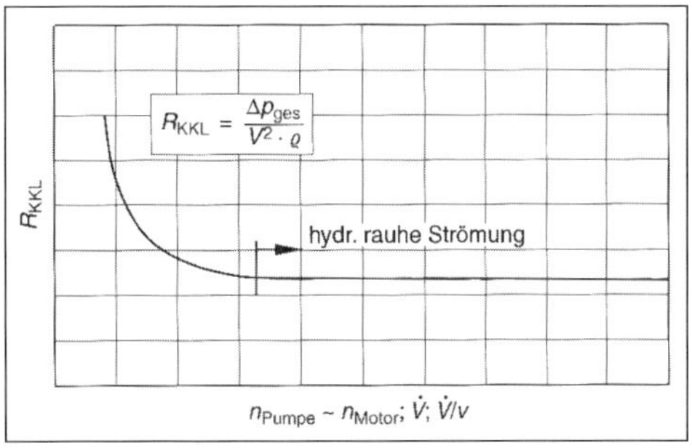

Bild 7-420 Gesamtströmungswiderstand eines Kühlkreislaufes

zum Beispiel durch Absperren der Heizung oder bei Thermostatregelung verschieben sich die Arbeitspunkte entsprechend. In **Bild 7-421** sind schematisch die unterschiedlichen Kühlkreislaufwiderstände und Arbeitspunkte AP für Leerlauf- und Nenndrehzahl bei offener und geschlossener Heizung im Kühlmittelpumpenkennfeld dargestellt.
Die Auslegung der Kühlmittelpumpe erfolgt üblicherweise für einen vom Motorproduzenten vorgegebenen Auslegungspunkt (Pumpendifferenzdruck beziehungsweise Förderhöhe und Volumenstrom) bei Pumpennenndrehzahl oder einer anderen Pumpendrehzahl zwischen Leerlauf- und Abregeldrehzahl und für einen bestimmten Kühlkreislaufzustand, zum Beispiel Thermostat offen, Heizung geschlossen. Dieser Auslegungspunkt sollte mit dem aus dem Betrieb der Kühlmittelpumpe im Kühlkreislauf resultierenden Arbeitspunkt übereinstimmen. Mit einem abweichenden Arbeitspunkt werden andere Kühlkreislaufvolumenströme und damit zu große oder zu kleine Teilvolumenströme über die Kreislaufelemente gefördert als im Auslegungspunkt der Kühlmittelpumpe festgelegt wurde, was nachteilige Auswirkungen auf Wärmetransport und Wärmeabfuhr sowie auf die Druckbelastung der Kühlkreislaufelemente haben kann.

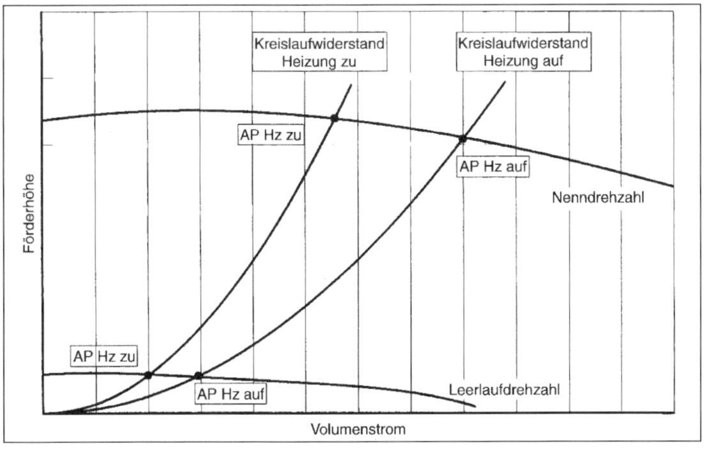

Bild 7-421 Kühlkreislaufwiderstände und Arbeitspunkte im Kühlmittelpumpenkennfeld

7.24.5 Kavitation

Kavitation wird das Entstehen und Zerfallen von Dampfblasen in strömenden Flüssigkeiten genannt. Kavitationserscheinungen treten auf, wenn an einer Stelle des Kühlkreislaufes der Druck des Kühlmittels den Dampfdruck unterschreitet. Besonders kavitationsgefährdet ist wegen ihres niedrigen Druckniveaus die Saugseite der Kühlmittelpumpe. Abhängig von der Größe der Dampfdruckunterschreitung verringert sich die Förderhöhe der Kühlmittelpumpe und damit der Kühlkreislaufvolumenstrom. Außerdem kann es wegen des schlagartigen Zerfallens der Dampfblasen in Bereichen höherer Drücke zum Beispiel im Spiralkanal oder im Motorblock zu einem Materialabtrag kommen. Die Druckabsenkungen treten örtlich an scharfen Kanten und Umlenkungen sowie bei Eintritt in den Schaufelkanal bei hohen Strömungsgeschwindigkeiten (also hohen Kühlmittelvolumenströmen bei großen Pumpendrehzahlen) auf. Wegen der schwierigen Berechnung und Messung dieser punktuellen Druckabsenkungen im rotierenden Schaufelkanal werden Kavitationsuntersuchungen beim Kühlmittelpumpenhersteller zumindest für den Auslegungspunkt bei Auslegungsdrehzahl auf einem dafür ausgelegten Kühlmittelpumpenprüfstand durchgeführt. Dabei wird der Druck an der Pumpensaugseite so weit abgesenkt, bis ein bestimmter, zum Beispiel 3%iger, Förderhöhenabfall erreicht wird.

Aus dem dabei ermittelten Saugdruck und den bei den Prüfstandsuntersuchungen vorherrschenden Messbedingungen (Strömungsmitteltemperatur und -zusammensetzung) wird der sogenannte NPSH (net positiv suction head)-Wert berechnet:

$$\mathrm{NPSH}_{97\,\%} = \frac{p_{S\,97\,\%} - p_{\mathrm{Dampf}}}{\rho \cdot g} + \frac{c_S^2}{2 \cdot g} \tag{7.36}$$

c_S = Strömungsgeschwindigkeit an der Pumpensaugseite [m/s]
g = Erdbeschleunigung [m/s²]
$\mathrm{NPSH}_{97\%}$ = NPSH-Wert bei 3%igem Förderhöhenabfall [m]
p_{Dampf} = Dampfdruck des Strömungsmittels [N/m²]
$p_{S\,97\%}$ = statischer Druck an der Pumpensaugseite bei 3%igem Förderhöhenabfall [N/m²]
ρ = Strömungsmitteldichte [kg/m³]

Da dieser NPSH-Wert wie die Förderhöhe strömungsmittelzusammensetzungs- und strömungsmitteltemperaturunabhängig ist, kann aus ihm für einen zu betrachtenden Betriebszustand des Kühlkreislaufes, (zum Beispiel 40 % Frostschutzmittelanteil, Kühlmitteltemperatur an der Pumpensaugseite = 108 °C, Heizung geschlossen), der erforderliche Druck an der Pumpensaugseite und gegebenenfalls der erforderliche Druck im Ausgleichbehälter beziehungsweise seine Anschlussstelle im Kühlkreislauf zur Kavitationsvermeidung berechnet werden:

$$p_{S\,\mathrm{stat\,erf}} = (\mathrm{NPSH} \cdot \rho \cdot g) + p_{\mathrm{Dampf}} - \rho \frac{c_S^2}{2} \tag{7.37}$$

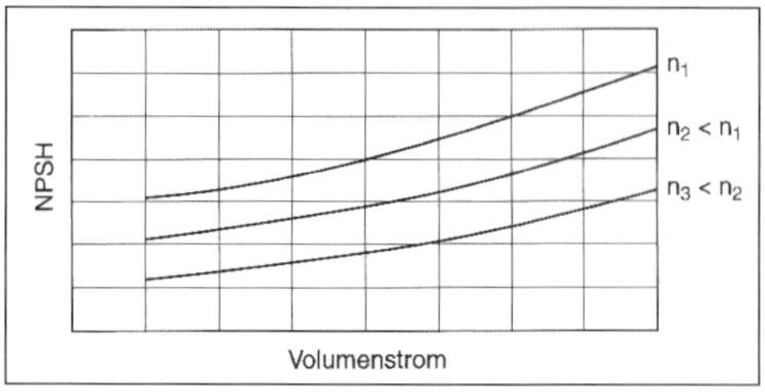

Bild 7-422 Kavitationskennfeld einer Kühlmittelpumpe

c_s = Strömungsgeschwindigkeit an der Pumpensaugseite [m/s]
g = Erdbeschleunigung [m/s²]
NPSH = Net positiv suction head – absolute Energiehöhe abzüglich der Verdampfungsdruckhöhe = Netto Energiehöhe [m]
p_{Dampf} = Dampfdruck des Strömungsmittels [N/m²]
$p_{S\,\mathrm{stat\,erf}}$ = erforderlicher statischer Druck an der Pumpensaugseite zur Kavitationsvermeidung [N/m²]
$p_{S\,97\%}$ = statischer Druck an der Pumpensaugseite bei 3%igem Förderhöhenabfall [N/m²]
ρ = Strömungsmitteldichte [kg/m³]

Zu beachten ist, dass bei Betrieb der Kühlmittelpumpe im Kühlkreislauf Kavitationserscheinungen nicht nur bei sehr hohen Kühlmitteltemperaturen, sondern auch im mittleren Temperaturbereich wegen des meist hohen Druckabfalls am Bypassthermostatteller und dem bei diesem Motorbetriebszustand noch sehr niedrigen Druck im Ausgleichbehälter auftreten können.

Um auch bei vom Pumpenauslegungspunkt abweichenden Drehzahlen und Volumenströmen Aussagen über das Kavitationsverhalten der Kühlmittelpumpe zu erhalten, kann ein Kavitationskennfeld ermittelt werden. Der Kavitationswert NPSH erhöht sich dabei mit steigender Pumpendrehzahl und steigendem Volumenstrom (**Bild 7-422**).

7.24.6 Elektrische Kühlmittelpumpe und schaltbare mechanische Kühlmittelpumpe

Mit Verwendung von drehzahlgeregelten Kühlmittelpumpen kann die Forderung nach motordrehzahlunabhängigen Kühlmittelvolumenströmen erreicht werden. Dadurch lassen sich niedrige Volumenströme im Motorteillastbereich zur Erhöhung der Kühlmittel- und Öltemperaturen für eine Motorreibleistungsverminderung sowie hohe Volumenströme ab Motorleerlauf zur Heizungsunterstützung, bei großem Wärmeeintrag ins Kühlsystem nach Volllastfahrt und bei hohen Motordrehmomenten im unteren Motordrehzahlbereich realisieren. Außerdem kann die Kühlmittelpumpe während der Motorwarmlaufphase zum schnelleren Erreichen der Betriebstemperatur abgeschaltet werden. Wegen der kühlmittelseitigen Sätti-

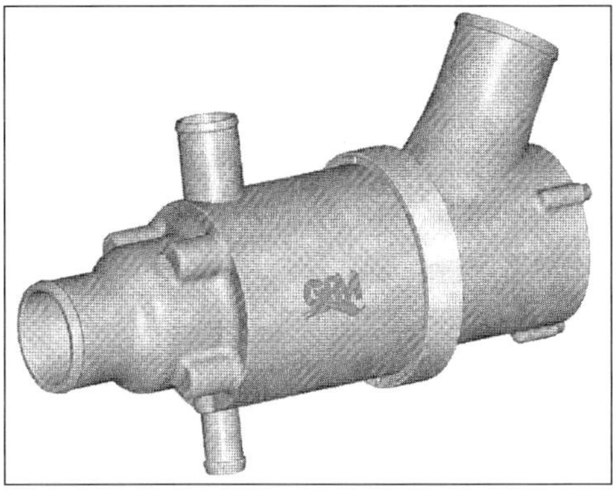

Bild 7-423 Elektrische Kühlmittelverteilpumpe der Firma GPM

gung von Heizung und Kühler wird der Kühlmittelvolumenstrom im oberen Motordrehzahlbereich begrenzt, wodurch sich nach **Bild 7-419** eine wesentliche Pumpenantriebsleistungseinsparung realisieren lässt.
Diese Anforderungen werden von der elektrischen Hauptwasserpumpe mit Kühlmittelverteilfunktion (**Bild 7-423**) erfüllt.
Die elektrische Kühlmittelpumpe nach **Bild 7-423** erreicht durch Verwendung eines axialen Flügelrades hohe Pumpenwirkungsgrade und benötigt damit eine relativ kleine Pumpenantriebsleistung. Durch die Integration von Kreislaufregelelementen wie dem Thermostat können von der elektrischen Kühlmittelverteilpumpe kostengünstig und platzsparend zusätzliche Kühlkreislauffunktionen übernommen werden.
Mit strömungsoptimierten Kühlkreisläufen zum Beispiel durch Verringerung der Hauptströmungswiderstände und Optimierung der Kühlkreislaufvernetzung kann die Pumpenantriebsleistung und damit die Baugröße des Elektromotors sowie die Generatorbelastung klein gehalten werden.
Elektrische Hauptwasserpumpen wurden bisher nur in einzelnen Motorbaureihen appliziert. Einer weiteren Verbreitung stehen die begrenzte Verfügbarkeit von elektrischer Leistung innerhalb von 12 V-Bordnetzen entgegen, insbesondere aber auch die hohen Systemkosten für elektronische Gleichstrommotoren. Außerdem setzt die Verwendung einer elektrischen Hauptwasserpumpe umfangreiche Änderungen am Kühlkreislaufaufbau voraus.
Die positiven Effekte einer Volumenstromvariabilität im Rahmen des Thermomanagements ohne wesentliche Änderungen am Motor beziehungsweise am Kühlkreislauf lassen sich auch weitgehend durch kostengünstige mechanisch angetriebene Pumpen mit Abschaltfunktion herbeiführen.
Insbesondere in der Kaltstartphase ermöglicht die Abschaltung des Kühlmittelvolumenstroms eine deutlich schnellere Motorerwärmung. Hieraus resultiert ein geringer Kraftstoffverbrauch und reduzierte Emissionen. Die mögliche Kraftstoffeinsparung im NEFZ (neuer europäischer Fahrzyklus) infolge der Volumenstromabschaltung liegt nach Herstellerangaben im Bereich zwischen 0,5 ... 3 %.
Zur Abschaltung des Volumenstroms sind verschiedene Lösungen bekannt geworden, aus denen sich vorwiegend folgende Konzepte ableiten:

- Wegeventile in Reihenschaltung zur Pumpe
- Kühlmittelpumpen mit schaltbarer Magnetkupplung
- Kühlmittelpumpen mit integriertem Spaltringschieber (**Bild 7-424**).

Der Spaltringschieber als Regelglied für Kreiselpumpen wurde bereits von *Pfleiderer* eingehend untersucht. Es handelt sich um einen flügelradkonzentrischen Ringschieber, der durch eine geeignete Aktuatorik axial über das Flügelrad geschoben werden kann. Die Betätigung erfolgt mittels Unterdruckaktuator oder auch direkt mit Hydraulikdruck.
Die Kühlmittelpumpe mit Spaltringschieber weist im Vergleich mit anderen Konzepten eine Reihe von signifikanten Vorteilen auf:

- Der Schieber ermöglicht im Unterschied zu Kupplungspumpen bei laufendem Motor eine wirkliche Nullförderung, da auch Thermosyphonströmungen sicher unterbunden werden.

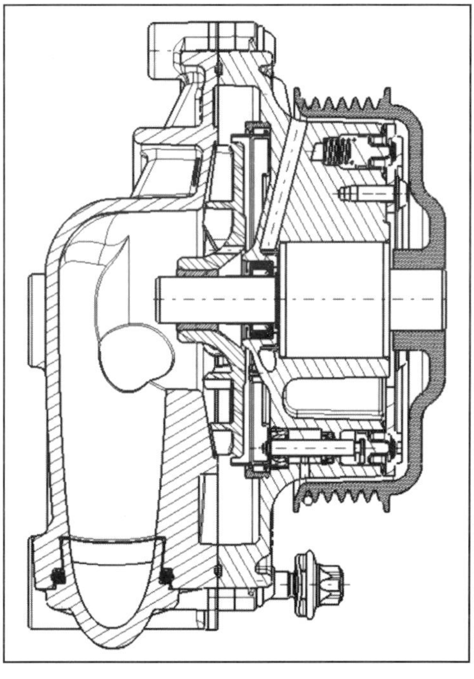

Bild 7-424 Schaltbare mechanische Kühlmittelpumpe der Firma GPM

- Die Schieberpumpe erfordert im Wesentlichen nicht mehr Bauraum als eine Konstantpumpe bei geringem Mehrgewicht.
- Die Pumpenantriebsleistung kann im off-Zustand erheblich reduziert werden.
- Insbesondere im Vergleich zu Kupplungspumpen lässt sich die Schieberpumpe sehr kostengünstig darstellen.
- Die Motorkühlung als fail-safe Funktion ist durch Federrückstellung gewährleistet.

7.25 Steuerorgane des Zweitaktmotors

Das charakteristische Kennzeichen des Zweitaktprinzips ist es, dass im Gegensatz zum Viertaktmotor pro Umdrehung der Kurbelwelle ein vollständiger Arbeitszyklus durchlaufen wird und dass das Entfernen der verbrannten Ladung aus dem Zylinder und das Einführen des Frischgases beziehungsweise der Verbrennungsluft in den Zylinder (Spülvorgang) in Kurbelwinkelbereichen um den unteren Totpunkt (UT) ablaufen. Hierbei besteht die Forderung, dass durch eine zweckmäßige Gestaltung der Ladungswechselorgane der Spülvorgang bei minimaler Vermischung von Frischgas und Abgas (hohe Spülwirkungsgrade) mit niedrigem erforderlichem Spüldruckgefälle (niedrige Ladungswechselarbeit) in einem möglichst kleinen Kurbelwinkelbereich um UT (geringe Begrenzung des Zylindernutzhubes) abläuft. Für den Ladungswechsel von Zweitaktmotoren stehen eine Reihe verschiedener, in Abschnitt 10.3 näher erläuterter Spülverfahren zur Auswahl (siehe hierzu auch [1] und [2]), durch deren Einsatz sich gegenüber Viertaktmotoren wesentliche Unterschiede in der Gestaltung der Triebwerkskomponenten ergeben. Da der Arbeitsprozess des Zweitaktmotors mit Kurbelwellendrehfrequenz abläuft, ist im Gegensatz zum Viertaktmotor die Steuerung der Gasströme durch den Kolben möglich.

Bei der insbesondere bei Kleinmotoren und Schnellläufern eingesetzten, in **Bild 7-425** dargestellten Umkehrspülung steuert der Kolben sowohl das Abströmen des Abgases aus dem Zylinder über den/(die) Auslassschlitz als auch das Zuströmen des Frischgases über die Spülschlitze und bei Verwendung der Kurbelkammerspülpumpe zusätzlich den Zutritt des Frischgases in die Kurbelkammer. Durch die Anordnung von Auspuff-, Einlass- und Spül- beziehungsweise Überstromkanälen am Zylinder, die als Schlitze die Zylinderwand durchbrechen, ergeben sich für die Triebwerke von Zweitaktmotoren verschiedene im Folgenden genannte Besonderheiten. Die Schlitze in der Zylinderwandung erschweren eine definierte Schmierung der tribologischen Paarung von Kolben und Zylinder, so dass zur Gewährleistung einer ausreichenden Schmierung und zur Vermeidung unzulässig hoher Ölverbräuche der Wahl der Laufpaarung in Hinblick auf einen minimalen Schmierölbedarf sowie einer dosierten Schmierölzufuhr und/oder einer

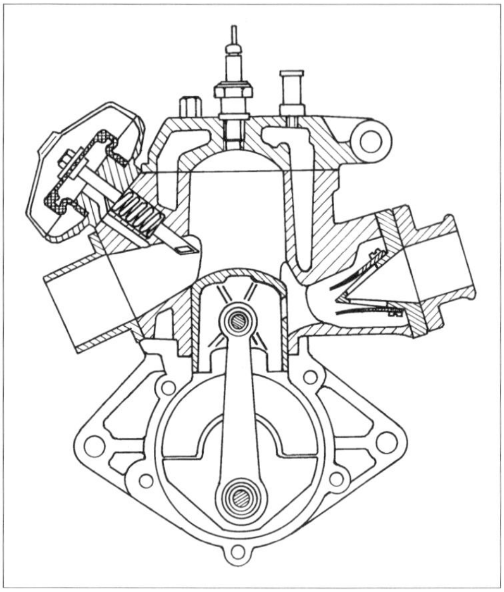

Bild 7-425 Schnittdarstellung eines modernen Zweitaktottomotors mit Umkehrspülung, Kurbelkammerspülpumpe, Einlasssystemlamellenventilen und Flachschieberauslasssteuerung

ausreichenden Ölabstreifwirkung der Kolbenringe eine wesentliche konstruktive Beachtung geschenkt werden muss. Um ein unzulässiges Einfedern der Kolbenringe in die Auslass-, Spül- und Einlassschlitze zu verhindern, müssen wie in [2] und [3] ausführlich dargelegt, maximale Schlitzbreiten (ausgedrückt als Verhältnis zwischen Schlitzbreite und Zylinderdurchmesser) eingehalten werden.

Außerdem werden die in ihrer Grundform zumeist eckig ausgelegten Schlitze an Schlitzober- und Unterkante in den Ecken ausgerundet und die Übergänge von Zylinder- und Kanalwandung mit Radien versehen. Eine Drehung der Kolbenringe in den Ringnuten des Kolbens verbunden mit der Gefahr des Einfederns der Ringenden in die Schlitze des Zylinders wird – sofern notwendig – durch in den Ringnuten eingepresste Stifte verhindert.

Die doppelte Zündfrequenz, vor allem jedoch die Steuerung des Frischgasstromes und besonders des Abgasstroms durch den Kolben, führt bei schlitzgesteuerten Zweitaktmotoren, wie in [4] dargelegt, gegenüber vergleichbaren Viertaktmotoren zu einer gravierend höheren thermischen Belastung von Zylinder und Kolben, die als wesentliche Ursache für eine vielfach vorliegende begrenzte Standfestigkeit von Hochleistungszweitaktmotoren anzusehen ist. Erschwerend wirkt dabei, dass bei Führung des Frischgases durch die Kurbelkammer (Kurbelkammerspülpumpe) eine effektive Kühlung des Kolbens durch Spritzöl – wie bei Viertaktmotoren höherer Leistung üblich – sich weitgehend ausschließt. Eine

Verringerung der thermischen Belastung von Kolben, Kolbenringen und Bolzenlagerung wird unter anderem durch die folgenden Maßnahmen erreicht: Begrenzung der Einzelzylindervolumina, sorgfältige Auslegung der Zylinderkühlung (möglichst Flüssigkeitskühlung) insbesondere im Bereich der Auslassschlitze, konstruktive Minimierung von Zylinderverzügen, die eine Wärmeabfuhr vom Kolben über die Kolbenringe an den Zylinder erschweren, Wahl von Steuerzeiten, die ein zusätzliches Aufheizen von Kolben und Frischgas durch das Rückblasen von Abgas in die Spülschlitze verhindern, Wahl eines Spülverfahrens welches einen großflächigen Kontakt des aus dem Zylinder abströmenden Abgases mit der Kolbenoberfläche vermeidet.

Bei modernen Umkehrspülzylindern für schnelllaufende Zweitaktmotoren wird das Frischgas über im Allgemeinen vier bis sieben spiegelsymmetrisch zum Auslasskanal angeordnete Spül- beziehungsweise Überströmkanäle unter einem flachen Winkel in Richtung der dem Auslassschlitz gegenüberliegende Zylinderwand gespült. Hierdurch bildet sich an der Zylinderwandung ein aufsteigender Frischgasstrom, der im Bereich des Zylinderkopfes seine Richtung umkehrt und das Abgas aus dem Zylinder drängt. Die seitlich am Zylinder angeordneten, sich in Strömungsrichtung leicht verjüngenden Überströmkanäle bedingen bei entsprechenden Mehrzylindermotoren, gegenüber vergleichbaren Viertaktmotoren, wesentlich größere Zylinderabstände. Die durch die Ladungswechselkanäle bedingten Steifigkeitssprünge in der Geometrie des Zylinders, der indirektere Kraftfluss zwischen Zylinderkopf und Kurbelwelle und die hohe, durch die Auslassschlitze bedingte asymmetrische thermische Belastung von Kolben und Zylinder, macht eine sehr sorgfältige Gestaltung des Triebwerks und der Triebwerkskühlung erforderlich. Es sei angemerkt, dass insbesondere bei modernen Zweitaktottomotoren zur Erhöhung der Frischgasfüllung, zur Beeinflussung der Gemischbildung und zur Vermeidung von negativen Einflüssen der Gasschwingungen in Ansaug- und Abgastrakt je nach vorliegendem Konzept teilweise Einlassdrehschieber, Lamellenventile (Reedvalves), Nebenschluss-Lamellensteuerungen, Schwingkammern und auf der Auslassseite Steuerschieber beziehungsweise Steuerwalzen eingesetzt werden. Hierdurch erhöht sich der Komplexitätsgrad der Triebwerkskonstruktion unter Umständen erheblich.

Bei der Gleichstromspülung mit Auslassventilen, die insbesondere bei Dieselmotoren eingesetzt wird, tritt das Frischgas über vom Kolben gesteuerte Spülschlitze in den Zylinder ein, während das Abgas über zumeist mehrere im Zylinderkopf angeordnete, mit Kurbelwellendrehfrequenz angesteuerte Ventile abströmt. Zur Erzeugung guter Spülwirkungsgrade müssen die Einlasskanäle beziehungsweise -schlitze, abgesehen von einer leicht tangentialen Orientierung zur Unter-

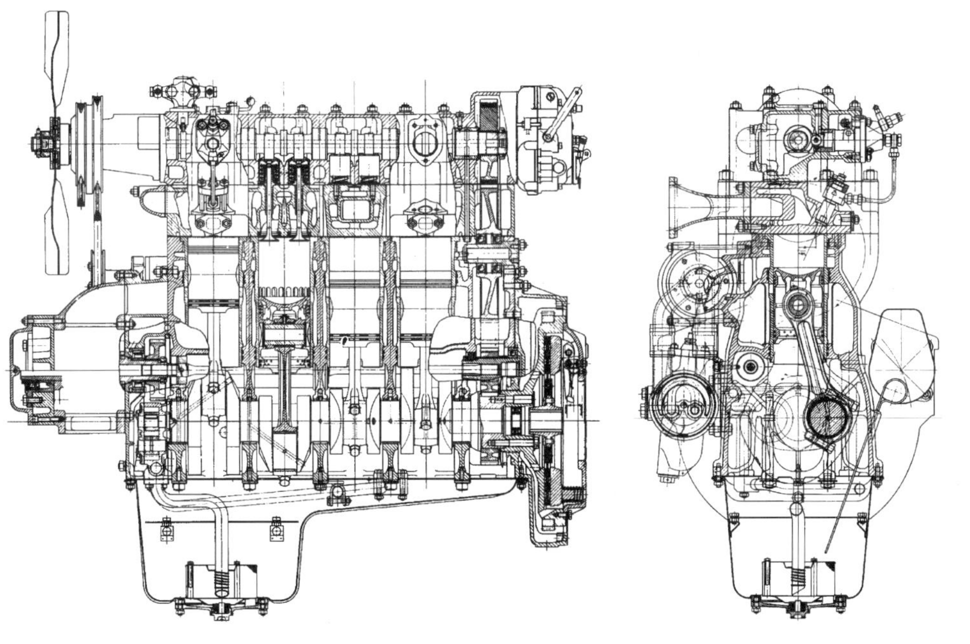

Bild 7-426 Längs- und Querschnitt durch einen gleichstromgespülten Vierzylinder-Zweitaktdieselmotor Fa. Krupp [5]

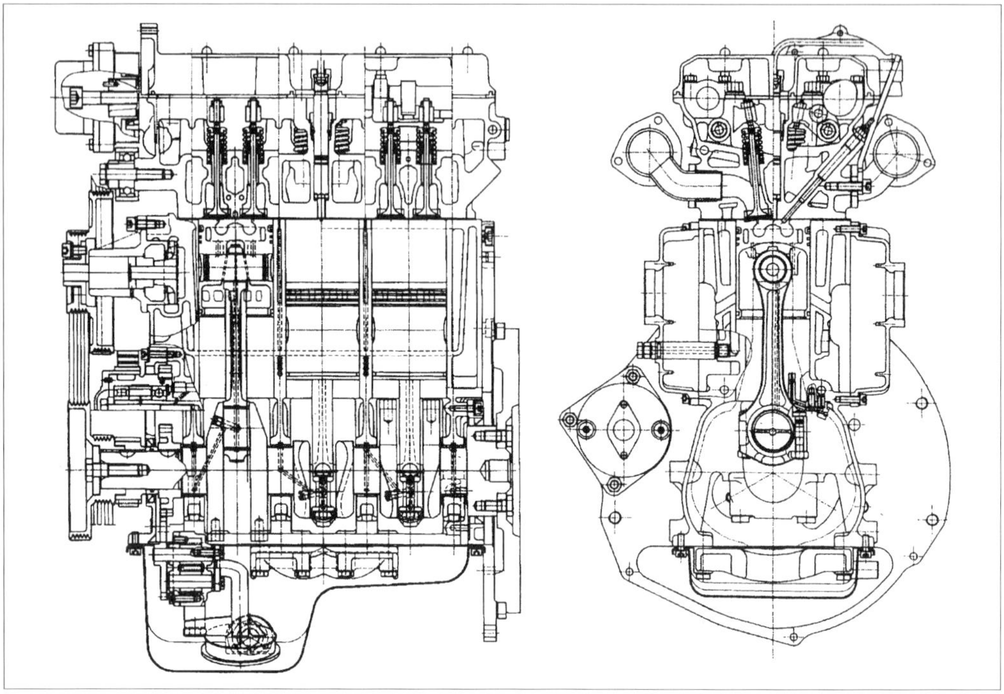

Bild 7-427 Längs- und Querschnitt durch den gleichstromgespülten Pkw-Zweitaktdieselmotor der AVL [6]

stützung der Gemischbildung, im Allgemeinen keine besondere Richtwirkung ausüben, so dass das den Spülschlitzen vorgeschaltete Luftsammlervolumen, wie in **Bild 7-426** exemplarisch dargestellt, vielfach an den Außendurchmesser der Laufbüchse angrenzt (siehe hierzu auch [5]).

Die Forderung, dass die Spülschlitze in der OT-Position durch den Kolbenschaft abgedeckt werden müssen, bedingen insbesondere bei langhubigen Motoren lange Kolben und vergleichsweise große Gesamtbauhöhen des Motors. Im Vergleich zur Umkehrspülung ergeben sich bei der Gleichstromspülung mit Auslassventilen etwas geringere und symmetrischere thermische Belastungen von Kolben und Zylinder. Demgegenüber werden wegen der im Vergleich zu Viertaktmotoren verdoppelten Betätigungsfrequenz der Auslassventile und der hohen thermischen Belastung des Zylinderkopfes bei schnelllaufenden Motoren an die Auslegung der Zylinderkopfkühlung und der Ventiltriebskinematik hohe Anforderungen gestellt. Bei der bei Schnellläufern vielfach gewählten Bauart mit vier Auslassventilen besteht die entwicklerische Zielsetzung, eine gedrungene Kanalkontur zu verwirklichen (geringe zu kühlende Kanaloberfläche, geringe Abgaswärmeverluste bei Ankoppelung eines Abgasturboladers), bei der sich die Abgasströme der einzelnen Ventile so wenig wie möglich behindern. Daneben muss insbesondere der Bereich um die Einspritzdüse zur Vermeidung von Verkokungsproblemen intensiv gekühlt werden. Um in dem begrenzten, für den Ladungswechsel zur Verfügung stehenden Kurbelwinkelbe-

Bild 7-428 Illustration der Auslasskanalführung und des Ventiltriebs eines gleichstromgespülten Pkw-Zweitaktdieselmotors

reich einen Ladungswechsel mit möglichst geringer Ladungswechselarbeit zu ermöglichen, muss ein geeignetes Ventiltriebskonzept gewählt und eine optimale Ventiltriebskinematik mit einem minimalen Druckverlust bei Durchströmung verwirklicht werden. **Bild 7-427** zeigt beispielhaft die Lösung bei einem aktuellen 1,0-Liter Zweitaktdieselmotorenkonzept der Firma AVL. Bei diesem Motor werden je vier Auslassventile pro Zylinder mittels Rollenschlepphebeln von zwei obenliegenden Nockenwellen betätigt. In **Bild 7-428** ist die Illustration einer hierzu alternativen Auslasskanalführung dargestellt.

Literatur

[1] *Venedinger, H. J.:* Zweitaktspülung insbesondere Umkehrspülung. Stuttgart: Franckh`sche Verlagshandlung, 1947.

[2] *Bönsch, H. W.:* Der schnelllaufende Zweitaktmotor. 2. Aufl. Stuttgart: Motorbuch Verlag, 1983.

[3] *Küntscher, V.,* (Hrsg.): Kraftfahrzeugmotoren – Auslegung und Konstruktion. 3. Aufl. Berlin: Verlag Technik, 1995.

[4] *N. N.:* Hütte; des Ingenieurs Taschenbuch IIA; 28. Aufl. Berlin: Verlag Wilhelm Ernst & Sohn, 1954.

[5] *Scheiterlein, A.:* Der Aufbau der raschlaufenden Verbrennungskraftmaschine. 2. Aufl. Wien: Springer-Verlag, 1964.

[6] *Knoll, R.; Prenninger, P.; Feichtinger, G.:* 2-Takt-Prof. List Dieselmotor, der Komfortmotor für zukünftige kleine Pkw-Antriebe; 17. Internationales Wiener Motorensymposium 25.–26. April 1996, VDI Fortschritt-Berichte Reihe 12 Nr. 267. Düsseldorf: VDI Verlag, 1996.

[7] *Blair, G. P.:* Design and Simulation of Two-Stroke Engines. Warrendale PA: SAE International, 1996,

[8] *Meinig, U.:* Standortbestimmung des Zweitaktmotors als Pkw-Antrieb: Teil 1–4. In: MTZ Jahrgang 62, (2001) Heft 7/8, 9, 10, 11

[9] *van Basshuysen, R.:* Zweitaktmotor/Wankelmotor, MTZ Jahrgang 70, Heft 01/2009

8 Motoren

8.1 Motorkonzepte

Das Motorkonzept wird von vielen Faktoren beeinflusst, die oft nicht frei wählbar sind, so zum Beispiel Arbeitsverfahren (Zweitakt – Viertakt), Arbeitsprozess (Diesel – Otto), Kühlungsart (Wasser – Luft), Leistungsabstufung, Zahl und Anordnung der Zylinder, Triebwerkskonfiguration, Kurbelgehäusebauart, Steuerungsart, Aufladung unter anderem mehr.

Wichtigstes Kriterium für einen Motor ist sein Verwendungszweck, **Bild 8-1**. Danach richten sich die Bedingungen, unter denen bestimmte Anforderungen erbracht werden müssen.

Mit den Gesetzmäßigkeiten der Ähnlichkeitsmechanik kann man zeigen, dass die einzelnen Faktoren der Leistungsgleichung

$$P = z \cdot \frac{\pi}{4} \cdot d^2 \cdot s \cdot w_e \cdot \frac{n}{i}$$

nicht unabhängig voneinander sind. Es sind beispielweise nicht nur Leistung, Hubvolumen und Drehzahl miteinander verknüpft, sondern auch Arbeitsverfahren, Verbrennungsverfahren, Kühlungsart etc. Große absolute Leistungen lassen sich nur mit großen Zylinderabmessungen (Bohrung, Hub) darstellen, hohe spezifische Leistungen (Leistung/Arbeitsraum; Leistung/Motormasse) hingegen über Arbeitsspielfrequenz und hohe spezifische Arbeit.

Mit steigender Drehzahl nehmen jedoch die Probleme zu. Die Wirkungen der zu beschleunigenden Massen sind schwerer zu beherrschen, ebenso die thermischen Beanspruchungen, der Ladungswechsel und die Einbringung von Kraftstoff. Daher sind der Drehzahl als Mittel der Leistungssteigerung zumindest bei großserientauglichen und kostengünstigen Pkw-Motoren enge Grenzen gesetzt.

Ähnliches gilt für das Hubvolumen des Motors. Große Hubvolumina, entweder durch große Zylindervolumina oder hohe Zylinderzahl, sind für Pkw-Motoren ebenfalls begrenzt. Damit steigt die Motormasse und der benötigte Bauraum. Beides muss aber in einem vernünftigen Verhältnis zu den auf das Fahrzeug bezogenen Daten wie zum Beispiel Fahrzeugmasse, zur Verfügung stehender Bauraum, stehen. Darüber hinaus bedeuten große Einzelzylindervolumina große zu beschleunigende Kolbenmassen, was ebenfalls eine Begrenzung darstellt. Bohrungsdurchmesser zwischen circa 70 und 110 mm, bei etwa quadratischem Hub-/Bohrungsverhältnis decken heute den Bereich üblicher Pkw-Motoren ab.

Der konstruktive Aufbau von Motoren ist im Prinzip durch die Wirkungsweise des Triebwerks vorgegeben. Dabei hat sich das Hubkolbentriebwerk als überlegen erwiesen, wobei die Betrachtung immer als Integral über alle wichtigen Eigenschaften gesehen werden muss. Zum Beispiel bieten Motoren mit äußerer Ver-

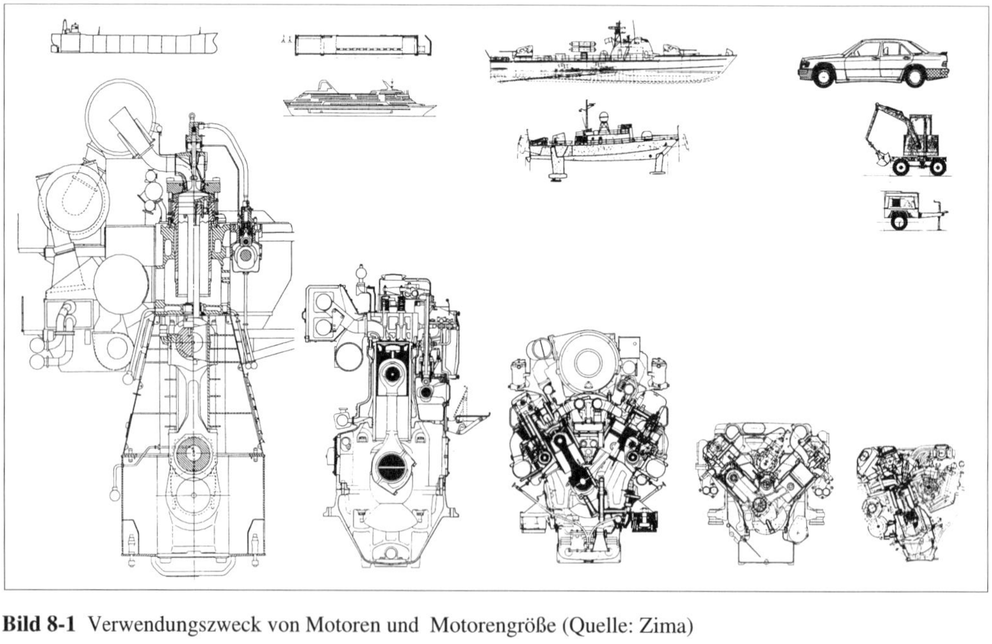

Bild 8-1 Verwendungszweck von Motoren und Motorengröße (Quelle: Zima)

brennung bei dem Teilaspekt Thermodynamik sicherlich Vorteile, andere Aspekte wie zum Beispiel Bauraum sind daher negativ zu bewerten.
Die Arbeitsspielfrequenz bestimmt über die Taktzahl die Leistungsdichte der Motoren; ein Zweitaktmotor leistet – zumindestens theoretisch – das Doppelte eines Viertaktmotors, da er bei jeder Kurbelwellenumdrehung einen Arbeitshub hat. Dass dies in Praxis nicht so ist liegt an der geringeren spezifischen Arbeit (Spülverluste), die ein Zweitaktmotor verrichtet.
Man kann prinzipiell unterscheiden zwischen Ein- und Mehrwellentriebwerken, wobei die Mehrwellentriebwerke hier nicht behandelt werden. Pkw-Motoren werden ausschließlich als Einwellentriebwerke dargestellt.
Die Entwicklungs- und Optimierungsziele in der Motorenentwicklung für Pkw-Motoren sind im Wesentlichen gekennzeichnet durch die Forderungen nach.

- Verbesserung der Fahrleistung
- Minimierung des Kraftstoffverbrauchs und damit der CO_2-Emission
- Erfüllen der Normen für Abgasqualität zum Beispiel EU4, EU5, ULEV
- Verbesserung des Komforts und der Akustik
- Kostenminimierung.

Das setzt die Entwicklung von Baugruppen, Systemen und Modulen voraus, mit denen die oben genannten, teilweise gegenläufigen Forderungen, erfüllt werden können. Die aus der Zieldefinition herzuleitenden Entwicklungsschritte müssen in den meisten Fällen einen Kompromiss darstellen.
Moderne Motoren für den Individualverkehr zeichnen sich durch folgende übergreifende Merkmale aus:

- Dieselmotor:
  - Motoren mit Direkteinspritzung
  - Mehrlocheinspritzdüsen und luftverteilenden Verbrennungsverfahren
  - Hochdruck-Einspritzsysteme mit Einspritzdrücken um 2000 bar
  - Vorwiegend vier Ventile pro Zylinder mit zentral sitzender Einspritzdüse
  - Lufteinlasssysteme, die Einlassdrall zeugen
  - Elektronische Dieselregelung mit erweitertem Funktionsumfang
  - Aluminium als Werkstoff für Zylinderkopf und zunehmend auch für Zylinderblock
  - Abgasnachbehandlungssysteme mit Katalysator, NO_x-Speicher, Reduktionsmittel etc. und Partikelfilter
  - Abgasturboaufladung mit variabler Turbinengeometrie und Ladeluftkühlung
  - gekühlte Abgasrückführung
  - vorwiegend 4-, 6- oder 8-Zylindermotoren, wobei 6-Zylindermotoren in V- und Reihenbauweise, 8-Zylindermotoren in V-Ausführung gebaut werden.
  - Energie- und Wärmemanagement
- Ottomotor:
  - Motoren mit Saugrohr- oder Direkteinspritzung, wobei die Direkteinspritzung aus Verbrauchs- und Leistungsgründen zunehmend sein wird
  - Saugmotoren überwiegen, wobei Turbomotoren mit mechanischer Aufladung, überwiegend jedoch die Abgasturboaufladung eingesetzt werden
  - Turboaufladung, vor allem im Zusammenhang mit einem Downsizing-Konzept wird zunehmen
  - Aluminium als Werkstoff für Zylinderkopf sowie Aluminium und Magnesium für den Zylinderblock
  - Variable Nockenwellenverstellsysteme bis hin zur voll variablen Verstellung
  - Geregelter Dreiwege-Katalysator mit Lambdasonden
  - Vorwiegend vier Ventile pro Zylinder
  - Einzelzündspulen und zylinderselektive Zündwinkelverstellung
  - Zylinderselektive Einspritzung
  - Zylinderabschaltung bei großvolumigen und vielzylindrischen Motoren
  - Wärmemanagement zur Optimierung von Kühlung und Warmlauf
  - Schaltsaugrohre zur Verstellung der Rohrlängen im Ansaugtrakt
  - Bevorzugt 4, 6 oder 8 Zylinder, wobei 6-Zylindermotoren in V- und Reihenbauweise, 8-Zylindermotoren in V-Ausführung bebaut werden.
  - Zunehmende „Hybridisierung" des Antriebsstranges wie zum Beispiel Startergenerator, elektrisch betriebene Nebenaggregate, Mico- und Mild-Hybride
  - Energie- und Wärmemanagement

8.1.1 Motorbauarten

Motoren für den Einsatz im Pkw sind Einwellentriebwerke. Einwellentriebwerke sind Triebwerke von Hubkolbenmotoren, die eine Kurbelwelle aufweisen. Man kann folgende Hauptbauarten unterscheiden:

Boxermotor: Das ist ein Motor mit Anordnung der Zylinder in einer Ebene mit zwei einander gegenüberliegenden Zylinderreihen. Man kann sie auch als 180°-V-Motoren bezeichnen, bei denen die gegenüberliegenden Kolben und Pleuel auf eine gemeinsame oder aber jeweils auf eine eigene Kröpfung arbeiten. Unter Kröpfung versteht man dabei die Folge von Kurbelwange – Hubzapfen – Kurbelwange. Die Zylinder benachbarter Kurbelkröpfungen, **Bild 8-2** liegen sich gegenüber. Sie können deshalb in Kurbelwellenrichtung näher aneinander angeordnet werden, weshalb Boxermotoren kürzer bauen als Reihenmotoren gleicher Zylinderzahl. Außerdem bauen sie sehr flach. Bekannte Boxermotoren sind der luft-

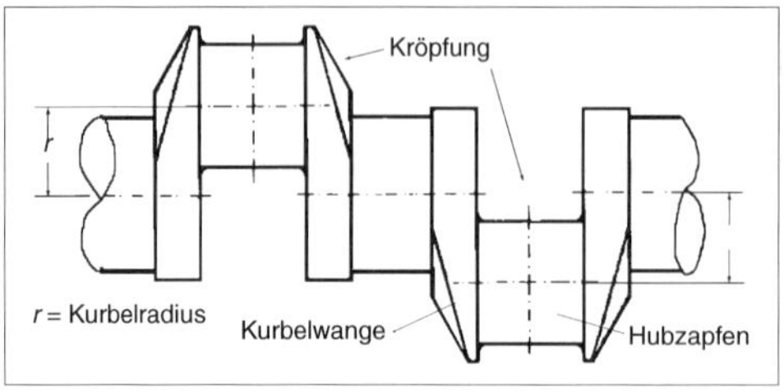

Bild 8-2 Kurbelkröpfungen eines Boxermotors

gekühlte Zweizylinder-Motorradmotor von BMW und der des legendären VW-Käfers sowie Porsche-Motoren.
Grundsätzlich besteht die Kröpfung aus den Pleuellagerzapfen und den Kurbelwangen, die durch die Hauptlagerzapfen verbunden sind. Für Reihen- und V-Motoren sind Kurbelwellen mit 1 bis 10 Kröpfungen und Teilungen von 180°, 120°, 90°, 72°, 60°, 45°, 40° und 36° üblich. Im Allgemeinen werden Kurbelwellen nach jeder Kröpfung gelagert.
Die Pleuel können entweder durch den Kolben oder durch die Kröpfung seitlich geführt werden. Im letzteren Fall müssen dort an die Genauigkeit der Anlaufbunde und die Weiten der Pleuellagerzapfen höhere Anforderungen gestellt werden.

Einzylindermotoren

Der Einzylindermotor stellt die Grundeinheit aller Motorkonzepte dar. Als Pkw-Antrieb ist er jedoch bedeutungslos und wird nur für niedrige Leistungen mit kleinen Zylinderabmessungen gebaut. Als Otto- und Dieselmotor ist er meist luftgekühlt und dient zum Antrieb von Arbeitsmaschinen und Stromerzeuger, als Ottomotor auch zum Antrieb leichter Krafträder und Motorräder. Zum Ausgleich von Massenwirkungen und zur Vergleichmäßigung des Drehmoments sind besondere Maßnahmen getroffen (zum Beispiel Massenausgleichsgetriebe). **Bild 8-3** zeigt den Schnitt durch einen Einzylindermotor.

Einreihenmotor

Der Einreihenmotor (oder auch Reihenmotoren) ist die Standard-Ausführung. Er entsteht durch Aneinanderreihen mehrerer Zylinder in Kurbelwellenrichtung. Die Kurbelgehäuse von Reihenmotoren gestalten sich konstruktiv einfach. Reihenmotoren sind wartungs- und reparaturfreundlich. Fahrzeugmotoren werden heute als Reihenmotoren mit bis zu 6 Zylindern ausgeführt.

V-Motoren

V-Motoren entstehen bei der Zusammenfassung zweier um einen bestimmten Winkel, den V-Winkel, zueinander geneigter Zylinderreihen, deren Triebwerke auf eine gemeinsame Kurbelwelle arbeiten –

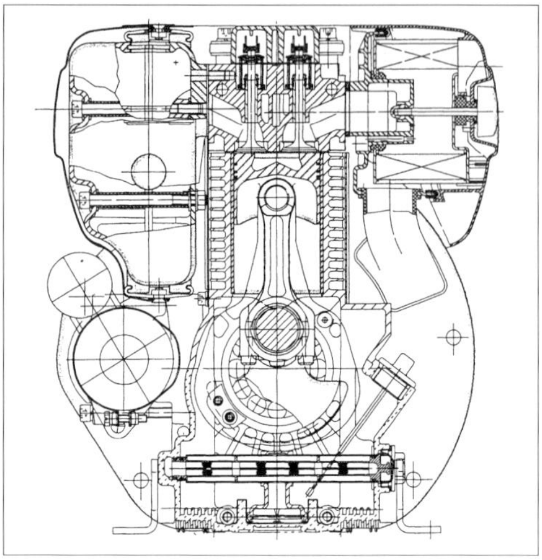

Bild 8-3 Luftgekühlter Einzylinder-Dieselmotor (Hatz)

jeweils zwei sich im V gegenüberliegende Kolben auf eine Kurbelkröpfung. V-Motoren haben Vorteile bezüglich:

- Hoher Leistungsdichte bei kompaktem Grundaufbau und guter Zugänglichkeit
- In V-Bauweise ist der benötigte Einbauraum im Fahrzeug gering (geringe Triebwerkslänge); es lassen sich selbst Sechszylindermotoren in Pkw quer einbauen.
- Der Raum zwischen und unter den Motorreihen kann mit Motorzubehör (Einspritzpumpe, Abgasturbolader, Filter etc.) raumsparend genutzt werden, so dass eine sehr kompakte Antriebseinheit entsteht.
- Reihenmotoren größer als 6 Zylinder sind in modernen Pkw nicht mehr einbaubar (V-Motoren bis zu 12 Zylinder).
- Schnelllaufende Hochleistungsmotoren werden schon ab sechs Zylindern in V-Bauweise gebaut,

und Nachteile bezüglich:

- Größere Querkomponenten der Lagerkräfte in V-Motoren erfordern eine aufwendigere Gestaltung des Kurbelwellenlagerdeckels im Kurbelgehäuse.
- Die Saugrohrleitungen gestalten sich konstruktiv aufwendiger.
- Man hat zwei „heiße“ Motorseiten.
- Der Aufwand bei Aufladung ist größer gegenüber Reihenmotoren.
- V-Motoren verhalten sich bezüglich freier Massenwirkungen ungünstiger als Reihenmotoren.

Trotz dieser Nachteile ist der V-Motor heute neben dem 4-Zylinder Reihenmotor eine bevorzugte Bauart.

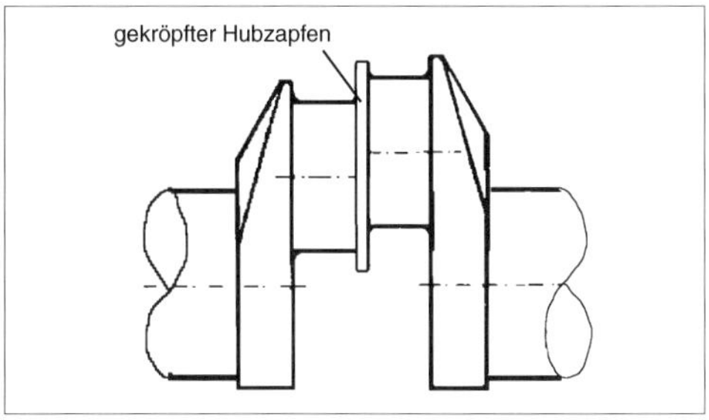

Bild 8-4 Kurbelwelle mit gekröpftem Hubzapfen (Split-Pin)

Ein weiteres wichtiges Konstruktionsmerkmal ist die Pleuel – neben – Pleuel-Ausführung. Das ist vom Triebwerk her die einfachste Lösung (gleiche Pleuel und gleiche Lager). Sie erfordert aber wegen des in Hubzapfenrichtung exzentrischen Kraftangriffs (Pleuelversatz) gekröpfte Zwischenwände. Bei „Split-pin"-Kurbelwellen, **Bild 8-4** sind die breiteren Pleuellagerzapfen (für V-Motoren) in Umfangsrichtung abgesetzt, was günstigere Zündabstände ergibt und damit die Laufruhe des Motors verbessert.

Wichtiger konstruktiver Parameter beim V-Motor ist der V-Winkel. Kriterien für die Wahl sind zum Beispiel: Zündabstände, Massenwirkungen, Aufladung, Drehschwingungsverhalten, Begrenzung der Motorabmessungen in Höhe und Breite, Nutzung des Grundtrieb-werkes für Otto- und Dieselmotor, die Zylinderzahl des Motors sowie die jeweils vorhandenen Fertigungseinrichtungen.

Es gibt praktisch alle V-Winkel zwischen den Extremwerten 0° (Reihenmotor) und 180° (Boxermotor), **Bild 8-5**. Kleine V-Winkel verlangen längere Pleuel (kleinere Pleuelverhältnisse $\lambda = r/l$), um den nötigen Freigang der Pleuel von den Zylindern zu gewährleisten. Das ergibt höhere Kurbelgehäuse bei geringeren Kolbenseitenkräften als Folge kleinerer Pleuelschwenkwinkel. Gleiche Zündabstände erhält man, wenn der V-Winkel zu $\delta = 720°/\text{Zylinderzahl}$ (Viertakter) gewählt wird. Für Fahrzeugmotoren und schnelllaufende Dieselmotoren wird der 90°-V-Winkel bevorzugt, weil dieser einen vollständigen Ausgleich oszillierender Massenkräfte 1. Ordnung durch umlaufende Gegengewichte ermöglicht. Bei 8-Zylinder-V-90°-Viertaktmotoren entspricht der V-Winkel dem (gleichmäßigen) Zündabstand. Wenn Zylinderzahl und V-Winkel nicht korrespondieren, erreicht man dennoch gleiche Zündabstände durch „Aufspreizen" der Hubzapfen um die Differenz zwischen V-Winkel und Zündabstand (split-pin-Kurbelwelle, gekröpfter Hubzapfen, Hubversatz). So werden heute 6-Zylinder-Pkw- und Nkw-Motoren mit V-Winkel

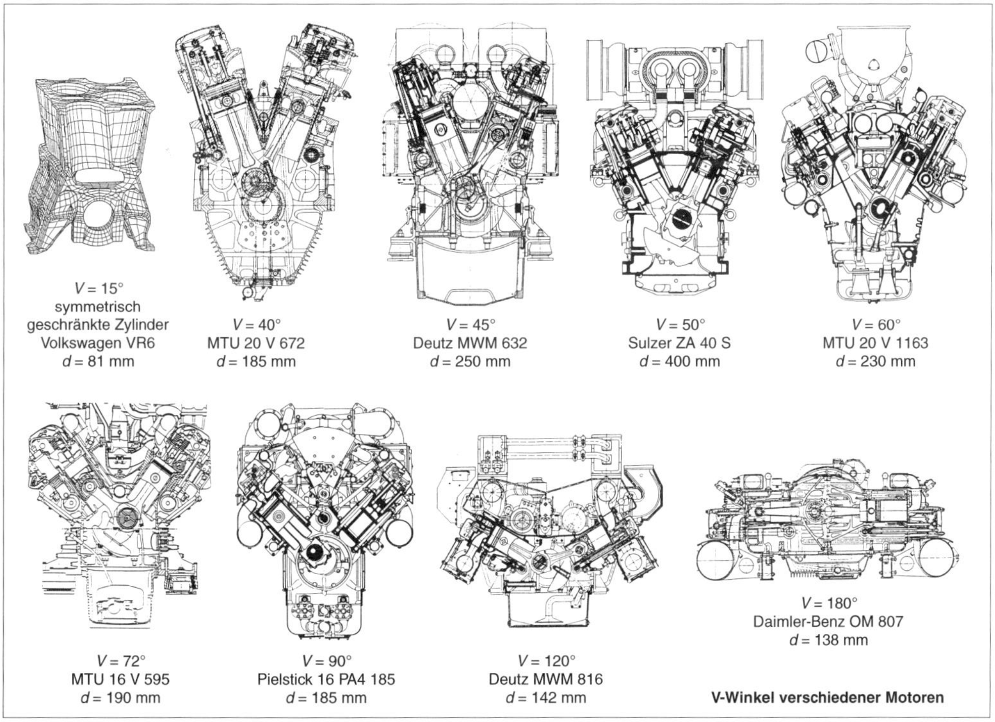

Bild 8-5 V-Winkel verschiedener Motoren (Quelle: Zima)

von 90° (zum Beispiel Audi, Deutz, DaimlerChrysler), 60° (Ford) und sogar 54° (Opel) gebaut, was einen Kröpfungsversatz von insgesamt 30°, 60° beziehungsweise 66° erfordert.

VR-Motoren

Die Baulänge von Reihenmotoren lässt sich verkürzen, wenn man die Zylinder in der Kurbelkreisebene „auseinanderrückt" und dann in Kurbelwellenrichtung „zusammendrückt". Man erhält einen V-Motor mit sehr kleinem V-Winkel, **Bild 8-6**. VW entwickelte für den Quereinbau eines Sechzylinder-Motors in einen Pkw einen VR6-Motor mit einem V-Winkel von 15°. Der Freigang des Triebwerks wurde durch Auseinanderrücken der Zylinderreihen (bei gleichbleibendem V-Winkel) erreicht so dass sich die Zylinderachsen nicht in Kurbelwellenmitte, sondern darunter schneiden (geschränkter Kurbeltrieb). Die Vorteile sind: Kurze Motorlänge durch dichtere Packung der Zylinder, kleine Motormasse, nur ein Zylinderkopf und geringe freie Massenwirkungen. Nachteile ergeben sich durch unterschiedliche Längen für die Ansaug- und Auspuffwege, durch ungleiche Kerzenlagen der beiden Zylinderreihen und durch verschiedene Feuersteghöhen infolge des Schräganschnitts der Kolben sowie weniger günstige Verhältnisse für Ladungswechsel, Verbrennung und Schadstoffemission.

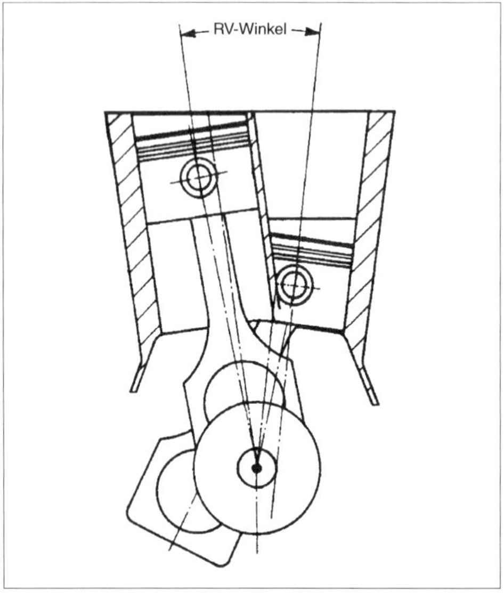

Bild 8-6 RV Anordnung

W-Motoren

Bei W-Motoren arbeiten drei Zylinderreihen auf eine gemeinsame Kurbelwelle. Wobei die einzelnen Zylinderreihen in Längsrichtung gegeneinander versetzt

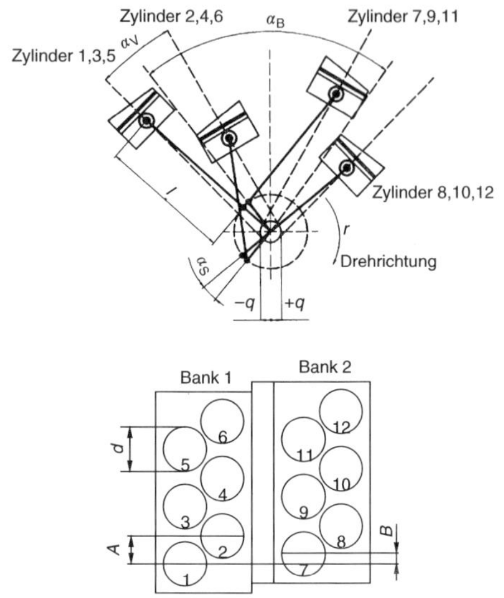

Bankwinkel	α_B	∢	72°
V-Winkel	α_V	∢	15°
Splitpin-Winkel	α_S	∢	12°
Zylinderabstand	A	mm	65
Bankversatz	B	mm	13
Schränkung	q	mm	±12,5
Pleuellänge	l	mm	168,5
Kurbelradius	r	mm	44,95
Bohrung	d	mm	84
effektiver Hub	s	mm	90,168

Bild 8-7 VW-12 Zylinder W-Motor

sein können, was Vorteile bezüglich Baulänge ergibt. Aktuelles Beispiel ist der VW W12-6 Liter Motor, der eine Kombination aus zwei V6-Motoren mit einem Bankeinkel von 72°, einem V-Winkel von 15° und einer gemeinsamen Kurbelwelle darstellt, **Bild 8-7**.

Es gibt noch eine Reihe weiterer Motorbauarten wie zum Beispiel Doppelkolbenmotor, Gegenkolbenmotor, Sternmotor, X-Motoren, auf die jedoch in diesem Zusammenhang nicht weiter eingegangen werden kann.

8.1.2 Unterscheidungsmerkmale von Motorkonzepten bezüglich des Grundmotors

a) Lage der Kurbelwelle

Pkw-Motoren haben in den meisten Fällen unten liegende Kurbelwellen. In Sonderfällen, zum Beispiel zum Antrieb von Stromerzeugern oder auch für besondere militärische Anwendungen, sind auch Motoren mit stehender Kurbelwelle gebaut worden. Moderne Pkw-Motoren haben ausschließlich liegende Kurbelwellen.

b) Lage der Zylinder

Bei den meisten Motoren sind die Zylinder stehend, können auch leicht geneigt angeordnet sein, **Bild 8-8**.

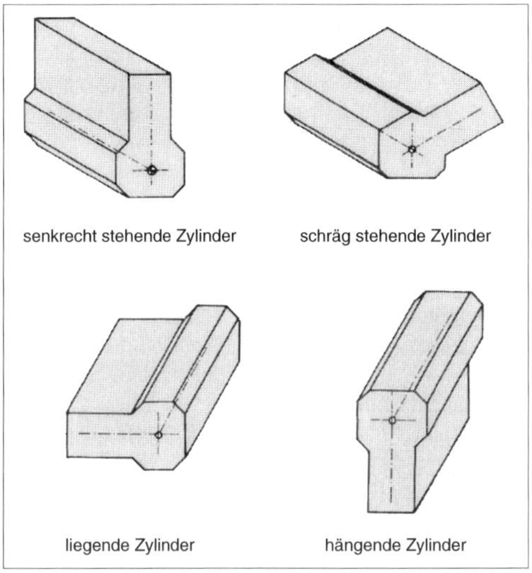

Bild 8-8 Lage Zylinder senkrecht und schräg stehende, liegende, hängende

Die Neigung ist meist bedingt durch die Einbausituation und Bauraumverhältnisse des Fahrzeuges. Die Kolben arbeiten auf die liegende Kurbelwelle.
Dreht man das Kurbelgehäuse um die Kurbelwelle, dann erhält man:

- **Motor mit hängenden Zylindern,** der nur im Flugzeugbau eingesetzt wurde.
- Motor mit liegenden Zylindern (Unterflurmotoren). Der Einsatz mit liegenden Zylindern erfolgt aus Packaginggründen, wenn geringe Einbauhöhen gefordert werden. Der Motor ist um 90° gedreht (liegend einbaut) oder aber als V-Motor mit einem V-Winkel von 180° (Boxer-Motor).
- **Motor mit stehenden Zylindern** (auch manchmal um einige Grad geneigt). Steuerung und Triebwerk sind gut zugänglich. Das Motoröl sammelt sich im tiefsten Bereich der Ölwanne und kann von dort angesaugt und wieder in den Kreislauf gefördert werden. Da man bei modernen Pkw die Höhe des Motorraumes in Hinblick auf den Luftwiderstandsbeiwert (c_w-Wert) niedrig halten will, werden Pkw-Reihenmotoren in vielen Fällen schräg eingebaut.

c) Zylinderanordnung

Die Anordnung der Zylinder, **Bild 8-9**, erfolgt in Hinblick auf geringen Raumbedarf, niedrige Leistungsmasse (m_{Motor}/P) und dynamisches Verhalten (Massenkräfte), wobei es viele Kombinationsmöglichkeiten gibt.
Wirken die Zylinder konzentrisch auf eine Kurbelkröpfung, erhält man Sternmotoren. Zylinderreihen im Polygon mit mehreren Kurbelwellen ergeben Mehrwellenmotoren. Durch Zusammenfassen von mehreren Reihenmotoren kommt man zu V-, W- und X-Motoren mit einer Kurbelwelle sowie zu Doppel- und H-Motoren mit zwei Kurbelwellen, durch Zusammenfassung von zwei oder mehr „Sternen" zu Doppel- und Mehrsternmotoren wie auch Sternreihenmotoren. Gesichtspunkte für die Anordnung der Zylinder sind:

- Die Einbauverhältnisse und das Package begrenzen die Motorabmessungen. Bei Quereinbau des Motors in Pkw ist es die Länge, bei Unterflurmotoren ist es die Höhe und bei Flugzeugmotoren wegen des Luftwiderstands ist es die Stirnfläche.
- Die Empfindlichkeit von Kurbelwellen gegen Drehschwingungen, die mit der Kröpfungszahl zunimmt. Daher sind Reihenmotoren mit mehr als 6-Zylindern nicht üblich.

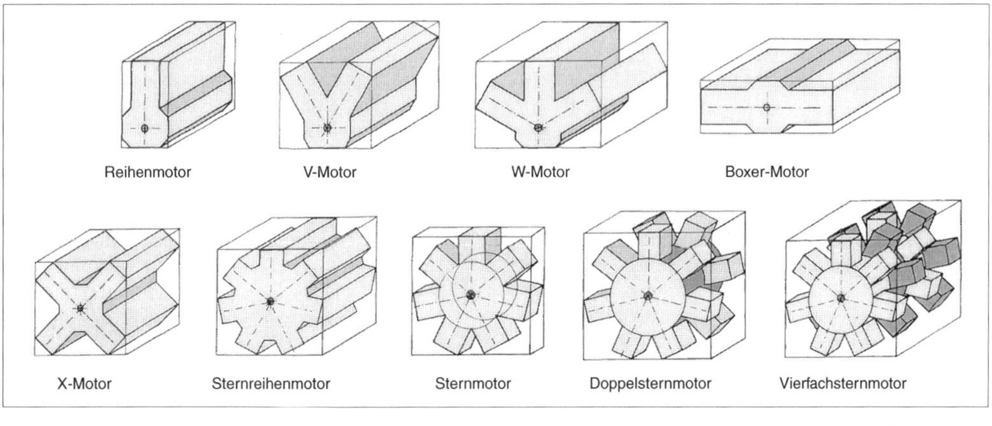

Bild 8-9 Zylinderanordnung 1 (Quelle: Zima)

d) Zylinderzahl

Die Grundform des Motors ist der Einzylindermotor. In Hinblick auf Leistung, Drehmoment, Gleichförmigkeit von Drehmoment und Drehzahl sind Pkw-Motoren ausschließlich mit mehreren Zylindern ausgeführt. Nach oben begrenzt wird die Zylinderzahl zum Beispiel durch das Einsatzgebiet, dem zur Verfügung stehenden Bauraum, der Motormasse, den Herstellkosten, dem Aufwand für die Instandhaltung und dem Drehschwingungsverhalten des Triebwerks. Pkw-Fahrzeugmotoren haben heute drei bis zu achtzehn Zylinder, Motorräder ein bis vier und Nutzfahrzeugmotoren vier bis zwölf Zylinder.
Ein weiteres wesentliches Merkmal eines Motorkonzeptes stellt die auf Basis von grundsätzlich festgelegten Parametern wie beispielsweise Hub und Bohrung, abzuleitende Baureihe dar. Der Grundmotor ist so ausgelegt, dass durch „Anfügen" weiterer Zylinder unter Beibehaltung zum Beispiel der Parameter Hub und Bohrung die Zylinderzahl und damit Leistung und Drehmoment den Fahrzeugerfordernissen angepasst werden.

8.1.3 Weitere Konzeptkriterien

Die bisherigen Betrachtungen bezogen sich überwiegend auf den mechanischen Aufbau des Grundmotors. Man kann jedoch noch eine ganze Reihe weiterer konzeptbeeinflussender Kriterien darstellen, was jedoch den Umfang dieses Beitrages sprengen würde. Daher sind im Weiteren nur einige ausgewählte Beispiele aufgelistet. Weitere Beurteilungskriterien, die in die Konzeptfindung mit einbezogen werden (Details zu den einzelnen Elementen sind in den entsprechenden Kapiteln zu finden.) sind zum Beispiel:

- Art der Kühlung, wobei unterschieden wird zwischen der Flüssigkeitskühlung und der Luftkühlung. Der überwiegende Anteil heute in Pkw eingesetzten Motoren ist flüssigkeitsgekühlt, da die Kühlwirkung im Vergleich zur Luftkühlung wirkungsvoller ist und keine Geräusche durch das Gebläse zur Luftförderung auftreten.
- Gemischbildungs- und Verbrennungsverfahren (heterogene Gemischbildung im Dieselmotor und daraus abgeleitete Verbrennungsverfahren, Innere (inhomogene-/homogene-/geschichtete-) und äußere Gemischbildung im Ottomotor.
- Art der Lufteinbringung wie Saugmotor und aufgeladener Motor
- Art der Zündung wie Selbstzündung (Diesel) und Zündungseinleitung durch externe Energiezufuhr (Otto)
- Arbeitsverfahren 2-Takt und 4-Takt, wobei heute für Pkw-Motoren ausschließlich 4-Takt-Motoren Verwendung finden.

Innerhalb einer Motorgrundkonzeption lassen sich weitere Unterteilungen ableiten, die konzeptrelevant sind. Als Beispiel seien hier die vielfältigen Bau- und Wirkungsweisen der Ventilsteuerung genannt – von der festen Zuordnung der Steuerzeiten über alle Last- und Drehzahlbereiche des Motors bis zur voll variablen Ventilsteuerung, bei der Ventilhub, Ventilsteuerzeit und Öffnungsdauer der Ventile frei wählbar sind. Andere Beispiele sind die Vielfalt der Kurbelgehäuse- und Zylinderkopfbauarten sowie die Ölversorgung. Auch hier sei auf die entsprechenden Kapitel hingewiesen.

8.1.4 Konzepte der Anordnung des Aggregates im Fahrzeug

Motor- und Fahrzeugkonzept müssen aufeinander abgestimmt sein, so dass mit der gewählten Motorisierung im entsprechenden Fahrzeug die geforderten Fahreigenschaften realisiert werden können. Weiterhin besteht eine enge Wechselwirkung zwischen Motor- und Antriebsstrangkonzept, zum Beispiel der Anordnung des Getriebes. Für die Einbindung des Motors in ein Gesamtfahrzeugkonzept stehen folgende Punkte im Vordergrund der Betrachtung:

- **Anordnung der Zylinder** und damit die Bauart des Motors, wie zum Beispiel Reihenmotor, V-Motor, W-Motor, Boxermotor wobei die Anordnung durch eine Reihe von Kriterien wie zum Beispiel verfügbarer Bauraum, geforderte Motorleistung, Anordnung im Fahrzeug bestimmt ist. Damit sind aber auch wesentliche Hauptabmessungen des Grundmotors, welche den Hubraum definieren, die Lage der Kurbelwelle, Abmessungen der Nebenaggregate, Motorlagerung, Schwingungsverhalten etc. als Einflussgrößen auf das Motorkonzept gegeben.
- **Anordnung des Aggregates im Fahrzeug**. Man unterscheidet hierbei den Längs- und Quereinbau. Die Variante von Längs- und Quereinbau kann mit der Lage des Motors im Fahrzeug kombiniert werden als Front-, Mittel-, oder Heckmotor. Diese Anordnungen können wiederum konventionell oder als Unterflurmotor erfolgen. Die Fahrzeuganforderungen bestimmen weitestgehend die Anordnung des Aggregates. Die Forderung nach zum Beispiel geringer Fahrzeuglänge und damit beschränkten Motorraumabmessungen haben dazu geführt, dass zum Beispiel 6-Zylinder-Reihenmotoren weitestgehend durch 6-Zylinder-V-Motoren ersetzt wurden. 4-Zylinder-Reihenmotoren werden häufig quer eingebaut, weil diese Kombination mit dem Getriebe eine relativ geringe Länge des Aggregates ergibt. Für die Unterflur-Anordnung des Aggregates haben sich daher auch nur quer eingebaute Motoren durchgesetzt. Die wesentlichen Vor- und Nachteile der einzelnen Varianten sind:
  - **Frontmotor/Quereinbau:** Vorteilen wie zum Beispiel Kompakte Abmessungen, geringe Länge des Vorderwagens und kurze Leitungs-

längen stehen höhere Aufwendungen für die Motorlagerung und die verfügbare Breite zwischen den Längsträgern gegenüber. Diese Anordnung ist besonders geeignet für Reihenmotoren mit drei und vier Zylindern, RV- und V6-Motoren. Der Einsatz als Unterflurmotor beschränkt sich lediglich auf 3- und 4-Zylinder-Reihenmotoren.

- **Frontmotor/Längseinbau:** Diese Bauweise ist für fast alle Motoren realisierbar. Insbesondere sind lange Motoren möglich zum Beispiel V12-Motoren (zwei Bänke mit je 6 Zylindern). Nachteilig kann die größere Vorderwagenlänge und die Breite des Getriebetunnels sein.
- **Mittelmotor/Quereinbau:** Diese Variante eignet sich vornehmlich für 3- bis 5-Zylinder-Reihenmotoren. Neben einer geringen Länge des Vorderwagens ist die gute Achslastverteilung hervorzuheben. Problematisch ist die Breite der hinteren Längsträger und die Tatsache, dass ein Allradantrieb nicht möglich ist. Außerdem eignen sich Mittelmotoren grundsätzlich nur für 2-sitzige Fahrzeuge (Roadster).
- **Mittelmotor/Längseinbau:** Grundsätzlich ist der Mittelmotor-Längseinbau für alle Motorbauarten vom 3-Zylinder Reihenmotor über die V-Motoren bis hin zum Boxer-Motor geeignet. Ansonsten gelten die gleichen Vor- und Nachteile wie beim Mittelmotor mit Quereinbau.
- **Heckmotor/Quereinbau:** Die Vorteile dieser Bauweise sind eine gute Traktion und bei der Unterflurvariante ist ein sehr kompaktes Fahrzeug möglich. Nachteile sind die erforderliche Breite zwischen den hinteren Längsträgern sowie Einschränkungen in der Zugänglichkeit von Innenraum und Stauraum. Die Unterflurvariante ist nur für 3- und 4-Zylinder-Motoren geeignet, während die konventionelle Variante auch noch für V-Motoren Verwendung findet.
- **Heckmotor/Längseinbau:** Neben einer sehr guten Traktion sind als Vorteile eine optimale Gewichtsverteilung beim Bremsen, Raumausnutzung (Ablage, Gepäck) über dem Motor möglich. Nachteilig sind die Baulänge von Motor und Getriebe mit langem Überhang hinten, der hohe Aufwand bei der Leitungsverlegung und eine ungünstige Achslastverteilung, die sich negativ auf das Fahrverhalten auswirken kann. Geeignet sind Motoren in Reihen- und V-Bauweise einschließlich Boxermotoren.

Weiterhin spielt bei der Motorkonzeption für ein bestimmtes Fahrzeug das Antriebskonzept eine Rolle, wobei unterschieden wird zwischen Front-, Heck- und Allradantrieb sowie das Antriebsstrangkonzept, welches die Anordnung von Getriebe, Achsgetriebe, Gelenkwellen etc. betrachtet, eine entscheidende Rolle.

8.2 Aktuelle Motoren

V6-Dieselmotor von Mercedes-Benz

Diese V6-Variante ersetzt alle 5- und 6-Zylinder-Reihenmotoren in den Fahrzeugbaureihen. Die wesentlichen motorischen Hauptkenndaten zeigt **Bild 8-10**.

Zylinderzahl/ -Anordnung	–	V6
Bankwinkel	Grad	72
Ventile/Zylinder	–	4
Hubraum	cm^3	2.987
Bohrung	mm	83
Hub	mm	92
Zylinderabstand	mm	106
Verdichtung	–	18
Pleuellänge	mm	163
Nennleistung bei Drehzahl	kW/min^{-1}	165/3.800 beziehungsweise 173/3.600
Nenndrehmoment bei Drehzahl	Nm/min^{-1}	510/1.600–2.800 beziehungsweise 540/1.600–2.400
Motormasse	kg	208

Bild 8-10 Technische Daten des Motors OM 642

Der gewählte Bankwinkel von 72° stellt einen Kompromiss zwischen Bauraumbedarf und Triebwerksauslegung dar. Das 41 kg „leichte" Kurbelgehäuse hat eingegossene Graugussbuchsen und wird im Schwerkraftguss-Verfahren mit Sandkernen aus AlSi6Cu hergestellt. Die gesenkgeschmiedete, vierfach gelagerte Kurbelwelle ist aus Vergütungsstahl 42CrMo4, die gewichtsoptimierten Pleuel sind aus dem neuen Werkstoff 70MnVs4 hergestellt.
Als Einspritzsystem kommt die dritte Generation der Common-Rail-Technik, mit Piezo-Aktormodul zum Einsatz, mit der bis zu fünf Einspritzungen realisierbar sind. Die verwendete Einspritzdüse ist eine Achtlochdüse.
Der Motor verfügt über ein elektrisch betätigtes AGR Ventil, welches das gekühlte Abgas zur Einleitstelle in die Ladeluftführung leitet. Zu den Verteilermodulen der Ladeluft gehört eine elektrisch zu betätigende Einlasskanalabschaltung zur gezielten Drallsteuerung.
Bezüglich einer NVH-Minimierung wurden Maßnahmen ergriffen wie zum Beispiel sehr steif konstruiertes Aluminium-Kurbelgehäuse, eine im V angeordnete Ausgleichswelle, Zylinderkopfhaube mit integrierter Nockenwellenlagerung, akustische Maßnahmen bezüglich Luftführung, Kettenführung, Motorabdeckung mit Schaumbelegung etc.

Für die Abgasnachbehandlung stehen zwei Oxidationskatalysatoren als motornaher Katalysator und als Hauptkatalysator sowie länderspezifisch ein Partikelfilter (ohne Additivierung) zur Verfügung.

Literatur

Doll, G.; Fausten, H.; Noell, R.; Schommers, J.; Sprengel, C.; Werner, P.: Der neue V6-Dieselmotor von Mercedes-Benz, MTZ 09/2005 Jahrgang 66

4,0 Liter V8-Dieselmotor von Mercedes-Benz

Die Zielsetzungen bei der Entwicklung des Motors waren neben der Steigerung von Leistung und Drehmoment die Erfüllung der Abgasvorschrift Euro 4, der Serieneinsatz eines Partikelfilters ohne Verwendung von Zusätzen, die Senkung des Kraftstoffverbrauchs und bessere NVH-Eigenschaften gegenüber dem Vorgänger. Die Motorischen Kennwerte zeigt **Bild 8-11**.

Zylinderzahl/Bauart	–	V8
Bankwinkel	Grad	75
Ventile/Zylinder	–	4
Hubraum	cm^3	3.996
Bohrung	mm	86
Hub	mm	86
Zylinderabstand	mm	97
Verdichtung	–	17
Motormasse	kg	253
Nennleistung bei Drehzahl	kW bei min^{-1}	231/3.600
Nenndrehmoment bei Drehzahl	Nm bei min^{-1}	730/2.200
Abgasstufe	–	Euro 4

Bild 8-11 Motorische Kennwerte des 4,0 Liter V8-Dieselmotors

Gegenüber dem Vorgängermodell konnte durch Entdrosselung eine deutliche Absenkung des Druckverlustes erreicht werden. Der Verlauf des Drehmomentes im unteren Drehzahlbereich konnte durch ein Vorvolumen vor dem Eintritt in den Verdichter des Abgasturboladers verbessert werden. Die Stellung der Leitschaufeln erfolgt durch einen elektrischen Stellmotor, mit dem eine schnelle Positionierung sowie eine hohe Positionsgenauigkeit erreicht wird.

Das Abgas wird über zwei AGR-Ventile kennfeldgeregelt zugeführt, wobei das Abgas im Warmlauf durch einen schaltbaren Bypass am AGR-Kühler vorbeigeführt wird. Der Aufbau der Abgasrückführeinheit zeigt **Bild 8-12**.

Der erhöhte Spitzendruck des Motors machte eine Anpassung des Zylinderkopfes in Richtung höherer Steifigkeit notwendig. Erreicht wurde dies unter anderem durch ein Zwischendeck im Wasserraum.

Als Einspritzanlage wird ein Common-Rail-System der dritten Generation mit Piezo-Injektoren verwendet, die bis zu fünf Einspritzungen pro Arbeitsspiel mit Siebenloch-Einspritzdüsen ermöglichen.

Besonderer Wert wurde auf eine akustische Optimierung bei geringen Drehzahlen und Lasten gelegt. Erreicht wurde dies unter anderem durch ein besonders steifes Kurbelgehäuse, größerem Hauptlagerdurchmesser, Ausgleichswelle, steifere Ausführung der Motorträger, Abdeckungen sowie Entkopplung diverser Bauteile wie zum Beispiel Kraftstoffleitungen, Ladeluftverteilerleitung.

V10-FSI-Motor von Audi

Der Aufbau des Motors erfolgte nach dem Baukastenprinzip, bei dem bewährte Bauteile aus der Audi-V-Familie übernommen wurden. Die wichtigsten technischen Daten des Motors sind dem **Bild 8-13** zu entnehmen.

Das Zylinderkurbelgehäuse ist als Bedplate Version konzipiert, wobei das Oberteil als homogener Monoblock aus AlSi17Cu4Mg und das Kokillenguss-

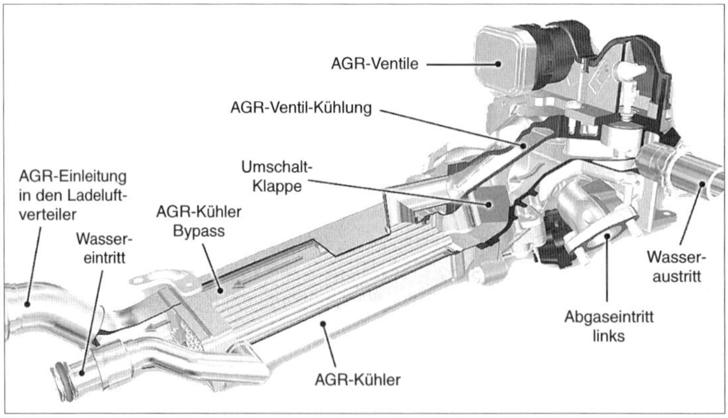

Bild 8-12 System der Abgasrückführung

Hubraum	cm^3	5204
Hub	mm	92,8
Bohrung	mm	84,5
Zylinderabstand	mm	90
Länge/Breite/Höhe	mm	685/801/713
Ventile/Zylinder	–	4
Ventildurchmesser/Hub Einlass	mm	33,85/11
Ventildurchmesser/Hub Auslass	mm	28/11
Nockenwellenverstellbereich	Grad	42
Verdichtung	–	12,5
Leistung bei Drehzahl	kW/min^{-1}	331/7.000
Drehmoment bei Drehzahl	Nm/ min^{-1}	549/3.000–4.000
Zündfolge	–	1-6-5-10-2-7-3-8-4-9
Motormasse	kg	220
Abgasnorm	–	EUIV

Bild 8-13 Technische Daten des V10-FSI-Motor von Audi

Bedplate aus AlSi12Cu1 mit eingegossenen GGG50 Einlegeteilen erstellt wurde.
Die Kurbelwelle aus 42CrMoS4 wurde als Split-Pin-Welle ausgeführt, die einen gleichmäßigen Zündabstand von 72 Grad ergibt.
Die freien Massenkräfte erster Ordnung werden durch eine mit Kurbelwellendrehzahl rotierende, gegenläufige Ausgleichswelle kompensiert.
Der Aluminium-Gusskolben hat eine Kolbenbodengeometrie, die an das Brennverfahren angepasst ist und die Ladungsbewegung entsprechend unterstützt. Die hohe thermische Belastung des Kolbens wurde über eine optimierte Kolbenkühlung aufgefangen. Der Kolben weist einen Kühlkanal (Salzkern) auf; Muldenrand und Ringnut sind entsprechend optimiert.
Die Einlasskanäle verfügen über ein Trennblech zur Tumblegenerierung.
Die gebauten hohlen Nockenwellen sind direkt im Aluminium gelagert und mit einem Leiterrahmen verschraubt.
Das Ansaugsystem ist zweiflutig ausgeführt und strömungsmechanisch optimiert, so dass ein Gesamtdruckverlust von nur 40 mbar bei einem Luftdurchsatz von 1200 kg/h erreicht wurde. Es kommt ein vierschaliges Schaltsaugrohr für zwei Längen aus Magnesium-Druckguss zum Einsatz. Die V10-typische Akustik wird mittels eines „Soundpipe“ über spezielle Membran- und Schaumabstimmungen gefiltert in den Innenraum geleitet.
Der Kraftstoff wird über zwei bedarfsgeregelte Einkolben-Hochdruckpumpen, die einen Betriebsdruck von über 100 bar erzeugen, bereitgestellt. Die Hochdruckeinspritzventile sind Einloch-Drallventile, die so angeordnet und ausgeführt sind, dass eine minimale Wandbenetzung auftritt.
Der V10-FSI-Motor erreicht spezifische Werte von 63 kW/Liter und über 100 Nm/Liter.

Literatur

Königstedt, J.; u.a.: Der neue V10-FSI-Motor von Audi, 27. Internationales Wiener Motorensymposium, Wien, 2006

1,6 Liter Turbo-Ottomotor von GM

Ein Ziel der Entwicklung war unter anderem das Erreichen hoher spezifischer Werte bezüglich Leistung von 82,5 kW/Liter und Drehmoment von über 143 Nm/Liter. Die wesentlichen Motordaten sind dem **Bild 8-14** zu entnehmen.

Hubvolumen	cm^3	1.598
Zylinderabstand	mm	86
Bohrung	mm	79
Hub	mm	81,5
Pleuelmasse	kg	480
Kolbenmasse	kg	340
Einlassventil-Durchmesser	mm	31,2
Auslassventil-Durchmesser	mm	27,5
Ventilhub E/A	mm	7,0/7,0
Verdichtung	–	8,8
Maximale Leistung bei Drehzahl	kW bei min^{-1}	132/5.500
Maximale Drehmoment bei Drehzahl	Nm bei min^{-1}	230/2.200–5.500
Motormasse	kg	131
Abgasnorm	–	Euro V

Bild 8-14 Motordaten des 1,6 Liter Turbo-Ottomotor von GM

Der Grundmotor mit seinen Geometriedaten basiert auf der Saugvariante unter Ausnutzung von Gleichteilen. Für die aufgeladene Variante wurden speziell der Öl-Wasser-Wärmetauscher sowie der Drehschwingungsdämpfer angepasst sowie die höher belasteten Bauteile entsprechend optimiert. Neu entwickelt wurden unter anderem der Einlasskrümmer, der Abgaskrümmer, welcher einen integrierten Turbolader aufweist, der Kolben, der Unterflurkatalysator sowie das Zweimassenschwungrad. **Bild 8-15** zeigt den Turbolader mit integriertem Abgaskrümmer.

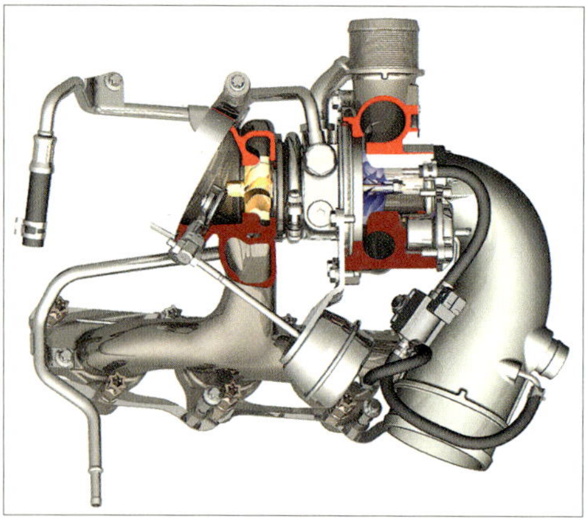

Bild 8-15 Turbolader mit integriertem Abgaskrümmer

Wesentliches Tool zum Erreichen der Entwicklungsziele war die Simulation. Neben der dreidimensionalen Strömungssimulation des Saugrohres und die damit erreichte günstige Package-Variante waren es insbesondere komplexe Simulationen im Zusammenhang mit der Auslegung des Abgaskrümmers.

2,0 Liter 4V-TDI mit Common-Rail von Volkswagen

Ziele für die Entwicklung dieses Motors auf der Basis des bisherigen 2 Liter-Aggregates waren, die Euro 5-Vorgaben sicher zu erfüllen und eine zukunftsfähige Lösung in Richtung Euro 6 zu sichern. Ausgestattet ist der Motor, der seit 2007 in Serie ist, mit einem Common-Rail-System der neuesten Generation CRS 3.2. Wesentliche Motordaten sind **Bild 8-16** zu entnehmen.

Der Motor hat 4 Ventile pro Zylinder, welche über zwei Nockenwellen angetrieben werden. Die über Rollenschlepphebel betätigten Ventile sind um das zentral sitzende Einspritzventil gruppiert. Beide Nockenwellen sind über geradverzahnte Stirnräder miteinander verbunden. Der Ventilstern ist um 90° zur Motorlängsachse gedreht.

Leistung [kW]/Drehzahl [min^{-1}]	103/4.200
Drehmoment [Nm]/Drehzahl [min^{-1}]	320/1.750–2.500
Hubraum [dm^3]	2,0
Zylinderabstand [mm]	88
Nockenwellenachsabstand	54,6
Einspritzdruck [bar]	1.800
Anzahl Ventile/Zylinder	4
Verdichtung	16,5
Abgasnorm	Euro 5
CO_2-Emission [g/km]	190

Bild 8-16 Daten des 2,0 Liter 4V-TDI

Wesentliche Änderung am Motor im Vergleich zu seinem Vorgänger ist die Umstellung auf das Common-Rail-System. Zur Bewältigung der Abgasforderungen und der Verbesserung der Akustik wurde das System auf bis zu sieben Einspritzungen pro Arbeitsspiel mit volumetrischer Zumessung und Druckregelung am Rail ausgelegt. Eingesetzt ist ein 8-Loch-Einspritzventil mit Lochdurchmessern von 0,123 mm.

Die Verbesserung bezüglich Gemischbildung resultiert auch aus einer Anpassung des Saugrohrs und einer Niedertemperatur-EGR. Drall und Massenstrom werden bei diesem Motor durch kontinuierlich verstellbare Drallklappen im Saugrohr in Abhängigkeit des Motorbetriebspunktes eingestellt. Für den Lufteinlass stehen ein Tangential- und ein Spiralkanal zur Verfügung. Der Tangentialkanal dient der Drallgenerierung, der Spiralkanal dient als Füllungskanal.

Eine Niedrigtemperatur-Abgasrückführung wird über die EGR-Kühlung mit einer Kühlleistung von bis zu 8 kW realisiert. Die dazu benötigte Kühlflüssigkeit wird über eine elektrisch betriebene Zusatzpumpe über den Haupt- und den EGR-Kühler geleitet.

Der Abgasturbolader verfügt über eine pneumatisch verstellbare Leitschaufelverstellung auf der Turbinenseite.

Um den Wandauftrag an flüssigem Kraftstoff zu reduzieren, wurde die Muldenform des Kolbens in Hinblick auf eine größere freie Strahllänge weiterentwickelt. Lokal fette Zonen sind dadurch verringert, und die Entstehung eines homogenen Gemisches wird begünstigt.

Zur Abgasnachbehandlung wird ein Katalysator und ein Partikelfilter eingesetzt. Der Katalysator ist als Metallträger konzipiert, um ein frühes Anspringen bei hohen Umsatzraten zu gewährleisten. Die Oxidationskatalysator-Funktion im Partikelfilter ist bezüglich thermischer Beständigkeit optimiert; das Filter ist mit einer Zonenbeschichtung aus Platin/Palladium versehen.

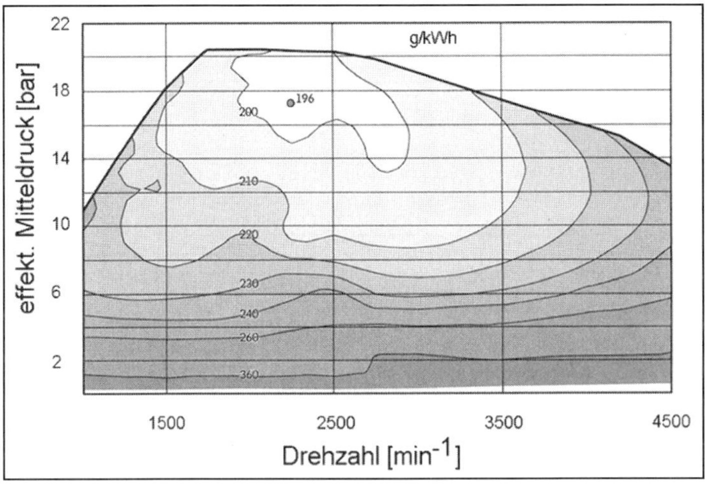

Bild 8-17 Verbrauchskennfeld des 2 Liter Common-Rail Triebwerks (Quelle MTZ)

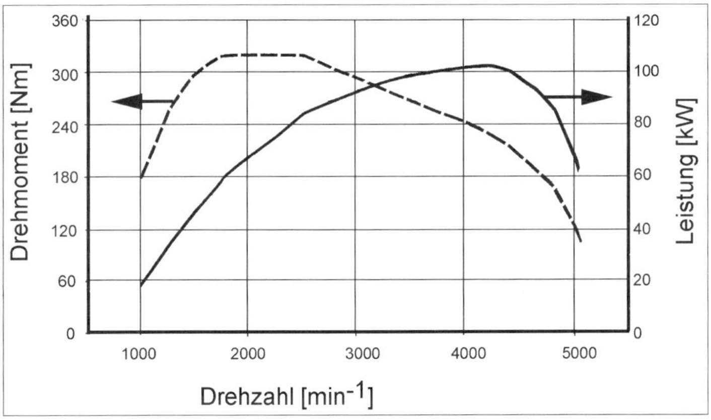

Bild 8-18 Leistungs- und Drehmomentverlauf des 2 Liter Common-Rail Triebwerks (Quelle MTZ)

Diese und andere Maßnahmen führten zu einem sehr guten spezifischen Kraftstoffverbrauch, wie **Bild 8-17** zeigt. Der Bestpunkt des Kraftstoffverbrauchs ist mit 196 g/kWh angegeben.

Die Leistungs- und Drehmomentcharakteristik zeigt **Bild 8-18**.

Literatur

[1] *Hadler J.; u.a.:* TDI-Motor mit Common-Rail Einspritzung von Volkswagen, MTZ 11/2007

6 Liter V12- TDI-Motor von Audi

Der laut Audi leistungsstärkste Dieselmotor in einem Pkw, seit 2008 in Serie, liefert aus circa 6 Liter Hubraum 1.000 Nm Drehmoment und 368 kW Leistung bei einem Kraftstoffverbrauch im MVEG-Test von 11,3 Liter/100 km.

Einige wesentliche Daten des Motors sind in **Bild 8-19** dargestellt.

Der Zylinderwinkel beträgt 60 Grad. Durch den mehrstufigen, getriebeseitig angeordneten Kettentrieb konnte eine kurze Baulänge von nur 689 mm erreicht werden. Das Kurbelgehäuse ist auf Mitte der Kurbelwelle geteilt. Die Lagerdeckel, aus Späroguss (GJS-600), sind zu einem Leiterrahmen miteinander verbunden. Für das Kurbelgehäuse wurde der Werkstoff Vermikulargraphitguss (GJV-450) gewählt. Alle medienführenden Komponenten sind in das Kurbelgehäuse integriert.

Hohe Biege- und Torsionswechselfestigkeit, niedrige Belastung der Hauptlager durch Massenkräfte, geringe Reibleistung und geringe Anregung des Steuer- und Nebenaggregateantriebs waren Auslegungskriterien für die Kurbelwelle. Das wurde zum Beispiel erreicht durch einen Hauptlagerzapfendurchmesser von 65 mm, einen Hubzapfendurchmesser von 60 mm und einen Hub von 91,4 mm.

Bild 8-20 zeigt die Anordnung des Kettentriebes mit einer Verschachtelung von vier Simplex-Ketten. Die beiden Hochdruckeinspritzpumpen werden über zwei separate Triebe direkt von der Kurbelwelle angetrieben. Ein Zwischenradsatz treibt die beiden Nockenwellenräder an.

Bauart	–	V12-Motor
Zylinderwinkel	Grad	60
Hubraum	dm^3	5,934
Hub	mm	91,4
Bohrung	mm	83
Verdichtung	–	16
Zylinderabstand	mm	90
Hauptlagerdurchmesser	mm	65
Pleuellagerdurchmesser	mm	60
Pleuellänge	mm	155
Ventildurchmesser Einlass	mm	28,7
Ventildurchmesser Auslass	mm	26,8
Anzahl Ventile pro Zylinder	–	4
Zündfolge	–	1-7-5-11-3-9-6-12-2-8-4-10
Maximal Leistung bei Drehzahl	kW bei min^{-1}	368 /3.750
Max Drehmoment bei Drehzahl	Nm bei min^{-1}	1.000/1.750–3.250
Motormasse	kg	329
Motorlänge	mm	680
Maximal Ladedruck	bar	2,7
Zylinderspitzendruck	bar	165
Abgasnorm	–	Euro4
CO_2-Emission (MVEG-Test)	g/km	298
Verbrauch (MVEG-test)	l/100 km	11,3

Bild 8-19 Motordaten

Der Zylinderkopf ist dreiteilig ausgeführt. Er besteht aus dem Zylinderkopfunterteil, einem Mittelteil und einem Leiterrahmen mit vormontierten Nockenwellen. Wie bei anderen V-Motoren von Audi erfolgt die Ventilbetätigung über Rollenschlepphebel. Die Ein- und Auslassnockenwellen sind als gebaute Holwellen konzipiert.

Aus akustischen Gründen ist die AL-Zylinderkopfhaube über das Dicht- und Verschraubungskonzept vom Leiterrahmen im Zylinderkopf entkoppelt.

Niedrige NO_x-Emissionen sind mit Hilfe einer gekühlten AGR möglich, wobei der AGR-Kühler einem separaten Niedertemperatur-Kühlkreislauf angeschlossen ist. Das Abgas wird über elektrisch betätigte AGR-Ventile durch integrierte Kanäle im Kurbelgehäuse und in den Zylinderköpfen zentral dem AGR-Kühler, der im V angeordnet ist, zugeführt. Mit Hilfe von unterdruckbetätigten Klappen ist der AGR-Kühler in die Stellungen: kein Kühlbetrieb, mittlere Kühlleistung und maximale Kühlleistung schaltbar.

Der luftspaltisolierte Abgaskrümmer für jede Bank ist aus Edelstahlblech hergestellt. Zur Aufladung werden zwei Ladegruppen mit variabler Turbinengeometrie eingesetzt. Ein Strömungsgleichrichter auf der Verdichtereintrittseite und ein Strömungsdämpfer am Verdichteraustritt dienen der akustischen Optimierung. Temperatursensoren jeweils vor der Turbine verhindern eine thermische Überlastung, wobei die zulässige Grenztemperatur 830 °C beträgt .

Das Brennverfahren für den Motor ist denen des V6 und V8 ähnlich. Einer der jeweils zwei Einlasskanälen pro Zylinder ist mit Hilfe einer Klappe zur Erzeugung eines hohen Dralls stufenlos zu schließen. Die Verdichtung wurde gegenüber den bisherigen Modellen auf 16 gesenkt.

Der gegossene Aluminium-Kolben ist mit einem Ringträgerkühlkanal ausgestattet. Zum geringen Ölverbrauch tragen die Brillenhonung und die optimierte Kolbenringbestückung bei.

Kolbenmulde und Ringpartie sind in **Bild 8-21** dargestellt.

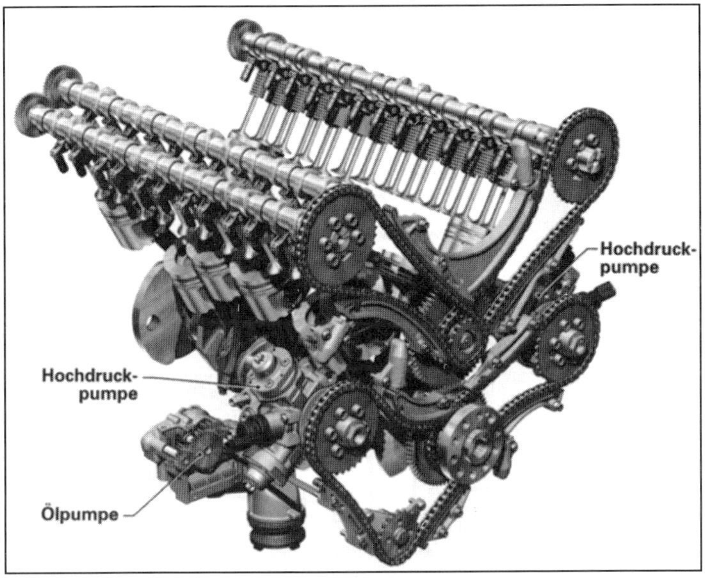

Bild 8-20 Kettentrieb (Quelle MTZ)

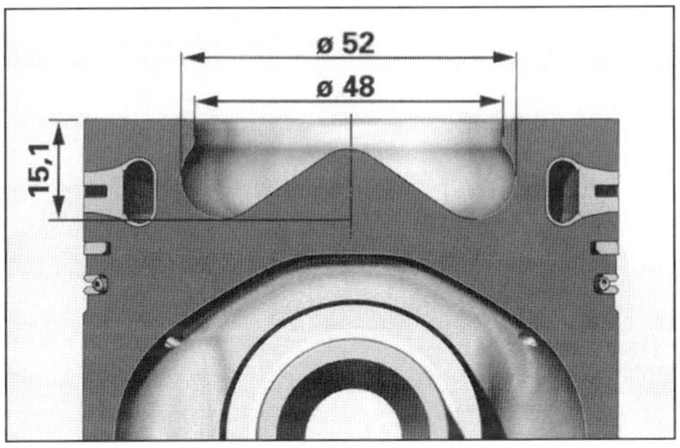

Bild 8-21 Kolben (Quelle MTZ)

Der Einspritzdruck beträgt 2000 bar und wird erreicht über eine Intankpumpe mit einem Vorförderdruck von 1,3 bar und über je eine Hochdruckpumpe pro Bank. Über eine Hochdruckleitung von 3 mm Innendurchmesser sind die Piezo-Inline-Einspritzdüsen, mit 8 konisch strömungsoptimierten Einspritzlöchern, mit dem Rail verbunden.

Zur Motorsteuerung werden zwei identische Motorsteuergeräte im Master/Slave Verbund eingesetzt. Hauptmerkmal ist ein 32-bit-Prozessor mit 150 MHz Taktfrequenz, 136 kByte internem RAM, zwei MByte internem und zwei MByte externem Flashspeicher.

Die zweiflutig ausgelegte Abgasanlage wurde im Hinblick auf geringen Abgasgegendruck und geringe Wärmeverluste konzipiert. Motornah platzierte Oxidationskatalysatoren zur schnellen Aufheizung sind mit einer Platinbeschichtung versehen. Stromab eingesetzte Partikelfilter aus SIC-Substrat sind ebenfalls katalytisch (Platin/Palladium) wirksam. Der Beladungszustand der Partikelfilter (DPF) beziehungsweise die Regeneration wird mit Hilfe von Modellen überwacht beziehungsweise eingeleitet. Zum einen ist es ein Modell, in das der gemessene Druck vor DPF eingeht, zum anderen ein Simulationsmodell, das den Rußeintrag und den Rußabbrand durch Oxidation berücksichtigt. Die auf die Modelle aufbauende Regenerationsstrategie erfolgt mit bis zu fünf kennfeldabhängigen Einspritzungen.

Das Kennfeld des spezifischen Verbrauchs zeigt **Bild 8-22**. Der Bestwert ist mit 204 g/kWh angegeben. Verbrauch, Leistung und Drehmoment bei Volllast sind in **Bild 8-23** dargestellt.

Literatur

[1] *Bach, M.; u.a.:* Der 6,0-Liter V12-DTI-Motor von Audi, Teil 1, MTZ 10/2008

[2] *Bauder, R.; u.a.:* 6,0-Liter V12-DTI-Motor von Audi, Teil 2, MTZ 11/2008

[3] *Baretzk,.U.; u.a.:* Der V12-TDI für die 24h von LeMans – Sieg einer Idee, Wiener Motorensymposium 2007

4,8 Liter V8- Ottomotor von Porsche (Turbo- und Saugmotor)

Es werden zwei Ottomotoren mit Direkteinspritzung beschrieben, welche die überwiegend gleichen Grundausstattung besitzen. Der eine Motor wird als aufgeladener Motor, der andere als Saugmotor angeboten. Beide Varianten basieren in ihrer Grundversion auf dem 4,5 Liter V8-Motor, mit einem Kurbelgehäuse aus einer übereutektischen Al–Si-Legierung, der als Closed-Deck-Bauweise ausgeführt ist. In die Zylinderköpfe (Legierung aus Al–Si–Mg–Cu) wurde die Technik für die Benzindirekteinspritzung

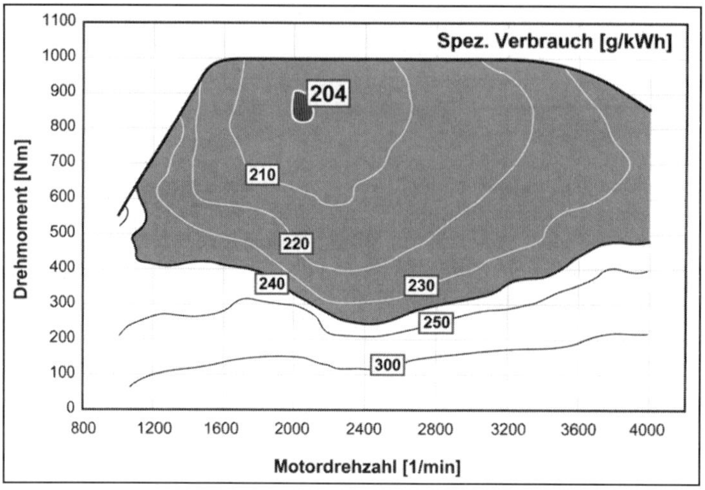

Bild 8-22 Kennfeld Kraftstoffverbrauch (Quelle MTZ)

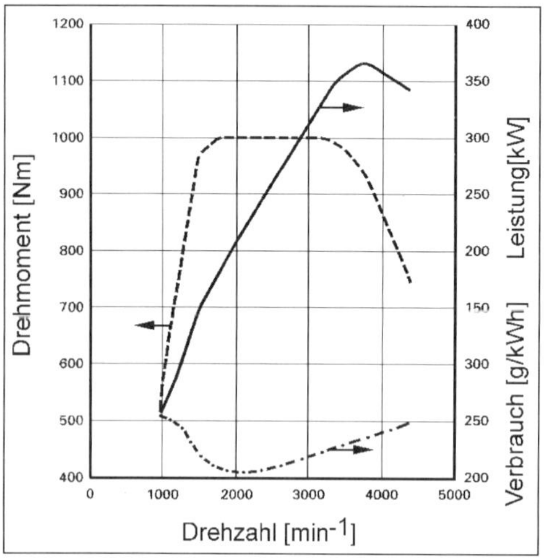

Bild 8-23 Leistungs-, Drehmoment- und Verbrauchscharakteristik bei Volllast (Quelle nach MTZ)

integriert. Aufgrund der Leichtbauentwicklung ergab sich eine Gewichtsreduzierung von circa 30 %.

Thermische Vorteile im Bezug zum Vorgängermodell brachte die Überarbeitung des Kühlkonzeptes im Bereich zwischen den Stegen beziehungsweise der Zündkerze.

Die Kurbelwelle ist aus dem Werkstoff 38MnS6BY, das geschmiedete Crack-Pleuel aus dem Werkstoff C70S6BY gefertigt. Entsprechend der gesetzlichen Forderung wurden die Pleullagerschalen auf den bleifreien Werkstoff G344 umgestellt. Die Kolben mussten auch aufgrund des geänderten Brennverfahrens neu konzipiert werden und erhielten eine Kolbenmulde zur Unterstützung der Gemischschichtung beim Kaltstart und anschließender Katalysatoraufheizphase. In dieser Phase wird die Gemischschichtung durch Einspritzen kurz vor OT in die Kompressionsphase sicher gestellt.

Die erhöhten Kurbelwellendrehschwingungen aufgrund gestiegener Gaskräfte wurden mittels eines neu konzipierten Schwingungsdämpfers als Visko-Dämpfer reduziert.

Zur Steuerung des Ladungswechsels ist ein weiterentwickeltes VarioCam-Plus-System, mit dem über 50° Kurbelwinkel kontinuierlich verstellt werden kann, eingesetzt. Unterschiedliche Ventilerhebungen, von 10 mm auf 3,6 mm in der Teillast, werden über schaltbare Tassenstößel einlassseitig erreicht.

Die bewährte Trockensumpfschmierung aus dem Vorgängermodell wurde beibehalten, wobei eine variable Ölpumpe mit volumenstrom- und druckgeregelter Stufung zum Einsatz kommt. Dies ermöglicht es, den Öldruck auf den minimal benötigten Wert in jedem Betriebspunkt abzusenken.

Der luftspaltisolierte Krümmer des Vorgängermodells wurde durch einen 4-in-2-in-1-Krümmer ersetzt. Verringerung des Druckverlustes, Strömungsgleichverteilung und Gewichtsreduktion sind weitere Entwicklungsziele gewesen, die erfüllt wurden.

Die direkte Zufuhr des Kraftstoffs in den Brennraum wird über elektromagnetisch betätigte Drallinjektoren mit einer Mengenspreizung (Leerlauf-Volllast) von über 22 realisiert. Die homogene Gemischbildung wurde durch eine saugsynchrone Einspritzung beziehungsweise Doppeleinspritzung erreicht. Das Verdichtungsverhältnis wurde gegenüber dem Vorgängermodell um eine Einheit angehoben.

Diverse Maßnahmen, wie zum Beispiel eine bedarfsgeregelte Ölpumpe, Formoptimierung des Kolbenringpaketes, DLC-beschichteter (Diamond Like Carbon) Top-Kolbenring und Tassenstößel führten zur Verringerung des Reibmitteldrucks. Der Verlauf des Reibmitteldrucks über der Drehzahl zeigt **Bild 8-24**.

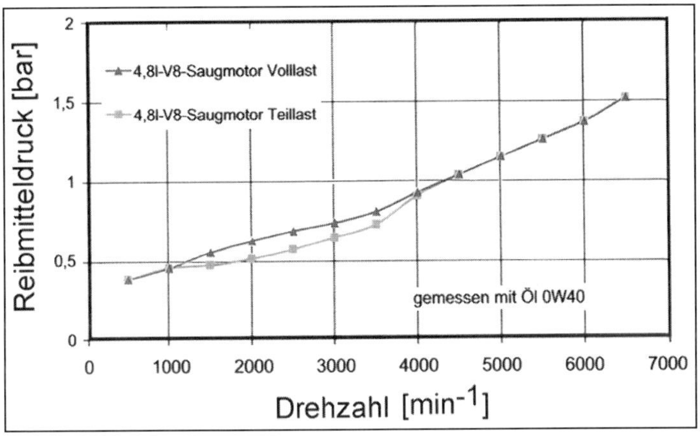

Bild 8-24 Reibmitteldruck der beiden Motorvarianten (Quelle MTZ)

Die wesentlichen Motordaten sind in **Bild 8-25** dargestellt.

Eine weitere Verbesserung der Motoreigenschaften erfolgte mittels Ladungswechseloptimierung. Für diesen Motor wurde eine variable Saugrohranlage mit schaltbarer Schwingrohrlänge entwickelt. Ladeluftkühler mit erhöhter Blocktiefe erhöhten den thermischen Wirkungsgrad und reduzierten den Druckverlust.

Das Brennverfahren ist für beide Varianten, Turbo- und Saugmotor weitgehend identisch. Der Injektor ist seitlich unterhalb des Einlasskanals angeordnet, **Bild 8-26.**

Eine Mulde in der Kolbenoberfläche dient zur Unterstützung der Gemischbildung beim Start und während der Heizphase des Katalysators. Zur Unterstützung der Gemischaufbereitung ist der Einlasskanal so gestaltet, dass eine Tumble-Generierung möglich ist.

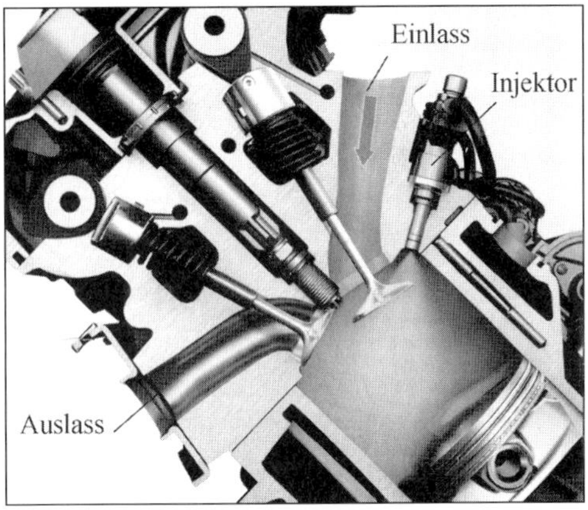

Bild 8-26 Schnitt durch den Brennraum (Quelle MTZ)

	Saugmotor	Aufgeladener Motor
Zylinderzahl	8 (V-Ausführung)	8 (V-Ausführung)
Hubvolumen [dm^3]	4,806	4,806
Hub [mm]	83	83
Bohrung [mm]	96	96
Ventilzahl pro Zylinder	4	4
Nennleistung [kW] bei Drehzahl [min^{-1}]	283/6.200	368/6.000
Maximal Drehmoment [Nm] bei Drehzahl [min^{-1}]	500/3.500	700/2.250–4.500
Verdichtungsverhältnis	12,5	10,5
Kraftstoff [ROZ]	98	98
CO_2 Emission nach NEFZ [g/km]	329–358	358
Abgasnorm	Euro 4	Euro 4
Maximal Mitteldruck [bar]	13	18,2
Maximal Einspritzdruck [bar]	120	120

Bild 8-25 Motordaten des 4,8 Liter V8-Ottomotors

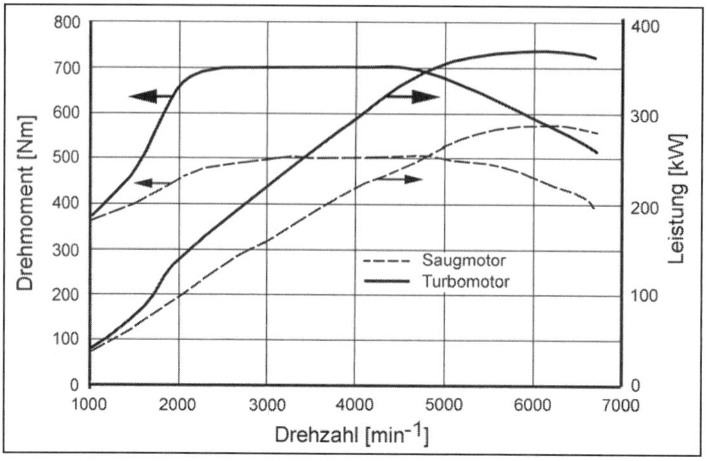

Bild 8-27 Drehmoment und Leistung (Quelle MTZ)

Die Betriebsstrategien „homogen" und „geschichtet" werden jeweils mittels des Einspritzzeitpunktes gesteuert. Bei Homogenbetrieb wird eine Einzel- beziehungsweise eine Doppeleinspritzung in den Saughub vorgenommen; bei geschichtetem Betrieb wird kurz vor dem Zünd-OT eingespritzt. Nach dem Motorstart erfolgt eine Doppeleinspritzung in den Saug- beziehungsweise Kompressionshub, was eine Möglichkeit darstellt den Katalysator schnell aufzuheizen.
Die Leistungs- und Drehmomentcharakteristik der beiden Motoren ist in **Bild 8-27** dargestellt.

Schichtbrennverfahren für Vier- und Sechszylinder-Saug-Ottomotoren von BMW

Im Gegensatz zum homogenen Gemisch, bei dem örtlich kein Gradient des Luft-Kraftstoff-Gemischs vorliegt, wird bei Verfahren mit Schichtladung eine Inhomogenität bezüglich der Zylinderladung erzeugt. Die Saugmotoren, seit 2007 in Serie, wurden mit einem strahlgeführten Brennverfahren ausgestattet, welches sowohl im europäischen Fahrzyklus als auch im realen Fahrbetrieb zur Verbrauchsreduktion beiträgt. Verwendet wurde die Direkteinspritzung der zweiten Generation, als High Precision Injection bezeichnet.
Basis der Triebwerke ist einerseits das Magnesium-Kurbelgehäuse mit Aluminium-Inserts für den Sechszylinder-Motor sowie das Aluminium-Gehäuse für den Vierzylinder-Motor.
Eine externe AGR dient der Reduzierung der NO_x-Emissionen im Schichtbetrieb.
Ein Ausschnitt der wesentlichen Motordaten für die 6- und 4-Zylinder Variante zeigt **Bild 8-28.**

Bauart	–	Reihen 6-Zylinder Motor	4-Zylinder Motor
Hub	mm	88	90
Bohrung	mm	85	84
Hubvolumen	dm^3	2,996	1,995
Verdichtung	–	12	12
Zylinderabstand	mm	91	91
Ventilzahl pro Zylinder	–	4	4
Effektive Leistung	kW	200	125
Bei Drehzahl	min^{-1}	6.700	6.700
Effektives Drehmoment	Nm	320	210
Bei Drehzahl	min^{-1}	2.750–3.000	4.250
Emissionsminderung	–	Euro 4	Euro 4
Ventiltrieb	–	Rollenschlepphebel/Doppel-VANOS	

Bild 8-28 Daten der BMW Ottomotoren mit Schichtladung (Auszug)

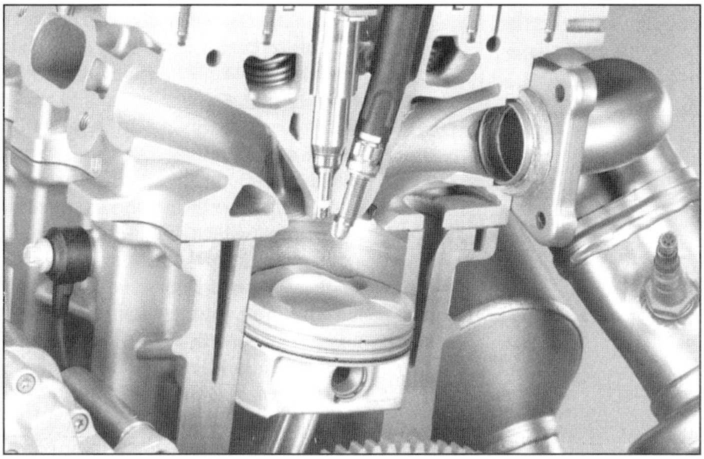

Bild 8-29 Schnitt durch den Brennraum (Quelle MTZ)

Als Einspritzanlage wird eine konventionelle Niederdruckeinheit mit einem Systemdruck von 5 bar und ein Hochdruckteil mit einen Einspritzdruck von 200 bar eingesetzt. Das Einspritzventil ist so ausgebildet, dass ein hohlkegelförmiger Einspritzstrahl entsteht. Der thermische Kompensator stellt sicher, dass bei allen Betriebstemperaturen des Injektors ein konstanter Nadelhub vorliegt. Das schnelle Öffnen und Schließen der Nadel ermöglicht unmittelbar nacheinander folgende Einspritzimpulse.

Mit leichter Neigung zur Einlassseite ist der Injektor zentral bezüglich des Brennraums angeordnet. Unmittelbar neben dem Injektor ist die leicht zur anderen Seite geneigte Zündkerze platziert. Sie erreicht mit ihren Elektroden das Rezirkulationsgebiet des Luft-Kraftstoff-Gemisches mit einer zündfähigen Zusammensetzung. Die Kolbenmulde ist so ausgeführt, dass eine Benetzung der Kolbenkrone bei der Schichtladung verhindert wird. Der Kolbenboden wird nur minimal benetzt. Dieses sind Voraussetzungen für einen Betrieb mit minimalen HC-Emissionen.

Da das vorliegende Brennverfahren keine ausgeprägte Tumbleströmung benötigt, sind die Einlasskanäle als Füllungskanäle ausgeführt.

Einen Schnitt durch den Brennraums zeigt **Bild 8-29.** Der geschichtete Betrieb lässt eine Qualitätsregelung im Teillastgebiet zu. Damit kann in weiten Bereichen der Teillast auf eine Drosselregelung verzichtet und somit die Ladungswechselverluste reduziert werden.

Besondere Aufmerksamkeit muss beim strahlgeführten Brennverfahren dem Zündsystem gewidmet werden. Da die Zündkerze am Strahlrand in Nähe des Einspritzsprays liegt, ist sie durch hohe Temperaturwechsel und Ablagerungen belastet. Daher wurde eine Gleitfunkenkerze mit hoher Selbstreinigungsfähigkeit eingesetzt.

Die Abgasnachbehandlung muss sowohl für Luft-Kraftstoff-Verhältnisse um Lambda gleich eins, als auch für magere Gemische wirkungsvoll sein. Erreicht wird dies durch einen motornahen Drei-Wege-Katalysator und zwei NO_x-Speicherkatalysatoren.

Die Betriebsstrategie sieht vor, dass nach einer Beheizung des Katalysators eine Warmlaufphase im Homogenbetrieb erfolgt. Daran schließt sich der verbrauchsminimierte Schichtbetrieb an, der weite Bereiche des europäischen Fahrzyklus umfasst. Der Schichtbetrieb wird nur kurzzeitig durch die Regeneration des NO_x-Speichers unterbrochen.

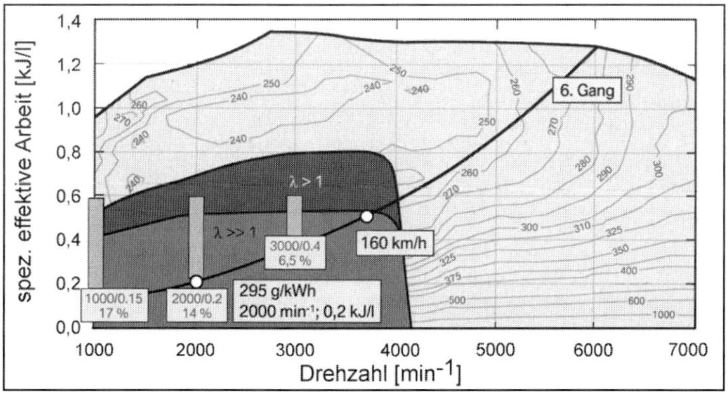

Bild 8-30 Betriebsdaten und das Verbrauchskennfeld des drei Liter Sechszylinder-Motors (Quelle MTZ)

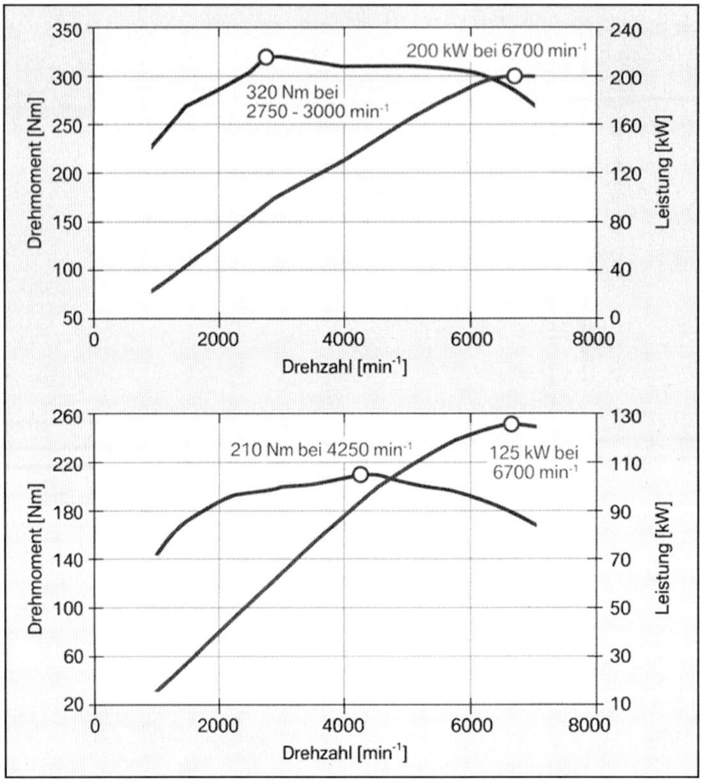

Bild 8-31 Leistungs- und Drehmomentverlauf des Sechs- und Vierzylinder Motors (Quelle MTZ)

Bild 8-30 zeigt die Betriebsdaten und das Verbrauchskennfeld des drei Liter Sechszylinder-Motors. Aus dem Bild sind deutlich die Verbrauchsvorteile in der unteren Teillast durch das Schichtladeverfahren ersichtlich. So ergibt sich bei dem Betriebspunkt 2.000 min^{-1} und einer spezifischen Arbeit von 0,2 kJ/ dm^3 ein spezifischer Verbrauch von nur 295 g/kWh. Die Leistungs- und Drehmomentcharakteristik des Sechs- und Vierzylinder-Motors zeigt **Bild 8-31**.

Literatur

[1] *Schwarz, C.; u.a.:* Die neuen Vier- und Sechszylinder-Ottomotoren von BMW mit Schichtbrennverfahren, MTZ 05/2007

Vierzylinder-Dieselmotor von Mercedes-Benz

Die zentralen Entwicklungsziele, des seit 2007 in Serie befindlichen Motors, waren:

- Verringerung des Kraftstoffverbrauchs bei besseren Fahrleistungen
- Steigerung von Drehmoment und Leistung zum Vorgängermodell
- Emissionsstufe Euro 5 und Potenzial im Hinblick auf Euro 6
- Motorkonzept geeignet für Längs- und Quereinbau
- Optimierung und Standardisierung von Baugruppen.

Ausgehend von einer Grundkonzeption soll der Motor abhängig von Anforderungen mit Zusatzmodulen erweiterbar sein. Ein Merkmal des Grundmotors ist die Anordnung des Nockenwellenantriebs auf der Getriebeseite, was aus Packagegründen notwendig war, **Bild 8-32.**

Der Nockenwellenantrieb ist eine Kombination aus Zahnrad und Kettentrieb. Das führt zu kurzer Motorlänge.

Eine tiefe Anbindung der Zylinderkopfschrauben und die damit einhergehende Formstabilität der Laufbuchse reduziert die Tangentialkraft der Ringbestückung mit positiven Auswirkungen auf die Reibleistung. Weitere vorteilhafte Ausprägungen sind: Optimierung des Ölkreislaufs im Hinblick auf eine bedarfsgerechte Regelung des Fördervolumens und eine schaltbare Kolbenkühlung.

Die Hauptkenndaten des Motors sind in **8-33** dargestellt.

Der Motor ist ausgestattet mit einer zweistufigen Aufladung, einem Hochdruck- und einem Niederdruck-Abgasturbolader. Im Verdichter-Bypass ist eine schaltbare Klappe angeordnet, die im Hochleistungsbereich einen parallelen Luftpfad öffnet. Damit werden Druckverluste reduziert und es wird eine Überlastung des Hochdruckladers vermieden. Ein Luft-Luft-Ladeluftkühler mit hoher Kühlleistung ist

Bild 8-32 Nockenwellenantrieb beim Vierzylinder-Dieselmotor

notwendige Voraussetzung für die geforderte spezifische Motorleistung.

Der Motor verfügt über eine gekühlte AGR, wobei das rückgeführte Abgas über einen AGR-Vorkühler und einen AGR-Hauptkühler gekühlt wird. Das Abgas kann sowohl gekühlt oder auch ungekühlt über einen Bypass dem Luftstrom in den Motor zugeführt werden.

Die wesentlichen Merkmale des Einspritzsystems sind:

- Common-Rail-System mit 2.000 bar Einspritzdruck
- Bis zu fünf Einspritzvorgänge pro Gesamteinspritzung.

Der Einsatz einer sauggedrosselten Hochdruckpumpe hält den Wärmeeintrag in den Kraftstoff gering, so dass auf eine Kraftstoffkühlung verzichtet werden kann. Bei einem erstmals eingesetzten, direktbetätigten Piezoinjektor, ist eine direkte Ventilnadelsteuerung realisiert. Vorteile gegenüber einem Servoinjektor liegen zum Beispiel in einem höheren realisierbaren Kraftstoffvolumen und darin, dass das System leckagefrei ist. Insgesamt führt dies zu einer besseren Regelbarkeit bei der Mehrfacheinspritzung und zu einer vom Raildruck unabhängigen Einspritzrate.

Der Motor erfüllt die ab September 2009 geltende Abgasnorm Euro 5. Die Grenzwerte werden ohne eine aktive NO_x-Abgasnachbehandlung eingehalten.

Bauart	–	Reihen-Vierzylinder
Ventilzahl pro Zylinder	–	4
Hubraum	cm^3	2.143
Zylinderabstand	mm	94
Hub	mm	99
Bohrung	mm	83
Pleuellänge	mm	143,55
Maximal Spitzendruck	bar	200
Aufladegrad	bar	3
Stegbreite	mm	11
Ventilwinkel	Grad	6
Nennleistung bei Drehzahl	kW bei min^{-1}	150 bei 4.200
Maximal Drehmoment bei Drehzahl	Nm bei min^{-1}	500 bei 1.600–1.800
Verdichtungsverhältnis	–	16,2
Maximal effektiver Mitteldruck	bar	29,33
Abgasnorm	–	EU5
Literleistung	kW/Liter	70

Bild 8-33 Kenndaten des Motors

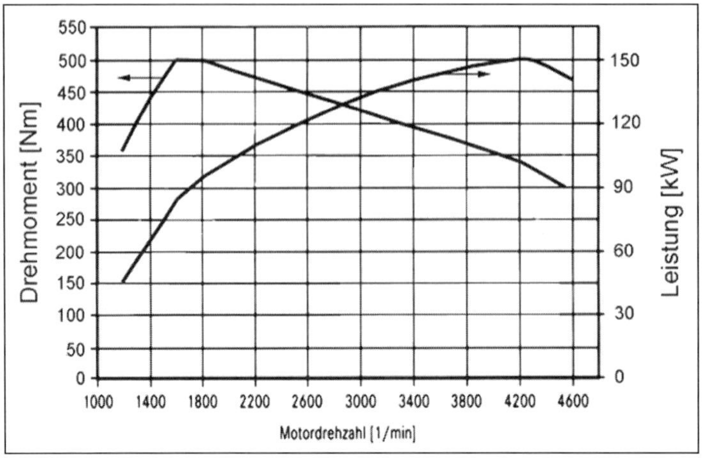

Bild 8-34 Leistungs- und Drehmomentcharakteristik des Vierzylinder-Dieselmotors

Ein Ziel des angewandten Thermomanagements ist die Kühlmittelbewegung zu verhindern, um eine möglichst schnelle Aufheizung des Brennraums nach einem Kaltstart zu erreichen. Damit lassen sich die Rohemissionen von CO und HC senken.

Die Regelung der Kühlmitteltemperatur im Rahmen des Wärmemanagements auf Werte bis 70 °C, reduziert ebenfalls die NO_x-Emission.

In Kombination mit dem Fahrzeug C250 CDI beträgt der Kraftstoffverbrauch des Motors im NEFZ 5,2 Liter pro 100 km. Den Verlauf von Leistung und Drehmoment über der Drehzahl zeigt **Bild 8-34**.

Literatur

[1] *Schommers, J.; u.a.:* Der neue Vierzylinder-Dieselmotor für Pkw von Mercedes-Benz, MTZ 12/2008

[2] *Schommers, J.; u.a.:* Der neue 4-Zylinder Pkw-Dieselmotor von Mercedes-Benz für weltweiten Einsatz, 17. Aachener Kolloquium, 20008, Aachen

Ottomotoren mit Direkteinspritzung und Doppelaufladung von VW

Der Turbo-Spark Ignition (TSI) hat eine Leistung von 125 kW bei einem Hubvolumen von 1,4 Liter. Er stellt eine Kombination aus Direkteinspritzung, Downsizing und Doppelaufladung dar. Die wichtigsten Motordaten sind in **Bild 8-35** enthalten.

Zylinderzahl [–]	4
Zylinderabstand [mm]	82
Hubraum [dm^3]	1,39
Hub [mm]	75,6
Bohrung [mm]	76,5
Verdichtung	10
Leistung bei Drehzahl [kW/min^{-1}]	125/6.600
Drehmoment [Nm/min^{-1}]	240/1.750
Maximal Ladedruck [bar absolut]	2,5
Maximal effektiver Mitteldruck [bar]	21,6
Kraftstoffverbrauch [l/100 km]	7,2

Bild 8-35 Kenndaten des Motors

Das hohe Drehmoment bei niedrigen Drehzahlen und der Drehmomentverlauf über der Drehzahl sind wesentlich durch den Einsatz von zwei Aufladesystemen bestimmt: Eine mechanische Aufladung und eine Abgasturboaufladung. Der Abgasturbolader, der auf bestmöglichen Wirkungsgrad ausgelegt ist, stellt alleine bei niedrigen Abgasdurchsätzen den nötigen Ladedruck nicht zur Verfügung. Dabei kann der Kompressor für die mechanische Aufladung mittels einer Magnetkupplung zugeschaltet werden. Ab einer bestimmten Drehmomentanforderung ist er permanent im Einsatz, bei circa 3.500 min^{-1} wird er abgeschaltet. Der Kompressor, der als Rootsgebläse konzipiert ist, verfügt über eine interne Übersetzungsstufe. Die Gesamtübersetzung bezogen auf die Kurbelwelle beträgt $i = 0{,}2$.

Den Betriebsbereich des Kompressors zeigt **Bild 8-36.**

Angetrieben wird der Kompressor über einen fünfrilligen Keilrippenriemen von der Wasserpumpe aus. Die Geräuschdämpfung des Kompressorsystems erfolgt neben einer Akustikoptimierung der Kompressormechanik auch durch eine Reduktion der Luftpulsation sowie spezielle Breitbanddruckdämpfer am Ein- und Austritt. Kompressor und Dämpfer sind zusätzlich gekapselt.

Die Gaswege von Luft und Abgas sind schematisch in **Bild 8-37** dargestellt.

Da zur Reduktion der thermischen Belastung auf eine Anfettung zugunsten eines niedrigen Kraftstoffverbrauchs verzichtet wurde, ist die Turbinenseite des Laders Temperaturen bis 1.050 °C ausgesetzt. Dies bedeutet eine entsprechende Anpassung der Werk-

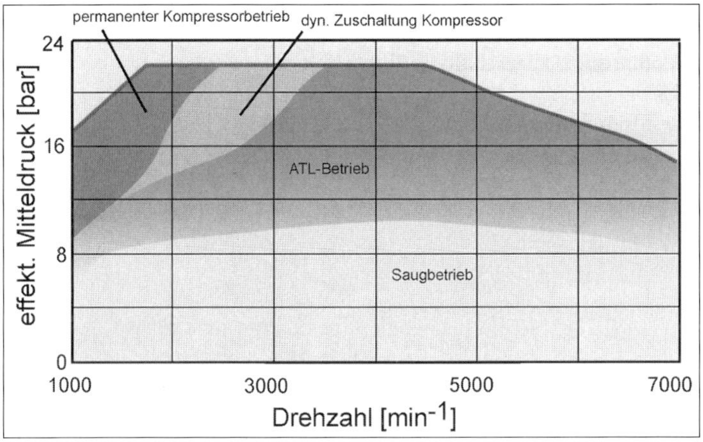

Bild 8-36 Betriebsbereich des Kompressors (Quelle MTZ)

stoffe. Das Turbinengehäuse besteht aus einem hochhitzebeständigem Stahlguss, das Turbinenrad aus einer hochwarmfesten Nickellegierung MAR 246. Für die Welle wird der Werkstoff X45CrSi9.3 verwendet.

In das Motorkühlsystem ist die Wasserkühlung des ATL eingebunden. Eine Kühlmittelnachlaufpumpe sogt für die Kühlung des ATL nach Abstellen des Motors.

Das GG-Zylinderkurbelgehäuse mit einer mittleren Wandstärke von 3 mm ist als Deep-Skirt-Gehäuse ausgeführt und wiegt 29 kg. Die Open-Deck-Konstruktion ist besonders für die hier verwendete Zweikreiskühlung (Kopf und Block getrennt) geeignet und bietet Vorteile bezüglich Zylinderrohrverformung.

Einen Beitrag zur Gesamtakustik leistet die Stahlkurbelwelle durch den höheren E-Modul im Vergleich zu einer Kurbelwelle aus Grauguss und die daraus resultierende höhere Steifigkeit.

Das Kolbengewicht des gegossenen Kolbens beträgt 238 g. Die mit einer Kante zur Strömungsführung versehene Kolbenmulde ist bearbeitet. Zur Anpassung auf Zünddrücke in Richtung 120 bar musste der Kolbenbolzendurchmesser von 17 auf 19 mm erhöht werden.

Öl- und Kraftstoff-Hochdruckpumpe wurden an die größeren Massendurchsätze angepasst.

Mit Hilfe des Ladeluftkühlers kann die Ansaugluft auf 5 °C über Umgebungstemperatur rückgekühlt werden.

Der Brennraum das Motors mit Benzin-Direkteinspritzung ist als Dachbrennraum mit zentraler Zündkerzenlage ausgeführt. In Kombination mit einer flachen Kolbenmulde kann eine Verdichtung von 10

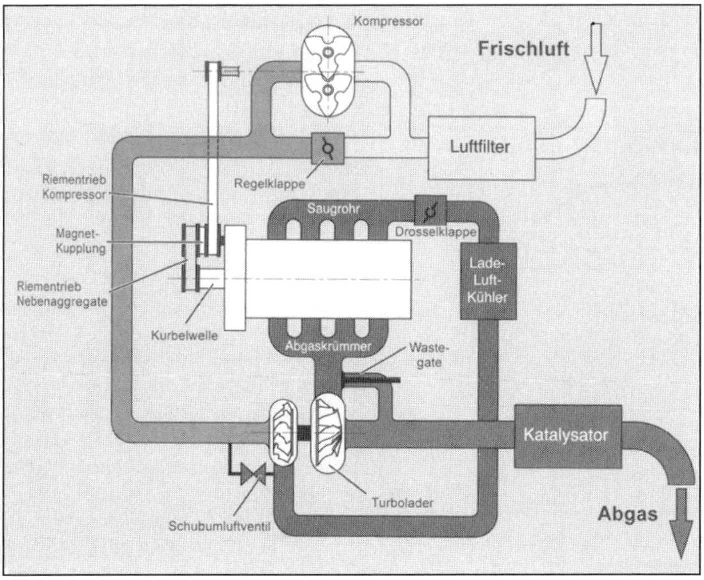

Bild 8-37 Gaswege von Luft und Abgas (Quelle MTZ)

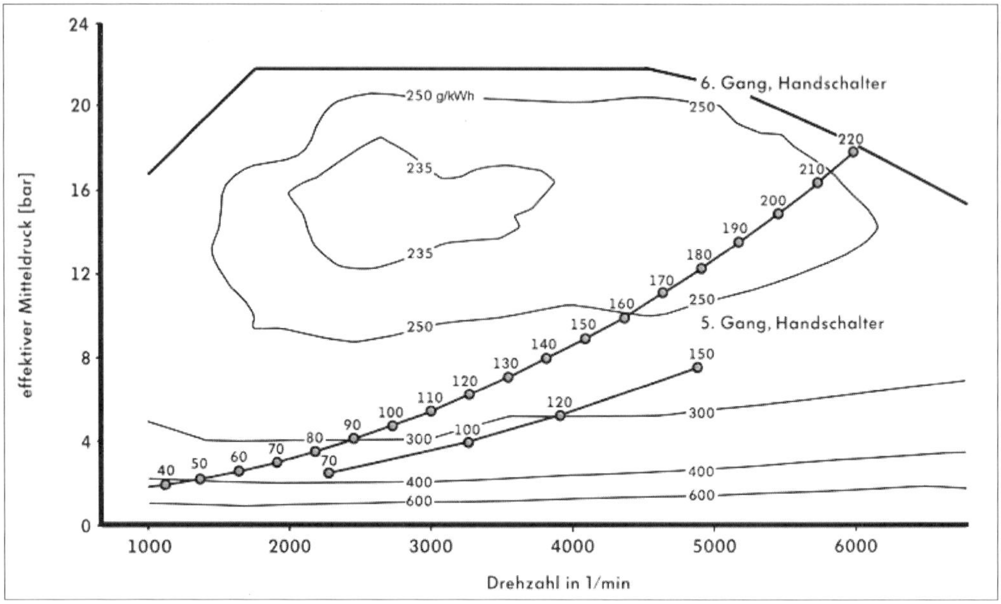

Bild 8-38 Verbrauchskennfeld (Quelle MTZ)

erreicht werden. Die Ladungsbewegungsklappen, welche die Einlasskanäle im unteren Drehzahlbereich zur Hälfte schließt, erhöht die Ladungsbewegung. Ab einer Drehzahl von 2.800 min^{-1} geben die Klappen den gesamten Einlasskanalquerschnitt frei.

Zur Minderung der Kaltstartemissionen wird der Katalysator durch eine Doppeleinspritzung (während des Ansaugphase und vor dem Zünd-OT) aufgeheizt. Das Einspritzventil, als Mehrloch-Hochdruckeinspritzventil konzipiert, ist auf der Einlassseite platziert und hat sechs Kraftstoffaustrittsbohrungen. Der Einspritzdruck beträgt im Leerlauf 60 bar, in der Volllast bis zu 150 bar.

Die unter anderem oben beschriebenen Maßnahmen des Downsizing Konzepts führten zu einem niedrigen Kraftstoffverbrauch in weiten Bereichen des Kennfeldes, welcher in **Bild 8-38** dargestellt ist.

Die Leistungs- und Drehmomentcharakteristik des Motors zeigt **Bild 8-39**.

Ab 2008 steht der 1,4 Liter TSI-Motor mit zwei Abgasturboladern und 90 kW zur Verfügung, der sich unterhalb des oben beschriebenen Aggregates einordnet. Ende 2009 ist ein 1,2 Liter TSI-Motor geplant, der einen weiteren Schritt in Richtung Downsizing darstellt.

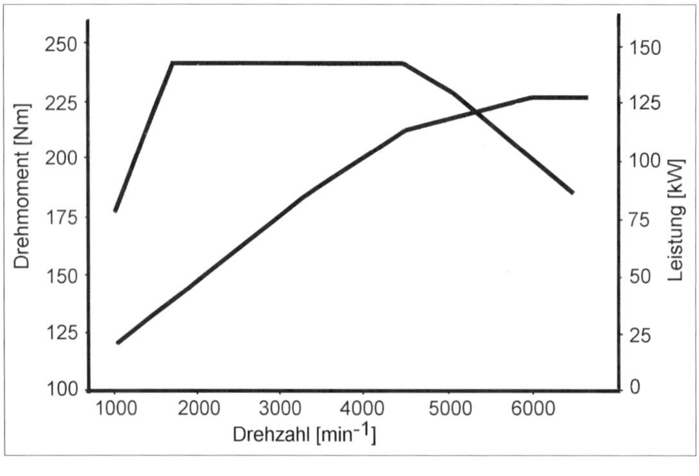

Bild 8-39 Leistungs- und Drehmomentverlauf (Quelle MTZ)

8.3 Motorradmotoren/Sondermotoren

Motorradmotoren sind heute generell Viertaktmotoren. Der Wechsel vom Zweitakt- zum Viertaktmotor begann Anfang der 1980er Jahre. Ausnahmen bilden Geländemotorräder (Off road) wie Motocron und Enduser und Sonderanwendungen.

8.3.1 Motorräder für die Straße (On road)

Im Gegensatz zu Rennmotoren im Straßen- und Geländebereich müssen Motoren für straßenzugelassene Motorräder haltbar, vibrationsarm, wartungsarm, preiswert zu produzieren und auch recyclebar sein. Zudem müssen sie immer strenger werdende gesetzliche Richtlinien erfüllen. Sie können daher nicht rein unter Leistungsgesichtspunkten ausgelegt werden, **Bild 8-40**.

In der Geschichte des Motorradmotorenbaus hat es viele verschiedene Bauarten von Hubkolbenmotoren gegeben, von Einzylinder- bis hin zum Achtzylindermotor. Den größten Anteil am Gesamtangebot wurden durch Ein-, Zwei- und Vierzylindermotoren abgedeckt. Alle haben für sich betrachtet ihre spezifischen Vorteile und Reize im Leistungsverhalten. Wegen der sehr unterschiedlichen freien Massenkräfte und Momente und auch Zündabstände weisen sie auch sehr individuelles Vibrations- und auch Klangverhalten auf. Der Stellenwert der Einleitung dieser Kräfte vom Motor in den Rahmen ist beim Motorrad wesentlich größer als beim Auto, weil die Motoren anders als beim Auto meist als mittragendes Element steif mit dem Rahmen verschraubt sind. Zusätzlich müssen einige Motoren auch Fahrwerkselemente wie Schwingenlager aufnehmen.

8.3.1.1 Einzylindermotoren

Der Einzylindermotor stellt die einfachste Bauform dar und wird nach wie vor in viele leichte Fahrzeuge eingebaut, **Bild 8-42**. Typische Vertreter sind Enduro- und Supermoto-Fahrzeuge. Sein Hubraum ist auf circa 800 ccm begrenzt, weil mit zunehmendem Hubraum die bewegten Massen von Triebwerk- und Ventiltriebsbauteilen überproportional schwerer werden. Dies begrenzt die erreichbaren Drehzahlen und damit die spezifische Leistung.

Hinzu kommt das bei großen Zylinderhubvolumina schwieriger werdende Brennverhalten. Die flachen Brennräume mit ungünstigem Volumen-/Oberflächenverhältnis stellen immer höhere Ansprüche an die Entflammungsphase bei Niedriglast im unteren Drehzahlbereich. Bei Gemischen von $\lambda = 1$ und gleichzeitig viel internem Restgas, was aufgrund des für hohe Literleistung notwendigen Ventilüberschneidungsquerschnitts zwangsläufig vorherrscht, muss eine saubere Gemischaufbereitung und die

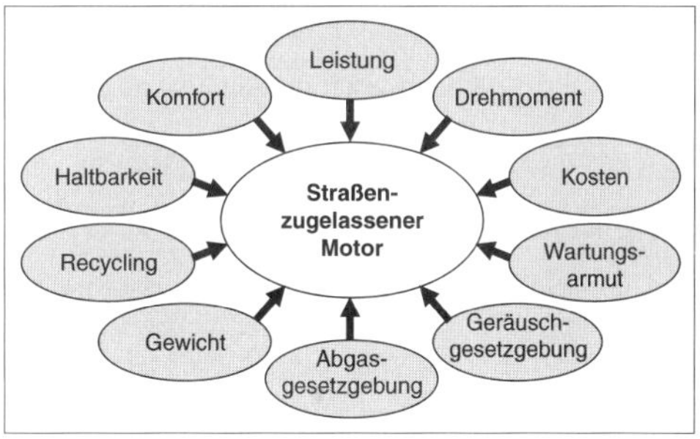

Bild 8-41 Einflussgrößen auf Motorradmotoren

Bild 8-40 Beta Motor Trial Fahrzeug

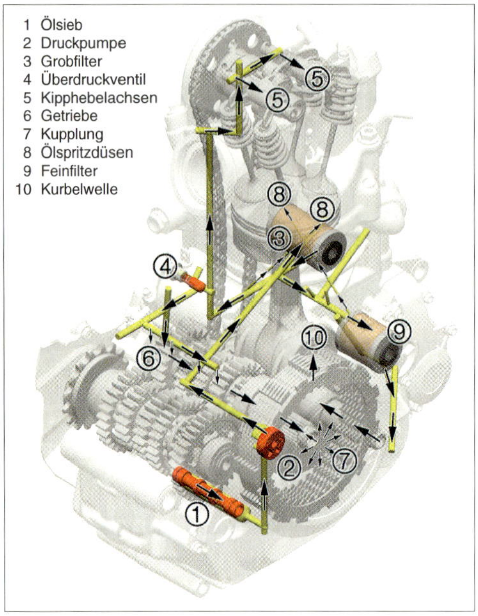

Bild 8-42 Einzylindermotor mit Ölkreislauf

günstige Lage der Zündkerze dafür sorgen, dass das Gemisch sicher entflammt und ausreichend schnell durchbrennt.

Ansonsten sind trotz der für Euro-3 notwendigen Katalysatoren die Abgasgrenzwerte nicht zu unterbie-

Bild 8-43 KTM 690

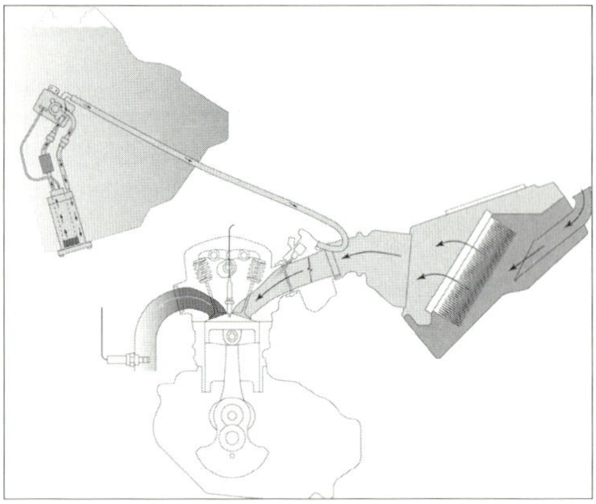

Bild 8-44 Prinzip Einspritzung

ten und die Fahrbarkeit leidet stark. Dies äußert sich in Ruckeln bei der Konstantfahrt und in Lastwechselsituationen, wo ein hartes Wiedereinsetzen der Verbrennung nach einer Schubphase eine saubere Kurvenlinie speziell in engen Radien (Alpen-Kehren) vereiteln kann.

Komfortmäßig tun sich große Einzylinder naturgemäß schwer. Um Motoren mit mehr als 600 cm^3 für Drehzahlen von 8.000 min^{-1} und mehr überhaupt noch erträglich komfortabel zu machen, werden heute häufig Ausgleichswellen verbaut, die die Massenkräfte 1. Ordnung verringern. Ausgleichswellen bringen allerdings Gewichtsnachteile und vor allem ungewünschte Schwungmasse, was die Spontanität des Ansprechens verschlechtert, **Bild 8-43**, **8-44**, **8-45**.

8.3.1.2 Zweizylindermotoren

Größere Hubräume als 800 ccm werden üblicherweise auf mehrere Zylinder verteilt. Sehr beliebt sind die Zweizylindermotoren. Die am häufigsten gewählten Anordnungen der beiden Zylinder sind der Reihenmotor, der V-Motor und der Boxermotor.

Bild 8-45 KTM 690 Super Moto

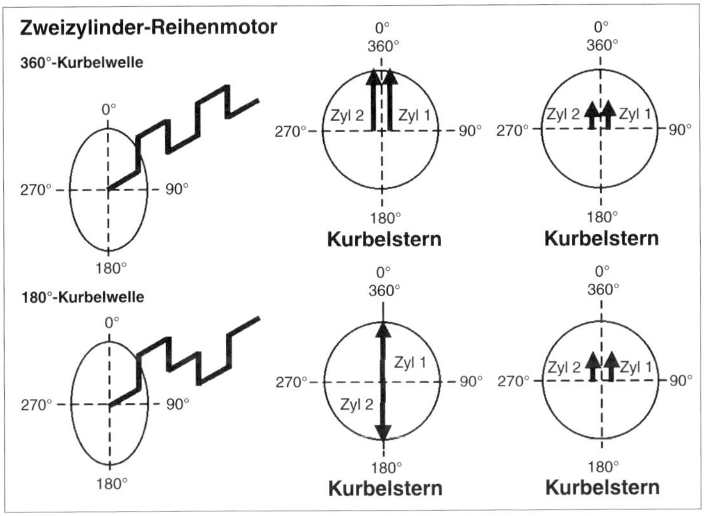

Bild 8-46 Massenkräfte Zweizylinder-Reihenmotor (360°/180° Kurbelwelle)

Zweizylinder-Reihenmotor

Beim Zweizylinder-Reihenmotor stehen zwei Zylinder nebeneinander und können längs wie quer ins Fahrwerk eingebaut werden. Die Kurbelwelle kann 180° oder 360° Zündabstand haben, das heißt die Kolben bewegen sich gegenläufig beziehungsweise gleichläufig.
Dies bringt jeweils ein eigenes Massenkraft- und Klangverhalten mit sich. Bei der 180° Variante sind die Massenkräfte 1. Ordnung ausgeglichen. Dafür gibt es Massenkräfte 2. Ordnung und Massenmomente 1. Ordnung. Die 360° Variante hat dagegen Massenkräfte 1. und 2. Ordnung, aber keine freien Massenmomente, **Bild 8-46**.

Vorteile des Reihenmotors sind sein einfacher Aufbau und die geringe Teilezahl, was ihn sehr kostengünstig macht. Der gemeinsame Zylinderkopf und -block und die gemeinsam genutzte Ventilsteuerung begrenzen Gewicht und Reibstellen. Gleiche Kühlungsbedingungen für Auspuff und Saugrohre bewirken sehr ähnliches Brennverhalten der Zylinder.
Moderne Vertreter dieser Bauart werden derzeit in der BMW F800 und MZ 1000SF eingesetzt, **Bild 8-47, 8-48**.
Der bei Rotax entwickelte F800-Motor hat als Parallel-Twin eine 360°-Kurbelwelle. Um trotzdem heutigen Komfortansprüchen gerecht zu werden, wurde im Motor ein recht ungewöhnliches Massenausgleichskonzept eingesetzt. Zwischen den beiden Zylindern ist ein Ausgleichspleuel angeordnet, welches auf einer rechtwinklig zur Zylinderachse angebrachten, im Motorgehäuse abgestützten Ausgleichsschwinge hängt. Die Kinematik ist so ausgelegt, dass sich das Ausgleichspleuel gegenläufig zu den beiden Motor-

Bild 8-47 BMW- Zweizylinder-Reihenmotor F800

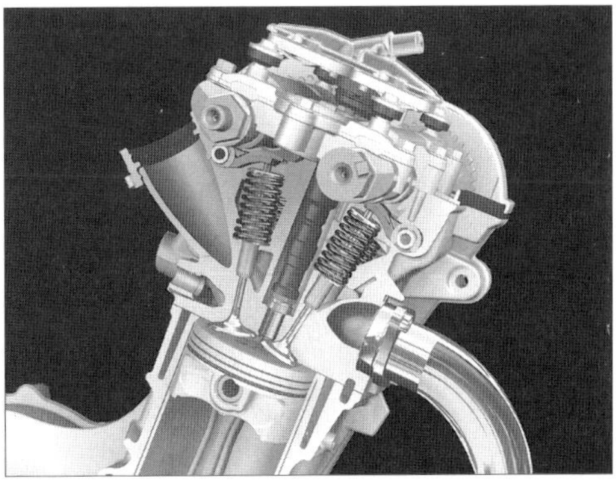

Bild 8-48 BMW F800 Zylinderkopf

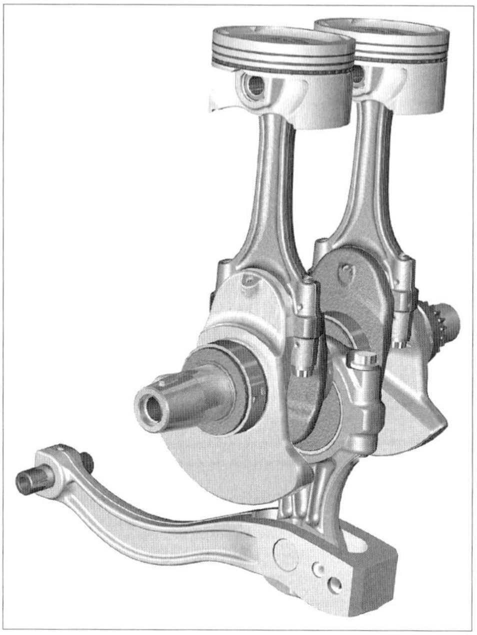

Bild 8-49 BMW F800 Massenausgleich

Bild 8-50 BMW F800 Kurbeltrieb

pleuel bewegt. Durch die Führung über die lange Schwinge wird eine annähernd gerade Auf- und Abbewegung des kleinen Auges des Ausgleichspleuels erreicht und so die freien Massenkräfte 1. Ordnung vollständig und die 2. Ordnung zu 70 % ausgeglichen, **Bild 8-49**, **8-50**.

V2-Motor

Beim Zwei-Zylinder-V-Motor werden die beiden Einzelzylinder mit einem Versatz zueinander auf ein gemeinsames Kurbelgehäuse gesetzt. Er wird in verschiedenen V-Winkeln von 45–180° ausgeführt. Typisch ist, dass die Pleuel dabei auf einem gemeinsamen Kurbelzapfen geführt werden, so dass die Motorbreite schmaler als beim Reihenmotor ausfällt.
Die Wahl des Zyinderwinkels ist unter anderem vom Hub/Bohrungsverhältnis, Bauraum und Einsatzzweck des Motors abhängig. Mit abnehmenden V-Winkeln unterhalb von 90° wird die Motorbaulänge geringer, die Bauhöhe nimmt leicht zu. Kleine Zylinderwinkel werden daher bevorzugt, wenn Motorräder mit kurzem Radstand geplant sind. Die Reduzierung des Winkels hat aber unter Bauraumgesichtspunkten Grenzen. Um eine Berührung der Kolben im Zwickelbereich ausschließen zu können, müssen bei kleinen Zylinderwinkeln längere Zylinder und Pleuel verwendet werden. Dies treibt einerseits die bewegten Massen in die Höhe, was sich auf die erreichbaren Drehzahlen und Motorbelastungen auswirkt. Andererseits steigt die Bauhöhe und auch die Baulänge des Motors, was wiederum das Package von Tank und Airbox stört. Es muss also immer ein Kompromiss gesucht werden.
Alle V-Motoren weisen Massenkräfte 1. und 2. Ordnung auf. Die 90°-V-Motoren sind deshalb so beliebt, weil diese Massenkräfte durch Gegengewichte vollständig ausgeglichen werden können. Übrig bleiben nur die Massenmomente, die auftreten, weil die Pleuel auf einem Hubzapfen liegen und somit einen Zylinderachsenversatz aufweisen. Die Massenkräfte versuchen dadurch, den Motor um die Mitte zwischen den Pleuel zu drehen. Da der Abstand zwischen den Pleuelmitten klein ist, sind auch die bei allen V-Motoren vorhandenen freien Massenmomente klein.
Der V-Motor benötigt eigene Nockenwellen für jeden Zylinderkopf, was Fertigungskosten und Gewicht erhöht. Durch zusätzliche Lagerstellen nehmen auch die Reibverluste im Ventiltrieb zu. Die Kühlsituation durch den Fahrtwind ist für beide Zylinder unterschiedlich. Dies wirkt sich bei den heute meist wassergekühlten Motoren nicht mehr sehr auf die Zylinderkühlung, wohl aber auf die Auspuffkühlung aus. Die unterschiedlich heißen Abgase haben auch unterschiedlich große Schallgeschwindigkeiten, wodurch sich die Wellenbewegungen im Auspuff ändern. Damit ergeben sich ungleiche Ladungswechselbedingungen. Auch die ungleichmäßigen Zündabstände wirken sich zwar leicht nachteilig auf den Ladungswechsel aus, erzeugen aber ein sehr angenehmes Klangbild. Deshalb und wegen seiner angenehmen Leistungscharakteristik ist der V-Motor trotz seiner systembedingten Nachteile sehr beliebt.
Einige typische Zylinderwinkel sind eng mit Motorradherstellern verknüpft. Ducati verwendet seit jeher einen 90°-Winkel und bezeichnet den Motor als L-Motor. Zu Beginn waren die Motoren luftgekühlt

und die 90° als liegendes L waren günstig für die Kühlsituation. Die große Baulänge war nicht so nachteilig, weil Ducati damals für gute Fahrstabilität lange Radstände und großen Nachlauf favorisierte. Beim Übergang auf Wasserkühlung und Vierventiltechnik der heutigen Superbike-Modelle wurde der Zylinderwinkel beibehalten.

Auch typisch für den Ducati Twin ist die Zwangssteuerung der Ventile (Desmodromik), die mit ihren Schließnocken sehr hohe Ventilbeschleunigungen zuläßt und so sehr hohe Zylinderfüllungen ermöglicht. Aufgrund der Werkstoffverbesserungen bei den Ventiltriebsbauteilen sind die Vorteile zu herkömmlichern Ventiltrieben allerdings sehr klein geworden. Trotzdem ist der wassergekühlte Ducati L-Twin mit Testastretta-Zylinderkopf mit Literleistungen von 140 PS (999) beziehungsweise 150 PS (999R) Benchmark in der Zweizylinderklasse, **Bild 8-51**, **8-52**.

KTM hat sich beim Entwurf des LC8-Motors wegen maximaler Kompaktheit mit kurzer Baulänge für einen 75°-V-Motor entschieden. Um den im Vergleich zum 90°-Motor systembedingt schlechteren Massenausgleich zu verbessern, ist der Motor mit einer Ausgleichswelle ausgestattet. Mit seinen sehr kompakten Außenmaßen passt dieser Motor sowohl in die großen Offroad-Modelle (Adventure, Super Enduro) als auch in die reinen Straßenmodelle (Super Duke, Super Moto). KTM wird den 75° Winkel auch beim hubraumstärkeren Nachfolger des LC8-Motors beibehalten, der in das Superbike RC8 eingebaut werden soll und dadurch nochmals deutlich leistungsgesteigert wird, **Bild 8-53**.

Bild 8-51 Ducati 90° V-Motor

Bild 8-52 Moto Morini 87° V-Motor

Bild 8-53 KTM LC8 V75°

Den KTM LC8 zeichnen besonders die sehr geringe Schwungmasse und das sehr geringe Gewicht aus. Entsprechend extreme Agilität im Handling und im Ansprechverhalten sind die Folge. Hier ist KTM sicherlich Benchmark bei den Zweizylindermotoren, **Bild 8-54**, **8-55**.

Aprilia verwendet bei den großen Viertaktmodellen einen 60°-V-Motor von Rotax, ein sehr drehfreudiges Aggregat, das sogar mit zwei Ausgleichswellen ver-

Bild 8-54 KTM 990 Super Duke

Bild 8-55 KTM RC8

sehen ist, von denen eine vor der Kurbelwelle und eine im Zylinderkopf liegt, **Bild 8-56, 8-57**.
Einer der bekanntesten Vertreter der V-Motoren ist Harley-Davidson. Dort wird der 45°-Winkel gepflegt. Da bei Harley-Davidson langsam laufende Langhuber mit zwei Ventilen und seitlicher Ansauganlage Tradition haben, stören die notwendigen langen Pleuel und die große Bauhöhe nicht sehr. Die Motoren können wegen der geringen notwendigen Schräglagenfreiheit tief ins Fahrwerk gesetzt werden. Die heftigen Vibrationen werden durch weiche Lagerungen herausgefiltert. Interessant ist der Primärantrieb, der über eine Kette erfolgt. Zwei unten liegende Nockenwellen betätigen über lange Stößelstangen die Ventile, was nur geringe Höchstdrehzahlen zulässt, **Bild 8-58, 8-59, 8-60**.

Bild 8-56 60° V-Motor (Aprilia Mille)

Bild 8-57 Aprilia Mille Factory

Bild 8-58 45° V-Motor (Harley-Davidson) Primärantrieb (Kette)

Bild 8-59 45° V-Motor (Harley-Davidson) Stößelstangen

Bild 8-60 Harley-Davidson Softtail Deluxe

Einige Hersteller verwenden bei Motoren mit Zylinderwinkeln unter 90° einen Hubzapfenversatz, um das Massenausgleichs- und Klangverhalten dem des 90°-Motors anzunähern. Dies gelingt auch bei einigen Motoren gut. Allerdings birgt ein großer Zapfenversatz auch mechanische Risiken. Es kann dann bei hohen Drehzahlen zu Kurbelwellenbrüchen kommen, wenn die Überdeckung der Hubzapfen nicht ausreichend groß dimensioniert wird, **Bild 8-61**.

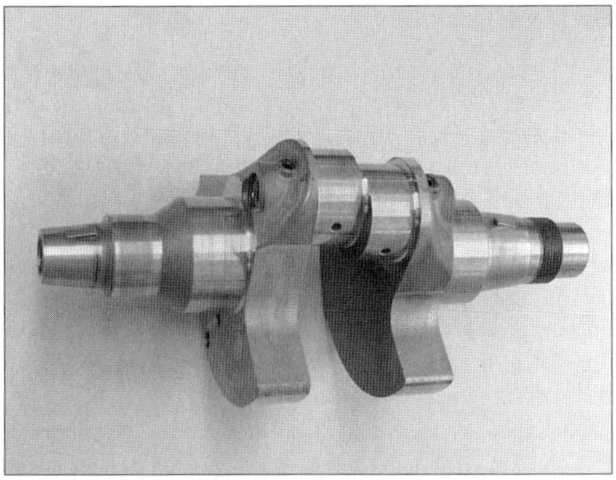

Bild 8-61 V-Kurbelwelle mit Hubzapfenversatz

Boxermotor

Der Boxermotor ist eine Bauform, bei der sich die Zylinder in einer Ebene gegenüberliegen. Die außenliegenden Kolben arbeiten auf einer in der Mitte liegenden Kurbelwelle. Der große Unterschied zum V-Motor ist, dass die Pleuel nicht auf einem gemeinsamen Hubzapfen arbeiten, sondern jeweils auf einem eigenen. Die Hubzapfen liegen um 180° versetzt, so dass sich die Kolben symmetrisch aufeinanderzu- und -wegbewegen.
Diese Bauform ist bereits sehr früh entstanden, weil keine freien Massenkräfte wirken. Sie sind völlig ausgeglichen. Der Abstand der Pleuel ist durch die Einzelhubzapfen (häufig mit Mittellager zwischen den Zapfen) deutlich größer als beim V-Motor. Dies bringt im gleichen Maße höhere freie Massenmomente mit sich, die beim Zweizylindermotor nicht ausgeglichen werden können. Das ist nur beim Sechszylinder-Boxer (siehe Porsche) möglich. In der Praxis läuft ein 2-Zylinder-Boxermotor nicht kultivierter als ein guter V-Motor.
Größter Verfechter des Boxerkonzeptes ist die BMW AG, die den luftgekühlten Boxermotor seit Jahrzehnten pflegt. Drehzahl- und damit leistungsmäßig waren die BMW-Boxermotoren immer durch ihren Stößelstangen-Ventiltrieb begrenzt. Dies gilt auch für die derzeitige Ausbaustufe mit 1.200 cm^3, die in vielen Modellen eingesetzt wird. Durch Verringerung der bewegten Massen und die Konzentration auf maximalen Luftdurchsatz wurde inzwischen auch eine sportliche Variante erzeugt, die erstmals höhere Drehzahlen erreicht. Damit kann eine Literleistung von etwa 100 PS/L erreicht werden, was die Grenze für luftgekühlte Serienmotoren darstellt. Das Vibrationsverhalten dieses Sportmotors ist allerdings deutlich unkomfortabler als bei den gemäßigteren Modellen, **Bild 8-62**, **8-63**, **8-64**, **8-65**, **8-66**.

Bild 8-62 BMW-R1200 S

Bild 8-63 BMW-Boxermotor R1200

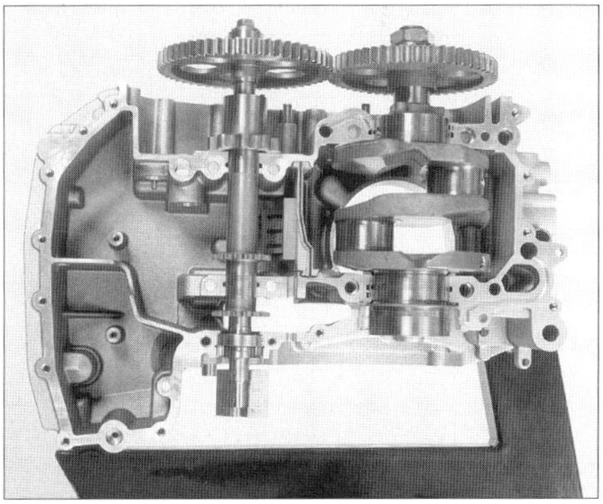

Bild 8-64 BMW-R1200 S

8.3.1.3 Mehrzylindermotoren

Aufgrund der kleineren Einzelhubräume und den damit verbundenen kleineren bewegten Massen der Bauteile können mit zunehmender Zylinderzahl höhere Drehzahlen erreicht werden, **Bild 8-67**.

Bild 8-65 BMW Boxermotor R1200

Dreizylindermotoren

Bei Dreizylindermotoren gibt es grundsätzlich verschiedene Ausführungen der Kurbelwelle. Laverda hat beispielsweise in den 1970er Jahren einen Dreizylinder mit 180°-Kröpfung der Kurbelwelle gebaut. Die aktuellen Dreizylindermotoren von Triumpf und Benelli, **Bild 8-68** arbeiten mit 120° Zündabstand. Sie haben keine freien Massenkräfte, da die immer durch die gegenläufigen Bewegungen der Kolben ausgeglichen werden. Es bleiben nur freie Massenmomente, die dadurch entstehen, dass die beiden äußeren Zylinder versuchen, den Motor um die Mittelachse zu drehen.

Durch die geringeren bewegten Massen als beim Zweizylinder kann der Dreizylinder etwas höhere Drehzahlen erreichen. Die im Vergleich zu Vierzylindern größeren Einzelhubräume verbessern das Drehmomentverhalten im unteren Drehzahlbereich, was zusammen mit dem angenehm sonoren Sound zu einem sehr attraktiven Motorenkonzept führt.

Bauart	Zylinderzahl	Kurbelkröpfung	Zündabstand	Massenkraft 1. Ordnung	Massenkraft 2. Ordnung	Massenmoment 1. Ordnung	Massenmoment 2. Ordnung
Reihe	1	–	720°	×	×	–	–
	2	180°	180°/540°	–	×	×	–
	2	360°	360°	×	×	–	–
	3	120°	240°/240°	–	–	×	×
	3	180°	360°/180°	–	×	–	–
	4	180°	180°/180°	–	×	–	–
	4	90°	90°/270°	–	–	×	×
	6	60°	120°/120°	–	–	–	–
Boxer	2	–	360°	–	–	–	×
	4	180°	180°/180°	–	–	–	×
	6	120°	120°/120°	–	–	–	–
V-Motor (90°)	2	–	270°/450°	× (mit Gegengewicht ausgleichbar)	–	sehr klein	sehr klein
	4	90°	270°/90°	× (mit Gegengewicht ausgleichbar)	–	sehr klein	sehr klein
	6	120°	150°/90°	–	–	×	×

Bild 8-66 Massenkräfte und -momente verschiedener Bauarten

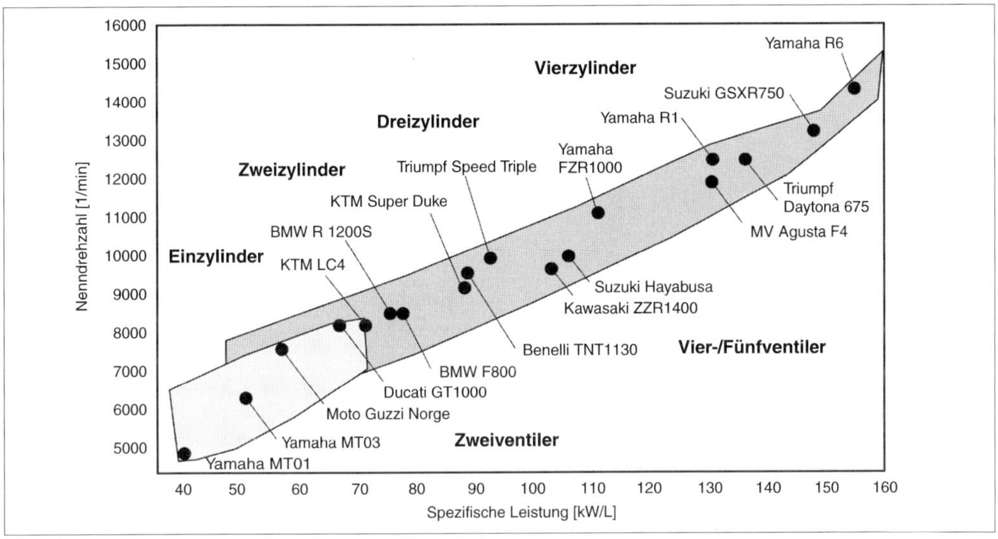

Bild 8-67 Spezifische Leistung

Bild 8-68 Benelli 1130 TNT

Vierzylindermotoren

Bereits in den Sechziger Jahren erkannten speziell die japanischen Hersteller im Rennsport, dass eine weitere Leistungssteigerung nur über die Drehzahl und damit über die Verringerung der bewegten Massen zu erreichen ist. Die Verringerung der bewegten Massen ließ sich nur durch die Erhöhung der Zylinderzahl bewerkstelligen. Neben einigen Sechs- und Achtzylinderkonzepten hat sich dann der Vierzylinder als sehr guter Kompromiss herausgestellt. 1968 wurde von Honda mit der CB750 ein Vierzylinder-Reihenmotor erstmals in Serie gebracht. Dieser Motor hat die Motorradwelt nachdrücklich verändert. Die japanischen Hersteller haben dieses Konzept seit fast vierzig Jahren permanent perfektioniert. Sie haben heute in Leistung, Produktion und Haltbarkeit einen sehr hohen Stand erreicht. Die Klasse mit 600 ccm erreicht heute bei Drehzahlen bis 16.000 min^{-1} eine Literleistung von über 200 PS/L. Gleichzeitig werden Laufzeiten von 50.000 bis 100.000 km erreicht. Dies hat den Vierzylinder-Reihenmotor zum derzeit erfolgreichsten Konzept gemacht.

Wie bei den V2-Motoren sind auch beim Vierzylindermotor verschiedene Konzepte (Reihe, V, Boxer) möglich. Alle sind auf dem Markt vertreten.

Durchgesetzt hat sich heute der Vierzylinder-Reihenmotor, der sowohl in Sport- als auch in Touring-Konzepten vertreten ist. Vorteile des 4-Zylinder-Reihenmotors sind:

- relativ einfacher Aufbau → Teilegleichheit
- kompaktes, leichtes Motorgehäuse → geringes Gewicht
- kurze, steife Kurbelwelle → hohe Drehzahlen
- gleiche Bedingungen für Lastwechsel-Bereich → hohe Leistung
- gute Laufruhe → guter Komfort

Außer in GP1-Motoren wird heute immer eine 180°-Kurbelwelle mit Zündfolge 1-3-4-2 oder 1-2-4-3 eingesetzt. Dadurch erhält man einen gleichmäßigen Zündabstand von 180° und die Massenkräfte 1. Ordnung sowie Massenmomente 1. und 2. Ordnung können ausgeglichen werden. Übrig bleiben Massenkräfte 2. Ordnung, die gegebenenfalls durch eine Ausgleichswelle ausgeglichen werden können, **Bild 8-69**.

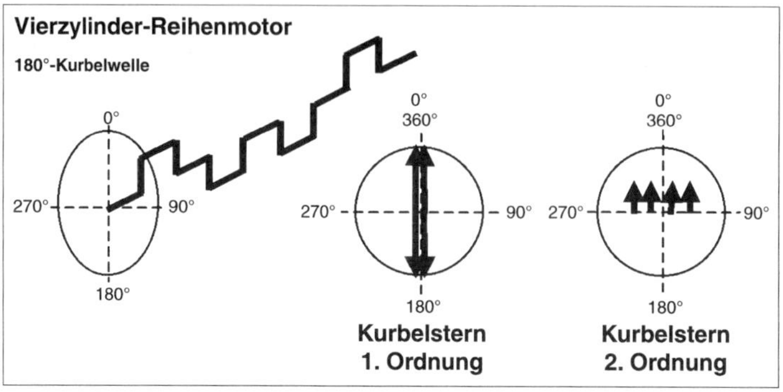

Bild 8-69 Kurbelstern 180° 4-Zylinderwelle

Eine weitere Möglichkeit stellt die nichtebene Kurbelwelle mit 90° Kröpfung dar. Hierbei sind die Massenkräfte 1. und 2. Ordnung vollständig ausgeglichen, Massenmomente 1. und 2. Ordnung treten aber auf. Diese Bauform wird allerdings trotz ihrer Vorteile bei den Massenkräften in heutigen Serienmotoren nicht mehr verwendet. Gründe sind Nachteile im Ladungswechsel und der ungleichförmige Zündabstand, der größere Drehungleichförmigkeiten und damit auch größere Drehschwingungsanregungen mit sich bringt, **Bild 8-70**.

Die heutigen 4-Zylinder-Reihenmotoren bauen durch die geschickte Anordnung der Nebenaggregate und der Getriebewellen extrem kompakt, was eine gute Massenkonzentrierung und kurze Radstände zulässt. Moderne Werkstoffe und Fertigungstechniken ermöglichen sehr leichte Motorgehäuse. Die Ansaugwege können durch den kompakten Motor sehr geradlinig gestaltet und mit großer Airbox versehen werden. Durch kleine Einzelhubräume mit entsprechend kleinen, leichten Bauteilen und einer sehr steifen, kurzen Kurbelwelle können extrem hohe Drehzahlen erreicht werden. Yamaha ermöglicht beim aktuellen Supersportler R6 Drehzahlen von über 16.000 min^{-1}, und dies bei einem Serienmotorrad. Die R6 erreicht mit einer Literleistung von 211 PS/L Werte, die vor wenigen Jahren in Rennmotorrädern mit kurzer Lebensdauer erreicht wurden. Rein unter Leistungsaspekten ist der Vierzylinder-Reihenmotor offensichtlich unschlagbar. Aber Motorradfahren besteht zu sehr großen Teilen auch aus Emotion, die diesen perfekten Fahrmaschinen abgeht. Das ist der Grund, warum es immer noch Motorradhersteller gibt, die auch abweichende Konzepte wie beispielsweise die V2-Motoren produzieren.

Abseits der Rennstrecke finden sich immer noch genügend Fahrer, denen auch Emotion und Sound wichtiger als reine Motorleistung sind.

Zylinderzahlen größer als vier machen heute nur noch bedingt Sinn. Die Laufruhe lässt sich mit einem Sechszylinder-Reihenmotor, der komplett ausgeglichen ist, natürlich weiter steigern. Das macht den Einsatz in Komfortfahrzeugen wie der Honda Goldwing durchaus sinnvoll. Die Motorleistung kann aber nicht mehr über Drehzahlsteigerung angehoben werden, da die Kurbelwelle länger und somit empfindlicher gegen Drehschwingungen wird. Dies und die Zunahme von Baubreite und Gewicht verhindert einen Einsatz in Supersport-Motorrädern, **Bild 8-71, 8-72.**

8.3.1.4 Leistungsentwicklung

Zur Leistungsanhebung müssen die einzelnen beeinflussbaren Parameter betrachtet werden. Die Leistung ist wie folgt definiert: $P_e = i \times P_{\text{me}} \times V_h \times n$.

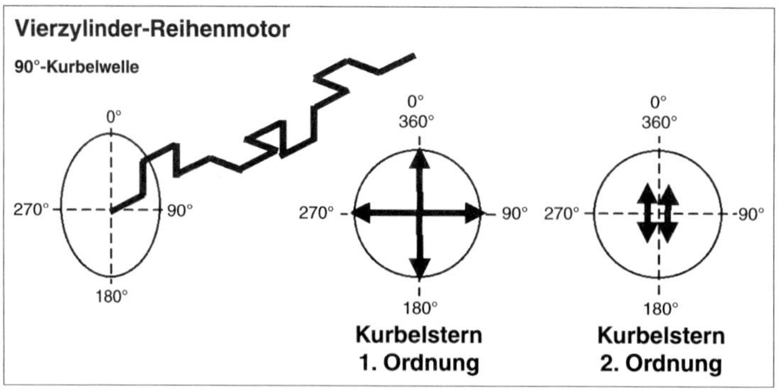

Bild 8-70 Kurbelstern 90° 4-Zylinderwelle

Bild 8-71 Yamaha R1 Schnitt

Bild 8-72 Yamaha R1

Zur Leistungssteigerung kann also entweder der Hubraum, der Mitteldruck oder die Drehzahl erhöht werden. Eine Hubraumaufstockung ist beim Motorradmotor wegen der Nachteile der zunehmenden bewegten Massen und Packagemaße nicht immer sinnvoll. Bei gleichem Hubraum bleiben nur die Erhöhung des Mitteldrucks und der Drehzahl, **Bild 8-73**.

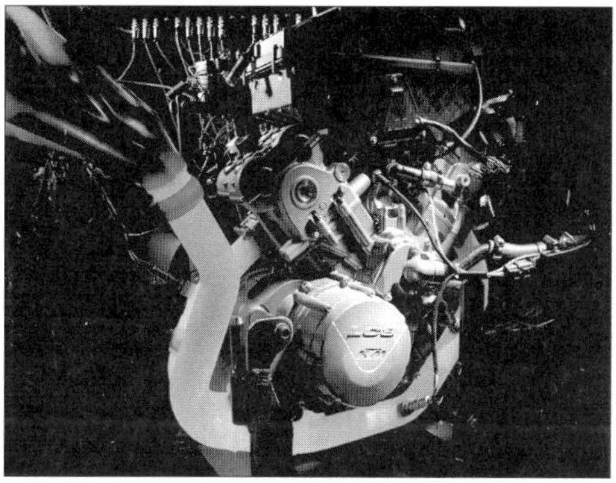

Bild 8-73 Vollast Motorprüfstand

Zur Mitteldrucksteigerung muss der Liefergrad erhöht werden. Der Liedergrad ist das Verhältnis der nach dem Ladungswechsel im Zylinder verbliebenen Frischgasmasse zur theoretischen Frischgasmasse: $\lambda_1 = m_{FZ}/\rho_0 \times V_h$.
Dies kann durch Aufladeeffekte erzielt werden. Eine Möglichkeit sind Aufladesysteme wie mechanische Lader oder Turbolader. Der Reiz der Aufladung besteht in der sehr hohen Leistungsdichte. Das heißt, es kann ein kleiner, leichter Motor mit hohem Drehmoment und hoher Leistung eingesetzt werden.
Mechanische Lader können Verdrängerlader wie Rootsgebläse oder Radialverdichter oder Lader mit innerer Verdichtung wie Schraubenverdichter sein. Gegen mechanische Lader sprechen beim Motorrad der große Bauraumbedarf, das relativ hohe Gewicht, die sehr hohe Antriebleistung bei hohen Drehzahlen und die große Drehzahlspanne des Motorradmotors. Auch für den für gute Wirkungsgrade notwendigen Ladeluftkühler ist in den seltensten Fälle Platz.
Daher haben in den 1980er Jahren mehrere Hersteller Motoren mit Turboaufladung produziert. Die Schwierigkeiten liegen im kaum beherrschbaren Instationärverhalten. Anders als beim Dieselmotor, der immer mit voller Füllung läuft, variieren die durchgesetzten Luftmassen beim Ottomotor im Verhältnis 1:40 bis 1:50. Deshalb braucht der Lader beim Übergang von Teillast auf Volllast recht lange, bis Druck aufgebaut wird. Im Zusammenspiel mit geringer Motorschwungmasse ergibt sich daher bei Motorradturbomotoren ein unbefriedigendes Ansprechverhalten und ein unharmonisches Fahrverhalten.
Derzeit werden in Motorrädern fast nur noch Saugmotoren eingesetzt, die schwingungstechnische Effekte der Schwingrohr- und Resonanzsaugrohraufladung nutzen. Beim Schwingrohr wird vom Kolben in der Ladungswechselphase eine Unterdruckwelle ausgelöst, die das Saugrohr in Richtung Airbox beziehungsweise Luftfilter durchläuft. Diese Welle wird am offenen Trichter als Druckwelle reflektiert und

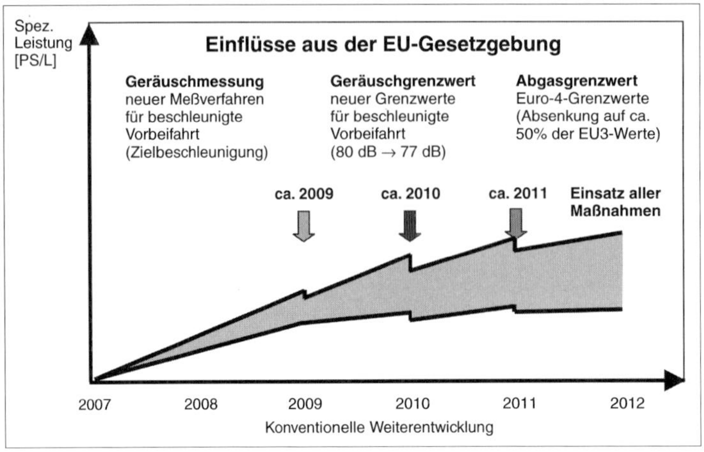

Bild 8-74 Leistungsentwicklung

läuft in Richtung Motor. Trifft die Druckwelle genau zum Zeitpunkt des Einlassventilschließens ein, kann noch Frischgas in den Zylinder geschoben werden, auch wenn der Kolben nach UT bereits wieder in der Aufwärtsbewegung ist. So kann eine Aufladung von bis zu 15 % erzielt werden. Diese Vorgänge sind natürlich stark abhängig von der Geometrie des Saugrohrs (Rohrlänge, die durchlaufen werden muss) und der kinetischen Energie der Gasströme. Diese wiederum werden stark vom Durchmesser des Saugrohrs und von der Anregung durch den Kolben beeinflusst, die natürlich von der Drehzahl abhängig sind. Da die Steuerzeiten der Nockenwellen normalerweise fix sind, sind die Aufladeeffekte stark drehzahlabhängig. Damit kann man positive Effekte für den Liefergrad in verschiedene Drehzahlbereiche legen. Die Möglichkeiten zur Liefergrad- und damit zur Mitteldruckerhöhung ist bei Motorradsaugmotoren allerdings sehr begrenzt. Die Ladungswechselorgane und Schwingrohrlängen beim Motorrad sind ohnehin meist auf die Nenndrehzahl ausgelegt. Moderne Motoren sind bereits mit intensiver Ladungswechsel-Simulationsrahmungsrechnung optimiert worden und arbeiten mit geringer Drosselung auf der Saug- und Druckseite.

Der Mitteldruck kann in größerem Maße nur noch durch Variabilitäten im Ladungswechselsystem gesteigert werden. Systeme wie Saugrohrlängenschaltung, Camphaser, Ventilhubumschalter und Klappensysteme sind im Automobilbereich bereits serienerprobt und wirkungsvoll. Komplexität, Bauraumbedarf, Drehzahlfestigkeit und Kosten sprechen bei Motorradmotoren gegen diese Maßnahmen.

Daher ist eine größere Leistungssteigerung fast nur noch über die Anhebung der Nenndrehzahl zu erreichen. Die Erhöhung der Nenndrehzahl erfordert zahlreiche Maßnahmen, da die Massenkräfte im Motor quadratisch mit der Drehzahl steigen. Oberstes Ziel bei der Leistungsentwicklung muss also immer die Minimierung der bewegten Massen im Motor sein.

In den kommenden Jahren wird ein erhöhter Aufwand notwendig sein, um eine Leistungssteigerung trotz der künftig steigenden Anforderungen hinsichtlich Geräusch- und Abgasemissionen ermöglichen zu können, **Bild 8-74**, **8-75**, **8-76**. Die Motorenbauer werden zu Variabilitäten im Ventiltrieb und Saugrohrbereich sowie zu steuerbaren Klappensystemen im Abgasstrang greifen müssen, da die meisten Maßnahmen zur Abgas- und Geräuschverbesserung für die Leistungssteigerung kontraproduktiv sind.

8.3.1.5 Hub-/Bohrungsverhältnis

Verbrennungstechnisch sind langhubig ausgelegte Motoren effektiver (Verhältnis Hub/Bohrung > 1). Günstige Brennraumform, gutes Oberflächen/Volumenverhältnis mit geringeren Wärmeverlusten und kurze Flammenwege ergeben sehr gute Verbrennungswirkungsgrade, hohe Klopffestigkeit und ge-

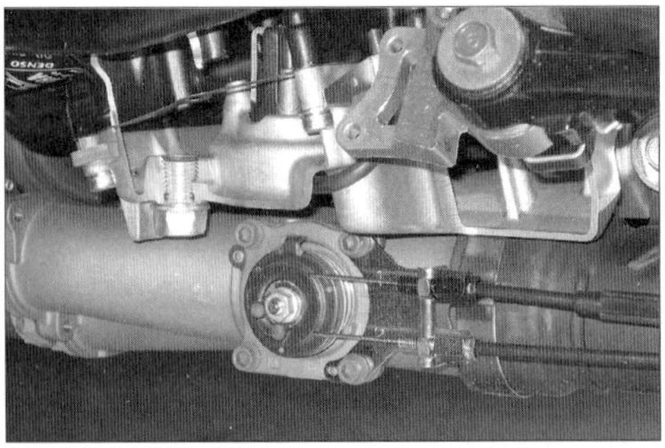

Bild 8-75 Abgassteuerklappe Yamaha R1

Bild 8-76 Saugrohrlängenschaltung Yamaha R1

ringe Schadstoffemission. Daher sind einige Automobilmotoren eher langhubig ausgelegt. Mit steigenden spezifischen Leistungen und den dazu notwendigen hohen Drehzahlen verschiebt sich das Verhältnis zugunsten kurzhubiger Ausführungen. Bei Motorradmotoren mit hoher spezifischer Leistung bei hoher Nenndrehzahl sprechen mehrere Gründen gegen die langhubige Auslegung:

- geringe mögliche Ventilflächen → eingeschränkte Literleistung
- große Kolbengeschwindigkeiten → Dauerhaltbarkeit
- große Massenkräfte → mechanische Festigkeit
- große Bauhöhe → hohe Schwerpunktlage

Die Vorteile des Kurzhubers überwiegen mit steigenden spezifischen Leistungen und den dazu notwendigen hohen Drehzahlen die Nachteile in der Verbrennung. Daher werden moderne Motorradmotoren als Kurzhuber ausgelegt. Ausnahmen bilden Motoren, die auf alten Motorkonzepten basieren (Harley-Davidson, Buell oder Retromodelle wie die Yamaha MT01). Diese Motoren sind häufig noch als Zweiventiler ausgeführt und daher sowieso in Drehzahl und Literleistung begrenzt, **Bild 8-77**.

8.3.1.6 Ventiltrieb

Die hohe spezifische Leistung der Motorradmotoren erfordert die Auslegung der Ladungswechselorgane auf eine sehr hohe Nenndrehzahl. Zur Optimierung der Füllung und zur Minimierung von Drosselverlusten werden sehr große Einlassventile, Ventilhübe und Drosselklappen notwendig. Luftführung und Einlasskanäle müssen große Querschnitte besitzen und möglichst gerade ausgeführt sein.

Das mit steigender spezifischer Leistung zunehmende Drehzahlniveau bedingt die Reduktion aller bewegter Massen im Motor. Die Ladungswechselsteuerorgane stoßen mit steigendem Zylinderhubvolumen meist als erste an geometrische Grenzen.

Um die Kräfte und Beschleunigungen an Nockenwellen und Ventilbetätigung in dauerhaltbaren Grenzen zu halten und die Steuerzeiten präzise einhalten zu können, müssen die bewegten Ventiltriebsmassen

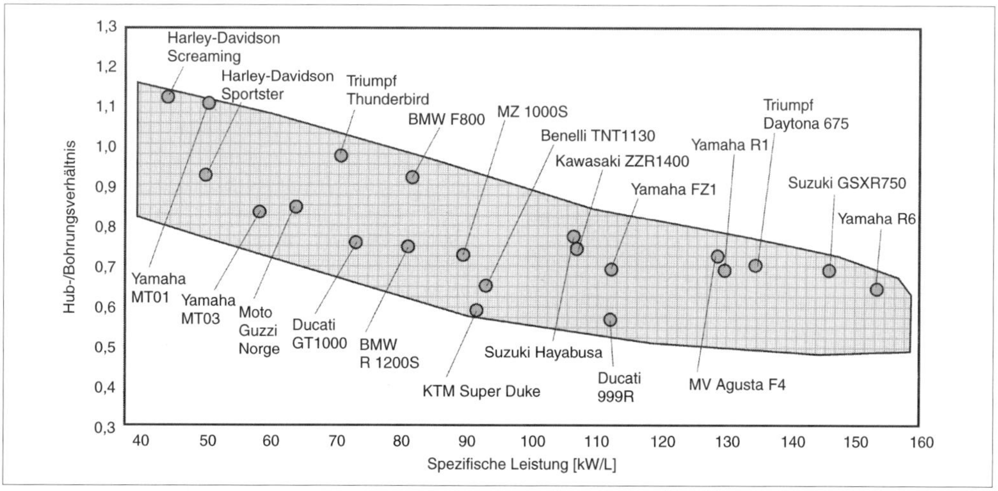

Bild 8-77 Spezifische Leistung in Abhängigkeit vom Hub-/Bohrungsverhältnis

Ventilsteuerung		Bewegte Masse	Steifigkeit	Drehzahlfestigkeit	Kosten	Package	Ventilspieleinstellung	HVA-Tauglichkeit
OHV	Kipphebel	–	–	–	+	+	+	–
OHC	Kipphebel	o	o	o	+	+	+	–
	Schlepphebel	o	o	o	o	+	+	+
DOHC	Tassenstößel	+	+	+	–	–	–	+
	Schlepphebel	+	+	+	–	o	o	+

Bild 8-78 Vergleich Ventiltriebsparameter

minimiert und die Steifigkeit des Ventiltriebs maximiert werden, **Bild 8-78**.
Je nach Einsatzzweck eignen sich für den Ventiltrieb von Motorradmotoren mehrere Ventilsteuerarten. Für einfache, leichte Fahrzeuge mit Einzylindermotoren werden häufig OHC-Triebe verwendet. Für dieses Konzept sprechen Kosten, Bauraum, Wartungsfreundlichkeit und vergleichsweise geringes Drehzahlniveau. Für moderne Hochleistungsmotoren mit Nenndrehzahlen von deutlich über 10.000 min^{-1} sind nur DOHC-Triebe sinnvoll. Hier überwiegt die Drehzahlfestigkeit und Präzision über die Kosten und Bauraumsituation, **Bild 8-79**.
Zunehmende Ventildurchmesser können teilweise durch die Reduktion des Ventilschaftdurchmessers und der Ventillänge kompensiert werden. Stahlventile können durch Titanventile ersetzt werden, die ein spezifisches Gewicht von 4,5 g/cm^3 statt 7,85 g/cm^3 haben. Dies ist auf der Einlassseite wegen der geringeren thermischen Belastungen problemlos machbar aber mit deutlich höheren Kosten verbunden.
Auch die Lebensdauer ist gegenüber Stahlventilen eingeschränkt. Um Drehzahlen von mehr als 10.000 min^{-1} zu erreichen, sind Tassenstößel oder Schlepphebel die bevorzugten Ventilbetätigungen. Sie verbinden Steifigkeit mit geringem Gewicht.

Bild 8-79 Ventiltrieb Suzuki GSX-R 1000

Beide arbeiten mit Gleitabgriff, weshalb die Schlepphebel häufig mit sehr harten DLC-Beschichtungen ausgeführt werden. Diese harten Carbon-Beschichtungen (Diamond-Like-Carbon) werden wegen der Reibungsarmut und Verschleißfestigkeit bei Hochdrehzahlmotoren zunehmend eingesetzt. Bei richtiger Auslegung lassen sich mit der Beschichtung eines Reibpartners die Reibverluste einer solchen Gleitpaarung auf circa 1/10 absenken. Bei Beschichtung beider Reibpartner kann die Reibung nochmals um 50 % reduziert werden, was in der Formel1 und im Grand Prix genutzt wird. Kolbenbolzen, Kolbenringe und Nockenwellen eignen sich gut für solche Beschichtungen.
Das in der Formel1 verbreitete Pneumatiksystem als Ventilrückholfeder hat zwar das größte Drehzahlpotenzial, ist aber derzeit unter anderem aus Aufwandgründen in Serie nicht zu realisieren.
Die im Automobilbau häufig eingesetzten reibungsarmen Rollenhebel können aus Gewichts- und Bauraumgründen nicht verwendet werden. Auch Ventilbetätigungen mit hydraulischem Spielausgleich sind wegen der geringeren Steifigkeit, Drehzahlfestigkeit und der höheren bewegten Massen nicht für hochdrehende Motoren einsetzbar.

8.3.1.7 Getriebe

Derzeit finden in den meisten Motorradmotoren Klauengetriebe Verwendung. Diese Bauart benötigt den geringsten Bauraum und ist somit prädestiniert für den Einsatz im Motorrad. Die geringe Baubreite erleichtert das Stehen auf dem Motorrad, unterstützt die Schräglagenfreiheit und reduziert natürlich auch das Motorgewicht.

Funktion

Alle Räder sind permanent im Eingriff und können somit ohne den Einsatz von Synchronringen geschaltet werden. Auf Grund der gleichen Drehzahl aller Räder wird in der Regel ohne zu kuppeln geschaltet, ja es ist sogar unter Last möglich, die Gänge zu wechseln.

Schaltvorgang

Dazu müssen die Schieberäder, auf welchen die Klauen (dienen als Kupplung) sitzen, axial verschoben werden. Diese greifen dann in die Taschen der Losräder und so entsteht der Formschluss. Verschoben werden die Räder über Schaltgabeln, welche über Zapfen in die Kulisse der Schaltwalze eingreifen. Durch Drehung der Walze können die Schieberäder in beide Richtungen verschoben werden.
Dies ist nur möglich, da alle Räder gerade verzahnt sind.

Material und Herstellung

Auf Grund der Anforderungen an Gewicht und Größe finden hauptsächlich legierte Einsatzstähle mit hoher Reinheit Anwendung. Härtetiefen von 0,7 bis 1,1 mm und HRC-Werte von 59–63 erlauben erforderliche Flächenpressungen.
Alle Räder und auch die Antriebswelle, auf welcher im Normalfall der 1. Gang sitzt, werden geschmiedet oder kaltfließgepresst.
Taschen und Klauen sind je nach Herstellungsverfahren und Präzision roh oder bearbeitet (mit Hinterstellung).
Die Verzahnung ist gefräst, gestoßen, geschliffen oder leistungsgehont, je nach Anforderung an Geräusch und Laufleistung. Kopfrücknahmen oder Kopfkantenbrüche helfen, die Biegungen der Zähne im Lastfall auszugleichen.
Gezieltes schmieren der Rädergruppen der Fahrgänge ist ebenfalls Standard, **Bild 8-80**.

Kupplung

In Motorrädern finden im allgemeinen Lamellenkupplungen, welche im Ölbad laufen, Verwendung. Diese Mehrscheibenkupplungen erlauben geringe Handkräfte unter Verwendung relativ geringer Außendurchmesser.

Funktion

Reiblamellen (greifen in den Korb) und Stahllamellen (greifen in den Mitnehmer) werden über Spiralfedern zusammengedrückt. Verstärkersysteme basierend auf Steigflächen reduzieren dabei die benötigte Handkraft. Diese Systeme sind beidseitig wirkend, das heißt das übertragbare Moment wird im Lastfall erhöht und im Schiebebetrieb reduziert. Die Reduktion bewirkt beim Motorrad den sogenannten ANTI HOPPING Effekt, das heißt das Hinterrad „stempelt“ nicht.
Zusätzlich werden innerhalb der ersten Lamelle Tellerfedern verbaut, welche einen weichen Eingriff unterstützen sollen.
Die Kraftübertragung ins Getriebe wird über den auf der Antriebswelle sitzenden Mitnehmer hergestellt.
Die zur Übertragung der Momente eingesetzten Beläge sind in der Regel organischen Ursprungs (Papier, Kork und so weiter) und werden auf Träger aus Aluminium aufgeklebt. Die Abstände der trapezförmigen Felder ermöglichen die Ölabfuhr und reduzieren die Haftung der Reibbelagslamellen an den Stahllamellen. Das Öl dient hauptsächlich dem Wärmetransport.
Mitnehmer, Druckkappe und Korb sind aus Aluminium gefertigt und teilweise oberflächenbehandelt (Vernickelung, Hartcodierung, PTFE (Polytetrafluorethylen) an Steigflächen).
Der Korb wird drehbar auf dem Kupplungsrad gelagert; dadurch ist eine Dämpfung möglich. Sie wird entweder durch radial angeordnete Spiralfedern oder durch Gummielemente erzeugt, **Bild 8-81**.

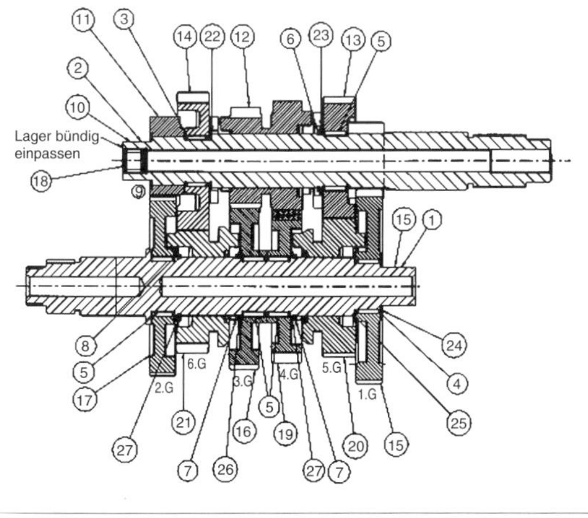

Stückliste

Pos.	Zeichnungsnummer	Bezeichnung	Stck.
1	60033_Abtriebswelle	Getriebeabtriebswelle M600	1
2	60033_Antriebswelle	Getreibeantreibswelle M600	1
3	0405222613	Nadelkranz K22x26x13 TN geschlitzt	1
4	0405242813	Nadelkranz K24x 28x13 F-81900-50	1
5	0405263113	Nadelkranz K26x31x13 F-95085	4
6	0417280150	Sprengring Seeger SW28	1
7	0417300151	Sprengring Seeger SW30	2
8	0471300150	Sicherungsring DIN 471 - 30 x 1,5	1
9	0618091312	Nadelhülse HK 0912 B	1
10	60033001000	Antriebswelle 12z	1
11	60033002000	Festrad 2. Gang	1
12	60033003000	Schieberad 3./4. Gang	1
13	60033005000	Losrad 5. Gang	1
14	60033006000	Losrad 6. Gang	1
15	60033010000	Abtriebswelle	1
16	60033011000	Losrad 1. Gang	1
17	60033012000	Losrad 2. Gang	1
18	60033013000	Losrad 3. Gang	1
19	60033014000	Losrad 4. Gang	1
20	60033015000	Schieberad 5. Gang	1
21	60033016000	Schieberad 6. Gang	1
22	60033041000	Anlaufscheibe 22.2/30.2/1.5	1
23	60033042000	Anlaufscheibe 28.3/35.75/1.5	1
24	60033043000	Anlaufscheibe 20.2/34/1	1
25	60033044000	Anlaufscheibe 24.5/35.75/1	1
26	60033045000	Anlaufscheibe 26.2/36/1.5	2
27	60033046000	Anlaufscheibe 30.2/39/1.5	1

Bild 8-80 Getriebe & Kupplung

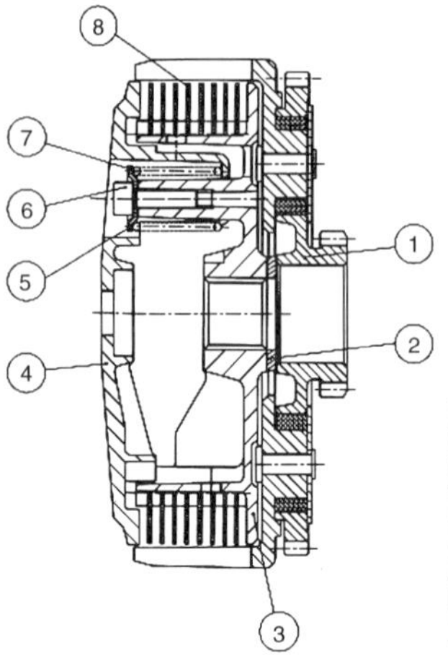

8	2638	543.32.012.000	Disco Condotto (Sp. 1.2), Driven Plate (Th. 1.2)	8
7	P2-7504	548.32.080.000	Molla, Spring	6
6	5750	598.32.602.03	Vite M8x20, Screw M8x20	1
5	2633	581.32.081.000	Scodellino, Cup	6
4	P1-6803	546.32.003.000	Piatto Springdisco, Pressure Plate	1
3	P1-6804	548.32.002.000	Tamburo Condotto, Driven Hub	1
2	2711/E	575.32.013.000	Rondella, Washer	1
1	P1-6805	548.32.001.072	Assieme Campana, Housing Clutch Assembly	1

Bild 8-81 Kupplung

8.3.2 Motorräder für das Gelände (Off road)

8.3.2.1 Motocross

Unter Motocross versteht man ein Fahren im unbefestigten Gelände, zumeist auf dafür abgeschlossenen Rundkursen mit zum Teil ausgedehnten Sprüngen.
Im Rahmen einer WM oder AMA, in Amerika ausgetragene Rennveranstaltungen, werden entweder unter freiem Himmel, unter dem Titel Motocross Veranstaltung oder in Hallen als Supercross geführt, **Bild 8-82, 8-83**.
Der wichtigste Unterschied liegt in der Streckenlänge und dem Layout der Strecke sowie den Fahrbahnbedingungen. Die Strecken im Freien sind zwischen 1,5 und 4 km lang und mit weniger spektakulären Sprüngen versehen als die anspruchsvollen kurzen Strecken in Hallen. Ein weiterer Umstand sind die Witterungsbedingungen im Freien, in denen das Motorrad und der Motor überleben müssen. Diese variieren von sehr staubig und hart bis zu schlammig, rutschig und nass.
Die für diesen Zweck entwickelten Motorräder unterliegen verschiedenen Reglements, sind jedoch nicht für die Straße homologiert.
Bei der Auslegung der Motoren wird vor allem auf folgende Randbedingungen Augenmerk gelegt:
Der Motor soll in nahezu jeder Lage zumindest kurze Zeit betrieben werden können.
Überdurchschnittlicher Kupplungsabrieb und damit starke Ölverschmutzung dürfen ihm nichts anhaben.
Eine robuste Konstruktion des Motors ist Vorraussetzung, um den rauen Betrieb im Bezug auf Schläge, angesaugten Staub und Sand sicher zu stellen.
Aus diesen Anforderungen heraus haben sich ursprünglich 2-Takt Motoren mit 4 Gang Getrieben entwickelt.

Bild 8-82 Bild im Rennbetrieb

Die Wiege des Offroadsports

Der 2-Takt Einzylinder Motor war der unschlagbare und traditionelle Antrieb in den klassischen Hubraumvarianten der Rennreglements. Andere Motorkonzepte haben bei gleichem Hubraum kaum eine Chance gegen die sehr hohe, spezifische Leistungsausbeute eines für den Rennbetrieb konzipierten 2-Takt Motors.
Erst auf Grund von starkem Druck und Lobby der großen japanischen Herstellern, die wegen deren Produkt- und Marketingstrategien im Offroad-Wettbewerb ausschließlich mit 4-Takt Motoren antreten wollen, wurden die Rennreglements zugunsten des 4-Takt Konzeptes geändert. Das heißt Anfang der Jahrtausendwende wurden die Rennreglements inso-

Bild 8-83 Bild im Rennbetrieb

fern modifiziert, dass Fahrzeuge mit 4-Takt Motoren beinahe, beziehungsweise genau den doppelten Hubraum als Fahrzeuge mit 2-Takt Motoren in den einzelnen Rennklassen an den Start gehen dürfen. So treten heute 125 ccm 2-Takt Motoren gegen 250 ccm 4-Takt Motoren, sowie 250 ccm 2-Takt gegen 450 ccm 4-Takt Fahrzeuge, in Enduro- und Motocrossbewerben an. Die Vormachtstellung des 2-Takt Motors im Offroadsport ist dadurch eliminiert, dennoch ist der 2-Takt Motor heute, nach dem ersten 4-Takt Boom, wieder aktuell, da er (bei gleichem Hubraum ohnehin unschlagbar) auch bei diesen ungleichen Bedingungen noch wettbewerbsfähig geblieben ist. Speziell in den Enduroklassen E2 und E3 sind 2-Takt Fahrzeuge sehr konkurrenzfähig. Ursache dafür sind die ganz spezifischen Vorteile der 2-Takt Konzepte, die je nach Art des Wettbewerbs, der Streckenverhältnisse und Bedürfnisse des Fahrers zum Vorschein kommen. Auch sind das niedrige Gewicht, die geringeren Anschaffungs- und Instandhaltungskosten ein wesentliches Argument für den 2-Takt Motor. Besonders bei Hobby- und Clubrennen so wie Trainingsveranstaltungen, aber auch für den Jugendsport oder finanzschwächeren Privatteams, spielt der Kostenaspekt eine wichtige Rolle.

Anforderungen an einen Offroad – Wettbewerbsmotor

Möglichst geringes Gewicht, hohe Leistungsausbeute bei trotzdem gut fahrbarer und in Traktion umsetzbarer Leistungsentfaltung sind wesentliche Merkmale, um die gewünschte Fahrdynamik zu erreichen. Die optimale Fahrdynamik, die nur in perfekter Symbiose zwischen Chassis, Motor und Fahrer funktionieren kann, ist letztendlich für schnelle Rundenzeiten verantwortlich. Das Fahrzeug muss in diesen Anforderungsmerkmalen möglichst gut adaptierbar sein um es den jeweiligen Bedingungen (Wettbewerb, Strecke, Fahrer) anpassen zu können.
Dazu zählen auch folgende Merkmale:

- Einstellbare Motorcharakteristik
- Geringer Platzbedarf und Integrierbarkeit des Motors
- Lage der rotierenden Motormassen (Handling zu Fahrstabilität) und optimale Abstimmung der Massenträgheitsmomente zur Motorcharakteristik (Traktion, Fahrbarkeit zu Ansprechverhalten und Aggressivität).

Bauarten 2-Takt Motocross- und Enduromotoren

50 ccm Automatik, **Bild 8-84**, **8-85**

wird für Kindermotocross-Bewerbe und Trainingsfahrten eingesetzt. Es handelt sich um luft- oder wassergekühlte 2-Takt Motoren, die zur Kraftübertragung mit einer Einstufen-Automatik – Fliehkraftkupplung ausgestattet sind. Die Leistungsausbeute beträgt bis zu 12 PS bei 11.500 min^{-1}.

65 ccm MC

In dieser Hubraumklasse werden wassergekühlte 2-Takt Motoren verwendet. Die Kraftübertragung erfolgt bereits über eine Mehrscheiben – Ölbadkupplung und ein klauengeschaltetes Sechsganggetriebe. Derzeit werden etwa 16 PS bei 11.500 min^{-1} realisiert; eine höhere Leistungsausbeute würde der Fahrbarkeit entgegenwirken.

85/105 ccm MC, **Bild 8-86**

Es handelt sich um wassergekühlte 2-Takt Motoren mit Auslasssteuerung mittels drehzahlabhängiger

Bild 8-84 Motorrad 50 SX

Bild 8-85 Mini an Aktion

Steuerklappenstellung. Die Steuerklappe wird über einen Fliehkraftregler bewegt. Die Kraftübertragung erfolgt über eine Mehrscheiben-Ölbadkupplung und ein klauengeschaltetes Sechsganggetriebe. Derzeit werden etwa 26 PS bei 11.500 min^{-1} realisiert. Die Leistung ist im Fahrbetrieb gut umsetzbar, weil die Auslasssteuerung für einen flacheren Leistungsanstieg sorgt also für mehr Drehmoment auch in den unteren und mittleren Drehzahlen.

Bild 8-86 Motorrad 85SX

125/200/250/300 ccm MC/E, **Bild 8-87**

Es sind wassergekühlte 2-Takt Motoren mit Auslasssteuerung mittels drehzahlabhängiger Steuerklappenstellung des Auslasskanals, sowie durch Walzenschieberstellung der beiden Hilfsauslässe. Die Steuerklappe und die beiden Hilfsauslässe werden über einen Fliehkraftregler und ein Hebelsystem beziehungsweise Mechanik bewegt. Kraftübertragung über eine Mehrscheibenölbadkupplung und ein klauengeschaltetes Sechs- beziehungsweise Fünfganggetriebe. Derzeit werden in einem Serienfahrzeug mit 125 ccm etwa 40 PS bei 11.500 min^{-1}, bei einem 250 ccm Serienfahrzeug
51 PS bei 8500 min^{-1}, realisiert. Die Leistung ist im Fahrbetrieb gut umsetzbar, weil die Auslasssteuerung für einen flacheren Leistungsanstieg, das heißt mehr Drehmoment auch in den unteren und mittleren Drehzahlen, sorgt.

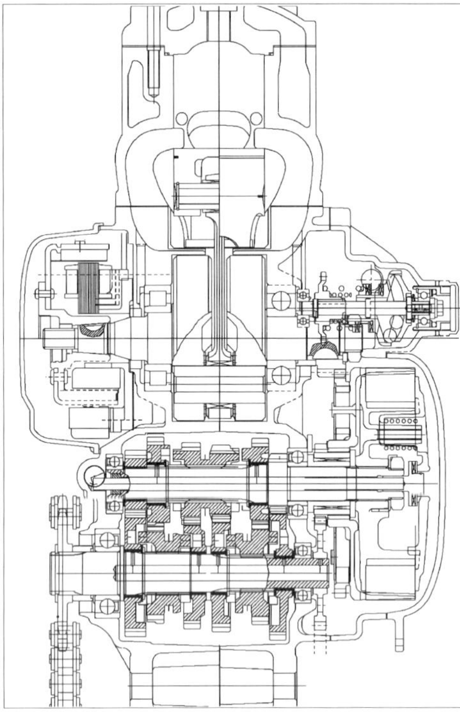

Bild 8-87 Schnitt Motor 125SX

Serienlösungen an 2-Takt Motocross und Enduro Wettbewerbsmotoren

Motocross und Enduro Wettbewerbsmotoren sind so kompakt und leicht wie möglich gestaltet; dabei muss in der Serienfertigung auf die Herstellkosten geachtet werden.

Motorgehäuse, Wasserpumpendeckel, Kupplungszwischendeckel, Kupplungskorb, Kupplungsmitnehmer und Kupplungsdruckkappe

Druckgusslegierung Al226 GD-AlSi9Cu3. Das Fertigungsverfahren Druckguss bietet sich an, weil es sehr dünne Wandstärken (bis 2 mm), eine hohe Genauigkeit, damit verbunden einen hohen Vorfertigungsgrad, (das heißt es kann auf viele mechanische Bearbeitungsschritte verzichtet werden), sehr günstige Rohteil- und Bearbeitungskosten, sowie hohe Prozesssicherheit und Qualität ermöglicht. Nachteil sind die sehr teuren Druckgusswerkzeuge (circa 300.000 € pro Werkzeug), welches sich erst ab einer gewissen Stückzahl rechnet, sowie die Unflexibilität in der Gestaltung (keine verlorenen Kerne möglich).

Motordeckeln

Zündungsdeckel, Kupplungsdeckel und Steuerungsdeckeln sind ebenfalls aus den genannten Gründen im Druckgussverfahren, allerdings mit Magnesiumlegierung MgAl9Zn1, gegossen.

Magnesiumdruckgussteile sind etwa 35 % leichter als Aluminiumdruckgussteile. Die Deckel benötigen keine anschließende mechanische Bearbeitung; in gegossenen Dichtringnuten werden Formdichtringe aus NBR 70 (Nitrile Butadiene Rubber) oder Viton eingelegt, jedoch müssen sie pulverbeschichtet werden, da Magnesium ein starkes Korrosionsverhalten zeigt. Dieses verhindert auch den Einsatz von Magnesium bei Bauteilen mit Kühlmittelkanälen, da das Kühlmittel sehr aggressives Korrodieren von Magnesium verursacht.

Zylinder, Zylinderkopf, **Bild 8-88**

Kokillengusslegierung 12CuMgNi, warm ausgelagert. Niederdruck Kokillenguss bietet sich an, weil zum einen die Notwendigkeit von verlorenen Kernen besteht (Wasserraum, Überströmkanäle, Auslasskanal), und zum anderen die Rohteile genauer und billiger sind als Sandgussteile. Grund dafür ist die Stahlkokille, deren Kavitäten die Außenform der Teile darstellen. Im Sandguss muss jede Außenform einzeln in Sand geformt werden und geht verloren. Zudem sind die Sandkerne in der Stahlkokille präziser gelagert, die nicht formgebundenen Geometrien sind also auch genauer als beim Sandguss. Die Lauffläche des Zylinders ist mit einer Nikasilbeschichtung versehen, eine galvanisch aufgebrachte Nickelmatrix mit eingelagerten, sehr harten Siliziumkarbiden, anschließend gehont, und mit einem sogenannten Kreuzschliff versehen, welcher die Ölaufnahmefähigkeit der Zylinderwand verbessert.

Bild 8-88 Motor-Schnitt 125/200

Kolben

Kokillengusslegierung G-AlSi18CuMgNi, Niederdruck-Kokillenguss, ohne verlorene Kerne. Das Gusswerkzeug besteht zur Gänze aus Stahl. Der Siliziumgehalt der Legierung ist maßgebend für das Verschleißverhalten, jedoch auch für die mögliche Dünnwandigkeit des Kolbens. Im Allgemeinen gilt: Je weniger Si Gehalt, umso zäher und somit dauerfester und besser geeignet für leichte, dünnwandige Kolben, die jedoch schneller die Verschleißgrenze am Kolbenhemd erreichen. Schmiedekolben werden in der Regel mit bis maximal 14 % Si gefertigt, da bei höheren Anteilen der Werkstoff beim Schmieden rissig wird.

Kurbelwelle/Pleuel

„Gebaute" Kurbelwelle mit geschmiedeten Kurbelwangen aus 42CrMoS4, gut spanbarer Vergütungsstahl mit hoher Festigkeit bei guter Zähigkeit, nicht

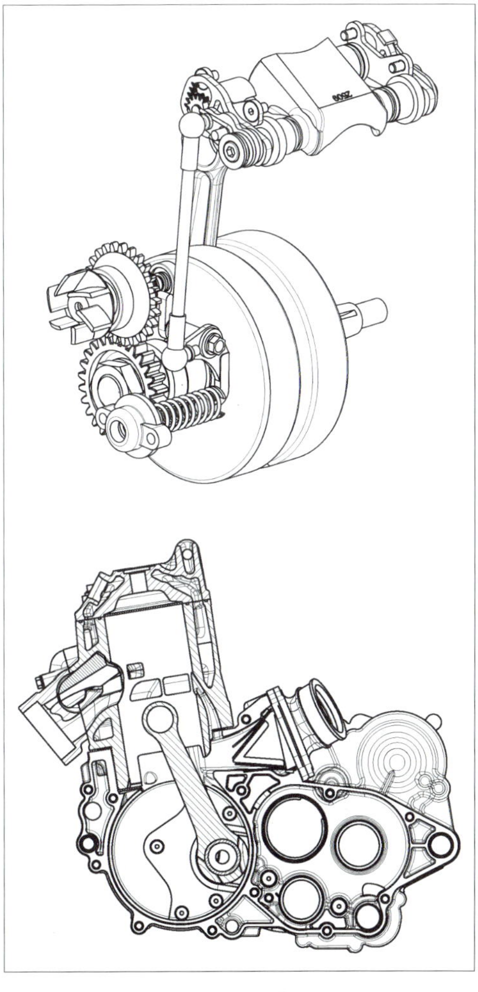

Bild 8-89 Auslasssteuerung KTM

Bild 8-90 Fahrzeug KTM 450 SX-F

gehärtet. Hubzapfen aus 16MnCr5, einsatzgehärtet für hohe Verschleißfestigkeit bei zähem Kern. Pleuel aus 15CrNi6, aufgekupfert und somit partiell an den Verschleißflächen der Pleuelaugen einsatzgehärtet.

Getriebe

Kaltfließgepresste Getrieberäder aus 17CrNiMo6, hohe Festigkeit, einsatzgehärtet. Rohteile haben ein kaltverfestigtes Gefüge und hohen Vorfertigungsgrad, die Schaltklauen und -taschen sind fertiggepresst. Nach dem Bearbeiten werden die Teile elektrochemisch entgratet, um die Kerbwirkung der Bearbeitungsriefen zu verringern.

Moderne 2-Takt Motocross- und Enduromotoren verfügen über ausgeklügelte Steuermechanismen und Kanalanordnungen. So ist zum Beispiel ein Abgasschieber mit den unterschiedlichsten Betätigungen Stand der Technik, **Bild 8-89**.

Bild 8-91 Rechte Ansicht KTM 450 SX-F

Aus diesen grundsätzlichen Merkmalen haben sich auf Druck über das Reglement auch Einzylinder 4-Takt Motoren entwickelt. Diese wurden und werden zum größten Teil ebenfalls wälzgelagert ausgeführt.

Bauarten 4-Takt Motocross- und Endurowettbewerbsmotoren

Die ausgeführten Hubräume von 250, 450 und größer 475 ccm ergeben sich wie bereits oben beschrieben aus dem FIM Reglement für Enduro- und Motocrosswettbewerbe. Die meisten Hersteller benutzen für einen Hubraum die gleiche Motorenbasis für Motocross und Enduro mit ein paar, speziell für den jeweiligen Einsatz, abgestimmten Features. Der Hubraum >475 ccm ist immer eine Ableitung des 450 ccm Motors, meistens mit einer vergrößerten Bohrung, **Bild 8-90, 8-91**.

Motorgehäuse/Zylinder/Motordeckel

Vertikal geteilte Motorgehäuse aus Aluminium, mit Kurbel- und Getrieberaum und aufgesetztem beschichtetem closed Deck Zylinder.
Motordeckel aus Magnesium (solange sie nicht wasserführend sind).

Kurbeltrieb/Massenausgleich, **Bild 8-92**

Der Kurbeltrieb besteht aus einer gebauten Kurbelwelle, wälzgelagert mit Kugel- und/oder Rollenlager, aus einteiligen Pleuel mit Nadellager im großen und Gleitlager im kleinen Auge und aus einem Aluminiumschmiedekolben.
Die Kolbendurchmesser bei den Motocrossmotoren bewegen sich in der 250 ccm Klasse um 76 mm, in der 450 ccm Klasse um 97 mm. Mit den jeweiligen Abregeldrehzahlen von circa 13.500 und 12.000 U/min ergeben sich damit Kolbengeschwindigkeiten von ungefähr 25 m/sec. Zur Reibungs-, Gewichts- und Bauraumoptimierung sind die Kolben als Einringkolben ausgeführt. Für eine kompakte Bauweise sorgen des Weiteren kurze Pleuel mit einem Schubstangenverhältnis von etwa 0,30.
Die Schwungmasse auf den Kurbelwangen ist ein wesentlicher Bestandteil zur Gestaltung der Motorcharakteristik. Verringerungen führen zu einem verbessertem Handling des Gesamtfahrzeuges und zu einem verbesserten Ansprechverhalten, Erhöhungen zu einer verbesserten Traktion und einer geringeren Absterbneigung des Motors.
Die Wälzlagerung wird aus Sicherheitsgründen gewählt, da im Offroadbetrieb durch häufiges Stürzen die Motoren des öfteren kurzfristig ohne Druckölversorgung laufen.
Zur Reduktion der Motorvibrationen sind die 450 ccm Motoren mit einer Ausgleichswelle ausgeführt. Auf der Kurbelwelle werden dabei meistens 40–50 % der oszillierenden Massen ausgeglichen, auf der Ausgleichswelle aus Platzgründen nur 20–

Bild 8-92 Kurbeltrieb/Ventiltrieb KTM 450SX-F

30 %. Die 250 ccm Motoren verzichten zum Teil auf eine Ausgleichswelle. Dies wird durch konsequente Reduktion der oszillierenden Massen (aktuell circa 240 g) und einer Optimierung des Massenausgleichs ermöglicht.

Zylinderkopf/Ventiltrieb/Steuertrieb

Aufgrund der hohen Drehzahlen sowie hohen Ventilbeschleunigungen und der damit notwendigen Ventiltriebssteifigkeit kommen bei Motocrossmotoren mehrheitlich DOHC Systeme mit Tassen- oder Schlepphebeltrieb zur Anwendung. Da andererseits bei Enduromotoren von Seiten des Anwenders nicht so hohe Drehzahlen gefordert werden, sind sie zum Teil noch als SOHC mit Kipphebeln ausgeführt. Die Vorteile der SOHC liegen in einer kompakteren, leichteren, montage- und servicefreundlicheren Bauweise.
Alle Motoren sind als 4 oder 5 Ventiler ausgeführt. Zur Massenminimierung wird als Ventilwerkstoff fast durchweg Titan und als Federtellerwerkstoff zum Teil MMC (metal-matrix-composite) verwendet.
Der Steuertrieb wird fast durchgehend mit Zahnketten und hydraulischem oder mechanischem Kettenspanner realisiert.

Getriebe/Kupplung

Die Getriebe sind mehrheitlich als Klauengetriebe ausgeführt. In der 250 ccm Klasse verwenden Enduro und Motocross 6-Gang Getriebe. Beim Endurogetriebe mit einer größeren Spreizung zur Erzielung einer höheren Höchstgeschwindigkeit für Verbindungsetappen bei Rennen und zum Fahren mit Schrittgeschwindigkeit in extremem Gelände.
450 ccm Motoren sind als 4 bis 5 Gang für Motocross und 5 bis 6 Gang für Enduro ausgeführt. Die Kupplung ist immer eine Mehrscheiben-Ölbadkupplung. Kupplung und Getriebe sind aufgrund der extremen Belastung im Offroadbetrieb (fahren mit schleifender Kupplung, Landungen nach Sprüngen mit hohen Differenzdrehzahlen) sehr robust gestaltet.

Gemischaufbereitung

Obwohl alle Hersteller an Offroad elektronischen Einspritzsystemen (EFI) arbeiten, verwendet die Mehrheit nach wie vor Flachschiebervergaser. Die Vorteile liegen in einer sehr hohen Ausfallsicherheit bei extremen Anwendungen, der einfachen Adaptierbarkeit bei Motortuning und geänderten Umweltbedingungen (Temperatur, Luftdruck), einem niedrigeren Fahrzeuggesamtgewicht und der billigeren Herstellkosten. EFI Systeme bieten aber deutlich mehr Möglichkeiten, die Motorcharakteristik zu gestalten. Im Endurobereich wurde aufgrund der Abgasgesetzgebung EFI ab Dezember 07 eine Notwendigkeit.

Schmiersystem

Um die Motoren möglichst kompakt und mit wenig Gewicht auszuführen, wird generell versucht, mit möglichst wenig Öl (1,2–1,5 l) auszukommen. Dazu werden auch kurze Ölwechselintervalle (5–15 Betriebsstunden) in Kauf genommen. In Serie realisiert sind Motoren mit einem oder zwei Ölkreisläufen für Kurbelraum/Zylinderkopf und Getriebe/Kupplung. Der Vorteil von zwei Kreisläufen liegt in einem saubereren Motoröl ohne Kupplungsabrieb für Kurbelraum und Zylinderkopf, die Nachteil in einem höheren Aufwand.
Der Druckkreislauf besteht aus einer Eaton Pumpe, Druckregelventil und Ölfilter. Ölleitungen sind mehrheitlich, der Ölfilter immer im Gehäuse und/oder den Deckeln integriert.
Die Kurbelraumölentsorgung erfolgt zum Teil mit Eaton Saugpumpen, zum Teil mit Flatterventilen unter zu Hilfenahme der Pumpwirkung des Kolbens und zum Teil durch einen einheitlichen Kurbel- und Getrieberaum mit Absaugung und eigenem Öltank.

Kühlsystem

Aufgrund der hohen Leistungsdichte (circa 130 PS/l bei 450 ccm und 160 PS/l bei 250 ccm) sind alle Motoren wassergekühlt. Enduromotoren sind aufgrund des breiten Einsatzgebietes mit einem Thermostat und nachrüstbarem Lüfter ausgestattet,

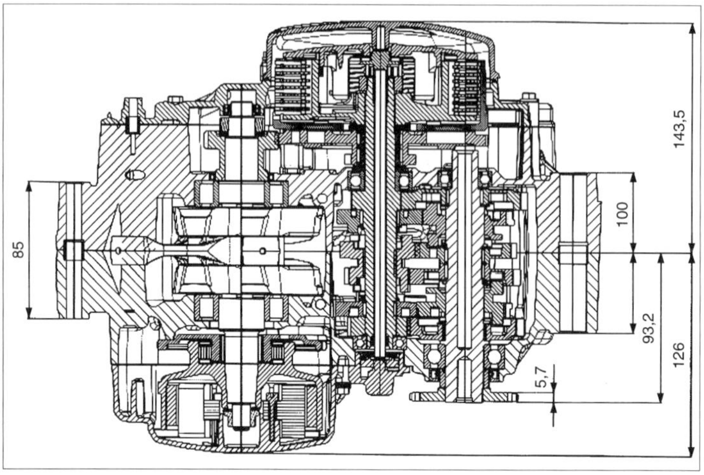

Bild 8-93 Motorschnitt KTM 250 SX-F

Motocrossmotoren ohne Thermostat und ohne Lüfter.
Die Wasserpumpe sitzt meistens auf der dem Kurbelraum vorgelagerten Ausgleichswelle, in manchen Fällen auch auf der Nockenwelle oder auf einem Steuertriebzwischenrad.

Starteinrichtung

Zur erleichterten Startbarkeit sind mittlerweile alle Endurofahrzeuge mit E-Starter ausgerüstet. Da in schwerem Gelände durch mehrmaliges Starten die Batterie oft vollständig entleert wird, wird als Backupsystem ein Kickstarter vorgesehen. Aus Gewichtsgründen wird bei Motocross meistens auf einen E-Starter verzichtet (Gewichtsvorteil von circa 2 kg), **Bild 8-93**, **8-94**.

8.3.2.2 Enduro und Rallye

Im Gegensatz zum Motocross-Motorrad ist das Enduro-Motorrad ein geländegängiges Fahrzeug, ebenfalls für den Einsatz auf der Straße zugelassen. Um diese Straßenzulassung zu erreichen, sind oft Leistungsreduktionen zur Erreichung des Geräuschlimits notwendig, **Bild 8-95**, **8-96**.
Diese werden zur Zeit über verschiedene Auspuffanlagen, Beeinflussung des Zündzeitpunktes und Schieberanschläge verwirklicht. So kann man abseits öffentlicher Straßen mit einer Wettbewerbsabgasanlage und -Zündkurve, sowie ohne Schieberanschlag, mit erheblicher Mehrleistung rechnen.

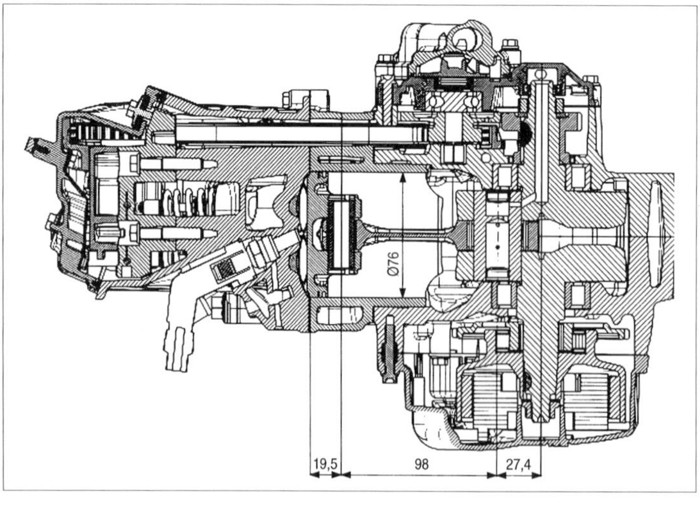

Bild 8-94 Motorschnitt KTM 250 SX-F

Bild 8-95 Erzberg

Bild 8-96 Paris-Dakar

Bild 8-97 KTM 525 EXC

In Ergänzung zur oben beschriebenen Wettbewerbs- oder Sportenduro entstand im Laufe der Zeit eine breite Palette von Straßen-, Reise-, Rallye- und Hard-Enduros für die unterschiedlichsten Nutzungen und Veranstaltungen, mehr oder weniger geländetauglich ausgeführt, **Bild 8-97**, **8-98**.

Da diese Enduromodelle aus unterschiedlichen Fahrzeug- und Motorfamilien entstanden sind, gibt es hier zwei Motorkonzepte. Zum einen die Ableitung vom Motocrossmotor und zum anderen von einem Straßenmotor, **Bild 8-99**.

In beiden Fällen sind Adaptionen im Kühl-, Ölkreislauf und in der Getriebeabstufung die einzigen Maßnahmen.

8.3.2.3 Trial

Ähnlich wie die Motocross Motorräder sind die Trial-Motorräder in der Regel ohne Straßenzulassung als reines Sportgerät entwickelt. (Trials sind homologiert wie Enduros).

Die Enduro-ähnlichen Hubraumklassen (50, 80 125, 250 und 320 ccm) haben sich aus 2-Takt Motoren entwickelt und wurden erst seit 2005 durch den 4-Takt Motor ergänzt.

In diesem Sport spielt Fahrzeuggewicht (70 bis 80 kg), neben guter Gasannahme und gutem Niedrigdrehzahlverhalten eine entscheidende Rolle. Die technischen Modifikationen der größten Teils aus dem Motocross weiterentwickelten Motoren zielen auf erhöhte Schwungmasse, andere Getriebeabstufung und eventuell kompaktere Anordnung des gesamten Motorpackages ab.

Bild 8-98 KTM Rallye

Bild 8-99 KTM 990 Adventure

8.3.3 Gesetzgebung

8.3.3.1 Abgasemissionen

1994 wurden die ersten Abgasnormen für Motorräder eingeführt. Motorradfahrer und Hersteller reagierten eher abweisend auf die neuen Gesetze. Damals herrschte die Meinung, dass „die paar Motorräder" doch kaum Auswirkungen auf die Gesamtemissionen haben. Dazu muss man aber folgende Fakten berücksichtigen, die vor einigen Jahren vom deutschen Bundesumweltministerium veröffentlicht wurden:

- Motorräder haben nur einen Anteil von circa 2,5 % der Gesamtjahresfahrleistung, stellen aber andererseits 15 % der gesamten HC-Emissionen.
- Der HC-Ausstoß aller Motorräder im Sommer ist etwa genauso groß wie der der G-Kat-Autoflotte mit 20-facher Fahrleistung.
- Die Start- und Verdunstungsemissionen stellen über 40 % der gesamten Zweirademissionen dar.

Die Forderungen der Gesetzgeber waren also nicht unbegründet und führten zu folgenden Änderungen:

- 1999 EURO-1 Einführung einheitlicher Vorschriften für Abgasgrenzwerte
- 2002 EURO-2 für Kleinkrafträder
- 2003 EURO-2 für Krafträder
- 2006 EURO-3 für Krafträder.

In diesen letzten 12 Jahren wurden bei den Abgasemissionen große Fortschritte erreicht. Die Grenzwerte für die Schadstoffe CO, HC und NO_x konnten europaweit drastisch gesenkt werden. Insgesamt sanken seit 1994 die Grenzwerte für HC und CO um 95 % und die der NO_x um 50 %, **Bild 8-100, 8-101**. Nicht nur die Grenzwerte selbst, sondern auch die Abgastestzyklen zur Ermittlung der Abgaswerte wurden strenger. Die Ermittlung der Abgaswerte erfolgt auf einem Rollenprüfstand, wo die vorgegebenen Last/Drehzahlzyklen exakt abgefahren werden können. Dabei wird Abgas an der Austrittsöffnung des Endschalldämpfers entnommen und einer CVS-Anlage (Constant Volume Sampler) zugeführt. Dort werden die Abgase in einem Verdünnungstunnel

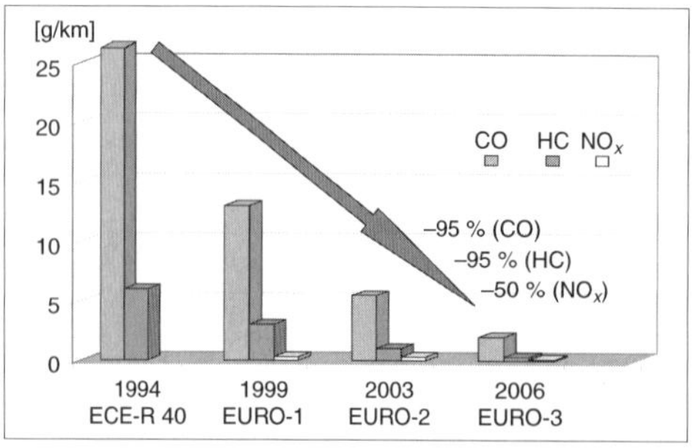

Bild 8-100 Absenkung der Abgasgrenzwerte seit 1994

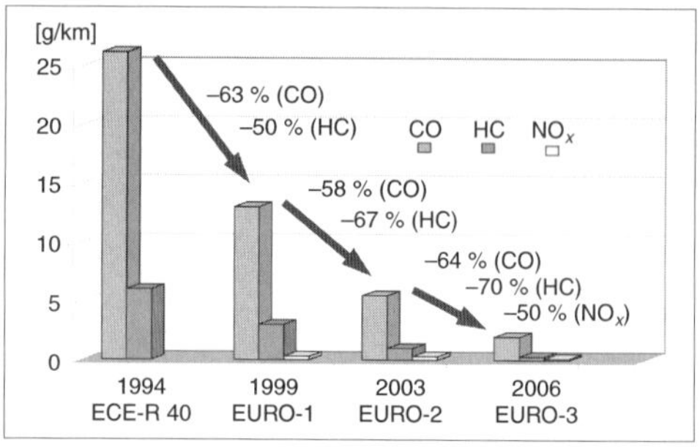

Bild 8-101 Absenkungsschritte

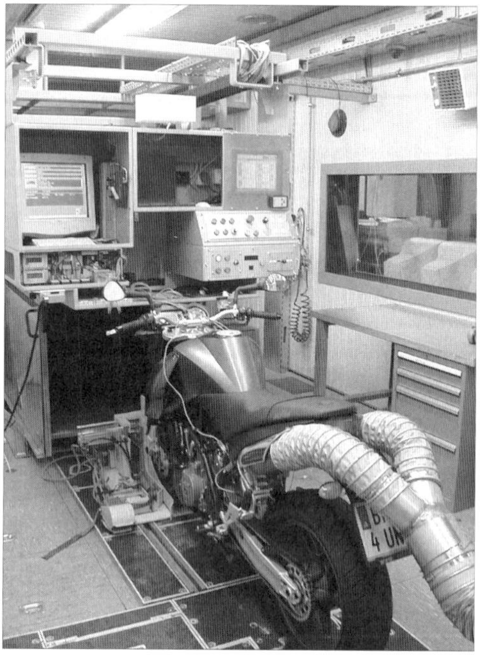

Bild 8-102 Abgasrollenprüfstand

definiert verdünnt und ein festgelegter Teil in drei Beuteln gespeichert. Nach dem Testzyklus analysiert eine Abgasmessanlage den Beutelinhalt und bestimmt neben den integralen Abgaswerten, die mit den Grenzwerten verglichen werden, auch die zeitlich aufgelösten Schadstoffwerte, so dass analysiert werden kann, wo das Motorrad hinsichtlich der Abgaswerte gut oder schlecht arbeitet. Im Beutel 1 befindet sich Abgas aus der Start- und Warmlaufphase, in Beutel 2 Abgas aus den Stadtzyklen im warmgefahrenen Zustand und in Beutel 3 ist mit Abgas aus der Überlandfahrt bis 120 km/h. So kann der Motorentwickler gezielt an Verbesserungen arbeiten, **Bild 8-102, 8-103**.

Bis 2006 war der Abgaszyklus EURO-2 gültig. Der EURO-2-Zyklus bestand aus sechs innerstädtischen Dreierblöcken, wobei die Abgasentnahme erst nach

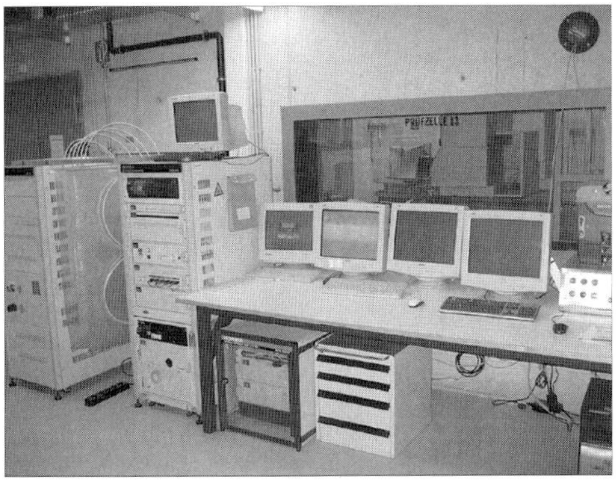

Bild 8-103 CVS-Anlage

dem ersten innerstädtischen Block gestartet wurde. Die Motoren hatten damit 390 sec Zeit aufzuwärmen und den Katalysator auf Betriebstemperatur (>250 °C) zu bringen. Ab 1.1.2006 gilt europaweit EURO-3. Es wurden die Abgasgrenzwerte gegenüber EURO-2 um circa 50 % reduziert.

Neue Grenzwerte

- CO < 2,0 g/km
- HC < 0,3 g/km
- NO_x < 0,15g/km.

Zum anderen wurde der Messzyklus verschärft. Der verwendete Messzyklus für Motorräder mit mehr als 150 cm^3 Hubraum ist an den NEDC (New European Driving Cycle) der Automobile angelehnt und wird NEDC-Motorcycle genannt. Er besteht aus zwei Teilen. Teil 1 besteht wie bisher aus sechs innerstädtischen Zyklen (dem ECE R40 kalt). Teil 2 simuliert einen außerstädtischen Zyklus (EUDC – Extra Urban Drive Cycle), der etwas höhere Drehzahl- und Lastphasen mit erfassen soll. Ein wichtiger Unterschied zum EURO-2-Zyklus ist die Startphase, da von Beginn an Abgas gemessen und somit die gesamte Kaltstartphase mit erfasst wird, **Bild 8-104**.

Für Motorräder mit maximal 150 cm^3 unterscheidet sich der Euro-3-Zyklus durch die fehlende Überlandfahrt. Es werden nur sechs Stadtzyklen ECE R40 gemessen, **Bild 8-105**.

Weil der Abgasmesszyklus das Fahrverhalten nur sehr unzureichend beschreibt, arbeiten die europäischen und internationalen Gremien daran, einen WMTC (Worl Motorcycle Testing Cycle) festzulegen. Dieser beinhaltet weniger stationäre und mehr dynamische Phasen, was die Einhaltung der Grenzwerte noch etwas schwieriger macht.

Für den WMTC gibt es auch eine andere Klassifizierung der Fahrzeuge nach Hubraum und Maximalgeschwindigkeit:

- Für die Klasse 1 wird der Teil 1 kalt und heiß gefahren und mit je 50 % gewichtet
- Klasse 2 fährt Teil 1 kalt und Teil 2 heiß, wobei Teil 1 mit 30 % und Teil 2 mit 70 % gewichtet wird
- Klasse 3 fährt Teil 1 kalt, Teil 2 heiß und Teil 3 heiß, wobei die Teile mit 25 %, 50 % und 25 % gewichtet werden.

Der derzeitige Zyklus, der aber noch nicht endgültig verabschiedet ist, ist in **Bild 8-106** dargestellt.

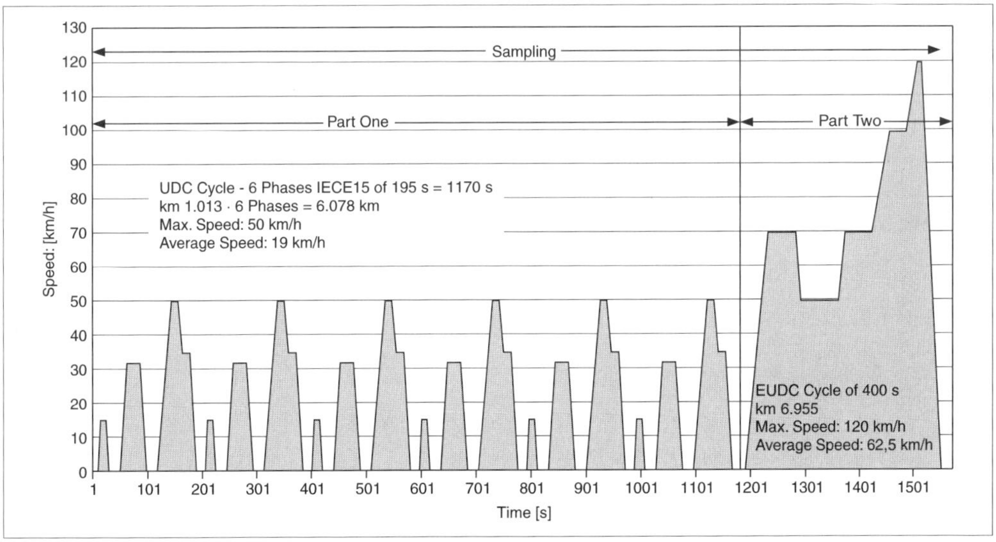

Bild 8-104 Euro-3-Zyklus für Motorräder mit mehr als 150 ccm

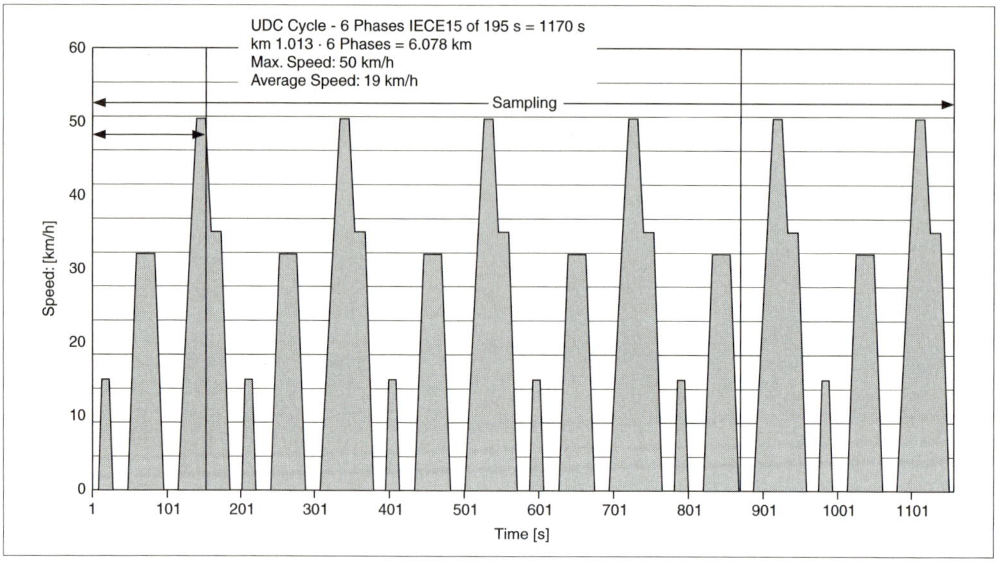

Bild 8-105 Euro-3-Zyklus für Motorräder ≤150 ccm

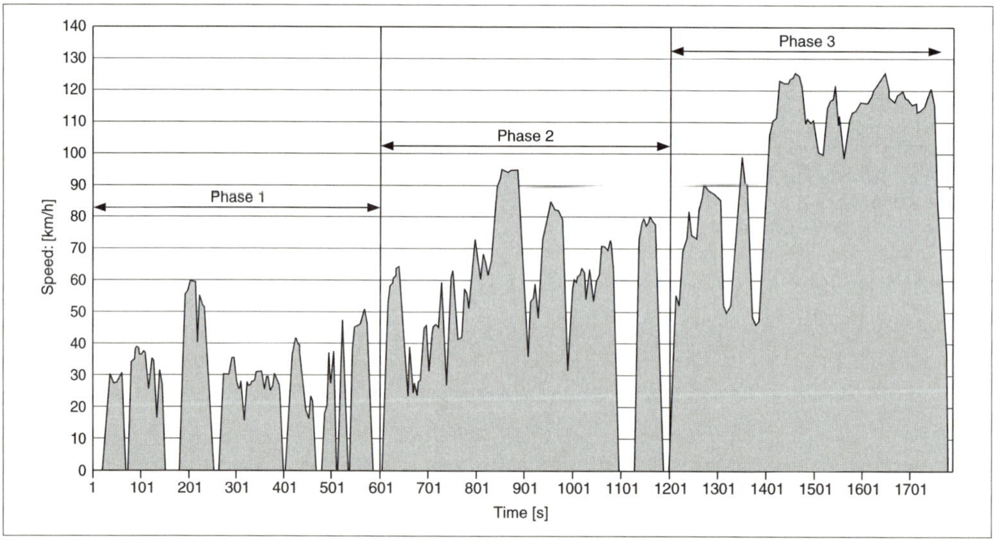

Bild 8-106 WMTC-Zyklules

Die Klassifizierung des WMTC-Zyklus zeigt **Bild 8-107**.

Die Euro-3-Grenzwerte sind ohne Abgasnachbehandlung mit Katalysator nicht mehr zu unterschreiten. Die Hauptaufgaben der Ingenieure zur Erreichung der Abgasgrenzwerte bestehen aus:

- Minimierung der Rohgas-Schadstoffemissionen
- Abgasnachbehandlung
- ECU-Applikationsstrategie.

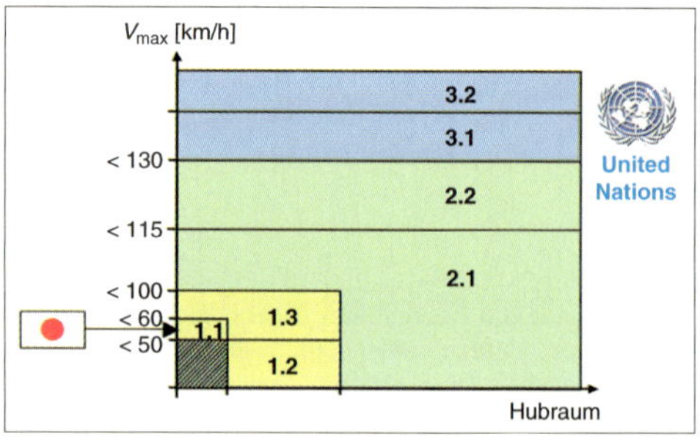

Bild 8-107 Klassifizierung WMTC-Zyklus

Minimierung der Rohgas-Schadstoffemissionen

Die Minimierung der Rohgas-Schadstoffemissionen erfolgt durch innermotorische Maßnahmen:

- Interne Restgasrückführung
- Ladungsbewegung
- Gemischbildung
- Brennraumgestaltung.

Interne Restgasrückführung

Zur Minimierung der Rohgas-Schadstoffemissionen wird meist ein Kompromiss zwischen Volllastdrehmoment und -leistung auf der einen Seite und der Verbrennung im Teillastbereich auf der anderen Seite gesucht. Die hohe Leistungsausbeute ist bei Motorradmotoren nur bei hohen Drehzahlen möglich. Dies erfordert eine Auslegung der Ladungswechselorgane (Ventildurchmesser, Kanaldurchmesser und -geometrie, Ventilsteuerzeiten, Saugrohrlänge und -durchmesser) auf geringe Strömungsverluste bei Nenndrehzahl. Diese Auslegung bringt jedoch große Nachteile im gesamten Teillast- und insbesondere im Niedriglastbereich im leerlaufnahen Bereich mit sich. Die großen Ventilüberschneidungsquerschnitte erzeugen eine hohe innere Abgasrückführrate, indem das nicht ausgeschobene Restgas eines Zyklus bei Einlass-Öffnet durch den Unterdruck auf der Saugseite ins Saugrohr strömt und dann im nächsten Zyklus wieder angesaugt wird. Die großen Kanalquerschnitte sorgen bei geringer Ladungsdichte in der Teillast und geringen Anregungen durch niedrige Drehzahlen für geringe Einströmgeschwindigkeiten des Frischgemisches. Dies führt zu kaum vorhandener Ladungsbewegung, was eine schlechte Durchmischung von Restgas und Frischgemisch zur Folge hat. Es liegt also ein unhomogenes Gemisch vor, was durch den hohen Restgasanteil schwer entflammbar ist. Zudem hat die Flammentransportgeschwindigkeit ein sehr geringes Niveau, was dazu führt, dass die ohnehin sehr träge ablaufende Entflammung nur verhältnismäßig langsam durch den Brennraum wandert. Unter solchen Umständen kann die Verbrennung bis weit über 90° nach OT ablaufen, was dazu führt, dass der Auslass während dieser verschleppten Verbrennung schon wieder öffnet. Dies führt zu einem Arbeits- und Wirkungsgradverlust, überhöhten Rohgas-Schadstoffemissionen und durch die hohen Abgastemperatur zu einem stark belasteten Katalysator. Der Restgasanteil kann in der Niedrigstlast soweit ansteigen, dass Entflammung beziehungsweise Durchbrennen gar nicht mehr möglich ist. Es kann, gerade bei Motoren mit wenig Schwungmasse, zu vereinzelten Aussetzern oder gar zum Absterben des Motors kommen. Aufgrund des Wunsches nach immer weiter steigender Leistung und der gleichzeitig immer strenger werdenden Abgasgesetzgebung werden auch Motorradmotoren in der Zukunft mit Variabilitäten ausgestattet werden. Nur so werden sich einerseits gute Durchströmungseigenschaften und andererseits gutes Teillastverhalten verbinden lassen.

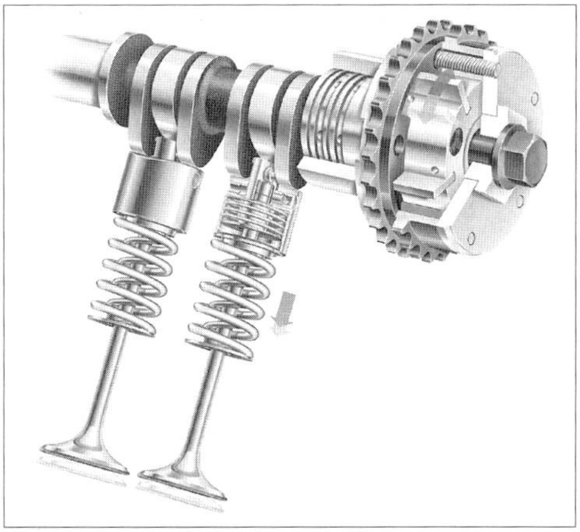

Bild 8-108 Bild Hubumschalter

Art und Anzahl der Variabilitäten werden aber im Vergleich zum Automobil eingeschränkt sein. Gründe dafür sind Bauraum, Gewicht, Drehzahlfestigkeit und Kosten.

Im Nachfolgenden sind einige Möglichkeiten und Variabilitäten beschrieben, die die Abgasemissionen verbessern und auch für den Motorradbereich vorstellbar sind:

Camphaser/Nockenwellenversteller

Eine beim Automobil schon recht verbreitete Variabilität ist der Nockenwellensteller, der als Zweipunkt-Steller oder als kontinuierlicher Steller ausgeführt werden kann, **Bild 8-108**. Damit können Einlass- und/oder Auslass-Nockenwellen gegenüber der Kurbelwelle verdreht werden, was zu geänderten Ventilsteuerzeiten führt. Die Ventilhubverlaufskurve bleibt allerdings unverändert. Mit einem Einlass-Camphaser wird in der Volllast eine Einlassschlussanpassung mit steigender Drehzahl ermöglicht, was den Luftaufwand beziehungsweise den Liefergrad günstig beeinflusst.

Zum anderen kann man in der Teillast und speziell in den kritischen leerlaufnahen Niedriglastbereichen durch die Anpassung des Einlass-Öffnet-Zeitpunktes den Ventilüberschneidungsquerschnitt anpassen. So kann auch im leerlaufnahen Bereich eine gute Brennstabilität, gutes Abgasemissionsverhalten und auch eine Verbrauchsverbesserung erreicht werden.

Vollvariable Ventiltriebe, Bild 8-109

Wenn neben der zeitlichen Verschiebung der Ventilöffnungsdauer auch eine Variation des Ventilhubverlaufes erreicht werden soll, kann nur ein System mit variablem Ventilhub zum Einsatz kommen. Die vollvariablen Systeme wie die Valvetronic von BMW, das VVH (Variabler Ventil Hub) von META

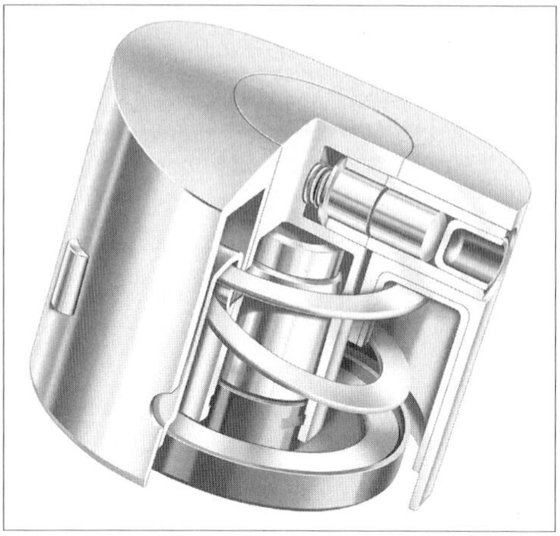

Bild 8-109 Bild Hubumschalter

oder ähnliche Systeme sind sehr komplex und wegen der zu großen bewegten Massen (Rollenabgriff und ähnliche) derzeit nicht ausreichend drehzahlfest für den Einsatz im Motorradmotor.

Ventilhubumschalter

Die einfacheren Systeme eines Ventilhubumschalters wie das VTEC von Honda oder das VarioCam+ von Porsche scheinen unter den oben genannten Gesichtspunkten geeigneter. Ventilhub, Ventilöffnungsdauer, EÖ und ES können als Zweipunktschalter verstellt werden, was für die meisten Motorradanwendungen völlig ausreichend ist.
Eine sichere und saubere Verbrennung setzt eine hohe Flammengeschwindigkeit voraus. Die Flammengeschwindigkeit setzt sich aus der reinen Durchbrenngeschwindigkeit der Flamme und der Flammentransportgeschwindigkeit zusammen.
Die Durchbrenngeschwindigkeit ist unter anderem stark abhängig vom Luftverhältnis λ und vom Restgasgehalt. Ein mageres Gemisch mit $\lambda = 1{,}25$ brennt viel langsamer als ein fettes Gemisch mit $\lambda = 0{,}85$. Auch viel Restgas verlangsamt die Verbrennung. Für den Ingenieur gibt es im λ =1-Betrieb wenig Möglichkeiten zur Beeinflussung.
Die Flammentransportgeschwindigkeit dagegen ist die Geschwindigkeit, mit der die Flamme von der sich bewegenden Zylinderladung weitergetragen wird. Diese Ladungsbewegung im Brennraum kann durch verschiedene Maßnahmen gezielt gesteuert werden.

Tumble

Durch das Einschießen des Frischgemisches über die obere Hälfte des Einlassventiltellers wird beispielsweise eine Tumbleströmung im Zylinderraum erzeugt, das heißt, es erfolgt eine Walzenströmung quer zur Zylinderachse, **Bild 8-110**.

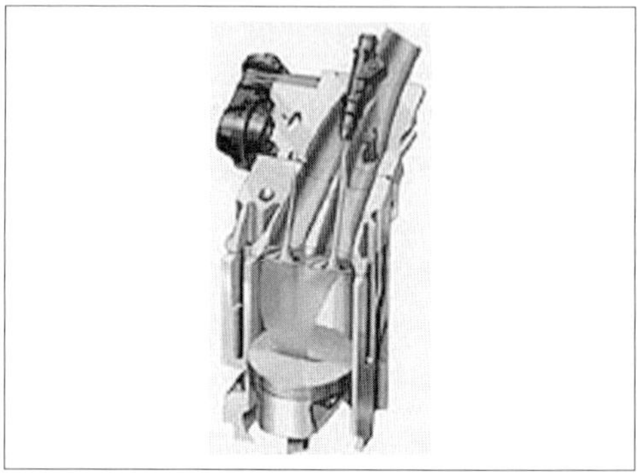

Bild 8-110 Tumble-Kanal

In ausgeprägter Form kann der Tumble die Brenndauer deutlich verkürzen und Verbrauch und Abgas verbessern. Die Motorradkanalgeometrien und die geringe Ladungsdichte lassen allerdings im leerlaufnahen Bereich, wo die Ladungsbewegung benötigt wird, nur relativ energiearme Tumbleströmungen zu. Die Möglichkeiten zur Verbrennungsverbesserung sind stark eingeschränkt.

Kanalabschaltung, Bild 8-111

Sind für die Einlassventile getrennte Drosselklappen vorgesehen, kann die Einströmung in Geschwindigkeit und Ausrichtung beeinflusst werden. Im Niedriglastbereich kann ein Einlasskanal abgeschaltet werden. Die gesamte Gemischmasse strömt durch ein Einlassventil, was, bedingt durch den kleineren Querschnitt, die Einströmgeschwindigkeit deutlich erhöht und auch eine gezielte Drallströmung im Zylinderraum erzeugt, was eine wesentlich bessere Ladungsbewegung bewirkt und damit die Gemischaufbereitung verbessert und die Verbrennung beschleunigt.

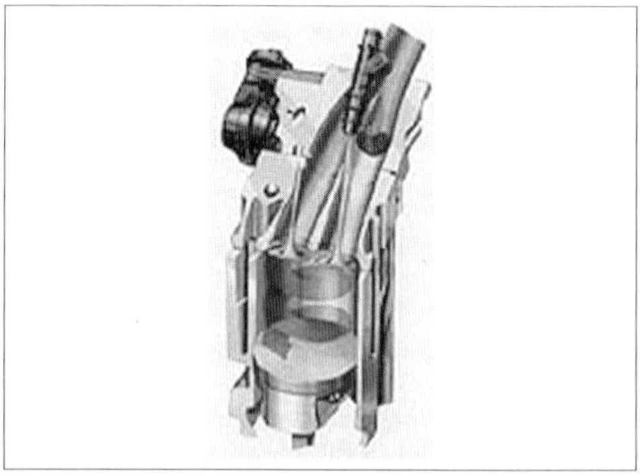

Bild 8-111 Kanalabschaltung

Ventilabschaltung

Anstatt eine Drosselklappe zu schließen, um einen Kanal stillzulegen, kann man auch das Einlassventil stilllegen. Das ist eine sehr effiziente Methode, die aber Schaltungen in den sehr schnell bewegten Teilen des Ventiltriebs erfordert.

Bypass-Systeme

Eine andere Möglichkeit sind kleine, auf das Einlassventil ausgerichtete Bypassbohrungen im Ansaugbereich des Zylinderkopfes. Bei Niedriglast wird die Drosselklappe geschlossen und das Gemisch über diese Bohrungen eingeleitet. Durch die hohen Strömungsgeschwindigkeiten können stabile Drall- oder Tumbleströmungen erzeugt werden. Wegen der kleinen Querschnitte ist eine sensiblere Steuerung als über die Drosselklappe möglich. Das Einsatzgebiet ist aber auf einen kleinen Kennfeldbereich begrenzt.

Brennraumgestaltung

Der Brennraum wird vom Zylinderkopf und vom Kolben gebildet.
Ziele bei der Brennraumgestaltung sind:

- Kompakte Form, günstiges Oberflächen-/Volumenverhältnis → gutes eta_i (innerer Wirkungsgrad)
- Zentrale Zündkerzenlage → gleichmäßig kurze Flammenwege
- Geringe Behinderungen der Gemischeinströmung → gute Füllung
- Geringe Behinderung der Flammenausbreitung → gute Verbrennung
- Minimierung von Spalten → Vermeidung von Flammenerlöschung.

Frühere Zweiventilzylinderköpfe hatten häufig halbkugel- oder linsenförmig geformte Brennräume. Diese Formen sind sehr kompakt und haben durch ihr Oberflächen-/Volumenverhältnis geringe Wärmeverluste, was einen guten inneren Wirkungsgrad begünstigt. Nachteil dieser Konstruktion ist das niedrige Verdichtungsverhältnis, was mit einem flachen Kolben erreicht werden kann. Will man ein zur Wirkungsgradsteigerung notwendiges hohes Verdichtungsverhältnis ($\varepsilon > 11$) erreichen, geht dies nur mit Kolbenböden, die Aufbauten aufweisen. Dies führt neben zusätzlichem Kolbengewicht aufgrund von notwendigen Ventiltaschen zu zerklüfteten Brennraumoberflächen, deren vergrößerte Oberfläche wieder wirkungsgradnachteilig ist.
Moderne Motorradmotoren sind überwiegend als Mehrventilmotoren ausgeführt. Der größte Teil der Motoren besitzt Vierventilköpfe. Die Anzahl und Größe der Ventile gibt die Brennraumform weitgehend vor. Es ergibt sich ein eher flacher, dachförmiger Brennraum, der mit kleinen Ventilwinkeln recht kompakt bleibt und ein akzeptables Oberflächen-/Volumenverhältnis aufweist.
Mit flachen Kolben und geringen Ventiltaschen lassen sich Verdichtungsverhältnisse von etwa $\varepsilon = 12$ erreichen. Mit größeren Ventiltaschen kann das Verdichtungsverhältnis bei thermodynamisch befriedigenden Brennräumen bis circa 13,5 gesteigert werden.

Bild 8-112 Katalysatoren

Abgasnachbehandlung

Bei EURO-2 reichte häufig schon ein passives Sekundärluftsystem, um die Grenzwerte einzuhalten. Durch Einbringung von Luft ins Abgassystem wurden die im Leerlauf und in Schubphasen anfallenden CO- und HC-Emissionen im Auspuff nachverbrannt. Häufig wurden auch ungeregelte kleine Katalysatoren mit 100–200 cpsi (cells per square inch) eingesetzt, **Bild 8-112**. Im Kaltstart half die Kraftstoffumsetzung des Sekundärluftsystems bei der Katalysatoraufheizung.
Zur Erreichung der Grenzwerte EURO-3 reicht ein solch einfaches System nicht mehr aus. Um die Grenzwerte sicher zu unterschreiten, muss das Motorsystem aufgerüstet und die Strategie überarbeitet werden.

Katalysator

Für eine ausreichend große konvertierende Oberfläche ist eine Zelldichte des Katalysators von 200–300 cpsi (cells per square inch) notwendig. Mit steigender Zellenzahl nimmt neben der Oberfläche auch der Abgasgegendruck überproportional zu, was sich negativ auf Maximalmoment und vor allem auf die Maximalleistung auswirkt. Dies kann teilweise durch einen größeren Katalysatorquerschnitt kompensiert werden. Das Katalysatorvolumen muss aus diesen Gründen etwa 0,5–0,8 l/l Hubvolumen aufweisen, zum einen für eine ausreichende Konvektionsoberfläche, zum anderen zur Minimierung des Abgasgegendrucks. Die Lage des Kat ist wichtig für das schnelle Erreichen der Anspringtemperatur (Light-Off), **Bild 8-113**. Bei Motorradmotoren werden daher wie beim Pkw die Katalysatoren in Zukunft vom Schalldämpfer näher an den Motor rücken. Die Zellenzahlen der Katalysator werden auf 400 cpsi steigen.

Gemischaufbereitung

Ein betriebswarmer Katalysator kann bei exakter Einhaltung eines stöchiometrischen Gemisches (λ = 1)

Bild 8-113 Motornahe Kat-Position (Kawasaki ZX 10R, Yamaha R1)

bis 98 % der Schadstoffe in CO_2 und Wasser konvertieren. Die Schwierigkeit besteht in der genauen Einhaltung von $\lambda = 1$, die eine Regelung der Gemischaufbereitung und damit eine elektronisch gesteuerte Einspritzanlage unverzichtbar macht. Nur so kann auf Schwankungen des Lambdas schnell reagiert werden. Als Regelgröße dient das Signal der Lambda-Sonde, die den Sauerstoffgehalt im Abgas dedektiert. Die Motorsteuerung oder ECU (electronic control unit) wertet das Signal der Lambdasonde aus und versucht mit der Einspritzmenge ein stöchiometrisches Gemisch einzuregeln. Stationär funktioniert dies sehr gut, wenn der Regelalgorithmus auf das Ladungswechselsystem abgestimmt ist.
Zwei Betriebszustände des Motorrades weichen jedoch stark vom idealen Stationärbetrieb ab:

- Start (Kaltstart, Heißstart, Wiederholstart)
- Beschleunigung/Verzögerung.

Start

Wird der Motor in kaltem Zustand gestartet, liegen gleich mehrere ungünstige Bedingungen vor:

- Die Lamda-Sonde ist noch kalt und nicht betriebsbereit.
- Die ECU kann nur mit den Motortemperaturdaten eingespeicherte Einspritzwerte vorsteuern. Eine Regelung ist noch nicht möglich.
- Alle Motorbauteile sind kalt.
- Die Kraftstoffverdampfung im Ansaugtrakt ist stark eingeschränkt, was zu einer starken Wandfilmbildung führt. Das Gemisch muss daher in der Kaltstartphase stark angefettet werden, um ein Anspringen des Motors sicherzustellen. Wichtig ist, die Anfettung mit zunehmender Motortemperatur und betriebsbereiter Lambda-Sonde schnell auf $\lambda = 1$ zurückzufahren.
- Der Katalysator ist noch kalt.
- Solange der Katalysator eine Temperatur unterhalb von 250 °C hat, ist keine beziehungsweise nur eingeschränkte Abgaskonvertierung möglich.

Beschleunigung/Verzögerung

Im normalen Fahrbetrieb ist die genaue Einhaltung des Kraftstoff-Luftgemischs wegen des im Vergleich zum Automobil wesentlich dynamischeren Motorverhaltens außerordentlich schwierig. Die geringe Schwungmasse der Motorradmotoren führt zu sehr großen Drehzahlgradienten, die die Ermittelung der zum Einspritzzeitpunkt wirklich vorliegenden Drehzahl erschweren. Zudem zeigt die Lambda-Sonde immer nur den Zustand des vorherigen Zyklus an, weshalb die ECU grundsätzlich etwas nacheilt. Würde man nur mit den Kennfeldwerten und der Lambdaregelung arbeiten, würde der Motor bei plötzlicher Beschleunigung immer ausmagern und beim Übergang in die Schubphase überfetten. Neben Fahrbarkeitsproblemen ergäben sich auch Nachteile bei der Abgaskonvertierung. Um diese Unzulänglichkeiten zu minimieren, enthält die ECU Funktionen zur Beschleunigungsanreicherung, die den jeweiligen Fahrzustand und den Fahrerwunsch (Änderungsgradient der Gasgriffstellung) berücksichtigen.
Die Euro-3-Abstimmung bringt einige Zielkonflikte mit sich:

- Die zunehmende Zellenzahl erhöht die aktive Katalysatoroberfläche aber auch den Abgasgegendruck, was die Verbesserung der Volllastleistung erschwert.
- Die für ein schnelles Anspringen des Katalysators notwendige motornahe Lage des Kat kann zu großen Überhitzungsproblemen in der Hochdrehzahlvolllast oder in Schubphasen mit Gemischanreicherung führen.
- Lambda1-Betrieb und Schubabschaltung führen in Niedriglastbereichen und in Lastwechselphasen zur Verschlechterung der Fahrbarkeit.

ECU-Applikationsstrategie und ihre Ziele

1. Möglichst schnelle Katalysatoraufheizung auf Betriebstemperatur

Ziel ist es, hohe Abgastemperaturen in der Kaltstartphase zu erreichen, um alle wärmeaufnehmenden Bauteile und im speziellen den Katalysator schnell zu erwärmen. Dazu kann beispielsweise sehr spät gezündet werden, was eine späte und verschleppte Verbrennung mit sich bringt, die teilweise bis in die Ausschiebephase hinein verläuft. Zusätzlich wird für die erste Kaltstartphase ein sehr fettes Gemisch eingestellt, dass die Verbrennung bis in den Auspuff hinein unterstützt. Zudem kann das fette Gemisch durch Lufteinblasung in den Abgastrakt nachverbrannt werden, was hohe Abgastemperaturentwicklung im Katalysator zur Folge hat. Das Gemisch wird dann mit einer Zeit- und Temperaturfunktion in Richtung Lambda = 1 verstellt. Sobald der Katalysator mehr als 250 °C erreicht hat, kann im $\lambda = 1$-Betrieb bereits eine hohe Konvertierungsrate erreicht werden.

2. Möglichst lange und genaue Einhaltung von $\lambda = 1$

Die Abgasnachbehandlung mit einem neuen und betriebswarmen Katalysator kann bei einem Verbrennungsluftverhältnis $\lambda = 1$ über 97 % der schädlichen Abgaskomponenten in CO_2 und Wasser konvertieren. Eine solche Reduzierung ist mit verbrennungsverbessernden Maßnahmen nicht zu erreichen. Daher muss versucht werden, auch im dynamischen Betrieb das Lambda bei 1 zu halten. Bei Konstantfahrten ist dies mit gutem Regelalgorythmus möglich. Schwierigkeiten gibt es beim Kaltstart, Leerlauf und in Beschleunigungsphasen, wo eine Anreicherung erfolgen muss, um eine gute Fahrbarkeit zu realisieren. Für diesen Kompromiss muss die Beschleunigungsanreicherung deshalb sehr sorgfältig abgestimmt werden.

3. Schubabschaltung

In Schubphasen mit geschlossener Drosselklappe soll keine Verbrennung mehr stattfinden. Es wird daher angestrebt, den Kraftstoff bei Schub abzuschalten. Der Übergang von Fahrbetrieb zu Schubbetrieb und umgekehrt ist allerdings ein sehr sensibler Bereich. Im Niedrigstlastbereich ist die Entflammung und Verbrennung träge. Bei einer Hochleistungsauslegung mit großer Überschneidung kann es leicht zu Zyklen mit sehr schlechter Verbrennung oder gar Aussetzern kommen, was sich in Motorruckeln äußert. In engen Kehren mit geschlossener Drosselklappe erzeugt das Wiedereinsetzen der Kraftstoffeinspritzung einen Schlag und bringt so Unruhe ins Fahrverhalten. Durch Hochleistungsdrosselklappen mit großen Durchmessern wird diese Tendenz nochmals verstärkt. In den Niedriglastphasen kann eine Veränderung des Drosselklappenwinkels von 1° eine Vervielfachung der anliegenden Leistung bedeuten. Für den Leerlauf und den leerlaufnahen Bereich kann eine Bestückung mir einer zweiten Drosselklappe oder einem Bypass-System helfen, die Fahrbarkeit zu verbessern.
In Zukunft werden, wie beim Automobil, E-Gas-Systeme Einzug halten. Beim E-Gas-System entfällt die mechanische Verbindung von Gasgriff und Drosselklappe. Mit dem Gasgriff wird ein Potentiometer den Fahrerwunsch aufnehmen und ans Steuergerät (ECU) weitergeben. Dort wird die Information verarbeitet, mit der aktuellen Fahrsituation verglichen und eine Stellinformation an eine elektronisch geregelte Drosselklappe weitergegeben. Ein solches System hat viele Vorteile: Zum einen kann das „Ansprechverhalten" des Gasgriffs kennfeldmäßig abgelegt und verändert werden. Das heißt die Empfindlichkeit kann last-, drehzah- und geschwindigkeitsabhängig angepasst werden. Im leerlaufnahem Stadtbetrieb, wo sich bereits kleine Drosselklappenstellungsänderungen drastisch auswirken, kann ein unempfindlicheres Ansprechverhalten eingestellt werden, was die Applikation auf gute Fahrbarkeit deutlich erleichtert. Bei höheren Geschwindigkeiten und Lasten kann ein schnelles Ansprechverhalten eingestellt werden, was ein sportliches Fahrgefühl unterstützt. Auch zu schnelles Aufreißen der Drosselklappen, was durch nicht genügend schnelle Anpassung der Einspritzmenge zu einem Verschlucken des Motors führt, kann vermieden werden, indem die Drosselklappenöffnungsgeschwindigkeit an die Beschleunigungsanreicherung angepasst wird. Zum anderen kann ein E-Gas-System in sicherheitsrelevante Systeme wie eine Schlupf- oder Wheelie-Kontrolle eingebunden werden. In den Top-Rennserien Moto GP und Superbike werden solche Systeme bereits sehr erfolgreich eingesetzt.

Verdunstungsemissionen

Zukünftig werden wie in Kalifornien auch in den restlichen Staaten der USA und in Europa nicht mehr allein die Abgasemissionen limitiert werden. Das System Motorrad wird dann ganzheitlich betrachtet. Das heißt auch die Kraftstoff-Emissionen, die durch die Tankoberfläche, den Tankverschluss, die Schläuche und alle kraftstoffgängigen Bauteile abgegeben werden, müssen minimiert werden.
Schon heute gibt es in Kalifornien Grenzwerte für die Verdunstungsemissionen. Ermittelt werden die Emissionen im SHED-Test. Die SHED-Kammer ist eine kohlenwasserstoffdichte Kammer (SHED = Sealed Housing for Evaporative Detection), in die das Motorrad zum Test eingeschlossen wird, **Bild 8-114**. Mit einem festgelegten Testprozedere werden unterschiedliche Fahrzeugzustände erzeugt und die dann

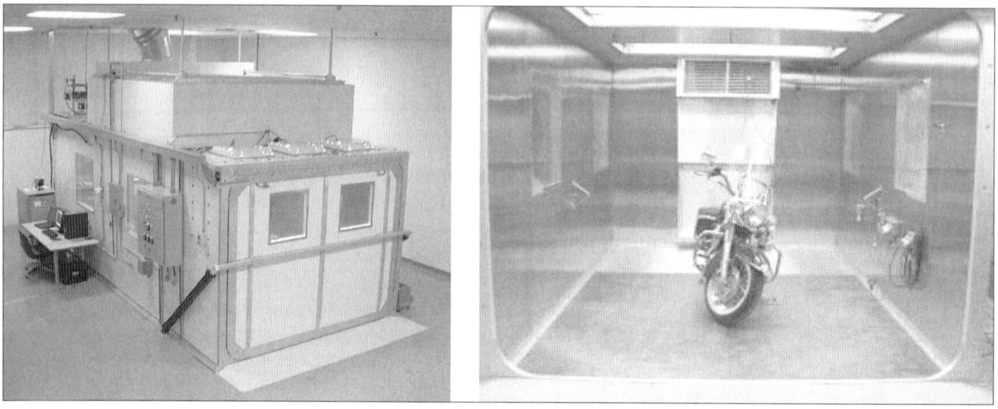

Bild 8-114 SHED-Prüfstand

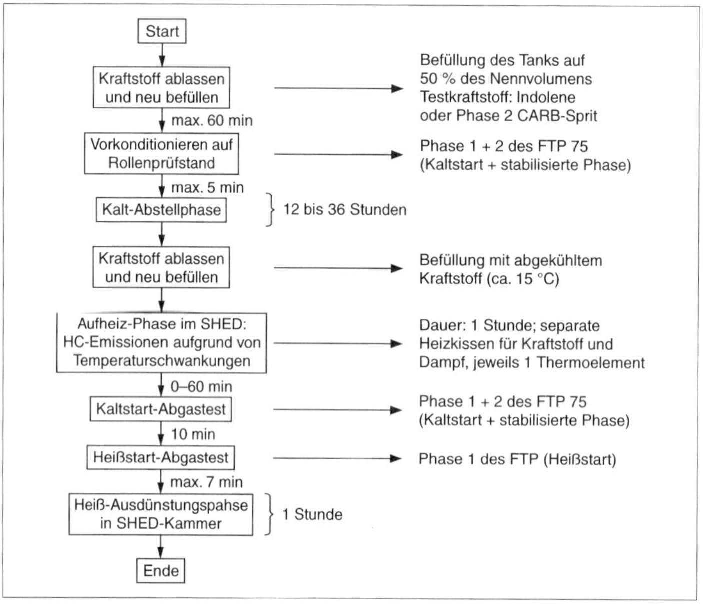

Bild 8-115 Ablauf SHED-Prüfung

anfallenden Verdunstungen gemessen. Der Grenzwert liegt bei 2 g/Test.
In **Bild 8-115** ist der Ablauf einer SHED-Prüfung schematisch beschrieben.

8.3.3.2 Geräuschemissionen

Seit 1986 sind die Grenzwerte für die Motorradgeräuschemissionen sukzessive abgesenkt worden. Dieser Trend wird sich fortsetzen, auch wenn derzeit der genaue Termin für die Einführung neuer Grenzwerte und die exakte Definition der dann verschärften Messbedingungen noch nicht feststeht, **Bild 8-116**.

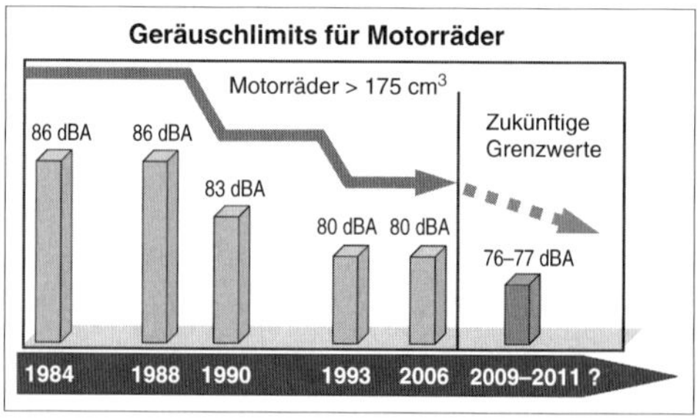

Bild 8-116 Entwicklung der Geräuschgrenzwerte seit 1984

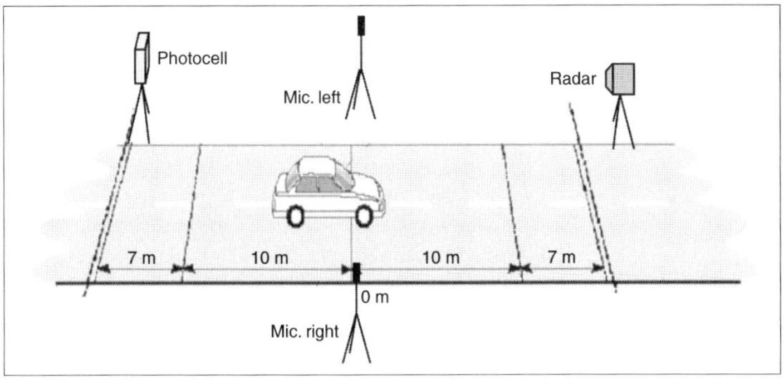

Bild 8-117 Geräuschmessstrecke

Das derzeitige Messverfahren zur Bestimmung der Geräuschemission ist wie folgt definiert, **Bild 8-117**:

- 20 m lange und 15 m breite Messstrecke (ISO-Asphalt)
- 2 Mikrophone im Abstand von 7,5 m links und rechts neben der Messstrecke
- Einfahrt in die Messstrecke mit konstant 50 km/h
- Volllast-Beschleunigung ab 50 km/h im 2. und 3. Gang
- Geräuschlimit: 80 dBA.

Beim Standgeräusch gibt es keine Grenzwerte für straßenzugelassene Fahrzeuge. Es wird im Abstand von 0,5 m in 45° zur Auspuffmündung gemessen und die Werte eingetragen, **Bild 8-118**.

Das neue Geräuschmessverfahren für die beschleunigte Vorbeifahrt, das vermutlich im Zeitraum 2009–2011 Pflicht wird, ist eng an das oben genannte bisherige Verfahren angelehnt. Entscheidender Unterschied ist die Beschleunigungsphase. Bisher freigestellt, wird die Beschleunigungsphase in der Messstrecke durch das Leistungsgewicht des Motorrades vorgegeben. Die notwendige Kurve zur Bestimmung der Zielbeschleunigung wird zur Zeit noch bei den europäischen Fachgremien der EU diskutiert. Mit dieser Maßnahme versucht der europäische Gesetzgeber, Manipulationen durch Geräuschtesterkennung seitens der Hersteller auszuschließen.

In der Vergangenheit konnte nicht ausgeschlossen werden, dass ein Steuergerät die Geräuschmessprozedur erkennt und beispielsweise die zweite elektronisch angesteuerte Drosselklappe bei Durchfahrt der Teststrecke soweit geschlossen hat, dass die Beschleunigung und die damit verbundene Geräuschentwicklung niedrig ausfiel. Das Ansauggeräusch war durch die weitgehend geschlossene Klappe zusätzlich stark gedämmt. Im realen Fahrbetrieb war das Geräuschniveau höher.

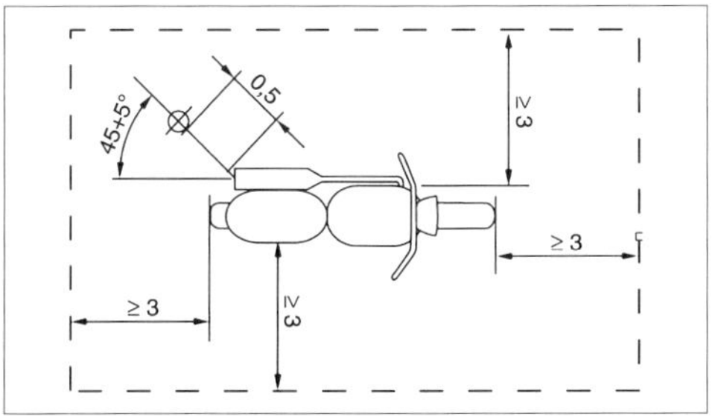

Bild 8-118 Randbedingungen für die Standgeräuschmessung

Zusätzlich zur Änderung des Messverfahrens werden die Grenzwerte für die Geräuschemission von 80 dB auf vermutlich 76–77 dB gesenkt. Sowohl die neuen Limits als auch das verschärfte Verfahren wird bei allen Motorradherstellern sehr großen Entwicklungsaufwand nach sich ziehen.

In Zukunft werden Mündungsgeräusche (Ansaug- und Auspuffgeräusch) stark gedämpft werden müssen. Es wird sehr schwierig werden, dies ohne Leistungs- und Drehmomentverluste zu erreichen. Die Schalldämpfervolumina werden dafür erheblich größer ausfallen müssen. Auch die Airbox wird größer werden, um die Amplituden der Druckpulsationen abzuschwächen. Die Mündungen der zur hohen Leistungsausbeute notwendigen geradlinigen, großvolumigen Ansaugwege müssen dann entweder verdeckt angebracht werden, mit Resonator-Elementen versehen sein oder mit Variabilitäten wie Klappensysteme ausgestattet werden.

Diese Maßnahmen werden in den meisten Fällen aber nicht ausreichen, um die Grenzwerte zu unterschreiten. Zudem treten bei sehr niedrigen Mündungsgeräuschen die Motorgeräusche in den Vordergrund. Klappern, Rasseln, Mahlen und Scheppern des Motors mindern das Qualitätsempfinden. Deshalb müssen auch die Geräuschemission des Motors und der Kraftübertragung, das Abrollgeräusch und die Geräuschabstrahlung der angeregten Bauteile im Vergleich zu heute deutlich reduziert werden.

Mechanische Motorgeräusche sind:

- Kolbenkippen
- Steuertrieb (Zahnräder, Ketten, Spanner)
- Ventiltrieb (Ventilaufsetzen, Tassenstößel, Schlepphebel)
- Primärtrieb

- Getriebegeräusche (Zahnflankenspiele)
- Schwingende Motorflächen
- Vibrationen
- Freie Massenkräfte
- Freie Massenmomente
- Verbrennungsgeräusch
- Kettenschlagen auf die Schwinge
- Einlaufgeräusche (Ritzel, Kettenrad)
- Schallleitwege
- Motorschwingungen (Motorordnung oder Vielfache) werden auf Anbauteile übertragen, die dann den Schall abstrahlen.

Die Akustiker beziehungsweise NVH-Techniker (NVH = Noise, Vibration, Harshness) müssen in Zukunft bereits früh in die Konstruktionsphase eingebunden werden, um in enger Zusammenarbeit mit den Strukturfestigkeitsrechnern Schwingungsamplituden in den einzelnen Bauteilen zu minimieren. Mögliche Schallleitwege können frühzeitig vermieden, unterbrochen oder gedämpft werden.

Zur Bestimmung der Einzelanteile der Geräuschquellen am Gesamtgeräuschpegel werden klassische Schallpegelmessungen am zu untersuchenden Bauteil bei Abdeckung der restlichen Bauteile durchgeführt. Zur Unterstützung können moderne Messverfahren wie die Array-Messtechnik, Laser-Vibrometer oder die Holographie eingesetzt werden. Bei richtiger Anwendung können auffällige Schallquellen sehr schnell geortet werden. Je nach untersuchtem Frequenzbereich kann das eine oder das andere Messverfahren erfolgreich sein.

8.3.4 Rennmotoren

8.3.4.1 125 und 250 2T für GP

In diesen beiden Klassen – Kategorien 125 ccm und 250 ccm werden Prototypen und deren in Kleinserien aufgelegten Replikas eingesetzt.

In der 125er Klasse beträgt das maximal zulässige Fahrzeuggewicht plus dem Fahrer, inklusive kompletter Fahrerbekleidung, 136 kg. In der 250er Klasse ist rein das Fahrzeuggewicht auf mindestens 98 kg beschränkt. Verbleites Benzin ist verboten. Die Motorentechnik ist sehr speziell auf höchste Leistungsausbeute über die gesamte Renndistanz, geringes Gewicht, gute Integrierbarkeit ins Chassis, Abstimmbarkeit und Adaptierbarkeit an die jeweilige Strecke, Fahrer und meteorologische Verhältnisse ausgelegt. Es werden wassergekühlte Ein- und Zweizylinder-Zweitaktmotoren, mit oder ohne elektrischer beziehungsweise pneumatischer Auslasssteuerung verwendet. Die Zylinderanzahl ist durch das Reglement begrenzt und beschränkt sich in der 125er Klasse auf einen Zylinder (bis Ende der 80er Jahre waren zwei Zylinder erlaubt) und in der 250er Klasse auf maximal zwei Zylinder.

125er Maschinen erreichen eine Leistung von über 50 PS, 250er von über 100 PS, beide bei circa 13.000 min^{-1} und überdrehen bis zu 14.200 min^{-1}. Damit werden Spitzengeschwindigkeiten, je nach Rennstrecke, von bis zu 240 km/h (125er), beziehungsweise 280 km/h (250er) erreicht, **Bild 8-119**.

In der 250er Klasse sind V- und zum Teil auch Reihenanordnungen (derzeit nur KTM) geläufig, wobei beim 2-Takt-Motor jeder Zylinder ein eigenes, abgetrenntes Kurbelgehäuse benötigt, „echte“ V-Motoren mit einem Hubzapfen für beide Pleuel sind demnach nicht möglich. Die Motorcharakteristik kann durch den, vom besten Massenausgleich abweichenden, Zündversatz der beiden Leistungseinheiten optimiert werden. Geläufig sind heute bei 250er Rennmotorrädern ein Zündzeitpunktversatz vom ersten auf den zweiten Zylinder von 90° Kurbelwinkel.

Die Kraftübertragung erfolgt mittels Mehrscheiben-Trockenlamellenkupplung (besserer Wirkungsgrad als Ölbadkupplung) über klauengeschaltete Sechsgang-Kassettengetriebe (Auswechseln der einzelnen Gangabstufungen beziehungsweise Übersetzungsverhältnisse sind ohne Ausbau des Motors möglich) auf die Antriebskette und aufs Hinterrad. Die Wasserpumpe ist elektrisch (weniger Reibverluste) oder mechanisch über die Kurbelwelle angetrieben. Das

Bild 8-119 GP 250 Rennmaschine (Aoyama)

Kurbelgehäuse ist oft in einem Teilbereich ebenfalls wassergekühlt. Alle Motoren haben heute Ausgleichswellen, um die Motorvibrationen drastisch zu reduzieren. Dies ist notwendig, weil die Motoren als mittragende Elemen-te starr mit den Aluchassis verschraubt sind. Rahmenrisse und den Fahrer störende Vibrationen an Lenkerstummeln und Fußrasten wären ohne Ausgleichswellen die Folge.

Die Gemischaufbereitung erfolgt über einen beziehungsweise zwei (250er Klasse) Schiebervergaser und zusätzlicher, elektronisch gesteuerter Benzinzuführung vor oder nach dem Vergaser mittels einem Magnetventil (Power Jet) oder Einspritzdüse. Mit dieser zusätzlichen Abstimmungsmöglichkeit kann der Motor über den Vergaser bewusst leistungsoptimiert eingedüst werden, weil in kritischen Lastzuständen dem mager abgestimmten Motor zusätzlicher Kraftstoff zugeführt werden kann. Dies hilft Kolbenreiber beziehungsweise Klemmer zu vermeiden, die mit der mageren, leistungsoptimierten Vergaserabstimmung unausweichlich wären. Diese Probleme treten insbesondere bei hohen Drehzahlen und geringer Vergaserschieberöffnung, das heißt, wenn wenig Verdunstungskühlung am Kolbenboden und schlechte Gemischölversorgung an den Zylinderwänden vorliegt, oder auch beim Klopfen des Motors auf. Zudem ist dieses System ein gutes Abstimmungsinstrument, um die Fahrbarkeit des Motors beim Öffnen des Gasschiebers im Grenzbereich am Kurvenscheitel beziehungsweise beim Herausbeschleunigen aus der Kurve zu verbessern. Der Einlass erfolgt über eine Airbox. In dieser ist der oder sind die Vergaser untergebracht. Die Airbox baut geschwindigkeitsabhängig einen Staudruck auf, der die Füllung verbessert und den Motor aufläd.

Der Zündzeitpunkt wird variabel, abhängig von Drehzahl, Schieberstellung und zum Teil auch von anderen Einflussgrößen über ein Kennfeld variiert. Dies wird mittels einer elektronischen, frei programmierbaren Zündanlage realisiert.

Eine Datenerfassung, das so genannte Data-Recording, zeichnet im Fahrbetrieb die wichtigsten Messdaten auf, die zur Abstimmung und Verbesserung des Fahrzeuges unerlässlich sind. Dazu gehören:

- Geschwindigkeit
- Drehzahl
- Gangerkennung
- Schieberstellung
- Auspuff und Wassertemperatur
- Airboxdruck und Temperatur

Als Beispiel ist in **Bild 8-120** kurz der KTM V4-GP1 Motor beschrieben.

Bauart/V-Winkel	–/°	V4/75
Zündfolge	–	1-4-2-3
Kurbelwellenkröpfung	° KW	360
Zylinderabstand	mm	94
Bohrung /Hub	mm	84/44.6
Hubraum	cm^3	989
Pleuellänge	mm	96.5
Ventile/Zylinder	–	4
E/A Ventilflächenverhältnis	–	k.A.
Verdichtungsverhältnis	–	14:1
Gemischaufbereitung		2 Einspritzdüsen/Zylinder
Ventiltrieb		Schlepphebeltrieb, pneumatische Ventilfeder
Steuertrieb		Rädertrieb
Kühlung		Querstrom-Wasserkühlung
Schmierung		Integrierte Trockensumpfschmierung
Getriebe		6 Gang Kassettengetriebe
Massenausgleich		95 % Ausgleich osz. Kräfte 1. Ordnung mit Gegengewichten an Kurbelwangen und gegenläufig rotierende Ausgleichsräder, 100 % Ausgleich Momente 1. Ordnung an den Ausgleichsrädern
Kupplung		Trockenkupplung
Motormanagement		McLaren Electronics
Motorgewicht	kg	58

Bild 8-120 Daten des KTM V4-GP1 Motor

- Kurbelraumtemperatur
- Vorder- und Hinterraddrehzahl (Schlupf)
- Diverse Chassis und Fahrwerksdaten.

8.3.4.2 GP1

Die MotoGP Klasse geht von folgenden Randbedingungen aus:

- Ausschließlich Prototypen mit einem Hubraum von maximal 990 ccm
- Motorradgesamtgewicht:
  2 und 3 Zylinder Motoren – 135 kg
  4 und 5 Zylinder Motoren – 145 kg
  ab 6 Zylinder Motoren – 155 kg
- Saugmotoren
- Maximal Tankinhalt 24 Liter, 2005 – 22 Liter.

Bauweise

Die im Sandgussverfahren hergestellten Motorgehäusehälften, **Bild 8-121** aus G AlSi7MgCu 0.5 sind horizontal geteilt. In dieser Teilungsebene befindet sich auch die Lagerung der Abtriebswelle des Getriebes. Das Gehäuseoberteil ist als Closed-Deck Konstruktion ausgeführt und vereint die gewünschte Leichtbauweise mit den Anforderungen an die erhöhte Struktursteifigkeit. Die Zylinderlaufflächen sind gemäß den hohen tribologischen Beanspruchungen nikasilbeschichtet. Pro Zylinderbank sorgen 6 Zuganker für die Verbindung Zylinderkopf/Gehäuseoberteil.

Aufgrund der hohen Spitzenverbrennungsdrücke und der hochdrehzahlkonzeptbedingten Massenkräfte sorgt eine Bedplate-Konstruktion in Verbindung mit einer Doppelverschraubung für eine Anpassung an die erhöhten Belastungen. Vorrangiges Ziel ist die steife Ausführung der Hautlagergasse und die direkte Führung der Kraftlinien von Zylinderkopf über die

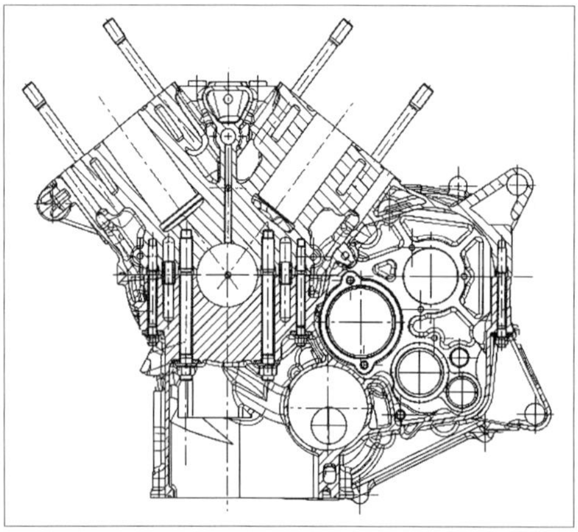

Bild 8-121 Schnitt durch das Kurbelgehäuse des KTM V4-GP1

Bild 8-122 Dreifach gelagerte Kurbelwelle

Zugankern des Kurbelgehäuseoberteils zu einer steifen Anbindung der Bedplate-Konstruktion. Somit können im Volllastbetrieb die Spitzen in den Flächenpressungen, die Spannungen und die spezifischen Lagerdeformationen verringert werden.

Die konstruktionsgerechte Umsetzung der Forderung nach integrativen Lösungen wurde im Gehäuse mit der Wasserführung im V der Zylinderbänke realisiert. Korrespondierend zu diesen Konstruktionsmerkmalen wurde im Unterteil das Gehäuse Ölabsaugpumpen, Öldruckpumpe und mechanischem Öl/Luft – Zentrifugalabscheider eingebaut. Ein weiteres motorradspezifisches Merkmal ist das angegossene Getriebegehäuse mit integrierten Lagerstühlen, wobei die Ausführung als Schnellwechselgetriebe für den Rennsport vorausgesetzt wird.

Das Kernstück des Triebwerks, **Bild 8-122** bildet die dreifach gelagerte, aus dem Vollen bearbeitete Kurbelwelle mit vier Gegengewichten und gasnitrierten Haupt- und Pleuellagern. Aufgrund von gasdynamischen Vorteilen in der Gesamtabstimmung von Ein- und Auslasssystem wurde eine Kurbelwellenkröpfung von 360° vorgesehen. Die hervorragende Biege- und Torsionssteifigkeit und der am Triebwerk konsequent betriebene Leichtbau gewährleistet eine hohe Eigenfrequenz und ist die Grundlage für das Hochdrehzahlkonzept.

Der Ausgleich der Massenkräfte und Momente erfolgt über Unwuchten an den Kurbelwangen und zusätzlichen zwei Ausgleichsrädern an den Seitenflächen des Kurbelgehäuses. Mit dieser Anordnung werden die Massenkräfte 1. Ordnung zu 95 % und die Massenmomente 1. Ordnung zu 100 % ausgeglichen. Bei Betrachtung der ersten beiden Ordnungen ist die Gesamtbelastung für die Motoraufhängungspunkte vergleichsweise geringer als beim 4-Zylinder-Reihenmotor, **Bild 8-123**.

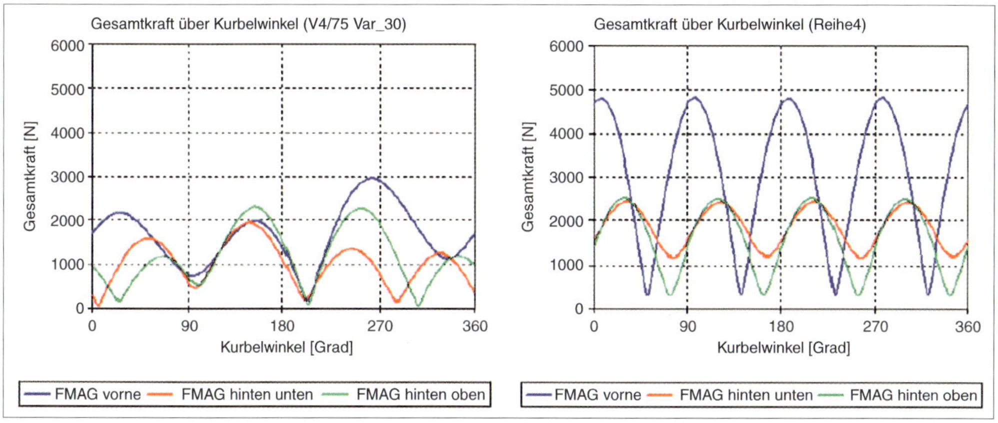

Bild 8-123 Belastung Motoraufhängung

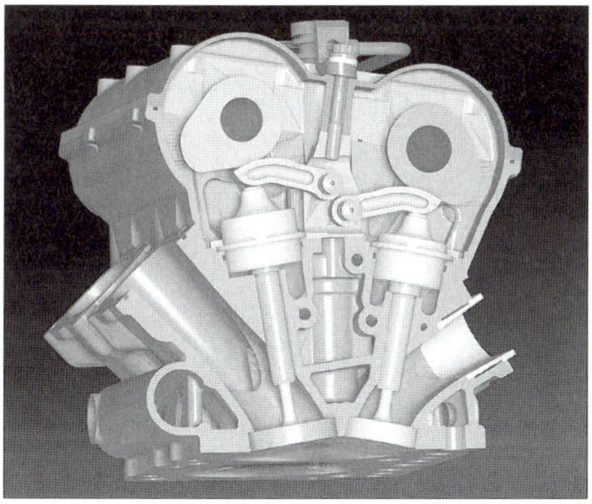

Bild 8-124 Zylinderkopf

Der Zylinderkopf, **Bild 8-124** wird im Sandgussverfahren aus G AlSi7MgCu 0.5 hergestellt. Er ist als Vierventilkonzept mit zentraler Zündkerzenposition konzipiert. Die zwei Nockenwellen werden dreifach gleitgelagert und zusätzlich durch ein Nadellager abgestützt. Der Antrieb der mechanischen Kraftstoffdruckpumpe wird über die Auslassnockenwelle integriert. Der Ventilsitzring und die Ventilschaftführung werden aus Kupferberyllium hergestellt. Die Forderung nach einem kompakten, verbrennungsoptimierten Brennraum, hoher Verdichtung und maximal möglicher Ausnutzung von Ventilquerschnitten, führten zu einer leicht radialen Anordnung der Ventile. Die Integration der Pneumatikfeder erfolgt über angegossene Zylinder und Druckleitungen zur leckagebedingten Versorgung mit Stickstoff und zur Bereitstellung des geforderten Systemdruckes. Die Lagerung der Schlepphebel wird über eingeschraubte Lagerböcke gewährleistet. Die Funktionen der Zylinderkopfdichtung übernehmen gasgefüllte Stahlringe zum Brennraum hin und zusätzlich O-Ringe für den dichten Durchtritt der Kühlwasser- und Ölströme. Die obere Lagerung der beiden Nockenwellen pro Zylinderbank erfolgt direkt durch die aus Aluminium gefräste Zylinderkopfhaube. Diese konstruktive Lösung ermöglicht eine äußerst steife Nockenwellenlagerung und eine kompakte Bauweise.

Der hohe Anspruch an die Genauigkeit des nachzubildenden kinematischen Ventilhubes und die Forderung nach Einhaltung der Steuerzeiten im dynamischen Betrieb resultiert in der mechanischen Ausführung des Steuertriebs als Zahnradtrieb, **Bild 8-125**. Die konzeptionelle Festlegung des Ventiltriebs und die sich daraus ergebenden Möglichkeiten in der Gestaltung der Ventilbeschleunigungen führt zu hohen dynamischen Belastungen. Die ausgeführte Wahl der Untersetzungsstufen, zusammen mit steifer Zahnradkonstruktion und in Verbindung mit der Gehäuseausführung, ermöglicht den Betrieb bis 18.000 U/min mit respektablen Sicherheitsabstand zu den Systemeigenfrequenzen. Die Anregung kommt aus der 1. und 3. Motorordnung der Nockenwellenmomente. Die

Bild 8-125 Steuertrieb als Zahnradtrieb

	Einheit	Einlass	Auslass
Ventil	g	19,25	17
Ventilkeile	g	0,45	0,45
Einstellplättchen	g	0,85	0,85
Pneumatikkolben	g	6	5,35
oszillierender Schlepphebelanteil	g	8,46	8,46
Gesamtmasse oszillierend	g	35,01	32,11
Ventilhub	mm	14,5	12,1
Maximal Ventilbeschleunigung	mm/rad^2	77	62
Öffnungsdauer bei 1 mm Hub	°KW	k.A	k.A

Bild 8-126 Kenngrößen des Ventiltriebes

erste Dreheigenfrequenz des Systems liegt bei circa 1.150 Hz, was bei einer Anregung der 3. Motorordnung einer Motordrehzahl von 23.000 U/min entspricht.
Als uneingeschränkt geeignetes Steuerungskonzept für den Ladungswechsel wurde, korrespondierend zu den Hochdrehzahlanforderungen eines Rennmotors, der Ventiltrieb als Schlepphebeltrieb mit pneumatischer Ventilfeder ausgeführt (Abbildung). Im Fordergrund stand einerseits die freie Gestaltung des kinematischen Ventilhubverlaufs zur Optimierung des Liefergradverhaltens und andererseits die mechanische Robustheit des Systems.
Die Realisierung der gewünschten Ventilbeschleunigungen und des dynamischen Verhaltens des Ventiltriebs resultieren in einer konsequenten Massenreduzierung der Einzelkomponenten. Die Ventile und die Pneumatikkolben wurden aus Titan, die Ventilsitze und die Ventilführung aus Kupferberyllium gefertigt. Die oszillierenden Massen und wesentliche Kenngrößen des Ventiltriebs sind in **Bild 8-126** abgebildet.
Der Einsatz von pneumatischen Ventilfedern reduziert entscheidend die bewegte Gesamtmasse bei gleichzeitiger Optimierung des dynamischen Schwingungsverhaltens. Des Weiteren ergeben sich Vorteile in der Federkennlinienanpassung durch Variation des Pneumatikdrucks.
Das Layout des Pneumatiksystems ist in **Bild 8-127** dargestellt. Als Druckspeicher dient ein integrierter Hochdruckbehälter (250 bar) im V der Zylinderbänke, der über ein mechanisches 2 Stufenventil und ein Dämpfervolumen den Systemdruck (13 bar) für die Pneumatikzylinder zur Verfügung stellt. Der Stickstoff wirkt hierbei wie eine pneumatische Ventilfeder. Die konstruktionsbedingten Leckageverluste werden vom Niederdrucksystem über Drosselquerschnitte hin zum Zylindervolumen ausgeglichen.

Bild 8-127 Pneumatiksystem der Ventilsteuerung

Zur Optimierung des tribologischen Verhaltens des Ventiltriebs wurden Nockenwellen und Schlepphebel mit einer DLC Beschichtung versehen. Die Frischölschmierung wird über Spritzdüsen, die den Kontakt Nockenwelle zu Schlepphebel versorgen, gewährleistet.
Die ausgeführte, integrierte Trockensumpfschmierung besitzt einen Druck- und einen Saugkreislauf. Dieser, modular aufgebaute Pumpenstrang, besteht aus einer Druckpumpe und zwei Saugpumpen aus verschleißfestem Aluminium und wird parallel zur Kurbelwellenachse in der unteren Kurbelgehäusehälfte verbaut.
Die Druckpumpe saugt Öl über einen Ansaugschnorchel vom Trockensumpf an und fördert es über das

Öldruckregelventil, den Ölfilter und den Öl/Wasserwärmetauscher zu den Verbrauchern. Öldruckregelventil und Ölfilter sind in „Cartridge“-Bauweise ausgeführt und können servicefreundlich ausgetauscht werden. Die Verteilung erfolgt über ein Netz aus getrennten Ölführungen, die verbrauchsabhängig mit Drosselquerschnitten versehen wurden, um die Ölzuflussmengen zu optimieren. Um einen zuverlässigen und vor allem gleichmäßigen Aufbau des Ölfilms in den Haupt- und Pleuellagern zu gewährleisten, werden diese getrennt voneinander mit Öl versorgt. Dabei werden die Hauptlager von einer im V befindlichen Ölgalerie, die Pleuellager und das Pleuelauge zentral über eine Gleitringdichtung an der Kurbelwelle mit Schmieröl versorgt. Im Zylinderkopf werden zusätzlich zu den Nockenwellenlagerstellen auch die Schlepphebelachsen und der Kontakt Nocke zu Schlepphebel über Spritzdüsen geschmiert.

Die Verringerung der Reibung im Getriebe erfolgt ebenfalls über gerichtete Spritzdüsen hin zum Zahnflankeneingriff.

Jeweils eine Saugpumpe evakuiert den geschlossenen Kurbelraum des Zylinders 2/4, und des Zylinders 1/3 sowie die getrennte Absaugung der Zylinderköpfe 1/2 und 3/4, wobei die Ölrestmenge des Getrieberaums drucklos in den Sumpf fließt. Dieses abgesaugte Luft/Ölgemisch wird auf der Druckseite der Saugpumpen vereinigt. Eine zuverlässige Trennung der Luft aus dem Öl erfolgt in zwei hintereinander geschalteten Abscheidern. Die erste Stufe, die im Pumpenstrang, **Bild 8-128** integriert ist und von diesem angetrieben wird, ist als mechanischer Zentrifugalabscheider konzipiert. Die vorab abgeschiedene Luft entweicht axial und wird in einem kleinem Zyklonabscheider nochmals von kleinen Öltropfen getrennt. Der radial aus der Zentrifuge entweichende, großteils „gereinigte“ Ölstrom wird ebenfalls zur weiteren Feinabscheidung der Luft in einen Zyklon geführt. Das entgaste Öl gelangt nun über ein System von

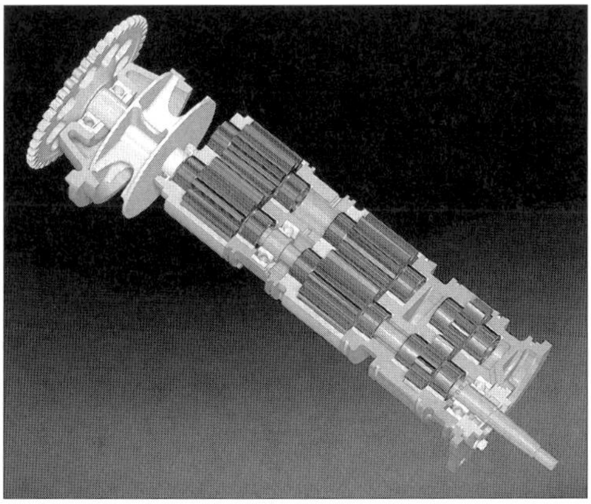

Bild 8-128 Pumpenstrang Ölsystem

Schwallblechen in den Trockensumpf. Die abgeschiedene Luft strömt zurück in die Airbox.

Zur Einstellung des geforderten Unterdrucks im Saugkreislauf sind an den Zylinderköpfen Drosselquerschnitte angeordnet, die für die Belüftung sorgen.

Die Grundkonzeptionierung des Zylinderkopf-Kühlkreislaufs ist als Querstromkühlung ausgeführt. Die Wasserführung des Zulaufs in den Zylindermantel und der Ablauf aus den Zylinderköpfen ist gemäß den zentralen Kernpunkten des Lastenhefts im V der Zylinderbänke integriert. Die Durchtrittsquerschnitte und die weitere Wasserführung und Wassermantelkonstruktion ermöglichen eine Intensivkühlung der kritischen Bereiche im Zylinderkopf. Hier sind besonders der Zündkerzenbereich und die Kühlung zwischen den Auslasskanälen zu erwähnen. Der Kreislauf im Rennmotorrad schließt sich über den Kühler und die Wasserpumpe, die als Axial/Radialrad mit dreidimensionaler Schaufelgeometrie ausgelegt ist.

Der Auslegungspunkt der Wasserpumpe wurde mit 180 l/min und 2 bar Förderdruck bei Nenndrehzahl festgelegt. Für die Drehzahlen des Fahrbereichs wurde die Strömungsmaschine wirkungsgradoptimiert.

Die speziellen Anforderungen hinsichtlich Leistungsentfaltung und Leistungsausbeute im Motorradrennsport resultierten in der Anordnung von 2 Einspritzdüsen pro Zylinder, **Bild 8-129**. Die zylinderselektive, liefergradspezifische Anpassung der Gemischzusammensetzung ermöglicht eine größtmögliche Freiheit in der Gesamtabstimmung und somit ein hohes Potential für die Erfüllung der Fahrbarkeitskriterien, die, abgesehen von einem „harmonischen“ Vollastbereich, wesentlich auch durch dynamische Lastwechsel im Teillastbetrieb definiert sind.

Die elektromagnetisch gesteuerten Einspritzventile von Magneti Marelli im Ansaugkanal sind in ihrer Funktion vorwiegend im Leer- und Teillastbereich abgestimmt. Sie ermöglichen die schnellere Anpassung der Gemischzusammensetzung bei Lastwechselvorgängen und im dynamischen Betrieb. Die „Top Feed“-Einspritzdüsen über den Einlasstrichtern homogenisieren das Kraftstoff/Luftgemisch im Volllastbetrieb und sorgen für eine wirkungsgradsteigernde Verbrennung und für gestiegene Leistungsausbeute.

Ein Schaubild des Kraftstoffsystems, **Bild 8-130** zeigt, dass der gefilterte Kraftstoff von einer elektrischen Förderpumpe und einem Zwischenbehälter mit einem definierten Vordruck der mechanischen Hochdruckpumpe vorgelagert wird. Diese äußerst kompakte Zahnradpumpe wird über die Auslassnockenwelle der hinteren Zylinderbank angetrieben. Das Druckregelventil reguliert den Einspritzdruck in der aktuellen Entwicklungsstufe auf circa 12 bar.

Das Motormanagement wurde gemeinsam mit McLaren Electronics entwickelt und ist speziell auf rennsportorientierte Anforderungen abgestimmt. Neben

Bild 8-129 Drosselklappenkörper mit Einspritzleisten

den standardmäßigen Aufgaben der kennfeldgesteuerten Einspritz- und Zündungssteuerung übernimmt die ECU auch Datarecording, Traktionskontrolle und Regelstrategien für die elektronische Pneumatikansteuerung.

Die Kurbelwellenkröpfung von 360 °KW und der 75° V-Winkel favorisieren das System zweier getrennt voneinander geführten zwei in eins Abgasanlagen, **Bild 8-131**. Der Vorteil dieser Abgasführung liegt einerseits in der Zielsetzung eines kompakten Packageing am Motorrad und andererseits in strömungstechnischen und gasdynamischen Kriterien. Dabei vereinfacht die Symmetrie der Zündfolge pro Zylinderbank wesentlich die Abstimmung des liefergradoptimierten Gesamtsystems. Da die derzeit gültigen

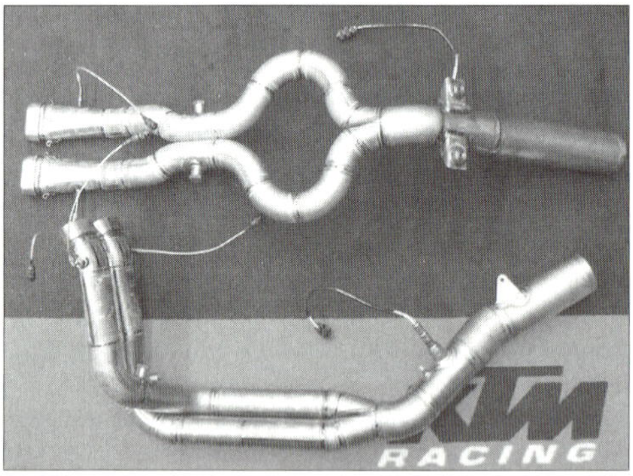

Bild 8-131 Abgasanlage des Rennmotorrads

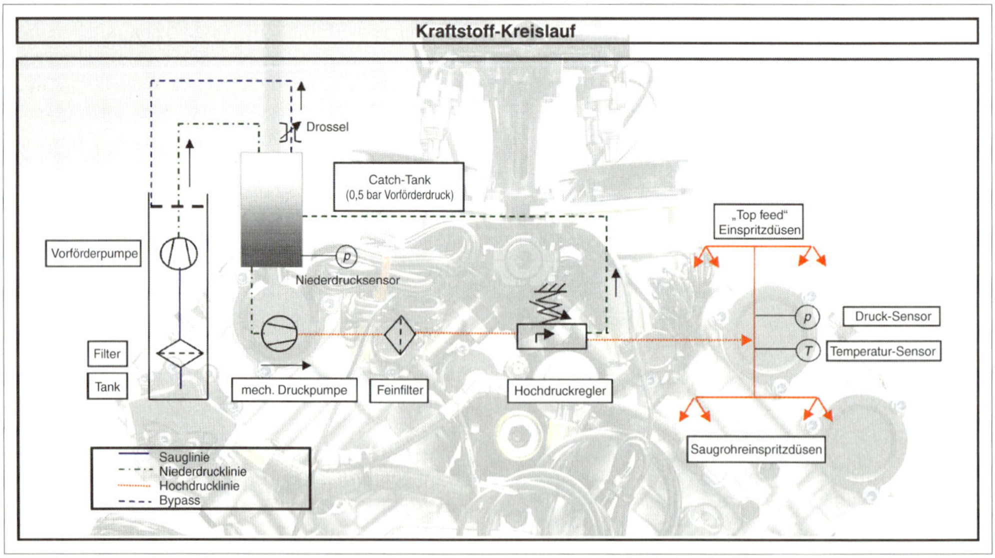

Bild 8-130 Prinzipdarstellung des Kraftstoffsystems

Bild 8-132 Kassettengetriebe mit Lagerschild

Schalldruckpegelbeschränkungen von 130dBA keine Schalldämpfung notwendig machen, ist die Realisierung geringster Druckverluste möglich.
Die Kupplung ist als Lamellentrockenkupplung ausgeführt. Die „trockene" Arbeitsweise schließt eine zusätzliche Temperaturerhöhung und Abriebverschmutzung des Öls aus.
Die Getriebeeinheit, die als austauschbares Kassettengetriebe dimensioniert wurde, verfügt über einen sequentiellen Sechsgang-Mechanismus. Anders als bei den herkömmlichen Motorradgetrieben befinden sich die Schaltelemente nur auf der Abtriebswelle. Die Schaltgabeln greifen hier in die angetriebenen Schaltmuffen ein und stellen den Formschluss der einzelnen Gangstufen sicher. Alle Getrieberäder sind auf Nadellagern gelagert. Hierbei war es möglich, die bewegten Massen für den Schaltvorgang zu reduzieren und somit verkürzte Schaltzeiten zu erreichen, **Bild 8-132**.

8.3.5 Sonderanwendungen

8.3.5.1 Schneemobil

Als eine der ältesten Sonderformen für Freizeitanwendung sind die etwa in den 1920er Jahren in den USA erfundenen Motorschlitten oder Schneemobile, oft auch Ski-doo genannt, was allerdings ein Begriffsmonopol ist. 1922 baute Joseph-Armand Bombardier das erste Schneemobil „Ski-dog", das durch einen typografischen Fehler zu „Ski-doo" wurde. Bei deren Motorisierung handelt es sich zumeist um 2-Takt-Motoren, da deren Leistungsgewicht bis heute unerreichbar scheint.
Wie auch bei den Motorrädern gibt es mehrere Segmente beziehungsweise Anwendungen. Das wichtigste ist das Mountain Segment. Wie der Name schon sagt, wird mit diesen Schlitten in den Bergen, speziell im Tiefschnee, gefahren. Hier spielt das Gewicht, das auf den vorderen Kuven ruht, eine entscheidende Rolle. In diesem Segment werden Leistungen von 120 PS (88 kW) und darüber angeboten.
Der so genannte Laker ist ein Schlitten, mit dem lange gerade Strecken mit möglichst hoher Geschwindigkeit bewältigt werden. Zugefrorene Seen bieten sich nicht zuletzt wegen der ebenen Fahrbahn an. Es werden Geschwindigkeiten von über 200 km/h mit Leistungen über 150 PS (110 kW) gefahren.
Das Utility Segment kommt in den verschiedensten Bereichen zur Anwendung, so sind dies zum Beispiel Holzwirtschaft, Betreuung von Liften und Gasthäusern in Wintersportorten, Transport von Unfallopfern aus entlegenen Gebieten, und so weiter. Hier kommen von 40 PS (30 kW) luftgekühlten 2-Takt- bis hin zu 100 PS (75 kW) wassergkühlten 4-Takt-Motoren einige Konzepte zum Einsatz.

8.3.5.2 Wassermotorräder oder PWC (Persnal Water Craft)

Wassermotorräder sind relativ kleine, aus glasfaserverstärktem Kunststoff bestehende Wasserfahrzeuge ohne Bordwand für den Personentransport für eine Person – stehend und sitzend – oder zwei bis vier Personen, sitzend, für Binnen- und Küstengewässer.
Das Wasserfahrzeug wird mit einem Verbrennungsmotor betrieben. Der Vortrieb und die Steuerung des Fahrzeuges erfolgt durch einen Wasserstrahlantrieb, die so genannte Jet-Pumpe. Der Motor hat kein manuell schaltbares Getriebe. Wassermotorräder sind stark motorisiert (teilweise bis 164 kW), sehr wendig und können hohe Geschwindigkeiten erreichen (bis zu 140 km/h).
Als Antrieb wurde zu Beginn zum Beispiel bei Sea-Doo von BRP/Rotax eine Ableitung des Schlittenmotors verwendet. Die verschärfte Abgasgesetzgebung hat jedoch auch hier nach der Entwicklung eines 4-Takt-Motors verlangt.
Der Bootsmotor R-1503 entstammt der Rotax 4TEC Baureihe. Motoren dieser Baureihe werden in verschiedenen Segmenten des Freizeitbereichs, etwa in Booten, Motorschlitten, All-Terrain-Vehicles und Motorrädern eingesetzt. Sie besitzen eine Vielzahl von Gleichteilen und gleichen Techniken. Die 4-TEC Motoren sind leichte, leistungsstarke Antriebsaggregate mit kurzhubiger Auslegung, Vierventiltechnik, Flüssigkeitskühlung, Benzineinspritzung und innovativen, an die jeweiligen Marktsegmente angepassten technischen Details. Bei dem Motor R-1503 handelt es sich um einen Dreizylindermotor mit einem Hubraum von 1500 cm^3. Er erfüllt alle ab 2006 weltweit für Boote geltenden Abgas- und Geräuschvorschriften.

Motorkonzept

Motoren von Aufsitzbooten sind im Inneren des Boots längs eingebaut. Die Kurbelwelle treibt über eine Abtriebswelle die Jetpumpe des Bootsantriebes direkt an, **Bild 8-133**. Durch die dynamische Fahrweise der Boote kommt es zu extremen Schräglagen von bis zu 45° zur Seite, aber auch nach hinten und vorn, so dass die Anforderungen an die Funktion des Ölkreislaufs wesentlich von denen für Straßenfahr-

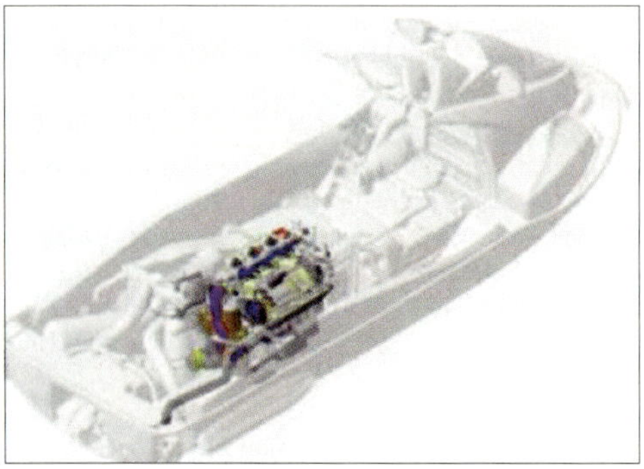

Bild 8-133 Außenkontur des Motors wird durch das Boot bestimmt

zeuge abweichen. Das Ölsystem des Motors R-1503 wurde darauf abgestimmt.
Auch ein Roll-Over des Boots (Boots-Überschlag) muss berücksichtigt werden: Der Motor bleibt öldicht und ist anschließend startbar. Durch die dynamische Fahrweise dringt außerdem Wasser durch die Belüftungskanäle ins Bootsinnere ein (bis zu 70 Liter), was bei der Auslegung des Absaugsystems sowie der Kolben-Zylinderlaufbahnpaarung zu berücksichtigen ist. Der gesamte Motor ist marinisiert ausgeführt (Stecker, Motorsteuerung, Schrauben, Aluminium-Gussmaterialien). Das Package des Motors orientiert sich an der vorgegebenen, ergonomischen Kontur des Fahrzeugs. Aus diesem Grund wurden die Zylinder um 19° zur Auslassseite geneigt.
Die Leistungsentfaltung des Motors folgt der Charakteristik der Jetpumpe für den Bootsantrieb. Die maximale Drehzahl beträgt 7.300/min, das maximale Drehmoment wird, passend zum Jet-Antrieb, erst bei 7.000/min zur Verfügung gestellt. Weitere Anforderungen an den neuen Motor ergaben sich aus den Coast-Guard Bestimmungen. So darf die Oberflächentemperatur auch des Abgassystems maximal 90 °C betragen, was zu einem „nassen" Auspuffsystem führte.

In **Bild 8-134** sind die wichtigsten geometrischen Größen des Motors zusammengefasst. **Bild 8-135** zeigt den Längs- und Querschnitt des Motors.
Die folgenden konstruktiven Merkmale charakterisieren den Motor:

- Zylinderkopf, Kurbelgehäuseoberunterteil und Auspuffkrümmer aus Aluminium
- SOHC-Nockenwelle mit Antrieb über Einfachrollenkette, vier Ventile je Zylinder
- Betätigung über Aluminium-Rollenkipphebel mit hydraulischem Ventilspielausgleich
- Kurbelgehäuseoberteil aus Druckguss mit eingegossenen Rauhgusslaufbuchsen
- Kurbelgehäuseunterteil aus Lost-Foam-Guss mit integriertem Trockensumpföltakt
- Geschmiedetes Stahlpleuel mit bruchgetrennten großem Pleuelauge
- Gewichtsoptimierter Kolben mit geringer Feuersteghöhe, bestückt mit drei Kolbenringen
- Ausgleichswelle zur Kompensation der Momentananregungen erster Ordnung
- Kunststoffsaugrohr mit integrierter Flammensperre
- Ölabscheidermodul aus Aluminium mit integrierter Lenzpumpe, Öleinfüllstutzen und Blow-By Abschaltventil
- Frischwassergekühlter Auspuffkrümmer.

Zylinderkurbelgehäuse

Das Zylinderkurbelgehäuse ist aus Aluminium zweiteilig ausgeführt. Die Trennebene von Ober- und Unterteil liegt auf Kurbelwellenmitte. Das Oberteil in Open-Deck Bauweise wird im Druckgussverfahren aus AlSi9Cu3 hergestellt. Um eine prozesssichere Gießbarkeit zu gewährleisten, wurde darauf geachtet, möglichst wenige Funktionen zu integrieren. Dagegen wurde für das Unterteil das Lost-Foam-Guss-verfahren gewählt und Ölführungskanäle, der Trockensumpföltank und die Trennung der Kurbelkammern integriert.

		1,5 l-Motor
Hubraum	[cm^3]	1439,8
Bohrung	[mm]	100
Hub	[mm]	63,4
Hub-Bohrungsverhältnis	[-]	0,634
Zylindermittenabstand	[mm]	110
Pleuellänge	[mm]	120
Verdichtungsverhältnis	[-]	10,5
Ventiltrieb		4V SOHC, Rollenkipphebel
Ventilwinkel/Einlass/Auslass	[°]	17/18
Ventildurchmesser Einlass/Auslass	[mm]	38/31
maximaler Einlassventilhub	[mm]	10
Einlass öffnet	[°KW vor OT]	10
Einlass schließt	[°KW nach UT]	45
maximaler Auslassvetilhub	[mm]	9,4
Auslass öffnet	[°KW vor OT]	50
Auslass schließt	[°KW nach UT]	5
Ventilüberschneidung	[°KW]	15

Bild 8-134 Leistungsdaten des Motors R-1503

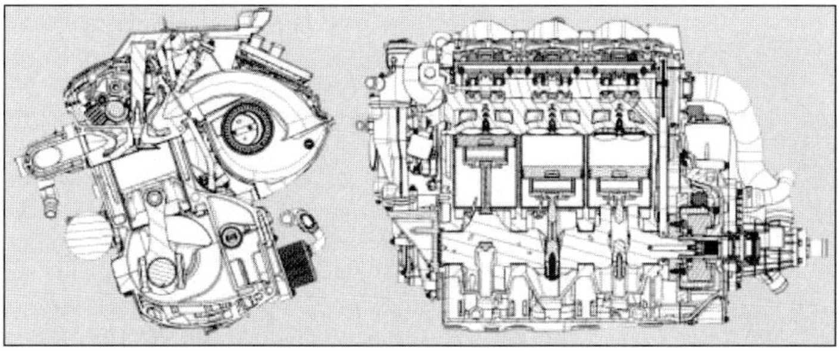

Bild 8-135 Quer- und Längsschnitt des Motors R-1503

Bild 8-136 Oberteil des Zylinderkurbelgehäuses

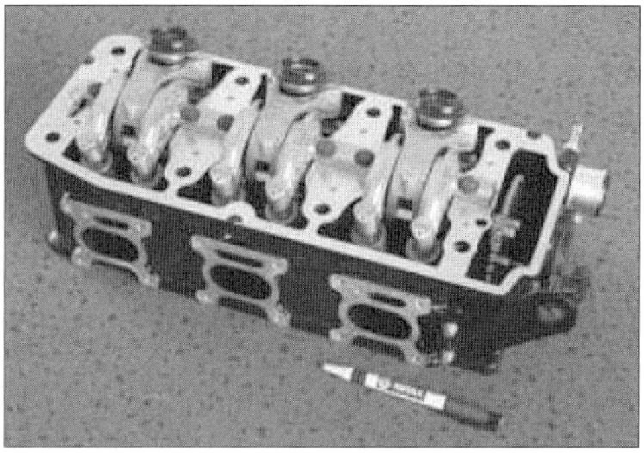

Bild 8-137 Kurz bauender Zylinderkopf

Das Lost-Foam Verfahren ermöglicht zudem optimierte Wandquerschnitte zur Verringerung des Gewichts, eine Minimierung der Bearbeitungs- und Montageoperationen sowie präzise und gleichbleibende Qualität der Gussteile. Als Werkstoff wird aus Festigkeitsgründen AlSi10Mg(Cu) verwendet, **Bild 8-136**.

Zylinderkopf

Der Vierventil-Zylinderkopf wird aus einer Aluminium-Silizium-Legierung im Schwerkraft-Kokillenguss hergestellt. Zur Homogenisierung des Materialgefüges und Festigkeitssteigerung wird das Gussteil einer nachfolgenden Wärmebahndlung unterzogen. Der einteilige Zylinderkopf ist mit der längs einsteckbaren Nockenwellenkonstruktion sehr kostengünstig herzustellen, **Bild 8-137**. Bei der gesamten Motorkonstruktion wurde auf ein Minimum an Dichtfugen und Leckagemöglichkeiten geachtet. Das Design des Kettenkastens ist hierfür beispielhaft, denn es vermeidet Dreiwege-T-Fugen zwischen Zylinder, Zylinderkopf und Steuertriebdeckel, **Bild 8-138**.

Bild 8-138 Steuertriebsseite des Zylinderkopfs

Ventiltrieb

Das dargestellte Konzept des Ventiltriebs bietet die Möglichkeit eines Gleichteilekonzepts für Ein- und Mehrzylindermotoren sowie einen wartungsfreien Ventiltrieb über die gesamte Motorlebensdauer bei geringer Bauhöhe, **Bild 8-139**. Die Nockenwelle wird im Schmiedeverfahren aus dem Werkstoff C53F hergestellt und längs in den Zylinderkopf eingesteckt.
Die Ventilbetätigung erfolgt pro Zylinder über zwei Rollenkipphebel für die Aulassventile und einem gegabelten Rollenkipphebel für die beiden Einlassventile. Die Kipphebel sind aus Gewichts- und Kostengründen im Druckgussverfahren aus dem Werk-

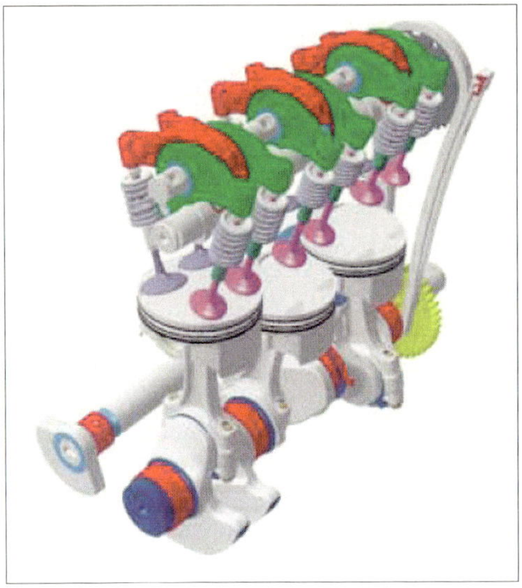

Bild 8-139 Kompakter Ventiltrieb

stoff AlSi11CU2(Fe) hergestellt. Der Ausgleich des Ventilspiels wird durch hydraulische Ausgleichselement vorgenommen, die am ventilseitigen Ende der Kipphebeln angeordnet sind. Die Nocken sind induktiv gehärtet; ihre Auslegung wurde mit einem im Hause entwickelten Berechnungssystem durchgeführt.

Die Berechnung des dynamischen Verhaltens der Ventilfedern erfolgte mit dem Simulationsprogramm ITI-SIM. Optimiert wurde der Ventilhubverlauf im Hinblick auf die Kontraktkraft zwischen Nockenwelle und Rolle des Kipphebels sowie die Aufsetzgeschwindigkeit. Der Schaftdurchmesser der gewichtsoptimierten Einlass- und Auslassventile beträgt 6 mm. Je Ventil kommen zwei Ventilfedern zum Einsatz, mit denen Ventilflattern bis zur Gesamtdrehzahl 8.500/min vermieden wird.

Die Auslegung wurde am Komponentenprüfstand durch Messung der Ventilbewegung mit Hilfe eines Laser-Virbrometers experimentell überprüft. Um den hohen thermischen Belastungen der Auslassventile Rechnung zu tragen, werden Nimoni-Ventile eingesetzt. Die Lagerung der Kipphebel erfolgt auf einer gemeinsamen Achse, die mit den Kipphebeln vormontiert von oben auf den Zylinderkopf aufgesetzt und vierfach verschraubt wird. Somit ist eine einfache und prozesssichere Vormontage des Zylinderkopfs möglich. Die Ölversorgung der hydraulischen Ausgleichselemente und der Nockenwellenlager wird über die Kipphebelachse bereit gestellt.

Kühlung

Der Motor verfügt über einen geschlossenen Kühlkreislauf mit Thermostatregelung und einen offenen Kühlkreislauf für die Auspuffanlage. Der Kühlmittelstrom für den geschlossenen Kühlkreislauf wird von einer Wasserpumpe geliefert, die an der Stirnseite des Steuertriebdeckels montiert ist und von der mit Motordrehzahl laufenden Ausgleichswelle angetrieben wird.

Das Wasserpumpengehäuse aus Kunststoff trägt den 87 °C Thermostat und alle Schlauchanschlüsse. Die Wasserpumpe fördert das Kühlmittel durch einen im Steuertriebdeckel eingeschlossenen Kanal in das Zylinderkurbelgehäuse. Die Haupteinspeisung erfolgt auf der Einlassseite des Motors; eine Nebenstromeinspeisung erfolgt über einen zusätzlichen Kanal an der Auslassseite. Der Hauptstrom tritt an der Auslassseite des Zylinderkurbelgehäuses durch kalibrierte Löcher in der Metall-Zylinderkopfdichtung in den Zylinderkopf.

Um bei der hohen spezifischen Motorleistung eine effiziente Kühlung im Zylinderkopf zu gewährleisten, wird das Querstromprinzip angewendet. Oberhalb der Einlasskanäle wird das Kühlmittel in einem eingegossenen Kanal gesammelt und zum Thermostatventil geleitet. Neben Temperatur-, Druck- und Durchflussmessungen wurde bei der experimentellen Entwicklung der Kühlwasserströmung auch die optische Analyse mit Hilfe eines transparenten Rapid-Prototyping-Kopfes verwendet. Bei geschlossenem Thermostatventil wird das Kühlmittel direkt der Saugseite der Wasserpumpe zugeführt. Bei Erreichen der Schalttemperatur wird eine zunehmende Menge des Kühlmittelstroms über den patentierten, am Bootsrumpf angebrachten Wasser/Wasser-Wärmetauscher zurück zur Wasserpumpe geleitet, **Bild 8-140**.

Die Anordnung des Motors im geschlossenen Bootsrumpf und die hohe spezifische Motorleistung machen einen Öl/Wasser-Wärmetauscher erforderlich, welcher am Kurbelgehäuseunterteil montiert ist und über einem By-Pass-Strom mit Kühlmittel versorgt wird. Um die in Aufsitzbooten zugelassene Oberflächentemperatur von maximal 90 °C nicht zu überschreiten, ist für das Abgassystem eine Wasserummantelung bis zum ersten Schalldämpfer erforderlich. Die Durchströmung dieses Kühlwassermantels erfolgt mit Frischwasser (offener Kühlkreislauf) durch den in der Jetpumpe des Bootes gebildeten Staudruck. Ein Teil des Frischwassers wird zusätzlich zur Kühlung der Auspuffgase in den ersten Schalldämpfer eingespritzt.

Ölkreislauf und Kurbelgehäuseentlüftung

Die Betriebsbedingungen für Aufsitzboote beinhalten Schwenklagen von 45° um alle Achsen bei voller Motorleistung sowie Roll-Over (Bootsüberschlag). Dabei darf kein Motorschaden entstehen und kein Öl auslaufen. Für diese Bedingungen wurde ein spezieller Trockensumpf-Ölkreislauf entwickelt, bei dem der Trockensumpf-Öltank im Unterteil des Kurbelgehäuses integriert ist. Die Kurbelkammern der einzelnen Zylinder sind vollständig abgeschlossen und mit dem

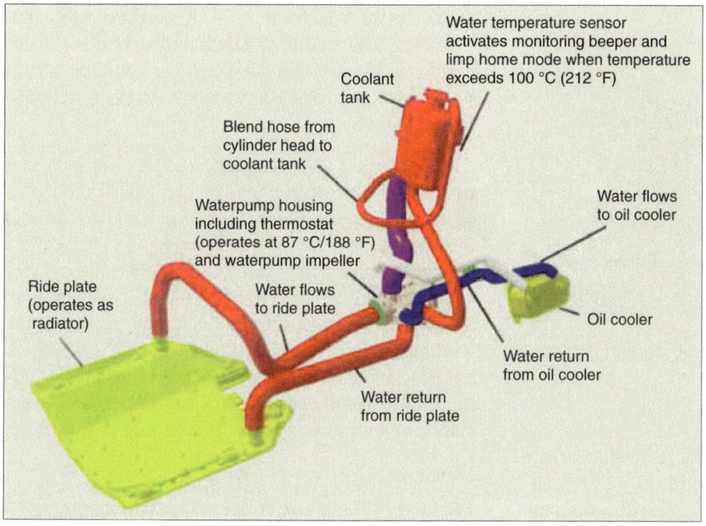

Bild 8-140 Geschlossener Kühlkreislauf

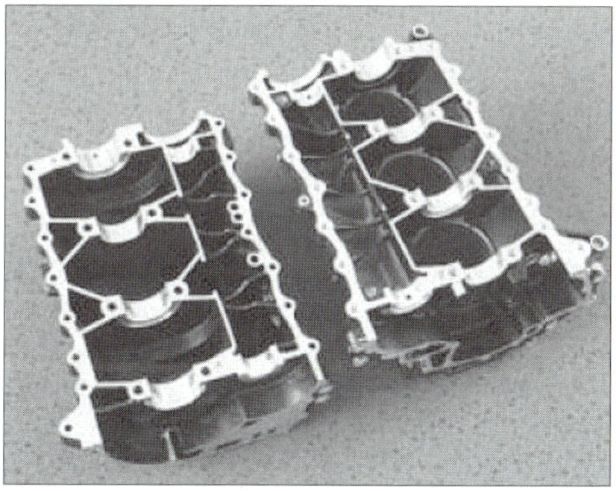

Bild 8-141 Abgeschlossene Kurbelkammer zur Rückförderung des Öls

Öltank über einen eingegossenen Rückförderkanal verbunden, **Bild 8-141**.

Die Rückförderung des Öls aus den Kurbelkammern in den Öltank erfolgt über die Pumpwirkung der Kolben beim Aufwärtshub. Das Rücklauföl aus dem Zylinderkopf wird über den Kettenschacht in einen abgeschlossenen Raum im Steuertriebdeckel geleitet und von dort mittels einer Lenzpumpe in den Öltank zurück gefördert. Die Saugstelle der Druckölpumpe befindet sich zentral im Öltank. Die Druckölpumpe selbst ist im Steuertriebdeckel montiert und wird über die Ausgleichswelle angetrieben.

Der Ölfilter sitzt ebenfalls im Steuertriebdeckel und ist von der Sitzöffnung des Bootes gut erreichbar. Von der Hauptölgalerie aus werden die Spritzdüsen zur Kolbenkühlung und die Kurbel- und Ausgleichswellenlager versorgt. Eine gedrosselte Steigleitung führt zum hydraulisch gedämpften Kettenspanner, zur Kipphebelachse, den hydraulischen Ausgleichselementen in den Kipphebeln und zu den Nockenwellenlagern. Blow-By-Gase werden mit dem Rückförderöl aus den Kurbelkammern in den Öltank geleitet. Von dort gelangen sie in ein speziell entwickeltes, patentiertes Ölabscheidermodul (TOPS – Tip Over Protection System).

Dieses Modul beinhaltet einen Zyklonabscheider, den Öleinfüllstutzen und ein elektromagnetisches Zweiwegeventil für den Blow-By-Kanal. Im elektrisch stromlosen Zustand, bei Motorstillstand oder Roll-Over, verschließt dieses Ventil alle Leitungen aus dem Öltank sowie den Blow-By-Kanal zur Airbox. Dadurch wird Ölaustritt in das Ansaugsystem sowie vom Tank in den Zylinderkopf und Steuertriebraum verhindert. Mittels federbelasteter Ventilteller wird im Falle eines defekten Ventils die Funktion des Ölkreislaus gewährleistet. Im Anschluss an den Ölabscheider wird das Blow-By-Gas in den Ansaugtrakt geleitet, das abgeschiedene Öl wird von einer Lenzpumpe über eine Drossel aus dem Zyklonabscheider abgesaugt und zum Tank zurück gefördert. Die Abstimmung des gesamten Systems erfolgte am Schwerpunktprüfstand sowie an einem speziellen Roll-Over Prüfstand.

Ansauganlage

Bei der Entwicklung des Ansaugsystems waren folgende Kriterien zu berücksichtigen:

- Minimaler Druckverlust zur Erreichung der geforderten Leistung
- Vermeiden von Wasseransaugung aus dem Bootsinnenraum – auch für den Fall eines mehrmaligen „Roll-Overs"
- Integration einer Flammensperre (Flame Arrestor) in den Einlasssammler (Plenum) zur Vermeidung

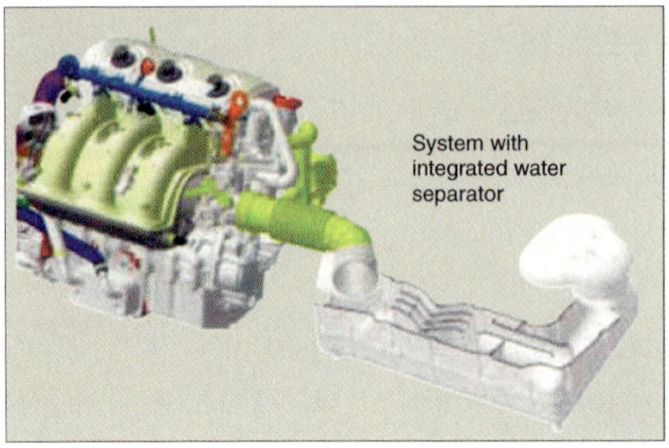

Bild 8-142 Ansaugsystem mit integriertem Wasserabscheider

von Flammenaustritten in den Bootsinnenraum nach US Coast-Guard Bestimmungen

- Einhaltung der gesetzlichen Geräuschbestimmungen und Optimierung der subjektiv empfundenen Qualität des Ansauggeräuschs hinsichtlich des Kriteriums Sportlichkeit.

Die Airbox befindet sich im vorderen Bereich des Boots unterhalb der Lenkstange. Von dort wird die Luft unterhalb der Einlassabdeckung angesaugt, die als Spritzwasserschutz dient. Das patentierte Zweikammersystem der Airbox wurde im Hinblick auf Akustik und Wasserabscheidung optimiert, **Bild 8-142**. Dazu wurde in zwei standardisierten Tests das kontinuierliche Ansaugen von Wasser und das einmalige Ansaugen einer größeren Wassermenge (Wasserschwall) stimuliert. Durch Abscheidelamellen wird bei voll geöffneter Drosselklappe die sichere Abscheidung eines Schwalls von zwei Liter Wasser erreicht. Abgeschiedenes Wasser wird über Ablassventile in den Bootsinnenraum geführt. Von der Airbox gelang die Ansaugluft über einen Verbindungsschlauch zur Drosselklappe, die sich seitlich am zweischalig reibgeschweißten Einlasssammler befindet. Lamellenförmige Drahtgestrickgitter und gelochtes Stützbleich dienen der Vermeidung einer Flammenausbreitung im Ansaugsystem (Flammensperre) und begünstigen die Zerstäubung angesaugten Wassers.

Steuertriebraum

Der Steuertriebraum beinhaltet folgende Komponenten und Funktionen:

- Nockenwellenantrieb mittels Hülsenkette
- Ausgleichwellenantrieb über geradverzahnte Zahnräder
- Antrieb der Drucköl- und Wasserpumpe von der Ausgleichswelle
- Starterzahnkranz mit Startergetriebe
- AC-Generator
- Geberrad für die Motorsteuerung mit Induktivsensor
- Kurbelwellenantrieb mit Kerbverzahnung und beweglichem Abtriebslager und Dichtungseinheit
- Druckölpumpe und Ölfilter
- Absaugstelle des drucklosen Öls vom Zylinderkopf und Steuertriebraum.

Die Forderung der Integration aller Komponenten stellt hohe Anforderungen an die Konstruktion, ermöglicht aber eine extrem kurze Baulänge des Motors. Besonders erwähnt werden muss die bewegliche Abtriebsdichtung, die auf der Abtriebswelle gelagert ist und Auslenkungen von ±5° zulässt. Die Wartungsfreiheit der Kerbverzahnung auf der Abtriebswelle wird durch die Versorgung mit Schmieröl gewährleistet. Eine integrierte Schneckenförderung auf der Abtriebshülse verhindert einen Ölstau in der Dichtungseinheit und minimiert so das Risiko durch Ölaustritt.

Elektronische Motorsteuerung

Für die Erfüllung zukünftiger Abgasvorschriften, Reduzierung des Benzinverbrauchs, spezieller Leistungsanforderungen und eines optimalen Ansprechverhaltens des Motors über den gesamten Drehzahl- und Lastbereich wurde in Kooperation Continental Automotive (ehemals: Siemens VDO Automotive) eine kompakte Motorsteuerung entwickelt.
Die Kenndaten des Motorsteuerungssystem sind:

- 16-bit-μ-Controller
- Flash-Speicher
- CAN- und K Linie-Kommunikationsschnittstelle
- Aktive-Anti-Klopfregelung
- Sequentielle Multipoint Benzin Einspritzung
- Zylinder-sequentielle Berechnung der Vorzündung
- Aktive Leerlaufregelung
- Lastberechnung aus Kombination von Ansaugunterdruck und Drosselklappenposition
- Integrierte Wegfahrsperre
- Startüberwachung (Vermeidung eines Startvorganges bei laufendem Motor)
- Elektronische Drehzahlüberwachung.

Alle zylinderspezifischen Funktionen werden kurbelwellensynchron abgearbeitet. Sämtliche Eingangsgrößen werden von hochintegrierten elektronischen Bausteinen erfasst. Die Ansteuerung der externen Komponenten erfolgt durch integrierte Hochleistungsendstufen. Die Funktionalität dieser Motorsteuerung entspricht dem Automotive Standard und übertrifft diesen sogar in einzelnen Bereichen. Die Überwachung des Tip Over Protection Systems (TOPS) stellt dabei eine spezielle Marineanforderung dar: Das Motorsteuergerät verarbeitet die Informationen eines Bootslagesensors und schließt im Falle eines Überschlags das Roll-Over Ventil, um Ölaustritt zu verhindern.
Das Motorsteuerungssystem überwacht außerdem die Funktion der elektrischen Komponenten und sorgt bei Ausfall eines Sensorsignals mit einem Notlauf für eine sichere Weiterfahrt. Das Motorsteuergerät und der

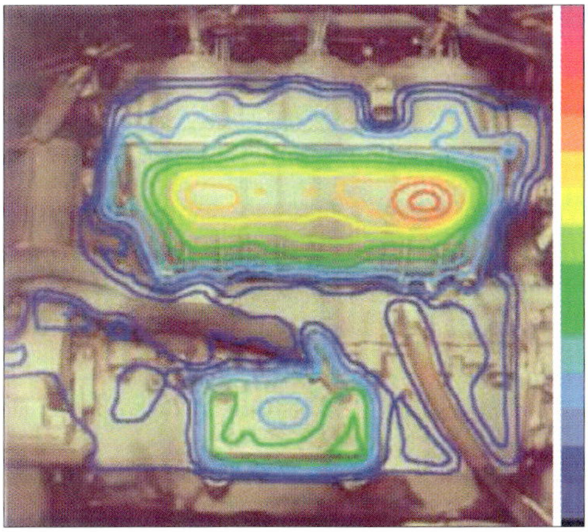

Bild 8-143 Oberflächenschnelle des Kunststoff-Einlasssammlers

gesamte Motorkabelbaum werden motorfest montiert. Dadurch kann der Motor lauffertig und getestet zur Bootsmontage geliefert werden. Die Verbindung zur Bootselektrik erfolgt über einen einzigen Stecker.

Motorakustik

Die akustischen Anforderungen bezüglich subjektivem Klangeindruck und gesetzlichen Bestimmungen für Boote (Vorbeifahrtest bei maximaler Geschwindigkeit beziehungsweise 70 km/h) wurden von Beginn der Motorenentwicklung an berücksichtig. Bereits die Wahl eines Dreizylinder-Reihenmotors unterstützt durch die Ausbildung der 1,5ten Motorordnungen einen sportlichen Klangcharakter. Durch die Anordnung des Generators sowie des Nocken- und Ausgleichswellenantriebs auf der Abtriebsseite wirken diese Komponenten als Schwungmassen und reduzieren die Drehschwingungseinleitung in den Bootsantrieb.

Besonderer Wert wurde auf die Struktursteifigkeit der Bauteile gelegt. So wurde durch die Integration des Öltanks in das Kurbelgehäuseunterteil ein sehr steifer Motor geschaffen. Auch die Steifigkeiten großflächiger Anbauteile, wie etwa des Kunststoff-Einlasssammlers, wurden rechnerisch oder experimentell mit Hilfe eines Laser-Scanning-Vibrometer optimiert, **Bild 8-143**.

Mit Hilfe dieser Maßnahmen erreicht der Motor Schallleistungen von 106 dB(A) bei 6.000/min und 110 dB(A) bei 7.300/min. Er liegt damit etwa 10 dB(A) unter den im Markt befindlichen Zwei-Takt-Bootsmotoren im Bereich guter Vierzylinder Automobilmotoren.

Den Drehmoment- und Leistungsverlauf über der Drehzahl zeigt **Bild 8-144** im Vergleich zu dem stärksten Zweitakt-SEA-DOO-Antrieb. Mit dem Motor R-1503 ergeben sich daraus für das SEA-DOO GTX 4-Tec-Boot eine Höchstgeschwindweit von 90 km/h und eine Beschleunigung von 0–61. (200 ft) in 4,9 Sekunden.

Literatur

Apfelbeck, L.: Wege zum Hochleistungs-Viertaktmotor. Motorbuch Verlag, Stuttgart 1997

Hütten, H.: Motorradtechnik. Motorbuch Verlag, Stuttgart 1998

Nepromuk, B. und Janneck, U.: Das Schrauberhandbuch. Delius Klasing, Bielefeld 2006

Stoffregen, J.: Motorradtechnik. Wiesbaden: Vieweg+Teubner, 2010

8.4 Kreiskolbenmotor/Wankelmotor

8.4.1 Historie

Die Geschichte des Kreiskolbenmotors ist untrennbar verbunden mit dem Namen Felix Wankel, daher trägt er ebenfalls die Bezeichnung Wankelmotor. Am 13. August 1902 erblickte er im badischen Lahr das Licht der Welt, war Zeit seines Lebens von Maschinen fasziniert, genoss jedoch nie eine technische Ausbildung. Wankel war kein abstrakt denkender Wissenschaftler, sondern ein Tüftler, mit einem höchst distanzierten Verhältnis zur Mathematik: „Mich stören die Formeln." Dennoch wurde Wankel der Vater des Kreiskolbenmotors.

1954 entsteht der erste, für ein Fahrzeug vorgesehene Viertaktmotor mit kreisenden Kolben. Ihr Debüt gibt die Wankel-Konstruktion als Ladegebläse für einen

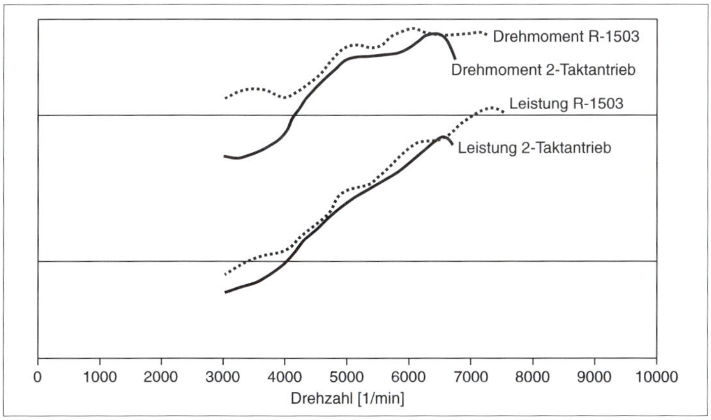

Bild 8-144 Drehmoment- und Leistungsverlauf des R-1503 im Vergleich zum Zweitaktantrieb

Zweitaktmotor mit 50 Kubikzentimeter Hubraum und nimmt 1956 an einem Weltrekord teil: Mit dem NSU-Motor von NSU erreicht der „Baumm'sche Liegestuhl", eine Stromlinien-Zigarre auf zwei Rädern, eine Geschwindigkeit von 196 km/h.
1957 läuft der erste Kreiskolben-Verbrennungsmotor im Labor und wird von der Fachwelt als revolutionäre Entwicklung gefeiert. Der Versuchsmotor DKM 54, den Wankel gemeinsam mit NSU entwickelt, läuft im Februar 1957 gleichmäßig und minutenlang. Nach konstruktiven Änderungen bis Ende 1957 leistet der 250 Kubikzentimeter große Motor 29 PS bei 17.000 U/min, kurzzeitig werden sogar 22.000 U/min registriert. Vier dieser Motoren werden gebaut, einer steht heute im Deutschen Museum. Zusammen mit dem Geschäftsmann Ernst Hutzenlaub gründet Wankel die Patentverwaltungsgesellschaft Wankel GmbH. Damit ist Wankel einer der wenigen Erfinder, der von Beteiligungen an den Lizenzeinnahmen bis zu seinem Tode sorgenfrei leben kann.
1958 steigt der amerikanische Hersteller von Flugzeugtriebwerken Curtis Wright bei Wankel ein und baut in Lizenz Kreiskolben-Flugzeugmotoren. Die ersten Autos mit Kreiskolbenmotoren erscheinen 1960 als „Versuchs-Prinzen" von NSU auf deutschen Straßen.
1963 feiert das erste Wankel-Serien-Auto, ein NSU Spider, auf der Internationalen Automobil-Ausstellung in Frankfurt seine Premiere. Sein Kreiskolbenmotor schöpft aus einem Kammervolumen von 500 Kubikzentimeter 37 kW/50 PS. Ein Jahr später geht der Motor in die Serienproduktion.
1967 erscheint mit dem Mazda Cosmo das erste Wankel-Auto mit Zweischeiben-Motor.
1968 baut NSU den Ro 80 mit Zweischeiben-Motor, 1,0 Liter Kammervolumen und 81 kW/110 PS. Die 180 km/h schnelle frontgetriebene Limousine ist zwar ungewöhnlich laufruhig, aber recht reparaturanfällig.
Anfang der 1970er Jahre stehen die Lizenzinteressenten bei Wankel Schlange. Wankel schließt Verträge mit Daimler Benz und VW, Rolls Royce und Porsche, General Motors und Ford, Nissan, Mazda und Yamaha, Toyota, American Motors, Krupp und allen größeren Motorradproduzenten. Die Lizenzgewinne sind beträchtlich.
1974 kommen die Schwierigkeiten. Zwar werden die Probleme mit „Rattermarken" auf den Gehäuse-Innenflächen und mit den Dichtleisten gelöst, doch die Erwartung, der Kreiskolbenmotor lasse sich preisgünstiger produzieren als der Hubkolbenmotor, erfüllt sich nicht. Steigende Kraftstoffpreise während der ersten Energiekrise und verschärfte Abgasvorschriften in Amerika stoppen die Weiterentwicklung des Wankelmotors. General Motors und Daimler-Benz geben weit gediehene Wankel-Projekte auf. Peugeot stoppt 1975 die gerade erst 1974 angelaufene Birotor-Produktion der Konzerntochter Citroën. Audi beendet zwei Jahre später die Produktion des von NSU übernommenen Ro 80. Von allen ursprünglichen Lizenznehmern baut allein Mazda einen nunmehr ausgereiften Kreiskolbenmotor in das Sportcoupé RX-7 ein. Bei den Motorradherstellern bleibt die britische Firma Norton für die heimischen Polizeimaschinen beim Wankel-Prinzip. Aber Wankel baut nicht nur für die Auto- und Motorradindustrie.
1976 treibt ein 220 kW/299 PS starker Kreiskolbenmotor das Motorboot „Zisch" mit über 100 km/h über den Bodensee.
1978 gelingt Wankel die Abdichtung des neuartigen Zweitakt-Drehkolben-Motors DKM 78, der im Vergleich zum herkömmlichen Viertakt-Kreiskolbenmotor (KKM) bei kleinerem Bauvolumen bedeutend mehr leistet und weniger verbraucht.
Am 9. Oktober 1988 stirbt der Ehrendoktor der TH München Dr. h.c. Felix Wankel nach langer Krankheit in Heidelberg. Die Mazda Motor Corporation versichert, weiterhin Motoren ohne Ventile und Pleuel nach dem Wankel-Prinzip zu bauen. Das Versprechen haben die Japaner gehalten. Seit 1961 hat Mazda mehr als zwei Millionen Kreiskolbenmotoren gebaut – die meisten für den Sportwagen RX-7. Der moderne Renesis-Motor treibt den Mazda RX-8 an.

8.4.2 Generelle Funktionsweise eines Kreiskolbenmotors

Der Kreiskolbenmotor unterscheidet sich in seiner Funktionsweise grundlegend von allen konventionellen Verbrennungsmotoren. Bei herkömmlichen Hubkolbenmotoren wird eine translatorische Bewegung in eine Drehbewegung an der Kurbelwelle umgesetzt. An dem einen Ende befindet sich der Brennraum, am anderen die Kurbelwelle. Die Auf- und Abbewegungen sowie die Drehungen der Kurbelwelle erzeugen starke Schwingungen, die durch ein Massenschwungrad ausgeglichen werden müssen. Ein weiterer Nachteil sind die vielen beweglichen Teile des Hubkolbenmotors, die stark beansprucht werden und hohen Abnutzungen ausgesetzt sind.
Diese Nachteile weist der Kreiskolbenmotor nicht auf. Der Kolben, oder auch Rotor genannt, ist beim Wankelmotor dreieckförmig, wobei seine drei gleich langen Seiten konvex gewölbt sind. An seinen drei Scheitelpunkten und an den Flanken, also an allen Berührungsflächen, ist der Rotor so gegen das Gehäuse abgedichtet, dass kein Gas von einer Arbeitskammer in die nächste überströmen kann. In die drei Eckkanten sowie die Seitenflächen des Kolbens sind Dichtelemente eingelassen. Die Abdichtung eines Wankelmotors stellte lange Zeit ein gravierendes Problem dar. Eine Reihe von Maßnahmen hat die Undichtigkeiten aber beseitigt. Dichtbolzen in Form von kurzen, zylindrischen Teilen, die mit kleinen Tellerfedern unterlegt sind laufen an den Enden der Dichtleisten mit den seitlichen Dichtstreifen zusammen.
Der Kreiskolbenmotor ist ein innenachsiges System mit einer parallelachsigen Lage der Drehachsen

zweier rotierender Drehkörper. Der Kolben rotiert im Stator, einem ovalen, in der Mitte leicht eingeschnürten Gehäuse. Bei der Drehung des Kolbens liegen die drei Ecken ständig an der Gehäusewand an, wodurch der Mittelpunkt des Kolbens während der Rotation einen geschlossenen Kreis beschreibt.
Die Epitrochoide, die dem Kreiskolbenmotor zugrunde liegt, kann auf verschiedene Arten erzeugt werden. Sie entsteht beispielsweise beim Abrollen eines Kreises auf einem anderen Kreis mit doppeltem Radius. Dafür wird ein innerhalb des Abrollkreises gewählter Punkt fortlaufend markiert. Der Radius des Grundkreises entspricht dem Abstand vom Mittelpunkt des Rotationskolbens zu einer seiner Ecken (erzeugender Radius = R). Der Abstand des gewählten Punktes (kurvenerzeugender Punkt) vom Mittelpunkt des Abrollkreises entspricht der Exzentrizität. Rollt der Abrollkreis innerhalb des Grundkreises ab, entsteht eine Hypotrochoide. Liegt der Punkt auf dem Umfang des Abrollkreises, entstehen entsprechend Epi- oder Hypozykloiden. Der Abrollkreis kann auch über dem Grundkreis hängen, etwa wie ein innenverzahntes Hohlrad über einem außenverzahnten kleineren Rad und ist somit dem innenachsigen Prinzip einer Rotationskolbenmaschine vergleichbar.
Die tatsächlich im Motor entstehende Trochoide entspricht jedoch nicht der mathematisch erzeugten Kurve. Sie wird um ein kleines Maß nach außen verlegt, damit die Dichtleisten verschleißgünstiger der Trochoidenkontur folgen können. Das Maß für die Aequidistante entspricht dabei dem Radius der abgerundeten Leistenkuppe.
Der Rotor bewegt sich im Gehäuse exzentrisch, und zwar so, dass die drei Ecken des Rotors bei jeder Drehung stets der Wand des Gehäuses folgen. Im Rotor selbst befindet sich ein Hohlrad mit Innenverzahnung, das sich auf einem am seitlichen Motorgehäuse befestigten Zahnrad abwälzt. Diese Verzahnung ist nötig, damit sich der Rotor während der Drehung ständig über seine Innenverzahnung auf dem fest stehenden Zahnrad abstützen kann und dabei gleichzeitig eine Drehbewegung auf die Exzenterwelle ausübt.
Zwischen den drei Flanken des Rotors und der Innenfläche des Gehäuses entstehen somit drei Arbeitsräume, deren Rauminhalt sich während einer Rotorumdrehung ständig ändert. Diese Funktionsweise macht Kurbelwelle und Ventile überflüssig; die einzigen bewegten Teile sind der Drehkolben und die Exzenterwelle. Diese Merkmale führen zu einem geringen Gewicht und der geringen Einbaugröße des Wankelmotors.
Der Läufer ist das krafterzeugende, die Exzenterwelle das kraftabgebende Teil bei einem Kreiskolbenmotor. Die Exzenterwelle ist vergleichbar mit der Kurbelwelle des Ottomotors. Kolbenhohlrad und fest stehendes Ritzel haben ein Verhältnis der Zähne von 3 : 2, der Kolben dreht sich also mit zwei Drittel der Winkelgeschwindigkeit der Exzenterwelle. Bei einem Zweischeiben-Wankelmotor ergibt sich durch die um 180 Grad versetzten Exzenter eine bessere Laufruhe als bei der Ausführung mit nur einem Kolben. Ein Dreischeiben-Kreiskolbenmotor ist in der Laufruhe vergleichbar mit einem Achtzylinder-Hubkolbenmotor. Durch dieses Aneinanderreihen mehrerer Motorzellen lassen sich mit geringem Bauaufwand bei kleinen Motorabmessungen große Leistungen verwirklichen.
Während ein normaler Viertakter für ein Arbeitsspiel zwei Auf- und Ab-Bewegungen des Kolbens braucht, schafft der Kreiskolbenmotor alle vier Takte bei einer einzigen Umdrehung des Rotationskolbens. Unwuchtkräfte treten fast nicht auf, da sich der Schwerpunkt des Kolbens in geringem Abstand um die Drehachse bewegt und der Kolben somit dynamisch ausgeglichen ist.

8.4.3 Das Viertaktprinzip

Die Arbeitsweise des Kreiskolbenmotors entspricht dem Viertakt-Ottomotor-Prinzip. Dadurch, dass die drei Ecken des Rotors stets Kontakt zu den Statorwänden haben, entstehen Hohlräume. Beim Umlauf des Kolbens bilden dessen drei Kanten mit der Gehäusewand drei Kammern (A, B, C) mit variablem Volumen, in denen jeweils während einer Kolbendrehung ein vollständiger Viertaktprozess wie beim Ottomotor mit Ansaugen, Verdichten, Zünden und Ausstoßen abläuft. Die Einlass- und Auslassöffnungen in Form von Schlitzen werden während der Rotation vom Kolben selbst geöffnet und geschlossen. Infolge der überlagerten Kreis- und Drehbewegungen des Kolbens ändern die sichelförmigen Kammern ihre Volumina. Es spielen sich somit in den drei Kammern immer drei von vier Arbeitstakten gleichzeitig ab, und nach jeder vollen Kolbendrehung hat der Motor dreimal den kompletten Viertakt-Ottoprozess durchlaufen.

1. Takt (Ansaugen)
Sobald eine Rotorecke beim Vorbeistreichen den Einlassschlitz freigibt, strömt das Benzin-Luft-Gemisch in die nachfolgende Kammer, das Kammervolumen vergrößert sich durch die Bewegung des Rotors.

2. Takt (Verdichten)
Bei der weiteren Drehung des Rotors verringert sich das Volumen der Kammer, in der sich das Gemisch befindet, wodurch das Kraftstoff-Luft-Gemisch in ihr komprimiert wird.

3. Takt (Zünden)
Das verdichtete Gemisch wird gezündet. Durch die Verbrennung dehnt sich das Kraftstoff-Luft-Gemisch aus und dreht den Kolben, der wiederum die Exzenterwelle antreibt.

4. Takt (Ausstoßen)
Die erste Dichtleiste des Läufers streicht am Auslassschlitz vorbei und gibt ihn frei. Dieses Arbeitsspiel

Bild 8-145a Schnittmodell des Mazda Renesis. Im Gegensatz zu herkömmlichen Kreiskolbenmotoren verfügt der Renesis über seitliche Ein- und Auslässe

vollzieht sich in allen drei Kammern gleichzeitig. Bei jeder vollen Umdrehung des Kolbens erfolgen somit drei Zündungen. Damit ist der Drehmomentverlauf eines Kreiskolbenmotors wesentlich gleichförmiger als bei einem Einzylinder-Ottomotor, bei dem lediglich eine Zündung pro zwei Kurbelwellenumdrehungen stattfindet.

8.4.4 Der Kreiskolbenmotor des Pkw's Renesis

Trotz seiner bekannten Vorteile hat im Automobilbereich nur der japanische Hersteller Mazda am Prinzip des Kreiskolbenmotors festgehalten. Das moderne Triebwerk kommt im Sportwagen RX-8 zum Einsatz und trägt die Bezeichnung „Renesis", **Bild 8-145a + b**. Dieser Name setzt sich zusammen aus der Abkürzung für Rotary Engine RE und der Schöpfungsgeschichte „Genesis" und soll exemplarisch erhellen, dass Mazda die bekannten Konstruktionsformen des Kreiskolbenmotors neu konzipiert und revolutioniert hat.

Der Renesis ist eine weiterentwickelte Version des Kreiskolbenmotors MSP-RE (**M**ulti-**S**ide-**P**ort **R**otary **E**ngine), den Mazda in dem Konzept-Sportwagen RX-01 erstmals auf der Tokio Motor Show 1995 der Öffentlichkeit vorstellte. Der Renesis unterscheidet sich in wesentlichen Konstruktionsmerkmalen grundlegend von herkömmlichen Kreiskolbenmotoren. Die Auslasskanäle, die bei konventionellen Kreiskolbenmotoren üblicherweise auf dem Trochoidgehäuse angebracht waren, befinden sich in der Seitenwand des Stators, **Bild 8-146**. Diese Anordnung vermeidet die unerwünschte Überlappung der Öffnung von Aus- und Einlasskanälen und erhöht dadurch den Wirkungsgrad erheblich. Außerdem sind die Einlassöffnungen um 30 Prozent größer und werden deutlich früher geöffnet als in bisherigen Konstruktionen, **Bild 8-147**. Im Gegenzug werden die fast doppelt so großen Auslassöffnungen mit geringerem Strömungswiderstand später freigegeben, was zu einem längeren Auslasstakt führt und eine deutlich verbesserte Wärmebilanz zur Folge hat.

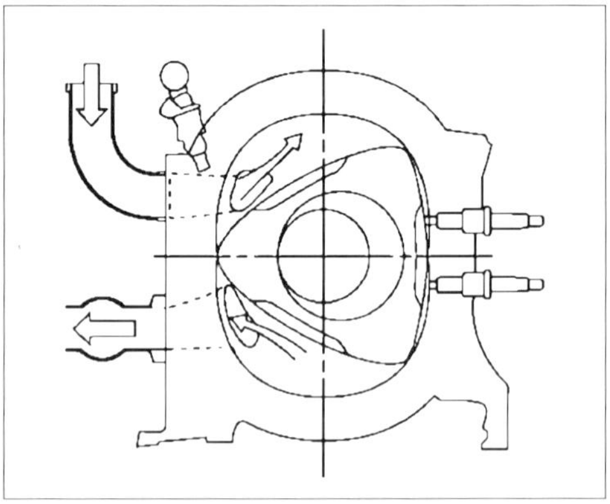

Bild 8-146 Anordnung der Auslasskanäle

Motor Renesis im RX-8		
Variante	STD-Power	High-Power
Typ	Rotationskolben, 2 Rotoren	
Hubraum	654 cm^3 pro Rotor	
Gemischaufbereitung	Elektromagnetische Pumpe	
Verdichtungsverhältnis	10 : 1	
Zündung	Vollelektronisch	
Maximal Leistung	141 kW bei 7000 min^{-1}	170 kW bei 8200 min^{-1}
Maximal Drehmoment	220 kW bei 5000 min^{-1}	211 kW bei 5500 min^{-1}
Kraftstoff	Bleifrei 95 RON	
Abgas-Norm	Euro IV	
Kühlung	Wassergekühlt	

Bild 8-145 b Daten der Renesis-Motoren im Mazda RX-8

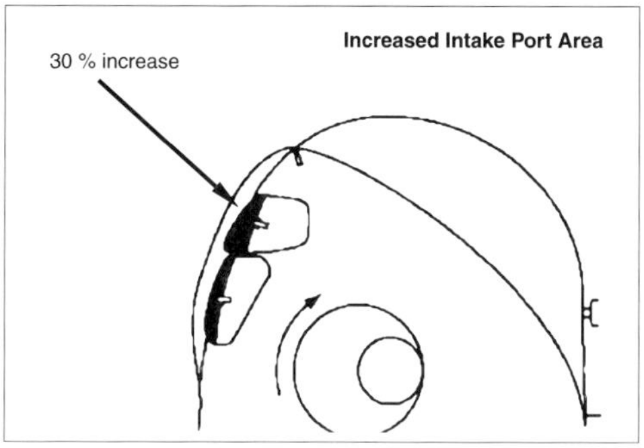

Bild 8-147 Einlassöffnungen

8.4.4.1 Der Seitenauslass

Mazda setzt seitlich im Gehäuse platzierte Auslässe ein.

Weder Einlass- noch Auslasskanal werden beim Renesis-Motor durch den Mantel, also vom Umfang her, geführt. Der Vorteil des Umfangseinlasses, die hohe Leistung, wird durch seine Nachteile, die große Überschneidung und das Schieberuckeln, kompensiert. Dem stehen die Vorteile des Seitenauslasses, keine Überschneidung von Ein- und Auslass, kein Schieberuckeln, bessere Gemischaufbereitung und die einfachere Ölabdichtung des Läufers gegenüber. Der Nachteil des geringeren Füllungsgrades lässt sich durch eine exakte Auslegung der Ansaugwege und Schlitzparameter kompensieren. Auf die Vorteile der Seitenauslass-Technologie wies Hanns-Dieter Paschke, Ingenieur bei NSU, bereits Ende der 50er Jahre hin. Die Serieneinführung der Seitenauslasstechnik wurde aber erst jetzt durch die Verwendung von Keramikportlinern möglich. Portliner sind keramische Einsätze, die in der Gießerei in der Form positioniert und mit flüssigem Aluminium umgossen werden. Grundstoff ist Aluminiumtitanat, die stöchiometrische Mischphase von Aluminiumoxid und Titandioxid. Wesentliche Eigenschaften des Materials sind die niedrige Wärmeleitfähigkeit, sehr niedrige Wärmeausdehnungskoeffizienten und eine damit verbundene sehr hohe Temperaturbeständigkeit sowie offene Porosität. Für den Einsatz im Motorenbau von wesentlicher Bedeutung ist seine Porosität. Sie resultiert aus einer Besonderheit bei der Abkühlung, bei der kritische innere Spannungen entstehen, die zur Bildung von mikroskopisch kleinen Rissen führen. Beim Aufheizen heilen die Risse des Materials teilweise wieder aus. Portliner werden beim Renesis-Motor zur Auskleidung der seitlichen Auslasskanäle eingesetzt. Weil Keramik Wärme schlecht leitet, wird nur ein Bruchteil der Abgaswärme an die Seitenteile abgegeben. Sie wird vielmehr größtenteils in den außen liegenden Auslasskanal mitgenommen. Die Idee klingt simpel, aber bis dato war es nicht gelungen, hitzebelastete Keramikteile in Eisenguss so zu verarbeiten, dass sie ein Motorenleben lang an Ort und Stelle problemlos festsitzen. Das ist Mazda jetzt gelungen.

Die Lauffläche des Stators besteht aus einer Chrom-Molybdän-Legierung. Molybdän ist eines der wenigen Materialien, bei denen keine Rattermarken auftreten. Besonders in den Anfangsjahren waren diese riffelartigen Verschleißerscheinungen auf der Lauffläche durch Reibschwingungen der Scheitelleisten eine symptomatische Schwäche des Kreiskolbenmotors. Der Mantel selbst ist aus Aluminium gegossen. Die Wand hinter der Lauffläche ist dickwandig zu den Kühlwasser führenden Aussparungen hin gestaltet. Zusammen mit der massiven Verrippung führt das zu einer guten Steifigkeit in Längsrichtung. Die Lauffläche wird von nur vier kleinen Löchern durchbrochen: zwei für die Zündkerzen und zwei für die Ölzufuhr zu den Dichtleisten. Der Ölversorgung kommen gleich zwei Funktionen zu. Sie ist unverzichtbar für die Schmierung und sichert gleichzeitig die Dichtigkeit. Das Öl zur Schmierung der Eckkantendichtungen des Kolbens wird direkt auf die Innenwände des Verbrennungsraums aufgebracht. Durch die Wahl von kurzen Ölwegen und geeigneten Düsen verbraucht der Renesis nur etwa halb so viel Öl wie herkömmliche Kreiskolbenmotoren. Die obere Zündkerze zündet durch einen Schusskanal, **Bild 8-148**. Die untere Kerze sitzt im Druckausgleichspunkt mit nahezu gleichem Druck zwischen den einzelnen Kammern und benötigt deshalb keinen Schusskanal.

8.4.4.2 Variable Ansaugsteuerung und elektronische Drosselklappe

Üblicherweise verfügen Kreiskolbenmotoren über je einen Auslasskanal außen auf dem Trochoidgehäuse. Der Renesis jedoch ist mit zwei seitlichen Auslässen

Bild 8-148 Schnitt durch den Motorblock

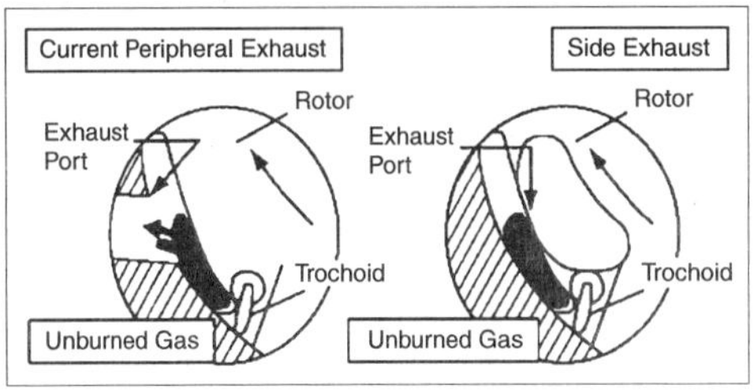

Bild 8-149 Vorteil des Seitenauslass

pro Rotor ausgestattet, die jeweils einen doppelt so großen Querschnitt wie herkömmliche Auslässe aufweisen. Diese Konfiguration verbessert nicht nur den Fluss der Abgase, sondern erlaubt die verzögerte Öffnung des Auslasskanals. Die Einlassöffnungen werden früher als bisher, die Auslassöffnungen dagegen später freigegeben: Das Ergebnis sind ein verlängerter Zündtakt und ein höherer thermischer Wirkungsgrad – beides kommt der Verbrauchsminderung zugute.

Die Brennraummulde wurde im Vergleich zum Vorgänger vertieft, wodurch der Brennraum wesentlich kompakter ist. Außerdem wird durch den Seitenauslass im Renesis der Austritt unverbrannter Kohlenwasserstoffe aus dem Brennraum in die Auslassöffnungen verhindert. Die Restgase werden vielmehr in den nächsten Verbrennungszyklus mit hinübergenommen und verbrannt, was die Emissionen drastisch verringert, **Bild 8-149**. Das neuartige Kraftstoff-Öl-Dichtungssystem enthält Abscheideventile und wurde speziell auf die Seitenauslasskonfiguration hin entwickelt. Die nahezu hermetische Abdichtung verbessert wesentlich Leistung, Verbrauch und Emissionen.

Der Renesis arbeitet mit einem variablen 6PI-Ansaugsystem (Six Port Induction) mit drei Einlasskanälen für jeden der beiden Rotoren, **Bild 8-150**. Ein Elektromotor betätigt die Drehschieberventile an den Einlasskanälen jedes Rotors, die so die Dynamik der einströmenden Luft zur Aufladung nutzen und den Füllungsgrad erhöhen. Darüber hinaus besitzt der Renesis eine elektronische Drosselklappe, die die Befehle des Motorsteuergeräts umsetzt. Dies ermöglicht eine höchst akkurate und direkte Steuerung der Ventile. Schließlich ist das neu entwickelte Ansaugrohr aus Kunststoff leichter und auf optimale Strömungseigenschaften hin konstruiert, um Luftwiderstand und Ansaugverluste auf ein Minimum zu reduzieren.

Der Renesis besitzt neuartige Einspritzdüsen, die den Kraftstoff ultrafein zerstäuben. Kleine Hochleistungszündkerzen sorgen für die bessere Zündung des Gemischs. Diese Verbindung von ultrafeiner Zerstäubung und kraftvoller Zündung führt zu einer nahezu vollständigen Verbrennung – und damit direkt zu einem höheren Wirkungsgrad und niedrigen Emissionen. Der doppelwandige Auspuffkrümmer hält die Abgastemperaturen hoch und verkürzt auf diese Weise die Kaltlaufphase des zweistufigen Katalysators.

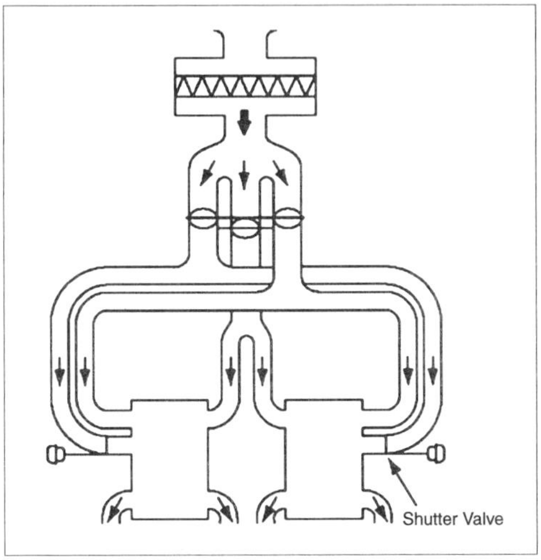

Bild 8-150 6PI-Geometrie (Six Port Induction)

Das neue flache Nass-Sumpf-Schmiersystem verfügt über eine nur 40 Millimeter tiefe Ölwanne. Das ist nur halb so viel wie bei einem bisher üblichen Kreiskolbenmotor. Einer der großen Vorteile des Kreiskolbenmotors ist die Tatsache, dass die Exzenterwelle höher liegt als die Kurbelwelle eines Hubkolbenmotors – nämlich oberhalb des Sumpfes und daher frei von Reibungsverlusten. Außerdem sind die Pumpverluste geringer als bei einer Trockensumpfschmierung. Zusätzlich kontrolliert das System über eine speziell geformte Prallkammer den Ölfluss und sorgt dafür, dass sich das Öl bei extremer Querbeschleunigung nicht an einer Seite sammelt. Versuche mit Trockensumpf-Konstruktionen hat Mazda nach Kosten-, Gewichts- und Zuverlässigkeitsvergleichen zugunsten der gewählten Lösung aufgegeben. Daher kann der gesamte Antriebsstrang – und damit der Fahrzeugschwerpunkt – niedriger gelegt werden, was das Trägheitsmoment in Kurven um bis zu 15 Prozent verringert.

Die Technologie des seitlichen Auslasses überzeugt auch akustisch. Anders als Kreiskolbenmotoren mit peripheren Auslasskanälen erzeugt der Renesis klare und transparente Geräusche in hohen Frequenzlagen sowie einen sonoren Sound bei tieferen Frequenzen. Der Renesis verfügt daher nicht nur über eine ungemein gleichmäßige Kraftentfaltung, er klingt auch noch genau so, wie man es von einem Sportwagentriebwerk erwartet. Auch die Implementierung eines Turboladers ist möglich.

Bedingt eignet sich das Rotationskolbenprinzip auch für einen Dieselmotor. Die höchste mögliche Kompression von etwa 1 : 12 reicht zwar für einen Selbstzünder nicht aus, aber mit Aufladung und Hilfszündung ist der Dieselbetrieb möglich.

8.4.5 Der Wasserstoff-Kreiskolbenmotor

Das Thema Wasserstoff als Antriebsenergie für den Kreiskolbenmotor befindet sich in der praktischen Erprobungsphase. Erste positive Versuche wurden bereits bei NSU Anfang der 1970er Jahre durchgeführt. 1991 erschien das erste Aggregat in der Reihe der HRX-Motoren. Heute läuft der bivalente Kreiskolbenmotor Renesis Hydrogen mit Wasserstoff-Direkteinspritzung im Mazda RX-8 Hydrogen RE, **Bild 8-151**.

Speziell beim Betrieb mit Wasserstoff bietet der Kreiskolbenmotor zusätzliche Vorteile. Anders als der konventionelle Hubkolbenmotor verfügt der Kreiskolbenmotor über getrennte Kammern für den Einlass- und den Verbrennungstakt. Dies verleiht ihm einen inhärenten strukturellen Vorteil beim Einsatz von Wasserstoff. Auch die getrennte Anordnung von Zündkerzen und Einspritzdüsen bietet Vorteile: Da Wasserstoffgas eine sehr geringe Dichte hat, arbeitet der Wasserstoff-Kreiskolbenmotor mit zwei Einspritzdüsen pro Rotor, die während des Einlasstaktes den Wasserstoff direkt einspritzen, um auf das für die Verbrennung optimale Wasserstoff-Volumen zu kommen und eine optimale Verbrennung zu erzielen. Bei einem normalen Hubkolbenmotor wäre dies alleine aus Platzgründen kaum möglich, da Ein- und Auslass-Ventile, Einspritzdüsen und Zündkerzen sich den Platz teilen müssen. Außerdem kann es nicht wie beim Hubkolbenmotor zu spontanen Verbrennungen von Wasserstoffgas an noch heißen Teilen kommen: Verdichtungs- und der Verbrennungsvorgang laufen räumlich getrennt in unterschiedlichen Kammern ab, und durch die direkte Einspritzung kann der Wasserstoff gefahrlos in die relativ „kühle" Ansaugkammer eingeführt werden.

Die Exzenterwelle des Kreiskolbenmotors dreht sich pro Arbeitstakt um 270 Grad, die Kurbelwelle eines konventionellen Hubkolbenmotors nur um 180 Grad. Dies fördert eine gründliche Durchmischung von Wasserstoff und Luft bei gleichzeitiger hoher Strömungsintensität der Mischung. Bei Benzinbetrieb arbeitet der Motor mit dem konventionellen System mit den seitlichen Einspritzdüsen.

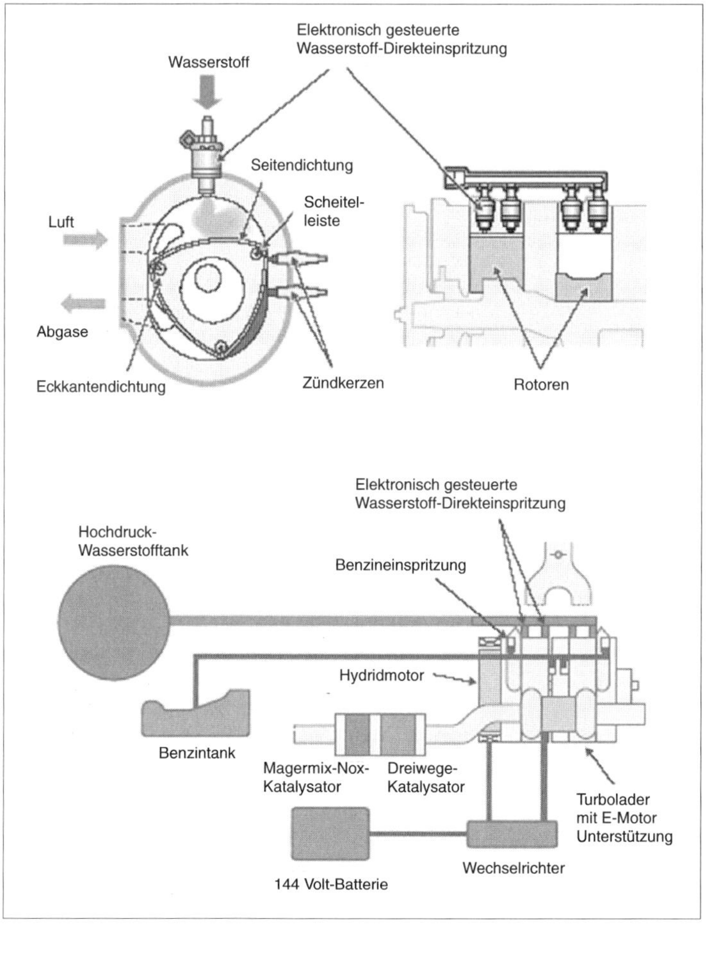

Bild 8-151 Mazda RX-8 Hydrogen RE

9 Tribologie

9.1 Reibung

9.1.1 Kenngrößen

Die Nutzleistung an der Abtriebswelle des Verbrennungsmotors (effektive Leistung P_e) ist niedriger als die innere Leistung an den Kolben (indizierte Leistung P_i). Die Differenz wird bezeichnet als die Reibleistung P_r.

$$P_r = P_i - P_e \tag{9-1}$$

Die Reibleistung setzt sich aus den Verlusten der einzelnen Motorkomponenten wie Triebwerk (Kurbelwelle, Pleuel, Kolben mit Kolbenringen), Ventiltrieb einschließlich Steuertrieb sowie den erforderlichen Nebenantrieben zusammen. Die Innenleistung berücksichtigt auch die Verluste durch Ladungswechsel. Dabei werden die Betriebszustände und demzufolge die Antriebsleistung der Nebenaggregate in den verschiedenen Normungen unterschiedlich definiert [1]. Die Reibleistung vermindert die an der Abtriebswelle zur Verfügung stehende Motorleistung und beeinflusst dementsprechend auch den Kraftstoffverbrauch des Motors.
Zum Vergleich verschiedener Motoren mit unterschiedlichen Hubvolumina verwendet man, analog zu effektivem und indiziertem Mitteldruck, den Reibmitteldruck p_{mr}.

$$p_{mr} = p_{mi} - p_{me} = \left(\frac{P_i - P_e}{i \cdot n \cdot V_H} \right) = \left(\frac{P_r}{i \cdot n \cdot V_H} \right) \tag{9-2}$$

Die Reibung eines Gesamtmotors setzt sich aus den Reib- beziehungsweise Antriebsleistungen der einzelnen Komponenten zusammen:

- Triebwerk bestehend aus:
  - Kurbelwellenhauptlager mit Radialwellendichtringen
  - Pleuellager und Kolbengruppe (Kolben, Kolbenringe und Kolbenbolzen)
  - Eventuell vorhandenem Massenausgleich
- Ventil- und Steuertrieb
- Nebenaggregate wie zum Beispiel:
  - Ölpumpe mit eventuell vorhandenem Ölpumpenantrieb
  - Kühlmittelpumpe
  - Generator
  - Einspritzpumpe
  - Kühlerventilator
  - Vakuumpumpe
  - Klimakompressor
  - Lenkhilfepumpe
  - Luftkompressor.

9.1.2 Reibungszustände

In Abhängigkeit von den Schmierzuständen an den jeweiligen Reibstellen des Motors treten verschiedene Reibungszustände auf. Die wichtigsten sind:

- Festkörperreibung (Coulombsche Reibung)
  Reibung zwischen festen Reibkörpern ohne einen fluiden Zwischenstoff
- Haftschichtenreibung
  Reibung zwischen festen Reibkörpern mit einer aufgetragenen Festschmierstoffschicht ohne einen fluiden Zwischenstoff
- Mischreibung
  Flüssigkeitsreibung und Festkörper beziehungsweise Haftschichtenreibung liegen gleichzeitig nebeneinander vor; die Schmierschicht trennt die beiden Reibkörper nicht vollständig voneinander; es treten Berührungen auf
- Flüssigkeitsreibung (hydrodynamische Reibung)
  Ein flüssiger (oder gasförmiger) Stoff ist zwischen den Reibkörpern und diese sind vollständig voneinander getrennt. Im Verbrennungsmotor entsteht durch die Bewegung der Reibkörper gegeneinander die hydrodynamische Tragwirkung des Zwischenstoffes.

Das Auftreten der verschiedenen Reibungszustände soll im Folgenden anhand eines Beispieles erläutert werden. In einem hydrodynamischen Gleitlager werden beim Durchfahren des Drehzahlbandes die verschiedenen Reibungszustände durchlaufen. Die im **Bild 9-1** dargestellte Stribeck-Kurve stellt die Abhängigkeit der Reibungszahl μ von der Wellendrehzahl n beziehungsweise von der Gleitgeschwindigkeit v bei konstanter Temperatur (beziehungsweise konstanter Viskosität η) dar.
Die Gesamtreibung setzt sich aus den zwei Anteilen Festkörperreibung (beziehungsweise Haftschichtenreibung) und Flüssigkeitsreibung zusammen. Bei Stillstand wirkt die Haftreibung. Bei niedriger Drehzahl tritt zunächst die Festkörper- beziehungsweise Haftschichtreibung auf, dann beginnt der Bereich der Mischreibung, in dem mit steigender Drehzahl und dadurch zunehmendem Aufbau eines hydrodynamischen Tragfilmes die Reibung abnimmt. Der Ausklinkpunkt stellt in dieser Modellvorstellung den Zustand dar, in dem der hydrodynamische Tragfilm die Oberflächenrauigkeiten der beiden Gleitpartner gerade vollständig voneinander trennen kann. Die Drehzahl, bei der dieser Zustand erreicht ist, wird auch als Übergangsdrehzahl bezeichnet, in der das Reibungsminimum auftritt. Bei Drehzahlen oberhalb der Übergangsdrehzahl liegt Flüssigkeitsreibung vor und die Reibung steigt auf Grund der zunehmenden Schergeschwindigkeiten wieder an.

Steigende Belastung der Gleitpaarung oder sinkende Viskosität der Flüssigkeit verschiebt die Übergangsdrehzahl nach oben und vergrößert den Bereich der Mischreibung. Betriebszustände auf dem linken Ast der Stribeck-Kurve sind instabil, da eine kurzzeitige Störung wie Drehzahlreduzierung oder Belastungserhöhung zu einem deutlichen Anstieg der Reibungszahl führen und damit eine Selbstverstärkung der Störung auftritt. Aus diesem Grund muss im Dauerbetrieb der Betriebspunkt einer Gleitpaarung mit ausreichendem Abstand von dem Ausklinkpunkt auf dem rechten Ast der Stribeck-Kurve liegen.

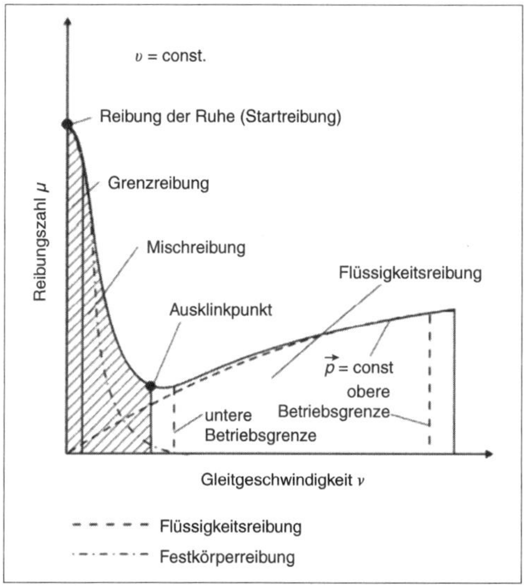

Bild 9-1 Stribeck-Kurve [2]

9.1.3 Verfahren zur Reibungsmessung

Die genaue Ermittlung der Reibungsverluste ist mit erheblichem Aufwand verbunden. Es gibt verschiedene Möglichkeiten der Reibungsbestimmung, wobei allerdings die meisten beträchtliche Ungenauigkeiten aufweisen. Gebräuchlich sind die folgenden Verfahren zur Ermittlung der Reibung [3, 5]:

- Der Auslaufversuch: Dabei wird der Motor nach der Stabilisierung in einem Betriebspunkt abgestellt und die Änderung der Drehzahl als Funktion der Zeit gemessen. Daraus wird mit Hilfe der Massenträgheitsmomente der bewegten Massen das Reibungsmoment beziehungsweise der Reibmitteldruck berechnet.
- Der Abschaltversuch: Bei Mehrzylindermotoren wird durch die Abschaltung der Kraftstoffzufuhr zu einem Zylinder dieser von den restlichen weiterhin gefeuert arbeitenden Zylindern mitgeschleppt. Aus der Änderung der effektiven Motorleistung vor und nach der Kraftstoffabschaltung kann auf die Reibungsleistung geschlossen werden.
- Die Willans-Linien: Der Kraftstoffverbrauch eines Motors wird für verschiedene Drehzahlen über dem effektiven Mitteldruck p_{me} auf der Ordinate aufgetragen. Durch lineare Extrapolation der Werte bis zum Kraftstoffverbrauch Null werden die Schnittpunkte mit der negativen p_{me}-Achse ermittelt, die näherungsweise als Reibungsmitteldrücke bei der jeweiligen Motordrehzahl angesehen werden können.
- Das Schleppen: Der Motor wird auf einem Prüfstand fremdangetrieben. Die dabei aufzubringende Schleppleistung wird als Reibleistung angesehen. Dazu kann der Motor entweder betriebswarm gefahren und unmittelbar nach abstellen der Kraftstoffzufuhr vermessen werden oder über externe Thermostatisierungseinrichtungen konditioniert werden.
- Die Stripmethode: Bei den Stripmessungen handelt es sich um eine spezielle Vorgehensweise des Schleppens, die zur Messung der Reibungsverluste der unterschiedlichen Motorkomponenten, wie zum Beispiel der Reibung des Triebwerks, des Ventiltriebes und der Nebenantriebe angewandt wird. Die Bezeichnung leitet sich vom Vorgehen ab, da der Motor auf einem Schleppprüfstand Schritt für Schritt demontiert (gestrippt) wird. Die Reibungsverluste der einzelnen Komponenten werden bestimmt aus der Differenz der Messwerte mit und ohne diese Komponente. Die Gesamtreibung des Motors ergibt sich aus der Addition der Einzelkomponenten.
- Die Indiziermethode: Mit ihr kann die Reibung eines Motors im gefeuerten Betrieb bestimmt werden. Die Integration des gemessenen Zylinderdruckes über ein Arbeitsspiel liefert die indizierte Arbeit W_i, welche, bezogen auf das Hubvolumen, den indizierten Mitteldruck p_{mi} ergibt. Wird von diesem der effektive Mitteldruck p_{me}, subtrahiert, der aus dem an der Antriebswelle gemessenen Drehmoment berechnet werden kann, so erhält man den Reibmitteldruck p_{mr}.
- Sondermessverfahren: Über die beschriebenen Reibungsmessverfahren hinaus gibt es eine Vielzahl weitere Verfahren, um zum Beispiel die Reibung einzelner Komponenten im Betrieb zu ermitteln. Für über Wellen angetriebene Komponenten können dazu Drehmomentmessflansche eingesetzt werden [2, 5]. Für die Kolbengruppe gibt es verschiedene Einrichtungen zur Kolbenreibkraftmessung [9].

Wesentlich für die Genauigkeit und Reproduzierbarkeit der einzelnen Verfahren und damit die Vergleichbarkeit verschiedener Messungen ist die exakte Einhaltung der Randbedingungen. So ist es bei allen Messverfahren erforderlich, die Schmieröl- und

Kühlmitteltemperaturen des Motors auf weniger als ±1 K einzustellen. Dies ist in der Regel nur mit hochgenauen externen Thermostatisierungseinrichtungen möglich.

Von den aufgezählten Möglichkeiten zur p_{mr}-Bestimmung sind die ersten drei schon vom Prinzip des Verfahrens her mit erheblichen Ungenauigkeiten behaftet und eignen sich nur für „Trend"-Aussagen.

Bei der Schleppmethode liegt die Problematik darin, dass das Schleppmoment eines komplett aufgebauten Motors neben der mechanischen Motorreibung und der Antriebsleistung der Nebenantriebe auch die Gaswechselverluste umfasst und das ohne zusätzliche Indizierung nicht zwischen den Reibungs- und Gaswechselverlusten unterschieden werden kann. Da aber die Gaswechselverluste sehr empfindlich auf geänderte Umgebungsbedingungen im Prüfstand oder auf geringfügige Unterschiede im Ansaug- und Abgassystem reagieren, ist der Vergleich unterschiedlicher Motoren nur eingeschränkt möglich.

Bei der Strip-Methode können die Randbedingungen über externe Systeme sehr genau vorgegeben werden, so dass eine gute Reproduzierbarkeit und Vergleichbarkeit erreicht werden kann. Charakteristisch für die Strip-Methode ist, dass der Antrieb stets über die Motorabtriebswelle erfolgt. Dies hat gegenüber anderen Messverfahren den Vorteil, dass die Randbedingungen für die betrachtete Komponente denen am Komplettmotor bestmöglich entsprechen und eine gute Übertragbarkeit der Ergebnisse gewährleistet ist. Gleichzeitig resultiert hieraus die Einschränkung, die für die Anwendung der Strip-Methode bei der Bestimmung der Reibungsverluste von beliebigen Teilen des drehenden Motors gilt: Ein funktionsfähiger (im Sinne eines geschleppten Betriebs) Aufbau des Motors muss *mit* und *ohne* Mitbewegung der zu betrachtenden Teile möglich sein. Daraus folgt auch, dass die für eine Komponente gemessenen Reibwerte stets auch die Reibungsanteile des Antriebs umfassen, die bei Demontage der Komponente ebenfalls wegfallen. Beispielsweise werden bei der Ermittlung der Ventiltriebsreibung auch die Reibungsanteile, die im Steuerriemen oder der Steuerkette entstehen, erfasst. Dies ist auch deshalb sinnvoll, da die Antriebsverluste dem jeweiligen Aggregat zuzurechnen sind und die Belastung und eine eventuell auftretende Dynamik die Höhe der Antriebsverluste beeinflussen.

Die Indiziermethode erfordert einen hohen messtechnischen Aufwand, um zu verlässlichen Ergebnissen zu kommen. Von großem Einfluss ist, dass bei Mehrzylindermotoren die einzelnen Zylinder zum Teil merkliche Unterschiede in ihrem Mitteldruck aufweisen können. Daher ist eine Druckmessung an sämtlichen Zylindern gleichzeitig erforderlich, was in der Praxis einen erheblichen Messaufwand darstellt. Weiterhin wird der Aufwand dadurch erhöht, dass geringe Fehler in der OT-Zuordnung und Abweichungen der Druckmessung von der Kalibrierkurve der Drucksensoren den p_{mi}-Wert deutlich verändern sowie Fehler in der Drehmomentmessung den p_{me}-Wert. An die Genauigkeit der Indizierung und der Drehmomentmessung müssen daher höchste Anforderungen gestellt werden, da das Ergebnis der Subtraktion (der Reibmitteldruck) um mehr als eine Zehnerpotenz kleiner ist als die Ausgangsgrößen, so dass sich die prozentualen Fehler verzehnfachen. So beeinflussen schon geringfügige Abweichungen in der Bestimmung des oberen Totpunktes (OT) des Kolbens die Berechnung des inneren Mitteldruckes und damit auch des Reibmitteldruckes. Grundsatzuntersuchungen zeigen, dass ein Fehler der OT-Lage um nur 0,1 °KW, je nach Motorlast, den ermittelten Reibmitteldruck um mehr als 10 % beeinflussen kann.

Ein direkter Vergleich der verschiedenen Messverfahren ist nicht möglich, da die unterschiedlichen Randbedingungen die Messergebnisse beeinflussen. Dies wird exemplarisch an einem Dieselmotor mit Direkteinspritzung in **Bild 9-2** dargestellt. Die Fluidtemperaturen sind in allen Versuchsreihen gleich gehalten: 90 °C Öltemperatur in der Hauptgalerie und 90 °C Kühlmittelaustrittstemperatur. Zwischen den Ergebnissen aus den Stripmessungen und den Schleppmessungen (Gaswechselverluste mittels Indizierung ermittelt und abgezogen) ergibt sich eine gute Übereinstimmung im gesamten Drehzahlbereich. Die unterschiedlichen Reibwerte welche am gefeuerten Motor gefundenen wurden, sind auf die folgenden Einflüsse zurückzuführen:

- Die Schmierfilmtemperaturen im Motor sind trotz gleicher Temperatur in der Hauptölgalerie höher
- Die Verbrennung führt zu erhöhten Temperaturen an Kolbengruppe und Zylinderlaufbahn
- Die Kolbenseitenkräfte ändern sich auf Grund des Gasdruckes
- Der Lastzustand der Einspritzpumpe ändert sich.

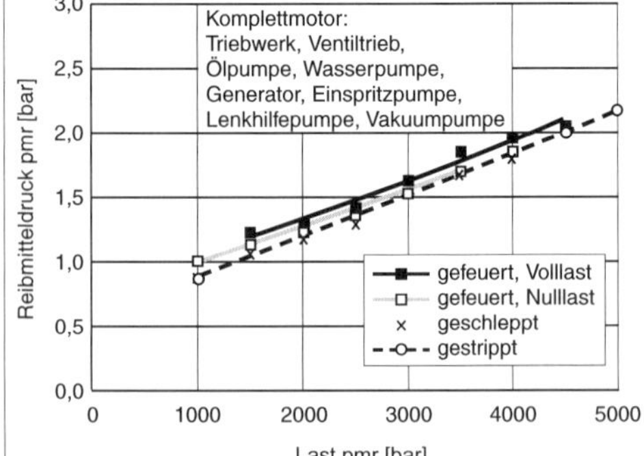

Bild 9-2 Vergleich verschiedener Messverfahren an einem Pkw-Dieselmotor mit Direkteinspritzung

9.1.4 Einfluss des Betriebszustandes und der Randbedingungen

Erheblichen Einfluss auf das Reibungsverhalten haben der Betriebszustand und die Randbedingungen, unter denen der Motor betrieben wird. Die wesentlichen Einflussgrößen sind im Folgenden dargestellt.

9.1.4.1 Einlaufzustand des Verbrennungsmotors

In den ersten Laufstunden tritt an den einzelnen Gleitstellen eine Anpassung der Gleitpartner und damit verbunden eine Glättung der Oberflächenunebenheiten auf. Dieser Vorgang ist verbunden mit einem gewissen Verschleiß und erhöht die Reibleistung des Motors. Dieser Einlaufvorgang läuft für die verschiedenen Gleitpaarungen unterschiedlich schnell ab und ist bei modernen Pkw-Motoren nach circa 20–30 Betriebsstunden, in Einzelfällen aber auch erst nach mehr als 100 Betriebsstunden abgeschlossen, so dass der Motor ein konstantes Reibungsniveau erreicht. Dieses bleibt dann so lange nahezu konstant, bis Motorkomponenten ihre Lebensdauergrenzen erreichen, wodurch es dann wieder zu einem Anstieg der Reibung kommt.

9.1.4.2 Ölviskosität

Die Viskosität des Schmiermittels hat über die Änderung der Scherkräfte erheblichen Einfluss auf die Verhältnisse an der Schmierstelle. Der Betrieb des Verbrennungsmotors mit Schmierölen unterschiedlicher Viskosität führt daher, bei sonst unveränderten Randbedingungen, zu einer Veränderung im Reibungszustand. Eine niedrigere Viskosität des Schmieröles bedeutet eine geringere Tragfähigkeit des Schmierspaltes und damit eine Verringerung der Schmierfilmdicke. Damit verbunden ist im Mischreibungsgebiet auch ein Anstieg der Festkörperkontakte. In Abhängigkeit von den Randbedingungen erhält man dann, falls der hydrodynamische Reibanteil überwiegt, eine Reibungssenkung oder, falls die Festkörperkontakte stark ansteigen, einen Reibungsanstieg. Das Verhalten verschiedener Öle mit unterschiedlichen Viskositäten ist in **Bild 9-3** für einen Pkw-Ottomotor bei 2.000 min^{-1} dargestellt. Im Triebwerk ist bei den hier vorliegenden Randbedingungen eine Verringerung der Reibung mit sinkender Ölviskosität ermittelt worden. Im Ventiltrieb zeigt sich diese Reibungsverringerung nur bei niedrigen Temperaturen. Dagegen tritt bei hohen Temperaturen auf Grund der Mischreibungszustände im Ventiltrieb eine Reibungserhöhung auf Grund der niedrigeren Ölviskositäten auf. Weiterhin hat die Veränderung auch Auswirkungen auf das Schmiersystem und die Ölpumpenantriebsleistung, da Öldrücke und Ölvolumenströme im Schmiersystem durch die verschiedenen Komponenten sowie die Reibung der Ölpumpe beeinflusst werden.

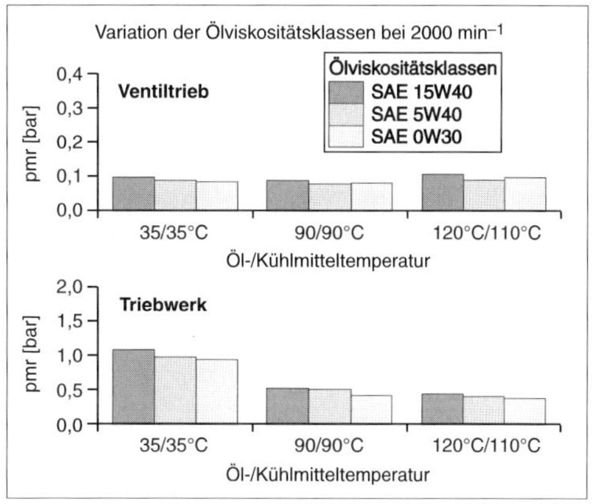

Bild 9-3 Einfluss der Ölviskosität auf die Reibung

9.1.4.3 Temperatureinfluss

Die Betriebstemperatur des Verbrennungsmotors, das heißt die Temperaturen der Bauteile sowie von Öl und Kühlmittel beeinflussen die Reibung. Grund dafür ist zum einen die Viskositätsänderung des Schmiermittels und zum anderen die Änderung der Spiele in den verschiedenen Gleitpaarungen. Die Auswirkungen der Veränderung der Fluidtemperaturen im Temperaturbereich zwischen 0 °C und 120 °C sind in **Bild 9-4** gezeigt. Bereits bei Fluidtemperaturen von circa 20 °C kommt es zu einer Verdoppelung der Reibungsverluste gegenüber dem betriebswarmen Motor (90 °C). Dies ist einer der Gründe für das Ansteigen des Kraftstoffverbrauches nach dem Kaltstart und im Kurzstreckenbetrieb mit nicht betriebswarmen Motor.

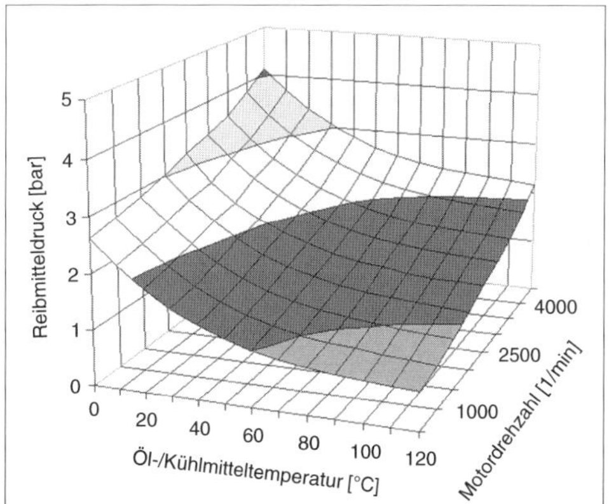

Bild 9-4 Einfluss der Fluidtemperaturen auf die Reibung [4]

9.1.4.4 Motorbetriebspunkt

Der Motorbetriebspunkt beeinflusst die Reibung sowohl über die Parameter Drehzahl als auch der Last. Der Einfluss der Drehzahl ist zurückzuführen auf den Anstieg der Gleitgeschwindigkeiten an den Reibstellen der einzelnen Motorkomponenten. Steigende Motorlast hat folgende Auswirkungen:

- höhere Gasdrücke und dadurch höhere Kolbenseitenkräfte, Anpresskräfte der Kolbenringe, Lagerbelastungen und Kräfte zur Öffnung der Auslassventile
- lokal höhere Bauteiltemperaturen und damit möglicherweise ein Ansteigen von Deformationen
- lokal höhere Schmiermitteltemperaturen und damit Änderung des Reibzustandes in den zugehörigen Schmierstellen
- gegebenenfalls geänderte Antriebsleistung der Einspritzpumpe.

Die Auswirkung der Einflüsse Motorlast und Drehzahl auf das Reibverhalten eines Pkw-Ottomotors ist in **Bild 9-5** dargestellt. Den am gefeuerten Motor durchgeführten Messungen mit Lasten zwischen 0 bar (Nulllast) und Volllast sind auch Ergebnisse aus Schleppmessungen (p_{me} entspricht dem Schleppmoment) gegenübergestellt. Eine gute Übereinstimmung mit den Messwerten der Schleppmessung bei 0 bar zeigen die Messungen im gefeuerten Betrieb bei Nulllast.

Die Haupteinflussgröße ist die Motordrehzahl: Die Reibung des Motors steigt zu höheren Drehzahlen hin an. Die Motorlast hat bei mittleren Drehzahlen nur einen sehr geringen Einfluss auf die Reibung, das heißt die dargestellten Einflüsse sind in diesem Drehzahlbereich gering oder kompensieren sich gegenseitig. Bei einer Drehzahl von 1.000 min^{-1} nimmt die Reibung mit steigender Last zu. Die Reibung des Kolbens steigt bei den niedrigen Gleitgeschwindigkeiten auf Grund der größeren Kolbenseitenkräfte an. Bei hohen Drehzahlen sinkt die Reibung mit steigender Last. Gründe dafür sind die bei hoher Motorleistung, trotz gleicher Hauptöltemperatur, höheren Öltemperaturen am Zylinderrohr und die teilweise Kompensation der Massenkräfte im Triebwerk durch Gaskräfte.

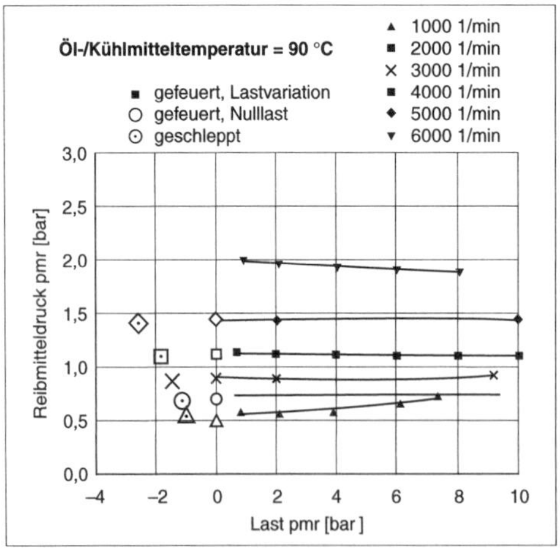

Bild 9-5 Abhängigkeit der Reibung von Motorlast und Drehzahl

9.1.5 Einfluss der Reibung auf den Kraftstoffverbrauch

Der mechanische Wirkungsgrad η_m eines Verbrennungsmotors ist definiert als Verhältnis aus effektivem Mitteldruck p_{me} und indiziertem Mitteldruck p_{mi}.

$$\eta_m = \left(\frac{p_{me}}{p_{mi}} \right) = \left(\frac{p_{mi} - p_{mr}}{p_{mi}} \right) \qquad (9\text{-}3)$$

Aus diesem Zusammenhang ist ersichtlich, dass bei niedrigen Motorlasten, das heißt niedrigem effektiven und indizierten Mitteldruck der mechanische Wirkungsgrad sinkt. Die Streubänder des Reibmitteldruckes moderner Otto und Diesel-Pkw-Motoren sind in **Bild 9-6** gezeigt. Bei einer Drehzahl von 2.000 min^{-1} mit Werten 0,53 – 1,1 bar für Ottomotoren und 1,02 – 1,4 bar für Dieselmotoren einschließlich Einspritzpumpe betragen die Reibungsverluste an der Volllast bis zu 10 % der indizierten Leistung. Im Teillastbetrieb sinkt der mechanische Wirkungsgrad und damit steigt der Einfluss der Reibung auf den Kraftstoffverbrauch weiter an. Damit bietet eine Verringerung der Reibung ernst zu nehmendes Kraftstoffeinsparpotenzial und stellt ein lohnendes Entwicklungsziel dar. Die Spanne, die jeweils zwischen dem Motor mit der höchsten und dem mit der geringsten Reibung liegt, bedeutet nicht nur einen Kraftstoffmehrverbrauch, sondern reduziert auch die Maximalleistung.

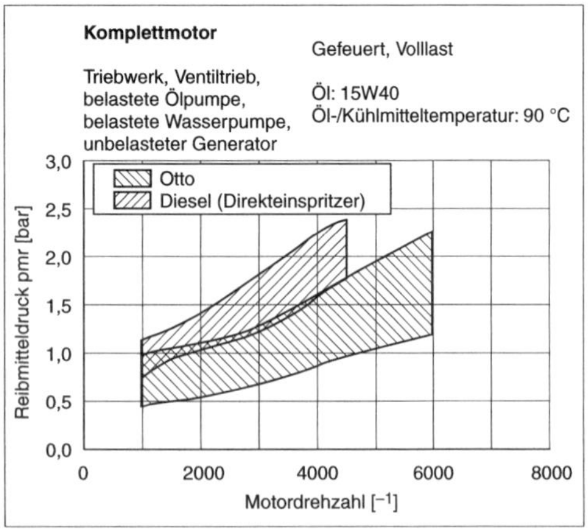

Bild 9-6 Streuband der Reibung im gefeuerten Motorbetrieb (Pkw-Motoren) [5]

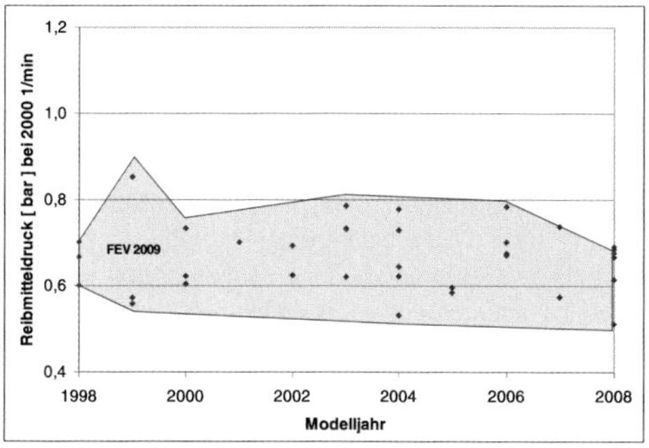

Bild 9-7 Entwicklung der Reibung von 4-Zylinder-Ottomotoren (1,6 l – 2,2 l Hubraum)

Die Entwicklung der Reibung über der Zeit soll im Folgenden am Beispiel von 4-Zylinder-Ottomotoren betrachtet werden. **Bild 9-7** zeigt die Entwicklung des Reibmitteldruckes p_{mr} auf Basis von Untersuchungen im Schleppbetrieb bei 2.000 min^{-1}. Zunächst fällt auf, dass die Streuung der Werte einer recht großen Bandbreite unterliegt: ein nach unten weisender Trend ist aber erkennbar, der durch die Regressionsgrade noch verdeutlich wird. Vor allem in den letzten Jahren hat sich das Reibungsverhalten des Ottomotors stark verbessert. Rein statistisch betrachtet hat ein 2-l-4-Zylinder-Ottomotor in den letzten circa zehn Jahren eine Reibungsreduzierung von circa 20 % erfahren. Die Extrapolation der Regressionsgeraden würde aber eine unrealistische Absenkung der Reibung für die Zukunft ergeben.

Die Reduzierung des Kraftstoffverbrauchs als Funktion des Reibmitteldruckes bei betriebswarmen Motor und einer Drehzahl von 2.000 min^{-1} zeigt **Bild 9-8**. Der hypothetische Fall des reibungslosen Motors

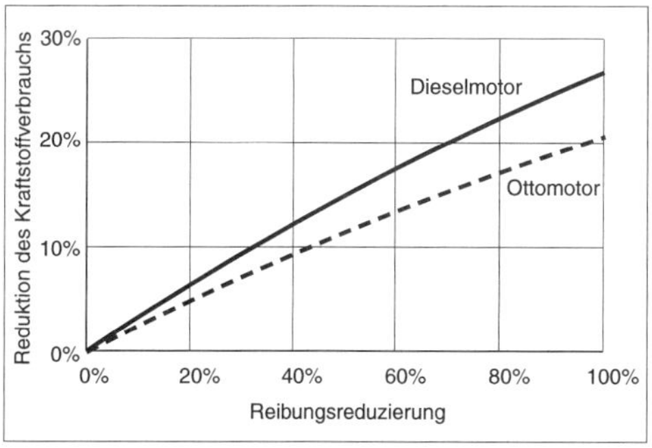

Bild 9-8 Einfluss der Reibungsreduzierung auf den Kraftstoffverbrauch (Reibung betrachtet bei n = 2.000 min^{-1}) [7]

ermöglicht eine Verbrauchseinsparung von circa 21 % für den Ottomotor und von circa 26 % für den Dieselmotor. Mit heute konventionellen Maßnahmen (Komponentenoptimierung, Rollenventiltrieb, angepasste Pumpen, Thermomanagement, ...) dürften circa 30 % dieses Potenzials nutzbar sein.

9.1.6 Reibungsverhalten ausgeführter Verbrennungsmotoren

9.1.6.1 Reibungsaufteilung

Bei der Betrachtung der Reibungsverluste eines Motors ist nicht nur der Summenwert, sondern auch die Aufteilung der Reibung auf die verschiedenen Komponenten von entscheidender Bedeutung. Eine gebräuchliche Vorgehensweise ist die Strip-Methode, die im Folgenden detailliert beschrieben wird.

Vor den eigentlichen Stripmessungen wird der komplette Motor mit Ansaugstrecke und Abgasstrecke geschleppt („Komplettmotor"). Das dabei gemessene Antriebsmoment umfasst zusätzlich zur mechanischen Motorreibung auch die Gaswechselverluste. Während dieser Messung werden die Öldrücke am Ölpumpenaustritt, in der Motorgalerie sowie, soweit möglich, im Zylinderkopf und die Ölvolumenströme durch den Motor für jeden Betriebspunkt aufgezeichnet. Das Kühlsystem wird mit Fremddruck für konstanten Druck am Eintritt in die Kühlmittelpumpe beaufschlagt. Die Aufnahme dieser Randbedingungen dient später in den einzelnen Strip-Schritten dazu, die Randbedingungen am Komplettmotor wieder exakt einstellen zu können.

Im Anschluss an die Aufnahme der Randbedingungen am Komplettmotor wird das Messprogramm zur Ermittlung der Reibung der einzelnen Komponenten durchgeführt. Die dabei durchzuführenden Demontageschritte sind im Folgenden beschrieben:

a) Zur Ermittlung der Triebwerksreibung wird der Zylinderkopf entfernt. Zur Einhaltung der Verspannungsbedingungen des Motorblocks im Schraubenbereich wird der Zylinderkopf durch eine Platte mit gerundeten Zylinderöffnungen ersetzt. Der Gasraum ist somit in dieser Messreihe offen; Gaskräfte auf die Kolben treten nicht auf. Alle Nebenantriebe werden ebenfalls entfernt. Mit einer externen Öldruckversorgung wird der Öldruck motorbetriebsabhängig – nach Vorgabe aus den Messungen am Komplettmotor oder anderer Quellen – in der Hauptgalerie eingestellt.
b) Ausbau der Kolben und Pleuel zur Bestimmung der Kurbelwellenlagerreibung. Der Einfluss der rotierenden Massen wird durch Anbringung von „Meistergewichten" auf den Pleuellagerzapfen kompensiert. Die Einstellung des Öldruckes in der Motorgalerie erfolgt auch hierbei – wie unter a) – über die externe Druckölversorgung.

c) Messung der Reibungsverluste von Kurbelwelle (inklusive „Meistergewichten“) mit Ventiltrieb. Die Einstellung des Öldruckes in der Motorgalerie erfolgt wiederum – wie unter a) – über die externe Druckölversorgung.
d) Messung der Reibungsverluste von Kurbelwelle (inklusive „Meistergewichten“) mit Ölpumpe. Die Einstellung des Öldruckes in der Motorgalerie erfolgt auch hier – wie unter a) – über die externe Druckölversorgung. Die motoreigene Ölpumpe fördert in einem separaten Schlauchkreislauf über eine den Ölpumpendruck regelnde variable Drossel direkt zurück in die Ölwanne. Auch der Ölpumpendruck wird gemäß vorher ermittelter Drücke betriebspunktabhängig eingestellt.
e) Messung der Reibungsverluste von Kurbelwelle (inklusive „Meistergewichten“) mit Kühlmittelpumpe, Generator, Servolenkungspumpe und Klimakompressor einschließlich Spann- und Umlenkrolle(n). Die Einstellung des Öldruckes in der Motorgalerie erfolgt – wie unter a) – über die externe Druckölversorgung.

Aus den Differenzen zwischen den Ergebnissen der einzelnen Messreihen werden die Reibungsverluste von Kolben/Pleuellager, Ventiltrieb, Ölpumpe und Nebenaggregaten bestimmt. Des Weiteren ergibt sich aus der Summe der ermittelten Werte für die einzelnen Komponenten ein Reibungswert für den gesamten Motor, genannt „gestrippter Komplettmotor“. Dieser beschreibt die rein mechanischen Reibungsverluste des Motors ohne die Gaswechselverluste.

Eine weitere Detaillierung des Messprogramms, beispielsweise die Bestimmung der Reibung von einzelnen oder allen Kolbenringen oder die Aufteilung der Ventiltriebsreibung auf Nockenwellenlagerreibung und Ventilbetätigung ist möglich, indem zusätzliche Demontageschritte eingeschoben werden. Auch ist andererseits nicht unbedingt eine Vermessung aller Komponenten notwendig, wenn nur einzelne Aggregate betrachtet werden sollen.

Das Ergebnis einer Strip-Messung für einen modernen Pkw-Ottomotor ist in **Bild 9-9** dargestellt. Die prozentuale Aufteilung der Reibungsanteile ist in **Bild 9-10** gezeigt. Dabei wurde bei der Definition der Bezugsgröße Gesamtreibung, die für den Motorbetrieb notwendigen Nebenaggregate – belastete Öl- und Kühlmittelpumpe sowie unbelasteter Generator, nicht jedoch reine Komfortantriebe wie Lenkhilfepumpe oder Klimakompressor, berücksichtigt.

Aus den Messergebnissen der einzelnen Komponenten lassen sich wiederum komponentenspezifische Streubänder erstellen. Durch den Vergleich der Messergebnisse einzelner Komponenten mit den zugehörigen Streubändern und damit mit dem Stand der Technik ist es möglich, Potenziale für eine Reduzierung der Reibleistung aufzudecken und gezielt durch Optimierungsarbeiten auszuschöpfen.

In **Bild 9-11** ist der Reibmitteldruck des gestrippten Komplettmotors über dem Hubvolumen bei der

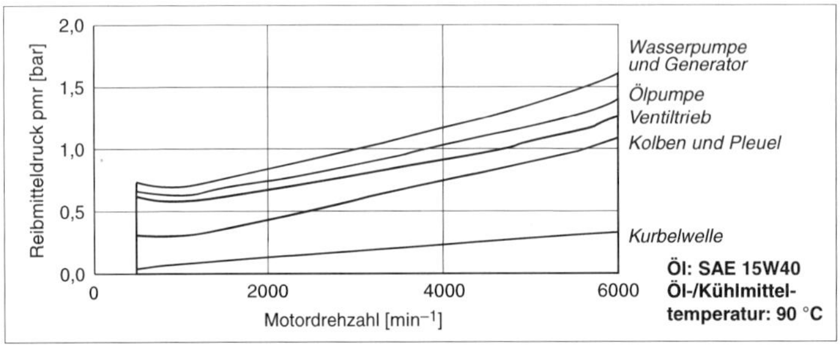

Bild 9-9 Reibungsaufteilung eines modernen Pkw-Ottomotors [7]

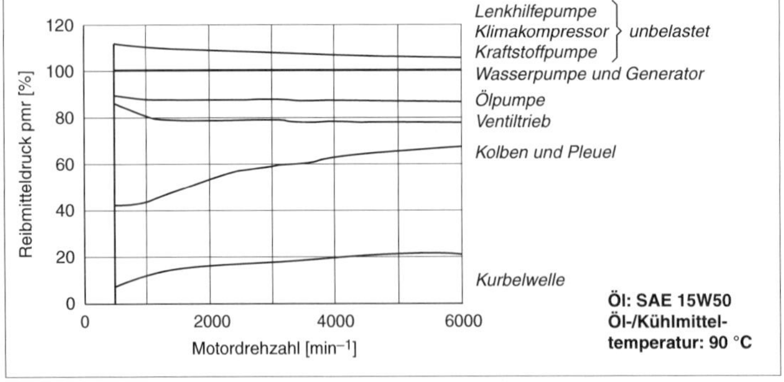

Bild 9-10 Prozentuale Aufteilung der Reibung eines modernen Pkw-Ottomotors [7]

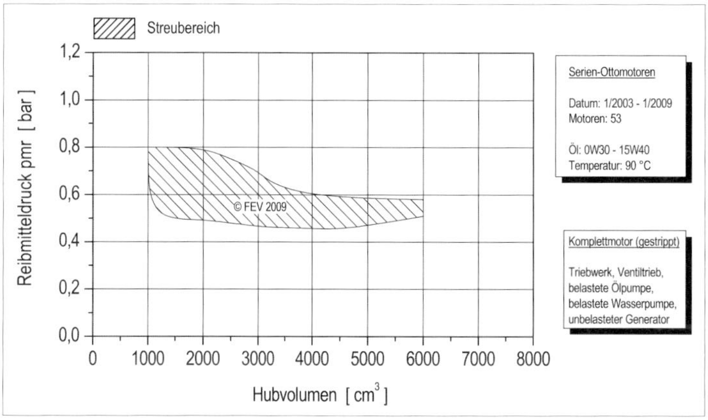

Bild 9-11 Reibung von Pkw-Ottomotoren in Abhängigkeit von Hubraum

Motordrehzahl 2.000 min^{-1} und der Öl-/Kühlmitteltemperatur von 90/90 °C dargestellt. Die Streubereiche in diesen Bildern zeigen auf, dass das Hubvolumen oberhalb von 1,5 Litern kaum einen Einfluss auf das Niveau des Reibmitteldrucks eines gestrippten Komplettmotors ausübt. Dies ist dadurch zu erklären, dass der Leistungsbedarf verschiedener Aggregate von der Fahrzeuggröße abhängt und nicht weiter reduziert wird aber auch dadurch, dass bei circa 1,5 l Hubraum die obere Hubraumgrenze der kleinen Pkw-Motorenfamilien liegt. Auf Grund der Gleichteile in den Motorfamilien sind die Motoren auf diese größte Variante hin ausgelegt, so dass die kleineren Motoren der Familie gewisse Reibungsnachteile haben.

9.1.6.2 Triebwerk

Das Triebwerk eines Verbrennungsmotors besteht aus der Kurbelwelle inklusive der Radialwellendichtringe sowie aus der Kolbengruppe und den Pleueln. Mit Hilfe der Strip-Methode lässt sich das Triebwerk weiter aufteilen in die Reibung der Kurbelwelle und die Reibung von Kolbengruppe und Pleuel.

9.1.6.2.1 Kurbelwelle

Die Reibung der Kurbelwelle wird mit Meistergewichten und einschließlich der Radialwellendichtringe bestimmt. Trägt man den Reibmitteldruck der Kurbelwelle über der Drehzahl auf und extrapoliert man die Werte bis zu einer theoretischen Drehzahl von 0 min^{-1}, so lässt sich der hierdurch erhaltene Y-Abschnitt grob als der (von der Drehzahl relativ unabhängige) Reibungsbeitrag der Radialwellendichtringe interpretieren. Der gefundene Wert korreliert mit den Messwerten aus der Separierung der Radialwellendichtringe durch Demontage.

Aus den Reibwerten der Kurbelwelle lässt sich das in **Bild 9-12** für eine Drehzahl von 2.000 min^{-1} gezeigte Reibmoment eines einzelnen Hauptlagers bezogen auf seinen Durchmesser berechnen. Dargestellt sind die Messwerte für eine Vielzahl von Motoren sowie die Regressionsgeraden unterschiedlicher Motorkonzepte. Die Streuung der Messwerte um die jeweiligen Regressionsgeraden zeigt, dass neben dem Hauptlagerdurchmesser noch weitere Parameter die Reibung beeinflussen. Dazu zählen unter anderem die Lagergeometrie, Lagerspiele, Deformationen oder

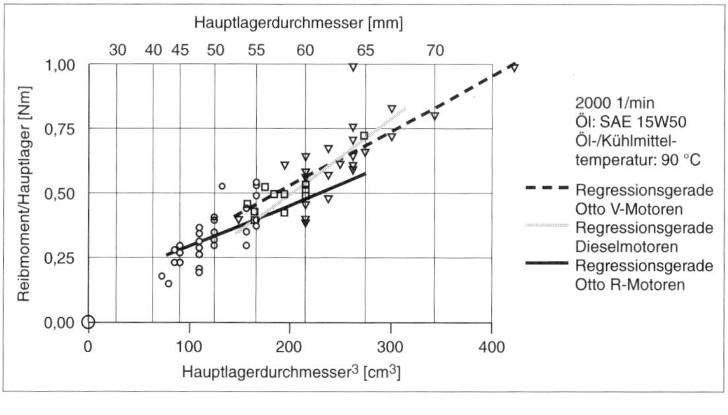

Bild 9-12 Reibung pro Kurbelwellenhauptlager über Hauptlagerdurchmesser³ [5]

Fluchtungsabweichungen der Lagergasse sowie die Unterschiede in der Reibung der Radialwellendichtringe.

9.1.6.2.2 Pleuellager und Kolbengruppe

Durch Subtraktion der Reibwerte der Kurbelwelle von den Reibwerten des Triebwerks kann die Reibung der Kolbengruppe inklusive der Pleuellager bestimmt werden. Eine weitere Aufteilung ist mit der Strip-Methode nur schwer zu erreichen, da Pleuel und Kolbengruppe nicht einzeln voneinander betrieben werden können. Mit Hilfe einer nahezu reibungsfreien, aerostatischen Kolbenführung [8] lässt sich die Reibung der Pleuellager bestimmen; der dafür erforderliche Aufwand ist jedoch sehr hoch. Die Aufteilung von Kolben und Kolbenringen oder die Separierung einzelner Kolbenringe ist möglich, jedoch muss beachtet werden, dass das Entfernen von Kolbenringen die Schmierverhältnisse des Kolbens und der anderen Ringe deutlich verändert.

Wie oben gezeigt wurde, hat die Reibung der Kolbengruppe einen sehr hohen Anteil an der Gesamtreibung eines Verbrennungsmotors. Deshalb kommt ihrer Optimierung ein hoher Stellenwert zu, um das Ziel eines reibungsarmen Motors zu erreichen. Aus diesem Grund wurde eine Vielzahl von Messsystemen entwickelt, um das Reibungsverhalten der Kolbengruppe [9] zu messen oder um die reibungsbeeinflussenden Parameter, wie zum Beispiel die Zylinderdeformation im gefeuerten Betrieb, erfassen zu können [10].

Die direkte Messung der Kolbenreibkraft im gefeuerten Betrieb liefert, wie in **Bild 9-13** gezeigt, den Verlauf der Reibkraft über dem Kurbelwinkel, was detaillierte Rückschlüsse auf die Reibvorgänge zwischen Kolben und Zylinderwand ermöglicht

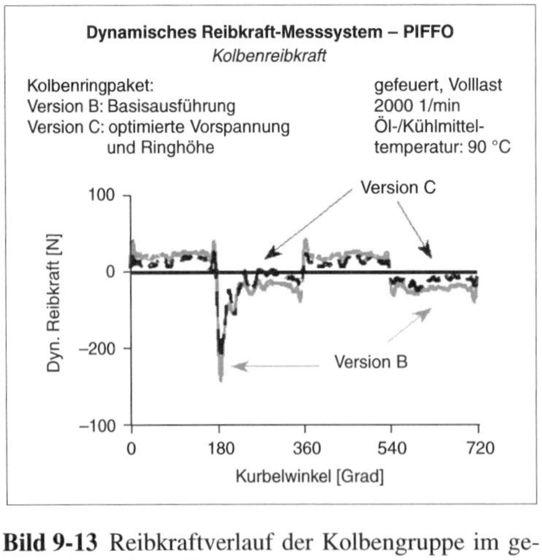

Bild 9-13 Reibkraftverlauf der Kolbengruppe im gefeuerten Betrieb [7]

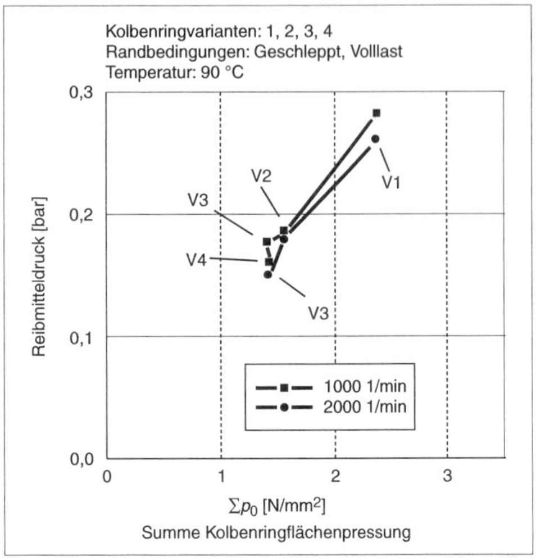

Bild 9-14 Kolbenringreibung als Funktion der Vorspannung [9]

sowie beim Auftreten von Kraftspitzen auch auf möglichen Verschleiß hindeutet. Der Einfluss verschiedener Parameter, wie zum Beispiel Kolbenschliffbild, Kolbenspiel und Kolbenringvorspannung kann im geschleppten und gefeuerten Betrieb untersucht werden. Eine Variation der Kolbenringflächenpressung (Kolbenringtangentialspannung bezogen auf die tragende Kolbenringfläche) ist in **Bild 9-14** gezeigt. Man erkennt den deutlichen Einfluss des Summenwertes auf die gemessene Reibung. Ein Vergleich eines 2-Ring-Kolbens mit dem konventionellen 3-Ring-Kolben zeigte bei ähnlicher Kolbengeometrie und -masse sowie gleichem Summenwert der Flächenpressung, das heißt höherer Flächenpressung der einzelnen Ringe beim 2-Ring-Kolben, keine wesentlichen Unterschiede im Reibmitteldruck.

9.1.6.2.3 Massenausgleich

Als Massenausgleich bezeichnet man Maßnahmen zum teilweisen oder vollständigen Ausgleich der Massenkräfte und -momente an Kurbeltrieben. Zur Verbesserung des Komfortverhaltens wird bei Pkw-Motoren in vielen Fällen ein zusätzlicher Massenausgleich eingesetzt. Die Reibungsverluste des Massenausgleichsgetriebes werden beeinflusst durch:

- Die Ordnung der auszugleichenden Massenkräfte oder -momente und damit die Anzahl und Drehzahl der Ausgleichswellen
- Anzahl, Ausführung und Durchmesser der Lagerstellen
- Verluste im Antrieb der Massenausgleichselemente.

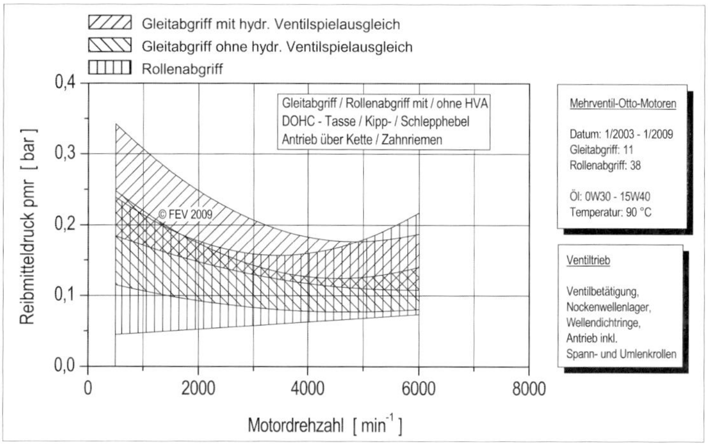

Bild 9-15 Vergleich verschiedener Ventiltriebskonzepte

Der Ausgleich der freien Massenkräfte 2. Ordnung bei Vierzylindermotoren erfordert zwei Ausgleichswellen, die mit doppelter Kurbelwellendrehzahl rotieren und damit ungünstige Randbedingungen hinsichtlich des Reibungsverhaltens aufweisen. Ausgeführte Massenausgleichsgetriebe für 4-Zylindermotoren weisen Reibwerte von 0,05–0,16 bar bei 2.000 min^{-1} auf, was einen Anteil von bis zu 18 % an der Gesamtreibung des Motors darstellen kann.

9.1.6.3 Ventilsteuerung (Ventil- und Steuertrieb)

Die Reibung des Ventiltriebs kann mit Hilfe der Strip-Methode aus der Differenz der Messung von Kurbelwelle und Ventiltrieb einschließlich Steuertrieb und der Kurbelwellenmessung ermittelt werden. Eine weitere Separierung, zum Beispiel der Reibung in der Ventilbetätigung oder der Nockenwellen, ist möglich; bei der Analyse muss jedoch berücksichtigt werden, dass die Steuertriebsdynamik beeinflusst wird und sich damit das Reibungsverhalten ändert.

In modernen Pkw-Motoren kommen verschiedene Ventiltriebskonzepte zum Einsatz. Dass diese Konzepte auch erheblichen Einfluss auf das Reibverhalten der Ventiltriebe haben, zeigt **Bild 9-15** am Beispiel von Mehrventilmotoren. Bei Ventiltrieben mit Gleitabgriff erhöht der hydraulische Ventilspielausgleich über die zusätzliche Reibung durch das Anpressen des Hydroelementes im Bereich des Nockengrundkreises und die höheren bewegten Massen die Reibung. Ventiltriebe mit Rollenabgriff zeigen im Allgemeinen ein sehr günstiges Reibungsverhalten. Die mit einem Rollenabgriff verbundene ungünstige Systemdynamik des Steuertriebs erfordert jedoch vielfach hohe Vorspannungen im Steuertrieb. Vor allem bei Kettentrieben kann dies zu erhöhter Reibung führen [11].

Die Aufteilung der Reibung innerhalb des Ventiltriebes ist für die Umsetzung wirksamer Optimierungsmaßnahmen notwendig. **Bild 9-16** zeigt diese Auf-

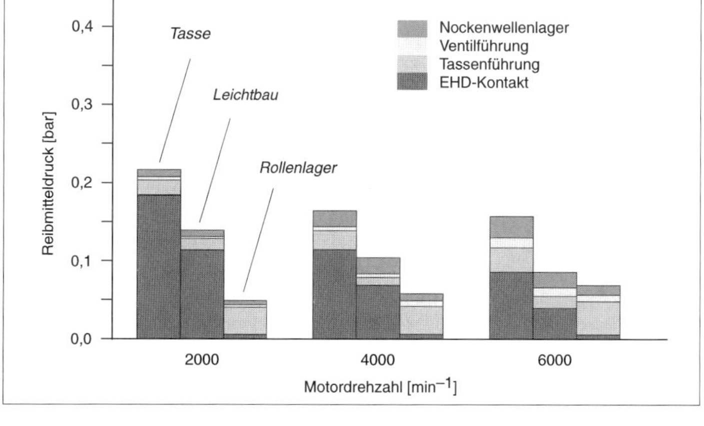

Bild 9-16 Aufteilung der Reibung im Ventiltrieb [11]

teilung für verschiedene Ventiltriebskonzepte. Gleitabgriffe weisen im Kontaktbereich Nocken-Stößel den größten Anteil auf. Dies ist bedingt durch die hohen Kontaktkräfte und hohen Relativgeschwindigkeiten zwischen Nocken und Stößel. Eine Reibungsreduzierung ist über eine Verringerung der Kontaktkräfte durch Absenken der Ventilfederkräfte möglich. Bei unveränderter Maximaldrehzahl ist dann aber die Reduzierung der bewegten Massen im Ventiltrieb Vorraussetzung. Die andere Möglichkeit ist die Verringerung der Relativgeschwindigkeiten durch Verwendung einer Rolle zwischen der Nocke und dem Abtriebsglied.

9.1.6.4 Nebenaggregate

Zusätzlich zu dem Triebwerk und der Ventilsteuerung sind in einem modernen Verbrennungsmotor eine Vielzahl von Nebenaggregaten vorhanden. Diese sind für den einwandfreien Betrieb des Verbrennungsmotors erforderlich und auch um zusätzliche Funktionen wie zum Beispiel Sicherheits- und Abgasreinigungsfunktionen oder aber auch die immer stärker ansteigenden Komfortansprüche der Fahrzeugbetreiber zu erfüllen. Beispiele für Aufgaben der Nebenaggregate sind:

- Sicherstellung einer einwandfreien mechanischen Funktion des Motors in allen Betriebszuständen des Automobils: Schmierölpumpe, Kühlmittelpumpe, Kraftstoffördersystem, Kühlerventilator, mechanisches Aufladeaggregat
- Sicherstellung einer einwandfreien elektrischen Energieversorgung des Motors und des Automobils in allen Betriebszuständen mit Hilfe eines Generators
- Realisierung einer zusätzlichen Abgasreinigungsmöglichkeit: Sekundärluftpumpe, Katalysatorvorheizung
- Bereitstellung von Hilfsenergien zur Abdeckung erhöhter Komfort- und Sicherheitsansprüche der Insassen: Lenkhilfepumpe, Klimakompressor, Vakuumpumpe, Anlasser, Antiblockiersystem, Antischlupfregelung, Niveauregulierung.

In der heutigen serienmäßigen Anwendung verbraucht der Antrieb dieser Nebenaggregate je nach Fahrzustand einen großen Anteil der vom Verbrennungsmotor zur Verfügung gestellten mechanischen Energie. Damit stellt die Antriebsleistung der Nebenaggregate einen mechanischen Verlust dar und kann der Reibleistung zugeordnet werden. Verschiedene Definitionen berücksichtigen die Nebenaggregate in unterschiedlicher Weise. An dieser Stelle soll jedoch nicht auf die Definitionen, sondern auf die grundsätzlichen Zusammenhänge hinsichtlich der Reibung der Nebenaggregate eingegangen werden. Da diese einen entscheidenden Anteil am Kraftstoffverbrauch des Fahrzeuges hat, gewinnt dieser Aspekt umso mehr an Bedeutung, da für die Zukunft noch mit einer beträchtlichen Steigerung des Energiebedarfs durch zusätzliche oder leistungsstärkere Verbraucher zu rechnen ist.

Im Folgenden wird ein Überblick über die Nebenaggregate eines modernen Verbrennungsmotors gegeben. Auf Grund der Vielzahl der Aggregate können an dieser Stelle nur die zum Motorbetrieb erforderlichen und die Aggregate mit den höchsten Antriebsleistungen behandelt werden. Auch auf die Vielzahl der nicht direkt vom Verbrennungsmotor sondern elektrisch angetriebenen Komponenten wird dabei nur am Rande eingegangen. Die Versorgung dieser Komponenten darf bei der Betrachtung der Generatorantriebsleistung nicht vernachlässigt werden.

In heutigen Motoren werden die Nebenaggregate nahezu ausschließlich mit konstanter Übersetzung zur Kurbelwelle angetrieben, was bedeutet, dass die Drehzahl der einzelnen Aggregate proportional zur Kurbelwellendrehzahl ist. Die Drehzahlspreizung der Aggregate (Verhältnis der maximalen zur minimalen Aggregatedrehzahl) ist auf Grund der festen Übersetzungsverhältnisse durch die Drehzahlspreizung des Verbrennungsmotors vorgegeben. Eine schon im Bereich der Leerlaufdrehzahl ausreichende Abgabeleistung der einzelnen Nebenaggregate legt das Übersetzungsverhältnis fest. Andererseits steigt die von der Kurbelwelle durch Riementrieb oder Kette aufzubringende Leistung mit der Motordrehzahl an, auch wenn die vom Nebenaggregat zur Verfügung gestellte Leistung sekundärseitig nicht benötigt wird. Die individuelle Bedarfsleistung der Nebenaggregate ist jedoch nicht zwangsläufig von der Motordrehzahl abhängig. Der Direktantrieb stellt somit einen Kompromiss zwischen Nutzen und Kosten dar.

Im Rahmen der folgenden Betrachtungen wird zwischen folgenden Leistungsdefinitionen unterschieden:

- Nebenaggregateleistung: zum Antrieb des Nebenaggregats benötigte Motorleistung
- Abgabeleistung: vom Nebenaggregat abgegebene Leistung (zum Beispiel elektrische Energie oder Strömungsenergie)
- Bedarfsleistung: erforderliche Abgabeleistung des Nebenaggregats zur Bedarfsabdeckung des Motors oder des Automobils.

Bild 9-17 zeigt den Reibmitteldruck der zum Motorbetrieb notwendigen Nebenaggregate: Öl- und Kühlmittelpumpe fördern entsprechend des Motorbetriebspunktes, der Generator wird betrieben, gibt jedoch keine elektrische Leistung ab. Die Summe der günstigsten Einzelwerte verschiedener Motoren zeigt, dass weiteres Optimierungspotenzial vorhanden ist.

9.1.6.4.1 Ölpumpe

Heutige Viertaktmotoren werden durch ein Druckumlaufölsystem geschmiert. Dabei werden im Wesentlichen die folgenden Aggregate von der Ölpumpe mit Schmieröl versorgt:

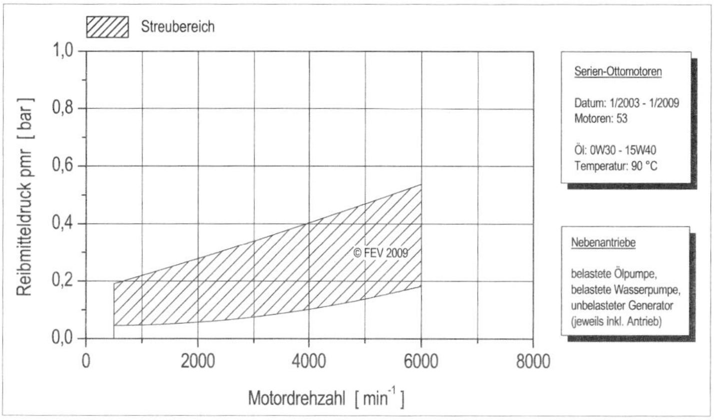

Bild 9-17 Reibung der Nebenantriebe

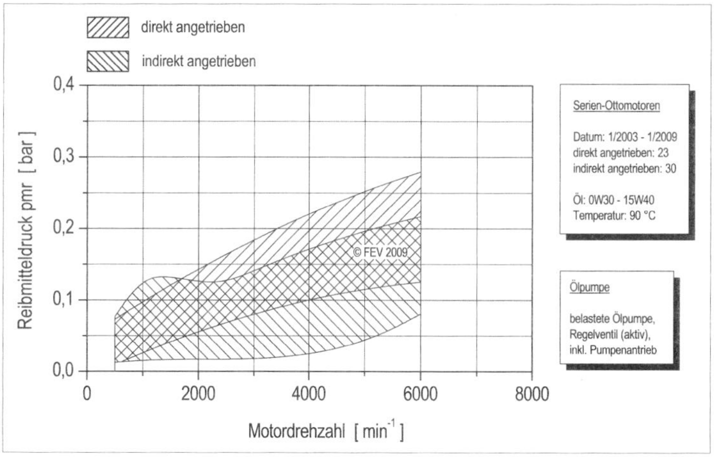

Bild 9-18 Reibung verschiedener Ölpumpen (belastet)

- Kurbelwellenhaupt- und Pleuellager
- Kolbenspritzdüsen
- Ventiltrieb und Antrieb (Nockenwelle, Stößel, Rädertrieb etc.)
- Turbolader
- weitere Schmierstellen je nach Motorbauform.

Die Aufgabe des Motorölkreislaufs ist es dabei,

- an allen Gleitflächen unter allen Betriebszuständen einen tragenden Ölfilm sicherzustellen, um Mischreibung und damit verbundenen Verschleiß weitestgehend zu vermeiden
- durch ausreichende Wärmeabfuhr lokale Bauteilüberhitzungen und dadurch hervorgerufene Schäden zu verhindern
- Partikel (Ruß- und Verschleißpartikel) aufzunehmen und in Schwebe zu halten
- Ablagerungen zu verhindern beziehungsweise zu lösen sowie
- vor Korrosion zu schützen.

Als Ölpumpen in Kraftfahrzeugmotoren werden üblicherweise direkt von der Kurbelwelle angetriebene Sichel- oder Trochoidenpumpen sowie über einen Hilfsantrieb untersetzt angetriebene, außenverzahnte Zahnradpumpen oder Trochoidenpumpen verwendet. Die Antriebsleistung der Pumpen unterscheidet sich deutlich je nach Antriebssystem und Pumpenbauart. Durch verschiedene in [12–14] beschriebene Optimierungsschritte können die Pumpen individuell verbessert und an den Motorbedarf angepasst werden. Allen Bauarten gemeinsam ist, wie der Streubereich von Ölpumpen-Reibmitteldrücken in **Bild 9-18** zeigt, der Anstieg der Antriebsleistung bei hohen Drehzahlen. Die allgemein übliche, aber energetisch ungünstige Bypass-Regelung führt in den überwiegenden Betriebsbereichen der Ölpumpe zu geringen Wirkungsgraden.

Bei allen Betriebsbedingungen des Motors muss eine ausreichende Schmierung, also ein bestimmter Mindestöldruck vorhanden sein, da es sonst innerhalb kürzester Zeit zu Motorschäden kommen kann. Die Ölpumpe wird deshalb für den ungünstigsten Fall, das heißt hohe Öltemperatur und einen Motor mit hoher Laufleistung und damit großen Spielen ausgelegt. Weitere Auslegungspunkte sind niedrige Drehzahl

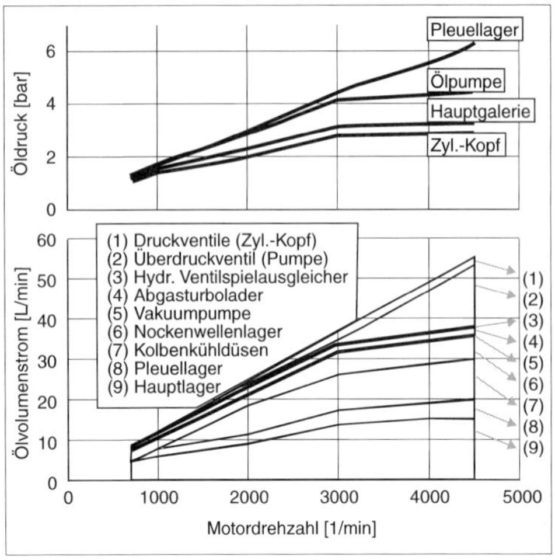

Bild 9-19 Öldruck und Ölvolumenstrom im Schmierkreislauf

zur Sicherstellung der Ölversorgung von hydraulischen Ventilspielausgleichselementen (Heißleerlauf), und öldruckgesteuerte Aktuatoren (beispielsweise Nockenwellenversteller) sowie hohe Drehzahl für eine ausreichende Ölversorgung der dynamisch hochbelasteten Pleuellager [15, 16]. **Bild 9-19** zeigt Ölvolumenströme und Öldrücke in einem Schmiersystem. Dabei ist es notwendig, dass im Betrieb des Motors in allen Betriebspunkten der erforderliche Mindestöldruck zur Sicherstellung einer bedarfsgerechten Schmiermittelversorgung zum Beispiel ohne Stößelklappern und Kavitationsgefahr in den Pleuellagern erreicht oder überschritten wird.

Das Ölschluckverhalten des Motors steigt mit zunehmender Drehzahl weniger stark als der Förderstrom der Ölpumpe, der näherungsweise drehzahlproportional ansteigt. Deshalb wird ein Teil des Förderstroms bei mittleren und hohen Drehzahlen durch ein Bypassventil meist zur Saugseite der Pumpe zurückgeführt.

Neben der bedarfsgerechten Anpassung des Schmiersystems und der Detailoptimierung der Ölpumpe an die Motorerfordernisse haben regelbare Ölpumpen ein großes Potenzial, die Antriebsleistung der Ölpumpe abzusenken. Möglichkeiten zur Förderstromanpassung von Ölpumpen an den notwendigen Bedarf sind Konzepte mit veränderlichem Förderkammervolumen, die jedoch meistens aufwändig und teuer ausgeführt sind, sowie die Drehzahlregelung durch Entkoppelung von der Motordrehzahl.

9.1.6.4.2 Kühlmittelpumpe

Als Kühlmittelpumpen kommen in Verbrennungsmotoren vorwiegend Kreiselpumpen zum Einsatz, die darauf ausgelegt werden, sowohl bei niedrigen Motordrehzahlen und hoher Motorlast (zum Beispiel Bergfahrt mit Anhänger) als auch bei Nennleistung einen zur Wärmeabfuhr ausreichenden Kühlmitteldurchsatz zu liefern. Mit einer von der Temperatur der Bauteile oder des Kühlmittels abhängigen Drehzahlregelung, zum Beispiel über einen elektrischen Antrieb, könnte bei Teillast das Temperaturniveau der brennraumumgebenden Wände und damit der Wirkungsgrad des Motors angehoben, die Aufheizzeit des Motors verkürzt und die Antriebsleistung der Kühlmittelpumpe auch bei hohen Drehzahlen abgesenkt werden.

Durch den zur Motordrehzahl proportionalen Antrieb ergeben sich bei hohen Drehzahlen große Förderströme, die bei ungünstig gestaltetem Kühlmittelkreislauf zu hohem Druckverlust und damit zu hoher Antriebsleistung führen [17]. Daraus ergibt sich ein Optimierungspotenzial bei der Gestaltung des Kreislaufs mit entsprechend angepasster Kühlmittelpumpe [18].

9.1.6.4.3 Generator

Zur Bereitstellung von elektrischer Energie in Personenkraftwagen werden zur Zeit fast ausschließlich leistungsfähige und wartungsarme Drehstrom-Klauenpolgeneratoren mit einer Nennspannung von 14 V eingesetzt. Die Wirkungsgrade der Generatoren liegen zur Zeit bei maximal 60 bis 70 % und werden bei niedriger Drehzahl und hoher Belastung des Generators erreicht. Häufig jedoch werden Generatoren bei hohen Drehzahlen und geringer Belastung und somit niedrigen Wirkungsgraden zwischen 20 und 40 % betrieben.

Die im Automobil installierte elektrische Verbraucherleistung ist in den letzten 40 Jahren drastisch von etwa 0,2 kW auf 2,5 kW gestiegen und wird sich in den nächsten 20 Jahren auf zirka 4 kW erhöhen. Die Prognosen unter Einbeziehung der Prometheus-Projekte gehen noch darüber hinaus. Hier werden bis zum Jahre 2010 etwa 8 kW an elektrischer Leistung zur Verfügung gestellt werden müssen, wobei dann die Leistungsgrenze üblicher 14-V-Drehstromgeneratoren von zirka 3 bis 5,5 kW überschritten werden wird [19]. **Bild 9-20** zeigt die Reibung verschiedener Generatoren ohne elektrische Leistungsabgabe. Für zukünftige Fahrzeuge werden Start-Generator- Systeme mit höheren elektrischen Abgabeleistungen und 42 Volt Abgabespannung erwartet. Für den Übergang auf den elektrischen Antrieb verschiedener Komponenten (zum Beispiel elektrische Ölpumpe, Kühlmittelpumpe, elektromechanischer Ventiltrieb) sind erheblich höhere elektrische Leistungen Vorraussetzung.

Der Strombedarf der Verbraucher zur Aufrechterhaltung der Motorfunktion ist näherungsweise unabhängig vom Fahrbetrieb. Der elektrische Bedarf für alle anderen Verbraucher, insbesondere für Komfortfunk-

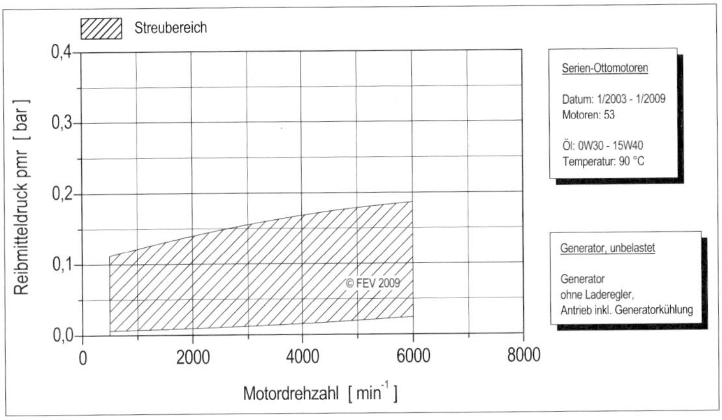

Bild 9-20 Reibung von Pkw-Generatoren (unbelastet)

tionen, hängt dagegen stark von den Einsatzbedingungen (Sommer, Winter, Tag oder Nacht) ab. Insgesamt ergibt sich eine nach Einsatzbedingung und Einschalthäufigkeit streuende Gesamtbedarfsleistung von zirka 300 W bis 1.200 W für ein Mittelklassefahrzeug.

Auf Grund physikalischer Zusammenhänge lassen sich bei konstantem Generatorgewicht die Abgabeleistung bei Motorleerlauf und die Maximalleistung nicht unabhängig voneinander festlegen [20]. Dieses ungünstige Szenario wird noch verstärkt durch den zunehmenden elektrischen Leistungsbedarf bei Leerlaufdrehzahl und das Bestreben, die Leerlaufdrehzahl aus Kraftstoffverbrauchsgründen weiter abzusenken. Als Konsequenz daraus muss über das Generatorkonzept und das Antriebsmanagement des Generators nachgedacht werden. Eine charakteristische Größe bei der Generatorauslegung ist die 2/3-Drehzahl, bei der der Generator 2/3 seiner maximalen Leistung abgeben kann. Üblicherweise wird die Übersetzung zwischen Generator und Motor so gewählt, dass der Generator bei Motorleerlauf mit der 2/3-Drehzahl läuft und dadurch die Stromversorgung des Motors und des Automobils sichergestellt ist.

Optimierungsziele des Generators sind ein in jedem Betriebsbereich guter Wirkungsgrad, eine niedrige Einschaltdrehzahl und gleichzeitig eine hohe Stromabgabe. Der Strom sollte daher oberhalb der Einschaltdrehzahl (1.000 bis 1.500 1/min) steil ansteigen, damit auch im unteren Drehzahlbereich eine hohe Leistung an die eingeschalteten Verbraucher abgegeben werden kann. Den größten Anteil der Generatorverluste bei Volllastbetrieb machen vor allem die Eisen- und Kupferverluste im Ständer sowie die Reibungs- und Lüfterverluste aus, während die Dioden- und Erregerverluste relativ gering sind [21]. Da die Abgabeleistung oberhalb einer Generatordrehzahl von 5.000 1/min nur noch geringfügig ansteigt, empfiehlt sich ein Betrieb bei Generatordrehzahlen zwischen 2.000 1/min und 5.000 1/min.

9.1.6.4.4 Einspritzpumpe

Die Einspritzpumpe dient dazu, den Kraftstoff gegen Ende der Verdichtung durch eine Einspritzdüse direkt in den Brennraum einzuspritzen. Je nach Auslegung der Einspritzmenge und Motorbetriebspunkt beträgt der Einspritzdruck 50 bis 200 bar bei Ottomotoren mit Direkteinspritzung und bis über 2.000 bar bei Dieselmotoren.

In **Bild 9-21** ist die Reibung einer Verteilereinspritzpumpe eines Dieselmotors mit Direkteinspritzung dargestellt. Zwischen dem Nulllast und der Maximalstellung des Mengenstellers kommt es zu einer Vervierfachung der Reibwerte. Die bei Volllast auftretenden Reibwerte haben erheblichen Anteil an der Gesamtreibung eines Dieselmotors und sind eine der wesentlichen Ursachen für den Anstieg der Motorreibung zwischen Nulllast und Volllast bei Dieselmotoren.

9.1.6.4.5 Klimakompressor

Die Entwicklung der Fahrzeugklimatisierung begann in den Sechzigerjahren des letzten Jahrhunderts in

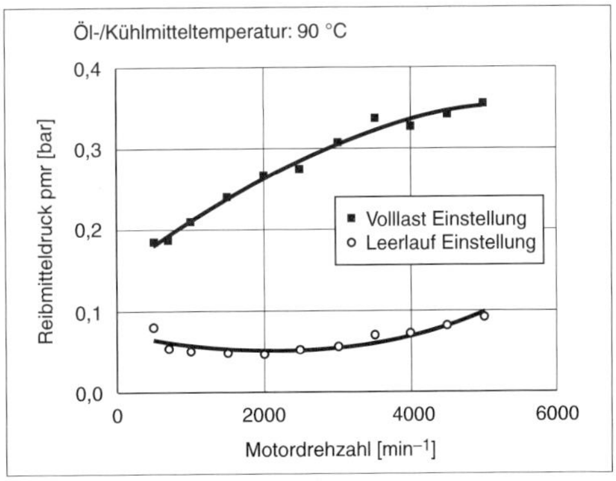

Bild 9-21 Reibung Einspritzpumpe (Vergleich Volllast – Nulllast)

den USA. Während 1965 nur 20 % der Automobile auf dem nordamerikanischen Markt mit einer Klimaanlage ausgerüstet waren, waren es 1980 bereits 80 %. Der Wunsch der japanischen Automobilhersteller, den nordamerikanischen Markt zu erobern, führte dazu, dass die Japaner die Klimaanlage auch für sich selbst entdeckten und bereits 1985 im eigenen Land den Ausrüstungsstand der USA überstiegen. Ein ähnlicher zeitversetzter Ansatz ist seit Ende der Achtzigerjahre auch in Europa festzustellen, ohne das die Marktdurchdringung der USA bis jetzt erreicht wurde.

Der Kälteleistungsbedarf zur Fahrzeugklimatisierung ist von der Sonneneinstrahlung und der Außentemperatur abhängig. Die durchschnittliche Einschaltdauer der Klimaanlagen beträgt in Europa etwa 23 % (USA zirka 42 %) und die mittlere erforderliche Kälteleistung 1 bis 2 kW (USA 4 bis 5 kW) [22]. Von allen Nebenaggregaten hat der Klimakompressor die größte Leistungsaufnahme, die je nach Kompressorbauweise und Betriebszustand bei hohen Drehzahlen bis zu 11 kW betragen kann. Die durchschnittlichen Antriebsleistungen liegen in Abhängigkeit von der Einschaltdauer zwischen 180 W und 2.000 W.

Klimakompressoren werden üblicherweise durch einen Riemen drehzahlproportional vom Motor angetrieben, wodurch sich eine Abhängigkeit der Kälteleistung von der Motordrehzahl ergibt, während der Bedarf jedoch nahezu drehzahlunabhängig ist. Die Auslegung der Klimakompressoren erfolgt nach der maximal erforderlichen Kälteleistung, die bereits bei niedriger Motordrehzahl (während Stadtfahrten mit hohem Leerlaufanteil) zur Verfügung stehen muss. Bei höheren Drehzahlen sind die Kompressoren folglich überdimensioniert und müssen abgeregelt werden. In vielen Fällen wird dies durch eine elektromagnetische Kupplung erreicht, mit der der Kompressor ein- und ausgeschaltet wird.

Aktuelle Entwicklungen gehen vom druckgeregelten Kompressor zunehmend in Richtung volumenstromgeregelter Kompressor, der den Leistungsüberschuss durch eine Hubverstellung reduziert. Energetisch ist jedoch keine nennenswerte Verbesserung zu erwarten, da der geregelte Verdichter länger eingeschaltet bleibt und auch bei geringer Kälteleistung die mechanischen Verluste, vornehmlich bei hohen Drehzahlen, erheblich sind [23].

Für den Einsatz in kompakten Kleinfahrzeugen, vor allem in Japan, wurden in den letzten Jahren ebenfalls kompaktere und leichtere Kompressoren (beispielsweise Flügelzellen- und Spiralkompressoren) entwickelt.

9.1.6.4.6 Kühlerventilator

Der Kühlerventilator muss bei hoher Last und niedrigen Fahrzeuggeschwindigkeiten eine zur Wärmeabfuhr ausreichende Durchströmung des Wärmetauschers (Motorkühler) sicherstellen.

Früher wurde der Lüfter drehzahlproportional vom Motor direkt angetrieben. Bei modernen Konstruktionen verwendet man temperaturgesteuerte Antriebssysteme mit Kupplungen (elektrische oder hydrostatische Antriebe). Diese verringern die Antriebsleistung im Vergleich zum starren Antrieb um 25 bis 50 %.

Elektrisch angetriebene Kühlerventilatoren werden bedarfsgerecht in Abhängigkeit von der Kühlwassertemperatur eingeschaltet. Durch eine Schalthysterese von etwa 10 Grad wird ständiges Ein- und Ausschalten verhindert. Ein Elektrolüfter ist im Stadtverkehr zirka 30 bis 40 % der Betriebszeit eingeschaltet. Bei höheren Geschwindigkeiten (Landstraße, Autobahn) reicht normalerweise die Durchströmung des Kühlers auch ohne Ventilator zur Wärmeabfuhr aus.

Visko-Lüfter benötigen bei niedrigen Drehzahlen eine geringere Antriebsleistung als Elektrolüfter. Dies liegt am besseren Antriebswirkungsgrad des Visko-Lüfters bei niedrigen Drehzahlen im Vergleich zum Elektrolüfter, bei dem zusätzlich noch der Generatorwirkungsgrad berücksichtigt werden muss. Während der Warmlaufphase oder Teillast des Motors sowie bei höheren Drehzahlen und Fahrgeschwindigkeiten hat der Elektrolüfter im Vergleich zum Visko-Lüfter den Vorteil, dass er bei ausreichender Durchströmung des Kühlers abgeschaltet werden kann. Beide Antriebssysteme haben aber noch ein deutliches Potenzial zur Verringerung der Übertragungsverluste.

9.1.6.4.7 Servolenkungspumpe

Servounterstützte Lenksysteme, die noch vor einigen Jahren Automobilen der gehobenen Klasse vorbehalten waren, werden heute selbst bei Kleinwagen angeboten. Der Trend zu breiten Reifen und damit erhöhter Lenkarbeit, die direktere Übersetzung einer Servolenkung und die dadurch erzielte verbesserte Handhabung des Fahrzeugs führten in den letzten Jahren zu einem erheblichen Anstieg des Marktanteils der Automobile mit Servolenkung.

Die Lenkkraftunterstützung erfolgt mit Öldruck, der durch die Lenkhilfepumpe zur Verfügung gestellt wird und am Lenkgetriebe entsprechend der momentan benötigten Hilfskraft geregelt wird. Als Lenkhilfepumpen kommen in der Serie aus Kostengründen vorwiegend Flügelzellenpumpen mit Bypass-Regelung zum Einsatz.

Fahrgeschwindigkeit und Einschlagwinkel der Räder bestimmen den Druckbedarf im hydraulischen System. In heutigen Systemen treten teilweise im Stand bei vollem Lenkausschlag maximale Drücke bis zu 130 bar auf. Mit steigender Fahrgeschwindigkeit nimmt die benötigte Lenkkraftunterstützung jedoch stark ab. Der Minimaldruck der Lenkhilfeanlage bei Geradeausfahrt zur Überwindung der Strömungsverluste des Lenksystems ist fahrzeug- und lenkungsbedingt und liegt bei 2 bis 5 bar.

Der Fördervolumenstrom einer Lenkhilfepumpe muss auch bei niedrigen Motordrehzahlen und hohen Lenkgeschwindigkeiten ausreichend hoch sein, um die Lenkunterstützung sicherzustellen. Daraus ergeben sich als Auslegungsbedingungen der Motorleerlauf bei stehendem Automobil und hoher Lenkgeschwindigkeit bei trockener Straße. Diese Bedingungen treten im Fahrbetrieb insbesondere beim Einparken oder Rangieren auf. Bei höheren Drehzahlen wird ein Mehrfaches des Nutzölstromes als Verlust über den Stromregler abgeführt.

Die Antriebsleistung der Pumpe steigt proportional zur Motordrehzahl. Die maximal mögliche Antriebsleistung tritt in der Praxis normalerweise nicht auf, da hohe Drücke im Lenksystem und hohe Drehzahlen nicht zusammen auftreten.

Die benötigte Antriebsleistung einer Servolenkanlage hängt stark von den durch den Fahrbetrieb vorgegebenen Pumpendrehzahlen und Systemdrücken ab. Typische Antriebsleistungen konventioneller Lenkanlagen bei Geradeausfahrt liegen im Durchschnitt zwischen 250 und 1.200 W.

Durch den Einsatz von geregelten Lenkhilfepumpen, wie zum Beispiel sauggeregelten Radialkolbenpumpen, kann die Antriebsleistung deutlich vermindert werden. Großes Potenzial haben elektrische Servolenkungen, die mit ungefähr 100 bis 200 W gemittelter Antriebsleistung auskommen und die in den letzten Jahren bei kleineren und mittleren Fahrzeugen in Serie gekommen sind.

9.1.6.4.8 Vakuumpumpe

Bei Motoren mit drosselfreier Laststeuerung wird zur Erzeugung eines Unterdruckes (zum Beispiel für den Bremskraftverstärker) eine Vakuumpumpe eingesetzt. Die Reibung üblicher Vakuumpumpen liegt zwischen 0,01 bar bei niedrigen Drehzahlen und 0,04 bar bei hohen Drehzahlen.

9.1.7 Verfahren zur Reibungsberechnung am Beispiel der Kolbengruppe

Moderne Computer-Simulationen

Die Optimierung von Motorkomponenten lässt sich idealerweise rechnerisch durchführen. Vor diesem Hintergrund haben sich gemischte Berechnungsmodelle aus linearer FEM und Mehrkörpersimulation in weiten Teilen der Dynamiksimulation durchgesetzt. Die Stärke dieser Modelle liegt in der Tatsache begründet, dass die Anzahl der Freiheitsgrade zur Beschreibung der Struktursteifigkeit drastisch reduziert werden können, ohne spürbar an Berechnungsgenauigkeit einzubüßen. Explizite FE-Analysen erlauben eine unmittelbare Auswertung der Bauteilspannungen. Diese haben jedoch den wesentlichen Nachteil, dass die Berechnungszeiten um Größenordnungen höher liegen. Für detaillierte Analysen der Lager-Tribologie empfiehlt sich der Einsatz von Elasto-hydrodynamischen (EHD) Berechnungsverfahren. Diese sind in der Lage, die Wechselwirkungen zwischen dem hydrodynamischen Tragverhalten des Schmierfilms und der lokalen Nachgiebigkeit der Strukturen geschlossen zu lösen. Moderne kommerzielle Multi-Purpose-Anwendungen stellen auch den Kern für numerische Reibungsanalysen in der Motorenberechnung dar. So gelten hierfür MKS und FEM im heutigen Entwicklungsprozess als unentbehrlich.

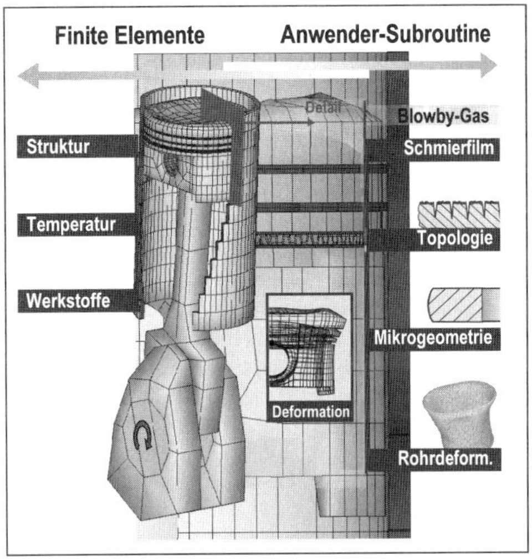

Bild 9-22 Detail-Modell zur Simulation der Kolbengruppe, [24]

Der Kolben mit Ringen und Zylinderrohrkontakt beispielsweise stellt ein hoch komplexes Tribosystem dar, das den Großteil der Motorreibung ausmacht. Die steigenden Leistungsanforderungen an diese Baugruppe machen es immer dringlicher erforderlich, die Belastungsgrenzen mit modernen Simulationstechniken näher auszuloten. Vor diesem Hintergrund werden heute detaillierte Simulationsmodell entwickelt, [24]. Diese Modelle bauen im Wesentlichen auf kommerzieller Software auf, welche problemspezifisch über anwenderprogrammierte Subroutinen erweitert werden, **Bild 9-22**.

Aus physikalischer Sicht werden bekannte Ansätze verwendet: Die Reynolds'schen Differentialgleichungen im Bereich der Hydrodynamik. Die Ansätze nach Greenwood-Tripp für die Beschreibung von Mischreibung und Verschleiß, oder das Labyrinth-Modell nach Eweis für die Gasdynamik im Blow-By. Weitere Modelle zur Notation der Schmierfilmanteile im Gesamtsystem erlauben Aussagen hinsichtlich Ölhaushalt und Ölverbrauch. Die Makrogeometrie wird dreidimensional durch das FE-Modell abgebildet. Die Mikrogeometrie (wie zum Beispiel die Balligkeit der Kolbenringe) und die Topologie (wie zum Beispiel die Honstruktur) werden durch die Subroutinen beschrieben. Die Führung der Kolbenringe (inklusive Stoß) erfolgt ausschließlich über Kontaktformulierungen. So

können auch mehrteilige Ölkontrollringe inklusive aller Kontaktflächen physikalisch modelliert werden. Aus den Berechnungen resultieren die Hauptbewertungsgrößen: Reibung, Verschleiß, Gasleckage und Schmiermittelemission sowie sämtliche Bewegungsgrößen, wie zum Beispiel die Kolbensekundärbewegung oder die Kolbenringdynamik.
Auf Basis detaillierter Dynamikmessungen mittels eigens entwickelter Spezialmesstechniken kann abschließend dann an verschiedenen Versuchsträgern ein hochwertiger Grundabgleich aller Module vorgenommen werden. Somit steht ein leistungsfähiges Werkzeug für die zielorientierte und effiziente numerische Optimierung der Einzelkomponenten bereit – eine heute übliche Methode.

Literatur

[1] *Pischinger, S.*: Vorlesungsumdruck Verbrennungskraftmaschinen, 26. Aufl. Selbstverlag, 2007
[2] *Affenzeller, J.; Gläser, H.*: Lagerung und Schmierung von Verbrennungsmotoren: Die Verbrennungskraftmaschine. Neue Folge Band 8, Springer Verlag, 1996
[3] *Pischinger, R.; Kraßnig, G.; Taucar, G.; Sams, T.*: Thermodynamik der Verbrennungskraftmaschine: Die Verbrennungskraftmaschine. Neue Folge Band 5, Springer Verlag, 1989
[4] *Koch, F.; Haubner, F.; Schwaderlapp, M.*: Thermomanagement beim DI Ottomotor – Wege zur Verkürzung des Warmlaufs. 22. Internationales Wiener Motorensymposium, Wien: 26. 04. – 27. 04. 2000
[5] *Koch, F.; Hermsen, F.-G.; Marckwardt, H.; Haubner, F.-G.*: Friction Losses of Combustion Engines – Measurements, Analysis and Optimization Internal Combustion Engines Experiments and Modeling. Capri, Italien: 15. – 18. 09. 1999
[6] *Schwaderlapp, M.; Koch, F.; Bollig, C.; Hermsen, F. G.; Arndt, M.*: Leichtbau und Reibungsreduzierung – Konstruktive Potenziale zur Erfüllung von Verbrauchzielen. 21. Internationales Wiener Motorensymposium, Wien: 04. – 05. 05. 2000
[8] *Haas, A.*: Aufteilung der Triebwerksverluste am schnellaufenden Verbrennungsmotor mittels eines neuen Messverfahrens, RWTH Aachen, Diss. 1987
[9] *Koch, F.; Geiger, U.; Hermsen, F. G.*: PIFFO – Piston Friction Force Measurement During Engine Operation. SAE-Paper 960306, 1996
[10] *Koch, F.; Fahl, E.; Haas, A.*: A New Technique for Measuring the Bore Disortion During Engine Operation, 21 st Int. CIMAC-Congress, Interlaken: 1995
[11] *Speckens, F.-W.; Hermsen, F.; Buck, J.*: Konstruktive Wege zum reibungsarmen Ventiltrieb. In: MTZ 59 (1998) 3
[12] *Haas A.; Esch. T.; Fahl, E.; Kreuter, P.; Pischinger, F.*: Optimized Design of the Lubrication System of Modern Combustion Engines. SAE Paper 912407, 1991
[13] *Haas, A.; Fahl, E.; Esch, T.*: Ölpumpen für eine verlustarme Motorschmierung. Tagung „Nebenaggregate im Fahrzeug". Essen: 1992
[14] *Fahl, E.; Haas, A.; Kreuter, P.*: Konstruktion und Optimierung von Ölpumpen für Verbrennungsmotoren. Aachener Fluidtechnisches Kolloquium, 1992
[15] *Maaßen, F.*: Pleuellagerbetrieb bei verschäumten Schmieröl. RWTH Aachen, Diss. 1997
[16] *Esch, T.*: Luft im Schmieröl – Auswirkungen auf die Schmierstoffeigenschaften und das Betriebsverhalten von Verbrennungsmotoren. Lehrstuhl für Angewandte Thermodynamik, RWTH Aachen, 1992
[17] *Haas, A.; Stecklina, R.; Fahl, E.*: Fuel economy improvement by low friction engine design. Second International Serninar „Woridwide Engine Emission Standards and How to Meet Them", London, 1993
[18] *Haubner, F.; Klopstein, S.; Koch, F.*: Cabin Heating – A Challenge for the TDI Cooling System, SIA-Congress, Lyon, 10. – 11. 05. 2000
[19] *Bolenz, K.*: Entwicklung und Beeinflussung des Energieverbrauchs von Nebenaggregaten. 3. Aachener Kolloquium Fahrzeug- und Motorentechnik, 1991
[20] *Gorille, I.*: Leistungsbedarf und Antrieb von Nebenaggregaten. 2. Aachener Kolloquium Fahrzeug- und Motorentechnik, 1989
[21] *Henneberger, G.*: Elektrische Motorausrüstung. Wiesbaden, Braunschweig: Vieweg Verlag, 1990
[22] *Schlotthauer, M.*: Alternativantriebe für Nebenaggregate von Personenkraftwagen. In: Antriebstechnik 24 (1985), Nr. 8
[23] *Fahl, E.; Haas, A.; Esch, T.*: Tagung „Dynamisch belastete Gleitlager im Verbrennungsmotor". Esslingen: 1990
[24] *Maaßen, F., et al.*: Simulation und Messung am Kurbeltrieb. 13. Aachener Kolloquium Fahrzeug- und Motorentechnik, 2004.
[25] *Maaßen, F.*: Hybride Analyseverfahren für die moderne Mechanikentwicklung. MTZ Motortechnische Zeitschrift, 68 (2007) 6

9.2 Schmierung

9.2.1 Tribologische Grundlagen

Die Motortechnik beruht auf Maschinenelementen unterschiedlicher Art, die – durch Form und Funktion miteinander verbunden – aufeinander einwirken und sich gegenseitig beeinflussen zum Beispiel durch:

- Kinematik: Erzeugung, Übertragung und Hemmung von Bewegungen
- Kinetik: Kraftübertragung über Kontakt-Grenzflächen
- Übertragung und Umwandlung von mechanischer Energie
- Transportvorgänge: Transport von flüssigen und gasförmigen Medien.

Eine wichtige Rolle bei diesen Vorgängen spielt die Tribologie[1]) – nach DIN 50323 ist „Tribologie ... die Wissenschaft und Technik von aufeinander einwirkenden Oberflächen in Relativbewegung. Sie umfasst das Gesamtgebiet von Reibung und Verschleiß, einschließlich Schmierung, und schließt entsprechende Grenzflächenwechselwirkungen sowohl zwischen Festkörpern als auch zwischen Festkörpern und Flüssigkeiten oder Gasen ein."
Hierbei ermöglicht, verbessert und sichert die Schmierung Funktion, Wirtschaftlichkeit und Lebensdauer der Bauteile, Funktionsgruppen des Motors und der gesamten Antriebsanlage.
Tribologische Systeme lassen sich im Bereich ihrer Wechselwirkungen auf eine Grundstruktur (Systemelemente) reduzieren (DIN 50320): Grundkörper, Gegenkörper, Zwischenstoff (Partikel, Fluide, Gase) und Umgebungsmedium (**Bild 9-23**).
Tribologische Beanspruchungen ergeben sich aus Bewegungsablauf, wirksamen Kräften (Normalkraft), Geschwindigkeiten, Temperaturen und der Beanspruchungsdauer.

[1]) *tribos* (griech.) reiben und *-logie* (griech.) Nachsilbe weiblicher Hauptwörter mit der Bedeutung von Lehre, Kunde, Wissenschaft

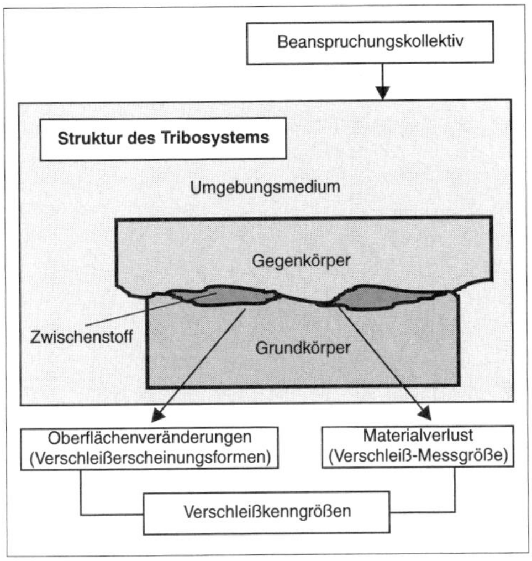

Bild 9-23 Schema: Tribologisches System [12]

9.2.1.1 Reibung

Reibung ist ein vielschichtiges Phänomen, das sich nicht ohne weiteres dem Verständnis erschließen will. Sie ist zwiespältig, weil sie Bewegung gleichermaßen behindert wie sie überhaupt erst ermöglicht. Ohne Reibung kein fester Halt – aber auch kein Fortkommen!

„Reibung ist eine Wechselwirkung zwischen sich berührenden Stoffbereichen von Körpern. Sie wirkt einer Relativbewegung entgegen. Bei äußerer Reibung sind die sich berührenden Stoffbereiche verschiedenen, bei innerer Reibung ein und demselben Körper zugehörig." (DIN 50 323 Teil 3).

Reibung hängt sowohl vom Bewegungszustand ab – Haftreibung (statische Reibung, Ruhereibung) und Bewegungsreibung (dynamische Reibung), als auch von der Art der Relativbewegung der Reibpartner:

- Gleitreibung: Gleiten, Translation in der Kontaktfläche, Relativbewegung der Gleitpartner
- Rollreibung: Rollen, Rotation um eine Momentanachse in der Kontaktfläche
- Wälzreibung: Wälzen, Rollen mit mikroskopischen oder makroskopischen Gleitanteilen.

Reibung ist aber auch vom Aggregatzustand der beteiligten Stoffbereiche abhängig:

- Festkörperreibung
- Flüssigkeitsreibung
- Gasreibung
- Mischreibung.

Im Motor ist Reibung insofern unerwünscht, weil ein Teil der mit an sich schon schlechten Wirkungsgraden „erzeugten" mechanischen Energie wieder in thermodynamisch „geringerwertige" Wärme umgewandelt wird. Diese Wärme beeinträchtigt durch Viskositäts- und Tragkraftabfall des Schmiermittels die Funktion von Bauteilen. Im Extremfall kommt es zu Schäden durch Warm- und Heißlaufen von Lagerungen.

Festkörperreibung beruht auf mehreren Mechanismen:

- Adhäsion und Scheren: Bildung und Zerstören von Adhäsionsbindungen in den Kontaktflächen
- Plastische Deformation: Deformation bei tangentialer Relativbewegung
- Furchung:
  - Gleitpartner unterschiedlicher Härte, die Rauheitsspitze des harten dringt in den weicheren Partner ein oder/und
  - ein hartes Partikel zwischen den Gleitpartnern dringt in einen oder beide ein.
- Deformation: Elastische Hysterese und Dämpfung
- Energiedissipation: Reibungsenergie (mechanische Energie) wird in Wärme umgewandelt und geht verloren.

Haftreibung liegt vor, wenn ein Körper unter Einwirkung einer resultierenden Kraft auf seinen Gegenpart gepresst in Ruhe verharrt. Haftreibung ist die Grundlage der Kraftübertragung aller starr durch Schraub-, Klemm oder Pressverbände miteinander verbundenen Motorteile wie Kurbelgehäuse und Zylinderkopf, Kurbelwelle und Abtriebsflansch oder Aufnahmebohrung und Lager. Der für solche Verbindungen maßgebende Haftreibwert μ_R hängt ab von Materialpaarung, Oberflächenbeschaffenheit und den tribologischen Bedingungen (Schmierung); er ist also keine Material- sondern eine Sytemeigenschaft [1].

Bei Gleitreibung (Reibung der Bewegung) ist in der Motortechnik vor allem die Flüssigkeitsreibung bestimmend; diese setzt ein Schmieren voraus. Die für Maschinenteile relevanten Reibungszustände werden in der nach Richard Stribeck (1861 bis 1950) benannten Stribeck-Kurve dargestellt als:

- Festkörperreibung mit unmittelbarem metallischen Kontakt der Gleitpartner
- Grenzreibung, wenn die Gleitpartner mit Spuren des Schmiermittels bedeckt sind
- Mischreibung als das Nebeneinander von Festkörper- und Flüssigkeitsreibung, wenn der Schmierfilm zwischen den Gleitpartnern teilweise unterbrochen ist
- Elastohydrodynamische Schmierung: Bei hohen Pressungen zwischen den Gleitpartnern erhöht der Druck im Ölfilm die Viskosität des Öls, weshalb sich – trotz an sich ungünstiger Bedingungen – eine tragfähige Mindestschmierfilmdicke einstellt (Beispiel: Kontraforme Kontakte: Zahnradpaarungen, Nocken/Nockenfolger etc.)
- Hydrodynamische Schmierung: Flüssigkeitsreibung mit vollständiger Trennung der Gleitpartner voneinander durch einen Schmierfilm.

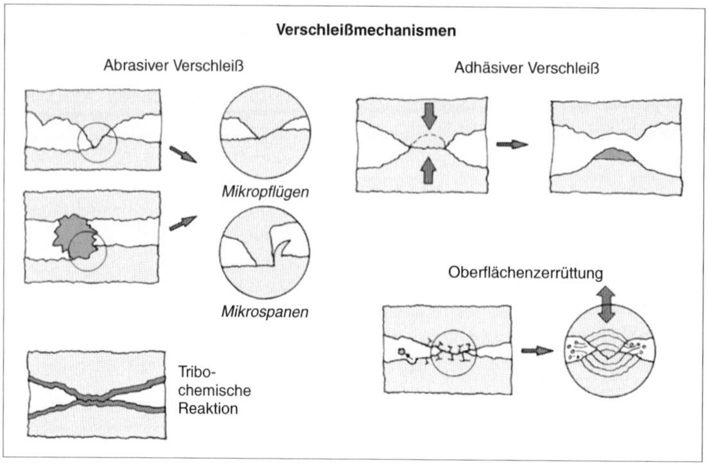

Bild 9-24 Verschleiß-mechanismen

Reibungsverluste werden mit dem mechanischen Wirkungsgrad erfasst. Als Quotient aus der effektiven Leistung P_e und der inneren Leistung P_i beinhaltet der mechanische Wirkungsgrad alle mechanischen Verluste vom Kolben zum Kurbelwellenflansch. Darüber hinaus werden damit auch hydraulische Verluste (Flanschverluste) sowie die Antriebsleistungen der zum Betrieb des Motors erforderlichen Hilfsmaschinen berücksichtigt. Der mechanische Wirkungsgrad von Motoren liegt – bei Nennleistung – im Bereich von 75 bis 90 %, bei Teillast fällt er stark ab.

9.2.1.2 Verschleiß

„Verschleiß ist der fortschreitende Materialverlust aus der Oberfläche eines festen Körpers, hervorgerufen durch mechanische Ursachen, das heißt Kontakt undRelativbewegung eines festen, flüssigen oder gasförmigen Gegenkörpers“ (DIN 50320). Verschleiß wirkt funktionsstörend und lebensdauermindernd – als Teil der Abnutzung ist er jedoch unvermeidlich bei jedem Maschinenbetrieb.

Verschleiß tritt auf, wenn zwei Reibkörper (Grund- und Gegenkörper) unter Krafteinwirkung relativ zueinander bewegt werden – kontinuierlich, oszillierend oder intermittierend. Dabei wirken sich Gefügeeigenschaften, Festigkeitswerte, Härte, Form- und Oberflächengeometrie auf den Verschleiß aus. Der Verschleißvorgang besteht aus mehreren Komponenten, die einzeln oder in unterschiedlicher Kombination miteinander auftreten: Abscheren, elastische und plastische Deformationen sowie Grenzflächenvorgänge. Dadurch lösen sich Partikel aus Körper und Gegenkörper, welche ihrerseits den Verschleiß verstärken **(Bild 9-24)**.

Im Motorbetrieb kommt es auf die Verschleißrate an, das heißt die Geschwindigkeit, mit welche sich der Verschleiß entwickelt:

- Degressiv: Einlaufvorgänge, mit denen sich herstellungsbedingte Rauheiten glätten und die Traganteile der Gleitpartner vergrößern
- Linear: Normalbetrieb, bei dem der Verschleiß zwar stetig, aber nur geringfügig zunimmt
- Progressiv: Sich selbst verstärkend, beschleunigt sich der Verschleiß, so dass es rasch zu Funktionsstörungen und daraus resultierend zu Schäden kommt.

In Motoren wird Verschleiß vorwiegend verursacht durch:

- Gleitverschleiß bei trockenem Kontakt und bei Grenz- und Mischreibung (unvollständige Trennung von Grund- und Gegenkörper)
- Schwingungsverschleiß. Typisch: Passungsrost (Reiboxidation, Reibrost)
- Flüssigkeitsreibung (vollständige Trennung von Grund- und Gegenkörper)
- Kavitation: Hohlraumbildung durch örtliches Unterschreiten des Dampfdrucks in einer Flüssigkeit mit nachfolgender Implosion der Dampfblasen. Dadurch werden die begrenzenden Oberflächen beschädigt; hydrodynamische Eigenschaften verschlechtern sich
  Erosion: Beaufschlagung von Festkörpern mit partikeldurchsetzten Flüssigkeiten (zum Beispiel Schmiermittel oder Kraftstoff mit Fremdpartikel oder Gasstrom mit Partikeln (Abgas mit Verbrennungsrückständen)); es kommt zu Abtrag an der Werkstoffoberfläche
- Verschleiß durch Tropfenschlag
- Verschleiß durch Korrosion.

Verschleiß wirkt sich im Motor aus als Querschnittsschwächung, Oberflächenveränderung, Funktionsbeeinträchtigung durch Spielvergrößerung, Verringerung von Überdeckungen und Beeinträchtigung der Geometrie und der Kinematik. Folgen können sein:

Erhöhte Reibung, Fresser sowie Gewalt- und Schwingbrüche. Im Motor wird Verschleiß hervorgerufen, meist durch:

- Überlastung
- ungenügende Schmierung als Folge von
  - Schmiermittelmangel oder/und
  - ungeeignete oder überalterte Öle
- ungünstige Betriebsbedingungen
- Fehlfunktion oder Ausfall von Motorbauteilen.

Verschleiß tritt bevorzugt an folgenden Funktionsgruppen auf:

- Triebwerk: Kolben, Kolbenringe, Zylinder, Lager und Wellen
- Rädertrieb: Zahnräder
- Steuerung: Nocken und Nockenfolger, Ventile, Ventilsitze und Ventilführungen, Riementriebe.

9.2.2 Schmiersystem

9.2.2.1 Schmierung

Schmierung ist das Beschichten oder Benetzen von Gleitpartnern mit einem Schmiermittel; hierzu dienen „Flüssigkeiten, Gase, Dämpfe, das heißt fluide Stoffe, plastische Substanzen und feste Körper in Pulverform“.

Aufgaben der Schmierung sind:

- Kraftübertragung
- Verringerung von Reibung und Verschleiß
- Feinabdichtung: Auf- und ineinander gleitende Teile können prinzipiell nur mit Hilfe eines Schmierfilms dichten
- Stoß- und Schwingungsdämpfung
- Verringerung von Geräusch
- Kühlung: Abfuhr von Reibungswärme
- Reinigung: Abtransport von Partikeln aller Art
- Korrosionsschutz.

Das Schmiermittel ist ein Maschinenelement; es überträgt in den Lagerungen die Bauteilkräfte durch Schmierfilme mit Schichtdicken von nur wenigen Tausendstel Millimeter. Diese Fähigkeit beruht auf der Viskosität, das heißt der Fähigkeit des Schmiermittels, einer Formänderung Widerstand entgegenzusetzen. Die einzelnen Flüssigkeitsteilchen reiben aneinander; an ihren Berührungsflächen entstehen tangentiale Spannungen (Schubspannungen), deren Größe von dem Geschwindigkeitsgefälle senkrecht zur Strömungsrichtung dv/dz (Schergefälle) und einer Materialeigenschaft der Flüssigkeit, der kinematischen Viskosität η (Zähigkeit), abhängt (Newton'sche Schubspannungsansatz). Die kinematische Zähigkeit ihrerseits hängt vom Schmierstoff, dessen Temperatur und Druck sowie vom Schergefälle ab **(Bild 9-25)**.

Die Schubspannungen verrichten in Gleitrichtung Reibungsarbeit (Dissipationsarbeit); diese in Wärme umgewandelte Bewegungsenergie ist „verloren“. Im Maschinenbetrieb wirkt sich die Flüssigkeitsreibung

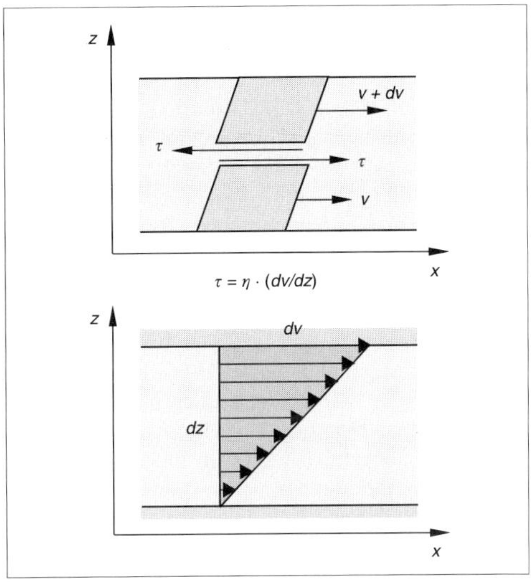

Bild 9-25 Scherung und Schergefälle [13]

nachteilig aus: Sie kostet mechanische Energie und heizt das Schmiermittel auf; das mindert die Tragfähigkeit des Schmierfilms. Diese Reibungswärme muss abgeführt werden, was zusätzlichen konstruktiven und betriebsmäßigen Aufwand verlangt. Im ungünstigsten Fall, bei Mischreibung, führt sie zu Verschleiß der Gleitpartner – bis hin zum Fresser. Doch ohne innere Reibung könnte eine Flüssigkeit keine Kräfte übertragen.

9.2.2.2 Bauteile und Funktion

Unter dem Schmiersystem versteht man die schmierstoffführenden Leitungen, Pumpen, Filter, Wärmeübertrager und Regelorgane in ihrer Anordnung zueinander. Zu nennen sind: Ölsammelbehälter *(Ölwanne)*, Ölpumpe(n), Ölwärmetauscher, Ölfilter, Steuerventile, Einfüllstutzen und die Überwachung von Ölvolumen (Ölstand) und Ölvolumenstrom (Öldruck).

Man unterscheidet:

- *Frischöl- oder Verbrauchsschmierung*: Das Öl wird aus einem Ölvorratsbehälter von einer Pumpe zu den einzelnen Verbrauchern gefördert. Es ist zu fordern, dass stets sauberes und kühles Öl zu den Verbrauchern gelangt. Bei sorgfältiger Dosierung kann der Ölverbrauch gering gehalten werden. Angewendet wird die Frischölschmierung bei Zweitakt-Ottomotoren mit Benzineinspritzung.
- *Mischungsschmierung*. Diese Schmierungsart wird heute vorwiegend bei kleinen Zweitaktmotoren angewendet. Das Schmieröl wird beim Tanken in einem bestimmten Verhältnis (1 : 50 beziehungsweise 1 : 100) dem Ottokraftstoff zugemischt. Das Öl gelangt mit dem Kraftstoff beim Ansaugen in

den Zylinder und beim Überströmen in den Kurbelraum. Das ausgeschiedene Öl schmiert die Lager und die Zylinderwand. Mit der Spülluft gelangt auch Schmieröl in den Auspuff: Das erhöht den Ölverbrauch und verschlechtert die Abgasqualität.

- *Druckumlaufschmierung*: Viertaktmotoren und Zweitaktdieselmotoren werden grundsätzlich so geschmiert. Eine Pumpe fördert das Öl aus einem Sammelbehälter durch ein System von Leitungen zu den Verbrauchern, von wo aus es drucklos zurück in den Sammelbehälter fließt.
- *Trockensumpfschmierung*: Aus baulichen Gründen (Einbauraum) oder bei besonderen Betriebsbedingungen (Geländefahrzeuge, Sportwagen) wendet man Trockensumpfschmierung an, bei der eine Absaugpumpe das Öl in einen gesonderten Sammelbehälter pumpt, von wo aus es nach Kühlung und Filterung durch eine Druckpumpe in des Ölsystem zurückgefördert wird. Oft sind Saug- und Druckstufe der Pumpe konstruktiv zusammengefasst.

Motorschmieröl-Kreislauf: Der Saugkorb der Ölpumpe ist an der tiefsten Stelle in der Ölwanne angeordnet, um auch bei Schräglagen des Fahrzeugs die Ölversorgung zu gewährleisten. Eine Verdrängerpumpe – über Zahnrad, Kette, Zahnriemen angetrieben oder direkt auf der Kurbelwelle sitzend – drückt das Motoröl durch das Filter und – je nach Ausführung des Schmierölsystems – durch einen Wärmetauscher in die Hauptölleitung. Druckseitig ist ein Druckbegrenzungsventil angeordnet, das bei Überschreiten des eingestellten Drucks Öl absteuert. Die Abregelbohrungen sind so ausgeführt, dass Druckspitzen geglättet und Druckschwingungen unterbunden werden. Das abgesteuerte Öl läuft entweder frei ab oder wird auf die Saugseite der Pumpe geführt, damit es sich nicht mit Luft anreichert.

Von der Pumpe gelangt das Öl in das Filter. Dieses ist zum Schutz vor Überlastung durch zu hohe Drücke, zum Beispiel bei Kaltstart, durch ein Umgehungsventil abgesichert; eine Rücklaufsperre verhindert das Leerlaufen bei Motorstillstand (**Bild 9-26**).

Primäre Funktion der Ölfilter ist der Schutz der Gleitpartner vor Fremdkörper im Öl. Hierzu muss das Filter vor den Verbrauchern angeordnet sein, so dass der gesamte Ölstrom durch das Filter geht *(Hauptstromschaltung)*. Zur Entlastung des Hauptstromfilters und um dessen Schmutzbeladung zu verringern, wird ein Teil des Öls vom Hauptstrom abgezweigt und durch ein Nebenstromfilter – eine Ölzentrifuge oder ein Feinfilter – geschickt (**Bild 9-27**).

Nebenstromfilter ersparen keine Ölwechsel, denn sie können weder verbrauchte Additive ersetzen noch Kraftstoff, Wasser und Säuren aus dem Schmiermittel herausfiltern [2]. Bei hoher Wärmebelastung des Motoröls muss dieses gesondert gekühlt werden, entweder mit einem Wasser-Öl- oder Luft-Öl-Wärmetauscher. Meist ordnet man den Ölwärmetauscher nach dem Filter an, um mit dem noch warmen und deshalb dünnflüssigen Öl den Druckverlust im Filter niedrig zu halten. In Hinblick auf einen optimalen Schutz des Motors sollte das Filter jedoch hinter dem Wärmetauscher – also unmittelbar vor den Ölverbrauchern – sitzen.

Vom Filter beziehungsweise Wärmetauscher gelangt das Öl über den Hauptölkanal zu den Ölverbrauchern. Das Triebwerk wird vom Hauptölkanal durch Bohrungen in den Kurbelgehäusezwischenwänden und in den Grundlagerschalen mit Öl versorgt. Dieses gelangt durch Bohrungen in der Kurbelwelle zu den Pleuellagern und von dort – je nach Ausführung – durch eine Bohrung in der Pleuelstange zum Kolbenbolzenlager (**Bild 9-28**).

Um das Öl in die Grundlagerzapfen zu fördern, muss die Fliehkraft überwunden werden. Die Förderung

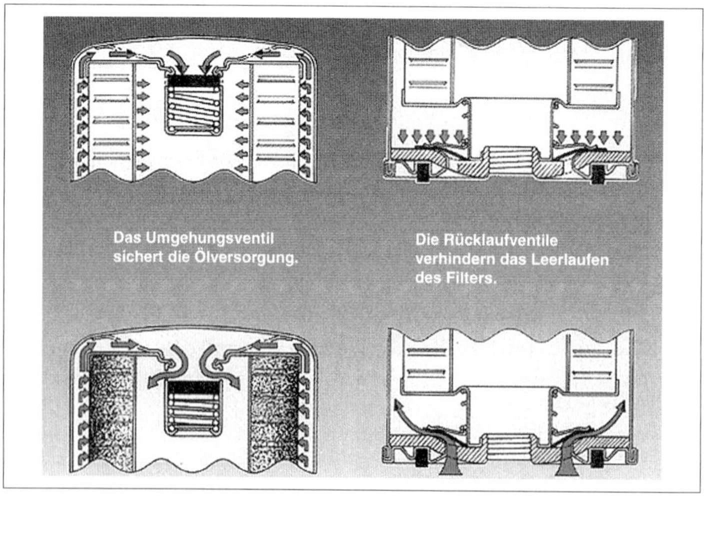

Bild 9-26 Umgehungsventil und Rücklaufsperre für Ölfilter (Volkswagen)

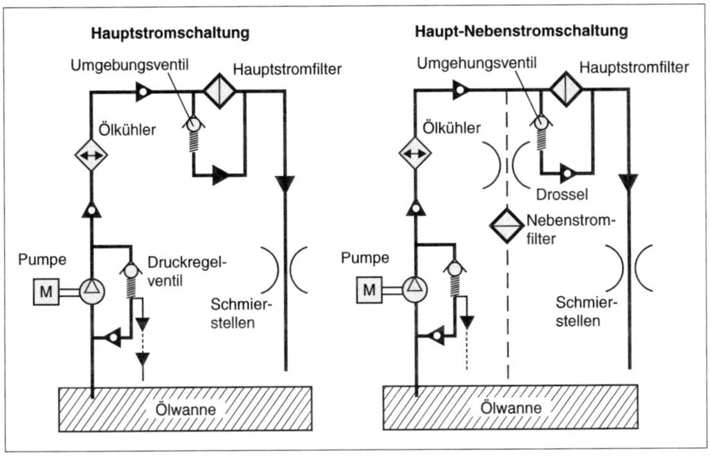

Bild 9-27 Hauptstrom- und Haupt-Nebenstromfilterung [14]

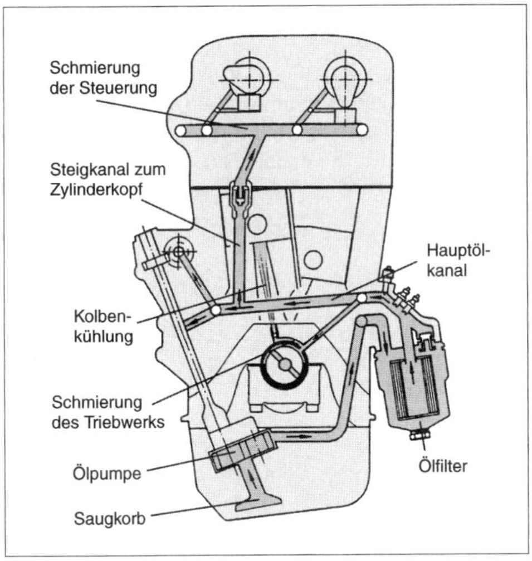

Bild 9-28 Schmierölkreislauf (Schema) eines Pkw-Ottomotors (Volkswagen)

von der Bohrung im Grundlagerzapfen in die des Hubzapfens beziehungsweise zum Kolbenbolzenlager hingegen wird durch die Fliehkraft beziehungsweise die oszillierende Bewegung des Pleuels unterstützt. Grundsätzlich sollte ein Grundlager nur einen Hubzapfen mit Öl versorgen.

Bei leistungsstarken Motoren teilt sich der Ölkreis in zwei Kanäle, der eine versorgt die Nockenwellensteuerung mit Öl unter hohem, der andere die Nockenwellenlager und Tassenstößel unter niedrigem Druck [3]. Die Ölversorgung von Motorteilen wie Spannrollenlager und von Motorzubehör wie Abgas-turbolader, Einspritzpumpen und so weiter erfolgt direkt über Ölkanäle. Nicht an das Ölversorgungssystem angeschlossene Bauteile wie Kipphebelwälzflächen oder die Flanken von Zahnrädern werden indirekt durch das Sprühöl im Kurbelraum geschmiert. Bei kritischen Bedingungen sorgen gesonderte Sprühdüsen für eine ausreichende Ölversorgung. Auch die Ventilführungen werden durch Spritzöl geschmiert, wobei die Ölzufuhr in die Führungen durch Ventilschaftdichtungen begrenzt beziehungsweise dosiert wird. Die Tendenz geht heute zu weitgehend integrierten Ölleitungen und kurzen Ölwegen mit geringem Druckabfall (Strömungsverlusten) (**Bild 9-29**).

Motoren höherer spezifischer Leistung kommen ohne Kolbenkühlung nicht mehr aus. Für die Kolbenkühlung wird Schmieröl aus dem Hauptstrom abgezweigt und durch Spritzdüsen gegen die Kolbenunterseiten oder in Kolbenkühlkanäle gespritzt. Durch druckgesteuerte Ventile wird verhindert, dass bei noch kaltem Motor – und damit kaltem Öl – dem Kolben unnötig Wärme entzogen wird. Das Anspritzen der Kolbenunterseiten aus Bohrungen im großen Pleuelauge ist insofern nachteilig, als dieses Kühlöl zusätzlich durch die Kurbelwelle gefördert werden muss.

Da die Förderung erst mit dem Startvorgang beginnt, besteht die Gefahr, dass die Ölverbraucher während der ersten Umdrehungen kein oder zu wenig Öl erhalten. Deshalb werden in Steigleitungen Rückschlagventile, in Zylinderköpfen Ölgalerien vorgesehen, von denen aus das angesammelte Öl schnell zu den Verbrauchern gelangen kann (**Bild 9-30**).

Die bei größeren und großen Dieselmotoren üblichen elektrisch angetriebenen Schmierölvorpumpen verbieten sich bei Kfz-Motoren wegen des konstruktiven Aufwandes, des Mehrgewichtes und der Kosten.

Geringe Ölfüllungen und häufiges Umwälzen begünstigen das Verschäumen des Öls. Als Obergrenze für den Gasgehalt werden 8 % angesehen. Um dem Verschäumen zu begegnen, sieht man Zentrifugalabscheider und/oder tiefgezogene Ölrückläufe vor. Damit lässt sich der Gasgehalt auf unter 4 % reduzieren (**Bild 9-31**).

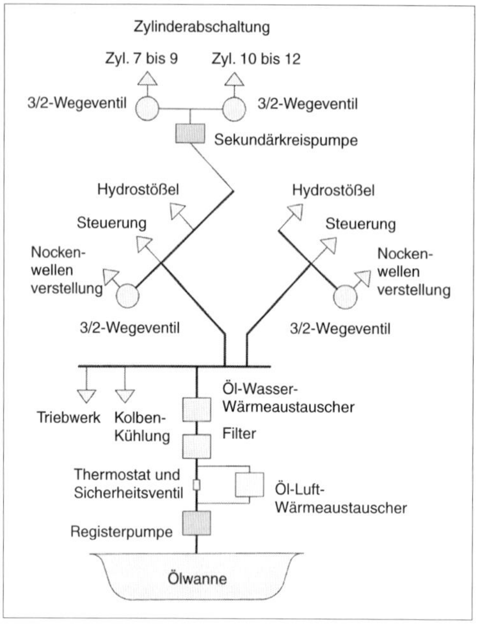

Bild 9-29 Ölkreislauf eines 12-Zyl.-V-Ottomotors mit Zylinderabschaltung (Mercedes-Benz)

Mit Ölprallblechen (Ölhobel) wird das Öl in der Ölwanne vom Triebwerk ferngehalten, so dass beim Schwappen des Öls – bedingt durch die Fahrzeugbewegung – die Kurbelwelle nicht in das Öl eintauchen kann (**Bild 9-32**).

Ölpumpen: Für Fahrzeugmotoren werden Umlaufverdrängerpumpen – Zahnrad- und Zahnringpumpen – verschiedener Bauart verwendet: Außenzahnradpumpen, Innenverzahnte Pumpen *(Sichelpumpen)* und Zahnringpumpen *(Gerotorpumpen)*. Diese Pumpen bauen kompakt, haben gute Wirkungsgrade, zeigen ein gutes Ansaugverhalten und sind für einen weiten Viskositätsbereich der Förderflüssigkeit geeignet. Die bei Verdrängerpumpen zur Druckerhöhung nötige Volumenveränderung wird durch das Kämmen der Zahnräder bewirkt. Die Fördermenge ergibt sich aus Zahngeometrie und der Pumpendrehzahl (**Bild 9-33**).

Beurteilungskriterien für Ölpumpen sind Fördercharakteristik, Wirkungsgrad, Kavitationsempfindlichkeit, Geräuschentwicklung, Einbauvolumen, Gewicht und Fertigungskosten. Wichtig sind eine geringe Ansaughöhe und ein rascher Druckaufbau im Ölkreislauf. Die Transportverluste müssen aufgebracht, die Fliehkraft in den Grundlagerzapfen und die Durchflusswiderstände der Ölverbraucher (Lager) überwunden werden. Die Druckverluste von der Pumpe bis zum Zylinderkopf liegen bei etwa 1,5 bis 2 bar. Die Strömungsgeschwindigkeit des Schmieröls in den Leitungen soll 3 bis 4 m/s nicht übersteigen.

Angeordnet werden Ölpumpen auf der Kurbelwelle, am Motorblock oder im Ölsumpf. Konstruktiv einfach und preiswert (etwa 50 % billiger als bei Lagerung im Sumpf) ist die Anordnung auf der Kurbelwelle, doch zwingt das zu größeren Raddurchmessern und einer höheren Pumpendrehzahl als benötigt werden. Die Leistungsaufnahme ist daher – unabhängig von der Pumpenbauart – deutlich höher. Außerdem muss die Taumelbewegung der Kurbel-

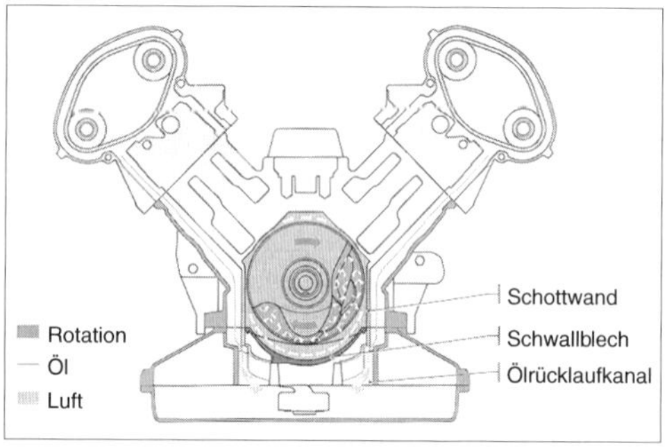

Bild 9-31 Führung des Rücklauföls aus den Zylinderköpfen beim Audi V6 Biturbo

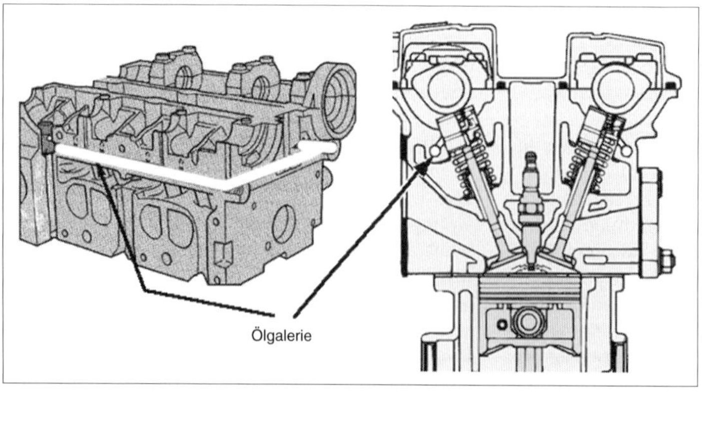

Bild 9-30 Anordnung der Ölgalerie im Zylinderkopf eines Pkw-Ottomotors (Ford)

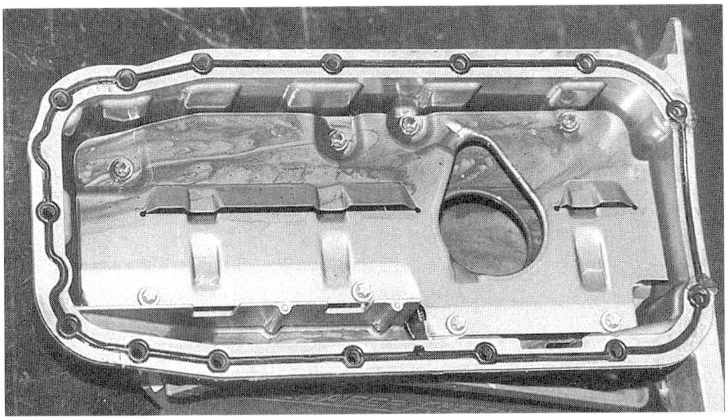

Bild 9-32 Ölprallblech (Ölhobel) eines Vierzylinder-Pkw-Motors (Opel-Ecotec)

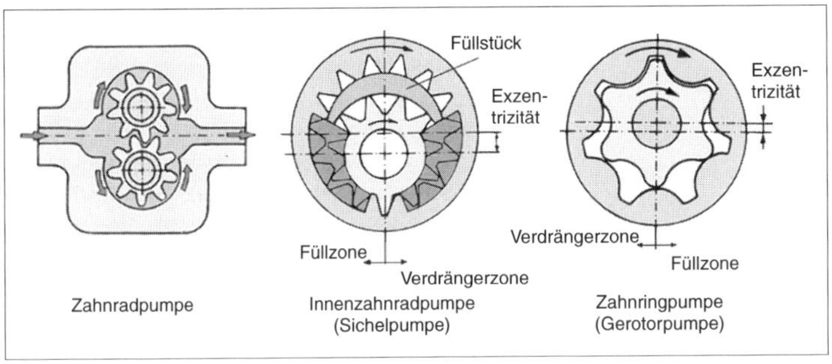

Bild 9-33 Bauarten von Motorölpumpen (Schema)

welle aufgefangen werden – bei Zahnringpumpen entweder durch Lagerung des Innenläufers im Pumpengehäuse oder durch Zentrierung des Innenläufers auf der Kurbelwelle [4].

Wenn die Pumpe im Ölsumpf sitzt, ist die Ansaughöhe niedriger, und die Pumpe saugt beim Start besser an. Zudem kann man niedrigere Pumpendrehzahlen wählen (zum Beispiel Untersetzung 1 : 1,5), was die Antriebsleistung senkt. Von Nachteil ist der konstruktive Aufwand des Antriebs durch Ketten-, Zahnriemen- oder Zahnrad- oder Schraubradantrieb.

Die Fördercharakteristik von Umlaufverdrängerpumpen ist drehzahlabhängig. Mit steigendem Pumpendruck nimmt der volumetrische Wirkungsgrad wegen der Leckverluste ab. Der Ölbedarf des Motors ist aber weitgehend unabhängig von der Motordrehzahl, so dass Fördermenge und -bedarf mit steigender Drehzahl auseinanderklaffen. Die Anforderungen der einzelnen Ölverbraucher sind unterschiedlich: Die Lager brauchen einen bestimmten Ölvolumenstrom, hydraulische Stellelemente einen bestimmten Druck. So werden für die Nockenwellen-Verstellung höhere Fördermengen benötigt; für die Zylinderabschaltung wird eigens eine Sekundärpumpe vorgesehen. Die Auslegung der Pumpe auf einen Mindestölvolumenstrom im (Heiß-) Leerlauf – das heißt niedrige Drehzahl und niedrige Viskosität des Öls – zwingt dazu, mit steigender Drehzahl von einem bestimmten Gegendruck an Öl abzusteuern, so dass etwa 50 % der hydraulischen Energie in Wärme umgewandelt werden. Man unterscheidet dabei zwischen direkt vom Systemdruck und indirekt, das heißt vom Systemdruck und einem vorgegebenen Steuerdruck gesteuerten Regelventilen **(Bild 9-34)**.

Für zusätzliche Verbraucher wie zum Beispiel Abgasturbolader muss mehr Öl gefördert werden. Außerdem führt ein Absenken der Leerlaufdrehzahl zur Verringerung der Motorverluste zu erheblicher Mehrförderung bei hohen Drehzahlen. Das Missverhältnis zwischen bei niedriger Drehzahl zu förderndem und bei hoher Drehzahl tatsächlich benötigtem Öl verstärkt sich. Deshalb versucht man, die Pumpenkennlinie durch Regelung der Pumpe besser an den Ölbedarf des Motors anzupassen, durch Registerpumpen, Veränderung der Exzentrizität bei Pumpen mit Innenverzahnung, Saugregelung bei Zahnringpumpen, axiales Verschieben des Sekundärrades bei Pumpen mit Außenverzahnung oder Entkoppelung des Pumpenantriebs von der Motordrehzahl durch elektrischen Antrieb der Pumpe. Solche Lösungen verlangen jedoch ein sorgfältiges Abwägen von konstruktivem Aufwand, zusätzlicher Masse und Kosten mit der erzielbaren Leistungseinsparung.

Bei 4- bis 6-Zylindermotoren beträgt der Ölbedarf 40 bis 100 l/min, 8-Zylindermotoren brauchen rund 100 bis 120 l/min. Man rechnet für Kurbelwellenhauptlager von Pkw-Motoren mit 3 l/min pro Lager, für Pleuellager mit 4 bis 5 l/min pro Lager, die Kolbenkühlung verlangt 1,5 bis 3 l/min pro Düse, der Zylin-

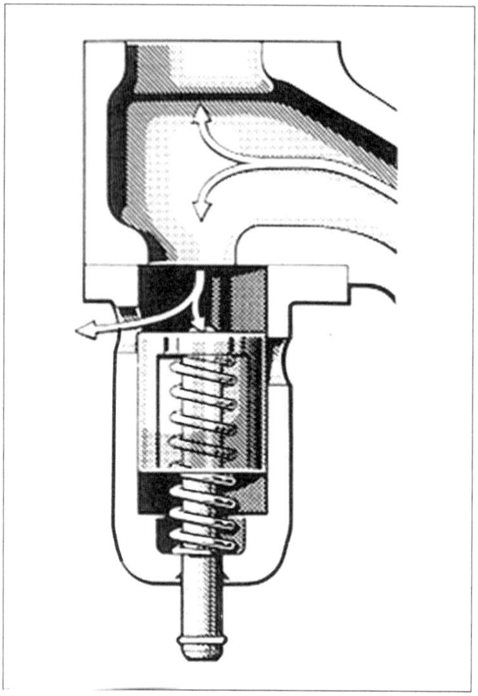

Bild 9-34 Direkt gesteuertes Regelventil (Mercedes-Benz)

derkopf etwa 12 l/min. Allerdings werden von diesen Ölmengen 50 bis 60 % abgesteuert. Motoren mit Kurbelgehäusen aus Aluminium benötigen etwas mehr Öl, weil sich die Spiele wegen der stärkeren Wärmedehnung mit der Temperatur vergrößern. Der Förderdruck beträgt etwa 5 bar. Die Antriebsleistungen von Ölpumpen für 4- bis 6-Zylindermotoren liegen im Bereich von 0,5 bis 2 kW, für größere Motoren bis zu 5 kW.

Ölkontrolle. Weil für den Motor lebenswichtig, muss die Ölversorgung kontrolliert werden. In der Regel dient der Pumpengegendruck als Kontrollgröße. Das ist insofern problematisch, als nicht die physikalisch relevante Größe, der Ölvolumenstrom, sondern eine von ihr abhängige Größe, der Pumpengegendruck, als Kontrollgröße dient. Zum einen nimmt dieser im Quadrat zur Strömungsgeschwindigkeit (entsprechend dem Volumenstrom) zu, zum anderen hängt er auch vom Durchflusswiderstand ab. Mit steigender Temperatur nimmt die Zähigkeit (Viskosität) des Schmiermittels ab, so dass – um den vorgegebenen Kontrolldruck aufrecht zu erhalten, mehr Öl gefördert werden muss. Wenn sich die Leitung zusetzt, steigt der Durchflusswiderstand an, so dass trotz geringeren Ölvolumenstoms der Druck nicht abnimmt. Wenn andererseits der Widerstandsbeiwert bei Vergrößerung der Lagerspiele kleiner wird, fließt zwar mehr Öl durch das Lager, aber der Druck sinkt ab und signalisiert fälschlicherweise „Ölmangel“. Deshalb sollte die Überwachung des Öldrucks am Ende des Leistungsstranges, zum Beispiel hinter dem letzten Kurbelwellenlager oder im Zylinderkopf erfolgen. Weil der Motorbetreiber die Öldruckanzeige nicht ständig im Auge behalten kann, bemerkt er ein Absinken des Öldrucks häufig zu spät, nämlich an den meist verhängnisvollen Folgen. Daher sollte das Abfallen des Öldrucks auch akustisch gemeldet werden.
Weitere Kontrollgrößen sind Öltemperatur und Ölstand. Hierzu dienen Sensoren; der Ölstand muss auch manuell mittels eines Ölpeilstabs mit Markierungen für minimalen und maximalen Ölstand überprüft werden können.

Ölbelastung: Die Belastung des Motoröls hat im Laufe der Zeit ständig zugenommen: Durch kleinere Ölfüllmengen, steigende Leistung infolge höherer Drehzahlen und Aufladung, durch kompaktere Motoren (downsizing), insbesondere durch die V-Bauweise, durch aufwändigere Konstruktionen, längere Wartungs- und Ölwechselintervalle sowie stark und häufig wechselnde Motorlast- und Drehzahl. Außerdem lassen aerodynamisch bessere Karosserieformen die Temperatur im Motorraum ansteigen. Zahlenmäßig kann man die Ölbelastung mit verschiedenen Kennziffern (**Bild 9-35**) beschreiben, zum Beispiel Ölfüllmenge/Hubvolumen oder Ölfüllmenge/Leistung. Genauere Aussagen erhält man mit der Ölbelastungskennzahl:

Ölbelastungskennzahl

$$= \frac{\begin{pmatrix}\text{Motorleistung } [\text{kW}] \\ \times \text{ Ölwechselintervall } [\text{km}]\end{pmatrix}}{\begin{pmatrix}\text{(Ölvolumen + Nachfüllmenge} \\ \text{pro Ölwechselintervall) } [\text{l}] \cdot 1.000\end{pmatrix}} \quad (9.4)$$

In [5] sind diesbezüglich zwei Kennwerte gegenübergestellt:

Ölbelastungskennzahl	kW · km/l
Ford Taunus 1949	11,5
Audi Quattro 1987	277,2

Ölverbrauch: Der Ölvorrat im Ölsammelbehälter (Ölwanne) verringert sich im Laufe der Betriebszeit durch Ölverlust und Ölverbrauch. Ölverlust tritt auf, wenn Öl an den starren und beweglichen Trennstellen des Motors austritt. Das können sein: Verbindung von Kurbelgehäuse mit der Ölwanne und dem Zylinderkopf, Zylinderkopf mit Zylinderkopfhaube, Verbindungsstellen von Ölfilter und Ölkühler sowie undichte Ölablassschrauben und Kurbelwellenabdichtungen.
Zum eigentlichen Ölverbrauch kommt es bei inneren Undichtigkeiten durch Verbrennen und/oder Verdampfen von Öl. Solche Undichtigkeiten erklären sich aus abgenutzten Kolbenringen, eingearbeiteten Kolbenringnuten, Spiegelbildung im oberen Bereich

Jahr Typ		1937 Super 6	1940 Kapitän	1951 Kapitän	1960 Kapitän	1970 Commodore	1980 Commodore	1990 Omega	2000 Omega
Hubvolumen	dm^3	2,5	2,5	2,5	2,5	2,5	2,5	2,6	2,6
Leistung	kW	40,4	40,4	42,6	66,2	88,2	110	110	110
Drehzahl	min^{-1}	3.600	3.600	3.700	4.100	5.500	5.800	5.600	5.600
Ölfüllung	l	5	4	4	4	4,5	5,75	5,5	5,5
Ölbean-spruchung	kW/l	8,1	10,1	10,65	16,55	19,6	19,1	20	20
Ölfüllung/ Hubvolumen	l/dm^3	2	1,6	1,6	1,6	1,8	2,3	2,1	2,1
Ölwechsel-intervall	km	2.000	2.000	3.000			7.500	10.000	15.000

Bild 9-35 Kennzahlen von 2,5 l Opel-Motoren

der Zylinderlaufbahnen, zu großem Spiel zwischen Ventilschaft und Ventilführung oder Undichtigkeiten im Turbolader. Der Ölverbrauch kann nur überschlägig angegeben werden, weil er von vielen, sich im Laufe der Betriebszeit des Motors ändernden Einflussgrößen abhängt. Als „normal" gelten für Pkw-Motoren 0,1 bis 0,25 (0,5) l je 1.000 km. Ein gleich bleibender Ölstand muss nicht immer bedeuten, dass kein Öl verbraucht wird, denn der Ölverbrauch kann – vor allem bei Dieselmotoren – durch Kraftstoffeintrag „ausgeglichen" werden.

Ölwechsel: Das Öl als Medium der Schmierung unterliegt durch den Motorbetrieb mannigfaltigen Veränderungen, die zu periodischem Austausch der Ölfüllung *(Ölwechsel)* zwingen. Die Ölwechselzeiten sind im letzten Jahrzehnt deutlich verlängert worden. Kriterien für den Ölwechsel sind der Gehalt an flüssigen und festen Fremdstoffen, die Erschöpfung der Additivwirksamkeit und unzulässige Veränderungen der Viskosität. Mit dem Öl müssen auch die Filter gewechselt werden. Die Ölwechselzeiten werden abhängig von Motorart (Ottomotor, Dieselmotor), Motortyp, Laufstrecke in km, Betriebszeit in Monaten und den jeweiligen Betriebsbedingungen von den Motorherstellern vorgeschrieben; sie liegen in einem weiten Bereich – bei Pkw-Motoren von (5.000 km), 15.000 bis 20.000 km (30.000 km). Diese Vorschriften sind unbedingt einzuhalten! Das Altöl muss vorschriftsmäßig entsorgt werden.
Neuerdings geht die Entwicklung zu flexiblen, belastungsabhängigen Ölwechselzeiten von 20.000 bis 40.000 km – entsprechend 1 bis 2 Jahren. Entscheidend für die Ölwechselzeit ist der Zustand des Öls. Dieser verschlechtert sich im Motorbetrieb durch Oxidation, Bildung organischer Nitrate, Abnahme der Additivwirksamkeit und bei Dieselmotoren zusätzlich durch Rußeintrag. Bestimmend hierfür sind die Motorgröße, das heißt die Auslastung des Motors, die Betriebsbedingungen (Kaltstart, Heißlauf) und die Ölqualität. Ein Sensor erfasst die Betriebstemperatur des Motors, den Ölfüllstand und die Ölqualität, wobei die Dielektrizitätskonstante als ein Kriterium für den Zustand des Motoröls gewertet wird [6].

Literatur

[1] *Czichos, H.; Habig, K.-H.:* Tribologie Handbuch 2. Aufl. bearb. von Erich Sntner und Mathias Woydt. Wiesbaden: Vieweg 2003
[2] *Greuter, E.; Zima, S.:* Motorschäden, 2. Aufl. Würzburg: Vogel Buchverlag
[3] Porsche 911. Sonderausgabe ATZ/MTZ
[4] *Eisemann, S.; Härle, C.; Schreiber, B.:* Vergleich verschiedener Schmierölpumpensysteme bei Verbrennungsmotoren. MTZ 55 (1994) 10
[5] *Eberan-Ebenhorst, C. G. A. von:* Motorenschmierstoffe als Partner der Motorenentwicklung., in: Schmierung von Verbrennungkraftmaschinen. Lehrgang TA Eßlingen 13. – 15. 12. 2000
[6] *Warnecke, W.; Müller, D.; Kollmann, K.; Land, K.; Gürtler, T.:* Belastungsgerechte Ölwartung mit ASSYST. MTZ 59 (1998) 7/8
[7] *Affenzeller, J.; Gläser, H.:* Lagerung und Schmierung von Verbrennungskraftmaschinen. Die Verbrennungskraftmaschine – Neue Folge. Band 8. Wien: Springer 1996
[8] *Fuller, D. D.:* Theorie und Praxis der Schmierung. Stuttgart: Berliner Union 1960
[9] *Gläser, H.:* Schmiersystem in: Kraftfahrzeugmotoren, 3. Aufl. (Hrsg. Küntscher, V.), Berlin: Verlag Technik 1995
[10] *Reinhardt, G. P. u. a.:* Schmierung von Verbrennungskraftmaschinen. Ehningen: expert-Verlag 1992
[11] *Treutlein, W.:* Schmiersysteme in: Handbuch Dieselmotoren (Hrsg. Mollenhauer, K.) Berlin: Springer 1997
[12] Norm DIN 50320 Verschleiß (Begriffe)
[13] *Zima, S.:* Kurbeltriebe, 2. Aufl. Wiesbaden: Vieweg, 1999
[14] Motorenfilter, Die Bibliothek der Technik 31. Landsberg/Lech: Verlag Moderne Industrie, 1989
[15] *Maaßen, F.:* Pleuellagerbetrieb bei verschäumten Schmieröl. RWTH Aachen, Diss. 1997

10 Ladungswechsel

Unter dem Begriff Ladungswechsel ist hier der Austausch der Zylinderfüllung zu verstehen. Maßgeblichen Einfluss darauf haben neben den im Zylinderkopf befindlichen Steuerorganen das daran angeschlossene Ansaug- beziehungsweise Abgassystem. Durch sie wird die Qualität der Frischgaszuführung und der Abgasentfernung realisiert.

Die Güte dieses Prozesses ist bei Verbrennungsmotoren von entscheidender Bedeutung, da durch ihn vor allem die maximale Leistung und das maximale Drehmoment, aber auch der Kraftstoffverbrauch, die Abgasqualität und das Laufverhalten wesentlich beeinflusst werden.

Auf den Ladungswechsel wirken sich mehrere Faktoren aus, wie die Ventilsteuerzeiten, Ventilerhebungskurven, Ausgestaltung des Ansaug- und Abgassystems, Strömungsverluste, Wandtemperaturen in den Kanälen und im Brennraum, Umgebungstemperatur und -druck. Die Güte des Ladungswechsels lässt sich durch die Kennzahlen Luftaufwand λ_a und Liefergrad λ_l beschreiben:

$$\lambda_a = \frac{m_G}{m_{\text{th}}} = \frac{m_K + m_L}{V_h \cdot \rho_{\text{th}}} \tag{10.1}$$

$$\lambda_l = \frac{m_{GZ}}{m_{\text{th}}} = \frac{m_{KZ} + m_{LZ}}{V_h \cdot \rho_{\text{th}}} \tag{10.2}$$

Hierbei treten m_G als die dem Zylinder zugeführte und m_{GZ} als die im Zylinder nach dem Ladungswechsel verbleibende Gemischmasse (Kraftstoff m_{KZ} und Luft m_{LZ}) auf. Sie stehen in Relation zu der den Zylinder theoretisch ausfüllenden Gemischmasse m_{th}. Somit trifft der Luftaufwand mehr über das Ansaugsystem und den Ansaugprozess eine Aussage, während der Liefergrad die nach dem Abschluss des Ladungswechsels (das heißt nach ES) im Zylinder tatsächlich verbleibende Frischladungsmenge, also die Effektivität des Ladungswechsels charakterisiert. Diese zwei Ladungsmengen unterscheiden sich durch den vom Einlass während der Ventilüberschneidungsphase in den Auslass strömenden Masse als entgangenen Spülverlust. Bei Ventilsteuerungen mit geringer Ventilüberschneidung gilt näherungsweise $\lambda_a \approx \lambda_l$, sonst ist $\lambda_a > \lambda_l$.

Beim Ladungswechsel spielen sowohl die Wärmeaufnahme der Frischladung im Ansaugsystem und im Zylinder als auch Druckverluste eine wichtige Rolle. Unter der Annahme von idealem Gas gilt für den Liefergrad λ_l:

$$\lambda_l = \frac{V_{GZ} \cdot \rho_{GZ}}{V_h \cdot \rho_{\text{th}}} = \frac{V_{GZ} \cdot T_{\text{th}} \cdot p_Z}{V_h \cdot T_Z \cdot p_{\text{th}}} \tag{10.3}$$

V_G beziehungsweise V_{GZ} bezeichnen das zugeführte Gemischvolumen beziehungsweise das nach dem Ladungswechsel im Zylinder verbleibende Gemischvolumen.

Die effektive Leistung und so auch das Drehmoment eines Motors bei konstanter Drehzahl ist von dem effektiven Mitteldruck abhängig. Mit folgender Formel für den effektiven Mitteldruck:

$$p_{me} = \eta_{eZ} \cdot \lambda_l \cdot H_{GZ} \tag{10.4}$$

ergibt sich die effektive Leistung mit der Berücksichtigung sowohl des Spülverlusts und der Druckverluste als auch der Wärmeaufnahme beim Ansaugen wie folgt:

$$P_e = i \cdot \eta_{eZ} \cdot \lambda_l \cdot H_{GZ} \cdot V_H \cdot n \tag{10.5}$$

Der effektive Wirkungsgrad η_{eZ} und der untere Heizwert H_{GZ} beziehen sich dabei auf die Zusammensetzung der Zylinderladung nach ES.

Für das Drehmoment gilt:

$$M = \frac{1}{2 \cdot \pi} i \cdot \eta_{eZ} \cdot \lambda_l \cdot H_{GZ} \cdot V_H \tag{10.6}$$

Die einzelnen Faktoren beeinflussen sich gegenseitig. Der Liefergrad wird stark von der Drehzahl beeinflusst. Einerseits steigen die Drosselverluste in den Leitungen mit der Drehzahl, andererseits spielen gasdynamische Vorgänge eine erhebliche Rolle. Der effektive Wirkungsgrad im geschlossenen Brennraum η_{eZ} nimmt mit höherem Liefergrad zu, da Reibungsverluste bei konstanten Drehzahlen genau wie Drosselverluste konstant sind. Aus diesem Grund hängt η_{eZ} auch von der Drehzahl ab. Generell gilt, dass für maximale Leistung ein Maximum für den Term $\eta_{eZ}\lambda_l n$ und für maximales Drehmoment ein Maximum für den Term $\eta_{eZ}\lambda_l$ zu erzielen sind. Das heißt, die zwei Optima liegen entfernt, in zwei verschiedenen, schmalen Drehzahlbereichen, weswegen bei einem konventionellen Motor (weder variable Ventilsteuerung noch Schaltsaugrohr) immer ein Kompromiss zwischen Drehmoment und Leistung geschlossen werden muss.

10.1 Gaswechseleinrichtungen beim 4-Takt-Motor

Beim 4-Takt-Verfahren sind Ausschieben und Ansaugen die Ladungswechseltakte. Sie erfolgen nacheinander durch die Verdrängerwirkung des Kolbens. Ein- und Auslass des Zylinders müssen durch Steuerorgane periodisch geöffnet und geschlossen werden.

Die Steuerorgane müssen vor allem folgenden Anforderungen genügen:

- große Öffnungsquerschnitte
- kleiner Zeitbedarf für die Öffnungs- und Schließvorgänge
- strömungsgünstige Ausführung
- hohe Dichtwirkung während der Kompressions-, Verbrennungs- und Expansionsphase
- hohe Standfestigkeit.

Bild 10-1 zeigt zwei Bauformen von Steuerorganen für 4-Takt-Motoren. Hubventile gewährleisten einfache und sichere Dichtung, wobei der Zylinderdruck die Dichtwirkung verstärkt. Die hohen Beschleunigungen und Verzögerungen bei der Hubbewegung ergeben erhebliche Beanspruchungen des Ventiltriebes durch Massenkräfte. Außerdem kann bei hohen Drehzahlen der Kraftschluss verloren gehen. Drehschieber weisen kurze Öffnungs- und Schließzeiten und keine Massenkräfte auf. Problematisch sind, wegen hoher Temperaturen und thermischer Dehnung, Dichtung und Betriebssicherheit (Fressen, Klemmen). Die heute übliche Bauart ist die Steuerung mit Hubventilen (**Bild 10-1, links**).

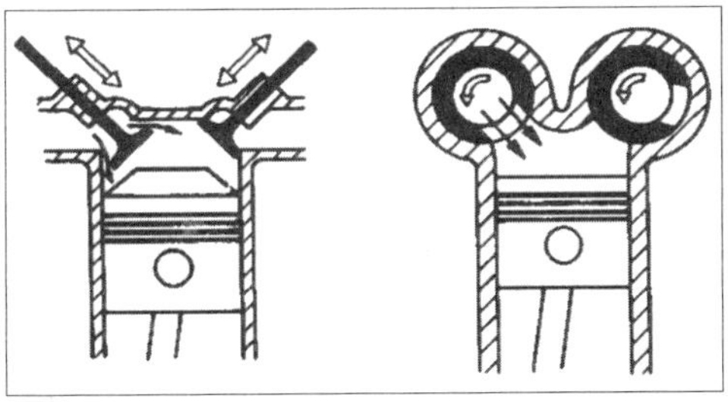

Bild 10-1 Hubventil- und Drehschiebersteuerung [1]

10.1.1 Bauformen des Ventiltriebs

Zur Steuerung des Ladungswechsels werden bei Viertaktmotoren fast ausschließlich und bei Zweitaktmotoren teilweise Tellerhubventile verwendet. Der erforderliche Betätigungsmechanismus einschließlich der Ventile selbst wird als Ventiltrieb bezeichnet.

Allen Ventiltriebsanordnungen gemeinsam ist der Antrieb über eine Nockenwelle, die beim 4-Takt-Motor mit halber Kurbelwellendrehzahl läuft. Die unterschiedlichen Ventiltriebe können eingeteilt werden nach

- Anzahl der Ventile pro Zylinder, **Bild 10-2**
- Lage der Nockenwelle.

Die Verdopplung der Anzahl der Ein- und Auslassventile auf jeweils zwei ist eine mittlerweile hinreichend bewährte Maßnahme zur Verbesserung des volumetrischen Wirkungsgrads und der Verringerung der Ladungswechselarbeit durch größere Strömungsquerschnitte. Eine Steigerung der spezifischen Leistung und Senkung des spezifischen Kraftstoffverbrauchs, verbunden mit einem günstigen Einfluss auf die Verbrennung, sind die erreichten Vorteile, denen ein aufwändiger Ventiltrieb gegenübersteht. Bei der Verfolgung dieses technischen Ansatzes ist die Frage zu stellen, ob die heute üblichen vier Ventile pro Zylinder einem absoluten oder relativen Optimum nahe kommen. Aoi [9] untersuchte zu diesem Zweck Vier- bis Siebenventilanordnungen. Folgende Begriffe sind in diesem Zusammenhang zu definieren:

- Ventilfläche: Kreisfläche der Ventilöffnungen pro Zylinder
- Ventilöffnungsfläche: Mantelfläche bei geöffneten Ventilen.

Gleichen Zylinderdurchmesser vorausgesetzt, weist die Fünfventilanordnung die größte Ventilöffnungsfläche auf, wobei sich diese Aussage jetzt auf die hinsichtlich des zu erzielenden Effektes dominanten Einlassventile bezieht **(Bild 10-3)**. Bei gleichem Druckverhältnis stellen sich die größte Durchflussrate und der beste volumetrische Wirkungsgrad ein. Bei gleicher Ventilöffnungsfläche könnte der Zylinderdurchmesser bei fünf Ventilen etwas kleiner ausfallen als bei vier Ventilen. Der kompaktere Brennraum des Fünfventilers bietet also leistungsmäßig Vorteile.

Dennoch hat sich im Bereich der Pkw-Ottomotoren der Vierventiler auf breiter Ebene durchgesetzt. Dies liegt vor allem daran, dass die mit fünf an Stelle von vier Ventilen erreichte Verbesserung bei den meisten Anwendungen nicht mehr in vernünftigem Verhältnis zum Aufwand steht. Dieser beginnt bei der Ventilführung im Zylinderkopf und setzt sich bei den mechanischen Ventiltriebskomponenten fort. Die räumliche Enge im Zylinderkopf auf Grund neuerer Entwicklungen wie Doppelzündung oder Benzindirektein-

Anzahl der Ventile pro Zylinder

	2-Ventiler	3-Ventiler	4-Ventiler	5-Ventiler	6-Ventiler	7-Ventiler
Anzahl der Einlassventile	1	2	2	3	3	4
Anzahl der Auslassventile	1	1	2	2	3	3

Bild 10-2 Ventilanordnungen

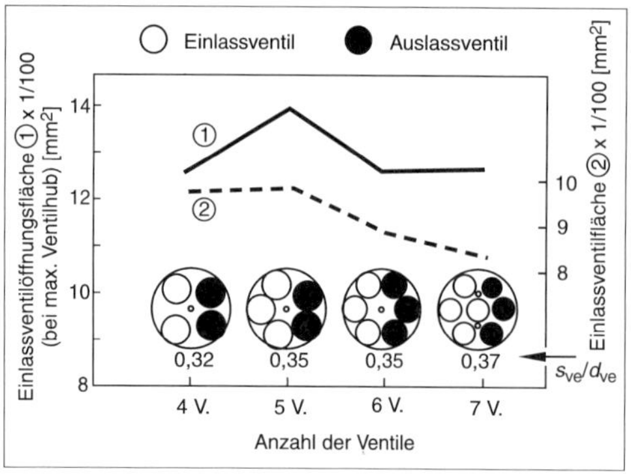

Bild 10-3 Einfluss der Anzahl der Ventile auf die Einlassventil- und Einlassventilöffnungsfläche [9]

spritzung stellt zusätzlich ein nicht leicht zu lösendes Problem dar. **Bild 10-4** zeigt einen Vierventilmotor mit radialer Anordnung der Ventile und einen Fünfventilmotor mit einem Dachbrennraum.

Lage der Nockenwelle

- unten liegende Nockenwelle

Die Nockenwelle liegt unterhalb der Trennlinie Kopf/Block **(Bild 10-5)**. Stehende Ventile **(Bild 10-5, A)** können direkt über Stößel betätigt werden, ergeben aber einen ungünstigen Brennraum (Klopfen, Kohlenwasserstoffemission); veraltete Ausführung. Hängende Ventile (**Bild 10-5, B** und **C**) benötigen zur Betätigung Stößel, Stoßstange und Kipphebel. Die Ventile können parallel **(Bild 10-5, B)** oder V-förmig angeordnet sein **(Bild 10-5, C)**.

- Obenliegende Nockenwelle

Nockenwelle oberhalb der Trennlinie Kopf/Block; wird in der Regel bei modernen, schnelllaufenden Otto- und Dieselmotoren eingesetzt. Die Ventilbetätigung kann über Schwinghebel beziehungsweise Schlepphebel, Kipphebel oder Stößel **(Bild 10-6)** erfolgen. Vorteilhaft ist, dass durch den Wegfall von Stoßstange und Stößel beziehungsweise Kipp- oder Schlepphebel sich die ungleichförmig bewegte Masse und die Elastizität des Ventiltriebes verringert.
Bei den heute gebräuchlichen Ventiltrieben werden bei geöffnetem Ventil die Übertragungsglieder (Kipphebel, Schwinghebel, Stößel etc.) von einer Federkraft (Ventilfeder) aufeinander oder auf den Nocken gepresst. Dieser Kraftschluss kann bei hohen Drehzahlen verloren gehen. Dies gilt nicht für die so genannte Zwangssteuerung der Ventile, bei der über einen zweiten Nocken ein Abheben vom Steuernocken vermieden wird **(Bild 10-7)**; Ventilfedern er-

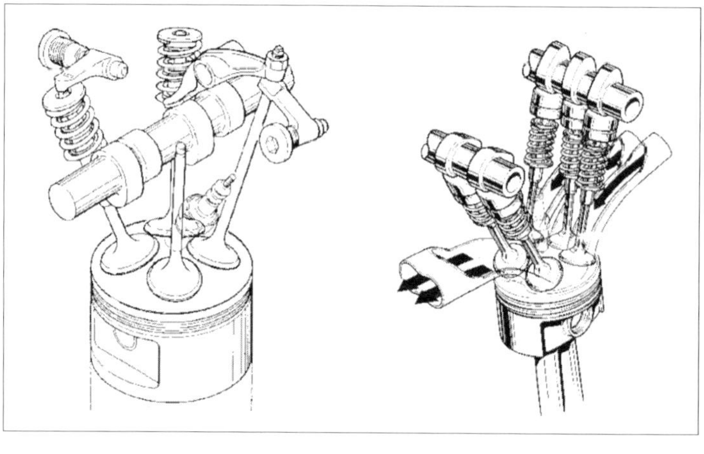

Bild 10-4 4- und 5-Ventil-Motor [1]

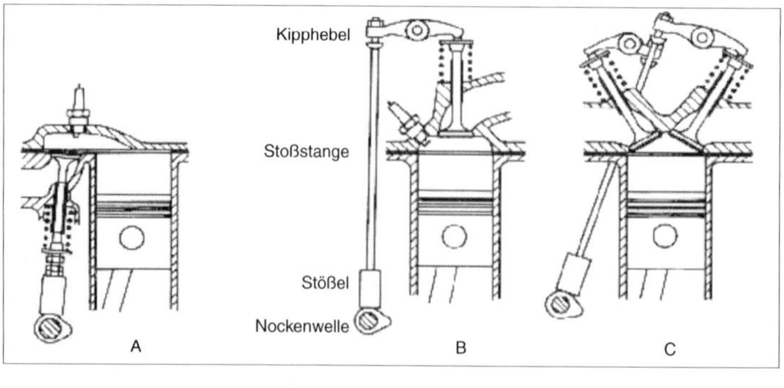

Bild 10-5 Ventiltriebe mit unten liegender Nockenwelle, A: stehende Ventile, B und C: hängende Ventile

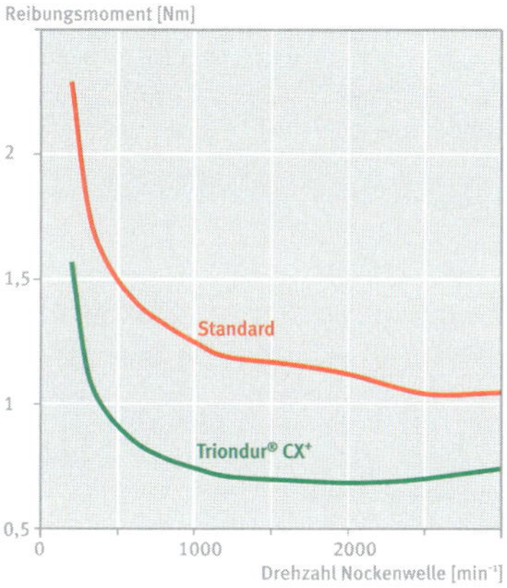
Reibungsmoment [Nm]
2
1,5
1
0,5
0
1000
2000
Drehzahl Nockenwelle [min-1]
Standard
Triondur® CX+

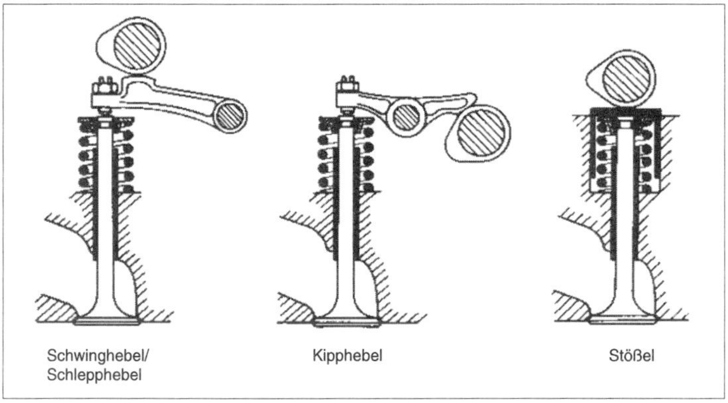

Bild 10-6 Ventiltriebe mit obenliegender Nockenwelle [6]

übrigen sich dabei. Ein Ventilspiel ist auch hier erforderlich. Wegen des Aufwandes (Fertigung, Wartung) hat sich diese Lösung nicht durchgesetzt.

10.1.2 Bauelemente des Ventiltriebs

Nockenwelle (NW)

Die Nockenwelle überträgt das vom NW-Antrieb eingeleitete Drehmoment über die einzelnen Nocken zu den Abgriffsgliedern. Neben den Ventiltriebsnocken kann die Nockenwelle zusätzliche Nocken für die Betätigung von Einspritzpumpen (Einzelpumpen, Pumpe-Düse-Elemente, Common-Rail-Pumpen) oder Motor-Bremssystemen tragen. Auf Grund ihrer fertigungstechnischen Merkmale kann man NW einteilen in:

- gegossen
- geschmiedet
- gebaut.

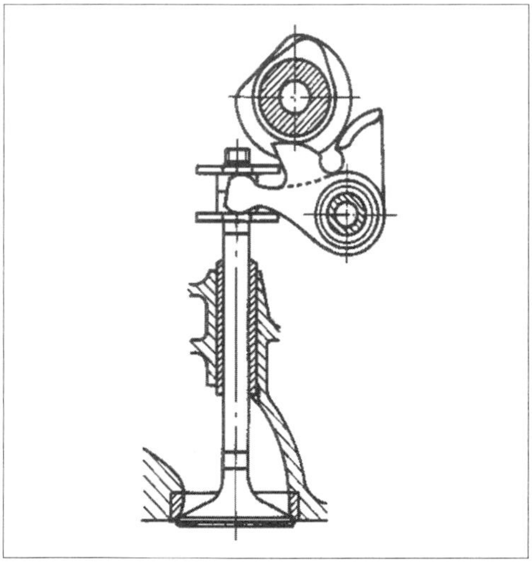

Bild 10-7 Ventil-Zwangssteuerung [5]

Gegossene NW müssen nach der Formgebung einer Wärmebehandlung unterzogen werden, um die erforderliche Festigkeit und tribologische Eignung zu erreichen. Beim Schalenhartguss erfolgt die Härtung der NW in einem Arbeitsgang durch schnelles Abkühlen (abschrecken) der Gießform. Beim Schleuderguss fließt das Metall in eine rotierende Kokille und erstarrt unter Fliehkrafteinwirkung. Zur Gewichtseinsparung werden die NW meistens hohl gegossen.
Bei gebauten NW werden die Nocken getrennt vom Wellenkörper gefertigt und durch späteres Fügen dauerfest miteinander verbunden. Die Trennung ermöglicht eine auf Funktion, Herstellung und Beanspruchung angepasste Wahl der Werkstoffe. Als Trägerwelle kommen kaltgezogene Baustähle (zum Beispiel St52K) oder legierter Stahl (zum Beispiel 100Cr6) zum Einsatz. Für die Nocken werden einsatzgehärtete Stähle (zum Beispiel 16MnCr5) verwendet. Als Fügeverfahren haben sich kraftschlüssige Verbindungen durch Aufschrumpfen oder hydraulisches Aufweiten des Rohres durch Innendruck und ein formschlüssiges Verfahren in der Serienfertigung durchgesetzt. Bei der formschlüssigen Verbindung werden am Rohr im Bereich der Befestigungsstellen Aufwerfungen durch rollieren erzeugt. Der Nocken ist mit einem Innen-Vielkeilprofil versehen und wird kraftgesteuert aufgepresst (KRUPP-PRESTA-Verfahren). Weiterer Vorteil der gebauten NW ist der mögliche geringe Nockenabstand (Mehrventiltechnik) und eine Gewichtsreduzierung von bis zu 40 %. Auf Grund der Verbindungstechnik sind die übertragbaren Momente jedoch begrenzt.
Mehrteilige NW finden häufig bei Großmotoren Verwendung. Dort werden einzelne NW-Segmente miteinander verschraubt, um NW für Motoren unterschiedlicher Zylinderzahlen zu realisieren. Die Lagerstellen für die bei NW ausnahmslos eingesetzten Gleitlager werden bei gebauten NW direkt auf das Rohr geschliffen. Die Bearbeitung der Nockenprofile erfolgt ebenfalls durch Schleifen. Bei Rollenabgriff ist für die gewünschte Ventiltriebskinematik im Allgemeinen ein negativer Krümmungsradius (Nocken-

konkavität) der Nockenprofile notwendig. Bei festgelegtem minimalen Schleifscheibendurchmesser kann der negative Krümmungsradius begrenzend für die Ventiltriebskinematik sein. Durch Bandschleifen der Nockenprofile sind kleinste negative Krümmungsradien herstellbar. Die wechselnden Belastungen durch Einspritzpumpen und Ventiltrieb bewirken Biege- und Torsionsschwingungen der elastischen NW. Insbesondere die Torsionsschwingungen verursachen Winkelabweichungen und damit Abweichungen der Steuer- und Einspritzzeiten zwischen erstem und letztem Nocken. Zur Minimierung der Schwingungen sollte die NW eine hohe Steifigkeit bei vergleichsweise geringer Trägheit (hohle Welle) aufweisen. Mit der Torsionseigenfrequenz der NW sind die innerhalb ihres Drehzahlbandes auftretenden Drehschwingungs-Resonanzen bestimmbar. Besonders bei langen NW muss auf die mit niedriger Motorordnung angeregten Resonanzen geachtet werden. In ungünstigen Fällen (lange Zylinderbänke) müssen Drehschwingungstilger am freien Ende der NW angebracht werden.

Nockenwellenantrieb

Zum Antrieb der Nockenwellen gibt es neben seltenen Sonderausführungen (Königswelle, Schubstangenantrieb) drei gebräuchliche Möglichkeiten, die Nockenwelle von der Kurbelwelle her anzutreiben:

- Zahnräder
- Kette mit Zahnrad
- Zahnriemen.

Zahnräder werden hauptsächlich bei unten liegender Nockenwelle eingesetzt; bei obenliegender Nockenwelle erfordern Zahnräder einen großen Bauaufwand. Kette und Zahnrad sowie Zahnriemen werden heute bei obenliegenden Nockenwellen ausschließlich eingesetzt (**Bild 10-8**). Bei beiden Antrieben ist eine Spannvorrichtung erforderlich. Zahnriemen aus Kunststoff mit Längsfasern sind leiser und billiger als Kettentriebe. Während die Kette geschmiert werden muss, erfordert der Zahnriemen in einem ölfreien Raum. Beide Antriebe müssen zum Schutz beziehungsweise zur Vermeidung von Schmierverlusten gekapselt werden.

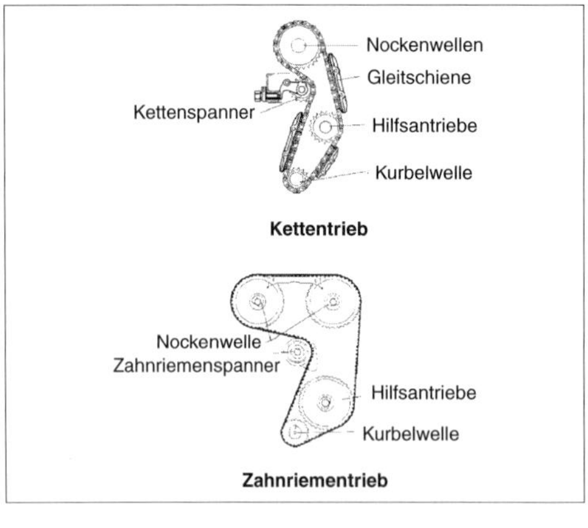

Bild 10-8 Nockenwellenantriebe [1]

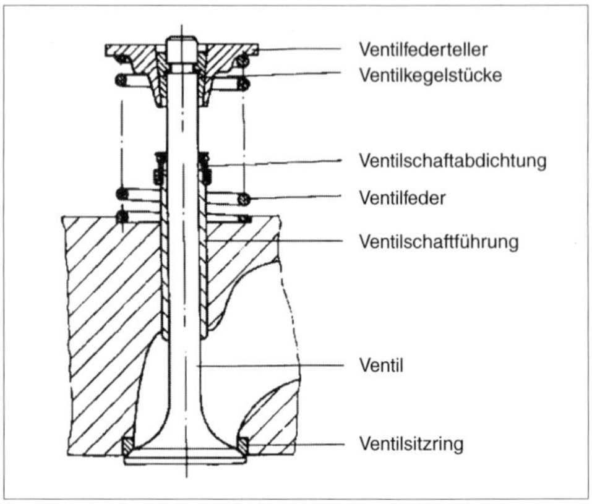

Bild 10-9 Ventil und Ventilbauteile [8]

Ventil

In **Bild 10-9** ist ein Ventil mit seinen Einbauelementen dargestellt. Die aus warm- und verschleißfesten Legierungen (zum Beispiel Cr-Si- oder Cr-Mn-Stahl) hergestellten Ventile werden an den Sitzflächen und am Schaftende entweder nur gehärtet oder mit Hartmetallen gepanzert. Am Schaft sind die Ventile verchromt.

Die mit federbelasteten Elastomer-Manschetten ausgerüsteten Ventilschaftabdichtungen müssen einerseits eine ausreichende Schaftschmierung sicherstellen, andererseits aber auch einen erhöhten Schmieröldurchtritt verhindern. Leichtmetallzylinderköpfe werden mit eingepressten Ventilführungen und Ventilsitzringen (aus Sonderbronzen oder aus legiertem Gusseisen) versehen, die aber häufig auch in Graugusszylinderköpfen verwendet werden.

Ventile sind thermisch und mechanisch hoch beanspruchte Bauteile, die zusätzlich noch korrosiven Einflüssen ausgesetzt sind. Die mechanischen Beanspruchungen entstehen infolge Durchbiegung des Ventiltellers unter Zünddruck und durch hartes Aufsetzen beim Schließen (Stoß). Durch entsprechende Stärke und Formgebung des Tellers sind diese Spannungen beeinflussbar. Die Ventile nehmen vom Verbrennungsraum her mit großer Oberfläche Wärme auf. Das Auslassventil wird während des Öffnens auch durch die ausströmenden heißen Abgase auf der Oberseite beheizt. Im Ventil fließt die Wärme vor allem zum Ventilsitz, ein kleinerer Teil über den Schaft zur Ventilführung. Einlassventile erreichen Temperaturen von 300 bis 500 °C, Auslassventile 600 bis 800 °C. Eine typische Temperaturverteilung zeigt **Bild 10-10**. Wenn die Dichtung am Ventilsitz während der Verbrennungsphase nicht einwandfrei ist,

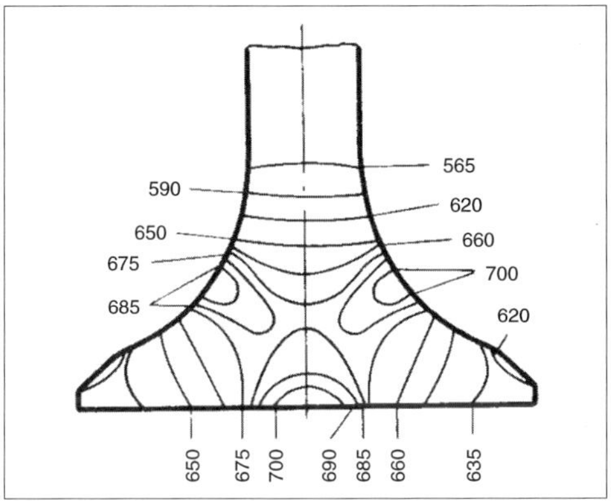

Bild 10-10 Temperaturverteilung im Auslassventil [1]

entstehen örtliche Überhitzungen und Anschmelzungen, die zum Versagen des Ventils führen.
Zur Verbesserung der Wärmeleitung durch den Schaft wird dieser für besonders hohe Anforderungen hohl ausgeführt und mit Natrium gefüllt **(Bild 10-11, links)**. Die Bewegung des bei Temperaturen über 97,5 °C flüssigen Natriums verstärkt den Wärmetransport. So können die Ventiltemperaturen um bis zu 100 °C abgesenkt werden. Zur Verminderung des Verschleißes kann der Sitz durch Aufschweißen von Stellit gepanzert sein **(Bild 10-11, rechts)**.
Der Werkstoff des Ventils muss hohe Warmfestigkeit und Zunderbeständigkeit haben. Dafür kommen besondere Stähle, aber auch Titan in Frage.
Aus Verschleißgründen werden in die Zylinderköpfe Ventilsitzringe eingebaut. Bei Leichtmetallzylinderköpfen muss in jedem Fall ein Sitzring vorgesehen werden (legierter Schleuderguss, in Sonderfällen austenitisches Gusseisen mit Wärmeausdehnungskoeffizienten etwa in der Höhe von Leichtmetall). Bei hoch beanspruchten Motoren werden insbesondere für die Auslassventile Sitzringe aus legiertem Schleuderguss auch bei GG-Zylinderköpfen verwendet. Die Ventilsitzringe werden eingepresst oder eingeschrumpft.

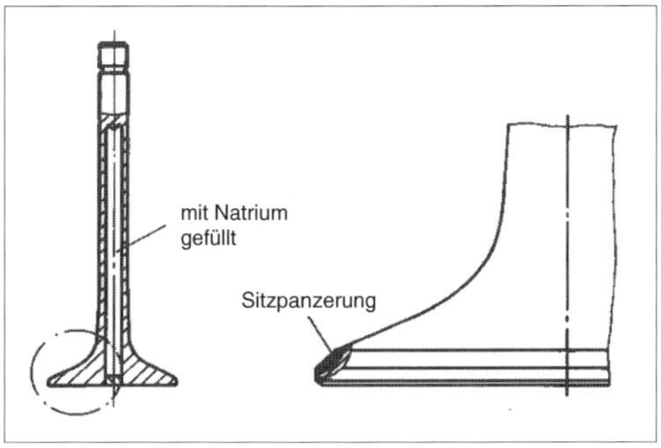

Bild 10-11 Natrium gekühltes Auslassventil [1]

Um örtliche Temperaturunterschiede am Ventilteller und ungleichen Verschleiß zu vermeiden, soll sich das Ventil im Betrieb langsam drehen. Diese Bewegung kann durch Ventildrehvorrichtungen zwischen Ventilfeder und Zylinderkopf (Rotovalve, Rotocap und Rotocoil) unterstützt werden, die die pulsierende Federkraft in kleine Drehbewegungen umsetzen. Die Drehbewegungen werden über die Ventilfeder und den Federteller auf das Ventil übertragen. Der Federteller wird am Ventilschaft mit Klemmkegeln befestigt **(Bild 10-12)**. Der Schaft wird dabei relativ wenig geschwächt, da die runde Eindrehung geringe Kerbwirkung hat.

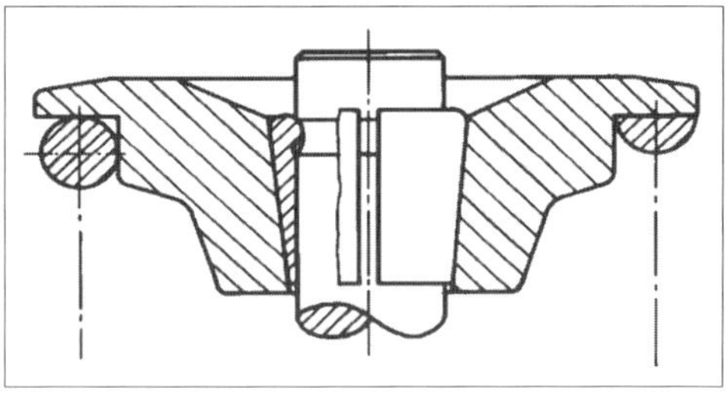

Bild 10-12 Fixierung des Federtellers durch Klemmkegel [5]

Ventilfeder

Als Ventilfedern kommen zylindrische oder konische Stahlfedern und Luftfedern zum Einsatz **(Bild 10-13, Bild 10-14)**. Sie unterscheiden sich hauptsächlich in ihrem Kraftverhalten über dem Federweg. Während die zylindrische Stahlfeder meistens eine lineare Kennlinie aufweist, besitzt die konische Stahlfeder eine progressive und die Luftfeder sogar eine stark progressive Kennlinie **(Bild 10-15)**. Durch die progressive Kennlinie kann ein günstiges Verhalten bei hohen Drehzahlen erreicht werden. Auf Grund des hohen Aufwands und der notwendigen Druckluftversorgung bei Luftfedern kommen sie bisher lediglich im Motorsport zum Einsatz.

Kipp- und Schwinghebel

- Kipphebel

Kipphebel werden bei unten liegender Nockenwelle mit Stoßstangen und bei obenliegender Nockenwelle mit V-förmig angeordneten Ventilen verwendet.
Wegen der hohen Auflagekraft am Drehpunkt muss die Lagerung besonders steif ausgeführt werden. Für das Kipphebelverhältnis $i = l_2/l_1$ **(Bild 10-25)** werden Werte von 1 bis 1,3 empfohlen als Kompromiss zwischen niedriger Flächenpressung am Stößel, geringer bewegter Masse und hoher Steifigkeit. Die Kraft des Kipphebels soll möglichst axial auf das

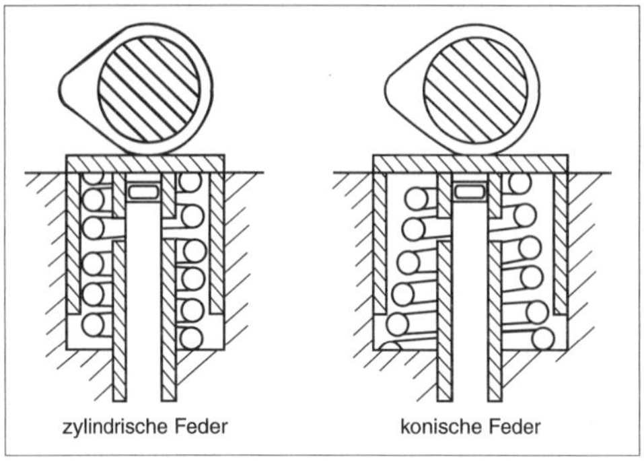

Bild 10-13 Zylindrische und konische Stahlfedern

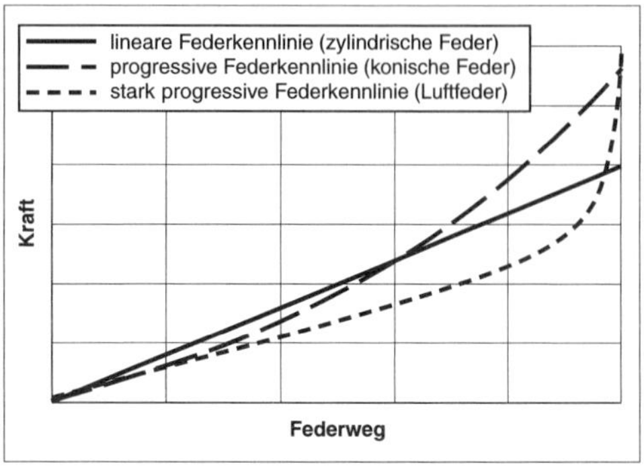

Bild 10-15 Federkennlinien

Ventil übertragen werden, damit keine Seitenkraft auf den Ventilschaft wirkt und erhöhter Verschleiß der Ventilführung vermieden wird. Bei halbem Ventilhub soll der Drehpunkt des Kipphebels senkrecht zur Ventilachse in Höhe des Schaftendes liegen, um die kleinstmögliche Verschiebung von Kipphebel und Ventil gegeneinander zu erreichen (günstige Gleitbedingung). Die übertragende Kugel- oder Walzenfläche soll am Kipphebel und nicht am Ventil angebracht sein. Aus Verschleißgründen ist das Kipphebelende gehärtet.

Ausführungen von Kipphebeln zeigt **Bild 10-16**. Kipphebel werden meist gegossen oder geschmiedet. Kostengünstig und leicht, jedoch weniger steif, sind aus Blech gepresste Kipphebel. Vorteilhaft ist die Ventilspieleinstellung an der ruhenden Hebellagerung. Bei geschmiedeten Kipphebeln sitzt die Einstellschraube normalerweise am Hebelende, wodurch die bewegte Masse des Ventiltriebs zunimmt. **Bild 10-17** zeigt einen Ventiltrieb mit einem im Kipphebel integrierten hydraulischen Ventilspielausgleich. Das Ausgleichselement wird über die Kipphebelachse und Bohrungen im Kipphebel mit Schmieröl versorgt.

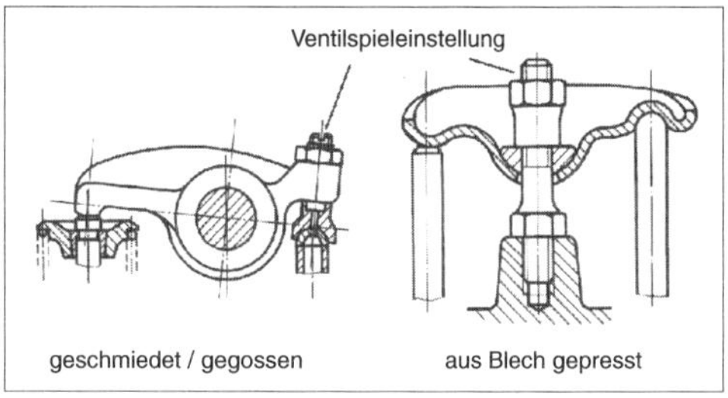

Bild 10-16 Kipphebel [5]

- Schwinghebel (Schlepphebel)

Der Schwinghebel ist wesentlich kleineren Kräften als der Kipphebel ausgesetzt. Der Einfluss von Veränderungen im Auflagerpunkt ist geringer; es ist beim Schwinghebel möglich, eine automatische Ventilspielnachstellung in die Hebellagerung einzubauen, ohne dass die Gesamtelastizität des Ventiltriebes sich wesentlich ändert. Die Ausführung zweier Schwinghebel zeigt **Bild 10-18**.

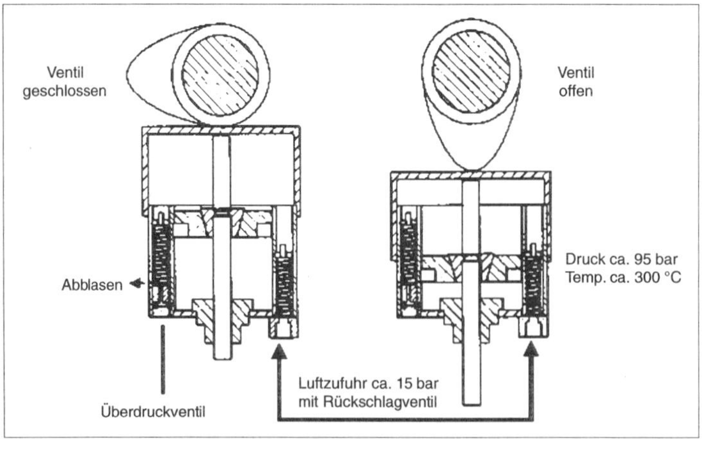

Bild 10-14 Luftfeder

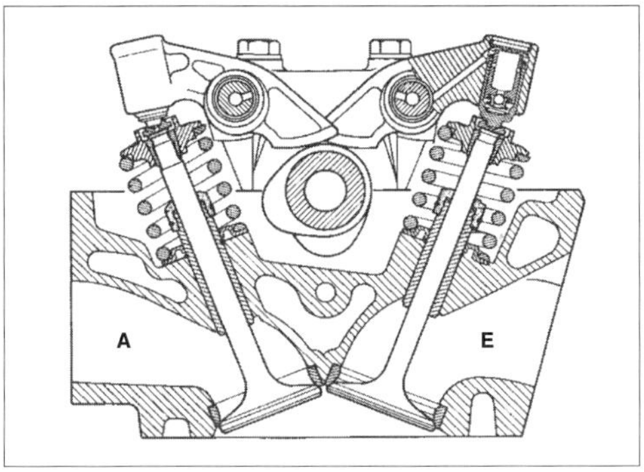

Bild 10-17 Ventiltrieb mit Kipphebeln und hydraulischem Ventilspielausgleich [10]

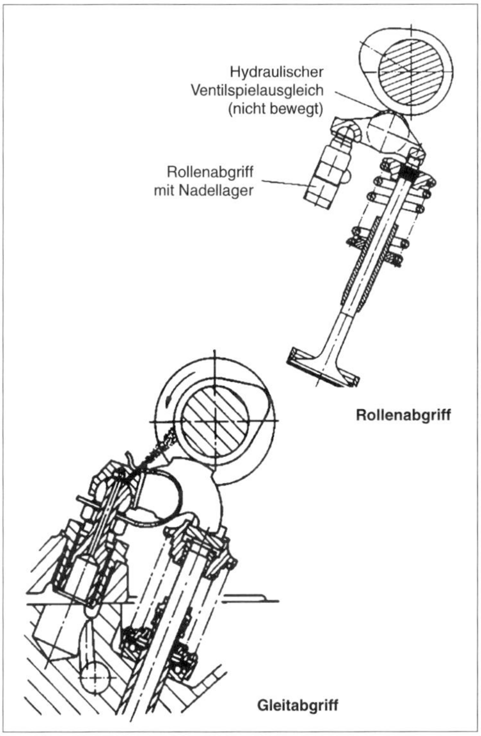

Bild 10-18 Ventiltrieb mit Schwinghebel (Schlepphebel)

Eine Möglichkeit zur Verringerung der Reibungsverluste insbesondere bei niedrigen Drehzahlen besteht in der Verwendung von so genannten Rollenschlepphebeln. Hierbei wird im Berührungspunkt zwischen Schlepphebel und Nockenwelle ein nadelgelagerter Rollenabnehmer verwendet. Hierdurch ist eine Absenkung des Reibmomentes des Ventiltriebs auf bis zu circa 30 % gegenüber einer Gleitschlepphebelanordnung möglich **(Bild 10-18)**.

Bild 9-15 zeigt einen Streubereich, aus dem die Vorteile der Rollenschlepphebel bezüglich der Reibungsverluste hervorgehen. Die Reduzierung der Ventiltriebsreibung führt jedoch andererseits dazu, dass die von den Nockenkräften eingeleiteten Wechselmomente weniger gedämpft werden und somit den Antrieb der Nockenwellen stärker belasten. Unter Umständen können die dann erforderlichen stärkeren Ketten- oder Riemenspanneinrichtungen (Spannrollen, Gleitschienen, Dämpfungselemente) die im Bereich des Ventiltriebs gewonnenen Reibungsvorteile wieder kompensieren.

Stößel

Der Stößel beim Stoßstangenmotor **(Bild 10-5, B)** muss die Stoßstange führen und die Querkräfte aufnehmen, die durch das Gleiten des Nockens entstehen. Bei obenliegender Nockenwelle mit Stößelantrieb **(Bild 10-6)** muss der Stößel die Querkräfte von der Ventilführung fernhalten. Übliche Stößelausführungen für Stoßstangenmotoren zeigt **Bild 10-19**. Flach- und Topfstößel sind nach oben und unten demontierbar. Rollenstößel werden für höchste Belastungen verwendet (höherbelastete Dieselmotoren).
Bild 10-20 zeigt einen Tassenstößel, der bei obenliegender Nockenwelle mit Stößelantrieb fast ausschließlich zum Einsatz kommt.
Der Stößeldurchmesser ist durch die maximale Stößelgeschwindigkeit festgelegt. Die Nockenbreite wird durch die Flächenpressung zwischen Nockenwelle und Stößel bestimmt. Da Nocken und Stößel unter großer Flächenpressung aufeinander gleiten müssen, ist die Werkstoffpaarung wichtig. Die Paarung ge-

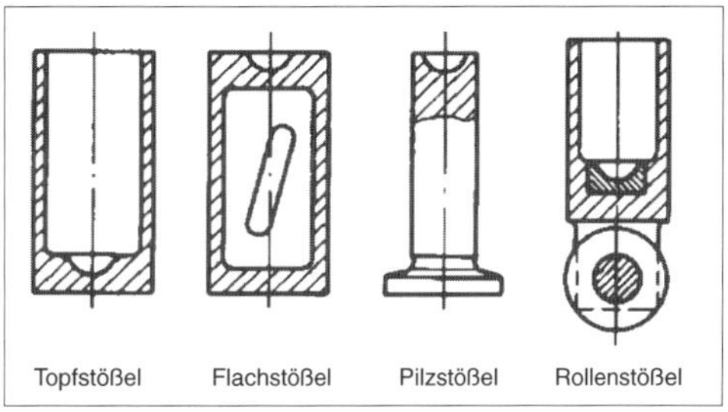

Bild 10-19 Stößel für Ventiltrieb [5]

härteter Stahl/weiß erstarrter Grauguss ist gut geeignet. Oft lässt man zur Vermeidung ungleichmäßigen Verschleißes den Stößel um seine Achse drehen. Dazu wird er seitlich gegen die Nockenmitte um 1 bis 3 mm versetzt. Neben den starren Stößeln gibt es Stößel mit automatischer Spielnachstellung (siehe **Bild 10-21**). Hierbei wird das Spiel über die im Hochdruckraum befindliche Ölmenge konstant gehalten. Ist das Ventilspiel zu groß, fließt über das Kugelventil (1)–(3) Öl aus dem Vorratsraum (4) nach, ist es zu klein, tritt das überschüssige Öl über

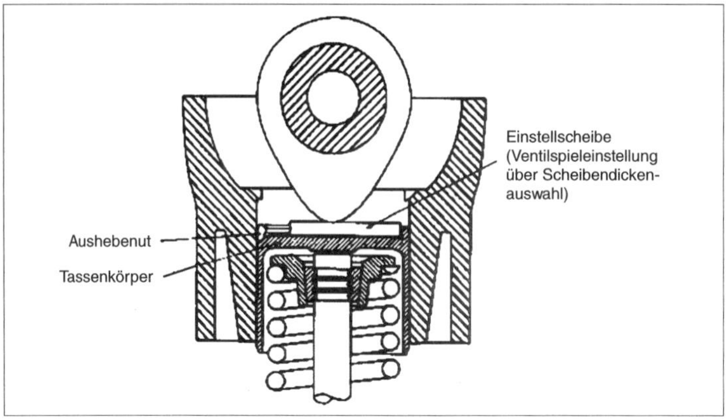

Bild 10-20 Tassenstößel ohne hydraulischen Ausgleich

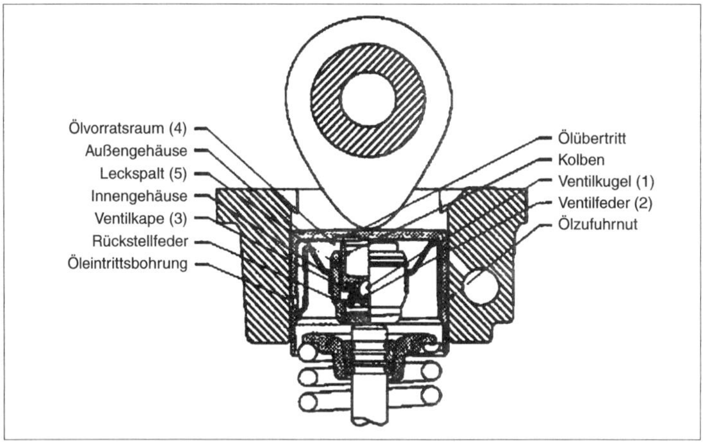

Bild 10-21 Tassenstößel mit hydraulischem Ventilspielausgleich

den Leckspalt (5) wieder aus. Neben der einfacheren Wartung durch Wegfall der Spieleinstellung vermindert dieses System das Geräusch. Dem stehen die große Masse, die geringe Steifigkeit und Probleme beim Motorstart nach längerer Standzeit durch ungenügende Ölversorgung als Nachteile gegenüber. Heute werden, abgesehen von Rennmotoren, Motorradmotoren und Hochleistungsdiesel, bei Stößelmotoren fast ausschließlich Stößel mit automatischer Spielnachstellung eingesetzt und auch bei Motoren mit Kipp-, Schwing- oder Schlepphebeln wird der hydraulische Ventilspielausgleich mit Hilfe von zusätzlichen Einsteckelementen realisiert.

10.1.3 Kinematik und Dynamik des Ventiltriebes

Ein guter Ladungswechsel erfordert ein schnelles Öffnen und Schließen der Ventile. Dabei sind jedoch die Massenkräfte des Ventiltriebs bei der Auslegung zu beachten. **Bild 10-22** zeigt den typischen Verlauf des Nockenhubes, der Nockengeschwindigkeit $\dot{x}$ und der Nockenbeschleunigung $\ddot{x}$ über dem Nockenwinkel. Diese Größen entsprechen den jeweiligen Größen bei der Ventilbewegung.

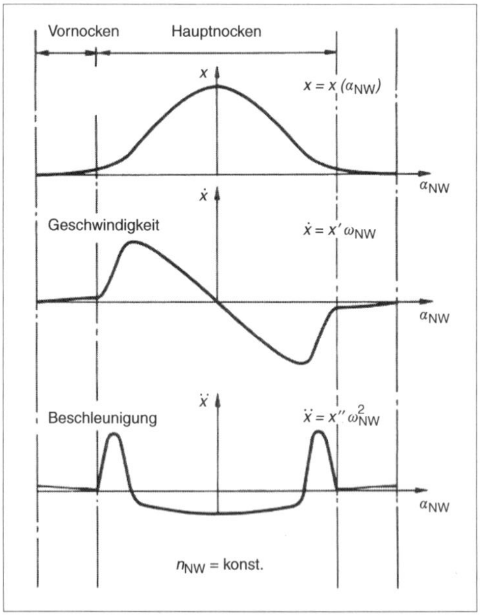

Bild 10-22 Kinematik des Nockens [1]

Der Nockenhub oder auch die Nockenkontur setzt sich aus dem Vornocken und dem Hauptnocken zusammen. Im Bereich des Vornockens ist die Hubgeschwindigkeit $\dot{x}$ klein, so dass übliche Ventilspieländerungen keine starken Stoßimpulse bewirken können. Der Hauptnocken bestimmt den Öffnungsquerschnitt für den Ladungswechsel. Den Abschluss bildet ein dem Vornocken entsprechender Auslauf.

Der Hubverlauf ist eine Funktion des Nockenwellenwinkels α_{NW}. Somit gilt für die Hubgeschwindigkeit $\dot{x}$:

$$\dot{x} = \frac{dx}{dt} = \frac{dx}{d\alpha_{NW}} \cdot \frac{d\alpha_{NW}}{dt} = x' \cdot \omega_{NW} \tag{10.7}$$

mit

ω_{NW} = Winkelgeschwindigkeit der Nockenwelle

Bei konstanter Winkelgeschwindigkeit der Nockenwelle ergibt sich für die Hubbeschleunigung $\ddot{x}$:

$$\ddot{x} = \frac{d^2x}{dt^2} = \frac{d^2x}{d\alpha_{NW}^2} \cdot \frac{d\alpha_{NW}^2}{dt^2} = x'' \cdot \omega_{NW}^2 \tag{10.8}$$

In diesen Beziehungen sind x' und x'' drehzahlunabhängige Funktionen, die nur von der Geometrie des Nockens bestimmt werden. Die Nockenform ist also maßgebend für den Verlauf der Ventilbewegung. **Bild 10-23** zeigt den Zusammenhang zwischen Hubverlauf und Nockenform in Verbindung mit einem Flachstößel. Zur Darstellung ist die Drehung des Nockens durch eine Schwenkung des Stößels im Gegensinn bei stehendem Nocken ersetzt worden. Die Nockenform ist die Einhüllende der Stößelgleitfläche. Man kann für kinematische Untersuchungen den Nockentrieb durch Schubkurbeln ersetzen, deren Gelenk mit dem jeweils zum Berührungspunkt B gehörigen Krümmungsmittelpunkt M der Nockenkontur zusammenfällt. x' (gedrehter Vektor) und x'' hängen von Kurbellänge (r_M) und Stellung der gerade gültigen Schubkurbel ab. Es ist ersichtlich, dass die Entfernung des Nockenberührungspunktes B von der Stößelmitte der Geschwindigkeit proportional ist. Der Stößeldurchmesser muss also der größten Hubgeschwindigkeit angepasst sein.

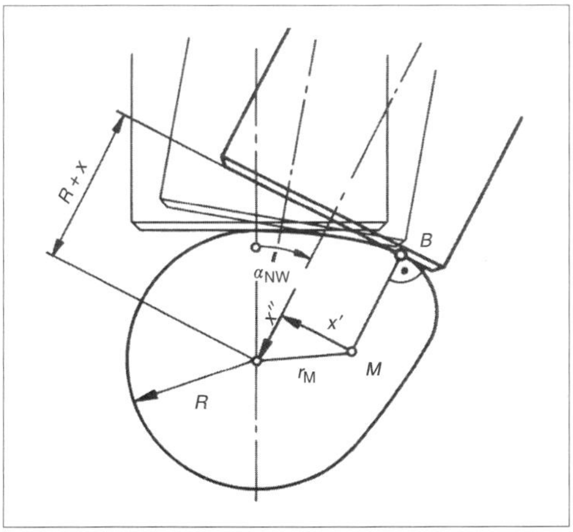

Bild 10-23 Kinematik des Stößelhubes

Wichtig ist es, dass immer ein Kraftschluss zwischen Nocken und Stößel beziehungsweise Kipp- oder Schlepphebel vorliegt. Darüber hinaus muss auch Kraftschluss zwischen Ventil und Stößel beziehungsweise Kipp- oder Schlepphebel bestehen, damit das Ventil dem Nockenhub folgt. Der Ventilhub ist gegebenenfalls entsprechend dem Kipphebel- oder dem Schwinghebelverhältnis $i = l_2/l_1$ umzurechnen. Zur Überprüfung des Kraftschlusses muss die Kraft zwischen Nocken und Stößel ermittelt werden. Dazu sind die Massen- und Federkräfte zu berücksichtigen.

Für einen Ventiltrieb entsprechend **Bild 10-24** ergibt sich für die Kraft auf den Nocken F_N:

$$F_N = F_F \cdot \frac{l_2}{l_1} + \left[m_{\text{Stö}} + m_{\text{St}} + \frac{J_K}{l_1^2} + m_V \times \left(\frac{l_2}{l_1}\right)^2 + \frac{m_F}{2} \cdot \left(\frac{l_2}{l_1}\right)^2 \right] \cdot \ddot{x} \tag{10.9}$$

mit

- F_F Ventilfederkraft
- m_F Masse der Ventilfeder (geht nur zur Hälfte ein, da sie sich einseitig am Zylinderkopf abstützt)
- J_K Trägheitsmoment Kipphebel
- $m_{\text{Stö}}$ Stößelmasse
- m_{St} Stoßstangenmasse
- m_{red} reduzierte Masse
- m_V Masse des Ventils
- F_{red} reduzierte Federkraft

„Reduziert" man alle Größen auf der Nockenseite, dann lautet die Gleichung für die Nockenkraft:

$$F_N = F_{\text{red}} + m_{\text{red}} \cdot \ddot{x} \tag{10.10}$$

Dieser Gleichung entspricht das Ersatzsystem in **Bild 10-25**. Für Kraftschluss muss die Bedingung erfüllt sein:

$$F_{\text{red}} + m_{\text{red}} \cdot \ddot{x} > 0 \tag{10.11}$$

oder anders geschrieben:

$$\ddot{x} < \frac{F_{\text{red}}}{m_{\text{red}}} \tag{10.12}$$

Vom Verlauf der Stößelbeschleunigung hängt es ab, ob Abheben auftritt oder nicht. **Bild 10-25** zeigt die Beschleunigung des Nockenhubes $\ddot{x}$ über dem Nockenwinkel für zwei Nockenwellendrehzahlen n_{NW1} und n_{NW2}. Schneidet der Verlauf von $\ddot{x}$ die Kurve $-F_{\text{red}}/m_{\text{red}}$, dann ist der Kraftschluss unterbrochen. Dies kann nur in der Verzögerungsperiode des Hauptnockens auftreten. Es gibt immer eine Drehzahl, oberhalb der ein Abheben auftritt.

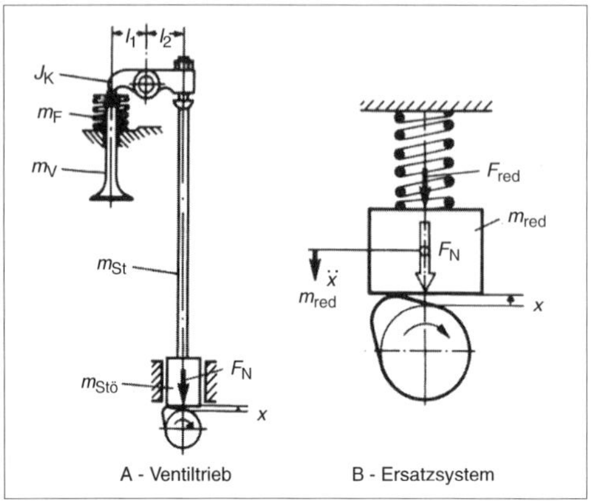

Bild 10-24 Starrer Ventiltrieb

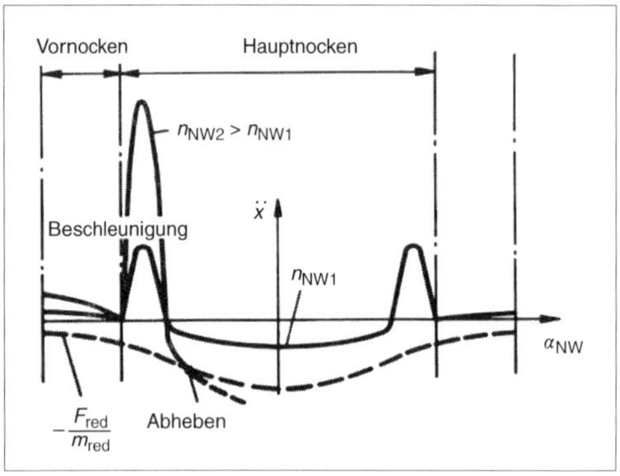

Bild 10-25 Abhebebedingung beim Ventiltrieb

Die Auslegung des Ventiltriebs hat so zu erfolgen, dass bei maximaler Nockenwellendrehzahl (= ½ Kurbelwellendrehzahl) noch kein Abheben einsetzt. Dies wird durch kleine bewegte Massen (m_{red}) und hoher Federkraft erreicht.

10.1.4 Auslegung der Gaswechseleinrichtungen bei 4-Takt-Motoren

Ladungswechselarbeitsverluste

Ladungswechselarbeitsverluste verursachen eine Verminderung der indizierten Arbeit und somit der indizierten Leistung; so steigt der spezifische Verbrauch. Sie treten entweder als Expansionsarbeitsverlust beim Anfang des Ladungswechsels (zwischen AÖ und UT) oder als erhöhte Pumpenarbeit während des Ladungswechsels auf. Pumpenarbeit repräsentiert die durch den Kolben geleistete erforderliche Arbeit, Frischladung während des Ansaugtaktes in den Brennraum und während des Auspufftaktes die Abgase aus dem Brennraum zu schaffen. Dementsprechend kann die Pumpenarbeit in Ansaugarbeit und Ausschiebearbeit unterteilt werden. In Berechnungen wird die Pumpenarbeit mit Hilfe des mittleren effektiven Pumpendrucks dargestellt.

Während des Ansaugens treten Druckverluste an mehreren Stellen auf, die zu einer erhöhten Ansaugarbeit führen: Strömungsverluste beim Ein- und Austreten des Mediums in/aus dem Ansaugsystem, Druckabfall in den Leitungen auf Grund von Krümmungen und rauen Oberflächen, Druckverlust im Luftfilter, am Luftstrom-Sensor, an der Drosselklappe, Verluste an den Ventilen. Der gesamte Druckverlust gegen den atmosphärischen Druck kann unter der Annahme von quasistationärer Strömung im Ansaugsystem durch die Summe der einzelnen Verlustanteile der Komponenten beschrieben werden [Heywood]:

$$\Delta p = \sum_i \Delta p_i = \sum_i \xi_i \cdot \rho \cdot v_i^2 = \rho \cdot \overline{v}_K^2 \cdot \sum_i \xi_i \cdot \left(\frac{A_K}{A_i}\right)^2 \quad (10.13)$$

wobei ξ_i den Verlustkoeffizienten, v_i die lokale Strömungsgeschwindigkeit und A_i den kleinsten Strömungsquerschnitt des jeweiligen Bauteils darstellt. Somit ist klar, dass für geringe Pumpenarbeit beim Ladungswechsel größere Strömungsquerschnitte gewünscht sind, und dass Druckverluste von der mittleren Kolbengeschwindigkeit $\overline{v}_K$ beziehungsweise der Drehzahl abhängen, das heißt sie nehmen mit steigender Motordrehzahl zu. Eine Vergrößerung des Strömungsquerschnittes ist durch die Vergrößerung des geometrischen Öffnungsquerschnittes (Ventilhub, Ventilsitzringdurchmesser, Anzahl der Ventile) zu realisieren.

Erhöhte Ansaugarbeit entsteht vor allem durch die Drosselregelung bei Teillastbetrieb. In Otto-Motoren wird die im Teillastgebiet für die gewünschte Last erforderliche Ladungsmenge durch die Verstellung der Drosselklappe erreicht, das heißt durch Strömungsquerschnittsveränderung. Der Kolben muss entsprechend dem Druckverlust an dieser Stelle gegen einen niedrigeren Druck als dem atmosphärischen ansaugen (Saugrohr-Absolutdruck wird geringer). Im Leerlaufbereich kann die erhöhte Ansaugarbeit bis zu 30 % der vom Motor verrichteten Arbeit ausmachen (**Bilder 10-26** und **10-27**).

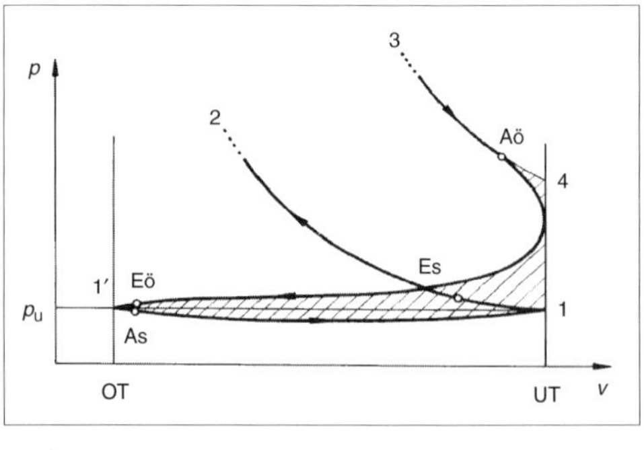

Bild 10-26 Ansaugarbeitsverluste ohne Drosselung bei Volllast [1]

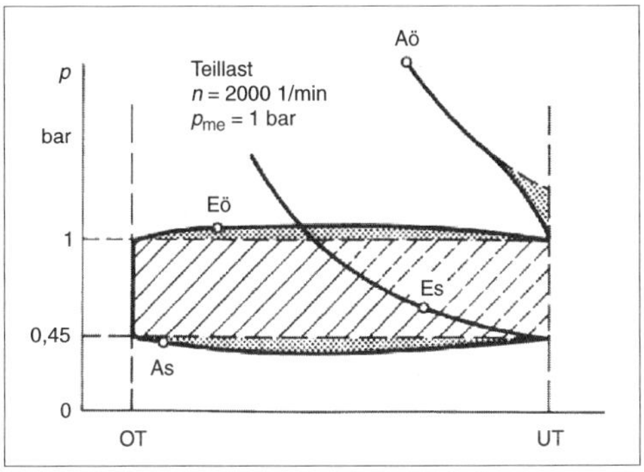

Bild 10-27 Ansaugarbeitsverluste mit Drosselung bei Teillast [1]

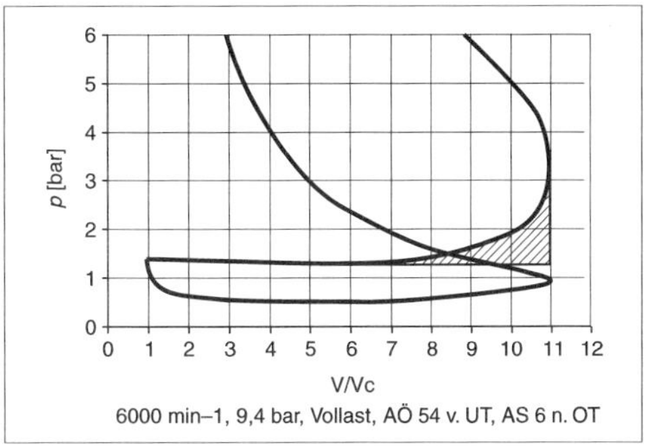

Bild 10-28 Ausschiebearbeit

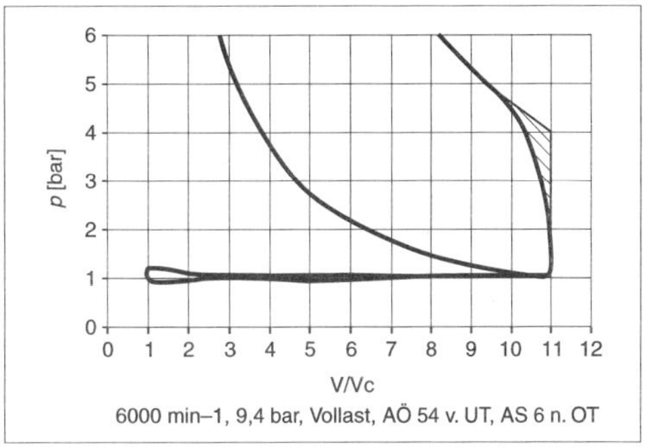

Bild 10-29 Expansionsarbeitsverlust

Die Ladungswechselarbeitsverluste sind jeweils durch die schraffierte Fläche (ohne Drosselung) beziehungsweise die schraffierten und gepunkteten Flächen (mit Drosselung) dargestellt. Vom Zeitpunkt AÖ bis UT ergibt sich ein Verlust von Expansionsarbeit. Das Ausschieben des Abgases ergibt Verluste durch Ausschiebearbeit. Beim Ansaugen der Frischladung bei Unterdruck ist Ansaugarbeit aufzubringen. Bei Drosselung ist zusätzlich zu den Expansions- und Strömungsverlusten an den Steuerorganen der Verlust durch die Drosselung aufzubringen. Bestenfalls sind dabei die im **Bild 10-27** links der Kompressionslinie abgebildeten Verluste (schraffierte Fläche) durch gesteuertes Ansaugen ohne Drosselung vermeidbar, zum Beispiel durch voll variablen Ventiltrieb – VVS. Hier wird die zugeführte Ladungsmenge durch die Verstellung der Ventilsteuerzeiten (hier ist ES von größter Bedeutung) oder – abhängig von der Variabilität des Systems – durch variablen Hub des Einlassventils geregelt.

Erhöhte Pumpenarbeit ergibt sich nicht nur durch das Ansaugen von Frischluft bei Unterdruck, sondern auch während des Ausschiebens des Abgases. Obwohl die Verbrennungsgase einen höheren Druck als den atmosphärischen haben, können sie den Zylinder durch den Auslass und das Abgassystem ohne Arbeitseinsatz des Kolbens nicht rechtzeitig verlassen (das heißt vor dem Ende des Ausschiebetaktes), wobei der Abgasgegendruck bestimmend ist (**Bild 10-28**).

Aus der Sicht des Ladungswechsels ist hierbei der Zeitpunkt AÖ von großer Bedeutung. Dieser Zeitpunkt stellt immer einen Kompromiss dar. Durch spätes AÖ wird mehr Expansionsarbeit gewonnen und damit sogar der Verbrauch gesenkt. Bei höheren Drehzahlen ist aber eine erhöhte Ausschiebeleistung nötig, damit das Abgas innerhalb der kürzeren Zeit den Zylinder verlässt. Das führt zur Verbrauchssteigerung. Durch frühes AÖ ist weniger Ausschiebearbeit erforderlich, weil der Zylinder leichter und schneller ausgespült werden kann. Es geht aber Expansionsarbeit verloren, und die thermische Belastung des Auslassventils nimmt zu (**Bild 10-29**).

Ansaugsysteme

Sowohl im Ansaugsystem als auch im Abgassystem treten gasdynamische Vorgänge auf Grund der periodischen Anregung des Kolbens und Eigenfrequenz des Systems auf. Sie können zur Verbesserung des Ladungswechselprozesses ausgenutzt werden. Diese gasdynamischen Effekte im Ansaugsystem unterscheiden sich grundsätzlich in Schwingrohr- und Resonanzeffekte. Eine schematische Darstellung beider Sauganlagen zeigt **Bild 10-30**.

Schwingrohraufladung

Der Schwingrohreffekt beruht auf der durch den abwärts gehenden Kolben ausgelösten Unterdruckwelle, die im Ansaugrohr entgegen der Strömungsrichtung zum Sammelbehälter läuft und dort am offenen Rohrende reflektiert wird. Die auf diese Weise entstehende Überdruckwelle erhöht die Zylinderfüllung durch Anhebung des Druckgefälles über dem Einlassventil. Kurz vor dem Schließen der Einlassventile bei aufwärts gehendem Kolben ist dieser Effekt besonders wirkungsvoll. Hier wird bei vorliegender Druckwelle das Ausschieben von Frischladung vom Brennraum in das Saugrohr verhindert

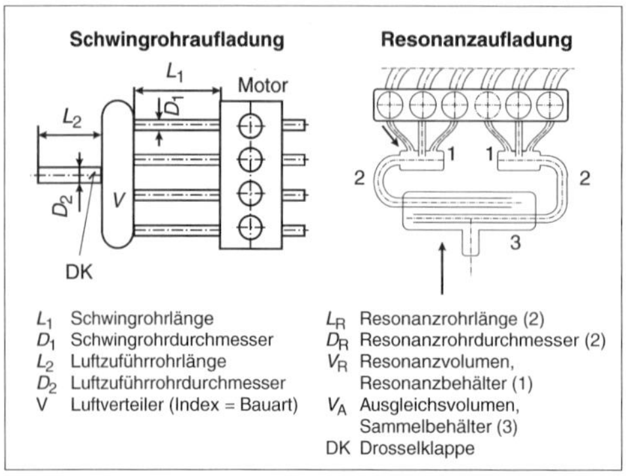

Bild 10-30 Schema der Schwingrohr- und der Resonanzaufladung

beziehungsweise ein Aufladeeffekt erzeugt. Entsprechend der akustischen Modellvorstellung benötigt die Druckwelle mit der Geschwindigkeit a zum Hin- und Herlauf im Schwingrohr folgende Zeit:

$$t = \frac{2 \cdot L_{\text{Saug}}}{a} \tag{10.14}$$

Die Einlassdauer (von EÖ bis ES) soll durchschnittlich ein Drittel der bei einer bestimmten Drehzahl zu einer Motorumdrehung benötigten Zeit betragen:

$$t \approx \frac{1}{3 \cdot n} \tag{10.15}$$

Dadurch kann die optimale Länge des Ansaugrohres bei einer bestimmten Drehzahl n bestimmt werden:

$$L_{\text{Saug}} \approx \frac{a}{6 \cdot n} \tag{10.16}$$

Somit ist die Saugrohrlänge die den Schwingrohreffekt bestimmende Größe. Entsprechend der akustischen Modellvorstellung gibt es für jede Saugrohrlänge eine bevorzugte Drehzahl, bei der der Luftaufwand maximal ist. Dies zeigt sich auch grundsätzlich im Motorenversuch, bei dem ausschließlich die Saugrohrlänge variiert wurde [11]. **Bild 10-31** zeigt den Einfluss der Saugrohrlänge auf den maximalen Mitteldruck. Ein kürzeres Saugrohr verschiebt die Drehmomentspitze in Richtung höherer Drehzahlen und umgekehrt.

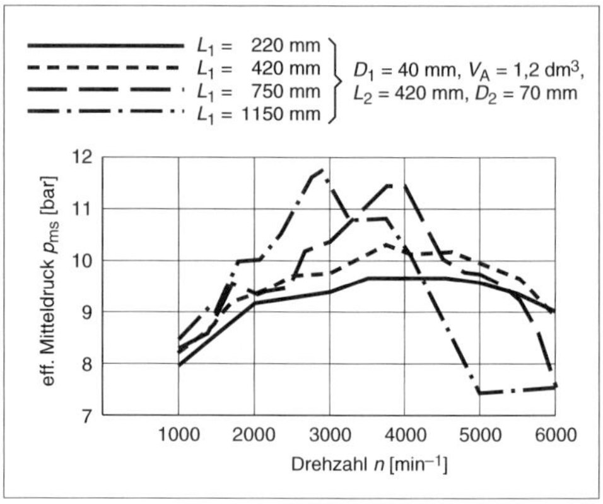

Bild 10-31 Einfluss der Saugrohrlänge L_1 auf den maximalen effektiven Mitteldruck über der Drehzahl

Im realen Motorbetrieb ist jedoch der Einfluss der Saugrohrlänge vielschichtiger und wird teilweise durch Einflüsse anderer saugseitiger Parameter überlagert. So ist neben dem Druckverlauf vor dem schließenden Einlassventil die Ausbildung einer freien Schwingung im Saugrohr in der Zeit zwischen ES und EÖ in Korrelation zur Ansaugschwingung, die sich in der Zeit zwischen EÖ und ES bildet, von entscheidender Bedeutung für den Ladungswechsel.

Eine festgelegte Saugrohrlänge wirkt sich also nur in einem bestimmten Drehzahlbereich vorteilhaft aus. Bei hohen Drehzahlen ist eine kurze Saugrohrlänge erwünscht, bei niedrigen Drehzahlen ein langes Rohr. Daher werden Motoren mit Schaltsaugrohren ausgeführt, das heißt die Saugrohrlänge wird der Motordrehzahl angepasst **(Bild 10-32)**.

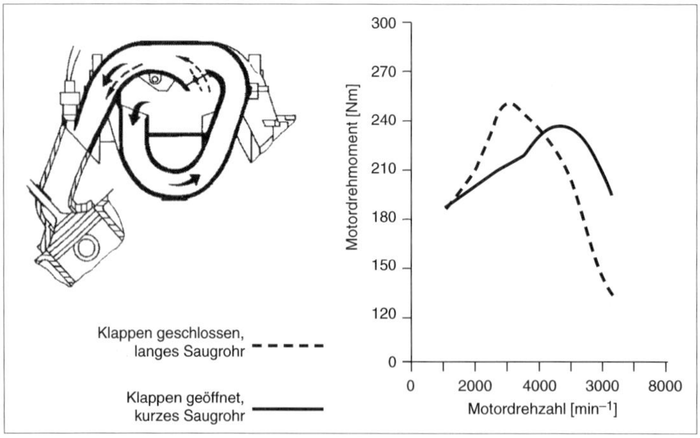

Bild 10-32 Ansaugsystem mit zweistufigem Schaltsaugrohr; Prinzip (Audi V6)

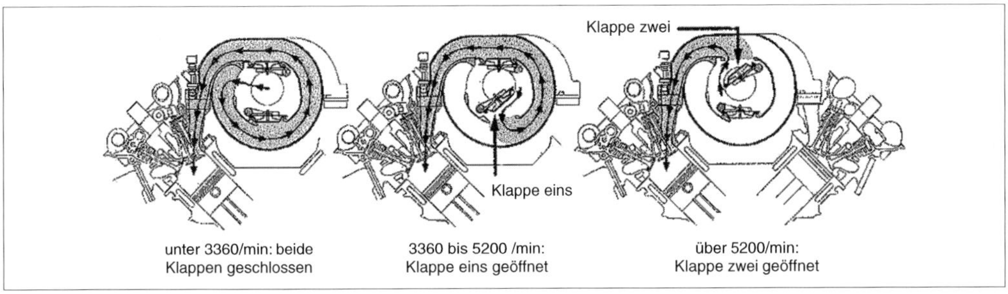

Bild 10-33 Ansaugsystem mit dreistufigem Schaltsaugrohr

Bei geöffneter Schaltklappe wird die vom Zylinder kommende Saugwelle bereits an dieser Stelle reflektiert (hohe Drehzahl ab 4.000 min^{-1}). Bei Drehzahlen bis 4.000 min^{-1} ist die Schaltklappe geschlossen (langes Saugrohr). **Bild 10-33** zeigt ein weiterentwickeltes dreistufiges Schaltsaugrohr. Neuerdings werden auch stufenlos variable Saugrohre eingesetzt.

Während die Laufzeit der Wellen von der Saugrohrlänge abhängt, wird die Amplitude der Welle vom Saugrohrquerschnitt beeinflusst. Die Strömungsgeschwindigkeit im Saugrohr steigt mit zunehmender Drehzahl an, so dass auch die Amplitude entsprechend ansteigt, **Bild 10-34**. Ausreichend hohe Amplituden für einen entsprechenden Nachladeeffekt bei niedrigen Drehzahlen lassen sich durch kleine Saugrohrquerschnitte erzeugen. Bei hohen Drehzahlen jedoch sinkt bei kleinem Strömungsquerschnitt die Zylinderfüllung. Eine gute Zylinderfüllung bei hohen Drehzahlen erfordert daher große Saugrohrquerschnitte.

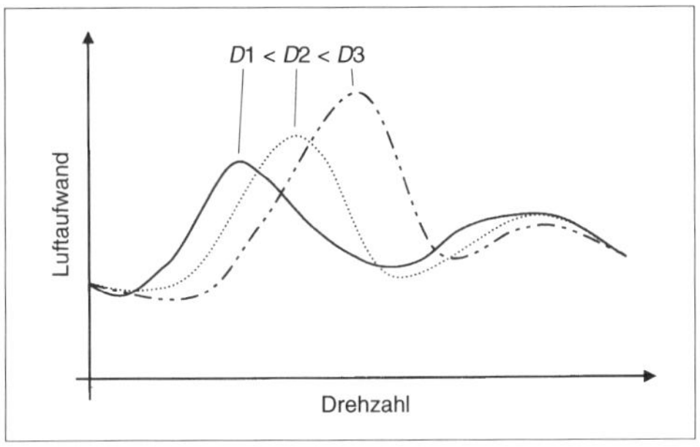

Bild 10-34 Luftaufwand als Funktion des Rohrdurchmessers [7]

Bei mehreren Einlassventilen wie zum Beispiel 4-Ventil-Motoren kann der Saugrohrquerschnitt last- und drehzahlabhängig durch Kanalabschaltung angepasst werden **(Bild 10-35)**. Bei niedriger Drehzahl und niedriger Last ist nur der Primärkanal wirksam. Mit zunehmender Drehzahl und Last wird der Sekundärkanal zugeschaltet.

Im unteren Drehzahlbereich ergibt sich eine verbesserte Zylinderfüllung bei geschlossener Abschaltklappe **(Bild 10-36)**. Darüber hinaus kann durch die

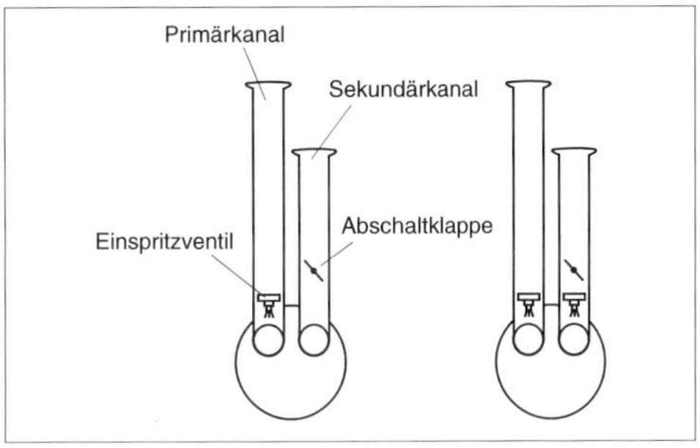

Bild 10-35 Ansaugsysteme mit Kanalabschaltung [1]

Einströmung eine gezielte Ladungsbewegung (Drall) erzeugt werden, wodurch die Gemischaufbereitung verbessert werden kann. Dies bewirkt eine Erhöhung des Wirkungsgrades bei Teillastbetrieb, insbesondere dann, wenn der Motor mit magerem Gemisch betrieben wird (Magermotor).

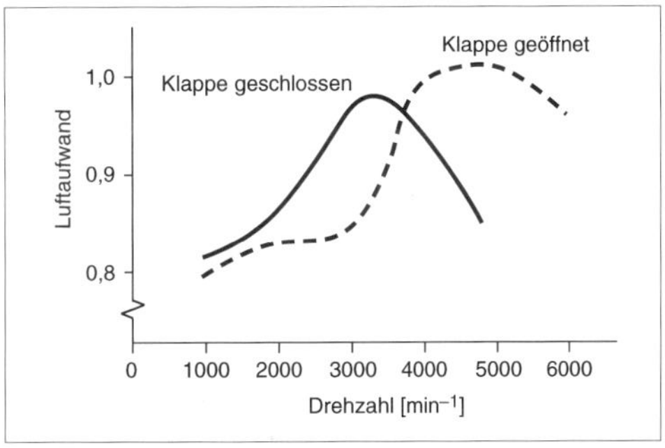

Bild 10-36 Einfluss der Kanalabschaltung auf den Luftaufwand [1]

Resonanzsystem

Bei der Resonanzaufladung wird der Aufladeeffekt durch ein schwingungsfähiges Behälter-Rohr-System erzeugt. Dabei erregen die periodischen Saugzyklen der einzelnen Zylinder über kurz ausgeführte Saugrohre im Behälter eine Druckschwingung, die jeweils am Anfang und am Ende der Einlassphase zu einer

Erhöhung des Druckgefälles zwischen Einlasskanal und Brennraum führt.
Diese Druckschwingung, die eine erhebliche Steigerung des Luftaufwandes verursacht, besitzt ein ausgeprägtes Maximum, wenn die Anregung durch die Zylinder mit der Eigenkreisfrequenz des Behälter-Rohr-Systems übereinstimmt. Optimale Voraussetzung zur Schwingungsanregung bietet ein Versatz der einzelnen Saugphasen von 240 °KW, das heißt von jeweils drei Zylindern pro Resonanzbehälter.
Bei geöffnetem Einlassventil schwingt das System ähnlich wie ein Helmholtz-Resonator. Hier treten Schwingungen auf, wenn die Luftsäule im Einlasskanal sich gegen die „steife", im Zylinder befindliche Luft bewegt und sich das ganze System wie ein Feder-Masse-System verhält. So könnte die im Zylinder befindliche Luft als Feder, die Luftsäule als Masse betrachtet werden. Die Eigenfrequenz eines Helmholtz-Resonators lässt sich folgendermaßen bestimmen:

$$f=\frac{a}{2\cdot\pi}\sqrt{\frac{A_{\mathrm{Saug}}}{L_{\mathrm{Saug}}\cdot V_{BE}}} \qquad (10.17)$$

wobei A_{Saug} als Querschnittsfläche des Saugrohres und V_{BE} als Behältervolumen auftreten.
Engelman [12] setzte bei der Übertragung von der Helmholtz-Gleichung (10.17) auf den Verbrennungsmotor für das Volumen V_{BE} den Kompressionsraum plus das halbe Hubvolumen eines Zylinders ein und stellte für ein System Zylinder mit Saugrohr folgende einfache Beziehung für die Resonanzdrehzahl n_{res} auf:

$$n_{\mathrm{res}}=\frac{15\cdot a}{\pi}\sqrt{\frac{A_{\mathrm{Saug}}}{L_{\mathrm{Saug}}\cdot\left(V_c+0{,}5V_h\right)}} \qquad (10.18)$$

Somit lassen sich die Eigenfrequenzen des Helmholtz-Resonator Effekts auf einen Zylinder mit Saugrohr sehr genau beschreiben. Bei mehreren Zylindern treten Einflüsse von Überlagerungen der Wellen auf, wodurch die Beschreibung des Phänomens auf größere Hindernisse stößt.
Dieses Schwingungsverhalten ist auch bei geschlossenen Einlassventilen bemerkbar. Dann wirkt als Resonanzvolumen das Sammlervolumen. Durch dessen Gestaltung (Volumen) kann also die Eigenfrequenz des Systems so variiert werden, dass sie – indem eine Überdruckwelle im Ansaugkanal noch kurz vor ES am Einlassventil ankommt – bei bestimmten Drehzahlen zu einer Luftaufwandssteigerung führt.
Besondere Bedeutung besitzt die Resonanzaufladung beispielsweise in Kombination mit Turboaufladung zum Ausgleich der Drehmomentschwäche im unteren Drehzahlbereich. Des Weiteren bietet sich eine Kombination von Schwingrohr- und Resonanzaufladung bei Sechs- und Zwölf-Zylindermotoren an. Dabei wird bei niedrigen Drehzahlen die Resonanzschwingung im Behälter ausgenutzt, während kurze Saugrohre bei höheren Drehzahlen als Schwingrohrsystem zur Luftaufwandsteigerung beitragen. **Bild 10-37** zeigt die schematische Darstellung einer Kombination von Schwingrohr- und Resonanzaufladung bei einem Sechszylindermotor.

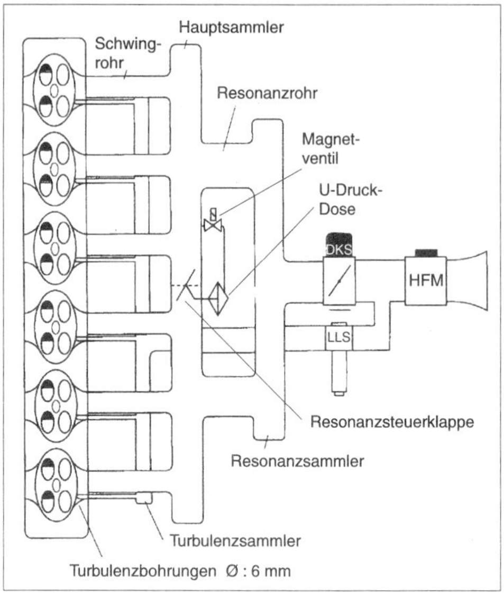

Bild 10-37 Darstellung des Saugsystems eines Reihen-Sechszylindermotors [7]

Die Anpassung wird durch Öffnen oder Schließen der Resonanzsteuerklappe realisiert. In der Drehmomentstellung ist die Resonanzsteuerklappe geschlossen, so dass zwei „Dreizylinder"-Sauganlagen mit großen Rohrlängen wirksam sind. In der Leistungsstellung ist die Resoanzsteuerklappe geöffnet und das Ansaugmodul arbeitet für alle sechs Zylinder als Schwingrohranlage, die dann aus dem kompletten oberen Sammlerbereich mit kurzen Schwingrohren gespeist wird. Die Querschnitte und Längen können im Vorfeld auf diese Effekte hin mit eindimensionalen Berechnungsverfahren abgestimmt und optimiert werden. Die Luftmassenregelung wird mit der zentralen Drosselklappe realisiert. Den Gewinn an Drehmoment bei einem solchen System zeigt **Bild 10-38**.

Abgassysteme

Die Abgasanlage erfüllt drei Aufgaben. Sie beeinflusst die Leistungscharakteristik des Motors, sie reduziert das Auspuffgeräusch und vermindert zusammen mit einem eingebauten Katalysator die Schadstoffe im Abgas. Diese Aufgaben können nicht vollständig voneinander getrennt werden. Die Geräuschdämpfung beeinflusst immer, meist in unerwünschter Weise, die Leistungscharakteristik; umgekehrt sind leistungsoptimale Auspuffanlagen oft zu laut. Der Schalldruck am Auslassventil liegt zwi-

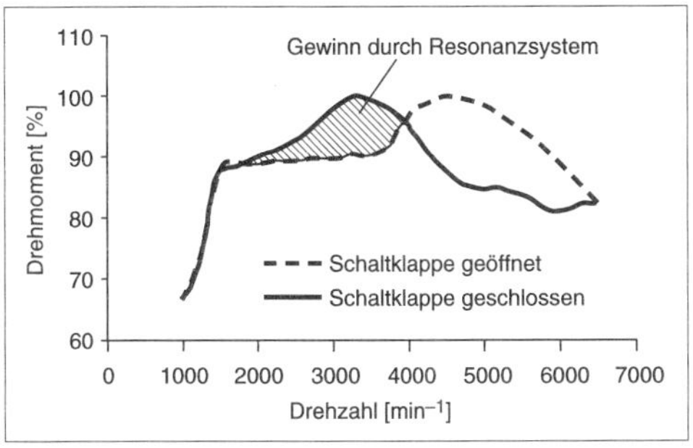

Bild 10-38 Drehmomentverlauf eines Reihen-Sechszylinder-Ottomotor mit Resonanzsystem [7]

schen circa 60 und 150 dB(A). Diesen gilt es auf den gesetzlich vorgeschriebenen Wert abzubauen **(Bild 10-39)**.

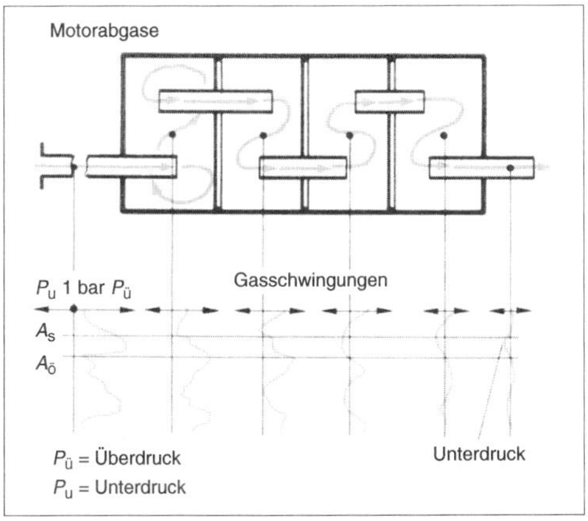

Bild 10-39 Abbau der Gasschwingungen im Schalldämpfer [2]

Ähnlich den Vorgängen auf der Frischgasseite eines Hubkolbenmotors findet man auch in der Abgasanlage ein instationäres Strömungsverhalten vor. Beim öffnen des Auslassventils wird, bedingt durch den im Zylinder bestehenden Überdruck und später durch den sich aufwärtsbewegenden Kolben, eine Überdruckwelle induziert, welche sich nun in Richtung des Auspuffendes fortpflanzt. Druck und Geschwindigkeitswellen werden an den offenen Rohrenden reflektiert und als Sogwelle zurückgeworfen was bei richtiger Abstimmung der Rohrlängen in der Abgasanlage den Ladungswechsel unterstützt, indem der Abgasgegendruck abgesenkt wird. Umgekehrt kann aber auch eine rücklaufende Überdrückwelle ein Ausströmen von bereits in den Zylindern befindlichem Frischgas verhindern. Dieser Mechanismus findet vor allem beim Betrieb von 2-Takt-Motoren seine Anwendung [3].

Bauformen

Es gibt zwei Grundbauarten von Schalldämpfern, den Reflexionsdämpfer und den Absorptionsdämpfer. Häufig werden Kombinationen aus beiden Typen verwendet **(Bild 10-40)** und dadurch eine Dämpfung im relevanten Bereich von 50 bis 8.000 Hz erreicht. Je nach Motorkonzept (Hubraum, Leistung, Aufladung, Ventil- und Zylinderanzahl etc.) ist ein gewisses Mindestvolumen für den Reflexions- beziehungsweise Absorptionsbereich (oder es sind mehrere Schalldämpfer: Vor-, Mittel-, und Nachschalldämpfer) notwendig.

Beim Absorptionsschalldämpfer wird die Gasströmung durch den Schalldämpfer hindurchgeführt, wobei das gasführende Rohr perforiert ist. Der Raum zwischen der Ummantelung und dem perforierten Rohr ist mit Absorptionsmaterial gefüllt. Der pulsierende Gasstrom kann sich durch die Perforation in den mit Absorptionsmaterial gefüllten Bereich ausdehnen. Dabei wird durch Reibung ein Großteil der Schwingungsenergie abgebaut und in Wärme umgewandelt. Die Gasströmung, die den Schalldämpfer verlässt, ist dadurch weitgehend pulsationsfrei. Der Absorptionsschalldämpfer zeichnet sich insbesondere durch eine gute Dämpfung im Frequenzbereich über 500 Hz und seinen geringen Abgasgegendruck aus.

Im Reflexionsschalldämpfer (auch Interferenzschalldämpfer genannt) erfolgt die Dämpfung durch Umleitung, Querschnittsveränderungen und Teilungen im Innern des Schalldämpfers. Die entsprechenden Kammern und Querschnittveränderungen müssen genau aufeinander abgestimmt werden. Interferenz tritt dann auf, wenn die Schallwellen nach zwei verschieden langen Wegen sich gegenseitig auslöschen (180° Phasenversatz). Dieses Prinzip wirkt besonders im Bereich unter 500 Hz.

Druckspitzen extrem lauter Schwingungen werden in Resonatoren (links im **Bild 10-40**), welche äußerst geringe Strömungsverluste aufweisen, abgebaut. Die Frequenz, in der ein Resonator wirksam ist, hängt in erster Linie von den Abmessungen (Länge l, Durchmesser d und Querschnittsfläche A) des in das Resonatorvolumen V hineinragenden Rohres ab. Die Resonanzfrequenz f_0 lässt sich nach der folgenden Gleichung berechnen:

$$f_0 = \frac{c_0/2 \cdot \pi}{A/(l+0{,}7 \cdot d) \cdot V} \qquad (10.19)$$

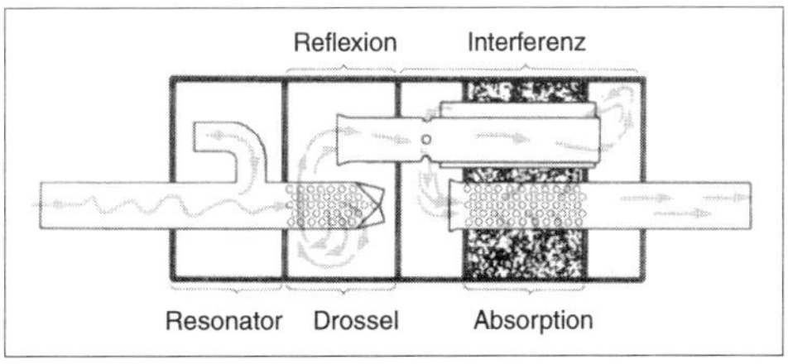

Bild 10-40 Kombinierte Schalldämpferanlage [2]

Ein problematischer Nebeneffekt von Reflexionsschalldämpfern ist die Schwingungsanregung, welche die Wandstruktur des Schalldämpfers durch den pulsierenden Abgasstrom erfährt. Der resultierende Körperschall kann die vom Schalldämpfer ausgehende Geräuschemission erhöhen. Dem kann entgegengewirkt werden durch die Wahl genügend dicker Wandstärken für die Zwischenbleche im Dämpfer, durch genügend steife Konstruktion der gesamten Schalldämpferstruktur und eine Außenhaut aus Doppelblech mit oder ohne absorbierender Zwischenschicht.

Gesamtsystem

Bild 10-41 zeigt den grundsätzlichen Aufbau einer Abgasanlage für einen Vierzylindermotor. Bei Verwendung eines einzigen Katalysators ist es notwendig, die Abgasrohre der einzelnen Zylinder zusammenzuführen. Die Abgase aller Zylinder durchlaufen das Sammelrohr, das eine zentrale Lambdasonde zur Messung des integralen Luft-Kraftstoff-Verhältnisses aufnimmt.
Zur Minderung der Mündungsgeräusche haben sich kombinierte Reflexions-/Absorptionsschalldämpfer beziehungsweise kombinierte Reflexions-/Abzweigeresonatorschalldämpfer durchgesetzt. Auf Grund der instationären Strömungsvorgänge kann die Abgasanlage bei geeigneter Auslegung den Ladungswechsel ähnlich wie das Saugsystem deutlich verbessern [4].

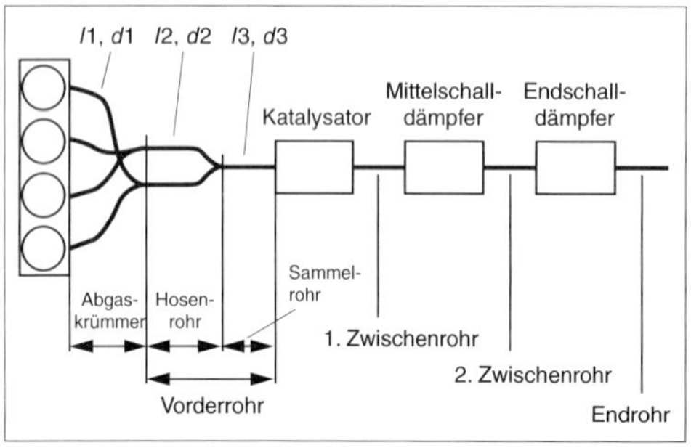

Bild 10-41 Schematischer Aufbau einer Auspuffanlage [4]

Die Ladungswechseleigenschaften werden in hohem Maße von der Abgasanlage im Wesentlichen über drei Einflussfaktoren, welche sich untereinander beeinflussen, geprägt:

- gasdynamische Effekte
- Ausschiebearbeit
- Restgasanteil.

Die Ausschiebearbeit wird von den Strömungseigenschaften der Abgasanlage bestimmt. Die Strömungseigenschaften und die gasdynamischen Effekte in der Abgasanlage beeinflussen in hohem Maße den Restgasgehalt der Zylinderladung im Volllastbetrieb, was wiederum starken Einfluss auf die Verbrennungseigenschaften ausübt. Über die sich mit dem Restgasgehalt ändernden Zündbedingungen wird über angepasste Zündzeitpunkte der innere Wirkungsgrad und somit das Drehmomentverhalten signifikant beeinflusst.

Auslegungskriterien

Neben den Anforderungen der Geräuschdämpfung und Abgasnachbehandlung ergeben sich hinsichtlich des Ladungswechselkonzeptes bestimmte Auslegungskriterien für die Abgasanlage.

Gleichverteilung

Die Abgasrohre, die man im Bereich des Abgaskrümmer den einzelnen Zylindern zuordnen kann, müssen gleiche Rohrlängen und Rohrquerschnitte aufweisen. Im Rahmen der Möglichkeiten im Fahrzeugraum sollten die Rohrbögen des Abgaskrümmer und die Rohrleitungszusammenführung ähnlich ausgeführt werden. Diese Anforderungen gelten ebenso für das Hosenrohr.

Abgasgegendruckniveau

Zur Realisierung eines niedrigen Abgasgegendruckniveaus sollten möglichst gute Strömungseigenschaften der Zylinderkopfausgänge und der Abgasanlage angestrebt werden. Das Abgasgegendruckniveau ist auf Grund der Strömungswiderstände des Katalysators und der Grundfunktion der Schalldämpfung nicht unbegrenzt absenkbar, da die Schalldämpfung stets mit irreversibler Energieumsetzung einhergeht, die sich im Abgasgegendruckverhalten niederschlägt.

Gasdynamische Effekte

Die Abgasanlage sollte hinsichtlich der Rohrlängen, Querschnitte und Rohrverzweigungen den Ladungswechsel in definierten Drehzahlbereichen unterstützen.

Gasdynamische Vorgänge

Die unter hohem Druck stehenden Abgase im Brennraum bewirken beim Öffnen der Auslassventile einen Druckstoß, der eine Abgasschwingung mit hoher Amplitude verursacht. Die Druckamplitude bewegt sich entsprechend der akustischen Theorie mit Schallgeschwindigkeit durch die Abgasleitung und wird am offenen Rohrende als negative Druckamplitude reflektiert. Die negative Druckamplitude kann, wenn sie zum geeigneten Zeitpunkt am Auslassventil anliegt, den Ladungswechsel dadurch vorteilhaft unterstützen, dass Restgas aus dem Brennraum abgesaugt wird.
Bei einer real ausgeführten Abgasanlage ergeben sich auf Grund der einzelnen Rohrverzweigungen unterschiedliche Reflexionsstellen in der Abgasleitung

vom Zylinderkopf bis zum Eintritt in das Katalysatorgehäuse.

In **Bild 10-42** ist der Druckimpuls schematisch für Zylinder 1 in einer Abgasanlage nach **Bild 10-41** dargestellt. Nach Durchlaufen der Abgasstrecke l_1 trifft der positive Druckverlauf auf die erste Reflexionsstelle, wo sich der Druckimpuls in Abhängigkeit der Gestaltung der Rohrverzweigung und der Rohrquerschnitte von Abgaskrümmer und Hosenrohr aufteilt. Bei entsprechend spitzem Verzweigungswinkel durchläuft ein kleinerer Teil des Druckimpulses mit vorwiegend positiver Amplitude die Abgasleitung l_1 von Zylinder 4 und wird am geschlossenen Auslassventil als vorwiegend positiver Druckimpuls reflektiert. Ein weiterer Teil des Druckimpulses wird an der Rohrverzweigung als Unterdruckimpuls reflektiert und läuft entgegen der Hauptströmungsrichtung zu Zylinder 1 zurück. Der größte Teil des ursprünglichen Druckverlaufs durchläuft die Abgasstrecke l_2 des Hosenrohrs bis zur Rohrverzweigung zum Sammelrohr, wo eine ähnliche Aufteilung des positiven Druckimpulses wie beim Übergang vom Abgaskrümmer zum Hosenrohr stattfindet. Der zuletzt verbleibende Anteil des ursprünglichen Druckimpulses, der die Abgasstrecke l_3 durchläuft, wird beim Übergang zum Katalysatorgehäuse als Unterdruck reflektiert.

Der Anstieg des positiven Druckverlaufes, ausgelöst durch das Öffnen der Auslassventile, beginnt bei A1. Der Druckverlauf bis zum Maximalwert A2 ist vor allem eine Funktion der Ventilerhebung. Der weitere Druckverlauf von A2 zu A4, dem Maximalwert des reflektierten Unterdruckverlaufes, ist von der Auslegung der Abgasanlage abhängig. Aus dem Kurbelwinkel a_C, der sich von A2 bis A4 erstreckt, lässt sich mit der Drehzahl und der Schallgeschwindigkeit die charakteristische Länge l_C bestimmen, die für die jeweilige Abgasanlage unabhängig vom Betriebspunkt konstant ist. Der Druckverlauf von A4 bis A5 ist geprägt von den Überlagerungen der Wellenbewegungen in der Abgasanlage. Der grundsätzliche Verlauf ist für die jeweilige Abgasanlage, nahezu unabhängig vom Betriebspunkt, ähnlich. Bei A5 beginnt der Druckanstieg des Zylinders 4, der nach Durcheilen von l_1 des Zylinders 4 und l_1 des Zylinders 1 bis zum Messaufnehmer entsprechend nach AÖ des Zylinders 4 am Messaufnehmer anliegt [4].

Für die Motoreigenschaften ist die Lage und die Ausbildung des Druckverlaufes von A_3 bis A_5 beziehungsweise die charakteristische Länge l_C von entscheidender Bedeutung. Grundsätzlich ist ein minimales Druckniveau während der Ventilüberschneidung vorteilhaft.

Die charakteristische Länge l_C ist im Wesentlichen von den Abgasrohrlängen l_1 und l_2, dem Verhältnis von Hosenrohr- zu Abgaskrümmerdurchmesser d_2/d_1 sowie der Gestaltung des Überganges vom Abgaskrümmer zum Hosenrohr abhängig. Mit zunehmender Summe von $l_1 + l_2$ und mit Verkleinerung des Durchmesserverhältnisses d_2/d_1 vergrößert sich die charakteristische Länge l_C, da hiermit die Hauptreflexionsstelle weiter vom Einlasskanal entfernt wird. Dies zeigen auch die folgenden experimentell ermittelten Druckverläufe dreier unterschiedlicher Abgasanlagenvarianten (**Bild 10-43**).

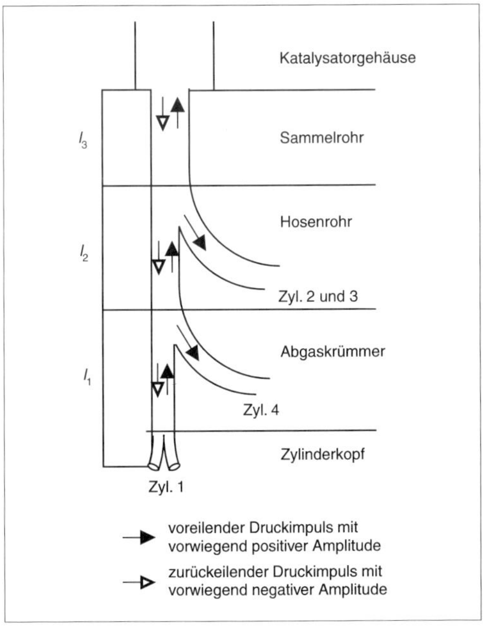

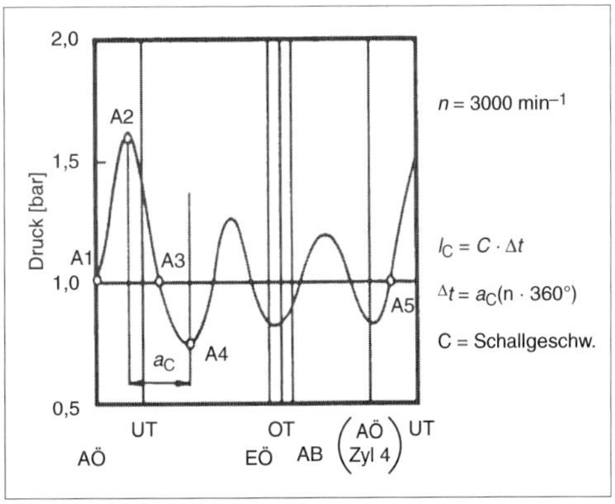

Bild 10-42 links: schematische Darstellung der Reflexionsstellen, rechts: Druckverlauf im Abgaskrümmer (100 mm nach Auslassventil) [4]

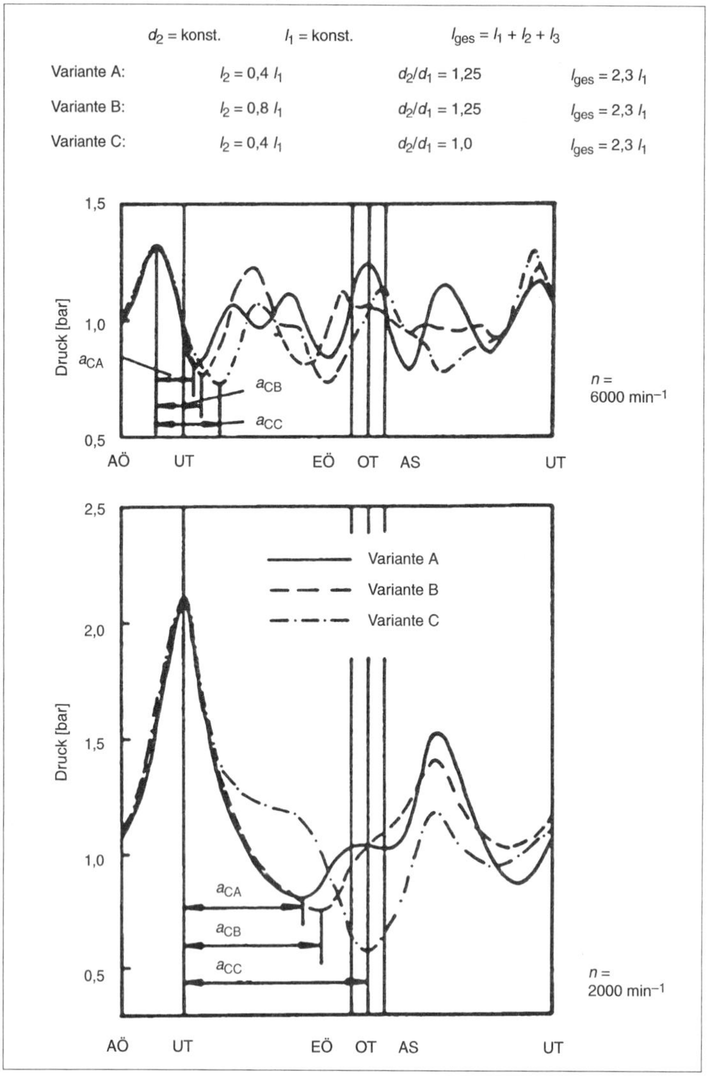

Bild 10-43 Druckverlauf im Abgaskrümmer (Druckaufnehmer 100 mm nach Auslassventil) [4]

Ventilsteuerzeiten

Ventilsteuerzeiten sind immer ein Kompromiss, da der Motor in breiten Drehzahl- und Lastbereichen betrieben wird. Auf Grund der im Kapitel 10.6.1 beschriebenen Gegebenheiten ist eine gleichzeitige Optimierung des Ladungswechsels für maximales Drehmoment und maximale Nennleistung ohne weitere Maßnahmen wie Nockenwellenverstellsystem, Schaltnockensystem oder Schaltsaugrohr nicht möglich. Hier werden die Aspekte der Verlegung von Ventilsteuerzeiten zusammengefasst, wobei die Bezeichnung „früh" beziehungsweise „spät" eine relative Lage zu den Basissteuerzeiten bedeutet, die in Grad Kurbelwinkel (°KW) relativ zu dem näheren Totpunkt angegeben sind.

- Auslass Öffnet (AÖ)

Auslass Öffnet passiert in Otto-Motoren üblicherweise bei 50–30 °KW v. UT, kurz vor dem Ende des Expansionstaktes. Diese Steuerzeit stellt einen Kompromiss zwischen Gewinn an Expansionsarbeit und höherer Ausschiebearbeit dar.
Wird AÖ in Richtung „spät" verschoben (das heißt AÖ passiert näher zu UT), kann das Arbeitsgas länger expandieren, wobei es Arbeit am Kolben leistet, der thermische Wirkungsgrad steigt und der Verbrauch sinkt. Eine längere Expansion führt weiterhin zu einer niedrigeren Kohlenwasserstoff-Emission und zu einer niedrigeren Abgastemperatur. Bei höheren Drehzahlen und Lasten erhöht sich aber die Ausschiebearbeit am Anfang des Ausschiebetaktes erheb-

lich. Somit wird der Verbrauch erhöht. Spätes AÖ hat vor allem bei Teillast eine größere Bedeutung, die Einflüsse bei Volllast sind gering, **Bild 10-44**.

Bei einer Verschiebung von AÖ in Richtung „früh" passiert entsprechend das Gegenteil: Expansionsarbeit geht verloren, der thermische Wirkungsgrad sinkt und der Kraftstoffverbrauch wird erhöht. Die Kohlenwasserstoff-Emission und die Abgastemperatur steigen. Es wird aber weniger Ausschiebearbeit benötigt, da der Zylinderdruck auf einem immer höheren Niveau liegt und das Abgas den Zylinder schneller verlässt. Wichtig ist, dass der Verbrauch bei Teillast erhöht wird. Ein weiterer Aspekt ist, dass die thermische Belastung des Auslassventils bei frühem AÖ zunimmt und so eine höhere Anforderung an den Werkstoff stellt.

Der Druckverlust während des Ausschiebens ist weiterhin abhängig von der Charakteristik der Ventilerhebungskurve des Auslassventils. Bei einem intensiven Anstieg des Ventilhubes beim Öffnen gelangen die Abgase am leichtesten aus dem Zylinder. Aus diesem Grund sind die zu akzeptierenden Kompromisse bei zwei Auslassventilen weniger kritisch als nur bei einem Auslassventil: Bei zwei Auslassventilen steigt die effektive, zum Ausschieben verfügbare Öffnungsfläche steiler an. Das Abgas kann deswegen – da es über einen höheren Druck verfügt – am Anfang des Ausschiebetaktes den Zylinder schneller verlassen. So ergibt sich eine geringere Ausschiebearbeit für den Kolben.

- Auslass Schließt (AS)

Eine übliche Auslegung von AS ist 8–20 °KW n. OT, was das Ende der Ventilüberschneidungsphase bedeutet. Neben EÖ ist AS die Steuerzeit, durch welche die Dauer der Überschneidung geregelt werden kann. Bei niedrigeren Drehzahlen und Lastpunkten reguliert AS die vom Abgassystem zurückgezogene Abgasmenge, bei höheren Lastpunkten und Drehzahlen die ausschiebbare Restgasmenge.

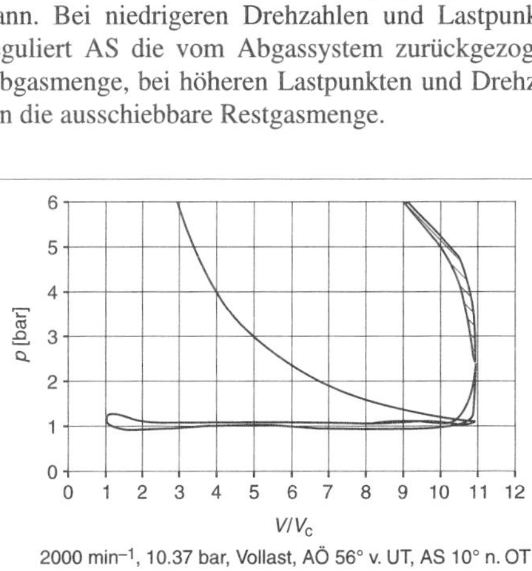

Bild 10-44 Expansionsarbeitsgewinn durch Verschiebung von AÖ Richtung „spät"

Bei Volllast kann der Zylinder durch ein spätes AS gründlicher ausgespült werden, wodurch ein größerer Füllungsgrad erreicht wird. Das wird zum Beispiel bei Sportmotoren für eine höhere Nennleistung ausgenutzt. Ein immer größerer Teil der Frischladung strömt aber durch den Zylinder, ohne an der Verbrennung teilzunehmen (Spülverlust durch Kurzschlussströmung), wodurch der Verbrauch und die Kohlenwasserstoff-Emission erhöht werden.

Bei Teillast wird durch die Saugwirkung des Kolbens ein immer größerer Anteil des Abgases zurückgesaugt (interne Abgasrückführung), wodurch erhebliche Verbrauchs- und Emissionsvorteile erreicht werden können. Der letzte „Teil" des Abgases ist immer relativ reich an unverbrannten Kohlenwasserstoffen, da die Verbrennung in den wandnahen Zonen der Zylinderladung unvollständig ist. Dieser Anteil wird relativ spät ausgeschoben. Wird dieser Anteil im Abgas „wieder verbrannt", kommt es zur Verbrauchsreduzierung und zu einer niedrigen Kohlenwasserstoff-Emission. Auf Grund der verdünnten Ladung wird die Verbrennungstemperatur gesenkt, wodurch die Stickstoffemission reduziert wird. Ein weiterer Aspekt ist, dass das Frischgemisch wegen der heißen Restgase homogenisiert wird und so eine bessere Gemischaufbereitung erfolgt. Bei spätem AS wird weiterhin die Ansaugarbeit gesenkt. Dies geschieht aus zwei Gründen: Erstens, weil der zurückgesaugte Abgasanteil sich im Zylinder ausdehnt und die Expansion unterstützt. Zweitens, weil bei einem höheren Restgasanteil der Zylinderladung weniger Drosselung zur Lastregelung erforderlich ist, um diese Menge unter Beibehaltung der Last zu kompensieren. Dies führt zu weiterer Verbrauchsreduzierung. Eine Begrenzung der internen Abgasrückführung ist durch die Restgasverträglichkeit der Verbrennung bestimmt.

Bei frühem AS können die Verbrennungsgase den Zylinder nicht rechtzeitig verlassen (exhaust lock-up), wodurch der Restgasanteil im Zylinder ansteigt. Der Füllungsgrad und die Nennleistung werden so gesenkt. Die Spülverluste sind geringer, wodurch der Verbrauch leicht gesenkt wird. In diesem Fall erfolgt ebenfalls eine „Wiederverbrennung" des letzten Anteils des Abgases, wodurch bei Teillast Verbrauchs- und Emissionsvorteile erreicht werden können (die Stickoxidemission wird auf Grund der niedrigeren Verbrennungsspitzentemperatur vermindert). Das im Zylinder verbliebene Abgas strömt weiterhin – teilweise auch vom Kolben geführt – sehr intensiv in das Ansaugrohr, wodurch eine bessere Gemischaufbereitung stattfindet. Da bei einer bestimmten Kolbenposition eine immer kleinere Fläche zum Ausschieben des Abgases zur Verfügung steht, wird die Ausschiebearbeit erhöht. Am Ende des Ausschiebetaktes kann durch frühes AS sogar eine Kompression des Restgases stattfinden, wodurch der Verbrauch gering erhöht wird. Begrenzung für frühen AS ist die erhöhte Aus-

schiebearbeit, durch Abgas verdünnte Frischladung und ein inhomogenes Gemisch durch starke Abgasströmung ins Ansaugrohr.
Soweit dynamische Effekte im Abgassystem optimiert werden, kann die Effizienz des Ausschiebens verbessert werden, wenn eine Unterdruckwelle kurz vor AS den statischen Druck im Auslasskanal vermindert und dadurch Abgas aus dem Zylinder saugt.

- Einlass Öffnet (EÖ)

Die Steuerzeit EÖ wird bei Otto-Motoren üblicherweise zwischen 20–5 °KW vor OT gelegt. Als der Beginn der Ventilüberschneidungsphase ist sie ebenfalls wie AS wichtig für die Regulierung der in der Frischladung befindlichen Restgasmenge bei Teillast und für das Ausspülen der Restgase bei Volllast. Als solches, hat sie einen großen Einfluss auf die Leerlaufqualität.
Durch spätes EÖ wird die Dauer der Ventilüberschneidungsphase verkürzt. Dadurch ergibt sich bei Teillast eine mit Abgas weniger verdünnte Ladung und somit eine schnelle Verbrennung. Unter solchen Bedingungen kann die Drehzahl beim Leerlauf gesenkt werden, was zur Verbrauchsreduzierung führt. Durch den kleineren Restgasanteil und die schnelle Verbrennung erhöht sich die Verbrennungstemperatur und die Stickoxidemission nimmt zu. Die Kohlenwasserstoff-Emission kann gesenkt werden, wobei folgende Aspekte berücksichtigt werden müssen. Da das Einlassventil später öffnet, hat die Strömung in den Zylinder bei einer bestimmten Kolbenposition eine höhere Geschwindigkeit, wodurch eine intensivere Zylinderinnenströmung stattfindet. Dies führt zur einer besseren Gemischaufbereitung und vollständigeren Verbrennung, wobei sowohl der Brenn- beziehungsweise Zündverzug als auch die Brenndauer verkürzt werden. Beim späten EÖ ergibt sich außerdem eine höhere Ansaugarbeit, da in der ersten Phase des Ansaugens im Zylinder Unterdruck erzeugt wird. Dies führt zur Erhöhung des Verbrauchs. Bei Volllast wird weiterhin ein geringerer effektiver Mitteldruck erreicht, da der Luftaufwand gesenkt wird.
Bei frühem EÖ wird die Ventilüberschneidungsphase verlängert und somit bei Teillast besonders viel Abgas in das Ansaugrohr zurückgeschoben. Das wirkt sich negativ auf die Verbrennung aus, da das Gemisch inhomogen wird und langsamer verbrennt. Allerdings kann dieser Effekt bei Saugrohreinspritzung mit drosselfreier Lastregelung (variable Ventilsteuerung) auch positiv ausgenutzt werden. Auf Grund des fehlenden Saugrohrunterdrucks bei drosselfreier Lastregelung findet oft keine ausreichende Gemischaufbereitung statt, wodurch die Verbrennung langsamer und unvollständig wird. Kraftstoffablagerungen können sich im ventilnahen Bereich bilden. Diese Ablagerungen können durch das zurückgeschobene heiße Abgas verdampft und dann zurückgesaugt werden, wobei die Saugrohrwände erwärmt werden und eine bessere Gemischaufbereitung stattfindet. Untersuchungen haben gezeigt [Göbel, MTZ], dass diese Methode trotz des reaktionshemmenden höheren Restgasanteils die Gemischaufbereitung positiv beeinflussen kann, wodurch die Reaktionsbereitschaft des Gemisches letztendlich erhöht wird.

- Einlass Schließt (ES)

Die für den Verlauf der Drehmoment- und Leistungscharakteristik hauptverantwortliche Ventilsteuerzeit ist ES. Sie liegt üblicherweise zwischen 40–60 °KW nach UT und beeinflusst die Füllung eines Motors viel stärker als die übrigen Steuerzeiten. Hauptsächlich durch die Festlegung von ES werden die charakteristischen Größen wie Drehmoment und Leistung bestimmt.
Eine Verschiebung von ES vom auf maximales Drehmoment optimierten Zeitpunkt in Richtung spät ergibt einen höheren Luftaufwand und Füllungsgrad bei höheren Drehzahlen. Dementsprechend wird dort mit spätem ES eine höhere Nennleistung erreicht. Wie in Kapitel 10.6.2.1 gezeigt wurde, spielen bei höheren Drehzahlen aber die gasdynamischen Effekte (insbesondere der Nachladeeffekt) die entscheidende Rolle, wodurch bei der Verlegung von ES die wichtigste Aufgabe deren Ausnutzung ist, indem die Überdruckwelle im Zylinder eingefangen wird. Bei niedrigeren Drehzahlen und Volllast hat eine verlängerte Öffnungsdauer einen negativen Einfluss auf den Drehmomentverlauf. Da das Einlassventil später geschlossen wird, wird mehr Ladung durch den Kolben in das Ansaugrohr zurückgeschoben. Dann steht durch niedrige Gasgeschwindigkeiten ein geringer Impuls entgegen; folglich sinkt der Liefergrad. Den Einfluss der Steuerzeit ES auf den Luftaufwand bei Volllast zeigt **Bild 10-45**. Durch Verstellen der Einlassnockenwelle um 20 °KW nach spät ergibt sich im unteren Drehzahlbereich eine deutliche Reduzierung des Luftaufwands. Bei Nenndrehzahl dagegen ist eine Steigerung des Luftaufwands um circa 8 % festzustellen. Bei diesem Motor handelt es sich um einen 8-Zylinder-Ottomotor mit 4 Ventilen pro Zylinder.
Bei Teillast wird durch spätes ES die Ansaugarbeit gesenkt, da die Ladung mit weniger Drosselung angesaugt wird. Dies führt zu niedrigerem Verbrauch. Der thermische Wirkungsgrad des Prozesses wird geringer, da eine immer niedrigere effektive Kompression stattfindet. Die Verbrennungstemperatur wird durch den niedrigen Spitzendruck gesenkt, was weiterhin zu einer geringeren Stickoxidemission führt.
Bei variablen Ventilsteuerungen und spätem ES kann der Motor drosselfrei betrieben werden. Das Ziel ist entweder eine höhere Nennleistung oder Verbrauchsreduzierung bei Teillast. Die überschüssige Ladungsmenge wird bei Teillast vom Kolben in das Ansaugrohr während des Kompressionstaktes zurückgeschoben. Durch die drosselfreie Lastregelung wird eine

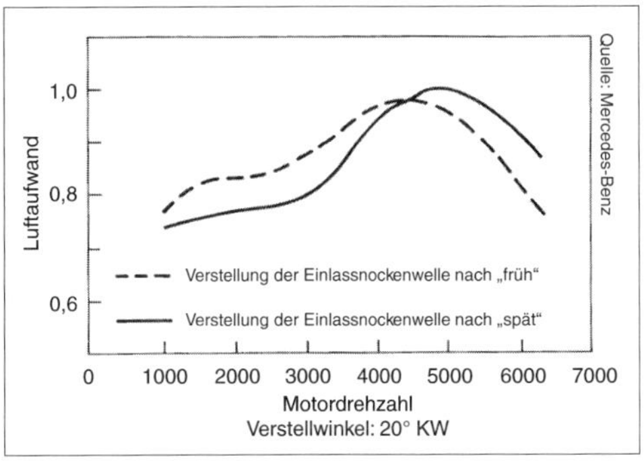

Bild 10-45 Luftaufwand bei variablem ES

geringere Ansaugarbeit benötigt. Ähnlich wie früher beschrieben, sinken so der Verbrauch, der thermische Wirkungsgrad, die Verbrennungstemperatur und die Stickoxidemission. Die Begrenzung für spätes ES besteht in dem sinkenden thermischen Wirkungsgrad und in der schlechteren Gemisch-Aufbereitung im Ansaugkanal wegen des fehlenden Unterdrucks (Gasgeschwindigkeiten sinken).

Bei frühem ES und konventioneller Ventilsteuerung wird die Ansaugphase verkürzt, wodurch der Luftaufwand verringert wird. Bei Volllast und höheren Drehzahlen ergibt sich ein geringerer Füllungsgrad und es wird eine niedrigere Nennleistung erreicht. Da bei niedrigeren Drehzahlen aber weniger Ladung in das Ansaugrohr zurückgeschoben wird, erhöht sich der Liefergrad und das Drehmoment steigt. Bei Teillast kann die erforderliche Last auf Grund der kürzeren Ansaugphase mit weniger Drosselung erreicht werden, wodurch die Ansaugarbeit vermindert wird. Dies wirkt sich positiv auf den Verbrauch aus.

Bei variabler Ventilsteuerung und frühem ES muss die Lastregelung nicht mehr durch Drosselung erfolgen, sondern durch die Wahl der Ventilsteuerzeit ES. Das Ziel kann entweder Drehmoment-Steigerung bei Volllast oder Verbrauchsreduzierung bei Teillast sein. Sobald sich die für die gewünschte Last erforderliche Ladungsmenge im Zylinder befindet, wird das Einlassventil geschlossen. Der Kolben bewegt sich in dieser Phase immer noch in Richtung UT, und es wird im Zylinder Unterdruck erzeugt. Da die Lastregelung drosselfrei abläuft, ist das Niveau der Ansaugarbeit viel niedriger als bei Lastregelung durch Drosselung, wodurch der Verbrauch gesenkt wird. Die Druckdifferenz zwischen Ansaug- und Abgassystem ist niedrig, es wird also wenig Abgas vom Auslass zurückgesaugt. Angenommen, dass die Steuerzeit EÖ eine übliche Lage hat und die Überschneidungsphase nicht verlängert wird, führt früher ES zu einer stabilen Verbrennung bei niedrigen Lasten und Drehzahlen. Begrenzungen für frühes ES bestehen in der Gemischbildung: Da das Ansaugen früher als UT beendet wird, findet im Zylinder beim Zünden oft keine nennenswerte Ladungsbewegung mehr statt, wodurch die Verbrennung nach einem längeren Brennverzug langsamer und unvollständig werden kann. Dies kann zu einer höheren Kohlenwasserstoff-Emission und trotz der niedrigeren Ladungswechselarbeit sogar zum erhöhten Verbrauch führen. Weiterhin besteht die Gefahr der Kondensation des Kraftstoffes im Zylinder durch die Abkühlung der Ladung wegen des erzeugten Unterdrucks. Wie schon im Abschnitt „Einlass öffnet“ erwähnt, findet im Ansaugkanal wegen des fehlenden Unterdrucks keine ausreichende Gemischaufbereitung statt, wodurch das angesaugte Gemisch inhomogen wird. Es können sich Kraftstoffablagerungen im ventilnahen Bereich bilden.

Strömungsquerschnitte

Um einen hohen Liefergrad zu erzielen sowie geringe Arbeitsverluste beim Ladungswechsel zu erhalten, sind große geometrische Öffnungsquerschnitte an den Steuerventilen erforderlich. Der Verlauf der Öffnungsquerschnitte von Ein- und Auslassventil entspricht den Ventilerhebungskurven **(Bild 10-46)**.

Der Ventilhub und der Öffnungsquerschnitt für das Einlassventil sind größer als für das Auslassventil. Beim Öffnungsquerschnitt wird der Unterschied durch das größere Einlassventil gegenüber dem Auslassventil zusätzlich erhöht (Einlassventildurchmesser > Auslassventildurchmesser).

Wichtig für den Ladungswechsel ist der Strömungsquerschnitt am Ventil. Dieser ist kleiner als der geometrische Querschnitt, was durch hydrodynamische Vorgänge hervorgerufen wird **(Bild 10-47)**.

Sowohl der geometrische Öffnungsquerschnitt als auch der Strömungsquerschnitt sind Ringflächen, die entsprechend dem Ventilsitzwinkel α um die Ventilachse angeordnet sind. Der Ventilhub ist der

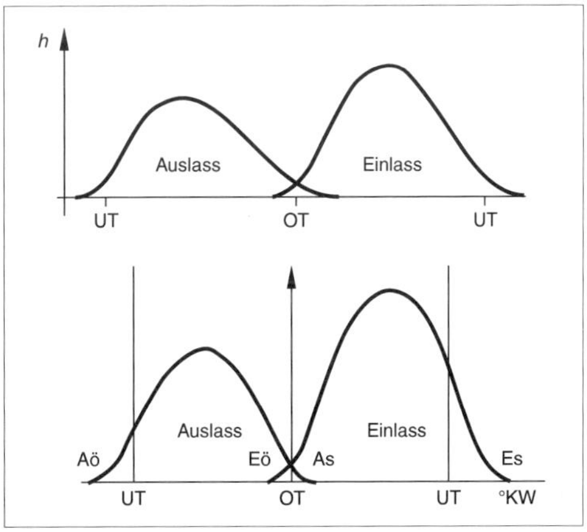

Bild 10-46 Ventilerhebungskurven und Ventilquerschnitte [1]

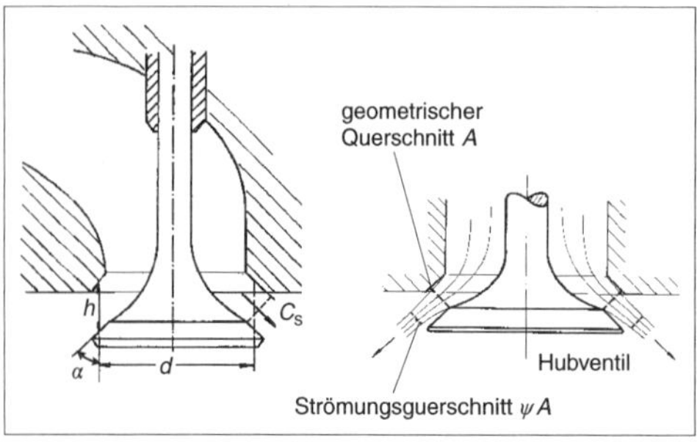

Bild 10-47 Strömungsquerschnitte und Ventilhub [1]

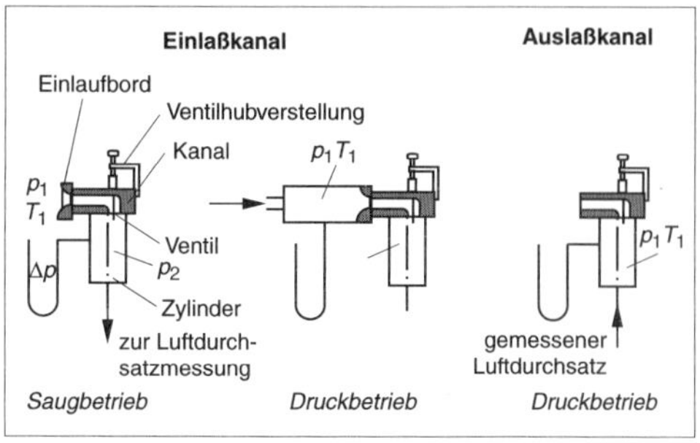

Bild 10-48 Messanordnung für Durchflussbestimmung [1]

senkrechte Abstand des Ventiltellers zum Ventilsitz.

Unter der Voraussetzung isentroper Strömung am Ventilsitz ergibt sich im Strömungsquerschnitt A_S die theoretische Geschwindigkeit c_{iS}. Wegen Reibungseinflüssen ist die wirkliche Geschwindigkeit c_s kleiner als c_{iS}. Für den Massenstrom am Ventil gilt:

$$\dot{m} = \dot{V} \cdot \rho = A_S \cdot c_S \cdot \rho = \psi \cdot A \cdot \varphi \cdot c_{iS} \cdot \rho \qquad (10.20)$$

mit

ρ = Dichte im Strömungsquerschnitt
ψ = Strahlkontraktion (Einschnürungsziffer)
φ = Reibungsbeiwert

Für den isentropen Strömungsquerschnitt A_{iS} gilt:

$$A_{iS} = \psi \cdot \varphi \cdot \frac{\rho}{\rho_{iS}} \cdot A \qquad (10.21)$$

mit

ρ_{iS} = Dichte bei isentroper Strömung im Strömungsquerschnitt

Damit erhält man für den Massenstrom:

$$\dot{m} = A_{iS} \cdot c_{iS} \cdot \rho_{iS} \qquad (10.22)$$

Die Ermittlung des isentropen Strömungsquerschnittes A_{iS} eines Ventils in Abhängigkeit vom Ventilhub erfolgt in einem stationären Strömungsversuch. Dabei wird der Zylinderkopf oder ein entsprechendes Modell durchströmt und folgende Messgrößen bei unterschiedlichen Ventilhüben aufgenommen, **Bild 10-48**:

T_1, p_1 = thermischer Zustand vor der Messanordnung, zum Beispiel in einem Sammelbehälter
p_2 = Druck im Zylinder
$\dot{m}$ = Massenstrom, zum Beispiel mittels Blendenmessung

Die Messung kann sowohl im Saugbetrieb als auch im Druckbetrieb (Pressluft) erfolgen. Mit den aufgenommenen Messwerten lässt sich der isentrope Strömungsquerschnitt A_{iS} berechnen. Dabei gilt:

$$c_{iS} = \sqrt{\frac{2 \cdot \kappa}{\kappa - 1} \cdot R_L \cdot T_1 \cdot \left[1 - \left(\frac{p_2}{p_1}\right)^{\frac{\kappa-1}{\kappa}}\right]} \qquad (10.23)$$

und

$$\rho_{iS} = \rho_1 \cdot \left(\frac{p_2}{p_1}\right)^{\frac{1}{\kappa}} \qquad (10.24)$$

κ = 1,4 für Luft

Näherungsweise ist A_{iS} unabhängig vom im stationären Durchströmversuch eingestellten Druckverhältnis p_2/p_1. Außerdem lässt sich A_{iS} auf den realen Motor übertragen, obwohl dieser im Betrieb instationär durchströmt wird, da bei in Strömungsrichtung kurzen Drosselstellen eine quasistationäre Rechnung zulässig ist.

Zur Beurteilung der Güte von Steuerorganen dient die Durchflusszahl des Ventils α_V:

$$\alpha_V = \frac{A_{iS}}{A_V} \qquad (10.25)$$

mit

A_V = Ventilfläche entsprechend innerem Ventilsitzdurchmesser

Über die Güte des Ladungswechsels sagt α_V nichts aus. Ein Maß für die Durchlässigkeit des Ventils bei gegebenem Motor und damit für den Ladungswechsel ist die Durchströmzahl α_K

$$\alpha_K = \frac{A_{iS}}{A_K} \qquad (10.26)$$

mit

A_K = Kolbenfläche

Bild 10-49 zeigt die Durchflusszahlen als Streuband heutiger Motoren über der Intensität einer Tumble-Strömung. Als geschlossener Punkt sowie als offenes Quadrat sind die Werte für den VW-FSI (1,4 Liter mit Benzin-Direkteinspritzung) mit offener und geschlossener Ladungsbewegungsklappe (LBK) im Einlasskanal dargestellt.

α_K eignet sich gut bei Vergleichsbetrachtungen ähnlicher Motoren mit gleicher mittlerer Kolbengeschwindigkeit. Anhaltswerte für die einlassseitige Durch-

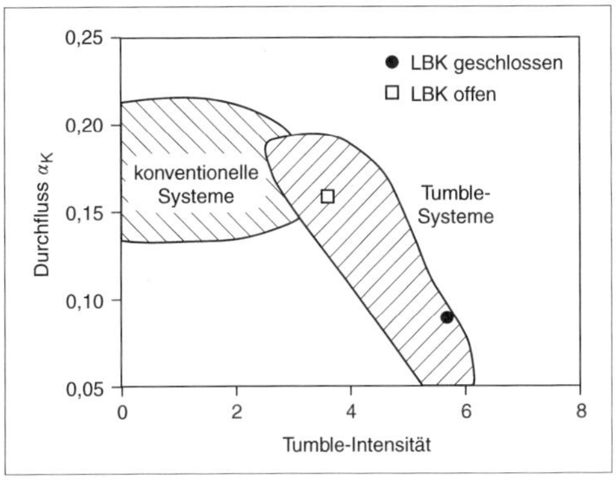

Bild 10-49 Durchfluss in Abhängigkeit der Tumble-Intensität

strömzahl des Motors bei maximalem Ventilhub $h_{V,\,\max}$ sind:

Ottomotor	2-Ventil:	$\alpha_K = 0{,}09 - 0{,}13$
	4-Ventil:	$\alpha_K = 0{,}13 - 0{,}17$
Dieselmotor	2-Ventil:	$\alpha_K = 0{,}075 - 0{,}09$
	4-Ventil:	$\alpha_K = 0{,}09 - 0{,}13$

10.2 Ladungswechselrechnung

Die Simulation des Motorprozesses, insbesondere zusammen mit der eindimensionalen Simulation der Gasdynamik im Saug- und Auspuffsystem, ist heute ein allgemein akzeptiertes Werkzeug für die Vorhersage der Leistungsdaten von Motoren in der Konzeptphase oder während der Konstruktion. Sie dient aber auch der Analyse des Ladungswechsels und des thermodynamischen Prozesses bereits auf dem Prüfstand laufender Motoren. Vor allem in der letztgenannten Anwendung kann sie, richtig eingesetzt, Zugang zu Daten verschaffen, die nicht oder mit nahezu unvertretbarem Aufwand experimentell erfasst werden können.
Auf Grund der Komplexität des Ladungswechselprozesses ist der Aufwand bei der theoretischen Betrachtung erheblich. Entsprechend der jeweiligen Fragestellung können und müssen hier Vereinfachungen getroffen werden. Aus diesem Grund haben sich unterschiedliche numerische Verfahren für spezielle Anwendungen im Bereich der Analyse und Simulation entwickelt. Es wird zwischen rein thermodynamischen nulldimensionalen Modellen, eindimensionalen Modellen, die die nulldimensionale Betrachtung mit der Gasdynamik in der Saug- und Abgasanlage koppeln, und dreidimensionalen, räumlich auflösenden Modellen (CFD) unterschieden. Während die eindimensionale Betrachtung heute die Möglichkeit bietet, den Gesamtmotor vom Luftfilter bis einschließlich der Abgasanlage abzubilden und damit eine zeitliche und entlang der Rohre räumliche (1-dimensionale) Beschreibung der Vorgänge liefert, beschränkt sich die 3-dimensionale CFD-Berechnung auf Grund der Rechnerkapazität auf die räumliche (3-dimensionale) und zeitliche Behandlung der Vorgänge in Teilsystemen des Motors.

Die Füll- und Entleermethode

Der einfachste Weg zur Beschreibung des Ladungswechsels am realen Motor ist die Füll- und Entleermethode. Da räumliche Gradienten der Zustandsgrößen hierbei nicht berücksichtigt werden, zählt die Füll- und Entleermethode zu den nulldimensionalen Berechnungsmethoden. Trotz dieser Vereinfachung ist sie dennoch in den meisten Fällen für Vergleichsbetrachtungen und eine erste Beurteilung des Ladungswechsels ausreichend.
Bei der Füll- und Entleermethode, werden die Saugleitung, die Abgasleitung und der Zylinder als Behälter angesehen, deren Inhalt durch Druck, Temperatur und stoffliche Zusammensetzung gekennzeichnet ist **(Bild 10-50)**.
Die Füll- und Entleermethode beruht auf dem 1. Hauptsatz der Thermodynamik:

$$\frac{d(m_z \cdot u)}{d\alpha} = -p_z \cdot \frac{dV}{d\alpha} - \sum \frac{dQ_w}{d\alpha} + \sum \frac{dm_e}{d\alpha} \cdot h_e - \sum \frac{dm_a}{d\alpha} \cdot h_a \qquad (10.27)$$

Um die Massenströme im Einlass und Auslass bestimmen zu können, sind Aussagen über den Zustand an den Ein- und Austritten des Zylinders notwendig. Physikalisch treten hier im Bereich der Ventile stark ausgeprägte dreidimensionale Strömungen mit Strahlablösung und Wirbelzonen auf. Vereinfachend wird bei den null- und eindimensionalen Modellen angenommen, dass die Strömung durch diese

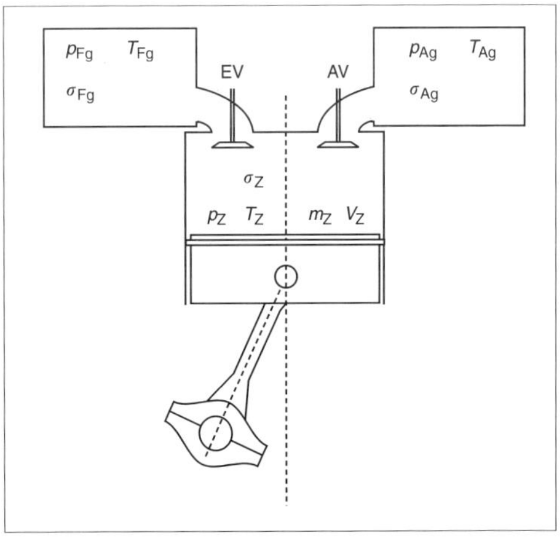

Bild 10-50 Modell der Füll- und Entleermethode

Drosselstellen quasistationär sei. Quasistationär bedeutet hier, dass der Zustandsvektor auf der Ein- und Austrittsfläche der Drosselstelle **(Bild 10-51)** sich innerhalb eines Zeitschrittes der Berechnung nicht ändert und dass sich der zeitliche Verlauf des Vektors durch Aneinanderreihung unterschiedlicher stationärer Zustände ergibt. Da somit die endliche Erstreckung der Drosselstelle vernachlässigt wird, ist diese Betrachtung umso eher zulässig, je geringer die Ausdehnung der Drosselstelle in Strömungsrichtung gegenüber den angeschlossenen Rohren ist **(Bild 10-51)**.

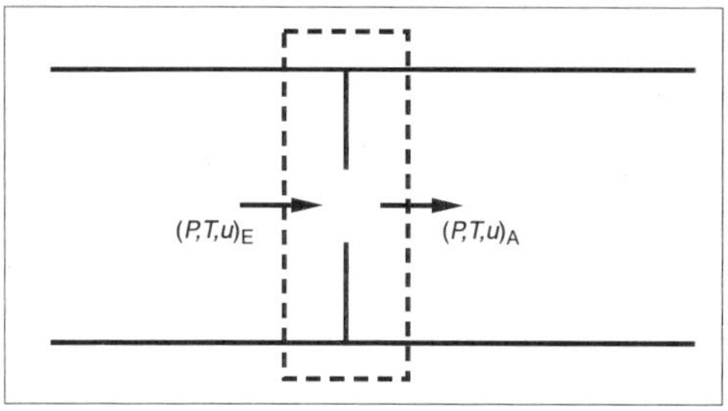

Bild 10-51 Zustandsgrößen an einer Drosselstelle

Durch die Einführung dieser Modellannahme können die Grundgleichungen der eindimensionalen stationären Strömung zur Berechnung der Zustandsvektoren $(\boldsymbol{p}, \boldsymbol{T}, \boldsymbol{u})_E$ und $(\boldsymbol{p}, \boldsymbol{T}, \boldsymbol{u})_A$ an den Rohrrändern verwendet werden. Mit Hilfe der Kontinuitäts- und Energiegleichung der eindimensionalen stationären Strömung erhalten wir die theoretische Durchflussgleichung nach St. Venant, die gelten würde, wenn sich eine isentrope, verlustfreie Zustandsänderung in einem Strömungsquerschnitt nach den Ein- und Austrittsflächen der quasistationär durchströmten Drosselstelle einstellen würde. Da aber die Zustandsänderung nicht isentrop verläuft und ein Impulsverlust auftritt, muss dieser Ansatz korrigiert werden. Hierzu ist eine stationäre Messung, die die thermodynamische Auswirkung der Strömungsphänomene quantifiziert, die den Impulsverlust verursachen, notwendig. Dieser Impulsverlust spiegelt sich thermodynamisch in einer irreversiblen Erhöhung der Entropie des Fluides wider. Dadurch ist der bei der irreversiblen Strömung durch die Drosselstelle tretende Massenstrom kleiner als derjenige, der sich bei einer verlustfreien Strömung ergeben würde. Dieser Verlust wird mit Hilfe des Durchflussbeiwertes α erfasst, der als Verhältnis des tatsächlichen Massenstromes zum theoretischen (isentropen) Massenstrom definiert ist. Somit werden die Massenströme im Einlass und Auslass wie folgt berechnet:

$$\dot{m} = A_{\text{eff}} \cdot p_{01} \cdot \sqrt{\frac{2}{R \cdot T_{01}}} \cdot \psi \tag{10.28}$$

wobei:

$$A_{\text{eff}} = \alpha \cdot \frac{d_{vi}^2 \cdot \pi}{4} \tag{10.29}$$

und die Durchflussfunktion ψ im Unterschallbereich:

$$\psi = \sqrt{\frac{\chi}{\chi - 1} \cdot \left[\left(\frac{p_2}{p_{01}} \right)^{\frac{2}{\chi}} - \left(\frac{p_2}{p_{01}} \right)^{\frac{\chi+1}{\chi}} \right]} \tag{10.30}$$

und im schallnahen Bereich:

$$\psi = \psi_{\max} = \left(\frac{2}{\chi + 1} \right)^{\frac{1}{\chi - 1}} \cdot \sqrt{\frac{\chi}{\chi + 1}} \tag{10.31}$$

ist.

Der Durchflussbeiwert α verändert sich mit dem Ventilhub und wird experimentell mit Hilfe von stationären Strömungsversuchen ermittelt.

Prinzip der Berechnung

Ziel der Rechnung ist es, die Verläufe von Druck, Temperatur, Masse, Zusammensetzung der Zylinderladung, sowie den Verlauf der Massenänderung bedingt durch die Ventile über dem Verlauf des Kurbelwinkels während der Ladungswechselphase zu ermitteln.

Diese Größen sind messtechnisch nicht oder nur aufwändig zu erhalten. Lediglich der Druck kann durch einen Quarzsensor indiziert werden. Die Verläufe der Größen werden deshalb durch numerische Integration von einem Startpunkt aus errechnet.

Man bestimmt die Anfangswerte bei „Auslass öffnet" von Druck, Temperatur, Masse und Zusammensetzung durch Messung oder Schätzung und errechnet ihre differenziellen Änderungen bei diesem Anfangspunkt aus thermodynamischen Grundgleichungen. Davon ausgehend wird nun Schritt für Schritt ein geeignetes Integrationsverfahren angewendet, bis alle Werte bis zum Zeitpunkt „Einlass schließt" bekannt sind.

Eindimensionale Gasdynamik

Bei der Füll- und Entleermethode handelt es sich um ein quasistationäres Einzonenmodell. Quasistationär bedeutet hier, dass instationäre Vorgänge für kleine Zeitintervalle als stationär angesehen werden, das heißt die einzelnen Größen (Druck, Temperatur) sind nur von der Zeit, nicht aber vom Ort abhängig. Dadurch können dynamische Einflüsse wie Druckpulse, die beispielsweise bei der Schwingrohr- und Resonanzaufladung entstehen, natürlich nicht berücksichtigt werden. Amplituden und Phasenlagen dieser Schwingungen können den Ladungswechsel bei bestimmten Drehzahlen unterstützen und bei anderen Drehzahlen behindern. Dadurch wird der Verlauf des Liefergrades über der Drehzahl und damit die Momentencharakteristik des Motors im Wesentlichen festgelegt.

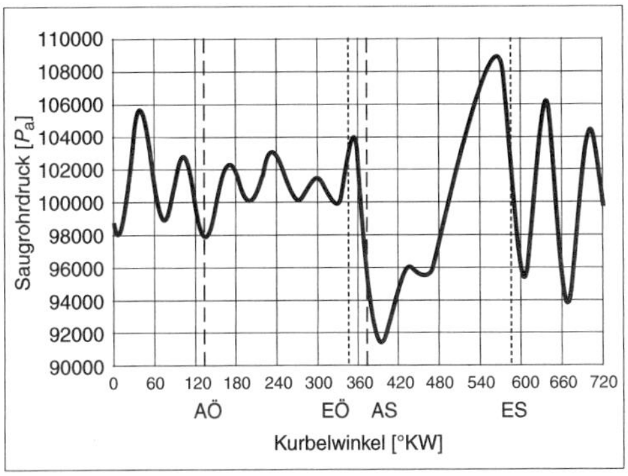

Bild 10-52 Druckverlauf im Saugrohr bei 3.000 U/min

Diese Schwingungsvorgänge werden durch Druckwellen angeregt, die beim Öffnen und Schließen der Ventile sowie durch die Kolbenbewegung entstehen. Die folgende Abbildung zeigt den mit Hilfe einer Niederdruckindizierung erfassten Druckverlauf im Saugrohr eines geschleppten 1-Zylinder-4-Takt-Motors bei 3.000 U/min. Zu Beginn des Ansaugvorganges wird durch die Abwärtsbewegung des Kolbens eine Unterdruckwelle am Einlassventil erzeugt. Diese Unterdruckwelle läuft auf den Luftfilter zu, der wie ein offenes Rohrende wirkt. Somit wird sie als Überdruckwelle reflektiert, läuft auf das Einlassventil zurück und erreicht dieses zum Einlassschluss (**Bild 10-52**).

Bei der eindimensionalen Simulation der Motorinnenströmung wird das Gesamtsystem „Motor" in einzelne abstrahierende, das heißt auf Vereinfachungen beru-hende Elemente wie Zylinder (C1), Luftfilter (Pl1), Blenden (SB1, R1, SB2) und Rohre (1-4) unterteilt (**Bild 10-53** und **10-54**).

Dies geschieht unter der Annahme, dass die Strömung im Gesamtsystem durch eine eindimensionale instationäre Rohrströmung in den Rohrelementen und durch eine eindimensionale quasistationäre Drosselströmung in den Bauteilen, die die Rohrelemente verbinden, beschrieben werden kann.

Die eindimensionale instationäre Betrachtungsweise in einem Rohrelement geht davon aus, dass die Zustandsgrößen wie Druck p, Dichte ρ und Geschwindigkeit u durch Mittelwerte in den einzelnen Rohrquerschnitten ausreichend festgelegt werden können. Weiterhin wird vorausgesetzt, dass kein Impulsverlust auf Grund innerer Reibung in der Strömung auftritt. Nur die Reibung der Strömung an der Rohrwand

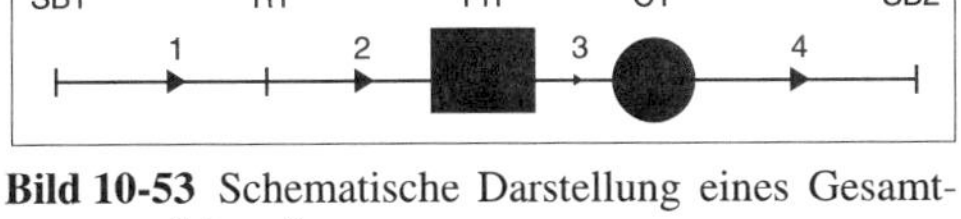

Bild 10-53 Schematische Darstellung eines Gesamtsystems „Motor"

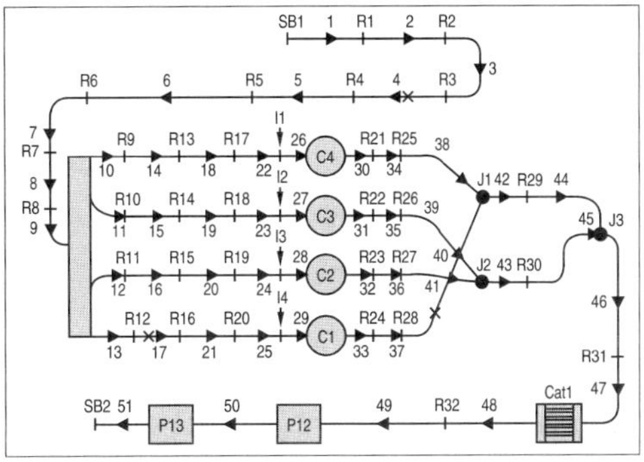

Bild 10-54 Schematische Darstellung eines Vierzylinder-Ottomotors

wird berücksichtigt. Dies bedeutet, dass die Vorgänge in einem Rohrelement, wie zum Beispiel die Umwandlung von Druckenergie in Bewegungsenergie, nur auf Grund der berücksichtigten Wandreibung irreversibel sind. Somit lässt sich, ausgehend von den Erhaltungsgleichungen für Masse, Impuls und Energie, ein nichtlineares inhomogenes Differenzialgleichungssystem für eine eindimensionale instationäre Rohrströmung in der Strömungsebene (x,t-Ebene) aufstellen.

$$\frac{\partial\rho}{\partial t}=-\frac{\partial(\rho\cdot u)}{\partial x}-\rho\cdot u\cdot\frac{1}{A}\cdot\frac{\mathrm{d}A}{\mathrm{d}x} \tag{10.32}$$

$$\frac{\partial(\rho\cdot u)}{\partial t}=-\frac{\partial(\rho\cdot u^2+p)}{\partial x}-\rho\cdot u^2\cdot\frac{1}{A}\cdot\frac{\partial A}{\partial x}-\frac{F_R}{V} \tag{10.33}$$

$$\frac{\partial E}{\partial t}=-\frac{\partial[u\cdot(E+p)]}{\partial x}-u\cdot(E+p)\cdot\frac{1}{A}\cdot\frac{\mathrm{d}A}{\mathrm{d}x}+\frac{q_w}{V}\,, \tag{10.34}$$

wobei F_R die Wandreibungskraft, V das Volumen, q_w den Wärmestrom und E die Gesamtenergie darstellt.

Um dieses Anfangs- und Randwertproblem lösen zu können, sind Aussagen über den Zustand an den Rohrrändern notwendig. Dieser Zustandsvektor wird von der Strömung in den Bauteilen bestimmt, die die Rohrenden miteinander verbinden. Vereinfachend wird wie bei der Füll- und Entleermethode hierbei angenommen, dass die Strömung durch diese Drosselstellen quasistationär sei.

Literatur

[1] *Spicher, U.:* Verbrennungsmotoren A und B, Vorlesungsumdruck Universtät Karlsruhe (TH)

[2] *Schwelk et. al.:* Fachkunde Fahrzeugtechnik; Holland + Jansen Verlag Stuttgart 1989

[3] *Stoffregen, J.:* Motorradtechnik, 7. Aufl. Wiesbaden: Vieweg+ Teubner, 2010

[4] *Marquard, R.:* Konzeption von Ladungswechselsystemen für Pkw-Vierventilmotoren unter Fahrzeugrandbedingungen, Dissertation TH Aachen 1992

[5] *Pischinger, S.:* Verbrennungsmotoren I und II, Vorlesungsumdruck, FH Aachen

[6] *Jungbluth G. et. al.:* Bau und Berechnung von Verbrennungsmotoren, Springer-Verlag Berlin 1983

[7] Shell Lexikon Verbrenungsmotoren, Supplement der ATZ und MTZ
[8] *Köhler, E.; Flierl, R.*: Verbrennungsmotoren, 5. Aufl. Wiesbaden: Vieweg+Teubner 2008
[9] *Aoi, K.; Nomura, K.; Matsuzaka, H.*: Optimization of Multi-Valve, Four Cycle Engine Design: The Benefit of Five-Valve Technology, SAE Technical Paper 860032
[10] *Brüggemann, H.; Schäfer, M.; Gobien, E.*: Die neuen Mercedes-Benz 2,6 und 3,0-Liter-Sechszylinder-Ottomotoren für die neue Baureihe W 124, MTZ 46, 1985
[11] *Duelli, H.*: Berechnungen und Versuche zur Optimierung von Ansaugsystemen für Mehrzylindermotoren und Einzylinder-Einspritzung, VDI-Fortschrittberichte, Reihe 12, Nr. 85, 1987.

10.3 Gaswechsel bei Zweitaktmotoren

10.3.1 Spülverfahren

Das charakteristische Merkmal unterschiedlicher Bauarten von Zweitaktmotoren betrifft das jeweilige Prinzip der Zylinderspülung und die hieran gekoppelte Art der Spülluftversorgung. Die Wahl des Spülkonzepts hat einen wesentlichen Einfluss auf den Bauaufwand, die Bauteilbelastung, das Betriebsverhalten, die Gemischbildungsbedingungen, den Verbrauch und die Emissionen des Motors.

Bei der Spülung des Zylinders wird das verbrannte Gemisch durch das Frischgas, im idealen Grenzfall der reinen Verdrängungsspülung, ohne eine gegenseitige Vermischung aus dem Zylinder gedrängt. Davon abweichend findet bei der Spülung des Zylinders im realen Motor, je nach Güte des gewählten Spülverfahrens, neben der Verdrängung des Abgases auch eine Vermischung von Frisch- und Abgas statt. Hierdurch wird, wie in **Bild 10-55** schematisch dargestellt, insbesondere bei großen Spülluftmengen – zum Beispiel in Kennfeldpunkten hoher Last – ein Teil des Spülgases mit dem Abgas vermischt aus dem Zylinder gespült (Frischgasverlust). Zur Beurteilung des Ergebnisses beziehungsweise der Effizienz des Spülvorgangs bei Zweitaktmotoren werden als Kennzahlen neben dem Liefergrad vor allem der Fanggrad beziehungsweise der Luftaufwand (siehe hierzu auch [1] u. [2]) herangezogen.

Bild 10-56 zeigt eine Übersicht über die wichtigsten Zweitaktspülverfahren mit prinzipbedingten Vor- und Nachteilen.

Umkehrspülung: Bei der Umkehrspülung (nach Schnürle) tritt das Frischgas über im Allgemeinen zwei bis sechs spiegelsymmetrisch zur Mittelachse des Auslasskanals angeordnete und der Richtung des abströmenden Abgases entgegengerichtete Spülkanäle (Überströmkanäle) in den Zylinder ein. Die Spülströme richten sich aneinander auf und bilden an der dem Auslassschlitz entgegengesetzten Seite des Zylinders einen aufsteigenden Frischgasstrom, der im Bereich des Zylinderkopfes seine Richtung umkehrt und das Abgas aus dem Zylinder drängt. Dieses insbesondere bei Kleinmotoren verbreitete Spülverfahren ist für hohe Drehzahlen geeignet, ergibt eine einfache Bauart sowie kompakte Motorabmessungen und bietet bei DI-Dieselmotoren die Option, die Brennraummulde gut gekühlt im Zylinderkopf anzuordnen. Als nachteilig erweisen sich eine asymmetrische thermische Belastung des Kolbens, eine Gefährdung der Kolbenringe durch Spül- und Auslassschlitze und die Tatsache, dass beim Einsatz einer Druckumlaufschmierung der Ölverbrauch nur schwer zu kontrollieren ist. Außerdem machen die Erzeugung eines für DI-Dieselmotoren üblichen Ladungsdralls und die Verwirklichung eines asymmetrischen Steuerdiagramms zusätzliche technische Maßnahmen erforderlich.

Gleichstromspülung: Bei der Gleichstromspülung tritt das Frischgas durch über den Umfang des Zylinders angeordnete Einlassschlitze in den Zylinder ein und schiebt das Abgas über zumeist mehrere im Zylinderkopf angeordnete, mit Kurbelwellendrehfrequenz angesteuerte Auslassventile aus. Durch eine tangentiale Anordnung der Spülkanäle lässt sich

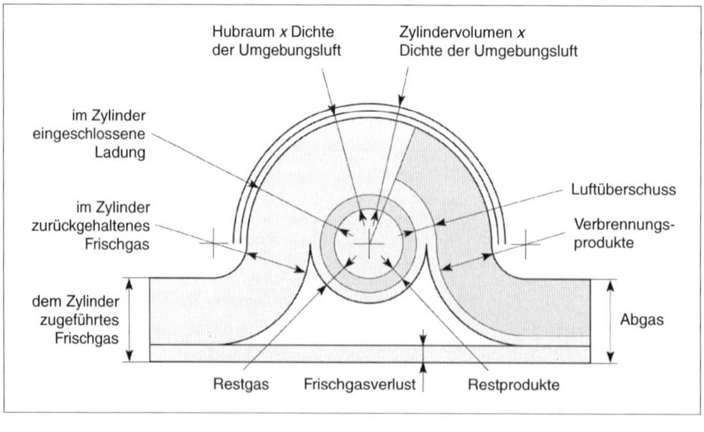

Bild 10-55 Massenbilanz des Zweitaktspülprozesses gemäß [3]

Spülkonzept	Vorteile	Nachteile
1. Umkehrspülung 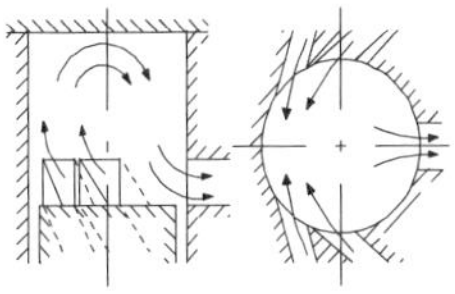	• Kompakte Bauabmessungen • Hohe Drehzahlen möglich • Brennraummulde kann gut gekühlt im Zylinderkopf angeordnet werden • Bei Verzicht auf Schieber einfache Bauart	• Asymmetrisches Steuerdiagramm nur durch Zusatzeinrichtungen (Schieber) möglich • Asymmetrische thermische Belastung des Kolbens • Kolbenringe durch Spül- und Auslassschlitze besonders gefährdet • Ladungsdrall vergleichsweise schwierig zu erzeugen
2. Gleichstromspülung mit Auslassventilen 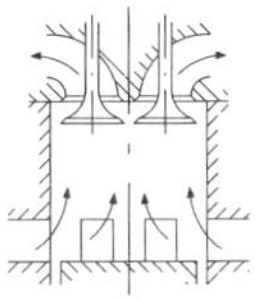	• Gute Spülwirkungsgrade/niedriger Luftaufwand • Einfache Generierung und Beeinflussung des Brennraumdralls möglich • Brennverfahren weitgehend von Viertaktmotoren übernehmbar • Asymmetrisches Steuerdiagramm ohne Zusatzeinrichtungen möglich	• Im Vergleich zu 1 größere Bauhöhe • Aufwändiger/optimierter Ventiltrieb erforderlich um große Zylindernutzhübe und niedrige Verbräuche zu realisieren
3. Gleichstromspülung mit Gegenkolben 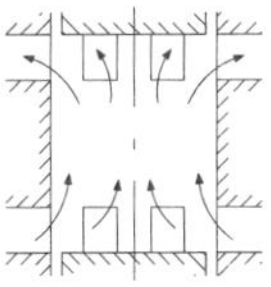	• Minimierung der in der Hochdruckphase aufgeheizten Brennraumoberflächen • Asymmetrisches Steuerdiagramm allein durch Kolbenkantensteuerung möglich • Gute Spülwirkungsgrade/niedriger Luftaufwand	• Großer Bauaufwand • Große Bauhöhe (Baubreite) • Extreme thermische Belastung des die Auslassschlitze steuernden Kolbens • Wegen Anordnung von Düsenhalter/Zündkerze kein konventionelles Brennverfahren einsetzbar
4. Kopfumkehrspülung 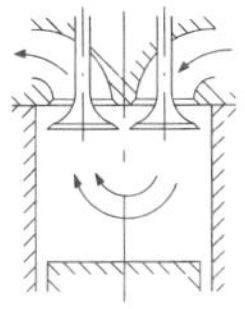	• Triebwerksaufbau sehr ähnlich dem der Viertaktmotoren • Keine Gefährdung der Kolbenringe durch Spül- und Auspuffschlitze	• Niedrige Spülwirkungsgrade/großer Luftaufwand • Wegen begrenzten Öffnungszeitquerschnitten gravierender Anstieg der Ladungswechselarbeit und der Verbräuche bei höheren Drehzahlen

Bild 10-56 Vergleich verschiedener Spülkonzepte

verhältnismäßig einfach eine die Gemischbildung unterstützende Drallströmung generieren beziehungsweise beeinflussen. Dieser Drall bleibt im Allgemeinen über den gesamten Arbeitszyklus in abklingender Form erhalten und muss beim folgenden Spülvorgang nicht vollständig neu generiert werden. Die Vorteile der Gleichstromspülung liegen in verhältnismäßig guten Spülwirkungsgraden (niedriger Luftaufwand), der Option zur Realisierung eines asymmetrischen Steuerdiagramms ohne zusätzlichen Bauaufwand und der Möglichkeit, bewährte DI-Dieselbrennverfahren von Viertaktmotoren weitgehend unverändert auf Zweitaktmotoren zu übertragen. Im Gegensatz zur Umkehrspülung lassen sich bei entsprechender Gestaltung der Spülschlitze die Kolbenringe vergleichsweise einfacher freidrehend anordnen, was der Lebensdauer zugute kommt. Bei Berücksichtigung der Bauhöhe eines mit Ventilen versehenen Zylinderkopfes ergeben sich insbesondere bei überquadratischen Hub-/Bohrungsverhältnissen gegenüber vergleichbaren Viertaktmotoren größere Motorbauhöhen, da die Spülschlitze durch den Kolbenschaft abgedeckt und eine Kollision des Pleuels mit dem Kolbenschaft konstruktiv ausgeschlossen werden muss. Außerdem werden an den Auslassventiltrieb wegen der doppelten Ventilbetätigungsfrequenz und der begrenzten Ventilöffnungs(kurbel)winkel bei gleichzeitiger Forderung nach großen Öffnungszeitquerschnitten erhebliche konstruktive Anforderungen gestellt.

Gegenkolbengleichstromspülung: Bei der Gegenkolbengleichstromspülung bewegen sich zwei Kolben gegenläufig in einem Zylinder, die in ihrer inneren Endlage (OT-Stellung) den Brennraum einschließen. In ihrer äußeren Endlage (UT-Stellung) gibt einer der Kolben die Einlass- der andere Kolben die Auslassschlitze frei, so dass das einströmende Frischgas mit einer Hauptströmungsrichtung in der Zylinderachse das Abgas aus dem Zylinder drängt. Als Vorteile können hohe Spülwirkungsgrade, eine Minimierung der in der Hochdruckphase aufgeheizten Brennraumoberfläche und eine einfache Realisierbarkeit eines asymmetrischen Steuerdiagramms gewertet werden. Gravierende Nachteile dieses Prinzips ergeben sich vor allem durch den hohen Bauaufwand, die sperrigen Motorabmessungen, die extreme thermische Belastung des auslassseitigen Kolbens (siehe hierzu auch [4]) und die beschränkte Übertragbarkeit von Brennverfahren moderner Viertaktmotoren.

Kopfumkehrspülung: Bei der Kopfumkehrspülung strömt das Frischgas zumeist über zwei bis drei mit Kurbelwellendrehzahl betätigte Ventile im Bereich um den UT in den Zylinder und drängt, unterstützt durch eine Richtungsumkehr im Bereich des Kolbenbodens, das Abgas durch die gleichzeitig geöffneten Auslassventile aus dem Zylinder. Vorteil dieses Spülverfahrens ist ein Aufbau des Triebwerks, der weitgehend dem vergleichbarer Viertaktmotoren entspricht. Weiterhin verringert der Wegfall von Spül- und Auslassschlitzen die Gefährdung der Kolbenringe. Diesen Vorteilen steht der gravierende Nachteil gegenüber, dass auf der begrenzten Brennraumoberfläche des Zylinderkopfes sowohl Einlass- als auch Auslassventile angeordnet werden müssen. Gegenüber einem vergleichbaren Zweitaktmotor mit Längsspülung und zum Beispiel vier Auslassventilen kommt es daher in erster Näherung zu einer Halbierung der verfügbaren Öffnungszeitquerschnitte. Gleichzeitig muss zur Einbringung der gleichen Frischgasmenge in den Zylinder wegen der geringeren Spülwirkungsgrade (Vermischung von Frischgas und Abgas wegen Verwirbelung und großflächiger Berührung der Gasströme) bei der Kopfumkehrspülung die erforderliche Spülluftmenge wesentlich erhöht werden. Aus diesem Grunde bleibt die Höhe der erforderlichen Ladungswechselarbeit und die hieraus resultierenden spezifischen Kraftstoffverbräuche lediglich bei niedrigen Motordrehzahlen in einem akzeptablen Bereich. Diese Einschränkungen in der Höhe der Nenndrehzahlen beziehungsweise in den Verbräuchen stehen im Widerspruch zu den Anforderungen an zukünftige Pkw-Antriebskonzepte. Davon abgesehen können beispielsweise kurzhubig ausgelegte, kopfumkehrgespülte Zweitaktdieselmotoren und gegebenenfalls auch Zweitaktottomotoren als Flugantrieb mit geringeren Nenndrehzahlen (Verzicht auf Untersetzungsgetriebe, Nutzung guter Propellerwirkungsgrade) durchaus als erfolgversprechendes Konzept angesehen werden.

Auf weitere Spülverfahren wie Querspülung, Kreuzspülung, Fontänenspülung, Umkehrspülung nach MAN und die verschiedenen Doppelkolbenspülkonzepte (siehe hierzu auch [5] und [6]) wird hier wegen begrenzten Spülwirkungsgraden, hohem Bauaufwand oder sonstigen Nachteilen nicht eingegangen.

10.3.2 Gaswechselorgane

Wie bereits dargelegt, werden bei der Gleichstromspülung der Frischgasstrom in den Zylinder und bei der Umkehrspülung sowohl der Frischgasstrom in den Zylinder als auch der Abgasstrom aus dem Zylinder durch Schlitze in der Zylinderwandung und den auf und abgehenden Kolben gesteuert. Kennzeichen dieser Schlitzsteuerung ist es, dass verglichen mit üblichen Ventilsteuerungen im Zylinderkopf in verhältnismäßig kleinen Kurbelwinkelbereichen große Strömungsquerschnitte geöffnet und geschlossen werden können. Mit schlitzgesteuerten Zweitaktmotoren können daher hohe Nenndrehzahlen erreicht werden. Als charakteristische Größe für die Auslegung und die Bestimmung des Gasdurchsatzes durch einen Schlitz dient der (Öffnungs-) Zeitquerschnitt (siehe hierzu auch [6] und [7]). Er bezeichnet das Zeitintegral über die jeweilige Schlitzquerschnittsfläche vom Öffnen bis zum Schließen des jeweiligen Schlitzes. Ohne weitere Maßnahmen ergeben sich für schlitzgesteuerte Zweitaktmotoren zu den Totpunkten der Kurbelwelle symmetrische Steuerdiagramme. Mit der Zielsetzung, durch ein asymmetrisches Einlasssteuerdiagramm eine bessere Füllung der Kurbelkammer zu ermöglichen, wurden in der Vergangenheit eine Reihe von Zweitaktottomotoren zunächst mit Rohr- und Walzendrehschiebern, später auch mit Scheibendrehschiebern ausgerüstet. Beim unsymmetrischen Steuerdiagramm des Drehschiebers liegt der Einlassbeginn wesentlich früher als bei der Schlitzsteuerung. Da der Unterdruck in der Kurbelkammer zu diesem Zeitpunkt noch verhältnismäßig gering ist, wird die Luftsäule im Ansaugtrakt bei niedrigen und mittleren Drehzahlen vergleichsweise weniger zu Gasschwingungen angeregt. Hierdurch ergibt sich eine stetigere Drehmomentkennlinie und günstige Voraussetzungen für die Bildung eines Kraftstoff-Luftgemisches mit möglichst konstantem Luftverhältnis im Vergaser. An Stelle von Drehschiebern werden bei modernen Zweitaktottomotoren in den letzten Jahren häufig Lamellenventile (Reedvalves) eingesetzt (siehe hierzu auch [7] und [8]). Diese wirken als Rückschlagventile und öffnen sich automatisch bei einem Druckgefälle in Richtung der Kurbelkammer, während sie sich selbsttätig bei umgekehrtem Druckgefälle schließen. **Bild 10-57** zeigt den Aufbau eines Lamellenventils für Zweitaktmotoren.

Der zur Verringerung der Durchströmwiderstände in der Form eines Satteldachs ausgebildete Grundkörper (aus Aluminiumdruckguss oder Kunststoff) ist im Auflagebereich der Lamellen zur Verringerung der mechanischen Belastungen sowie zur Verbesserung der Dichtwirkung und der Akustik im Allgemeinen mit einer dünnen Elastomerschicht umspritzt. Die einseitig am Grundkörper fixierten Lamellen (mech. Ersatzmodell: Kragträger mit Flächenlast) werden entweder aus 0,15–0,2 mm starkem Cr–Ni-Stahlblech oder neuerdings aus 0,4–0,6 mm starken glasfaserverstärkten Epoxidharzplatten gefertigt. Bei gleichen Längen-Breitenverhältnissen ergeben sich wegen eines vergleichbaren Quotienten aus E-Modul und Dichte in etwa gleiche Eigenfrequenzen von Stahl- und Epoxidharzlamellen.

Da die Lamellen mit steigender Druckdifferenz stärker öffnen, ergibt sich bei stationärer Durchströmung in erster Näherung eine lineare Abhängigkeit zwischen Druckdifferenz und Massenstrom. Um eine undefinierte Bewegung der Lamelle (zu weites Öffnen, mit anschließendem frühzeitigen Zuschlagen der Lamelle, Schwingung in der zweiten Eigenform und so weiter) zu verhindern, werden Lamellenventile mit bogenförmigen Anschlägen aus Stahlblech versehen,

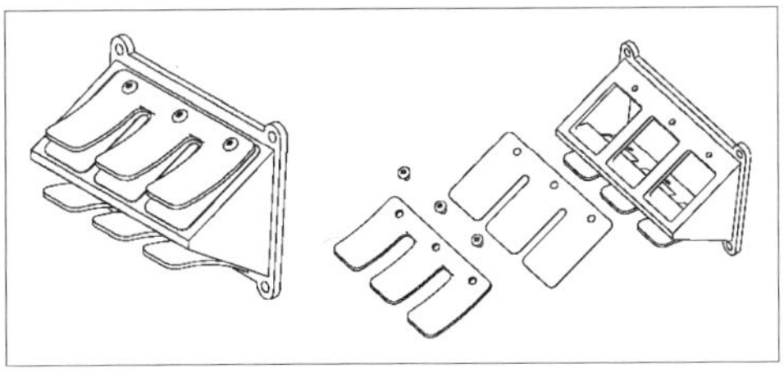

Bild 10-57 Darstellung des Aufbaus eines Lamellenventils zum Einsatz im Ansaugsystem von Zweitakt-Motoren

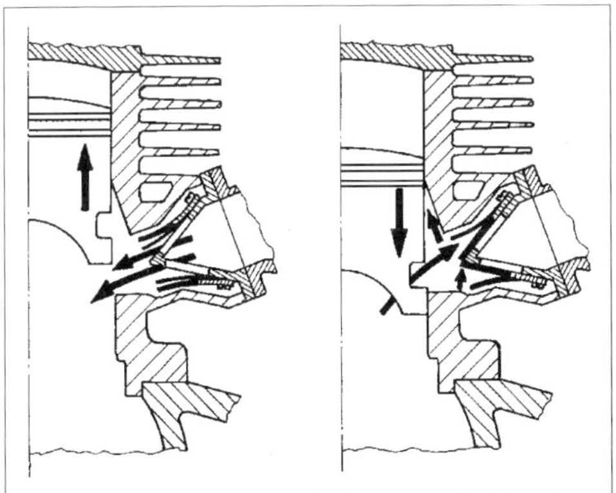

Bild 10-58 Einlasssystem mit kombinierter Kolbenkanten-/Lamellenventilsteuerung

an denen sich die Lamellen beim Öffnen im Sinne einer abrollenden Bewegung anlegen. Die Eigenfrequenz der Lamellen sollte mindestens das 1,3-fache der Öffnungsfrequenz (Ansaugfrequenz des Motors) betragen. Lamellenventile werden entweder direkt an der Kurbelkammer angeordnet, oder wie in **Bild 10-58** dargestellt, als Kombination mit der Kolbeneinlasssteuerung eingesetzt.

Mit der Zielsetzung, die Nachteile des symmetrischen Steuerdiagramms der schlitzgesteuerten Umkehrspülung zu kompensieren, werden bei modernen Hochleistungsottomotoren teilweise im Bereich des Auslassschlitzes Flachschieber, Schwenkschieber oder Drehschieber eingesetzt. Hierdurch lassen sich die Frischgasfüllung, die Drehmoment- und Leisungscharakteristik oder wie beim Honda AR-combustion-Verfahren (**A**ctivated **R**adical) die Entflammung des Luft-Kraftstoff-Gemisches verbessern. **Bild 10-59** zeigt eine Teilschnittansicht durch den betreffenden Zylinder.

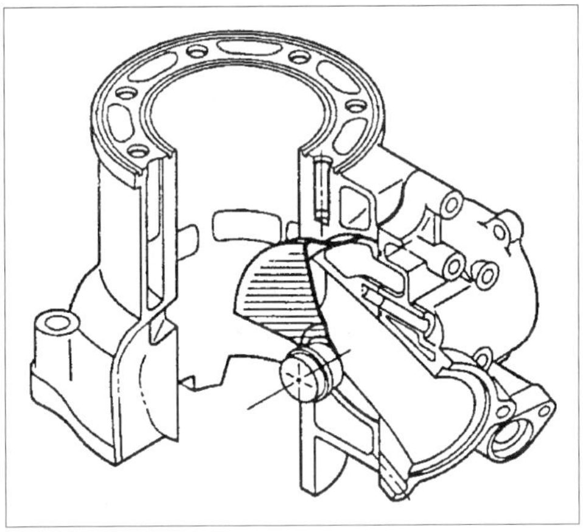

Bild 10-59 Teilschnittansicht eines umkehrgespülten Zylinders mit Auslasskanal-Schwenkschieber gemäß [9]

10.3.3 Spülluftversorgung

Während bei Viertaktmotoren das Druckgefälle für den Ladungswechsel durch den Ausschiebe- und Ansaugvorgang des Triebwerks selbst entsteht, muss beim Zweitaktmotor das erforderliche Spüldruckgefälle durch ein separates Spülgebläse (Verdichter) aufgebracht werden. Eine Spülung des Zylinders kann nur dann erfolgen, wenn Einlass- und Auslassorgan gleichzeitig geöffnet sind. Die Strömung durch das Ein- und das Auslassorgan lässt sich vereinfachend als eine Strömung durch zwei in Reihe geschaltete Drosseln (siehe hierzu auch [10] und [11]) auffassen, die ihrerseits durch einen äquivalenten

Querschnitt ersetzt werden können. Da es, abgesehen von Einflüssen wie Druckpulsation, Gastemperaturen und Abgasgegendruck gleichgültig ist, ob die Schlitze beziehungsweise Ventile in einer Zeiteinheit wenige Male langsam oder viele Male schnell geöffnet und geschlossen werden, ist der Luftmengendurchsatz durch den Zweitaktmotor für ein jeweiliges Spüldruckgefälle im Grundsatz unabhängig von der Motordrehzahl. Demgegenüber besteht zwischen dem Spüldruckgefälle und der Spülluftmasse in erster Näherung eine quadratische Abhängigkeit. Hierdurch steigt bei höheren Motordrehzahlen der erforderliche Spüldruck zur Erzielung des gleichen Spülergebnisses wesentlich an. Grundsätzlich lässt sich – eine entsprechende Flexibilität des Spülgebläses vorausgesetzt – je nach Erfordernissen bezüglich Motortemperatur, Abgastemperatur, Emission, Verbrauch und Motorleistung (Aufladung) für einen jeweiligen Kennfeldpunkt die Spülluftmenge in weiten Bereichen variieren. Für die Spülung beziehungsweise gegebenenfalls Aufladung von Zweitaktmotoren kommen im Grundsatz sowohl Verdichter der Verdrängerbauart (Hub- und Drehkolbenverdichter) als auch der Strömungsbauart in Frage (siehe hierzu auch [10, 12 und 13]). **Bild 10-60** zeigt eine Übersicht über verschiedene Gebläse beziehungsweise Laderbauarten.

Hubkolbenverdichter: Die einfachste Form des Hubkolbenverdichters bei Zweitaktmotoren nutzt als Arbeitsvolumen das Kurbelgehäuse und die Unterseite des Kolbens. Bei dieser insbesondere bei kleinen Zweitaktottomotoren verbreiteten Bauart (Vorteil: kompakte Bauart, geringe Zusatzkosten, steile Verdichterkennline, geringe Zusatzantriebsleistung) strömt das Arbeitsgas bei der Aufwärtsbewegung des Kolbens im Allgemeinen durch Ausnehmungen in der Zylinderwand beziehungsweise dem Kolbenschaft ins Kurbelgehäuse. Bei der anschliessenden Abwärtsbewegung des Kolbens wird das Frischgas verdichtet und strömt über Überströmkanäle und vom Kolbenboden freigegebene Spülschlitze in den Zylinder. Durch die Verwendung von Reedvalves, Drehschiebern, oder durch den Übergang auf eine Kreuzkopfladepumpe lässt sich die Spülluftmenge in den durch das Hub-/Bohrungsverhältnis und dem Schadraum vorgegebenen Grenzen steigern. Insbesondere vor dem Hintergrund begrenzter Spülwirkungsgrade von Zweitaktmotorenspülungen und der Tatsache, dass auch bei modernen Dieselbrennverfahren wegen der Rauchgrenze üblicherweise ein Volllastbetrieb bei wesentlichem Luftüberschuss notwendig ist, erweist sich – wenn man von der komplizierten Stufenkolbenbauart absieht – der geringe Liefergrad der Kurbelgehäusespülpumpe als gravierender Nachteil. Unter der Voraussetzung, dass es nicht gelingt, einen hochgradig effektiven, druckverlustarmen und strömungsgünstigen Ölabscheider für die Spülluft zum Einsatz zu bringen, schließt die Forderung nach einer Minimierung der Schmierölbeladung der Spülluft (Problem: HC-, Partikelemission, Kolbenringverkokung, „Durchgehen" des Motors) zudem die Verwendung der bewährten, akustisch günstigen, preiswerten und zuverlässigen Triebwerkslagerung mittels Gleitlagern und die Kolbenspritzkühlung weitgehend aus. Ein weiterer wesentlicher Nachteil der Kurbelgehäusespülpumpe besteht darin, dass die Kurbelkammern bei Mehrzylindermotoren zueinander gedichtet werden müssen. Ein separater mechanisch angetriebener Hubkolbenverdichter vermeidet einen Teil der genannten Nachteile, erfordert jedoch, abgesehen von einer begrenzten Flexibilität bei der Anpassung der Fördermenge, einen großen zusätzlichen Bauraum und gravierende Zusatzkosten.

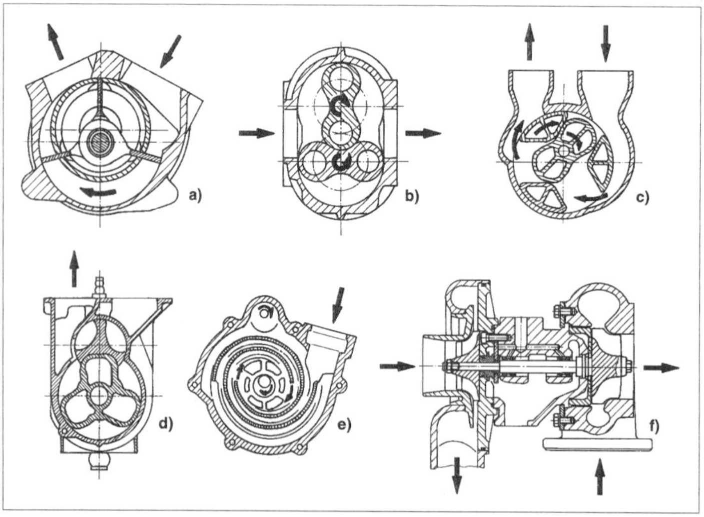

Bild 10-60 Übersicht über verschiedene Gebläse- beziehungsweise Laderbauarten:
a) Flügelzellenlader
b) Rootslader
c) Ro-Lader
d) Schraubenverdichtet
e) Spirallader (G-Lader)
f) Turbolader

Rotationsverdichter: Unter dem Oberbegriff Rotationsverdichter (Drehkolbenverdichter) lassen sich eine Reihe von Verdichtern einordnen, deren Förderung beziehungsweise Verdichtung durch die Verdrängungswirkung rotierender Elemente beziehungsweise Kolben erzeugt wird. Zur Spülung beziehungsweise Aufladung von Verbrennungsmotoren ist die Antriebswelle mechanisch mit der Kurbelwelle des Motors gekoppelt. Zur Gruppe dieser Lader zählen Rootslader, Flügelzellenlader (Kapselgebläse), Ro-Lader, Spirallader (G-Lader) und Schraubenverdichter. Ähnlich wie bei Hubkolbenverdichtern ist der geförderte Massenstrom in etwa proportional zur Antriebsdrehzahl und fällt bei höheren Druckverhältnissen wegen ansteigenden Leckageverlusten leicht ab, wobei im Allgemeinen mittlere Verdichterwirkungsgrade erreicht werden. Bezogen auf ein gleiches Fördervolumen liegen die Bauabmessungen zwischen denen von Hubkolben- und Radialverdichtern.

Lader der Strömungsbauart: Als Lader der Strömungsbauart (Turboverdichter) kommen für Fahrzeugmotoren in erster Linie Radialverdichter in Frage. Bei Radialverdichtern ist der Förderstrom in etwa linear, der Druck in etwa quadratisch von der Antriebsdrehzahl abhängig. Mit modernen Radialladern lassen sich hohe Verdichterwirkungsgrade erzielen. Da der Zweitaktmotor, abweichend von den Verhältnissen am Viertaktmotor, nur eine von der Motordrehzahl annähernd unabhängige Massendurchsatzkennlinie hat, die sich als Öffnung (Drossel) konstanten Querschnitts auffassen lässt, ist ein mechanisch an den Motor gekoppeltes Radialgebläse grundsätzlich als Spülgebläse geeignet. Entsprechend der Zielsetzung, die Bauabmessungen des Radialladers zu begrenzen, ist es zweckmäßig, den Lader mit einer Übersetzung ins Schnelle anzutreiben. Um den vom Lader geförderten Luftmassenstrom weitgehend unabhängig von der Kurbelwellendrehzahl für jeden Kennfeldpunkt optimal an die gewünschte Spül- beziehungsweise Ladegrade des Zweitaktmotors anzupassen, wäre es, wie auch bei den zuvor behandelten Verdrängerladern, wünschenswert, den Lader mit einem variablen Übersetzungsverhältnis anzutreiben. Eine derartige Lösung wurde beispielsweise beim „ZF-Turmat“ (siehe hierzu auch [14]) verwirklicht. Abgesehen von hohen Baukosten, Schwingungs- und Lebensdauerproblemen bei variablen Antriebsübersetzungen ist es ein genereller Nachteil mechanisch angetriebener Lader, dass ein wesentlicher Anteil der Nutzleistung an der Kurbelwelle zum Antrieb des Laders abgezweigt werden muss, wodurch sich die spezifischen Kraftstoffverbräuche entsprechend erhöhen.

Abgasturbolader: Der Abgasturbolader, der bei Viertaktmotoren seit Jahrzehnten mit Erfolg eingesetzt wird, kommt im Grundsatz auch bei Pkw- und Lkw-Zweitaktmotoren als Spül- beziehungsweise Aufladegebläse in Frage. Der Vorteil der Turboaufladung liegt in der Nutzung der in der Turbine umgesetzten Abgasenergie, die anderenfalls weitgehend ungenutzt bleiben würde. Voraussetzung für den Einsatz von frei laufenden Turboladern bei Zweitaktfahrzeugmotoren ist allerdings nach Schieferdecker [15], dass die Gruppenwirkungsgrade von Turbine und Verdichter mindestens 60 % betragen, was bei modernen Turboladern für dem Pkw- und Lkw-Einsatz in etwa erreicht wird. Zur weitgehenden Nutzung der Abgasenergie in der Turbine ist es außerdem von gravierender Bedeutung, dass die Abgasleitungen vom jeweiligen Zylinder bis zum Spiralgehäuse des Laders nicht nur strömungsgünstig, sondern auch in Hinblick auf minimale Wärmeverluste, optimiert sind. Neben einer kurzen gedrungenen Gestaltung der Kanäle ist auch die Luftspaltisolierung, gegebenenfalls sogar der Einsatz von Portlinern, in Erwägung zu ziehen. Um über einen möglichst großen Kennfeldbereich ein positives Spüldruckgefälle zu gewährleisten, ist es nahe liegend, Lader mit variabler Turbinengeometrie (Verstellbeschaufelung, Schiebelader, Doppelspirallader (Twin skroll, Fa. Aisin)) (siehe hierzu auch [14]) einzusetzen. Ein vorteilhafter Nebeneffekt der Turboaufladung und der Aufladung mittels Ladern mit verstellbarer Turbinengeometrie im Speziellen ist es, dass durch den Rückstau der Abgase vor der Turbine auch bei Spülkonzepten mit symmetrischem Steuerdiagramm (zum Beispiel Umkehrspülung) prinzipiell hohe Aufladegrade möglich sind. Ein derartiges Prinzip wurde – allerdings in extremer Form – beim Turbocompound-Flugmotor „Napier Normad“ (siehe hierzu auch [16]) verwirklicht. Um bei Beschleunigungsvorgängen aus niedriger Last und Drehzahl und beim Motorstart ein positives Spüldruckgefälle zu erzeugen, ist die Reihenschaltung eines zusätzlichen mechanisch oder elektrisch angetriebenen Laders oder ein mechanischer Hilfsantrieb des Turboladers erforderlich. Eine interessante Alternative hierzu stellen Turbolader mit elektrischer Unterstützung dar. Bei diesen Ladern wird bedarfsabhängig ein Teil der Antriebsleistung für den Verdichter zum Beispiel durch einen im Lader integrierten Asynchron-Elektromotor geliefert (siehe hierzu auch [17]).

Es sei angemerkt, dass bezüglich der thermodynamischen Verhältnisse bei der Koppelung mit Zweitaktmotoren für den Druckwellenlader (Comprexlader), sinngemäße Aussagen wie für den Turbolader gelten. Prinzipiell nachteilig sind allerdings eine Erwärmung des Frischgases durch einen kurzzeitigen direkten Kontakt von Frischgas und Abgas, und dass bei diesem Laderprinzip eine mechanische oder elektrische Unterstützung der Verdichterleistung entsprechend dem Wirkprinzip des Laders nicht möglich ist.

Literatur

[1] *Küntscher, V.* (Hrsg.): Kraftfahrzeugmotoren – Auslegung und Konstruktion. 3. Aufl. Berlin: Verlag Technik, 1995

[2] *List, H.:* Der Ladungswechsel der Verbrennungskraftmaschine, Teil II, Der Zweitakt. Wien: Springer-Verlag, 1950

[3] *Schweitzer, P. H.*: Scavenging of Two-Stroke Cycle Engines. New York, NY: Macmilian, 1949
[4] *Gerecke, W.*: Entwicklung und Betriebsverhalten des Feuerrings als Dichtelement hoch beanspruchter Kolben. In: MTZ Jahrgang 14 Nr. 6 Juni 1953, S. 182–186
[5] *Venediger, H. J.*: Zweitaktspülung insbesondere Umkehrspülung. Stuttgart: Franckh'sche Verlagshandlung, 1947
[6] *Bönsch, H. W.*: Der schnelllaufende Zweitaktmotor. 2. Aufl. Stuttgart: Motorbuch Verlag, 1983
[7] *Kuhnt, H.-W.; Budihartono, H.; Schneider, M.*: Auslegungsrichtlinien für Hochleistungs-2-Takt-Motoren; Vortrag bei der 4. Internationalen Jahrestagung für die Entwicklung von Kleinmotoren, Offenburg: 16. und 17. März 2001
[8] *Blair, G. P.*: Design and Simulation of Two-Stroke Engines. Warrendale, Pa: SAE-Verlag, 1996, ISBN 1-56091-685- 0.
[9] *Bartsch, Ch.*: Ein neuer Weg für den einfachen Zweitakter, Honda EXP-2 als Versuchsobjekt. In: Automobil Revue, Nr. 5/1 Feb. 1996.
[10] *Zinner, K.*: Aufladung von Verbrennungsmotoren, Grundlagen – Berechnung – Ausführung. 3. Aufl. Berlin; Heidelberg; New York; Tokyo: Springer-Verlag, 1985
[11] *Wanscheid, W. A.*: Theorie der Dieselmotoren. 2. Aufl. Berlin: VEB Verlag Technik, 1968
[12] *Küntscher, V.* (Hrsg.): Kraftfahrzeugmotoren – Auslegung und Konstruktion. 3. Aufl. Berlin: Verlag Technik, 1995
[13] *Zeman, J.*: Zweitaktdieselmaschinen. Wien: Springer-Verlag, 1935
[14] *Hack/Langkabel:* Turbo- und Kompressormotoren; Entwicklung, Technik, Typen. Stuttgart: Motorbuchverlag, 1999
[15] *N.N.*: Fahrzeugmotoren im Vergleich: Tagung Dresden 3.–4. Juni 1993, VDI Gesellschaft Fahrzeugtechnik, VDI Berichte 1066, Düsseldorf: VDI-Verlag, 1993
[16] *N.N.*: Der Napier-Diesel-Flugmotor „Normad“. In: MTZ Jahrgang 15 Nr. 8 August 1954. S. 236–239
[17] *Huber, G.*: Elektrisch unterstützte ATL-Aufladung (euATL) – Schaffung eines neuen Freiheitsgrades bei der motorischen-Verbrennung. 6. Aufladetechnische Konferenz, Dresden, 1997.

10.4 Variable Ventilsteuerungen

Mit dem Einsatz variabler Ventilsteuerungen (VVS) lassen sich an Verbrennungsmotoren die motorischen Zielgrößen, wie der spezifische Verbrauch, das Abgasverhalten, das Drehmoment, sowie die maximale Leistung, positiv beeinflussen. Variable Ventilsteuerungen werden ihrem physikalischen Wirkprinzip nach in mechanisch, hydraulisch, elektrisch und pneumatisch betätigte Systeme unterteilt. Sowohl zu einfachen Systemen, bei denen die Steuerzeiten in zwei Stellungen variiert werden können, als auch zu den komplexeren Systemen, bei denen sogar die Laststeuerung der Motoren durch variable Steuerzeiten realisiert werden kann, sind zahlreiche Systeme bekannt und liegen umfangreiche Forschungsergebnisse vor. In **Bild 10-61** ist eine detailliertere Gliederung der variablen Ventilsteuerungen vorgenommen worden. Bei dieser feineren Gliederung ist von dem Bauteil der Nockenwelle ausgegangen worden. Von drei gewählten Gliederungsebenen stellt das Nockenwellenkriterium die erste dar. Systeme, die ihre Energie zur Ventilbetätigung ohne Nockenwelle bereitstellen, werden direkt nach Art des physikalischen Wirkprinzips unterteilt. Entsprechend handelt es sich hier um elektrisch, pneumatisch, hydraulisch und mechanisch betätigte Systeme. Bei Systemen, die eine Nockenwelle zur Steuerung verwenden, wird zwischen der Verwendung von konventionellen und speziellen Nockenwellen unterschieden. Hierbei werden Nockenwellen als konventionell bezeichnet, die eine übliche Nockengeometrie aufweisen und mit gebräuchlichen Werkstoffe und sich mit bekannten Fertigungsverfahren herstellen lassen. Die zweite Unterteilungsebene wird durch den Wirkort der Variabilität gekennzeichnet. Mit der dritten Unterteilungsebene, die das Wirk- und Funktionsprinzip variabler Ventilsteuerungen beschreibt, kommt man zur Unterteilung in 17 Gruppen.

An dieser Stelle wird nur auf einzelne Systeme eingegangen. Die in Serie befindlichen Systeme sind dabei von besonderem Interesse. In der Gliederung in **Bild 10-61** sind die Gruppen, aus denen die Serienlösungen stammen, grau unterlegt.

Die Vielzahl der variablen Ventilsteuerungen machen es dem Entwickler schwierig, eine für seine Anwendung geeignete Steuerung auszuwählen. Die verschiedensten Systeme greifen in das Zylinderkopfkonzept derart ein, dass mit dem Einsatz variabler Ventilsteuerungen erhebliche Bauteilanpassungen zu treffen sind. Für den Einsatz an Serienmotoren hat dieses in der Regel zur Folge, dass mit variablen Ventilsteuerungen an Serienmotoren gleichzeitig eine neue Zylinderkopfgeneration entwickelt werden muss. In der Regel ist mit dem Einsatz variabler Steuerzeiten ein Mehraufwand gegenüber dem konventionellen Motor verbunden, der sich in Mehrkosten ausdrückt. Dieses Umfeld stellt sich für den Motorenentwickler besonders spannend dar.

Zukünftig wird die Möglichkeit, mit variablen Ventilsteuerungen die Laststeuerung der Motoren zu übernehmen, mehr an Bedeutung gewinnen. Durch die Variation der Ventilerhebungskurvenform sollen als wesentliches Ziel, die Ladungswechselverluste bei Teillast gesenkt werden und damit der Kraftstoffverbrauch vermindert werden. Ziel vieler Entwicklungstätigkeiten ist der Entfall der Drosselklappe bei Ottomotoren, um die Laststeuerung allein über die Variation der Ventilerhebung zu bewerkstelligen. Im Vergleich zur reinen Drosselregelung (DR) mit der konventionellen Drosselklappe sind in **Bild 10-62** vier mögliche Laststeuerungsverfahren durch Variation der Einlassventilerhebung dargestellt.

Das Laststeuerungsverfahren „Früher-Einlass-Schluss“ (FES) begrenzt die Frischgasmenge durch frühzeitiges Schließen des Einlassventils, sobald die Füllung durch die einzustellende Last erreicht ist. Bei Leerlauf beträgt die Einlassventilöffnungsdauer circa 60 °KW. Durch die Steuerung „Später-Einlass-Schluss“ (SES) wird aufgrund einer langen Öffnungszeit des Ventils der Teil der Füllung während des Aufwärtshubs des Kolbens aus dem Zylinder gefördert, der für die einzustellende Leistung nicht benötigt wird. Diese Ladungsmenge passiert mit den entsprechenden Verlusten zweimal die Drosselstelle des Ventils. Bei der Laststeuerung mittels des Verfah-

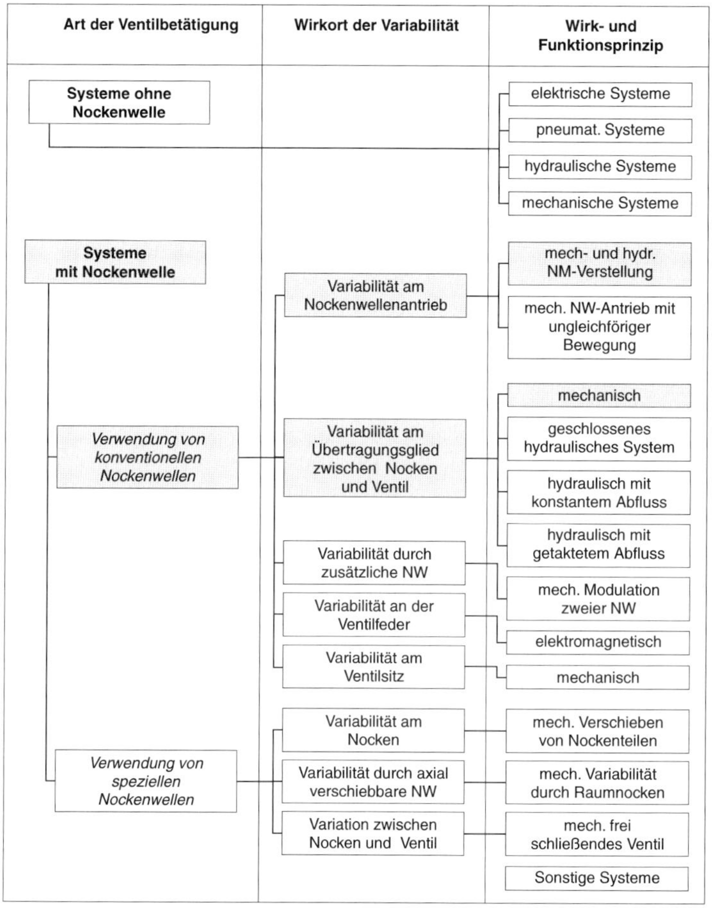

Bild 10-61 Gliederung der variablen Ventilsteuerungen [1]

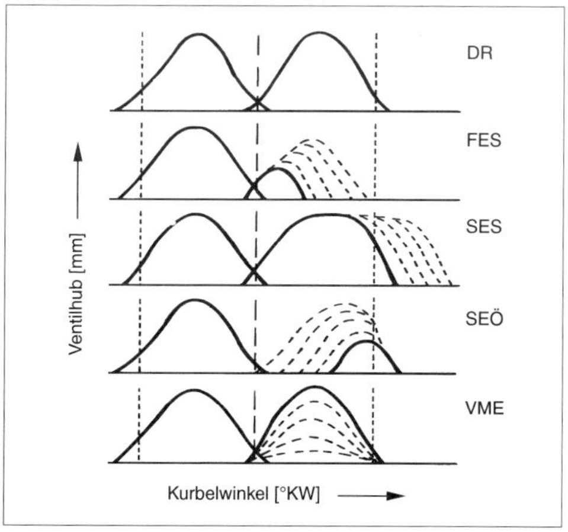

Bild 10-62 Verstellmöglichkeiten der Ventilerhebungskurven bei variablen Ventilsteuerungen

rens „Spätes-Einlass-Öffnen" (SEÖ) wird das Einlassventil erst dann geöffnet, wenn die restliche Öffnungszeit der erforderlichen einströmenden Gemischmenge entspricht. Zu Einlassbeginn herrscht im Zylinder ein hoher Unterdruck, der durch Turbulenz die Gemischaufbereitung begünstigt. Die Beeinflussung der Zylinderfüllung durch die Steuerung „Variabler-Maximaler-Einlassventilhub" (VME) erfolgt durch die Reduktion des Ventilhubes bei gleichen Öffnungswinkeln. Anstelle der Drosselklappe wirkt das Ventil als Drosselstelle, wodurch keine Reduktion der Ladungswechselarbeit erfolgt. Die Ventilreibung kann jedoch gesenkt werden, da die Ventilfedern nur noch einen Teil zusammengedrückt werden.

Die Auswirkungen der Einflussparameter zur Veränderung der Ventilerhebungskurve sind bekannt. Ein idealer Ventiltrieb wäre der, der große Gestaltungsmöglichkeiten der Ventilerhebungskurven zulässt. Auch wäre die Kombination einiger Laststeuerungsverfahren sinnvoll. Systembedingt lassen sich jedoch durch die verschiedenen variablen Ventilsteuerungen nur eingeschränkte Freiheitsgrade realisieren. Außerdem ist der Aufwand an Systemtechnik für den Einsatz variabler Ventilsteuerungen erheblich, die der angestrebten Vollvariabilität nahekommen. Schon mit der Verwendung von Systemen, die die Nockenwellen relativ zur Kurbelwellenlage verdrehen, sind die erzielbaren motorischen Verbesserungen groß. Diese Systeme sind an Serienmotoren in großer Breite vertreten, so dass in dem nachfolgenden Kapitel auf diese Systeme besonders eingegangen wird.

An dieser Stelle sei erlaubt, eine Abschätzung zu treffen, inwieweit durch Verwendung von variablen Ventilsteuerungen Verbrauchs- oder Emmissionsverbesserungen erzielt werden. Sichtet man die Ergebnisse der Literatur, wie zum Beispiel in [1], ist festzustellen, dass Verbrauchsverbesserungen im Mittel zwischen 5 und 15 % in einigen Kennfeldbereichen des Motors zu erzielen sind. Oftmals sind jedoch an den in der Literatur aufgezeigten Motoren neben dem Einsatz variabler Ventilsteuerungen andere Motoroptimierungsmaßnahmen getroffen worden, so dass der Anteil, der auf die Verwendung variabler Ventilsteuerungen zurückzuführen ist, nicht direkt ersichtlich ist.

Im Vergleich zu Ottomotoren ist das zu verbessernde Potential durch den Einsatz variabler Ventilsteuerungen bei Dieselmotoren begrenzt. Hierzu existieren relativ wenige Untersuchungen. Die Zukunft wird zeigen, inwieweit auch hier mit Systemen an Serienmotoren zu rechnen ist.

10.4.1 Nockenwellenversteller

10.4.1.1 Überblick zu Funktionsprinzipien von Nockenwellenverstellern

Schon am 29. September 1918 wurde zur Verdrehung einer Ottomotoren-Nockenwelle ein Patent erteilt [1]. Durch eine innen und außen sowohl gerad- als auch schrägverzahnte Hülse, die sich axial beweglich zwischen der Nockenwelle und dem Antriebsrad befindet, wird die gewünschte Variation während des Motorbetriebs erreicht **(Bild 10-63)**. Damit werden die Nocken beziehungsweise die Nockenwelle in ihrer relativen Winkellage zur Kurbelwelle verdreht.

Der Erfinder dieses Patentes Samuel Haltenberger sah den Versteller für eine Flugzeugmotor zur Leistungsanpassung an verschiedene Flughöhen vor. Die schrägverzahnte Hülse (2) wird in axialer Richtung durch Luftdruck mittels eines Verstellergestänges (4) verschoben. Dabei verändert sich die relative Winkellage der Nockenwelle (1) gegenüber des antreibenden Kegelrades (3), dass mit der Kurbelwelle gekoppelt ist. Auf Basis des gleichen Funktionsprinzip der gerad- und schrägverzahnten Hülse hat die Fa. Alfa Romeo 1983 an einen Nockenwellenversteller an einem Zweiventilmotor mit zwei Nockenwellen in Serie gebracht **(Bild 10-64)**. Der Versteller sitzt auf der Einlassnockenwelle und ermöglicht die Verstellung der Steuerzeiten für zwei Stellungen. Im Leerlauf wird die späte Steuerzeitenstellung durch eine Rückstellfeder (10) gehalten und je nach anliegendem Öldruck und Drehzahl wird die Verstellung zur frühen Steuerzeit durchgeführt. Dabei wird der Motoröldruck durch einen Hubmagnet (6), der das Steuerungsventil (5) betätigt, auf den schrägverzahnten Kolben (9) gebracht. Das Verstellelement ist der schrägverzahnte Kolben (9), der durch Öldruck gegen die Federkraft bewegt wird. Durch die verwendete Schrägverzahnung (3) an Kolben und Nockenwelle wird bei axialer Verschiebung des Kolbens die Nockenwelle relativ zum Kettenantriebsrad (4) und damit zur Kurbelwelle verdreht.

Bei den in den **Bildern 10-63** und **10-64** erwähnten Systemen handelt es sich um Konstruktionen, bei denen ein mechanischen Wirkprinzip angewandt ist. Hiermit ist gemeint, dass der Kraftfluss zum Betätigen der Ventile nur über Komponenten erfolgt, bei denen Reib- oder Formschluss vorliegt. Die Bewegung und das Halten der Verstellelemente wie zum Beispiel der Kolben bei dem Alfa Romeo Versteller in **Bild 10-64** können jedoch über Öldruck erfolgen. Bei einem Nockenwellenversteller mit einem hydraulischen Wirkprinzip wäre im Kraftfluss zur Ventilbetätigung eine hydraulische Komponente vorhanden. Dieses erfolgt dann über ein Ölvolumen, dass ein entsprechend hohes Druckniveau aufweisen muss, um stabile Stellungen der Verstellelemente zu gewährleisten.

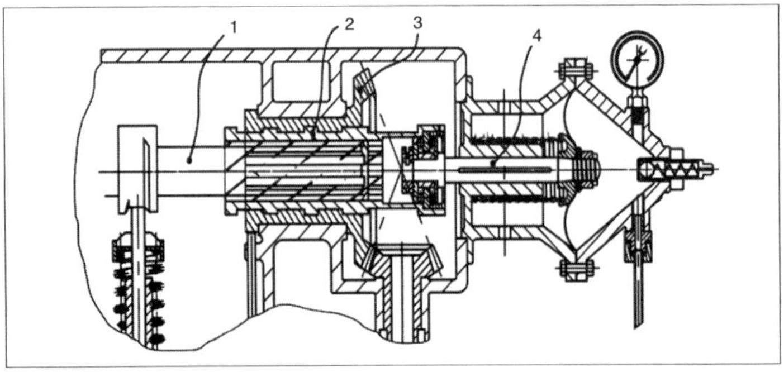

Bild 10-63 Patent eines Nockenwellenverstellers aus dem Jahre 1918 [2]

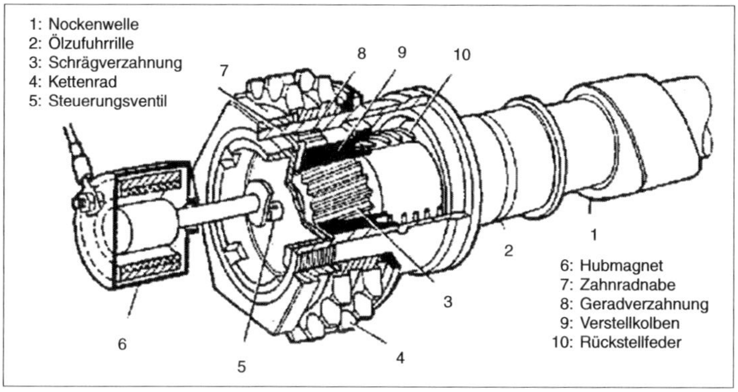

Bild 10-64 Nockenwellenversteller der Fa. Alfa Romeo aus dem Jahre 1983 [3]

Die Position des Nockenwellenverstellers sollte sich sinnvollerweise direkt im Bereich des Antriebs der Nockenwelle befinden. Der Kraftfluss zum Antrieb der Nockenwelle kann hier am einfachsten unterbrochen werden, und durch die Wahl geeigneter Verstellelemente kann die Variation der Nockenwellenverdrehung einfach ermöglicht werden.

Recherchiert man in der Literatur und in den bekannten Patentanmeldungen, so lässt sich eine Vielzahl verschiedener Funktionsprinzipien für Nockenwellenversteller finden. Aufgrund einer durchgeführten Patentrecherche sind den Autoren circa 3.000 verschiedene Anmeldungen bekannt. Trägt man diese Anmeldungen zum Beispiel über den Zeitraum der letzten 25 Jahre nach ihrem Anmeldedatum auf, lässt sich ein starker Anstieg an Aktivitäten auf diesem Gebiet erkennen. Nach der Serieneinführung des Alfa Romeo Verstellers steigt die Anzahl der Patentanmeldungen drastisch an. In **Bild 10-65**, in dem der Stand von September 2004 dargestellt ist, sind die Anmeldeaktivitäten der Jahre 1980 bis 2003 aus einer erstellten Datenbank zahlenmäßig erfasst. Für die Jahre 2002 und 2003 können nicht alle Anmeldungen erfasst werden, da zwischen Anmeldedatum und Offenlegungstag 18 Monate liegen.

Die bekannten Versteller lassen sich in verschiedene Funktions- und Wirkprinzipien unterteilen. In **Bild 10-66** sind diese Prinzipien dargestellt. Im Wesentlichen handelt es sich bei den Verstellern um Systeme, die entweder ein mechanisches oder hydraulisches Wirkprizip verwenden. Am häufigsten werden Lösungen angewandt, bei denen ähnlich wie beim Alfa Romeo Versteller durch axiale Verschiebung eines Kolbens die Winkelverdrehung durch die Verwendung einer Schrägverzahnung erzielt wird. An Serienmotoren sind im Wesentlichen nur drei Prinzipien zu finden – in **Bild 10-66** grau unterlegt –. Zu der ersten Gruppe gehören Systeme, die ähnlich des Alfa Romeo Prinzips eine Schrägverzahnung einsetzen und ein mechanisches Wirkprinzip aufweisen. Als zweite Lösung sind es hydraulisch betätigte Kettenversteller, wobei durch Verschiebung des Kettentrums die gewünschte Nockenwellenverdrehung erfolgt. Zu der aktuelleren Gruppe zählen die Systeme mit hydraulisch betätigten Schwenkmotoren am Nockenwellenantrieb. Auf die einzelnen Systembeschreibungen wird im Kapitel 10.4.1.3 genauer eingegangen.

Alle Nockenwellenversteller an Serienmotoren befinden sich am Nockenwellenantrieb. In den Ventilhub

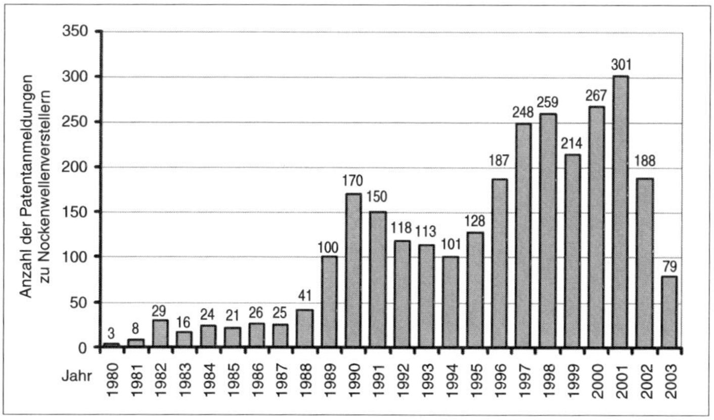

Bild 10-65 Anzahl der erfassten Patentanmeldungen und Offenlegungsschriften von Nockenwellenverstellern Jahre 1980 bis 2004

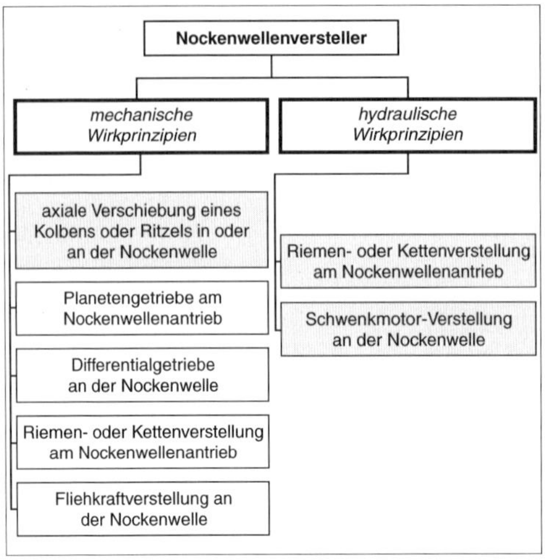

Bild 10-66 Gliederung der Nockenwellenversteller ihrem Funktionsprinzip nach

oder die Ventilöffnungsdauer greifen die Versteller nicht ein. Hierzu sind ebenfalls eine Vielzahl anderer Systeme bekannt. Die Wirkorte der Verstellung von Ventilhub und -öffnungsdauer befinden sich in der Regel zwischen Nocken und Ventil. Damit können Nockenwellenversteller mit diesen Systemen kombiniert werden.

Als Beispiel eines Systems zur Veränderung der Ventilhub beziehungsweise -öffnungsdauer sei das so genannte "VTEC" System der Fa. Honda erwähnt [4]. Dieses System erlaubt durch die Veränderung der Übertragungsgeometrie zwischen Nocken und Ventil verschiedene Ventilhübe und -öffnungsdauern. An vielen verschiedenen Motoren sind diese Systeme im Einsatz (siehe auch Kapitel 10.4.2).

10.4.1.2 Motorische Auswirkungen durch Nockenwellenversteller

Die Zielsetzung für den Einsatz von Nockenwellenverstellern kann sehr unterschiedlich sein. Durch die relative Winkelveränderung der Lage der Nockenzur Kurbelwelle kann beim Pkw-Ottomotor sowohl die maximale Leistung, der Drehmomentverlauf über der Drehzahl als auch das Abgasverhalten positiv beeinflusst werden. Nockenwellenversteller sind sowohl für zwei Winkelstellungen als auch für variable Veränderung der Winkellage in Serie. In **Bild 10-67** sind die Verstellmöglichkeiten von Ventilerhebungskurven bei Verwendung von zwei stufenlos wirkenden Nockenwellenverstellern prinzipiell dargestellt. Die strichlinierten Kurven sollen die möglichen Endlagen der Steuerzeitenlagen darstellen.

Da durch Nockenwellenversteller nur die Lage der Steuerzeiten, nicht aber die Ventilerhebungskurven verändert werden, sind die motorischen Auswirkungen begrenzt. Jedoch lässt sich das zu erreichende Verbesserungspotential an Motoren einfacher während der Entwicklung abschätzen als zum Beispiel bei vollvariablen Ventilsteuerungen. Zur Potentialabschätzung werden Ladungswechselrechnungen mit numerischen Programmen durchgeführt. Der gesamte Ladungswechsel des Motor kann bezüglich Drehmoment- und Leistungsverhalten sowie des Restgasanteils abgeschätzt werden. Hierzu werden alle am Ladungswechsel beteiligten Komponenten wie zum Beispiel Saugrohr oder Abgasanlage parametrisiert und im Berechnungsmodel abgebildet [1]. Die Ventilerhebungskurven werden ausgelegt und ebenfalls mit den möglichen Steuerzeiten in den Ladungswechselrechnungen berücksichtigt. Damit lassen sich die Leistungs- und Drehmonentcharakteristik des Motors zuverlässig vorherbestimmen. Die zur Verstellung der Nockenwellen benötigten Parameter werden grob ermittelt und in Versuchen feiner abgestimmt.

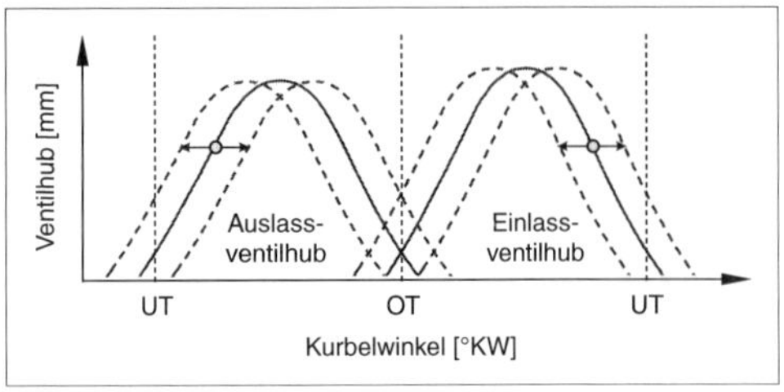

Bild 10-67 Veränderliche Nockenkonturen bei Verwendung von stufenlos wirkenden Verstellern an der Ein- und Auslassnockenwelle

Zunächst kann durch die Verwendung eines Nockenwellenverstellers auf der Einlassventilseite je nach Nockenkonturauslegung das maximale Drehmoment oder die Höchstleistung positiv beeinflusst werden. Ein Motor mit festen Steuerzeiten beziehungsweise Nockenkonturlagen kann nur bezüglich Leistung und Drehmoment eine Kompromisauslegung erhalten. Für die maximale Leistung des Motors ist die Lage des Einlasschlusses der Einlassventilerhebungskurve bestimmend. Zu höheren Drehzahlen hin wird der Einlassschluss zu späteren Steuerzeiten verschoben. Der Zeitpunkt ist so zu wählen, dass die Zylinderfüllung möglichst optimal ist und damit große Liefergrade erzielt werden. Ein Rückströmen der Ladung aus dem Zylinder in den Saugkanal kann durch die drehzahlmäßige Anpassung des Einlassschlusses vermieden werden.

Mit Nockenwellenverstellern kann die Ventilüberschneidung derart variiert werden, dass der Restgasanteil des Motors gesteuert werden kann. Üblicherweise wird dem Zylinder das Restgas über eine externe Abgasrückführeinrichtung zur Verfügung gestellt. Durch das Verbleiben von Restgas im Zylinder wird das Temperaturniveau der Verbrennung begrenzt. Hiermit werden die NO_x-Emissionen positiv beeinflusst. Mit stufenlos wirkenden Nockenwellenverstellern kann durch die Veränderung der Ventilüberschneidung eine interne Abgasrückführung erfolgen. Dabei wird ein Überströmen des Abgases vom Auslass- in den Einlasskanal während der Überschneidungsphase im Gaswechsel-Totpunkt ermöglicht. Der Vorteil der internen Rückführung wird durch eine kurze Totzeit des Systems und durch eine bessere Gleichverteilung der rückgeführten Abgasmenge erreicht. Bei der Auslegung der Ventilüberschneidung sind stets Kompromisse zu machen. So ist zum Beispiel die maximal mögliche Ventilüberschneidung durch die Lage der Ventile begrenzt, die bei zu großer Überschneidung mit dem Kolben kollidieren.

Als Beispiel sei an dieser Stelle die Regelstrategie einer Doppelnockenwellenverstellung eines Motors der Fa. VW **(Bild 10-68)** dargestellt [5, 6]. Für einen Saugmotor mit Schaltsaugrohr und Verstellung der Ein- und Auslassnockenwellen sind vier prinzipielle Stellungen mit der entsprechenden kurzen oder langen Saugrohrstellung dargestellt.

Bei dieser Darstellung ist auch der Einfluss verschiedener Saugrohrlängen in Kombination mit Nockenwellenverstellern auf der Ein- und Auslassventilseite dargestellt. Bei den so möglichen Freiheitsgraden gilt es, eine entsprechend sinnvolle Verstellstrategie zu erarbeiten und festzulegen. Je nach Motorauslegung kann diese Strategie unterschiedlich sein. So ist zum Beispiel zur Erreichung eines hohen Drehmomentniveaus bei mittleren Drehzahlen ein langer Saugrohrkanal nötig. Die Einlasssteuerzeit wird für diesen Fall mit steigender Drehzahl drehzahlabhängig von „früh" nach „spät" geschaltet. Bei höheren Drehzahlen wird ein kurzer Saugrohrkanal geschaltet und die Verstellung der Einlassnockenwelle zur Erzielung der Maximalleistung in Richtung „spät" verstellt.

In **Bild 10-69** sind exemplarisch die Steuerzeiten der Ventilerhebungskurven für die einzelnen Nockenwellen- und Saugrohrstellungen eines Sechszylindermotors dargestellt.

Galt es beim Einsatz der ersten in Serie eingesetzten Nockenwellenversteller, die nur zwei Steuerzeitenstellungen realisieren, zunächst primär die Leistung beziehungsweise das Drehmomnetverhalten zu verbessern, wird heute auch auf die Steuerung der inneren Abgasrückführung durch Verwendung von stufenloswirkenden Verstellern Wert gelegt [5]. Die Verstellung der Einlassnockenwelle wird zur Drehmomentsteigerung speziell im unteren Drehzahlbereich und zur internen Abgasrückführung genutzt, wobei aus der Leistungsstellung „Einlass öffnet" in Richtung „früh" mit einem Winkelbereich von maximal 52° Kurbelwinkel verstellt wird. Die Verstellung der Auslasswelle kann einerseits für optimale Leerlaufqualität aus der Leistungsstellung „Auslass schließt" in Richtung „früh" oder zur Erreichung maximaler Abgasrück-führraten in Richtung „spät" erfolgen, wobei jeweils ein Winkelbereich von maximal 22° Kurbelwinkel ausreichen. Im Vergleich zu einem

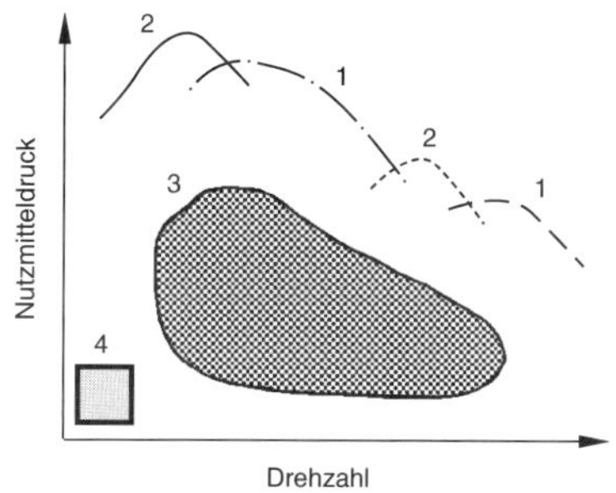

Vollast	Saugrohr-stellung	Einlass-NW	Auslass-NW
2 ——	lang	früh	spät
1 ·——	lang	spät	spät
2 -----	kurz	früh	spät
1 — —	kurz	spät	spät
3 Teillast		früh	spät
4 Leerlauf		spät	früh

Bild 10-68 Regelstrategie der Doppelnockenwellenverstellung eines VW-V6-Motors [6]

	Frühstellung	Spätstellung
Einlass öffnet	26° v.OT	26° n.OT
Einlass schließt (langer Kanal)	179° n.OT	231° n.OT
Einlass schließt (kurzer Kanal)	184° n.OT	236° n.OT
Auslass öffnet (kurzer Kanal)	236° v.OT	214° v.OT
Auslass öffnet (langer Kanal)	231° v.OT	209° v.OT
Auslass schließt	26° v.OT	4° v.OT

Bild 10-69 Steuerzeiten für Doppelnockenwellenverstellung eines VW-V-6-Ottomotors bei 1 mm Ventilhub [6]

konventionellen Zweiventilmotor ohne Nockenwellenverstellung zu dem unter [5] beschriebenen Vierventilmotor mit Nockenwellenverstellung lassen sich Verbrauchseinsparungen im Leerlauf um 15,5 % im Teillastbereich bei 2.000 1/min und 2 bar um 5,5 % erzielen. Bei Verwendung von Ein- und Auslassventilseitenverstellung liegt die spezifische Verbrauchsreduzierung bei circa 10 %.

10.4.1.3 Nockenwellenversteller an Serienmotoren

Nach der Serieneinführung des Alfa Romeo Nockenwellenverstellers folgten weitere Serieneinsätze wie die zum Beispiel der Firmen Mercedes Benz [7], Nissan oder auch anderer Firmen [8]. Die meisten dieser Systeme setzen ähnlich der Lösung der Firma Alfa Romeo als Wirkprinzip auf die Verwendung von einer Gerad/Schrägverzahnung.

Ein System, dass die Verstellung der Steuerzeiten durch eine Kettentrumveränderung vornimmt, ist der Nockenwellen-Kettenversteller der Fa. Hydraulik-Ring [9]. Hierbei befindet sich das Verstellelement zwischen den beiden Nockenwellenantriebsrädern, wobei die Einlassnockenwelle (ENW) von der Auslassnockenwelle (ANW) angetrieben wird. Das System des Verstellers ist die Kombination eines Kettenspanners, der üblicherweise für einen solchen kurzen Trieb benötigt wird, mit einem Hydraulikzylinder zur Kettentrumveränderung. Je nach gewünschter Steuerzeitenstellung wird der beidseitig mittels Öldruck beaufschlagte Hydraulikzylinder bewegt. Auf diese Weise wird bei Verstellung die eine Kettenseite verlängert und die andere gleichzeitig verkürzt. Mit dem Versteller werden zwei Steuerzeitenstellungen an der Einlassnockenwelle realisiert **(Bild 10-70)**.

Auch während der Verstellung bleibt der Kettentrieb zwischen den beiden Antriebsrädern der Nockenwellen durch den im System integrierten Kettenspanner gespannt. Die Ansteuerung des Verstellzylinders des Verstellers erfolgt durch ein elektronisch angesteuertes hydraulisches 4/2-Wegeventil. Bei der hier dargestellten Verstellerlösung handelt es sich um eine hydraulische variable Ventilsteuerung, da das Halten der Endstellungen rein über Öldruck erfolgt **(Bild 10-71)**. Die Konstruktion ist der Art ausgebildet, dass auch unter widrigen Bedingungen die Verstellung mit dem vorhandenen Motoröldruck erfolgt. Auf eine kostentreibende Zusatzölpumpe kann verzichtet werden. Dieses Verstellprinzip ist an verschiedenen Motoren der Firmen Audi, Porsche und im restlichen Volkswagenkonzern in Serie [9–11].

Über das Halten von zwei Nockenwellenstellungen hinaus sind auch Entwicklungen mit der stufenlosen Verstellung der Einlassnockenwellen erfolgreich durchgeführt worden. Diese Lösung wurde an Serienmotoren nicht realisiert.

Die Fa. BMW hat als Erster auch die stufenlose Verdrehung der Nockenwelle in Großserie realisiert **(Bild 10-72)**. Zunächst wurde dieses nur an der Einlassnockenwelle vorgenommen; später folgte die stufenlose Verdrehung der Ein- und Auslassnockenwelle [12].

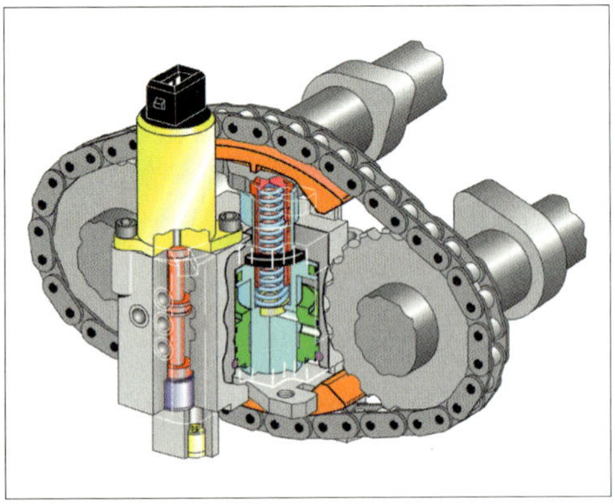

Bild 10-71 Nockenwellenversteller als Kettenversteller für den Porsche Boxter [11]

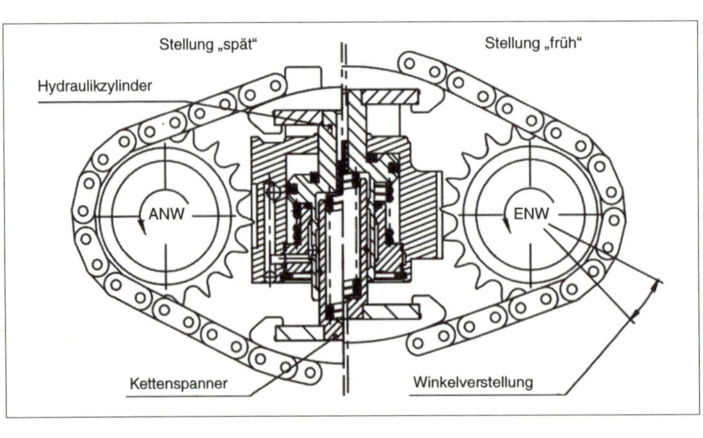

Bild 10-70 Funktionsprinzip des Nockenwellen-Kettenverstellers [10]

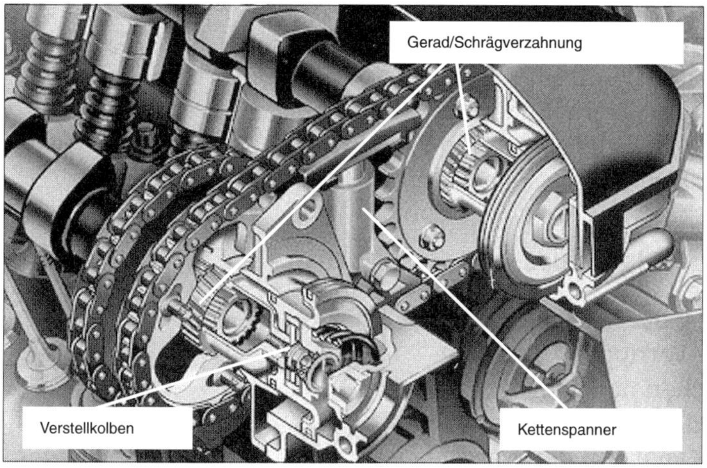

Bild 10-72 Stufenlos wirkende Nockenwellenverstellung an einem BMW-Sechszylindermotor [12]

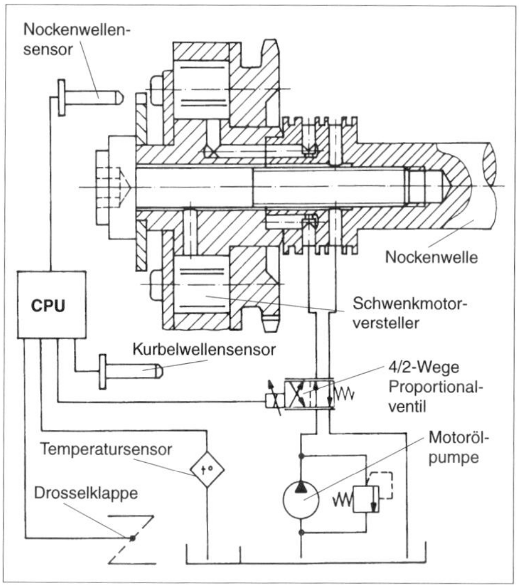

Bild 10-73 Funktionsprinzip und Regelkreis eines stufenlos wirkenden Nockenwellenverstellers nach dem Schwenkmotor-Prinzip [13]

Eine neue Generation von Nockenwellenverstellern wird durch die Systeme dargestellt, die nach dem Schwenkmotor-Prinzip aufgebaut sind [13] (**Bild 10-73**).

Sowohl an der Einlass- als auch an der Auslassnockenwelle kann das System einfach an vorhandene Zylinderköpfe adaptiert werden. Im Inneren des Verstellers befindet sich ein schwenkbarer Rotor, der mit der Nockenwelle fest verbunden ist. Das Außenteil wird entweder über eine Kette oder einen Zahnriemen angetrieben. Die Verbindung zwischen Außen- und Innenteil stellt der Ölraum dar, der durch Motoröldruck versorgt den schwenkbaren Rotor beinhaltet. Die Flügel des Rotors werden über ein elektronisch gesteuertes 4/2-Wege-Proportionalventil beidseitig mit Öldruck versorgt. Je nach Öldruckveränderung an beiden Rotorseiten wird die relative Winkellage der Nockenwelle verändert. Die über einen Sensor gemessene Nockenwellenwinkelstellung wird mit der von der Motorelektronik vorgegebenen verglichen. Über die Ansteuerung des Proportionalventils wird die gewünschte Stellung der Nockenwelle permanent nachgeregelt, so dass stabile Zwischenstellungen des Rotors und damit der Nockenwelle gehalten werden. Die Ölversorgung erfolgt ohne Zusatzpumpe allein durch Motoröl. Die Regelung des Systems geschieht in Abhängigkeit von Drehzahl, Last und Motortemperatur. Im Vergleich zu den herkömmlichen verzahnten stufenlos wirkenden Nockenwellenverstellern stellen diese Systeme eine deutlich kostengünstigere Lösung dar, so dass mit einem Einsatz vermehrt an Serien-Ottomotoren zu rechnen ist. Der Aufwand an Bauteilen kann ebenfalls gering gehalten werden, wenn Teile der Komponenten gesintert werden und die Abdichtung des Ölraums konstruktiv einfach gestaltet wird. Versteller dieses Typs können selbst im Vergleich zu verzahnten Zweipunkt-Verstellern eine kostengünstigere Lösung darstellen. Eine genauere Beschreibung dieses Systems erfolgt in [14].

Die konstruktive Ausführung von zwei Nockenwellenverstellern nach dem Schwenkmotor-Prinzip der Fa. Hydraulik-Ring für einen Sechszylindermotor ist in **Bild 10-74** dargestellt [5].

In **Bild 10-75** ist die Anordnung von zwei Nockenwellenverstellern nach dem Schwenkmotor-Prinzip an dem 3,0 l Audi V6-Motor für die linke Zylinderbank dargestellt. An diesem Motor wird auf der Auslassventilseite ein Zweipunktversteller und auf der Einlassventilseite ein stufenlos wirkender Versteller eingesetzt. Bei dieser konstruktiven Ausführung für einen Zahnriemenantrieb der Nockenwellen muss das Verstellergehäuse öldicht gekapselt sein.

Bild 10-74 Nockenwellenverstelleranordnung an einem Sechszylindermotor nach dem Schwenkmotor-Prinzip [6]

Bild 10-75 Doppelnockenwellenverstellung am 3,0 l-V6-Ottomotor der Fa. Audi [15]

Neben den in Serie befindlichen Systemen der Firma Hydraulik-Ring bei Audi und VW, sind ähnliche Systeme nach dem Schwenkmotor-Prinzip bei den Firmen Renault, Toyota und Volvo in Einsatz [7].

Zur hydraulischen Ansteuerung der Nockenwellenversteller kommen die unterschiedlichsten Hydraulikventile zum Einsatz [14]. In der Regel werden Wegeventile zur Ölflusssteuerung verwendet. Diese lassen sich in Proportional- und Schaltventile unterteilen. Nockenwellenversteller, die nur zwei Endstellungen halten und damit nur zwei verschiedene Steuerzeiten realisieren können, sind mit 4/2-Wege-Schaltventilen ausgerüstet. Für stufenlos verstellbare Systeme werden heute hauptsächlich 4/3-Wege-Proportionalventile eingesetzt (**Bild 10-76**). Das eigentliche Know-how der hydraulischen Ventile liegt nicht in der Herstellung einzelner Ventile für kleine Serien, sondern in der Umsetzung der technischen Anforderungen für eine kostengünstige Großserie. Dabei gilt es die harten Randbedingungen der Serie, wie zum Beispiel verschmutztes Öl, Motorschwingungsverhalten, hohe Temperaturschwankungen oder Schwankungen der Bordspannungsversorgung, zu erfüllen. Für die Anpassung der Ventile an die einzelnen Motoren ergibt sich in der Regel immer ein spezielles Ventil. Hierzu ist ein ausgeklügeltes Baukastensystem sinnvoll, um die Hauptanforderung der kostengünstigen Großserienproduktion zu ermöglichen. Die enge Zusammenarbeit mit den Systementwicklern der variablen Ventilsteuerungen und den Entwicklern der Motorapplikation ist für die erfolgreiche Serienumsetzung zwingend.

10.4.1.4 Perspektiven von Nockenwellenverstellern

Die Übersicht über die Patentanmeldungen von Nockenwellenverstellern und auch die Zahl der verschiedenen Systeme an Serienmotoren stellt deutlich heraus, dass zukünftig wohl alle modernen Ottomotoren-Hersteller Nockenwellenversteller einsetzen werden. An Serienmotoren mit nur einer Nockenwelle ist den Autoren kein System in Serie bekannt, bei dem die Ein- und Auslassnocken gegeneinander verdreht werden können. Vielleicht macht es hierbei jedoch Sinn, wenn auch nur in engeren Verstellwinkeln, über einen Nockenwellenversteller die ganze Nockenwelle zu verdrehen ist.

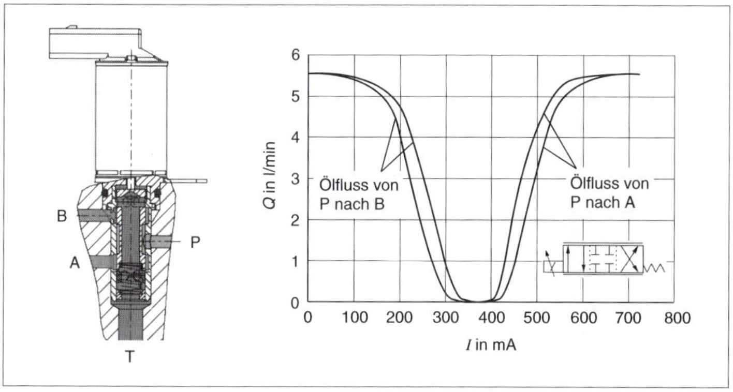

Bild 10-76 Schnittdarstellung, Q-I Kennlinie, technische Daten und Hydrauliksymbol eines 4/3 Wege-Proportionalventils

Viele Gründe sprechen für den Einsatz von Verstellern, die eine stufenlose Verdrehung der Nockenwellen ermöglichen. Es empfiehlt sich die weitere Verbreitung dieser Systeme an Mehrventilmotoren mit zwei Nockenwellen, an denen dann auch jeweils ein System auf einer Nockenwelle befestigt ist. Insbesondere die Regelung der internen Abgasrückführung kann mit stufenlos wirkenden Systemen eine positive Beeinflussung der Abgasrohemissionen realisieren.

Bei den Funktionsprinzipien kristallisieren sich zukünftig Versteller heraus, die nach dem Schwenkmotor-Prinzip aufgebaut sind. Bei diesen Elementen liegt das Hauptaugenmerk der Entwicklung auf der Verwendung von Leichtbauteilen und damit der Gewichtsreduzierung.

So findet der Werkstoff Aluminium vermehrt den Einzug auch bei Nockenwellenverstellern in der Serie. Ein aktuelles Beispiel hierfür ist der Versteller aus Sinteraluminium der Fa. Hilite International/ Hydraulik Ring an einem Sechszylindermotor der Fa. BMW, **Bild 10-77**. Auch dieser Versteller ist nach dem Schwenkmotor-Prinzip aufgebaut und verfügt über vier Rotorflügeln, die einteilig mit der Nabe des

Bild 10-77 Nockenwellenversteller aus Aluminium für einen Sechszylindermotor

Verstellers durch Sintern hergestellt werden. Zur Verriegelung der Versteller in seinen frühen Endlagen werden sie mit Verriegelungsbolzen und entsprechender hydraulischen Ansteuerung versehen. An diesem Motor wird durch die Verwendung von zwei Nockenwellenverstellern ein Gesamtgewicht von 1,3 kg je Motor eingespart, da ein Versteller ohne Ventil statt circa 1.000 g nur noch 450 g wiegt. Zum Ausgleich der ungleichen Drehmomente an den Nockenwellen und zur schnelleren Verstellung der Versteller in Richtung der frühen Nockenwellenstellung wird eine Spiralfeder verwendet. Der Siliziumanteil der Aluminiumlegierung beträgt aus Festigkeits- und Verschleißgründen circa 15 %; ein Kriterium, das insbesondere durch Sintern zu erreichen ist. Erstmalig ist mit dieser innovativen Konstruktion ein Nockenwellenkettenrad aus Aluminium an einem Serienmotor im Einsatz. Das Know-how dieses Verstellers liegt in der Beherrschung der engen Spalte zwischen Rotor und Statorgehäuse sowie einer ausgeklügelten Montage der einzelnen Komponenten.

Mit einer weiteren Gewichts- und Einzelteilereduktion ist zu rechnen, wenn die Nockenwellenversteller aus Kunststoff hergestellt werden können. Erste Versuche an Motoren zeigen das Potenzial hierfür auf (**Bild 10-78**). Hier ist ein Versteller der Fa. Hilite/ Hydraulik-Ring aus einem Douroplast-Werkstoff dargestellt, der durch eine spezielle Konstruktion und Spritztechnik zwei Bauteile gegenüber einer Sinterkonstruktion vermeidet.

Die Steuerung der Schwenkmotoren kann kostengünstig und einfach über hydraulische Mehrwegeventile erfolgen. Die Abstimmung der Ventile auf die Versteller ist einer der wesentlichen Know-how-Faktoren während der Entwicklung. Auch hier gilt es, das weitere Potential der Kostensenkung anzugehen. Gegenüber den restlich bekannten Systemen zur Veränderung der Steuerzeiten im Betrieb sind Nockenwellenversteller einfach aufgebaut und entsprechend kostengünstig. Mit diesen Systemen sollte während der Neuentwicklung eines Zylinderkopfes eine frühe Integration in das Zylinderkopfkonzept erfolgen.

Bild 10-78 Nockenwellenversteller aus Kunststoff [16]

Weitere Kosteneinsparpotenziale würden sich ergeben, wenn Nockenwellenversteller das für die Verstellung benötigte Proportionalventil und die Nockenwelle als eine Systemeinheit gesehen werden könnten. Der Versteller und das Ventil könnten mit der Nockenwelle fest verbunden als eine Einheit an die OEMs geliefert werden, so dass weitere Kostensenkungen sich ermöglichen. Der für die Regelung der Systeme benötigte Ölhaushalt kann dann einfacher mit den hydraulischen Wegeventilen abgestimmt werden.
Aufgrund des zu erzielenden Verbesserungspotentials, wird an modernen Motoren verstärkt mit dem Einsatz stufenlos wirkender Versteller zu rechnen sein. Die Steuerung der inneren Abgasrückführung bedingt Zylinderkopfkonzepte mit mindestens zwei Nockenwellen. Bei direkteinspritzenden Ottomotoren wirken die stufenlos wirkenden Nockenwellenversteller ähnlich. Auch hier lässt sich die interne Abgasrückführung durch den Einsatz dieser Systeme steuern. Damit wird auch bei diesen noch neuen Brennverfahren die Nockenwellenverstellung eingesetzt bleiben.
Nockenwellenversteller können mit variablen Ventilsteuerungen kombiniert werden, die eine Ventilhub- oder öffnungsdauervariation ermöglichen. Die Fa. Porsche hat dieses unter anderen an einem Sechszylindermotor in Serie realisiert [17, 18]. Damit sind vielfältige Einsatzgebiete für die Applikation der Nockenwellenversteller möglich, wodurch sich ein weiteres Optimierungspotential von Verbrennungsmotoren darstellt. Vollvariable Ventilsteuerungen müssen sich an dem mit diesen Maßnahmen erreichbaren Verbesserungspotential orientieren.

10.4.2 Systeme mit stufenweiser Ventilhub- oder -öffnungsdauervariation

Die Fa. Honda hat mit ihrem so genannten „VTEC-System“ erstmals variable Ventilsteuerungen in Großserie an Ottomotoren realisiert, die in den Ventilhub- oder in die -öffnungsdauer eingreifen [4]. Das Prinzip basiert auf einer Schwinghebellösung, bei der durch Verschieben kleiner hydraulisch betätigter Kolben im Innern der Schwinghebel verschiedene Koppelzustände eingenommen werden und damit zwischen unterschiedlichen Nockenkonturen hin und her geschaltet wird. In **Bild 10-79** ist das System von der Anwendung an einem Vierventilmotor mit zwei Nockenwellen prinzipiell dargestellt. Im rechten Teil des Bildes wird eine isometrische Darstellung der Ventil- und Nockenwellenanordnung gezeigt. Die Nockenwelle besitzt je Zylinder einen zentralen Nocken mit größerer Ventilhub- und Öffnungsdauergeometrie. Jeweils seitlich davon befindet sich ein Nockenprofil mit geringeren Nockenkonturen. Im Innern der Schwinghebelbaugruppe wird mittels Öldruck ein zweiteiliger Kolben achsparallel zur Nockenwellenlage verschoben. Dies erfolgt je nach Motorkennfeldpunkt in Abhängigkeit der Motordrehzahl, des Saugrohrdrucks, der Fahrzeuggeschwindigkeit oder der Kühlmitteltemperatur. Die Ölversorgung für die Nockenkonturumschaltung erfolgt über Öffnungen und Kanäle in der Lagerachse, auf der die Schwinghebelbaugruppe schwingend gelagert ist. Bei Betrieb im unteren Drehzahlbereich wirken die geringeren Nockenkonturen auf die Gleitabnehmer der Schwinghebel. Die Trennung der Schwinghebel erfolgt durch eine fertigungsgenaue Abstimmung der Geometrie des zweiteiligen Verstellkolbens mit der Schwinghebelbreite. Zwischen dem zentralen Schwinghebel und den seitlich angeordneten Einzelschwinghebeln wird in diesem Fall ein Relativhub hergestellt. Dabei stützt sich der zentrale Schwinghebel auf einem Federelement ab. Der Platz hierfür muss im Zylinderkopf geschaffen werden. Bei Zylinderkopfkonzepten mit mehr als vier Ventilen ist dieses eine besondere Herausforderung an die Entwickler. Im gekoppeltem Zustand – wie in **Bild 10-79** dargestellt – wirkt der zentrale Nocken auf die Schwinghebelbaugruppe und alle Komponenten werden gleichzeitig ohne Relativhub bewegt. Die Rückstellung des zweiteiligen Verstellkolbens übernimmt eine kleine Feder. Der Verstellöldruck wird ohne Zusatzölpumpe aus den Motorölkreislauf aufgebaut. Das „VTEC-System“ ist auf der Einlass- und Auslassventilseite realisiert.
Für diese und ähnliche Lösungen hat die Fa. Honda eine Vielzahl von Patentanmeldungen getätigt. Allein die Anzahl der verschiedenen Erfinder dieser Patentanmeldungen lassen den enormen Entwicklungsaufwand erahnen. An Serienmotoren sind Vierventillösungen mit einer oder zwei Nockenwellen realisiert. Sowohl Schwinghebel als auch Kipphebel mit Rollenabnehmern kommen dabei zum Einsatz [7]. Das derzeitige Honda-Programm weist fast in jedem Fahrzeug unterschiedliche Motoren mit dem „VTEC-System“ auf. Bis zu drei unterschiedlich wirkende Nockenkonturen werden dabei realisiert.

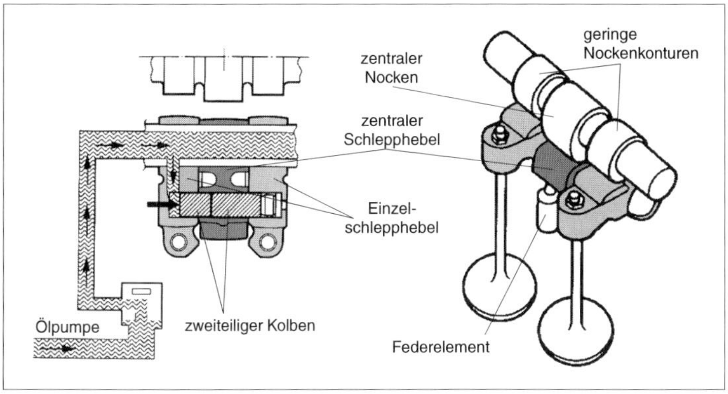

Bild 10-79 Honda VTEC-System [4]

Auch die Fa. Mitsubishi hat ein vom Wirkprinzip her ähnliches System an Vier- und Sechszylindermotoren in Serie realisiert [7]. Bei dieser Lösung kommen drei unterschiedliche Nockenkonturen zum Einsatz, wobei eine Nockenkontur aus einem reinen Grundkreis besteht und damit die Ventilstillegung erreicht wird. Bei beiden Motoren werden für diesen Fall zwei beziehungsweise drei Zylinder über die Ventilbetätigung abgeschaltet. Für diesem Aufwand benötigt die Fa. Mitsubishi eine kleine im Zylinderkopf untergebrachte Ölpumpe.

Die Fa. Daimler hat eine variable Ventilsteuerung zur Zylinderabschaltung an ihren V8- und V12-Motoren in Serie eingesetzt. Die verwendete Lösung basiert auf einer Kipphebelbaugruppe, die bei einem Dreiventilkonzept mit einer zentralen Nockenwelle eingesetzt wird. In **Bild 10-80** ist die Kipphebelbaugruppe dieses Systems ohne Nockenwelle dargestellt. Das Funktionsprinzip ist gleich zu der beschriebenen Honda-Lösung. Innerhalb der Rollenkipphebelbaugruppe wird ein zweiteiliger Verstellkolben elektro-

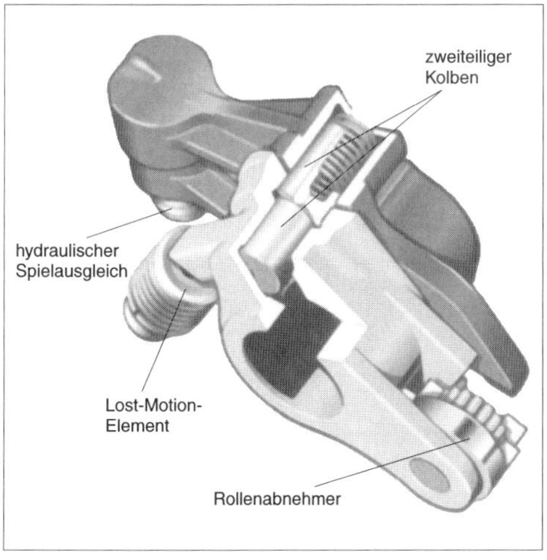

Bild 10-80 Rollenkipphebelbaugruppe zur Ventilabschaltung der Fa. Daimler [7]

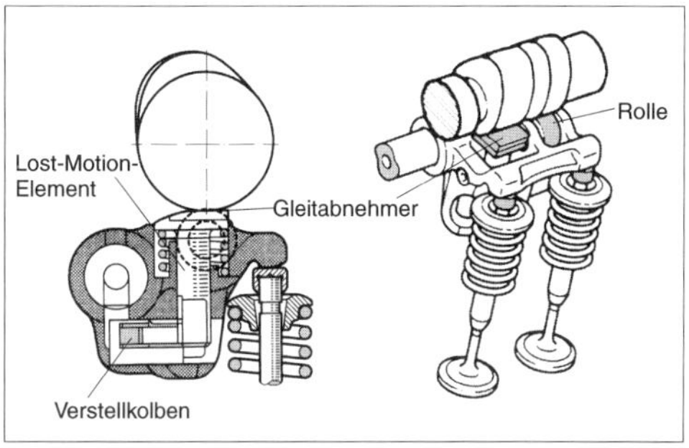

Bild 10-81 Toyota Ventilsteuerung VVTL-i für verschiedene Ventilhübe [17]

hydraulisch gegen eine Federkraft bewegt. Je nach Koppelzustand werden über unterschiedliche Nockenkonturen zwischen den Ventilhüben hin und her geschaltet, nur dass ein Ventilhub ein Nullhub ist und somit die Ventile für die Zylinderabschaltung stillgelegt werden. Bei dem hier verwendeten System ist das primäre Ziel, den Kraftstoffverbrauch im Teillastbetrieb durch die Zylinderabschaltung zu reduzieren. Dieses wirkt besonders bei hubraumstarken Motoren mit einer hohen Zylinderzahl. Die Laufruhe des Motors erfährt bei diesen Motoren kaum Einbußen. Verbrauchseinsparungen von circa 15 % sind mit diesen Maßnahmen gegenüber den konventionellen Motoren zu erreichen.

Ähnlich wie Mitsubishi und Honda hat auch die Fa. Toyota Lösungen mit Ventilkonturumschaltung für die Einlass- und Auslassventilseite in Serie realisiert. Hierbei wird ebenfalls innerhalb einer Schwinghebelbaugruppe ein Verstellkolben elektrohydraulisch gegen eine Federkraft verschoben (**Bild 10-81**).

Interessant hierbei ist die Lösung, dass eine Schwinghebelbaugruppe verwendet wird, bei der zum Nocken hin bei niedrigen Drehzahlen eine Rolle als Abnehmer und bei hohen Drehzahlen ein Gleitabnehmer verwendet wird. Bei hohen Drehzahlen wird über den Gleitabnehmer die Schwinghebelbaugruppe geschwenkt, wobei eine Raste sich unterhalb des „Lost-Motion" Elementes für die Kopplung sorgt. Die Raste wird mit

Öldruck gehalten und durch Federkraft bei niedrigen Drehzahlen zur Lagerachse der Schwinghebelbaugruppe hin bewegt. Bei hohen Drehzahlen senkt sich der Gleitabnehmer mit dem Lost-Motion Element in der Schlepphebelbaugruppe ab. Die Federkraft des Lost-Motion Elementes kann gering sein, da auch die bewegten Massen des Elementes gering sind. Die Fa. Toyota setzt zu dieser Lösung zusätzlich einen stufenlos wirkenden Nockenwellenversteller auf der Einlassventilseite ein. Durch diese Kombination ist die Variationsmöglichkeit der Ventilerhebungskurven gegenüber einem Motor mit festen Steuerzeiten groß.

Die Fa. Porsche hat traditionell Tassenstößellösungen an ihren Vierventilmotoren eingesetzt. An dem in 2000 vorgestellten Porsche Turbomotor wird erstmals eine variable Ventilsteuerung mit verschiedenen Ventilhüben an einem Schalttassenstößel dargestellt [18]. Ferner wird zusätzlich ein Nockenwellenversteller auf der Einlassventilseite für zwei Steuerzeitenstellungen realisiert. Damit wird wie bei Toyota die Kombination zweier unabhängig voneinander funktionierender Systeme variabler Ventilsteuerungen eingesetzt. Der Schalttassenstößel kann zwei Ventilhübe realisieren und besteht aus einem Innen- und Außenstößel **Bild 10-82**. Er ist durch eine spezielle Führung im Zylinderkopf drehlagenorientiert. Damit kann die Oberfläche ballig ausgeführt werden, um entsprechend hohe Maximalhübe zu realisieren. Im Innern des Stößels sind kleine hydraulisch betätigte Kolben vorhanden, die je nach Lage den inneren oder den äußeren Stößel für die Ventilbetätigung aktivieren. Auch hier kann von einer mechanischen variablen Ventilbetätigung gesprochen werden, da lediglich die Ansteuerung der Verstellkolben elektrohydraulisch vorgenommen wird und die Ventilbetätigung über mechanischen Formschluss der Bauteile erfolgt.

Eine weitere Lösung zur Ventilabschaltung ist an einem V8-Motor mit Stoßstangenantrieb der Fa. Daimler zu finden, **Bild 10-83**. Hierbei befindet sich ein hydraulisch angesteuertes und mechanisch verriegelbares Element zwischen der untenliegenden Nockenwelle und der Stoßstange, die zum Zylinderkopf führt. Das Abschaltelement wird mittels Öldruck betätigt, wodurch sich ein kleiner Verriegelungskolben bewegt, der die Ver- beziehungsweise Entriegelung des Schaltelementes übernimmt. Vorteil bei dieser Lösung ist, dass der Basismotor im Bereich des Zylinderkopfes nicht geändert werden muss und die konstruktiven Anpassungen am Zylinderblock eher gering ausfallen. Die Zylinderabschaltung an einem V8-Motor hat vor allem die Zielsetzung der Senkung des Verbrauchs, der im Testzyklus bei hubraumstarken Motoren bis zu 15 % betragen kann, und dieses wurde schon in den USA in 1980 an einem Achtzylinder der Fa. Cadillac in Serie realisiert [7].

In der Regel kommen mit dem Einsatz dieser Ventilsteuerungen neue Zylinderkopfgenerationen zum Einsatz. Die Nockenkonturen sind von der Geometrie

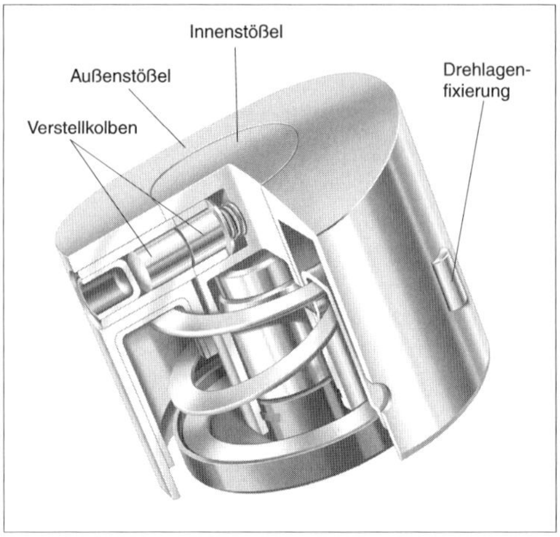

Bild 10-82 Schalttassenstößel der Fa. Porsche [18]

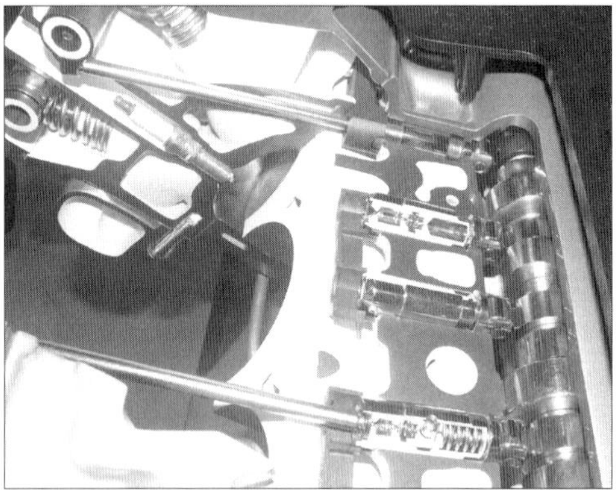

Bild 10-83 Ventilabschaltmechanismus der Fa. Daimler für einen Pushrod V8-Motor

her konventionell, das heißt sie haben keine Unstetigkeiten und können auf normalen Nockenfertigungsanlagen hergestellt werden. Der Gliederung entsprechend Kapitel 10.4 sind diese Lösungen Systeme mit Variabilität am Übertragungsglied zwischen Nocken und Ventil. Das Wirk- und Funktionsprinzip ist mechanisch, da im Kraftfluss zur Ventilbetätigung rein mechanisch wirkende Kontaktelemente verwendet werden. Die Ansteuerung der Verstellkolben erfolgt hydraulisch über ein elektrisch betätigtes Wegeventil. Bei der Vielzahl an Patentanmeldungen auf diesem Gebiet ist es für den Entwickler schwierig, die Patentlage zu überschauen. Vermutlich werden diese oder ähnliche Systeme eine weitere Verbreitung an Serienmotoren erfahren.

Alle an Serienmotoren zu findenden Um- oder Abschaltsysteme für verschiedene Ventilhubkonturen basieren nicht auf Rollenschlepphebelkonstruktionen. Rollenschlepphebel haben sich jedoch an modernen Otto- und Dieselmotoren in den letzten Jahren aufgrund ihres geringen Reibungsverhaltens mehr und

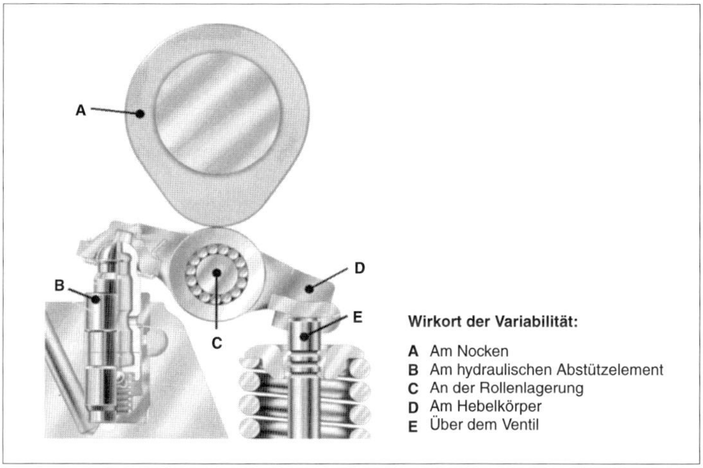

Bild 10-84 Mögliche Wirkorte der Ventilkonturumschaltung an Rollenschlepphebeln

mehr durchgesetzt. In **Bild 10-84** ist für eine Rollenschlepphebelkonstruktion ein schematisches Bild mit möglichen Wirkorten für die Unterbringung der Ventilkonturum- oder -abschaltung dargestellt.
Aus aktuellen Veröffentlichungen oder Patentanmeldungen ist zu erkennen, dass hierzu einige Aktivitäten in Entwicklung sind. Es existieren nur wenige Ideen zur Unterbringung eines Mechanismusses zum Wirkort A direkt am Nocken. Durch ein Absenken des hydraulischen Spielausgleichelementes (Wirkort B) ist nur eine reine Ventilabschaltung zu realisieren. Häufiger wird an Lösungen gearbeitet, die am Hebel selbst einen Um- oder Abschaltmechanismus vorsehen (Wirkort D). Hierzu sind in der Patentliteratur viele Systeme bekannt, wie zum Beispiel die Patentanmeldung DE 19510106 der Fa. BMW mit einem so genannten „Knickhebel" aus dem Jahre 1995.

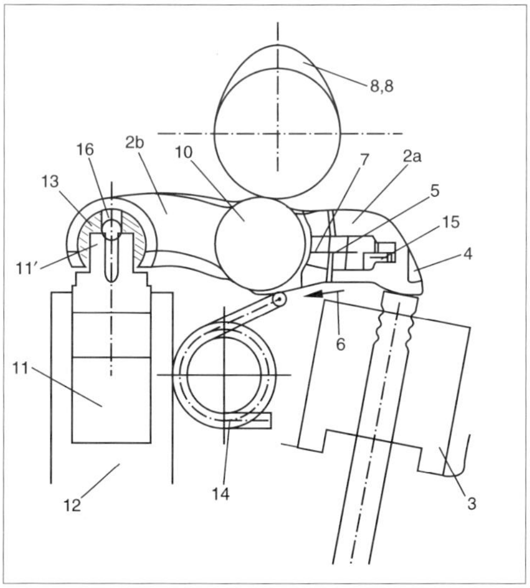

Bild 10-85 Patentanmeldung DE 19510106 zur Ventilabschaltung am Rollenschlepphebel

Das mit Ventilkonturumschaltung erzielbare Potenzial an Motoren ist begrenzt. Zur Steigerung von Drehmoment und Leistung über einen größeren Drehzahlbereich des Motors eignen sich die Systeme gut. Zur Senkung des Verbrauchs sind keine nennenswerte Vorteile zu erzielen. Allein mit der gleichzeitigen Verwendung von stufenlos wirkenden Nockenwellenverstellungen sind durch die gleichzeitig steuerbaren Restgasgehalte geringe Verbrauchsverbesserungen zu erzielen. Eine positivere Beeinflussung des Verbrauchs wird erst durch die Laststeuerung des Motor mit vollvariablen Ventilsteuerungen ermöglicht. In diesem Zusammenhang stehen Ventilkonturumschaltsysteme im direkten Wettbewerb zu vollvariablen mechanisch betätigten Ventilsteuerungen. Diese sind zwar aufwendiger zu entwickeln und an Motoren zu applizieren, bieten jedoch ein erheblich größeres Potenzial hinsichtlich der Senkung des Kraftstoffverbrauchs.

10.4.3 Vollvariable Ventilsteuerungen

Im Folgenden wird auf Systeme eingegangen, die eine vollvariable Ventilerhebungskurve ermöglichen. Es handelt sich hierbei um Systeme mit mechanischem, hydraulischem und elektromechanischem Wirkprinzip, die eine Nockenwelle verwenden oder um nockenwellenlose Systeme.

10.4.3.1 Rückblick auf die Entwicklung vollvariabler mechanischer Ventilsteuerungen

Die Versuche, eine vollvariable Ventilsteuerung mit mechanischem Wirkprinzip zu realisieren sind so alt wie der Motorenbau selbst. Erste Ideen sind seit Louis Renault aus dem Jahre 1902 bekannt; **Bild 10-86**. Schon er sah in seiner deutschen Patentanmeldung DE 145662 zwei aufeinander abwälzende

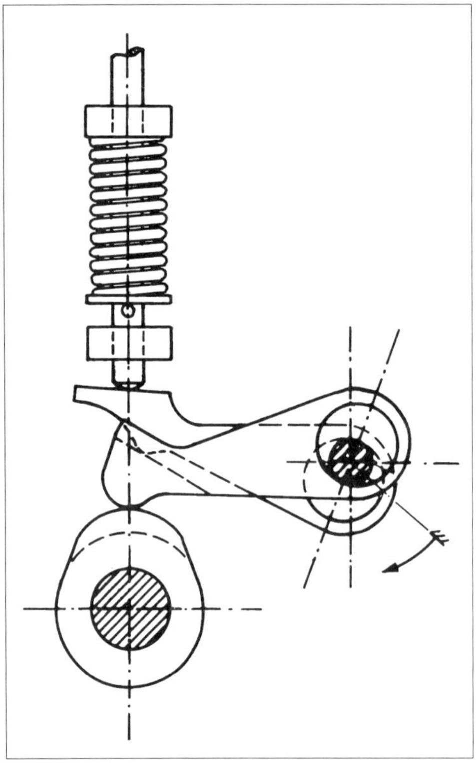

Bild 10-86 Variable Ventilsteuerung nach Louis Renault, 1902

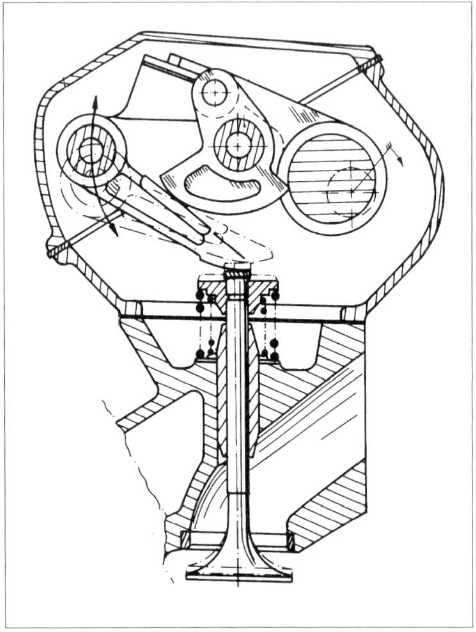

Bild 10-87 Variable Ventilsteuerung nach Torazza, [19]

Schwinghebel vor, deren Lage mit einer Exzentersteuerung verlagert werden konnte, so dass bei Drehung der Exzenterwelle, auf der die Schwinghebel gelagert sind, der Ventilhub variabel wird.
Ein nockenwellenloses System mit Verwendung einer Kurbelwelle zum Ventilantrieb wird von Torazza vorgeschlagen, **Bild 10-87**. An dem Kurbeltrieb befindet sich ein Drehhebel, dessen Arbeitskurve eine oszillierende Bewegung vollzieht und der durch Übertragung der Bewegung über einen Schwinghebel auf das Ventil den Ventilhub bewirkt. Durch die Lageänderung des Schwinghebels wird der Ventilhub und die Öffnungsdauer variiert. Das System konnte sich aufgrund des hohen Bauaufwands, der höheren Reibung und des großen Platzbedarfes an einem Serienmotor nicht durchsetzen.
Titolo [20] verwendete zur Hubvariation ein System mit axial verschiebbaren konischen Nocken, **Bild 10-88**. Nach der Gliederung aus Kapitel 10.4 handelt es sich hierbei um ein System, das die Variabilität durch das Verschieben von Raumnocken realisiert. Dieses Prinzip ist von alten Umsteuerungseinrichtungen von Schiffsmotoren her bekannt, die zum Reversieren axial verschiebbare Raumnocken verwendet haben. Aufgrund der benötigten Breite des steilen Nockens und des damit benötigten Platzbedarfs ist ein Einsatz an einem Vierventilmotor eher unwahrscheinlich. Außerdem kann mit diesem System nur der Ventilhub verändert werden, die Ventilöffnungszeit bleibt

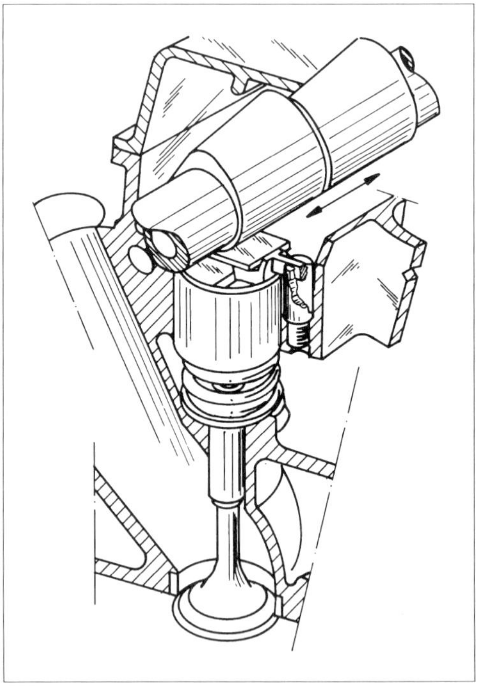

Bild 10-88 Variable Ventilsteuerung nach Titolo [20]

konstant. Die Variation der Öffnungsdauer bei konischen Raumnocken führt zu Nockengeometrien, die fertigungstechnisch wirtschaftlich nicht mehr herzustellen sind und bei denen zwischen Nocken und Abnehmer eine Punktberührung entsteht. Damit ist eine derartige Lösung für hohe Ventilbeschleunigungen und deshalb für die Großserie nicht anwendbar.

An der Universität Wien wurde von Wichart ein System entwickelt, bei dem die Nockenwelle einen Kipphebel betätigt [21]. Dieser Kipphebel wird nicht über eine Achse gelagert, sondern stützt sich über eine Kurbel ab. Auf eine nadelgelagerte Rolle, die sich an dieser Kipphebelkurbel befindet, wirkt während des Ventilhubs eine mit der Nockenwellendrehzahl rotierende Steuerwelle, deren Profil einen Kreisbogen und eine Abregelkurve aufweist. Wird die Steuerwelle gegenüber der Nockenwelle verdreht, wirkt nicht nur der Kreisbogen, sondern auch die Abregelkurve auf die Rolle und das Ventil schließt früher. Die Lösung konnte sich ebenfalls an Serienmotoren nicht durchsetzen, da das Einlassventil beim Abregelvorgang sehr hart in den Ventilsitz einschlägt. Zur Abhilfe wäre eine hydraulisch wirkende Ventilbremse nötig, die die Ventilaufsetzgeschwindigkeiten deutlich reduziert.

In der von Kuhn und Schön beschriebenen „Delta"-Steuerung wird zwischen Nocken und Tassenstößel ein Zwischenglied mit einer Arbeitskurve als vollvariable Ventilhubsteuerung verwendet. Dieses Zwi-

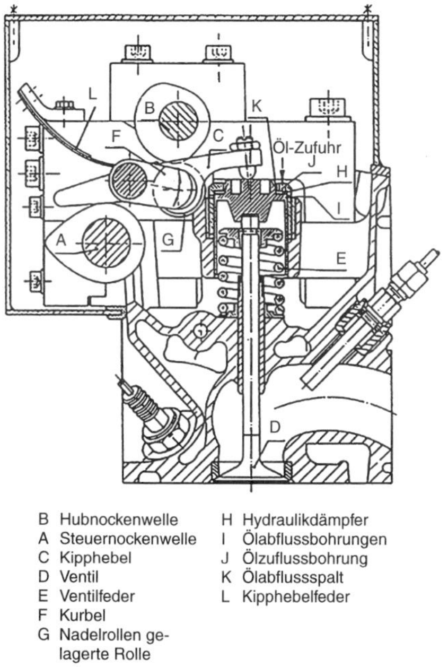

Bild 10-89 Variable Ventilsteuerung nach Wichart, [21]

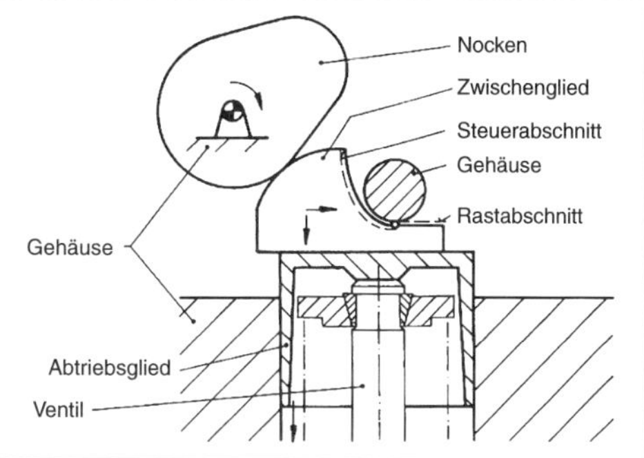

Bild 10-90 Variable Ventilsteuerung nach Kuhn und Schön [22]

schenglied hat an der Seite, an der es sich am Gehäuse abstützt, als Arbeitskurve den Rast- und Steuerabschnitt. Zu einem Ventilhub kommt es nur dann, wenn sich das Zwischenglied während der Bewegung mit dem Steuerabschnitt am Gehäuse abstützt. Solange der Rastabschnitt der Arbeitskurve Kontakt zum Gehäuse hat, bleibt das Ventil geschlossen. Der Hauptnachteil dieser Lösung ist die hohe Reibung, da das Zwischenglied sowohl am Nocken als auch am Abtriebsglied gleitet.

10.4.3.2 Mechanische Systeme in Serie

Die Fa. BMW hat mit dem so genannten System „Valvetronic" eine stufenlos wirkende variable Ventilsteuerung auf der Einlassventilseite in Serie realisiert. Hierbei kann die Laststeuerung des Motors allein durch die veränderliche Ventilerhebung vorgenommen werden. Das System besitzt einen speziellen Übertragungsmechanismus mit einem Zwischenhebel

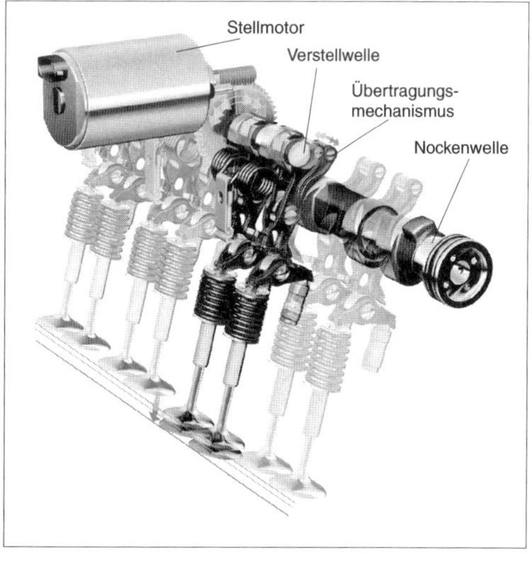

Bild 10-91 System „Valvetronic" der Fa. BMW als Baugruppe mit den Ventiltriebskomponenten [23]

zwischen Nocken und Ventil und wird entsprechend der Gliederung in Kapitel 10.4 als mechanische variable Ventilsteuerung eingestuft. In **Bild 10-91** ist das Valvetronic-System mit der Einlassnockenwelle und der Einlassventilbaugruppe dargestellt. Im Kraftfluss zwischen Nockenwelle und Ventil befindet sich der Übertragungsmechanismus, der die Rollenschlepphebel zur Ventilbetätigung schwenkt. Eine über einen elektrischen DC-Stellmotor angetriebene Verstellwelle, die als Exzenterwelle ausgebildet ist, verändert die Hebelgeometrie des Übertragungsmechanismusses. Es können Ventilhübe zwischen 0,3 und 9,7 mm [23] beziehungsweise 0,18 und 9,9 mm bei der zweiten Generation des Systems eingestellt werden [24]. Der gesamte Verstellvorgang über den kompletten Hubbereich erfolgt innerhalb von 0,3 Sekunden. Dadurch kann die konventionelle Drosselklappe entfallen. Durch die veränderlichen Ventilhübe im Fahrzeugbetrieb konnten die Reibungsverluste des Ventiltriebs gegenüber dem konventionellen Ventiltrieb reduziert werden, da bei geringen Ventilhüben die Ventilfedern weniger zusammengedrückt werden.

Das Grundprinzip des Systems lässt sich am besten mit einer Skizze erläutern, **Bild 10-92**. Zwischen Nocken und Rollenschlepphebel wird ein Zwischenhebel mit einer Arbeitskurve verwendet, der in seiner oberen Anlenkung in seiner Lage mit einer Exzenterwelle verändert wird. Bei einer fixen Lagerung des Zwischenhebels (**Bild 10-92** links) ergibt sich durch die Nockendrehung über die Arbeitskurve ein konstanter Ventilhub mit einer konstanten Ventilöffnungsdauer. Je nach Anlenkung des Zwischenhebels ergeben sich unterschiedliche Ventilhubverläufe. Bei Veränderung der Lagerpunktlage des Zwischenhebels entlang einer Verstellbahn, ändern sich die Übertragungsverhältnisse und damit auch Ventilhub mit gleichzeitiger Veränderung der Öffnungsdauer. Für die vollvariable Ventilhubbewegung gilt es, eine konstruktiv beherrschbare Lösung für die Verschiebung der Lagerpunktposition des Zwischenhebels zu finden und diese entlang der Verstellbahn zu führen. Bei dem System Valvetronic wird die Lagerpunktlage des Zwischenhebels und damit die Anpassung der gewünschten Steuerzeiten über eine Exzenterwelle vorgenommen. Eine Feder unterstützt die spielfreie Anlage des Zwischenhebels an seinen Kontaktstellen.

In **Bild 10-93** ist die Einbausituation dieser variablen Ventilsteuerung im Zylinderkopfschnitt für einen Vierzylindermotor dargestellt. Die Auslassventilseite bleibt konventionell über Rollenschlepphebel betätigt. Der Platzbedarf der Ventilsteuerung hält sich in Grenzen. Im Fahrzeug muss lediglich der Raum für den Stellmotor vorhanden sein. Die Exzenterwelle, der Übertragungsmechanismus, die Nockenwelle und der Stellmotor werden in einem separatem Gussträger vormontiert und als Modul auf den Zylinderkopf befestigt.

Die Gesamtoptimierung von Zylinderkopf und Ventiltrieb ist ein iterativer Prozess, in dem CAD-Modelle, Finite Element-Modelle für die Struktur-

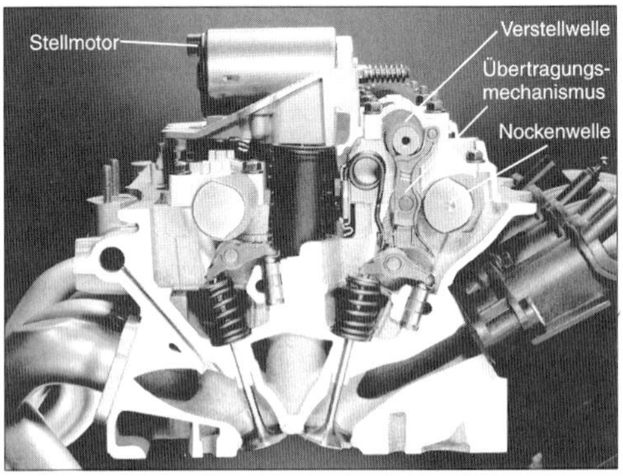

Bild 10-93 Anordnung des Systems „Valvetronic" in einem Zylinderkopf [23]

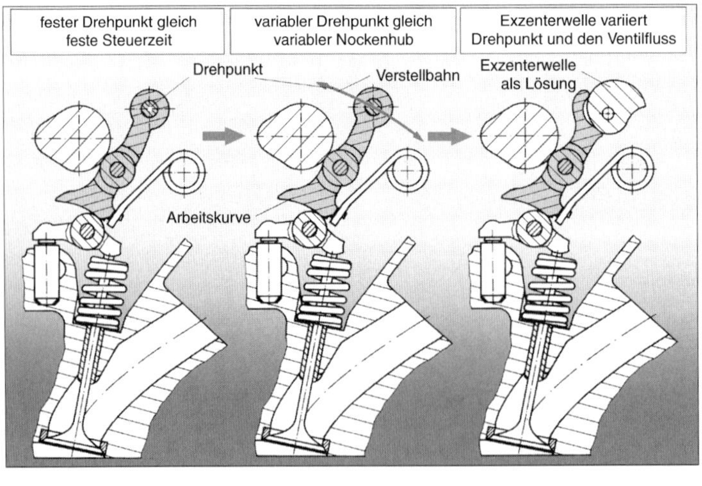

Bild 10-92 Prinzipdarstellung des Systems Valvetronic

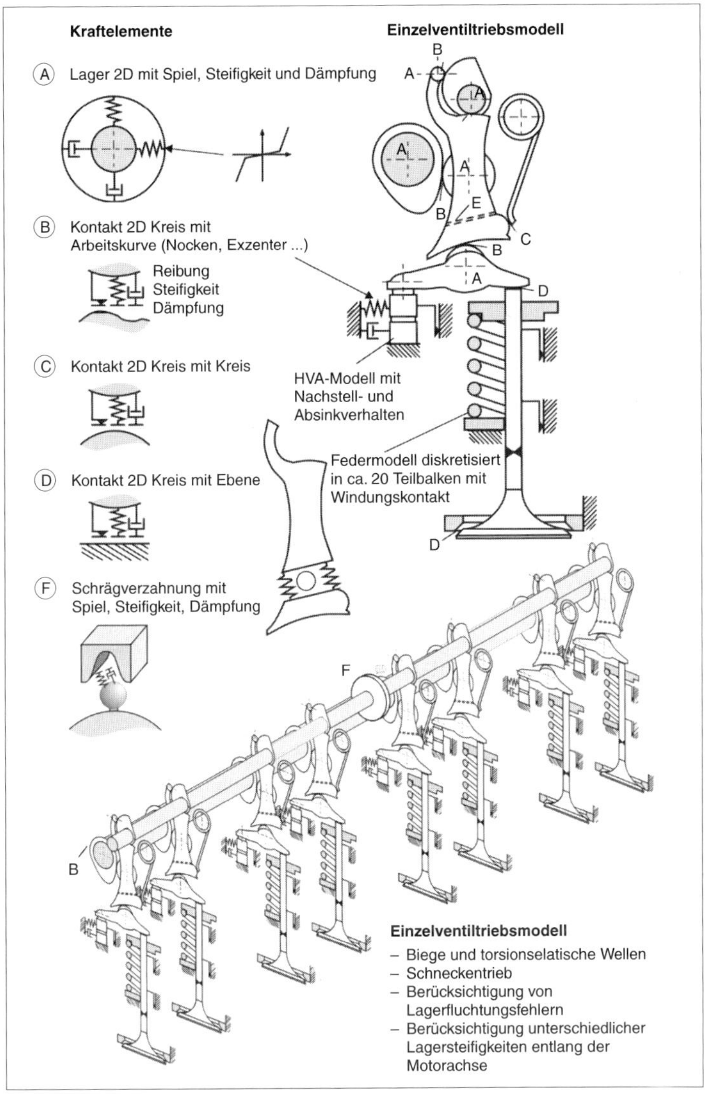

Bild 10-94 Einzel- und Gesamtventiltriebsmodell für die dynamische Auslegung [23]

festigkeitsauslegung und Mehrkörpersimulations-Modelle für die Auslegung des dynamischen Verhaltens heutzutage effektiv genutzt werden können.

Bild 10-94 zeigt als Beispiel hierfür das aufwendige Modell für die Mehrkörpersimulation des Ventiltriebs. Hiermit kann sehr gut die kinematische Grundauslegung der Ventiltriebseinzelkomponenten überprüft werden. Die sich ergebenden dynamischen Lasten an den Kontaktstellen sind wichtige Auslegungsgrößen für die Dimensionierung von Lagerstellen oder Einzelkomponenten des Ventiltriebs. In der Validierung der Simulationsergebnisse liegt das spezielle Know-how der Entwicklung derartiger Systeme wie das der Valvetronic.

Mit der Variation des Übertragungsmechanismusses und der gleichzeitigen Änderung der Spreizung des Einlassventilhubverlaufs durch einen Nockenwellenversteller auf der Einlassnockenwelle wird die last- und drehzahlabhängige Ventilhubvariation erzielt, **Bild 10-95**. Das hierbei verwendete Laststeuerungsverfahren wird als „Frühes Einlass Schließen" bezeichnet, (FES). Mit dem System wird das Ziel verfolgt, die Ladungswechselverluste in einem weiten Motorlastbereich zu reduzieren. Dazu wird in die Prozessführung derart eingegriffen, dass die nach wie vor vorhandene Drosselklappe beim Ansaugen voll geöffnet bleibt. Die Einlassventile werden genau zu dem Zeitpunkt geschlossen, wenn sich die gewünschte Gemischmasse im Zylinder befindet. Der Ladungswechselvorteil nimmt zur Volllast hin ab. Daher wirkt bei kleinen Lasten das System besonders verbrauchsreduzierend. Mit kleinen Lasten und ent-

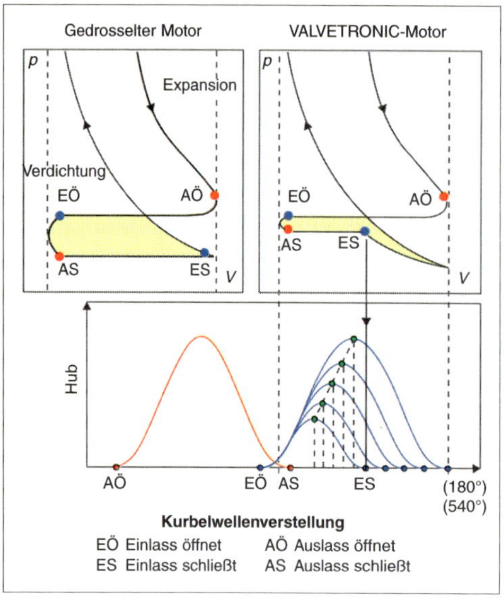

Bild 10-95 Prinzip des frühen Einlassschließens (FES)

sprechend kleinen Ventilhüben wirkt der Ventilsitzbereich als Drosselstelle und die Einströmgeschwindigkeiten steigen von etwa 50 auf 300 m/s an. Dieser Effekt fördert im besonderen Maße die Gemischaufbereitung für die Verbrennung. BMW gibt bei niedrigen Lasten Verbrauchseinsparungen bei einigen Lastpunkten von circa 20 % an, die sich bei einem stöchiometrischen Luftverhältnis von $\lambda = 1$ im Mittel auf circa 10 % darstellen [24]. Im europäischen Testzyklus wird bei dem neuen Sechszylinder mit der zweiten Generation des Systems mit Ventilhüben von weniger als 1,5 mm gefahren, lediglich außerstädtisch

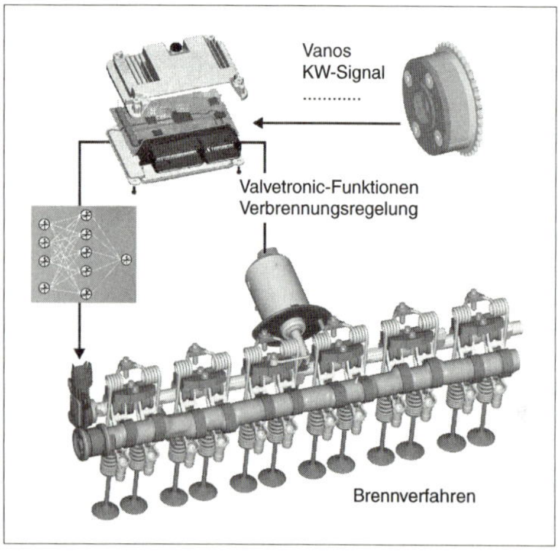

Bild 10-96 System Valvetronic mit Verstellantrieb [24]

werden kurzfristig Ventilhübe bis zu 4 mm erreicht. Die Erfüllung der EU4-Abgasnorm wird mit den Valvetronic-Motoren erzielt, ohne dass es schwefelfreien Kraftstoff bedarf. Die Motoren können bei Verwendung konventioneller Ottokraftstoffe deshalb weltweit eingesetzt werden.

Das Grundprinzip der Exzenterverstellung erfolgt mittels eines DC-Stellmotors über ein Schraubradgetriebe. Um vom Minimal- auf den Maximalhub in weniger als 0,3 Sekunden zu verstellen, wurde die Regelstruktur neu ausgelegt, **Bild 10-96**. Erst die Integration aller mechanischen, elektrischen und steuerungstechnischen Elemente des Valvetronic-Systems und die Nutzung der funktionellen Möglichkeiten durch eine neue Verbrennungsregelung erschließen das Potenzial dieser vollvariablen Ventilsteuerung.

Die konstruktive Ausführung des Systems für den Sechszylindermotor ist in **Bild 10-97** dargestellt.

Die Hauptunterschiede dieser Variante gegenüber den Vier, Acht- und Zwölfzylindermotoren liegen in einer geänderten Grundkinematik. Hierbei wird ein fester Drehpol vorgesehen, um den der Zwischenhebel pro Arbeitsspiel eine reine Drehbewegung ausführt. Die so genannte Arbeitskurve am Zwischenhebel wirkt auf den am hydraulischen Spielausgleichselement sich abstützenden Rollenschlepphebel. Für eine kinematisch einwandfreie Funktion des Ventiltriebs sind klar definierte Rampenfunktionen nötig. Die Öffnungs- und Schließrampen sind in die Arbeitskurve des Zwischenhebels integriert. Im Bewegungsablauf wird die Abbildung der Rampenfunktionen dadurch realisiert, dass der Zwischenhebel deutlich sich vor dem Rollenschlepphebel bewegt, beziehungsweise deutlich nach diesem abbremst. Die Abstützung des Zwischenhebels nach oben erfolgt über eine zylindrische

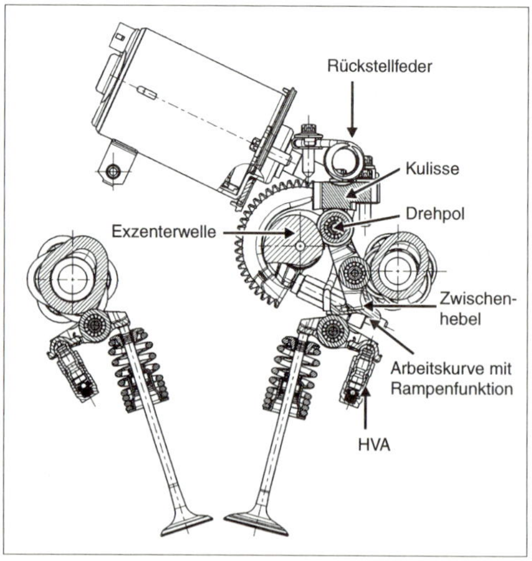

Bild 10-97 Ausführung der zweiten Generation der Valvetronic [24]

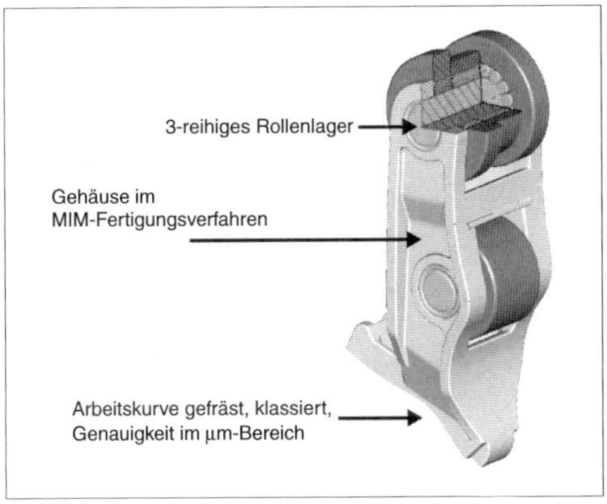

Bild 10-98 Aufbau des Zwischenhebels

Kulisse, die zylinderkopffest angebracht ist. Die Kulisse weist eine Kreisbahn um den Drehpunkt des Rollenschlepphebels auf. Die Fertigung und Montage der Einzelkomponenten des Ventiltriebs erfordert besonders Augenmerk auf die Bauteiltoleranzen. Die seitliche Fixierung des Zwischenhebels wird einerseits durch die Nocken- und andererseits durch die Exzenterwelle übernommen. Alle Kontaktstellen konnten als Rollenkontakte ausgeführt werden; **Bild 10-98**.

Die erzeugbare Schar der Einlassventilhubverläufe wird in **Bild 10-99** dargestellt. Die Auslegung der reduzierten Ventilbeschleunigungen konnte bis auf das Niveau des Vorgängertassenstößel-Motors mit 80 mm/rad^2 erfolgen. Für mittlere und kleine Ventilhübe werden mit der neuen Valvetronic-Auslegung kurze Ventilöffnungszeiten erreicht, **Bild 10-99**.

Bei der zweiten Generation des Systems der Valvetronic werden benachbarte Einlassventile zur Steigerung der Ladungsbewegung unterschiedlich spät geöffnet, was als „Phasing" bezeichnet wird. Umgesetzt wird dieses bis zu Ventilhüben bis zu 5 mm, darüber findet eine parallele Öffnung statt. Konstruktiv unterscheiden sich dabei die Exzenterkonturen der benachbarten Ventile. Ergänzend zu dem Phasing wird eine Maskierung des Ventilsitzes (Masking) am höherhubigem Ventil verwendet. Damit lässt sich für das einströmende Gemisch ein höherer Drall erzielen, **Bild 10-100**.

Zusammenfassend wird das Gesamtsystem der Valvetronic der zweiten Generation mit den zusätzlich verwendeten Nockenwellenverstellern am Sechszylindermotor inklusive der Einbausituation im Zylinderkopf im Schnitt in **Bild 10-101** dargestellt. An das Zylinderkopfunterteil ist die gesamte Lagerung der Einlassnockenwelle mit seitlicher Fixierung sowie die benötigte Gehäuseumfänge der Ventiltriebskomponenten einteilig angegossen, eine steife und äußerst innovative Lösung.

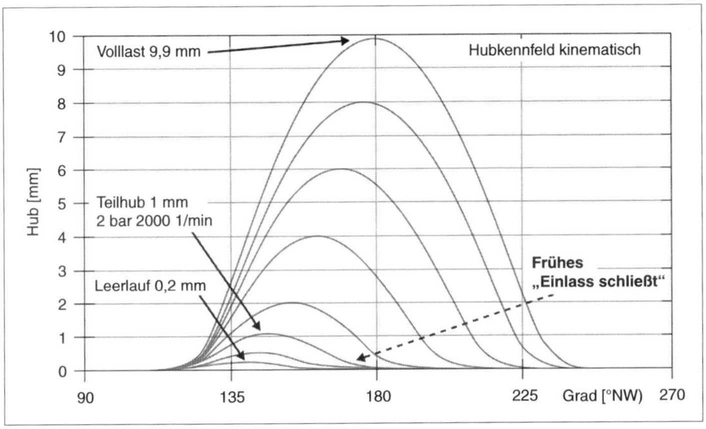

Bild 10-99 Erzeugbare Schar der Einlassventilhubverläufe

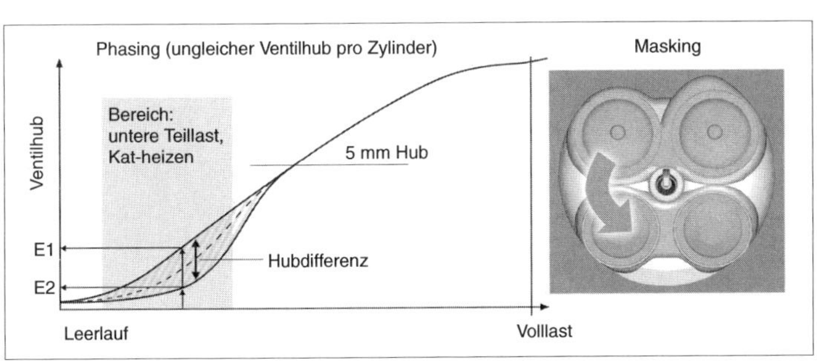

Bild 10-100 Phasing und Masking bei der zweiten Valvetronic Generation

Bild 10-101 Einbausituation der Valvetronic der zweiten Generation im Zylinderkopf

Am V12-Motor wurde die Valvetronic mit der Direkteinspritzung kombiniert. Die Fa. BMW zeigt damit den Weg auf, dass neben der Vollvariabilität des Ventiltriebs auch das spezielle Potenzial der Direkteinspritzung an Serienmotoren in dieser Kombination genutzt wird [25].

10.4.3.3 Mechanische Systeme in Entwicklung

Im Folgenden wird auf zwei weitere vollvariable Ventilsteuerungen mit mechanischem Wirkprinzip eingegangen. Diese Systeme werden neben einer Vielzahl auf dem Markt angebotenen Systeme nach der Markteinführung des Systems Valvetronic für eine Applikation in der Großserie entwickelt [26].

Zunächst wird das System „VARIOVALVE“ der Fa. IAV beschrieben **(Bild 10-102)**. Hierbei handelt es sich auch um eine auf Basis eines Rollenschlepphebeltriebs vollvariablen Lösung, die bis zum Nullhub den Ventilhub und gleichzeitig damit die Ventilöffnungsdauer verändern kann. Das System verwendet ein zusätzlich bewegtes Getriebeglied mit einer Rückstellfeder zwischen Nocken und Rollenschlepphebel. Alle Kontaktstellen sind mit Rollenkontakten darstellbar. Die Steuerkurve ist ruhend an einer Verstellwelle angebracht. Durch Drehung der Steuerwelle und der damit veränderten Übertragungsgeometrie rollt das Getriebeglied an der Steuerkurve unterschiedlich ab, so dass sich hierdurch die gewünschte

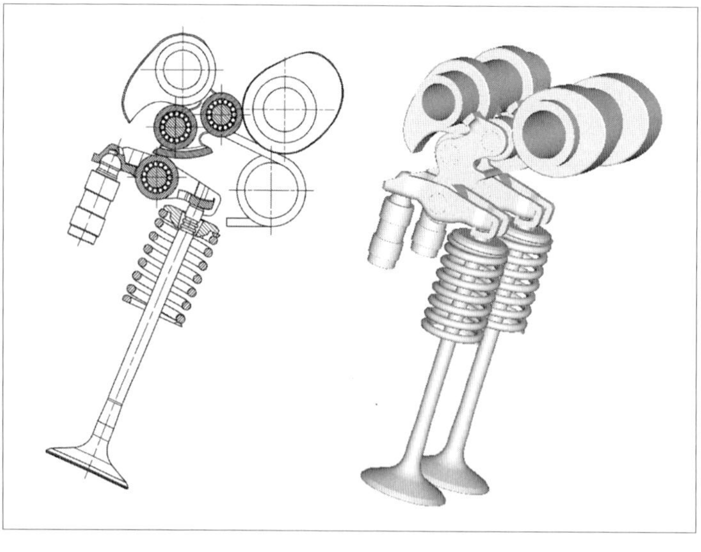

Bild 10-102 System VARIOVALVE der Fa. IAV

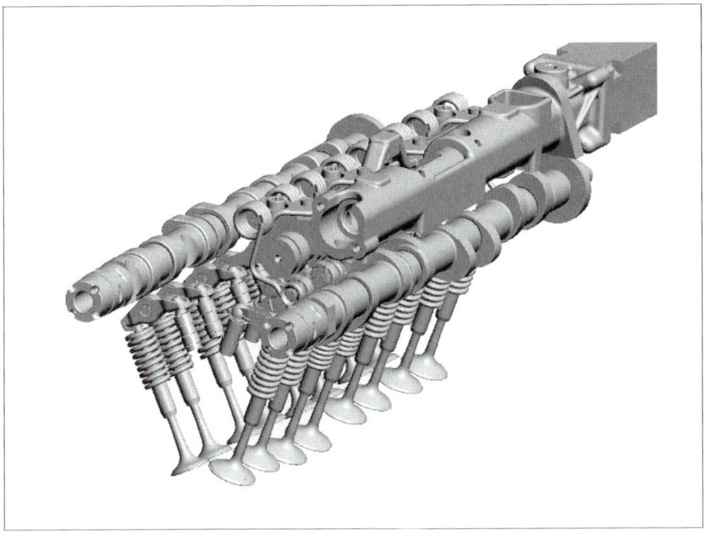

Bild 10-103 Verstellgetriebe und Ventiltriebskomponenten des Systems VARIOVALVE

Ventilhubänderung ergibt. Das System kann die volle Laststeuerung des Motors übernehmen, so dass auch hierbei die konventionelle Drosselklappe entfallen kann. Mit dem kompakten Getriebeglied ist eine hohe Systemsteifigkeit darstellbar. Die erzielbare Hubkurvenschar ist standardmäßig bezüglich der Maxima symmetrisch. Bei Verwendung eines Nockenwellenverstellers lässt sich über die Ventilöffnungszeitverschiebung auch die interne Restgassteuerung realisieren.

Das zur Verdrehung der Steuerwelle benötigte Getriebe sowie die Ventiltriebsteile einer möglichen Zylinderkopfeinbausituation sind in **Bild 10-103** dargestellt.

Als zweite sehr interessant aufzuzeigende Entwicklung wird auf das System „UniValve" der Firmen Hilite International/Hydraulik-Ring und enTec CONSULTING eingegangen. Hierbei handelt es sich ebenfalls um eine vollvariable mechanische Ventilsteuerung, die zudem die Ventilhübe einzelner benachbarter Ventile eines Zylinders unterschiedlich öffnen kann (Phasing). In **Bild 10-104** sind die Hauptventilkomponenten eines Zylinders dargestellt. Ein zwischen Nocken und Rollenschlepphebel befindlicher Gabelhebel besteht aus zwei Zwischenhebeln, die mit einer mittigen Rolle auf einer Achse angeordnet sind. Diese Zwischen- beziehungsweise Kipphebel werden durch die Nocken einer Nockenwelle angetrieben und bewegen den Gabelhebel mit der Mittelrolle in einer ortsfesten Kulisse. Der Gabelhebel des Systems führt eine reine Kippbewegung um eine Achse aus. In den Zwischenhebeln ist die Arbeitskurve integriert, die auf der Rolle eines Rollenschlepphebels abläuft und damit den Ventilhub erzeugt.

Die Kulissenkurve ist durch eine Kreisbahn mit dem Mittelpunkt der Rolle des Rollenschlepphebels und

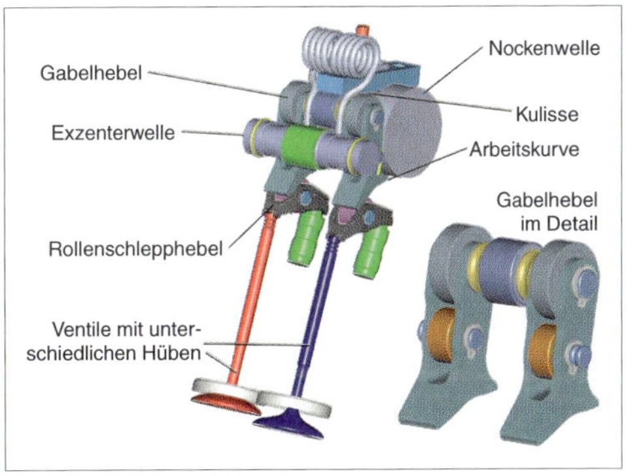

Bild 10-104 Aufbau des System UniValve [27]

einem Radius bestimmt, der durch den Rollendurchmesser der Rolle des Kipphebels definiert ist. Zur Einstellung eines Ventilhubes wird der Drehpunkt des Zwischenhebels zur Nockenwelle hin mit einer Exzenterwelle verschoben. Der Verstellweg beträgt circa 3,5 mm um den Ventilhub von 0 auf 10 mm zu verstellen. Der Nockenhub ist mit circa 5 mm ausgelegt, so dass sich eine sehr kompakte Anordnung ergibt. Die Rückstellfeder stützt sich in gleitgelagerten Rollen auf der Verbindungsachse der Kipphebel ab. Als Ergänzung zu der Ventilhubvariation wird auf der Einlassnockenwelle ein stufenlos wirkender Nockenwellenversteller eingesetzt, mit dem eine optimale Wahl des Einlassschlusses erfolgt. Die Massenverteilung des Kipphebels ist bezüglich seiner Drehung um die Exzenterwelle ausgeglichen, so dass die Höhe der Kontaktkraft zur Exzenterwelle mit der Drehzahl nicht zunimmt. Der Ventiltrieb wurde bis zu einer Drehzahl von 8.000 l/min getestet. Die Ver-

Bild 10-105 Einbau des Systems UniValve in einen Vierzylinderkopf

stellung von Nullhub zu Vollhub erfolgt innerhalb von 120 Grad durch Verdrehung der Exzenterwelle. Das Halte- und Verstellmoment an der Exzenterwelle für zwei Ventile je Zylinder liegt im Bereich von circa 4 Nm (**Bild 10-107**). Im UniValve-Ventiltrieb wird im Vergleich zu einem Rollenschlepphebel-Ventiltrieb die Nockenwellenmitte um 5 bis 10 mm höher und um 10 bis 15 mm zur Sauganlage oder je nach Zylinderkopfgeometrie zur Mitte des Zylinderkopfes hin verschoben. Die zusätzliche Rückstellfeder, die in reibungsarmen Rollen auf der Achse des Gabelhebels geführt wird, liegt im Schatten des Nockenwellenverstellers und führt nicht zu einer Erhöhung der package-relevanten Motorhöhe. Der Einbau des Systems inklusive Verstellaktuator in einem Vierzylinder-Prototypmotor in **Bild 10-105** dargestellt.

Je nach Zylinderkopfkonzeption kann das System alternativ inklusive Nockenwellen, Ventiltriebskomponenten und Nockenwellenversteller als Modul mit einem Nockenwellenträger auf das Zylinderkopfunterteil montiert werden (**Bild 10-106**). Dieser Umfang kann als Komplettsystem vom Systemlieferanten angeboten werden.

Der UniValve-Gabelhebel wurde bereits mehrmals überarbeitet. Der Hebel wurde deutlich verkleinert und die Rolle zur Abstützung an der Exzenterwelle durch eine ebene Kontaktfläche ersetzt (siehe **Bild 10-107**). Durch diese ebene Kontaktfläche zur Exzenterwelle werden die Toleranzen reduziert, insbesondere entfällt das Toleranzspiel der Rolle, der Rollenbohrung und der Rollenachse. Die Kontaktfläche wird in einer Aufspannung mit der Arbeitskurve geschliffen. Damit und durch die Verwendung nur eines zusätzlichen Getriebegliedes bietet das System die besten Vorraussetzungen, die Leerlaufhubtoleranz der Einlassventile von ±5 % eines mehrzylindrigen Motors ohne Einstellung in einer Großserie zu erreichen. Die Gleitreibung in der Kontaktfläche wird infolge der Gleitbewegung leicht erhöht (**Bild 10-107**).

Die Exzenterwelle wird als Steckachse direkt im Zylinderkopf gelagert, der Außendurchmesser kann nach dem Härten zenterless geschliffen werden, wodurch eine sehr kostengünstige und sehr steife

Bild 10-106 Nockenwellenträger mit Ventiltriebskomponenten in Modulbauweise

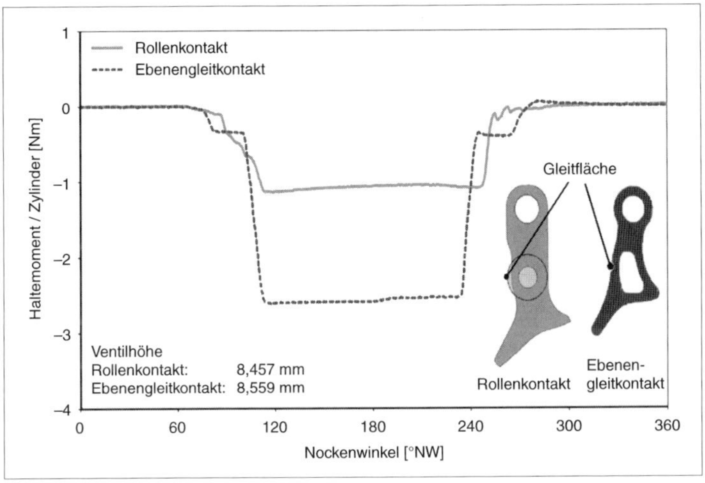

Bild 10-107 Verstellmomente an der Exzenterwelle

Lösung entsteht. Die hohe Steifigkeit der Exzenterwelle und der ortsfesten Kulisse, die bevorzugt in Stahl ausgeführt wird, sind Voraussetzung für hohe Beschleunigung und hohe Drehzahlen. Die Exzenter von zwei Einlassventilen können zueinander verdreht werden, wodurch sich das so genannte Phasing der Ventile ergibt (siehe auch **Bild 10-104**).

Die Exzenterwelle zeigt für 2 Stellungen ein sehr kleines Haltemoment. In diesen beiden Stellungen geht der Kontaktkraftvektor vom Zwischenhebel direkt durch den Drehpunkt des Exzenters. Damit eignet sich eine derartige Exzenterverstellung für eine zweistufige Ventilkonturumschaltung als erste Entwicklungsstufe eines neuen Zylinderkopfes. Ohne große Änderungen der Zylinderkopfgeometrie wäre eine stufenweise Entwicklung über eine zweistufige Umschaltung bis hin zum vollvariablen Hubsystem möglich. Für ein Umschaltsystem zwischen zwei Erhebungskurven ist es von besonderer Bedeutung, dass der Energieaufwand zur Festhaltung der Position möglichst gering ist. Damit eignet sich das System auch für einen stufenweisen Ausbau mit hoher Zukunftssicherheit. Man kann damit ohne eine große Zylinderkopfänderung über ein relativ kostengünstiges Zweistufensystem durch die Erweiterung mit einem Sensor und einem angepassten Aktuatorsystem eine vollvariable, drosselfreie Laststeuerung darstellen.

Bei einer drosselfreien Laststeuerung wird die Volllast nicht mit Vollhub im gesamten Drehzahlbereich erreicht. Da die Volllast im unteren Drehzahlbereich mit Teilhüben erreicht wird, bringt es Vorteile, wenn der Einlassschluss mit dem Ventilhub variiert wird. Damit kann das Drehmoment an der Volllast im unteren Drehzahlbereich ohne Nockenwellenverstellung, das heißt ohne zusätzliche Regelung der Stellung der Nockenwelle zur Kurbelwelle deutlich angehoben werden. Mit einer derartigen Steuerung muss kein Kompromiss der Steuerzeiten im Leerlaufbereich oder aber im oberen Drehzahlbereich eingegangen werden. Eine Öffnungszeit mit 320° oder 340 °KW bei Maximalhub, wie bei einer rennsportlichen Auslegung, führt zu keinem unrunden Motorlauf im unteren Drehzahlbereich beziehungsweise zu keinem Verlust der Leerlaufqualität. Damit ergibt sich ein Zusammenhang zwischen der Öffnungszeit und dem Ventilhub, letztendlich des Öffnungsquerschnittes, der in **Bild 10-108** dargestellt ist.

Damit eine möglichst optimale Füllung des Motors erreicht wird, ist es vorteilhaft, wenn die Beschleunigung des Einlassventils in allen Drehzahlbereichen und damit auch bei allen Teilhüben möglichst hoch ist. Aktuelle variable Ventiltriebssysteme haben heute eine maximale bezogene Ventilbeschleunigung von circa 55 bis 80 mm/rad^2. In den Teilhüben nimmt dabei die bezogene Beschleunigung stark ab und damit auch die Füllung an der Volllast. Vorteilhaft für die Volllast sowie die Drosselverluste im Teillastbereich wäre eine bezogene Ventilbeschleunigung bei Teilhüben, die höher als bei Vollhub ist. Hohe bezogene und absolute Beschleunigungen lassen sich nur realisieren, wenn die Beschleunigungsrampen bei allen Hüben klar definiert sind, das heißt hohe Beschleunigungen und hohe Motordrehzahlen lassen sich nur realisieren, wenn bei allen Ventilhüben die Beschleunigungsrampe und insbesondere die Schließrampe nicht den Spielen oder Kontaktsteifigkeiten überlassen wird. Tassenstößelventiltriebe und Rollenschlepphebelventiltriebe werden heute mit einer maximal bezogenen Ventilbeschleunigung von circa 85 mm/rad^2 ausgelegt. Da die effektive Ventilbeschleunigung mit dem Quadrat der Motordrehzahl wächst, kann die Teilbeschleunigung eventuell höher ausgelegt werden. Damit würde sich an der Volllast im unteren Drehzahlbereich ein Vorteil einstellen und auch der Verbrauch im Teillastbereich aufgrund der geringen

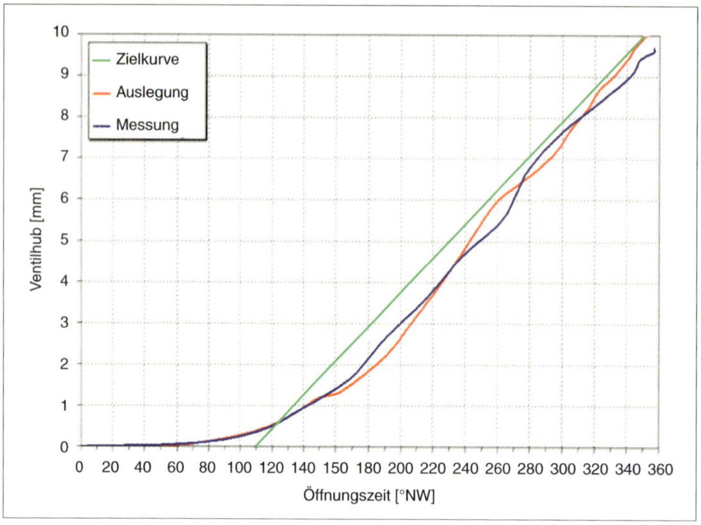

Bild 10-108 Öffnungscharakteristik der Ventile

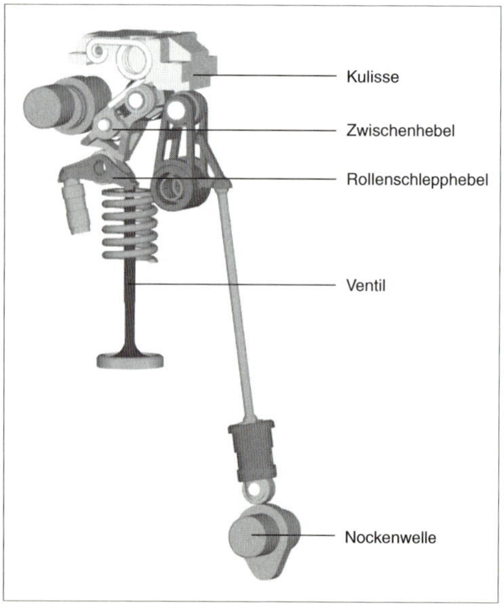

Bild 10-109 System UniValve für Motoren mit untenliegender Nockenwelle

Drosselverluste tendenziell verbessern. Ziel für den variablen Ventiltrieb sollte eine maximale Beschleunigung bei Vollhub von circa 85 mm/rad^2 bei einer Drehzahl von 8.500 l/min sein.

Das System UniValve ist auch an Motoren mit untenliegender Nockenwelle einsetzbar **(Bild 10-109)**. Von der untenliegenden Nockenwelle wird über einen Rollenstößel und eine Stoßstange ein Kipphebel angetrieben, der seine Bewegung über eine Rolle auf die obere Rolle des Zwischenhebels überträgt. Mit dieser oberen Rolle läuft der Zwischenhebel gleichzeitig in einer ortsfesten Kulisse ab. In den Zwischenhebel ist die Arbeitskurve integriert, die auf der Rolle eines Rollenschlepphebels abläuft. Die Kurve der Kulisse ist durch eine Kreisbahn mit dem Mittelpunkt der Rolle des Rollenschlepphebels und einem Radius, der durch den Rollendurchmesser der Rolle des Zwischenhebels definiert ist, bestimmt. Zur Einstellung eines Ventilhubes wird der Drehpunkt des Zwischenhebels zur Nockenwelle hin mit einer Exzenterwelle verschoben. Der Verstellweg beträgt circa 3,5 mm, um den Ventilhub von 0 auf 10 mm zu verstellen. Damit besteht der Vorteil, dass bei dieser Art der Motoren das Zylinderkurbelgehäuse unverändert weiter verwendet werden kann und nur Modifikationen am Zylinderkopf nötig sind.

10.4.3.4 Hydraulisch betätigte Systeme

In den achtziger Jahren des vergangenen Jahrhunderts sind zahlreiche Forschungsarbeiten auf dem Gebiet der hydraulischen variablen Ventilbetätigung durchgeführt worden. Die frei gestaltbare Betätigung der Ventile über das Medium Öl und die Feststellung des damit verbundenen Verbesserungspotenzials an Motoren war das Entwicklungsziel. Dabei wird nach wie vor an Lösungen mit und ohne Nockenwelle gearbeitet.

Bei den Systemen mit Nockenwelle dient die Nockenwelle zum Druckaufbau für einen Stößel, der über das Medium Öl die Hubbewegung auf das Ventil überträgt. Damit ist der Öffnungsbeginn der Ventile stets konstant. Je nach Unterbrechung des Öldruckaufbaus im Hydraulikstößel kann nun die Schließzeit der Ventile verändert werden. Als Laststeuerungsverfahren kommt dabei hauptsächlich das „Frühe Einlass Schließen“ zum Einsatz. Je nach Art der Unterbre-

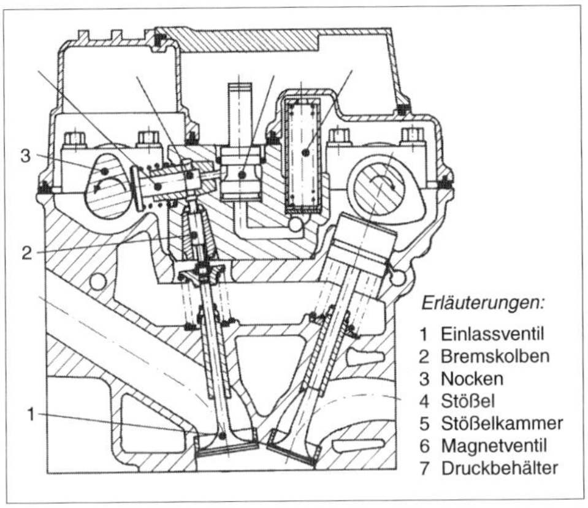

Bild 10-110 Hydraulische variable Ventilsteuerung der Fa. Fiat [28]

Bild 10-111 Hydraulische Ventilsteuerung UNIAIR der Fa. INA an einem Versuchsmotor

chung des Druckaufbaus durch Verwendung einer Steuerkante oder durch Verwendung eines elektromagnetischen Ventils wird nach der Gliederung in Kapitel 10.4 unterschieden. Zur Steuerung des Restgasgehaltes wird eine Nockenwellenverstellung empfohlen. Eine Konstruktion zur Veränderung der Steuerzeiten auf Basis eines hydraulischen Wirkprinzips mit Verwendung einer elektromagnetischen Abflusssteuerung stellt exemplarisch das System der Fa. Fiat in **Bild 10-110** dar. Entwicklungen zu ähnlichen Lösungen wurden bei vielen Firmen durchgeführt.

Das Einlassventil wird über die Nockenwelle und einen hydraulischen Übertragungsmechanismus betätigt. Dabei baut sich durch die Bewegung des Stößels im Stößelraum ein Druck auf, der den über dem Ventil angeordneten Kolben und somit das Ventil bewegt. Der Öldruck im Stößelraum kann durch ein Magnetventil unterbrochen werden. Damit wird der Ventilhub begrenzt und die Laststeuerung des Motors kann somit ohne Drosselklappe erfolgen. Über einen kleinen Druckbehälter kann Öl in den Stößelraum nachgefördert werden. Das Magnetventil muss extrem schnellschaltend ausgelegt sein. Problematisch bei dieser Art der Ventilbetätigung ist das Betriebsverhalten bei niedrigen Temperaturen sowie die damit stark differierenden Ölviskositäten. Ebenfalls ist die Reproduzierbarkeit der Ventilerhebungskurve schwer zu erreichen. Für das gezielte Verzögern des Ventils beim Schließen im Ventilsitz muss eine funktionierende Ventilbremse vorhanden sein. Ein aktuelles Anwendungsbeispiel dieses Prinzips ist in **Bild 10-111** an einem Versuchsmotor der Fa. INA dargestellt. Stößel, Stößelkammer und Bremskolben aus der Prinzipskizze aus **Bild 10-110** sind in Verlängerung der Ventilachse übereinander angeordnet.

Die Firmen Bosch und AVL arbeiten an einer nockenwellenlosen Lösung zur Realisierung des vollvariablen Ventilhubs. Zur Bereitstellung der hydraulischen Energie wird eine Ölpumpe benötigt, die im Nebentrieb des Motors integriert wird und den benötigten Druck zum Betätigen der Ventile zur Verfügung stellt. Die Pumpe erhält von der normalen Motorölpumpe aus dem Motorölkreislauf konventionelles auf Vordruck gefördertes Motoröl. Über Leitungen wird ein Rail gespeist, von dem die einzelnen Aktuatoren im Zylinderkopf versorgt werden **(Bild 10-112)**.

Der Hochdruck für die Aktuatoren liegt in einem Bereich zwischen 50 und 200 bar. Der Zylinderkopf ist in zwei Ebenen modular aufgebaut [29]. Der untere Teil enthält die zum Ladungswechsel und Brennraum gehörenden Funktionen (Thermodynamik-Modul), der obere Teil die Ventilbetätigungselemente (Hydraulik-Modul). Der Aktuator stellt sich im Wesentlichen als ein beidseitig mit Hochdrucköl betätigtes Kolbenmodul dar, wobei je nach Bedarf und Ventilerhebungswunsch über Schaltventile das Kolbenmodul angesteuert wird. Die freie Art der Ansteuerung und der damit verbundenen Betätigung der Ventile ist der große Vorteil dieser Art der Ventilsteuerung.

Auf dem Gebiet der hydraulischen variablen Ventilsteuerungen sind zur Zeit eher wenige Aktivitäten zu beobachten. Den Autoren sind die Entwicklungen der Firmen Fiat, Bosch beziehungsweise AVL, Lotus, INA und einiger anderer Firmen bekannt, an denen intensiver gearbeitet wird. Ob diese Systeme eine Chance für die Realisierung an Serienmotoren haben, ist schwierig zu beurteilen und bleibt spannend zu beobachten.

10.4.3.5 Elektromechanische Systeme

Die Idee, Gaswechselventile mit elektrischer Energie zu betätigen und frei von jeglichen Zwängen eines Nockentriebs die Ventilhubbewegung zu gestalten, ist sicherlich der Traum eines jeden Motoreningenieurs.

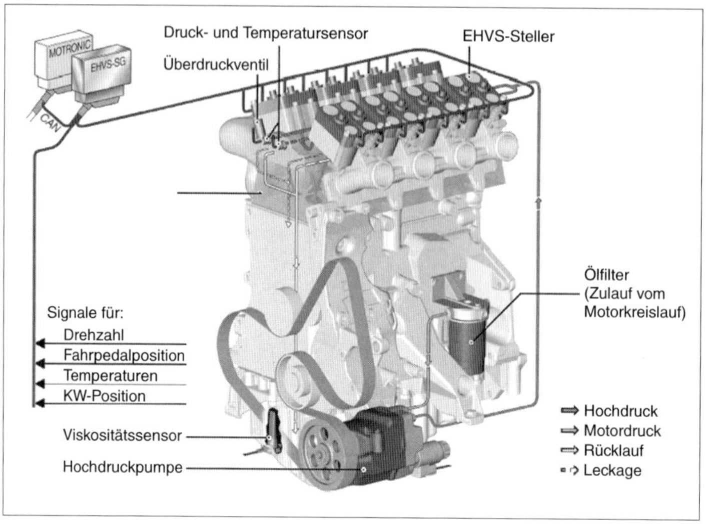

Bild 10-112 Hydraulische Ventilsteuerung der Firmen Bosch beziehungsweise AVL

An Ansätzen, dieses mit rein elektrischer Betätigung wie zum Beispiel durch Piezoaktuatoren zu bewerkstelligen, hat es nicht gefehlt. Sehr häufig kommt als Konstruktionselement zur Reduzierung der Antriebsenergie für die Ventilbetätigung eine Feder als Energiespeicher oder ventilschließendes Element zum Einsatz. So ist vor mehr als 20 Jahren mit ersten Entwicklungen zu elektromechanischen nockenwellenlosen Ventilsteuerungen begonnen worden. Mit diesem System besteht das größte Potenzial zur Variation der Ventilerhebungskurve. Als meist vorzufindende Konstruktion werden Aktuatoren verwendet, die je Gaswechselventil verwendet werden. Damit lassen sich für jedes Ventil individuelle Steuerzeiten einstellen. Als größter Vorteil dieser Systeme wird neben der über Last und Drehzahl frei wählbaren Ventilerhebungsstrategien die Möglichkeit einer zusätzlichen Zylinderabschaltung gesehen.

Ein zwischen zwei wechselseitig mit Strom beaufschlagten Spulen befindlicher Anker ist mit dem Gaswechselventil über die Ankerführung verbunden. Zusätzlich werden Federn verwendet, die den Anker beziehungsweise das Ventil betätigen. Der Anker wird je nach Stromanlage in der unteren oder oberen Spule zum Schwingen angeregt. Dadurch kann der Ventilhub von 0 mm bis zum Maximalhub eingestellt werden und durch eine breite Variation der Ventilerhebung die Laststeuerung des Motors vorgenommen werden. In **Bild 10-113** ist der prinzipielle Aufbau dieser Steuerungsart dargestellt. Für das Öffnen des Ventils wird der Öffner-Magnet, für das Schließen der Schließer-Magnet mit Strom erregt. Bei Nichtbeaufschlagung der Spulen mit Strom verbleibt der Anker und damit das Ventil in der Mittelstellung zwischen den Spulen. Diese Stellung wird durch die Federn gehalten. Für den Systemausfall oder den Motorstillstand ist ein entsprechender Freigang im Kolben vorzusehen.

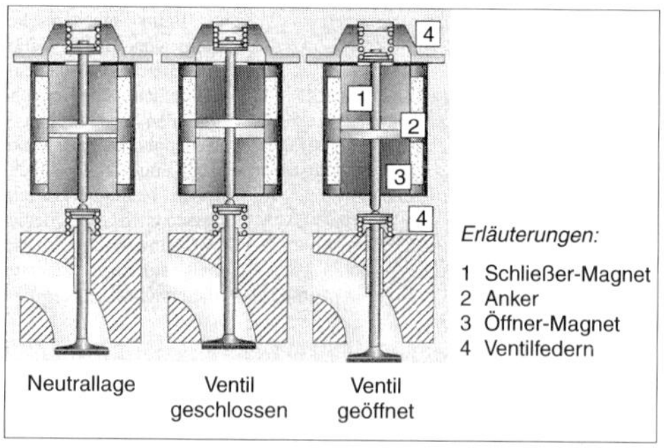

Bild 10-113 Prinzipielle Darstellung eines elektromagnetischen variablen Ventiltriebs [30]

Der Aktuator ist mit einem Sensor zur Erfassung des momentanen Betriebszustandes versehen [31, 32]. Die Ansteuerung des Aktuators erfolgt mit einer speziellen elektronischen Ventilsteuerung, in der die erforderlichen Stromverläufe für die Stelleinheiten geformt werden. Der Energiebedarf wird durch einen 42-Volt Generator aufgebracht. Hierzu wird auf einen Kurbelwellen-Start-Generator zurückgegriffen, der an der Kupplungsseite des Motors integriert ist, **Bild 10-114**.

Die Anforderungen an Aktuatorik und Sensorik der elektromechanischen Ventilsteuerung sind im Wesentlichen:

- eine möglichst geringe Leistungsaufnahme
- eine hohe Dauerhaltbarkeit vergleichbar zu konventionellen Ventiltrieben

Bild 10-114 Vierzylinder-Versuchsmotor der Fa. BMW mit elektromechanischer Ventilsteuerung

- die Realisierung einer möglichst kurzen Schaltzeit für flexible Steuerzeitenstrategien
- die Einhaltung von reproduzierbar genauen Steuerzeiten.

Die elektromechanische Ventilsteuerung ist direkt am Motor angeordnet und unterliegt hohen mechanischen

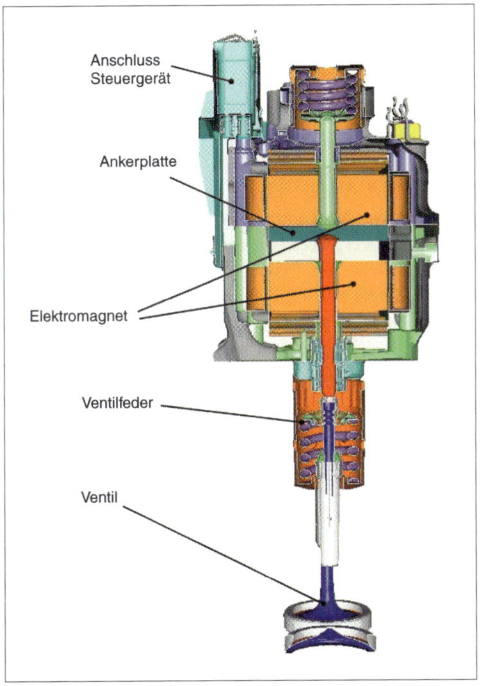

Bild 10-115 Einzelaktuator des elektromechanischen Ventiltriebs

und thermischen Belastungen. Die primäre Funktion der Ventilsteuerung besteht darin, die Spulen der Aktuatoren mit Spannung zu versorgen, dass ein gezielter Stromverlauf generiert wird. Weiterhin muss auch die Temperaturstabilität sowie eine hohe elektromechanische Verträglichkeit gesichert sein. Der Leistungsbedarf der Aktuatoren ist nur mit einer erhöhten Bordspannung zu realisieren, sonst wären die elektrischen Verluste und die je Aktuator benötigten Volumina zu hoch. Ein hoher Generatorwirkungsgrad von circa 75 % ist mit verantwortlich für erzielbaren Verbrauchsvorteil.

Der typische Bewegungsablauf bei einem Öffnungsvorgang beginnt zu einem bestimmten Zeitpunkt mit dem Befehl der Motorsteuerung, das entsprechende Ventil zu öffnen. In der Elektronik wird dieser Befehl umgesetzt in die Ansteuerung der beiden Elektromagneten:

- die Haltespannung an der oberen Spule wird abgeschaltet.
- die gespannte Feder beschleunigt den Anker.
- das Ventil öffnet sich.

Bei der Annäherung des Ankers an die maximal geöffnete Position wird durch Bestromung der unteren Spule der Anker eingefangen und das Ventil mit ihm zusammen im geöffneten Zustand gehalten. Bei Ende der gewünschten Steuerzeit wird der Schließbefehl ausgelöst und das Ventil in seinen Sitz zurückgeführt. Das sanfte Aufsetzen des Ventils in seinen Sitz hat aus Gründen der Akustik und des Verschleißes mit einer Ventilaufsetzgeschwindigkeit unter 0,05 m/s zu erfolgen. Dieses Aufsetzverhalten wird als „Soft Landing“ bezeichnet. Zur Reduktion der Kräfte und Aufsetzgeschwindigkeiten muss die Stromstärke bereits während der Flugphase des Ankers und des Ventils deutlich verringert werden. Das Einhalten dieses Vorgangs und die Reproduzierbarkeit des Ventilschließzeitpunktes von weniger als einem Grad Kurbelwinkel stellt an die Regelung dieses komplexen mechatronischen Systems hohe Anforderungen. Die Fa. BMW stellt hierfür ein Regelungskonzept vor, das auf drei Säulen aufbaut [31]:

- einem Sollwertgenerator, der die Vorgabe der Zeitabläufe für Weg, Geschwindigkeit und Beschleunigung insbesondere für den Endlagenbereich des Ankers übernimmt,
- einem Beobachter, der Schätzwerte für die drei Zeitverläufe berücksichtigt und
- dem Regler, der aus Abweichung zwischen Soll- und Schätzwert die erforderliche Spulenspannung berechnet und regelt.

Elektromechanische Ventilsteuerungen dieser Art mit Einzelaktuatoren weisen die höchste Variabilität der Gestaltung von Ventilhubkurven auf. Alle denkbaren Prozessabläufe sowie Laststeuerungsverfahren wie

zum Beispiel „Frühes Einlass Schließen“ lassen sich realisieren. Von einem Zyklus zum anderen kann auf eine geänderte Ventilhubfunktion gewechselt werden. Darüber hinaus ist es möglich, nur so viele Ventile zu betätigen wie benötigt werden. Bei einem Vierventilmotor ist das Öffnen beider Ventile nur bei Volllast und hohen Drehzahlen nötig. Im Teillastbetrieb können einzelne Ventile bis hin zur unterschiedlichen Ansteuerung benachbarter Zylinder wie die Abschaltung einzelner Zylinder stillgelegt werden.
Durch die große Variabilität der Ventilerhebungskurven kann die Steuerung des Restgasanteils durch den Überschneidungsbereich zwischen Auslass- und Einlassventilerhebung einfach erfolgen.
Die Serieneinführung der elektromechanischen Ventilsteuerungen führt zu erheblichen Mehrkosten, zu einer größeren Motorbauhöhe und zu höheren Motorgewichten. Deshalb wird auch an Entwicklungen gearbeitet, bei denen nur auf der Einlassventilseite derartige Steuerungen vorgesehen werden. Im Spannungsfeld dieser Kriterien und Fakten wird die Zukunft zeigen, in wie weit diese Art der variablen Ventilsteuerungen dann die bisher rein mechanisch wirkenden an Serienmotoren ablösen. Auch die vollvariablen mechanischen Ventilsteuerungen werden ihr Potenzial an Serienmotoren weiter ausschöpfen. Das damit noch vorhandene thermodynamische zusätzliche Verbesserungspotenzial für elektromechanische Ventilsteuerungen ist begrenzt.

10.4.4 Perspektiven des variablen Ventiltriebs

Seit den 1980er Jahren werden wesentliche Entwicklungen zur Verbrauchsverbesserung, Drehmomenterhöhung bei niedrigen und höheren Drehzahlen und zu Reduzierung der Rohemissionen von Ottomotoren im Ventiltrieb durchgeführt. Erste Ventilkonturumschaltsysteme wurden bereits 1983 an einem Motorrad und später an Automobilmotoren eingeführt, um höhere Leistungen zu realisieren. Dabei wurde zwischen einer Ventilhubkurve mit kurzer Steuerzeit und einem Ventilhub von circa 4 mm auf eine Ventilhubkurve mit sehr langer Steuerzeit und einem Ventilhub von 10 mm umgeschaltet und somit der Konflikt zwischen Leerlaufqualität, Anfahrbeschleunigung und hoher Leistung gelöst. Wesentliche Verbrauchsverbesserungen konnten erst erzielt werden, als es mit der Einführung von Nockenwellenverstellern auf der Einlassnockenwelle gelang, eine effektive Restgassteuerung durch die Steuerung der Überschneidungsfläche in der Teillast von Ottomotoren darzustellen. An der Volllast konnte durch die damit mögliche drehzahlabhängige Regelung des Schließzeitpunktes des Einlassventils deutliche Verbesserungen des Drehmomentes bei niedrigen und hohen Drehzahlen erreicht werden. Eine Nockenwellenverstellung auf der Auslassnockenwelle ermöglicht eine gezielte Aufheizung der Katalysatoranlage im Warmlauf durch frühzeitiges Öffnen des Auslassventils. Die erreichbaren Kraftstoffverbrauchsverbesserungen im weiterhin gedrosselten Betrieb liegen im Bereich von circa 4 % bei einer Nockenwellenverstellung auf der Ein- und Auslassnockenwelle mit einem Verstellwinkel von 60 °KW.
Eine weitere Kraftstoffverbrauchsverbesserung von 6–8 % wurde durch die Einführung der drosselfreien Laststeuerung des Ottomotors mit lastabhängiger Regelung der Höhe des Ventilöffnungsquerschnittes und des Schließpunktzeitpunktes der Einlassventile erreicht. Die lastabhängige Regelung des Öffnungsquerschnittes erfolgt bei elektromechanischen und servohydraulischen Ventiltrieben durch eine variable Öffnungszeit, das heißt das Einlassventil wird immer voll geöffnet und die Länge der Öffnungszeit der Last angepasst. Bei vollvariablen mechanischen Ventiltrieben wird dagegen der Öffnungsquerschnitt durch die Höhe des Ventilhubes und bei einigen Systemen durch die Höhe des Ventilhubes und der Länge der Öffnungszeit geregelt. Die Reduzierung des Ventilhubes führt zu höheren Gasgeschwindigkeiten im Ventilspalt, bei kleinsten Ventilhüben wird am Ventilsitz Überschallgeschwindigkeit erreicht und dadurch die Kraftstofftropfen feinstverteilt. Die damit verbesserte Gemischaufbereitung reduziert den Kraftstoffverbrauch und die Rohemissionen.
Alternativ dazu wurde die drosselfreie Laststeuerung mit Direkteinspritzung zur Serienreife entwickelt. Die Direkteinspritzung eröffnet durch den mageren Schichtbetrieb des Ottomotors zusätzlich erhebliche Verbrauchsvorteile. Allerdings wird die Abgasnachbehandlung deutlich aufwendiger und teurer. Bei der Verwendung von NO_x-Speicherkatalysatoren muss ein Teil der Verbrauchsverbesserungen wieder aufgegeben werden und es kann nur schwefelarmer Kraftstoff verwendet werden. Dies schränkt die Marktbereiche ein. Die Entwicklungsingenieure stehen einerseits vor der Situation aus mehreren Systemen auswählen zu können, um die CO_2-Zusagen für 2008 zu erfüllen, andererseits müssen sie sich für eine Technologie entscheiden, die ein möglichst großes Zukunftspotenzial in den kundenrelevanten Motorfunktionen aufweist. Entscheidungsrelevant werden die Funktionsvorteile, die Gesamtkosten inklusive der Kosten für die Abgasanlagen, Sensoren und Steuergeräte, sowie die Investitionskosten, Packageanforderungen und Gewichtsanhäufungen sein. Heutige elektromechanische Ventiltriebe sind in ihrer Variabilität nicht zu übertreffen, allerdings ist die Motordrehzahl begrenzt auf circa 6.000 l/min, der Energieverbrauch bei niedrigen Drehzahlen relativ hoch, die Erhöhung der Motorabmessungen und die Gewichtszunahme nicht zu vernachlässigen. Die Abschaltung einzelner Ventile, Takte oder Zylinder weisen dagegen das höchste Zukunftspotenzial auf.

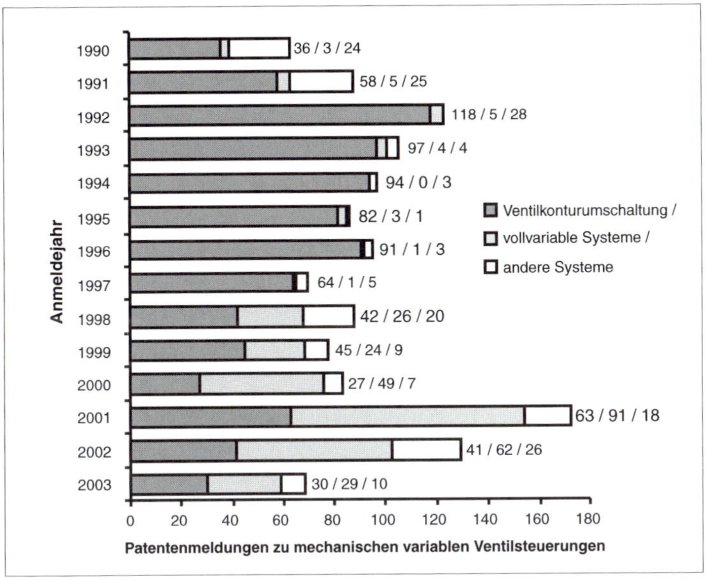

Bild 10-116 Patentanmeldungen von Systemen mit Ventilkonturumschaltung und Vollvariabilität

Bei den mechanischen vollvariablen Ventiltrieben werden eine Vielzahl von Lösungen angeboten, **Bild 10-116**, die sich in wichtigen Funktionen unterscheiden und es dem Motorentwickler schwer machen, ein System mit hohem Zukunftspotenzial auszuwählen. In **Bild 10-116** sind für mechanische variable Ventilsteuerungen die Patentanmeldungen der Systeme aufgelistet, die ein Übertragungsglied zwischen Nocken und Ventil einsetzen. Die Systeme dieser Gruppe werden durch Ventilkonturum- oder -abschaltsysteme sowie vollvariable Systeme beschrieben. Insbesondere nach der Serieneinführung des Systems der Valvetronic sind die Aktivitäten auf dem Gebiet der vollvariablen Systeme stark angestiegen.

Neue Entwicklungen ermöglichen es, einzelne Ventile oder Zylindergruppen abzuschalten oder die Ventilhubhöhe und -öffnungszeit unterschiedlich einzustellen. Mit dem Phasing des Ventilhubs wird eine Zylinderinnenströmung mit einem ausgeprägten Drall erzeugt (**Bild 10-117**). Die Strömungsgeschwindigkeiten im Drall können durch den Ventilhub und durch den Unterschied im Ventilhub der beiden Einlassventile an die Motordrehzahl und Last angepasst werden. Damit werden in Verbindung mit Maßnahmen des Masking zusätzliche Verbrauchsvorteile eröffnet [24]. Die Verbrauchsvorteile dürfen aber nicht durch Energieverluste beim Einstellen und Halten des Ventilhubes wieder reduziert werden. Selbst wenn alle Verbrauchspotenziale der variablen Ventiltriebe genutzt werden, wird man die Verbrauchspotenziale der Direkteinspritzung mit strahlgeführten Brennverfahren beim Ottomotor aus heutiger Sicht wohl nicht erreichen. Ist deshalb der vollvariable Ventiltrieb nur ein Zwischenschritt auf dem Weg zur Direkteinspritzung? Diese Frage wird vermutlich durch die Kostenentwicklung beantwortet werden. Wenn der vollmechanische Ventiltrieb sich durch Drehmomentvorteile, durch Emissionsverbesserungen im Starten und im Warmlauf, durch verbesserte Gasannahme und erhöhte Leerlaufqualität und durch Verbrauchsverbesserungen im $\lambda = 1$ – Betrieb „rechnet", wird die Zukunft aus der Kombination der Direkteinspritzung und dem vollvariablen Ventiltrieb bestehen.

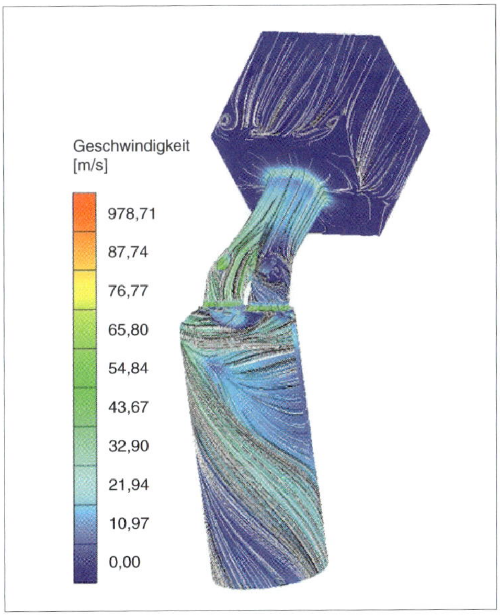

Bild 10-117 Simulation des Dralls mit unterschiedlichen Ventilhüben von 1 und 10 mm

Eine variable Drallstärke durch Phasing des Ventilhubs und eine Restgassteuerung durch ein zweites variables Öffnen der Einlassventile bei gleichzeitig offenen Auslassventilen führt zu verstärkten Diskussionen über den Einsatz von vollvariablen Ventiltrieben beim Dieselmotor.

Literatur

[1] *Hannibal, W.*: Vergleichende Untersuchung verschiedener variabler Ventilsteuerungen für Serien-Ottomotoren. Dissertation, Universität Stuttgart, 1993

[2] *Haltenberger, S.*: Vorrichtung zur Ventilverstellung. Patent DE PS 368775, 1918

[3] *Bassi, A.; Arcari, F.; Perrone, F.*: C.E.M. – The Alfa Romeo Engine Management System-Design Concepts-Trends for the future. SAE-Paper 85 0290, 1985

[4] *Inoue, K.; Nagahiro, R.; Ajiki, Y.*: A High Power, Wide Torque Range, Efficient Engine with a Newly Developed Variable Valve-Lift and -Timing Mechanism. SAE-Paper 89 0675, 1989

[5] *Metzner, F.-T.; Flebbe, H.*: Doppelnockenwellenverstellung an V-Motoren. 8. Aachener Kolloquium Fahrzeug- und Motorentechnik 1999

[6] *Ebel, B.; Metzner, F.-T.*: Die neuen V-Motoren von Volkswagen mit Doppelnockenwellenverstellung. MTZ 61 Motortechnische Zeitschrift (2000) 12

[7] *Hannibal, W.; Meyer, K.*: Patentrecherche und Überblick zu variablen Ventilsteuerungen. Vortrag Haus der Technik, März 2000

[8] *Ulrich, J.; Fiedler, O.*: Der Motor des neuen Porsche 968. MTZ 52 Motortechnische Zeitschrift (1991) 12

[9] *Knirsch, S.; Mann, M.; Dillig, H.; Reichert, H.-J.; Bartholmeß, T.*: Der neue Sechszylinder-V-Motor von Audi mit Fünfventiltechnik. MTZ Motortechnische Zeitschrift 57 (1996)

[10] *Metzner, F.-T.; Keiser, P.*: Der neue V6-4V-Motor von Volkswagen. 20. Internationales Wiener Motorensymposium, 1999

[11] *Batzill, M.; Kirchner, W.; Körkemeier, H.; Ulrich, H. J.*: Der Antrieb für den neuen Porsche Boxter. Sonderausgabe der ATZ und MTZ, 1997

[12] *Braun, H. S.; Flierl, R.; Kramer; Marder, R.; Schlerf, G.; Schopp, J.*: Die neuen BMW Sechszylindermotoren. In: Sonderausgabe ATZ und MTZ, 1998

[13] *Knecht, A.*: Nockenwellenverstellsystem „Double-V-Cam": Ein neues System für variable Steuerzeiten. Sonderdruck aus Systems Partners 98, Vieweg Verlagsgesellschaft mbH Wiesbaden, 1998

[14] *Wenzel, C.; Stephan, W.; Hannibal, W.*: Hydraulische Komponenten für variable Ventilsteuerungen. Vortrag Haus der Technik Essen, 2000

[15] *Endres, H.; Erdmann, H.-D.; Eiser, A.; Leitner, P.; Kaulen, W.; Böhme, J.*: Der neue Audi A4; Der neue 3,0-l-V6-Ottomotor. Sonderausgabe der ATZ und MTZ, 2000

[16] *Hannibal, W; Knecht, A.; Stephan, W.*: Nockenwellenversteller für Ottomotoren. Verlag Moderne Industrie, Band 247, Landsberg am Lech 2002

[17] *N. N.*: Die variable Ventilsteuerung VVTL-i der Fa. Toyota. Presseinformation der Fa. Toyota Köln, Januar 2001

[18] *Schwarzenthal, D.; Hofstetter, M.; Deeg, H.-P.; Kerkau, M.; Lanz, H.-W.*: VarioCam Plus, die innovative Ventilsteuerung des neue 911 Turbo. Vortrag, 9. Aachener Kolloquium 04.–06. Oktober 2000

[19] *Torazza, G.*: A Variable Lift and Event Control Device for Piston Engine Valve Operation; 14. FISITA Kongress, London, 1972

[20] *Titolo, A.*: Die variable Ventilsteuerung von Fiat: MTZ 47 Heft 5, 1986

[21] *Wichart, K.*: Möglichkeiten und Maßnahmen zur Verminderung der Ladungswechselverluste beim Ottomotor. VDI-Fortschrittsberichte Reihe 12, Nr. 91, 1987

[22] *Schön, H.*: Untersuchungen an einem viergliedrigen Kurvenrastgetriebe zur variablen Betätigung der Ladungswechselventile in Hubkolbenmotoren. Dissertation, TH Karlsruhe, 1992

[23] *Unger, H.*: Valvetronic, Der Beitrag des Ventiltriebs zur Reduzierung der CO_2-Emission des Ottomotors. Verlag Moderne Industrie, Band 263, Landsberg am Lech, 2004

[24] *Klaus, B.*: Die Valvetronic der 2. Generation im neuen BMW-Reihen-Sechszylindermotor. VDI-Tagung in Stuttgart, 15. und 16. September 2004

[25] *Jägerbauer, E.; Fröhlich, K.; Fischer, H.*: Der neue 6,0 l-Zwölfzylindermotor von BMW. MTZ Motorentechnische Zeitschrift 64 (2003) 7/8

[26] *Hannibal, W.; Flierl, R.; Stiegler, L.; Meyer, R.*: Overview of current continuously variable valve lift systems for four-stroke spark-ignition engines and the criteria for their design ratings. SAE-Paper 2004-01-1263, Detroit, February 2004, MI, USA

[27] *Hannibal, W.; Flierl, R.; Meyer, R.; Knecht, A.; Gollasch, D.*: Aktueller Überblick über mechanisch variable Ventilsteuerungen und erste Versuchsergebnisse einer neuen mechanischen variablen Ventilsteuerung für hohe Drehzahlen. In: Variable Ventilsteuerung II, Expert Verlag, Band 32, 2004

[28] *Hack, G.*: Freie Wahl. In: Auto Motor Sport, 17/1999, S. 48–50

[29] *Mischker, K.; Denger, D.*: Anforderungen an einen vollvariablen Ventiltrieb und Realisierung durch elektrohydraulische Ventilsteuerung EHVS. 24. Wiener Motoren Symposium, 2003

[30] *Koch, A.; Kramer, W.; Warnecke, V.*: Die Systemkomponenten eines elektromagnetischen Ventiltriebs. 20 Wiener Motoren Symposium, 1999

[31] *Cosfeld, R.; Klüting, M.; Grudno, A.*: Technologische Ansätze zur Darstellung eines elektromagnetischen Ventiltriebs. 8. Aachener Kolloquium Fahrzeug- und Motorentechnik, 1999

[32] *Langen, P.; Cosfeld, R.; Grudno, A.; Reif, K.*: Der elektromagnetische Ventiltrieb als Basis zukünftiger Ottomotorenkonzepte. Vortrag Wiener Motoren Symposium, 04.05.2000

10.5 Impulsaufladung und Laststeuerung von Hubkolbenmotoren durch ein Lufttaktventil

10.5.1 Einleitung

In vielen Märkten stellt der Verbrennungsmotor in den nächsten Jahren nach wie vor das dominierende Antriebskonzept für mobile Anwendungen dar. Dabei gilt es, mit neuen Motoren schärfere Emissionsanforderungen zu erfüllen und aufgrund steigender Ölpreise in immer stärkerem Maße der Forderung nach geringem Kraftstoffverbrauch nachzukommen. Zusätzlich steigen auch Kundenwünsche bezüglich der Motorleistung und der Fahrzeugdynamik stetig an. Um diesen teilweise widersprüchlichen Forderungen gerecht zu werden, ist es unumgänglich, neue Technologien bei der Entwicklung von Ladungswechsel- und Brennverfahren zu verfolgen. Ein vielversprechender Ansatz zur Erfüllung der oben genannten und teils widersprüchlichen Forderungen ist der Einsatz des Lufttaktventils zur Laststeuerung. Damit können insbesondere Ottomotoren mit Direkteinspritzung eine weitere Verbesserung von Leistung und Verbrauch erfahren. Bei Dieselmotoren besteht durch den Einsatz des Lufttaktventils neben der Leistungsverbesserung auch die Möglichkeit der Emissionsreduzierung mittels des Miller-Verfahrens, analog zum Miller-Prozess mit frühem Schließen des Einlassventils.

10.5.2 Technologiebeschreibung

Das Lufttaktventil (LTV) stellt ein seit längerer Zeit bekanntes Verfahren dar [1], das eine weitgehend freie und flexible Beeinflussung des Ladungswechsels von Verbrennungsmotoren ermöglicht. Dabei wird in jeder Ansaugleitung des Saugrohres ein schnell schaltendes Ventil zwischen Sammler und Einlassventil eingesetzt, wie es in **Bild 10-118** schematisch dargestellt ist. Damit können weitgehend die Eigenschaften von elektromechanischen Ventiltriebsystemen bezüglich der freien Wahl der Ansteuerungszeitpunkte und damit des thermodynamischen Potentials erreicht werden, ohne dass Zylinderkopfmechanik und Brennraumgeometrie vollständig neu gestaltet werden müssen.

In neuerer Zeit wurden zum Lufttaktventil eine große Anzahl von Veröffentlichungen und Forschungsarbeiten publik, welche die Potentialeinschätzungen dieser Technologie aus verschiedenen Blickwinkeln widerspiegeln, zum Beispiel [2–8].

Das Lufttaktventil eröffnet unter anderen die folgenden Möglichkeiten zur Beeinflussung des Ladungswechsels am Verbrennungsmotor mit Direkteinspritzung:

- **Entdrosselte Laststeuerung beim Ottomotor**: Reduzierung der angesaugten Luftmasse ohne Drosselverluste durch die Zumessung mit dem Lufttaktventil, analog zur Reduzierung der Ventilöffnungsdauer mit mechanisch variablen Ventiltrieben.
- **Saugseitige Zylinderabschaltung:** Flexible saugseitige Zylinderabschaltung zur Reduzierung der Ladungswechselarbeit mittels Lastpunktverschiebung; alternierende Abschaltung verhindert das Auskühlen von einzelnen Zylindern.
- **Impulsaufladung:** Erhöhung der Motorleistung im unteren Drehzahlbereich durch das Induzieren von Druckwellen im Ansaugrohr und ihr Einschließen im Brennraum.
- **Temperatursteuerung:** Erwärmen und Abkühlen der angesaugten Luft durch Verdichtung und Expansion im Brennraum und im Zwischenvolumen zwischen Lufttaktventil und Einlassventil durch die Kolbenbewegung. Hervorzuheben ist hier das Miller-Verfahren, dass zur Reduzierung der Abgasemissionen beim Dieselmotor eingesetzt werden kann.

10.5.3 Bauprinzip und Randbedingungen

Grundsätzlich ist für das Lufttaktventil eine Vielzahl von Ventilkonzepten (Drehklappe, Tellerventil, Drehschieber) denkbar, da es als Add-On-Lösung für bestehende Grundmotoren (siehe **Bild 10.118**) räumlich von den Verbrennungsvorgängen im Brennraum getrennt ist. Die Funktions- und Qualitätssicherung der zu adaptierenden Lufttaktventile kann damit bei ihrem Zulieferer liegen.

Es gilt, die folgenden funktionellen Anforderungen zu erfüllen:

- ausreichend schnelle Schaltzeit (typischerweise <3 ms), innerhalb welcher der Ansaugquerschnitt geöffnet, beziehungsweise geschlossen werden soll
- Dichtigkeitsforderung (geringe Leckage bei verschlossenem Querschnitt)
- notwendiger Strömungsquerschnitt, zur Beibehaltung der Nennleistung des Motors
- Adaption innerhalb des zur Verfügung stehenden Bauraums innerhalb der Sauganlage beziehungsweise im Motorraum
- flexibel und präzise schaltender Antrieb.

Des Weiteren sind diese Eigenschaften wie auch die Funktion an sich über eine geforderte Lebensdauer von circa 200 bis 300 Mio. Schaltvorgängen zu ge-

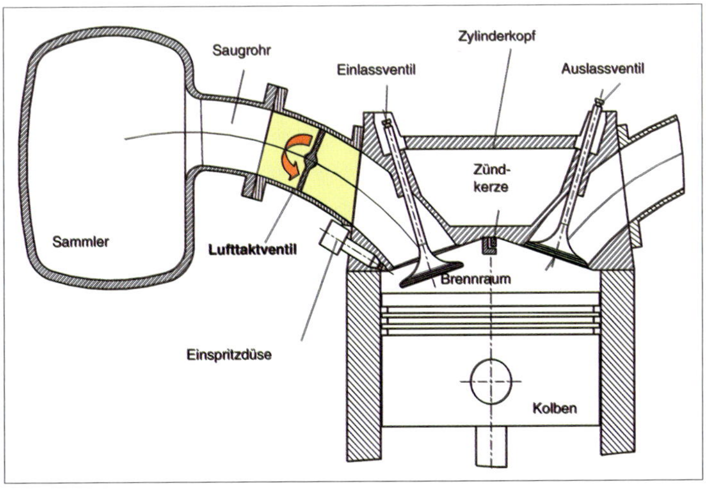

Bild 10-118 Anordnung des Lufttaktventils am Motor

Bild 10-119 Lufttaktventil von MAHLE. Prinzip: magnetgesteuerter Feder-Masse-Schwinger mit Schwenkwinkel 45°; Schaltzeit: 2,7 ms; Leckage: <1 m^3/h bei Δp = 600 mbar; Kanalquerschnitt: 1300 mm^2; Selbstadaptive sensorlose Stromregelung; Bordnetzspannung 12 V

währleisten. Als Temperaturbereich wird T_{Umgebung} = – 40 bis +130 °C zugrundegelegt. Die elektrische Versorgung soll aus dem 12-V-Bordnetz realisiert werden und zwar mit möglichst geringer Leistungsaufnahme. Um bei allen Strömungszuständen im Ansaugquerschnitt sicher und leise zu schalten, wird eine Regelung mit Soft-Touch-Funktion benötigt.

Diese hohen Anforderungen für das schnelle und häufige Schalten von Ventilen mit geringer Verlustleistung machen eine umfangreiche Entwicklung neuer Antriebe für diesen Anwendungsfall erforderlich [4, 5, 9].

Die Daten des bei MAHLE als Drehklappe ausgeführten Lufttaktventils sind in **Bild 10-119** dargestellt.

10.5.4 Thermodynamisches Potential

Einige der mit einem Lufttaktventil möglichen Verfahrensweisen werden im Folgenden genauer erläutert. Die zugrundeliegende Theorie wird beschrieben und durch Messergebnisse belegt.

10.5.4.1 Entdrosselung zur Kraftstoffeinsparung beim Ottomotor

10.5.4.1.1 Funktionsweise der Entdrosselung

Bei der Entdrosselung von Ottomotoren stellt das Lufttaktventil das Regelungssystem zur Zumessung der benötigten Luftmasse dar. Die Funktion der Drosselklappe wird dabei durch das Lufttaktventil übernommen, mit welchem nun die Zumessung der Frischluft geschieht. Durch das LTV können in Verbindung mit einem konventionellen Ventiltrieb Steuerstrategien analog zum Frühen-Einlass-Schließen (**Bild 10-120**) und zum Späten-Einlass-Öffnen verwirklicht werden. Auch eine Kombination von früher und später Lufteinbringung ist durch ein zweimaliges Takten des Lufttaktventils im Motorzyklus möglich.

Für die Entdrosselung spielt die minimale Öffnungsdauer (also eine sehr kurze Schaltzeit) des Lufttaktventils nur eine untergeordnete Rolle, denn es kann auch schon durch eine entsprechende Positionierung des Lufttaktventil-Öffnungsfensters der Bereich vorgegeben werden, in dem Lufttaktventil und Einlass-

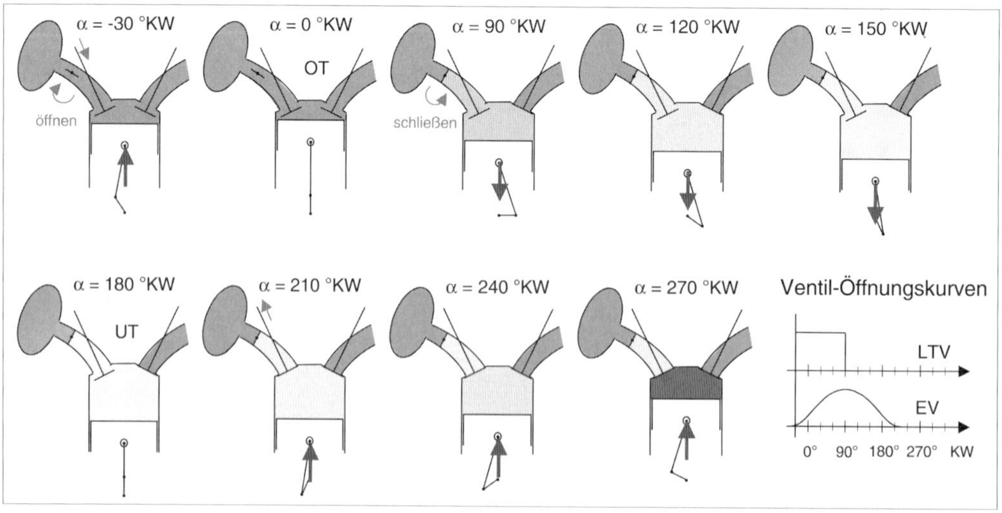

Bild 10-120 Entdrosselter Motorbetrieb mit LTV analog zum Frühen-Einlass-Schließen

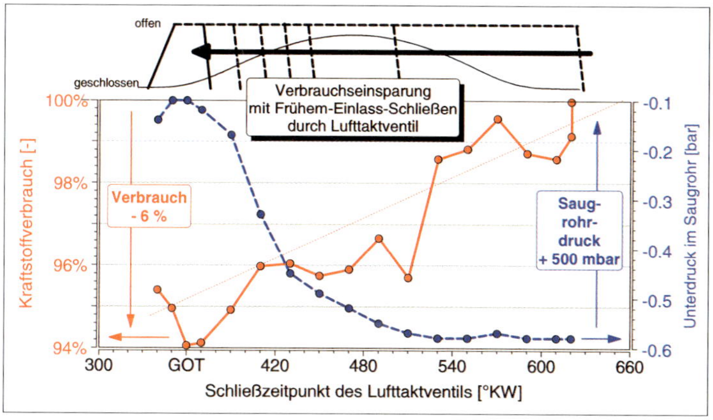

Bild 10-121 Verbrauchsreduzierung durch Entdrosselung mit LTV an einem Vierzylinder-2 l-Ottomotor mit Direkteinspritzung (homogen) bei $n = 2.000\ \text{min}^{-1}$ und $p_{me} = 2$ bar

ventil gleichzeitig geöffnet sind. Und nur während dieser Zeit wird Frischluft angesaugt. Allerdings ermöglicht eine kurze Schaltzeit (<3 ms) einen größeren Spielraum bei der Wahl der Lage des LTV-Öffnungsfensters relativ zur Ansaugphase. Bedeutende Punkte bei der Entdrosselung sind die Dichtigkeit des Ventils und das Totvolumen zwischen Einlassventil und Lufttaktventil. Besonders bei niedrigen Lasten und demzufolge kleinen Luftmassen spielen diese Faktoren regelungstechnisch eine bedeutende Rolle: Durch Leckageluft und Luft im Totvolumen ist bereits eine minimale Luftmenge vorgegeben, die in jedem Fall in den Brennraum gelangt. Wird eine noch kleinere Luftmenge benötigt, so kann sie nicht mehr durch das Lufttaktventil eingeregelt werden. Hier muss dann wieder angedrosselt werden, um weniger Luft in den Totraum und somit in den Brennraum einzulassen.

Bild 10-121 zeigt Versuchsergebnisse zur Entdrosselung mit dem Lufttaktventil. Wenn das Lufttaktventil so lange wie das Einlassventil geöffnet ist, wird der Lastpunkt konventionell durch das Schließen der Drosselklappe gehalten. Wird die Öffnungsdauer des Lufttaktventils bei gleich bleibender Einlassventilerhebung verkürzt, kann die Drosselklappe zunehmend geöffnet werden und der Druck im Saugrohr steigt nahezu auf Umgebungsdruck an.

In **Bild 10-122** sind die Druckverläufe bei zwei unterschiedliche Öffnungszeiten des LTV zu sehen. Bei dem Versuch mit gestrichelter Darstellung des Druckverlaufs, wurde die Öffnungszeit so groß gewählt, dass das LTV keinen Einfluss auf den Ladungswechsel hat. Dies entspricht der konventionellen Teillastregelung mit Drosselklappe. Bei dem Versuch mit durchgezogener Linie wurde die Öffnungszeit des LTV verringert. Die Ladungswechselarbeit (vom Druckverlauf eingeschlossene Fläche in **Bild 10-122**) konnte somit deutlich reduziert werden.

Wie in **Bild 10-123** zu erkennen ist, verringert sich der indizierte Mitteldruck der Ladungswechselschleife bei stetiger Verschiebung des Schließzeitpunktes mittels Lufttaktventil in Richtung früh. Mit Verringerung der Öffnungszeit des LTV kann somit die Ladungswechselarbeit reduziert und damit der Kraft-

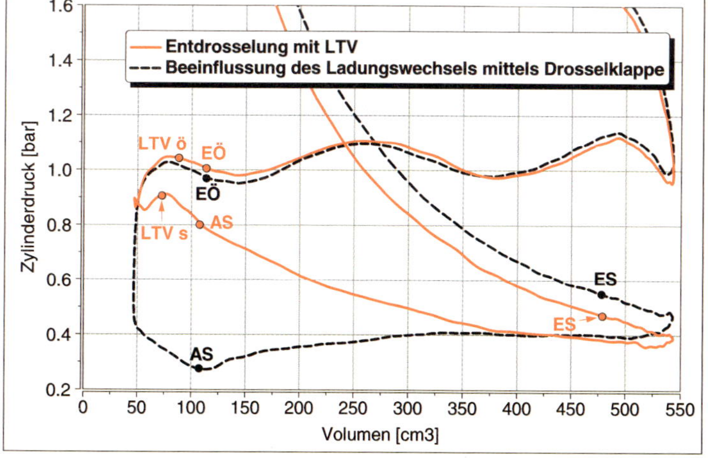

Bild 10-122 Teillastregelung mit Drosselklappe beziehungsweise LTV bei $n = 2.000\ \text{min}^{-1}$ und $p_{me} = 2$ bar

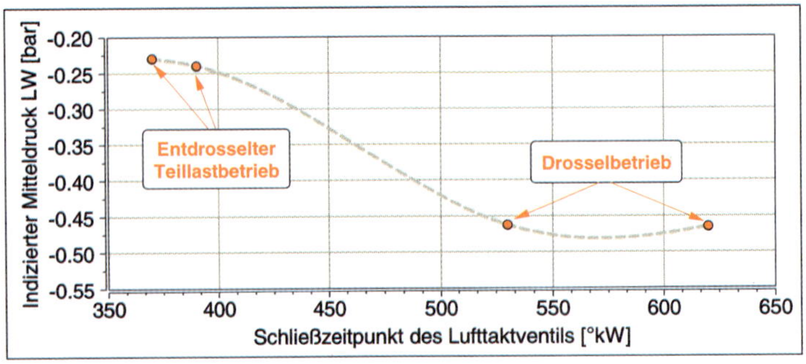

Bild 10-123 Reduzierung der Ladungswechselarbeit durch Entdrosselung mit LTV an einem Vierzylinder-2 l-Ottomotor mit DI (homogen) bei $n = 2.000\ \text{min}^{-1}$ und $p_{me} = 2$ bar

stoffverbrauch verringert werden. Für den Vierzylinder-Ottomotor von **Bild 10-121** liegt diese Einsparung in der Größenordnung von 6 % gegenüber dem Basismotor im Drosselbetrieb.

10.5.4.1.2 Ergebnisse am Vollmotor (Otto V8)

Motoren mit großem Hubraum profitieren von der Kraftstoffeinsparung durch Entdrosselung noch stärker, da der Motor im realen Fahrbetrieb wesentlich häufiger in Teillast betrieben wird. Um das vollständige Potential aufzuzeigen, wurden Messungen mit dem Lufttaktventil zur entdrosselten Laststeuerung an einem Achtzylinder-Ottomotor mit Direkteinspritzung durchgeführt, deren Ergebnisse in **Bild 10-124** und **Bild 10-125** dargestellt sind.

Bild 10-124 zeigt einen Lastschnitt für die Drehzahl von $2.000\ \text{min}^{-1}$. Dabei ist der Verbrauch des mit dem Lufttaktventil entdrosselten Versuchsmotors im Vergleich zum Basismotor aufgetragen. Für den Betrieb mit dem Lufttaktventil wurden zusätzlich noch Maßnahmen zur Erhöhung der Ladungsbewegung im Brennraum eingesetzt. Die Messungen zeigen, dass die Verbrauchsreduzierungen abhängig von der Last zwischen 3 % und 9 % betragen. Selbst bei mittleren Lasten sind noch Einsparungen von 5. . . 6 % erreichbar. In den untersuchten Betriebspunkten konnte die Ladungswechselarbeit um circa 50 % reduziert werden. Für den Hochdruckwirkungsgrad ist der Lufttaktventilbetrieb ebenfalls günstig. Er konnte um 0,5 bis 1,5 Prozentpunkte verbessert werden. Mit diesen Daten ist eine Kraftstoffverbrauchseinsparung im NEFZ-Zyklus von größer 5 % zu erwarten. Es scheint realistisch, dass weitere Potentiale durch eine für den Lufttaktventilbetrieb optimierte Prozessführung und durch eine günstige Brennraumgeometrie erschlossen werden können.

10.5.4.2 Saugseitige Zylinderabschaltung

Wird der Leerlauf bei $n = 550\ \text{min}^{-1}$ am Achtzylinder-Ottomotor betrachtet (siehe **Bild 10-125**), kann mit dem Lufttaktventil eine Verbrauchsreduzierung von 23 % gegenüber dem Basismotor erreicht werden. Vier Lufttaktventile waren dabei zur Realisierung einer saugseitigen Zylinderabschaltung permanent geschlossen, während die vier arbeitenden Zylinder mit den Lufttaktventilen entdrosselt wurden. Die Verbrauchsminderung resultiert hier einerseits aus der Verringerung der Ladungswechselarbeit und andererseits aus der starken Erhöhung des Hochdruckwirkungsgrads der arbeitenden Zylinder durch die Lastpunktverschiebung zur höheren Last hin.

10.5.4.3 Impulsaufladung bei niedrigen Drehzahlen („low-end torque“)

10.5.4.3.1 Funktionsweise der Impulsaufladung

Sowohl bei aufgeladenen als auch bei Saugmotoren kann das Lufttaktventil zur Impulsaufladung eingesetzt werden. Ein verbessertes Drehmomentansprechverhalten ist die Folge, insbesondere im unteren

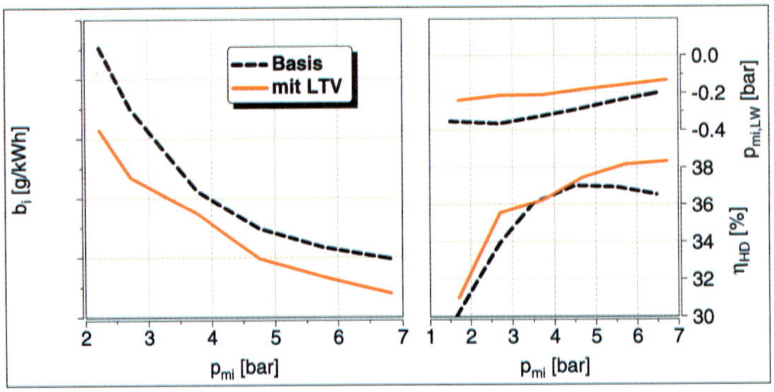

Bild 10-124 Lastschnitt-Messungen des Kraftstoffverbrauchs mit Entdrosselung durch das Lufttaktventil an einem V8-Ottomotor mit Direkteinspritzung bei $n = 2.000\ \text{min}^{-1}$

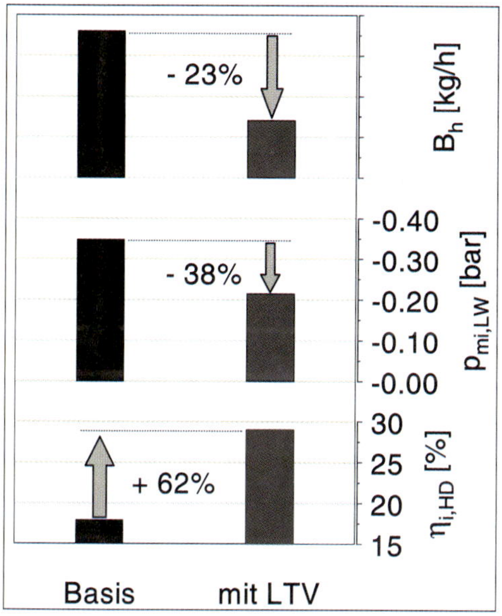

Bild 10-125 Verbrauchseinsparung durch Entdrosselung mit dem Lufttaktventil in Kombination mit saugseitiger Zylinderabschaltung (4/8) an einem V8-Ottomotor mit Direkteinspritzung im Leerlauf bei $n = 550 \text{ min}^{-1}$

Drehzahlbereich. Die Anhebung des Drehmomentes bei niedrigen Drehzahlen ohne Hubraumerhöhung ist ein wichtiges Ziel für neue Motorkonzepte. Sie ist notwendig, um ein gutes Beschleunigungsverhalten von Fahrzeugen mit ständig steigendem Gesamtgewicht sowie deren gewünschte Elastizität zu gewährleisten. Hohes Drehmoment bei niedrigen Drehzahlen ist weiterhin die Grundvoraussetzung für zukünftige Downsizing-Konzepte. Verbrauchsgünstige Fahrzeuge mit ausreichenden Fahrleistungen können dann die Umsetzung neuer Verbrauchsstrategien ermöglichen.

Durch die gezielte Steuerung von Strömungs- und Schwingungsvorgängen werden mit Hilfe des Lufttaktventils Druckwellen im Ansaugtrakt erzeugt, welche die Impulsaufladung realisieren. Somit kann bei jeder Motordrehzahl eine ideale Schwingrohraufladung realisiert werden, wodurch eine Steigerung der Hochdruckarbeit bei Volllast erreicht wird (**Bild 10-126**).

Neben dieser eigentlichen Aufladung steht der erhöhte Druck auch im Vorraum zwischen Lufttaktventil und Einlassventil an. Er kann im nächsten Ladungswechsel genutzt werden, um das Restgas über das offene Auslassventil aus dem Zylinder zu spülen.

Bild 10-127 zeigt das Resultat der im Ansaugtrakt generierten Druckwellen. Bei Betrieb mit geöffnetem LTV ist nur kurz ein Absinken des Drucks zu Beginn des Ansaugvorganges zu erkennen. Es sind praktisch keine nutzbaren Druckpulsationen vorhanden und eine effektive Saugrohraufladung ist nicht möglich. Ist das LTV aktiv, kann ein deutlich höheres Druckniveau gegenüber einem geöffneten LTV erreicht werden. Bei geringen Drehzahlen ist beispielsweise ein zweimaliges Takten des LTV sinnvoll. Im vorliegenden Fall wurde bei 1.000 min^{-1} mit 2× Takten eine höhere Drehmomentsteigerung erreicht. Grund dafür ist der gesteigerte Luftaufwand und eine daraus resultierende größere Luftmasse im Zylinder.

Die Impulsaufladung mit dem Lufttaktventil kann an Otto- und Dieselmotoren eingesetzt werden und kann insbesondere zur signifikanten Verbesserung der Dynamik von Fahrzeugen mit Abgasturboaufladung beitragen, wie es in [6] ausführlich geschildert ist.

10.5.4.3.2 Ergebnisse am Vollmotor (Otto V8)

Messergebnisse an einem Achtzylinder-Ottomotor, die in **Bild 10-128** dargestellt sind, zeigen das Poten-

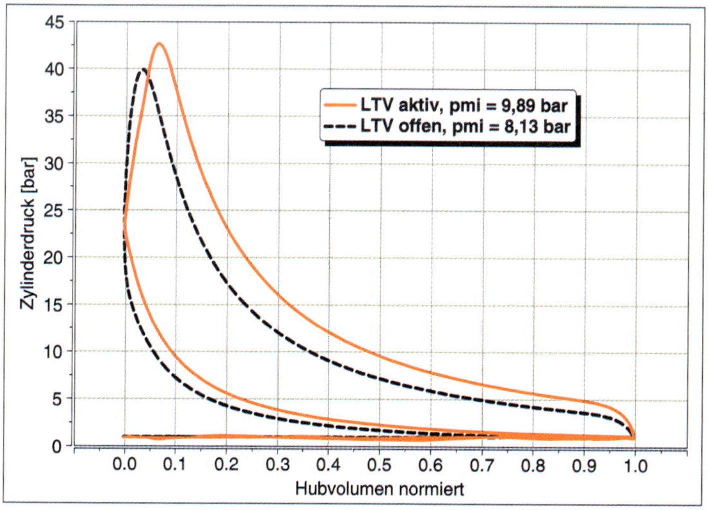

Bild 10-126 Steigerung der Hochdruckarbeit durch Impulsaufladung mittels LTV an einem V8-Ottomotor bei $n = 1.000 \text{ min}^{-1}$ und Volllast

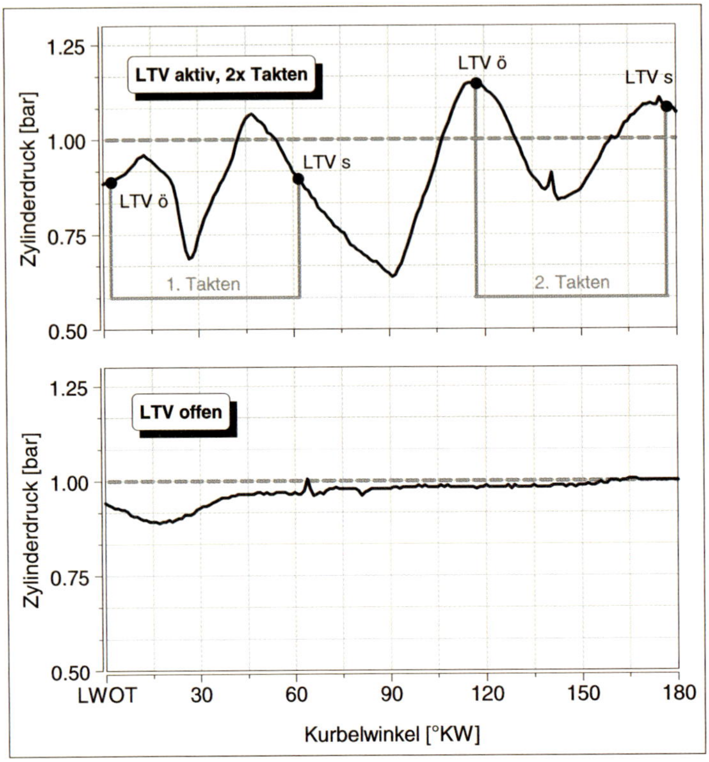

Bild 10-127 Druckverlauf im Zylinder während des Ansaugvorgangs bei $n = 1.000\ \text{min}^{-1}$ und Volllast

tial der Impulsaufladung mit Lufttaktventil zur Drehmomenterhöhung im unteren Drehzahlbereich. Auf diese Weise konnte das Drehmoment gegenüber der Basis ohne Lufttaktventilbetrieb deutlich gesteigert werden. Bei $n = 1.000\ \text{min}^{-1}$ wurde sogar eine Steigerung von 23 % erreicht. Die genannten Werte wurden jeweils mit derselben festen kurzen Saugrohrlänge erzielt. Dieses Drehmoment kann sprunghaft von einem Zyklus zum nächsten aufgebaut werden, da kein Füllungsvorgang des Saugsystems den Drehmomentaufbau verzögert.

Ein Problem bei der Impulsaufladung besteht darin, dass der gesteigerte Luftaufwand häufig nicht in gleichem Maße zu einer Drehmomenterhöhung führt. Die Impulsaufladung bewirkt aufgrund ihrer Verfahrensweise (analog zu einer Verdichtung ohne Zwischen-

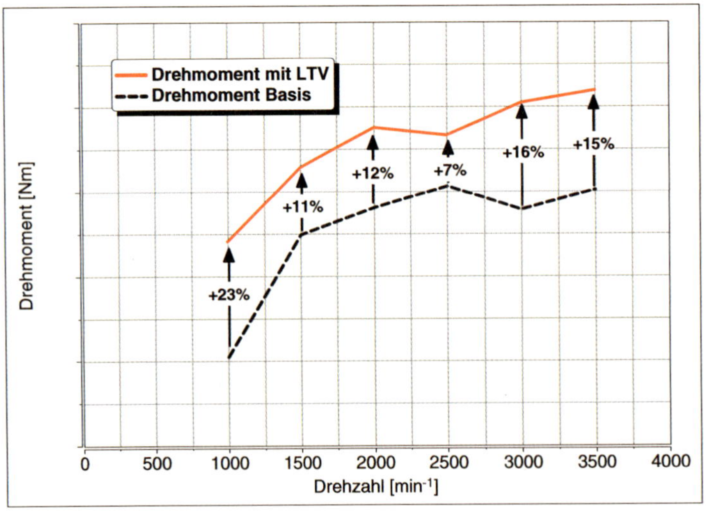

Bild 10-128 Drehmomentsteigerung durch Impulsaufladung mit dem Lufttaktventil an einem Achtzylinder-Ottomotor mit Direkteinspritzung und fester kurzer Saugrohrlänge

kühlung) eine Temperaturerhöhung der Frischluft im Brennraum, was die Klopfneigung erhöht. Als Folge dessen kann der Motor mit Impulsaufladung bei sehr niedrigen Drehzahlen nicht füllungsoptimal betrieben werden. Vorteilhaft erweist sich dabei das zweifache Öffnen des Lufttaktventils in der Einlassphase, mit dem bei jedem Schaltvorgang jeweils nur geringere Druckdifferenzen über das Lufttaktventil zur Erreichung der Aufladeeffekte aufgebaut werden müssen.

10.5.4.3.3 Dynamik bei Lastsprüngen

Wie beschrieben kann das Lufttaktventil mittels Impulsaufladung das Drehmoment im niederen Drehzahlbereich bei Volllast steigern und so eine Schwäche im Low-end-torque beheben.

Ein weiterer Vorteil ist die verbesserte Dynamik während eines Lastsprungs. Ausgehend vom mit LTV entdrosselten Teillastbetrieb wird auf eine Lastsprunganforderung deutlich schneller reagiert als vom konventionellen Drosselbetrieb aus. Im Ansaugsystem liegt bereits Umgebungsdruck an und eine relativ zeitaufwändige Befüllung der Sauganlage ist hier nicht erforderlich. **Bild 10-129** zeigt die gemessene Umsetzung eines Lastsprungs von Teillast (p_{me} = 2,0 bar) auf Volllast bei n = 2.000 min^{-1} und offenen LTV-Klappen. Mit Verwendung des Lufttaktventils werden 90 % des maximalen Drehmoments deutlich schneller erreicht, als dies bei Verwendung der Drosselklappe der Fall ist.

Besonders bei Verbrennungsmotoren mit Abgasturboaufladung ist die Kombination mit Lufttaktventilen vorteilhaft. Durch die schnellere Reaktion auf einen Lastsprung wird aufgrund des erhöhten Massendurchsatzes auch das Ansprechverhalten des Turboladers verbessert. Der nachteilige Effekt eines „Turbolochs" kann somit gemindert werden.

10.5.4.4 Miller-Verfahren

Der Miller-Prozess ist ein Verfahren, mit dem analog zum sehr frühen Schließen des Einlassventils die Temperatur der Ansaugluft im Brennraum aufgeladener Motoren gezielt reduziert wird. Die zur Verbrennung notwendige Luftmasse wird mit dem Lufttaktventil im Brennraum eingeschlossen, während sich der Kolben noch in der Ansaugphase befindet. Die durch einen Wärmetauscher vorgekühlte Luft wird mittels Expansion durch die Kolbenbewegung weiter stark abgekühlt und vom Einlassventil im Brennraum eingeschlossen.

Beim Ottomotor kann diese Temperaturabsenkung zur Verringerung der Klopfneigung des aufgeladenen Motors genutzt werden. Damit ist ein höheres Verdichtungsverhältnis im Lader mit der daraus resultierenden höheren Verdichtungsendtemperatur realisierbar, was wiederum zu weiterer Drehmoment- und Leistungsanhebung des Motors ohne weitere thermische Brennraumbelastung genutzt werden kann.

Beim Dieselmotor ist die Zielgröße des Miller-Prozesses die Reduzierung der Stickoxidemission (NO_x). Unter Beibehaltung des bestehenden Ventiltriebs kann durch das Lufttaktventil ein Frühes-Einlass-Schließen (FES) realisiert werden. Der Miller-Prozess senkt somit das gesamte Druck- beziehungsweise Temperaturniveau des Arbeitsprozesses. Die niedrigeren Verbrennungstemperaturen haben zur Folge, dass weniger Stickoxide entstehen. Der Grad der Stickoxidminderung kann mit dem Lufttaktventil auf einfache Weise angepasst werden, indem der Schließzeitpunkt betriebspunktspezifisch sowie zylinderindividuell und zyklusselektiv eingestellt wird.

Der Miller-Prozess kann beim Dieselmotor mit Abgasturboaufladung, abhängig vom Betriebspunkt, unterschiedlich umgesetzt werden:

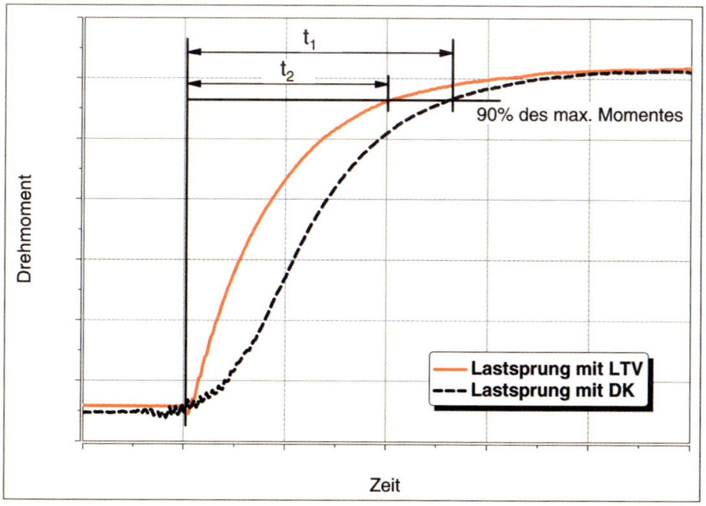

Bild 10-129 Vergleich der Lastsprungumsetzung mit LTV und mit konventioneller Drosselklappe

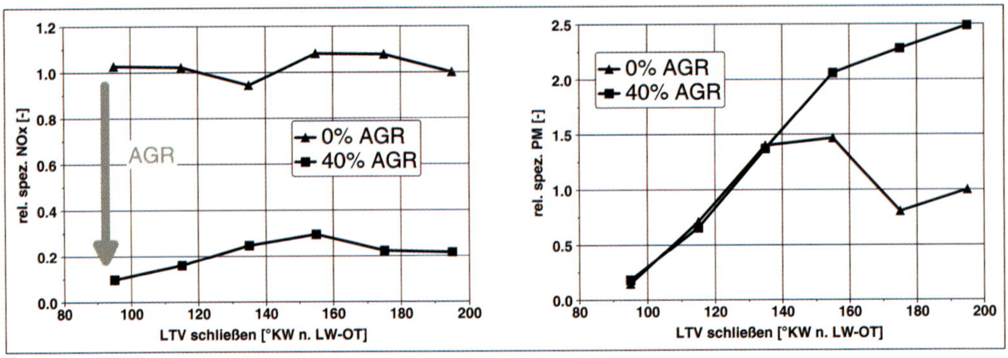

Bild 10-130 NO_x- und Ruß-Emissionen bei unterschiedlichen LTV-Schließzeiten und AGR-Raten

- mit Luftmassenkompensation zum Ausgleich der verringerten Einlass-Öffnungsdauer durch Anhebung des Ladedrucks
- ohne Kompensation der verringerten Luftmasse (bei niedrigen Lastpunkten)
- in Kombination mit einer zusätzlichen externen Abgasrückführung

Versuche an einem 0,5 l-Einzylinder-Aufbau zeigen, dass besonders beim Miller-Verfahren ohne Luftmassenkompensation und in Kombination mit einer externen Abgasrückführung deutliche Verbesserungen hinsichtlich der Emissionen erzielt werden können. Entgegen dem typischen Ruß-NO_x-Trade-Off lässt sich – bei nur gering höherem Verbrauch – eine deutliche Absenkung der NO_x-Emissionen bei gleichzeitig reduzierten Ruß-Emissionen verwirklichen. **Bild 10-130** zeigt die normierten Ergebnisse hierzu durchgeführter Messungen bei n = 2.000 min^{-1} und pmi = 4 bar (vergleiche [10–13]). Die Ergebnisse zeigen, dass beim Miller-Verfahren ohne Luftmassenkompensation in Verbindung mit externer AGR die NO_x-Reduktion hauptsächlich durch die Abgasrückführung erzielt wird, während durch den Miller-Prozess die Ruß-Emissionen reduziert werden können [10].

Aufgrund des dabei reduzierten Massenstroms bei gleicher eingespritzter Kraftstoffmenge ergibt sich zusätzlich eine hinsichtlich der Abgasnachbehandlung vorteilhafte, höhere Abgastemperatur [10, 11, 13].

10.5.5 Zusammenfassende Bewertung

In Verbindung mit einem konventionellen Ventiltrieb kann das Lufttaktventil den Ladungswechsel eines Ottomotors vielfältig beeinflussen. Dies eröffnet die Möglichkeit, das Lufttaktventil mit unterschiedlichen aktuellen und zukünftigen Entwicklungskonzepten zu kombinieren. In **Bild 10-131** sind zwei denkbare Technologiekombinationen aufgezeigt.

Ein zielführender Ansatz ist die Verwendung des Lufttaktventils zur Entdrosselung in erster Linie bei großvolumigen Ottomotoren. Die Ladungswechselarbeit kann sehr stark reduziert werden, was zu erheblicher Kraftstoffeinsparung bei Teillast und damit in den gängigen Testzyklen führt. In Verbindung mit dem Homogenbetrieb ist ein weltweit einsetzbares DI-Gesamtsystem zur Darstellung effizienter Motoren realisierbar. Das System ist im Vergleich zu konkurrierenden Technologien zur Entdrosselung wirtschaftlich sehr interessant. Insbesondere wird zur Abgasnachbehandlung nur die bewährte und preisgünstige 3-Wege-Katalysatortechnik benötigt. Die Möglichkeiten zur Kaltstartunterstützung und zur Impulsaufladung bei Beschleunigungsvorgängen können dann mit genutzt werden.

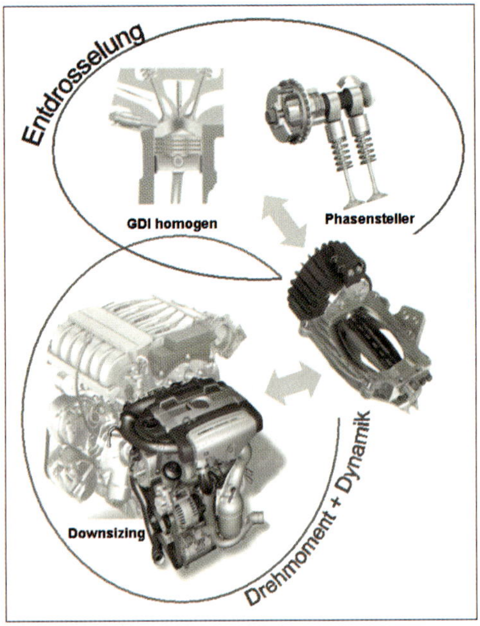

Bild 10-131 Motorkonzepte, die vom Lufttaktventil wirkungsvoll unterstützt werden können

Ein weiterer in **Bild 10-131** dargestellte Ansatz ist die wirkungsvolle Unterstützung von Downsizing-Strate-

Vorteile:

- Vollvariabilität (zyklusselektives und zylinderselektives Schalten)
- Regelung der Last luftseitig
- Umschalten von z.B. FES auf SEÖ von einem Arbeitsspiel zum nächsten
- Kein Einfluss auf Leistungsauslegung
- Ausgleich von Funktionstoleranzen
- Notlauf ohne Liegenbleiber (vgl. EMVT)
- Bekannte Prozesse der Bauteilfertigung im Ventiltriebsbereich trotz Vollvariabilität
- Funktionsdiagnose im Betrieb
- Gutes Aufwand/Nutzen-Verhältnis
- Vielseitigkeit (Entdrosselung, Impulsaufladung,Temperatursteuerung, Miller-Verfahren,...)

Nachteile:

Hoher Entwicklungsaufwand in folgenden Arbeitsgebieten:

- Anpassung von Kolbengeometrie und Einspritzdüsencharakteristik auf Lufttaktventil-Betriebsweise
- Ladungsbewegungsmaßnahmen
- Akustik
- Technologie der Herstellung von Verschlussorgan und Dichtung
- Vermeidung des Doppelanschlags Anker / Ventildichtung
- Elektronik (sensorlose Regelung mit „Soft Touch"-Funktion)
- Funktionsentwicklung für Motorsteuergerät

Bild 10-132 Funktionsweise und Wirtschaftlichkeitsaspekte

gien für Ottomotoren. Die Entdrosselung spielt dabei eine geringere Rolle, da der Motor generell durch das geringere Hubvolumen in höheren Lastpunkten betrieben wird. Um die Nennleistung zu gewährleisten, wird sinnvollerweise ein verhältnismäßig groß dimensionierter Turbolader verwendet, der aber die bekannten Nachteile der Drehmomentschwäche im unteren Drehzahlbereich und bei transientem Motorbetrieb aufweist. Hier kann durch das Lufttaktventil das erforderliche Low-End-Torque bereitgestellt werden. Weiterhin ist durch die sofortige Anpassung (bereits im nächsten Zyklus) der Lufttaktventil-Schaltzeiten auf die Lastsprunganforderung ein sehr viel schnellerer Drehmomentaufbau im Vergleich zu drosselklappengeführten Systemen möglich.

In Versuchen konnte ebenfalls die Einsatzmöglichkeit des Lufttaktventils zur aktiven Temperatursteuerung nachgewiesen werden. Es eignet sich zur Umsetzung des Miller-Verfahrens, wobei in Kombination mit einer externen Abgasrückführung deutliche Verbesserungen bei den NO_x- und Ruß-Emissionswerten erzielt werden können.

Der hohe Entwicklungsaufwand, der in der Mechanik und Regelung des Lufttaktventils als auch in dessen Applikation an den Motor zu leisten ist, stellt den einzigen wesentlichen Nachteil dar. Demgegenüber kann für alle Verfahren und Applikationen mit dem Lufttaktventil die hohe Variabilität aufgrund der frei ansteuerbaren Schaltzeitpunkte im Motorzyklus genutzt werden (**Bild 10-132**). Insbesondere ist hier die Möglichkeit einer zyklus- und zylinderselektiven Schaltung zu nennen. Toleranzbedingte Ungleichverteilungen der Last auf die einzelnen Zylinder können damit über das Steuergerät kompensiert werden. Ebenso ist ein Wechsel der Betriebsart aufgrund geänderter Randbedingungen von einem Zyklus zum nächsten realisierbar, zum Beispiel die Umschaltung von frühem Schließen des Lufttaktventils auf dessen spätes Öffnen.

Literatur

[1] *Elsäßer, A.; Schilling, W.; Schmidt, J.; Brodesser, K.; Schatz, O.*: Impulsaufladung und Laststeuerung von Hubkolbenmotoren durch ein Lufttaktventil. MTZ 12/2001 Jahrgang 62, 2001

[2] *Vogel, O. D.*: Load Control of SI Engines using Secondary Valves, Dissertation ETH Nr. 13633, Swiss Federal Institut of Technology, Zürich, 2000

[3] *Schneider, E.; Scholten, L.; Wallrafen, W.; Zentgraf, M.*: Ein integriertes Saugmodul zur Anwendung der Impulsaufladung in der Großserie. Tagung 12. Aachener Kolloquium Fahrzeug- und Motorentechnik, 2003

[4] *Findeisen, H.; Linhart, J.; Wild, S.*: Development of an Actuator for a Fast Moving Flap for Impulse Charging. SAE-Paper 2003-01-0402, 2003

[5] *Elsäßer, A.; Schilling, W.; Schmidt, J.; Kallenbach, E.; Beyer, F.; Baumbach, J.*: Entwurf schnellwirkender magnetischer Aktoren für Lufttaktventile. Tagung Innovative Klein- und Mikroantriebstechnik, 6. EGT-/GMM-Fachtagung, Darmstadt, 2004

[6] *Koch, A.; Kreuter, P.; Wensing, M.; Metzger, O.; Bey, R.; Nüsser, J.*: Impulsaufladung: Umsetzbarkeit unter realen Fahrbedingungen und in Großserie am Beispiel eines Ottomotors mit Abgasturboaufladung, In: Variable Ventilsteuerung II – Ein Verfahren zur Reduzierung von Kraftstoffverbrauch und Emissionen. Haus der Technik Fachbuch Band 32, Expert Verlag, 2004

[7] *Sarikoc, F.; Kettner, M.; Velji, A.; Spicher, U.; Krause, A.; Elsäßer, A.*: Potential of Reducing the NO_X Emissions in a Spray Guided DI Gasoline Engine by Stratified Exhaust Gas Recirculation (EGR). SAE-Paper 2006-01-1261, 2006

[8] *Takahashi, H.; Harada, T.; Yamaki, T.; Oikawa, T.*: Study on Impulse Charger for Enhancement of Volumetric Efficiency of SI Engine. SAE-Paper 2006-01-0191, 2006

[9] *Dingelstadt, R.; Elsäßer, A.; Schilling, W.; Schmidt, J.; Kallenbach, E.; Beyer, F.; Baumbach, J.; Otto, R.; Kucera, U.*: Modellbasierte Optimierung von Magnetantrieben für Lufttaktventile. Tagung Mechatronik '05, Wiesloch, 2005

[10] *Eilts, P.; Broda, A.*: Potentiale des variablen Ventiltriebs am Dieselmotor. MTZ-Konferenz – Ladungswechsel im Verbrennungsmotor, Stuttgart, 2008

[11] *Broda, A.; Rieping, M.; Eilts, P.; Elsäßer, A.; Genieser, P.*: Active Air Management with High Speed Flap for DI-Diesel-Engines. SAE-Paper 2008-01-1345, 2008

[12] *Broda, A.; Eilts, P.; Elsäßer, A.; Genieser, P.*: Active Air Management with Air Pulse Valve – Strategies to overcome Emission Legislations for DI-Diesel-Engines. Fisita F2008-06-053, 2008

[13] *Broda, A.; Eilts, P.; Elsäßer, A.; Genieser, P.*: Intake Air Management with Air Pulse Valve – New Degrees of Freedom for DI-Diesel-Engines. THIESEL 2008 Conference on Thermo- and Fluid Dynamic Processes in Diesel Engines, 2008

10.5.6 Impulsaufladung mit steuerbaren Ansaugluft-Ventilen

10.5.6.1 Einleitung

Bei der Impulsaufladung wird eine höhere Verdichtung des zur Verbrennung benötigten Frischgasgemisches erreicht, indem die einströmende Luftmasse stromaufwärts der Einlassventile mit Hilfe von schnell schaltenden elektromagnetischen Ventilen gezielt gesteuert wird. Diese frei steuerbaren Impulslader-Ventile werden in das Ansaugrohr zwischen dem Einlassventil und dem Luftsammler angeordnet (**Bild 10-133**).

Zu Beginn des Ansaugtaktes, wenn der Kolben sich nach unten bewegt, wird das Impulslader-Ventil geschlossen gehalten. Im Brennraum entsteht ein Unterduck. Erst mit Öffnen des Impulslader-Ventils vor dem unteren Umkehrpunkt des Kolbens wird die Luft schlagartig freigegeben und strömt durch das erzeugte Druckgefälle in den Zylinder. Gleichzeitig entsteht eine impulsartige Druckwelle, die nach Rückreflexion am Sammler mit Schallgeschwindigkeit in den Brennraum gelangt. Das Impulslader-Ventil schließt, bevor die Überdruckwelle wieder entweicht, woraus die erhöhte Zylinderfüllung resultiert. Dieser Aufladeeffekt steht ohne Verzögerung innerhalb eines Arbeitstaktes zur Verfügung.

Für jeden Zylinder wird ein Ventil benötigt. Die Ansteuerung der Ventile übernimmt eine Elektronik, die phasengenaue Signale des Kurbelwellensensors und des Nockenwellensensors benötigt. Eine standardisierte Schnittstelle zu Motorsteuerung überträgt unter anderem die Information, wann die Impulsaufladung aktiviert werden soll.

Durch die Impulsaufladung steigen der Luftaufwand λ_a und der indizierte Mitteldruck p_{mi} im unteren Drehzahlbereich um bis zu 40 %. Ohne Impulsaufladung ist, besonders bei niedrigen Drehzahlen, die Zylinderfüllung im Vollastbereich sehr unbefriedigend. Auch Abgasturbolader liefern erst nach einer Verzögerungszeit und Mindestdrehzahl eine verbesserte

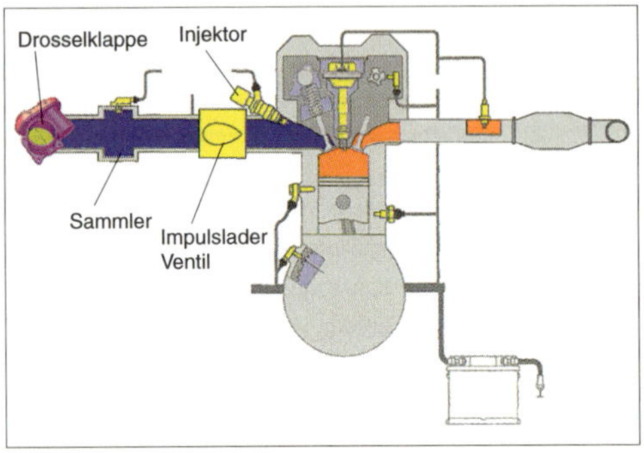

Bild 10-133 Position von Sammler, Injektor und Impulsladerventil im Saugmodul

Füllung. Die Impulsaufladung reagiert in diesen Situationen spontan und liefert schon im nächsten Arbeitstakt den erwünschten Drehmomentschub.

Dem Entwicklungstrend zum Downsizing Rechnung tragend, kann der sich ohne weitere motorische Maßnahmen zwangsläufig ergebende Verlust an Drehmoment im unteren Drehzahlbereich bedingt durch den kleineren Hubraum, mit Impulsaufladung im Vollastbetrieb zumindest kompensiert werden. Es konnten mit der hier beschriebenen Art und Ausgestaltung der Impulsaufladung bereits Steigerungen des Luftaufwands und des indizierten Mitteldrucks von bis zu 40 % bei niedrigen Drehzahlen gemessen werden [1].

Ebenfalls messbare Steigerungen in Luftaufwand und Drehmoment konnten mittels Impulsaufladung, mit anders ausgestalteten Ventilen dargestellt werden [2]. Den Vorteil von Druckwellenaufladung auf die gewünschte Steigerung des Luftaufwands am Ende des Ansaugvorgangs mit möglichst kleiner Ansaugarbeit wurden veröffentlicht [4]. Darin wird auch auf die Problematik der Klopfbegrenzung und hohem Zylinderdruck eingegangen.

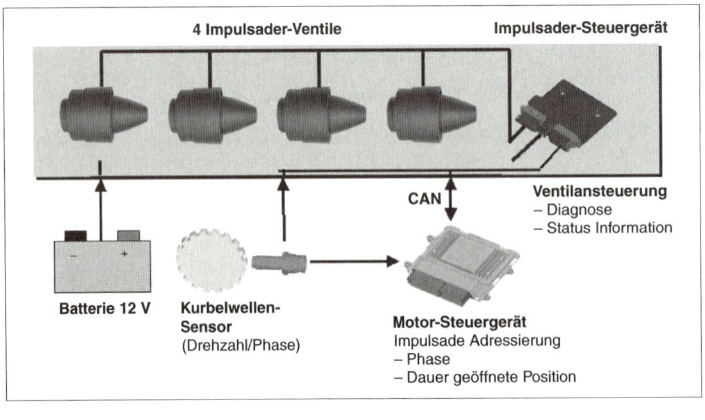

Bild 10-134 Impulslader-Ansteuerung, elektrische Systemeinbindung und Schnittstellen

Mit Hilfe der schnell schaltenden und sehr dichten Impulslader-Ventile wird nach Schließen der mechanischen Einlassventile ein höherer Gasdruck gespeichert. Dieser Nebeneffekt im Ansaugweg führt zu einer verbesserten Restgasausspülung während der Ventilüberschneidungsphase und somit wird eine Reduktion der Brennkammertemperatur realisiert, welche sich vorteilhaft auf das Klopfverhalten des Motors auswirkt. Die verbesserte Restgasausspülung wird dadurch ermöglicht, dass der während der Impulslaufladung entstandene Überdruck im kurzen Ansaugweg zwischen Einlassventil und Impulsladerventil zwischengespeichert, und während der Überschneidungsphase von Einlass- und Auslassventil zum Ausspülen des im Brennraum verbliebenen Restgases genutzt wird. Restgasanteile bis zu 2,5 % können so realisiert werden.

Ein weiterer positiver Nebeneffekt entsteht durch die höhere Gas-Einströmgeschwindigkeit in den Zylinder, was die Gemischbildung positiv beeinflusst. Die intensivere Strömungsbewegung wirkt sich speziell in der Kaltstartphase positiv aus. Die daraus resultierende stabilere Verbrennung kann genutzt werden, um die Kohlenwasserstoff-Emission während dieser Kaltlaufphase spürbar zu senken, wenn der Katalysator noch nicht wirksam ist.

Die durch die verbesserte Zylinderfüllung erreichte Anhebung des Motordrehmoments kann durch längere Getriebeübersetzungen direkt zur Verbrauchsreduktion genutzt werden. Das Potential bei der Verbrauchseinsparung durch Impulsaufladung und Zylinderabschaltung wird bei Ottomotoren auf 7 % bis 10 % beziffert [3].

Eine Kombination einfacher Abgasturbolader und Impulsaufladung mit den Vorteilen der Spontanität bei positiven Lastwechseländerungen bis herunter zur Leerlaufdrehzahl bietet optimale Ansätze [10]. Die Auslegung des Abgasturboladers wird dabei auf den oberen Drehzahlbereich, die des Impulsladers auf den unteren Drehzahlbereich fokussiert.

Die Verwendung der Impulsaufladung ist für Ottomotoren mit Kanal- und Direkteinspritzung aber auch für Dieselmotoren geeignet.

10.5.6.2 Anforderungen an die Komponenten für den Serieneinsatz

Die Nutzung von Systemen mit elektrischer Impulsaufladung für Hubkolbenmotoren darf im Serieneinsatz natürlich nicht zu Einschränkungen in der Systemlebensdauer und der Verfügbarkeit führen. Heutige Anforderungen an die Lebensdauer des Antriebsstrangs von 5000 h bedeuten mehr als 10^8 Auf-Zu-Schaltvorgänge für die Impulslader-Ventile. Dabei wurde vorausgesetzt, dass die Impulsaufladung, durch einen Auf-Zu-Schaltvorgang pro Motorzyklus zur Vollastverbesserung bei Drehzahlen bis zu 4000 l/min, zur Restgasausspülung sowie zur zyklischen Zylinderabschaltung im Teillastbetrieb genutzt wird. In den sonstigen Betriebszuständen werden die Ventile elektrisch in der Offenstellung gehalten, wodurch sie den effektiven Strömungswiderstand der Saugstrecke nur minimal beeinträchtigen.

Das gesamte Saugmodul ist so auszulegen, dass ein Einsatz für Umgebungstemperaturen von –40 °C bis über +125 °C möglich ist.

In früheren Prototypen rein elektrischer Ventiltriebe (EVT) wurde das Geräuschverhalten, hervorgerufen durch das harte Aufsetzen der Ventile auf den Ventilsitz, als sehr komfortmindernd dargestellt. Diese Erkenntnisse wurden bei der mechatronischen Integration der Impulsladerventile durch gezielte Absorption von Körperschall und insbesondere durch spezielle elektrische Ansteuerungsalgorithmen berücksichtigt.

Für die Applikation der Impulsaufladung ist Kompatibilität zur heutigen Systemarchitektur des Fahrzeuges Voraussetzung. Designstudien haben gezeigt, dass die für eine effiziente Impulsaufladung notwendigen Saugstrecken durch ein entsprechendes Saugmodul im verfügbaren Bauraum darstellbar sind.

a) Ventil-Konzept

Es werden schnell schaltende elektrisch betätigte Linearventile verwendet, deren hochdynamische Charakteristik mittels zweier integrierter Federn und einer angepassten elektronischen Steuerung als Feder-Masse-Resonator erreicht wird. Die Patentschrift [6] beschreibt Ausgestaltungen derartiger Ventile für den Einsatz in der Impulsaufladung. Zwei Spulen kommen im stationären Teil des Ventils zum Einsatz. Die eine Spule wird zum Halten des beweglichen Teils des Ventils in geschlossener Position bestromt, die andere in der offenen Position des Ventils. Der bewegliche Teil ist wie ein Strömungskörper ausgeformt. Der so geformte „Ventilteller" ist gleichzeitig Bestandteil des Eisenkreises des Ventils. Durch den Verzicht auf einen separaten beweglichen Eisenkreis des Ventils konnte die translatorisch zu beschleunigende Masse und die beim Schließen zu verzögernde Masse klein gehalten werden. Die damit erst mögliche moderate Federsteifigkeit, die zum Erreichen der Resonanzzeitkonstante $T/2$ (welche proportional zur Wurzel aus dem Quotient von Masse und Federkonstante ist) von kleiner 3 ms (T_{100}) benötigt wird, erlaubt einen akzeptablen Energieaufwand beim Halten des Ventils.

Die Vorteile dieser Ventilform sind neben der auch in der transienten Flugphase des Ventils stets strömungsgünstigen Eigenschaften die hervorragende Dichtheit im geschlossenen Zustand. Diese ist auch maßgeblich für die Umsetzung der Restgasausspülung. Die Dichtheit des Linearventils ist ein wesentlicher Vorteil gegenüber Klappensystemen für Impulsaufladung, wie sie in [2, 9] beschrieben werden.

Entscheidend für einen hinreichenden Impulsladeeffekt sind Schaltzeiten zum Öffnen des Ventils unter 3 ms bei gleichzeitig geringen Auftreffgeschwindigkeiten. Hierbei kommen intelligente Steueralgorithmen zum so genannten Softlanding zum Einsatz. Das Softlanding trägt auch wesentlich zur Erfüllung der Lebensdaueranforderungen bei. Zudem können die Geräuschemissionen im Betrieb deutlich reduziert werden. Langjährige Erfahrung in der Systementwicklung von elektromagnetischen Ventilsteuerungen [5] erlaubte, Schaltzeiten unter 3 ms bei geringen Auftreffgeschwindigkeiten weit unterhalb 1 m/s zu realisieren. Die Patentschrift [7] beschreibt Steueralgorithmen zur Softlanding.

Ausführung des Ventils

Bild 10-135 zeigt ein Ventil, wie es im integrierten Saugmodul zum Einsatz kommt. Die elektromagnetische Auslegung des Ventils erfolgte mit Hilfe moderner FEM-Berechnungsprogramme. Dabei wurden die im Betrieb auftretenden Kräfte und deren Kompensation durch die Elektromagneten des Ventils analysiert. Sättigungseffekte in der Haltephase (Ventil offen oder geschlossen) konnten im Hinblick auf den moderaten Stromverbrauch vermieden werden.

Bild 10-136 stellt die über einen Motorzyklus gemittelten Leistungsaufnahme eines Impulslader-Ventils in Anhängigkeit der Motordrehzahl dar, wenn ständig mit aktiven Impulsladerbetrieb gefahren wird.

Bild 10-135 Impulslader-Ventil

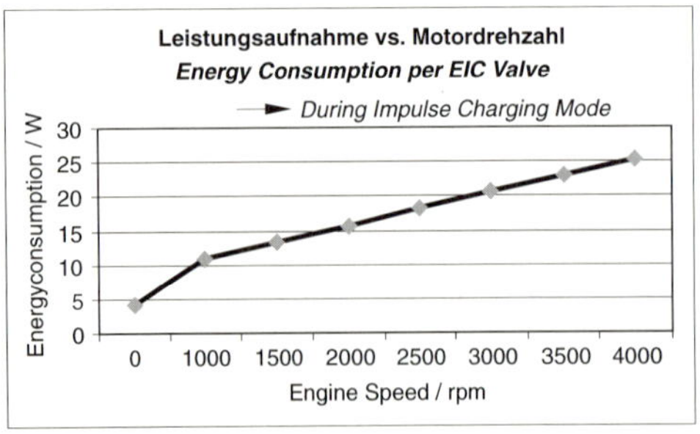

Bild 10-136 Gemittelte Leistungsaufnahme für Impulsladerventil im Vollastbetrieb

Damit benötigt das Impulslader-Subsystem bestehend aus vier Ventilen und einem Steuergerät weniger als 130 W inklusive der Verlustleistung der Steuerelektronik für einen Vierzylindermotor während des Impulslader-Betriebes. Der Ventilaufbau erlaubt zudem, Leckluftraten von unter 0,3 kg/h bei einer Druckdifferenz von 600 hPa zu erreichen. Dies ist selbst mit hochgenau ausgeführten Klappen nicht prozesssicher zu erreichen.

Die fluido-dynamische Optimierung des Impulslader-Ventils in geöffnetem Zustand ergab gemittelte Druckverluste von lediglich 10 hPa im Nennleistungspunkt bei maximalem Luftdurchsatz eines Referenzmotors. Damit sind die Leistungsverluste des Verbrennungsmotors bei hohen Drehzahlen, hervorgerufen durch den Einbau des Impulsladers, sehr gering.

b) Steuerelektronik

Das Impulslader-Steuergerät wurde im Hinblick auf niedrige Schaltverluste und gute thermische Wärmeabfuhr konzipiert. Die verwendeten Technologien entsprechen denen von Standard-Motorsteuergeräten für den motornahen Anbau.

Hardware

Das leistungselektronische Steuergerät verfügt über Power-MOSFETs mit sehr niedrigen $R_{DS,on}$. Die Verluste im Impulsladerbetrieb konnten bei maximaler Motordrehzahl auf 30 W begrenzt werden.

Weiterhin wurden die ohmschen Widerstände im Steuergerät durch eine sorgfältige Auslegung von Leiterbahnen und Kontaktstellen zur Steckerleiste klein gehalten. Das Impulslader-Subsystem bestehend aus dem Steuergerät und den Ventilen kompatibel zur Bordnetzspannung von 14 V. Dies stellt eine wesentliche Vereinfachung gegenüber den Konzepten mit 42 V Architektur dar, die bislang im Zusammenhang mit elektromagnetischen Ventiltrieben beschrieben wurden [5, 9].

Ansteuerung

Die elektrische Steuerung der Impulslader-Ventile erfolgt ohne Positionssensoren. Die Position des Ventiltellers wird über die Messung des Spulenstroms und eine modellbasierte Berechnung der Ventil-Geschwindigkeit ermittelt.

Die dem vorliegenden System zugrunde liegende Regelstrategie ist in [8] näher beschrieben. Durch eine zeitliche Unterteilung der Steuerung in vier Phasen mit angepassten Algorithmen zur Bestimmung der den Spulen aufzuschaltenden Spannungen wird eine robuste und energieoptimierte Lösung realisierbar. Die Phasen der Steuerung setzen sich zusammen aus:

- einer Ablösephase, in der sich das Ventil von der einen, stromlos geschalteten Spule wegbewegt
- einer Annäherungsphase, in der die fangende Spule bestromt wird

- einer Landephase, in der die Annäherungsgeschwindigkeit durch eine einfache Beziehung aus bekannten Größen wie dem gemessenen Strom, der zeitlichen Ableitung des Stroms und einer Maschinenkonstante berechnet werden kann
- einer Haltephase, in der ein Wiederablösen des Ventils vermieden und das Ventil mit möglichst geringem Energieaufwand gehalten werden soll.

Aufbauend auf dieser Reglerstruktur konnte das so genannte Softlanding realisiert werden. Dabei lassen sich Ventilauftreffgeschwindigkeiten theoretisch bis hinunter zu 0,1 m/s erzielen. Die Patentschrift [7] beschreibt die Reglerstruktur. Mit Hilfe des Softlandings konnte einerseits das Geräusch beim Betrieb der Impulslader-Ventile derart abgesenkt werden, dass kein metallisch klingendes Geräuschbild mehr vernehmbar ist. Andererseits führen geringe Auftreffgeschwindigkeiten zu leicht beherrschbaren Stoßspannungen an der Dichtfläche des Impulslader-Ventiltellers. Damit konnte die Dauerfestigkeit sichergestellt werden.

10.5.6.3 Elektrische Systemintegration

Das **Bild 10-134** zeigt die Systemeinbindung, hier beispielhaft für einen Vierzylindermotor. Die Schnittstelle der Impulslader-Steuereinheit zur bestehenden Systemarchitektur des Motormanagementsystems erfolgt über den CAN-Bus zum Motorsteuergerät, über bestehende Signalleitungen zu den Motorsensoren (Kurbelwellensignal, ggfs. auch Nockenwellensignal) sowie zur Bordnetzversorgung.
Die Motorsteuereinheit übergibt die Information über die einzustellenden Öffnungs- und Schließzeitpunkte für die Impulslader-Ventile an die Impulslader-Steuereinheit. Damit ist sichergestellt, dass auch weiterhin die komplette Motormomentenstruktur ausschließlich in der Motorsteuerung verbleibt und nur diese die vorhandenen Saugrohrmodelle zur Berechnung der Impulslader-Ventilsteuerzeiten aus den Momentanforderungen anwendet. Das Impulslader-Steuergerät arbeitet folglich in einer Master-Slave Architektur als untergeordnetes Steuerglied, das die korrekte Umsetzung der vorgegebenen Steuerzeit punkte sicherstellt. Des weiteren können Diagnose-Informationen über den Status der Impulslader-Ventile und über die korrekte Abarbeitung der gestellten Aufgaben an die Motorsteuerung via CAN übermittelt werden.
Dieses Konzept hat darüber hinaus den Vorteil, dass keinerlei Applikationsbedarf für das Impulslader-Steuergerät besteht. Sämtliche Abstimmungsparameter finden sich, wie bislang bei Konzepten ohne Impulsaufladung, in der Motorsteuerung wieder.

10.5.6.4 Mechanische Systemintegration

Auf Grund der thermodynamischen Anforderungen ist eine Anordnung der Impulslader-Ventile in einem definierten Abstand zur Brennkammer in nahezu unmittelbarer Nähe zu den Einlassventilen erforderlich. Die Anbindung der Ventile an den Verbrennungsmotor wurde quasi starr gewählt. Die Ventile werden in einem Ventilträger (dargestellt in Aluminium) vormontiert und elektrisch kontaktiert (**Bild 10-137**).

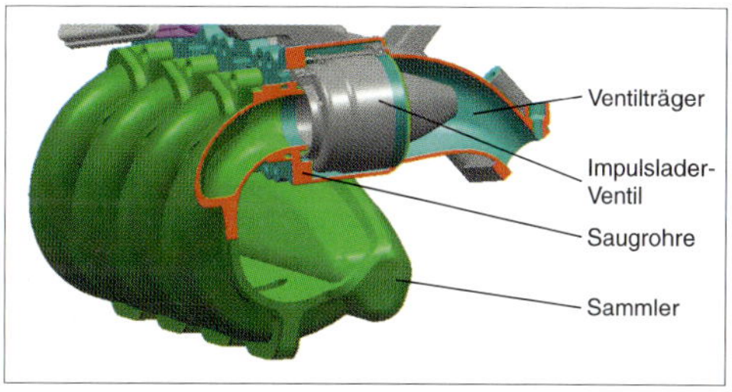

Bild 10-137 Impulsladerventile mit Ansaugrohren und Ventilträger

Die Führung der Ansaugluft um den als Strömungskörper ausgestalteten inneren Bereich des Ventils wurde mittels CFD-Berechnungen unter sämtlichen Betriebsbedingungen simuliert. Die konstruktive Ausgestaltung der Ansaugkanäle wurde entsprechend der Berechnungsergebnisse ausgeführt.

10.5.6.5 Integriertes Impulslader-Saugmodul

Bild 10-138 zeigt ein hochintegriertes Ansaugmodul für einen Ottomotor, welches den Ventilträger mit den Impulslader-Ventilen, das Kunststoffansaugrohr, den Luftfilter mit eingepasster Impulslader-Steuereinheit, die Kraftstoffleiste mit den Injektoren sowie das Drosselklappen-Stellglied und Sensorik neuester Generation beinhaltet.
Die gewählte Konstruktion ermöglicht sowohl den Einsatz bei aufgeladenen sowie nicht aufgeladenen Motoren. Beim Einsatz an einem Dieselmotor wird das

Bild 10-138 Integriertes Saugmodul

Drosselklappen-Stellglied durch eine Kombination aus Abgasklappensteller und Diesel-Vordrossel ersetzt; die Vormontage des Einspritzsystems entfällt.
Der Anbau der Impulslader-Steuereinheit erfolgt im dargestellten Beispiel am Luftfilterkasten. Durch den vom Motor angesaugten Frischluftstrom erfolgt eine Kühlung der Elektronik.

10.5.6.6 Ausblick

Weitere Arbeiten beschäftigen sich mit der Möglichkeit zur drosselfreien Laststeuerung mittels frühem Einlass-Schließen durch die Verwendung der frei steuerbaren Impulslader-Ventile, wobei im Teillastbetrieb für weitere Kraftstoffeinsparung bei Ottomotoren gesorgt wird.
Bei Dieselmotoren werden neben der Drehmomenterhöhung weitere Potentiale der Impulsaufladung zur weiteren Emissions- und Kraftstoffreduzierung untersucht.

Literatur

[1] *Kreuter, P.; Bey, R.; Wensing, M.:* Impulslader für Otto- und Dieselmotoren. 22. Internationales Wiener Motorensymposium, Wien, 2001

[2] *Elsässer, A.; Schilling, W.; Schmidt, J.; Brodesser, K.; Schatz, O.:* Impulsaufladung und Laststeuerung von Hubkolbenmotoren durch ein Lufttaktventil. MTZ 12 / 2001, Jahrgang 62

[3] *Salber, W.; Duesmann, M.; Schwaderlapp, M.:* Der Weg zur drosselfreien Laststeuerung. Fachtagung „Entwicklungstendenzen beim Ottomotor", Ostfildern, Dezember 2002

[4] *Jahrens, H.-U.; Krebs, R; Lieske, S.; Middendorf, H.; Breuer, M.; Wedowski, S.:* Untersuchungen zum Saugrohreinfluss auf die Klopfbegrenzung eines Ottomotors. 10. Aachener Kolloquium Fahrzeug- und Motorentechnik, 2001. Aachen, 2001

[5] *Koch, A.; Kramer, W.; Warnecke, V.:* Die Systemkomponenten eines elektromagnetischen Ventiltriebs. 20. Internationales Wiener Motorensymposium, Wien, 1999

[6] *META Motoren Und Energietechnik GmbH:* In einem Einlasskanal einer Kolbenbrennkraftmaschine angeordnete Zusatzventileinrichtung. Patentschrift DE 10137828A1, Juni 2001

[7] *Siemens AG:* Apparatus for Controlling an Electromechanical Actuator. Patentschrift WO 0079548A2, Juni 1999

[8] *Gunselmann, C.; Melbert, J.:* Improved Robustness and Energy Consumption for Sensorless Electromagnetic Valve Train. SAE 2003 World Congress, Detroit, MI, USA; März 2003

[9] *Findeisen, H.; Linhart, J.; Wild, S.:* Development of an Actuator for a Fast Moving Flap for Impulse Charging. SAE 2003 World Congress, Detroit, MI, USA; März 2003

[10] *Kreuter, P.; Wensing, M.; Bey, R.; Peter, U.; Böcker, O.:* Kombination vom Abgasturbolader und Impulsaufladung. 11. Aachener Motorensymposium, Aachen, 2002

[11] *Franz, A.; Wild, S.; Katsivelos, H.:* Der Wettbewerb von Strömungsmaschine und Impulslader für ein optimales transientes Verhalten und geringste Abgasemissionen des Verbrennungsmotors. 25. Int. Wiener Motorensymposium 2004, Band 2. Fortschritt-Berichte VDI, Reihe 12, Nr. 566

11 Aufladung von Verbrennungsmotoren

Siehe auch Kapitel 10.5. Impulsaufladung und Laststeuerung von Hubkolbenmotoren durch ein Lufttaktventil

In den vorausgegangenen Kapiteln wurden die wichtigen Ziele bei der Entwicklung von Verbrennungsmotoren, nämlich guter Wirkungsgrad, das heißt niedriger Kraftstoffverbrauch und niedrige Emissionen, ausführlich dargestellt. Ein weiterer wichtiger Punkt ist die Erhöhung der Leistungskonzentration eines Verbrennungsmotors. Es geht also darum, aus einem definierten Bauvolumen oder/und aus einem vorgegebenen Motorgewicht möglichst viel Leistung zu gewinnen. Die Erhöhung der Leistungskonzentration ist unter Umständen zusätzlich mit einer Wirkungsgradverbesserung verbunden.
Die Leistung eines Verbrennungsmotors ist proportional dem effektiven Mitteldruck p_{me}, der Drehzahl n und dem gesamten Hubvolumen V_H.

$$P_e = p_{me} \cdot n \cdot V_H \cdot \frac{1}{Z} \qquad (11.0)$$

$$p_{me} = \rho_2 \cdot \lambda_L \cdot \eta_e \cdot \frac{H_u}{\lambda \cdot L_{\min}} \qquad (11.1)$$

$Z = 2$ 4-takt, $Z = 1$ 2-takt

P_e = effektive Leistung
p_{me} = effektiver Mitteldruck
n = Drehzahl
V_H = Hubvolumen
ρ_2 = Dichte nach Lader
λ_L = Liefergrad
η_e = effektiver Wirkungsgrad
H_u = unterer Heizwert
λ = Luftverhältnis
$L_{\min}$ = Mindestluftverhältnis

Eine Erhöhung des Hubraumes bringt neben der Leistungssteigerung auch eine wesentliche Vergrößerung der Motormasse und des erforderlichen Bauraumes sowie eine Wirkungsgradverschlechterung auf Grund erhöhter Reibleistung mit sich. Die Reibungsverluste steigen überproportional bei der Drehzahlerhöhung, mit der ebenfalls eine Leistungssteigerung erreicht werden kann.
Heizwert H_u und Mindestluftbedarf $L_{\min}$ sind Kraftstoffkennwerte und werden als gegeben vorausgesetzt.

$$p_{me} \sim \rho_2 \cdot \frac{1}{\lambda} \eta_e \cdot \lambda_L \qquad (11.2)$$

Damit ist der effektive Mitteldruck proportional der Dichte der Luft, dem effektiven Wirkungsgrad und dem Liefergrad sowie umgekehrt proportional dem Luftverhältnis. Die Dichte der Luft hängt vom Ladedruck und von der Ladelufttemperatur ab.

$$\rho_2 = \frac{p_2}{R \cdot T_2} \qquad (11.3)$$

ρ_2 = Dichte nach Lader
p_2 = Ladedruck
R = Gaskonstante
T_2 = Temperatur nach Verdichter

Mit der Erhöhung der Luftdichte wird also die effektive Leistung des Motors erheblich gesteigert. Heute werden vor allem bei Großmotoren bis zu 31 bar Mitteldruck erreicht, bei Pkw-Motoren sind es bereits 23 bar (Otto) beziehungsweise 29 bar (Diesel).
Zusätzlich zur Erhöhung der Leistungsdichte ist die Aufladung von existenzieller Bedeutung bei der Minimierung der motorischen Abgasemission und mittlerweile integraler Bestandteil von entsprechenden Konzepten.

11.1 Mechanische Aufladung

Bei der mechanischen Aufladung wird der Verdichter mechanisch von der Kurbelwelle angetrieben (siehe **Bild 11-1**). Die Verdichterarbeit muss dazu vom Motor aufgebracht werden, wobei ein Teil über den Kolben während des Ansaughubes zurückgespeist wird.
Der Prozess läuft jetzt bei höherem Druckniveau ab. Dies führt zu einer entsprechenden Mitteldrucksteigerung, vorausgesetzt, das Luft-Kraftstoff-Verhältnis bleibt konstant. Die mechanische Aufladung bringt zunächst bei der Leistungssteigerung eine Verschlechterung des Wirkungsgrades mit sich. Der mechanisch aufgeladene Motor wird jedoch, wenn man ihn mit einem leistungsgleichen Saugmotor vergleicht, im Wirkungsgrad wegen geringerer mechanischer und thermischer Verluste besser abschneiden. Als Verdichter werden selten Radialverdichter (mit Übersetzungsgetriebe), meist Rootsgebläse **(Bild 11-2,**

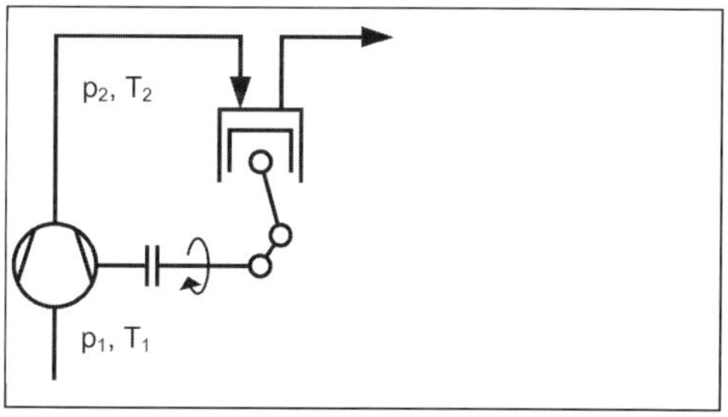

Bild 11-1 Schematische Darstellung der mechanischen Aufladung

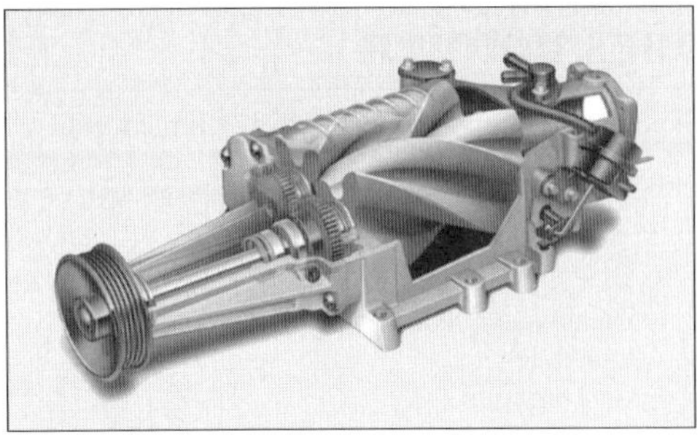

Bild 11-2 Rootslader [6]

Bild 11-2a), Schraubenverdichter (**Bild 11-3**) oder Spirallader (**Bild 11-4**) verwendet. Die mechanische Aufladung wird heute hauptsächlich bei Pkw-Ottomotoren angewendet. Dort hat sie den Vorteil, dass beim Kaltstart dem Abgasstrom keine Wärme entnommen wird, welche für das Anspringen des Katalysators in der Aufwärmphase von großer Bedeutung ist.

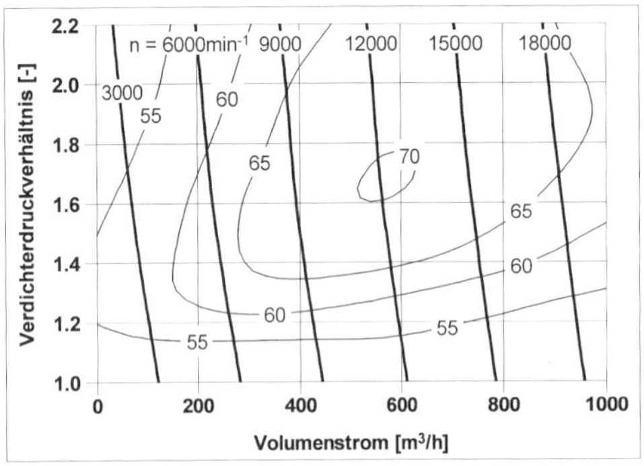

Bild 11-2a Verdichterkennfeld Rootslader [6]

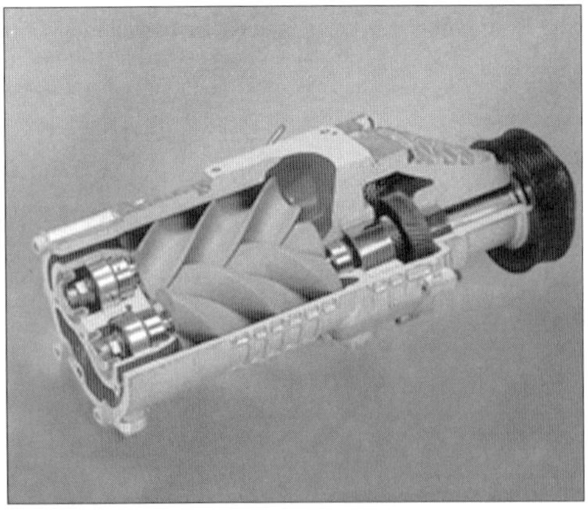

Bild 11-3 Schraubenlader [7]

Bild 11-4 Spirallader [8]

11.2 Abgasturboaufladung

Bei der Abgasturboaufladung sind Motor und Turbolader (siehe **Bild 11-5**) nicht mechanisch, sondern thermodynamisch gekoppelt. Der Verdichter wird durch die Turbine angetrieben. Die Turbine wird vom Motor her mit dem Abgasstrom beaufschlagt und deckt damit den Leistungsbedarf des Verdichters.

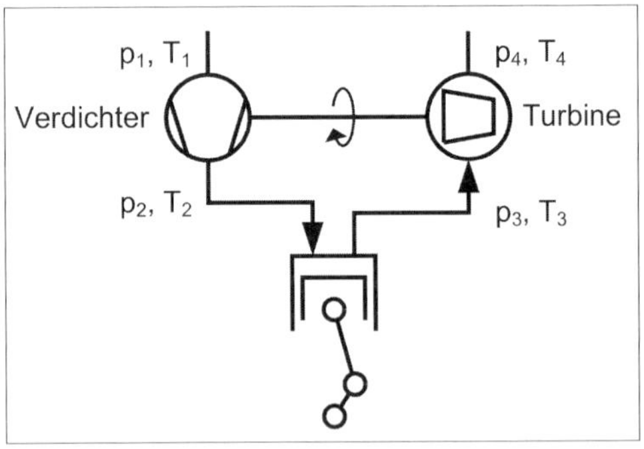

Bild 11-5 Schematische Darstellung der Abgasturboaufladung

Stauaufladung

Bei der Stauaufladung ist zwischen Turbine und Verdichter ein großes Abgasleitungsvolumen geschaltet, mit dem Ziel, die Druckstöße der einzelnen Zylinder abzubauen und die Turbine möglichst konti-

Feel good about driving
Weniger Emissionen
Mehr Fahrfreude

nuierlich, das heißt mit einem konstanten Zustand p_3, T_3 zu beaufschlagen.
Unterstellt man in erster Näherung, dass der Druck p_3 gleich dem Druck p_2 ist, dann wird der Motor bei höherem Druckniveau betrieben, ohne dass es zu einer Änderung des thermischen Wirkungsgrades kommt. Bei genauerer Betrachtung kann man jedoch feststellen, dass in der Turbine ein größeres Volumen entspannt wird, so dass ein leichter Gewinn möglich ist. Wenn $p_2 > p_3$ ist, wird ein Teil der Turboladerarbeit wieder über die positive Ladungswechselschleife an die Kurbelwelle abgegeben.

Stoß- oder Impuls-Aufladung

Bei der Stoß- oder Impulsaufladung wird zusätzlich die kinetische Energie des Abgases in Form von Druckwellen genutzt. **Bild 11-6** zeigt den Druckverlauf vor einer Turbine. Gegenüber dem Staubetrieb bedeutet dies einen Gewinn, da an Stelle der irreversiblen Drosselung vom Zylinderdruck auf den Abgasgegendruck p_3 eine isentrope Expansion auf den Umgebungszustand durchgeführt wird. Tatsächlich lässt sich dieser Gewinn jedoch nicht in vollem Umfang nutzen, da es ohnehin zu einer Drosselung an den Auslassventilen kommt, und zum anderen die Turbinenwirkungsgrade bei pulsierender Beaufschlagung niedriger sind als bei einer optimierten Stauaufladung. Die Stoßaufladung hat gegenüber dem Staubetrieb vor allen Dingen in der Teillast und besonders im Beschleunigungsverhalten Vorteile.
Durch geeignete Zusammenfassung der Zylinder wird bei gegebener Zündfolge vermieden, dass während der Ventilüberschneidung Abgas in einen Zylinder gedrückt wird, was zu einer Erhöhung des Restgasgehaltes führt. Bei aufgeladenen Ottomotoren führt der erhöhte Restgasgehalt zu einer erhöhten Klopfneigung, was zu einem späteren Zündwinkel und damit zu Drehmomenteinbußen und Verbrauchserhöhung führt.
Der Abgasturbolader besteht aus einem Verdichter und einer Turbine **Bild 11-7**. Das Laufzeug ist in **Bild 11-8** dargestellt.

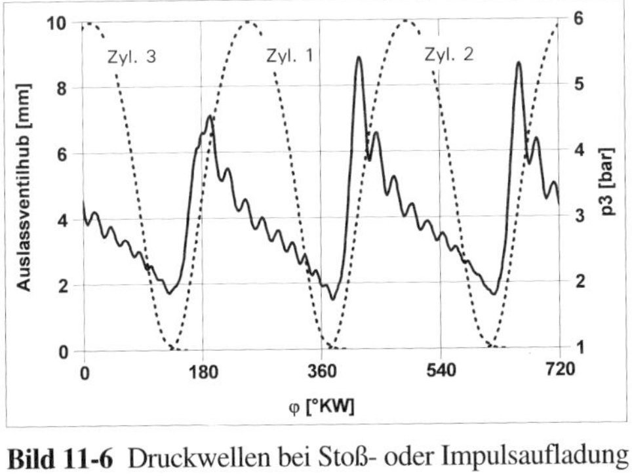

Bild 11-6 Druckwellen bei Stoß- oder Impulsaufladung

Bild 11-7 Abgasturbolader [9]

Bild 11-8 Turboladerlaufzeug [9]

Das Verhalten des Verdichters wird in einem Verdichterkennfeld **Bild 11-9** abgebildet.
Über dem Volumenstrom $\dot{V}_1$ (reduziert) und Druckverhältnis p_2/p_1 (Totaldruck) sind Verdichterdrehzahl und isentroper Verdichterwirkungsgrad aufgetragen. Geht man entlang einer konstanten Umfangsgeschwindigkeit (Drehzahl) nach links, das heißt man drosselt den Verdichter auf der Druckseite immer stärker, so erreicht man die Pumpgrenze. Diese darf im Betrieb wegen Zerstörung des Verdichters nicht angefahren werden.
Für die Darstellung des Turbinenverhaltens trägt man den isentropen Turbinenwirkungsgrad und den Durchsatzkennwert über dem Turbinendruckverhältnis p_3/p_4 (total/statisch) (**Bild 11-10**) auf mit der Umfangsgeschwindigkeit (Turbinendrehzahl) als Parameter. Wird das Verhalten der Turbinen auf einem Heißgasprüfstand ermittelt, ist im Turbinenwirkungsgrad der mechanische Wirkungsgrad des Abgasturboladers enthalten.

11.3 Ladeluftkühlung

Betrachtet man einen isentropen Verdichtungsvorgang von 1 auf 2_s (**Bild 11-11**), so ergibt sich eine Temperaturerhöhung. Auf Grund einer isentropen

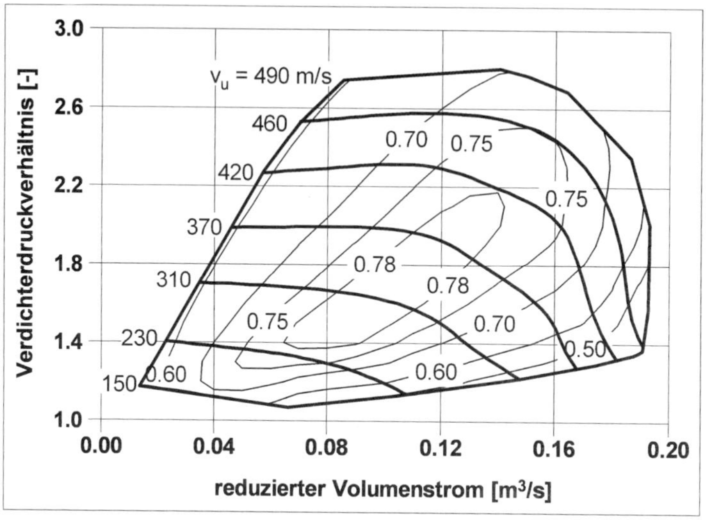

Bild 11-9 Verdichterkennfeld Radialverdichter – ermittelt auf Heißgasprüfstand

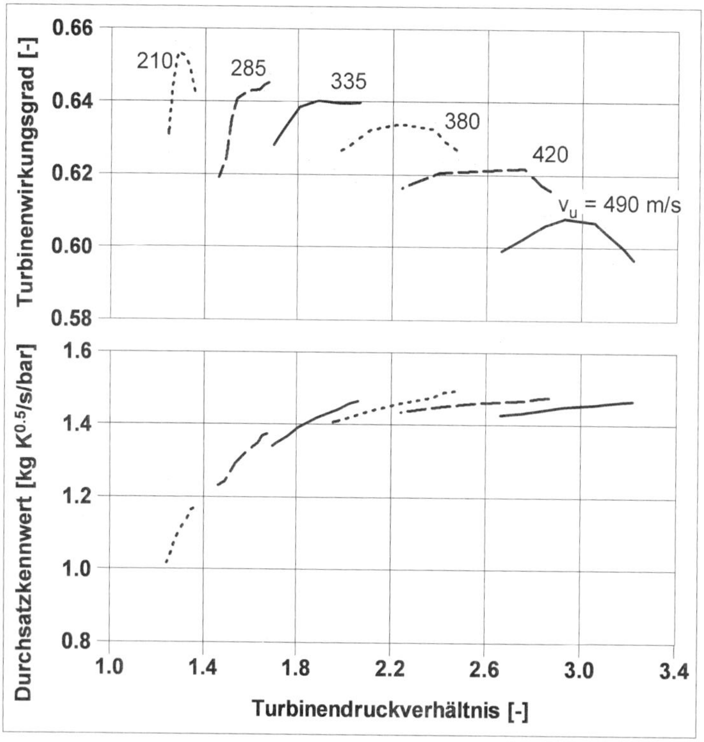

Bild 11-10 Turbinenkennfeld Radialturbine – ermittelt auf Heißgasprüfstand

Verdichtung nach der Gleichung 11.4.

$$\frac{T_2}{T_1} = \left(\frac{p_2}{p_1}\right)^{\frac{\kappa-1}{\kappa}} \qquad (11.4)$$

T_1 = Temperatur vor Verdichter
T_2 = Temperatur nach Verdichter
p_1 = Druck vor Verdichter
p_2 = Ladedruck
κ = Isentropenexponent

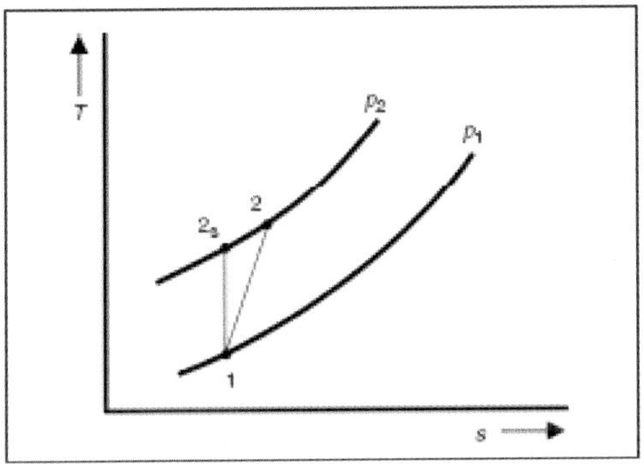

Bild 11-11 Isentrope und polytrope Verdichtung

Da jedoch die Verdichtung nicht isentrop, sondern polytrop durchgeführt wird, kommt es zu einer weiteren Temperaturerhöhung (11.5)

$$T_2 - T_1 = \frac{\left(T_2 - T_1\right)_s}{\eta_{sV} \cdot \tau_K} \tag{11.5}$$

T_1 = Temperatur vor Verdichter
T_2 = Temperatur nach Verdichter
η_{sV} = isentroper Verdichtungswirkungsgrad
τ_K = Kühlziffer des Verdichters

Der isentrope Verdichtungswirkungsgrad η_{sV} wird berechnet mit:

$$\eta_{sV} = \frac{h_2 - h_1}{h_{2s} - h_1} \approx \frac{c_p \cdot (T_2 - T_1)}{c_p \cdot (T_{2s} - T_1)} \tag{11.6}$$

h_1 = Enthalpie vor Verdichter
h_2 = Enthalpie nach Verdichter
h_{2s} = Enthalpie nach Verdichter, isentrop
c_p = spezifische Wärmekapazität für p = const.

Die in der Gleichung (11.5) genannte Kühlziffer τ_K berücksichtigt bei Turboladern die Wärmeabgabe des Verdichtergehäuses (vor allem bei großen Verdichtern) an die Umgebung und liegt im Bereich zwischen 1,04 und 1,1. Die mit der Erhöhung des Druckes einhergehende Temperaturerhöhung bringt also eine Reduzierung der Dichte nach der Gleichung (11.3).
Mit Hilfe eines Ladeluftkühlers lässt sich entsprechend der Gleichung (11.2) die Ladungsdichte und damit auch die Leistung steigern.

Beispiel:

p_1 = 1 bar; T_1 = 293 °K (20 °C)
Verdichter: $\pi_V = p_2/p_1 = 2{,}5$
$\eta_{sV} = 0{,}85$
T_2 = 313 K (40 °C)

Bild 11-12 zeigt einen Vergleich zwischen Saugmotor, aufgeladenem Motor und aufgeladenem Motor mit Ladeluftkühlung auf 40 °C. Für alle drei Fälle wird gleiches Luft-Kraftstoff-Verhältnis angenommen. Damit ergibt sich ein direkter Zusammenhang zwischen der Dichte und der Leistung. Für den Saugmotor wird als Umgebungszustand 1 bar beziehungsweise 20 °C angenommen. Damit ergibt sich im Vergleich zum Saugmotor mit dem aufgeladenen Motor und einem Verdichter-Druck-Verhältnis von 2,5 eine Mitteldrucksteigerung auf 187 %, und mit dem aufgeladenen Motor und Ladeluftkühlung auf 40 °C eine Mitteldrucksteigerung auf 234 %.

Motor	ρ_2 $\left[\frac{kg}{m^3}\right]$	Mitteldruck
Saugmotor	1,19	100 %
aufgeladener Motor	2,23	187 %
aufgeladener Motor mit Ladeluftkühlung	2,78	234 %

Bild 11-12 Dichte und Mitteldruck von Motoren

11.4 Zusammenwirken von Motor und Verdichter

11.4.1 Viertaktmotor im Verdichterkennfeld

In **Bild 11-13** sind die Schlucklinien eines 4-Takt-Verbrennungsmotors aufgetragen. Hält man die Motordrehzahl n konstant, so steigt der Volumenstrom $\dot{V}_1$ mit zunehmendem Druckverhältnis p_2/p_1 linear nur schwach an. Der Motor arbeitet als Volumenverdrängermaschine und sein Durchsatz steigt entsprechend stark bei Drehzahlerhöhung.
Mit zunehmender Ventilüberschneidung steigt bei konstanter Drehzahl der Volumenstrom $\dot{V}_1$ mit wachsendem Druckverhältnis p_2/p_1 weniger stark an.

Verdrängerlader:
Verdrängerlader sind zum Beispiel Kolbenverdichter, Hub- und Rotationskolben, Rootsgebläse, Schraubenverdichter.
In **Bild 11-14** ist erkennbar, dass mit zunehmender Verdichterdrehzahl der Durchsatz steigt und mit zunehmendem Gegendruck der Durchsatz leicht abnimmt. Bei konstanter Drehzahl ergeben sich je nach Gegendruck die Betriebspunkte 1, 2 oder 3.

Radialverdichter:
Der Radialverdichter arbeitet nach dem Zentrifugalprinzip. Die Druckerhöhung wird auf Grund des Unterschiedes in der Umfangsgeschwindigkeit zwischen Eintritt und Austritt am Laufrad bewirkt. Die so zugeführte kinetische Energie wird im Diffusor in Druck umgesetzt. Das im **Bild 11-15** eingezeichnete Verdichterkennfeld wird durch die Pumpgrenze

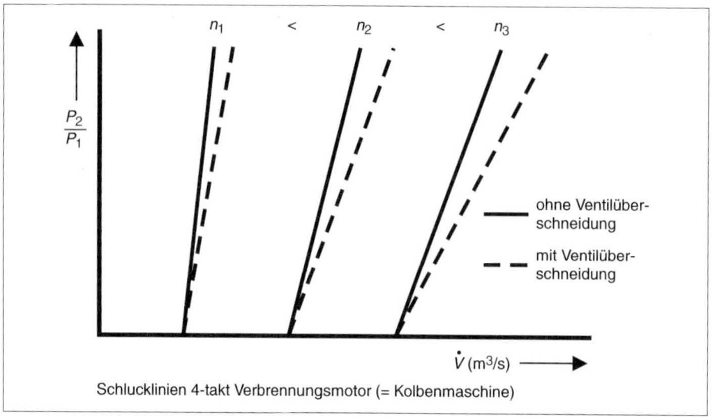

Bild 11-13 Schlucklinien 4-Taktmotor

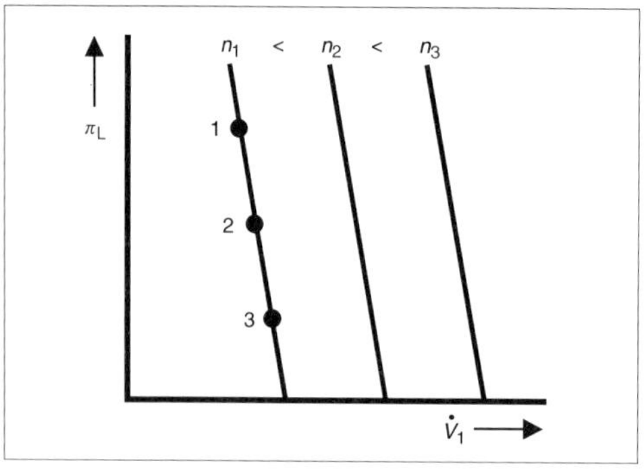

Bild 11-14 Schlucklinien Verdrängerlader

begrenzt. Links von der Pumpgrenze ist ein stabiler Verdichterbetrieb nicht möglich. In diesem Bereich kommt es durch das Ablösen der Strömung, die auf der Schaufelinnenseite des Verdichters beginnt, zu starken Druckschwankungen, was unter Umständen den Verdichter zerstört. Rechts von der Pumpgrenze fallen die Drehzahllinien leicht ab; zur Schluckgrenze

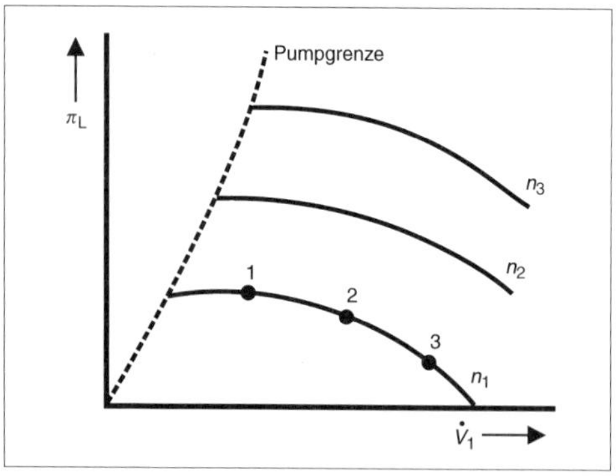

Bild 11-15 Verdichterkennfeld Radialverdichter

hin fallen sie stärker ab. Je nach Gegendruck ergeben sich bei konstanter Verdichterdrehzahl die Punkte 1, 2 oder 3.

11.4.2 Mechanische Aufladung

Verdrängerlader – mechanisch gekoppelt mit Viertaktmotor (Bild 11-16)

Bei einem gegebenen Übersetzungsverhältnis ergibt sich die gezeigte Betriebslinie 1 – 2 – 3 – 4. Durch Änderung des Übersetzungsverhältnisses lässt sich die Betriebslinie 1′ – 2′ – 3′ – 4′ erzeugen, die zu einer Erhöhung des mittleren Arbeitsdruckes führt.

Radialverdichter – mechanisch gekoppelt mit Viertaktmotor

Wie im **Bild 11-17** dargestellt, steigen Luftdurchsatz und Ladedruck etwa quadratisch mit der Drehzahl. Dies führt zu dem in **Bild 11-18** dargestellten Mitteldruckverlauf über der Drehzahl.

11.4.3 Abgasturboaufladung

Bei der Abgasturboaufladung sind Motor und Abgasturbolader thermodynamisch gekoppelt. Die jeweilige Turboladerdrehzahl stellt sich je nach Leistungsgleichgewicht zwischen Verdichter und Turbine ein. Betrachtet man die Leistungsbilanz an der Turboladerwelle, so ergibt sich für die Änderung der Winkelgeschwindigkeit:

$$\frac{\mathrm{d}\omega_{TL}}{\mathrm{d}t} \cdot J_{TL} \cdot \omega_{TL} = P_V + P_T \tag{11.7}$$

$\frac{\mathrm{d}\omega_{TL}}{\mathrm{d}t}$ = Änderung der Winkelgeschwindigkeit ATL

J_{TL} = pol. Massenträgheitsmoment Turbolader

ω_{TL} = Winkelgeschwindigkeit ATL

P_V = Verdichterleistung

P_T = Turbinenleistung

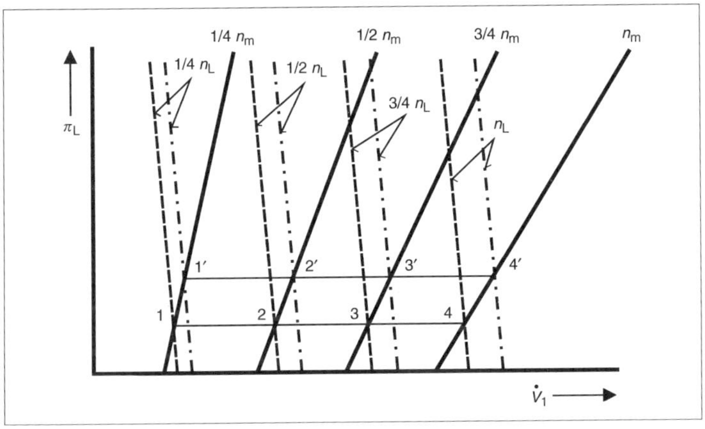

Bild 11-16 Mechanische Kopplung von Verdrängerlader und Viertaktmotor

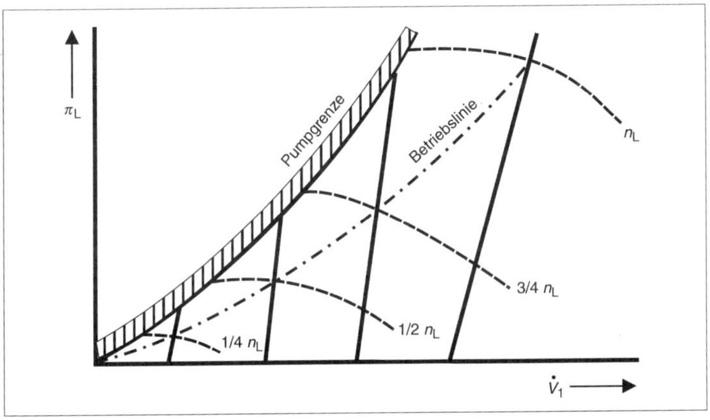

Bild 11-17 Mechanische Kopplung von Radialverdichter und Viertaktmotor

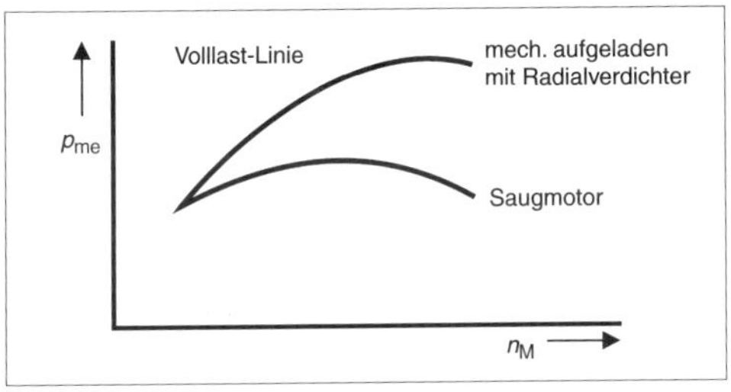

Bild 11-18 Mitteldruckverlauf über Drehzahl

Für den stationären Fall ist die linke Seite der Gleichung 0:

$$P_V + P_T = 0\,, \tag{11.8}$$

$$\dot{m}_V + \dot{m}_B = \dot{m}_T \tag{11.9}$$

$\dot{m}_T$ = Turbinenmassenstrom
$\dot{m}_V$ = Verdichtermassenstrom
$\dot{m}_B$ = Brennstoffmassenstrom

und der Betriebspunkt liegt auf der Motorschlucklinie. Damit lässt sich die Leistungsbilanz weiter entwickeln.

$$P_V = \dot{m}_V \cdot \Delta h_{sV} \cdot \frac{1}{\eta_{sV} \cdot \eta_{mV}} \tag{11.10}$$

Δh_{sV} = isentropes Enthalpiegefälle Verdichter
η_{sV} = isentroper Verdichterwirkungsgrad
η_{mV} = mechanischer Verdichterwirkungsgrad

$$P_T = \dot{m}_T \cdot \Delta h_{sT} \cdot \eta_{sT} \cdot \eta_{mT} \tag{11.11}$$

Δh_{sT} = isentropes Enthalpiegefälle Turbine
η_{mT} = mechanischer Turbinenwirkungsgrad

$$\Delta h_{sV} = R_1 \cdot T_1 \cdot \frac{\kappa_1}{\kappa_1 - 1} \cdot \left[\left(\frac{p_2}{p_1} \right)^{\frac{\kappa-1}{\kappa_1}} - 1 \right] \tag{11.12}$$

R_1 = Gaskonstante, vor Verdichter
T_1 = Temperatur vor Verdichter
κ_1 = Isentropenexponent vor Verdichter
p_1 = Druck vor Verdichter
p_2 = Ladedruck

$$\Delta h_{sT} = R_3 \cdot T_3 \cdot \frac{\kappa_3}{\kappa_3 - 1} \cdot \left[1 - \left(\frac{p_4}{p_3}\right)^{\frac{\kappa_3 - 1}{\kappa_3}}\right] \quad (11.13)$$

Δh_{sT} = isentropes Enthalpiegefälle Turbine
R_3 = Gaskonstante, vor Turbine
T_3 = Temperatur vor Turbine
κ_3 = Isentropenexponent Abgas
p_3 = Abgasgegendruck
p_4 = Druck nach Turbine

Der Gruppenwirkungsgrad η_{TL} ist definiert als der Gesamtwirkungsgrad der Aufladegruppe:

$$\eta_{TL} = \eta_{mV} \cdot \eta_{sV} \cdot \eta_{mT} \cdot \eta_{sT} \quad (11.14)$$

η_{sT} = isentroper Turbinenwirkungsgrad

Mit Hilfe der Gleichungen (11.9 bis 11.13) ergibt sich aus der Leistungsbilanz, aufgelöst nach π_V mit

$$\pi_V = p_2/p_1 \quad (11.15)$$

π_V = Verdichterdruckverhältnis

und mit
$\kappa_L = 1{,}4$ folgt die Turboladerhauptgleichung:

$$\pi_V = \left[1 + \frac{\dot{m}_T}{\dot{m}_V} \cdot \frac{c_{p3}}{c_{p1}} \cdot \frac{T_3}{T_1} \cdot \eta_{TL} \cdot \left(1 - \frac{p_4}{p_3}\right)^{\frac{\kappa_3 - 1}{\kappa_3}}\right]^{3,5} \quad (11.16)$$

c_{p1} = spezifische Wärmekapazität vor Verdichter
c_{p3} = spezifische Wärmekapazität vor Turbine
η_{TL} = Gruppenwirkungsgrad

nimmt man für $\frac{\dot{m}_T}{\dot{m}_V} \cong 1{,}03 - 1{,}07$ an, so ist das Verdichterdruckverhältnis eine Funktion von folgenden Größen:

$$\pi_V = \pi_V\left(\frac{T_3}{T_1}; \eta_{TL}; \frac{p_4}{p_3}\right) \quad (11.17)$$

Der Ladedruck p_2 steigt also mit zunehmender Abgastemperatur T_3 und steigendem Druck vor der Turbine p_3 (dabei ist die Änderung des Gruppenwirkungsgrades in Abhängigkeit von T_3 und p_3 noch vernachlässigt).
Der Druck p_3 stellt sich bei gegebener Turbine je nach Massendurchsatz und Gaszustand ein und lässt sich für den Staubetrieb berechnen aus:

$$\dot{m}_T = A_{T\,\text{red}} \cdot \psi_T \sqrt{2 \cdot p_3 \cdot \rho_3} \quad (11.18)$$

$$\text{mit } \psi_T = \sqrt{\frac{\kappa_3}{\kappa_3 - 1}} \cdot \sqrt{\left(\frac{p_4}{p_3}\right)^{\frac{2}{\kappa_3}} - \left(\frac{p_4}{p_3}\right)^{\frac{\kappa_3 + 1}{\kappa_3}}} \quad (11.19)$$

$A_{T\,\text{red}}$ = Turbinenersatzquerschnitt
ψ_T = Durchflussfunktion
κ_3 = Isentropenexponent Abgas

Betrachtet man die Turbine als Drosselstelle (mit p_3 vor und p_4 nach der Drosselstelle), so ergibt sich folgender Zusammenhang:

$$p_3 - p_4 = \frac{\rho_3}{2} \cdot v_3^2 \sim \frac{\dot{m}_T^2}{\rho_3^2} \cdot \frac{\rho_3}{A_{T\,\text{red}}^2} \sim \frac{\left(n_M \cdot V_H \cdot \rho_2\right)^2}{\rho_3} \quad (11.20)$$

ρ_2 = Dichte nach Lader
ρ_3 = Dichte vor Turbine
v_3 = Strömungsgeschwindigkeit, Turbine
$A_{T\,\text{red}}$ = Turbinenersatzquerschnitt
n_M = Motordrehzahl
V_H = Hubvolumen

Der Massendurchsatz $\dot{m}_T$ durch die Turbine hängt in erster Näherung ab vom Gaszustand an den Einlassorganen (p_2, T_2), von der Motordrehzahl n_M (Schlucklinie) und von der Dichte ρ_3. Die reduzierte Turbinenquerschnittsfläche $A_{T\,\text{red}}$ ist in dieser Betrachtung konstant angenommen worden. Damit gilt folgende Abhängigkeit:

$$\frac{p_3}{p_4} = \frac{p_3}{p_4}\left(p_2, T_2, n_M, T_3, A_{T\,\text{red}}\right) \quad (11.21)$$

T_2 = Temperatur nach Verdichter

Während bei einem Motor mit mechanisch angetriebenem Lader und konstantem Übersetzungsverhältnis der Ladedruck und damit das maximale Drehmoment nur eine Frage der Motordrehzahl ist, besteht, wie die Gleichung (11.20) zeigt, die Möglichkeit, durch Verkleinerung des reduzierten Turbinenquerschnitts $A_{T\,\text{red}}$ den Abgasgegendruck p_3 anzuheben. So steigt das Enthalpiegefälle an der Turbine. Damit wird die Turboladerleistung und -drehzahl angehoben und infolge dessen auch der Ladedruck.
Grundsätzlich ergibt sich bei unterschiedlichen Betriebspunkten und gleichem $A_{T\,\text{red}}$ ein unterschiedliches Enthalpiegefälle an der Turbine und damit auch ein unterschiedlicher Ladedruck. Dieses thermodynamische Zusammenwirken von Motor und Abgasturbolader sollen nun anhand von drei Grenzfällen diskutiert werden.

1. Generatorbetrieb

Beim sogenannten Generatorbetrieb muss auf Grund der hohen Anforderungen an die konstante Drehfrequenz des Generators die Drehzahl n_M möglichst konstant gehalten werden **(Bild 11-19)**.
Beim Motor mit mechanischem Lader bleibt man in einem Betriebspunkt, da n_M = konst. **(Bild 11-20)**.
Beim abgasturboaufgeladenen Motor ergibt sich durch die Laständerung ein unterschiedliches p_3 und T_3 und damit eine unterschiedliche Turbinenleistung und damit ein unterschiedlicher Ladedruck. Die Be-

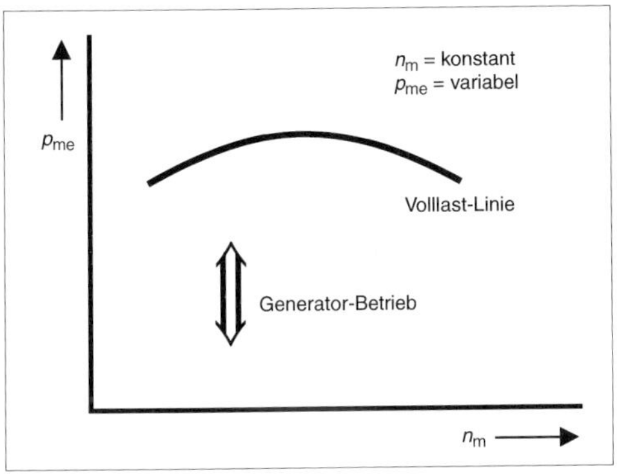

Bild 11-19 Generatorbetrieb

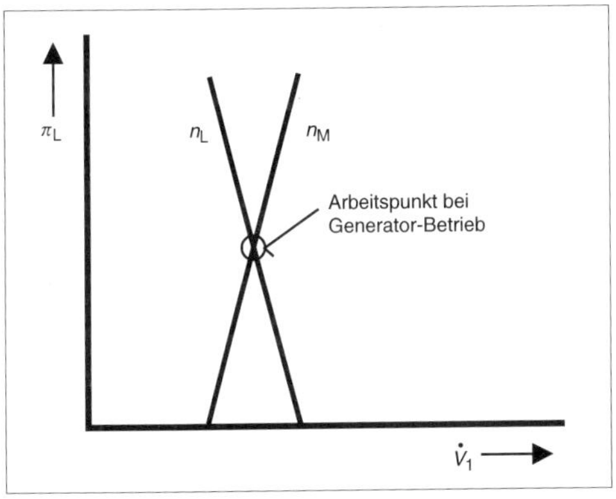

Bild 11-20 Arbeitspunkt bei Generatorbetrieb

triebspunkte 1, 2 und 3 liegen alle auf der Motorschlucklinie, die zu der Generatordrehzahl gehört **(Bild 11-21)**.

Bei Steigerung der Last (Erhöhung der Einspritzmenge) erhöht sich p_3 und T_3 und damit die Turbinenleistung. Die Turboladerdrehzahl steigt, ebenso Ladedruck p_2 und Massendurchsatz.

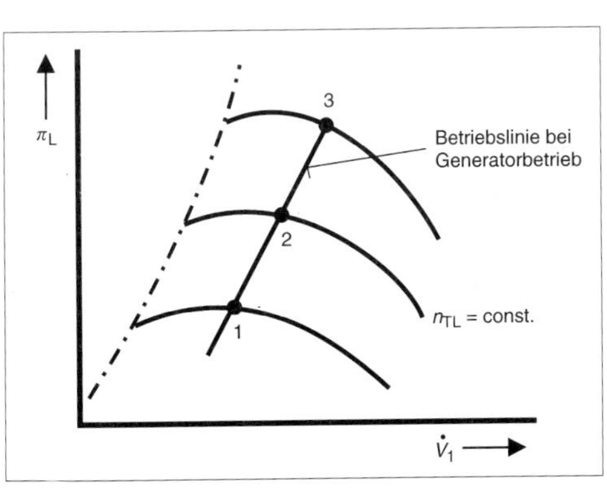

Bild 11-21 Motorschlucklinie und Generatorbetrieb

2. Drehzahldrückung p_{me} = konstant, n_M = variabel

Wie im **Bild 11-22** dargestellt, bewegt sich der Mitteldruck auf einer Horizontalen bei unterschiedlichen Motordrehzahlen. Damit ergibt sich im Verdichterkennfeld **(Bild 11-23)** eine flachere Betriebslinie (a), das heißt mit abnehmender Drehzahl wandert der Betriebspunkt in Richtung Pumpgrenze (Gefahr). Dieser Betrieb der Drehzahldrückung tritt auch in etwa im Fahrzeugbetrieb entlang der Volllastlinie auf und stellt die höchsten Anforderungen an die Abgasturboaufladung.

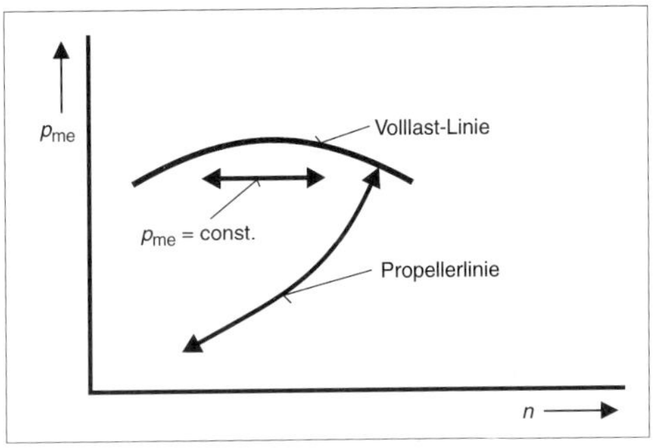

Bild 11-22 Drehzahldrückung

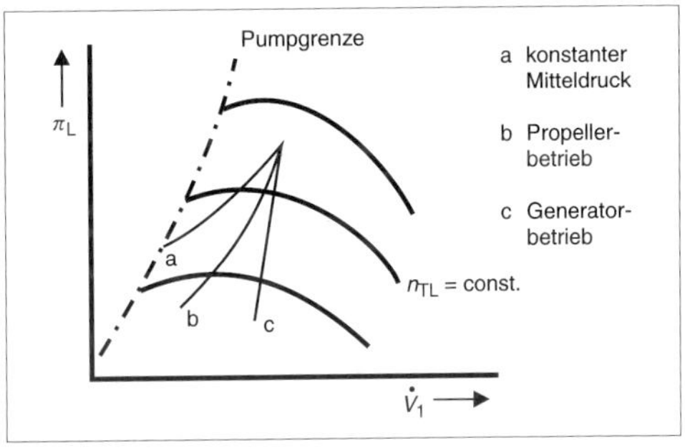

Bild 11-23 Betriebslinie zwischen Generatorbetrieb und Drehzahldrückung

3. Propellerbetrieb n_M = variabel, $p_{me} \sim n_M^2$

Bei Schiffsantrieben mit Festpropeller ist das aufgenommene Propellermoment abhängig vom Quadrat der Propellerdrehzahl.

Im Verdichterkennfeld, **Bild 11-23**, liegt die Betriebslinie zwischen dem Generatorbetrieb und der Drehzahldrückung.

Im **Bild 11-24** ist eine Überlagerung aller Linien konstanter Last und konstanter Drehzahl dargestellt. Im Fahrzeugbetrieb wird damit der gesamte Bereich abgedeckt. Dies erfordert breitere Verdichterkennfelder. Im **Bild 11-25** ist der Mitteldruckverlauf für die

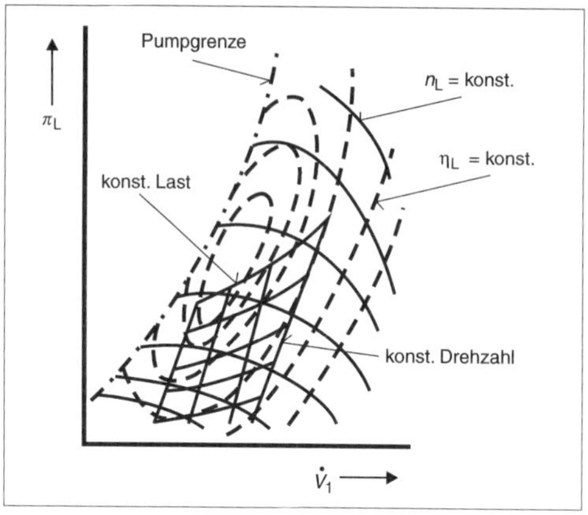

Bild 11-24 Überlagerung von Kennlinien

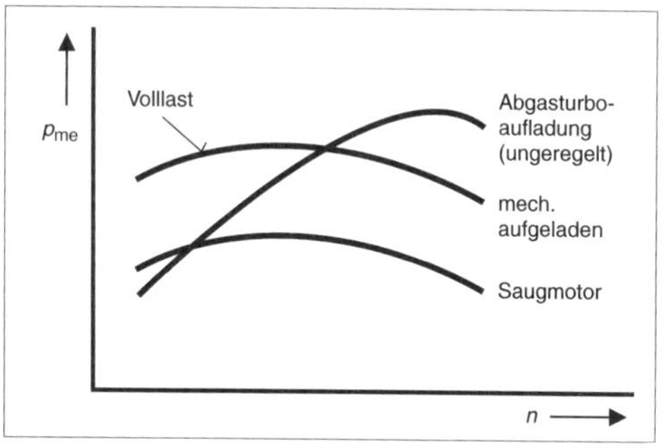

Bild 11-25 Volllastlinien verschiedener Motorvarianten

Volllastlinien von Saugmotor, mechanisch aufgeladenem Motor und abgasturboaufgeladenem Motor dargestellt. Letztere Linie zeigt ein sehr ungünstiges Verhalten, da mit Abnehmen der Drehzahl auch das Drehmoment sinkt. Für ein gutes Beschleunigungsverhalten im Fahrzeugbetrieb ist jedoch mit abnehmender Drehzahl ein Anstieg der Mitteldruckkurve erforderlich. Dies lässt sich durch externe Regeleingriffe in den Turbolader erreichen.

Optimale Drehmomentkurve durch Anpassung des Ladedrucks

Um einen hohen Ladedruck bereits bei niedrigen Drehzahlen (Pkw < 1.750 U/min, Nkw Diesel < 1.000 U/min) zu erreichen, wählt man einen kleinen Turbinenhalsquerschnitt $A_{T\,\mathrm{red}}$; dadurch wird der Druck vor der Turbine höher. Mit zunehmender Drehzahl steigt jedoch der Ladedruck auf Grund des steigenden Abgasenthalpiestroms; damit steigt auch der maximale Druck im Zylinder. Um die damit verbundene Bauteilbelastung zu begrenzen, wird der Ladedruck auf einen konstanten Wert dadurch geregelt, dass der

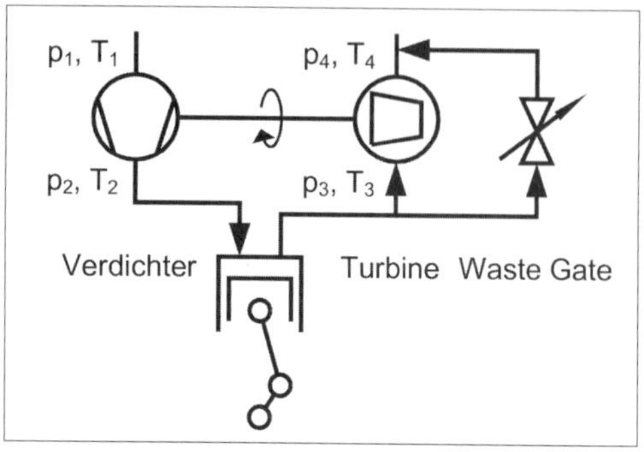

Bild 11-26 Schematische Darstellung der Abgasturboaufladung mit Waste Gate

überschüssige Abgasenthalpiestrom an der Turbine vorbeigeführt wird (Waste Gate) und damit ungenutzt in den Auspuff strömt (**Bild 11-26**), was für den Motor einen Verlust darstellt. Der Verlauf des Ladedrucks entlang der Volllastlinie und der effektive Mitteldruck sind im **Bild 11-27** für einen Audi-Motor, 2,7 l Biturbo, dargestellt.

Mit Hilfe der verstellbaren Turbinengeometrie (siehe **Bild 11-28**) ist es möglich, bereits bei niedrigen Drehzahlen den reduzierten Turbinenquerschnitt sehr klein zu stellen. Damit wird ein hoher Abgasgegendruck erzeugt und ein entsprechend hoher Ladedruck erreicht.

Mit höherer Drehzahl und damit steigendem Massendurchsatz werden die Schaufeln in Richtung maximaler Anströmquerschnitt gedreht (Schaufelstellung dargestellt in **Bild 11-28**).

Bild 11-29 zeigt die Aufladegruppe mit 2 Abgasturboladern für einen Sechszylinder-Ottomotor. In **Bild 11-30** ist ein aufgeladener mittelschnelllaufender Schiffsdieselmotor dargestellt, dazu ein entsprechender Abgasturbolader mit axialer Turbine in **Bild 11-31**.

Bei der zweistufigen Aufladung, **Bild 11-32**, sind 2 Abgasturbolader hintereinander geschaltet, wobei

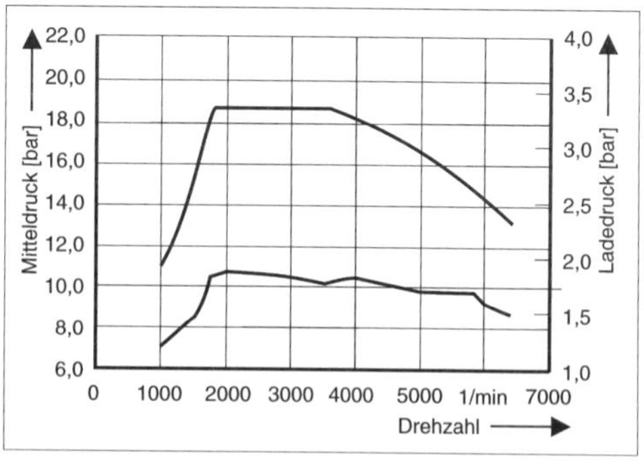

Bild 11-27 Mitteldruck- und Ladedruckverlauf AUDI V6 2,7 l Biturbo [4]

Bild 11-28 Variable Turbinengeometrie, Schaufelstellung offen [9]

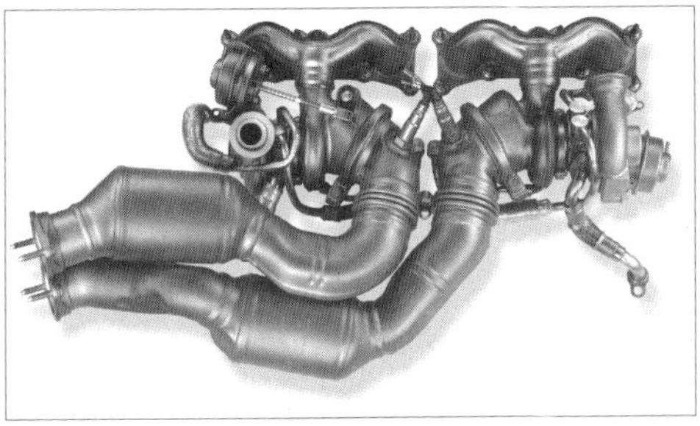

Bild 11-29 Bi-Turbo Aufladegruppe [3]

Bild 11-30 Dieselelektrische Anlage der Queen Elizabeth 2, 9 × 9 L 58/64, 95.5 MW [10]

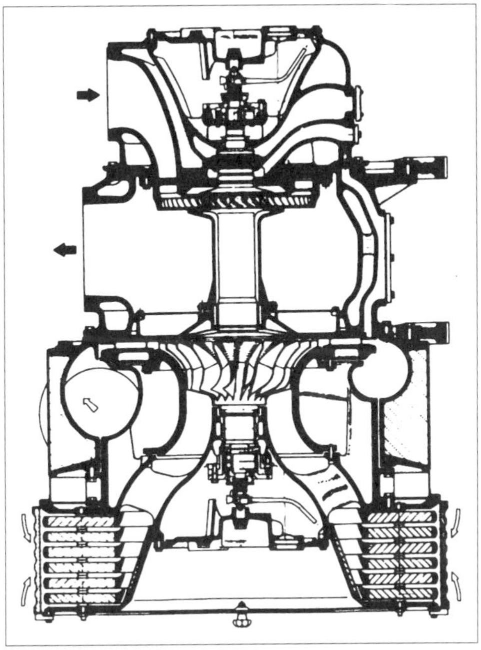

Bild 11-31 MAN-Abgasturbolader mit Axialturbine [10]

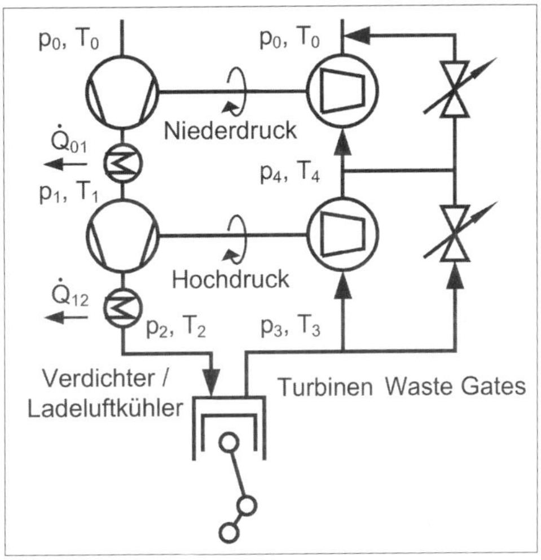

Bild 11-32 Schematische Darstellung der 2-stufigen Aufladung

die verdichtete Luft bei Großmotoren nach dem ersten Verdichter zwischengekühlt wird und nach dem Hochdruckverdichter nochmals gekühlt wird. Bei dieser zweistufigen Verdichtung mit Zwischenkühlung wird ein guter Verdichtungswirkungsgrad erreicht und bei einem Verdichterdruckverhältnis >5 auch ein entsprechend hoher Mitteldruck von bis zu 30 bar. Bei Anwendungen mit hohen Ansprüchen an Dynamik und Durchsatzspanne (automobilen Anwendungen) wird das Konzept durch den Einsatz eines (nur Hochdruck, Nkw) beziehungsweise zweier Waste Gates (Pkw) zur geregelten zweistufigen Aufladung erweitert.

Der hohe Integrationsgrad der Aufladegruppe mit mehreren Abgasturboladern ist in **Bild 11-33** eingerahmter Ausschnitt) und **Bild 11-33a** erkennbar.

Bild 11-33 20V 4000 M93, 3900 kW @ 2100 1/min [11]

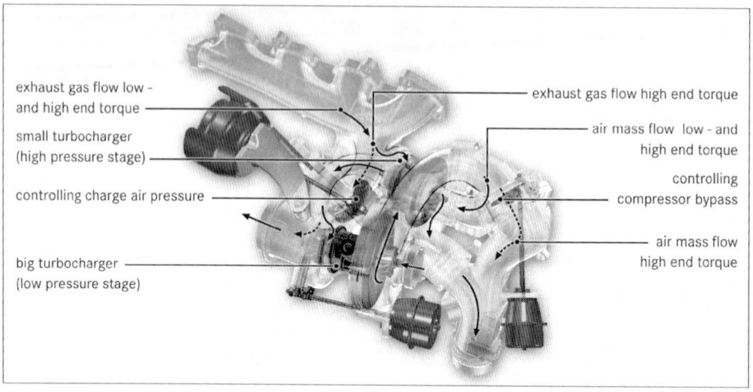

Bild 11-33a Zweistufige Aufladegruppe PKW [5]

11.5 Dynamisches Verhalten

Der Verbrennungsmotor ist Teil eines Antriebssystems, von dem ein schnelles Ansprechverhalten gefordert wird. Dies gilt für alle Anwendungen. Notstromaggregate müssen aus dem Stillstand innerhalb kürzester Zeit (<15 s) die volle Leistung übernehmen. Im Fahrzeugbetrieb muss der Verbrennungsmotor auch unter extremen Lastbedingungen (wie zum Beispiel Pkw mit Anhänger beim Anfahren im Gebirge) spontan (<2 s) sein maximales Drehmoment entwickeln. Saugmotoren steuern das Drehmoment nahezu direkt mit dem Drosselklappenwinkel (Otto) beziehungsweise mit der Einspritzmenge (Dieselmotor).

Stellt man den Drallsatz für ein angenähert drehsteifes Antriebssystem auf (Gleichung 11.22), so sieht man, dass bei vorgegebenem Verbrauchermoment M_V (= Last) das effektive Motormoment M_{Me} und das polare Trägheitsmoment des gesamten Antriebssystems $J_{\text{ges}\,A} = J_M + J_A$ den Gradienten der Kurbelwellenwinkelgeschwindigkeit entscheidend beeinflussen.

$$\left(J_M + J_A\right) \cdot \frac{\mathrm{d}\omega_M}{\mathrm{d}t} = M_{Me} + M_V \qquad (11.22)$$

J_M = polares Massenträgheitsmoment Motor
J_A = polares Massenträgheitsmoment Antrieb
$\frac{\mathrm{d}\omega_M}{\mathrm{d}t}$ = Änderung Winkelgeschwindigkeit Kurbelwelle
M_{Me} = effektives Motormoment
M_v = Verbrauchermoment

Im **Bild 11-34** ist ein Elastizitätstest für ein Fahrzeug mit aufgeladenem Ottomotor von 60 auf 100 km/h im 5. Gang auf dem hochdynamischen Prüfstand aufgezeichnet.

Es dauert fast 3,5 s, bis der Saugrohrdruck und damit der Mitteldruck seinen stationären Wert erreicht hat.

In **Bild 11-35** sind weitere dynamische Ottomotor-Messungen eines Lastsprungs bei konstanter Drehzahl von n = 2.000 1/min = const. auf dem hochdynamischen Motorenprüfstand aufgetragen. Dabei ist der Mitteldruck auf den stationären Maximalwert normiert. Das gemessene Lastsignal steigt rechteckförmig bei 1 s auf 100 % an. Der Saugmotor zeigt nach einer Totzeit einen ebenso spontanen Anstieg. Der abgasturboaufgeladene Ottomotor steigt mit gleicher Spontaneität bis etwa 55 % des stationär erreichbaren Mitteldrucks an. Der anschließende langsame Anstieg von 13 %-Punkten/s ist auf die Beschleunigung des Turboladerlaufzeugs zurückzuführen. Nach etwa 3 s hat der Motor seinen maximalen Mitteldruck erreicht. Bevor wir Maßnahmen zur Verbesserung des Dreh-

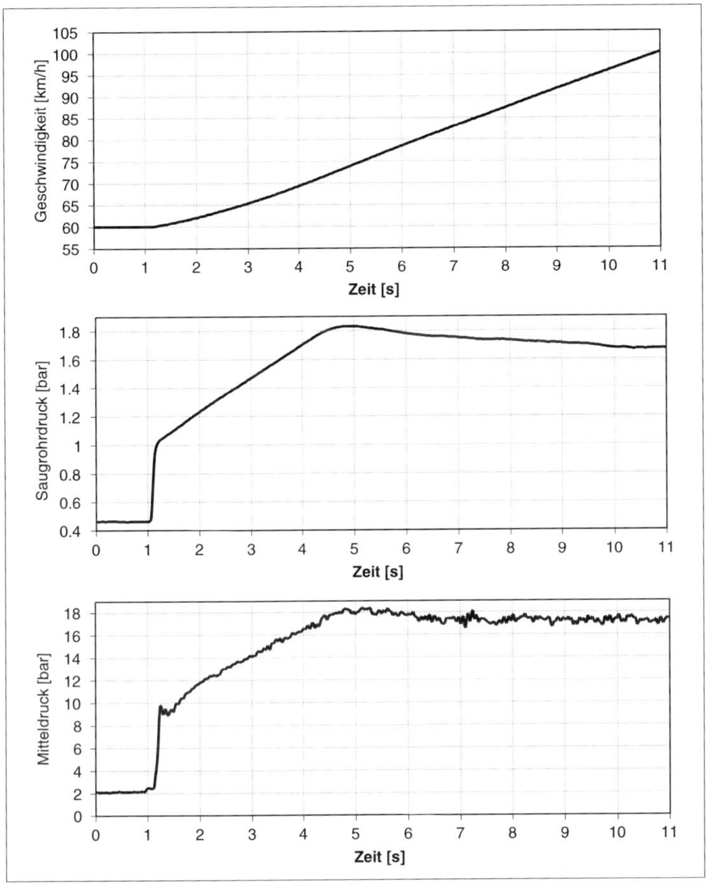

Bild 11-34 Elastizitätstest (60 – 100 km/h 5. Gang), hochdynamischer Prüfstand, Ottomotor mit Abgasturboaufladung

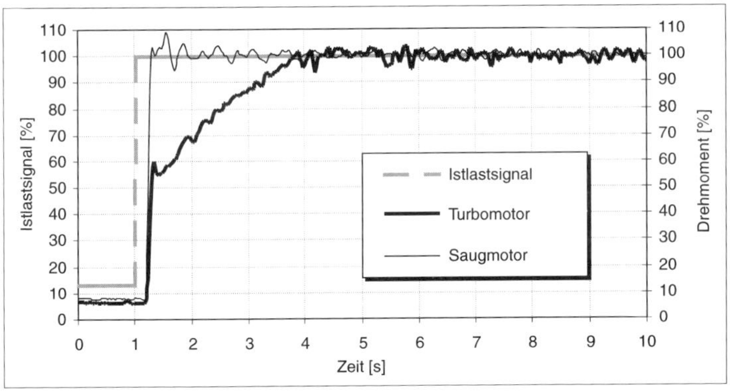

Bild 11-35 Vergleich Saugmotor – aufgeladener Ottomotor, Lastsprung bei n = 2.000 1/min = konst.

momentaufbaus beim abgasturboaufgeladenen Verbrennungsmotor diskutieren, sehen wir im **Bild 11-36** das Beschleunigungsverhalten eines mechanisch aufgeladenen Motors, der gegenüber dem Abgasturbolader ein deutlich schnelleren Mitteldruckaufbau erreicht.

Verbesserungsmaßnahmen:

Durch Verstelleinrichtungen wie Abgasturbolader mit Waste Gate oder verstellbare Turbinengeometrie kann in einer Beschleunigungsphase der Ladedruck deutlich schneller aufgebaut werden. Zusätzlich kann der dynamische Ladedruckaufbau bei instationären

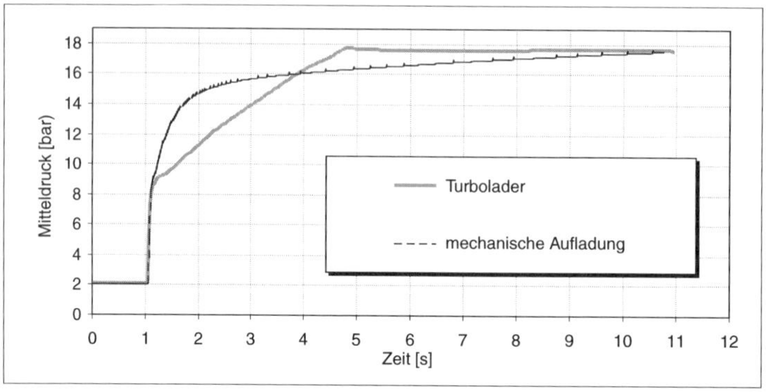

Bild 11-36 Vergleich mechanische Aufladung – Abgasturboaufladung, Fahrzeugbeschleunigungsvorgang (Elastizitätstest), Ottomotor

Vorgängen dadurch verbessert werden, dass kleinere Laufräder für Verdichter und Turbine gewählt werden. Der Einfluss des polaren Massenträgheitsmoments J_{TL} des Laufzeugs ist aus dem Drallsatz (Gleichung 11.23) für die Abgasturboladerwelle erkennbar.

Bei V-Motoren zum Beispiel kann man das dynamische Verhalten dadurch verbessern, dass man abgasseitig jeweils eine Bank zusammenfasst und zwei kleinere Turbinen beaufschlagt; luftseitig werden die beiden Verdichter auf ein Sammelrohr zusammengeführt.

$$\frac{d\omega_{TL}}{d\varphi} = \frac{1}{\omega_{TL} \cdot J_{TL}} \cdot \left(P_T + P_v\right) \qquad (11.23)$$

$\frac{d\omega_{TL}}{d\varphi}$ = Änderung Winkelgeschwindigkeit ATL

ω_{TL} = Winkelgeschwindigkeit ATL

J_{TL} = polares Massenträgheitsmoment Turbolader

P_T = Turbinenleistung

P_V = Verdichterleistung

Aktive Restgasausspülung: Das abgegebene Drehmoment eines Verbrennungsmotors ist im Wesentlichen proportional zur Füllung des Zylinders mit Frischladung. Ein geringerer Restgasanteil führt demzufolge bei abgasturboaufgeladenen Motoren nicht nur unmittelbar zu einem höheren Motormoment sondern trägt auch mittelbar über einen höheren Abgasenthalpiestrom zu einem schnelleren Hochlauf des Abgasturboladers bei. Vorraussetzung für eine aktive Restgasausspülung ist ein ausreichend hohes Spülgefälle über dem Zylinder während der Ventilüberschneidung. Um störende abgasseitige Rückwirkungen durch den Vorauslass anderer Zylinder zu vermeiden, werden Zylinder mit ausreichend hohem Zündabstand in einem gemeinsamen Abgaskanal zusammengefasst. Die entsprechenden Gruppen werden entweder eigenen Turbinen (zum Beispiel Bi-Turbo am 6-Zylinder) oder unterschiedlichen Kanälen einer gemeinsamen Turbine (zum Beispiel Zwillingsstrom am 4-Zylinder) zugeordnet.

Kurzzeitige Zusatzlufteinblasung in den Verdichter bewirkt zum einen, dass der Verbrennungsmotor unmittelbar nach einer Lastanforderung ausreichend mit Luft versorgt wird und die entsprechend dem Grenzluftverhältnis erhöhte Einspritzmenge für einen schnellen Drehmomentanstieg sorgt. Zum anderen wird das angeblasene Verdichterrad beschleunigt, so dass der Verdichter mit steigender Drehzahl entsprechend mehr Luft fördert. Die Einblasung wird dann beendet, wenn die Turbine die Verdichterleistung und zusätzlich erforderliche Beschleunigungsleistung übernimmt.

Elektrische Unterstützung der Abgasturboaufladung: Da der Verbrennungsmotor bei einer Drehmomentanforderung spontan nicht genügend Beschleunigungsleistung für das Turboladerlaufzeug zur Verfügung stellt, bietet es sich an, gespeicherte elektrische Energie zu benutzen, um mit einem zwischen Verdichter und Turbine geschalteten Elektromotor („euATL“, [2]) **(Bild 11-37)** das Turboladerlaufzeug zu beschleunigen [2]. Der Elektromotor muss auch im abgeschalteten Betrieb die hohen Turboladerdrehzahlen ertragen und für die Beschleunigung des Laufzeugs (Verdichter- und Turbinenrad) über genügend Drehmoment verfügen.

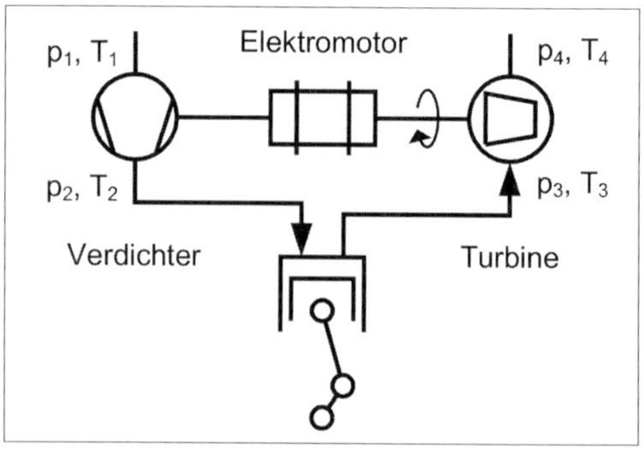

Bild 11-37 Schematische Darstellung des elektrisch unterstützten Abgasturboladers

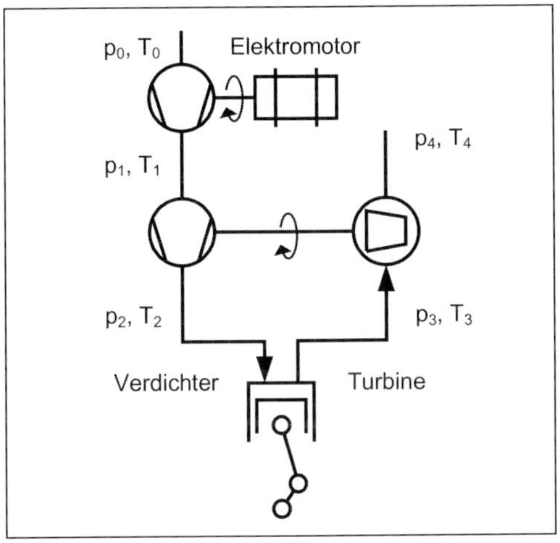

Bild 11-38 Schematische Darstellung des eBooster-Aufladesystems

Schaltet man einen elektrisch angetriebenen Verdichter („eBooster", [2]) in Serie **(Bild 11-38)** der kurzzeitig die Luftversorgung des Verbrennungsmotors übernimmt, so muss der Elektromotor nur das Verdichterrad beschleunigen, dessen polares Massenträgheitsmoment nur 1/3 des Turbinenrads beträgt. Bei entsprechender Auslegung des eBooster-Verdichters liegt die maximale Drehzahl niedriger als beim euATL, was Vorteile bei der Auslegung des eBoosters mit sich bringt. Das breitere Verdichterkennfeld dieser 2-stufig-geregelten Aufladung bietet zusätzlich die Möglichkeit, den Ladedruck und damit das Drehmoment des Verbrennungsmotors im unteren Drehzahlbereich entsprechend anzuheben, vorausgesetzt, ausreichend elektrische Energie steht zur Verfügung.

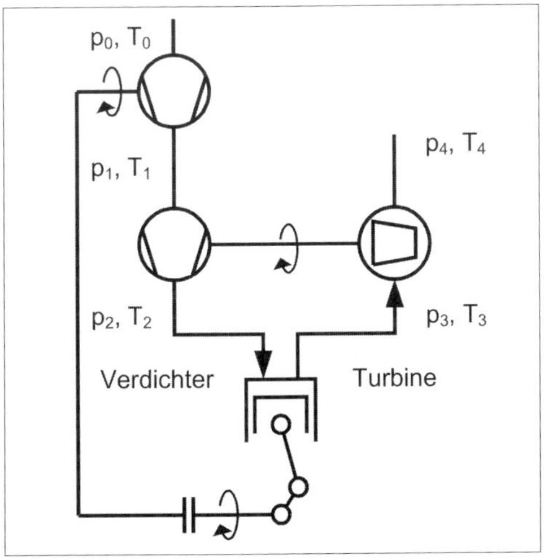

Bild 11-38a Schematische Darstellung eines Aufladesystems mit mechanischem Zusatzverdichter

Mechanischer Zusatzverdichter: Die Kombination von mechanischem Antrieb und Verdrängerlader **(Bild 11-38a)** unterscheidet sich gegenüber einem elektrisch angetriebenen Radialverdichter in zwei grundlegenden Punkten. Zum einen ist mit der mechanischen Kopplung zur Kurbellwelle die Bereitstellung der erforderlichen Verdichterleistung relativ unkritisch und zeitlich unbegrenzt verfügbar, zum anderen weist der Verdrängerlader eine deutlich günstigere Fördercharakteristik auf. Die Möglichkeit eines zeitlich unbegrenzten Antriebes gestattet darüber hinaus eine Optimierung des Abgasturboladers, insbesondere der Turbine, auf den oberen Drehzahl-/Leistungsbereich ohne Verlust an Dynamik im Drehmomentaufbau.

11.6 Zusatzmaßnahmen bei aufgeladenen Verbrennungsmotoren

11.6.1 Ottomotoren

Bei aufgeladenen Ottomotoren wird durch den höheren Ladedruck eine höhere Kompressionsendtemperatur erreicht. Damit steigt die Gefahr der Selbstzündung beziehungsweise des Klopfens. Deshalb kann es notwendig werden, das Verdichtungsverhältnis abzusenken. In jedem Fall muss man zur Vermeidung von unzulässig hohen Zünddrücken beziehungsweise klopfender Verbrennung den Zündbeginn beim Ottomotor in Richtung „spät" verschieben **(Bild 11-39)**.

Durch einen hohen Restgasanteil verschärft sich die Klopfgefahr, vor allem wenn eine ungünstige Abgasleitungsgestaltung bis zum Turbineneintritt vorliegt.

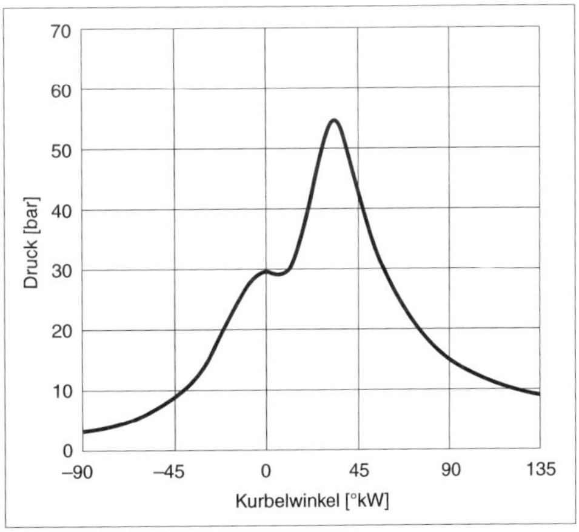

Bild 11-39 Druckverlauf aufgeladener Ottomotor mit spätem Zündwinkel

In der Teillast wird bei mechanisch aufgeladenen Ottomotoren durch die geöffnete Umluftklappe ein Bypass um den Verdichter gelegt, so dass der Massenstrom, der vom Motor nicht gebraucht wird (Teillast!), wieder vor den Verdichter geführt wird. Damit baut sich kein Druck hinter dem Verdichter auf. Bei abgasturboaufgeladenen Motoren wir zur Vermeidung von Verdichterpumpen beim schnellen Schließen der Drosselklappe das Schubumluftventil geöffnet.
Heute standardmäßig verwendete hochwarmfeste Turbinenwerkstoffe (NiCr-Stähle) ermöglichen eine Abgastemperatur T_3 von bis zu 950 °C. Inzwischen werden auch Turbinenwerkstoffe eingesetzt, die eine Temperatur bis zu 1.050 °C ertragen. Oberhalb der zulässigen Temperatur nimmt jedoch die Festigkeit der eingesetzten Materialien stark ab. Da beim aufgeladenen Ottomotor an der Volllast die Abgastemperatur die angeführten Grenzwerte überschreiten kann, ist eine aktive Begrenzung erforderlich. Dies erfolgt mittels Anreicherung der Frischladung über das Motorsteuergerät.

11.6.2 Dieselmotoren

Bei Dieselmotoren werden ebenfalls durch den hohen Ladedruck sehr hohe Kompressionsenddrücke bei Verdichtungsverhältnissen $\varepsilon > 14$ erreicht. Je nach mechanischer Festigkeit muss deshalb bei Dieselmotoren der Einspritzbeginn sehr spät gewählt werden, so dass unter Umständen der Kompressionsdruck größer oder gleich dem Zünddruck ist.
Bei mittelschnelllaufenden Dieselmotoren werden hohe Ladedrücke im Zusammenhang mit großen Ventilüberschneidungen (bis zu 120° Kurbelwinkel) auch dazu benutzt, die thermische Belastung des Motors abzusenken. Der mittelschnelllaufende Motor wird bei hohen Luftverhältnissen ($\lambda \cong 2$) betrieben.
Die externe Abgasrückführung erfordert bei aufgeladenen Dieselmotoren zusätzlichen Aufwand in Form eines getakteten Steuerventils und Software zu Regelung des Ladedrucks und der Abgasrückführrate. In jedem Fall ist dafür zu sorgen, dass immer ein negatives Spülgefälle (Hochdruck: $p_2 - p_3 < 0$; Niederdruck $p_0 - p_4 < 0$) vorliegt.

Literatur

[1] *Zinner, K.:* Aufladung von Verbrennungsmotoren. Berlin; Heidelberg; New York: Springer-Verlag, 1980
[2] *Hoecker, P.; Jaisle, J. W.; Münz, S.:* Der eBooster – Schlüsselkomponente eines neuen Aufladesystems von BorgWarner Turbo Systems für Personenkraftwagen. 22. Internationales Wiener Motorensymposium 26.–27. April 2001
[3] *Welter, A.; Unger, H.; Hoyer, U.; Brüner, T.; Kiefer, W.:* Der neue aufgeladene BMW Reihensechszylinder Ottomotor. 15. Aachener Kolloquium „Fahrzeug- und Motorentechnik“ 2006
[4] *Eiser, A.; Grabow, J.; Königstedt, J.; Werner, A.:* Moderne Aufladekonzepte der Turbomotoren von AUDI. 6. Aufladetechnische Konferenz 1997
[5] *Leweux, J.; Schommers, J.; Betz, T.; Huter, J.; Jutz, B.; Knauel, P.; Renner, G.; Sass, H.:* Der neue 4-Zylinder Pkw-Dieselmotor von Mercedes-Benz für weltweiten Einsatz. 17. Aachener Kolloquium „Fahrzeug- und Motorentechnik“ 2008
[6] EATON Corporation, USA
[7] IHI Corporation, Japan
[8] SIG Schweiz-Industrie-Gesellschaft
[9] BorgWarner Turbo Systems GmbH, Kirchheimbolanden
[10] MAN Diesel SE, Augsburg
[11] MTU Friedrichshafen GmbH

11.7 Leistungsexplosion durch Register- und zweistufige Aufladung bei Personenkraftwagen (Hochaufladung)

In den letzten zwei Jahrzehnten der Automobilentwicklung stieg der Anspruch an die Bereitstellung von genügend Leistung der Verbrennungsmotoren immer mehr an. Zurückzuführen ist das auf die ständig größer werdenden Komfortansprüche, wodurch die Fahrzeuge ständig schwerer werden. Der damit einhergehende Verlust an Fahrdynamik, also „Fahrspaß“ wurde jedoch nicht akzeptiert. Ganz im Gegenteil, die Fahrdynamik durfte nicht nur auf gleichem Niveau gehalten, sondern sie musste sogar verbessert werden. Ein Baustein, der massiven Anteil an dieser Entwicklung im Bereich der Personenkraftwagen hatte und immer noch hat, ist die Aufladung. Während Dieselmotoren ohne Aufladung fast gar nicht mehr angeboten werden, erfährt die Aufladung bei ottomotorischen Motorkonzepten eine immer weitere Verbreitung. Die spezifische Leistung der Dieselmotoren hat sich innerhalb der letzten zwei Jahrzehnte durch den verstärkten Einsatz der Aufladung nahezu verdreifacht. Bei den Ottomotoren ist eine knappe Verdopplung festzustellen **(Bild 11-40)**.
Da einstufige Aufladekonzepte trotz ihrer hohen Entwicklungsgüte sowohl bei Diesel- wie Ottomotoren an ihre Grenzen stoßen, erfährt die Registeraufladung beziehungsweise zweistufige Aufladung eine zunehmende Aufmerksamkeit im Bereich der Pkw-Antriebe. Grundsätzlich ist diese Idee nicht neu, eingesetzt wurde sie bisher aber vorzugsweise bei Stationärmotoren, Marine-Anwendungen und Nutzfahrzeugantrieben.

11.7.1 Historie und Evolution der zweistufigen Aufladeverfahren (Stufenaufladung)

Die Entwicklung der Aufladung von Verbrennungsmotoren zeichnet sich durch eine bewegte Vergangenheit aus. Erste Anwendungen fanden mechanische Aufladesysteme zur Leistungssteigerung (30 %) von Schiffsdieseln durch M.A.N. Augsburg. Die Abgasturboaufladung nach einem Patent von Alfred Büchi (1905) wurde aufgrund der fertigungstechnischen Toleranzen zunächst bei Großmotoren eingesetzt. Es

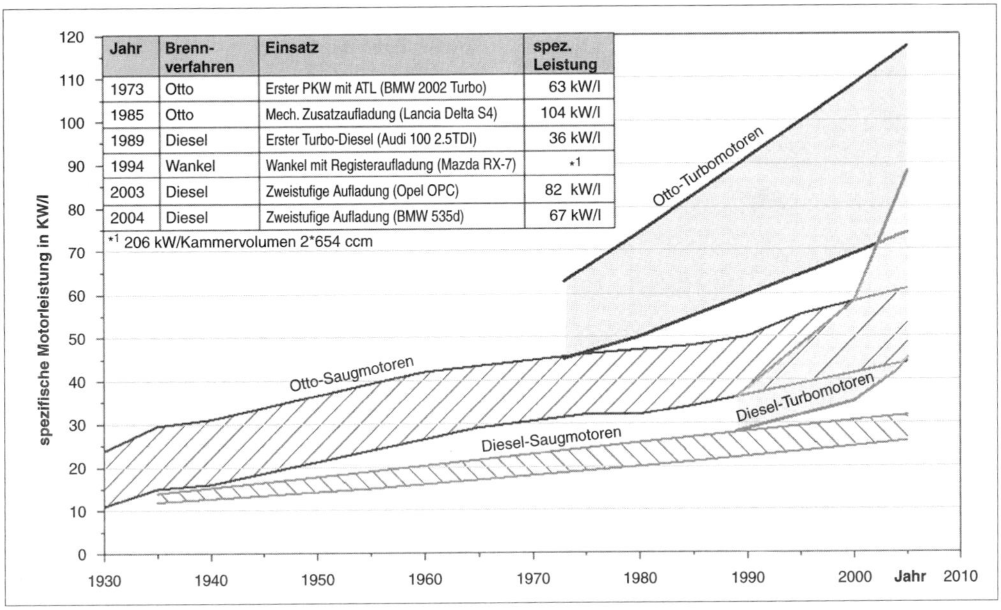

Bild 11-40 Evolution der spezifischen Leistung von Otto- und Dieselmotoren

Bild 11-41 Porsche 917 CanAm-Motor, 1200PS, $n = 7800\ \text{min}^{-1}$ [3]

dauerte bis zum Jahre 1938, ehe Abgasturbolader kompakt genug gebaut werden konnten, um sie in Serienlastwagen einsetzen zu können. Nach dem 2. Weltkrieg setzte die mechanische Aufladung ihren Siegeszug im Motorsport fort und konnte sich in Randsportbereichen (Drag-Racing) und wenigen Serienanwendungen am Markt etablieren. Die Entwicklung der Abgasturboaufladung hatte anfangs noch mit schlechtem Ansprechverhalten und hoher Störanfälligkeit zu kämpfen. Im Dieselbereich dauerte es noch bis zum Jahr 1978, ehe Mercedes-Benz bei Nutzfahrzeugen vom Abgasturbolader Gebrauch machte. Durch den verstärkten Entwicklungsaufwand von Porsche und BMW gelang 1973 die erste Serieneinführung (BMW 2002 Turbo) und das erste Aufladekonzept mit Registeraufladung bei Ottomotoren.

Die Studie 917 CanAm (1971/1972), die in der Fachwelt mit bis dahin nicht bekannten Leistungswerten (5.4 l, 1200 PS) überraschte, legte den Grundstein zu zweistufigen Aufladesystemen bei Ottomotoren mit einer explosionsartigen Entwicklung der Leistungsdichte **(Bild 11-41)**. Auf Basis des Sechszylinder-Boxer des 911 entwickelte Porsche für den 959 eine Registeraufladung. Gutes Instationärverhalten und Anfahrdrehmoment führten zur Favorisierung der Registeraufladung. Die Ausführung von zwei Ladern blieb bis 1994 in dieser Ausführung einmalig und wurde dann auf das Bi-Turbokonzept umgestellt. Die Registeraufladung wurde dann 1994 im so genannten „Mazda Sequential Twin Turbo System“ bei Mazdas Wankelmotor-Sportwagen RX-7 mit vollelektronisch geregeltem Abgasturbolader eingesetzt. Weitere Varianten anderer Hersteller wie Fiat mit dem Experimentalsystem „ECV“ oder der Subaru Impreza 2.0 l-Boxer mit 206 kW griffen das Prinzip der Registeraufladung bei Ottomotoren immer wieder auf. Aber auch die Kombination mit mechanischer Aufladung zum Beispiel im Lancia Delta S4 von 1985 fand im Rennsportbereich Anwendung **(Bild 11-42)**. Erstmals im Lkw-Bereich kommt seit 1996 bei Volvo ein Kompressor-Turbomotor (5.5 l, 184 kW) zum Einsatz.

In jüngster Zeit wird das zweistufige Aufladeverfahren auch für Pkw-Dieselmotoren angewendet. So

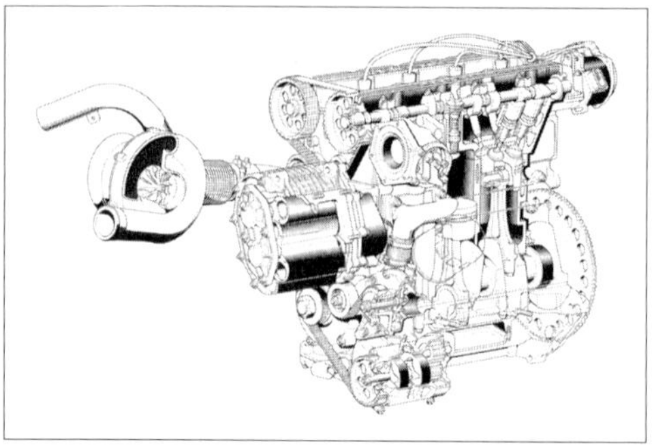

Bild 11-42 Lancia Delta S4, Roots/ATL [3]

Bild 11-43 BMW, zweistufige Aufladung 535d [BMW AG]

stellte OPEL 2003 das zweistufige Konzept „Vectra OPC" vor, dass mit dem 1.9 l-TDCI und 156 kW eine Literleistung von 82 kW/l erreicht. Bei BMW ist ab Ende 2004 sogar die erste Serienanwendung im 535d umgesetzt **(Bild 11-43)**. Der 6-Zylinder mit 3.0 l Hubvolumen leistet 200 kW dank des „Variable-Twin-Turbo" Systems. Das entspricht einer Literleistung von 67 kW/l.

Das Dieseltriebwerk bietet eine ideale Grundlage für die hohen Aufladegrade der zweistufigen Aufladesysteme, aber auch Ottomotoren mit ihrem größeren nutzbaren Drehzahlbereich können von den Eigenschaften der Registeraufladung enorm profitieren.

11.7.2 Thermodynamik der zweistufigen Aufladung

Die grundsätzliche Idee der zweistufigen Aufladesysteme ist die Erhöhung des Ladedruckangebotes infolge der sequentiellen Verdichtung. Durch die Multiplikation der Einzeldruckverhältnisse bei zwei- oder mehrstufigen Verdichtungen können erheblich größere Druckverhältnisse über einen breiteren Betriebsbereich als bei einstufiger Aufladung erzielt werden.

Verdichtungswirkungsgrad der zweistufigen Aufladung

Wird die zweistufige Verdichtung aus rein thermodynamischer Sicht betrachtet, so wird folgendes ersichtlich. Sollen die gleichen Ladedrücke erzielt werden, und vergleicht man die einstufige mit der zweistufigen Aufladung inklusive Zwischenkühlung, so ist die letztgenannte die effektivere Art der Verdichtung, da der isentrope Verdichterwirkungsgrad höher ist **(Bild 11-44)**. Daraus lässt sich die Modellvorstellung ableiten, dass im Falle der Zusammenschaltung von unendlich vielen Aufladestufen mit entsprechenden Zwischenkühlungen eine theoretisch isotherme Verdichtung stattfindet.

$$\eta_{s\ \text{Verdichter, einstufig}} = \frac{T_{2,s} - T_1}{T_{2,\text{ einstufig}} - T_1} < \eta_{s\ \text{Verdichter, zweistufig}}$$

$$= \frac{T_{2,s} - T_1}{T_{2,\text{ zweistufig}} - T_1}$$

Dieses Verhalten ist unabhängig davon, ob die nacheinander folgenden polytropen Verdichtungen mit einem Strömungslader oder einem mechanischen Aufladeaggregat, zum Beispiel einem Rootsgebläse erfolgen. Insofern sind alle Kombinationen unterschiedlicher, zweistufiger Aufladesysteme bei Verwendung der Zwischenkühlung aus der Sicht der isentropen Verdichterwirkungsgrade gegenüber einstufigen Systemen im Vorteil. Wird auf die Zwischenkühlung verzichtet, so verschlechtert sich der isentrope Verdichtergesamtwirkungsgrad im Falle der sequentiellen Verdichtung gegenüber der einstufigen Aufladung. Doch weiterhin bleibt der Vorteil der hohen erzielbaren Druckverhältnisse und ausgeprägten Verbreiterung des Betriebsbereichs bestehen.

Der bei stationärem Betriebsverhalten vorstehend beschriebene Vorteil der zweistufigen/mehrstufigen Aufladeverfahren kehrt sich bei Betrachtung des Instationärverhaltens einer zweistufigen Abgasturboaufladung um. Wird hierbei die Abgasseite betrachtet, so wird ersichtlich, dass der klassischen zweistufigen Aufladung infolge der Aufteilung des Abgasenthalpiestroms auf die beiden ständig angetriebenen Turbinen ein langsamerer Hochlauf beziehungsweise

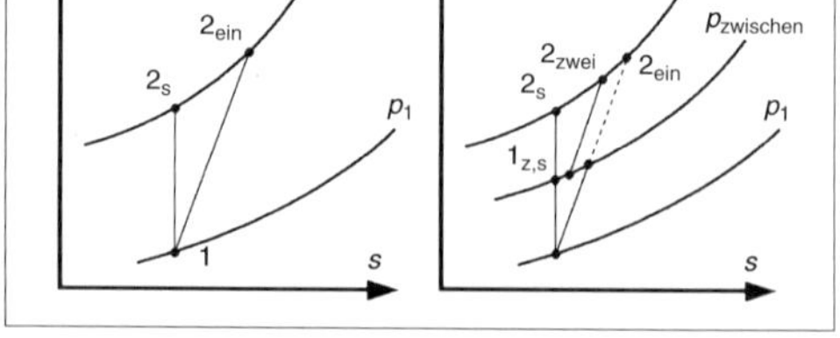

Bild 11-44 Einstufige vs. zweistufige (mit Zwischenkühlung) Verdichtung im *T*-*s*-Diagramm

Ladedruckaufbau typisch ist. Durch eine spezielle Kombination und/oder Verschaltung der einzelnen Stufen kann das Instationärverhalten jedoch deutlich verbessert werden.

11.7.3 Registeraufladung und zweistufige Aufladekonzepte/-systeme

Im Folgenden werden die Kombinationsmöglichkeiten einstufiger Aufladeaggregate, welche sich im Verlauf der Entwicklung der Aufladung etabliert haben beziehungsweise vielversprechend hinsichtlich der Darstellung hoher spezifischer Leistungen bei guten Wirkungsgraden scheinen, näher dargestellt.

11.7.3.1 Registeraufladung

Unter der Registeraufladung ist eine Kombination von zwei Abgasturboladern zu verstehen, von denen im unteren Drehzahlbereich ein Turbolader komplett abgeschaltet wird. In diesem Fall wird der gesamte Abgasenthalpiestrom über den zweiten Abgasturbolader geleitet. Hierdurch werden höhere darstellbare Mitteldrücke sowie ein verbessertes Ansprechverhalten bei geringen Durchsätzen gewährleistet. Mit steigendem Ladedruckbedarf kann der zweite Abgasturbolader sukzessive dazugeschaltet werden. Grundsätzlich werden ein- und mehrstufige Registeraufladungen unterschieden. Die mehrstufige Registeraufladung unterscheidet sich von der einstufigen Registeraufladung durch die Anzahl der zusammengeschalteten Abgasturbolader innerhalb einer Gruppe.

Vorteile:

- Deutliche Verbesserung des Ansprechverhaltens als bei Bi-Turbomotoren (Zweibankkonzepte)
- Packageanforderungen sind beherrschbar.

Nachteile:

- Anstieg des Kraftstoffverbrauchs im Fall des Betriebs beider Stufen
- Erhöhung der Nennleistung bei einstufiger Registeraufladung nur eingeschränkt möglich.

Die Registeraufladung stellt für alle Bi-Turbomotoren, also Verbrennungsmotoren auf Basis von Zweibankkonzepten, eine effektive Möglichkeit zur Verbesserung des Ansprechverhaltens dar (**Bild 11-45**). Eine starke Ausweitung des Kennfeldbereichs zu sehr hohen Nennleistungen ist damit nicht erzielbar. Die realistisch darstellbaren Ladedrücke liegen bei über 3 bar.

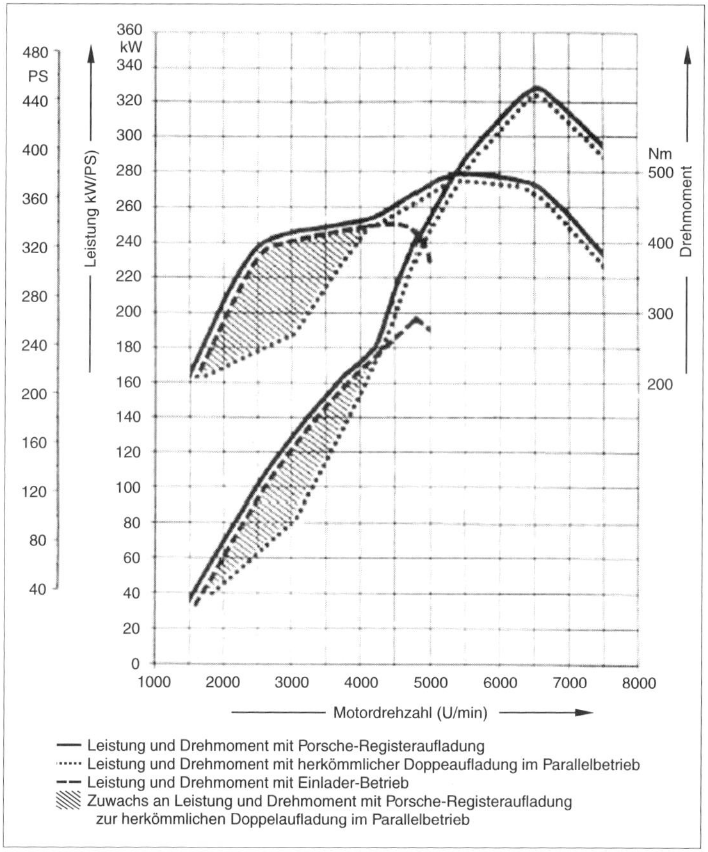

Bild 11-45 Registeraufladung vs. Zweibankaufladung am Porsche 959 [3]

11.7.3.2 Zweistufige Aufladung

Um die Erweiterung des Kennfeldbereiches zu größeren Luftdurchsätzen zu erreichen, kann die Kombination aus zwei Ladern mit unterschiedlichen Durchsatzbereichen genutzt werden. Die gängigsten Verfahren lassen sich in Kombinationen aus elektrischen, mechanischen und rein abgasturbogetriebenen Aufladeaggregaten unterteilen.

Elektrischer Verdichter/Abgasturbolader

Die Kombination eines elektrischen Verdichters mit einem Verbrennungsmotor ist so alt wie die Geschichte der Aufladung selbst. Die ersten Strömungsverdichter in Schiffsantrieben und Stationärmotoren wurden von leistungsstarken elektrischen Maschinen angetrieben. Diese Idee wurde aufgegriffen und mit heute technisch machbaren Komponenten für Pkw-Anwendungen in zwei Varianten ausgeführt.
Der elektrisch angetriebene Strömungsverdichter als Zusatzaufladung, welcher unabhängig vom Abgasturbolader im Luftpfad des Verbrennungsmotors angeordnet ist, stellt die vielversprechendste Variante der elektrischen Aufladesysteme dar [4]. Für schnellen Ladedruckaufbau wird meist eine Position des elektrischen Verdichters nah an der Ansaugseite favorisiert. Durch die Kombination mit einem Abgasturbolader muss der elektrische Zusatzverdichter nur für den Betrieb bei kleinen Durchsätzen optimiert sein. Mit der ergänzenden Auslegung des Abgasturboladers auf hohe Durchsatzwerte sind deutliche Nennleistungssteigerungen erzielbar, wobei das Ansprechverhalten gegenüber der Ausgangsvariante nicht schlechter wird.

Vorteile:

- Erweiterung des Kennfeldbereichs durch zusätzlichen Strömungsverdichter
- Gutes Ansprechverhalten gegenüber einstufigen Aufladesystemen
- Beliebige Positionierung im Luftpfad möglich (einfaches Package).

Nachteile:

- Bypass notwendig, da nur kleiner Durchsatzbereich des elektrischen Verdichters abgedeckt wird
- Hohe elektrische Leistungen sind für den elektrischen Verdichter erforderlich (Bordnetzbelastung)
- Keine Rekuperation möglich
- Kosten durch elektrische Zusatzkomponenten hoch.

Ein elektrischer Zusatzverdichter stellt hohe Anforderungen an das Bordnetz in Bezug auf die elektrische Leistungsbereitstellung (Anlaufströme bis circa 200 Ampere, je nach Spannung des Bordnetzes). Die elektrische Leistungsbilanz ist abhängig vom Fahrprofil, so dass die Energiespeicher für eine zuverlässige Funktion ausgelegt sein müssen. Aus diesem Grund konnten sich die elektrischen Systeme, trotz intensiver Entwicklung, bisher nicht durchsetzen.

Mechanischer Lader/Abgasturbolader

Die Kombination eines mechanischen Aufladeaggregates mit einem Abgasturbolader trägt zu einer erheblichen Verbreiterung des verdichterseitigen Betriebsbereichs dar. Darstellbare Ladedruckwerte liegen hier auch im Bereich von über 3,0 bar, je nach Wahl des mechanischen Aufladeaggregates. Durch die direkte Anbindung des mechanischen Aufladeaggregates an den Motor, welche durch eine entsprechende Übersetzung für kleine Drehzahlen ausgelegt ist, wird das Instationärverhalten gegenüber einem abgasturbogetriebenen Konzept deutlich verbessert. Allerdings erhöht das mechanische Aufladeaggregat während seines Betriebs die Reibleistung des Verbrennungsmotors erheblich. Soll ein Verbrauchskonzept dargestellt werden, darf das mechanische Aufladeaggregat nur in Beschleunigungsphasen eingesetzt werden.

Vorteile:

- Hohes Ladedruckpotenzial bei geringen Drehzahlen
- Sehr gutes Ansprechverhalten bei niedrigen Drehzahlen
- Steigerung des maximalen Druckverhältnisses durch Reihenschaltung der Verdichter
- Erweiterung des Kennfeldbereiches zu großen Durchsätzen (Nennleistung).

Nachteile:

- Geräuschpotenzial sehr hoch
- Sehr große Antriebsleistungen notwendig, wenn relative Ladedrücke größer 1 bar mit mechanischem Lader dargestellt werden müssen
- Hohe Reibleistungen ergeben hohen Kraftstoffverbrauch bei Betrieb des mechanischen Laders
- Kosten gegenüber einstufigen Systemen deutlich höher.

Durch eine entsprechende Auslegung lässt sich eine deutliche Verbesserung des Instationärverhaltens, ähnlich dem von Saugmotoren darstellen. Die über den gesamten Betriebsbereich darstellbaren Ladedrucksteigerungen hängen von der Auslegung ab. Zwei nennenswerte Nachteile sind der Schaltruck des Einkuppelns der Magnetkupplung bei Anforderung des mechanischen Laders und das nur aufwändig zu reduzierende Geräusch der mechanischen Aufladung.

Zweistufige Abgasturboaufladung

Mit einem zweistufig geregelten Aufladeverfahren können die großen Nachteile einfacher zweistufiger Abgasturboaufladeverfahren erheblich und der Registeraufladeverfahren teilweise verbessert werden. Hierzu werden zwei Abgasturbolader so zusammengeschaltet, dass entweder eine der beiden Stufen alleine, oder beide zusammen arbeiten können. Ein Stellorgan verteilt den Abgasmassenstrom auf die beiden Turbinen (**Bild 11-46**). Die Auslegung der einzelnen Abgasturbolader erfolgt für unterschiedli-

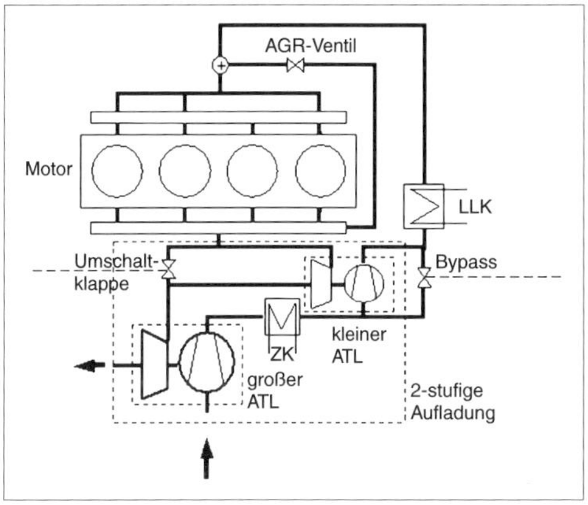

Bild 11-46 Prinzipschaltbild der zweistufig geregelten Abgasturboaufladung

che Durchsatzbereiche. Die Verdichter sind in Reihe angeordnet und der Hochdrucklader ist mit einem Bypass versehen. Je nach Einsatzfall kann der nutzbare Kennfeldbereich an die Anforderungen angepasst werden [5]. Zwischen hohem Anfahrdrehmoment und konsequenter Nennleistungssteigerung sind alle Varianten möglich. Zusätzlich sind auch Emissionskonzepte mit spezieller Auslegung für hohe Abgasrückführraten bei Dieselmotoren möglich. Auch mit diesem Verfahren sind abhängig von der Auslegung der beiden Stufen Ladedruckwerte von über 3 bar darstellbar [6]. Den zur Zeit besten Kompromiss aus Kraftstoffverbrauchseinsparungspotenzial und maximal darstellbarem Ladedruck stellt die zweistufige Abgasturboaufladung dar [7].

Eine Besonderheit von Motoren mit zweistufiger Abgasturboaufladung ist der Verlauf des spezifischen Kraftstoffverbrauchs, welcher sich über den gesamten Volllastbetriebsbereich mit zwei lokalen Minima auszeichnet. Dies resultiert aus den jeweiligen Wirkungsgradmaxima der beiden allein zu betreibenden Abgasturbolader. In dem Bereich, in dem beide Lader gemeinsam beaufschlagt werden, steigt der Kraftstoffverbrauch leicht an, was unter anderem auf die strömungsdynamischen Verluste in der Aufteilung vor den beiden Turbinen zurückzuführen ist.

Vorteile:

- Erweiterung des Kennfeldbereiches hin zu großen Durchsätzen (Nennleistung)
- Verschiebung der Pumpgrenze hin zu kleinen Durchsätzen
- Steigerung des maximalen Druckverhältnisses durch Reihenschaltung
- Verringerung der Trägheit bei Betrieb mit kleiner Turboladerstufe.

Nachteile:

- Zusätzlicher Bauraumbedarf
- Komplexes Routing der Abgas- und Luftführung
- Im Fall der Zwischenkühlung sehr großer Bauraumbedarf
- Kosten gegenüber einstufigen Systemen sind höher.

11.7.4 Einsatzgebiete

Eine weitere Steigerung der Nennleistung oder Ausweitung des aktiven Kennfeldbereichs sowie Verbesserung des Ansprechverhaltens kann bei modernen Pkw-Antrieben durch Aufladung nur noch unter Verwendung der zweistufigen Aufladesysteme erreicht werden.

Zweistufige Aufladesysteme ermöglichen bei den Dieselmotoren einen Vorstoß in völlig neue Nennleistungsbereiche unter Beibehaltung des dieseltypischen Ansprechverhaltens oder wahlweise einer weiteren Verbesserung des Ansprechverhaltens unter Beibehaltung der heute mit variablen Turbinen erzielbaren Nennleistungen. Spezifische Leistungen von circa 100 kW/l erscheinen bei Dieselmotoren genauso möglich wie spezifische Drehmomente von 200–250 Nm/l. Entsprechende Werte von circa 25–30 bar des effektiven Mitteldrucks sind in absehbarer Zeit darstellbar.

Bei den Ottomotoren eröffnet die zweistufige Aufladung weiteren Spielraum zur Darstellung von Downsizingkonzepten zur Verbrauchsreduzierung oder aber Leistungskonzepten. Mit zweistufigen Systemen scheint es möglich, das aufgrund der großen Spreizung des Luftdurchsatzes des Ottomotors problematische Ansprechverhalten erheblich zu verbessern und damit die Akzeptanz dieser Konzepte zu erhöhen. Sollte dies gelingen, sind Kraftstoffverbrauchseinsparungen von circa 15–20 % von Downsizingkonzepten gegenüber dem leistungsgleichen Saugmotor durch den Einsatz zweistufiger Aufladesysteme ein realistisches Ziel. Weiteres Potenzial zur Verringerung des Kraftstoffverbrauchs über Downsizing mit zweistufigen Aufladekonzepten lässt sich über die Kombination mit variabler Verdichtung beim Ottomotor realisieren [8].

Literatur

[1] *Zinner, K.:* Aufladung von Verbrennungsmotoren; 3. Auflage; Berlin, Heidelberg, New York: Springer Verlag 1985

[2] *Hiereth, H.; Prenninger, P.:* Aufladung der Verbrennungskraftmaschine; 1. Auflage; Springer Wien New York 2003

[3] *Hack, G.; Langkabel:* Turbo- und Kompressormotoren; Entwicklung und Technik; 3. Auflage; Motorbuch Verlag 2003

[4] *Sens, M.; Offer, T.; Bals, R.; Kahrstedt, J.:* Auslegung der Aufladegruppe eines hochaufgeladenen Ottomotors durch den Einsatz der Motorprozesssimulation; 6. Tagung Motorische Verbrennung; Haus der Technik e.V.; München 2003

[5] *Tomm, U.; Schmitt, F.:* Optimierung von Hoch- und Niederdruckverdichter für die 2-stufig geregelte Aufladung (R2STM). 9. Aufladetechnische Konferenz 23./24. September 2004, Dresden. TU Dresden, Lehrstuhl Verbrennungsmotoren (Veranst.)

[6] *Schorn, N. et al.:* Die Aufladung zukünftiger Pkw-Dieselmotoren. Welche Systeme ergänzen die VNT Technologie? 9. Auflade-

technische Konferenz 23./24. September 2004, Dresden. TU Dresden, Lehrstuhl Verbrennungsmotoren (Veranst.)

[7] *Sens, M.; Sauerstein, R.; Dingel, O.; Kahrstedt, J.*: Möglichkeiten und Besonderheiten bei der Darstellung eines Downsizing-Konzeptes Benzindirekteinspritzung. 9. Aufladetechnische Konferenz 23./24. September 2004, Dresden. TU Dresden, Lehrstuhl Verbrennungsmotoren (Veranst.)

[8] *Drangel, H.; Bergsten, L.*: Der neue SAAB SVC Motor – Ein Zusammenspiel zur Verbrauchsreduzierung von variabler Verdichtung, Hochaufladung und Downsizing; 9. Aachener Kolloquium Fahrzeug- und Motorentechnik; Aachen 2000

Lehmann, H.-G. et al.: Potenzialbetrachtung zum Instationärverhalten von hochaufgeladenen Ottomotoren. 9. Aufladetechnische Konferenz 23./24. September 2004, Dresden. TU Dresden, Lehrstuhl Verbrennungsmotoren (Veranst.)

11.8 Ermittlung von Turboladerkennfeldern an Turboladerprüfständen

Turboladerprüfstände wurden lange Zeit überwiegend nur von Turboladerherstellern und von wenigen Hochschulen als Entwicklungs- und Forschungswerkzeug eingesetzt. Mehrere Umstände führten dazu, dass Turboladerprüfstände nunmehr auch bei Motorenentwicklern eingesetzt werden. Zu den treibenden Faktoren des zunehmenden Einsatzes von Turboladerprüfständen zählen:

1. Der zunehmende Einsatz von Abgasturboaufladung als Technologie zur Reduzierung des Kraftstoffverbrauchs
2. Die zunehmende Verschiebung der Entwicklungsarbeiten am gesamten Aufladesystem vom Turboladerhersteller hin zum Motorenentwickler
3. Der zunehmende Einsatz von Simulation und modellbasierter Regelung und damit einhergehend der erhöhte Bedarf an vergleichbaren und in weiten Bereichen vermessenen Turboladerkennfeldern.

Die an einem Turboladerprüfstand stationär ermittelten Kennfelder von Verdichter und Turbine geben Auskunft über das Betriebsverhalten eines Abgasturboladers und werden häufig als Eingangsparameter für die Motorprozesssimulation oder auch für das sogenannte „Matching" von Abgasturbolader und Motor verwendet. Zur Ermittlung der Kennfelder muss ein Abgasturbolader am Turboladerprüfstand aufgebaut und vermessen werden. Einen allgemeinen Überblick über die Messmethodik an einem Turboladerprüfstand wird in der SAE J1826 beschrieben. Hinweise zu möglichen Einflussfaktoren sind in [1, 2] dargestellt. Darüber hinaus wurden im Rahmen des VFI-Projekts „TC-Mapping" detailliertere Empfehlungen erarbeitet, wie zum Beispiel zur optimalen Messstellenposition, zu den zu verwendenden Messgeräten, zur Messstellenausführung, zum Prüfaufbau und -betrieb und zu den zu einem Kennfeld mitgelieferten Informationen.

Die Aufgaben eines Turboladerprüfstands können sehr vielfältig sein, bestehen aber prinzipiell darin, einen Turbolader unabhängig vom Motor in einem möglichst weiten Kennfeldbereich betreiben zu können. Üblicherweise wird der Turbolader dann stationär betrieben, einige Anwendungsfälle erfordern jedoch auch einen transienten Betrieb. Sowohl für den stationären als auch für den transienten Betrieb muss die Motorumgebung nachgebildet werden. Dazu muss

- Heißgas erzeugt und der Turbine zugeführt werden
- Der dem Verdichter nachgeschaltete Verbraucher, also ein Motor mit seinen Einlasssteuerorganen, in Form einer verstellbaren Drossel nachgebildet werden
- Die Ölversorgung für die hydrodynamische Gleitlagerung bereitgestellt werden
- Bei wassergekühlten Turboladern gegebenenfalls die Kühlwasserversorgung bereitgestellt werden.

11.8.1 Prinzipieller Aufbau eines Turboladerprüfstands

Ein Turboladerprüfstand besteht aus den Hauptkomponenten: Heißgaserzeuger, Drossel nach Verdichter, Ölversorgung, gegebenenfalls Kühlwasserversorgung, Steuer- und Regelungselektronik und der Messtechnik. Die Anordnung der einzelnen Komponenten ist in **Bild 11-47** dargestellt und wird hier kurz erläutert.

Heißgaserzeuger

Der Heißgaserzeuger hat die Aufgabe die Temperatur des Gases, welches der Turbine zugeführt wird, auf einen konstanten Wert zu erhöhen, welcher zwischen 150 und üblicherweise 1.000 °C liegt, je nach Ausführung auch variieren kann. Die Temperaturerhöhung erfolgt überwiegend durch Verbrennen von Kraftstoff, wie zum Beispiel Erdgas, Dieselkraftstoff oder Kerosin. Derartige Heißgaserzeuger werden Brennkammern genannt und finden weit verbreitet Anwendung [3, 4]. Für den unteren Temperaturbereich, das heißt <400 °C, wird aufgrund des in diesem Temperaturbereich instabilen Verhaltens von Brennkammern häufig eine elektrische Heizung eingesetzt. Die erforderliche Luft wird von einem elektrisch angetriebenen Kompressor bereitgestellt und zur Temperaturerhöhung durch die Brennkammer geleitet. Die der Turbine bereitgestellte Abgasleistung kann durch folgende Gleichung ausgedrückt werden:

$$P_A = \dot{m}_A \cdot h_A = \dot{m}_A \cdot c_{pA} \cdot \left(T_A - T_0\right) \qquad (11.24)$$

Drossel nach Verdichter

Die Abgasleistung wird mit einem vom Betriebspunkt der Turbine abhängigen Wirkungsgrad in Antriebsleistung für den Verdichter umgesetzt. Abhängig von dem Verdichter nachgeschalteten Verbraucherschluckverhalten stellt sich unter stationären Bedingungen eine konstante Turboladerdrehzahl ein. Der

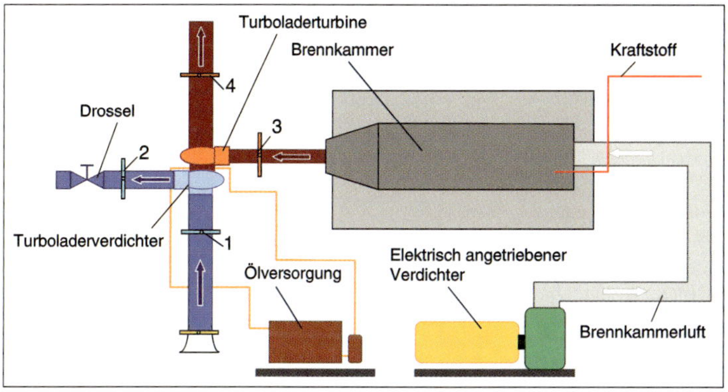

Bild 11-47 Schematischer Aufbau eines Turboladerprüfstands

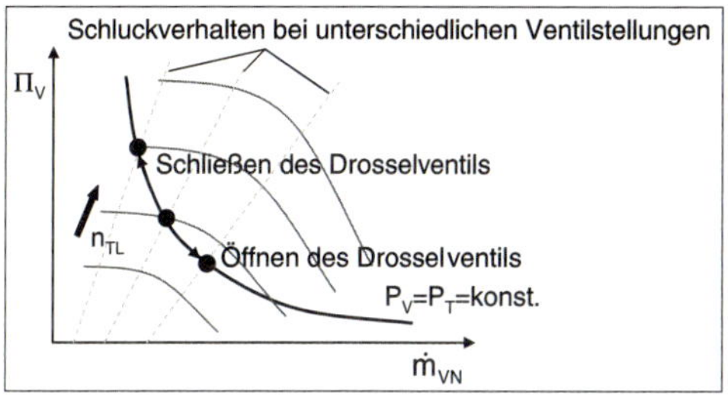

Bild 11-48 Schematische Darstellung eines Verdichterkennfelds mit Verbraucherschlucklinien und einer Linie konstanter Verdichterleistung

dem Verdichter nachgeschaltete Verbraucher ist üblicherweise ein elektrisch verstellbares Ventil. Abhängig von der Ventilstellung kann der Durchsatz durch den Verdichter und damit einhergehend auch die Turboladerdrehzahl eingestellt werden (s. **Bild 11-48**).

Ölversorgung

Zur Lagerung des Turboladerlaufzeugs werden aus Kostengründen bis heute überwiegend hydrodynamisch geschmierte Gleitlager eingesetzt. Zur Schmierung der Gleitlager wird Schmieröl verwendet. Ein dafür aufgebauter Ölkreislauf besteht mindestens aus einem Ölfilter, einer Ölpumpe, einer Ölkonditionierung und dem Turboladerlagergehäuse. Die Ölkonditionierung kann das Öl bei Bedarf kühlen oder auch heizen.

11.8.2 Verdichter- und Turbinenkennfelder

Ein wesentliches Einsatzgebiet eines Turboladerprüfstands ist die Vermessung von Verdichter- und Turbinenkennfeldern. Grundsätzlich werden bei der Bestimmung der kennfeldrelevanten Größen folgende Annahmen getroffen:

1. Verdichter und Turbine sind adiabate Maschinen
2. Der Verdichter- beziehungsweise der Turbinenwirkungsgrad erreichen bei einem isentropen Verdichtungs- beziehungsweise Entspannungsprozess den Wert 1.

Verdichterkennfeld

Prinzipiell wird in einem Verdichterkennfeld für konstante Turboladerdrehzahlen die Druckerhöhung über dem Durchsatz aufgetragen. Diese sogenannte Drehzahlkennlinie, im Folgenden Kennlinie genannt, ist zu hohen Durchsätzen hin begrenzt durch den Rohrleitungswiderstand des dem Verdichter nachgeschalteten Leitungssystems und zu niedrigen Durchsätzen hin durch die sogenannte Pumpgrenze. Das Pumpen des Verdichters ist ein Effekt, der sich insbesondere bei relativ hohen Druckverhältnissen und gleichzeitig geringen Massenströmen ausbildet. Während eines Pumpzyklus löst sich zunächst die Strömung von den Schaufeln immer mehr ab, wodurch der Massenstrom immer weiter abnimmt, bis Rückströmen durch den Verdichter eintritt. Durch das Rückströmen sinkt der Druck unmittelbar nach dem Verdichter soweit ab, dass sich die Strömung wieder an die Schaufeln anlegen kann und wieder die normale Förderung aufgenommen wird. Ist die Mengenanforderung des Verbrauchers unverändert niedrig geblieben, steigt der Druck nach dem Verdichter schnell wieder an und der Pumpzyklus wiederholt sich [5]. Die Lage der Pumpgrenze ist zum einen abhängig vom Verhalten des Turboladerverdichters, zum anderen von der Geometrie der zu- und abführenden Leitungen [7, 8].

Zu niedrigen Drehzahlen hin wird das Verdichterkennfeld unter anderem begrenzt durch den Brennkammerbetriebsbereich, zu hohen Drehzahlen hin ist das Verdichterkennfeld begrenzt durch die maximal zulässige Festigkeit des Laufzeugs und damit einhergehend durch die maximal zulässige Turboladerdrehzahl. Übliche Umfangsgeschwindigkeits-Grenzwerte am Verdichteraustritt für in Herstellerkennfeldern dargestellte Kennlinien sind

$$u_{2\max} = 520 \text{ m/s}$$

und

$$u_{2\min} = 150 \text{ m/s} \; (\approx 0{,}28 \cdot u_{2\max})$$

Als Größe für die Druckerhöhung im Verdichter wird häufig das Totaldruckverhältnis verwendet.

$$\Pi_V = \frac{p_{2t}}{p_{1t}} \tag{11.25}$$

Dabei kann der Totaldruck eine Mess- oder eine Rechengröße sein. Bei Letzterem bedient man sich der Bernoulli-Gleichung, um aus dem gemessenen Verdichtermassenstrom, der Luftdichte und dem Strömungsquerschnitt an der statischen Druckmessstelle den dynamischen Anteil des Drucks zu berechnen:

$$p_t = p_s + p_d = p_s + \frac{1}{2}\rho c^2 \tag{11.26}$$

Der Durchsatz eines Verdichters kann als Volumenstrom oder als Massenstrom angegeben werden, in beiden Fällen wird eine normierte Darstellung gewählt. Zur Normierung gibt es für Druck und Temperatur unter anderem folgende Wertepaarvarianten:

T_N	p_N	Anwendung bei
in K	in mbar	–
273,15	1.013,25	DIN 1342, Sulzer
298	1.000	SAE J 1826, SAE J922, BorgWarner Turbosystems
293	981	BorgWarner Turbosystems

Die Gleichungen zur Normierung der gemessenen Größen lauten wie folgt:

Normierter Massenstrom $\dot{m}_{VN} = \dot{m}_V \sqrt{\frac{T_{1t}}{T_N}} \cdot \frac{p_N}{p_{1t}}$ (11.27)

Normierter Volumenstrom $\dot{V}_{VN} = \dot{V}_V \sqrt{\frac{T_{1t}}{T_N}}$ (11.28)

Auch bei den in einem Verdichterkennfeld eingetragenen Turboladerdrehzahlwerten handelt es sich um normierte Werte. Dabei bedient man sich einer Ähnlichkeitskennzahl aus der Strömungsmechanik, der Machzahl:

$$\mathrm{Ma}_1 = \mathrm{Ma}_N \Rightarrow \frac{u_1}{a_1} = \frac{u_N}{a_N}$$

$$\Rightarrow \frac{u_1}{\sqrt{\kappa R T_1}} = \frac{u_N}{\sqrt{\kappa R T_N}}$$

$$\Rightarrow \frac{u_1}{\sqrt{T_1}} = \frac{u_N}{\sqrt{T_N}}$$

$$\Rightarrow u_N = u_1 \sqrt{\frac{T_N}{T_1}} \tag{11.29}$$

und mit

$$n = \frac{u}{2\pi \cdot r} \tag{11.30}$$

$$n_N = n_1 \sqrt{\frac{T_N}{T_1}} \tag{11.31}$$

Die Turboladerdrehzahl wird in der Regel mit einem Sensor ermittelt, dessen Arbeitsweise auf dem Wirbelstrommessprinzip basiert. Der Sensor wird dabei so angeordnet, dass alle Schaufeln des Laufrads am Sensor vorbeiziehen.

Bei der Berechnung des Verdichterwirkungsgrads wird das Verhältnis gebildet zwischen der Enthalpiedifferenz Δh_{sV} für eine isentrope Verdichtung und der Enthalpiedifferenz Δh_V für eine reale Verdichtung (s. **Bild 11-49**). Damit erfolgt die Berechnung des Verdichterwirkungsgrads gemäß der folgenden Gleichung:

$$\eta_{sV} = \frac{T_{2s} - T_1}{T_2 - T_1} \tag{11.32}$$

mit

$$T_{2s} = T_1 \cdot \Pi_v^{\frac{\kappa_L - 1}{\kappa_L}} \tag{11.33}$$

und

$$\Delta h = c_p \, \Delta T \tag{11.34}$$

Maximale Verdichterwirkungsgradwerte liegen im Bereich 70–80 %.

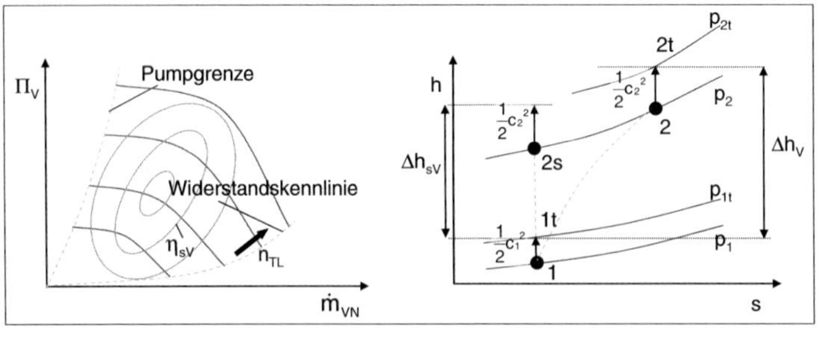

Bild 11-49 Verdichterkennfeld mit Isolinien für Verdichterwirkungsgrad, Pumpgrenze und Widerstandskennlinie (links), isentrope und reale Verdichtung der Luft, dargestellt im *h*-*s*-Diagramm (rechts)

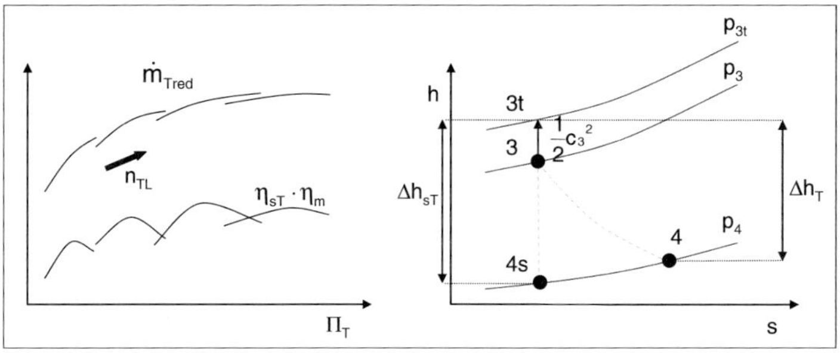

Bild 11-50 Turbinenkennfeld mit Drehzahl- und Wirkungsgradlinien (links), isentrope und reale Entspannung des Abgases, dargestellt im *h*-*s*-Diagramm (rechts)

Turbinenkennfeld

In einem Turbinenkennfeld wird für jeweils konstante Turboladerdrehzahlen der Durchsatz über den Druckabfall aufgetragen, dargestellt in **Bild 11-50**. Eine übliche Größe für den Durchsatz ist der reduzierte Turbinenmassenstrom. Unter Einbeziehung der Bedingungen vor Turbine berechnet sich der reduzierte Turbinenmassenstrom zu:

$$\dot{m}_{T\,\text{red}} = \frac{\dot{m}_T \cdot \sqrt{T_3}}{p_{3t}} \tag{11.35}$$

Für den Druckabfall wird das Turbinendruckverhältnis herangezogen, hier der Quotient aus Totaldruck vor Turbine und statischem Druck nach Turbine:

$$\Pi_T = \frac{p_{3t}}{p_{4s}} \tag{11.36}$$

Der Totaldruck vor Turbine kann gemäß Gl. (11.26) berechnet werden. Die Temperatur vor Turbine wird abhängig vom Einsatzbereich des Turboladers auf einen konstanten Wert von zum Beispiel 600 °C für Dieselmotoren- und zum Beispiel 950°C für Ottomotorenturbolader eingestellt, eine einheitliche Regelung gibt es dafür jedoch noch nicht.

Insbesondere Temperaturschichtungen im Messrohr nach der Turbine lassen die Anwendung des auf der Verdichterseite üblichen Verfahrens zur Berechnung des isentropen Wirkungsgrads gemäß Gl. (11.32) nicht zu. Der Turbinenwirkungsgrad wird daher aus dem Turboladerwirkungsgrad bestimmt, wobei die mechanischen Verluste des gesamten Turboladers der Turbine zugeschrieben werden.

$$\eta_{TL} = \eta_{sV} \cdot \eta_{sT} \cdot \eta_m \tag{11.37}$$

$$\Rightarrow \eta_{sT} \cdot \eta_m = \frac{\eta_{TL}}{\eta_{sV}} \tag{11.38}$$

$$\eta_{sT} \cdot \eta_m = \frac{\dot{m}_V \cdot \Delta h_{sV}}{\dot{m}_T \cdot \Delta h_{sT} \cdot \eta_{sV}} = \frac{c_{pL} \cdot T_1 \cdot \left(\Pi_V^{\frac{\kappa_L - 1}{\kappa_L}} - 1 \right) \cdot \dot{m}_V}{c_{pA} \cdot T_3 \cdot \left(1 - \frac{p_{4s}}{p_{3t}}^{\frac{\kappa_A - 1}{\kappa_A}} \right) \cdot \dot{m}_T \cdot \eta_{sV}} \tag{11.39}$$

Maximale Turbinenwirkungsgradwerte liegen im Bereich 60–70 %.

Der Turbinenwirkungsgrad wird für konstante Turboladerdrehzahlen über dem Turbinendruckverhältnis Π_T (Gl. 11.36) oder der sogenannten Schnelllaufzahl aufgetragen. Die Schnelllaufzahl ist das Verhältnis aus Umfangsgeschwindigkeit u_3 am Turbineneintritt und der Strömungsgeschwindigkeit c_0. Die theoretisch erzielbare Strömungsgeschwindigkeit c_0 wird erreicht, wenn das verfügbare isentrope Enthalpiegefälle Δh_{sT} verlustfrei in kinetische Energie umgewandelt wird, das heißt:

$$\frac{1}{2} c_0^2 = \left| \Delta h_{sT} \right| \tag{11.40}$$

$$\Rightarrow c_0 = \sqrt{2 \cdot \left| \Delta h_{sT} \right|} \tag{11.41}$$

Damit lässt sich die Schnelllaufzahl berechnen zu:

$$\frac{u_3}{c_0} = \frac{u_3}{\sqrt{2 \cdot \left| \Delta h_{sT} \right|}} = \frac{1}{\sqrt{\frac{2 \cdot \left| \Delta h_{sT} \right|}{u_3^2}}} = \frac{1}{\sqrt{\frac{2 \cdot c_{pA} \cdot T_3 \cdot \left(1 - \frac{p_{4s}}{p_{3t}}^{\frac{\kappa_A - 1}{\kappa_A}} \right)}{u_3^2}}} \tag{11.42}$$

Das nächste Kapitel beschreibt die Besonderheiten, die bei der Verwendung von Turboladerkennfeldern in der Motorprozesssimulation zu berücksichtigen sind.

11.8.3 Besonderheiten bei der Verwendung von Turboladerkennfeldern in der Motorprozesssimulation

Der Verdichter beziehungsweise die Turbine werden als Stellen im Leitungssystem eines Motors modelliert, an denen eine Druckerhöhung beziehungsweise eine Druckabsenkung erfolgt. Des Weiteren haben Verdichter und Turbine in der Motorprozesssimulation üblicherweise keine räumliche Ausdehnung, daher können weder gasdynamische Effekte noch Wärmeübergänge, die zum Beispiel in einem Beschleunigungsvorgang in einem Turbolader auftreten könnten, berücksichtigt werden. Das Betriebsverhalten eines Turboladers wird also allein durch die stationär am Prüfstand vermessenen Kennfelder und der dabei aufgetretenen Wärmeübergänge repräsentiert.

Kennfeldbereich kleiner Turboladerdrehzahlen

In Abschnitt 11.8.2 wurde der in Herstellerkennfeldern dargestellte Betriebsbereich beschrieben. Insbesondere bei kleinen Turboladerdrehzahlen ($<0,3 \cdot n_{TL\max}$) hat sich jedoch gezeigt, dass Wärmeübergangseffekte auf den Turboladerwirkungsgrad relativ großen Einfluss nehmen können und dass die in Abschnitt 11.8.2 getroffene Annahme, der Verdichter und die Turbine seien adiabate Maschinen, mit sinkender Turboladerdrehzahl immer weniger zutrifft [6, 9]. Indikatoren dafür sind zum Beispiel Turbinenwirkungsgrade, die Werte größer als eins annehmen. In [10] wird ein spezieller Prüfstand beschrieben, der es ermöglicht, Turbinenwirkungsgrade bei kleinen Turboladerdrehzahlen zu bestimmen. Dabei wird die Turbinenleistung nicht wie bisher üblich mit Hilfe der aufgebrachten Verdichterleistung bestimmt, sondern es wird das Drehmoment an der Welle der elektrisch gebremsten Turbine gemessen. Des Weiteren kann die sogenannte Durchbrenndrehzahl ermittelt werden, ein für die Extrapolation hilfreicher Wert auf der Abszissenachse im Turbinenwirkungsgradkennfeld (u/c_0-Darstellung).

Numerische Methoden können darin unterstützen, vermessene Kennfelder sinnvoll in den Bereich kleiner Turboladerdrehzahlen zu extrapolieren. Hinweise dazu gibt es unter anderem in [6, 7].

Pumpgrenze und Widerstandskennlinie

Wie in 11.8.2 bereits erläutert, wird eine Kennlinie eines Verdichters begrenzt durch die Pumpgrenze und durch die Widerstandskennlinie **(Bild 11-51)**. Die Steigung einer Kennlinie ist ausgehend von der Widerstandskennlinie hin zu niedrigen Durchsätzen negativ und kann zur Pumpgrenze hin auch den Wert Null beziehungsweise auch Werte über Null annehmen. Problematisch ist eine derartige Krümmung für die Motorprozesssimulation insofern, dass es für eine Turboladerdrehzahl und bei einem Druckverhältnis Π_{V1} zwei verschiedene Durchsatzwerte gibt **(Bild 11-51)**. Noch vor einigen Jahren war es daher üblich, die Kennlinien so abzuändern, dass ihre Steigung im gesamten Bereich negativ ist. Mittlerweile können die gängigen Motorprozesssimulationsprogramme auch Kennlinien mit Krümmungen, die Werte größer null aufweisen, verarbeiten [11].

Für den Bereich unterhalb der Widerstandskennlinie ist anzunehmen, dass die Verluste, die im Verdichter auftreten, weiter zunehmen. Möchte man für eine Kennlinie den Punkt auf der Abszissenachse ermitteln, so sollte der Widerstand nach Verdichter minimiert werden, idealerweise auf Null. Dazu wird die Verdichterluft nicht wie in **Bild 11-47** dargestellt einer Drossel zugeführt, sondern in die Umgebung geblasen. Der sich dabei einstellende Messwert für den Verdichtermassenstrom ist dann der gesuchte Punkt auf der Abszissenachse.

IV. Quadrant

In Beschleunigungsvorgängen von aufgeladenen Motoren können sich am Verdichter inverse Druckverhältnisse einstellen. Zur messtechnischen Erfassung dieses Betriebsbereichs kann der Verdichtereintritt mit Druckluft beaufschlagt werden. Bei einer entsprechenden Luftmenge und bei konstanter Turboladerdrehzahl wird sich dabei am Verdichtereintritt ein höherer Druck einstellen als dahinter.

Pulsierende Turbinenbeaufschlagung

Ein wesentlicher Unterschied zwischen dem Betrieb eines Turboladers an einem Turboladerprüfstand und dem Einsatz an einem Motor ist die am Motor vorliegende pulsierende Beaufschlagung der Turbine mit Abgas infolge des Ladungswechsels. Für die Berechnung der Abgaspulsationen in der Motorprozesssimulation wird diese instationäre Ausströmung als eine

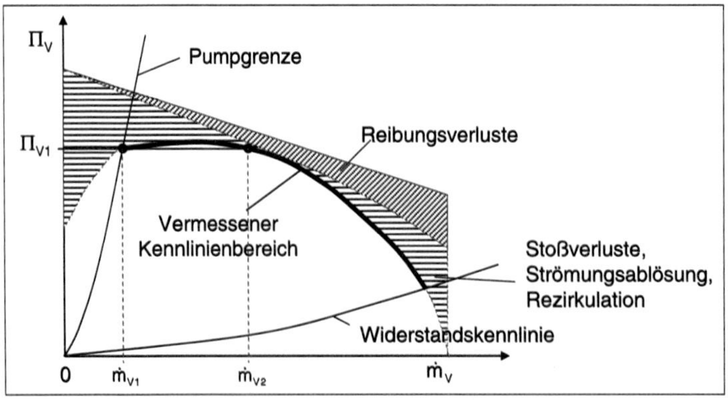

Bild 11-51 Theoretischer und effektiver Verlauf der Kennlinie eines Radialverdichters

trägheitsfreie Aneinanderreihung kurzzeitiger stationärer Betriebzustände betrachtet, das heißt bei jedem Berechnungsschritt werden die instationär herrschenden Zustandsgrößen an der Turbine übernommen, um die stationär gemessenen Kennfelddaten auszulesen. Diese Modellierungsart ist für einige Anwendungsfälle unzureichend und kann zu relativ großen Abweichungen von experimentell ermittelten Ergebnissen führen.

Daher wurde die Pulsbeaufschlagung der Turbine am Turboladerprüfstand in den letzten 20 Jahren untersucht [12–14]. In [15] wurde zusätzlich zum Standardaufbau, wie er in **Bild 11-47** schematisch dargestellt ist, zwischen der Brennkammer und der Turbine ein Zylinderkopf derart angeordnet, dass die eigentlich dem Brennraum eines Motors zugewandte Seite des Zylinderkopfes von der Brennkammer mit Abgas versorgt wurde. Die Nockenwelle der Auslassventile wurde von einem drehzahlgeregelten Elektromotor angetrieben, so dass die Pulsfrequenz frei eingestellt werden konnte. Dadurch konnten realitätsnahe Druckpulse bei motorähnlichen Temperaturen nachgebildet werden.

Literatur

[1] *Nickel, J.; Sens, M.; Grigoriadis, P.; Pucher, H.*: Einfluss der Sensorik und der Messstellenanordnung bei der Kennfeldvermessung und im Fahrzeugeinsatz von Turboladern, 10. Aufladetechnische Konferenz, 22. – 23. September 2005, Dresden

[2] *Lechmann, A.*: Simulation und Aufladung von Verbrennungsmotoren, Springer-Verlag, 2008, Berlin, Heidelberg, S. 195 – 210

[3] *Pucher, H.; Eggert, T.; Schenk, B.*: Experimentelle Entwicklungswerkzeuge für Turbolader von Fahrzeugmotoren. 6. Aufladetechnische Konferenz, 1997, Dresden

[4] *Forcada, I.; Bolz, H.; Mandel, M.*: Neue Prüfstandstechnik für die Entwicklung moderner Turbolader, MTZ Motortechnische Zeitschrift 64 (2003), Nr. 1, S. 38

[5] *Pischinger, R.; Kraßnig, G.; Taučar, G.; Sams, Th.*: Thermodynamik der Verbrennungskraftmaschine. Springer, 1989, Berlin, Wien, New York

[6] *Pucher, H.; Berndt, R.; Grigoriadis, P.; Nickel, J.; Abdelhamid, S.; Hagelstein, D.; Seume, J.*: Erweiterte Darstellung und Extrapolation von Turbolader-Kennfeldern als Randbedingung der Motorprozesssimulation. Abschlussbericht über Vorhaben Nr. 754, FVV, 2003, Frankfurt/M.

[7] *Grigoriadis, P.*: Experimentelle Erfassung und Simulation instationärer Verdichterphänomene bei Turboladern von Fahrzeugmotoren, Dissertation TU Berlin, 2008, Berlin

[8] *Schorn, N.; Kindl, H.; Späder, U.; Casey, M. V.*: Der Turboladerverdichter als Randbedingung in der Ladungswechselrechnung, MTZ-Konferenz „Ladungswechsel im Verbrennungsmotor“, 7. – 8. November 2007, Stuttgart

[9] *Shaaban, S.; Seume, J.; Berndt, R.; Pucher, H.; Linnhoff, H. J.*: Part-load Performance Predicion of Turbocharged Engines. 8th IMechE Conference, 2006, London

[10] *Schorn, N.; Smiljanowski, V.; Späder, U.; Stalman, R.; Kindl, H.*: Turbocharger Turbines in Engine Cycle Simulation, 13. Aufladetechnische Konferenz, 2008, Dresden

[11] *Linnhoff, H.-J.*: Berechnung instationärer Ladungswechselvorgänge aufgeladener Otto- und Dieselmotoren, Abschlussbericht über Vorhaben Nr. 366, Forschungsvereingung Verbrennungskraftmaschinen, Frankfurt am Main, 1989

[12] *Dale, A.; Watson, N.*: Vaneless diffuser turbocharger turbine performance. 3rd International Conference on Turbocharging and Turbochargers. IMechE Conference Publications, C110/86, 1986, S. 65 – 76.

[13] *Capobianco, M.; Gambarotta, A.*: Unsteady flow performance of turbocharger radial turbines. 4th International Conference on Turbocharging and turbochargers. IMechE Conference Publications, C405/017, 1990, S. 123-132.

[14] *Westin, F.*: Accuracy of turbocharged SI-engine simulations. Licentiate Thesis, Dept. of Combustion Engines at KTH Stockholm, 2002, Stockholm

[15] *Grigoriadis, P.; Nickel, J.; Pucher, H.*: Experimentelle Untersuchungen instationärer Phänomene in Fahrzeug-Turboladern, 9. Aufladetechnische Konferenz, 2004, Dresden

12 Gemischbildungsverfahren und -systeme

Die Verbrennung, chemisch betrachtet eine Oxidation der Kraftstoffmoleküle, setzt voraus, dass eine hinreichende Zugänglichkeit des Oxidators Sauerstoff an das Kraftstoffmolekül vorliegt. Daher ist es notwendig, Kraftstoff aufzubereiten, das heißt in eine gasförmige Phase zu überführen und mit Luft zu vermischen. Das geschieht üblicherweise mit Gemischbildungssystemen. Man unterscheidet beim motorischen Betrieb dabei zwischen der inneren und äußeren Gemischbildung.

12.1 Innere Gemischbildung

Die innere Gemischbildung findet im Zylinder des Verbrennungsmotors statt. Die Luft wird durch den Kolben angesaugt und verdichtet; in die verdichtete Luft wird zum geeigneten Zeitpunkt Kraftstoff eingespritzt. Das Luft-Kraftstoff-Gemisch erreicht dabei in bestimmten Bereichen eine zündfähige Zusammensetzung, was bei entsprechender Temperatur zur Gemischentzündung führt. Diese Art der Gemischbildung führt zu sehr starken Inhomogenitäten, wobei örtlich Luft-Kraftstoff-Verhältnisse von $\lambda = 0$ (reiner Kraftstoff) bis $\lambda = \infty$ (reine Luft) auftreten. Die Verbrennung verläuft mittels einer Diffusionsflamme. Der eingesetzte Kraftstoff muss bestimmten Kriterien bezüglich der Zündwilligkeit genügen. Die Reaktion erfolgt an bereits aufbereiteten, d.h. von einem zündfähigen Gemisch umgebenen Tröpfchen. Typische Vertreter für eine innere Gemischbildung waren bisher Dieselmotoren. In letzter Zeit wurden vermehrt Ottomotoren entwickelt, die ebenfalls eine innere Gemischbildung vorweisen, so genannte Ottomotoren mit Direkteinspritzung. Der grundsätzliche Unterschied zum Dieselmotor besteht in der Verwendung eines Ottokraftstoffes sowie einer externen Zündquelle. Zukünftig ist damit zu rechnen, dass Ottomotoren mit innerer Gemischbildung einen hohen Anteil an der Gesamtproduktion haben werden, da insbesondere das Potenzial zur Verbrauchsreduktion noch größer scheint, als beim Dieselmotor mit Direkteinspritzung.
Während der konventionell betriebene Dieselmotor mit innerer Gemischbildung arbeitet, die eine inhomogene Verteilung von Luft und Kraftstoff im Zylinder zur Folge hat, scheint in Zukunft die homogene Dieselverbrennung ein Weg, um weitere Vorteile bezüglich Minderung von Emissionen und Kraftstoffverbrauch zu erzielen.

12.2 Äußere Gemischbildung

Die äußere Gemischbildung ist kennzeichnend für den konventionellen Ottomotor. Luft und Kraftstoff werden gemischt, bevor sie in den Zylinder des Motors gelangen. Damit kann ein mehr oder weniger homogenes Gemisch aus Luft und Kraftstoffdampf erzeugt werden. Ausgeprägt war dies bei Motoren, die als Gemischbildner einen Vergaser oder eine Zentraleinspritzung besaßen. Es stand genügend Zeit zur Verfügung, um Luft und Kraftstoff zu mischen und dieses Gemisch vor das Einlassventil zu transportieren. Die Gefahr bei diesen Gemischbildnern war jedoch das Auskondensieren des bereits in Dampfphase vorliegenden Kraftstoffs an kalten Saugrohrwänden und die ungleichmäßige Gemischverteilung auf die einzelnen Zylinder. Die heute verwendete Saugrohreinspritzung, bei der Kraftstoff unmittelbar vor das Einlassventil und teilweise auf das offene Einlassventil und in den Zylinder eingespritzt wird, beseitigen diese Nachteile. Auch hier steht genügend Zeit zur Verfügung, um über die Ansaug- und Verdichtungsphase das Gemisch zu homogenisieren.

12.3 Gemischbildung bei Ottomotoren (Vergaser/Benzineinspritzung)

Die Gemischbildung mittels Vergaser ist bis auf wenige Sonderfälle bei Pkw-Motoren nicht mehr Stand der Technik. Lediglich für bestimmte Ländervarianten und bei Zweiradantrieben werden Vergaser noch in größerer Stückzahl eingesetzt. Daher wird dieser Abschnitt nur auf zentrale Zusammenhänge der Gemischbildung mit Vergasern eingehen.
Aufgabe eines Vergasers ist, der angesaugten Luft, abhängig vom Betriebszustand des Motors, den für das jeweils gewünschte Mischungsverhältnis benötigten Kraftstoff bereitzustellen. Integriert im Vergaser ist die den Luft- beziehungsweise Gemischstrom regelnde Drosselklappe.
Die für das Dosieren des Kraftstoffs und seine Förderung innerhalb des Vergasers benötigte Energie wird dem Luftstrom entnommen.
Vergaser und das sich anschließende Saugrohr, mit seinen Verzweigungen auf die einzelnen Zylinder, welches das vom Vergaser erzeugte Gemisch verteilt, sind als Funktionseinheit anzusehen. Das Betriebsverhalten des Motors hängt entscheidend davon ab, wie exakt das Saugrohr auf gleichmäßige Gemischverteilung unter allen Betriebszuständen entwickelt ist.

12.3.1 Arbeitsweise des Vergasers

Das Prinzip des Vergasers beruht darauf, dass durch die Verringerung eines Querschnittes in einem luftleitenden Kanal auf Grund der höheren Strömungsgeschwindigkeit im engsten Querschnitt, ein gerin-

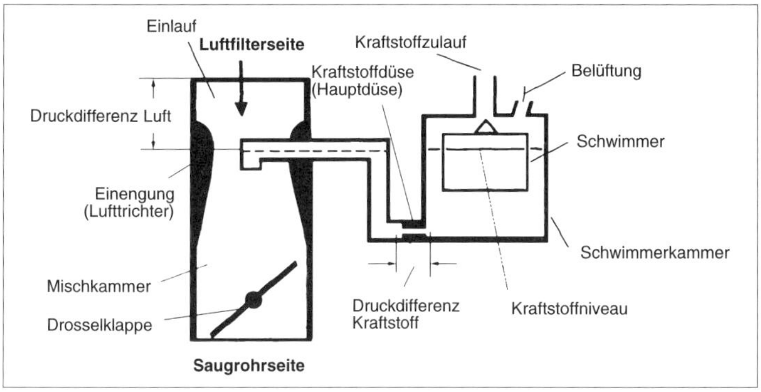

Bild 12-1 Prinzip des Vergasers

gerer Druck gegenüber dem erweiterten Querschnitt beziehungsweise gegenüber der Atmosphäre erzeugt wird. Diese Druckdifferenz wird benutzt, um über geeignete Querschnitte der Luft Kraftstoff zuzuführen (**Bild 12-1**).

Die Erzeugung eines Differenzdrucksignals aus einem Luftstrom und seine unmittelbare Umsetzung in einen Kraftstoffstrom ist für Vergaser charakteristisch. Luftseite und Kraftstoffseite sind im Prinzip identisch aufgebaut und lassen sich mit der Bernoulli-Gleichung der Strömungsmechnik beschreiben.

Unter der vereinfachten Annahme einer inkompressieblen Strömung ergibt sich für den Luftmassenstrom:

$$\dot{m}_L = A_L \cdot \alpha_L \cdot \varepsilon \cdot \sqrt{2 \cdot \Delta p_L \cdot \rho_L} \tag{12.1}$$

Darin bedeuten A_L = Querschnitt des Lufttrichters, α_L = Durchflusszahl, ε = Faktor für Luftkompressibilität, Δp_L = Druckdiffernz Lufttrichter gegenüber Umgebung, ρ_L = Luftdichte im Lufttrichter.

Für den Kraftstoffmassenstrom gilt:

$$\dot{m}_{Kr} = A_{Kr} \cdot \alpha_{Kr} \cdot \sqrt{2 \cdot \Delta p_{Kr} \cdot \rho_{Kr}} \tag{12.2}$$

Darin bedeuten A_{Kr} = Querschnitt Kraftstoffdüse, α_{Kr} = Durchflusszahl der Düse, Δp_{Kr} = Druckdifferenz an der Düse, ρ_{Kr} = Kraftstoffdichte.

Ein Vergaser hat einen Kraftstoffspeicher (Schwimmerkammer) mit einer freien Kraftstoffoberfläche, deren Niveau konstant gehalten ist. Man unterscheidet:

Konstanter Lufttrichterquerschnitt (Festlufttrichtervergaser) (Bild 12-1): Vergaser sind überwiegend nach diesem Prinzip aufgebaut. Im Ansaugluftkanal befindet sich ein venturiartig geformter Lufttrichter mit festem Querschnitt. Ihm ist mindestens eine Hauptdüse zugeordnet. In kleinen Luftströmen bleibt die mit dem Lufttrichter erzeugte Druckdifferenz klein. Man muss daher die zwischen dem Einlauf und dem Saugrohr herrschende Druckdifferenz zum Dosieren des Kraftstoffs mit heranziehen.

Vergaser mit konstantem Lufttrichterquerschnitt benötigen für eine angemessene Kraftstoffversorgung im Motorkennfeld mehrere Düsensysteme und eine Beschleunigerpumpe. Zum Ausgleichen des Einflusses der unterschiedlichen Reynoldszahlen bei der Kraftstoff- und Luftströmung mischt man dem Kraftstoff Korrekturluft zu.

Veränderlicher Lufttrichterquerschnitt: Die Veränderung des Ansaugluftkanalquerschnittes wird üblicherweise mit einem beweglichen Element ausgeführt. Gebräuchlich sind:

- eine Luftklappe,
- ein den Kanal durchdringender Kolben und
- eine den Kanal einengende Schwinge.

Damit ist es möglich, mit einem sich nur wenig ändernden Differenzdruck, eine große Spanne von Luftströmen zu beherrschen. Aus Symmetriegründen ist für die Dosierung des Kraftstoffs mit einem beweglichen Element eine konische Düsennadel verbunden, die in eine Nadeldüse eintaucht.

Wenn das bewegliche Element auch im Leerlauf arbeitet, kann man für den stationären Betrieb des betriebswarmen Motors den Kraftstoff für den gesamten Bereich der Luftströme mit der Nadeldüse dosieren. Man spricht dann von einem Gleichdruckvergaser.

Wenn das bewegliche Element im Leerlauf des Motors nicht arbeitet, sondern an einem Anschlag anliegt, spricht man von einer Gleichdruckstufe. Gleichdruckstufen finden sich oft auch als zweite Stufe in Registervergasern.

12.3.2 Bauarten

Bei den Bauarten kann man unterteilen nach der Anzahl der Ansaugluftkanäle und ihrer Lage im Raum.

12.3.2.1 Anzahl der Ansaugluftkanäle

Einfachvergaser: Dieser hat einen Ansaugluftkanal mit einer Drosselklappe und stellt die häufigste Bauart dar. **Bild 12-2** zeigt als Ausführungsbeispiel einen Fallstromvergaser, auf dem mehrere Größen und Ausbaustufen des Vergasers für den Motor des VW-

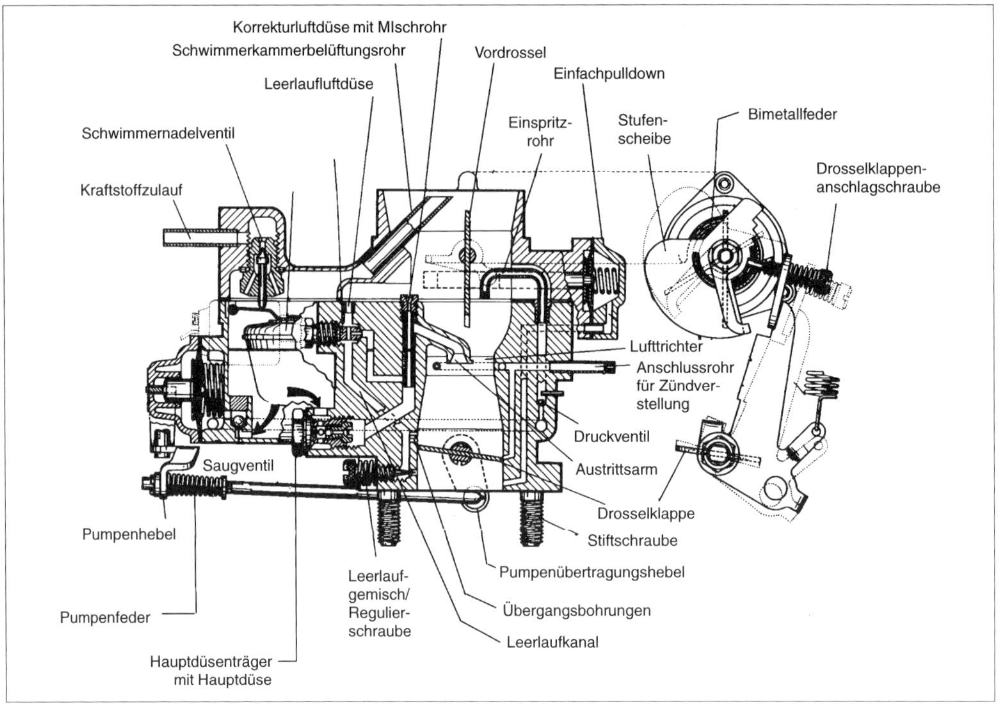

Bild 12-2 Fallstromvergaser als Festlufttrichtervergaser

Käfers aufbauen. Es handelt sich um einen Festlufttrichtervergaser.

Das System besteht aus Schwimmerkammer mit Schwimmer und Schwimmernadelventil sowie Schwimmerkammer-Innenbelüftung in den Einlauf. Er besitzt ein Hauptsystem mit Lufttrichter, Austrittsarm, Korrekturluftdüse mit Mischrohr und einer Hauptdüse sowie ein abhängiges Leerlaufsystem mit Leerlaufdüse, Leerlaufluftdüse, Leerlaufgemisch-Regulierschraube und Übergangsbohrungen.

Eine Drosselklappenanschlagschraube dient der Einstellung der Öffnung der Drosselklappe und damit der Regelung von Luft- beziehungsweise Gemischstrom für den Leerlauf. Als Weiterentwicklung ist ein Leerlauf-kraftstoff-Abschaltventil hinzugefügt. Die Beschleunigungspumpe mit Membran sowie ein Saug- und Druckventil werden über ein Gestänge zusammen mit der Drosselklappe betätigt. Die Austrittsöffnung des Einspritzrohres ist kalibriert. Eine Druckentnahmebohrung für die Zündungsfrühverstellung mündet im engsten Querschnitt des Lufttrichters. Der Einfachvergaser kann mit einer Startautomatik ausgestattet werden.

Doppelvergaser: Ein Doppelvergaser ist die Zusammenfassung von zwei Einfachvergasern in einem Gehäuse. Jedem der Ansaugluftkanäle ist ein gleicher Satz von Systemen zugeordnet. In der Regel sind jedoch nur eine Schwimmerkammer und eine Beschleunigungspumpe vorhanden. Notwendige Steuerorgane für zum Beispiel die Starteinrichtung sind nur einfach vorgesehen.

Der Doppelvergaser besitzt zwei parallele Ansaugluftkanäle in einem gemeinsamen Vergasergehäuse mit je einer Drosselklappe, die zwei voneinander getrennte Saugrohre versorgen. Die Drosselklappen werden synchron betätigt und können sowohl auf einer gemeinsamen als auch auf zwei zueinander parallelen Wellen angeordnet sein. Gleiches gilt für die Vordrosseln.

Dreifachvergaser: Er ist eine Zusammenfassung von drei Festlufttrichtern und besitzt drei in einer Reihe angeordnete parallele Ansaugluftkanäle mit je einer Drosselklappe in einem gemeinsamen Vergasergehäuse. Klassisches Anwendungsgebiet war der Einsatz von zwei Dreifachvergasern auf einem 6-Zylinder-Boxermotor.

Registervergaser: Bei einer großen Spanne des Luftstroms teilt man den möglichen Luftstrom auf zwei Stufen auf, von denen die erste Stufe für die kleineren Luftdurchsätze einschließlich Leerlauf und Teillast benutzt und die oftmals im Querschnitt größere zweiten Stufe nur zum Erreichen der Höchstleistung geöffnet wird. Der Registervergaser enthält zwei parallele Ansaugluftkanäle in einem gemeinsamen Gehäuse, die beide mit einem Saugrohr verbunden

sind. Die beiden Drosselklappen im Vergaser werden nacheinander geöffnet.
Die erste Stufe eines Registervergasers ist mit allen weiteren notwendigen Systemen aufgebaut. Beschleunigungspumpe und Starteinrichtung sind dagegen nur für die erste Stufe nötig. Diese wird im Allgemeinen mit dem Gaspedal direkt geöffnet; die zweite Stufe ist in Abhängigkeit der Öffnung der ersten Stufe im Vergaser gekoppelt. Ähnlich wie beim Einfachvergaser kann auch ein Registervergaser zu einem Doppelregistervergaser zusammengefasst werden. Meist werden Doppelregistervergaser durch eine Schwimmerkammer versorgt. Anwendung fanden solche Vergaser bei großvolumigen 6- und 8-Zylindermotoren.

12.3.2.2 Lage der Ansaugluftkanäle

Bezüglich Lage der Luftkanäle unterscheidet man zwischen:

Fallstromvergaser: Hier ist der Ansaugluftkanal senkrecht angeordnet; die Drosselklappe befindet sich im unteren Teil des Vergasers. Die Luft strömt von oben nach unten.

Flachstromvergaser: In einem Flachstrom- oder Horizontalvergaser liegt der Ansaugluftkanal horizontal.

Schrägstromvergaser: Dabei liegt der Ansaugluftkanal schräg im Raum; der Luftstrom kann nach oben oder nach unten gerichtet sein.

Steigstromvergaser: Hier steigt der Luftstrom von unten nach oben auf. Die Drosselklappe befindet sich im oberen Bereich des Vergasers.

12.3.2.3 Bauarten für Sonderanwendungen

Druckvergaser: Ein Druckvergaser ist für die Verwendung auf der Druckseite des Laders eines aufgeladenen Motors druckfest nach außen abgedichtet.

Vergaser für Zweitaktmotoren. Mit Rücksicht auf die eingeschränkte Saugfähigkeit der meistens verwendeten Kurbelkastenspülung und die starken Pulsationen im Ansaugluftkanal ist der Querschnitt für die Luftströmung größer ausgelegt als bei Vergasern für Viertaktmotoren.

12.3.3 Wichtige Systeme an Vergasern

Zusatzsysteme zum Grundvergaser ermöglichen erst den Einsatz im gesamten Betriebsbereich des Motors unter der Forderung Emissions- und Verbrauchsminimierung sowie Fahrverhalten. Im Folgenden sind die wichtigsten Systeme kurz beschrieben. Sie stellen eine Auswahl dar und erheben keinen Anspruch auf Vollständigkeit.

a) Beschleunigungsanreicherung. Die Aufbereitung des Gemisches, die bereits im Vergaser beginnt, erfolgt primär im Saugrohr. Die Siedelage des Kraftstoffs und die Beheizung der Ansaugluft und des Saugrohres müssen so aufeinander abgestimmt sein, dass ein möglichst homogenes Gemisch bei betriebwarmem Motor erreicht wird. Aber selbst bei betriebwarmem Motor finden sich hochsiedende Anteile des Kraftstoffes noch flüssig im Saugrohr, und zwar als Wandfilm, der von der Luft mitgenommen wird. Die Luft gelangt schneller in die Zylinder als der Kraftstoff. Das führt beim Öffnen der Drosselklappe zu einem „Ausmagern" des Gemisches, so dass eine vorübergehende Anreicherung notwendig wird.
Das erreicht man mit der Beschleunigungsanreicherung mittels Beschleunigerpumpe.
Beschleunigerpumpen sind Volumen verdrängende Pumpen mit Saug- und Druckventil. Im Saughub strömt Kraftstoff aus der Schwimmerkammer durch das Saugventil in den Pumpenraum. Beim Förderhub gelangt Kraftstoff durch das Druckventil meistens zu einer Einspritzvorrichtung. Diese ist kalibriert und mündet in den Ansaugluftkanal. Der Förderhub wird durch eine Pumpenfeder realisiert, die auf verschiedene Weisen gespannt wird. Man unterscheidet zwischen:

- mechanisch betätigter Kolbenpumpe **(Bild 12-3)**
- mechanisch betätigter Membranpumpe
- pneumatisch betätigter Beschleunigerpumpe.

b) Betätigung und Aufbau einer zweiten Vergaserstufe. Bei Registervergasern sind mehrere Systeme für die Betätigung der zweiten Stufen realisiert, die sich auch in deren Aufbau wiederspiegeln. Wichtig ist, die zweite Stufe stets sicher mit der ersten Stufe zu schließen.
Man unterscheidet zwischen mechanisch und pneumatisch betätigten Systemen.

Mechanisch betätigte zweite Stufe: Bei mechanisch betätigten Systemen erfolgt die Betätigung der zweiten Vergaserstufe überwiegend durch ein Schleppgestänge, wobei oft eine Öffnungsdämpfung eingesetzt wird, die eine temporäre Gemischausmagerung vermeidet.
Die zweite Stufe beginnt erst zu öffnen, wenn die erste Stufe bereits halb geöffnet ist und ein Mitnehmer des Drosselklappenhebels entsprechend positioniert ist. Beide Klappen erreichen die volle Öffnung gleichzeitig. Der Aufbau der zweiten Stufe entspricht weitgehend dem der ersten Stufe: Es gibt ein Hauptsystem und ein dem Leerlaufsystem in der ersten Stufe ähnliches Übergangssystem mit großer Kraftstoffreserve. Letztere soll bei einem schnellen Öffnen der zweiten Stufe bei niedrigen Drehzahlen und entsprechend hohem Druck im Saugrohr ein ruckfreies Ansteigen des Drehmoments gewährleisten.
Bei Vergasern mit einer zweiten Stufe als Gleichdruckstufe werden die auf einer gemeinsamen Welle befindlichen Drosselklappen der zweiten Stufe mit einem Schleppgestänge betätigt.

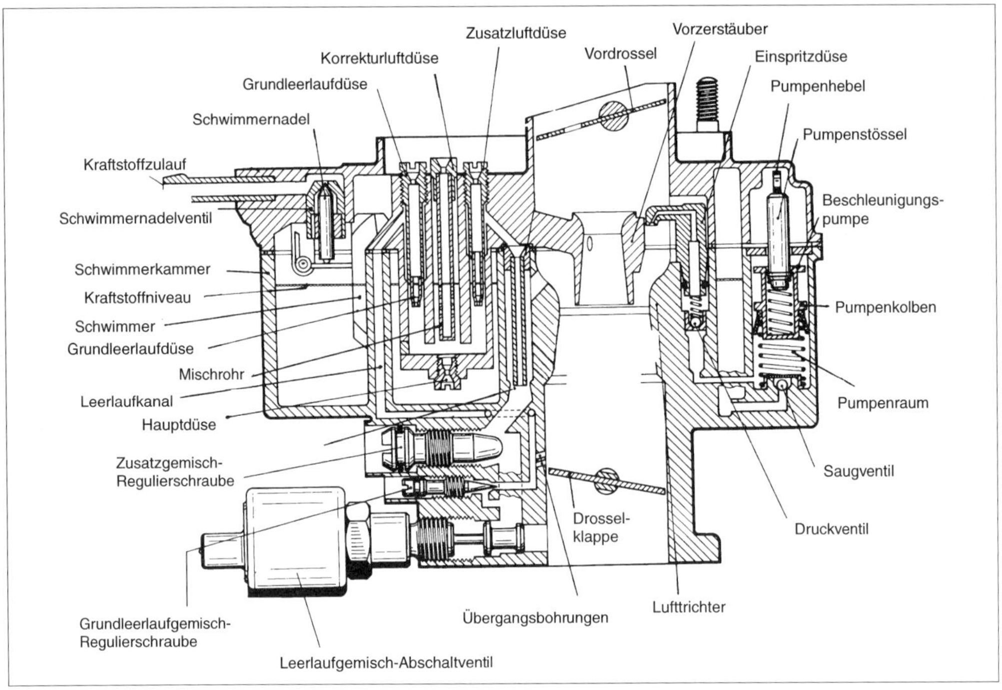

Bild 12-3 Vergaser mit mechanisch betätigter Beschleunigerpumpe

Pneumatisch betätigte zweite Stufe: Bei dieser Bauart sind beide Stufen wie Festlufttrichtervergaser aufgebaut. Eine Membrandose betätigt mit der am Drosselklappenhebel der zweiten Stufe angelenkten Verbindungsstange die Stufe. Durch eine entsprechende Ausführung wird erreicht, dass die zweite Stufe nur öffnen kann, wenn die erste fast vollständig offen ist und dass die zweite mit der ersten Stufe geschlossen wird.

d) Düsen. Sie dienen der Bemessung von Kraftstoff, Korrekturluft und Vorgemisch. Zur optimalen Strömungsausbildung und zum Schutz des eigentlichen kalibrierenden Abschnitts haben sie einen Einlaufkonus und gegebenenfalls einen Auslaufkonus. Das **Bild 12-4** zeigt eine typische Hauptdüse. Sie kann für beide Strömungsrichtungen eingesetzt werden.

e) Schwimmerkammer. Sie dient der Regelung des Kraftstoffniveaus im Vergaser sowie als Kraftstoffspeicher und enthält einen geführten Schwimmer, der in den Kraftstoff eintaucht. Der Schwimmer betätigt eine Nadel, den Schließkörper des Schwimmernadelventils, die beim Erreichen des eingestellten Niveaus den Zustrom von Kraftstoff sperrt.

Es gibt Vergaserbauarten, die keine Niveauregelung mittels einer Schwimmerkammer enthalten. Das Niveau im Kraftstoffspeicher wird dann über den Druck im Kraftstoffspeicher geregelt (Membranvergaser).

Zur Funktionserfüllung sind Schwimmerkammern belüftet. Man unterscheidet zwischen einer Außen- und Innenbelüftung. Bei der Außenbelüftung ist der Gasraum der Schwimmerkammer direkt mit der Umgebung des Vergasers verbunden. So vermeidet man im Heißbetrieb Störungen, die durch Ausgasen des in der Schwimmerkammer befindlichen Kraftstoffs entstehen können.

Bei der Innenbelüftung mündet ein Rohr im Einlauf beziehungsweise auf der Reinluftseite des Luftfilters.

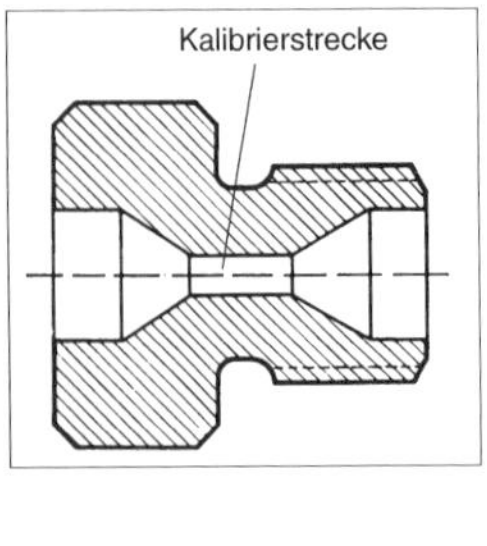

Bild 12-4 Düse mit Kalibrierstrecke

f) Starteinrichtungen. Der Steuerung des Motors vom Kaltstart über den Warmlauf bis zum „warmen“ Motor muss bei Vergasermotoren besondere Aufmerksamkeit geschenkt werden. Insbesondere die gesetzlichen Begrenzungen der Abgasemissionen, die Problematik der Gemischverteilung, die Wandanlagerung des Kraftstoffs, Kosten, Bedienungs- und Fahrkomfort sind Anforderungen, denen Rechnung getragen werden muss.

Die Anforderungen, insbesondere in Bezug auf eine Anreicherung des Gemisches, ergeben sich aus:

- erhöhter Reibung auf Grund noch nicht erreichter Betriebstemperatur
- unzureichender Gemischaufbereitung
- erhöhter Leistungsbedarf für Nebenaggregate.

Für eine stöchiometrische Mischung von Luft und handelsüblichem Kraftstoff (Siedeverlauf), liegt der Taupunkt bei Umgebungsdruck bei etwa 35 °C. Eine Homogenisierung des Gemisches kann im Allgemeinen erst im Zylinder erfolgen, wenn während des Verdichtungshubes die Taupunkttemperatur des Gemisches im Zylinder überschritten wird. Infolgedessen ist bei kaltem Motor im Saugtrakt stets ein hoher Anteil von flüssigen Bestandteilen des Kraftstoffs. Dies erfordert sogar im stationären Motorbetrieb, zum Ausgleich von Mängeln bezüglich der Homogenisierung, eine Anreicherung des Gemisches gegenüber dem betriebwarmen Zustand. Darüber hinaus ist eine Anreicherung im Fall der Beschleunigung notwendig. Diese muss umso größer sein, je tiefer die Temperatur von Luft und Saugrohrwand ist. Hauptführungsgröße für die Anreicherung ist die Temperatur des Saugrohrs.
Die Anpassung der Gemischbildung muss sich auf folgende Phasen beziehen:

- Start mit Nachstartphase: Der Motor springt an, sobald ein zündfähiges Gemisch entsteht. Dieser Vorgang läuft bei hohen Temperaturen schneller ab als bei tiefen Temperaturen. Benötigt wird darüber hinaus unter anderen eine stationäre, von der Anfangstemperatur und der Zeit nach dem Start abhängige, Anreicherung des Gemisches.
- Hochlauf auf stabile Leerlaufdrehzahl: Eine erste, sehr starke Anreicherung muss zurückgenommen werden, damit das Gemisch brennfähig bleibt.
- Warmlauf auf Betriebstemperatur: Entsprechend der Motorerwärmung kann der Gemischstrom und die Anreicherung abhängig von der Temperatur des Saugrohrs abgesteuert werden.

Grundsätzlich unterscheidet man zwischen drei Systemen für die Starteinrichtung:

- Handstarteinrichtung, auf die hier nicht eingegangen wird, da veraltet
- Startautomatik (**Bild 12-5**). Der Gemischstrom für den Start und den Leerlauf des kalten Motors wird durch Öffnen der Drosselklappe sichergestellt; die Anreicherung des Gemisches erfolgt mittels Vordrossel. Temperaturabhängiges Steuerorgan ist eine Bimetallfeder, gegen die eine Vordrossel vom Luftstrom aufgezogen werden kann. Der funktionale Zusammenhang zwischen der Stellung Vordrossel und der Stellung Drosselklappe erfolgt mittels einer Stufenscheibe. Im Gegensatz zur Startvollautomatik muss der Funktionsablauf vor dem Start durch ein einmaliges Durchtreten des Gaspedals ausgelöst werden. Die Temperatur der Bimetallfeder wird durch Beheizen an die Temperatur des Motors angeglichen. Mit steigender Temperatur der Bimetallfeder öffnet die Vordrossel und die Gemischanreicherung wird zurückgenommen.
- Startvollautomatik. Der wesentliche Unterschied zur Startautomatik besteht darin, dass dieses System vor dem Start nicht ausgelöst werden braucht. Die Steuerung des Gemischmengenstroms für den Leerlauf des kalten Motors einerseits und der Anreicherung des Gemisches abhängig vom angesaugten Luftstrom andererseits erfolgen getrennt voneinander.

Es gibt an Vergasern eine ganze Reihe von Einrichtungen und Zusatzfunktionen, die sein Betriebsverhalten verbessern wie zum Beispiel Drosselklappenansteller, Druckentnahmebohrungen, Korrekturluft-, Leerlauf- Übergangs-, Zusatzgemisch- und Umluftsysteme, um nur einige zu nennen, auf deren Darstellung verzichtet wird.

12.3.4 Elektronisch geregelter Vergaser

Elektronisch geregelte Vergaser wurden entwickelt, um eine verbesserte Gemischanpassung an alle Motorbetriebsbereiche zu erzielen und damit den Forderungen nach Minimierung der Rohemissionen und Senkung des Kraftstoffverbrauchs gerecht zu werden. Später wurde an das System eine Lambda-Regelung adaptiert. Der elektronisch geregelte Vergaser ist in seinem mechanischen Aufbau im Wesentlichen identisch mit dem konventionellen Vergaser. Hinzu kommen eine im leerlaufnahen Bereich wirkende Betätigung der Drosselklappe, ein Eingriff in die Gemischanreicherung, Sensoren und ein elektronisches Steuergerät, **Bild 12-6**.
Der elektronisch geregelte Vergaser ist prinzipiell ein Festlufttrichtervergaser in Registerbauweise mit pneumatisch betätigter zweiter Stufe. Die Betätigung der Drosselklappe der ersten Stufe erfolgt im leerlaufnahen Bereich mit einem stufenlos stellungsgeregelten Drosselklappenansteller.
Die stufenlose Gemischanreicherung im gesamten Bereich erfolgt über die Vordrossel in der ersten Stufe, die zur Anreicherung in Richtung Schließen betätigt wird.
An der Drosselklappenwelle der ersten Stufe befindet sich ein Drosselklappenpotentiometer, mit dem die Drosselklappenstellung beziehungsweise die Änderung der Dros-selklappenstellung ermittelt wird. Signale der Sensoren aus Temperaturfühler für Kühlmittel- und Saugrohr, Leerlaufschalter am Drosselklappenansteller sowie ein Drehzahlabgriff sind Eingangsgrößen für die elektronische Steuerung, welche die Verstellung der Drosselklappe der ersten Stufe sowie der Vordrossel bewirken. Folgende Funktionen sind unter anderen damit darzustellen:

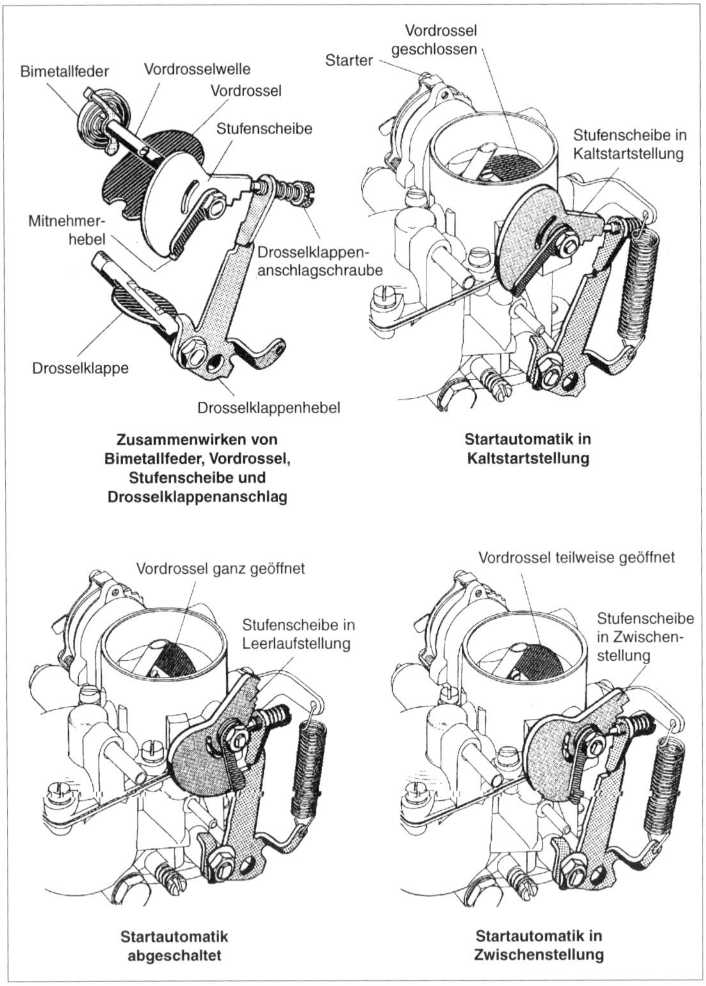

Bild 12-5 Startautomatiken

- Steuerung von Start und Warmlauf des Motors
- Beschleunigungsanreicherung
- Lambda-Regelung
- Beeinflussung des Luft-Kraftstoff-Verhältnisses im Kennfeld
- Leerlaufdrehzahlregelung
- Schubabschaltung
- Katalysatorschutzfunktion durch Kraftstoffabschaltung.

Der Start erfolgt bei einem elektronischen Vergaser mit angestellter Drosselklappe der ersten Stufe und vollständig geschlossener Vordrossel. Während des Hochlaufs übernimmt die Leerlaufdrehzahlregelung mit einem von der Kühlmitteltemperatur des Motors abhängigen Sollwert die Führung der Drosselklappe. Die Anreicherung des Gemisches erfolgt mit der Vordrossel, wobei schon stationär im Kennfeld des Motors eine von der Temperatur des Saugrohrs abhängige Grundanreicherung vorgegeben ist. Diese ergänzt bei Lasterhöhung des Motors eine Beschleunigungsanreicherung.

12.3.5 Gleichdruckvergaser

Das Prinzip des Gleichdruckvergasers ist am Beispiel eines Zenith-Stromberg CD-Vergaser dargestellt, **Bild 12-7**. Das System arbeitet mit einem als Flachstromvergaser ausgebildeten veränderlichen Luftquerschnitt. Die Querschnittsveränderung im Ansaugluftkanal wird durch einen von oben eintauchenden Kolben bewirkt. Eine Feder drückt ihn neben seiner Schwerkraft gegen eine den unteren Abschnitt des Ansaugluftkanals ausfüllende Brücke. Oberhalb des Kolbens ist mit einer Membran ein Raum abgeschlossen, der mit der Kolbenunterseite verbunden ist und so einen Druckausgleich herbeiführt. Die Unterseite der Membran ist zum Einlauf hin belüftet. Die Feder bewirkt, dass eine linear ansteigende Druckdifferenz notwendig ist, um den Kolben anzuheben.

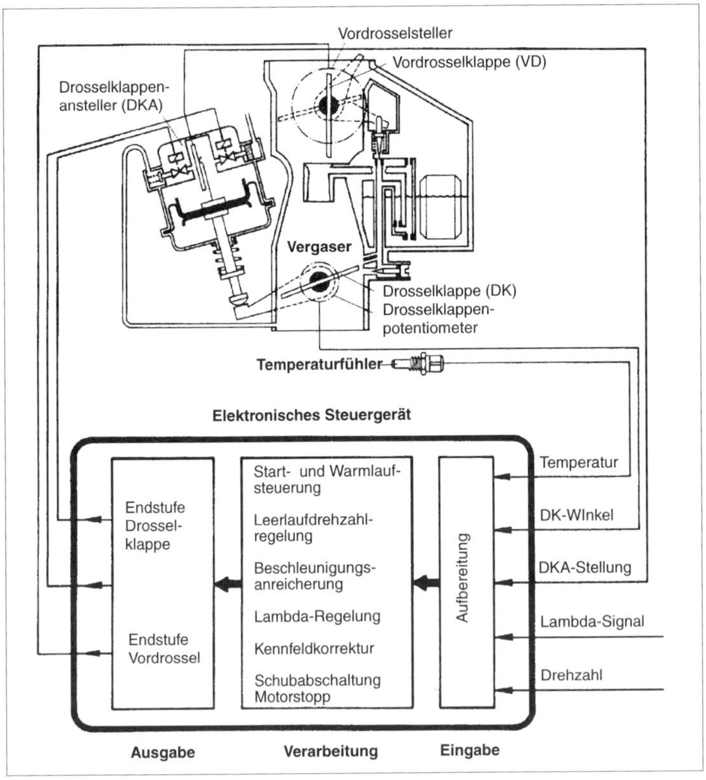

Bild 12-6 Prinzipbild des elektronisch geregelten Vergasers

Durch diese Druckdifferenz wird die angesaugte Luft zwischen Einlauf und der engsten Stelle zwischen Kolben und Brücke beschleunigt. Die Position des Kolbens ist somit ein Maß für den angesaugten Luftstrom.

Unterhalb der Brücke befindet sich die Schwimmerkammer. Zentral am Kolben ist eine Düsennadel befestigt, die in eine Nadeldüse eintaucht und den Kraftstoff abhängig vom Hub des Kolbens dosiert.

Mit der Nadeldüse lässt sich der Kraftstoff zunächst auf einer Kennlinie abhängig vom Luftstrom bemessen. Man adaptiert Gleichdruckvergaser so, dass bei Volllast und etwa halber Höchstdrehzahl der Kolben ganz geöffnet ist. Bei größeren Luftströmen arbeitet der Gleichdruckvergaser dann wie ein Festlufttrichtervergaser. Unter Ausnutzen der Druckschwingungen im Ansaugsystem, kann man das Mischungsverhältnis von Luft und Kraftstoff im ganzen Motorbetriebsbereich festlegen.

12.3.6 Betriebsverhalten

Heißbetrieb: Während des Motorbetriebes wird der Vergaser durch die angesaugte Luft und die beginnende Verdampfung des Kraftstoffs gekühlt. Hohe Umgebungstemperaturen und Nachhitze nach Abstellen des Motors kann jedoch zu Betriebsstörungen führen.

Hohe Bauteiltemperaturen des Vergasers, die zum Ausdampfen von Kraftstoff führen, Motoren mit Zylinderköpfen in Gleichstromanordnung, bei denen Saugrohr und Abgaskrümmer übereinander angeordnet sind und das Siedeverhalten des Kraftstoffs sind Hauptursache für die Probleme.

Verbesserungen bezüglich Heißbetrieb sind möglich mit:

- Heißleerlaufventil zur Öffnung eines Bypasses für Luft zur Umgehung des Vergasers. Es wirkt vor allem im Leerlauf des heißen Motors einer Anreicherung des Gemisches entgegen.
- Kraftstoffrücklauf. Ein parallel zum Schwimmernadelventil geschaltetes Ventil führt nicht benötigten Kraftstoff in den Tank zurück. Damit wird Wärme aus dem Vergaser abgeführt.
- Vermindern der Aufheizung zum Beispiel durch Abschirmbleche und Isolierflansche.

Höhenkorrektur: Die Anreicherung des Gemisches erfolgt bei Vergasern in erster Näherung proportional mit der Wurzel des Umgebungsdruckes. Beispielsweise beträgt die Anreicherung bei 1.600 m Höhe bezogen auf Meereshöhe circa 10 %. Es gibt folgende Möglichkeiten der Korrektur:

- Beeinflussung des Drucks in der Schwimmerkammer

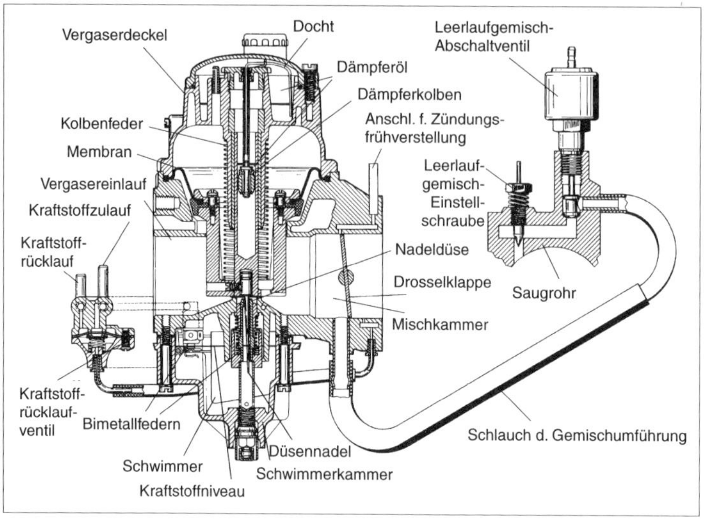

Bild 12-7 Gleichdruckvergaser

- Beeinflussung des Differenzdrucksignals zur Mengendosierung
- Beeinflussung der Luftkorrektur und des Dosierquerschnittes für Kraftstoff.

Vereisung: Durch die Verdunstungswärme des Kraftstoffs wird der angesaugten Luft und den Bauteilen des Vergasers Wärmeenergie entzogen; sie kühlen aus. Das kann zum Ausfrieren des in der Luft enthaltenen Wasserdampfes und damit zu Betriebsstörungen führen. Die Neigung zur Eisbildung ist am größten bei Lufttemperaturen um 5 °C und hoher Luftfeuchtigkeit, besonders bei Nebel.
Sehr wirksam lässt sich der Vereisung kraftstoffseitig durch Additive (zum Beispiel Alkohole) im Kraftstoff begegnen, die den Gefrierpunkt herabsetzen.
Eine weitere Möglichkeit besteht darin, eine Ansaugluftvorwärmung einzusetzen um damit die Lufttemperatur anzuheben.
Man unterscheidet zwischen:

Leerlaufvereisung: Sie kann auftreten, wenn sich bei geringer Belastung des Motors aus dem sich abkühlenden Gemisch Eis am Rande der Drosselklappe absetzt. Hinzu kommt, dass sich an den Bohrungen, durch die das Vorgemisch für den Leerlauf austritt, sowie an den Übergangsbohrungen Eis absetzen kann und das Differenzdrucksignal verfälscht. Abhilfe bietet zum Beispiel neben einem Wechsel auf additivierten Kraftstoff ein Verstärken der Ansaugluftvorwärmung. Mit zunehmender Erwärmung verschwindet die Leerlaufvereisung.

Volllastvereisung: Volllastvereisung oder Lufttrichter-Vereisung kommt bei älteren Vergasern vor, bei denen das Mischrohr des Hauptsystems zentral im Lufttrichter untergebracht ist und das Vorgemisch auf kurzem Wege in die Luft übertritt. Abhilfe ist durch verstärkte Ansaugluftvorwärmung oder durch einen additivierten Kraftstoff möglich. Bei Vergasern, bei denen der Mischrohrschacht sich nicht zentral im Lufttrichter befindet, tritt Vergaservereisung äußerst selten auf.

Leerlaufdrehzahlregelung: Eine Regelung der Leerlaufdrehzahl ist indirekt mit mechanischen Mitteln durch eine Saugrohrdruckregelung möglich. Beim elektronisch geregelten Vergaser ist ein separater Leerlaufregler integriert.

Nachlaufen des Motors: Um ein „Nachlaufen" des Motors nach dem Abstellen infolge Selbstzündung des Gemisches an heißen Stellen im Brennraum zu vermeiden, schaltet man mit der Zündung die Zufuhr des Kraftstoffs ab.

Schubbetrieb: Der Übergang vom Last- in den Schubbetrieb muss unter Umständen in zweierlei Hinsicht unterstützt werden. Durch Gemischzugabe im Schub wird ein unerwünschtes Ausmagern des Gemisches vermieden. Das erfolgt mit einem Zusatzgemischsystem. Die andere Möglichkeit ist die Kraftstoffabschaltung im Schub, die üblicherweise drehzahlgesteuert ist und zusätzlich der Senkung des Kraftstoffverbrauchs dient.
Der Übergang in den Schubbetrieb geschieht mit einem Drosselklappenschließdämpfer oder Schubluftventil um Lastwechselreaktionen zu minimieren.

12.3.7 Lambda-Regelung

Für das Umsetzen einer Lambda-Regelung sind zwei Lösungen aufgeführt:

- Beim Festlufttrichtervergaser ist für die Lambda-Regelung eine zusätzliche Eingriffsmöglichkeit geschaffen in Form von Ventilen, die ins Hauptsystem und/oder Leerlaufsystem eingebracht werden und das Luft-Kraftstoff-Verhältnis beeinflussen. Alternativ dazu verwendet man eine Anordnung in der Art einer Teillaststeuerung, bei der ein Kanal zum Saugrohr mit einem Magnetventil geöffnet beziehungsweise geschlossen wird.

- Beim elektronischen Vergaser ist die Lambda-Regelung Teil des Funktionsumfangs eines elektronischen Steuergeräts. Der Eingriff in Bezug auf das Mischungsverhältnis Luft-Kraftstoff erfolgt über eine Vordrossel.

Literatur zu Kapitel 12.1 – 12.3.7

[1] *Pierburg, A.*: Vergaser für Kraftfahrzeugmotoren, Vertrieb VDI-Verlag, Düsseldorf, 1970

[2] *Löhner, K.; Müller, H.*: Gemischbildung und Verbrennung im Ottomotor, Band 6 in *H. List*: Die Verbrennungskraftmaschine, Springer-Verlag, Wien, New York, 1967

[3] *Lenz, H. P.*: Gemischbildung bei Ottomotoren, Band 6 in *H. List, A. Pischinger*: Die Verbrennungskraftmaschine, Neue Folge, Springer-Verlag, Wien, New York, 1990

[4] *Behr, A.*: Elektronisches Vergasersystem der Zukunft, MTZ 44, 1998, Nr. 9, S. 344

[5] *Großmann, D.*: Lexikon Verbrennungsmotor: Vergaser, Supplement MTZ/ATZ, erscheint 2002

12.3.8 Gemischbildung mittels Benzineinspritzung

12.3.8.1 Saugrohreinspritzsysteme

Der Aufbau moderner Saugrohreinspritzsysteme, bei denen der Kraftstoff über zylinderindividuelle, elektronisch gesteuerte Einspritzventile in die Saugarme des Ottomotors eingespritzt wird, ist vor allem durch die Forderungen nach niedrigen Fahrzeugemissionen und geringen Kraftstoffverbräuchen geprägt. Eine typische Konfiguration zur Erfüllung niedrigster Emissionsvorschriften zeigt das **Bild 12-8**.

Die über die Grundfunktionen des Motorsteuerungssystems – Einspritzung und Zündung – hinausgehenden Maßnahmen zur Emissionsreduzierung richten sich vor allem nach den einzuhaltenen Emissionsvorschriften, den Rohemissionen des Verbrennungsmotors und nach der Fahrzeuggewichtsklasse im Abgastest. So können gerade bei der Abgasnachbehandlung Maßnahmen wie zum BeispielSekundärlufteinblasung in Kombination mit Zündungsspätverstellung zur schnellen Aufheizung des Katalysators notwendig sein. Diese Maßnahmen, als auch deren Diagnose, bewirken zusätzlichen Aufwand im Motorsteuerungssystem in Form von Sensoren, Aktoren, Verkabelung und Rechnerleistung.

Typische funktionale Merkmale eines modernen Motorsteuerungssystems sind:

- Momentenbasierte Lastregelung mit elektronsich geregelter Drosselklappe (ETC = Electronic Throttle Control)
- Modellbasierte Funktionen, wie zum Beispiel eine modellbasierte Saugrohrfüllung mit einer Lasterfassung über einen Heißfilmluftmassenmesser oder über einen Saugrohrdrucksensor
- Regelung der Position einer kontinuierlich verstellbaren Nockenwelle auf der Einlass- und/oder auf der Auslassseite
- Ansteuerung diverser Relais zum Ein- beziehungsweise Ausschalten von Komponenten (Hauptrelais, Kraftstoffpumpenrelais, Lüfterrelais, Starterrelais, Klimakompressorrelais, ...)
- Aktiver Nockenwellenpositionssensor zur schnellen Erfassung der Nockenwellenposition und da-

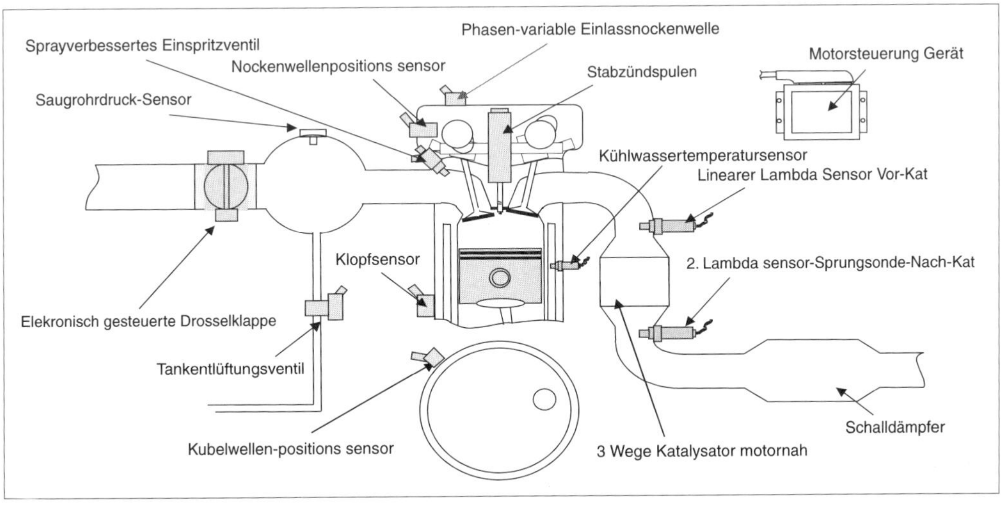

Bild 12-8 Saugrohreinspritzsystem

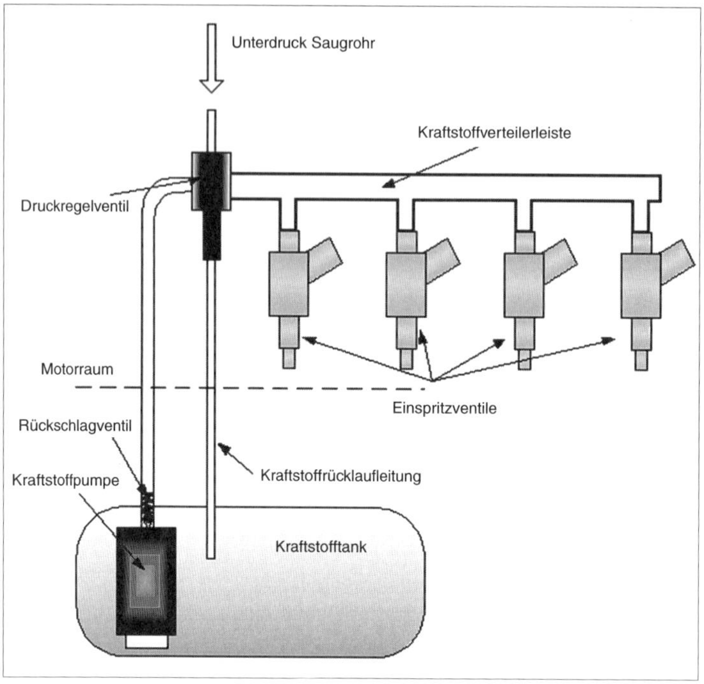

Bild 12-9 Aufbau eines Kraftstoffverteilersystems mit Rücklauf

mit zur schnellen Synchronisation der Motorsteuerung beim Motorstart

- Zylinderselektive Klopfregelung auf Basis eines Kurbelgehäuse-Schwingungssensors zur leistungs- und verbrauchsoptimalen Regelung des Zündzeitpunktes
- Regelung des Tankentlüftungsventils zur Regenerierung des Aktivkohlebehälters während des Motorlaufs
- Spezielle Katalysatorheizfunktion mit Sekundärluftsystem, Zündungsspätverstellung und Getriebeschaltpunktsteuerung
- Präzise Regelung der Gemischzusammensetzung über einen Sauerstoffsensor („Lambdasensor") vor Katalysator und sog. „Trim"-Regelung über einen zweiten Sauerstoffsensor nach Katalysator
- „Onboard"-Diagnose (OBD) aller abgasrelevanten Komponenten und Funktionen.

Bei der Auslegung des Kraftstoffsystems ist insbesondere auf eine geringe Aufheizung des Kraftstoffs in der Kraftstoffverteilerleiste zu achten. Durch die Aufheizung des Kraftstoffs in der Phase nach Abstellen (sog. „hot soak") können Dampfblasen im Kraftstoffrail auftreten, die beim nachfolgenden Heißstart zu Startproblemen führen können.
Man unterscheidet grundsätzlich zwei Aufbauformen des Kraftstoffsystems:

1. Kraftstoffsystem mit Rücklauf, **Bild 12-9**: Merkmal dieses Kraftstoffsystems ist, dass der Druckregler direkt an der Kraftstoffverteilerleiste angeordnet ist. Die Druckmembran wird einseitig durch den Saugrohrdruck beaufschlagt, so dass sich ein konstanter Differenzdruck zwischen dem Kraftstoff in der Verteilerleiste und dem Saugrohr einstellt. Dadurch ist bei konstanter Ansteuerzeit der Einspritzventile die Einspritzmenge unabhängig vom Saugrohrdruck.
Vorteile des Kraftstoffsystems mit Rücklauf sind:

- Eine gute Dynamik der Kraftstoffdruckregelung
- Ein gutes Heißstartverhalten durch das Spülen der Kraftstoffverteilerleiste mit kühlem Kraftstoff aus dem Tank
- Eine Einspritzmenge, die unabhängig vom Saugrohrdruck ist.

Ein wesentlicher Nachteil ist die Aufheizung des Kraftstoffs im Tank (bis zu 10 K gegenüber rücklauffreien Systemen). Das erhöht die Kraftstoffverdampfung im Tank und führt zu einer höheren Beladung des Aktivkohlebehälters.
Aus diesem Grund und auch zur Reduzierung von Systemkosten wurden rücklauffreie Kraftstoffsysteme entwickelt, **Bild 12-10**. Ihr Kennzeichen ist eine Integration von Kraftstoffpumpe und Druckregelventil in den Tank oder in der Nähe des Tanks.
Vorteil dieses Aufbaus ist, dass der überschüssige Kraftstoff nicht erst in den Motorraum gepumpt werden muss und dort über den Druckregler zurück in den Tank fließt. Die Einspritzzeiten werden in der Motorsteuerung auf Grund des konstanten Kraft-

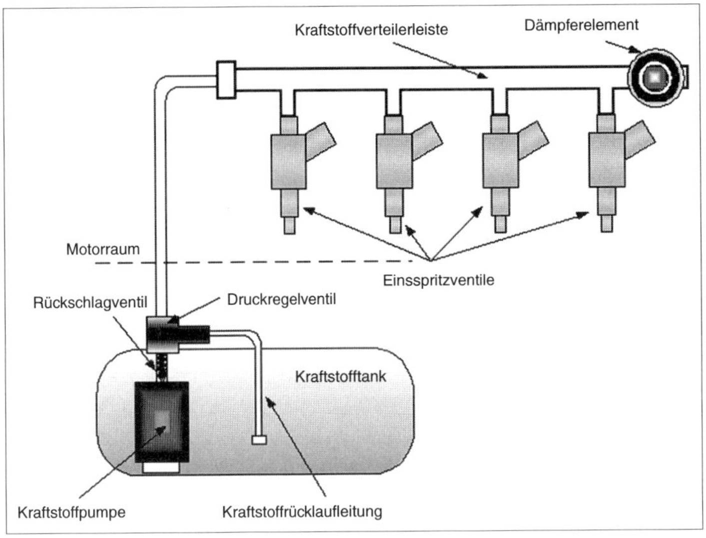

Bild 12-10 Aufbau eines rücklauffreien Kraftstoffverteilersystems

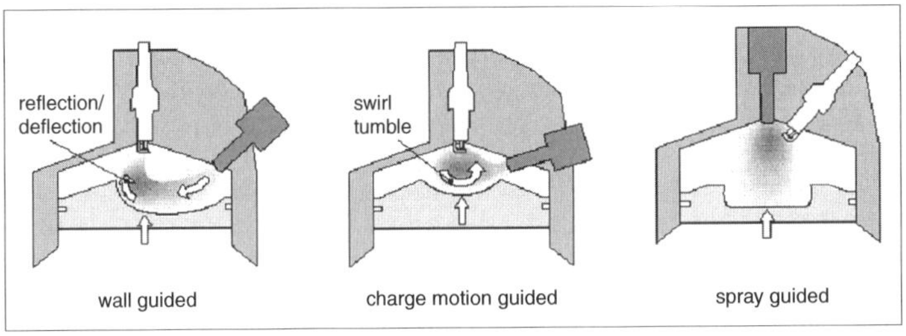

Bild 12-11 Brennverfahren

stoffdrucks von circa 350 kPa (3,5 bar ± 0,5 bar) entsprechend korrigiert. Zur Vermeidung von großen Druckschwankungen in der Kraftstoffverteilerleiste, die zu Einspritzmengenschwankungen führen können, kommen bei rücklauffreien Kraftstoffsystemen Druckschwingungsdämpfer zum Einsatz.

12.3.8.2 Systeme für Direkteinspritzung

Neben der beschriebenen Möglichkeit den Kraftstoff flüssig in das Saugrohr des Ottomotors einzuspritzen, wurden in den letzten Jahren Systeme für Direkteinspritzung entwickelt. Dabei wird der Kraftstoff aus einer unter hohem Druck stehenden zentralen Kraftstoffverteilerleiste über elektronisch gesteuerte Einspritzventile direkt in den Brennraum eingespritzt („Common-Rail"-Prinzip).
Durch Schichtung von Kraftstoff und Luft durch Einspritzung während der Kompressionsphase wird dabei ein relativ mageres Gemisch eingestellt mit einer relativ fetten Gemischwolke in der Nähe der Zündkerze, die einer sicheren Entflammung dient. Durch den Luftüberschuss in dieser Betriebsart sinkt zum einen die Ladungswechselarbeit und zum anderen der Wandwärmeverlust in der Hochdruckphase der Verbrennung, was in Summe zu erheblich niedrigeren spezifischen Kraftstoffverbräuchen führt.

Darüber hinaus bewirkt die Direkteinspritzung durch die Verdampfung des Kraftstoffs eine Innenkühlung des Zylinders, was die Klopfneigung an der Volllast reduziert. Es besteht dadurch die Möglichkeit, die Verdichtung um circa eine Einheit anzuheben. Das bewirkt zusätzlich einen niedrigeren spezifischen Kraftstoffverbrauch. Der geschichtete Betrieb ist nur in einem eingeschränkten Betriebsbereich in der Teillast des Ottomotors sinnvoll. In den anderen Bereichen wird der Motor homogen mager, stöchiometrisch oder an der Volllast fett betrieben.
Je nach Einbauort und Lage des Einspritzventils und je nach Design der Lufteinströmung in die Zylinder unterscheidet man zwischen dem wandgeführten, dem luftgeführten und dem strahlgeführten Brennverfahren, **Bild 12-11**:

- HPDI[1] mit wandgeführtem Brennverfahren (**Bild 12-11** links):
  Das Einspritzventil ist seitlich angeordnet und der Kraftstoff wird auf den Kolbenboden gespritzt. Durch die Form der Kolbenmulde und die Art der Luftströmung wird der eingespritzte Kraftstoff zur Zündkerze hin geleitet. Man unterscheidet je nach Geometrie der Ansaugkanäle bei der Lufteinströ-

[1] HPDI heißt: High Pressure Direct Injection.

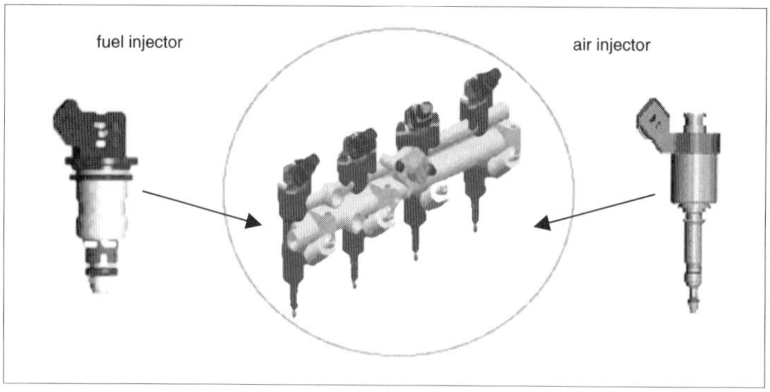

Bild 12-12 Luft-und Kraftstoffverteilerleiste mit Einspritz- und Lufteinblasventil

mung zwischen so genannten Reverse-Tumble- („Umkehr-Rolle") und Drallverfahren mit Kanalabschaltung.

- HPDI mit luftgeführtem Brennverfahren (**Bild 12-11** Mitte):
- Das Einspritzventil ist ebenfalls seitlich angeordnet, aber der Kraftstoff wird im Gegensatz zum wandgeführtem Brennverfahren in das Zentrum des Brennraums in die Luft gespritzt. Dazu ist eine hohe Luftbewegung notwendig, die durch einen variablen Tumble erzeugt wird.HPDI mit strahlgeführtem Brennverfahren (**Bild 12-11** rechts):
  Dieses Brennverfahren hat das höchste Potenzial für einen mageren Motorbetrieb und damit das höchste Verbrauchseinsparungspotenzial von mehr als 30 % bei niederer Teillast. Das Einspritzventil ist zentral im Brennraum angeordnet und die Zündkerze steht dazu in kurzem Abstand seitlich geneigt. Dadurch wird ein Kontakt von Kraftstoff mit dem Kolben oder den Brennraumwänden vermieden. Dieses Brennverfahren stellt einen hohen Anspruch an die Strahlaufbereitung des Einspritzventils. Für eine sichere Entflammung und geringe Verrußung der Zündkerze muss ein fein zerstäubter Kraftstoff im Bereich der Zündkerze vorliegen, wobei sich das Strahlbild auch bei sich änderndem Brennraumdruck nicht wesentlich verändern darf.

Daneben gibt es die luftunterstützte Direkteinspritzung (OCP_{TM})[2], bei der sich die zentrale Injektorposition in der Nähe der Zündkerze als besonders vorteilhaft herausgestellt hat.
Das in Summe magere Gemisch während der Verbrennung im geschichteten Betrieb stellt die Abgasnachbehandlung vor das Problem, dass konventionelle Dreiwegekatalysatoren die NO_x-Emissionen nicht reduzieren können. Trotz einer abgesenkten NO_x-Rohemission durch Abgasrückführraten bis zu 30 % ist zur Erfüllung der Abgasgrenzwerte eine spezielle Nachbehandlung der NO_x-Emissionen notwendig. Neben den selektiven NO_x-Reduktionskatalysatoren, deren thermische Stabilität noch gering ist, werden heute so genannte NO_x-Speicherkatalysatoren verwendet. Die Speicherkatalysatoren nehmen die NO_x-Emission im mageren Betrieb auf und konvertieren sie im unterstöchiometrischen Betrieb in N_2 und CO_2. Eine aufwändige Funktion im Motormanagement steuert diesen Prozess. Speicherkatalysatoren neigen zur „Schwefelvergiftung" und sind daher auf Kraftstoff mit geringen Schwefelgehalt angewiesen.
Durch die Maßnahmen zur Abgasnachbehandlung sinkt die effektive Kraftstoffverbrauchseinsparung durch Direkteinspritzung.

[2] OCP_{TM} heißt: „Orbital Combustions System" und ist ein eingetragenes Handelszeichen von Orbital Corporation.

Luftunterstützte Direkteinspritzung

Neben den Flüssigkeits-Hochdruck-Direkteinspritzverfahren existieren luftunterstützte Direkteinspritzverfahren wie zum Beispiel das OCP_{TM}. Mit dem luftunterstützten Direkteinspritzverfahren ist auf Grund der besonderen Gemischaufbereitungsqualität ein stabiles Brennverfahren mit guter Schichtungsfähigkeit und einer Verträglichkeit hoher Abgasrückführmengen darstellbar. Die Hauptkomponente der luftunterstützten Direkteinspritzung ist eine Anordnung von elekt-romagnetischem Einspritzventil und elektromagnetisch betätigtem Lufteinblaseventil **(Bild 12-12)**, mit welchem fein zerstäubter Kraftstoff in den Brennraum eingespritzt wird.
Bild 12-13 zeigt einen Überblick über das luftunterstützte Direkteinspritzsystem. Das Einspritzsystem gliedert sich in zwei Subsysteme, den Druckluftpfad und den Kraftstoffpfad. Ein über Getriebe oder Riemen angetriebener Kompressor erzeugt die erforderliche Druckluft. Das Druckniveau wird durch einen mechanischen Druckregler auf den Sollwert eingestellt und der Kraftstoff wird von einer elektrischen Kraftstoffpumpe gefördert. Der Kraftstoffdruck wird auf einen konstanten Differenzdruck zur Druckluft (circa 0,7 – 1,5 bar) geregelt.
Die Zumessung des Kraftstoffes erfolgt mit einem konventionellen Einspritzventil für Saugrohreinspritzung. Der Kraftstoff wird in eine Mischkammer im

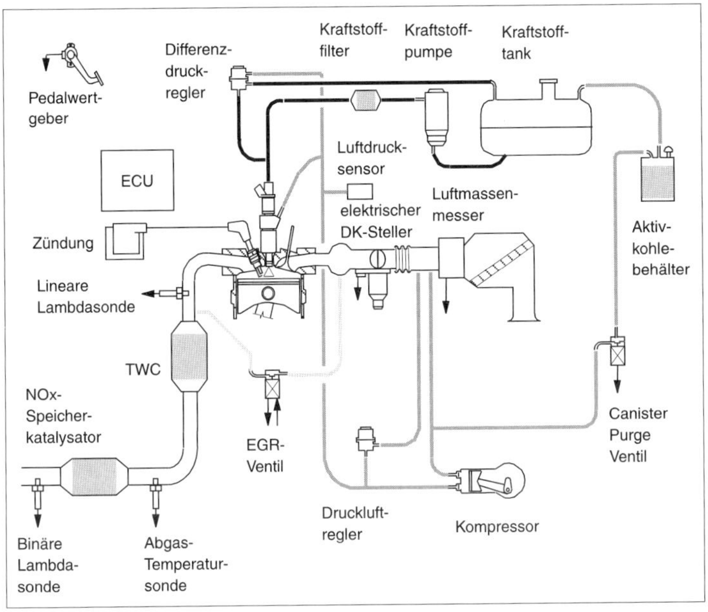

Bild 12-13 Systemüberblick des luftunterstützten Direkteinspritzsystems

Lufteinblaseventil eingespritzt. Mittels des Luftinjektors wird eine fein zerstäubte Gemischwolke in den Brennraum eingebracht, welche unmittelbar gezündet werden kann. Im Schichtladebetrieb ist damit ein strahlgeführtes Brennverfahren mit geringen Rohemissionen möglich. Durch die zeitliche Abstimmung der Phasenlage von Einspritzung (= Betätigung des Luftinjektors) und Zündung kann ein optimales Luft-Kraftstoff-Verhältnis des Gemisches im Bereich der Zündkerze zur Erzielung einer stabilen Verbrennung unter allen Betriebsbedingungen eingehalten werden.

Wie das **Bild 12-13** zeigt, besteht das System aus dem Luftfilter, einem Luftmassenmesser mit integriertem Lufttemperaturfühler, einem elektrischen Drosselklappensteller und dem Ansaugrohr.

Das extern rückgeführte Abgas kann in den Sammler des Saugrohres oder über eine Leitung im Zylinderkopf in die einzelnen Ansaugrohre eingeleitet werden. In jedem Fall ist für eine exakte Zumessung ein lagegeregeltes EGR-Ventil erforderlich. Optional kann auch eine interne Abgasrückführung durch Verstellen der Phasenlage von Ein- und Auslassnockenwelle eingesetzt werden, womit zusätzlich die Drehmomentcharakteristik und Leistung des Motors verbessert werden können.

Das Subsystem zur Abgasnachbehandlung besteht aus einem motornahen Dreiwegekatalysator und einem NO_x-Speicher-Reduktionskatalysator in Unterbodenanordnung. Eine Breitband-Sauerstoffsonde ermöglicht die Luftzahlregelung im Magerbetrieb einschließlich der Regenerationsphasen sowie im stöchiometrischen Betrieb. Der Abgastemperatursensor dient zur optimalen Steuerung des NO_x-Speicherkatalysators sowie zur Einleitung von Katalysatorschutzmaßnahmen. Eine binäre Lambdasonde stromabwärts des NO_x-Speicherkatalysators ist zur bedarfsgerechten Steuerung der Regenerationsphasen erforderlich. Alternativ kann dazu auch ein NO_x-Sensor verwendet werden.

Der im System vorhandene Kompressor ermöglicht eine neue und interessante Lösung zur Spülung des Aktivkohlebehälters. Die vom Kompressor angesaugte Luftmenge wird über den Aktivkohlebehälter geführt. Damit lässt sich auch der Schichtladebetrieb zur Erzielung einer ausreichenden Spülrate ohne Nachteile bei den Rohemissionen nutzen.

Der Prozess der Kraftstoffaufbereitung beim OCP_{TM} Injektor unterscheidet sich im Vergleich zum Hochdruckdirekteinspritzventil folgendermaßen: Bei einem Hochdruckinjektor erfolgt der Strahlzerfall hauptsächlich infolge von Turbulenzen und Trägheitskräften im Flüssigkeitsstrahl selbst. Bis zur Beendigung des Zerfallsprozesses ist eine Distanz von etwa dem 10–50-fachen des Mündungsdurchmessers erforderlich. Im Fall eines luftunterstützten Injektors erfolgt der Strahlzerfall, wenn die aerodynamischen Kräfte die Oberflächenspannung in der Flüssigkeit übersteigen. Das Druckniveau im Luftinjektor ist so gewählt, dass während eines Einspritzvorganges an der Ventilmündung das kritische Druckverhältnis überschritten wird. Die daraus resultierende Schallgeschwindigkeit der Luftströmung führt zu hohen aerodynamischen Kräften am Kraftstoffstrahl. Der wesentliche Teil des Zerstäubungsprozesses ist bereits unmittelbar am Ventilaustritt abgeschlossen. Andere thermodynamische Effekte wie beispielsweise die Verdampfung spielen insbesondere bei Einspritzung von Kraftstoff in ein Medium mit erhöhter Temperatur eine besondere Rolle. Diese Interaktion des Kraftstoffsprays mit der Zylinderfüllung stellt die Schnittstelle zwischen Kraftstoffsystem und Verbrennungssystem dar. Die Zerstäubungsqualität wird im **Bild 12-14** ersichtlich. Der mittlere Sauterdurchmesser (SMD) beträgt 10,3 μm; nur ein unwesentlicher Volumenanteil von Tröpfchen besitzt einen Durchmesser über 40 μm.

Der benötigte Luftmassenstrom für den OCP_{TM}-Luftinjektor bezogen auf die gesamte vom Motor angesaugte Luftmenge variiert von 15 % bei homogenem Leerlaufbetrieb bis zu 1,5 % bei Volllastbetrieb. Als Absolutmenge ergibt dies für einen 1,5 Liter 4-Zylindermotor etwa 5–9 mg Luft pro Einspritzimpuls. Der Druck im Luftrail wird vorzugsweise auf 6,5 bar absolut eingestellt. Druckluft wird mittels eines wassergekühlten Kolbenkompressors erzeugt, der über ein Getriebe oder einen Riemen vom Motor angetrieben wird.

Auf Grund des hohen Turbulenzniveaus und der hohen Schichtungsfähigkeit des luftunterstützten OCP_{TM}-Direkteinspritzsystems sind üblicherweise keine zusätzlichen Maßnahmen zur Ladungsbewegung wie beispielsweise Drallklappen erforderlich. Durch die geringe Sensitivität gegenüber der Zylinderinnenströmung ist dieses Einspritzsystem besonders geeignet für Motoren mit unterschiedlichen Ventilkonfigurationen ohne aktive oder passive Ladungsbewegungsmaßnahmen.

Hochdruckeinspritzung

Eine weitere Möglichkeit der direkten Kraftstoffeinspritzung in die Zylinder ist die Flüssigkraftstoffeinspritzung nach dem Common-Rail-Prinzip, (Kraftstoffeinspritzung aus gemeinsamer Druckleitung).

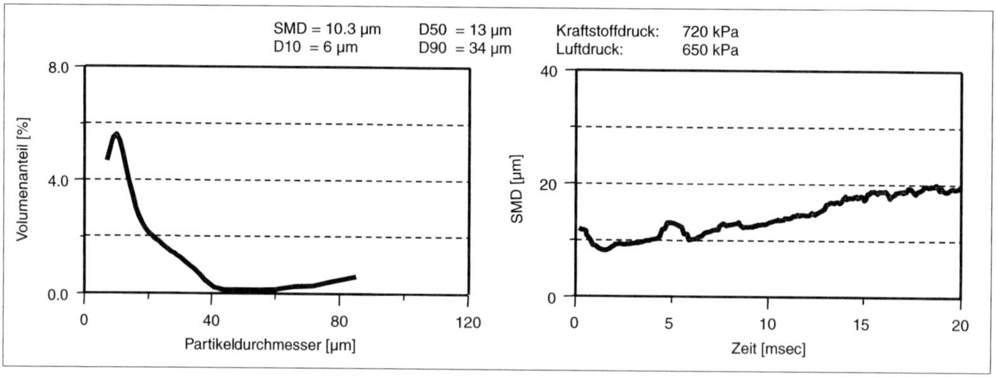

Bild 12-14 Volumenmäßige und zeitliche Tropfengrößenverteilung bei luftunterstützter Direkteinspritzung

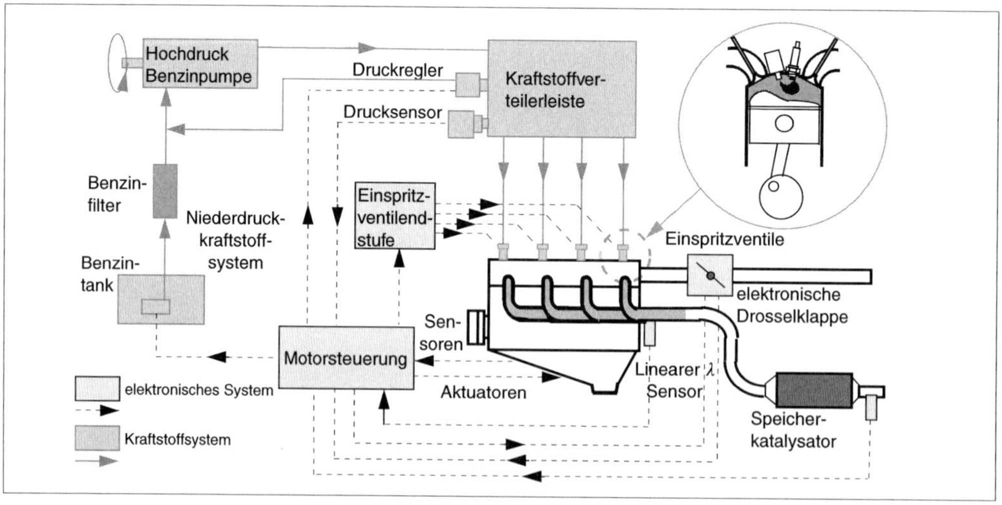

Bild 12-15 Benzindirekteinspritzung – Systemübersicht

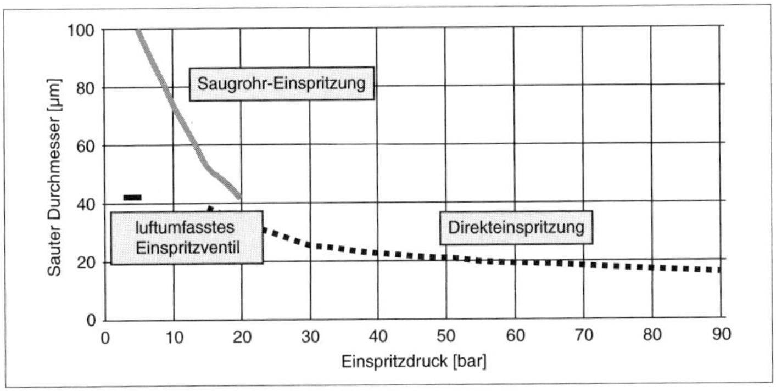

Bild 12-16 Vergleich der Zerstäubungsqualität von Hochdruckeinspritzventilen und Saugrohreinspritzventilen

Das **Bild 12-15** zeigt die Systemübersicht für die Hochdruck-Benzineinspritzung unterteilt in Motorsteuerungs- und Kraftstoffsystem.

Der Ottomotor mit Direkteinspritzung erfordert den Einsatz einer elektronisch gesteuerten Drosselklappe für die verschiedenen Betriebsweisen unter homogener Ladung und Schichtladung. Die Gemischregelung für die mageren Gemische mit Schichtladung benötigt einen linearen λ-Sensor, der diese Funktion auch für den homogenen Betrieb mit $\lambda = 1$ sicherstellen kann.

Die Hochdruckpumpe wird aus dem Niederdrucksystem gespeist, welches einen Systemdruck von 1–4 bar aufweist. In der mechanisch angetriebenen Hochdruckpumpe wird der Kraftstoffdruck auf bis zu 120 bar gesteigert. Die Hochdruckregelung erfolgt über ein elektrisch angesteuertes Druckregelventil. Der Rücklauf aus der Hochdruckleitung mündet direkt aus dem Druckregelventil in den Zulauf der Hochdruckpumpe. Zur Druckerfassung dient ein Drucksensor. Aus Sicherheitsgründen ist in den Hochdruckkreislauf ein Überdruckventil integriert, welches den maximalen Kraftstoffdruck begrenzt. Wird der Kraftstoffdruck in der Verteilerleiste über den gesamten Drehzahl- und Lastbereich konstant gehalten, kann der elektrische Druckregler prinzipiell durch einen mechanischen Druckregler ersetzt werden.

Das Einspritzventil befindet sich direkt im Zylinderkopf. Auf Grund des hohen Kraftstoffdrucks müssen die magnetischen Kräfte zum Öffnen der Ventilnadel sehr viel höher sein als bei Niederdruck-Einspritzventilen. Zusätzlich ist aus Gründen der Ladungsschichtung und Dosierung ein extrem schnelles Öffnen und Schließen der Ventilnadel erforderlich.

Die Kraftstoffzerstäubungsqualität hängt sehr stark vom Kraftstoffdruck, dem Gegendruck, der Durchflusskalibrierung und dem Strahlkegelwinkel ab. **Bild 12-16** zeigt die Zerstäubungsqualität eines Hochdruck-Einspritzventiles im Vergleich mit einem Niederdruck-Einspritzventil und einem luftunterstützten Einspritzventil. Unterschiedliche Brennverfahren und Brennräume erfordern unterschiedliche Durchflusskalibrierungen und Strahlformen.

Die Hochdruckpumpe stellt den Druck (50 bis 120 bar) in der Kraftstoffverteilerleiste zur Verfügung. Neuerdings entwickeln sich die Einspritzdrücke in Richtung 200 bar und beim strahlgeführten Verfahren ist darüber hinaus eine Obergrenze noch nicht in Sicht. In Verbindung mit einer Mehrlochdüse erreicht man dadurch einen stabilen Strahlwinkel und eine gute Verdampfung beziehungsweise Gemischaufbereitung. Die Hochdruckpumpe wird direkt von der Nockenwelle des Motors angetrieben und ist daher am Motor angebaut. Man unterscheidet zwischen radialen und axialen Hochdruckpumpen.

Bild 12-17 zeigt eine axiale Kolbenpumpe. Eine Taumelscheibe wird von einer mechanisch angetriebenen Welle gedreht und verursacht hierdurch die

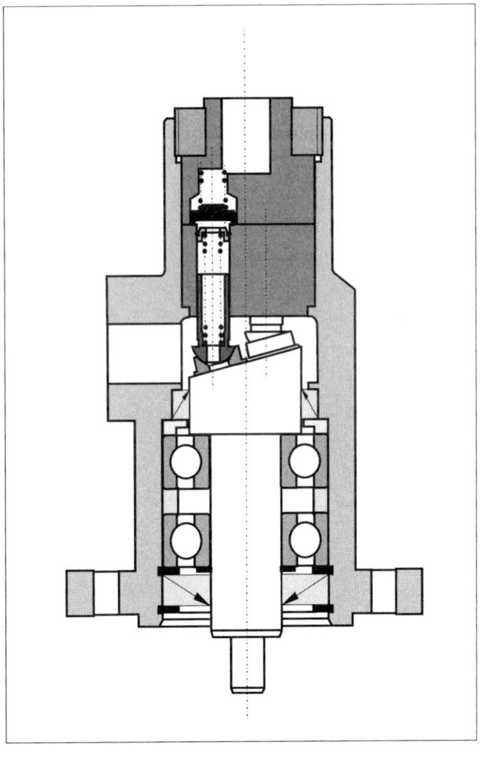

Bild 12-17 Hochdruckkraftstoffpumpe

alternierende Hubbewegung der drei Kolben. Kraftstoff tritt über eine Nut in der Taumelscheibe in den Zylinder ein und wird über Rückschlagventile im Auslass ausgestoßen. Lager- und Pumpkammer sind durch einen Wellendichtring getrennt. Die Materialpaarungen und Beschichtungen sind sowohl den Verschleiß- als auch den schmierungstechnischen Anforderungen des Benzinbetriebes angepasst. Die außerordentlich feinen Toleranzen erfordern eine Feinfilterung des Kraftstoffs.

Für die Hochdruckdirekteinspritzung gibt es eine Vielzahl neuer Anforderungen an das Motorsteuerungssystem:

- Der Druck im Hochdruck-Kraftstoffsystem muss geregelt werden.
- Der Magerbetrieb bei Motoren mit Direkteinspritzung erfordert eine lineare Lambdasonde, die den Magerbereich und den Betriebsbereich $\lambda = 1$ abdeckt
- Die Hochdruckeinspritzventile erfordern eine Ansteuerung, die an die besonderen Anforderungen dieser Technologie angepasst ist. Der hohe Kraftstoffdruck und die höheren Anforderungen an Linearität und Reproduzierbarkeit von Einspritzung zu Einspritzung erfordern eine geänderte Ansteuerung der Einspritzventile. Für schnelles Öffnen der Einspritzventile ist eine Spannungs- und Stromüberhöhung auf 80 V/10 A erforderlich. Bei der Integration der Endstufen in das Steuergerät ist die höhere Verlustleistung der Endstufen zu berücksichtigen.
- Für Magermotoren ist der Einsatz einer elektrischen Drosselklappe unumgänglich. Die Steuerung dieser motorbetriebenen Drosselklappe gewährleistet eine völlige Unabhängigkeit zwischen Pedal- und Drosselklappenstellung.
- Bei ungedrosseltem Motorbetrieb steht keine Druckdifferenz für die Spülung des Aktivkohlefilterbehälters zur Verfügung. Um die nötigen Spülraten zu erreichen, ist bei Motorkonzepten mit hohem Schichtladungsanteil eine Pumpe für die Spülung des Aktivkohlebehälters erforderlich.

Im Gegensatz zum herkömmlichen Motor mit Saugrohreinspritzung, der in fast allen Betriebszuständen mit homogenem stöchiometrischem Gemisch betrieben wird (das heißt, das Gemisch wird nur bei besonderen Motorzuständen wie Kaltstart, Warmlauf und Volllast angefettet), wird der Ottomotor mit Direkteinspritzung mit unterschiedlichen Einspritz- und Verbrennungsstrategien betrieben.

Die Strategien zur Kraftstoffaufbereitung, die zu den verschiedenen homogenen Betriebszuständen und zur Schichtladung führen, werden nachstehend erläutert, **Bild 12-18**.

Das Ziel der Schichtladung ist die Konzentration von gut aufbereitetem Kraftstoff-Luftgemisch im Bereich der Zündkerze, so dass dort ein lokal begrenztes, zündfähiges Gemisch entsteht ($\lambda \approx 1$), das trotz des insgesamt sehr mageren Gemisches gute Bedingungen für die Verbrennung ermöglicht. Auf Grund der lokalen Konzentration des Gemisches im Zentrum des Brennraums erlaubt der Schichtladungsbetrieb auch hohe Abgasrückführungsraten. Die Schichtung des Gemisches um die Zündkerze wird durch eine späte Einspritzung während des Verdichtungstaktes erreicht. Die Drosselklappe ist für maximalen Lufteinlass in die Zylinder ganz geöffnet.

Die Strahlrichtung, die Strahlform, die Strahleindringtiefe und die Luftströmung im Zylinder sind die entscheidenden Parameter für eine erfolgreiche Schichtung der eingespritzten Kraftstoffmenge im Bereich der Zündkerze.

Die Strahlrichtung kann während des Motorbetriebes nicht verändert werden. Die Eindringtiefe hängt von der Differenz zwischen der Kraftstoffstrahlgeschwindigkeit und der Luftströmungsgeschwindigkeit im Zylinder ab. Die Strahlgeschwindigkeit kann durch den Einspritzdruck beeinflusst werden. Um eine

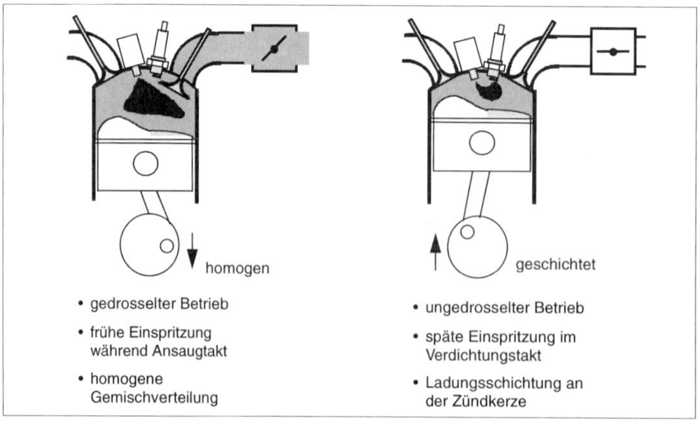

Bild 12-18 Motorbetrieb mit homogener und geschichteter Ladung

zielgerichtete Bewegung der Luftströmung im Brennraum mit Turbulenz im Bereich der Zündkerze (für eine gute Gemischaufbereitung) zu erreichen, muss die Auslegung des Einlasskanals und der Verbrennungskammer (eine Schlüsselkompetenz des Motorenherstellers) angepasst und optimiert werden. Die gegenwärtigen Einlasssysteme sind als Tumble- oder Drallkonzepte ausgeführt.

Wenn der Betriebszustand des Motors bei gleicher Motorleistung von Schichtladung zu homogener Ladung geändert werden soll, muss die angesaugte Luftmasse durch Schließen der Drosselklappe reduziert werden; und gleichzeitig muss die eingespritzte Kraftstoffmenge in den Zylinder erhöht werden, um die höheren Drosselverluste zu kompensieren. Für ein homogenes Gemisch im Brennraum wird der Kraftstoff während des Einlasstaktes zu dem Zeitpunkt eingespritzt, bei dem die Luftgeschwindigkeit maximal ist.

Probleme mit der Gemischaufbereitung, der Fahrbarkeit und vor allem der Abgasemissionen beeinträchtigen eine umfassende Anwendung der Schichtladung im gesamten Betriebsbereich des Motors.

Die Anwendung der verschiedenen Betriebszustände über den Arbeitsbereich des Motors sind in **Bild 12-19** dargestellt. Das Beispiel berücksichtigt auch die Kühlwassertemperatur, um den Einfluss verschiedener Umgebungzustände zu verdeutlichen.

Es existieren die folgenden Verbrennungszustände:

- homogen fett
- homogen $\lambda = 1$ mit/ohne Abgasrückführung
- homogen mager mit Abgasrückführung
- Schichtladung mit hoher Abgasrückführrate.

Bei niedrigen und mittleren Last- und Drehzahlbedingungen wird der Motor mit Schichtladung und hoher Abgasrückführrate betrieben. Dadurch wird ein niedriger Kraftstoffverbrauch erzielt. Die Abgastemperatur bestimmt den Betriebsbereich zu niedrigen Lasten, bei dem der Motor ungedrosselt betrieben werden kann. Damit der Katalysator die Schadstoffe konvertiert, darf die Katalysatortemperatur nicht unter 250 °C fallen. Ein vollständig ungedrosselter Betrieb im Leerlauf ist daher nicht möglich. Auch beim Kaltstart und während des Warmlaufs läuft der Motor mit homogenem leicht magerem Gemisch, um ein schnelles Anspringen des Katalysators zu erreichen. Der warme Motor kann mit einer gedrosselten Schichtladung arbeiten.

Bei niedriger Teillast und hohen Drehzahlen ist eine gute Gemischaufbereitung mit einer Schichtladung auf Grund der kurzen Zeitspanne für die Gemischaufbereitung und der Gefahr von Rußbildung nur schwer zu erreichen. Daher ist ein homogenes Gemisch mit AGR vorzuziehen.

Die NO_x-Emission und die Gefahr von Rußbildung stellt die Grenze für eine Schichtladung im oberen Teillastbereich dar. In diesem Bereich hat der Betrieb mit homogener Ladung und AGR im Vergleich zur Schichtladung mit AGR nur einen geringen negativen Effekt auf den Kraftstoffverbrauch, jedoch geringere NO_x-Emissionen und keine Gefahr von Rußbildung.

Der homogene Magerbetrieb wird durch die Abgastemperatur begrenzt. Bei Temperaturen über 500 °C ist der Speicherkatalysator nicht mehr in der Lage, die Stickoxide zu speichern, weshalb der Motor mit stöchiometrischem Gemisch und hohen AGR-Raten betrieben wird, um die NO_x-Emissionen und den Kraftstoffverbrauch zu verringern.

Der Betrieb bei Volllast erlaubt keine Abgasrückführung. Der Motor wird in der gleichen Weise gesteuert wie Motoren mit Saugrohreinspritzung, das heißt mit einem Gemisch für maximale Leistung und optimalem Katalysatorschutz.

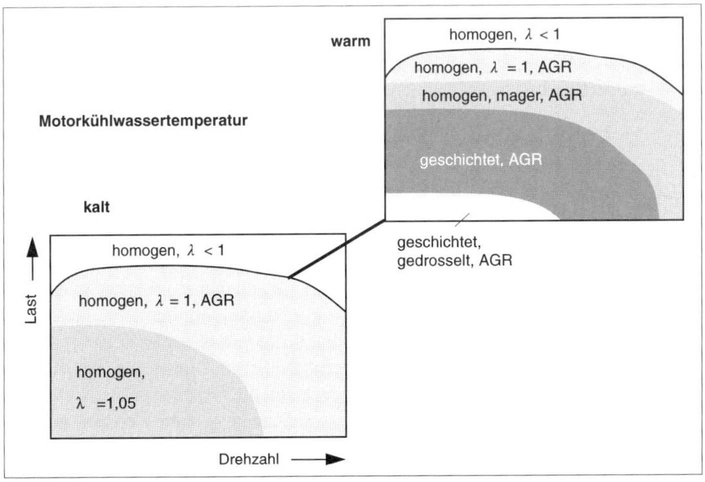

Bild 12-19 Betriebsstrategien im Motorkennfeld

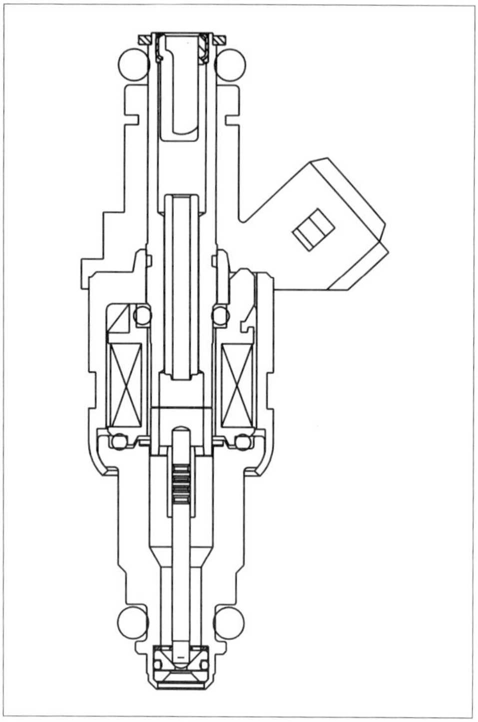

Bild 12-20 Einspritzventil

Zusätzlich zum Wechsel des Betriebszustands während der Übergänge zwischen verschiedenen Lastzuständen (zum Beispiel der Übergang von Schichtladung bei Teillast zu homogenem angereichertem Gemisch bei Volllast während einer Beschleunigung) kann aus Gründen der Abgasnachbehandlung ein Wechsel zwischen zwei Betriebszuständen auch bei gleich bleibendem Lastzustand erforderlich sein. Die Haupt-anforderung liegt in einem Übergang ohne Drehmo-mentänderungen, da diese vom Fahrer wahrgenommen würden.
Für die Katalysatorregenerierung während des mageren Motorbetriebs ist mit einem Kraftstoffmehrverbrauch von bis zu drei Prozent zu rechnen.

Einspritzmengenzumessung

Die Zumessung des einzuspritzenden Kraftstoffs erfolgt über elektronisch gesteuerte Einspritzventile, **Bild 12-20**. Dazu wird der Kraftstoff am Ringspalt zwischen Ventilnadel und Nadelsitz durch die Öffnungsdauer der Nadel zugemessen. Prinzipiell ist der Aufbau der Einspritzventile für Saugrohr- und Direkteinspritzung gleich. Unterschiede bestehen in der Auslegung des Magnetkreises und im maximalen Durchfluss.
Das Anheben der Nadel erfolgt durch das Bestromen der Magnetspule dann, wenn die Magnetkraft auf die Nadel größer wird als die durch den Kraftstoffdruck, die Feder und die Reibung aufgebrachten Kräfte. Sobald der Stromfluss in der Spule unterbrochen wird, beginnt das Magnetfeld sich abzubauen und die Nadel schließt den Ringspalt unterstützt durch die Federkraft und den Kraftstoffdruck.
Nach dem Austritt des Kraftstoffs aus dem Einspritzventil bildet sich eine Strahlgeometrie, die von der Geometrie des Einspritzventils nach dem Zumessringspalt (vor allem Nadelsitz- und Lochplattengeometrie) abhängt. Man unterscheidet zwischen:

- Schnurstrahlventil („Pencil Stream“): Der Einspritzstrahl hat einen kleinen Strahlwinkel von maximal 8°. Diese Art von Injektor wird vor allem bei Applikationen benutzt, bei denen das Einspritzventil relativ weit entfernt vom Einlassventil eingebaut ist.
- Kegelstrahlventil („Cone Spray“): Der Einspritzstrahl hat einen größeren Strahlwinkel von 10° bis 30°. Dieses Einspritzventil wird vor allem dann benutzt, wenn der Abstand zum Einlassventil relativ gering ist. Die Tropfengrößen sind geringer als beim Schnurstrahlventil.
- Zweistrahlventil („Split Stream“): Die Einspritzmenge ist auf zwei Einspritzstrahlen aufgeteilt. Der Winkel zwischen beiden Strahlachsen beträgt üblicherweise 15° bis 35°. Dieses Einspritzventil wird meistens bei Mehrventilmotoren mit zwei Einlassventilen eingesetzt.

Neben der Strahlgeometrie gibt es eine Reihe anderer Größen, die für eine Applikation der Einspritzventile an einen Motor festgelegt werden müssen:

- *Statischer Durchfluss:* Er bezeichnet die maximale Durchflussmenge durch ein Einspritzventil bei voll bestromter Spule. Er hängt von dem Kraftstoffdruck und dem Durchmesser der Löcher in der Lochplatte am Einspritzventilaustritt und dem Nadelhub ab.
- *Dynamischer Durchfluss:* Gibt den Durchfluss bei einer Ansteuerzeit der Spule von 2,5 ms an.
- *Linearer Durchflussbereich:* „Linear Flow Range“ (LFR) ist das Verhältnis von maximalem und minimalem Durchfluss bei maximal 5 % Abweichung von der Linearitätsgeraden (Gerade durch die Kennlinie von Einspritzmenge über Ansteuerzeit der Spule).
- *Tropfengröße:* Sie charakterisiert die Zerstäubungsgüte des Einspritzventils. Die Tropfengröße eines Tropenschwarms wird meist mit Hilfe des Sauterdurchmessers angegeben, der das Verhältnis von mittlerem Tropfenvolumen zur mittleren Tropfenoberfläche in einem abgegrenzten Messvolumen angibt. Neben der mittleren Tropfengröße hat jedoch auch die Tropfengrößenverteilung im Einspritzstrahl einen großen Einfluss auf das Emissionsverhalten des Verbrennungsmotors. Daneben ist die Tropfengeschwindigkeit wichtig,

da sie zum einen die Eindringtiefe des Kraftstoffstrahls bei Einspritzen in Luft und zum anderen den sekundären Strahlzerfall beim Auftreffen der Tropfen auf eine Oberfläche charakterisiert.

- *Dichtigkeit („Leak Rate"):* Auf Grund der geltenden Gesetzgebung bezüglich Verdunstungsemissionen gelten hohe Anforderungen. Da es schwierig ist, die Dichtigkeit mit flüssigen Medien zu bestimmen, wird sie mit Stickstoff ermittelt. Die Leckmenge darf 1,5 cm^3/min nicht überschreiten.

12.4 Gemischbildung bei Dieselmotoren

Dieselmotoren arbeiten mit innerer Gemischbildung, vergleiche Abschn. 12.1. Am Ende des Verdichtungstaktes wird im Bereich des Zünd-OT flüssiger Kraftstoff in die hochverdichtete Luft eingespritzt. Unmittelbar nach Eindringen der Kraftstofftröpfchen, deren mittlerer Sauterdurchmesser zwischen 2 und 10 µm beträgt, beginnt die physikalische und chemische Aufbereitung eines zündfähigen Luft-Kraftstoff-Gemisches. Die Vorgänge der Kraftstoffverdampfung, der Vermischung mit der Luft und der anschließenden Entzündung und nachfolgenden Verbrennung laufen parallel ab. Das Ziel der Gemischbildung ist einerseits eine möglichst rasche Entzündung des Kraftstoffdampfes und andererseits eine möglichst komplette Verbrennung der gesamten eingespritzten Kraftstoffmenge unter Vermeidung hoher Verbrennungsspitzentemperaturen. Wenn diese beiden Grundbedingungen erfüllt sind, ist die Verbrennung weitgehend schadstoffarm, bei gleichzeitiger Vermeidung extremer Druckspitzen und damit eines hohen Verbrennungsgeräusches und einer hohen mechanischen und thermischen Belastung, vergleiche auch Abschn. 14.3 und 15.1.

Das örtliche und zeitliche Luft-Kraftstoff-Gemisch im Brennraum ist stark inhomogen. Das sogenannte lokale Luftverhältnis im Brennraum reicht von 0 (im Kraftstofftropfen) bis zu unendlich (Zonen reiner Luft). Das globale Luftverhältnis, also das Verhältnis der tatsächlich im Brennraum befindlichen Luftmasse bezogen auf die für die vollständige Verbrennung der eingespritzten Kraftstoffmenge erforderliche Luftmasse bewegt sich bei praktisch ausgeführten Dieselmotoren zwischen etwa 1,1 und 6.

Für die Gemischbildung steht beim Dieselmotor nur eine extrem kurze Zeit zur Verfügung. Geht man von einer Kraftstoffeinspritzdauer von circa 36° Kurbelwinkel aus, so steht bei einer Drehzahl von zum Beispiel 4000 min^{-1} lediglich eine Zeit von 1,5 ms zur Verfügung. Im Vergleich dazu beträgt für einen konventionellen Ottomotor mit Saugrohreinspritzung bei vergleichbarer Drehzahl die Gemischbildungszeit circa 15 ms. Die Zeit vom Einspritzbeginn bis zur ersten Zündung eines Luft-Kraftstoff-Gemisches ist nochmals erheblich kürzer. Diese als Zündverzug bezeichnete Zeit beträgt bis zu 2 ms. Sie ist stark abhängig von den Temperatur- und Druckbedingungen im Brennraum und der Zerstäubungsgüte des Kraftstoffes. Nach der ersten Entflammung wird die weitere Gemischbildung der noch unverbrannten Kohlenwasserstoffe mit dem vorhandenen Luftsauerstoff durch die beginnende Verbrennung und die damit einhergehende Temperaturerhöhung sowie die entstehenden Turbulenzen beschleunigt. Die für die Gemischbildung erforderliche Energie kommt entweder aus dem Einspritzsystem oder aus der Luftbewegung und aus der beginnenden Verbrennung selbst.

Bei den Motoren mit unterteiltem Brennraum (Vorkammer- oder Wirbelkammermotoren) steuert vor allem die in der Nebenkammer beginnende fette Verbrennung die Hauptenergie für die Gemischbildung im Hauptbrennraum bei. An das Einspritzsystem werden hierbei die geringsten Anforderungen gestellt; abhängig vom Nebenkammerverfahren ist die Luftbewegung unterschiedlich stark beteiligt. Bei den heute üblicherweise eingesetzten Direkteinspritzverfahren ohne unterteilten Brennraum liefert das Einspritzsystem den Hauptenergiebeitrag. Bei Motoren mit großer Drehzahl-Spreizung oder Einspritzsystemen mit vergleichsweise niedrigem Einspritzdruck wird die Luftführung so gesteuert, dass im Brennraum ein Drall entsteht, der die Gemischbildung unterstützt. Je höher der Anteil der Luftbewegung an der Gemischbildung ist, desto geringer kann der Einspritzdruck sein. Dabei ist jedoch zu beachten, dass die Luftdrallerzeugung mit erhöhten Verlusten beim Ladungswechsel verbunden ist. Die Kraftstoffeinspritzung in den Brennraum ist deshalb für die Gemischbildung beim Dieselmotor von zentraler Bedeutung. Dabei spielt neben anderen Funktionen insbesondere die Höhe des Einspritzdruckes die wesentliche Rolle.

Während für Nebenkammermotoren, deren Entwicklung in den 90er Jahren weitgehend eingestellt wurde, das Einspritzdruckniveau in etwa bei 300–400 bar konstant geblieben ist, sind für Motoren mit Direkteinspritzung die Einspritzdrücke in den letzten 10 Jahren dramatisch angestiegen, **Bild 12-21**. Dies hängt im Wesentlichen auch mit der Entwicklung von schnelllaufenden Dieselmotoren mit Direkteinspritzung für Personenkraftwagen zusammen. Da dort, bedingt durch die hohen Drehzahlen, die verfügbare Zeit sehr kurz ist, ist eine entsprechend hohe Gemischbildungsenergie über einen hohen Einspritzdruck zur Verfügung zu stellen.

Bei der Einspritzung des flüssigen Kraftstoffes in den Brennraum ist es wichtig, dass der Kraftstoff sich in viele, sehr kleine Tröpfchen verteilt und damit eine große Oberfläche für die Verdampfung zur Verfügung stellt und möglichst die gesamte Luft im Brennraum erreicht, um starke Rußbildung durch örtlichen Sauerstoffmangel zu vermeiden. Dies gelingt durch

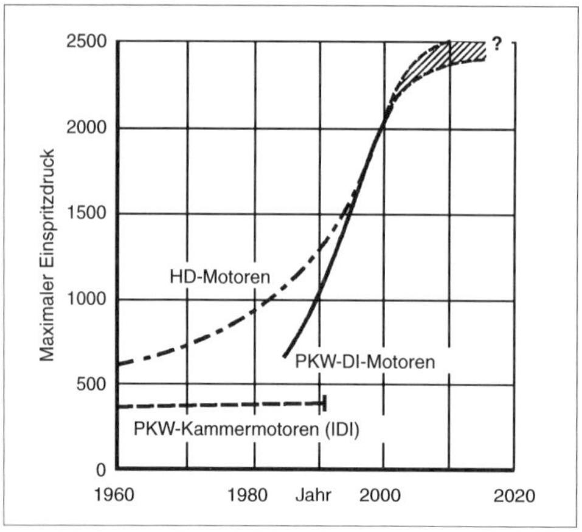

Bild 12-21 Entwicklung des maximalen Einspritzdruckes in den letzten Jahrzehnten

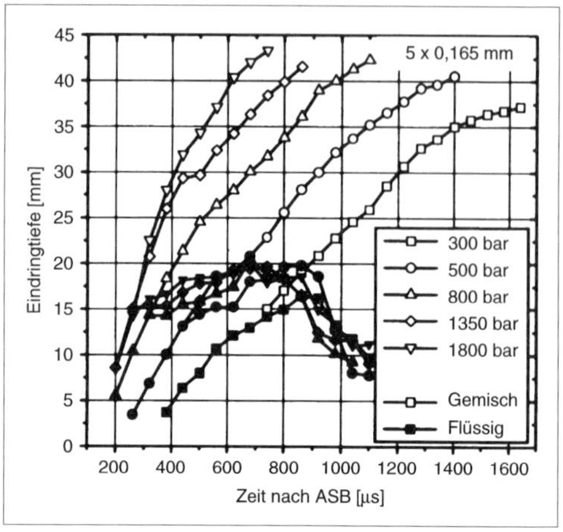

Bild 12-22 Eindringtiefe des flüssigen und dampfförmigen Kraftstoffes, gemessen in einer Einspritzkammer, in Abhängigkeit vom Einspritzdruck [1]

eine sorgfältige Abstimmung des Einspritzdruckes, der Düsenlochgeometrie und der Brennraummulde sowie des richtigen Einspritzzeitpunktes. Es ist zu vermeiden, dass Kraftstofftröpfchen über die Brennraummulde hinaus an die Zylinderwand gelangen und sich im Feuerstegbereich zwischen Kolben und Zylinder ansammeln. Sie würden sich der Verbrennung entziehen, anschließend verdampfen und als unverbrannte Kohlenwasserstoffe in den Auspuff gelangen.

Bild 12-22 zeigt die Eindringtiefe des flüssigen und dampfförmigen Kraftstoffes über der Zeit nach dem Einspritzbeginn in Abhängigkeit vom Einspritzdruck [1]. Dabei ist deutlich zu sehen, dass die Eindringtiefe des flüssigen Strahles unabhängig vom Druck ist. Die Geschwindigkeit der Strahlspitze ist jedoch beim höchsten Einspritzdruck deutlich größer. Der höhere Impuls sorgt für ein stärkeres Air-Entrainment im Einspritzstrahl und damit für eine schnellere Verdampfung. Bei gleichem Einspritzdruck lässt sich mit einem größeren Düsenloch ein tieferes Eindringen des flüssigen Kraftstoffes erreichen. Dabei ist jedoch zu beachten, dass mit zunehmender Tröpfchengröße bei steigendem Düsenlochdurchmesser der aerodynamische Widerstand (nimmt quadratisch mit dem Tröpfchendurchmesser und der Geschwindigkeit zu) so stark steigen kann, dass die Eindringtiefe bei größeren Löchern wieder sinkt. Hier ist also eine Optimierung zwischen Düsenaustrittsquerschnitt und Einspritzdruck sowie Luftbewegung erforderlich.

Neben dieser klassischen inneren Gemischbildung beim Dieselmotor mit flüssigen Kraftstoffen gibt es verschiedene Sonderformen der dieselmotorischen Gemischbildung, wie zum Beispiel bei Diesel-Gas-Motoren und bei der gerade in der jüngeren Zeit intensiv unter-suchten homogenen Dieselverbrennung, vergleiche Abschn. 15.1.2.4. Eine detaillierte Beschreibung der Gemischbildung in Verbindung mit der dieselmotorischen Verbrennung erfolgt in Kapitel 15.1.1.

12.4.1 Einspritzsysteme – Überblick

Aufgaben

Das Einspritzsystem ist maßgeblich dafür verantwortlich, dass Dieselmotoren eine hohe Abgasqualität, geringen Kraftstoffverbrauch, schnelles Ansprechverhalten und komfortable Laufruhe bei geringem Geräusch erreichen. Je nach Einsatzgebiet des Dieselmotors können diese genannten Zielsetzungen unterschiedliche Gewichte haben. Entsprechend ist das Einspritzsystem zusammen mit dem Dieselmotor anzupassen. Die Hauptaufgaben des Einspritzsystems sind [2, 14]:

Exakte Zumessung der Kraftstoffmasse pro Arbeitsspiel. Infolge der Lastregelung des Dieselmotors durch die Zumessung und Einspritzung einer variablen Kraftstoffmasse (Qualitätsregelung) muss diese einerseits für das Erreichen der maximalen Leistung möglichst exakt sein, andererseits besteht bei Annäherung an das stöchiometrische Luft-Kraftstoff-Verhältnis die Gefahr einer unzulässigen Rußemission. Je präziser und langzeitstabiler die Kraftstoffzumessung an der Volllastkurve ist, desto geringer kann der Sicherheitsabstand zur Rauchgrenze sein, das heißt der Motor kann in seinem Leistungsvermögen ausgereizt werden. Die Kraftstoffmengentoleranzen sollten bei Volllast so klein wie möglich sein und etwa ±2,5 % nicht überschreiten. Im Leerlauf und im Teillastbereich, insbesondere bei stationärer Betriebsweise, d.h. wenn keine bewussten Regeleingriffe eingeleitet werden, sind hohe Anforderungen an die Stabilität der Kraftstoffzumessung von Zylinder zu Zylinder sowie von Einspritzung zu Einspritzung zu stellen. Die Abweichungen sollten kleiner 1 mg/Einspritzung betragen. Gegebenenfalls ist eine zylinderindividuelle Anpassung der Einspritzmenge erforderlich, um eine gewünschte Laufruhe zu erreichen.

Anpassung der Einspritzrate an die Betriebsbedingungen. Die während des Einspritzvorganges pro Zeiteinheit eingespritzte Kraftstoffmasse (Einspritzrate und ihr Verlauf: $dm/dt = f(t)$) ist von entscheidender Bedeutung für Abgasemission, Laufruhe und Verbrauch. Prinzipiell kann die Einspritzrate durch Veränderung des Spritzloch-Querschnittes an der Düse und durch Veränderung des Einspritzdruckes beeinflusst werden. Trotz erheblicher Anstrengungen ist es bis heute noch nicht gelungen, eine betriebssichere Düse mit veränderlichem Spritzloch-Querschnitt darzustellen, so dass nur die Druckmodulation übrig bleibt. Vergleichsweise einfach, jedoch mit geringem Variationsgrad, lässt sich dies über die Nockenform und damit über die Nocken- beziehungsweise Kolbengeschwindigkeit in der Hochdruckeinspritzpumpe umsetzen. Eine Druckmodulation während der Einspritzung bei Speichereinspritzsystemen ist eine aufwändige aber interessante Lösungsmöglichkeit. Aber auch durch Druckstufen im Düsenhalter lassen sich in gewissem Umfang Einspritzraten verändern. **Bild 12-23** zeigt veränderte Einspritzraten während der Spritzdauer für eine Haupteinspritzung [3, 4].

Generell gilt, dass eine hohe Einspritzrate und damitzusammenhängend eine große Einspritzmenge am Beginn der Einspritzung zu einem starken Verbrennungsstoß mit hoher örtlicher Temperatur und damit hoher NO_x-Bildung führt.

Mehrfacheinspritzungen. Die Formung der Einspritzrate während einer Einspritzung reicht häufig nicht aus, um die gestellten Anforderungen zu erfüllen. Zunehmend werden Mehrfacheinspritzungen mit unterschiedlichem Mengenniveau und abhängig vom Betriebspunkt im Kennfeld benötigt. **Bild 12-24** zeigt eine Auswahl von denkbaren und zum Teil praktizierten Mehrfacheinspritzungen.

In **Bild 12-25** sind die betriebspunktoptimalen Mehrfacheinspritzungen für einen bestimmten Motor im Kennfeld dargestellt.

Eine kleine abgesetzte Voreinspritzung verkürzt die Zündverzugszeit für die nachfolgende Haupteinspritzung erheblich und kann somit den Verbrennungsverlauf weich gestalten, was zu einem niedrigen Verbrennungsgeräusch führt. Die Nacheinspritzung unter hohem Druck und damit mit guter Strahlaufbereitung ist in der Lage, den durch die Voreinspritzung erzeugten Ruß nachzuoxidieren oder bei entsprechenden Abgasnachbehandlungskonzepten die Abgastemperatur, zum Beispiel zur Regeneration der Partikelfilter, zu erhöhen. Aber auch die Bereitstellung unverbrannter Kohlenwasserstoffe für eine anschließende Abgasnachbehandlung kann mit einer „späten" Nacheinspritzung unterstützt werden. Heute werden betriebspunktabhängig bis zu 8 Einspritzungen bei Pkw-Motoren appliziert.

Kleinstmengenfähigkeit. In Verbindung mit Mehrfacheinspritzungen, insbesondere wenn es sich um Vor- und Nacheinspritzung im Mengenbereich von circa 1 bis 3 mg pro Einspritzung bei zum Beispiel Pkw-Motoren handelt, werden die Anforderungen an die präzise Zumessung dieser Kleinstmengen drama-

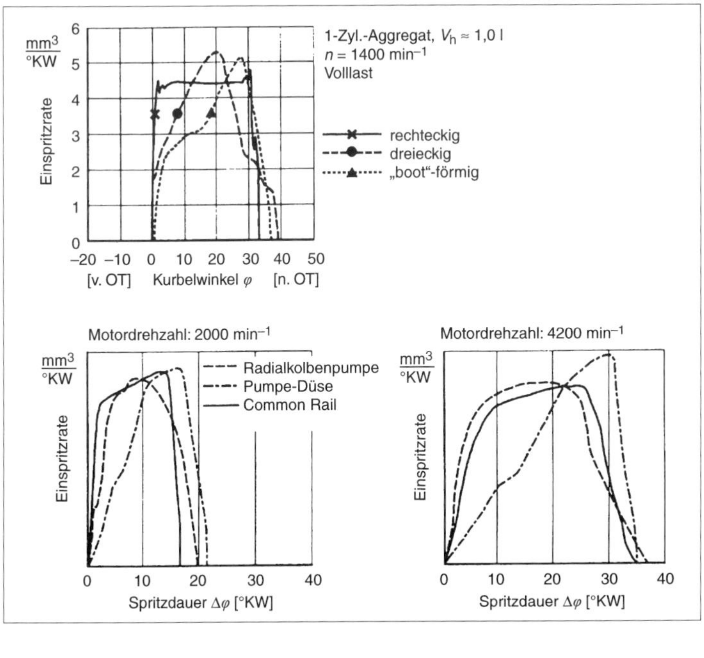

Bild 12-23 Verschiedene Einspritzverläufe (Einspritzrate = $f(t)$) für die Haupteinspritzung, oben [3], unten [4]

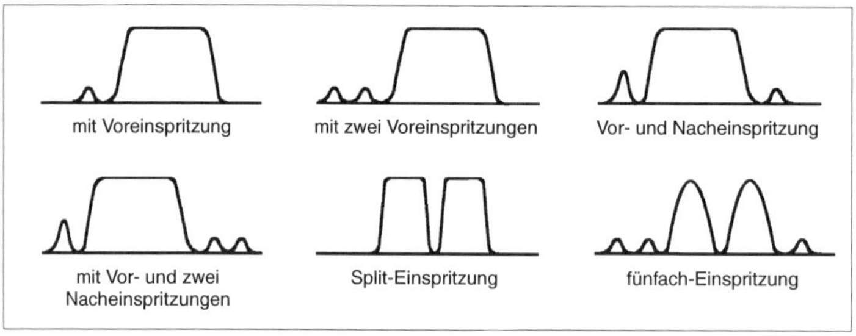

Bild 12-24 Qualitative Düsennadelhubverläufe bei Mehrfacheinspritzungen (Auswahl)

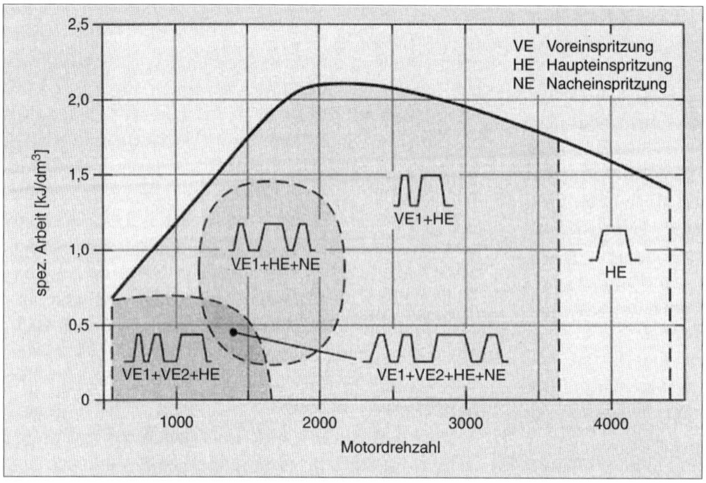

Bild 12-25 Beispiel für optimale, betriebspunktabhängige Mehrfacheinspritzungen im Motorkennfeld [5]

tisch erhöht. Die Einspritzmengentoleranzen sollten dabei kleiner 0,5 mg pro Einspritzung sein. Da sich die Einspritzventilnadeln für diese Kleinstmengen immer im sogenannten ballistischen Bereich bewegen, das heißt sie erreichen nicht den mechanischen Festanschlag, wirken sich sämtliche fertigungsbedingten Toleranzen stark auf die Mengenqualität aus. Die Folge sind deutlich gestiegene Anforderungen an die Bauteilqualität und Langzeitstabilität des Einspritzventils insbesondere was die Düsennadel, den Nadelsitz und das Spritzloch betrifft.

Anpassung des Einspritzzeitpunkts. Die rein drehzahlbedingte Anpassung des Förderbeginns bei Systemen mit langen Einspritzleitungen ist, wie bekannt, nicht mehr ausreichend. Auch Systeme ohne Einspritzleitung oder mit elektronisch gesteuerten Injektoren benötigen einen frei einstellbaren Spritzbeginn von früh, zum Beispiel im Falle des Kaltstarts, bis spät in bestimmten Bereichen des Kennfeldes zur Stickoxidreduzierung. In anderen Betriebsbereichen ist eine verbrauchsoptimale Einstellung gewünscht. Außerdem sind bei Mehrfacheinspritzungen individuelle Spritzbeginnabstände zwischen diesen einzelnen Einspritzungen zu realisieren. Die Genauigkeit, mit der der Spritzbeginn zu realisieren ist, sollte $< \pm 1°$ Kurbelwinkel sein.

Flexible Anpassung an Betriebs- und Umgebungsbedingungen. Neben den bisher genannten Hauptaufgaben sollte ein modernes Einspritzsystem voll flexibel und luftmassenabhängig auf dynamische Vorgänge reagieren. So darf im Falle der Volllastbeschleunigung zur Vermeidung einer unerwünschten Rauchemission die Menge nur entsprechend der dynamisch erfassten Luftmasse angepasst werden. Bei Erreichen der Motornenndrehzahl ist entsprechend dem Einsatzgebiet des Motors die Menge so zurückzunehmen, dass der Dieselmotor vor Überdrehzahl geschützt wird (Endabregelung). Im unteren Betriebsbereich ist der Motor bei möglichst niedriger Drehzahl stabil und nahezu lastunabhängig zu betreiben. Der jeweilige Mengenbedarf ist außerdem abhängig von der Umgebungs- und Kraftstofftemperatur so anzupassen, dass eine schnelle Motorerwärmung erreicht wird. Abhängig von der geodätischen Höhe ist die Kraftstoffmenge anzupassen. So ist bei großer Höhe über dem Meeresspiegel infolge der geringeren Luftdichte die Volllastmenge zurückzunehmen, damit die zulässige Rauchgrenze nicht überschritten wird. Bei Schiebebetrieb ist mit fallender Drehzahl bei Unterschreitung der Leerlaufdrehzahl ein rampenartiger Anstieg der Einspritzmenge zum „Auffangen“ des Motors im Leerlauf erforderlich. Abhängig von Ladedruck und Abgasrückfüh-

rung sind die Einspritzmassen an die jeweiligen Betriebsbedingungen anzupassen.
Diese vielseitigen und zum Teil von einander abhängigen Aufgaben und Anforderungen an ein Einspritzsystem können nur noch von elektronisch gesteuerten beziehungsweise geregelten Systemen übernommen werden. Mechanisch geregelte Systeme mit kantengesteuerter Mengenzumessung können die Forderungen entweder überhaupt nicht oder nur bei Akzeptanz grober Kompromisse erfüllen. In Anwendungsbereichen, wo die vorgenannten erhöhten Forderungen, insbesondere an das dynamische Verhalten, nicht im Vordergrund stehen, werden diese mechanischen, robusten Systeme jedoch weiterhin zufriedenstellend arbeiten können. Bei Fahrzeugmotoren, die eine scharfe Abgasgesetzgebung erfüllen müssen und gleichzeitig möglichst wenig Kraftstoff bei dynamischem Verhalten verbrauchen dürfen, sind die mechanisch geregelten und kantengesteuerten Systeme bereits abgelöst worden.

Aufbau und Einteilung

In einem modernen Dieseleinspritzsystem wirken Mechanik, Hydraulik, Elektrik und Elektronik zusammen. Das Gesamtsystem kann in fünf Teilsysteme zerlegt werden, **Bild 12-26**.

Niederdrucksystem. Das Niederdrucksystem sorgt dafür, dass der Kraftstoff vom Tank zur eigentlichen Hochdruckeinspritzung gefördert wird. Die erforderliche Pumpe kann entweder als Tankmodul den Kraftstoff vom Tank zum Motor fördern oder als integrierte Pumpe in der Hochdruckpumpe den Kraftstoff aus dem Tank ansaugen und innerhalb der Hochdruckpumpe auf den erforderlichen Versorgungsdruck für die Hochdruckeinheiten bringen. Dieser Versorgungsdruck kann zwischen 1 und 15 bar, je nach Einspritzsystem und Drehzahl, betragen. Bei Common-Rail-Systemen bietet sich zur Reduzierung der Leistungsaufnahme der Hochdruckpumpe eine raildruckabhängige, niederdruckseitige Regelung an. Bei der Auslegung der Niederdruckpumpen ist zu beachten, dass in den meisten Fällen ein erheblicher Kraftstoffvolumenstrom für Spülmengen zur Kühlung der Einspritzkomponenten wie auch zur Kompensation von Leckagen erforderlich ist. Die eingesetzten Filter sind sowohl großporige Vorfilter als auch Feinfilter; letztere besitzen eine mittlere Porengröße von 5 bis 10 µm, je nach Einspritzsystem. Das Filter hat außerdem die Aufgabe, das möglicherweise im Kraftstoff vorhandene Wasser abzuscheiden, um Korrosion an den Einspritzkomponenten zu vermeiden. Um den Betrieb auch bei extrem niedrigen Temperaturen sicherzustellen, wird häufig das Filter durch eine elektrische Kraftstoffheizung ergänzt beziehungsweise wird durch Rückführung des erwärmten Kraftstoffes aus dem Hochdruckbereich der Kraftstoff vor dem Filter erwärmt, so dass eine Blockierung des Filters durch Paraffinausscheidung aus dem Kraftstoff verhindert wird.

Das **Hochdrucksystem** ist im Wesentlichen durch die eigentliche Hochdruckpumpe charakterisiert. Der erforderliche Hochdruck und damit die Einspritzleistung wird ausschließlich durch Kolbenpumpen erzeugt. Es kommen dabei innen- oder außenabgestützte Radialkolbenpumpen und einzylindrige Axialkolbenpumpen zum Einsatz. Nur diese Pumpen sind

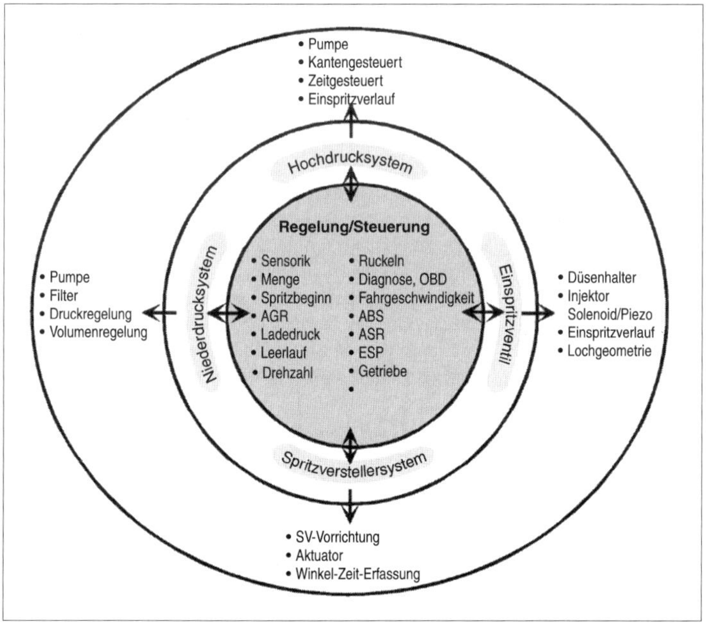

Bild 12-26 Das Dieseleinspritzsystem als Summe verschiedener Teilsysteme

in der Lage, Drücke von mehr als 1000 bar langzeitstabil zu erzeugen und gegebenenfalls auch die erforderlichen Mengen zu dosieren.
Bei konventionellen Systemen, den sogenannten kantengesteuerten Systemen, hat das eigentliche Pumpenelement neben der Aufgabe der Volumenförderung und Druckerhöhung auch die Funktion der exakten Mengenzumessung. Bei modernen Systemen mit elektronisch gesteuerten Ventilen dient die Hochdruckpumpe ausschließlich dazu, den Einspritzdruck zu erzeugen und die Kraftstoffmenge zu fördern. Die exakte Mengenzumessung übernimmt das elektronisch ansteuerbare Ventil (üblicherweise Magnetventil oder Piezoaktuator).

Spritzverstellersystem. Um den Kraftstoff zum richtigen Zeitpunkt dem Motor zuzuführen, ist ein sogenanntes Spritzverstellersystem erforderlich. Generell sind zwei Grundsysteme zu unterscheiden. Bei konventionellen Systemen wird durch mechanische oder hydraulische Kräfte eine Phasenverschiebung zwischen der Pumpenantriebswelle und damit der Nockenwelle oder Verteilerwelle der Hochdruckpumpe und der Kurbelwelle des Verbrennungsmotors bewirkt. Bei Systemen, bei denen die Zumessung durch elektronisch ansteuerbare Ventile geschieht, kann durch Veränderung des Schaltzeitpunktes der Ventile oder durch Kombination des Schaltzeitpunktes mit der Phasenverstellung die erforderliche Einspritzzeitpunktanpassung erfolgen.

Einspritzventil (Einspritzdüse). Der von der Hochdruckpumpe geförderte Kraftstoff wird über das Einspritzventil dem Brennraum des Motors zugeführt. Dabei ist neben dem Zeitpunkt und der genauen Mengenzumessung auch die Strahlaufbereitung für die anschließende Gemischbildung und Verbrennung Hauptaufgabe dieses Ventils. Das Einspritzventil kann entweder direkt druckgesteuert, entsprechend der Druckerzeugung durch die Hochdruckpumpe, sein oder, wie zum Beispiel bei Standard-Common-Rail-Systemen, hydraulisch durch ein elektronisch ansteuerbares Ventil. Jüngste Entwicklungen von CR-Injektoren erlauben die direkte Nadelbewegung durch den Piezoaktuator ohne den Umweg über die Hydraulik.
Die Verbindung zwischen Hochdrucksystem und Einspritzventil erfolgt bei den sogenannten Leitungssystemen mit Hilfe von Hochdruckleitungen. Dies sind Stahlleitungen mit Innendurchmessern von etwa 1,5 bis 2,5 mm. Zur Erhöhung der Dauerfestigkeit ist es wichtig, dass die Rohre innen möglichst glatt ohne Rauhtiefen, Überlappungen und Fehlstellen ausgeführt werden. Hierzu sind besondere Verfahren, zum Beispiel die sogenannte Autofrettage, das heißt eine unter extrem hohem Druck stattfindende plastische Glättung und Eigenspannungserzeugung an der Innenseite der Rohre, erforderlich.

Regelung/Steuerung. Die vorgenannten vier Teilsysteme werden durch ein Regelungs- und Steuerungssystem koordiniert. Während bei konventionellen Systemen der Eingriff überwiegend mechanisch/hydraulisch und in Einzelfällen auch pneumatisch erfolgt, sind bei modernen Einspritzsystemen elektronische Informationserfassung und -verarbeitungssysteme und elektrisch betätigte Steuerorgane im Einsatz.
Dabei dienen die elektrischen Aktuatoren meist nur der Steuerung, die Verstellenergie wird üblicherweise hydraulisch oder pneumatisch erzeugt.
Das elektronische Steuerungs- und Regelsystem ist eingebunden in das gesamte Motor- und Fahrzeugmanagement und damit mit allen Subsystemen verbunden, aus denen ein Eingriff auf das Motordrehmoment beziehungsweise die Motordrehzahl erfolgen muss.
Bild 12-27 zeigt schematisch die heute eingesetzten, durch die Pumpen charakterisierten Einspritzsysteme; in der oberen Reihe die kantengesteuerten Systeme. Dabei kann der Regel- und Steuerungseingriff sowohl mechanisch als auch elektrisch sein.
In der mittleren und unteren Reihe sind die Systeme dargestellt, bei denen die Zumessung über elektrisch betätigte Steuerventile erfolgt. Mit Ausnahme der Speichereinspritzsysteme (CRS) kann der Einspritzvorgang bei den anderen Systemen nur während der Volumenförderung und Druckerzeugung, das heißt während der Pumpenkolbenbewegung erfolgen.
Generell können die heute verwendeten Einspritzsysteme in drei Kategorien eingeteilt werden: in so genannte nocken-kantengesteuerte, nocken-zeitgesteuerte und speicher-zeitgesteuerte Systeme, **Bild 12-28**.
Bei den nocken-kantengesteuerten Systemen ist die Stellgröße der Förderwinkel der Nockenwelle beziehungsweise der Förderhub des Kolbens. Auf Grund der mit steigender Drehzahl steigenden Kolbengeschwindigkeit und dem damit ebenfalls steigenden Druck (und im Falle der Kantensteuerung zusätzlich durch Vor- und Nachfördereffekte) ist der Förderwinkel bei hohen Drehzahlen unter der Annahme einer konstanten Menge kleiner als bei niedrigen Drehzahlen.
Bei den nocken-zeitgesteuerten Systemen ist die Stellgröße die Ansteuerdauer. Auch hier ist auf Grund des drehzahlabhängigen Druckes die Ansteuerdauer bei höherer Drehzahl geringer als bei niedriger Drehzahl. Im Falle der speicher-zeitgesteuerten Systeme ist der Druck über der Drehzahl konstant einstellbar und damit auch die Ansteuerdauer. Der Förderwinkel verdoppelt sich deshalb bei Verdopplung der Drehzahl.

12.4.2 Systeme mit einspritzsynchroner Druckerzeugung

Einspritzsysteme mit einspritzsynchroner Druckerzeugung sind dadurch gekennzeichnet, dass die Druckerzeugung und die Förderung beziehungsweise Einspritzung des Kraftstoffes individuell für jeden Motorzylinder zeitgerecht abläuft, das heißt die Druckerzeu-

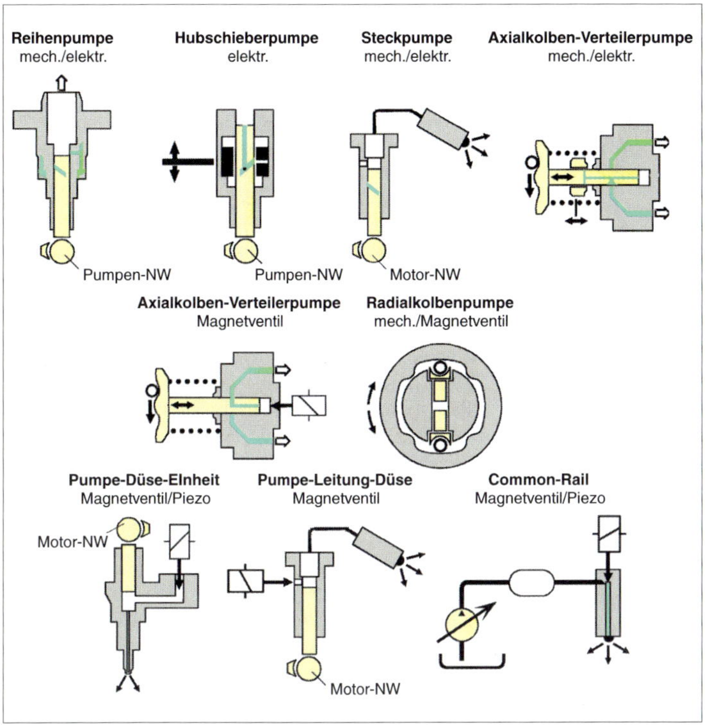

Bild 12-27 Heute eingesetzte Einspritzsysteme, oben: kantengesteuerte Systeme, mitte: magnetventilgesteuerte Kompaktsysteme (≤6 Zylinder), unten: Einzelzylinder-Systeme, magnetventil- oder piezogesteuert

gung erfolgt im gleichen zeitlichen Rhythmus der Zündfolge des Motors. Einzelpumpensysteme, Reihenein-spritzpumpen, Verteilereinspritzpumpen und lei-tungslose Pumpe-Düse-Systeme arbeiten nach diesem Prinzip. Die Zumessung kann dabei durch reine Kantensteuerung (mechanisch oder elektronisch gesteuert) oder über elektrisch betätigte Steuerventile erfolgen, vergleiche auch Abschn. 12.4.1.

12.4.2.1 Einzelpumpensysteme mit Leitung

Das in **Bild 12-29** dargestellte Einzeleinspritzpumpensystem mit mechanischer Regelung gehört neben der Reiheneinspritzpumpe zu den ältesten Dieseleinspritzsystemen. Kennzeichnend für dieses System ist, dass der Antrieb für die Pumpenkolben durch spezielle Nocken, die auf der Nockenwelle für die Ventilsteuerung des Motors angeordnet sind, erfolgt. Diese konstruktive Bauart erlaubt die Anwendung dieses Einzeleinspritzpumpensystems (auch häufig als „Steckpumpe" bezeichnet) nur für Motoren mit unten liegender Nockenwelle. Damit ist der Einsatz dieses Systems für moderne, schnelllaufende Pkw-Diesel-Motoren, deren Ventilsteuerung ausschließlich mit oben liegenden Nockenwellen realisiert wird, nicht geeignet. Hauptanwendungsgebiete der mechanisch geregelten Einzelpumpensysteme sind deshalb Kleinmotoren, Motoren für Baumaschinen und Stationärmotoren sowie Großmotoren für Diesellokomotiven oder für Schiffsmotoren.

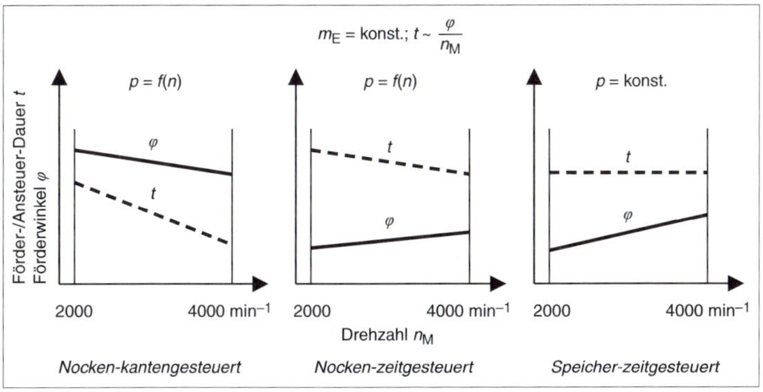

Bild 12-28 Einteilung der Dieseleinspritzsysteme bezüglich der Druckerzeugung und Zumessstellgröße

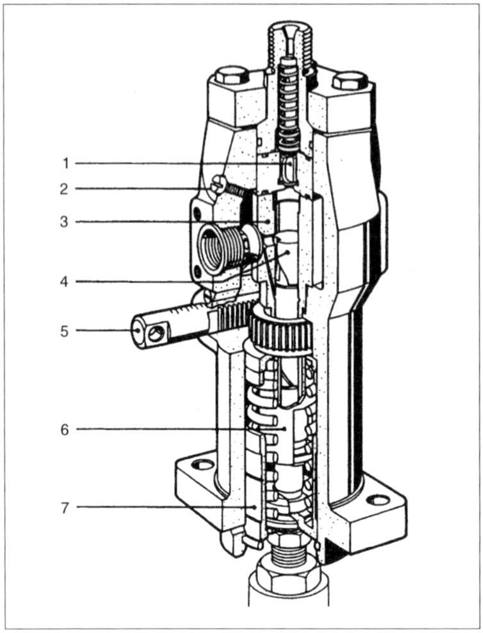

Bild 12-29 Mechanisch geregelte Einzeleinspritzpumpe für Großmotoren [6] Bauart Bosch, 1 Druckventil; 2 Entlüftungsschraube; 3 Pumpenzylinder; 4 Pumpenkolben; 5 Regelstange; 6 Regelhülse; 7 Führungsbuchse

Die erzielbaren Einspritzdrücke liegen für Großmotoren bei circa 2.000 bar. Für die Anwendung in Schiffsmotoren sind Sonderbauarten für Schwerölbetrieb verfügbar. Die in diesen Einsatzfällen geforderte hohe Lebensdauer und Zuverlässigkeit führt zu einer sehr robusten Konstruktion mit einseitig geschlossenen Pumpenzylindern, sogenannten Sacklochelementen.

Die freie Anpassung des Förder- und damit Spritzbeginnes ist nur mit großem Aufwand realisierbar. Deshalb führte die Weiterentwicklung zum magnetventilgesteuerten Einzelpumpensystem, dem sogenannten Pumpe-Leitung-Düse-System (PLD), auch Unit-Pump-System (UPS) beziehungsweise Electronic-Unit-Pump (EUP) genannt. Als Folge einer kurzen Einspritzleitung zwischen der Einzelpumpe und der Düsenhalterkombination ist der Bedarf der Förderbeginnverstellung gering und kann durch den Ansteuerbeginn für das Magnetventil auf dem Fördernocken flexibel eingestellt werden. Dadurch wurden diese Systeme auch für schnelllaufende Nutzfahrzeugmotoren interessant, **Bild 12-30**. Außerdem steigt bei Großmotoren der Bedarf an einem frei verstellbaren Spritzbeginn [12, 15, 16].

Unit-Pump-Systeme für Nutzfahrzeuge erreichen heute maximale Einspritzdrücke von circa 1.800 bar mit einem Potenzial von 2.000 bar. Das Unit-Pump-System ist die Weiterentwicklung der kantengesteuerten Steckpumpe zum nocken-zeitgesteuerten elektronischen Einzelpumpensystem.

12.4.2.2 Reiheneinspritzpumpe

In der Reiheneinspritzpumpe sind die Pumpenelemente, bestehend aus Pumpenzylinder und Pumpenkolben, entsprechend der Anzahl der vorhandenen Motorzylinder in einem eigenen Gehäuse, für schnelllaufende Motoren aus Aluminium, zusammengefasst. Die Pumpenkolben werden durch eine pumpeneigene Nockenwelle bewegt, die ihrerseits durch den Steuerrädertrieb des Motors angetrieben wird. Die Mengenzumessung erfolgt ausschließlich über Kantensteuerung durch Verdrehung der Pumpenkolben. Jeder Pumpenkolben trägt eine schräge Steuerkante, so dass in Verbindung mit der zylinderseitigen, ortsfesten Steuerbohrung, abhängig von der Winkelposition des Pumpenkolbens, ein unterschiedlicher Förderhub und damit eine unterschiedliche Einspritzmenge gefördert beziehungsweise eingestellt werden kann. Der Gesamtkolbenhub ist dabei jeweils konstant und entspricht der Nockenerhebung. Die Verdrehung des Kolbens erfolgt über eine sogenannte Regulierhülse, die mit einer längsbeweglichen Regelstange formschlüssig verbunden ist. Die Regelstange selbst wird durch den mit der Einspritzpumpe verbundenen Regler bewegt. Der Regler kann entweder ein mechanischer Fliehkraftregler sein, der in erster Linie die Regelstange drehzahlabhängig verschiebt und damit insbesondere eine Endabregelung realisiert oder ein elektronischer Regler, der über ein elektromagnetisches Stellwerk auf die Regelstange wirkt. Zur Anpassung der Einspritzmenge an die unterschiedlichsten Betriebsbedingungen sind bei mechanisch geregelten Pumpen so genannte Aufschaltgeräte erforderlich, zum Beispiel ein ladedruckabhängiger Volllastanschlag und eine temperatur- und höhenabhängige Verstellungen der Einspritzmenge.

Zur sicheren Versorgung der Pumpenelemente mit Kraftstoff ist in der Regel eine Niederdruckförderpumpe an der Reiheneinspritzpumpe angebaut, die durch einen speziellen Nocken auf der pumpeneigenen Nockenwelle betätigt wird. Diese Förderpumpe versorgt den Saugraum der Reiheneinspritzpumpe mit Kraftstoff unter einem Druck bis zu circa 3 bar. Am Hochdruckausgang der Reiheneinspritzpumpe trennt ein Druckventil den Hochdruckbereich in der Pumpe von der Einspritzleitung und dem Düsenhalter, so dass nach der Einspritzung im System Leitung-Düse der dort befindliche Kraftstoff vorgespannt bleibt, das heißt ein gewisser Standdruck vorhanden ist. Außerdem ist in dieses Druckventil häufig eine Rückströmdrossel integriert, die dafür sorgt, dass es zu keinem unerwünschten Nacheinspritzer mit nur geringem Einspritzdruck kommt.

Ähnlich wie bei den mechanisch geregelten Einzeleinspritzpumpen ist es auch bei der Reihenein-

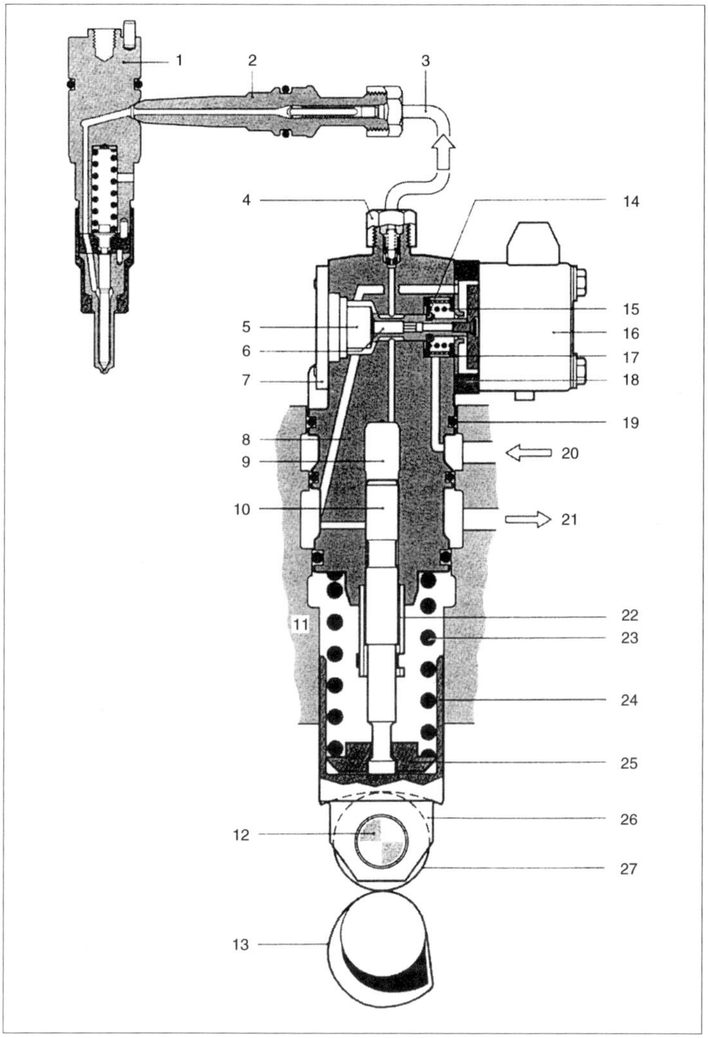

Bild 12-30 Pumpe-Leitung-Düse (PLD) oder Unit-Pump-System (UPS) für Nutzfahrzeugmotoren [6] Bauart Bosch, 1 Einspritzdüsenhalter; 2 Druckstutzen; 3 Hochdruckleitung; 4 Anschluss; 5 Hubanschlag; 6 Magnetventilnadel; 7 Platte; 8 Pumpengehäuse; 9 Hochdruckraum (Elementraum); 10 Pumpenkolben; 11 Motorblock; 12 Rollenstößelbolzen; 13 Nocken; 14 Federteller; 15 Magnetventilfeder; 16 Ventilgehäuse mit Spule und Magnetkern; 17 Ankerplatte; 18 Zwischenplatte; 19 Dichtung; 20 Kraftstoffzulauf (Niederdruck); 21 Kraftstoffrücklauf; 22 Pumpenkolben-Rückhalteeinrichtung; 23 Stößelfeder; 24 Stößelkörper; 25 Federteller; 26 Rollenstößel; 27 Stößelrolle

spritzpumpe nur mit vergleichsweise großem Aufwand möglich, den Förderbeginn frei anzupassen. Die drehzahlabhängige Förderbeginnsteuerung kann durch einen sogenannten Vorbau-Spritzversteller erreicht werden. Dieser arbeitet mit Hilfe von Fliehgewichten und einer geeigneten Kinematik in der Weise, dass es zu einer Phasenverschiebung zwischen der Pumpennockenwelle und der Motorkurbelwelle kommt. Eine einfache lastabhängige Förderbeginnsteuerung wird gelegentlich durch eine oben liegende Steuerkante am Pumpenkolben ermöglicht. Auch hydraulische Vorbau-Spritzversteller, die sowohl last- als auch drehzahlabhängig den Förderbeginn in bestimmten Grenzen verändern können, kommen zum Einsatz. Trotz dieser verschiedenen Lösungsmöglichkeiten ist die fehlende freie Einstellung des Förderbeginns ein Nachteil der konventionellen Reihenpumpe. Dies führte zur Konstruktion der Hubschieberpumpe.

Das **Bild 12-31** zeigt ein aufgeschnittenes Pumpenelement einer Hubschieber-Reiheneinspritzpumpe. Es ist dadurch gekennzeichnet, dass im Bereich der Kolbensteuerkanten der Pumpenzylinder verschiebbar ist (Hubschieber). Damit kann der Vorhub, das heißt der Kolbenweg bis zum Verschließen der Zulaufbohrung für den Kraftstoff verstellt werden. Ein kleiner Vorhub entspricht einem frühen Förderbeginn, ein großer Vorhub einem späten Förderbeginn. Die Hubschieber der einzelnen Pumpenelemente werden über eine gemeinsame Stellwelle in ihrer Höhenlage verändert. Die Stellwelle, wie auch die für die Mengenzumessung erforderliche Regelstange werden durch zwei getrennte, elektromagnetische Stellwerke aktiviert. Die Mengenzumessung bei der

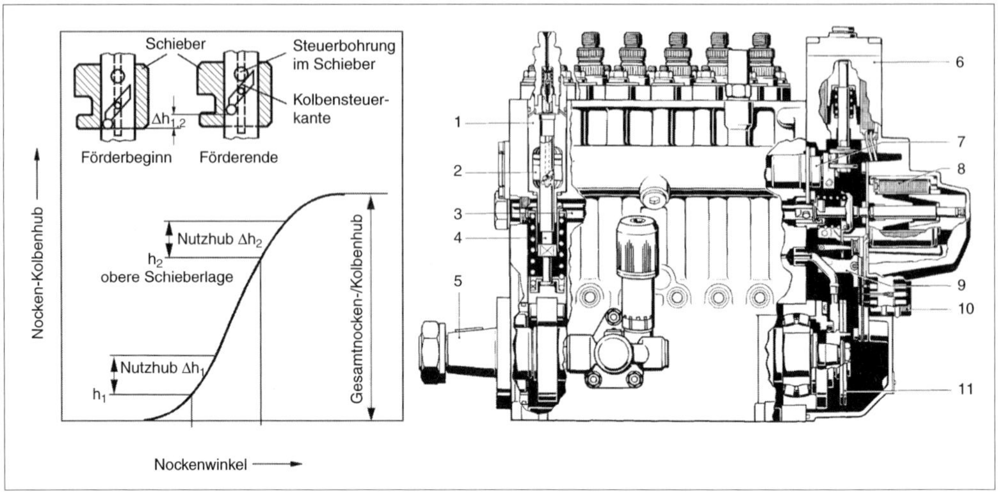

Bild 12-31 Hubschieber-Reiheneinspritzpumpe [2, 6] Bauart Bosch, links: Funktionsprinzip der Förderbeginnverstellung, rechts: Pumpe mit elektromagnetischen Stellwerken: 1 Pumpenzylinder; 2 Hubschieber; 3 Regelstange; 4 Pumpenkolben; 5 Nockenwelle; 6 Förderbeginn-Stellmagnet; 7 Hubschieber-Verstellwelle; 8 Regelweg-Stellmagnet; 9 induktiver Regelstangenweggeber; 10 Steckanschluss; 11 Scheibe für Förderbeginnblockierung und Teil der Ölrückförderpumpe

Hubschieberpumpe erfolgt analog der konventionellen Reiheneinspritzpumpe beziehungsweise den konventionellen Einzelpumpensystemen. Die Förderbeginnverstellung durch Veränderung des Vorhubes erfordert im Vergleich zur Standard-Reiheneinspritzpumpe einen höheren Nocken. Diese Pumpenbauart wird deshalb und wegen der notwendigen beiden Stellwerke nur für Nutzfahrzeugmotoren eingesetzt. Konventionelle Reiheneinspritzpumpen mit mechanischer oder elektromagnetischer Regelung werden dagegen bei allen Motorgrößen eingesetzt. Die großen Reiheneinspritzpumpen für Schiffsmotoren sind derzeit jedoch ausschließlich mechanisch geregelt. Der Druckbereich der Reiheneinspritzpumpe reicht von circa 550 bar für die kleine Reihenpumpe (Bauart M) bis circa 1.350 bar für die Hubschieberpumpe.

Auf Grund der weiterhin steigenden Forderungen nach geringeren Abgasemissionen und geringem Verbrauch und der damit verbundenen erhöhten Anforderung an das Einspritzsystem bezüglich maximalem Einspritzdruck, Mehrfacheinspritzungen und freier Wahl des Spritzbeginnes wird das Reiheneinspritzpumpensystem zunehmend durch magnetventilgesteuerte Einspritzsysteme abgelöst.

12.4.2.3 Verteilereinspritzpumpe

Neben der Reiheneinspritzpumpe ist die Verteilereinspritzpumpe die zweite Kompaktpumpenbauart. Sie besteht aus Niederdruckförderpumpe, Hochdruckförderpumpe, Spritzverstellereinheit, Drehzahl-/Mengen-Regler und verschiedenen mechanisch/elektrischen Funktionsgruppen. Die Hochdruckpumpe kann entweder als Axialkolben- oder als Radialkolbenpumpe ausgeführt sein.

Bild 12-32 zeigt eine Axialkolbenpumpe mit kantengesteuerter Mengenzumessung und elektromagnetischem Stellwerk. Die Pumpe ist dadurch gekennzeichnet, dass – im Gegensatz zur Reihenpumpe – nur ein Pumpenelement für alle Motorzylinder erforderlich ist. Dies wird dadurch möglich, weil die Frequenz der Hubbewegung des Pumpenkolbens der Zündfrequenz des Verbrennungsmotors entspricht und nicht der eines einzelnen Motorzylinders. Gleichzeitig dreht sich der Pumpenkolben mit Nockenwellendrehzahl. Durch die Hubbewegung des Kolbens wird die Kraftstoffmenge den Motorzylindern zugeführt. Durch die Drehbewegung wird der Kraftstoff entsprechend der Zündfolge auf die Motorzylinder verteilt. Diese Doppelfunktion des Kolbens erlaubt den Einsatz der Verteilereinspritzpumpe für Motoren mit bis zu 6 Zylindern. Der Einsatzbereich dieser Pumpe sind insbesondere schnelllaufende Dieselmotoren für Pkw und leichte Nutzfahrzeuge. In Einzelfällen können auch Motoren der Medium-Duty-Klasse bedient werden. Die düsenseitigen Einspritzdrücke erreichen Werte von 1.200 bis 1.300 bar.

Ein besonderer Vorteil der Verteilereinspritzpumpe ist die Integration einer magnetventilgesteuerten Förderbeginnverstelleinrichtung. Dadurch ist sie besonders für Motoren mit einer großen Drehzahlspanne geeignet.

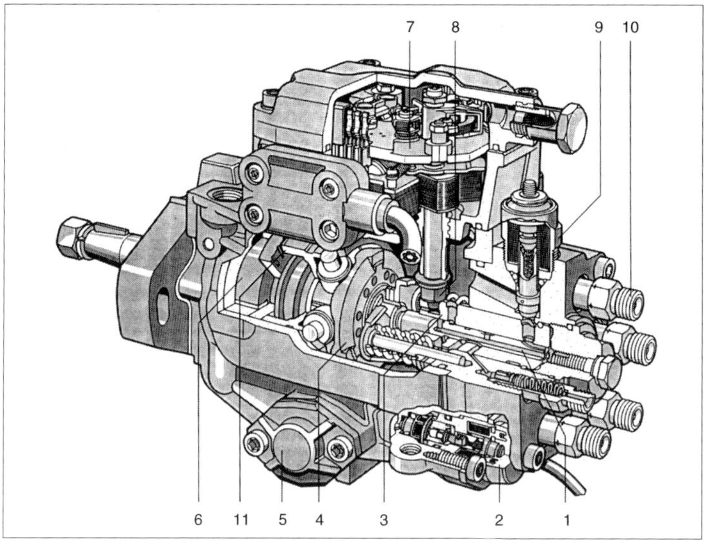

Bild 12-32 Axialkolben-Verteilereinspritzpumpe, kantengesteuert mit elektro-magnetischem Stellwerk [6], Bauart Bosch, 1 Verteilerkolben; 2 Magnetventil für Spritzverstellung; 3 Regelschieber; 4 Hubscheibe; 5 Spritzversteller; 6 Förderpumpe; 7 elektrisches Mengenstellwerk mit Rückmeldesensor; 8 Stellwelle; 9 elektrische Abstellvorrichtung; 10 Druckventilhalter; 11 Rollenring

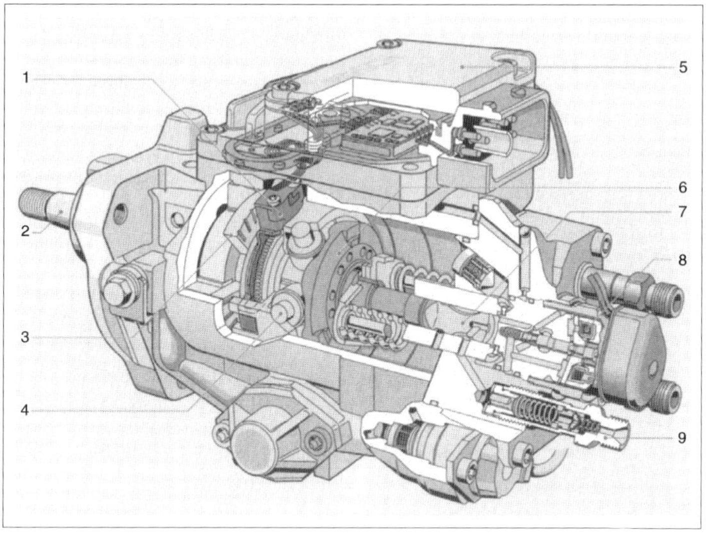

Bild 12-33 Axialkolbenverteilerpumpe, nocken-zeitgesteuert mit Magnetventil [6], Bauart Bosch, 1 Drehwinkelsensor; 2 Antriebswelle; 3 Stützring; 4 Rollenring; 5 Steuergerät; 6 Hubscheibe; 7 Pumpenkolben; 8 Hochdruckmagnetventil; 9 Druckventilhalter

An Stelle des elektromagnetischen Stellwerkes übernahm bei der älteren, konventionellen Ausführung eine fliehkraftunterstützte mechanische Regelung die Verstellung des Regelschiebers und damit die Mengenzumessung. Eine weiterentwickelte Stufe der Axialkolbenverteilerpumpe zeigt **Bild 12-33**. Es handelt sich dabei um eine nocken-zeitgesteuerte Pumpe, in deren Hochdruckbereich ein Magnetventil angeordnet ist, über das sowohl die Füllung des Pumpenelementes als auch der Förderbeginn und das Förderende und somit die Fördermenge gesteuert werden kann. Auf Grund des geringeren Schadvolumens im Hochdruckbereich der Pumpe lassen sich Einspritzdrücke von circa 1.600 bar mit dieser Variante erreichen. Auf dem Pumpengehäuse ist ein elektronisches Steuergerät angeordnet, das die Pumpensteuerfunktionen, insbesondere die Aktivierung des Mengenmagnetventiles und des Magnetventiles für die Förderbeginnverstellung übernimmt. Die Informationen hierfür kommen aus dem pumpeninternen, inkrementalen Pumpenwinkel-Zeit-Signal (IWZ-Signal). Dieses wird vom Drehzahl- beziehungsweise Drehwinkel-Sensor am Geberrad der Antriebswelle erzeugt. Die Position des Sensors wird zusammen mit der für die Förderbeginnverstellung notwendigen Rollenringverstellung verändert. Mittels der Hubscheibendrehzahl (Nockenwellendrehzahl) und über die Zuordnung des Förderhubes zum OT-Signal des Kurbelwellendrehzahl-Sensors lässt sich somit eine exakte Förderbeginnverstellung erreichen, ohne dass ein in

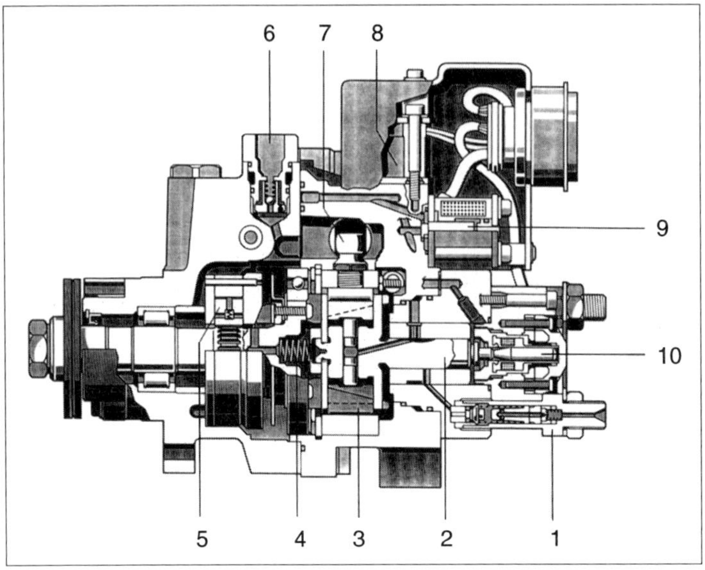

Bild 12-34 Radialkolben-Verteilereinspritzpumpe, hubgesteuert und elektronisch geregelt [7] Bauart Delphi, 1 Druckventilhalter; 2 Verteilerwelle; 3 Gleitschuhe; 4 Rückführfeder; 5 Förderpumpe; 6 Druckhalteventil; 7 Spritzversteller; 8 Magnetventile (Spritzversteller, Rücklauf); 9 Magnetventile (Abstellung, Füllung); 10 Sensor für axiale Rotorstellung

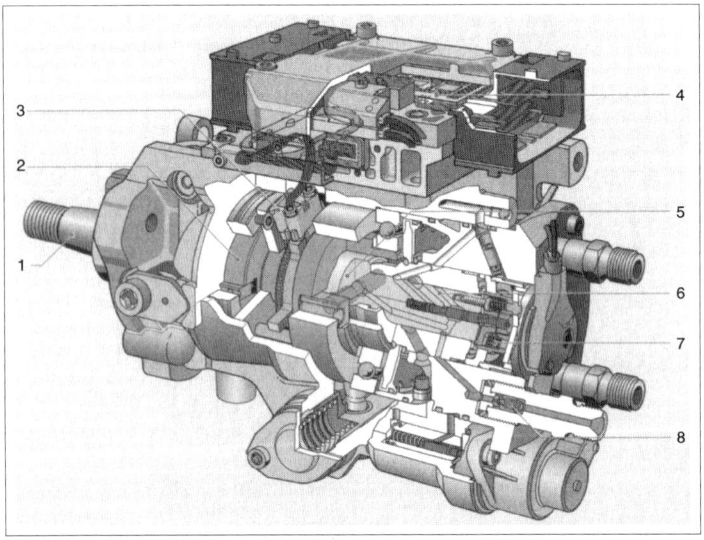

Bild 12-35 Radialkolbenpumpe, nocken-zeitgesteuert mit Magnetventil [8] Bauart Bosch, 1 Antriebswelle; 2 Flügelzellenförderpumpe; 3 Drehwinkelsensor; 4 Steuergerät; 5 Radialkolben-Hochdruckpumpe; 6 Verteilerwelle; 7 Hochdruckmagnetventil; 8 Pumpenauslass

der Düsenhalterkombination angeordneter Nadelbewegungsfühler die Information des Spritzbeginns liefern muss. Gleichzeitig kann durch die IWZ-Signale die exakte Ansteuerdauer des Mengenmagnetventils und damit die Mengenzumessung eingestellt werden. Das Pumpensteuergerät ist mit dem zweiten Steuergerät, dem Motorsteuergerät, verknüpft oder kann dessen Funktionen beinhalten, so dass nur noch ein Steuergerät erforderlich ist. Der Antrieb und die Förderbeginnverstelleinrichtungen sind ähnlich wie bei der kantengesteuerten Axialkolbenverteilereinspritzpumpe.

Bei Verteilereinspritzpumpen mit Radialkolbenhochdruckpumpe sind die Druckerzeugungsfunktion und die Verteilungsfunktion getrennt. Wie der Name sagt, sind die Druckerzeugungskolben radial angeordnet. Die Mengenzumessung kann entweder nockenhubgesteuert oder nocken-zeitgesteuert über Magnetventile – ähnlich wie bei der magnetventilgesteuerten Axialkolbenverteilerpumpe – erfolgen.

Bild 12-34 zeigt eine nockenhubgesteuerte Radialkolbenverteilerpumpe. Bei dieser Pumpenart wird der Förderhub (entspricht dem jeweiligen Gesamthub) durch Axialverschieben der Verteilerwelle und durch konische Flächen verändert. Die axiale Position der Verteilerwelle wird über einen induktiven Wegsensor erfasst und stellt ein Maß für den Förderhub beziehungsweise die Fördermenge dar. Auch diese Pumpe wird ähnlich wie die Axialkolbenverteilerpumpe überwiegend im Pkw-Bereich eingesetzt.

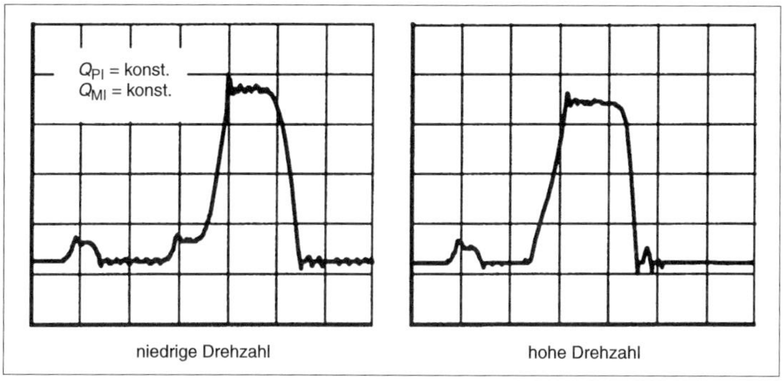

Bild 12-36 Voreinspritzung, realisiert durch eine Radialkolbenverteilereinspritzpumpe in Verbindung mit Zweifederdüsenhalter

Zur Erreichung hoher Einspritzdrücke wurde eine Radialkolbenpumpe mit hoher Förderrate und Magnetventilsteuerung entwickelt, **Bild 12-35**.

Mit dieser Pumpe lassen sich Einspritzdrücke von nahezu 2000 bar erreichen. Ein Nockenring trägt innenliegende radiale Nocken, deren Hub sich über Rollen und Gleitschuhe auf die radial angeordneten Förderkolben überträgt, die die Kraftstoffförderung übernehmen und dadurch den Hochdruck erzeugen. Die Zahl der Förderkolben und der Durchmesser der Förderkolben bestimmen die Förderrate. Durch den kurzen, direkten Kraftfluss innerhalb des Nockentriebes ergeben sich geringe Nachgiebigkeiten und dadurch ein sehr steifes System, welches die hohen Einspritzdrücke ermöglicht.

Die Verteilung des Kraftstoffes auf die Motorzylinder erfolgt über die rotierende Verteilerwelle, in der zentral die Magnetventilnadel angeordnet ist. Der krafterzeugende Stellmagnet sitzt stationär im Verteilerkopf. Dadurch ist die Nadel geometrisch in zwei Teile getrennt. Der Dichtsitz und der dichtende Teil der Nadel sitzen in der rotierenden Verteilerwelle. Die Magnetkraft wird durch den äußeren Nadelteil auf diesen mitrotierenden Nadelteil übertragen. Im stromlosen Zustand ist das Hochdruckventil durch Federkraft geöffnet; dadurch kann der Pumpbereich der Radialkolben mit Kraftstoff über den Niederdruckkreislauf gefüllt werden. Nach Bestromung schließt das Ventil und die Hochdruckförderung beginnt. Die Mengenzumessung erfolgt über den Schließ- und Öffnungszeitpunkt des Magnetventils. Die Förderbeginnverstelleinrichtung ist prinzipiell ähnlich aufgebaut wie die der Axialkolbenverteilerpumpe, jedoch in ihrer Dimensionierung den erhöhten Anforderungen angepasst. Die Ansteuerung der Mengen- und Förderbeginn-Magnetventile erfolgt analog der Axialkolbenverteilerpumpe über das Pumpensteuergerät, das wiederum in gleicher Weise, wie vorher beschrieben, die benötigten Informationen über IWZ-Signale erhält. Auf Grund der hohen Förderrate dieser Pumpe genügt in der Regel eine so genannte Rückströmdrossel im Bereich des Pumpenauslasses, das heißt es ist ein offenes System. Es ist also kein hermetischer Abschluss zwischen den einzelnen Einspritzvorgängen in den Motorzylinder zwischen Pumpe und Leitung notwendig. Der Einsatzbereich dieser Radialkolbenpumpe reicht vom Pkw-Motor bis zu den Heavy-Duty-Motoren.

Während konventionelle Verteilereinspritzpumpen mit Kantensteuerung nicht geeignet sind, Voreinspritzungen durch Unterbrechung der Förderphasen zu erzeugen, ist dies mit magnetventilgesteuerten Systemen möglich. **Bild 12-36** zeigt den Düsennadelhub eines Einspritzsystems mit magnetventilgesteuerter Radialkolbenpumpe bei Anwendung eines Zweifederdüsenhalters. Man sieht bei niederer und höherer Drehzahl sehr deutlich die durch wiederholtes Beschalten des Magnetventiles erzeugte Voreinspritzung und im Falle der niederen Drehzahl auch die Einspritzverlaufsformung durch den Zweifederdüsenhalter.

Allen Verteilereinspritzpumpen gemeinsam ist, dass das Triebwerk ausschließlich durch den Kraftstoff geschmiert wird, im Gegensatz zu den Einzeleinspritzsystemen und der Reiheneinspritzpumpe. Bei den letzten beiden Systemen wird das Triebwerk, das heißt die Paarung Nocken/Stößel durch das Motoröl geschmiert und ist damit tribologisch unempfindlich im Vergleich zum kraftstoffgeschmierten Verteilerpumpentriebwerk. Diese Tatsache führt dazu, dass der eingesetzte Dieselkraftstoff einen Mindeststandard an Schmierfähigkeit erfüllen muss. Durch die in den 90er Jahren festgelegte neue Kraftstoffnorm DIN EN 590 [9] ist dies gewährleistet.

12.4.2.4 Pumpe-Düse-System

Bei der sogenannten Pumpe-Düse-Einheit (PDE), auch als Unit-Injector-System (UIS) oder Electronic-Unit-Injector (EUI) bezeichnet, bilden das hochdruckerzeugende Pumpenelement und das Einspritzventil eine Baueinheit. Der Antrieb des Pumpenkolbens erfolgt über die motoreigene, oben liegende Nockenwelle, auf der spezielle Einspritznocken angeordnet sind. **Bild 12-37** zeigt das PDE-System im Zylinderkopf am Beispiel eines Pkw-Motors und dessen Aufbau. Wegen der fehlenden Einspritzleitung ist das zu verdichtende Kraftstoffvolumen bei der

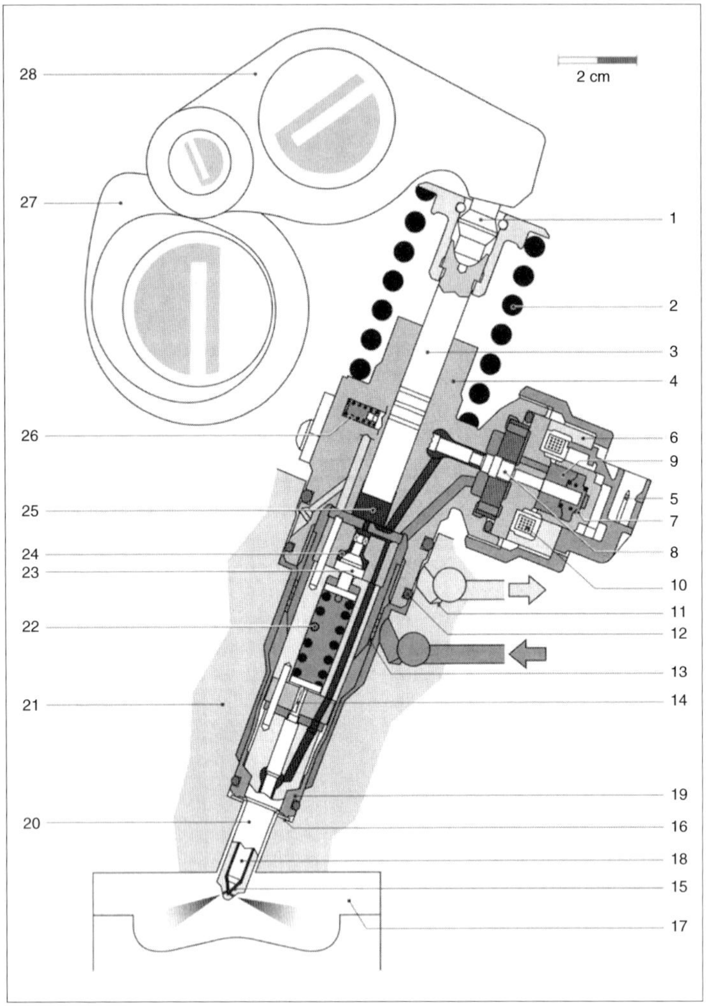

Bild 12-37 Pumpe-Düse-Einheit für Pkw-Motoren [6] Bauart Bosch, 1 Kugelbolzen; 2 Rückstellfeder; 3 Pumpenkolben; 4 Pumpenkörper; 5 Steckkontakt; 6 Magnetkern; 7 Ausgleichsfeder; 8 Magnetventilnadel; 9 Anker; 10 Spule des Elektromagneten; 11 Kraftstoffrücklauf (Niederdruckteil); 12 Dichtung; 13 Zulaufbohrungen (circa 350 lasergebohrte Löcher als Filter); 14 hydraulischer Anschlag (Dämpfungseinheit); 15 Nadelsitz; 16 Dichtscheibe; 17 Brennraum des Motors; 18 Düsennadel; 19 Spannmutter; 20 integrierte Einspritzdüse; 21 Zylinderkopf des Motors; 22 Druckfeder (Düsenfeder); 23 Speicherkolben; 24 Speicherraum; 25 Hochdruckraum (Elementraum); 26 Magnetventilfeder; 27 Antriebsnockenwelle; 28 Kipphebel

Förderung (Schadvolumen) sehr gering. Dadurch ermöglicht dieses System sehr hohe Einspritzdrücke. Das Einspritzdruckniveau liegt derzeit bei knapp über 2.000 bar mit Potenzial bis 2.500 bar. Das System kommt sowohl bei Pkw-Motoren, als auch bei Nutzfahrzeugmotoren zum Einsatz. Voraussetzung sind jedoch Motoren mit oben liegenden Nockenwellen. Die Anordnung der Pumpe-Düse-Einheit im Zylinderkopf erfordert eine völlige Neukonstruktion des Zylinderkopfes mit integrierter Kraftstoffzu- und -abführung sowie ein besonders steifer und belastungsfähiger Antrieb der Nockenwelle. Während in der Vergangenheit Pumpe-Düse-Einheiten vereinzelt auch mit hydraulischer und mechanischer Steuerung angewandt wurden, dominieren heute magnetventilgesteuerte Systeme. Für Pkw-Anwendungen ist auch eine piezogesteuerte Variante in Serie.

Bei dem im **Bild 12-37** gezeigten System konnte durch einen kleinen hydraulisch betätigten Ausweichkolben in weiten Bereichen des Motorkennfeldes eine Voreinspritzung realisiert werden. Nach dem ersten Öffnen der Düsennadel wird bei weiterer Drucksteigerung ein Ausweichkolben betätigt, der die Einspritzung unterbricht und gleichzeitig den Düsennadelöffnungsdruck für die Haupteinspritzung erhöht. Wird durch den Förderkolben dieser erhöhte Öffnungsdruck erreicht, beginnt die Haupteinspritzung. Heute werden Voreinspritzung und Nacheinspritzung (in Verbindung mit der Abgasnachbehandlung) durch mehrfaches Ansteuern der Aktuatoren realisiert. Im Zusammenhang mit der Dieselpartikelfilter-Regeneration wird eine zunehmende Flexibilität für den Einspritzzeitpunkt gefordert, die von der PDE nicht voll erfüllt werden kann.

Bild 12-38 zeigt zusammenfassend und qualitativ die erreichten Einspritzdruck-Niveaus für die verschiedenen Einspritzsysteme.

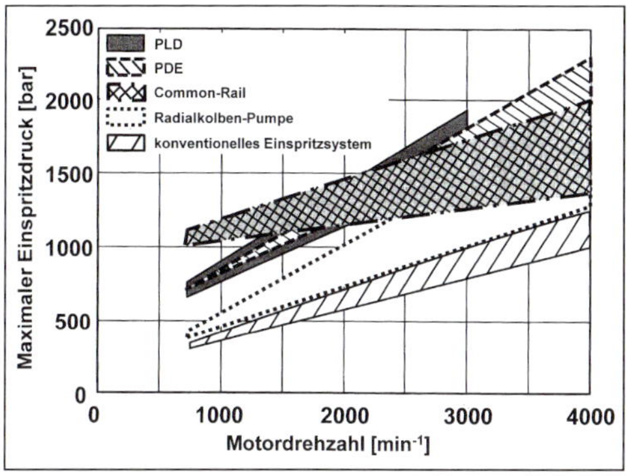

Bild 12-38 Einspritzdrücke für verschiedene Einspritzsysteme

12.4.3 Systeme mit zentralem Druckspeicher

Einspritzsysteme mit zentralem Druckspeicher werden heute als **C**ommon **R**ail (CR = gemeinsame Leitung) -Einspritzsysteme bezeichnet.
Das Common Rail-Einspritzsystem ermöglicht innerhalb gegebener Druckgrenzen einen frei wählbaren Druck. Dies gibt dem Entwickler einen weiteren Freiheitsgrad bei der Optimierung der Verbrennung gegenüber nockengesteuerten Einspritzsystemen.
Die Flexibilität, wesentliche Einspritzparameter praktisch frei einstellen zu können, ist in der Dieseleinspritztechnologie eine schon immer gewünschte Eigenschaft und eröffnet dem Brennverfahrensentwickler eine neue Dimension. Neben der frei wählbaren Größe „Einspritzdruck" besteht prinzipiell die Möglichkeit einer Mehrfacheinspritzung unabhängig von einer Nockenrampe beziehungsweise -kontur, wie zum Beispiel bei Verteilerpumpen und Pumpedüsesystemen. Physikalisch ist beim CR-System somit eine Einspritzung zu jedem beliebigen Zeitpunkt möglich. Die Anzahl der Einspritzungen und deren Zeitpunkt sind im Wesentlichen durch den Herstellungsaufwand für das benötigte Motorsteuergerät begrenzt.
Zusammen mit den Möglichkeiten einer guten Motordesignintegration des Systems und dem deutlich entlasteten Pumpenantrieb, verglichen mit allen anderen nockengesteuerten Systemen, wird das Common Rail-System, **Bild 12-39**, in der Zukunft seinen Anteil an den Einspritzsystemen für Dieselmotoren weiter vergrößern.

12.4.3.1 Hochdruckpumpe

Am Anfang der Entwicklung der Hochdruckpumpe stand die 3-Kolben-Pumpe, **Bild 12-40**. Mittlerweile sind auch 2- und 1-Kolben-Pumpen im Einsatz. Dadurch können Gewicht und Kosten optimiert werden.

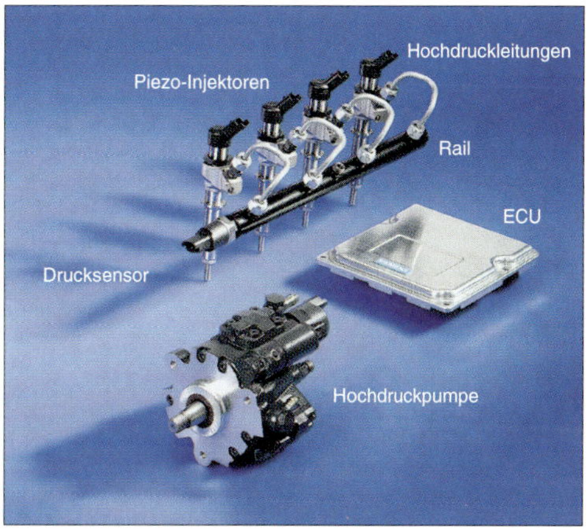

Bild 12-39 Common Rail-System

Gegenwärtig werden zwei Kraftstoffzumesskonzepte verfolgt:

- die Hochdruckabblasung
- das Volumenstromkonzept.

Die Volumenstromregelung weist gegenüber einem Hochdruckabblasekonzept zwei Vorteile auf.
Zum einen ist es die geringere Antriebsleistung im Kennfeld mit einem geringeren Wärmeeintrag in das System über den Kraftstoffrücklauf in den Tank. Um schnell auf transiente Druckänderungen reagieren zu können, wird häufig im Hochdruckbereich des Systems ein Ventil eingesetzt.
Zum zweiten weist die Volumenstromregelung gegenüber der Hochdruckregelung im gesamten Arbeitsbereich einen besseren energetischen Wirkungsgrad auf. Über dem gesamten Pumpendrehzahlbereich und dem Druckbereich von 200 – 1.800 bar liegt er zum Beispiel bei Vollförderung zwischen 70

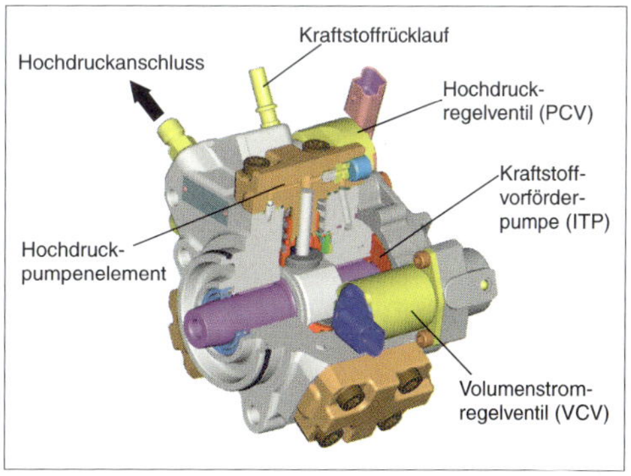

Bild 12-40 Hochdruckpumpe, 1 Kraftstoffvorförderpumpe; 2 Volumenstromregelventil; 3 Hochdruckpumpenelement; 4 Hochdruckregelventil; 5 a Kraftstoffzulauf; b Hochdruckanschluss; c Kraftstoffrücklauf

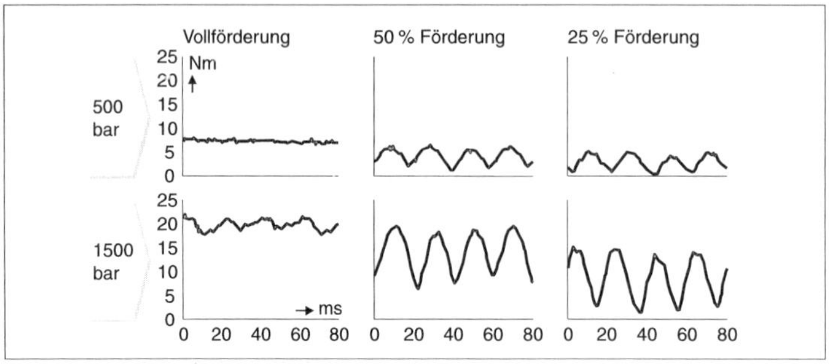

Bild 12-41 Förderraten und Drehmomentschwankungen

und 90 %, wobei weite Bereiche über 80 % energetischem Wirkungsgrad liegen. Die Vorteile des Konzeptes werden besonders in der Teilförderung sichtbar. Im gesamten Arbeitsbereich von Einspritzdruck und Förderrate liegen die Wirkungsgrade in der Regel bis zur niedrigsten Pumpendrehzahlen über 50 %. Beim Hochdruckabblasekonzept kann dagegen unter den gleichen Randbedingungen der energetische Wirkungsgrad bis unter 20 % fallen.

Bei volumenstromgeregelten Hochdruckpumpen ist der Einfluss der Förderrate auf die Drehmomentschwankungen, **Bild 12-41**, des Antriebes der Pumpe zu beachten. Dargestellt sind bei einer Pumpendrehzahl von 1.000 min^{-1} die Raildrücke 500 bar und 1.500 bar. Es zeigt sich stellvertretend für den gesamten Druckbereich bei sinkender Förderrate ein sinkendes mittleres Drehmoment verbunden mit einem moderaten Anstieg der Drehmomentschwankungen. Im Vergleich mit nockengesteuerten Systemen ist der Antrieb der Common Rail-Hochdruckpumpe erheblich unkritischer.

Bild 12-42 verdeutlicht den Einfluss der Volumenstromregelung bei 1.500 bar auf die Druckschwankungen im Rail, die die Einspritzmengen der Injektoren ungünstig beeinflussen könnten. Ebenso wie bei den Drehmomentschwankungen im Antrieb zeigt sich beim Einfluss der Förderrate auf die Druckpulsationen im Rail, dass ein Einfluss praktisch nicht gegeben ist. Bei einem Raildruck von 1.500 bar und Vollförderung ergeben sich Pulsationen im Bereich von 5 bar. Unter den Randbedingungen einer sehr geringen Förderrate von 25 % erhöht sich die Schwankungsbreite auf circa 15 bar.

Beispielhaft sei hier die Common-Rail-Hochdruckpumpe mit einer Druckregelung über Hochdruckbypass und über Volumenstromregelventil bezüglich des Verhaltens auf Druckschwingungen miteinander verglichen. Beide Regelkonzepte ergeben ähnliche Ergebnisse. Befürchtungen, dass ein Regelkonzept mit Volumenstromregelventil unerlaubte Druckschwingungen im Rail induzieren könnte, sind also nicht gegeben. Somit können die oben genannten Vorteile der Druckregelung über ein Volumenstromregelventil ohne Nachteile genutzt werden. Einen Vergleich der Druckpulsationen im Rail bei Hochdruckbypassing und Volumenstromregelung zeigt **Bild 12-43**.

Als Ventile finden Proportional-Wegeventile für Volumenstromregelung und Proportional-Druckbegrenzungsventile für Hochdruckabblasung Verwendung.

Die Vorförderung des Kraftstoffes zur Hochdruckpumpe kann über eine elektrische Förderpumpe (zum Beispiel im Kraftstofftank integriert), eine separate oder eine in der Hochdruckpumpe integrierte mechanische Förderpumpe erfolgen. Der Vorteil der ersten Lösung liegt darin, dass nach einem Leerfahren des Kraftstofftanks die Wiederbefüllung des Systems sehr schnell möglich ist, während die in das Hochdruckpumpengehäuse integrierte Vorförderpumpe den Vorteil hat, dass die Komponentenanzahl des Einspritzsystems kleiner ist und das Gesamtkraftstoffsystem kostengünstiger werden kann.

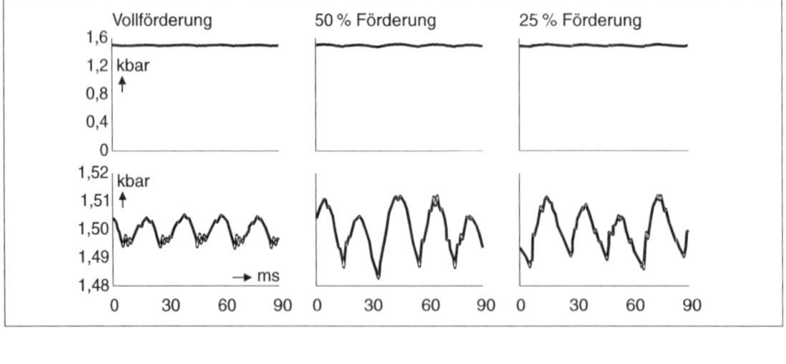

Bild 12-42 Druckpulsationen im Rail bei unterschiedlicher Förderrate und Volumenstromregelung

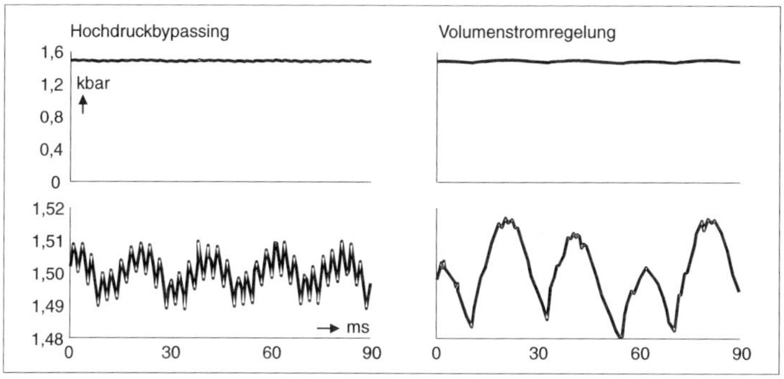

Bild 12-43 Vergleich der Druckpulsationen im Rail bei Hochdruckbypassing (links) und Volumenstromregelung (rechts)

12.4.3.2 Rail und Leitungen

Das Rail, **Bild 12-44**, dient als Hochdruckspeicher für den Kraftstoff, der von der Hochdruckpumpe geliefert wird. Weiterhin versorgt es die Injektoren mit der für alle Betriebsbedingungen nötigen Kraftstoffmenge. Das Rail wird so ausgelegt, dass es einerseits schnell auf den gewünschten Druck vorgespannt werden kann und andererseits die durch den Einspritzvorgang ausgelösten Schwingungen rasch gedämpft werden. Auch die Länge und der Durchmesser der Leitungen zwischen Rail und Injektoren sind dementsprechend zu wählen. Das Ziel einer solchen Auslegung ist, für jeden Zylinder am gleichen Motorbetriebspunkt bei jeder Einspritzung ähnliche Druckverhältnisse zu erreichen, da sonst wegen der Zeitansteuerung die Injektor-zu-Injektor-Streuung zu groß werden kann, was bei einem Fahrzeug zu Emissions- und Fahrdynamikfehlern führen kann.

Rails werden geschmiedet oder sind Schweißkonstruktionen aus gezogenem Stahl. Hierbei ist besonders auf die Hochdruckwechselfestigkeit der Schweißverbindungen zu achten, Die Verbindung mit den Leitungen ist so zu gestalten, dass in der Schweißnaht keine Zugbelastung auftritt.

Die Leitungen zwischen Pumpe und Rail und Rail und Injektoren werden aus nahtlos gezogenem Stahl gefertigt.

12.4.3.3 Injektor

Bild 12-45 zeigt den prinzipiellen Aufbau des Common Rail-Injektors am Beispiel eines Servoventilbetätigten Piezo-Injektors. Herzstück des Injektors ist ein Piezoaktuator, der einerseits relativ niedrige elektrische Spannungen zulässt, andererseits die automobilen Anforderungen nach Temperatur und Vibration zuverlässig erfüllt. Der Aktuator ist in der Lage, das Servoventil in weniger als 100 µs zu öffnen oder zu schließen. Gemeinsam mit der aufeinander abgestimmten Zu- und Ablaufdrosselkombination zum Steuerraum oberhalb des Steuerkolbens kann die Öffnungsgeschwindigkeit der Düse und damit der Einspritzverlauf und auch die minimale Einspritz-

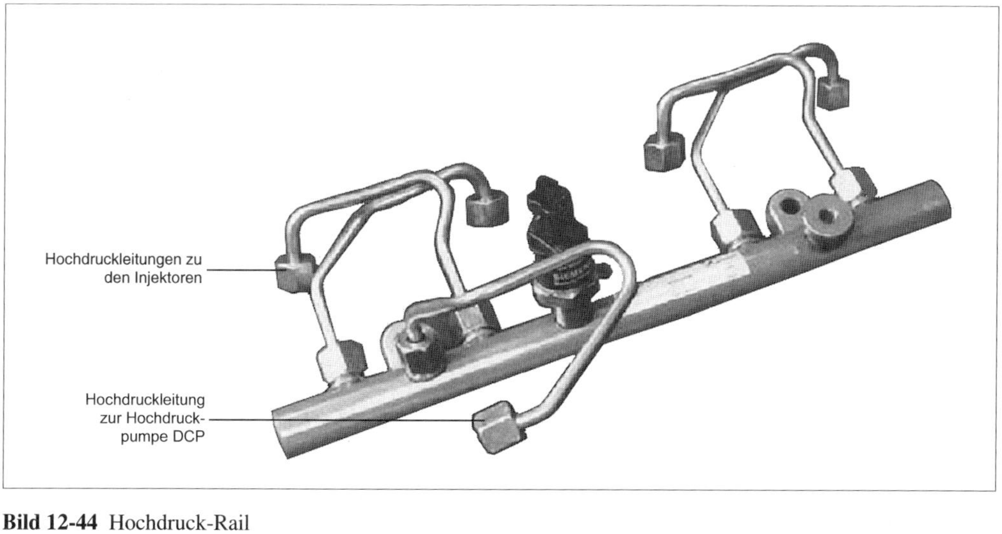

Bild 12-44 Hochdruck-Rail

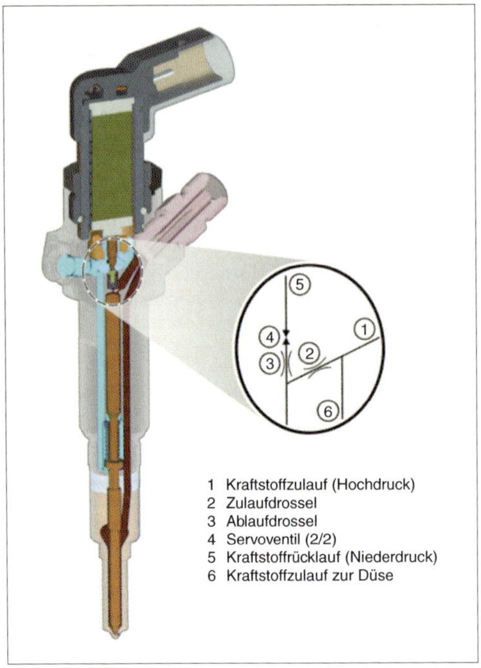

Bild 12-45 Common Rail Piezo-Injektor

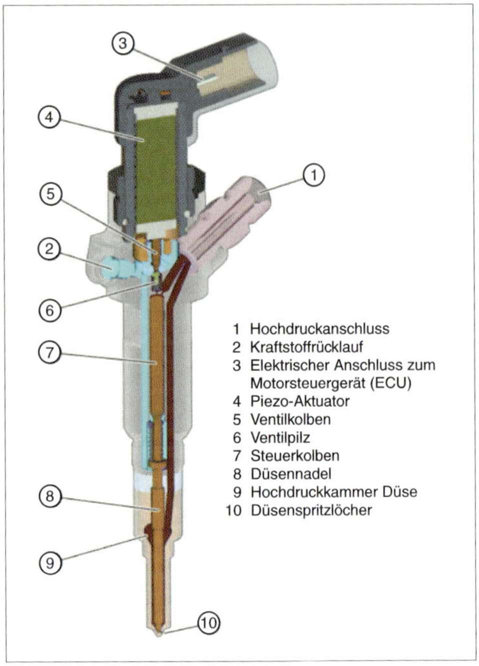

Bild 12-46 Schnittbild eines Piezo-Injektors

menge, die durch die minimal mögliche Ansteuerzeit gegeben ist, beeinflusst werden. Diese Vorgänge werden praktisch ohne Totzeit ausgelöst. Damit wird deutlich, dass die Piezotechnologie eine hohe Reproduzierbarkeit der Einspritzungen möglich macht.

Ein ausgeführtes Beispiel eines solchen Injektors zeigt das vergrößerte **Bild 12-46**. Der Piezo Aktuator (4) ist ein Stack in sogenannter Multilayertechnik, bei dem eine Vielzahl von einzelnen Keramikplättchen miteinander verbunden sind. Diese werden in einem Gehäuse vorgespannt. Ein Problem, das dabei gelöst werden muss, ist die Temperaturkompensation. Durch den großen Temperaturbereich in einem Fahrzeug ist die Ausdehnung des Gehäuses im Verhältnis zur Längenausdehnung der Keramikplättchen bei Anlegen einer Spannung groß. Eine Temperaturkompensation erfolgt durch geeignete Werkstoffwahl des den Piezostack umgebenden Einbaugehäuses zusammen mit der Vorspannfeder, sowie einer geschickten Festlegung des Leerhubes des Aktuators. Dabei darf es nicht zu einem Offenstehen des Injektors (Leerhub zu gering) kommen, was zu Motorschaden führen kann. Andererseits darf bei sehr kleinen Ansteuerzeiten (Leerhub zu groß) kein Nichtöffnen erfolgen, was bei ausbleibender Piloteinspritzung das Verbrennungsgeräusch merkbar erhöht. Eine weitere Besonderheit ist das Servoventil, das im Gegensatz zu dem von einem Magneten betätigten nach innen zum Hochdruckraum statt nach außen öffnet. Der Grund liegt darin, dass sich der Piezo bei Anlegen einer Spannung nicht nur ausdehnt, sondern auch eine große Kraft nach außen ausübt. Dadurch wird das Öffnen des Ventils gegen den Hochdruck funktionsgerechter und die Konstruktion des Injektors einfacher als bei der Bewegungsumkehr, wenn man den Piezo beim Schließen des Servoventils bestromt. Insgesamt kann durch diese Aktuatorkonstruktion ein Hub des Steuerventils von etwa 40 um im gesamten Temperaturbereich eines Fahrzeugmotors von –30 °C bis +140 °C beibehalten werden.

Die Funktionsweise dieser Konstruktion geht aus **Bild 12-47** hervor. Wenn der Injektor nicht angesteuert wird (linke Bildhälfte), befindet sich Kraftstoff unter Raildruck sowohl im Injektor-Steuerraum (2) als auch in der Hochdruckkammer (3) der Düse. Die Bohrung zum Kraftstoff-Rücklauf (5) ist durch den Ventilpilz (4) mittels Feder verschlossen. Die hydraulische Kraft, die durch den Kraftstoffhochdruck auf die Düsennadel (6) im Steuerraum (2) ausgeübt wird, (Fl) ist größer als die hydraulische Kraft, die an der Düsenspitze wirkt (F2), da die Fläche des Steuerkolbens im Steuerraum größer ist als die freie Fläche unter der Düsennadel. Die Düse des Injektors ist geschlossen. Wird der Injektor angesteuert (rechte Bildhälfte), drückt der Piezo-Aktuator (7) auf den Ventilkolben (8) und der Ventilpilz (4) öffnet die Bohrung, die den Steuerraum (2) mit dem Kraftstoffrücklauf verbindet. Dadurch kommt es zum Druckabfall im Steuerraum und die hydraulische Kraft, die an der Düsennadelspitze wirkt (F2), ist größer als die

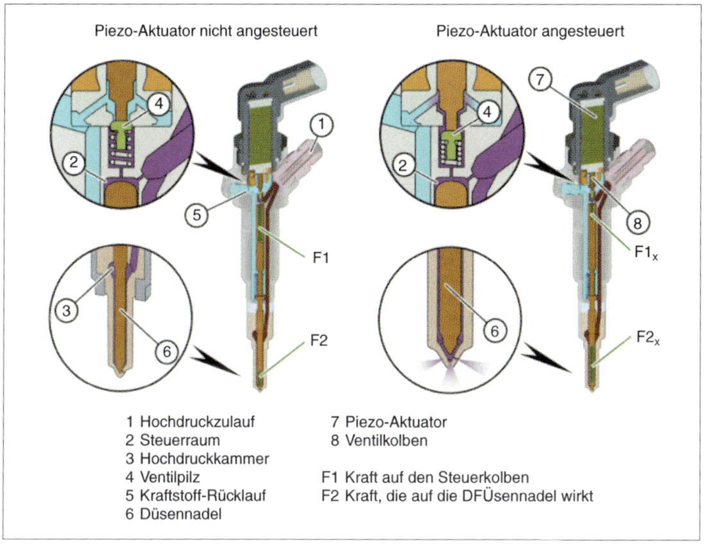

Bild 12-47 Injektor-Funktion

Kraft auf den Steuerkolben (Fl) im Steuerraum. Die Düsennadel (6) bewegt sich nach oben und der Kraftstoff gelangt über die Spritzlöcher in den Brennraum des Motors.

Bei Motorstillstand sind das Ventil, das den Steuerraum mit dem Kraftstoffrücklauf verbindet und die Düse des Injektors durch Federkraft verschlossen. **Bild 12-48** zeigt die Leistungsfähigkeit des Piezo lnjektors. Für Motorgrößen mit einem Zylindervolumen von 0,5 l ergeben sich in einer sinnvollen Gesamtabstimmung des lnjektors, das heißt mit ausreichend schnellen Öffnungs- und Schließflanken, bis l.800 bar minimale Einspritzmengen von unter 1,5 mm^3, im Bereich niedriger Drücke sogar deutlich unter 1,0 mm^3. Gleichzeitig ist der Abstand der Spritzbeginne der einzelnen Teileinspritzungen sehr klein wählbar. Je nach Raildruck sind minimale Spritzpausen von 0 ... 250 µs möglich. Größere Spritzbeginnabstände unterliegen keiner Beschränkung. Vor- und Nacheinspritzungen sind im gesamten Kennfeldbereich möglich, das heißt sowohl im gesamten Druckbereich als auch im ganzen Drehzahlband.

12.4.3.4 Einspritzdüse

Die Aufgabe der Einspritzdüse liegt in der Zerstäubung und der Verteilung des Kraftstoffes zur Erzielung des gewünschten Mikro- und Makrogemisches. Als Einspritzdüsen finden beim Common-Rail-Einspritzsystem Sitzloch- sowie Sacklochdüsen Verwendung (s. Kapitel 12.5.4).

12.4.3.5 Elektronik

Das folgende Systemblockschaltbild, **Bild 12-49**, zeigt die Sensorik und Aktuatorik. Hieraus wird der volle Funktionsumfang des Common Rail Einspritzsystems deutlich. In die Motorelektronik sind alle Endstufen inklusive der Energierückgewinnung integriert. Die Piezotechnologie erfordert gegenüber Solenoidtechnologie ein völlig neues Endstufenkonzept. Während beim Solenoid während der gesamten Öffnungsphase des Ventils Strom fließt, geregelt über Peak and Hold, verhält sich der Piezoaktuator elektrisch ähnlich wie ein Kondensator. Der Piezo wird geladen und längt sich dabei, zum Ende wird er

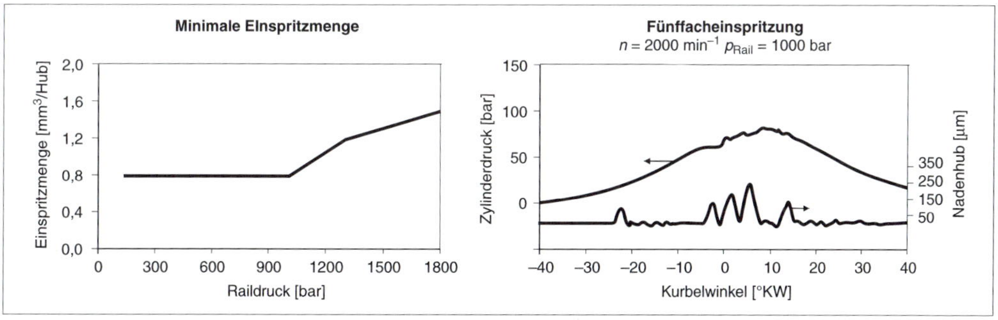

Bild 12-48 Performance des CR-Injektors der 2. Generation mit Piezotechnologie

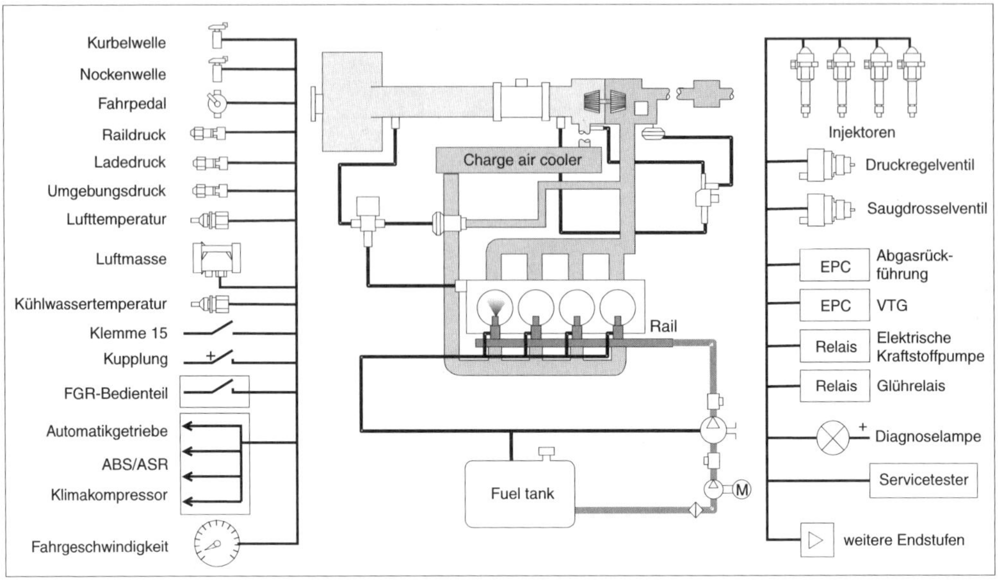

Bild 12-49 Systemblockschaltbild für CR

entladen und geht auf seine Ausgangslänge zurück. Einen Vergleich der elektrischen Eigenschaften von Solenoid- und Piezotechnologie zeigt **Bild 12-50**. Bei der Ansteuerung geht der Trend von der Umschwingendstufe mit fester Stromform hin zu der sogenannten CC-Endstufe, bei der der Stromverlauf je nach Anforderung individuell unterschiedlich geregelt werden kann (CC = Current Control).

Ein weiterer Aspekt in Verbindung mit der Piezotechnologie ist die Elektro-Magnetische-Verträglichkeit. Grundsätzlich erwartet man auf Grund der schnellen Schaltzeiten erhebliche Stromspannungsspitzen. Da aber der Piezoaktuator mit einer Sinus- (beziehungsweise sinusähnlichen) Stromform geladen und entladen werden kann, erweist sich diese Technologie bezüglich EMV als nicht kritischer als die Solenoidtechnologie mit getakteter Peak- und Holdphase.

Die Piezotechnologie hat das Potenzial zur Energierückgewinnung. So kann selbst unter der Randbedingung extrem schneller Schaltvorgänge etwa 50 % der eingesetzten Energie zurückgewonnen werden.

Das Fehlen der magnetischen Remanenz ermöglicht beim Piezo-Aktuator nicht nur die gute Wiederholgenauigkeit von Shot to Shot, sondern auch ein sehr enges Zusammenbringen einzelner Einspritzungen zu einer Spritzreihe, wodurch die Verbrennung gezielt gesteuert werden kann. Die zeitlichen Abstände zwischen den Einspritzungen werden nur begrenzt durch die Schnelligkeit der Endstufe.

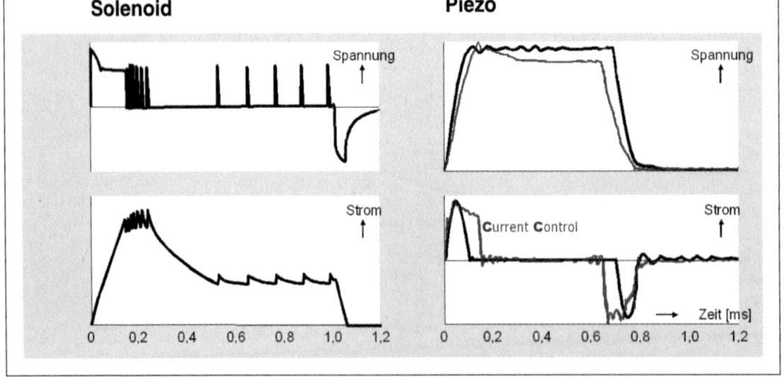

Bild 12-50 Vergleich der elektrischen Eigenschaften von Solenoid- und Piezotechnologie

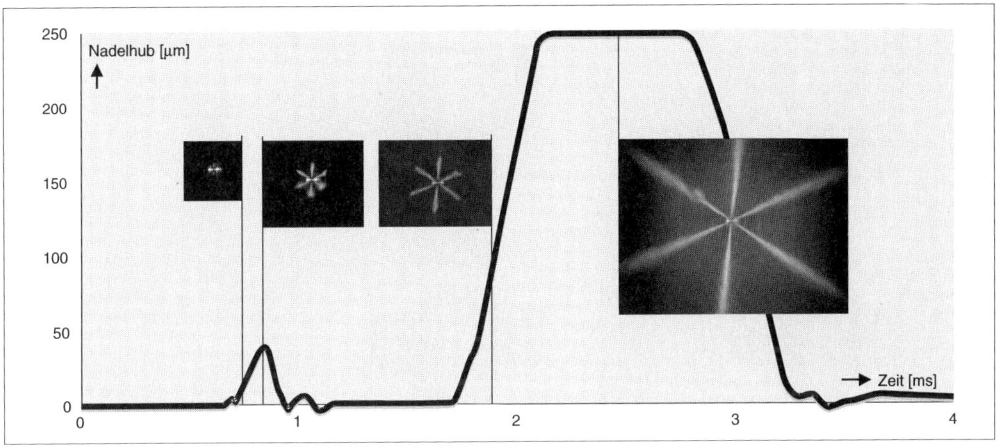

Bild 12-51 Strahlsymmetrie über Nadelhub bei 1000 bar

12.4.3.6 Entwicklungstrends

Allgemeine Entwicklungstrends auch für die Common Rail-Einspritzsysteme der Zukunft sind:

- Steigerung des Einspritzdruckes
- Flexible Einspritzratenregelung
- Veränderbare Düsenspritzlochgeometrie
- Verstärkter Einsatz von closed loop-Regelstrategien
- Verkleinerung der Toleranzen.

An erster Stelle ist mit Sicherheit eine weitere Steigerung des Einspritzdruckes für eine verbesserte Kraftstoffaufbereitung und Verbrennung zu nennen. Die Piezotechnologie bietet u.a. wegen der hohen Schaltgeschwindigkeit optimale Voraussetzungen für eine flexible Einspritzratenregelung, die zur Erfüllung zukünftiger Emissionsforderungen verstärkt zum Einsatz kommen wird. Für eine optimale Gemischaufbereitung im ganzen Motorkennfeldbereich werden Einspritzdüsen mit variabler Spritzlochgeometrie (zum Beispiel Two Stage Nozzle, TSN) entwickelt. Des Weiteren werden verstärkt closed loop-Strategien auch am Injektor eingesetzt werden. Ein Beispiel ist der durch den Piezoaktuator direkt betätigte Injektor mit Bewegungsumkehr, bei dem einerseits Öffnung und Schließen der Düsennadel über Feedbacksignale des als Sensor benutzten Piezoaktuators geregelt werden können und bei dem andererseits auch die Steilheit der Flanken sowie der Nadelhub in seiner Höhe gezielt verändert und geregelt werden können.
Hauptsächlich zur Erfüllung der hohen Emissionsvorgaben werden die Anforderungen an die Bauteiltoleranzen und die Kleinstmengenfähigkeit weiter ansteigen (**Bild 12-51**). Mit der Piezotechnologie sind, bei angepassten Spritzlöchern, Voreinspritzmengen <0,8 mm^3 machbar.

Literaturverzeichnis zu Kapitel 12.4.3

[1] *Schöppe, D.:* Anforderungen an moderne Dieseleinspritzsysteme für das nächste Jahrhundert. Tagung Dieselmotorentechnik. Esslingen 1997

[2] *Egger, K.; Schöppe, D.:* Diesel Common Rail II – Einspritztechnologie für die Herausforderungen der Zukunft. Internationales Wiener Motorensympusium 1998

[3] *Klügl, W.; Egger, K.; Schöppe, D.; Freudenberg, H.:* The Next Generation of Diesel Fuel Injection Systems Using Piezo Technology, FISITA World Automotive Congress, Paris 1998

[4] Piezo Common Rail PCR2 DWI0TD, After Sales Dokumentation 7/2000

[5] *Egger, K.; Lingener, U.; Schöppe, D.; Warga, J.:* Die Möglichkeiten der Einspritzung mit einem Piezo-Common-Rail-Einspritzsystem für Pkw, Int. Wiener Motorensymposium 2001

[6] *Bauer, St.; Zhang, H.; Pirkl, R.; Pfeifer, A.; Wenzlawski, K.; Wiehoff, H.-J.:* Ein neuer Piezo Common Rail Injektor mit Direktantrieb und Mengenregelkreis: Konzept und motorische Vorteile, Int. Wiener Motorensysmposium 2008

12.4.4 Einspritzdüsen und Düsenhalter

Der vom Pumpenelement geförderte Kraftstoff wird durch die Einspritzdüse mit hohem Druck in den Brennraum des Dieselmotors eingespritzt und möglichst fein verteilt. Die Düse selbst ist in einem Düsenhalter montiert, der seinerseits in den Zylinderkopf dichtend eingeschraubt oder eingesteckt ist. Im Falle der Pumpe-Düse-Einheit bilden Hochdruckelement, Düsenhalter und Düse eine Baueinheit. Bei Common Rail-Systemen übernimmt der Injektor als Steuerelement auch die Funktion des Düsenhalters. Die Hauptaufgaben der Düse in Kombination mit dem Düsenhalter sind die Formung des Einspritzverlaufes, das Zerstäuben und Verteilen des Kraftstoffes im Brennraum und das Abdichten des Hydrauliksystems gegenüber dem Brennraum. Die Düsenkonstruktion und Auslegung ist auf die unterschiedlichen Motorverhältnisse exakt abzustimmen. Dies sind vor allem:

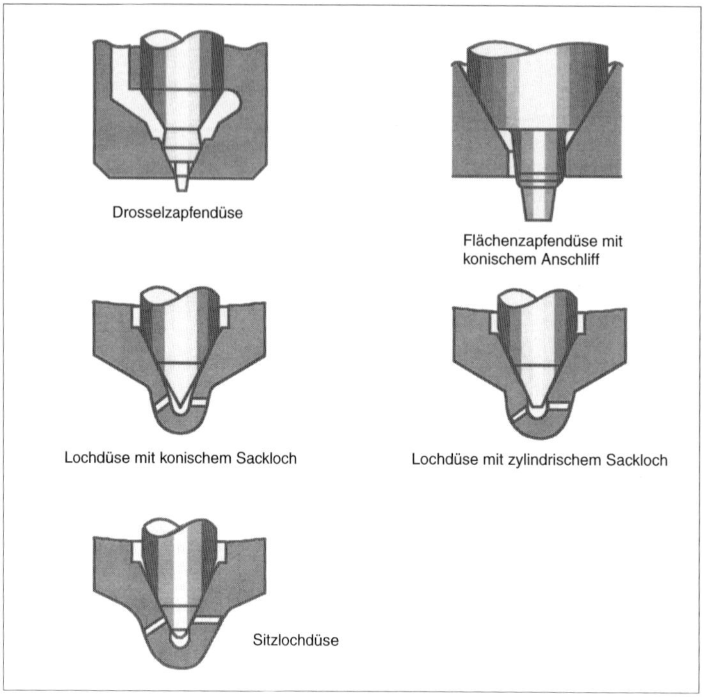

Bild 12-52 Grundausführungen von Einspritzdüsen

- Verbrennungsverfahren (DI, IDI)
- Geometrie des Brennraumes
- Zahl der Einspritzstrahlen, Strahlform und Strahlrichtung
- Einspritzdauer
- Einspritzrate.

Bild 12-52 zeigt einige Grundausführungen von Zapfendüsen (für IDI-Motoren) und Lochdüsen (für DI-Motoren). In allen Fällen handelt es sich um nach innen öffnende Düsen. Nach außen öffnende Düsen sind heute als Serienlösungen nicht mehr im Einsatz. Durch die konstruktive Gestaltung des Spritzzapfenprofils bei Zapfendüsen kann der düsenhubabhängige Öffnungsquerschnitt und damit der Mengendurchfluss beziehungsweise der Einspritzverlauf den Motorerfordernissen angepasst werden. Bei sogenannten Flächenzapfendüsen wird ein größerer Strömungskanal freigegeben, so dass die brennraumseitige Verkokung der Düsennadel vermindert werden kann.

Aus Festigkeitsgründen kommt der Gestaltung der Düsenkuppenform bei Lochdüsen große Bedeutung zu. Außerdem ist die Größe des Restvolumens zwischen der Spitze der Düsennadel und der Innenkontur des Düsenkörpers zwischen Düsennadelsitz und den Spritzlöchern wegen des darin befindlichen Kraftstoffvolumens, das an der Verbrennung nicht teilnimmt, wichtig. Je kleiner dieses Volumen ist, desto geringer sind die aus diesem Volumen ausdampfenden Kohlenwasserstoffe, die dann im Abgas als unverbrannte HC-Emission auftreten können. So genannte Sacklochdüsen haben in der Regel eine höhere Kuppenfestigkeit und ein größeres Restvolumen als Sitzlochdüsen, bei denen das Spritzloch im Bereich des Düsensitzes liegt. Dadurch ist das Restvolumen vom Brennraum abgekoppelt, und es können nur noch die in den einzelnen Spritzlöchern verbleibenden Kraftstoffvolumina ausdampfen. Die Spritzlöcher selbst werden heute überwiegend elektroerosiv und nicht mehr mechanisch gebohrt. Alternative Fertigungsverfahren, wie Laserverfahren werden für die zukünftig immer kleineren Düsenlöcher (∅ <100 µm) vorbereitet.

Mit steigendem Einspritzdruck und aus der Tatsache heraus, dass die Mengenverteilung pro Spritzloch bei einer Sacklochdüse gleichmäßiger ist, als bei Sitzlochdüsen (VCO), kommen vermehrt schadvolumenreduzierte Sacklochdüsen (Mikrosacklochdüse) zur Anwendung. **Bild 12-53** zeigt beide Ausführungsarten im Vergleich.

Das gleichmäßige Abspritzverhalten der Mikrosacklochdüse ist besonders wichtig bei den Kleinstmengen für die Vor-und Nacheinspritzungen. Bei der Sitzlochdüse kann im Falle von Kleinsthüben für die Voreinspritzmengen (<1 … 3 mm^3 pro Einspritzung) auf Grund von fertigungsbedingten Toleranzen ein ungleiches Spritzbild entstehen. Wird der Sitz in Strömungsrichtung zurückverlagert, so wirken sich bei Einspritzungen, in denen die Sitzdrosselung dominiert (Kleinsthübe), ungleiche Querschnitts-

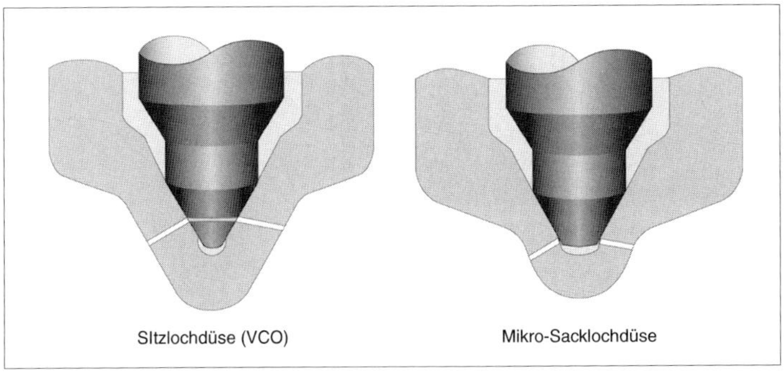

Bild 12-53 Sitzloch- und Mikrosacklochdüse

verhältnisse im Sitzbereich und damit Druckverhältnisse nicht mehr so stark aus, da das Spritzloch nicht direkt im Sitzbereich beginnt. **Bild 12-54** zeigt den Vergleich der Einzeleinspritzmenge pro Spritzloch bei kleiner und mittlerer Einspritzmenge, ermittelt mit einem Messverfahren nach [10].

Die Zahl der Spritzlöcher ist stark vom Verbrennungsverfahren und der Luftzirkulation (Drall) im Brennraum abhängig. Generell gilt: Je höher der Drall, desto weniger Spritzlöcher sind erforderlich und umgekehrt. Üblicherweise werden heute bei Motoren mit Direkteinspritzung Spritzlochzahlen von 6 bis 12 realisiert. Bei den Pkw-Dieselmotoren liegt die Zahl bei 6 bis 8 Löchern. Die Dimensionierung der Spritzlöcher stellt bei den heute in Serie befindlichen Einspritzdüsen für Dieselmotoren einen Zielkonflikt dar. Im Teillastbereich beziehungsweise für Vor- oder Nacheinspritzungen werden relativ geringe Einspritzmengen benötigt, die durch möglichst kleine Spritzlöcher zerstäubt werden sollen, um eine Reduzierung der Abgaswerte zu erreichen. Dabei wird die beste Kraftstoffzerstäubung dann erreicht, wenn der gesamte Druckabbau und somit die Umwandlung

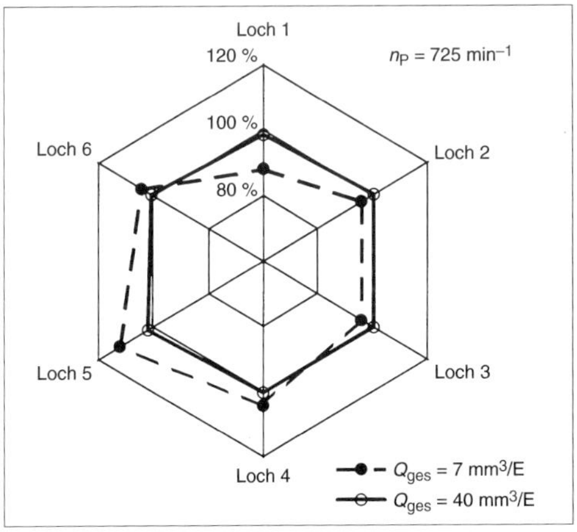

Bild 12-54 Einzeleinspritzmengen pro Spritzloch für eine Sacklochdüse bei zwei verschiedenen Mengenniveaus

in kinetische Energie möglichst ausschließlich in den Spritzlöchern stattfindet. Die kleinen Spritzlöcher bedingen jedoch, dass die bei Volllast erforderliche Kraftstoffmenge nicht in einem vorgegebenen, optimalen Zeitfenster eingespritzt werden kann. Somit muss für die Auslegung der Spritzlochdurchmesser ein Kompromiss gefunden werden, der zum einen die Forderungen bzgl. der Abgasemissionen erfüllt und zum anderen ausreichend ist, um die maximale Motorleistung zu erreichen. Die geforderten minimalen Einspritzmengen werden daher in bestimmten Bereichen des Kennfeldes dadurch erreicht, dass die Düsenadel nicht vollständig geöffnet wird und somit der Durchfluss im Nadelsitzbereich begrenzt wird. Dies bedeutet aber eine Drosselung und somit Druckverlust vor den Spritzlöchern, weil nicht mehr die komplette Druckenergie zur Umwandlung in kinetische Energie zur Verfügung steht. Um diesen Konflikt zu lösen, gibt es Düsenkonzepte, die variable oder gestufte Einspritzquerschnitte aufweisen. Unter verschiedenen konstruktiven Lösungsansätzen für Variodüsen ist nachstehend die Koaxial-Vario-Düse (KVD), die auch als Two Stage Nozzle (TSN) bezeichnet wird, dargestellt, siehe **Bild 12-55**.

Hierbei ist die Düsenkuppe mit zwei Spritzlochreihen versehen, die jeweils separat von einer inneren und einer äußeren Nadel angesteuert werden. Die für Vor- und Nacheinspritzung geforderten Minimalmengen können gezielt durch wenige oder kleine Spritzlöcher in der ersten Spritzlochebene dargestellt werden. Für den Volllastbereich wird zusätzlich die zweite Spritzlochreihe geöffnet, die mit mehreren oder größeren Spritzlöchern versehen ist.

Der minimale Lochdurchmesser, der heute serienmäßig dargestellt wird, beträgt etwa 0,10 mm. Wichtiger als der Durchmesser ist jedoch der Durchfluss durch die Düsenlöcher. Die Düsenlöcher sind nach dem Erodieren am Lochanfang, das heißt an der Innenseite der Düse, scharfkantig. Durch Verrunden der Einlaufkanten wird bei gleichem Lochdurchmesser eine deutliche Steigerung des hydraulischen Durchflusses erreicht. Sind die Spritzbohrungen zusätzlich noch konisch ausgeführt, wird ein gleichmäßiges Geschwindigkeitsprofil erzeugt und Kavitationszonen vermieden.

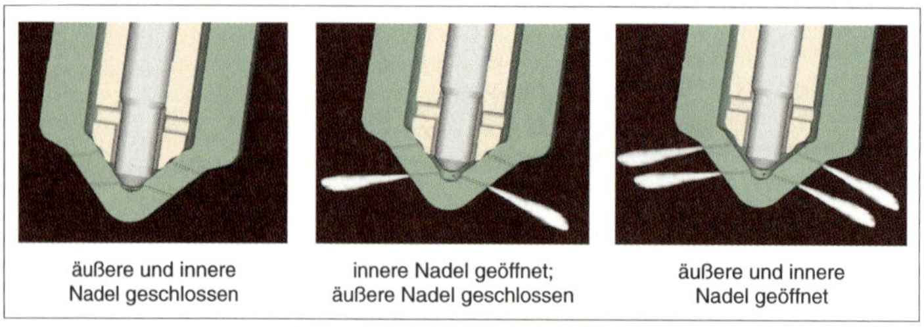

Bild 12-55 Koaxial-Vario-Düse (KVD)

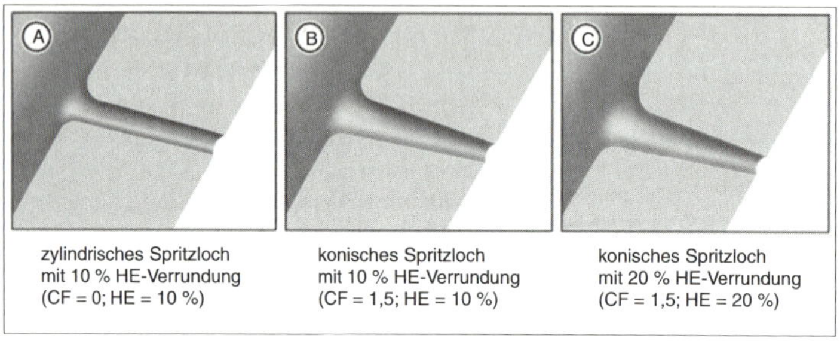

Bild 12-56 Düsenloch-Einlauf mit und ohne hydroerosiver Verrundung

Bild 12-56 zeigt zylindrische und konische Spritzlochausführungen mit unterschiedlichen Verrundungsgraden, wie sie serienmäßig zum Einsatz kommen.

Eine andere Möglichkeit der Vergleichmäßigung der Einspritzstrahlen pro Düsenloch ist die verbesserte Führung der Düsennadel durch eine doppelte Nadelführung (**Bild 12-57**).

Düsenhalter. Die Düse ist, wie bereits erwähnt, in den Düsenhalter eingebaut. Durch die Vorspannkraft der Druckfeder im Düsenhalter ist die Düsennadel geschlossen. Übersteigt die hydraulische Kraft (proportional Druck und $(d^2_{\text{Nadel}} - d^2_{\text{Sitz}})$) die Vorspannkraft, so öffnet die Düse. Prinzipiell muss der Kraftstoff zwei Drosselstellen überwinden. Zunächst die hubabhängige Sitzdrossel (veränderliche Drossel) und anschließend die durch die Spritzlochgeometrie definierte Festdrossel. Bei kleinen Hüben dominiert die Sitzdrossel. Ist die Düse voll geöffnet und liegt die Düsennadel am mechanischen Anschlag an, so bestimmt die Spritzlochgeometrie den Durchflussquerschnitt. **Bild 12-58** zeigt den charakteristischen Verlauf des Düsendurchflusses einer Lochdüse. Im Bereich kleinster Hübe bestimmt die Sitzdrossel den Durchfluss. Dieser nimmt steil mit dem Hub zu. In diesem Bereich, dem so genannten ballistischen Bereich der Düsennadelbewegung, spielen Fertigungs- und Einstelltoleranzen eine besonders große Rolle.

Zur Formung des Einspritzverlaufes, insbesondere bei kantengesteuerten Einspritzsystemen, wird häufig der Zweifederdüsenhalter eingesetzt, **Bild 12-59**. Hierbei wird zunächst die Vorspannkraft der im oberen Teil des Düsenhalters angeordneten Feder überwunden. Der Öffnungsdruck liegt bei circa 120 bis 180 bar und nach Durchlaufen des einige wenige

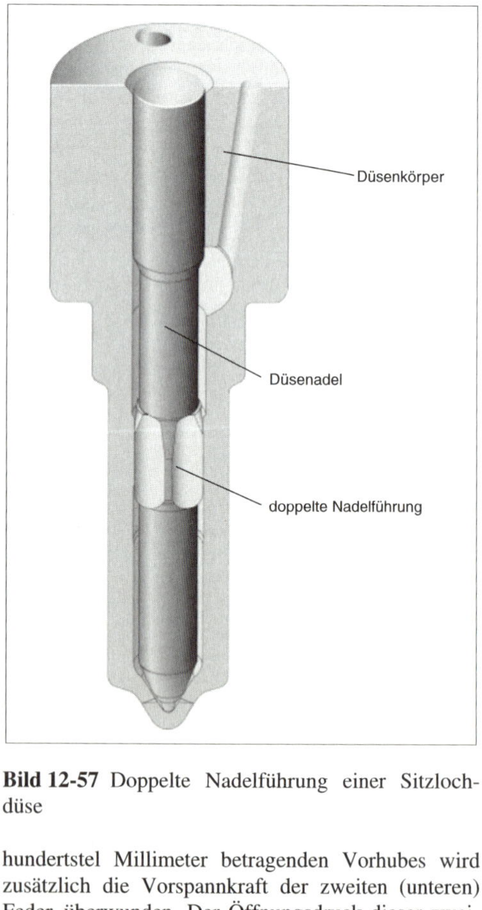

Bild 12-57 Doppelte Nadelführung einer Sitzlochdüse

hundertstel Millimeter betragenden Vorhubes wird zusätzlich die Vorspannkraft der zweiten (unteren) Feder überwunden. Der Öffnungsdruck dieser zweiten Stufe liegt dann bei 250 bis über 300 bar. Da-

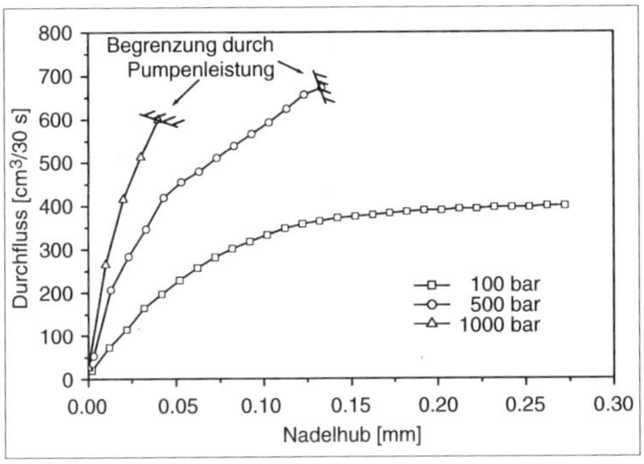

Bild 12-58 Volumendurchfluss einer Düsenhalterkombination (Sitzlochdüse) in Abhängigkeit vom Düsennadelhub für drei verschiedene Drücke

durch wird es möglich, im unteren Drehzahlbereich eine „angelagerte Voreinspritzung" (siehe **Bild 12-36**) zu erreichen. Bei höheren Drehzahlen ist der Druckaufbau so stark und schnell, dass die erste Stufe sofort überwunden wird und ein normaler Nadelhubverlauf entsteht.

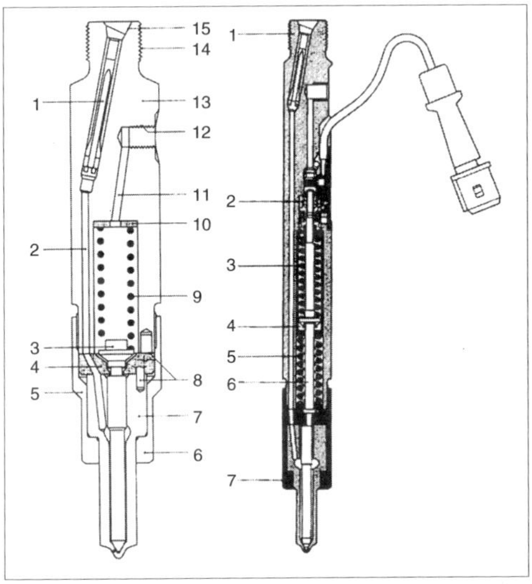

Bild 12-59 Konventionelle Düsenhalterkombination (links) und Zweifeder-Düsenhalterkombination mit integriertem Nadelbewegungsfühler zur Bestimmung des Spritzbeginns (rechts) [8]
links: 1 Spaltfilter; 2 Zulaufbohrung; 3 Druckbolzen; 4 Zwischenscheibe; 5 Düsenspannmutter; 6 Bodenstärke; 7 Düse; 8 Fixierstifte; 9 Druckfeder; 10 Ausgleichsscheibe; 11 Leckkraftstoffbohrung; 12 Leckkraftstoff-Anschlussgewinde; 13 Haltekörper; 14 Anschlussgewinde; 15 Dichtkegel
rechts: 1 Haltekörper; 2 Nadelbewegungssensor; 3 Druckfeder 1; 4 Führungsscheibe; 5 Druckfeder 2; 6 Druckstift; 7 Düsenspannmutter

Bei den heute ausgeführten Common Rail-Injektoren wird die Düsennadel durch rein hydraulische Kräfte oder direkte mechanische Verbindung zwischen Aktuator und Düsennadel geöffnet und geschlossen, vergl. Abschnitt 12.4.3. Auch Systeme sind im Einsatz (Nfz), bei denen durch Druckmodulation während des Einspritzvorganges Einspritzverlaufsformungen mit Common Rail-Injektoren möglich werden. Außerdem sind Entwicklungen bekannt, bei denen sich der Düsenlochquerschnitt in Abhängigkeit vom Nadelhub verändert, sogenannte Variodüsen oder Registerdüsen. Der Vorteil dieser konstruktiven Variante liegt darin, dass im Leerlauf und Teillastbereich nur ein kleiner Querschnitt freigegeben wird und eine verbesserte Strahlaufbereitung auch in diesen Betriebspunkten gegeben ist, siehe auch **Bild 12-55**.

12.4.5 Anpassung des Einspritzsystems an den Motor

Damit der Dieselmotor in allen Betriebspunkten entsprechend den Anforderungen die besten Ergebnisse liefert, muss das gesamte Einspritzsystem exakt an den Motor angepasst werden. Man spricht von der Applikation des Einspritzsystems an den Motor.
Um die in Abschnitt 12.4.1 definierten Aufgaben individuell und optimal zu lösen, müssen eine Vielzahl von geometrischen Parametern der Bauteile des Einspritzsystems, aber auch betriebspunktabhängige Eingangsgrößen vom Einspritzsystem erfasst und entsprechend den Zielwerten umgesetzt werden. Die elektronisch gesteuerten Systeme bieten dabei eine wesentlich größere Zahl von Freiheitsgraden und Möglichkeiten der Optimierung als die konventionellen, mechanisch geregelten Systeme. So müssen zum Beispiel bei der Festlegung der einzuspritzenden Kraftstoffmasse folgende wichtigen motor- und fahrzeugbedingten Grenzen beachtet werden:

- Rauchgrenze (insbesondere an der Volllastlinie)
- Maximal zulässiger Zylinderdruck
- Abgastemperatur
- Drehzahl des Motors
- Drehmoment- und Drehzahlobergrenzen.

Das für den Viertakt-Motor erforderliche Einspritzvolumen pro Arbeitszyklus und Zylinder errechnet sich aus folgendem Zusammenhang:

$$V_K = \frac{P_e \cdot b_e \cdot 2}{z \cdot n_M \cdot \rho_K} \qquad (12.3)$$

P_e: effektive Leistung des Motors
b_e: spezifischer Kraftstoffverbrauch des Motors (Masse/Leistung und Zeit)
z: Zylinderzahl
n_M: Motordrehzahl
ρ_K: Kraftstoffdichte

Das Umsetzen dieses Bedarfs durch das Einspritzsystem hängt vom Prinzip der Mengenzumessung ab. Bei konventionellen kantengesteuerten oder direkt hubgesteuerten Pumpen hängt das von der Pumpe pro Hub geförderte Volumen V_{Hub} nur vom Querschnitt des Kolbens und von der Größe des Nutzhubes ab:

$$V_{\text{Hub}} = A_{\text{Kolben}} \cdot h_{\text{Nutz}} \tag{12.4}$$

A_{Kolben}: Querschnittsfläche des Pumpenkolbens
h_{Nutz}: wirksamer Förderhub des Pumpenkolbens

Bei nocken-zeitgesteuerten Systemen dagegen ist die geförderte Menge pro Einspritzung abhängig von der Schließdauer des Aktuators, dem Kolbenquerschnitt und der Kolbengeschwindigkeit:

$$V_{\text{Hub}} = A_{\text{Kolben}} \cdot v_{\text{Kolben}} \cdot \Delta t_{SD} \tag{12.5}$$

A_{Kolben}: Querschnittsfläche des Pumpenkolbens
v_{Kolben}: mittlere Geschwindigkeit des Pumpenkolbens während der Förderdauer
Δt_{SD}: Schließdauer (≙ Förderdauer) des Steuerventiles

Die Vor- und Nachfördereffekte sowie die Förderung während des Öffnungs- und Schließvorganges der Hochdruckmagnetventile sind dabei vernachlässigt. Das an der Düse austretende Kraftstoffvolumen ist vereinfacht durch die Formel

$$V_{\text{Aus}} = A_D \cdot \Delta t \cdot \alpha \cdot \sqrt{\frac{2}{\rho_K} \cdot \Delta p} \tag{12.6}$$

A_D: geometrischer Düsenlochquerschnitt
Δt: Einspritzdauer
α: Durchflusswert
ρ_K: Kraftstoffdichte
Δp: Differenzdruck (Kraftstoffseite – Brennraumseite)

bestimmbar. Die Einspritzdauer kann vereinfacht aus dem Nadelhubsignal oder der Ansteuerdauer des injektorseitigen, elektrisch betätigten Ventiles bei Common Rail-Systemen ermittelt werden. Zu beachten ist, dass der Zumessquerschnitt an der Düse und der Differenzdruck zwischen Düseninnenraum und Brennraum während der Einspritzphase nicht konstant sind. Gleiches gilt auch für den Durchflussbeiwert. Des Weiteren ist zu beachten, dass bei der Auslegung der Hochdruckpumpe der Kraftstoff bei den hohen Drücken von über 1.000 bar nicht mehr als inkompressibel angenommen werden darf. Die Hochdruckpumpe muss deshalb bezüglich ihrer Förderleistung in Abhängigkeit von Schadvolumen und dem vorhandenen Druck- und Temperaturniveau größer ausgelegt werden, um das „Speicherverhalten“ des zu verdichtenden Kraftstoffvolumens zu berücksichtigen. Zur numerischen Simulation von Einspritzsystemen und zur Bestimmung von messtechnisch

Bild 12-60 Wichtige konstruktive Auslegungs- und Anpassungsparameter von Einspritzsystemen [2]

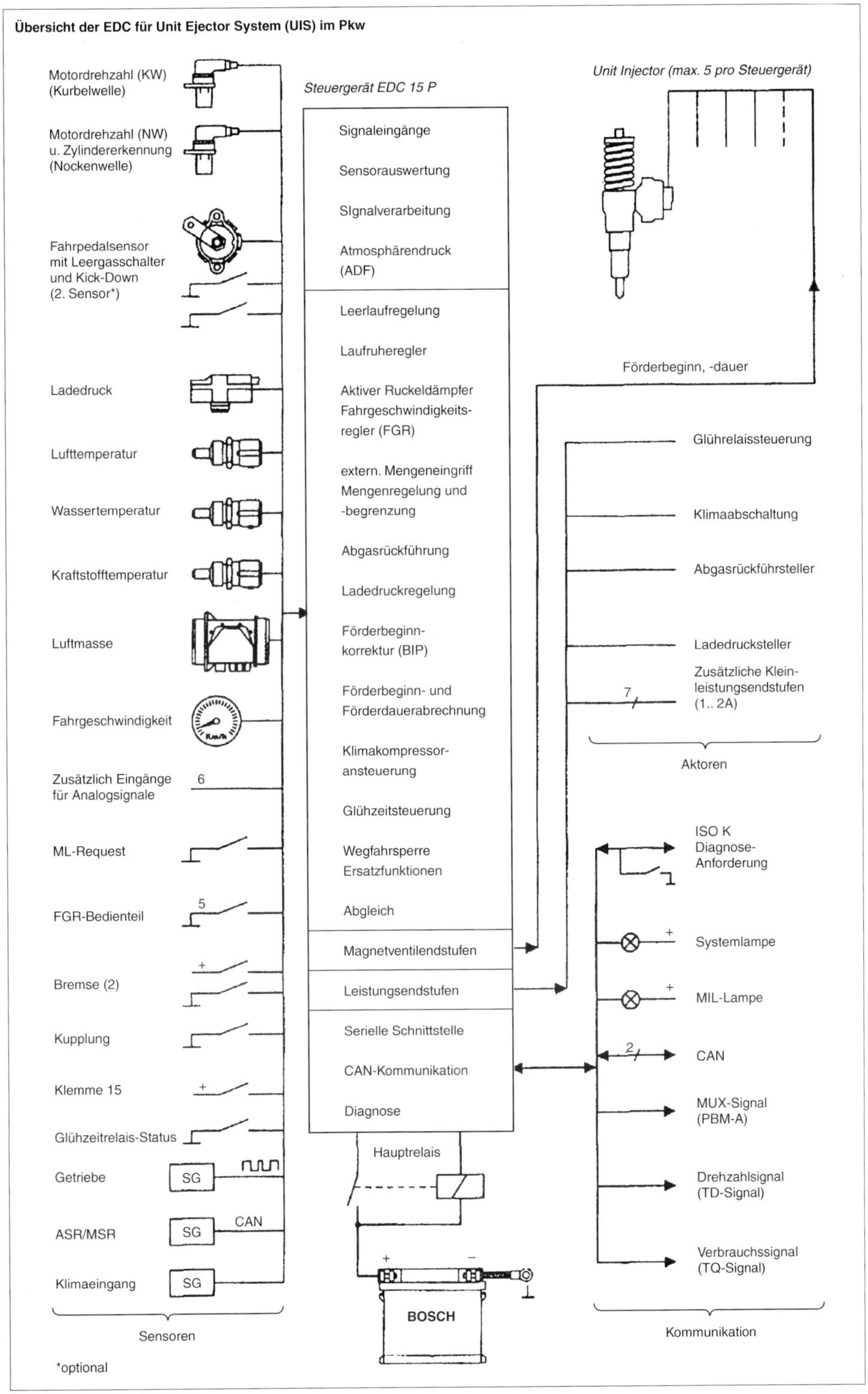

Bild 12-61 Systemkonfiguration eines Einspritzsystems am Beispiel der PDE [6] (Bosch)

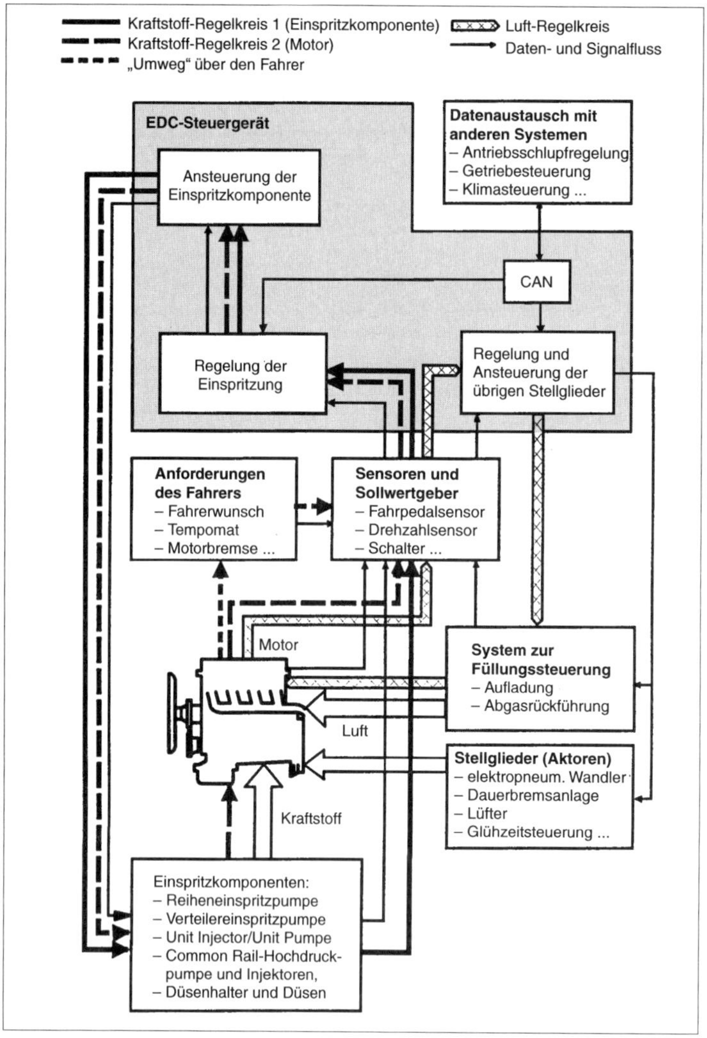

Bild 12-62 Grundaufbau der elektronischen Diesel-Regelung (EDC) [11]

nicht oder nur schwer zugänglichen Vorgängen in Pumpe, Leitung, Düse, Magnetventil und Injektor stehen leistungsfähige Werkzeuge zur Verfügung [2, 12, 13, 15, 16].

Bild 12-60 gibt einen groben Überblick über die hardwareseitigen Anpassungsparameter des Einspritzsystems für die Motorapplikation für nockengetriebene Einspritzsysteme und für ein Common Rail-System. Zusätzlich kommen noch die Betriebsparameter wie Temperatur, Ladedruck, Luftdruck, Abgasrückführung sowie Informationen von weiteren Fahrzeugsystemen, wie zum Beispiel ESP oder ASR, sowie Fahrerwunsch (Fahrpedalstellung, Fahrgeschwindigkeitsregelung) und Informationen aus der Sensorik der Abgasnachbehandlungssysteme hinzu.

In der Vergangenheit stand zur Erfüllung all dieser Aufgaben nur ein „mechanisches Motormanagement" in Form der mechanischen Regelung der Dieseleinspritzung zur Verfügung. Dabei konnten all diese Forderungen aus dem Fahrzeug- und Motorbetrieb und des Fahrerwunsches nicht umgesetzt werden. Die mechanische Regelung musste sich auf die Grundfunktionen des Betriebes des Motors beschränken, wie zum Beispiel Leerlaufregelung, Enddrehzahlregelung, Volllastangleichung, ladedruckabhängige Mengenanpassung, atmosphärendruckabhängige Volllastanpassung, temperaturabhängige Mengenanpassung (zum Beispiel beim Start). Erst durch die Einführung der elektronischen Dieselregelung konnten die vorgenannten Anforderungen umfassend bei der Applikation berücksichtigt werden.

Die elektronische Dieselregelung (EDC = Electronic Diesel Control) kann in drei Systemblöcke aufgeteilt werden:

Sensoren und Sollwertgeber: Sie erfassen die Betriebsbedingungen des Motors und die Sollwerte und wandeln physikalische Größen in elektrische Signale um, so dass diese im zweiten Block, dem Steuergerät, verarbeitet werden können.

Im **Steuergerät** werden diese Informationen nach mathematischen Rechenvorschriften (Steuer- und Regelalgorithmen) verarbeitet. Das Steuergerät stellt außerdem die elektrischen Ausgangssignale für die Stellglieder zur Verfügung und ist die Schnittstelle zu anderen Systemen und zur Diagnose.
Der dritte Block sind die **Aktuatoren** (Stellglieder). Sie setzen die elektrischen Ausgangssignale des Steuergerätes wiederum in mechanische Größen um, zum Beispiel die Ansteuerung des Magnetventils für die Mengenzumessung.
Bild 12-61 zeigt die Gesamtübersicht des EDC-Systems für ein PDE-System für Pkw.
Der prinzipielle Aufbau einer elektronischen Dieselregelung ist in **Bild 12-62** dargestellt. Streng genommen handelt es sich bei der Dieselregelung sowohl um eine Steuerung, als auch um eine Regelung, da in vielen Fällen die Stellglieder auf der Basis von Eingangsgrößen durch vorgegebene Datenkennfelder oder Kennlinien aktiviert werden, ohne dass die Reaktion darauf direkt überprüft wird. Andererseits wird in einer Reihe von Fällen die Reaktion erfasst, zum Beispiel die Drehzahl des Motors bei der Leerlaufdrehzahlregelung oder die Düsennadelbewegung bei der Spritzbeginnregelung.
Das Steuergerät der elektronischen Dieselregelung ist somit streng genommen ein Steuer- und Regelgerät. Weitere Details des elektronischen Motormanagements vergleiche Abschnitt 16.

Literatur zu Kapitel 12.4.1; 2; 4; 5

[1] *Pauer, T.; Wirth, R.; Brüggeman, D.:* Zeitaufgelöste Analyse der Gemischbildung und Entflammung durch Kombination optischer Messtechniken an DI-Dieseleinspritzdüsen in einer Hochtemperatur-Hochdruckkammer. 4. Internationales Symposium für Verbrennungsdiagnostik, Baden-Baden: 18./19.5.2000

[2] *Mollenhauer, K.; Tschöke, H. (Hrsg.):* Handbuch Dieselmotoren, 3. Aufl. Berlin, Heidelberg: Springer, 2007

[3] *Härle, H.:* Einfluss des Einspritzverlaufs auf die Emissionen des Nkw-DI-Motors. Tagung Diesel- und Benzindirekteinspritzung. (Berlin: 9./10. 12. 2000) (s. [13])

[4] *Eichlseder, H.:* Der Einfluss des Einspritzsystems auf den Verbrennungsablauf bei DI-Dieselmotoren für Pkw. 5. Tagung „Der Arbeitsprozess des Verbrennungsmotors“ (Graz, 09/1995)

[5] *Chmela, F.; Jager, P.; Herzog, P.; Wirbeleit, F.:* Emissionsverbesserung an Dieselmotoren mit Direkteinspritzung mittels Einspritzverlaufsformung. In: MTZ 60 (1999) Heft 9, S. 552–558

[6] *Dieselmotor-Management:* 4. Auflage, Vieweg Verlag, 2004

[7] *Lewis, G. R.:* Das EPIC-System von Lucas. In: MTZ 53 (1992) Heft 5, S. 224–229

[8] *Robert Bosch GmbH (Hrsg.):* Technische Unterrichtung Kraftfahrzeugtechnik: Diesel-Radialkolben-Verteilereinspritzpumpen VR. Ausgabe 1998/99

[9] DIN Deutsches Institut für Normung (Hrsg.): DIN EN 590 (Ausgabe 2000-02): Kraftstoffe für Kraftfahrzeuge. – Dieselkraftstoff. – Anforderungen und Prüfverfahren. Berlin: Beuth, 2000

[10] *Tschöke, H.; Kilic, A.; Schulze, L.:* Messadapter für Mehrlochdüse. Offenlegungsschrift DE 199 09 164 A1 vom 07. 09. 2000

[11] *Robert Bosch GmbH (Hrsg.):* Technische Unterrichtung Kraftfahrzeugtechnik: Elektronische Dieselregelung EDC. Ausgabe 2001

[12] *Tschöke, H.; Leyh, B. (Hrsg.):* Diesel- und Benzindirekteinspritzung. Renningen-Malmsheim: expert-Verlag, 2001

[13] *Kull, E.:* Einfluss der Geometrie des Spritzloches von Dieseleinspritzdüsen auf das Einspritzverhalten, Dissertation 2003

[14] *Bonse, B.; u.a.:* Innovative Dieseleinspritzdüse – Chancen für Emissionen, Verbrauch und Geräusch; 5. Internationales Stuttgarter Symposium 2003, Kraftfahrwesen und Verbrennungsmotoren

[15] *Tschöke, H.; Legh, B. (Hrsg.):* Diesel- und Benzindirekteinspritzung. Renningen – Malmsheim: expert-Verlag 2003

[16] *Tschöke, H. (Hrsg.):* Diesel- und Benzindirekteinspritzung. Renningen – Malmsheim: expert-Verlag 2005 sowie 2007 und 2009

12.5 Kraftstoffversorgungssystem

Die Versorgung eines Pkw-Motors mit Kraftstoff erfordert einen Kraftstoffbehälter, der sich in der Regel im Bereich der Hinterachse eines Fahrzeuges befindet. Der Tank ist ein Teil des Kraftstoffversorgungssystems mit einer Vielzahl von Funktionen. Zu diesen gehören die Kraftstoffbefüllung, Füllstandsbegrenzung, Kraftstoffspeicherung, Kraftstoffversorgung des Motors und die Be- und Entlüftung des Kraftstoffbehälters während der Betankung sowie während des Betriebs. Das Kraftstoffversorgungssystem stellt dem Motor den Kraftstoff über die Vorlaufleitung innerhalb eines vorgegebenen Druckbereiches in ausreichender definierter Menge zur Verfügung.

12.5.1 Kraftstoffbehälter

Kraftstoffbehälter werden zum größten Teil aus Kunststoff (PE-HD mit verschiedenen Sperrschichten) oder Metall (Edelstahl, feueraluminiertes Blech oder Aluminium) hergestellt. In der Regel handelt es sich bei Kunststofftanks um einen 6-Layer-Tank. Diese sechs Schichten setzen sich unter anderen aus Neumaterial, Haftvermittler, Sperrschicht und Regenerat zusammen. Die Sperrschicht dient dazu, dass die aus dem Kraftstoff austretenden Kohlenwasserstoffe nicht durch das Material diffundieren können.
Um den steigenden Emissionsanforderungen und einer Lebensdauer von 15 Jahren beziehungsweise 150.000 Meilen gerecht zu werden, wurden in den letzten Jahren vereinzelt Edelstahltanks hergestellt. Infolge der hohen Herstellkosten und der Weiterentwicklung bei den Herstellverfahren von Kunststofftanks sind die Stückzahlen der Edelstahltanks aber wieder rückläufig.
Kraftstoffversorgungssysteme werden für verschiedene Kraftstoffe – Ottokraftstoffe, Dieselkraftstoffe oder auch Flüssiggas – ausgelegt. Je nach Absatzmarkt und geltender Emissionsgesetzgebung unter-

scheiden sich die Kraftstoffsysteme in der Strömungsführung während der Kraftstoffbefüllung und des im Betrieb entstehenden Gases.
Grundsätzlich unterscheidet man zwischen Tanksystemen für Diesel- und für Ottokraftstoff. Durch die unterschiedlichen Eigenschaften dieser Kraftstoffe unterscheiden sich die Systeme im Entlüftungssystem, bei der Betankung und bei der Fördertechnik.

12.5.1.1 Dieselkraftstofftank

Dieselkraftstoff besitzt nahezu keine Neigung zur Kraftstoffausgasung. Bei den Emissionen, die während der Betankung eines Dieselkraftstofftanks entstehen, handelt es sich um den Gasinhalt, der durch den Kraftstoff aus dem Tank verdrängt wird. Die Gase werden über eine Entlüftungsleitung direkt an die Umgebung abgegeben. Proportional zum Volumen des verbrauchten Dieselkraftstoffs strömt während des Fahrbetriebs Umgebungsluft in den Tank. Durch die höhere Dichte des Dieselkraftstoffes kann mit höherer Füllrate (bis 60 l/min) betankt werden, was sich in einem Vergleich zum Ottokraftstoffsystem im größeren Strömungsquerschnitt des Dieseleinfüllrohres widerspiegelt.

12.5.1.2 Ottokraftstofftank

Bei Kraftstofftanks für Ottokraftstoff unterscheidet man mehrere Varianten. Ein erstes Unterscheidungsmerkmal ist die Kraftstoffart – verbleiter oder bleifreier Kraftstoff. Die Unterschiede bei den Kraftstoffsystemen finden sich im Einfüllstutzen wieder. Zapfventile für verbleiten Kraftstoff haben einen größeren Durchmesser (∅ 23,6 mm) gegenüber denen für unverbleiten (∅ 21,3 mm). Der Zapfventildurchmesser wurde verkleinert, damit bei einem mit bleifreiem Kraftstoff betriebenem Fahrzeug kein verbleiter Kraftstoff eingefüllt werden kann. Kraftstoffsysteme, die noch mit verbleitem Kraftstoff betrieben werden, besitzen in der Regel auch keinen Aktivkohlefilter. Das Aktivkohlefilter verhindert, dass Kohlenwasserstoffe ungehindert in die Atmosphäre treten können. Während des Betriebs des Fahrzeugs wird das Aktivkohlefilter, geregelt durch das Motormanagement, regeneriert.
Bei bleifreien Kraftstoffen unterscheidet sich das Kraftstoffversorgungssystem noch nach Absatzmarkt und der dort geltenden Emissionsgesetzgebung. So dürfen über das Einfüllrohr so gut wie keine Kohlenwasserstoffe während der Betankung in die Atmosphäre gelangen. In Europa wird dies dadurch erreicht, dass die bei der Betankung entstehenden Gase im Gaspendelverfahren über das Zapfventil abgesaugt werden. In den USA müssen alle entstehenden Gase über das Fahrzeug gereinigt werden. Durch diese verschiedenen Verfahren unterscheiden sich die europäischen Tanksysteme von denen in den USA durch die Gestaltung des Einfüllrohres, der Größe des Aktivkohlefilters und im Diagnoseverfahren.

Den in Europa zum Einsatz kommenden Kraftstofftank bezeichnet man als ECE-Tank (Economic Commission for Europe), den in den USA als ORVR-Tank (onboard refueling vapor recovery).
Bei einem ORVR-Tank unterscheidet man zusätzlich Verfahren, die den Austritt von Kohlenwasserstoffen aus dem Einfüllrohr vermeiden in „liquid seal“ und „mechanical seal“.
Beim Liquid-Seal-System (fluidische Abdichtung) entsteht bei der Betankung durch die Kraftstoffströmung im Einfüllrohr ein Unterdruck. Auf diese Weise wird Luft aus der Atmosphäre in das Tanksystem gesaugt. Um den Gasvolumenstrom durch den Aktivkohlefilter zu minimieren, wird häufig das Prinzip der Rezirkulation angewendet. Dabei wird ein Teil der Dämpfe über eine zusätzliche Leitung vom Kraftstofftank zum Einfüllrohr gesaugt und mit der aus der Atmosphäre angesaugten Luft wieder in den Kraftstofftank gefördert. Dieser Kreislauf reduziert die Kraftstoffdampfmenge, die bei der Betankung zum Aktivkohlefilter gelangt.
Beim Mechanical-Seal-System (mechanische Abdichtung) wird der Spalt zwischen Zapfventil und Verschlussstutzen abgedichtet. Durch die unterschiedliche Gasmenge, die bei der Betankung anfällt, bestimmt sich das Volumen des Aktivkohlefilters. Für einen ECE-Tank reicht ein „Kohlevolumen“ von 0,8 – 1 l aus. Dagegen kann das Volumen für einen ORVR-Tank bis zu 4 l betragen.
Ein weiterer Unterschied besteht in dem Diagnoseverfahren. Bei ORVR-Tanks ist zusätzlich eine Leckdiagnosefunktion für das Kraftstoffversorgungssystem in das Diagnosesystem des Fahrzeugs implementiert. Die Leckdiagnosefunktion soll feststellen, ob der Tankdeckel aufgeschraubt ist und ob sich ein Leck im Kraftstoffversorgungssystem befindet. Die Leckdiagnose kann im Unterdruck- oder Überdruckverfahren durchgeführt werden. Beim Unterdruckverfahren wird im Diagnosezeitraum mit Hilfe des Unterdrucks im Saugrohr des Motors ein Unterdruck im Tank erzeugt und über einen Drucksensor der Tankdruck überwacht. Beim Überdrucksystem wird durch eine externe Pumpe ein Überdruck im Tank erzeugt; über die Stromaufnahme der Pumpe kann dann ein Leck detektiert werden.

12.5.2 Das Tankentlüftungssystem

Der Kraftstoffbehälter muss in allen Betriebszuständen (Stand, Fahrbetrieb, Betankung) immer be- und entlüftbar sein. Um zu vermeiden, dass flüssiger Kraftstoff aus dem Tanksystem austritt, können verschiedene Maßnahmen angewendet werden. Die Entlüftungspunkte auf dem Tank müssen so gewählt werden, dass der Tank unter allen Schräglagen immer über einen Punkt entlüftbar ist, wobei gleichzeitig über die anderen Entlüftungspunkte kein Kraftstoff austreten darf (siehe **Bild 12-63**). Die Entlüftungslei-

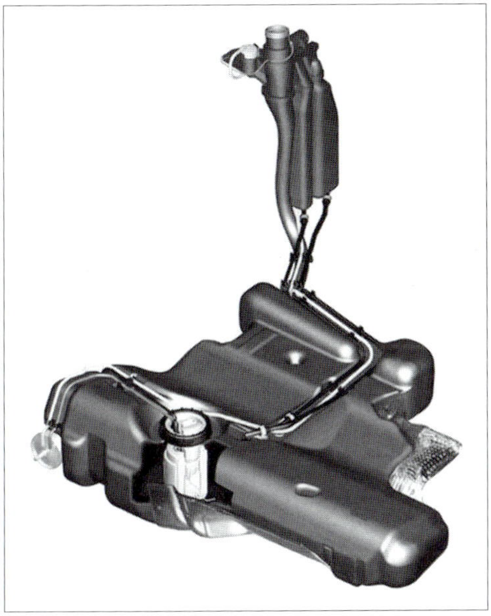

Bild 12-63 Tank mit externem Entlüftungssystem (oben Mitte)

tungen können entweder mit Schwimmerventilen verschlossen werden, oder sie werden in einem externen Ausgleichsbehälter zusammengeführt. Bei neueren Tanksystemen wird dieser Ausgleichsbehälter in den Tank integriert, um so das Permeationsverhalten der Tanks zu optimieren (siehe **Bild 12-64**).

Neben der Entlüftung des Tanksystems spielt auch die Füllstandsbegrenzung eine große Rolle. Da sich Ottokraftstoff unter Temperatureinfluss ausdehnt, muss der Flüssigkeitsspiegel beim Beenden des Füllvorgangs wesentlich unterhalb der Entlüftungspunkte liegen. Die Füllstandsbegrenzung kann über ein Tauchrohr – ein Rohr am Ende der Betankungsentlüftungsleitung, welches durch ansteigenden Kraftstoff verschlossen wird – durch ein Schwimmerventil in der Betankungsentlüftungsleitung oder durch ein Schwimmer-Klappensystem am Einfüllrohr erfolgen.

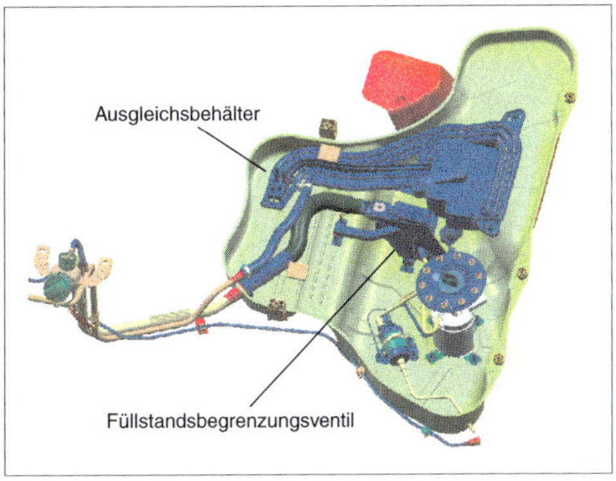

Bild 12-64 Tank mit internem Entlüftungssystem

12.5.3 Anforderungen an ein Kraftstofffördersystem

Das Kraftstofffördersystem hat die Aufgabe, den Motor während aller möglichen Fahrsituationen mit ausreichend Kraftstoff aus dem Tank zu versorgen. Hierzu gehören vom Fahrzeughersteller definierte statische und dynamische Fahrzustände wie Stand, Kurvenfahrt, Bergauffahrt und Bergabfahrt. Weitere typische Anforderungen sind die Erstansaughöhe beim Erstbefüllen des Tanks, die Wiederbefüllhöhe des Tanks sowie die Restabsaughöhe im Stand oder während der Fahrt.

Die Erstansaughöhe beschreibt die erforderliche Kraftstoffhöhe nach Erstbefüllung des Tanks mit Kraftstoff, die notwendig ist, damit das Kraftstofffördersystem problemlos anläuft und den Motor mit ausreichend Kraftstoff versorgt. Die Wiederbefüllhöhe beschreibt das erforderliche Kraftstoffniveau durch Betankung für ein sicheres Starten des Motors nach dem Leerfahren des Tanks. Die Restabsaughöhe gibt an, wie viel Kraftstoff in dem Tank nach dem Leerfahren verbleiben darf.

Bei Mehrkammertanks muss das Kraftstofffördersystem alle Kammern des Tanks bis auf die geforderten Restabsaughöhen entleeren. Außerdem ist in jedem Kraftstofffördersystem die Füllstandsmessung enthalten. Es wird zwischen Diesel- und Ottokraftstofffördersystemen unterschieden.

12.5.3.1 Dieselfördersystem

Bei Dieselfördersystemen wird zwischen der Dieselfördereinheit und der Dieselabsaugeinheit unterschieden.

Der Einsatz einer Förder- oder Absaugeinheit hängt von den zahlreichen Motorvarianten und unterschiedlichen Anforderungen ab, die an das System gestellt werden.

Die Dieselansaugeinheit ist im Gegensatz zur Dieselfördereinheit aufgrund der fehlenden Dieselintankpumpe kostengünstiger.

Für den Einsatz einer Dieselansaugeinheit ist es notwendig, dass die Hochdruckpumpe am Motor genügend Unterdruck aufbauen kann, um den Dieselkraftstoff aus dem Dieselkraftstofftank anzusaugen. Der dadurch entstehende hohe Unterdruck kann jedoch in der Hochdruckpumpe erhebliche Kavitationen erzeugen, die letztendlich zu einem erhöhten Verschleiß der Hochdruckpumpe führen kann. Dies ist von der Ausführung und Qualität der Hochdruckpumpe abhängig.

Bei neueren Dieselfördersystemen erfolgt daher der Einsatz einer Dieselfördereinheit, welche die Hochdruckpumpe am Motor mit einem geringen Überdruck versorgt (siehe **Bild 12-65**).

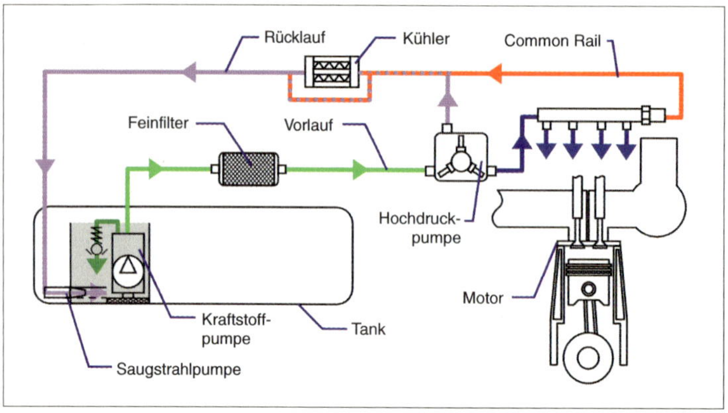

Bild 12-65 Prinzip eines Dieselfördersystems für Common-Rail

Dieselabsaugeinheit

Die Dieselabsaugeinheit besteht im einfachsten Fall aus einem Flansch, von dem ein Saugrohr zum Tankboden reicht. An das Ende des Saugrohres ist zur Filterung ein grober Kraftstofffilter angeschlossen.
Für ein besseres Verhalten bei Kurven- und Bergfahrten wird diese Bauart durch einen Schwalltopf und eine hydraulisch betriebene Saugstrahlpumpe erweitert (siehe **Bild 12-66**). An dem Schwalltopf befindet sich ein Niveaugeber zur Füllstandsmessung.

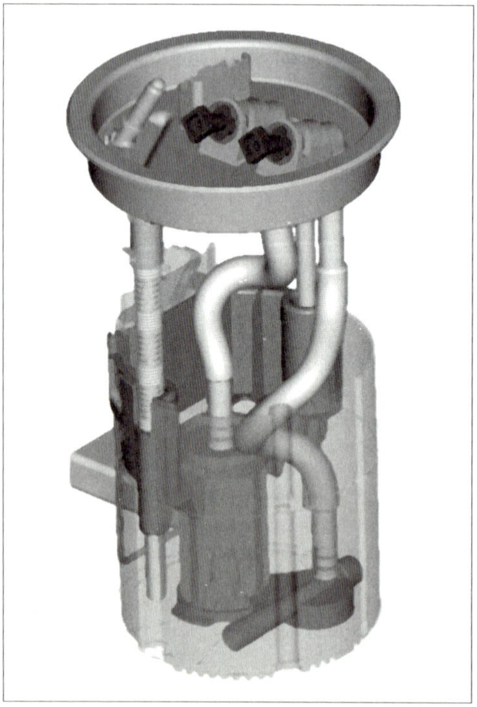

Bild 12-66 Darstellung einer Dieselabsaugeinheit

Dieselabsaugeinheiten haben im Gegensatz zu Dieselfördereinheiten keine elektrische Dieselintankpumpe. Der Dieselkraftstoff wird von einer am Motor angebrachten Hochdruckpumpe direkt aus dem Schwalltopf im Tank abgesaugt. Die Kraftstoffmenge, die hierbei nicht vom Motor verbraucht wird, fließt in die Absaugeinheit zurück.
Durch die Absaugung des Dieselkraftstoffes und des Druckabfalls vom Tank bis zur Hochdruckpumpe entsteht am Eingang der Pumpe ein Unterdruck, der in Verbindung mit hohen Temperaturen zu Blasenbildung führen kann. Die Blasenbildung führt zur Kavitation in der Hochdruckpumpe. Dies hat einen erhöhten Verschleiß der Pumpe zur Folge. Ein weiterer Nachteil von Dieselabsaugeinheiten sind Probleme beim Motorstart nach kompletter Entleerung des Tanks, falls das Dieseleinspritzsystem nicht selbstentlüftend ist.

Dieselfördereinheit

Bei der Dieselfördereinheit ist im Schwalltopf eine Dieselintankpumpe mit einem Filter vor der Pumpe integriert. Die elektrischen Schnittstellen (Steckverbindungen zur Pumpe) sind im Flansch vorhanden. **Bild 12-67** zeigt eine Dieselfördereinheit. Der Schwalltopf wird permanent durch eine oder mehrere hydraulisch betriebene Saugstrahlpumpen befüllt und dient als Reservoir, um auch bei geringen Kraftstoffmengen im Tank und allen Fahrsituationen die Förderung von Kraftstoff zum Motor zu gewährleisten.
In Mehrkammertanks sorgen zusätzliche hydraulisch betriebene Saugstrahlpumpen für die Entleerung aller Kammern.
Dieselfördereinheiten haben die Aufgabe, den Dieselkraftstoff unter allen auftretenden Last- und Motordrehzahlzuständen in einem vorgegebenen Druckfenster aus dem Dieselkraftstofftank zur Einspritzanlage zu fördern.
Die Menge, die hierbei nicht vom Motor verbraucht wird fließt als Rücklauf zurück in die Dieselfördereinheit.

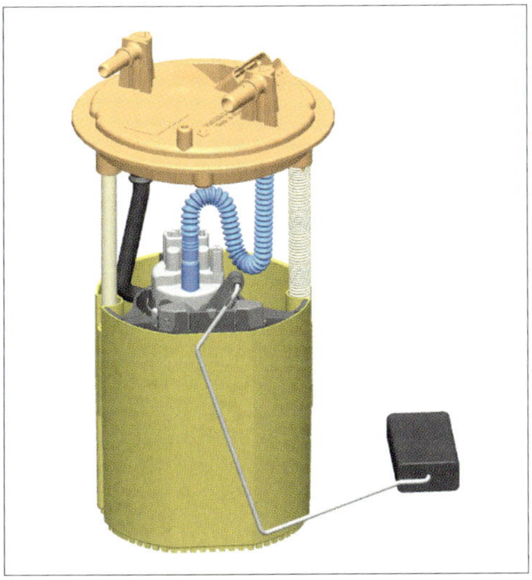

Bild 12-67 Darstellung einer Dieselfördereinheit

Eine Vorfilterung des Dieselkraftstoffs erfolgt bereits in der Dieselfördereinheit, die Feinfilterung außerhalb des Tanks.
Im Gegensatz zu Ottokraftstofffördersystemen für Saugrohreinspritzung liefert die Dieselfördereinheit nicht den erforderlichen Einspritzdruck, sondern speist lediglich eine am Motor angebrachte Hochdruckpumpe, die den Einspritzdruck je nach Einspritzsystem aufbringt.
Eine hochpräzise Druckregelung wie bei Ottokraftstofffördereinheiten ist somit nicht erforderlich.

Dieselintankpumpen

Die Dieselintankpumpe hat die Aufgabe, den Motor unter allen Betriebszuständen mit ausreichend Dieselkraftstoff zu versorgen. Sie ist Teil des Niederdruckbereiches der Diesel-Einspritzeinlage und der (Hochdruck-)Einspritzpumpe vorgeschaltet. Übliche Systemdrücke von Intankpumpen liegen zwischen 0,5 bis 1 bar (bei Verteilerpumpen-Einspritzsystemen) und 1,5 bis 5 bar (bei Common-Rail- und Pumpe-Düse-Einspritzsystemen). Die Fördermengen betragen 100 bis 300 l/h bei 12 V Nennspannung.
Heutige Dieselintankpumpen bestehen im Wesentlichen aus einem Anschlussstück, dem Elektromotor und der Pumpenstufe.
Das Anschlussstück verbindet die elektrischen und hydraulischen Kontakte. Darin sind üblicherweise ein Rückschlagventil und ein Druckbegrenzungsventil integriert. Ersteres dient der Druckerhaltung im Kraftstoffsystem bei ausgeschalteter Pumpe und verhindert somit auch ein Auslaufen des Kraftstoffsystems, was zu kurzen Startzeiten des Fahrzeuges führt. Das Druckbegrenzungsventil ist ein Sicherheitsventil und öffnet bei unzulässig hohen Drücken im Kraftstoffsystem. Des Weiteren enthält das Anschlussstück je nach Anforderung der Fahrzeughersteller auch eine Funkentstörung bestehend aus Drosselspulen und einem Kondensator.
Die Intankpumpe wird mit Hilfe eines Gleichstrom-Elektromotors angetrieben. Dieser besteht aus einem Anker, dem Rückschlusskörper mit Permanentmagneten und einem Kommutierungssystem aus Kohlebürsten und Kommutator.
Die Pumpenstufen folgen je nach Einsatzgebiet dem hydrostatischen (Verdrängerpumpen) oder dem hydrodynamischen (Strömungspumpen) Prinzip. Bei den Verdrängerpumpen erfolgt prinzipiell in einem sich vergrößernden Raum die Ansaugung des Kraftstoffes. Nach dem Verlassen des Einlassbereiches erfolgt dann die Verdrängung durch einen sich wieder verkleinernden Raum in den Auslass. Als Verdrängerpumpen werden derzeit vor allen G-Rotorpumpen mit einen exzentrisch zum Außenläufer orientierten Innenläuferzahnrad eingesetzt (vergleiche **Bild 12-68**). Auch Rollenzellen- beziehungsweise Flügelzellenpumpen kommen zum Einsatz, bei denen die Abdichtung der sich verändernden Raumvolumina über Rollen beziehungsweise radial beweglicher Flügel erfolgt. Verdrängerpumpen werden besonders bei höheren Systemdrücken (>3,5 bar) verwendet, da sich dieses Prinzip dort als besonders Vorteilhaft erweist. So können Wirkungsgrade von bis zu 25 % erreicht werden.
Strömungspumpen finden in Dieselfördersystemen vor allem für geringere Systemdrücke (<3,5 bar) Anwendung. Ein Turbinenrad, das einen oder mehrere konzentrische Kränze von Flügeln trägt, rotiert in einer feststehenden Pumpenkammer. In den beiden die Pumpenkammer bildenden Gehäuseteilen befindet sich jeweils ein Kanal. Zwischen Kanalanfang und Ende befindet sich zur Abdichtung vom Druck- zum Saugbereich ein so genannter Abstreifer. Durch den Impulsaustausch der Laufradflügel mit dem Kraftstoffteilchen findet längs des Kanals ein Druckaufbau

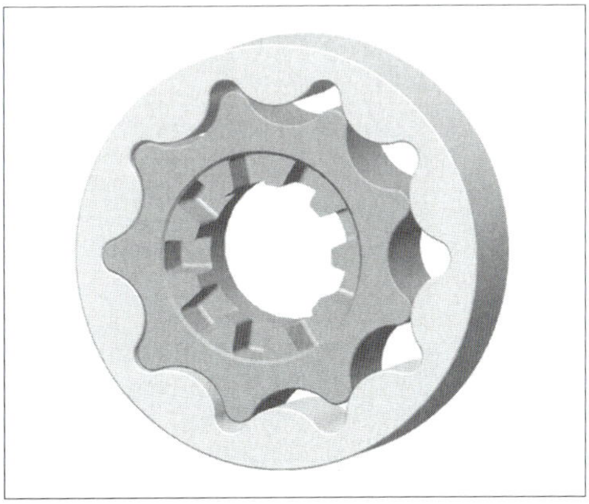

Bild 12-68 Exzentrisch zum Außenläufer orientiertes Innenläuferzahnrad einer G-Rotorpumpe

statt. Je nach Position der Kanäle spricht man vom Seitenkanal (seitliche Anordnung der Kanäle und Flügel) oder Peripheralradprinzip (Position Kanäle und Flügel radial außen). Vorteile der Strömungspumpen sind der nahezu pulsationsfreie Druckaufbau und der gegenüber Verdrängerpumpen relativ einfache und damit kostengünstige konstruktive Aufbau.

12.5.3.2 Ottokraftstofffördersystem

Aktuelle Ottokraftstofffördersysteme bestehen aus einem Schwalltopf mit einer Ottokraftstoffintankpumpe, einem Kraftstoffdruckregler, einem Pumpenvor- und Kraftstofffeinfilter sowie einer oder mehreren Saugstrahlpumpen und einem Niveaugeber zur Füllstandsmessung, die in einer Baueinheit zusammengefasst sind (siehe **Bild 12-69**). Diese Baueinheit verschließt mittels Flansch die Serviceöffnung des Kraftstofftanks. Der Flansch enthält alle hydraulischen und elektrischen Schnittstellen zum Tank. Der Schwalltopf wird permanent über die Saugstrahlpumpe(n) befüllt und dient als Reservoir, um auch bei geringen Kraftstoffmengen im Tank und allen Fahrsituationen die Förderung von Kraftstoff zum Motor zu gewährleisten. In Mehrkammertanks sorgen zusätzliche Saugstrahlpumpen für die Entleerung aller Kammern.

Bei Ottokraftstofffördersystemen werden konventionelle und rücklauflose Systeme unterschieden.

Konventionelle Systeme haben einen Rücklauf. Die Ottokraftstoffintankpumpe fördert durch eine Vorlaufleitung und den außerhalb des Tanks liegenden Kraftstofffilter eine konstante Kraftstoffmenge zum Kraftstoffdruckregler am Motor (siehe **Bild 12-70**). Da der Motor nicht immer die gesamte Menge verbraucht, wird überschüssiger Kraftstoff über eine Rücklaufleitung in den Tank und damit wieder in den Kraftstoffkreislauf geführt.

Neuere, rücklauflose Systeme integrieren auch den Kraftstofffeinfilter und den Kraftstoffdruckregler in die Fördereinheit und damit in den Kraftstofftank (siehe **Bild 12-71**). Sie erfüllen die hohen Ansprüche an die Emissionsdichtigkeit von Tanksystemen. So entfällt die Kraftstoffrücklaufleitung und somit der heiße Rücklauf vom Motor zum Tank. Durch die niedrigere Kraftstofftemperatur, weniger Dichtstellen sowie dem Umstand, das nur die Oberfläche einer Kraftstoffleitung zur Kohlenwasserstoffemission beiträgt, können die hohen Anforderungen bezüglich Emission erfüllt werden.

Bedarfsgeregelte Systeme

Bei herkömmlichen Kraftstofffördersystemen in Fahrzeugen mit Einspritzmotoren sorgt eine elektrische Ottokraftstoffintankpumpe für die Förderung des Kraftstoffs zum Motor. Zur Bereitstellung des nötigen Systemdrucks werden mechanische Druckregler eingesetzt, die den nicht benötigten Kraftstoff in den Tank zurückleiten, wobei die Pumpe immer bei

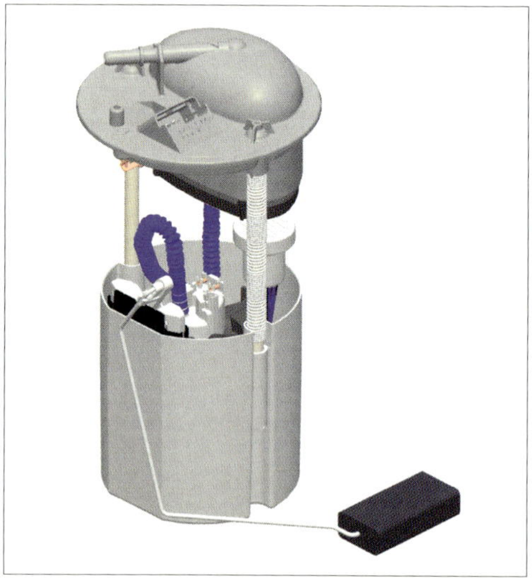

Bild 12-69 Darstellung eines Ottokraftstofffördersystems mit Kraftstofffeinfilter

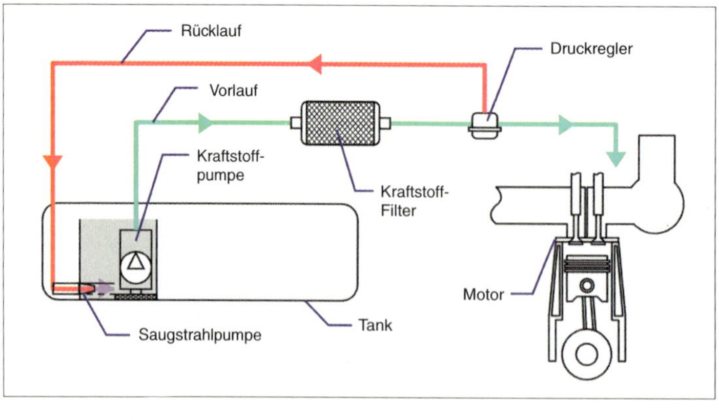

Bild 12-70 Prinzip eines konventionellen Ottokraftstofffördersystems

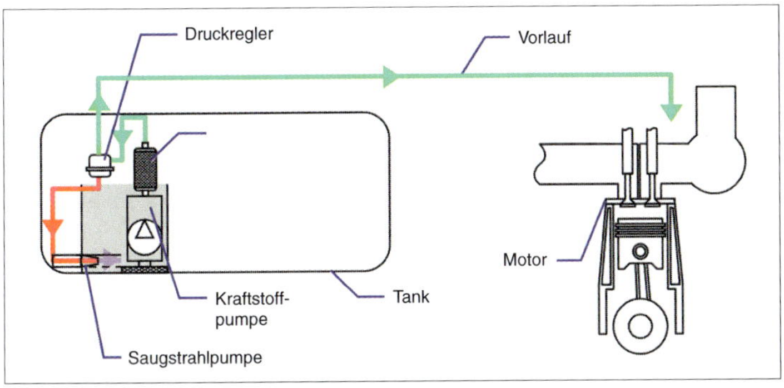

Bild 12-71 Prinzip eines rücklauflosen Ottokraftstofffördersystems

Volllast betrieben wird. Das bedeutet einerseits einen unnötigen Energieverbrauch, andererseits, durch die Verlustleistung der Ottokraftstoffintankpumpe, einen zusätzlichen Wärmeeintrag in den Tank, der vor allem in kompakten und leistungsstarken Fahrzeugen zu einer unzulässigen Schadstoffemission führen kann.

Abhilfe bieten bedarfsgeregelte Systeme. Diese bestehen aus einer Kraftstofffördereinheit, einem in die Kraftstoffleitung eingefügten Drucksensor und einer Elektronik, die die Kraftstoffpumpe so in ihrer Leistung regelt, dass unabhängig vom Verbrauch ein konstanter Systemdruck erreicht wird (siehe **Bild 12-72**).

Fahrversuche zeigen im Mittel eine Reduzierung der Leistungsaufnahme auf circa 50 % im Vergleich mit herkömmlichen Systemen. Vorteil ist zudem eine deutliche Geräuschminderung vor allem im Leerlauf. Durch die Leistungsreduzierung wird die Lebensdauer der Ottokraftstoffintankpumpe erhöht.

Die Verwendung einer Elektronik im Kraftstofffördersystem erlaubt zudem den Einsatz einer Pumpe mit elektronisch kommutiertem (EC) Gleichstrommotor, die als Lifetime-Komponente auch für kritische Kraftstoffe wie Ethanol oder Flüssiggas geeignet ist, da der Verschleiß des mechanischen Kommutators entfällt.

Durch den Einsatz einer Elektronik ergeben sich weitere Vorteile, wie die Vorgabe unterschiedlicher Systemdrücke, z.B. bei Motoren mit Direkteinspritzung oder eine zusätzliche Möglichkeit der Wegfahrsperre.

Filterung

Die Vorfilterung erfolgt durch einen Pumpenvorfilter, der den angesaugten Kraftstoff vor Eintritt in die Ottokraftstoffintankpumpe filtert. Hier werden Schmutzpartikel im Größenbereich von ≥30–60 μm herausgefiltert, um die Ottokraftstoffintankpumpe und den Kraftstoffdruckregler vor Verschleiß zu schützen. Filterwerkstoffe sind Vliesstoffe oder Gewebe aus Thermoplasten.

Das Kraftstofffeinfilter dient zur Feinfilterung des Kraftstoffs, um wichtige Bauteile des Motors, wie z.B. Einspritzventile, vor Schmutzpartikeln und dem daraus resultierenden Verschleiß zu schützen.

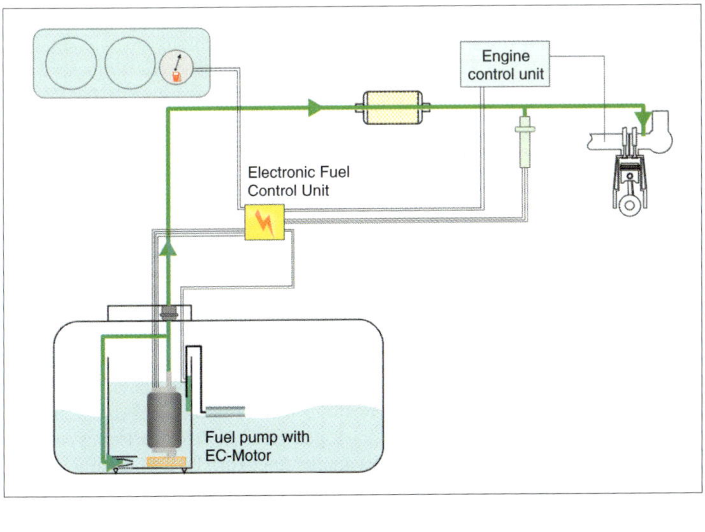

Bild 12-72 Prinzip eines bedarfsgeregelten Ottokraftstofffördersystems

Das Kraftstofffeinfilter befindet sich zwischen der Ottokraftstoffintankpumpe und dem Motor.
Ist der Filter im Ottokraftstofffördersystem integriert, muss er seine Funktion über die Fahrzeuglebensdauer erfüllen (Lifetime-Komponente).
Neben dem klassischen Filterpapier werden immer häufiger neu entwickelte Hochleistungskunststoffe, besonders bei Motoren mit Ottokraftstoffdirekteinspritzung, eingesetzt.
Diese werden mehrschichtig auf das ursprüngliche Filterpapier laminiert und sorgen für entsprechend hohe Schmutzaufnahmefähigkeit bei gleichzeitig hohem Anfangsabscheidegrad von über 90 % bei Partikelgrößen zwischen 3 – 5 µm.

Druckregelung

Zur Sicherstellung eines konstanten Einspritzdruckes in der Vorlaufleitung zum Motor wird in rücklauflosen Ottokraftstofffördersystemen nach der Ottokraftstoffintankpumpe ein Kraftstoffdruckregler als Bypassventil eingebaut. Das Arbeitsprinzip entspricht dem eines Proportionalreglers.
Je nach Verbrauch des Motors wird die aus der gesamten Fördermenge der Ottokraftstoffintankpumpe resultierende überschüssige Menge abgeregelt und dem Ottokraftstofffördersystem wieder zur Verfügung gestellt.
Für Motoren mit MPI-Einspritzung liegen die Drücke bei 3,0 bar bis 4,3 bar. Bei Motoren mit Direkteinspritzung bis zu 8,0 bar.

Ottokraftstoffintankpumpen

Aufgabe der Ottokraftstoffintankpumpe ist es, den Motor unter allen Betriebszuständen mit ausreichendem Kraftstoff zu versorgen. Hierzu stellt sie dem Ottokraftstoff-Einspritzsystem, anders als bei Dieseleinspritzsystemen, den benötigten Systemdruck ohne weitere Hochdruckpumpe zur Verfügung. Übliche Systemdrücke liegen hierbei, je nach Einspritzsystem, zwischen 3 – 4,3 bar für Multi Point Systeme, bei 4,7 – 5,2 bar bei aufgeladenen Ottokraftstoffmotoren und zwischen 5 und 8 bar bei Ottokraftstoff-Direkteinspritzsystemen. Die Fördermengen liegen bei circa 80 bis 200 l/h bei 12 V Nennspannung.
Heutige Ottokraftstoffintankpumpen bestehen (ebenso wie Dieselintankpumpen) im wesendlichen aus einem Anschlussstück, dem Elektromotor und der Pumpenstufe.
Das Anschlussstück dient der elektrischen und hydraulischen Kontaktierung. Im Anschlussstück integriert sind üblicherweise ein Rückschlagventil und ein Druckbegrenzungsventil. Ersteres dient der Druckerhaltung im Ottokraftstofffördersystem bei ausgeschalteter Pumpe und verhindert somit auch ein Auslaufen des Ottokraftstofffördersystems, was zu kurzen Startzeiten des Fahrzeuges führt. Das Druckbegrenzungsventil ist ein Sicherheitsventil und öffnet bei unzulässig hohen Drücken im Ottokraftstofffördersystem.
Des Weiteren enthält das Anschlussstück je nach Anforderung der Fahrzeughersteller auch eine Funkentstörung bestehend aus Drosselspulen und einem Kondensator.
Der Antrieb der Intankpumpe erfolgt bei heutigen Systemen mit Hilfe eines Gleichstrom-Elektromotors. Dieser besteht aus einem Anker, dem Rückschlusskörper mit Permanentmagneten und einen Kommutierungssystem aus Kohlebürsten und Kommutator. In der Entwicklung befinden sich ebenfalls elektronisch kommutierte Elektromotoren, die Lebensdauer-Vorteile besonders bei Verwendung von für das Kohle-Kommutatorsystem kritischen Kraftstoffen haben.
Die Pumpenstufen folgen entweder dem hydrostatischen (Verdrängerpumpen) oder dem hydrodynamischen (Strömungspumpen) Prinzip. Bei den Verdrängerpumpen wird der Kraftstoff in einem sich vergrößernden Raum angesaugt. Nach dem Verlassen des Einlassbereiches erfolgt dann die Verdrängung durch einen sich wieder verkleinernden Raum in den Auslass. Als Verdrängerpumpen werden derzeit vor allen G-Rotorpumpen mit einem exzentrisch zum Außenläufer orientierten Innenläuferzahnrad eingesetzt. Auch Rollenzellen- beziehungsweise Flügelzellenpumpen, bei denen die Abdichtung der sich verändernden Raumvolumina über Rollen beziehungsweise radial beweglicher Flügel erfolgt, kommen zum Einsatz. Nachteilig bei den Verdrängerpumpen bei Ottokraftstoffanwendung ist der Fördermengenabfall bei höheren Kraftstofftemperaturen aufgrund von Gasblasenförderung. Aufgrund dessen weisen Anwendungen für Ottokraftstoffbetrieb üblicherweise eine hydrodynamische Vorstufe auf, deren Aufgabe zum einen die Separation der Gasbläschen durch die im Kanal befindliche Entgasungsbohrung ist und zum anderen die Neigung der Gasblasenbildung in der Verdrängerstufe aufgrund des Vordruckes mindert. Dies führt jedoch konstruktiv zu relativ aufwändigen Lösungen.
Aufgrund dieser Nachteile haben sich Strömungspumpen weitestgehend bei Ottokraftstoff-Anwendungen durchgesetzt. Ein Turbinenrad, das wie im **Bild 12-73** gezeigt, einen oder mehrere konzentrische Kränze von Flügeln trägt, rotiert in einer feststehenden Pumpenkammer. In den beiden die Pumpenkammer bildenden Gehäuseteilen befindet sich jeweils ein Kanal. Zwischen Kanalanfang und Ende ist zur Abdichtung vom Druck- zum Saugbereich ein so genannter Abstreifer vorhanden. Durch den Impulsaustausch der Laufradflügel mit dem Kraftstoffteilchen und der Ausbildung einer wendelförmigen Umlaufströmung im Kanal-Flügelbereich findet längs des Kanals ein Druckaufbau statt. Je nach Position der Kanäle spricht man vom Seitenkanal (seitliche Anordnung der Kanäle und Flügel) oder Peripheralradprinzip (Position Kanäle und Flügel radial außen). Durch eine im Kanal befindliche Entgasungsbohrung kann hierbei durch den Austritt der Gasblasen aus dem Kanalbereich eine relativ konstante Förder-

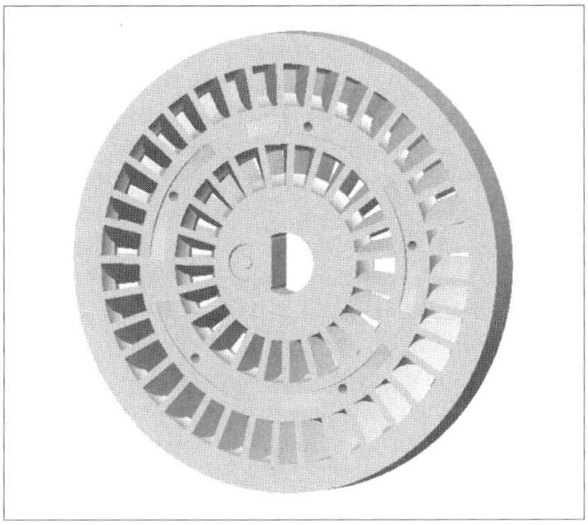

Bild 12-73 Turbinenrad einer Ottokraftstoffintankpumpe

menge auch bei hohen Kraftstofftemperaturen erreicht werden. Weitere Vorteile der Strömungspumpen sind der nahezu pulsationsfreie Druckaufbau und der kostengünstige Aufbau. Weitestgehend durchgesetzt haben sich hierbei die Seitenkanalpumpen. Diese erreichen derzeit bei kompakter Bauweise Systemdrücke bis circa 4,5 bar pro Stufe und Wirkungsgrade von über 20 %. Durch das Hintereinanderschalten von 2 Pumpenstufen können auch Systemdrücke bis circa 9 bar erreicht werden.

Elektronik bedarfsgeregelter Systeme

Die Elektronik bedarfsgeregelter Systeme (Electronic Fuel Control Unit) regelt die Ottokraftstoffintankpumpe und mit Hilfe eines in die Kraftstoffleitung eingefügten Drucksensors auf einen konstanten Systemdruck. Die Elektronik muss den Istwert des Drucksensors mit dem Sollwert vergleichen und die daraus ermittelte Ansteuerleistung für die Pumpe bereitstellen. Das geschieht aus Gründen der Verlustleistungsreduzierung durch ein pulsweitenmoduliertes (PWM-)Signal. Die PWM-Frequenz sollte oberhalb 15 kHz liegen, da sonst hörbare Geräusche entstehen. Andererseits muss die Frequenz zur Vermeidung elektromagnetischer Störungen so niedrig wie möglich liegen – üblich sind circa 20 kHz.
Wird eine Pumpe mit elektronisch kommutiertem (EC) Gleichstrommotor benutzt, so müssen von der Elektronik auch die Kommutierungssignale erzeugt werden.
Da die Elektronik aus EMV-Gründen in der Nähe der Pumpe und damit des Tanks platziert werden muss, um die Zuleitungen kurz zu halten, bietet sich an, weitere Möglichkeiten zu implementieren, wie die Erfassung und Verarbeitung der Signale der Füllstandsgeber oder eine Emissionsüberwachung des Tanks. Auch ein zusätzlicher Wegfahrschutz ist denkbar. Dafür sind weitere Kommunikationsmöglichkeiten vorzusehen.

12.5.4 Die Füllstandsmessung

Die Überwachung des Kraftstoffvorrates erfolgt nicht Komfort bedingt, sondern ist aus Sicherheitsgründen vielmehr eine Notwendigkeit.
Die Füllstandsanzeige hat so zu erfolgen, dass unabhängig von der dynamischen Fahrsituation – wie sie sich beispielsweise bei Kurvenfahrten und Beschleunigungsphasen ergibt – kein übermäßiges Schwanken der Anzeige auftritt. Dieses Verhalten wird durch geeignete Dämpfungsalgorithmen in der Auswerteelektronik erreicht. Ist der Füllstandssensor jedoch von vornherein an einer geeigneten Position im Tank platziert, werden diese Schwankungen, hervorgerufen durch Schwappbewegungen, minimiert. Auf Grund komplizierter Tankgeometrien ist das allerdings nicht immer möglich. Verzweigte Geometrien, zum Beispiel bei Mehrkammertanks, machen den Einsatz mehrerer Füllstandssensoren notwendig.

12.5.4.1 Anforderung an die Füllstandsmessung

In erster Linie soll eine zuverlässige Füllstandsmessung erreicht werden. Insbesondere bei geringen Kraftstoffmengen im Tank muss eine genaue Messung realisiert werden. Die Füllstandsanzeige im Fahrzeug ist primär von der Messgenauigkeit im Tank abhängig. Eine Anzeigeabweichung von mehreren Litern kann im Extremfall zum Liegenbleiben des Fahrzeugs führen. Hiervon wird auch die Diagnosefähigkeit des Sensors beeinflusst. Bei einer Fehlfunktion muss gewährleistet sein, dass die Füllstandsanzeige auf „Min“ oder „Null“ springt. Neben der Anzeigegenauigkeit des Füllstandes sind besondere Anforderungen an mechanische Robustheit und Medienbeständigkeit gestellt. Der Füllstandssensor ist auf ein Kraftfahrzeugleben ausgelegt. Ein Austausch eines defekten Sensors ist, abhängig vom Tankherstellverfahren, oft nicht möglich.
Die mechanische Belastung folgt aus Vibrationen und Stößen, wie sie üblicherweise im Tank durch den Fahrbetrieb vorherrschen und aus Schwappbewegungen des Kraftstoffs. Eine korrekte Messung des Füllstandes muss unter allen Bedingungen gegeben sein. Es darf zu keinen Kontaktaussetzern kommen.
Besonderes Augenmerk liegt auch auf der Medienbeständigkeit. Insbesondere in Brasilien und den USA kommen neben den üblichen Ottokraftstoffen auch Flex-Fuels, also Gemische aus Ethanol beziehungsweise Methanol mit Ottokraftstoff zum Einsatz. Ein wesentlicher Unterschied besteht unter anderen in der größeren Leitfähigkeit der Kraftstoffe.
Neben herkömmlichen Dieselkraftstoffen wird auch vermehrt Fettsäuremethylester (FAME) in reiner Form und bis zu 5 % Beimengung zum Dieselkraftstoff eingesetzt. Bei Dieselkraftstoffen ist zu beden-

ken, dass sie häufig in Schichtung mit Wasser auftreten. Ein besonderer Korrosionsschutz ist deshalb unumgänglich.

12.5.4.2 Hebelgeber

Am meisten verbreitet sind für die Füllstandserfassung Hebelgeber, implementiert in die Fördereinheit. Er besteht aus einem in der Regel auf einem Keramiksubstrat aufgebrachten Dickschichtnetzwerk (DSN) und einer als Schleifer ausgeführten Kontaktfeder, die über einen Hebel mit Schwimmer (**Bild 12-74**) füllstandsabhängig in Reihe geschaltete Schichtwiderstände abgreift.

Der resultierende Gesamtwiderstand ist dem Füllstand proportional. Das nicht lineare Füllvolumen des Tanks kann durch geeignete Auslegung des DSN linearisiert zur Anzeige gebracht werden. Die Auslegung des Netzwerks erfolgt derart, dass bei sinkenden Füllständen der Widerstandswert steigt. Bei Kontaktaussetzern oder Kabelbruch wird somit der kleinstmögliche Füllstand angezeigt. Neuere Generationen von Hebelgebern werden mit Kontaktfedern mit mehr als einer Kontaktzunge ausgeführt. Hierdurch wird eine verbesserte Resistenz gegenüber Belagsbildung in Kraftstoffen erzielt. Der redundante Abgriff führt zu einem optimierten Verhalten bei Schwingungsbelastung und zu einer erhöhten Abriebfestigkeit. Zur Vermeidung elektrochemischer Effekte werden diese offenen Sensorelemente mit gepulstem Gleichstrom betrieben.

12.5.4.3 MAgnetic Passive Position Sensor

Der MAPPS (MAgnetic Passive Position Sensor) besteht ebenfalls aus einem Keramiksubstrat mit 52 in Reihe geschalteten Schichtwiderständen. Jeder Widerstand hat einen einzelnen Abgriff. In geringem Abstand zu den Abgriffen ist eine weichmagnetische Kontaktfeder platziert. Durch einen umlaufend verlöteten Deckel ist das System hermetisch gegen die, den MAPPS umgebenden Kraftstoffe abgedichtet. Die Kontaktgabe einzelner Schaltzungen der Feder erfolgt durch einen Magneten, der anstelle eines Schleifers auf der Rückseite des MAPPS auf der Keramik entlangläuft. Die Schnittstelle zum umgebenen Medium bildet auch hier der Hebel mit angesetztem Schwimmer. Der Verstellweg des Magneten entspricht somit einem Bahnradius mit einem zulässigen Winkelbereich von circa 90°. Das elektrische Ausgangssignal wird in Abhängigkeit der Magnetposition proportional variiert. Der Widerstandsbereich erstreckt sich von 100 % bis 0 % Füllstand. Für Diagnosezwecke ist ein weiterer Serienwiderstand eingeführt, so dass sich im Fehlerfall (zum Beispiel Magnet außerhalb des zulässigen Winkelbereichs) ein definierter Gesamtwiderstand ergibt.

Durch das vollständig geschlossene System unterliegen die Mikrokontakte, auch bei extremen Umgebungsbedingungen, keiner Verschmutzung oder Einwirkung durch unterschiedlichste Kraftstoffe (siehe **Bild 12-75**). Die Kontaktflächen werden mechanisch erheblich weniger belastet als bei herkömmlichen Schleifersystemen. Dieses verschleißarme Kontaktsystem garantiert eine erhöhte Lebensdauer des Sensorelements.

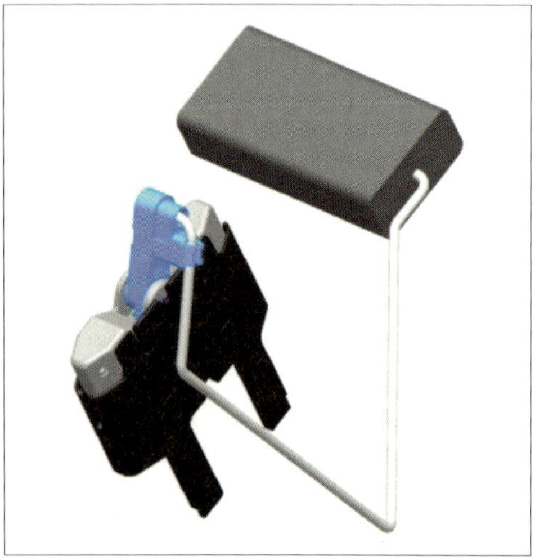

Bild 12-74 Hebelgeber für die Füllstandsanzeige

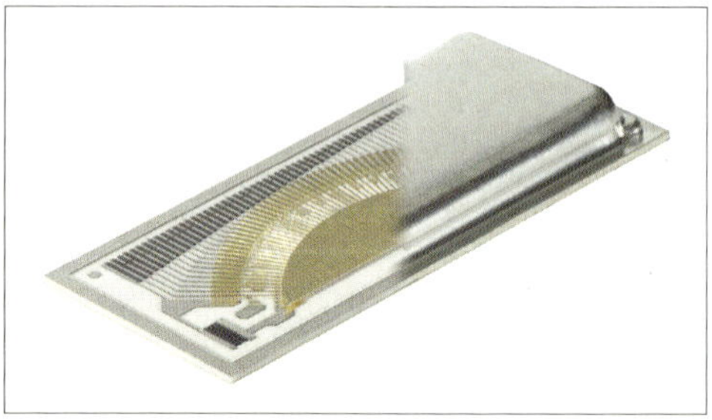

Bild 12-75 MAgnetic Passive Position Sensor (MAPPS) für die Füllstandsanzeige

Literatur

[1] *Fürhapter, A.; Piock, W. F.; Fraidl, G. K.:* Verbrennung: Homogene Selbstzündung – die praktische Umsetzung am transienten Vollmotor. In: MTZ 65 (2004), Heft 2, S. 94 ff.

[2] *Stegemann, J.; Meyer, S.; Rölle, T.; Merker, G. P.:* Berechnung und Simulation: Einspritzsystem für eine vollvariable Verlaufsform. In: MTZ 65 (2004), Heft 2, S. 114 ff.

[3] *Hummel, K.; Boecking, F.; Groß, J.; Stein, J.-O.; Dohle, U.:* 3. Generation Pkw-Common-Rail von Bosch mit Piezo-Inline-Injektoren. In: MTZ 65 (2004), Heft 3, S. 180 ff.

13 Zündung

13.1 Ottomotor

13.1.1 Einleitung der Zündung

In fremdgezündeten Verbrennungskraftmaschinen (Otto-Motoren) wird der Verbrennungsprozess durch eine elektrische Entladung im Brennraum gegen Ende des Verdichtungstaktes ausgelöst. Die dazu notwendigen Komponenten sind eine Zündspule als Hochspannungsquelle und eine Zündkerze als Elektrode im Brennraum. Durch den Funken entsteht zwischen den Zündkerzenelektroden ein Hochtemperaturplasmakanal. In einer dünnen Reaktionsschicht um diesen Kanal findet eine exotherme chemische Reaktion statt. Diese entwickelt sich zu einer selbsterhaltenden und sich ausbreitenden Flammfront [1].

13.1.2 Anforderungen an das Zündsystem

Das Zündsystem muss diesen Entflammungsprozess über alle denkbaren Veränderungen und dynamischen Schwankungen der motorischen Betriebszustände reproduzierbar sicherstellen. Damit der Funke an den Zündkerzenelektroden überspringen kann, muss das Zündsystem ein ausreichendes Hochspannungsangebot zur Verfügung stellen. Druck, Temperatur und Dichte des Gemisches an und zwischen den Zündelektroden zum Zündzeitpunkt beeinflussen den Spannungsbedarf. Diese Parameter variieren deutlich über Drehzahl und Last. Nach dem Paschen-Gesetz nimmt der Zündspannungsbedarf linear mit Druck und Elektrodenabstand zu. Die durch den Funken an das Gemisch übertragene Energie muss ausreichen, die selbsterhaltende Verbrennung auszulösen. Der optimale Zündzeitpunkt ist dabei von zentraler Bedeutung und wird während der Applikationsphase am Motor ermittelt und in einem Kennfeld im Motorsteuergerät als Funktion von Drehzahl und Last abgelegt.

13.1.3 Mindestzündenergien

Homogene stöchiometrisch zusammengesetzte Kraftstoff-Luft-Gemische benötigen ruhend für die Entflammung eine Energie von weniger als 1 mJ. In fetteren oder abgemagerten Gemischen erhöht sich der Energiebedarf auf 3 mJ [2]. Im realen Motor sind die Bedingungen wesentlich ungünstiger. Durch inhomogene Verteilung von Luft, Kraftstoff, zurückgeführtem Abgas etc. sowohl zwischen den Zylindern als auch durch inhomogene Zylinderfüllung sowie durch Übertragungs- und Wärmeverluste an Zuleitungen und Elektroden steigt der Energiebedarf weiter deutlich an. Konventionelle Zündsysteme stellen circa 40 mJ mit einer Funkendauer von 1 ms an der Zündkerze zur Verfügung, um die Entflammung sicherzustellen.

13.1.4 Grundlagen der Funkenzündung

13.1.4.1 Phasen des Funkens

Der sich an der Zündkerze ausbildende Funke kann in drei zeitlich aufeinander folgende Entladungsformen mit deutlich unterschiedlichen energetischen und plasmaphysikalischen Eigenschaften unterteilt werden, **Bild 13-1** [3–5].

Zunächst wächst die Spannung an der Zündkerze steil an. Sobald die sich im Feld ausbildende Streamerladung die gegenüberliegende Elektrode erreicht hat, erfolgt der Durchbruch (breakdown) innerhalb weniger Nanosekunden. Die Impedanz der Elektrodenstrecke sinkt drastisch ab und der Strom steigt durch die Entladung der Streukapazitäten der Zündkerze

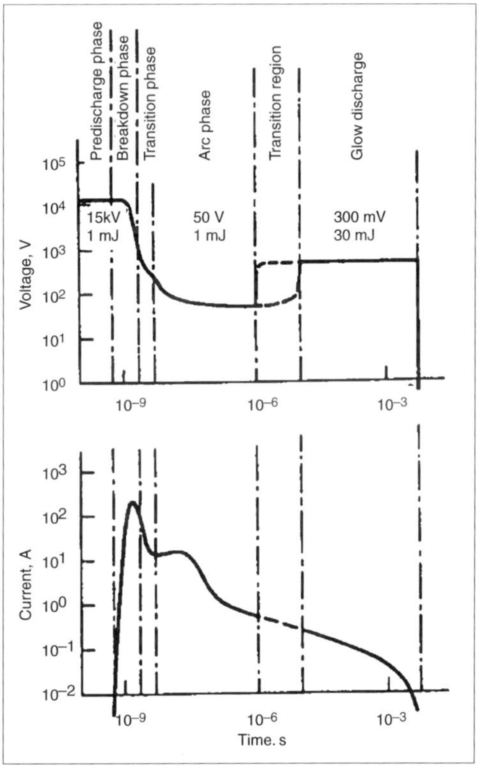

Bild 13-1 Zeitlicher Verlauf von Strom und Spannung einer Transistor-Spulen-Zündung (TSZ) [4]. Typische Werte für auftretende Spannungen und Energieübertragung in den einzelnen Funkenphasen

schnell an. Der Überschlag erfolgt dabei wegen der hohen Spannungsanstiegsgeschwindigkeit der Zündspule nicht bei der statischen Durchbruchspannung sondern wegen der Zündverzugszeit bei Überspannung. Im leitfähigen Kanal entstehen durch die vollständige Dissoziation und Ionisation der Atome und Moleküle sehr hohe Temperaturen von 60.000 K. Die Ausbreitung der Druckwelle beginnt mit Überschallgeschwindigkeit.

Danach geht der Funke in die *Bogenphase* (arc phase) mit sehr kleinen Spannungen über, in der der Strom durch die Entladung der hochspannungsseitigen Kapazitäten bestimmt ist. An der Kathode entsteht wegen der starken Elektronenemission ein heißer Fleck (Brennfleck), Kathodenmaterial verdampft und bewirkt eine starke Erosion der Elektroden. Die Temperatur im Kanal geht auf circa 6.000 K zurück. Das Plasma expandiert nun durch Wärmeleitung und Diffusionsprozesse und die exotherme Reaktion, die zu einer fortschreitenden Flammfront führt, beginnt.

Bei Strömen unter 100 mA erfolgt der Übergang zur *Glimmentladung* (glow discharge). Ein Wechsel zwischen Bogen- und Glimmentladung ist dabei in einem Übergangsbereich abhängig von Veränderungen und Gemischbewegungen zwischen den Elektroden mehrfach möglich. In der Phase der Glimmentladung steigt die Spannung – der Elektronenstrom wird nun durch auftreffende Ionen unterstützt – wieder an; die Temperatur im Kanal beträgt nun nur noch circa 3.000 K. Die Schmelztemperatur wird unterschritten, die Elektroden werden nun überwiegend durch auftreffende Ladungsträger zerstäubt [6].

Der Energiespeicher Spule entlädt sich dabei vollständig in den Entladekanal. Beim Unterschreiten der notwendigen Schwellspannung zur Aufrechterhaltung des Kanals reißt der Funke ab. Die Restenergie schwingt in der Sekundärwicklung der Zündspule aus.

13.1.4.2 Energieübertragungswirkungsgrad

Die Energieanteile, die in den beschriebenen Phasen des Funkens an das Gemisch abgegeben werden können, zeigt **Bild 13-2**.

Die Durchbruchsphase weist dabei den höchsten Zündwirkungsgrad auf und bewirkt eine schnellere Energieumsetzung in der Anfangsphase des Brennprozesses. Durch Vergrößern des Funkenplasmas und dessen Ausbreitungsgeschwindigkeit kann die Entflammungssicherheit verbessert werden [4].

Wegen der erheblichen Wärmeverluste über die Elektroden ist die im Funkenplasma vorhandene Energie deutlich kleiner als die an die Zündkerze elektrisch zugeführte Energie. Bei der heute üblichen TSZ ist im Wesentlichen die Glimmphase entflammungswirksam, wobei die Zündsicherheit mit der Höhe des Spitzenstromes und der Entladedauer zunimmt [7].

Eine lange Funkenbrenndauer begünstigt eine sichere Entflammung. Selbst bei mageren Gemischen ($\lambda = 1{,}5$) und hohen Strömungsgeschwindigkeiten (>30 m/s) reicht allein die langanhaltende Glimmentladung einer TSZ aus, um brennbares Gemisch, welches durch das Strömungsfeld in den Elektrodenbereich hineingetragen wird, kontinuierlich zu entflammen [8].

13.1.5 Spulenzündsystem (induktiv)

Bei den in verteilerlosen, mit Transistoren geschalteten Zündsystemen eingesetzten Spulen, handelt es sich um mit Epoxidharz vergossene Trockenzündspulen, die aus einem magnetisch geschlossenen Kreis aus lamelliertem verlustarmen Elektroblech mit konzentrisch übereinander liegenden Primär- und Sekundärwicklungen gebildet werden, **Bild 13-3**. Mit dem Einschalten des Primärstromes wird dabei Energie induktiv im Luftspalt des Magnetkreises gespeichert. Nach der Unterbrechung des Primärstromes durch den Transistor, **Bild 13-4**, baut sich sekundärseitig in der Spule eine Spannung bis zum Durchbruch an der Zündkerze auf. Die maximal erreichbare Spannung hängt im Wesentlichen von der Abschaltspannung und dem Übersetzungsverhältnis sekundär-/primär in der Spule ab.

Nach dem Überschlag entlädt sich die Energie über die Sekundärwicklung der Spule im Funken. Während dieser Glimmphase (Brenndauer) kann die Funkenstrecke an der Zündkerze elektrisch als durch eine Zenerdiodenstrecke ersetzt betrachtet werden, welche die Sekundärspannung auf den Wert der Brennspannung begrenzt und bis zum Funkenabriss konstant hält.

	Durchbruch, %	Bogen, %	Glimm, %
Strahlungsverlust	< 1	5	< 1
Wärmeableitung an den Elektroden	5	45	70
Gesamtverluste	6	50	70
Plasmaenergie	94	50	30

Bild 13-2 Energiebilanz der drei Entladungsformen [3]

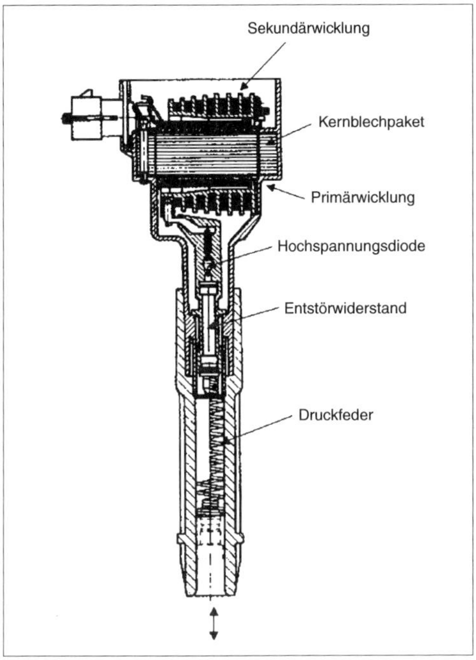

Bild 13-3 Aufbau Zündspule

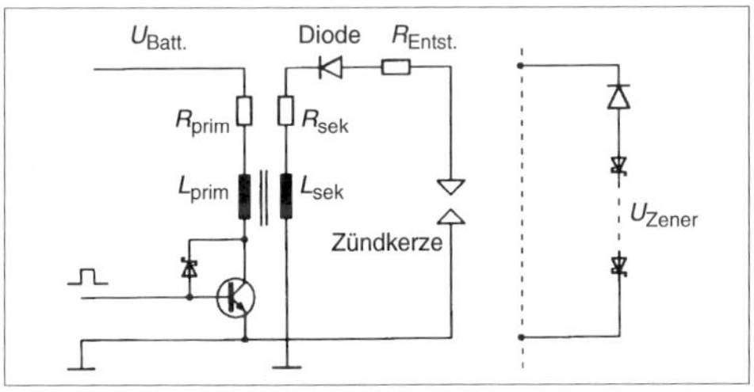

Bild 13-4 Schematischer Aufbau einer Transistorspulenzündung (TSZ)

Die Definition der Eigenschaften einer solchen Zündspule werden in der ISO 6518 einheitlich geregelt. Das Spannungsangebot wird dabei als maximal erreichbare Spannung an einem der Verbausituation entsprechenden elektrischen Ersatzwiderstand definiert. So entsprechen zum Beispiel 1 MΩ // 25 pF der elektrischen Belastung einer direkt auf die Zündkerze gesteckten Zündspule und 1 MΩ // 50 pF der einer Zündspule, die über eine Zündleitung mit der Zündkerze verbunden ist.

Die Ausgangs- oder Brennenergie wird durch eine Messung der Entladedauer der mit einer Zener-Diodenschaltung mit 1000 V abgeschlossenen Zündspule ermittelt. Mit dem Übersetzungsverhältnis und dem Abschaltstrom der Spule wird der maximale Funkenstrom (Glimmstrom) auf der Sekundärseite der Zündspule festgelegt. Die Funkenbrenndauer

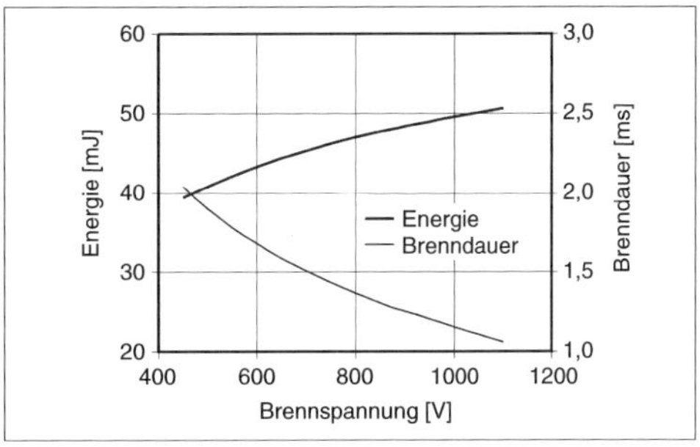

Bild 13-5 Brennspannungseinfluss auf Energie und Funkendauer

kann dabei über die Festlegung der Speicherinduktivität und den Arbeitspunkt des Magnetkreises in weiten Grenzen variiert werden.

Die Kopplung zwischen Primär- und Sekundärseite der Zündspule beträgt mehr als 90 %. Von der elektrisch im Primärstromkreis gespeicherten Energie kommen durch die Übertragungsverluste und die Widerstände im Kreis nur circa 50 % an der Zündkerze an. Die Bedingungen im Brennraum (Druck, Temperatur, Gemischbewegung etc.) bestimmen zusammen mit dem Elektrodenabstand die Brennspannung während der Funkendauer. Den Einfluss auf Energie und Funkendauer zeigt **Bild 13-5**.

Weit verbreitet sind Doppelfunkenzündspulen, bei denen beide Enden der Sekundärwicklung in Reihe über Zündleitungen mit Zündkerzen verbunden sind, die zu Zylindern gehören, deren Zündfolge um 360 °KW verschoben ist. Beim 4-Zylinder sind dies die Zylinder 1 und 4, sowie die Zylinder 2 und 3, die jeweils mit einer Spule verbunden sind. Durch die Reihenschaltung zünden somit zwei Zündkerzen gleichzeitig, eine im mit Kraftstoff-Luft-Gemisch gefüllten Zylinder, die andere in den im Auslasstakt befindlichen Zylinder, bei dem durch den drucklosen Zustand ein Stützfunke mit nur kleinem zusätzlichen Spannungsbedarf entsteht.

Durch die Reihenschaltung zündet eine der beiden Zündkerzen mit positiver Hochspannung, die andere mit negativer. Beim Zünden mit negativer Hochspannung ist der Spannungsbedarf, wegen der im Betrieb des Motors höheren Temperatur der Mittelelektrode der Zündkerze und der damit erniedrigten Austrittsarbeit der Elektronen, geringfügig (1–2 kV) niedriger als mit positiver Spannung. Gleichzeitig ist der Elektrodenabbrand an den Zündkerzen durch die verschiedenen Polaritäten der Zündspannung stark asymmetrisch.

Für die Zündung mit Doppelfunkenspulen sind verschiedene Anordnungen möglich. Einerseits das Zusammenlegen der Doppelfunkenspulen zu einem Block oder Paket und die Verbindung zu den Zündkerzen über Zündleitungen und andererseits, alternativ dazu, das direkte Stecken oder Kontaktieren einer

Zündspule auf eine Zündkerze und das Verbinden zur Zündkerze im korrelierenden Zylinder mit einer Zündleitung.
In höherwertigen Fahrzeugen kommen wegen der besseren Steuerbarkeit der Zündung, Problemen mit Ventilüberschneidungen etc. Einzelfunkenspulen zum Einsatz, mit denen somit jeder Zylinder mit einer eigenen Zündspule gezündet wird, **Bild 13-6**.

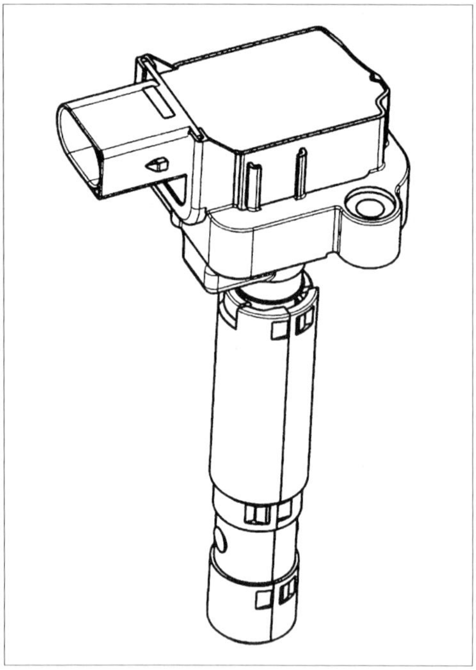

Bild 13-6 Direkt auf die Zündkerze steckbare Einzelfunkenzündspule mit 70 mJ, 35 kV-Ausgangsspannung und 2 ms-Brenndauer.

Dabei werden die Spulen auf dem Zylinderkopf montiert und direkt mit der Zündkerze kontaktiert oder in Blocks mit mehreren Einzelfunkenspulen zusammengefasst und über Zündleitungen mit den Zündkerzen verbunden.
Bei den Einzelfunkenzündspulen ist eine Hochspannungsdiode im Sekundärkreis zur Unterdrückung des Spannungspulses, der durch das Einschalten des Stromes an der Induktivität entsteht, erforderlich, da zu diesem Zeitpunkt bei kleinen Drücken und damit kleinem Zündspannungsbedarf sich schon zündfähiges Gemisch im Zylinder befinden kann.
Durch die direkte Verbindung dieser Spulen zur Zündkerze und damit dem Entfall der entstörten Zündleitungen muss die Zündspule selbst die Entstörelemente zum Beispiel den gewickelten, induktiven Widerstand zur Unterdrückung von hochfrequenten Störaussendungen, die durch den Funkenüberschlag an der Zündkerze entstehen, aufnehmen.

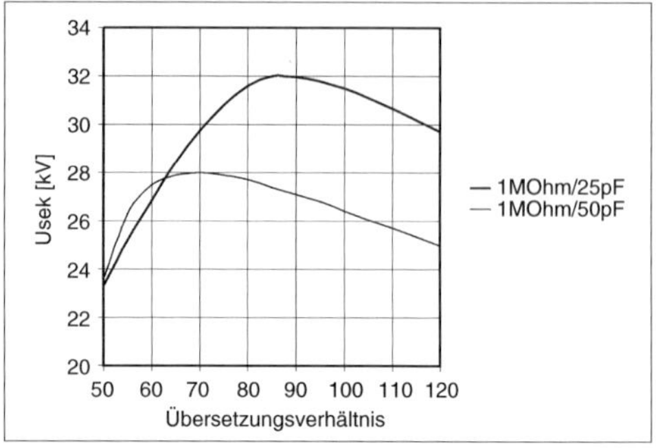

Bild 13-7 Einfluss der äußeren Belastung der Zündspule auf das optimale Übersetzungsverhältnis

Der Einsatz von Zündspulen mit oder ohne Zündleitungen (weggebaut oder direkt gesteckt) bestimmt durch die dadurch unterschiedliche äußere kapazitive Belastung das optimale Übersetzungsverhältnis, mit dem die Spule die maximale Ausgangsspannung liefern kann, **Bild 13-7**.
Zunehmend Bedeutung gewinnt der Einsatz von sogenannten „pencil coils“ (**Bild 13-8**), bei denen es durch den Aufbau mit einem offenen, lang gezogenen Magnetkreis möglich wird, die Baugröße und den Durchmesser der Zündspule weiter zu verkleinern und die Spule somit direkt in den Kerzenschacht zu

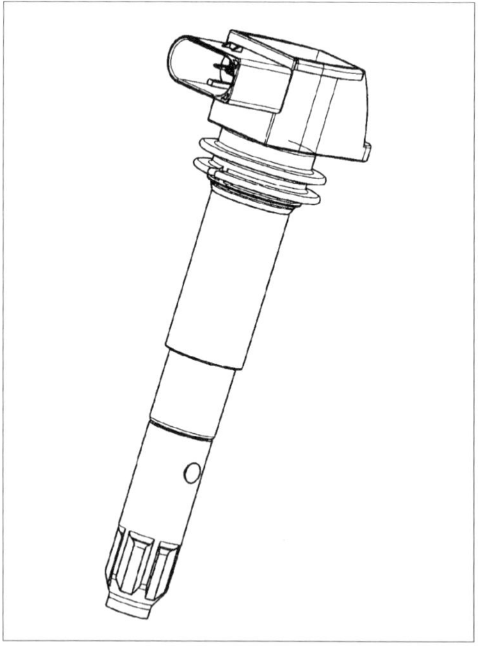

Bild 13-8 Kerzenschachtzündspule (pencil coil) mit Durchmesser 22 mm, 32 kV-Ausgangsspannung und 60 mJ

montieren. Verbunden damit sind erhöhte Anforderungen an die Temperaturbeständigkeit und Isolationsfestigkeit der Bauteile.

Welches System letztendlich zum Einsatz kommt, hängt vom Anwendungsfall, den speziellen Anforderungen und den Kosten ab. Gleiches gilt für die Integration weiterer Bauteile und intelligenter Funktionen in der Zündspule, wie zum Beispiel den Einbau des elektronischen Halbleiterzündschalters und/ oder der Integration von Diagnose- und Selbstschutzaufgaben.

13.1.6 Weitere Zündsysteme

Trotz immer wiederkehrender Bemühungen alternative Zündsysteme (Plasma-, Laserzündung und viele andere mehr) einzuführen, hat sich die traditionelle Spulenzündung wegen ihres hohen Nutzen-Kosten-Verhältnisses allgemein durchgesetzt [7].

Nur in Ausnahmefällen (zum Beispiel Rennsportmotoren) wird die Hochspannungskondensatorzündung (HKZ) verwendet. Bei der HKZ wird die Energie in einem Kondensator zwischengespeichert und die notwendige Hochspannung wird beim Schalten über einen schnellen verlustarmen Zündtransformator erzeugt. Diese Zündanlagen verfügen über einen extrem schnellen Spannungsanstieg (einige kV/µs) und sind damit sehr nebenschlussfest gegenüber Belägen auf den Zündkerzen. Nachteilig ist die mit circa 100 µs sehr kurze Brenndauer, die bei inhomogenen Gemischen zu Zündaussetzern führen kann, sowie der große Funkenstrom, der zu erhöhtem Zündkerzenabbrand führt.

Eine weitere Verbesserung dazu ist die „Wechselspannungszündung“ wie sie beim Mercedes 12-Zylinder (V12) eingesetzt wird [9]. Dabei wird ein Kondensator als Energiespeicher mit einem schwach gekoppelten Zündtransformator zu einem Schwingkreis mit einer Resonanzfrequenz von circa 20 kHz verbunden. Nach dem Funkendurchbruch wird von der Sekundärseite der Spule Energie in den Funken geliefert, während der Kondensator wieder geladen wird (Sperrwandlerprinzip). Im Gegensatz zur HKZ reißt hierbei der Funke nicht ab, da genug Energie im System bleibt, um die Oszillation aufrecht zu erhalten. Die Gefahr von Zündaussetzern bei inhomogenen Gemischen ist damit gegenüber der HKZ deutlich reduziert.

Mit dieser Wechselspannungszündung erhält man eine Zündung, bei der im Gegensatz zur TSZ die Brenndauer unabhängig vom Zündspannungsangebot frei einstellbar wird. Mit einer solchen bedarfsgerecht gesteuerten Brenndauer (energy controlled ignition) reduziert sich der Zündkerzenverschleiß und nach dem kontrollierten Funkenende können an den Zündkerzen zum Beispiel Ionenstrommessungen zur Zündaussetzerkennung durchgeführt werden [9].

Alle hier neben der TSZ betrachteten Zündungen benötigen neben der Spule weitere Bauteile wie Kondensatoren und Netzteile (100–800 V) für die Erzeugung der notwendigen Ladespannungen, was die Kosten erhöht und die Akzeptanz und Verbreitung solcher Zündanlagen behindert.

13.1.7 Zusammenfassung/Ausblick

Zur Erhöhung der Betriebssicherheit sollen Zündsysteme über eine kleine Quellimpedanz und/oder über einen steilen Spannungsanstieg verfügen (Nebenschlussfestigkeit).

Weiterhin müssen Zündsysteme ausreichend Hochspannung liefern. Für künftige Zündsysteme muss mit einem weiteren Anstieg der Spannungsangebotsforderungen (Magerbetrieb, hohe AGR-Raten, Turboaufladung, Otto-DE), gerechnet werden. So gilt speziell, dass der Zündspannungsbedarf bei einem magerbetriebenen Motor mit Direkteinspritzung, der unter Teillast im Schichtladebetrieb betrieben wird, höher ist als bei einem vergleichbaren Motor im stöchiometrischen Betrieb, weil Ladungsverdünnung durch Luftüberschuss und/oder Abgasrückführung die Gasdichte im Zylinder erhöht und deshalb die Durchbruchspannung zum Zündzeitpunkt steigt.

Die Forderung nach den höchsten Zündspannungen jedoch, die typischerweise unter Volllast, im Homogenbetrieb erreicht werden, sind bei beiden vergleichbar, so dass die Anforderungen an einen Motor mit Direkteinspritzung bezüglich der maximalen elektrischen Isolationsfestigkeit an Zündspule, Leitung und Zündkerze, im Vergleich zu denen eines Motors mit Multipointeinspritzung unverändert bleiben [10].

Nur ein hohes Energiespeichervermögen der Zündanlage ermöglicht die Erzeugung eines ausreichend großen Plasmakanals. Die Energieanforderungen eines Motor mit Direkteinspritzung sind im Teillastbereich im Schichtladebetrieb gegenüber einem Motor mit Saugrohreinspritzung ebenfalls erhöht, da man auf Grund der Ladungsverdünnung mit Luftüberschuss oder AGR mehr Energie ans Gemisch (70–100 mJ) liefern muss, um wiederholbare ausreichende Flammkernentwicklung sicherzustellen [10]. Man kann davon ausgehen, dass mit einer Verbesserung der Gemischführung dieser Wert abgesenkt werden kann.

Literatur

[1] *Heywood, J. B.:* Internal Combustion Engine Fundamentals, McGraw Hill, New York, 1989

[2] Autoelektrik, Autoelektronik am Ottomotor, Bosch, VDI-Verlag, 1987

[3] *Albrecht, H.; Maly, R.; Saggau, B.; Wagner, E.:* Neue Erkenntnisse über elektrische Zündfunken und ihre Eignung zur Entflammung brennbarer Gemische, Automobil-Industrie (4): 45–50, 1977

[4] *Maly, R.; Vogel, M.:* Ignition and Propagation of Flame Fronts in Lean CH_4-Air Mixtures by the Three Modes of the Ignition Spark, Proc. of 17. Int. Symp. on Combustion pp. 821–831, The Combustion Institute, 1976

[5] *Schäfer, M.:* Der Zündfunke, Diss., Univ. Stuttgart, 1997

[6] *Hohner, P.:* Adaptives Zündsystem mit integrierter Motorsensorik, Diss., Univ. Stuttgart, 1999

[7] *Maly, R.:* Die Zukunft der Funkenzündung, MTZ 59 (1998) 7/8
[8] *Herweg, R.:* Die Entflammung brennbarer turbulenter Gemische, Diss., Univ. Stuttgart, 1992
[9] *Schommers, J.; Kleinecke, U.; Miroll, J.; Wirth, A.:* Der neue Mercedes-Benz Zwölfzylindermotor mit Zylinderabschaltung, Teil 2, MTZ 61 (2000) 6
[10] *Stocker, H.; Archer, M.; Houston, R.; Alsobrooks, D.; Kilgore, D.:* Die Anwendung der luftunterstützten Direkteinspritzung für 4-Takt Ottomotoren – der ‚Gesamtsystemansatz', 7. Aachener Kolloquium Fahrzeug- und Motorentechnik 1998, S. 711 ff.
van Basshuysen, R.: Ottomotor mit Direkteinspritzung – Verfahrene Systeme · Entwicklung · Potenzial. Wiesbaden. Vieweg+Teubner, 2008

13.1.8 Zündkerzen

13.1.8.1 Anforderungen an Zündkerzen

Die Zündkerze stellt die zur Zündung notwendigen Elektroden im Brennraum zur Verfügung und muss damit den schnell wechselnden motorischen Anforderungen genügen.

Elektrisch muss die Zündkerze die Hochspannungsübertragung sicherstellen und die erforderlichen Zündspannungen von über 30 kV isolieren, Durch- und Überschläge vermeiden, und diese Fähigkeit zur Beständigkeit gegen dielektrischen Belastungen durch hohe Feldstärken und schnell wechselnde Felder über Lebensdauer unverändert beibehalten.

Mechanisch soll die Zündkerze den Brennraum druck- und gasdicht abschließen sowie die mechanischen Kräfte beim Verschrauben der Kerze aufnehmen.

Thermisch gutes Wärmeleitvermögen schützt die Zündkerze gegen die Belastungen der kleinen thermischen Schocks in jedem Verbrennungszyklus und hält die Temperatur der Zündkerze niedrig.

Elektrochemisch muss die Zündkerze sowohl den Angriffen durch Funkenerosion als auch denen durch Verbrennungsgase und -rückstände, wie Heißgaskorrosion, Oxidation und Vergiftungen durch Schwefel im Kraftstoff widerstehen und die Bildung von Ablagerungen auf dem Isolator vermeiden helfen.

13.1.8.2 Aufbau

Den obigen Anforderungen entsprechend hat sich der prinzipielle Aufbau der Zündkerze im Lauf der motortechnischen Entwicklung kaum verändert,**Bild 13-9**. Gleichwohl sind vor allem in den letzten 20 Jahren durch die gestiegenen Anforderungen zur Anpassung der Zündkerze an für jeden Motor spezifische Erfordernisse Veränderungen in Form konstruktiver Details und verbesserten Werkstoffen erfolgt, womit unter anderen die Wechselintervalle deutlich verlängert wurden. Gleitfunkenkonzepte wurden durch den Einsatz unverbleiten Kraftstoffes überhaupt erst möglich.

Der Isolator der Zündkerze besteht aus einer Aluminiumoxid-Keramik, die für die hohe elektrische Durchschlagfestigkeit sorgt und in der Regel mit einer rippenförmigen Kriechstrombarriere am Isolatorhals versehen ist. Im Isolator eingebettet sind Mittelelektrode und Zündstift gasdicht mit einer speziellen elektrisch leitenden Glasschmelze verbunden. Durch entsprechende Beimischungen kann diese Glasschmelze mit einem definierten Widerstand ausgestattet werden, um Abbrandfestigkeit und Entstöreigenschaften zu verbessern.

Die gasdichte Verbindung zwischen Isolator und metallischem Körper wird mittels eines Innendichtringes hergestellt, wobei die mechanische Vorspannkraft auf den Dichtring durch den Zündkerzenkörper erfolgt, der zuerst an den Isolator gebördelt und anschließend durch einen speziellen Erwärmungsvorgang elektrogestaucht wird.

Am Zündkerzenkörper sind eine oder mehrere Masseelektroden angeschweißt, die mit der Mittelelektrode die Gasentladungsstrecke bilden. Man unterscheidet verschiedene Zündkerzentypen entsprechend der Anordnung ihrer Elektroden, beziehungsweise des Funkenweges, **Bild 13-10**.

Luftfunken: Bei Zündkerzen mit Hakenelektrode (J-type) ist durch den offenen Funkenweg durch den Gasraum („Luft") gute, bis optimale Gemischzugänglichkeit gegeben.

Gleitfunken: Gleitet der Funke beim Überschlag über den Isolator, ist ein Freibrennen von Ablagerungen und Verbrennungsrückständen möglich. Elektrische Nebenschlüsse werden vermieden, jedoch muss der Zündfunke energiereicher sein, damit das Abkühlen beim Gleiten über den Isolator kompensiert wird.

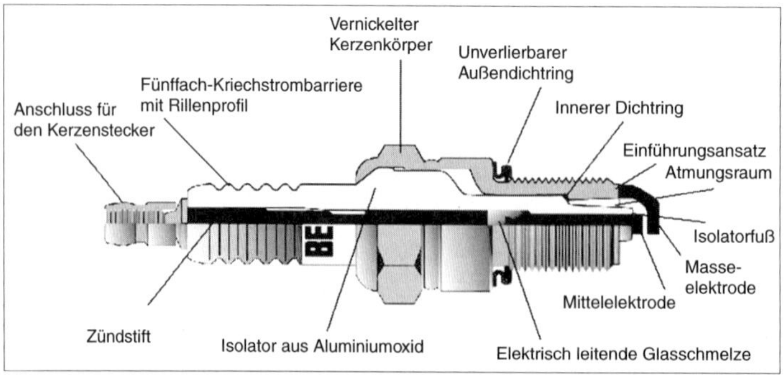

Bild 13-9 Aufbau einer Zündkerze

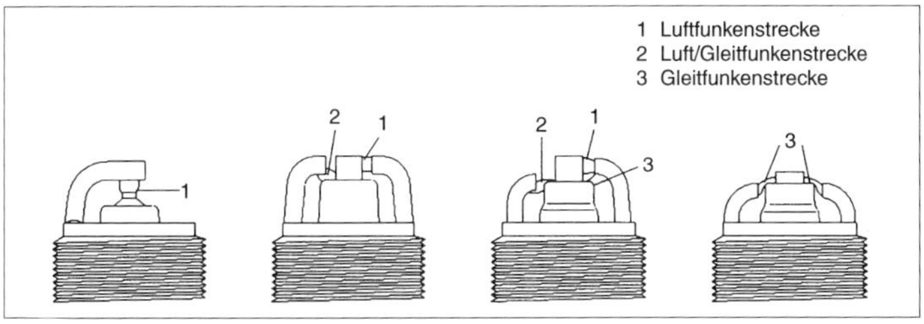

Bild 13-10 Verschiedene Funkenwege

Bild 13-11 Normale und vorgezogene Funkenlage

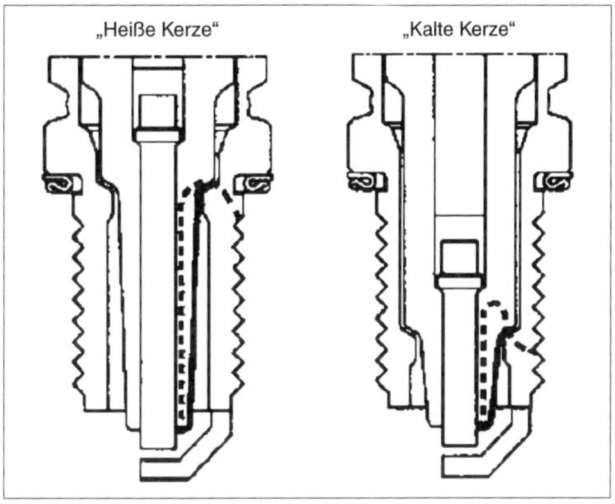

Bild 13-12 Warme beziehungsweise kalte Zündkerzen

Gleichzeitig ist oftmals durch den kleineren Spannungsbedarf ein verlängerter Funkenweg realisierbar und damit eine größere Gemischzugänglichkeit möglich.

Halbgleitfunken: Durch die Anordnung der Elektroden lassen sich Funkenwege einstellen, die teilweise in Luft und teilweise über den Isolator laufen. Durch Kombinationen voneinander unabhängiger Luft- und Gleitfunkenstrecken lässt sich der Zündspannungsbedarfsanstieg durch Elektrodenabbrand verringern, was zu einer deutlichen Verlängerung der Lebensdauer der Zündkerzen führt.

Die Elektrodenposition legt die Funkenlage im Brennraum fest, **Bild 13-11**.

13.1.8.3 Wärmewert

Der Wärmewert ist ein Maß für die thermische Belastbarkeit einer Zündkerze und beschreibt die maximale Betriebstemperatur, die sich an der Zündkerze im Gleichgewicht zwischen Wärmeaufnahme und -abgabe einstellt.

Die Zündkerze soll nach dem Motorstart möglichst schnell die „Freibrenntemperatur“ von >400 °C erreichen um Ablagerungen auf dem Isolator oxidieren (freibrennen) zu können, um so elektrische Nebenschlüsse zu vermeiden. Gleichzeitig muss aber die Wärmeleitfähigkeit so gut sein, dass die stationäre Endtemperatur an keinem Punkt der Zündkerze 900 °C überschreitet und es nicht zu unkontrollierten Glühzündungen kommen kann. Konstruktiv wird der Wärmewert der Zündkerze über die geometrische Form des Isolatorfußes und des Atmungsraumes, sowie der Anordnung, Geometrie und Wärmeleitfähigkeit der Elektroden eingestellt, **Bild 13-12**. Zündkerzen mit langen Isolatorwegen bis zur inneren Dichtung und offenen Atmungsräumen bilden große wärmeaufnehmende Flächen mit schlechter Wärmeableitung. Diese Kerzen werden „heiß“, Kerzen mit kurzen Isolatorfüßen entsprechend „kalt“ genannt.

Durch den Einsatz von Verbundelektroden, wie zum Beispiel Ni-Elektroden mit Kupferkern – Kupfer ist für den direkten Einsatz im Brennraum ungeeignet, verfügt aber über eine sehr gute Wärmeleitfähigkeit – lässt sich die Wärmeabfuhr an den Elektroden erheblich verbessern.

Bei extrem weit in den Brennraum vorgezogenen Funkenlagen kann durch spezielle Anpassung des Querschnitts und der wärmeaufnehmenden Oberfläche der Isolatorfußspitze ein rasches Erreichen der Freibrenntemperatur und ein quasi selbst abregeln der oberen Temperatur am Isolator unter 900 °C eingestellt werden. Damit eignet sich diese Zündkerze sowohl für den Einsatz in Brennräumen mit relativ niedrigen als auch mit sehr hohen Temperaturen [1].

Schichtbrennverfahren benötigen in der Regel weit in den Brennraum ragende Zündkerzen [2]. Dies kann zu einer erhöhten mechanischen und thermischen Belastung an den Elektroden führen. Um Schwingungsbrüche zu vermeiden, wird der Gewindeeinführungsansatz verlängert. Dadurch sind verkürzte und damit kältere Masseelektroden möglich. Alle Elektroden werden zudem noch mit Kupferkern ausgestattet.

13.1.8.4 Zündspannungsbedarf

Die Differenz zwischen dem von der Zündspule zur Verfügung gestellten Hochspannungsangebot und der notwendigen Zündspannung **(Bild 13-13)** definiert die Spannungsreserve. Der auftretende Elektrodenabbrand vergrößert den Elektrodenabstand und damit den Spannungsbedarf **(Bild 13-14)** und bestimmt mit der Spannungsreserve die maximal mögliche Lebensdauer (Einsatzdauer) der Zündkerze. Eine einseitige Erhöhung des Spannungsangebotes der Zündspule, um die Zündkerze länger betreiben zu können führt zu Problemen mit der Hochspannungsbelastbarkeit der Zuleitungen und auf Grund der höheren Zündenergie zu erhöhtem Elektrodenabbrand und ist somit kontraproduktiv.

Die in den **Bildern 13-13** und **13-14** dargestellten Zündspannungsbedarfe in Höhe und Häufigkeit des Auftretens werden in einem Mix aus Überlandfahrt und Kreisbahntest mit hohem Beschleunigungsanteil ermittelt. An den Zündkerzen mit zwei seitlich angestellten Cr–Ni-Elektroden ist ein deutlicher Anstieg des Spannungsbedarfes über der Laufzeit zu erkennen.

Eine der Aufgaben der Zündkerze ist es, sowohl die Zündspannung selbst, als auch den weiteren Anstieg der Zündspannung über die Betriebsdauer klein zu halten. Der Verkleinerung der Elektrodenabstände zur Reduzierung des Zündspannungsbedarfes sind auf Grund der erforderlichen Gemischzugänglichkeit, insbesondere bei mageren Gemischen, sowie dem Auftreten von Quenching etc. enge Grenzen gesetzt. Bei zu kleinen Abständen gibt es Zündaussetzer durch die Entflammung eines für die Initialzündung zu kleinen Volumens oder durch die schlechte Gemischzugänglichkeit.

Die Verkleinerung der Elektrodenquerschnitte bewirkt eine Erhöhung der elektrischen Feldstärke durch Spitzenwirkung mit reduziertem Zündspannungsbedarf. Dies erfordert den Einsatz von Edelmetallelektroden, bei denen auf Grund erhöhter Elektronenaustrittsarbeit und erhöhtem Schmelz- beziehungsweise Siedepunkt des Materials die Elektrodenerosion

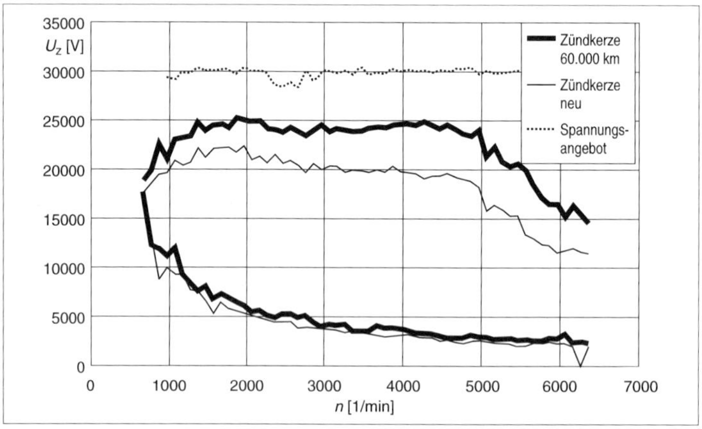

Bild 13-13 Spannungsbedarf (min, max) und Spannungsangebot

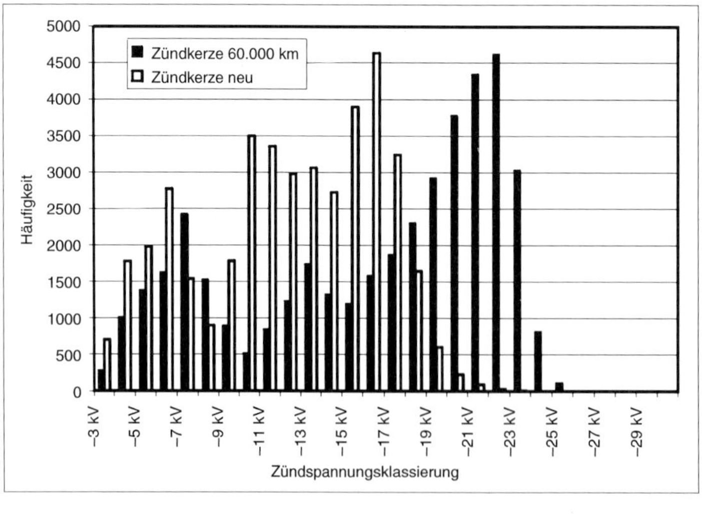

Bild 13-14 Häufigkeitsverteilung Zündspannungsbedarf

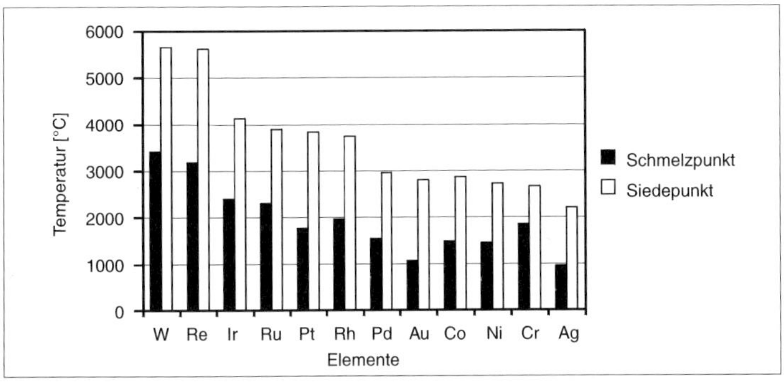

Bild 13-15 Schmelz- und Siedepunkte verschiedener Metalle

reduziert wird, **Bild 13-15**. Gleichzeitig wird auch die wärmeaufnehmende Oberfläche verringert.
Die Polarität der Zündspannung soll wegen der Temperatur der Elektroden vorzugsweise negativ gewählt werden, da die heißere Mittelelektrode den Elektronenaustritt erleichtert und damit den Spannungsbedarf senkt.

13.1.8.5 Zündeigenschaft (und Gemischentflammung)

Neben den genannten Eigenschaften wird die Zündkerze auch noch bezüglich ihrer Möglichkeiten zur Reduzierung zyklischer Verbrennungsschwankungen sowie der Verschiebung der Magergrenze beurteilt, um die Laufruhe des Motors sowie Abgas und Verbrauch beeinflussen zu können.
Optimal geeignet scheinen Zündkerzen mit kleinen Elektroden sowohl zur Reduzierung des Zündspannungsbedarfes als auch zur Reduzierung der Kontaktfläche der Flamme zu den Elektroden, um Wärmeverluste zu vermeiden. Vorteilhaft sind große Zündspalte mit guter Gemischzugänglichkeit eventuell realisiert durch Zündkerzen nach dem Gleitfunkenprinzip, die den Spannungsanstieg durch Elektrodenabbrand begrenzen, sowie eine geeignete Elektrodenorientierung bei mittleren Strömungsgeschwindigkeiten von 2–5 m/s, bei denen sich die Flamme von den Elektroden zwar wegbewegt, aber nicht ausgeblasen wird [3]. Hierbei wird der Einfluss dieser Maßnahmen auf den Elektrodenverschleiß nicht mit betrachtet.
Gleitfunkenkerzen (auch die mit mehreren Elektroden) eignen sich nach einigen Untersuchungen nicht zur Entflammung magerer Gemische, da die Wärmeverluste am Isolator und die Gemischzugänglichkeit schlecht sind [4, 5], jedoch kann die Schlagweite auf Kosten größerer Zündspannungsbedarfe deutlich vergrößert werden, womit sich die Gemischzugänglichkeit verbessert und die Nebenschlussunempfindlichkeit dieser Kerzentype besser zur Geltung kommt.
In modernen Motoren treten üblicherweise Strömungsgeschwindigkeiten von über 10 m/s auf, im Otto-DE bis 30 m/s. Dies bewirkt, dass die Orientierung der Elektroden im Brennraum durch Turbulenzen überdeckt wird und keinen Einfluss auf das Entflammungsverhalten hat, der Einfluss der Funkenlage jedoch deutlich erkennbar ist [6]. Nach diesen Untersuchungen ist die Zündkerze mit extrem weit in den Brennraum vorgezogener Funkenlage (Luftfunkenstrecke) im Motor mit Saugrohreinspritzung besser, im Motor mit Schichtladungsbetrieb (FSI von VW), [6] zeigt jedoch die Gleitfunkenkerze insgesamt besseres Verhalten. Dabei spielt wohl das Freibrennverhalten auf dem Isolator die entscheidende Rolle.
Eine optimale Flammkernbildung erhöht die Durchbrenngeschwindigkeit, jedoch ist durch die höheren Brennraumtemperaturen eine vermehrte Bildung von NO_x möglich.
Eine besondere Herausforderung an die Zündkerze stellt der Kaltstart dar, bei dem die Zündkerze ohne Nebenschlüsse einen aussetzerfreien Start und insbesondere einen störungsfreien Motorhochlauf (Lastannahme) gewährleisten soll. Zum Beschleunigen ist ein erhöhter Spannungsbedarf erforderlich, der bei Belägen auf den Zündkerzen zu elektrischen Nebenschlüssen und damit Fehlzündungen führen kann. Ähnliche Probleme treten bei Wiederholstarts, bei dauerndem Kurzstreckenbetrieb oder Langsamfahrten auf, bei denen die Zündkerze nicht richtig heiß wird. Abhilfe wird technisch dadurch möglich, dass die Zündkerzen mit Gleitfunkenstrecken auf dem Isolator (Reinigung durch gleitenden Funken) oder zum Isolator weisenden Koronakanten an der Hochspannung führenden Mittelelektrode (Reinigung durch Zusatzionisation) ausgestattet sind. Scharfkantige oder spitze Elektroden am Überschlagspfad verringern den Spannungsbedarf und reduzieren so die Nebenschlussneigung.
Zusammenfassend muss gesagt werden, dass die Zündkerze an jeden Motor und an jede Motorvariante (Aufladung, AGR-Rate etc.) neu speziell adaptiert werden muss. Es ist keine generelle Aussage darüber möglich, welcher Zündkerzentyp sich für welche Applikation optimal eignet. Es ist immer die bestmögliche Anpassung an die Randbedingungen bezüglich des thermischen Verhaltens, der Funkengeo-

metrie und des Zündspannungsbedarfes erforderlich. Gleichzeitig soll die Zündkerze am Ort der günstigsten Strömungsverhältnisse (vorgezogene Funkenlage – Otto-DE) liegen, was weitere Anforderungen an die Materialauswahl der Elektroden und die Gestaltung des Isolatorfußes stellt.

13.1.8.6 Verschleiß

Die Zündkerzenelektroden unterliegen mehreren Verschleißmechanismen.

1. Die durch innermotorische Vorgänge ausgelöste *thermische* Beanspruchung durch Verdichtung und Entflammung führt zu Materialabnutzung der in den Brennraum ragenden Elektroden durch Heißgaskorrosion und Verzunderung.
2. Eine weitere Ursache für den Verschleiß sind *chemische* Reaktionen wie die Oxidation der Elektroden, ausgelöst durch Kraftstoff, Additive und Verbrennungsgase. Bei hohen Temperaturen tritt in Verbindung mit aggressiven Gasen ein deutlicher Verschleiß am Elektrodenmaterial auf.
3. Der *funkenerosive* Angriff auf die Elektroden bewirkt durch die hohen Temperaturen im Plasmakanal eine partielle Aufschmelzung und Verdampfung der Werkstoffe. Daraus ergibt sich die Forderung nach Werkstoffen mit hohen Schmelz- und Siedepunkten.

Überwiegend als Elektrodenmaterial eingesetzt wird Nickel, dem zur Verbesserung der chemischen Beständigkeit Aluminium und Chrom als Oxidbildner sowie Mangan und Silizium gegen Schwefel in Öl und Kraftstoff zulegiert sind, **Bild 13-16**. Mit einem Schmelzpunkt von nur circa 1.450 °C erweist sich das Material als nicht resistent gegen Heißgasangriffe und Funkenerosion, **Bild 13-17**. Gleichwohl sind mit optimierten Legierungen und geeigneten geometrischem Aufbau Laufleistungen von 60.000 km und mehr möglich.
Platin erfüllt die Forderungen nach hoher Temperatur- und Oxidationsstabilität. Chemische Angriffe an den Korngrenzen durch die Platingifte Schwefel und Silizium bewirken einen erhöhtem Verschleiß. Der Lichtbogen des Funkens führt zu partiellen Anschmelzungen der Elektrodenoberfläche, die dann leichter mit Verbrennungsgasen reagieren kann.

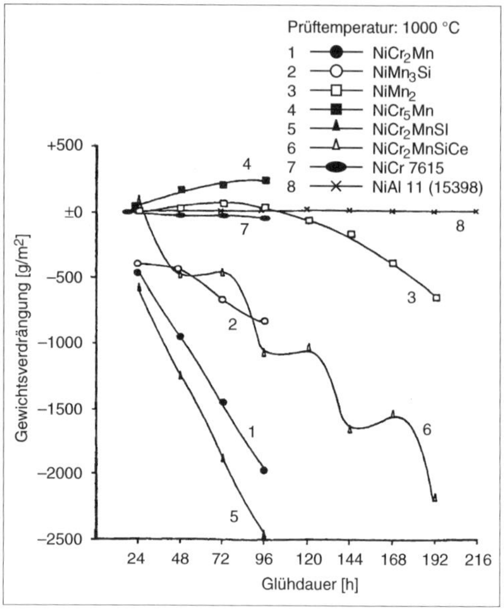

Bild 13-16 Heißgasbeständigkeit verschiedener Ni-Legierungen [9]

Noch höhere Schmelz- und Siedepunkte weist Iridium auf, das aber als reines Material als Elektrodenwerkstoff ungeeignet ist. Um seine hohe Temperaturbeständigkeit zu nutzen werden Platin, Palladium, oder Rhodium zulegiert, die Oxide bilden und damit die Oberfläche des Iridiums schützen [8].
In Zündkerzen für hohe Laufleistungen eignen sich damit vor allem Edelmetallelektroden. Wegen der hohen Kosten für die Edelmetalle reduziert man den Materialeinsatz und setzt Chrom-Nickelelektroden ein, bei denen nur die den Überschlagsweg bestimmenden Bereiche mit Edelmetall armiert sind. Durch geeigneten Aufbau können die Forderungen nach hohen Kilometerlaufleistungen (Langlebensdauer) mit nahezu unverändertem Zündspannungsbedarf, guter Gemischzugänglichkeit und Leerlaufstabilität, sowie geringer Nebenschlussempfindlichkeit und gutem Kaltstartverhalten kombiniert werden.
Im **Bild 13-18** ist das Prinzip der Stromlenkung durch Zweistoffelektroden dargestellt. Kleinflächige Anker-

Funkenphase	Dauer	Energie	Funkenerosion
Anstieg	60 µs		
Durchbruch	2 ns	0,5 mJ	$12 \cdot 10^{-12}$ g/mJ
Bogen	1 µs	1 mJ	$210 \cdot 10^{-12}$ g/mJ
Glimmen	2 ms	60 mJ	$3{,}5 \cdot 10^{-12}$ g/mJ

Bild 13-17 Verschleiß durch verschiedene Funkenphasen [7]

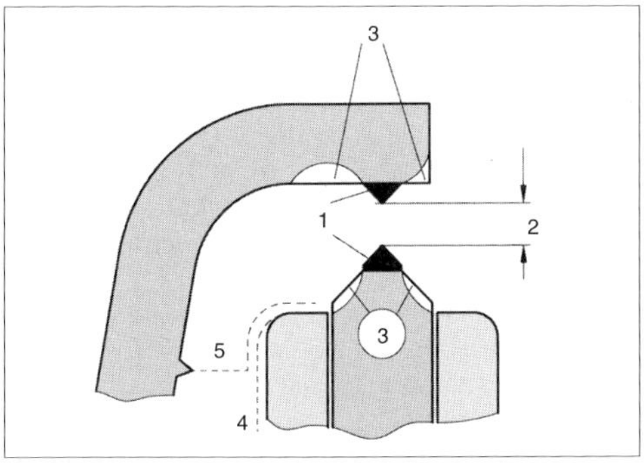

Bild 13-18 Prinzip der Stromlenkung [7]

stellen (1) aus Werkstoffen mit hohen Austrittsarbeiten und niedrigen Verdampfungsraten (zum Beispiel Pt) sitzen auf beiden Elektroden mit inversen Eigenschaften (zum Beispiel Cr–Ni) und bestimmen Zündspannungsbedarf und Überschlagsort. Diese Geometrie und die Materialauswahl erzwingt, dass der erste Funkenüberschlag über die Ankerstellen erfolgt, die Entladung aber sofort auf die als Opferbereiche (3) ausgebildeten Bezirke der Trägerelektroden übergeht. Dadurch ist der Abbrand der Ankerstellen minimal, Elektrodenabstand (2) und Zündspannungsbedarf bleiben konstant. Der Abbrand **(Bild 13-19a, b)** wird auf vordefinierte Bereiche der Grundelektroden verlagert; die effektive Funkenlänge steigt mit der Zeit an und begünstigt dadurch sogar die Entflammungsfähigkeit [7]. Da die Zündspannung durch den verringerten Elektrodenabbrand über die Kerzenlebensdauer nahezu konstant bleibt, kann ein größerer Elektrodenabstand und eine günstigere Elektrodengeometrie gewählt werden, was die Entflammungsfähigkeit und die Leerlaufstabilität verbessert. Eine Einschränkung der Lebensdauer durch eventuelle Ablagerungen (4) auf dem Isolator wird durch eine Hilfsfunkenstrecke (5) verhindert, die diese Beläge über gelegentliche Gleitentladungen beseitigt. Gleichzeitig begünstigt diese zusätzliche Gleitfunkenstrecke das Kaltstartverhalten und vermeidet Zündaussetzer in Betriebszuständen mit sehr hohem Spannungsbedarf.

13.1.8.7 Applikation

Prinzipiell müssen Zündkerzen an jeden Motor neu appliziert werden, da sich die Anforderungen durch die Art der Gemischführung, die AGR-Rate, die Lage der Zündkerze etc. sehr stark unterscheiden. Die Beurteilung der thermischen Eignung einer Zündkerze erfolgt idealerweise im Originalaggregat. Dazu wird die Wärmewertanpassung mittels Ionenstrommesssung vorgenommen, bei der man Veränderungen im Verbrennungsablauf beobachtet und durch Austasten einzelner Zündungen Vor- und Nachentflammung (Selbstentflammung) beobachten kann. Die Nachentflammung selbst ist für den Motor unkritisch.

Zusätzlich werden durch Thermoelemente an den Zündkerzen im Motor unter verschiedenen Dreh-zahl-/Last-Kollektiven Untersuchungen durchgeführt,um den heißesten Zylinder und die maximalen Elektroden- und übrigen Bauteiltemperaturen zu ermitteln. Dabei ist die Zündkerze so zu dimensionieren, dass auch unter Volllast keine Vorentflammung auftreten kann.

Über Messungen an speziellen „Wärmewertmessmotoren“ kann auf dem Prüfstand durch Frühverstellung der Zündwinkel die Temperatur der Zündkerze deutlich erhöht und mit einem optischem Zugang zum Zylinder die Temperatur der einzelnen Zündkerzenbauteile pyrometrisch ermittelt und die Vorentflammungsneigung überprüft werden. Die Wärmewertreserve kann dann in °KW angegeben werden, um den die Zündung nach früh verstellt werden kann, ohne dass Vorentflammung auftritt.

Literatur

[1] *Meyer, J.; Niessner, W.:* Neue Zündkerzentechnik für höhere Anforderungen. In: ATZ/MTZ Sonderausgabe, System Partners 97

[2] *Eichlseder, H.; Müller, P.; Neugebauer, S.; Preuß, F.:* Innermotorische Maßnahmen zur Emissionsabsenkung bei direkteinspritzenden Ottomotoren, TAE Esslingen, Symposium: Entwicklungstendenzen Ottomotor, 7./8. 12. 2000

[3] *Pischinger, S.; Heywood, J. B.:* Einfluss der Zündkerze auf zyklische Verbrennungsschwankungen im Ottomotor. In: MTZ 52 (1991) 2

[4] *Lee, Y. G.; Grimes, D. A.; Boehler, J. T.; Sparrow J.; Flavin, C.:* A Study of the Effects of Spark Plug Electrode Design on 4-Cycle Spark-Ignition, Engine Performance, SAE, 2000-01-1210

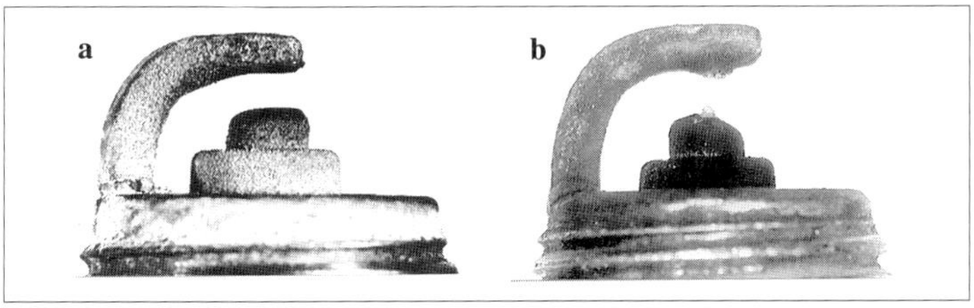

Bild 13-19 a Abbrandverhalten Cr–Ni-Elektroden, Standardkerze nach 28.000 km, Änderung des Elektrodenabstandes von 0,7 auf 1,1 mm; **b** Abbrandverhalten Platin-armierter Elektroden, Langlebensdauerkerze nach 105.000 km, Änderung des Elektrodenabstandes von 1,00 auf 1,05 mm

[5] *Geiger, J.; Pischinger, S.; Böwing, R.; Koß, H.-J.; Thiemann, J.*: Ignition Systems for Highly Diluted Mixtures in SI-Engines, SAE, 1999-01-0799
[6] *Kaiser, Th.; Hoffmann, A.*: Einfluss der Zündkerzen auf das Entflammungsverhalten in modernen Motoren. In: MTZ 61 (2000) 10
[7] *Maly, R.*: Die Zukunft der Funkenzündung. In: MTZ 59 (1998) 7/8
[8] *Osamura, H.; Abe, N.*: Development of New Iridium Alloy for Spark Plug Electrodes, SAE, 1999-01-0796
[9] *Brill, U.*: Krupp-VDM, private communications, 1994
van Basshuysen, R.: Ottomotor mit Direkteinspritzung – Verfahrene Systeme · Entwicklung · Potenzial. Wiesbaden. Vieweg+Teubner, 2008

13.2 Dieselmotor

13.2.1 Selbstzündung und Verbrennung

Kennzeichnend für den dieselmotorischen Verbrennungsprozess ist die Selbstzündung. Zündwilliger Kraftstoff wird gegen Ende des Kompressionstaktes in die heiße komprimierte Zylinderladung eingespritzt, mischt sich mit dieser und zündet. In der Zündverzugszeit (zwischen Einspritzung und beginnender Selbstentflammung) finden eine Reihe komplexer physikalischer und chemischer Teilprozesse wie Spraybildung, Verdampfung, Mischung und Kettenverzweigung (chemische Vorreaktionen) ohne nennenswerte Energieumsetzung statt.

Die Zündung ist dabei abhängig von den Ausgangsbedingungen der Gemischbildung wie:

- dem Druck und der Temperatur der Ladung
- der Temperatur, der Viskosität, den Verdampfungseigenschaften und der Zündwilligkeit des Kraftstoffs
- dem Druck, dem Zeitpunkt und dem Verlauf der Einspritzung, sowie der Düsengeometrie, die die Spraybildung (Größe, Verteilung, Impuls der Tröpfchen) bestimmt
- der Ladungsbewegung
- der Ladungszusammensetzung, also dem Sauerstoffanteil und den Änderungen der spezifischen Wärmekapazität durch AGR etc.
- der Brennraumgeometrie.

Die Selbstzündung setzt lokal in den Bereichen mit bereits vollständig verdampftem, mit ausreichend Luftsauerstoff gemischtem Kraftstoff ein. Während dieser Phase wird typischerweise noch weiter eingespritzt, Verbrennung und Gemischaufbereitung laufen zeitlich parallel ab. Der Entflammungsprozess ist stark inhomogen, da gleichzeitig flüssige und gasförmige Phasen mit komplexer dynamischer Interaktion vorliegen. Für den Zündverzug und die dabei ablaufenden Vorgänge ist die lokal vorliegende Temperatur entscheidend.

Das während der Zündverzugszeit aufbereitete Kraftstoff-Luft-Gemisch verbrennt bei einsetzender Zündung mit hoher Geschwindigkeit. Die Verbrennung des im weiteren Verlauf aufbereiteten Kraftstoffs erfolgt hingegen mit einer langsameren Diffusionsverbrennung. Durch die zunehmende Energiefreisetzung wird die Aufbereitung weiter beschleunigt. Hohe Umsatzraten bedeuten bei der Selbstzündung hohe Druckgradienten und damit in der Regel auch eine hohe Geräuschemission. Um dies zu vermeiden, wird zum Beispiel durch die Einführung einer Voreinspritzung die Verbrennung vorgemischter Anteile so weit wie möglich begrenzt.

Der Verbrennungsbeginn beziehungsweise der Zündzeitpunkt muss hinsichtlich der Abgasemission, dem Verbrauch, der Leistung und der Geräuschentwicklung optimiert werden. Dazu sind Kompromisse erforderlich, da sich die innermotorischen Maßnahmen wechselseitig beeinflussen.

Im Pkw-Bereich setzten sich in den vergangenen Jahren Motoren mit Direkteinspritzung gegenüber Konzepten mit geteilter Brennkammer durch [1]. Die Einspritztechnik sowie die Ausrüstung zur Kaltstartunterstützung wurden beträchtlich weiterentwickelt. Mehrere Einspritzungen je Arbeitsspiel bei höherem maximalem Einspritzdruck und eine weitgehend freie Lage der Einspritzzeitpunkte und -mengen zur Verbesserung von Verbrauch und Laufruhe sind möglich. Komponenten zur Kaltstartunterstützung wie die Glühkerzen wurden hinsichtlich der zuverlässigen Unterstützung bei extrem tiefen Starttemperaturen, ihrer Aufheizgeschwindigkeit, ihres Energiebedarfs und ihrer Lebensdauer verbessert.

Pkw-Dieselmotoren sind mit Elektromotor-Starteranlagen ausgerüstet, deren Auslegung sich an der Kaltstartgrenztemperatur orientiert, bis zu der der Motor zuverlässig starten muss [2].

Die Zündung ist in starkem Maße abhängig von den Ausgangsbedingungen. Insbesondere im Kaltstart sind diese Ausgangsbedingungen soweit verschlechtert, dass eine zufriedenstellende Zündung nicht ohne zusätzliche Maßnahmen gegeben ist.

13.2.2 Kaltstart Dieselmotor

Kaltstart sind alle Startvorgänge, bei denen Motor und Medien nicht Betriebstemperatur haben. So wird bereits bei Temperaturen unter +60 °C eine Kaltstartunterstützung durch Änderung der Einspritzzeiten und -mengen vorgenommen. Damit wird im Warmlauf des Motors eine Verbesserung der Laufruhe, der Gas- beziehungsweise Lastannahme und eine Reduzierung der Schadstoffemission erreicht.

Tiefgreifendere Maßnahmen müssen bei Temperaturen unterhalb des Gefrierpunktes vorgesehen werden, da sich mit weiter abnehmenden Temperaturen die Startqualität überproportional bis zu dem Punkt verschlechtert, an dem sich der Motor überhaupt nicht mehr starten lässt.

13.2.2.1 Wichtige Einflussparameter

Die dieselmotorische Verbrennung ist auf den Betrieb des Motors im betriebswarmen Zustand optimiert.

Die dabei getroffene Wahl folgender äußerer Parameter hat maßgeblich Einfluss auf die Kaltstartqualität:

- die Motorbauart (DI/IDI)
- die Zylinderzahl
- das Hubvolumen beziehungsweise das Oberflächen-Volumenverhältnis
- das Verdichtungsverhältnis
- die Starterausrüstung (Starterleistung, Batterie)
- das Einspritzsystem
- die Luftführung und -aufladung
- die inneren Verluste (Ölviskosität, Getriebe, Nebenaggregate ...).

Gegenüber der Verbrennung im betriebswarmen Motor sind die Bedingungen beim Kaltstart und dem anschließenden Warmlauf des Motors für eine Selbstzündung und die anschließende vollständige Verbrennung des Kraftstoffs deutlich schlechter. Die wichtigsten Einflussparameter auf das Startverhalten und die Verknüpfungen der Parameter untereinander sind im folgenden Diagramm dargestellt, **Bild 13-20**. Dabei wurde der Weiterentwicklung von Kaltstartkomponenten und Einspritzsystemen mit mehr Freiheitsgraden Rechnung getragen. Auf die Darstellung weiterer Verknüpfungen wie den direkten Einfluss der Temperatur auf die Ladungsverluste (Spaltmaße/Ölfilm) oder die Kompressionsendtemperatur wurde der Übersichtlichkeit wegen verzichtet.
Niedrige Temperaturen verringern die Batterieleistung und erhöhen die Triebwerksreibung, so dass sich auf Grund des höheren Momentenbedarfs eine geringere erreichbare Starterdrehzahl ergibt. Diese führt zu höheren Ladungs- und Wärmeverlusten auf Grund der verlängerten Endphase der Kompression. Die Drehgeschwindigkeit des Motors nimmt bei sehr tiefen Umgebungstemperaturen im Bereich des Kompressions- oder Zündtotpunkt so stark ab, dass die lange Verweildauer der heißen komprimierten Ladung im Brennraum zu einer deutlichen Abnahme der Temperatur und des Ladungsdruckes führt [3]. Dabei verschlechtern sich die Bedingungen für die Gemischbildung und die Zündung dramatisch, wobei die Temperatur gegenüber dem Druck einen wesentlich größeren Einfluss auf die Startqualität hat [3–5].
Mit abnehmender Temperatur werden höhere Starterdrehzahlen benötigt, um einen sicheren Kaltstart zu gewährleisten. Durch eine Starthilfe kann die erforderliche Mindeststartdrehzahl und damit die Kaltstartgrenztemperatur enorm gesenkt werden, womit überhaupt erst Starts bei Temperaturen um –20 °C und darunter ermöglich werden, **Bild 13-21**. Das Leistungsvermögen von Anlasser und Batterie wird auf die geforderte Kaltstartgrenztemperatur ausgelegt, wobei von einer voll geladenen Batterie ausgegangen wird. Ist die Batterie nur zu Hälfte geladen verschiebt sich die Grenztemperatur von zum Beispiel –24 °C auf –20 °C [2].
Eine wichtige Größe in diesem Zusammenhang ist der Zündverzug, der die Zeit vom Beginn der Einspritzung bis zur Zündung beschreibt. Der Beginn der Einspritzung wird über Nadelhubsignale, den Magnetventil- beziehungsweise Injektorstrom oder bei optisch zugänglichen Aggregaten mit dem Austritt des Kraftstoffs aus dem Düsenloch bestimmt. Der Verbrennungsbeginn kann aus dem Zylinderdrucksignal, einem Ionenstromsignal oder optisch aus Lichtsignalen gewonnen werden. Der Zündverzug nimmt mit abnehmender Ladungstemperatur exponentiell zu

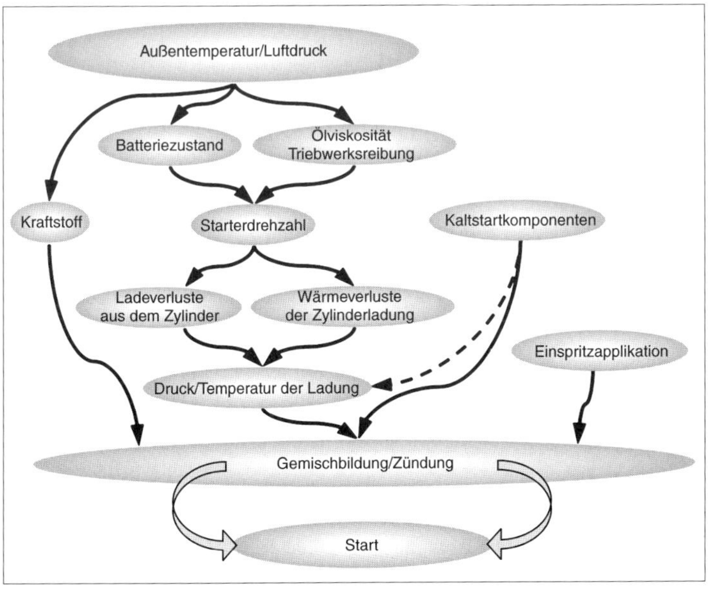

Bild 13-20 Wichtige Einflussparameter beim Kaltstart [3]

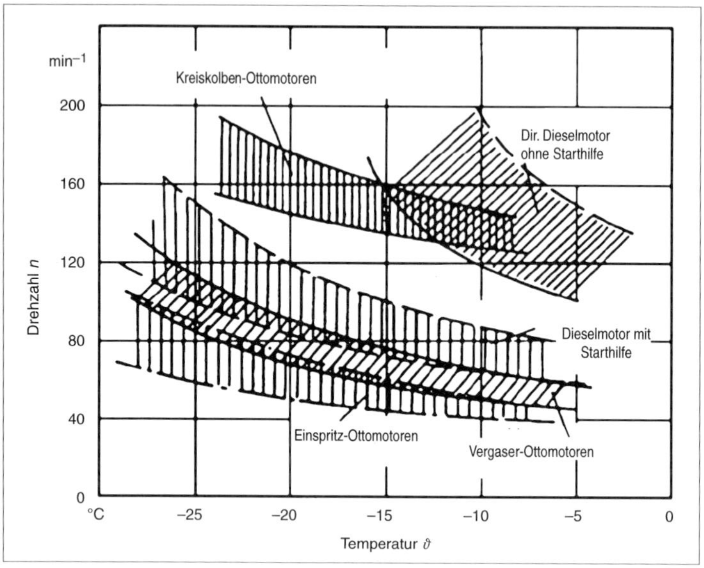

Bild 13-21 Mindeststartdrehzahl [2]

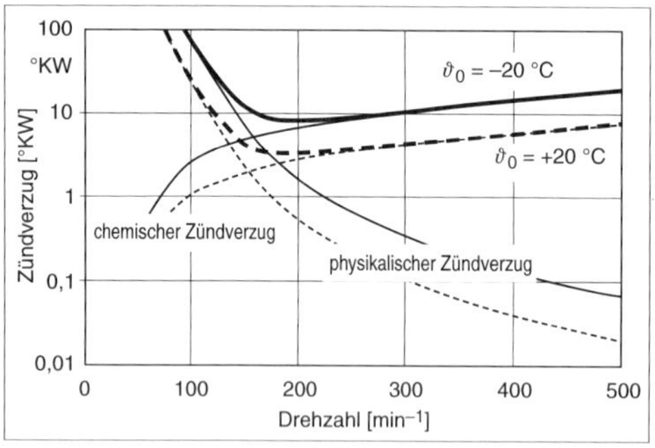

Bild 13-22 Zündverzug [3]

[6] und hat bei einer mittleren Startdrehzahl von etwa 200 min^{-1} ein Minimum [3], **Bild 13-22**.

Dies wird mit der Überlagerung des physikalischen Zündverzuges mit dem chemischen Zündverzug erklärt. Während der physikalische Zündverzug mit zunehmender Startdrehzahl auf Grund der besseren Gemischaufbereitung abnimmt, nimmt der chemische Zündverzug zu [7]. Der Grund hierfür ist die Kinetik der Vorreaktionen, deren Dauer zeitlich annähernd konstant ist. Im gezeigten Beispiel beträgt der chemische Zündverzug bei $\vartheta_0 = -20$ °C oberhalb von 200 min^{-1} etwa konstant 6 ms. Der chemische Zündverzug in Grad Kurbelwinkel steigt damit also proportional zur Drehzahl an. Gegenüber der in der zitierten Untersuchung verwendeten Reiheneinspritzpumpe wird durch modernere Einspritztechniken der physikalische Zündverzug weiter reduziert und die Gemischbildung deutlich verbessert. Bei höheren Starterdrehzahlen dominiert jedoch der chemische Zündverzug so deutlich, dass hier die gezeigten Ergebnisse weiter gelten.

Der verlängerte Zündverzug unter Kaltstartbedingungen kann durch Vorverlegung der Einspritzung nicht beliebig kompensiert werden. Viel zu früh eingespritzter Kraftstoff mischt sich in der noch wenig komprimierten Ladung bis zur Unterschreitung der Zündgrenze oder lagert sich an den Brennraumwänden ab und steht dann der Verbrennung, wenn die notwendigen Druck- und Temperaturverhältnisse für die Selbstzündung durch die fortschreitende Kompression erreicht sind, nicht mehr zur Verfügung.

13.2.2.2 Startbewertungskriterien

Im Pkw ist ein zuverlässiger, selbstständiger Start sowie ein anschließender stabiler und ruhiger Motorlauf erforderlich. Eine Reglementierung der Abgasemissionen bei Kaltstarts unterhalb des Gefrierpunktes existiert beim Pkw-Dieselmotor heute noch nicht. Daher wird bei der Bewertung der Startgüte vor allem auf die vom Fahrer empfundene Beeinträchtigung des Komforts geachtet. Diese beruht auf der Wahrnehmung von Geräuschen oder Geruchsemissionen, sichtbaren Abgaswolken (Ruß, Blau- und Weißrauch), Vibrationen, Wartezeit bis zum Start, die Startzeit selbst und eventuell einer unbefriedigenden Reaktion des Motors auf einen Beschleunigungsvorgang. Die Qualität von Kaltstarts lässt sich somit durch Messung des Schallpegels, der Rauchdichte und weiterer Abgasemissionen – dabei insbesondere HC – sowie der Bewertung der Drehzahlschwankungen im Leerlauf und der Drehzahlzunahme als Antwort auf einen Einspritzmengensprung beurteilen, **Bild 13-23**.

Trotz der messtechnischen Möglichkeiten, den Kaltstart zu bewerten, ist letztendlich der subjektive

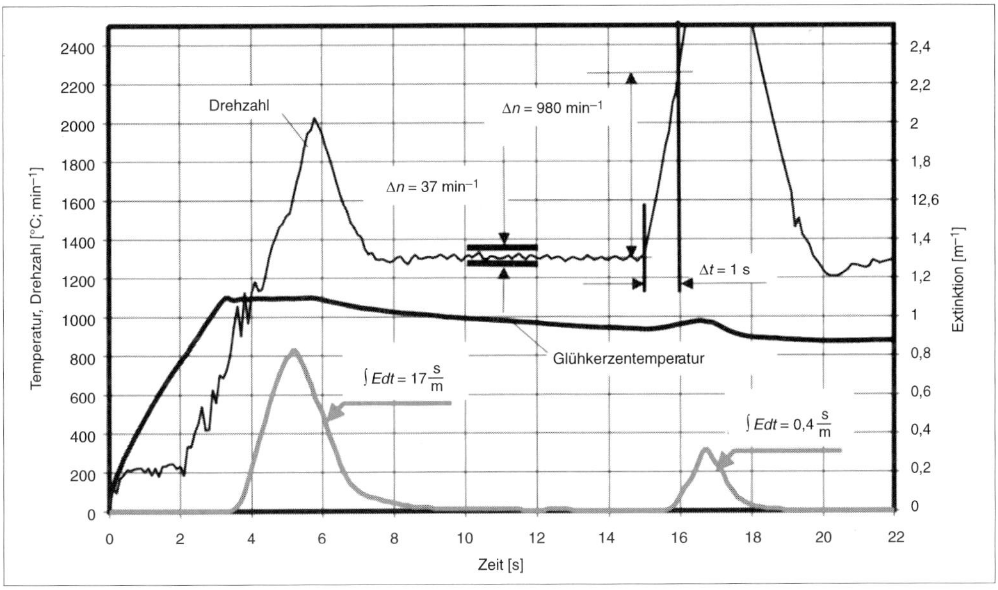

Bild 13-23 Startbewertungskriterien

Eindruck des Fahrers entscheidend, der wesentlich komplexer ist und die absolut gemessenen Größen völlig unterschiedlich gewichtet.

13.2.3 Komponenten zur Kaltstartunterstützung

Mit abnehmender Temperatur verschlechtern sich die Bedingungen für eine rasche Zündung und vollständige Verbrennung selbst bei sonst günstigsten Voraussetzungen. Ohne Kaltstarthilfsmittel nimmt die Startqualität soweit ab, dass bei Temperaturen unter – 10 °C der Start für den Fahrer unzumutbar lang oder sogar unmöglich wird. Hilfsmittel zur Kaltstartunterstützung haben die Aufgabe, die Zündbedingungen so weit zu verbessern, dass die Verbrennung im Zylinder innerhalb der zeitlich verfügbaren Grenzen möglichst effektiv ablaufen kann. Die Grenzen werden durch den motorischen Ablauf im Arbeitstakt gesetzt und bestehen zum einen aus einem möglichst optimalen Beginn der Einspritzung, so dass der eingespritzte Kraftstoff zünden kann, bevor er sich an der Brennraumwand niederschlägt oder sich so stark durchmischt hat, dass die Zündgrenzen unterschritten werden, und zum anderen aus der maximal für die vollständige Verbrennung zur Verfügung stehenden Zeit. Weiterhin muss eine ausreichende Menge des Kraftstoffs umgesetzt werden, um durch eine die inneren Verluste übersteigende Energiefreisetzung den Motor immer weiter beschleunigen zu können. Zur Erfüllung dieser Anforderungen sollte der Brennbeginn beziehungsweise der maximale Druckanstieg um den oberen Totpunkt liegen. Typischerweise ist die Verbrennung im Kaltstart starken zyklischen Schwankungen unterworfen, so dass erhebliche Instabilitäten bis zu Zündaussetzern auftreten [8]. Die Aufgabe der Kaltstarthilfe ist die Verschlechterung der Startbedingungen insbesondere in der verzögerten Gemischaufbereitung zu kompensieren und die rechtzeitige und gleichmäßige Zündung für eine stabile Verbrennung einzuleiten.

Dies geschieht bei der Glühkerze durch elektrisch erzeugte und direkt in den Brennraum eingebrachte Wärmeenergie, die die Gemischbildung und die Zündung lokal fördert. Ein anderer Ansatz insbesondere für Motoren mit größeren Hubvolumina besteht in der Erwärmung der Ansaugluft durch Flammglühkerzen oder elektrische Heizflansche, welche die gesamte Luftladung schon im Ansaugtrakt auf ein wesentlich höheres Niveau anheben, so dass der eingespritzte Kraftstoff Bedingungen vorfindet, wie sie im betriebswarmen Motor vorkommen.

13.2.3.1 Glühsystem

Ein Glühsystem mit Glühkerzen als aktiven Heizelementen im Brennraum und einer elektronischen Ansteuerung interpretiert die Befehle der Motorsteuerung, bereitet Informationen über den Zustand des Systems auf und sendet diese ans Steuergerät zurück. Die Glühkerze ist bei modernen Pkw-Dieselmotoren zum Standardbauteil geworden. Für Motoren mit geteiltem Brennraum ist sie als Kaltstarthilfe unabdingbar, um den Start auch im häufig auftretenden Temperaturbereich von 10 … 30 °C sicherzustellen. Durch die drastische Verschlechterung der Startqualität unterhalb des Gefrierpunktes wird die Glühkerze als Kaltstarthilfe auch für den Dieselmotor mit Direkteinspritzung eingesetzt [4].

Prinzip

Die Glühkerze befindet sich typischerweise nahe an der Einspritzdüse, jedoch nicht direkt im Einspritzstrahl positioniert und ragt etwa 3 … 8 mm in den Brennraum hinein. Sie stellt eine vergleichsweise geringe Wärmeleistung in Form einer heißen Oberfläche direkt im Brennraum zur Verfügung. Die Leistungsaufnahme beträgt je nach Bauart und Größe 30 … 150 W im Gleichgewichtszustand. Damit erreicht die Glühkerze an ihrer Oberfläche Temperaturen um 800 … 1.100 °C. Der physikalische sowie der chemische Zündverzug wird in der Umgebung der heißen Glühstiftspitze durch die beschleunigte Verdampfung der Kraftstofftröpfchen und der durch die bei höheren Temperaturen schneller ablaufenden chemischen Vorreaktionen [9] verringert. Im weiteren Verlauf muss die lokal einsetzende Verbrennung genügend Energie zur Selbsterhaltung der Flamme sowie zur Zündung des eingespritzten und wegen der niedrigen Temperaturen nur teilweise aufbereiteten Kraftstoffs der nicht in der Nähe der Glühkerze liegenden Einspritzstrahlen zur Verfügung stellen, so dass in der verbleibenden Zeit möglichst der gesamte eingebrachte Kraftstoff vollständig verbrennt. Die Glühkerze wirkt somit als indirekte, lokale Anzündhilfe; die Energie zur Zündung des Großteils des Kraftstoffs stammt aus dem Kraftstoff selbst.

Die Glühkerze wird in Abhängigkeit von der Motortemperatur noch bis zu drei Minuten nach dem Start weiter bestromt (nachgeglüht), um günstige und gleichbleibende Zündbedingungen auch in der Warmlaufphase des Motors sicherzustellen.

Die in den Brennraum eingebrachte Energiemenge während des Vorglühens durch die Aufheizung der Ladung oder der Brennraumwände ist für die Funktion nicht entscheidend, wenn nicht gar vernachlässigbar. Gute Startqualitäten können mit schnell aufheizenden Glühkerzen auch gänzlich ohne zusätzliches Vorglühen erreicht werden. Überdies ist die thermische Masse der metallischen Brennraumwände so hoch, dass es im genannten Leistungsbereich innerhalb von 3 … 15 s nicht zu einer signifikanten Temperaturerhöhung kommen kann. Eine eventuelle Erwärmung der Luftladung während des Vorglühvorgangs ist mit dem ersten Gaswechsel verloren. Die Erfahrung, dass mit längeren Vorglühzeiten bessere Startqualitäten erreicht werden, beruht auf der Tatsache, dass sich eine selbstregelnde Glühkerze mit wachsender Glühdauer über einen größeren Bereich aufheizt und somit mehr Wärmeenergie gespeichert hat. Dadurch kühlt die Glühkerze während des Startereingriffes weniger stark aus, wie dies mit kürzeren Vorglühzeiten der Fall ist.

Vielfach wird angenommen, dass ein „hot spot“, also ein vergleichsweise sehr kleiner, heißer Punkt zur Zündung ausreicht. Da die Orte mit guten Zündbedingungen insbesondere im Kaltstart von Zyklus zu Zyklus stark schwanken und mit einer größeren thermischen Masse auch Temperaturschwankungen am Glühelement reduziert werden, ist in der praktischen Anwendung aber eher eine „hot area“ oder ein „hot volume“ notwendig.

Anforderungen

Die Glühkerze soll in einer möglichst kurzen Zeit eine ausreichend hohe Temperatur zur Zündunterstützung bereitstellen und diese Temperatur unabhängig von den momentanen Randbedingungen halten oder sogar in Abhängigkeit von diesen anpassen.

Der für die Glühkerze zur Verfügung stehende Bauraum ist speziell bei modernen Motoren in Vierventiltechnik, mit Pumpe-Düse-Elementen oder Injektoren, sehr begrenzt, so dass die Glühkerzen möglichst schlank ausgeführt werden, andererseits aber über eine gewisse Robustheit verfügen muss [10]. Hiermit verbunden ist oft eine Einbausituation, die hohe Kosten für das Wechseln der Glühkerzen verursacht, so dass die Glühkerzen ein „Motorleben“ lang halten sollen.

Da die Bordnetzbelastung insbesondere im Kaltstart kritisch ist, wird von den Glühkerzen eine möglichst geringe Leistungsaufnahme gefordert.

Im Rahmen der Gesetzgebung wird für emissionsrelevante Bauteile eine permanente Überwachung, die On-Board-Diagnose (OBD), gefordert, die bei Glühsystemen durch die Überwachung jeder einzelnen Glühkerze und die Rückmeldung an das Motorsteuergerät sichergestellt wird. Mit elektronischen Glühsystemen verfügt man über weitere Möglichkeiten, innermotorisch die Emissionen zu beeinflussen. Durch Zwischenglühen, also dem erneuten Einschalten der Glühkerzen bei durch Schubbetrieb ausgekühlten Aggregaten, wird eine kontrollierte Verbrennung mit minimaler Emission sichergestellt.

Aufbau

Glühkerzen bestehen aus einem metallischen zu einer Wendel gewickelten Widerstandsheizelement, das durch eine heißgaskorrosionsbeständige Metallhülle gegenüber den Brennraumgasen geschützt ist. In diesem Glührohr ist die Wendel in verdichtetem Magnesiumoxid-Pulver eingebettet, das für elektrische Isolation, gute Wärmeübertragungseigenschaften und die mechanische Stabilität sorgt. Zusammen mit der Stromzuführung zur Heizwendel bildet dieses Bauteil den Heizstab. Dieser ist in einen Körper mit Dichtsitz, Gewinde und Sechskant eingepresst, mit dem die Glühkerze in den Zylinderkopf eingeschraubt wird und den Massekontakt herstellt. Die Stromzuführung zum Heizstab besteht aus einem Gewinde- oder Steckanschluss. Standardgröße für eine Glüh-

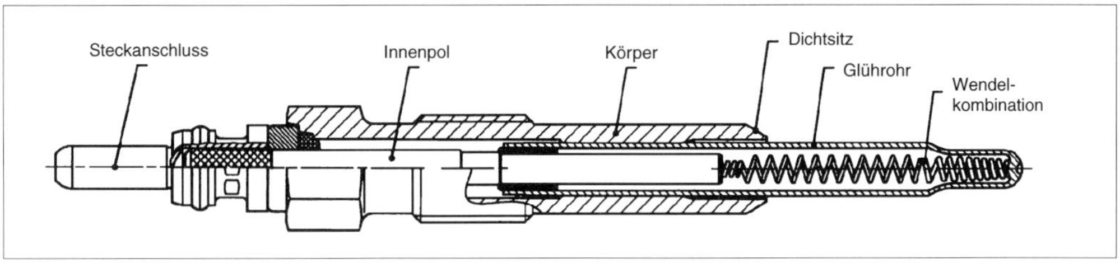

Bild 13-24 Aufbau Glühkerze

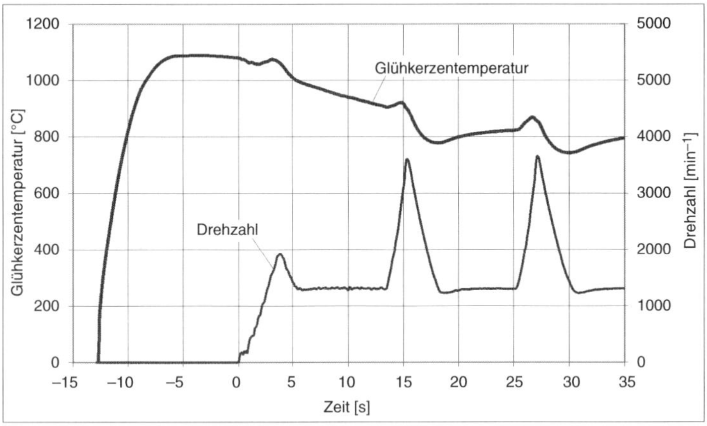

Bild 13-25 Start mit selbstregelnder Glühkerze

kerze ist ein M10-Gewinde und ein Heizstab mit 5 mm Durchmesser. Die Länge und die Kopfform variieren je nach den Erfordernissen, **Bild 13-24**.

a) Selbstregelnde Glühkerze

Bei der selbstregelnden Glühkerze besteht die Wendel aus der Kombination einer Heizwendel und einer Regelwendel. Die Heizwendel besteht aus einem hochtemperaturfesten Material, dessen elektrischer Widerstand weitgehend temperaturunabhängig ist, wohingegen der Widerstand der Regelwendel einen großen positiven Temperaturkoeffizienten hat. Bei kalter Glühkerze stellt sich zunächst ein hoher Strom ein, der zu einem schnellen Aufheizen der Heizwendel führt. Durch Wärmeleitung und durch Eigenerwärmung wird im weiteren Verlauf auch die Regelwendel zunehmend heiß, so dass der Gesamtwiderstand zu- und der Strom damit abnimmt. Damit ist ein schnelles Aufheizen mit selbsttätigem Regeln auf einer oberen Beharrungstemperatur kombiniert. Durch die Wahl des Regelmaterials und der Widerstandsteilung zwischen Heiz- und Regelwendel sind verschiedene Charakteristika im Temperaturverlauf darstellbar.

Die Glühkerze wird über ein Relais oder einen elektronischen Schalter angesteuert und ist mit Ihrer Nominalspannung auf die bei stehendem Motor durch das Bordnetz bereitgestellte Spannung ausgelegt. Während des Starts und des Motorlaufs wird die Glühkerze durch die Luftbewegung gekühlt. Dies wird jedoch durch die höhere zur Verfügung stehende Bordnetzspannung kompensiert, so dass im Nachglühen die gewünschten Temperaturen gehalten werden, **Bild 13-25**.

b) Glühsystem-ISS (Instant Start System)

Ein Schnellstartglühsystem besteht aus einem elektronischen Steuergerät und einer Schnellstart-Glühkerze [11]. Der Aufbau ist ähnlich dem der selbstregelnden Glühkerze, wobei die Wendelkombination jedoch erheblich verkürzt und der glühende Bereich auf etwa ein Drittel reduziert ist. Dies entspricht bei Dieselmotoren mit Direkteinspritzung dem in den Brennraum hineinragenden Teil des Heizstabes. Als Nebeneffekt ergibt sich ein 2 … 3 mal geringerer Leistungsbedarf, was insbesondere bei Motoren mit 8 oder mehr Zylindern eine wichtige Rolle spielt.

Die Glühkerze ist für den Betrieb mit einer gegenüber der Bordnetzspannung verringerten Nominalspannung von zum Beispiel 5 V ausgelegt, mit der diese Glühkerze eine Beharrungstemperatur von circa 1.000 °C erreicht. Durch das elektronische Steuergerät wird die Bordnetzspannung getaktet und so die an die Glühkerze anstehende Spannung auf effektiv 5 V reduziert. Damit kann die Wunschtemperatur an der Glühkerze gehalten werden, sobald eine Bordnetzspannung von mehr als 5 V zur Verfügung steht. Die Glühkerzentemperatur ist dadurch unabhängig von der Bordnetzspannung, die insbesondere während des Startereingriffs oftmals nur 7 … 9 V beträgt.

Bei laufendem Motor wird die Glühkerze durch Ladungswechsel und Luftbewegung in der Kompressionsphase gekühlt. Die Temperatur der Glühkerze nimmt mit zunehmender Drehzahl bei konstanter Glühkerzenspannung und Einspritzmenge ab, während die Temperatur bei zunehmender Einspritzmenge und konstanter Glühkerzenspannung und Drehzahl zunimmt. Mit Hilfe des elektronischen Steuergerätes können diese Effekte nun kompensiert werden, in dem immer die für den jeweiligen Betriebspunkt optimale Effektivspannung an die Glühkerzen ausgegeben wird. Die Kompensation weiterer Einflussgrößen geschieht analog. Damit ist die Glühkerzentemperatur in Abhängigkeit vom Betriebszustand applizierbar.

Weiterhin wird die Kombination einer Niedervolt-Glühkerze mit einem elektronischen Steuergerät dazu genutzt, die Glühkerze extrem schnell aufzuheizen, indem die volle Bordnetzspannung für eine vordefinierte Zeit an die Glühkerze gelegt wird und erst anschließend mit der notwendigen Effektivspannung getaktet gefahren wird. Die bisher übliche Vorglühzeit wird bis hin zu tiefsten Temperaturen auf maximal 2 s reduziert. Damit werden Startzeiten wie beim Ottomotor ermöglicht.

Durch die hohe Dynamik des Glühsystems ist ein Start auch ohne Vorglühen möglich. Bei tiefen Temperaturen ist es dennoch sinnvoll, kurze Vorglühzeiten einzustellen, die mit notwendigen Initialisierungen, Checks und so weiter zeitlich zusammenfallen können. Durch eine bereits heiße Glühkerze sind schon von Beginn an wesentlich bessere Zündvoraussetzungen gegeben.

Die Elektronik übernimmt zusätzlich noch Schutzfunktionen für die Glühkerze und kommuniziert mit dem Motorsteuergerät (wegen OBD). Mit seinen erweiterten Freiheitsgraden wird zukünftig das Glühsystem in die Applikationsphase zur Optimierung der innermotorischen Verbrennungsvorgänge und der Lebensdauer der Glühkerzen herangezogen werden.

13.2.3.2 Heizflansch

Elektrische Heizflansche werden heute vorwiegend bei Nutzfahrzeugmotoren mit Hubräumen größer 0,8 Liter pro Zylinder eingesetzt. Sie ermöglichen einen zuverlässigen Start bei tiefen Temperaturen und eine Verringerung der Rauchemissionen [12]. Mit wachsenden Anforderungen zur Reduzierung der Emissionen im Kaltstart und der Verbesserung des Fahrkomforts werden entsprechend angepasste elektrische Heizflansche auch für Pkw-Anwendungen interessant.

Prinzip

Der Heizflansch, mit einer Anschlussleistung von 0,5 … 2 kW, wird vor oder im Ansaugrohr eingebaut. Die elektrische Leistung wird im Heizflansch in Wärme umgesetzt und an die Ansaugluft abgegeben.

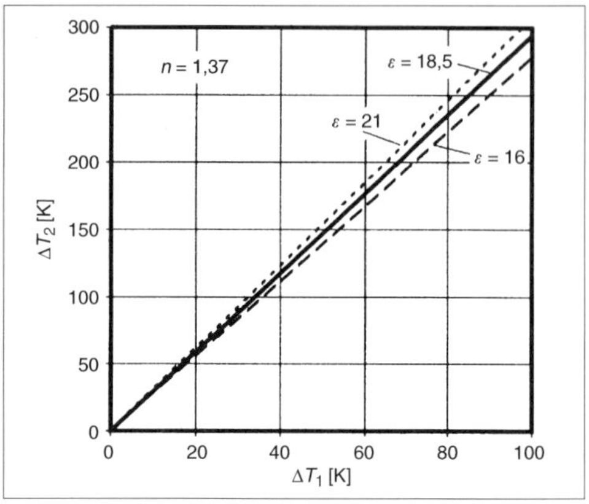

Bild 13-26 Kompressionsendtemperaturzunahme mit Ansaugluftvorwärmung

Üblich sind metallische Heizelemente ohne temperaturabhängigen Widerstand. Darüber hinaus gibt es Heizflansche mit PTC-Charakteristik, die mit metallischen oder keramischen Elementen realisiert sind [12]. Die für gute Starteigenschaften optimale Charakteristik kann durch eine entsprechende regelbare Leistungselektronik unterstützt werden.

Durch den Heizflansch sollte die Ansauglufttemperatur um mindestens 30 K angehoben werden können. Im **Bild 13-26** ist die nach der Beziehung für die polytrope Kompression $T_2 = T_1 \cdot \varepsilon^{n-1}$ gerechnete theoretische Zunahme der Kompressionsendtemperatur T_2 über der Ansauglufttemperatur T_1 für verschiedene Verdichtungsverhältnisse und einen Polytropenexponenten von $n = 1{,}37$ aufgetragen.

Daraus ergibt sich, dass beispielsweise bei einem Verdichtungsverhältnis von $\varepsilon = 18{,}5$ eine Erhöhung der Ansauglufttemperatur um $\Delta T_1 = 50$ K zu einer Erhöhung der Kompressionsendtemperatur um $\Delta T_2 = 147$ K führt.

In der Literatur werden häufig Polytropenexponenten von $n = 1{,}2 \ldots 1{,}3$ zur Berechnung des thermodynamischen Zustandes im Kaltstart verwendet. Diese Exponenten resultieren aus Druckmessungen unter Berücksichtigung der Wärme- und Ladungsverluste. Rau [3] zeigte jedoch mit einer integrierenden Brennraumtemperaturmessung, dass der Exponent für die Berechnung der Temperatur nahe bei dem theoretischen Exponent liegt, der in dem interessierenden Bereich (250 K < T_1 < 830 K) $n = 1{,}38$ beträgt.

Der Heizflansch verbessert durch die global höhere Ladungstemperatur die Gemischaufbereitung und reduziert den Zündverzug erheblich.

Anforderungen

Für den elektrischen Heizflansch wird eine kurze Aufheizzeit und ein guter Wärmeübergang vom Heizelement an die Luft, bei gleichzeitig möglichst

geringem Strömungswiderstand im Ansaugluftkanal, gefordert. Die elektrische Anschlussleistung muss, ohne das Bordnetz übermäßig zu belasten, die höchstmögliche Ansauglufterwärmung gewährleisten. Der verfügbare Bauraum ist durch den Ansaugluftquerschnitt vorgegeben. Die dynamischen Änderungen der Ansaugluftströmungsgeschwindigkeit erfordern eine ausreichende thermische Masse des Heizflansches, um sowohl eine schnelle Auskühlung als auch eine Überhitzung des Elementes zu verhindern.
Für die OBD kann mit Hilfe eines elektronischen Steuergerätes die Funktion des Heizflansches überwacht und an das Motorsteuergerät übermittelt werden.

Aufbau

Der elektrische Heizflansch besteht aus einem etwa 20 mm breiten Rahmen oder Flansch in der Ansaugluftführung. Er übernimmt Dichtungsfunktionen, Stromanschluss und -durchführung, nimmt Leistungselektronik und das Heizelement inklusive Isolation auf. Das Heizelement besteht aus einem oder mehreren metallischen Bändern, die typischerweise mäanderförmig mit etwa fünf Windungen in einer keramischen Isolation geführt und einseitig mit dem Rahmen zur Masseanbindung verbunden sind, **Bild 13-27**.

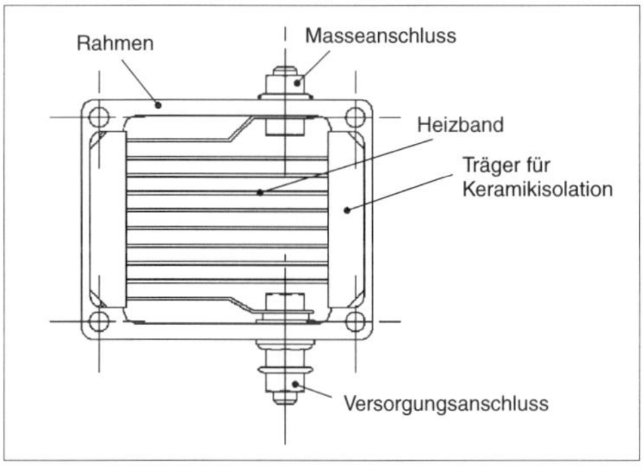

Bild 13-27 Heizflansch

Funktion

Mit der Bestromung des Heizflansches erreicht das Heizelement 900 ... 1100 °C und erwärmt die ruhende umgebende Luft. Mit der Aktivierung des Anlassers wird bereits vorgewärmte Luft angesaugt und komprimiert. Die höheren globalen Ladungstemperaturen verbessern die Bedingungen zur Zündung. Der Heizflansch erwärmt die nun strömende Luft im Ansaugtrakt um circa 50 °C und wird dadurch selbst auf 500 ... 600 °C abgekühlt, **Bild 13-28**.
Die thermische Masse des Heizelementes puffert schnelle Änderungen der Luftströmung, langsame Änderungen werden durch das Selbstregelverhalten des Heizbandes oder eine elektronische Ansteuerung kompensiert. Durch die gegenüber einer Glühkerze wesentlich höhere Wärmeleistung des Heizflansches werden im gesamten Brennraum schnell Zündbedingungen erreicht, die zusammen mit einer Anpassung der Einspritzung die Rauchemissionen im Warmlauf erheblich reduzieren [12], **Bild 13-29**.

13.2.4 Ausblick

13.2.4.1 Kombinierte Systeme

Das Glühsystem ist für den Dieselmotor im Pkw die geeignete Kaltstarthilfe, um einen möglichst schnellen Start bei minimaler Belastung des Bordnetzes sicherzustellen. Demgegenüber bieten elektrische Heizflansche Potenzial zur weiteren Verminderung der Warmlaufemissionen, der Verbesserung des Motorruhiglaufes und der Lastannahme. Somit ist es besonders im Hinblick auf die sich verschärfende Abgasgesetzgebung naheliegend, beide Systeme zu kombinieren, um einen schnellen Start mit minimalen Emissionen bei maximaler Laufkultur zu ermöglichen. Diese Lösung bietet sich insbesondere auch mit zunehmender Zylinderzahl beziehungsweise Hubvolumen an.

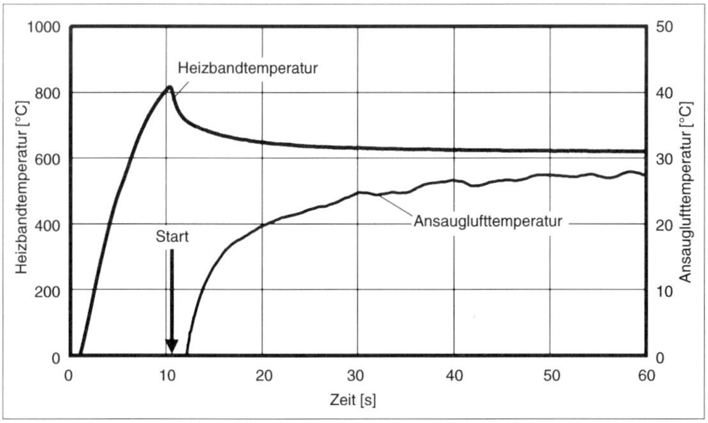

Bild 13-28 Aufheizverhalten Heizflansch

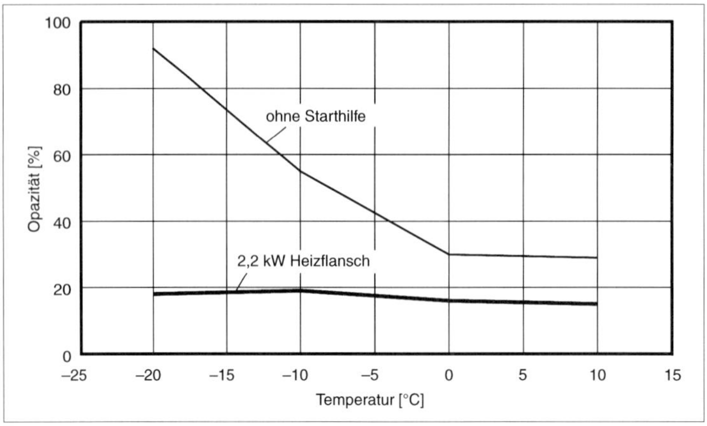

Bild 13-29 Opazität 30 s nach dem Start [12]

13.2.4.2 Ionenstrommessung

Im ottomotorischen Bereich wird die Ionenstrommessung bereits genutzt, um Informationen über die Verbrennung direkt aus dem Brennraum zu gewinnen [13]. Damit keine zusätzliche Sonde in den Brennraum eingebracht werden muss, bietet sich beim Dieselmotor die Glühkerze mit ihrer günstigen Position [14] und der Möglichkeit zur Rußoxidation auf den Elektroden an. Wird der Heizstab vom Glühkerzenkörper isoliert und eine Spannung angelegt, so bildet sich ein elektrisches Feld im Brennraum um die Glühkerzenspitze aus. Die Ladungen der im Feld befindlichen geladenen Teilchen fließen über die Elektroden ab. Der Strom in der Größenordnung einiger Mikroampere bis Milliampere kann durch eine geeignete Schaltung gemessen, verstärkt und gegebenenfalls aufbereitet an das Motorsteuergerät übermittelt werden, **Bild 13-30**.

Die dieselmotorische Verbrennung ist, vor allem lokal, signifikanten stochastischen Schwankungen unterworfen [15]. Dies führt dazu, dass dem am Ort der Glühkerze gemessenen Ionenstromsignal im Gegensatz zum integrierenden Zylinderdrucksignal thermodynamische Informationen wie Brennfunktion, die Lage des Verbrennungsschwerpunktes etc. zum Teil nur indirekt mit erhöhtem mathematischem Aufwand entnommen werden können.

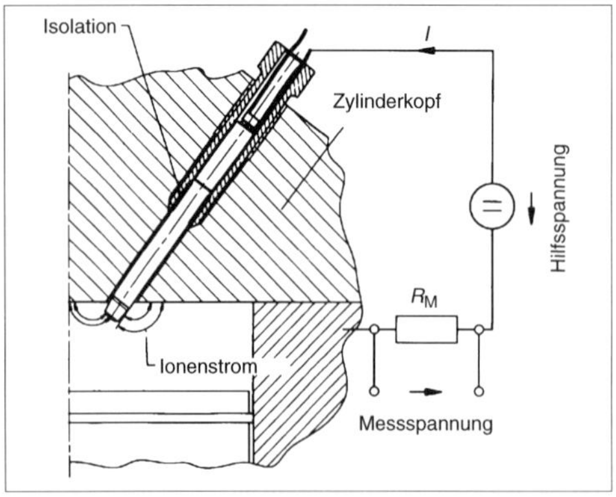

Bild 13-30 Prinzip Ionenstrommessung

Die Ionenstrommessung über die Glühkerze ist jedoch im Vergleich zur Zylinderdruckindizierung mit geringen Kosten realisierbar und stellt einen robusten innermotorisch dauernd auswertbaren Sensor dar. Potenzielle Anwendungsgebiete der Ionenstrommessung sind beispielsweise

- Erkennung von Verbrennungsaussetzern
- Zylindergleichstellung im Bezug auf Brennbeginn, Ausgleich von Toleranzen im Einspritz- und Ansaugsystem etc.
- Erfüllung von OBD-Anforderungen durch direkte Rückmeldung aus dem Brennraum
- Kompensation von unterschiedlicher Brennstoffqualität.

Zur Realisierung eines „Ionenstromgeregelten Dieselmotors“ werden zur Zeit erhebliche Anstrengungen unternommen, entsprechende Auswertealgarithmen und Reglerstrukturen aufzubauen, um eine Korrelation der gemessenen Signale mit den Vorgängen im Brennraum darzustellen. Weiterhin muss die Position des Sensors und sein Aufbau für den dauerhaften Einsatz optimiert werden. Durch die für die Ionenstrommessung notwendige Isolation des Heizstabes gegenüber dem Zylinderkopf ist eine separate Masseverbindung des Heizstabes zum Zylinderkopf notwendig, die für die Ionenstrommessung unterbrochen werden kann. Ein Schaltkreis, der dies realisiert, wird in die Glühkerze integriert, so dass sich am äußeren Aufbau der Glühkerze nichts ändert.

13.2.4.3 Geregelte Glühsysteme

Die heute vielfach eingesetzten selbstregelnden Glühkerzen werden künftig zunehmend von elektronisch gesteuerten Systemen abgelöst werden. Nächste

Ziele sind die Entwicklung geregelter Systeme, die keine komplexe Berechnung der Ansteuerleistung in Abhängigkeit motorischer Parameter benötigen. Vielmehr soll vom übergeordneten Motorsteuergerät nur der Glühbedarf in Form eines Sollwertes an das Glühsteuergerät übermittelt werden, das diesen interpretiert und die erforderliche Spannung an der Glühkerze entsprechend regelt. Um dieses Ziel zu erreichen müssen Glühkerzen entwickelt werden, die ein gut auswertbares und stabiles Temperatursignal an das Glühsteuergerät zurückmelden können.

Literatur

[1] *Bauder, R.:* Die Zukunft der Dieselmotoren-Technologie. In: MTZ 59 (1989) 7/8

[2] *Henneberger, G.:* Elektrische Motorausrüstung. Wiesbaden: Vieweg, 1990

[3] *Rau, B.:* Versuche zur Thermodynamik und Gemischbildung beim Kaltstart eines direkteinspritzenden Viertakt-Dieselmotors. Dissertation Technische Universität Hannover, 1975

[4] *Petersen, R.:* Kaltstart- und Warmlaufverhalten von Dieselmotoren unter besonderer Berücksichtigung der Kraftstoffrauchemission. In: VDI-Fortschrittsbericht, Reihe 6, Nr. 77, 1980

[5] *Reuter, U.:* Kammerversuche zur Strahlausbreitung und Zündung bei dieselmotorischer Einspritzung. Dissertation RWTH Aachen, 1990

[6] *Pischinger, F.:* Verbrennungsmotoren. Vorlesungsumdruck, RWTH Aachen, 1995

[7] *Sitkei, G.:* Kraftstoffaufbereitung und Verbrennung bei Dieselmotoren. Berlin: Springer, 1994

[8] *Zadeh, A.; Henein, N.; Bryzik, W.:* Diesel Cold Starting: Actual Cycle Analysis under BorderLine Conditions. SAE 909441, 1990

[9] *Warnatz:* Technische Verbrennung. Springer-Verlag, 1996

[10] *Endler, M.:* Schlanke Glühkerzen für Dieselmotoren mit Direkteinspritzung. In: MTZ 59 (1998) 2

[11] *Houben, H.; Uhl, G.; Schmitz, H.-G.; Endler, M.:* Das elektronisch gesteuerte Glühsystem ISS für Dieselmotoren. In: MTZ 61 (2000) 10

[12] *Merz, R.:* Elektrische Ansaugluft-Vorwärmung bei kleineren und mittleren Dieselmotoren. In: MTZ 58 (1997) 4

[13] *Schommers, J.; Kleinecke, U.; Miroll, J.; Wirth, A.:* Der neue Mercedes-Benz Zwölfzylindermotor mit Zylinderabschaltung; Teil 2. In: MTZ 61 (2000) 6

[14] *Glavmo, M.; Spadafora, P.; Bosch, R.:* Closed Loop Start of Combustion Control Utilizing Ionization Sensing in a Diesel Engine. SAE paper 1999-01-0549

[15] *Ernst, H.:* Zündverzug und Bewertung des Kraftstoffs. In: Deutsche Kraftfahrtforschung Heft 63, VDI-Verlag (1941)

Mollenhauer, K.; Tschöke, H.: Handbuch Dieselmotoren, 3. Auflage. Springer Berlin Heidelberg, 2007.

14 Verbrennung

14.1 Kraftstoffe und Kraftstoffchemie

Kraftstoffe für Otto- und Dieselmotoren werden üblicherweise durch Destillation aus Mineralöl gewonnen und bestehen aus Hunderten von einzelnen Komponenten. Diese Zusammensetzung bestimmt ganz entscheidend die physikalischen und chemischen und damit die motorischen Eigenschaften. Bei der Erzeugung von Kraftstoffen aus Kohle wird zunächst durch Hydrierung oder durch Vergasung ein Synthesegas erzeugt und anschließend mittels geeigneter Syntheseverfahren aus dem Synthesegas ein alternativer Kraftstoff, zum Beispiel Methanol (CH_3OH) oder Methan (CH_4), hergestellt. Kraftstoffe aus Kohle, wie auch Kraftstoffe auf nicht fossiler Basis, zum Beispiel das aus Biomasse gewinnbare Rapsöl oder der Rapsmethylesther, sind bei Fahrzeuganwendungen von untergeordneter Bedeutung und kommen heute bestenfalls in Nischenmärkten zum Einsatz.

Im Folgenden wird die Einteilung und der chemische Aufbau von einfachen Kohlenwasserstoffen, sogenannten $C_xH_yO_z$-Verbindungen soweit erläutert, wie es für das Verständnis der Oxidation von Kohlenwasserstoffen erforderlich ist.

Kohlenwasserstoffverbindungen werden üblicherweise unterteilt in Alkane (früher: Paraffine), Alkene (Olefine), Alkine (Acetylene), Zyklo-Alkane (Naphthen) und Aromaten.

Alkane (Paraffine) sind kettenförmig aufgebaute Kohlenwasserstoffe mit ausschließlich Einfach-Bindungen, wobei man zwischen Normal-Alkanen mit gerad-kettenförmiger und Iso-Alkanen mit verzweigt-kettenförmiger Struktur unterscheidet. Alkene (Olefine) sind kettenförmig aufgebaute Kohlenwasserstoffe mit einer oder zwei Doppelbindungen, wobei Alkene (Monoolefine) eine und Alkadiene (Diolefine) zwei Doppelbindungen aufweisen. Alkine (Acetylene) sind ebenfalls kettenförmig aufgebaut und weisen eine Dreifachbindung auf. In **Bild 14-1** sind die Strukturformeln dieser aliphatischen Kohlenwasserstoffe angegeben.

Die Strukturformeln der ringförmig aufgebauten Zyklo-Alkane (Naphthene) mit ausschließlich Einfach-Bindungen und die der ringförmig aufgebauten Aromaten mit Doppelbindungen, deren Grundbaustein der Benzolring ist, sind in **Bild 14-2** dargestellt.

Sauerstoffhaltige Kohlenwasserstoffe sind kettenförmig aufgebaute Verbindungen, bei denen man zwischen Alkoholen, Ethern, Ketonen und Aldehyden unterscheidet.

Alkohole enthalten eine Hydroxylgruppe (R–OH). Die einfachsten Alkohole sind der Methylalkohol (Methanol: C_3H–OH) und der Ethylalkohol (Ethanol:

Alkane C_nH_{2n+2} (früher: Paraffine)

Kettenförmig aufgebaute Kohlenwasserstoffe mit nur Einfach-Bindungen

<u>Normal-Paraffine</u>	<u>Iso-Paraffine</u>
gerad-kettenförmig	verzweigt-kettenförmig

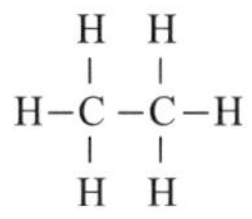

Ethan

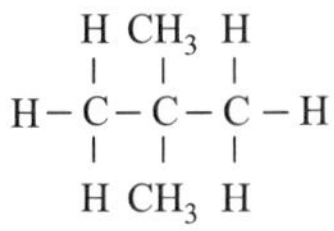

2,2 Dimethylpropan

Alkene C_nH_{2n} (früher: Olefine)

Kettenförmig aufgebaute Kohlenwasserstoffe mit Doppel-Bindung (DB)

<u>Alkene (Monoolefine)</u>	<u>Alkadiene (Diolefine)</u>
kettenförmig, <u>eine</u> DB	kettenförmig, <u>zwei</u> DB

Ethen

C_nH_{2n-2}

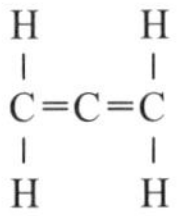

Propadien (Allen)

Alkine C_nH_{2n-2} (früher: Acetylene)

Kettenförmig aufgebaute Kohlenwasserstoffe mit einer Dreifach-Bindung

H–C≡C–H Ethin

Bild 14-1 Aliphatische Kohlenwasserstoffverbindungen

C_2H_5–OH). Ether sind über eine Sauerstoffbrücke (R_1–O–R_2) und Ketone über eine Carbonylgruppe (R_1–CO–R_2) miteinander verbundene Kohlenwasserstoff-Reste. Aldehyde enthalten eine CHO-Gruppe, zum Beispiel Formaldehyd HCHO. Die Strukturformeln der sauerstoffhaltigen Kohlenwasserstoffe sind in **Bild 14-3** angegeben, wobei man die CHO-Gruppe nicht mit der am Kohlenstoff hängenden OH-Gruppe (–COH) verwechseln sollte.

Zur Feststellung der Zündwilligkeit von Otto- und Diesel-Kraftstoffen verwendet man Zweikomponenten-Ersatzbrennstoffe und zwar den aus:

- *n*-Heptan (C_7H_{16}) mit der Oktan-Zahl OZ = 0 und
- Iso-Oktan (C_8H_{18}) mit der Oktan-Zahl OZ = 100

bestehenden Ersatzbrennstoff für Benzin und den aus:

- α-Methyl-Naphthalin ($C_{11}H_{10}$) mit der Cetan-Zahl CZ = 0 und
- *n*-Hexadekan (Cetan: $C_{16}H_{34}$) mit der Cetan-Zahl CZ = 100

Zyklo-Alkane C_nH_{2n} (früher Naphtene)

Ringförmig aufgebaute Kohlenwasserstoffe mit Einfach-Bindungen

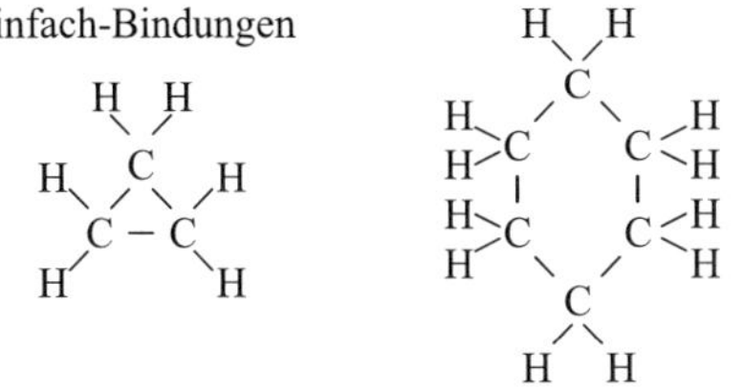

Zyklopropan Zyklohexan

Aromaten

Ringförmig aufgebaute Kohlenwasserstoffe mit konjungierten Doppel-Bindungen

Grundbaustein ist der Benzolring

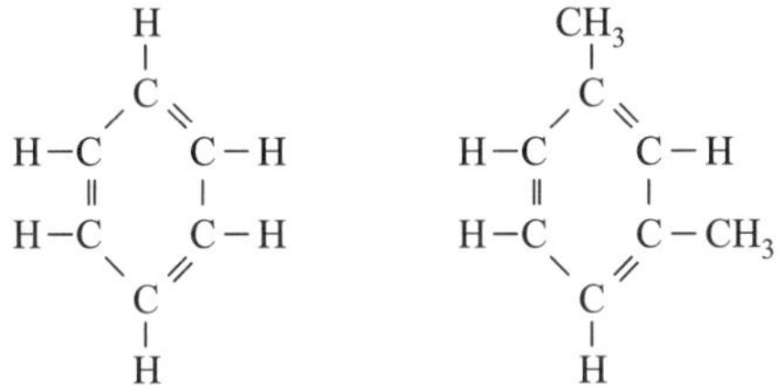

Benzol 1,3 Dimethylbenzol

Bild 14-2 Azyklische und aromatische Kohlenwasserstoffverbindungen

Alkohole, R - OH

enthalten eine Hydroxylgruppe -OH

Methanol (Methylalkohol) CH_3OH

Ethanol (Ethylalkohol) C_2H_5OH

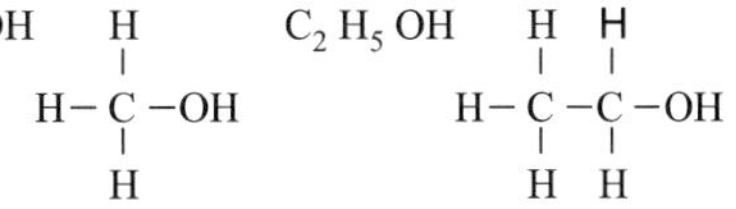

Ether, R_1 - O - R_2

sind über eine O-Brücke miteinander verbundene Kohlenwasserstoff-Reste (R_1,R_2)

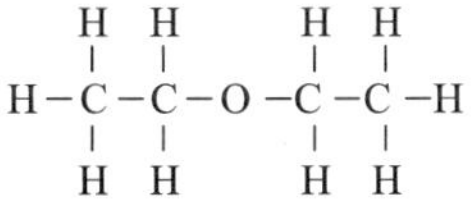

Diethylether

$C_2H_5-O-C_2H_5$

Ketone, R_1 - CO - R_2

sind über eine Karbonylgruppe -CO- miteinander verbundene Kohlenwasserstoff-Reste

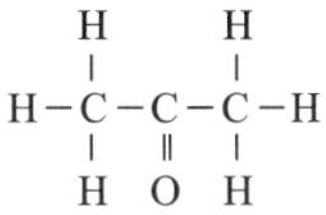

Aceton

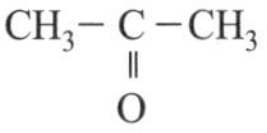

Aldehyde, R - CHO

enthalten eine -CHO- Gruppe

Formaldehyd

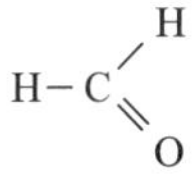

Bild 14-3 Sauerstoffhaltige Kohlenwasserstoffverbindungen

bestehenden Ersatzkraftstoff für den Dieselkraftstoff, wobei die Oktan-Zahl definiert ist als der Iso-Oktan-Anteil und die Cetan-Zahl als der Cetan-Anteil des Zweikomponenten-Ersatzbrennstoffes. Die Strukturformeln der Komponenten der beiden Ersatzbrennstoffe sind in **Bild 14-4** dargestellt.

Während für Otto-Kraftstoffe eine geringere Zündwilligkeit und damit eine hohe Klopffestigkeit erwünscht ist, ist es bei Dieselkraftstoffen gerade umgekehrt. Die Oktan-Zahl nimmt mit steigender Anzahl der Kohlenwasserstoffatome bei *n*-Alkanen und Alkenen ab und steigt mit der Zahl der Verzweigungen bei Iso-Alkanen und der Zahl der Komponenten mit Doppelbindungen an.

Der untere Heizwert bei Verbrennungen von Kohlenwasserstoffverbindungen liegt im Bereich:

40,2 MJ/kg (Benzol) < H_u < 45,4 MJ/kg (*n*-Pentan)

Die maximale laminare Flammengeschwindigkeit der flüssigen Kraftstoffkomponenten in Luft bei 1 bar liegt bei nur etwa 2 m/s, bei der Verbrennung dieser Komponenten im Motor treten dabei turbulente Flammengeschwindigkeiten von bis zu 25 m/s auf.

14.2 Oxidation von Kohlenwasserstoffen

Bei vollkommener Verbrennung werden Kohlenwasserstoffverbindungen C_xH_y in Kohlendioxid CO_2 und Wasserdampf H_2O umgesetzt. Diese Reaktion kann pauschal durch die Bruttoreaktionsgleichung

$$C_xH_y + \left(x + \frac{y}{4}\right) O_2 \rightarrow x \cdot CO_2 + \frac{y}{2} H_2O + \Delta_R H \tag{14.1}$$

beschrieben werden, wobei die Reaktionsenthalpie $\Delta_R H$ die durch die Verbrennung freigesetzte Wärme darstellt. Tatsächlich läuft die Verbrennung jedoch nicht nach dieser Bruttoreaktionsgleichung, sondern nach einem sehr komplexen und auf Elementarreaktionen basierendem Reaktionsschema ab, das heute erst in groben Zügen verstanden und schematisch in **Bild 14-5** dargestellt ist.

Bei niedrigen Temperaturen entstehen Kohlenwasserstoffperoxide (ROOH), die durch Dehydrierung in kleine Alkane zerfallen. Diese Reaktionen sind für Zündprozesse in motorischen Anwendungen von entscheidender Bedeutung und werden in Abschnitt 14.3 ausführlich behandelt. Durch nachfolgende Reaktionen mit den Radikalen $H^\bullet$, $O^\bullet$ und $OH^\bullet$ (Kettenträger) entstehen zunächst leichte Alkene und

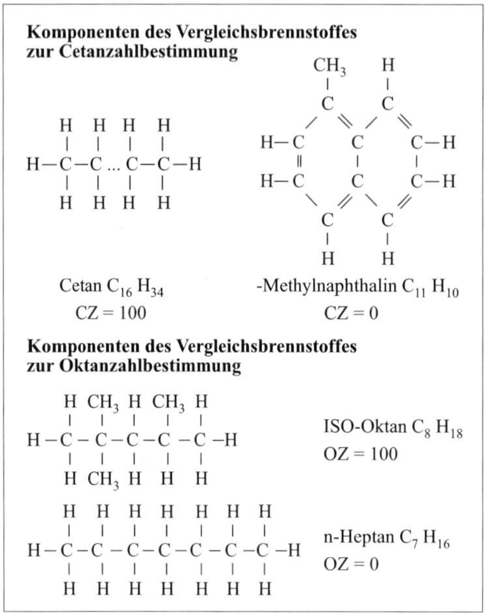

Bild 14-4 Strukturformeln der Komponenten der Ersatzbrennstoffe für den Otto- und den Dieselmotor

Alkadiene und schließlich Aldehyde, wie Acetaldehyd CH_3CHO und Formaldehyd HCHO. Bei hohen Temperaturen wird die Bildung von Wasserstoffperoxiden umgangen. Stattdessen werden Alkene direkt

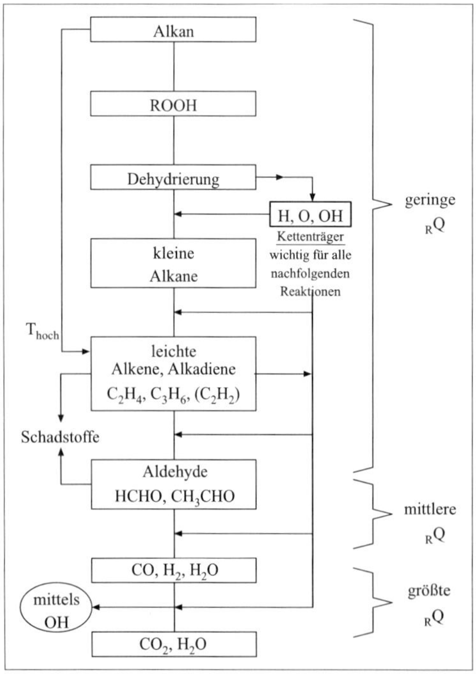

Bild 14-5 Kohlenwasserstoff-Oxidationsschema

aus dem Kraftstoff über einen *β*-Zerfall gebildet [1]. Die Bildung der Aldehyde, bei der nur etwa 10 % der insgesamt freigesetzten Wärme entsteht, wird durch das Auftreten einer kalten Flamme begleitet. In der daran anschließenden blauen Flamme werden CO, H_2 und bereits H_2O und in der letzten Stufe, der heißen Flamme, schließlich CO_2 und H_2O gebildet. Bei der Oxidation der Kohlenwasserstoffe zum CO werden etwa 40 % und bei der Oxidation des CO zum CO_2 schließlich die restlichen 45 % der im Kraftstoff gespeicherten thermischen Energie freigesetzt. Die wesentliche Wärmefreisetzung erfolgt also erst am Ende des Reaktionsschemas bei der Oxidation von CO zu CO_2.

Bild 14-6 zeigt qualitativ den zeitlichen Konzentrations- und Temperaturverlauf bei der Kohlenwasserstoffverbrennung.

Zur Berechnung der Temperatur und der Konzentrationen in der Flammenfront kann angenommen werden, dass die acht Komponenten H, H_2, O, O_2, OH, CO, CO_2 und H_2O in der Flammenfront wegen der dort herrschenden hohen Temperatur im partiellen Gleichgewicht sind. Dieses sog. OHC-System wird damit durch die fünf Reaktionsgleichungen

$$H_2 = 2\,H \tag{14.2}$$

$$O_2 = 2\,O \tag{14.3}$$

$$H_2O = \frac{1}{2}\,H_2 + OH \tag{14.4}$$

$$H_2O = \frac{1}{2}\,O_2 + H_2 \tag{14.5}$$

$$CO_2 = CO + \frac{1}{2}\,O_2 \tag{14.6}$$

beschrieben, wobei für die fünf Gleichgewichtskonstanten gilt:

$$K_1 = [H]^2\,[H_2]^{-1} \tag{14.7}$$

$$K_2 = [O]^2\,[O_2]^{-1} \tag{14.8}$$

$$K_3 = [H_2]^{\frac{1}{2}}\,[OH]\,[H_2O]^{-1} \tag{14.9}$$

$$K_4 = [O_2]^{\frac{1}{2}}\,[H_2]\,[H_2O]^{-1} \tag{14.10}$$

$$K_5 = [CO]\,[O_2]^{\frac{1}{2}}\,[CO_2]^{-1} \tag{14.11}$$

Zusammen mit den Atombilanzen für die Atome O, H und C (besser CO) und der Bedingung, dass die Summe der Partialdrücke aller Komponenten gleich dem Gesamtdruck sein muss, erhält man schließlich ein nicht lineares Gleichungssystem, das mit bekannten numerischen Integrationsverfahren, zum Beispiel dem Newton-Kantorowitsch-Verfahren, eindeutig lösbar ist. In **Bild 14-7** ist beispielhaft die Konzentrationsverteilung der OHC-Komponenten in Abhän-

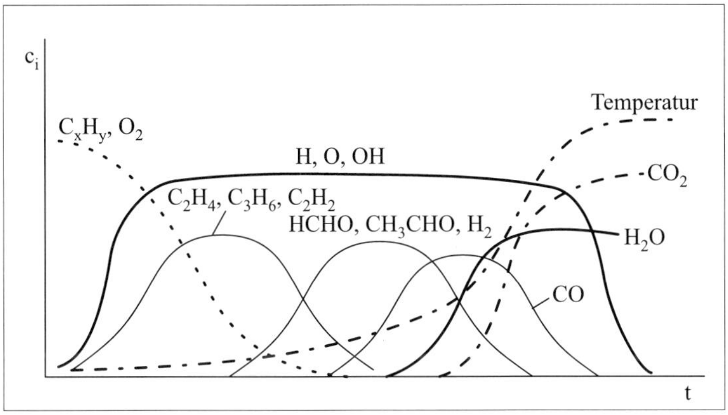

Bild 14-6 Zeitlicher Temperatur- und Konzentrationsverlauf bei der Kohlenwasserstoffverbrennung

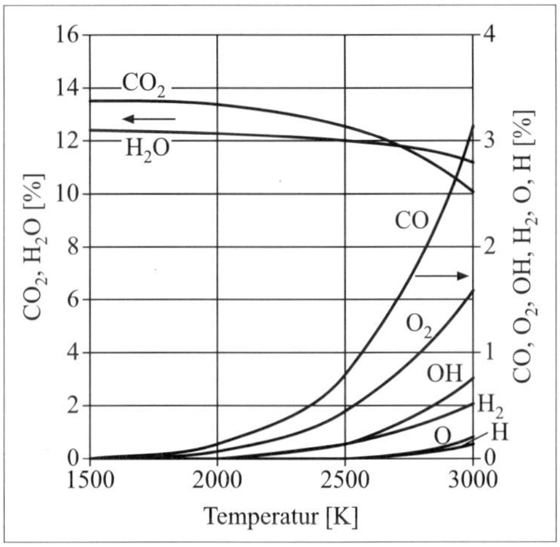

Bild 14-7 Partielles Gleichgewicht der OHC-Komponenten in Abhängigkeit der Temperatur für den Gesamtdruck 1 bar

gigkeit der Temperatur für den Gesamtdruck 1 bar dargestellt.

Wird für eine nachgeschaltete Berechnung der thermischen Stickoxid-Bildung lediglich die Sauerstoffatom-Konzentration benötigt, so kann diese auch näherungsweise mit der Beziehung

$$[O] = 130[O_2]^{\frac{1}{2}} \exp\left(-\frac{29468}{T}\right) \quad (14.12)$$

berechnet werden. Für weitere Details wird auf [2] verwiesen.

14.3 Selbstzündung

Zündung ist der Übergang eines nichtreaktiven Kraftstoff-Luft-Gemisches in eine Verbrennung. Zündvorgänge können in die Kategorien thermale Explosion und Kettenexplosion unterteilt werden. Nach Semenov's Analyse [3] findet eine thermale Explosion statt, wenn die chemische Wärmeproduktion die Wärmeverluste an den Brennraumwänden übersteigt. Bei dieser Form der Zündung liegt ein direkter Temperaturanstieg ohne Verzögerung vor. Bei Kettenexplosionen wird dagegen üblicherweise eine Zündverzugszeit mit konstanter Temperatur durchlaufen. In dieser Zeit werden erste, als Kettenträger dienende Radikale gebildet. Erst wenn eine gewisse Menge dieser Radikale im System vorliegen, findet eine ausreichende Wärmefreisetzung für eine Temperaturerhöhung und eine nachfolgende Explosion statt. Die Reaktionen einer Kettenexplosion werden in Start-, Fortpflanzungs-, Verzweigungs- und Abbruchsreaktionen unterteilt. Wichtige Radikale sind beispielsweise die Atome $O^\bullet$ und $H^\bullet$ sowie das Hydroxylradikal ($OH^\bullet$), das Hydroperoxyradikal ($HO_2^\bullet$) und das Methylradikal ($CH_3^\bullet$).

Startreaktionen bilden Radikale aus stabilen Spezies, wie zum Beispiel in der Reaktion zwischen Methan und molekularem Sauerstoff:

$$CH_4 + O_2 \rightarrow CH_3^\bullet + HO_2^\bullet \quad (14.13)$$

Fortpflanzungsreaktionen erhalten die Anzahl radikaler Spezies:

$$CH_4 + OH^\bullet \rightarrow CH_3^\bullet + H_2O \quad (14.14)$$

In Verzweigungsreaktion werden mehr Radikale gebildet als verbraucht:

$$CH_4 + O^\bullet \rightarrow CH_3^\bullet + OH^\bullet \quad (14.15)$$

In Abbruchreaktionen wird die Anzahl radikaler Spezies verringert, zum Beispiel bei der Rekombinationsreaktion von Methylradikalen:

$$CH_3^\bullet + CH_3^\bullet \rightarrow C_2H_6 \quad (14.16)$$

Kettenabbrüche können auch durch Kollision von Radikalen mit den Brennraumwänden erfolgen, ein Mechanismus der insbesondere bei niedrigen Drücken von Bedeutung ist.

14.3.1 Das H_2-O_2 System

Das H_2-O_2 System besitzt ein verhältnismäßig einfachen Zündmechanismus und ist sowohl bei der Untersuchung der Wasserstoffverbrennung als auch als Untermenge in Reaktionsmechanismen komplexerer Kraftstoffe von Bedeutung. Trotz der einfachen Beschaffenheit des Kraftstoffs werden bei der Wasserstoffverbrennung bereits circa 25 Reaktionen zwischen acht unterschiedlichen Spezies, H_2, O_2, $OH^{\cdot}$, H_2O, $H^{\cdot}$, $O^{\cdot}$, $HO_2^{\cdot}$ und H_2O_2, betrachtet. Die wichtigsten Reaktionen in Bezug auf die Zündung sind [1]:

$$H_2 + O_2 \rightleftarrows HO_2^{\cdot} + H^{\cdot} \tag{14.17}$$

$$H_2 + OH \rightleftarrows H_2O + H^{\cdot} \tag{14.18}$$

$$H^{\cdot} + O_2 \rightleftarrows O^{\cdot} + OH^{\cdot} \tag{14.19}$$

$$O^{\cdot} + H_2 \rightleftarrows H^{\cdot} + OH^{\cdot} \tag{14.20}$$

$$H^{\cdot} \rightarrow 0{,}5\, H_2 \tag{14.21}$$

$$H^{\cdot} + O_2 + M \rightleftarrows HO_2^{\cdot} + M \tag{14.22}$$

Reaktion (14.21) stellt dabei einen Wandabbruch dar, die trimolekulare Reaktion (14.22) ist zwar formell eine Fortpflanzungsreaktion, sie kann jedoch als Kettenabbruch angesehen werden, da das entstehende $HO_2^{\cdot}$-Radikal relativ inert ist.

Der Einfluss der unterschiedlichen Reaktionen auf die Zündung kann anhand eines Explosionsdiagramms erklärt werden, **Bild 14-8**. Bei konstanter Temperatur und sehr niedrigen Drücken findet keine Zündung statt, da gebildete Radikale durch die schnelle Diffusion zu den Brennraumwänden diffundieren und in Reaktion (14.21) rekombinieren. Bei Erhöhung des Druckes wird die Diffusion langsamer, so dass die Kettenverzweigung (14.19) überwiegt und eine erste Explosionsgrenze erreicht wird. Bei weiterer Erhöhung des Drucks wird die zweite Reaktionsgrenze erreicht. In diesem Bereich gewinnt die stark druckabhängige Reaktion (14.22) an Bedeutung und das H_2-O_2 Gemisch ist erneut stabil. An der dritten Explosionsgrenze wird eine weitere Kettenverzweigung über die vorher inerten $HO_2^{\cdot}$-Radikale wichtig, zusammen mit einer durch den höheren Druck steigenden Wärmefreisetzung pro Volumeneinheit kommt es wieder zur Zündung.

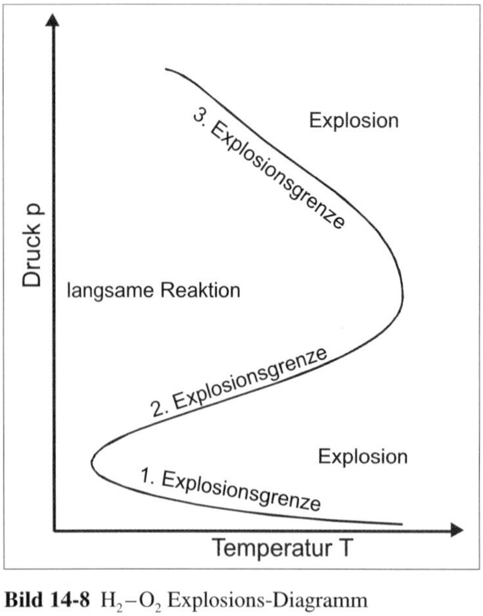

Bild 14-8 H_2-O_2 Explosions-Diagramm

14.3.2 Zündung von Kohlenwasserstoffen

Die Zündung von Kohlenwasserstoffen kann wie die Wasserstoffzündung als Kettenprozess angesehen werden. Kohlenwasserstoffe besitzen jedoch deutlich komplexere Zündmechanismen mit wesentlich mehr beteiligten Spezies und Reaktionen. Wie bei der Wasserstoffverbrennung liegen bei Kohlenwasserstoffen drei Explosionsgrenzen im Explosionsdiagramm vor.

Bei hohen Temperaturen und Drücken oberhalb circa 1.100 K ist bei Kohlenwasserstoffen die Reaktion (14.19) die dominierende Kettenverzweigung. In diesem Bereich läuft die Oxidation des Kraftstoffs nach dem in Abschnitt 14.2 diskutierten Schema ab.

In motorischen Anwendungen liegt die Temperatur nach der Kompression üblicherweise unterhalb 1.000 K. In diesem Bereich treten bei Kohlenwasserstoffen, insbesondere bei Alkanen, zusätzliche, komplexere Zündmechanismen auf. Die Verzweigungsreaktion (14.19) ist stark temperaturabhängig und verliert bei $T < 1.100$ K schnell an Bedeutung.

Die Zündung im niederen und mittleren Temperaturbereich ist durch das Auftreten der so genannten Zweistufen-Zündung charakterisiert. Hierbei steigt die Wärmefreisetzung zunächst durch eine erste Zündphase an und geht dann oberhalb von ungefähr 900 K wieder zurück. Nach Überschreiten von etwa 1.000 K schließt sich eine zweite Zündphase an, die zur vollständigen Oxidation des Kraftstoffs führt. Die exakten Temperaturen sind dabei stark vom Druck abhängig.

Die Zweistufen-Zündung erklärt das Auftreten des in **Bild 14-9** schematisch dargestellten negativen Temperaturkoeffizienten (NTC), der die Tatsache beschreibt, dass die Zündverzugszeit mit steigender Ausgangstemperatur innerhalb des NTC-Regimes größer wird.

Im Niedertemperaturbereich bei $T < 900$ K liegt ein komplexer Kettenverzweigungsmechanismus vor [4]. In einem ersten Schritt wird ein Wasserstoffatom vom Kraftstoffmolekül RH abgespalten. An das ge-

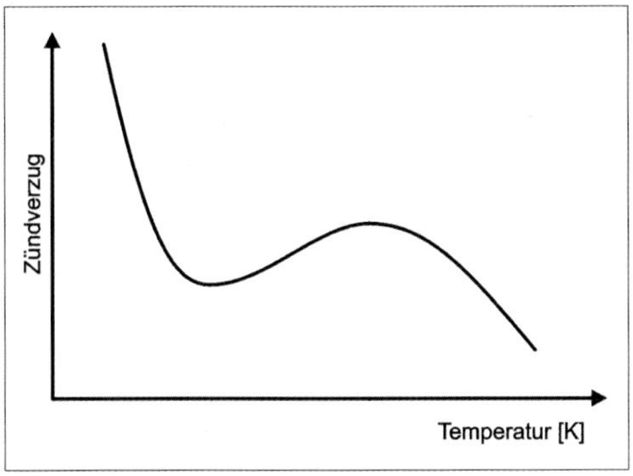

Bild 14-9 Schematische Darstellung des negativen Temperaturkoeffizienten (NTC)

bildete Alkylradikal $R^{\bullet}$ findet dann eine O_2 Addition statt:

$$RH + OH^{\bullet} \rightleftarrows R^{\bullet} + H_2O \quad (14.23)$$

$$RH + O_2 \rightleftarrows R^{\bullet} + HO_2^{\bullet} \quad (14.24)$$

$$R^{\bullet} + O_2 \rightleftarrows RO_2^{\bullet} \quad (14.25)$$

Die Gleichgewichtskonstante von Reaktion (14.25) ist stark temperaturabhängig. Bei niedrigen Temperaturen liegt das Gleichgewicht auf der rechten Seite, bei steigender Temperatur verschiebt sich das Gleichgewicht nach links. Die entstehenden $RO_2^{\bullet}$-Radikale durchlaufen eine interne Wasserstoffabstraktion:

$$RO_2^{\bullet} \rightleftarrows QOOH^{\bullet} \quad (14.26)$$

Durch weitere Reaktionen mit einer erneuten Sauerstoffaddition und einer internen Wasserstoffabstraktion entstehen drei Radikale, darunter zwei $OH^{\bullet}$-Radikale, so dass insgesamt eine starke Kettenverzweigung vorliegt, die zu einer ersten bedeutenden Wärmefreisetzung führt.
Die Niedertemperaturoxidation hält solange an, bis sich das Gleichgewicht von Reaktion (14.25) bei einer Temperatur von circa 900 K verschiebt. Durch diese Verschiebung wird die Kettenverzweigung über die Isomerisierungsreaktion (14.26) unterbrochen, stattdessen werden in diesem mittleren Temperaturbereich verstärkt Alkene und $HO_2^{\bullet}$- Radikale gebildet. Die $HO_2^{\bullet}$-Radikale reagieren weiter zu Wasserstoffperoxid, H_2O_2, das zunächst relativ inert ist.

$$R^{\bullet} + O_2 \rightleftarrows \text{Alken} + HO_2^{\bullet} \quad (14.27)$$

$$HO_2^{\bullet} + HO_2^{\bullet} \rightleftarrows H_2O_2 + O_2 \quad (14.28)$$

Im Folgenden steigt die Temperatur langsam an, bis schließlich oberhalb von circa 1.000 K Wasserstoffperoxid extrem schnell zersetzt wird und die zweite Zündphase einleitet:

$$H_2O_2 + M \rightarrow 2\,OH^{\bullet} + M \quad (14.29)$$

Dieser Prozess wird als degenerierte Kettenverzweigung bezeichnet und ist die Ursache für den negativen Temperaturkoeffizienten. Nach Verschiebung des Gleichgewichts von Reaktion (14.25) werden nicht mehr genug Radikale gebildet um den Zündprozess fortzuführen. Erst mit der Zersetzung von Wasserstoffperoxid werden große Mengen $OH^{\bullet}$-Radikale produziert, die die Zündung beschleunigen und zu einer zweiten Wärmefreisetzung führen, die einen Hochtemperaturmechanismus einleitet.
Der negative Temperaturkoeffizient ist bei langkettigen Alkanen am stärksten ausgeprägt. Demgegenüber zeigen Alkene und Aromate nur ein schwaches beziehungsweise kein NTC-Verhalten [5].
Der vorgestellte Reaktionsablauf ist der maßgebliche Mechanismus für die Selbstzündung in Diesel- und HCCI-Motoren, schnellen Kompressionsmaschinen sowie für die zum Motorklopfen führende Selbstzündung im Ottomotor.

14.3.3 Schnelle Kompressionsmaschine

Die Zwei-Stufen-Zündung ist in Versuchen mit einer schnellen Kompressionsmaschine sehr gut erkennbar. Bei einer Kompressionsmaschine wird ein homogenes Kraftstoff-Luft Gemisch durch einen einzelnen Kompressionshub verdichtet und der Kolben am oberen Totpunkt festgehalten. **Bild 14-10** stellt den Druckverlauf in einem solchen Apparat über der Versuchszeit dar. Nach Ende der Kompression bei circa 9.3 ms liegt eine erste Zündverzugszeit vor. In der ersten Zündstufe steigen Druck und Temperatur stark an, bis der mittlere Temperaturbereich mit den Reaktionen (14.27) und (14.28) erreicht wird. Nach einer zweiten, längeren Zündverzugszeit beginnt die zweite Zündstufe mit der nachfolgenden Verbrennung.

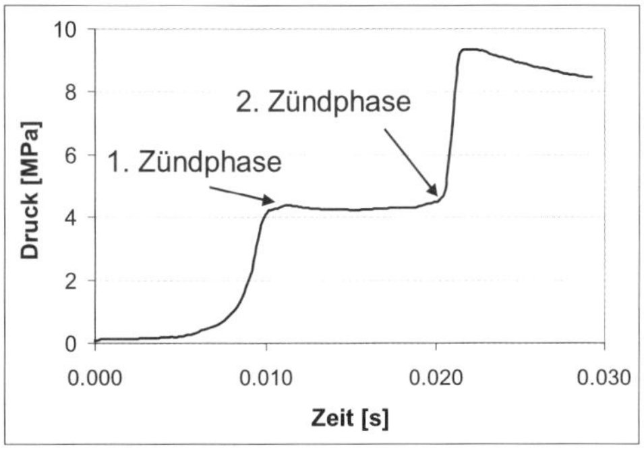

Bild 14-10 Druckverlauf in einer schnellen Kompressionsmaschine

14.3.4 Dieselmotor

Die dieselmotorische Verbrennung besteht aus einer Vielzahl von Teilprozessen, unter anderem: Einspritzung, Tropfenzerfall, Tropfenverdampfung, Selbstzündung, Verbrennung und Schadstoffbildung. Die einzelnen Teilprozesse laufen weitgehend simultan ab und stehen in Wechselwirkung miteinander. Die ersten Zündprozesse erfolgen in Dieselmotoren bei einem lokalen Luftverhältnis von $0{,}5 < \lambda > 0{,}7$. Da die Einspritzung bei Dieselmotoren mit Direkteinspritzung in der Nähe des oberen Totpunktes erfolgt, sind die Zündverzugszeiten relativ kurz.

14.3.5 HCCI-Motor

Beim HCCI-Prozess wird ein mageres, homogenes Kraftstoff-Luft Gemisch komprimiert. In der Nähe des oberen Totpunktes zündet ein Großteil des Gemisches homogen. **Bild 14-11** zeigt einen typischen Druckverlauf einer HCCI Verbrennung (Kraftstoff: Diesel). Deutlich zu erkennen sind die beiden abgesetzten Zündstufen. Durch die frühe Mischung von Kraftstoff und Luft liegen in diesem Prozess sehr lange Zündverzugszeiten vor. Da die Wärmefreisetzung darüber hinaus überwiegend während der Zündung erfolgt, ist die HCCI-Verbrennung zu einem großen Teil durch die oben beschriebenen kinetischen Vorgänge dominiert.

14.3.6 Motorklopfen

Motorklopfen ist ein ungewünschtes Phänomen in Ottomotoren. Nach Einleitung der Verbrennung durch die Zündfunken wird das unverbrannte Gemisch durch die Flammenfront weiter komprimiert und dadurch zusätzlich aufgeheizt. Sind Temperatur und Druck dabei hoch genug und steht ausreichend Zeit zur Verfügung, setzt eine Selbstzündung nach dem in den Reaktionen (14.23)–(14.29) beschriebenen Mechanismus ein. Diese dann fast isochor ablaufende Restgasverbrennung führt zu steilen Druckgradienten, die sich in Form von Druckwellen im Brennraum ausbreiten und das bekannte klopfende oder klingelnde Geräusch hervorrufen. In **Bild 14-12** ist qualitativ der Druckverlauf einer klopfenden Verbrennung skizziert, wobei der Klopfbeginn eingezeichnet ist. Durch die beim Klopfen auftretenden Druckwellen kann es zu mechanischen Materialschäden und durch die erhöhte thermische Belastung auch zu Anschmelzungen am Kolben und am Zylinder kommen.

Für eine detaillierte Beschreibung der klopfenden Verbrennung sei auf Kapitel 15.2 verwiesen.

14.3.7 Modellierung der Selbstzündung

Wie in den vorangegangenen Abschnitten erläutert, sind die kinetischen Vorgänge bei der Selbstzündung in Verbrennungsmotoren sehr komplex. **Bild 14-13** stellt typische Größen einiger Reaktionsmechanismen von Kohlenwasserstoffen dar. Diese Mechanismen enthalten alle bekannten Prozesse und werden daher auch als vollständige Mechanismen bezeichnet. Es ist zu erkennen, dass die Komplexität der Mechanismen stark mit der Komplexität des Kraftstoffs zunimmt, so werden für Cetan circa 1.200 Spezies verwendet. Es ist offenkundig, dass derart komplexe Modelle nur in einfachen Anwendungen verwendbar sind. Dies ist insbesondere bei der Betrachtung von realen, aus einer Vielzahl von unterschiedlichen Kohlenwasserstoffen bestehenden Kraftstoffen der Fall. Aus diesem Grund wurde eine Vielzahl von vereinfachten Modellen zur Beschreibung der Selbstzündung entwickelt.

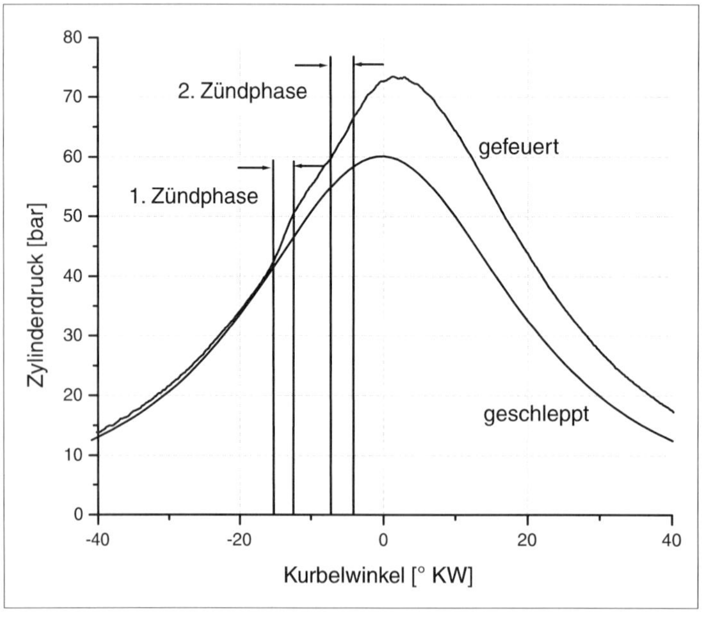

Bild 14-11 Druckverlauf bei einer HCCI-Verbrennung

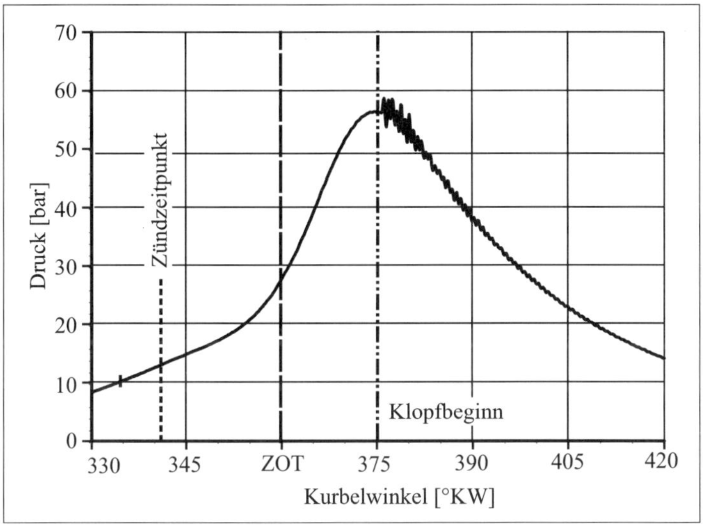

Bild 14-12 Druckverlauf bei klopfender Verbrennung

Brennstoff	Spezies	Reaktionen
H_2	8	25
CH_4	30	200
C_3H_8	100	400
C_6H_{14}	450	1.500
$C_{16}H_{34}$	1.200	7.000

Bild 14-13 Typische Größen vollständiger Reaktionsmechanismen

14.3.7.1 Einschritt-Mechanismus

Die einfachste Modellierung der Selbstzündung stellt die Verwendung einer globalen Einschrittreaktion dar, wobei die Reaktionsrate über eine Arrhenius-Gleichung beschrieben wird. Oft wird direkt die Zündverzugszeit aus den Größen Druck, Temperatur und Luftverhältnis berechnet:

$$t_{ZV} = A \frac{\lambda}{p^2} \exp\left(\frac{-E}{RT}\right) \tag{14.30}$$

Hierbei sind Nachkalibrierungen der Modellkonstanten A und E notwendig, wenn sich zum Beispiel der Temperaturbereich, in dem es zur Selbstzündung kommt, deutlich ändert. Das einfache Einschrittmodell kann je nach Aufgabenstellung in der Praxis oft mit gutem Erfolg eingesetzt werden, der auf komplexen kinetischen Vorgängen beruhende NTC-Bereich kann jedoch nicht reproduziert werden.

14.3.7.2 Shell-Modell

Um eine realistischere Darstellung der Zündung zu erreichen, wurden eine Reihe von semi-empirischen Mehrschrittmodellen entwickelt. Das wahrscheinlich am weitesten verbreitete Modell dieser Art ist das Shell-Modell [6], das ursprünglich zur Vorhersage von Klopfen in Ottomotoren entwickelt und später für die Modellierung der Dieselzündung erweitert wurde [7]. Das Modell umfasst acht Reaktionen zwischen fünf generischen Spezies und ist in der Lage, den negativen Temperaturkoeffizienten darzustellen. Darüber hinaus werden Zündverzugszeiten unter verschiedenen Bedingungen gut vorhergesagt.

Während das Shell-Modell bei der dieselmotorischen Verbrennung und bei Motorklopfen in Ottomotoren gute Ergebnisse zeigt, sind bei der Berechnung von HCCI-Prozessen aufgrund der langen Zündverzugszeiten in der Regel detailliertere Mechanismen notwendig. Beispiele unterschiedlich komplexer Mechanismen sind in [8] und [9] zu finden.

14.4 Flammenausbreitung

14.4.1 Turbulente Skalen

Die Strömung in einem Verbrennungsmotor ist in der Regel turbulent und beeinflusst maßgeblich den Verbrennungsprozess. Um unterschiedliche Flammentypen zu klassifizieren, ist es zunächst sinnvoll, einige typische Kennzahlen und Skalen für Strömungen zu definieren. Eine ausführliche Einleitung in die Strömungslehre und Turbulenz findet sich beispielsweise in [10] und [11].

Turbulente Strömungungen entstehen, wenn Instabilitäten in der Strömung nicht ausreichend durch Viskosität gedämpft werden. Gekennzeichnet ist Turbulenz durch chaotisch variierende Strömungsgrößen und dreidimensionale Wirbelstrukturen. Eine detaillierte Beschreibung aller einzelnen Wirbel ist für technische Aufgabenstellungen selbst mit moderne Großrechenanlagen nicht durchführbar. Stattdessen ist eine statistische Beschreibung des turbulenten Strömungsfeldes üblich. Dabei spaltet man entsprechend dem Reynoldsschen Ansatz die Momentanwerte u, v, w

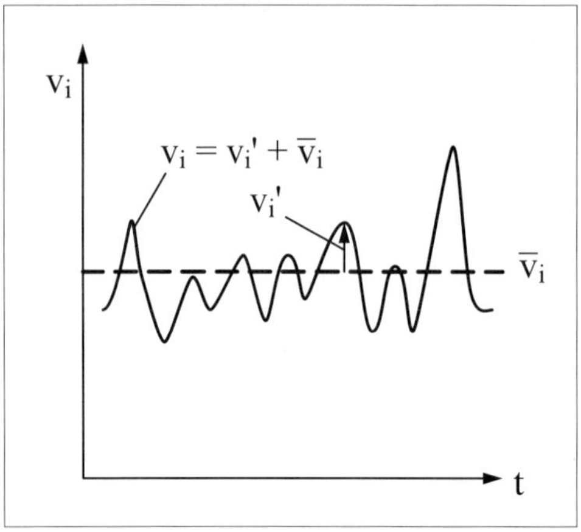

Bild 14-14 Reynolds'sche Mittelwertbildung einer im Mittel stationärer, turbulenten Strömung

der turbulenten Geschwindigkeitskomponenten in die Mittelwerte $\bar{u}, \bar{v}, \bar{w}$ und die Schwankungswerte u', v', w' auf. Diese Zerlegung wird anschaulich in **Bild 14-14** für die an einem festen Ort gemessene Geschwindigkeit v_i erläutert. Ein Maß für die Turbulenzintensität stellt der „Root-Mean-Square"-Wert der Schwankungsgröße dar:

$$u_{rms} = \sqrt{\overline{(u'(t))^2}} \tag{14.31}$$

Bei der Betrachtung von turbulenten Strömungen sind insbesondere zwei Längenskalen von Bedeutung. Die integrale Längenskala l_I repräsentiert die mittlere Ausdehnung der größten im Strömungsfeld vorkommenden Wirbel. Die Kolmogorovlänge l_K ist mit den kleinsten vorhandenen Wirbeln verbunden. In dieser Größenordnung wird die molekulare Viskosität von Bedeutung und es findet eine Dissipation von turbulenter kinetischer Energie in innere Energie des Fluids statt. Mit der integralen Länge und der Turbulenzintensität kann eine turbulente Reynoldszahl definiert werden:

$$Re_t \equiv \frac{u_{rms} l_I}{\nu} \tag{14.32}$$

Aus den Längenskalen können Zeitskalen abgeleitet werden. Die integrale Zeit und die Kolmogorov-Zeit beschreiben die Umdrehungszeit der entsprechenden Wirbel und sind definiert als

$$\tau_I = \frac{l_I}{u_{rms}} \tag{14.33}$$

und

$$\tau_K = \frac{l_K}{u_K} \tag{14.34}$$

Bild 14-15 gibt typische turbulente Kenngrößen für das Strömungsfeld in einem Ottomotor an.

Parameter	Größe
Turbulenzintensität u_{rms}	2 m/s
Turbulente Reynoldzahl Re_t	300
Integrales Längenmaß	2 mm
Kolmogorovlänge	0,03 mm
Integrales Zeitmaß	1 ms
Kolmogorov-Zeit	0,06 ms

Bild 14-15 Typische turbulente Kenngrößen in einem Ottomotor, $\lambda = 1{,}0$; $n = 1500\ \text{min}^{-1}$ [12]

14.4.2 Flammentypen

Verbrennungsprozesse können eingeteilt werden in Prozesse, bei denen die Wärmefreisetzung in einer Flamme erfolgt und in flammenlose. Flammen können in vorgemischte und nicht-vorgemischte Flammen unterteilt werden. Bei vorgemischten Flammen sind Kraftstoff und Oxidationsmittel vor Beginn der Verbrennung homogen durchmischt, bei nicht-vorgemischten Flammen laufen Mischungs- und Verbrennungsvorgänge gleichzeitig ab. Ein weiteres wichtiges Unterscheidungsmerkmal bei der Betrachtung von Verbrennungsbereichen erfolgt nach der Art der vorliegenden Strömung in laminare und turbulente Flammen. Turbulenz beschleunigt die Kraftstoffumsetzung sowohl bei der vorgemischten Verbrennung durch Vergrößerung der Reaktionszone, als auch bei der nicht-vorgemischten Verbrennung durch Verbesserung der Mischung.

Bild 14-16 stellt vereinfacht motorische Anwendungen dar, in denen die genannten Verbrennungsprozesse auftreten. In Brennkammern von Verbrennungsmotoren liegen in der Regel hohe Turbulenzintensitäten vor, so dass besonders die turbulenten Flammen Bedeutung haben. Ein Beispiel für eine turbulente Vormischflamme stellt der Ottomotor mit Saugrohreinspritzung dar. Die Wärmefreisetzung in einem Ottomotor mit Direkteinspritzung liegt zwischen den

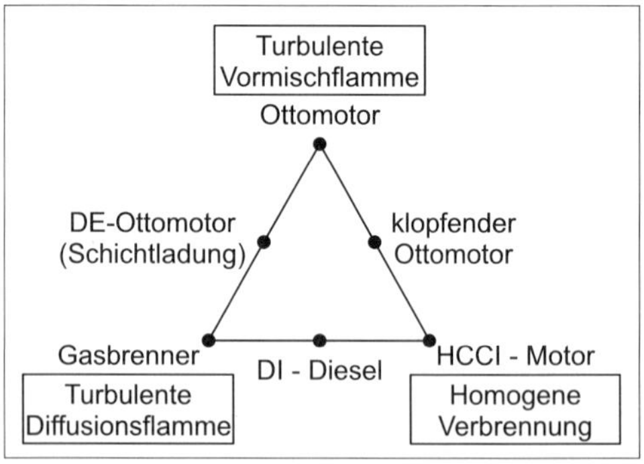

Bild 14-16 Flammentypen in motorischen Anwendungen [13]

beiden Extremen vorgemischte und nicht-vorgemischte Verbrennung und wird daher als partiell vorgemischte Verbrennung bezeichnet. Eine flammenlose Verbrennung liegt in einem idealen HCCI-Prozess vor.

14.4.2.1 Vorgemischte Flammen

Eine laminare Vormischflamme kann in die drei Gebiete Vorheizzone, Reaktionszone und Nach-Oxidationszone unterteilt werden [14]. In der Vorheizzone, die den größten Teil der Flamme einnimmt, finden Wärmeleitung und Stoffdiffusion sowie erste Vorreaktionen statt. Die eigentliche Reaktionszone, in der der Großteil der schnellen Radikalkettenreaktion stattfindet, ist sehr dünn. In der Nach-Oxidationszone dominieren langsamere Reaktionen, zum Beispiel die Oxidation von CO zu CO_2. Zur Charakterisierung einer laminaren Flamme wird üblicherweise die laminare Brenngeschwindigkeit s_L, eine mit Hilfe der Brenngeschwindigkeit definierte theoretische Flammendicke δ_L sowie die Dicke der inneren Reaktionszone δ_i verwendet. Die charakteristische Zeitskala der laminaren Flamme kann dann als

$$\tau_F = \frac{\delta_L}{s_L} \tag{14.35}$$

definiert werden.

Turbulente vorgemischte Flammen nehmen je nach Randbedingungen unterschiedliche Formen an. Eine Einteilung in verschiedene Regime kann mit Hilfe des Borghi-Diagramms erfolgen [14, 15], siehe **Bild 14-17**. Unterschiedliche Bereiche werden in diesem Diagramm mit Hilfe der drei dimensionslosen Kennzahlen turbulente Reynolds-, Karlovitz- und Damköhlerzahl identifiziert.

Die Damköhlerzahl beschreibt das Verhältnis der turbulenten, integralen Zeitskala, die als Maß für die Mischungszeit verwendet werden kann und der Zeitskala der laminaren Flamme

$$Da = \frac{\tau_I}{\tau_F} \tag{14.36}$$

Die Karlovitzzahl ist das Verhältnis der laminaren Zeitskala und der Kolmogorov-Zeit

$$Ka = \frac{\tau_F}{\tau_l} = \left(\frac{\delta_L}{l_K}\right)^2 \tag{14.37}$$

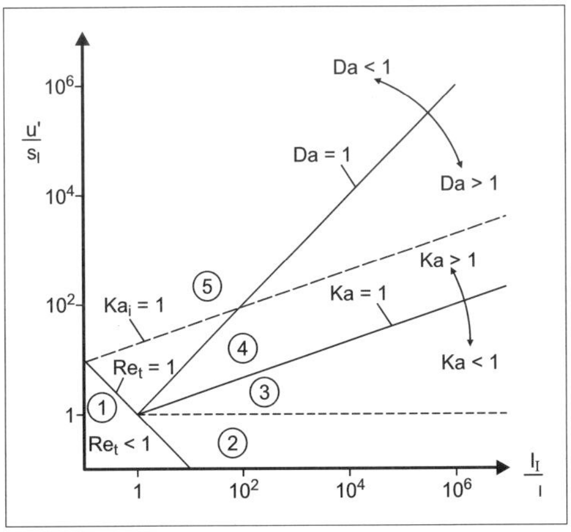

Bild 14-17 Darstellung der vorgemischten Verbrennung im Borghi-Diagramm

Bild 14-18 stellt die unterschiedlichen, im Borghi-Diagramm auftauchenden Verbrennungsbereiche schematisch dar. Die Linie mit Re = 1 trennt den laminaren Flammenbereich (Re < 1) in der linken unteren Ecke von dem turbulenten Bereich (Re > 1) ab. In Bereich 2 des turbulenten Gebietes ist die Turbulenzintensität niedriger als die laminare Brenngeschwindigkeit, so dass eine nur leicht gewellte Flamme vorliegt. Diese Flamme weist noch die Charakteristik von laminaren Flammen auf und die Brenngeschwindigkeit wird in erster Linie von der laminaren Geschwindigkeit vorgegeben. Im englischen Sprachgebrauch werden Flammen mit laminarähnlicher Charakteristik als Flamelets bezeichnet. Oberhalb des Bereichs der gewellten Flammen liegen stärker gefaltete Flammen vor und es kann vereinzelt zu Inselbildung kommen (Bereich 3). Die Flamme selbst ist lokal allerdings weiter laminar. An der Grenzlinie $Ka = 1$, die als Klimov-Williams Kriterium bezeichnet wird, besitzen die kleinsten Turbulenzstrukturen die gleiche Größenordnung wie die laminare Flamme. Nach klassischen Vorstellungen treten kleine Wirbel in die Flamme ein, was einerseits zu lokalen Verdickungen, andererseits aber auch zu lokal verzerrten Flammen und lokaler Verlöschung führen kann. Dieses Regime wird daher auch als verteilter Reaktionsbereich bezeichnet. Oberhalb der Linie $Da = 1$ in Bereich 5 werden die Reaktionen im Vergleich zur Turbulenz sehr langsam ($Da \ll 1$), so dass eine vollständige turbulente Mischung der Reaktanten vor den Reaktionen angenommen werden kann.

Vor kurzem wurde das Borghi-Diagramm von Peters [16] um eine zweite Karlovitzzahl Ka_i erweitert. Diese beschreibt das Verhältnis der Größe der inneren Reaktionszone der laminaren Flamme und der Kolmogorov-Wirbel. In dem Bereich zwischen $Ka = 1$ und $Ka_i = 1$ dringen die kleinen Wirbelstrukturen zwar in die Vorheizzone ein, die eigentliche Reaktionszone bleibt jedoch unbeeinflusst. Daher kann angenommen werden, dass in diesem Bereich weiterhin ein laminar-ähnliches Verhalten vorliegt. Neuere Untersuchungen von Dinkelacker [17] weisen ebenfalls daraufhin, das eine Verdickung der Vorheizzone in diesem Bereich nur bei relativ großen turbulenten Reynoldszahlen auftritt. Dies führt der Autor unter anderem darauf zurück, dass die in die Vorheizzone eindringenden Kolmogorovwirbel aufgrund der höheren Temperatur dissipiert werden.

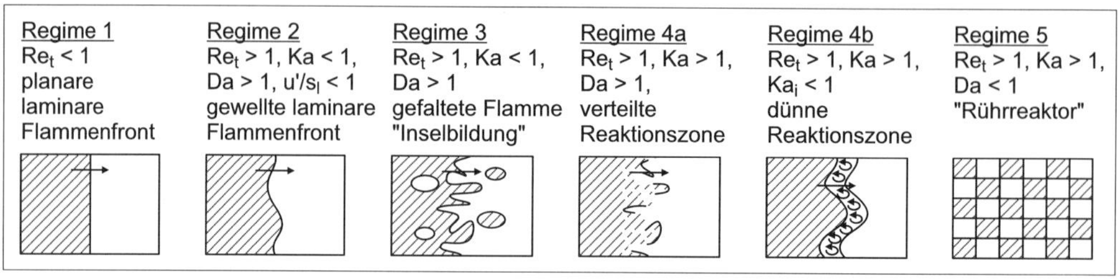

Bild 14-18 Schematische Darstellung verschiedener Flammentypen der vorgemischten Verbrennung

14.4.2.2 Nicht-vorgemischte Flammen

Nicht-vorgemischte Flammen, die beispielsweise in Dieselmotoren mit Direkteinspritzung auftreten, werden üblicherweise als Diffusionsflammen bezeichnet. Diese Bezeichnung bringt zum Ausdruck, dass die Verbrennung durch Mischungsvorgänge und damit durch molekulare und turbulente Diffusion dominiert wird. Es sollte jedoch beachtet werden, dass Diffusionsprozesse auch in vorgemischten Flammen von zentraler Bedeutung sind. Da bei Diffusionsflammen die Zeitskalen der Mischung im Allgemeinen deutlich größer sind als die Zeitskalen der Reaktion, wird häufig die Annahme einer unendlich schnellen Chemie getroffen. Allerdings liegen in realen Prozessen immer auch lokale Bereiche vor, in denen diese Annahme nicht erfüllt ist. Die Geschwindigkeit der chemischen Reaktionen ist insbesondere bei der Schadstoffentstehung von Bedeutung. So findet der motorisch gewünschte Abbrand von Ruß erst bei ausreichend hohen Temperaturen statt, die jedoch gleichzeitig zu einer verstärkten Bildung von Stickoxiden führen.

14.4.2.3 Partiell-vorgemischte Flammen

Zwischen den beiden Extremen der vollständigen Mischung und der vollständigen Trennung von Kraftstoff und Luft vor der Reaktion liegt der Bereich der partiell-vorgemischten Flamme. Ein Beispiel für diese Verbrennungsart ist der Ottomotor mit Direkteinspritzung mit Schichtladebetrieb. Aufgrund des mageren globalen Luftverhältnisses ($\lambda > 1$) muss im Brennraum eine Schichtung der eingespritzten Zylinderladung erfolgen, um zum Zündzeitpunkt ein zündfähiges Gemisch an der Zündkerze bereitzustellen [2].

Die charakteristische Flammenform einer partiell-vorgemischten Flamme ist schematisch in **Bild 14-19** dargestellt. Da die Brenngeschwindigkeit neben der Temperatur und dem Druck insbesondere von dem Luft-Kraftstoff-Verhältnis λ abhängig ist, breitet sich die Flamme entlang einer Linie mit $\lambda = 1$ am schnellsten aus. An der mageren Seite bildet sich eine magere Vormischflamme, an der fetten Seite entsteht eine fette Vormischflamme. Zwischen diesen Flammen findet ein diffusiver Austausch zwischen unverbranntem Brennstoff der fetten Seite und überschüssigem Sauerstoff der mageren Seite statt, so dass sich an dieser Stelle eine Diffusionsflamme bildet. Das Auftreten von drei unterschiedlichen Flammen führt zu dem Begriff Tripelflamme, der Punkt, an dem die drei Flammen aufeinandertreffen, wird Tripelpunkt genannt.

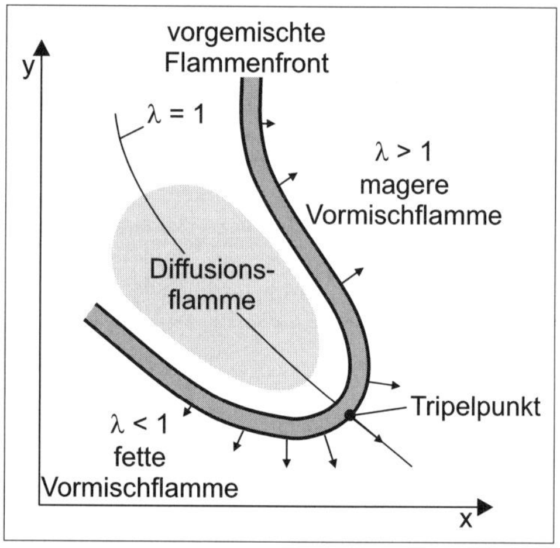

Bild 14-19 Schematische Darstellung einer partiell vorgemischten Flamme [18]

14.5 Modellbildung und Simulation

Voraussetzung für die numerische Simulation ist die Erstellung des den technischen Prozess beschreibenden Modells. Unter Modellbildung versteht man eine zielorientierte Vereinfachung der Realität durch Abstraktion. Voraussetzung dafür ist, dass der reale Prozess in einzelne Prozessabschnitte zerlegt und damit in Teilprobleme aufgespalten werden kann. An das resultierende Modell müssen eine Reihe von Forderungen gestellt werden, siehe dazu [2]:

- Das Modell muss formal richtig, das heißt widerspruchsfrei sein
- Das Modell muss die Realität möglichst genau beschreiben. Ein Modell ist aber immer nur eine

Näherung und kann deshalb mit der Realität niemals vollkommen übereinstimmen

- Der für die numerische Lösung erforderliche Aufwand muss im Rahmen der Aufgabenstellung vertretbar sein
- Das Modell soll so einfach wie möglich und so komplex wie nötig sein.

Erst mit Hilfe von Modellvorstellungen sind wir in der Lage, physikalische und chemische Prozessabläufe wirklich zu verstehen.
Für die Erstellung mathematischer Modelle zur Simulation zeitlich- und räumlich veränderlicher Strömungs-, Temperatur- und Konzentrationsfelder mit chemischen Reaktionen ist die Kenntnis der Grundlagen der Thermodynamik, der Fluiddynamik und der Verbrennungstechnik wesentliche Voraussetzung. Bei der Simulation von Strömungsfeldern mit chemischen Reaktionen ist zu beachten, dass physikalische und chemische Prozesse auf sehr unterschiedlichen Zeit- und Längenskalen ablaufen können. Die Beschreibung dieser Prozessabläufe ist meist einfacher, wenn die Zeitskalen sehr unterschiedlich sind, weil dann für den physikalischen beziehungsweise chemischen Prozess vereinfachende Annahmen getroffen werden können, und sie ist in der Regel sehr komplex, wenn die Zeitskalen von gleicher Größenordnung sind.
Die numerische Simulation ist in den letzten Jahren zu einem wesentlichen Werkzeug bei der Entwicklung von Motoren, Antriebsaggregaten und Fahrzeugen geworden. Im Hinblick auf die zunehmende Komplexität bei weiterer Reduzierung der Entwicklungszeiten von Motoren und Fahrzeugen wird ihre Bedeutung in der Zukunft noch ganz erheblich zunehmen.

14.5.1 Klassifizierung von Verbrennungsmodellen

Verbrennungsmodelle werden üblicherweise in drei unterschiedliche Kategorien eingeteilt, nämlich in:

- Null-Dimensionale oder thermodynamische Modelle, bei denen sowohl die Wärmefreisetzung durch die Verbrennung als auch die Wärmeübertragung zwischen der Zylinderladung und den brennraumabgrenzenden Wänden mittels halbempirischer Modelle, zum Beispiel Vibe-Ersatzbrennverläufen beziehungsweise Woschni's Wärmeübergangsmodell beschrieben werden.
- Phänomenologische Modelle, bei denen die Wärmefreisetzung durch die Verbrennung mittels physikalischer und chemischer Ansätze modelliert werden.
- 3D-Computational-Fluid-Dynamics (CFD) Modelle, bei denen die Erhaltungsgleichungen für Masse, Energie und Impuls mittels Turbulenzmodellen und weiterer physikalischer und chemischer Untermodelle gelöst werden.

Die wesentlichen Unterschiede dieser Modelle sind in **Bild 14-20** dargestellt.
Nulldimensionale Modelle bilden die Grundlage für die Gesamtprozessanalyse, das heißt die Simulation des stationären und transienten Verhaltens von Motoren, Antriebsaggregaten und kompletten Fahrzeugen. Phänomenologische Modelle werden für die Simulation der Vorgänge im Brennraum, das heißt die Gemischbildung, Zündung, Verbrennung und Schadstoffbildung eingesetzt. 3D-CFD-Modelle eignen sich insbesondere wegen der benötigten langen Rechenzeiten nur für spezielle und sehr detaillierte Aufgabenstellungen.

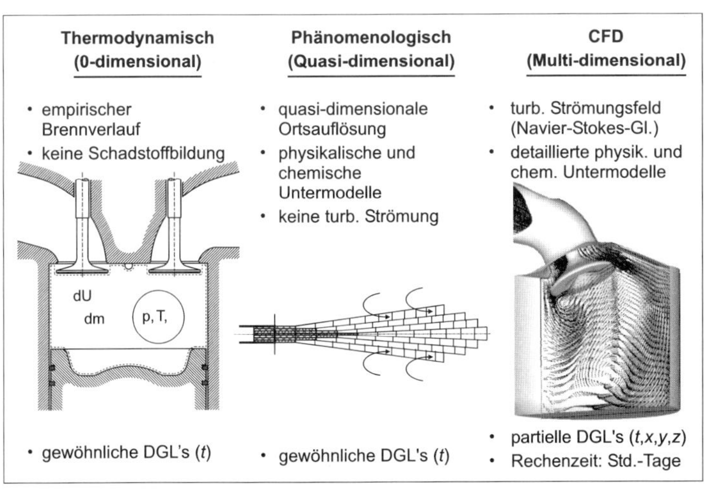

Bild 14-20 Klassifizierung von Verbrennungsmodellen [19]

14.5.2 Nulldimensionale Modelle

14.5.2.1 Ersatzbrennverläufe

Der Brennverlauf beschreibt den zeitlichen Verlauf der Wärmefreisetzung durch die Verbrennung. Das Integral des Brennverlaufs bezeichnet man als Summenbrennverlauf beziehungsweise als Durchbrennfunktion. Zur Modellierung der Verbrennung bedient man sich unterschiedlicher Ansätze beziehungsweise mathematischer Modellierungen, die alle das Ziel haben, die reale Wärmefreisetzung durch die Verbrennung mittels so genannter Ersatzbrennverläufe möglichst genau zu beschreiben. Die bekanntesten sind Einfach- und Doppel-Vibe-Funktion, Polygon-Hyperbel-Funktion und neuronale Netze. Im Folgenden sei der einfache Vibe-Ersatzbrennverlauf kurz erläutert, für weitere Informationen sei auf [2] und [19] verwiesen.

Ausgehend von „Dreiecksbrennverläufen" hat [20] anhand von reaktionskinetischen Überlegungen die Beziehung

$$\frac{E_B}{E_{B,\,\mathrm{ges}}} = 1 - \exp\left(-a \cdot y^{m+1}\right) \tag{14.38}$$

mit

$$E_{B,\,\mathrm{ges}} = m_B \cdot H_U \tag{14.39}$$

für die maximal freisetzbare Wärmemenge und

$$y = (\varphi - \varphi_{BB}) \cdot \Delta\varphi_{BD} \tag{14.40}$$

für den dimensionslosen Kurbelwinkel mit der Brenndauer

$$\Delta\varphi_{BD} = \varphi_{BE} - \varphi_{BB} \tag{14.41}$$

aufgestellt, mit φ_{BE} = Brennende und φ_{BB} = Brennbeginn. In **Bild 14-21** ist der Brennverlauf

$$\frac{\mathrm{d}E_B}{\mathrm{d}\varphi} = f(\varphi, m) \tag{14.42}$$

in Abhängigkeit des dimensionslosen Kurbelwinkels für verschiedene Formparameter m aufgetragen. Für den Summenbrennverlauf beziehungsweise die Durchbrennfunktion ergibt sich:

$$E_B = \int f(\varphi, m) \cdot \mathrm{d}\varphi = F(\varphi, m) \tag{14.43}$$

Am Ende der Brenndauer, das heißt bei $\varphi = \varphi_{BE}$ beziehungsweise bei $y = 1$ sollen $\mu_{U,\,\mathrm{ges}}$-Prozent der insgesamt mit dem Brennstoff zugeführten Energie freigesetzt sein. Damit folgt die Beziehung

$$\frac{E_B}{E_{B,\,\mathrm{ges}}} = \eta_{U,\,\mathrm{ges}} = 1 - \exp(-a) \tag{14.44}$$

und daraus die Zahlenwerte:

$\eta_{U,\,\mathrm{ges}}$	0,999	0,990	0,980	0,950
a	6,908	4,605	3,912	2,995

Für den Umsetzungsgrad haben [21] die empirische Beziehung

$$\eta_{U,\,\mathrm{ges}} = \begin{cases} 1 & \lambda > \lambda_{RB} \\ a \cdot \lambda \cdot \exp(c \cdot \lambda) - b & 1 \le \lambda \le \lambda_{RB} \\ 0{,}95 \cdot \lambda + d & \lambda \le 1 \end{cases} \tag{14.45}$$

angegeben, mit

$$\begin{aligned} c &= -1/\lambda_{RB}\,, \\ d &= -0{,}0375 - (\lambda_{RB} - 1{,}17)/15\,, \\ a &= (0{,}05 - d)/\left[\lambda_{RB} \cdot \exp(-1) - \exp(c)\right], \\ b &= a \cdot \exp(c) - 0{,}95 - d\,, \end{aligned} \tag{14.46}$$

wobei λ_{RB} das Luft-Kraftstoff-Verhältnis ist, bei dem eine Abgasschwärzung mit der Rußziffer nach Bosch $RB = 3{,}5$ erreicht wird. Als Gültigkeitsbereich wird das Intervall $1{,}17 < \lambda_{RB}$ 2,05 angegeben.

Der Vibe-Ersatzbrennverlauf wird durch die drei Vibe-Parameter: Brennbeginn φ_{BB}, Brenndauer $\Delta\varphi_{BD}$ und Formparameter m festgelegt. Für einen bestimmten Betriebspunkt können damit lediglich drei Kenngrößen angepasst werden. Die Anpassung erfolgt dabei so, dass der Brennbeginn φ_{BB}, der Zünddruck p_z und der Mitteldruck $p_{m,i}$ mit denen des realen Motorprozesses übereinstimmen.

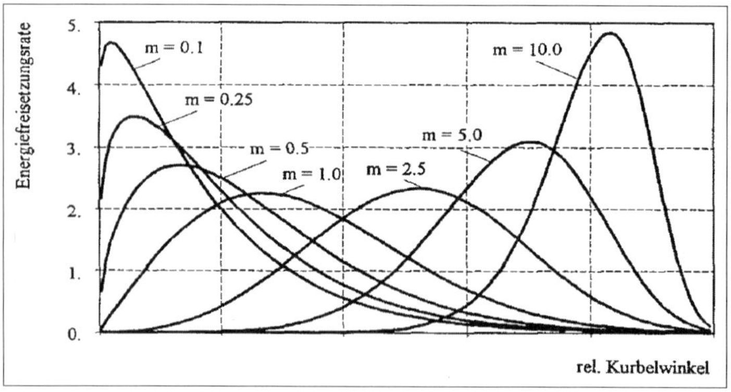

Bild 14-21 Brennverlauf und Durchbrennfunktion nach Vibe [20]

Die Umrechnung der Vibe-Parameter auf *beliebige* Betriebspunkte erfolgt mit Hilfe halbempirischer Funktionen und in Abhängigkeit der Haupteinflussgrößen: Luft-Kraftstoff-Verhältnis λ, Drehzahl n, Leistung, Zündverzug $\Delta\varphi_{ZV}$ und Brennbeginn φ_{BB} entsprechend:

$$\frac{\Delta\varphi_{BD}}{\Delta\varphi_{BD,0}} = \left(\frac{\lambda_0}{\lambda}\right)\cdot\left(\frac{n}{n_0}\right)^{0,5}\cdot\eta^{0,6}_{U,\mathrm{ges}} \tag{14.47}$$

$$\frac{m}{m_0} = \left(\frac{\Delta\varphi_{ZV,0}}{\Delta\varphi_{ZV}}\right)^{0,5}\cdot\frac{pT_0}{p_0T}\left(\frac{n_0}{n}\right)^{0,3} \tag{14.48}$$

$$\Delta\varphi_{ZV} = 6\cdot n\cdot 10^{-3}\cdot\left[0,5+\exp\left(\frac{7800}{2\cdot T}\right)\cdot\left(\frac{0,135}{p^{0,7}}+\frac{4,8}{p^{1,8}}\right)\right] \tag{14.49}$$

$$\varphi_{BB} = \varphi_{FB} + \Delta\varphi_{EV,0}\frac{n}{n_0} + \Delta\varphi_{ZV} \tag{14.50}$$

mit dem Förderbeginn φ_{FB} und dem Einspritzverzug $\Delta\varphi_{EV,0}$. Für weitere Details sei auf [2] verwiesen.

14.5.2.2 Wärmeübergangsmodelle

Die Wärmeübertragung vom heißen Rauchgas im Brennraum erfolgt durch konvektive Wärmeübertragung und durch Temperaturstrahlung glühender Rußpartikel. Durch die Bildung von Rußschichten bei Schwachlast und deren Abbrand bei Volllast wird die Beschreibung des Wärmetransports zusätzlich erschwert. Ein Überblick findet sich in [2]. Das im Folgenden dargestellte Wärmeübergangsmodell geht auf Woschni [22] zurück und ist heute immer noch Stand der Technik.

Aus einer Dimensionsanalyse folgt für den dimensionslosen Wärmeübergangskoeffizienten, die Nußelt-Zahl, für eine stationäre und vollturbulente Rohrströmung

$$\mathrm{Nu} = C\,\mathrm{Re}^{0,8}\,\mathrm{Pr}^{0,4} \tag{14.51}$$

mit der Nußelt-Zahl

$$\mathrm{Nu} = \frac{\alpha D}{\lambda}, \tag{14.52}$$

der Reynolds-Zahl

$$\mathrm{Re} = \frac{\rho w D}{\eta} \tag{14.53}$$

und der Prandtl-Zahl

$$\mathrm{Pr} = \frac{\nu}{a}. \tag{14.54}$$

Betrachtet man das Gemisch im Brennraum als ideales Gas mit der thermischen Zustandsgleichung

$$\rho = \frac{p}{RT} \tag{14.55}$$

und nimmt des Weiteren für die Temperaturabhängigkeit die Korrelation

$$\mathrm{Pr} = 0,74;\qquad \frac{\lambda}{\lambda_0} = \left(\frac{T}{T_0}\right)^x;\qquad \frac{\eta}{\eta_0} = \left(\frac{T}{T_0}\right)^y \tag{14.56}$$

an, dann erhält man schließlich

$$\alpha = C^* D^{-0,2} p^{0,8} c_m^{0,8} T^{-r} \tag{14.57}$$

mit $r = 0,8(1+y)-x$ und der Annahme, dass die charakteristische Geschwindigkeit w im Motor gleich der mittleren Kolbengeschwindigkeit c_m ist. Durch Vergleich mit Messwerten wird der Exponent für die Temperaturabhängigkeit zu $r = 0,53$ und die Konstante $C^* = 127,93$ bestimmt. Für gefeuerte Motoren muss eine Modifikation der charakteristischen Geschwindigkeit entsprechend

$$w = C_1\cdot c_m + C_2\frac{V_h\cdot T_1}{p_1\cdot V_1}(p-p_0) \tag{14.58}$$

eingeführt werden, weil die Verbrennung die Turbulenz und damit den Wärmeübergang drastisch erhöht. Der zweite Term in Gleichung (14.58) ist das so genannte „Verbrennungsglied", mit dem Druckverlauf $p(\varphi)$ im gefeuerten und $p_0(\varphi)$ im geschleppten Betrieb. V_1, p_1 und T_1 sind die Werte bei „Einlass schließt". Für die Konstanten C_1 und C_2 erhält man durch Anpassung an Messwerte

$$C_1 = \begin{cases} 6,18+0,417\cdot c_u/c_m\text{: Ladungswechsel} \\ 2,28+0,308\cdot c_u/c_m\text{: Verdichtung/Expansion}\end{cases} \tag{14.59}$$

$$C_2 = \begin{cases} 6,22\cdot 10^{-3}\,\mathrm{m/(s\cdot K)}\text{: Vorkammer-Motor} \\ 3,24\cdot 10^{-3}\,\mathrm{m/(s\cdot K)}\text{: DI-Motor}\end{cases} \tag{14.60}$$

wobei für den Einlassdrall c_u/c_m der Gültigkeitsbereich $0 < c_u/c_m < 3$ angegeben wird. Die mit dem „Verbrennungsglied" korrigierte Geschwindigkeit liefert für geschleppte Motoren und im unteren Lastbereich zu geringe Werte. Deshalb wurde für die charakteristische Geschwindigkeit die Beziehung

$$w = C_1\cdot c_m\left[1+2\left(\frac{V_c}{V}\right)^2\cdot p_{m\,i}^{-0,2}\right] \tag{14.61}$$

vorgeschlagen und empfohlen, den jeweils größten Zahlenwert zu verwenden. Für Dieselmotoren mit Direkteinspritzung muss die Konstante C_2 bei höheren Wandtemperaturen entsprechend

$$C_2 = \begin{cases} 3,24\cdot 10^{-3}\,\mathrm{m/(s\cdot K)} & T_w < 550\,\mathrm{K} \\ 5,0\cdot 10^{-3}\,\mathrm{m/(s\cdot K)} + 2,3\cdot 10^{-3} & \\ (T_w - 550\,\mathrm{K})\,\mathrm{m/(s\cdot K^2)} & T_W > 550\,\mathrm{K}\end{cases} \tag{14.62}$$

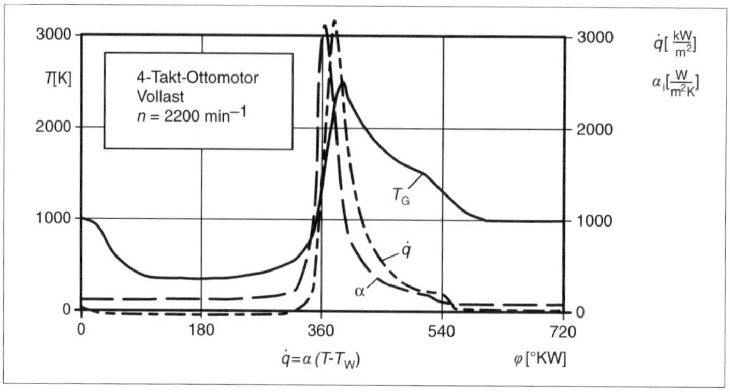

Bild 14-22 Verlauf von Gastemperatur, Wärmestromdichte und Wärmeübergangskoeffizient für einen Ottomotor bei Volllast

korrigiert werden. Für weiter Details sei auf die angegebene Literatur verwiesen.

Infolge der zeitlichen Schwankungen der Gastemperatur im Brennraum ergeben sich entsprechend **Bild 14-23** Temperaturschwingungen in den brennraumbegrenzenden Wänden.

Der Energietransport durch Wärmeleitung in Festkörpern wird durch die Fouriersche Differenzialgleichung

$$\frac{\partial T}{\partial t} = a \frac{\partial^2 T}{\partial x^2} \qquad (14.63)$$

mit der Temperaturleitfähigkeit

$$a = \frac{\lambda}{\rho c_p} \qquad (14.64)$$

beschrieben.

Bild 14-22 zeigt den Verlauf von Gastemperatur, Wärmestromdichte und Wärmeübergangskoeffizient für einen Ottomotor bei Volllast.

Für weitere Details sei auf die angegebene Literatur verwiesen.

14.5.3 Phänomenologische Modelle

Phänomenologische Verbrennungsmodelle stehen bezüglich Komplexität und Detailliertheit zwischen nulldimensionalen Brennfunktionen und Verbrennungsmodellen, die in 3D-CFD Berechnungen eingesetzt werden. Im Gegensatz zu nulldimensionalen Modellen bieten phänomenologische Modelle in der Regel eine quasi-dimensionale Auflösung und chemisch und physikalisch fundierte Untermodelle, sodass der Brennverlauf vorausberechnet und nicht nur empirisch abgebildet werden kann. Verglichen mit Modellen für die 3D-CFD Simulation sind die eingesetzten Untermodelle in der Regel jedoch stärker vereinfacht. Bei phänomenologischen Modellen werden üblicherweise gewöhnliche Differentialgleichungen gelöst. Insgesamt weisen phänomenologische Modelle dadurch deutlich kürzere Rechenzeiten auf als 3D-CFD Modelle. Allerdings können aufgrund der fehlenden dreidimensionalen Auflösung die turbulenten Strömungsstrukturen im Brennraum nicht dargestellt werden.

14.5.3.1 Ottomotorische Verbrennung

Modelle für die turbulente vorgemischte Verbrennung in Ottomotoren beruhen überwiegend auf dem sogenannten Entrainmentmodell von Blizard und Keck [23]. Hierbei wird angenommen, dass sich die Flammenfront ausgehend von der Zündkerze, kugelförmig ausbreitet, so dass die Fläche und Lage der Flammenfront aus der turbulenten Brenngeschwindigkeit und einer geometrischen Betrachtung des Brennraums berechnet werden kann.

Zur Berechnung der turbulenten Brenngeschwindigkeit muss zunächst die laminare Brenngeschwindigkeit s_l, beispielsweise über die empirischen Beziehungen von Metghalchi und Keck [24] und Rhodes und Keck [25], ermittelt werden. Zur Berechnung der turbulenten Brenngeschwindigkeit s_t wurden vielfältige Korrelationen entwickelt. Eine einfache, auf einer Korrelation von Damköhler basierende Formulierung mit zwei empirischen Konstanten C und n lautet:

$$\frac{s_t}{s_l} = 1 + C\left(\frac{u'}{s_l}\right)^n \qquad (14.65)$$

Neben der Unsicherheit der Korrelation an sich ist insbesondere die Bestimmung der für die Korrelation notwendigen turbulenten Eigenschaften, wie der Schwankungsgeschwindigkeit u', im Rahmen von phänomenologischen Modellen problematisch.

Eine weitere Schwierigkeit stellt die Beschreibung der Zündung und Entflammungsphase dar. Ein Ansatz zur Beschreibung der Zündphase wurde von Herweg und Maly vorgestellt [26]. Hier wird die effektive Brenngeschwindigkeit in der Entflammungsphase als Summe der turbulenten Brenngeschwindigkeit s_t und einer Plasmageschwindigkeit s_{pe} beschrieben. Dabei wird die Plasmageschwindigkeit unter der Annahme berechnet, dass das Kraftstoff-Luft Gemisch im Flammenkern durch die Zünd-

energie auf die adiabate Flammentemperatur aufgeheizt wird.
Wird statt der vorgemischten Verbrennung in konventionellen ottomotorischen Anwendungen die partiell vorgemischte Verbrennung in Ottomotoren mit Direkteinspritzung und heterogenem Betrieb betrachtet, ist eine nochmals komplexere Beschreibung notwendig. Ein Ansatz für eine solche Verbrennung ist zum Beispiel bei Koch zu finden [27].

14.5.3.2 Dieselmotorische Verbrennung

Bei der konventionellen dieselmotorischen Verbrennung hat die Einspritzung den dominierenden Einfluss auf die Wärmefreisetzung. Da die Einspritzung phänomenologisch recht gut beschrieben werden kann, wurden in der Vergangenheit eine Reihe von phänomenologischen Modellen für die dieselmotorische Verbrennung entwickelt und erfolgreich eingesetzt [19].
Beispielhaft sollen hier zwei Modelle kurz beschrieben werden. Für alternative Ansätze und weitere Details sei auf [2] und die angegebene Literatur verwiesen.
Das Paketmodell wurde ursprünglich von Hiroyasu [28] vorgeschlagen und später von anderen Autoren, beispielsweise Stiesch [29], weiterentwickelt. Vor der Einspritzung wird der Brennraum wie bei den nulldimensionalen Modellen nur mit einer Zone aufgelöst. Während der Einspritzung und danach wird der Einspritzstrahl dann in mehrere Zonen oder Pakete aufgeteilt, siehe die schematische Darstellung des Paketmodells in **Bild 14-22** (Mitte). Dabei wird davon ausgegangen, dass der Einspritzstrahl rotationssymmetrisch ist, so dass eine Beschreibung in axialer und radialer Richtung erfolgt und die Pakete eine Ringform aufweisen. Eine Interaktion zwischen einzelnen Paketen wird in der Regel vernachlässigt. Nachdem die Pakete in den Brennraum eingebracht werden enthalten sie zunächst nur flüssigen Kraftstoff. Die Paketgeschwindigkeit nimmt mit zunehmender Distanz zur Düse beziehungsweise mit zunehmender Lebensdauer ab und wird empirisch folgendermaßen beschrieben:

$$v_{ax} = 1.48\left(\frac{\left(p_{inj} - p_{zyl}\right) D_D^2}{\rho_L}\right) \cdot t^m \qquad (14.66)$$

In Gl. (14.66) sind p_{inj} und p_{zyl} der Einspritz- und Zylinderdruck, D_n ist der Düsendurchmesser und ρ_L die Kraftstoffdichte. Es wird angenommen, dass die in das Paket eingezogene Luftmasse über die Impulserhaltung im Paket berechnet werden kann. Dieses sogenannte Entrainment besitzt einen maßgeblichen Einfluss auf die durch das Paketmodell berechnete Brennrate. In den einzelnen Paketen werden Untermodelle zur Berechnung des Strahl- und Tropfenzerfalls, der Verdunstung, der Zündung und Verbrennung eingesetzt. Durch die quasidimensionale Auflösung können Gemischzusammensetzungs- und Temperaturgradienten im Einspritzstrahl dargestellt werden, was auch die Berechnung von Schadstoffemissionen wie Ruß und Stickoxide ermöglicht.
Ein weiteres, weit verbreitetes Modell für die dieselmotorische Verbrennung stellt das Modell von Barba dar [30]. Bei der Beschreibung der Wärmefreisetzung wird zwischen der vorgemischten Verbrennung einer Piloteinspritzung und der vorgemischten und mischungskontrollierten Verbrennung der Haupteinspritzung unterschieden. Dabei wird der in der Voreinspritzung eingebrachte Kraftstoff als einzelne Zone beschrieben, die sich mit Luft mischt. Nach einer über eine Einschrittreaktion berechneten Zündverzugszeit (vergleiche Gl. (14.30)) breiten sich turbulente Flammen von zunächst einem einzigen, im folgenden Verlauf von mehreren Zündorten aus, wobei die turbulente Brenngeschwindigkeit in ähnlicher Weise wie bei Modellen für die ottomotorische Verbrennung über eine empirische Beziehung für die laminare Brenngeschwindigkeit und eine Damköhler-Beziehung für die turbulente Brenngeschwindigkeit (Gl. (14.65)) beschrieben wird.
Im Gegensatz zum Paketmodell wird im Modell nach Barba der Einspritzstrahl der Haupteinspritzung lediglich in axiale Segmente diskretisiert, wobei die Eindringtiefe ebenfalls auf empirische Weise beschrieben wird. Die Umsetzung des Kraftstoffs, der bis zum Erreichen der Zündverzugszeit eingebracht wird, wird wie die Voreinspritzung über das Modell der Vormischverbrennung beschrieben. Die Umsetzung des danach eingebrachten Kraftstoffs wird über ein Diffusionsmodell dargestellt. Dabei ist die Reaktionsrate umgekehrt proportional zur turbulenten Zeitskala, die über weitere Beziehungen hergeleitet wird.
Phänomenologische Modelle bieten die Möglichkeit, den Brennverlauf der dieselmotorischen Verbrennung recht gut vorherzusagen, wobei allerdings bei Einsatz der Modelle bei unterschiedlichen Motoren in der Regel eine Anpassung von empirischen Parametern vorgenommen werden muss. Von besonderer Bedeutung für die Qualität der Berechnung ist insbesondere die Qualität des eingesetzten Einspritzverlaufs.
Obwohl es sich streng genommen nicht um phänomenologische Modelle handelt, sollen an dieser Stelle auch die sogenannten Stochastischen Reaktormodelle (SRM) erwähnt werden, siehe zum Beispiel [31]. Diese werden in erster Linie zur Beschreibung der homogenisierten dieselmotorischen Verbrennung (HCCI) eingesetzt. In diesen Modellen wird Zündung und Verbrennung über Wahrscheinlichkeitsdichtefunktionen beschrieben, wobei insbesondere detaillierte kinetische Reaktionsmechanismen zum Einsatz kommen.

14.5.4 3D-CFD Modelle

Mehrdimensionale Strömungsprobleme werden über Erhaltungsgleichungen für Masse, Impuls und Energie in Form von partiellen Differentialgleichungen, den Navier-Stokes Gleichungen, beschrieben. Mit Ausnahme von Modellproblemen, für die gewisse Vereinfachungen möglich sind, sind diese Gleichungen zu komplex um analytisch gelöst zu werden, sodass eine numerische Lösung erforderlich ist. Dabei wird das durchströmte Bauteil, in diesem Fall der Brennraum, mit einem Rechengitter diskretisiert. Prinzipiell sind die Navier-Stokes Gleichungen sowohl für laminare als auch turbulente Strömungen gültig. Die kleinsten, in einer turbulenten Strömung auftretenden Strukturen können durch die Kolmogorovlänge beschrieben werden (vergleiche 14.4.1). Eine Auflösung dieser Struktur, die sogenannte direkte numerische Simulation (DNS), resultiert bei industriellen Fragestellungen in einer zu hohen Zellenanzahl des Rechengitters und daraus resultierend zu langen Rechenzeiten. In der Regel werden daher die Erhaltungsgleichungen für die Reynolds-gemittelten (beziehungsweise Favre-gemittelten) Variablen (vergleiche Abschnitt 14.4.1) gelöst, wobei die Information über die Schwankungsgrößen verloren geht. Um die Erhaltungsgleichungen zu schließen sind daher Turbulenzmodelle notwendig, die allerdings nicht allgemeingültig sind und im Prinzip an die jeweiligen Strömungsbedingungen angepasst werden müssen. In den letzten Jahren gewinnt daher die sogenannte Large-Eddy Simulation (LES) an Bedeutung. Bei LES werden die großen turbulenten Wirbel aufgelöst und nur für die kleineren Strömungsstrukturen wird eine Modellierung vorgenommen. Dieser Ansatz hat den Vorteil, das eine Verfeinerung des Rechengitters automatisch zu einem Informationsgewinn führt, was bei Reynolds-gemittelten Ansätzen nicht der Fall ist. **Bild 14-23** zeigt beispielhaft Simulationsergebnisse einer mit LNS und DNS berechneten Scherschicht.

Aufgrund des großen Einflusses der Turbulenz auf die Abläufe während der Verbrennung besitzen Turbulenzmodelle einen wesentlichen Einfluss auf die Gesamtgüte einer Verbrennungsrechnung. Daher sind zukünftige Entwicklungen in diesem Bereich von besonderer Bedeutung.

Bei Motoren mit Direkteinspritzung spielt die Interaktion zwischen den Prozessen Strahlentwicklung, Tropfenzerfall und -koaleszenz, Tropfenverdunstung, Zündung, Verbrennung und Schadstoffbildung eine wesentliche Rolle. Eine gute Beschreibung der Gemischbildungsprozesse ist daher Voraussetzung für die Modellierung der Verbrennung. Für Modelle zur Beschreibung der Gemischbildung sei an dieser Stelle auf [2] und [32] verwiesen.

Zur Beschreibung der Verbrennung im Rahmen der dreidimensionalen Strömungsmechanik wurden in der Vergangenheit eine große Vielzahl unterschiedlicher Modelle entwickelt. Die Mehrzahl der Modelle zur Beschreibung der vorgemischten Verbrennung, wie sie in konventionellen Ottomotoren auftritt, basiert auf der sogenannten Flamelet-Annahme [16], die besagt, das die durch Turbulenz aufgefächerte Flammenfront lokal wie eine laminare Flamme behandelt werden kann.

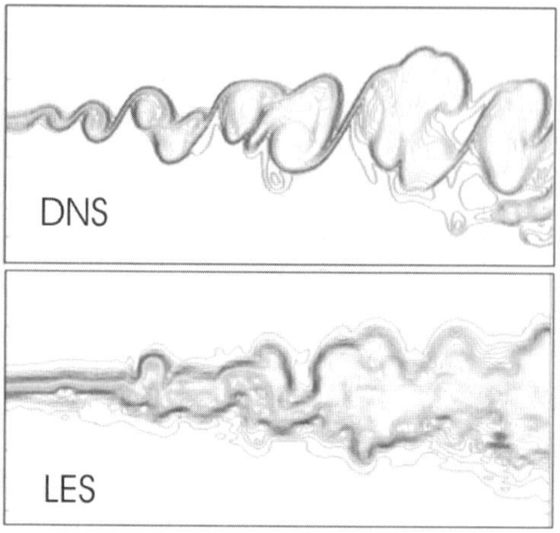

Bild 14-23 Zweidimensionale Schnitte durch einen mit LES und DNS berechnete Scherschicht [33]

Die grundlegende Schwierigkeit bei der Beschreibung turbulenter, vorgemischter Flammen liegt in der Erfassung der Flammenfront. Hierbei wurden in praktischen Anwendungen in den letzten Jahren insbesondere zwei unterschiedliche Modellansätze verfolgt. In Flammenflächenmodellen (Coherent Flamelet Models) [34] wird zum einen eine Transportgleichung für eine Fortschrittsvariable gelöst, die Werte zwischen 0 (kein Stoffumsatz) und 1 (Stoffumsatz vollständig abgeschlossen) annimmt. Zum anderen wird eine Transportgleichung für die Flammenflächendichte (Flammenfläche pro Volumeneinheit) gelöst, wobei die Flammenflächendichte als Quellterm in der Gleichung für die Fortschrittsvariable auftritt. Im zweiten Modellansatz wird die Flammenfront mit der sogenannten G-Gleichung [14] beschrieben, die auf dem Level-Set Ansatz, einer Methode zur Beschreibung von sich bewegenden Oberflächen, beruht.

In der Hauptphase der dieselmotorischen Verbrennung wird die Wärmefreisetzung durch die turbulente Mischung zwischen Luft und Brennstoff bestimmt. Eine wesentliche Rolle nimmt daher in den meisten Modellen die turbulente Zeitskala

$$\tau_{turb} = k/\varepsilon \quad (14.67)$$

ein, wobei k die turbulente kinetische Energie und ε ihre Dissipationsrate beschreibt.

Ein einfaches, aber in der Vergangenheit oft erfolgreich eingesetztes Modell für die dieselmotorische

Verbrennung ist das Characteristic-Timescale Modell, bei dem die Reaktionsrate einer Spezies i basierend auf der Differenz der tatsächlichen Speziesdichte ρ_i und der lokalen, augenblicklichen Gleichgewichtsdichte ρ_i^* berechnet wird:

$$\frac{d\rho_i}{dt} = \frac{\rho_i - \rho_i^*}{\tau_c} \tag{14.68}$$

Dabei ist τ_c die charakteristische Zeit zum Erreichen des Gleichgewichts. Es wird angenommen, dass die charakteristische Zeit τ_c für alle betrachteten Spezies gleich ist. τ_c setzt sich dabei aus einem laminaren Anteil τ_{lam}, der den Einfluss der Reaktionskinetik in Abhängigkeit der Temperatur und des Luftverhältnisses beschreibt und dem turbulenten Anteil τ_{turb} zusammen:

$$\tau_c = \tau_{lam} + f \cdot \tau_{turb} \tag{14.69}$$

Der turbulente Anteil berücksichtigt, dass die Edukte vor der Reaktion auf mikroskopischer Ebene durch Turbulenz gemischt werden müssen. Der Verzögerungsfaktor f strebt mit fortlaufender Verbrennung von null nach eins und kennzeichnet so den Übergang von vorgemischter zu mischungskontrollierter Verbrennung. Durch die direkte Einbeziehung der turbulenten Zeitskala besteht eine sehr starke Abhängigkeit der Ergebnisse des Verbrennungsmodells vom eingesetzten Turbulenzmodell, da sich eine fehlerhafte Berechnung der turbulenten Kenngrößen direkt auf die Wärmefreisetzungsrate auswirkt.

Ein weiteres, weit verbreitetes Modell zur Berechnung der dieselmotorischen Verbrennung ist das Flamelet-Modell [16]. Hierbei wird angenommen, dass die turbulente Flamme aus einem Ensemble laminarer Diffusionsflammen (Flamelets) zusammengesetzt ist. Diese Annahme ermöglicht eine Transformation der dreidimensionalen Verbrennungsstruktur auf eine Dimension in Richtung des Mischungsbruchs, einem zwischen 0 und 1 normiertem Kraftstoff-Luft Verhältnis. Durch Überführung der ursprünglich dreidimensionalen Erhaltungsgleichungen auf ein eindimensionales Problem können auch sehr komplexe Reaktionsmechanismen mit vertretbarem Rechenaufwand gelöst werden.

Da sich moderne Brennverfahren, beispielsweise bei Ottomotoren mit Direkteinspritzung und strahlgeführtem Verfahren oder bei der homogenisierten dieselmotorischen Verbrennung nicht mehr klar in vorgemischte und nicht-vorgemischte Verbrennungsformen trennen lassen, wächst der Bedarf an Verbrennungsmodellen, die mehrere unterschiedliche Regime abdecken können. Ein Beispiel für ein solches Modell ist das in letzter Zeit häufig eingesetzte ECFM-3Z Modell [36]. Für eine detaillierte Behandlung der hier vorgestellten und weiterer Verbrennungsmodelle sei auf die angegebene Literatur und [2], [16], [19] und [34] verwiesen.

Literatur

[1] *Glassmann, I.:* Combustion. Academic Press, 1996

[2] *Merker, G. P.; Schwarz, C. (Hrsg.):* Grundlagen Verbrennungsmotoren – Simulation der Gemischbildung, Verbrennung, Schadstoffbildung und Aufladung, 4. Aufl. Vieweg+Teubner, 2009

[3] *Semenov, N.:* Chemical Kinetics and Chain Reactions. Oxford University Press, London, 1935

[4] *Curran, H. J.; Gaffuri, P.; Pitz, W. J.; Westbrook, C. K.:* A Comprehensive Modeling Study of n-Heptane Oxidation. Comb. Flame vol. 114, 1998

[5] *Leppard, W. R.:* The Chemical Origin of Fuel Octane Sensitivity. SAE paper 902137, 1990

[6] *Halstead, M.; Kirsch, L.; Quinn, C.:* The Autoignition of Hydrocarbon Fuels at High Temperatures and Pressures – Fitting of a Mathematical Model. Comb. Flame, vol. 30, 1977

[7] *Kong, S.-C.; Han, Z.; Reitz, R. D.:* The Developement and Application of a Diesel Ignition and Combustion Model for Multidimensional Engine Simulations. SAE Paper 950278, 1995

[8] *Tanaka, S.; Ayala, F.; Keck, J. C.:* A reduced chemical kinetic model for HCCI combustion of primary reference fuels in arapid compression machine. Comb. Flame vol. 133, 2003

[9] *Ogink, R.; Golovitchev, R.:* Gasoline HCCI modelling: Computer program combining detailed chemistry and gas exchange processes. SAE Paper 2001-01-3614, 2001

[10] *Merker, G. P.; Baumgarten, C.:* Fluid- und Wärmetransport: Strömungslehre. Teubner, 2000

[11] *Pope, S. B.:* Turbulent Flows. Cambridge University Press, 2000

[12] *Heywood, J. B.:* Combustion and its Modeling in Spark-Ignition Engines. 3rd Int Symp COMODIA 94, 1988

[13] *Otto, F.:* Strömungsmechanische Simulation zur Berechnung motorischer Prozesse. Vorlesungsskript, Universität Hannover

[14] *Peters, N.:* Laminar Flamelet Concepts in Turbulent Combustion. Proc. of the Combustion Institute, vol. 21, 1986

[15] *Borghi, R.:* On the Structure and Morphology of Turbulent Premixed Flames. in: Casci C. (Editor) Recent Advances in Aeronautical Science, Plenum Press, 1985

[16] *Peters, N.:* Turbulent Combustion. Cambridge University Press, 2000

[17] *Dinkelacker, F.:* Struktur turbulenter Vormischflammen. Leipertz (Hrsg.): Berichte zur Verfahrenstechnik, Heft 1.4, 2001

[18] *Kech, J. M.; Reissing, J.; Gindel, J.; Spicher, U.:* Analyses of the Combustion Process in a Direct Injection Gasoline. 4th Int. Symp. COMODIA 98

[19] *Stiesch, G.:* Modeling Engine Spray and Combustion Processes. Springer Verlag, Berlin, Heidelberg, 2003

[20] *Vibe, R. R.:* Brennverlauf und Kreisprozess von Verbrennungsmotoren. VEB-Verlag Technik, Berlin, 1970

[21] *Betz, A.:* Rechnerische Untersuchung des stationären und transienten Betriebsverhaltens ein- und zweistufig aufgeladener Viertakt-Dieselmotoren. Diss., TU-München, 1985

[22] *Woschni, G.:* Die Berechnung der Wandwärmeverluste und der thermischen Belastung der Bauteile von Dieselmotoren. In: MTZ 31, 491 – 499, 1970

[23] *Blizard, N.C.; Keck, J.C.:* Experimental and Theoretical Investigation of Turbulent Burning Model for Internal Combustion Engines, SAE Paper 740191

[24] *Metghalchi, M.; Keck, J.C.:* Burning Velocities of Mixtures if Air with Methanol, Iso-octane and Indolene at High Pressure and Temperature, Comb. Flame, v. 38, pp. 143 – 154, 1982

[25] *Rhodes, D. B.; Keck, J. C.:* Laminar Burning Speed Measurements of Indolene-Air Diluent Mixtures at High Pressures and Temperatures, SAE Paper, 850047, 1985

[26] *Herweg, R.; Maly, R. R.:* A Fundamental Model for Flame Kernel Formation in SI Engines, SAE Paper 922243, 1992

[27] *Koch, T.:* Numerischer Beitrag zur Charakterisierung und Vorausberechnung der Gemischbildung und Verbrennung in einem direkteingespritzten, strahlgeführten Ottomotor, Dissertation, ETH Zürich, 2002

[28] *Hiroyasu, H.; Kadota, T.; Arai, M.:* Development and Use of a Spray Combustion Model to predict Diesel Engine Efficiency

and Pollutant Emissions, Part 1: Combustion Modeling, Bull JSME, vol. 26, n. 214, pp. 569 – 575, 1992

[29] *Stiesch, G.:* Phänomenologisches Multi-Zonen-Modell der Verbrennung und Schadtstoffbildung im Dieselmotor, Fortschritt-Berichte VDI, Reihe 12, Nr. 399, VDI-Verlag, 1999

[30] *Barba, C.; Burkhardt, C.; Boulochos, K.; Bargende, M.:* A Phenomenological Combustion Model for Heat Release Rate Prediction in High Speed DI Diesel Engines with Common Rail Injection, SAE Paper 2000-01-2933

[31] *Su, H.; Mosbach, S.; Kraft, M.; Bhave, A.; Kook, S.; Bae, C.:* Two Stage Fuel Direct Injection in a Diesel Fuelled HCCI Engine, SAE Paper , 2007-01-1880, 2007

[32] *Baumgarten, C.:* Heat and Mass Transfer in Sprays. Mixture Formation in Internal Combustion Engines (Heat and Mass Transfer), Springer, 2006

[33] *Chumakov, S.:* Large-Eddy Simulation for Subgrid Scalar Transport, M.Sc. Thesis, University of Wisconsin, 2001

[34] *Poinsot, T.; Veynante, D.:* Theoretical and Numerical Combustion, 2nd edition, RT Edwards, 2005

[35] *Kong, S. C.; Han, Z.; Reitz, R. D.:* The Development and Application of a Diesel Ignition and Combustion Model for Multidimensional Engine Simulations. SAE Paper 950278, 1995

[36] *Colin, O.; Benkenida, A.:* The 3-Zones Extended Coherent Flame Model (Ecfm3z) for Computing Premixed/Diffusion Combustion, Oil & Gas Science and Technology – Rev. IFP, Vol. 59, No. 6, pp. 593 – 609, 2004

15 Verbrennungsverfahren

15.1 Verbrennungsverfahren für Dieselmotoren

15.1.1 Dieselverbrennung

Allgemeine Übersicht. Unter Verbrennung werden chemische Reaktionen verstanden, bei denen sich ein Stoff unter Wärmefreisetzung (exotherm) mit molekularem Sauerstoff verbindet (Oxidation). Die Einleitung einer Verbrennung erfolgt durch die Zündung. Diese ist nur unter bestimmten Voraussetzungen möglich und wird vereinfacht wie folgt dargestellt:

- Die Reaktionspartner müssen ein Mindestenergieniveau besitzen, die so genannte Aktivierungsenergie. Nur die Moleküle, die dieses Energieniveau erreicht haben, können miteinander reagieren. Der Anteil der Moleküle in einem Gemisch von Reaktionspartnern mit ausreichend hohem Energieniveau nimmt exponentiell mit ansteigender Gemischtemperatur zu.
- Das Reaktionsgemisch muss eine bestimmte Zusammensetzung aufweisen. Bei zu hohem Anteil des einen oder anderen Reaktionspartners reichen die möglichen Molekülkollisionen nicht aus, um eine stabile, sich selbst tragende Reaktion auszulösen. Daraus folgt, dass eine sichere Zündung nur innerhalb der so genannten Zündgrenzen (Luft-Kraftstoff-Verhältnis circa 0,7 bis 1,3) möglich ist. Diese Zündgrenzen erweitern sich mit steigender Gemischtemperatur. Inertgasanteile im Reaktionsgemisch (zum Beispiel Abgas) setzen die Reaktionsgeschwindigkeit, ähnlich wie bei einer Verschiebung der Gemischzusammensetzung in Richtung „magere" Zündgrenze, herab.

Das Arbeitsverfahren der Dieselmotoren beruht auf der Selbstzündung des in den Brennraum eingebrachten Kraftstoffes. Die Zuführung des Kraftstoffes zum Brennraum erfolgt durch Einspritzung mit einem geeigneten System, dem Einspritzsystem (vergleiche 12.4.1). Für eine sichere Selbstzündung des Kraftstoffes ist eine ausreichend hohe Lufttemperatur im Brennraum erforderlich. Diese wird wesentlich durch ein entsprechend hohes Verdichtungsverhältnis des Motors erreicht. Die Vermischung des Kraftstoffes mit der vorhandenen Luft und damit die Schaffung möglichst optimaler Bedingungen für die Zündung des sich bildenden Luft-Kraftstoff-Gemisches ist notwendige Voraussetzung für die sich anschließende Verbrennung.

Die Art der Kraftstoffeinspritzung bestimmt neben der Ladungsbewegung im Brennraum, der Brennraumgeometrie und dem thermischen Zustand von Zylinderladung und brennraumbegrenzenden Wänden die Gemischbildung. Diese erfolgt beim Dieselmotor bei den üblichen Gemischbildungs- und Brennverfahren im Brennraum selbst. Deshalb wird die Gemischbildung beim Dieselmotor im Gegensatz zum klassischen Ottomotor (Gemischbildung im Saugrohr) auch als innere Gemischbildung bezeichnet. Der Grad der Homogenität des sich während der Kraftstoffeinspritzung im Brennraum herausbildenden örtlich und zeitlich veränderlichen Konzentrationsfeldes von Sauerstoff und Kraftstoff (flüssig und dampfförmig) ist ein Maß für die erreichte Qualität der Gemischbildung. Von dieser hängt maßgeblich der örtliche und zeitliche Ablauf sowie die Vollständigkeit und Vollkommenheit (Schadstoffbildung) der Verbrennung im Dieselmotor ab. Die im Abgas eines Motors messbaren Schadstoffemissionen stellen sich auf Grund des Wechselspiels zwischen Schadstoffbildung und Schadstoffabbau im Brennraum und im Abgassystem ein. Dies trifft insbesondere für die Ruß-, die Kohlenwasserstoff- und die Kohlenmonoxidemissionen zu.

Die nach der Zündung durch die Verbrennung freigesetzte Wärmemenge bestimmt im Zusammenhang mit dem Wärmeaustausch zwischen Arbeitsstoff, brennraumbegrenzenden Wänden sowie dem flüssigen Kraftstoff den Gasdruck- und -temperaturverlauf im Brennraum. Damit werden auch der angestrebte Erfolg der Energieumwandlung (Mitteldruck und Kraftstoffverbrauch) und die Höhe der mechanischen und thermischen Belastung der Motorenbauteile festgelegt. Außerdem ist der zeitliche Verlauf des Gasdruckes an der Geräuschentwicklung eines Verbrennungsmotors (Verbrennungsgeräusch) maßgeblich beteiligt.

Die Einspritzung des Kraftstoffes, der Zerfall des Kraftstoffstrahles in eine Tropfenschar (Spray), die Verdampfung des Kraftstoffes, die Vermischung des Kraftstoffes mit der Luft, der Wärmeübergang zwischen Arbeitsstoff, Brennraumwänden und Kraftstoff sowie die durch die Kolbenbewegung angefachte oder sogar gewollt erzeugte Luftbewegung (Drallkanäle) als physikalische Vorgänge und die Verbrennung (Oxidation) des Kraftstoffes als chemischer Vorgang laufen dabei teilweise gleichzeitig und unter sich ständig ändernden Bedingungen ab und beeinflussen sich gegenseitig. Deshalb müssen diese Vorgänge in ihrem Zusammenwirken betrachtet werden. **Bild 15-1** zeigt schematisch die wesentlichen Zusammenhänge und Wechselwirkungen der im Brennraum eines Dieselmotors ablaufenden Prozesse.

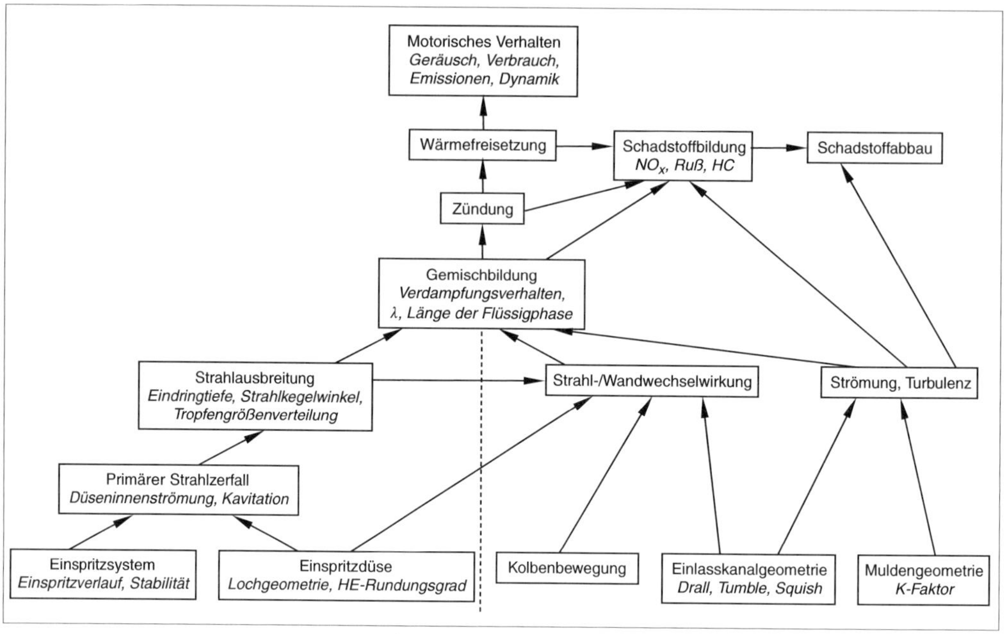

Bild 15-1 Vorgänge bei der Gemischbildung und Verbrennung im Dieselmotor [1]

Durch die Komplexität der dieselmotorischen Gemischbildung und Verbrennung ist sowohl ihr theoretisches als auch experimentelles Studium äußerst problemreich. Erschwerend kommt hinzu, dass die üblichen Motorenkraftstoffe keine reinen Stoffe, sondern nicht exakt definierbare Gemische verschiedener Kohlenwasserstoffe sind. Die Ermittlung der physikalischen und chemischen Eigenschaften und der chemischen Reaktionsabläufe unter motorischen Verbrennungsbedingungen ist dadurch schwierig und teilweise nur näherungsweise möglich. Dies ist auch die Ursache dafür, dass zwar bei einer Reihe von Teilvorgängen ein hoher Wissensstand erreicht wurde, die Gesamtheit der dieselmotorischen Verbrennung aber noch nicht in allen Einzelheiten geklärt ist.

Kraftstoffeinspritzung. Das Einspritzsystem, einschließlich der Einspritzdüse, bestimmt durch seine Auslegung und Konstruktion die Art der Kraftstoffzufuhr zum Brennraum. Die Einspritzung selbst kann im Wesentlichen

bei einmaliger Einspritzung pro Arbeitsspiel durch

- den Zeitpunkt des Einspritzbeginns und die Einspritzdauer

bei unterteilter Einspritzung durch

- den Zeitpunkt und die Dauer der Einzeleinspritzungen sowie
- durch den zeitlichen Verlauf der Kraftstoffzufuhr (Einspritzrate) und
- generell durch die geometrische Form, die Anzahl und die räumliche Ausrichtung der Düsenöffnungen zum Brennraum

charakterisiert werden, vergleiche 12.4.1.

Gemischbildung. Ziel der Gemischbildung ist die Erzeugung einer optimalen örtlichen Mischung von Kraftstoff und Luft (Mikrogemischbildung) und die optimale Verteilung des Luft-Kraftstoff-Gemisches auf das Brennraumvolumen (Makrogemischbildung). Das Optimierungsziel ist dabei das Erreichen einer maximalen Motorarbeit bei minimalem Kraftstoffverbrauch und gleichzeitig minimalen Abgasemissionen. Dabei sind Grenzen für die Motorgeräusche sowie die mechanischen und thermischen Bauteilbelastungen einzuhalten. Da einige der formulierten Ziele durch motorische Maßnahmen nur gegenläufig beeinflussbar sind, kann eine solche Optimierung immer nur ein Kompromiss zwischen diesen einzelnen Forderungen sein. Als markantes Beispiel ist hier das gegenläufige Verhalten der Stickoxidemission und des spezifischen Kraftstoffverbrauches zu nennen. Werden die unterschiedlichen Randbedingungen (zum Beispiel Abgasgesetzgebung), die beim Betrieb der einzelnen Motorenarten wie beispielsweise eines Großdieselmotors für den Schiffsantrieb im Vergleich zu einem Pkw-Dieselmotor gegeben sind, berücksichtigt, wird deutlich, dass es keine allgemeine quantitative Formulierung der optimalen Gemischbildungsbedingungen für alle Dieselmotoren geben kann. Unabhängig davon gibt es aber einige grund-

sätzliche Erkenntnisse, die bei der Auslegung und Optimierung aller Dieselmotoren berücksichtigt werden müssen.
Für die üblicherweise eingesetzte Lochdüse (DI-Motoren) stellt sich der Gemischbildungsvorgang aus heutiger Sicht folgendermaßen dar:
Die Gemischbildung wird unmittelbar mit der Kraftstoffeinspritzung eingeleitet. In Abhängigkeit der Einspritzanlage tritt der Kraftstoffstrahl mit unterschiedlich hoher Geschwindigkeit (> 100 m/s) aus der Einspritzdüse aus. Durch die große Relativgeschwindigkeit des austretenden Kraftstoffes zur umgebenden Luft und durch die Implosion der in den Spritzlöchern entstandenen Kavitationsblasen unmittelbar nach dem Düsenaustritt reißt der Kraftstoffstrahl nahezu ohne Verzögerung direkt am Düsenaustritt auf. **Bild 15-2** zeigt eine auf Messungen beruhende Modellvorstellung zu diesem Vorgang.

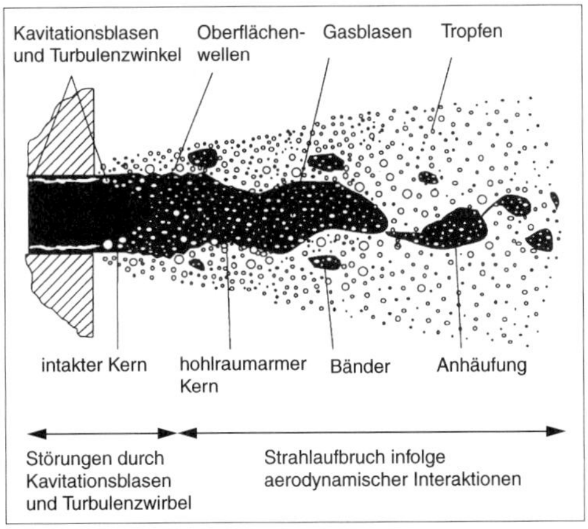

Bild 15-2 Zwei-Phasen-Spraymodell [2, 3]

Der sich dabei bildende Kraftstoffstrahl besteht aus einer Vielzahl einzelner Kraftstofftropfen unterschiedlicher Größe (2 bis $30 \cdot 10^{-3}$ mm) und Form, [4]. In Abhängigkeit der Randbedingungen seitens der Einspritzanlage und des Gaszustandes im Brennraum hat jeder Kraftstoffstrahl seine eigene charakteristische statistische Verteilung der Tröpfchengrößen. Die Tropfengröße ist im Wesentlichen von folgenden Einflüssen abhängig. Die entstehenden Tropfen sind umso kleiner,

- je kleiner der Düsenbohrungsdurchmesser,
- je größer die Austrittsgeschwindigkeit aus der Düse,
- je größer die Luftdichte im Brennraum,
- je kleiner die Kraftstoffviskosität und
- je kleiner die Oberflächenspannung des Kraftstoffes

ist. Zusätzliche Luftbewegung im Brennraum erhöht die Relativbewegung zwischen Kraftstoff und Luft und somit die Zerstäubungsgüte, die Mikro- und Makrogemischbildung.
Eine typische Verteilung der Tropfengrößen im Kraftstoffstrahl zeigt **Bild 15-3**.

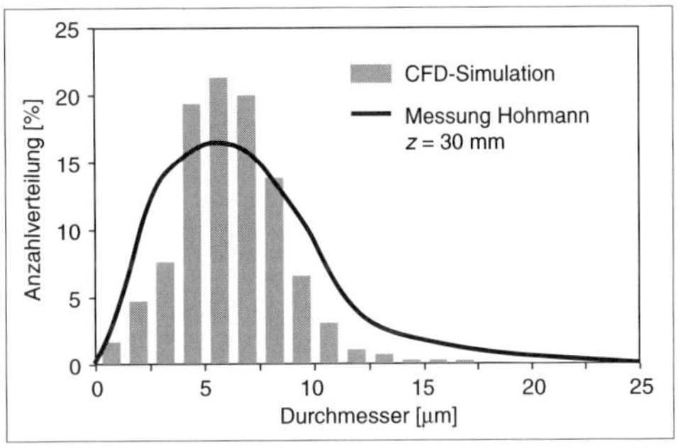

Bild 15-3 Tropfengrößenverteilung in einem Kraftstoffstrahl im Abstand 30 mm von der Düse [5]

Da die Einspritzung des Kraftstoffes zum Ende des Kompressionshubes erfolgt, werden die Kraftstofftropfen im Einspritzstrahl sofort der zu diesem Zeitpunkt im Brennraum vorliegenden hohen Gastemperatur ausgesetzt. Dies führt zu einem intensiven Wärmetransport von der erhitzten Brennraumluft zu den relativ kalten Kraftstofftropfen. Mit fortschreitendem Temperaturausgleich zwischen Luft und Kraftstoff setzt an der Tropfenoberfläche eine zunehmende Verdampfung ein. Der sich so bildende Kraftstoffdampf mischt sich mit der umgebenden Luft.
Auf diese Weise bilden sich in der Tropfenumgebung (s. **Bild 15-4** oben) und damit auch im gesamten Kraftstoffstrahl Konzentrations- und Temperaturunterschiede (heterogenes Gemisch) aus, die in ihrer Folge Diffusionsvorgänge im Bereich der einzelnen Kraftstofftropfen und im Strahl auslösen, [6]. **Bild 15-4** Mitte zeigt für drei verschiedene Einspritzdrücke die zeitliche Veränderung des Luftverhältnisses am Rand eines Kraftstoffstrahles circa 26,5 mm vom Düsenaustritt entfernt, [2]. Im **Bild 15-4** unten ist die Verteilung des Luft-Kraftstoff-Verhältnisses in einem Kraftstoffstrahl als Momentaufnahme dargestellt, [7]. Es wird deutlich, dass in einem Dieseleinspritzstrahl nach einer gewissen Zeitspanne *(Zündverzug)* immer die Zündbedingungen

- Gemischzusammensetzung innerhalb der Zündgrenzen
- ausreichend hohe Gemischtemperatur

erreicht werden können.
Die Haupteinflussparameter auf die Entwicklung eines Kraftstoffstrahles im Dieselmotor sind schematisch in **Bild 15-5** zusammengestellt.

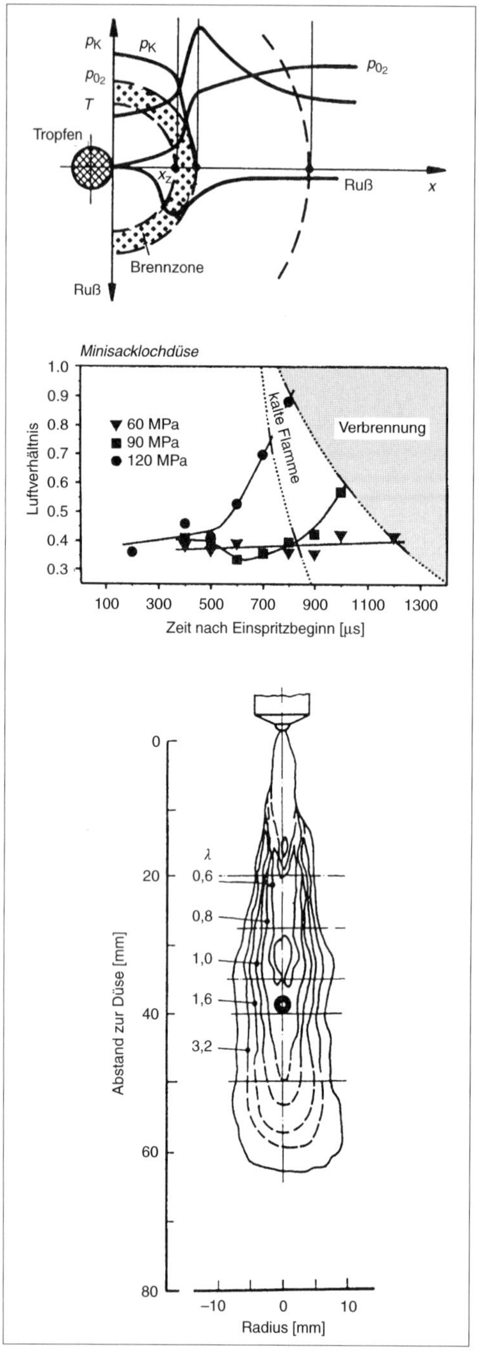

Bild 15-4 oben: Sauerstoff-, Kraftstoff-, Rußkonzentration und Temperatur in der Umgebung eines brennenden Einzeltropfens; **mitte:** zeitliche Veränderung des Luftverhältnisses an einem Ort im Einspritzstrahl bis zum Beginn der Kaltflammenreaktionen und Erreichung der Zündbedingungen für verschiedene Einspritzdrücke; **unten:** momentane örtliche Verteilung des Luftverhältnisses in einem Kraftstoffstrahl

Zündverzug, Zündung und Verbrennung, [4]. Die mit Beginn der Kraftstoffeinspritzung im Brennraum einsetzenden physikalischen und chemischen Vorgänge benötigen Zeit bis zum Erreichen der Zündbedingungen. Diese von Einspritzbeginn bis zur ersten Zündung vergehende Zeitspanne, der Zündverzug, ist für den nachfolgenden Verbrennungsablauf von herausragender Bedeutung. Der Zündverzug liegt je nach den bei der Kraftstoffeinspritzung im Motor vorliegenden Bedingungen in einer Größenordnung von bis zu 2 ms.

Bei kurzem Zündverzug wird bis zum Verbrennungsbeginn relativ wenig Kraftstoff eingespritzt und physikalisch und chemisch optimal aufbereitet. Das führt nach der Zündung zu einem moderaten Druck- und Temperaturanstieg im Brennraum. Da Druckanstieg und Maximaldruck im Brennraum wesentliche Ursachen für das Verbrennungsgeräusch sind, wird sich dieses ebenfalls auf relativ niedrigem Niveau einstellen. Mit dem niedrigen Maximaldruck fallen auch die mechanischen Bauteilbelastungen geringer aus. Die maximale Gastemperatur und die an hohe Gastemperaturen gebundene Stickoxidentstehung sowie die thermische Bauteilbelastung sind relativ niedrig. Andererseits läuft dann aber auch die Verbrennung bei vergleichsweise niedrigen Drücken und Temperaturen ab, was zu einem höheren spezifischen Kraftstoffverbrauch und zu verstärkter Rußbildung führt. Letzteres wird auf die relativ große Kraftstoffmenge, die nach der Zündung noch in die sich entwickelnde heiße Flamme gespritzt wird, und die zu langsame Vermischung des sich bildenden Kraftstoffdampfes mit der Luft zurückgeführt. Örtlicher Luftmangel und hohe Temperaturen begünstigen rußbildende Crackreaktionen. Ein vergleichsweise langer Zündverzug führt zu entsprechend entgegengesetzten Wirkungen. Die genannten physikalischen und chemischen Ursachen für den Zündverzug weisen auch den Weg zu seiner zielgerichteten Beeinflussung.

Zu einem kurzen Zündverzug führen:

a) physikalische Einflüsse:

- hohe Gastemperatur und hoher Gasdruck bei Einspritzbeginn,
- hohe Zerstäubungsgüte des Kraftstoffes sowie
- hohe Relativgeschwindigkeit zwischen Kraftstoff und Luft.

Diese Einflüsse bewirken eine schnelle Verdampfung des Kraftstoffes, was eine schnelle Verteilung und Mischung des Kraftstoffes mit der Luft im Brennraum ermöglicht.

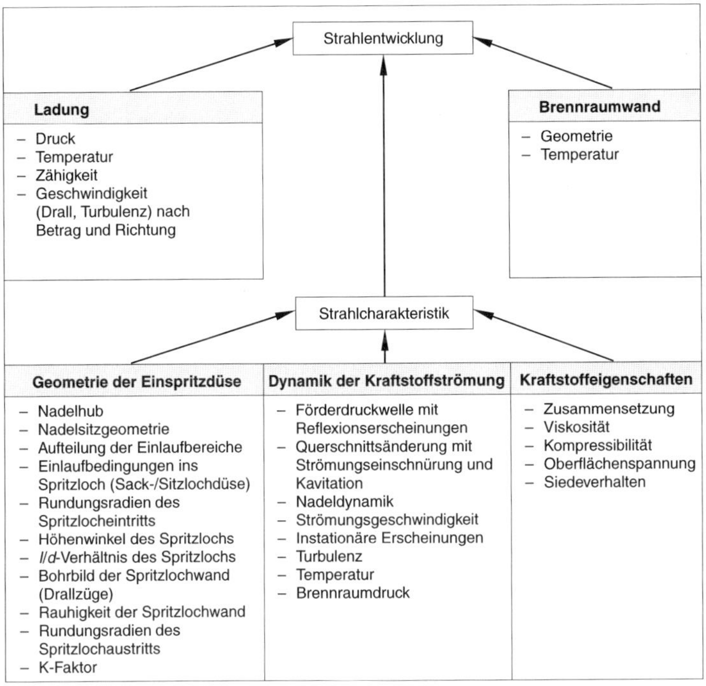

Bild 15-5 Einflüsse auf die Einspritzstrahlentwicklung [8]

Gasdruck und Gastemperatur bei Einspritzbeginn können durch folgende konstruktive Maßnahmen angehoben werden:

- hohes Verdichtungsverhältnis
- später Einspritzzeitpunkt
- Aufladung
- hohe Kühlmitteltemperatur und geeignete Kühlkanalführung
- Brennraumgestaltung (Wandtemperatureinfluss)
- Einsatz von Zündhilfen (Glühstifte, früher Glühkerzen, Ansaugluftvorwärmung).

Die Zerstäubungsgüte des Kraftstoffes wird hauptsächlich durch die Wahl des Einspritzsystems, aber auch durch den Einspritzzeitpunkt (Gaszustand) sowie die temperaturabhängigen Kraftstoffeigenschaften bestimmt (siehe oben).
Die Relativgeschwindigkeit zwischen Kraftstoff und Luft kann durch die konstruktive Gestaltung und Abstimmung von Einspritzsystem, Brennraumform und Einlasskanal beeinflusst werden. Die verschiedenen Ansätze zur Lösung dieser Aufgabe machen die wesentlichen Unterschiede der dieselmotorischen Brennverfahren aus.

b) chemische Einflüsse:
- hohe Zündwilligkeit des Kraftstoffes (hohe Cetanzahl),
- hohe Kraftstofftemperatur, hoher Gasdruck und hohe Gastemperatur bei Einspritzbeginn

sorgen für eine schnelle chemische Aufbereitung des Kraftstoffes.

Die eigentliche Verbrennung im Dieselmotor stellt sich aus heutiger Sicht folgendermaßen dar:
Die jeweils langsamsten Vorgänge kontrollieren den Verbrennungsablauf. Unmittelbar nach der Zündung verbrennt der während des Zündverzuges physikalisch und chemisch gut aufbereitete Kraftstoff schnell und mit hohem Energieumsatz. Diese 1. Phase wird auch als vorgemischte Verbrennung bezeichnet und ist hauptsächlich durch die noch relativ langsam ablaufenden chemischen Vorgänge (niedrige Temperatur) kontrolliert. Anschließend geht die Verbrennung in eine 2. Phase über, die durch die weitere Kraftstoffeinspritzung in die bereits vorhandene Flamme und deshalb durch starke Inhomogenität von Ladungszusammensetzung und -temperatur gekennzeichnet ist. In dieser Phase wird der Verbrennungsablauf wiederum durch den jetzt langsamsten Vorgang, die Gemischbildung (Diffusion) kontrolliert. Die Geschwindigkeit der chemischen Reaktionen hat durch den schnellen Temperaturanstieg in der 1. Phase stark an Dynamik gewonnen. Mit fortschreitender Verbrennung, 3. Phase, nimmt die Umsatzrate wieder ab, weil örtlich zunehmender Sauerstoffmangel und infolge fortschreitender Expansion allmählich sinkende Gastemperatur die Reaktionsgeschwindigkeit herabsetzt. Zusätzlich verringert sich in dieser Phase die durch den Einlassvorgang initiierte Ladungsbewegung, so dass diese Phase sowohl durch

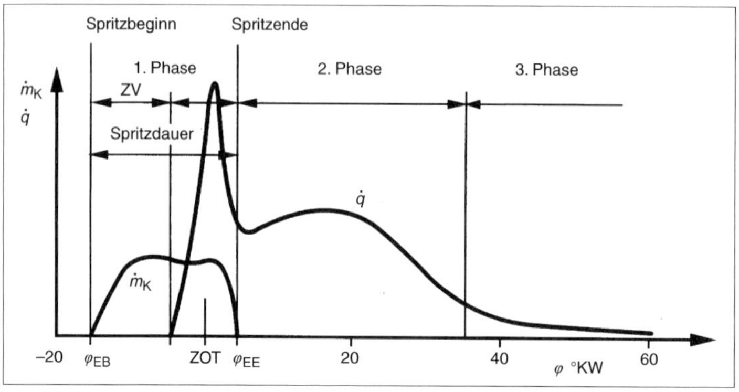

Bild 15-6 Qualitativer Verlauf der Kraftstoffeinspritzung und der Wärmefreisetzung [6]

die gebremsten Gemischbildungsvorgänge als auch durch die abnehmende Reaktionsgeschwindigkeit kontrolliert wird. Dies führt zu einer thermodynamisch ungünstigen Verschleppung der Verbrennung weit in den Expansionshub hinein. **Bild 15-6** zeigt qualitativ den typischen Verlauf von Einspritz- und Verbrennungsrate für einen Dieselmotor mit Direkteinspritzung.

Bei der inneren Gemischbildung im Dieselmotor steht im Vergleich zum klassischen Ottomotor wesentlich weniger Zeit zur Verfügung. Außerdem liegt der Siedeverlauf des Dieselkraftstoffs deutlich höher. Dadurch ist der Dieselmotor gegenüber dem Ottomotor beim Fahrzeugeinsatz im Nachteil. Mit zunehmender Drehzahl verschärft sich das Zeitproblem. Die nicht vermeidbare Inhomogenität der Zylinderladung führt wegen der dadurch schlechteren Luftausnutzung (Rauchgrenze) zu geringeren Mitteldrücken. Beides ergibt für den Dieselmotor geringere Hubraumleistungen, weshalb Dieselmotoren heute in der Regel aufgeladen werden. Diesen Nachteil auszugleichen war und ist wesentliches Motiv der Brennverfahrensentwicklung für Dieselmotoren.

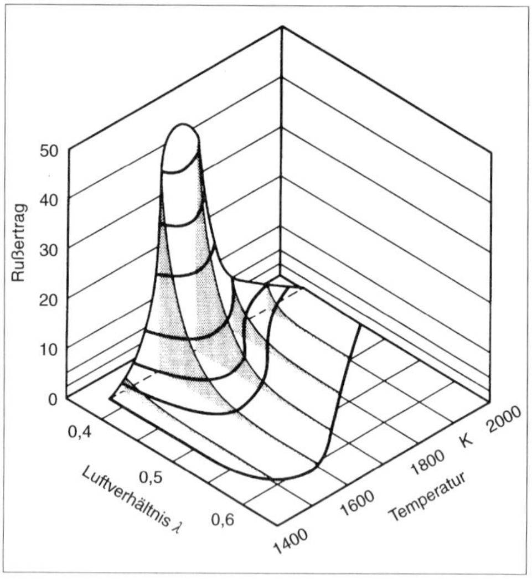

Bild 15-7 Rußertrag in Abhängigkeit von Temperatur und Luftverhältnis [9]

Schadstoffbildung. Für die Brennverfahrensentwicklung der Dieselmotoren sind die Partikel- und die Stickoxidemissionen von zentraler Bedeutung. Die Abgaspartikel bestehen zum großen Teil aus Ruß, an dem sich mehr oder weniger viele Kohlenwasserstoff- und/oder Schwefelverbindungen angelagert haben.

Kohlenwasserstoff- und Kohlenmonoxidemissionen spielen bei der dieselmotorischen Verbrennung eine untergeordnete Rolle. Die Schadstoffbildung steht in unmittelbarem Zusammenhang mit den örtlich im Brennraum vorliegenden Zünd-, Gemischbildungs- und Verbrennungsbedingungen.

Nach [9] sind die Ruß- und Stickoxidbildung stark reaktionskinetisch geprägt. Bisher sind die Vorgänge aber noch nicht vollkommen geklärt. Auf Grund einer Vielzahl von Untersuchungen an Flammen und Stoßwellenrohren besteht heute hierzu folgende Vorstellung, **Bild 15-7**:

Die Rußbildung ist durch die Temperatur und das Luft-Kraftstoff-Verhältnis begrenzt. Diese Grenze ist unabhängig vom vorherrschenden Druck. Der sogenannte Rußertrag (Rußmasse/Gesamtkohlenstoffmasse) nimmt aber mit dem Druck zu. Bei Temperaturen von circa 1.600 bis 1.800 K und Luft-Kraftstoff-Verhältnissen <0,6 strebt der Rußertrag einem Maximalwert zu. Für viele Kohlenwasserstoffe verlaufen diese Rußbildungsgrenzen sehr ähnlich, so dass diese Betrachtungsweise auf Dieselmotoren übertragbar erscheint. Die oben beschriebene heterogene Gemischbildung im Dieselmotor bedingt, dass trotz der Gesamtluft-Kraftstoff-Verhältnisse >1 örtlich Luft-Kraftstoff-Verhältnisse <0,6 auftreten können. Solange die Gemischtemperatur dabei unter circa 1.450 K bleibt, ist eine Rußbildung weitgehend ausgeschlossen. Bei der Abkühlung eines brennenden relativ „fetten" Gemisches (zum Beispiel in Wandnähe) oder Aufheizung noch nicht ausreichend mit Luft vermischten Kraftstoffes kommt es aber zu einer intensiven Rußbildung. Durch Wandeinflüsse (quenching) und die Kraftstoffzusammensetzung

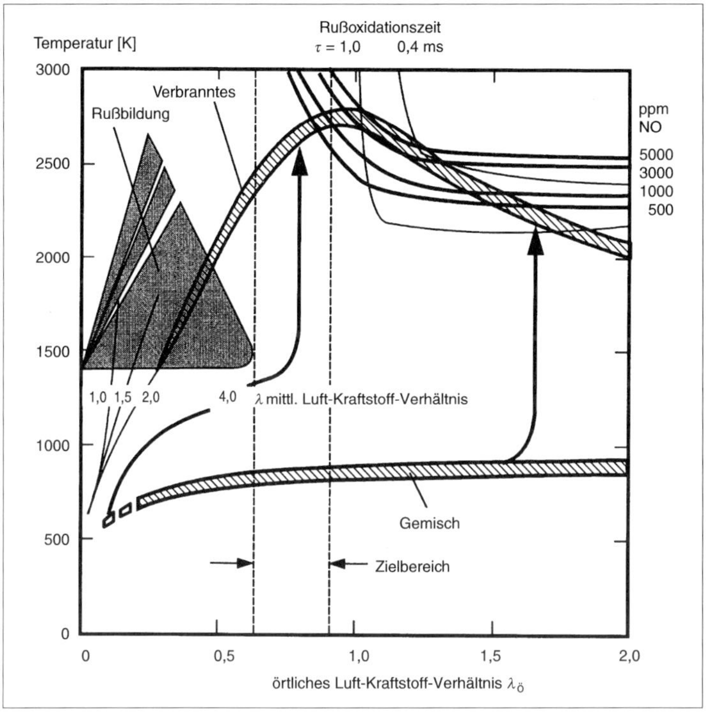

Bild 15-8 Zustände von Gemisch und Verbranntem bei der dieselmotorischen Verbrennung [7]

muss im Dieselmotor bereits bei einem Luft-Kraftstoff-Verhältnis <0,8 mit dem Beginn der Rußbildung gerechnet werden.

Bild 15-8 zeigt ein Temperatur-Luft-Kraftstoff-Verhältnis-Diagramm, in das neben dem Rußbildungsbereich die Zustände von Gemisch und Verbranntem in Zünd-OT Nähe eingetragen sind. Außerdem ist der Bereich intensiver Stickoxidbildung (innerhalb von 0,5 ms gebildete Anteile) dargestellt. Bekanntlich entstehen die höchsten Stickoxid-Bildungsraten bei einem Luft-Kraftstoff-Verhältnis um 1,1. In diesem Bereich kann auch ein Teil des zuvor gebildeten Rußes wieder verbrennen, wie die Reaktionszeit von Rußteilchen (d = 40 nm) in diesem Gebiet zeigt. Bei weiterer Zunahme des Luft-Kraftstoff-Verhältnisses bis auf den brennraumgemittelten Wert sinkt die Verbrennungstemperatur und damit die Stickoxidbildung. Die Darstellung gibt auch die Erklärung für das beim Dieselmotor typische gegenläufige Verhalten der Ruß- und Stickoxidemissionen. Relativ niedrige Temperaturen und Luftmangel fördern die Rußbildung und mindern die Stickoxidbildung. Hohe Temperaturen und Luftüberschuss haben eine entgegengesetzte Wirkung. Eine deutliche Absenkung beider Emissionen kann praktisch nur erreicht werden, wenn das Kraftstoff-Luft-Gemisch bei möglichst niedriger Temperatur vor der Zündung unter Vermeidung „fetter" Bereiche möglichst schnell „abgemagert" wird, das heißt homogenisiert oder bei Luft-Kraftstoff-Verhältnissen zwischen 0,6 und 0,9 verbrannt wird.

15.1.2 Diesel-Viertakt-Verbrennungsverfahren

Auf Basis der oben dargelegten Vorgänge im Brennraum lassen sich die im Laufe der Dieselmotorenentwicklung entstandenen Brennverfahren erklären und verstehen.

Rudolf Diesel hatte seinerzeit keine Möglichkeit, auf industriell gefertigte, hoch entwickelte Einspritztechniken zurückzugreifen. So scheiterte zunächst sein Versuch, die heute selbstverständliche Hochdruckeinspritzung des Kraftstoffes einzusetzen, an den damaligen technischen Möglichkeiten. Als „Notlösung" entwickelte er ein Verfahren, bei dem der flüssige Kraftstoff mittels Druckluft in den Brennraum des Motors eingeblasen wurde. Nach [10] zeichnete sich dieses Brennverfahren durch einen äußerst ruhigen und „weichen" Motorlauf aus. Der Auspuff war rußfrei und geruchlos. Dieses Ergebnis kann nach heutigem Erkenntnisstand folgendermaßen begründet werden:

- die Lufteinblasung ergibt eine sehr feine Zerstäubung des Kraftstoffes (schnelle Verdampfung und Vermischung möglich)
- vor der eigentlichen Verbrennungsphase findet eine intensive Mischung von Kraftstoff und Luft bereits in der Düse statt
- infolge der Kühlung der Einblaseluft und der weiteren Abkühlung beim Einströmen in den

Zylinder (Expansion) wird im sich bildenden Gemisch die Rußbildung weitestgehend verhindert.

Der für die späteren Entwicklungen entscheidende Nachteil des Verfahrens war der hohe Arbeitsaufwand für den Antrieb des benötigten Luftkompressors, der einen entsprechend hohen Kraftstoffverbrauch zur Folge hatte. Wegen der direkten Einbringung des Kraftstoffes in den Brennraum kann dieses Verfahren zu den Verfahren mit direkter Einspritzung (DI) gerechnet werden, obwohl es sich grundlegend von den heute üblichen Hochdruckeinspritzverfahren unterscheidet. Die Direkteinspritzung des Kraftstoffes ist somit das historisch älteste Verbrennungsverfahren. In der beschriebenen Form war es aber nur Motoren mit relativ niedrigen Drehzahlen, das heißt Motoren mit größeren Brennraumabmessungen, vorbehalten. Das Dieselverfahren auch für schnelllaufende Motoren und den Fahrzeugeinsatz nutzbar zu machen, erforderte weitere Entwicklungsschritte. Wichtige Voraussetzung war die Einführung der zu Beginn der Zwanzigerjahre des vorigen Jahrhunderts technisch möglich gewordenen und zugleich kostengünstigeren und besser dosierenden Hochdruckeinspritzung. Der Nachteil der Hochdruckeinspritzung gegenüber der Lufteinblasung war, dass ohne zusätzliche Maßnahmen die Gemischbildung ausschließlich durch die Einspritzdüse (ohne Luftunterstützung) erfolgt. Bis zu einem gewissen Grade reicht die mit zunehmender Drehzahl im Brennraum ansteigende Ladungsturbulenz aus, um die eintretende Zeitverkürzung durch erhöhte Mischungs- und damit auch zunehmende Verbrennungsgeschwindigkeit auszugleichen. Bei Drehzahlsteigerungen in Bereiche, wie sie heute von den mittelschnelllaufenden und schnelllaufenden Motoren abgedeckt werden, mussten Lösungen gefunden werden, die eine entsprechende Beschleunigung der Gemischbildungs- und Verbrennungsvorgänge ermöglichten. Als wichtige Einflussgrößen wurden die Relativgeschwindigkeit zwischen Kraftstoff und Luft sowie der Einfluss der Brennraumwand auf die Geschwindigkeit der Gemischbildungsvorgänge erkannt. Die Relativgeschwindigkeit zwischen Kraftstoff und Luft kann am wirksamsten durch:

- die Kraftstoffgeschwindigkeit im Brennraum (Höhe des Einspritzdruckes) und
- die Luftgeschwindigkeit im Brennraum (Brennraum- und Einlasskanalgestaltung)

beeinflusst werden. Beste motorische Ergebnisse werden durch die optimale Abstimmung von Kraftstoffeinspritzung und Luftbewegung im Brennraum erreicht.
Vor diesem Hintergrund entstanden die dieselmotorischen Verbrennungsverfahren.

15.1.2.1 Verfahren mit indirekter Kraftstoffeinspritzung (IDI)

Bei Motoren, die mit einem solchen Verfahren arbeiten ist der Brennraum unterteilt. Er besteht aus einem Hauptbrennraum und einem Nebenbrennraum. Der Nebenbrennraum ist als Kammer ausgebildet und befindet sich im Zylinderkopf. Der Hauptbrennraum wird durch den Zylinder und eine im Kolbenboden befindliche an die Lage der Kammermündung angepasste Kolbenmulde gebildet. Diese Motoren werden deshalb auch als Kammer- oder Nebenkammermotoren bezeichnet. Haupt- und Nebenbrennraum sind durch einen beziehungsweise mehrere Kanäle mit gegenüber Haupt- und Nebenbrennraum verengtem Querschnitt verbunden. Der Nebenbrennraum wird konstruktiv als Wirbel- oder Vorkammer ausgeführt. Beide Verfahren haben Folgendes gemeinsam:
Der Kraftstoff wird unter mäßigem Druck (<400 bar) mittels Reihen- oder Verteilereinspritzpumpe in die Nebenkammer eingespritzt. Als Einspritzdüsen werden Drosselzapfendüsen (geringe Einspritzmenge während des Zündverzuges) eingesetzt. Nach schneller Mischung der ersten Kraftstoffteilmenge mit der Luft und relativ kurzem Zündverzug (hohe Wandtemperatur der Kammer) erfolgt die Zündung in der Nebenkammer. Die infolge der Verdrängerwirkung des Kolbens während der Kompressionsphase vom Hauptbrennraum mit hoher Geschwindigkeit in die Kammer überströmende Luft unterstützt die Gemischbildung in der Kammer maßgeblich. Unmittelbar nach der Zündung steigen Druck und Temperatur in der Kammer schnell über die Werte im Hauptbrennraum an. Der höhere Kammerdruck bewirkt ein intensives Ausströmen des sich in der Kammer bildenden und teilweise bereits brennenden Luft-Kraftstoff-Gemisches in den Hauptbrennraum. Dabei kommt es zu einer intensiven Mischung des ausströmenden Gemischstromes mit der im Hauptbrennraum ausreichend vorhandenen Luft.
Die Brennverfahren mit indirekter Einspritzung neigen zu erhöhter Rußbildung. Die Ursache hierfür ist der Luftmangel bei relativ hohen Temperaturen im Nebenbrennraum nach der Zündung. Bei hohen Motorlasten kann ein Teil des in dieser Phase gebildeten Rußes noch im Hauptbrennraum verbrennen. Bei Teillast sind aber die Temperaturen für eine wirksame Nachverbrennung zu niedrig. Die Stickoxidbildung ist bei den Kammerverfahren weitgehend unterdrückt. Der Luftmangel in der Kammer ist hierbei von Vorteil. Beim Ausblasen des Gemisches aus der Kammer wird das Gemisch schnell verdünnt, so dass hohe örtliche Temperaturen und gleichzeitig für die Stickoxidbildung günstige Luftverhältnisse weitgehend vermieden werden können. Die intensive Gemischbildung bei den Kammerbrennverfahren führt auch zu günstigen Kohlenwasserstoff- und Kohlenmonoxidemissionen dieser Motoren. Ein

weiterer Vorteil der intensiven Gemischbildung ist der daraus resultierende relativ geringe Zylinderdruckanstieg, der zu einer entsprechend niedrigen Geräuschentwicklung führt. Diese Brennverfahren ermöglichen außerdem eine hohe Luftausnutzung (nahe der stöchiometrischen Gemischzusammensetzung) bei Volllast und gleichzeitig hohen Motordrehzahlen.

Die geschilderten Eigenschaften der Kammerbrennverfahren sicherten den Kammermotoren lange Zeit die Vormachtstellung im Bereich der schnelllaufenden Motoren, insbesondere der Pkw-Dieselmotoren. Selbst in der Gruppe der mittelschnelllaufenden Motoren waren Kammermotoren im oberen Drehzahlbereich vertreten.

Vorkammerverfahren, [11]. Dieses Verfahren entstand schon in den Zwanzigerjahren des vorigen Jahrhunderts. Seine Entwicklung ist heute weitestgehend abgeschlossen. **Bild 15-9** zeigt eine Vorkammer nach [12].

Die hier dargestellte Ausführung in einem Vierventil-Motor hat wegen der symmetrischen und zentralen Anordnung der Vorkammer zum Hauptbrennraum gegenüber einer Zwei-Ventilausführung das größere Potenzial hinsichtlich der erreichbaren Kraftstoffverbrauchswerte und Abgasemissionen. Grundsätzlich sind die Vorkammern rotationssymmetrisch ausgebildet. Der eigentliche Kammerraum, in den die Kraftstoffeinspritzung erfolgt, kann kugel- bis eiförmig ausgeführt sein. Die Kammer ist mit einem Schusskanal, der in mehreren Brennlöchern endet, mit dem Hauptbrennraum verbunden. Anzahl, Richtung und Durchmesser der Brennlöcher müssen gemeinsam mit der Kolbenmulde optimiert werden. Nach [4] sollte die Größe des Kammervolumens etwa 40 bis 50 % des Kompressionsvolumens betragen. Dieses Verhältnis beeinflusst die Ruß- und Stickoxidbildung stark und ist entsprechend zu optimieren. Der optimale Querschnitt aller Brennlöcher liegt bei 0,5 % des Kolbenquerschnitts. Eine größere Lochanzahl verringert die Rußemission. Die Richtung der Brennlöcher ist unter Beachtung der thermischen Belastung des Kolbenbodens festzulegen. Die Einspritzdüse ist am oberen Ende der Kammer gegenüber dem Schusskanal angeordnet. Das Verdichtungsverhältnis dieser Motoren liegt zwischen 21 : 1 und 22 : 1. Im oben angeführten Beispiel sind 21,7 : 1 ausgeführt. Das Vorkammerverfahren ist für sehr kleine Zylinder-Hubvolumina nicht gut geeignet. Die Gemischbildung in der Kammer kann durch einen in Geometrie und Lage an die Kammer angepassten Kugelstift (s. **Bild 15-9**) optimiert werden. Dieser Stift ist quer zur Einspitzstrahlrichtung angeordnet und unterstützt die Aufbereitung des auftreffenden Kraftstoffstrahls und die Kraftstoffverteilung in der Kammer. Durch die spezielle Formgebung des Kugelstiftes an seiner Unterseite wird während des Einströmens der Luft aus dem Hauptbrennraum in der Kompressionsphase eine leichte Drallströmung in der Kammer erzeugt, die für eine intensivere Gemischbildung in der Kammer sorgt. Als optimal stellte sich eine leichte Neigung der Einspritzdüse zur Kammerlängsachse heraus. Trotz des relativ hohen Verdichtungsverhältnisses kommt das Verfahren nicht ohne Zündhilfe aus. Glühstift beziehungsweise Glühkerze sind zweckmäßigerweise im Abwind des Luftstromes in der Kammer nach der Einspritzdüse anzuordnen. Zur Unterstützung des Warmlaufs kann der Glühstift bis zu einer Minute in Betrieb sein.

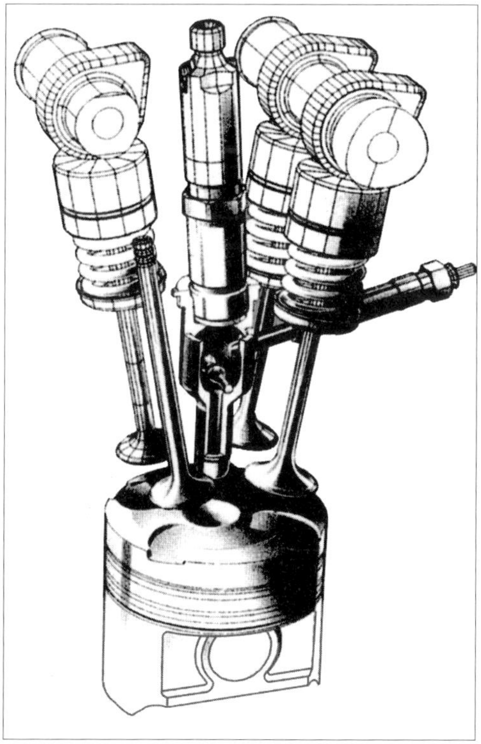

Bild 15-9 Brennraumanordnung eines Vierventil-Vorkammermotors (DaimlerChrysler AG)

Wirbelkammerverfahren, [13]. Bei diesem Verbrennungsverfahren ist die Nebenkammer wie beim Vorkammerverfahren im Zylinderkopf angeordnet, **Bild 15-10**.

Die Kammer ist scheiben-, kugelförmig oder auch oval ausgebildet. Hautbrennraum und Kammer sind über einen Kanal mit relativ großem Strömungsquerschnitt miteinander verbunden. Der Überströmkanal mündet tangential in die eigentliche Brennkammer ein, so dass bei der Aufwärtsbewegung des Kolbens die in die Kammer überströmende Luft in der Kammer in eine kräftige Drehbewegung versetzt wird. Das Verhältnis von Wirbeldrehzahl zu Motordrehzahl

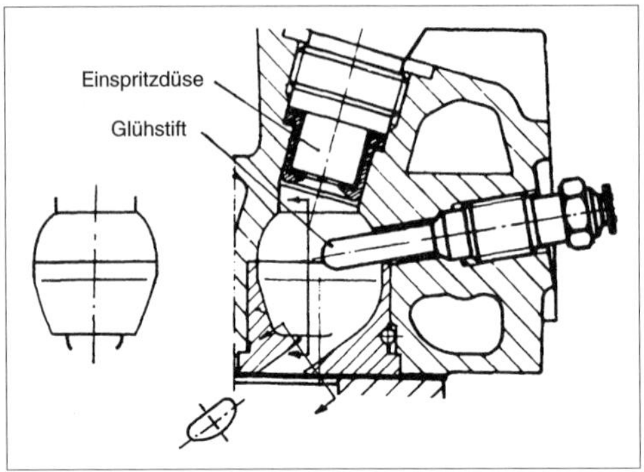

Bild 15-10 Wirbelkammer mit Einspritzdüse und Glühstift (Opel Omega 2,3 D) [13]

ist abhängig vom Betriebszustand des Motors, insbesondere von der Drehzahl, und liegt zwischen 20 und 50. Der Wirbel in der Kammer entspricht zu Beginn der Kompression zunächst einem Festkörperwirbel, der sich dann aber in der letzten Phase vor dem oberen Totpunkt mehr einem Potenzialwirbel annähert. Die maximale Umfangsgeschwindigkeit nimmt mit der Drehzahl zu und tritt immer im Bereich um 10 bis 20 °KW v. OT auf. Kammergröße sowie Lage und Geometrie des Überströmkanals sind mit der Düsenanordnung in der Kammer und der am Kolbenboden gegenüber dem Kanalaustritt vorzusehenden, meist brillenförmigen Brennraummulde optimal aufeinander abzustimmen. Die Kolbenmulde bewirkt eine Abbremsung der brennenden Fackel am Muldenrand und verringert so die Gefahr, dass noch nicht vollkommen verbrannter Kraftstoff auf kältere Bereiche des Kolbenbodens transportiert wird und dort zu verstärkter Rußbildung führt. Aus heutiger Sicht, [4], sollte die optimale Größe des Kammervolumens etwa 50 % des Kompressionsvolumens betragen. Der optimale Überströmquerschnitt beträgt 1 bis 2 % des Kolbenquerschnittes. Die Einspritzdüse ist im oberen Teil der Kammer angeordnet, so dass der Kraftstoffstrahl tangential zur Kammer entgegen der einströmenden Luft auf eine heiße gegenüberliegende Kammerwand gerichtet ist und so vom Luftwirbel in der Kammer senkrecht durchdrungen wird. Beim Durchtritt des Kraftstoffstrahles durch die Wirbelkammer wird ein Teil des Kraftstoffes schnell verdampft und auf Zündbedingungen gebracht. Der größte Teil der eingespritzten Kraftstoffmenge gelangt zunächst auf die bis zu 900 K heiße Kammerwand. Dort dampft er relativ langsam ab. Die Zündung beschleunigt diesen Vorgang stark. Der sich bildende Kraftstoffdampf wird durch die Wirbelbewegung der Luft in der Kammer schnell und intensiv vermischt. Der weitere Verbrennungsablauf läuft ähnlich dem im Vorkammermotor ab. Das Verdichtungsverhältnis dieser Motoren beträgt zwischen 22 : 1 und 23 : 1. Das Verhältnis Hub/Bohrung liegt bei diesen Motoren zwischen 0,95 und 1,05. Das Wirbelkammerverfahren ist bis zu Drehzahlen von etwa 5.000 1/min (etwas höher als beim Vorkammerverfahren) anwendbar und damit besonders für den Pkw-Einsatz geeignet. Die Verbrennungseigenschaften und erreichbaren Mitteldrücke an der Rußgrenze sind vergleichbar mit denen der Vorkammermotoren. Das Wirbelkammerverfahren kommt ebenfalls nicht ohne Zündhilfe aus. Die Lage des Glühstiftes beziehungsweise der Glühkerze in der Kammer beeinflusst das motorische Betriebsergebnis stark, so dass ihre konstruktive Festlegung einer besonderen Optimierung bedarf. Der störende Einfluss des Glühstiftes auf die Kammerströmung kann bis zu einem gewissen Grade durch eine Verringerung des Querschnittes des Überströmkanals (Erhöhung der Geschwindigkeit) kompensiert werden.

15.1.2.2 Verfahren mit direkter Kraftstoffeinspritzung (DI)

Bei den Verfahren mit direkter Kraftstoffeinspritzung ist der Brennraum ungeteilt [4, 14–16], **Bild 15-11**. Der eigentliche Brennraum wird dabei von einer im Kolbenboden angeordneten Mulde gebildet. Bis zu 80 % des Kompressionsvolumens können so in dieser Kolbenmulde untergebracht werden. Dieselmotoren mit einem Zylinderdurchmesser größer circa 300 mm kommen dabei gewöhnlich ohne eine zusätzliche Luftbewegung im Brennraum aus. Die Gemischbildung erfolgt ausschließlich durch das Einspritzsystem, insbesondere durch die Einspritzdüse. Als Einspritzdüsen werden Mehrlochdüsen mit je nach Motorgröße bis zu zwölf Düsenbohrungen eingesetzt. Eine Motorausführung mit vier Ventilen ermöglicht durch die zentral angeordnete und in Zylinderachse ausgerichtete Einspritzdüse eine für Gemischbildung und thermische Belastung des Brennraumes vorteilhafte symmetrische Gestaltung des Brennraumes. **Bild 15-11** zeigt die unsymmetrische Gestaltung mit zwei Ventilen.

Der Einspritzdruck (1.300 bis über 2.000 bar) und der Düsenbohrungsdurchmesser bestimmen die Größe der Kraftstofftropfen und die Relativgeschwindigkeit zwischen Kraftstoff und Luft im Einspritzstrahl. Der Brennraum ist weitestgehend offen und der Form und Lage der Einspritzstrahlen angepasst. Bei kleineren Motoren und damit steigender Drehzahl reicht die durch den Ansaugvorgang, die Kraftstoffeinspritzung und die Kolbenbewegung angefachte Luftbewegung für eine gute Gemischbildung nicht mehr aus. Um die Relativgeschwindigkeit zwischen Kraftstoff und Luft im Brennraum zu erhöhen, sind besondere Maßnahmen erforderlich. Durch die Gestaltung der Einlasskanäle als Drall- und/oder Tangentialkanal entsteht beim Einströmvorgang in den Brennraum eine intensive Drehbewegung der Luft um die Zylinderachse (Drall). Diese überlagert sich der ohnehin im Brenn-

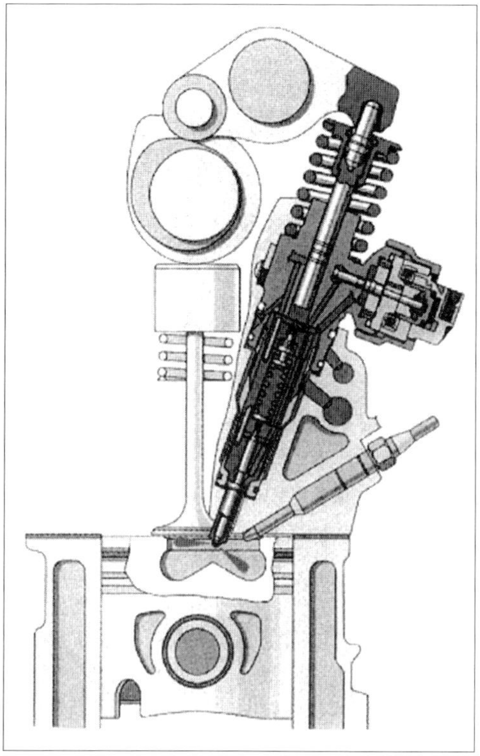

Bild 15-11 Brennraumanordnung eines Zweiventil-DI-Motors mit Pumpe-Düse-Einspritzsystem (Audi AG)

raum vorhandenen Turbulenz und bewirkt eine schnelle Verteilung und Vermischung des unmittelbar mit der Kraftstoffeinspritzung im Einspritzstrahlbereich entstehenden Kraftstoffdampfes mit der im Brennraum vorhanden Luft (Makrogemischbildung). Eine weitere Möglichkeit, die Relativgeschwindigkeit zwischen Kraftstoff und Luft im Brennraum zu erhöhen, besteht in der Einschnürung der Kolbenmulde im Bereich des Kolbenbodens.

Dadurch wird während des Kompressionshubes die oberhalb des Kolbenbodens befindliche Luft in Richtung Kolbenmulde verdrängt. Beim Einströmen der Luft in die Mulde entsteht eine intensive Wirbelbewegung, der sogenannte Quetschwirbel, **Bild 15-12**.

Der Quetschwirbel hat gegenüber dem Drall den Vorteil, dass er mit Annäherung des Kolbens an den oberen Totpunkt (Phase der Kraftstoffeinspritzung) an Intensität noch zunimmt, während der beim Ansaugvorgang erzeugte Drall bereits abklingt. Mit zunehmender Schnellläufigkeit der Motoren wird die Kombination beider Verfahren angewendet. Um Bestwerte für den Kraftstoffverbrauch und die Abgasemissionen zu erzielen, sind die Einlasskanäle, die Brennraumgeometrie und die Kraftstoffeinspritzung optimal zu gestalten und aufeinander abzustimmen, **Bild 15-13**.

Eine Reduzierung der Anzahl an Düsenbohrungen erfordert die Anhebung des Dralls und umgekehrt. Bei zu hohem Drall verweht der Kraftstoff der einzelnen Kraftstoffstrahlen ineinander. Dies führt zu örtlichen „Überfettungen“ des Gemisches mit der Folge schlechter Luftausnutzung und hoher Abgasemissionen. Bei Fahrzeugmotoren ist die optimale Abstimmung der Gemischbildung im gesamten Betriebsbereich besonders schwierig. Simulationsverfahren (3D) und verbesserte experimentelle Möglichkeiten (Transparentmotor) helfen, die Aufgaben erfolgreich zu lösen. Last- und drehzahlabhängige Anpassung des Dralls ist für optimalen Motorbetrieb erforderlich. Schnelllaufende Motoren benötigen Verdichtungsverhältnisse zwischen 15:1 und 19:1 und wie bei den Motoren mit indirekter Kraftstoffeinspritzung sind zur Gewährleistung eines sicheren Kaltstarts und Warmlaufs als Starthilfe Glühstifte vorzusehen. Diese Motoren erreichen heute Maximaldrehzahlen von bis zu 4.500 1/min und mit Abgasturboaufladung im Bestpunkt effektive Wirkungsgrade um 43 %. Bei den Großmotoren sind in Abhängigkeit des Aufladegrades Verdichtungsverhältnisse zwischen 11:1 und 16:1 erforderlich. Es werden heute effektive Wirkungsgrade von über 50 % erreicht. Der geschilderte Zusammenhang zwischen Motordrehzahl (Motorgröße), Luftbewegung und Brennraumform zeigt sich auch deutlich in der Ge-

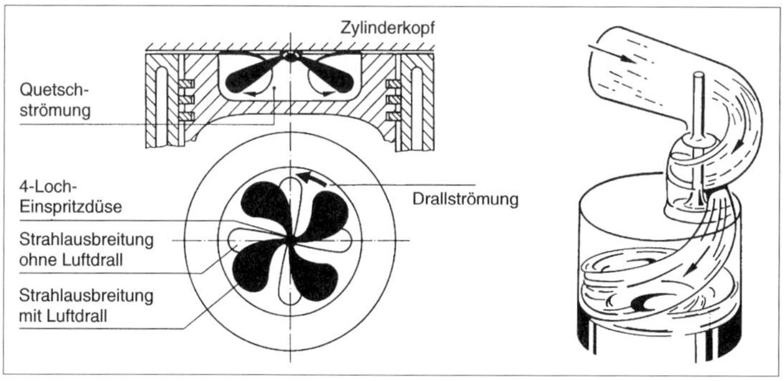

Bild 15-12 Strömungsvorgänge im Brennraum eines Dieselmotors mit Direkteinspritzung und vorwiegend luftverteiltem Kraftstoff [4]

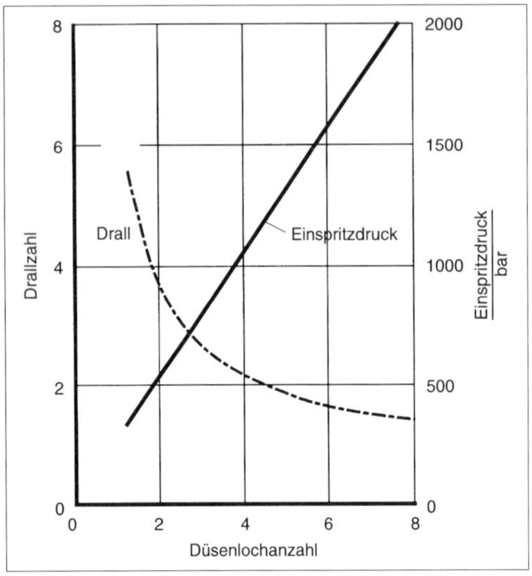

Bild 15-13 Typischer Zusammenhang zwischen Einspritzdruck, Drallzahl und Düsenlochzahl [16]

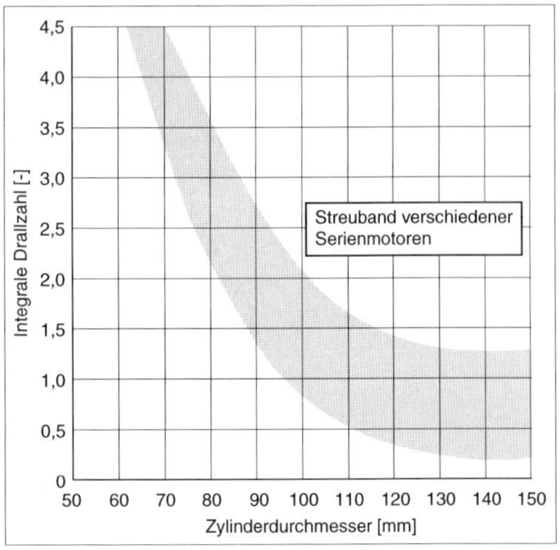

Bild 15-15 Typische Abhängigkeit der erforderlichen Drallzahl vom Zylinderdurchmesser [17]

genüberstellung typischer Brennraumformen von Motoren mit Direkteinspritzung mit zunehmender Drehzahl, **Bild 15-14**.

Links im **Bild 15-14** ist der typische Brennraum eines mittelschnelllaufenden Motors, rechts der eines Pkw-Motors dargestellt. Deutlich ist die zunehmende Einschnürung und Vertiefung der Kolbenmulde mit zunehmender Drehzahl zu erkennen. Dadurch wird die Quetschwirkung erhöht und der Drall bleibt bis in den Expansionshub erhalten. Im gleichen Sinne erhöht sich der erforderliche Drall, **Bild 15-15**.

Von der Tendenz her verringert sich dabei gleichzeitig die Anzahl der Düsenbohrungen. Die optimale Abstimmung des Brennverfahrens wird mit steigender Motordrehzahl schwieriger, weil das System empfindlicher gegenüber der Brennraumgeometrie wird. Bei den Pkw-Brennräumen ist besondere Aufmerksamkeit auf die Feinformgebung des Muldenrandes (Turbulenzring) zu legen, [17]. Zunehmend setzt sich auch die Ausführung mit vier Ventilen und zentraler Einspritzdüse bei den kleineren Zylindergrößen durch. Durch die heute möglichen hohen Einspritzdrücke kann die Spritzlochanzahl erhöht und deren Durchmesser kleiner gewählt und in deren Folge der Drall verringert werden.

15.1.2.3 Gegenüberstellung der Verbrennungsverfahren

Die oben besprochenen Verbrennungsverfahren werden hier vorrangig hinsichtlich des spezifischen Kraftstoffverbrauchs, der Abgasemissionen und des Verbrennungsgeräuschs gegenübergestellt [4, 18]. Grundsätzlich unterscheiden sie sich in der Art der Erzeugung der für die Gemischbildung erforderlichen Relativgeschwindigkeit zwischen Kraftstoff und Luft. Kammerverfahren arbeiten mit geringen Einspritzdrücken, also relativ geringen Kraftstoffgeschwindigkeiten, und benötigen deshalb hohe Luftgeschwindigkeiten. Bei den Verfahren mit Direkteinspritzung werden hohe Kraftstoffgeschwindigkeiten durch hohe Einspritzdrücke erzielt. Sie kommen deshalb mit geringeren Luftgeschwindigkeiten aus. Die bei den Motoren mit Direkteinspritzung zur Erzeugung der Luftbewegung erforderlichen Drallkanäle begrenzen aber bei hohen Drehzahlen die Zylinderfüllung und

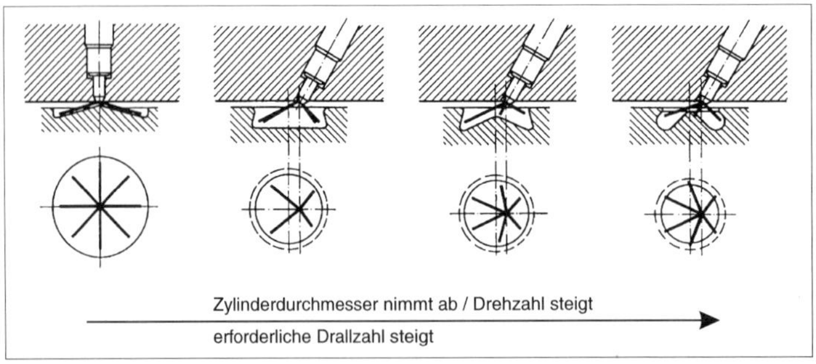

Bild 15-14 Einfluss von Motorgröße (Drehzahl) auf Brennraummuldenform und erforderliche Luftbewegung bei Dieselmotoren mit direkter Einspritzung, in Anlehnung an [4]

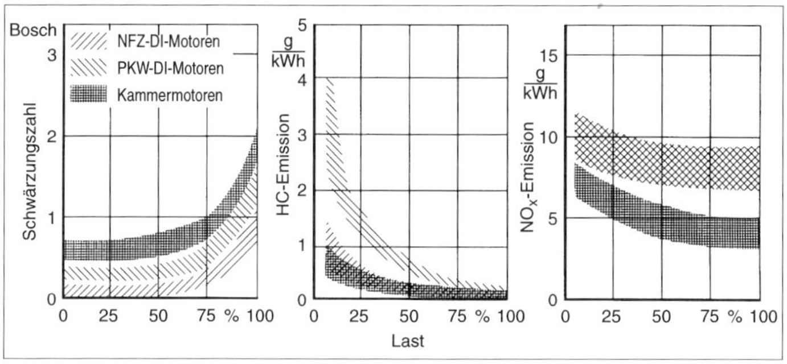

Bild 15-16 Vergleich der Abgasemissionen verschiedener Brennverfahren [9]

erhöhen die Ladungswechselverluste. Die erforderlichen Strömungsgeschwindigkeiten im Bereich des oberen Totpunktes nehmen von der Direkteinspritzung, über das Wirbelkammerverfahren hin zum Vorkammerverfahren tendenziell zu. Mit ansteigenden Strömungsgeschwindigkeiten im Brennraum wachsen aber die Strömungsverluste an. Außerdem bewirken höhere Strömungsgeschwindigkeiten größere Wärmeübergangszahlen und damit höhere Wandwärmeverluste und thermische Belastungen, die bei den Kammermotoren gegenüber den Motoren mit Direkteinspritzung zusätzlich noch durch die größeren Brennraumoberflächen erhöht werden. Wegen der größeren Strömungs- und Wärmeübergangsverluste haben die Verbrennungsverfahren mit indirekter Kraftstoffeinspritzung einen circa 15 % höheren Kraftstoffverbrauch als die Motoren mit Direkteinspritzung. Wegen des ungünstigeren Oberflächen/Volumen-Verhältnisses (um 30 bis 40 % größer gegenüber DI) der Brennräume weisen die Motoren mit indirekter Kraftstoffeinspritzung ein schlechteres Kaltstartverhalten auf, welches nicht vollständig durch ein höheres Verdichtungsverhältnis ausgeglichen werden kann. Die bei den Motoren mit Direkteinspritzung notwendig höheren Einspritzdrücke führen zu höher belasteten und teureren Einspritzanlagen.

Die höheren Ladungsgeschwindigkeiten bei den Kammerverfahren bewirken eine bessere Luftausnutzung. Damit können niedrigere Luft-Kraftstoff-Verhältnisse an der Rauchgrenze erreicht werden. Dies kompensiert die gegenüber den Motoren mit Direkteinspritzung schlechteren Liefergrade und Kraftstoffverbräuche, so dass etwa gleich hohe Volllastmitteldrücke erreichbar sind.

Die Schwarzrauchemission ist bei den Kammerverfahren besonders im unteren Lastbereich gegenüber den Verfahren mit Direkteinspritzung ungünstiger. Bei den Stickoxidemissionen nimmt der Vorteil der Kammerverfahren gegenüber der Direkteinspritzung mit der Motorlast zu. Auch bei den HC-Emissionen haben die Kammerverfahren Vorteile gegenüber der Direkteinspritzung, **Bild 15-16**.

Die enormen Fortschritte bei der Entwicklung der Einspritztechnik, insbesondere durch die Steigerung der Einspritzdrücke, haben die Emissionsvorteile der

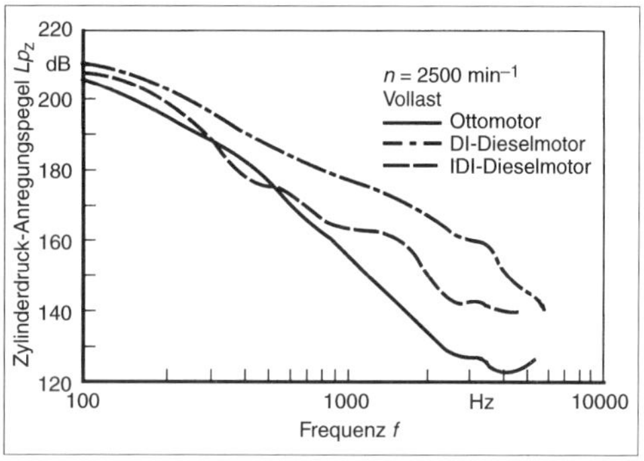

Bild 15-17 Zylinderdruck-Anregungsspektren verschiedener Diesel-Verbrennungsverfahren im Vergleich zum Ottomotor [4]

Kammerverfahren verringert. Lediglich bei den Stickoxiden haben die Verfahren mit Direkteinspritzung wegen des höheren Gleichraumanteils bei der Wärmezufuhr, der auch Ursache für das lautere Verbrennungsgeräusch ist, noch deutlichen Verbesserungsbedarf, **Bild 15-17**. Da sie jedoch eine wesentlich höhere Abgasrückführrate als Kammermotoren vertragen, kann der Emissionsnachteil ausgeglichen werden.

Die Common Rail Einspritzsysteme erlauben die Realisierung nahezu beliebiger zeitlicher Einspritzverläufe und beliebiger Teilung der Kraftstoffeinspritzung und lassen für die Zukunft weitere Verbesserungen erwarten. Aus heutiger Sicht liegt die Zukunft insbesondere wegen des deutlichen Vorteils beim Kraftstoffverbrauch bei den Verbrennungsverfahren mit Direkteinspritzung. Diese positive Entwicklung zu Gunsten der Verbrennungsverfahren mit Direkteinspritzung **(Bild 15-18)** wird durch weitere Vorteile gestützt.

Die Motoren mit Direkteinspritzung sind thermisch niedriger belastet. Dadurch sind sie bestens für die Anwendung der Abgasturboaufladung, die ihrerseits für eine positive Beeinflussung der Abgasemissionen genutzt werden kann, geeignet. Die in den letzten Jahren erreichten Fortschritte bei der Turboladerentwicklung (zum Beispiel variable Turbinengeometrie,

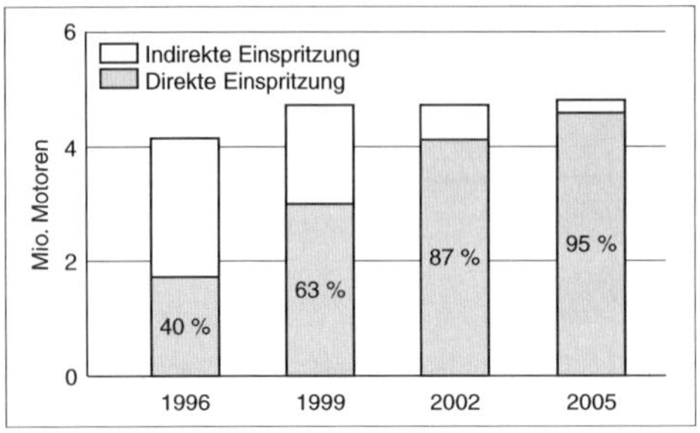

Bild 15-18 Entwicklung der Produktion von Pkw mit Dieselmotor in Westeuropa (Bosch GmbH)

Stufenaufladung) machen heute den schnellaufenden Turbodieselmotor mit Direkteinspritzung zu einem ernst zu nehmenden Wettbewerber des Ottomotors im Pkw-Einsatz. Als Fazit ist festzustellen: Das Verbrennungsverfahren mit Direkteinspritzung hat unabhängig von Motordrehzahl und -größe die Verbrennungsverfahren mit geteilter Brennkammer inzwischen verdrängt.

15.1.2.4 Entwicklungsrichtungen

Homogene Kompressionszündung, [20, 21]. Die ständig zunehmende Verschärfung der Abgasgesetzgebung belebt auch die Suche nach verbesserten Verbrennungsverfahren für den Dieselmotor. Insbesondere sind die Aktivitäten auf die Lösung beziehungsweise Entschärfung des NO_x/Partikel-Problems mit innermotorischen Maßnahmen gerichtet (s. 15.1.1 Schadstoffbildung). Der Kraftstoffverbrauch soll dabei nicht oder nur geringfügig ansteigen. Eine Möglichkeit wird in der Selbstzündung von stark homogenisierten Dieselkraftstoff-Luft-Gemischen gesehen.

Grundlage hierzu bildet die weitgehende Gemischhomogenisierung vor Einsetzen der Verbrennung. Durch Kompression des homogenen Gemisches erfolgt die Zündung gleichzeitig an vielen Orten im Brennraum (Raumzündung). Der Brennbeginn und Verbrennungsablauf werden dabei maßgeblich durch die chemische Kinetik gesteuert. Der Reaktionsablauf des Dieselkraftstoffes erfolgt in zwei Stufen. Er beginnt mit der so genannten Kaltflammenreaktion (unter circa 900 K) und setzt sich dann nach kurzer Phase einer Reaktion mit negativem Temperaturkoeffizienten als Heißflammenreaktion (über circa 1.000 K) mit stark erhöhter Intensität fort. Dabei treten hohe Verbrennungsgeschwindigkeiten auf (kurze Brenndauer), die zu steilen Druckanstiegen im Zylinder führen. Kann ein optimaler Verbrennungsschwerpunkt beibehalten werden, wird sich auch der thermische Wirkungsgrad verbessern. Um die Verbrennungsgeschwindigkeit auf normale Werte zu dämpfen, ist eine Ladungsverdünnung erforderlich, die durch Abmagerung des Gemisches (hohe λ-Werte) oder zweckmäßiger Weise durch Abgasrückführung (AGR) erreicht werden kann. Infolge der Gemischhomogenisierung und dadurch, dass der brennende Kraftstoff gleichzeitig die gesamte Zylinderladung aufheizen muss, werden örtlich hohe Temperaturspitzen vermieden. Dieselkraftstoff hat aber wegen seiner hohen Siedelage (mäßiges Verdampfungsverhalten) und seiner hohen Cetanzahl (früher Verbrennungsbeginn) ungünstigere Voraussetzungen für die Erzeugung beziehungsweise Verbrennung eines homogenen Gemisches als beispielsweise Benzin.

Möglichkeiten der Gemischhomogenisierung: Grundsätzlich kann ein homogenes Luft-Kraftstoff-Gemisch durch Einbringen des Kraftstoffes (flüssig oder gas- beziehungsweise dampfförmig) in das Saugrohr oder direkt in den Brennraum erreicht werden. Die Verdampfung des Kraftstoffes erfordert einen zusätzlichen Energie- und Systemaufwand, hat aber den Vorteil, dass verdampfter Kraftstoff wesentlich schneller und gleichmäßiger mit Luft gemischt werden kann als flüssiger. Bei der Zufuhr des Kraftstoffes in das Saugrohr ist gegenüber dem konventionellen Dieselmotor ein zusätzliches und/oder völlig anderes Gemischbildungssystem erforderlich. Außerdem besteht die Gefahr einer verstärkten Wandanlagerung von Kraftstoff im Saugrohr. Deshalb werden für die Entwicklung der homogenen Dieselverbrennung Verfahren mit innerer Gemischbildung (Direkt-Einspritzung) bevorzugt:

- Homogenisierung durch frühe Einspritzung während des Saug- beziehungsweise Kompressionshubes (langer Zündverzug; mehr Zeit für die Gemischbildung, aber Gefahr der Wandbenetzung und Schmierölverdünnung)
- Homogenisierung durch späte Einspritzung während der Expansionsphase (langer Zündverzug; mehr Zeit für die Gemischbildung, aber thermodynamisch ungünstig)
- Mehrfacheinspritzungen (bessere örtliche Verteilung des Kraftstoffes im Brennraum; Vermeidung von Wandbenetzung)
- Einsatz von Einspritzdüsen mit zum Beispiel bis zu vierzig Löchern (zum Beispiel lasergebohrt, Durchmesser <0,1 mm); Einspritzdüsen mit verschiedenen Spritzlochquerschnitten (Ausbildung kleinerer Kraftstofftropfen mit schnellerer Verdampfung); lastabhängige Anpassung der Spritzlochdurchmesser (Variodüse)
- Einblasen von Kraftstoffdampf in das Saugrohr oder den Zylinder (Dampf kann schnell mit Luft vermischt werden, höherer Aufwand)
- Die Homogenisierung kann durch optimierte Anpassung der Ladungsbewegung und Vorwärmung der Verbrennungsluft (fördert die Kraftstoffverdampfung, kann aber zu thermodynamisch ungünstigem frühen Zündzeitpunkt führen) unterstützt werden.

Probleme der homogenen Dieselverbrennung:

- Brennbeginn und Verbrennungsablauf (Verbrennungsgeräusch, Brenndauer und so weiter) sind nicht über den Einspritzbeginn steuerbar, sondern durch den Zustand der Zylinderladung bei Einlassschluss und während der Kompression sowie durch die Ladungszusammensetzung (zum Beispiel variable Ansauglufttemperatur, variables Verdichtungsverhältnis, variable AGR-Rate)
- Tendenz zur vorzeitigen Zündung wegen hoher Cetanzahl des Dieselkraftstoffes (Absenkung des Verdichtungsverhältnisses und Ladungsverdünnung erforderlich)
- Erzeugung eines optimalen Zündfensters (λ-T-Bereich)
- Erreichen hoher Mitteldrücke ist durch klopfähnliche Erscheinungen und/oder $\lambda \gg 1$ beziehungsweise hohe AGR-Raten begrenzt
- Die Motordrehzahl ist nach oben hin begrenzt, weil die Gemischbildung (Homogenisierung) zeitkontrolliert ist
- Die HC- und CO-Emissionen steigen infolge verstärkter Wandeinflüsse (Wandbenetzung und Flammenauslöschung) und einer unvollständigen Umsetzung beider Komponenten durch die abgesenkten Temperaturen an (Gegenmaßnahme: Oxidationskatalysator; aber steigender Aufwand und Light-Off-Problem wegen geringerer Abgastemperatur durch die hohe Ladungsverdünnung)
- Durch die Gemischhomogenisierung und komplizierte Prozesssteuerung steigt der notwendige Aufwand erheblich an
- Die Wandbenetzung durch den eingespritzten Kraftstoff (besonders bei Zuführung des Kraftstoffes ins Saugrohr oder bei früher Einspritzung in den Brennraum während des Kompressionshubes) muss möglichst vermieden werden
- Der Kaltstart wird wegen des abgesenkten Verdichtungsverhältnisses zur Vermeidung vorzeitiger Selbstzündung schwieriger
- Die Steuerung des Prozessablaufes ist besonders bei transienten Betriebszuständen sehr kompliziert.

Schlussfolgerungen:
Ideal bezüglich geringer Schadstoffemissionen wäre die Verbrennung eines bis zum Einsetzen der Kompressionszündung vollständig homogenisierten Gemisches. Dieses ideale Verfahren wird als **HCCI**-Verfahren (**H**omogeneous **C**harge **C**ompression **I**gnition) bezeichnet. Aus heutiger Sicht scheint der Betrieb des Dieselmotors mit homogener Verbrennung aber nur im unteren Last- und Drehzahlbereich möglich zu sein. **Bild 15-19** zeigt das Potenzial, dieses Verbrennungsverfahrens.
Zu hohen Mitteldrücken hin ist der Motorbetrieb durch die so genannte „Knock-Grenze" beschränkt, die grundsätzlich durch die notwendige Ladungsverdünnung durch Abmagerung (λ_{min}) gegeben ist. Diese

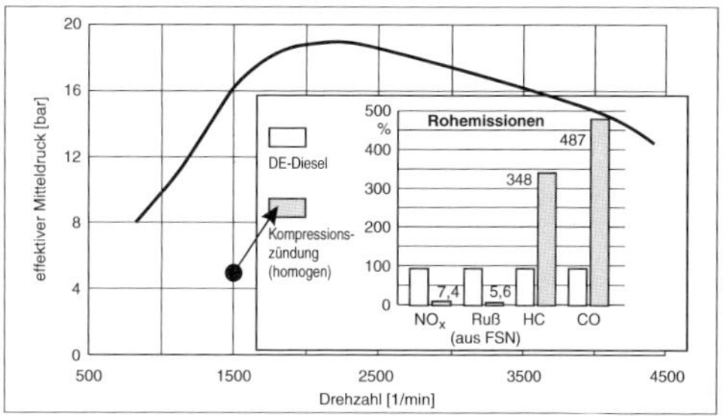

Bild 15-19 Potenzial der homogenen Kompressionszündung beim DI-Dieselmotor [20]

Grenze kann durch zunehmende AGR-Rate bis an die jeweilige Zündgrenze erweitert werden. Der maximale Mitteldruck wird dann mit $\lambda \approx 1$ und hohen AGR-Raten erreicht. Nach unten ist der Mitteldruck durch die kleinstmögliche Kraftstoffmenge gegeben. Die maximale Drehzahl wird von der notwendigen Zeit zur Bildung eines homogenen Gemisches bestimmt. Durch Aufladung kann die obere Grenze für den Mitteldruck noch erweitert werden. Aufgrund der so gegebenen relativ engen Grenzen für Mitteldruck und Drehzahl, sowie der Probleme, die mit den o.g. Eigenschaften des Dieselkraftstoffes verbunden sind, muss der Motor im oberen Last- und Drehzahlbereich konventionell mit heterogenem Gemisch betrieben werden. Um beide Gemischbildungsverfahren in einem Motor zu realisieren, sind wegen der extrem unterschiedlichen Einspritzzeitpunkte hohe Anforderungen an die optimale Brennraumgestaltung, das Einspritzsystem und die AGR-Regelung erforderlich. Eine große Herausforderung stellt hierbei die Regelung des transienten Motorbetriebs und des nahtlosen Übergangs von der homogenen Kompressionszündung zum konventionellen Dieselbetrieb dar (zum Beispiel Einsatz von Brennraumdrucksensoren). Damit kommen aus praktischen Gründen nur Verfahren in Frage, die in der Lage sind, im gesamten Kennfeld des Motors durch die Steuerung des Prozesses (insbesondere der Kraftstoffeinspritzung, der Abgasrückführung – intern und extern, der Aufladung – Ladeluftdruck und -temperatur) den Homogenisierungsgrad der Zylinderladung hinsichtlich NO_x- und Partikelemissionen sowie Kraftstoffverbrauch zu optimieren. Es kommt darauf an, unter Einhaltung der genannten Grenzen in einem möglichst großen Teillast- und Drehzahlbereich eine weitgehende Gemisch-Homogenisierung zu erreichen und darüber hinaus den Homogenisierungsgrad (Teilhomogenisierung) der Ladung optimal an die motorischen Betriebsbedingungen anzupassen.

Bekannte Verfahren (Auswahl):
Die Betriebsweise des **DCCS** (**D**ilution **C**ontrolled **C**ombustion **S**ystem) von Toyota ist die eines konventionellen Dieselmotors, bis auf die erforderlichen

sehr hohen AGR-Raten von etwa 75 %. Durch diese hohe Ladungsverdünnung werden die Arbeitsstofftemperaturen unter die Schwellwerte für eine intensive NO_x- und Rußbildung gesenkt. Es werden Mitteldrücke des Hochdruckprozesses von etwa 10 bar bei sehr niedrigen Emissionswerten für NO_x und Ruß erreicht. Die HC-Emissionen sind stark erhöht. Der indizierte Wirkungsgrad ist stark abgesenkt.

Das von Nissan vorgestellte **MK**-Verfahren (**M**odulated **K**inetics) arbeitet mit einer Teilhomogenisierung durch späte Einspritzung nach dem oberen Totpunkt. Die Verlängerung des Zündverzuges durch die sinkende Arbeitsstofftemperatur wird durch eine AGR-Rate von etwa 40 % unterstützt. Zur Verhinderung der Rußbildung ist die strikte zeitliche Trennung der Einspritz- und Verbrennungsphase wichtig. Der erreichbare indizierte Mitteldruck des Hochdruckprozesses liegt bei circa 8 bar. Er ist durch die mit der Motorlast zunehmende Einspritzdauer und die infolge der gleichzeitig ansteigenden Prozesstemperaturen eintretende Verkürzung des Zündverzuges begrenzt. Wirkungsgrad, HC- und CO-Emissionen entsprechen etwa denen der konventionellen Dieselmotoren. Dieses Verfahren ist auch unter der Bezeichnung **HPLI** (**H**ighly **P**remixed **L**ate **I**njection) bekannt geworden.

Werden die Merkmale Teilhomogenisierung und hohe AGR-Rate zusammengeführt, kommt man zum so genannten **HCLI**-Verfahren (**H**omogeneous **C**harge **L**ate **I**njection). Dieses Verfahren ist durch eine vergleichweise frühe Einspritzung gekennzeichnet. der zeitliche Abstand zwischen dem Einspritzende und dem Verbrennungsbeginn ist wesentlich größer als beim HPLI-Verfahren. Es werden Rußfreiheit bei sehr niedrigem NO_x-Niveau und Wirkungsgraden nahe denen des konventionellen Dieselmotors möglich. Die HC- und CO-Emissionen liegen in der Größenordnung heutiger Ottomotoren mit Direkteinspritzung. Das Verfahren ist gegenüber den Einstellparametern weitgehend unempfindlich. Es können indizierte Mitteldrücke des Hochdruckprozesse bis circa 6 bar erreicht werden.

Bild 15-20 zeigt die Arbeitsbereiche der genannten Verbrennungsverfahren im λ-T-Schaubild. Ergänzend hierzu sind im **Bild 25-21** die jeweilige Lage der Kraftstoffeinspritzung und der Energieumsetzung im Kurbelwinkelbereich dargestellt.

Anwendungen:

Für den praktischen Einsatz ist eine Kombination verschiedener sich ergänzender Verfahren sinnvoll:

- bis zu einem effektiven Mitteldruck von etwa 4 bar Einsatz des HCLI-Verfahrens
- darüber hinaus bis zu einem effektiven Mitteldruck von etwa 6 bis 8 bar Einsatz des HPLI-Verfahrens
- darüber bis zur Volllast konventionelle Dieselverbrennung.

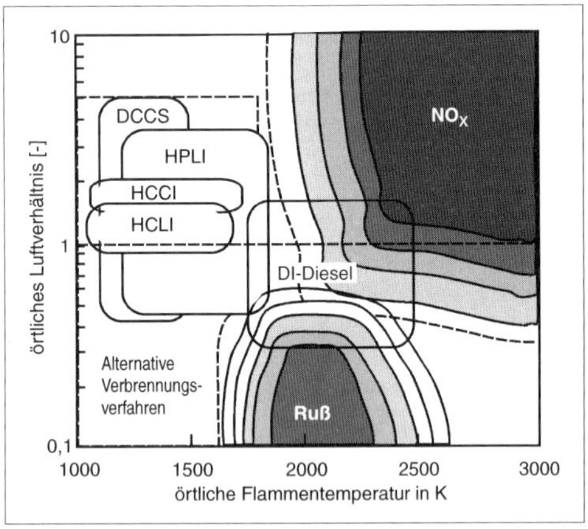

Bild 15-20 Arbeitsbereiche für homogene beziehungsweise teilhomogene Diesel-Verbrennungsverfahren [20]

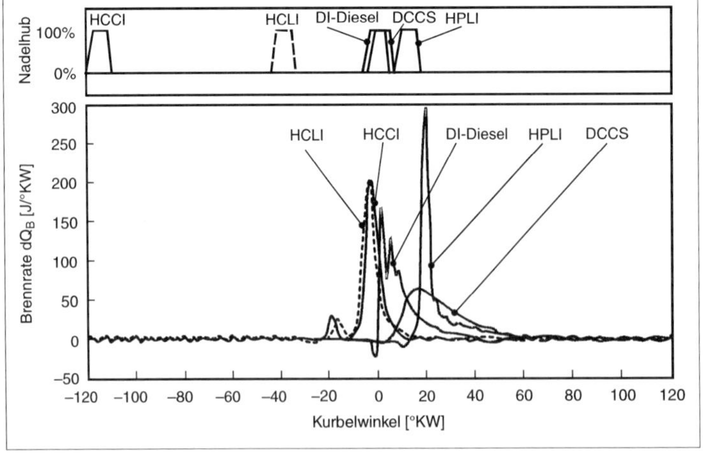

Bild 15-21 Energieumsetzung für homogene bzw. teilhomogene Diesel-Verbrennungsverfahren [21]

An einem so umgerüsteten und stationär betriebenen Pkw-Dieselmotor mit 2,2 l Hubraum gewonnene Ergebnisse zeigen:
Für ein Fahrzeugtestgewicht von 1.590 kg ergeben sich auf den NEDC (**N**ew **E**uropean **D**riving **C**ycle) hochgerechnet gegenüber der EURO 4 – Emissionsvorschrift Reduktionspotenziale von circa 60 % für NO_x- und 70 % für Partikelemissionen.

Ausblick:
Die zukünftigen Entwicklungen sind auf die Erhöhung der Lastgrenzen für das HCLI-Verfahren ausgerichtet, um auf das HPLI-Verfahren verzichten zu können. Hierzu sind weitere Untersuchungen zur Verbesserung der Ladungsverdünnung durch Aufteilung der notwendigen AGR-Menge zwischen interner und externer AGR durchzuführen. Die Mehrfacheinspritzungen während des Kompressionshubes zur Erzeugung eines homogenisierten Teilgemisches und dessen definierte Zündung durch eine Hauteinspritzung sind eine Möglichkeit. Die Wechselwirkung der veränderten Verbrennungsverfahren mit den Erfordernissen der Abgasturboaufladung und die betriebspunktabhängige Steuerung beziehungsweise Regelung der Prozesse sind weiter zu erforschen und zu optimieren. Obwohl eine vollkommen homogene Dieselverbrennung (HCCI) im gesamten Motorenkennfeld als unrealistisch eingeschätzt werden muss, wird die homogene beziehungsweise teilhomogene Dieselverbrennung die Weiterentwicklung der Verbrennungsverfahren für die Dieselmotoren in der Zukunft in zunehmendem Maße beeinflussen. Weitere Verbesserungen sind durch die optimale Anpassung des Kraftstoffes an das Verbrennungsverfahren zu erwarten. Die Entwicklung synthetischer Kraftstoffe erschließt hierzu möglicherweise ein weiteres Potenzial. Da die homogene Selbstzündung auch für Ottomotoren interessant ist nähern sich wahrscheinlich in Zukunft die Verbrennungsverfahren der Diesel- und Ottomotoren einander an. Die Abgasnachbehandlungssysteme sind auf die veränderten Bedingungen anzupassen.

15.1.2.5 Sonderverfahren und Besonderheiten

MAN-M-Verfahren. Bei diesem Verfahren wurde ein völlig anderer Weg beschritten. Während bislang galt, den Kraftstoff möglichst von der Brennraumwand fern zu halten, wurde hier der Kraftstoff bewusst auf die Wand aufgetragen. Der Brennraum ist kugelförmig zentral im Kolbenboden angeordnet. Diese Anordnung gab dem Verfahren auch den Namen – Mittenkugelverfahren, **Bild 15-22**.
Der Kraftstoff wird mit Ein- oder Zweilochdüse und relativ niedrigem Druck tangential zur Brennraumwand eingespritzt, wo er sich zunächst als Film ausbreitet. Nur ein geringer Teil des Kraftstoffes wird zur Einleitung der Zündung luftverteilt. Die Verbrennungsverfahren mit Direkteinspritzung lassen sich somit in wandverteilende und in luftverteilende einteilen. Keines der Verfahren ist aber in vollkommener Form darstellbar. Deshalb werden die ausgeführten Brennverfahren insbesondere bei kleinen Zylindereinheiten besser als vorwiegend wandbeziehungsweise luftverteilend bezeichnet. Beim MAN-M-Verfahren wird durch die Wandauftragung des Kraftstoffes erreicht, dass die Kraftstoffgeschwindigkeit fast zu Null wird und der flüssige Kraftstoff nicht der hohen Brennraumtemperatur (Wandtemperatur circa 340 °C bei Volllast) ausgesetzt wird. Zur Erreichung einer hohen Relativgeschwindigkeit zwischen Kraftstoff und Luft bedarf es einer hohen Luftgeschwindigkeit im Brennraum, die mittels Drallkanälen erreicht wird. Während des Zündverzuges dampft wenig Kraftstoff von der Brennraumwand ab. Es wird entsprechend wenig Kraftstoff für die Verbrennung aufbereitet, was zu einem besonders niedrigen Druckanstieg und Verbrennungsgeräusch führt. Nach der Zündung kommt es durch die hohe Gastemperatur zu einer intensiven Abdampfung des Kraftstofffilmes von der Wand. Der intensive Luftwirbel sorgt für eine schnelle Vermischung von Luft und Kraftstoff. Im Wirbel selbst erfolgt eine Trennung der heißen

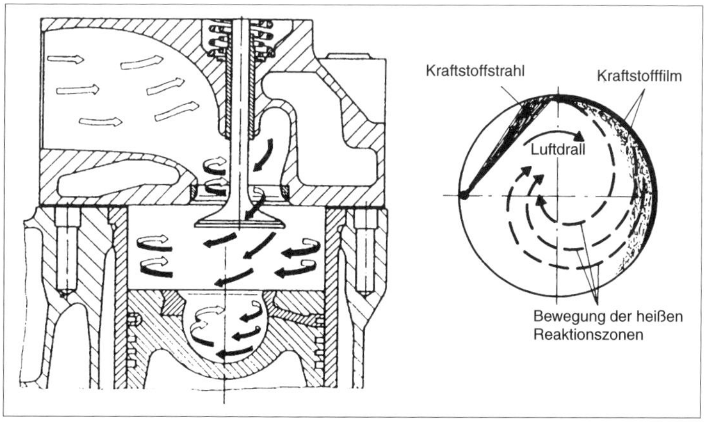

Bild 15-22 Brennraum – Kraftstoff- und Luftbewegung beim MAN-M-Verfahren [6, 19]

Verbrennungsgase, die auf spiralförmigen Bahnen ins Zentrum wandern, und der relativ kalten Luft, die nach außen zum Kraftstoff gedrängt wird. Dadurch, dass der Kraftstoff zunächst der hohen Gastemperatur entzogen wird, ist die Rußemission relativ niedrig. Deshalb zeichnet sich dieses Verbrennungsverfahren durch eine gute Luftausnutzung aus und erreicht hohe Mitteldrücke an der Rauchgrenze. Nachteilig sind die hohen Strömungs- und Wärmeübergangsverluste, die zu einem höheren Kraftstoffverbrauch und zu einer höheren thermischen Belastung, insbesondere des Kolbens und des Zylinderkopfes, führen. Deshalb ist dieses Verfahren nicht sonderlich gut für die Aufladung geeignet. Im Teillastbereich verschlechtert sich wegen der sinkenden Temperaturen die Gemischbildung, was besonders zu erhöhten Kohlenwasserstoffemissionen führt. Die Nachteile dieses Verfahrens gegenüber den vorwiegend luftverteilenden Verbrennungsverfahren mit Direkteinspritzung sind der Grund dafür, dass es heute nicht mehr eingesetzt wird. Das M-Verfahren wurde vorrangig im Nfz-Bereich genutzt.

FM-Verfahren. Bei der Entwicklung des M-Verfahrens zeigte sich, dass es auch gut für die Verbrennung niedrigsiedender Kraftstoffe geeignet ist (Vielstoffeignung). Daraus wurde das FM-Verfahren entwickelt. Innere Gemischbildung, Brennraumform und Lastregelung wurden vom M-Verfahren übernommen. Die Zündung erfolgt mit Hilfe einer Zündkerze (F = Fremdzündung) wie beim Ottomotor. Der Prozessablauf entspricht nahezu dem des Gleichdruckprozess. Das Verhalten der Abgasemissionen ist etwas günstiger als beim M-Verfahren. Wegen der Kombination von Merkmalen des klassischen Diesel- und Ottoverfahrens wird das FM-Verfahren zu den hybriden Verbrennungsverfahren gezählt.

Zündstrahlverfahren. Bei diesem Verfahren wird eine kleine Dieselkraftstoffmenge (bis 10 % des Volllastwärmeverbrauchs) zur Zündung eines außerhalb des Motorzylinders homogen vorgemischten und in den Brennraum eingebrachten Luft-Kraftstoff-Gemisches eingespritzt. Die homogen vorgemischten Kraftstoffe können magere Gemische aus Dieselkraftstoff, alkoholische oder auch gasförmige Kraftstoffe sein. Praktische Anwendung hat dieses Verfahren hauptsächlich als Zündstrahl-Gas-Dieselmotor gefunden. Diese Motoren können auch als Wechselmotoren betrieben werden, das heißt die Dieselkraftstoffmenge kann von der Zündmenge bis auf Volllastmenge bei gleichzeitiger entsprechender Verringerung der Gasmenge erhöht werden. Der Motor arbeitet dann im reinen Dieselbetrieb. Das hat den Vorteil, dass derartige Motoren auch betrieben werden können, wenn eine kontinuierliche Gasversorgung nicht in vollem Umfang gesichert werden kann und/oder wenn bei Bedarf, zum Beispiel beim Einsatz von Schwachgasen, die volle Dieselmotorleistung verfügbar sein soll.

Gas-Dieselmotor. Bei diesem Verfahren wird wie beim herkömmlichen Dieselmotor Luft verdichtet. In die komprimierte Luft wird hochverdichtetes Brenngas eingeblasen (innere Gemischbildung). Während des Einblasevorganges entstehen im Brennraum örtlich Bereiche mit zündfähiger Gas-Luft-Mischung. Die Selbstzündungstemperatur der eingesetzten Brenngase liegt in der Regel höher als die des Dieselkraftstoffes. Während der dadurch längeren Zündverzugszeit kann sich eine relativ große Menge an zündfähigem Gas-Luft-Gemisch bilden. Diese brennt bei Selbstzündung nahezu schlagartig ab. Es kommt zu unzulässig hohen Druckgradienten und Maximaldrücken im Brennraum. Deshalb wird bei diesem Verfahren eine geringe Menge Dieselkraftstoff (Pilotkraftstoff) eingespritzt. Die Gaseinblasung erfolgt dann erst nach der Zündung der Pilotkraftstoffmenge. Dadurch kann das Gas nahezu ohne Zeitverzug bei erträglichen Zylinderdrucksteigerungen verbrennen.

Besonderheiten des Schwerölbetriebes. Der Schwerölbetrieb, der heute auch für mittelschnelllaufende Viertaktdieselmotoren mit Kolbendurchmessern von circa 200 bis 600 mm und Drehzahlen zwischen circa 1.000 bis 400 1/min gefordert wird, ist hinsichtlich der Verbrennung mit einigen Besonderheiten verbunden. Der Vanadium- und Natriumgehalt des Schweröles kann bei der Verbrennung zu Ablagerungen im Brennraum führen. Folge davon ist die sogenannte Hochtemperaturkorrosion. Diese schränkt den Dauerbetrieb eines Motors in unzulässiger Weise ein beziehungsweise macht ihn sogar unmöglich. Der Schwefelgehalt des Schweröles hat bei Taupunktunterschreitung in Verbindung mit dem bei der Verbrennung entstehenden Wasser die Bildung von Schwefelsäure und schwefliger Säure und damit die sogenannte Niedertemperaturkorrosion zur Folge. Dies macht es erforderlich, insbesondere die Kühlung der brennraumbildenden Bauteile so auszulegen, dass im gesamten Betriebsbereich des Motors die kritischen Temperaturen nicht erreicht werden.

Literatur

[1] *Renner, G.; Maly, R. R.:* Moderne Verbrennungsdiagnostik für die dieselmotorische Verbrennung. In: Essers, U. (Hrsg.): Dieselmotorentechnik 98. Renningen-Malmsheim: expert-verlag, 1998

[2] *Schünemann, E.; Fettes, C.; Rabenstein, F.; Schraml, S.; Leipertz, A.:* Analyse der dieselmotorischen Gemischbildung und Verbrennung mittels mehrdimensionaler Lasermesstechniken. In: IV. Tagung Motorische Verbrennung (Essen, März 1999). Essen: Haus der Technik, 1999

[3] *Fath, A.; Fettes, C.; Leipertz, A.:* Modellierung des Strahlzerfalls bei der Hochdruckeinspritzung. In: IV. Tagung Motorische Verbrennung (Essen, März 1999). Essen: Haus der Technik, 1999

[4] *Mollenhauer, K.; Tschöke, H. (Hrsg.)*: Handbuch Dieselmotoren. 3. Aufl. Berlin: Springer, 2007

[5] *Adomeit, Ph.; Lang, O.*: CFD Simulation of Diesel Injection and Combustion. SIA Congress „What challenges for the Diesel engine of the year 2000 and beyond" (Lyon, May 2000). Suresnes (France): SIA, 2000

[6] *Urlaub, A.*: Verbrennungsmotoren: Grundlagen, Verfahrenstheorie, Konstruktion. 2.Aufl. Berlin: Springer, 1995

[7] *Dietrich, W. R.; Grundmann, W.*: Das Dieselkonzept von DEUTZ MWM, ein schadstoffminimiertes, dieselmotorisches Verbrennungsverfahren. Fortschritt-Berichte VDI, Reihe 6: Energieerzeugung, Nr. 282, Düsseldorf: VDI Verlag, 1993

[8] *Heinrichs, H.-J.*: Untersuchungen zur Strahlausbreitung und Gemischbildung bei kleinen direkteinspritzenden Dieselmotoren. Diss. RWTH Aachen, 1986

[9] *Pischinger, F.; Schulte, H.; Jansen, J.*: Grundlagen und Entwicklungslinien der dieselmotorischen Brennverfahren. In: VDI Berichte Nr. 714 (Tagung: Die Zukunft des Dieselmotors, Wolfsburg Nov. 1988). Düsseldorf: VDI Verlag, 1988

[10] *Meurer, J. S.*: Das erstaunliche Entwicklungspotenzial des Dieselmotors; In: VDI Berichte Nr. 714; (Tagung: Die Zukunft des Dieselmotors, Wolfsburg Nov. 1988) Düsseldorf: VDI Verlag, 1988

[11] *Armbruster, F.-J.*: Einfluss der Kammergeometrie auf den Energiehaushalt und die Prozesssimulation bei Kammerdieselmotoren. Fortschrittberichte VDI, Reihe 12: Verkehrstechnik/Fahrzeugtechnik, Nr. 149. Düsseldorf : VDI Verlag, 1991

[12] *Fortnagel, M.; Moser, P.; Pütz, W.*: Die neuen Vierventilmotoren von Mercedes-Benz. In: MTZ 54 (1993) Heft 9, S. 392–405

[13] *Sun, D.*: Untersuchung der Strömungsverhältnisse in einer Dieselmotor-Wirbelkammer mit Hilfe der Laser-Doppler-Anemometrie. Diss. Universität Stuttgart, 1993

[14] *List, H.; Cartellieri, W. P.*: Dieseltechnik – Grundlagen, Stand der Technik und Ausblick. In: MTZ Sonderausgabe „10 Jahre TDI-Motor von Audi", Sept. 1999

[15] *Spindler, S.*: Beitrag zur Realisierung schadstoffoptimierter Brennverfahren an schnelllaufenden Hochleistungsdieselmotoren. Fortschritt-Berichte VDI, Reihe 6: Energieerzeugung, Nr. 274. Düsseldorf: VDI Verlag, 1992

[16] *Dietrich, W. R.*: Die Gemischbildung bei Gas- und Dieselmotoren sowie ihr Einfluss auf die Schadstoffemissionen – Rückblick und Ausblick. Teil 1 in: MTZ 60 (1999) Heft 1, S. 28–38; Teil 2 in: MTZ 60(1999) Heft 2, S. 126–134

[17] *Thiemann, W.; Dietz, M.; Finkbeiner, H.*: Schwerpunkte bei der Entwicklung des Smartdieselmotors. In: *Bargende, M.; Essers, U.* (Hrsg.): Dieselmotorentechnik 2000. Renningen-Malmsheim: expert-verlag, 2000

[18] *Kirsten, K.*: Vergleich unterschiedlicher Brennverfahren für kleine schnelllaufende Dieselmotoren. Diss. RWTH Aachen, 1986

[19] *Grote, K.-H.; Feldhusen, J. (Hrsg.)*: Dubbel – Taschenbuch für den Maschinenbau. 22. Aufl. Heidelberg: Springer, 2007

[20] *Willand, J.; Vent, G.; Wirbeleit, F.*: Können innermotorische Maßnahmen die aufwendige Abgasnachbehandlung ersetzen? 21. Internationales Wiener Motorensymposium, Wien Mai 2000; Fortschrittberichte VDI, Reihe 12: Verkehrstechnik/ Fahrzeugtechnik Nr. 420; Band 1: erster Tag S. 33; VDI-Verlag Düsseldorf 2000

[21] *Chmela, F.; Piock, W. F.; Sams, Th.*: Potenzial alternativer Verbrennungsverfahren für Otto- und Dieselmotoren. in VKM-THD Mitteilungen, H. 83, 2003; 9. Tagung „Der Arbeitsprozess des Verbrennungsmotors" Graz, September 2003, S. 45–59

Bürgler, L.; Cartus, T.; Herzog, P.; Neunteufl, K.; Weißbäck, M.: Brennverfahren, Abgasnachbehandlung, Regelung – Kernelemente der motorischen HSDI Diesel Emissionsentwicklung. 13. Aachener Kolloquium Fahrzeug- und Motorentechnik 2004, Band 2. VKA, ika, RWTH Aachen, VDI (Hrsg.)

Coma, G.; Gastaldi, P.; Hardy, J. P.; Maroteaux, D.: HCCI Verbrennung: Traum oder Realität? 13. Aachener Kolloquium Fahrzeug- und Motorentechnik 2004, Band 1. VKA, ika, RWTH Aachen, VDI (Hrsg.)

Kahrstedt, J.; Buschman, G.; Predelli, O.; Kirsten, K.: Homogenes Dieselbrennverfahren für EURO 5 und TIER2/LEV2 – Realisierung der modifizierten Prozessführung durch innovative Hardware und Steuerungskonzepte. 25. Int. Wiener Motorensymposium 2004, Band 2. Fortschritt-Berichte VDI, Reihe 12, Nr. 566.

15.2 Ottomotoren

Die Verbrennung im Ottomotor erfolgt durch Fremdzündung mittels Zündkerze. Die Aufbereitung von dafür erforderlichen Luft-Kraftstoff-Gemischen kann auf verschiedene Arten erfolgen:

- homogene Gemischaufbereitung durch äußere Gemischbildung (Port-Fuel-Injection PFI)
- homogene Gemischaufbereitung durch direkt in den Brennraum, während der Ansaugphase eingespritzten Kraftstoff (Direct-Injection-Spark-Ignition DISI-homogen)
- geschichtete Gemischaufbereitung durch direkt in den Brennraum gegen Ende der Verdichtung eingespritzten Kraftstoff (Direct-Injection-Spark-Ignition DISI-geschichtet).

Bei homogener Gemischaufbereitung wird die Leistungseinstellung mittels Füllungsveränderung (Quantitätsregelung) realisiert. Bei geschichteter Gemischbildung erfolgt die Leistungseinstellung durch Variation des Luftverhältnisses (Qualitätsregelung), wodurch die drosselfreie Laststeuerung ermöglicht wird. Im Folgenden wird zunächst das Brennverfahren mit homogener Gemischbildung von PFI-Motoren behandelt. Die Besonderheiten von DISI-Motoren werden im anschließenden Kapitel erörtert.

15.2.1 Brennverfahren von Port-Fuel-Injection-(PFI)-Motoren

Verbrennung von Kohlenwasserstoffen

Üblicherweise bestehen Ottomotorenkraftstoffe aus einem Gemisch von circa 200 verschiedenen Kohlenwasserstoffen (Alkane, Alkene, Alkohole und Aromate). Bei PFI-Motoren liegt am Ende des Verdichtungsvorganges ein weitgehend homogenes Luft-Kraftstoff-Verhältnis vor, welches kurz vor dem oberen Totpunkt durch einen elektrischen Zündfunken entflammt wird. Im Bereich des Zündfunkens muss ein zündfähiges Gemisch vorliegen. Hierzu ist ein Luft-Kraftstoff-Verhältnis in Bereich von $0{,}8 \leq \lambda \leq 1{,}2$ erforderlich. Damit im Luft-Kraftstoff-Gemisch chemische Reaktionen und damit Verbrennungen ablaufen können, müssen die Reaktionspartner eine Aktivierungsenergie besitzen, die durch den Zündfunken bereitgestellt wird. Diese erforderliche Zündenergie liegt bei 30–150 mJ je Verbrennung. Durch den Zündfunken werden lokal Temperaturen von 3.000–6.000 K erreicht. Für eine sichere Entflammung ist eine Zündspannung an der Zündkerze von 15–25 kV mit einer Funkendauer von 0,3–1 ms (abhängig von Umgebungszustand und Ladungsbewegung) erforderlich. Damit eine sichere Flammenausbreitung erfolgen kann, muss die Energiefreisetzung aus der Verbrennung größer sein als der Wärmetransport an den verdampfenden Kraftstoff und die brennraumbegrenzenden Wände. Die Wärmefreisetzung erfolgt durch Verbrennung von Kohlenwasserstoffen mit Sauerstoff gemäß folgender Bruttoreaktionsgleichung:

$C_xH_y + (x + y/4)\ O_2 \rightarrow x\ CO_2 + y/2\ H_2O$

Da die Wahrscheinlichkeit zum gleichzeitigen Zusammentreffen aller erforderlichen Reaktionspartner gering ist, läuft die Oxidation von Kohlenwasserstoffen über eine Vielzahl von Elementarreaktionen ab[1], bei denen in einer ersten Reaktionsphase über Dehydrierung von Kohlenwasserstoffperoxid Alkane entstehen, die durch Reaktionen mit H-, O- oder OH-Radikalen schließlich Aldehyde bilden. Die Bildung der Aldehyde benötigt etwa 10 % der insgesamt freizusetzenden Energie und wird durch das Auftreten von kalten Flammen begleitet. In der sich anschließenden blauen Flamme werden CO, H_2 und H_2O (30 % Bedarf der gespeicherten Energie) gebildet. In der abschließenden heißen Flamme entstehen CO_2 und H_2O, wobei 60 % der im Kraftstoff gespeicherten Energie freigesetzt werden.

Zylinderdruckverlauf, Innenwirkungsgrad und Flammenausbreitung

Die bei der Verbrennung freigesetzte Energie führt zu einem Temperatur- und Druckanstieg der Zylinderladung im Brennraum, welche jedoch nach der Zündeinleitung erst mit Verzögerung in der Zylinderdruckverlaufsanalyse detektiert wird **(Bild 15-23)**. Dies ist durch die lokale Aufheizung des unmittelbar im Zündkerzenbereich befindlichen Gemischs auf Zündtemperatur bedingt und beträgt unabhängig von der Drehzahl etwa eine ms. Die Brenndauer kann mithilfe physikalischer Modelle für die Energieumsetzung und Wärmeabfuhr aus dem Brennraum berechnet werden [2]. Als Ergebnis folgt die Brennfunktion, die das Verhältnis von verbrannter zu eingesetzter Kraftstoffmasse als Funktion des Kurbelwinkels angibt. Hierdurch kann die Lage und Dauer der Verbrennung sowie ihre thermodynamische Wirkung bewertet werden. Für homogene, gut umgesetzte Gemische liegt die Schwerpunktlage der Verbrennung wirkungsgradoptimal bei 8° Kurbelwinkel nach OT, und die effektive Brenndauer beträgt je nach Betriebspunkt und Brennverfahren 30–50 Grad Kurbelwinkel.

Die detaillierten Auswirkungen von geänderten motorischen Parametern (zum Beispiel Steuerzeitenvariation, geänderte Ladungsbewegung) ist auf Grund der oben genannten Simulationsmodelle nur eingeschränkt möglich. Für diese Analyse eignet sich die DDA-Methode (Differenzierte Druckverlauf-Analyse, [3]), die auf Basis des gemessenen Druckverlaufs zu jedem Grad Kurbelwinkel die indizierte Arbeit bewertet (**Bild 15-23**, unten). Mit Hilfe der eingesetzten Kraftstoffmasse und einiger einfachen Umrechnungen

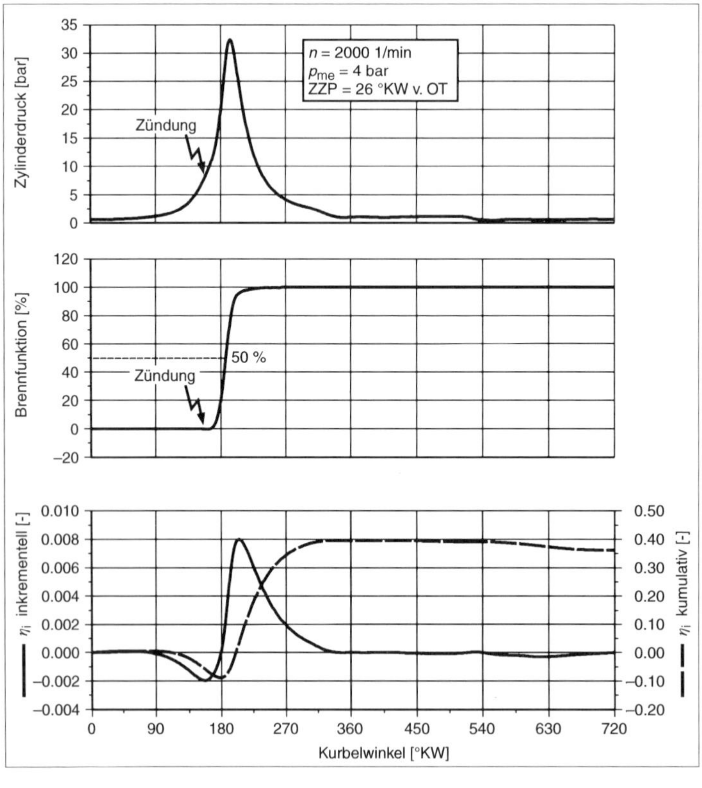

Bild 15-23 Druckverlauf und Druckverlaufsanalysen

lassen sich Wirkungsgradvor- und -nachteile verschiedener Motorkonfigurationen vergleichen und optimieren.
Die von der Zündkerze ausgehende Flammenfront ist dünn und breitet sich bei normaler Verbrennung mit etwa 20–25 m/s aus. Die Verkürzung der Brenndauer ermöglicht durch die Annäherung an die isochore Energieumsetzung Wirkungsgradvorteile und kann durch folgende Maßnahmen erreicht werden:

- Schnelle Flammenfrontgeschwindigkeit durch höhere Ladungsbewegung (Drall-, Tumble- oder Quetschströmungen)
- Kürzere Flammenwege durch kompakte Brennraumgestaltung mit zentral angeordneter Zündkerzenlage oder mehrerer Zündorte
- Höhere Ladungsdichte durch höheres Verdichtungsverhältnis.

Bei Doppelzündung brennt die Zylinderladung aufgrund der kürzeren Brennwege schneller durch und die Brennraumwände werden von der Flamme eher erreicht. Hierdurch wird die Neigung zur Flammenerlöschung vor der Zylinderwand (flame quenching) vermindert und die Anteile der unverbrannten Kohlenwasserstoffe im Abgas werden deutlich reduziert. Die schnelle Energieumsetzung reduziert zusätzlich die zyklischen Schwankungen der ottomotorischen Verbrennung.

Zyklische Schwankungen und Zündwinkeleinfluss

Die Schwankungen des Zylinderdruckverlaufs von Arbeitsspiel zu Arbeitsspiel **(Bild 15-24)** sind typisch für die ottomotorische Verbrennung und haben ihre Ursachen in den Schwankungen des turbulenten Geschwindigkeitsfeldes und der örtlichen Ladungszusammensetzung, wodurch die Ausbreitung der Flammenfront und damit die Energieumsetzung beeinflusst wird. In **Bild 15-25** ist der bedeutsame Einfluss des Zündzeitpunktes auf den maximalen Zylinderdruck und dessen wirkungsgradbeeinflussende Lage, bezogen auf den oberen Totpunkt, dargestellt.

Einfluss Verdichtungsverhältnis

Durch Erhöhung des Verdichtungsverhältnisses kann bei Teilllast der verbrennungshemmende Einfluss der niedrigen Zylinderdrücke teilweise kompensiert werden, der zur Leistungseinstellung durch Ansaugluftdrosselung entsteht. **Bild 15-26** zeigt den Verbrauchsgewinn und -verlust, der sich durch Änderung des Verdichtungsverhältnisses, ausgehend von $\varepsilon = 10$, ergibt.

Klopfende Verbrennung

Die Erhöhung der Verdichtung sowie die Frühverstellung der Zündung werden mit zunehmender Last durch die Selbstentzündungsneigung von unverbrannten Gemischresten der Zylinderladung begrenzt. Neben der Verdichtung und dem Zündzeitpunkt sind Kraftstoffeigenschaften, Temperatur der Verbrennungsluft, Brennraumform, Bauteiltemperaturen und Ladungszustand (Zusammensetzung, Strömungsfeld) als wichtige Randbedingungen zu nennen. Die in [6] bevorzugte Theorie zur Entstehung des Motorklopfens geht von einer Sekundärzündung im unverbrannten Gemisch aus. Der weitere Verlauf des Motorklopfens wird durch die Ausbreitung der von diesen Selbstzündungsherden eingeleiteten sekundären Reaktionsfronten bestimmt. Durch eine extrem schnelle Energieumsetzung können lokale Druckänderungen entstehen, die Druckoszillationen der Zylinderladung im Bereich von 5–20 kHz verursachen und im Zylinderdrucksignal detektiert werden können **(Bild 15-27)**. Die hochfrequenten Schwingungen klingen asymptotisch ab und haben eine Dauer von bis zu 60 Grad Kurbelwinkel.

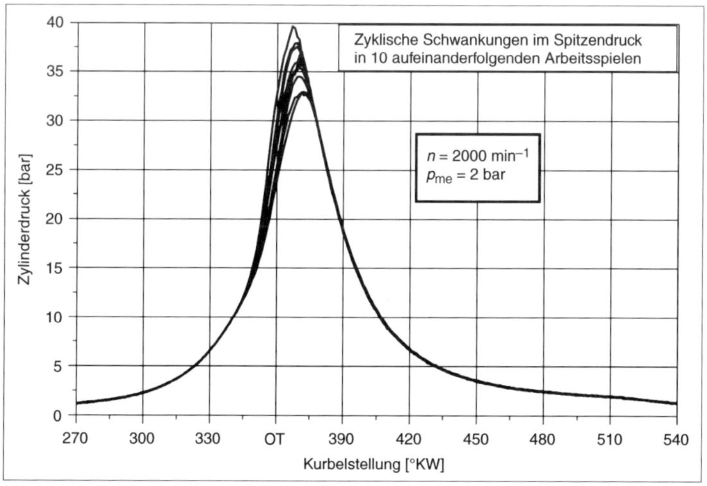

Bild 15-24 Zyklische Zylinderdruck-Schwankungen

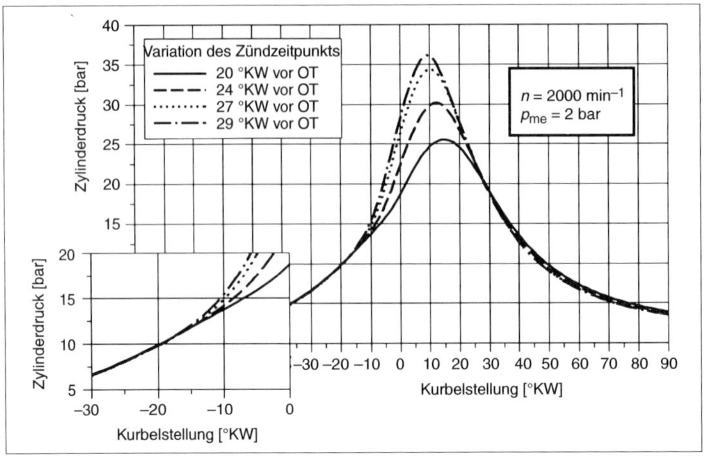

Bild 15-25 Zündwinkeleinfluss auf den Zylinderdruckverlauf

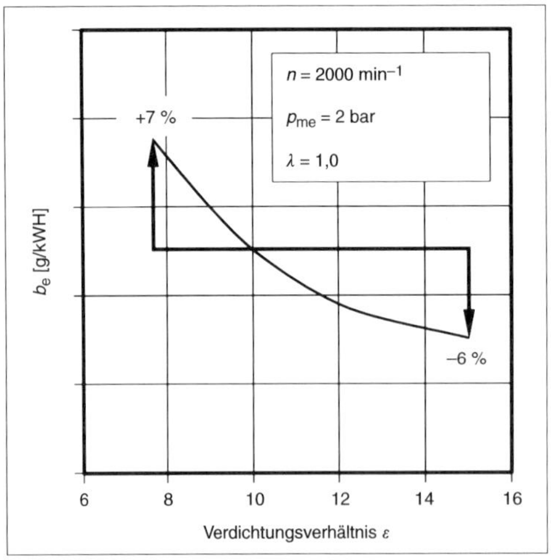

Bild 15-26 Einfluss des Verdichtungsverhältnisses auf den Teilllastverbrauch [5]

Durch die Druckwellen bei klopfender Verbrennung wird die Zylinderladung zu charakteristischen Resonanzschwingungen angeregt, die mit Hilfe der allgemeinen Wellengleichung, angewandt für den Hohlzylinder, und Verwendung der Besselfunktion berechnet werden können [7]. **Bild 15-28** zeigt eine typische berechnete Schwingform für eine Resonanzschwingung in einem Hohlzylinder. Die Resonanzschwingungen sind abhängig vom Zylinderdurchmesser. In **Bild 15-29** ist deren Einfluss auf die Frequenzlage der wichtigsten Schwingungsmoden dargestellt.

Das spontane Ausbreitungsverhalten der Reaktionsfronten erfolgt häufig äußerst inhomogen durch sequentielle, scheinbar regellose Zündung benachbarter Gemischteile mit Ausbreitungsgeschwindigkeiten der Stoßwellen von bis zu 600 m/s, die damit im Bereich der Schallgeschwindigkeit des Endgases liegen und thermische Explosionen auslösen und die Motorschäden zur Folge haben können. Falls der Ausbrand des Endgases durch Wärmeleitungs- und Diffusionsvorgänge erfolgt, treten viele isolierte, über das

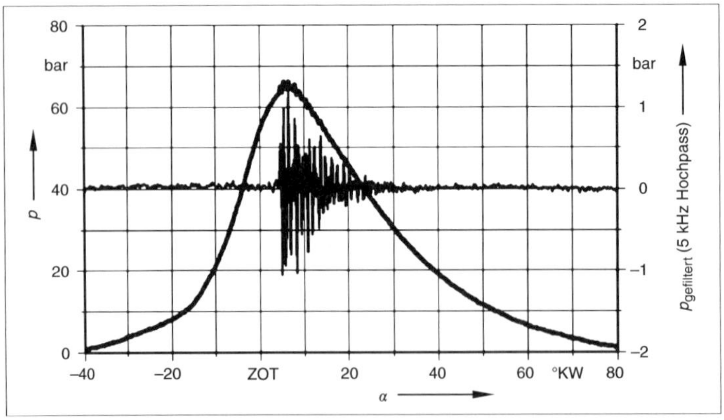

Bild 15-27 Zylinderdruckverlauf und gefilterter Zylinderdruck bei klopfender Verbrennung

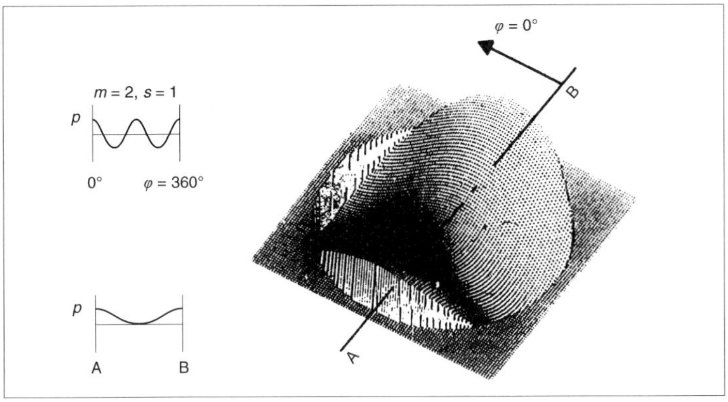

Bild 15-28 Berechnete Druckverteilung einer Resonanzschwingung im Zylinder

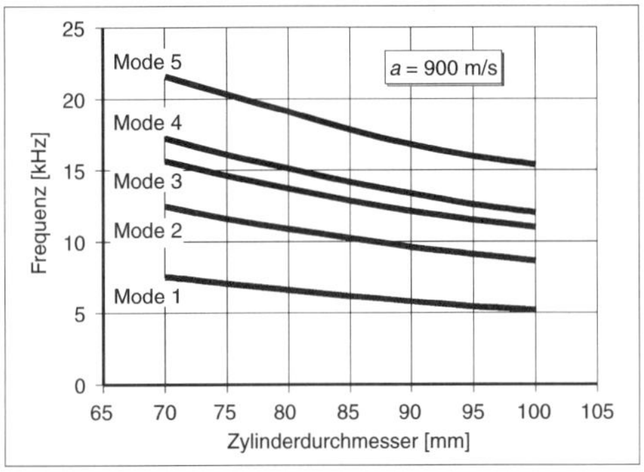

Bild 15-29 Zylinderdruck-Resonanzfrequenzen in Abhängigkeit vom Zylinderdurchmesser

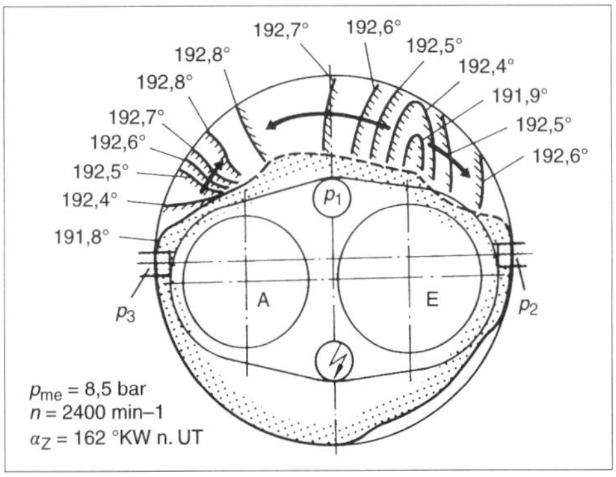

Bild 15-30 Flammenausbreitung bei klopfender Verbrennung (Lichtleiter-Messtechnik) [8]

Endgas verteilte Selbstzündungsherde auf, wobei Druckwellen völlig ausbleiben [6]. **Bild 15-30** zeigt eine typische Flammenausbreitung bei klopfender Verbrennung.

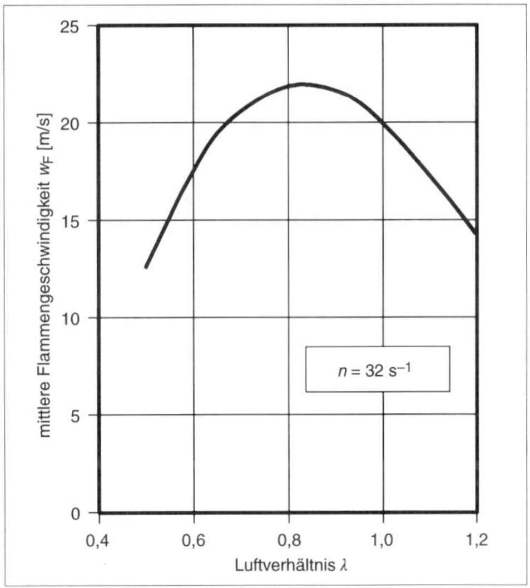

Bild 15-31 Mittlere Flammengeschwindigkeit in Abhängigkeit vom Luft-Kraftstoff-Verhältnis

Flammengeschwindigkeit

Die Flammengeschwindigkeit der normalen Verbrennung ergibt sich aus der Addition von Brenngeschwindigkeit und Transportgeschwindigkeit des örtlichen Frischgases. Die Brenngeschwindigkeit wird stark durch die örtliche Ladungszusammensetzung bestimmt und steigt mit der Ladungsturbulenz im Brennraum. Die Transportgeschwindigkeit ist abhängig von der Kolbenbewegung, von Quetschströmungen und vom Einlassvorgang ausgelösten Ladungsbewegungen (Drall, Tumble).

Bild 15-31 zeigt die mittlere Flammengeschwindigkeit in Abhängigkeit vom Luft-Kraftstoff-Verhältnis. Offenbar ist bei $\lambda = 0{,}8 - 0{,}9$ die Wahrscheinlichkeit, dass Reaktionspartner aufeinandertreffen,

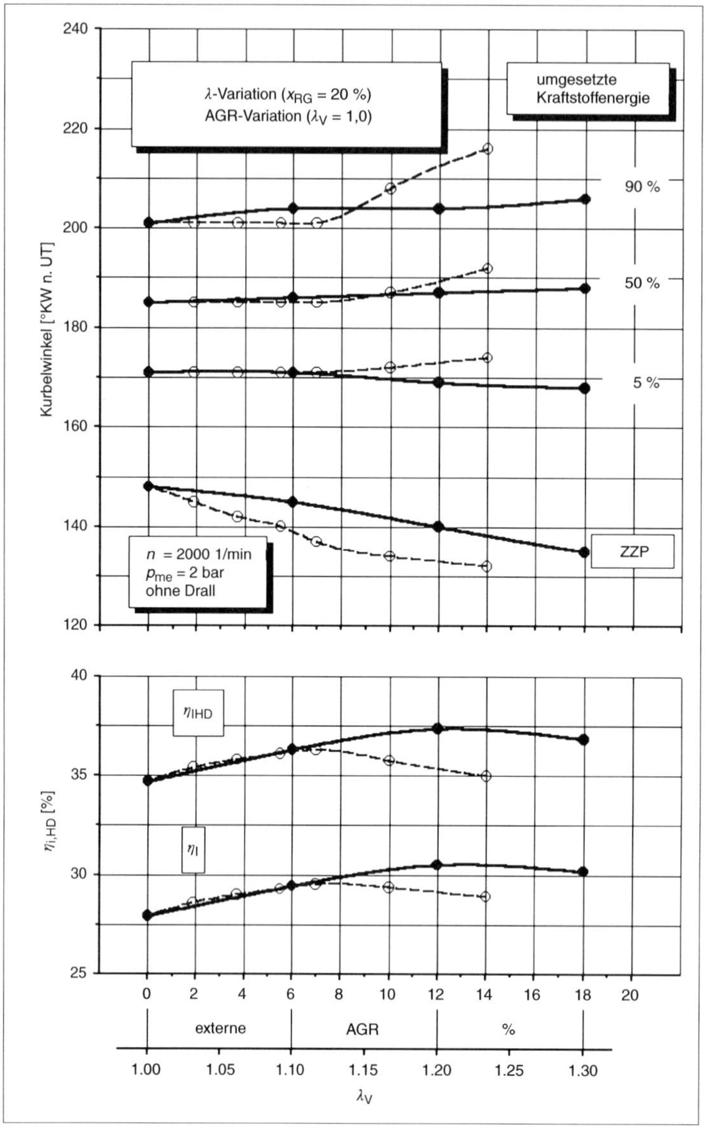

Bild 15-32 Verbrennungsverlauf und Wirkungsgrad in Abhängigkeit von der Ladungsverdünnung [11]

am größten. Auf Grund der schnellen Verbrennung wird bei $\lambda = 0{,}8-0{,}9$ die maximale Arbeit erzielt. Bei fetteren und mageren Gemischen nimmt die Flammengeschwindigkeit stark ab und muss durch Zündwinkelfrühverstellung korrigiert werden. Magere Gemische senken auf Grund ihrer geringeren Wärmekapazität und der aus der Ladungsverdünnung resultierenden geringeren Verbrennungsendtemperatur die im Abgas verbleibende Energie [9]. Dadurch steigt bei Ladungsverdünnung der Wirkungsgrad des Verbrennungsmotors. Da Flammengeschwindigkeit und Ladungsverdünnung einen gegenläufigen Einfluss auf das Wirkungsgradverhalten realer Brennverfahren zeigen, bildet sich bei konventionellen PFI-Ottomotoren mit homogener Gemischverteilung ein Wirkungsgradoptimum bei $\lambda = 1{,}1-1{,}3$.

Zylinderladungsverdünnung

Die Ladungsverdünnung kann mit Umgebungsluft oder rückgeführtem Abgas erfolgen. Durch die Zunahme des Luft-Kraftstoff-Verhältnisses oder des Restgasanteils wird der Anteil der nicht an der chemischen Umsetzung beteiligten Komponenten gesteigert. Diese inerten Komponenten können zur besseren Vergleichbarkeit des Einflusses von Abgasrückführung und überstöchiometrischer Füllung zur Kenngröße Inertgasanteil IG zusammengefasst werden [10]:

$$m_{\mathrm{IG}} = m_{\mathrm{N_2}} + m_{\mathrm{RG}} + m_{\mathrm{O_2},(\lambda>1)} + m_{\mathrm{H_2O},L} \quad (15.1)$$

$$\mathrm{IG} = \frac{m_{\mathrm{IG}}}{m_B \cdot L_{\mathrm{St}}} \quad (15.2)$$

Bild 15-32 zeigt den Einfluss der Ladungsverdünnung auf die Verbrennungsgeschwindigkeit und das Innenwirkungsgradverhalten in der Hochdruckphase sowie für den Gesamtprozess in einem Teillastbetriebspunkt [11]. Die Skalierung der Achsen für Restgasanteil und Luft-Kraftstoff-Verhältnis ist mit der Bedingung „gleicher Inertgasanteil" erfolgt.

Eine Verdünnung der Ladung verlängert die Entflammungsphase. Die Brenndauer bleibt dabei zunächst konstant und eine Wirkungsgradsteigerung stellt sich ein. Mit zunehmender Ladungsverdünnung begrenzt der für die Entflammung erforderliche Zylinderdruck die Zündwinkelfrühverstellung, wodurch die Umsetzungsphase länger wird; die zyklischen Schwankungen steigen und der Wirkungsgrad sinkt.

Bei gleichem Inertgasanteil IG dauert die Entflammungsphase bei Abgaszumischung länger als bei Luftzumischung, wodurch sich bei Abgaszumischung eine Begrenzung der Zündwinkelfrühverstellung und damit eine Verschlechterung des Wirkungsgrades eher zeigt. Bei Abgasrückführung wird der Sauerstoffpartialdruck erniedrigt und dadurch die Flammenausbreitung verlangsamt.

Bei externer Abgasrückführung sinkt der Innenwirkungsgrad η_i mit zunehmender Verdünnung nicht so stark wie der indizierte Hochdruck-Wirkungsgrad $\eta_{i,\mathrm{HD}}$. Ursache hierfür ist eine thermische Entdrosselung infolge der hohen Ansauglufttemperatur im Saugrohr, wodurch die Ladungswechselverluste sinken. Trotz geringerer Ladungswechselverluste können abgasverdünnte Verbrennungsgemische nicht die Innenwirkungsgrade luftverdünnter Gemische erzielen, da diese höhere Ladungsverdünnungen ermöglichen.

Die Abgasrückführung wird zur Verbrauchssenkung bei $\lambda = 1$-Konzepten eingesetzt, da damit der Drei-Wege-Katalysator bei der Abgasnachbehandlung beibehalten werden kann. Neben der externen Abgasrückführung kann die Abgasrückführrate intern über variable Ventilsteuerzeiten gesteuert werden. **Bild 15-33** verdeutlicht, wie durch Variation der Auslassnockenwellenposition um 40° KW die Ventilüberschneidung bei Spätverstellung zunimmt und sich das Wirkungsgradverhalten ändert. Die differenzierte Druckverlaufsanalyse zeigt, dass bei gleichem Betriebspunkt die Verdichtungsarbeit bei größerer Ventilüberschneidung steigt. Ursache hierfür ist die größere Zylinderladung bei zunehmender Abgasrückführung. Während der Expansion kommt es bei höherem Restgasanteil zu längeren Brenndauern und zu geringeren Zylinderspitzendrücken. Auf Grund der günstigeren Ladungseigenschaften und späterem Auslass-Öffnen ergeben sich jedoch Wirkungsgradvorteile. Die mit steigender Abgasrückführung einhergehende Entdrosselung in der Ansaugphase reduziert die Ladungswechselverluste und erhöht somit weiter den Wirkungsgradvorteil der Variante mit größerer Ventilüberschneidung auf insgesamt 4 %.

Neben dem Wirkungsgradverhalten ist für die Beurteilung eines Brennverfahrens das Niveau der Rohemissionen von Bedeutung. **Bild 15-34** zeigt den Verbrauchs-/Emissions-Tradeoff eines 4V-Motors mit Einlass-Ventilabschaltung bei Variation der Ladungsverdünnung in einem stationären Betriebspunkt. Gegenüber der Ausgangsbasis (λ = 1,0, keine AGR) wird durch Erhöhung der Abgasrückführrate auf 17,5 % der Verbrauch um 4 % und die HC + NO_x-Emissionen um 50 % gesenkt. Die alternative Ladungsverdünnung durch Abmagerung ermöglicht ein maximales Luftverhältnis von λ = 1,4. Hierbei sinkt der Verbrauch gegenüber der Basisvariante um 9 % und die HC-NO_x-Emissionen um 40 %.

Ladungsbewegung

Zur Verbesserung der Abmagerungsfähigkeit kommt im Wesentlichen die Steigerung der Ladungsbewegung in Betracht. Dies kann zum einen beim Einströmen der Zylinderfrischladung durch spezielle Formgebung der Einlasskanäle erreicht werden. Drallkanäle oder eine Einlasskanalabschaltung beim 4V-Motor erzeugen einen Rotationswirbel, dessen Achse parallel zur Zylinderachse verläuft. Drallströmungen bleiben während der Ansaugung und Kompression erhalten und lösen sich erst während der Expansion auf. Turbulenzkanäle erzeugen einen Wirbel im Zylinder, dessen Achse senkrecht zur Zylinderachse liegt und der durch einseitiges Einströmen am Einlassventil infolge Strömungsabrisses im Einlasskanal entsteht. Tumble-Strömungen bleiben bis zur Kompression weitgehend erhalten und zerfallen nahe dem oberen Zünd-Totpunkt in Mikroturbulenzen.

Bild 15-35 zeigt beispielhaft das motorische Verhalten bei externer Abgasrückführung von Drall- und Tumble-Strömungen an einem 4V-Motor. Der Ladungsdrall wurde durch Abschaltung eines Einlassventils erzeugt. Gegenüber dem Tumble-Konzept weist die Drall-Variante bei diesem Motor einen wesentlich geringeren Entflammungsverzug auf. Durch die großflächige Ladungsbewegung gelingt es dem Flammenkern nach Zündeinleitung einen größeren Gemischbereich schneller zu erfassen und eine spürbare Energieumsetzung einzuleiten. Auch die Verbrennungsphase verläuft beim Drallkonzept schneller als beim Tumblekonzept. Die schnellere Energieumsetzung bei Drall hat einen deutlich geringeren Vorzündungsbedarf zur Folge und ermöglicht dadurch günstigere Entflammungs-

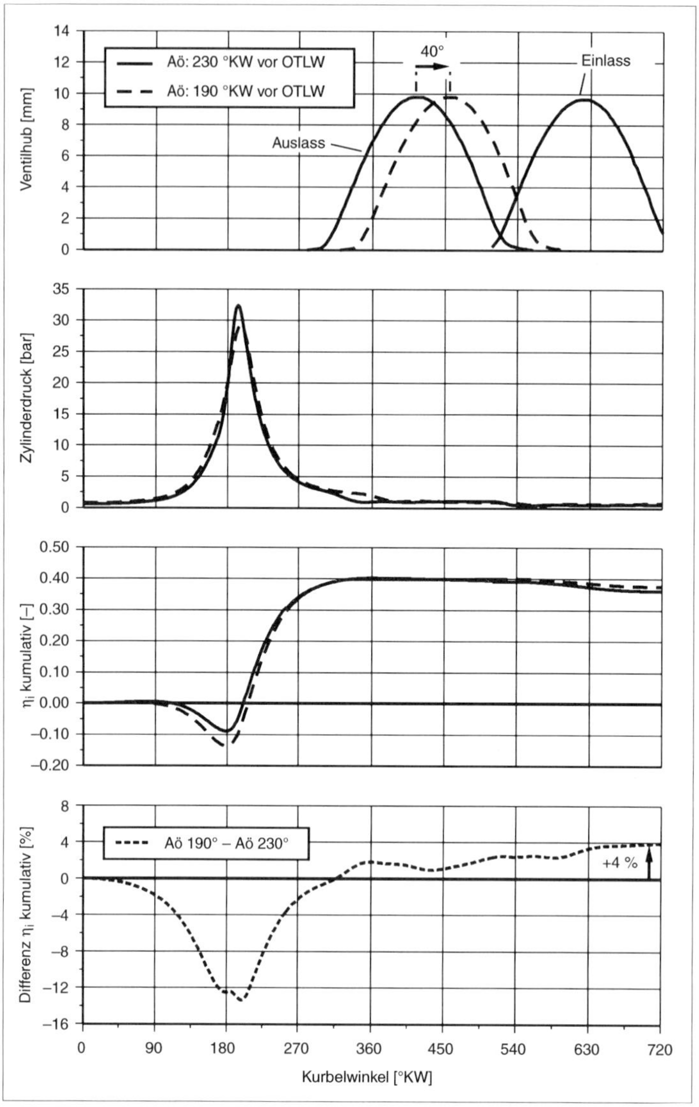

Bild 15-33 Innere Abgasrückführung durch Variation der Auslass-Steuerzeit, ZZP = Verbrauchsoptimal, Druckverlaufsanalyse

bedingungen zum Zündzeitpunkt. Die zyklischen Schwankungen (σ_{pmi}) sind hierdurch bei Zunahme der AGR-Rate für die Drallvariante deutlich niedriger. Die bessere Verbrennungsstabilität sowie die kurze Brenndauer ermöglichen den Verbrauchsvorteil der Drallvariante.

Brennraumform

Die Brennraumform beeinflusst unter anderen folgende ottomotorischen Eigenschaften:

- das Einströmen der Zylinderfüllung
- die Ladungsbewegung im Zylinder
- die Geschwindigkeit der Energieumsetzung
- das Rohemissionsniveau
- das Klopfverhalten.

Daraus ergeben sich folgende Anforderungen an die Brennraumgestaltung:

- möglichst ungehindertes Einströmverhalten an den Ventilsitzen
- hohe Strömungsgeschwindigkeiten der Zylinderladung im Zünd-OT
- kurze Flammenwege durch zentrale Zündkerzenlage und kompakte Brennraumgeometrie
- Minimierung von Toträumen (Feuersteghöhe, Ventiltaschen)
- Vermeidung heißer Bauteile.

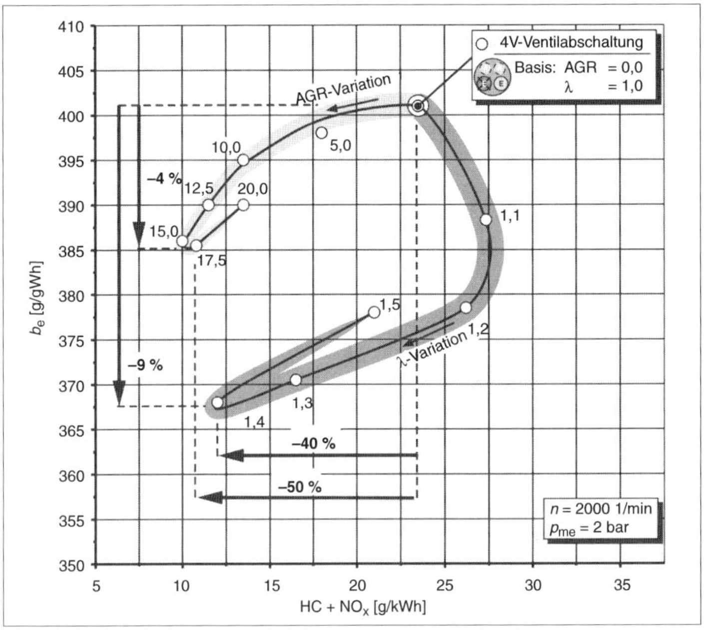

Bild 15-34 Verbrauchs-/Emissions-Tradeoff bei Variation der Ladungsverdünnung [11]

Diese Vorgaben erfüllen dachförmige Brennräume mit in V-Winkel angeordneten Ventilen gut. Wegen Füllungsvorteilen dominieren 4-Ventil-Motoren mit zwei Einlass- und zwei Auslassventilen bei aktuellen Motoren. **Bild 15-36** zeigt beispielhaft einen 4V-Serienbrennraum. Auf Grund von Kostenvorteilen kommen auch 2-Ventilmotoren mit parallel hängenden Ventilen und einer Nockenwelle zum Einsatz.

Lasteinfluss und Verlustanalyse

Die Leistungseinstellung von PFI-Motoren erfolgt durch Drosselung der Ansaugluft. Die dadurch sinkende Dichte der angesaugten Fischladung führt zu reduzierten Zylinderdrücken, die die Flammengeschwindigkeit verringern. Wie **Bild 15-37** zeigt, steigen dadurch die Wirkungsgradverluste in der Hochdruckphase bei niedrigen Lasten deutlich an. Der effektive Wirkungsgrad des Motors im Teillastbetrieb wird neben den Verlusten in der Hochdruckphase durch die Zunahme der Ladungswechselverluste infolge der Ansaugluftdrosselung und der lastunabhängigen Motorreibung verschlechtert.

Bild 15-38 zeigt die Energieverlustteilung für einen PFI-Motor bei Teil- und Volllast. Während bei Volllast circa 30 % der eingesetzten Energie als Nutzarbeit zur Verfügung stehen, kann bei Teillast nur circa 15 % genutzt werden. Mit über 50 % geht der größte Anteil der eingesetzten Energie auf Grund der gewählten Prozessparameter (Verdichtungsverhältnis, homogene Zylinderladung mit $\lambda = 1$, Brennraumform) als Abgasenergie verloren. Bei Teillast steigen zudem die Verlustanteile durch Motorreibung, Drosselung und zu langsame Verbrennung auf etwa das Doppelte des Volllastbetriebes.

15.2.2 Brennverfahren von Direct-Injection-Spark-Ignition-(DISI)-Motoren

Im Vergleich zu einem hubraumgleichen Ottomotor mit Saugrohreinspritzung (PFI) bietet der Ottomotor mit Direkteinspritzung (DISI) eine theoretische Reduzierung des Kraftstoffverbrauchs von 5–20 % im Teillastbereich, je nach Betriebspunkt und Betriebsart, **Bild 15-39**.

Unter Betrachtung der Wirkungsgradkette

$$\eta_i = \eta_V - \Delta\eta_{VB} - \Delta\eta_{WW} - \Delta\eta_{LW} - \Delta\eta_{\text{Leck}}\ ,$$

$$\eta_V = 1 - \frac{1}{\varepsilon^{\varkappa_{\text{eff}}-1}}$$

sind als Gründe

- die Erhöhung des Wirkungsgrades des vollkommenen Motors η_V durch ein höheres effektives und geometrisches Verdichtungsverhältnis, ermöglicht durch innere Gemischkühlung und entsprechendem Klopfverhalten, sowie einer Erhöhung des Isentropenexponent k bei Auslegung eines DISI-Brennverfahrens mit überstöchiometrischem Verbrennungsluftverhältnis
- die Verringerung der Drosselverluste $\Delta\eta_{LW}$
- die Reduzierung der Wandwärmeverlustes $\Delta\eta_{WW}$ bei geschichteten Brennverfahren
- η_{VB} = Verbrennungswirkungsgrad, $\Delta\eta$ = Leckageverluste für den theoretischen Wirkungsgradvorteil des Ottomotors mit Direkteinspritzung zu nennen.

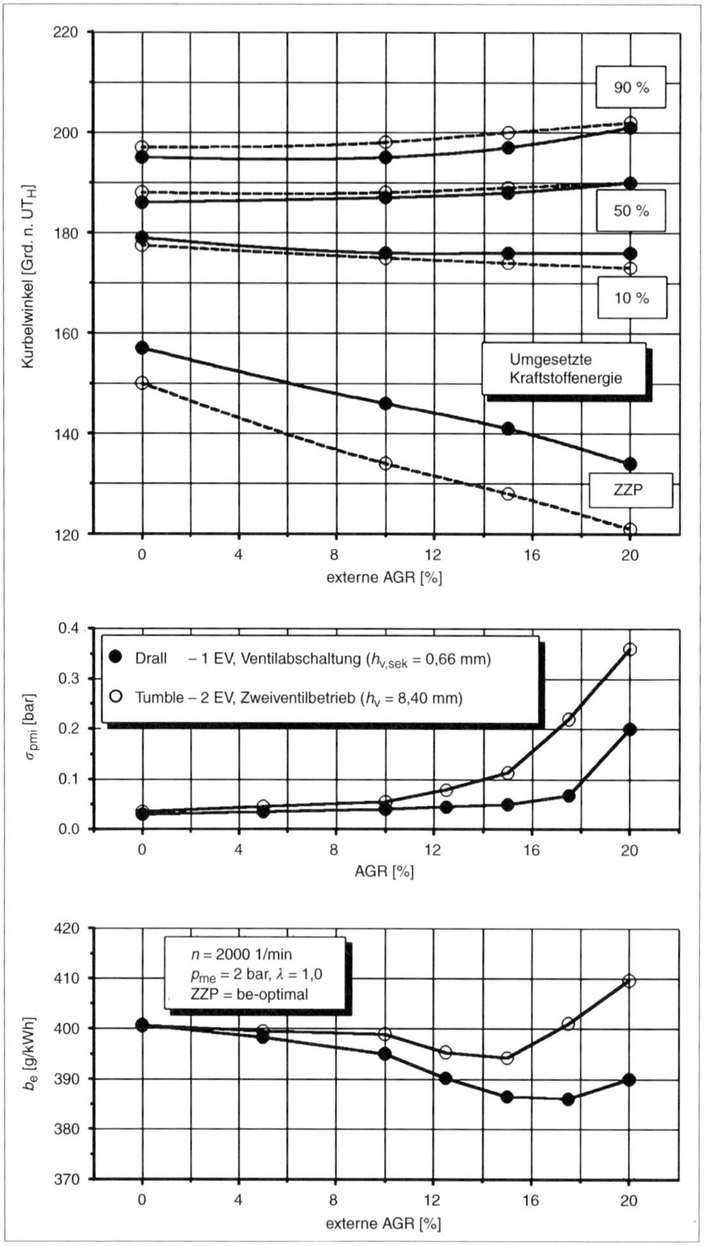

Bild 15-35 Verbrennungsverlauf von Drall- und Tumble-Strömungen am 4V-Motor [11]

Ein Vergleich der beiden Konzepte, PFI- und geschichteter DISI-Motor, zeigt die Verlustteilung im Betriebspunkt Drehzahl $n = 2000\ \text{min}^{-1}$ und effektivem Mitteldruck $p_{me} = 2{,}0$ bar in **Bild 15-40**.

Durch die Qualitätsregelung, bei der theoretisch keine Drosselung des in den Brennraum strömenden Luftstroms erforderlich ist, wird beim DISI-Motor mit Schichtbrennverfahren die Ladungswechselarbeit im Vergleich zum PFI-Motor auf ein Drittel reduziert. Die vergleichsweise geringe Temperaturdifferenz zwischen Brennraumwand und wandnahen Prozessmedien senkt die Wärmeverluste beim geschichteten DISI-Brennverfahren deutlich – ein um bis zu 60 % geringerer Wärmeeintrag in das Kühlmittel ist die Folge. Der höhere Abgasmassenstrom mit einem leicht erhöhten Anteil chemischer Energie und die Erhöhung der Reibungsarbeit (Kolbengruppe, Hochdruckpumpe) mindern die bisher aufgezeigten Vorteile des geschichteten DISI-Konzepts. In Summe jedoch bleibt ein Kraftstoffverbrauchsvorteil von circa 13 %.

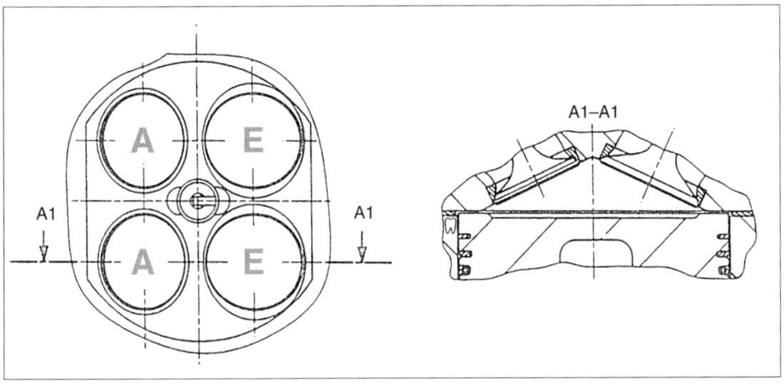

Bild 15-36 4V-Brennraum eines Serien-Ottomotors

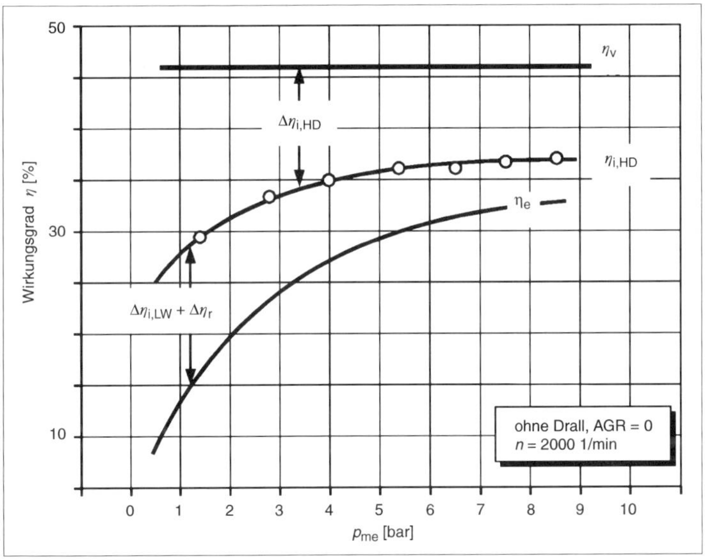

Bild 15-37 Wirkungsgradverhalten von PFI-Motoren in Abhängigkeit von der Last [11]

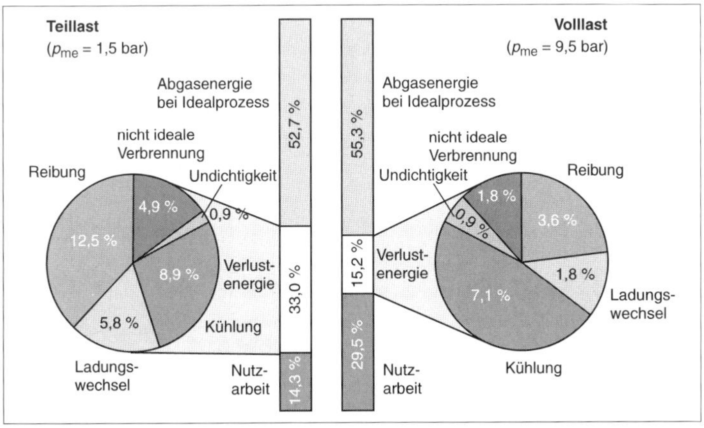

Bild 15-38 Verlustanalyse eines 4-Zylinder-PFI-Motors (1,6 l-Hubraum) [11]

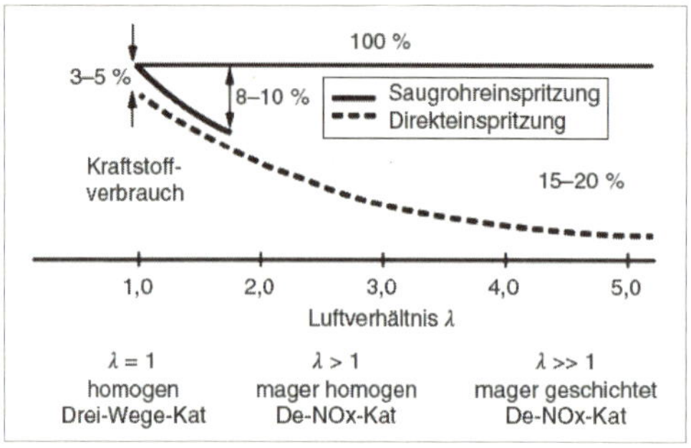

Bild 15-39 Kraftstoffeinsparung, Teillastbetrieb [12]

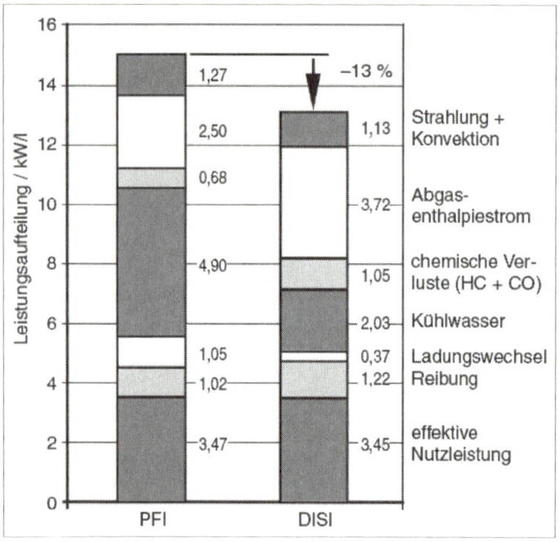

Bild 15-40 Verlustteilung, $n = 2.000\ \text{min}^{-1}$, $p_{me} =$ 2 bar [13]

Das vorteilhafte Kraftstoffverbrauchsverhalten von Ottomotoren mit Direkteinspritzung wird allerdings durch ein leicht schlechteres Emissionsverhalten erkauft. Sowohl im Schicht- wie im Homogenbetrieb steht weniger Zeit zur Gemischaufbereitung zur Verfügung, was grundsätzlich die Schadstoffentstehung begünstigt. Weiterhin stellt die Auslegung der Kraftstoffspray/Brennraumwandinteraktion große Herausforderungen an die Entwickler, denn jegliche Wandbenetzung führt ebenfalls zu einer Erhöhung des Schadstoffniveaus. Im folgenden **Bild 15-41** ist das Emissionsverhalten eines Ottomotors mit Direkteinspritzung dem eines mit Saugrohreinspritzung gegenüber gestellt. Dabei sei angemerkt, dass es sich hier um denselben Motor handelt, welcher einmal als Motor mit Saugrohreinspritzung und einmal in Direkteinspritzkonfiguration betrieben wurde.

Eindeutig ist das leicht erhöhte Niveau aller dargestellten Emissionswerte des Ottomotors mit Direkteinspritzung gegenüber dem mit Saugrohreinspritzung erkennbar. Sowohl die Standardemissionswerte wie Kohlenwasserstoffe, Kohlenmonoxid und die Stickoxide als auch die Indikatoren für die Rußbeziehungsweise Partikelemissionen, ausgedrückt durch den Rauchwert und die Partikelanzahlkonzentration unterstreichen die Schwierigkeit eine Gemischaufbereitung zu erreichen, wie sie mit PFI Konzepten erzielbar ist. Da das leicht erhöhte Potenzial der Standardemissionswerte aufgrund der Nutzung von Dreiwegekatalysatoren jedoch kein unlösbares Problem darstellt, tritt das Kraftstoffverbrauchspotenzial maßgeblich in den Vordergrund. Nur das Problem der erhöhten Russ- bzw. Partikelemissionen gilt es zu lösen.

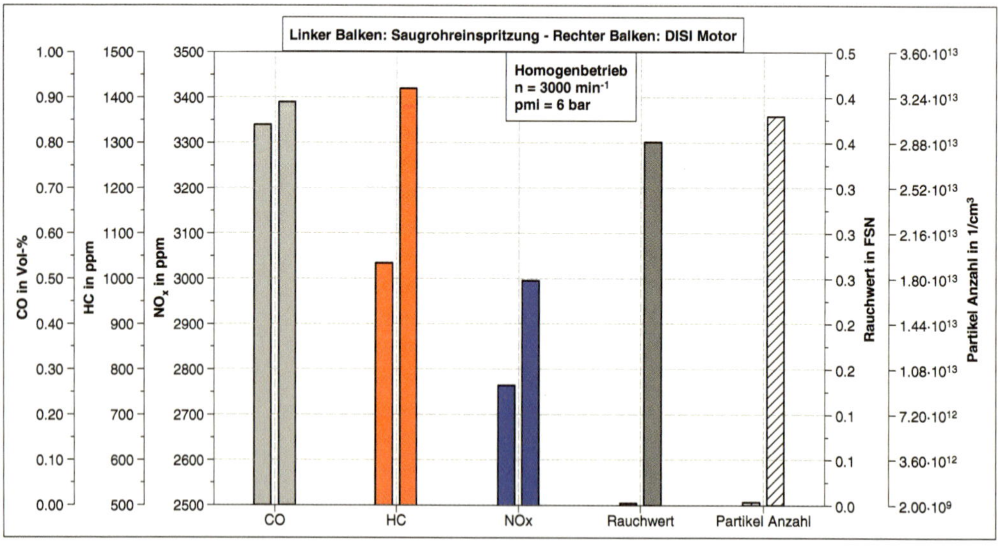

Bild 15-41 Vergleich des Rohemissionsprofils eines Ottomotors mit strahlgeführter Direkteinspritzung (Homogenbetrieb) und Saugrohreinspritzung

Wie beschrieben, gilt als wesentliche Motivation zur Entwicklung eines DISI-Motors das Potenzial der Verringerung des Kraftstoffverbrauchs. Dieses Potenzial wird im Gesamtfahrzeug häufig durch Anforderungen wie zum Beispiel

- Abgasnachbehandlung mit aktuellen Emissionsstandards
- Warmlaufverhalten
- Diagnose
- Systemkosten
- Langzeitstabilität

reduziert. Für die Bewertung eines Brennverfahrens sollten jedoch auch diese Rahmenbedingungen berücksichtigt werden, da sie zum Teil direkt auf das Brennverfahren einwirken. Als Bespiel sei hier das NO_x-Emissionsverhalten im Magerbetrieb in Verbindung mit NO_x Speicherkatalysatoren dargestellt: Durch den Eintrag der NO_x-Rohemissionen in das Katalysatorspeichersystem ist ein Regenerationsprozess nötig. Dieser erfolgt in unterstöchiometrischem Motorbetrieb. Durch die Häufigkeit dieses Prozesses wird das Kraftstoffverbrauchsverhalten mitbestimmt. Eine Minderung des NO_x-Ausstoßes kann somit indirekt zum Kraftstoffverbrauchsverhalten beitragen. Als Mittel zur NO_x-Rohemissionsabsenkung kommt häufig eine Abgasrückführung zum Einsatz. Diese kann sowohl extern als auch intern erfolgen [22]. Die vom Kunden als Selbstverständlichkeit vorausgesetzte Langzeitstabilität des Fahrzeugantriebs hat beim Konzept mit Direkteinspritzung eine weitere Aufgabenstellung bekommen. Da im Saugrohr kein Kraftstofffilm eingebracht wird, können Ablagerungen, wie sie zum Beispiel in den Einlasskanälen, an den Einspritzventilen und den Einlassventilen durch Abgasrückführung und durch die Kurbelgehäuseentlüftung entstehen, nicht durch entsprechende Kraftstoffadditive abgebaut werden.

Die für die Brennverfahrensentwicklung notwendigen Umfänge werden durch einige Rahmenbedingungen, die zum Teil schon oben skizziert worden sind, bestimmt. Als wesentliche und beispielhaft dargestellte Entwicklungsaufgaben gelten [5]:

- Generierung der Ladungsbewegung bei luftgeführten und wandgeführten Verfahren, auch für den Schichtbetrieb
- Sicherstellung einer zu Konzepten mit Saugrohreinspritzung vergleichbaren Gemischaufbereitung
- Sicherstellung der Robustheit der Einspritzung und Spraybildung insbesondere bei strahlgeführten Verfahren, sowohl für homogene wie auch geschichtete Brennverfahren
- Begrenzung der Bauteilbenetzung mit Kraftstoff
- Erfüllung der Anforderungen der Abgasnachbehandlung bei Schicht- und Magerbetrieb
- Darstellung einer geeigneten Abgasrückführung, gegebenenfalls auch Schicht-AGR
- Sicherstellung einer ausreichenden Stabilität des Brennverfahrens
- Bereitstellung der notwendigen Steuergerätfunktionen
- Schaffung einer ausreichenden Kaltstartfähigkeit
- Vermeidung von durchflussreduzierenden und spraybildverfälschenden Ablagerungen an Einspritzventilen
- Einsatz eines robusten Zündsystems.

15.2.2.1 Betriebsarten eines Ottomotors mit Direkteinspritzung

Durch den Einsatz einer Direkteinspritzung sind im Gegensatz zum System mit Saugrohreinspritzung mehr Motorbetriebsarten möglich, die im Folgenden aufgeführt und qualitativ betrachtet werden.

– geschichteter Betrieb

Ein wesentlicher Parameter für die Gemischaufbereitung ist das Einspritztiming. Durch gezielte Einspritzung in den Kompressionshub ist eine komplette Durchmischung des Gemisches im Brennraum bis zum Zündzeitpunkt nicht mehr möglich, eine Schichtung der Frischladung ist die Folge. Bezogen auf die gesamte eingebrachte Luftmasse ist hier eine deutliche Abmagerung darstellbar, bei ausgewählten Verfahren lassen sich hohe Werte des Luft-Kraftstoff-Verhältniswerte ($\lambda = 6$) amVersuchsträger ermitteln [14].

– homogener Betrieb

Die Einspritzung in den Saughub kennzeichnet den homogenen Betrieb. Das Kraftstoffverbrauchs- und Abmagerungsverhalten und auch der Drosselverlust ist vergleichbar mit den Werten des Ottomotors mit Saugrohreinspritzung. Diese Betriebsart wird im Bereich der Volllast und in Abmagerung in einem Bereich der Teillast angewendet. Die Vorteile zeigen sich im Klopfverhalten in der Volllast durch die höhere Innenkühlung des direkt eingebrachten Kraftstoffs, und in der Abgasnachbehandlung mit stöchiometrischem Luft-Kraftstoff-Verhältnis durch den Einsatz eines herkömmlichen Katalysatorsystems [15]. Der Vorteil der reduzierten Klopfneigung wird insbesondere bei DISI Konzepten mit Aufladung deutlich und steht daher zur Zeit bei vielen Entwicklern im Fokus, speziell für Hubraumkleine Ottomotoren.

Betriebsartenstrategie zwischen Homogen- und Magerbetrieb

Die für die Gemischbildung im Schichtbetrieb benötigte Zeit ist bei höheren Drehzahlen nicht gegeben; hier wird auf den Homogenbetrieb mit seinem frühen Einspritztiming ausgewichen. Eine weitere Begrenzung ist bei höherer Last die Gemischbildung mit ausgedehnten Zonen überfetten Gemischs. Die in **Bild 15-42** dargestellte Betriebsstrategie eines in Serie produzierten Motors beinhaltet ferner den Modus des

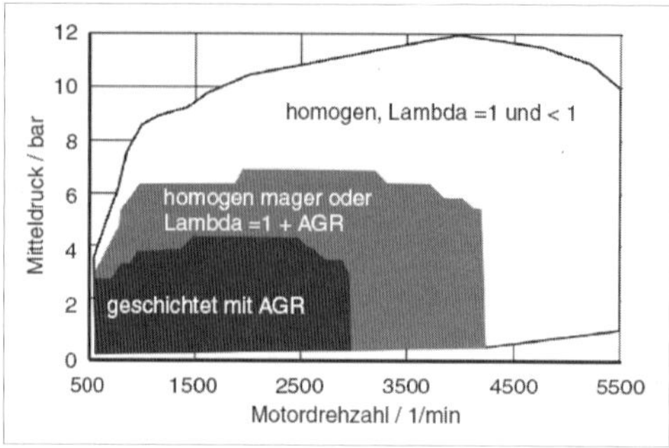

Bild 15-42 Betriebsartenstrategie eines wandgeführten Brennverfahrens

Magerbetriebs bei homogenem Gemisch, bei dem die Vorteile des Magerbetriebs genutzt werden können, andererseits aber keine Verkürzung der Gemischbildungszeit in Kauf genommen werden muss.

Um im überstöchiometrischen Motorbetrieb die im Vergleich zum PFI-Konzept erhöhten NO_x-Rohemissionen im Hinblick auf die Einhaltung der Emissionsgrenzwerte und der Arbeitsweise des Abgasnachbehandlungsverfahrens zu senken, ist es bei den meisten DISI-Motoren notwendig, mit hohen Abgasrückführraten zu arbeiten, die zudem die Kraftstoffverdampfung unterstützen.

Vergleich der Betriebsarten „homogener und geschichteter Betrieb"

Neben der Messung des Kraftstoffverbrauchs und der Schadstoffemission dient die Analyse der Zylinderdruckverläufe als wichtiger Vergleichsindikator zwischen der homogenen und der ladungsgeschichteten Betriebsart. Im Folgenden soll deshalb der Zylinderdruckverlauf bei Drehzahl $n = 2000\ \text{min}^{-1}$ und effektivem Mitteldruck $p_{me} = 2{,}0$ bar und die Entwicklung des Innenwirkungsgrades im selben Lastpunkt betrachtet werden. In **Bild 15-43** sind die Zylinderdruckverläufe beider Betriebsarten, wie sie für den Teillastbetrieb typisch sind, dargestellt.

Im ladungsgeschichteten Betrieb sind die Verdichtungs- und Verbrennungsspitzendrücke höher, da durch den entdrosselten Betrieb wesentlich mehr Luftmasse verdichtet werden muss. Zudem zeigt der geschichtete Betrieb die deutlich geringere Ladungswechselarbeit. In **Bild 15-45** ist die Entwicklung des Innenwirkungsgrades η_i dargestellt.

Beginnend im Ladungswechsel OT mit dem Ansaugen muss im homogenen Betrieb bis zum Beginn des Verdichtungshubes infolge der Drosselung mehr Arbeit aufgewendet werden als im Schichtbetrieb (negativer Innenwirkungsgrad). Erst mit dem Beginn des Verdichtungshubes erfährt der Kolben im homogenen Betrieb aufgrund der größeren Druckdifferenz zwischen Zylinderdruck und Druck im Kurbelgehäuse eine Kraftkomponente in Richtung OT, sodass die Steigung der Innenwirkungsgradkurve zunächst ein positives Vorzeichen aufweist. Erst nach etwa der Hälfte des Kolbenhubes stellt sich wie in **Bild 15-44** sichtbar ein größerer Zylinderdruck gegenüber Umgebung und somit eine gegen den Kolbenhub wirkende Kraft ein. Die Steigung der Innenwirkungsgradkurve wird somit wieder negativ. Gegen Ende des Verdichtungshubes ist im Schichtbetrieb die größere Luftmasse verdichtet und damit auch die größere Arbeit aufgewendet worden. Während des Arbeitstaktes zeigt die Kurve für den Schichtbetrieb die größere positive Steigung und erzielt gegen Ende des Arbeitstaktes einen größeren Innenwirkungsgrad als der homogene Betrieb. Der aufgezeigte Vorteil ist zum Teil durch die geringeren Wandwärmeverluste als auch durch die ausgeprägten Ladungseigenschaften im Schichtbetrieb zu erklären. Diese positive Wirkungsgraddifferenz kann aber bis zum Ende des Ausstoßtaktes quantitativ nicht ganz konserviert werden, da im Gegensatz zum homogenen Betrieb auch wieder eine größere Abgasmasse ausgeschoben

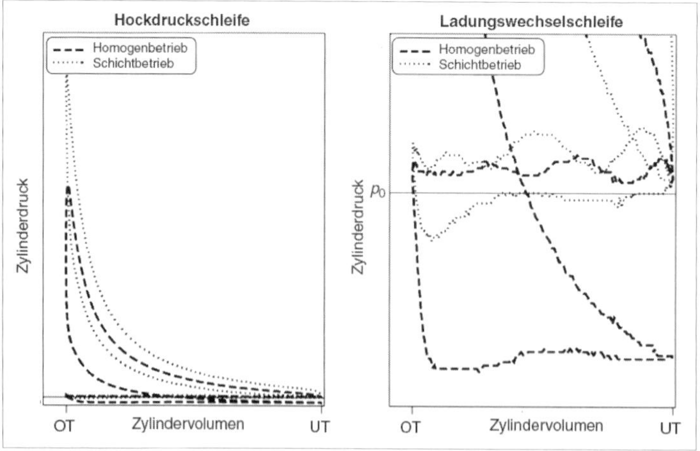

Bild 15-43 Zylinderdruckverlauf des homogenen und des ladungsgeschichteten Betriebs am DISI-Motor, $n = 2000\ \text{min}^{-1}$, $p_{me} = 2$ bar

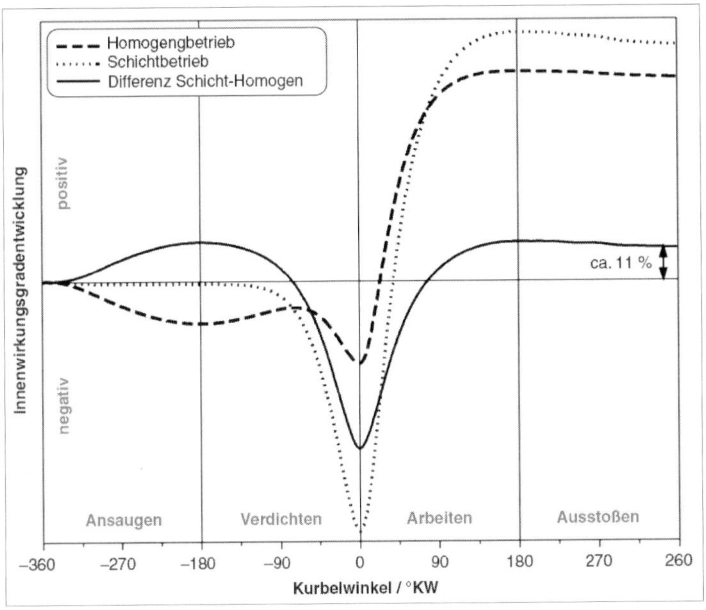

Bild 15-44 Innenwirkungsgradverhalten für den homogenen und den ladungsgeschichteten Betrieb am DISI-Motor, $n = 2000\ \text{min}^{-1}$, $p_{me} = 2$ bar

werden muss. Die Innenwirkungsgradkurve des Schichtbetriebes weist daher hier die größere negative Steigung auf.

Ausweitung des schichtfähigen Betriebsbereichs

Aufgrund ihres deutlichen Kraftstoffeinsparpotenzials in überstöchiometrischem Motorbetrieb gilt die Direkteinspritzung als die Maßnahme mit dem größten Einzeleinsparpotenzial. Limitiert wird das Potenzial durch den eingeschränkten Kennfeldbereich sowie das nach wie vor zu hohe NO_x-Rohemissionsniveau. Gelingt es also in Zukunft, durch geeignete Maßnahmen das NO_x-Rohemissionsniveau durch zum Beispiel eine höhere AGR-Verträglichkeit des Brennverfahrens oder ein effizientes Nachbehandlungssystem weiter abzusenken und den Kennfeldbereich des überstöchiometrischen Betriebsbereichs durch eine optimale Schichtung von Kraftstoff-/Luftgemisch und umgebender Luft auszuweiten, kann ein weiteres enormes Kraftstoffreduktionspotenzial erschlossen werden, ohne dass die Kosten deutlich ansteigen. Eindeutig kommt dem Einspritzsystem hier eine Schlüsselrolle zu, weshalb später in diesem Kapitel darauf nochmals eingegangen wird.

Heutige schichtbetriebene DISI Konzepte sind in der Betriebsart wie erwähnt sowohl in der Drehzahl wie in der Last nach oben begrenzt. Einerseits weil nicht genügend Zeit zur Gemischaufbereitung zur Verfügung steht, andererseits, weil nicht genügend Frischluft in den Zylinder gelangt, um die hohe Menge Kraftstoff bei höheren Lasten geschichtet aufzubereiten. Um die Limitierung in der Drehzahl nach oben zu verschieben, kann es hilfreich sein, den Einspritzdruck deutlich anzuheben. Die Limitierung in der Last kann nur in Zusammenhang mit einer Erhöhung der in den Zylinder eingebrachten Frischluftmenge ausgeweitet werden. Hierzu kann ein solches Schichtbetriebskonzept zum Beispiel mit der Aufladung kombiniert werden. Allerdings sei an dieser Stelle darauf hingewiesen, dass dem Aufladesystem hier eine Schlüsselrolle zukommt, denn einerseits sollte es hocheffizient arbeiten, andererseits muss das System eine sehr hohe Luftspreizung darstellen können um einerseits bereits in der Teillast eine hohe Luftmenge fördern zu können, andererseits soll es auch nicht zu einer Limitierung in der Nennleistung durch zum Beispiel ein Stopfen des Aufladesystems kommen. Die genannten Anforderungen lassen Standard-Abgasturboladerkonzepte nach heutigem Entwicklungsstand eher ausscheiden.

Insgesamt ist es eine Vision für die Zukunft, den Ottomotor in seinem kompletten Betriebskennfeld ungedrosselt zu betreiben; dadurch ließen sich sehr große Kraftstoffeinsparungen erzielen. Technikbausteinen wie der Aufladung und der Einspritzung sowie der Zündung kommen dabei Schlüsselrollen zu, so dass deren Weiterentwicklung in Zukunft im Fokus stehen wird.

15.2.2.2 Ausprägungen und Spezifika des ottomotorischen Brennverfahrens mit Direkteinspritzung sowie dessen Technologiebausteine und Technologiekombinationen

Beschreibung der unterschiedlichen Brennverfahrenskonzepte

Die meisten heute in Serie befindlichen Direkteinspritzsysteme der 1. Generation, also diese mit seitli-

cher Injektorlage, sind mittlerweile nicht mehr auf geschichteten Betrieb ausgelegt. Einerseits kann dieser Umstand auf die eingeschränkten Kraftstoffverbrauchspotenziale in Kundenhand sowie die mittlerweile verfügbaren Brennverfahrenskonzepte der 2. Generation, also der stahlgeführten Gemischaufbereitung zurückgeführt werden.
Gleichermaßen gilt allerdings für beide Generationen, dass der Schichtbetrieb, also die direkte Einspritzung des Kraftstoffes in den Verdichtungshub hohe Anforderungen an das Brennverfahren bezüglich Gemischbildung, Gemischtransport, Entflammung und Umsetzung stellt:

- Die Gemischbildung hat in relativ kurzer Zeit zu erfolgen; flüssiger Kraftstoff oder Zonen mit überfettetem Gemisch sind bis zum Zeitpunkt der Entflammung abzubauen.
- Der Gemischtransport zur Zündkerze hat kontrolliert und von Zyklus zu Zyklus reproduzierbar zu erfolgen.
- Eine deutliche Schichtung des zündfähigen Gemisches sollte mit dem Ziel geringer Wandwärmeverluste mit Abgas oder Luft dargestellt werden.
- Zonen mit nicht brennfähigem magerem Gemisch sind ebenso wie fette Zonen zu vermeiden, insbesondere in der Nähe der Zündkerze.

Diese Anforderungen sind nicht nur in einem möglichst großen Kennfeldbereich zu erfüllen, sondern sind auch betriebspunktbezogen derart einzuhalten, dass ein ausreichendes Stabilitätsfenster darstellbar ist. Die heute in der Entwicklung und in Serie befindlichen Schichtbrennverfahren lassen sich in drei Brennverfahrenskonzepte klassifizieren und wie folgt charakterisieren, **Bild 15-45**.

– Luftgeführtes Brennverfahren:
Der Kraftstoff wird durch eine generierte Ladungsbewegung vom Einbringungsort zur Zündkerze transportiert. Eine Benetzung von Brennraumwänden ist bei konsequenter Umsetzung dieses Verfahrens ausgeschlossen. Das genaue Timing von Einspritzung und stabiler Ladungsbewegung ist hier entscheidend für die Güte des Verfahrens. Die durch die Ladungsbewegung unterstützte Gemischbildung weist bei entsprechender Auslegung eine hohe Gemischgüte auf. Allerdings hängt die Stabilität dieses Brennverfahrens stark von der Reproduzierbarkeit der Ladungsbewegung von Zyklus zu Zyklus und von der Einhaltung der Toleranzen der luftführenden Bauteile ab.

– Wandgeführtes Verfahren:
Der Kraftstoff wird durch eine entsprechend ausgeformte Brennraumwand, hier der Kolben, dem Zündort zugeführt. Dieses Verfahren geht mit einem hohen Anteil an Kraftstoffanlagerungen an Brennraumwänden einher, die Abdampfungserscheinungen bis zum Zündzeitpunkt können meistens nicht den gesamten Kraftstofffilm abbauen. Da das Verfahren auf gleichmäßige Rahmenbedingungen aufbaut, ist jedoch ein stabiler Prozess gegeben. Die höheren Rohemissionen und das vergleichsweise geringe Kraftstoffverbrauchspotenzial lassen dieses Verfahren jedoch nicht in den Vordergrund treten. Die Literatur verweist allerdings teilweise auf Unzulänglichkeiten dieser beiden Brennverfahrenstypen und deren Mischformen bei der Darstellung der theoretisch erwarteten Kraftstoffverbrauchsvorteile und auf weitere Nachteile, die im Folgenden aufgeführt sind [18]:

- Eine unzureichende Stabilität im Schichtbetrieb bei niedrigen Lasten begrenzt die maximal mögliche Abmagerung und erfordert gegebenenfalls eine Drosselung.
- Zu höheren Lasten hin ist der schichtfähige Kennfeldbereich durch zunehmende Nachteile bei der Gemischbildung mit infolge auftretenden erhöhten CO- und Rußemissionen begrenzt.
- Brennraum- und Kolbenbenetzung sowie Flammenerlöschen führt im Schichtbetrieb zu erhöhten HC-Emissionen.
- Durch den notwendigen Einsatz eines NO_x-Speicherkatalysators im Magerbetrieb sind die zulässigen NO_x-Massenströme in Abhängigkeit vom Abgaszyklus sowohl im Schicht- als auch im Homogen-Magerbetrieb begrenzt. Im normalen Fahrbetrieb ergibt sich daher durch den eingeschränkten, schichtfähigen Kennfeldbereich, durch die Regenerierung des NO_x-Speicherkatalysators sowie die zum Bauteilschutz notwendige Anfettung eine Verringerung des theoretischen Kraftstoffverbrauchspotenzials im Vergleich zum PFI-Motor.

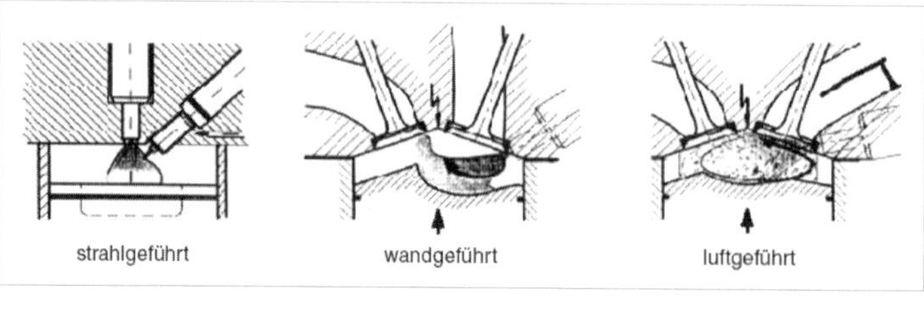

Bild 15-45 Schematische Darstellung der Brennverfahrenskonzepte [2]

– Strahlgeführtes Verfahren:

Unterschieden wird bei diesem Brennverfahren je nach Positionierung von Injektor und Zündsystem in nahe und entfernte Lage. Letztere bietet zwar den Vorteil einer längeren Gemischaufbereitungszeit, allerdings ist das Spray auftretenden Ladungsbewegungen stärker ausgesetzt. Die Einbringung des Kraftstoffs in die direkte Nähe des Zündortes hat im Vergleich der Verfahren theoretisch das höchste Potenzial zur Schichtung; hier werden Werte des Luft-Kraftstoff-Verhältnisses von bis zu acht erwartet. Dem entsprechenden Vorteil im Kraftstoffverbrauchsverhalten stehen jedoch große Herausforderungen gegenüber, die im Folgenden mit möglichen Lösungsansätzen beschrieben werden:

- Die Ausbildung von zündfähigem Gemisch erfolgt nur in einem kleinen Teilbereich des Kraftstoffstrahls/Sprays und es steht nur wenig Zeit zur Gemischbildung zur Verfügung. Hier ist durch den Einsatz einer Hochdruckeinspritzung mit einem Einspritzdruck von $\geq$200 bar ein Lösungsansatz zu sehen.
- Der Einsatz einer Ladungsbewegung zur Unterstützung der Gemischaufbereitung ist problematisch, da die Gefahr einer Verwehung des Gemischs vom Zündort besteht. Frühere Meinung war, dass die Kombination einer strahlgeführten Direkteinspritzung mit einer ausgeprägten Ladungsbewegung Schwierigkeiten bereitet. Neuere Untersuchungen zeigen jedoch, dass die strahlgeführte Direkteinspritzung auch in Kombination mit hohen Tumbleniveaus im Schichtbetrieb sehr gute Ergebnisse liefert. Allerdings muss hier besonderes Augenmerk auf die Auslegung der Brennraumgeometrie inklusive der Lage von Injektor und Zündkerze gelegt werden. Insgesamt ist bei einer solchen Kombination durchaus feststellbar, dass der stabile Betriebsbereich im Schichtbetrieb kleiner wird, allerdings ist in dem fahrbaren Kennfeldbereich eine sehr hohe Effizienz und Stabilität des Verfahrens festzustellen. Weiterhin ermöglicht diese Kombination eine höhere Restgas- beziehungsweise AGR-Verträglichkeit, wodurch eine weitere Reduktion der NO_x-Emissionen erzielt werden kann.
- Die Zündkerze muss unabhängig vom Betriebspunkt und zyklischen Schwankungen in einem ausreichend großen Zündfenster von entflammbarem Luft-Kraftstoff-Gemisch umgeben sein. Durch den Einsatz von nach außen öffnenden Injektoren, die bei Gegendruckerhöhung keine Einschnürung zeigen, wird eine stabile Lage des Sprays erzielt.
- Die Zündkerze ist durch Kraftstoffbenetzung einer deutlichen thermischen Wechselbelastung ausgesetzt. Hier kann neben einer Werkstoffoptimierung der Einsatz neuartiger Zündsysteme, wie etwa die Laserzündung, eine Lösung darstellen [19].

Bezüglich der Abgasnachbehandlung sind bei einem strahlgeführten System im Vergleich zu wand- und luftgeführten Verfahren vier Punkte von Bedeutung:

- Bei Schichtbetrieb mit hohem Luftüberschuss im Niedriglast-Bereich können sich derart geringe Abgastemperaturen ergeben, dass nur noch eine geringe Funktion des NO_x-Speicherkatalysators und auch des 3-Wege-Katalysators möglich ist.
- Die Ausweitung des Schichtbetriebs zu höheren Lasten führt im Allgemeinen zu einer Erhöhung des NO_x-Massenstroms und entsprechendem Mehrverbrauch durch häufigeren Stickoxidabbau im Speicherkatalysator.
- Heute wird insbesondere zur Etablierung des vielversprechenden Schichtbetriebs bei strahlgeführten Brennverfahren zunehmend der Einsatz von SCR (Selective Catalytic Reduction) Systemen diskutiert. Aber auch dieses System zur NO_x-Abgasnachbehandlung benötigt ein bestimmtes Temperaturfenster, um eine volle Funktion zu gewährleisten. Dieses Fenster liegt allerdings günstiger als das eines LNT (Lean NOx Trap) Katalysators. Der SCR Katalysator erreicht je nach verwendetem Reduktionsmittel eine 90 % NO_x-Konvertierung in einem Temperaturfenster von circa 150 °C bis circa 500 °C, siehe **Bild 15-46.**
- Bei Entfall einer globalen Ladungsbewegung ist die Restgasverträglichkeit deutlich herabgesetzt und hat somit eine Erhöhung des NO_x-Massenstromes zur Folge. Die Schichtung von Restgas wird als eine Lösung neben der Kombination eines schichtbetriebenen Brennverfahrens mit Ladungsbewegung diskutiert [20].

Im Vergleich der Prozessführungen in **Bild 15-47** zeigt sich für das Einspritztiming, den Zündzeitpunkt und die Brenndauer folgendes unterschiedliches Verhalten im geschichteten Betrieb ohne Abgasrückführung bei gleichem Einspritzsystem.

Auffällig ist der zeitliche unterschiedliche Abstand zwischen Einspritzende und Zündzeitpunkt. Diese Zeitspanne ist beim strahlgeführten Verfahren am kürzesten, da nach Beendigung des Einspritzvorgangs die lokal nahe Zündung eingeleitet wird. Das wand-

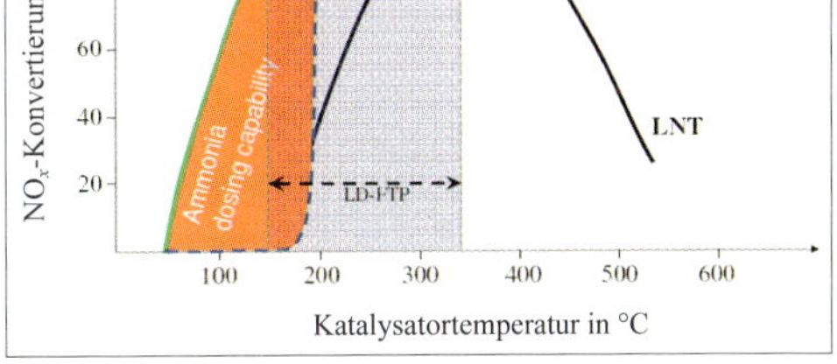

Bild 15-46 Temperaturfenster unterschiedlicher NO_x-Abgasnachbehandlungssysteme

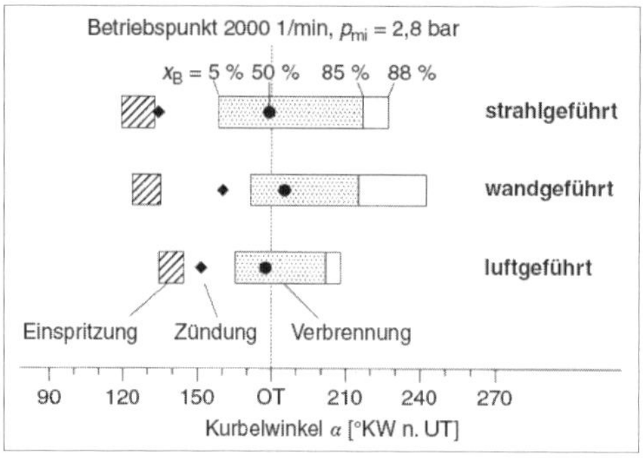

Bild 15-47 Prozessverlauf verschiedener DISI-Brennverfahren im Betriebspunkt $n = 2000$ l/min, $p_{mi} = 2{,}8$ bar [21]

geführte Verfahren weist hingegen für diese Zeitspanne der Gemischbildung die größten Werte auf, da das Gemisch den relativ langen Weg über die Kolbenoberfläche geführt wird. In der sich anschließenden Entflammungsphase (Zeit zwischen Zündung und 5 %-Umsatzrate) ist die relativ schlechte Gemischaufbereitung des strahlgeführten Verfahrens mit einer langen Verzugszeit zu erkennen, was auf eine notwendige Verbesserung der Gemischbildung und damit des Einspritzsystems hinweist. Die gute Gemischbildung bei den beiden anderen Verfahren sind trotz unterschiedlicher Wirkungsweise (Dauer der Gemischbildung bei dem wandgeführten Verfahren, intensive Ladungsbewegung beim luftgeführten Verfahren) auf einem ähnlichen Niveau für die Brennverzugsdauer.

In der anschließenden Umsetzung wird der Zeitraum bis zur 85 %-Umsatzrate betrachtet. Diese Betrachtung nimmt auf die nicht vollständige Umsetzung des wandgeführten Verfahrens Rücksicht. Hier wird durch den nicht aufbereiteten Kraftstoff auf der Kolbenoberfläche die maximale Umsetzung auf 88 % begrenzt. Die kürzeste Brenndauer zeigt das luftgeführte Verfahren infolge der guten Gemischgüte und der hohen Ladungsbewegungsintensität auf. Diese relativ schnelle Umsetzung bleibt bis Brennende erhalten. Die beiden anderen Verfahren haben in der Verbrennung aufgrund der unbefriedigenden lokalen Gemischgüte und wegen der geringen Ladungsbewegung eine längere Brenndauer. Ein Vorteil des wandgeführten Verfahrens ist die relativ späte und wirkungsgradgünstige Lage der Verbrennung.

Vor- und Nachteile der unterschiedlichen Konzepte (Benchmark der Konzepte)

Jedes der vorgenannten Brennverfahrenskonzepte hat Vor- und Nachteile, eine detaillierte Bewertung der Potenziale ist in der folgenden **Bild 15-48** dargestellt. Die quantitativen Angaben in dieser Bewertung genügen keinen quantitativen Ansprüchen, sollen aber durchaus realistische Tendenzen wiedergeben.

Insgesamt zeigt das strahlgeführte Verbrennungsverfahren das größte Potenzial zur Verbrauchsverbesse-

Brennverfahren	Performance					Quantitative Bewertung		Applikationsaufwand
	Verbrauch	Emissionen			Kosten	Verbrauch	Partikel	
		HC	NOx	Partikel				
Homogen, stöchiometrisch und mager, seitlicher Einbau auch mit Aufladung	+	+	O	-	+	-2%	+50%	O
Schicht, wandgeführt, seitlicher Einbau, Drallventil	++	-	-	---	++	-8%	+400%	O/-
Schicht, strahlgeführt, zentraler Einbau, Mehrlochventil	+++	-	-	--	O	-13%	+200%	-
Schicht, strahlgeführt, zentraler Einbau, A-Düse, evt. mit Aufladung	+++	+	--	-	--	-15%	+50%	--/---
(+++ sehr gut (Aufwand gering) / O neutral (Aufwand neutral) / --- weniger gut (Aufwand hoch) Vergleichsbasis ist ein homogen arbeitender Ottomotor mit Saugrohreinspritzung								

Bild 15-48 Bewertung der verschiedenen Brennverfahren nach ihren spezifischen Vor- und Nachteilen [30]

rung, allerdings nur, wenn es mit Schicht- bzw. Magerbetrieb kombiniert wird. Wird die Direkteinspritzung als Homogenkonzept, insbesondere in Verbindung mit Aufladung umgesetzt, kann auch die seitliche Injektorlage ein ausreichendes Potenzial bieten. Welche Brennverfahrensausprägung in einem Entwicklungsfall letztlich zur Umsetzung kommt, muss von Fall zu Fall entschieden werden und hängt neben der rein technischen Bewertung auch von weiteren Faktoren ab. Diese können die Marktdurchdringung (notwendige Kraftstoffverfügbarkeit), Kombination mit weiteren Technologiebausteinen, Kosten, usw. sein.

Ausprägungen der Direkteinspritzung – Kombination mit weiteren Technologiebausteinen

Wie bereits vorstehend erläutert birgt die Direkteinspritzung ein nicht unerhebliches Potenzial zur Verbesserung des Kraftstoffverbrauchs bei Ottomotoren. Das größte Potenzial liefert der Schicht- bzw. Magerbetrieb, wie anhand des Wirkungsgrads des vollkommenen Motors in **Bild 15-49** zu erkennen ist.

Bei Betrachtung des theoretischen Wirkungsgrads bei Luftansaugung und einer Verdichtung von 11 ergibt sich bei stöchiometrischen Gemisch von Lambda = 1, repräsentativ für einen Ottomotor mit Saugrohreinspritzung, ein thermischer Wirkungsgrad von 47 %. Bei Berücksichtigung der Tatsache, dass die Verdichtung eines Ottomotors mit Direkteinspritzung aufgrund der Innenkühlung des im Zylinder verdampfenden Kraftstoffs zu einer niedrigeren Klopfneigung führt, kann die Verdichtung um circa 1 – 2 Einheiten angehoben werden, hier im Beispiel um 1,5 Einheiten auf 12,5, wodurch ein thermischer Wirkungsgrad von circa 50 % resultiert. Wird ein solches Konzept nun mit dem Magerbetrieb kombiniert, so kann bei realistisch anzunehmenden Luftverhältnissen von zum Beispiel Lambda = 4 bei gleicher Verdichtung ein thermischer Wirkungsgrad von circa 58 % erreicht werden. Dies bedeutet eine Wirkungsgradsteigerung von circa 22 % gegenüber dem Motor mit Saugrohreinspritzung.

Wie dargelegt, ist auch im Homogenbetrieb ein Wirkungsgradsteigerungspotenzial von einigen Prozenten im Vergleich zu einem sonst baugleichen Ottomotor mit Saugrohreinspritzung gegeben. Dieser Vorteil beruht, wie beschrieben, auf der höheren geometrischen Verdichtung, welche aufgrund des Effektes der Innenkühlung bei saugsynchroner Einspritzung und damit geringerer Klopfneigung bei höheren Lasten umgesetzt werden kann, **Bild 15-50**.

Das **Bild 15-50** beschreibt den Vorteil, welcher aus der Direkteinspritzung zur Erhöhung der Verdichtung resultiert. Wird ausgehend von einem Motor mit Saugrohreinspritzung und einer Verdichtung von 10,5 ein Motor mit derselben Verdichtung und Direkteinspritzung betrieben, so steigt einerseits der Liefergrad und andererseits nimmt die Klopfneigung ab. Beide Phänomene sind auf die Ladungsabkühlung durch die direkte Einbringung des Kraftstoffs während des Saughubs zurück zu führen. Während der anschließenden polytropen Kompression wirkt sich die erfolgte Ladungsabkühlung überproportional auf den Temperaturverlauf im Zylinder aus, wodurch die Klopfneigung deutlich verringert wird, was im Bild an der größeren Vorzündung deutlich wird.

Die erfolgte Reduktion der Klopfneigung kann nun wirkungsgradsteigernd eingesetzt werden, in dem die Verdichtung so weit angehoben wird, bis bei gleicher Schwerpunktlage der Verbrennung ein ähnliches Klopfverhalten erzielt wird, was in **Bild 15-49** deutlich wird. Es reduziert sich die Vorzündung wieder. Allerdings bleibt der Wirkungsgradvorteil des DISI Brennverfahrens im gesamten Kennfeldbereich infolge der angehobenen Verdichtung erhalten. Zusätzlich bleibt auch der Liefergradvorteil im gesamten Betriebsbereich bestehen, was einen durchschnittlichen Leistungsgewinn von circa 2 – 5 % bedeutet.

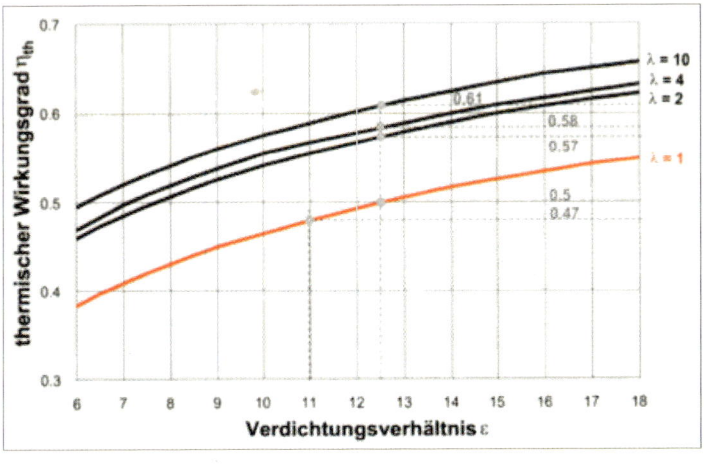

Bild 15-49 Einfluss Wirkungsgrad des vollkommenen Motors mit Gleichraumverbrennung [30]

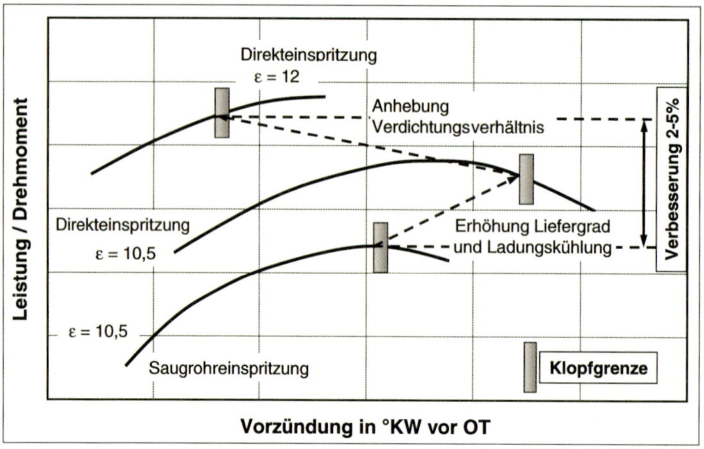

Bild 15-50 Einfluss der Direkteinspritzung auf Leistung und Klopfgrenze [30]

Basierend auf den dargestellten Vorteilen gibt es zwei grundsätzliche Ausprägungen von DISI Brennverfahren, die sich im Markt durchgesetzt haben. Den sehr kraftstoffeffizienten überstöchiometrischen Schichtbetrieb sowie den stöchiometrischen Homogenbetrieb in Verbindung mit Aufladung. Aufgrund der anfälligen und noch in Entwicklung befindlichen NOx Nachbehandlungssysteme, welche zwingend erforderlich sind, um die tendenziell höheren NO_x-Rohemissionen, speziell den NO_x-Massenstrom des Magerbetriebs zu reduzieren, sowie der Tendenz zu hubraumkleineren und damit den Downsizingansatz nutzenden Motorkonzepten, zeigt sich momentan eine klare Tendenz zu aufgeladenen DISI Motoren, welche stöchiometrisch betrieben werden.

Eine Kombination von Aufladung und Direkteinspritzung mit ihren spezifischen Vorteilen, auch im stöchiometrischen Homogenbetrieb, führt zu einer weiteren deutlichen Anhebung der Kraftstoffeffizienz gegenüber saugmotorischen DISI Homogenbetrieb. Das häufig umgesetzte sogenannte Downsizing, die Verkleinerung des Hubvolumens bei Beibehaltung der Leistung des hubraumgrößeren Motors, ermöglicht eine Reduktion des Kraftstoffverbrauchs von circa 15–20 % gegenüber dem hubraumgrößeren Motor je nach Downsizing- und Downspeedinggrad, **Bild 15-51.**

Ohne die Kombination mit Direkteinspritzung wären die genannten Kraftstoffverbrauchsreduktionen keinesfalls erzielbar, denn ohne die Vorteile der Liefergradanhebung, der möglichen Anhebung der geometrischen Verdichtung sowie der Nutzung von Variabilitäten im Einspritz- und Ladungswechselsystem wären die Downsizing und Downspeeding Motorkonzepte nicht in diesem Maße umsetzbar.

Als grundlegender Baustein in weiteren Technologiekombinationen wird die Direkteinspritzung ihre Marktdurchdringung weiter ausbauen. Sie eröffnet schließlich für viele weitere Technologien das Erreichen deutlich größerer Kraftstoffeffizienzen, so zum Beispiel der homogenen Selbstzündung, als Baustein

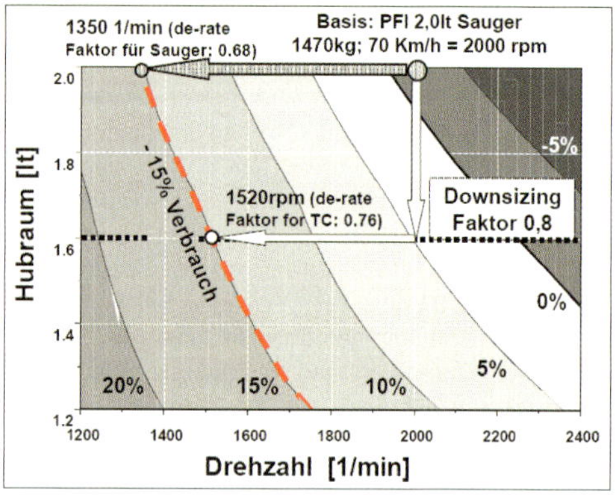

Bild 15-51 Downsizing und Downspeeding (Hubraumabsenkung und Drehzahlabsenkung [27]

in Hybridkonzepten durch Direktstartmöglichkeiten, und so weiter.

Partikelemissionen – eine Herausforderung für die Direkteinspritzung

Die Direkteinspritzung führt sowohl bei Diesel- wie auch Ottomotoren zu einer Verkürzung der Gemischbildungszeit, so dass Gemischbildung und Verbrennung teilweise gleichzeitig ablaufen. Als Folge steigen einerseits die Emissionen von unverbrannten Kohlenwasserstoffen und von Kohlenmonoxid an. Darüber hinaus muss der Partikelausstoß (Ruß) als ein für die ottomotorische Verbrennung bislang nicht relevanter Schadstoff berücksichtigt werden [29].

Für die kommenden Abgasgesetzgebungen EURO 5 und EURO 6 sind deshalb Grenzwerte für die Partikelmasse sowie Partikelanzahl eingeführt worden beziehungsweise in Diskussion. Bereits ab der Stufe EURO 5 ist ein Grenzwert für die Partikelmasse von 4,5 mg/km beschlossen worden. Darüber hinaus ist ab EURO 6 auch eine Limitierung der Partikelanzahl im Gespräch; hier liegt der diskutierte Grenzwert bei

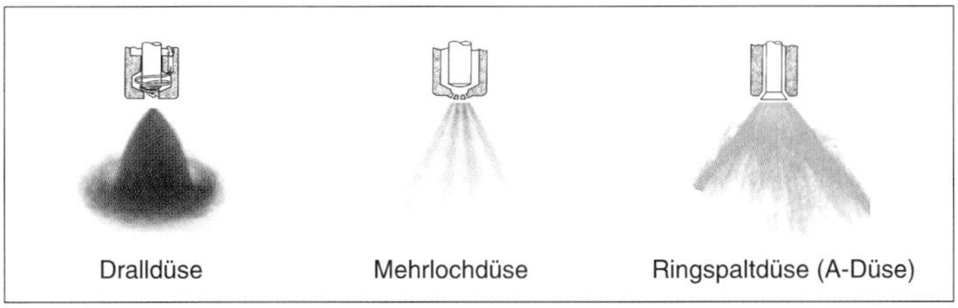

Bild 15-52 Unterschiedliche Düsenlayouts von Injektoren, verwendet bei Ottomotoren mit Direkteinspritzung

6×10^{11}/km. Nach aktuellem Entwicklunsstand ist die Partikelmasse beherrschbar, während die Partikelanzahl-Limitierung alle Ottomotoren mit Direkteinspritzung vor große Probleme stellt. Die Beherrschung des diskutierten Grenzwertes ist nur mit einem sehr großen Entwicklungsaufwand möglich. Dabei müssen vor allem Maßnahmen zur Rohemissionsminderung angewandt werden. Dieses sind Optimierungen an Einspritzsystem und Brennraumgeometrie sowie applikative Maßnahmen, wie der Zündzeitpunkt, das Einspritztiming, die Steuerzeiten, die Kraftstofftemperatur, die Einlasstemperatur, und so weiter.

Auch eine Anhebung des Einspritzdruckes kann eine Maßnahme zur Minderung der Paritkelanzahl darstellen, auf den grundsätzlichen Einfluss dieser Maßnahme wird weiter unten eingegangen, da dieser Parameter einen maßgeblichen Einfluss an alle DISI Konzepte hat.

Einfluss des Einspritzsystems auf die Direkteinspritzung – Layout und Druckniveau

Layout

Bis heute werden hauptsächlich drei grundsätzlich verschiedene Injektoren beziehungsweise Düsenvarianten verwendet. Das **Bild 15-52** zeigt die Unterschiede im Spray-Bild dieser Düsenlayouts.

Aufgrund ihrer Einfachheit fand die Dralldüse bereits in den ersten Konzepten mit Direkteinspritzung und Schichtbetrieb ihren Einsatz. Der in der Düse befindliche Drallerzeuger sorgt für eine Zerstäubung des Kraftstoffs. Der Krafstoff tritt axial in die Düse ein und erfährt im Drallerzeuger eine tangentiale Ablenkung, wodurch die kinetische Energie der Kraftstofftropfen in axialer Richtung abnimmt und die Eindringtiefe verringert wird. Ein Nachteil dieser Düse ist die stattfindende Einschnürung des Kraftstoffsprays in Abhängigkeit des Gegendrucks. Im Falle einer Kompressionshubeinspritzung liegen bei jedem veränderten Einspritztiming, also auch Druckniveau im Zylinder, andere Spraykegelwinkel vor. So eignet sich diese Düse insbesondere nicht für die strahlgeführte Direkteinspritzung mit Schichtbetrieb, da bei diesem Verfahren die Reproduzierbarkeit des Sprays direkt die Stabilität des Verfahrens beeinflusst. Im Homogenbetrieb, also der Saughubeinspritzung, ist dieses Verhalten nicht maßgeblich, so dass dieses Konzept im Homogenbetrieb auch heute noch Anwendung findet, denn aus Kostensicht stellt diese Düse eine sehr interessante Lösung dar.

Eine inzwischen deutlich häufiger diskutierte Düsenlayout-Variante ist die Mehrlochdüse. Diese kann aufgrund ihres Sprayverhaltens sowohl für Direkteinspritzkonzepte mit seitlicher sowie zentraler Injektorlage zum Einsatz kommen. Wie der Name bereits vermuten lässt, zeigt die Mehrlochdüse, wie nicht nur ein Loch im Ventilsitz, wie die Dralldüse, sondern mehrere. Die gebräuchlichsten Lochanzahlen liegen zwischen 5 und 8 Löchern. Allerdings kann diese Zahl sowohl nach unten wie nach oben varrieren. Die Mehrlochdüse ermöglicht sehr flexible Strahlformen, da die Anordnung und Anzahl der einzelnen Einspritzstrahlen auf den Brennraum und die Anforderungen des Brennverfahrens abgestimmt werden können. So können auch asymmetrische Spraykonturen realisiert werden, um zum Beispiel eine Einlassventilbenetzung oder Zündkerzenbenetzung zu vermeiden.

Bauartbedingt hat die Mehrlochdüse allerdings einen Nachteil, welcher über die Laufzeit eines solchen Düsenlayouts immer wieder zu Problemen führen kann. Das in der Düse vorhandene Totvolumen führt nach einem Einspritzvorgang zu einem Abdampfen des verbliebenen Kraftstoffs und fördert darüber die Verkokung der Düsenspitze. Bei entsprechender Auslegung der Düsenlochgeometrie und Applikation der Düse in den Zylinderkopf kann dieses negative Verhalten allerdings weitestgehend beherrscht werden.

Die dritte in **Bild 15-52** dargestellte Düse ist die nach außen öffenende Düse, welche einen ringförmigen Spalt freigibt, weshalb sie auch Ringspaltdüse genannt wird. Es tritt ein dünner Krafstofffilm mit hoher Geschwindigkeit aus diesem Spalt aus. Durch das spezifische Layout, also die Geometrie von Nadel und Ventilsitz, entsteht ein gleichmäßiges Hohlkegelspray, ohne Vorspray und mit einer sehr hohen Zerstäubungsgüte, repräsentiert durch Sauterdurchmesser kleiner 15 μm. Der Spraykegelwinkel bleibt sehr stabil, unabhängig vom Brennraumgegendruck, weshalb sich diese Düsenbauform insbesondere für die Verwendung in strahlgeführten Brennverfahren eignet.

Infolge der bei dieser Düsenbauart sehr großen freigegebenen Fläche tritt eine große Menge Kraftstoff in kurzer Zeit aus, weshalb die Düse die mit Abstand beste Verdampfungsrate, also Krafstoffmenge pro Zeiteinheit ausgdrückt über Grad Kurbelwinkel, erreicht, siehe **Bild 15-53**.

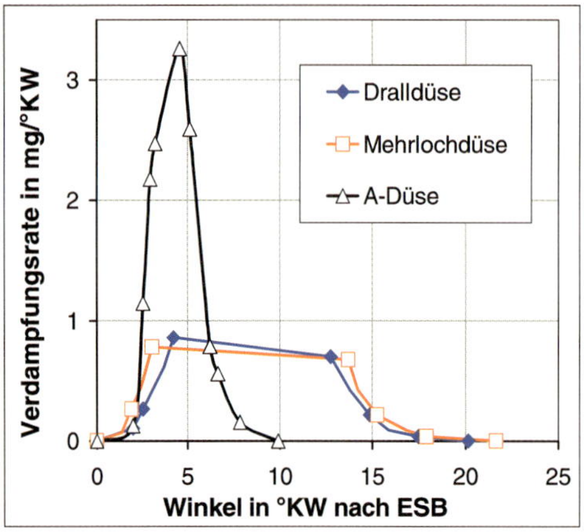

Bild 15-53 Verdampfungsrate für unterschiedliche Einspritzdüsenkonzepte

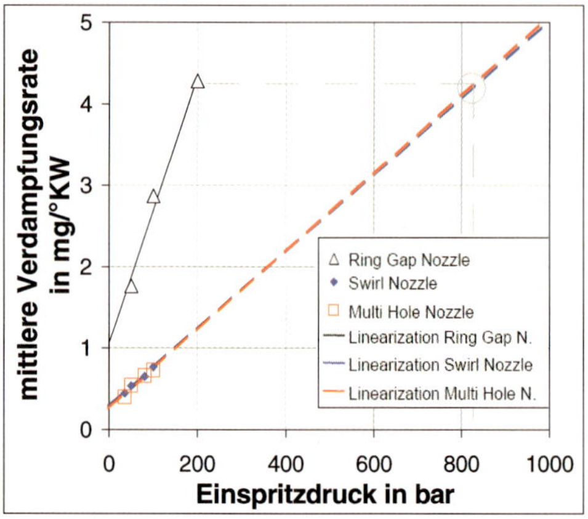

Bild 15-54 Extrapolierte mittlere Verdampfungsrate einer Dralldüse und Mehrlochdüse in Abhängigkeit des Einspritzdrucks zwischen 0 bar und 1000 bar im Vergleich zu einer A-Düse bis 200 bar

Im Vergleich zu Drall- und Mehrlochdüsen wird eine 2–3 mal höhere Verdampfungsrate erreicht.
Der Antrieb einer solchen Düse kann elektormagnetisch oder durch einen Piezoaktuator erfolgen. Eine piezoaktuierte Düsennadel hat den großen Vorteil der hohen Ventilhub-Reproduzierbarkeit, was seinerseits zu einer hohen Reproduzierbarkeit der eingespritzten Kraftstoffmenge (<2 % Mengenabweichung) führt. Weiterhin lassen sich extrem kurze Schaltzeiten realisieren (<0,2 ms), was sich insbesondere für die Realisierung von Mehrfacheinspritzungen eignet.
Da die Düsenspitze ist aufgrund ihrer Bauform deutlich höheren Temperaturschwankungen ausgesetzt ist, als die Düsenspitze von Drall- und Mehrlochinjektoren, reagiert die A-Düse wesentlich unkritischer auf Verkokungen.
Alle vorgenannten Düsen werden bis heute mit Einspritzdrücken von maximal 200 bar betrieben, allerdings läßt sich aufgrund verschiedener weiterführender Untersuchungen vermuten, dass eine Anhebung des Einspritzdrucks, über die üblichen Werte von 200 bar hinaus, zu sehr positiven Effekten hinsichlich der Gemischbildung und schließlich des motorischen Verhaltens führen wird.

Einfluss einer Anhebung des Einspritzdrucks

Wird eine Anhebung des Einspritzdrucks diskutiert, so stellt sich die Frage, ob sich diese Maßnahme für jeden Injektortyp gleichermaßen lohnt. Grundsätzlich erreicht die Verdampfungsrate einer A-Düse bereits sehr hohe Werte, siehe **Bild 15-53**, während für Drall- und Mehrlochinjektoren durchaus eine Erhöhung der Verdampfungsrate erstrebenswert scheint. Dieses kann erreicht werden, wenn der Einspritzdruck deutlich gesteigert wird. Das **Bild 15-54** zeigt genau diesen Umstand, nämlich das Verhalten der mittleren Verdampfungrate in Abhängigkeit des Einspritzdrucks, für die bereits vorstehend genannten Düsentypen.
Soll mit einer Drall- oder Mehrlochdüse das gleiche Verdampfungsverhalten wie mit einer A-Düse bei 200 bar erzielt werden, so muss der Einspritzdruck bis auf circa 800 bar gesteigert werden. Da es sich hier um einen linearen Zusammenhang handelt, wird bei einer weiteren Erhöhung des Einspritzdrucks die Verdampfungsrate weiter gesteigert.
Auch wenn die Verdampfungsrate von nach außen öffnenden Düsen bereits sehr hoch ist, so kann durch eine Drucksteigerung auch deren Verdampfungsrate weiter erhöht werden. Allerdings würde eine deutliche Erhöhung des Einspritzdrucks bei einer A-Düse zu Problemen beim Schließen und Zuhalten der Düse führen, da dieses gegen den anliegenden Einspritzdruck erfolgen müsste.
Neben der Ratenerhöhung ist natürlich zu klären, wie sich das Spray einer Mehrlochdüse bei unterschiedlichen Einspritzdrücken zwischen 200 bar und 1000 bar entwickelt. Dieses Verhalten zeigt das folgende **Bild 15-55**. Zu sehen sind optische Aufnahmen des Kraftstoffsprays bei Injektion in eine Druckkammer unter konstanten Randbedingungen für alle Einspritzdrücke. Bei Injektion der gleichen Kraftstoffmasse ist die Einspritzung bei 1000 bar als erstes abgeschlossen. Dieser Moment repräsentiert auch den Zeitpunkt der Aufnahmen für alle Düsentypen.
Anhand der Farben der Flächen dieser Schlieren-Aufnahmen ist der flüssige (schwarz) und dampfförmige (grau) Kraftstoffanteil bei jeder Einspritzung zu unterscheiden. Deutlich ist der größere Anteil an bereits dampfförmig vorliegendem Kraftstoff bei 1000 bar Einspritzdruck im Vergleich zu 200 bar zu erkennen. Weiterhin zeigt sich eine deutlich größere erfasste Fläche (Orange unterlegt) des dampfförmi-

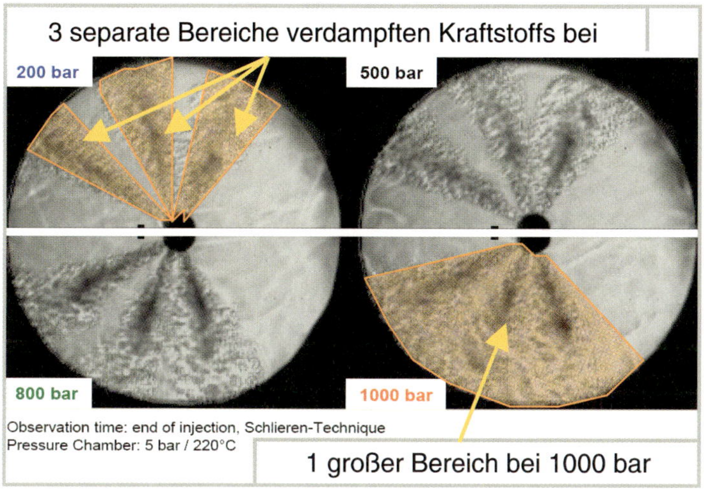

Bild 15-55 Druckkammerergebnisse einer Mehrlochdüse bei unterschiedlichen Einspritzdrücken unter konstanten Kammerbedingungen – Konstante Einspritzmasse für alle Drücke

gen Kraftstoffanteils, was gleichbedeutend mit einer deutlich höheren Lufterfassung und damit verbesserten Gemischaufbereitung ist. Die Aufnahmen bestätigen weiterhin, dass die Eindringtiefe des flüssigen Kraftstoffanteils bei einer Einspritzdruckerhöhung nicht vergrößert, sondern verringert wird, was insbesondere hinsichtlich einer Reduktion der Wandbenetzung interessant ist. Damit kann die Einspritzdruckerhöhung eine Maßnahme darstellen, um Ottomotoren mit Direkteinspritzung bei zentraler Injektorlage und sehr kleinen Bohrungen zu kombinieren, was aufgrund des Risikos der Wandbenetzung grundsätzlich kritisch gesehen wird.

Einen weiteren Hinweis zum positiven Einfluss einer Drucksteigerung auf das Gemsichbildungsverhalten liefert die Betrachtung der mittleren Tropfengröße in einem Kraftstoffspray bei unterschiedlichen Einspritzdrücken in Abhängigkeit des Gegendrucks, siehe **Bild 15-56** [26].

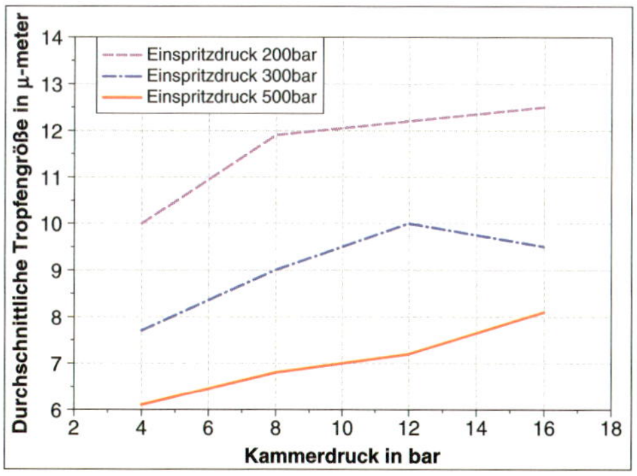

Bild 15-56 Verhalten der Kraftstofftropfengröße über dem Gegendruck in der Einspritzkammer und für verschiedene Einspritzdrücke [26]

Aufgrund der abnehmenden Tropfengröße bei einer Steigerung des Einspritzdrucks kann erwartet werden, dass sich ein positiver Effekt auf das generelle Gemischbildungsverhalten einstellen wird. Die kleineren Tropfen führen insgesamt zu einer Vergrößerung der Oberfläche des eingespritzten Krafstoffs und erlauben es damit, schneller Wärme aufzunehmen, was nachfolgend zu einer schnelleren Verdampfung des Kraftstoffs führt.

Welche Auswirkung eine Anhebung des Einspritzdrucks schließlich auf den Motorbetrieb hat, ist exemplarisch für einen Betriebspunkt im Schichtbetrieb in **Bild 15-57** dargestellt.

Für den Betriebspunkt p_{mi} = 3 bar und n = 2000 min^{-1} im Schichtbetrieb zeigt das Bild verschiedene motorrelevante Kennwerte bei unterschiedlichen Einspritzdrücken. Der Startpunkt der Einspritzdruckvariation liegt bei 200 bar und endet bei 1000 bar, dazwischen sind alle relevanten Parameter noch bei Drücken von 500 bar und 800 bar dargestellt, äquivalent zu den in **Bild 15-55** gezeigten Druckkammerergebnissen. Die bereits vorstehend erörterte verbesserte Gemischaufbereitung beziehungsweise Homogenisierung bei einer Steigerung des Einspritzdrucks ist deutlich an einer 6 %igen Absenkung des Kraftstoffverbrauchs erkennbar. Auch der deutliche Abfall aller dargestellten Emissionen unterstreicht die verbesserte Gemischaufbereitung und resultierend die effizientere Verbrennung. Die zwischen 500 bar und 800 bar wieder ansteigenden CO-Emissionen lassen auf lokal überfettete Bereich schließen, was verschiedene Ursachen, wie zum Beispiel einer Wandbenetzung aufgrund nicht optimal abgestimmten Düsenlayouts auf den Brennraum, haben kann. Da diese Werte jedoch unterhalb der Ausgangswerte bei 200 bar liegen, während der Vorteil im Kraftstoffverbrauch beziehungsweise der sehr große Vorteil einer nahezu 40 %igen Absen-

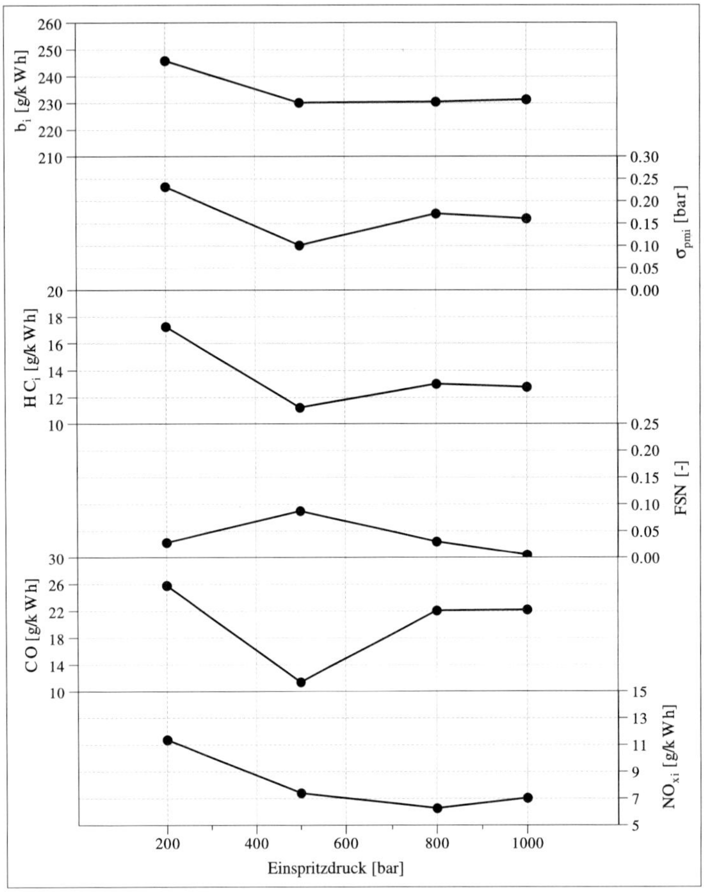

Bild 15-57 Verhalten motorspezifischer Parameter bei Variation des Einspritzdruckes zwischen 200 bar und 1000 bar in einem Schichtbetriebspunkt p_{mi} = 3 bar und $n = 2000\ \text{min}^{-1}$ [27]

kung der NO_x-Emissionen vollständig erhalten bleibt, ist der deutliche Vorteil einer Einspritzdruckerhöhung auch beim Ottomotor eine durchaus interessante Technologie für die Zukunft. Aufgrund des deutlichen NO_x-Vorteils, welcher auf eine bessere Homogenisierung und weniger lokal ausgemagerte und überfettete Bereiche zurück zu führen ist, kann die Einspritzdruckanhebung auch ein zentraler Ansatz für zukünftige schichtbetriebene Magerkonzepte sein.

Der vorstehend aufgrund verbesserter Gemischaufbereitung herausgearbeitete Vorteil für den Schichtbetrieb kann generell auch auf den Homogenbetrieb übertragen werden. Je homogener das Grundgemisch, desto effizienter erfolgt die Umsetzung des Kraftstoffs. Insbesondere für hoch aufgeladene Motorkonzepte ist hier ein großer Vorteil vorhanden, denn je weniger zyklische Schwankungen aufgrund unzureichender Homogenisierung des Kraftstoff-Luft-Gemischs auftreten, desto geringer neigt die Zylinderladung bei hohen Lasten zum Klopfen. Folglich muss der Zündzeitpunkt zur Vermeidung des Klopfens weniger stark nach spät verstellt werden, relativ zum wirkungsgradoptimalen Punkt, was seinerseits einen deutlichen Wirkungsgradvorteil mit sich bringt. Insofern stellt eine Erhöhung des Einspritzdrucks auch für homogene, insbesondere hochaufgeladene Motorkonzepte einen sehr interessanten Lösungsansatz dar.

Neben den deutlichen Vorteilen in Bezug auf die Gemischaufbereitung birgt die Einspritzdruckanhebung aufgrund der deutlich verkürzten Einspritzzeiten auch ein großes Potenzial hinsichtlich der Mehrfacheinspritzung, sowohl im Homogen- wie auch geschichteten Magerbetrieb. Das grundsätzliche Prinzip der Mehrfacheinspritzung wird im kommenden Absatz erläutert.

Betriebsarten von Ottomotoren mit Direkteinspritzung

Unter dem Begriff Mehrfacheinspritzung wird die Aufteilung des Einspritzereignisses auf mehrere Zeitpunkte verstanden. Dieses Verfahren kann zur Optimierung verschiener Motorbetriebszustände bei einem Ottomotor mit Direkteinspritzung verwendet werden, sowohl im Homogen- wie auch im Schichtbetrieb. In jedem Fall soll es zur Verbesserung der

Gemischbildung beziehungsweise des Motorlaufverhaltens beitragen, denn grundsätzlich stellt die im Vergleich zu Ottomotoren mit Saugrohreinspritzung deutlich verkürzte Zeit zur Gemischaufbereitung bei DISI Konzepten eine große Herausforderung dar.

Mehrfacheinspritzung bei geschichtetem Motorbetrieb

Um im gesamten Motorbetriebskennfeld die optimalen Einstellungen für die Kraftstoffzufuhr in Bezug auf das Emissionsverhalten und die Stabilität des Brennverfahrens darstellen zu können, ist die Mehrfacheinspritzung insbesondere bei strahlgeführten Brennverfahren unverzichtbar. Sie ermöglicht die Darstellung sehr kompakter Gemischwolken sowie breiterer Übergangsbereiche von fettem Einspritzstrahl bis zur Umgebungsluft innerhalb des Zylinders. Zusätzlich ist es möglich, den Bereich stöchiometrischen Luft-Kraftstoff-Verhältnisses stabiler an der Zündkerze zu halten und gleichzeitig zu vergrößern, was insbesondere für schichtbetriebene Brennverfahren von großer Bedeutung ist. Verschärft wird die Anforderung an das Brennverfahren und damit die Einspritzstrategie bei einer Kombination von Schichtbetrieb und Aufladung, also einer Vergrößerung des Kennfeldes in Bezug auf die Motorlast und damit die Spreizungsfähigkeit der Kraftstoffzumessung. Das folgende **Bild 15-58** unterstreicht den Vorteil der Mehrfacheinspritzung in Bezug auf Gemischbildung und Verbrennung im Schichtbetrieb.

Im linken Bereich des Bildes sind die Kraftstofftropfen und die Lambdaverteilung an der Zündkerze bei unterschiedlichen Einspritzstrategien erkennbar. Direkt daneben ist die Flammenausbreitung, repräsentiert durch die Temperaturentwicklung in Zündkerzennähe, dargestellt. Die Analyse beider Bilderreihen lässt für die Mehrfacheinspritzung einen klaren Vorteil gegenüber der Einfacheinspritzung erkennen. Bestätigt wird das Ergebnis dieser Bilder durch die Analyse des Entflammungsverhalten, was im rechten unteren Teil des Bildes dargestellt ist. Nicht nur, dass bei Mehrfacheinspritzung eine schnellere Zündungseinleitung gewährleistet wird, zusätzlich vergrößert sich das Zündfenster bei Mehrfacheinspritzung deutlich.

Mehrfacheinspritzung bei homogenen Motorbetrieb

Im Homogenbetrieb wird die Mehrfacheinspritzung vor allem bei Kombination mit Aufladung erfolgreich eingesetzt. So kann die Doppeleinspritzung beispielsweise in der Form eingesetzt werden, dass eine Aufteilung der Kraftstoffmasse in ein homogenes Grundgemisch und einen geschichteten Anteil erfolgt um die Klopfneigung an der Volllast zu reduzieren, siehe **Bild 15-59**.

Das Bild zeigt das Verhalten des 50 % Kraftstoffumsatzzeitpunktes bei einer Variation des Einspritzzeitpunktes der Zweiteinspritzung sowie der Aufteilungsmenge von erster und zweiter Einspritzung bei Verwendung von Doppeleinspritzung im Volllastbetrieb. Im Verlauf der Variation wurde die Last konstant gehalten und der Zündzeitpunkt an die Klopfgrenze nachgeführt. Eindeutig ist der positive Einfluss der Doppeleinspritzung auf das Klopfverhalten

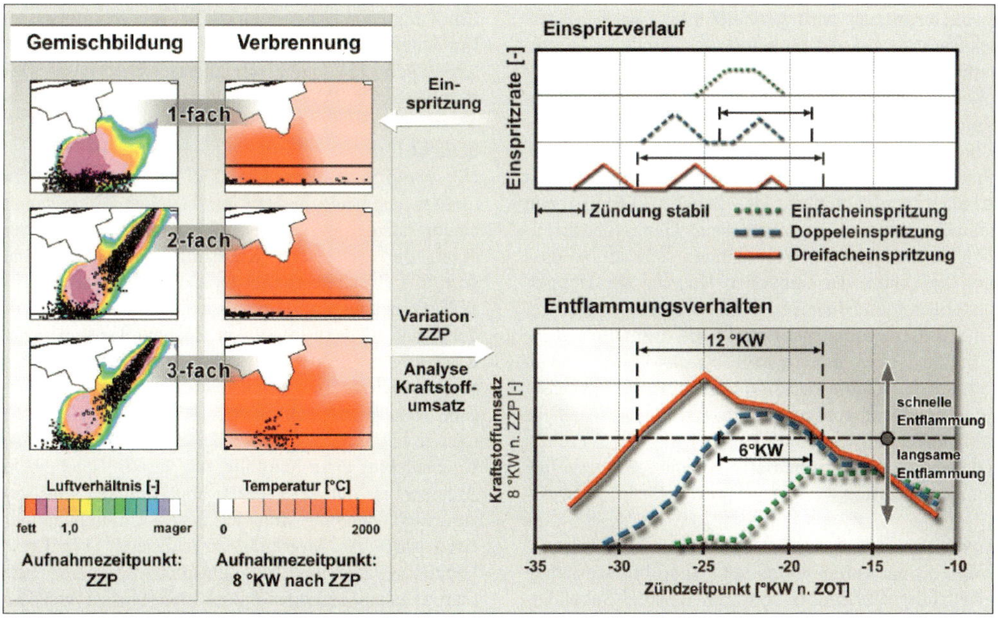

Bild 15-58 Mehrfacheinspritzung im Schichtbetrieb bei 2000 min^{-1}, p_{mi} = 3,0 bar (Simulationsergebnisse) [28]

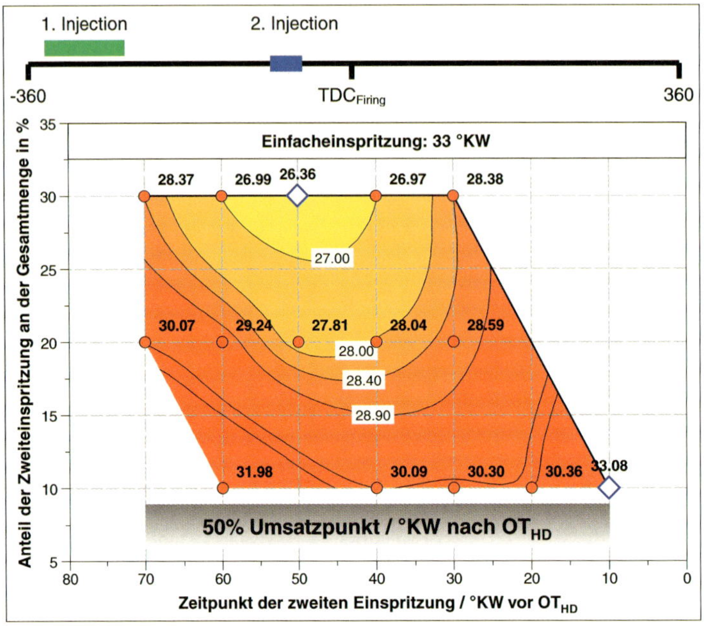

Bild 15-59 Entwicklung des 50 % Kraftstoffumsatzpunktes bei Variation der Aufteilung der Kraftstoffmasse in einen homogenen und einen geschichteten Anteil sowie Variation des Einspritzzeitpunktes der geschichteten Einspritzung bei konstanter Volllast (n = 1500 min^{-1}, p_{me} = 19,5 bar, Zündung immer an der Klopfgrenze)

erkennbar. Während der 50 % Kraftstoffumsatzpunkt mit Einfacheinspritzung bei ca. 33° KW nach OT liegt, kann dieser Punkt bei der Anwendung der Doppeleinpsritzung unter der Maßgabe konstanter Last um circa 6° KW nach früh verstellt werden. Das nach Absetzen der saugsynchronen Ersteinspritzung sehr magere Grundgemisch neigt weniger stark zu Klopfereignissen und nach Absetzen der geschichteten Zweiteinspritzung wird das Zeitfenster zwischen Ende der Einspritzung und Einleitung der Zündung derartig verkürzt, dass auch das vollständige Gemisch erst unter deutlich verschärften Bedingungen im Brennraum zum Klopfen neigt. Wird der Anteil der geschichteten Einspritzung über die dargestellten 30 % hinaus erhöht, so kann die Last nicht mehr konsant gehalten werden und die HC- sowie CO-Emissionen nehmen aufgrund unvollständiger Gemischaufbereitung beziehungsweise Verbrennung stark zu, so dass hier die Grenze der sinnvollen Nutzung der Doppeleinspritzung im homgenen Volllastbetrieb gegeben ist.
Eine weitere Möglichkeit stellt die zusätzliche Einspritzung eines homogenen Kraftstoffanteiles im Bereich des Ladungswechsels dar, um eine Verbesserung der Homogenisierung zu erreichen [16]. Dies führt außerdem über eine Reduzierung der Verdichtungsendtemperatur ebenfalls zu einer Reduzierung der Klopfneigung.

Katalysatoraufheizung

Während bei Ottomotoren mit Saugrohreinspritzung sehr häufig der Einsatz von zum Beispiel Sekundärluftpumpen zur Katalysatoraufheizung erfolgt, so liefern Ottomotoren mit Direkteinspritzung neue Freiheitsgrade in dieser Disziplin, insbesondere durch Mehrfacheinspritzstrategien.
Nach dem Absetzen einer ersten saugsynchronen Einspritzung ist ein relativ mageres Grundgemisch vorhanden, welches durchgängig erhalten bleibt und in Verbindung mit einer oder mehreren Einspritzungen nahe dem Zündzeitpunkt, welche die sichere Zündung und Entflammung gewährleisten, für eine Erhöhung der Abgastemperatur im Vergleich zu Einfacheinspritzung sorgen, **Bild 15-60**. Diese führt schließlich zu einem schnelleren Anspringen des Katalysators nach einem Kaltstart.

Schichtstart

Der Motorstart eines DISI-Motors erfolgt bei den meisten der heute in Serie produzierten Motoren mit einem relativ geringen Druck im Kraftstoffrail, der durch die elektrische Kraftstoffpumpe aufgebracht wird. Zur Anhebung dieses Druckniveaus in der Kraftstoffversorgung und der entsprechenden Gemischbildungsgüte ist der Einsatz von Hochdruckspeichern im Kraftstoffsystem denkbar. Ein deutlich verbessertes Start- und Emissionsverhalten wird erwartet.
Eine weitere Möglichkeit, das Startverhalten zu optimieren, bildet der sogenannte Direktstart: Nahezu ohne Unterstützung einer Starthilfe, wie zum Beispiel einem Anlasser, ist mit einer genau abgestimmten Einspritzung und Zündung, mit der ersten Umdrehung des Kurbeltriebs der Motorstart zu realisieren [17]. Diese Funktionalitäten und das entsprechend verbesserte Startverhalten bedingen jedoch den Einsatz von Zusatzkomponenten wie zum Beispiel Druckspeicher und/oder Kurbelwinkelmarkengeber höherer Güte.

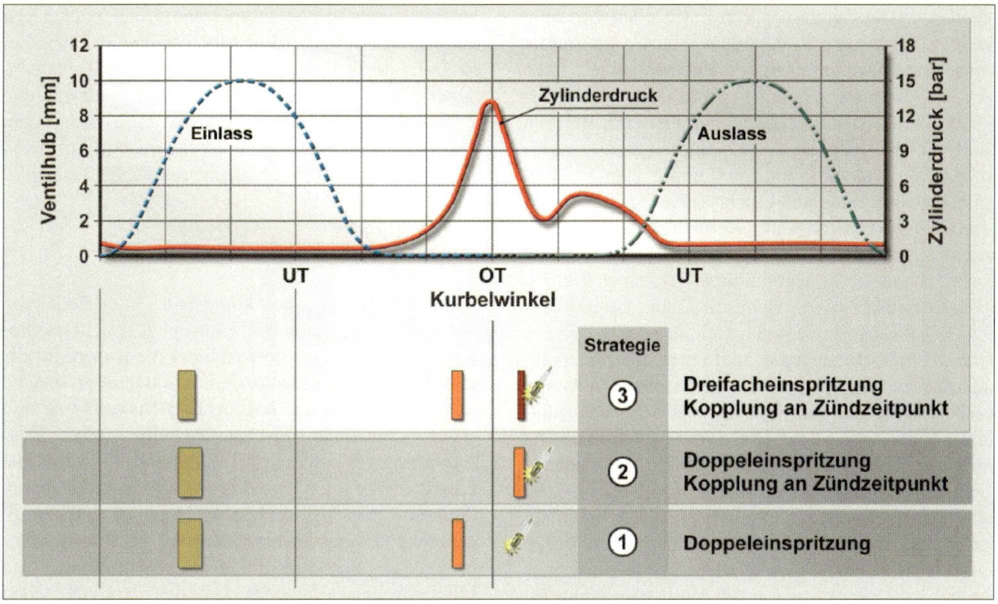

Bild 15-60 Einspritzstrategien beim Aufheizen von Abgaskatalysatoren [28]

Einfluss des Zündsystems auf die Direkteinspritzung

Direkteinspritzende Ottomotoren stellen hohe Anforderungen an das Zündsystem, insbesondere im Schichtbetrieb. Einerseits ist die Zündkerze zum Beispiel bei der strahlgeführten Direkteinspritzung infolge von Kraftstoffbenetzung ggf. sehr großen Temperaturfluktuationen beziehungsweise Thermoshockbelastungen ausgesetzt und neigt zum Aufbau von Ablagerungen, andererseits muss sie die der Direkteinspritzung typischen Gegebenheiten von Inhomogenitäten in der Nähe der Zündkerze kompensieren und trotzdem eine sichere Entflammung gewährleisten.

Grunsätzlich soll im Schichtbetrieb nur ein örtlich sehr begrenzter Bereich mit zündfähigem Luft-Kraftstoffgemisch, bei aufgrund der Schichtung global magerem Gemisch, um die Zündkerze herum zur Verfügung stehen. Hier liegt einer der Schwerpunkte bei der Entwicklung von Brennverfahren mit Direkteinspritzung, die Gewährleistung der Bereitstellung zündfähigen Gemischs im Bereich der Elektroden der Zündkerze, unabhängig vom Betriebspunkt, das heißt Last, Drehzahl, Einspritzzeitpunkt, Zündzeitpunkt, und so weiter. Zündfähiges Gemisch muss im Bereich zwischen ungefähr Lambda = 0,7 und Lambda = 1,3 liegen. Innerhalb dieses Bereichs kann die Entflammung und Ausbildung einer Flammenfront durch die Zündung gewährleistet werden. Sollte die Gemischqualität stärkeren zyklischen Schwankungen unterliegen, so kann nicht für jeden Zyklus eine Entflammung sicher gestellt werden, was zu einem schlechten Laufverhalten des Motors mit einem Anstieg der Emissionen und einer Zunahme des Kraftstoffverbrauchs führt.

Ein erster Schritt die Entflammung trotz Inhomogenitäten bzw. zyklischer Schwankungen der Gemischqualität an der Zündkerze zu gewährleisten, ist die Anhebung der Zündenergie der konventionellen Zündanlage, von circa 40 mJ auf Werte um 80–120 mJ. Ein ruhendes homogen stöchiometrisch zusammengesetztes Kraftstoff-Luftgemisch benötigt ungefähr 1 mJ Zündernergie, ein wiederrum ruhendes aber mageres oder fettes Gemisch circa 3 mJ [31]. Infolge von Inhomogenitäten, Verdünnung durch rückgeführtes Abgas sowie Übertragungs- und Wärmeverlusten an Zuleitungen und Elektroden steigt dieser Bedarf deutlich an, hinzu kommt auch die bei nicht ruhenden Gemischen erhöhte Gefahr von Zündfunkenverwehungen. Einige dieser vorgenannten Punkte werden bei der Direkteinspritzung deutlich verschärft, so zum Beispiel die Auslenkung des Zündfunkens infolge des Strahlimpulses bei strahlgeführten Brennverfahren und später Kompressionshubeinspritzung, was zu einer deutlichen Erhöhung der Strömungsgeschwindigkeit an der Zündkerze und speziell zwischen den Elektroden derselben führt. Alles zusammen genommen führt zu einer deutlichen Anhebung des Zündspannungsbedarfs.

Um eine sichere Entflammung auch unter den verschärften Bedingungen der Direkteinspritzung zu gewährleisten, wurden in der Vergangenheit immer wieder neue Zündsysteme auf ihre Tauglichkeit hin überprüft, wie zum Beispiel Plasmazündsysteme, Laserzündsysteme, und so weiter, keines wusste bisher aber so zu überzeugen, dass es das hohe Nut-

zen-Kosten Verhältnis der konventionellen Zündung erreichte. Dennoch wird weiter intensiv an immer neuen Systemen entwickelt, denn schließlich ließe sich ein weiterer deutlicher Emissions- und Verbrauchsvorteil erschließen. So wäre es zum Beispiel ein großer Vorteil, wenn die Zündgrenze ins magere ausgeweitet werden könnte und damit zum Beispiel bei einer Schichtung nicht mehr der möglichst stöchiometrische Kraftstoff-Luft Kern um den Zündort herum generiert werden müsste, sondern deutlich überstöchiometrisch liegen könnte. Bei einer deutlich überstöchiometrischen Gemischwolke könnte das NO_x-Rohemissionsniveau deutlich abgesenkt werden, denn das NO_x-Bildungspotential innerhalb der stöchiometrischen Gemischwolke würde stark reduziert werden. Wäre hier ein wirklich großer Sprung möglich, könnte neben dem Emissionsvorteil sowie der erhöhten Restgasverträglichkeit auch ein weiterer Kraftstoffverbrauchsvorteil erschlossen werden, denn damit wäre es möglich den Magerbetrieb und/oder den Schichtbetrieb über seine bisherigen Grenzen hinaus auszuweiten. Alles in allem würde ein weiterentwickeltes Zündsystem einen deutlichen Schub für die Direkteinspritzung bedeuten.
Selbstverständlich würde eine solche Zündsystem Weiterentwicklung nicht nur für den Schichtbetrieb von Vorteil sein, sondern auch den hoch aufgeladenen homogen betriebenen DISI-Brennverfahren entgegen kommen. Denn auch diese benötigen zur Zündung der aufgrund der Aufladung hoch verdichteten Zylinderladungen hohe Zündspannungen, um eine schnelle und sichere Entflammung zu gewährleisten, damit dem Gemisch nicht zu viel Zeit für Vorreaktionen bleibt, welche zum klopfenden Motorbetrieb führen könnten.

Entwicklungsprozess/-werkzeuge

Entwicklunswerkzeuge

Zur Beantwortung der komplexen Fragestellungen bei der Entwicklung von Konzepten mit Direkteinspritzung werden die notwendigen Werkzeuge für die jeweiligen Entwicklungsschritte eingesetzt, welche sich von der Analyse bekannter Brennverfahren und erster Simulationen bis zur Darstellung eines Konzeptfahrzeuges erstrecken. Dem üblicherweise für die Entwicklung von Ottomotoren anberaumten kurzen Zeitraum steht bei der Entwicklung der Direkteinspritzung und hier insbesondere bei der Brennverfahrensoptimierung eine Fülle von Variationen und Möglichkeiten gegenüber. Um den experimentellen Umfang noch in einem vertretbaren Rahmen zu halten, müssen zum Beispiel statistische Modelle und CFD-Berechnungen (Computational Fluid Dynamics) diese Vielfalt eingrenzen, **Bild 15-61**.

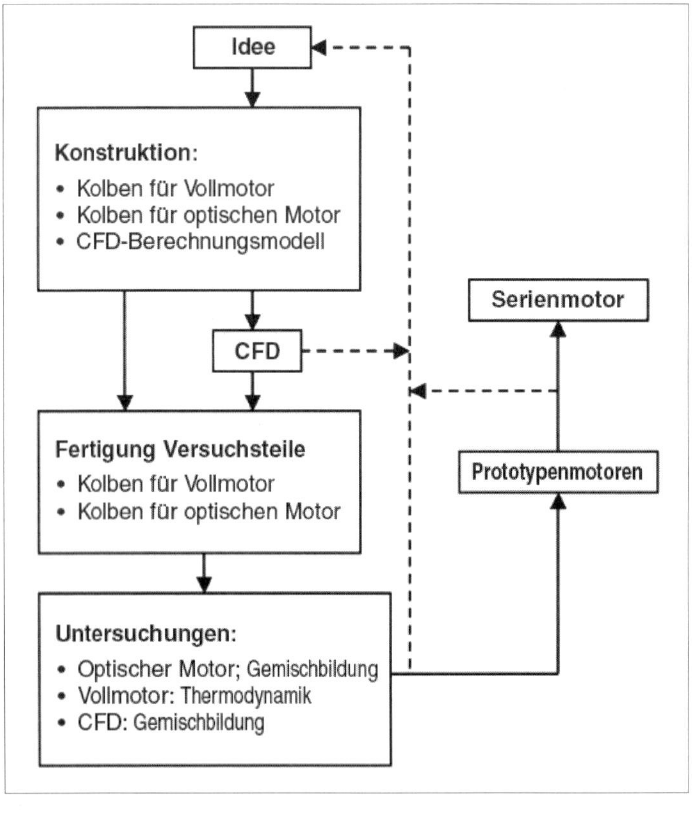

Bild 15-61 Entwicklungswerkzeug [24]

Messtechnik	verwendet für	Dim.	Bemerkungen
Video-Stroboskopie	Einspritzung (Flüssigphase)	2-D	+ Statistik leicht möglich; + mit Endoskopen kombinierbar; – max. 1 Bild pro Zyklus
Hochgeschwindigkeitsfilm	Einspritzung (Flüssigphase)	2-D	+ Aufzeichnung Gesamtzyklus; – Bildnachbearbeitung, Statistik
LIF	Einspritzung (Flüssig- und Dampfphase)	2-D	+ ggf. beide Phasen sichtbar – Quantifizierung schwierig – max. 1 – 2 Informationen/Zyklus
Raman	Kraftstoffkonzentration	0D (1D)	+ quantitativ – kleine Signale, störanfällig – max. 1 – 2 Informationen/Zyklus
LDA	Strömungsgeschwindigkeit	0D 3D	+ genau, Statistik leicht möglich + (Aufzeichnung Gesamtzyklus) + etabliert und ausgereift – Linieninformation aufwändig
PIV	Strömungsgeschwindigkeit (ggf. simultan Einspritzung)	2-D	+ 2-D-Strömungsinformation + Statistik leicht möglich + etabliert und ausgereift – max. 1 Information/Zyklus

Bild 15-62 Übersicht optischer Untersuchungsmethoden [24]

Als Vorgehensweise zur Darstellung und Bewertung der innnermotorischen Vorgänge werden optische Untersuchungsmethoden vorwendet.

So ist zum Beispiel die Doppler Global Velocimetry (DGV) in der Lage, die komplexen dreidimensionalen Vorgänge der Ladungsbewegung stationär und im geschleppten Motor zu visualisieren und mit geeigneten Kennzahlen in relativ kurzer Zeit zu bewerten [23]. Eine beispielhafte Übersicht weiterer optischer Untersuchungsmethoden ist in **Bild 15-62** aufgelistet.

Die zeitnahe Verknüpfung dieser Methoden stellt den Entwickler neben technischen Anforderungen vor organisatorische Aufgaben. Daher werden bei den Einzeluntersuchungen im Bereich der CFD- und optischen Methoden gezielt Werkzeuge eingesetzt, die üblicherweise zeitintensive Untersuchung auf die wesentlichen Aussagen und einen deutlich kürzeren Zeitraum beschränken. Die Ergebnisse aus diesen Untersuchungen dienen zum großen Teil dem Abgleich mit den CFD-Berechnungen.

Die im weiteren Entwicklungsprozess eingesetzten Werkzeuge zur Abstimmung der Motorsteuergerätfunktionen sind ebenfalls zum Teil modellgestützt. Die momentenbasierte Funktionsstruktur der ECU erfordert zur effizienten Applikation zum Beispiel den Einsatz statistischer Versuchsplanung [25].

Den meisten Modellierungen ist jedoch zum Thema stochastisches Verhalten, wie zum Beispiel zyklische Schwankungen im Brennverlauf, nicht mit der gewünschten Genauigkeit nachzukommen. Daher ist für die Prüfung der thermodynamischen Größen bei der Brennverfahrensentwicklung die Darstellung am Vollmotor erforderlich. Das tatsächlich darstellbare Kraftstoffverbrauchspotenzial des Ottomotors mit Direkteinspritzung ist somit nur durch eine enge Vernetzung der Entwicklung von Brennverfahren, Abgasnachbehandlung und Betriebsstrategie in Kombination mit umfangreichen Modellierungen umzusetzen [14, 15].

Literatur

[1] *Merker, G. P.; Stiesch, G.*: Technische Verbrennung, Motorische Verbrennung, Teubner-Verlag Stuttgart/Leibzig 1999

[2] *Pischinger, S.*: Verbrennungsmotoren, Vorlesungsumdruck, RWTH Aachen, 19. Auflage 1998

[3] *Wurms, R.*: Differenzierte Druckverlaufs-Analyse – eine einfache, aber höchst wirkungsvolle Methode zur Interpretation von Zylinderdruckverläufen, 3. Internationales Indiziersymposium 22./23.04.1998

[4] *Niefer, H.; Weining, H. K.; Bargende, M.; Walthner, A.*: Verbrennung, Ladungswechsel und Abgasreinigung der neuen Mercedes-Benz V-Motoren mit Dreiventiltechnik und Doppelzündung, MTZ 58, S. 392 – 399

[5] *Pischinger, F.; Wolters, P.*: Ottomotoren – Teil 2, Hrsg.: *Braess H.-H.; Seifert, U.*: Vieweg Handbuch Kraftfahrzeugtechnik, 2000

[6] *Stiebels, B.*: Flammenausbreitung bei klopfender Verbrennung, Forschr.-Ber. VDI-Reihe 12 Nr. 311, Düsseldorf VDI Verlag 1997

[7] *Adolph, N.*: Messung des Klopfens an Ottomotoren, Dissertation RWTH Aachen, 1983

[8] *Kollmeier, H.-P.*: Untersuchungen über die Flammenausbreitung bei klopfender Verbrennung, Dissertation RWTH Aachen 1987

[9] *Pischinger, R.; Kraßing, G.; Taucar, G.; Sams, T.*: Thermodynamik der Verbrennungsmaschine. Die Verbrennungskraftmaschine. Neue Folge. Band 4, Springer Verlag Wien New York 1989, S. 99

[10] *Südhaus, N.*: Möglichkeiten und Grenzen der Inertgassteuerung für Ottomotoren mit variablen Ventilsteuerzeiten. Dissertation RWTH Aachen 1988

[11] *Fischer, M.*: Die Zukunft des Ottomotors als PkW-Antrieb – Entwicklungschancen unter Verbrauchsaspekten, Dissertation TU Berlin 1998, Schriftenreihe B – Fahzeugtechnik – des Instituts für Straßen- und Schienenverkehr

[12] *Eichlseder, H.; Hübner, W.; Rubbert, S.; Sallmann, M.*: Beurteilungskriterien für ottomotorische DI-Verbrennungskonzepte. *Spicher, U. u. A.*: Direkteinspritzung im Ottomotor. expert verlag. 1998

[13] *Krebs, R.; Theobald, J.*: Die Thermodynamik der FSI-Motoren von Volkswagen, 22. Int. Wiener Motorensymposium, 26./27.04.2001

[14] *Karl; Abthoff; Bargende; Kemmler; Kühn; Bubeck:* Thermodynamische Analyse eines DI-Ottomotors. 17. Internationales Wiener Motorensymposium 1996

[15] *Zhang, H.; Bayerle, K.; Haft, G.; Klawatsch, D.; Entzmann, G.; Lenz, H. P.*: Doppeleinspritzung am Otto-DI-Motor: Anwendungsmöglichkeiten und deren Potenzial. 22. Int. Wiener Motorensymposium, 26./27.04.2001

[16] *Stiebels, B.; Schweizer, M.-J.; Ebus, F.; Pott, E.*: Die FSITechnologie von Volkswagen – nicht nur ein Verbrauchskonzept. *Spicher, U. u. A.*: Direkteinspritzung im Ottomotor IV, expert verlag. 2003

[17] *Kulzer, A.; Zülch, C.; Mößner, D.; Eichendorf, A.; Knopf, M.; Bargende, M.*: Einige Aspekte bezüglich Gemischbildung und Verbrennung im Rahmen des Direktstarts von Ottomotoren mit Benzin-Direkteinspritzung, Kraftstoffe und Antriebe der Zukunft, VDI-Bericht 1808

[18] *Fröhlich, K.; Borgmann, K.; Liebl, J.*: Potenziale zukünftiger Verbrauchstechnologien. 24. Internationales Wiener Motorensymposium 2003

[19] *Geringer, B.; Klawatsch, D.; Graf, J.; Lenz, H.-P.; Schuöcker, D.; Liedl, G.; Piock, W. F.; Jetzinger, M.; Kapus, P.*: Laserzündung. Ein neuer Weg für den Ottomotor, MTZ 03/2004

[20] *Peters, H.*: Experimentelle und numerische Untersuchung zur Abgasrückführung beim Ottomotor mit Direkteinspritzung und strahlgeführtem Brennverfahren, Dissertation Universität Karlsruhe 2004

[21] *Grigo, M.*: Gemischbildungsstrategien und Potenzial direkteinspritzender Ottomotoren im Schichtbetrieb, Dissertation RWTH Aachen 1999

[22] *Dahle, U.; Brandt, S.; Velji, A.*: Abgasnachbehandlungskonzepte für magerbetriebene Ottomotoren. *Spicher, U. u. A.*: Direkteinspritzung im Ottomotor. expert verlag. 1998

[23] *Dingel, O.; Kahrstedt, J.; Seidel, T.; Zülch, S.*: Dreidimensionale Messung der Ladungsbewegung mit Doppler Global Velocimetry. Motortechnische Zeitschrift 2/2003

[24] *Stiebels, B.; Krebs, R.; Zillmer, M.*: Werkzeuge für die Entwicklung des FSI-Motors von Volkswagen. *Leipertz, A.*: Motorische Verbrennung, Tagung HdTMärz 2001

[25] *Fischer, M.; Röpke, K.*: Effiziente Applikation von Motorsteuerungsfunktionen für Ottomotoren, MTZ 9/2000, S. 562 ff.

[26] *Nauwerck, A.*: Untersuchung der Gemischbildung in Ottomotoren mit Direkteinspritzung bei strahlgeführtem Brennverfahren, Dissertation Universität Karlsruhe (TH) 2006, LOGOS Verlag

[27] *Prevedel, K.; Piock, W. F.*: Aufladung beim Direkteinspritz-Ottomotor. VDI-Tagung Innovative Fahrzeugantriebe, Dresden, 2004

[28] *Waltner, A.; Lückert, P.; Schaupp, U.; Rau, E.; Kemmler, R.; Weller, R.*: Die Zukunftstechnologie des Ottomotors: strahlgeführte Direkteinspritzung mit Piezo Injektor, 27. Internationales Wiener Motorensymposium, 2006

[29] *Thiemann, J.*: Laserdiagnostische Untersuchungen der Rußbildung in einem direkteinspritzenden Ottomotor, Dissertation RWTH Aachen 2000

[30] *van Basshuysen, R. (Hrsg.)*: Ottomotor mit Direkteinspritzung, 2. Auflage, Vieweg + Teubner Verlag 2008

[31] Autoelektrik, Autoelektronik am Ottomotor, VDI Verlag 1987

15.3 Zweitaktdieselmotor

Trotz einer gewissen Verbreitung von Zweitaktdieselmotoren in den 1950er und 1960er Jahren als Antrieb von kleinen Stationär- und Schleppermotoren (Lanz, Hanomag, F&S, ILO, Stihl, O & K, Hirth) sowie als Lkw-Antrieb (Krupp, Ford) (siehe hierzu auch [1] und [2]) hat der Zweitaktdieselmotor als Pkw- und Lkw-Antrieb derzeit keine Bedeutung. Die Gründe für die Bedeutungslosigkeit des Zweitaktmotors in diesem Segment sind die gestiegenen Anforderungen bezüglich Lebensdauer, Schmierölverbrauch und Emissionen, die mit einfach aufgebauten Motoren konventioneller Bauart (Kurbelkammerspülpumpe, symmetrisches Steuerdiagramm, Beschränkung auf nur drei bewegte Teile) nicht im ausreichenden Maße erfüllt werden konnten. Weitere Gründe lagen im begrenzten Entwicklungsstand von zur Kurbelkammerspülpumpe alternativen Spülgebläsen sowie kühl-, schmierungs- und werkstofftechnischen Problemen. Daneben verringerte sich wegen der zunehmenden Anwendung der Abgasturboaufladung bei Viertaktdieselmotoren auch der Leistungsvorteil der Zweitaktdieselmotoren. Vorteile des Zweitaktdieselmotors unter anderen hinsichtlich der Anregung von Antriebsstrangschwingungen bei Motoren mit niedriger Zylinderzahl, der Drehmomentcharakteristik, des Leistungsgewichts, des Kaltstartverhaltens, der Motorerwärmung nach dem Kaltstart, der NO_x-Rohemission und der Abgasnachbehandlungsbedingungen machen den Zweitaktdieselmotor insbesondere für Ein- bis Dreizylindermotoren für kleine verbrauchsarme Pkw interessant und haben in den 1990er Jahren zu entsprechenden Entwicklungsprojekten unter anderen der Firmen Toyota [3], AVL [4], Yamaha [5], und Daihatsu [6] geführt.

Bei Zweitaktdieselmotoren wird die Wahl des Brennverfahrens im starken Maße von der Festlegung auf ein bestimmtes Spülkonzept bestimmt. Bei gleichstromgespülten Zweitaktdieselmotoren mit Einlassschlitzen und Auslassventilen lässt sich durch die Gestaltung der Spülkanäle beziehungsweise der Einlassschlitze verhältnismäßig einfach eine Drallströmung im Zylinder generieren und gegebenenfalls durch Klappen vor den Spülschlitzen in Abhängigkeit von Last und Drehzahl des Motors beeinflussen. Aus diesem Grunde lassen sich, verglichen mit den heute überwiegend eingesetzten Viertaktdieselmotoren mit Direkteinspritzung, ähnliche Gemischbildungsbedingungen erzeugen und entsprechend vergleichbare Brennverfahren einsetzen. In Abschnitt 7.25 ist ein für den Einsatz im Pkw konzipierter gleichstromgespülter Dreizylinder-Zweitaktdieselmotor der Fa. AVL abgebildet (siehe hierzu auch [4]). Bei Verwendung nockenbetätigter Einspritzpumpen (Verteilereinspritzpumpe, Pumpedüse) muss die gegenüber Viertaktmotoren verdoppelte Einspritzfrequenz bei der Auslegung der Pumpe und des Nockens berücksichtigt werden. Insbesondere der Einsatz einer

Common Rail-Einspritzung bietet die Option, den Motor gegebenenfalls in bestimmten Kennfeldbereichen (zum Beispiel bei hohen Drehzahlen) im Viertaktbetrieb zu betreiben. Unabhängig vom gewählten Einspritzsystem ist bei der Gestaltung des Zylinderkopfes einer wirksamen Kühlung des Düsenhalters beziehungsweise der Einspitzdüse eine wesentliche Beachtung zu schenken.

Bei Zweitaktmotoren mit Umkehrspülung (Kopfumkehrspülung beziehungsweise kolbengesteuerte Umkehrspülung zum Beispiel nach Schnürle) bildet sich um den OT im Brennraum keine Drallströmung sondern eine mehr oder weniger ausgeprägte Tumbleströmung aus. Aus diesem Grunde wurden umkehrgespülte Zweitaktdieselmotoren für den Fahrzeugeinsatz in der Vergangenheit praktisch ausnahmslos mit Kammerbrennverfahren (Vorkammer, Wirbelkammer) ausgerüstet. Bei kleinen Stationärmotoren mit Umkehrspülung (F & S, ILO [1]) wurde demgegenüber eine Direkteinspritzung, teilweise mit radialer Anordung des Düsenhalters, verwirklicht. Moderne Direkteinspritzsysteme mit Einspitzdrücken bis zu 2.000 bar und einer größeren Zahl von Spritzlöchern erfordern für eine gute Gemischbildung nur einen vergleichsweise geringen Drall der Verbrennungsluft, so dass eine DI-Brennverfahrensentwicklung für umkehrgespülten Zweitaktdieselmotoren, unter Umständen unter Erzeugung einer gegebenenfalls leicht radial gerichteten Quetschströmung im OT, nicht von vornherein als aussichtslos erscheint.

Bild 15-63 zeigt exemplarisch für einen Dieselmotor mit Umkehrspülung den Längs- und Querschnitt durch einen Zweizylinder-Zweitaktdieselmotor mit 1,0 Liter Hubraum von Yamaha [5], der für den Einsatz in einem Kleinwagen konzipiert wurde. Der Hub beträgt 93 mm, die Bohrung 82 mm. Die Nennleistung ist mit 33 kW bei 4.000 1/min angegeben. Das maximale Drehmoment von 80 Nm wird bei 2.500 1/min erreicht. Der Motor mit einem Gesamtgewicht von 95 kg ist für den Einsatz in Dreiliterfahrzeugen ausgelegt und soll die Euro 4-Grenzwerte erfüllen. Das Zylinderkurbelgehäuse aus einer Aluminiumlegierung und Ni–P–SiC-beschichteter Zylinderlaufbahn ist pro Zylinder mit vier Überströmkanälen versehen, über die das Frischgas aus der Kurbelkammer in den Zylinder gelangt. Die Zylinderlaufbahn und die wälzgelagerten Kurbelwellen beziehungsweise Pleuellager werden über eine kennfeldgesteuerte Frischölschmierung gezielt mit Schmieröl versorgt, so dass ein minimaler Schmierölverbrauch ermöglicht wird. Der Auslassbereich des umkehrgespülten Zylinders ist mit zwei übereinander angeordneten Auslassschlitzen versehen. Der obere Auslasskanal kann zur Verbesserung der Drehmomentencharakteristik mittels Drosselklappe verschlossen werden, wodurch das Verdichtungsverhältnis im Motorbetrieb im Bereich zwischen 13 : 1 und 18 : 1 variiert wird. Offenbar vor dem Hintergrund der Schwierigkeiten bei der Erzeugung eines für DI-Brennverfahren charakteristischen Brennraumdralls wurde auf ein Kammerbrennverfahren zurückgegriffen. Bei diesem Brennverfahren **(Bild 15-64)** wird über vier tangential gerichtete Blaskanäle nach dem Einleiten der Verbrennung in der Kammer bei geringen Überschiebeverlusten im Zylinder eine ausgeprägte Drallströmung erzeugt. Auf diese Weise lassen sich nach Angaben von Yamaha [5] eine vollständige Verbrennung bei niedrigen Verbräuchen und Emissionen erreichen.

15.4 Zweitaktottomotor

Im Gegensatz zum Zweitaktdieselmotor besitzt der Zweitaktottomotor als Pkw-Antrieb eine lange Tradition. Insbesondere die positiven Erfahrungen bei der Entwicklung und Produktion von Zweitaktmotorradmotoren bildeten in den 1920er Jahren des letzten Jahrhunderts die Voraussetzung für die Markteinführung von Pkw mit Zweitaktottomotoren durch die Firmen DKW, Aero, Jawa und Ceskoslovensko

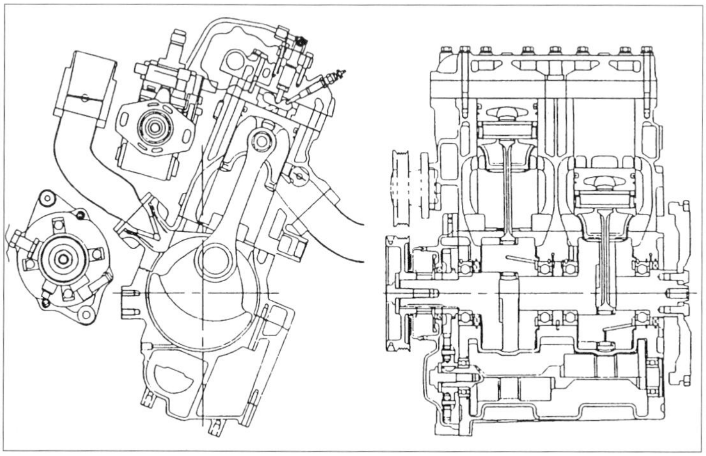

Bild 15-63 Längs- und Querschnitt des 1,0-Liter- Zweitaktdieselmotors von Yamaha [5]

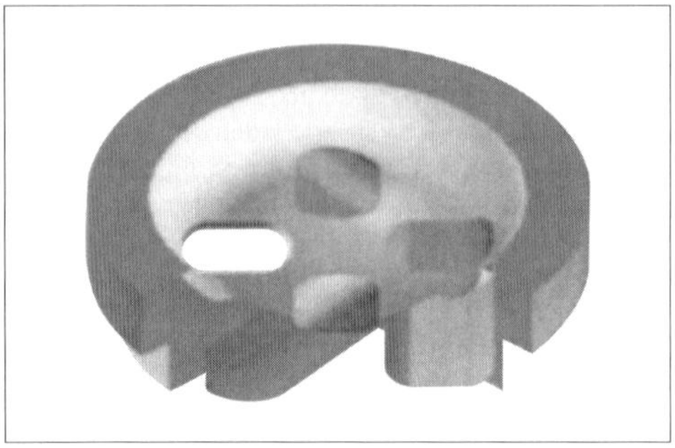

Bild 15-64 Darstellung der Wirbelkammer des 1,0-Liter-Zweitaktdieselmotors von Yamaha [5]

Zbrojovka. Der große Bedarf an erschwinglichen Fahrzeugen im Zuge der Massenmotorisierung nach dem Zweiten Weltkrieg bildete insbesondere in Deutschland den Hintergrund für die Entwicklung und Produktion zahlreicher Pkw mit Zweitaktottomotoren. Neben DKW wurden unter anderen Zweitakt-Pkw von Lloyd, Goliath, Gutbrod und Glas produziert, wobei der Marktanteil von Zweitakt-Pkw Ende der 1950er Jahre in Westdeutschland bei circa 20 % lag. In Ostdeutschland wurde bis zur Einstellung der Produktion Anfang der Neunzigerjahre mit den Marken Wartburg und Trabant sogar ein maximaler Marktanteil von Zweitakt-Pkw von über 60 % erreicht. Vor dem Hintergrund einer zunehmenden Sensibilisierung der Kunden beziehungsweise der Öffentlichkeit bezüglich der unmittelbar wahrnehmbaren Kohlenwasserstoffemission (Blaurauch), dem unkultivierten Leerlauf, Lebensdauerproblemen und verhältnismäßig hohen Volllastkraftstoffverbräuchen wurde 1966 bei DKW in Ingolstadt und 1968 bei Saab in Schweden die Produktion von Pkw-Zweitaktmotoren eingestellt. Praktisch zeitgleich mit der Einstellung der Produktion von Pkw mit Zweitaktmotoren bei Wartburg und Sachsenring Anfang der 1990er Jahre haben Veröffentlichungen beziehungsweise Präsentationen unter anderen der Firmen Orbital [7, 8], AVL [9], Subaru, [10] Toyota, GM und Ficht (siehe hierzu auch [11] u. [12]) das Interesse an Zweitaktottomotoren erneut geweckt. Gemäß dieser Publikationen bestand die Perspektive vor allem darin, durch Verbesserungen bei der Gemischbildung (Direkteinspritzung), aber auch durch den Einsatz alternativer Spülverfahren, die spezifischen Nachteile traditioneller Pkw-Zweitaktantriebe zu überwinden und emissions- und verbrauchsgünstige Antriebe insbesondere für kleine Pkw zu schaffen.

Wesentliches Merkmal des Zweitaktverfahrens ist es, dass im Gegensatz zum Viertaktverfahren pro Umdrehung ein vollständiger Arbeitszyklus abläuft, wobei das Entfernen der verbrannten Ladung und das Einführen des Frischgases (Spülvorgang) in den Zylinder zeitgleich in Kurbelwinkelbereichen um den unteren Totpunkt (UT) erfolgt. Da das Gasvolumen über die geöffneten Auslassorgane mit der Atmosphäre kommuniziert, beginnt der Verdichtungsvorgang nach dem Schließen der Ein- und Auslassorgane, abgesehen von gasdynamischen Einflüssen und Aufbeziehungsweise Nachladeeffekten – selbst bei Ansaugluftdrosselung in der Teillast –, grundsätzlich bei einem Zylinderdruck, der in etwa dem Atmosphärendruck entspricht. Hierdurch ergeben sich im Gegensatz zum drosselgeregelten Viertaktottomotor auch in der Teillast vergleichsweise hohe Verdichtungsenddrücke. Wie im Abschnitt 10.3 dargestellt, stehen für den Ladungswechsel von Zweitaktmotoren verschiedene, mit jeweiligen Vor- und Nachteilen behaftete Spülverfahren zur Verfügung. Wegen der einfachen und kompakten Bauart und der Forderung nach vergleichsweise hohen Nenndrehzahlen wurden Zweitaktottomotoren für den Pkw-Einsatz bisher praktisch ausnahmslos mit Umkehrspülung und Kurbelkammerspülpumpe ausgebildet. Im Gegensatz zu drosselgeregelten Viertaktottomotoren verringert sich bei konventionellen Zweitaktmotoren mit Kurbelkammerspülpumpe zur Teillast hin die Ladungswechselarbeit (siehe hierzu auch [13]). Dieses Prinzip der Lastregelung bedingt allerdings in der Teillast wegen des „offenen" Gaswechsels einen hohen Abgasanteil im Zylinder, da beim Ladungswechsel nur so viel Abgas aus dem Zylinder gedrängt wird, wie – vom Maß der Ansaugkanaldrosselung bestimmt – Frischgas in den Zylinder gelangt. Ein hoher Abgasanteil im Zylinder senkt die NO_x-Emissionen und verbessert wegen der Erhöhung des Temperaturniveaus in der Teillast die physikalischen Aufbereitungsbedingungen für den Kraftstoff. Andererseits führt der hohe Inertgasanteil in der Teillast und besonders im Leerlauf zu drastisch verschlechterten Entflammungsbedingungen. Ein hoher Restgasanteil, in Verbindung mit einem hohen Verdichtungsenddruck in der Teillast, begründet dabei die Forderung nach dem Einsatz einer Zündanlage mit hoher Zündenergie. Gelingt es unter diesen Bedingungen nicht, durch den Spülvorgang im Bereich der Zündkerze ein entflammungsfähiges Gemisch zu positionieren, so kommt es zu Entflammungsaussetzern. Beim darauf folgenden Spülvorgang wird weiteres Luft-Kraftstoff-Gemisch in den Zylinder gespült, wodurch sich die Entflammungsbedingungen verbessern. Kommt es im Anschluss an einen oder mehrere Spülvorgänge dann zu einer Entflammung, ist die anschließende Verbrennung als Folge der Vorreaktionen im Gemisch während der vorangegangenen Verdichtungszyklen durch hohe Energieumsatzraten, Druckgradienten und Spitzendrücke gekennzeichnet. Dieses Betriebsverhalten mischungsgespülter Zweitaktottomotoren führt zu einem unkultivierten Laufverhalten in der Teillast und besonders im Leerlauf. Weiterhin hat die Ausspülung unverbrannter Gemischanteile einen Anstieg des Kraftstoffverbrauchs und hohe Kohlenwasserstoffemissionen zur Folge. Durch den Einfluss der speziell bei Zweitaktmotoren mit Kurbelkammerspülpumpe ausgeprägten Gasschwingungen im Ansaugsystem ändern sich mit der Drehzahl nicht nur die Füllung des Zylinders, sondern insbesondere bei äußerer Gemischbildung (Vergaser) auch die Gemischzusammensetzung. Hierdurch ergeben sich neben dem Restgasgehalt weitere Einflüsse auf die Entflammung, das Laufverhalten und die Emission. Bei Steigerung der Last führt der steigende Frischgasanteil im Zylinder zu einem gleichförmigeren Motorlauf. Erfahrungsgemäß werden mit mischungsgespülten Zweitaktmotoren bei mittlerer Teillast und mittleren Drehzahlen vergleichsweise günstige Kraftstoffverbräuche erzielt. Bei Annäherung an die Volllast führt die steigende in den Zylinder gespülte Gemischmenge je nach gasdynamischer Auslegung des Ansaug- und Auspuffsystems zu einem mehr oder weniger ausgeprägten Anstieg der Frischgasverluste und damit zu einem Anstieg von Verbrauch und HC-Emissionen.

Voraussetzung für die Einhaltung der strengen aktuellen und zukünftigen Abgasschadstoffgrenzwerte bei Pkw-Viertaktottomotoren ist nach derzeitigem Stand der Technik zumindest in Teilkennfeldbereichen die Oxidation unverbrannter Kohlenwasserstoffe (HC) und Kohlenmonoxid (CO) sowie die gleichzeitige Reduktion von Stickoxiden (NO_x) im Dreiwegkatalysator bei stöchiometrischem Luft-Kraftstoff-Verhältnis ($\lambda = 1$-Regelung). Grundsätzliche Bedingung für eine Funktion des Dreiwegkatalysators bei Zweitaktottomotoren ist es, dass das unverbrannte Gemisch, welches beim Ladungswechsel den Zylinder verlässt, das gleiche (stöchiometrische) Luftverhältnis wie die Frischladung aufweist. Dieser Zustand lässt sich bei Zweitaktottomotoren mit äußerer Gemischbildung im Grundsatz verwirklichen. Allerdings führen die beschriebenen Entflammungsaussetzer in der Teillast und die damit verbundene ausgeprägte zeitliche Veränderlichkeit der Abgaszusammensetzung zu regelungstechnischen Schwierigkeiten bei der Einhaltung eines engen λ-„Fensters“.

Bei innerer Gemischbildung (Direkteinspritzung) wird der Zylinder mit Luft gespült. Je nach Güte des Spülverfahrens, Mitteldruck (Last) und der gegebenenfalls zur Zylinderkühlung durchgespülten Luftmenge müsste für einen Betrieb bei $\lambda = 1$ der direkt in den Auspuff gespülte Sauerstoff durch „Anfettung“ des im Zylinder verbliebenen Gemisches (Erhöhung der Einspritzmenge) kompensiert werden. Ein durch die „Anfettung“ des Gemisches im Zylinder verursachter Anstieg von oxidierbaren Abgasbestandteilen (HC, CO) ist allerdings in Hinblick auf den Kraftstoffverbrauch, die thermische Belastung des Katalysators und das durch die Konvertierungsraten des Katalysators begrenzte Maß der Schadstoffreduzierung, unerwünscht.

Im Gegensatz zum Einsatz im Pkw haben vor allem das niedrige Gewicht, der geringe Raumbedarf, die mechanische Robustheit und der wartungsarme Betrieb von Zweitaktottomotoren deren dominierende Stellung bei Außenborder-, Jetski-, Snowmobilmotoren und Antrieben für kleine Zweiräder und Arbeitsgeräte zumindest teilweise gesichert. Die auch in diesen Marktsegmenten ansteigenden technischen und umweltpolitischen Anforderungen haben zur Entwicklung und Markteinführung zahlreicher technischer Verbesserungen geführt, mit denen die Kraftstoffverbräuche und/oder die Schadstoffemissionen zum Teil drastisch reduziert werden konnten. Hierzu zählen unter anderen die Spülvorlage (Frischgasvorlage/Frischluftvorlage) [14, 15] bei kleinen Stationärmotoren, die Einführung von Oxidationskatalysatoren in Verbindung mit einer Optimierung der Umkehrspülung und einer „mageren“ Gemischabstimmung bei Mofas und Rollern, der Einsatz von Sekundärluftsystemen bei kleinen Zweirädern und die Serieneinführung der elektronischen Direkteinspritzung [16, 21] bei Außenbordmotoren und Zweirädern [16]. Vor allem die strengen Schadstoffgrenzwerte auf den wichtigsten Märkten für Pkw sowie die hohen Komfort- und Lebensdauerforderungen, die wie in [17] dargestellt, zumindest teilweise auch bei neueren Konzepten nicht in ausreichendem Maße erfüllt werden, stellen gravierende Hürden für den Einsatz von Zweitaktottomotoren als Pkw-Antrieb dar. Für die erfolgreiche Markteinführung von Zweitaktottomotoren als Automobilantrieb seien dementsprechend im Folgenden die wichtigsten als zielführend anzusehenden Konzeptansätze beziehungsweise die daran gekoppelten Entwicklungsaufgaben angeführt (siehe hierzu auch [18]):

- Einsatz beziehungsweise Optimierung von Spülverfahren welche, bei minimalen Frischgasverlusten auch in der Teillast an der Zündkerze ein sicher entflammbares Gemisch liefern
- Übergang von der äußeren Gemischbildung (Vergaser/Saugrohreinspritzung) auf Direkteinspritzsysteme, welche, in den kurzen zur Gemischbildung zur Verfügung stehenden Zeiträumen eine gute Gemischaufbereitung und die Positionierung eines sicher entflammbaren Gemisches an der Zündkerze auch in niedrigen Teillastbetriebspunkten gewährleistet. Luftunterstütze Direkteinspritzsysteme ermöglichen in den kurzen, für die Gemischbildung verfügbaren Zeiträumen eine gute Gemischaufbereitung, müssen jedoch noch im Hinblick auf die hohen Systemkosten und die hohe Leistungsaufnahme optimiert werden
- Einsatz beziehungsweise Optimierung von Zündeinrichtungen beziehungsweise Zündverfahren, die langzeitstabil im praktischen Fahrzeugbetrieb auch schwer entflammbare Gemische in der Teillast sicher entflammen
- Entwicklung beziehungsweise Einsatz von Spülbeziehungsweise Aufladegebläsen, die bei minima-

ler Leistungsaufnahme eine weitgehend freie Wahl des Zylinderspül- beziehungsweise Aufladegrades im gesamten Kennfeld des Motors ermöglichen. Dabei bieten elektrisch unterstützte Turbolader gegebenenfalls mit variabler Turbinengeometrie die Option, einen Teil der ansonsten ungenutzten Abgasenergie zu nutzen und gleichzeitig wegen des Rückstaus der Abgase vor der Turbine die Nachteile von symmetrischen Steuerdiagrammen (Umkehrspülung) zu kompensieren

- Der Verzicht auf die Kurbelkammer als Spülpumpe bietet die Möglichkeit zum Einsatz bezüglich Akustik, Lebensdauer und Kosten günstigen gleitgelagerten Kurbelwellen und einer wirksamen Kühlung der thermisch hochbelasteten, gegebenenfalls mit Kühlkanal zu versehenen Kolben mittels Druckumlaufschmierung und Ölspritzdüsen. Die Zylinder-Kolbenlaufpaarung sowie die Kolbenringbestückung sind konsequent auf einen minimalen Schmierölbedarf beziehungsweise eine maximale Ölabstreifwirkung der Kolbenringe sowie eine ausreichende mechanische und thermische Standfestigkeit dieser Triebwerkskomponenten hin zu optimieren
- Basierend auf dem technologischen Wissen bezüglich der Abgasnachbehandung bei DI-Viertaktottomotoren sind Abgasnachbehandlungssysteme an die Anforderungen von Zweitaktottomotoren anzupassen, um auch ohne einen Betrieb des Motors bei stöchiometrischem Luft-Kraftstoff-Verhältnis die strengen zukünftigen Schadstoffgrenzwerte zu erfüllen.
- Ein interessanter Ansatz stellt der, im Grundsatz auch für Dieselmotoren denkbare, kombinierte Zweitakt- und Viertaktbetrieb bei Fahrzeugottomotoren dar. Entsprechend den Ergebnissen von bei Ricardo durchgeführten Grundlagenuntersuchungen [19, 20] lässt ein Zweitaktbetrieb (Spülkonzept-Kopfumkehrspülung) in Kennfeldpunkten hoher Last und niedriger Motordrehzahlen ein mit erheblichen Kraftstoffverbrauchseinsparungen verbundenes weitreichendes Downsizing zu. Entwicklungsschwerpunkte liegen bei diesen Konzepten insbesondere in der Verwirklichung serienfähiger Aufladekonzepte, Spühlkonzepte, Betriebsartwechselstrategien und Ventilsteuerzeit-Umschaltkonzepte.

In **Bild 15-65** ist exemplarisch die Ansicht eines umkehrgespülten Dreizylinder-Zweitaktmotors der Firma Orbital dargestellt. Der Motor hat einen Hub von 72 mm und eine Bohrung von 84 mm. Die Nennleistung ist mit 58 kW bei 4.500 1/min angegeben. Das maximale Drehmoment von 130 Nm wird bei 3.500 1/min erreicht. Das Gesamtgewicht des Motors beträgt 85 kg. Gemäß den in [21] gemachten Aussagen werden im Anschluss an einen 80.000 km-Dauerlauf mit ausreichendem Sicherheitsabstand die

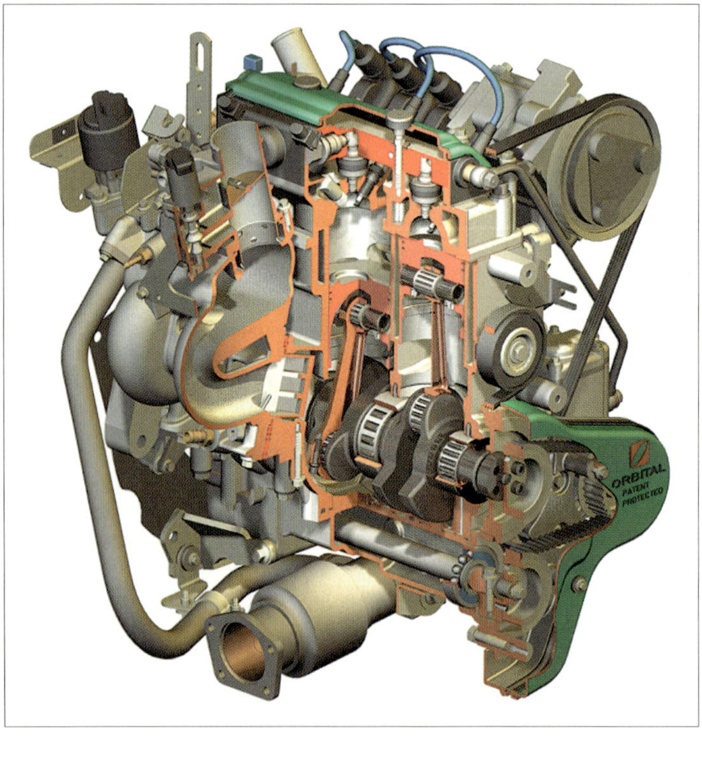

Bild 15-65 Schnittdarstellung des 1,2-Liter-Dreizylinder-Zweitaktmotors der Firma Orbital [18]

Euro III-Grenzwerte eingehalten. Der Motor war für den Einsatz im indonesischen Pkw der Marke Maleo beziehungsweise Texmako vorgesehen.
Das wassergekühlte Zylinderkurbelgehäuse aus einer Aluminiumlegierung besitzt pro Zylinder mehrere Überströmkanäle und ist in der Kurbelwellenmittelebene geteilt. Die geschmiedete Kurbelwelle ist einteilig ausgebildet und an den Zapfen für Haupt- und Pleuellager mit geteilten Rollenlagern versehen. Bei aufwärts gehendem Kolben wird über das Saugrohr Ansaugluft in die jeweilige Kurbelkammer gesogen. Vor der Kurbelkammer angeordnete Lamellenventile (Reedvalves) verhindern während des Verdichtungsvorgangs in der Kurbelkammer eine Rückströmung von Gas in den Ansaugtrakt. Die Kurbelwellenlager und die Zylinder werden über eine elektronisch gesteuerte Schmierölpumpe mit Frischöl versorgt. Das Kraftstoff-Öl-Mischungsverhältnis liegt dabei üblicherweise zwischen 1:50 und 1:200. Um über dem gesamten Drehzahlbereich ein hohes Drehmoment zu erzielen, ist in den Auspuffkanälen im Bereich der Auspuffschlitze eine Steuerwalze angeordnet, mit der die Auslasssteuerzeit verändert werden kann. Die Steuerwalze wird über einen Gleichstrommotor verstellt. Besonderes Kennzeichen des Motors ist die luftunterstützte Benzindirekteinspritzung (siehe hierzu auch [21, 22]). Hauptelement dieses Einspritzsystems ist ein im Zylinderkopf angeordnetes elektromagnetisch gesteuertes Ventil zur Einspritzung einer Luft-Kraftstoff-„Emulsion" in den Brennraum. Der flüssige Kraftstoff wird dabei exakt bemessen mittels eines Einspritzventils einer konventionellen Saugrohreinspritzanlage in eine Gemischkammer eingespritzt. Durch Einspritzen von in einem Hubkolbenverdichter verdichteter Luft in diese Kammer bildet sich eine Luft-Kraftstoff-„Emulsion", die fein zerstäubt in den Brennraum geblasen wird. Gemäß [21] wird dabei ein mittlerer Sauterdurchmesser (SDM) von weniger als 8 µm erreicht. Hierdurch wird beispielsweise bei 3.000 U/min und Beendigung des Einspritzvorgangs im Bereich von 25–30 °KW vor OT im geschichteten Luft-Kraftstoff-Gemisch eine gute Gemischqualität erreicht, die bei Teillast eine Abmagerung des Luft-Kraftstoff-Verhältnisses bis zu 100:1 bei stabiler Verbrennung zulässt.

Literatur zu Kapitel 15.3 und 15.4

[1] *Frese, F.; sowie Fuchs, A.:* In: Bussien, Automobiltechnisches Handbuch, Bd. 1, 18. Aufl. S. 757–788 beziehungsweise S. 789–791. Berlin: Technischer Verlag Herbert Cram, 1965

[2] *Scheiterlein, A.:* Der Aufbau der raschlaufenden Verbrennungskraftmaschine. 2. Aufl. Wien: Springer-Verlag, 1964

[3] *Nomura, K.; Nakamura, N.:* Development of a new Two-Stroke Engine with Poppet-Valves: Toyota S-2 Engine. In: A New Generation of Two-Stroke Engines for the Future? Paris: P. Duret (Editor) and Editions Technip, 1993, pp. 53–62

[4] *Knoll, R.; Prenninger, P.; Feichtinger, G.:* 2-Takt-Prof. List Dieselmotor, der Komfortmotor für zukünftige kleine Pkw-Antriebe. 17. Internationales Wiener Motorensymposium 25.–26. April 1996. In: VDI Fortschritt-Berichte Reihe 12 Nr. 267 Düsseldorf: VDI Verlag 1996 und AVL Infounterlagen

[5] http://www.yamaha-motor.co.jp vom März 1999. Sowie Information aus: N. N.: Diesel Progress International Edition (ISSN1091 3696) Volume XVII, No. 4, Skokie, Il USA July/August 1999 S. 42–43

[6] *N. N.:* IAA 1999 Motoren und Komponenten. In: MTZ Jahrgang 60, (1999) Heft 11, S. 719

[7] *Schunke, K.:* Der Orbital Verbrennungsprozess des Zweitaktmotors, Vortrag beim 10. Internationalen Wiener Motorensymposium, 27.–28. April 1989 Fortschritt-Berichte VDI Reihe 12 Nr. 122 Düsseldorf: VDI-Verlag, 1989

[8] *Cumming, B. S.:* Opportunities and challenges for 2-stroke engines, Beitrag zum 3. Aachener Kolloquium Fahrzeug- und Motorentechnik. Aachen: 15.–17. 10. 1991

[9] *Plohberger, D.; Miculic, L. A.:* Der Zweitaktmotor als Pkw-Antriebskonzept-Anforderungen und Lösungsansätze, Vortrag beim 10. Internationalen Wiener Motorensymposium, 27.–28. April 1989 Fortschritt-Berichte VDI Reihe 12 Nr. 122 Düsseldorf : VDI-Verlag, 1989

[10] *N. N.:* Neuer Subaru-Zweitaktmotor im Versuch. In: MTZ Jahrgang 52, (1991) Heft 1, S. 15

[11] *Appel, H. (Hrsg.):* Der Zweitaktmotor im Kraftfahrzeug, Abgasemission, Kraftstoffverbrauch, neue Konzepte; Tagungsband gemeinschaftliches Kolloquium am 28. Feb. 1990 Uni Berlin, ISBN 37893 13695

[12] *N. N.:* Fahrzeugmotoren im Vergleich: Tagung Dresden 3.–4. Juni 1993, VDI Gesellschaft Fahrzeugtechnik, VDI-Berichte 1066. Düsseldorf: VDI-Verlag, 1993

[13] *Groth, K.; Haasler, J.:* Gaswechselarbeit und Ladungsendzustand eines Zweitakt- und eines Viertaktottomotors bei Teillast. In: ATZ Jahrg. 62, (1962) Heft 2, S 51–53

[14] *Mugele, M.:* Numerische Analyse eines Spülvorlagenkonzeptes zur Emissionsreduzierung bei kleinvolumigen Zweitaktmotoren. Berlin: Logos Verlag, 2002

[15] *Jäger, A.:* Untersuchungen zur Entwicklung eines Zweitaktottomotors mit hoher Leistungsdichte und niedrigen Kohlenwasserstoffemissionen. Berlin: Logos Verlag, 2005

[16] *Gegg, T.:* Analyse und Optimierung der Gemischbildung und der Abgasemissionen kleinvolumiger Zweitaktottomotoren. Berlin: Logos Verlag, 2007

[17] *Braess, H. H.; Seiffert, U. (Hrsg.):* Vieweg Handbuch Kraftfahrzeugtechnik. Braunschweig/Wiesbaden: Friedrich Vieweg & Sohn Verlagsgesellschaft mbH, 2000

[18] *Meinig, U.:* Standortbestimmung des Zweitaktmotors als Pkw-Antrieb: Teil 1–4. In: MTZ Jahrgang 62, (2001), Heft 7/8, 9, 10, 11

[19] *Rebhan, M.; Stokes, J.:* Kombinierter Zweitakt- und Viertakt-Ottomotor für weitreichendes Downsizing. In: MTZ Jahrgang 70 (2009), Heft 4, S. 316–322.

[20] *Osborne, R. et al.:* The 2/4 Sight Project-Development of a Multi-Cylinder Two-Stroke/Four Switching Gasoline Engine. Warren dale, PA: SAE-paper 20085400 Presentation 384, 2008

[21] *Shawcross, D.; Wiryoatmojo, S.:* Indonesia's Maleo Car, Spreareads Produktion of a Clean, Efficient and Low Cost, Direct Injected Two-Stroke Engine, IPC9 Conference. Nusa Dua, Bali, Indonesia: November 16–21st 1997

[22] *Stan, C., (Hrsg.):* Direkteinspritzsysteme für Otto- und Dieselmotoren. Berlin, Heidelberg: Springer-Verlag, 1999

[23] *Blair, G. P.:* Design and Simulation of Two-Stroke Engines. Warrendale, PA: SAE-Verlag, 1996, ISBN 1.56091-685-0

[24] *Heywood, J. B.; Sher, E.:* The Two-Stroke Cycle Engine. Its Development, Operation, and Design Warrendale, PA, SAE, Verlag Taylor and Francis, 1999, ISBN 0-7680-0323-7

[25] *Dixon, J. C.:* The High-Performance Two-Stroke Engine. Sparkford, UK: Haynes Publishing, 2005, ISBN 1844250458

16 Elektronik und Mechanik für Motor- und Getriebesteuerung

16.1 Umweltanforderungen

Die Umweltanforderungen an Motor- und Getriebesteuerungen werden hauptsächlich durch folgende Parameter bestimmt:

- Temperatur
- Vibration
- Schutz gegen bestimmte Medien (Flüssigkeiten drucklos, unter Druck, Feststoffe ...).

Für die thermische Auslegung der Steuerungen ist aufgrund der steigenden Funktion und damit Verlustleistung immer stärker auch die Eigenerwärmung zu berücksichtigen. Schlussendlich muss die Tauglichkeit jedes Designs für die definierten Umweltanfordungen nachgewiesen werden. Hierzu werden von Beginn der Entwicklung an Simulationen mit Hilfe der Finiten Elemente Methode (FEM) eingesetzt und abschließend wird eine Umwelterprobung zum Nachweis der Tauglichkeit durchgeführt.

16.1.1 Einbauklassen

Die Umweltbedingungen ergeben sich in erster Linie durch den Anbauort (**Bild 16-1**) im Pkw und werden in die unter anderen vier Einbauklassen eingeteilt:

- Fahrgastraum oder Elektronikbox (E-Box)
- Motorraum (Chassisanbau)
- Aggregateanbau
- Integration ins Aggregat.

Die Definition der verschiedenen Klassen (**Bild 16-2**), ermöglicht es, zugeordnete Gehäusekonzepte und zum Beispiel für Getriebesteuerungen gesamtintegrierte Konzepte zu entwickeln und somit durch Standardisierung projektspezifische Entwicklungsaufwendungen zu reduzieren, im Wesentlichen Material- und Werkzeugkosten. Eine Standardisierung ermöglicht aber auch eine Vereinfachung der Fertigungsstrukturen und unterstützt eine globale Fertigungsstrategie.
Für die Auswahl des Anbauortes gibt es die unterschiedlichsten Argumente wie:

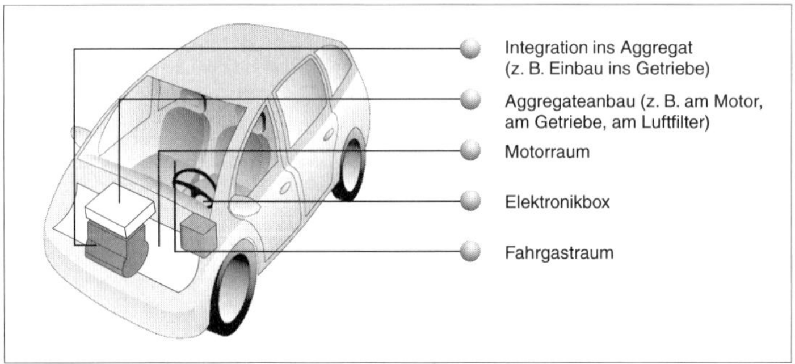

Bild 16-1 Einbauräume

	Fahrgastraum/ Elektronikbox	Motorraum	Aggregate-anbau *(z. B. am Motor, am Getriebe, am Luftfilter)*	Integration ins Aggregat *(z. B. Einbau ins Getriebe)*
Vibrationswerte *(abhängig von der Frequenz)*	... 5 g	... 16 g	... 28 g	... 40 g
Thermische Klasse *(Umgebungs-temperatur)*	... 80°C	... 105°C	... 125 °C	... 140 °C
Dichtheit	Staubdicht	Staubdicht, Strahlwasser-dicht	Staubdicht, Dampfstrahl-dicht	Getriebeöl-dicht

Bild 16-2 Einbauklassen

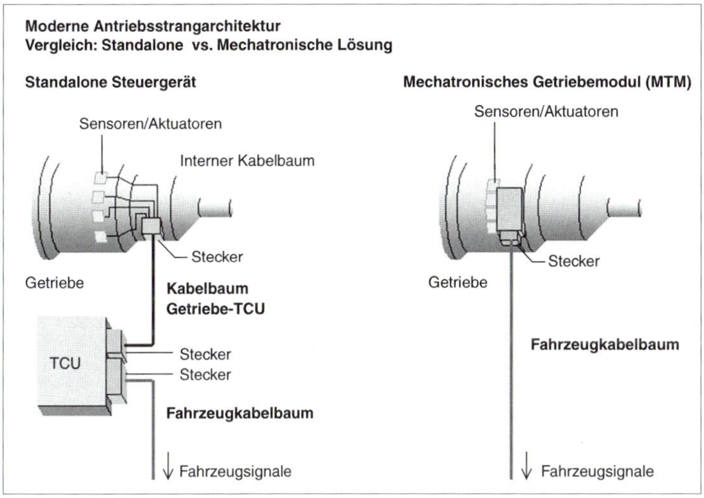

Bild 16-3 Antriebsstrang: Darstellung von Standalone und integrierten Produkten

- Kosteneinsparung beim Kabelbaum (Motorraum, Motor- und Getriebeanbau)
- EMV Verringerung durch verkürzten Kabelbaum (Motorraum, Motor- und Getriebeanbau)
- Verbau im Innenraum, Konzentration der Steuergeräte (E-Box)
- Motortest incl. Steuergerät vor dem Verbau (Motoranbau)
- Integrationsmöglichkeiten (Systemansatz) zum Beispiel: Ansaugmodul (motornaher Anbau, integrierte Getriebesteuerung).

Generell kann man seit einiger Zeit einen Trend bei der Auswahl des Anbauortes weg vom Passagierraum hin zum motornahen beziehungsweise getriebenahen Anbau erkennen.
Bei den Einbauorten herrschen in der Regel die im **Bild 16-2** dargestellten Umweltbedingungen vor.
Die Umweltbedingungen werden mit zunehmender Nähe zum Motor oder Getriebe für die Gehäuse immer schwieriger, was sich in der Konzeptionierung des Gerätes entsprechend niederschlägt (Auswahl der Materialien, der Fertigungsprinziepen, Funktionsweisen …).
Bei Steuergeräten wird zwischen „Standalone Produkten" und „Integrierten Produkten" unterschieden.

Unter Standalone Produkten versteht man Motor- und Getriebesteuerungen, die als eigenständige Einheit im Pkw verbaut werden, im Gegensatz zu Integrierten Produkten, die zusammen mit einer anderen Funktionseinheit (zum Beispiel Getriebe) kombiniert werden. Diese beiden Konzepte werden in den nachstehenden Kapiteln detailliert beschrieben. Im **Bild 16-3** wird am Beispiel einer Getriebesteuerung der Unterschied dieser beiden Konzepte deutlich.

16.1.2 Thermisches Management

In der Vergangenheit hatten die Gehäuse die hauptsächliche Aufgabe, die innen liegende Elektronik vor den Umweltbedingungen, wie Wasser, Staub und mechanischen Einwirkungen zu schützen. Bedingt durch erhöhten Schaltungsumfang und elektrische Leistungsfähigkeit sowie erhöhte Umgebungstemperaturen gewinnt das thermische Management zunehmend an Bedeutung. So sind die thermischen Rahmenbedingungen heute zu einem entscheidenden Faktor für die Konzeptauswahl geworden.
Bild 16-4 gibt einen Überblick der Maximaltemperaturen, die an verschiedenen Einbauorten im Pkw auftreten. Während Elektronik in der Vergangenheit häufig im Fahrgastraum verbaut oder mittels einer

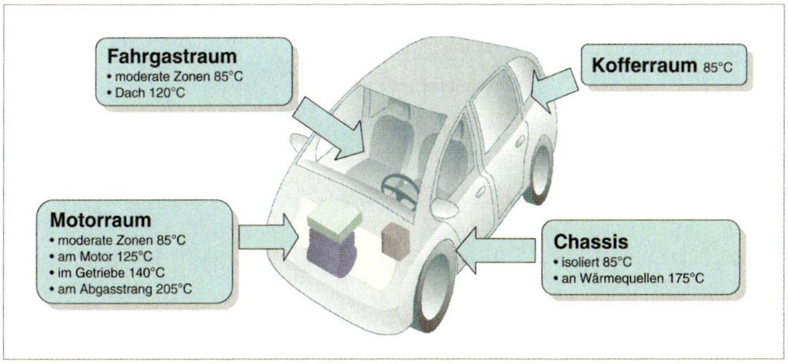

Bild 16-4 Maximaltemperaturen für verschiedene Einbauorte im Pkw

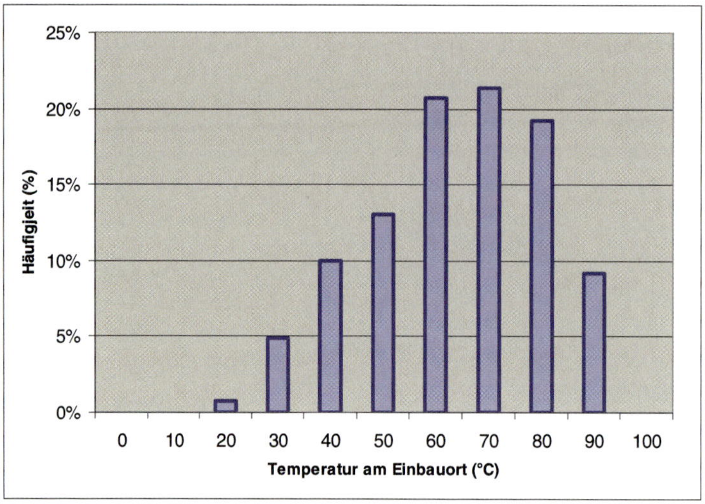

Bild 16-5 Temperaturverteilung im Betrieb über Lebensdauer

E-Box thermisch geschützt wurde, verlagert sich der Einbau zunehmend in den Motorraum. Dadurch überschreiten die Umgebungstemperaturen inzwischen häufig die früher üblichen 85 °C. Auch innerhalb des Motorraums werden die moderaten Zonen zunehmend durch andere Elektroniken besetzt, sodass Motor- und Getriebesteuerungen vermehrt am oder im Aggregat verbaut werden. Im Inneren von Getrieben treten dabei Temperaturen bis zu 140 °C auf. Für Motorsteuerungen vermeidet man Anbauorte in unmittelbarer Nähe zum Abgasstrang und erreicht so eine Begrenzung der Maximaltemperaturen auf 125 °C. Diese Temperaturen treten überwiegend in der Nachheizphase, dem sogenannten „hot soak" auf. Dabei wird das Fahrzeug mit maximal erwärmtem Motor an einem windgeschützten Ort abgestellt. Auf diese Weise entfällt die Kühlung durch den Fahrtwind und die gesamte, in Motor und Kühlsystem gespeicherte Wärmemenge heizt den Motorraum auf.

Die Maximaltemperaturen bestimmen den Bereich, in dem die Funktionsfähigkeit der Motorsteuerung gewährleistet sein muss. Bezüglich der Zuverlässigkeit über der Lebensdauer dagegen würde eine alleinige Betrachtung der Maximaltemperatur zu unerwünschten, weil Kosten treibenden Reserven führen. Zielführender ist es, hierfür die Verteilung der Umgebungstemperaturen über der Lebensdauer, das sogenannte thermische Lastprofil, heranzuziehen. **Bild 16-5** zeigt ein derartiges Temperaturprofil. Der Schwerpunkt der Verteilung liegt dabei typischerweise um 30 bis 40 °C unter den Maximaltemperaturen. Mit Hilfe üblicher Lebensdauerformeln (Arrhenius-Gesetz) und Beschleunigungsfaktoren beträgt die Lebensdauer auf Basis des Temperaturprofils in etwa des 10-fache der Lebensdauer unter Annahme des permanenten Betriebs bei Maximaltemperatur.

Neben der Umgebungstemperatur muss wegen der steigenden Zunahme der Verlustleistung immer mehr auch die Eigenerwärmung des Gerätes berücksichtigt werden. Die Verlustleistung wird getrieben durch Maßnahmen zur Kraftstoffeinsparung und Emissionskontrolle wie Direkteinspritzung oder variabler Ventiltrieb. Lag die Verlustleistung in der Vergangenheit bei circa 15 W, so sind bei aktuellen Motorsteuerungen 40 W und mehr an die Umgebungsluft abzuführen.

Bild 16-6 zeigt die Basiskonstruktion zur Entwärmung moderner Steuergeräte, sowie ein vereinfachtes thermisches Widerstandsmodell.

Während die Leiterplatte zur Optimierung der Packungsdichte grundsätzlich beidseitig bestückt ist, werden Bauelemente mit hoher Verlustleistung nur einseitig bestückt und auf einer sogenannten thermischen Bank platziert. Im Bereich der thermischen Bank ist die Leiterplatte über ein thermisches Interface (Wärmeleitfolie oder -paste) mit der Wärmesenke verbunden. Das thermische Interface hat die

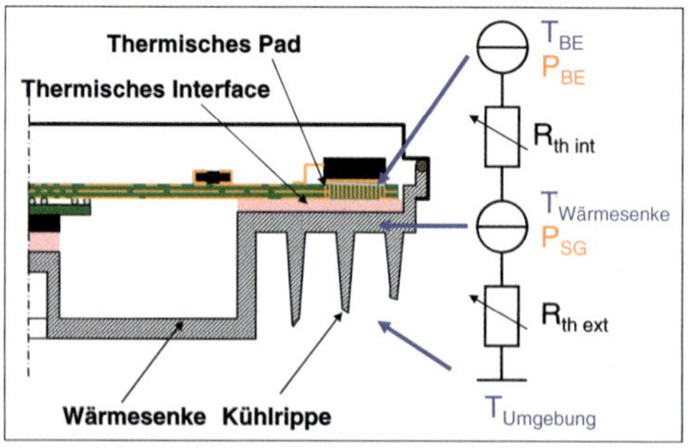

Bild 16-6 Thermisches Management – vereinfachtes Widerstandsmodell

Aufgabe elektrisch zu isolieren und gleichzeitig einen guten thermischen Kontakt zu gewährleisten. Zur Verbesserung des Wärmedurchgangs durch die Leiterplatte werden sogenannte thermische Via (elektrisch und/oder thermisch leitende Verbindung von der oberen Leiterbahnebene zur darunterliegende) eingesetzt: Durchkontaktierungen ohne elektrische Funktion, die aufgrund ihres Kupferanteils den effektivenvertikalen Wärmeleitwert der Leiterplatte erhöhen. Die Kombination des Lötpads mit einer optimierten Anordnung thermischer Via nennt man thermisches Pad.

Die Wärmesenke wird üblicherweise aus Aluminium-Druckguss gefertigt und gibt die Wärme überwiegend über Konvektion an die Umgebungsluft ab. Zur Verbesserung des Wärmeübergangs ist sie mit Kühlrippen versehen, welche hauptsächlich im Bereich der thermischen Bänke platziert sind.

Vereinfacht kann der thermische Pfad folgendermaßen dargestellt werden: Das Bauelement gibt seine Verlustleistung P_{BE} über den internen thermischen Widerstand $R_{\mathrm{th\,int}}$ and die Wärmesenke ab. Die Wärmesenke leitet die Gesamtverlustleistung des Gerätes P_{SG} über den externen thermischen Widerstand $\mathrm{R}_{\mathrm{th\,ext}}$ an die Umgebungsluft weiter. Es gilt:

$$T_{\mathrm{BE}} = T_{\mathrm{Umgebung}} + P_{\mathrm{SG}} \cdot R_{\mathrm{th\,ext}} + P_{\mathrm{BE}} \cdot R_{\mathrm{th\,int}}$$

$R_{\mathrm{th\,int}}$ liegt je nach Größe der Komponente typischerweise zwischen 3 K/W und 15 K/W. $R_{\mathrm{th\,ext}}$ hängt stark von der Gehäusegröße und der Anströmgeschwindigkeit der Luft ab. Für ruhende Umgebungsluft (natural convection) und typische Gehäusegrößen liegt er bei circa 1 K/W und nimmt dann mit zunehmender Luftgeschwindigkeit stark ab.

Während der Entwicklung eines Steuergerätes wird die thermische Situation in regelmäßigen Abständen überprüft um die Auslegung der Kühlrippen und der Schaltungsträger zu optimieren. Hierzu werden zunächst thermische Simulationen eingesetzt. **Bild 16-7** zeigt das Ergebnis einer solchen virtuellen Validierung: Bei gleicher Umgebungstemperatur und Luftanströmung (hier: 90 °C und 0,5 m/s) stellt die Drehzahl 4000/min den kritischsten Lastfall dar. Die Temperaturen liegen um 20 °C bis 30 °C über dem Niveau bei Lehrlaufdrehzahl. Dennoch bleiben auch im kritischsten Lastfall die Komponenten unter 150 °C, und die elektrische Funktion ist gewährleistet. Die Ergebnisse aus den anderen Lastfällen werden gewichtet und gehen in Lebensdauer-Betrachtungen ein.

Durch den Einsatz von Simulationen ist es möglich, die Thermik eines Steuergerätes zu überprüfen, noch bevor erste Hardware vorliegt. Darüber hinaus können Designs in sehr kurzen Schleifen optimiert werden – ohne die üblichen, durch Musterbau verursachten Wartezeiten. Zusätzlich ist es möglich, Effekte zu analysieren, welche mit üblichen Meßmitteln nicht oder nur schwer zugänglich sind, zum Beispiel:

- Temperaturverteilung im geschlossenen Gerät
- Lokale Erwärmung im Inneren der ICs
- Transiente Zustände (kurze Verlustleistungspeaks).

Thermische Simulationen stimmen inzwischen exzellent mit Messergebnissen überein. Dennoch ist deren Qualität sehr stark von der Qualität der Eingangsgrößen abhängig wie

- Verlustleistung der Bauelemente
- Annahmen zu Umgebungstemperatur und Anströmgeschwindigkeit
- Abweichungen realer Bauelemente und Steuergerätedesigns vom Nenn-Design.

Deshalb wird im Laufe der Entwicklung eines Steuergerätes die Simulation durch Messungen ergänzt beziehungsweise ersetzt. Die abschließende Validierung erfolgt ausschließlich anhand real aufgebauter Hardware.

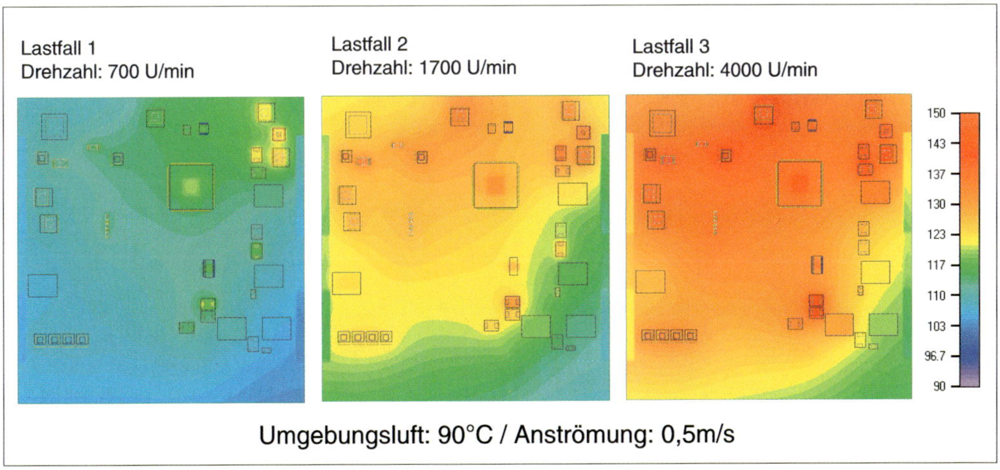

Bild 16-7 Virtuelle Validierung mittels Simulation – Analyse unterschiedlicher Lastzustände

16.2 Standalone Produkte

Die Kernfunktionen eines Gehäuses für Kfz-Elektronik sind:

- Schutz der Elektronik vor Umwelteinflüssen (Staub, Wasser, aggressive Flüssigkeiten)
- Schutz der Elektronik vor mechanischen Belastungen (Vibration, mechanischer Schock), sowie Stabilisierung des Aufbaus
- Elektrische Schnittstelle zum Kabelstrang
- Thermische Schnittstelle zur Umgebung
- Mechanische Schnittstelle zum Fahrzeug.

In zahlreichen Applikationen dient das Gehäuse zusätzlich als Schnittstelle für den Luftdruck, um so die Messung des Umgebungsdrucks durch einen innen liegenden Sensor zu ermöglichen. Hierfür wird ein sogenanntes Druckausgleichselement eingesetzt, welches im Wesentlichen aus einer semipermeablen Membran besteht.

Die Gehäuse müssen vielfältige Befestigungsmöglichkeiten (Einschub, Schrauben, Klemmen) bieten und den Vibrationsbedingungen genügen. Auch hier wird die Entwicklung durch Festigkeitsberechnungen unterstützt, mit dem Ziel der Gewichtsoptimierung (Dimensionierung der Teile gemäß der Spannungsverteilung unter den unterschiedlichen Lastfällen). So kann dem Trend zur Leichtbauweise im Automobilbau Rechnung getragen werden.

In den **Bildern 16-8ff.** werden die einzelnen Gehäusetypen jeweils an einem Beispiel dargestellt und erläutert.

Bei dem Gehäuse in **Bild 16-8** handelt es sich um den inzwischen klassischen Vertreter eines Einbaus unter gemäßigten Randbedingungen. Das thermische Konzept besteht aus einer Leiterplatte mit einem speziellen Lagenaufbau, der die Weiterleitung der Abwärme der elektrischen Bauteile zu den metallischen Gehäuseteilen übernimmt. Um den Weg des Wärmetransportes so gering wie möglich zu halten, sind die Leistungshalbleiter in der Regel am Rand der Leiterplatte platziert.

In **Bild 16-9** wird der Gehäusetyp für Motorraumeinbau dargestellt. Dieser erfüllt die Randbedingungen, wie sie von der Mehrzahl der Kunden heute gefordert werden. Gezeigt sind 3 Vertreter, welche die Bandbreite von der Basis-Funktionalität über Standardgröße bis hin zum High End abbilden. Dabei variiert die Anzahl der Steckerpins um den Faktor 2 und die eingesetzte Leiterplattenfläche beziehungsweise Bauelementezahl um den Faktor 5. Neben einer Skalierung von Länge und Breite ermöglicht der modulare Aufbau eine Adaption an verschiedene Befestigungsmöglichkeiten bis hin zum integrierten Anbau am Luftsaugtrakt **(Bild 16-10)**. Die Variabilität des Konzeptes wird überwiegend durch Anpassung der Wärmesenke erreicht, welche als Aluminium-Druckgussteil ausgeführt ist. Im Zuge der Bestrebungen, Fahrzeuggewicht und Kraftstoffverbrauch zu reduzieren, gewinnt die Gewichtsoptimierung dieses Teils zunehmend an Bedeutung. Hierfür gibt es folgende Möglichkeiten:

- Minimierung des Materialeinsatzes für Kühlrippen

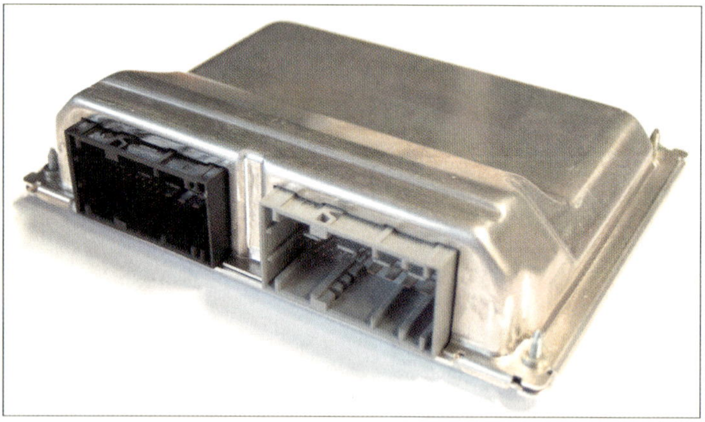

Bild 16-8 Beispiel eines Gehäuses für den Einsatz im Fahrgastraum

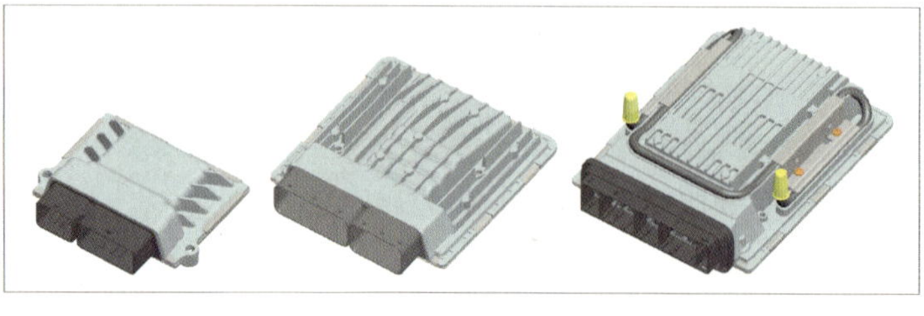

Bild 16-9 Gehäuse-Baukasten für den Motorraum
links: Basis Funktionalität
mitte: Mainstream mit skalierbarer Länge
rechts: High End mit 2 PCBs und Wasserkühlung

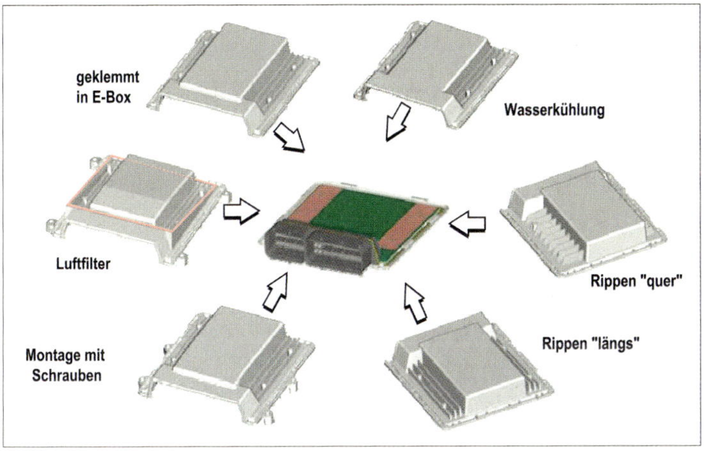

Bild 16-10 Anpassung an den Einbauraum über Variation des Druckgussteils

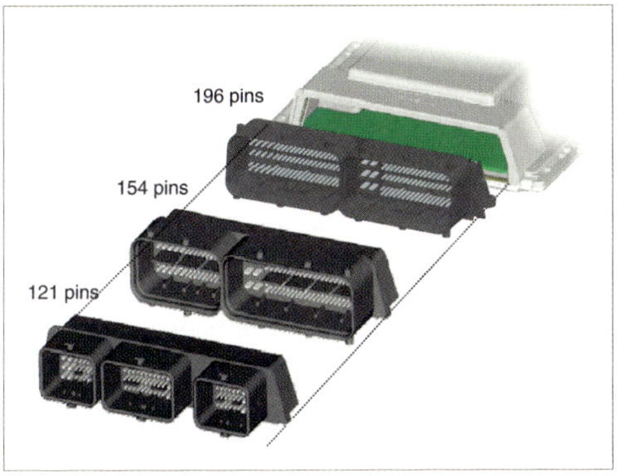

Bild 16-11 Modularität der Stiftleiste

- Reduktion der Wandstärke
- Einsatz alternativer Werkstoffe, zum Beispiel Magnesium Druckguss.

Trotz der Vielzahl der kundenspezifischen Gestaltungsmöglichkeiten ist der technische Aufbau und damit zusammenhängend der Fertigungsprozess nahezu unverändert.
Mit unterschiedlichen Stiftleisten gibt der Gehäusetyp die passende Antwort auf Funktionalität (entspricht der Anzahl und Art der Steckerpins) sowie der Kabelbaumphilosophie (Anzahl der Steckmodule) **(Bild 16-11)**.
Bedingt durch verschärfte Abgasnormen und die Bestrebungen zur Kraftstoffeinsparung werden immer mehr Sensoren und Stellglieder an die Motorsteuerungen angeschlossen. Dies führt zu folgenden Trends:

- Zunahme der benötigten Pins
- Zusätzliche Hochstromfähige Pins
- Stärkere Differenzierung der Pinzahlen im Portfolio.

Bild 16-12 zeigt, wie der Bedarf an Steckerpins stetig zunimmt. Während vor 10 Jahren noch 121 Stecker-

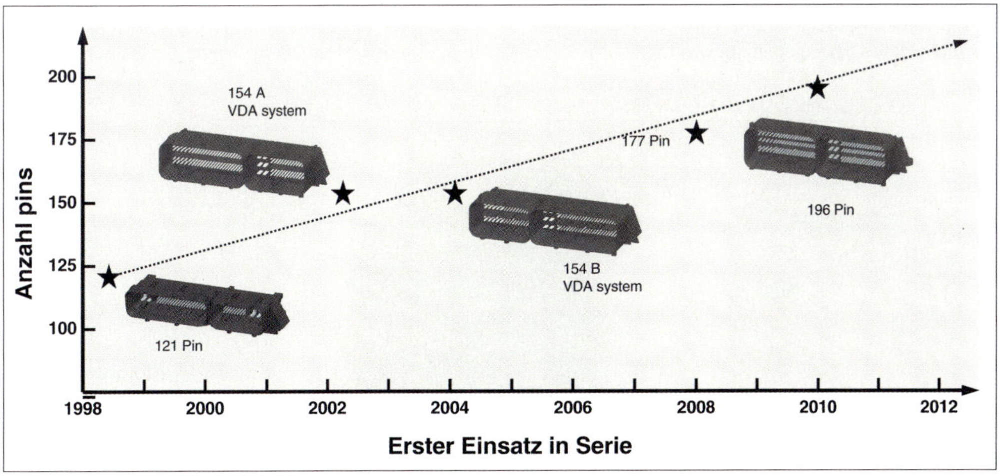

Bild 16-12 Der Plattform-Ansatz bedient den zunehmenden Bedarf an Steckerpins

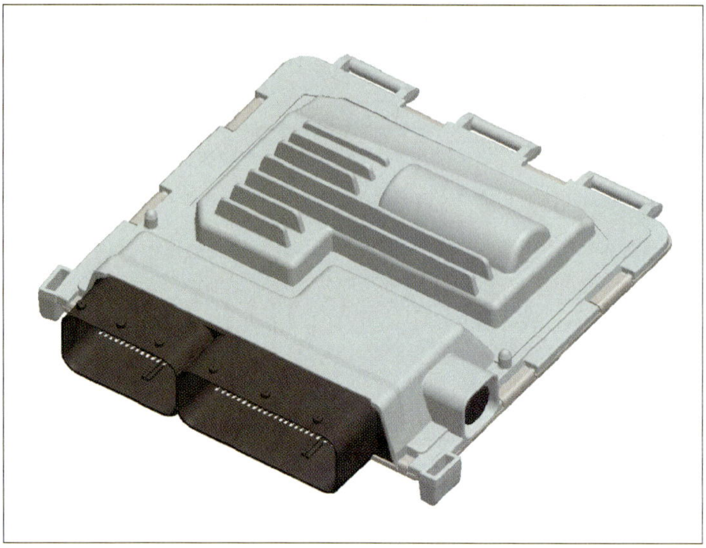

Bild 16-13 Beispiel eines Gehäuses für den Luftfilteranbau

pins für eine Motorsteuerung ausreichten, wurde 2003 der aktuelle VDA-Stecker mit 154 Pins eingeführt. Derzeit werden Stiftleisten mit bis zu 196 Pins entwickelt. Darüber hinausgehende Anforderungen werden über modulare Designs mit mehreren Stiftleisten je Motorsteuerung realisiert. Gleichzeitig gibt es zunehmende Nachfrage nach Motorsteuerungen mit Basis-Funktionalität, die mit circa 100 Steckerpins auskommen.

Das Gehäuse in **Bild 16-13** ist eine Anpassung der Standardkonstruktion für den motornahen Bereich am Luftfilter oder Saugmodul. Hervorzuheben ist die Widerstandsfähigkeit gegen Vibrationen auch als Leiterplattengerät. Diese wird erreicht, indem die Leiterplatte durch zusätzliche Schraubpunkte stabilisiert wird. Das Druckgussteil ist direkt dem Luftstrom im Luftfilter ausgesetzt. Damit wird ein leistungsstarkes thermisches Management bewirkt.

Der Anbauort am Motor, **Bild 16-14** stellt die größte Herausforderung an Werkstoffe, Aufbau- und Fertigungskonzept dar. Bislang unterschieden sich die Lösungen **(Bild 16-14 links)** grundlegend von den vorgenannten Prinzipien. Als Substrat wurden keramische Werkstoffe benötigt, als elektrische Bauteile kommen bei den ICs Bare Die in Betracht. Das Invest in der Fertigung für diese Geräte ist beträchtlich.

Die Vorteile für den Kunden bei diesem Konzept sind in der möglichen Miniaturisierung und Integrationsmöglichkeiten am Motor oder im Antriebsstrang (integrierte Getriebesteuerungen, smart actuator) zu sehen.

In den letzten Jahren wurde diese aufwändige Lösung weitestgehend durch Geräte auf Leiterplattenbasis **(Bild 16-14 rechts)** ersetzt. Der grundsätzliche Größennachteil der Standardtechnologie wird dabei durch doppelseitige Bestückung sowie die bessere Anpas-

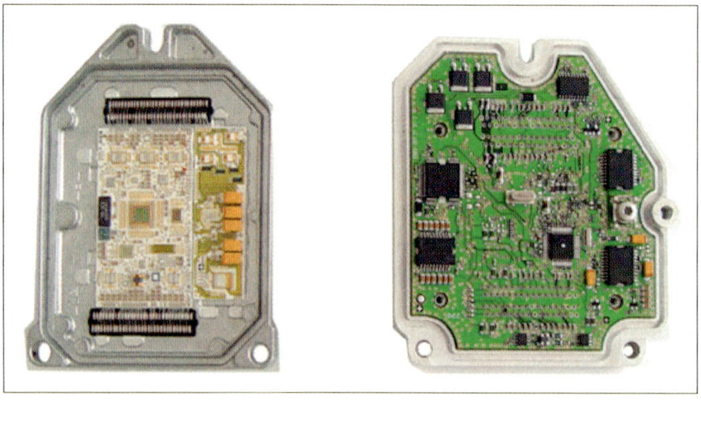

Bild 16-14 Motorsteuerungen für den Motoranbau
links: Keramiktechnologie mit ungehäusten ICs
rechts: Leiterplattentechnologie mit SMT-Bauelementen

sungsfähigkeit an die durch den Einbau vorgegebene Aussenkontur weitestgehend kompensiert. Durch den Einsatz von hochtemperaturfähigen Leiterplatten, der Pressfit Technologie, sowie eines resonanzarmen Designs wurde ausreichende Robustheit für diesen Einsatzort erreicht.

16.3 Verbindungstechnik

Die Stiftleiste, oder auch der „Stecker", ist das Ergebnis umfangreicher Abstimmungsarbeit mit den Kunden und den Zulieferern. In diesem Teil verbergen sich Themen wie Motormanagement, Systemansatz des Kunden (Aufteilung in Motor und Chassis: Kabelbaumarchitektur), Kontaktsystem (Querschnitte, Oberflächen), Dichtkonzepte (Einzelader- oder Sammeldichtung), Steckkräfte, Montagerichtung, Verriegelungsstrategie, Diebstahlsicherung, Vibrationsfestigkeit, Biegesteifigkeit, Montageverfahren (Schwalllöten, Reflowlöten, Bonden) und Werkstoffauswahl und -kombination, um die wichtigsten zu nennen.
Das Ergebnis ist dann ein Teil, das hauptsächlich durch folgende Kriterien definiert wird:

- Dichtheit
- Anzahl der Pins
- Anzahl der Module (Kammern)
- Abgangsrichtung des Steckers (senkrecht oder parallel zur Leiterplatte).

Da die Entwicklungsaufwendungen beträchtlich sind, gibt es heute in Arbeitskreisen der Automobilhersteller Bestrebungen, in Zusammenarbeit mit Zulieferern von Steuergeräten und Steckerlieferanten Vereinheitlichungen bei den Anforderungsklassen und den Ausführungen zu erzielen.
Die elektrische Verbindung zwischen Steckerleiste und Leiterplatte im Inneren der Motorsteuerungen wurde traditionell mittels Löttechnik realisiert. Hier gibt es mit der „pressfit" Technologie eine vielversprechende Neuerung. Dabei werden die Messerleistenstifte mit flexiblen Einpresszonen versehen, welche in eng tolerierte Bohrungen der Leiterplatte verpresst werden. Es entsteht eine außerordentlich robuste, ermüdungsfreie Verbindung. Bisher wird diese Technik vor allem für Motor- und Getriebesteuerungen mit hohen Umgebungsanfordungen (Temperatur, Vibration) eingesetzt. Da die „pressfit" Technik zusätzlich die Bleifrei-Anforderungen der neuen Europäischen Gesetzgebung erfüllt, wird sie in Zukunft breitere Verwendung finden.

16.4 Integrierte Produkte (MTM = Mechatronic Transmission Module)

Eine Getriebesteuerung umfasst, neben der eigentlichen elektronischen Ansteuerung der Schaltkomponenten, die Erfassung der peripheren Einflusswerte über Weg-, Winkel-, Drehzahl-, Temperatur- und Drucksensorik. Ein ins Getriebe integriertes mechatronisches Steuergerät (MTM = Mechatronic Transmission Module) fasst zusätzlich zu den Funktionen elektronische Steuerung und periphere Sensorik die Teilfunktionen Potential- und Signalverteilung, Kontaktierung zu den Schaltkomponenten und sonstige hydraulische und elektronische Schnittstelleneinrichtungen zusammen, im Idealfall als eigenständiges komplettes Modul. Gegenüber „Stand Alone" Getriebesteuerungseinheiten bieten ins Getriebe integrierte Steuergeräte höchstes Potential an mechatronischer Funktionalität, da alle maßgeblichen Eingabe- und Ausgabekomponenten direkt im Getriebe angeordnet sind. Können das Getriebe und die integrierte Steuerung bereits in der Konzeptionsphase miteinander entworfen werden, kann das Höchstmaß an Integration erreicht werden, da die Anordnung aller erforderlichen Komponenten hinsichtlich Ort, Orientierung und Technologie optimiert werden kann (**Bild 16-15**).
Eine ins Getriebe integrierte Steuerung wird sinnvollerweise an die hydraulische Schaltplatte montiert. Bei längs eingebauten Stufenautomaten befinden sich die Schaltplatten und Steuerungen in der Regel an der tiefsten Stelle des Getriebes im Ölsumpf, da hier die Druckregelventile arbeiten und direkt kontaktiert und angesteuert werden können. Quer eingebaute Doppelkupplungsgetriebe anderseits haben im Allgemeinen „stehend" angeordnete Schaltplatten und Steuerungen, da hydraulische Schnittstellen und Positionserfassungen sich an der Anordnung der Schaltwellen orientieren. Das MTM ist widrigsten Umweltbedingungen ausgesetzt wie hohe Dauervibrationsbelastungen und hohe Dauertemperaturen bei mitunter sehr aggressiven Ölen.
Der Aufbau eines MTMs muss einen hermetisch dichten Elektronikraum bereitstellen, dauerhafte interne und externe Schnittstellenkontaktierungen sicherstellen, eine hohe mechanische Festigkeit und Stabilität gewährleisten, um auftretende Vibrations- und Drucklasten unbeschadet zu überstehen, hohe und reproduzierbare Präzision aufweisen, um eine genaue Referenz für angebrachte Sensorik zu bilden und 100 %-ige Mediumkompatibilität zum eingesetzten Getriebeöl besitzen. Ferner muss das MTM automatisiert fertigbar und natürlich kostengünstig sein.
Beispielhaft soll der Aufbau und die verwendete Technologie eines modernen MTM's beschrieben werden. Dies wird in **Bild 16-16** an Hand einer in Serie produzierten Doppelkupplungs-Getriebesteuerung für Volkswagen (Direkt-Schaltgetriebe) aufgezeigt.
Als Basis und Schnittstellenglied des MTM zur hydraulischen Schaltplatte des Getriebes fungiert eine Alu-Bodenplatte, welche als Wärmesenke und Wärmeübertragungskörper für das auf ihr mit Wärmeleitkleber aufgebrachte Keramik-Substrat low temperature co-fired ceramic (LTCC) dient. Auf dieser Bodenplatte befindet sich eine auflaminierte

Bild 16-15 Modernes MTM für Direktschaltgetriebe für Volkswagen

flexible Leiterplatte, welche das Signal- und Potentialverteilungselement von der Getriebesteuerungselektronik auf dem LTCC Substrat zu allen peripheren Sensierungs- und Signalerfassungskomponenten ist. In der Alu-Bodenplatte sind Drucksensoren mit eigenen Dichtungen eingepresst. Die elektrische Kontaktierung des Substrats zu Drucksensoren und flexibler Leiterplatte erfolgt über 200 µm Aluminium-Dickdrahtbondungen. Die gesamte Elektronik und Drucksensorik wird mit einem Kunststoffdeckel und Einlegedichtung hermetisch zur auflaminierten flexiblen Leiterplatte gegen die Umwelt abgedichtet und vernietet. Die Dichtungskonfiguration in Zusammenarbeit mit dem Dichtungswerkstoff ist so

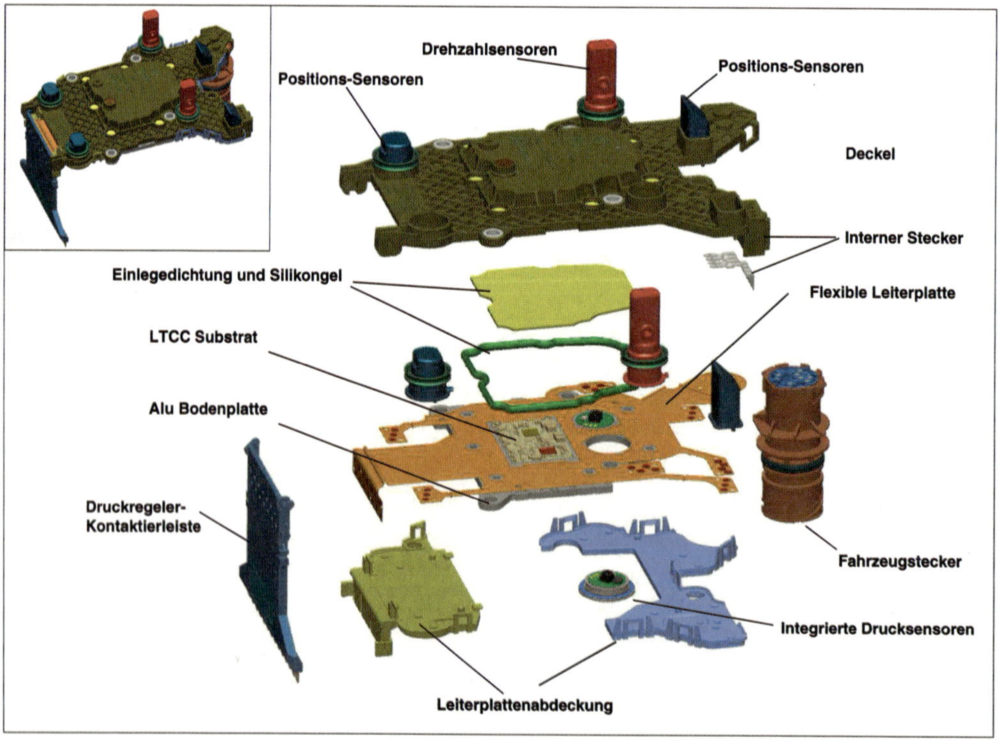

Bild 16-16 Hauptkomponenten eines modernen MTM

gestaltet, dass eine ausreichende und dauerhaft wirkende Dichtrückstellkraft unter allen Toleranzen und den extremen Temperaturbedingungen gewährleistet bleibt. Zum Schutz der elektronischen Bauelemente und Bondungen gegen Vibrationseinwirkungen wird der Elektronikraum noch mit einem Silikongel befüllt. Kontaktierungen der flexiblen Leiterplatte zu den peripheren Komponenten wie Drehzahl- und Positionssensoren, Schalt- und Regelventilanschlüssen, Fahrzeugstecker und interne Stecker erfolgt über ein qualifiziertes Laserschweißverfahren. Beim Montieren des MTM's auf die Schaltplatte werden simultan alle Druckregelventile ankontaktiert, die hydraulische Schnittstelle zu den Drucksensoren geschlossen und alle Sensorreferenzpositionen hergestellt, wobei Dank der Gestaltung und Beweglichkeit der flexiblen Leiterplatte 3D Fehlstellungen aller Kontaktstellen ausgeglichen werden können. Obwohl größter Wert auf Wiederverwendbarkeit von Technologien gelegt wird, fordern Kundenwünsche und spezielle Anforderungen immer angepasste Konzeptionen.

Um eine weitere, höhere Integrationsstufe zu erzeugen, kann für integrierte Getriebesteuerungen die Druckregelung als Bestandteil des Moduls und auch die Steuerungselektronik als integraler Bestandteil der hydraulischen Schaltplatte integriert werden. Es wird so ein EHM (Electro Hydraulic Module) entstehen.

Als weiteres Ausführungsbeispiel soll hier die 7G-Tronic erwähnt werden, ein MTM das seit Dezember 2002 in Serie produziert wird. Dieses Gerät integriert die abgedichteten Steuerelektronik, die Sensorik für den Wählbereich sowie für die Turbinen-, Zwischen-, und Abtriebsdrehzahl und die entsprechende Signal- und Potenzialverteilung. Acht kodierte Druckregelventile mit Federkontakten werden flach auf offene flexibile Leiterplattenbereiche gepresst und so mit der Steuerelektronik verbunden. Die elektronische Schnittstelle MTM/Fahrzeug wird von einem öldichten fünfpoligen Stecker gebildet, welcher durch das Getriebegehäuse hindurchragt. Dieser Stecker ist gegen das Gehäuse abgedichtet, in definierten Grenzen beweglich und erlaubt somit sämtliche Montagetoleranzen auszugleichen (**Bild 16-17**).

16.5 Elektronischer Aufbau, Strukturen und Bauelemente

16.5.1 Grundstruktur

In **Bild 16-18** sind der grundsätzliche Signalfluss und die wesentlichen Funktionsblöcke in Form eines Blockdiagramms dargestellt. Die von der Sensorik erfassten Signale werden über eine Eingangsfilterstruktur zum Rechner geleitet. Hier findet die Umsetzung dieser Signale statt und es werden Signale generiert, die über die Endstufen zu der Aktuatorik geleitet werden. Über digitale Schnittstellen kann Kontakt zu anderen Steuergeräten oder zu Werkstattdiagnosegeräten hergestellt werden. Ein Spannungsregler stellt die nötige Versorgung der Bauteile mit Spannung und Strom sicher. Weiterhin ist eine aufwändige Reset-Logik nötig, um die ordnungsgemäße Funktion sicherzustellen.

16.5.2 Elektronische Bauelemente

Es seien exemplarisch einige typische in Motor- und Getriebesteuerungen eingesetzte elektronische Bauteile angeführt.

16.5.2.1 Eingangsfilterbaustein Klopf-IC

An diesen Baustein können bis zu zwei Klopfsensoren angeschlossen werden. Deren Signale werden

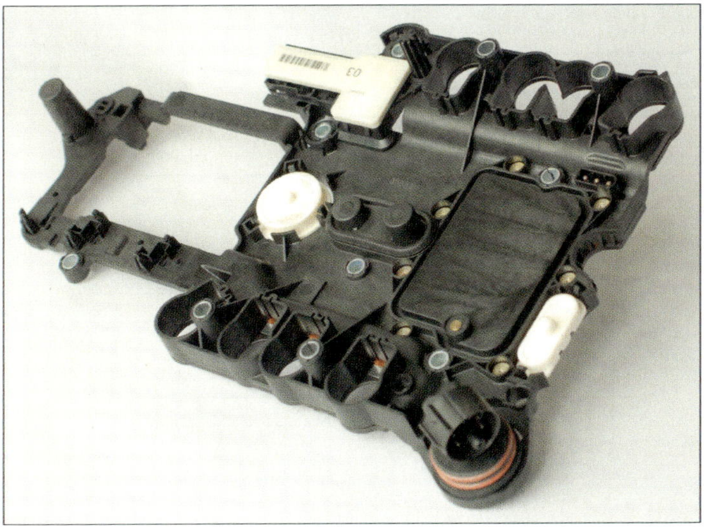

Bild 16-17 7G-Tronic. Integrierte mechatronische Getriebesteuerung für Daimler Fahrzeuge

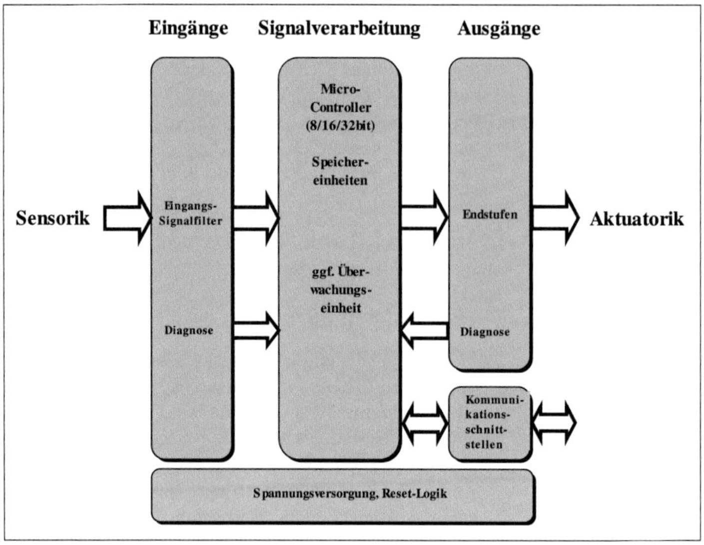

Bild 16-18 Grundsätzlicher Signalfluss

durch das Filter im Baustein aufbereitet und zur Auswertung an den Microcontroller weitergeleitet. Dies erfolgt über eine serielle Schnittstelle. Über diese werden auch die im Baustein einstellbaren Größen programmiert **(Bild 16-19)**.

16.5.2.2 Endstufenbaustein

Häufig werden Mehrfachbausteine verwendet. Die **Bilder 16-20** und **16-21a** und **16-21b** zeigen Beispiele für eine Vierfach- und eine Sechzehnfachendstufe. Diese Mehrfachendstufenbausteine werden direkt

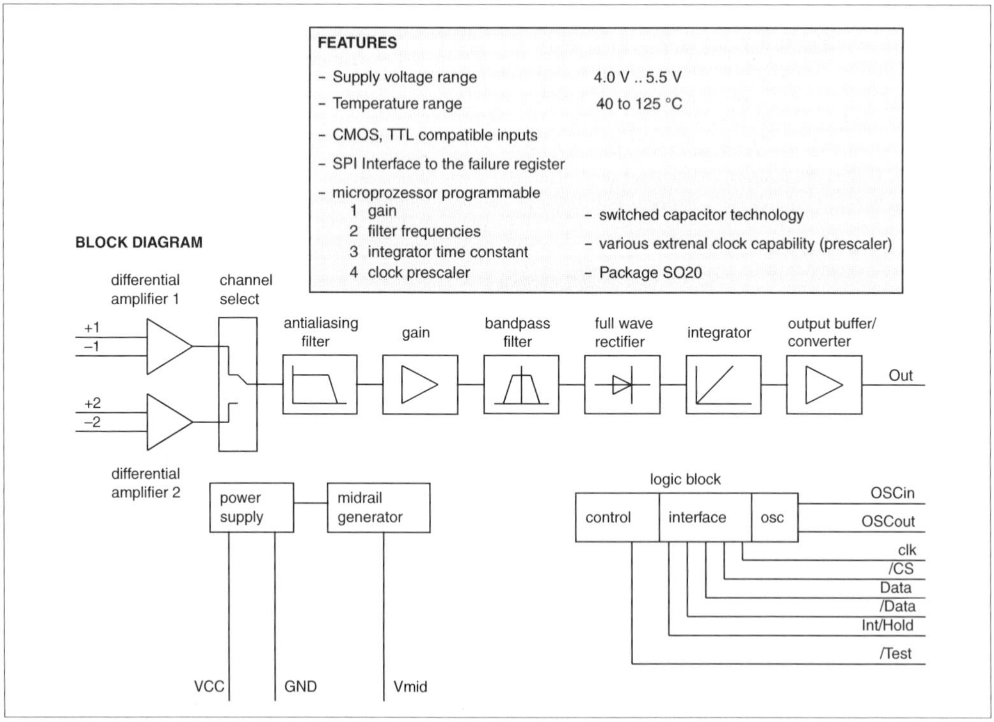

Bild 16-19 Filter für Klopf-IC

FEATURES

- Supply voltage range 4.0 V .. 5.5 V
- Short current protection with current limit 3 A
- Average current (for each output) 2.5 A
- On resistance (@ Tj = 150 °C) ≤ 0.5 Ω
- Output clamping voltage 50 V typ.
- Temperature range –40 to 125 °C
- Slewrate-control
  1 pos slewrate (rise-time) 10 .. 55 V/µs
  2 neg. slewrate (fall-time) 5 .. 20 V/µs
- Individual thermal shutdown
- Undervoltage Reset and controlled power-up and down
- Controlled output voltage-slewrate
- SPI Interface to the failure register
- Destingtion between 3 kinds of failure for each powerstage
  1 overcurrent (SCB) or overtemperature
  2 short circuit to GND (SCG) at the off-state
  3 open load (hot OL detection) at the on-state

PACKAGING

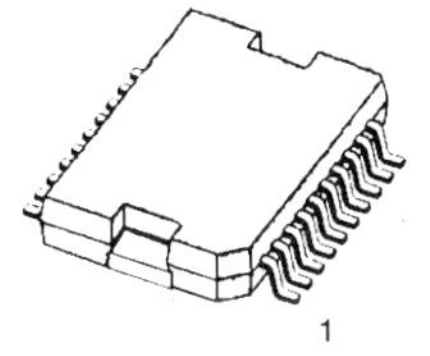

PSO 20
Power-Package

BLOCK DIAGRAM

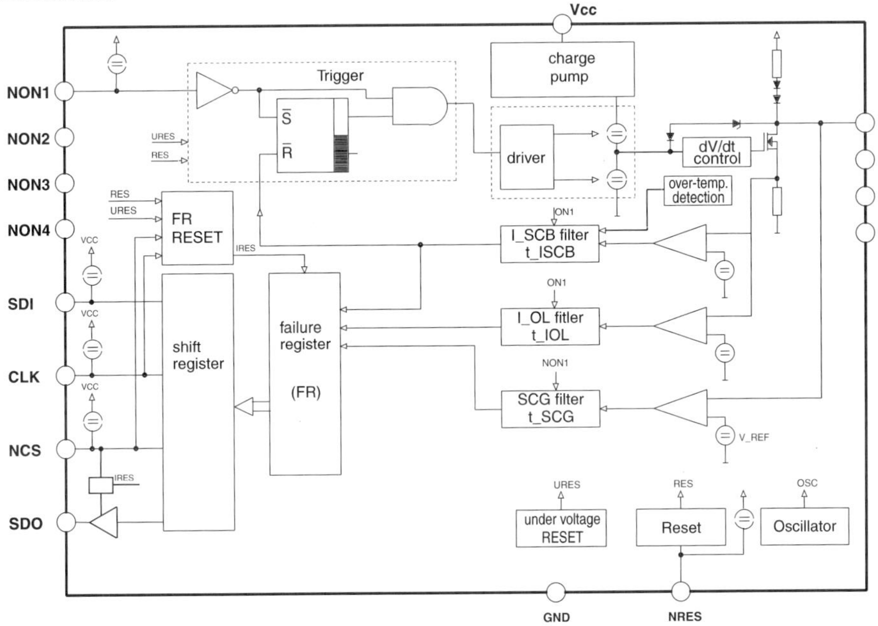

Bild 16-20 Vierfach-Endstufe

vom Microcontroller angesteuert und sind in der Lage, die Aktuatoren anzusteuern. Eine aufwändige Diagnose überwacht die Ausgänge auf Fehlerzustände wie zum Beispiel Überstrom, Kurzschluss, Übertemperatur oder Open Load (Leitungsbruch). Die für jeden Ausgang separat gespeicherten Fehlerbits können vom Microcontroller über ein serielles Interface gelesen, ausgewertet und gespeichert werden.

Für die Ansteuerung von Gleichstrommotoren kommen H-Brückenschaltungen zum Einsatz, entweder als integrierte Schaltungen oder für hohe Leistungen mit Einzeltransistoren. Diese Bauteile ermöglichen sowohl die Änderung der Drehrichtung Vorwärts/Rückwärts sowie der Drehzahl durch die Variation des Puls-Pausen Verhältnisses (siehe Bilder 16.31 bis 16.33).

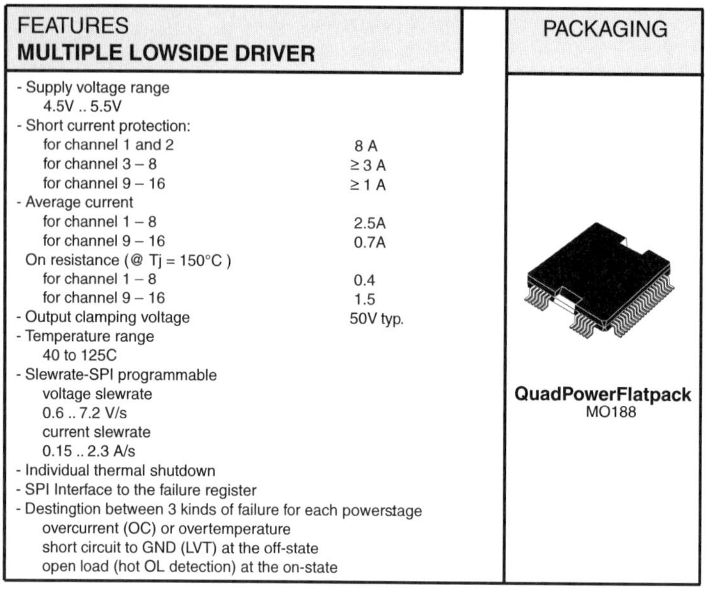

Bild 16-21a Beispiel einer 16-fach Endstufe (Teil 1)

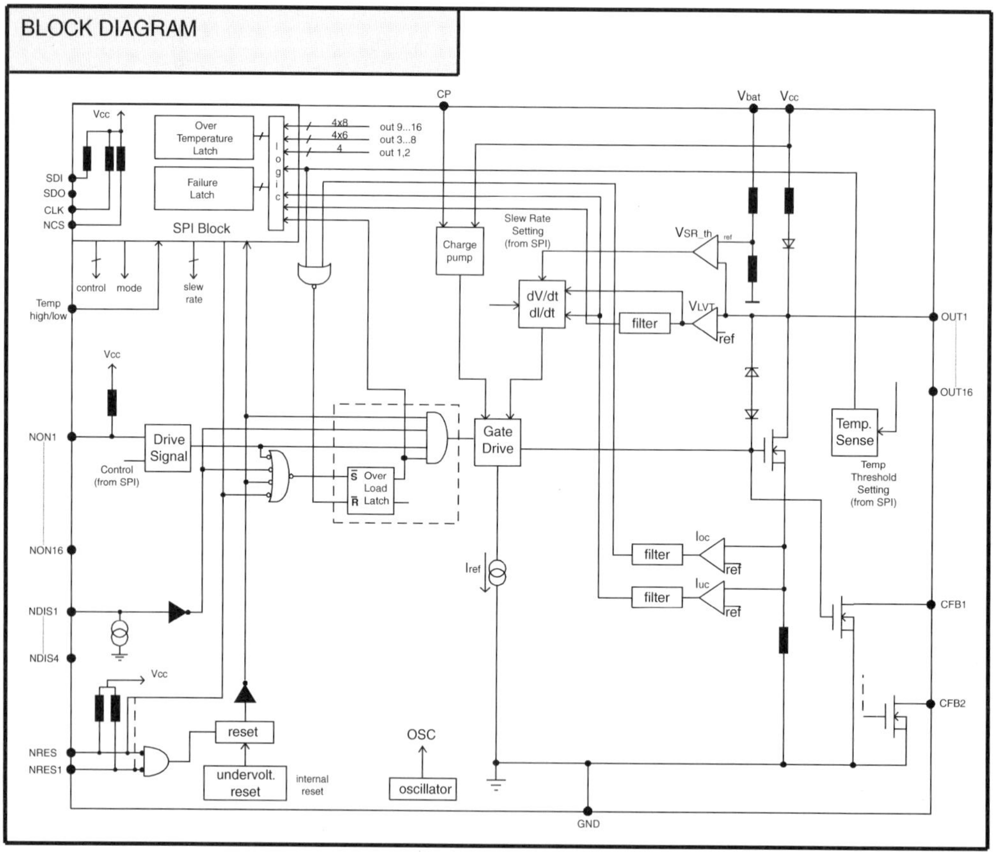

Bild 16-21b Beispiel einer 16-fach Endstufe (Teil 2)

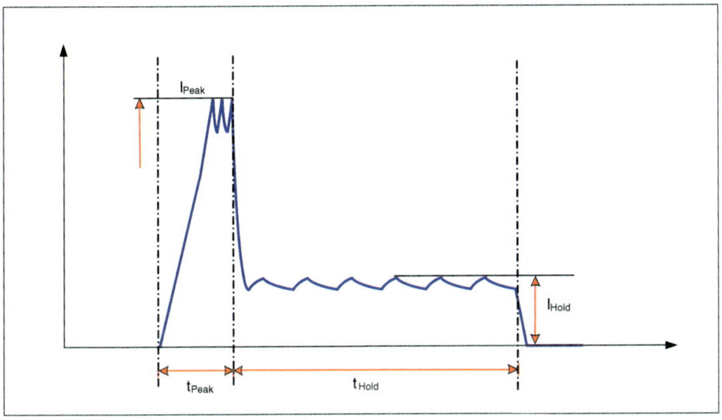

Bild 16-22 Peak-and-Hold Stromprofil

Peak-and-Hold Schaltkreise benutzt man zur Realisierung sehr schneller Öffnungszeiten bei Ventilen. Dazu wird das Ventil zunächst mit einem hohen Strom angesteuert, um es schnell zu öffnen. Anschließend wird auf einen niedrigeren Stromwert zurückgeregelt, der das Ventil offen hält. Dieses Stromprofil zeigt beispielhaft **Bild 16-22** (Stromprofil einer Peak & Hold Schaltung).

16.5.2.3 Microcontroller

Es kommen Microcontroller zum Einsatz, die speziell für Anwendungen in der Automobiltechnik konzipiert wurden. Die Bausteine kombinieren hohe Rechenleistung mit hoher Integration von Peripheriebausteinen, die zur Auswertung der Eingangssignale und zur Ansteuerung der Endstufen nötig ist. Die **Bilder 16-23** und **16-24** zeigen je ein Beispiel für einen Microcontroller mit Busbreiten von 16 Bit beziehungsweise 32 Bit und ihren wesentlichen Funktionsblöcken.

16.5.2.4 Spannungsregler

Dieser Baustein stellt drei Versorgungen zur Verfügung: Den Hauptregler und zwei diesem nachgeführte Versorgungen mit deutlich geringerer Leistungsfähigkeit. Der Hauptregler ist für die im Steuergerät untergebrachten Bausteine zuständig, während die beiden nachgeführten Regler zum Beispiel zur Versorgung von außerhalb des Steuergerätes untergebrachten Sensoren verwendet werden können. Weiterhin ist eine Überwachereinheit und eine Freigabelogik mit auf dem Baustein integriert **(Bild 16-25)**.

16.5.2.5 DC/DC Converter

Kürzere Einschaltzeiten von elektromagnetischen Einspritzventilen oder bei Ventilen, die nach dem Piezoprinzip arbeiten, benötigen für die Bereitstellung der erforderlichen elektrischen Energien Spannungen, die um ein Vielfaches über der im Fahrzeug zur Verfügung stehenden Batteriespannung liegen.
Die Transformation der 14 V Bordnetzspannung auf die Betriebsspannungen dieser Hochvoltlasten wird durch DC/DC-Converter Schaltungen erreicht **(Bild 16-26)**.
Diese lassen sich elektrisch als strombegrenzte Spannungsquellen parallel zu einer Speicherkapazität am Ausgang beschreiben. Die elektrische Ladung, die in einer Induktivität gespeichert ist, fließt getaktet von einem Leistungsschalter über eine Diode in einen Speicherkondensator und lädt diesen stufenweise bis zu einer definierten Spannungswert V_{out} auf, der um ein Vielfaches über der Eingangsspannung V_{in} liegen kann und damit die Voraussetzungen für schnelles Öffnen elektromagnetischer Ventile liefert. Die in Steuergeräten verwendeten DC/DC Schaltungen enthalten außerdem umfangreiche Beschaltungen zum Schutz gegen Überspannung und Verpolung sowie ausgangsseitigen Kurzschluss nach Masse oder Versorgungsspannung.

16.6 Steuergeräteelektronik

16.6.1 Allgemeine Beschreibung

Die Motorelektronik übernimmt die Aufgabe der zentralen Steuerungseinheit für den Ablauf der Verbrennung im Motor. In Abhängigkeit der motor- und fahrzeugseitigen Eingangssignale berechnet die integrierte Rechnereinheit die Bedarfsgrößen der für die Motorfunktionen relevanten Stellglieder.
Die elektronische Steuerung lässt sich mit den folgenden Hauptfunktionsgruppen beschreiben.

16.6.2 Signalaufbereitung

Von Sensoren, Schaltern und anderen Steuereinheiten, die im Motorraum und im Fahrzeuginnenraum verteilt sind, gelangen analoge und digitale Signale über den Kabelbaum ins Steuergerät. Hier erfolgt eine Umformung der unterschiedlichen Signalformen und Signalgrößen in digitale Spannungen und Frequenzen, die jetzt für den Microcontroller lesbare Informationen darstellen.

FEATURES

Microcontroller C167-Family of Infineon

- CPU: 16 bit „von Neumann" register oriented architecture.
- CPU: 4 stage pipeline with 16bit ALU
- 4kRAM build of 2k Dual Port RAM and 2k XRAM

- PEC for fast data transfer from peripheral to RAM
- ADC unit with 10bit, 16 channel and channel injection
- 2 CAPCOM unit with 16 CAPCOM channels each
- PWM unit with 4 PWM channels
- General purpose timer unit with 5 Timers
- 2 serial interfaces (UART and SPI)
- watchdogtimer
- up to 61 digital I/O channels when external bus enabled
- fast interrupt inputs with min. 300ns response time at 20 MHz
- operation temperature range –40 °C ... 125 °C
- full CAN
- optional: 32 kByte ROM

PACKAGING

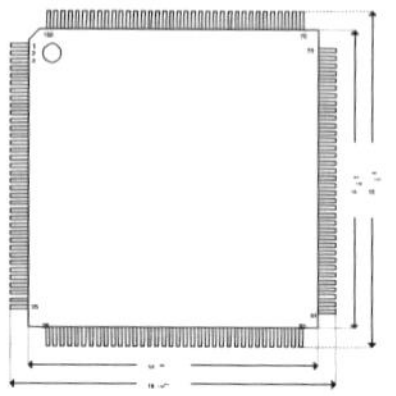

PQFP 144

BLOCK DIAGRAM

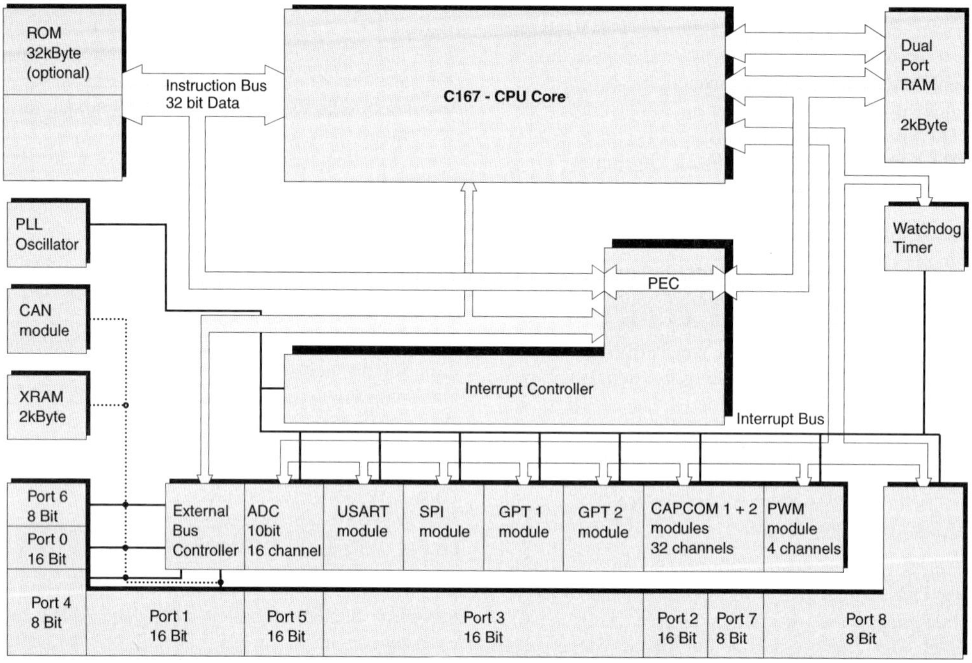

Bild 16-23 Microcontroller

Besonders aufwändig gestalten sich die Adaptionen der Eingangssignale von Klopfsensor, Lambdasonde und Induktivgeber an der Kurbelwelle.

Beim stochastischen Signal vom Klopfsensor wird aus dem permanenten Pegel des Motorgeräusches das überhöhte Signal des klopfenden Motors herausgefiltert, verstärkt, gleichgerichtet und aufintegriert. Dies alles geschieht mit Hilfe eines integrierten Schaltkreises, der über ein programmierbares Register beliebige Voreinstellungen der Mittenfrequenz und der Amplitude erlaubt. Letztendlich wird ein normiertes Signal während eines definierbaren Zeitfensters an den Analog-Digitalwandler des Rechners übertragen.

Die Lambdasonde liefert im Betrieb einen Strom proportional des Sauerstoffanteils im Abgas. Dieser Stromfluss am Innenwiderstand der Sonde erzeugt am Ausgang eine Spannung, die über eine Anpassungsschaltung an den A/D-Wandler gelangt.

Die Besonderheit des Kurbelwellensignals liegt in der Abhängigkeit der Signalamplitude von der Drehzahl. Sie reicht von wenigen hundert Millivolt bei niedrigen Drehzahlen bis hin zu mehreren Hundert Volt. Die Signalumwandlung in die digitale Rechteckform gleicher Frequenz gelingt durch Nulldurchgangsdetektion, wobei Störsignale durch eine variable Gegenkopplung unterdrückt werden.

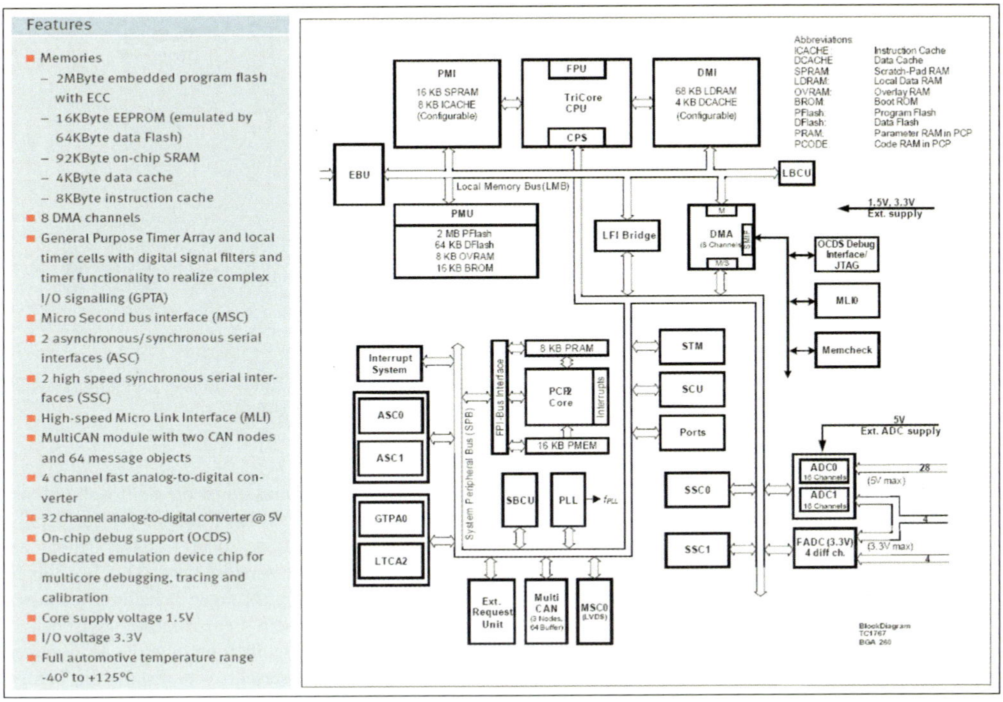

Bild 16-24 Blockschaltbild Funktionsblöcke eines 32 Bit Microcontrollers

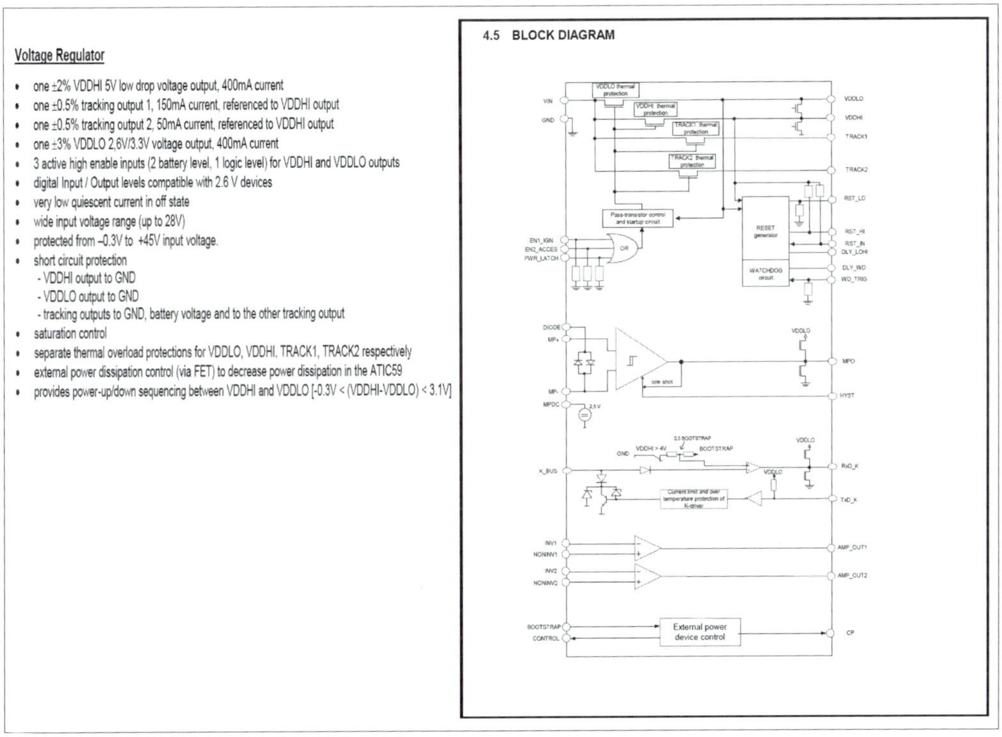

Bild 16-25 Beispiel für einen Spannungsregler

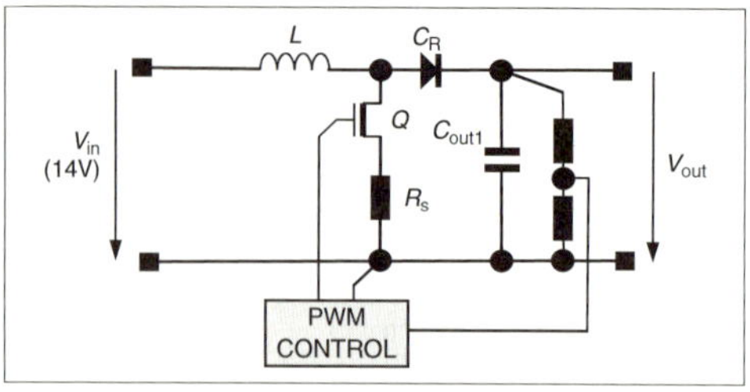

Bild 16-26 Prinzip einer DC/DC-Converter Schaltung

16.6.3 Signalauswertung

Die Rechnereinheit selbst umfasst den Hauptrechner, den Festwertspeicher für Programmcode und Kenngrößen, den variablen Datenspeicher und die Überwachungseinheit für die Sicherheitsprüfungen bei E-Gassystemen.

Die digital aufbereiteten Eingangssignale dienen als die veränderlichen Istwerte der in Binärcode dargestellten Motorfunktionen. Kennfelder und Kennlinien bilden dabei die variablen Stellgrößen für die programmierten Rechenoperationen. Die Ergebnisse aus der Vielzahl von Einzelberechnungen werden in Form einer Pegel-/Zeitinformation an die Ausgangsports des Microcontrollers weitergeleitet.

Bei Geräten mit elektromotorisch verstellbarer Drosselklappe kommt ein fest definiertes Sicherheitskonzept zum Einsatz. Dabei werden Rechenalgorithmen parallel in Hauptrechner und Überwachungseinheit abgearbeitet, die Ergebnisse über die serielle Schnittstelle ausgetauscht und miteinander verglichen. Bei Abweichungen wird die Sicherheitsfunktion wirksam, die dann redundant Drosselklappe, Einspritzventile und Zündung abschaltet, um das Fahrzeug stillzulegen.

16.6.4 Signalausgabe

Der logische Pegel der Ausgangsporttreiber des Microcontrollers wird direkt als Steuersignal der jeweiligen Endstufe verwendet, die wiederum den im Fahrzeug verbauten Aktuator betreibt. Die Endstufen lassen sich in drei Kategorien einordnen.

Low-Side-Treiber steuern induktive und ohmsche Lasten, die gegen Batteriespannung angeschlossen sind, wie Ventile, Relais und Zündspulen sowie Heizwiderstände und logische Schnittstellen anderer elektronischer Steuerungen (**Bild 16-27**).

High-Side Treiber wiederum schalten den Stromfluss für Verbraucher die einseitig an Masse liegen.

Bei Brückenendstufen liegt der Verbraucher mit beiden Anschlusspolen am Steuergerät. Dieses Anschlussprinzip ist besonders für den Betrieb von Gleichstrommotoren vorgesehen, die eine kontinuierliche Verstellung von Vorwärts- und Rückwärtsbewegung erfordern.

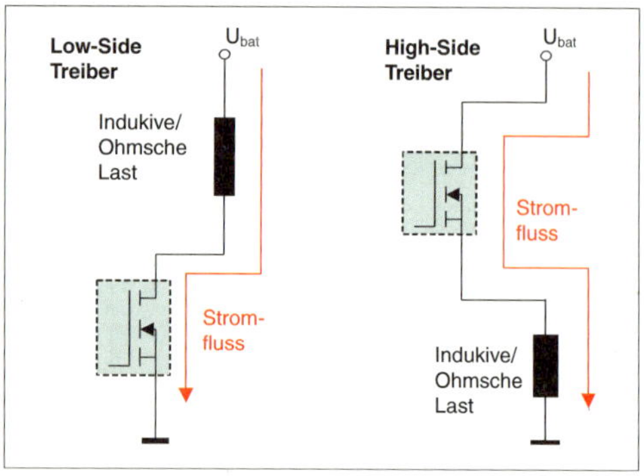

Bild 16-27 Prinzip einer Low- beziehungsweise High-Side Treiberschaltung

Allen Endstufen gemeinsam ist die Selbstschutzfunktion, die verhindert, dass bei elektrischen Kurzschlüssen nach Batterie, Masse- oder Lastkurzschluss am Ausgang das Bauteil zerstört wird. Darüber hinaus werden diese Betriebsstörungen schaltungstechnisch detektiert und in einem Fehlerregister zwischengespeichert. Die Recheneinheit hat nun die Möglichkeit über die vorhandene serielle Schnittstelle die Fehlercodes aus der Endstufe abzurufen und fest definierte Reaktionen, wie Notlauffunktionen, Ansteuerung einer Fehlerlampe und Eintrag in den internen Fehlerspeicher auszulösen.

16.6.5 Spannungsversorgung

Dieser Schaltungsteil gewährleistet die Stromversorgung für das Steuergerät aus dem Bordspannungsnetz des Fahrzeugs. Dabei wird die im Spannungsbereich, je nach Zustand und Belastung der Batterie (zum Beispiel Anlasser), von 6 bis 18 Volt variable Größe, in eine stabile Gleichspannung von 5,0 V (bei Systemen mit modernen Microcontrollern zusätzlich auch weitere Spannungen wie zum Beispiel 3,3 V und 1,8 V) für den Betrieb der Elektronik umgewandelt.

Sehr häufig werden dafür lineare Spannungsregler, sog. Längsregler, eingesetzt. Dabei wird die Ausgangsspannung mit einer intern erzeugten Referenzspannung verglichen und bei Abweichungen durch Ansteuerung des Transistors auf den Sollwert nachgeregelt. Die Spannungsdifferenz zwischen Eingang und Ausgang wird im Transistor in Wärme umgewandelt. Im Gegensatz dazu wird beim Prinzip des Schaltreglers während der Einschaltphase die Energie im Magnetfeld einer Induktivität gespeichert, die während der Abschaltphase an den Ausgang abgegeben wird. Schaltfrequenz, Tastverhältnis und Beschaltung beeinflussen maßgeblich die Eigenschaften und den Wirkungsgrad, der in der Praxis zwischen 70 % und 90 % liegt und damit wesentlich über den Werten von Längsreglern.

Die Unterdrückung der Störspannungen vom Bordnetz (bis zu ±150 V und 100 ms Pulsbreite) durch Schutzmaßnahmen mit Halbleitern und Kondensatoren trägt zum fehlerfreien Betrieb der Elektronik bei. Darüber hinaus stellt dieser Schaltungsblock bis zu drei stabile 5 V-Spannungen bereit, um externe Potentiometer oder Sensoren mit Strom zu versorgen.

16.6.6 Schnittstellen

16.6.6.1 CAN-Bus Schnittstelle

Das Controller Area Network (CAN) ist ein serielles Bussystem. Es wurde insbesondere erstellt zur Verknüpfung von intelligenten Sensoren, Aktuatoren und elektronischen Motor/Getriebsteuerungen (ECU/TCU) im Fahrzeug. CAN ist ein serielles Bussystem mit Multi-Master Eigenschaften. Das CAN-Bus Protokoll wurde speziell für sicherheitskritische Anwendungen in der Automobilindustrie entwickelt. Alle CAN Teilnehmer können Daten übertragen; mehrere Knoten können simultan den Bus abfragen. Das serielle Bussystem hat Echtzeiteigenschaften. Es wurde in der ISO 11898 zum internationalen Standard deklariert. Die objektorientierten Nachrichten beinhalten Informationen wie Drehzahl, Temperatur und sind für alle Empfänger verfügbar. Jeder Empfänger entscheidet selbstständig auf Basis der mitgesendeten Identifier, ob die Nachricht verarbeitet wird oder nicht. Die Arbitrierung der Bus-Teilnehmer ist durch die Identifier prioritätsgesteuert. Die maximale Datenübertragungsrate beträgt 1 Mbit/s.

16.6.6.2 LIN-Bus Schnittstelle

LIN (Local Interconnect Network) beschreibt einen kostengünstigen Kommunikationsstandard für Komfortelektronik, intelligente Sensoren und Aktuatoren und nicht sicherheitskritische Motorsteuerungskomponenten. Die Kommunikation basiert auf einer bitseriellen Eindraht-Leitung nach dem SCI (UART) Datenformat. Die maximalen Übertragungsgeschwindigkeit beträgt 20 kBit/s. Die Synchronisation der einzelnen Knoten erfolgt ohne stabilisierte Zeitbasis. Die Spezifikation ist angelehnt an die ISO 9141. Durch eine Unterscheidung in Master und einen bis mehrere Slaves wird eine Kollision von Nachrichten auf der Datenleitung vermieden, weil nur der Master eine Kommunikation einleiten kann.

16.6.6.3 FlexRay-Bus Schnittstelle

Beim sehr schnellen FlexRay Feldbus handelt es sich um eine zeitgesteuerte und fehlertolerante Kommunikationsschnittstelle, die die Anforderungen an sicherheitskritische Systeme im Fahrzeug erfüllt. Dieser Bus definiert einen herstellerübergreifenden Standard mit einer Datenrate von bis zu 2 mal 10 MBit/s, fest definierten Latenzzeiten und Übertragungszyklen.
FlexRay arbeitet nach dem TDMA Prinzip (**T**ime **D**ivision **M**ultiple **A**ccess). Den Teilnehmern beziehungsweise Botschaften werden feste Zeitfenster zugeteilt, in denen ihnen ein exklusiver Buszugriff zugewiesen ist. Diese sog. „Time slots" wiederholen sich in bestimmten Abständen, das heißt die Perioden während der sich die Information auf dem Bus befindet, kann exakt vorbestimmt werden. Dem nachteiligen Einfluss dieser fixen Zuordnung auf die Bandbreite wird durch die Unterteilung in statische und dynamische Abschnitte begegnet, wobei die sehr kurzen dynamischen „Minislots" nur bei Kommunikationsbedarf prioritätsgesteuert genutzt werden. Die beiden Übertragungs-kanäle erlauben die fehlertolerante Übertragung der Information.
Kommunikationszyklus des Datentransfers zeigt **Bild 16-28**.

16.6.7 Elektronik für Getriebesteuergeräte

Für die Funktionsblöcke Rechnerkern, Spannungsversorgung, Endstufen, Interfaces gilt im Wesentlichen das oben schon erläuterte.

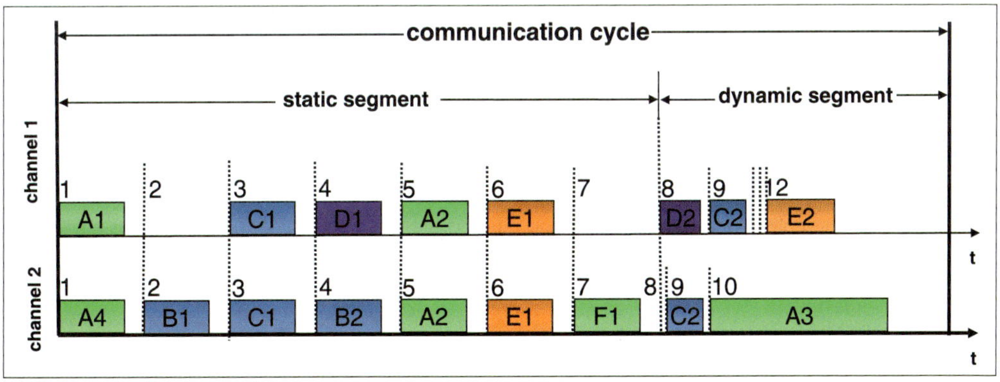

Bild 16-28 Kommunikationszyklus des Datentransfers

Es gibt jedoch einige Funktionsmodule, die spezifisch für Getriebesteuerungen entwickelt wurden:

a) Stromregler für elektromagnetische Ventile:
Bei Automatik-Getrieben wird das Einlegen der verschiedenen Gänge über das Öffnen und Schließen von Brems- und Kupplungselementen im Getriebe erreicht. Die Betätigung dieser Elemente erfolgt über das Ein- und Ausschalten von elektromagnetischen Proportionalventilen in der Steuerhydraulik des Getriebes. Um einen komfortablen Gangwechsel zu ermöglichen, muss bei Betätigung der Brems- und Kupplungselemente ein genauer Ablauf eingehalten werden. Dieser wird über die Regelung der Öffnungsquerschnitte der jeweils betroffenen Stromregelventile der Steuerhydraulik des Getriebes erreicht. Als Messgröße dient hier der zum Öffnungsquerschnitt proportionale elektrische Strom durch das entsprechende Ventil. Dieser wird mit Hilfe von sogenannten Messshunts über den Microcontroller bestimmt und entsprechend dem Sollwert nachgeregelt.

b) Redundante Treiberbausteine:
Die Last wird zwischen einer Low-Side-Endstufe und einer High-Side-Endstufe betrieben, um im Fehlerfall, zum Beispiel Kurzschluss des Low-Side Treibers nach außen, mit der zweiten Endstufe noch reagieren zu können und so für das Fahrzeug eventuell kritische Systemzustände mit Hilfe der Elektronik zu verhindern. Für moderne Applikationen wurden ASIC-Entwicklungen durchgeführt mit dem Ziel, die Funktionalität und die Diagnosefähigkeit weiter zu verbessern. Diese Bausteine übernehmen viele Aufgaben sowohl vom Microcontroller als auch von den Endstufen. Mussten diese vorher mit gewisser „Intelligenz“ ausgestattet gewesen sein, so können nun einfache MOSFETs eingesetzt werden. Die Überwachung der Endstufen (MOSFETs) und gegebenenfalls Auswertung der möglichen Fehlerfälle wie Kurzschluss oder Leitungsbruch erfolgt nun ausschließlich im ASIC. Dieser übermittelt die Auswertung über serielle Datenübertragung an den Microcontroller. Hier muss nur im Fehlerfall eingegriffen und anhand des Systemzustandes über kritischen oder unkritischen Zustand entschieden werden. Bei sicherheitskritischen Zuständen (zum Beispiel Überstrom im MOSFET) wird direkt im ASIC ohne Eingriff des Microcontrollers abgeschaltet. Durch die detaillierte Fehlerüberwachung im ASIC wird der Microcontroller entlastet und es können an Stelle dessen neue zum Beispiel den Fahrkomfort verbessernde Funktionen bearbeitet werden.

c) Hochintegrierte Bausteine für Anwendungen in Getriebesteuergeräten:
Ein Beispiel zeigen die **Bilder 16-29 und 16-30**. Hier sind die in b) beschriebenen Funktionen realisiert. Weiterhin sind in diesem Beispiel zusätzliche Funktionen wie Watchdog, Schnittstellen oder Spannungsregler integriert. Durch die Integration wird die Bauteileanzahl der Gesamtschaltung und damit der Platzbedarf auf der Leiterplatte reduziert und die Herstellkosten gesenkt. Insgesamt jedoch wird eine höhere Funktionalität erreicht trotz der geringeren Kosten.

d) Brückenschaltungen für DC-Elektromotoren mit erhöhten Stromanforderungen:
Bei Getrieben für Allradapplikationen werden häufig Elektromotoren als Aktuator für die Aktivierung von Sperrfunktion des Differentials, für die Zuschaltung der zweiten Antriebsachse (Vier

Main task

- Control of 8 solenoid valves via High-side or Low-side driver incl. diagnosis
- 8 channel current measurement with high CMRR $\rightarrow$ one wire per valve

Additional functions

- Voltage supplies for microcontroller and peripherals
- 2 additional sensor supplies
- Watchdog
- SPI Interface
- ISO9141 (K-Line) or LIN Interface
- 2 comparators

Bild 16-29 Zusammenfassung der Funktionen des ASIC

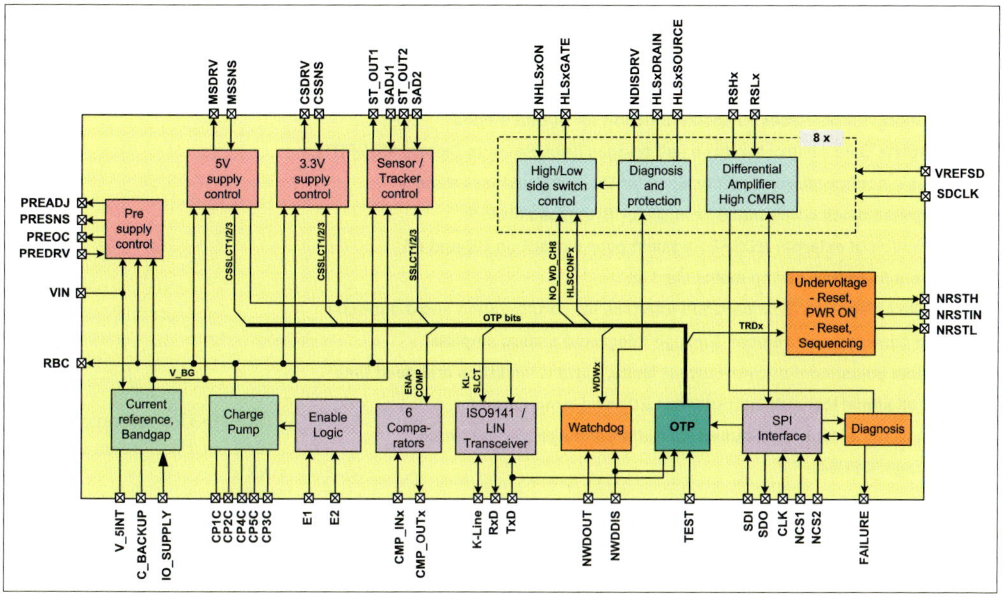

Bild 16-30 Blockschaltbild des ASIC

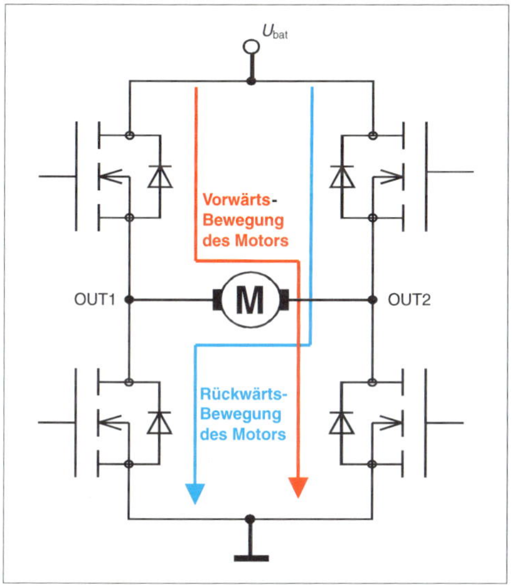

Bild 16-31 Prinzipschaltbild einer H-Brücke

radantrieb) oder auch zum Gangwechsel (zum Beispiel Geländegang) eingesetzt. Eine Kombination dieser Funktionen ermöglicht die Momentenregelung im Antrieb zur Verbesserung der Fahrdynamik. Für den Betrieb dieser Elektromotoren sind Spitzenströme bis weit über 25 A nötig. Für solche Belastungen sind integrierte H-Brücken Bausteine nicht mehr geeignet. Es muss auf diskrete Lösungen zurückgegriffen werden. Dazu wird ein intelligenter Logikbaustein mit vier Leistungstransistoren zu einer H-Brückenschaltung **(Bild 16-31)** kombiniert. Der Logikbaustein ist für die Ansteuerung und Überwachung (Diagnose) der Transistoren zuständig, während die Transistoren (i.A. MOSFETs) als Schalter für den Strom genutzt werden. In neueren Applikationen werden vielfach bürstenlose Gleichstrommotoren Brushless DC Motor (BLDC-Motoren) eingesetzt. Hier wird die Drehung des Rotors über ein elektromagnetisches Drehfeld erreicht. Das Drehfeld wird über die geeignete Ansteuerung von drei Halbbrücken (eine Hälfte einer H-Brücke, siehe **Bild 16-31**) erzeugt. Die komplizierte wechselweise Ansteuerung der Halbbrücken sowie die Überwachung der ordnungsgemäßen Funktion werden von eigens für diesen Zweck designten Bausteinen durchgeführt. In den **Bildern 16-32 und 16-33** ist ein ASIC dargestellt, der die Drehzahlvorgabe des Microcontrollers in ein Drehfeld für den BLDC-Motor umrechnet. Im ASIC erfolgt komplett die Erkennung der Drehrichtung des E-Motors, die Ansteuerung der Halbbrücken sowie (gemeinsam mit dem Microcontroller) die exakte Stellung des Aktuators. Auch in diesem Baustein sind aus den selben Gründen wie oben weitere Funktionen integriert (hier Ansteuerung für Verpolschutz und Spannungsregler, Watchdog und Treiber). Der Baustein ist auch für Bürstenmotoren konfigurierbar.

- **Supply Voltage Range: 6V...40V**
- **Ambient Temperature Range : -40 ... +125°C (package)**
- **5V µC supply + 2 sensor supplies**
- **Watchdog for µC-Reset + Failsafe function for output stages**
- **Complete Gate control for three half bridges (incl. Reverse Battery MOSFET)**
- **Flexible configuration of half bridges for DC and Brushless motors**
- **Integrated block commutation circuit for Brushless motors**
- **Protection of external MOSFET against over-current on HS and LS**
- **Current limitation during motor start up**
- **Detailed diagnosis (Standard SPI interface for configuration and diagnosis)**
- **Load current measurement through integrated analog amplifier**
- **Flexible adjustment of over-current limits, current limitation and dead time**
- **2 small signal low-side-outputs for LEDs and lamp control**
- **1 small signal high-side-output for battery voltage measurement**
- **Package: QFN64**

Bild 16-32 Zusammenfassung der Funktionen des ASIC

Vielfach wird die Steuerelektronik in das Getriebe integriert. Daraus resultieren deutlich erhöhte Anforderungen (Temperatur, Vibration, Dichtheit etc.) an die verwendeten elektrischen Bauteile und Materialien wie Gehäuse und Dichtungselemente (siehe Kapitel 16.4).

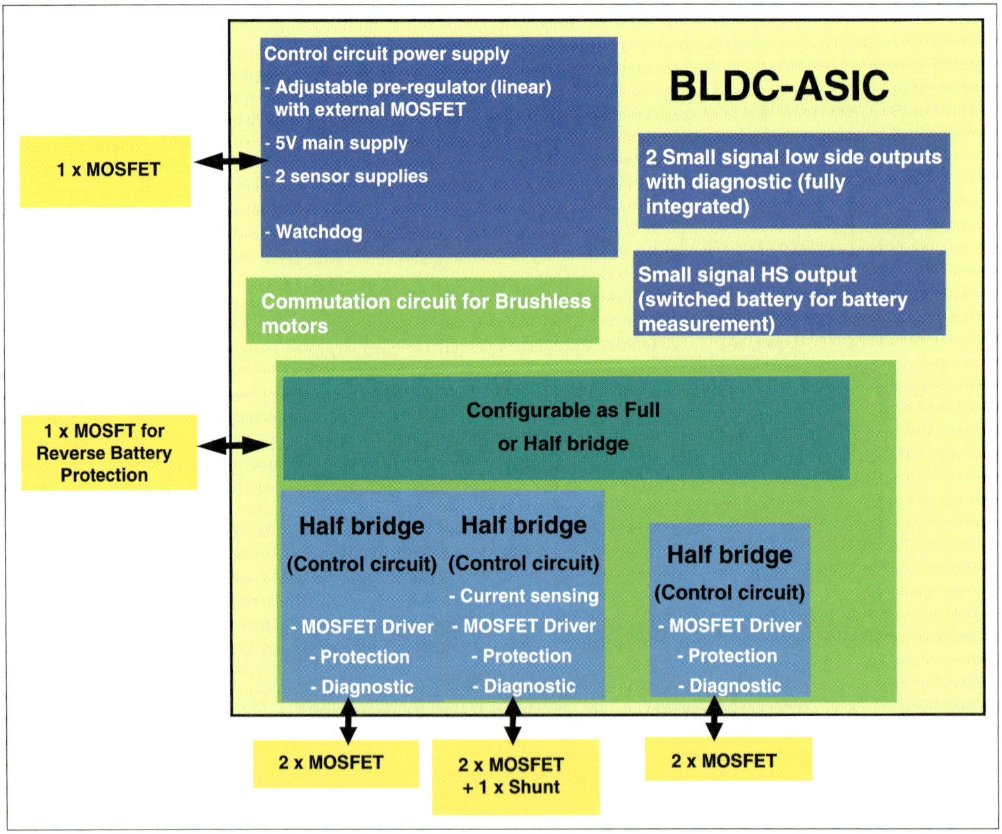

Bild 16-33 Blockschaltbild des BLDC-Ansteuer-ASIC

16.7 Software-Strukturen

16.7.1 Aufgabe der Software bei der Steuerung von Motoren

In den letzten 20 Jahren hat die Bedeutung der Software in der Kraftfahrzeugelektronik insgesamt und insbesondere bei der Motorsteuerung dramatisch und stetig zugenommen. Zum einen werden so Funktionalitäten preiswerter und besser realisiert, die bislang durch mechanische oder elektronische Lösungen erreicht wurden, zum anderen erlauben die Möglichkeiten eines im Prinzip frei programmierbaren Rechners aber auch, völlig neue und zuvor nicht realisierbare Funktionen hinzuzufügen. Zu erwähnen sind hier die umfangreichen Eigendiagnosefähigkeiten moderner Steuergeräte oder auch die durch Software mögliche Feinstabstimmung des Verbrennungsprozesses, durch die Emission und Verbrauch minimiert werden.
Der Umfang der Software, **Bild 16-34** eines typischen Motorsteuerungsgerätes hat sich in der Vergangenheit etwa alle drei Jahre verdoppelt. Ein Blick in die Zukunft zeigt, dass dieser Trend sich bis auf weiteres fortsetzen wird.
Gleichzeitig hat sich auch die Rechenleistung ständig gesteigert: Reichte für eine typische Motorsteuerung 1990 noch ein in Assembler programmierter 8 Bit-Prozessor (zum Beispiel Motorola 68HC11, Infineon 80C517), so brauchte man 1995 schon 16 Bit-Prozessoren (zum Beispiel Infineon C167) mit der höheren Programmiersprache „C" und 2000 bereits einen 32 Bit-Prozessor (zum Beispiel Motorola Black Oak). Dabei dient ein wesentlicher Anteil der Software (bis zu 50 %) in einer modernen Motorsteuerung nicht der „eigentlichen" Funktion (Steuerung des Motors), sondern erledigt Aufgaben aus dem Umfeld wie Diagnose von ECU und Peripherie, OBD II etc.
Die wachsenden Software-Umfänge bei gleichzeitiger Verkürzung der Entwicklungszeiten führen auch zu einem starken Anstieg der Software-Teamgröße für ein Projekt von zwei Entwicklern 1990 zu mehr als zehn im Jahr 2000 und damit zur Notwendigkeit eines strikten Entwicklungsprozesses mit umfangreichen Qualitätskontrollen.

16.7.2 Anforderungen an die Software

Was sind nun die Anforderungen an die Software-Struktur in einer elektronischen Steuerung des Antriebsstrangs?

- Darstellung der benötigten Funktionalität: Motor-/Getriebesteuerung, Abgaskontrolle, Komfortfunktionen, Motor-/Getriebeschutz, Eigendiagnose mit extensiver Fehlerspeicherung (EURO x, OBD), Notlauf, Reprogrammierbarkeit, Kommunikation zu anderen Steuergeräten
  Schnelle Reaktionen in Echtzeit: auf I/O-Ebene bis unter 10 µsec, auf Funktionsebene 2 msec bis 1 sec zeitsynchron beziehungsweise. 1,8 msec bis 1,5 sec kurbelwellensynchron
- möglichst weitgehende Unabhängigkeit von der verwendeten Hardware, insbesondere vom Microcontroller, um eine Multi-Source-Strategie zu unterstützen Abdeckung verschiedener Aufgabenbereiche (Benzin, Diesel, Automatikgetriebe, Automatisch-manuelles Getriebe, Integrierter Starter-Generator, ...) mit hohem Grad an Wiederverwendung auch zwischen diesen Aufgabenbereichen
- Integrierbarkeit für beigestellte Software von Kunden beziehungsweise. Schlüsselkomponentenherstellern
- Nutzung von Standard-Software-Komponenten (Betriebssystem OSEK mit Kommunikations- und Netzwerkdiensten)
- Kompatibilität mit Funktionspaketen (sogenannte Aggregate, vergleiche Kapitel 16.9), die für eine Funktion (zum Beispiel Zündung) eine durchgängige Lösung vom Sensor über den die Funktion darstellenden Algorithmus bis zum Aktuator repräsentieren.

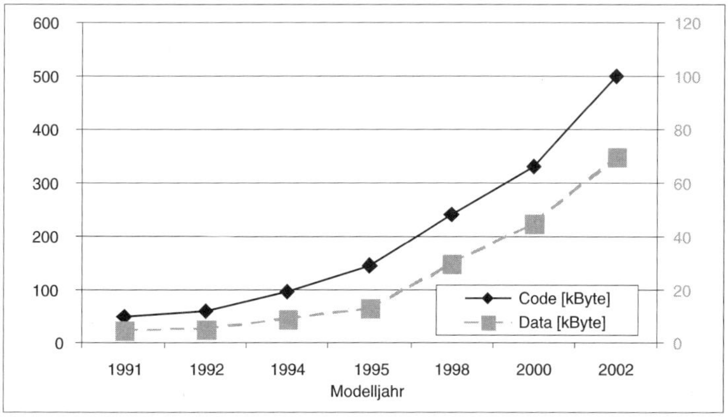

Bild 16-34 Software-Umfänge eines typischen 6-Zyl-Motorsteuerungsgerätes in kByte

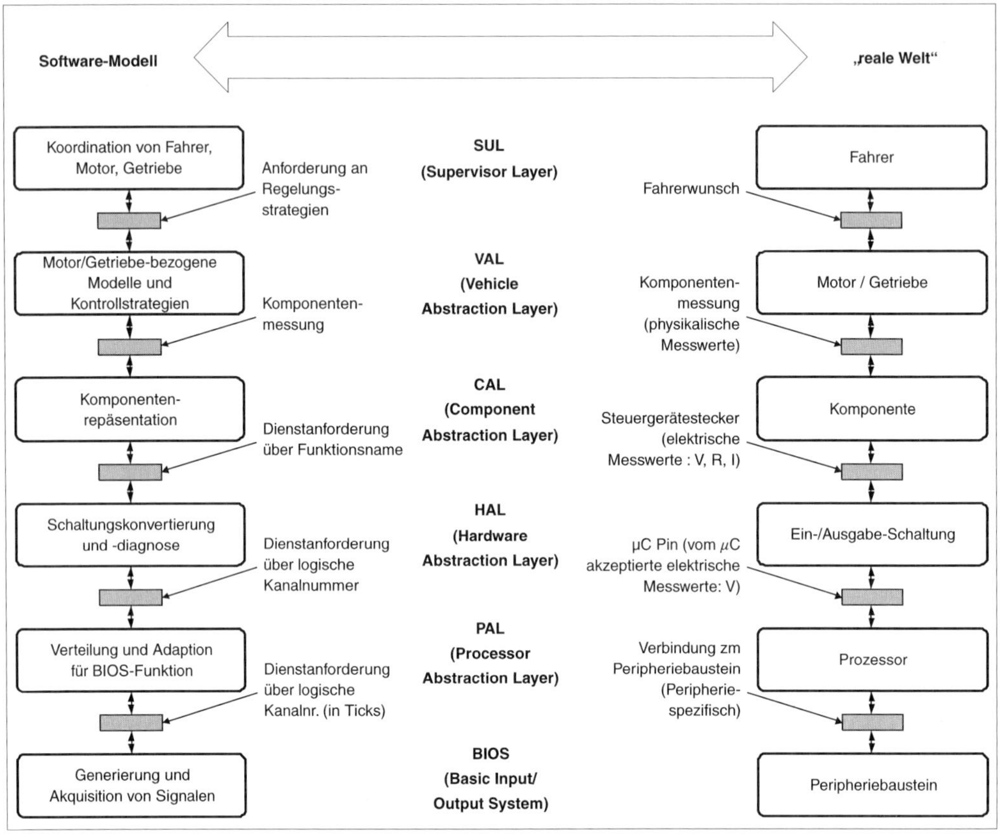

Bild 16-35 Die sechs Schichten der Antriebssteuerungs-Software

Um derartige Anforderungen wirtschaftlich erfüllen zu können, ist eine weitgehende Entkopplung von Funktion und Hardware zwingend erforderlich. Die Lösung besteht in der Nutzung von sechs Software-Schichten (Layer) mit definierten Zuständigkeiten. Darüber hinaus ist ein wohldefinierter Software-Entwicklungsprozess nötig, um Termintreue und Qualität sicherzustellen.

16.7.3 Das Schichtenkonzept der Software

Die Beziehungen zwischen den Schichten sind durch einige Regeln bestimmt:

- Eine Schicht kann alle Dienste der darunter liegenden Schicht nutzen, aber keinen der darüberliegenden
- Eine Schicht kann Daten mit der direkt darunter liegenden Schicht austauschen, aber keine Schichten überspringen
- Eine Schicht kann Kontrollflüsse (ohne Datenübertragung) zu anderen Schichten haben. Für Kontrollflüsse zu höheren Schichten kann und darf die Schicht den Empfänger des Kontrollflusses nicht kennen
- Für jede Schicht sind nur bestimmte Datentypen erlaubt
- Jede Schicht ist unabhängig von Hardware, Prozessor und Compiler zu gestalten. Ausnahme sind die beiden untersten Schichten, aber auch diese sollen diese Regel soweit wie möglich befolgen
- Die sechs Schichten der Software korrespondieren zu den jeweiligen Abstraktionsniveaus der „realen Welt“, **Bild 16-35**
- Das OSEK-Betriebssystem ist ein Standard-Software-Modul und stellt Funktionen aus verschiedenen Schichten zur Verfügung; während die Kommunikations- und Netzwerkdienste hauptsächlich auf der Hardware-Abstraktionsschicht wirken, stehen die Betriebssystemdienste auch auf den höheren Schichten zur Verfügung. Die Integration in das Schichtmodell zeigt **Bild 16-36**.

Während aus Software-Sicht ein Design in Schichten vorteilhaft ist, ist aus Sicht der Systementwicklung das Bilden von Funktionspaketen, Aggregate genannt, wichtig. Ein Aggregat fasst alles zusammen, was für die

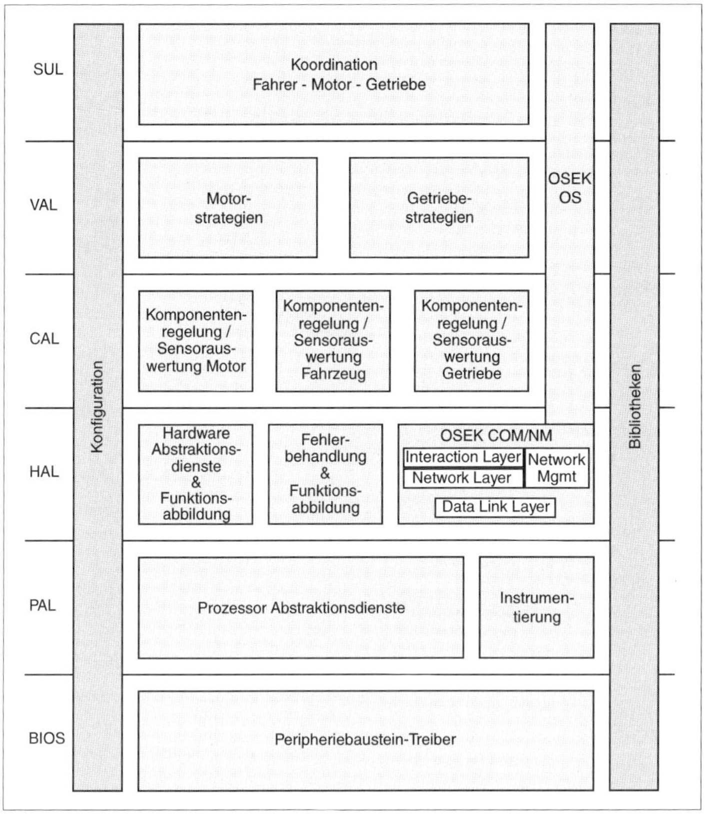

Bild 16-36 Integration des Betriebssystems in die sechs Software-Schichten

Erfüllung einer bestimmten Funktion (zum Beispiel Lambda-Regelung, Zündung) benötigt wird und zwar von der Erfassung und Vorverarbeitung der relevanten Daten, die im Schichtenmodell auf den unteren Schichten BIOS, PAL und HAL stattfindet, über die eigentlichen Regel- und Steueralgorithmen (beheimatet in CAL und VAL) bis zur Veranlassung entsprechender Aktionen. Diese werden in der Software wiederum über HAL, PAL, BIOS an die Aktoren geleitet. Dabei nutzen verschiedene Funktionspakete die selben Sensordaten beziehungsweise. steuern die selben Aktoren, was durch das Software-Schichtenmodell, das dafür standardisierte Schnittstellen zur Verfügung stellt, leicht gemacht wird.
Die Module, die bestimmten Aggregaten beziehungsweise. Sensoren/Aktoren auf einer Software-Schicht zugeordnetsind, repräsentieren dann die bevorzugte Granularität der Wiederverwendung.
Mit dem vorgestellten Software-Schichtenmodell werden die angestrebten Vorteile kombiniert:

- Ein neuer Microcontroller oder ein neuer Ein-/Ausgabe-Baustein betreffen nur die BIOS- und PAL-, eventuell noch die HAL-Schicht – die Funktionsalgorithmen bleiben gleich
- Eine Funktion kann die benötigten Daten als gegeben voraussetzen – die Ein-/Ausgabe dieser Daten kann unabhängig implementiert beziehungsweise. wiederverwendet werden
- Extern entwickelte Funktionen, die sich an die Schnittstellenkonventionen halten, können mit minimalem Aufwand integriert werden
- Durch die Hardware-Unabhängigkeit und Kapselung wird ein wesentlicher Schritt in Richtung „Software als Produkt“, das heißt zur Möglichkeit des Ver-/Zukauf von einzelnen Softwarefunktionen erreicht
- Gleichzeitig erlaubt das Modell eine Steigerung des Wiederverwendungsgrades, der den exponenziellen Anstieg der Software-Umfänge und damit den bei Neuentwicklung benötigten Software-Entwicklungsaufwand handhabbar macht.

16.7.4 Der Software-Entwicklungsprozess

Effiziente und qualitätsbewusste Software-Entwicklung in größeren Teams erfordert einen passenden, gut beschriebenen Entwicklungsprozess gemäß CMM (Capability Maturity Model). Weit verbreitet ist der V-Zyklus (vergleiche **Bild 16-37**), der besonders gut das Zusammenspiel von Analyse der Aufgabe über die Abstraktionsebenen und den zugehörigen Tests

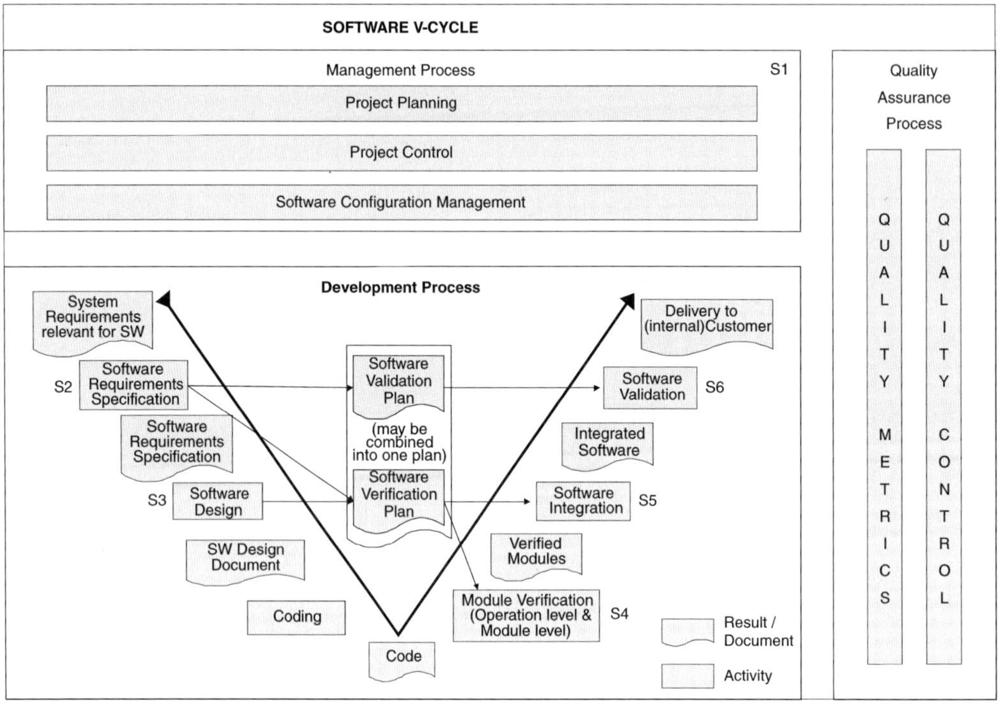

Bild 16-37 Software-Entwicklungsprozess

darstellt. Für jede Softwarelieferung, in der Regel mindestens fünf für ein Projekt, wird das V komplett durchlaufen.

16.8 Drehmomentbasierte Funktionsstruktur für Motorsteuerung

Moderne Motorsteuerungen erfüllen heute nicht nur die gesetzlichen Anforderungen an Abgasemissionen und Verbrauch, sondern steigern auch den Fahrkomfort. Damit geht die Aufgabe einer Motorsteuerung für einen Ottomotor weit über die Steuerung von Einspritzung und Zündung hinaus. Bei der Umsetzung dieser Anforderungen wurde die Funktionsgüte durch das Drive by wire-System (mechanische Entkopplung von Fahrpedal und Drosselklappe) wesentlich gesteigert. Erreicht wird dies durch die zusätzliche Möglichkeit, die Zylinderfüllung parallel zum Fahrerwunsch funktional zu beeinflussen. Das ist insbesondere bei Ottomotoren mit Direkteinspritzung und geschichtetem Motorbetrieb in der Teillast zwingend notwendig.

In einer drehmomentbasierten Funktionsarchitektur, **Bild 16-38** werden alle Anforderungen, die sich als

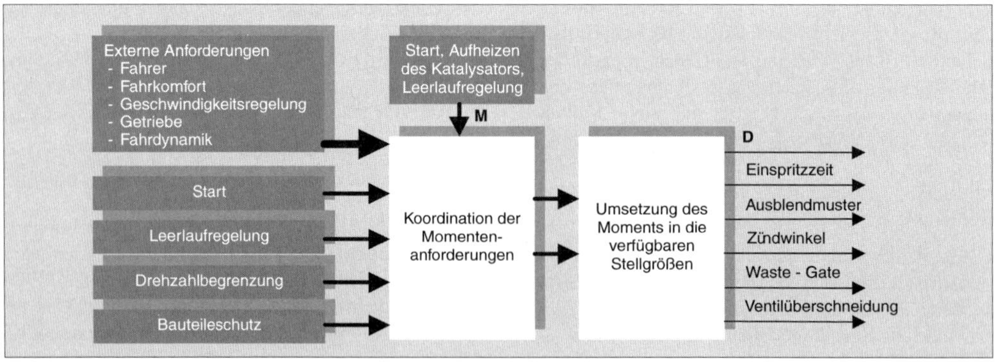

Bild 16-38 Drehmomentbasierte Funktionsstruktur

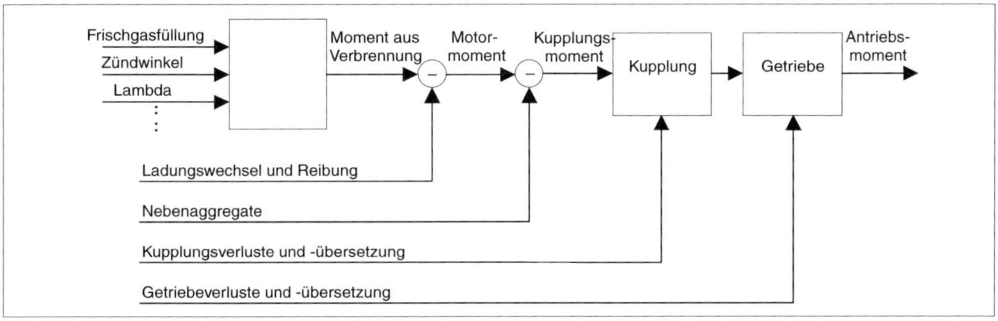

Bild 16-39 Drehmomentübertragung

Drehmoment oder Wirkungsgrad formulieren lassen, tatsächlich auf der Basis dieser physikalischen Größen definiert. Das bedeutet, dass Schnittstellen innerhalb von Einzelfunktionen sowie zwischen den (Sub-) Systemen als Drehmomente oder Wirkungsgrade definiert sind. Dies ermöglicht eine klare, überschaubare Funktionsarchitektur innerhalb einer Motorsteuerung.

Ziel ist, unter allen Bedingungen einen bestmöglichen Kompromiss zwischen Fahrbarkeit, Verbrauch und Abgasemissionen zu erreichen.

Da bei vielen Funktionen eine hohe zeitliche Dynamik erforderlich ist, wird das geforderte Sollmoment durch zwei Pfade realisiert. Neben dem Füllungspfad, der alle füllungsbeeinflussenden Stelleingriffe der Drosselklappe vornimmt, übernimmt der kurbelwellensynchrone Zündungspfad alle Eingriffe, die direkt auf den Verbrennungswirkungsgrad wirken. In ihm werden alle Stelleingriffe vorgenommen, die das vom Motor abgegebene Moment unabhängig von der Füllung beeinflussen, nämlich Zünd- und Einspritz-Timing.

Durch die Koordination der beiden Pfade besteht die Möglichkeit, durch Zündwinkelverstellungen auch schnelle Drehmomentenerhöhungen zu erreichen. Dies ist wichtig für die Leerlaufregelung, den Start, Getriebeeingriffe und Antriebsschlupfregelung. Eine gewollte Wirkungsgradverschlechterung durch Zündeingriffe, z.B. Zündwinkelspätverstellung beim Kat-Heizen zur Abgasverbesserung ist ebenfalls realisierbar. Zum schnellen Momentenpfad sind weiterhin der Lambda- und der Zylinderabschaltpfad zuzurechnen, die im Bedarfsfall aktiviert werden können und ebenfalls mit dem Füllungspfad und/oder Zündungspfad koordiniert werden.

Aus den Haupteinflussgrößen wie Frischgasfüllung, Zündwinkel und Lambda ergibt sich das innere Moment TQI aus der Verbrennung, welches im Gegensatz zum indizierten Moment aber noch nicht den gesamten Ladungswechsel beinhaltet. Das vom Motor abgegebene Moment, **Bild 16-39**, ergibt sich aus dem indizierten Moment abzüglich der Verlustmomente durch Reibung. Die Reibungs- und Ladungswechselverluste werden in dem Verlustmoment TQ_LOSS zusammengefasst. Nach Abzug der Verlustmomente durch die Nebenaggregate ergibt sich das Kupplungsmoment TQ_CLU. Das an den Rädern zur Verfügung stehende Antriebsmoment ergibt sich nach Berücksichtigung der Verluste durch Kupplung und Getriebe.

TQI, in **Bild 16-40**, errechnet sich folgendermaßen:

$$TQI = TQ\_CLU - TQ\_LOSS$$

Das Verlustmoment TQ_LOSS ist immer ein negatives Moment, da der Motor unbefeuert ist und dadurch geschleppt werden muss. In der Gleichung wird es betragsmäßig zum Kupplungsmoment addiert, da das innere Hochdruckmoment TQI aus der Verbrennung

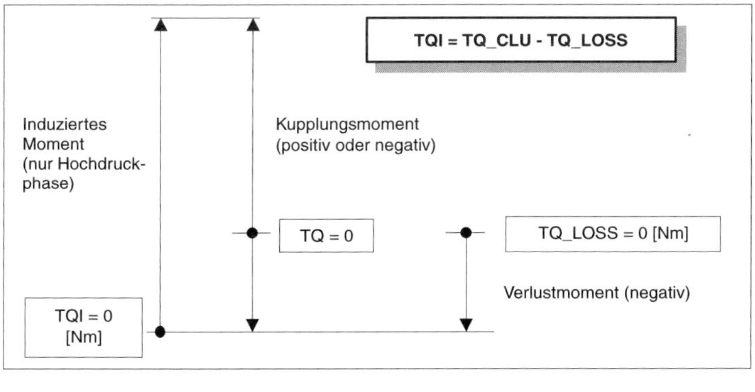

Bild 16-40 Berechnung von TQI

außer dem Kupplungsmoment, das an der Leistungsbremse messbar ist, noch das Verlustmoment TQ_LOSS beinhaltet. Das heißt, das innere Moment TQI muss mindestens so groß sein wie das Verlustmoment TQ_LOSS, damit Reibungs- und Ladungswechselverluste überwunden werden (TQ = 0). Erst wenn TQI größer als TQ_LOSS ist, bekommt man ein positives Moment TQ an der Kupplung.

Der Fahrerwunsch PV_AV wird bei E-Gas Systemen (drive-by-wire) über einen Pedalwertgeber dem System mitgeteilt und in der Momentenstruktur als Momentenanforderung interpretiert. Dieser Momentwunsch kann durch diverse Stelleingriffe wie zum Beispiel die Fahrgeschwindigkeitsregelung (cruise control), die Lastschlagdämpfung oder durch Getriebeeingriffe verändert werden. Das daraus resultierende Moment wird nun in der Momentenstruktur gleichzeitig in den zwei folgenden Pfaden eingespeist in den langsamen Momentenstellpfad (Füllungspfad, Slow Air-Path) und den schnellen Momentenstellpfad (Zündungspfad, Fast Ignition-Path), wo in den Zündungswirkungsgrad die Wirkungsgrade für Lambda (Einspritzmenge) und Zylinderabschaltung eingehen.

Der Füllungspfad wird deshalb als langsamer Pfad bezeichnet, da seine Dynamik vom Saugrohrvolumen, Drosselklappenquerschnitt, Motordrehzahl und so weiter abhängt. Seine Zeitkonstante liegt im Bereich mehrerer 100 ms. Im Gegensatz dazu steht der kurbelwellensynchrone Zündungspfad, bei dem die Zeitkonstante nur von der Motordrehzahl abhängt. Während sich bei einer Motordrehzahl von 1.000 min^{-1} eine Zeitkonstante von circa 30 ms ergibt, liegt diese bei einer Drehzahl von 6.000 min^{-1} bei 5 ms. Damit ist diese um ein bis zwei Größenordnungen kleiner als die Zeitkonstante des Füllungspfades.

16.8.1 Modellbasierte Funktionen am Beispiel des Saugrohrfüllungsmodells

Steigende Anforderungen zum Beispiel an die Zumessgenauigkeit der eingespritzten Kraftstoffmasse pro Zyklus oder an die Genauigkeit des Zündzeitpunktes führen zu immer aufwändigeren Funktionen in der Motorsteuerung. Die bislang meist verwendeten mehrdimensionalen Tabellen, in denen zum Beispiel Korrekturfaktoren für die Einspritzzeit in Abhängigkeit von verschiedenen Eingangsbedingungen abgelegt werden, reichen zur Erfüllung der komplexen Ziele nicht mehr aus, da vor allem im instationären Betrieb des Motors die Zumessung des Kraftstoffs oder die Lage des Zündzeitpunktes zu ungenau ermittelt wird. Dadurch entstehen Abweichungen vom stöchiometrischen Gemisch, die zu Emissions- und Fahrbarkeitsproblemen führen können.

Daher ist man heute bestrebt, die physikalischen Zusammenhänge in so genannten Modellen zu beschreiben. So können die einzustellenden Parameter, wie zum Beispiel die pro Zyklus einzuspritzende Kraftstoffmasse, aus physikalischen Formeln für die pro Zyklus angesaugten Luftmasse abgeleitet werden. Nachteilig ist allerdings die steigende Anforderung an die Prozessorperfomance und die Zunahme an Speicherplatz auf Grund meist aufwändigerer Rechenalgorithmen für die Modelle.

Am Beispiel des Saugrohrfüllungsmodells, **Bild 16-41**, soll das veranschaulicht werden. In der Vergangenheit wurde die Einspritzzeit direkt aus dem Luftmassensignal (von zum Beispiel einem Heißfilmluftmassenmesser) ermittelt. Im Instationärbetrieb, das heißt beim Öffnen oder Schließen der Drosselklappe, kommt es zum Befüllen oder Entleeren des Saugrohrs

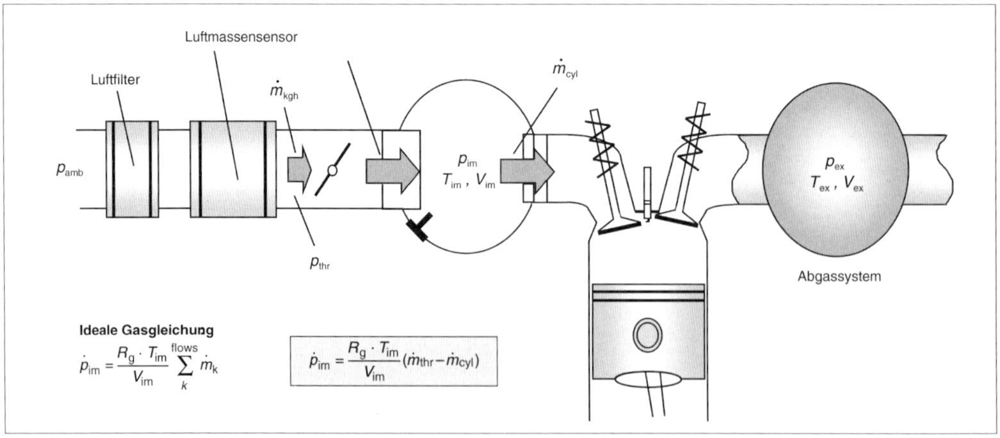

Bild 16-41 Modell des Saugrohrs (ohne Abgasrückführung)

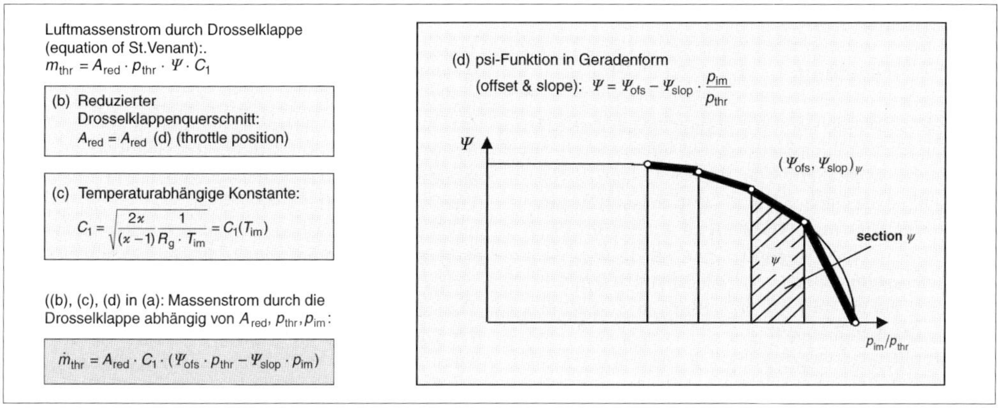

Bild 16-42 Modell für die Luftmasse über der Drosselklappe

auf Grund einer Änderung des Saugrohrdrucks. Der dabei entstehende Luftmassenfehler führt zu einer falschen Einspritzzeit, die sich in einer Gemischanfettung beim Gasgeben (positiver Lastsprung) und einer Gemischausmagerung beim Gaswegnehmen (negativer Lastsprung) bemerkbar macht.

Mit Hilfe des Saugrohrfüllungsmodells ist man heute in der Lage, diese Gemischfehler weitgehend zu eliminieren. Dazu berechnet man die in die Zylinder aus dem Saugrohr abfließende Luftmasse aus den in Tabellen abgelegten Schlucklinien, die abhängig vom modellierten Saugrohrdruck sind. Der Saugrohrdruck wird über eine Differenzialgleichung aus der allgemeinen Gasgleichung berechnet. Dabei wird zunächst nicht auf das Luftmassensignal zurückgegriffen. Die über die Drosselklappe ins Saugrohr einfließende Luftmasse wird nämlich zunächst nur aus der Stellung der Drosselklappe ermittelt. Später werden dann mit Hilfe von sogenannte Adaptionsverfahren die Parameter des Modells wie Umgebungsdruck und reduzierter Drosselklappenquerschnitt korrigiert.

Zur Vereinfachung des formelmäßigen Zusammenhangs von Luftmasse über der Drosselklappe, **Bild 16-42**, abhängig vom Differenzdruck $p_{amb} - p_{im}$ wurde eine sogenannte Ψ–Funktion verwendet (Gleichung von St. Venant).

Die in den Zylinder fließende Luftmasse wird in Form von Geradengleichungen abhängig vom Saugrohrdruck abgelegt **(Bild 16-43)**.

Die aus den Einzelmodellen zusammengefasste, linearisierte Differenzialgleichung 1. Ordnung für den Saugrohrdruck lässt sich mittels eines Integrationsverfahrens (zum Beispiel Trapezregel) in der Motorsteuerung numerisch im Segmentraster lösen.

Die Vorteile dieses modellbasierten Funktionsansatzes sind:

- Abstimmung eines dynamischen Modells im Wesentlichen durch stationär bestimmbare Werte. Der Parameter Saugrohrvolumen bestimmt im Wesentlichen das dynamische Verhalten
- Nachvollziehbarkeit und Wiederholbarkeit der Applikation, da die Funktion weitgehend auf physikalischen Größen basiert
- Unabhängigkeit in der Struktur von druck- beziehungsweise. luftmassengeführten Systemen
- Vereinfachte Diagnose
- Invertierbarkeit der Funktion (wichtig für die Drosselklappen-Sollwertbestimmung bei momentengeführten Systemen und für das Sicherheitskonzept).

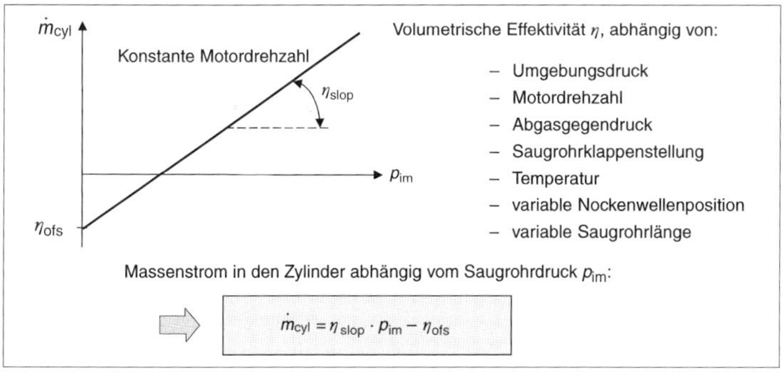

Bild 16-43 Modell des Luftmassenstroms in den Zylinder

16.9 Funktionen

16.9.1 λ-Regelung

Der Dreiwegekatalysator mit λ-Regelung hat sich als Abgasnachbehandlungskonzept für Ottomotoren mit äußerer Gemischbildung durchgesetzt. Die λ-Regelung stellt dabei sicher, dass die Schadstoffkomponenten CO, HC und NO optimal konvertiert werden. Dazu ist es notwendig, eine stöchiometrische Zusammensetzung des Luft-Kraftstoff-Gemisches ($\lambda = 1$) in einem sehr engen λ-Bereich (λ-Fenster), **Bild 16-44**, einzuhalten.

Im geschlossenen Regelkreis wird das Luft-Kraftstoff-Verhältnis λ durch die im Abgas positionierte λ-Sonde gemessen, das tatsächliche Luft-Kraftstoff-Verhältnis mit dem Sollwert verglichen und falls erforderlich die Kraftstoffmenge korrigiert.

Es gibt binäre und lineare Lambdasonden. Die Beschreibung dieser Sonden ist in Kapitel 18.3.1 nachzulesen.

Um eine optimale Funktion des Dreiwegekatalysators, das heißt eine bestmögliche Oxidation von CO und HC, sowie einen möglichst hohen Reduktionsgrad von NO_x, zu erzielen, muss das Luft-Kraftstoff-Gemisch vor dem Katalysator eine bestimmte Schwankung, das heißt ein gezielter Betrieb des Verbrennungsmotors sowohl im Luftüberschuss- als auch im Luftmangelgebiet aufweisen. Dadurch wird ein Befüllen und Leeren des Sauerstoffspeichers des Katalysators sichergestellt. Bei der O_2-Einlagerung wird außerdem NO_x reduziert, während beim Entleeren die Oxidation unterstützt wird und verhindert wird, dass angelagerte Sauerstoffmoleküle Teilbereiche des Katalysators deaktivieren.

Der Regelalgorithmus, **Bild 16-45**, für die binäre λ-Regelung basiert auf einem PI-Regler, wobei die P- und I-Anteile in Kennfeldern über Motordrehzahl und Last abgelegt sind. Bei der binären Regelung ergibt sich die Anregung des Katalysators (λ-Schwankung) implizit durch die Zweipunktregelung. Die Amplitude der λ-Schwankung wird auf etwa 3 Prozent eingestellt. Zur besseren Einhaltung des λ-Fensters vor dem Katalysator sorgt eine überlagerte Trimmregelung über eine binäre Nachkatsonde.

Bei der linearen Lambdaregelung, **Bild 16-46**, ist zur Einstellung der λ-Schwankung eine Zwangsanregung erforderlich. Das Bild gibt einen Überblick über die Struktur der linearen λ-Regelung einschließlich Zwangsanregung und Trimmregelung.

Auf den eigentlichen λ-Sollwert moduliert die Zwangsanregung, **Bild 16-47**, eine periodische Abweichung (λ-Puls) zur Optimierung des Katalysatorwirkungsgrad auf.

Das gewonnene Signal geht zum einen direkt als Vorsteuerung in die Kraftstoffmengenkorrektur ein; weiterhin wird das Signal eventuell mit einem Sekundärlufteinfluss beaufschlagt und unter Berücksichtigung der Gaslaufzeit und des Verzögerungsverhaltens der linearen Sonde als gefilterter λ-Sollwert weiterverarbeitet.

Das Signal der linearen λ-Sonde wird über eine abgespeicherte Kennlinie in einen λ-Wert umgerechnet. Diese Kennlinie kann durch die Trimmregelung, **Bild 16-48**, korrigiert werden. Der Trimmregler ist als PI-Regler ausgebildet, der das weniger Querempfindlichkeiten ausgesetzte Nachkatsondensignal ausnutzt (vorzugsweise von einer binäre Sprungsonde).

Aus dem korrigierten λ-Signal und dem gefilterten λ-Sollwert wird dann die Regelabweichung, **Bild 16-49**, als Richness ($= \lambda^{-1}$) berechnet, die als Eingang in den eigentlichen λ-Regler dient. Dieser ist als PII^2D-Regler ausgelegt und in **Bild 16-49** dargestellt. Der I^2-Anteil dient zur Bilanzierung der Sauerstoffbeladung des Katalysators. Der Reglerausgang kann unter nicht-stationären Betriebsbedingungen zusätzlich begrenzt werden. Die so ermittelte Einspritzmen-

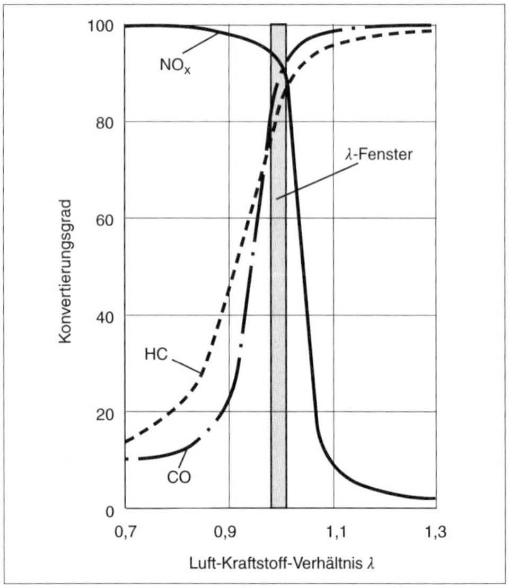

Bild 16-44 Lambdafenster

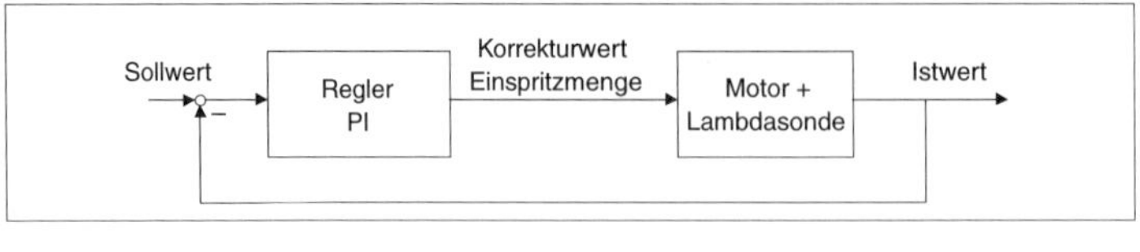

Bild 16-45 Regelalgorithmus für binäre Lambdasonde

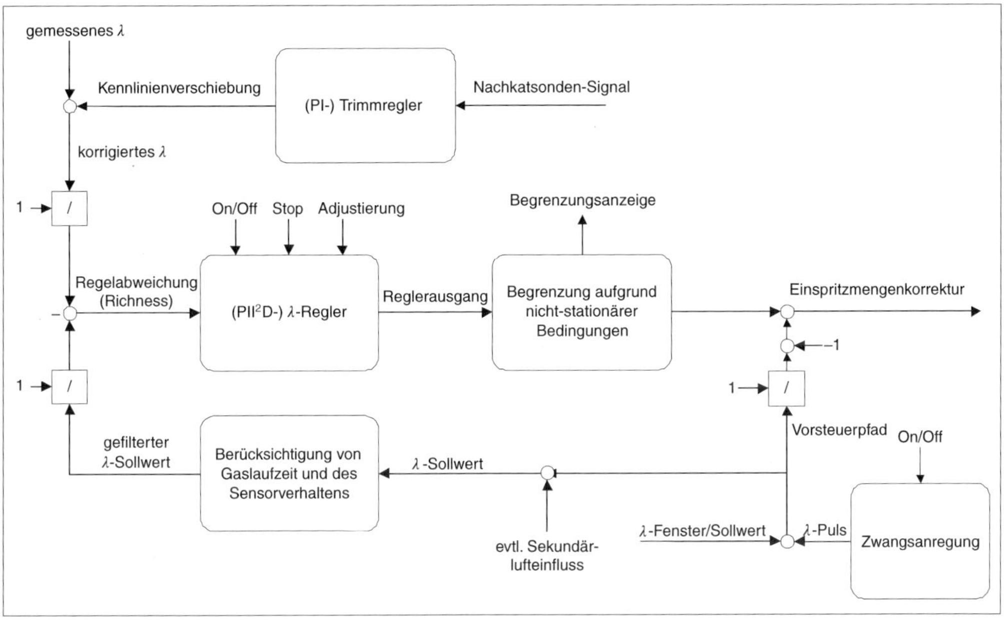

Bild 16-46 Lambdaregelung für Linearsonde

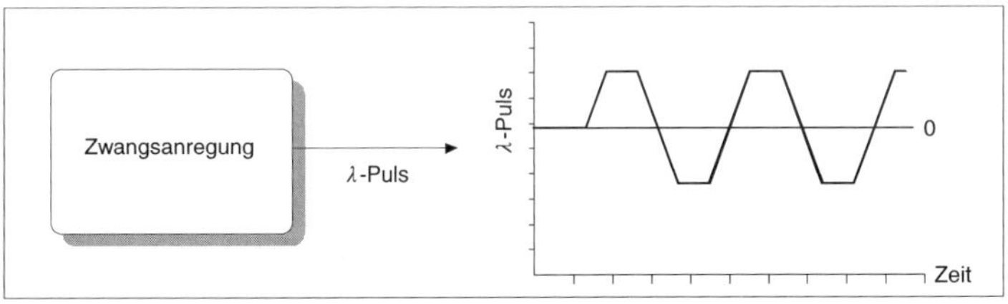

Bild 16-47 Zwangsanregung

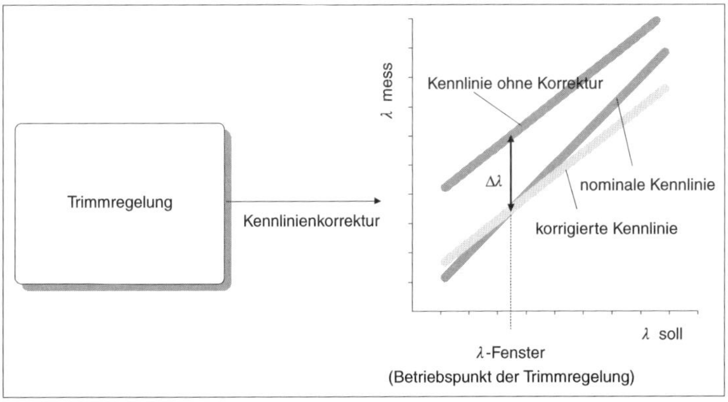

Bild 16-48 Trimmerregelung

genkorrektur geht zusammen mit der Vorsteuerung in die Einspritzmengenberechnung ein.

Die lineare Lambdaregelung bietet gegenüber der binären Lambdaregelung folgende Vorteile:

- Erhöhung der Regeldynamik und Reduktion der transienten λ-Fehler
- Erhöhter Katalysatorwirkungsgrad durch einstellbare Zwangsanregung im geschlossenen λ-Regelkreis
- Möglichkeit der Regelung von $\lambda \neq 1$; dadurch wird unter anderen geregelter Warmlauf oder geregelter Katalysatorschutz ermöglicht.

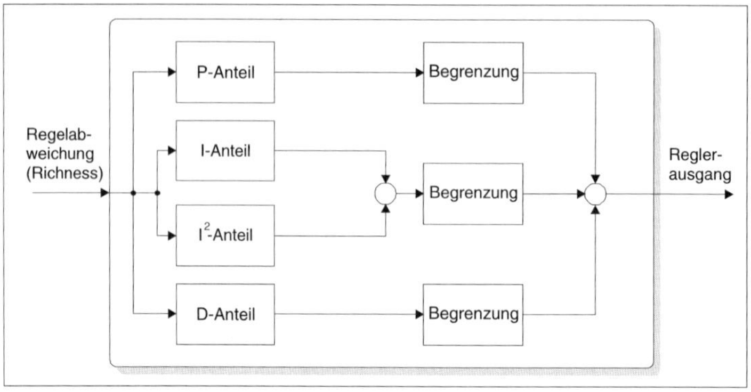

Bild 16-49 Berechnung der Regelabweichung

16.9.2 Antiruckelfunktion

Einführung:
Durch plötzliche Motormomentenänderungen, die beispielsweise durch Gasgeben oder auch beim Gaswegnehmen entstehen, wird das Fahrzeug zu Schwingungen in der Fahrzeuglängsbewegung angeregt. Diese fühlbaren Änderungen in der Beschleunigung werden von den Insassen als sehr unkomfortabel empfunden. Der Effekt kann in nahezu allen Pkw beobachtet werden; ihre Intensität hängt vom Konstruktionstyp des Antriebsstranges und dessen Parametern ab (zum Beispiel Steifigkeit des Antriebsstranges). Die Reduzierung des Effekts durch die Motorsteuerung ist sehr wichtig, da das instationäre Fahrverhalten ein bedeutender Parameter bei der Kaufentscheidung für ein Fahrzeug ist.
Zur Entwicklung der Funktionen wird ein einfaches physikalisches Modell benutzt, das den „Ruckel-Effekt" ausreichend beschreibt. Zur Reduzierung von Fahrzeuglängsschwingungen existieren in der Motorsteuerung zwei Funktionen:

- Lastschlagdämpfung (Torque Transient) Prinzip: Steuerung (Fahrerwunsch-Filter)
- Anti-Ruckel Funktion (Anti jerk controller) Prinzip: Regelkreis.

Der Antriebsstrang kann als Zweimassenschwinger, **Bild 16-50**, dargestellt werden. Die Masse m_1 stellt das Motorträgheitsmoment $J_1 = m_1 \cdot r_{rot}^2$ (rotierende Massen) dar: Kurbel- und Nockenwelle, Kolben und Pleuel, Schwungrad und Nebenaggregate.
Die Masse m_2 fasst die Antriebsstrang-Massen (Zahnräder, Kardanwelle, Radmassen) und restliche Fahrzeugmasse zusammen. Bei Momentenaufbau im Motor erfolgt eine Torsion des Antriebsstranges, die gespeicherte Energie wirkt dabei auf m_1 zurück.
Ist TQ_{motor} eine Sprungfunktion, schwingt der Antriebsstrang mit seiner Eigenfrequenz. Die Amplitude und Frequenz dieser Schwingung sowie ihre Abklingzeit sind gangabhängig. Mit niedrigem Gang ist die Amplitude und Frequenz größer, die Abklingzeit ist länger als in einem hohen Gang.
Zur Lastschlagdämpfung wird folgender physikalischer Hintergrund genutzt: Basierend auf dem Modell des Zweimassenschwingers kann gezeigt werden, dass abhängig von der Anregung des Systems eine Reduzierung der Schwingung erreicht werden kann. Besonders eignen sich hierbei rampenförmige Signale.

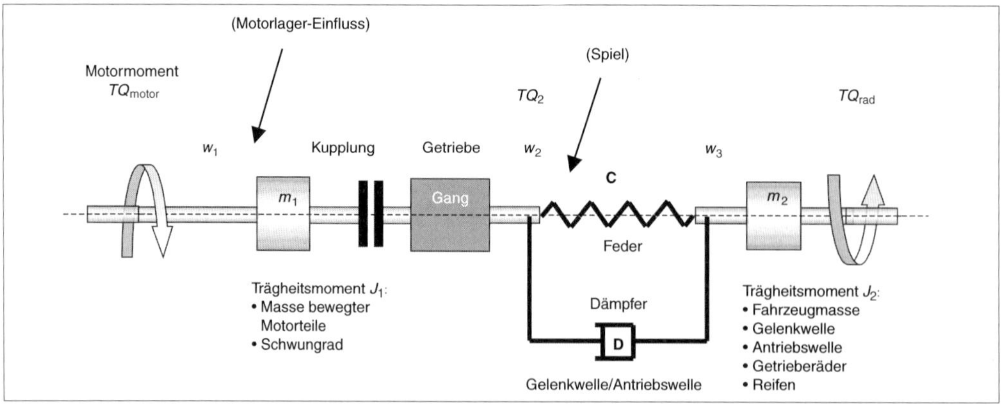

Bild 16-50 Antriebsstrang als Zweimassenschwinger

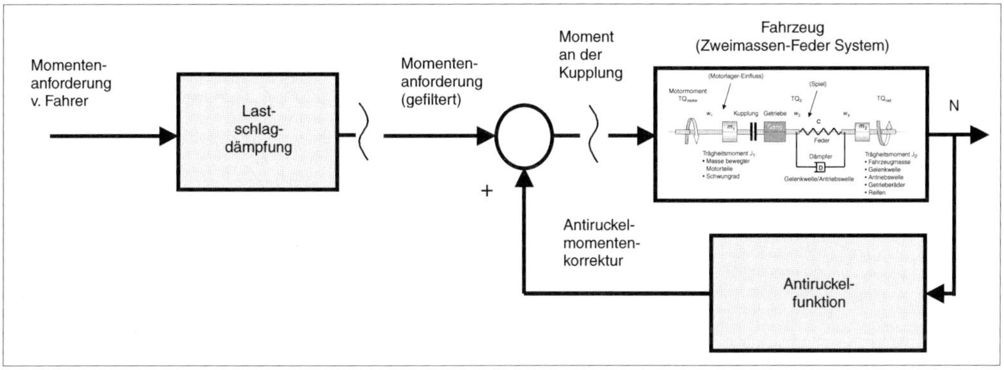

Bild 16-51 Momentenmodell

Die Schwingungsamplitude wird dann am kleinsten, wenn die Rampenanstiegsdauer der Periodendauer gleich beziehungsweise. ein ganzzahliges Vielfaches darstellt. Tatsächlich ist diese Theorie nur anwendbar, wenn die Spontanität des Fahrzeugs nicht beeinträchtigt wird. Es muss also ein Kompromiss zwischen Komfort und Dynamik gefunden werden, indem kürzere Anstiegsdauern zum Einsatz kommen.
Bei dieser Filterung des Fahrerwunsches verbleiben somit Schwingungen im Antriebsstrang, die durch die Antiruckelfunktion kompensiert werden müssen.
Der Ausgabewert der Lastschlagdämpfung ist ein durch eine Rampenfunktion gefilterter Drehmomentenwunsch des Fahrers beziehungsweise. der Cruise Control. Die Rampenanstiegsdauern werden hierbei aus dem eingelegten Gang ermittelt, **Bild 16-51**.

Da die Funktion nicht nur Schwingungen im Antriebsstrang dämpfen soll, sondern auch das Kippen des Motors in seinen Lagern, wird zwischen verschiedenen Drehmomentbereichen unterschieden.
Kern der Funktion ist eine variable Berechnung des Rampenanstiegs. Mit dem Drehzahlgradienten steht eine zusätzliche Bedingung für die Drehmoment-Bereichsumschaltung zur Verfügung (**Bild 16-52**).
Die Anti-Ruckel Funktion und die Lastschlagdämpfung arbeiten eng zusammen. Der Regelkreis bekämpft hierbei die aus der Lastschlagdämpfung verbliebenen Schwingungen. Die Lastschlagdämpfung kann somit auf eine hohe Spontanität appliziert werden, während die Anti-Ruckel Funktion für einen hohen Fahrkomfort sorgt.
Der Grundgedanke liegt darin, aus einer Drehzahlabweichung ein Korrektursignal zu ermitteln, das in

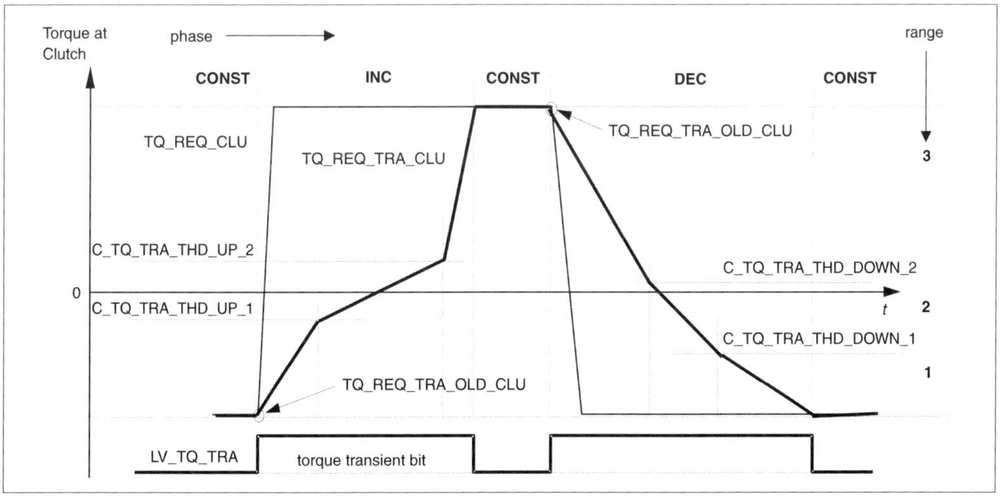

Bild 16-52 Rampenanstieg des Drehmoments

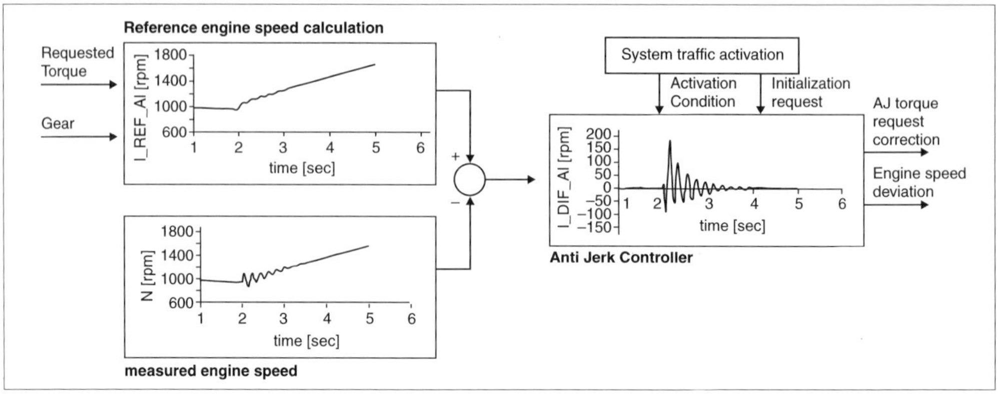

Bild 16-53 Schema Antiruckel-Regelung

den Drehmoment-Sollwert phasenrichtig einfließt. Da es sich um sehr dynamische Vorgänge handelt (typische Frequenzen für Antriebsstrangschwingungen liegen bei 2 ... 10 Hz) ist eine schnelle Umsetzung des Momentenwunsches über Zündung erforderlich.

Schwingungen in der Fahrzeuglängsbeschleunigung lassen sich aus der Motordrehzahl detektieren, die auf Grund ihrer Eigenschaften hinsichtlich Auflösung und Aktualisierung für eine Signalerfassung sehr gut geeignet ist.

Die Schwingungen im Antriebsstrang werden als Drehzahldifferenz ausgedrückt, basierend auf der Abweichung der Ist-Drehzahl zu einer Referenz-Drehzahl. Aus dieser Differenz wird das Korrektursignal für den Momentenwunsch ermittelt. Über Parameter kann man die Phase und Amplitude des Korrektursignals beeinflussen.

Das Korrektursignal ist nur innerhalb eines applizierbaren Zeitrahmens aktiv. Die Anti-Ruckel-Funktion, **Bild 16-53**, wird beim Auftreten von Schwingungen in der Drehzahl getriggert.

Bei bestimmten Konfigurationen des Antriebsstranges werden bei einem Verbrennungsmotor die physikalischen Grenzen erreicht. Die Umsetzung des Korrektursignals kann nicht mehr phasenrichtig erfolgen.

16.9.3 Drosselklappenregelung

Der Sollwert für die Stellung der elektronischen Drosselklappe (ETC) ergibt sich bei einem momentengeführten Motorsteuerungssystem aus dem Sollmoment über ein so genanntes „Inverses Saugrohrfüllungsmodell" oder auch Rückwärtspfad des Saugrohrfüllungsmodells **(Bild 16-54)**.

Dabei wird aus dem Mometenwunsch über diverse Schritte die Sollposition der Drosselklappe berechnet und diese dann durch den Drosselklappen-Positionsregler eingestellt, **Bild 16-55**.

Ziel dieser Drosselklappenregelung ist es, die tatsächliche Luftmasse genau mit der gewünschten Luftmasse (aus dem Momentenmodell) in Einklang zu bringen. Im so genannten Vorwärtszweig des Saugrohrfüllungsmodells ergibt sich die in den Motor

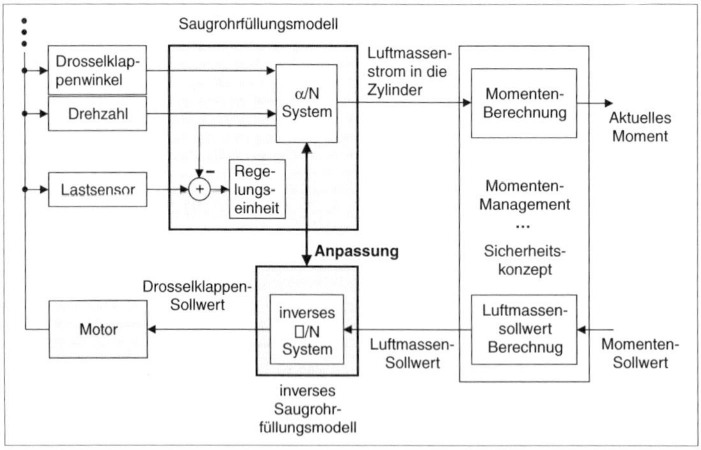

Bild 16-54 Konsistenz von Vorwärts- und Rückwärts-Luftmassenpfad

Berechnung des:	Als Funktion aus:
Momentensollwert	Pedalwert, EGS, ASR, ...
Füllungssollwert	Drehzahl, Moment
Saugrohrdrucksollwert	volumetrischen Effizienz
Druckquotient über Drosselklappe	Umgebungsdruck
Sollwert für Durchfluss der Drosselklappe	Druckquotient
Sollwert des reduzierten Drosselklappenquerschnitts	Luftmassensollwert, Durchfluss an der Drosselklappe
Drosselklappenwinkel-Sollwert	red. Drosselklappenquerschnitt

Bild 16-55 Ermittlung des Drosselklappensollwertes aus dem Sollmoment

fließende Luftmasse aus der Drosselklappenstellung und der Drehzahl. Dieser Zusammenhang muss exakt invertierbar sein, damit im Rückwärtspfad aus dem Füllungssollwert eine Drosselklappensollstellung ermittelt werden kann.

Bild 16-56 zeigt die Struktur des Drosselklappenregelkreises. Das Eingangssignal für den Positionsregler ist die Differenz zwischen der tatsächlichen und gewünschten Position der Klappe. In Abhängigkeit dieser Abweichung berechnet ein Regelalgorithmus ein Steuersignal (PWM-Signal), über das der Stellmotor an der Klappe so beeinflusst wird, dass die tatsächliche Drosselklappenposition auf die gewünschte Position einschwingt.

16.9.4 Klopfregelung

Als Klopfen bezeichnet man eine unkontrollierte, selbst eingeleitete Verbrennung, die im Bereich üblicher Inertgasanteile meistens mit hohen Flammengeschwindigkeiten im Bereich der Schallgeschwindigkeit einher geht und außerdem hohe Druckspitzen bewirkt. Durch dauerhaft klopfende Verbrennung kommt es zu einer Schädigung des Motors, vor allem von Kolben, Zylinderkopfdichtung und Zylinderkopf.

Klopfen lässt sich hauptsächlich durch folgende Maßnahmen verringern:

- Späterer Zündzeitpunkt
- Höhere Oktanzahl (ROZ) des Kraftstoffs

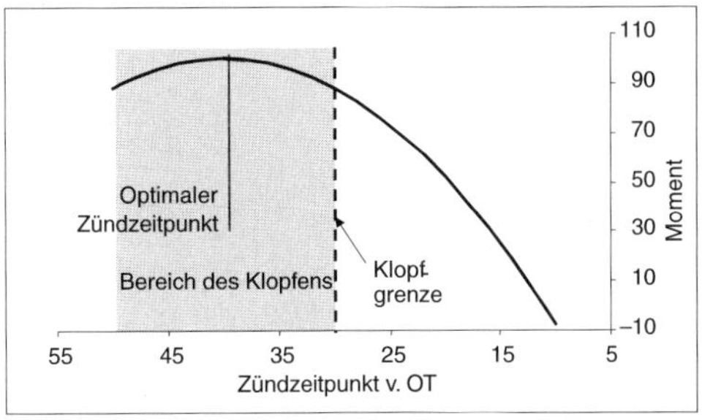

Bild 16-57 Motormoment in Abhängigkeit vom Zündzeitpunkt

- Fetteres Gemisch
- Geringerer Ladedruck
- Niedrigere Ausauglufttemperatur
- Verringerung von Ablagerungen an Kolben und Ventilen
- Geeignete Konstruktion des Brennraums.

Problematisch ist Klopfen für den Motorwirkungsgrad, da bei heute üblichen Verdichtungsverhältnissen von circa 10–12 der wirkungsgradoptimale Zündzeitpunkt in einem klopfenden Bereich der Zündkennlinie (Mitteldruck in Abhängigkeit vom Zündzeitpunkt) liegt, **Bild 16-57**.

Will man den Motor möglichst nah an diesem wirkungsgradoptimalen Bereich betreiben, dann ist eine Klopfregelung notwendig.

Ziel der Motorsteuerung ist es, den Motor in den für Klopfen kritischen Betriebsbereichen in einem geschlossenen Regelkreis an der Klopfgrenze zu betreiben, sofern diese „vor" dem optimalen Zündzeitpunkt liegt. Dazu greift sie bei nicht aufgeladenen Motoren in den Zündzeitpunkt und bei aufgeladenen Motoren in den Ladedruck und den Zündzeitpunkt ein.

Bei der Klopfregelung macht man sich das Geräuschphänomen infolge der Brennraumdruckschwingungen zu Nutze, indem man die am Kurbelgehäuse auftretenden Körperschallsignale mit Hilfe eines Klopfsensors aufnimmt. Im Klopfsensor wirkt eine seismische Masse auf eine Piezokeramik und induziert dort eine Ladung, die proportional zur Höhe der Körperschallschwingung des Anbauorts ist. Das Geräusch – typischerweise im Frequenzbereich von 5 bis 15 kHz – entsteht als Resonanz der Motorstruktur auf die hochfrequenten Anteile im Druckverlauf, die beim

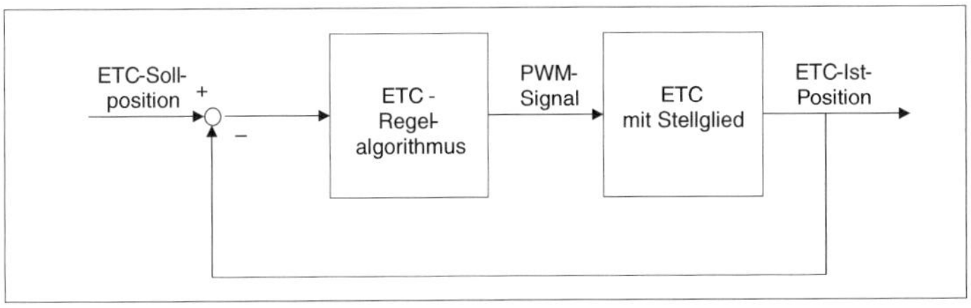

Bild 16-56 Struktur der elektronischen Positionsregelung der Drosselklappe (ETC)

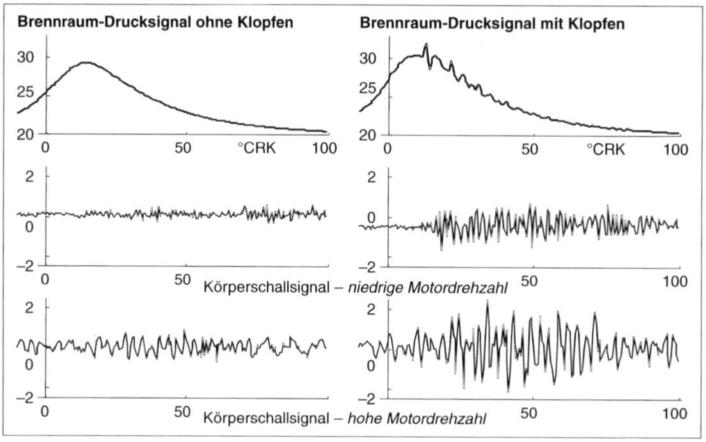

Bild 16-58 Druckverlauf und Körperschallerkennung

Klopfen auf Grund der turbulenten Flammgeschwindigkeiten im Brennraum auftreten. In **Bild 16-58** ist ein typischer Druckverlauf und das Körperschallsignal jeweils für normale und klopfende Verbrennung dargestellt.

Die Motorsteuerung detektiert Klopfen aus dem elektrischen Klopfsignal, indem zunächst das Rohsignal in einer integrierten Schaltung (IC) formatiert wird, **Bild 16-59**.

Das formatierte Rohsignal wird im Microprozessor weiter verarbeitet. Das Klopfereignis liegt zylinderselektiv dann vor, wenn das formatierte Rohsignal die zuvor applizierte und im Motorbetrieb adaptierte Klopfgrenze überschreitet. Diese Auswertung findet in einem zeitlichen Klopffenster statt, dass über der Kurbelwinkelstellung des Motors zylinderselektiv festgelegt ist. Die aus dem Klopfsignal ermittelte Energie bestimmt in einem weiteren Block die Höhe der Zündwinkelkorrektur.

Im Fehlerfall, das heißt wenn die Klopfregelung zum Beispiel auf Grund eines Sensorfehlers nicht mehr ordnungsgemäß arbeiten kann, wird eine Sicherheitsspätverstellung des Zündwinkels vorgenommen, so dass der Motor unter allen Umständen sicher außerhalb des Klopfbereichs arbeitet. Das **Bild 16-60** zeigt den zeitlichen Verlauf der Klopfregeleingriffe:

Wie in der Darstellung zu erkennen ist, existiert ein schneller und ein langsamer Zündwinkeleingriff. Grund dafür sind die verschiedenen, phänomenologischen Einflüsse, die Klopfen bewirken. Zum Beispiel sind Ablagerungen am Kolben oder die Kraftstoffqualität Einflüsse, die sich nur langsam ändern; dagegen sind die Ansauglufttemperatur oder der Motorbetriebspunkt Einflüsse, die sich von Arbeitsspiel zu Arbeitsspiel ändern können.

Die Position des Klopfsensors sollte so festgelegt werden, dass man Klopfen im Motorbetrieb gut erkennt und deutlich von anderen Einflüssen wie zum Beispiel Ventiltriebsgeräuschen unterscheiden kann. Dazu erfolgen in der Motorentwicklungsphase umfangreiche Untersuchungen am Motor. Man ermittelt dabei Klopfen mit Brennraumdrucksensoren und vergleicht das Ergebnis mit dem des gemessenen Körperschallsignals.

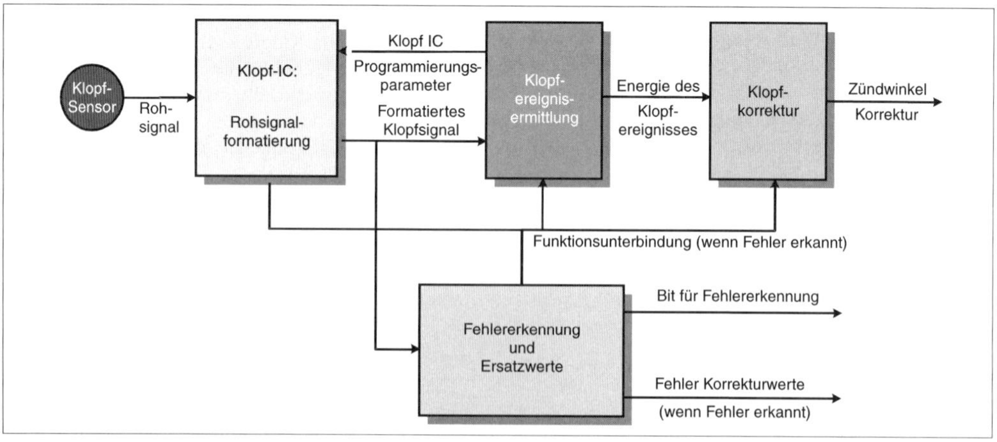

Bild 16-59 Klopfsignal-Verarbeitung

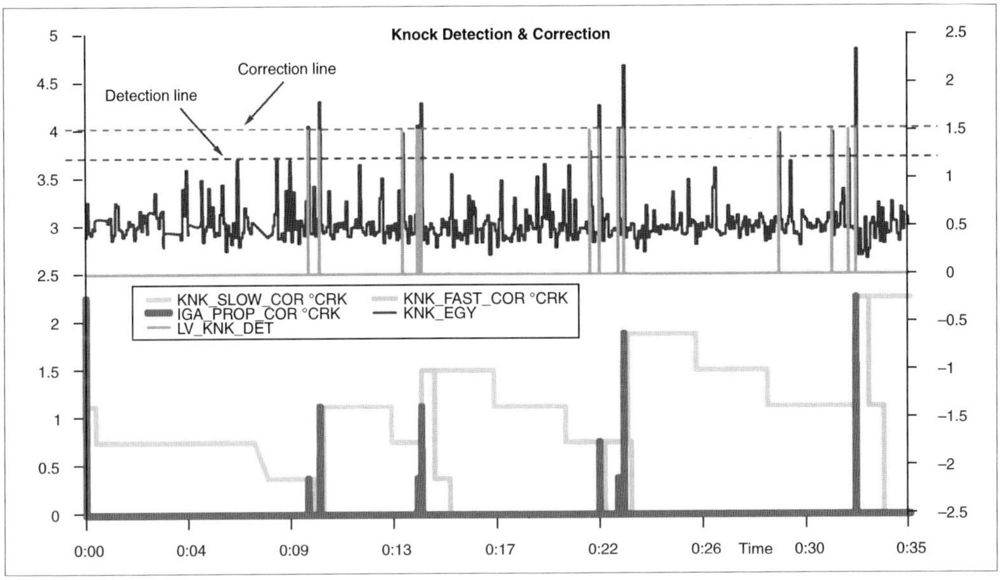

Bild 16-60 Zeitlicher Verlauf der Klopfeingriffe

Bei Vierzylindermotoren wird in der Regel ein Klopfsensor einlassseitig auf dem Kurbelgehäuse zwischen Zylinder 2 und 3 angeordnet. Damit ist dann das Klopfgeräusch aller vier Zylinder erkennbar. Bei Sechszylinder-Reihenmotoren werden zwei Klopfsensoren eingesetzt. Ebenso bei V6- und V8-Zylindermotoren kommen zwei Klopfsensoren (ein Klopfsensor pro Zylinderbank) zum Einsatz.

16.9.5 „On Board"-Diagnose (OBD)

Die Luftverschmutzung in Ballungsgebieten auf Grund der hohen Verkehrsdichte führte in den Vereinigten Staaten von Amerika schon in den 1960er Jahren zu einer gesetzlichen Begrenzung der Emissionen von Kraftfahrzeugen. So gelten auch heute in den USA und hier insbesondere im Bundesstaat Kalifornien die weltweit schärftsten Emissionsgrenzwerte für Personenkraftwagen. Diese Entwicklung führte dazu, dass die Abgasreinigungssysteme für Fahrzeugmotoren im Laufe der letzten Jahrzehnte immer umfangreicher und komplexer wurden.
Durch diese Maßnahmen wurde zwar eine deutliche Reduzierung der Schadstoffemissionen von Neufahrzeugen erzielt, gleichzeitig stieg jedoch der Emissionsanteil von Fahrzeugen mit defektem Abgasreinigungssystem deutlich an. Nach einer Schätzung der amerikanischen Umweltbehörde EPA wurden zum Beispiel 1990 etwa 60 % der Fahrzeugemissionen an unverbrannten Kohlenwasserstoffen durch Fahrzeuge mit fehlerhaftem Abgasreinigungssystem verursacht. Auf Grund dieser Problematik wurde von der amerikanischen Umweltbehörde gefordert, die Motorsteuerungen der Fahrzeuge mit Eigendiagnosesystemen auszustatten, die alle abgasbeeinflussenden Systeme, Funktionen und Bauteile überwachen und den Fahrer informieren, wenn ein Fehlverhalten dieser Bauteile eintritt.
Die wesentliche Komponente zur Abgasreinigung ist der Drei-Wege-Katalysator. In diesem werden die bei der motorischen Verbrennung entstehenden Abgaskomponenten Kohlenmonoxid und die unverbrannten Kohlenwasserstoffe zu Kohlendioxid und Wasser oxidiert. Gleichzeitig werden die Stickoxide zu Stickstoff reduziert. Die maximale Umsetzung aller drei Abgasbestandteile setzt voraus, dass der Motor mit einem stöchiometrischen Gemisch, das Heißt mit einer Luft-Kraftstoff-Verhältnis von $\lambda = 1$ betrieben wird. Hierzu ist eine präzise Gemischregelung erforderlich.
Zur Einstellung des Luft-Kraftstoff-Gemisches werden die angesaugte Luftmasse und die Drehzahl des Motors gemessen. Im Steuergerät wird aus diesen Signalen die Öffnungsdauer der elektrischen Einspritzventile und somit die pro Arbeitsspiel eingespritzte Kraftstoffmasse so berechnet, dass sich ein stöchiometrisches Gemisch einstellt. Um das Gemisch möglichst genau auf das erforderliche Luft-Kraftstoff-Verhältnis von eins einzustellen, ist dieser Steuerung zusätzlich die so genannte Lambdaregelung überlagert. Mit der im Abgassystem angeordneten Lambdasonde wird dabei festgestellt, ob das Gemisch zu fett oder zu mager eingestellt ist. Abhängig vom Sondensignal wird im Steuergerät ein Korrekturfaktor für die Einspritzdauer berechnet, so dass sich im Mittel ein Luft-Kraftstoff-Verhältnis von 1 einstellt.

Der Katalysator erreicht seinen Arbeitsbereich erst, wenn seine Temperatur oberhalb der so genannten Anspringtemperatur liegt. Bei heutigen Katalysatoren beträgt diese Temperatur etwa 350 °C. Eine schnelle Aufheizung des Katalysators während der Warmlaufphase kann durch eine Einblasung von Sekundärluft in das Abgassystem unmittelbar vor die Auslassventile erreicht werden. Das vom Motor angesaugte Luft-Kraftstoff-Gemisch wird hierbei fett abgestimmt. Der Sekundärluftmassenstrom wird so eingestellt, dass das Luft-Kraftstoff-Verhältnis im Abgassystem leicht mager ist. Hierdurch erfolgt im Abgassystem eine Oxidation der unverbrannten Kohlenwasserstoffe und des Kohlenmonoxids. Da diese Reaktion exotherm ist, ergibt sich hierbei ein Anstieg der Abgastemperatur. Dies wiederum führt zu einer schnellen Aufheizung des Katalysators.

Neben dem Drei-Wege-Katalysator wird zur Senkung der Stickoxidemissionen häufig eine äußere Abgasrückführung eingesetzt. Hierbei wird verbranntes Abgas der Verbrennungsluft zugemischt. Dies führt zu einer Senkung der Verbrennungstemperatur und als Folge davon zu einer Reduzierung der Stickoxidemissionen. Die Dosierung der rückgeführten Abgasmenge erfolgt durch ein Ventil in der Rückführleitung.

Neben den Abgasemissionen, die von der motorischen Verbrennung herrühren, ergeben sich zusätzlich Kohlenwasserstoffemissionen auf Grund der Verdunstung von Kraftstoff im Tank. Zur Reduzierung dieser Emissionen werden Tankentlüftungssysteme eingesetzt.

Diese Systeme haben die Aufgabe, ein Austreten der Kohlenwasserstoffdämpfe, die im Kraftstofftank des Fahrzeuges entstehen, in die Atmosphäre zu verhindern. Hierzu ist zwischen Tank und der Verbindung zur Umgebung ein Aktivkohlefilter angeordnet, in dem der gasförmige Kraftstoff adsorbiert wird. Dieser wird zur Vermeidung einer Überladung des Filters in bestimmten Zeitabständen regeneriert. Hierzu wird in geeigneten Betriebspunkten das Tankentlüftungsventil, das zwischen Aktivkohlefilter und Saugrohr des Motors angeordnet ist, geöffnet. Die dadurch verursachte Luftströmung durch den Aktivkohlefilter bewirkt eine Desorption des gespeicherten Kraftstoffes. Das dabei gebildete Kraftstoffdampf-Luft-Gemisch strömt dabei ins Saugrohr und wird im Motor verbrannt.

16.9.5.1 Aufgaben der Eigendiagnose

Das Ziel der Eigendiagnose ist die Überwachung sämtlicher abgasrelevanter Fahrzeugkomponenten und -systeme hinsichtlich ihrer Funktion während des normalen Fahrbetriebes. Wird ein Fehler erkannt, so soll die schadhafte Komponente möglichst genau lokalisiert werden und Fehlerart, Fehlerort und Umweltbedingungen sollen in einem Speicher abgelegt werden. Verursacht der Fehler eine Überschreitung vorgegebener Abgasgrenzwerte, so muss der Fahrer über eine Signallampe im Armaturenbrett des Fahrzeuges informiert und aufgefordert werden, das Fahrzeug zu einer Werkstatt zu bringen. Zusätzlich sollen geeignete Maßnahmen ergriffen werden, die die Fahrsicherheit aufrechterhalten, eine Weiterfahrt ermöglichen sowie Folgeschäden vermeiden. In der Werkstatt muss die Möglichkeit bestehen, den Fehlerspeicher auszulesen, um anhand der gespeicherten Daten eine schnelle Fehlerfindung und Reparatur zu ermöglichen.

Aus dieser Zielsetzung entwickelte als Erstes die kalifornische Umweltbehörde einen konkreten Gesetzesentwurf zur On Board-Diagnose von Motorsteuerungssystemen ab dem Modelljahr 1988. Hierbei mussten zunächst nur alle Komponenten überwacht werden, die mit dem elektronischen Steuergerät der Motorsteuerung in Verbindung stehen. Ab Modelljahr 1994 wurde die erweiterte On Board-Diagnose, kurz auch OBD II genannt, gesetzlich gefordert. Hierbei wurde erstmals eine Überwachung aller abgasrelevanter Fahrzeugkomponenten und Systeme gefordert. Die Forderungen der kalifornischen Umweltbehörde wurden zum Teil von den übrigen 49 Bundesstaaten übernommen.

Im Einzelnen ergeben sich folgende Hauptforderungen, **Bild 16-61**:

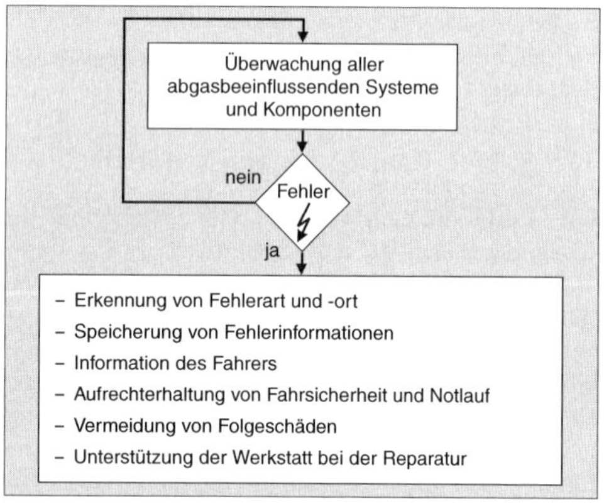

Bild 16-61 Aufgaben der Eigendiagnose

Überwachung

- der Katalysatoranlage
- der Lambdasonde
- des gesamten Kraftstoffsystems, das die Einspritzventile, den Kraftstoffdruckregler, die Kraftstoffpumpe und den Kraftstofffilter umfasst
- des Sekundärluftsystems
- des Abgasrückführsystems
- des Tankentlüftungssystems bestehend aus Aktivkohlefilter und Tankentlüftungsventil

- weiterer, als abgasrelevant eingestufter Systeme, die nicht direkt von der Motorsteuerung gesteuert werden, wie zum Beispiel die Getriebesteuerung für automatische Getriebe.

Zusätzlich sollen Verbrennungsaussetzer erkannt werden.
Neben der Überwachung der Systeme wird eine standardisierte Fehlerlampenansteuerung sowie eine standardisierte Testerschnittstelle, die ein Auslesen des Fehlerspeichers in der Werkstatt ermöglicht, gefordert.

16.9.5.2 Überwachung des Katalysators

Die Überwachung der Konvertierungsrate des Katalysators, **Bild 16-62**, ist eine der wichtigsten OBD II Forderungen. Ein Defekt des Katalysators ist dann anzuzeigen, wenn die Kohlenwasserstoffemissionen im US-Abgastest FTP75 einen definierten Schwellwert überschreiten. Der jeweilige Schwellwert hängt dabei vom jeweiligen Modelljahr und der Emissionseinstufung des Fahrzeuges ab.
Bei Überschreitung der Diagnosegrenzwerte muss ein Defekt des Katalysators angezeigt werden.
Für Non-LEV zertifizierte Fahrzeuge ist der Diagnose-Grenzwert der 1,5fache Kohlenwasserstoff-Emissionsgrenzwert im US-Abgastest FTP75. Für Transitional Low Emission Fahrzeuge der Modelljahre 1996 und 1997 ist der Diagnosewert der doppelte Abgasgrenzwert. Für Fahrzeuge ab Modelljahr 1998 sowie Fahrzeuge, die nach den Low und Ultra Low Emission Vehicle-Grenzwerten zertifiziert sind, ist der Diagnosegrenzwert als der 1,75fache Emissionsgrenzwert definiert.
Auf Grund der Definition der Diagnosegrenzwerte ergeben sich insbesondere für Fahrzeuge, die nach den strengen Low Emission und Ultra Low Emission Grenzwerten zertifiziert werden, sehr niedrige Diagnosegrenzwerte. So ist zum Beispiel die maximal zulässige HC-Emission im Abgastest bei einem ULEV-Fahrzeug um 84 % niedriger als bei einem Fahrzeug, das nicht als Low Emission Vehicle eingestuft ist.
Zur Überwachung des Katalysators sind mehrere Verfahren bekannt, die alle die Sauerstoffspeicherfähigkeit des Katalysators ausnutzen. Diese Speicherfähigkeit korreliert mit der Kohlenwasserstoff-Konvertierung im Katalysator. Schon eine geringe Verschlechterung der Konvertierungsrate führt zu einer deutlichen Abnahme der Sauerstoffspeicherfähigkeit des Katalysators.
Die Sauerstoffspeicherung im Katalysator lässt sich mit einer Lambdasonde erfassen. Hierzu wird zu der vor dem Katalysator vorhandenen Sonde eine zweite hinter dem Katalysator eingebaut und die Signale der Sonde hinter dem Katalysator werden mit den Signalen vor dem Katalysator verglichen. Bei heute üblichen Lambdasonden liegt bei mageren Gemischen eine niedrige Sondenspannung und bei fetten Gemischen eine hohe Spannung vor. Aufgrund der Auslegung der binären Lambdaregelung ergeben sich bei der Lambdasonde vor dem Katalysator bei $\lambda = 1$ Betrieb fett/mager Sprünge der Sondenspannung mit einer relativ konstanten Amplitude. Bei der linearen λ-Regelung wird für die Katalysatordiagnose eine erhöhte Zwangsanregung benutzt. Bei einem neuen Katalysator mit einer relativ hohen Sauerstoffspeicherfähigkeit werden diese Regelschwingungen deutlich gedämpft, wie das Sondensignal hinter dem Katalysator zeigt. Ein gealterter Katalysator hat, wie oben gezeigt wurde, ein deutlich schlechteres Speicherverhalten, so dass die vor dem Katalysator vorhandene Regelschwingung auf die Sonde hinter dem Katalysator durchschlägt.
Das prinzipielle Verfahren zur Diagnose des Katalysators ist wie folgt:

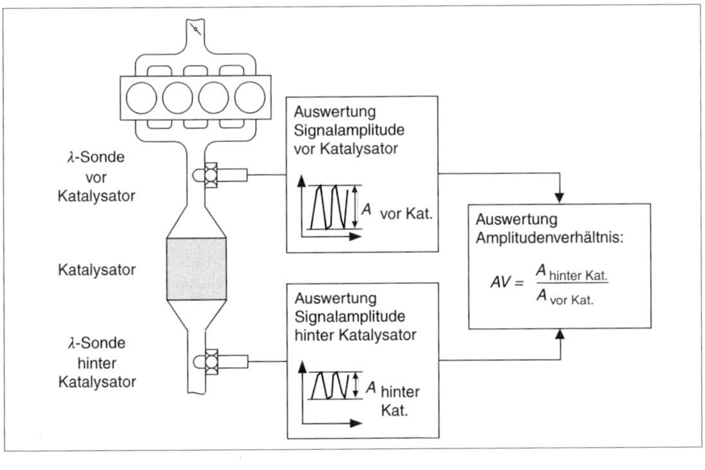

Bild 16-62 Überwachung des Katalysators

- Die Motorsteuerung ermittelt zunächst die Signalamplituden der Lambdasonden vor und hinter dem Katalysator. Anschließend wird der Quotient aus den Amplituden gebildet. Dieses Amplitudenverhältnis wird zur Beurteilung der Konvertierungsrate des Katalysators benutzt.
- Bei niedrigen Konvertierungsraten ergibt sich ein mittleres Amplitudenverhältnis von nahezu eins. Mit zunehmender Konvertierungsrate nimmt das Verhältnis ab.

Für Fahrzeuge, die nicht als Low Emission Vehicle eingestuft sind, sowie für TLEV-Fahrzeuge ist mit diesem Verfahren eine sichere Katalysatordiagnose möglich.
Bei Fahrzeugen, die nach den strengen LEV- und ULEV-Grenzwerten zertifiziert sind, führen schon Verschlechterungen der Konvertierungsrate von wenigen Prozent zu einer Überschreitung der Diagnosegrenzwerte. Bei diesen Konvertierungsraten werden jedoch relativ niedrige Amplitudenverhältnisse ermittelt. Eine sichere Unterscheidung zwischen einem defekten und einem funktionsfähigen Katalysator auf Basis des Amplitudenverhältnisses ist für diese Fahrzeuge, insbesondere unter Berücksichtigung der Serienstreuungen, sehr schwierig.
Zur Diagnose des Katalysatorwirkungsgrades von LEV- und ULEV-Fahrzeugen werden zur Zeit eine Reihe neuer Verfahren entwickelt. Beispielhaft werden zwei Verfahren vorgestellt:
Der überwiegende Teil der künftigen LEV- und ULEV-Fahrzeuge besitzt neben dem Hauptkatalysator einen motornah angebauten Vorkatalysator. Dieser Vorkatalysator hat ein relativ kleines Volumen, was in Verbindung mit dem motornahen Anbau ein schnelles Erreichen der Betriebstemperatur und somit eine gute Abgaskonvertierung nach dem Kaltstart ermöglicht.
Ein Verfahren zur Diagnose dieser Katalysatoranlagen besteht darin, nur die Sauerstoffspeicherfähigkeit des Vorkatalysators mit einer Lambdasonde hinter diesem zu überwachen, **Bild 16-62**. Hierbei wird vorausgesetzt, dass der Vorkatalysator wesentlich schneller altert als der Hauptkatalysator. Da das Volumen dieses Katalysators im Vergleich zum Hauptkatalysator relativ klein ist, ist die maximal zulässige Wirkungsgradverschlechterung hier deutlich höher. Erste Messungen zeigen, dass der zu diagnostizierende Wert im Bereich von 30–50 % Wirkungsgradverschlechterung liegt. Ein Problem dieses Verfahrens ist, dass die Wirkungsgradverschlechterung des Vorkatalysators direkt mit der Wirkungsgradverschlechterung der gesamten Katalysatoranlage korrelieren muss. Die Eignung dieses Verfahrens hängt somit sehr stark von der Konfiguration der Katalysatoranlage ab, **Bild 16-63**.
Bei einem zweiten Verfahren sind zusätzlich zu den Lambdasonden vor und hinter der gesamten Katalysatoranlage vor und hinter dem Vorkatalysator Temperatursensoren angeordnet. Mit diesen Sensoren soll

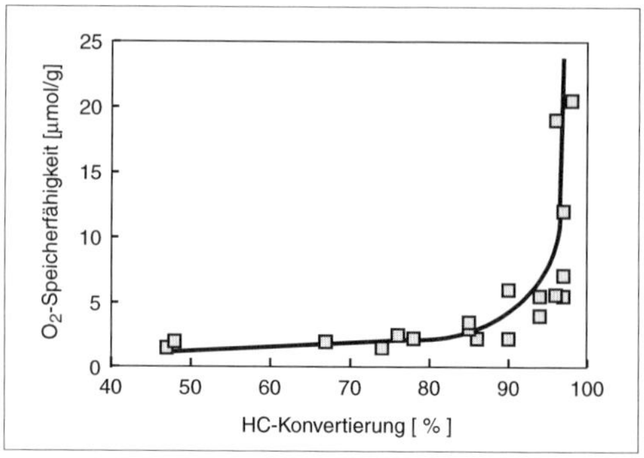

Bild 16-63 Korrelation zwischen Sauerstoff-Speicherfähigkeit und HC-Konvertierung

zusätzlich das Anspringverhalten sowie die Konvertierung der Vorkatalysatoren überwacht werden. Hierbei wird der Effekt ausgenutzt, dass bei den Reaktionen im Katalysator Wärme freigesetzt wird, die zu einer Erhöhung der Abgastemperatur hinter dem Katalysator führt. Die Temperaturerhöhung korreliert dabei mit dem Wirkungsgrad des Katalysators. Ein Nachteil dieses Verfahrens ist, dass zusätzlich zur zweiten Lambdasonde präzise und somit relativ teure Temperatursensoren eingesetzt werden müssen. Einen Überblick über Diagnoseverfahren zeigt **Bild 16-64**.

16.9.6 Sicherheitskonzepte

Gesetzliche Forderung schreiben für technische Systeme, die bei Versagen Leben und Gut gefährden, Schutzeinrichtungen vor, so dass das verbleibende Restrisiko unter einer tolerierbaren Schwelle bleibt. Bei komplexen Systemen mit Software sind das so genannte Schutzfunktionen. Außerdem schreibt der Gesetzgeber vor, das sicherheitsrelevante Systeme dem Stand der Technik entsprechen müssen. Für so genannte „Drive by wire“ – Motorsteuerungssysteme, bei denen die Drosselklappe nicht direkt über einen Bowdenzug, sondern über einen elektrischen, vom Fahrpedal unabhängigen Antrieb betätigt wird, ist daher ein Sicherheitskonzept in der Motorsteuerung vorgeschrieben.
Dadurch sollen für den Fahrer gefährliche Zustände vermieden werden. Solche Zustände können beispielsweise ein ungewolltes Beschleunigen („Gas geben“), also ein ungewolltes Losfahren des Fahrzeugs oder eine Erhöhung der Motordrehzahl sein. Keine Motorleistung beziehungsweise. nur geringe Motorleistung wird als sicherer Zustand definiert. Man unterscheidet zwischen Einzelfehlern, das heißt es tritt nur ein Fehler auf, und Mehrfachfehlern.
Einzelfehler muss das Motorsteuerungssystem selbstständig erkennen können und dann in der Lage sein, innerhalb von 500 ms das Fahrzeug in einen sicheren Zustand zu bringen. Dabei ist auch eine begrenzte

Überwachung	Technische Lösung
Katalysatoranlage	Vergleich der Signalamplituden der λ-Sonden vor und hinter Katalysator für LEV/ULEV-Fahrzeuge zusätzlich Ermittlung der Anspringtemperatur
λ-Sonde	Ermittlung von Regelfrequenz, Signalbereich und Heizwiderstand, überlagerte Regelung mit Sonde hinter Katalysator
Verbrennungsaussetzer	Berechnung der Laufunruhe aus der Winkelgeschwindigkeit der Kurbelwelle
Tankentlüftungssystem	Unterdruckprüfung des Tanksystems
Abgasrückführsystem	Ermittlung des Saugrohrdrucks bei aktiver AGR
Sekundärluftsystem	Überwachung des λ-Sondensignals
Kraftstoffsystem	Überwachung des λ-Regelwertes

Bild 16-64 Überblick der Diagnoseverfahren

Motorleistung zulässig, die einen Notlauf des Fahrzeugs noch erlaubt (so genanntes „limp-home"). Bei Mehrfachfehlern ist es erlaubt, eine Reaktion des Fahrers, zum Beispiel betätigen der Bremse, miteinzubeziehen.
Um dieses Ziel erreichen zu können, sind umfangreiche Änderungen im Motorsteuerungssystem notwendig:

- die Pedalwerterfassung beinhaltet zwei unabhängige Positionssensoren
- die Drosselklappenposition wird von zwei unabhängigen Positionssensoren erfasst
- das Motorsteuergerät beinhaltet eine vom Hauptprozessor unabhängig arbeitende Überwachungseinheit (meist ein zweiter Prozessor)
- das Motorsteuergerät beinhaltet umfangreiche Sicherheitsfunktionen.

Die Sicherheitsfunktionen, **Bild 16-65**, sind dabei in mehrere Ebenen unterteilt, die verschiedene Überwachungsaufgaben wahrnehmen. Man unterscheidet die folgenden Ebenen:

- Ebene 1: Funktionen zur Steuerung und Regelung des Motors inklusive der Übersetzung der Lage des Gaspedals in einen Öffnungswinkel der Drosselklappe.
- Ebene 2: die Prozessüberwachung überprüft den Steuerung- und Regelungsprozess des Motors (Ebene 1) mit dem Schwerpunkt auf alle Funktionen, die im Fehlerfall ungewollt drehmomenterhöhend wirken können.

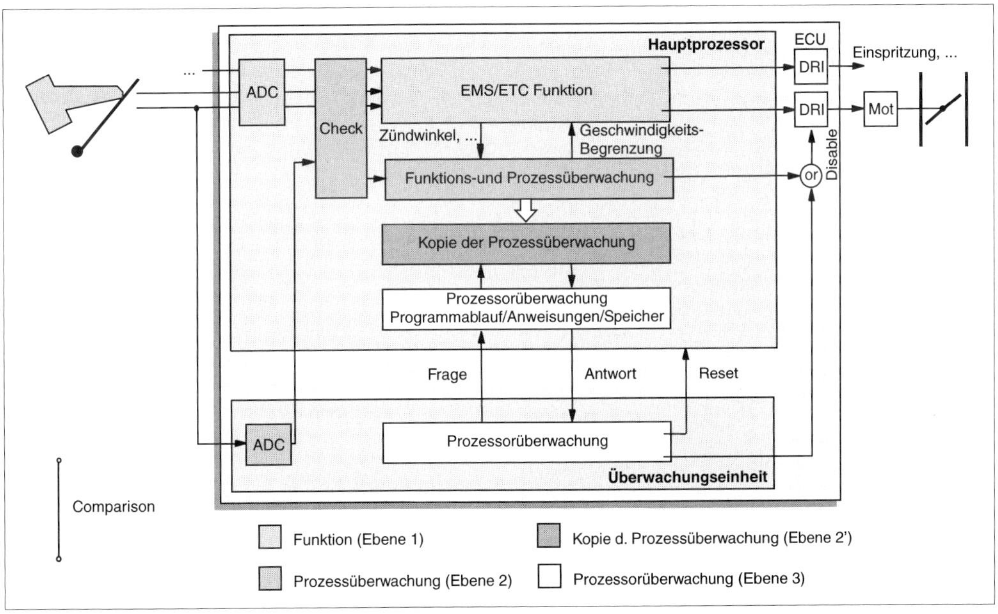

Bild 16-65 Aufbau der Motorsteuerung bezüglich des Sicherheitskonzepts

- Ebene 2′: eine Kopie des Codes der Prozessüberwachung, die für das Funktionieren der Ebene 3 benötigt wird.
- Ebene 3: die Prozessorüberwachung.

Die Ebene 3 wird dabei teilweise im Hauptprozessor, teilweise in der Überwachungseinheit ausgeführt. Der Überwachungsrechner überwacht den Programmablauf, die Befehlssätze und den Speicherbereich. Zusätzlich stellt die Überwachungseinheit dem Hauptprozessor Rechenaufgaben und überprüft anhand der Antworten die korrekte Funktion des Hauptprozessors. Daneben erfasst die Überwachungseinheit auch ein analoges Eingangssignal und stellt das Signal für einen Plausibilitätscheck im Hauptprozessor zur Verfügung, was der Überwachung des AD-Wandlers des Hauptrechners dient.

Die Prozessüberwachung auf Ebene 2 ist funktional so ausgeführt, dass teilweise die gleichen Funktionen wie in Ebene 1 berechnet werden jedoch ohne die gleichen Daten zu benutzen. Um eine Konsistenz zu erhalten, ist daher auch eine exakte Applikation der Prozessüberwachung erforderlich. Dies führt zu einem redundanten Sollwert der Führungsgröße (zum Beispiel induziertes Drehmoment). Zusätzlich wird in der Ebene 2 der Istwert der Führungsgröße berechnet und mit dem redundant berechneten Sollwert verglichen. Dadurch werden zu hohe Istgrößen erkannt und entsprechende Fehlerreaktionen eingeleitet, die das Fahrzeug in den sicheren Zustand überführen.

Literatur

Braunschweig, M.; Czarnecki, T.: On-Board-Diagnose bei Dieselmotoren. In: MTZ 65 (2004), Heft 7-8, S. 552–557.

17 System Antriebsstrang

In diesem Kapitel wird auch insbesondere der Integrierte Starter-Generator (ISG) behandelt, weil er zukünftig unter anderem eine wichtige Rolle in der Konzeption des Antriebsstrangs einnimmt.

17.1 Antriebsstrang-Architektur

Durch Weiterleitung der Motorleistung von der Kurbelwelle an die Antriebsräder wird diese für den Fahrer in Form einer Fahrzeugbeschleunigung oder -verzögerung tatsächlich wirksam. Die drehmomentführenden Elemente eines Pkw-Antriebsstranges sind, **Bild 17-1**:

- der Verbrennungsmotor
- eventuell ein integrierter Starter-Generator (ISG)
- das Getriebe, bestehend aus Anfahrelement (zum Beispiel einer Kupplung) und dem eigentlichen Übersetzungsgetriebe
- evtl. ein Verteilergetriebe eines Vierradantriebs und
- das (oder die) Achsgetriebe (Differenziale, eventuell schlupfgeregelt).

Die Aufgaben des Antriebsstranges in Ergänzung zum Verbrennungsmotor bestehen dabei:

- im Anfahren (realisiert durch Elemente wie Kupplung, Drehmomentwandler oder auch einem integrierten Starter-Generator)
- gegebenenfalls dem zusätzlichen Einbringen/Rekuperieren von elektrischer Antriebsenergie mit Hilfe des integrierten Starter-Generators, einer Batterie und/oder großen elektrischen Kapazitäten
- in der Kennungswandlung zwischen Motorverhalten und dem Fahrzeug-Zugkraftbedarf (durch form- oder kraftschlüssige Übersetzungselemente wie zum Beispiel Zweiwellen-Stufengetriebe, einem Stufenlos-Variator oder einem Drehmomentwandler),
- in der Reduktion von Motor-Drehungleichförmigkeiten (zum Beispiel durch Dämpferelemente in der Kupplung, durch ein Mehr-Massen-Schwungrad oder einen schlupfgeregelten Drehmomentwandler) sowie
- in der Zugkraftverteilung auf die Antriebsräder (zum Beispiel durch Drehmoment-Verteilung zwischen Vorder- und Hinterache sowie Achsdifferenziale zwischen der linken und rechten Fahrzeugseite).

Speziell das Getriebe vereint hierbei die Funktionen eines Anfahrelementes sowie eines Kennungswandlers. Bei Letzterem passt das Getriebe (zusammen mit dem Achsgetriebe) das Motorkennfeld auf einen wesentlich größeren Bereich des Drehmoment-Drehzahl-Bedarfes an der Getriebeausgangswelle an (**Bild 17-2**, [1]).

17.2 Längsdynamik des Kraftfahrzeuges

Konzentriert man in einer Modellannahme die Fahrzeugmasse in einen Punkt, so ergibt sich das Beschleunigungs- und Bremsverhalten dieses Fahrzeuges aus der so genannten „Fahrwiderstandsgleichung" (Momente hier bezogen auf zusammengefasste Achswellen):

$$m_{\text{Fahrzeug}} a_{\text{Fahrzeug}} = 1/r_{\text{Rad}} \, [i_{\text{ges}} M_{\text{Motor-effektiv}} - M_{\text{Fahrwiderstand}}] \,, \qquad (17.1)$$

wobei

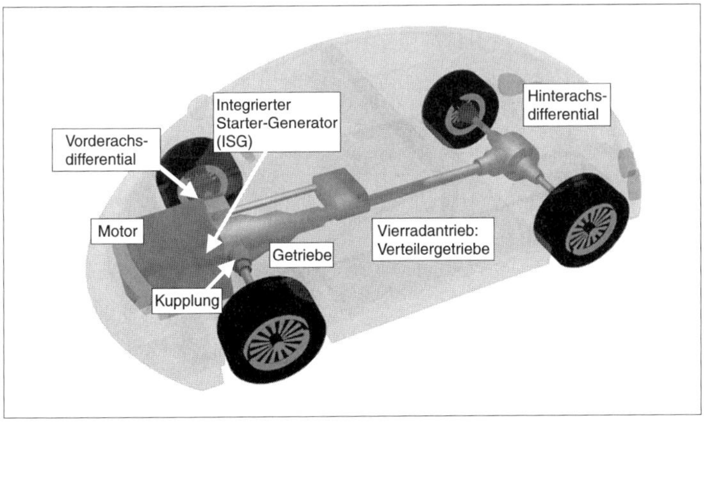

Bild 17-1 Pkw-Antriebsstrang

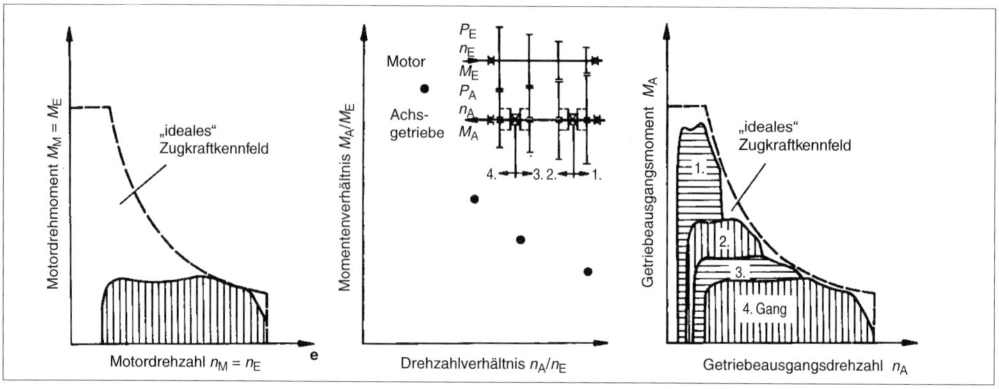

Bild 17-2 Aufgaben eines Pkw-Getriebes: Angleich von Leistungsbedarf und Motorleistung [1]

$$M_{\text{Fahrwiderstand}} = M_{\text{Rollwiderstand}} + M_{\text{Steigungswiderstand}} + M_{\text{Luftwiderstand}} + M_{\text{Brems}} \quad (17.2)$$

↑	↑	↑
Fahrzeugmasse, Rollwiderstandsbeiwert (Straßenoberfläche, Reifencharakteristik)	Fahrzeugmasse, Steigung	Fahrzeuggeschwindigkeit, Luftwiderstand (Luftdichte, Frontalfläche, Luftwiderstandsbeiwert c_W)

Dabei bedeuten:

m_{Fahrzeug} = Fahrzeugmasse
a_{Fahrzeug} = Fahrzeugbeschleunigung
r_{Rad} = dynamischer Reifenradius
i_{ges} = Gesamtübersetzung
M = Momente.

Die Gleichung dient zum Beispiel zur Ermittlung des Fahrzeug-Beschleunigungsvermögens, der Fahrzeug-Höchstgeschwindigkeit (bei $a_{\text{Fahrzeug}} = 0$) sowie zum Beispiel im Rahmen einer Echtzeitauswertung der Berechnung des aktuellen Steigungswiderstandes.

17.3 Getriebetypen

Hinsichtlich der Bauform ihres Übersetzungselementes können Getriebe klassiert werden in

- Stufengetriebe gegenüber Stufenlosgetrieben sowie
- Getriebe mit natürlichem Achsversatz zwischen Antriebs- und Abtriebswelle (Zweiwellen-Getriebe) gegenüber Getrieben mit axialer Anordnung der Antriebs- und Abtriebswelle (Inline-Getriebe).

Stufengetriebe basieren auf formschlüssigen Übertragungselementen (zum Beispiel schrägverzahnten Stirnrad- oder Planetenradsätzen), während Stufenlosgetriebe zumeist auf kraftschlüssigen Wirkprinzipien beruhen. Diese auf Grund von Reibung erzeugte Kraftschlüssigkeit erfordert eine zusätzliche Hilfsenergie, so dass Stufenlosgetriebe im Allgemeinen einen schlechteren inneren Getriebewirkungsgrad aufweisen. Diesen Nachteil kompensieren diese Getriebe jedoch innerhalb des gesamten Antriebsstranges durch ihre optimale Anpassbarkeit des Motorbetriebspunktes an die Fahrsituation.

Ein weiteres Unterscheidungsmerkmal für Fahrzeuggetriebe ist der Grad ihrer Automatisierung. So spielen in Europa nach wie vor manuell betätigte Getriebe (in Zweiwellen-Bauart) eine wesentliche Rolle, während in USA und in Asien elektrohydraulisch betätigte Automatikgetriebe (zumeist in Planeten-Bauart) überwiegen. Diese Bauformen werden zunehmend ergänzt durch automatisierte Zweiwellengetriebe

- auf Basis einer (elektromotorisch oder elektrohydraulisch betätigten) Trockenkupplung (automatisierte Schaltgetriebe) oder
- auf Basis einer hydraulisch betätigten Doppelkupplung (Doppelkupplungsgetriebe).

und stufenlose Umschlingungsgetriebe auf Basis eines Schubgliederbandes oder einer Kette.

Eine Zusammenstellung verschiedener Getriebetypen mit einigen charakteristischen Eigenschaften enthält das **Bild 17-3**. Die üblichen Drehmomentbereiche für Anwendungen im Pkw zeigt das **Bild 17-4**.

Das **Bild 17-5** zeigt als Beispiel das 5-Gang-Stufengetriebe W5A 580 von DaimlerChrysler, welches einen schlupfgeregelten Drehmomentwandler sowie drei Planetenradsätze enthält. Das Getriebe wird für nahezu alle Pkw Standard-(Heck-)antriebe der Marke „Mercedes-Benz" eingesetzt.

17.4 Leistungsebene und Signalverarbeitungsebene

a) Leistungsebene **(Bild 17-6)**:
Dies ist die Ebene der tatsächlich drehmomentführenden Komponenten

b) Signalebene **(Bild 17-6)**:
Die Steuerung und Regelung des Gesamtantriebsstranges basiert auf physikalischen Modellen der Einzelkomponenten, die durch einen drehmomentbasierten Modellansatz (ausgehend vom Radmoment hin zur Motor- und Getriebeführung) funktional integriert werden.

c) Verknüpfungen:
Moderne Antriebsstrang-Architekturen zeichnen sich durch eine eindeutige vertikale Korrespondenz der Komponenten der Leistungs- und Signalebene sowie ihrer Verküpfungen aus. Auf der Leistungsebene bestehen diese Verknüpfungen in Form der momentenführenden Wellen, auf der Signalebene in Form von Kommunikationskanälen.

Getriebetyp	**Abkürzung**	**Übersetzung**	**Gewicht**	**Geräusch**	**Verbrauch**[1])	**Schaltkomfort (ATZ-Wert)**[2])
Handschaltgetriebe (5-Gang)	5MT	Zweiwellengetriebe	niedrig	niedrig	–10,0 %	–
Handschaltgetriebe (6-Gang)	6MT	Zweiwellengetriebe	niedrig	niedrig	–12,0 %	–
Stufenautomat (5-Gang)	5AT	Planetenradsätze	mittel	niedrig	– 0,0 %	9
Stufenautomat (6-Gang)	6AT	Planetenradsätze	mittel	niedrig	– 3,0 %	9
Stufenlosgetriebe	S-CVT	Umschlingungsgetriebe (Basis Schubgliederband)	hoch	mittel	– 5,0 %	9,5
Stufenlosgetriebe	K-CVT	Umschlingungsgetriebe (Basis Kette)	hoch	mittel	– 5,0 %	9,5
Toroidgetriebe	T-CVT	Reibradgetriebe	sehr hoch	niedrig	– 7,0 %	9,5
Automatisiertes Handschaltgetriebe	E-AMT	Zweiwellengetriebe mit elektromechanischer Betätigung	niedrig	niedrig	–15,0 %	6,3
Automatisiertes Handschaltgetriebe	H-AMT	Zweiwellengetriebe mit elektrohydraulischer Betätigung	niedrig	niedrig	–14,0 %	6,5
Doppelkupplungsgetriebe	DCT	Zweiwellengetriebe mit elektrohydraulischer Betätigung	mittel	niedrig	– 8,0 %	8,7

Anmerkungen:
[1]) Ungefährer Verbrauchsvorteil gegenüber einem 5-Gang-Stufenautomaten bei 300 Nm Betrieb und entdrosseltem Ottomotor.
[2]) Der ATZ-Wert ist ein Maß für die Qualität des Übersetzungswechsels. Ein ATZ-Wert von 10 entspricht einem optimalen (ruckfreien) Übersetzungswechsel, ein Wert von 1 einem stark unkomfortablen Vorgang.

Bild 17-3 Vergleich verschiedener Getriebetypen [2], [3], [4]

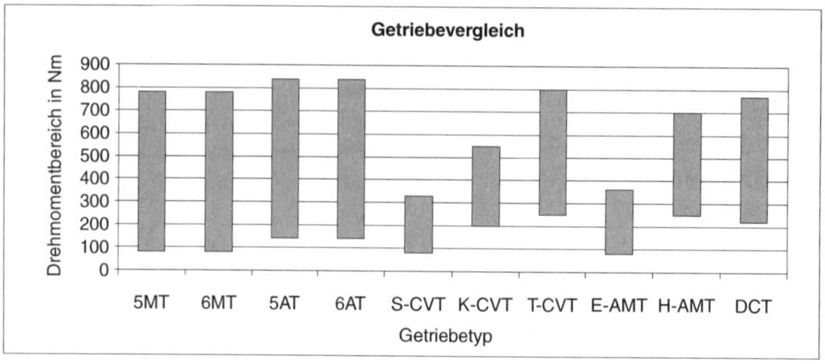

Bild 17-4 Übliche Drehmomentbereiche für Pkw-Getriebe

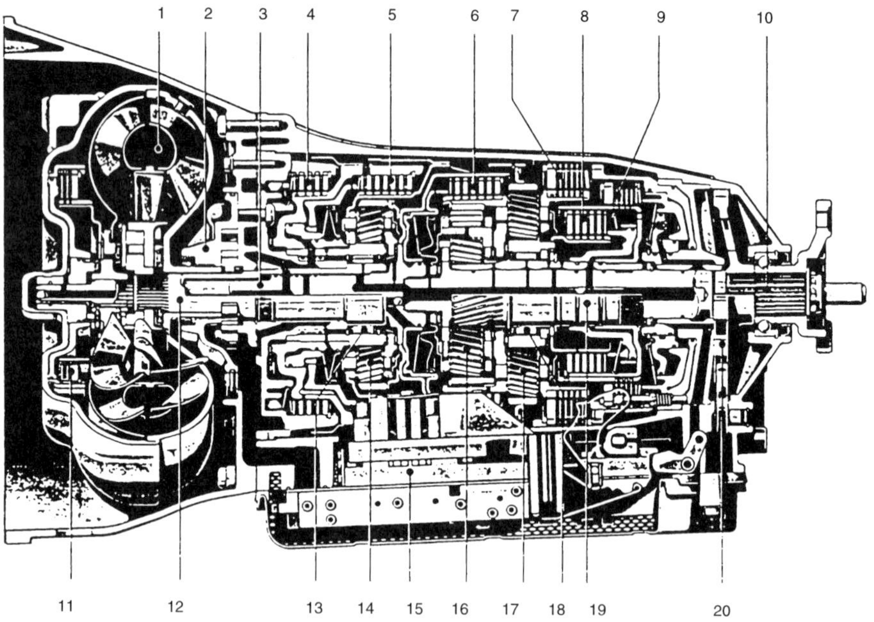

1 Drehmomentwandler
2 Ölpumpe
3 Antriebswelle
4 Lamellenbremse B1
5 Kupplung K1
6 Kupplung K2
7 Lamellenbremse B3
8 Kupplung K3
9 Lamellenbremse B2
10 Abtriebswelle
11 Parksperrenrad
12 Zwischenwelle
13 Freilauf F2
14 Hinterer Planetensatz
15 Mittlerer Planetensatz
16 Elektro-hydraulische Steuereinheit
17 Vorderer Planetensatz
18 Freilauf F1
19 Statorwelle
20 Wandlerüberbrückungskupplung

Bild 17-5 5-Gang-Stufengetriebe W5A 580 von DaimlerChrysler

Literatur zu Kapitel 17.1–17.4

[1] *Mitschke, M.:* Dynamik der Kraftfahrzeuge, Band A, Antrieb und Bremsung. Berlin/Heidelberg/New York: Springer, 1995

[2] *Förster, H. J.:* Automatische Fahrzeuggetriebe, Grundlagen, Bauformen, Eigenschaften, Besonderheiten. Berlin/Heidelberg/New York: Springer, 1991

[3] *Lechner, G.; Naunheimer, H.:* Fahrzeuggetriebe: Grundlagen, Auswahl, Auslegung und Konstruktion. Berlin/Heidelberg/New York: Springer, 1994 (Hinweis: Buch ist auch 1999 in Englisch erschienen: *Lechner, G.; Naunheimer, H.:* Automotive Transmissions: Fundamentals, Selection, Design und Application. Berlin/Heidelberg/New York: Springer, 1999

[4] *Bock, C.:* Die ACEA-Vereinbarungen zur Flottenverbrauchsreduzierung und ihre möglichen Konsequenzen auf zukünftige Getriebekonzepte. Vortrag im Haus der Technik anlässlich der Tagung „CVT-Getriebe", Essen, 2000

17.5 Getriebesteuerung

17.5.1 Funktionen

17.5.1.1 Überblick

Folgende Funktionsgruppen lassen sich für alle Getriebekonzepte definieren:

- Schaltstrategie: Bestimmt, welche Ziel-Übersetzung oder welcher Gang eingestellt wird
- Schaltübergang: Management des eigenlichen Übersetzungswechsels
- Diagnosefunktionen: Herstellen eines sicheren Zustands bei Komponetenfehlern oder des Notlaufbetriebs

- Sonderfunktionen wie Steuerung der Wandlerüberbrückungskupplung, Wählhebel-Sperrmagnet-Ansteuerung, Sicherheitskonzept bei shift by wire.

Die Zusammenhänge sind mit **Bild 17-7** anhand des automatisierten Handschaltgetriebes (AMT) dargestellt. Die Fahrstrategie ermittelt dabei nicht nur den Soll-Gang im automatischen Betrieb, sondern überprüft auch manuelle Schaltbefehle vom Fahrer (bekannt zum Beispiel als sogenannter Tiptronic oder IntelligenTip®). Die untergelagerte Ebene sorgt für die Einleitung und Gesamtkoordination des Schaltvorgangs, beim AMT also die Führung von Motor (Drehmoment und Drehzahl), Kupplungsdrehmoment- und logischer Gangposition. Die Regelung der zugehörigen physikalischen Stellgröße (Weg, Druck, Winkel) übernimmt die Ebene „Aktuatorsteuerung".

17.5.1.2 Fahr- oder Schaltstrategie

Im Laufe der 80er Jahre des 20. Jahrhunderts wurden erste elektronische Getriebesteuerungen eingeführt, die es dem Fahrer zunächst gestatteten, manuell zwischen einzelnen verschiedenen Schaltprogrammen wie „ökonomisch", „sportlich" oder „Winter" zu

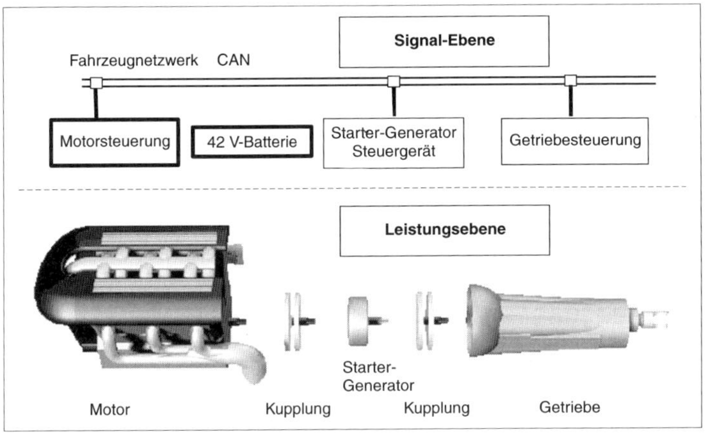

Bild 17-6 Leistungs- und Signalebene eines Antriebsstrangs

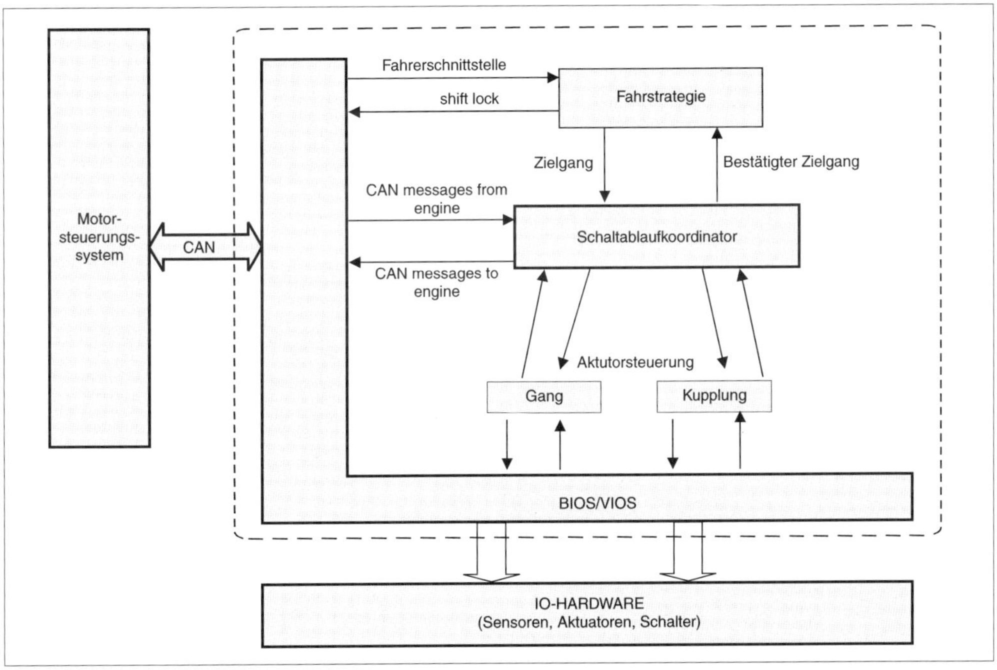

Bild 17-7 Funktionsgruppen

wählen. Allerdings erwies sich diese Lösung nicht als optimal, da sie einen ständigen manuellen Eingriff des Fahrers erforderte, um das Schaltverhalten des Fahrzeugs an die auftretenden Fahrsituationen anzupassen. Da außerdem nicht sichergestellt werden konnte, dass der Fahrer die manuelle Auswahl in allen Situationen vornimmt, mussten auch für diese verschiedenen Schaltprogramme letztendlich Kompromisse eingegangen werden. Deshalb sind so genannte „intelligente" Fahr- oder Schaltstrategien heute Grundbestandteil jedes Automatikgetriebesystems, die gemäß den existierenden Bedingungen selbstständig die richtigen Prioritäten setzen.

SAT („Siemens Adaptive Transmission Control"), **Bild 17-8**, ist als die Fahrstrategie von Siemens für Stufenautomaten erfolgreich im Einsatz bei unterschiedlichen Fahrzeugherstellern, Fahrzeugklassen und Fahrkulturen [1].

Klassifiziert werden sowohl die globalen Strategiekriterien als auch kurzfristige Fahrsituationen:

- Fahrertyperkennung
- Umwelterkennung: Fahrbahnsteigung
- Anpassung auf niedrige Fahrbahn- Reibwerte (Glätte)
- Manueller Eingriff (IntelligenTip®)
- Fast-Off-Erkennung: Unterdrückung der Hochschaltung bei schneller Gasrücknahme (Verzögerungsabsicht des Fahrers)
- Kurvenerkennung: Verhinderung der Hochschaltung in Abhängigkeit der Querbeschleunigung
- Bremsrückschaltung: zusätzliche Rückschaltungen bei Bremsbetätigung unter Beachtung der Motordrehzahlgrenzen und Fahrsituation.

Eine Besonderheit des SAT-Systems ist sein umfassender Einsatz von Fuzzy-Logic, je nach Ausbaugrad mit 30–40 Regeln. Dadurch wird eine hohe Adaptionsgüte und -Dynamik erzielt. Zukünftige Lösungsansätze wie IntelligenTip® [2] geben dem Fahrer mehr Raum zur Bildung persönlicher Präferenzen der Schaltstrategie durch eine online-Lernkomponente, **Bild 17-8**.

17.5.1.3 Automatgetriebe mit Planetenradsätzen und Drehmomentwandler

Aktuelle Lösungsansätze bevorzugen eine direkte Kupplungseinzelansteuerung (**Bild 17-9**) durch elektrohydraulische Ventile. Damit entfällt ein Demultiplexer in der Hydraulik, die individuellen Kupplungsdrücke werden in der Steuergerätesoftware berechnet. Dies bestätigt auch den Trend, Funktionen in der Hydraulik durch Software zu substituieren, um Kosteneinsparungen zu erzielen. Prinzipbedingt wird der Gangwechsel durch die Kupplungssteuerung ebenfalls ermöglicht.

17.5.1.4 Automatisiertes Handschaltgetriebe

Die Grundstruktur ist bereits durch **Bild 17-7** erklärt. Im Unterschied zum Automatgetriebe mit Planetenradsätzen ist eine explizite Gangführung notwendig für das Zweiwellengetriebe mit Zwangssynchronisierung. Der gesamte Schaltvorgang ist dabei eher sequenziell gesteuert, das heißt Kuppeln und Schalten folgen aufeinander.

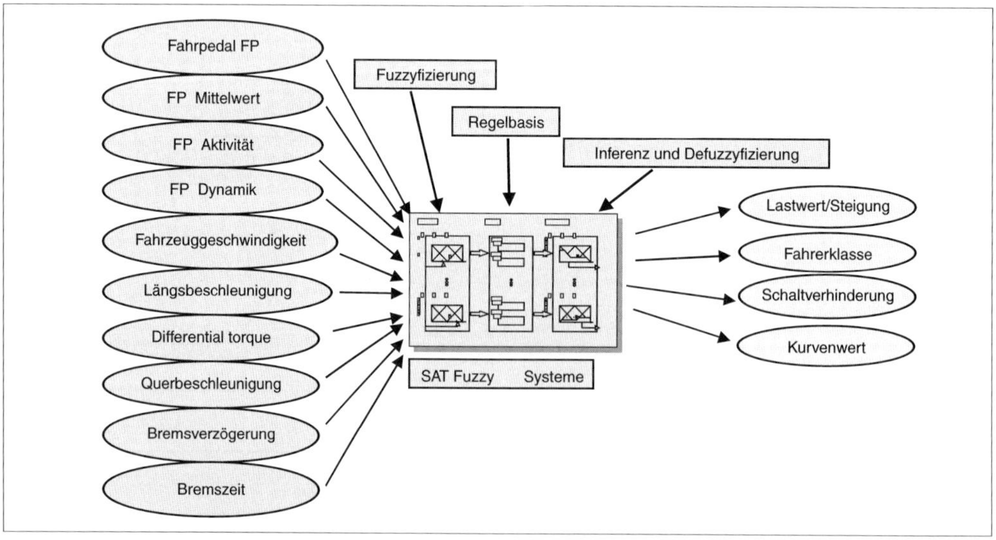

Bild 17-8 Adaptive Transmission Control (Fa. Siemens)

17.5.1.5 Stufenlosgetriebe (CVT)

Während bei den Stufengetrieben der Schaltvorgang den Wechsel diskreter Zustände bedingt, sind beim CVT (**Bild 17-10**) der Variator und die indivduellen Anpressdrücke der Kegelscheiben kontinuierlich zu steuern (Umschlingungs-CVT). Das Hauptaugenmerk liegt auf der Minimierung des Anpressdruckes für geringstmöglichen Kraftstoffverbrauch und hohe Verstelldynamik, aber bei zuverlässigem Verhindern des Bandrutschens. Daneben steuern weitere Funktionen die Wandlerüberbrückung und den Planetensatz für Fahrtrichtungswechsel.

17.6 Integriertes Antriebsstrangmanagement (IPM®)

Zukünftige Antriebsstrangkonzepte bestehen aus mehreren Teilsystemen: Verbrennungsmotor, Elektrische Maschine und gegebenenfalls automatisiertes Getriebe.
Die integrierte Antriebsstrangsteuerung IPM® [3] hat keinen unmittelbaren Einfluss auf den Umwandlungsprozess von der im Kraftstoff (Benzin, Diesel, Gas, Wasserstoff) gespeicherten Energie, sondern versucht die Arbeitspunkte für die Energiewandler (V-Motor, E-Maschine), die Batterie als Energiespei-

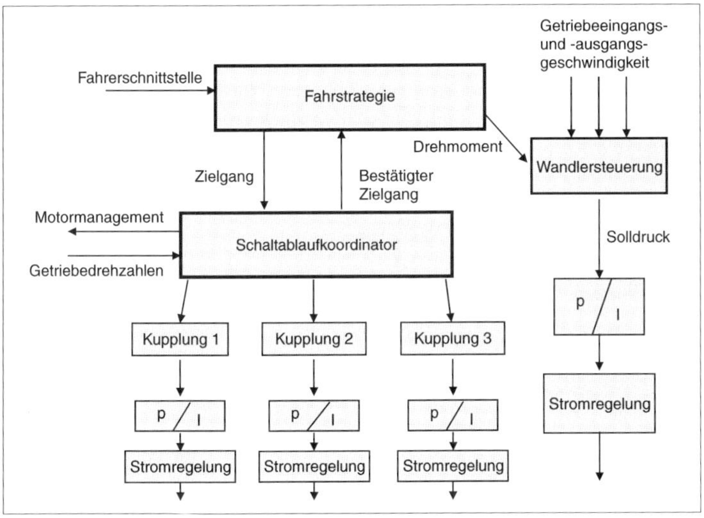

Bild 17-9 Direkte Kupplungs-Einzelansteuerung

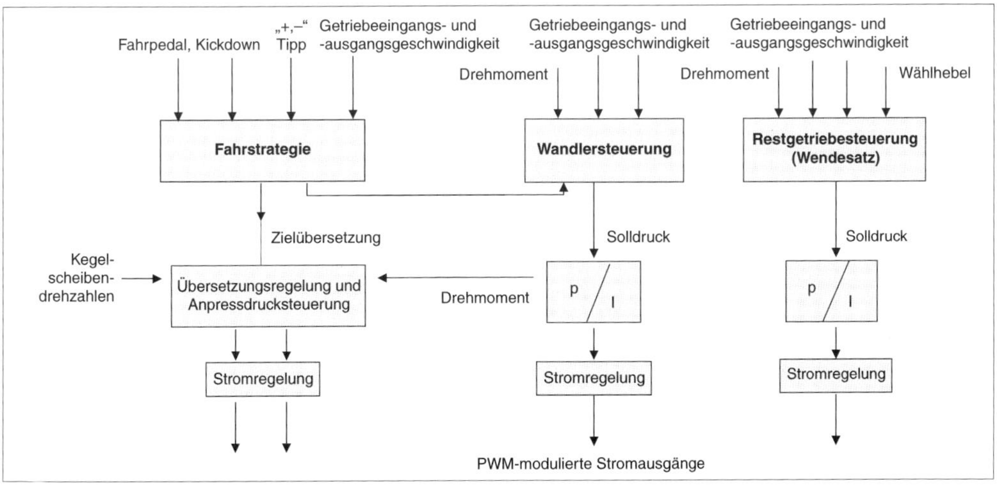

Bild 17-10 Funktionsschema für Stufenlos-Getriebe (CVT)

cher und den Momentenwandler (Getriebe) von einem ganzheitlichen Ansatz kommend zu optimieren. Aufgrund der vielen Freiheitsgrade in einem solchen System ist es wichtig, auf Basis einer zentralen Fahrerwunschinterpretation und Fahrsituationserkennung unter Berücksichtigung der vorgegebenen Priorisierung die nachgeordneten Aggregate optimal zu führen und zu koordinieren.

Die Integration im Sinne von IPM® umfasst hier die Steuerung und Koordination des Gesamtsystems, nicht die konstruktiven Aspekte wie Bauraum, Montage etc., **Bild 17-11**.

Wichtiges Merkmal des Konzepts ist die Einführung einer den „Komponentensteuerungen" übergeordneten Steuerungsebene. Diese führt die Momentenerzeuger beziehungsweise -wandler durch relevante Zustände und optimiert Energieflüsse.

Die integrierte Antriebsstrangregelung ist in drei Ebenen gegliedert, **Bild 17-12**:

- Ebene 1 ist die Fahrer- und Fahrsituationserkennung. Die Fahrererkennung beinhaltet die Fahrermomentenwunschinterpretation und die Fahrertypenklassifikation. In der zweiten Ebene wird der Zustand des Antriebsstranges (Fahren, Bremsen, Start/Stopp, Segeln, Boosten, Rekuperieren ...) abhängig von Signalen aus der Ebene 1 und weiteren Fahrzeugsensorgrößen bestimmt.
- Die Ebene 2 wird als Zustandssteuerung im Antriebsstrang bezeichnet und hat die Aufgabe, auf der Grundlage der Inputs aus Ebene 1 den Zustand im Antriebsstrang einzustellen, der die aktuell priorisierten Optimierungskriterien erfüllt.
- Ebene 3 liefert Sollwerte für die nachgeordneten Aggregate auf Basis physikalischer Größen. So können der Verbrennungsmotor und die elektrische Maschine jeweils über eine Sollmomenten- oder Solldrehzahlvorgabe in einen definierten Arbeitspunkt gefahren werden; dem Getriebesystem wird eine Zielübersetzung vorgegeben. Daneben greifen bestimmte Fahrzustände auf die Kupplung zu (zum Beispiel sogenannter „Segelbetrieb": Öffnen bei Schubbetrieb).

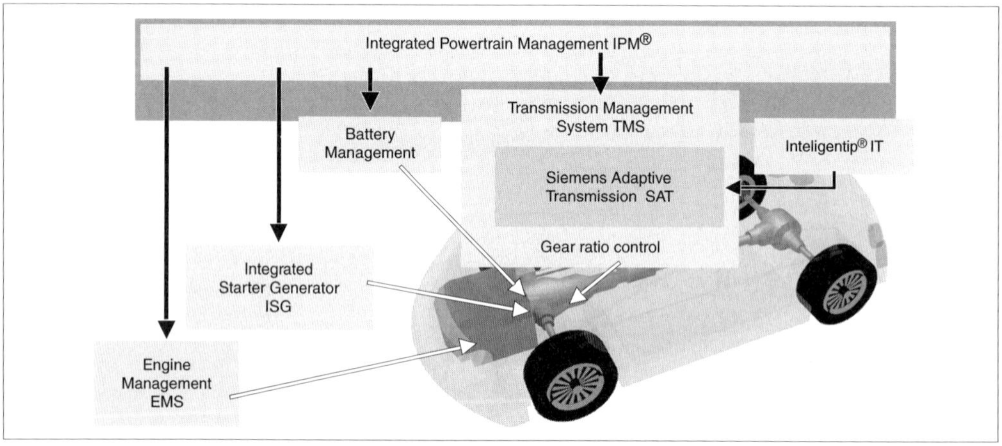

Bild 17-11 Schema integrierte Antriebsstrangregelung

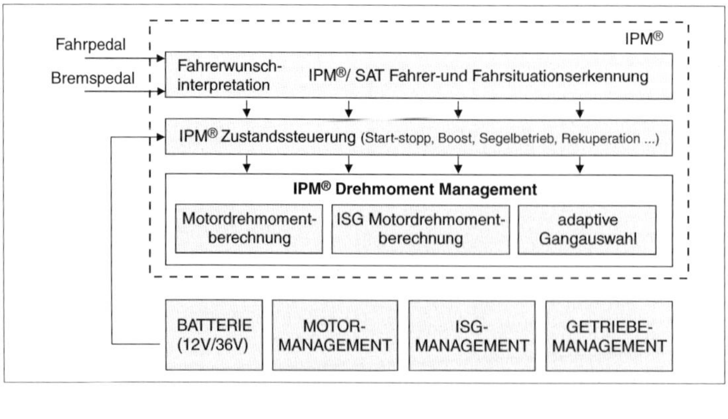

Bild 17-12 Ebenen der integrierten Antriebsstrangregelung

Literatur zu Kapitel 17.5 und 17.6

[1] *Graf, F.; Lohrenz, F.; Taffin, C.*: Industrialization of a Fuzzy Logic Transmission Controller. VDI Tagung: Getriebe in Fahrzeugen, Friedrichshafen, 1999

[2] *Heesche, K.; Graf, F.; Hauptmann, W.; Manz, M.*: IntelligenTip – eine trainierbare Fahrstrategie. VDI Tagung: Getriebe in Fahrzeugen, Friedrichshafen, 2001

[3] Siemens-VDO Automotive AG

17.7 Komponenten für Antriebsstrangelektrifizierung

17.7.1 Überblick

Mit weiter steigenden Anforderungen für die Effizienz von Fahrzeugantrieben und damit einhergehender Emissionsreduzierung spielt auch die Elektrifizierung des Antriebsstrangs eine wesentliche Rolle.

Im Verbrennungsmotor wird die chemische Energie des Kraftstoff in mechanische Energie umgewandelt und dadurch über den Druck ein Drehmoment erzeugt. Dieser dient zur Beschleunigung beziehungsweise zum halten der Geschwindigkeit des Fahrzeugs, das heißt zum Erhalt beziehungsweise der Erhöhung der kinetischen Energie.

Während der Schubphasen oder auch dem Abbremsen wird diese Energie im Wesentlichen in Reibung und damit in Wärme umgesetzt. Diese wird an die Umgebung abgegeben und ist damit für den Antrieb des Fahrzeugs verloren.

Ein Elektroantrieb kann bei entsprechendem Aufbau sowohl als Antrieb als auch als Generator arbeiten. Die Kombination des Verbrennungsmotors mit einem Elektroantrieb bietet damit die Möglichkeit, die Energie, welche vorher zur Erhöhung der kinetischen Energie verwendet wurde, während dem Verzögern des Fahrzeugs zumindest teilweise wieder zurück zu gewinnen (Rekuperation) und für den nächsten Beschleunigungsvorgang, entweder in Kombination mit dem Verbrennungsmotor oder auch nur durch den Elektroantrieb zu nutzen.

Die Kombination bietet also auch einen deutlichen Mehrgewinn bei der Fahrdynamik. So lassen sich je nach Art des Hybridantriebes beide Antriebe, Verbrennungsmotor und Elektromotor, gleichzeitig für die Beschleunigung des Fahrzeugs einsetzen (Boost) und dies ohne Mehrverbrauch beziehungsweise Emissionen.

17.7.2 Varianten Hybrid- und Elektroantrieb

Bei der Verbindung des Verbrennungsmotors und des Elektromotors gibt es unterschiedliche Möglichkeiten. Zum einen lassen sich beide Antriebe funktional parallel anordnen (Parallelhybrid), das heißt beide können gleichzeitig beziehungsweise separat antreiben oder funktional seriell anordnen, das heißt nur einer treibt tatsächlich die Antriebsräder an und der andere leitet seine Antriebsenergie seriell (serieller Hybrid) durch den jeweiligen Antrieb, welcher die Räder direkt antreibt.

Eine weitere Unterscheidung der Hybridisierung erfolgt über die Leistungsfähigkeit beziehungsweise den Funktionsumfang.

Im Folgenden sind die am häufigsten verwendeten Hybridvarianten aufgelistet.

17.7.2.1 Mikrohybrid

Beim Mikrohybrid redet man in der Regel von einer reinen Stopp/Start-Funktion, das heißt der Motor wird, wenn er nicht benötigt wird, abgeschaltet und bei Bedarf automatisch wieder gestartet. Durch das Steuern der Ladespannung in Abhängigkeit vom Fahrzustand bieten diese Systeme in der Regel bereits eine minimale Rekuperationsfunktion. Diese Systeme lassen sich zum Beispiel sowohl mit entsprechend modifizierten Startern und Motorsteuergeräten darstellen als auch mit einem riemengetrieben Starter-Generator (Aufbau wie Mildhybrid).

17.7.2.2 Mildhybrid

Der Mildhybrid verfügt gegenüber dem Mikrohybrid zusätzlich über eine signifikante Rekuperations- und Boostfunktion. In der Regel reicht hier auch die herkömmliche Technik (12 V/14 V) nicht mehr aus und hier kommen bereits speziell entwickelte Komponenten zum Einsatz, deren Betriebsspannung deutlich über dem des heutigen Bordnetzes im Fahrzeug liegt.

17.7.2.3 Vollhybrid

Eine wesentliche Funktion des Vollhybrids, neben Stopp/Start, Boost und Rekuperation ist das temporär rein elektrische Fahren.

Hier ist der Antriebsstrang so aufgebaut, das der Elektromotor unabhängig vom Verbrennungsmotor den Antrieb des Fahrzeugs übernehmen kann. Die dazu benötigte Energie wird durch Rekuperation gewonnen und in der Hybridbatterie gespeichert. Der gesamte elektrische Antrieb inklusive Energiespeicher (Hybridbatterie) muss dadurch auch wesentlich leistungsfähiger sein. Neben dem herkömmlichen Parallelhybrid findet man auch den Powersplit, bei dem in der Regel zwei Elektromotoren mit dem Verbrennungsmotor über ein Planetengetriebe gekoppelt sind.

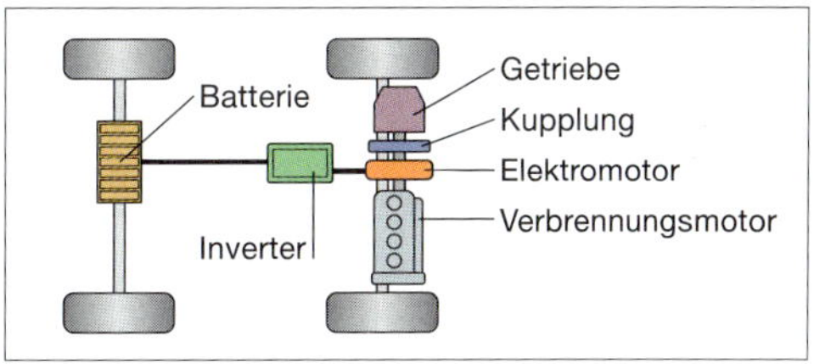

Bild 17-13 Prinzipskizze Mildhybrid

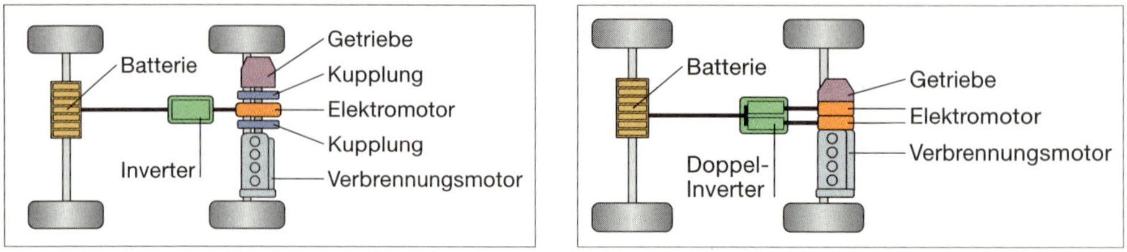

Bild 17-14 Prinzipskizze Vollhybrid/Plugin-Hybrid (Parallelhybrid links/Powersplit rechts)

17.7.2.4 Plugin-Hybrid

Beim Plugin-Hybrid ist die Hybridbatterie deutlich größer und damit leistungsfähiger. Ziel ist hier gegenüber dem Vollhybrid eine deutlich größere Reichweite mit dem Elektroantrieb zu realisieren. Wie der Name schon sagt (Plugin – einstecken), kann die Hybridbatterie an der Steckdose aufgeladen werden.

In der Regel fährt ein Plugin-Hybrid primär mit dem Elektroantrieb und erst, wenn die Batterie einen bestimmten Ladewert unterschreitet, schaltet sich der Verbrennungsmotor zu.

Eine Variante des Plugin-Hybrid, die sehr stark in Richtung Elektrofahrzeug geht, ist der Range Extender (Reichweitenvergrößerer). Hier ist der Verbrennungsmotor deutlich verkleinert und nicht direkt mit den Antriebsrädern verbunden. Er übernimmt die Aufgabe, im Falle eines kritischen Ladezustandes die Batterie in Verbindung mit einem kleinen Generator nachzuladen. Ziel ist, die Reichweite über die aus der Batterie mögliche Reichweite bei Bedarf zu erhöhen. Vom Aufbau ist dies dann ein serieller Plugin-Hybrid.

17.7.2.5 Elektro- und Brennstoffzellenfahrzeuge

Von einem Elektrofahrzeug spricht man, sobald der Antrieb rein durch einen Elektroantrieb erfolgt und auch kein Verbrennungsmotor mehr im Fahrzeug verbaut ist.

Die dafür nötige elektrische Energie kommt dann aus einer Batterie (Traktionsbatterie) oder einer Brennstoffzelle.

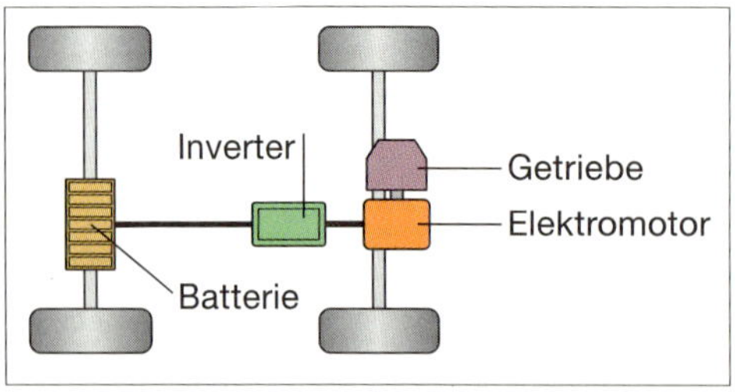

Bild 17-15 Prinzipskizze Elektrofahrzeug

17.7.3 Komponenten

Der elektrische Antrieb, so wie er heute in Hybrid- und Elektrofahrzeugen zum Einsatz kommt, besteht aus Drehstrom-Elektromotor, Drehstrom-Inverter und Energiespeicher. Zur Versorgung des 14 V Bordnetzes kommt ein DC/DC-Wandler (Gleichstromspannungswandler) zum Einsatz, der das 14 V Bordnetz aus dem Energiespeicher des elektrischen Antriebes versorgt. Drehstrom-Inverter und DC/DC-Wandler sind häufig in einem Gerät kombiniert und werden auch allgemein als Leistungselektronik bezeichnet.

17.7.4 Leistungselektronik

Der Name Leistungselektronik kommt daher, dass hier im Vergleich zu üblichen Steuergeräten sehr hohe Ströme (beim Inverter bis über 450 A_{rms}) bei hohen Spannungen (bis über 700 V) als hohe Leistungen geschaltet werden.

17.7.4.1 Drehstrom-Inverter

Die heute üblich in Hybrid- und Elektrofahrzeugen eingesetzten Elektromotoren sind Drehstromantriebe und werden über drei Phasen Wechselstrom angesteuert, während der Energiespeicher herkömmlichen Gleichstrom liefert.

Im motorischen Betrieb, das heißt beim Antreiben oder Boosten, wandelt der Inverter den Gleichstrom aus dem Energiespeicher in einen dreiphasigen Drehstrom für den Elektromotor. Im umgekehrten Fall, das heißt im generatorischen Betrieb, wird der vom Elektromotor erzeugte Wechselstrom in einen Gleichstrom gewandelt. In diesem Fall der Rückgewinnung von Kinetischer Energie spricht man auch von Rekuperation.

Kernkomponenten im Inverter sind das Leistungsmodul, welches die Gleichspannung in eine sinusbewertete dreiphasige Wechselspannung wandelt und das Kontrollbord als Steuereinheit. Die Steuereinheit im Inverter übernimmt dabei die Regelung und Überwachung der vorgebbaren Soll- und Grenzwerte für Drehmoment, Drehzahl, Ströme und Spannungen.

Die im Leistungsmodul entstehenden Verluste sind im Wesentlichen die Schalt- und Durchlassverluste in den Leistungshalbleitern. Diese steigen mit der Schaltfrequenz, der Batteriespannung und dem Pha-

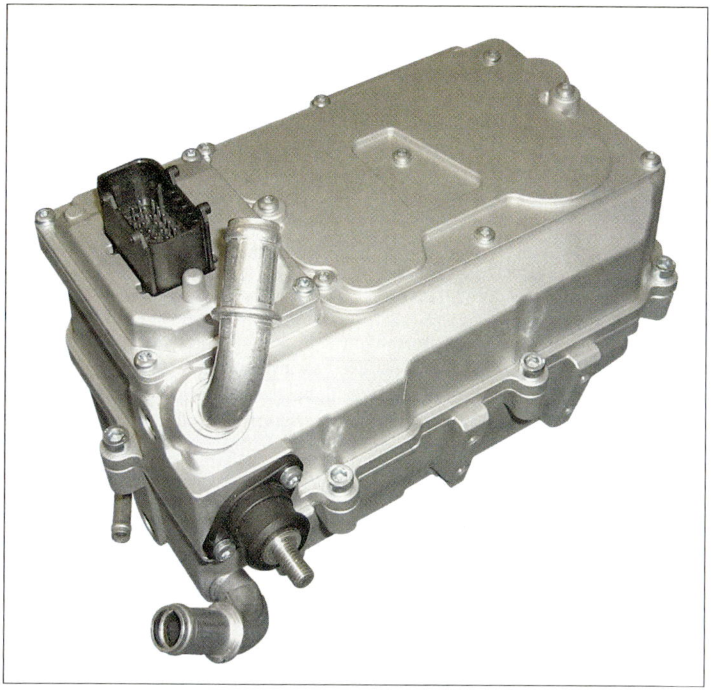

Bild 17-16 Leistungselektronik (Inverter und DC/DC in einem Gehäuse)

senstrom und führen zur Erwärmung der Halbleiterbauelemente. Besonders wichtig sind hier eine gute thermische Anbindung der Leistungshalbleiter zum Kühlmedium und eine Verwendung von Kühler- und Trägermaterialien mit möglichst ähnlichen Ausdehnungskoeffizienten um thermischen Stress zu vermeiden. Dieser thermische Stress ist in den Leistungselektroniken die Hauptursache für Alterung und im Umkehrschluss entscheidend für die maximale Schaltleistung.
Sowohl die Höhe der Kühlwassertemperatur als auch die Temperaturschwankungen, die direkt an den Leistungshalbleitern auftreten, beeinflussen die Lebensdauer der Leistungsendstufe.

17.7.4.2 DC/DC Wandler

Der Elektroantrieb inklusive Energiespeicher arbeitet bei Spannungen, die zum Teil deutlich über denen des heutigen Bordnetzes liegen.
Da die verfügbare Leistung des Elektroantriebs deutlich größer ist als die der heutigen Lichtmaschinen liegt es nahe, das Bordnetz auch aus diesem Bereich zu versorgen beziehungsweise ist dies bei reinen Elektrofahrzeugen auch notwendig.

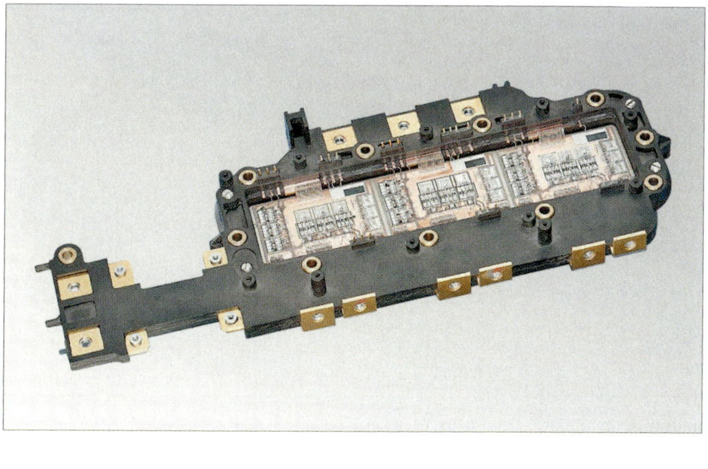

Bild 17-17 Leistungsmodul für direkte Wasserkühlung mit Leistungshalbleitern und Kühler (Kühlfinnen im Spiegelbild sichtbar)

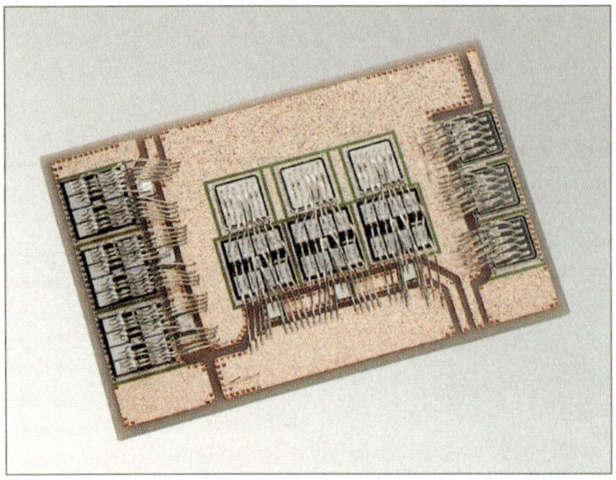

Bild 17-18 Leistungshalbleiter (IGBT) auf Kupfer – DCB

Dies bietet die Möglichkeit, auf die herkömmliche Lichtmaschine komplett zu verzichten und somit zusätzlich Bauraum zu schaffen und die Kosten zu optimieren.

Der DC/DC Wandler kann sowohl mit dem Inverter in ein Gehäuse integriert als auch in einem separaten Gehäuse untergebracht werden.

Getrieben ist die Entscheidung im Wesentlichen durch den verfügbaren Bauraum im Fahrzeug. Ein Vorteil bei der Integration in ein Gehäuse liegt in der Möglichkeit, die Kosten weiter zu optimieren wie zum Beispiel durch ein Gehäuse oder einen Prozessor für beide Funktionen.

Ein Nebeneffekt ist der wesentlich höhere Wirkungsgrad des DC/DC Wandlers gegenüber einer herkömmlichen Lichtmaschine.

17.7.5 Elektromotor

Je nach Strategie und Einsatz des Fahrzeuges kommen unterschiedliche Anzahl und Technologien von Elektromotoren zum Einsatz. Ziel ist dabei, die auf

Bild 17-19 DC/DC Wandler in separatem Gehäuse

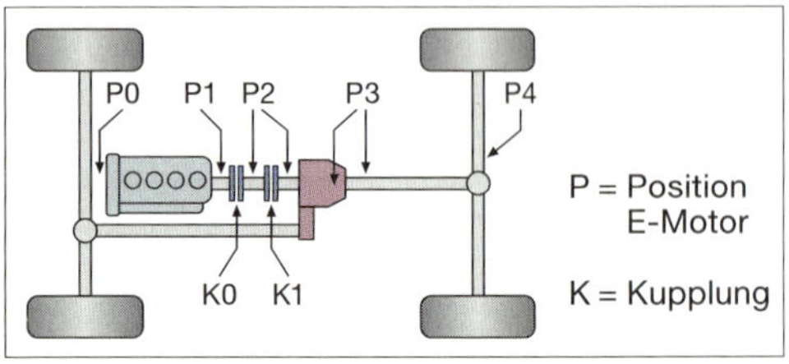

Bild 17-20 Mögliche Einbaupositionen von Hybridmotoren

den jeweiligen Einsatz optimierte Technologie zu verwenden. Dies kann zum einen durch die Systemkosten, den verfügbaren Bauraum, geforderte Funktionen als auch zum Beispiel durch den Wirkungsgrad bestimmt sein.

Bild 17-20 zeigt mögliche Einbaupositionen von Elektromotoren in einem Antriebsstrang. An jeder der Positionen sind darüber hinaus noch unterschiedliche Varianten möglich, so dass leicht zu erkennen ist, wie groß die Gesamtzahl der Möglichkeiten werden kann.

17.7.5.1 Technologien

Heute findet man hauptsächlich drei Typen von Elektromotoren, den Asynchronmotor (ASM), den permanent erregte Synchronmotor (PSM) und den fremderregte Synchronmotor (SM). Details zu den Technologien finden sich in der einschlägigen Literatur. Daher soll hier nur kurz auf die Vor- und Nachteile beim Einsatz in Hybrid- und Elektrofahrzeugen eingegangen werden.

17.7.5.1.1 Asynchronmotor

Der ASM zeichnet sich durch seinen einfachen Aufbau und seine Robustheit aus.

Gegenüber der PSM und SM weist er durch seinen einfachen Aufbau auch geringere Kosten auf. Des Weiteren lässt sich, im Vergleich zur PSM, die Erregung abschalten und im Fehlerfall so einfacher steuern.

Bild 17-21 Seitenmontierte ASM

Bild 17-22 PSM für Integration in die Getriebeglocke

Nachteil ist der in bestimmten Betriebsbereichen niedrige Wirkungsgrad und im Vergleich zur PSM größere Bauraum.
Er kommt heute am häufigsten als seitenmontierte Variante im Mildhybrid zum Einsatz (**Bild 17-20**: P0)

17.7.5.1.2 Permanent erregter Synchronmotor

PSM bieten den großen Vorteil, durch konzentrierte Wicklungen, geringer realisierbarer axialer Baulängen.
Damit lassen sich diese in die Getriebeglocke, ohne große beziehungsweise überhaupt keine Antriebsstrangverlängerung, integrieren. Diese Variante nennt man Getriebeintegriert (**Bild 17-20**: P1/P2, optional P3).
Ein weiterer Vorteil der PSM ist ihr punktuell hoher Wirkungsgrad.
Demgegenüber stehen vor allem nennenswerte Schleppverluste bei hohen Drehzahlen und der vergleichsweise hohe Aufwand zur Absicherung im Fehlerfall.

17.7.5.1.3 Fremderregter Synchronmotor

Da bei Achsantriebssystemen (**Bild 17-20**: P4 beziehungsweise bei Elektrofahrzeugen) die Elektromaschine nicht mehr direkt im Antriebsstrang platziert ist, besitzt die Maschinenlänge als Auswahlkriterium nicht mehr ihre ansonsten große Bedeutung. Maschinen mit typischerweise geringen realisierbaren axialen Baulängen (zum Beispiel PSM) verlieren damit also einen ihrer entscheidenden Vorteile.
Gleichzeitig bietet die SM zwar nicht den höchsten Bestpunktwirkungsgrad (wie zum Beispiel PSM), besitzt aber auch keine ausgeprägten Schwächen (wie zum Beispiel ASM) und kann vor allem im Bereich niedriger Leistungen und hoher Drehzahlen Boden gutmachen. Bauraummäßig hat sie geringe Nachteile gegenüber der PSM durch den Platzbedarf für das Schleifringsystem, welches aber im Fehlerfall eine einfache Steuerung der Erregung ermöglicht.

17.7.6 Energiespeicher

Die Leistungsfähigkeit des Hybrid- beziehungsweise Elektroantriebs wird auch durch die Leistungsfähigkeit der Energiespeicher bestimmt. Damit spielt sie eine entscheidende Rolle für das Kraftstoffeinsparpotential bei Hybridanwendungen und bei der Reichweite von Elektrofahrzeugen. Gleichzeitig liegt die heute geforderte Lebensdauer eines solchen Energiespeichers bei 10 – 15 Jahren und 160.000 – 240.000 km und damit so hoch wie die Fahrzeuglebensdauer.

17.7.6.1 Überblick

Als Energiespeicher für Hybridanwendungen (ausgenommen Mikrohybride) kommen heute verschiedene Technologien zum Einsatz. Dazu gehören unter anderen Doppelschichtkondensatoren (DLC) in Verbindung mit Blei-Säure-Akkus, NiMH (Nickel-Metallhydrid)-Batterien und Li-Ionen (Lithium-Ionen)-Batterien.

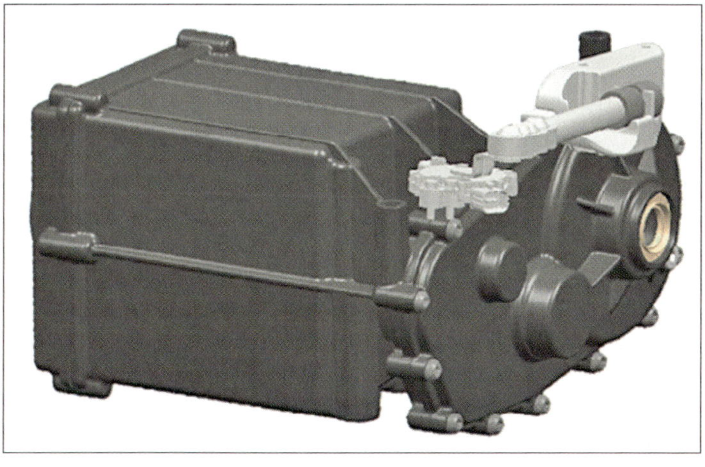

Bild 17-23 Achsantrieb mit integriertem Getriebe

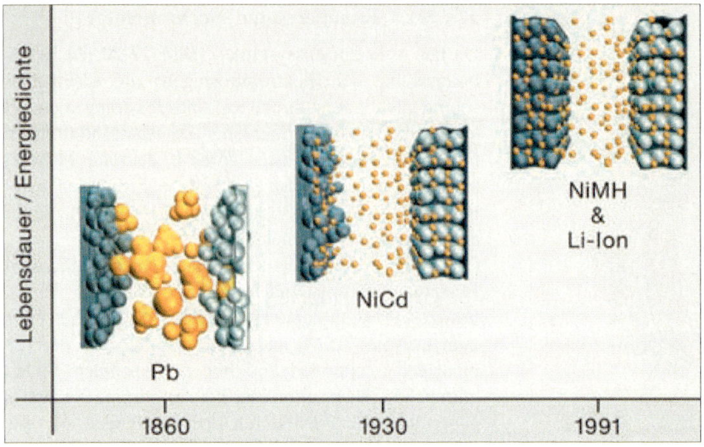

Bild 17-24 Entwicklung der Batteriesysteme von Konversion bei Blei-Säure zu Interkalation bei Nickel-Metallhydrid und Li-Ionen

Im Laufe der lange zurückreichenden Entwicklung zahlreicher elektrischer Energiespeicher rückten mehr und mehr die sekundären Batteriesysteme (aus dem Angelsächsischen „secondary battery" abgeleitet, im deutschen Sprachgebrauch Akkumulatoren) in den Vordergrund – Batteriesysteme, deren chemische Energie nach der Abgabe der elektrischen Energie durch Wiederaufladen viele Male wieder hergestellt werden kann. Die wesentliche Neuerung auf dem Weg von der Bleibatterie (mit wässrigem Elektrolyt) zu den modernen Batteriesystemen wie Lithium-Ionen (mit organischen Elektrolyten) ist das Prinzip der Einlagerung von Ionen in den Elektroden, **Bild 17-24**. Während beim Bleiakkumulator die Elektroden in Folge von chemischen Reaktionen ungeordnet auf- und abgebaut werden (Konversion) und eine Wechselwirkung mit dem Elektrolyt eingehen, wird bei Lithium-Ionen (Li-Ionen)-Zellen das Lithium in Festkörpergittern ein- und wieder ausgelagert (Interkalation). Die Gitterstruktur bleibt dabei bestehen und trägt dadurch ganz erheblich zur Lebensdauer über Lade- und Entladezyklen bei.

NiMH-Batterien haben sich in den ersten Hybridfahrzeugen bereits etabliert. Als nächste Generation zeichnet sich der Einsatz von LiIonen-Batterien ab. Diese zeigen eine nochmalig erhöhte Leistungs- und Energiedichte unter Berücksichtigung der geforderten Lade- und Entladezyklen.

17.7.6.2 Batteriesystem

Aufgrund des Potentials und des sich abzeichnenden Einsatzes in Hybrid- und Elektrofahrzeugen soll im Folgenden nur noch auf Li-Ionen Energiespeicher eingegangen werden.

Ein heutiges Energiespeichersystem auf Basis von Li-Ionen besteht aus mehreren Komponenten.

Neben den Zellen, den eigentlichen Energiespeichern, gibt es noch die Zellüberwachung, Schütze, Schalter und ein Batteriemanagement.

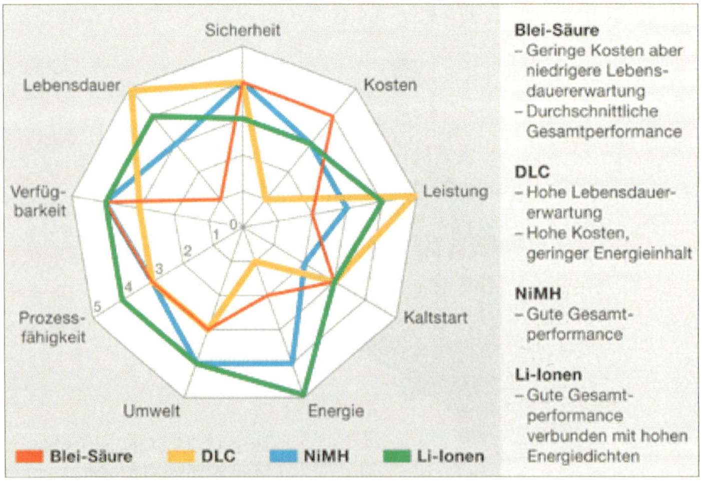

Bild 17-25 Beurteilung verschiedener Speichersysteme zur Anwendung im automobilen Einsatz

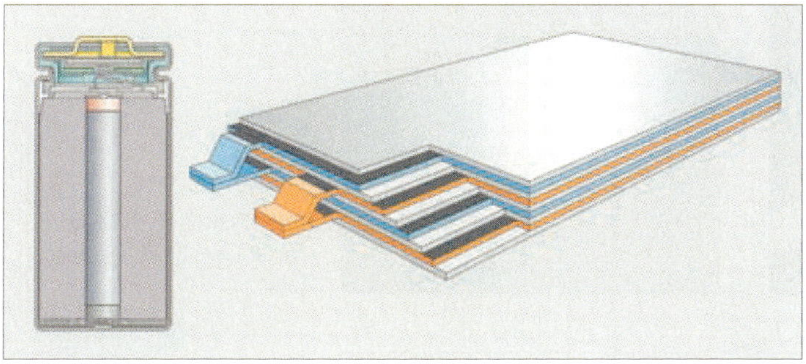

Bild 17-26 Schematischer Vergleich von Rundzellen (links) und prismatischen Zellen (rechts)

17.7.6.2.1 Li-Ionen Zellen

Li-Ionen ist als Oberbegriff einer Materialienkombination zu verstehen. Aktuell gibt es vor allem Zellen auf Basis Lithium-Cobalt.
Weiterentwicklung gehen zu Zellen mit neue Kathodenmaterialien wie Lithium-Kobalt-Nickel-Manganoxid oder Lithium-Eisen-Phosphat. All diese Kombinationen haben vor und Nachteile bei der Leistungs- beziehungsweise Energiedichte und der Sicherheit.

17.7.6.2.2 Sicherheit

Bei Li-Ionen-Batterien ist die Energiedichte im Vergleich zu Bleisäure und Nickelmetallhydrid deutlich höher. Speziell bei dem Thema Sicherheit ist es also notwendig, das Gesamtsystem Energiespeicher durch verschiedenste Maßnahmen abzusichern. Hier werden in der Regel drei Ebenen unterschieden.
Bereits auf Zellebene kann mittlerweile ein hohes Maß an intrinsischer Sicherheit erreicht werden. Neue Kathodenmaterialien wie Lithium-Kobalt-Nickel-Manganoxid oder Lithium-Eisen-Phosphat reagieren im Missbrauchs-, beziehungsweise Fehlerfall weniger exotherm als das bisher konventionell in Konsumenten-Zellen eingesetzte Lithium-Kobaltoxid. Kombiniert man diese Kathodenmaterialien mit weiterentwickelten Separatoren beispielsweise mit keramischem Anteil und hochsiedenden Elektrolyten, so kann die Sicherheit auf Zellebene noch erheblich gesteigert werden. Da Li-Ionen Zellen überdies die Kombination vieler möglicher, teilweise noch nicht weiter erforschter Elektrodenmaterialien und Elektrolyte erlauben, sind noch weitere Steigerungen der Sicherheit in Kombination mit attraktiven Energie- und Leistungsdichten möglich. Zusätzlich werden bereits heute verschiedene Sicherheitsvorkehrungen auf Systemebene in einer Batterie integriert. Durch Überwachung der Betriebszustände, Management des Batteriesystems sowie gezielte Kühlung wird die Batterie immer im sicheren Betriebszustand gehalten. Somit wird heute eine sehr hohe Sicherheit mit solchen Energiespeichern erreicht, die vor zehn Jahren kaum vorstellbar gewesen wäre – beispielsweise ein Cruhshtest, wie er im **Bild 17-28** dargstellt ist. Die hohen Anforderungen an die Sicherheit der Li-Ionen-Batteriesysteme werden an den zahlreichen erfolgreich bestandenen Testszenarien deutlich, die in **Bild 17-29** aufgelistet sind.

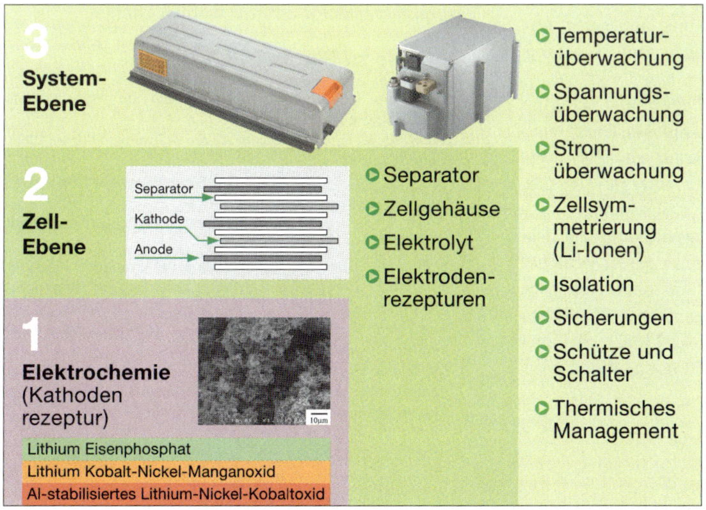

Bild 17-27 Sicherheitsebenen bei Lithium-Ionen-Batterien

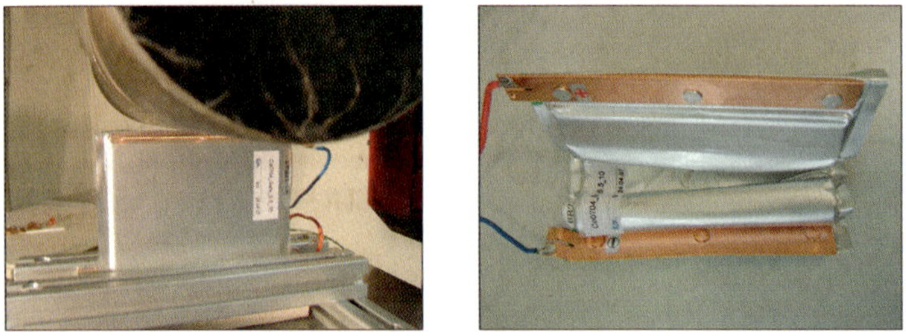

Bild 17-28 Beispiel eines Crush-Tests einer Li-Ionen-Zelle

Nr.	Test	Ergebnis
1	Kontrollierte Deformation	✓
2	Durchdringen mit einem Nagel	✓
3	Falltest	✓
4	Tauchtest	✓
5	Überschlagssimulation	✓
6	Mechanischer Schock	✓
7	Thermische Stabilität	✓
8	Simulierter Brand	✓
9	Hochtemperaturlagertest	✓
10	Schnelle Ladung / Entladung	✓
11	Thermische Zyklisierung	✓
12	Überladung / Überspannung	✓
13	Kurzschluss	✓
14	Tiefeentladung / Unterspannung	✓
15	Partieller Kurzschluss	✓

Bild 17-29 Testszenarien für Li-Ionen-Batterien

17.7.6.2.3 Ausblick

Die Auslegung der Zelle erfolgt in Abhängigkeit vom Einsatz des Energiespeichers.

Für Hybridfahrzeuge werden die Zellen auf Grund der relative kurzen Zeit in der speziell beim Boost und der Rekuperation hohe Leistung abgerufen beziehungsweise gespeichert werden, auf Leistung optimiert.

Die Zellen, die in Elektrofahrzeugen und PlugIn-Hybriden zum Einsatz kommen, sind auf Energieinhalt optimiert. Hier kommt es darauf an, das möglichst viel beziehungsweise lange Energie für das reinelektrische Fahren abgerufen werden kann.

Insgesamt stehen wir bei der Entwicklung der Li-Ionen Batterien erst am Anfang. Um dies zu verdeutlichen ein paar Fakten. Heutige Li-Ionen-Batterien erreichen eine Energiedichte von 120 – 150 Wh/kg. Theoretisch sind 6.000 Wh/kg (Li-Flour) erreichbar und praktisch werden immer noch Werte von 2.000 Wh/kg erwartet.

Aufgrund der deutlich besseren Wirkungsgradkette des Elektroantriebes und der Möglichkeit, Energie zurück zu gewinnen, geht man heute davon aus, dass bereits bei Energiedichten von circa 500 Wh/kg vergleichbare Reichweiten wie Fahrzeuge mit Verbrennungsmotor erreicht werden können.

Literatur zu Kapitel 17.7

[1] *Schümann, U.:* Modulare Komponenten für wirtschaftliche Hybridantriebe 2007

[2] *Neumann, K.-T.:* Compendium ATZ – Schwerpunktthema Elektromobilität 2008

[3] *Greif, A.:* SIA Paris – Design of Power Electronic Components for Hybrid Drives 2006

[4] *Greul, R.:* Design of Power Electronic Components for Hybrid Drives 2007

[5] *Keller, M.; Birke, P.; Schiemann, M.; Moehrstaedt, U.:* ATZ-elektronik – Lithium-Ionen Batterieentwicklung für Hybrid- und Elektrofahrzeuge 2008

[6] *Hackmann, W.; Märgner, M.; Kugland, O.:* HdT Fremderregte Synchronmaschinen als Achsantriebe 2009

[7] *Hackmann, W.; Wagner, B.; Zwingel, R.; Dziedzek, I.; Welke, K.:* Internationaler ETG-Kongress 2007 Karlsruhe – Fremderregte Synchronmaschinen im Einsatz als Achshybridantriebe

18 Sensoren

18.1 Temperatursensoren

Die meisten Temperaturmessungen im Kraftfahrzeug nützen die Temperaturabhängigkeit von elektrischen Widerstandsmaterialien mit negativen (NTC) Temperaturkoeffizienten. Aufgrund der starken Nichtlinearität kann ein großer Temperaturbereich abgedeckt werden, **Bild 18-1**.

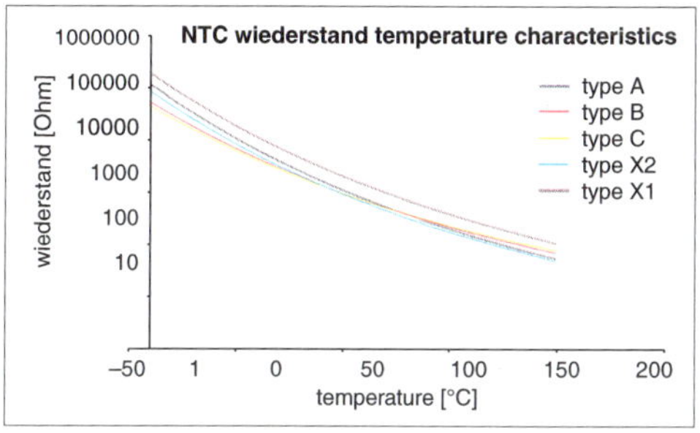

Bild 18-1 Typische Kennlinie von Temperatursensoren (NTC)

Für Anwendungen mit sehr hohen Temperaturen (Abgastemperatur bis 1000 °C) werden Platin-Sensoren eingesetzt. Die Widerstandsänderung wird durch eine Spannungsteilerschaltung, mit optionalem Parallel-Widerstand zur Linearisierung in eine analoge Spannung übertragen.
Die Sensoren werden für folgende Temperaturbereiche eingesetzt:

Anwendung	**Temperaturbereich**
Ansaug-/Ladeluft	– 40 + 170 °C
Kühlwasser	– 40 + 130 °C
Motoröl	– 40 + 170 °C
Kraftstoff	– 40 + 120 °C
Abgas	+100 + 1.000 °C

In **Bild 18-2** sind verschiedene Ausführungen von Temperatursensoren für Öl-, Wasser- und Lufttemperatur dargestellt.

18.2 Füllstandsensoren

Der Füllstandsensor dient zur Überwachung des Ölniveaus in Verbrennungsmotoren oder Getrieben. Heute werden sowohl kontinuierlich arbeitende Füllstandsensoren, als auch Füllstandschalter eingesetzt.
Die Füllstandsensoren ergeben mit einer geeigneten Auswerteelektronik ein kontinuierliches, dem Füllstand proportionales Signal. Häufig wird ein thermoelektrisches Verfahren genutzt: Dabei hängt die Wärmeleitung eines beheizten Elementes von der Füllstandshöhe ab. Aus der zugeführten elektrischen Leistung wird der Füllstand bestimmt.
Der Füllstandschalter ermöglicht die Grenzwertmessung des Füllstandes. Das Funktionsprinzip ist ein Schwimmer mit Magnet, der bei Erreichen eines Grenzwertes einen Reedkontakt oder Hall-Schalter betätigt.
Der Füllstand wird meistens im Kombiinstrument verarbeitet und dargestellt. Teilweise wird die Information des Ölfüllstands auch für Motorsteuerung benötigt.

18.3 Klopfsensoren

Unter dem Begriff „Klopfen“ versteht man eine anormale Verbrennung bei Ottomotoren, die durch eine Selbstzündung des Gemisches im Zylinder entsteht. Diese ungewollte Verbrennung führt zu einer deutlich erhöhten mechanischen Belastung für den Motor. Ein andauernder Betrieb bewirkt eine Schädigung bis hin zur Zerstörung des Kolbens.
Bei der Suche nach den Einstellungen für einen optimalen Verbrennungsprozess liegen die Zonen des höchsten Wirkungsgrades und des Klopfens eng beieinander. Beim Klopfen werden Vibrationen mit charakteristischen Frequenzen erzeugt. Diese Motorvibrationen werden mit Hilfe des Klopfsensors aufgenommen und an das Motorsteuergerät weitergeleitet. Dort wird mit entsprechenden Algorithmen das

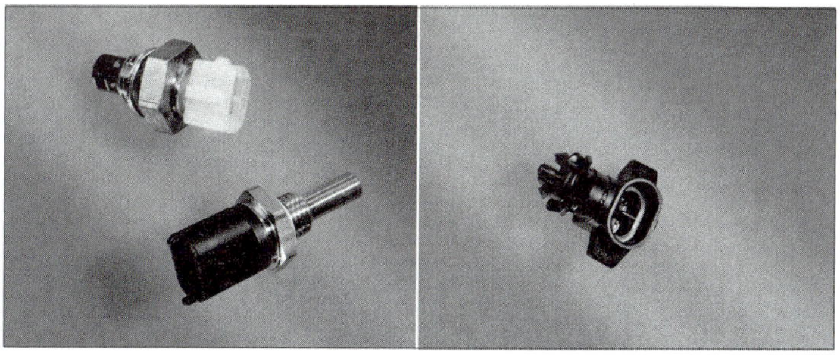

Bild 18-2 Aufbau verschiedener Temperatursensoren

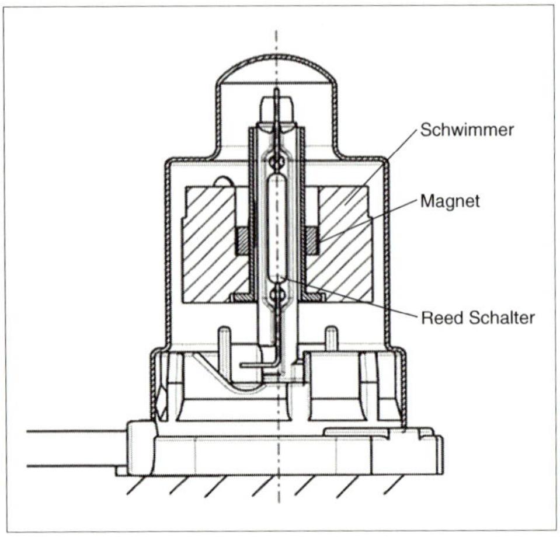

Bild 18-3 Aufbau eines Füllstandschalters

Signal ausgewertet, um ein Klopfen zu erkennen. Das Motorsteuergerät regelt den Verbrennungsvorgang derart, dass kein Klopfen mehr auftritt (Rücknahme des Zündzeitpunktes um einige Grad). Außerdem erlaubt eine „Klopfregelung" auch einen Betrieb mit unterschiedlichen Benzinqualitäten.

Bei Klopfsensoren handelt es sich üblicherweise um Breitbandklopfsensoren. Diese nehmen ein Frequenzspektrum von beispielsweise 3 kHz bis über 20 kHz auf (bei einer Eigenresonanz, die über 30 kHz liegt). Die Klopfsensoren sind an geeigneten Positionen am Motorblock zu montieren, damit sie die durch den Verbrennugsprozess erzeugten Vibrationen aufnehmen können. Um ein eventuelles Klopfen für jeden einzelnen Zylinder zu erkennen, werden bei vielzylindrigen Motoren mehrere Klopfsensoren eingesetzt (zum Beispiel zwei Sensoren bei sechs Zylindern oder vier Sensoren bei acht Zylindern).

Das Funktionsprinzip von Klopfsensoren beruht typischerweise auf einem piezokeramischen Ring, der mit Hilfe einer überlagerten (seismischen) Masse die Motorvibrationen in elektrisch verwertbare Signale umsetzt (siehe **Bild 18-4**). Die Sensorempfindlichkeit wird in mV/g oder pC/g angegeben und ist über einen weiten Frequenzbereich nahezu konstant.

Wie **Bild 18-5** zeigt, kann durch die Wahl der seismischen Masse das Übertragungsverhalten des Klopfsensors angepasst werden. Durch Reduzierung der

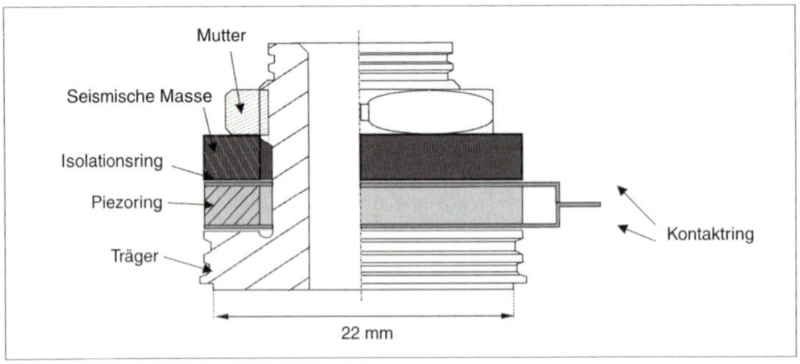

Bild 18-4 Querschnitt eines Klopfsensors

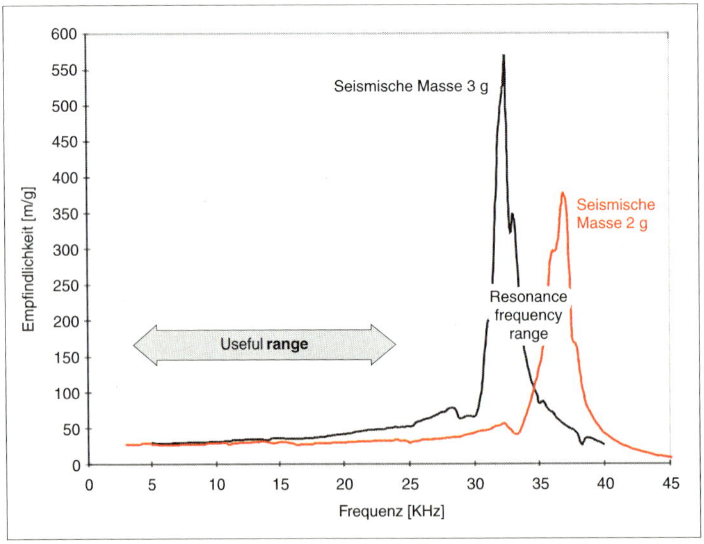

Bild 18-5 Einfluss der seismischen Masse auf die Übertragungsfunktion eines Klopfsensors

seismischen Masse kann die Resonanzfrequenz erhöht werden.
Da derartige Sensoren ein Toleranzband von circa ±30 % bzgl. ihrer Empfindlichkeit haben, ist bei der Abstimmung des Motorsteuergerätes die Verwendung von Grenzmustersensoren (des Toleranzbandes der Empfindlichkeit) zu beachten.
Zunehmend werden Klopfsensoren mit integriertem Stecker verwendet. Eine typische Ausführungsform ist in **Bild 18-6** gezeigt.
Teilweise werden auch heute schon Klopfsensoren in Dieselmotoren verwendet, um den Einspritzbeginn und die Funktion der Einspritzdüsen (OBD) zu kontrollieren.

Bild 18-6 Ausführung eines Klopfsensors mit integriertem Stecker

18.4 Abgassensoren

Direkt nach dem Krümmer montiert dienen sie zur Regelung der Einspritzanlage (λ-Regelung), um die optimale Konvertierungsrate von einem Katalysator zu erzielen; nach Katalysator angebracht überwachen sie seine Funktionstüchtigkeit und ermöglichen die Erfüllung von den OBD- (On Board Diagnose) Anforderungen.
Allen heute eingesetzten Sonden ist gemeinsam, dass sie aus dem bei Temperaturen oberhalb circa 350 °C sauerstoffionenleitenden Zirkondioxid (ZrO_2) in Mehrlagentechnik aufgebaut sind und den Konzentrationsunterschied an den beiden Grenzflächen der Sonde ausnutzen: Die Spannung, die über eine ZrO_2-Schicht abgegriffen wird, hängt nur von der Differenz der Sauerstoffpartialdrücke auf beiden Seiten der Schicht ab, wie mittels der Nernst-Gleichung beschrieben.

18.4.1 Lambdasensoren

Es wird zwischen binärem und linearem Lambdasensor unterschieden. Binäre Sonden erlauben die Regelung der Luftzahl um den stöchiometrischen Punkt $\lambda = 1$ und somit die Einstellung der Kraftstoffzufuhr für eine optimale Konvertierung des Dreiwegekatalysators. Lineare Sonden erfassen kontinuierlich das

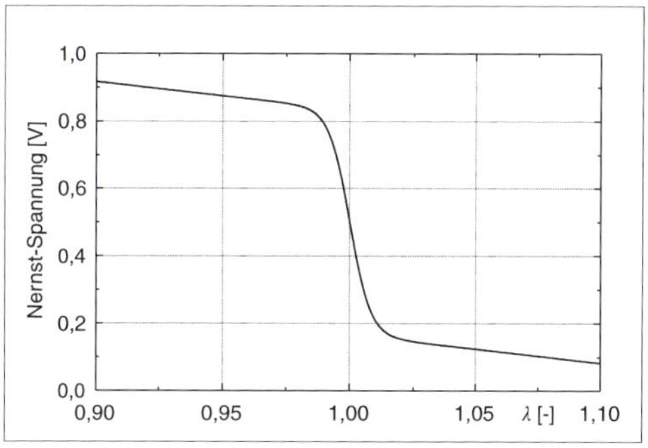

Bild 18-7 Kennlinie einer binären Lambdasonde

Luft-Kraftstoff-Verhältnis zwischen fettem Gemisch und Luft und eignen sich besonders für die Steuerung von Magermotoren, beispielweise von Otto-Motoren mit Direkteinspritzung.
Bei der binären Lambdasonde wird die Nernst-Spannung zwischen einer katalytisch aktiven abgasseitigen Elektrode und einer Referenz-Elektrode, die sich in Luft befindet, gemessen. Die Spannung weist einen sprungartigen Verlauf um $\lambda = 1$ **(Bild 18-7)** auf.
Bei der linearen Lambdasonde wird das Luft-Kraftstoff-Verhältnis in einer sensorinternen Kammer durch Anlegen von einem Strom, Pumpstrom genannt, auf eine $\lambda = 1$-entsprechende Nernst-Spannung geregelt. Die Luftreferenz wird entweder über einen Kanal in der Keramik oder durch ständige Sauerstoffzufuhr in eine Kavität erzeugt (**Bild 18-8**). Der Pumpstrom dient als Messsignal und hängt von dem Abgaslambda ab **(Bild 18-9)**.

18.4.2 NO_x-Sensor

Der NO_x-Sensor erlaubt die direkte Messung von der Stickoxidkonzentration im Abgas von Otto- und Dieselmotoren. Er ermöglicht die optimale Rege-

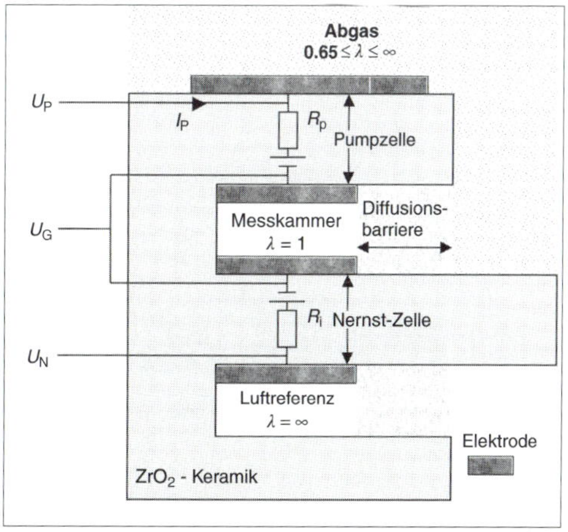

Bild 18-8 Prinzip eines linearen Lambdasensors

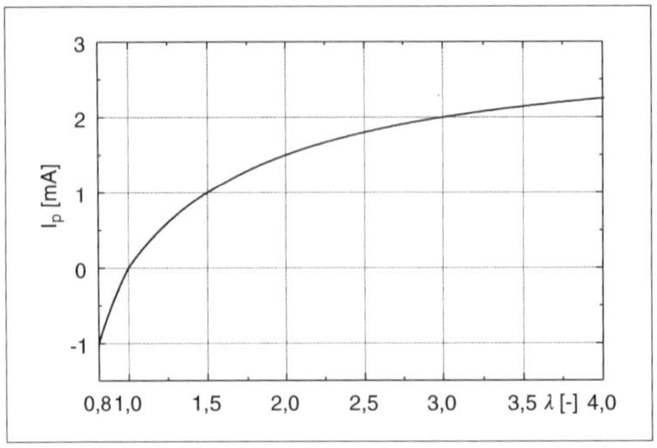

Bild 18-9 Kennlinie einer linearen Lambdasonde

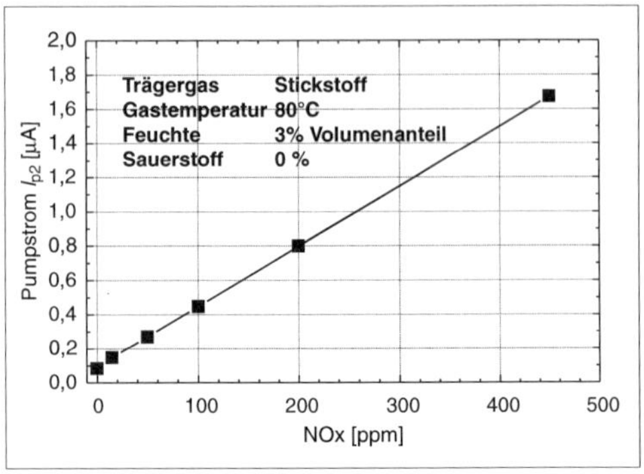

Bild 18-11 Kennlinie eines amperometrischen NO_x-Sensors

lung und Diagnose von NO_x-Katalysatoren durch die Motorsteuerung (zum Beispiel NO_x-Speicher, SCR-Katalysator) und die Erfüllung der OBD-Anforderungen für die Überprüfung des Drei-Wege-Katalysators bei Niedrigemissionskonzepten (SULEV, LEV 2).

Das aussichtsreichste Funktionsprinzip eines NO_x-Sensors basiert auf der Zersetzung von Stickoxid mittels einer katalytisch aktiven Elektrode bestehend aus einer Mischung aus Platin und Rhodium; die Messung des dabei produzierten Sauerstoffs ist von der amperometrischen linearen Lambdasonde her bekannt. Der Aufbau von der mehrlagigen ZrO_2-Sensorkeramik beinhaltet 2 Kammern **(Bild 18-10)**. In der ersten wird der im Abgas enthaltene Sauerstoff durch Anlegen eines Pumpstroms auf einen konstanten Partialdruck von einigen 10 ppm reduziert (mageres Abgas) oder erhöht (fettes Abgas). Der notwendige Strom ist proportional zum Kehrwert des Luft-Kraftstoff-Verhältnisses. In der zweiten Kammer findet die NO_x-Reduktion an der Messelektrode statt. Der Strom, der notwendig ist, um die Umgebung der Elektrode sauerstofffrei zu halten ist proportional zur Stickoxidkonzentration und bildet das Messsignal **(Bild 18-11)**. Durch eine zweistufige Einstellung des Restsauerstoffs in der ersten und zweiten Kammer mittels einer zusätzlichen Elektrode kann die Querempfindlichkeit des Sensors auf Sauerstoff reduziert werden.

Die Kenntnis des Luft-Kraftstoff-Verhältnisses erlaubt zudem eine numerische Kompensation des NO_x-Signals. Nachteil von solchen Sensoren ist deren starke Ammoniak-Querempfindlichkeit hervorgerufen durch eine Oxidation von Ammoniak zu Stickstoffmonoxid in der ersten Sensorkavität.

Die notwendigen Ströme an der NO_x-Messelektrode liegen bei einigen µA für einen Messbereich von einigen 100 ppm. Eine elektromagnetisch sichere Integration in das Motormanagementsystem ist nur mit einer elektronischen Ansteuerung des Sensors in seiner unmittelbaren Nähe möglich. Es gibt zwei Möglichkeiten dies zu realisieren, entweder einen stand-alone beziehungsweise, so genannten „Smart" NO_x-Sensor **(Bild 18-12)** mit der kompletten Ansteuerung (Heizungsregelung und Pumpstromregelung) sowie digitaler Kommunikation zur Motorsteuerung, oder nur eine Auslagerung der Pumpstromregelung bei analoger Ansteuerung.

18.5 Drucksensoren

Um den verschiedenen Anforderungen der zu messenden Drücke gerecht zu werden, werden verschiedene Sensortypen eingesetzt.

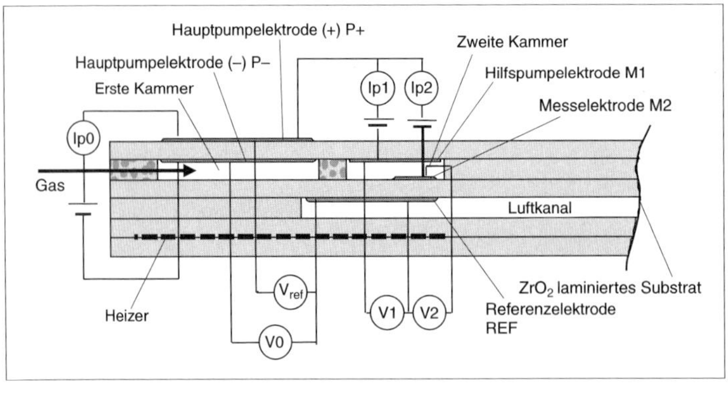

Bild 18-10 Messprinzip eines NO_x-Sensors (NGK Insulators LTD)

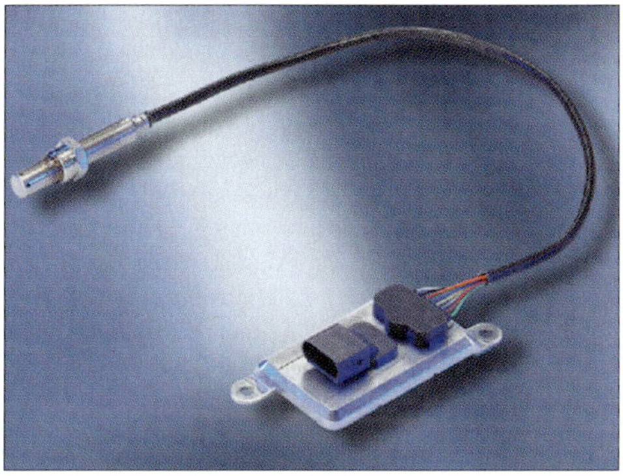

Bild 18-12 NO_x-Sensor mit Steuerelektronik

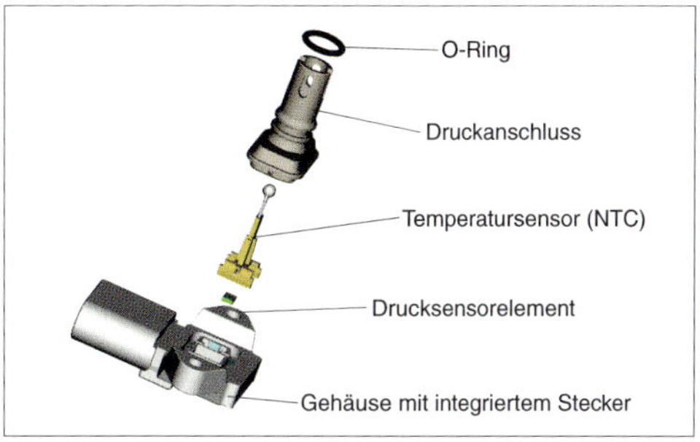

Bild 18-13 Aufbau eines MAP mit integriertem Temperatursensor

Diese Sensortypen können wie folgt unterschieden werden:

Sensortyp	**Druckbereich**
Normaldrucksensoren	circa 0 – 5 bar
Mitteldrucksensoren	circa 5 – 100 bar
Hochdrucksensoren	circa 100 – 2.000 bar
Differenzdrucksensoren	circa 0 – 1 bar bidirektional
Druckschalter	circa 0 – 1 bar (nur Schaltfunktion)

Die Anwendungsgebiete und Sensorprinzipien für diese Sensortypen sind in den folgenden Abschnitten beschrieben.

18.5.1 Normaldrucksensoren

Normaldrucksensoren untergliedern sich in folgenden Gruppen:

- MAP: Manifold Absolute Pressure Sensor (Saugrohr-Drucksensor)
- BAB: Barometric Absolute Pressure Sensor (Umgebungs-Drucksensor)
- Turbo MAP: Manifold Absolute Pressure Sensor for turbocharged engines (Lade-Drucksensor)

Der **MAP** wird verwendet, um den Saugrohrunterdruck, der nach der Drosselklappe herrscht zu bestimmen. Der typische Messbereich liegt bei 0,2–1,1 bar. Zusammen mit der Temperatur kann daraus die Ansaugluftmasse berechnet werden. Entsprechend dem Fahrerwunsch bildet diese Information die Grundlage für die Bestimmung der Benzineinspritzmenge und der Drosselklappenstellung. Mit Hilfe des Lambdasondensignals wird ein geschlossener Regelkreis aufgebaut, der das Luft-Kraftstoffgemisch im Bereich $\lambda = 1$ regelt, um minimale Abgasemissionen zu gewährleisten. Der MAP wird oft mit integriertem Temperatursensor verwendet um den Montageaufwand zu reduzieren.

Der **BAP** wird verwendet, um den Umgebungsdruck zu bestimmen. Die erhaltene Information dient zur Kompensation des Luftdrucks in unterschiedlichen Höhen. Der typische Messbereich liegt hier bei 0,5–1,1 bar.

Der **Turbo MAP** dient zur Bestimmung des Ladedrucks bei Motoren mit Turbolader. Der typische Messbereich liegt bei 0,5–2,5 bar. Die Motorsteuerung optimiert die Verbrennungsparameter mit Hilfe der Ladedruck-Information. Ferner kann der Ladedruck zur Regelung des Turboladers (VTG) verwendet werden.

Folgende Messprinzipien sind in Anwendung:

18.5.1.1 Piezoresistives Messprinzip

Traditionell werden piezoresistive Messzellen verwendet. Unter einer derartigen Messzelle versteht man eine Druckzelle bestehend aus einer Membran mit aufgebrachten Piezowiderständen. Durch den einwirkenden Druck dehnen sich die Piezowiderstände. Dies führt zu einer druckabhängigen Widerstandsänderung. Mit Hilfe einer separaten Elektronik werden diese Widerstandsänderungen in eine analoge Spannung gewandelt. In neueren Ausführungen wird die Druckzelle mit „Volumen-Mikromechanik" in den Chip integriert.

18.5.1.2 Kapazitives Messprinzip

Eine grundsätzliche Neuentwicklung stellt der „oberflächen-mikromechanische" Drucksensor dar. Hierbei werden mit Standard-Halbleiterprozessen (BiCMOS) die Druckzelle sowie die zugehörige Auswerteelektronik auf einem Chip hergestellt. Hierdurch entfällt die Verbindung mittels Bonddrähten zwischen Drucksensorzelle und Auswerteelektronik. Die Bestimmung des Druckes erfolgt durch spezielle kondensatorähnliche ausgebildete Druckzellen. Der einwirkende Druck ändert den Abstand der beiden Kondensatorflächen und führt zu einer Änderung der Kapazität. Diese Kapazitätsänderung wird in eine analoge Ausgangsspannung transformiert. Der Aufbau ist in **Bild 18-14** schematisch dargestellt.

Die Einstellung der gewünschten Kennlinie für die verschiedenen, oben erwähnten Anwendungen und

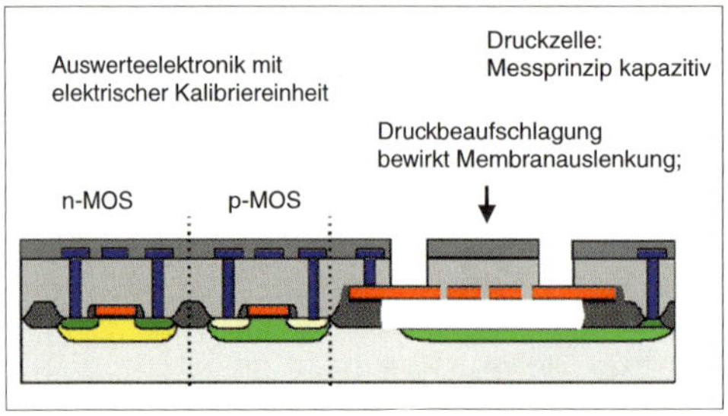

Bild 18-14 Aufbau eines oberflächen-mikromechanischen Drucksensors

Druckbereiche erfolgt über eine Kalibration am Ende der Herstellung des Sensors.

18.5.2 Mitteldrucksensoren

Diese Sensoren werden zum Beispiel für Öldruck, Hydrauliköldruck in Automatikgetrieben sowie Anwendungen außerhalb des Anstriebsstrangs (Klimakompressoren) verwendet. Für Flüssigkeiten oder aggressive Medien wird vorwiegend ein Aufbau verwendet der dem Hochdrucksensor ähnlich ist.

18.5.3 Hochdrucksensoren

Ab circa 100 bar beginnt die Zuordnung zu den Hochdrucksensoren. Allgemein üblich ist eine Bauweise mit Sechskantausführung und Bolzengewindeanschluss M12 **(Bild 18-15)**. Typischerweise werden Stecker mit 3 Pins (Versorgungspannung, Masse, Ausgang) verwendet. Die Kalibrierung erfolgt ebenfalls über die 3 Pins oder über zusätzliche Kontakte.
Die Hauptanwendungsbereiche lassen sich wie folgt definieren:

100– 200 bar	HPDI-Benzindirekteinspritzsysteme
200– 280 bar	Bremsdrucksensoren
1.300–2.000 bar	Common Rail Dieseleinspritzsysteme

Grundsätzlich wird für hohe Drücke die Medientrennung mittels einer Membran realisiert. Der Einsatz hochfester Materialien für die Membran erlaubt Messbereiche über 2.000 bar. Typischerweise wird ein Berstdruck des 1,5- bis 2-fachen Nenndruckes gefordert. Der Druck deformiert die Membran, dies wird über eine Dehnungsmessbrücke auf der Membran erfasst. Das Signal ist bei geeigneter Auslegung dem angelegten Druck proportional. Das elektrische Signal wird in einer elektronischen Schaltung (ASIC) verstärkt und mit den Kalibrierdaten für Druck und Temperaturabhängigkeit kompensiert. Der Hochdrucksensor erreicht durch die Kalibration über Druck und Temperatur eine Genauigkeit von typisch 1–2 % des Messbereichs. Meistens ist das Ausgangssignal analog und ratiometrisch.

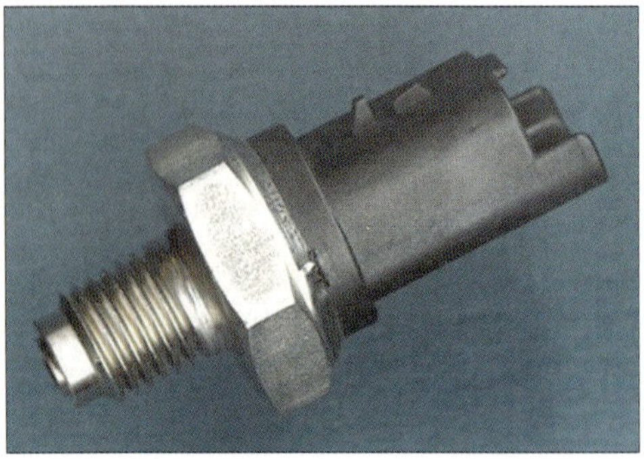

Bild 18-15 Ansicht eines Hochdrucksensors

18.5.4 Druckschalter

Druckschalter werden verwendet, um Druckschwellen in flüssigen oder gasförmigen Medien zu detektieren. Die Schaltschwellen liegen bei einigen 100 mbar für Öldruck **(Bild 18-16)** und bis zu über 100 bar bei Hydraulikanwendungen.
Die Funktion des Druckschalters beruht im Wesentlichen auf einem mechanischen Kontakt der durch Überschreiten des anliegenden Druckes geöffnet wird. Eine Feder drückt eine Metallmembran gegen das Metallgehäuse. Übersteigt der Druck im Medium einen Schwellwert, entfernt sich die Metallmembran vom Gehäuse; der Stromkreis Gehäuse – Metallmembran – Metallfeder wird unterbrochen (öffnender Kontakt).
Es gibt auch die umgekehrte Variante, die bei fallendem Druck den Schaltkreis öffnet (schließender Kontakt).

Bild 18-16 Ansicht eines Öldruckschalters

18.6 Luftmassensensor

Um den vom Motor angesaugten Luftmassenstrom bestimmen zu können, setzt man heute entweder einen Saugrohr-Drucksensor (MAP = Manifold Absolute Pressure) oder einen Luftmassensensor (MAF = Mass Air Flow) ein. Das ausgegebene Signal dient als Grundlage im elektronischen Motorsteuergerät für die Bestimmung des Lastzustandes.

Bei Ottomotoren dient das Signal in erster Linie der Regelung der Kraftstoffmenge, als Eingangsgröße für das Zündkennfeld sowie zur Bestimmung der Abgasrückführrate. Im Zusammenspiel mit der Lambdasonde bildet der MAF beziehungsweise MAP einen geschlossenen Regelkreis.

Da bei Dieselmotoren keine Drosselklappe vorhanden ist und somit der Saugrohrdruck kein Maß für die angesaugte Frischluftmasse ist, muss ein MAF eingesetzt werden. Hier dient das Signal des MAF als Regelgröße für die Abgasrückführung (AGR), bei neueren Systemen auch als Steuergröße für eine kennfeldabhängige Dieseleinspritzpumpe. Da bei Dieselmotoren keine Rückmeldung aus dem Abgas vorhanden ist, sind die Genauigkeitsanforderungen an den MAF höher als beim Ottomotor.

Somit ist die Messung der angesaugten Frischluftmasse maßgebend für die Reduzierung des Schadstoffausstoßes und die Erhöhung des Fahrkomforts.

18.6.1 Messprinzip

Neben den früher häufig eingesetzten Prinzipien zur Massenstromermittlung, Stauklappe und Hitzdraht, wird heute das Verfahren der Heißfilm-Anemometrie eingesetzt.

Diesem Prinzip folgen nahezu alle im Kraftfahrzeug eingesetzten Luftmassensensoren. Ein erhitzter Körper gibt Energie an die umliegende Luft ab. Die abgegebene Wärmemenge ist vom Luftstrom abhängig und kann als Messgröße verwendet werden.

18.6.2 Mass Airflow Sensor

Der MAF besteht aus einem Sensormodul, dem Stecker und gegebenenfalls einem Rohr. Das Sensormodul kann mit einem entsprechenden Steckerelement auch als sog. Einsteckfinger verwendet werden. Der Rohrdurchmesser wird an den jeweils benötigten Luftmassenbereich angepasst (siehe **Bild 18-17**). Im Sensormodul sind Sensorik, Elektronik und der Strömungskanal integriert.

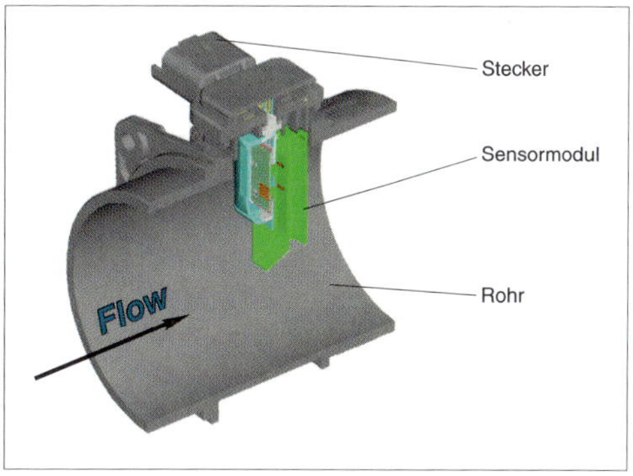

Bild 18-17 Aufbau eines Mass Airflow Sensors

Zwei temperaturabhängige Metallfilm-Widerstände auf Glassubstrat (RS und RT), werden im Inneren des Rohres direkt im Ansaugluftstrom angeordnet. Diese zwei Widerstände sind, in Kombination mit R_1 und R_2, in einer Brückenschaltung verbunden (**Bild 18-18**).

Entsprechend dem angesaugten Luftmassenstrom wird R_S mehr oder weniger stark gekühlt.

Die Elektronik regelt den erforderlichen Heizstrom durch R_S so, dass an R_S immer eine konstante Temperaturdifferenz (zum Beispiel 100 K) zur an R_T gemessenen Lufttemperatur besteht. Der Heizstrom wird am Widerstand R_2 in ein Spannungssignal umgewandelt.

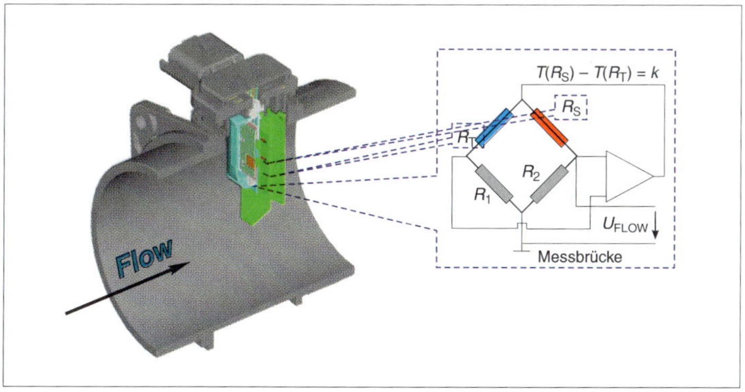

Bild 18-18 Prinzip eines Mass Airflow Sensors. Die Spannung an R_2 ist ein Maß für den Massendurchfluss

Die Widerstände R_S und R_T sind so aufeinander abgestimmt, dass die Kennlinie unabhängig von der Lufttemperatur ist. Die Kennlinie weist zudem, physikalisch bedingt, eine vorteilhafte nichtlineare Charakteristik auf, wodurch eine nahezu konstant proportionale Auflösung ermöglicht wird.
Durch die speziell auf die Bedingungen im Fahrzeugmotorraum abgestimmten Materialien, Strömungsführung, Schaltungstechnik und den mechanischen Aufbau, ist das MAF-Signal nahezu unabhängig von Temperatur, Druck und Verschmutzung.
Pulsationen im Ansaugtrakt und Rückstromkompensation:
Verbrennungsmotoren mit vier oder weniger Zylindern erzeugen bei weit geöffneter beziehungsweise nicht vorhandener Drosselklappe (zum Beispiel bei Dieselmotoren oder direkteinspritzenden Ottomotoren) starke Pulsationen im Ansaugtrakt. Bei bestimmten Drehzahlen, am Resonanzpunkt, kommt es zu einer pulsierenden Rückströmung, welche bei herkömmlichen MAF einen positiven Messfehler verursacht, da die Luft den Sensor mehrfach überstreicht.
Durch die Gestaltung des Strömungskanals, die Positionierung der Sensoren in diesem Kanal und eine zusätzliche Korrekturschaltung kann dieser Effekt kompensiert werden.
In vielen Anwendungen wird auch der Temperaturfühler (NTC-Widerstand) zur Bestimmung der Ansauglufttemperatur in den HFM integriert.

18.6.3 Sekundär Luftmassensensor (SAF = Secondary Air Flow)

In der Startphase eines Motors werden bei den Abgastestzyklen ein Großteil der CO und HC Emissionen erzeugt. In den ersten Minuten geht der Wirkungsgrad des Katalysators gegen Null, da die Temperatur noch unter der so genannten „Ligh-Off" Temperatur von circa 350 °C liegt. Um ein möglichst schnelles Aufheizen des Katalysators zu erreichen, bläst man in den Abgastrakt Sekundärluft und das Abgas wird mit zusätzlichen Kohlenwasserstoffen angereichert. Dies kann durch Anreicherung des Gemisches oder durch nachträgliches Einspritzen von Kraftstoff in den Abgaszweig erfolgen. Der Sauerstoff, der über die Sekundärluft zugeführt wird, ermöglicht durch die Nachverbrennung des fetten Gemisches somit ein schnelleres Aufheizen des Katalysators und daraus resultierend eine deutliche Reduzierung der Schadstoffmenge. Dies ist erforderlich, um strengste Abgasanforderungen zu erfüllen.
Basierend auf dem Messprinzip des Hauptstrom-MAF misst der Sekundär Luftmassensensor die dem Katalysator während der Startphase zusätzlich zum Abgas zugeführte Frischluftmasse.
Die Vorteile gegenüber einem ungeregelten System sind die Unabhängigkeit von System-Toleranzen sowie die Möglichkeit, während der Sekundärluftphase zusätzlich eine erweiterte Diagnose des Systemes durchführen zu können.

18.7 Drehzahlsensoren

Es wird im Allgemeinen von Drehzahlsensoren gesprochen; jedoch handelt es sich in diesem Fall um inkrementale Sensoren. Zur Steuerung des Antriebsstrangs sind häufig folgende Drehzahlgeber verwendet:

- Kurbelwellensensor
- Nockenwellensensor
- Getriebedrehzahlsensor.

Elektronische Steuergeräte für Verbrennungsmotoren benötigen zur exakten Steuerung von Zündung und Einspritzung eine Information über die aktuelle Position der Kurbelwelle und Nockenwelle.
Für die Anwendung an der Kurbelwelle wird eine hohe Genauigkeit im gesamten Funktionsbereich (Temperatur, Luftspalt, Drehzahl, mechanische Toleranzen) gefordert. Außerdem sollte der Sensor möglichst kleine Drehzahlen erfassen können, um bei dem Start des Motors eine schnelle Positionserfassung zu ermöglichen. Für Motoren mit bis zu 8 Zylindern erfolgt die Zündaussetzerkennung (Misfire Detection) durch die Auswertung des Kurbelwellensensors. Daher wird eine sehr hohe Wiederholgenauigkeit gefordert (<0.03°).
Mit dem Nockenwellensensor erfolgt die Synchronisation zwischen Nocken und Kurbelwelle, dies bedeutet eine Zuordnung des ersten Zylinders. Um eine schnelle Synchronisation zu erreichen werden entweder speziell codierte Geberräder für die Nockenwelle verwendet oder Nockenwellensensoren mit einer statischen Funktion. Bei Motoren mit variabler Ventilsteuerzeit werden die Nockenwellensensoren auch zur Steuerung der Nockenwellenversteller benötigt. Für jede verstellbare Nockenwelle wird ein Nockenwellensensor benötigt. Für die Anwendung als Positionssensor für die variable Ventilsteuerzeit ist die Genauigkeit von besonderer Bedeutung.
Mit Getriebedrehzahlsensoren wird die Geschwindigkeit des Fahrzeugs gemessen. Zur Steuerung von Automatik- und CVT-Getrieben wird sowohl die Eingangs als auch die Abgangsdrehzahl benötigt. Die Anforderungen von Getriebedrehzahlsensoren sind wesentlich geringer, jedoch sollten diese Sensoren eine möglichst kleine Drehzahl erfassen können.

Messprinzipien

Die Messprinzipien lassen sich in passive und aktive Drehzahlsensoren unterteilen.

18.7.1 Passive Drehzahlsensoren

Als passive Drehzahlsensoren werden heute fast ausnahmslos induktive Sensoren, auch Variable Reluktanz (VR) Sensoren genannt, eingesetzt.
Die induktiven Sensoren bestehen im Wesentlichen aus einer Spule um einen magnetisch vorgespannten

Kern. Befindet sich der induktive Sensor in der Nähe eines bewegten ferromagnetischen Geberrades, wird eine Spannung induziert. Diese Spannung wird in dem elektronischen Steuergerät ausgewertet. Jede Flanke der Geberrades induziert eine elektrische Spannung. Bei induktiven Sensoren ist die Höhe der induzierten Spannung von der Drehzahl abhängig, daher gibt es eine untere Drehzahl/Frequenz für die Funktion des induktiven Sensors.

18.7.2 Aktive Sensoren

Drehzahlsensoren welche aktiv arbeiten, haben eine integrierte Elektronik für die Signalverarbeitung. Daher übertragen aktive Sensoren normierte Signalpegel, die ohne zusätzliche Signalverarbeitung in dem elektronischen Steuergerät verwendet werden.
Aktive Sensoren auf der Basis des Hall-Effektes sind am weitesten verbreitet, zunehmend werden auch MR-Sensoren und GMR-Sensoren eingesetzt.
Bei den Hall-Sensoren werden am häufigsten Differential-Hallsensoren verwendet (**Bild 18-19**).

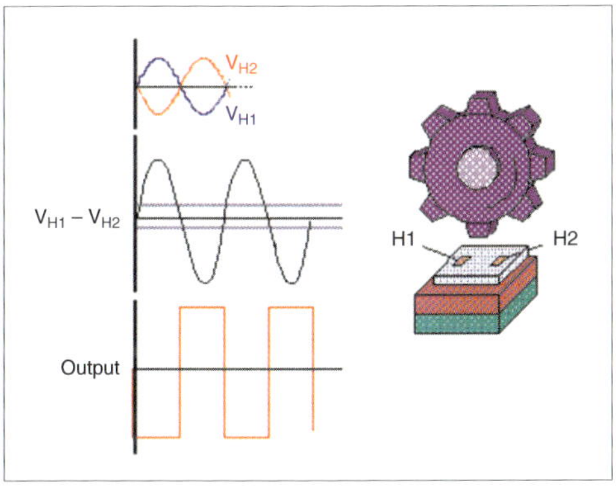

Bild 18-19 Messprinzip eines Differential-Hall-Sensors

Der Flankenwechsel eines ferromagnetische Geberrades führt zu einer Differenz des Magnetfeldes an dem Differential-Hallelement. Durch das Differentialprinzip sind diese Sensoren weitgehend unempfindlich gegenüber Störeinflüssen wie Temperaturänderungen, externe Magnetfelder. Dadurch zeichnen sich diese Sensoren durch eine hohe Genauigkeit aus. Mit dem Differentialprinzip lassen sich Sensoren mit einer unteren Drehzahl von 0 1/min (Zero-Speed) realisieren. Aufgrund des Differentialprinzips können diese Sensoren nur in einer Einbaulage verwendet werden.
Für eine statische Funktion werden sogenannte Einzelelement Hallsensoren verwendet. Diese Sensoren erlauben die Erkennung von Zahn oder Lücke ohne Bewegung des Geberrades (True Power On). Durch die Anordnung als Einzelelement ist eine beliebige Orientierung zwischen Hallsensor und Geberrad möglich.

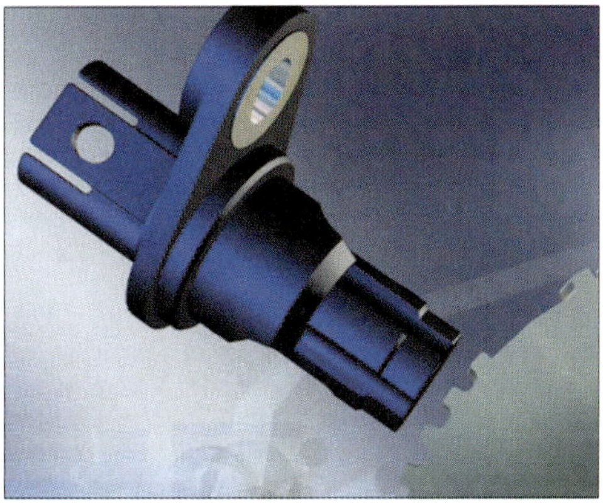

Bild 18-20 Aktiver Kurbelwellensensor

Bild 18-20 zeigt einen aktiven Kurbelwellensensor, auf der Basis von Differential-Hallsensoren.

18.8 Brennraumdrucksensoren für Dieselmotoren

Initiiert durch immer strengere Abgasgesetzgebung werden für zukünftige Brennverfahren genauere Informationen über den Verbrennungsvorgang benötigt.
Für qualitative Informationen, wie die Überprüfung des Vorhandenseins von Vorabeinspritzungen, werden derzeit bevorzugt Klopfsensoren als Körperschallsensoren eingesetzt. Meist wird jedoch eine quantitative Information zur freigesetzten Verbrennungsenergie über den jeweiligen Kurbelwinkel benötigt. Hierfür bieten sich insbesondere Brennraumdrucksensoren an. Auf ihrem Signal basierend, lassen sich folgende Funktionen realisieren:

- Zylinderselektive Regelung des maximalen Verbrennungsdrucks
- Detektion von Vor-, Haupt- und Nacheinspritzvorgängen
- Ausgleich von Toleranzen im Einspritz- und Ansaugsystem
- Regelung der Verbrennungsschwerpunktlage.

Der Einsatz konventionell arbeitender Drucksensoren mit druckempfindlichen Membranen gestaltet sich äußerst schwierig. Um Druckschwingungseffekte im Verbrennungsgas zu minimieren muss die Membran möglichst direkt am Verbrennungsraum platziert werden. Da Zylinderköpfe moderner Pkw Dieselmotoren zumeist keinen oder nur sehr geringen Spielraum für eine zusätzliche Bohrung für einen Drucksensor bieten, scheitert die Verwendung derartiger Sensoren zumeist am Bauraum.
Aus diesem Grund zielt die aktuelle Hauptentwicklungsrichtung bei Brennraumdrucksensoren auf die Integration in vorhandene Komponenten, insbeson-

dere in Glühkerzen ab. Die Glühkerze hat mit ihrem Brennraumzugang eine ideale Einbauposition.

Ein Beispiel für einen glühkerzenintegrierten Brennraumdrucksensor mit piezokeramischem Messelement zeigen **Bild 18-21** und **18-22**. Die Verformung des aus Glühkerzengehäuse und Glühkerzenelektrode aufgebauten Messelementes wird mittels piezokeramischem Sensorelement in eine elektrische Ladung als Ausgangssignal gewandelt.

Glühkerzenintegrierte Brennraumdrucksensoren können prinzipiell in zwei Messprinzipien unterteilt werden: Zum einen die Messung des Verbrennungsdrucks über die Messung von Zylinderkopfverformungen und zum zweiten die Messung des Verbrennungsdrucks über die Messung von sensorinternen Verformungen (**Bild 18-23**).

Die Messung des Verbrennungsdruckes über die Messung von Zylinderkopfverformung stellt die einfachere Lösung dar, da hier das gesamte Glühkerzengehäuse als Messelement dienen kann. Untersuchungen an aktuellen Common Rail Dieselmotoren zeigen für dieses Messprinzip hervorragende Genauigkeiten und in Verbindung mit einem piezoelektrischen Sensorelement ein sehr gutes Signal-Rauschverhalten [1].

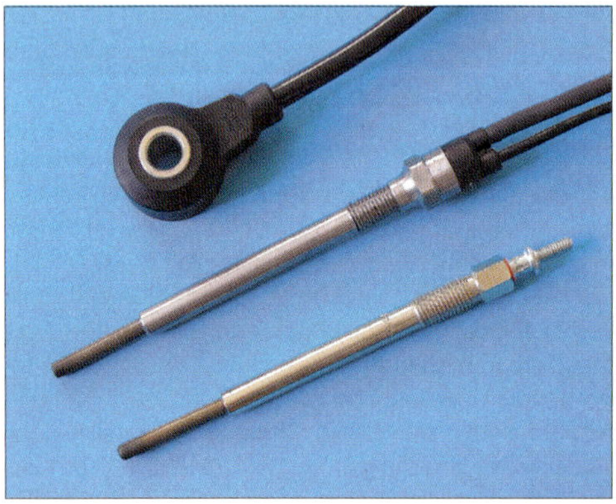

Bild 18-21 Glühkerzenintegrierter Brennraumdrucksensor (Mitte) in Kombination mit Klopfsensor (links) und Glühkerze (rechts)

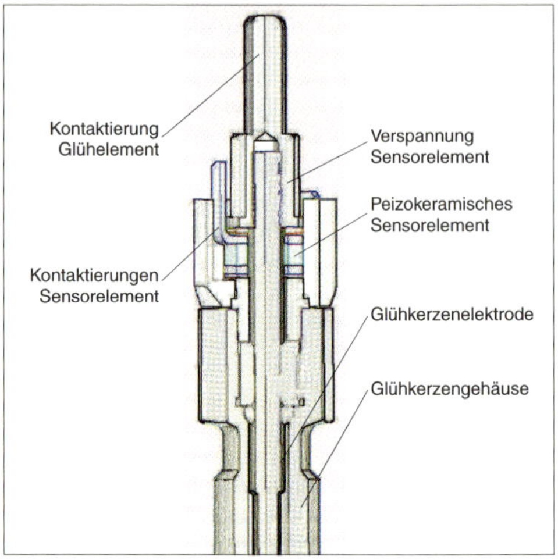

Bild 18-22 Integration Sensorelement

Treten am Zylinderkopf nicht verbrennungsbedingte Verformungen auf oder sind diese zu klein, muss auf das etwas aufwendigere Prinzip der Messung einer sensorinterenen Verformung zurückgegriffen werden. Das Messelement ist in diesem Fall von den zylinderkopfinduzierten Verformungen des Glühkerzengehäuses zu entkoppeln. Dem Nachteil höherer Komplexität steht diesem Messprinzip der Vorteil einer Kalibrierbarkeit in der Sensorfabrik gegenüber.

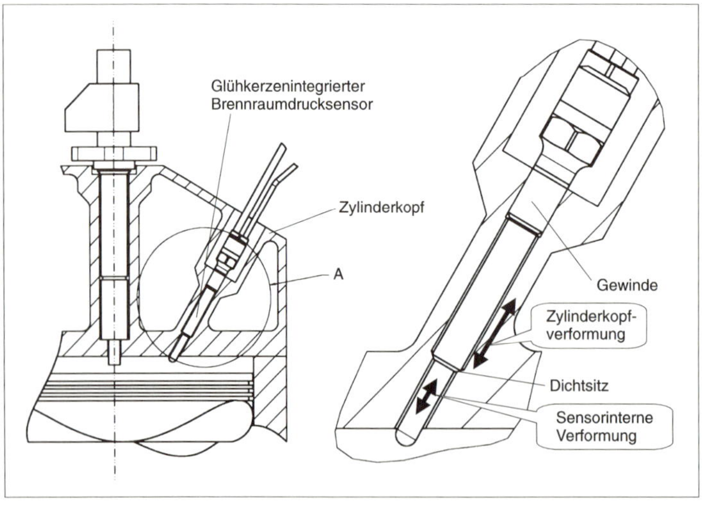

Bild 18-23 Brennraumdruckmessung über Zylinderkopf vs. Sensor Verformung

Neben dem hier vorgestellten piezoelektrischen Sensorelement sind prinzipiell auch Verformungsmesselemente mit anderen Wandlungsprinzipien denkbar. Das piezoelektrische Messelement überzeugt jedoch durch seinen einfachen Aufbau und dem hieraus folgendem minimalen Bauraumbedarf.

Ein zukünftiger Einsatz ähnlicher Konzepte beim Ottomotor, beispielsweise durch Integration des Brennraumdrucksensors in eine Zündkerze, rückt mit den hier entwickelten Technologien in greifbare Nähe.

Literatur

[1] Robert Bosch GmbH (Hrsg.): Kraftfahrtechnisches Taschenbuch. 26. Aufl. Wiesbaden: Vieweg Verlag, 2007

[2] *Fiedeler, O.*: Strömungs und Durchflussmesstechnik. R. Oldenburg Verlag, 1992

[3] *Niebuhr, J.; Lindner, G.*: Physikalische Messtechnik mit Sensoren. R. Oldenburg Verlag, 1994

[4] *Tränkler, H.-R.; Obermeier, E.*: Sensortechnik. Springer Verlag, 1998

[5] *Last, B.; Ramond, A.; Goretti, S.; Burrows, J.*: "Integration of a piezo ceramic sensing element in a glow plug in order to get a combustion pressure sensor for diesel engines". Hildesheim, Adaptronic Congress, 27. – 28. April 2004

19 Aktuatorik

19.1 Antriebe

In der Motormanagement-Aktuatorik finden bevorzugt pneumatische und elektrische Stellantriebe Verwendung. **Bild 19-1** zeigt eine Gegenüberstellung der Vor- und Nachteile der am weitesten verbreiteten Antriebe.

19.1.1 Pneumatische Antriebe

Pneumatische Antriebe werden in der Aktuatorik bevorzugt als Umschalter zwischen zwei Fixpositionen verwendet **(Bild 19-2)**. Pneumatische Stellantriebe bestehen aus einer Unterdruckdose mit Membran, die über ein Steuerventil mit der Unterdruckversorgung des Fahrzeugs verbunden ist. Das zu betätigende Stellelement ist entweder direkt oder über Hebel beziehungsweise Seilzüge mit dem Stellelement verbunden. Im Nutzfahrzeug werden bevorzugt pneumatische Antriebe mit Hubzylindern verwendet, die an die Fahrzeugdruckluftversorgung angeschlossen sind.
Vorteil des pneumatischen Antriebs ist der geringe Preis in Kombination mit den zur Baugröße vergleichbar großen Stellmomenten und schnellen Stellzeiten. Ein wesentlicher Nachteil des pneumatischen Antriebs ist die nur schwer umsetzbare Positionsregelung, die ein exaktes Anfahren von Zwischenpositionen nicht ermöglicht. Dieser Nachteil hat dazu geführt, dass früher weit verbreitete pneumatische Antriebe inzwischen vermehrt durch elektrische Antriebe abgelöst werden.

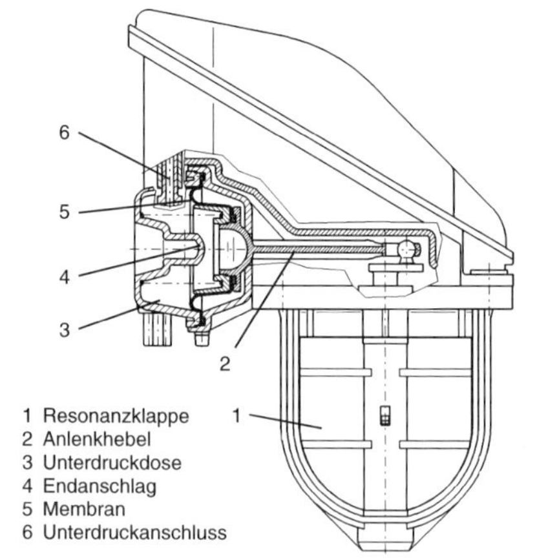

Bild 19-2 Saugrohrresonanzklappe mit pneumatischem Antrieb (Quelle: Continental Automotive GmbH)

19.1.2 Elektrische Antriebe

19.1.2.1 Schrittmotor

Der Schrittmotor wird in der Aktuatorik bevorzugt bei geringen Stellkraftanforderungen eingesetzt **(Bild 19-3)**. Der Vorteil des Schrittmotors besteht in seiner schrittweisen Bewegung und der entsprechenden Ansteuerung. Diese ermöglicht durch das Mitzählen der Verstellschritte eine relative Positionsbestimung des Antriebs gegenüber der Position zu Beginn der Bewegung und damit eine vereinfachte Positionssteuerung des Antriebs. Eine absolute Bestimmung der Istposition ist jedoch nicht möglich.
Bei einfachen Anforderungen ist ein zusätzlicher Sensor zur Erfassung der Istposition nicht notwendig. Wesentlicher Nachteil ist das geringe Überschussmoment des Schrittmotors zur Überwindung auftretender Schwergängigkeit und die damit verbundene

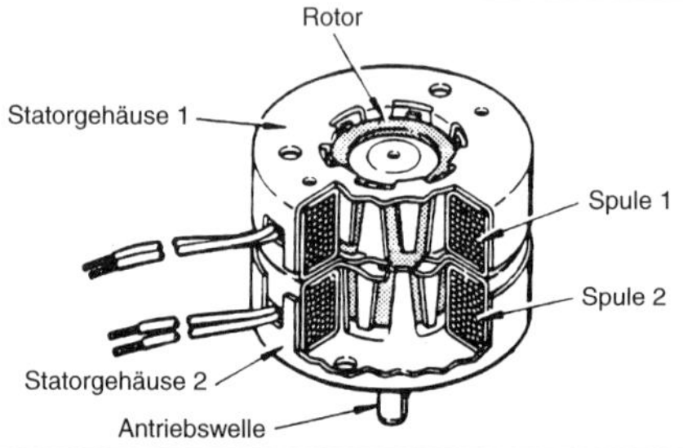

Bild 19-3 Schrittmotor (Quelle: Continental Automotive GmbH)

Antrieb	pneumatischer Antrieb	Schrittmotor	DC-Motor mit Getriebe	Torque-Motor	EC-Motor
Stellmoment	++	-	++	o	++
Stellzeit	+	-	+	++	++
Positionsregelung	- -	++	+	+	+
Gewicht	+	-	o	-	o
Kosten	++	+	o	+	- -
Lebensdauer	o	+	-	+	+
++ sehr positiv, + positiv, o durchschnittlich, - negativ, - - sehr negativ					

Bild 19-1 Vergleich verschiedener Antriebe (Quelle: Continental Automotive GmbH)

Möglichkeit eines nicht erkannten Fehlers in der Positionssteuerung durch eine geforderte, jedoch nicht erfolgte Verstellbewegung des Antriebs.

19.1.2.2 DC-Motor

Der Gleichstrommotor (DC-Motor) wird in der Aktuatorik bevorzugt in Verbindung mit Getrieben eingesetzt. Die Flexibilität der Getriebeausführung und Übersetzung ermöglicht dabei den Einsatz des gleichen DC-Motors für verschiedene Stellmomentbeziehungsweise Stellzeitanforderungen.
Wesentlicher Vorteil der DC-Motor/Getriebe-Kombination ist das hohe Überschussmoment. Durch dieses können schnelle Stellzeiten erreicht werden und es ermöglicht die Überwindung kurzzeitig auftretender Schwergängigkeit. Eine Positionsregelung des DC-Motor-Antriebs ist nur in Kombination mit einem Positionssensor möglich.
Nachteile des DC-Motors sind sein vergleichsweise komplexer Aufbau und das Verschleißverhalten der Motorkohlen beziehungsweise des Getriebes im Vergleich zu kontaktlosen Antrieben.

19.1.2.3 Torque-Motor

Torque-Motoren werden in der Aktuatorik als Direktantriebe ohne zusätzliche Getriebe eingesetzt (**Bild 19-4**). Typische Einsatzgebiete sind Anwendungen mit geringen Stellkraftanforderungen in Verbindung mit dem Wunsch nach kurzen Verstellzeiten. Wesentliche Vorteile des Torque-Motors sind der kontaktlose und damit verschleißfreie Antrieb und sein einfacher Aufbau. Nachteile sind das gegenüber dem DC-Motor mit Getriebe geringe Überschussmoment und das hohe Gewicht im Verhältnis zum Stellmoment. Auch der Torque-Antrieb benötigt zur Positionsregelung im Allgemeinen einen Positionssensor.
Vereinzelt findet man auch Anwendungen, bei denen Torque-Antriebe ohne Rückmeldung betrieben werden. Dies erfolgt dann als reine Verstellung zwischen zwei mechanischen Endanschlägen oder gesteuert über eine Position-Stromaufnahme-Charakteristik gegen eine Rückstellfeder. Eine exakte Positionierung lässt sich durch die Stromaufnahmesteuerung jedoch nicht erreichen.

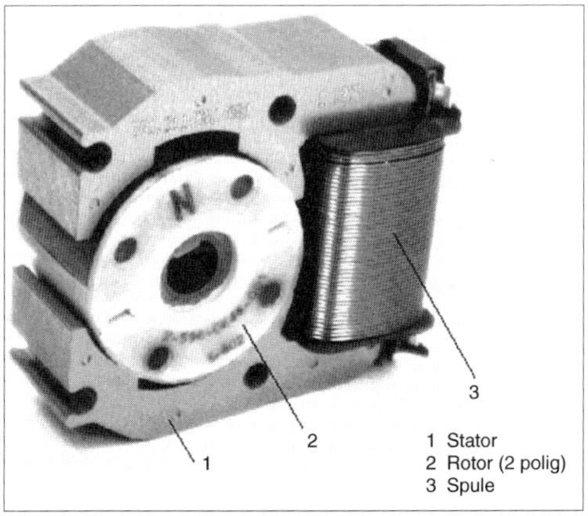

Bild 19-4 Torque-Motor (Quelle: Continental Automotive GmbH)

19.1.2.4 EC-Motor

EC-Motoren sind elektronisch kommutierte Gleichstrommotoren. Sie weisen im Gegensatz zu klassischen DC-Bürsten-Motoren keine bewegten Kontaktstellen auf. Typisches Modell ist der Innenläufer mit Permanentmagneten auf der Rotorwelle und Wicklungen im Stator. EC-Motoren benötigen zusätzliche Sensoren im Motor zur Lageerkennung des Rotors und der darauf aufbauenden Regelkreise zur Ansteuerung des Motors. Hierfür werden in der Regel Hall-Element-Sensoren eingesetzt.
EC-Motoren finden in der Aktuatorik bevorzugt dort Anwendung, wo hohe Stellmomente in Verbindung mit schnellen Reaktionszeiten oder langen Laufleistungen gefordert werden, zum Beispiel bei Nutzfahrzeuganwendungen oder bei der Ventilhubverstellung. Ihr Vorteil liegt im geringen mechanischen Verschleiß und der hohen Leistungsfähigkeit; wesentlicher Nachteil sind die vergleichsweise hohen Kosten.

19.1.3 Kommunikation mit der Motorsteuerelektronik

19.1.3.1 Gesteuerte Stellglieder

Gesteuerte Systeme werden bei einfachen Anwendungen eingesetzt (**Bild 19-5**). Die Motorsteuerelektronik bestromt hierzu ein Stellglied oder ein Unterdruckventil und bewirkt durch diese Maßnahme eine Verstellbewegung. Eine „closed loop“ Rückmeldung der Verstellbewegung an die Motorsteuerelektronik erfolgt nicht oder nur auf Umwegen über externe Systeme.
Wesentliche Vorteile dieser Systeme sind die geringen Kosten und die vergleichbar einfache Integration in ein vorhandenes System. Wesentlicher Nachteil ist das Fehlen der Rückmeldung. Gesteuerte Systeme ohne Rückmeldung sind daher für OBD-relevante Funktionen in der Regel nicht einsetzbar.
Für gesteuerte Systeme werden bevorzugt pneumatische Antriebe, Schrittmotoren oder Torque-Motoren eingesetzt.

19.1.3.2 Extern geregelte Stellglieder

Geregelte Stellglieder liefern mit Hilfe eines Positionssensors eine Rückmeldung der Istposition an die Motorsteuerelektronik. Mit Hilfe dieses Positionssignals kann die Motorsteuerung den Antrieb regeln und damit ein gezieltes Folgen der Istposition zum Sollwert erreichen. Im Vergleich zu gesteuerten Stellgliedern ist für extern geregelte Stellglieder ein Mehraufwand in Hard- und Software bei der Motorsteuer-

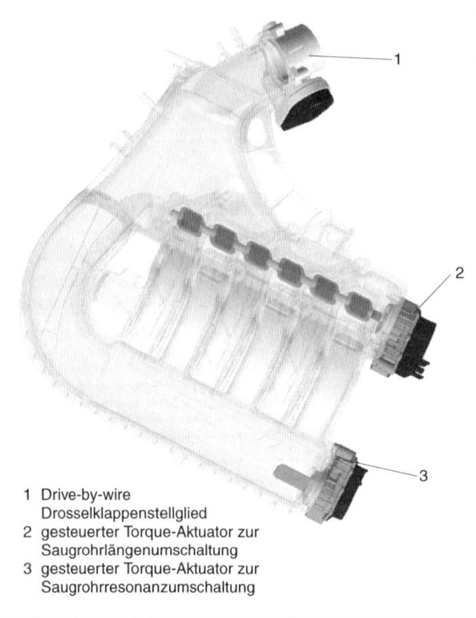

Bild 19-5 Gesteuerte Torque-Aktuatoren zur Saugrohrlängen- und Saugrohrresonanzumschaltung an einem V6-Motor (Quelle: Continental Automotive GmbH)

elektronik notwendig. Als wesentliche Punkte sind die Leistungsendstufe (H-Brücke) zur Ansteuerung des Antriebs, sowie die zur Positionsregelung notwendige Rechenleistung des Prozessors zu nennen.
Für extern geregelte Stellglieder werden in der Regel DC-Motor-Antriebe mit Getriebe verwendet.

19.1.3.3 Intern geregelte Stellglieder (smarte Aktuatoren)

Intelligente („smarte") Aktuatoren sind mit einer integrierten Elektronik ausgestattet, die über eine Leistungsendstufe zur Ansteuerung des Antriebs und eine Prozessoreinheit mit entsprechender Software zur Positionsregelung oder -steuerung verfügt. Die Kommunikation dieser Stellglieder mit der Motorsteuerelektronik reduziert sich auf Signale, das Sollwertsignal von der Motorsteuerelektronik an das Stellglied und ein Rückmeldesignal in umgekehrter Richtung. Hierbei kommen sowohl Standardsignale (in der Regel digital) als auch BUS-Systeme (CAN-Bus, LIN-Bus) zum Einsatz. Die Leistungsströme werden direkt dem Bordnetz entnommen, Leistungsendstufen in der Motorsteuerung sind für smarte Antriebe nicht notwendig.
Basierend auf dem vorhandenen Rückmeldesignal können smarte Aktuatoren auch für OBD-relevante Funktionen eingesetzt werden. Der Aufbau der Stellglieder ist durch die integrierte Elektronik deutlich komplexer als bei extern geregelten Stellgliedern. Abhängig von der verwendeten Elektroniktechnologie ist teilweise auch der zulässige Temperaturbereich eingeschränkt. Wesentlicher Vorteil dieser Stellglieder ist die sehr einfache Integration der Stellglieder in vorhandene Motorsteuererungssysteme auch bei exakten Anforderungen an die Positionierung. Stellglieder mit EC-Motor-Antrieben werden aufgrund der komplexen Ansteuerung bevorzugt als intelligente Stellglieder ausgeführt.

19.1.4 Rückstellung/Default-Position

Abhängig von der Anwendung ist es teilweise notwendig, dass auch bei Ausfall des Stellantriebs eine vorbestimmte Position des Stellorgans angefahren wird. Dies wird auch als Default-Position bezeichnet. Ein solches Stellgliedverhalten wird durch Integration einer oder mehrerer Rückstellfedern am Stellorgan oder im Antrieb erreicht.
Die Anforderung nach einer Default-Position stellt eine deutliche Erhöhung der Ansprüche an die Leistungsfähigkeit des Antriebs dar und wird häufig unterschätzt. Sie bedingt in der Regel deutlich größere Antriebe und schließt selbsthemmende Antriebsauslegungen aus.

19.2 Drosselklappenstellglieder

19.2.1 Kernfunktion Ottomotor

Die Leistungsregelung eines Ottomotors erfolgt quantitativ. Dies erfordert eine Beeinflussung der angesaugten Luftmasse. Die am weitesten verbreitete technische Lösung zur Veränderung des Luftmassenstroms ist das Drosselklappenstellglied. Die Drosselklappe bestimmt durch ihre Position im Luftkanal die vom Verbrennungsmotor angesaugte Luftmenge und das Druckniveau im Saugrohr (**Bild 19-6**).

19.2.2 Kernfunktion Dieselmotor

Der Betrieb des Dieselmotors erfolgt über eine Qualitätsregelung des Luft-Kraftstoff-Gemischs. Eine Drosselung des Luftmassenstroms ist im Idealfall nicht notwendig. Trotzdem kommen auch beim Dieselmotor in deutlichem Umfang Drosselklappenstellglieder zum Einsatz. Die Hauptfunktion dieser Stellglieder ist die Erzeugung eines definierten Druckgefälles zur Einspeisung von Abgasen in die Ansaugluft des Motors (Abgasrückführung), die zur Einhaltung der hohen gesetzlichen Anforderungen an geringe Schadstoffgehalte im Abgas notwendig ist (siehe auch 19.2.6 „Vordrossel"). Zusätzlich kann durch Drosselung und verbrennungstechnische Maßnahmen die Abgastemperatur des Verbrennungsmotors deutlich erhöht werden, um die Partikelfilterregeneration zu unterstützen.

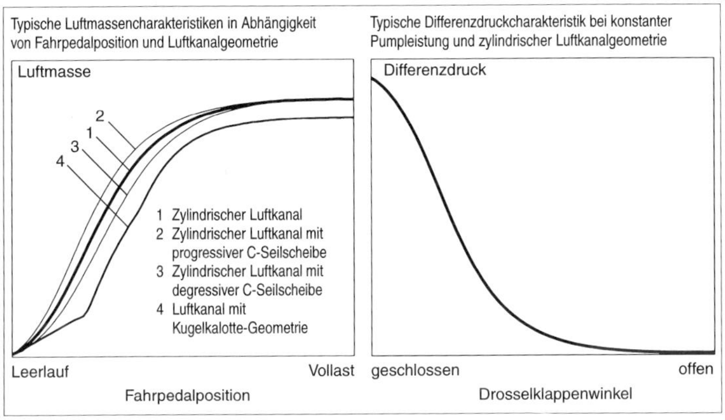

Bild 19-6 Diagramm Luftmassen- und Differenzdruckcharakterisik (Quelle: Continental Automotive GmbH)

19.2.3 Zusätzliche Funktionen

19.2.3.1 Leerlaufregelung Ottomotor

Neben der Hauptfunktion der Füllungsregelung erfüllt das Drosselklappenstellglied inklusive seiner verschiedenen Anbauaggregate zusätzliche Funktionen. Die bedeutendste Nebenfunktionen des Drosselklappenstellglieds ist die Leerlaufregelung des Ottomotors (**Bild 19-7**).

Die Leerlaufdrehzahl wird verbreitet über die Beeinflussung des Luftmassenstroms kontrolliert. Zusätzliche erfolgt eine Feinregelung über die Verschiebung des Zündzeitpunkts.

Die Regelung der Leerlaufluftmasse kann über ein Stellorgan in einem Bypass zum Hauptluftkanal bei geschlossener Drosselklappe erfolgen oder durch direkte Positionierung der Drosselklappe im leicht geöffneten Arbeitsbereich.

19.2.3.2 Positionssignal

Ein Sensor am Drosselklappenstellglied erzeugt ein Positionssignal und gibt dieses an die Motorsteuerelektronik weiter. Verbreitet werden Potentiometer für diese Funktion eingesetzt.

Das Signal des Sensors dient zudem der Unterscheidung zwischen Teillast- und Leerlaufbetrieb des Verbrennungsmotors. Teilweise werden zusätzlich zum Sensorsignal Schalter am Drosselklappenstellglied eingesetzt.

Bei elektrisch angetriebenen Drosselklappen ist der Positionssensor in der Regel in den Antrieb integriert. Zur Erfüllung gestiegener Anforderungen an die Zuverlässigkeit der Systeme werden die Potentiometer vermehrt durch kontaktlose Sensorsysteme abgelöst.

19.2.3.3 Lastschlagdämpfung

Die Dash-pot Funktion beschreibt eine Verlangsamung der Rückstellung der Drosselklappe nach schlagartigem Zurücknehmen des Fahrpedals. Ohne Dash-pot Funktion wird die Drosselklappe in diesem Fall durch Rückstellfedern schnell geschlossen. Dies führt zu einem Lastschlag und einem heftigen Abbremsen des Fahrzeugs. Zur Verbesserung des Fahrkomforts wird der Lastschlag gedämpft. Dies erfolgt über ein Öffnen des Bypassstellglieds zur Leerlaufregelung oder über eine gegenüber der Fahrpedalrückstellung verlangsamte, unabhängige Rückstellung der Drosselklappe (siehe auch 19.2.4 „Drive-by-wire").

19.2.3.4 Tempomatfunktion

Die Geschwindigkeitsregelung eines Fahrzeuges mit Ottomotor (Tempomat) wird durch eine von Fahrer unabhängige Betätigung der Drosselklappe realisiert.

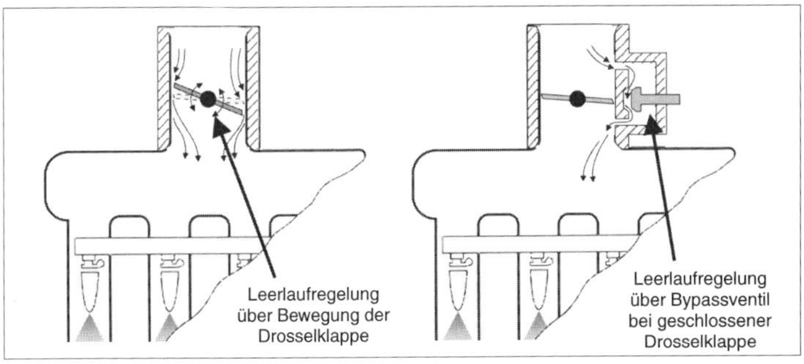

Bild 19-7 Leerlaufregelsysteme im Vergleich (Quelle: Continental Automotive GmbH)

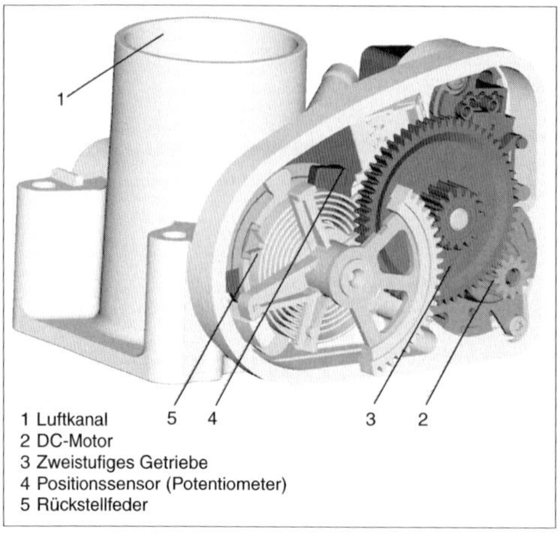

Bild 19-8 Drive by wire-Drosselklappenstellglied E-Gas 5 (Quelle: Continental Automotive GmbH)

Dies kann über separate Tempomatstellglieder erfolgen, die mit Seilzügen oder Hebelwerken an der Drosselklappe angelenkt sind. Moderne Drosselklappenstellglieder realisieren diese Funktion über einen direkten Antrieb im Drosselklappenstellglied.
Die Tempomatfunktion erfordert eine Energiequelle (zum Beispiel: elektrischer oder pneumatischer Antrieb), die die Drosselklappe gegenüber der Fahrpedalstellung öffnen kann.

19.2.4 „Drive-by-wire"/E-Gas

Gegenüber dem Tempomatbetrieb ist es zur Unterstützung der Antischlupfregelung (ASR oder Traction Control) und der elektronischen Stabilitätsregelung (ESP) notwendig, die Drosselklappe gegenüber der Fahrpedalstellung nicht nur zu öffnen sondern auch zu schließen.

Diese Funktion ist mit mechanisch verbundenen Systemen nur schwer realisierbar. Vereinzelt wird eine zweite Drosselklappe (im Normalbetrieb offen), die unabhängig vom Fahrpedal betätigt wird, vor der eigentlichen Drosselklappe zur Darstellung dieser Funktionen eingesetzt. Eine Motorschleppmomentenregelung ist mit diesen Systemen jedoch nicht möglich. Weiter verbreitet ist die Verwendung von „Drive-by-wire" Systemen (auch E-Gas genannt), die eine komplett von der Fahrpedalstellung unabhängige Positionierung der Drosselklappe ermöglichen **(Bild 19-8)**.
Bei diesen Systemen wird im Motorsteuergerät auf Basis verschiedener Kenndaten und Funktionen eine Sollposition der Drosselklappe errechnet, die dann über eine Positionsregelung des Drosselklappenstellglieds realisiert wird. Die Positionsregelung erfolgt über den Vergleich zwischen Soll- und Istposition der Drosselklappe und entsprechende Ansteuerung des Antriebs durch die Motorsteuerelektronik. Teilweise wird die Positionsregelung auch über eine Elektronik im Drosselklappenstellglied realisiert. In diesem Fall wird nur der Sollwert in der zentralen Motorsteuerelektronik gebildet und an das Drosselklappenstellglied gemeldet. Es existieren auch Anwendungen, bei denen die komplette Motorsteuerelektronik im Drosselklappenstellglied integriert ist **(Bild 19-9)**.
Durch die vom Fahrpedal unabhängige Position der Drosselklappe werden zudem weitere Funktionen ermöglicht oder vereinfacht. Die Öffnungskennlinie der Drosselklappe kann je nach Wunsch gegenüber der Fahrpedalstellung beschleunigt oder verlangsamt werden. Die Leerlaufregelung, der Tempomatbetrieb und die Lastschlagdämpfung erfolgen über Software im Motorsteuergerät und erfordern keine zusätzlichen mechanischen Teile. Dies ist ein deutlicher Vorteil des „Drive by wire" gegenüber mechanisch mit dem Fahrpedal verbundenen Drosselklappenstellgliedern.

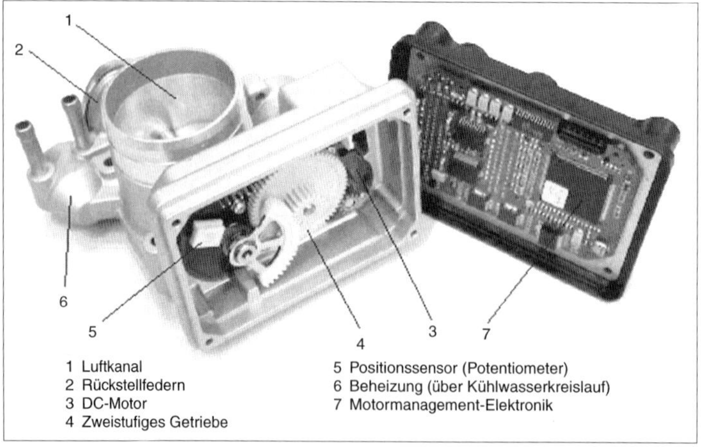

Bild 19-9 Drosselklappenstellglied E-Gas 7 mit integrierter Motorsteuerelektronik (Quelle: Continental Automotive GmbH)

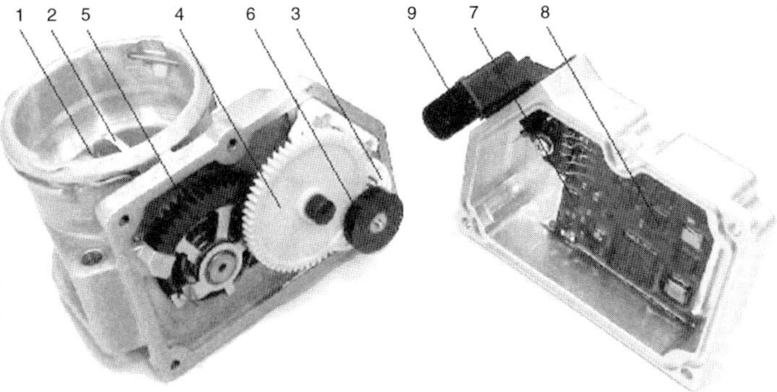

1 Luftkanal
2 Drosselklappe
3 DC-Motor
4 Zweistufiges Getriebe
5 Rückstellfeder
6 Magnetrad
7 Hall-Sensor
8 Elektronik für Positionsregelung
9 Gerätestecker

Bild 19-10 Vordrosselstellglied mit integrierter Elektronik (Quelle: Continental Automotive GmbH)

Fehlfunktionen oder ein Ausfall des Drosselklappenstellglieds können durch die Motorsteuerelektronik erkannt werden und werden nicht als Fahrerwunsch fehlinterpretiert. Hierzu ist ein Sicherheitskonzept in die Software der Motorsteuerelektronik integriert. Um eine Fehlfunktion des Drosselklappenstellglieds eindeutig erkennen zu können, erfolgt die Rückmeldung der Drosselklappenposition durch zwei redundante Signale.

19.2.5 Wast-gate Funktion

Drosselklappenstellglieder werden auch zur Regulierung oder Begrenzung des Ladedrucks aufgeladener Motoren eingesetzt. Hierzu wird zusätzlich zur Drosselklappe, die den Füllungsgrad des Verbrennungsmotors reguliert, ein weiteres Drosselklappenstellglied in einem Bypass zum Verdichter eingesetzt (waste-gate Funktion). Ist der Ladedruck in bestimmten Motorbetriebssituationen zu hoch, wird die Drosselklappe im Bypass geöffnet und ein Teil der verdichteten Ansaugluft strömt in den Bereich vor dem Verdichter zurück. Der Ladedruck wird reduziert.

19.2.6 Unterdruck/Vordrosselstellglieder

Durch die Drosselung des Luftmassenstroms entsteht im Saugrohr des Verbrennungsmotors ein Unterdruck gegenüber der Umgebung. Diese Druckdifferenz wird für verschiedene Funktionen eingesetzt. Die Druckdifferenz dient dem Bremskraftverstärker als Energieträger. Gesteuert von externen Stellgliedern (meist Ventile) wird der Unterdruck zur Einspeisung der „Blow-by Gase" (Kurbelwellengehäuseentlüftung) und des Luftstroms zur Regenerierung des Aktivkohlebehälters im Kraftstofftank sowie zur Abgasrückführung genutzt.
Diese spezielle Funktion des Drosselklappenstellglieds wird auch bei Dieselmotoren eingesetzt.

Die Drosselklappe der Vordrossel-Stellglieder **(Bild 19-10)** ist im Normalbetrieb voll geöffnet und wird nur dann geschlossen, wenn ein Druckgefälle, zum Beispiel zur AGR-Einspeisung, benötigt wird. Die Anforderungen an solche Vordrossel-Stellglieder bezüglich Stellmoment und Stellzeit sind typischerweise etwas geringer als die Anforderungen an „drive-by-wire"-Drosselklappenstellglieder.

19.3 Drall- und Tumbleklappen/ Resonanzaufladung

Aufgrund stetig steigender Anforderungen zur Reduzierung des Kraftstoffverbrauchs finden zunehmend auch Klappensysteme Anwendung, die die Qualität des Luft-Kraftstoff-Gemischs im Zylinder beeinflussen. Hierbei ist zu unterscheiden in Systeme, die eine sehr gute Verwirbelung des Gemischs und damit ein besonders homogenes Gemisch erzielen sollen und in Systeme, die eine gezielte Aufspaltung in Zonen unterschiedlicher Kraftstoffkonzentration erreichen sollen (Schichtladung).
Die Aktuatorik, die sowohl für Drall- und Tumbleklappen als auch für die Resonanzaufladung eingesetzt wird, ist vergleichbar. Die Unterschiede bestehen im Wesentlichen in der Art des Antriebs (pneumatisch oder elektrisch) und in der Notwendigkeit, Zwischenpositionen zwischen den Endanschlägen anzufahren. Elektrische Aktuatoren ersetzen auch bei diesen Anwendungen zunehmend die pneumatischen Antriebe.

19.3.1 Port-Deactivation

Moderne Mehrventilmotoren (2 oder mehr Einlassventile pro Zylinder) zeichnen sich durch eine optimale Füllung der Zylinder bei hohen Drehzahlen aus **(Bild 19-11)**. Oft führen die gewollten großen Ein-

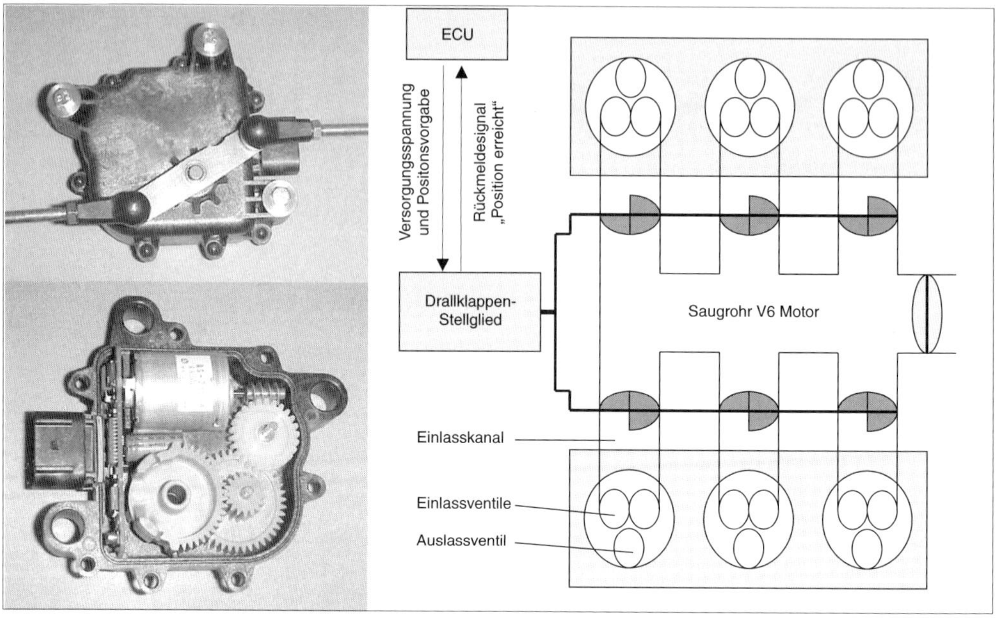

Bild 19-11 Port-Deactivation-System zur simultanen Verstellung von 2 Klappenbänken bei einem 3-Ventil V6-Motor (Quelle: Continental Automotive GmbH)

lassquerschnitte bei niedrigen Drehzahlen jedoch zu einer unzureichenden Verwirbelung des Luftstroms und einem inhomogenen Luft-Kraftstoff-Gemisch im Zylinder. Um diese Situation zu verbessern, wird bei geringen Drehzahlen ein Teil des Einlassquerschnitts durch ein Klappensystem verschlossen. Dies führt zu höheren Strömungsgeschwindigkeiten und, abhängig von der Anordnung der Einlasskanäle, zusätzlich zu einer Verwirbelung des Gemischs, einer homogeneren Verbrennung und reduziertem Kraftstoffverbrauch.

Zur Steuerung der Port-Deactivation werden in der Regel Stellglieder eingesetzt, die zwischen zwei Positionen des Klappensystems schalten. Positionsgeregelte Systeme sind nicht typisch.

Überwiegend werden daher pneumatische Antriebe verwendet. Aufgrund gestiegener Abgasanforderungen und OBD-Relevanz dieser Systeme, kommen aber auch elektrisch angetriebene 2-Punkt-Stellglieder zum Einsatz.

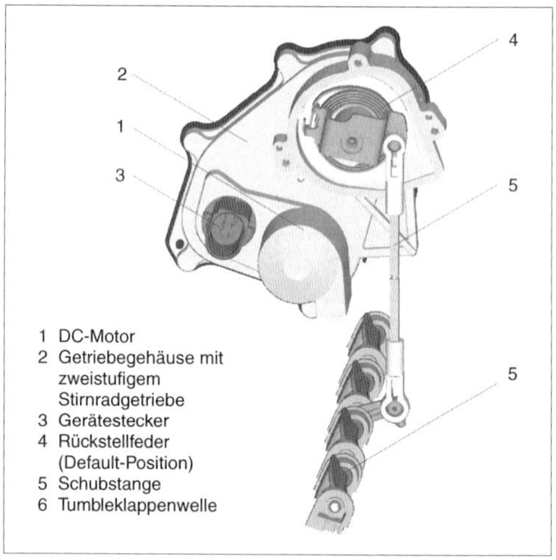

Bild 19-12 Stellantrieb mit Tumble-Klappensystem (4 Zylinder) (Quelle: Continental Automotive GmbH)

19.3.2 Schichtladung

Zur Erzeugung einer Schichtladung werden Klappensysteme verwendet, die entweder die Richtung des Luftstroms oder seine Geschwindigkeit oder beides so beeinflussen, dass der Luftstrom mit einer Drall- und/oder Tumblebewegung in den Brennraum eintritt **(Bild 19-12)**. Teilweise werden zu diesem Zweck auch ein unbeeinflusster Luftstrom und ein durch ein Klappensystem beeinflusster Luftstrom unter einem gezielten Winkel gemischt.

Da es erforderlich ist, den Luftstrom bis in den Brennraum hinein zu beeinflussen, erfolgt die Strömungsbeeinflussung möglichst nahe vor dem Brennraum mit einer separaten Klappe für jeden Zylinder des Verbrennungsmotors. Diese Klappe ist möglichst nahe an den Einlassventilen positioniert.

Da im Allgemeinen eine gezielte zylinderselektive Positionsregelung der Klappen nicht notwendig ist,

Bild 19-13 ATL mit variabler Turbinengeometrie (Quelle: BorgWarner Turbosystems)

werden die Drallklappen einer Zylinderbank über eine gemeinsame Welle betätigt, die von einem Aktuator verstellt wird. Aufgrund der in bei verschiedenen Last- und Drehzahlsituationen sehr unterschiedlichen Luftströme ist es oft notwendig, auch Zwischenpositionen anfahren zu können. Der Aufbau des Antriebs eines Schichtladungsstellglieds mit Positionsregelung ist daher mit dem eines Drosselklappenstellglieds vergleichbar. Aufgrund der Stellmoment- und Stellzeitanforderungen werden bevorzugt DC-Motor/Getriebe-Antriebe eingesetzt.

19.4 Turbolader mit variabler Turbinengeometrie

Zur Optimierung des Turboladerverhaltens bei verschiedenen Drehzahlen und zum Verkleinern des „Turbolochs" werden zunehmend Turbolader mit variabler Turbinengeometrie eingesetzt **(Bild 19-13)**. Zur Anpassung der Turbinengeometrie an die unterschiedlichen Last- und Drehzahlverhältnisse werden bewegliche Leitschaufeln verwendet. Diese Stellorgane werden durch Antriebe betätigt, die von der Motorsteuerelektronik angesteuert werden.

Als Stellglieder werden sowohl pneumatische als auch elektrische Antriebe eingesetzt. Bei den elektrischen Antrieben finden bevorzugt Stellglieder mit integrierter Elektronik zur Positionsregelung Anwendung.

19.5 Abgasrückführventile

Anfang der Siebzigerjahre des 20. Jahrhunderts wurde in Nordamerika erstmals die externe Abgasrückführung in Serienfahrzeugen eingesetzt, um die damals neuen Emissionsgrenzwerte einzuhalten. Bei der Abgasrückführung wird ein Teil des verbrannten Abgases am Auspuffkrümmer entnommen und über eine Rohrleitung zum Ansaugkrümmer zurückgeführt. Dort wird das verbrannte Abgas dem Ansauggemisch zugeführt, **Bild 19-14**.

Durch die Beimengung des verbrannten Abgases wird die Verbrennungsspitzentemperatur abgesenkt und damit eine Reduzierung der Stickoxid-Emissionen erreicht. Zusätzlich kann im Teillastbereich durch Abgasrückführung der Kraftstoffverbrauch reduziert werden. Da die Menge der rückgeführten Abgase in Abhängigkeit von Motorlast und Drehzahl verändert werden muss, benötigt man ein entsprechendes Regelorgan – das Abgasrückführventil (kurz AGR-Ventil).

Neben der externen Abgasrückführung gibt es noch die interne Abgasrückführung, die durch Überschneidung von Einlass- und Auslassventilen bei allen Viertaktmotoren systembedingt vorhanden und in Grenzen beeinflusst werden kann. Die interne Abgasrückführung hat die gleichen Auswirkungen auf die Emissionen, wobei die AGR-Mengen konstruktionsbedingt relativ gering sind und erst bei Motoren mit variabler Ventilsteuerung last- und drehzahlabhängig beeinflusst werden können. Grundsätzlich werden

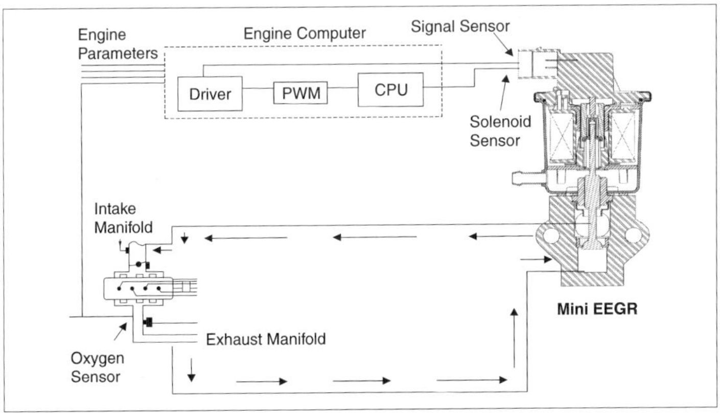

Bild 19-14 Abgasrückführung schematisch (Quelle: Continental Automotive GmbH)

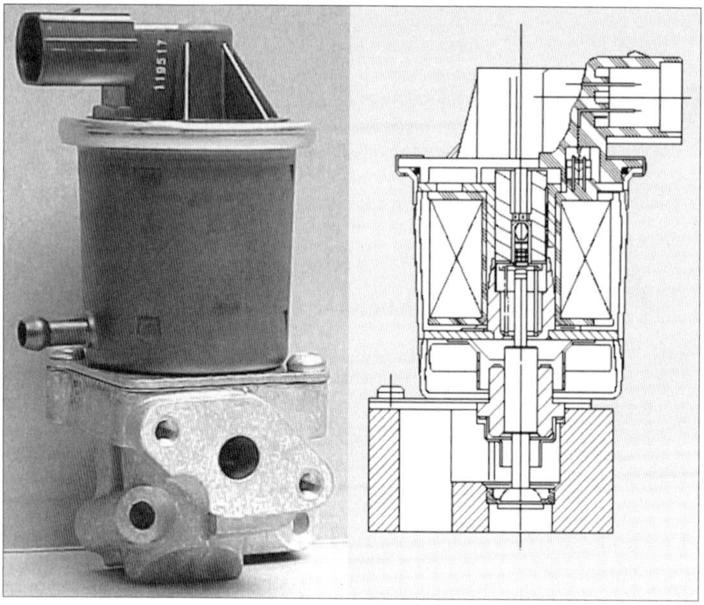

Bild 19-15 Elektrisch gesteuertes Abgasrückführventil (Quelle: Continental Automotive GmbH)

variable Ventilsteuersysteme mit dem Ziel der Leistungs- beziehungsweise Drehmomentoptimierung eingesetzt. Die Abgasrückführung ist ein zusätzlicher Nutzen, der allein jedoch kaum die relativ hohen Kosten dieser Systeme rechtfertigt, und daher nur als zusätzlicher Vorteil anzusehen ist. Trotz der begrenzten Steuerbarkeit der internen Abgasrückführmengen wird an Motoren mit variabler Ventilsteuerung meistens keine zusätzliche externe Abgasrückführung vorgesehen.

Für die ersten Systeme der externen Abgasrückführung wurden Tellerventile mit einem pneumatischen Antrieb (Unterdruckdose) eingesetzt. Dabei wurde die Unterdruckdose mit dem Saugrohrdruck beaufschlagt, was zu einer vom Betriebspunkt des Motor abhängigen Verstellung des AGR-Ventiles führt. Durch Zwischenschalten von pneumatischen Verzögerungsventilen, Rückschlag- und Druckbegrenzungsventilen wurde dabei der Funktionsbereich begrenzt, um negative Einflüsse von unangemessenen Abgasrückführmengen auszuschließen. Andere Regelsysteme berücksichtigten zusätzlich den Abgasgegendruck als Regelgröße für die Unterdruckdose. Teilweise wurden auch Elektroumschaltventile in die Steuerleitung integriert, um die Abgasrückführung in bestimmten Betriebspunkten abzuschalten. In der nächsten Entwicklungsstufe wurden elektropneumatische Druckwandler eingesetzt, mit denen es erstmals möglich wurde, die Position des Abgasrückführventils unabhängig vom Betriebspunkt des Motors zu steuern. Trotzdem blieb der Einsatzbereich der Abgasrückführung auf Betriebspunkte begrenzt, bei denen das Unterdruckniveau ausreichte, um das Tellerventil gegen die Federkraft beziehungsweise wirkende Drücke zu öffnen.

Der Wunsch, die Abgasrückführung in höheren Lastpunkten und unabhängig vom Saugrohrunterdruck einzusetzen, leitete die Entwicklung der elektrischen Abgasrückführventile ein, **Bild 19-15**.

Gleichzeitig wurden die Anforderungen an die Genauigkeit erhöht, so dass man Sensoren integrierte, die die Ventilstellung anzeigen. Diese Abgasrückführventile erlauben im Vergleich zu früheren Generationen eine sehr genaue Regelung der Abgasrückführmengen bei gleichzeitig reduzierten Stellzeiten. Durch die Integration aller Baugruppen in eine Komponente wird die Adaption am Motor vereinfacht und die funktionsrelevanten Toleranzen werden reduziert. Durch diese funktionalen Vorteile finden die elektrischen Abgasrückführventile eine immer häufigere Anwendung und werden bei neuen Motorgenerationen fast nur noch eingesetzt. Als elektrischer Aktuator werden heute neben Schrittmotoren, Hub- und Drehmagneten auch verstärkt Gleichstrommotoren vorgesehen.

Neben der Weiterentwicklung der Aktuatoren wurde das eigentliche Regelventil oftmals verändert. Neben Teller- und Nadelventilen unterschiedlichster Formen und Abmessungen kommen heute auch Klappen- und Drehschieberventile zum Einsatz. Grundsätzlich soll das Ventil über der Lebensdauer eine gleich bleibende Funktion unabhängig vom Verschmutzungsgrad gewährleisten. Darüber hinaus sollte die Veränderung des Differenzdruckes über dem Ventil, die sich bei

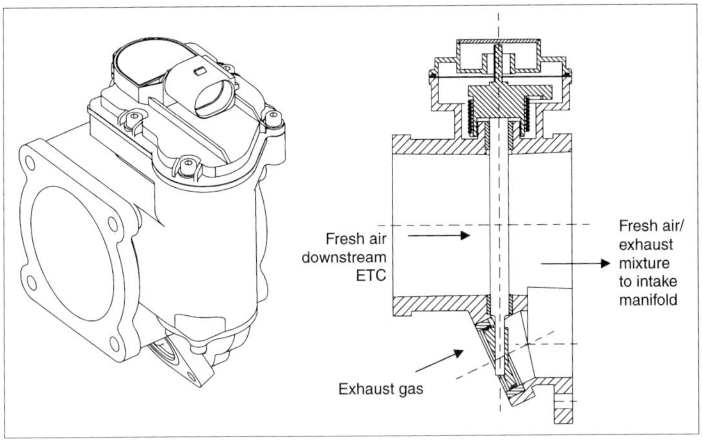

Bild 19-16 AGR-Klappenventil (Quelle: Continental Automotive GmbH)

jeder Stellungsänderung ergibt, einen möglichst geringen Einfluss auf die eingestellte Ventilposition ha-ben. Dies ist besonders bei Übergang vom geschlossenen Zustand zu geringen Öffnungen wichtig, da hierbei der wirkende Differenzdruck einer großen Veränderung unterliegt. Gleichzeitig sind die Genauigkeitsanforderungen in diesem Betriebspunkt sehr hoch. Um die Funktionalität in diesem Bereich zu verbessern, gibt es Ventilentwicklungen mit nicht linearer Öffnungscharakteristik. Ebenso sollte die Ventilkonstruktion möglichst unempfindlich gegen Druckpulsationen sein. Als bester Kompromiss erweisen sich zur Zeit Klappenventile, wobei in Abhängigkeit von geforderter AGR-Rate und der Motorempfindlichkeit gegen Mengenveränderungen auch Tellerventile die Anforderungen erfüllen können, **Bild 19-16**.

Beim Dieselmotor ist die Abgasrückführung eine sehr wirkungsvolle Methode zur Einhaltung der geforderten NO_x-Emissionen und wird in Europa bei allen Fahrzeugen bis 3,5 t und teilweise darüber eingesetzt. Am meisten Verbreitung finden gesteuerte Systeme mit pneumatisch betätigten Ventilen, wobei für Neuapplikationen verstärkt elektrisch geregelte Ventile zum Einsatz kommen, **Bild 19-17**.

Beim konventionellen Ottomotor mit Saugrohreinspritzung finden elektrisch geregelte Systeme die größte Verbreitung, wobei der Gesamtausrüstungsgrad von AGR-Ventilen zur Zeit bei circa 50 % liegt, da die Emissionswerte auch mit alternativen Techniken eingehalten werden können.

Beim Ottomotor mit Direkteinspritzung kann man von einer 100 % AGR-Verbreitung ausgehen, da die Vorteile dieses Motorenkonzeptes erst mit Abgasrückführung voll ausgenutzt werden können. Auf Grund der hohen Genauigkeitsanforderungen werden voraussichtlich verstärkt elektromotorisch betriebene Klappenventile zum Einsatz kommen.

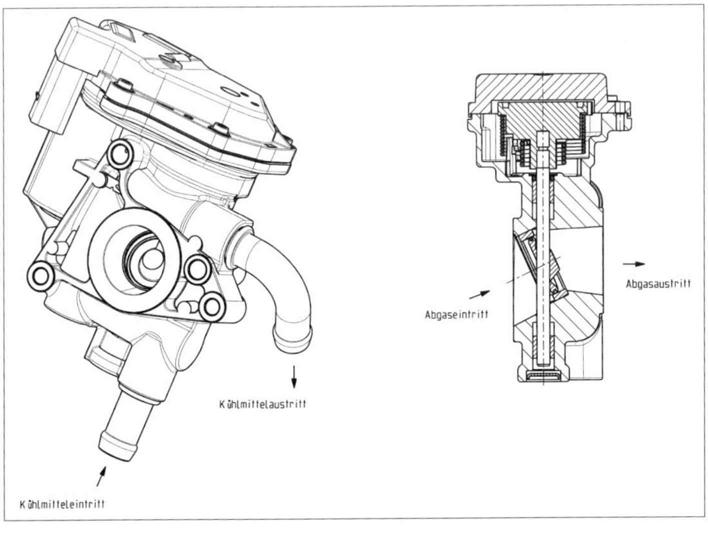

Bild 19-17 Elektromotorisch betriebenes Klappenventil mit Wasserkühlung (Quelle: Continental Automotive GmbH)

19.6 Verdunstungsemission, Komponenten

19.6.1 Tankentlüftungsventile

Mit der Verschärfung der Abgasgesetzgebung wurde neben den Verbrennungsrückständen auch die Verdunstungsemission des Tanksystems bei Fahrzeugen mit Ottomotor betrachtet. Dies führte dazu, dass die Belüftung des Tanksystems nicht mehr direkt in die Atmosphäre erfolgt, sondern über einen so genannten Aktivkohlebehälter. Die in diesem Behälter eingelagerte Aktivkohle kann große Mengen von Benzindämpfen, die zum Beispiel beim Parken in der Sonne entstehen können, binden, so dass über die Tankbelüftung im Normalfall keine Benzindämpfe mehr in die Atmosphäre gelangen. Gleichzeitig muss der Aktivkohlebehälter regelmäßig regeneriert werden, damit die Sättigungsgrenze nicht überschritten wird. Zur Regenerierung werden die eingelagerten Benzindämpfe vom Motor angesaugt und verbrannt. Diese zusätzliche Kraftstoffmenge muss jedoch genau dosiert werden, damit es nicht zu einer Überfettung des Gemisches kommt. Die Regelung erfolgt über ein so genanntes Tankentlüftungsventil. Hierbei handelt es sich um ein getaktetes Magnetventil, welches vom Motorsteuergerät unter Berücksichtigung der Lambda-Regelung gesteuert wird. Grundsätzlich muss dabei die dem Motor über die Einspritzanlage zugeführte Kraftstoffmenge um die Regeneriermenge reduziert werden.

Die Funktion der Tankentlüftungsventile wird über die Regelbarkeit bei kleinen Durchsatzmengen und maximalem Durchsatz bestimmt. Das Regenerieren des Aktivkohlebehälters sollte schon bei Leerlaufdrehzahl des Motors möglich sein, was jedoch aufgrund des hohen Differenzdruckes und der geringen Gesamtmenge des benötigten Kraftstoffes eine hohe Regelgenauigkeit des Tankentlüftungsventils erfordert. Gleichzeitig möchte man auch große Regeneriermengen im Teil- und Volllastbereich darstellen, was aber aufgrund des in diesem Motorbetrieb geringen Unterdruckes einen großen Strömungsquerschnitt erfordert. Darüber hinaus sollten die Tankentlüftungsventile klein bauen und eine möglichst geringe Geräuschabstrahlung haben. Die Montage erfolgt entweder an der Karosserie, dem Saugrohr oder auch dem Aktivkohlebehälter, soweit dieser motornah montiert ist.

Aufgrund unterschiedlicher Emissionsgesetzgebungen sowie Funktions- und Applikationsanforderungen haben sich eine Vielzahl von verschiedenen Tankentlüftungsventilen entwickelt, **Bild 19-18**. Dabei unterscheidet man zwischen niederfrequenten Ventilen (5 bis 20 Hz) mit pulsierendem Durchsatz und hochfrequenten Ventilen (> 100 Hz) mit kontinuierlichem Durchsatz.

Die niederfrequenten Ventile sind in der Regel kostengünstig, wobei die Regelgenauigkeit eingeschränkt ist und insbesondere bei Minustemperaturen eine hohe Geräuschentwicklung entstehen kann. Die Ventile mit kontinuierlichem Durchsatz sind aufwändiger gebaut, was bei den Abmessungen und Kosten Nachteile verursacht, wobei gleichzeitig grundsätzliche funktionelle und akustische Vorteile erreicht werden. Um die Unempfindlichkeit gegen Druckschwankungen zu erhöhen, werden teilweise druckausgleichende Ventilsitze beziehungsweise Düsen mit Überschallströmung verwendet.

19.6.2 Diagnose Verdunstungsemission

Mit Einführung der OBD II Gesetzgebung (On Board Diagnose der 2. Generation) in Nordamerika kam erstmals die gesetzliche Forderung nach einer Dichtheitsüberprüfung des kompletten Tanksystems auf. Diese Forderung basierte auf der Feststellung, dass bei einer weiteren Absenkung der Abgasemissionen die Verdunstungsemissionen unbedingt stärker zu berücksichtigen sind, da der Anteil an der Gesamtemission des Fahrzeugs sehr groß ist. Insbesondere stellte man fest, dass nicht erkannte Leckagen im Tanksystem als auch Bedienungsfehler (zum Beispiel verlorener/falscher Tankdeckel) über die Zeit eine sehr hohe Verdunstungsemission bewirkten. Daher wurde per Gesetz gefordert, dass ein fahrzeugseitig zu installierendes Diagnosesystem alle Leckagen erkennt, die größer sind als der Durchsatz durch eine Kalibrieröffnung von 1 mm Durchmesser. Dabei muss das System zwischen Normalleck (zum Beispiel undichte Schlauchverbindung, Tankbeschädigung) und Grobleck (Tankdeckel fehlt) unterscheiden können.

Bei der fahrzeugseitigen Umsetzung dieser Gesetzgebung stellte sich heraus, dass der technische Aufwand wesentlich größer wurde, als zunächst angenommen. Insbesondere bewirken die unterschiedlichen Klima- und Einsatzbedingungen zusammen mit dem jeweiligen Tankfüllstand ein breites Band von zu adaptierenden Parametern. Trotz der Problematiken bei der Umsetzung im Fahrzeug wurde eine weitere Verschärfung der Gesetzgebung durch die Herabsetzung des Durchmessers der Kalibrieröffnung von 1 auf 0,5 mm beschlossen.

Die Tankdiagnose kann mit Unterdruck- und Überdrucksystemen ausgeführt werden. Beide Systemarten weisen unabhängig von den verwendeten Komponenten grundsätzliche Vor- und Nachteile auf. Die Gesetzgebung erlaubt die Diagnose sowohl bei Fahrzeugbetrieb als auch im Stillstand, wobei die Überdrucksysteme im Fahrzeugbetrieb einige Vorteile aufweisen und die Unterdruckmethode eher im Fahrzeugstillstand bei der 0,5 mm Gesetzgebung favorisiert wird. Bei der Entscheidung zu Gunsten einer bestimmten Diagnoseart können sowohl technische (zum Beispiel Tankvolumen, Tankform, Bauraum) als auch marktbedingte Aspekte den Ausschlag geben

Bild 19-18 Bauarten von Tankentlüftungsventilen (Quelle: Continental Automotive GmbH)

(zum Beispiel Fahrzeug wird nur mit OBD II System verkauft, Fahrzeug wird alternativ auch ohne OBD II System angeboten, Stückpreis pro System im Verhältnis zu Applikationskosten etc.). Darüber hinaus werden die bisher gemachten Erfahrungen ebenso wie die Strategie des Fahrzeugherstellers die Systemauswahl maßgeblich beeinflussen. In Europa hat man im Übrigen von der Leckdiagnose Abstand genommen, da der erforderliche Aufwand als unverhältnismäßig hoch angesehen wird. Als einziges System wird in Zukunft eine Diagnose für einen korrekt montierten Tankdeckel gefordert, wobei hier ein mechanischer beziehungsweise elektrischer Schaltkontakt ausreicht.

19.6.2.1 Tankdiagnose mit Überdruck

Bei der Siemens Überdrucktankdiagnosepumpe (LDP I), **Bild 19-19**, wird mittels des Saugrohrunterdruckes über ein getaktetes Dreiwegeventil und einer federbelasteten Membrane im Tanksystem ein Überdruck bis zu circa 20 hPa aufgebracht.

Über die Pumpmembrane wird mittels eines Schalters die Positionsveränderung erfasst und die entsprechende Abfallzeit mit den im Steuergerät hinterlegten Sollvorgaben abgeglichen. Dabei kann durch einen Soll-/Ist-Vergleich die Dichtigkeit des Tanksystems bewertet werden.

Bei der Erkennung eines undichtes Tanksystems wird die Diagnose nochmals wiederholt, um alle Umgebungseinflüsse auszuschalten. Erst nach der gleichen Fehlererkennung bei zwei aufeinander folgenden Messungen wird über das Motorsteuergerät die OBD Warnlampe geschaltet. Durch zusätzlichen Softwareaufwand ist inzwischen auch bei der 0,5 mm Gesetzgebung mit der LDP I eine zuverlässige Tankdiagnose möglich **(Bild 19-20)**.

Bild 19-19 Überdruck-Tankdiagnosepumpe (Quelle: Continental Automotive GmbH)

19.6.2.2 Tankdiagnose mit Unterdruck

Das Siemens-NVLD-System (Natural Vacuum Leak Detection), **Bilder 19-17** und **19-18**, nutzt die Umgebungstemperatureinflüsse unter Berücksichtigung des idealen Gasgesetzes zur Tankdichtheitsdiagnose (Normalleck). Die NVLD-Einheit ist dabei direkt mit dem Tank beziehungsweise Aktivkohlebehälter verbunden. Über ein elektromagnetisch geschaltetes Ventil wird bei Motorbetrieb die Belüftung zur Atmosphäre geöffnet.

Bei nicht betriebenem Fahrzeugmotor wird das Ventil geschlossen und damit ein zur Atmosphäre abgedichtetes Tanksystem erzeugt. Durch die unterschiedlichen Betriebszustände beziehungsweise Umgebungseinflüsse ergeben sich Temperaturunterschiede des Tanksystems beziehungsweise des Kraftstoffs. Da das Tanksystem nach außen komplett abgedichtet ist, bewirken diese Tem-peraturunterschiede Druckveränderungen im Tank. Diese Druckveränderungen wirken auch auf die Diagnosemembrane, die wiederum mit einem Kontaktschalter verbunden ist. Bei einem dichten Tanksystem wird durch die Druckveränderung ein Schaltsignal erzeugt und von der Fahrzeugelektronik registriert. Bei Nichtauftreten des Schaltersignals über eine bestimmte Zeit wird im Umkehrschluss auf eine Tankleckage geschlossen. Zusätzlich besteht die Möglichkeit zur Erkennung der Grobleckagen bei Motorbetrieb. Dabei wird das Magnetventil geschlossen und über das Tankentlüftungsventil im Tank ein Unterdruck aufgebaut. Über die Druckmembrane und den Kontaktschalter wird eine eventuell vorhandene Grobleckage erkannt. In die NVLD-Einheit sind zusätzliche federbelastete Ventile integriert, die sicherstellen, dass bestimmte Schwellwerte für das Druck- beziehungsweise Unterdruckniveau bei geschlossenem Tanksystem nicht überschritten werden **(Bild 19-21)**.

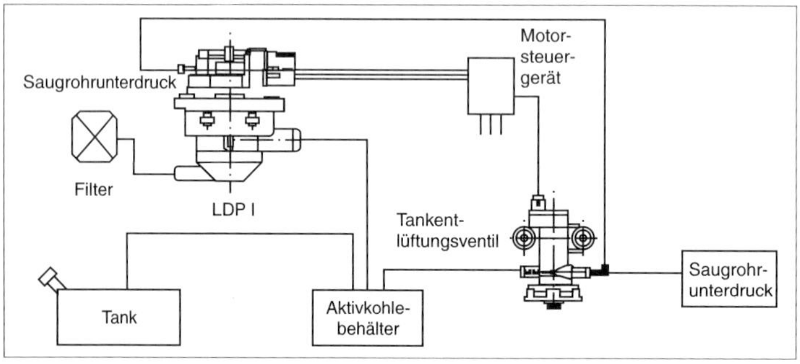

Bild 19-20 Schema Tankdiagnose mit Überdruck (Quelle: Continental Automotive GmbH)

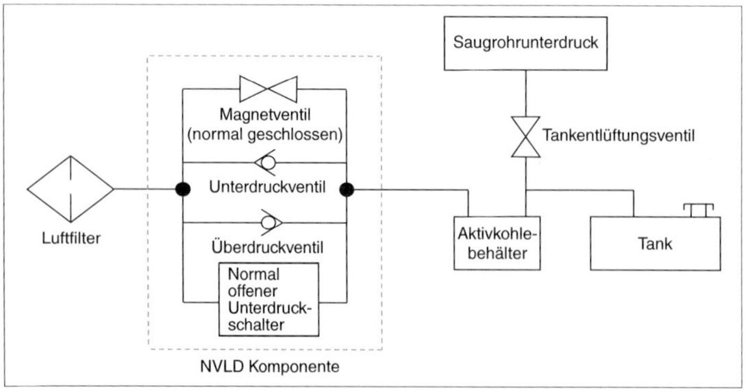

Bild 19-21 Tankdiagnose mit Unterdruck (Siemens-NVLD-System) (Quelle: Continental Automotive GmbH)

Literatur

[1] *Moczala, H.; et al.:* Elektrische Kleinstmotoren und ihr Einsatz. Expert-Verlag, 1979

[2] *Richter, C.:* Elektrische Stellantriebe kleiner Leistung. VDE-Verlag, 1988

[3] *Kenjo, T.; Nagamori, S.:* Permanent Magnet and Brushless DC Motors, Oxford Science Publications

[4] *Vogt, K.:* Berechnung elektrischer Maschinen. VCH, 1996

[5] *Leonhard, W.:* Control of Electrical Drives. Springer, 1985

[6] *Luft, J.:* Elektromotorischer Systembaukasten Ansätze zur Gewichts- und Bauraumreduzierung. VDO, 1995

20 Kühlung von Verbrennungsmotoren

20.1 Allgemeines

Die steigenden Anforderungen bezüglich Kraftstoffverbrauch, Abgasemissionen, Lebensdauer, Fahrkomfort und Package haben dazu geführt, dass moderne Kühlanlagen von Verbrennungsmotoren im Kraftfahrzeug mit wenigen Ausnahmen die folgenden Merkmale aufweisen:

- Wasserkühlung der Motoren mit Zwangsumlauf des Kühlmittels durch eine über Riemen angetriebene Kreiselpumpe
- Betrieb des Kühlsystems bei bis zu 1.5 bar Überdruck
- Einsatz einer Mischung von Wasser und Frostschutzmittel, meist Äthylenglykol mit einem Volumenanteil von 30 ... 50 %
- Aluminium in korrosionsbeständigen Legierungen als dominierender Kühlerwerkstoff
- Die Kühlmittel weisen zusätzlich Inhibitoren zum Korrosionsschutz von Aluminiumkühlern auf
- Kunststoff als dominierender Werkstoff für Wasserkästen, Lüfter und Lüfterzarge
- Regelungseingriffe über den Lüfterantrieb und den Kühlmittel-Thermostaten
- Einsatz von Ladeluft-, Motoröl-, Getriebeöl-, Hydrauliköl- und Abgaskühlern je nach Motortyp, Motorleistung und Ausrüstungsmerkmalen
- Vormontieren aller Kühlungskomponenten des Frontendbereichs in einer funktionalen Einheit, dem so genannten Kühlmodul.

Neben den zahlreichen Entwicklungsaktivitäten für noch kompaktere, leichtere und effizientere Komponenten bekommt vor allem die elektronisch geregelte Kühlanlage immer mehr Bedeutung im Hinblick auf die eingangs erwähnten Anforderungen.

20.2 Anforderungen an das Kühlsystem

Im Zylinderinnern eines Verbrennungsmotors treten kurzzeitig Spitzentemperaturen über 2000 °C auf. Ladungswechsel, Expansionsvorgänge etc. zwischen den Zündungen führen jedoch zu wesentlich geringeren mittleren Temperaturen. Trotzdem muss durch Kühlung der gasbeaufschlagten Bauteile deren thermische Überlastung verhindert und die Schmierfähigkeit des Ölfilms zwischen Kolben und Zylinderfläche erhalten werden.

Bei wassergekühlten Verbrennungsmotoren wird, je nach Brennverfahren, grob gerechnet etwa ein Drittel der zugeführten Kraftstoffenergie über die Kühlung abgeführt, ein weiteres Drittel geht über das Abgas verloren und ein Drittel wird in Nutzarbeit umgesetzt, **Bild 20-1**.

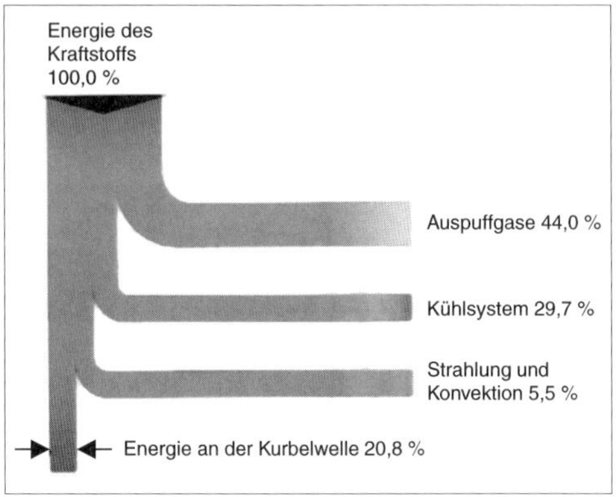

Bild 20-1 Energiehaushalt in einem wassergekühlten 1,9 l-Ottomotor bei 90 km/h konstanter Fahrt im 4. Gang

Üblicherweise werden für die Auslegung von Kühlanlagen mehrere thermisch kritische Fahrzustände überprüft wie „Maximalgeschwindigkeit in der Ebene", „schnelle Bergfahrt" oder „langsame Bergfahrt mit Anhänger". Ebenso werden Einsätze in Europa oder in Heißländern unterschieden. Immer sind Fahrgeschwindigkeit, Umgebungstemperatur, abzuführende Wärmemengen und die Sollwerte für maximal zulässige Kühlmittel-, Ladeluft- und Öltemperaturen vorgegeben. Typische Faustformeln und Sollwerte für die wesentlichen Kühlungsarten sind in **Bild 20-2** zusammengestellt.

Bandbreiten bei verschiedenen Betriebsbedingungen von schwächster Pkw-Motorisierung bis zu stärkster Nkw-Motorisierung sind:

Maximale Kühlmitteltemperatur	100 °C ... 120 °C
Maximaler Kühlmitteldurchsatz	5.000 ... 35.000 l/h,
Maximaler Ladeluftdurchsatz	0,05 ... 0,6 kg/s,
Maximale Ladelufteintrittstemperaturen	110 ... 260 °C (bei 25 °C Umgebungstemp.)

20.3 Berechnungsgrundlagen und Simulations-Tools

Bei den in Fahrzeugen eingesetzten Kühlern wird Wärme von einem strömenden Medium 1 durch eine feste Wand an ein zweites strömendes Medium 2 vom höheren zum tieferen Temperaturniveau übertragen, **Bild 20-3**.

	Pkw	Nkw (Euro IV)
Maximal aus dem Kühlmittel (KM) beziehungsweise Ladeluft (LL) abzuführende Wärmemenge beim Ottomotor beim Dieselmotor DI	$Q_{KM} = 0{,}4-0{,}6\ P_{mech}$ $Q_{KM} = 0{,}55-0{,}70\ P_{mech}$, Q_{LL} = maximal $0{,}15\ P_{mech}$	$Q_{KM} + Q_{LL} = 0{,}70-0{,}85\ P_{mech}$ mit Abgasrückführung $Q_{KM} + Q_{LL} = 0{,}60-0{,}75\ P_{mech}$ ohne Abgasrückführung
Maximal zulässige Werte für die Temperaturdifferenz zwischen Kühlmittel am Kühlereintritt und Umgebungstemperatur	circa 80 K	circa 65 K
Maximal zulässige Werte für die Temperaturdifferenz zwischen Ladeluft am Kühleraustritt und Umgebungstemperatur	circa 35 K	circa 15 K

Bild 20-2 Sollwerte für Kühlungsarten

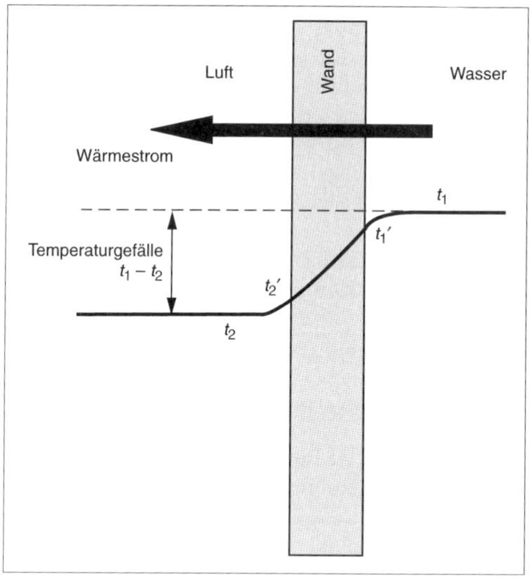

Bild 20-3 Temperaturverlauf bei Wärmedurchgang von der Wasserseite mit der hohen Temperatur t_1 durch eine Wand an die Luftseite mit der niedrigen Temperatur t_2, t_1' und t_2' sind die Oberflächentemperaturen auf beiden Seiten der Trennwand

Diese Wärmemenge berechnet sich mit den in **Bild 20-3** dargestellten Größen nach:

$$\dot{Q} = \alpha_1 \cdot A \cdot (t_1 - t_1') = \frac{\lambda}{\delta} \cdot A \cdot (t_1' - t_2') = \alpha_2 \cdot A \cdot (t_2' - t_2)$$

$$(t_1 - t_1') = \frac{\dot{Q}}{\alpha_1 \cdot A}\,; \quad (t_1' - t_2') = \frac{\dot{Q} \cdot \delta}{\lambda \cdot A}\,; \quad (t_2' - t_2) = \frac{\dot{Q}}{\alpha_2 \cdot A}\,;$$

$$t_1 - t_2 = \frac{\dot{Q}}{A} \cdot \left(\frac{1}{\alpha_1} + \frac{\delta}{\lambda} + \frac{1}{\alpha_2} \right) = \frac{1}{k} \cdot \frac{\dot{Q}}{A} \tag{20.1}$$

$$\dot{Q} = k \cdot A \cdot (t_1 - t_2)$$

Die Wärmeübergangszahlen α können durch Rippen gegenüber den glatten Flächen erhöht werden. Es ist aber darauf zu achten, ob mit dem dadurch erhöhten Strömungswiderstand der Medien und der notwendigen höheren Förderenergie insgesamt ein Vorteil erzielt wird.

Grundsätzliches Ziel der Auslegung der Kühlanlage ist, die geforderten Kühlleistungen mit möglichst kompakten, leichten und kostengünstigen Kühlern innerhalb des verfügbaren Bauraums zur Verfügung zu stellen. Dafür ist ein Optimierungsprozess hinsichtlich der Anordnung und Dimensionierung der Wärmeübertrager im Modul, der Auswahl der Rippen/Rohr-Geometrie der Kühler, der Leistungsaufnahme des Lüfters, der Abstimmung auf die fahrzeugseitigen Randbedingungen, oftmals auch des cw-Wertes und des Crash-Verhaltens durchzuführen.

Gängiges Hilfsmittel für die Auslegung sind analytische Programme zur Wärmeübertrager-Berechnung nach der eindimensionalen Stromfadentheorie. Bei Vorgabe der Kühlergeometrie, der Wärmeübergangs-, Wärmeleitungs- und Druckabfallbeziehungen sowie der Stoffströme können aus den Eintrittsgrößen Druck und Temperatur die gleichen Größen am Austritt des Wärmeübertragers berechnet werden. Unterstützt mit empirischen Daten aus langjähriger Messerfahrung mit einer großen Bandbreite von Ausführungen können mit diesen Korrelationen im Rahmen der Ähnlichkeitstheorie Rippen-/Rohr-Varianten in unterschiedlichen Abmessungen und für beliebige Betriebspunkte sehr zielgenau vorausgerechnet werden.

Heute sind fast nur noch Auslegungen ganzer Kühlmodule mit Voll- und Teilüberdeckungen von Wärmeübertragern, Lüftern und Zargen gefordert. Entsprechend werden für diese Module so genannte Topologie-Modelle, **Bild 20-4**, mit mehreren Strompfaden erstellt, von denen jeder wieder nach der

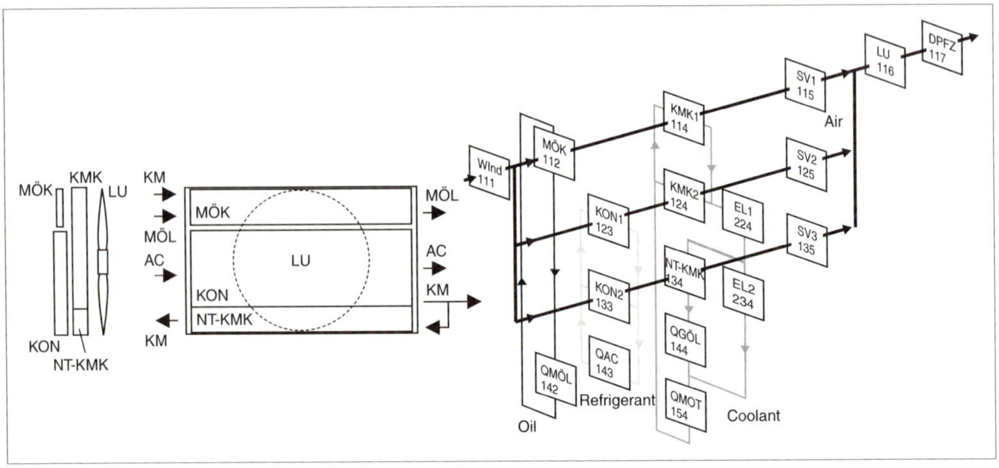

Bild 20-4 Topologie-Modell für eine eindimensionale Simulation einer Kühlanlage im Fahrzeug

Stromfadentheorie berechnet werden kann. Die gegenseitige Beeinflussung der Komponenten wird von den Berechnungscodes berücksichtigt.
Schließlich wird dieses Hilfsmittel um Elemente wie Fahrtwind, Lüfter und alle druckerhöhenden Systeme im Fahrzeug wie zum Beispiel Kühlergrill und Motorraumdurchströmung ergänzt. Damit wird die iterative Berechnung des Kühlluftdurchsatzes im Fahrzeug und folglich aller thermodynamischen Kenngrößen der Kühlanlage möglich. Gekoppelt mit einer breiten Erfahrung aus Kühlleistungsmessungen im Windkanal erhält man ein zuverlässiges und schnelles Simulationshilfsmittel, das den Bedarf an Fahrzeugmessungen deutlich reduziert.
Die nächste Zukunft wird die Kopplung von analytischen eindimensionalen Verfahren mit den numerischen dreidimensionalen CFD-Methoden bringen, da von diesen die detaillierte Bestimmung der sehr komplexen Kühlluftströmung im Motorraum zu erhalten ist, **Bild 20-5**.

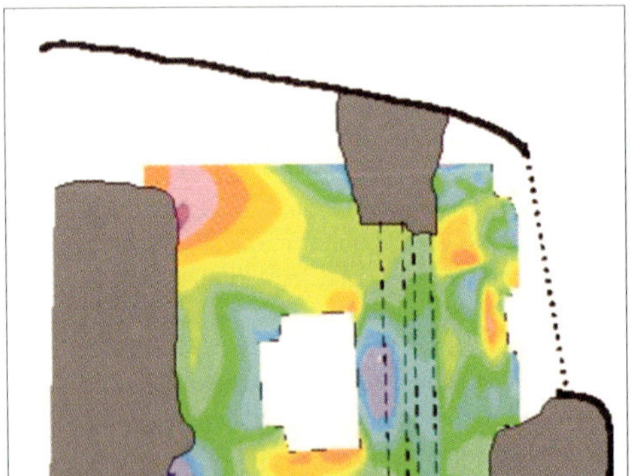

Bild 20-5 CFD-Simulation der Kühlluft-Strömung im Vorderwagen eines Pkw

20.4 Subsysteme der Motorkühlung

20.4.1 Kühlmittelkühlung

Die früher üblichen Buntmetallkühler mit Kupferrippen und Messingrohren sind in Europa fast völlig verschwunden. Sie wurden bei Pkw seit 1975 und bei Nkw seit 1988 durch immer weiterentwickelte Al-Legierungen ersetzt, die einen Gewichtsvorteil von bis zu 30 % bei hoher Druckfestigkeit durch die Hartlötung und bessere Korrosionsbeständigkeit bieten.
Rohre und Rippen bilden die so genannte Kühlermatrix. Man unterscheidet hier:
Mechanisch gefügte Rippen-/Rohr-Systeme aus runden oder ovalen Rohren und darübergesteckten gestanzten Rippen, die durch Aufweiten der Rohre miteinander verbunden werden, **Bild 20-6**. Diese Systeme decken typischerweise das untere Leistungssegment ab, reichen aber durch verbesserte Aufweittechnik mit immer schmäleren Ovalrohren immer weiter an das Leistungsspektrum gelöteter Systeme aus lotplattierten Flachrohren und gewalzten Wellrippen heran. Diese werden heute üblicherweise mit nur einem Rohr in der Systemtiefe gefertigt, das zur Festigkeitssteigerung mit Sicken versehen sein kann, **Bild 20-7**.

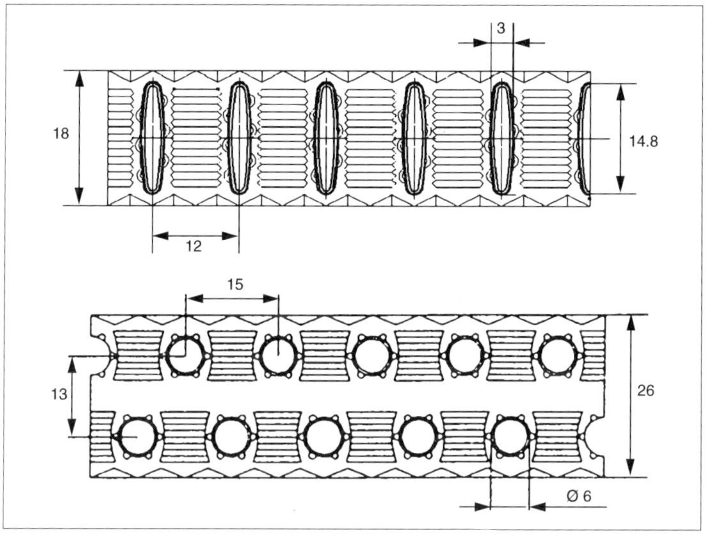

Bild 20-6 Mechanisch gefügte Rippen-/Rohr-Systeme für Kühlmittelkühler mit runden Rohren und Flachovalrohren

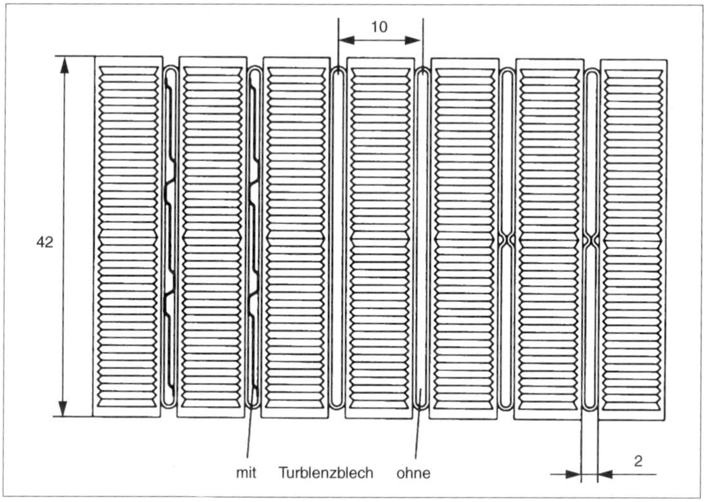

Bild 20-7 Gelötetes Flachrohr-System für Kühlmittelkühler

Systemtiefen (Erstreckung in Kühlluftströmungsrichtung) reichen vom kleinsten Pkw- bis zum größten Nkw-Kühler von 14 mm bis 60 mm, bei Buntmetallkühlern sogar bis über 80 mm, die kühlluftseitigen Stirnflächen von 15 dm^2 bis 100 dm^2. In Europa hat sich Aluminium als Kühlerwerkstoff weitgehend durchgesetzt. In USA und Japan sind auch Buntmetall-Systeme weiterhin verbreitet. Als weitere regionale Unterschiede werden Kühlmittelkühler für Pkw in Europa hauptsächlich im Querstrom, also mit horizontal verlaufenden Rohren, ausgeführt, **Bild 20-8**, in Japan häufig auch im Fallstrom. Im Nkw sind innerhalb des Fahrzeugrahmens Anordnungen im Fallstrom, also mit vertikal verlaufenden Rohren, weiter verbreitet, da dann Leistungsvarianten bei identischen Rohrböden und Wasserkästen nur über die Rohrlänge gebildet werden können, **Bild 20-8**.

Die Wasserkästen werden grundsätzlich aus glasfaserverstärktem Polyamid hergestellt und mit einer Dichtung und Bördelung auf den Kühlerblock montiert.

20.4.1.1 Kühlerschutzmittel

In einem flüssigkeitsgekühlten Verbrennungsmotor wird die Verlustwärme zur Vermeidung von Überhitzung mit einem Kühlmittel an die Umgebung abgeführt. Kühlmittel sind wie die Schmier- und Kraftstoffe Betriebsstoffe und müssen den folgenden Forderungen gerecht werden:

Bild 20-8 Kühlmittelkühler für Pkw in Querstromanordnung sowie Nkw-Kühlmodul mit Kühlmittelkühler in Fallstromanordnung

- optimale Wärmeübertragungseigenschaften
- hohe Wärmekapazität
- geringe Verdampfungsverluste
- gute Frostschutzeigenschaften
- Korrosions-, Erosions- und Kavitationsschutz aller metallischen Werkstoffe
- Verträglichkeit mit Elastomeren, Kunststoffen und Beschichtungen
- Vermeidung von Ablagerungen (Fouling) und Verstopfungen
- Temperaturstabilität
- geringer Wartungsaufwand
- hohe Lebensdauer
- einfache Handhabung
- geringe Betriebsstoffkosten
- Verträglichkeit mit der Umwelt.

Im Allgemeinen besteht das Kühlmittel aus einer Mischung von Leitungswasser mit einem von den Automobil- und Motorenherstellern geprüften und freigegebenen Kühlerschutzmittel, meist mit einem Anteil von jeweils 50 Volumenprozent. Das Leitungswasser kann je nach Herkunft erhebliche Qualitätsunterschiede aufweisen und die Wirksamkeit des Kühlmittels erheblich beeinflussen. Daher werden Mindestanforderungen an die Qualität des Leitungswassers gestellt, **Bild 20-9**.

Das Kühlerschutzmittel besteht aus circa 90 % Monoethylenglykol (1,2-Ethandiol), 7 % Additiven und 3 % Wasser. Das Monoethylenglykol führt in Mischung mit Leitungswasser unter anderen zu einer Gefrierpunkterniedrigung des Kühlmittels und schützt den gesamten Motorkühlkreislauf im Winter vor Einfrieren, beispielsweise für eine übliche 1 : 1-Mischung bis circa – 38 °C. In manchen Produkten ist das Monoethylenglykol durch Monopropylenglykol (1,2-Propandiol) ersetzt. Die Additive umfassen Substanzen für den Korrosionsschutz (Inhibitoren) und die Pufferung, Antischaummittel und Farbstoffe. Dabei sind die Inhibitoren von essentieller Bedeutung für die Lebensdauer des gesamten Motorkühlkreislaufes und bestimmen maßgeblich die Qualität eines Kühlerschutzmittels. Durch die Wirksamkeit der Inhibitoren werden die in einem Motorkühlkreislauf befindlichen Werkstoffe zusätzlich vor Korrosion über das Kühlmittel geschützt.
Vor der Zulassung eines Kühlerschutzmittels wird in umfangreichen Labor- und Technikumsprüfungen insbesondere das Korrosionsschutzvermögen ermittelt. Nach dem erfolgreichen Abschluss der wichtigsten Testverfahren wie Glaswarentest nach ASTM D 1384, Klopfkammertest nach MTU, FVV-Heißkorrosionstest, FVV-Druckalterung, FVV-Schwingversuch, Wasserpumpentest nach ASTM

Eigenschaft	**Maßeinheit**	**Anforderung**
Aussehen	–	farblos, klar
Bodensatz	mg	0
pH-Wert	–	6,5 – 8,0
Summe der Erdalkalien	mmol/l	0,9 – 2,7
Hydrogencarbonat	mg/l	≤ 100
Chloridgehalt	mg/l	≤ 100
Sulfatgehalt	mg/l	≤ 100

Bild 20-9 Mindestanforderungen an die Qualität des Leitungswassers

D 2809 und Umlauftest nach ASTM D 2570 erfolgt durch die Automobilhersteller der letztlich für die Produktfreigabe entscheidende Fahrzeugflottentest. Bei diesem Praxistest unter den realen Bedingungen im Straßenverkehr werden die Motorkühlkreisläufe der Versuchsfahrzeuge in der Regel nach einer Kilometerleistung von circa 100.000 km komplett zerlegt und auf mögliche Korrosions-, Erosions- und Kavitationsschäden untersucht und bewertet. Auch die Verträglichkeit mit Dichtungs- und Schlauchwerkstoffen sowie mit Kunststoffen spielt eine wichtige Rolle. Zusammen mit den gewonnenen Informationen zum Testverhalten des Kühlmittels ergibt sich ein aussagekräftiges Gesamtbild über die Eignung des Kühlerschutzmittels.
In Abhängigkeit der Fahrbetriebsbedingungen unterliegt das Kühlmittel einer natürlichen Alterung. Daher ist es notwendig, die Service- und Wartungsvorgaben der Automobil- und Motorenhersteller einzuhalten. Der vollständige Wechsel des Kühlmittels erfolgt üblicherweise nach 100.000 km oder nach zwei Jahren für Pkw oder nach einem Jahr für Nkw. Neuentwicklungen von Kühlerschutzmitteln auf der Basis von organischen Inhibitoren erhöhen die Gebrauchsfähigkeit des Kühlmittels und leisten einen Beitrag zur Reduzierung von Kosten und Ressourcen. Ihre Bedeutung am Markt nimmt ständig zu.

20.4.2 Ladeluftkühlung

Die Aufladung mit gekühlter Ladeluft wird vor dem Hintergrund der Steigerung der Leistungsdichte, der Verbrauchs- und Emissionsreduzierung mittlerweile bei Nkw-Dieselmotoren immer, bei Pkw-Dieselmotoren fast immer eingesetzt. Im Zuge der Weiterentwicklung von Ottomotoren findet sie auch dort mehr Beachtung als bisher. Die mit der sinkenden Ladelufttemperatur erreichte Dichtesteigerung kann infolge einer verbesserten Zylinderfüllung in höhere Leistung umgesetzt werden. Außerdem verringert die niedrigere Temperatur die thermische Belastung des Motors und führt zu geringeren NO_x-Anteilen im Abgas.
Ladeluftkühler sind vorzugsweise gelötete Flachrohrkühler aus Aluminium und direkt von Kühlluft gekühlt. Die Systemtiefen reichen von circa 30 mm bis zu über 100 mm, die Stirnflächen von 3 dm^2 bei Pkw bis zu 100 dm^2 bei Nkw. Im Pkw sind viele Anordnungen gebräuchlich: großflächig vor dem Kühlmittelkühler, lang und schlank unter oder neben dem Kühlmittelkühler oder ganz abseits des Moduls zum Beispiel im Bereich des Radkastens; daher die große Bandbreite in den Systemtiefen. Die Luftkästen sind fast ausnahmslos aus Kunststoff. Im Nkw sind großflächige Querstromanordnungen vor dem Kühlmittelkühler am weitesten verbreitet, an deren Luftkästen bevorzugt die Halterung des gesamten Moduls angebracht ist, wodurch der Ladeluftkühler zum tragenden Element des Moduls wird. Die bisher üblichen Al-Guss-Ausführungen der Luftkästen werden mehr und mehr durch hochtemperaturfeste Kunststoffe ersetzt, **Bild 20-10**.

Bild 20-10 Ladeluftkühler mit Luftkästen aus hochtemperaturfestem Kunststoff für einen leichten Nkw

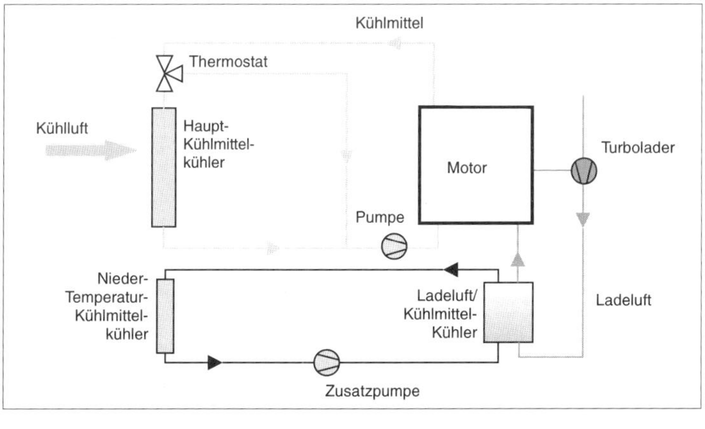

Bild 20-11 Schema eines Kühlkreislaufs für Pkw mit indirekter Ladeluftkühlung in einem separaten Niedertemperaturkreislauf

Eine aktuelle Tendenz ist die Ladeluftkühlung per Kühlmittel, **Bild 20-11**. Im Vergleich zu den heutigen, luftgekühlten Systemen verringert sich bei ihr der ladeluftseitige Druckabfall. Außerdem wird kostbarer Bauraum in der Fahrzeugfront gespart und die Fahrdynamik verbessert sich. Bisher findet diese Technologie hauptsächlich in kleineren Stückzahlen bei leistungsstarken Motoren für Oberklassen-Fahrzeuge Anwendung. Es ist aber damit zu rechnen, dass die kühlmittelgekühlte Ladeluftkühlung bei zukünftigen Motor- und Fahrzeugentwicklungen verstärkt berücksichtigt werden wird.

20.4.3 Abgaskühlung

Dieselmotoren müssen zunehmend schärfere Emissionsgrenzwerte erfüllen, **Bild 20-12**. Diese Grenzwerte, zur Zeit als Euro IV-Stufe definiert, können verbrauchsgünstig erreicht werden, wenn die vom Pkw her bekannte Abgasrückführung (AGR) zusätzlich eine Kühlung über einen Abgaskühler erhält. Durch die Beimischung und Kühlung nicht brennbarer Abgasanteile zur Zylinderfüllung wird die Verbrennungstemperatur und damit der NO_x-Gehalt des Abgases verringert.

Da Abgaskühler vor allem bei Nkw sehr hohen Temperaturen sowie starker Korrosionsbeanspruchung ausgesetzt sind, ist hier Edelstahl als Werkstoff unumgänglich. Als Fügeverfahren sind das Laser-Schweißen oder Nickel-Löten üblich. Konstruktiv sind diese Kühler als Rohrbündel ausgeführt, wobei die abgasführenden Rohre einfache Rundrohre oder Rohre mit speziellen leistungssteigernden, aber verschmutzungsunanfälligen Maßnahmen sein können.

Die Leistungen reichen für die Gesetzgebungsstufe Euro IV von circa 2 kW bei Pkw bis zu 80 kW bei Nkw. Entsprechend groß ist die Bandbreite in den Abmessungen. Allein die Länge variiert von circa 100 mm bis zu circa 700 mm. Serieneinsätze gibt es bereits bei Pkw und ihre Zahl ist zunehmend, **Bild 20-13**.

20.4.4 Ölkühlung

Ein Teil der Verlustwärme des Motors wird vom Schmieröl aufgenommen. Bei stärkerer Motorisierung genügt zur Einhaltung der maximal zulässigen Öltemperatur die Kühlung über die Ölwanne nicht mehr, so dass ein Motorölkühler eingesetzt werden muss.

Motorölkühler werden im Pkw bevorzugt motornah in Rundscheiben-, Stapelscheiben- oder Flachrohrbauweise aus Aluminium ausgeführt, **Bild 20-14**,

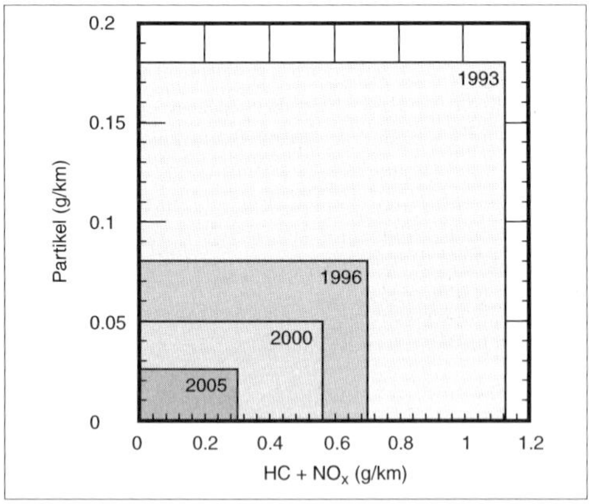

Bild 20-12 Emissionsgrenzwerte für Pkw-Dieselmotoren Europa von 1993 bis 2005

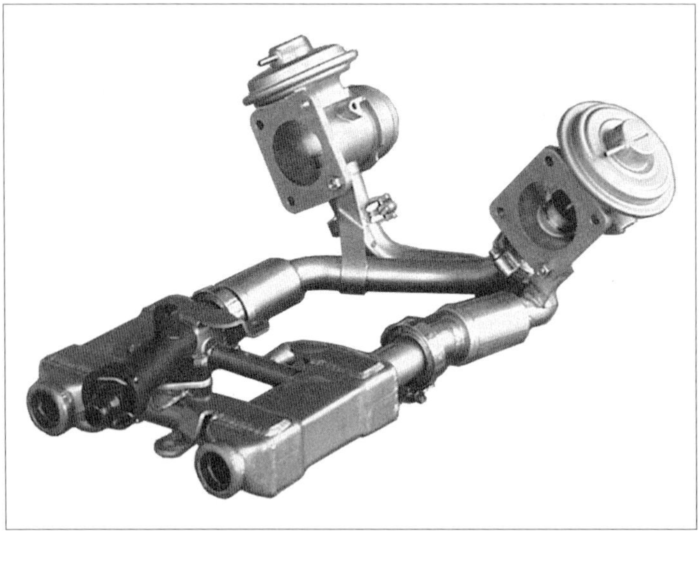

Bild 20-13 Zweiflutiger AGR-Kühler mit AGR-Ventilen für einen Pkw-V8-Dieselmotor

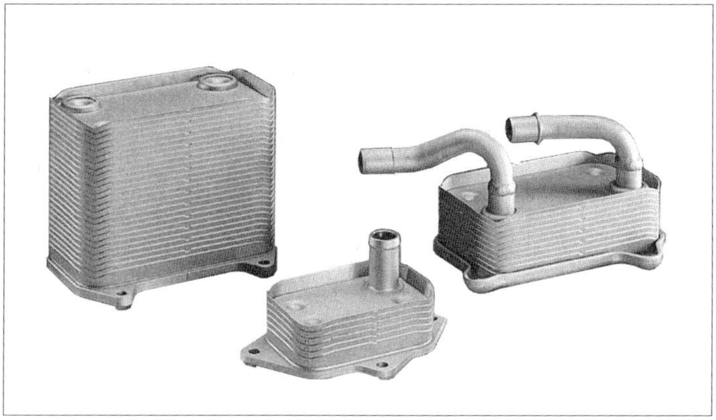

Bild 20-14 Ölkühler in Stapelscheibenbauweise

so dass die Kühlung indirekt mit Kühlmittel erfolgt. Auch direkte Kühlung mit Öl-/Luft-Kühlern ist gebräuchlich, wofür sehr druckfeste gelötete Flachrohr-Ausführungen in Aluminium im Kühlmodul angeordnet werden. Bei Nkw erfolgt die Kühlung immer mit Kühlmittel, wobei die Kühler üblicherweise in eine Öffnung des Kurbelgehäuses eingebaut werden, wo sie dem Hauptstrom des Kühlmittels ausgesetzt sind. Die verbreitetste Bauweise sind Plattenkühler aus Edelstahl, die auf der Innenseite mit Turbulenzeinlagen bestückt und von Öl durchströmt sind. Neuerdings ist auch hier der Ersatz durch Al-Kühler bei höherer Leistung, vergleichbarer Festigkeit, aber etwa halbiertem Gewicht möglich.

Getriebeölkühler bei Pkw mit Automatikgetriebe können wiederum luftgekühlte Flachrohr-Ausführungen sein oder sie können als sehr schlanke, lang gestreckte Flachrohrkühler im Wasserkasten von Kühlmittelkühlern eingebaut sein, wo sie vom Kühlmittel gekühlt werden. Die letztere Ausführung dominiert heute, wenngleich auch im Modul montierte Stapelscheibenkühler mehr und mehr Verbreitung finden.

Hydrauliköl ist im Fall von Lenkhilfe- oder sonstigen Servosystemen zu kühlen. Dies erfolgt meist über einfache Rohrschlangen am Kühlmodul, in selteneren Fällen auch mit langen Rohrgabeln, die über mechanische Aufweitung mit einem Rippenpaket bestückt sind.

20.4.5 Lüfter und Lüfterantriebe

Lüfter für die Motorkühlung werden heute fast ausnahmslos in axialer Bauart in Kunststoff ausgeführt. Zu der axialen Beschaufelung kommen je nach Betriebszuständen im Fahrzeug noch Mantelringe und Einlaufdüsen an den Blattspitzen hinzu. Weitere typische Lüftermerkmale können gesichelte Blätter und ungleichmäßige Blattteilung sein, **Bild 20-15**. Mit solchen Maßnahmen kann günstig auf den Lüfterwirkungsgrad und die Geräuschemission eingewirkt werden.

Bild 20-15 Pkw-Lüfter mit gesichelten Blättern und Mantelring für Antrieb mit Elektromotor

Bei Pkw werden Lüfter in einfacher oder doppelter Anordnung meist saugend eingesetzt mit maximalen Lüfterdurchmessern von circa 520 mm. Bis auf die leistungsstärksten Motorisierungen werden Elektromotoren als Lüfterantrieb eingesetzt. Sie nehmen bis zu 850 W elektrischer Leistung auf, wobei eine stufige Drehzahlvariation über Vorwiderstände oder eine stufenlose Drehzahlvariation mit bürstenlosen Elektromotoren vorgesehen wird. Das obere Leistungssegment bei Pkw sowie der ganze Bereich der Nkw wird mit Viskositäts-Kupplungen als Lüfterantrieb ausgestattet, **Bild 20-16**. Hierbei wird eine von der Kurbelwelle oder einer motorseitigen Übersetzung – meist die der Kühlmittelpumpe – vorgegebene Antriebsdrehzahl der Primärseite durch Ölreibung auf eine Sekundärseite übertragen, die mit dem Lüfter verbunden ist. Über eine regelbare Ölfüllung der Kupplung kann die Lüfterdrehzahl von einer Leerlaufdrehzahl bis knapp unter die Antriebsdrehzahl variiert werden. Der maximal bei Nkw eingesetzte Lüfterdurchmesser liegt bei 815 mm mit Leistungsaufnahme bis circa 30 kW.

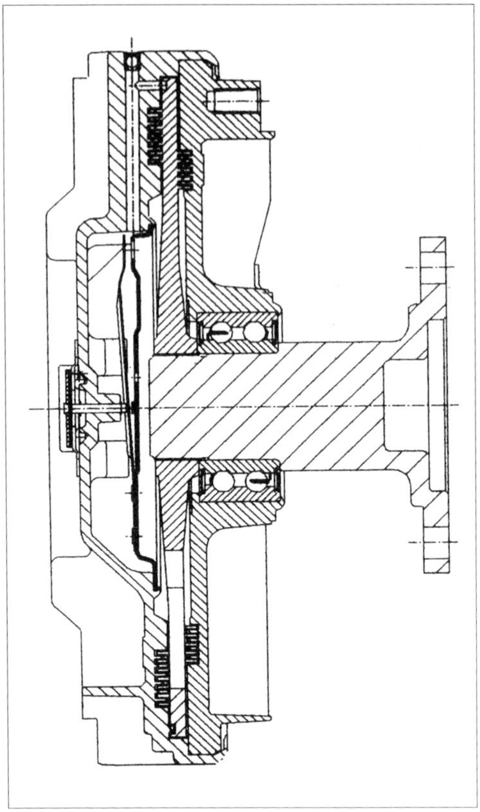

Bild 20-16 Viskositäts-Kupplung für den Antrieb von Nkw-Lüftern

20.5 Kühlmodule

Kühlmodule sind Baueinheiten, die aus verschiedenen Komponenten zur Kühlung und eventuell Klimatisierung eines Fahrzeugs bestehen und eine Lüftereinheit mit Antrieb einschließen, **Bild 20-17**. Die Modultechnik, die seit Ende der achziger Jahre immer mehr Verbreitung findet, bietet prinzipiell mehrere technische und wirtschaftliche Vorteile:

- Optimale Auslegung und Abstimmung der Komponenten
- Dadurch besserer Wirkungsgrad im Fahrzeug oder kleinere und billigere Komponenten möglich
- Weniger Aufwand beim Fahrzeughersteller für Entwicklung, Erprobung, Logistik und Montage.

In normalen Straßenfahrzeugen werden fast ausschließlich karosseriefeste Kühlmodule eingesetzt, die an den fahrzeugseitig vorhandenen Längs- und Querträgern befestigt werden. Meist dient einer der Wärmeübertrager als tragendes Modulelement, an seine Wasser- oder Luftkästen und Seitenteile werden die anderen Komponenten mittels Rast-, Klemm- oder Clipsverbindung befestigt. Je mehr Komponenten ein Kühlmodul enthält, desto geeigneter stellt sich der Einsatz eines Tragrahmens zur Aufnahme aller Modulbestandteile dar.

20.6 Gesamtsystem Motorkühlung

Die Auslegung der Kühlanlage ist durch kühlleistungskritische Betriebszustände bestimmt wie zum Beispiel Fahrten mit Höchstgeschwindigkeit oder Bergfahrten mit hoher Anhängelast im Hochsommer und mit eingeschalteter Klimaanlage. Diese kühlleistungskritischen Fahrzustände treten während der Fahrzeuglebensdauer jedoch äußerst selten auf. Dies hat zur Folge, dass für den überwiegenden Teil der Nutzungsdauer des Fahrzeuges für die Motorkühlung entweder zu hohe Fluidströme gefördert werden oder dass die Temperaturen in Kühlmittel oder Ölen zu niedrig oder zu hoch sind. Dadurch werden der Kraftstoffverbrauch und die Abgasemissionen erhöht, der

Bild 20-17 Kühlmodul für Pkw-Einsatz mit Kühlmittelkühler, Ausgleichsbehälter, Klimakondensator, Kältemittelsammler sowie E-Lüfter mit Zarge

Fahrkomfort beeinträchtigt und die Lebensdauer von Motor und Anbauteilen verschlechtert.
Die Zielsetzung für zukünftige Kühlanlagen besteht darin, durch eine bedarfsgerechte Regelung der Motorkühlung alle Fluidtemperaturen und Stoffströme so zu regeln, dass der Energiebedarf minimal ist beziehungsweise je nach Priorität Komfort-, Emissions- oder Lebensdauervorteile erzielt werden. Hierfür sind zukünftig Regelungseingriffe in der Motorkühlung erforderlich.
In heutigen Kühlanlagen sind folgende Regelungseingriffe auf die Fluidströme, die sich am Kühlleistungsbedarf orientieren, schon realisiert:

- Ein Thermostat, dessen Wachselement die Temperatur des ihn umströmenden Kühlmittels aufnimmt, sorgt für eine Aufteilung des Kühlmittelstroms durch den Kühlmittelkühler hindurch oder an ihm vorbei über eine Kurzschlussleitung. So kann bei sehr niedrigen Kühlmitteltemperaturen eine Kühlung weitgehend vermieden und bei sehr hohen Temperaturen für maximale Kühlung gesorgt werden.
- Elektrisch betriebene Lüfter werden in Abhängigkeit der Kühlmitteltemperatur im Wasserkasten in verschiedenen Drehzahlstufen oder stufenlos zugeschaltet.
- Bei Lüftern mit Viskositäts-Kupplung wird die Ölfüllung und damit die Lüfterdrehzahl in Abhängigkeit der Kühllufttemperatur vor der Kupplung geregelt. Heiße Kühlluft entsteht nach Durchströmen heißer Wärmeübertrager. Dies ist ein Zeichen für hohen Kühlungsbedarf und führt über ein Bimetallelement zum Zuschalten des Lüfters.
- Alle weiteren Systeme sind auf kritische Betriebsbedingungen ausgelegt, werden dann aber ungeregelt betrieben. So wird die Kühlmittelpumpe über einen Riementrieb von der Kurbelwelle angetrieben; die Ladeluftkühlung erfolgt fast ausnahmslos ungeregelt; die Ölkühlung ist nur teilweise thermostatisch geregelt.

Solche Kühlanlagen waren bisher ausreichend und zeichnen sich durch einen sehr zuverlässigen Betrieb aus. Die Zukunft wird aber auch hier, wie in vielen anderen Systemen des Fahrzeugs, der elektronischen Regelung gehören. Über ein Netz von Sensoren, die den thermischen Zustand von Motor und Kühlanlage erfassen, wird ein Steuergerät mittels der abgelegten Regelungskonzepte Eingriffe an Förderorganen (Lüfter, Pumpen) und Stellorganen (Ventile, Klappen, Jalousien) auslösen, um über eine bedarfsorientierte Kühlung Antriebsenergie an Nebenaggregaten einzusparen, Abgas- und Geräuschemissionen günstig zu beeinflussen und im Sinne einer Komfortsteigerung und einer Verschleißreduzierung Aufheizphasen zu verkürzen. Dafür müssen alle Förder- und Stellorgane ansteuerbar sein.

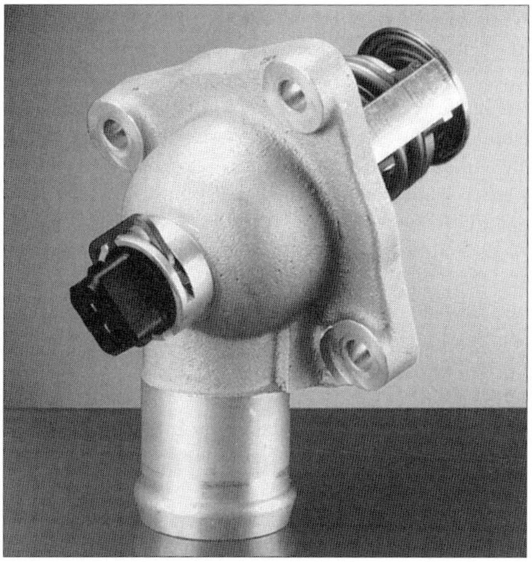

Bild 20-18 Kühlmittelthermostat mit elektrischer Beheizung des Wachselementes

Für den Thermostaten wurde diese Möglichkeit durch eine elektrische Beheizung des Wachselementes geschaffen, **Bild 20-18**. Dadurch kann die Thermostatstellung unabhängig von der aktuellen Kühlmitteltemperatur durch Sollwerte aus einem Kennfeld vorgegeben werden. Die Möglichkeit einer Temperaturanhebung im Teillastbetrieb des Motors senkt den Kraftstoffverbrauch.
Der Kühlmittelstrom wird bei heutigen Fahrzeugen durch eine Kühlmittelpumpe erzeugt, die über einen Riementrieb proportional zur Motordrehzahl angetrieben wird. Um zum Beispiel bei geringem Kühlleistungsbedarf den Kühlmitteldurchsatz zu reduzieren, aber auch zum Beispiel in der Warmlaufphase dem Heizkörper mehr Kühlmittel zur Verfügung stellen zu können, ist der zukünftige Einsatz von schaltbaren oder regelbaren Pumpen sinnvoll. Diese können bei Pkw als Elektropumpen ausgeführt werden. Für stärkere Motorisierungen ist ein Bordnetz mit 42 V erforderlich. Durch die Entkoppelung vom Motorriementrieb bietet die Elektropumpe neue konstruktive Freiheiten. Alternativ kann der Kühlmittelstrom auch durch Einsatz von regelbaren Drosselorganen oder schaltbaren Kupplungen in Kombination mit der mechanischen Pumpe beeinflusst werden.
Neben der Regelung des Kühlmittelstromes im Hauptkühlkreislauf gibt es auch Ansätze zur Aufteilung des Kühlmittelstroms in mehrere Kreisläufe. Hierzu gehört die in Kapitel 20.4.2 beschriebene indirekte Ladeluftkühlung in separaten oder an den Hauptkreislauf angehängten Niedertemperaturkreisläufen. Auch für Getriebeöltemperierung werden Schaltungen eingesetzt, über die der Wärmeübertrager entweder mit heißem Kühlmittel zur Beheizung des Öls während der Warmlaufphase versorgt wird

oder mit kaltem Kühlmittel aus einem Niedertemperaturteil zur Kühlung des Öls. Ein Thermostat sorgt für die Umschaltung von Heizen auf Kühlen.
Auch die geregelte Förderung und Drosselung der Kühlluft birgt ein grosses Verbesserungspotenzial für die Zukunft. Die stufig schaltbaren E-Lüfter bei Pkw werden zunehmend durch drehzahlregelbare Lüfter mit EC-Motoren ersetzt. Viskositäts-Kupplungen für Nkw sind inzwischen elektrisch ansteuerbar, indem die Regelung der Ölfüllung nicht mehr über ein bimetallisch, sondern ein elektromagnetisch betätigtes Ventil erfolgt. Hierdurch wird eine Regelung der Lüfterdrehzahl sowie eine schnelle Zu- und Abschaltung ermöglicht.
Bei vielen Fahrzuständen sind die Lüfter ausgeschaltet. Dennoch wird bei hohen Fahrgeschwindigkeiten ein hoher Kühlluftstrom gefördert, was den Luftwiderstand des Fahrzeuges erhöht. Der Einsatz von aerodynamisch optimierten Kühlluftjalousien kann hier den Kraftstoffverbrauch und gleichzeitig die Geräuschemission senken. Zusätzlich wird im Winter ein schnelles Aufheizen von Fahrgastraum und Motor erreicht, da durch eine Abschottung des Motorraumes von der kalten Umgebung Wärmeverluste vermindert werden.

Literatur

[1] *Mollenhauer, K.; Tschöke, H.:* Handbuch Dieselmotoren, Springer Berlin Heidelberg, 2007
[2] *Knauf, B.; Pantow. E.:* Auslegung eines Kühlsystems mit elektrischer Kühlmittelpumpe, MTZ 11/2005, 66
[3] *Kemle, A.; Manski, R.; Weinbrenner, M.:* Klimaanlagen mit erhöhter Energieeffizienz, ATZ 09/2009, Seite 650
[4] *Strehlow, A.; Leuschner, J.; Scheffermann, J.:* CFD-Simulation in der Entwicklung von Hochleistungs-Wärmeübertragern, MTZ 04/2008 69
[5] *Edwards, S. u. a.:* Emissionskonzepte und Kühlsysteme für Euro 6 bei schweren Nutzfahrzeugen, MTZ 09/2008, 69
[6] *Heinz, M.:* Prozessautomatisierung für Motorkühlmodule mit CFD, MTZ 12/2008, 69
[7] *Berger, C.; Troßmann, T.; Kaiser, M.:* Heißkühlung – Kühlmittelzusätze auf dem Prüfstand, MTZ 02/2008, 69
[8] *Williams, D. J.:* Vermeidung von Kavitation in Kühlmittelpumpen: MTZ 02/09, 70
[9] *Thumm, A. u. a.:* Hochleistungs-Kühlsysteme als Beitrag zur Erfüllung zukünftiger Abgasnormen, Wiener Motorensymposium, 2007

21 Abgasemissionen

Seit den Vierzigerjahren des 20. Jahrhunderts gibt es in Kalifornien systematische Bestrebungen, die Auswirkungen auf die Luftqualität durch die Massenmotorisierung zu reduzieren. In Europa erregte der Verkehr in den sechziger Jahren durch die für den Menschen unmittelbar schädliche Kohlenmonoxidemission Aufmerksamkeit. Daraus ergab sich eine Begrenzung der unverbrannten Abgasbestandteile wie Kohlenmonoxid und Kohlenwasserstoffe. Durch die tendenziell weitere Zunahme, der aus Verbrennungsprozessen resultierenden Spurengase und deren Fernverfrachtung entstanden in den Siebziger- und Achtzigerjahren, unter anderem aufgrund von saurem Regen sowie Photooxidantien Schäden an Baumbeständen. Da Stickoxide und unverbrannte Kohlenwasserstoffe zur Bildung dieser Stoffe beitragen, ergab sich ein unmittelbarer Handlungsbedarf zur Begrenzung der Emissionen dieser Stoffe. Dem wurde in den Vereinigten Staaten mit der Einführung von Abgasgrenzwerten für den Straßenverkehr, beginnend mit dem Jahre 1961, in Japan beginnend 1966 und in Europa ab 1970, Rechnung getragen.

Die unmittelbar für den Menschen schädlichen Kohlenmonoxidemissionen konnten durch die gesetzten Maßnahmen in den industrialisierten Ländern auf ein unschädliches Maß herabgesetzt werden. Die drastische Limitierung der Stickoxid- und Kohlenwasserstoffemissionen Anfang der Achtzigerjahre in den USA und Japan, sowie zu Ende der Achtzigerjahre in den mitteleuropäischen Staaten, haben ebenfalls zu einer weitgehenden Verringerung dieser Spurengase aus Personenkraftwagen und Kraftwerken in diesen Ländern geführt. Derzeit ist jedoch in einigen Europäischen Regionen wieder ein Anstieg der NO_2-Konzentrationen zu verzeichnen.

Anfang der Neunzigerjahre wurde deutlich, dass weitere, für den Menschen unschädliche Abgase aus Verbrennungsprozessen die Erdatmosphäre beeinflussen können. Diese Effekte, unter dem Begriff „Treibhauseffekt" zusammengefasst, lenkten nunmehr die Aufmerksamkeit auf die Kohlendioxidemission. Obwohl am Verkehrssektor durch die stetige Verringerung des Verbrauches des Einzelfahrzeuges eine nur leicht steigende Verbrauchszunahme beim Individualverkehr zu vermerken ist, kam es durch starke Zunahmen des Energieverbrauches für die Bereitstellung von elektrischer Energie und zu Heizzwecken zu merklichen Anstiegen der CO_2-Konzentration in der Atmosphäre. Nun gilt es Wege zu sparsamer Verwendung von Primärenergieträgern zu finden.

21.1 Gesetzliche Vorschriften

In diesem Abschnitt werden die Abgasemissionsgrenzwerte von Kraftfahrzeugen für Kohlenmonoxid CO, Kohlenwasserstoffe HC, Stickstoffoxide NO_x und Partikel PM für die Europäische Union, die Vereinigten Staaten von Amerika und Japan besprochen. Die gesetzlich bestimmten Abgasemissionsgrenzwerte sind in unterschiedlichen Einheiten angegeben ([g/km], [g/Test] oder [g/Meile] und wurden für eine abschließende Betrachtung zu diesem Kapitel auf [g/km] umgerechnet. Deshalb ist ein direkter Vergleich der Abgas-Grenzwerte nur dann zulässig, wenn die Emissionen nach dem gleichen Testzyklus gemessen werden. Dies trifft in der Regel jedoch nicht zu.

Zur Abgasmessung von fabrikneuen Personenkraftfahrzeugen im Rahmen der Typprüfung existiert weltweit eine Vielzahl von vorgeschriebenen Verfahren. Für Personenkraftwagen (Pkw) seien hier die wichtigsten angeführt:

- US Prozedur in der Fassung von 1975 (FTP 75) mit Zusatz Testzyklen SC03 (mit Klimaanlage) und US06 (aggressive Fahrweise), US Highway Testzyklus
- EG ECE 15/04, EG MVEG-A Testzyklus
- Japanischer 10.15-mode Test, Japanischer 11 mode Kalttest, von 2005 bis 2011 Einführung des neuen Testzyklus JC08M.

21.1.1 Europa

Die europäische Emissions-Regulierung für neue Personenkraftwagen wurde ursprünglich in der europäischen Direktive 70/220/EEC spezifiziert. Darin sind die, von der United Nations Economic Commission for Europe (ECE) definierten Grenzwerte (ECE R15) enthalten. Änderungen zu dieser Regulierung schließen die Euro 1 und 2 Standards ein, die unter der Direktive 93/59/EC Gültigkeit erlangten. Die in der Direktive 98/69/EC publizierten Grenzwerte gemäß Euro 3 und 4 (2000/2005), wurden von einer Einführung verbesserter Kraftstoffqualitäten begleitet. Es wurde eine minimale Dieselöl Cetan-Zahl von 51 verlangt und eine deutliche Absenkung der Schwefelgehalte sowohl im Benzin als auch im Dieselkraftstoff vorgeschrieben. Derzeit ist der Euro 5 Standard gültig, welcher 2015 von Euro 6 abgelöst wird. Für Benzinantriebe wurden die Grenzwerte nicht nennenswert geändert. Es kam jedoch ein Partikelgrenzwert hinzu. Die Abgrenzwerte für Dieselantriebe werden an jene der Ottomotoren angeglichen.

Als Fahrzyklus für diese Regulierungen kommt jener gemäß ECE R83 (91/441/EEC) zum Einsatz. Die Testausführung erfolgt nach 98/69/EC. Die zeitliche Entwicklung der Standards für Personenkraftwagen bis heute ist in **Bild 21-1** dargestellt. Die aktuell gültigen Grenzwerte für Benzin- als auch Dieselantrieb enthält **Bild 21-2**.

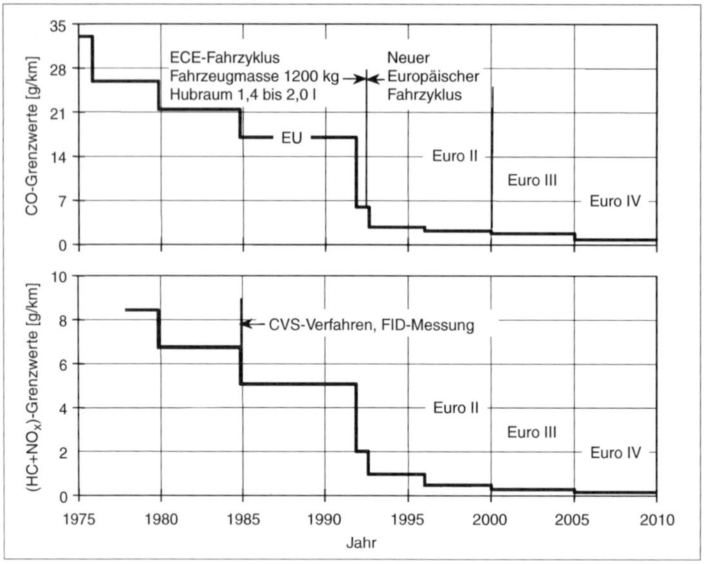

Bild 21-1 Zeitliche Entwicklung der Abgasstandards für Personenkraftwagen mit Benzinmotor in der Europäischen Union

Antrieb	**Emissions-Kategorie**	CO	HC	$HC+NO_x$ [g/km]	NO_x	PM
Diesel	Euro 5	0,50	–	0,23	0,18	0,005
	Euro 6	0,50	–	0,17	0,08	0,005
Benzin	Euro 5	1,00	0,10	–	0,06	0,005
	Euro 6	1,00	0,10	–	0,06	0,005

Bild 21-2 Aktuelle Abgasgrenzwerte für Personenkraftwagen in der Europäischen Union

21.1.2 Japan

Die ersten Kohlenmonoxid-Emissionsbeschränkungen für Pkw wurden in Japan 1966 nach dem mittlerweile nicht mehr verwendeten 4-mode-Test eingeführt. 1973 wurden HC und NO_x zum ersten Mal beschränkt und auf den 10-mode-Test übergegangen. Durch die 1975 eingeführten Grenzwerte konnten die CO- und HC-Emissionen von Fahrzeugen um 90 % reduziert werden. Bei den NO_x-Emissionen wurde diese 90 %ige Reduktion durch die Vorschriften in den Jahren 1976 beziehungsweise 1978 erreicht. Für Fahrzeuge innerhalb derselben Kategorie gelten je nach Antriebs- und Motorkonzept verschiedene Grenzwerte. So wurde nach Fahrzeugen mit Benzin und Flüssiggas als Kraftstoff unterschieden. Bei Pkw mit Dieselmotor erfolgte die Unterscheidung nach Brennverfahren (Direkteinspritzung oder Kammermotor) sowie nach Herkunft der Fahrzeuge (Japan oder Import).

Die Emissionsstandards ab 1997 sowie die neuen Grenzwerte ab 2009 sind in **Bild 21-3** aufgeführt. Die aktuelle Prüfmethode ist der JC08M-Zyklus, der den älteren 10-Modus-Zyklus und 10-15 Modus-Zyklus ersetzt. Im Verlauf entspricht dieser Test in etwa dem europäischen ECE + EUDC Zyklus, allerdings auf niedrigerem Geschwindigkeitsniveau.

21.1.3 Harmonisierung der Abgasvorschriften

Um den Entwicklungs- und Zulassungsaufwand von Fahrzeugen nicht unnötig hoch zu halten, gibt es Bestrebungen, Zertifizierungen in anderen Ländern anzuerkennen (UN-ECE 1958 Agreement). Dass dies durchaus sinnvoll möglich ist, geht aus dem Vergleich der letztgültigen NO_x + HC Grenzwerte aus den vorangegangenen Punkten hervor. Zu beachten sind die etwas unterschiedlichen Anforderungen an die Abgasreinigungssysteme, da in Europa und Japan eher auf rasches Ansprechen der Katalysatoren nach dem Kaltstart bei gleichzeitig niedriger Motorlast geachtet werden muss und in den USA auch das transiente Motorverhalten stärker berücksichtigt wird.

21.2 Abgasmesstechnik

21.2.1 Messtechnik für die Zertifizierung von Kraftfahrzeugen

Generell ist der Zeit- und Kostenaufwand dieser Messverfahren aus den nachfolgend genannten Gründen sehr hoch. Sie alle benötigen einen Rollenprüfstand, der auf das jeweilige Fahrzeug kalibriert wer-

Fahrzeug Gewicht	Emissions Kategorie	CO max	CO mean	HC max	HC mean	NO_x max	NO_x mean	PM max	PM mean
		[g/km]							
Diesel <1265 kg	1997	2,7	2,1	0,62	0,40	0,55	0,40	0,14	0,080
	2002	–	0,63	–	0,12	–	0,28	–	0,052
	2005	–	0,63	–	0,024[1]	–	0,14	–	0,013
	2009	–	0,63	–	0,024[1]	–	0,08	–	0,005
Diesel >1265 kg	1997	2,7	2,1	0,62	0,40	0,55	0,40	0,14	0,080
	2002	–	0,63	–	0,12	–	0,30	–	0,056
	2005	–	0,63	–	0,024[1]	–	0,15	–	0,014
	2009	–	0,63	–	0,024[1]	–	0,08	–	0,005
Benzin	1997	2,7	2,1	0,39	0,25	0,48	0,25	–	–
	2002	–	0,63	–	0,08	–	0,08	–	–
	2005	–	1,15	–	0,05[1]	–	0,05	–	–
	2009	–	1,15	–	0,05[1]	–	0,05	–	0,005

[1] Non Methan HC

Bild 21-3 Japanische Abgasgrenzwerte für Personenkraftwagen. Die maximalen Limits galten für eine Produktion von weniger als 2.000 Fahrzeuge pro Jahr. Die mean-Limits für größere Produktionen.

den muss, klimatisierte Prüfräume, um definierte Kaltstartbedingungen zu erzielen, wie auch eine Vielzahl hoch empfindlicher Abgasmessgeräte.

Folgende allgemein gültige Merkmale von Typprüftests seien hervorgehoben:

- Konditionierung des Fahrzeuges bei Raumtemperatur für zirka zwölf Stunden
- Kaltstart und Erfassung der Startemissionen
- Dynamischer Testzyklus, mit Geschwindigkeiten von Null bis 120 [km/h]
- Zweiter Testzyklus mit Heißstart des Fahrzeuges (US FTP 75 Test)
- Präzise Erfassung der Abgasemissionen.

Bild 21-4 zeigt die prinzipielle Anordnung eines Fahrzeugrollenprüfstandes für die Abgasmessung gemäß Zertifizierungsbedingungen. Wichtig ist, dass bei den derzeit gültigen Zulassungsgesetzen für die Bestimmung der Abgasmassenemissionen die Verdünnungsmesstechnik eingesetzt wird.

Als Messprinzipien für die Abgaskomponenten Kohlendioxid (CO_2) und Kohlenmonoxid (CO) wird die molekülspezifische Absorption von Banden der Infrarotstrahlung eingesetzt. Für die Messung der Kohlenwasserstoffe (HC) kommen Flammenionisations-Detektoren (FID) zur Anwendung. Chemisch betrachtet beruht das Messprinzip des Flammenionisationsdetektors auf der Ionisation von oxidierbaren Kohlenstoffverbindungen in einer Wasserstoffflamme. Primär ist das Detektorsignal der Anzahl der zugeführten Kohlenstoffatome proportional. Zur Erfassung der Stickstoffoxide (NO und NO_2) werden Messgeräte auf Basis der Chemolumineszenz-Detektoren eingesetzt (CLD). Partikel als Massen-

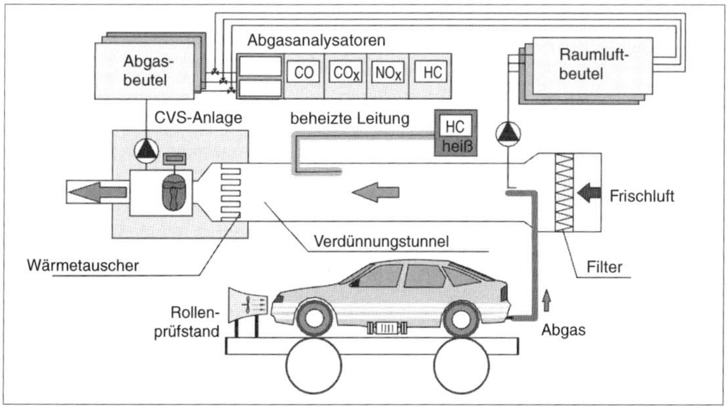

Bild 21-4 Anordnung der Rollen-Prüfstandstechnik für Abgas-Zertifizierungstests

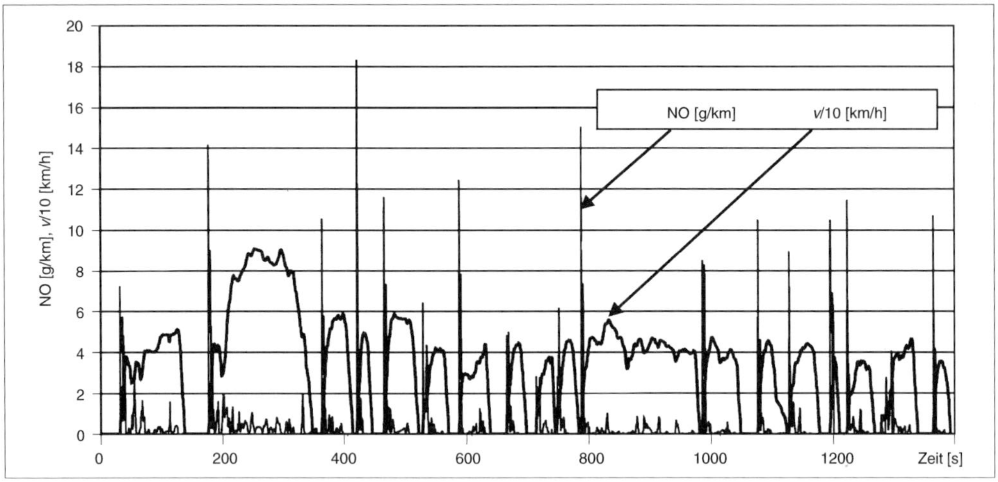

Bild 21-5 Verlauf der Fahrzeuggeschwindigkeit und der Stickstoffoxid-Massenemissionen über dem FTP 75 Testzyklus [2]

emission pro Kilometer werden mittels Teilstromfilterung und gravimetrischer Auswertung bestimmt.
Für Trübungsmessungen im Rahmen der wiederkehrenden Begutachtung von im Verkehr befindlichen Fahrzeugen werden in der Motorbetriebsart „Freie Beschleunigung" Teilstrom-Opazimeter zur Bestimmung des *k*-Wertes eingesetzt.
Insbesondere Abgasgrenzwerte, die dem ULEV, beziehungsweise Euro-5-Standard entsprechen, stellen neue Anforderungen an die Abgasmesstechnik, da im betriebswarmen Zustand der Motoren Konzentrationen erfasst werden müssen, die dem sehr niedrigen Niveau von Immissionskonzentrationen entsprechen. Aus diesem Grund werden auch neue Messmethoden vorgeschlagen, die von der bisher angewandten Verdünnungsmesstechnik abgehen [1] und direkt die Konzentrationen im Abgas messen. Die direkte Auswertung der Abgasmassenemissionen ist beispielhaft für die Stickstoffoxidemissionen in **Bild 21-5** dargestellt.

21.2.2 Messtechnik für die Motorenentwicklung

Die drastisch verschärften Abgasbestimmungen erfordern mittels modernster Messtechnik eine detailliertere Analyse der Entstehung der Abgaskomponenten und die Ausschöpfung sämtlicher Potenziale zu deren weiterer Verringerung. Als Randbedingungen für die zukünftige Motorenentwicklung ist an führender Stelle die Absenkung der Flottenverbräuche zu nennen. Neben den limitierten Schadstoffkomponenten Summenkohlenwasserstoffe, CO und NO_x treten bei der Verbrennung im Motor verschiedene andere, sogenannte „nicht limitierte" Schadstoffkomponenten, auf, wie zum Beispiel Benzol, Toluol, Xylol, Aldehyde oder Ammoniak. Diese Komponenten sind entweder bereits im Kraftstoff enthalten und gelangen unverbrannt in das Abgas, oder sie werden bei der Verbrennung im Motor gebildet. Da bestimmte Anteile wie Benzol gesundheitsgefährdend und geruchsbelästigend sind, erlangt die Erfassung dieser Komponenten zunehmend an Bedeutung.
Insbesonders zeigt die Optimierung transienter Motorbetriebszustände und die damit mögliche verbesserte Anpassung an die Betriebsbedingungen des Abgasreinigungssystems ein hohes Verbesserungspotenzial bei den Abgasemissionswerten. Der Einfluss auf den Kraftstoffverbrauch erscheint hingegen bei anderen Maßnahmen, wie Auswahl des Brennverfahrens und Antriebstrangmanagement, deutlich höher zu sein.
Ziel zukünftiger Forschungsarbeiten ist es somit, das Motormanagement so weiterzuentwickeln, dass Last- und Drehzahländerungen keine nennenswerten Abweichungen vom optimalen Lambdaverlauf, der durch das Funktionsprinzip des Katalysators vorgegeben ist, bewirken. Um dieser Aufgabenstellung gerecht zu werden, ist es notwendig, zeitlich hochauflösende Messungen im Brennraum – und an bestimmten Stellen des Auspuffstranges durchzuführen, um die genauen Quellen der Emissionen feststellen zu können.
Durch die Dominanz der instationären Betriebszustände, ist es auch im Bereich der Motorenentwicklung bereits zu einem sehr frühen Zeitpunkt notwendig, zum Zwecke der Anpassung von Gemischbildungs- und Regelsystemen die experimentellen Untersuchungen auf den dynamischen Simulationsprüfstand zu verlegen. Des Weiteren diente diese Maßnahme dazu, vom hohen Aufwand der Bereitstellung eines kompletten Fahrzeuges für den Rollenprüfstand loszukommen. Ziel der Simulation am dynamischen

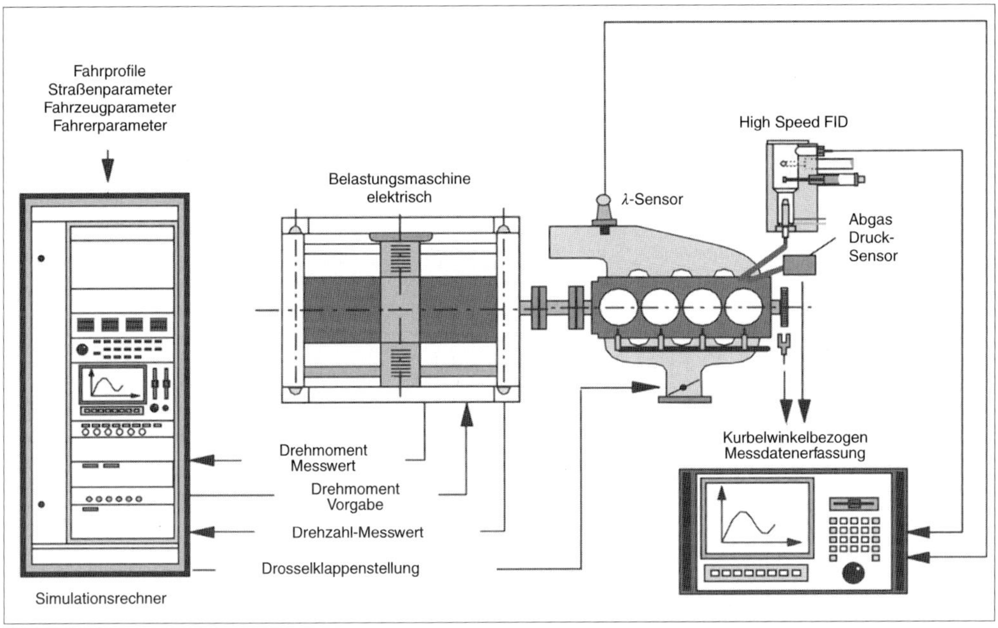

Bild 21-6 Messanordnung für die kurbelwinkelbezogene Abgasmessung

Motorenprüfstand ist es, möglichst den gleichen Drehzahl- und Drehmomentverlauf an der Motorkurbelwelle, aber auch eine Übereinstimmung von Temperaturen, Kraftstoffverbrauch, etc. zu erreichen, wie sie bei der Straßenfahrt oder beim Betrieb am Rollenprüfstand auftreten. Der Hauptvorteil liegt in der sehr guten Reproduzierbarkeit der einzelnen Prüfläufe.

Die Grafik in **Bild 21-6** zeigt eine Messanordnung für einen modernen Entwicklungsprüfstand, der auch die Erfassung des einzelnen Verbrennungszyklus zulässt. Der Aufbau gliedert sich typischerweise in Simulationsrechner, hochdynamische elektrische Belastungsmaschine, kurbelwinkelbezogenen Messdatenspeicher und Highspeed-Abgasmesstechnik.

An diesen Prüfständen wird folgende Abgasmesstechnik für die Motorenanalyse eingesetzt, die sich auf Grund ihrer Ansprechgeschwindigkeit einteilen lässt:

- Standardmessgeräte mit einer Ansprechzeit im Sekundenbereich und darüber
- Instationäre Messtechnik mit Ansprechzeiten um 100 Millisekunden
- Messgeräte und Verfahren für Einzelzyklusanalyse mit Ansprechzeiten um 1 Millisekunde.

Eine weitere Einteilung der Messgeräte kann nach dem Einsatzort am Motor erfolgen:

- Messgeräte, die einen entnommenen und konditionierten Teilstrom des Abgases analysieren. Darunter fällt noch immer die Mehrzahl der Messverfahren
- Sensoren und Messgeräte, die im Auspuffstrang, in-situ, eingesetzt werden
- Messverfahren für die experimentelle Ermittlung der Gaszusammensetzung im Brennraum.

Teilstrommessgeräte:

Die Anordnung am Motor mit den wichtigsten Abgasmessgeräten geht aus **Bild 21-7** hervor. Betreffend die physikalischen Prinzipien der Abgasmessgeräte für limitierte Abgaskomponenten wird auf die Ausführungen unter Kapitel 21.2.1 verwiesen. Ergänzend soll die Messmethode für die prinzipiell sehr wichtige Sauerstoffmessung angeführt werden, die auf den paramagnetischen Eigenschaften der Sauerstoffmoleküle beruht. Zu den klassischen Messgeräten für limitierte Abgaskomponenten sind Massenspektrometer und Partikelgrößenbestimmung hinzugekommen. Die Massenspektrometrie bestimmt für Ionen beziehungsweise deren Bruchstücke das Verhältnis von Masse zu Ladung. Dies geschieht durch Ablenkung der Ionen in magnetischen und elektrischen Feldern oder der Bestimmung ihrer Bewegungsenergie. Theoretisch kann jede Abgaskomponente oder mehrere gleichzeitig über ihre Molzahl bestimmt werden. Dem stehen jedoch zwei Effekte entgegen. Erstens weisen mehrere interessierende Abgaskomponenten die selbe Molzahl auf und zweitens wird durch die simultane Messung mehrerer Komponenten die Messzeit vervielfacht. Wahlweise kann zur Erfassung der „nicht limitierten

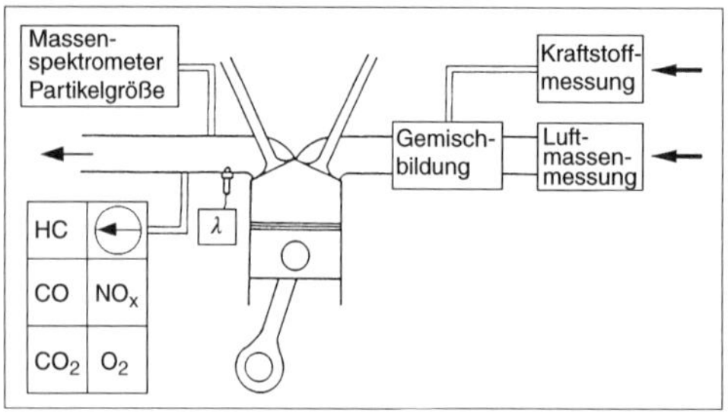

Bild 21-7 Anordnung der Abgasmesstechnik für Teilstrommessung am Motorprüfstand

Abgaskomponenten" auch die Gaschromatografie eingesetzt werden.

Speziell die Erfassung von größenklassenabhängigen Partikelemissionen stellt derzeit noch ein eher zeitaufwändiges Unterfangen dar. Unterschieden wird nach Verfahren, die nach dem Impaktorprinzip arbeiten und somit aufgrund der aerodynamischen Eigenschaften der Partikel gleichzeitig eine bestimmte Anzahl von Größenklassen gravimetrisch bestimmen können und nach selektiven Verfahren, die jeweils nur eine Größenklasse erfassen können, wie in **Bild 21-8** dargestellt. Diese Messgeräte beruhen auf der Verknüpfung mehrerer Messprinzipien. Sie scheiden einzelne Partikelgrößenklassen durch veränderliche elektrische Aufladung und anschließende aerodynamische Absaugung ab. Die Partikelfraktion wird in der Folge einem Kondensationskernzähler zugeführt, in dem die Anzahl der Partikel pro Volumeneinheit ermittelt wird.

In-situ Abgasmessung im Auspuffstrang:
Zur Luftverhältnis-Bestimmung mit hoher Ansprechgeschwindigkeit sowohl im „mageren" – λ größer als eins, als auch im „kraftstoffreichen" Gemischbereich – λ kleiner als eins, werden im Abgasstrang montierte Sauerstoffsensoren verwendet. Diese sogenannten „Wide Range Sonden" arbeiten nach dem Sauerstoffionen-Pump-Prinzip und sind von verschiedenen Herstellern verfügbar. Es beeinflussen jedoch mehrere Faktoren in hohem Maße die Messgenauigkeit dieser Sonden. **Bild 21-9** zeigt die wichtigsten Fehler, die bei Anwendung dieser Sensoren auftreten können. Der typische Fehler durch erhöhten Auspuffgegendruck kann für Messwerte um $\lambda = 2$ bereits 20 % betragen. Diesen Sonden kommt insofern eine erhöhte Bedeutung zu, da sie auch im Motormanagement als Regelsonden für Magermotorkonzepte verwendet werden.

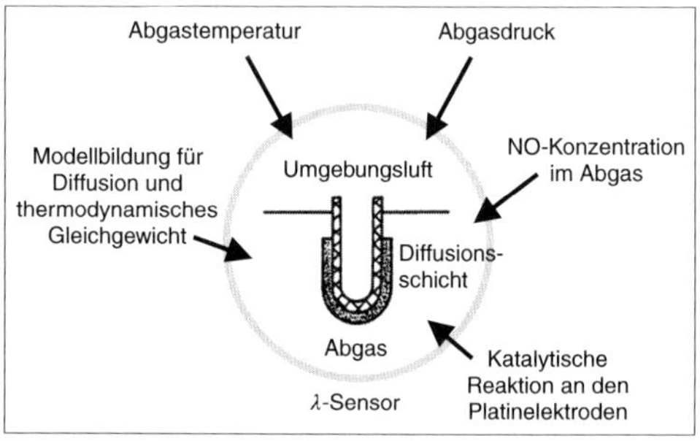

Bild 21-9 Fehlereinflüsse auf die Bestimmung des Luft-Kraftstoff-Verhältnisses mittels Lambdasonde

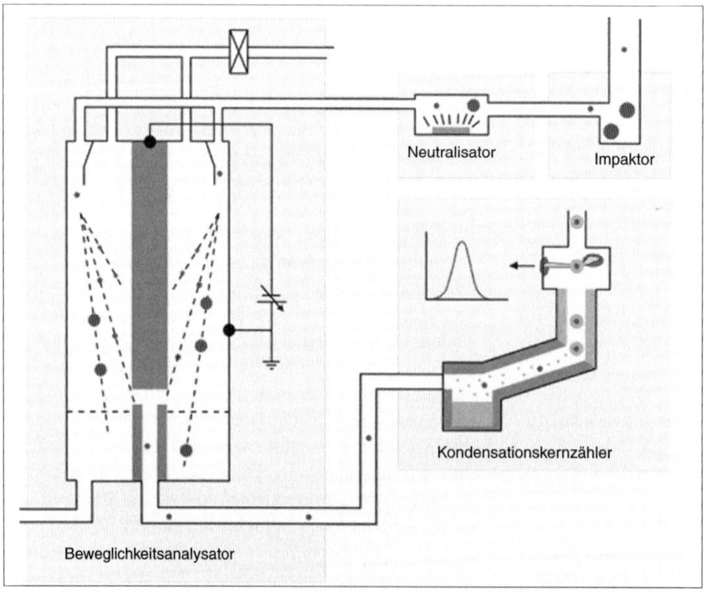

Bild 21-8 Mobilitätsanalysator zur Bestimmung der Größenklassenverteilung von Partikeln [3]

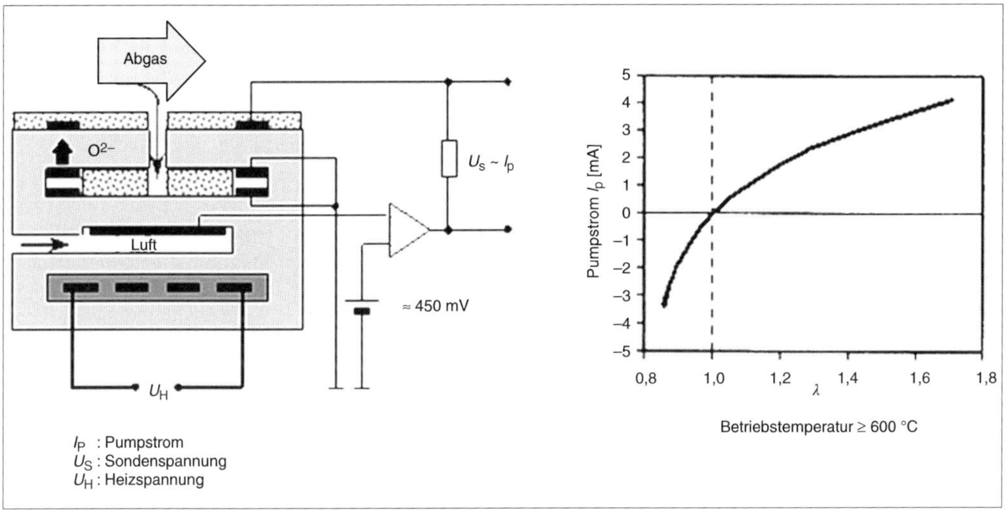

Bild 21-10 Prinzipieller Aufbau und Ausgangssignal einer Lambdasonde nach [4]

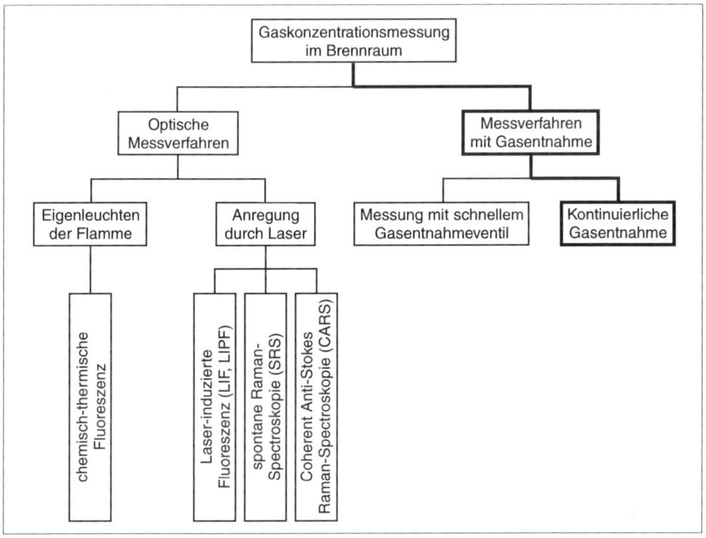

Bild 21-11 Mögliche Messverfahren zur Ermittlung der Gaszusammensetzung im Brennraum [5]

Der prinzipielle Aufbau sowie das Ausgangssignal in Abhängigkeit vom Lambda-Wert geht aus **Bild 21-10** hervor.

Für zeitlich hoch aufgelöste Einzelzyklusanalysen bieten sich heute weiter Sensoren aus Strontium-Titanat $SrTiO_3$ an. Diese Sensoren weisen eine Ansprechzeit von zirka 5 Millisekunden auf und gestatten damit aus dem Summenabgas des Motors die Gemischzusammensetzung des einzelnen Zylinders zu detektieren. Dies stellt insbesondere beim zylinderselektiven Abgleich der Einspritzanlage unter Berücksichtigung der Füllung der individuellen Brennräume einen erheblichen Fortschritt dar.

Aufbauend auf einer ähnlichen Technologie wie bei den in **Bild 21-10** gezeigten Lambda-Sonden wurden NO_x-Sensoren für in-situ Messungen hergestellt [4],die bei der Entwicklung und Regelung von Kataly-satorsystemen für Magermotoren eine wertvolle Unterstützung bieten.

Abgasmessung im Brennraum:

Die Messung der Gaszusammensetzung beziehungsweise einzelner Gaskomponenten kann mit Hilfe verschiedener Verfahren, nach **Bild 21-11**, durchgeführt werden, die in zwei Hauptgruppen einzuteilen sind: in optische Messverfahren, die direkt im Brenn-

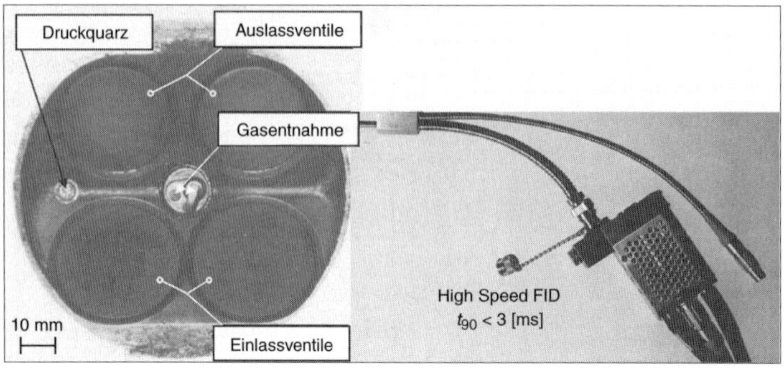

Bild 21-12 Messanordnung für die kontinuierliche Kohlenwasserstoff-Indizierung am 4-Ventil-Ottomotor

raum appliziert werden und meist an Experimentalmotoren, wie den „gläsernen Motoren" angewendet werden, und in Verfahren, die Gas direkt aus dem Brennraum entnehmen.

Die optische Messtechnik verwendet verschiedene physikalische beziehungsweise quantenmechanische Eigenschaften von Molekülen oder Atomen, um den Anteil einer bestimmten Gaskomponente zu ermitteln. Diese Messverfahren sind im Allgemeinen in der Lage, die Verteilung einer Vielzahl von Komponenten gleichzeitig zu bestimmen.

Die auf Gasentnahme basierenden Verfahren arbeiten entweder mit getakteten Gasentnahmeventilen oder kontinuierlich durchströmten Kapillaren. Die Messgeräte, die in Verbindung mit Gasentnahmeventilen einsetzbar sind, entsprechen im Wesentlichen jenen Standardgeräten, wie sie zur herkömmlichen Abgasanalyse verwendet werden. Um ein genügend großes Gasvolumen für die Analyse zu erhalten, ist es jedoch erforderlich, über eine Vielzahl von Verbrennungszyklen zu mitteln. Einzelzyklusanalysen, speziell im Hinblick auf zyklische Schwankungen oder instationäre Effekte bei Laständerungen, sind systembedingt nur mittels der kontinuierlichen Gasentnahme und sehr rasch ansprechenden Gasanalysatoren möglich. Diese stehen heute für die Abgaskomponenten Kohlenwasserstoffe und Stickstoffoxid zur Verfügung.

Der Zugang zum Brennraum gestaltet sich bei Anwendung kontinuierlicher Gasentnahme relativ einfach, **Bild 21-12**. Da keinerlei mechanische Betätigung in der unmittelbaren Umgebung des Brennraums, beziehungsweise der Entnahmestelle notwendig ist, bestehen geringere Einschränkungen bezüglich der Wahl der Messposition. Eine weitere Eigenschaft dieser Art der Probengewinnung ist die gute örtliche Auflösung durch Entfall der Wandfilmanlagerung am Entnahmeventil und der einfachen geometrischen Form des Einströmquerschnitts.

Diese Messungen im Brennraum haben das Potenzial, eine Vielzahl von Informationen über den Ablauf der Gemischbildung und der Verbrennung bis hin zur Entstehung der Schadstoffe zu liefern. Die Ergebnisse können sowohl bei der Emissionsreduktion als auch bei der Optimierung verschiedener konstruktiver Details eine wertvolle Hilfestellung sein. Eine sehr interessante Anwendung ergibt sich bei der Entwicklung von Verbrennungssystemen mit Direkteinspritzung und Magerkonzepten, bei denen dem veränderlichen Gemisch an der Zündkerze und damit dem zyklusselektiven Lambdawert eine verstärkte Bedeutung zukommt.

Neben gefeuerten Motorversuchen werden ebenso solche im ungefeuertem Motorbetrieb durchgeführt. Per Definition kann die HC-Konzentration im Brennraum im ungefeuerten Betrieb zur Berechnung des lokalen Luft-Kraftstoff-Verhältnisses herangezogen werden. Die Messungen geben darüber hinaus Aufschluss über den Ablauf der Gemischbildung sowie den Restgasgehalt im Bereich der Zündkerze beziehungsweise der Entnahmestelle.

21.3 Schadstoffe und ihre Entstehung

Bei der Verbrennung von Kraftstoffen mit dem Sauerstoff der Luft, die 21 [%-Vol.] O_2, <1 [%-Vol.] Edelgase und Stickstoff N_2 enthält, wird durch eine exotherme Reaktion Energie als Wärme freigesetzt. Die Wärmefreisetzung wird bei Kraftstoffen auf Basis von Kohlenwasserstoffen, wie Benzin- und Dieselkraftstoff, durch eine Vielzahl unvollständiger Reaktionen, abhängig von der Zusammensetzung der Kohlenwasserstoffe des Kraftstoffes, bestimmt. Wichtige Kraftstoffkomponenten sind Paraffine, Olefine und Aromaten.

Bei der vollständigen Verbrennung von Kohlenwasserstoffen unter idealen Bedingungen oder bei Luftüberschuss entstehen theoretisch lediglich Kohlendioxid und Wasser und aus dem Sauerstoffträger Luft, Stickstoff.

Aus diesem Grund stellt das Luft-Kraftstoff-Verhältnis Lambda (λ) die wichtigste Kenngröße für den Verbrennungsprozess dar. Lambda ist definiert als das Verhältnis von tatsächlich vorhandener Luftmenge relativ zur idealerweise stöchiometrisch benötigten Menge.

$$\lambda = (m_L/m_K)/(m_L/m_K)_{\text{stöch}} = (m_L/m_K)/(m_{L,\text{th}}) = m_L/m_{L,\text{th}} \quad (21.1)$$

m_L = dem Motor zugeführte Luftmenge pro Zeiteinheit

m_K = dem Motor zugeführte Kraftstoffmenge pro Zeiteinheit

$m_{L,\text{th}}$ = für die vollständige Verbrennung dieser Kraftstoffmenge theoretisch benötigte Luftmenge

Für die Verbrennung im Betriebsbereich mit Luftüberschuss kann somit folgende allgemeine Reaktionsgleichung angewendet werden:

$$1\,[\mathrm{CH}\psi\mathrm{O}\varphi] + 4{,}762 \cdot (1 + \psi/4 - \varphi/2) \cdot \lambda\,[\text{Luft}]$$

verbrennt zu

$$1\,[CO_2] + (3{,}762 \cdot (1 + \psi/4 - \varphi/2) \cdot \lambda - n/2\,[N_2]$$
$$+ ((1 + \psi/4 - \varphi/2) \cdot (\lambda - 1) - n/2)\,[O_2] + n\,[\mathrm{NO}]$$
$$+ \psi/2\,[H_2O] \quad (21.2)$$

[ ] = Komponente

n = Mol Stickstoffoxid

ψ = Wasserstoff-Kohlenstoff-Atomverhältnis des Kraftstoffs

φ = Sauerstoff-Kohlenstoff-Atomverhältnis des Kraftstoffs

Neben den Hauptbestandteilen des Abgases wie Kohlendioxid, CO_2 und Wasserdampf, sind die Hauptvertreter der Schadstoffe die gesetzlich limitierten Komponenten Kohlenmonoxid, CO, unverbrannte und teilverbrannte Kohlenwasserstoffe, HC (Aldehyde, Ketone etc.) und Stickstoffoxide, NO_x. Schadstoffe entstehen hauptsächlich durch die Unterbrechung der Reaktionsketten auf Grund der kurzen Verweildauer im Brennraum. Es ist somit kein Gleichgewichtszustand mehr gegeben. Inhomogenitäten im Gemisch durch unterschiedliche Luft-Kraftstoff-Verhältnisse λ, Brennwandeffekte und im Kraftstoff enthaltene Verunreinigungen und Zusätze führen ebenfalls zur Entstehung von unerwünschten Nebenprodukten, **Bild 21-13**.

Zusätzlich sind in Abhängigkeit vom verwendeten Kraftstoff und Brennverfahren Feststoffe in Form von Partikelemissionen möglich. Nichtlimitierte Abgaskomponenten, die beispielsweise aus thermischen Crackprozessen der Kohlenwasserstoffe sowie deren Folgeprodukte entstehen, treten immer mehr in den Vordergrund, da sie entweder gewisse Gefährdungspotenziale besitzen oder zur Geruchsbelästigung beitragen.

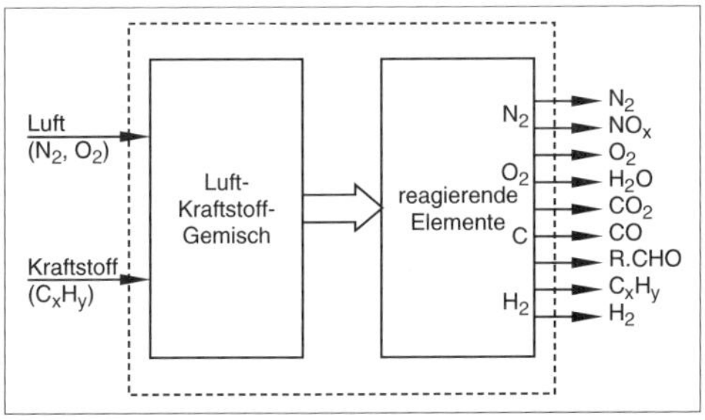

Bild 21-13 Reaktionsmechanismen im Brennraum [6]

21.3.1 Ottomotor

Das ottomotorische Verbrennungsprinzip ist durch folgende allgemeine Charakteristika gekennzeichnet:

- Fremdzündung, ausgeführt als Einfach- oder Mehrfachzündung
- Verdichtungsverhältnis 8 bis 14, je nach verwendetem Kraftstoff
- 4-Takt- und 2-Takt-Verfahren werden eingesetzt.

Ein wichtiger Parameter ist das Luft-Kraftstoff-Verhältnis λ, das in eher engen Grenzen das Brennverfahren bestimmt. Je nach Verbrennungs- und Abgasreinigungskonzept wird konstantes Luft-Kraftstoff-Verhältnis im gesamten Brennraum oder geschichtete Ladung mit verschiedenen Verhältnissen im Brennraum gewählt. Indirekte Einspritzung in das Saugrohr und direkte Einspritzung in den Brennraum sind mögliche Gemischaufbereitungsverfahren.

21.3.1.1 Limitierte Abgaskomponenten

Kohlendioxid: Die Kohlendioxidemissionen können in Europa zu den limitierten Abgaskomponenten gezählt werden, obwohl sie nicht toxisch sind. Gesetzliche Regelungen beschränken in zunehmenden Maße den CO_2-Ausstoß. Kohlendioxid entsteht durch die vollständige Verbrennung des Kohlenstoffs aus den Kraftstoffmolekülen. Die CO_2-Emission ist im Wesentlichen vom Kraftstoffverbrauch und der Kraftstoffzusammensetzung abhängig und erreicht bei vollständiger Umsetzung ihr relatives Maximum bei einem Luft-Kraftstoff-Verhältnis von eins. **Bild 21-14** zeigt die berechneten Abgaskonzentrationen für den idealisierten Fall.

Kohlenmonoxid: CO entsteht als Zwischenstufe der Kohlendioxidbildung und bei unvollständiger Verbrennung unter Sauerstoffmangel. Charakterisiert wird die Bildung durch die „Wassergasgleichung".

$$CO + H_2O \Leftrightarrow CO_2 + H_2 \quad (21.3)$$

Im Wesentlichen wird die Kohlenmonoxidbildung vom lokalen Luftverhältnis und der Temperatur, beziehungsweise dem Druck bestimmt. Bei Luftmangel ist die CO-Emission nahezu linear vom Luft-Kraftstoff-Verhältnis abhängig. Die CO-Emission resultiert aus einem Sauerstoffmangel. Im Bereich $\lambda > 1$ (Luftüberschuss) ist die CO-Emission sehr niedrig und nahezu unabhängig vom Lambdawert. Die CO-Emission ist darüber hinaus von anderen Parametern wie Verdichtungsverhältnis, Lastzustand, Zündzeitpunkt und Einspritzgesetz weitestgehend unabhängig.

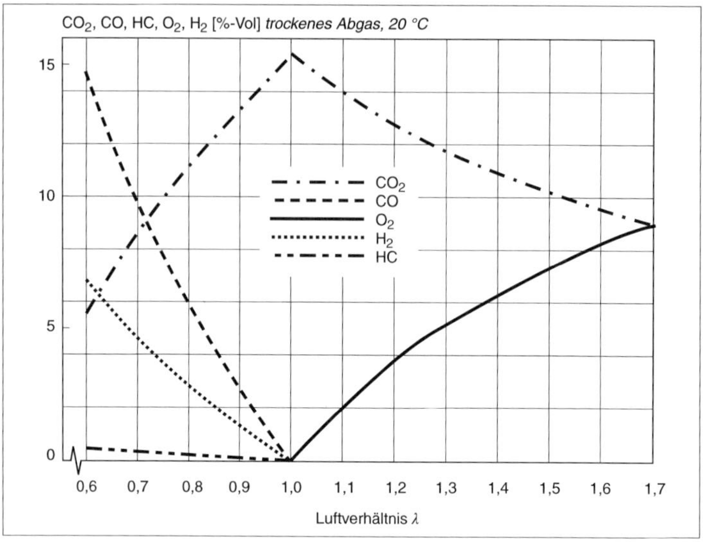

Bild 21-14 Berechnete Abgaskonzentrationen über dem Luft-Kraftstoff-Verhältnis Lambda für einen Ottomotor

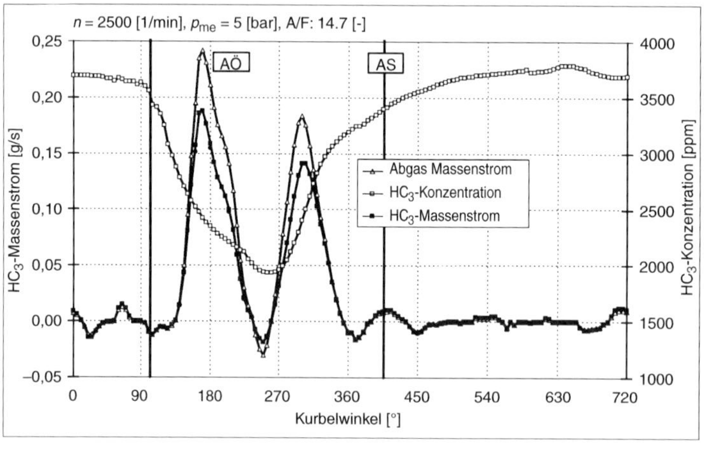

Bild 21-15 Verlauf der massenbezogenen Kohlenwasserstoffemissionen nach dem Auslassventil über dem Kurbelwinkel [7]

Kohlenwasserstoffe: HC-Emissionen entstehen durch unverbrannte und teilverbrannte Kohlenwasserstoffe und entsprechende thermische Crackprodukte. Diese Komponenten können sowohl aus dem Kraftstoff als auch aus den verwendeten Schmiermitteln stammen. Verschiedene Mechanismen sind für diese Emissionen verantwortlich. Exemplarisch seien die unvollständige Verbrennung der Kohlenwasserstoffe wegen Nichterfassens des gesamten Brennraumvolumens sowie Wandanlagerung von Kraftstoff genannt. Weitere Ursachen sind das Verbleiben von Kraftstoff in Toträumen wie Spaltvolumen der Zylinderkopfdichtung, Ventilsitze, Feuersteg, Kolbenringe, Zündkerze und Quetschflächen. Fehlzündungen, Emission von Kohlenwasserstoffen aus dem Schmiermittel, Absorption von Kraftstoffmolekülen am Schmiermittelfilm der Zylinderlaufbahn und an Stellen mit Verunreinigungen führen ebenfalls zu erhöhtem Ausstoß. Betrachtet man die massenbezogenen HC-Emissionen über dem Auspufftakt, dann zeigt sich in deren Verlauf über dem Kurbelwinkel, kurz nach dem Öffnen und vor dem Schließen des Auslassventils, erhöhter HC-Ausstoß, der überwiegend durch die zuvor genannten Wandphänomene bestimmt zu sein scheint, **Bild 21-15**.

Durch das Erlöschen der Flammenfront bei Kontakt mit der kalten Wand (Flame Quenching) werden HC freigesetzt, da das Gemisch an der Grenzschicht bis auf Wandtemperatur abgekühlt wird und somit die Reaktionen unterbrochen werden. Die Entstehung von teilverbrannten Kohlenwasserstoffen ist im Wesentlichen abhängig von der Temperatur, dem Sauerstoffgehalt und in geringerem Maße auch von der Molekülstruktur. Bei Luft-Kraftstoff-Verhältnissen unter 1 steigen die HC-Emissionen stark an, da zu wenig Sauerstoff für eine vollständige Verbrennung im Brennraum zur Verfügung steht. Das Gleiche gilt bei steigendem Luft-Kraftstoff-Verhältnis, wodurch die Zündgrenze des

Gemischs erreicht wird und dies bei homogener Gemischbildung zu Zündungsaussetzern führt.

Stickstoffoxide: Unter diesen Sammelbegriff fallen die sieben Oxide NO, NO_2, NO_3, N_2O, N_2O_3, N_2O_4 und N_2O_5. Stickstoffoxide entstehen aus dem Stickstoff und dem Sauerstoff der Luft während der Verbrennung. Eine Beschreibung der Vorgänge erfolgt durch den erweiterten Zeldovich-Mechanismus (1946). Die wichtigsten Vertreter dieser Oxide sind Stickstoffmonoxid NO und Stickstoffdioxid NO_2. Es lassen sich im groben zwei wichtige Bildungsprozesse für NO unterscheiden: Die Bildung von thermischem NO wird durch die Parameter Temperatur, Sauerstoffkonzentration, Luft-Kraftstoff-Verhältnis, Verweilzeit und Druck beeinflusst. Das NO-Bildungsmaximum liegt bei rund 2.200 K–2.400 K und nimmt bei höheren Temperaturen rasch ab. Unter 750 K ist für den Zerfall von NO eine hohe Aktivierungsenergie notwendig. Promptes NO entsteht als Nebenreaktion in der Flammenfront durch OH-Radikale, die mit Stickstoffmolekülen weitere Verbindungen bilden. Aus dem im Kraftstoff enthaltenen Stickstoff können durch die hohen Temperaturen ebenfalls Stickoxide gebildet werden. Dieser Entstehungsprozess ist jedoch von untergeordneter Bedeutung. Das NO/NO_2 Verhältnis der Rohemission liegt beim Ottomotor bei über 0,99. Die maximale NO_x-Konzentration tritt im leicht mageren Bereich, λ = 1,05 – 1,1, auf.
Ottomotoren mit Direkteinspritzung und Ladungsschichtung führen im Vergleich zur Saugrohreinspritzung wegen der geringeren Mitteltemperatur zu niedrigeren NO_x-Emissionen. Auf Grund der Ladungsschichtung entsteht durch die lokal vorhandenen mageren Zonen aber eine Erhöhung der CO- und HC-Emission.

21.3.1.2 Nichtlimitierte Abgaskomponenten

Partikel: Zu den Partikeln zählen alle Komponenten, die unterhalb von 51,7 °C auf einem Filter ausgeschieden werden können. Die Partikel bestehen aus festen organischen oder flüssigen und löslichen organischen Phasen. Dazu zählen Ruß, diverse Sulfate, Asche, diverse Additive aus Kraftstoff und Schmieröl, Abrieb und Korrosionsprodukte. Chromabriebe entstehen, ebenso wie Nickelaerosole, durch Kolbenverschleiß. Das Chromaerosol weist eine Korngröße von 1,6–6,4 µm auf [8]. Kondensierte Partikelemissionen spielen beim Otto-Motor eine eher untergeordnete Rolle. Sie gewinnen aber bei Einspritzsystemen mit Direkteinspritzung vermehrt an Bedeutung.

Gasförmige Komponenten: Von Interesse sind insbesondere Aromate, wie Benzol, Toluol, Xylol und polyzyklische aromatische Kohlenwasserstoffe (PAK) sowie Aldehyde, wie Formaldehyd, Acetaldehyd, Acrolein, Propionaldhyd, Hexanal und Benzaldehyd. Aldehyde sind Zwischenprodukte bei der Oxidation von Kohlenwasserstoffen und ihre Bildung ist abhängig von der Temperatur [9]. Der mengenmäßig größte Vertreter der BTEX-Komponenten ist Toluol [8]. Ein direkter Zusammenhang der Kraftstoffzusammensetzung, der Schmierstoffzusammensetzung und der Qualität des Brennverlaufes mit der Entstehung der nichtlimitierten Komponenten ist prinzipiell erkennbar.

21.3.2 Dieselmotor

Der Dieselmotor ist durch folgende Charakteristika gekennzeichnet:

- Innere Gemischbildung
- Lastregelung über die zugeführte Kraftstoffmenge bei ungedrosselt angesaugter Luftmenge
- Selbstzündung und großer Luftüberschuss. Integral gesehen arbeiten Dieselmotoren je nach Last mit Luftverhältnissen zwischen 1,2 (hohe Last) und 7 (Leerlauf)
- Verdichtungsverhältnis 14 bis 22
- Höhersiedende Kohlenwasserstoffe als Kraftstoff.

Kammermotoren (Vorkammer/Wirbelkammer) weisen zwar günstige Rohemissionen und ein gutes Geräuschverhalten auf, werden aber wegen des bis zu 20 % höheren CO_2-Ausstoßes in zunehmenden Maße von Motoren mit Direkteinspritzung im Pkw-Antriebsbereich abgelöst. Im Nutzfahrzeugbereich ist in Europa der Dieselmotor mit Direkteinspritzung Hauptantriebsquelle. Großmotoren, die den höchsten Wirkungsgrad aller Wärmekraftmaschinen aufweisen, bedienen sich ebenfalls dieser Technik, allerdings meist im Zweitakt-Verfahren. Zur Gemischbildung kommen verschiedene Verfahren mit unterschiedlichen Druckerzeugern wie Reiheneinspritzpumpen, Verteilereinspritzpumpen, Pumpe-Düse, Pumpe-Rail-Düse und Common Rail-Systeme zum Einsatz. Die derzeit wichtigsten Einspritzverfahren bei Pkw-Motoren arbeiten mit luftverteilender Hochdruckeinspritzung durch Mehrlochdüsen.

21.3.2.1 Limitierte Abgaskomponenten

Kohlendioxid: Der spezifisch deutlich bessere Kraftstoffverbrauch sowie das nochmals günstigere Verbrauchsverhalten im Teillastbereich führen zu real 20 % niedrigerem CO_2-Ausstoß pro gefahrenen Kilometer.

Kohlenmonoxid: Aufgrund der Inhomogenität des Gemisches durch Ladungsschichtung existieren Zonen mit Luft-Kraftstoff-Verhältnis kleiner als eins. In diesen Bereichen entstehen während der Umsetzung hohe CO-Konzentrationen, die durch Nachoxidation zum größten Teil weiter zu CO_2 oxidiert werden. Daraus resultieren, im Gegensatz zum Ottomotor, wesentlich niedrigere spezifische Kohlenmonoxidemissionen.

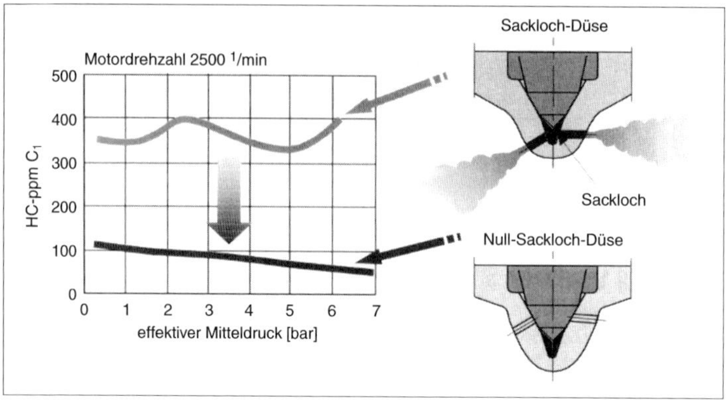

Bild 21-16 Einfluss der Einspritzdüsenkonstruktion auf die HC-Emissionen [10]

Kohlenwasserstoffe: Hier kann auf ähnliche Mechanismen und Parameter wie beim Ottomotor verwiesen werden. Generell sind die HC-Emissionen beim Dieselmotor jedoch deutlich geringer. Zusätzliche, bestimmende Größen sind die Gemischbildungsqualität des Einspritzsystems und die exakte Dosierung. Nachspritzen führt zu erhöhten HC-Emissionen. Den Einfluss von minimierten Schadvolumina bei Einspritzdüsen zeigt **Bild 21-16** nach [10].

Stickstoffoxide: Die Bildungsvorgänge sind ebenfalls vergleichbar mit jenen beim Ottomotor. Das NO zu NO_2-Verhältnis liegt beim Dieselmotor in Abhängigkeit von der Last bei 0,6 bis 0,9. Bei kleiner Last wird mehr NO_2 gebildet. Dieses Verhältnis wird im Wesentlichen durch die Sauerstoffkonzentration und die Verweilzeit beeinflusst. NO_2 wird im Wesentlichen an der Flammenfront gebildet.
Dieselmotoren mit unterteiltem Brennraum liegen mit ihren Emissionen von NO_x deutlich unter jenen von Dieselmotoren mit Direkteinspritzung. Durch den extremen Luftmangel bei hohen Temperaturen während der Einspritzung in die Vorkammer ist die NO_x-Bildungsrate deutlich kleiner. Beim Übertritt des aufbereiteten Gemisches in den Hauptbrennraum herrschen umgekehrte Bedingungen vor, also hoher Luftüberschuss bei niedrigen Temperaturen. Da die Verträglichkeit für Abgasrückführung beim Dieselmotor mit Direkteinspritzung jedoch wesentlich höher ist als bei Kammermotoren (circa doppelte Menge), kehren sich die Verhältnisse um.

Partikel: Zum überwiegenden Teil bestehen die Partikel von Dieselmotoren aus Kohlenstoffteilchen. Den Rest bilden Kohlenwasserstoffverbindungen, die teilweise am Ruß gebunden sind und in geringem Umfang Sulfate in Form von Aerosolen. Bei der Verbrennung der verschiedenen Kohlenwasserstoffe bilden sich in einzelnen Teilschritten, genannt seien Crack-, Dehydrierungs-, und Polymerisationsprozesse, mehrere Zwischenstufen. Die Rußentstehung ist im Wesentlichen durch die örtliche Temperatur (800 – 1.400 K) und die Sauerstoffkonzentration bestimmt und erfolgt in zwei Phasen [9]. Die Reaktionen in der primären Bildungsphase erfolgen fast ausschließlich durch Radikalkettenmechanismen im Kern der Brennstoffstrahlen und hinter den Strahlspitzen. Es werden O-, H- und OH-Radikale gebildet. Durch Polymerisation und Ringschluss bilden sich zyklische und polyzyklische aromatische Kohlenwasserstoffe. Durch Anlagerung weiterer Einheiten bilden sich relativ stabile Zwischenprodukte, die sich durch Aggregation zu immer größeren Partikel, den sogenannten Primärpartikel zusammenschließen. Durch Koagulation der Primärpartikel zu größeren Einheiten entstehen Sekundärpartikel. An den Sekundärpartikel können sich durch die große spezifische Oberfläche unverbrannte und teilverbrannte Kohlenwasserstoffe, speziell Aldehyde, anlagern. Die sekundäre Bildungsphase im weiteren Verlauf der Verbrennung ist die Rußnachoxidation, die durch die Verweildauer und Sauerstoffkonzentration bestimmt wird.
Der Durchmesser der Partikel variiert zwischen 1 und 1.000 nm. Für homogene Gemische gilt, das bei einem Luft-Kraftstoff-Verhältnis unter 0,5 Ruß im Abgas enthalten sein muss, bei Lambda über 0,6 und optimalen Bedingungen keine Rußbildung nachweisbar ist [11]. Neben der Rußbildung als Partikelquelle stellt auch das Schmiermittel eine bedeutende Quelle von Partikelemissionen dar.
Besonders zu beachten ist der Zielkonflikt Partikel –HC–NO_x. Die Bedingungen für niedrige Partikelbildung und niedrigen HC-Emissionen stehen im Gegensatz zu den Vorraussetzungen niedriger Stickoxidemissionen. Daher ist speziell der sekundären Bildungsphase, der Rußnachoxidation, große Aufmerksamkeit zu schenken. Unterstützend für die Rußnachoxidation ist generell eine hohe Gemischbildungsenergie in der letzten Phase der Verbrennung, erreichbar durch gezielten Drall und Tumble im Brennraum, höherem Einspritzdruck, hoher Einspritzrate am Ende des Einspritzvorganges und hoher

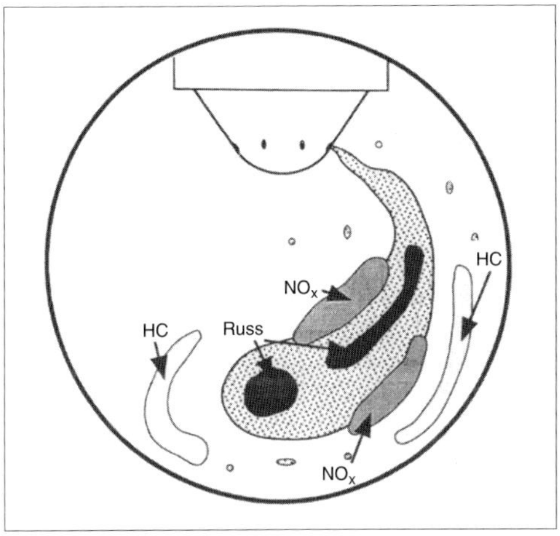

Bild 21-17 Qualitative Darstellung der dieselmotorischen Verbrennung und Schadstoffbildung [13]

Gleichverteilung. Diese Umstände führen jedoch leider auch zu guten Vorraussetzungen für hohe Stickoxidemissionen.
In **Bild 21-17** ist die Schadstoffbildung beim Dieselmotor zusammenfassend qualitativ dargestellt [13].

21.3.2.2 Nichtlimitierte Abgaskomponenten

Wichtige nichtlimitierte Komponenten im Rohabgas des Dieselmotors sind Cyanid, Ammoniak NH_3, Schwefeldioxid SO_2 und Sulfate. Bei den differenzierten Kohlenwasserstoffen sind speziell Methan, Ethan, Ethen, Ethin, Benzol und Toluol von Interesse. Bei den polyzyklischen aromatischen Kohlenwasserstoffen (PAKs) dominieren Phenanthren, Pyren, Fluoren, Fluoranthen und Anthracen in absteigender Reihenfolge. Die Konzentrationen dieser Parameter liegen um mindestens den Faktor sechs höher als die der anderen PAK-Einzelsubstanzen und tragen zu zirka 90 % zur Summe der PAKs bei [8]. Phenole und verschiedene Aldehyde wie Formaldehyd, Acetaldehyd, Aceton + Acrolein, und Propionaldehyd sind ebenfalls Gegenstand genauerer Untersuchungen [12]. Die Bildung der genannten Komponenten erfolgt über Spurenstoffe im Kraftstoff, Schmierstoff und teilweise durch Nachreaktionen im Auspuffsystem.
Werden die Partikelemissionen hinsichtlich ihres massenbezogenen Kohlenstoffanteils differenziert betrachtet, so ergibt sich ein Verhältnis von 80 % elementarer Kohlenstoff zu 20 % organischen Verbindungen. Chrom- und Nickelaerosole stammen, wie bei den Ottomotoren, vom Abrieb.

21.4 Minderung von Schadstoffen

Im Wesentlichen kann die Vorgehensweise zur Verminderung der Schadstoffe in Maßnahmen vor, im und nach dem Motor unterschieden werden. Im ersten Teilkapitel sollen die motorischen Maßnahmen vor und im Brennraum betrachtet werden, die eine wichtige Rolle bei der Senkung der Rohemissionen und des Kraftstoffverbrauches spielen.

21.4.1 Motorische Maßnahmen

21.4.1.1 Ottomotor

Ein Großteil der Ausführungen ist sowohl für Motoren mit Saugrohreinspritzung als auch für Ottomotoren mit Direkteinspritzung gültig. Generell kann angemerkt werden, dass minimale Rohemissionen meist nicht zum besten Gesamtergebnis nach erfolgter Abgasnachbehandlung führen.

Gemischbildung:
Das Luft-Kraftstoff-Verhältnis des Gemisches im Brennraum hat den dominantesten Einfluss auf die motorischen Rohemissionen. Emissionen von CO und HC sind im leicht mageren Bereich $\lambda = 1{,}05 - 1{,}1$ am niedrigsten; die NO_x-Rohemissionen sind in diesem Bereich jedoch am größten.
Ein gleiches Luft-Kraftstoff-Verhältnis für alle Zylinder ist eine weitere Grundvoraussetzung für niedrige Emissionen. Dies bedingt genaueste Zumessung des Kraftstoffes auf alle Zylinder. Eine Lambdastreuung führt speziell zu stark erhöhten CO-Emissionen und in geringerem Umfang zu erhöhten HC-Emissionen. Die NO_x-Emissionen steigen bei geringen Lambdastreuungen stark an; bei weiterer Erhöhung sinken sie jedoch wieder. Zur messtechnischen Erfassung der zylinderselektiven Lambdaunterschiede für Regelzwecke sei auf die Ausführungen in Kapitel 21.2.2 verwiesen.
Für die möglichst vollständige Umsetzung im Motor ist eine gute Aufbereitung des Kraftstoffes erforderlich. Bei Saugrohreinspritzung wird üblicherweise der Kraftstoff unmittelbar vor den Einlassventilen eingespritzt. Diese Position führt unter Ausnutzung von Saugrohrdruck und Temperatur zu einer optimalen Aufbereitung bei minimaler Wandfilmbildung. Zusätzliche Luftumfassung des Einspritzstrahles, spezielle Strahlgeometrien, Einspritzdüsen mit Flash-Boiling-Effekt und Piezoinjektoren, die eine sehr genaue Dosierung bei kleinsten Einspritzmengen gewährleisten, optimieren die Kraftstoffaufbereitung zusätzlich.
Bei der luftzerstäubenden Direkteinspritzung ist die Aufbereitungszeit wesentlich kürzer als bei der Saugrohreinspritzung (ähnliche Zeitspannen wie bei Diesel-DE). Zusätzlich müssen für die jeweiligen Betriebsmodi (Homogene oder geschichtete Ladung) unterschiedliche Einspritzstrategien mit einer Einspritzdüse erfüllt werden.
Ein anderer Ansatz zur Gemischaufbereitung ist die Gemischeinblasung in den Brennraum. Dabei muss der Kraftstoff außerhalb des Brennraumes aufbereitet werden. Dieses Verfahren bietet speziell für die

Schichtladung bei extrem magerem Gemisch gute Vorraussetzungen für einen ungedrosselten Betrieb des Motors. Die meisten Schadstoffe können dadurch vermindert werden. Durch die hohe Magerlauffähigkeit wird zusätzlich eine Kraftstoffersparnis in einem weiten Last/Drehzahl Bereich möglich.

Brennverlauf und Brennverfahren:
Die Brenngeschwindigkeit wird im Wesentlichen durch den verwendeten Kraftstoff, das Luft-Kraftstoff-Verhältnis, den Druck und die Temperatur während der Umsetzung und dem Strömungszustand im Brennraum beeinflusst. Der Brennverlauf bei der Saugrohreinspritzung ist weitgehend abhängig von der Einlassventilerhebung und dem Einspritzbeginn, dem Gemischaufbereitungsgrad und dem Zündzeitpunkt. Kurze Verweildauern bei Hohen Temperaturen verringern die NO-Bildung. Optimal sind Brennverfahren, die eine Maximaltemperatur von 2.000 K nicht überschreiten.
Die Direkteinspritzung bietet zusätzlich den Freiheitsgrad des Einspritzzeitpunkts, jedoch ist die Gemischbildungszeit sehr kurz [19]. Ladungsschichtung reduziert die NO_x-Rohemissionen und den Kraftstoffverbrauch. Es ist jedoch darauf zu achten, das es wegen der hohen Nichtlinearität der NO_x-Bildung keine zu heißen Bereiche in der Flammenfront gibt. In der unmittelbaren Umgebung der Zündkerze wird üblicherweise ein fettes Gemisch bereitgestellt, um eine sichere Entflammung zu gewährleisten. Der Hauptteil der umgebenden Ladung ist jedoch mager eingestellt. Es ist auf einen möglichst homogenen Verbrennungsablauf zu achten.

Ventilsteuerung:
Ventiltrieb/Ventilsteuerzeiten: Der Übergang von der 2-Ventil- zur 4-Ventiltechnik hat speziell dem Motor mit Saugrohreinpritzung einige Vorteile eingebracht. Eine Zentrale Kerzenlage und der durch 4 Ventile symmetrische Brennraum ist optimal für eine schadstoffarme Verbrennung. Nur bei den Kohlenwasserstoffen sind teilweise höhere Emissionen feststellbar. Durch variable Steuerzeiten können der Verbrauch und die Emissionen in einem weiten Bereich beeinflusst werden. Mit einem elektromechanischen Ventiltrieb [14], der eine Variation vieler Freiheitsgrade ermöglicht, ist eine weitere Verbrauchssenkung speziell beim Motor mit Direkteinspritzung möglich. Durch geringe Ventilüberschneidung bei kleinem Ventilhub und spätem Einlasszeitpunkt lassen sich im Teillastbereich deutliche Emissionsreduzierungen darstellen. Außerdem ist ein entdrosselter Betrieb des Motors im Teillastbetreich möglich, der den Kraftstoffverbrauch erheblich senkt. Die Zylinderabschaltung bei Motoren mit großer Zylinderanzahl senkt ebenfalls den Kraftstoffverbrauch und damit die CO_2-Emissionen.

Abgasrückführung:
Abgas wird aus dem Auslassbereich des Motors über ein Abgasrückführungsventil in den Ansaugtrakt geleitet und ersetzt einen Teil der Frischladung. Dieses Gasgemisch kann unter Dissoziierung eine beträchtlich höhere Wärmemenge aufnehmen und senkt daher das Temperaturniveau während der Verbrennung und verhindert dabei die Bildung von thermischem NO. Die damit verbundene Entdrosselung des Motors führt auch zu einer Absenkung des Kraftstoffverbrauchs. Eine variable innere Abgasrückführung kann durch entsprechende Ventilüberschneidungen mittels Phasenschieber erreicht werden. Bei der Zuführung des Abgases in das Saugrohr ist auf die Gleichverteilung auf alle Zylinder zu achten. Abgasrückführraten größer als 15 % führen zu etwas höheren HC-Emissionen und schlechterem Leerlaufverhalten.

Verdichtungsverhältnis: Eine hohe Verdichtung führt zu einem besseren thermischen Wirkungsgrad des Prozesses. Damit wird aber auch die Verbrennungsspitzentemperatur erhöht, die wiederum zu höheren NO_x-Emissionen führen. Wegen des höheren Druckniveaus steigen auch die HC-Emissionen bedingt durch die relative Zunahme der Brennraumspalte. Die CO-Emissionen sinken tendenziell mit steigender Verdichtung. Variable Verdichtung ist in Entwicklung und liefert zumindest beim Kraftstoffverbrauch gute Ergebnisse.

Brennraumgestaltung:
Neben den geometrischen Verhältnissen, die Hub/Bohrung, Oberfläche, Volumen und Quetschflächenanteil betreffen, beeinflussen weitere Parameter das Emissionsverhalten. Eine zentrale Lage der Zündkerze zwecks kurzer Flammwege, kompakte Brennräume mit kleiner Oberfläche, minimale Totvolumina von Spalten und gezielte Quetschflächen senken speziell die HC-Emissionen und den Kraftstoffverbrauch. Maßnahmen zur Verkürzung des Verbrennungsablaufes senken teilweise auch die NO_x-Emissionen. Eine Erhöhung des Verdichtungsverhältnisses führt zu geringerem Kraftstoffverbrauch, erhöht jedoch die NO_x-Emissionen. Die wichtigsten Maßnahmen für den Ottomotor mit Saugrohreinspritzung sind in der Grafik in **Bild 21-18** qualitativ zusammengefasst und die für Motoren mit Direkteinspritzung in **Bild 21-19**. Es wurde bewusst von Zahlenangaben abgesehen, da die einzelnen Maßnahmen bei verschiedenen Motoren oft zu merkbar unterschiedlichen Ergebnissen führen können und ein möglichst allgemein gültiger Trend aufgezeigt werden soll.
Weitere Maßnahmen zur Senkung der HC-Rohemissionen sind variable Drallbildung im Einlasskanal und geregelte Temperaturführung des Motors.

Zündung:
Führendes Verfahren zur Fremdzündung ist die elektrische Zündung als Ein- oder Mehrfachzündung mittels Zündkerze im Brennraum. Die gewählte

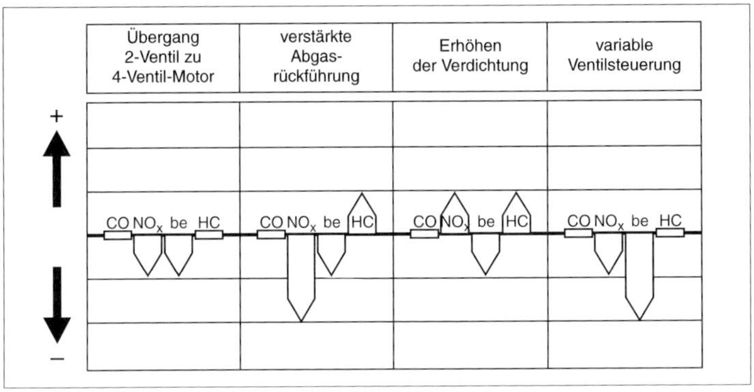

Bild 21-18 Maßnahmen zur Schadstoffreduzierung beim Ottomotor mit Saugrohreinspritzung. (+) bedeutet einen Anstieg und (–) eine Absenkung des Abgasniveaus

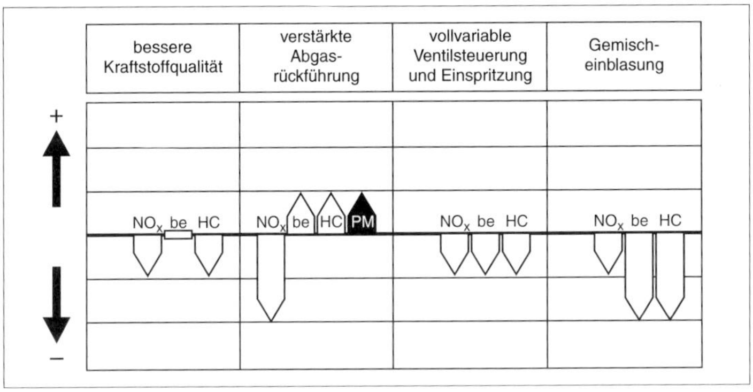

Bild 21-19 Maßnahmen zur Schadstoffreduzierung beim Ottomotor mit Direkteinspritzung. (+) bedeutet einen Anstieg und (–) eine Absenkung des Abgasniveaus

Ausführung beeinflusst die Ausbildung der Flammenfront und damit auch die Bildungsrate der Stickstoffoxide. Ein weiterer wesentlicher Parameter ist der Zündzeitpunkt in Bezug auf den oberen Totpunkt. Bekannterweise ermöglicht eine spät durchgeführte Zündung niedrige NO_x-Emissionen. Optimierte Zündzeitpunkte durch adaptive Regelung unter Beachtung aller notwendigen Parameter sind mit den heutigen Motormanagementsystemen möglich. Um das Gemisch sicher zünden zu können, ist ausreichende Zündenergie von 0,2–3 [mJ] notwendig. Eine lange Funkendauer mit stabiler hoher Brennspannung unterstützt die sichere und stabile Entflammung des Gemisches und führt zu niedrigen HC-Emissionen. Weitere Fortschritte bringen der zusätzliche Einsatz der Zündkerze als „Brennraumsensor". Durch die Messung des Ionenstromes an den Elektroden während der Verbrennung kann einerseits der Entflammungsbeginn (Aussetzerdiagnose/CH-Emission) und der Brennfortschritt gemessen als auch auf Klopferscheinungen Rücksicht genommen werden. Hier ergibt sich im Zusammenhang mit der elektronischen Verbrennungsregelung ein Potenzial zu einer effektiven Diagnose und der daraus resultierenden niedrigen Emissionen über längere Zeiträume.

Raumzündung, worunter die gleichzeitige Entzündung des Gemisches an theoretisch unendlichen Stellen im Brennraum verstanden wird, Laserzündungen, bei denen ein, durch eine geeignete Optik verbreiterter Laserstrahl mit ausreichender Energie den gesamten Brennrauminhalt zündet und die Plasmazündung stehen noch immer in Entwicklung und zeigen meist bei einzelnen Abgaskomponenten Vorteile. Insbesondere Raumzündungs-Brennverfahren haben ein sehr hohes Potenzial hinsichtlich einer deutlichen Absenkung der NO_x-Rohemissionen. Gleichzeitig können die Teillastverbräuche reduziert werden.

Eine weiter verbesserte Kraftstoffqualität, um die Verkokungsneigung bei Direkteinspritzungssystemen zu vermeiden, führt zu einem stabileren Emissionsverhalten speziell von strahlgeführten Systemen.

21.4.1.2 Dieselmotor

Die emissionstechnische Optimierung von Dieselmotoren betrifft in der Mehrzahl der Fälle den klassischen Zielkonflikt Kraftstoffverbrauch – Stickstoffoxide – Partikelemissionen.

Brennverfahren und Brennverlauf:

Bei den derzeit verwendeten Einspritzdüsen für luftverteilende Direkteinspritzung ist der wichtigste Parameter der Spritzbeginn in Bezug auf den oberen Totpunkt OT. Der Zündverzug stellt eine relativ konstante Größe dar. Übliche Konzepte auf Basis von

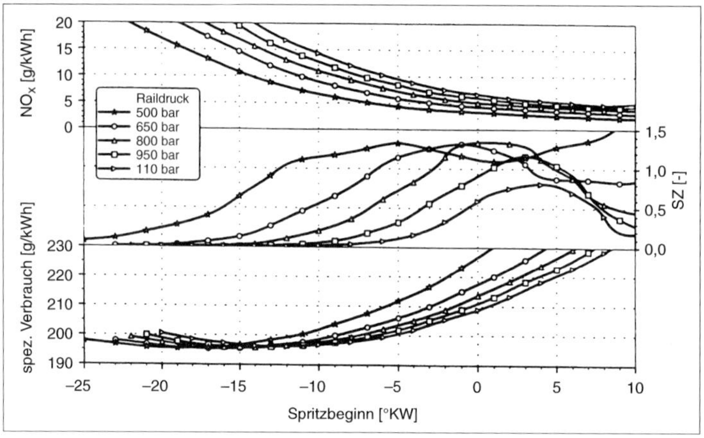

Bild 21-20 Einfluss des Raildrucks und Spritzbeginns auf Verbrauch, Schwärzungszahl und NO_x [16]

Vierventil-Zylinderköpfen verwenden einen Drall- und einen Füllungskanal. Bei den Kolbenmulden zeichnet sich ein Trend zu flacheren und weiteren Formen ab, die eine ungehinderte Strahlausbreitung ermöglichen sollen. Begünstigt wird diese Entwicklung durch Vielloch-Einspritzdüsen. Es kommt somit zu einer verringerten Wandauftragung. Die Füllungsverluste durch erhöhten Drall können reduziert werden.

Eine homogene Dieselverbrennung mit einer mageren Vormischverbrennung und einer, gegen Ende der Umsetzung, höheren Einspritzrate könnte zu einer nahezu rußfreien Verbrennung mit minimalen NO_x-Emissionen führen [11, 15]. Der praktischen Realisierung dieses Verfahrens stehen derzeit einerseits unzureichende Gemischbildung sowie inhomogene Gemischverteilung und andererseits der begrenzte Betriebsbereich im Last-Drehzahlkennfeld entgegen. Des Weiteren benötigt dieses Brennverfahren ein vollvariables Einspritzsystem mit den Möglichkeiten einer in weiten Bereichen variierbaren Vor-, Haupt- und Nacheinspritzung und damit der Darstellung eines nahezu beliebigen Einspritzverlaufes. Dieses Verfahren steht in Konkurrenz zur Raumzündverbrennung beim Ottomotor.

Aufladung:
Die Turboaufladung stellt für den Dieselmotor mit Direkteinspritzung nach wie vor die effizienteste Möglichkeit dar, sämtliche Schadstoffkomponenten zu reduzieren. Wichtigste Parameter wie Ladedruck und Ladelufttemperatur müssen für jeden Lastpunkt variiert werden können. Zusätzlich helfen variable Turbinengeometrien, Registeraufladung und nach Lastbedarf geregelte Ladeluft-Temperatur, den Verbrauch zu senken und speziell die NO_x-Emissionen zu reduzieren. Elektrische Zusatzaufladung kann den Partikelausstoß bei transienten Vorgängen, wie Anfahrvorgängen aus der Leerlaufdrehzahl, merklich senken.

Einspritzsysteme und Einspritzverfahren:
Hochdruckeinspritzungssysteme wie Pumpe-Düse, beziehungsweise Common-Rail führen durch den hohen Einspritzdruck von 1.500 – 2.000 bar, in naher Zukunft über 2.000 bar, in Kombination mit neuen Einspritzventilen zu einer optimierten Aufbereitung des Kraftstoffes und senken speziell die Partikelemissionen. **Bild 21-20** zeigt die möglichen Verbesserungen bei steigendem Einspritzdruck. Der Zielkonflikt Partikel versus NO_x lässt sich deutlich besser beherrschen [16].

Aus den wichtigsten Parametern wie Einspritzzeitpunkt, Einspritzgesetz, Einspritzdruck, Düsenform (Strahllage, Vorstehmaß, Anzahl der Düsen), Einspritzmenge, Voreinspritzung, Spritzabstand, Nacheinspritzung, Einspritzdauer und Absteuerdauer müssen im Versuchsstadium die besten Strategien herausgefiltert werden. Wie durch geeignete Abstimmung der Motorsteuerung bei Common Rail Einspritzung dieser Zielkonflikt umgangen werden kann, ist aus **Bild 21-21** zu ersehen [17].

Eine kleine Voreinspritzmenge mit einem Volumen von weniger als 1 mm^3 führt bei geeignetem Abstand zur Haupteinspritzung zu minimaler NO_x- und Partikelemission. Nacheinspritzung führt zu Verminderung der Partikelemissionen bei gleich bleibenden NO_x-Emissionen. Eine möglichst kurze Absteuerzeit senkt speziell die HC-Emissionen. Einspritzanlagen, die Piezoinjektoren verwenden, können dem gewünschten Einspritzverlauf auf Grund der kürzeren Schaltzeiten näher kommen und bieten weit reichende Optimierungsmaßnahmen.

Eine Wassereinspritzung führt bei Motoren mit zu hohem Verbrennungstemperaturniveau zu einer NO_x-Reduzierung um bis zu 25 %, jedoch ergibt diese Maßnahme auch eine Verschlechterung der CO- und HC-Emissionen [11, 15].

Ventilsteuerung:
Durch die Mehrventiltechnik ist ein höherer Füllungsgrad möglich. Dies hat besonders positive

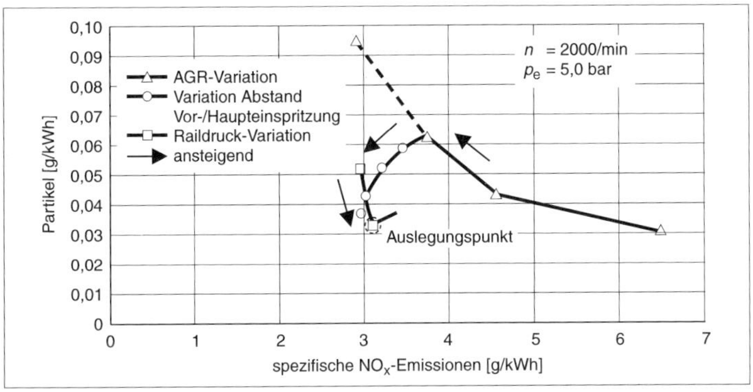

Bild 21-21 Zielkonflikt Partikel- und NO_x-Emissionen bei V8-TDI-Motor mit Common Rail-Einspritzung nach [17].

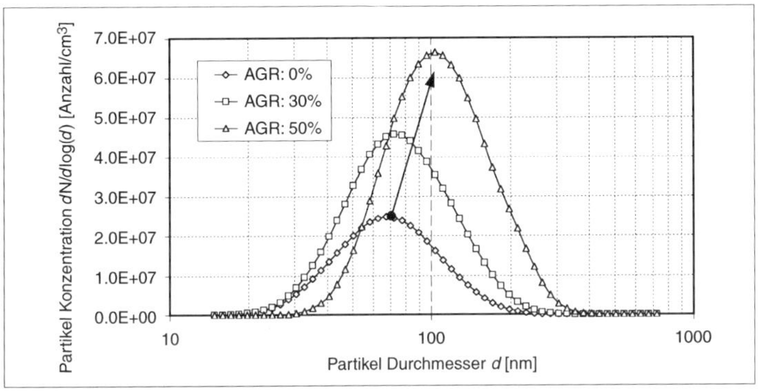

Bild 21-22 Partikelkonzentration über dem Partikeldurchmesser in Abhängigkeit von der Abgasrückführrate [18]

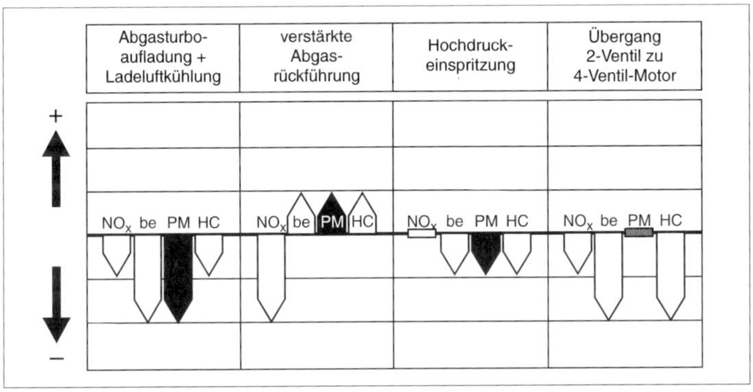

Bild 21-23 Maßnahmen zur Schadstoffreduzierung beim Dieselmotor. (+) bedeutet einen Anstieg und (–) eine Absenkung des Abgasniveaus.

Auswirkungen auf den Kraftstoffverbrauch und das allgemeine Rohemissionsverhalten. Speziell die 4-Ventiltechnik scheint auf Grund der günstigen Einspritzdüsenlage derzeit das optimale Konzept für den Dieselmotor zu sein. Variabler Ventilsteuerung und Phasenschiebern kommt auf Grund der vorherrschenden Turboaufladung bei Pkw-Dieselmotoren, derzeit noch nicht die Bedeutung zu wie beim Ottomotor.

Abgasrückführung:
Im Unterschied zum fremdgezündeten Ottomotor sind beim Dieselmotor noch bedeutend höhere Rückführraten möglich. Es ist jedoch, wie aus **Bild 21-22** ersichtlich, eine deutliche Erhöhung der Partikelanzahl und Partikelgröße mit zunehmender Abgasrückführrate festzustellen. Zusätzliche Kühlung des rückgeführten Abgasteiles senkt die NO_x-Emission und auch tendenziell den Partikelausstoß, erhöht jedoch die CO- und HC-Emissionen. Der Zielkonflikt NO_x zu Partikel ist durch eine gekühlte Abgasrückführung bis zu 15 % günstiger [15].

Brennraumgestaltung:
Im Wesentlichen gelten ähnliche Gestaltungsregeln wie beim Ottomotor. In Abhängigkeit vom Einspritzverfahren und des Hubvolumens ergeben sich unterschiedliche Forderungen für die Brennraumgeometrie. Weite,

flache Brennräume mit niedrigem Drall werden bevorzugt bei größeren Hubräumen eingesetzt. Dagegen werden in den Brennräumen von Pkw mit einem Zylindervolumen von 450–550 cm^3 eher tiefere Mulden mit höheren Drallzahlen verwendet.
In **Bild 21-23** sind die wichtigsten Maßnahmen zur Emissionsreduzierung für Dieselmotoren zusammengefasst.
Durch zügige Weiterentwicklung bewährter Technologien können deutliche Fortschritte bei der Abgasreduzierung erreicht werden. Das Erreichen besonders niedriger Abgasgrenzwerte, wie ULEV oder Euro 4, ohne den Einsatz verbrauchsverschlechternder Zusatzaggregate scheint für bestimmte Motorfamilien möglich. Gleichzeitig sollen aber die mutigen Schritte hin zu neuen Brennverfahren für das „schadstofffreie und ressourcenschonende Automobil" getan werden.

Literatur zu Kapitel 21.1–21.4

[1] *Staab, J.*: Automobil-Abgasanalytik bei niedrigen Grenzwerten. In: MTZ Motortechnische Zeitschrift, Jahrgang 58 (1997), Heft 3, S.168–172

[2] *Tauscher, M.*: Optimierung eines On-board Abgasmesssystems. Diplomarbeit an der Technischen Universität Wien, 2000

[3] *Mohr, M.*: Feinpartikel in Verbrennungsabgasen und Umgebungsluft. Internetpublikation, http://www.empa.ch/deutsch/fachber/abt137/motor/partikel.html, 1998.

[4] *Neumann, H.; Hötzel, G.; Lindemann, G.*: „Advanced Planar Oxygen Sensors for Future Emission Control Strategies". SAE-Paper 970459, Detroit, 1997

[5] *Pucher, E.; Weidinger, Ch.; Holzer, H.*: Kontinuierliche HC-Indizierung am 4-Ventil Ottomotor. Tagungsband des 3. Internationalen Indiziersymposium, AVL Deutschland GmbH, Mainz, 1998

[6] *Pachta-Reyhofen, G.*: Wandfilmbildung und Gemischverteilung bei Vierzylinder-Reihenmotoren in Abhängigkeit von Vergaser- und Saugrohrkonstruktion. Dissertation an der TU Wien, 1985

[7] *Pucher, E.; Schopp, G.; Klawatsch, D.*: Fast Response Cycle-to-Cycle Exhaust Gas Analysis for S.I. Engines. In: 5th International EAEC Conference Strasbourg, 1995

[8] *Puxbaum, H.; et. al.*: Tauerntunnel Luftschadstoffuntersuchung 1997 – Ergebnisse der Messkampagne vom 2.–5. Oktober 1997. Land Salzburg, Abteilung 16 Umweltschutz, Salzburg, 1998

[9] *Klingenberg, H.*: Automobile Exhaust Emission Testing: Measurement of Regulated and Unregulated Exhaust Gas Components, Exhaust Emission Tests. Berlin: Springer Verlag, 1996

[10] *List, H.; Cartellieri, W. P.*: Dieseltechnik, Grundlagen, Stand der Technik und Ausblick – 10 Jahre Audi TDI-Motor. In: Sonderausgabe der MTZ, S. 10–18. 1999

[11] *Spindler, S.*: Beitrag zur Realisierung schadstoffoptimierter Brennverfahren an schnelllaufenden Hochleistungsdieselmotoren, VDI Fortschrittberichte Reihe 6 Energieerzeugung Nr. 274, 1992

[12] *Kohoutek, P.; et. al.*: Status der nichtlimitierten Abgaskomponenten bei Volkswagen. VDI Fortschritt-Berichte, Band Nr. 348, Düsseldorf, 1998

[13] *Boulouchos, K.; et. al.*: Verbrennung und Schadstoffbildung mit Common-Rail Einspritzsystemen bei Dieselmotoren unterschiedlicher Baugröße. Internationale Konferenz „Common Rail Einspritzsysteme – Gegenwart und Zukunftspotenzial", ETH Zürich, S. 111, 1997

[14] *Langen, P.; Cosfeld, R.; Grudno, A.; Reif, K.*: (BMW Group): Der elektromechanische Ventiltrieb als Basis zukünftiger Ottomotorkonzepte, 21. Internationales Wiener Motorensymposium 2000

[15] *Wirbeleit, C.; et. al.*: Können innermotorische Maßnahmen die aufwändige Abgasnachbehandlung ersetzen? VDI Forstschritt-Berichte, Band Nr. 420, Düsseldorf, 2000

[16] *Härle, H.*: Anwendung von Common Rail Einspritzsystemen für NKW-Dieselmotoren, Internationale Konferenz „Common Rail Einspritzsysteme – Gegenwart und Zukunftspotenzial", ETH Zürich, S. 42-43. 1997

[17] *Bach, M.; Bauder, R.; Endres, H.; Pölzl, H. W.; Wimmer, W.*: Dieseltechnik, Der neue V8-TDI-Motor von Audi, Teil 3: Thermodynamik. 10 Jahre Audi TDI-Motor. In: Sonderausgabe der MTZ, S. 40–46. 1999

[18] *Guber, M.; Klawatsch, D.; Pucher, E.*: Comparative Measurements of Particle Size Distribution: Influences of Motor Parameters and Fuels. Proceedings Second International ETH-Workshop on Nanoparticle Measurement, ETH Zürich Laboratorium für Festkörperphysik, 1999

[19] *Fraidl, K.; Kapus, P.; Piock, W.; Wirth, M.*: Fahrzeugklassen-spezifische Ottomotorkonzepte. VDI Fortschritt-Berichte, Band Nr. 420, Düsseldorf, 2000

21.5 Abgasnachbehandlung Ottomotor

21.5.1 Katalysatoraufbau und chemische Reaktionen

Die Basisfunktionen eines Automobilkatalysators können mit den nachfolgenden Reaktionsgleichungen (21.4) bis (21.9) beschrieben werden. Die Hauptschadstoffkomponenten im Abgas des Ottomotors sind unverbrannte Kohlenwasserstoffe und Kohlenmonoxid, die nach unvollständiger Verbrennung durch Oxidation vollständig umgesetzt werden müssen, und Stickoxide, die zu Stickstoff zu reduzieren sind.

Oxidation von CO und HC zu CO_2 und H_2O

$$C_yH_n + \left(1+\frac{n}{4}\right)O_2 \rightarrow y\,CO_2 + \frac{n}{2}H_2O \tag{21.4}$$

$$CO + \frac{1}{2}O_2 \rightarrow CO_2 \tag{21.5}$$

$$CO + H_2O \rightarrow CO_2 + H_2 \tag{21.6}$$

Reduktion von NO/NO_2 zu N_2

$$NO\ (\text{oder}\ NO_2) + CO \rightarrow \frac{1}{2}N_2 + CO_2 \tag{21.7}$$

$$NO\ (\text{oder}\ NO_2) + H_2 \rightarrow \frac{1}{2}N_2 + H_2O \tag{21.8}$$

$$\left(2+\frac{n}{2}\right)NO\ (\text{oder}\ NO_2) + C_yH_n$$

$$\rightarrow \left(1+\frac{n}{4}\right)N_2 + y\,CO_2 + \frac{n}{2}H_2O \tag{21.9}$$

Diese Reaktionen werden in Anwesenheit der Edelmetalle Pt, Pd und Rh katalysiert. Um eine möglichst hohe Umsatzrate zu erreichen, werden die Edelmetalle auf einem Trägeroxid mit hoher Oberfläche dispergiert. Diese Trägeroxide sind typischerweise anorganische Materialien mit komplexer Porenstruktur (zum Beispiel Al_2O_3, SiO_2, TiO_2), auf die kataly-

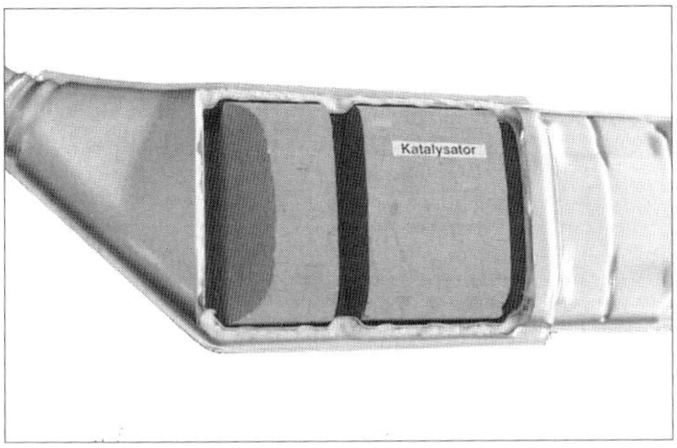

Bild 21-24 Schnittbild eines Katalysator

tischen Materialien zusammen mit Promotoren aufgebracht werden.

Der katalytische Träger wird in wässriger Lösung mit einem Feststoffgehalt von 30–50 % produziert, der so genannten Slurry. Diese Slurry wird auf wabenförmige Monolithe beschichtet. Dabei werden sowohl keramische wie metallische Monolithe eingesetzt. Die Wabenstruktur gewährleistet eine möglichst große Oberfläche für die katalytische Reaktion auf kleinem Raum. **Bild 21-24** zeigt beispielhaft einen Katalysator, der aus zwei keramischen Monolithen aufgebaut ist.

21.5.2 Katalysatorkonzepte stöchiometrisch betriebener Motoren

21.5.2.1 Dreiwegekatalysator

Aus den im vorigen Kapitel beschriebenen Reaktionen zur Umsetzung der Schadstoffkomponenten im ottomotorischen Abgas ergeben sich die Reaktionsbedingungen, unter denen diese Reaktionen möglich sind. Zur Oxidation von HC und CO ist ein Sauerstoffüberschuss erforderlich, während die Reduktion der Stickoxide die Anwesenheit reduzierender Komponenten verlangt. Da im Fahrbetrieb alle Schadstoffkomponenten gleichermaßer umgesetzt werden müssen, ergibt sich hinsichtlich der Abgaszusammensetzung und -konvertierung ein enges Betriebsfenster, in dem die Verbrennung betrieben werden kann.

Durch die Regelung des Luft-Kraftstoff-Gemisches mit Hilfe einer Lambda-Sonde im engen Bereich um das stöchiometrische Verhältnis $\lambda = 1$ ist es möglich, sowohl die Oxidations- wie auch die Reduktionsreaktionen mit hoher Umsatzrate zu betreiben. Solche Katalysatoren werden als Dreiwegekatalysatoren bezeichnet, da alle 3 Schadstoffkomponenten gleichermaßen umgesetzt werden. Aus dem Schnittpunkt der CO und NO_x Konvertierung, abhängig von Luft-Kraftstoff-Verhältnis λ dem so genannten Cross-Over, ergibt sich der optimale Betriebspunkt des Katalysators. **Bild 21-25** zeigt die Abhängigkeit der Konvertierung für die Schadstoffkomponenten HC, CO und NO_x in Abhängigkeit vom Luft-Kraftstoff-Verhältnis λ. Zur Einhaltung der derzeitigen strengen Abgasgesetzgebung in Europa und USA werden diese Dreiwegekatalysatoren für $\lambda = 1$-geregelte Ottomotoren eingesetzt.

Neben der Konvertierung im betriebswarmen Zustand ist das Anspringverhalten, der so genannte Light Off, des Katalysators von entscheidender Bedeutung zur Charakterisierung seines Verhaltens. Im dynamischen Test spielen neben den katalysatorspezifischen Eigenschaften auch die substratspezifischen Eigenschaften eine wesentliche Rolle, da diese die thermische Masse des Katalysators über die geometrischen Parameter wie Zelldichte, Wandstärke beziehungsweise Folienstärke und seine thermodynamischen Eigenschaften der Wärmekapazität und Dichte bestimmen. Durch Reduzierung der thermischen Masse kann die Zeit bis zum Anspringen beim Kaltstart deutlich reduziert werden.

Gleichzeitig muss eine hohe geometrische Oberfläche für die katalytische Reaktion zur Verfügung gestellt werden. Substrate mit einer hohen Zelldichte in Verbindung mit einer niedrigen Wandstärke stellen

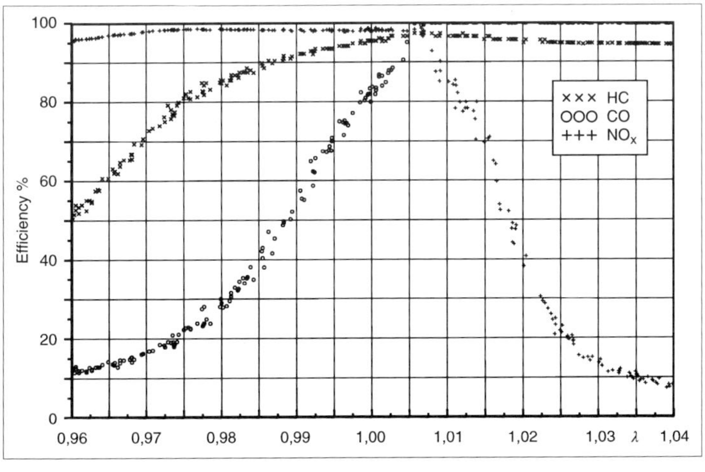

Bild 21-25 Konvertierung Schadstoffkomponenten in Abhängigkeit vom Luft-Kraftstoff-Verhältnis

	Keramik			Metall			
Zelldichte, cpsi	400	600	900	400	600	800	1.000
Wand-/Folienstärke, mil/mm	6,5	3,5	2,5	0,050	0,040	0,030	0,025
Geometrische Oberfläche, cm^2/cm^3	27,3	34,4	43,7	36,8	42,9	51,6	56,0
Freier Querschnitt, %	75	80	86,4	89,3	89,8	93,7	91,4
Hydraulischer Durchmesser, mm	1,10	0,93	0,79	0,97	0,84	0,72	0,65
Dichte, g/cm^3	0,43	0,35	0,24	0,77	0,73	0,55	0,61

Bild 21-26 Substratparameter für Hochzeller- und Dünnwandsubstrate

ein geeignetes Mittel dar, das Anspringverhalten beim schnellen Aufheizen des Katalysators zu verbessern. **Bild 21-26** zeigt die geometrischen Parameter ausgewählter Standardsubstrate.
Die temperaturabhängige Wärmekapazität ist in **Bild 21-27** für Keramik im Vergleich zu Metallsubstraten dargestellt.
Entsprechend der Anordnung des oder der Katalysatoren im Gesamtfahrzeug werden verschiedene Katalysatorsysteme unterschieden, **Bild 21-28**. Zum einen ist eine motornahe Position möglich (motornaher Hauptkatalysator), die durch thermische und mechanische Stabilität sowie den vorhandenen Bauraum begrenzt wird. Auf der anderen Seite ist die traditionelle Unterbodenposition zu nennen, die durch eine niedrigere Abgastemperatur ungünstigere Randbedingungen für die Katalyse aufweist. Vielfach wird auch eine Kombination aus motornahem Vorkatalysator und Unterbodenkatalysator eingesetzt. Dieses Katalysatorsystem vereinigt die Vorteile der schnellen Aufheizkurve einer motornahen Anordnung mit dem notwendigen Bauraum der Unterbodenlage für größere Katalysatorvolumina bei höheren Systemkosten.

21.5.2.2 Der Sauerstoffspeicher

In den vorangegangenen Kapiteln wurden die chemischen Reaktionen des Dreiwegekatalysators im Detail

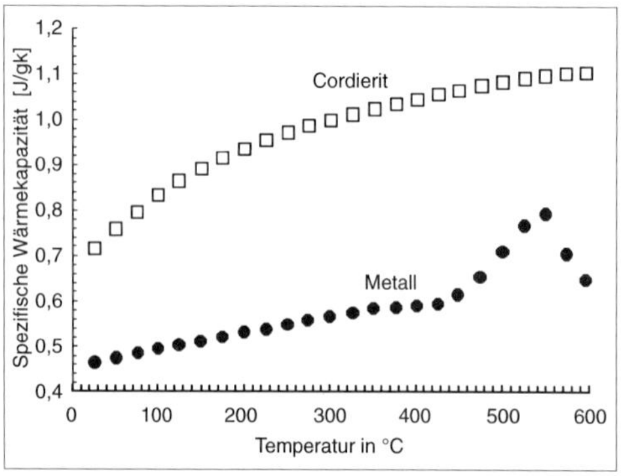

Bild 21-27 Wärmekapazität

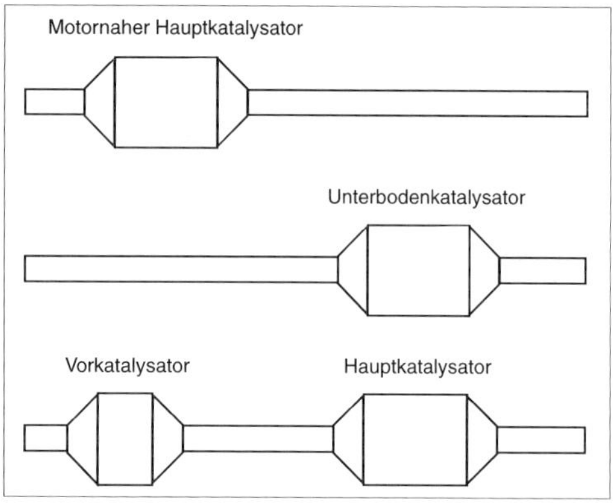

Bild 21-28 Katalysatorkonzepte

besprochen. Es wurde auch erwähnt, dass die Oxidations- und Reduktionsreaktionen nur gleichzeitig bei maximaler Konvertierung ablaufen können, wenn sich das Luft-Kraftstoff-Verhältnis im stöchiometrischen Punkt befindet, also Lambda = 1. Die Motorsteuerung löst dieses Problem, indem sie unter Zuhilfenahme einer Messsonde im Abgas, die Lambdasonde, und einem geschlossenen Regelkreis ständig eine dem Luft-Kraftstoff-Verhältnis proportionale Größe misst. Misst nun die Sonde ein zu fettes oder zu mageres Abgas, wird durch die Regelung in die eine oder andere Richtung korrigiert. Das bedeutet aber, dass das Luft-Kraftstoff-Verhältnis nur zeitlich gemittelt stöchiometrisch ist, in konkreten Lastpunkten des Motorbetriebes jedoch sehr wohl deutlich verschieden von eins sein kann. Der Katalysator würde darauf je nach Zustand des Abgases, fett oder mager, mit HC-, CO- beziehungsweise NO_x-Durchbrüchen bezüglich der Konvertierung reagieren. Die Oberflächenchemie des Cer bietet einen Ausweg aus diesem Dilemma, da es die Eigenschaft besitzt, Sauerstoff zu speichern und wieder abzugeben.

Der Grundbaustein des Sauerstoffspeichers

Wie schon zuvor erwähnt befindet sich das Luft-Kraftstoff-Verhältnis nie genau bei eins, sondern schwingt ständig um diesen Punkt herum. Das heißt, dass in der einen Hälfte der Schwingung mehr Sauerstoff vorhanden ist, als zur Konvertierung benötigt wird, während in der anderen Hälfte Sauerstoffmangel herrscht. Obwohl die Amplitude und Frequenz der Schwingung inzwischen sehr genau kontrolliert werden können, würde die Konvertierung des Abgases darunter leiden. Aus diesem Grunde bringt man in die katalytische Beschichtung ein Element ein, welches die Eigenschaft hat, den Sauerstoff zu speichern. Kommt es nun zu einem Halbzyklus, bei dem Sauerstoffüberschuss herrscht, wird der überflüssige Sauerstoff abgespeichert und kann im darauf folgenden Halbzyklus, bei dem eigentlich Sauerstoffmangel vorliegt, zur Konvertierung herangezogen werden. Formell kann man folgende Reaktionsgleichung aufstellen:

$$Ce_2O_3 + 0{,}5\,O_2 \rightarrow 2\,CeO_2 \qquad (21.10)$$

wobei Cer das Element ist, das den Sauerstoffspeicher bildet. Die ganz spezielle Eigenschaft der Oberflächenchemie dieses Elementes macht diese Speicherung möglich. Cer kann zwei unterschiedliche Oxidationsstufen annehmen, wobei der Mechanismus nach folgendem Zwischenschritt abläuft:

$$_{Ce^{4+}}O_{Ce^{4+}} + PM \rightarrow {}_{Ce^{3+}}\Delta_{Ce^{3+}} + PM - O \qquad (21.11)$$

Trifft nun ein Kohlenmonoxidatom auf die Oberfläche, kann es den gespeicherten Sauerstoff zur Oxidation aufnehmen und das Ceroxid wird dadurch reduziert, wie in folgender Reaktionsgleichung dargestellt:

$$2\,CeO_2 + CO \rightarrow CO_2 + Ce_2O_3 \qquad (21.12)$$

wobei sich auch hier ein durch das Edelmetall katalysierter Zwischenschritt ergibt:

$$CO + PM - O \rightarrow PM + CO_2 \qquad (21.13)$$

Die CO Konvertierung kann also direkt durch den Sauerstoffspeicher verbessert werden. Das Gleiche gilt auch für die NO_x-Konvertierung, welche nach folgendem Muster abläuft:

$$_{Ce^{3+}}\Delta_{Ce^{3+}} + NO \rightarrow {}_{Ce^{4+}}O_{Ce^{4+}}\; 0{,}5\,N_2 \qquad (21.14)$$

Es wird allgemein angenommen, dass die Kohlenwasserstoffkonvertierung über den gleichen Mechanismus abläuft. Dem ist jedoch nicht so. Das Kohlenwasserstoffmolekül benötigt große Edelmetalloberflächen, um daran zu reagieren und wird somit nicht wie CO und NO_x durch das Cer katalysiert.

Die Entwicklung des Sauerstoffspeichers

In den ersten Dreiwegekatalysatoren wurde Cer in löslicher Form eingebracht ohne spezielle Stabilisatoren. Der Vorteil war eine im Frischzustand sehr hohe Oberfläche und damit Sauerstoffspeicherfähigkeit. Sobald dieser Katalysator jedoch über einen längeren

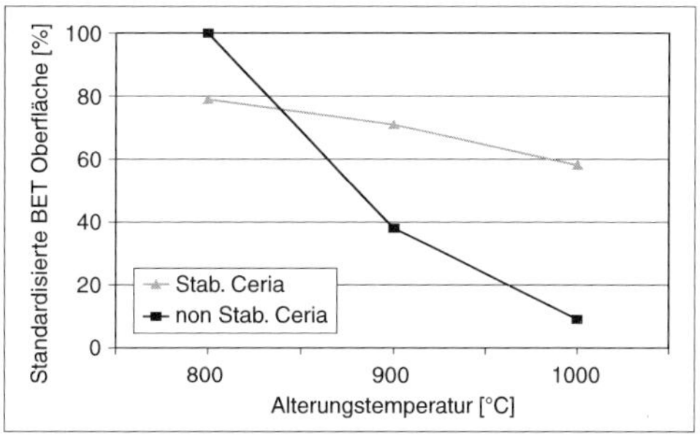

Bild 21-29 Vergleich von nicht stabilisiertem Cer zu stabilisiertem. Alterung 4 Std bei 1.050 °C im Ofen

Zeitraum hohen Temperaturen ausgesetzt wird, nimmt diese Oberfläche rapide ab. Zum Vergleich besitzt Cer im Frischzustand eine Oberfläche von circa 120 m^2/g und nach vier Stunden Alterung im Ofen bei 1.050 °C geht sie zurück auf weniger als 1 m^2/g. Mit den immer härter werdenden Abgasgesetzgebungen wird außerdem der Katalysator, um ein schnelles Anspringen zu unterstützen, immer näher zum Motorauslass gelegt. Bei diesen Einbaulagen, wo konstant hohe Temperaturen herrschen, kann es sehr schnell zu einem drastischen Verlust der Speicherfähigkeit kommen.

Eine der bahnbrechenden Erfindungen im Dreiwegebereich war deshalb die Entwicklung von stabilisierten Cer-Komponenten. Der Stabilisator besteht zum größten Teil aus Zirkonium, aber auch weitere Elemente der Seltenen Erden werden dazu herangezogen. Zwar ging die verfügbare Oberfläche im Frischzustand deutlich zurück, ca 80 m^2/g, jedoch ist sie nach Alterung bei ungefähr 30–40 m^2/g, also um ein Vielfaches höher wie beim nicht stabilisierten Cer. **Bild 21-29** zeigt den Vergleich von stabilisertem und nicht stabilisiertem Cer nach einer Alterung von vier Stunden bei 1.050 °C. Deutlich kann man das unterschiedliche Alterungsverhalten der beiden Materialien erkennen.

Erst durch diese Entwicklungsstufe konnten motornahe Katalysatoren mit einer dem Automobil entsprechenden Lebensdauer verwirklicht werden. Die Erfahrung nach circa 30 Jahren Katalysatoreinsatz zeigt, dass heute nicht mehr der Katalysator das schwächste Glied in der Kette Abgasreinigungssystem ist.

21.5.2.3 Kaltstartstrategien

Zur Einhaltung der gesetzlich vorgeschriebenen Abgasnormen ist es von entscheidender Bedeutung, den Katalysator möglichst schnell auf Betriebstemperatur zu bringen. Um dies zu realisieren, werden die nachfolgend beschriebenen Katalysatorheizmaßnahmen in verschiedenen Serienapplikationen verwendet. Bei den eingesetzten Kaltstartstrategien sind aktive und passive Maßnahmen zu unterscheiden:

Bild 21-30 Elektrischer Heizkatalysator

Elektrischer Heizkatalysator

Zu den aktiven Maßnahmen zählt der sogenannte elektrische Heizkatalysator, bei dem durch Einsatz elektrischer Heizelemente der Katalysator erwärmt wird, **Bild 21-30**. Hierfür ist eine hohe elektrische Leistung vor oder während des Motorstarts notwendig, die vom Bordnetz bereitgestellt wird. Berücksichtigt werden muss, dass diese elektrische Leistung mit einem im Kaltstart niedrigen Motorwirkungsgrad und einem typischerweise schlechten Generatorwirkungsgrad bei 12 V-Bordnetzspannung erzeugt werden muss. Aus diesem Grund bietet sich dieses System nur zur Erreichung strenger Abgasnormen für große Motoren an.

Sekundärluft

Neben innermotorischen Maßnahmen, die Abgasenthalpie zu steigern, bietet die Einblasung von Sekundärluft in den Abgasstrang eine effektive Variante, den Katalysator schnell zu erwärmen. **Bild 21-31** zeigt die Aufheizung des Katalysators bei Kaltstart mit und ohne Sekundärlufteinblasung. Die Sekundärluft wird von einer elektrischen Pumpe in die Auslasskanäle des Motors eingeblasen. Der zusätzlich zur Verfügung stehende Sauerstoff begünstigt die exothermen Oxidationsreaktionen, so dass der Katalysator in wenigen Sekunden auf Betriebstemperatur gebracht werden kann. Da das Luft-Kraftstoff-Verhältnis des Motors beim Warmlauf gleichzeitig leicht fett eingestellt werden kann, ergibt sich ein gutes Fahrverhalten bei Kaltabfahrt.

HC-Speicherkatalysator

Eine weitere Möglichkeit, die HC Emissionen zu verringern, ist der Einsatz von HC-Speicherkatalysatoren (Trap), **Bild 21-32**. Die während des Kaltstarts emittierten unverbrannten Kohlenwasserstoffe werden, solange der Dreiwegekatalysator nicht arbeitet, von einem Speicherkatalysator adsorbiert. Nach Anspringen des Dreiwegekatalysators werden diese wieder freigegeben und anschließend konvertiert. Wesentliche Voraussetzung für die Wirksamkeit dieses Systems ist, dass die Desorptionstemperatur des Speichers oberhalb der Anspringtemperatur des Dreiwegekatalysators liegt, damit die gespeicherten Kohlenwasserstoffe auch wirklich konvertiert werden und nicht nur zeitversetzt den Abgasstrang passieren. Dazu ist es erforderlich, dass im Moment der Freisetzung der Kohlenwasserstoffe genügend Sauerstoff für die Oxidation zur Verfügung steht. Dies ist durch eine geeignete Regelstrategie des Motors (vorgesteuertes λ) möglich. Derzeit wird der Einsatz von Speicherkatalysatoren durch die Temperaturstabilität der Speichermaterialien begrenzt. Die Temperaturstabilität der eingesetzten Zeolithe liegt deutlich unterhalb der eines Dreiwegekatalysators.

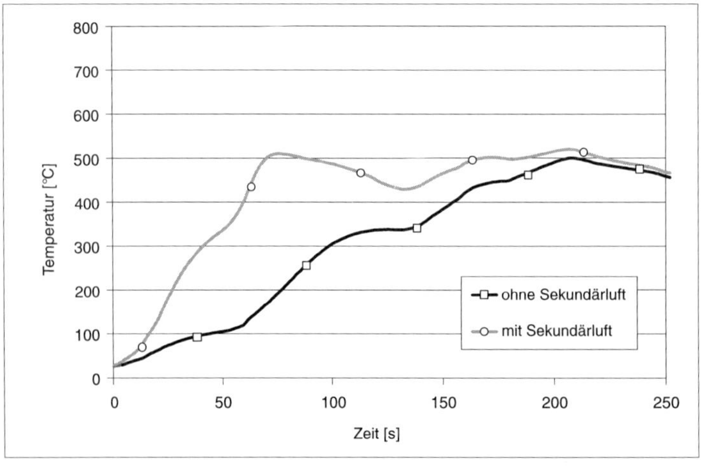

Bild 21-31 Temperaturverlauf im Katalysatorbett mit/ohne Sekundärluft

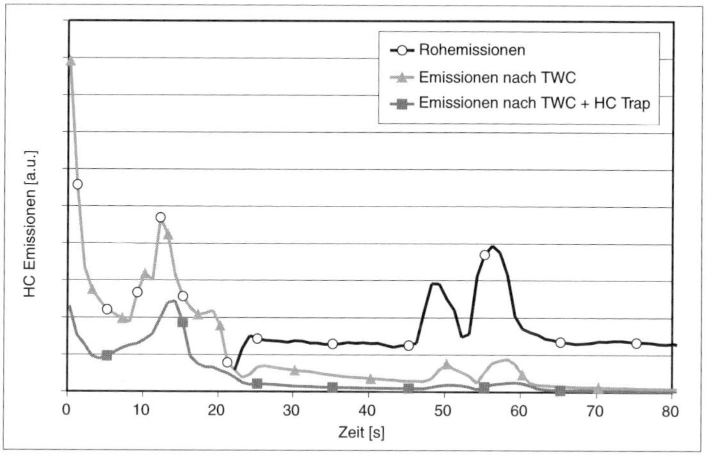

Bild 21-32 HC-Emissionen mit HC-Trap

21.5.2.4 Deaktivierungseffekte und ihre Auswirkung

Eine der Hauptursachen der Katalysatordeaktivierung ist die Atmosphäre, welcher der Katalysator ausgesetzt ist. Abgastemperaturen jenseits von 900 °C sind keine Seltenheit und werden vor allem durch motornahe Einbaulagen gefördert. Weitere Deaktivierungseffekte werden durch Kraftstoff oder Motoröl in das Abgas eingebracht und sind, bis auf wenige Ausnahmen, wie die thermische Alterung, nicht reversibel. Für die Forschung ist es wesentlich, die Mechanismen zu verstehen, um, wenn immer möglich, resistente Werkstoffe oder Regenerierungsmethoden zu entwickeln.

Thermisch bedingte Deaktivierung

Eines der wichtigsten Ziele der Katalysatorherstellung ist es, eine optimale Zugänglichkeit der Reaktanten zu den aktiven Plätzen sicherzustellen wenn die katalytischen Komponenten auf den Träger aufgebracht werden. In einem perfekt dispergierten Katalysator ist jedes Atom (oder Molekül), welches an der Umsatzreaktion teilnimmt, wie in **Bild 21-33** dargestellt, leicht zugänglich.

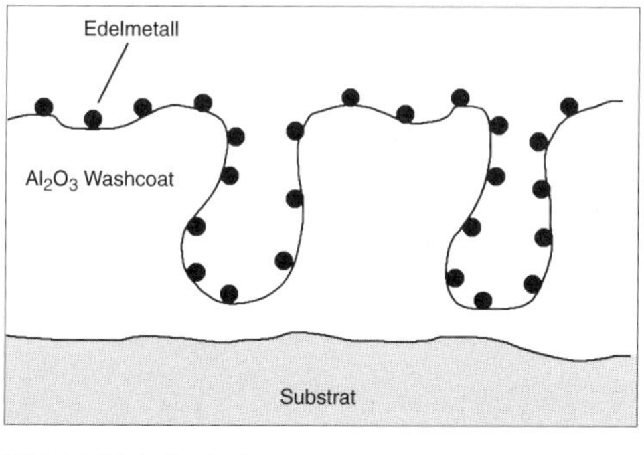

Bild 21-33 Prinzipskizze eines ideal dispergierten Katalysators auf einem Aluminiumoxidträger

Einige Katalysatoren werden in diesem hochaktiven Zustand gebaut; allerdings sind sie extrem instabil, da sie unter Wärmezufuhr leicht zu größeren Kristallen zusammenwachsen. Aus diesem Wachstum resultiert eine Verringerung der katalytischen Oberfläche. Des Weiteren unterliegt der Aluminiumoxidträger mit seiner enormen inneren Oberfläche, aufgebaut aus einem Netzwerk von Poren, ebenfalls einem Sinterungsprozess. Die Folge daraus ist der Verlust an innerer Oberfläche. Ein weiterer Deaktivierungsmechanismus wird durch die Wechselwirkung der katalytischen Spezies mit dem Trägermaterial beschrieben. Die Legierungsbildung führt zu geringkatalytisch aktiven Spezies. Alle zuvor beschriebenen Prozesse werden durch die Natur der Edelmetalle, das verwendete Trägermaterial und die Abgasumgebung beeinflusst, vor allem aber durch hohe Temperaturen.

Die Edelmetall-Sinterung:

Hochdispergierte katalytische Spezies unterliegen dem natürlichen Zwang, sich unter Zuführung von Wärme zu Kristallen zusammenzuschließen. Bei diesem Prozess wachsen die Kristalle, das Verhältnis Oberfläche zu Volumen wird kleiner und weniger katalytisch aktive Atome oder Moleküle sind an der Kristalloberfläche für die Reaktanten verfügbar. Mit anderen Worten, viele der aktiven Plätze liegen im Kristallinnern vergraben, und da weniger aktive Stellen an der Reaktion teilnehmen, geht die Leistungsfähigkeit zurück. In **Bild 21-34** wird das Phänomen durch eine einfache Prinzipskizze verdeutlicht. Das zuerst fein verteilte Edelmetall wächst unter Zufuhr von Wärme zu Kristallen oder Agglomeraten zusammen.

Der Verlust der Leistungsfähigkeit auf Grund der Edelmetallsinterung im Bereich Automobilabgaskatalysatoren ist bedeutend. Ein Schwerpunkt der Katalysatorforschung ist deshalb, die Zusammenhänge der Sinterung exakt zu erforschen und Möglichkeiten der Stabilisierung von fein verteilten Dispersionen bereit-

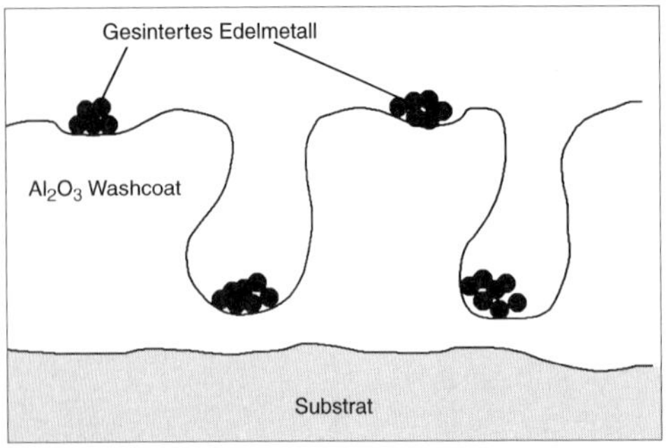

Bild 21-34 Prinzipskizze der Edelmetallsinterung auf einem Träger

zustellen. Der Einsatz verschiedener Elemente der Gruppe der Seltenen Erden wird im Bereich der Automobilabgasnachbehandlung mit Erfolg zur Stabilisierung der Edelmetalle eingesetzt. Der genaue Mechanismus der Stabilisierung ist noch nicht vollkommen erforscht, es scheint jedoch, als ob die Stabilisatoren das Edelmetall an der Oberfläche fixieren und somit seine Mobilität vermindern.

Die Trägermaterial-Sinterung:
Innerhalb einer gegebenen Kristallstruktur (zum Beispiel γ-Al_2O_3) ist der Verlust an Oberfläche verbunden mit dem Verlust von H_2O und einem allmählichen Verlust der Porenstruktur, wie in **Bild 21-36** dargestellt. Wenn der Sinterungsprozess abläuft, kommt es nach und nach zu einer Verkleinerung der Porenöffnungen, was zu einer Erhöhung des Porendiffusionswiderstandes führt. Eine chemisch kontrollierte Reaktion könnte somit allmählich durch die Porendiffusion limitiert werden. Das Auftreten dieses Phänomens ist entscheidend durch einen progressiven Verlust der Aktivierungsenergie der entsprechenden Reaktion geprägt. Im Konvertierungs/Temperatur Graph in **Bild 21-35** nimmt die Steigung der Kurve nach und nach ab.
Im Extremfall sind die Poren vollkommen geschlossen und die katalytisch aktiven Plätze im Innern der Pore sind für die Reaktanten nicht mehr zugänglich, **Bild 21-36**.
Ein weiterer Mechanismus der Trägeroxidumwandlung basiert auf der Umwandlung der Kristallstruktur. Wenn zum Beispiel γ-AL_2O_3 zu δ-AL_2O_3 umgewandelt wird, erfolgt ein signifikanter schrittweiser Verlust an innerer Oberfläche von circa 150 zu $<$50 m^2/g. Gleiches beobachtet man bei einem von Anatase- zur Rutil-Struktur umgewandelten TiO_2, die Oberfläche verringert sich von circa 60 m^2/g zu $<$10 m^2/g. Der Konvertierungs/Temperatur Graph unterliegt in diesem Fall gewöhnlich einem Verlust an Aktivität.
In der Gegenwart bestimmter Elemente der 3. und 4. Hauptgruppe in oxidierter Form kann man den Sinterungsprozess mancher Trägermaterialien verlangsamen. Man nimmt an, dass sie Feststoffverbindungen mit dem Träger bilden und somit die, für die Sinterung massgeblich verantwortliche Oberflächenreaktivität vermindern.

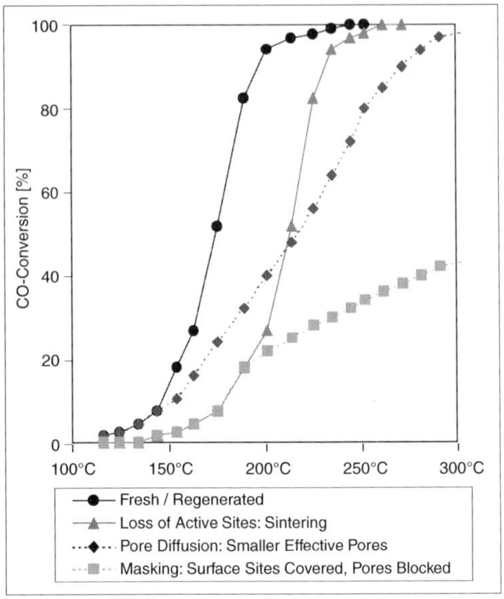

Bild 21-35 Konvertierung als Funktion der Eintritttemperatur für unterschiedliche Deaktivierungsmechanismen

Edelmetall/Trägeroxid Wechselwirkung:
Die Reaktion der katalytisch aktiven Komponente mit dem Träger kann der Grund einer Deaktivierung sein, wenn das Produkt eine geringere Aktivität besitzt als die ursprünglich fein verteilte Spezies. Unter Hochtemperatur und mageren Abgasbedingungen reagiert Rh_2O_3 zum Beispiel an der großen, hochaktiven Oberfläche des Al_2O_3 und bildet ein inaktives Mischoxid. Dieser Vorgang beschreibt einen wichtigen Mechanismus bezüglich der Deaktivierung der NO_x-

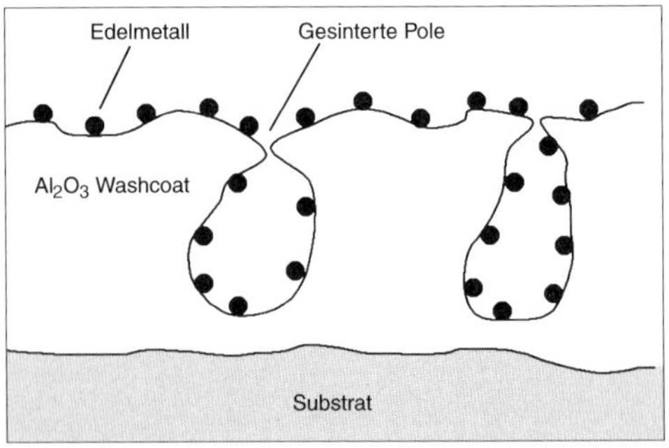

Bild 21-36 Prinzipskizze der Trägermaterial-Sinterung

Reduktionsaktivität. Man nimmt an, dass die Reaktion prinzipiell nach folgendem Schema abläuft:

$$Rh_2O_3 + Al_2O_3 \xrightarrow{800°\,Luft} Rh_2Al_2O_4 \quad (21.15)$$

Da die Aktivität des Katalysators beeinträchtigt ist, verschiebt sich die Kurve in Richtung höherer Temperaturen mit einer signifikanten Steigungsänderung. Diese unerwünschte Reaktion führte zur Entwicklung alternativer Trägeroxide wie SiO_2, ZrO_2, TiO_2 und ihrer Kombinationen. Das Problem der negativen Wechselwirkung kann durch das Verwenden dieser alternativen Trägeroxide gelöst werden; allerdings sind sie sehr oft nicht so stabil gegenüber dem Sinterungsprozess.

Deaktivierung durch Vergiftungseffekte

Eine weitere Ursache der Katalysator-Deaktivierung ist gegeben durch schädliche Substanzen aus dem Abgas oder den Maschinen, die die Katalysatorschicht auftragen. Es gibt zwei grundsätzliche Vergiftungsmechanismen: die selektive Vergiftung, bei der ein chemischer Stoff direkt mit den aktiven Zentren oder dem Trägermaterial reagiert und somit die Aktivität beeinträchtigt oder gar zerstört und die nicht-selektive Vergiftung, bei der sich Verunreinigungen auf oder im Katalysatorträgermaterial ablagern und aktive Zentren und Poren verschließen. Das Ergebnis ist eine Abnahme der Leistungsfähigkeit auf Grund schwer zugänglicher aktiver Zentren.

Die Selektive Vergiftung:
Reagiert eine chemische Spezies direkt mit den aktiven Zentren, spricht man von selektiver Vergiftung. Dieser Prozess hat direkten Einfluss auf die Aktivität oder Selektivität einer gegebenen Reaktion (**Bild 21-37**). Einige dieser Elemente oder Moleküle reagieren mit katalytischen Komponenten, indem sie chemische Verbindungen eingehen (zum Beispiel Pb, Hg, Cd, etc.); eine inaktive Legierung wird gebildet. Dieser Vorgang ist irreversibel und führt zu einer permanenten Deaktivierung des Katalysators. Andere adsorbieren (oder genauer chemisorbieren) nur an der

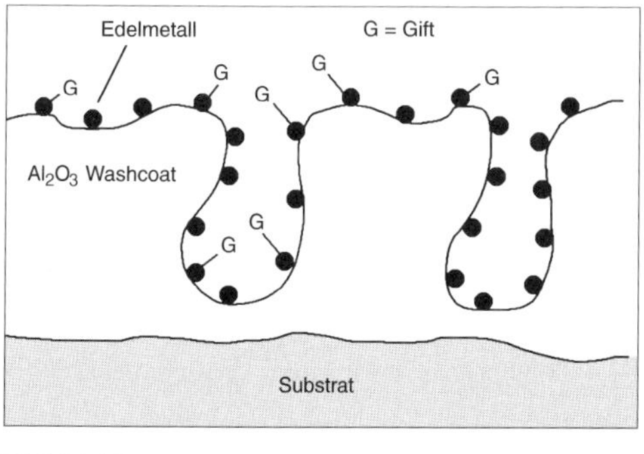

Bild 21-37 Prinzipskizze der selektiven Vergiftung von aktiven Zentren

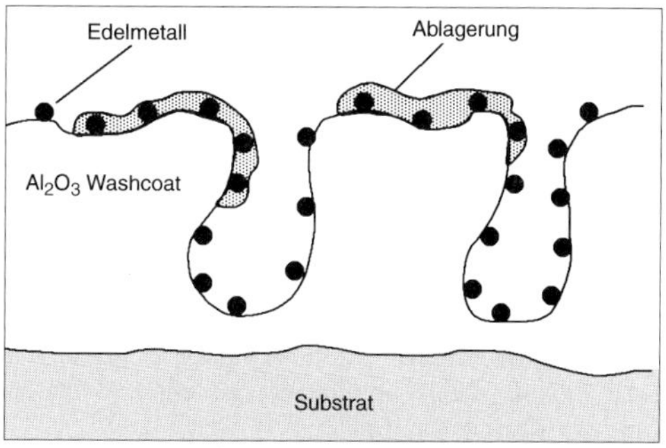

Bild 21-38 Prinzipskizze der nicht-selektiven Vergiftung von aktiven Zentren

katalytischen Komponente (zum Beispiel SO_2 auf Pd) und blockieren sie somit für weitere Reaktionen. Diese Mechanismen sind reversibel derart, das durch Wärmezufuhr, waschen oder einfach indem die schädliche Komponente aus dem Prozessstrom entfernt wird, es zur Desorption kommt und die katalytische Aktivität wieder herstellt. Sind aktive Zentren direkt blockiert, führt das immer zu einer höheren Anspringtemperatur; aber die Steigung der Kurve bleibt unverändert, da die Funktionsfähigkeit der restlichen Stellen erhalten bleibt und sich die Aktivierungsenergie nicht ändert. Das Konvertierung/Temperatur Diagramm wird ähnlich aussehen wie das für die Edelmetallsinterung.
Reagiert jedoch das Trägeroxid mit einem Bestandteil aus dem Gasstrom und bildet eine neue Verbindung, wie im Fall von $Al_2(SO_4)_3$, werden die Poren im Allgemeinen nahezu blockiert, was zu einer Erhöhung des Diffusionswiderstandes führt, **Bild 21-38**. Die Aktivierungsenergie sinkt und die Anspringkurve wird sich in Richtung höherer Temperaturen verschieben bei gleichzeitig geringerer Steigung, sprich schlechterem Umsatz **Bild 21-35**.

21.5.3 Katalysatorkonzepte für Magermotoren

Herkömmliche Ottomotoren werden mit einem homogenen Luft-Kraftstoff-Gemisch betrieben, das außerhalb des Brennraumes im Ansaugtrakt erzeugt wird. Prinzipbedingt muss ein solcher Ottomotor bei Teillast in der Gemischzufuhr gedrosselt werden. Diese Drosselverluste, sowie die anschließenden Auswirkungen der geringeren Zylinderfüllung auf den thermodynamischen Prozess, sind die Hauptursachen der starken Wirkungsgradabnahme beim Ottomotor zu niedrigeren Motorlasten hin. Diese äußert sich im deutlich höheren Teillastverbrauch des Ottomotors gegenüber dem Dieselmotor.
Der Wirkungsgrad des Ottomotors in der Teillast lässt sich durch überstöchiometrischen Motorbetrieb erheblich steigern. Um hierbei möglichst vollständig

auf eine Drosselung verzichten zu können, muss das Gemisch sehr stark abgemagert, das heißt der Motor mit sehr hohem Luftüberschuss betrieben werden. Die Zündfähigkeit der zylinderexternen homogenen Gemischbildung setzt einer weitgehenden Abmagerung und damit Entdrosselung Grenzen. Durch direkte Einspritzung des Kraftstoffs in den Brennraum, in Kombination mit Ladungsschichtung, ist eine weitere, nahezu vollständige Entdrosselung realisierbar. Die mit dem Magerbetrieb verbundene Wirkungsgraderhöhung führt unmittelbar zu einer Verringerung des Kraftstoffverbrauchs.
Unabhängig davon, ob das Gemisch nun extern oder intern (Direkteinspritzung) gebildet wird, liegt im Abgas des magerbetriebenen Ottomotors Sauerstoffüberschuss vor. Damit wird die Konvertierung von Schadstoffen im mageren Abgas erheblich erschwert. Bei konventionellen Ottomotoren, die stöchiometrisch betrieben werden, ist eine nahezu vollständige Konvertierung der Schadstoffkomponenten wie Kohlenwasserstoffe (HC), Kohlenmonoxid (CO) und Stickoxide (NO_x) durch die bekannte 3-Wege-Technologie möglich. Bei mager betriebenen Ottomotoren steht dem die Reaktionskinetik entgegen, wodurch am Katalysator infolge der höheren Reaktionsgeschwindigkeiten bevorzugt HC und CO konvertiert werden. Für die NO_x-Reduktion fehlen dann die bereits zuvor umgewandelten Reaktionspartner. Aus diesem Grunde sind Technologien erforderlich, die eine effiziente Abgasnachbehandlung, insbesondere der Stickoxide, in magerer Atmosphäre erlauben. Geringere Abgastemperaturen stellen hierbei eine zusätzliche Herausforderung an die Abgasnachbehandlung dar.

21.5.3.1 Möglichkeiten zur NO_x-Reduktion in magerem Abgas

Derzeit sind unterschiedliche grundlegende Lösungsansätze für die Umwandlung von Stickoxiden bekannt, aus denen sich verschiedene Möglichkeiten der NO_x-Reduktion im mageren Abgas ableiten lassen. Die einzelnen Technologien können in folgende Gruppen eingeteilt werden und wurden unter anderem in [1] diskutiert.

- Direkter NO – Zerfall
- Plasma-Technologien
- Selektive Katalytische Reduktion (SCR)
- NO_x-Speicherkatalysatoren.

Direkter NO-Zerfall

Das Reaktionsschema des direkten Zerfalls von NO in Stickstoff und Sauerstoff ist in **Bild 21-39** dargestellt.

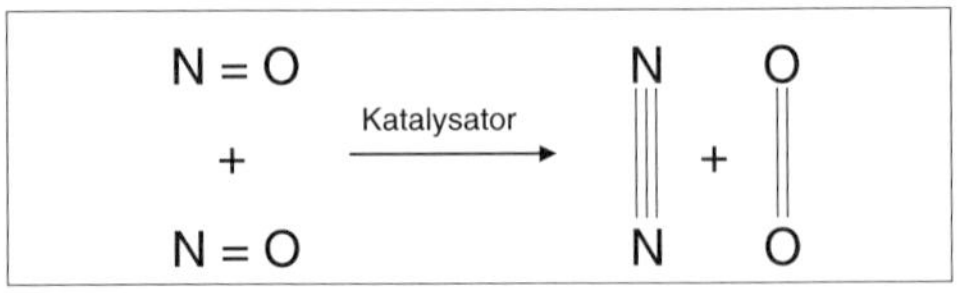

Bild 21-39 Reaktionsschema des direkten NO-Zerfalls

Katalysatoren, die in der Lage sind, NO direkt in N_2 und O_2 zu zersetzen, wären das ideale Produkt für eine Anwendung sowohl in Otto-Magermotoren als auch in Dieselmotoren. Zur Umsetzung dieser Technologie in einen praktischen Anwendungsfall bedarf es einer revolutionären Erfindung. Obwohl die NO-Zersetzung thermodynamisch bevorzugt wird und obwohl die grundlegende Chemie in Forschungs- und Entwicklungslabors dargestellt wurde [2], ist die Übertragung auf einen praktischen Motor- beziehungsweise Fahrzeugbetrieb bis heute nicht gelungen.

Plasma-Technologien

In seiner einfachsten Ausbildung arbeitet das Plasma-System mit einer Wechselspannung, die zwischen zwei Metallelektroden anliegt, wovon eine mit einem nicht leitenden Material überzogen ist. Hierbei auftretende stille Entladungen bestehen aus Mikroentladungen im Mikrosekundenbereich, auf die durch chemische Verbindungs- und Neukombinationsprozesse ein Zerfall aller entstandenen reaktiven Gruppen folgt. Die dadurch entstehenden Plasmen weisen einen Zustand innerer Energieungleichgewichtsverteilung mit hohen Elektronen-Temperaturen zwischen $10^4 – 10^6$ K auf sowie ein niedrigkinetisches Gas, das sich typischerweise im Bereich von 300 – 1.000 K bewegt. Das Plasma besteht aus einer Anreihung von Elektronen und aus angeregten Radikalen und Ionen sowie aus Photonen. Wegen der inneren Energieungleichgewichtsverteilung in diesen Plasmen können chemische Reaktionen über nicht-thermische Kanäle ablaufen, die stark endotherme Reaktionen erlauben [3]. Die zwei erwünschten Reaktionen zur Reduktion von NO in einem Plasma laufen dort neben einer Vielzahl weiterer Reaktionen ab [4].

Reaktionspartner Produkte

$$e + N_2 \rightarrow e + N + N \qquad (21.16)$$

$$N + NO \rightarrow N_2 + O \qquad (21.17)$$

Laborprototypen mit heterogenen Katalysatoren in Plasmafeldern wurden mit unterschiedlichen Resultaten in Motorabgasen getestet. Inwieweit diese Technologie zu einer serienreifen Anwendung beim Otto-Magermotor gelangt, ist derzeit noch ungewiss. Ein wichtiges Kriterium für das Erfolgspotenzial des Plasmaverfahrens ist unter anderem die benötigte Energie zur Erzeugung der Plasmen und der damit verbundene Kraftstoffverbrauchsnachteil, sowie die NO_x-Reduktion bei im Motorabgas herrschenden Raumgeschwindigkeiten.

Selektive Katalytische Reduktion (SCR)

Als „Selektive Katalytische Reduktion“ wird die NO_x-Umwandlung in „magerer“ Atmosphäre über

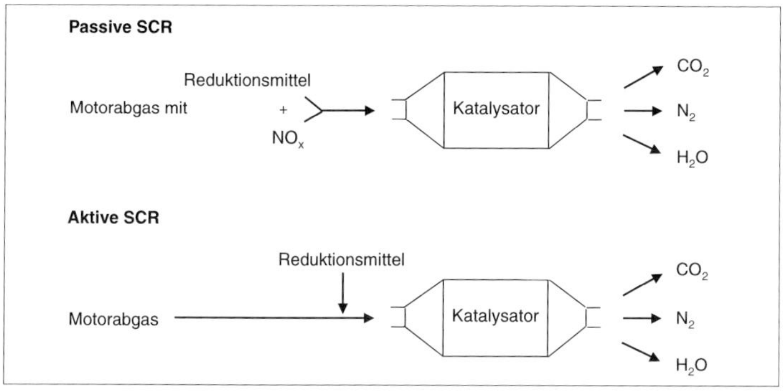

Bild 21-40 Unterscheidung zwischen passiver und aktiver SCR

speziell abgestimmte Katalysatoren bezeichnet. Die notwendige Zugabe geeigneter Reduktionsmittel ergibt die Endprodukte N_2, CO_2 und H_2O.
Der Begriff passive SCR steht für Katalysatoren, die zur NO_x-Reduktion ausschließlich im Abgas vorhandene Bestandteile verwenden, also keine nachträgliche Einbringung von Reduktionsmitteln benötigen (**Bild 21-40** oben). Unter aktiven SCR-Katalysatoren werden dementsprechend solche verstanden, bei denen die Reduktionsmittel nach der eigentlichen Verbrennung in den Abgasstrang vor dem Katalysator eingebracht werden (**Bild 21-40** unten).

Passive SCR-Katalysatoren:
Diese Katalysatoren verwenden die im Abgas vorhandenen Kohlenwasserstoffe zur Reduktion von NO_x, wobei die Reaktionsprodukte N_2, CO_2 und Wasser entstehen. Grundlagenarbeit auf diesem Gebiet ist in [2, 5] und [6] beschrieben. Die auf Cu-ZSM-5-Zeolithen basierenden Katalysatoren zeigen eine sehr gute Frischaktivität. Die Dauerhaltbarkeit ist jedoch problematisch [7, 8]. Eine Verschlechterung der NO_x-Konvertierung ist hauptsächlich auf den im Kraftstoff enthaltenen Schwefel und thermische Alterung bei Anwesenheit von Wasser zurückzuführen.
Ein weiteres Beispiel ist ein passiver SCR-Iridium-Katalysator mit nachgeschaltetem Dreiwegekatalysator, wie schematisch in **Bild 21-41** dargestellt [9]. Zu dem Ir-Katalysator ist zu erwähnen, dass im Neuzustand geringere NO_x-Konvertierungsraten vorliegen als zum Beispiel bei Speicherkatalysatoren. Dafür ist eine deutlich größere Schwefeltoleranz vorhanden. Weiterhin ist zu beachten, dass bei Anwendung eines passiven SCR-Katalysators kein krümmernaher Vorkatalysator zur Verringerung der Kaltstart HC-Emissionen verwendet werden kann, da dieser auch im betriebswarmen Zustand die zur NO_x-Reduktion benötigten Kohlenwasserstoffe konvertiert [10, 11]. Den HC-Emissionen in der Nach-Kaltstart-Phase muss daher durch andere geeignete Maßnahmen begegnet werden. Einer Verringerung der Kat-Anspringzeit im Testzyklus durch krümmernähere Anordnung sind in der Praxis Grenzen auf Grund der Temperaturstabilität des Ir-Katalysators [12] gesetzt.

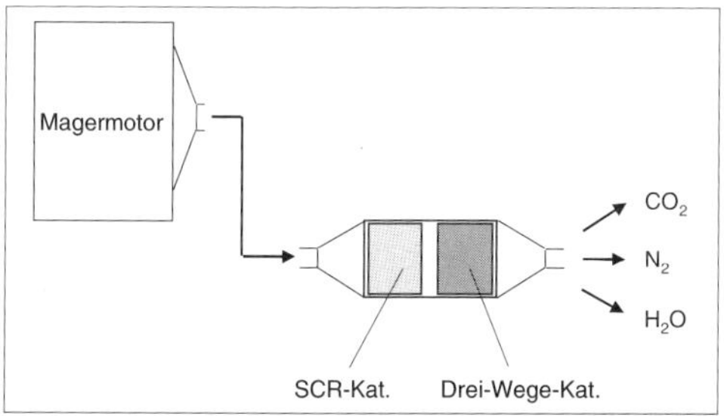

Bild 21-41 Schema für ausgeführtes passives SCR-System NO_x

Aktive SCR-Katalysatoren:
Die aktive selektive katalytische Reduktion erfordert eine effiziente Vermischung der Stickoxide mit dem zusätzlich eingebrachten Reduktionsmittel vor dem Katalysatoreintritt (**Bild 21-42**). Als Reduktionsmittel werden zum Beispiel Ammoniak oder Harnstoff verwendet. Diese Technologie arbeitet mit hohem Wirkungsgrad bei stationären Anwendungen, wie zum Beispiel energieerzeugenden Anlagen, bei denen die chemischen Reaktionen in einem schmalen Arbeitsfenster aus Temperatur, Strömungsgeschwindigkeit und NO_x-Konzentration stattfinden. Bei diesen Anwendungen dient Ammoniak als Reduktionsmittel, welches N_2 und H_2O erzeugt.
Der Arbeitstemperaturbereich der gewünschten chemischen Reaktionen hängt vom jeweiligen Katalysator ab. Vanadium-Titan-Katalysatoren arbeiten zwi-

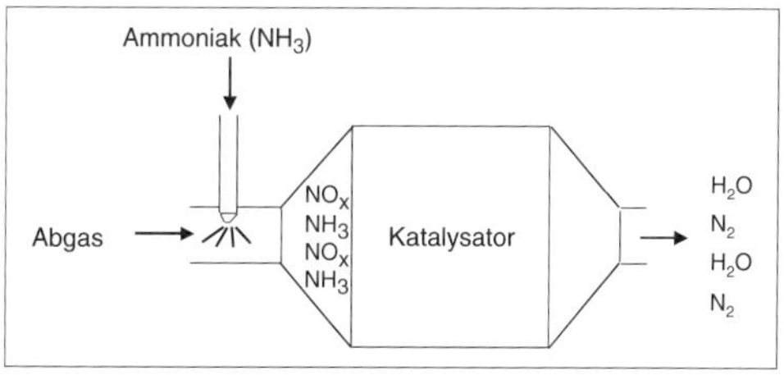

Bild 21-42 Prinzipskizze für aktives SCR-System

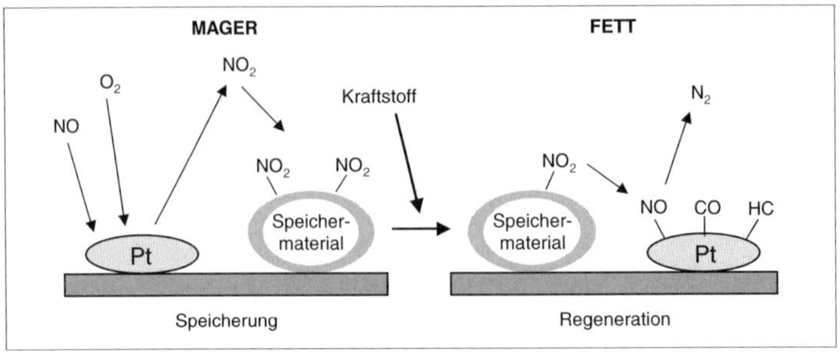

Bild 21-43 Modellbeispiel der NO_x-Speicherung und Regeneration

schen circa 200 °C und 450 °C am effizientesten. Bei niedrigeren Temperaturen wird der Katalysator von Ammoniumsulfaten beeinträchtigt und bei höheren Temperaturen oxidiert der Katalysator Ammoniak zu NO. Das obere Temperaturlimit bei Verwendung von Ammoniak liegt bei circa 600 °C. Für den Einsatz in einem Ottomotor mit Direkteinspritzung wäre Harnstoff (eine NH_3-Verbindung) das aussichtsreichste Reduktionsmittel, das bei Einspritzung in das Abgas zu Ammoniak und Kohlendioxid zerfällt. Harnstoff hätte den Vorteil, dass kein gasförmiges Ammoniak im Fahrzeug mitgeführt werden müsste.
Vor einem erfolgreichen Einsatz von SCR in Pkw mit Ottomagermotoren müssen noch viele Problempunkte gelöst werden [13]. Unter instationären Bedingungen muss die richtige Menge an Reduktionsmitteln durch ein Kontrollsystem bereitgestellt werden, ohne dass „NH_3-Durchbrüche" auftreten. Die Eindüsung in das Abgas ist an den stark schwankenden NO_x-Gehalt, die Strömungsgeschwindigkeit und die Temperatur anzupassen und darf gleichzeitig nicht zu den Fahrzeug-Emissionen beitragen. Die maximale Temperaturfestigkeit der Katalysatoren erscheint für eine Anwendung im Otto-Magermotor nicht ausreichend. Sie liegt zum Beispiel für den bereits erwähnten Vanadium-Titan-Katalysator bei circa 650 °C. Die Kosten des Gesamtsystems mit Einspritzdüsen, Speicherbehälter, Verschlauchung, On-Board-Diagnose und so weiter müssen ebenso in Betracht gezogen werden, wie die noch nicht vorhandene Infrastruktur für die Reduktionsmittelbetankung. Die Aussichten für eine erfolgversprechende Umsetzung bei Benzin-Magermotoren sind daher eher niedrig bis mäßig.

NO_x-Speicherkatalysatoren

Die derzeit aussichtsreichste Methode zur Verminderung der NO_x-Emissionen im Magermotor-Abgas ist die Verwendung von NO_x-Speicherkatalysatoren, auch NO_x-Adsorber oder NO_x-Trap genannt [14–17]. Da erste Serienanwendungen [18, 19] in der Abgasnachbehandlung bei Pkw mit Otto-Magermotor auf dieser Technologie basieren, wird auf die NO_x-Speicherkatalysatoren im folgenden Kapitel ausführlicher eingegegangen.

21.5.3.2 Der NO_x-Speicherkatalysator

Das Funktionsprinzip ist schematisch in **Bild 21-43** dargestellt und kann durch vier grundlegende Schritte zur Umwandlung von NO_x in N_2 beschrieben werden.
Während des Magerbetriebs wird das im Motorabgas enthaltene NO am Edelmetall des Katalysators durch Reaktion mit Sauerstoff oxidiert und bildet NO_2.

$$NO + {}^1/_2\, O_2 \rightarrow NO_2 \qquad (21.18)$$

Das NO_2 reagiert anschließend mit im Katalysator eingelagerten Metalloxiden, die als Speichermaterialien verwendet werden, unter Bildung eines entsprechenden Speichermaterial-Nitrates.

$$NO_2 + MeO \rightarrow Me{-}NO_3 \qquad (21.19)$$

Da diese Reaktion nicht katalytisch, sondern stöchiometrisch verläuft, wird das Speichermaterial dadurch „verbraucht". Mit zunehmender gespeicherter NO_2-Menge sinkt die Effektivität der Nitratbildung ab. Es wird ein Sättigungszustand erreicht. Zur Aufrechterhaltung einer hohen Speichereffektivität muss daher das Speichermaterial periodisch regeneriert werden. Dazu schaltet man kurzfristig auf unterstöchiometrischen („fetten") Motorbetrieb um. Unter „fetten" Betriebsbedingungen ist die Temperaturstabilität des Nitrates geringer als im Magerbetrieb, so dass es zu einem Zerfall des Nitrates in NO und MeO kommt.

$$Me{-}NO_3 \rightarrow MeO + NO + {}^1/_2\, O_2 \qquad (21.20)$$

Das dabei freigesetzte NO wird anschließend mithilfe der unter „fetten" Betriebsbedingungen ebenfalls vorhandenen Reduktionsmittel HC und CO zu N_2 konvertiert.

$$NO + HC/CO \rightarrow {}^1/_2\, N_2 + H_2O/CO_2 \qquad (21.21)$$

Für den praktischen Fahrzeugeinsatz sind Anforderungen an einen NO_x-Speicherkatalysator ableitbar, die bestimmte Eigenschaften erfordern. Wesentliche Kriterien zur Beurteilung der Qualität und der Anwendbarkeit von NO_x-Adsorbern sind:

- NO_x-Speicherfähigkeit
- NO_x-Regenerationsfähigkeit

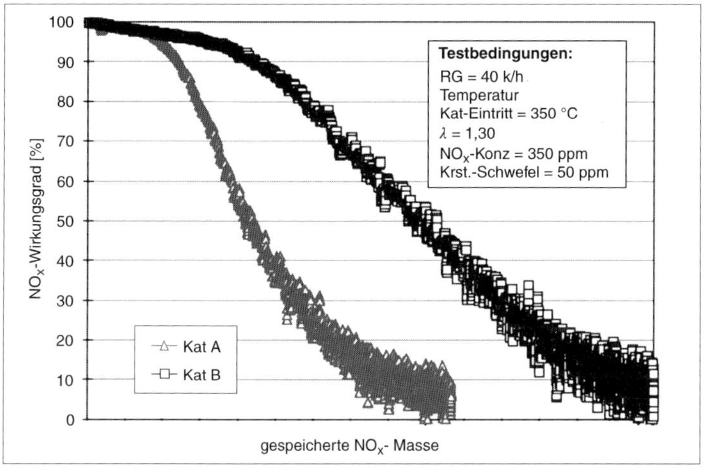

Bild 21-44 NO_x-Einspeicherverläufe zweier Katalysatoren bei 350 °C

- Arbeitstemperaturbereich für NO_x-Speicherung/Regeneration
- HC-/CO-Konvertierung bei Magerbetrieb
- Konvertierungen im Lambda = 1 Betrieb
- Maximale Temperaturstabilität
- Schwefelresistenz/Schwefelregenerierbarkeit.

NO_x-Speicherfähigkeit, NO_x-Regenerationsfähigkeit, Arbeitstemperaturbereich und so weiter stellen zunächst Eigenschaften des NO_x-Adsorbers hinsichtlich seiner Konvertierungsleistung im Neuzustand dar. Die maximale Temperaturstabilität und Schwefelresistenz/-Regenerierbarkeit stellen darüberhinaus Eigenschaften hinsichtlich der Dauerhaltbarkeit dar.

NO_x-Speicherfähigkeit und -Regenerationsfähigkeit

Bild 21-44 zeigt die typischen Einspeicherverläufe zweier NO_x-Adsorberkatalysatoren. Nach einer Speicherentleerung startet der Speichervorgang mit hohem Wirkungsgrad, der dann mit zunehmendem Füllungsgrad absinkt. Um zwischen zwei Regenerationen möglichst lange im verbrauchsarmen Magerbetrieb fahren zu können, ist das Entwicklungsziel eine möglichst hohe NO_x-Speicherfähigkeit bei hohen Wirkungsgraden. In **Bild 21-44** zeigt Katalysator B eine höhere Speicherkapazität als Katalysator A.
Da zur Einhaltung der Euro IV Abgasgrenzwerte je nach Anwendung Wirkungsgrade von über 90 % notwendig sind, kann der NO_x-Speicher in der Praxis nicht bis zur Vollspeicherung ausgenutzt werden, sondern muss bereits vorher wieder regeneriert werden.
Dazu wird, wie bei der Beschreibung der Funktionsweise erwähnt, kurzzeitig auf Motorfettbetrieb umgeschaltet, wobei das beim Nitratzerfall entstehende NO_x mit Hilfe der Reduktionsmittel HC und CO zu N_2 konvertiert wird. Um den Fettbetrieb wegen des entstehenden Kraftstoffverbrauchsnachteils möglichst kurz zu halten, ist eine effiziente Ausnutzung der Regenerationsmittel angestrebtes Entwicklungsziel.
Bild 21-45 zeigt die NO_x-Wirkungsgrade zweier Katalysatoren in einem Motorprüfstandszyklus mit 60 Sekunden Mager- und 2 Sekunden Fettphase. Dabei wird ein gut regenerierbarer Katalysator aktuellen Entwicklungsstandes mit einem schlechter regenerierbaren Katalysator älteren Entwicklungsstandes verglichen. Der gut regenerierbare Kat kann trotz höherer NO_x-Speicherfähigkeit, erkennbar am höheren Wirkungsgrad im ersten Magerzyklus, in den 2 s Fettbetrieb vollständig regeneriert werden. Demgegenüber wird bei dem „schlechten“ Kat bei gleicher Betriebsweise der NO_x-Speicher während der Fettspitze nur unvollständig ausgeräumt, was Zyklus für Zyklus zu einem Wirkungsgradabfall führt.

Temperaturbereich für NO_x-Speicherung und -Regeneration

Beim Einsatz eines NO_x-Speicherkatalysators im Fahrzeug-Unterbodenbereich sind im europäischen Abgastest je nach Applikation Kat-Eintrittstemperaturen von unter 300 °C (ECE-Bereich) bis über 500 °C (EUDC-Bereich) zur erwarten. Zur Einhaltung der Euro IV Gesetzgebung können, wie erwähnt, je nach Applikation NO_x-Wirkungsgrade von über 90 % notwendig sein. Daher ist der Temperaturbereich, in dem sich mit NO_x-Speicherkatalysatoren im zyklischen Speicher- und Regenerationsbetrieb solche Wirkungsgrade realisieren lassen, von besonderem Interesse. Er begrenzt neben den motorseitigen Einschränkungen auch den Kennfeldbereich, in dem der Motor verbrauchsarm mager betrieben werden kann und soll daher aus Anwendersicht möglichst breit sein [18].
In **Bild 21-46** sind die unterschiedlichen NO_x-Wirkungsgradverläufe zweier Katalysatoren im Neuzu-

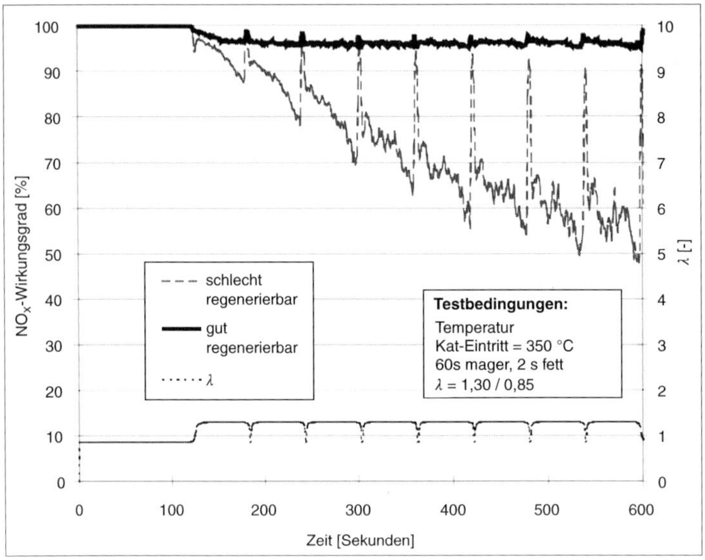

Bild 21-45 NO_x-Speicherregeneration verschiedener Katalysatoren

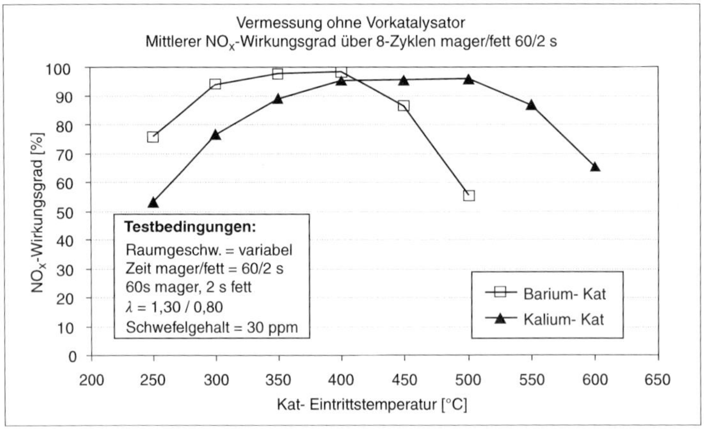

Bild 21-46 Arbeitstemperaturbereich von NO_x-Adsorbern im Neuzustand

stand (Edelmetallgehalt 125 g/cu.ft.) in einem Motorprüfstandstest mit 60 s Mager- und 2 s Fettphase über der Kat-Eintrittstemperatur dargestellt.

Die Wirkungsgrade bei niedrigen Temperaturen werden durch das „Anspringen" des Katalysators begrenzt, in diesem Fall die Fähigkeit des Edelmetalls, NO zu NO_2 zu oxidieren. Die obere Temperaturgrenze wird im Wesentlichen durch die Stabilität der gebildeten Nitrate beschränkt, das heißt die Eigenschaft des Speichermaterials auch bei höheren Temperaturen thermodynamisch stabile Nitrate zu bilden [16]. Da Barium als NO_x-Speichermaterial nicht so stabile Nitrate bildet wie Kalium, sinken die Wirkungsgrade des Ba-Katalysators bei Temperaturen oberhalb 400 °C bereits ab, während sich mit einem Kalium-Katalysator auch bei 500 °C noch über 90 % Wirkungsgrad ergibt, **Bild 21-46**.

Dreiwegeeigenschaften und HC/CO-Konvertierung im Magerbetrieb

Grundsätzlich können NO_x-Speicherkatalysatoren vergleichbar gute Dreiwegeeigenschaften und HC/CO-Konvertierungen im Magerbetrieb aufweisen wie heutige Dreiwegekatalysatoren. Die HC-Aktivität wird allerdings negativ beeinflusst, wenn als NO_x-Speicherkomponente sehr stark basische Werkstoffe, wie zum Beispiel Kalium, verwendet werden [20].

In **Bild 21-47** sind die Konvertierungen eines Barium- und eines Kalium-NO_x-Speicherkats mit denen eines heutigen Dreiwegekatalysators verglichen. Im linken Teil des Bildes sind die Konvertierungen im homogenen Magerbetrieb bei Lambda 1,5 und 350 °C Eintrittstemperatur dargestellt, im rechten Teil des Bildes die Konvertierungen im Lambda = 1 geregelten Betrieb bei 450 °C.

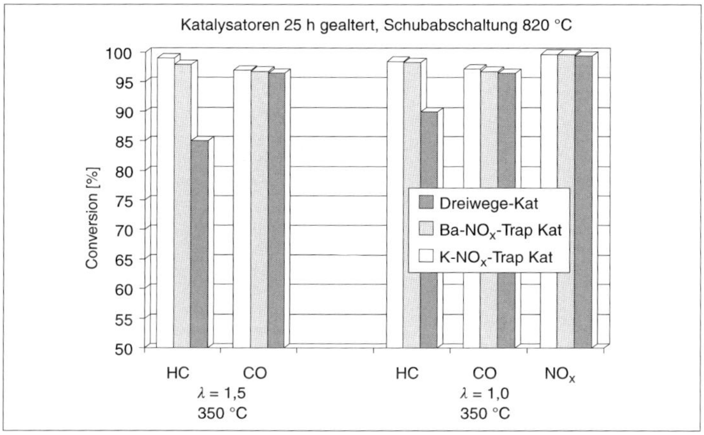

Bild 21-47 HC-/CO-Konvertierung im Magerbetrieb und bei Lambda = 1-Betrieb

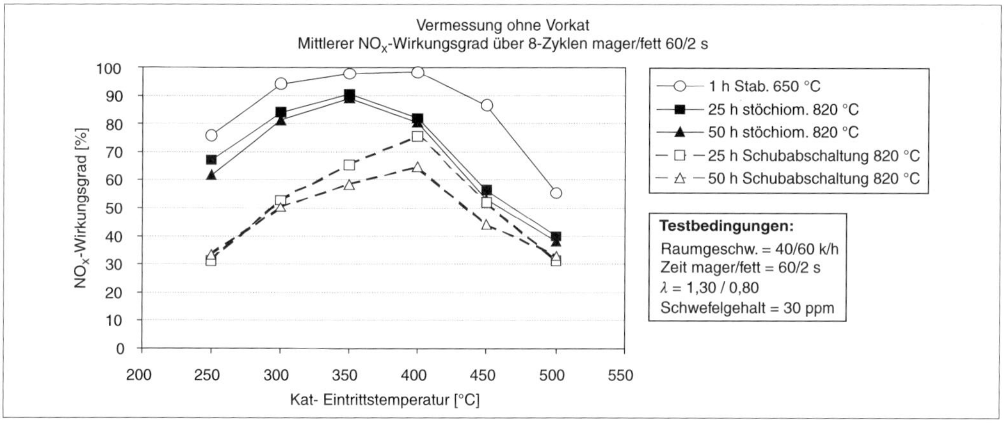

Bild 21-48 Einfluss verschiedener Alterungen auf den Arbeitstemperaturbereich eines Barium NO_x-Adsorbers

Temperaturstabilität

In **Bild 21-48** ist der Einfluss verschiedener Alterungsbedingungen auf einen NO_x-Adsorberkatalysator mit Barium als Speichermaterial dargestellt. Ausgangsbasis ist ein eine Stunde bei 650 °C, Lambda = 1 stabilisierter Katalysator. Nach 25 Stunden stöchiometrischer Motorprüfstandsalterung bei 820 °C im Katalysatorbett zeigt sich eine Verringerung der NO_x-Aktivität über den gesamten Arbeitstemperaturbereich, die jedoch bei Fortsetzung der Alterung auf 50 Stunden nicht mehr weiter fortschreitet. Die Deaktivierung ist auf eine temperaturbedingte Sinterung des Washcoats, der darin enthaltenen Edelmetalle und der NO_x-Speicherkomponente zurückzuführen.

Eine Alterung unter stöchiometrischen Bedingungen bei gleicher Temperatur aber mit periodischen Schubabschaltungsphasen führt demgegenüber zu einer wesentlich stärkeren Deaktivierung des Katalysators, die sich mit zunehmender Alterungsdauer auch weiter fortsetzt. Ursachen hierfür sind die unter Magerbedingungen verstärkte Sinterung der Edelmetalle und eine ebenfalls unter Magerbedingungen bei Temperaturen oberhalb von circa 700 °C stattfindende Reaktion des Bariums mit dem Aluminiumoxid des Washcoats. Das Barium wird dadurch für die NO_x-Speicherung irreversibel deaktiviert. Die Geschwindigkeit dieser Effekte erhöht sich mit steigender Temperatur [21].

Eine Möglichkeit, die maximale Temperaturstabilität zu erhöhen, ist der Einsatz eines NO_x-Speichermaterials, das diese Wechselwirkung mit dem Washcoat nicht eingeht. Hierbei zeigen Ergebnisse mit Kalium als Speichermaterial eine deutlich höhere Alterungsstabilität im Vergleich zu Barium-Katalysatoren. **Bild 21-49** zeigt einen Vergleich beider Technologien in einer Hochtemperaturalterung mit Schubabschaltung bei 850 °C Katalysatoreintritt.

Die jeweilige Speicherkapazität der einzelnen Technologien im Neuzustand ist als Bezugsgröße auf 100 % gesetzt. Ausgehend vom Neuzustand zeigt die Ba-Technologie mit steigender Alterungsdauer eine stetige Abnahme der verbleibenden NO_x-Speicherkapazität. Nach 50 Stunden ist der Barium-Kataly-

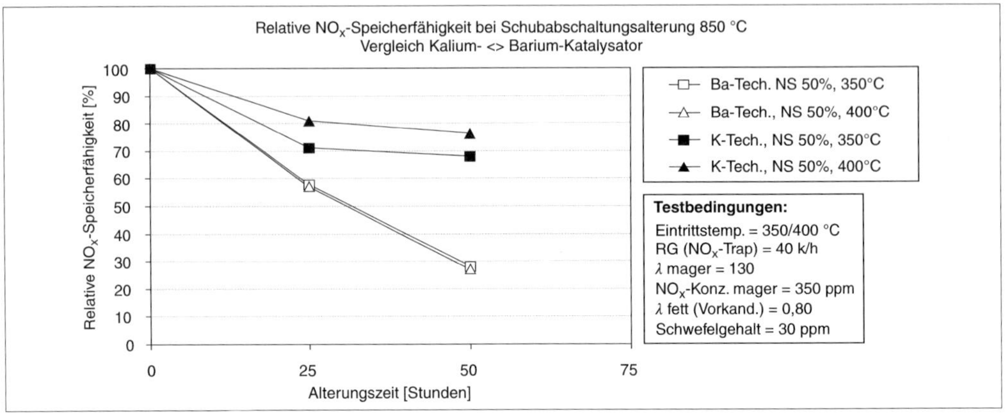

Bild 21-49 Speicherfähigkeit von NO_x-Adsorbern mit Kalium und Barium nach Hochtemperaturalterung

sator weitgehend deaktiviert. Im Gegensatz hierzu zeigt die Kalium-Technologie eine deutlich höhere verbleibende NO_x-Speicherfähigkeit. Zwar zeigt diese nach 25 Stunden Alterungsdauer auch einen deutlichen Rückgang, entscheidend ist aber die weitgehende Erhaltung der verbleibenden Speicherkapazität bei fortschreitender Alterungsdauer.

Zusätzlich zu diesem deutlichen Vorteil in der maximalen Temperaturstabilität besitzen Kalium-Katalysatoren, wie im Abschnitt Temperaturbereich bereits erwähnt, ein zu höheren Temperaturen erweitertes Arbeitstemperaturfenster für die NO_x-Speicherung und -regeneration.

Demgegenüber stehen aber auch Nachteile, die je nach Systemkonfiguration, Fahrzeugpackage und Kosten gegeneinander abzuwägen sind. Hierbei sind folgende Punkte zu nennen:

- Geringere HC-Konvertierung (siehe Abschnitt HC, CO-Konvertierung)
- Höhere Entschwefelungstemperatur (siehe Abschnitt Schwefelvergiftung)
- Unverträglichkeit mit bestimmten Substratwerkstoffen.

Da die HC-Konvertierung eines kaliumhaltigen NO_x-Adsorbers deutlich geringer als die von Barium-Katalysatoren sein kann, muss diesem Sachverhalt mit entsprechender Systemauslegung begegnet werden. Eine Möglichkeit dazu ist der Einsatz größerer Vorkatalysatoren, die die HC-Konvertierung komplett übernehmen.

Höhere benötigte Temperaturen zur Entschwefelung von Kalium-Katalysatoren, hervorgerufen durch thermisch stabilere Sulfate als bei Barium-Katalysatoren, stellen erhöhte Anforderungen an die Motorsteuerung. Diese muss in der Lage sein, Kat-Eintrittstemperaturen von circa 750 °C für zwangsweise Entschwefelungen auch bei Fahrzuständen zur Verfügung zu stellen, bei denen im Normalbetrieb des Motors geringere Temperaturen vorliegen würden.

Ein entscheidender Nachteil von Kalium-Katalysatoren ist die Affinität des Kaliums zu aktuell in Serie eingesetzten Keramiksubstraten. Kalium diffundiert bei Temperaturen oberhalb von circa 750–800 °C zum Keramiksubstrat, lagert sich dort an und bildet mit diesem eine Verbindung. Hierbei wirken sich zwei Effekte negativ aus. Einerseits wird die Speicherkomponente für die NO_x-Speicherung inaktiv. Andererseits verliert das Keramiksubstrat an mechanischer Stabilität. Dieser Vorgang wird durch hohe Temperaturen oberhalb 800 °C beschleunigt. Bei der in **Bild 21-49** gezeigten Alterung wurde ein Kalium-Katalysator auf Metallsubstrat verwendet, bei dem diese Affinität nicht besteht. In der Entwicklung wird derzeit an Lösungen gearbeitet, die eine solche Beschichtung auch auf gegebenenfalls modifizierten Keramiksubstraten ermöglichen.

Schwefelvergiftung und -regeneration

Die Problematik der Schwefelvergiftung von NO_x-Adsorbern ergibt sich aus der Tatsache, dass alle Werkstoffe, die zur NO_x-Speicherung geeignet sind, auch zur „SO_2-Speicherung" durch Bildung eines entsprechenden Sulfates neigen. Die dabei stattfindenden Reaktionen verlaufen analog zu den Reaktionen bei der NO_x-Speicherung und sind in **Bild 21-50** schematisch dargestellt.

Im Magerbetrieb oxidiert der NO_x-Adsorber das SO_2 zunächst zum sauren Gas SO_3. Genau wie das NO_2, reagiert auch das SO_3 mit dem Speichermaterial, wobei das entsprechende Sulfat entsteht. Der zu Sulfat umgewandelte Speicherwerkstoff steht damit für die NO_x-Speicherung nicht mehr zur Verfügung. Das eigentliche Problem der Schwefelvergiftung ist nun, dass diese Sulfate eine höhere thermische Stabilität haben als Nitrate. Es gelingt daher mit den klassisch verwendeten Speichermaterialien nicht, unter gleichen Bedingungen wie für die NO_x-Regeneration auch eine Sulfat-Regeneration durchzuführen. Mit der

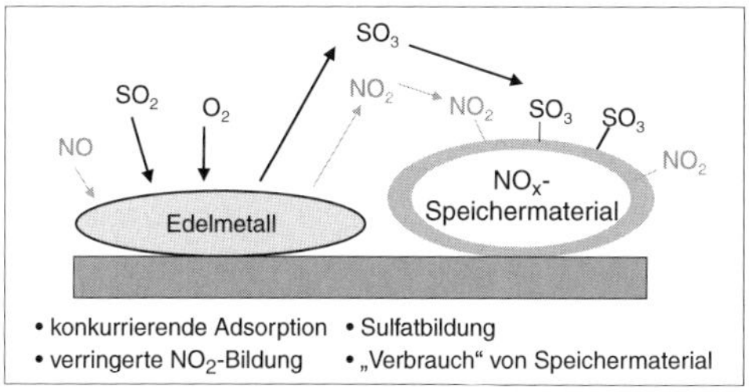

Bild 21-50 Reaktionsschema der Schwefelvergiftung eines NO_x-Speicherkatalysators

Zeit wächst der Sulfatinhalt des NO_x-Speichers so stark an, dass die NO_x-Speicherkapazität auf ein inakzeptables Niveau absinkt.

In **Bild 21-51** ist das Absinken der NO_x-Speicherkapazität eines Barium-Katalysators bei 400 °C Eintrittstemperatur ausgehend von einem unverschwefelten aber thermisch vorgealterten Zustand nach 10 beziehungsweise 20 Stunden Verschwefelung im Motorbetrieb mit 40 ppm Kraftstoff-Schwefelgehalt erkennbar. Durch weitere Verschwefelung wäre auch ein vollständiger Verlust der NO_x-Speicherfähigkeit erreichbar.

Der 20 Stunden verschwefelte Katalysator wurde anschließend einer Entschwefelungsprozedur unterzogen. Die Bedingungen dabei waren: 650 °C Kat-Eintrittstemperatur, Lambda 0,98, 15 Minuten Konstantbetrieb. Der Katalysator konnte hierdurch bezüglich seiner NO_x-Speicherfähigkeit wieder in den Ausgangszustand regeneriert werden, wie die Kurven in **Bild 21-51** zeigen.

Die thermische Stabilität der Sulfate ist unter Fettbedingungen gegenüber Mager- oder Lambda = 1-Bedingungen herabgesetzt, so dass es zum Sulfatzerfall und der damit verbundenen Speicherregeneration kommt. Der Sulfatzerfall erfolgt umso schneller, je höher die Temperatur und je fetter das Abgas ist. Für Barium-haltige NO_x-Speicherkatalysatoren sind Temperaturen von circa 650 °C zur Sulfatregeneration ausreichend. Bei Verwendung basischerer NO_x-Speicherkomponenten, die in der Lage sind, bei höheren Temperaturen als Barium stabile Nitrate zu bilden, sind auch höhere Temperaturen zur Entschwefelung notwendig.

Während der Schwefelregeneration bei konstant fetten Motorbetriebsbedingungen entsteht beim Sulfatzerfall SO_2, welches anschließend im Katalysator zum unerwünschten Sekundäremissionsprodukt H_2S umgesetzt wird. Die Entwicklung von Entschwefelungsstrategien unter Vermeidung der H_2S-Bildung ist Gegenstand der aktuellen Entwicklung. Auf eine detailliertere Betrachtung der Reaktionen während der Entschwefelung muss hier aus Platzgründen verzichtet werden.

Grundsätzlich erfolgt der Aktivitätsverlust eines NO_x-Speicherkatalysators durch Schwefelvergiftung umso schneller, je höher der Schwefelgehalt im Kraftstoff ist [22]. Die Einführung schwefelarmer Kraftstoffe vermindert das Problem daher entsprechend der Absenkung der Schwefelgehalte und macht damit eine für den Kraftstoffverbrauch nachteilige Entschwefelung entsprechend seltener notwendig.

Eine hundertprozentige Schutzwirkung des NO_x-Adsorbers vor Schwefelvergiftung durch Einsatz einer vorgeschalteten Schwefelfalle ist nach bisherigem Erkenntnisstand nicht gelungen. Ein offensichtlicher Nutzen von Schwefelfallen besteht darin, dass die Zeitspanne zwischen zwei Schwefelregenerationen des NO_x-Speichers vergrößert werden kann [15, 16].

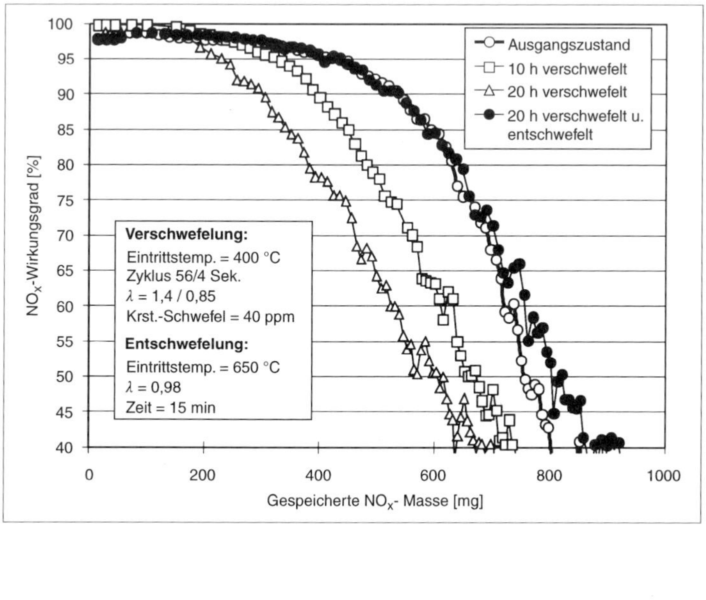

Bild 21-51 NO_x-Speicherfähigkeit bei Verschwefelung und Entschwefelung

21.5.3.3 System mit Vorkatalysator und NO_x-Adsorber

Auf Grund der Ausführungen hinsichtlich Arbeitstemperaturbereich und Temperaturstabilität in Kapitel 21.5.3.2 ist der NO_x-Adsorber im Unterbodenbereich anzuordnen. Das bedeutet hinsichtlich der Kaltstartemissionen, dass ein motornaher Vorkatalysator benötigt wird. Zur Einhaltung aktueller und zukünftiger Abgasgesetzgebungen mit Ottomagermotorkonzepten ist daher ein System aus Vorkatalysator und NO_x-Adsorber anzuwenden. In **Bild 21-52** ist ein solches System schematisch dargestellt.

Neben der bereits erwähnten Konvertierung der Kaltstartemissionen übernimmt der Vorkatalysator auch die Aufgaben der 3-Wege-Konvertierung unter Lambda = 1-Bedingungen. Des Weiteren werden HC und CO während des Magerbetriebs konvertiert. Diese Eigenschaft ist sehr hilfreich bei der NO_x-Einspeicherung im Adsorber. An den Adsorber gelangende HC- und CO-Moleküle werden von diesem in Konkurrenzreaktion zur NO_x-Einspeicherung konvertiert. Als Resultat wird weniger NO_x bei höheren Wirkungsgraden eingespeichert und die effektiv ausnutzbare Speicherkapazität wird geringer. Auf Grund der motornahen Anwendung benötigt der Vorkatalysator eine minimale Temperaturstabilität von 950 °C.

Zielwert für die Temperaturstabilität von NO_x-Adsorbern sind 900 °C. Dieser Wert wird nach heutigem Stand der Technik bisher nicht erreicht. Aus diesem Grund ist die maximale Temperaturbelastung für erste Serienanwendungen durch Kühlmaßnahmen zu begrenzen. Mögliche Einsatzorte für Kühlvorrichtungen sind beispielhaft in **Bild 21-52** dargestellt. Welche Art der Kühlung angewendet wird, hängt unter anderem von den Platzverhältnissen, der benötigten Kühlleistung und den Kosten ab. In Summe muss der Aufwand des Systems durch den erzielbaren Verbrauchsvorteil gerechtfertigt werden können.

21.5.4 Metallische Katalysatorträger

Schon seit Beginn der Entwicklung von Automobilkatalysatoren in den frühen 1960er Jahren gab es Bestrebungen, neben den eingeführten Cordierit-Extrudaten Metalle als Trägerwerkstoff einzusetzen, **Bild 21-53**.

Zur Herstellung eines metallischen Trägers werden glatte und gewellte Metallfolien zu Wabenkörpern gewickelt und in ein Rohr eingebracht, **Bild 21-54**. Über eine Periode von etwa 20 Jahren erwies es sich für Metallträger jedoch als sehr schwierig, den Anforderungen an die mechanische Haltbarkeit gerecht zu werden, da spiralförmig gewickelte Träger unter dynamischer Belastung bei hohen Temperaturen teleskopierten.

Erst mit der Einführung eines Hochtemperatur-Lötverfahrens zum Verbinden der einzelnen Folien-

Bild 21-53 Metallische (links) und keramische (rechts) Wabenstrukturen

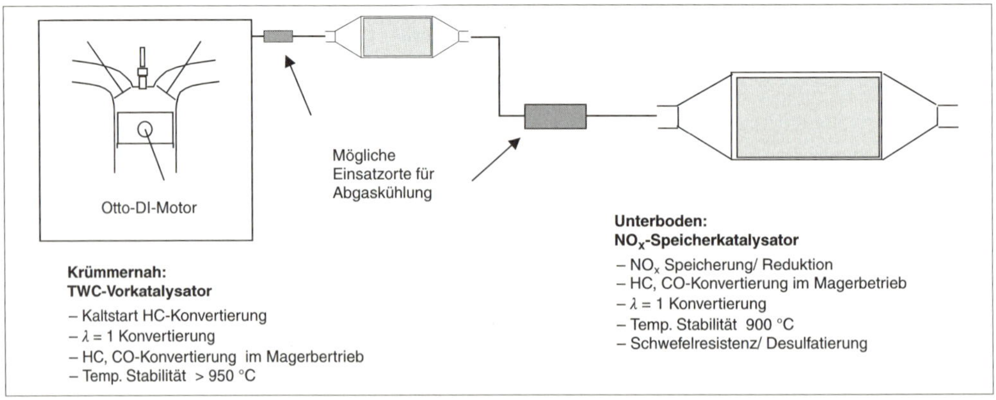

Bild 21-52 Katalysatorkonfiguration für Otto-Magerkonzepte für EU IV-Anwendungen

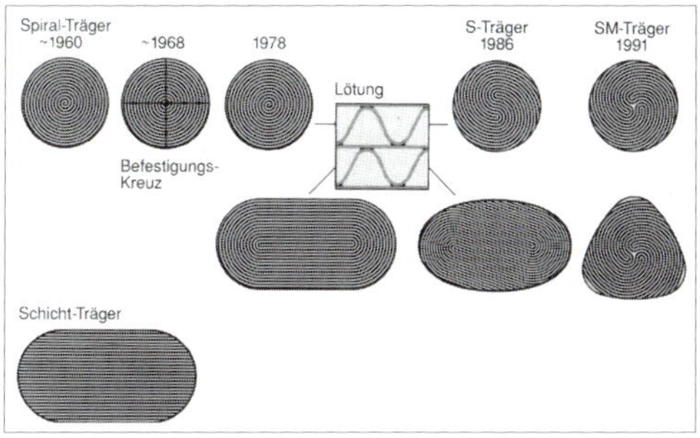

Bild 21-54 Entwicklung der Verfahren zur Fertigung von Metallträgern

lagen sowie mit der Entwicklung einer neuen Wickeltechnik wurden die Hindernisse für einen Einsatz von Metallträgerkatalysatoren in größerem Maßstab überwunden.

Die eingesetzten Metallfolien haben heute eine Stärke von 0,05 bis 0,03 mm. Durch den Aluminiumgehalt der Folien zeigen diese Werkstoffe eine sehr gute Korrosionsbeständigkeit und gleichzeitig vermittelt die sehr dünne Aluminiumoxidschicht auf der Metalloberfläche eine gute Haftung des oxidischen Washcoats auf dem Trägermaterial.

Die sehr dünnen Metall-Zellwände verursachen nur geringe Anstiege des Abgasgegendrucks, **Bild 21-55**, was sich positiv auf Kraftstoffverbrauch und Motorleistung auswirkt.

Für eine effektive Abgasreinigung ist die Zeit, die bis zum Erreichen der Arbeitstemperatur des Katalysators vergeht, von sehr großer Bedeutung, da in dieser Zeit etwa 70 – 80 % aller während eines Testzyklus insgesamt gebildeten Schadstoffe emittiert werden. Die Verkürzung dieser Zeitdauer ist ein Schwerpunkt in der Entwicklung der Abgasreinigungstechnik. Für eine möglichst gute Ausnutzung der Abgasenergie zum Aufheizen des Katalysators sollten folgende konstruktive Merkmale angestrebt werden:

- Kleine Wärmekapazität
- Große geometrische Oberfläche des Trägers.

Dafür bieten Metallträger auf Grund ihrer physikalischen Eigenschaften und ihrer großen Oberfläche sehr gute Voraussetzungen. Das für das Aufheizverhalten entscheidende Verhältnis Trägeroberfläche/Trägerwärmekapazität nimmt mit der Erhöhung der Zelldichte bei gleichzeitiger Abnahme der Zell-Wandstärke zu, wie auch in **Bild 21-56** gezeigt wird. **Bild 21-57** demonstriert, wie der Einsatz von Katalysatorträgern mit höheren Zelldichten bei gleichen

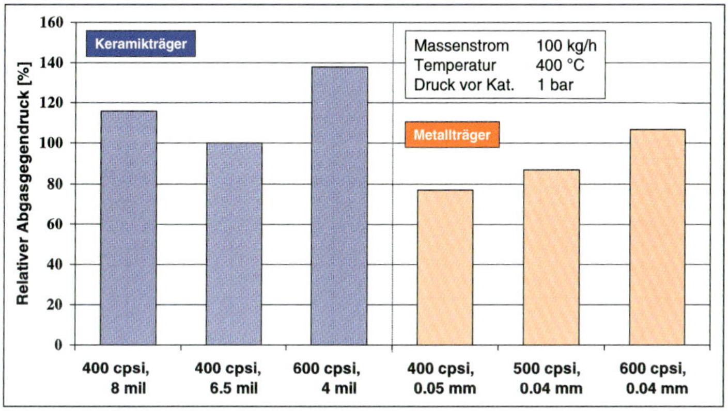

Bild 21-55 Abgasgegendruck verschiedener Katalysatorträger [1]

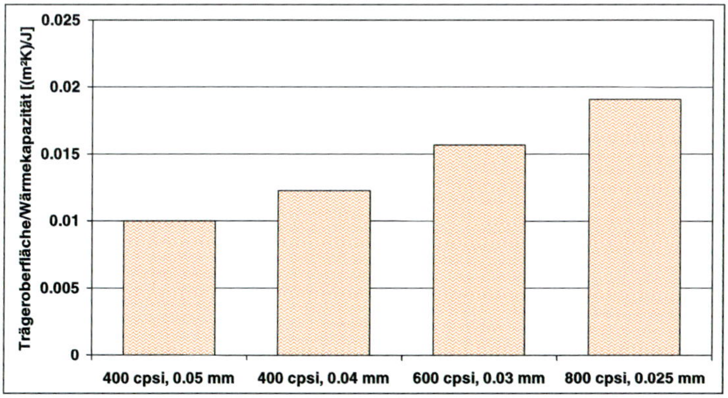

Bild 21-56 Verhältnis Trägeroberfläche/Trägerwärmekapazität für Metallträger verschiedener Zelldichten

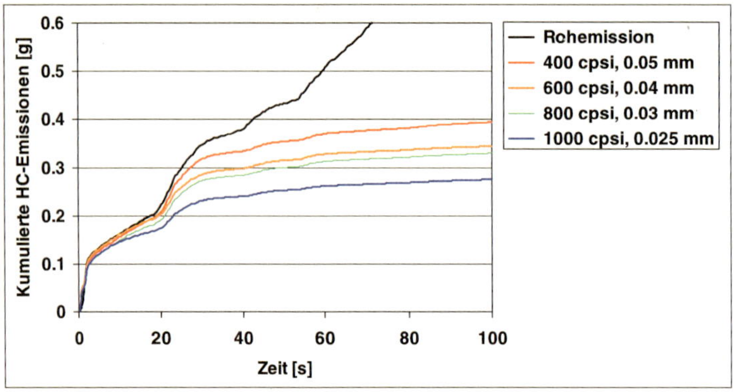

Bild 21-57 Kumulierte Kohlenwasserstoffemissionen während der ersten 100 Sekunden des FTP-Zyklus (Katalysatorabmessungen: ∅ 98,4 × 74,5 mm) [2]

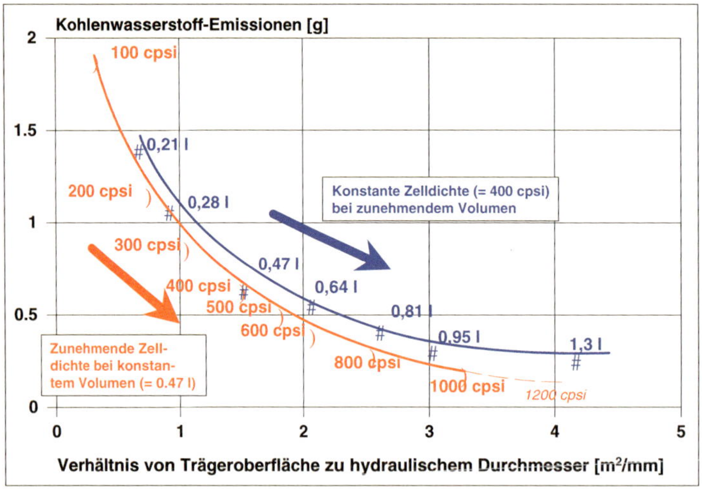

Bild 21-58 Kumulierte Kohlenwasserstoffemissionen im Beutel 1 des FTP-Zyklus als Funktion des Verhältnisses Trägeroberfläche/hydraulischer Durchmesser (GSA/d_h)

Abmessungen die Kohlenwasserstoffemissionen im Kaltstart senkt.

Auch nach Erreichen der Betriebstemperatur des Katalysators kann durch den Einsatz von Trägern höherer Zelldichte die Schadstoffkonvertierung gesteigert werden, wie die Darstellung der Kohlenwasserstoffkonvertierung im Beutel 1 des FTP-Zyklus als Funktion der Zelldichte in **Bild 21-58** belegt. Der Effekt der Konvertierungssteigerung durch den Einsatz höherer Zelldichten übertrifft dabei deutlich den Effekt der Vergrößerung des Katalysatorvolumens.

Die Erhöhung der katalytischen Effektivität beruht dabei nicht nur auf der Vergrößerung der Trägeroberfläche mit zunehmender Zelldichte. Mit der Verringerung des Kanaldurchmessers mit wachsender Zelldichte verbessert sich auch der Stoffübergang aus der Gasphase an die Kanalwände. Dieser Effekt ist in **Bild 21-59** schematisch dargestellt.

Aus verschiedenen Gründen ist die Erhöhung der Zelldichte nur begrenzt möglich. Einerseits kann die Folienstärke nicht beliebig verringert werden und Leistungsverluste durch steigenden Gegendruck sind in der Regel nicht akzeptabel. Andererseits steigt mit strengeren Abgasnormen der Einfluss der Strömungsverteilung über den Katalysatorquerschnitt auf das Konvertierungsergebnis an.

Der Einsatz perforierter Folien (PE-Design), wie sie in **Bild 21-60** gezeigt werden, erlaubt einen Strömungsausgleich im Katalysator.

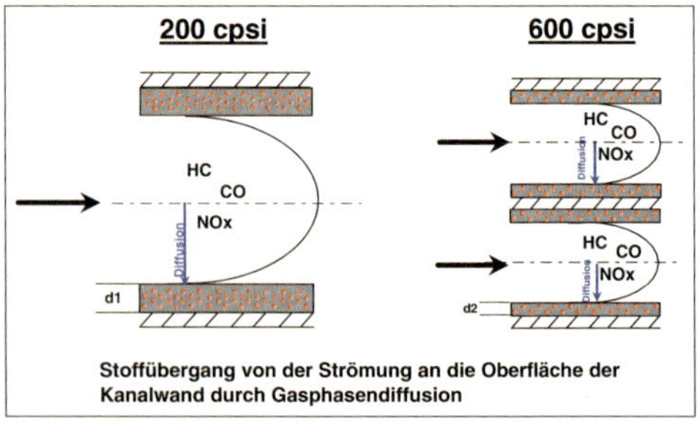

Bild 21-59 Schematische Darstellung der Diffusionswege bei unterschiedlichen hydraulischen Durchmessern beziehungsweise Zelldichten

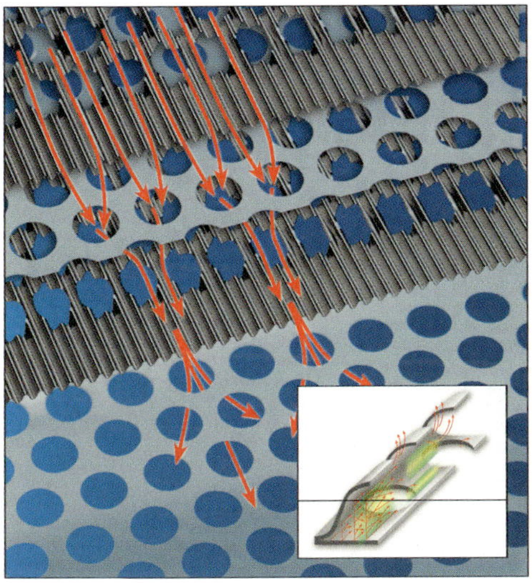

Bild 21-60 PE-Design

Dies führt zu einer gleichmäßigeren Ausnutzung des gesamten Katalysatorvolumens und zu einer Verringerung des Abgasgegendrucks.
Der Verlust an geometrischer Oberfläche des Trägers kann dabei durch die Erzeugung lokaler Turbulenzen beim Strömungsausgleich zwischen benachbarten Kanälen kompensiert werden, so dass die Konvertierungsleistung konstant bleibt [3].
Zur weiteren Steigerung der katalytischen Konvertierung speziell von Metallträgerkatalysatoren können Strukturen in die Kanalwände eingebracht werden. **Bild 21-61** stellt den einfachsten Fall strukturierter

Bild 21-61 Blick auf die Stirnfläche eines Metallträgers mit TS-Kanälen und schematische Darstellung der TS-Mikrowellungen im Kanal [4]

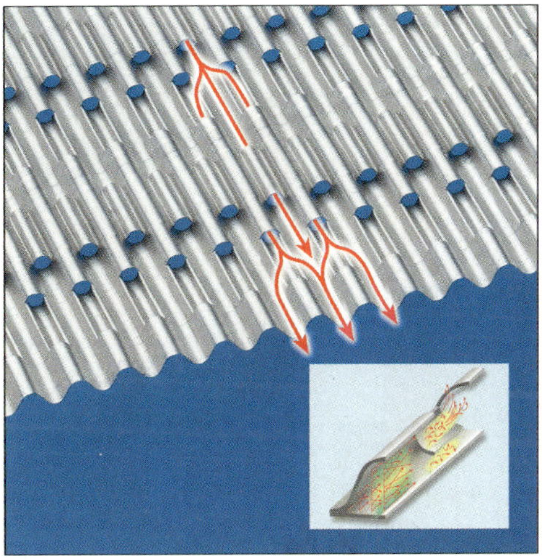

Bild 21-62 Blick auf eine Folie mit LS-Wellungen und schematische Darstellung der Wirkung der LS-Wellung

Kanäle dar, die transversale (TS) Struktur. Die TS-Mikrowellungen stehen quer zur Gasströmung und verursachen einen intensiveren Stoffübergang aus der Gasphase an die Trägerwände durch die Ausbildung lokaler Turbulenzen.
Ein im Vergleich zur Einbringung von Mikrowellungen noch intensiverer Stoffübergang kann durch Gegenwellungen im Kanal erreicht werden. In **Bild 21-62** ist die longitudinale (LS) Kanalstruktur schematisch dargestellt.
Durch derartige Kanalstrukturierungen kann die Konvertierungsleistung im Vergleich zu Trägern identischer Abmessungen, aber mit glatten Kanalwänden, verbessert werden. Als Alternative dazu besteht die Möglichkeit, ohne Einbußen in der Konvertierungsleistung das Trägervolumen zu verringern beziehungsweise die Zelldichte zu senken und damit den vom Katalysator benötigten Bauraum zu verkleinern beziehungsweise die durch den Katalysator verursachten Leistungsverluste zu minimieren.
In **Bild 21-63** sind Konvertierungsergebnisse verschiedener Katalysatorsysteme an einem aufgeladenen 2,7 Liter-V6-Dieselmotor dargestellt, die die Vorteile der strukturierten Trägerkanäle belegen. Ein konstantes beziehungsweise sogar besseres Konvertierungsergebnis konnte mit einem um circa 25 % reduziertes Konvertervolumen erreicht werden.
Eine besondere Form von Kanalstrukturen ist in der sogenannten Mischerfolie (MX) realisiert. Wird die MX-Wellfolie mit einer gasdurchlässigen porösen Glattlage kombiniert, entsteht ein PM (Particulate Matter)-Filter-Katalysator, dessen Aufbau und Wirkungsweise in **Bild 21-64** dargestellt sind.
Durch die Schaufeln in der Wellfolie wird ein Teil des Abgasstroms durch die aus Sintermetallvlies

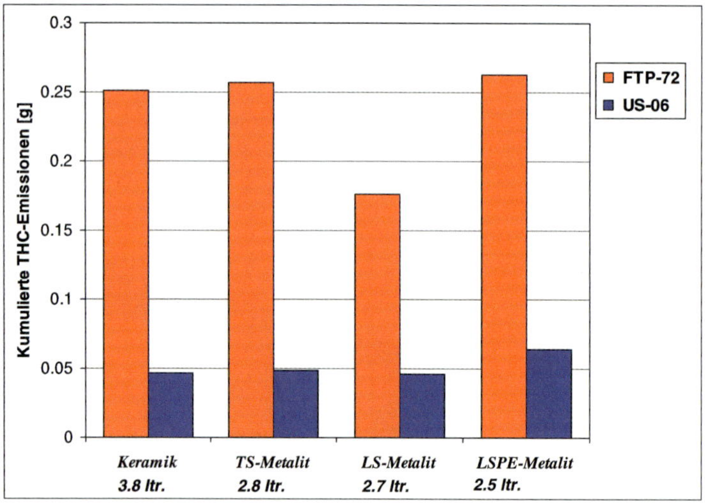

Bild 21-63 Reduktion der Gesamtkohlenstoff-Emissionen eines 2,7 Liter-V6-Dieselmotors mit verschiedenen Katalysatorsystemen [5]

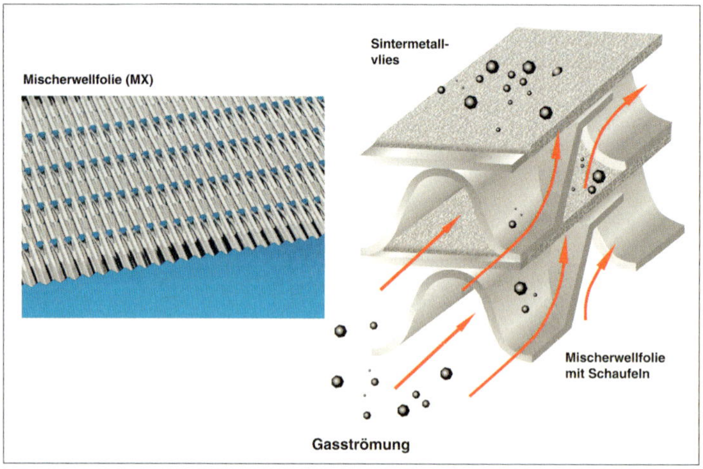

Bild 21-64 Aufbau und Wirkungsweise des PM-Metalit®-Systems

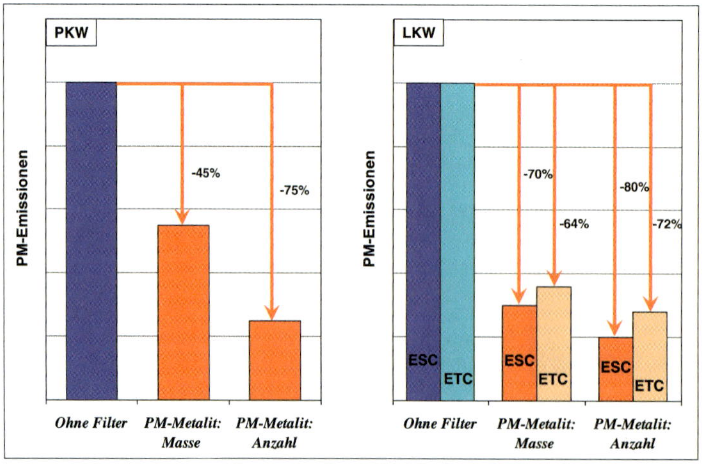

Bild 21-65 Reduktion der Partikelmasse und der Partikelanzahl durch den Einsatz von PM-Metaliten in Pkw und Lkw [6]

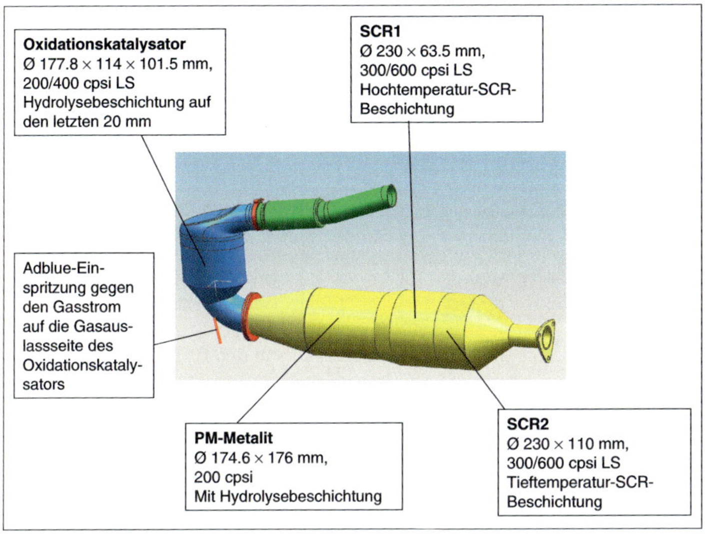

Bild 21-66 Das Emitec-SCRi-System [7]

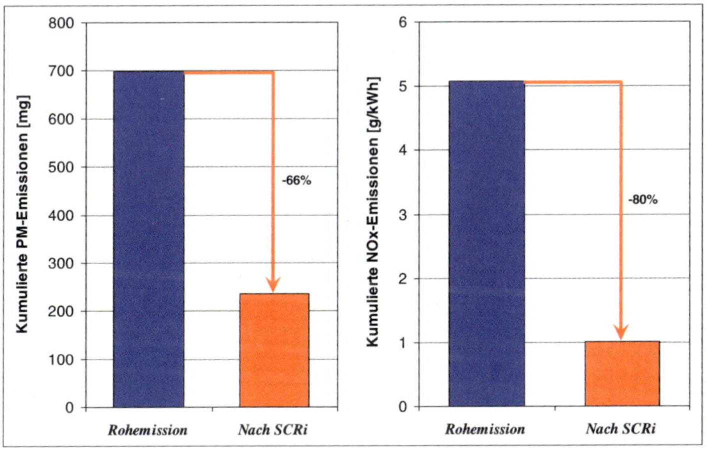

Bild 21-67 PM- und NO_x-Minderung mit dem SCRi-System (ETC) [7]

bestehende Glattlage gedrückt, wobei sich im Gasstrom mitgeführte Partikel im Vlies abscheiden. Wird der PM-Filter-Katalysator mit einem vorgeschalteten Oxidationskatalysator betrieben, kann eine kontinuierliche Regeneration des Filters durch NO_2 bereits bei Temperaturen von etwa 200 °C erreicht werden.

Gegenüber konventionellen Wall Flow-Filtern hat dieser Filter den Vorteil, dass ein Verstopfen der Gaswege nicht möglich ist. Das garantiert einen wartungsfreien Betrieb mit nur marginaler Zunahme des Abgasgegendrucks, der Motorleistung und Kraftstoffverbrauch nicht signifikant beeinflusst.

In **Bild 21-65** sind durch den Einsatz von PM-Metaliten in Diesel-Pkw und Lkw erreichte Reduzierungen der Partikelmasse und der Partikelanzahl zusammengestellt.

Der PM-Metalit® reduziert die Partikelanzahl stärker als die Partikelmasse, was darauf zurückzuführen ist,

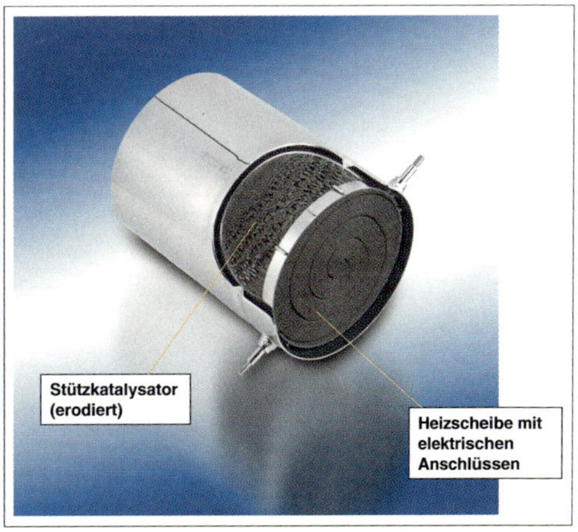

Bild 21-68 Emitec-EHC

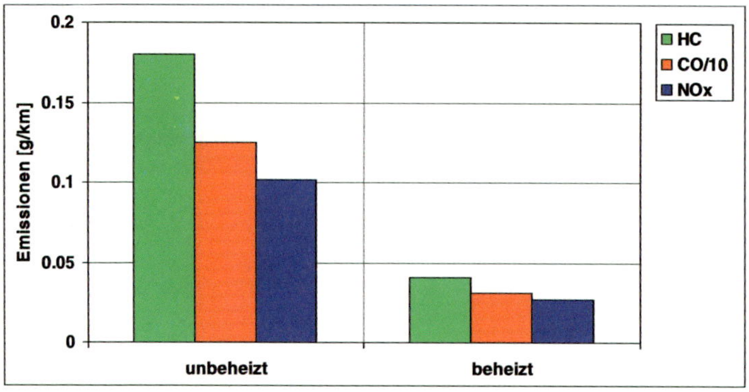

Bild 21-69 Vergleich der Emissionsergebnisse unbeheizt/beheizt im Euro II-Test für den BMW

dass vor allem kleine Partikel mit Durchmessern <100 nm zurückgehalten werden.
Eine der größten aktuellen Herausforderungen der Abgasreinigung von Dieselmotoren besteht in der gleichzeitigen Reduzierung von Stickoxid- und Partikelemissionen bei möglichst geringem Kraftstoffmehrverbrauch. Zur Anwendung kommende Abgasnachbehandlungssysteme sollten deshalb ein geringes Gewicht haben und den Abgasgegendruck möglichst wenig ansteigen lassen. Aufwändige Regenerations-

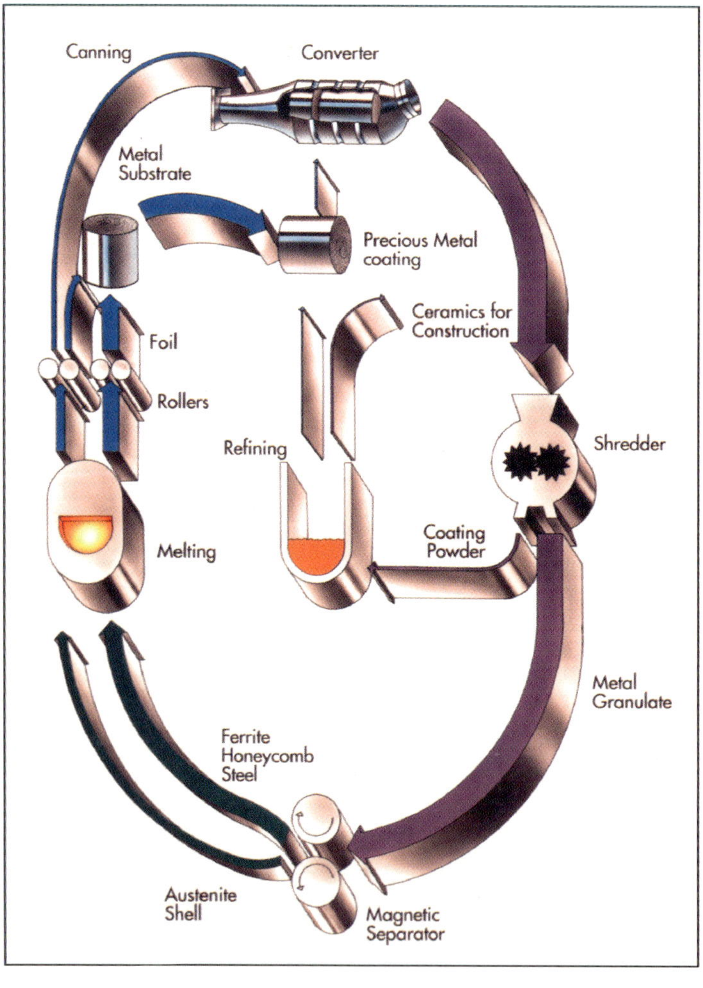

Bild 21-70 Schematische Darstellung des für Metallträgerkatalysatoren entwickelten Recycling-Verfahrens

strategien auf der Basis von Kraftstoffnacheinspritzung sollten ebenfalls vermieden werden. Im Emitec-SCRi-System, dessen Aufbau in **Bild 21-66** schematisch dargestellt ist, sind diese Forderungen beispielhaft verwirklicht.
Der konsequente Einsatz LS- und MX-strukturierter Folien in allen Trägern erlaubt ein relativ kleines Katalysatorvolumen bei guten Konvertierungsleistungen. Außerdem kann durch inneren Strömungsausgleich die Harnstoff- beziehungsweise die Ammoniakkonzentration über dem Querschnitt vergleichmäßigt werden, was zu einer besseren Ausnutzung des zur Verfügung stehenden Konvertervolumens führt und Ammoniak-Durchbrüche vermeiden hilft.
In **Bild 21-67** sind Konvertierungsergebnisse mit dem SCRi-System zusammengestellt.
Der Einsatz von Metall als Trägerwerkstoff bietet weiterhin die Möglichkeit, die für die Schadstoffemissionen besonders kritische Kaltstartphase zu verkürzen, indem der Katalysator durch elektrisches Beheizen auf die erforderliche Arbeitstemperatur gebracht wird. Der metallische Monolith dient hierbei als Widerstandsheizleiter. Durch den Einsatz eines EHC (Electrically Heated Catalyst), wie er in **Bild 21-68** dargestellt ist, können die Gesamtemissionen im Vergleich zu einem unbeheizten System verringert werden, wie es **Bild 21-69** demonstriert.
Aufgrund ihres Aufbaus können Metallträgerkatalysatoren direkt in das Abgassystem eingeschweißt werden.
Das Recycling von Fahrzeugkomponenten hat in jüngster Zeit zunehmend an Bedeutung gewonnen. Ein speziell für Metallträgerkatalysatoren entwickeltes Verfahren erlaubt die nahezu vollständige Rückgewinnung der eingesetzten Werkstoffe. Der prinzipielle Ablauf dieses Verfahrens ist in **Bild 21-70** dargestellt.

Literatur

[1] *Faltermeier, G.; Pfalzgraf, B.; Brück, R.; Kruse, C.; Maus, W.:* „Katalysatorkonzepte für zukünftige Abgasgesetzgebungen am Beispiel eines 1.8 l 5V-Motors“, 17. Internationales Wiener Motorensymposium, 25.–26.4.1996, Wien

[2] *Maus, W.; Brück, R.; Hirth, P.; Hodgson, J.; Presti, M.:* „Potential von Katalysatorkonzepten zum Erreichen der SULEV-Emissionsgrenzwerte“, 20. Internationales Wiener Motorensymposium, 6.–7. Mai 1999

[3] *Bollig, M.; Liebl, J.; Zimmer, R.; Kraum, M.; Seel, O.; Siemund, S.; Brück, R.; Diringer, J.; Maus, W.:* „Next generation catalysts are turbulent: development of support and coating“, SAE 2004-01-1488, 2004

[4] *Held, W.; Rohlfs, M.; Maus, W.; Swars, H.; Brück, R.; Kaiser, F. W.:* „Improved cell design for increased catalytic conversion efficiency“, SAE 940932, 1994

[5] *Kent Dawson, E.; Kramer, J.:* „Faster is better: The effect of internal turbulence on DOC efficiency“, SAE 2006-01-1525, 2006

[6] *Konieczny, R.:* „The PM Metalit™: Experience with the partial-flow particulate trap with regard to the reduction of particulate number and mass“, Vortrag auf der CTI München, 11./12.07.2006

[7] *Brück, R.; Hirth, P.; Rice, M.:* „NO_x aftertreatment for passenger cars and heavy duty truck applications for EU 6 and EU VI/US 2010 legislation“, SAE 2009-01-0846, 2009

[8] *Hanel, F. J.; Otto, E.; Brück, R.:* “Electrically heated catalytic converter (EHC) in the BMW Alpina B12 5.7 Switch-Tronic”, SAE 960349, 1996

21.6 Abgasnachbehandlung Dieselmotor

21.6.1 Diesel-Oxidationskatalysatoren

Gegenüber einem Ottomotor weist ein Dieselaggregat einen besseren thermodynamischen Wirkungsgrad auf, was sich in niedrigeren Kraftstoffverbräuchen und geringeren CO_2-Emissionen niederschlägt. Zur Abgasreinigung werden seit mehr als zehn Jahren bei Diesel-Pkw Oxidationskatalysatoren (DOC) eingesetzt. Dieselmotoren werden unter Sauerstoffüberschuss betrieben. Ihre maximalen Abgastemperaturen liegen bei circa 850 °C und im Mittel deutlich unter denen vergleichbarer Ottomotoren.

Das bedeutet:

- günstigere CO- und HC-Emissionen
- höhere NO_x-Emissionen
- deutlich höherer Partikelausstoß
- komplexere Emissionskontrolle, da zum einen auf Grund des Partikelanteils nicht nur Gasphasenreaktionen berücksichtigt werden müssen, zum anderen aufgrund niedrigerer HC-Konzentrationen weniger Reduktionsmittel zur Verfügung stehen.

Für die Abgasreinigung bedeuten diese Eigenschaften eine Beschränkung auf rein oxidative Reaktionen und den Einsatz von katalytisch aktiven Komponenten, die vor allem den Niedertemperaturbereich (schnelles Anspringen) abdecken müssen.

21.6.1.1 Schadstoffe im Diesel-Abgas

Kohlenwasserstoffe und CO:
Selbst unter Sauerstoffüberschuss können heterogene Brennraumbedingungen dazu führen, dass Oxidationsreaktionen nicht vollständig ablaufen und sich neben CO auch unverbrannte beziehungsweise nur teiloxidierte Kohlenwasserstoffe im Abgas finden. Einige dieser Verbindungen sind auch für den typischen Geruch von Dieselabgas verantwortlich. Alle motorischen Parameter, die zu einer besseren Ausnutzung des im Brennraum vorhandenen Sauerstoffs (zum Beispiel Gemischverwirbelung) beziehungsweise höheren Verbrennungstemperaturen führen, können CO- und HC-Emissionen senken.

Partikel:
Lokal fette Bedingungen während der Verbrennung führen über die Zwischenstufen Acetylen und polyzyklische Kohlenwasserstoffe zur Bildung graphitähnlicher Rußteilchen. Durch Koagulations- und Agglomerationsprozesse entstehen aus diesen circa 1–10 nm großen Primärpartikeln Rußteilchen von circa 100 bis 300 nm Durchmesser (Median). Da diese Teilchen auf Grund ihrer hohen Oberfläche (bis zu 200 m^2/g) eine hohe Adsorptionsfähigkeit besitzen, lassen sich in Dieselruß neben Kohlenstoff auch hohe Anteile (>50 Gewichts-%) von Kohlenwasser-

stoffen, Sulfaten, Wasser und Schmierölbestandteilen nachweisen.

Stickoxide:
Bei Oxidationsreaktionen in Gegenwart von Stickstoff entstehen die Stickoxide NO und NO_2. Da die Konzentration beider Komponenten und ihr Mengenverhältnis zueinander von der Reaktionstemperatur und der Sauerstoffkonzentration während der Verbrennung abhängen, lassen sich durch geeignete motorische Maßnahmen NO_x-Emissionen senken, zum Beispiel durch späte Einspritzung (Gastemperatur sinkt) und Abgasrückführung (Sauerstoffkonzentration sinkt).

Schwefeloxide:
Durch die Verbrennung schwefelhaltigen Kraftstoffs entsteht primär SO_2, das bei Temp. >300 °C durch Edelmetalle zu SO_3 weiteroxidiert wird und in Anwesenheit von Wasser zu Schwefelsäure H_2SO_4 reagiert. Alle drei Verbindungen sind in der Lage, den Katalysator zu deaktivieren, SO_2 und SO_3 durch spezifische Anlagerung und damit Blockierung der Edelmetalle, H_2SO_4 durch Belegung der Washcoat-Oberfläche und Kondensation in den Washcoat-Poren.

21.6.1.2 Charakteristika von Diesel-Oxidationskatalysatoren

Aufbau

Ähnlich wie Dreiwegekatalysatoren bestehen DOC aus folgenden Komponenten:

- Wabenkörper (Monolith) aus Keramik oder Metall als Träger der katalytischen Beschichtung
- Al_2O_3 für poröse thermisch-stabile Schichten mit hohen Oberflächen (100–200 m^2/g)
- Edelmetalle und Promotoren als katalytisch-aktive Zentren, an deren Oberflächen die Oxidationsreaktionen stattfinden.

Herstellung

Ein mögliches Herstellungsverfahren umfasst folgende Schritte:

- Edelmetalle und Promotoren werden in Lösung gebracht
- diese Lösung wird auf die Al_2O_3-Oberfläche aufgetragen (die entstehende Suspension wird als Washcoat bezeichnet)
- die Wabenkörper werden in den Washcoat getaucht
- anschließende Trocknungs- und Kalziniervorgänge entfernen das Wasser aus dem Wabenkörper und fixieren den Washcoat.

21.6.1.3 Deaktivierung der Katalysator-Oberfläche

Während des Fahrbetriebs kann die Katalysator-Oberfläche durch chemische beziehungsweise physikalische Einflüsse reversibel oder irreversibel deaktiviert werden. **Bild 21-71** führt exemplarisch einige Möglichkeiten auf:

- Belegung der Washcoat-Oberfläche durch Rückstände aus der Oxidation beziehungsweise Weiterreaktion von Kohlenwasserstoffen (verkoken)
- selektive Vergiftung durch Belegung und Abschirmung aktiver Zentren, zum Beispiel Anlagerung von Schwefel-Verbindungen an Edelmetalle
- Verengung von Porenöffnungen erschwert die Zugänglichkeit zu aktiven Zentren (Sintern). Wie **Bild 21-72** zeigt, lassen Light Off-Kurven, die an Modellsystemen gemessen wurden, Rückschlüsse auf die jeweiligen Deaktivierungsmechanismen zu.

Deaktivierung unter Niedertemperatur/Schwachlastbedingungen

Temperaturen bis etwa 250 °C und niedrige Lasten führen zu reversiblen Vergiftungen der Oberfläche durch kohlenstoffhaltige Komponenten. Die in **Bild 21-73** gezeigte Verschlechterung des CO-Light Offs nach 1 h Leerlaufbetrieb (<120 °C, <20 Nm) lässt sich durch eine kurzzeitige Erhöhung der Abgastemperatur (<1 min, <250 °C) wieder rückgängig machen, das heißt die Aktivität lässt sich wieder vollständig zurückgewinnen.

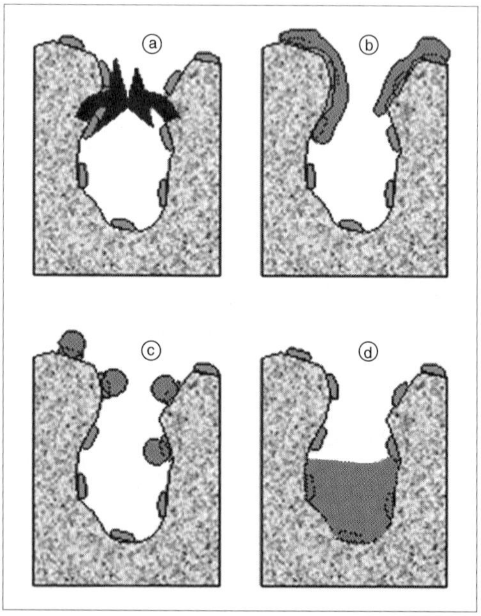

Bild 21-71 Verschiedene Arten von Vergiftung des Edelmetalls und der Washcoat-Poren, a) Sinterung von Poren, b) nicht-selektive Belegung der Oberfläche, c) selektive Vergiftung aktiver Zentren, d) Kondensation von Kohlenwasserstoffen

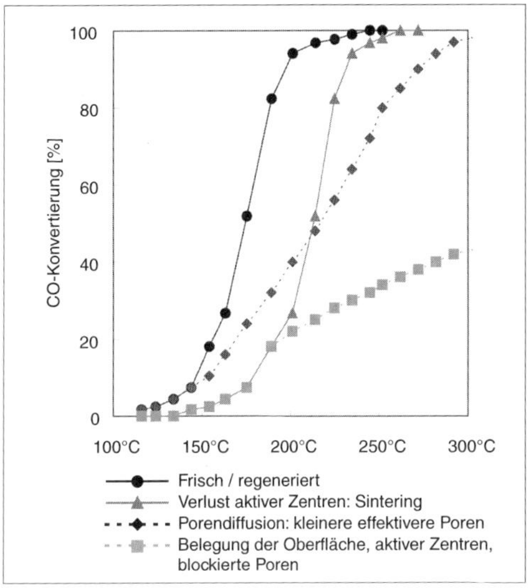

Bild 21-72 Light Off-Kurven geben Hinweise auf unterschiedliche Deaktivierungsmechanismen

Deaktivierung durch Verschwefelung

Eine Erhöhung der Abgastemperatur auf >300 °C führt zur Verschwefelung des Katalysators. Eine Regeneration unter Sauerstoffüberschuss ist möglich; allerdings werden hierzu Temperaturen >600 °C benötigt. Alternativ dazu kann auch die Konzentration an Reduktionsmitteln (Kohlenwasserstoffe)

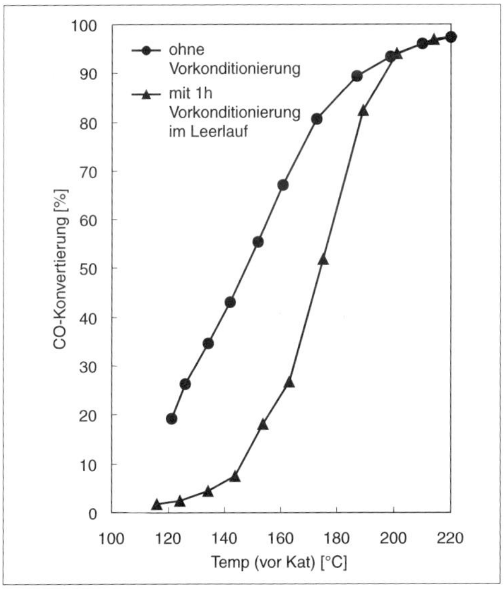

Bild 21-73 Als Light Off wird die Temperatur bezeichnet, bei der 50 % Konvertierung erreicht werden. Vorkonditionierung im Leerlauf verschlechtert den Light Off.

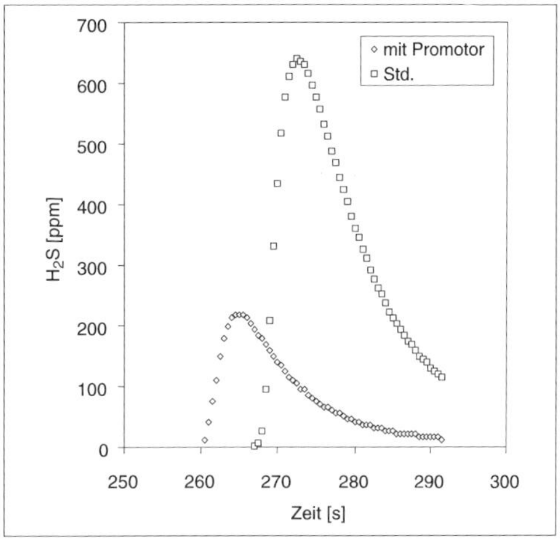

Bild 21-74 Eine Modifikation der Washcoat-Oberflächen verringert die Affinität für Schwefel-Verbindungen

durch Anfetten auf $\lambda < 1$ erhöht werden; dadurch werden die auf der Oberfläche adsorbierten Schwefel-Verbindungen zu H_2S reduziert, das von der Oberfläche desorbiert und im Abgas detektiert werden kann. Integriert man über die Fläche der jeweiligen H_2S-Peaks, erhält man einen Hinweis auf die Verschwefelungsneigung des jeweiligen Katalysators. Als Schutz vor irreversiblen Verschwefelungen können dem Washcoat Promotoren zugefügt werden, die die Affinität gegenüber Schwefelverbindungen wirksam unterdrücken. **Bild 21-74** zeigt einen Vergleich der H_2S-Signale eines Standard-Washcoats und der entsprechenden geschützten Version. Der entsprechende Fahrzeugtest (MVEG) ist in **Bild 21-75** zu sehen. Nach einer Alterung mit 1000 ppm Schwefel im Dieselkraftstoff zeigt die modifizierte Washcoat-Oberfläche im ECE-Teil des Zyklus deutlich niedrigere CO-Ergebnisse [g/km] als die Standard-Version.

Thermische Deaktivierung

Höhere Abgastemperaturen führen zur Sinterung des Edelmetalls, das heißt kleine Partikel agglomerieren zu größeren Einheiten. Dies bedeutet einen Verlust der zur Verfügung stehenden metallischen Oberfläche und damit ein Absinken der Oxidationswirkung. Dieser irreversible Prozess ist in **Bild 21-76** dargestellt. Pt-Dispersion und CO-Light Off sind invers miteinander korreliert, das heißt je geringer die zur Verfügung stehende Pt-Oberfläche (gemessen als [%]-Dispersion) desto geringer auch die CO-Aktivität.

Neben dem Edelmetall müssen auch alle anderen Washcoat-Komponenten auf ihre Temperaturstabilität hin überprüft werden. Analysen nach 50 h-Alterungen bei ≫700 °C zeigen sowohl die gute Stabilität von Al_2O_3-Oberflächen **(Bild 21-77)**, als auch die unver-

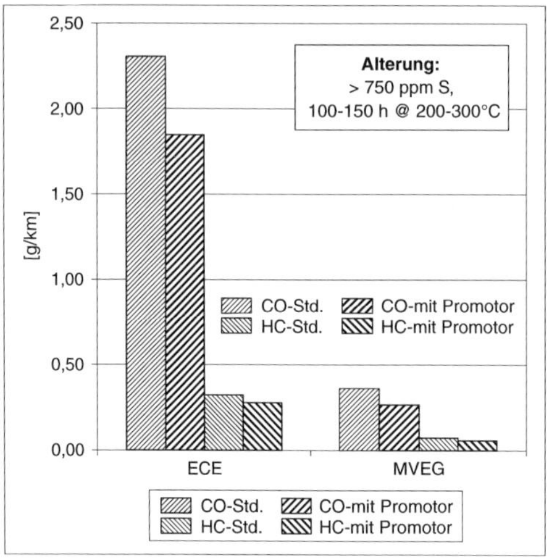

Bild 21-75 Verringerte Affinität für Schwefelverbindungen zeigt auch im MVEG-Zyklus verbesserte CO- und HC-Performance

minderte Funktionsfähigkeit eines Zeolithen (**Bild 21-74**) anhand dessen typischer HC-Desorptionskurve.

21.6.1.4 Beurteilung von Diesel-Oxidationskatalysatoren

Light Off

Die Aktivität von DOC auf Motorenprüfständen wird hauptsächlich durch die Bestimmung des so genannten Light Offs festgelegt. Dabei wird die Konvertierung an definierten Temperatur-/Lastpunkten gemessen und der Punkt, an dem 50 % Konvertierung erreicht wird, als Light Off bezeichnet. **Bild 21-79** zeigt den entsprechenden Temperatur- und Drehmomentenverlauf einer Messung an einem 1,9 l-Saugmotor, **Bild 21-73** den zugehörigen Kurvenverlauf. Der CO-Light Off liegt hier bei circa 175 °C.

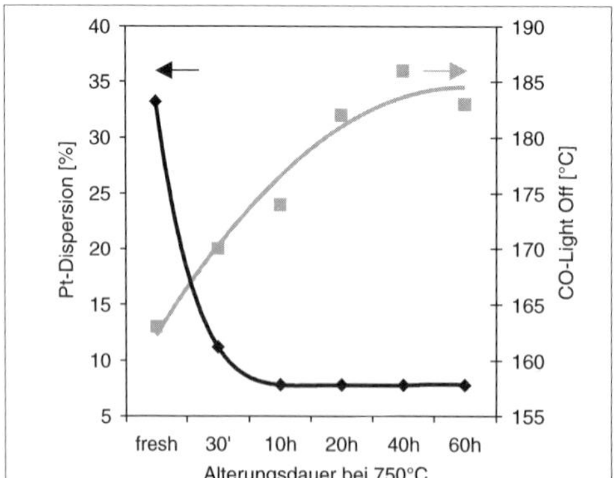

Bild 21-76 Hochtemperatur-Alterungen verringern die Dispersion der Pt-Partikel. Dadurch sinkt die Aktivität der CO-Oxidation

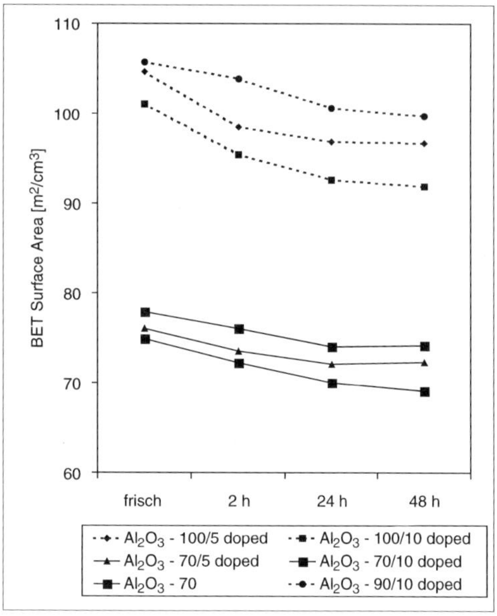

Bild 21-77 Temperaturstabilität von Al_2O_3 bis 900 °C

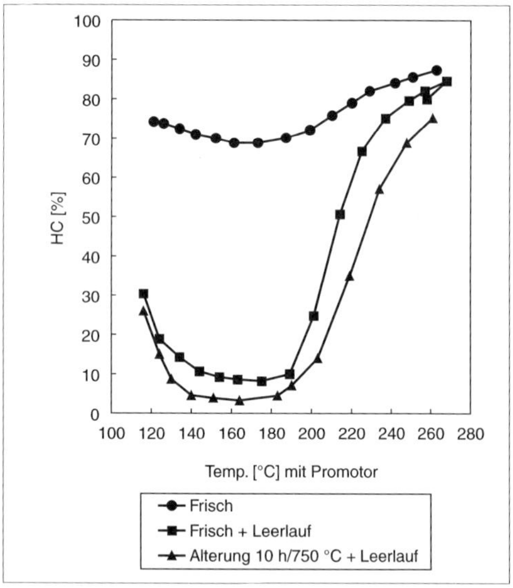

Bild 21-78 Temperaturstabilität von Zeolithen bis 850 °C

Post-Mortem Analysen deaktivierter Katalysatoren

Mit Post-Mortem Analysen werden gealterte Katalysatoren physikochemisch analysiert, um festzustellen, welche Deaktivierungsvorgänge während der Alterung stattgefunden haben. **Bild 21-80** zeigt Kohlenstoff- beziehungsweise Schwefel-Gradienten jeweils eines krümmernahen (CC) beziehungsweise eines

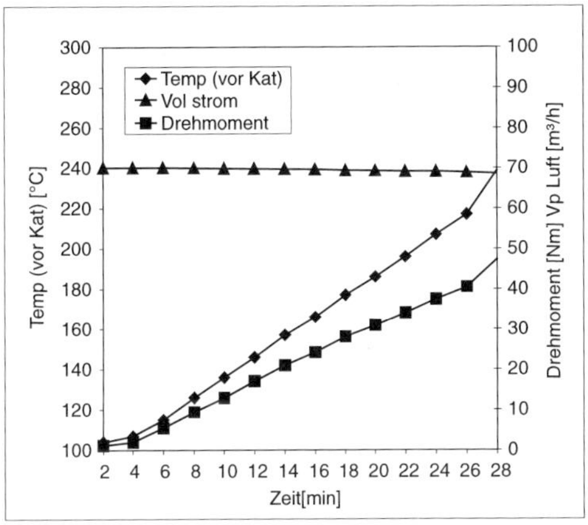

Bild 21-79 Aktivitätsmessung von Katalysatoren durch Light Off-Tests, hier Temperaturrampen und Drehmomentverlauf eines 1,9 l-Saug-Dieselmotors

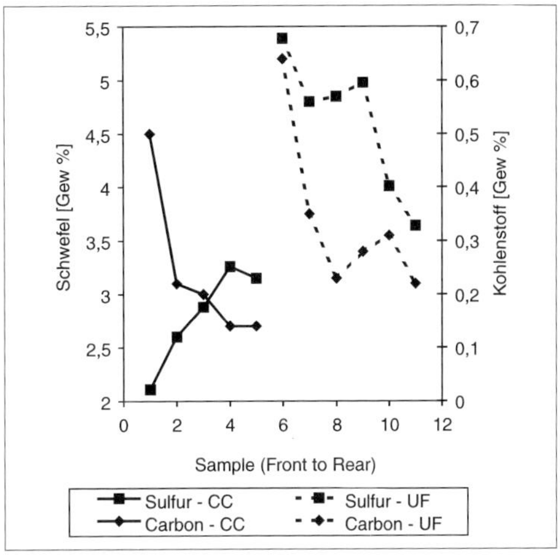

Bild 21-80 Post-Mortem Analyse: C/S-Profile von CC- und UF-Katalysatoren

Unterboden-Katalysators (UF). Aus den Kurvenverläufen ergibt sich, dass in der krümmernahen Anordnung stärkere kohlenstoffhaltige Ablagerungen im Frontbereich zu finden sind, während sich die Verschwefelung über die Länge des Monolithen erhöht. Im Unterboden-Katalysator laufen beide Gradienten parallel axial.

Dauerhaltbarkeits-Tests

Dauerhaltbarkeiten werden sowohl in definierten Fahrzyklen als auch im normalen Fahrbetrieb ermittelt. **Bild 21-81** zeigt das Beispiel eines im AMA-Zyklus über 20.000 km gealterten DOC. In diesem Zyklus werden hauptsächlich Niedertemperatur- und Schwachlast-Stabilität überprüft. Die Kurven des nach 5.000, 10.000, 15.000 und 20.000 km im MVEG-Zyklus gemessenen Katalysators verlaufen nach etwa 5.000 km horizontal, das heißt eine weitere Deaktivierung findet nach diesem Zeitpunkt nicht mehr statt; der Katalysator wird über die restliche Lebensdauer stabile Konvertierungen zeigen. Die Daten zu **Bild 21-81** stammen von einem Fahrzeug, das über 80.000 km in normalem Fahrbetrieb regelmäßig vermessen wurde. Auch hier ergibt sich ein ähnlicher Verlauf wie in **Bild 21-82**. Nach anfänglicher Alterung bleibt die Konvertierung über die gesamte Dauer des Tests stabil.

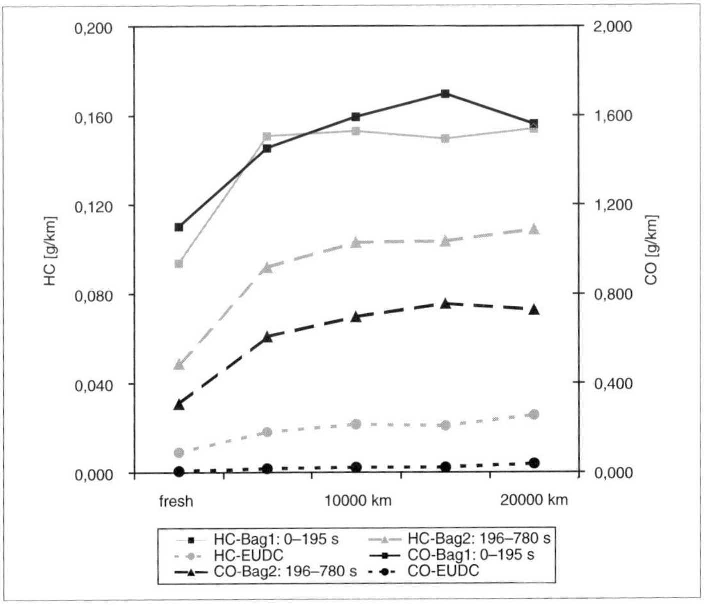

Bild 21-81 Dauerläufe unter Schwachlastbedingungen geben Hinweise auf Dauerhaltbarkeiten (hier Ausschnitt einer Testreihe, die bis 80.000 km durchgeführt wurde)

21.6.2 NO_x Adsorber für Diesel-Pkw

Die Entfernung von Stickoxiden aus magermotorischem Abgas mit Hilfe der NO_x-Speicherkatalysatortechnologie ist sowohl auf Otto- wie Diesel-motorische Antriebsaggregate anwendbar. Im Folgenden soll auf die Eigenarten der Abgasreinigung von dieselgetriebenen Pkw näher eingegangen werden. Die charakteristischen Unterschiede im Vergleich zu Otto-DI-Applikationen liegen in den niedrigeren Abgastemperaturen, höheren Rußemissionen und Besonderheiten der motorischen Erzeugung von „fetten“ Abgasbedingungen, wie sie zur Regeneration des Speicherkatalysators von adsorbiertem NO_x und SO_x erforderlich sind.

21.6.2.1 Arbeitsbereich des Speicherkatalysators

Das niedrige Abgastemperaturniveau von Diesel Pkw bedeutet für den Katalysator eine geringere thermische Spitzenbelastung sowie eine Verschiebung des Arbeitsfensters hin zu tieferen Temperaturen. **Bild 21-83** zeigt typische NO_x Emissionen eines Diesel Pkw in Abhängigkeit der Katalysatorbetttemperatur im MVEG-Fahrzyklus.

Im Bereich unterhalb 150 °C erfolgt keine NO_x-Konvertierung, da der Katalysator noch nicht angesprungen ist. Im Bereich zwischen 150 °C und 250 °C kann NO_x gespeichert und reduziert werden, jedoch gibt es auf Grund der hohen Raumgeschwindigkeiten und hohen NO_x Konzentrationen Einbußen bei der Speicherung von NO_x. Im Bereich zwischen 250 °C und 300 °C liegt der optimale Wirkungsgrad des Katalysators. Bei Temperaturen oberhalb 350 °C kann, je nach verwendetem NO_x-Speichermaterial, die Speicherung von NO_x thermodynamisch limitiert sein. Wie aus **Bild 21-83** und **Bild 21-84** ersichtlich ist, liegt der Schwerpunkt der NO_x-Emissionen im städtischen Fahrbetrieb bei 150 °C bis 200 °C. In diesem Temperaturbereich ist die Speicherung und Reduktion von NO_x kinetisch limitiert. Die Konvertierung von NO_x im städtischen Fahrbetrieb stellt daher besondere Anforderungen an die Tieftemperaturaktivität des Katalysators. Die Entwicklung moderner Dieselmotoren mit niedrigerem Kraftstoff-

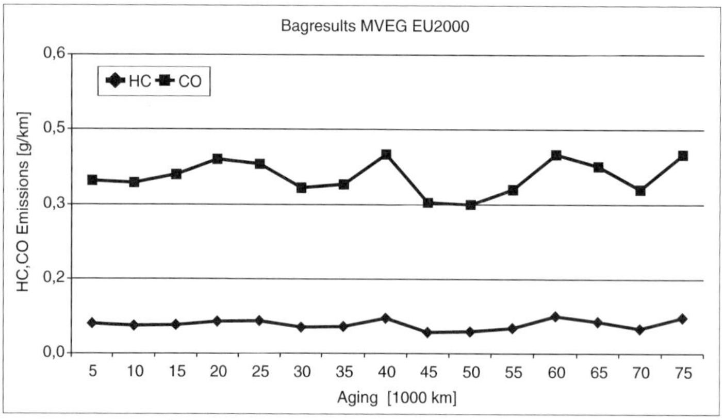

Bild 21-82 Nachweis der Dauerhaltbarkeit aus 80.000 km in-field Tests

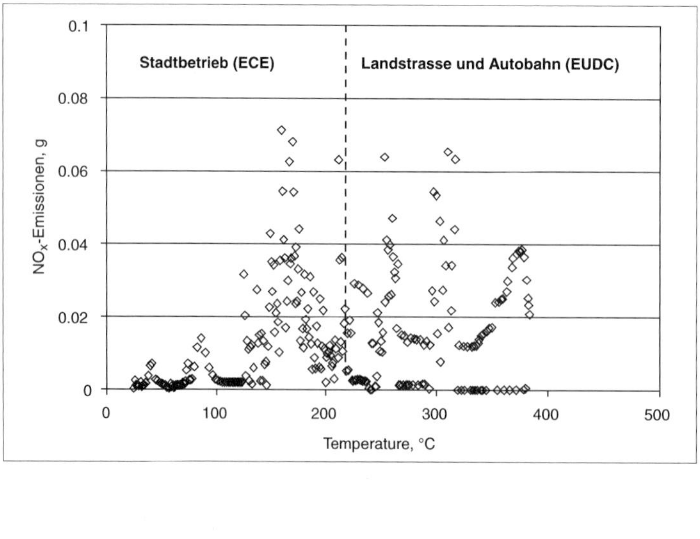

Bild 21-83 NO_x-Emissionen eines Diesel-Pkw mit EU III-Motorkalibration als Funktion der Katalysatorbetttemperatur im MVEG-Zyklus

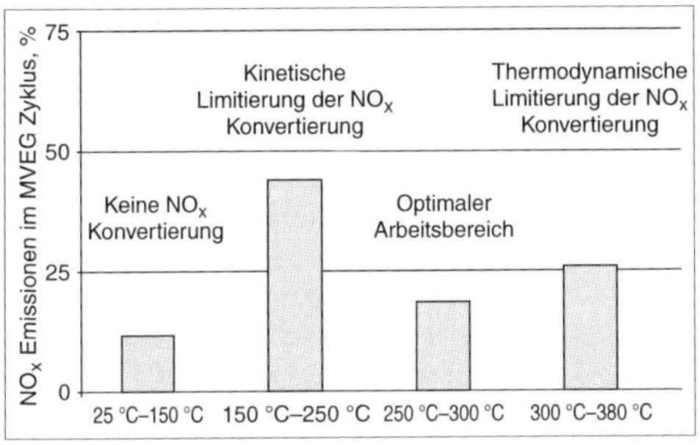

Bild 21-84 Aufteilung der NO_x-Emissionen im MVEG-Zyklus in vier katalysatorrelevante Temperaturbereiche

verbrauch bringt eine weitere Absenkung der Abgastemperatur im ECE-Zyklus mit sich.

21.6.2.2 Entschwefelung

Eine weitere Besonderheit beim Betrieb von NO_x-Speicherkatalysatoren in Diesel Pkw liegt in der Beschränkung der Desulfatisierungstemperatur bei der motorischen SO_x-Regeneration. Ein Fahrbetrieb mit einem Lambda < 1 kann unter Hochlast auf Grund erhöhter Rußemissionen und Drehmomenteinbußen nur schwer oder gar nicht realisert werden. Typische Entschwefelungstemperaturen von Dieselabgas liegen im Bereich von 500–550 °C.

Die Entschwefelbarkeit des Katalysators hängt entscheidend von der Wahl der NO_x-Speicherkomponente (NSC: NO_x storage component) ab. Je fester NO_x auf dem Katalysator gebunden ist, umso effizienter wird die Speicherung von NO_x bei hohen Temperaturen. Eine hohe NO_x-Bindungsstärke führt auch zu einer Verringerung von NO_x-Durchbrüchen während der Regenerationsphasen. Die Vorteile einer stärkeren NO_x-Adsorption gehen allerdings zu Lasten höherer Entschwefelungstemperaturen. **Bild 21-81** veranschaulicht den Kompromiss zwischen der Entschwefelbarkeit sowie der Effizienz der Speicherung und Regeneration von NO_x.

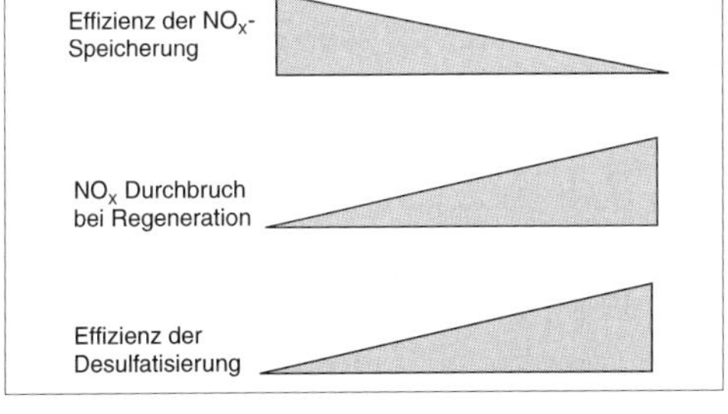

Bild 21-85 Gekoppelte Eigenschaften der Effizienz der Speicherung und Regeneration von NO_x sowie der Entschwefelbarkeit von NO_x-Speicherkatalysatoren.

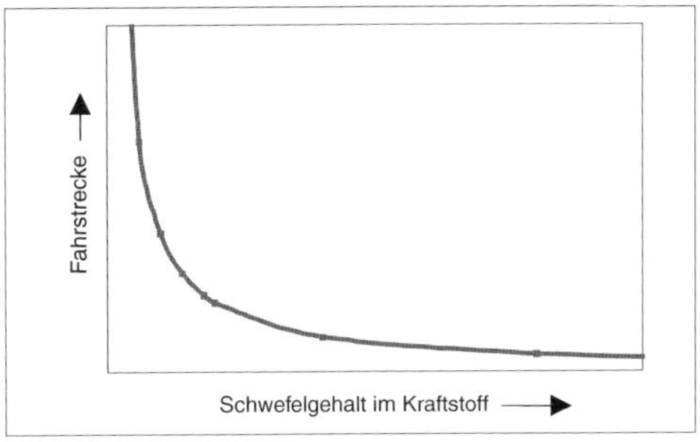

Bild 21-86 Zurückgelegte Fahrstrecke bis zum Erreichen eines Schwellenwerts der NO_x-Konvertierung in Abhängigkeit des Schwefelgehalts im Kraftstoff

Ohne Desulfatisierungsmaßnahmen nimmt die NO_x-Konvertierungsrate des Speicherkatalysators im Mager/Fett-Zyklus linear als Funktion der Fahrstrecke oder Zeit ab. Die Fahrstrecke, die bis zum Erreichen einer gegebenen NO_x-Konvertierungsrate zurückgelegt werden kann, nimmt umgekehrt proportional mit dem Schwefelgehalt im Kraftstoff ab. **Bild 21-86** zeigt die Abhängigkeit der Fahrstrecke als Funktion des Kraftstoffschwefelgehalts bei konstanter NO_x-Konvertierungsrate.

Das Ausmaß der Verringerung der NO_x-Konvertierungsrate bei Betrieb in schwefelhaltigem Abgas hängt auch von der Temperatur und der Häufigkeit der Entschwefelungen ab. Hohe Abgastemperaturen und lange Abstände zwischen den Desulfatisierungen führen zur Bildung von Volumensulfaten zwischen dem SO_x des Abgases und dem Speichermaterial des Katalysators, die eine irreversible Schädigung des Speicherkatalysators mit sich bringen.

Durch die Entwicklung neuartiger Speicherwerkstoffe ist es gelungen, die Desulfatisierungstemperatur zu senken und eine Langzeitstabilität der NO_x-Konvertierung mit Hilfe periodischer Desulfatisierungen im Mager/Fett-Zyklus in schwefelhaltigem synthetischem Abgas zu erzielen. Die erforderliche Schwefeltoleranz in allen Betriebszuständen eines realen Fahrbetriebs ist jedoch nach wie vor unzureichend. Besonders kritisch sind längere Zeiträume von konstanten Magerfahrten bei hohen Abgastemperaturen.

21.6.2.3 Regenerationsmethoden

Bei den Methoden zur Regeneration des Katalysators von gespeichertem NO_x und SO_x werden sowohl interne wie externe Verfahren untersucht. Bei der externen Regeneration wird ein Reduktionsmittel, zumeist Dieselkrafstoff, vor dem Speicherkatalysator eingedüst. Zur Verringerung des Sauerstoffmassenstroms wird zweckmäßig ein Abgasteilstrom über dem Speicherkatalysator eingestellt [7, 8]. Diese Technik erfordert den Einsatz von Abgasklappen, die aus Gründen beschränkter Haltbarkeit unerwünscht

sind. Zudem kommt es bei der Eindüsung von Dieselkraftstoff bei Abgastemperaturen unterhalb 250 °C zur Kondensation von Kraftstoff. Alternative Methoden zur on-board Erzeugung gasförmiger Reduktionsmittel mittels Reformierung von Dieselkraftstoff werden untersucht, sind jedoch aufwändig.
Bei der internen oder motorischen Regeneration werden reduzierende Bedingungen im Abgas durch einen Motorbetrieb mit veränderten Einspritzparametern realisiert. Die „schlechtere" Verbrennung des Kraftstoffs im Brennraum führt zu einer Anhebung der Abgastemperatur, die Drosselung des Ansaugluftvolumenstroms zu einer Verminderung des Abgasvolumenstroms. Beide Maßnahmen steigern die Effizienz der Regeneration.
Ein Nachteil der internen Regeneration besteht in erhöhten Rußemissionen, die während fetter Betriebszustände des Motors bei höheren Lasten auftreten und zur Deaktivierung des Speicherkatalysators beitragen. Im Rahmen einer integralen Abgasreinigung von NO_x und Partikeln werden daher kombinierte Abgassysteme mit Rußfilter und NO_x-Speicherkatalysator intensiv untersucht.

Literaturverzeichnis zu Kapitel 21.6.1–21.6.2

[1] *Heck; Farrauto:* Catalytic Air Pollution Control, Van Nostrand Reinhold, 1995
[2] *Farrauto; Voss:* Monolithic Diesel Oxidation Catalysts, Applied Catalysis B: Environmental 10(1996) 29
[3] *Bond:* Heterogeneous Catalysis, Oxford University Press, 1990
[4] *Bode (Ed.):* International Conference on Metal-Supported Automotive Catalytic Converters (MACC 97), Wuppertal Germany 1997, Werkstoff -Informationsgesellschaft, Frankfurt
[5] *Kruse; Frennet; Bastin (Eds.):* 5th International Congress on Catalysis and Automotive Pollution Control (CAPOC 5, Brussels/Belgium, April 2000), Vol. 1 and 2, Universite Libre de Bruxelles
[6] *Guyon, M.; Blanche, P.; Bert, C.; Philippe, L.; Renault; Messaoudi, CIRCA:* Segime, NO_x-Trap System Development and Characterization for Diesel Engines Emission Control, SAE2000-01-2910, Baltimore.
[7] Patent DE 196 26 835 A1, Patent DE 196 26 836 A1.
[8] *Beutel, T.; Dahle, U.; Punke, A.:* „Euro 4 – Abgasnachbehandlungstechnologien für Magermotoren (Otto/Diesel)", VDA Technischer Kongress, IAA Frankfurt/Main, (1999)
[9] *Cooper, B. J.; Thoss, J. E.:* Role of NO in Diesel Particulate Emission Control, SAE Technical Paper no. 890404 (1998)
[10] *Mul, G.:* Catalytic Diesel Exhaust Purification, Proefschrift, Technische Universiteit Delft, 1997
[11] *Neeft, J. P. A.; Makkee, M.; Moulijn, J. A.:* Diesel particulate emission control, Fuel Processing Technology 47 (1996).

21.6.3 Partikel/Partikelfilter

P. Pott hat bereits 1775 über Krebs bei Kaminfegern berichtet; im Arbeitsschutz waren „Rauche, Stäube und Nebel" von jeher ein wichtiges Thema; Tyndall hat 1868 den optischen Effekt zur Messung von Feinpartikeln entdeckt; 1936 weist die Zeitschrift „Staub" in ihrer ersten Ausgabe auf die Bedeutung der Submikron-Partikel hin; 1958 beschreibt P. J. Lawther die starke Zunahme der Lungenkrebsmortalität im luftverschmutzten Bereich und weist auf deren Anstieg ab etwa 1920 hin; 1959 legt die Johannesburger Konvention die Größenfraktion lungengängiger Partikel fest; ab 1980 werden Partikelfilter für Fahrzeuganwendungen vorgeschlagen; 1983 (ein Jahr nach der Einführung eines ersten Grenzwertes für die Partikelmasse PM durch die US EPA mit 0,6 g/Meile) findet ein SAE-Kongress statt, der sich diesem Thema widmet. 1987 erklärt die WHO Dieselpartikel als „wahrscheinlich krebserzeugend für den Menschen". Das alles ist also nicht neu. Neu dagegen ist nach einer zähen technologischen Entwicklung über zwei Jahrzehnte, an der viele Forscher und Industrieunternehmen beteiligt waren, die Tatsache, dass nun insgesamt mehr als 5 Millionen Partikelfilter im OE-Einsatz sind, in Europa vor allem im Pkw seit 2000 (Peugeot 607), in USA im SNF mit Einführung EPA 2007, dass mehr als 100.000 Partikelfilter in Baumaschinen und Gabelstaplern, in Lokomotiven, Schiffen und Stationärmotoren nachgerüstet wurden, dass in vielen Städten die Busse des öffentlichen Verkehrs nachgerüstet sind, dass Abscheidegrade für Feststoffpartikel (Ruß) über 99,9 % erreicht werden, dass Kalifornien, Japan und Korea Nachrüstprojekte in Millionen-Stückzahl durchführen, dass für neue Abgasvorschriften in Europa, USA und Japan die Einführung des Partikelfilters vorausgesetzt wird und dass die Erstausrüster nun konsequent das Element „Partikelfilter" in das Fahrzeugkonzept und die Prozesskontrolle des Motors einbeziehen. Neu ist auch die Einführung einer neuen Grenzwertdefinition nach der Anzahl der Feststoffpartikel zusätzlich zu ihrer Masse in der Schweiz und in der EU. Der technische Stand ist somit etabliert und bestimmt die Emissionsgesetzgebung weltweit.

21.6.3.1 Partikeldefinitionen und Partikeleigenschaften

Der Luftschadstoff „Partikel" wird in den Regelwerken auf unterschiedliche Weise definiert:

- Nach der gesetzlich gültigen Definition für den Straßenverkehr gilt als Partikelmasse alles, was bei <325 K filtriert und somit gewogen werden kann (gravimetrische Methode), unabhängig von der Größe der Partikel und ihrer chemischen Zusammensetzung.
- Mit der EU-Verordnung 715/2007 [49] wird für Pkw und leichte Nfz ein neuer Grenzwert nach der Gesamtzahl der Feststoffpartikel im Größenbereich 23 nm bis 2,5 µm eingeführt, wobei nach UNECE-PMP [38] als Feststoffpartikel alle Partikel gelten, die bei einer Beheizung der Gasprobe bis 300 °C nicht verdampfen [49]. Auch für SNF ist dieser Schritt mit Euro VI vorgesehen [50].
- Am Arbeitsplatz zählt nach den meisten Regularien die Gesamtmasse des elementaren Kohlen-

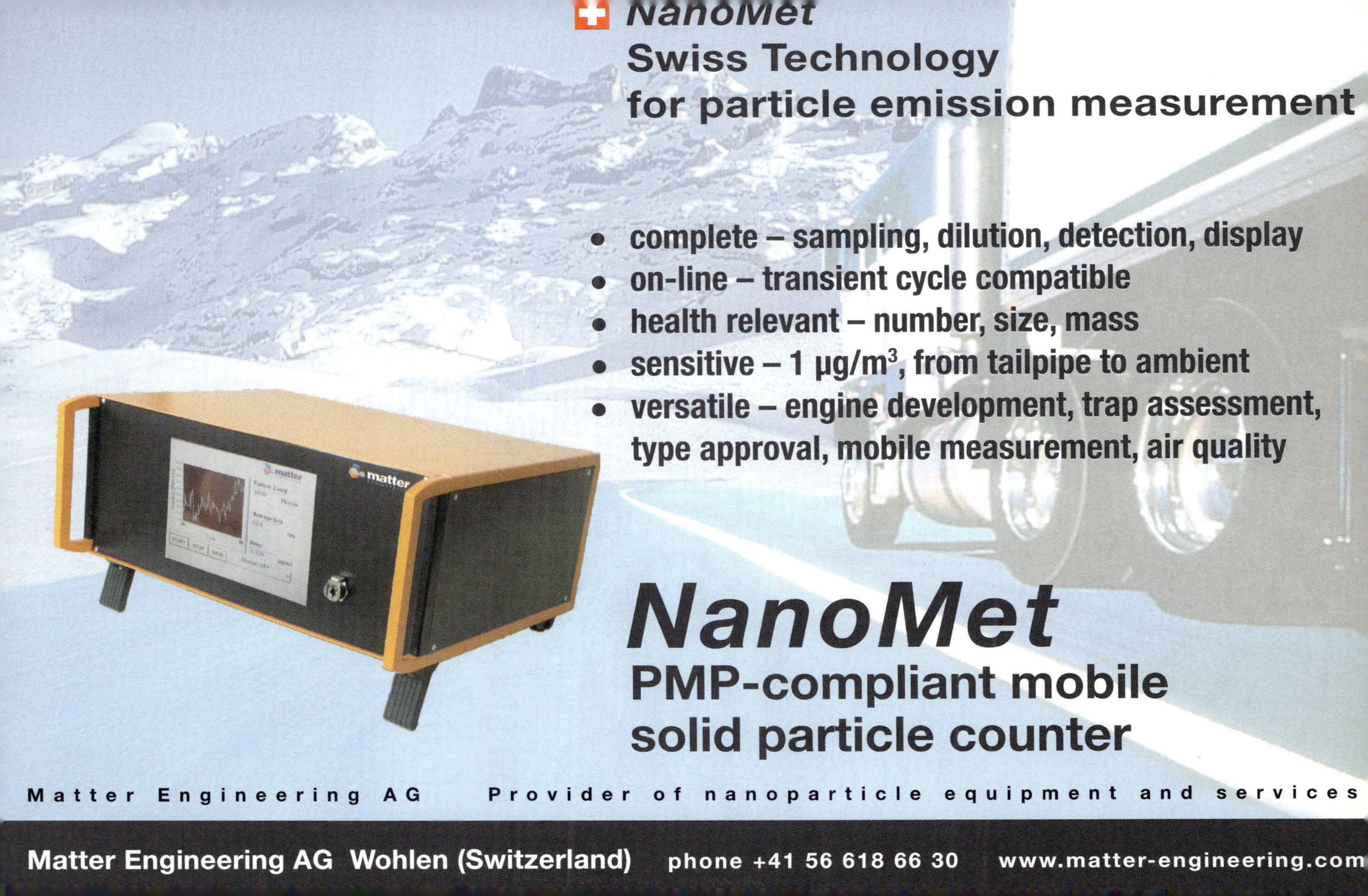

stoffs EC (Ruß) im Größenbereich <5 μm; es bestehen starke Tendenzen, diese Grenze in den Bereich <500 nm zu verschieben.

- In der Umweltgesetzgebung und für Fragestellungen im Immissionsbereich wird vermehrt der Begriff „Feinstaub" verwendet, um den Gehalt der Atemluft an Schwebestoffen mit potentiell pathogenen Wirkungen zu quantifizieren. Potentiell pathogen ist alles, was eingeatmet werden kann. Während früher die Sinkgeschwindigkeit von 10 cm/s (entsprechend dem aerodynamischen Durchmesser 57 μm eines kugelförmigen Teilchens mit einer Dichte von 1 g/cm^3) als Obergrenze für einatembaren Schwebestaub angesehen wurde, wird nun mit PM10 und PM2.5 auf die aerodynamische Größe der Staubpartikel selbst Bezug genommen. Danach entspricht PM10 einer Probe atmosphärischer Schwebeteilchen, der ein Filter mit einem mittleren Trenngrad (50 % der Masse) bei 10 μm vorgeschaltet ist. Die Trenncharakteristiken dieser Vorschaltfilter sind nach DIN EN 481 seit 1993 genormt. Entsprechend der gravimetrisch definierten Trenncharakteristik können in einer PM10-Probe durchaus auch Partikel mit 30 μm Durchmesser enthalten sein. Diese Definitionen orientieren sich an der Depositionscharakteristik von Partikeln im Atemtrakt [42], kommen aus der Arbeitmedizin und gehen auf die Johannisburger Konvention 1959 [43] zurück. PM10 wird als Thorax-gängiger Anteil und PM2.5 als Alveolen-gängiger Anteil bezeichnet, wobei diese Zuordnung streng nur für hydrophobe Partikel gilt. Die PM10-Definition sagt somit lediglich etwas aus über die maximale Größe der Partikel bei der Probenahme [44], nichts über die stoffliche Zusammensetzung und die Größenverteilung der Probe und ist daher für die Zuordnung gesundheitlicher Wirkungen schlecht geeignet. Bei der Probenahme werden Feuchte und Temperatur nicht kontrolliert, es sind Artefakte möglich. Während diese Definition am Arbeitsplatz bei bekannter Quellencharakteristik Sinn macht, finden sich in atmosphärischen Proben vielerlei Stoffe aus natürlichen Quellen, sekundär gebildete Aerosole, resuspendierte Stäube, Salze und Wasser. Es handelt sich also um einen Summenparameter. Nachträgliche Analyse von PM10-Proben ermöglich zwar eine Aussage über die stoffliche Zusammensetzung und damit eine Quellenzuordnung, aber keine Aussage über die Größenverteilung.
- Die Emissions-Messgröße PM bei Verbrennungsmotoren ist mit der Feinstaubdefinition PM 10 oder PM 2.5 nicht vergleichbar. Bei gleicher Maßeinheit zum Beispiel g/Nm^3, also Masse der Probe pro Probegasvolumen ist lediglich die Massenkonzentration gleich, die stoffliche Zusammensetzung und die Partikelgrößenverteilung aber unterscheiden sich stark; eine Korrelation ist somit unmöglich. Bisher ist bei der PM-Definition lediglich die Temperatur bei der Probenahme nach oben eingegrenzt, nicht die Partikelgröße. Erst mit EURO 5 (Pkw) wird durch Einführung eines PM 2.5-Zyklons bei der Probenahme eine grobe Größenbegrenzung eingeführt, um Fehler durch große Partikel zu vermeiden.

Mit diesen Messvorschriften lassen sich die Partikel nicht befriedigend beschreiben; denn da weder über die Größenverteilung der Partikel im Aerosolzustand noch über ihre chemische Zusammensetzung noch ihre Phase (fest/flüssig) Aussagen gemacht werden, sind diese Messverfahren für eine toxikologische Bewertung unzureichend.

Die im verdünnten und abgekühlten Abgas aus dem Aerosol aufgefangenen Partikel zeigen im Elektronenmikroskop eine Agglomerationsstruktur, deren Grundelement die nahezu sphärischen und recht dichten (circa 1,8 g/cm^3) [1] Primärpartikel sind, wie sie bei allen Verbrennungen von Kohlenwasserstoffen gebildet werden, **Bild 21-87**.

Diese oberflächenreichen Agglomerate (BET-Oberfläche 100–200 m^2/g [1]) dienen bei der Abkühlung als Kondensationskerne und lagern Filme von Kohlenwasserstoffen und schwefligen Säureprodukten ein, die ihrerseits wiederum sehr viel Wasser binden können.

Substanzen, die den Filter gasförmig durchströmen und erst bei weiterer Abkühlung durch Kondensation (Tröpfchenbildung) partikulär in Erscheinung treten, dürfen bei der physikalisch korrekten Betrachtung des Heißgasfilters nicht als Partikel gewertet werden. Die Definition muss vielmehr auf Substanzen begrenzt bleiben, die bei den Durchströmungsbedingungen des Filters bereits Partikelcharakter haben, das heißt im Wesentlichen die Feststoffpartikel wie Ruß, Metalloxide aus Schmieröl-Packages und Abrieb, mineralische Partikel, die nicht im Ansaugfilter des Motors abgeschieden werden und Schwefelprodukte wie zum Beispiel Gips, der mit dem Ca-Gehalt des Schmieröls gebildet werden kann. Beim Einsatz hochsiedender Brennstoffe (Bio-Diesel) und hohem

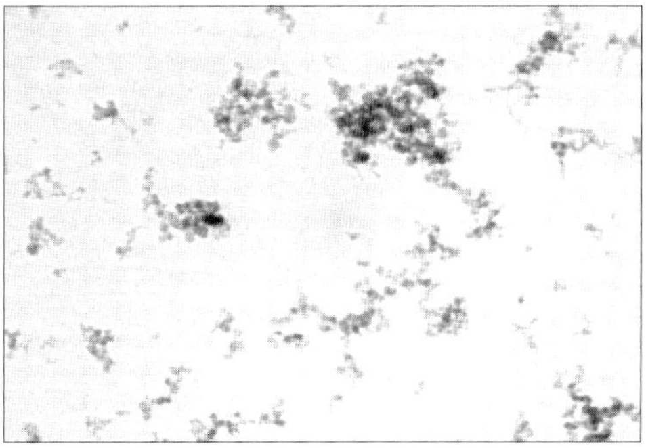

Bild 21-87 Dieselpartikel-Agglomerate (Burtscher)

Schmierölanteil im Abgas (gemischgeschmierte Zweitaktmotoren) findet man zuweilen auch hohe Konzentrationen sehr kleiner, hoch siedender Kohlenwasserstofftröpfchen, meist in Form bimodaler Größenverteilungen [58], vermutlich mit winzigen Metalloxidkernen. An Ruß angelagerte Kohlenwasserstoffe (OC = organic carbon) wie die bereits während der Verbrennung adsorbierten polyzyklischen Kohlenwasserstoffe PAK, die auch beim Eintrag in die Lunge fest gebunden bleiben, müssen mit berücksichtigt werden [58].

Die Größe dieser in vielgestaltiger Form auftretenden Partikel ist schwer zu beschreiben. Sie bedarf einer Definition, da die wirkliche geometrische Form von keiner Methode zur Charakterisierung in situ, also im Aerosolzustand, erfassbar ist. Eingebürgert haben sich Vergleichsgrößen wie der aerodynamische Durchmesser für Partikel >500 nm und der Mobilitätsdurchmesser für Partikel <500 nm. Die Partikel werden damit nicht nach ihrer eigentlichen geometrischen Größe, sondern nach ihren Eigenschaften im Vergleich zu sphärischen Partikeln der Dichte eins bewertet. Die Bewertung nach ihrem Trägheitsverhalten (aerodynamischer Durchmesser) oder ihrem Diffusionsverhalten (Mobilitätsdurchmesser) führt zu unterschiedlichen Aussagen über den „Durchmesser". Da Partikel aus technischen Verbrennungen meist kleiner sind als 500 nm und die Abscheidemechanismen in der Tiefe der Lunge praktisch ausschließlich durch das Diffusionsverhalten bestimmt sind, ist die Definition des Mobilitätsdurchmessers für diese Betrachtung vorzuziehen [3, 4]. Als weitere Parameter zur Charakterisierung der Gestalt wird häufig der fraktale Parameter angegeben, der in der Regel weit unter 3, häufig um 2 liegt, was auf kettenförmige und flächige Strukturen rückschließen lässt.

Die Größenverteilung **(Bild 21-88)** der Partikel aus der motorischen Verbrennung zeigt bereits am Motoraustritt einen Log-Normalcharakter mit Mittelwerten um 60–100 nm, der sich bis zum Auspuffende nur unwesentlich verändert.

Der überwiegende Anteil dieser Feststoffpartikel findet sich also im unsichtbaren Bereich (<400 nm). Sichtbarer Rauch wird durch relativ wenige, aber sehr große Agglomerate gebildet, wie sie vor allem bei älteren Motoren durch wandnahe Verbrennung, mangelnden Luftüberschuss oder Anlagerung im Auspuffsystem entstehen können und dann periodisch im sogenannten „store & release" Prozess ausgeblasen werden, ein Phänomen, das sich auch häufig bei offenen Filtern findet [47].

Rußpartikel sind weitgehend inert, geruchlos, unlöslich in Wasser und organischen Lösungsmitteln.

Treten Aschesubstanzen, Abrieb oder mineralische Partikel in größeren Mengen auf, so bilden sich häufig bimodale Verteilungen, mit deutlichem zweiten Maximum um 20–30 nm.

Diese relativ neuen Erkenntnisse haben zusammen mit den Resultaten der medizinischen Wirkungsforschung bezüglich des Eindringens in das Gefäßsystem und die Nervenbahnen sowie der Bedeutung der Persistenz inerter Partikel im Organismus zu neuen Ansätzen zur Partikeldefinition und zur Festlegung von Grenzwerten geführt:

- Zur Charakterisierung von Partikelfiltern werden nach der schweizerischen Norm SNR 277205 [51] neben der EC-Masse die Anzahlkonzentration von Feststoffpartikeln [Partikelanzahl/cm^3] größenklassifiziert im Bereich 20–300 nm (Mobilitätsdurchmesser) zugrunde gelegt.
- In der Schweizerischen Luftreinhalteverordnung LRV wird zur Typenprüfung von Baumaschinen mit Partikelfilter ab 1.1.2009 die Gesamt-Partikelanzahl >23 mm berücksichtigt und mit einem Wert von 10^{12} Partikel/kWh begrenzt.

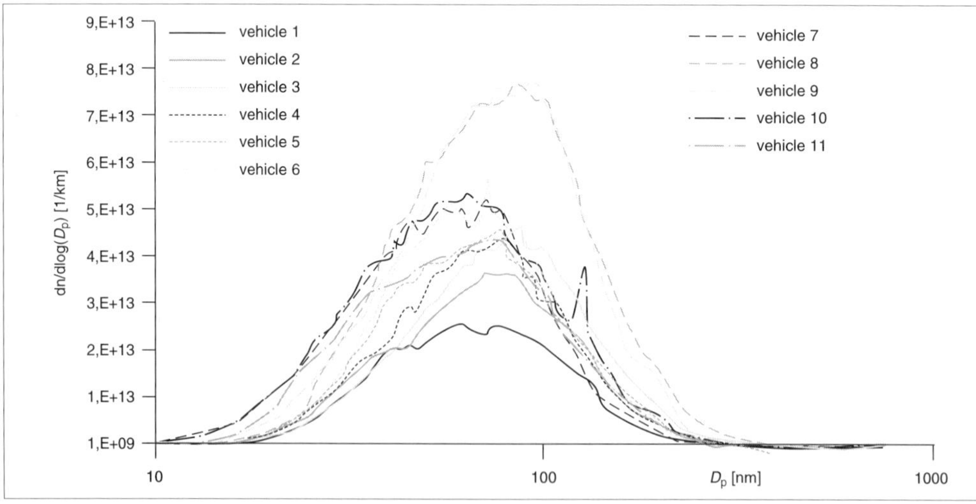

Bild 21-88 Größenverteilung von Feststoffpartikeln bei modernen Pkw-Dieselmotoren [5] D_p = Mobilitätsdurchmesser (Messverfahren SMPS) [5]

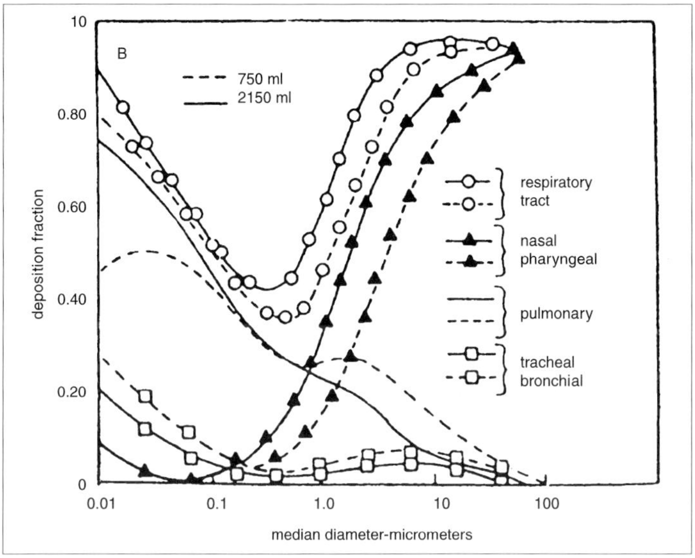

Bild 21-89 Deposition von Feinpartikeln in Nase, Bronchien, Alveolen [3]

- Im UNECE-PMP-Programm wurde [38] als ergänzende Messmethode für die Typenprüfung die Bestimmung der Gesamtanzahl von Feststoffpartikeln im Größenbereich 23 nm bis 2,5 µm gewählt (siehe Kapitel 21.6.3.12).

21.6.3.2 Zielsetzungen für die Partikelfiltration

Die Zielsetzungen müssen sich an der gesundheitlichen Relevanz und am technischen Stand orientieren.

Gesundheitlich relevant sind vor allem Partikel, die in die Tiefe der Lunge eindringen, dort sehr lange verweilen und weder von Makrophagen fagozytiert werden, noch sich in Körperflüssigkeiten lösen. Rußpartikel erfüllen alle diese Bedingungen. Das Partikelgrößen-Maximum der Deposition im Alveolarbereich der Lunge liegt je nach Atemvolumen bei etwa 10–20 nm; noch kleinere Partikel werden aufgrund ihrer sehr hohen Beweglichkeit bereits in den oberen Atemwegen abgeschieden und durch die sehr effizienten Reinigungsmechanismen der Lunge (Schleimschicht, Cilien) wieder zum Rachen zurückbefördert.

Je kleiner die Partikel sind, umso leichter gelangen sie aus den Alveolen in die Gefäße und damit über Blut und Lymphe in den gesamten Organismus, ins Gehirn sowie durch die Plazenta in den Organismus des ungeborenen Kindes [6], **Bild 21-89**. Zudem transportieren diese kleinen Feststoffpartikel adsorbierte toxische Substanzen (zum Beispiel auch die Krebs erregenden polyzyklisch-aromatischen Kohlenwasserstoffe PAH) in den Organismus. Das Ziel muss also darin bestehen, Partikel im Größenbereich 10–500 nm effizient abzuscheiden – bevorzugt mit einem zu kleinen Partikeln hin steigenden Abscheidegrad, dafür zu sorgen, dass die abgeschiedenen Substanzen unter allen Bedingungen sicher in der Filtermatrix gebunden bleiben und dass beim Regenerationsprozess weder Partikel noch adsorbierte Substanzen wieder freigesetzt werden.

Als Messlatte für den Vollzug gilt generell bei Schadstoffen, die im Verdacht stehen, krebserzeugend zu sein, die Umsetzung des „bestverfügbaren technischen Standes“ (BAT = best available technology), charakterisiert durch **Bild 21-90**).

Bei der Filterprüfung nach dem VERT-Eignungstest-Verfahren des Schweizerischen Bundesamtes für Umwelt BAFU [8] wurden in diesem Fall Abscheidegrade für Feststoffpartikel im kritischen Größenbereich von 99–99,9 % erreicht – ein durchaus übliches Ergebnis moderner Partikelfilter.

Die Konzentration der Partikel im unverdünnten Reingas stromab eines solchen Filters liegt somit etwa im Bereich der heutigen atmosphärischen Konzentration, häufig niedriger. Aus dem gezeigten Charakter der Raumluftkonzentration lässt sich schließen, dass diese im Wesentlichen durch die motorischen Emissionen in die Atmosphäre bestimmt ist.

21.6.3.3 Anforderungen an Filtermedien, technische Lösungen

Die Anforderungen an den Diesel-Partikelfilter sind hoch [9]:

- Abgastemperaturen bis 750 °C und Temperaturspitzen bei Regenerationen bis 1.400 °C
- Hohe thermische und thermomechanische Beanspruchungen bei raschen Temperaturwechseln
- Gefahr von Materialschädigung durch Schmieröl-Asche und Additiv-Substanzen
- Hohe Speicherfähigkeit für Ruß und Asche

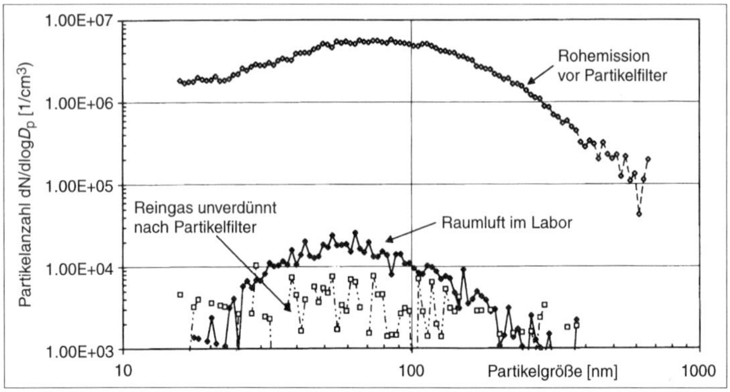

Bild 21-90 Abscheidegrad eines keramischen Zellenfilters an einem Nutzfahrzeug DI-Dieselmotor [7] nach einem Feldeinsatz über 2.000 Betriebsstunden

- Geringer Druckverlust, damit geringe Rückwirkung auf Turbolader und Motor
- Geringe thermische Masse (rasches Ansprechen)
- Abscheidegrade >99 % für Partikel im Größenbereich 10–500 nm
- keine Bildung zusätzlicher Schadstoffe – sogenannter Sekundäremissionen
- Schalldämpfung bei Nachrüstung mindestens gleichwertig der Ausgangsversion mit Schalldämpfer
- Unempfindlich gegen Fahrzeug-Vibrationen (bevorzugt motornaher Einbau)
- Unempfindlich gegen Beschädigung beim Ausreinigen von inerten Aschebestandteilen.

Bei alledem wird ein niedriger Preis gefordert (beim Nutzfahrzeug <10 €/kW, beim Pkw <5 €/kW), geringes Einbauvolumen und eine Standzeit, die der Motorlebensdauer entspricht.

Als Filtermedien kommen nur oberflächenreiche Strukturen aus hochwarmfesten Werkstoffen in Frage wie monolithisch-poröse keramische Strukturen in Zellenform (Wall flow), **Bild 21-91** und **21-92**, oder als Schäume, **Bild 21-93**, hochlegierte poröse Metall-Sinterstrukturen und Metallschäume, **Bild 21-94** sowie Faserstrukturen als Vliese, **Bild 21-96**, Garnwickel oder in textiler Bindung (Gestricke, Geflechte), **Bild 21-95**, unter Verwendung von keramischen oder metallischen Fasern. Die für die Abscheidung maßgebende Größe, Porengröße oder Faserdurchmesser sollte im Bereich um 10 µm liegen, um die ge-

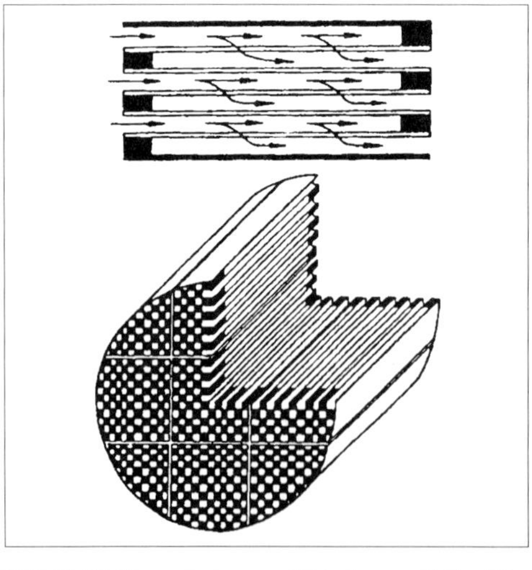

Bild 21-91 Keramisch-monolithischer Zellenfilter (Corning SAE 830181)

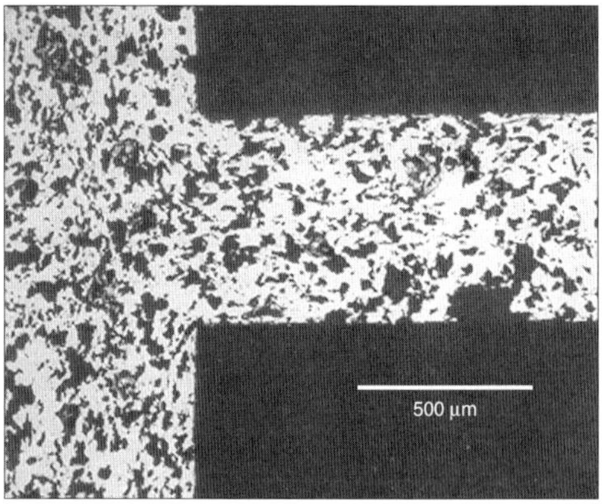

Bild 21-92 Porenstruktur eines keramischen Filters (Corning) [9]

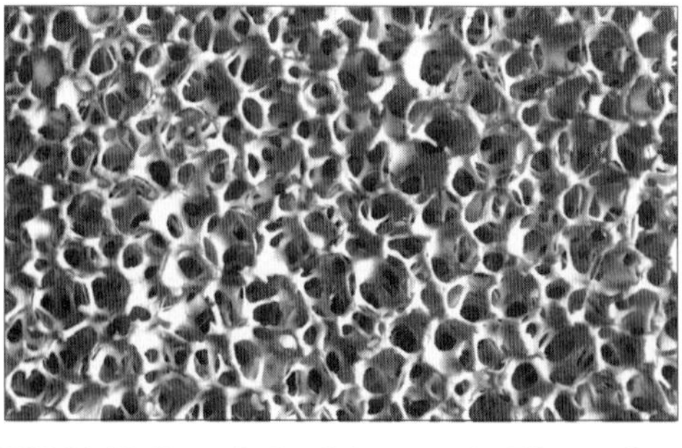

Bild 21-93 Keramische Schäume als Filtermedium (Alusuisse) [52]

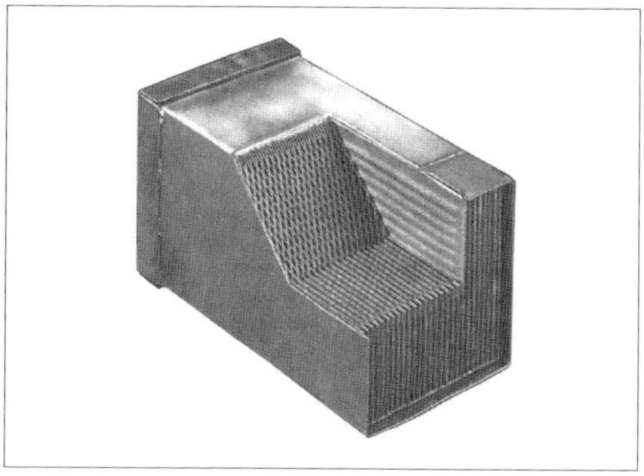

Bild 21-94 Filter aus porösen Sintermetall-Platten (SHW; HJS), zu einer Zellstruktur zusammengesetzt und verschweißt

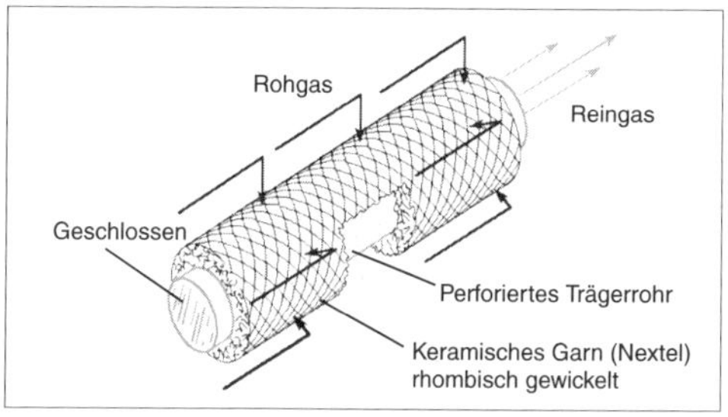

Bild 21-95 Filterkerze (3M, MANN & HUMMEL), nach Art einer Garnspule, in rhombischem Muster auf ein inneres Lochblech gewickeltes Hochtemperatur-Keramikgarn [10]

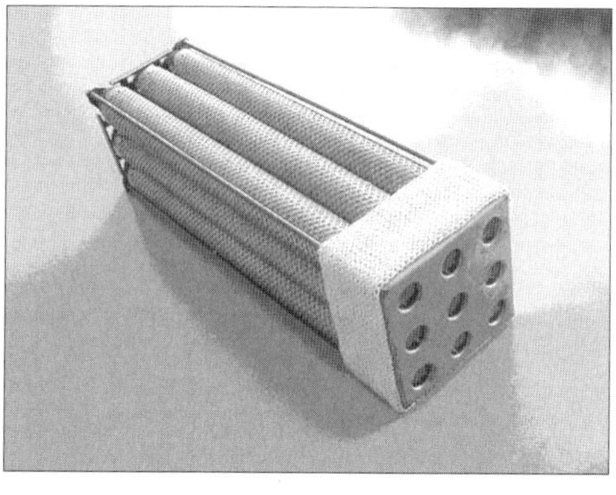

Bild 21-96 Faserstrickfilter (BUCK), eine plissierte Struktur aus Hochtemperatur-Fasergestrick. Parallel angeordnete Filterkerzen [13]

wünschte Abscheidung auch während und unmittelbar nach der Regeneration zu erzielen.
Im Folgenden einige Beispiele, die die Vielfalt dieser Technologie zeigen. Nicht alle diese Systeme haben Eingang in die heutige Anwendungspraxis gefunden:

- **Keramisch monolithische Zellenfilter**
  Ähnlich aufgebaut wie ein Zellenkatalysator, jedoch mit wechselweise verschlossenen Zellen bietet dieser Filtertyp eine große Filter-Oberfläche bei geringem Bauvolumen (1–3 m^2/l), damit geringen Gegendruck und hohe Abscheiderate bei kleinen Gasgeschwindigkeiten durch die Wände (einige cm/s). Die Filter wurden ursprünglich vor allem aus Cordierit durch Extrusion hergestellt (NGK, CORNING). Später kam Siliciumcarbid SiC in unterschiedlicher Kristallstruktur (NOTOX, IBIDEN, LIQTEC) hinzu, sowie weitere keramische Werkstoffe. Intensive Weiterentwicklung der Werkstoffe hat zu Thermoschock-resistenten Strukturen geführt. Mit Filtermedien dieser Art bestehen insbesondere für den Werkstoff Cordierit weltweit seit zwei Jahrzehnten umfangreiche Erfahrungen.
  Neu werden mehrstufige Wandstrukturen diskutiert, beispielsweise mittels einer zusätzlichen auf die eigentliche Filterwand aufgesinterten keramischen „Membran" – hochporös, mit sehr kleinen Filterporen, äußerst dünn – womit die Abscheidung bei gleichzeitiger Absenkung des Druckverlustes weiter gesteigert werden kann.

- **Metall-Sinterfilter**
  In seiner Grobstruktur ähnlich aufgebaut wie der keramische Monolith haben SHW und HJS einen Filtertyp auf Basis metallischer Werkstoffe entwickelt. Grundelement ist eine dünne Sinterplatte aus Metallpulver mit einer Drahtgewebe- oder Streckmetall-Trägerstruktur (einige Zehntel-Millimeter). Diese Filter sind im Vergleich zur Keramik relativ schwer, aber sehr robust. Sie verfügen naturgemäß über eine gute Wärmeleitung. Inzwischen sind Metall-Sinterfilter auch in Form von balgartigen Strukturen aus Filterplatten mit reduziertem Gewicht verfügbar (HJS, PUREM).

- **Faser-Wickelfilter**
  Garne aus Hochtemperaturfasern (Werkstoff Mullit) werden in einer speziellen Wickeltechnik zur Erzeugung rhombischer Kanalstrukturen auf ein perforiertes Trägerrohr aufgewickelt. Filterkerzen dieser Art wurden von 3 M und MANN+HUMMEL entwickelt.

- **Faser-Strickfilter**
  Keramische Garne werden zu Rundgestricken verarbeitet und durch Plissierung zu Tiefenstrukturen geformt. Die makroskopische Faseroberfläche erreicht typisch 200 m^2/l, während die mikroskopische Oberfläche der Faser selbst mit 100–200 m^2/g verfügbar ist. Dieser Filtertyp wurde von BUCK entwickelt und wird auch in Kombination mit Drahtgestrick mit katalytischer Beschichtung angeboten.

- **Faser-Flechtfilter**
Hochtemperaturfasern werden auch als Geflechte angeboten und können, über metallische Trägerstrukturen fixiert, für die Filtration eingesetzt werden. Solche Systeme wurden von HUG und 3 M entwickelt.

- **Filterpapiere/Filterfilze/Filtervliese**
Papierfilter, die ähnlich wie die Luft-Ansaugfilter aufgebaut sind, kommen nur dann in Frage, wenn die Abgastemperaturen zuverlässig niedrig gehalten werden können (zum Beispiel in Verbindung mit Abgaskühlung bei Untertage-Motoren). Immerhin stehen Papiere bis zu Einsatztemperaturen von circa 300 °C bereit (DONALDSON, PAAS, AHLSTROM). Bei diesen Papieren handelt es sich im Prinzip auch um Faserfilter, bei denen Kurzfasern zum Einsatz kommen, die in regelloser Form angeordnet und durch Binder in ihrer Struktur fixiert sind. Für höhere Temperaturen kommen auch Filze aus keramischen Fasern in Frage, wie sie bereits in der industriellen Heißgasfiltration seit langem im Einsatz sind sowie Vliese aus widerstandsgeschweißten Metall-Mikrofasern (BEKAERT).

Im Gegensatz zu diesen, mit oberflächenreichen Strukturen ausgestatteten mechanischen Filtern, haben sich strömungsdynamische, elektrostatische und Plasma-Verfahren bisher nicht durchsetzen können und Abgaswäscher, die in den Anfängen noch häufig verwendet wurden, werden (außer im Untertage-Kohlebergbau) kaum mehr eingesetzt, sind sie doch zur Abscheidung der Nanopartikel ungeeignet.
Diese Aufzählung ist nicht erschöpfend, zahlreiche andere technische Lösungen sind in Entwicklung, wobei neben Filterqualität und Druckverlust vor allem die Verminderung der Baugröße, fahrzeuggerechtes Design, Einbindung in den Gesamtprozess und Verknüpfung mit anderen Abgasreinigungsverfahren angestrebt wird.

21.6.3.4 Abscheidung und Haftung

Im Allgemeinen werden in einem Filter drei Bereiche mit physikalisch unterschiedlichen Abscheidemechanismen beobachtet, wie sie im folgenden Bild dargestellt und am Beispiel der Faserabscheidung illustriert sind, **Bild 21-97**, **Bild 21-98**.
Größere Partikel werden durch Impaktion infolge von Massenkräften abgeschieden, etwas kleinere durch Abfangeffekte bei wandnaher Strömung. Für die Submikron-Partikel (Nanopartikel) jedoch, die hier zur Diskussion stehen, zeigt **Bild 21-97**, dass fast ausschließlich die Diffusion wirksam ist. Sperr- oder Siebeffekte kommen bei derart kleinen Partikeln praktisch nicht vor.
Vergleicht man die Abscheidecharakteristik der Lunge gemäß **Bild 21-85**, so zeigt sich in sehr ähnlicher Weise ein Abscheideminimum im Bereich um 1 µm, wo die Impaktion bereits zu einem schwachen Effekt wird und die Diffusion erst zu wirken beginnt. Solche Partikel werden zu einem großen Teil wieder ausgeatmet, im Gegensatz zu den sehr viel größeren, die bereits in den oberen Atemwegen abgeschieden und ausgereinigt werden und den wesentlich kleineren, die bevorzugt im Alveolarbereich deponiert werden.
Bei diesen kleinen Partikeln ist das Verhältnis von Schleppkraft zu Massenkraft im Stokes'schen Bereich, der die Verhältnisse im Filter gut beschreibt [2], derart groß, dass die Teilchen den Stromlinien um jedes Hindernis, auch um feinste mikroskopische Strukturen wie Filterfasern, folgen.

$$\frac{\text{Schleppkraft}}{\text{Massenkraft}} \sim \frac{d \cdot \mu \cdot v}{d^3 \cdot \rho \cdot v^2} \qquad (21.22)$$

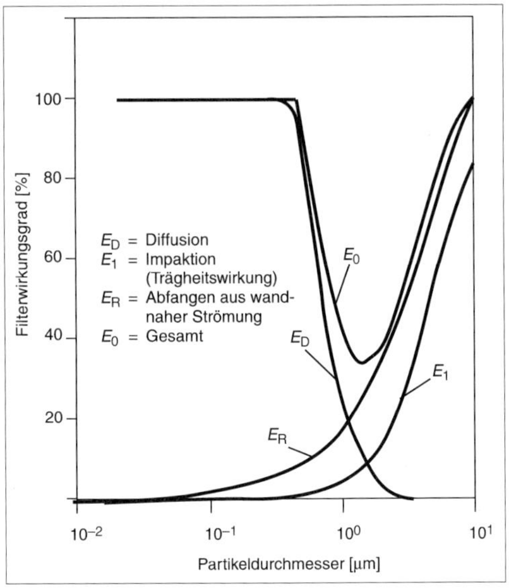

Bild 21-97 Abscheidewirkungen in einem Filtermedium in Funktion der Partikelgröße (3M)

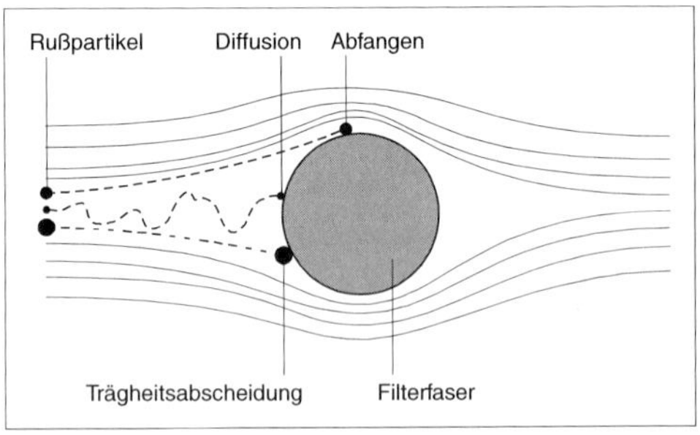

Bild 21-98 Abscheidemechanismen an einer Einzelfaser (3M)

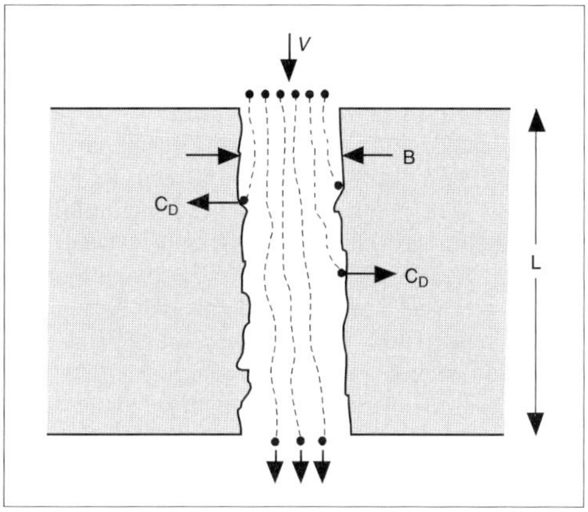

Bild 21-99 Kanalmodell zur Diffusionsabscheidung von Partikeln

d = Partikeldurchmesser
v = Geschwindigkeit
μ = dynamische Zähigkeit
ρ = Dichte

Diese kleinen Partikel können also nur durch Diffusion abgeschieden werden. Diffusion aber braucht Zeit, das heißt ausreichende Filtertiefe L und geringe Durchströmgeschwindigkeit sind die Voraussetzungen für ein gutes Abscheideverhalten.

Der Vorgang ist am anschaulichsten anhand einer Kanalströmung zu beschreiben, **Bild 21-99**, wobei der Kanaldurchmesser in Anlehnung an die typische Porengröße solcher Feinstfilter mit 10 µ angesetzt werden soll, das heißt etwa 100 mal größer als ein typisches Rußpartikel.

L = Filtertiefe
B = Kanalbreite (Porengröße)
v = Durchströmgeschwindigkeit
c_D = Diffusionsgeschwindigkeit

Damit ein Partikel aus der Kanalmitte die Wand erreicht, bevor es den Kanal verlässt, muss die Zeit zur Durchströmung des Kanals $t_1 = \frac{L}{v}$ mindestens gleich (oder kleiner) sein als die Diffusionszeit von der Mitte zur Wand $t_2 = \frac{B}{2 \cdot c_D}$.

Für den Vergleich verschiedener Geometrien und Durchströmungsbedingungen ergibt sich die Bedingung $\frac{B \cdot v}{L}$ = const. ~ Diffusionsgeschwindigkeit, eine Funktion des Partikeldurchmessers d und der Temperatur T.

Für typische keramische Zellenfilter liegt die Filtertiefe (Wandstärke) bei 0,5 mm, die Porengröße bei 10 µm und die Geschwindigkeit bei wenigen cm/s. Faserfilter, deren typische Porendimension größer ist

Partikelgröße	Diffusions-Geschwindigkeit µm/s	Sink-Geschwindigkeit mm/h
10 nm	260	0,2
100 nm	30	3
1.000 nm	5,9	126

Bild 21-100 Zahlenbeispiel nach Hinds [3]

und die mit erheblich größeren Geschwindigkeiten arbeiten, benötigen eine größere Durchströmungstiefe, wie sich aus dieser Bedingung ergibt.

Da kleine Partikel höhere Diffusionsgeschwindigkeiten respektive höhere Beweglichkeit b aufweisen, ist zu erwarten, dass kleinere Partikel in solchen Strukturen besser abgeschieden werden.

Die Begriffe „Diffusionsgeschwindigkeit" und „Beweglichkeit" sind übrigens im Sinne der Einstein-Relation äquivalent:

$$D = k \cdot T \cdot b \quad (21.23)$$

D = Diffusionskoeffizient
T = absolute Temperatur
k = Boltzmann-Konstante
b = Beweglichkeit, definiert als
$b = v/F$,

mit F als auf das Partikel wirkende Kraft (zum Beispiel elektrische Feldkraft, Schwerkraft, Stoßkräfte durch Moleküle) und
mit v als resultierende Geschwindigkeit des Partikels

Rechnerisch ergibt sich nach Hinds [3] die Diffusionsgeschwindigkeit für Partikel unterschiedlicher Größe bei Raumtemperatur gemäß **Bild 21-100**. Zur Anschaulichkeit ist die theoretische Sinkgeschwindigkeit in [mm/h] mit angegeben.

Da die Zeit zur Durchströmung der Filterwände keramischer Zellenfilter in der Regel im Bereich von 0,01 s liegt, beträgt der Diffusionsweg eines 100 nm-Partikels nur 0,3 µm; eine Abscheidung in einem solchen Kanal ist also nur für die unmittelbar wandnahen Partikel gegeben – auch nicht bei höheren Temperaturen, obschon die Diffusionsgeschwindigkeit mit der Temperatur steigt. Dies erklärt, weshalb in üblichen Katalysator-Strukturen mit durchgängigen, wenn auch sehr feinen Zellen, praktisch keine Partikel abgeschieden werden können.

Filterstrukturen müssen somit gegenüber dem Kanalmodell wesentlich verbessert werden, um die Abscheidung feiner Partikel zu gewährleisten. Zur Beschreibung werden 2 Wege beschritten, wobei die porösen Wände der Wallflow-Filter eher durch ein Durchströmungsmodell, die Fasertiefenfilter durch ein Umströmungsmodell beschrieben werden können, **Bild 21-101**, **Bild 21-102**.

Bei der porösen Wand findet die Durchströmung in Kanälen von Pore zu Pore statt. Es sind zahlreiche

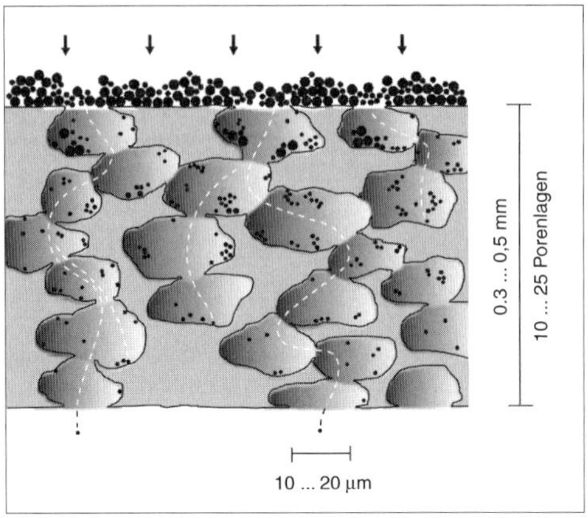

Bild 21-101 Poröse Wand

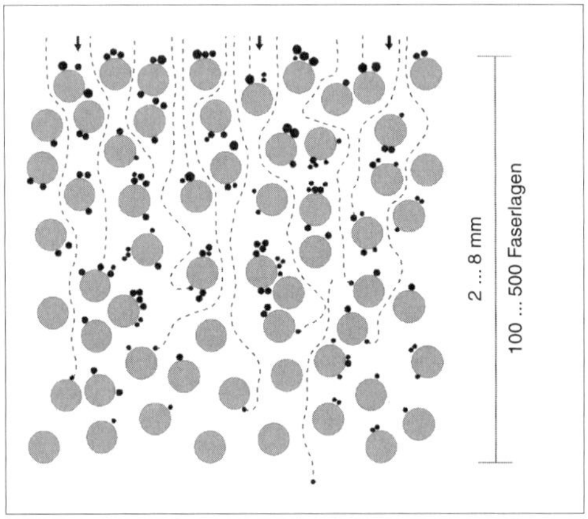

Bild 21-102 Faserbündel

Umlenkungen vorgesehen, Verweilzeiten in Porenkavernen und die Einführung neuer Wände bei den Verzweigungen von Kanälen. Die Diffusion wird dadurch erheblich verbessert, aber auch die Impaktion erhält größere Chancen. Solche Filter zeichnen sich durch vorzügliche Abscheidung gröberer Partikel aus, unterliegen aber infolge des zu Grunde liegenden Kanal-Charakters einer Tendenz zur Verschlechterung des Abscheidegrades für sehr kleine Partikel dann, wenn die Kanalwände dünn, die Poren groß und die Durchströmungsgeschwindigkeiten groß – die Verweilzeit der Partikel in der Filterstruktur also kurz ist.

Im Umströmungsmodell werden ständig neue Grenzschichten gebildet, der Strömungskanal also immer wieder unterteilt, so dass ein Partikel häufig in unmittelbare Wandnähe gerät und dort durch Diffusion abgeschieden werden kann. Von derart reinen Tiefenfiltern darf somit ein zu kleinen Partikeln hin zunehmender Abscheidegrad erwartet werden, während aufgrund der vergleichsweise großen Poren die Gefahr besteht, dass große Partikel, insbesondere auch im Filter entstandene Agglomerate, die Filterstruktur wieder verlassen können.

Definitionen für den Abscheidegrad

Der Abscheidegrad kann nach der Gesamtmasse oder nach der Partikelanzahl definiert werden. Im zweiten Fall lässt sich aufgrund der hohen Empfindlichkeit der Anzahl-Messtechnik der Abscheidegrad in Funktion der Partikelgröße selbst für sehr kleine Partikelgrößen erfassen. Man erhält damit die so genannte Filtercharakteristik oder Trenncharakteristik. Bei Definition nach der Partikelmasse PM ist diese Auflösung nach der Partikelgröße nicht möglich, da die Nachweisgrenze der gravimetrischen Messverfahren im Bereich der fraglichen Partikelgrößen dazu bei weitem nicht genügt.

Abscheidegrad nach Partikelmasse PMAG:

$$\mathrm{PMAG} = \frac{\mathrm{PM}_{\mathrm{vor\ PF}} - \mathrm{PM}_{\mathrm{nach\ PF}}}{\mathrm{PM}_{\mathrm{vor\ PF}}} \tag{21.24}$$

Abscheidegrad nach Partikelanzahl PZAG:

$$\mathrm{PZAG} = \frac{\mathrm{PZ}_{\mathrm{vor\ PF}} - \mathrm{PZ}_{\mathrm{nach\ PF}}}{\mathrm{PZ}_{\mathrm{vor\ PF}}} = f(d) \tag{21.25}$$

$$\text{Penetration} = 1 - \text{Abscheidegrad} \tag{21.26}$$

Wenn Probenahme und Messung so ausgelegt sind, dass nur die Feststoffmasse erfasst wird, respektive nur die Feststoff-Partikel gezählt werden, so ergeben diese beiden Definitionen in der Regel sehr ähnliche Werte. Das muss nicht notwendigerweise so sein. Verändert sich nämlich ein Spektrum vor allem im Bereich sehr feiner Partikel, so wird die Situation durch das Anzahlkriterium besser beschrieben als durch das Massenkriterium. Zudem ist bei einem Partikelgrößenspektrum, das durch Feinstpartikel dominiert ist, die Messung nach der Anzahl die wesentlich empfindlichere Methode [53]. Da weiter aus Gründen der Gesundheitsrelevanz Größe, Oberfläche und Anzahl bei der Messung zu berücksichtigen sind, sollte auch der Abscheidegrad entsprechend definiert werden.

Rückhaltung der Partikel

Neben der Abscheidung ist als zweite Komponente der Filtration die zuverlässige Rückhaltung der Partikel in der Filtermatrix, also die Haftung, von Bedeutung. Sieht man von Formeffekten, die weitgehend vernachlässigt werden können, einmal ab, so ist bei den trockenen Bedingungen der Heißgasfiltration die Haftkraft eines Partikels an einer Oberfläche nach Van der Waals gegeben durch

$$p = \frac{A}{6 \cdot \pi \cdot z^3} \tag{21.27}$$

p = Haftdruck
A = Konstante
z = Kontaktabstand

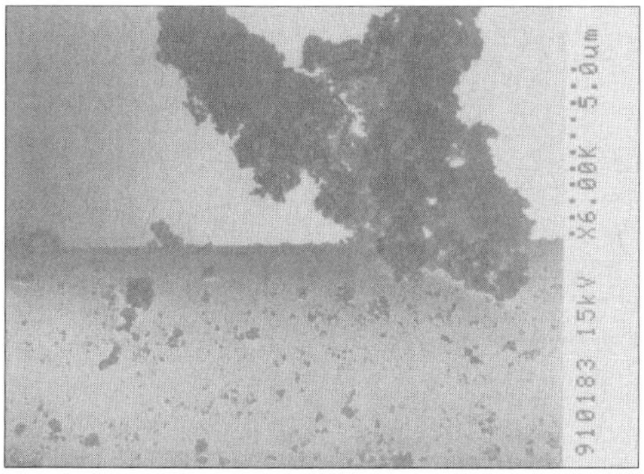

Bild 21-103 Dieselruß, abgeschieden als Feinstpartikel auf einer Keramikfaser mit 10 µm Durchmesser und ein großes Agglomerat, das im Filter gebildet wurde [13]

Kleine Teilchen, deren Schwerpunktsabstand zur Oberfläche sehr gering ist, haften somit wesentlich besser als größere. Da zudem die Angriffsmöglichkeit von Strömungskräften an kleinen Teilchen, die bereits im Grenzschichtbereich liegen, gering ist, besteht kaum eine Gefahr, dass Submikronpartikel, einmal an der Oberfläche abgeschieden, durch Strömungskräfte wieder ausgetragen werden.

An abgeschiedenen Partikeln aber können sich weitere Partikel anlagern, so dass in einem Filter schließlich große Agglomerate entstehen können, wie sie das **Bild 21-103** illustriert.

Derartige Agglomerate bieten eine große Angriffsfläche für die Strömung, sie können sich also ablösen und den Filter wieder verlassen – dies ist das typische Verhalten von grobporigen Tiefenfiltern oder so genannten Teilstromfiltern [45]. Man spricht geradezu von Agglomeratoren.

Aufgrund der festen Haftung der Feinstpartikel an Oberflächen werden beim Versuch der Reinigung von Filtern durch Ausblasen lediglich Filterkuchen, große Rußagglomerate und Ascheagglomerate entfernt. Die Feinstpartikel können allenfalls durch Auswaschen, das die Van der Waals'schen Bindungen lockert oder durch Ausbrennen aus dem Filter entfernt werden.

21.6.3.5 Regeneration und periodische Reinigung

Dank der hohen Abscheiderate für Feststoffpartikel jeder Art belegen sich die Filter rasch. Die Belegung mit brennbaren Bestandteilen (Ruß) erfolgt in wenigen Stunden, mit inerten Feststoffpartikeln (Asche) innerhalb von einigen Hundert bis Tausend Stunden. Diese Zahlen können stark variieren, je nach Rohemission des Motors, Betriebsweise, Schmierölverbrauch, Brennstoff- und Schmieröl-Eigenschaften und Filter-Charakteristik. In allen Fällen aber muss der brennbare Rückstand, aus elementarem Kohlenstoff EC und organisch gebundenem Kohlenstoff OC zusammengesetzt, relativ häufig durch Verbrennung entfernt werden. Dieser Vorgang wird als Regeneration bezeichnet. Die Regeneration sollte, um rückstandsfrei zu sein, möglichst so erfolgen, dass nur CO_2 und Wasser entstehen. Dieser Idealfall wird häufig nicht ganz erreicht. Gründe dafür sind, neben dem CO/CO_2-Gleichgewicht, einerseits Effekte während der Aufheizphase, in der Substanzen durch Verdampfung aus dem Filter ausgetragen werden können, andererseits Heizphasen bei geringem Sauerstoffgehalt, die zu Verkokungserscheinungen führen können (Pyrolyse) und damit zu fast nicht mehr regenerierbaren Rückständen.

Der komplexe Vorgang der Rußverbrennung, der nicht nur durch thermodynamische, sondern vor allem auch durch kinetische Bedingungen bestimmt ist, lässt sich nach Lepperhoff [12] durch ein reaktionskinetisches Modell nach dem Arrhenius-Ansatz wie folgt beschreiben:

$$\frac{\mathrm{d}M}{\mathrm{d}t} = k_0 \cdot M^m \cdot p_{O_2}^n \, \mathrm{e}^{\frac{-E}{RT}} \qquad (21.28)$$

M = relative Rußmasse
p_{O_2} = Partialdruck des Sauerstoffs
R = Gaskonstante
T = absolute Temperatur
E = Aktivierungsenergie

Aus dieser Beziehung geht die große Bedeutung der Temperatur und der ausreichenden Verfügbarkeit von Sauerstoff hervor. Die Aktivierungsenergie E liegt beim Filter ohne Regenerationshilfen im Bereich 140 kJ/mol. Bei katalytischen Maßnahmen kann dieser Wert auf ein Niveau von 80–90 kJ/mol abgesenkt werden. Damit Ruß vollständig verbrennt, sind Temperaturen von über 600 °C und ein Sauerstoffgehalt über 7 % erforderlich, also Bedingungen, die bei vielen Fahrzeugeinsätzen über längere Zeit, wie sie für das Aufheizen des Filtersystems erforderlich ist, kaum je, und wenn, dann nur kurzzeitig erreicht werden.

Die Abbrandbedingungen können in relativ weiten Grenzen variieren, einerseits abhängig von Ruß-Charakter und Ablagerungsgeschichte, andererseits beeinflusst durch die Adsorption von Kohlenwasserstoffen aus Schmieröl und Kraftstoff sowie neugebildete Substanzen.

Erschwerend kommt hinzu, dass während der Regeneration keine überhöhte Emission von Kohlenwasserstoffen und CO erfolgen soll und dass die durch die Wärmefreisetzung bei der Rußverbrennung entstehenden Wärmespannungen so gut kontrolliert werden müssen, dass diesbezüglich empfindliche Strukturen wie keramisch-monolithische Zellenfilter nicht überbeansprucht werden.

Zur Lösung dieser Aufgaben sind zahlreiche Regenerationsverfahren entwickelt worden, die grob in passive und aktive Verfahren unterteilt werden können:

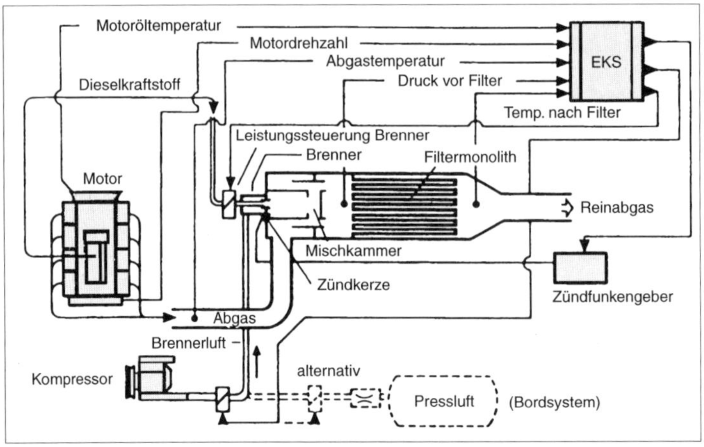

Bild 21-104 Partikelfiltersystem mit Vollstrombrenner (Deutz)

- „aktiv", wenn die Regeneration durch gesteuerte oder geregelte Eingriffe ausgelöst wird, die entweder eine Energiezufuhr oder eine Steigerung der Temperatur oder eine Erhöhung des Sauerstoffgehaltes zum Zweck haben.
- „passiv", wenn durch katalytische Maßnahmen die Aktivierungsenergie so weit abgesenkt wird, dass die Reaktion bei den gegebenen Betriebstemperaturen abläuft.

In Sonderfällen (kleine Motoren, Kurzzeiteinsätze, Innenraumbetrieb) kommen auch Wechselfilter oder Einwegfilter in Frage, die extern regeneriert oder nach Belegung entsorgt werden.
Unter den aktiven Systemen finden sich vor allem:

- **Diesel-Brenner (Bild 21-104, Bild 21-105)**
  Es sind zahlreiche Varianten bekannt: neben dem eigentlichen Vollstrombrenner (Deutz, siehe **Bild 21-104** (DEUTZ, siehe **Bild 21-104**/HUG), der bei allen Betriebsbedingungen regeneriert – eine sehr schwierige technische Aufgabenstellung – finden sich Zwillingssysteme, die bei einstellbaren Bedingungen wechselweise regenerieren (EBERSPÄCHER, **Bild 21-105** IVECO) Brenner, die im Leerlaufbetrieb oder bei Motorstillstand zugeschaltet werden (HUG) und solche, die das Filterelement von der Reinluftseite her beheizen (HJS).
  Die Aufgabenstellung, einen Brenner unabhängig vom Motor zu betreiben, ist technisch weit einfacher, bedingt aber auch einen Zusatzaufwand, weil die Verbrennungsluft durch ein elektrisch betriebenes Gebläse bereitgestellt wird (HUSS, ERNST, PHYSITRON). Auch extern betriebene Brenner kommen zum Einsatz, einerseits zur Regeneration von Wechselfiltern, andererseits als Heißluftlieferant zur Regeneration fest installierter Partikelfilter im Fahrzeugstillstand.
  Besondere Erwähnung verdienen katalytisch unterstützte, so genannte flammenlose Verbrennungsverfahren, die eine sehr feine Verteilung des eingespritzten Dieseltreibstoffs voraussetzen (eventuell noch im Motor), damit eine möglichst rückstandsfreie Verbrennung auf den katalytischen Oberflächen erfolgen kann (COMELA, PURITECH, GAT, DEUTZ). Die Verwendung von leichter entzündbaren Brennstoffen, die eigens mitgeführt werden müssten, wurden bisher nicht in Betracht gezogen.

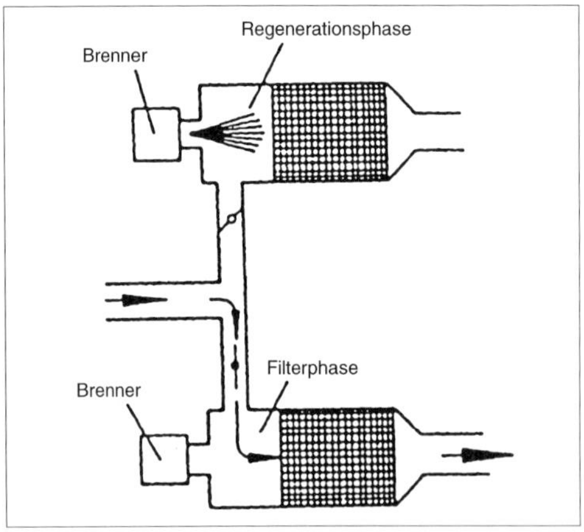

Bild 21-105 Doppelfiltersystem mit Klappensteuerung (Eberspächer)

- **Elektrische Beheizung:** Elektrische Systeme sind in vielfältiger Form entwickelt worden: Gesamtbeheizung des Gasstroms und damit des Filters oder gezielte Beheizung der Filtermatrix über Ohm'sche Wärme bei elektrisch leitfähigen Werkstoffen (SiC) sowie sequenzielle Beheizungssysteme, bei denen eine Filterkerze nach der anderen [13] oder ein Filterkanal nach dem anderen [14] auf Regenerationstemperatur gebracht wird. Falls sich ein ausgeprägter Rußkuchen entwickelt hat, kann es genügen, diese Schicht nur zu entzünden; der Brand „frisst" sich dann dank freiwerdender Energie durch den gesamten Rußkuchen (HJS, EMINOX, PIRELLI); Voraussetzung dafür ist die FBC-Technik durch Additivierung des Treibstoffs. Der eingelagerte Ruß ist dann mit winzigen Metalloxidclustern durchsetzt und zündet dank deren katalytischer Wirkung bereits bei Temperaturen um 300 °C.

Das Hauptproblem der elektrischen Verfahren ist die begrenzte Verfügbarkeit elektrischer Energie an Bord von Fahrzeugen. Bisher haben sich elektrische Regenerationsverfahren nur durchgesetzt, wenn die Regeneration bei Motorstillstand durchgeführt und die dazu erforderliche elektrische Energie von außen zugeführt werden konnte (HUSS, ERNST, JOHNSON MATTHEY, ECS, DCL, CLEAIRE). Der Prozess kann dann langsam geführt und das Filtermaterial dadurch geschont werden. Mit diesem Verfahren bestehen besonders umfangreiche Erfahrungen, vor allem im Offroad- und Untertage-Bereich.

- **Regenerations-Energie aus der motorischen Verbrennung:** Zu den aktiven Systemen sind auch solche zu rechnen, bei denen die erforderliche Energie vom Motor selbst durch spezielle Eingriffe während der Regenerationsperioden gesteigert wird. Die üblichen Maßnahmen sind Späteinspritzung, Nacheinspritzung, Drosselung und Abgasrückführung. Mit diesen Eingriffen kann die Abgastemperatur um 200–300 °C gesteigert werden, was in vielen Fällen, insbesondere bei Kombinationen mit katalytischen Massnahmen für die Regeneration genügt. Alle diese Eingriffe verschlechtern den Kraftstoffverbrauch, was aber kaum ins Gewicht fällt, da die Regenerationsphasen in Relation zur Betriebszeit zwischen Regenerationen kurz sind, typisch 1–3 %. Maßnahmen dieser Art sind allerdings meist nur in der Erstausrüstung, bevorzugt bei Motoren mit elektronischen Einspritzsystemen möglich. Drosselung des Gasstroms aber ist ein auch in der Nachrüstung einsetzbares Verfahren, das sich zunehmender Beliebtheit erfreut. Bei motorinterner Kraftstoffeinspritzung ist wegen der Gefahr der Verdünnung des Schmieröls Vorsicht geboten.

Ebenso vielfältig sind die passiven Regenerationshilfen durch Einsatz von Katalyse, die sich grob unterteilen lassen in solche, die die Reaktion des Rußes mit Sauerstoff unterstützen und andere, die die Reaktion des Rußes mit NO_2 fördern. Natürlich sind auch Kombinationen denkbar. Der Einsatz der katalytisch aktiven Substanzen erfolgt entweder durch Additivierung des Brennstoffs oder durch Beschichtung der Filteroberflächen.

- **Regenerations-Additive** (FBC = fuel borne catalysts) [54] sind Substanzen, die, meist in metallorganischer Form, dem Kraftstoff in geringen Konzentrationen (10–20 ppm) zugemischt, die Rußabbrandtemperatur durch katalytische Wirkung bis auf circa 300 °C absenken können. Beispiele für solche Substanzen sind Cer, Eisen, Kupfer und Strontium. Die Endprodukte dieser Additive (Oxyde) tauchen im Abgas als äußerst kleine Aschepartikel wieder auf (um 20 nm) [15]; die Anwendung ist daher nur in Verbindung mit entsprechenden Partikelfiltern zulässig [8]. Vorteilhaft ist die Fähigkeit der Additive, die Ruß-Rohemissionen erheblich abzusenken und damit die Filter zu entlasten. Weitere Vorteile bestehen darin, dass sie nicht altern, dass ihre Dosierung in einfacher Weise an die Rußemission angepasst werden kann und dass der Abbrand aufgrund der (meist) hohen Sauerstoffkonzentration im Dieselabgas und des vorzüglichen Kontaktes des Katalyten mit dem Ruß sehr rasch und vollständig abläuft. Durch diese Eigenschaften zeichnet sich die FBC-Technik gegenüber katalytischen Wandbeschichtungen und der recht langsamen NO_2-Regeneration aus. An der gasförmigen Zusammensetzung des Abgases ändern FBC in der Regel wenig. Bei manchen Additiven wird beobachtet, dass auch die motorische Verbrennung verbessert und innermotorische Ablagerungen (Kolbenringpaket) vermindert werden. In einigen Fällen wurde sogar eine markante Verminderung des Kraftstoffverbrauchs beobachtet.

  Neuentwicklungen zeigen jedoch deutliche De-NO_x-Wirkungen und eine fast vollständige Eliminierung der motorischen NO_2-Emissionen, selbst im Bereich des Tiefleerlaufs, wo Dieselmotoren häufig hohe NO_2-Konzentrationen aufweisen [46].

- **Katalytische Beschichtung (Bild 21-106):** Eine ähnliche Absenkung der Rußzündtemperatur wie bei Additiven gelingt durch Beschichtung der Filter mit Übergangsmetallen [12]. Voraussetzung ist dabei eine sehr große spezifische Oberfläche (>100 m^2/g) und damit eine sehr feine Verteilung der aktiven Zentren.

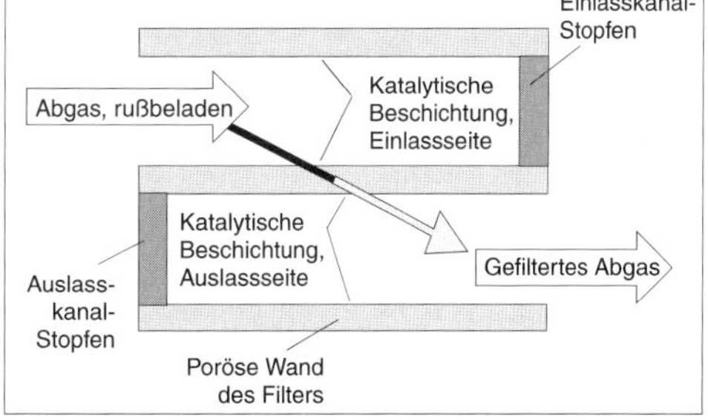

Bild 21-106 Schematische Darstellung eines katalytisch beschichteten Rußfilters [Engelhard]

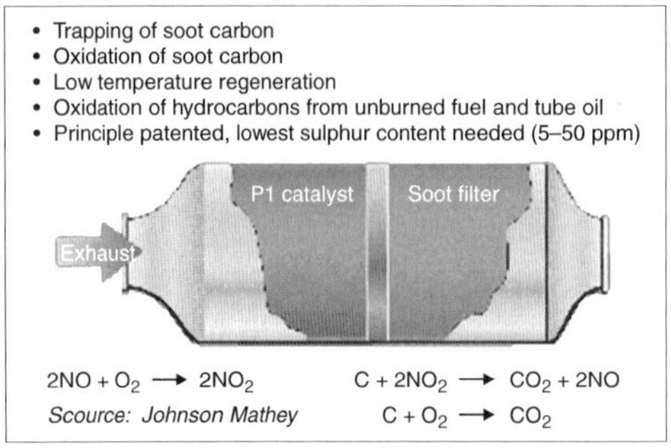

Bild 21-107 CRT-Filter-System [Johnson Matthey]

Während bei Additiven auch massive Rußablagerungen noch abgebrannt werden können – allerdings unter Gefahr der Erzeugung hoher Temperaturspitzen – sollte bei beschichteten Filtern die Bildung dicker Rußkuchen vermieden werden, da die Wirksamkeit des auf die Wand aufgetragenen Katalyten dadurch erheblich eingeschränkt werden kann.

Es bieten sich verschiedene Funktionsvarianten durch Beschichtung auf der Rohgasseite an, die primär dem Rußabbrand dient und auf der Reingasseite, die bei Einsatz von Edelmetallen zu Nachoxidation von CO und HC benutzt werden kann.

Bei deutlich tieferen Temperaturen setzen die katalytisch unterstützen NO_2-Reaktionen ein, wie sie erstmals beim so genannten **CRT-System** [16], **Bild 21-107**, (CRT = Continuously Regenerating Trap nach einem Patent von Johnson Matthey) zum Einsatz kamen. Dabei wurde die Eigenschaft eines dem Partikelfilter vorgeschalteten edelmetall-beschichteten Oxidationskatalysators benutzt, im motorischen Abgas vermehrt NO_2 aus NO zu erzeugen. NO_2 ist bei diesen Temperaturen aber nicht stabil. Im nachgeschalteten Partikelfilter erfolgt daher der umgekehrte Vorgang und das freigewordene Sauerstoff-Radikal oxidiert den Kohlenstoff bereits bei Abgastemperaturen ab circa 230 °C.

Voraussetzung ist die Verwendung von schwefelfreiem Kraftstoff, um die Sulfatierungsreaktion ($SO_2 \rightarrow SO_3$) zu vermeiden, die als bevorzugte Reaktion die NO_2-Konversion behindert. CRT als passives Verfahren hat einen eigentlichen Durchbruch der Filtertechnik bei der Nachrüstung, vor allem von Bussen des öffentlichen Verkehrs gebracht. Das Verfahren wurde dann variiert und in unterschiedlichster Form auf den Markt gebracht.

Gemeinsam ist all diesen, durch Edelmetallbeschichtung charakterisierten Regenerationsverfahren, dass sie vermehrt NO_2 erzeugen und auch einen nicht unerheblichen Schlupf dieses Schadgases aufweisen.

Vielfältige Kombinationen der Regenerationsverfahren wurden ausgeführt. Als Beispiel diene das von Peugeot, **Bild 21-108**, für den Einsatz im Pkw entwickelte Verfahren: bei diesem System wurde zunächst Ceroxid (später Eisenoxid in Konzentrationen von <10 ppm Metall) als Kraftstoff-Additiv eingesetzt, um die Rußzündtemperatur um etwa 200 °C abzusenken – dies genügt beim Pkw allerdings bei weitem nicht. Zusätzlich wird die Abgastemperatur durch Nacheinspritzung um etwa 100 °C angehoben und der dabei nicht ganz verbrannte Kraftstoff in einem Vorkatalysator umgesetzt, was zu einer weiteren Temperatursteigerung führt. Die Abgasrückführung, welche die Verbrennungstemperatur senkt, wird in der Regenerationsphase abgeschaltet, und das Bordnetz wird durch Zuschaltung elektrischer Verbraucher belastet. Alle diese Elemente sind erforderlich, um auch unter widrigen Bedingungen, das heißt bei anhaltend niedrigerer Last, die Regeneration dann auszulösen, wenn die Grenze der Rußbeladung erreicht ist.

Der Kombination von Regenerationshilfen und deren verfahrenstechnische Unterstützung durch elektroni-

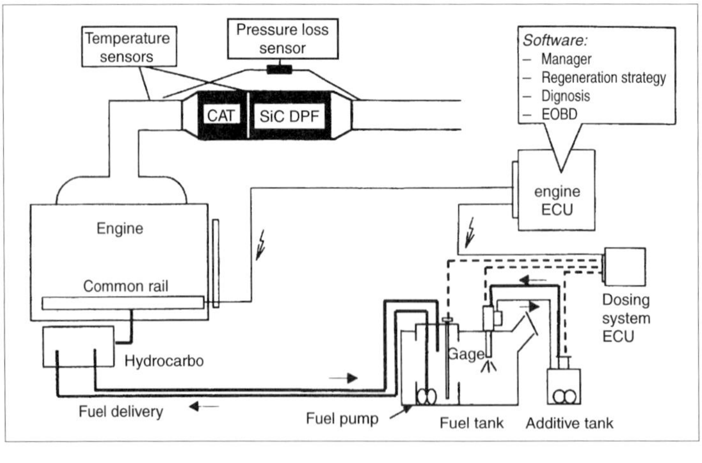

Bild 21-108 Schema des Peugeot Rußfiltersystems für Personenwagen [17]

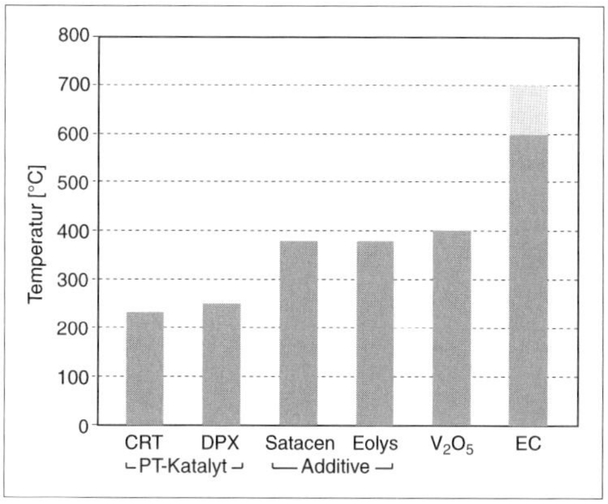

Bild 21-109 Gleichgewichtstemperatur bei der Filter-Regeneration mit verschiedenen katalytischen Hilfen [18]

sche Mittel sind kaum Grenzen gesetzt. So wurde versucht, durch Wärmetausch die bei der Regeneration frei werdende Energie durch Rekuperation [54] zu nutzen, Zündquellen zu bilden und sauerstoffreiche Substanzen wie Acetylacetonat einzuspritzen.

Die Bedingungen, unter denen der Ruß bei ausreichendem Sauerstoffgehalt verbrennen kann, sind in dem **Bild 21-109** zusammengefasst.

In größeren zeitlichen Abständen muss der Filter von inerten Substanzen gereinigt werden, die aus Schmieröl-Additivsubstanzen, Motorabrieb, Brennstoff-Additiven und mineralischen Stoffen herrühren, die dem Motor mit der Ansaugluft zugefügt werden. Zu erwähnen sind insbesondere Metalloxide aus den Verschleißschutz-Additiven des Schmieröls wie Zinkoxid und Calzium als Hauptbestandteil von Antikorrosions-Additiven, das mit dem Schwefel aus Kraftstoff oder Schmieröl Gips bilden kann, der sich ebenfalls im Partikelfilter ablagern und dessen Poren verstopfen kann. Die Reinigung des Filters von diesen inerten Substanzen findet heute etwa alle 2.000 Stunden (100.000 km) statt. Der Filter muss dazu ausgebaut werden. Das früher übliche Auswaschen hat sich nicht bewährt, da die für das Einpacken der Filter (Canning) verwendeten Matten aus feuerfesten Werkstoffen, meist keramischen Fasern feuchtigkeitsempfindlich sein können. Im maschinellen Reinigungsprozess werden die Filter bei hohen Temperaturen zunächst von allen brennbaren Substanzen gereinigt und dann werden im Druckstossverfahren mit Luft die inerten Einlagerungen ausgeblasen. Diese Aschesubstanzen sind umweltgerecht zu entsorgen.

Die nachteiligen Auswirkungen üblicher Schmieröle auf die Filter, die neben der Belegung durch die inerten Metalloxide aus dem Schmieröl (Ölasche) auch darin bestehen können, dass Schmieröl-Substanzen die Filtermaterialien durch Bildung von Glasphasen schädigen, führten dazu, dass für den Filtereinsatz neue Schmieröle gefordert wurden, die einen geringen Aschegehalt, einen niedrigeren Schwefelgehalt sowie eine Absenkung des Phosphor- und Erd-Alkali-Metallgehaltes aufweisen, sogenannte LowSAPS-Schmieröle (niedriger Gehalt an Sulfatasche, Schwefel und Phosphor). Ziel ist eine signifikante Absenkung der Emission der Schmieröl-Asche auf einen Maximalwert von 0,5 mg/kWh [19].

Die erfolgreiche Wahl der Regenerationsmethode hängt vor allem von der Kenntnis des Betriebsverhaltens eines Motors ab, also seines Lastkollektivs unter typischen Einsatzbedingungen. Der wichtigste Parameter neben dem Sauerstoffgehalt ist dabei die Temperatur. Die **Bilder 21-110** und **21-111** illustrieren die Problematik.

Bild 21-110, in dem die Verweilzeiten in bestimmten Temperaturfenstern kumuliert sind, zeigt ein scheinbar ausreichendes Niveau für mehrere Regenerationsverfahren. Im **Bild 21-111** wird allerdings darauf hingewiesen, dass diese Temperatur-Episoden von sehr kurzer Dauer sein können, das heißt nur ein Filtersystem mit kurzer Ansprechzeit kann diese kurzen Phasen ausreichender Temperatur nutzen, um

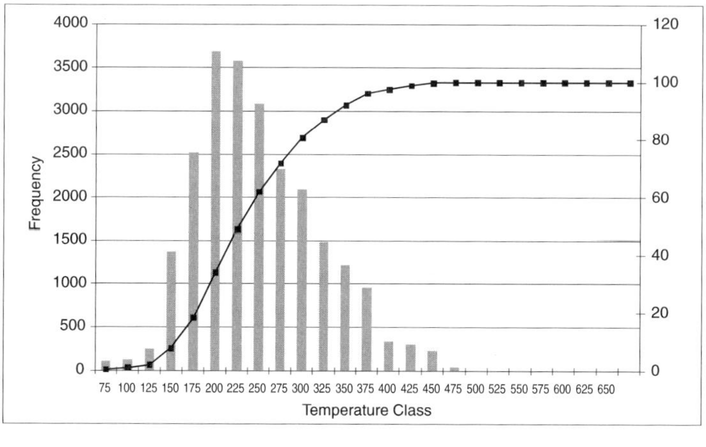

Bild 21-110 Kumulative Verteilung der Abgastemperatur beim Reisebus, 268 kW [20]

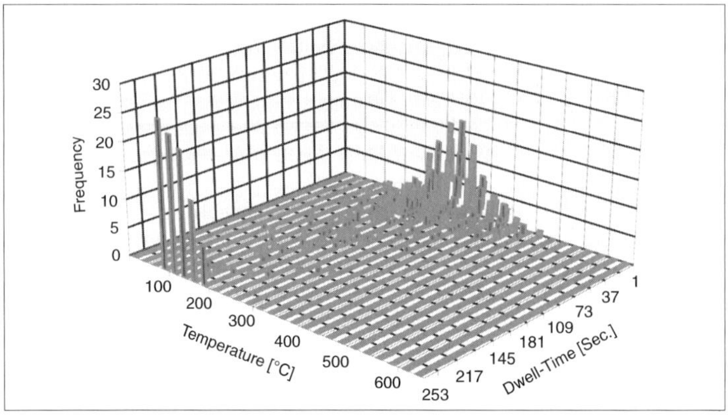

Bild 21-111 Verteilung der Abgastemperatur nach Zeit-Episoden beim Reisebus, 268 kW [20]

die Regeneration einzuleiten, was auf die Notwendigkeit einer geringen Wärmekapazität und einer guten Wärmeisolation hinweist.

21.6.3.6 Emissionen während Regenerationen und Sekundäremissionen

Man muss den beladenen Partikelfilter als einen chemischen Reaktor auffassen, der mit sehr hoher Oberfläche ausgestattet ist, somit für katalytische Prozesse prädestiniert ist und in weiten Temperaturbereichen mit ausgeprägten Adsorptions-/Desorptionszyklen arbeiten kann. Auch die Bildung von neuen Stoffen kann nicht ausgeschlossen werden. Die große Vielfalt von Edukten aus der motorischen Verbrennung ermöglicht chemische Reaktionen, die zur Emission toxischer Substanzen in kritischen Konzentrationen führen können. Durch Beschichtung oder Einlagerung katalytisch aktiver Substanzen kann die Bildung solcher Stoffe beschleunigt und ihre Konzentration erheblich erhöht werden. Hinzu kommen Emissionsrisiken durch das so genannte Store-and-Release-Verhalten solcher Systeme sowie Reaktionen, die beim Rußabbrand auftreten können. Es sind grob unterteilt drei Prozessgruppen zu beachten:

- Bei der Regeneration können Emissionsspitzen von HC und CO auftreten: HC, wenn adsorbierte Kohlenwasserstoffe in der Aufheizphase abgedampft werden, CO, wenn die Regeneration sehr rasch oder bei geringem Sauerstoffgehalt abläuft.
- „Store-and-Release"-Phänomene sind bei adsorbierenden Systemen mit wechselndem Temperaturcharakter immer möglich. Bei Verwendung von Kraftstoffen mit hohen Schwefelgehalten werden zum Beispiel ausgeprägte Sulfatzyklen beobachtet [47]. Bei großporigen Tiefenfiltern und so genannten Teilstromfiltern wird dieses „Store & Release"-Verhalten zum typischen Merkmal, das in der „store"-Phase Abscheidung vortäuscht [45], was dazu führt, dass viele bisher übliche Testverfahren mit relativ kurzen Testzyklen und vorgeschalteter Konditionierung völlig falsche Partikelminderungsraten liefern.
- Unter eigentlichen Sekundäremissionen wird die Freisetzung von Substanzen verstanden, die vorher im System nicht existiert haben, also im Partikelfilter gebildet werden. Solche Reaktionen kommen vor allem durch katalytische Unterstützung zustande, wobei schon die Einlagerung von Schmieröl-Asche zu spürbaren katalytischen Wirkungen führen kann. Bei Edelmetall-Beschichtung wird eine starke Sulfatreaktion beobachtet ($SO_2 \rightarrow SO_3$), sowie eine erhebliche Verschiebung des NO/NO_2-Gleichgewichtes. In Verbindung mit Kupferadditiven wurde eine massive Erhöhung der Emission von Dioxinen und Furanen um mehrere Größenordnungen beobachtet [21]. Auch eine Verschiebung des PAK-Spektrums ist denkbar, Nitro-PAK können gebildet werden, Aldehyde. Es ist daher erforderlich, bei der Typenprüfung katalytisch beschichteter oder katalytisch unterstützter Systeme auf Sekundäremissionen zu achten.

An den im Motor gebildeten gesetzlich limitierten gasförmigen Schadstoffen CO, HC und NO_x ändert das Partikelfiltersystem in der Regel nur dann etwas, wenn katalytisch unterstützte Prozesse mit im Spiel sind; so wird beim Einsatz von Edelmetallen eine starke Verminderung von CO und HC um etwa 90–95 % beobachtet, eine Erhöhung der NO_2-Emission, jedoch keine Änderungen bei Gesamt-Stickoxiden. Bei Beschichtungen mit Übergangsmetallen ist die Verminderung von CO und HC in der Regel weniger groß, jedoch werden kaum Sulfat-Reaktionen beobachtet und NO_2 kann abgesenkt werden.

Eine Aufwertung erfahren die Partikelfiltersysteme generell dadurch, dass die Gruppe der nach EPA als kanzerogen eingestuften polyzyklisch aromatischen Kohlenwasserstoffe in der Regel im Maß des Festoffpartikel-Abscheidegrades vermindert werden. Dies lässt sich nur dadurch erklären, dass die PAKs bereits während der Rußbildungsphase in der oberflächenreichen Struktur adsorbiert werden, in dieser festen Bindung bleiben und bei der Regeneration zu Endprodukten CO_2 und H_2O konvertiert werden. Dieser

Vorgang ist auch durch die Time-of-flight-Analytik [15] nachgewiesen.

21.6.3.7 Druckverlust

Infolge des unvermeidlichen Druckverlustes bei der Durchströmung dieser feinporigen Strukturen haben Partikelfilter grundsätzlich negative Rückwirkungen auf den Motor, die beim aufgeladenen Motor stärker ausgeprägt sind als beim Saugmotor: Die Ausschiebearbeit steigt, Abgasrückhaltung wird erhöht, bei steigendem Gegendruck wird schließlich die Verbrennung beeinflusst und die Bauteiltemperaturen können steigen. Der Druckverlust des Partikelfilters erhöht sich weiter bei Belegung durch Ruß und Ascheeinlagerung, und zwar interessanterweise bei Oberflächenfiltern durch Filterkuchenbildung progressiv bis zum vollständigen Verschluss, gleichzeitig steigt der Abscheidegrad – bei Tiefenfiltern nach dem Faserwachstums-Modell degressiv [22], das heißt eine bestimmte Grenzbeladung wird nicht überschritten [13]. Gleichzeitig sinkt der Abscheidegrad.

Der Druckverlust im feinporigen Filterelement und im Rußkuchen genügt dem laminaren Gesetz, da die Reynoldszahlen mit Bezug auf die Porengröße <1 sind.

Der Druckverlust wird üblicherweise wie folgt angegeben:

Für den Faserfilter nach Jodeit [22]:

$$\Delta p = K_1 \cdot L \cdot \left(\frac{1-\varepsilon}{\varepsilon}\right) v \cdot \mu \cdot \frac{1}{d^2} \qquad (21.29)$$

L = Filtertiefe
ε = Porosität = Hohlraumvolumenanteil
$= \dfrac{\text{Porenvolumen}}{\text{Filtervolumen}}$
v = Anströmgeschwindigkeit
μ = dynamische Zähigkeit
d = Faserdurchmesser
ρ = Dichte des Strömungsmediums

Für Porenstrukturen nach Ergug und Orning [23]:

$$\Delta p = K_2 \cdot L \cdot \frac{(1-\varepsilon)^2}{\varepsilon^3} \cdot \mu \cdot v \cdot \left(\frac{O_p}{V_p}\right)^2 \qquad (21.30)$$

O_p = Porenoberfläche
V_p = Porenvolumen

Hinzu kommt ein nicht vernachlässigbarer Anteil für die Strömung in den Gehäusen und den Filterzuströmkanälen, der turbulent, also proportional ρv^2 anzusetzen ist.

Der Druckverlust neuer Filter liegt bei Motornennlast meist im Bereich von 20–40 mbar, das heißt in ähnlicher Höhe wie beim Nutzfahrzeug-Schalldämpfer, der in der Regel durch den Filter ersetzt wird. Für den maximal zulässigen Druckverlust des voll beladenen Filters (Ruß + Asche) hat sich ein Grenzwert von 200 mbar (bezogen auf Nenndrehzahl und Nennlast) eingebürgert.

Dieser Druckverlust wirkt sich über die Ausschiebearbeit negativ auf den Kraftstoffverbrauch und die Leistung aus, wobei bis zu einem Gegendruck von circa 300 mbar (bei Volllast und Nenndrehzahl) von einem proportionalen Einfluss ausgegangen werden kann. Für den nicht aufgeladenen Motor gilt:

$$\frac{\Delta b}{b} = \frac{\Delta p}{p_e + p_r} \qquad (21.31)$$

b = Kraftstoffverbrauch
Δp = Filterdruckverlust
p_e = effektiver Mitteldruck
p_r = Reibmitteldruck

Bei einem mit relativ hoher Last betriebenen Nutzfahrzeugmotor wird der Druckverlust somit den Kraftstoffverbrauch um etwa 2 % verschlechtern, bei Fahrzeugen mit geringen Lastfaktoren wie Pkw ist der Einfluss größer, gegen 5 %. Steigt der Druckverlust über dieses Maß hinaus, so werden ab etwa 400 mbar Verbrennung und Aufladung negativ beeinflusst, so dass in nichtlinearer Weise stärkere Auswirkungen auftreten, wie sie das **Bild 21-112** in der Simulation eines hoch aufgeladenen modernen DI-Nutzfahrzeugmotors zeigt.

Die Auswirkungen in dieser Grafik berücksichtigen nicht, dass eigentlich nur die Differenz gegenüber dem Schalldämpfer bewertet werden darf, wenn dieser durch den Filter ersetzt wird, was bei Nachrüstung üblich ist. Schalldämpfer sind bei Nutzfahrzeugen mit etwa 60 mbar Druckverlust ausgelegt, beim Pkw findet man häufig Werte über 200 mbar bei maximalem Durchsatz.

Eine stärkere Auswirkung des Filterdruckverlustes auf den aufgeladenen Motor kommt einerseits dadurch zustande, dass der Druckverlust des der Turboladerturbine nachgeschalteten Filters für den Motor im Maß des Expansionsverhältnisses erhöht wird, andererseits durch die Verminderung der Entspannungsenthalpie und in deren Folge durch eine Verringerung des Ladedruckes und des Gesamtwirkungsgrades.

Bei Zweitakt-Motoren und bei Viertakt-Motoren mit großer Ventilüberschneidung ist die Grenze des zulässigen Gegendruckes des Filters deutlich niedriger anzusetzen als bei üblichen Viertakt-Motoren. Vorsicht ist auch geboten bei Motoren mit ungeregelter Abgasrückführung, da eine Steigerung des Gegendruckes in diesem Fall sehr rasch zu einer Erhöhung der AGR führen kann, damit zu einer Erhöhung der Partikelemission bei gleichzeitiger Absenkung der Abgastemperatur, womit die Verhältnisse für den Betrieb des Filters progressiv schlechter werden können.

21.6.3.8 Bauraum und Systemintegration

Der Bauraum für ein Partikelfiltersystem entspricht etwa dem 4- bis 8fachen des Motor-Hubvolumens. Ein

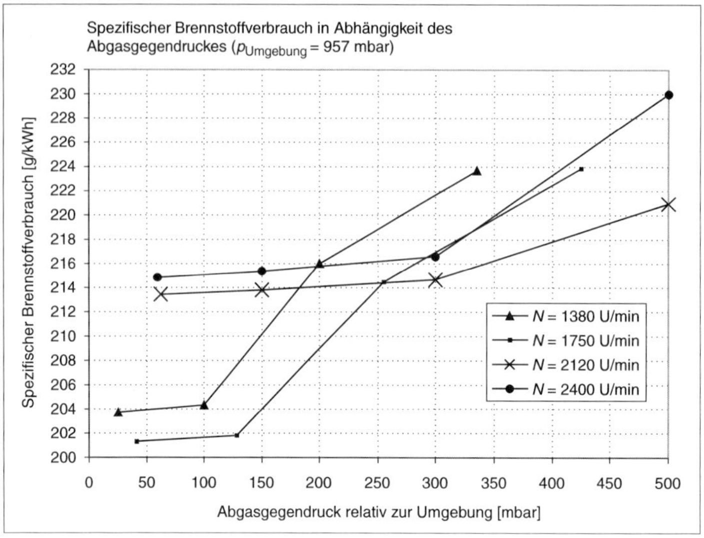

Bild 21-112 Modellierung der Verschlechterung des Kraftstoffverbrauchs für vier Volllastdrehzahlen infolge Steigerung des Abgasgegendruckes beim aufgeladenen Motor [24]

derartiges Bauteil, das auch nicht beliebig geformt werden kann, im Abgasstrang unterzubringen, ist vor allem bei Nachrüstungen nicht immer einfach.

Immerhin haben einige Hersteller ihre Systeme konstruktiv bereits so weit anpassen können, dass sie Filter in den Austauschdimensionen der Schalldämpfer anbieten, dies selbst für CRT-Systeme, die einen Katalysator plus ein Filterelement enthalten.

Bei der Erstausrüstung dürfte das Problem leichter zu lösen sein.

Die bauliche und funktionelle Systemintegration bietet viele interessante Optionen:

- Optimale Verbindung der Funktionen Filtration + Katalyse + Schalldämpfung.
- Verbindung der Funktionen Partikel-Filtration + Entstickung – eine Zukunftsoption.
- Platzierung des Filters auf der Hochdruckseite vor Turbolader und damit erhebliche Erleichterung der Regeneration sowie Verminderung der Rückwirkung des Druckverlustes auf den Motor im Verhältnis des Turbolader-Expansionsgefälles [25].
- Mit dem Einsatz des Partikelfilters entfällt der bisherige Zwang zum Trade-off NO_x/PM bei der Motorabstimmung. Der Motor kann also unter Inkaufnahme etwas höherer Partikelemission für geringere NO_x-Emission ausgelegt werden.
- Das Abgas nach Filter ist derart partikelfrei, dass es sogar in die Ansaugung vor Turbolader geleitet werden kann. Befürchtung wegen Verschmutzung des Turboladerverdichters und Verschleiss des Motors durch Abgasrückführung entfallen.
- Maßnahmen des Motor-Managements können genutzt werden, um die Abgastemperatur kurzfristig so weit zu steigern, dass der Filter regeneriert – die dabei auftretende höhere Partikelbildung wird nach außen nicht sichtbar.
- Zur Systemintegration gehört auch, dass Kraftstoffe und Schmieröle verwendet werden, die auf den Betrieb mit Partikelfiltern abgestimmt sind, und dass die Filtration der Ansaugluft so weit verbessert wird, dass der wesentlich feinporiger ausgelegte Partikelfilter nicht durch angesaugte Mineralstäube belegt wird.

21.6.3.9 Schadensmechanismen/Erfahrungen

Monolithische keramische Zellenfilter sind spröde empfindliche Bauteile. Niedrige mechanische Festigkeit dieser porösen Werkstoffe und geringe Wärmeleitfähigkeit machten die ursprünglich verwendeten Strukturen anfällig für thermomechanische Beanspruchungen, wie sie bei Regenerationsvorgängen typisch auftreten. Da die Grenztemperatur bereits bei circa 1.400 °C lag, sind Schäden infolge unkontrollierter Regenerationen in großer Zahl aufgetreten.

Mehrere Richtungen wurden verfolgt, um dieses Problem technisch zu bewältigen:

- Weiterentwicklung der Werkstoffe und Neuentwicklung festerer und temperaturbeständigerer keramischer Werkstoffe wie beispielsweise poröses SiC mit Biegefestigkeit um 40 MPa
- Entwicklung von keramischen Strukturen mit geringerer Rissausbreitungs-Tendenz (segmentierte Filter)
- Optimierung der geometrischen Auslegung des Filters, um Wärmespannungen zu minimieren
- Einsatz von metallischen Werkstoffen als Sinterplatten oder Faservliese
- Maßnahmen zur Kontrolle der Regeneration mit dem Ziel einer Begrenzung der Temperaturgradienten und der Spitzentemperatur.

Mit diesen Ansätzen, die in den Systemen verknüpft genutzt werden, liegen inzwischen Erfahrungen über große Stückzahlen bei der Nachrüstung von Bussen und Baumaschinen mit Schadensraten unter 1 % pa vor, sowie Laufzeiten bei Fahrzeugen von >800.000 km und Arbeitsmaschinen von über 20.000 Betriebsstunden.

Nicht zu unterschätzen ist die Belastung der fragilen Keramikkomponenten durch Vibrationen, wie sie vor allem bei motornaher Bauweise auftreten können. Die Filterelemente müssen wegen der großen Ausdehnungsunterschiede über eine keramische Matte isoliert und vorgespannt in ein metallisches Gehäuse eingebaut werden. Wenn sich diese Vorspannung lockert, ist ein Schaden unvermeidlich. Schäden dieser Art sind bei anderen Filterstrukturen, insbesondere bei Faserfiltern oder Filtern aus metallischen Komponenten wie Sinterfiltern und Metall-Vliesfiltern weniger zu erwarten.

Eine weitere Klasse von Schädigungen, auch hier vor allem bei den monolithischen Keramiken, kann durch die Schmieröl-Asche oder auch durch Additivasche ausgelöst werden: die Endprodukte dieser Substanzen sind ja Metalloxide wie die Keramik selbst. Es bestehen vielfältige Möglichkeiten der Phasenbildung dieser Substanzen mit der Keramik, die in der Regel zu einer Schwächung führen. Schäden dieser Art sind grundsätzlich auch bei Fasern möglich, jedoch ist die Faserstruktur durch ihre hohe Elastizität und Redundanz weniger empfindlich als eine monolithische Struktur.

Im Fall der Verwendung von Additiven führt ein Filterschaden dazu, dass diese Substanzen in der Atmosphäre freigesetzt werden. Dies ist zu vermeiden; daher müssen Filterschäden durch die OBD erkannt und die Additiv-Dosierung sofort abgestellt werden.

Befürchtet wurden lange Zeit auch negative Auswirkungen durch den Einsatz von Kraftstoff-Additiven auf die motorische Verbrennung und den Verschleiß. Nun sind diese Stoffe aber beim Zustand der Additivierung in der Regel metallorganischer Natur, mischen sich also auf molekularer Basis. Tatsächlich konnten bisher keine negativen Auswirkungen auf den motorischen Verschleiß nachgewiesen werden; im Gegenteil wird darauf hingewiesen, dass die Motoren geringere Ablagerungen im Ringbereich haben, was sich eher positiv auf den Verschleiß auswirken dürfte [26].

21.6.3.10 Qualitätskriterien

Neben den betriebswirtschaftlichen Kriterien wie Investitionskosten, Infrastrukturkosten und Serviceaufwand sind es vor allem die folgenden Kriterien, die für die Bewertung eines Filtersystems herangezogen werden müssen:

- Abscheidegrad anzahlbasiert PZAG, respektive Penetration $P = 1 - \text{PZAG}$ im gesamten relevanten Partikel-Größenbereich
- Druckverlust Δp, besser in Relation zum mittleren indizierten Druck des Motors $\Delta p/p_i$ für den Lastfall, der die Anwendung am besten charakterisiert
- Volumendurchsatz im Verhältnis zur Baugröße, also die Raumgeschwindigkeit $V/B = S$ [1/s]
- Thermische Ansprechzeit t_1, die Zeit, die nach einem ausreichenden Sprung der Abgastemperatur vergeht, bis der Filter zu regenerieren beginnt, der Druckverlust also sinkt
- Speicherzeit für Inertmaterial bis zur notwendigen Reinigung des Filters: t_2.

Man kann diese Qualitätsparameter im Sinne einer Mehrkomponenten-Bewertung zu einem einzigen Filter-Parameter zusammenfassen:

$$1/5\left(\frac{P[-]}{0.01}+\frac{\Delta p/p_i}{0.02}+\frac{20}{S[1/s]}+\frac{t_1[S]}{100}+\frac{t_2[h]}{2000}\right)<1$$

Wenn dieser Wert wesentlich über eins liegt, dann ist mindestens einer der wichtigen Parameter oder mehrere außerhalb der bereits heute erzielbaren Werte.

21.6.3.11 Eignungstest, Typenprüfung, OBD, Feldkontrolle

- **Eignungstest [48]**
  Man darf in erster Näherung davon ausgehen, dass ein Filter die Eigenschaft hat, Feststoffpartikel einer bestimmten Größe zu einem bestimmten Prozentsatz abzuscheiden, unabhängig von der chemischen Zusammensetzung dieser Partikel [27], bei Partikeln <200 nm sogar unabhängig von ihrer Dichte, wenn ihre Größe durch den Beweglichkeitsdurchmesser charakterisiert ist. Durchsatz, Temperatur und Beladungsgrad müssen als Randbedingungen eingehalten werden, da mit steigendem Durchsatz die Impaktion zunimmt, aber die Diffusionsabscheidung abnimmt, der Beladungsgrad sich somit in unterschiedlicher Weise auf die Abscheidungsrate auswirkt und die Temperatur sowohl über die Diffusionskonstante als auch über die Haftbedingungen Einfluss nehmen kann.
  Es genügt daher, einen Filter bei maximaler Raumgeschwindigkeit und maximaler Temperatur im Neuzustand (worst case) zu vermessen, um seinen in der Praxis zu erwartenden Mindest-Abscheidegrad in weitgehender Allgemeingültigkeit zu bestimmen. Der Filter ist somit gekennzeichnet durch einen einzigen Wert für den Abscheidegrad pro Partikel-Größenklasse (Trennkurve); dieser Abscheidegrad kann benutzt werden, um bei einem beliebigen Motor durch Multiplikation mit der Feststoffpartikel-Rohemission auf die Reinemission an Feststoffpartikeln zu schließen.
  Dieser Test könnte im Prinzip auf einer Filterprüfmaschine mit einem Test-Aerosol durchgeführt werden, wie dies bei vielen industriellen Filteranwendungen auch gehandhabt wird (DIN 24184, 24185). Vorzuziehen ist die Messung auf einem repräsentativen Dieselmotor, vor allem we-

gen der Frage der Haftbedingung und der Agglomeratbildung im Filter.
Transiente Prozesse, wie im Extremfall die freie Beschleunigung eines Motors vom Tiefleerlauf auf den Hochleerlauf, führen erwartungsgemäß nicht zu neuen Erkenntnissen, da sich angesichts der sehr niedrigen Geschwindigkeiten (außerordentlich kleine Reynolds- und Machzahlen) im Filtermedium keine strömungsdynamischen Effekte ausbilden.
Ein Filter kann somit bezüglich seiner wesentlichen Funktion, nämlich der Rückhaltung von Feststoffpartikeln, durch ein einfaches Testverfahren charakterisiert werden.
Sollte der Filter neben der Filtration noch andere Funktionen erfüllen wie zum Beispiel Katalyse, so muss er zusätzlichen Prüfungen unterworfen werden.

- **Typenprüfung eines Fahrzeugs mit Filter**
  Die Typenprüfung erfolgt in Fahrzyklen unter transienten Bedingungen. Bestimmt wird nicht ein Abscheidegrad, sondern der Emissionsfaktor (g/km, g/kWh, Partikelanzahl/km) des entsprechenden Fahrzeuges. Als Besonderheit für regenerierende Systeme ist festgelegt, dass die Typenprüfung auch während der Regeneration durchgeführt werden muss und dass dieses Ergebnis in das Gesamtresultat zeitlich gewichtet einzubeziehen ist (ECE/324/Add.82/Ref. 2/Amend.1). Da der Partikelgehalt im Reingas nach modernen Partikelfiltern um Größenordnungen niedriger sein kann als die Nachweisgrenze gravimetrischer Methoden, dies insbesondere im Blick auf kleine Partikelgrößen, und zudem die Auswirkungen auf die menschliche Gesundheit weit stärker mit der Anzahl als mit der Masse korrelieren, wurden ergänzende Messverfahren gesucht. Im Rahmen des UNECE-PMP-Programms wurde ein Verfahren entwickelt und für die zukünftige Typenprüfung vorgeschlagen, wonach die Gesamtanzahl von Feststoffpartikeln im Größenbereich 23 nm–2,5 µm während des gesamten Fahrzyklus integrierend erfasst und ein mittlerer Grenzwert für den Pkw als [Partikelanzahl/km], für das Nutzfahrzeug als [Partikelanzahl/kWh] definiert wird (www.unece.org/trans/doc/2003/wp29grpe) [49].

- **On-board-Kontrolle (OBD)**
  Als wesentlicher Input für die Systemsteuerung wird die Belegung des Filters respektive der Druckverlust kontinuierlich gemessen. Diese Messung wird benutzt, um drei kritische Druckniveaus zu überwachen: ein oberes Niveau zur Einleitung der Regeneration bei aktiven Systemen, ein maximales Niveau, das auf die Notwendigkeit zur Reinigung des Filters von inerten Stäuben aufmerksam macht, und ein unteres Niveau, das einen Schaden des Filters signalisiert. Bei Nachrüstungen ist es inzwischen üblich, solche Messungen über mehrere Wochen zu speichern, eventuell auch durch Messung der Temperaturen und Drehzahlen zu ergänzen, um im Falle von Motorschäden die Schnittstelle gegenüber dem Partikelfilter zu überwachen.

- **Periodische Feldkontrolle**
  Bei Nutzfahrzeugmotoren bis zur Emissionsgeneration Euro III ist eine Kontrolle nach der Methode der freien Beschleunigung mit opazimetrischer Messung brauchbar, um eine sichere Aussage über die zuverlässige Funktion des Systems zu machen. Bei Motoren mit wesentlich niedrigeren Rohemissionen und sorgfältiger Ausregelung des Rauchstoßes genügt die Empfindlichkeit des einfachen opazimetrischen Verfahrens nicht mehr. Dies gilt für Motoren ohne Partikelfilter. Mit Partikelfiltern ist die Opazität der gereinigten Abgase derart niedrig, dass Messungen mit üblichen Opazimetern nicht mehr aussagekräftig sind. Ausreichend empfindliche Messverfahren sind bekannt, bislang jedoch noch nicht für den robusten Feldeinsatz freigegeben [28].

21.6.3.12 Partikelmesstechnik

Da die gesundheitsschädigenden Wirkungen dieser verbrennungsgenerierten Feinstpartikel mit ihrer Größe, Oberfläche, Anzahlkonzentration und Substanz in Verbindung gebracht werden, müssen konsequenterweise die Technik der Probenahme und die Messung so gewählt werden, dass diese Größen zuverlässig charakterisiert werden können.
Die Messtechnik muss weiter geeignet sein, den Partikelgehalt im Reingas nach Partikelfiltern auch während transienter Fahrzyklen mit ähnlicher Genauigkeit und zeitlicher Auflösung zu erfassen, wie dies heute bereits bei der Messung gasförmiger Substanzen Stand der Technik ist.
Das gravimetrische Verfahren zur Bestimmung der Gesamt-Partikelmasse PM, wie es derzeit für die Typenprüfung weltweit angewendet wird, genügt diesen Kriterien nicht, insbesondere dann nicht, wenn die Menge der Feinstpartikel unter 50 nm adäquat mitberücksichtigt, allenfalls sogar größenklassiert werden müsste [31].
Wesentlich empfindlicher ist die in der Aerosolphysik seit langem übliche in-situ-Messtechnik, die ausgereifte Verfahren bietet, um:

- während der Probenahme nach Phasen (fest/flüssig) zu trennen
- nach Mobilitätsdurchmesser oder aerodynamischem Durchmesser zu klassieren
- die Schadstoff-Konzentration pro Größenklasse als Partikelanzahl oder aktive Oberfläche zu bestimmen.

Die Verfahren sind in [2, 3, 32, 33] beschrieben.

Bei Messungen im motorischen Abgas wird heute bereits häufig das so genannte SMPS-Verfahren eingesetzt, kombinierbar mit vorgeschaltetem Thermodesorber oder Thermoverdünner zur wahlweisen Trennung der flüchtigen Substanzen von den Feststoffpartikeln.

Die Messkette stellt sich wie folgt dar:

- Entnahmesonde, wobei für diese Feinpartikel isokinetische Absaugung nicht zwingend ist.
- Beheizte Leitung aus elektrisch leitendem Werkstoff zur Verminderung thermophoretischer Effekte, Vermeidung nachträglicher Kondensatbildung und elektrostatischer Abscheidung.
- Möglichst rasch nach der Entnahme hohe Verdünnung, um Veränderungen des Aerosols durch Agglomeration und Rekondensation zu vermeiden.
- Erzeugung eines statistisch einheitlichen elektrischen Beladungszustandes.
- Klassierung in einem differenziellen Mobilitätsanalysator DMA, **Bild 21-113**.
- Zählung der Partikel pro Größenklasse mit einem Kondensationskernzähler CPC (nicht im Bild gezeigt).

Im DMA driften die elektrisch geladenen Partikel auf eine Trajektorie, die durch das Verhältnis von aerodynamischer Schleppkraft und elektrischer Feldkraft gegeben ist, im Ringraum zur Mittelelektrode. Bei einem bestimmten Durchsatz und vorgegebener Feldstärke erreicht nur eine bestimmte, recht schmalbandige Klasse den Austrittsschlitz. Durch Variation der Spannung können in 1 – 3 Minuten etwa 60 Größenklassen abgescannt werden.

Dieses Verfahren ist systembedingt nicht für dynamische Messungen geeignet. Es bleibt die Möglichkeit, eine Größenklasse nach der anderen zu messen oder mehrere Geräte mit fest eingestellten Größenklassen parallel zu schalten [34] oder diese Art der Parallelmessung in einem einzigen Gerätetyp zu vereinen,was von Herstellern wie TSI, GRIMM und CAMBUSTION [35] bereits angeboten wird.

Die Aerosolphysik bietet weitere Messprinzipien an. Eine besonders interessante Alternative für die Größenklassierung ist die elektrische Diffusionsbatterie, die allerdings gegenüber dem DMA eine wesentlich flachere Trennkurve aufweist, dafür ein Online-Signal liefert und in Abhängigkeit der Art der elektrischen Beladung Informationen zur Partikelzusammensetzung liefern kann, **Bild 21-114**. Dabei ist zu unterscheiden zwischen einer Ionenbeladung durch eine klassische Koronaentladung, die alle Partikel gleicher Größe einheitlich belädt und einer photoelektrischen Beladung durch energiereiche UV-Bestrahlung, die wegen unterschiedlicher photoelektrischer Eigenschaften der Partikeloberflächen Unterschiede zwischen Rußpartikeln, Aschepartikeln und Flüssigkeitströpfchen im Signal erkennen lässt.

Die Partikel werden dabei in den Abfanggittern abgeschieden, und zwar die feinsten Partikel in Stufe 1 mit der geringsten Gitterzahl. Sie geben dort ihre elektrischen Ladungen ab. Die Gittergeometrie

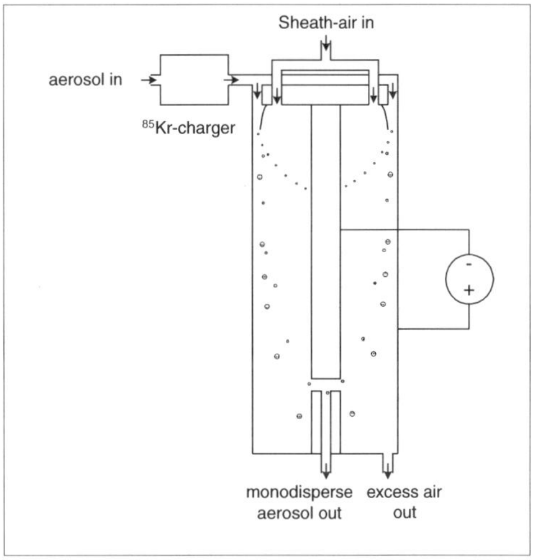

Bild 21-113 Differenzieller Mobilitätsanalysator DMA

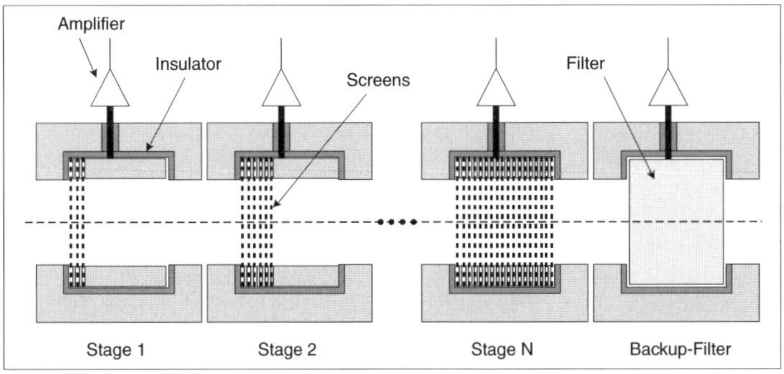

Bild 21-114 Elektrische Diffusionsbatterie

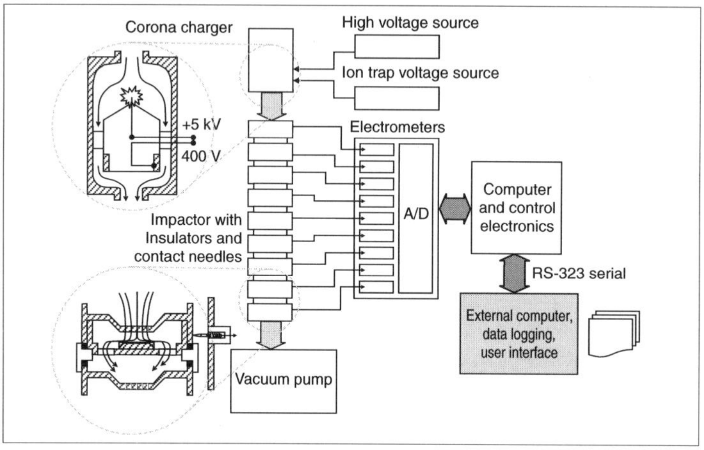

Bild 21-115 Elektrischer Niederdruck-Impaktor ELPI (DEKATI)

bestimmt physikalisch eindeutig die Trenn-Charakteristik, also den Mobilitätsdurchmesser-Bereich von Partikeln, die in einer bestimmten Gittergeometrie abgeschieden werden. Die Zahl der elektrischen Elementarladungen ist durch die Partikelgröße bestimmt; sie ist ein Maß für die aktive Oberfläche der Partikel. Der gemessene Strom pro Stufe ist somit ein transient verfügbares Signal für die Gesamtoberfläche der abgeschiedenen Partikel und, da der mittlere Durchmesser pro Stufe bekannt ist und somit die durchschnittliche Zahl von Elementarladungen, kann daraus die Zahl der abgeschiedenen Partikel pro Stufe abgeleitet werden.
Ein weiteres Messverfahren, das häufig zur Anwendung kommt, ist der in **Bild 21-115** dargestellte elektrische Niederdruck-Impaktor ELPI.
Auch dieses Gerät liefert eine online-Information, eignet sich somit für die Messung während dynamischer Fahrzyklen. Allerdings erfolgt die Klassierung wie in jedem Impaktor nach dem aerodynamischen Durchmessern. Verglichen mit SMPS bietet ELPI eine geringere Auflösung bei den kleinsten Partikelgrößen, jedoch einen erweiterten Messbereich für große Partikel.
Die Bemühungen zur Einführung einer Messtechnik für die Typenprüfung, die sich auf die Anzahlkonzentration als wichtigsten Parameter für die gesundheitlichen Wirkungen stützt, haben im Rahmen des UNECE-PMP-Projektes [36] nach sorgfältiger Analyse aller verfügbaren Methoden [37] zur einer Messmethode geführt, die auf die Größenklassierung verzichtet. Ziel ist die Erfassung der Gesamtzahl aller Feststoffpartikel (pro km oder pro kWh oder pro m^3) im Größenbereich von 23 nm bis 2,5 µm. Der Feststoff-Charakter ist dabei dadurch definiert, dass die Probenahme-Einrichtung in der Lage sein muss bei Beheizung auf 300 °C und Verdünnung, flüchtige Substanzen bis zu C40 zu mindestens 99 % verdampfen und in der Gasphase zu halten, gleichzeitig aber nicht mehr als 10 % der Feststoffpartikel unkontrolliert zu verlieren **(Bild 21-116)**.

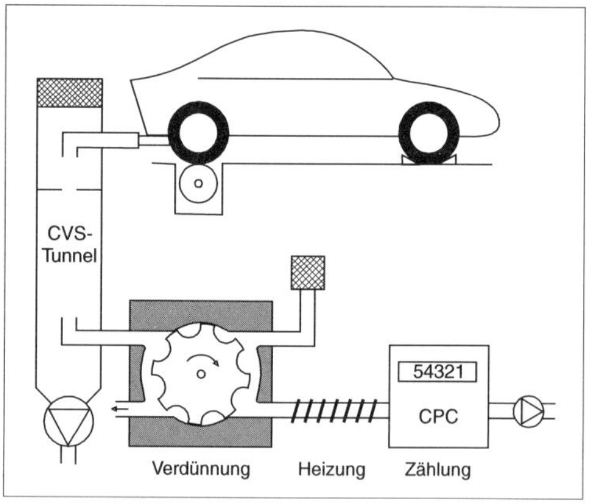

Bild 21-116 PMP-Messanordnung zur Erfassung der Gesamt-Anzahlkonzentration bei der Typenprüfung von Diesel-Personenwagen

Beim Pkw wird die Probe dem CVS-Tunnel entnommen, für den Lkw oder andere Motoren ist auch eine direkte Entnahme aus dem Abgasstrang möglich. Die Abgasprobe wird sofort verdünnt und anschließend beheizt. Kondensate, die sich im CVS-Tunnel gebildet haben, werden dabei verdampft [38], und infolge der Verdünnung im Verhältnis von etwa 1 : 100 wird der Partialdruck gleichzeitig so stark abgesenkt, dass Rekondensation nicht mehr möglich ist. Nach Abkühlung des Gases (zum Schutz des Instrumentes), die mit weiterer Verdünnung verbunden sein kann, erfolgt die Zählung der Partikel im so genannten Kondensationskernzähler, ein allgemein übliches Instrument. Die Partikelgröße ist nach oben durch einen hier nicht gezeigten Impaktor bei 2,5 µm begrenzt, nach unten bei 23 nm durch die Zählcharakteristik des Kondensationskernzählers CPC.
Für die Verdünnung sind neben dem hier gezeigten rotierenden Verdünner auch andere Verfahren, wie Ejektor-Verdünner zugelassen. Zur Kalibration der

Messkette müssen der Verdünnungsgrad, die Qualität der Verdampfung, der gesamte Verdünnungsverlust und die Zählqualität überprüft werden. Für diese Kalibrationsaufgaben kommen Standard-Aerosole oder auch der CAST (Combustion Aerosol Standard) in Frage, mit dem Partikel bestimmter Größenverteilung und Konzentration bereit gestellt werden, die Partikeln aus der dieselmotorischen Verbrennung sehr ähnlich sind [39].

21.6.3.13 Penetration oder Abscheidegrad

Im Allgemeinen werden Partikelfilter heute nach ihrem Abscheidegrad oder Wirkungsgrad beurteilt. Hat ein Filter 99,9 % Abscheidegrad, ein durchaus üblicher Wert bei modernen Wandstromfiltern, so bewertet man ihn als etwa 3× besser als einen sogenannt offenen Filter, der 33,3 % abscheiden möge. Für die Umwelt aber zählt nicht der Abscheidegrad, sondern die Penetration, das heißt die Frage, wie viele Partikel die Atemluft erreichen.

Penetration = 1 – Abscheidegrad
(genauer 1 – Abscheidegrad × Regenerationsgrad [47])

Bei einem Wandstromfilter erreicht somit 1 von 1.000 Partikeln die Atmosphäre, bei einem offenen Filter 667 – sofern er alles regeneriert, was er abgeschieden hat und nicht nur zwischenspeichert [47]. Die Anwendung eines Wandstromfilters hat also im Verhältnis 667/1 einen ungleich größeren Nutzen für die Umwelt als sich aus der Betrachtung der Abscheidegrade ergibt.

21.6.3.14 Global Warming durch Rußpartikel

Die rasche Steigerung des Dieselanteils in der europäischen Pkw-Flotte wird vor allem damit begründet, dass Dieselfahrzeuge wegen ihres besseren thermodynamischen Wirkungsgrades und damit geringerer CO_2-Emission weniger zum Treibhauspotential beitragen als Ottomotoren und somit helfen, die Ziele der Automobil-Wirtschaft zur Minderung der CO_2-Emission zu verwirklichen. Dabei ist unberücksichtigt, dass auch Rußpartikel in der Atmosphäre ein sehr hohes Potential zur Erwärmung der Atmosphäre darstellen, indem sie Sonnenlicht aufnehmen und dieses im Infrarotbereich an ihre Umgebung weitergeben, die Atmosphäre also aufheizen. Das GWP von BC = black carbon Partikeln in feiner Verteilung in der Atmosphäre ist laut [56] pro kg der Substanz um etwa 600.000 mal höher als das Potential von CO_2 zur Erhöhung der Atmosphäre durch Verminderung der Erdabstrahlung. Um Dieselmotoren heutiger Bauart bezüglich ihres Gesamt-Treibhauspotentials gleichwertig zu Ottomotoren mit ihrer wesentlich geringeren Partikelemission zu machen, müssen sie mit Partikelfiltern mit einem Abscheidegrad von mindestens 99 % ausgerüstet sein. Ohne Filter oder mit Filtern, die diesen Wert unterschreiten, tragen Dieselmotoren auch bei weiterer Steigerung ihres Wirkungsgrades in höherem Maß zur Erderwärmung bei als Ottomotoren.

21.6.3.15 Kosten/Nutzen-Betrachtung zur Nachrüstung von Partikelfiltern

Nachrüstmaßnahmen zur Emissionsminderung haben keine unmittelbare betriebswirtschaftliche Rechtfertigung, sie bedingen vielmehr erhebliche Investitionskosten und Betriebskosten. Es ist daher üblich, das Verhältnis dieser Kosten zum Umweltnutzen, also des investierten Geldes im Verhältnis zur Verminderung der Partikelemission als €/kg Ruß darzustellen. Bei der Nachrüstung eines Pkws mit einer Restlaufzeit von 100.000 km kann bei durchschnittlicher Emission von 0,04 g/km und dem Abscheidegrad eines Teilstromfilters von 30 % die Emission von 1,2 kg Ruß vermieden werden. Wenn die Investitionskosten für den Filter plus Einbau und Betrieb mit 1.000 € anzusetzen sind, liegt die Kosten/Nutzen-Effizienz bei 833 € pro kg Ruß.
Die Kosten/Nutzen-Betrachtung beim Nutzfahrzeug mit Vollstromfilter liefert wesentlich günstigere Zahlen: die Emission von beispielsweise 0,2 g/kWh wird völlig eliminiert; bei einer Restlaufzeit von 5.000 Betriebsstunden und durchschnittlicher Leistung von 100 kW entspricht dies der Vermeidung der Emission von 100 kg Ruß. Bei Nachrüstkosten plus Betriebskosten von 8.000 € ergibt sich ein Kosten/Nutzen-Faktor von 80 €/kg. Bei älteren Fahrzeugen im Offroad-Bereich errechnet man 30–50 €/kg [55]. Da der externe Gesundheitsschaden, den 1 kg feinpartikulär emittierter Ruß verursacht, mit etwa 300 € beziffert wird [57], somit ein erheblicher volkswirtschaftlicher Nutzen. Im Sinne eines maximalen Umweltnutzens empfiehlt es sich daher, Filter mit hohen Wirkungsgraden bei Nutzfahrzeugen mit langer Laufzeit nachzurüsten, wahrend beim Pkw anstelle von nachgerüsteten Filtern mit geringen Abscheidegraden ganz auf die Erstausrüstung mit Vollstromfiltern gesetzt werden sollte.

21.6.3.16 Katalytischer Partikelfilter

Eine Maßnahme zur Verbesserung der Rußregeneration ist die Verwendung von katalytischen Partikelfiltern, die für Diesel-Pkw neben den in Kapitel 21.6.1 erläuterten Systemen auf Kraftstoff-Additiv-Basis eine Alternative darstellen. Eine schematische Darstellung für einen wanddurchströmten Partikelfilter zeigt **Bild 21-106**.
Der Katalysator wird durch ein Beschichtungsverfahren ähnlich wie bei Dieseloxidationskatalysatoren oder Dreiwege-Katalysatoren auf den Partikelfilter aufgebracht und ermöglicht katalytische Reaktionen an der Grenzfläche zwischen den Festkörpern der Rußpartikel und der Katalysatorbeschichtung. Unterschiede in dem Beschichtungsverfahren ergeben sich allerdings durch die wechselseitig verschlossenen

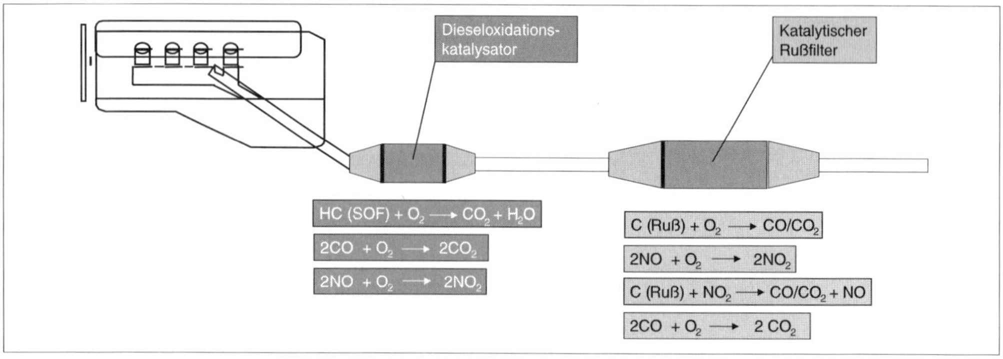

Bild 21-117 Chemische Reaktionen bei Rußabbrand über einen katalytischen Rußfilter [Engelhard]

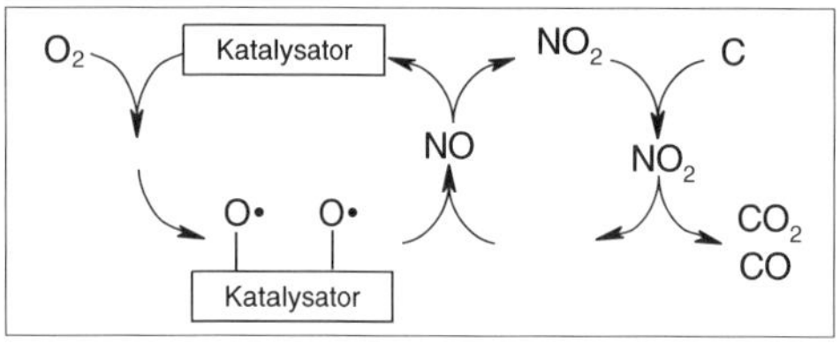

Bild 21-118 Kreisprozess der NO-Oxidation bei Rußabbrand [Engelhard]

Kanäle, die ein einfaches Durchströmen wie bei Durchfluss-Strukturen behindern und damit den Aufwand bei der Herstellung erhöhen. Es ist möglich, die Ein- und Auslasskanäle mit unterschiedlichen Katalysatormaterialien zu beschichten, um verschiedene Funktionen zu gewährleisten.

Die Regeneration wird durch Oxidation des Rußes durchgeführt. Als Oxidationsmittel steht sowohl der Restsauerstoff aus dem Motorenabgas als auch der an den Stickstoff gebundene Sauerstoff als NO_2 zur Verfügung, der als Schadstoff NO_x im Motorenabgas enthalten ist. In **Bild 21-117** sind die wichtigsten chemischen Reaktionen aufgeführt, die für den Rußabbrand von Bedeutung sind.

Das im Motorenabgas nur in geringen Konzentrationen zur Verfügung stehende NO_2 kann sowohl von einem vor den Filter geschalteten Dieseloxidationskatalysator, als auch über die katalytische Schicht im Rußfilter erzeugt werden. Eine weitere technische Variante verzichtet auf den vorgeschalteten Oxidationskatalysator. In diesem Falle müssen die zum Bestehen der Abgasgesetzgebung notwendigen Reduktionen des Kohlenmonoxid und der Kohlenwasserstoffe mittels des im Rußfilter vorhandenen Katalysators durchgeführt werden. Der Katalysator im Rußfilter ist darüber hinaus in der Lage, das aus dem Rußabbrand gebildete NO mehrfach zu oxidieren, was auch als NO_2 Turnover bezeichnet wird. Die schematische Darstellung in **Bild 21-118** verdeutlicht solch einen Kreisprozess.

Mit dieser Mehrfach-Nutzung des NO kann bei richtiger Systemauslegung ein deutlich verbesserter Rußabbrand erzielt werden. Eine weitere wichtige zusätzliche Funktion des katalytischen Rußfilters besteht in der Oxidation des neben dem NO ebenfalls aus dem unvollständigem Abbrand des Rußes entstehenden CO, das bei Nicht-Konvertierung zu erheblichen Schadstoffemissionen führen kann.

Die bestimmenden Größen bei der katalytischen Rußregeneration sind die Abgastemperatur und die Konzentrationen des O_2 und des NO_2. Jedoch kann die Rußregeneration noch durch weitere Parameter beeinflusst werden:

- Abgastemperatur
- Sauerstoffgehalt des Abgases (O_2, NO_2)
- Brennbare Restbestandteile des Abgases
- Abgasmassenstrom
- Partikelzusammensetzung, zum Beispiel Masse der angelagerten HC's
- Partikelcharakteristik (zum Beispiel Möglichkeit zur Bildung von aktiven O_2-Zentren).

Bild 21-119 illustriert den Einfluss der Temperatur und die Möglichkeit, an den Ruß angelagerte Kohlenwasserstoffe zur Temperaturerhöhung zu nutzen.

Das Bild zeigt, dass sich der oben beschriebene Abbrand über NO_2 nur im Bereich circa 250 bis 450 °C darstellen lässt. Die untere Temperaturschwelle ist durch das Anspringverhalten des Katalysators gegeben, der die NO-Oxidation katalysiert. Zwischen 250 °C und 450 °C dominiert die NO_2/C-Reaktion die Rußabbrandrate. Bei einem NO_2:NO-Verhältnis von 1:1 muss entsprechend der Stöchiometrie der NO_2/C Reaktion das NO_2:C-Massenverhältnis im Abgas mindestens acht betragen, um einen quantitativen Rußabbrand zu erzielen. Bei 450 °C erfolgen die NO_2/C- und O_2/C-Reakion mit gleicher Geschwindigkeit (isokinetischer Punkt). Oberhalb 450 °C dominiert die höher aktivierte O_2/C-Reaktion, und der Rußabbrand wird unabhängig von der NO_x-Konzentration.

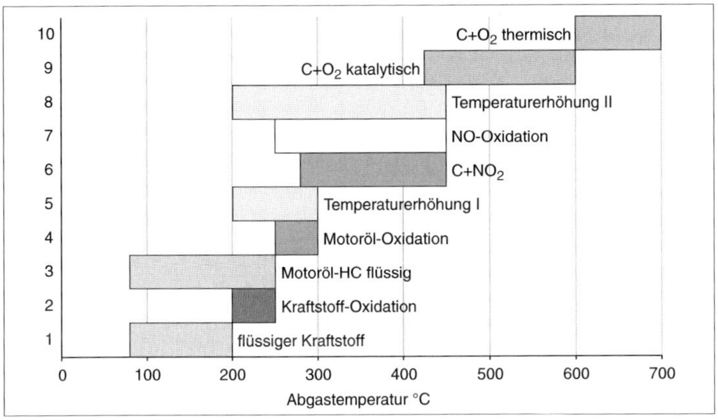

Bild 21-119 Temperaturbereiche der Rußregeneration [Engelhard]

Für den Betrieb eines Diesel-Pkw können diese Randbedingungen (NO_2 : C, T) nicht immer eingehalten werden, so dass Ruß im Filter akkumuliert, der Abgasgegendruck ansteigt und ein Abbrand des Rußes über Sauerstoff notwendig wird. Die hierzu erforderliche Temperatur kann durch den katalytischen Rußfilter um circa 150 K verringert werden. Der notwendige Temperaturbereich von 450 bis 600 °C kann im praktischen Fahrbetrieb nicht ausreichend gewährleistet werden, so dass motorseitige aktive Maßnahmen ergriffen werden müssen. Unter zusätzlicher Beachtung des Zustands des Rußes im Filter, der O_2-Konzentration im Abgas und des Abgas-Volumenstroms kann die vollständige Rußregeneration unterschiedlich schnell erzielt werden. Hierbei steigt die Geschwindigkeit des Rußabbrands mit der Temperatur, dem Anteil angelagerter Kohlenwasserstoffe („feuchter Ruß"), der O_2-Konzentration und mit der Abnahme des Abgas-Volumenstroms. **Bild 21-111** zeigt insbesondere, wie gegebenenfalls vorhandene HC's, die allerdings nicht in der flüssigen Phase vorliegen dürfen, durch exotherme Reaktionen den Rußabbrand begünstigen können. In diesem Fall liefert die katalytische Verbrennung des SOF-Anteils die zur Zündung des Rußes notwendige Aktivierungsenergie.

Der katalytische Rußfilter muss hinsichtlich eines unkontrollierten Abbrands, der bei zu hohen Massenbeladungen brennbarer Bestandteile im Filter, also Ruß und angelagerten HC's auftreten kann, besonders geschützt werden, da die Beschichtung Temperaturen >1.000 °C nicht standhält. Allerdings sind hier den Werkstoffen des wanddurchströmten Filters ebenfalls Grenzen gesetzt, auch im Hinblick auf mögliche örtliche Temperaturdifferenzen, wie sie durch einen unkontrollierten Abbrand leicht entstehen, die zu Rissbildung des Materials führen können.

Ein weiterer Aspekt bei der Verwendung katalytischer Rußfilter ist das Abgasgegendruckverhalten. Hier ist eine Abstimmung des Filtermaterials und der katalytischen Beschichtung notwendig: Der Zielkonflikt besteht in einem hohen Filterwirkungsgrad bei gleichzeitig hoher Regenerationsfähigkeit und minimalem Abgasgegendruck. Der Filterwirkungsgrad kann sowohl durch die Filterparameter Porengröße, Porösität und Porenstruktur, als auch durch die Art und Masse der aufgebrachten Katalysatorbeschichtung beeinflusst werden.

Im Betrieb wird der katalytische Filter durch Asche aus dem Motoröl belastet. Für den Filterwirkungsgrad positiv wirkt sich im Vergleich zu kraftstoffadditivgestützten Systemen allerdings aus, dass keine Asche aus dem Kraftstoffadditiv anfällt. Trotzdem muss das System so ausgelegt werden, dass Motorölasche den Katalysator über angestrebter Laufzeit nicht in seiner Funktion einschränkt.

Literatur

[1] *Pauli, E.:* Regenerationsverhalten monolithischer Partikelfilter, Dissertation, Fakultät für Maschinenwesen der Rheinisch-Westfälischen Technischen Hochschule Aachen, 1986

[2] *Burtscher, H.:* Partikelemissionen und Partikelfiltertechnik, Seminar Haus der Technik, München, Mai 2000

[3] *Hinds, W. C.:* Aerosoltechnology John Wiley, 1989

[4] *Siegmann, K.:* Soot Formation in Flames, J. Aerosol Scie. 31, Suppl. 1

[5] ACEA-Programme on the Emissions of Fine Particles from Passenger Cars, Dezember 1999

[6] *Wichmann, E.; Peters, A.:* Epidemiological evidence of the effects of ultrafine particle exposure, The Royal Society, 10.1098/rsta.2000.0682, Phil. Trans. R. Soc. Lond. A (2000) 358, 2751 – 2769

[7] *Mayer A.; et al.:* Particulate Traps for Retro-Fitting Construction Site Engines VERT: Final Measurements and Implementation, SAE 1999-01-0116

[8] Geprüfte Partikelfiltersysteme für Dieselmotoren, Vollzugsunterlagen Suva/BUWAL Schweiz, http.//www.BUWAL.ch/Projekte/Luft/Partikelfilter/d/Index.htm

[9] *Ebener, S.; et al.:* Parallele Reduktion von Partikel und NO_x – ein neues Abgasnachbehandlungskonzept, Wiener Motorsymposium 2001

[10] *Hardenberg, H.:* Wickelrußfilter für Stadtomnibusse in der Erprobung im Verkehrsbetrieb, Der Nahverkehr 4/86

[11] *Baraket, M.:* Das dynamische Verhalten von Faserfiltern für feste und flüssige Aerosole, Dissertation ETH Zürich Nr. 9738/192

[12] *Mayer, A.; et al.:* Passive Regeneration of Catalyst Coated Knitted Fiber Diesel Particulate Traps, SAE 960138

[13] *Buck; et al.*: Gestrickte Strukturen aus Endlosfasern für die Abgasreinigung, MTZ Motortechnische Zeitschrift 56 (1995)

[14] *Dürnholz, M.; Krüger, M.*: Hat der Dieselmotor im Pkw eine Zukunft? 6. Aachener Kolloquium Fahrzeug und Motortechnik 1997

[15] Kasper, M.: Ferrocene, Carbon Particles, and PAH, Dissertation Nr. 12 725/1998 ETH Zürich

[16] Europäisches Patent CRT EP 0835684

[17] *Salvat, O.; Marez, P.; Belot, G.*: Passenger Car Serial Application of a Particulate Filter System on a Common Rail Direct Injection Diesel Engine. SAE Paper 2000-01-0473, PSA Peugeot Citroen

[18] *Herzog, P.*: Exhaust Aftertreatment Technologies for HSDI Diesel Engines. Giornale della „Associazione Tecnica dell'Automobile", Torino, ATA vol. 53, n. 11/12/2000, p. 389.

[19] *Jacob, E.*: Einfluss des Motorenöls auf die Emissionen von Dieselmotoren mit Abgasnachbehandlung, Wiener Motorsymposium 2001

[20] *Mayer, A.; et al.*: Particulate Trap Selection for Retrofitting Vehicle Fleets based on Representative Exhaust Temperature Profiles, SAE Paper 2001-01-0187

[21] *Heeb, N.*: Sekundäremissionen durch Abgasnachbehandlung, Seminar Haus der Technik/Essen, Partikelemissionen Mai 2000

[22] *Jodeit, H.*: Untersuchungen zur Partikelabscheidung in technischen Tiefenfiltern, VDI-Fortschrittsberichte Nr. 108

[23] *Rausch, W.*: Untersuchungen am Sinterlamellen-Filtermedium, Aufbereitungs-Technik Mineral Processing, 6/1988

[24] Partikelfilter für schwere Nutzfahrzeuge, herausgegeben vom Schweiz. Bundesamt für Umwelt, Wald und Landschaft, UM 130/12.2000

[25] *Mayer, A.*: Pre-Turbo Application of the Knitted Fiber Diesel Particulate Trap, SAE 940459

[26] *Fanick, E. R.; Valentin, J. M.*: Emissions Reduction Performance of a Bimetallic Platinum/Cerium Fuel Borne Catalyst with Several Diesel Particulate Filters on Different Sulfur Fuels, SAE 2001-01-0904

[27] *Mayer; et al.*: Particulate Traps for Construction Machines Properties and Field Experience, SAE 2000-01-1923

[28] 4. ETH-Konferenz „Nanoparticle Measurement" Zurich August 2000, Proceedings, Schweiz. Bundesamt für Umwelt, Wald und Landschaft

[29] *Hüthwohl, G.; et al.*: Partikelfilter und SCR, Abgasnachbehandlungstechnologien für Euro 4-Anforderungen, 4. Dresdner Motorenkolloquium, 1. 6. 2001

[30] *Toshiaki; Tanaka; et al.*: Parallele Reduktion von Partikel und NO_x – ein neues Abgasnachbehandlungskonzept, Wiener Motorsymposium 2001

[31] AVL-Forum Partikelemissionen 2000, 20. 9. 2000, Darmstadt

[32] *Matter, U.*: Probleme bei der Messung von Dieselpartikeln, Seminar Haus der Technik, „Feinpartikelemissionen von Verbrennungsmotoren", Oktober 1999

[33] *Kasper, M.; Matter, U.; Burtscher, H.*: NanoMet: OnLine Characterization of Nanoparticle Size and Composition, SAE 2000-01-1998

[34] *Gruber, M.; et al.*: Partikelgrößenverteilung im instationären Fahrzyklus, Wiener Motorsymposium 2001

[35] ETH Conference „Combustion Generated Nanoparticles", Zurich 8/2004

[36] Draft Amendment to Regulation No. 83, GRPE-48-11, 4 June 2004, www.unece.org/trans/doc/2004/wp29GRPE

[37] Comparison Study of Particle Measurement Systems for Future Type Approval Application, GRPE-PMP CH6, M. Mohr, EMPA-Bericht 202779, Mai 2003 (www.empa.ch)

[38] The Number Concentration of Non-Volatile Particles – Design Study for an Instrument According to the PMP Recommendations, M. Kasper, SAE 2004-01-0960

[39] CAST: Firmenunterlagen ME: www.matter-engineering.com

[40] *Mayer, A.; et al.*: Minimierung der Partikelemissionen von Verbrennungsmotoren, Expert Verlag, 2004, ISBN 3-8169-2430-1

[41] *Schommers, J.; Enderle, C.; Binz, R.; Duvinage, F.; Ruzicka, N.*: Das neue Mercedes-Benz Dieselpartikelfilterkonzept in Verbindung mit der Abgasstufe EU-4. 25. Int. Wiener Motorensymposium 2004, Band 2. Fortschritt-Berichte VDI, Reihe 12, Nr. 566.

[42] Aerosole – Stäube, Rauche und Nebel; MAK, 24. Lieferung 1997

[43] Proceeding of the Pneumoconiosis Conference, Johannesburg 1959; J & A Churchill Ltd., London

[44] Feinstaub: Definition und Messverfahren; Kolloquium Feinstäube der VDI-Kommission Reinhaltung der Luft, Düsseldorf; Staub-Reinhalt. Luft 34 (1974) 9

[45] *Mayer, A.; et al.*: Properties of Partial Flow and Coarse Pore Deep Bed Filters Proposed to Reduce Particle Emissions of Vehicle Engines; SAE 2009-01-1087

[46] *Czerwinski, J.; et al.*: Diesel $NO/NO_2/NO_x$ Emissions – New Experiences and Challenges; SAE 2007-01-0321

[47] *Mayer, A.; et al.*: Particle Fitler Properties after 2000 hrs Real World Operation; SAE 2008-01-0332

[48] *Mayer, A.; et al.*: Qualitätsstandards und Prüfverfahren für Partikelfilter zur Nachrüstung von Nutzfahrzeugen; MTZ 01/2009 Jahrgang 70

[49] Euro 5/6 für Pkw: EC-Regulation No. 715/2007 for the European Parliament and the Council of 20 June 2007 on type approval of motor vehicles … http://ec.europa.eu/enterprise/automotive/index_en.htm

[50] Euro VI für Nfz: Type Approval of Motor Vehicles and Engines with Respect to Emissions from Heavy Duty Vehicles Euro VI …; Proposal for a Regulation of the European Parliament and of the Council; Brüssel 21.12.2007 http://ec.europa.eu/enterprise/automotive/index_en.htm

[51] Prüfung von Partikelfiltersystemen für Verbrennungsmotoren; Schweizer Norm SNR 277205

[52] *Mizra, T.; et al.*: Open-Pore Ceramic Foam as Diesel Particulate Filter, SAE 890172

[53] *Mohr, M.; et al.*: Conventional and New Methods of Particle Measurement … Expert-Verlag ISBN 3-8169-2552-9

[54] *Mayer, A. and 50 co-authors:* Particle Filter Retrofit for all Diesel Engines; Expert-Verlag, 2008, ISBN 978-3-8169-2850-8

[55] U.S.EPA: The Cost Effectiveness of Heavy-Duty Diesel Retrofits and Other Mobile Source Emission Reduction Projects and Programs; EPA 420-B-07-006; May 2007

[56] *Jacobson, M. Z.*: Control of Fossil Fuel Particulate black Carbon and Organic Matter Possible the Most Effective Method of Slowing Global Warming; Journal of Geophysical Research; April 2002 and Testimony for the Hearing on Black Carbon and Global Warming of the United States House of Representative, Oct. 2007

[57] Nachrüstung von Baumaschinen mit Partikelfiltern; Kosten/Nutzen-Betrachtung; Schweizer Bundesamt für Umwelt BAFU, Umweltmaterialien Nr. 148

[58] *Czerwinski, J.; et al.*: Combinations of Technical Measures for Reduction of Particle Emissions & Toxicity of 2-S Scooters; SAE 2009-01-0689

22 Betriebsstoffe

Der Begriff Betriebsstoffe ist heute in der Automobiltechnik als Dachbegriff für Kraftstoffe, Schmierstoffe, Kühlmittel und Hydraulikflüssigkeiten gebräuchlich. Seine Behandlung beschränkt sich hier gezielt auf anwendungstechnische Gesichtspunkte. Auf eine Erörterung von Aufsuchung, Gewinnung und Verarbeitung von Mineralöl- beziehungsweise Syntheseprodukten wird daher verzichtet.

22.1 Kraftstoffe

(Zur Kraftstoffchemie siehe auch Kapitel 14) Vorab sei hier kurz auf einige grundlegende Eigenschaften von Kraftstoffen, die in der Normung nicht erscheinen, eingegangen, weil sie zu den Grundlagen der Verbrennung gehören. Eine Kenntnis der damit verbundenen Zusammenhänge ist jedoch nicht unwichtig.

C/H-Verhältnis, Luftbedarf und Luft-Kraftstoff-Verhältnis

Kraftstoffe bestehen im Wesentlichen aus Kohlenwasserstoffen mit den Elementen C und H. Die zu ihrer vollständigen Verbrennung erforderliche Mindestluftmenge L – der theoretische Luftbedarf – lässt sich berechnen, wenn aus einer Elementaranalyse für den betreffenden Kraftstoff die Massenanteile von Kohlenstoff und Wasserstoff, gegebenenfalls auch von Sauerstoff, bekannt sind. Er wird mit L bezeichnet und in kg/kg angegeben. Die Berechnung für schwefelfreie Kohlenwasserstoffgemische ist nach folgenden Beziehungen vorzunehmen:

$$L = \frac{\mathrm{O}}{0{,}23} \qquad (22.1)$$

$$\mathrm{O} = 2{,}67 \cdot 0{,}01\ \mathrm{C} + 8 \cdot 0{,}01\ \mathrm{H_2} - 0{,}01\ \mathrm{O_2} \qquad (22.2)$$

Rechenbeispiel für SuperPlus:

$$\mathrm{O} = 2{,}67 \cdot 0{,}01\ \mathrm{C} + 8 \cdot 0{,}01\ \mathrm{H_2} - 0{,}01\ \mathrm{O_2}$$

$$\mathrm{O} = 2{,}67 \cdot 0{,}847 + 8 \cdot 0{,}133 - 0{,}02$$

$$\mathrm{O} = 2{,}261 + 1{,}064 - 0{,}02$$

$$\mathrm{O} = 3{,}305\ \mathrm{kg}$$

L = 3,305/0,23 = 14,369 kg Luft/kg Kraftstoff

(vergleiche **Bild 22-1**).

In **Bild 22-1** sind für einige wichtige Kohlenwasserstoffe und Kraftstoffe die Massenanteile von C und H_2 sowie O_2, das daraus resultierende C/H-Verhältnis und der theoretische Luftbedarf angegeben.

Kraftstoff	% (m/m)*				kg/kg
	C	H	O	C/H	L
Methan	~ 75,0	~ 25,0	–	~ 3,0	~ 17,4
Propan	~ 81,8	~ 18,2	–	~ 4,5	~ 15,8
Butan	~ 82,8	~ 17,2	–	~ 4,8	~ 15,6
n-Heptan	~ 84,0	~ 16,0	–	~ 5,25	~ 15,3
i-Oktan	~ 84,2	~ 15,8	–	~ 5,33	~ 15,2
Cetan	~ 85,0	~ 15,0	–	~ 5,67	~ 15,1
Xylol	~ 90,6	~ 9,4	–	~ 9,64	~ 13,8
Toluol	~ 91,3	~ 8,7	–	110,5	~ 13,6
Benzol	~ 92,3	~ 7,7	–	112,0	~ 13,4
Normalbenzin	~ 85,5	~ 14,5	–	~ 5,9	~ 14,9
Superbenzin	~ 85,1	~ 13,9	~ 1	~ 6,1	~ 14,6
SuperPlus	~ 84,7	~ 13,3	~ 2	~ 6,5	~ 14,4
Dieselkraftstoff	~ 86,3	~ 13,7	–	~ 6,3	~ 14,8

* % (m/m) entspricht Massen-%

Bild 22-1 C/H-Verhältnis und Luftbedarf [1]

Das Verhältnis der tatsächlich der Verbrennung zugeführten Luftmenge zum theoretischen Luftbedarf nennt man Luft-Kraftstoff-Verhältnis (λ). Bei Luftüberschuss – also $\lambda > 1$ – arbeitet der Motor mit magerer (armer) Einstellung, bei Luftmangel mit $\lambda < 1$ mit fetter (reicher) Einstellung. Bei $\lambda = 1$ spricht man vom stöchiometrischen Luft-Kraftstoff-Verhältnis. Die Höchstleistung erzielt ein Ottomotor mit kraftstoffreichen Luftgemischen im Bereich von λ = 0,85 bis 0,90, für niedrigen Verbrauch kann man bis zu $\lambda = 1,1$ abmagern, beim Ottomotor mit Direkteinspritzung bis über $\lambda = 2$. Der Dieselmotor arbeitet prinzipbedingt mit Luftüberschuss und liegt im Volllastbereich bei $\lambda \approx 1,2$ und im Leerlauf bei $\lambda > 8$.

Man unterscheidet heute zwischen Kraftstoffen zur Energieumsetzung in Verbrennungsmotoren, Treibstoffen zur Schuberzeugung in der Luftfahrt und Brennstoffen für Heizzwecke. Sie können flüssig oder gasförmig sein. Die in Kraftstoffen chemisch gebundene Energie wird zunächst durch Verbrennung in Wärme und unmittelbar anschließend in derselben Maschine in mechanische Arbeit umgesetzt. Der heute in den Medien und umgangssprachlich oft verwendete Begriff „Sprit" ist seriös betrachtet unzulässig, da er eigentlich nur auf Spiritus (Ethylalkohol) zutrifft. Er stammt aus der Wirtschaftskrise nach dem 1. Weltkrieg, als zur Behebung der drastischen Benzinknappheit seitens der Monopolverwaltung für Branntweine „Kraftspiritus" (Ethanol aus Kartoffeln = Sprit) vermehrt beigemischt werden musste. Zum weiteren Ausbau des Absatzes wurde 1925 die „Reichskraftsprit GmbH, Berlin" gegründet, deren Produkte Monopolin hießen und in Anteilen bis zu 65 % mit Benzin und/oder Benzol vermischt wurden.

22.1.1 Dieselkraftstoff (DK)

Dieselkraftstoffe liegen im Siedebereich von etwa 180 °C bis 380 °C und sind für den Betrieb von schnelllaufenden Dieselmotoren, insbesondere Fahrzeugdieselmotoren (Pkw und Nkw), vorgesehen. Sie bestehen aus rd. 300 verschiedenen Kohlenwasserstoffen, die in Raffinerien mittels verschiedener Verarbeitungsverfahren aus Erdöl der verschiedensten Provenienzen gewonnen werden. Während sie früher relativ einfache Destillationsprodukte waren, sind sie in den letzten Jahren durch die seitens der Motorenhersteller stark gestiegenen Anforderungen, Umweltauflagen sowie durch Entwicklungen der Verarbeitungsprozesse in der Mineralölindustrie zu hochkomplexen Produkten geworden. Durch Zugabe von Additiven mussten unter anderen die motorisch relevanten Eigenschaften des Basisproduktes stark verbessert werden. Additivierte Dieselkraftstoffe werden seit 1987 im Markt angeboten. Seit diesem Zeitpunkt entwickelten sich Dieselkraftstoffe und Heizöl in unterschiedliche Richtungen. Darüber hinaus werden seit 2004 auch sogenannte „Designerkraftstoffe", zum Teil mit synthetischen Komponenten angeboten, die insbesondere für hochentwickelte und zukünftige Motorenkonzepte geeignet sind. Der früher oft verwendete Begriff „Gasöl" gilt anwendungstechnisch als veraltet, obwohl er in der Raffinerietechnik intern für Mitteldestillate noch immer Verwendung findet.

22.1.1.1 DK-Komponenten und Zusammensetzung

DK gehört zu den leichten Mitteldestillaten des Erdöls. Er ist ein Gemisch aus vorwiegend paraffinischen Kohlenwasserstoffen (Alkane), deren jeweilige Anteile Einfluss auf das motorische Verhalten haben. Während früher vornehmlich Fraktionen aus der atmosphärischen Destillation verwendet wurden, kommen heute durch den ständig steigenden DK-Bedarf vermehrt Crackkomponenten zum Einsatz. In **Bild 22-2** sind die Eigenschaften der für DK typischen Raffineriekomponenten aus der Destillation aufgeführt.

Die Eigenschaften der für DK typischen Raffineriekomponenten aus den heute zunehmend eingesetzten Crackverfahren sind in **Bild 22-3** dargestellt.

Der steigende DK-Bedarf führt zunehmend zu einer Verschiebung unter den Kraftstoffsorten. **Bild 22-4** zeigt das bisherige Verhältnis von Dieselkraftstoff (DK)- zu Ottokraftstoff (OK)-Verbrauch in Deutschland. Der Anteil von DK am Gesamt-Mineralölverbrauch beträgt in Deutschland derzeit rd. 55 %.

Neben konventionellem DK auf Basis Erdöl ist noch eine Reihe anderer, synthetisch herstellbarer Stoffe zur Verbrennung in Dieselmotoren geeignet. Bereits 1925 wurde die Fischer-Tropsch-Synthese entdeckt, bei der zum Beispiel aus Kohle oder Naturgas zunächst Synthesegas gewonnen wird. Daraus lassen sich dann mit Hilfe von Katalysatoren synthetische Kohlenwasserstoffe herstellen, die zu Otto- oder Diesel-

Produktbezeichnung	Dichte kg/m^3	Siedebereich °C	Cetanzahl
Kerosin	805	150–260	45
Leichtes Gasöl	840	210–320	55
Schweres Gasöl	860	200–400	55
Vacuum Gasöl	870	250–400	56

Bild 22-2 DK-Komponenten aus der Destillation [1]

Produktbezeichnung	Dichte kg/m^3	Siedebereich °C	Cetanzahl
Hydrocracker	860	170–400	52
Thermische Cracker	857	180–400	40
Katalytische Cracker	953	195–410	40

Bild 22-3 DK-Komponenten aus Crackverfahren [1]

Kraftstoff	1975	1980	1985	1990*	1995	1998	2000	2001	2002
DK	10.333	13.099	14.556	21.464	26.208	27.106	28.922	28.545	28.631
OK	20.174	24.463	23.131	31.779	30.306	30.281	28.807	27.948	27.195
DK/OK	0,5120	0,5400	0,6290	0,6970	0,8650	0,8950	1,0060	1,0210	1,0530

* ab 1990 Gesamtdeutschland

Bild 22-4 Verhältnis von Diesel- zu Ottokraftstoff-Verbrauch in Deutschland in Mio-t [2]

kraftstoff raffiniert werden können. Das mit einem relativ schlechten Wirkungsgrad arbeitende Verfahren wird heute nur vereinzelt angewendet. Zwei synthetisch hergestellte Produkte sind zumindest als Mischkomponenten für DK interessant, auch wenn sie nur sehr begrenzt verfügbar sind, nämlich SMDS (**S**hell-**M**iddle-**D**istillate-**S**ynthesis) aus Naturgas gewonnen und XHVI (E**x**tra **H**igh **V**iscosity **I**ndex), als Nebenprodukt bei der synthetischen Schmierstoffherstellung in geringer Menge anfallend. Beide Produkte weisen eine sehr hohe Cetanzahl mit >70 auf (vergleiche „Zündwilligkeit") und sind praktisch schwefelfrei. Wegen der hohen Herstellungskosten und der geringen Verfügbarkeit kommen sie nur als Mischkomponenten für DK in Betracht. Seit geraumer Zeit wird auch aus Biomasse, unter anderen aus Rapsöl, sogenannter „Bio-Diesel" (FAME von Fatty Acyd Methyl Ester) durch Veresterung mit Methanol hergestellt. Bedingt durch die Bioquotengesetzgebung in der EU und der darüber hinausgehenden nationalen Anstrengungen, werden seit 2003 rd. 5 % und ab Februar 2009 sogar 7 % (V/V) FAME dem Dieselkraftstoff zugemischt. Im Kapitel 22.1.1.4 „Alternative DK" wird hierauf noch näher eingegangen werden. Beim DK stehen die Anforderungen aus Anwendungstechnik und aus Produktion in starkem Widerspruch. **Bild 22-5** zeigt, wie zum Beispiel Paraffinanteil, Dichte, Siedeende, Crackanteil und Schwefelgehalt jeweils vorteilige oder nachteilige Eigenschaften entweder in der motorischen Anwendung oder bei der Herstellung bewirken.

22.1.1.2 Kennwerte und Eigenschaften

Die an DK gestellten Mindestanforderungen sind in der DIN EN 590 festgelegt. Sie betreffen hauptsächlich Dichte, Zündwilligkeit (Cetanzahl), Siedeverlauf, Kältebeständigkeit und Schwefelgehalt. Die Norm-Kennwerte von Dieselkraftstoffen und ihre praktische Bedeutung zeigt **Bild 22-6**.
Der 1998 zwischen Automobil- und Mineralölindustrie bei der EU-Kommission gefundene Kom-

Kennwert	Forderungen an Produktion	Vorteile für Anwendung	Nachteile für Anwendung	Nachteile für Produktion
Paraffinanteil	Hoch	Zündwilligkeit	Kälteverhalten	Kosten
Dichte	Niedrig	Abgasemission	Motorleistung Verbrauch	Ausbeute; Kosten
Siedeende	Niedrig	Abgasemission	Kälteverhalten	Ausbeute; Kosten
Crackanteile	Niedrig	Zündwilligkeit Alterung		Ausbeute; Kosten
Schwefelgehalt	Niedrig	Emission	Pumpenverschleiß	Ausbeute; Kosten
Kennwerte-Bandbreite	Schmal	Abstimmung		Ausbeute; Kosten

Bild 22-5 Anforderungen aus Anwendungstechnik und Produktion im Widerspruch [3]

Kennwert	Einheit	Anforderungen	Einfluss auf Fahrbetrieb
Dichte bei 15 °C	kg/m^3	820–845	Abgas/Leistung/Verbrauch
Cetanzahl Cetanindex	– –	min. 51,0 min. 46,0	Start- und Verbrennungsverhalten, Abgas- und Geräuschemission
Destillation bis 250 °C bis 350 °C 95 % Punkt	 % (V/V)* % (V/V) °C	 <65 min. 85 maximal 360	Abgasemission/Ablagerungen
Viskosität bei 40 °C	mm^2/s	2,00–4,50	Verdampfbarkeit/Zerstäubung/ Schmierung
Flammpunkt	°C	Über 55	Sicherheit
Filtrierbarkeit (CFPP) 15. 04. bis 30. 09. 01. 10. bis 15. 11 und 01. 03. bis 14. 04. 16. 11. bis 28.(29.) 02.	 °C	 maximal 0 maximal –10 maximal –20	Kälteverhalten
Schwefelgehalt	mg/kg	maximal 10**	Korrosion/Partikel/Katalysator
Polycyclische aromatische Kohlenwasserstoffe	% (m/m)	maximal 11	Abgasemissionen, Ablagerungen
Fettsäure-Methylestergehalt (FAME)	% (V/V)	maximal 5	Schmierfähigkeit
Koksrückstand	% (m/m)	maximal 0,30	Brennraumrückstände
Aschegehalt	% (m/m)	maximal 0,01	Brennraumrückstände
Wassergehalt	mg/kg	maximal 200	Korrosion
Lubricity (WSD 1,4) bei 60 °C	µm	maximal 460	Verschleiß

* % (V/V) entspricht Volumen-%

** Schwefelgehalt in Deutschland seit Anfang 2003 maximal 10 mg/kg (Steuerpräferenzierung); ab 2009 verbindlich in der gesamten EU

Bild 22-6 DK-Mindestanforderungen nach DIN EN 590 und deren Bedeutung (Auszug) [1]

promiss für das so genannte Auto-/Öl-Programm (EPEFE/vergl. 22.1.2.2) hatte folgende Veränderung einiger umweltrelevanter Kennwerte der DIN EN 590 zur Folge **(Bild 22-7)**.

Die Bestrebungen der deutschen Bundesregierung um einen erhöhten Anteil an Kraftstoffen aus nachwachsenden Rohstoffen erforderte unter anderen die Zulassung einer höheren Menge an FAME als nach EN 590 gestattet. Vor diesem Hintergrund setzte der deutsche Gesetzgeber Anfang 2009 eine nationale Dieselkraftstoffnorm (DIN 51628) in Kraft, die bis zu 7,0 % FAME in Diesel erlaubt. Voraussichtlich Ende 2009 wird die europäische Norm angeglichen werden und dann die nationale Norm wieder ersetzen.

Kennwert	Einheit	DIN EN 590 (1993–99)	Euro III (ab 2000)	Euro IV (ab 2005)
Schwefel (maximal)	mg/kg	500	350	50
Cetanzahl (minimal)	–	49	51	51
Dichte (maximal)	kg/m^3	860	845	845
T95 (maximal)	°C	370	360	360
Polyaromaten (maximal)	% (m/m)	–	11	11

Bild 22-7 Ergebnis EU Auto-/Öl-Programm für DK [1]

Neben diesen Normen hat die weltweite Automobilindustrie die sogenannte Fuel Charter (WWFC) erarbeitet, in der die Anforderungen an Kraftstoffe in 4 Qualitätsstufen festgelegt sind. In der Einhaltung der höchsten Qualitätsstufe (Category 4) sieht die Automobilindustrie Potential für die Entwicklung zukünftiger Motorenkonzepte.

Dichte

Die Dichte ist eine wesentliche Kenngröße, da mit zunehmender Dichte der Energiegehalt je Volumeneinheit steigt. So steigt der Heizwert im normseitig zulässigen Dichtebereich von 34,8 bis 36,5 MJ/l (Mega Joule/Liter). Bei gleicher Einspritzmenge steigt also mit zunehmender Dichte die dem Motor zugeführte Energie, wodurch der Motor mehr Leistung abgibt. Allerdings werden dann bei Volllast durch das fettere Gemisch die Abgasemissionen, besonders die Partikel, erhöht. Andererseits steigt mit abnehmender Dichte der volumetrische Kraftstoffverbrauch. Die Motorenhersteller wünschen sich daher eine weitere Einengung des Dichtebereiches in der Norm. Dies würde aber den Einsatz der prinzipiell schwereren Crackkomponenten begrenzen, womit die Verfügbarkeit bei ständig steigendem Bedarf deutlich eingeschränkt und die Herstellungskosten erhöht würden. Als hilfreicher Ausweg aus diesem Zielkonflikt käme die Einführung eines Dichtesensors im Tank in Betracht, der die Kraftstoffzumessung entsprechend der dort gemessenen Dichte dosiert. Grundsätzlich liegt die Dichte bei Winter-DK niedriger als bei Sommer-DK, und zwar zwischen fünf und zehn Einheiten. Der Grund hierfür wird beim „Kälteverhalten" behandelt. Im modernen Motormanagement ist eine Dichtekorrektur, zumindest temperaturabhängig, vorgesehen.

Zündwilligkeit

Sie wird durch die Cetanzahl (CZ) gekennzeichnet. Derzeit ist sie in der europäischen Norm auf mindestens 51,0 festgelegt. Die Motorenhersteller fordern deren Erhöhung auf min. 55. Im Markt liegt sie heute bereits zwischen 51 und 56, vereinzelt sogar bis über 60 (seit 2004), mit der Tendenz zu höheren Werten im Sommerkraftstoff. Beim Winterkraftstoff muss teilweise auf die höhersiedenden Komponenten verzichtet werden, um ausreichende Kälteeigenschaften zu sichern. Grundsätzlich gilt, dass die CZ der einzelnen Fraktionen mit der Siedetemperatur ansteigt. Für die Einleitung der Verbrennung des in die heiße Luft eingespritzten Kraftstoffs ist bekanntlich ein gewisser Zeitbedarf erforderlich – der Zündverzug. Diese Größe hängt neben der Motorkonstruktion und den Betriebsbedingungen ganz wesentlich von der Zündwilligkeit des verwendeten DK ab. Die hierfür maßgebende Cetanzahl ist der volumetrische Anteil von Cetan $C_{16}H_{34}$ (*n*-Hexadecan), dem paraffinischen Bezugskraftstoff mit der CZ = 100, in einer Mischung mit α-Methyl-Naphtalin $C_{11}H_{10}$, einer aromatischen Doppelringbindung und dem Bezugskraftstoff mit der CZ = 0. Die CZ hat wesentlichen Einfluss auf den Verbrennungsablauf und damit auf die Abgas- und Geräuschemission. In **Bild 22-8** ist die Verbesserung des Verbrennungsverhaltens durch Erhöhung der Zündwilligkeit dargestellt.

Eine hohe CZ wirkt sich auch positiv auf das Startverhalten und die Emission unverbrannter Kohlenwasserstoffe (HC) aus. Da die natürlich gegebene CZ oft nicht ausreicht, muss sie durch Zugabe von organischen Nitraten, zum Beispiel Amylnitrat oder **E**thyl-**H**exyl-**N**itrat (EHN) erhöht werden. Die hierfür erforderliche Dosierung bleibt meist unter 0,1 % (V/V),

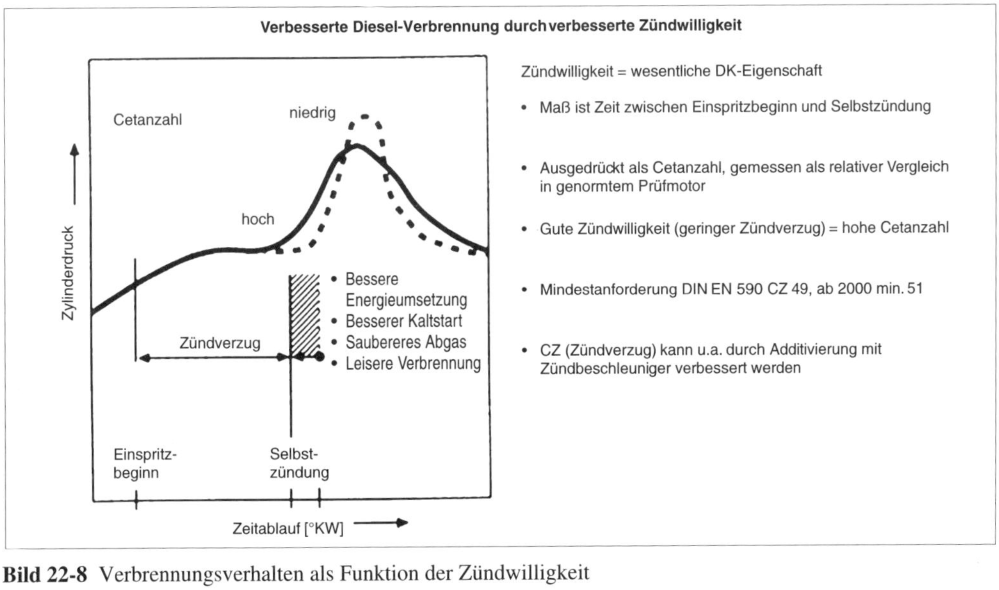

Bild 22-8 Verbrennungsverhalten als Funktion der Zündwilligkeit

DK-Muster	CZ ohne EHN	CZ mit EHN	Gewinn
1	48,5	51,0	2,5
2	49,0	53,5	4,0
3	50,0	53,3	3,3
4	51,3	53,0	1,7
5	52,5	56,6	4,1
6	55,4	58,0	2,6

Bild 22-9 CZ-Erhöhung durch EHN [12]

wobei je nach Grundkraftstoff bis zu fünf Einheiten Verbesserung erreicht werden können. In **Bild 22-9** ist die Wirkung von EHN in unterschiedlichen DK-Mustern dargestellt, wobei das unterschiedliche Ansprechen sichtbar wird. Der neben der Cetanzahl in der Norm angegebene Cetanindex CI wird ersatzweise aus Dichte und Siedeverhalten errechnet. Er korreliert nur bedingt mit der im Prüfmotor ermittelten CZ, weil er die heute durchweg verwendeten Zündbeschleuniger nicht darstellen kann. Die CZ-Bestimmung erfolgt im CFR- oder BASF-Prüfmotor durch Verändern des Verdichtungsverhältnisses ε, beziehungsweise durch variable Drosselung der Ansaugluft. Eine hohe CZ erfordert eine Absenkung des Verdichtungsverhältnisses beziehungsweise eine Verminderung der Luftmenge. Für den Normwert ist die Prüfung im CFR-Motor vorgeschrieben. Der BASF-Motor bewertet in der Regel um 1,5 Einheiten höher als der C/FR-Motor, die Messwerte müssen daher entsprechend korrigiert werden.

Siedeverlauf (Destillation)

Da Kraftstoffe ein Gemisch aus vielen Kohlenwasserstoffen sind, haben sie keinen eigentlichen Siedepunkt wie reine Kohlenwasserstoffe, sondern einen Siedebereich. Dieselkraftstoff beginnt bei etwa 180 °C zu verdampfen und endet bei etwa 380 °C. Dieses Verhalten ist im Vergleich zum Ottokraftstoff nicht so sehr von Bedeutung, weil im Dieselmotor die Gemischaufbereitung unmittelbar im Brennraum erfolgt.

Die nach DIN EN 590 festgelegten drei Punkte, nämlich bei 250 °C, 350 °C sowie der 95 % (V/V) Punkt charakterisieren lediglich den oberen Siedebereich. Ein zu großer Anteil an Hochsiedern, insbesondere an Aromaten – also ein zu hohes Siedeende – würde die Tröpfchen im Einspritzstrahl vergrößern. Der dadurch ausgelöste erhöhte Zündverzug beeinflusst den Ablauf der Verbrennung negativ, was zu höherem Geräusch und erhöhter Rußneigung führt. Andererseits ist eine gewisse Leichtflüchtigkeit für das Kaltstartverhalten vorteilhaft, während ein zu hoher Anteil an Leichtsiedern eine Verdampfung unmittelbar an der Einspritzdüse zur Folge hat, was die gezielte Verteilung das Kraftstoffs im Brennraum stören würde. Eine von der Fahrzeugindustrie angestrebte Einengung des Siedeverlaufs – wie zum Beispiel in Schweden bei „Class 1" (200 °C bis 290 °C) – würde die Verfügbarkeit von DK erheblich einschränken, in Deutschland um circa 40 % (V/V). Hieran ist insbesondere die gewünschte Absenkung des Siedeendes schuld, die verständlicherweise einige Probleme der Motorenhersteller erleichtern würde.

Viskosität

Die Zähigkeit oder innere Reibung des DK nimmt allgemein mit steigender Dichte zu. Sie darf den vorgegebenen Mindestwert nicht unterschreiten, damit eine ausreichende Schmierung der gleitenden Teile des Einspritzsystems gewährleistet ist. Ist sie zu hoch, so würde bei dem vorgesehenen Einspritzdruck die Tröpfchengröße ansteigen. Die Folge wäre eine schlechtere Gemischbildung und damit schlechtere Energieausnutzung, niedrigere Leistung und höhere Rußemission. Die Viskosität nimmt mit ansteigender Temperatur zunächst rasch und dann langsamer stetig ab. Daraus folgt, dass eine erhebliche Aufheizung des Dieselkraftstoffs im Tank, in den Kraftstoffleitungen und im Kraftstofffilter, wenn möglich durch konstruktive Maßnahmen, vermieden werden sollte.

Flammpunkt

Der Flammpunkt ist diejenige Temperatur, bei der sich Kraftstoffdämpfe durch Fremdzündung erstmals entflammen lassen. Er ist für die Beurteilung der Feuergefährlichkeit und der daraus abzuleitenden Sicherheitsmaßnahmen im Lager- und Verteilungssystem wichtig. In der dafür definierten Gefahrklasse ist DK als A III – also wenig gefährlich (OK ist A I) – eingestuft und muss deshalb im Flammpunkt über 55 °C liegen. Schon geringe Vermischungen mit Ottokraftstoff führen zu unzulässigen Unterschreitungen dieses Grenzwertes. Für Markenkraftstoffe ist sichergestellt, dass bei Lagerung und Transport selbst geringe Vermischungen mit OK ausgeschlossen werden können. Wie gravierend sich eine Vermischung mit OK auswirkt, zeigt **Bild 22-10**. Bei der DK-Herstellung begrenzt der Flammpunkt übrigens die Verwendung von leichtflüchtigen Komponenten.

Kälteverhalten

Es beschreibt die Fließfähigkeit und Filtergängigkeit von DK. Die für DK wegen ihres guten Selbstzündverhaltens besonders geeigneten paraffinischen Kohlenwasserstoffe haben bei abnehmender Temperatur leider die unerwünschte Eigenschaft, Kristalle zu bilden. Diese fallen aus und ballen sich zu einem wachsartigen „Gatsch" zusammen. So beeinträchtigen sie die Pumpfähigkeit des Kraftstoffes und können das Kraftstofffilter verstopfen. Wenn es einmal soweit gekommen ist, ist die Fahrbarkeitsgrenze erreicht. Sie wird neben den fahrzeugtech-

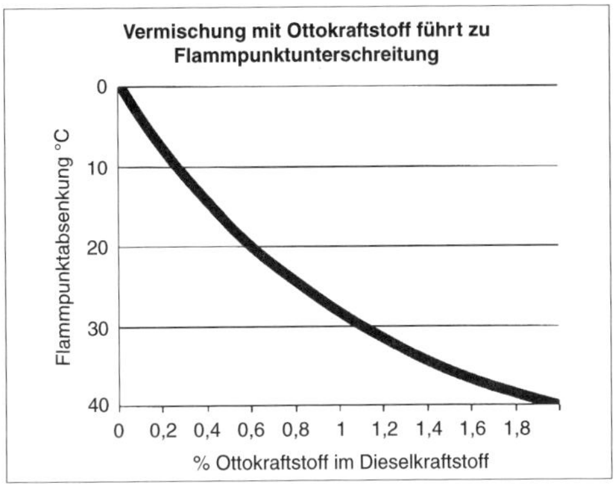

Bild 22-10 Auswirkung von OK in DK auf den Flammpunkt

nischen Merkmalen und den Fahrbedingungen wesentlich von den Kraftstoffeigenschaften beeinflusst. In der DIN EN 590 dient die Filtrierbarkeit im CFPP-Test als Kriterium für die Kältefestigkeit des DK. Neben dem CFPP (**C**old **F**ilter **P**lugging **P**oint) setzen die Markenanbieter unter anderen auch das Kriterium der „beginnenden Paraffinausscheidung" zur Bestimmung des CP (**C**loud **P**oint), früher auch BPA (**B**eginn der **P**araffin **A**usscheidung) genannt, ein. Man hat so zwischen Sommer-DK und Winter-DK zu unterscheiden. Zur Bereitstellung einer geeigneten Winterqualität werden „maßgeschneiderte" Additive eingesetzt. Als besonders effektiv hat sich eine Kombination aus Fließverbesserern und „**W**ax **A**nti **S**ettling **A**dditiven (WASA) erwiesen, wobei sich WASA bereits im Lager- und Verteilungssystem vorteilhaft auswirkt. Das Zusammenballen der Wachskristalle kann verhindert werden. In der Praxis erreichen einzelne Dieselsorten im Winter infolge optimaler Kombination von Siedelage und Additivierung CFPP Werte von bis zu –33 °C und unterschreiten damit die in der Norm geforderte Grenze von –20 °C deutlich. Die Kältebeständigkeit von Kraftstoffen wird europaweit entsprechend der jahreszeitlichen Anforderungen angepasst (siehe **Bild 22-6**). Ein ganzjährig besonders kältebeständiger Premiumkraftstoff wird im deutschen Markt seit 2007 angeboten. Sofern die Fahrzeuge mit einer eingebauten Kraftstoff-Filterbeheizung ausgerüstet sind, lassen sich weitere deutliche Verbesserungen erreichen.

Schwefelgehalt

Erdöl enthält naturgemäß je nach Provenienz mehr oder weniger Schwefel, wie aus **Bild 22-11** hervorgeht.

Er liegt in chemisch gebundener Form vor und wird bei der Verbrennung zu >95 % zu gasförmigem Schwefeldioxid SO_2 umgewandelt. Der verbleibende Rest geht größtenteils in die Partikelmasse der Abgase ein. Er enthält schwefelige Säure und Sulfate. Als Folge treten Korrosion und Abgasbelastung auf.

Geografische Lage	Provenienz	Schwefelgehalt % (m/m)
Nordsee	Allgemein Brent	0,6–2,2 0,4
Mittlerer Osten	Iran schwer Arabien leicht Arabien schwer	1,7 1,9 2,9
Afrika	Libyen leicht Nigeria	0,4 0,1–0,3
Südamerika	Venezuela	2,9
Russland	Sibirien	1,5

Bild 22-11 Typische Schwefelgehalte einiger Rohöle [12]

Neben dem im Dieselabgas vorhandenen Ruß, der im Verdacht steht, krebserregend zu sein, sind auch polyzyklische aromatische Kohlenwasserstoffe (PAH) vorhanden. Entsprechend der Analysenvorschrift werden aber nicht nur diese kritischen Substanzen als „Partikel" erfasst, sondern auch die aus dem Schwefel gebildeten Sulfate und das daran angelagerte Wasser. Dieser Anteil der Partikelmasse kann durch weitere Absenkung des Schwefelgehalts reduziert werden. Die Euronorm, EN 590, wurde daher in den letzten beiden Jahrzehnten immer weiter verschärft. Gegenüber dem seit 1996 gültigen Euro II-Grenzwert von maximal 0,05 % (m/m) erfolgte ab 2000 als Euro III eine Absenkung auf 350 mg/kg (350 ppm), dann ab 2005 als Euro IV auf 50 mg/kg (50 ppm).

Durch die immer weitere Verbreitung von Oxidationskatalysatoren im Abgassystem von Dieselmotoren stieg der Anteil des zu SO_3 (Sulfat) umgesetzten Schwefels deutlich an, so dass die Partikelemission zunahmen. Auch aus diesem Grund forderte die europäische Fahrzeugindustrie (ACEA) eine noch weitergehende Schwefelabsenkung. Die heutige Kraftstoffproduktion wurde für diese verschärften Anforderungen immer weiter angepasst, was in den Raffinerien zusätzliche kostenträchtige Anlagen und Arbeitsschritte erforderlich machte. Die von Dieselkraftstoff verursachten SO_2-Emissionen stellen durch die in den letzten 30 Jahren in den Raffinerien durchgeführten drastischen Entschwefelungsmaßnahmen kein Umweltproblem mehr dar. Eine deutliche Partikelreduzierung ist nur in Verbindung mit entsprechenden Abgasnachbehandlungssystemen wie Partikelfilter realisierbar, da die kritischen Partikelanteile durch die alleinige Absenkung des Schwefelgehaltes nicht wirksam reduziert werden, wie man aus **Bild 22-12** entnehmen kann.

Eine weitere Wechselwirkung besteht darin, dass durch die für die Entschwefelung erforderliche Was-

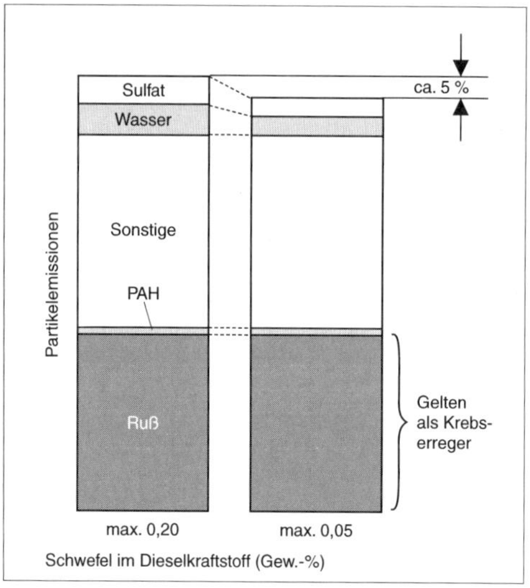

Bild 22-12 Kritische Partikelanteile werden durch weitere Entschwefelung nicht reduziert [12]

serstoffbehandlung in der Raffinerie zwar die CZ wünschenswert erhöht wird, jedoch auf Kosten einer abgesenkten Dichte mit ihren zuvor beschriebenen Folgen.

Die in modernen Konzepten zur Abgasnachbehandlung vorgesehenen SCR-Katalysatoren (mit Harnstoff = AdBlue als Reduktionsmittel) sind sehr empfindlich gegenüber Schwefel. Die Motorhersteller fordern daher weltweit praktisch schwefelfreie Kraftstoffqualitäten mit einem S-Gehalt von weniger als 10 mg/kg, die schon seit Anfang 2003 im deutschen Markt flächendeckend auf freiwilliger Basis angeboten werden. Die EU-Regelung fordert dies erst mit dem 1. Januar 2009. In diesem Zusammenhang sei noch an die bereits vor Jahrzehnten versuchsweise eingesetzten „Rauchunterdrücker" erinnert. Diese Additive, vornehmlich Bariumverbindungen (auch Mangan und Calcium), konnten die Partikelemissionen, die man damals noch nicht messtechnisch erfassen konnte, nicht reduzieren, sondern lediglich den optischen Eindruck einer Rauchminderung durch Aufhellung der Partikel (Maskierung) bewerkstelligen. In Ergänzung zu der Erläuterung der Bedeutung

Kraftstoff	Heizwert Hu	
	MJ/l	MJ/kg
Dieselkraftstoff	35,7*	43,0*
Rapsölmethylester	32,7*	37,2*
Ottokraftstoff (Super)	30,8*	41,0*
Ethanol	21,17	26,80

* Mittelwert

Bild 22-13 Vergleich der Heizwerte von DK mit SOK, Ethanol und RME [12]

der Kennwerte der DIN EN 590 sei noch kurz auf einige weitere interessante Kennwerte eingegangen.

Heizwert

Man unterscheidet zwischen dem oberen Heizwert Ho, der die Verbrennungswärme des Kraftstoffs einschließlich der Kondensationswärme des Wassers angibt und dem unteren Heizwert Hu, der tatsächlich nutzbaren Wärmemenge. Für die Praxis ist nur Hu (nur noch Heizwert genannt) von Bedeutung. Er gibt Aufschluss über die Energiedichte. Während für wissenschaftliche Zwecke generell Hu in MJ auf die Masseeinheit kg bezogen wird, ist für die praktische Anwendung der auf die Volumeneinheit bezogene Heizwert in MJ/l maßgebend. Daneben ist auch noch der Gemischheizwert für das Gemisch aus Luft und Kraftstoff interessant. Er hängt vom Heizwert des Kraftstoffs und dem Luft-Kraftstoff-Verhältnis ab. Für die Leistungsabgabe des Motors ist nicht der Hu maßgebend, sondern der Gemischheizwert des zündfähigen Luft-Kraftstoff-Gemisches. In **Bild 22-13** wird Hu von DK mit Superbenzin, Methanol und RME (Rapsölmethylester) verglichen.

Es zeigt sich, dass DK einen um circa 15 % höheren Energieinhalt als Super OK hat, während RME circa 9 % weniger als DK bietet. Bei Methanol muss bekanntlich mit dem fast doppelten volumetrischen Verbrauch gerechnet werden. Interessant ist auch ein Vergleich der Heizwerte und Elementaranalysen von drei verschiedenen Dieselkraftstoffen, wie er in **Bild 22-14** wiedergegeben ist. Daraus geht hervor,

DK-Probe	Dichte/15 °C kg/m^3	Elementaranalyse % (m/m)			Heizwert		
					Ho	Hu	Hu
		C	H	O	MJ/kg	MJ/kg	MJ/l
A (kein FAME)	829,8	86,32	13,18	–	45,74	42,87	35,57
B (5% FAME)	832,31	85,86	13,12	–	45,55	42,70	35,43
C (7% FAME)	833,31	85,68	13,10	–	45,51	42,65	35,38

Bild 22-14 Heizwerte und Elementaranalyse handelsüblicher DK [12]

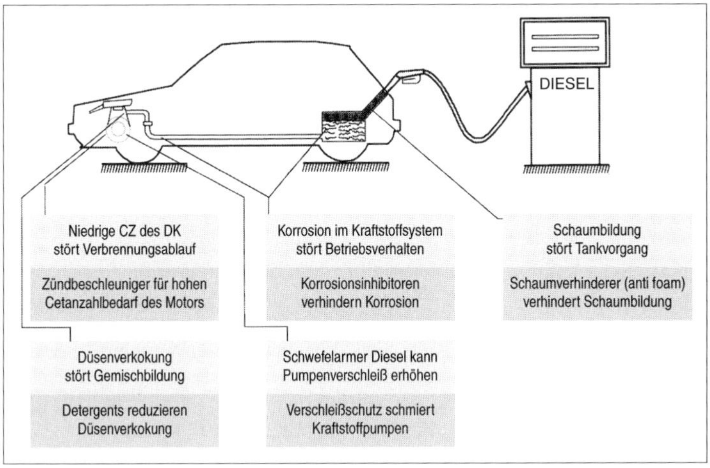

Bild 22-15 Additive lösen Probleme bei Dieselfahrzeugen [4]

dass sich auch bei etwas größeren Unterschieden in der Dichte, wie zwischen Kraftstoff B und C der Fall, keine nennenswerten Unterschiede im Heizwert ergeben.

Koksrückstand

Er wird von den letzten 10 % der Destillationsmenge von DK durch Verschwelen ermittelt. Er enthält im Wesentlichen organische und auch wenige anorganische Bestandteile. Es ergeben sich Hinweise auf die Verkokungsneigung von DK an den Einspritzdüsen. Da Zündbeschleuniger den Koksrückstand leicht erhöhen können, ist seine Bestimmung nur bei unadditiviertem DK sinnvoll. Während die DIN EN 590 maximal 0,3 % (m/m) zulässt, sind in den handelsüblichen DK deutlich niedrigere Werte festzustellen. Sie liegen durchschnittlich bei 0,03 % (m/m).

22.1.1.3 Additive für DK

Additive sind Zusätze, die als Wirkstoffe die Eigenschaften von Kraft- und Schmierstoffen verbessern und üblicherweise in Konzentrationen im ppm-Bereich zugegeben werden. Bei ihrer meistens sehr kostenintensiven Entwicklung geht es vor allem darum, bei möglichst geringer Dosierung deutliche Wirkung in der gewünschten Richtung zu erzielen, ohne unerwünschte Nebenwirkungen in Kauf nehmen zu müssen. Die für DK in Betracht kommenden Additive wurden bereits bei der Beschreibung der einzelnen Kennwerte und deren praktischer Bedeutung erwähnt, zum Teil auch eingehender behandelt. Hier noch einige Ergänzungen. **Bild 22-15** gibt die verschiedenen Probleme bei Dieselfahrzeugen wieder, die durch Additive gelöst werden können.

Detergent-/Dispersant-Additive

Detergents (Detergentien) sind seifenfreie, oberflächenaktive Netz- beziehungsweise Reinigungsmittel, die die Oberflächen- beziehungsweise Grenzflächenspannung verringern sollen. Meistens ist ihre Wirkung mit einem Dispersanteffekt gekoppelt. Sie haben die Fähigkeit, Fremdstoffe in einer Flüssigkeit am Zusammenballen zu hindern. Als DK-Detergents/Dispersants ist eine Reihe von organischen Substanzen geeignet und bewährt. Es sind dies Amine, Imidazoline, Amide, Succinimide, Polyalkyl-Succinimide, Polyalkyl-Amine sowie Polyetheramine. Ihre Aufgabe ist es, Ablagerungen an den Einspritzdüsen und im Brennraum zu vermindern beziehungsweise ganz zu verhindern. Ihr Einsatz ist für die Aufrechterhaltung der Funktion der besonders fein einspritzenden Düsen bei Direkteinspritzern und für die genaue Einhaltung der Pilot-Einspritzphase über längere Laufzeit unerlässlich. Ihre Wirksamkeit mit Bezug auf den Nadelhub ist besonders wichtig. Ebenso interessant ist die positive Wirkung dieser Additive auf die Partikelemission über der Laufzeit.

Korrosionsinhibitoren

Sie sichern durch Oxidationsinhibitoren und Metalldeaktivatoren die Alterungsstabilität des DK, die je nach Rohöl und Herstellungsverfahren recht unterschiedlich ausfällt. Oxidationsinhibitoren (Antioxidants) verhindern den korrosiven Angriff des Luftsauerstoffs. Zusammen mit den Metalldeaktivatoren bilden sie mit Hilfe organischer Verbindungen einen auf der Metalloberfläche physikalisch oder chemisch haftenden, katalytisch inaktiven Schutzfilm.

Lubricity-Additive

Dies sind Schmierfähigkeitsverbesserer, die dem DK zugegeben werden, wenn infolge der starken Absenkung des Schwefelgehalts die Schmierung der mechanisch hochbelasteten Teile der Einspritzpumpe durch den Kraftstoff selbst nicht mehr gewährleistet ist. Ohne Additiv tritt schon nach kurzer Laufzeit ein hoher Pumpenverschleiß ein. Hiervon sind insbesondere die kraftstoffgeschmierten Verteilereinspritzpumpen, Pumpe-Düse- und Common-Rail-Systeme betroffen. Bereits beim bis 1999 gültigen Grenzwert von 0,05 % (m/m) Schwefel trat Langzeitverschleiß auf. Zur Messung des Verschleißschutzes benutzt man den HFRR-Test (**H**igh **F**requency **R**eciprocating Wear **R**ig). Er simuliert den Gleitverschleiß in der Einspritzpumpe, wobei eine Kugel mit 6 mm Durchmesser unter konstanter Anpresskraft auf einer polierten Stahlplatte unter Flüssigkeit gerieben wird. In der DIN EN 590 ist ein Grenzwert (WSD) von 460 µm Verschleiß am Kugeldurchmesser bei 60 °C Prüftemperatur festgelegt. Als Additive kommen Hochdruckadditive als polare Verbindungen zur Anwendung. Enthält ein Dieselkraftstoff FAME, so kann auf die Zugabe eines Lubricity-Additivs verzichtet werden. Der HFRR wird bereits durch Zugabe von geringen Mengen an FAME (unter 1%) deutlich verbessert.

Schaumverhinderer

Das lästige Schäumen des DK beim Betanken kann durch Schaumverhinderer (anti foam Additive) weitgehend unterdrückt werden. Sie verändern unter anderen die Oberflächenspannung der Schaumbläschen, das heißt, sie lockern oder zerstören die zwischen ihnen liegenden Grenzschichten. Es handelt sich meistens um flüssige Silicone, die in sehr geringer Menge (~0,001 %) dem DK zugegeben werden.

Geruchsverbesserer

Um den eher penetranten Geruch von DK zu mindern, insbesondere wegen der Geruchsbelästigung der Pkw-Dieselfahrer beim Tanken, können Aromastoffe eingesetzt werden. Allerdings wird die Effektivität solcher Maßnahmen gegensätzlich eingeschätzt. Die zunehmende Entschwefelung von Dieselkraftstoff hat inzwischen dazu geführt, dass zum Teil sehr milde riechende Kraftstoffe im Markt anzutreffen sind.

Abbrennhilfen für Partikelfilter

Für die Regenerierung neuerdings eingesetzter Partikelfilter wird in manchen Systemen zur Erleichterung des Abbrennens der im Filter gesammelten Partikel ein metallhaltiges Additiv verwendet. Bei Versuchen hat sich unter anderen die Eisenverbindung Ferrocen als besonders wirksam erwiesen. Eine Zusammenfassung der wichtigsten Additive für DK und ihrer Zweckbestimmung ist in **Bild 22-16** zu finden.

Marken Diesel Additivpaket

Führende Markenanbieter setzen seit 1987 Additivpakete zur Qualitätsverbesserung ein, die ständig auf neue Erfordernisse angepasst werden. Wesentlich ist hier neben sogenannten Detergentadditiven, die die Einspritzdüsen sauber halten, der Einsatz von sogenannten Zündbeschleunigern, die die Cetanzahl zum Teil deutlich über die Mindestgrenze von 51,0 hinaus anheben. Hierdurch wird neben der Verringerung der Geräuschemissionen auch das Betriebsverhalten bei Kaltstart, während des Warmlaufs und während des typischen täglichen Fahrverlaufs weiter verbessert. Ferner wurde der Schutz gegen den Verschleiß der Einspritzsysteme weiter erhöht. Dieselkraftstoffe verschiedener Hersteller sind grundsätzlich mischbar,

DK-Additiv	Wirkstoff	Verbessert Kennwert	Vorteil bei Anwendung
Zündbeschleuniger, Verbrennungsverbesserer	organische Nitrate zum Beispiel Ethyl-Hexyl-Nitrat	Cetanzahl	Kaltstart, Weißrauch, Verbrennungsgeräusch, Abgasemission, Verbrauch
Detergents	Amine, Amide, Succinimide, Polyetheramine		Düsensauberkeit, Verbrauch
Fließverbesserer	Ethyl-Vinyl-Acetate	Kälteverhalten	Betriebssicherheit bei niedrigen Temperaturen, dadurch Einsatz von paraffinischen Komponenten mit hoher CZ möglich
Wax-Antisettling	Alkyl-Aryl-Amide	Kälteverhalten	Start, Kaltlauf, Lagerung
Lubricity	Fettsäurederivate		Pumpenverschleiß
Antischaum	Siliconöle		Tanken
Korrosionsschutz	Ölsäure-Amide, Petroleumsulfonate, Aminoverbindungen		Schutz des Kraftstoffsystems, bei der Lagerung und im Fahrzeug

Bild 22-16 Zusammenfassung der wichtigsten DK-Additive und ihrer Zweckbestimmung [4]

allerdings kann dabei die jeweils ausgewogene Wirkung der Additive unter Umständen verloren gehen.

22.1.1.4 Alternative Dieselkraftstoffe

Jede Pflanze ist nachwachsender Rohstoff, Biomasse genannt. Einige davon enthalten besonders viel verwertbare Energie, wie zum Beispiel Zuckerrüben, Zuckerrohr, Weizen und Raps. Durch geeignete Umwandlungsverfahren kann aus diesen sonnengespeisten Primärenergiequellen flüssige Sekundärenergie wie zum Beispiel Ethylalkohol (Ethanol) und Rapsöl gewonnen werden. Außerdem kann man Biogas erzeugen. Das aktuelle Interesse an solchen in Motoren verwendbaren „Bio-Kraftstoffen" hat mehrere Gründe. Primär besteht die Forderung, die Abhängigkeit vom fossilen Energiequellen wie Rohöl zu verringern. Durch den Einsatz von Biokraftstoffen kann auch der CO_2-Eintrag in die Atmosphäre über den geschlossenen Kohlendioxidkreislauf verringert werden. Zusätzlich ergibt sich durch den Anbau von Energiepflanzen eine alternative Nutzungsmöglichkeit für die in der europäischen Landwirtschaft aufgrund der Überproduktion stillgelegten Anbauflächen. Zur Erleichterung dieses Weges sieht die EU entsprechende Steuerbegünstigungen für Bio-Kraftstoffe vor.
Die gezielte Minderung der Treibhausgasemissionen ist derzeit vorrangig zu sehen. Diese Gase, hier hauptsächlich Kohlendioxid (CO_2), werden als Ursache für Klimaveränderungen angesehen. Neben den seit jeher vorhandenen natürlichen Emissionsquellen für CO_2 stehen die aus jeglicher Verbrennung fossiler Energieträger herrührenden CO_2-Emissionen im Blickpunkt. Als derzeit für den Dieselbetrieb grundsätzlich geeigneter Bio-Kraftstoff stehen Ölsaaaten wie Rapsöl als Ausgangsprodukt für Bio-Diesel im Vordergrund.

Bio-Diesel

Seiner Anwendung liegt der Gedanke zu Grunde, dass bei dessen Verbrennung jeweils nur soviel CO_2 entsteht, wie beim Wachstum der Pflanze aus der Luft entnommen wird. Man spricht hier idealisiert von einem geschlossenen CO_2-Kreislauf, ohne Anhebung der CO_2-Konzentration in der Atmosphäre. Dabei darf allerdings nicht außer Acht gelassen werden, dass landwirtschaftlicher Anbau und Umwandlung der Biomasse Energie erfordern. Hinzu kommt, dass Bio-Kraftstoffe sehr kostenintensiv sind. Bei der Betrachtung der Kosten je Tonne CO_2-Absenkung für verschiedene Kraftstoffe aus Biomasse beziehungsweise Präventivmaßnahmen zeigt sich, dass andere Maßnahmen, wie zum Beispiel Wärmedämmung und Windkraft, wesentlich kostengünstiger sind. Die Eignung von Rapsöl als Ausgangsstoff für die motorische Verwendung ist in ausgedehnten Versuchen nachgewiesen worden. Es stellte sich schnell heraus, dass reines Rapsöl nicht ohne Weiteres angewendet werden kann. Eine mehr oder weniger umfangreiche Anpassung der Kraftstoffsysteme, der Motoren und der Motoröle erwies sich als erforderlich. Untersuchungen im Auftrag des Bundesministeriums für Forschung und Technologie haben ergeben, dass die Masse der in Deutschland vorhandenen Dieselmotoren nicht unmittelbar für den Betrieb mit Rapsöl geeignet ist. Die anwendungstechnischen Probleme sind vor allem durch die hohe Viskosität bestimmt, die zur Verkokung von Einspritzdüsen und Kolbenringnuten führt, den Betrieb bei niedrigen Temperaturen erschwert und die Zerstäubung des eingespritzten Kraftstoffs verschlechtert. Die dadurch bedingte schlechtere Verbrennung führt – außer geringfügig beim NO_x – zu deutlich erhöhten Schadstoffemissionen im Abgas. Hinzu kommt die bekannte „Fritten"-Geruchsbelästigung durch die Abgase, die evtl. durch Katalysatoren gemildert werden könnte. Des Weiteren ist die Emission von Aldehyden und polyzyklischen Aromaten (PAK) größer als bei DK. Weitere Probleme ergeben sich unter anderen durch mangelnde Stabilität, geringe Kältefestigkeit und schlechte Elastomerverträglichkeit. Darüber hinaus können die enthaltenen Glyceride/Glycerine zu erheblichen Ablagerungen im Bereich der Einspritzdüsen und der Brennräume beitragen. Für eine allgemeine Anwendbarkeit von Rapsöl in modernen Motoren ist seine generelle Umwandlung erforderlich. Dies kann entweder durch Veresterung zu RME (**R**apsöl-**M**ethyl**e**ster) erfolgen, durch Hydrocracken in der Raffinerie in Mischung mit Kohlenwasserstoff-Raffinerieprodukten oder aber durch Hydrieren der Pflanzenöle selbst (HVO). Für DK aus PME (**P**flanzenöl-**M**ethyl**e**stern) allgemein sind die in **Bild 22-17** zusammengestellten wichtigsten Mindestanforderungen zu beachten.
Die Umesterung von Rapsöl erfolgt über Methanol. Durch die Umwandlung werden im Wesentlichen die Kälteeigenschaften, die Viskosität und die thermische Stabilität verbessert. Außerdem werden unerwünschte Nebenbestandteile entfernt. Damit eignet sich RME deutlich besser als alternativer Kraftstoff für Dieselmotoren als reines Rapsöl. Für die Umwandlung muss allerdings zusätzliche Energie aufgewendet werden, was die energetische Bilanz von RME gegenüber dem reinen Rapsöl ungünstiger gestaltet. Das als Kraftstoff eingesetzte RME muss die Anforderungen der DIN EN 14214 erfüllen. Daneben ist fahrzeugseitig noch die Elastomerverträglichkeit sicherzustellen. In den einschlägigen Emissionstests weist RME gegenüber DK niedrigere Partikel-, PAK-, HC- und CO-Emissionen auf. Höhere Emissionen sind für NO_x und Aldehyde festzustellen. Nachteilig sind ferner geringere Leistung, höherer volumetrischer Verbrauch und deutlich höhere Herstellungskosten. So erfordert RME erhebliche staatliche Subventionen, um zu Gleichpreisigkeit an der Tankstelle zu gelangen. Ohne Subventionen liegen die Herstellungskosten von RME im Vergleich zu DK derzeit um etwa den Faktor 2 bis 3 höher. Die wichtigsten Kennwerte

Eigenschaften	Einheit	Grenzwert minimal	Grenzwert maximal	Prüfverfahren
Dichte bei 15 °C	kg/m^3	860	900	EN ISO 3675
Kinematische Viskosität bei 40 °C	mm^2/s	3,50	5,00	EN ISO 3104
Flammpunkt	°C	120		prEN ISO 3679
CFPP-Filtrierbarkeit 15. 04. bis 30. 09. 01. 10. bis 15. 11 und 01. 03. bis 14. 04. 16. 11. bis 29. 02.	°C		 0 –10 –20 –10	DIN EN 116
Schwefelgehalt	mg/kg		10,0	prEN ISO 20846
Cetanzahl	–	51,0		EN ISO 5165
Aschegehalt (Sulfatasche)	% (m/m)		0,02	ISO 3987
Wassergehalt	mg/kg		500	EN ISO 12937
Säurezahl	mg KOH/g		0,50	EN 14110
Methanolgehalt	% (m/m)		0,20	EN 14110
Phosphorgehalt	mg/kg		10,0	EN 14107

Bild 22-17 Mindestanforderungen an Fettsäure-Methylester (FAME) für Dieselmotoren. Auszug aus DIN EN 14214 [12]

von RME im Vergleich zum typischen DK sind in **Bild 22-18** wiedergegeben. Positiv ist dabei eine hohe Cetanzahl und die gegenüber reinem, schwefelfreien Diesel bessere Schmierfähigkeit (HFRR).

Beim vorerwähnten, alternativen Weg der Verarbeitung von Rapsöl durch Hydrocracken in der Raffinerie in Mischung mit Kohlenwasserstoff-Raffinerieprodukten ist ebenfalls eine eindeutige Verbesserung der Kennwerte in Richtung DK festzustellen. **Bild 22-19** zeigt die Eigenschaften von reinem Rapsöl und DK im Vergleich zu drei Kraftstoffen, die durch unterschiedliche Zugabe von Rapsöl zum Vacuumgasöl mit anschließender Hydrierung im Hydrocracker hergestellt wurden. Hierbei bedeuten R10, R20 und R30 den Rapsölanteil im Endprodukt. Auffällig sind die graduelle Absenkung des Schwefelgehalts und die Verbesserung der CZ. Lt. Diesel-Anforderungsnorm DIN EN 590 dürfen konventionelle Dieselkraftstoffe bis zu 5 % FAME (**F**atty **A**cid **M**ethyl **E**sters) beigemischt werden. Vor dem Hintergrund einer EU-Biofuels-Richtlinie, die die Zugabe von bio-stämmigen Komponenten zu Kraftstoffen fordert und einer entsprechenden steuerlichen Subventionierung, werden seit Ende 2003 Dieselkraftstoff in Deutschland erst vereinzelt, seit 2005 jedoch generell bis zu 5 % FAME beigemischt. Großen Anteil hieran hat das seit 2007 in Kraft befindliche deutsche Bioquotengesetz. Im Vergleich zur EU-Richtlinie fordert es höhere Bioanteile für alle Kraftstoffe. Seit 2009 wird die Einhaltung einer Gesamtquote gefordert, deren Einhaltung mit dem in EN 590 festgelegten maximal FAME-Gehalt von 5 % nicht zu erreichen war. Daher wurde Anfang 2009 die nationale Dieselnorm DIN 51628 in Kraft gesetzt, die eine Beimischung von bis zu 7,0 % FAME gestattet.

Analog kann Rapsöl auch in der Mitteldestillat-Entschwefelungsanlage (MDE) zugegeben werden. **Bild 22-20** zeigt die Eigenschaften solcher Kraft-

Kraftstoff	Zusammensetzung % (m/m) C	H	O	Dichte b. 15 °C kg/m^3	Heizwert Hu MJ/l	Cetanzahl (CFR)
RME (typisch)	77,2	12,0	10,8	880	32,8	51 bis 54
Diesel (typisch)	86,6	13,4	0,4	835	35,5	51 bis 55

Bild 22-18 Kennwertevergleich eines rapsölstämmigen FAME zu DK [12]

Kennwert	Einheit	DK	DK-R10	DK-R20	DK-R30	Rapsöl
Dichte	kg/m^3	841,5	835,7	830,5	824,9	920,0
Schwefelgehalt	% (m/m)	0,19	0,13	0,09	0,04	0,01
CFPP	°C	–9	–7	–5	–2	16
Cetanzahl	–	54,5	59	63	66,5	41
Heizwert Hu	MJ/kg	42,82	42,98	42,84	43,23	37,40
Viskosität/20 °C	mm^2/s	4,90	4,99	5,01	5,01	73,5

Bild 22-19 DK-Rapsöl-Mischungen (Rapsöl zum Vacuumgasöl/hydriert) [12]

stoffe mit 10 %, 20 % und 30 %. Rapsölanteil. Auch hier ergeben sich Vorteile für den S-Gehalt und die CZ sowie Nachteile im Kälteverhalten. Es zeigt sich, dass die Umesterung von Rapsöl zu RME insgesamt das bessere Endprodukt liefert.

Eine weitere Variante der Umwandlung von Pflanzenölen zu Kraftstoff ist die direkte Hydrierung. Die Endprodukte, sogenannte Hydrierte Pflanzenöle (HVO) weisen ausgezeichnete anwendungstechnische Eigenschaften auf und sind daher hinsichtlich ihrer Beimischung zu konventionellem Diesel nicht begrenzt.

Ergänzend sei noch erwähnt, dass auch Dimethyl-Ether (DME)$(CH_3)_2O$ als Komponente für DK geeignet ist. Er entsteht bei einem weiteren Verfahrensschritt aus Methanol oder neuerdings direkt aus Erdgas oder auch Synthesegas aus anderen Primärenergien. DME wird derzeit – unter Druck verflüssigt – besonders als Ersatz von FCKW als Treibgas in Sprühdosen verwendet.

Abschließend sei festgestellt, dass die technische Machbarkeit des Rapsöleinsatzes als Alternativ-DK, wenn auch mit erheblichem Aufwand, erwiesen ist. Die Herstellungskosten sind allerdings prohibitiv hoch. Sein wirtschaftlich sinnvoller Einsatz ist letztendlich über beträchtliche staatliche Subventionen möglich. Darüber hinaus ist aus Gründen der eingeschränkten Verfügbarkeit von Kraftstoffen auf Pflanzenölbasis nur die teilweise Substitution von fossilem Dieselkraftstoff zu realisieren.

DK-Rennkraftstoff

Heute werden auch für Hochleistungs-Dieselmotoren spezielle Rennkraftstoffe hergestellt, die durch ihre Zusammensetzung die Leistungsabgabe des Motors fördern können. Bei Langstreckenrennen, wie zum Beispiel bei dem 24 h Rennen in LeMans oder Marathon-Rallyes kommt es daneben auf eine besondere Sauberhaltung des Einspritzsystems an, um auch in der Endphase der Veranstaltung noch maximale Leistungswerte zu erzielen. Herausfordernd ist in diesem Zusammenhang der Einsatz von ausgewählten alternativen/biogenen Komponenten, die heute in gewissem Umfang verfügbar sind (zum Beispiel GTL, hydrierte Pflanzenöle (HVO) oder raffinierte Fettsäure-Methylester.

Alkohol-DK-Mischungen

Die Verwendung von Methanol oder Ethanol allein als alternativer „DK" weist prinzipielle erhebliche Nachteile gegenüber DK auf und macht erhebliche, kostspielige Anpassungsmaßnahmen am Motor und beim Kraftstoff erforderlich. So erfordert die Anpassung von Dieselmotoren an reinen Alkoholbetrieb zum Beispiel die Anordnung einer zweiten Einspritzanlage für den Zweistoffbetrieb. Hierbei erfolgen Kaltstart, Leerlauf und Warmlauf mit DK, während mit zunehmender Last und Drehzahl sukzessive Alkohol zugegeben wird. Andere Möglichkeiten bestehen in Zündhilfen mit Glüh- oder Zündkerzen. Auch chemische, dem Kraftstoff zugemischte Zündwilligkeitsverbesserer, sind erprobt worden. Sie sind allerdings teuer. Alkohole erfordern unter anderen wegen ihrer geringen Zündwilligkeit und hohen Verdampfungswärme entsprechend aufwändige kraftstoffseitige Anpassungen. Nachteilig für den Betrieb ist der deutlich niedrigere Heizwert (vergleiche **Bild 22-10**), was zu geringerer Leistung und höherem Verbrauch führen muss. Vorteilhaft sind insbesondere die Abnahme der Partikel- und NO_x-Emission. Mischungen von Methanol oder

Kennwert	Einheit	DK-R10*	DK-R20*	DK-R30*
Dichte	kg/m^3	836,7	832,1	827,5
Schwefelgehalt	% (m/m)	0,13	0,09	0,04
CFPP	°C	–5	–4	–2
Cetanzahl	–	58	63	69
Heizwert Hu	MJ/kg	42,92	43,06	43,11

* %-Anteil Rapsöl in der MDE

Bild 22-20 DK-Rapsöl-Mischungen nach Umformung in MDE [12]

Ethanol mit DK sind leichter anwendbar. Da jedoch Methanol und Ethanol bei Umgebungstemperatur praktisch nicht mit DK mischbar sind, erfordert dieses Konzept den gleichzeitigen Einsatz größerer Mengen von Lösungsvermittlern, zum Beispiel Ethylacetat. Aus Dreiphasen-Löslichkeits-Diagrammen für Methanol mit DK lassen sich die Bereiche stabiler Mischungen ablesen. Die Alkoholkonzepte sind technisch erprobt, jedoch bei der heutigen Kostenstruktur und steuerlichen Belastung nicht wettbewerbsfähig. Ein nicht zu unterschätzender Nebenaspekt ist die Änderung der Gefahrenklasse, wenn Dieselkraftstoff mit Alkohol versetzt wird, wodurch sich der Flammpunkt und die Explosionsgrenzen deutlich ungünstiger darstellen. Außerdem gilt zu beachten, dass die gesamte Infrastruktur inkl. der Fahrzeuge nicht für ein solches Produkt ausgelegt ist, was sich unter anderen in möglichen Undichtigkeiten aufgrund ungünstiger Elastomerverträglichkeit äußern kann.

DK-Wasseremulsion

Die Einbringung von Wasser in den Verbrennungsprozess bringt prinzipiell Vorteile. Insbesondere sinkt durch die Verminderung der Spitzentemperatur durch den Innenkühlungseffekt bei der Verdampfung des Wassers die Bildung von Stickstoffoxiden. Die Wassereinbringung kann entweder mit Hilfe eines zweiten Einspritzsystems oder durch DK-Wasser-Emulsionen erfolgen. Während der erstere Weg einen erheblichen baulichen Aufwand an Motor und Fahrzeug erfordert, aber der wirkungsvollere Weg ist, sind DK-Wasser-Emulsionen fahrzeugseitig wesentlich einfacher zu realisieren. Versuche haben ergeben, dass mit steigendem Wassergehalt zwar, wie erwartet, die NO_x-Emissionen und der Schwarzrauch deutlich reduziert werden, jedoch HC- und CO-Emissionen zunehmen. Der Anstieg der HC-Emission kann besonders im niedrigen Lastbereich stark ausgeprägt sein, so dass die Vorteile bei der Partikelemission mehr als aufgezehrt werden können. Demnach würden deutlich realistische Vorteile für Emulsionen ein je nach Betriebspunkt variables Verhältnis von DK zu Wasser erfordern, was mit einem zu großen Aufwand verbunden wäre. Insoweit wäre ein erfolgreicher Einsatz von Emulsionen eher in stationären Motoren zu suchen. DK-Wasseremulsionen sind auch kraftstoffseitig teurer, weil zusätzlicher Verschleißschutz für das Einspritzsystem notwendig wird; besonders kritisch sind hier moderne Hochdruckeinspritzanlagen. Gerade die Hersteller von modernen Hochdruckeinspritzanlagen lehnen den Einsatz von Emulsionen in ihren Systemen ab. Des Weiteren muss die mangelnde Langzeitstabilität der Emulsion insbesondere bei niedrigen Temperaturen durch Additive ausgeglichen und dem Befall von Mikroorganismen entgegengewirkt werden. Zusammen mit dem erforderlichen Emulgator entstehen zusätzliche Kraftstoffkosten, die für einen breiten Einsatz solcher Produkte bisher hemmend gewesen sind. Heutzutage vereinzelt im stationären Einsatz und im Großmotorenbau (zum Beispiel Marinebereich).

CNG in Dieselmotoren

CNG (**C**ompressed **N**atural **G**as; Methan) ist für den Fahrzeugeinsatz auf 200 bar komprimiertes Erdgas. In **Bild 22-21** sind die Stoffwerte von CNG im Vergleich mit DK dargestellt.

Man sieht, dass selbst bei 200 bar nur eine geringe Energiedichte im Tank vorhanden ist. Die geringe Zündwilligkeit von Methan macht eine Energiezufuhr zur Entflammung im Dieselmotor erforderlich. Hier kann das *Zündstrahlverfahren* mit zwei Kraftstoffen in Betracht kommen. Trotzdem zieht man es vor, die Dieselmotoren der Stadtbusse auf Ottomotoren umzurüsten, auch um die Vorteile der einfacheren Kraftstoffbevorratung (Monofuel) zu nutzen. So wurden Zylinderkopf und Kolben geändert, die Einspritzdüse durch eine Zündkerze ersetzt und an Stelle der Einspritzpumpe eine Hochspannungszündung vorgesehen. Das Verdichtungsverhältnis wird von 17,5 : 1 auf 11,0 : 1 reduziert. Der Einsatz derartiger Nfz-Konzepte in Ballungsgebieten ist vor dem Hintergrund der Emissionsvorteile durchaus sinnvoll. Inwieweit sich dieses Konzept jedoch auf breiter Basis durchsetzten kann, ist, bedingt durch den höheren Energieverbrauch gegenüber dem Dieselmotor, fraglich.

22.1.2 Ottokraftstoff (OK)

Ottokraftstoffe liegen im Siedebereich von etwa 30 °C bis 210 °C und sind für den Betrieb von Ottomotoren, hauptsächlich im Fahrzeugsektor, vorgesehen. Sie bestehen aus einer Vielzahl von Kohlenwasserstoffen, die als Grundbenzin in Raffinerien mittels verschiedener Verarbeitungsverfahren aus

Stoffwert	DK	CNG
Aggregatzustand im Tank	flüssig	gasförmig
Druck im Tank	Atmosphäre	200 bar
Dichte	830 kg/m^3	170 kg/m^3
Heizwert Hu Volumen	34,7 MJ/l	7,2 MJ/l
Heizwert Hu Masse	42,0 MJ/kg	47,7 MJ/kg

Bild 22-21 Stoffwerte von CNG im Vergleich zu DK [1]

Komponente	Dichte	Oktanzahlen		E 70*	E 100**
Einheit	Kg/m^3	MOZ	ROZ	% (V/V)	% (V/V)
Destillatbenzin	680	62	64	70	100
Butan	595	87–94	92–99	100	100
Pyrolysebenzin	800	82	97	35	40
Crackleichtbenzin	670	69	81	70	100
Katalyt.Crack leicht	685	80	92	60	90
Katalyt.Crack schwer	800	77	86	0	5
Hydrocrack leicht	670	64	90	70	100
Full Range Reformat 94	780	84	94	10	40
Full Range Reformat 99	800	88	99	8	35
Full Range Reformat 101	820	89	101	6	20
Isomerisat	625	87	92	100	100
Alkylat	700	90	92	15	45
Polymerbenzin	740	80	100	5	10
Methyl-Tertiär-Butyl-Ether	745	98	114	100	100
Ethyl-Tertiär-Butyl-Ether (ETBE)	751	105	118	–10	120
Methanol/TBA 1 : 1	790	95	115	50	100
Ethanol	789	96	115	0	100

* verdampfter Anteil bei 70 °C
** verdampfter Anteil bei 100 °C

Bild 22-22 Die wesentlichen OK-Komponenten [12]

Erdöl der verschiedensten Provenienzen gewonnen werden. Daneben enthalten sie geringe Mengen von anderen organischen Verbindungen und Additive. Der über viele Jahrzehnte verwendete Begriff VK für **V**ergaser**k**raftstoff ist angesichts der heute allgemein angewendeten Kraftstoffeinspritzung überholt.

Explosionsgrenzen

Von allgemeiner Bedeutung für OK sind die Explosionsgrenzen. Sie beschreiben für Luft-Kraftstoff-Dampfgemische die Grenzen, innerhalb derer bei Aktivierung einer Zündquelle eine schlagartige Verbrennung stattfindet. Man unterscheidet eine untere (wenig Kraftstoffdampf) und eine obere (viel Kraftstoffdampf) Grenze. Bei Konzentrationen sowohl unterhalb der unteren als auch oberhalb der oberen Grenze kann nach der Zündung keine Verbrennung stattfinden. OK-Luftgemische haben eine untere Explosionsgrenze von circa 1 % (V/V) und eine obere von circa 8 % (V/V) Kraftstoff in Luft. Bei der Lagerung von OK bildet sich üblicherweise über dem Kraftstoff ein sehr fettes Kraftstoff-Luftgemisch, weit über der oberen Explosionsgrenze. Es ist durch Untersuchungen festgestellt worden, dass bei Kraftstoffen mit minimalem Dampfdruck und geringer Flüchtigkeit in Verbindung mit niedrigen Umgebungstemperaturen die obere Grenze unter Umständen unterschritten werden kann, womit des Kraftstoffdampf-Luftgemisch im Fahrzeugtank zündfähig wäre.

22.1.2.1 OK-Komponenten und Zusammensetzung

OK gehört zu den leichtsiedenden Bestandteilen des Erdöls. Er ist ein Gemisch von Reformaten, Crackbenzinen (Olefinen), Pyrolyse-Benzinen, Iso-Paraffinen, Butan, Alkylaten und sogenannte Ersatzkomponenten, wie Alkohole und Ether. In **Bild 22-22** sind die wesentlichen Kennwerte wie Dichte, Oktanzahl und Siedeverhalten der heute verwendeten Ottokraftstoff-Komponenten zusammengestellt. Besonders sei auf die Komponenten **M**ethyl-**T**ertiär-**B**utyl-**E**ther (MTBE) sowie Ethyl-Tertiär-Butyl-Ether (ETBE) hingewiesen, die zur Herstellung von SuperPlus erforderlich sind. Die in den 80er Jahren eingesetzte Alkohol-Mischung aus Methanol und **T**ertiär-**B**utyl-**A**lkohol (TBA) ist heute durch den Einsatz von Bio-Ethanol abgelöst worden. Auf eine Behandlung der früher so wichtigen Bleiverbindungen als Klopfbrem-

Komponente	Paraffine*	Olefine	Aromaten
Einheit	% (V/V)	% (V/V)	% (V/V)
Destillatbenzin	94	1	5
Butan	100	–	–
Pyrolysebenzin	circa 20	circa 10	circa 70
Crackleichtbenzin	circa 57	circa 40	circa 3
Katalyt.Crack leicht	61	26	13
Katalyt.Crack schwer	29	19	52
Hydrocrack leicht	100	0	0
Full Range Reformat 94	45	–	55
Full Range Reformat 99	38	–	62
Full Range Reformat 101	29	1	70
Isomerisat	98	–	2
Alkylat	100	–	–
Polymerbenzin	5	90	5

* einschließlich Naphthene

Bild 22-23 OK-Komponenten in der Elementaranalyse [12]

sen, die die Kraftstoffforschung über Jahrzehnte intensiv beschäftigt hatten, wird wegen des inzwischen fast weltweiten Verbots ihrer Verwendung verzichtet, da Bleiverbindungen toxisch sind.

Bild 22-23 zeigt die mit der FIA-Analyse (**F**luoreszenz-**I**ndikator-**A**bsorptionsverfahren) ermittelte elementare Zusammensetzung der dargestellten Komponenten nach Paraffinen, Olefinen und Aromaten.

Über die verwendeten Größenordnungen der einzelnen Komponenten eines typischen OK aus deutschen Raffinerien gibt **Bild 22-24** Aufschluss. Zu etwa gleichen Teilen werden hauptsächlich Reformat- und Crackbenzine eingesetzt. Einen wesentlich kleineren Anteil haben alle übrigen Komponenten, ohne dass man auf jede einzelne verzichten könnte.

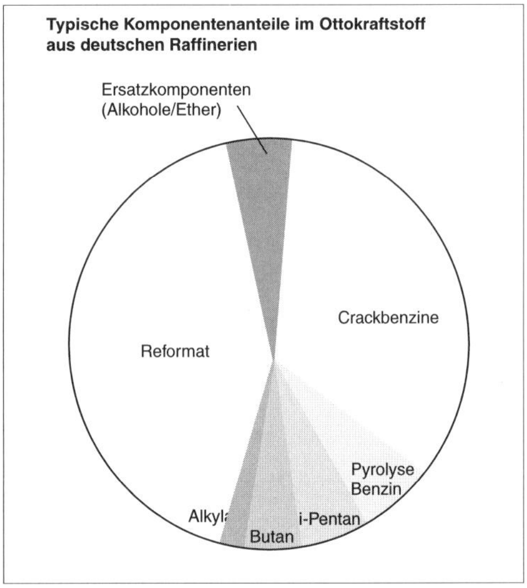

Bild 22-24 OK-Komponenten in Deutschland [4]

Ersatzkomponenten Alkohole und Ether

Als Ausgleich für den durch das Verbleiungsverbot eingetretenen OZ-Verlust wurden zusätzlich zu den weiterentwickelten hoch oktanigen klassischen Komponenten und den Alkoholen verschiedene Ether als prinzipielle neue OK-Komponenten gefunden. Es handelt sich dabei um sauerstoffhaltige Kohlenwasserstoffverbindungen, in denen eine CH_2-Gruppe durch ein Sauerstoffatom ersetzt ist. Für OK geeignet sind Ether mit mindestens fünf C-Atomen. In **Bild 22-25** sind die wichtigsten Stoffwerte für die als Komponenten in Betracht kommenden Alkohole mit denen von Super-OK verglichen.

Methanol und Ethanol sind in der Historie der Motorisierung zu verschiedenen Zeiten und an verschiedenen Orten im Einsatz gewesen. Ihre Verwendung als alternative Kraftstoffe wird in Kapitel 22.1.2.3 ausführlich behandelt. Ether zeichnen sich durch gute Mischbarkeit mit OK ohne azeotrope Erhöhung der Flüchtigkeit bei geringer Wasserempfindlichkeit aus. Auffällig sind die hohen Oktanzahlen und der niedrige Dampfdruck. Wegen des gegenüber Methanol und Ethanol niedrigeren Sauerstoffgehalts hält sich auch die Absenkung des Heizwertes gegenüber den normalen Kraftstoffkomponenten in erträglichen

Bezeichnung	Abkürzung	Siede-punkt	Dichte 20 °C	Dampfdruck	ROZ	MOZ	Heiz-wert Hu	Verdamp-fungs-wärme	O_2-Gehalt
Einheit		°C	kg/m³	Kpa			MJ/l	kJ/kg	% (m/m)
Methylalkohol	Methanol	64,7	791,2	32/81*	114,4	94,6	15,7	1170	49,93
Ethylalkohol	Ethanol	78,3	789,4	17/70*	114,4	94,0	21,2	880	34,73
Isopropyl Alk.	Isopropanol	82,3	775,5	14/72*	118,0	101,9	23,6	700	26,63
Sec.Butyl Alk.	SBA	99	806,9				27,4		21,59
Isobutyl Alk.	IBA	107,7	801,6	4/63*	110,4	90.1	26,1	618	21,59
Tert.Butyl Alk.	TBA	82,8	786,6	7/64*	circa 105	circa 95	26,8	589	21,59
Super OK	SOK	30 bis 210	720–775	S 45,0–60,0 W 60,0–90,0	95	85,6	circa 41	380–500	0–2,7

* Als Mischkomponente in OK (10 %)

Bild 22-25 Wichtige Stoffwerte für Alkohol-Komponenten im Vergleich zu Super-OK [12]

Grenzen. MTBE und insbesondere ETBE werden heute großtechnisch hergestellt. In **Bild 22-26** sind die wichtigsten Stoffwerte für die als Komponenten in Betracht kommenden Ether mit denen von Super-OK verglichen. Die anderen darin aufgeführten Ether kommen mit Ausnahme von ETBE und TAME wegen ihrer hohen Herstellungskosten als Kraftstoffkomponente bisher kaum zum Einsatz.

Der Verwendung der besonders wertvollen, sauerstoffhaltigen sogenannten Ersatzkomponenten, wie Ether und Alkohole, sind durch die EU-seitige Begrenzung des Gesamt-O_2-Gehaltes von OK auf 2,7 % (m/m) noch relativ enge Grenzen gesetzt. So sind derzeit der Ethanolgehalt auf 5 % (V/V) und der Methanolgehalt auf maximal 3 % (V/V) begrenzt, sofern dem Methanol zusätzlich geeignete Lösungsvermittler – meistens TBA – zugesetzt werden. **Bild 22-27** zeigt den heute zulässigen Einsatz entsprechend der EU-Richtlinie über den Einsatz von sauerstoffhaltigen Komponenten und in Klammern die geplante Erweiterung. Diese Begrenzung erfolgte, um unerwünschte Nebenwirkungen auf Elastomere auszuschließen, Entmischung bei tiefer Temperatur zu verhindern und zu hohe Abmagerung zu vermeiden, die das Fahrverhalten stören kann.

MTBE/ETBE hat sich insbesondere im SuperPlus als Ersatz für Klopfbremsen auf Bleibasis zur OZ-Erhöhung bewährt. Derzeit wird in Deutschland durchschnittlich circa 10 % MTBE/ETBE im SuperPlus und noch klopffesteren Sorten eingesetzt.

OK-Sorten

In Deutschland werden zur Zeit drei unverbleite Kraftstoffsorten angeboten, Normal seit 1985, (Euro) Super seit 1986 und SuperPlus seit 1989. Für ältere Fahrzeuge ohne Katalysator stand bis 1996 noch verbleites Super zur Verfügung, während verbleites Normalbenzin bereits 1988 aus dem Markt genom-

Bezeichnung	Abkürzung	Siede-punkt	Dichte 20 °C	Dampf-druck	ROZ	MOZ	Heizwert Hu	O_2-Gehalt
Einheit		°C	kg/m³	kPa			MJ/kg	% (m/m)
Methyl-Tertiär-Butyl-Ether	MTBE	55,5	740	48	114	98	26,04	18,15
Ethyl-Tertiär-Butyl-Ether	ETBE	72,5	742	28	118	102	26,75	15,66
Di-Iso-Propyl-Ether	DIPE	68,5	725	24	110	100	26,45	15,66
Tertiär-Amyl-Methyl-Ether	TAME	85,5	770	16	111	98	27,91	15,66
Isopropyl-Tertiär-Butyl-Ether	PTBE	88,5	740	20			27,46	13,77
Super-OK (typisch 1999)	SOK	30–215	725–780	60–90	95	85	circa 41	0–2

Bild 22-26 Wichtige Stoffwerte von Ether-Komponenten im Vergleich zu Super-OK [5]

Komponente % (V/V)	Zugelassene Komponenten nach DIN EN 228
Methanol	3
Ethanol	5 (10)
IPA	10 (12)
TBA	7 (15)
IBA	10 (15)
Ether*	15 (22)
Andere**	10 (15)
Sauerstoffgehalt % (m/m)	2,7 (3,7)

* MTBE, TAME u. ETBE sowie andere mit min. 5 C-Atomen
** andere Monoalkohole
(beabsichtigte Anhebung)

Bild 22-27 Maximale Konzentration von O_2-haltigen Komponenten (EU) [12]

men wurde. In nahezu allen europäischen Staaten ist inzwischen Normal-OK nicht mehr im Markt anzutreffen, da alle Fahrzeughersteller, unter dem Zwang, einen möglichst niedrigen Verbrauch/CO_2-Ausstoß zu bieten, ihre Motoren fast ausschließlich auf Super oder SuperPlus auslegen. **Bild 22-28** zeigt die Anteile der drei OK-Sorten im deutschen Kraftstoffmarkt.
Man erkennt, dass sich SuperPlus nach anfänglichem Erfolg – wohl aus Kostengründen – bisher noch nicht durchsetzen konnte. Neben konventionellen OK auf Basis Erdöl ist noch eine Reihe anderer, synthetisch herstellbarer Stoffe zur Verbrennung in Ottomotoren geeignet. Ferner gibt es mehrere Möglichkeiten der Verwendung alternativer Ottokraftstoffe. Im Kapitel 22.1.2.3 „Alternative Ottokraftstoffe" wird hierauf noch näher eingegangen werden.

22.1.2.2 Kennwerte und Eigenschaften

Die an die drei vorerwähnten bleifreien OK gestellten Mindestanforderungen sind in der DIN EN 228 festgelegt. Wie aus **Bild 22-29** hervorgeht, betreffen sie hauptsächlich Dichte, Klopffestigkeit, Siedeverlauf, Dampfdruck, Benzolgehalt und Schwefelgehalt.

Wegen der anwendungstechnisch umweltrelevanten Bedeutung von einigen Kraftstoffkennwerten wurde zur Überbrückung der unterschiedlichen Auffassungen von Automobil- und Mineralölindustrie auf europäischer Basis (EU-Kommission) 1998 im Rahmen des Auto-/Öl-Programms ein Kompromiss beschlossen, der die Anforderungen an die umweltrelevanten Kraftstoffkennwerte in einer 1. Stufe im Jahr 2000 und in einer 2. Stufe im Jahr 2005 weiter verschärft. Dies betraf bei OK vor allem den Schwefel-, Benzol- und Aromatengehalt. Die Abgasgrenzwerte wurden entsprechend als Euro III ab 1.1.2000 und als Euro IV ab 1.1.2005 festgelegt. **Bild 22-30** zeigt die Veränderungen bei OK. Neben diesen Normen hat die weltweite Automobilindustrie die sogenannten Fuel Charter (WWFC) erarbeitet, in der die Anforderungen an Kraftstoffe in 4 Qualitätsstufen festgelegt sind. In der Einhaltung der höchsten Qualitätsstufe (Category 4) sieht die Automobilindustrie Potential für die Entwicklung zukünftiger Motorenkonzepte.
Die Entwicklung der europäischen Abgasgesetzgebung ist in **Bild 22-31** dargestellt.

Dichte

Der Bereich der Dichte ist für alle drei unverbleiten OK einheitlich auf 720–775 kg/m^3 bei 15 °C festgelegt. **Bild 22-32** zeigt Durchschnittswerte und Bereiche der Dichte handelsüblicher deutscher OK für Sommer und Winter.
Mit steigender Dichte nimmt generell der volumetrische Energiegehalt des Kraftstoffs zu, womit ein sinkender volumetrischer Kraftstoffverbrauch verbunden ist. Erfahrungsgemäß bewirkt ein Anstieg der Dichte um 1 % eine volumetrische Verbrauchssenkung um 0,6 %. Man erkennt, dass die Werte im Sommer durchweg höher liegen und dass sich hier für Super und erst recht für SuperPlus Verbrauchsvorteile ergeben.

Klopffestigkeit

Unter Klopffestigkeit von Ottokraftstoffen versteht man ihre Fähigkeit, eine ungewollte, also nicht durch die Zündkerze ausgelöste oder unkontrollierte Verbrennung im noch nicht verbrannten Restgas vor Eintreffen der Flammenfront zu verhindern. Die Flammenfront durchläuft die Ladung je nach Kraftstoffzusammensetzung und konstruktiven Gegeben-

Kraftstoffsorte	1994	1995	1996	1997	1999	2000	2002	2005	2008
Normalbenzin	39,4	38,4	37,6	36,9	34,3	33,4	30,9	28,0	10,6
Super	46,9	50,7	54,4	47,3	61,1	62,8	65,3	68,1	85,4
SuperPlus	6,0	5,4	5,3	5,8	4,6	3,8	3,8	3,9	4,0
Bleifrei gesamt	92,3	94,5	97,4	100,0	100,0	100,0	100,0	100,0	100,0
Super verbleit	7,7	5,5	2,6	–	–	–	–	–	–

Bild 22-28 Anteile der OK-Sorten am Konsum in Deutschland (%) [2]

Kennwert	Einheit	Anforderungen nach DIN EN 228		
		SuperPlus	Super	Normal
Dichte bei 15 °C	kg/m³	720–775		
Klopffestigkeit ROZ MOZ		 min. 98,0 min. 88,0	 min. 95,0 min. 85,0	 min. 91,0 min. 82,5
Bleigehalt	mg/l	maximal 5		
Siedeverlauf * Verdampfte Menge (Klasse A) bei 70 °C, E70 bei 100 °C, E100 bei 150 °C, E150 Verdampfte Menge (Klasse D/D1) bei 70 °C, E70 bei 100 °C, E100 bei 150 °C, E150 Siedeendpunkt FBP (Klasse A/D/D1)	% (V/V) °C	 20,0–48,0 46,0–71,0 min. 75,0 22,0–50,0 46,0–71,0 min. 75,0 maximal 210		
Flüchtigkeitskennziffer VLI** (VLI = 10 × VP + 7 × E70) Klasse D1	 Index	 maximal 1150		
Destillationsrückstand	% (V/V)	maximal 2		
Dampfdruck (DVPE) Klasse A Klasse D/D1	kPa	 45,0–60,0 (Sommer) 60,0–90,0 (Winter)		
Abdampfrückstand	mg/100 ml	maximal 5		
Benzolgehalt	% (V/V)	maximal 1,0		
Schwefelgehalt	mg/kg	maximal 10*		
Oxidationsstabilität	min.	minimal 360		
Kupferkorrosion	Korrosionsgrad	maximal 1		

* Schwefelgehalt in Gesamt-EU seit Anfang 2009 maximal 10 mg/kg
Klasse D: 16.11.–15.03. (Winter)
Klasse D1: 16.03.–30.04./01.10.–15.11. (Übergang)
** Vapor-Lock-Index

Bild 22-29 OK-Kennwerte nach DIN EN 228 [1]

Kennwert	Einheit	DIN EN 228 bis 1999	Euro III ab 2000	Euro IV ab 2005
Schwefel	mg/kg	500	150	50
Benzol	% (V/V)	5	1	1
Aromaten	% (V/V)	–	42	35
Dampfdruck	kPa	70	60	60
Olefine	% (V/V)	–	(21) 18	18

Bild 22-30 Ergebnis EU Auto-/Öl-Programm für OK [1]

	Schadstoff	91/441/EWG Euro I	94/12/EG Euro II	98/69/EG* Euro III	98/69/EG* Euro IV
Motor	in g/km	ab 1992	Ab 1996	ab 2000	ab 2005
Otto	CO HC + NO_x HC NO_x	3,16 1,13	2,20 0,50	2,30 0,20 0,15	1,000 0,100 0,080
Diesel	CO HC + NO_x Partikel	3,16 1,13 0,18	1,00 0,70 0,08	0,64 0,56 0,05	0,500 0,300 0,025

* geändertes (verschärftes) Prüfverfahren

Bild 22-31 Entwicklung der europäischen Abgasgesetzgebung (Pkw) [1]

Dichte in kg/m^3		SuperPlus	Super	Normal
Bereich	Sommer Winter	733–756 732–754	736–630 724–758	729–758 721–748
Durchschnitt	Sommer Winter	748 741	745 735	743 729

Quelle: Marktüberwachungen Winter 2007/2008 und Sommer 2008 in Deutschland

Bild 22-32 Dichte handelsüblicher deutscher OK [1, 12]

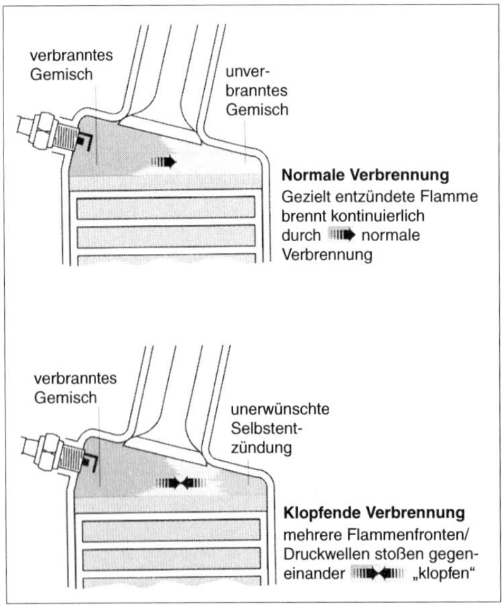

Bild 22-33 Normale und klopfende Verbrennung [5]

heiten mit einer Ausbreitungsgeschwindigkeit von über 30 m/s. In **Bild 22-33** ist die normale mit der klopfenden Verbrennung schematisch verglichen. Bei klopfendem Betrieb tritt eine etwa 10fache Brenngeschwindigkeit auf, die steile Druckspitzen und kavitationsartige Druckschwingungen verursachen und von erheblicher Erhöhung der Brennraumtemperatur begleitet werden.

Eine vereinfachte Gegenüberstellung der entsprechenden Druck-Zeitdiagramme zeigt **Bild 22-34**.

Bei anhaltendem Klopfen können so Zündkerzen, Kolben, Zylinderkopfdichtungen und Ventile beschädigt oder sogar zerstört werden, insbesondere wenn es zu einer Vorentflammung kommt. In **Bild 22-35** wird ein durch Dauerklopfen zerstörter Kolben gezeigt.

Moderne Motoren sind durch die Anwendung von Klopfsensoren – Körperschallsensoren oder Ionenstrommessungen – weitgehend vor solchen mechanischen Schäden geschützt. Sie regeln bei beginnendem Klopfen den Zündzeitpunkt zurück, reduzieren bei Aufladung den Ladedruck oder drosseln die Ansaugluft. Bei Fahrzeugen mit Klopfregelung erfolgt auch eine elektronisch gesteuerte Anpassung des Zündkennfeldes an den im Tank befindlichen Kraftstoff. Bei niedrigerer Klopffestigkeit als vom Hersteller spezifiziert, ergibt die dann spätere Zündeinstellung allerdings Leistungsverlust, höheren Verbrauch und eine höhere thermische Belastung des Katalysators. Umgekehrt kann beim Übergang von zum Beispiel Super auf SuperPlus durch die dann frühere Zündeinstellung Leistungsgewinn, verbunden mit

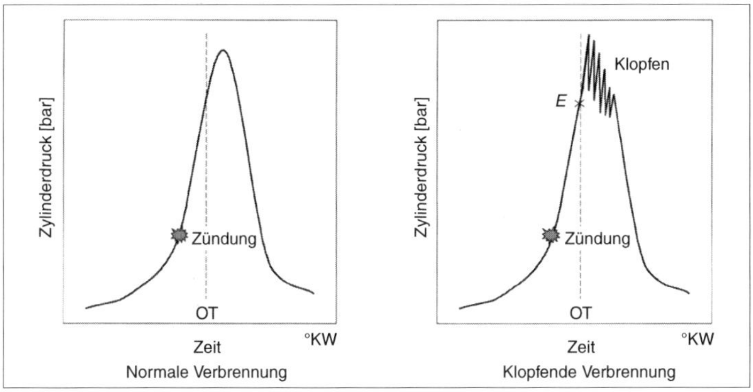

Bild 22-34 Druck-Zeit-diagramme [9]

Bild 22-35 Durch Dauerklopfen zerstörter Kolben [5]

Verbrauchssenkung und Emissionsvorteilen, eintreten. Bei der Bestimmung des Klopffestigkeitsbedarfs eines Motors unterscheidet man zwischen Beschleunigungsklopfen und Hochgeschwindigkeitsklopfen. Während das Beschleunigungsklopfen bei niedriger Drehzahl und Last als transienter Zustand nicht so gefährlich ist, droht bei anhaltendem Hochgeschwindigkeitsklopfen bei hoher Drehzahl und Volllast größere Gefahr bis hin zum Motorschaden.

Oktanzahl

Als Maß für die Klopffestigkeit eines Ottokraftstoffs gilt die Oktanzahl. Man unterscheidet bei den Mindestanforderungen zwischen ROZ (**R**esearch-**Oktanz**ahl) und MOZ (**M**otor-**Oktanz**ahl). Beide Bezeichnungen beruhen auf Traditionsnamen aus der US-amerikanischen Kraftstoff-Forschung, die sich nicht logisch einordnen lassen. Für die Praxis ist darüber hinaus noch die SOZ (**S**traßen-**Oktanz**ahl) von Bedeutung. Bei den früheren Vergasermotoren spielte auch die FOZ (**F**ront-**Oktanz**ahl, entspricht der ROZ 100 der bis 100 °C siedenden Kraftstoffanteile) eine Rolle. Während ROZ und MOZ in speziellen CFR-Einzylinder-Klopfprüfmotoren (**C**oordinating **F**uel **R**esearch) durch Veränderung des Verdichtungsverhältnisses gemessen werden, wird die SOZ in Serienfahrzeugen durch Verstellung des Zündzeitpunkts ermittelt. Die Prüfung nach der MOZ-Methode erfolgt hinsichtlich Drehzahl, Zündzeitpunkt und Gemischvorwärmung unter härteren Bedingungen, so dass die MOZ stets niedriger als die ROZ ausfällt. Für die Praxis bedeutet das, dass insbesondere thermisch hoch beanspruchte Motoren – das sind heute praktisch alle – neben der ROZ auch eine Mindestanforderung an die MOZ eines Kraftstoffes stellen. Die Differenz ROZ-MOZ heißt „Sensitivity“ und sollte den Wert 10 möglichst nicht deutlich überschreiten. In **Bild 22-36** sind die Betriebsbedingungen bei der Bestimmung von ROZ und MOZ im CFR-Prüfmotor dargestellt.

	Motordrehzahl min^{-1}	Ansaugluft °C	Gemischvorwärmung °F	Zündzeitpunkt °KW vor OT	Verdichtungs-verhältnis
ROZ	600	51,7 ± 5	–	13	Variabel 4 bis 16
MOZ	900	38	variabel 285–315	variabel 14–26	Variabel 4 bis 16

Bild 22-36 Betriebsbedingungen des CFR-Prüfmotors [1]

Oktanzahlskala

Die von 0 bis 100 reichende Oktanzahlskala ist dimensionslos, wobei die 0 dem besonders klopffreudigen Bezugskraftstoff Normalheptan (C_7H_{16}) und die 100 dem besonders klopffesten Bezugskraftstoff Isooktan (C_8H_{18}) – auch 2,2,4-Trimethyl-Pentan ($C_5H_9(CH_3)_3$) genannt – zugeordnet sind. Die OZ eines Kraftstoffs wird in einem Vergleichstest zwischen der Kraftstoffprobe und *i*-Oktan-/*n*-Heptan-Mischungen ermittelt. Dabei wird zunächst im CFR-Prüfmotor das Verdichtungsverhältnis solange erhöht, bis die Probe zu klopfen beginnt. Anschließend wird die dazugehörende OZ dadurch ermittelt, dass bei jetzt konstant gehaltenem Verdichtungsverhältnis die Mischungen von *i*-Oktan und *n*-Heptan solange verändert werden, bis der Motor erneut zu Klopfen beginnt. Die Klopfgrenze wird dabei mit Hilfe eines elektronischen Klopfsensors erkannt. So bedeutet zum Beispiel ROZ 95, dass sich der so bezeichnete OK, im CFR-Prüfmotor nach der Research-Methode gemessen, hinsichtlich Erreichen der Klopfgrenze wie eine Mischung aus 95 % *i*-Oktan und 5 % *n*-Heptan verhält.

Mischoktanzahl

Der Bereich der OZ-Skala endet definitionsgemäß bei 100 (Isooktan). Für Kraftstoffe, deren OZ über 100 liegt, kann man die OZ mit Hilfe des nachfolgenden Verfahrens ermitteln. Der hochoktanige Kraftstoff wird mit einem Anteil von 10 beziehungsweise 20 % (V/V) in einen Ottokraftstoff mit deutlich geringerer, bekannter OZ eingemischt. Anschließend misst man die OZ der Mischung und berechnet dann aus der erzielten Verbesserung des niedrig oktanigen Krafstoffes die „Misch-OZ“ des hochoktanigen, zugemischten Anteils nach der folgenden Formel:

$$\text{Misch OZ} = (M - (K \cdot b/100))/(a/100) \qquad (22.3)$$

Es bedeuten:

$M \rightarrow$ OZ der Mischung
$K \rightarrow$ OZ des niedrig octanigen Ottokraftstoffs
$a \rightarrow \% M$
$b \rightarrow \% K$

Beispiel:

Mischt man 90 % (b) eines Ottokraftstoffes mit einer OZ von 85,5 (K) mit 10 % (a) des unbekannten, hochoktanigen Kraftstoffes und erhält bei der Messung eine OZ von 88,3 (M), so beträgt die Misch-OZ des hochoctanigen Kraftstoffes 113,5. In der Praxis hat sich gezeigt, dass es sinnvoll ist jeweils mehrere Mischungen mit unterschiedlichen Beimischraten (10, 20, 50 %) durchzuführen um zu einer möglichst genauen Einschätzung der tatsächlichen Oktanzahl des hochoktanigen Kraftstoffes zu kommen. Diese Methode liefert allerdings nur bei der Mischung gleichartiger Kohlenwasserstoffe zuverlässige Ergebnisse, was ihre Anwendung einschränkt.

OZ	% (V/V) TEL	OZ	% (V/V) TEL
100	0,0000	111	0,0399
101	0,0020	112	0,0468
102	0,0042	113	0,0546
103	0,0066	114	0,0634
104	0,0092	115	0,0734
105	0,0124	116	0,0850
106	0,0158	117	0,0963
107	0,0195	118	0,1133
108	0,0238	119	0,1308
109	0,0285	120	0,1509
110	0,0338		

Bild 22-37 Wiese-Skala für OZ > 100 [1]

Seit 1956 wendet man als praxisnahe Methode die *Wiese-Skala* an (DIN 51788). Hierbei werden, von *i*-Oktan ausgehend, ihm steigende Mengen von TEL (**T**etra **E**thyl **L**ead; Bleitetraethyl) hinzugegeben. Das Verfahren entspricht im Prinzip der für Flugkraftstoffe angewendeten Performance Number (PN). **Bild 22-37** zeigt die Zahlenwerte für die Beziehung zwischen OZ-Werten > 100 und der jeweiligen TEL-Zugabe zu *i*-Oktan.

OZ-Bedarf

Der OZ-Bedarf eines Motors wird auf dem Motorprüfstand im gesamten Drehzahlbereich bei Volllast gemessen. So entsteht ein Klopfgrenzkurven-Kennfeld, in das die vom Hersteller festgelegte Zündverstellkennlinie eingetragen wird. Der OZ-Bedarf ergibt sich dann aus den Schnittpunkten der Klopfgrenzkurven mit dem Zündkennfeld, wobei das Maximum sofort abgelesen werden kann. Es liegt in aller Regel im Bereich des maximalen Drehmoments, also des maximalen Mitteldrucks.

Motorbauart und OZ-Bedarf

Motorisch gesehen wird der OZ-Bedarf in erster Linie durch das Verdichtungsverhältnis bestimmt. Bei geometrisch ähnlichen Brennräumen wirkt sich ein zunehmender Hubraum im Sinne einer Abnahme der Klopfgrenzverdichtung aus. Größere Zylinder sind also klopfempfindlicher. Ebenso gilt in gewissem Grad, dass ein überquadratischer Zylinder ($s/D < 1$) bei sonst gleichen Abmessungen einen höheren OZ-Bedarf hat als ein unterquadratischer ($s/D > 1$). In beiden Fällen spielt die Weglänge, die eine Flamme bei der Verbrennung zurückzulegen hat, eine Rolle. Hierbei ist auch das Pleuelstangenverhältnis *r/l* von Bedeutung, weil durch ein größeres *r/l* die Wirksamkeit der Kolbenüberdeckung (Quetschfläche) während der ganzen Verbrennung annähernd gleichgehalten wird. Das Endgas hat so keine Gelegenheit, auf Grund von Reduktionsvorgängen ohne Wärmeabsorption hohe Temperaturen anzunehmen. Die dabei so nahe wie möglich bei konstantem Volumen ablaufende Verbrennung ist darüber hinaus auch für die Güte des thermischen Wirkungsgrades vorteilhaft. Die allgemeine Rückkehr zu langhubigen Motoren ist daher neben den abgasseitigen Vorteilen auch für eine weitere Erhöhung des Verdichtungsverhältnisses von Nutzen. Für die konstruktive Gestaltung des Brennraums zur Erzielung eines möglichst geringen OZ-Bedarfs bei hohem Wirkungsgrad werden heute allgemein folgende Gesichtspunkte beachtet:

- Kompakter Brennraum mit möglichst niedrigem Verhältnis von Oberfläche zu Volumen (kugelkalotten- oder dachförmig)
- Möglichst zentrale Lage der Zündkerze im Brennraum zur Erzielung gleich langer Flammenwege (4 Ventile)
- Möglichst große Quetschfläche durch Kolbenüberdeckung bei gleichzeitig kleinster Dicke (erzeugt Turbulenz)
- Hohe Ladungsbewegung
- Intensive Zylinderkopfkühlung.

Zusammenfassend kann gesagt werden, dass die besten Ergebnisse dann erzielt werden, wenn der im Augenblick der Zündung vom Gemisch eingenommene Raum so dicht wie möglich an der Zündkerze konzentriert ist. Auch die Wahl der Ventilsteuerzeiten ist von Einfluss auf die relative Klopfempfindlichkeit eines Motors. So wirkt sich eine große Ventilüberschneidung infolge ihres Einflusses auf Restgasanteil und Gemischtemperatur klopfmindernd aus. Ein zur Erhöhung des Drehmoments im unteren Drehzahlbereich frühes Schließen erhöht den OZ-Bedarf. Die heute weitgehende Verwendung von Leichtmetall und der praktisch einheitliche Verzicht auf Luftkühlung wirken sich positiv aus.

Betriebsbedingungen und OZ-Bedarf

Der OZ-Bedarf ist in beträchtlichem Maß von den Betriebsbedingungen abhängig. Hier sind Zustand der Ansaugluft, Luftverhältnis, Drehzahl, Zündzeitpunkt, Füllungsgrad sowie Last und Kühlmitteltemperatur von Bedeutung. Steigende Werte von Druck und Temperatur der Ansaugluft wirken sich jeweils erhöhend auf den OZ-Bedarf aus, während steigende Luftfeuchtigkeit mindernd wirkt. Im Bereich des stöchiometrischen Luft-Kraftstoff-Verhältnisses ist der OZ-Bedarf am größten. Ein jeweils fetteres oder magereres Gemisch lässt durch deren geringere Verbrennungsgeschwindigkeit die für das Klopfen entscheidenden Druck- und Temperaturbedingungen nicht zu Stande kommen. Die Temperatur des unverbrannten Kraftstoff-Luftgemisches zeigt ein analoges Verhalten. Steigende Drehzahl bewirkt in aller Regel eine rasche Abnahme des OZ-Bedarfs, da sich der Kolben dabei in einem für das Endgas kritischen Zeitpunkt bereits weiter vom oberen Totpunkt entfernt hat und so das Brennraumvolumen zunimmt und die Verdichtung des Endgases entsprechend abnimmt. Ferner tritt bei hohen Drehzahlen durch die dann erzeugte große Turbulenz im Brennraum ein rascherer Ablauf der Verbrennung ein. Auch die Drosselverluste und der dadurch niedrigere Verdichtungsenddruck wirken in diese Richtung. Der Zündzeitpunkt hat naturgemäß unmittelbaren Einfluss auf den OZ-Bedarf. Je früher er (weit vor OT) liegt, desto früher im Kolbenweg des Verdichtungstaktes beginnt die Verbrennung, wodurch eine Verdichtung des Endgases eintritt.

Im Allgemeinen neigen Ottomotoren, vor allem bei voll geöffneter Drosselklappe – also Volllast – zum Klopfen, da hierbei durch größte Zylinderfüllung auch die höchsten Verbrennungsdrücke auftreten. Der höchste OZ-Bedarf liegt meistens im Bereich der Drehzahl des maximalen Drehmoments (Mitteldrucks), da hier Füllungsgrad, Zündzeitpunkt und Luftverhältnis besonders klopffördernd einander zugeordnet sind. Mit steigender Kühlmittel- und Öltemperatur steigt der OZ-Bedarf naturgemäß an, da hierbei die kritischen Bedingungen für eine spontane, ungewollte Verbrennung des Restgases begünstigt werden. Durchschnittlich kann man mit einer Erhöhung des OZ-Bedarfs um etwa cinc Einheit je 5 °C Kühlwasser-Temperaturanstieg rechnen. Der Einfluss der Öltemperatur ist etwas geringer.

Brennraumablagerungen und OZ-Bedarf

Im Lauf der Betriebszeit eines Motors bilden sich in seinem Brennraum Ablagerungen, die seine Oberfläche, den Kolbenboden, die Ventilteller und die Zündkerze bedecken. Sie rühren sowohl vom Kraftstoff als auch vom Schmierstoff her. Aus dem Kraftstoff stammt Ruß aus unvollständiger Verbrennung im Leerlauf und in der Warmlaufphase. Aus dem Schmierstoff stammen gecrackte oder verkokte Ölbestandteile, welche über dem oberen Kolbenring zwangsläufig im Brennraum verbleiben, oder durch die Ventilführungen dorthin gelangen. Auch aschebildende Additive können einen unerwünschten Beitrag leisten. Die Auswirkungen der Ablagerungen bezüglich eines gestiegenen OZ-Bedarfs beruhen auf der Verkleinerung des Brennraumvolumens, also ein Anstieg des Verdichtungsverhältnisses sowie auf einem Wärmeisolationseffekt. Die Klopfneigung steigt, vom neuen, sauberen Motor ausgehend, zunächst mehr oder weniger rasch an und erreicht einen Höchstwert, bis sich das so genannte Ablagerungsgleichgewicht eingestellt hat. Der eher labile Gleichgewichtszustand stellt sich erfahrungsgemäß nach etwa 10.000 bis 20.000 km ein. Der Anstieg des OZ-Bedarfs durch Ablagerungen im Stadtverkehr ist mit dem Übergang auf unverbleite Kraftstoffe deutlich entschärft worden. Natürlich spielt hier auch die Fahrweise eine große Rolle. Bei ungünstiger Kombination aller Faktoren kann der OZ-Bedarf eines Motors auch mit modernsten additivierten Betriebsstoffen zwischen Neuzustand und Erreichen des Ablagerungsgleichgewichts um bis zu sieben Einheiten ansteigen, so dass zum Beispiel ein auf Normalbenzin ausgelegter Motor nur noch mit Super klopffrei zu betreiben ist.

Straßen-Oktanzahl (SOZ)

Wenn auch die Klopffestigkeit der Kraftstoffe durch die Bestimmung von ROZ und MOZ weitgehend Aufschluss über das in einem gegebenen Fahrzeug zu erwartende praktische Klopfverhalten gibt, so ist doch die Zuordnung der Labor-Oktanzahlen zum tatsächlichen Straßenverhalten mit einigen Schwierigkeiten verbunden. Es kann zum Beispiel durchaus sein, dass verschiedene Kraftstoffe mit gleicher ROZ in ein und demselben Fahrzeug auf Grund der beim OZ-Bedarf beschriebenen zahlreichen Einflussgrößen ein durchaus unterschiedliches Klopfverhalten zeigen. Um diese Verhältnisse genau übersehen zu können, verwendet die Mineralölforschung Prüfverfahren zur Feststellung der auf der Straße tatsächlich geleisteten Oktanzahl, die sogenannte Straßen-Oktanzahl (SOZ). Auch hier werden die fertigen Kraftstoffe mit den bekannten Bezugskraftstoffen verglichen. Die Messungen werden heute entweder auf geeigneten Fahrzeugprüfständen oder auf Motorprüfständen durchgeführt. Im Vergleich zum CFR-Prüfmotor ist der Messbereich stark eingeschränkt, weil aussagefähige Werte nur im Bereich von etwa 10 bis 15 °KW um die, vom Fahrzeughersteller vorgegebenen Grundzündeinstellung gemessen werden können. Das entspricht etwa einer Bandbreite von 5 bis 6 OZ. Für die früheren Vergasermotoren wurde hierbei nach der Methode CRC F-28, der so genannten „Modified Uniontown Method“ verfahren, die im Prinzip der Bestimmung des OZ-Bedarfs für Beschleunigungsklopfen entspricht. Dabei zeigt es sich, dass, wie erwartet, die Grenzkurven steil ansteigen, weil die Klopfneigung schnell abnimmt und dass der OZ-Bedarf mit ansteigender Drehzahl ebenfalls rasch zurückgeht. Wenn auch die sogenannten Labor-Oktanzahlen ROZ und MOZ nur bedingt Auskunft über das tatsächliche Verhalten des Kraftstoffs unter Praxisbedingungen geben, sind sie nach wie vor für die Wechselwirkung Motor/Kraftstoff ein gültiger Maßstab. Die SOZ liegt in der Regel zwischen ROZ und MOZ. Bei niedriger Drehzahl tendiert sie zur ROZ, bei hoher Drehzahl und bei hohem Restgasanteil eher zur MOZ. Für Vergleichszwecke hat sich die Bildung der Differenz SOZ-ROZ als praktisch erwiesen. Man nennt sie Straßenbewertungszahl (SBZ). Diese Schreibweise hat den Vorteil, dass die SBZ positiv wird, wenn die SOZ die ROZ übertrifft und, was die Regel ist, negativ ausfällt, wenn die SOZ < ROZ ist. Diese beiden Vorzeichen weisen dann unmittelbar und sinngemäß auf die Bewertung eines Kraftstoffs in einem gegebenen Fahrzeug beziehungsweise Motor hin. Eine positive SBZ weist ferner darauf hin, dass der betreffende Motor einen Kraftstoff mit geringerer „Severity“ bewertet als der CFR-Prüfmotor bei der ROZ-Methode und umgekehrt, bei einer negativen SBZ, dass der Motor strenger bewertet als der CFR-Motor.

Durch die Festlegung der Mindest-MOZ neben der ROZ in den Anforderungsnormen ist der Einsatz großer Anteile der früher verwendeten Mischkomponenten mit niedriger MOZ ausgeschlossen. Außerdem ist durch die generelle Verwendung von Multipoint-Einspritzsystemen die früher vorherrschende Empfindlichkeit der Motoren gegen eine ungleiche Verteilung der Oktanzahlen über den Siedebereich des Kraftstoffs verloren gegangen. Damit ist im Allgemeinen die Notwendigkeit zur Bestimmung der SOZ entfallen, so dass sie nur noch für Forschungszwecke Bedeutung hat.

Der Einfluss einiger Kraftstoffkomponenten auf die SOZ ist in **Bild 22-38** dargestellt. Es zeigt sich, dass für moderne Einspritzmotoren leichtes Destillat und leichtes und schweres Crackbenzin negative Einflüsse haben.

Front-Oktanzahl

Der Vollständigkeit halber sei noch auf die heute nicht mehr relevante Front-Oktanzahl hingewiesen. Sie gibt Aufschluss über die ROZ der bis 100 °C siedenden Bestandteile des OK. Sie war insbesondere für die Vergasermotoren mit langen Ansaugwegen von Bedeutung. Da beim plötzlichen Öffnen der Drosselklappe zunächst nur die leichten Komponenten die Brennräume erreichen, musste sichergestellt werden, dass auch in diesem Siedebereich ausreichend klopffeste Komponenten zur Verfügung stehen. Im unteren Siedebereich haben – mit Ausnahme von Butan – die anderen leichten Komponenten, wie Destillat- und Reformatbenzin, generell ein moderates OZ-Niveau. So ergab sich für den vorderen Siedebereich, im Vergleich zum Gesamtkraftstoff, eine zu niedrige Klopffestigkeit. Als kraftstoffseitige Abhilfe wurden hochoktanige leichte Komponenten, wie Isomerisat, katalytisches Crack-Benzin und Alkohole eingesetzt. Auch die seinerzeitigen Bleiverbindungen wurden durch Einführung des leichtflüchtigen Bleitetra*methyl* an Stelle des Bleitetra*ethyl* angepasst. Durch den generellen Übergang von Vergasern auf zylinderindividuelle Kraftstoffeinspritzung mit exakter Gemischzumessung und -aufbereitung unter transienten Bedingungen ist die FOZ bedeutungslos geworden und wurde daher aus der Normung wieder zurückgezogen.

Komponente	Eigenschaft			Einfluss auf SOZ	
	Oktanzahlen		Siedeverhalten	Beschleunigung Vergasermotor	hohe Last und Drehzahl
	ROZ	MOZ			
Leichtes Destillat	niedrig	niedrig	leichtflüchtig	negativ	negativ
Butan *i*-Pentan/*i*-Heptan	hoch	hoch	leichtflüchtig	positiv	positiv
Leichtes Crackbenzin	hoch	niedrig	leichtflüchtig	positiv	negativ
Schweres Reformat	hoch	mittel/ hoch	schwerflüchtig	negativ	positiv
Schweres Crackbenzin	mittel	niedrig	schwerflüchtig	negativ	negativ

Bild 22-38 Einfluss einiger Kraftstoffkomponenten auf die SOZ [5, 9]

Siedeverhalten (Destillation)

Das Siedeverhalten beziehungsweise die Flüchtigkeit wird durch die Siedekurve und den Dampfdruck bestimmt. Sie ist neben der Klopffestigkeit das wichtigste Beurteilungskriterium für Ottokraftstoffe, die zwischen 30 und 210 °C in den dampfförmigen Zustand übergehen.

Siedekurve

Bei Durchführung einer Siedeanalyse nach DIN EN ISO 3405 wird die eingesetzte Kraftstoffprobe mit variabler Heizleistung und festgelegter Temperaturerhöhung von 1 °C/min verdampft und anschließend kondensiert. Die resultierende Siedekurve ist für die Einschätzung der anwendungstechnischen Eigenschaften äußerst aussagefähig. Ein wohlausgewogenes Siedeverhalten ist für den Betrieb von Fahrzeugen mit Ottomotor unter allen vorkommenden Bedingungen wesentliche Voraussetzung. Die Bedeutung des Verlaufs der Siedekurve und ihrer einzelnen Bereiche zeigt **Bild 22-39**.

So sind die leichten, also niedrigsiedenden Anteile für schnelles Starten des kalten Motors, gutes Ansprechen und niedrige Abgasemission während der Anwärmperiode ausschlaggebend. Zu viele davon können jedoch im Sommer zur Dampfblasenbildung und erhöhten Verdampfungsverlusten führen. Bei nasskalter Witterung kann es auch zu Drosselklappenvereisung kommen. Zu viel schwersiedende Anteile dagegen können insbesondere im Kaltbetrieb an den Zylinderwänden kondensieren und so Ölfilm und Ölvorrat verdünnen. Zu wenig Komponenten im mittleren Siedebereich führen zu schlechtem Fahrverhalten und unter Umständen zum „Ruckeln" beim Beschleunigen. Die Anforderungen an den Kraftstoff sind insbesondere nach Abstellen des heißen Motors und baldigem Wiederstart genau umgekehrt. Unter ungünstigen Bedingungen können Bauteile des Kraftstoffsystems so heiß werden, dass ein zu großer Teil des Kraftstoffs verdampft, was zu Dampfblasenbildung in der Kraftstoffpumpe oder zu Dampfpolstern in den Einspritzleitungen führen kann. Speziell beim Heißstart kann es durch das Öffnen der Einspritzdüsen und dem sich dadurch ergebenden schlagartigen Druckabfall zur Gasblasenbildung kommen, was den Motorstart erschwert bis unmöglich macht. **Bild 22-40** zeigt die konträren Anforderungen für Kaltanfahr- und Heißfahrverhalten.

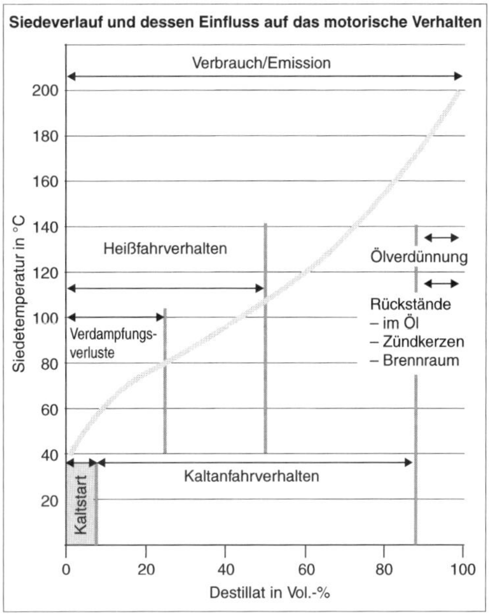

Bild 22-39 Siedeverlauf und dessen Einfluss auf das motorische Verhalten [5]

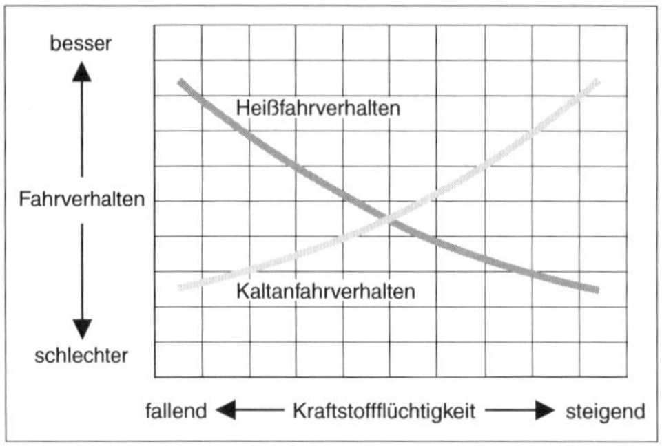

Bild 22-40 Einfluss der Flüchtigkeit auf das Kaltanfahr- und Heißfahrverhalten [5]

In der EN-Norm (vergleiche **Bild 22-29**) sind sechs verschiedene Flüchtigkeitsklassen festgelegt, um geographische und jahreszeitliche Änderungen der Witterung zu berücksichtigen. In **Bild 22-41** sind als Beispiel typische deutsche OK Winterwerte für E70, E100 und E150 dargestellt.
Hierzu ist ein in **Bild 22-42** wiedergegebener Vergleich mit dem bei deutschen OK festgestellten Werten für das Siedeende interessant.

Dampfdruck

Der Druck, der sich in einem geschlossenen Behälter temperaturabhängig durch Verdampfen von Kraftstoff einstellt, heißt Dampfdruck. Er beeinflusst, teilweise in Verbindung mit den anderen Flüchtigkeitskriterien, Kalt- und Heißstart, Kaltfahrverhalten und Verdampfungsverluste. Er wird im Wesentlichen
von den am Siedebeginn platzierten leichtesten Komponenten, wie zum Beispiel Butan, bestimmt. Für seine Be-stimmung war bis 1993 die „nasse" Methode nach Reid in der Norm DIN 51754 (RVP = **R**eid **V**apor **P**ressure) bei einer Prüftemperatur von 37,8 °C (100 °F) und einem Dampf-Flüssigkeitsverhältnis von 4:1 verankert. Da der sogenannte „nasse" RVP bei alkoholhaltigen Kraftstoffen zu niedrige (unkritische) Dampfdruck-Werte anzeigte, wurde das Prüfverfahren im Rahmen der europäischen Normung auf den „trocken" ermittelten RVP nach DIN EN 12 umgestellt, das bis 1999 Anwendung fand. Mit der Änderung der DIN EN 228 zum 01.02.2000 hat sich auch die Bestimmung des Dampfdrucks geändert. Das Reid-Verfahren wurde durch den allgemein anwendbaren DVPE (**D**ry **V**apour **P**ressure **E**quivalent) nach DIN EN 13016-1 ersetzt. Der DVPE errechnet sich aus dem, zum Beispiel in der Grabner-Apparatur bestimmten, ASVP (**A**ir **S**aturated **V**apour **P**ressure) mit einem Dampf-Flüssigkeitsverhältnis von 4:1. Mit der Änderung der Anforderungsnorm DIN EN 228 wurden auch die Flüchtigkeitsklassen geändert. Erstmals wurden zwei sogenannte Übergangszeiträume zwischen der Winter und Sommerqualität festgelegt (vergleiche **Bild 22-29**). Zusätzlich zum Dampfdruck begrenzt in vier der sechs Flüchtigkeitsklassen der EN Norm als zusätzlicher Parameter ein VLI-Wert (**V**apor **L**ock **I**ndex) die Kraftstoff-Flüchtigkeit, was mit Heißstart und Heißfahrverhalten korreliert. Er berechnet sich nach der Formel 10 · RVP + 7 · E70 und hat sich besonders bei Vergasermotoren gut bewährt. Da der Kraftstoff in modernen Einspritzmotoren, besonders vor und in den Einspritzdüsen, höheren Temperaturen ausgesetzt ist, wurde, ebenfalls auf Basis der Prüfapparatur nach Grabner, eine zusätzliche Messmethode in einem weiter gespannten Messbereich +40 bis 80 °C – (DIN EN 13016-2) erarbeitet. Bei dieser ebenfalls „trockenen" Methode beträgt das Dampf-Flüssigkeitsverhältnis 3:2. Sie zeigt insbesondere die azeotropische

		SuperPlus % (V/V)	Super % (V/V)	Normal % (V/V)	Normbereich Klasse D % (V/V)
E70	Mittelwert Bereich	36 29–46	35 30–47	37 29–48	22–50
E100	Mittelwert Bereich	55 48–62	54 50–63	58 50–67	46–71
E150	Mittelwert Bereich	87 78–93	86 79–94	87 76–98	min 75

Bild 22-41 Destillationswerte für deutsche Winter-OK [5]

	SuperPlus	Super	Normal
Bereich	176–210	172–210	162–208
Durchschnitt	194	193	190

Bild 22-42 Siedeende deutscher OK [5]

Dampfdruckerhöhung bei der Messung des Dampfdrucks von alkoholhaltigen OK im Bereich >38 °C. Bei ihnen steigt der VP über der Temperatur deutlich höher an als bei OK ohne Alkohol. Diese Methode wird im Wesentlichen bei der Entwicklung von Kraftstoffen eingesetzt. Ein Grenzwert in der Anforderungsnorm, die die Flüchtigkeit bei hohen Temperaturen (80 °C) begrenzt, wurde bisher nicht festgelegt. Allgemein gilt, dass ein zu niedriger Dampfdruck, also ein träge verdampfender Kraftstoff, ein ungenügendes Start- und Kaltfahrverhalten zur Folge hat, während ein zu hoher Dampfdruck Probleme bei Heißstart und Heißfahrverhalten bedeutet. Außerdem erfordert die Ausbildung eines Luft-Dampf-Gemisches bei der sicheren Lagerung von Kraftstoffen oberhalb des oberen Explosionspunktes einen ausreichend hohen Dampfdruck. In den Transportvorschriften ist der „wahre" Dampfdruck bei 50 °C bekannt. Er gilt für ein Dampf-Flüssigkeitsverhältnis von 0 : 1 und wird aus dem RVP berechnet.

Benzolgehalt

Benzol (C_6H_6) ist die Basis der aromatischen Kohlenwasserstoffe. Es ist wegen seiner hohen OZ (ROZ und MOZ > 100) und der Verfügbarkeit aus der Koksherstellung früher als wesentliche Komponente in Superkraftstoffen verwendet worden. Hierbei handelte es sich allerdings um das sogenannte Motorenbenzol, eine Mischung aus Benzol, Toluol und Xylol (vergleiche **Bild 22-1**), das Geheimnis des 1924 in den Markt eingeführten ersten Superkraftstoffs der Welt „ARAL" (**AR**omaten/**AL**ifaten), ein dem Benzin nicht nur in der Klopffestigkeit deutlich überlegenes Produkt. Nach Einführung der katalytischen Reformer in den 50er Jahren verlor die Verwendung von Motorbenzol aus der Koksherstellung in Deutschland zunehmend an Bedeutung. Nach Bekanntwerden der gesundheitlichen Risiken beim Umgang mit Benzol setzte ein weitgehender Verzicht auf jegliche Benzolzumischung ein, zumal als Ersatz für die inzwischen längst unerwünschten Klopfbremsen auf Bleibasis andere Wege gefunden worden waren. Allerdings spielen andere Aromaten nach wie vor eine große Rolle in modernen OK. In der EU Norm 228 für OK war der Benzolgehalt lange Zeit auf maximal 5 % (V/V) begrenzt. Er lag im Markt bei durchschnittlich 2 % (V/V) und im SuperPlus seit 1995 sogar bei 1 % (V/V). Seit dem 01.01.2000 ist der Grenzwert für alle OK-Qualitäten auf maximal 1 % (V/V) festgelegt. In **Bild 22-43** ist die Entwicklung des Benzolgehalts in deutschen OK von 1986 bis 2008 dargestellt.

Allerdings kommen zahlreiche andere Aromaten in den Kraftstoffen zum Einsatz. **Bild 22-44** gibt eine Übersicht über die im OK eingesetzten Aromaten.

Aromaten sind bereits im Erdöl vorhanden, werden jedoch im Wesentlichen durch den katalytischen Reformer unter Freisetzung von Wasserstoff hergestellt. Über die Aromatengehalte deutscher OK gibt **Bild 22-45** Aufschluss.

Im Vergleich hierzu sind auch die Olefingehalte deutscher OK interessant, die in **Bild 22-46** gezeigt werden. Man erkennt, dass sie mit steigender MOZ-Forderung deutlich abnehmen.

Jahr	SuperPlus	Super	Normal	Super verbleit	Durchschnitt
1986	–	2,8	2,4	2,8	2,4**
1988	–	2,6	2,2	2,8	2,6****
1990	2,6	2,8	2.2	2,7	2,4
1992	2,4	2,5	1,8	2,5	2,2**
1994	2,0	2,1	1,6	2,3	1,9**
1996	0,9	1,9	1,5		1,6**
1998	0,8	1,6	1,4		1,5**
2000***	0,6	0,8	0,8		0,8**
2003	0,5	0,7	0,8		0,7**
2008	0,6	0,7	0,7		0,7**

* % (V/V)
** Verbot von Normal verbleit
*** nur noch maximal 1,00 % (V/V) Benzol in Kraftstoffen zulässig

Bild 22-43 Entwicklung des Benzolgehalts* [12]

Produkt	Summenformel	Siedepunkt Siedebereich	Misch-OZ ROZ	Misch-OZ MOZ
Toluol	C_7H_8	110 °C	124	112
Ethylbenzol	C_8H_{10}	136 °C	124	107
Xylole	C_8H_{10}	138–144 °C	120–146	103–127
C_9 Aromaten	C_9H_{11}	152–176 °C	118–171	105–138
C_9 + Aromaten (kleine Mengen)	$C_{10}H_{12}$ $C_{11}H_{13}$	169–210 °C	114–155	117–144

Bild 22-44 Im OK eingesetzte Aromaten [12]

% (V/V)	SuperPlus	Super	Normal
Toluol	13,1	10,5	9,8
Xylole	12,7	11,0	11,4
C_8 + Ar	12,7	12,2	12,8

Bild 22-45 Aromatengehalte deutscher OK (Durchschnitt 1994) [12]

Olefingehalt % (V/V)	SuperPlus	Super	Normal
Bereich	0–17	1–22	1–37
Durchschnitt	4	10	18

Bild 22-46 Olefingehalte deutscher OK [12]

Schwefelgehalt

Schwefel tritt im Erdöl fast nur in gebundener Form als Mercaptanschwefel, Disulfidschwefel, Thiophenschwefel unter anderen auf. Mercaptane (Thioalkohole) sind Schwefelderivate der Alkohole, bei denen der Sauerstoff der Hydroxyl-gruppe OH durch S ersetzt ist. Im Erdöl trifft man S-Gehalte von 0,01 bis 7,0 % an. In Kraftstoffen war ein hoher S-Gehalt seit jeher unerwünscht und so wurde er in den Raffinerien, soweit wie wirtschaftlich vertretbar, entfernt. Abgesehen von SO_2-Emissionen neigen einige Abgaskatalysatoren, insbesondere ungeregelte Katalysatoren, unter bestimmten Betriebsbedingungen zur Umsetzung in geruchsbelästigenden Schwefelwasserstoff (H_2S). Darüber hinaus nimmt die Katalysatoreffizienz mit steigendem S-Gehalt des Kraftstoffes ab, wodurch sich die Emission von CO, HC und NO_x entsprechend erhöht, was besonders bei Speicherkatalysatoren schwerwiegende Folgen haben kann.

Nach der Qualitätsnorm EN 228 darf OK seit dem 01.01.2009 EU-weit nur noch 10 mg/kg Schwefel enthalten. In Deutschland wurden über den Anreiz einer Steuersubventionierung bereits 2003 alle Kraftstoffe, Otto und Diesel, auf maximal 10 mg/kg (schwefelfrei) umgestellt.

Reformulierter Kraftstoff

Hierunter versteht man eine Änderung der Zusammensetzung und/oder der physikalischen Kennwerte mit dem Ziel der Verminderung von Schadstoff- und Verdampfungsemissionen. Im Rahmen des europäischen Auto-/Öl-Programms (EPEFE) wurden alle wesentlichen OK-Parameter auf ihren Einfluss auf Emissionen untersucht. **Bild 22-47** zeigt die Möglichkeiten und Konsequenzen der verschiedenen Maßnahmen in qualitativer Form.

Abgesehen von wirtschaftlichen Nachteilen haben einige der möglichen Maßnahmen gegenläufige Effekte auf die einzelnen Emissionsarten. Wie man sieht, ist die einzige Maßnahme, die eine Verminderung aller Schadstoffarten im Abgas bringt, eine weitgehende Verminderung des Schwefelgehalts.

Kraftstoff-Parameter	CO	HC	Benzol	NO_x	SO_2	CO_2	mögliches Raffinerie-Verfahren	Nachteile wirtschaftlich	Nachteile technisch
Schwefel-absenkung	⇓	⇓	⇓	⇓	⇓	–	Anlagenerweiterung Hydrode-sulphurisierung	Mehrkosten	Höhere CO_2
Siedeende-Absenkung					–	⇓	ohne Investitionen	geringe Verfügbarkeit verminderte Rentabilität	niedrige Dichte führt zu höherem volumetrischen Verbrauch
Höhere Flüchtigkeit im mittleren Siedebereich	⇑	⇓		⇑	–	–	nur teilweise Investitionen erforderlich	geringe Mehrkosten	MOZ-Niveau gefährdet
Höhere Flüchtigkeit im unteren Siedebereich	⇓	⇓			–	⇓	ohne Investition		Verdampfungsverluste Heißverhalt
Aromatengehalt-Absenkung	⇓	⇓	⇓	⇑	–	⇑	Isomerisierung Alkylierung	erhebliche Mehrkosten	ROZ-Niveau gefährdet Raffinerie CO_2-Anstieg
Benzolgehalt-Absenkung	–	–	⇓		–	–	Unterschiedliche Investitionshöhe	moderate Mehrkosten	
Alkohole/Ether als OK-Komponenten	⇓	⇓	⇓⇑	⇓	⇓	⇓	Komponententanks	höhere Produktkosten	Höherer volumetr. Verbrauch Heißverhalt Korrosion

Bild 22-47 Reformulierter Ottokraftstoff [12]

Hier noch eine Bemerkung zu dem in jüngster Zeit auftauchenden Begriff „Designer-Kraftstoffe". Es handelt sich dabei um maßgeschneiderte Sonderkraftstoffe für die Fahrzeugindustrie, die zum Beispiel bei Sonderanforderungen für die Erstbefüllung oder für Forschungszwecke eingesetzt werden. Sie sind nicht generell definiert, sondern werden hinsichtlich der jeweils gewünschten besonderen Eigenschaften von der Mineralölindustrie individuell komponiert.

Darüber hinaus werden seit einiger Zeit auch Kraftstoff-Komponenten aus dem Fischer-Tropsch-Verfahren als „Designer-Kraftstoffe" bezeichnet, da sich über die Verfahrens-Parameter des Prozesses und die mögliche Weiterveredlung der Rohprodukte eine Vielzahl von Kraftstoff-Parametern über einen weiten Bereich einstellen lassen.

Additive für Ottokraftstoffe

Auf das früher wichtigste OK-Additiv Blei als Antiklopfmittel wird hier nicht mehr eingegangen, da seine Anwendung aus toxischen Gründen nicht mehr in Betracht kommt. Somit sind auch die halogenhaltigen Brennraum-Rückstandsumwandler (Scavenger) entbehrlich geworden. Allerdings trat bei einigen älteren Motoren mit sogenannten „weichen" Ventilsitzen bei Verwendung von unverbleiten Kraftstoffen unter anhaltend hoher Belastung (im wesentlichen hohe Drehzahlen) Verschleiß auf, dem mit speziellen Additiven auf Kalium- beziehungsweise Natriumbasis begegnet werden konnte. Auch spielen die Additive gegen Vergaservereisung – früher ein Muss – keine Rolle mehr. Der hier und da noch als Problem auftretenden Drosselklappen-Vereisung kann mit Hilfe oberflächenaktiver Detergentien entgegengewirkt werden. Die in Ottokraftstoffen heute eingesetzten Additivpakete bewirken primär, dass die systembedingt auftretenden störenden Ablagerungen in den Kraftstoff- und Gemischbildungssystemen, vor allem auf den Einlassventilen, verhindert werden. Es ist durch viele Untersuchungen nachgewiesen wor-

den, dass für die Dauerhaltbarkeit und Sauberkeit der Motoren und ihrer Kraftstoffsysteme, die Aufrechterhaltung der im Neuzustand erzielten Abgaswerte, sowie zur Erreichung und Erhaltung eines insgesamt guten Betriebsverhaltens, die Verwendung ausgewogener, wirksamer Additivpakete unerlässlich ist und auf lange Sicht betrachtet auch eine kostengünstige Maßnahme darstellt. Diese Probleme sind nicht neu. Moderne und zukünftige Hochleistungsmotoren haben neue Problembereiche entstehen lassen. So herrschen am Einlassventil andere Temperatur- und Strömungsverhältnisse. Es besteht praktisch kein Öldurchgang mehr, der früher einen gewissen Spüleffekt hatte. Die Folge sind vermehrte Ablagerungen auf den Ventilrückseiten. Bei den Brennraumablagerungen sind die Verhältnisse bei der üblichen Mehrventilanordnung durch die entstandene Enge erschwert, so dass eine deutliche Verschlechterung bei den Emissionen eintreten kann. Eine Verringerung dieser Ablagerungen um 1 Gramm kann die NO_x-Emission um 18 – 19 % senken. Je nach Motor und Betriebsbedingungen stellt man in der Praxis ohne Additive Ablagerungen von 4 bis 8 Gramm fest. Angestrebt wird eine Begrenzung der Brennraumablagerungen auf 1,3 Gramm je Zylinder. Für die Additiventwicklung ergibt sich hieraus das Problem, ein optimales Paket für die gegensätzlichen Anforderungen an die Einlassventilsauberkeit einerseits (erfordert thermostabile Komponenten) und an die Brennraumablagerungen andererseits (möglichst geringe Thermostabilität) zu finden. Durch den heute erzielten, annähernd gegen null gehenden Ölverbrauch tritt durch Kraftstoff-/Additiv-Kondensat vermehrter Eintrag von Kraftstoff ins Motoröl auf. Dieses Phänomen kann bei den heute üblichen, stark verlängerten Ölwechselintervallen ausgeprägt sein. Auf diese Weise können Kraftstoff-/Öl-Dämpfe über die geschlossene Kurbelgehäuseentlüftung ins Ansaugsystem, in den Brennraum und bis zum Katalysator gelangen, was zu dessen Beschädigung oder gar Zerstörung führen kann. Um solche Probleme zu entschärfen, sollten möglichst wenig Additivanteile in die Ölwanne gelangen. Auch hier tritt ein Zielkonflikt mit den anderweitig benötigten thermostabilen Additiven zu Tage.
Der Übergang auf extrem schwefelarme Kraftstoffe verschlechtert die natürlichen Schmiereigenschaften des OK, da ihm bei der Entschwefelung oberflächenaktive Bestandteile entzogen werden, so dass dem daraus resultierenden erhöhten Pumpenverschleiß durch spezielle Verschleißschutzadditive entgegengewirkt werden muss. Als erfreuliche Nebenwirkung kann durch diese eine Verbrauchssenkung von bis zu 3,5 % eintreten. Die immer häufiger in Erscheinung tretenden Ottomotoren mit Direkteinspritzung (DE-Motoren) haben eine Reihe besonderer Problemzonen, die nur durch spezielle Additive beherrscht werden können. Die erwarteten Verbrauchs- und Emissionsvorteile sind insbesondere auf eine zeitlich und räumlich präzise Ausbildung einer sogenannten Gemischwolke angewiesen. Dieses sensible System kann schon durch geringste Ablagerungen mit entsprechend negativen Auswirkungen gestört werden. Also müssen Ablagerungen besonders an den Einspritzdüsen unbedingt vermieden werden. Die Sauberkeit der Einlasskanäle hat für die notwendige Drallerzeugung eine wichtige Bedeutung. Ein Kraftstoffadditiv kann jedoch bei den DE-Motoren nicht mehr in die Einlasskanäle gelangen. Hinzu kommen noch deutlich höhere Einspritzdrücke zur Anwendung, wodurch die Fressneigung der Hochdruck-Kraftstoffpumpen zunimmt. Den notwendigen Verschleißschutz müssen neuartige „Lubricity-Improver“ oder „Friction-Modifier“ übernehmen. In **Bild 22-48** sind die heute notwendigen Additive übersichtlich zusammengestellt.
OK verschiedener Hersteller sind grundsätzlich mischbar, allerdings kann dabei die jeweils ausgewogene Wirkung der Additive verloren gehen und unter Umständen sogar Nachteile zur Folge haben können.

22.1.2.3 Alternative Ottokraftstoffe

Obwohl in der Öffentlichkeit eine Vielzahl von Alternativkraftstoffen Erwähnung finden, sind nur wenige davon echte Alternativen zu den bekannten Kraftstoffen auf Basis fossiler Energieträger. Zur klaren Unterscheidung ist es zweckmäßig, zunächst von erschöpflichen und unerschöpflichen oder regenerativen Energiequellen auszugehen. Die daraus hervorgehenden Primärenergien sind in der normalerweise vorliegenden Form nicht unmittelbar zum Fahrzeugantrieb verwendbar, sondern erst nach Umwandlung durch geeignete Verfahren in praxisgerechte Sekundärenergie. An eine alternativ zum heutigen Ottokraftstoff geeignete Sekundärenergie sind bestimmte Mindestanforderungen zu stellen, wie neben der technischen Anwendbarkeit zum Beispiel Lagerfähigkeit im Verteilersystem, Transportfähigkeit, Nutzung der Tankstelleninfrastruktur und Speicherfähigkeit mit ausreichender Energiedichte im Fahrzeug. Unter Zugrundelegung dieser Maßstäbe sind neben den heutigen OK-Sorten grundsätzlich auch folgende Sekundärenergien geeignet:

- LPG **L**iquefied **P**etroleum **G**as. Unter Druck verflüssigtes Autogas auf Basis Propan und Butan
- CNG **C**ompressed **N**atural **G**as. Komprimiertes Erdgas auf Basis Methan
- LNG **L**iquefied **N**atural **G**as. Bei niedriger Temperatur verflüssigtes Erdgas auf Basis Methan
- MEOH **M**ethanol. Alkohol meist aus Erdgas (Methan), auch als Holzgeist bezeichnet
- ETOH **E**thanol. Alkohol aus zuckerhaltigen Pflanzen. Auch als Spiritus oder Sprit bezeichnet

Komponente	Wirkstoff	Verbessert	Bemerkungen
Antioxidantien	Paraphenylendiamine Gehinderte Alkylpnenole	Lagerstabilität Polimerisation	verbessert Stabilität von Crackkomponenten
Metall-deaktivatoren	Disalicylid Propandiamin	stoppt karalytische Wirkung v. Metallen	verbessert Stabilität von Crackkomponenten
Korrosions-inhibitoren	Carboxyl-, Ester-Aminverbindungen	Korrosionsschutz	meist gemeinsam mit Detergentien eingesetzt
Detergentien	Polyisobutenamine Polyisobutenpolyamide Carboxylsäreamide Polyetheramine	Sauberkeit Einlass- und Kraftstoffsystem, verhindert Drosselklap-penvereisung Fahrverhalten Abgasemission	wichtigstes OK-Additiv in Verbindung mit Trägerölen eingesetzt
Lubrifier/Friction-Modifier	unter anderen Polyisobute-namine	Lebensdauer von Ein-spritzpumpen	gleicht Schmierfähigkeits-verlust bei schwefelarmen OK aus
Verschleißschutz	organische Kalium-, Natriumverbindungen	schützt Auslassventil-sitze	als Bleiersatz für alte Fahr-zeuge, meist als separater Zusatz

Bild 22-48 Übersicht OK-Additive [7]

- GH_2 **G**aseous **H**ydrogen, gasförmiger Wasserstoff. Aus Wasser und allen wasserstoffhaltigen Energieträgern herstellbar
- LH_2 **L**iquefied **H**ydrogen, bei tiefer Temperatur flüssiger Wasserstoff

Als tatsächliche alternative Kraftstoffe können streng genommen nur diejenigen angesehen werden, die nicht auf Basis der Primärenergien Erdöl, Erdgas oder Kohle hergestellt werden. Sie müssen darüber hinaus jedoch auch in Mengen verfügbar sein, die zur Versorgung eines ständig wachsenden Anteils der Welt-Fahrzeugpopulation – die ihrerseits stetig weiter ansteigt – ausreichend sind. So bleibt also aus heutiger Sicht sehr langfristig nur der Wasserstoff als zukunftsweisender Alternativkraftstoff übrig. Da die Lösung der noch anstehenden zahlreichen Probleme noch sehr viel Zeit in Anspruch nehmen wird, ist für die Übergangszeit auch die nähere Betrachtung der Ergänzungsmöglichkeiten zum klassischen OK, nämlich LPG, CNG/LNG, Methanol und Ethanol interessant. Ergänzend sei angemerkt, dass in jüngerer Vergangenheit die in den Kriegsjahren entwickelte Fischer-Tropsch Technologie zur Herstellung synthetischer Kraftstoffe wieder weltweite Beachtung gefunden hat. Während in den Kriegszeiten mittels dieser Technologie Benzin aus Kohle hergestellt wurde, konzentriert man sich nun auf die Umwandlung von Erdgas in flüssige Kohlenwasserstoffe. Entsprechend werden die Synfuels allgemein als GTL (Gas-to-Liquid) bezeichnet. Da der Verfahrensstufe der Kraftstoffsynthese in der Fischer-Tropsch Technologie eine Dampfreformierungs- oder Vergasungsstufe voransteht, können also grundsächlich alle kohlenstoffhaltigen Ressourcen eingesetzt werden. Das heißt neben Kohle, Erdgas etc. kann also auch Biomasse in flüssige Kraftstoffe umgewandelt werden. Entsprechend der Ressource wird in der allgemeinen Nomenklatur dieser Kraftstoff als BTL (Biomass-to-Liquid) bezeichnet und zeigt die Zukunftsfähigkeit dieser Technologie auf. Von den Produkteigenschaften her sind Fischer-Tropsch Produkte dem konventionellen DK sehr ähnlich und könnten im Vergleich zu anderen angedachten Kraftstoffalternativen vergleichsweise einfach in den Markt eingeführt werden. Infolge des enormen Investitionsaufwandes der Fischer-Tropsch Technologie und auch den hohen logistischen Aufwendungen besteht nur bei Hochpreisszenarien für Rohöl eine Aussicht auf Wirtschaftlichkeit, sofern nicht weitere technische Entwicklungssprünge greifen.

Gaskraftstoffe LPG/CNG/LNG

Unter der Bezeichnung Treibgas oder Flüssiggas sind Gemische der Raffineriegase Propan und Butan besonders in der ersten Zeit nach dem 2. Weltkrieg als Notkraftstoffe eingesetzt worden. Sie wurden vor allem in Lkw in dünnwandigen Stahlflaschen verwendet, die zwecks Nachtankens an Füllstationen ausgetauscht wurden. Heute ist LPG als Autogas in Drucktanks, die an besonderen Autogastanksäulen betankt werden, im Dualbetrieb mit OK partiell eingeführt. Spezielle Qualitätsanforderungen sind in der EU Norm EN 589 festgelegt. Die Einzelheiten sind in **Bild 22-49** wiedergegeben.

Eigenschaft	Einheit	Grenzwert		Prüfverfahren
		minimal	maximal	
MOZ	–	89		Berechnet
Gehalt an 1,3-Butadien	Mol-%		0,5	ISO 7941
Schwefelwasserstoff	Mg/m^3		<4	ISO 8819
Gesamtschwefel	Mg/kg		200	ISO 24260
Cu-Korrosion	Kor. Grad	1		ISO 6251
Abdampfrückstand	Mg/kg		100	NF M 41-015
Dampfdruck abs. b. 40 °C	KPa		1550	ISO 2456
Dampfdruck absolut minimal 250 kPa bei Temp. Klasse A Klasse B Klasse C Klasse D	°C		 –10 –5 0 +10	ISO 4256

Bild 22-49 Qualitätsanforderungen an Flüssiggas (Auszug aus DIN EN 589) [12]

Es zeigt sich, dass der Dampfdruck wesentlich höher ist als bei OK. Der Dampfdruck ist durch das Verhältnis von Propan zu Butan in der Mischung einstellbar. Die Einhaltung des Dampfdrucks in den Klassen A bis D ist zur Sicherstellung des Kaltstarts notwendig. Flüssiggas ist bei Normaldruck und -temperatur gasförmig. Da Propan und Butan auf das Volumen bezogen erheblich energieärmer als OK sind, werden sie für die Speicherung unter Druck verflüssigt. Bei Raumtemperatur werden sie bei 25 bar flüssig. In **Bild 22-50** sind einige interessante Kennwerte für Flüssiggase zusammengefasst.

Die Anwendung von Flüssiggas im Ottomotor bringt einige Vorteile, wie saubere Verbrennung bei hoher Leistung und niedriger Verbrauch, sowie bessere Rohemissionen im Abgas. Leider können diese Vorteile nur bei monovalenten Gasfahrzeugen genutzt werden, wenn Motor und Fahrzeug konsequent auf Gasbetrieb ausgerichtet sind. Ebenso kann ihre hohe Klopffestigkeit ohne eine deutliche Erhöhung der Verdichtung nicht genutzt werden. Aufgrund des günstigeren C-Verhältnisses entsteht bei der Verbrennung von LPG weniger CO_2 als mit Ottokraftstoff bei gleicher Fahrzeug-Laufleistung. Als Nachteil muss die Gewichtserhöhung und die Kofferraumverminderung durch den Drucktank erwähnt werden. Ganz wesentlich für eine wirtschaftliche Nutzung ist die länderspezifische steuerliche Belastung. Bereits in der Vergangenheit wurde in den Niederlanden und in Italien, wo ein raffineriegegebener Überschuss an Flüssiggas konsequent als Ergänzungskraftstoff via steuerlicher Präferenz genutzt. Nach dem Energiesteuergesetz wird in Deutschland LPG bis Ende 2018 mit einem verminderten Steuersatz versteuert. Dadurch ist in Deutschland die Differenz aus Steuerbegünstigung und Umbaunotwendigkeit auf Dualbe-

Kennwert	Einheit	Propan	Butan	50/50
Summenformel	–	C_3H_8	C_4H_{10}	–
Dichte des Gases bei 15 °C	kg/m^3	1,81	2,38	2,06
Dichte der Flüssigkeit bei 15 °C	kg/m^3	510	580	540
Siedepunkt	°C	–42	–0,5	–20,7
Volumetrischer Heizwert	MJ/m^3	93,45	108,4	101,9
Massen-Heizwert	MJ/kg	46,1	45,75	45,8
ROZ	–	111	94	100
MOZ	–	96	89,6	95

Bild 22-50 Kennwerte für Flüssiggase [12]

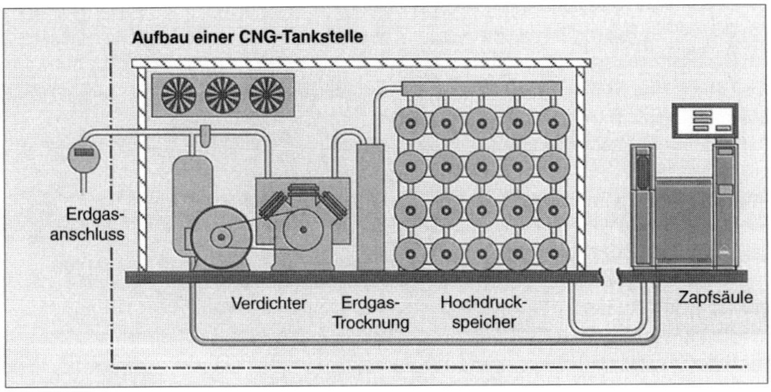

Bild 22-51 Aufbau einer CNG-Tankstelle [8]

betrieb so groß, dass die Mehrkosten von Vielfahrern ausgeglichen werden können. Aufgrund der gestiegenen Nachfrage nach LPG hat sich in Deutschland auch die Zahl der Tankstellen deutlich erhöht. Im Hinblick auf die Nutzung von LPG gibt es einschränkende Verordnungen, wie das Verbot der Benutzung von Tiefgaragen und Parkhäusern. Motorseitig ist beim Dualbetrieb die Einhaltung der weiter verschärften Abgasgrenzwerte erschwert. Als Fazit ist festzustellen, dass Autogas als Ergänzungskraftstoff zwar wachsende Bedeutung haben kann, insbesondere im Hinblick auf die im Vergleich zu OK geringeren CO_2-Emissionen.

CNG, also Erdgas – hauptsächlich Methan – unter hohem Druck (300 bar) wurde erstmals nach dem 2. Weltkrieg im Ruhrgebiet für den Betrieb von schweren Nutzfahrzeugen mit Ottomotoren vom damaligen Benzol-Verband eingesetzt. Durch die damals enge Zusammenarbeit mit dem Bergbau wurde das dort anfallende Methan (Grubengas) in einer 1950 gebauten Hochdruck-Ringleitung, über Verdichterstationen auf 300 bar komprimiert, zu verschiedenen Abgabestellen geleitet, wo Hochdruckflaschenbatterien in schweren Nutzfahrzeugen aufgefüllt wurden. Diese seinerzeit eher gewagte Pionierleistung wurde 1953 eingestellt, da inzwischen wieder genügend OK zur Verfügung stand und Schwerlastwagen mit Ottomotoren quasi aus der Mode kamen. Vom derzeitigen Erdgasverbrauch ausgehend, werden die sicher gewinnbaren Vorräte 60 bis 65 Jahre reichen, so dass man mit Erdgas längerfristig als Ergänzungskraftstoff rechnen kann.

CNG ist für den Fahrzeugeinsatz auf 200 bar komprimiertes Erdgas. Es kann an entsprechend eingerichteten Tankstellen auf diesen Druck gebracht werden. In **Bild 22-51** ist der Aufbau einer solchen Anlage wiedergegeben.

Erdgas, das je nach Herkunft eine unterschiedliche Zusammensetzung aufweist – typisch sind circa 90 % Methan und circa 10 % Ethan – ist wegen seiner hohen Klopffestigkeit primär für entsprechend angepasste Ottomotoren im mono- beziehungsweise bivalenten Betrieb geeignet. In Deutschland wird davon trotz entsprechender steuerlicher Anreize noch nicht in nennenswerten Stückzahlen auch im Pkw-Bereich Gebrauch gemacht. Darüber hinaus ist sein Einsatz vor allem wegen der aufwändigen und sperrigen Fahrzeugtanks bisher vorwiegend in Nfz und Pickups zu finden. Besonders in Stadtbussen werden die erheblichen Emissionsvorteile geschätzt. In **Bild 22-52** sind die Stoffwerte von CNG mit OK verglichen.

Bei früheren Gasmotoren erfolgte die Gemischbildung in einem Mischer, der dem früheren Vergaser nicht unähnlich ist. Das Wirkprinzip ist das eines Venturirohres. Wegen des an der engsten Stelle herrschenden Unterdrucks wird über dort vorhandene Bohrungen die erforderliche Menge Erdgas angesaugt und mit der Luft vermischt. Moderne CNG-Systeme nutzen dagegen einen Ottomotor, bei dem unter anderen das Einspritzsystem mit zusätzlichen Injektoren für den CNG-Betrieb ausgestattet wurde. Wegen der Speicherung von CNG an Bord des Fahrzeuges unter dem Druck von 200 bar ist ein Gasdruckregler notwendig, der das Erdgas auf einen niedrigeren Systemdruck

Stoffwert	SOK	CNG
Aggregatzustand im Tank	flüssig	gasförmig
Druck im Tank	Atmosphäre	200 bar
Dichte	751 kg/m^3	170 kg/m^3
Heizwert Hu Volumen	30,8 MJ/l	7,2 MJ/l
Heizwert Hu Masse	41,0 MJ/kg	47,7 MJ/kg

Bild 22-52 Stoffwerte von CNG im Vergleich zu OK [12]

entspannt und so dem Einspritzsystem zuführt. Im Vergleich zum reinen Benzinbetrieb muss man mit einer Leistungseinbuße von circa 5 % rechnen. Ursache hierfür sind das um die Gasmenge reduzierte Luftansaugvolumen und die bei älteren Systemen durch die Drosselklappe und den Venturi-Mischer verursachte Drosselung. Erfahrungswerte mit Linienbussen zeigen je nach Einsatzart einen Mehrverbrauch von 22 bis 35 %. Von besonderem Vorteil bei dieser Einsatzart ist jedoch die völlige Rußfreiheit bei hohen Drehmomenten und niedrigen Drehzahlen, was das Abgas praktisch partikelfrei macht, sowie der wesentlich leisere Motorlauf. Die übliche Ausrüstung mit geregeltem Dreiwegekatalysator sorgt im Übrigen für extrem niedrige Emissionswerte. Die Speicherung kann auch bei –160 °C und 2 bar Druck erfolgen, wobei Erdgas dann in flüssiger Form als **LNG** vorliegt. Die Verflüssigung muss mit zusätzlichem Energieaufwand großindustriell im Vorfeld des Einsatzes erfolgen. Im Fahrzeug muss ein perfekt isolierter Kryotank in Verbindung mit der erforderlichen Regeltechnik verwendet werden. Der Aufwand ist beträchtlich. Außer zu Versuchszwecken wird von dieser Technik in der Praxis bisher kein Gebrauch gemacht. Insgesamt wird auch CNG nur partiell als Ergänzungskraftstoff in Betracht kommen können. Die wesentlichen Produktanforerungen an Erdgas als Kraftstoff sind in DIN 51 624 festgelegt.

Wasserstoff

Diese Sekundärenergie kann aus zahlreichen wasserstoffhaltigen Substanzen wie Wasser, Erdgas, Methanol oder Biomasse unter Einsatz von Energie zur „Herauslösung" des H_2 gewonnen werden. Die Bedeutung des Wasserstoffs als umweltfreundliches Kreislaufsystem geht aus **Bild 22-53** hervor.

Idealerweise – aber noch extrem teuer – wird Wasserstoff mittels regenerativ erzeugtem Strom zum Beispiel aus Sonnenenergie oder Wasserkraft oder Windenergie per Elektrolyse gewonnen. Bei seiner Verbrennung im Ottomotor treten außer NO_x aus der Luft praktisch weder Schadstoffe noch CO_2 auf, sondern Wasser in Dampfform, das wieder in den Kreislauf zurückkehren kann. In **Bild 22-54** sind die Stoffwerte zusammengestellt.

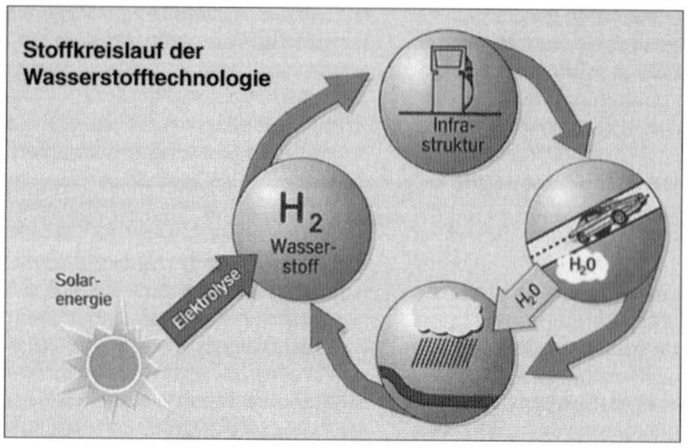

Bild 22-53 Stoffkreislauf der Wasserstofftechnologie [8]

Flüssigwasserstoff hat massebezogen etwa den dreifachen Energiegehalt im Vergleich zu Kohlenwasserstoffen und deutlich weitere Zündgrenzen in Luft. Für Transport und Lagerung, sowohl für das Verteilungssystem als auch für das Fahrzeug, sind theoretisch drei Möglichkeiten vorhanden: Hochdruckspeicher, Metallhydridspeicher und Flüssigspeicher. Hochdruckspeicher bei 350 bar (bis zu 700 bar in der Entwicklung befindlich) haben als Speichermedium Einzug in den Alltag der ersten Wasserstoff Pkw gefunden. Metallhydridspeicher, in denen der Wasserstoff an Metalllegierungen angelagert wird, bieten zwar einen hohen Sicherheitsstandard, sind aber in der Speichermenge, trotz des bereits erreichten Entwicklungsstandes, begrenzt. So wäre bereits für eine Pkw-Reichwerte von 200 km ein Tankgewicht von mehreren Hundert kg erforderlich. Beim Flüssigspeicher wird der Wasserstoff auf –253 °C abgekühlt und in einem Kryotank mit Hochleistungsisoliertechnik gespeichert (LH_2). Der hohe Energieaufwand für die Tiefkühlung belastet allerdings die Energiebilanz beträchtlich. Es kommt hinzu, dass bei längerem Stillstand des Fahrzeugs Wasserstoffverluste durch Abblasen entstehen. Beim derzeitigen Ent-

Bezeichnung	Einheit	Stoffwert
Dichte der Flüssigkeit b. 20,3 °K	kg/m^3	70,79
Dichte des Gases b. 20,3 °K	kg/m^3	1,34
Dichte des Gases b. 273,15 °K	kg/m^3	0,09
Verdampfungswärme	kJ/kg	445,4
unterer Heizwert Hu	MJ/kg	119,97
untere Zündgrenze in Luft	% (V/V)	4,0–4,1
obere Zündgrenze in Luft	% (V/V)	75,0–79,2

* bei 1,013 bar abs.

Bild 22-54 Stoffwerte von Wasserstoff* [12, 13]

wicklungsstand muss man bis zu >2 % pro Tag rechnen. Der Tankvorgang erfordert einen außergewöhnlich großen Aufwand, da neben der Beherrschung der Tieftemperatur auch eine vollständige Evakuierung von Feuchtigkeit und Luft notwendig ist. Diese Herausforderung an die Betankungstechnik ist mittlerweile gelöst und es wurde in der Praxis sowohl die vollautomatische Roboterbetankung als auch die konventionelle Betankung durch den Kunden erfolgreich erprobt. Der zuerst lange Zeit in Anspruch nehmende Tankvorgang konnte bereits auf annehmbare Werte gesenkt werden. Für die kommerzielle Anwendung sind noch Weiterentwicklungen zu erwarten. Als Energieumwandler im Fahrzeug sind sowohl der Ottomotor als auch die Brennstoffzelle denkbar. Für den Ottomotor waren die Gemischaufbereitung und Steuerung der Verbrennung neu zu entwickeln. Optimal hinsichtlich der Steuerung des Verbrennungsablaufs und der NO_x-Emission wäre die Verbrennung im deutlich mageren Bereich, die allerdings mit Leistungsverlust verbunden ist. Bei geringerem Luftüberschuss ist zur Steuerung der Verbrennung unter Umständen eine zusätzliche Wassereinspritzung ins Saugrohr notwendig, weil sonst Rückzündungen ins Einlasssystem auftreten können. Ideal wäre es, den Wasserstoff flüssig direkt in den Brennraum einzuspritzen. Es sei noch darauf hingewiesen, dass wegen der hohen Zündwilligkeit von Wasserstoff der Ottomotor nicht sehr hoch verdichtet werden kann, womit ein geringerer thermodynamischer Wirkungsgrad verbunden ist. Die Lösung des NO_x-Problems dürfte noch einige Zeit in Anspruch nehmen. Durch die in den letzten Jahren weltweit vorangetriebene Entwicklung der Brennstoffzelle mit elektromotorischem Antrieb für Kfz kann man erwarten, dass dieses System für die Wasserstoffnutzung besser geeignet ist als der Ottomotor. Allerdings müssen zunächst noch die Produktionsverfahren für die Brennstoffzelle optimiert werden. Die Erzeugung von Wasserstoff auf der Basis fossiler Energieträger ist nicht zielführend. Als Energiequelle für die H_2-Produktion erscheint nur die Fotovoltaik vor dem Hintergrund der umwelttechnischen Herausforderungen sinnvoll. Zusätzlich muss eine geeignete Infrastruktur für die Betankung entsprechender Fahrzeuge geschaffen werden. Die Verwendung eines Elektromotors bei Fahrzeugen mit Brennstoff-Technologie hat in letzter Zeit auch eine weitere langfristige Alternative für eine nachhaltige Mobilität in die Diskussion gebracht: den Elektroantrieb. Aber ähnlich wie bei der Wasserstoff-Technologie müssen auch bei der Elektromobilität erst noch grundlegende Probleme, wie zum Beispiel Erhöhung der Energiespeicherdichte der Batterien, Reduktion des Batteriegewichtes und -volumens, Installation einer Beladungs-Infrastruktur und nicht zuletzt aureichend elektrischer Strom auf regenerativer Basis, überwunden werden, damit Marktreife erlangt werden kann.

Alkoholkraftstoffe

Alkohole sind Kohlenwasserstoff-Sauerstoffverbindungen, sogenannte Oxygenate, deren besonderes Kennzeichen die im Molekül an Stelle eines Wasserstoffatoms vorhandene OH-Gruppe ist. Kurzkettige primäre Alkohole (eine OH-Gruppe) sind prinzipiell gut für den Fahrzeugantrieb mit Ottomotor geeignet. Die Techniken für ihre Herstellung sind bekannt und ausgereift. Transport, Lagerung und Verteilung können praktisch im vorhandenen System erfolgen. Die Stoffwerte für die wichtigsten Alkohole wurden bereits in **Bild 22-24** dargestellt. Für die hier angestellte Betrachtung sind als Ergänzungskraftstoffe nur Methanol und insbesondere Ethanol interessant. In **Bild 22-55** sind noch einmal ihre Stoffwerte im Vergleich zu Superkraftstoff dargestellt.

Gravierende Unterschiede für die Praxis ergeben sich in der Klopffestigkeit, im Heizwert und in der Verdampfungswärme. Von besonderem Vorteil ist die hohe Klopffestigkeit, die über ein entsprechend erhöhtes Verdichtungsverhältnis zur Verbesserung des Wirkungsgrades genutzt werden kann. Sie weisen auch eine höhere Brenngeschwindigkeit auf, die eine entsprechende Anpassung des Zündkennfeldes erfordert (vergleiche „Rennkraftstoffe"). Der deutlich niedri-gere volumetrische Heizwert hat allerdings einen dementsprechend höheren Verbrauch zur Folge. Die wesentlich größere Verdampfungswärme bewirkt eine starke Abkühlung des Kraftstoff-Luft-Gemisches, was über die bessere Innenkühlung zu besserer Füllung und damit Leistung führt. Die aus-

Bezeichnung	Abkürzung	Siedepunkt	Dichte 20 °C	Dampfdruck	ROZ	MOZ	Heizwert Hu	Verdampfungswärme	O_2-Gehalt
		°C	kg/m³	Hpa			MJ/l	kJ/kg	% (m/m)
Methylalkohol	Methanol	64,7	791,2	32	114,4	94,6	15,7	1100	49,93
Ethylalkohol	Ethanol	78,3	789,4	17	114,4	94,0	21,2	910	34,73
Super Kraftstoff	SOK	30–215	725–780	S: 60–70 W: 80–90	95	85	circa 41	380–500	0–2

Bild 22-55 Stoffwerte von Methanol und Ethanol im Vergleich zu SOK [12, 8]

geprägte Volumenvergrößerung des Kraftstoff-Luft-Gemisches nach der Kraftstoffverdampfung ermöglicht höhere Mitteldrücke als bei Benzin und bietet einen höheren thermodynamischen Wirkungsgrad im Motor. Im Übrigen ist der Zündbereich eines Alkohol-Luftgemisches größer als bei Benzin, was einen größeren Luftüberschuss bei Teillast ermöglicht. Die Auswirkungen auf die Abgas-Rohemissionen sind ebenfalls günstig. Der jeweils höhere Siedepunkt im Vergleich zum Siedebeginn und der niedrigere Dampfdruck in Verbindung mit der auf Grund der hohen Verdampfungswärme eintretenden starken Abkühlung erfordert, insbesondere bei niedrigen Temperaturen, besondere Vorkehrungen, wie zum Beispiel Vorwärmung des Ansaugsystems. Der Temperaturabfall des theoretischen Gemisches ohne Vorwärmung ist im Vergleich zu Benzin für Methanol 120 °C und für Ethanol 63 °C. Die Aggressivität von Alkoholen gegenüber Metallen und Elastomeren, insbesondere in Mischungen mit konventionellem Ottokraftstoff, erfordert besondere Werkstoffe und die Verwendung besonderer Additive. Alkohole können sowohl in reiner Form als auch in Mischungen mit Kohlenwasserstoffen eingesetzt werden. Geringe Konzentrationen, wie in 22.1.2.1 beschrieben, erfordern keine Änderungen am Fahrzeug mit der Ausnahme, dass auch schon hier die Verträglichkeit von Elastomeren im Kraftstoffsystem sichergestellte sein muss. Höhere Konzentrationen wie zum Beispiel 15 % (V/V) Methanol im OK bedingen entsprechende Anpassungen. Die Grundlagen hierfür wurden in einem Gemeinschaftsprojekt der deutschen Fahrzeug- und Mineralölindustrie mit Förderung durch das Bundesforschungsministerium vor 20 Jahren erarbeitet. Zur Herstellung und Anwendung von Methanol und Ethanol ist noch Folgendes von Interesse:

Das einfache Alkoholmolekül CH_3OH (Methanol) wird aus den Synthesegasen CO und H_2 hergestellt, die ihrerseits aus allen kohlenstoffhaltigen Primärenergieträgern, heute vorzugsweise aus Erdgas, gewonnen werden können. Es hat einen hohen H_2-Anteil (C/H-Verhältnis 4 : 1), weshalb es auch als Ausgangsprodukt für die Wasserstoffherstellung im Zusammenhang mit der Infrastruktur für die Brennstoffzellentechnologie, zumindest in der Anlaufphase, interessant ist. Es kann als Benzin-Methanol-Mischkraftstoff, zum Beispiel M 15 (15 % MEOH in OK) oder als Methanolkraftstoff (M 100) zur Verwendung kommen. Da mit abnehmendem Methanolgehalt eines Mischkraftstoffes die Gefahr der Entmischung bei Zutritt von Wasser steigt, ist die Stabilität von Methanol-Benzin-Wasser-Mischungen zu beachten. Methanolkraftstoff M 100 muss HC-Komponenten für Kaltstart und Warmlauf, sowie andere Substanzen, wie Additive, enthalten, um mit ihm Fahrzeuge problemfrei betreiben zu können.

Die Beimischung einer gewissen Menge von Benzin ist auch aus Sicherheitsgründen erforderlich, da Methanol mit unsichtbarer Flamme brennt. Eine mögliche Spezifikation für Methanolkraftstoff ist in den wesentlichen Punkten in **Bild 22-56** wiedergegeben. Dem Vorteil der hohen Oktanzahl, der hohen Brenngeschwindigkeit und der größeren Vo-

Kennwert	Einheit	Sommer	Winter
Methanol	% (m/m)	minimal 82	minimal 82
HC total*	% (m/m)	minimal 10, maximal 13	
Butan	% (m/m)	maximal 1,5	maximal 2,5
Dichte 15 °C	kg/m³	770–990	
Dampfdruck RVP	kPa	55–70**	75–90**
Wassergehalt	ppm	minimal 2.000, maximal 5.000***	
höhere Alkohole	% (m/m)	maximal 5	
Ameisensäure	ppm	maximal 5	
Gesamtsäure****	ppm	maximal 20	
Abdampfrückstand	mg/kg	maximal 5	
Chlor	ppm	maximal 2	
Blei	ppm	maximal 30	
Phosphor	ppm	maximal 10	
Schwefel	ppm	maximal 10	
Additive	%	maximal 1	

* Art d. Kohlenwasserstoffe, Siedeverhalten u. Menge je nach Einsatzart
** Beispiel f. Mitteleuropa
*** mit Korrosionsinhibitor
**** als Essigsäure gemessen

Bild 22-56 Spezifikation für Methanolkraftstoff [13]

Zuckerhaltig		Zellulosehaltig
Zuckerrohr Zuckerrübe Zuckerhirse	Getreide Mais Maniok Kartoffeln	Waldrestholz, schnell wachsende Bäume Hanf, Kenaf Bagasse, Stroh, Strünke, Schalen, Hülsen Altpapier

Bild 22-57 Pflanzliche Rohstoffe für die Ethanolerzeugung [12, 8]

lumenausdehnung des Kraftstoff-Luftgemisches steht ein Verbrauchsnachteil von etwa 70 % bei optimierten Methanolmotoren gegenüber. Hinzu kommt, dass Methanol wesentlich stärker zur Vorentflammung neigt als Benzin, was besondere motorische Maßnahmen erfordert, wie kalte Zündkerzen und andere.

Beim Einsatz von Methanolkraftstoffen sind spezielle Motoröle ohne aschefreie Dispergentien notwendig, da diese beim Kontakt mit Methanol klebrige Rückstände bilden können. Außerdem müssen sie gegen korrosiven Motorverschleiß besonders additiviert sein.

Ethanol

C_2H_5OH ist der zweite in der homologen Reihe der durch die Hydroxy-Gruppe OH gekennzeichneten Alkohole. Er kann grundsätzlich aus Biomasse durch Vergärung von landwirtschaftlichen Produkten hergestellt werden. Als Ausgangsprodukte eignen sich alle zucker-, stärke- und zellulosehaltigen Rohstoffe. In **Bild 22-57** sind die Möglichkeiten für die Ethanolerzeugung zusammengestellt.

Die Umwandlung von Glucose zu Alkohol erfolgt durch Hefe. Die größte wirtschaftliche Bedeutung hat bisher die Ethanolerzeugung für Kraftstoff aus Zuckerrohr in Brasilien erhalten. Zur Erhöhung der Ausbeute und auch um eine Konkurrenz zwischen Nahrungsmitteln und Kraftstoffproduktion zu verringern, wäre die Nutzung von überwiegend zellulosehaltigen Pflanzen vorteilhafter. Der Vergärung muss dafür allerdings ein enzymatischer Umwandlungsprozess vorgeschaltet werden, der die je nach Pflanzenart unterschiedlichen Zellulosetypen in Glucose überführt. Anwendungsseitig ist zu beachten, dass ohne besondere konstruktive Vorkehrungen Kaltstartprobleme auftreten. Hinsichtlich der Verwendung von Alkoholen im Dieselmotor wird auf Kapitel „Alkohol-DK-Mischungen" hingewiesen. Als Fazit ist festzustellen, dass auch die Alkohole Methanol und Ethanol keine grundlegenden Alternativkraftstoffe sein können, jedoch in der sicher noch langen Übergangszeit bis zum Wasserstoff als Ergänzungskraftstoffe von Bedeutung sein werden. Vor diesem Hintergrund sind die wesentlichen Anforderungen für Ethanol als Mischkomponente in DIN EN 15376 und für Ethanolkraftstoff „E 85" in DIN 51625 festgelegt.

Rennkraftstoffe

Es liegt auf der Hand, dass in Ergänzung zu den besonderen konstruktiven Maßnahmen zur Erzielung höchster spezifischer Leistung auch kraftstoffseitig ein Beitrag gesucht wurde. Sofern das jeweils gültige Reglement keine einengenden Vorschriften vorsieht – zum Beispiel handelsübliches Super – sind die kraftstoffseitigen Beiträge durchaus nennenswert. Ziel dabei ist meist, höchste Klopffestigkeit für höchstes Verdichtungsverhältnis, größtmögliche Innenkühlung für beste Füllung, hohe Brenngeschwindigkeit für höchste Drehzahlen mit möglichst hoher Energiezuführung zu kombinieren. Weiterhin muss die Kraftstoff-Flüchtigkeit so eingestellt sein, dass sie die Forderung nach größtmöglichem Liefergrad erfüllt. In **Bild 22-58** sind die für Rennkraftstoffe grundsätzlich interessan-

Komponente	Dichte bei 20 °C	ROZ	MOZ	Siedeendpunkt	Verdampfungswärme	Heizwert Hu
	kg/m^3			°C	kJ/kg	MJ/l
Aceton	791			56	524	
Diethylether	714			35	487	24,3
Ethanol	789	114,4	94,6	78,5	910	21,2
Methanol	792	114,4	94,0	64,7	1100	15,6
Benzol	879	99	91	80	394	34,9
Toluol	867	124	109	110	356	34,6
Nitrobenzol	1200			208	397	
Wasser	1000	–	–	100	2256	–

Bild 22-58 Komponenten für Rennkraftstoffe [1]

Kennwert	Einheit	Nitromethan	Methanol	Iso-Oktan
Summenformel	–	CH_3NO_2	CH_3OH	C_8H_{18}
O_2-Gehalt	% (m/m)	52,5	49,9	0
Verdampfungswärme	kJ/kg	560	1170	270
Heizwert Hu	MJ/kg	11,3	19,9	44,3
Stöchiometrisches Luft-Kraftstoff-Verhältnis	–	1,7 : 1	6,45 : 1	15,1 : 1
Spezifische Energie*	MJ/kg	6,65	3,08	2,93

* Quotient aus Hu und stöchiometrischem Luft-Kraftstoff-Verhältnis

Bild 22-59 Spezifische Energie von Nitromethan im Vergleich zu *i*-Oktan [12]

ten Mischkomponenten mit ihren besonders wichtigen Kennwerten zusammengestellt (zum Teil historisch).

Eine direkte Leistungserhöhung durch den Kraftstoff ist durch Komponenten mit hohem Energiegehalt und gleichzeitig niedrigem stöchiometrischen Luft-Kraftstoff-Verhältnis möglich. Diese Kombination erlaubt bei gegebener Luftzufuhr eine Steigerung der tatsächlich zugeführten Energiemenge. Ein typisches Beispiel hierfür ist Nitromethan, dessen Heizwert zwar deutlich niedriger als der von OK ist, jedoch durch das sehr viel niedrigere stöchiometrische Luft-Kraftstoff-Verhältnis mehr als doppelte Energiezufuhr (spezifische Energie) erlaubt. Sein Einsatz ist allerdings durch die dabei auftretende hohe thermische und mechanische Belastung des Triebwerks begrenzt. **Bild 22-59** gibt Aufschluss über diese Zusammenhänge für Nitromethan und Methanol im Vergleich zu Iso-Oktan.

Auch sterisch gespannte ringförmige Verbindungen wie Quadricyclan und Diolefine, wie Di-Iso-Butylen, liefern noch messbare direkte Leistungserhöhungen. Obwohl sie meistens niedrige OZ haben und nach herkömmlicher Bewertung ungeeignet wären, sind sie auf Grund deutlich höherer Brenngeschwindigkeit bei entsprechender Anpassung des Zündkennfeldes deutlich weniger klopfempfindlich als deren OZ erwarten ließen. Ein weiterer Vorteil hoher Brenngeschwindigkeiten ist bei den extrem hohen Drehzahlen eine Tendenz zur Verlagerung des Energieumsatzes in den Bereich des oberen Totpunktes, womit eine Verbesserung des Wirkungsgrades verbunden ist. Dieser Vorteil trifft jedoch auch für olefinhaltige konventionelle Crackkomponenten zu. Die teilweise gegenläufigen Eigenschaften der Kraftstoffkomponenten machen eine sorgfältige und damit aufwändige Abstimmung zwischen Motor und Kraftstoff notwendig. Die angesprochenen Sonderkraftstoffe sind nur teilweise verfügbar und in jedem Fall sehr teuer.

In **Bild 22-60** werden Quadricyclan mit Toluol und Di-iso-Butylen mit *i*-Oktan verglichen.

Schon in den 30er Jahren kamen für die damaligen Grand Prix Rennwagen spezielle Rennkraftstoffe zum Einsatz. In **Bild 22-61** ist die Zusammensetzung der damals streng geheim gehaltenen Rennkraftstoffe der

Kennwert	Einheit	Quadricyclan	Toluol	Di-iso-Butylen	Iso-Oktan
Summenformel	–	C_7H_8	C_7H_8	C_8H_{16}	C_8H_{18}
Dichte	kg/m^3	919	874	719	699
ROZ	–	54*	124*	98*	100
MOZ	–	19*	112*	78*	100
Heizwert Hu	MJ/kg	44,1	40,97	44,59	44,83
stöchiometrisches Luft-Kraftstoff-Verhältnis	–	13,43	14,70	13,43	15,05
Spezifische Energie	MJ/kg	3,28	2,79	3,32	2,98

* Misch-OZ

Bild 22-60 Spezifische Energie von Quadricyclan und Di-Iso-Butylen [12]

Komponente	Auto-Union Mercedes-Benz	Alfa Romeo Maserati
	% (V/V)	% (V/V)
Ethanol	10	49,5
Methanol	60	34,5
Denaturierung	–	0,5
Benzol	22	–
Petrolether	5	–
Wasser	–	0,5 – 3
Rest	3*	12 – 15**

* Toluol/Nitrobenzol/Rizinusöl
** ohne Angabe

Bild 22-61 Bis 1939 verwendete Grand Prix-Rennkraftstoffe [1]

Vorkriegskontrahenten Auto-Union und Mercedes-Benz einerseits sowie Alfa Romeo und Maserati andererseits wiedergegeben.

22.2 Schmierstoffe

Schmierstoffe sind Konstruktionselemente, ohne die eine zuverlässige Funktion der Verbrennungsmotoren und Getriebe nicht denkbar wäre. Ihre Entwicklung erfolgte parallel zur Automobilentwicklung und wird von einer Vielzahl an Wechselwirkungen stets weiter vorangetrieben. Moderne Schmierstoffe sind in ihrer heutigen komplexen Zusammensetzung in der Lage, auch die höchsten Anforderungen abzudecken.

22.2.1 Schmierstoffarten

Der Begriff Schmierstoffe für Kraftfahrzeuge umfasst folgende Teilgebiete:

- Motoröle für Viertakt Otto- und Dieselmotoren
- Motoröle für Zweitakt-Motoren, zum Beispiel für Motorräder, Motorroller und Mopeds
- Universalöle für Ackerschlepper
- Getriebeöle
- Hydrauliköle
- Fette.

In diesem Kapitel werden die beiden erstgenannten Punkte behandelt.

22.2.2 Aufgabe der Schmierung

Der Schmierstoff soll die Reibung zwischen Gleitpartnern niedrig halten, deren Verschleiß verringern und etwaige Verschleißpartikel von der Schmierstelle wegführen sowie das Eindringen von Fremdstoffen in den Schmierspalt verhindern. Die Anforderungen betreffen ferner das Übertragen von Kräften zum Beispiel vom Kolben auf das Pleuel, das Kühlen durch Wärmetransport zur Ölwanne oder zum Ölkühler, das Abdichten, zum Beispiel des Ringspalts zwischen Kolben und Zylinder, das Schützen vor Verschleiß, das Verhindern von Ablagerungen und Korrosion, das Neutralisieren saurer Verbrennungsprodukte, die Verträglichkeit mit den Elastomeren der Dichtungen, die hohe Alterungsstabilität für möglichst lange Wechselintervalle, einen niedrigen Verdampfungsverlust für möglichst geringen Ölverbrauch und ein optimales Viskosität-Temperaturverhalten, zum leichten Kaltstart und sicheren Heißbetrieb. Neuere Konstruktionselemente wie Mehrventiltechnik, hydraulischer Ventilspielausgleich, Nockenwellenverstellung und Aufladung stellen erhebliche, zum Teil neuartige Anforderungen. Die neue Motorengeneration der Ottomotoren mit Direkteinspritzung kann, im Gegensatz zu den derzeitigen Motoren mit Saugrohreinspritzung und Katalysator, durchaus im mageren Bereich der Verbrennung betrieben werden. Dies führt zu neuartigen Problemstellungen für das Motoröl. Hinzu kommen Forderungen zur Senkung des Kraftstoffverbrauchs durch Reibungsminderung, keiner Beeinträchtigung der Systeme für Abgasreinigungsmaßnahmen zum Beispiel Partikelfilter bei Otto- und zukünftig auch Dieselmotoren (Euro IV) und Beachtung der Umweltverträglichkeit.

22.2.3 Arten der Schmierung

Man hat zwischen Voll- und Teilschmierung zu unterscheiden (Flüssigkeitsreibung und Mischreibung). Flüssigkeitsreibung, der Idealzustand, herrscht zum Beispiel in Gleitlagern von einer bestimmten Drehzahl an, oder nach externer Aufbringung von Öldruck. Es muss aber auch mit Auftreten von Mischreibung gerechnet werden, wenn sich zum Beispiel Kurbelwelle und Lager beim Anlassen ohne den erst aufzubauenden Schmierfilm direkt berühren. Auch kann nicht vermieden werden, dass in bestimmten Bauteilgruppen, wie zum Beispiel dem Ventiltrieb mit Stößeln und Nocken, oder in den Umkehrpunkten der Kolben in den Zylindern, über weite Strecken des Betriebes Mischreibung herrscht. Hier kommt es darauf an, dass der Schmierstoff mit Additiven gegen Verschleiß und Oxidation ausgerüstet ist und eine ausreichende Viskosität besitzt, um den Verschleiß zu minimieren.

22.2.4 Anforderungen an die Schmierung

Zu den wichtigsten Anforderungen für Motoröle gehören folgende Elemente:

Kräfte übertragen

Am Pleuel wird über die Bauteile Kolbenbolzen- und Pleuellager der gesamte auf den Kolben ausgeübte Verbrennungsdruck nur mit Hilfe des in den Schmierspalten vorhandenen geringen Ölvolumens auf die

Kurbelwelle übertragen. Die dabei im dünnen Schmierspalt auftretenden Drücke können bis zu 10.000 bar betragen.

Kühlen

Das Motoröl hat an der insgesamt abzuführenden Wärmemenge einen relativ geringen Anteil, der jedoch von der Kühlwirkung her eine wichtige Aufgabe zu erfüllen hat, nämlich die Kolbenkühlung. Einerseits führt das im Motorinnern herumspritzende Öl Wärme aus dem heißen Kolbenbereich ab, andererseits wird insbesondere bei hochaufgeladenen Dieselmotoren meist zusätzlich Öl von unten gegen den Kolbenboden gespritzt beziehungsweise in einen separaten Kühlkanal gebracht, um besonders den oberen Kolbenringbereich zu kühlen.

Abdichten

Motoröl hat die wichtige Aufgabe der Feinabdichtung zwischen Kolben, Kolbenringen und Zylinderlaufflächen, um den durch die Verbrennung entstehenden hohen Druck mit möglichst geringem Verlust auf die Kolbenbodenfläche zu übertragen. Auch bei optimaler Abdichtung gelangen etwa 2 % der Verbrennungsgase am Kolben vorbei ins Kurbelgehäuse (Blow by-Gas). Es belastet das Motoröl zusätzlich mit aggressiven Reaktionsprodukten aus der Verbrennung.

Schutz vor Ablagerungen

Bei der Verbrennung in Otto- und Dieselmotoren fallen unvermeidbar ölunlösliche Rückstände in fester oder flüssiger Form an. Es muss verhindert werden, dass sich Rückstände zusammenballen (agglomerieren) und im Motor, zum Beispiel in den Kolbenringnuten absetzen oder in der Ölwanne ausfallen. Ölunlösliche Rückstände können durch besondere Umstände zur Schlammbildung führen. Die Lösung dieser Aufgabe übernehmen Detergent- und Dispersant-Additive.

Korrosionsschutz

Mineralöl bietet an sich bereits einen gewissen Korrosionsschutz gegen geringe Mengen Wasser. Dieser Schutz ist jedoch nicht ausreichend bei zusätzlicher Gegenwart aggressiver Verbrennungsprodukte. Nach dem Abstellen des Motors kann im Motorinneren die Luftfeuchtigkeit zu Wasser kondensieren. Auch bei der Verbrennung selbst entsteht Wasser als Reaktionsprodukt. Ein Liter Kraftstoff liefert circa 1 Liter Wasser je nach dem HC-Verhältnis. Es verlässt den heißen Motor zum größten Teil in Dampfform zusammen mit den Abgasen. Ein kleiner Teil gelangt aber mit den Durchblasegasen ins Kurbelgehäuse und in die Ölwanne, wo er bei Abkühlung des Motors kondensiert. Das Motoröl vermag nur gewisse Wassermengen aufzunehmen, so dass an ungeschützten Metallen Korrosion auftreten könnte, wenn nicht Korrosionsinhibitoren dem entgegenwirken würden.

Verschleißschutz

Vor allem in der Zylinderlaufbahn, am Kolben und den Kolbenringen, an den Lagern und an den Ventilsteuerungen, wie Nocken, Stößel und Schlepphebel, muss mechanischer und korrosiver Verschleiß weitestgehend verhindert werden. Bei Dieselmotoren kommt noch die durch Rußbildung besondere Belastung in Bereichen mit Mischreibung hinzu. Hierzu zählen insbesondere die Zylinderlaufbahnen. Mechanischer Verschleiß kann durch EP/AW-Additive (**E**xtreme **P**ressure/**A**nti **W**ear) wirksam vermindert werden, während korrosiver Verschleiß durch das Neutralisationsvermögen der Korrosionsinhibitoren unter Kontrolle gehalten werden kann.

Dichtungsverträglichkeit

Die in Motoren verwendeten Radialwellendichtringe, Ventilschaftabdichtungen und andere Dichtungen aus Elastomer-Werkstoffen (elastische Kunststoffe) dürfen weder durch Frischöl noch durch Gebrauchtöl in ihren Eigenschaften verändert werden. Sie dürfen nicht verspröden, erweichen, oder schrumpfen und unter Beanspruchung nicht zu Rissbildung neigen. Um dauerhafte Abdichtung zu gewährleisten, ist eine gewisse Quellung erwünscht. Um ein „Austrocknen" das heißt einen Austausch des Weichmachers gegen zum Beispiel PAO der Elastomere bei Einsatz von bestimmten synthetischen Basisflüssigkeiten zu verhindern beziehungsweise auszugleichen, kommen „Seal Swell Agents" zur Anwendung.

Alterungsstabilität

Sie ist im Hinblick auf die ständige Verlängerung der Ölwechselintervalle von besonderer Bedeutung. Bei hohen Betriebstemperaturen neigen Motoröle zum „altern", da sich Sauerstoff an die Kohlenwasserstoff-Moleküle anlagert und so Säuren bildet und sich harz- oder asphaltartige Bestandteile bilden können. Das Öl wird beim Abfließen, Abtropfen, Abschleudern und Versprühen im Inneren des Motors ständig als dünner Film mit Luft durchmischt. Dabei kann das Motoröl, begünstigt von den Durchblasegasen, eingedickt werden. Um dies zu verhindern, kommen Antioxidantien zum Einsatz.

Verdampfungsverlust

Der Verdampfungsverlust hängt stark von der Viskosität und der Art der verwendeten Basisflüssigkeit ab. Früher, bei ausschließlicher Verwendung von Mineralölraffinaten als Grundöl, galt allgemein, je dünner das Grundöl umso höher der Verdampfungsverlust. Die Basisflüssigkeiten der Hochleistungs-Motoröle der „Neuen Technologie" wie Sonderraffinate, Hydrocracköle, synthetische Kohlenwasserstoffe und

Ester weisen bei gleicher Viskosität ungleich geringere Verdampfungsverluste auf. Diese sind für die immer mehr verlängerten Ölverweilzeiten im Motor unerlässlich.

Viskosität-Temperatur-Verhalten

Die heute selbstverständlich gewordenen Forderungen, dass Öle im kalten Zustand so dünnflüssig wie möglich und bei hoher Temperatur so dickflüssig wie nötig sein sollen, können nur mit weitgespannten Mehrbereichsölen mit hohem Viskositätsindex (V.I.) erfüllt werden. Auch hier sind moderne Basisflüssigkeiten dem früheren Mineralölraffinat weit überlegen.

22.2.5 Viskosität/Vikositäts-Index (V.I.)

Die Viskosität ist ein Maß für die innere Reibung oder des Widerstands, den eine Flüssigkeit einer Verformung entgegensetzt. Unter der Annahme laminarer Strömung ist, nach dem Newton'schen Schubspannungsgesetz, die zwischen zwei strömenden Schichten auftretende Schubspannung dem Geschwindigkeitsgradienten senkrecht zur Strömungsrichtung proportional. Der dabei auftretende Proportionalitätsfaktor heißt dynamische Viskosität oder absolute Viskosität der betreffenden Flüssigkeit. Sie stellt jene Kraft dar, die, auf 1 cm^2 bezogen, der Bewegung einer Flüssigkeitsschicht entgegenwirkt, die ihrerseits mit der Geschwindigkeit 1 $cm \cdot s^{-1}$ parallel zu einer in 1 cm Abstand befindlichen ruhenden Flüssigkeitsschicht vorbeifließt. Die Einheit der dynamischen Viskosität ist 1 P (Poise) = 100 cP (Centipoise; 1 cP = 1 mPa · s; milliPascalsekunde). Die Bezeichnung Viskosität im newtonschen Sinn ist auf jenen Bereich beschränkt, in dem die Proportionalität unabhängig von Spaltweite und Schergeschwindigkeit gewahrt bleibt. Bei Schmierölen kann diese Proportionalität zum Beispiel durch Abkühlen verloren gehen, wenn die ursprünglich Newton'sche Flüssigkeit durch Ausscheiden fester Teilchen wie Paraffine und Bildung eines Gemenges nicht mehr dem Proportionalitätsgesetz folgt. Dies ist insbesondere bei künstlich eingedickten Ölen, also Mehrbereichsölen, der Fall. An Stelle der dynamischen Viskosität wird wegen der einfacheren Messmöglichkeit in der Praxis fast ausschließlich die kinematische Viskosität oder relative Viskosität verwendet. Sie ergibt sich aus dem Verhältnis der dynamischen Viskosität zur Dichte. Die Einheit ist 1 St (Stokes) = 100 cSt (Centistokes; 1 cSt = 1 $mm^2 \cdot s^{-1}$). Die Viskosität wird vor allem durch Temperatur und Druck und bei nicht-newtonschen Flüssigkeiten zusätzlich durch die Schergeschwindigkeit beeinflusst.

22.2.5.1 Einfluss der Temperatur auf die Viskosität

Bei Temperaturanstieg wird der Abstand der Moleküle im Schmieröl vergrößert, so dass sie sich mehr aus ihrem gegenseitigen Einflussbereich entfernen. Dadurch nimmt die innere Reibung und damit die Viskosität ab. Die für die Schmiertechnik besonders wichtige Temperaturabhängigkeit der Viskosität wird international einheitlich mit Hilfe des Viskositäts-Index (V.I.) beurteilt und vergleichbar gemacht. Je größer der V.I., desto geringer fällt die Temperaturempfindlichkeit eines Öles aus. Diese relative Kennzeichnung erfolgt unter Verwendung von zwei extrem unterschiedlich temperaturempfindlichen Bezugsölen. Beide haben die jeweils gleiche Viskosität bei 100 °C. Bei dem einen (pennsylvanischen) Bezugsöl steigt die Viskosität mit sinkender Temperatur nur langsam an, bei dem anderen (Gulf Coast) Bezugsöl tritt ein starker Anstieg auf. Dem ersteren Bezugsöl wurde der Wert V.I. = 100, dem letzteren V.I. = 0 zugeordnet. Die Viskositätswerte der beiden Bezugsöle sind nach DIN ISO 2909 für den Bereich von 2 bis 70 $mm^2 \cdot s^{-1}$ bei 100 °C festgelegt. Für Werte über 70 $mm^2 \cdot s^{-1}$ sind in der Norm Gleichungen zur Berechnung angegeben. Der V.I. kann nicht unmittelbar gemessen werden, sondern wird für ein gegebenes Öl mit Hilfe des Vergleichs mit den Bezugsölen aus der in **Bild 22-62** gezeigten Beziehung berechnet.

$$\text{V.I.} = 100 \cdot \frac{L-P}{L-H}$$

H (High) ⇒ Viskosität des Bezugsöls mit V.I. = 100 bei 40 °C

L (Low) ⇒ Viskosität des Bezugsöls mit V.I. = 0 bei 40 °C

P (Probe) ⇒ Viskosität des zu bestimmenden Öls bei 40 °C

Bild 22-62 Berechnung des Viskositäts-Index

In **Bild 22-63** ist ein Beispiel für die grafische V.I.-Bestimmung für ein Öl mit 8 $mm^2 \cdot s^{-1}$ bei 100 °C dargestellt. Hier wurde für das L-Bezugsöl 97 $mm^2 \cdot s^{-1}$ bei 40 °C und für das H-Bezugsöl 57 $mm^2 \cdot s^{-1}$ bei 40 °C gemessen. Diesen beiden Werten wurden 0 beziehungsweise 100 V.I. zugeordnet und der Differenzbereich von 40 $mm^2 \cdot s^{-1}$ in 100 Teile unterteilt. Da für die Ölprobe P in diesem Fall eine Viskosität von 61 $mm^2 \cdot s^{-1}$ bei 40 °C gemessen wurde, kann man an der V.I.-Skala den Wert 90 ablesen.

Mit der Entwicklung der Mehrbereichsöle mit V.I. > 100 traten bei der Beurteilung solcher Öle grundsätzliche Schwierigkeiten bei der V.I.-Bestimmung in Form einer Überbewertung der Öle mit niedriger Viskosität auf. Als Lösung wurde ein neues Berechnungsverfahren eingeführt, was zum V.I._E (erweiterter V.I.) führte. Besonders bei hohen V.I.-Werten ermöglicht der V.I._E eine deutlichere Differenzierung bei der Beurteilung der Wirksamkeit von V.I.-Verbesserern. Die vollsynthetischen Basisflüssigkeiten der Motoröle „Neuer Technologie“

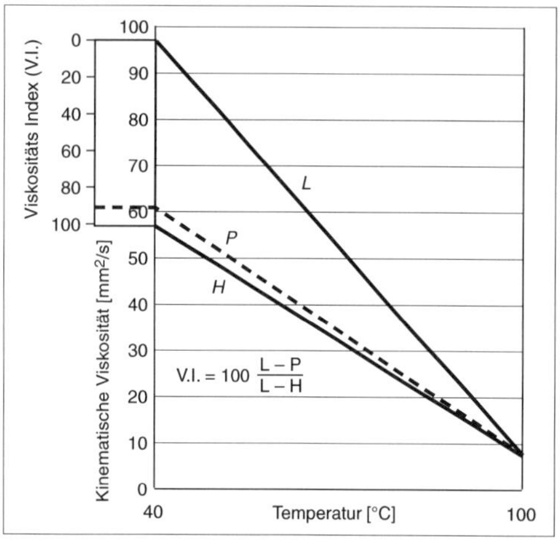

Bild 22-63 Grafische Bestimmung des V.I.

weisen einen sehr hohen $V.I._{E}$ auf, der noch zusätzlich durch neuartige V.I.-Verbesserer hochgezogen wird, um die weitgespannten SAE-Bereiche abzudecken (vergleiche 22.2.8.1). Für die Berechnung des $V.I._{E}$ gilt die in **Bild 22-64** dargestellte Beziehung:

$$V.I._{E} = 100 + \frac{G-1}{0{,}0075} \qquad G = \frac{\lg H - \lg P}{\lg Y}$$

H (High) ⇒ Viskosität des Bezugsöls mit V.I. = 100 bei 40 °C

P (Probe) ⇒ Viskosität des zu bestimmenden Öls bei 40 °C

Y (Probe) ⇒ Viskosität des zu bestimmenden Öls bei 100 °C

Bild 22-64 Berechnung des $V.I._{E}$

22.2.5.2 Einfluss des Drucks auf die Viskosität

Wenn ein Schmieröl sehr hohem Druck ausgesetzt wird, steigt seine Viskosität stark an, weil, vergleichbar mit dem Temperatureinfluss, die jetzt dichter aufrückenden Moleküle eine größere innere Reibung verursachen. Bei der Berechnung von Gleitlagern werden die Druckeinflüsse gewöhnlich vernachlässigt, weil man davon ausgeht, dass der Viskositätsanstieg bei Drucksteigerung durch den Viskositätsabfall infolge der dabei stets auftretenden Temperaturerhöhung ungefähr ausgeglichen wird. So weiß man aus zahlreichen Erfahrungen, dass ein Druckanstieg um etwa 35 bar den gleichen, jedoch entgegengesetzten Effekt hat wie eine Temperaturerhöhung von circa 1 °C. Im Bereich sehr hoher Drücke, zum Beispiel in Wälzlagern oder in Zahnradgetrieben (bis zu 15.000 bar), können die auftretenden Größenordnungen nicht mehr unberücksichtigt bleiben. In grober Annäherung gilt, dass sich bei Raumtemperatur die Viskosität der meisten Erdölprodukte verdoppelt, wenn der Druck um etwa 300 bar ansteigt. Weiter gilt, dass der gleiche Druckanstieg im Bereich hoher Drücke eine größere Viskositätserhöhung zur Folge hat, als im niedrigen Druckbereich. Dünnflüssige Öle werden hinsichtlich ihrer Viskosität vom Druckanstieg weniger beeinflusst als zähflüssige Öle. Von Interesse mag auch die Beobachtung sein, dass ein Druckanstieg auch den V.I. erhöhen kann. Hierbei sprechen naphthenbasische Öle stärker an als paraffinbasische. Allgemein gilt, ähnlich wie beim Einfluss der Temperatur, dass sich eine Druckänderung auf paraffinbasische Öle weniger auswirkt als auf naphthenbasische. In **Bild 22-65** ist der Einfluss des Druckes auf die Viskosität und den V.I. dargestellt.

22.2.5.3 Einfluss der Schergeschwindigkeit auf die Viskosität

Bei Mehrbereichsölen, durch V.I.-Verbesserer für einen weiten Temperaturbereich einsetzbar (vergleiche 22.2.8.3), gilt das Newton'sche Schubspannungsgesetz nicht mehr, da die Proportionalität, also die Viskosität, jetzt von der Spaltdicke (Filmstärke) und der Schergeschwindigkeit abhängt. Es handelt sich um nicht-Newton'sche Flüssigkeiten. Während bei einer Newton'schen Flüssigkeit die Viskosität mit steigender Schergeschwindigkeit konstant bleibt, sinkt sie bei einem nicht-Newton'schen Öl ab. Da für diesen Fall unbegrenzt viele Viskositätswerte denkbar sind, je nachdem, bei welcher Schergeschwindigkeit sie gemessen wurden, verwendet man hier zur Unter-

Druck	Paraffinbasisches Öl			Naphthenbasisches Öl		
Bar	cSt[1)]/40 °C	cSt/100 °C	V.I.	cSt/40 °C	CSt/100 °C	V.I.
1	52,5	6,8	90	55,4	5,8	16
1400	810	43,5	100	21,9	53,5	54
2500	8700	195	125	91000	454	115

[1)] $1\ cSt = 1\ mm^2 \cdot s^{-1}$

Bild 22-65 Einfluss des Druckes auf Viskosität und V.I. [1, 9]

scheidung auch den Begriff scheinbare Viskosität, wobei zur absoluten Viskosität in Poise die entsprechende Schergeschwindigkeit in reziproken Sekunden angegeben wird. Man spricht hier vom Schergefälle. Unter hoher Scherbeanspruchung kann neben Viskositätsabnahme auch ein V.I.-Verlust eintreten, da langkettige polymere V.I.-Verbesserer unter Umständen zerbrochen werden und so einen Teil ihrer Wirkung einbüßen. Viskositäts- und V.I.-Verlust unter hohem Schergefälle können sowohl permanent auf Grund von mechanischem oder chemischem Zerbrechen der großen polymeren Moleküle zu kleineren als auch temporär auf Grund einer Richtwirkung der langkettigen polymeren Moleküle entsprechend der Strömungsrichtung auftreten, woraus ein geringerer Strömungswiderstand resultiert. Wenn die Scherbeanspruchung nachlässt, nimmt das Öl im temporären Fall wieder seine ursprüngliche Viskosität an. Permanente V.I.-Verluste sind für die Praxis unerwünscht. In Fahrzeugmotoren treten Schergeschwindigkeiten von 50.000 – 1.000.000 s^{-1} auf. Bei den früher verwendeten polymeren V.I.-Verbesserern mit hohem Molekulargewicht traten sowohl große temporäre als auch permanente V.I.-Verluste auf. Die heute verwendeten modernen V.I.-Verbesserer sind durch moderate Molekulargewichte und besondere Strukturen auch bei höchster Scherbeanspruchung stabil und garantieren die Aufrechterhaltung des im Frischöl eingestellten Viskosität-Temperaturverhaltens, das heißt, dass das Mehrbereichsöl in dem angegebenen SAE-Bereichen bleibt (stay in grade).

22.2.6 Basisflüssigkeiten

Motoröle bestehen stets aus einer Basisflüssigkeit oder einem Gemisch von Basisflüssigkeiten und einem in langwierigen Versuchen wohl abgestimmten Additivpaket, ohne das die heutigen Anforderungen nicht abgedeckt werden könnten. Die Basisflüssigkeiten, auch Grundöle genannt, sind Mineralöle, synthetische Öle oder eine Mischung derselben (teilsynthetische Öle). Die Basisflüssigkeiten bestimmen wichtige Eigenschaften eines Motoröls wie Viskosität, Verdampfungsverlust und Additivansprechbarkeit. Unterschiedliche Basisflüssigkeiten sprechen unterschiedlich auf die Wirkung der Additive an und können unterschiedliche motorische Prüfergebnisse ergeben. Deshalb werden sie nach ATIEL (**A**ssociation **T**echnique de l'**I**ndustrie **E**uropeenne des **L**ubrifiants) in fünf Gruppen eingeteilt, wie in **Bild 22-66** dargestellt.

Außer den hier angeführten Eigenschaften sind noch andere Kriterien für die Auswahl eines Grundöls je nach Anwendungsfall maßgebend.

22.2.6.1 Basisflüssigkeiten aus Mineralöl

Mineralölbasische Grundöle werden auch heute noch im größten Anteil gängiger Schmierstoffe verwendet; sie werden jedoch mehr und mehr auf Grund der immer weiter steigenden Anforderungen durch synthetische Basisflüssigkeiten verdrängt. Die aus Erdöl gewonnenen Raffinate sind das Ergebnis von atmosphärischer Destillation, Vakuumdestillation, Solvent-Raffination, Entparaffinierung und Hydrofinishing. Sie bestehen aus großen Molekülen mit vielen Verzweigungsmöglichkeiten, die selbst bei gleicher Zahl von C- und H-Atomen ins Unendliche wachsen. Folglich gibt es trotz aufwändiger Raffinationsmethoden kein einheitlich strukturiertes mineralölbasisches Grundöl aus unterschiedlichen Rohölen. Für Motoröle stehen, je nach der gewünschten Viskosität, Grundöle mit unterschiedlichen Viskositäten, vom dünnflüssigen Spindelöl bis zum hochviskosen Brightstock zur Verfügung. In der Praxis werden im Allgemeinen Mischungen aus mindestens zwei Grundölkomponenten verwendet, die zwischen Spindelöl und Brightstock liegen, wobei bevorzugt benachbarte Destillationsschnitte eingesetzt werden. Der Schwefelgehalt der für die Schmierstoffherstellung geeigneten Rohöle liegt zwischen 0,3 % (m/m) (Nordsee) und 2,0 % (m/m) (Mittlerer Osten). Man unterscheidet seit jeher zwischen paraffinbasischen und naphthenbasischen Grundölen. Die paraffinbasischen werden wegen ihres besseren Viskositäts-Temperatur-Verhaltens vorgezogen. Ihr V.I. ist allgemein hoch im Bereich zwischen 90 und ≤100 (vergleiche 22.2.5). Die Viskosität der Mischkompo-

Gruppe	Zusammensetzung	Schwefelgehalt	Viskositätsindex
I	<90 % (m/m) gesättigte Kohlenwasserstoffe	>0,03 % (m/m)	≥80 < 120
II	≥90 % (m/m) gesättigte Kohlenwasserstoffe	≤0,03 % (m/m)	≥80 < 120
III	≥90 % (m/m) gesättigte Kohlenwasserstoffe	≤0,03 % (m/m)	≥120
IV	Polyalphaolefine (PAO)		
V	Alle anderen nicht in Gruppe I, II, III, oder IV enthaltenen, zum Beispiel Ester		

Bild 22-66 Einteilung der Basisflüssigkeiten nach ATIEL [1]

nenten bei 100 °C liegt zwischen 3,7 und 32 $mm^2 \cdot s^{-1}$. Für die heute verlangten Hochleistungsöle reichen die Eigenschaften auch bester Raffinate nicht mehr aus.

22.2.6.2 Synthetische Basisflüssigkeiten

Synthetische Basisflüssigkeiten sind in Motorölen unverzichtbar, wenn Höchstleistungs-Mehrbereichsöle mit niedrigstem Ölverbrauch, geringster Rückstandsbildung, bestem Verschleißschutz, hoher „Fuel Economy" und dem Potenzial für flexible Ölwechselintervalle gefordert werden. Die Ausgangsstoffe für synthetische Motoröle basieren weitgehend auf Rohbenzin, das nach dem Cracken als Ethen (Äthylen) vorliegt. Daraus werden über verschiedene katalytische Prozesse die synthetischen Kohlenwasserstoffe PAO (**P**oly-**A**lpha-**O**lefin) und PIB (**P**oly-**i**so-**B**uten) hergestellt. Wird Ethen in Reaktionen mit Sauerstoff und Wasserstoff gebracht, wiederum im Beisein eines Katalysators, werden über verschiedene Schritte synthetische Ester oder **P**oly**p**ropylen**g**lykole (PPG) und **P**oly**e**thylen**g**lykole (PEG) entstehen. Eine weitere Möglichkeit zur Herstellung von synthetischen Basisflüssigkeiten geht vom Vakuum-Rückstand aus. Hier entsteht durch katalytisches Hydrocracken ein Hydrocracköl und leichte Gas- beziehungsweise Benzinfraktionen. Für Motoröle der „Neuen Technologie" wird PAO, PAO plus Ester oder PAO plus Hydrocracköl verwendet; die anderen synthetischen Basisflüssigkeiten, wie die oben genannten Polyglykole, finden in Hydraulik- und Industriegetriebeölen Anwendung. Synthetische Kohlenwasserstoffe wie PAO, aber auch Hydrocracköle haben einen ganz speziellen Mole-külaufbau, wie er in den Ausgangsprodukten nicht vorhanden ist; sie sind gewissermaßen eine Maßanfertigung. Mineralöle, Ester, PIB und PAO sind grundsätzlich miteinander mischbar. In der Übergangszeit von mineralölbasischen zu den heutigen vollsynthetischen Motorölen wurden zunächst teilsynthetische Motoröle eingeführt. Auch heute haben diese für den Anwendungsbereich mit mittlerer Beanspruchung und niedrigeren Kosten ihre Einsatzmöglichkeiten. Die Vorteile und Mehrkosten von teilsynthetischen (HC) beziehungsweise synthetischen Basisflüssigkeiten gegenüber Raffinaten sind in **Bild 22-67** dargestellt.

22.2.7 Additive für Schmierstoffe

Motoröle bestehen immer aus einer oder einem Gemisch von mehreren Basisflüssigkeiten (vergleiche 22.2.6) und Additiven als Wirkstoffe. Additive sind öllösliche Wirkstoffe unterschiedlicher Art, die den Basisflüssigkeiten zugemischt werden, um Eigenschaften zu erzielen, die in der Basisflüssigkeit nicht oder nicht ausreichend vorhanden sind, um positive Eigenschaften noch zu verstärken und um unerwünschte Eigenschaften zu minimieren oder ganz auszuschalten. Nicht alle Eigenschaften des Motoröls lassen sich durch Additive beeinflussen, wie zum Beispiel die Wärmeleitfähigkeit, die Viskosität-Druckabhängigkeit, die Gaslöslichkeit und das Luftabscheidevermögen. Additive wirken fast immer als Gemische und können sowohl synergistische als auch antagonistische Effekte aufweisen. Die Menge der zugemischten Additive reicht von wenigen ppm bis zu 20 % (m/m) und mehr in modernen Hochleistungsölen. Viele Schmierstoffadditive sind oberflächen- oder grenzflächenaktive Stoffe, deren Aufbau man im Prinzip mit einem Streichholz vergleichen kann. Der „Kopf" ist eine funktionelle chemische Gruppe, die zum Beispiel von Wasser, Säuren, Metallen oder Rußpartikeln „angezogen wird". Man nennt sie auch polare Gruppe, in der die eigentlichen Wirkstoffe konzentriert sind. Sie kann organisch (aschefrei) oder metallorganisch (aschebildend) aufgebaut sein. Der „Stiel" besteht aus einem unpolaren Kohlenwasserstoffrest (Radikal), der oleophil ist (vom Öl „angezogen" wird). Er bewirkt vor allem die Löslichkeit des Additivs im Öl. Manche Additivtypen haben mehrere Stiele an der polaren Gruppe. Eine andere wichtige Gruppe von Öladditiven besteht aus hochmolekularen Kohlenwasserstoffen mit spezieller

Komponente	Vorteil	Grund	Mehrkosten [%]
Hydrocracköl	hoher V.I. >110 geringer Verdampfungsverlust gutes Viskosität-Temperaturverhalten	Molekülstruktur gleichmäßige Zusammensetzung niedriger Pourpoint	***circa 30–100*** (je nach V.I. und Qualität)
Poly-alpha-Olefin Poly-iso-Buten	sehr hoher V.I. <150 sehr geringer Verdampfungsverlust sehr gutes Viskosität-Temperaturverhalten	Molekülstruktur gleichmäßige Zusammensetzung niedriger Pourpoint	***circa 250–350*** circa 200

Bild 22-67 Vorteile und Mehrkosten von PAO und Hydrocrackölen gegenüber Raffinaten [10, 12]

Molekülstruktur, die auch noch Sauerstoff enthalten können. In **Bild 22-68** sind die Additivtypen für Motoröle zusammengestellt. Im Prinzip gilt diese Zusammenstellung auch für Getriebeöle. Ebenso wie die Basisflüssigkeiten sind auch die Additive unter Gesichtspunkten der Umweltverträglichkeit zu betrachten. So werden zum Beispiel chlorhaltige Verbindungen kaum noch verwendet.

Ein Maß für die Höhe der Zugabe metallhaltiger Substanzen ist der Gehalt an Aschebildenden Substanzen („Sulfataschegehalt") im Frischöl. Moderne Abgasnachbehandlungssysteme bei Dieselmotoren (zum Beispiel Dieselpartikelfilter = DPF) zur Reduktion prinzipbedingter Partikelemissionen erfordern Motorenöle mit reduziertem Gehalt an Aschebildnern. Durch verbranntes Motorenöl landen Sulfataschen über die Abgase in den feinporigen Partikelfiltern und sorgen für Durchflussreduzierung bis hin zur Blockade, da sie im Gegensatz zum Ruß nicht durch Regeneration abgebrannt werden können. Durch Einsatz relativ großer, robuster Filtersysteme kann allerdings auf den Einsatz von Low Ash-Motorenölen verzichtet werden, kompakte, motornahe Systeme setzen sich jedoch zunehmend im Markt durch. Die Anforderungen bezüglich des Sulfataschegehaltes werden in den ACEA-Spezifikationen (neue Untergruppen C1 bis C4) und OEM Spezifikationen einiger Hersteller festgeschrieben. Der Sulfataschegehalt der Low Ash- oder auch Low SAPS (**S**ulphated **A**sh **P**hophorous **S**ulfur) liegt für Pkw-Motorenöle zwischen 0,5 und 0,8 %, bei Nkw bei bis zu 1.0 %. Für „klassische" Motorenöle für Otto- und Diesel-Pkw bei 1,0 bis 1,5 % und für europäische Nkw-Diesel bei 1,5 bis 2,0 %. Pkw Low Ash-Motorenöle sind entwicklungsseitig zwar dieselmotiviert, aber trotzdem auch in den meisten Otto-Motoren einsetzbar.

22.2.7.1 V.I.-Verbesserer

Von den heutigen Hochleistungsmotorölen für Pkw und Nkw wird verlangt, dass sie unter allen Fahrbedingungen und Witterungsverhältnissen bei extrem langen Ölwechselintervallen anstandslos funktionieren. Dies bedeutet ausreichend niedrige Viskosität für den sicheren Kaltstart auch bei sehr niedriger Außentemperatur mit sofort verfügbarer, möglichst energiesparender Schmierung, aber ebenso ausreichend hohe Viskosität für sichere Schmierung bei hoher thermischer und mechanischer Belastung. Nur Mehrbereichsöle (vergleiche 22.2.8.3) können diese Forderungen erfüllen. Die gegebene Viskosität-Temperaturabhängigkeit der Basisflüssigkeiten ist auch bei sehr hohen V.I. nicht mehr ausreichend, so dass geeignete V.I.-Verbesserer verwendet werden müssen. Hier kommen Polymere mit hohem Molekulargewicht zum Einsatz. Ihre Wirkungsweise lässt sich anhand ihres Lösungsverhaltens erklären. Bei niedriger Temperatur liegt der V.I.-Verbesserer eng verknäult im Öl vor und hat auf Grund seines geringen Raumbedarfs nur eine geringe Auswirkung auf die Viskosität. Bei steigender Temperatur vergrößert sich der Raumbedarf; die Knäuel entwirren sich und reduzieren so die Ausdünnung. Bei der Auswahl eines V.I.-Verbesserers ist darauf zu achten, wie groß seine Empfindlichkeit gegenüber hohen Scherbeanspruchungen (zum Beispiel zwischen Nocken und Stößel, in Wälzlagern oder zwischen den Zahnrädern der Ölpumpe) ist, damit der gewünschte V.I. auch unter hoher Scherbeanspruchung und nach langer Betriebszeit noch vorhanden ist. Das Ansprechen der Grundöle auf V.I.-Verbesserer ist bei Grundölen mit hohem V.I. schlechter als bei solchen mit niedrigem V.I. und lässt mit steigender Zusatzmenge rasch nach.

Je nach Typ besitzen V.I.-Verbesserer in der Regel auch Pourpoint-erniedrigende Eigenschaften. Durch ihre Molekülgröße bilden sie bei der Bildung von Paraffinkristallen eine Störstelle für das Kristallwachstum und lassen auf diese Weise kleine, voneinander getrennte Kristalle entstehen. Wegen des ausgeprägten Einflusses der Temperatur auf die Viskosität eines Öls (vergleiche 22.2.5.1) werden heute nur noch Mehrbereichs-Motoröle mit einem V.I. $\gg 100$ eingesetzt. Als Leichtlauf- und Langzeitöle für extrem lange Ölwechselintervalle konzipiert, handelt es sich bei den Spitzenprodukten durchweg um vollsynthetische Motoröle, deren Basisflüssigkeiten bereits sehr hohe V.I.-Werte, zum Beispiel 130, aufweisen. Auch diesen wird zusätzlich ein VI-Verbesserer zugesetzt, um die SAE-Klassen 10W-60 oder 0W-40 einzustellen, allerdings in vergleichsweise geringeren Mengen. Da VI-Verbesserer aufgrund ihrer Größe starken Scherbelastungen ausgesetzt werden, sind synthetische Motorenöle mit weniger VI-Verbesserer grundsätzlich scherstabiler und können somit ihre Viskositätseigenschaften über längere Ölwechselintervalle halten. Die V.I.-Verbesserer vom Typ Styrol-Butadien Copolymer (SBC), Polymetacrylat (PMA) oder Olefincopolymere (OCP) werden in PAO oder Mineralöl vorgelöst zugegeben. Die Dosierungen im Fertigöl betragen im Allgemeinen 1 bis 10 % (m/m).

22.2.7.2 Detergents/Dispersants

Beim Verbrennungsprozess in Otto- und Dieselmotoren entsteht eine Vielzahl von Verbrennungsprodukten, die das Motoröl belasten. Es handelt sich um Ölalterungsprodukte, teil- und unverbrannte Kraftstoffreste, Ruß, Säuren, Stickoxide und Wasser. Diese, größtenteils ölunlöslichen, festen oder flüssigen Fremdstoffe gelangen in den Ölkreislauf und haben unerwünschte beziehungsweise schädliche Auswirkungen. Harz- und asphaltartige Ölalterungsprodukte verursachen Ablagerungen an Metalloberflächen, Öleindickung sowie Schlammablagerungen an Motorteilen. Saure Verbrennungsprodukte verursachen Korrosion, katalysieren die Oxidation und können

Additivtyp	Wirkstoff	Funktion
V.I.-Verbesserer Dispergierend oder nicht-dispergierend	Polymethacrylate (PMA) Polyalkylstyrole Olefincopolymere (OCP) Sternpolymere PIB Styrol-Ester-Polymere	Verbesserung des Viskosität-Temperatur-Verhaltens
Detergentien (basisch)	Metall-Sulfonate Metall-Phenolate Metall-Salicylate (Metall = Ca; Mg; Na)	Reinhaltung des Motorinneren Neutralisation von Säuren Verhinderung von Lackbildung
Dispersanten (aschefrei)	Poly-iso-Buten-Succinimide	in Schwebe halten von Ruß, Alterungsprodukten und sonstigen Fremdstoffen Verhinderung von Ablagerungen und Lackbildung
Oxidationsinhibitoren	Zinkdialkyldithiophosphate Alkylphenole Diphenyl-Amine Metall-Salicylate	Verhinderung von Öloxidation und Eindickung
Korrosionsinhibitoren	Metall-Sulfonate (Metall = Na; Ca) organische Amine Bernsteinsäure-Halbester Phosphoramine, Amide	Verhinderung von Korrosion
Buntmetalldeaktivatoren	komplexe organische Schwefel- und Stickstoffverbindungen	Verhinderung von Oxidation und Öleindickung
Reibungsminderer (Friction Modifier)	milde EP-Additive Fettsäuren Fettsäurederivate organische Amine	Herabsetzung der Reibungsverluste
Verschleißminderer (EP-Zusätze)	Zinkalkyldithiophosphate Molybdänverbindungen organische Phosphate organische Schwefel- und Schwefel-Phosphorverbindungen	Herabsetzung beziehungsweise Vermeidung von Verschleiß
Stockpunktverbesserer (pour point depressant)	Polyalkylmethacrylate	Verbesserung der Fließeigenschaften bei tiefer Temperatur
Schauminhibitoren (defoamant)	Siliconverbindungen Acrylate	Verminderung beziehungsweise Vermeidung von Schaumbildung

Bild 22-68 Typische Motoröl Additive [11]

Verschleißschutzadditive zersetzen. Koks- und lackartige Ablagerungen verursachen ein Festbacken der Kolbenringe in den Ringnuten, wodurch mehr Blow-By-Gase ins Kurbelgehäuse gelangen und so zu weiterer Ölbelastung führen. Zusätzlich kann durch festgehende Kolbenringe Spiegelflächenbildung (bore polishing) an den Zylinderwänden entstehen, die zu Leistungsverlust und erhöhtem Ölverbrauch führt. Schlammablagerungen können Ölleitungen und Ölfilter verstopfen, wodurch Fressschäden am Ventiltrieb sowie an den Laufbahnen von Kolben und Zylindern und Gleitlagerschäden infolge Mangelschmierung entstehen können. Detergent-/Dispersant-Additive sind im Prinzip Waschmittel. Sie sollen feste und flüssige Verschmutzungspartikel umhüllen und im Öl in Schwebe halten, um so deren Ablagerung auf Motorteilen und ein Zusammenballen untereinander, was zur Schlammbildung führen kann, zu verhindern. Zusätzlich müssen saure Produkte neutralisiert werden.

Die Wirkungsweise der Detergent-/Dispersant-Additive kann allgemein nach folgenden Wirkungsmechanismen unterteilt werden:

- Umhüllen und Waschen
- Sauber halten und in Schwebe halten von festen Schmutzpartikeln
- Umhüllen und in Schwebe halten von flüssigen Schmutzpartikeln (grenzflächenaktiv)
- Chemisches Neutralisieren saurer Bestandteile

Als Detergents/Dispersants werden mehrere besonders aufeinander abgestimmte, multifunktionale Wirkstoffe eingesetzt. Sie decken zusätzlich die Wirkungsspektren des Korrosionsschutzes und der Neutralisation von Säuren ab. Eine langlebige basische Reserve (TBN = **T**otal **B**ase **N**umber) ist angesichts der sehr langen Ölwechselintervalle sicherzustellen. Meistens werden metallorganische Verbindungen wie Phenate, Phosphate, Sulfonate, Salycilate und Naphthenate verwendet, die durch überschüssiges Metallcarbonat basisch eingestellt sind. Sie bilden, wenn sie an der Verbrennung teilnehmen, Sulfatasche, in der man je nach Additivtyp, gegebenenfalls Calcium, Magnesium, Natrium und Zink nachweisen kann. Low Ash-Motorenöle weisen daher prinzipbedingt eine vergleichsweise niedrigere TBN auf. Daneben gibt es Poly-iso-Buten-Succinimide als aschefreie organische Detergentien, die sich vor allem gegen Kaltschlamm-Ablagerungen gut bewährt haben, der bei „Stop-and-go-Betrieb" vorzugsweise entstehen kann. Die Dosierraten betragen am allgemeinen 1 bis 5 % (m/m).

22.2.7.3 Antioxidantien und Korrosionsinhibitoren

Selbst das hochwertigste Schmieröl neigt unter dem Einfluss von Temperatur und Sauerstoff zur Oxidation, das heißt Alterung oder Ranzigwerden. Hierbei bilden sich Säuren sowie lack-, harz- und schlammartige Ablagerungen, die größtenteils ölunlöslich sind. Die Zugabe von Antioxidantien ergibt einen wesentlich verbesserten Alterungsschutz. Die Alterung läuft anfangs sehr langsam ab und das Öl verändert sich kaum. Nach dem Verbrauch der Antioxidantien erhöht sich die Oxidationsgeschwindigkeit, wobei gemäß der RGT-Regel eine Temperaturerhöhung im Öl um jeweils 10 °C die Reaktionsgeschwindigkeit verdoppelt beziehungsweise die Ölstandszeit deutlich reduziert. Beschleunigt werden kann dieser Prozess noch durch Spuren von Metallen, insbesondere von Kupfer und Eisen – je feiner desto aktiver – die durch abrasiven und korrosiven Verschleiß ins Öl gelangen und die Reaktionstemperaturen mit Sauerstoff wesentlich herabsetzen. Auch Wasser kann diese Wirkung haben. Ohne hochwirksame Antioxidantien sind die heute üblichen Ölwechselintervalle nicht denkbar. Ihre Wirkungsweise basiert primär auf Radikalfängern und wird sekundär durch Peroxidzersetzer und Passivatoren ergänzt. Radikale sind Kohlenwasserstoffmoleküle, bei denen durch Kettenbruch freie hochreaktive Valenzen am Kohlenstoff entstanden sind. Hier will sich sofort Sauerstoff oder ein weiteres Radikal anlagern. Die Radikalfänger sättigen die freie Valenz durch Wasserstoffübertragung vom Additiv. Die Peroxidzersetzer wirken erst, wenn sich bereits sauerstoffhaltige Alterungsprodukte gebildet haben. Sie reagieren mit dem Sauerstoff und bilden unreaktive Verbindungen. Die Buntmetallpassivatoren sind chemische Substanzen vom Typ Triazole, die die ansonsten für Oxidation katalytische Wirkung von Kupfer- und Eisenpartikeln dadurch abschwächen, indem sie die Metallionen im Öl umhüllen. Auf diese Weise schützen sie auch die Oberflächen von Lagerwerkstoffen vor korrosivem Angriff durch zum Beispiel aktiven Schwefel.

22.2.7.4 Reibungs- und Verschleißminderer (EP/AW-Additive)

Wenn aufeinander gleitende Teile bei hohen Druck- und Temperaturbelastungen nicht mehr vollkommen durch den Schmierstoff getrennt werden, berühren sich die Oberflächen der Reibpartner, und es kommt zu erhöhtem Verschleiß oder im Extremfall zum „Fressen" oder gar Verschweißen. Hier helfen EP/AW-Additive (**E**xtreme **P**ressure/**A**nti-**W**ear). Sie bauen auf den Gleitflächen der Reibpartner äußerst dünne Schichten auf, die bei Bedarf ständig erneuert werden. Sie sind unter normalen Bedingungen fest, bei Verschleißangriff jedoch gleitfähig und verhindern den direkten Metall-auf-Metall-Kontakt. Es handelt sich um grenzflächenaktive Stoffe, die in der polaren Gruppe unter anderen Zink, Phosphor und Schwefel enthalten. Am bekanntesten ist ZDTP (Zinkdialkyldithiophosphat), welches sich besonders im Mischreibungsbereich Nockenwelle/Stößel/Kipp/Schlepphebel bewährt hat. In Getriebeölen werden neben geschwefelten Estern und Kohlenwasserstoffen verschiedene Phosphor-Schwefel-Verbindungen, Phosphoramine und Thionate eingesetzt, die den charakteristischen Schwefelgeruch ausmachen können.

22.2.7.5 Schauminhibitoren

Im Schmieröl können Luft oder andere Gase als fein verteilte Blasen oder in Form von Oberflächenschaum vorhanden sein. Maßgebend ist hierfür der Lufteintrag durch die Verwirbelung im Kurbelgehäuse, sowie Druck und Temperatur. Oberflächenschaum kann durch einen besonderen Wirkstoff, der die Herabsetzung der Oberflächenspannung zwischen

Öl und Luft bewirkt, aufgebrochen werden. Schaumdämpfer müssen im Öl weitgehend unlöslich sein und eine niedrigere Oberflächenspannung als das Öl aufweisen. Als Wirkstoff haben sich hier Siliconöle, wie Poly-Dimethylsiloxan in sehr geringer Konzentration (0,01 g/kg Öl) bewährt. Allerdings kann dabei die Abscheidung der dispergierten Luft (LAV) verschlechtert werden, da das Siliconöl die Rekombination von kleinen zu größeren, leichter aufsteigenden Luftblasen verhindert.

22.2.8 Motoröle für Viertaktmotoren

Die Betriebsbedingungen, denen Motoröle ausgesetzt sind, reichen vom extremen Kurzstreckeneinsatz – 50 % aller Fahrten der Pkw legen Strecken <6 km zurück – bis zu extremen Dauerbelastungen im Langstreckeneinsatz. Hinzu kommen flexible/feste Motorölwechselintervalle von derzeit bis zu 30.000 km beziehungsweise maximal zwei Jahre bei Pkw mit Otto oder Dieselmotor, und 150.000 km bei Nkw im Langstreckenverkehr, bei gleichzeitig geringem Nachfüllbedarf. Dadurch werden dem Motor nur wenig frische Additive zugeführt. Das Ölvolumen in der Ölwanne moderner Motoren vergrößert sich nicht in vergleichbarem Maße, wie die Leistungsdichte der Motoren ansteigt. Downsizing ist eine Prinzip, dass viele Motorenentwickler aus Verbrauchs- und Emissionsgründen konzentriert verfolgen. Die spezifische Ölbelastung steigt somit kontinuierlich an. Spezifische Leistungen im Mittel von über 60 kW/l sind bei zweistufig aufgeladenen bei Dieselmotoren keine Seltenheit – mit Mitteldrücken über 20 bar. Motorenöl ist also ganz erheblichen thermischen und mechanischen Beanspruchungen ausgesetzt. Zusätzlich muss es als Hydraulikflüssigkeit vielfältige Aufgaben im Motor zuverlässig wahrnehmen, wie zum Beispiel den hydraulischen Ventilspielausgleich, die Nockenwellenverstellung und das Spannen von Ketten unter allen Betriebsbedingungen und im gesamten Verlauf der Verweilzeit im Motor.

22.2.8.1 SAE-Viskositätsklassen für Motoröle

Seitens der SAE (**S**ociety of **A**utomotive **E**ngineers, USA) wurde bereits 1911 eine verbindliche Klassifikation für die Viskositäten von Motorölen eingeführt, die nach vielfacher Anpassung bis heute Gültigkeit hat. In der derzeit geltenden Ausführung sind insgesamt 12 Klassen, jeweils sechs für Winter (0W bis 25W) und sechs für Sommer (20 bis 60) definiert. In **Bild 22-69** sind die Viskositätsgrade für Motoröle nach SAE J300 von 4/2002 dargestellt. Sie sorgen dafür, dass der Anwender beim Ölkauf weiß, dass er ein Öl mit der richtigen, vom Motorenhersteller vorgeschriebenen Viskosität einfüllt.

SAE Viskositätsklasse	Maximale scheinbare Viskosität bei Temperatur °C cP/°C	Tieftemperatur Pump-Viskosität cP/°C	Maximale Grenzpumptemperatur °C	Kinematische Viskosität bei 100 °C cSt		HTHS[1]-Viskosität in cP bei 150 °C und 10^6 s^{-1} Schergefälle
		maximal		minimal	maximal	minimal
0W	6200/–35	60 000/–40	–35	3,8	–	
5W	6600/–30	60 000/–35	–30	3,8	–	
10W	7000/–25	60 000/–30	–25	4,1	–	
15W	7000/–20	60 000/–25	–20	5,6	–	
20W	9500/–15	60 000/–20	–15	5,6	–	
25W	13000/–105	60 000/–15	–10	9,3	–	
20				5,6	< 9,3	2,6[3]
30				9,3	< 12,5	2,9[3]
40				12,5	< 16,3	2,9[2]
40				12,5	< 16,3	3,7[3]
50				16,3	< 21,9	3,7[3]
60				21,9	< 26,1	3,7[3]

[1] **H**igh-**T**emperature-**H**igh-**S**hear-Viskosität
[2] für 0W-40, 5W-40, 10W-40
[3] für 15W-40, 20W-40, 25W40 und 40

Bild 22-69 SAE-Viskositätsklassen für Motoren-Schmieröle SAE J300, Ausgabe April 2002 [1]

22.2.8.2 Einbereichsöle

Einbereichsöle erfüllen nur die Viskositätsanforderungen der in **Bild 22-69** angegebenen, jeweils einzelnen SAE-Bereiche 0W bis 60. Sie haben also einen niedrigen V.I. und eignen sich deshalb nur für Motoren, die hauptsächlich unter konstanten Betriebsbedingungen bei praktisch gleich bleibenden Temperaturen laufen, wie zum Beispiel Stationärmotoren etwa zur Stromerzeugung. Einbereichsöle müssen entsprechend der Jahreszeit und den Einsatzbedingungen häufig gewechselt werden, was ihren Einsatz als Ganzjahresmotorenöl verhindert und sie somit uninteressant macht. Heutzutage finden sie ihre Anwendung eher in bestimmten Schaltgetrieben und Retarder-bremsen.

22.2.8.3 Mehrbereichsöle

Die Bezeichnung Mehrbereichsöl (Multigrade) bedeutet, dass ein solches Öl die Viskositätsanforderungen mehrerer SAE-Bereiche, zum Beispiel 5W-30, abdeckt. Sie enthält zu Anfang die niedrige W-Klasse im Tieftemperaturbereich und endet mit der Viskositätsklasse im Hochtemperaturbereich bei 100 °C. **Bild 22-70** zeigt fett gekennzeichnet die derzeit in Mitteleuropa gebräuchlichsten Kombinationen zusammen mit anderen Kombinationsmöglichkeiten, die technisch oder geografisch allerdings hier ohne Bedeutung sind.
Die Kombination 0W-40 vermag höchste Ansprüche hinsichtlich des Viskosität-Temperatur-Verhaltens zu erfüllen und erfordert zur Einhaltung der physikalischen Anforderungen eine vollsynthetische Basisflüssigkeit und einen besonders scherstabilen V.I.-Verbesserer (vergleiche 22.2.5.3). Die Kombination 15W-20 stellt hier die niedrigsten Anforderungen und ist mit einem mineralölbasischen Grundöl und relativ geringer V.I.-Verbessererzugabe herzustellen, allerdings technisch ohne Bedeutung. Bei Mehrbereichsölen ist die Tieftemperatur-Viskosität durch die Basisflüssigkeit vorgegeben, während die Hochtemperatur-Viskosität durch die Wirkung des V.I.-Verbesserers eingestellt wird. Moderne Hochleistungs-Mehrbereichsöle weisen vor allem durch die Kombination von synthetischen Basisflüssigkeiten mit hochwirksamen Additivpaketen unter Mit Hilfe von temperatur- und scherstabilen V.I.-Verbesserern das sehr hohe Leistungsvermögen auf,

[1]**0W-40**[1]	**5W-40**	**10W-40**	**15W-40**
0W-30	**5W-30**	10W-30	15W-30
0W-20	5W-20	10W-20	15W-20

[1]) Die fett gedruckten Viskositätskombinationen sind die gebräuchlichsten

Bild 22-70 Mehrbereichsöl-Viskositätsklassen [1]

ohne dass die heute üblichen Ölwechselintervalle nicht möglich wären.

22.2.8.4 Leichtlauföle

Mehrbereichsöle, die in ihrer Tieftemperaturviskosität in den SAE-Bereichen 0W oder 5W liegen, sind als LL-Motoröle (**L**eicht-**L**auf-Öle) oder FE-Motoröle (**F**uel-**E**conomy-Öle) einzustufen. Die deutliche Kraftstoffverbrauchssenkung wird durch zwei Maßnahmen bewirkt:

- Durch abgesenkte Viskosität im Bereich der Vollschmierung (hydrodynamische Schmierung)
- Durch reibungsmindernde Additive im Bereich der Grenzschmierung (Mischreibungungsgebiet).

Die Absenkung der Viskosität hat den größten Einfluss, da im Motor überwiegend hydrodynamische Schmierung vorherrscht. Der Wirkung von Friction Modifiern im Mischreibungsgebiet sind relativ enge Grenzen gesetzt. Als Gesamtreibungsverluste gelten folgende, in **Bild 22-71** dargestellte Ansätze:

Motor	Volllast	Teillast
Otto	3 bis 5 %	11 bis 18 %
Diesel	7 bis 9 %	13 bis 14 %

Bild 22-71 Reibungsverluste [10, 12]

Es ergibt sich, dass die größten zu erwartenden Verbrauchsminderungen im leerlaufnahen Teillastbereich zu erwarten sind. Die ersten LL-Öle lagen im SAE-Bereich 10W-X, später kamen 5W-X und 0W-X hinzu. Allerdings sind nach unten Grenzen gesetzt, da dabei jeweils alle anderen Anforderungen im Heißbetrieb abgedeckt werden müssen. Vor allem muss der Verdampfungsverlust niedrig genug bleiben, um den Ölverbrauch gering zu halten. So verlangt zum Beispiel die ACEA Spezifikation A3 beziehungsweise A5 einen Verlust von weniger als 13%. Bei dem heute allgemein gültigen Kraftstoffverbrauchstest gemäß CEC L-054-96 wird das zu beurteilende LL-Öl mit einem Referenzöl der Viskosität SAE 15W-40 verglichen. Ferner kann man unter anderen durch Schleppmomentmessungen zum Beispiel im Mercedes-Benz OM 441 LA-Motor die durch ein LL-Öl für Nkw erzielte Reibungsminderung beurteilen. Ein dabei ermitteltes typisches Messergebnis für einen Vergleich zwischen dem früher verwendeten 15W-40 Öl und einem Leichtlauföl 5W-30 ist in **Bild 22-72** dargestellt. Beide Öle mussten gleichermaßen sämtliche anderen Anforderungen erfüllen, die in anderen Prüfläufen (zum Beispiel nach MB 228.3) gefordert werden.
Ferner ist durch Leichtlauföle auch eine deutliche Verbesserung der Pumpfähigkeit bei tiefen Temperaturen festzustellen, so dass eine wesentlich schnellere Ölversorgung des Motors nach dem Kaltstart

Mehrbereichsöl für Nkw	Schleppmoment (Nm)
15W-40 (MB 228.3)	285
5W-30 (MB 228.3)	244 (–17 %)

Bild 22-72 Schleppmoment im OM 441 LA-Motor [12]

gewährleistet ist. Das gilt sowohl für das Frischöl als auch für das Gebrauchtöl, wie aus **Bild 22-73** hervorgeht.
Auffällig bei diesen Ergebnissen ist auch die geringe Eindickung des Gebrauchtöls als Folge der hohen Qualität dieser Ölsorten.

22.2.8.5 Einlauföle

Früher war es notwendig, neue Motoren mit einem speziellen Einlauföl oder Erstbetriebsöl zu befüllen, das nach relativ kurzer Verweildauer von 1000 bis 1500 km mit dem in dieser ersten Betriebsphase angesammelten metallischen Abrieb abgelassen wurde. Es galten dabei besondere Einfahrvorschriften mit schonender Fahrweise, so dass die dünnflüssigen Erstbetriebsöle mit relativ geringer Additivierung nicht stark belastet wurden. Oft waren sie besonders als Konservierungsöl ausgelegt, wenn zum Beispiel Export nach Übersee anstand. Durch die verbesserte Oberflächengüte der Reibflächen der Motoren und die enorm weiterentwickelte Öltechnologie kann heute auf die Verwendung von Einlaufölen in Pkw und Nkw verzichtet werden. Erstbetriebsöle entsprechen in ihrer Leistungsfähigkeit heute den Motorölen, die im Service verwendet werden, da sie über die volle Intervallänge im Motor verbleiben. Allerdings weisen sie im Allgemeinen einen etwas verstärkten Korrosionsschutz auf.

22.2.8.6 Gasmotoröle

Mobile CNG/LNG-Anwendungen (Fahrzeugeinsatz) erfordern beim monovalenten Betrieb besondere Motoröle, da die erhöhten Verbrennungstemperaturen durch Wegfall der Verdunstungskälte die Ablagerungsneigung im Brennraum und an den Kolben verstärken. Diese besonders harten Ablagerungen erfordern aschearme Additive. Im Vergleich zu Benzin entsteht bei der Verbrennung von Erdgas wegen des hohen HC-Verhältnis etwa die doppelte Menge Wasser. So ist die Korrosionsgefahr insbesondere im Kurzstreckenbetrieb größer. Das Fehlen von hochsiedenden Kohlenwasserstoffen in Erdgas hat außerdem zur Folge, dass erhöhter Schmierbedarf an den Einlassventilen auftritt, was erhöhten Verschleiß des Ventilsitzes zur Folge hat. Im bivalenten Betrieb treten diese spezifischen Eigenschaften nicht so sehr in den Vordergrund, so dass die heutigen Hochleistungsöle praktisch alle Anforderungen abdecken können.

22.2.8.7 Wasserstoffmotoröle

Bei den Gemeinschaftsforschungen für die Anwendung von Alternativkraftstoffen wurde auch für Ottomotoren, die mit Wasserstoff betriebenen werden, deren Einfluss auf das Motoröl untersucht. Die unterschiedlichen Verbrennungsvorgänge im Vergleich zu OK haben deutliche Auswirkungen auf die Anforderungen an das Motoröl. Bei der Verbrennung von Wasserstoff entsteht mehr als die doppelte Menge Wasser als Reaktionsprodukt aus der Verbrennung gegenüber der Verbrennung von konventionellem Ottokraftstoff. Da bei einigen dieser Motorkonzepte für den geregelten Ablauf der Verbrennung zusätzlich Wasser in den Brennraum eingespritzt wird, kann die damit verbundene höhere Wasserdampfeintragung ins Motoröl bei Kaltfahrbedingungen von diesem einen höheren Korrosionsschutz, ein stärkeres Dispergiervermögen und eine höhere Aufnahme- und Ausscheidefähigkeit von Wasser erfordern. Andererseits fallen Verbrennungsrückstände und deren Ablagerung deutlich geringer aus, so dass man den Detergentgehalt verringern kann. Neuere Motorkonzepte für Wasserstoffbetrieb kommen ohne zusätzliche Wassereinspritzung aus. Insofern ist das Risiko eines höheren Wassereintrags in das Motoröl geringer geworden. Diese Wasserstoffmotoren können mit handelsüblichen Motorölen betrieben werden. Noch sind allerdings die Erfahrungen aus dem Betrieb von Ottomotoren mit Wasserstoff nicht ausreichend, um ein abschließendes Urteil über die optimale Beschaffenheit des hierfür einzusetzenden Motoröls abgeben zu können.

Mehrbereichsöl für Nkw	Frischöl Öldruck 2 bar [s]	Gebrauchtöl Öldruck 2 bar [s]
5W-30 (MB 228.3)	7	9
10W-40 (MB 228.3)	10	14
15W-40 (MB 228.3)	23	35

Bild 22-73 Pumpfähigkeit im OM 441 LA-Motor bei 0 °C [12]

22.2.8.8 Leistungsklassen

Auf Grund der unterschiedlichen Einsatzbedingungen und Anforderungen für Motoröle sind im Lauf der Zeit zahlreiche Spezifikationen für deren Beschaffenheit und Leistungsvermögen entstanden. Sie wurden meistens gemeinsam von Motoren- und Mineralölindustrie unter Mitwirkung von Verbraucherorganisationen oder militärischen Behörden erarbeitet. Zusätzlich geben die einzelnen Automobilhersteller mehr und mehr markenspezifische Spezifikationen heraus. Neben weltweit gültigen Zulassungsbedingungen gibt es auch auf Einsatzregionen beschränkte Vorschriften. Sie beschreiben sowohl die physikalischen Eigenschaften als auch das Leistungsverhalten in Motorentesten. Für die Beschreibung des Leistungsverhaltens gibt es Spezifikationen unter anderen folgender Vereinigungen beziehungsweise Institutionen:

- ACEA **A**ssociation des **C**onstructeurs **E**uropéens d'**A**utomobiles
- API **A**merican **P**etroleum **I**nstitute
- CCMC **C**omitée des **C**onstructeurs d'Automobiles du **M**arché **C**ommun
- CEC **C**oordinating **E**uropean **C**ouncil for the development of performance tests for transportation fuels, lubricants and other fluids
- MIL-L US **MIL**ITARY **L**ubricants Specification
- DEF British Ministry of **DEF**ence
- OEM **O**riginal **E**quipment **M**anufacturer ⇒ Automobilhersteller.

In der Regel wird dabei zwischen Pkw-Ottomotoren, Pkw-Dieselmotoren und Nkw-Dieselmotoren unterschieden. Die europäischen ACEA-Spezifikationen sind seit 1996 als Nachfolger für die seit den 70er Jahren bekannten CCMC-Spezifikationen anzusehen, die nicht mehr aktuell sind. Daneben werden häufig die API-Klassifikationen verlangt. MIL-Spezifikationen sind in Europa mittlerweile ohne Bedeutung. Die größte Bedeutung haben in denletzten Jahren die individuellen Anforderungen beziehungsweise die damit verbundenen Freigaben der europäischen Automobilhersteller gewonnen.

ACEA-Spezifikationen

Sie stellen die derzeit aktuellen Normen für Motoröle für europäische Fahrzeugmotoren dar. Sie berücksichtigen neben einigen ausgewählten amerikanischen Prüfmotoren überwiegend Motoren europäischer Konstruktion und Auslegung. Die Prüfbedingungen entsprechen europäischen Fahrbedingungen. Sie definieren Mindestanforderungen sowohl für physikalische und chemische Labortests als auch für Vollmotoren-Prüfstandstests. Da auch einige amerikanische Motorenprüfläufe vorgeschrieben sind, ist eine gewisse Verzahnung mit US-amerikanischen API-Klassifikationen gegeben. Die abkürzenden Bezeichnungen für die ACEA-Spezifikationen orientieren sich nicht mehr an den vorher gebräuchlichen Bezeichnungen der veralteten CCMC-Spezifikationen. Während dort für Ottomotoren CCMC G (Gasoline), für Nkw-Dieselmotoren CCMC D und für Pkw-Dieselmotoren PD verwendet wurde, werden diese Einsatzbereiche bei ACEA als ACEA A, ACEA B, ACEA C beziehungsweise ACEA E bezeichnet, wobei die Gruppe A Ottomotoren, B leichte beziehungsweise Pkw-Dieselmotoren, C für Dieselmotoren mit Partikelfilter (DPF) und die Gruppe E schwere Nkw-Dieselmotoren betrifft. Seit 2004 sind nur noch Kombinationen von A und B Klassifizierung möglich (A1/B1, A3/B3, A3/B4 und A5/B5). Sie können neben der Ziffer für die Leistungsklasse zusätzlich die Jahreszahl des Inkrafttretens der jeweiligen Spezifikation tragen, zum Beispiel ACEA A3-08. In **Bild 22-74** sind die ACEA-Spezifikationen für Service-Fill Öle für Ottomotoren mit ihren wichtigsten Merkmalen zusammengefasst.
Gegenüber dem Nkw-Sektor verlangen Pkw-Dieselmotoren wegen der höheren Drehzahl, der größeren spezifischen Leistung, höheren Belastung im Ventiltrieb und häufigem Kurzstreckeneinsatz eine beson-

ACEA	Öltyp	Wichtige Anforderungen
A1-08	Leichtlauf-Motoröle	HTHS-Viskosität 2,6–3,5 mPas, Fuel Economy (FE)[1])
A2-04 *Seit 2007 ungültig*	Ehem. Standardmotorenöle	(HTHS-Viskosität >3,5 mPas Anforderungen erhöht hinsichtlich: Verdampfungsverlust, Verschleiß, Sauberkeit, Schwarzschlamm, Oxidationsstabilität)
A3-08	Premium-Motoröle	HTHS-Viskosität >3,5 mPas Anforderungen erhöht hinsichtlich: Scherstabilität, Verschleiß, Sauberkeit, Schwarzschlamm und Oxidationsstabilität
A5-08	Premium-Leichtlauf-Motoröle	HTHS-Viskosität minimal 2,9, maximal 3,5 mPas auf dem Leistungsniveau ACEA A3, FE[1])

[1]) Nachweis der Kraftstoffeinsparung im MB M111-Test gegen ein Referenzöl SAE 15W-40

Bild 22-74 ACEA-Spezifikationen für Ottomotoren [1, 12]

ACEA	Öltyp	Wichtige Anforderungen
B1-08	Leichtlauf-Motoröle	HTHS-Viskosität maximal 3,5 mPas, FE[1])
B2-04 *Seit 2007 ungültig*	Ehem. Standard-Motoröle	(HTHS-Viskosität >3,5 mPas Anforderungen erhöht hinsichtlich: Verdampfungsverlust, Verschleiß, Sauberkeit, Öleindickung, Ölverbrauch)
B3-08 Ausgabe 2	Premium-Motoröle	HTHS-Viskosität >3,5 mPas Anforderungen erhöht hinsichtlich: Verdampfungsverlust, Viskositätslagenstabilität, Verschleiß, Sauberkeit, Öleindickung, Ölverbrauch
B4-08	Premium-Motoröle für direkt einspritzende Dieselmotoren	gegenüber B2 erhöhte Anforderungen hinsichtlich Kolbensauberkeit im Dieselmotor mit Direkteinspritzung
B5-08	Premium-Leichtlauf-Motoröle für direkt einspritzende Dieselmotoren	HTHS-Viskosität minimal 2,9, maximal 3,5 mPa s auf höherem Leistungsniveau als ACEA B1
C1-08	Low SAPS-Motoröle für Dieselmotoren mit DPF	Niedriger Aschegehalt bis 0,5%, HTHS > 2.9, erhöhte FE-Anforderung[1]
C2-08	Low SAPS-Motoröle für Dieselmotoren mit DPF	Mittlerer Aschegehalt bis 0,8%, HTHS >2.9, erhöhte FE-Anforderung[1]
C3-08	Low SAPS-Motoröle für Dieselmotoren mit DPF	Mittlerer Aschegehalt bis 0,8%, HTHS > 3.5
C4-08	Low SAPS-Motoröle für Dieselmotoren mit DPF	Niedriger Aschegehalt bis 0,5%, HTHS >3.5, erhöhte Anforderung an Verdampfungseigenschaften

[1]) Nachweis der Kraftstoffeinsparung im MB M111-Test gegen ein Referenzöl SAE 15W-40

Bild 22-75 ACEA-Spezifikationen für Pkw-Dieselmotoren [1, 12]

dere Additivierung, die der für Ottomotoren sehr ähnlich ist. **Bild 22-75** zeigt die ACEA-Spezifikationen für Service-Fill Öle für Pkw-Dieselmotoren.

Nkw-Dieselmotoren kommen in einem weiten Bereich von Betriebsbedingungen zum Einsatz. So bei Kommunalfahrzeugen und in Linienbussen mit ständig wechselnder Last bei niedriger Drehzahl sowie im Fernverkehr bei anhaltend hoher Last und höherer Drehzahl. Motoröle für Nutzfahrzeuge unterscheiden sich in mancher Hinsicht von denen für Pkw. So wird ein besonders hoher Verschleißschutz für die Zylinderlaufbahn, langfristige sehr gute Kolbensauberkeit, hohe Dispergierfähigkeit gegen Ruß, Reserven und Leistungsfähigkeit für extrem lange Ölwechselintervalle und geringe Rückstandsbildung in Turboladern und Ladeluftkühlern gefordert. Dies kann nach dem heutigen Technologiestand für europäische Nkw-Motoren nur mit höchster Additivierung erreicht werden. Ähnlich der Anforderungen im Pkw-Bereich stellen Abgasnachbehandlungen auch bei Nfz-Ölen besondere Anforderungen an das Motorenöl. Auch hier ist der Anteil an Sulfatasche bildenden Substanzen relevant, zum Beispiel für Partikelfilter. In **Bild 22-76** sind die ACEA-Spezifikationen für schwere Nkw-Dieselmotoren dargestellt.

Hinsichtlich der für die einzelnen Klassen vorgeschriebenen Motorprüfläufe gibt das Kapitel 22.2.8.8 Auskunft.

API-Klassifikationen

In den Vereinigten Staaten hat man viel früher als in Europa mit der Beschreibung von Leistungsanforderungen von Motorölen für Fahrzeugmotoren begonnen. API unterscheidet in seinen Motoröl-Klassifikationen nur zwischen Pkw-Motoren und Nkw-Motoren. Da der Anteil von Pkw mit Dieselmotoren in den USA sehr gering ist, gibt es dort keine eigene Klassifikation für leichte Dieselmotoren. Die für die Tests verwendeten Motoren sind US-amerikanischer Konstruktion, die Testbedingungen berücksichtigen mehr amerikanische Fahrbedingungen. Es sind sämtliche Viskositätsgrade nach SAE zulässig. Während die motorischen Tests bis API SG in Eigenverantwortung der jeweiligen Hersteller gefahren werden konnten, müssen diese seit der Einführung von API SH angemeldet und registriert werden (CMA Code), wenn eine API-Kategorie für das Produkt ausgesagt werden soll. Zugleich besteht die Möglichkeit einer Lizensierung durch API, die es dann erlaubt, einen

ACEA	Öltyp	Wichtige Anforderungen
E1-96 *Seit 1999 ungültig*	Standard-Motoröle	(Basisanforderungen)
E2-04 *Seit 2007 ungültig*	Standard Motoröle mit erhöhten Anforderungen	(Anforderungen erhöht hinsichtlich: Bore Polishing, Kolbensauberkeit, Zylinderverschleiß, Ölverbrauch)
E3-07 *Seit 2007 ungültig*	Motoröle für Nkw mit ATL-Motoren, entspricht etwa MB-Blatt 228.3 / MAN 271	(Anforderungen erhöht hinsichtlich:, Ölverbrauch, Schlammbildung, Viskositätsanstieg bei hohem Rußgehalt im Öl)
E4-08	Premium Motoröle für Nkw mit ATL-Motoren und Ladeluftkühler, entspricht etwa MB-Blatt 228.5 und MAN 3277	Anspruchsvollere Anforderungen hinsichtlich: Bore Polish, Kolbensauberkeit, Zylinderverschleiß. Zusätzliche Begrenzung der Ablagerungen im Turbolader, verlängerte Wartungsintervalle, TBN > 12mgKOH/g
E6-08	Premium Motoröle für europäische Nkw-Motoren mit Abgasnachbehandlung, insbes. DPF	Gegenüber E4 reduzierter Gehalt an Sulfatasche bildenden Substanzen, Dieselpartikelfilter tauglich, für Regionen mit schwefelarmen Kraftstoff
E7-08	Premium Motoröle für europäische Nkw-Motoren	Gegenüber E4 erhöhte Anforderungen (Verschleiß, Oxidation, Scherstabilität)
E9-08	Premium Motoröle für europäische Nkw-Motoren mit Abgasnachbehandlung, insbes. DPF	Gegenüber E6 erhöhte Anforderungen (Verschleiß, Oxidation) gegenüber E7 reduzierter Gehalt an Sulfatasche bildenden Substanzen, Partikelfilter tauglich, für Regionen mit schwefelarmen Kraftstoff

Bild 22-76 ACEA-Spezifikationen für schwere Nkw-Dieselmotoren [1, 12]

API-Klasse	Jahr der Einführung	Wichtige Anforderungen
SA[1])	1925	Unlegierte Motoröle. Zugabe von Stockpunktverbesserern und Schaumdämpfern möglich
SB	1930	Schwachlegierte Motoröle mit geringem Verschleiß-, Alterungs- und Korrosionsschutz
SC	1964	Motoröle mit erhöhtem Schutz gegen Fressverschleiß, Oxidation, Lagerkorrosion, Kaltschlamm und Rost
SD	1968	Verbesserung von API SC mit erhöhtem Schutz gegen Fressverschleiß, Oxidation, Lagerkorrosion, Kaltschlamm und Rost
SE	1972	Verbesserung von API SD mit verbessertem Schutz gegen Oxidation, Lagerkorrosion, Rost und Verlackung
SF	1980	Verbesserung von API SE mit weiter verbessertem Schutz gegen Oxidation und Verschleiß
SG	1989	Verbesserung von API SF mit weiter verbesserter Oxidationsstabilität und besserem Verschleißschutz
SH	1992	Entspricht API SG, allerdings müssen die motorischen Teste für API SH, im Gegensatz zu API SG, nun bei einem neutralen Institut registriert werden
SJ[2])	1997	Entspricht API SH mit zusätzlichem Labortest gegen Hochtemperaturablagerungsbildung. Reglementierte Austauschbarkeit von Basisflüssigkeiten, strengere Testvorschriften bezüglich Read Across.
SL[2])	2001	Entspricht API SJ, schärfere Hochtemperaturbeständigkeit, geringerer Verdampfungsverlust, höherer Verschleißschutz
SM[2])	2005	Entspricht API SL, Verschleißschutz, Korrosionsschutz, Alterungsverhalten angehoben, Begrenzung von Phosphor- und Schwefelgehalte

[1]) Service Fill
[2]) gültig

Bild 22-77 API-Klassifikationen für Pkw-Motoröle [1]

API-Label auf dem Gebinde anzubringen. Es ist davon auszugehen, dass im Laufe des Jahres 2005 die nächste Stufe der API-Klassifikationen eingeführt wird, API SM. In **Bild 22-77** sind die bisherigen API-Klassifikationen für Pkw-Motoröle dargestellt.
Diese API-Klassen sind neben den SAE-Bereichen seit Jahrzehnten auf den Motorölgebinden verzeichnet und in den Betriebsanleitungen aufgeführt, so dass der Anwender weiß, ob die Qualitätsausrichtung der vom Fahrzeughersteller vorgeschriebenen entspricht.
Die API-Klassifikationen für Nutzfahrzeuge sind vielfältiger und verzweigter, da die Nkw-Diesel-motoren amerikanischer Konstruktion sich in ihrer Bauweise teilweise erheblich von den europäischen unterscheiden. Sie lehnen sich in frühen Klassifikationen an die MIL-Spezifikationen an (vergleiche 22.2.8.3). Zusätzlich ist zu berücksichtigen, dass im amerikanischen Markt häufig 2-Takt-Dieselmotore anzutreffen sind, die in Europa allerdings keine Rolle spielen. Zu den früher praktisch allein vorgeschriebenen Prüfläufen im Caterpillar-Einzylinder-Dieselmotor sind in späteren Prüfläufen in moderneren Motoren von Caterpillar, Cummins, Mack und Detroit Diesel hinzugekommen. In **Bild 22-78** sind die API-Klassifikationen des Nkw-Bereichs zusammengefasst.
Parallel zu den API-Klassifikationen gibt es in den USA die ILSAC Zertifizierung (**I**nternational **L**ubricant **S**tandardization and **A**pproval **C**ommittee), die sich in Kooperation mit AAMA (**A**merican **A**utomobile **M**anufacturers **A**ssociation) und JAMA (**J**apan **A**utomobile **M**anufacturers **A**ssociation) die API-Klassifikationen für Pkw-Motoren zu Nutze macht, um eine verbrauchernahe Kennzeichnung von Motorölgebinden bezüglich der Ölqualität und Einsetzbarkeit zu bieten. Die veraltete ILSAC GF-1 entsprach API SH, ILSAC GF-2 entspricht API SJ. Sowohl API SL und ILSAC GF-3 wie auch API SM und ILSAC GF-4 (mit FE-Test) sind aktuell.

MIL-Spezifikationen

In den USA entstanden seit 1941 Motoröl-Spezifikationen für die Fahrzeuge der Armee. Sie wurden seitdem in ihren Anforderungen ständig an die Weiterentwicklung der Motoren angepasst. In diesem Zusammenhang entstand der Begriff „HD-Öle“ (**H**eavy **D**uty) für hohe Beanspruchung in Dieselmotoren, der sich bis in die heutige Zeit bei den Verbrauchern eingeprägt hat. Damit fand der Übergang von den bis dahin ausschließlich unlegierten Mineralölen auf legierte Öle statt, die somit zum ersten Mal chemische Additive enthielten. Die nur schwach legierten Öle für Ottomotoren wurden im Gegensatz zu den HD-Ölen für Dieselmotoren seinerzeit „Premiumöle“ genannt. Obwohl die MIL-Spezifikationen ursprünglich nur für den militärischen Einsatz vorgesehen waren, haben sie nach dem Krieg lange Zeit weltweit auch im zivilen Sektor Anwendung in Leistungsempfehlungen für Motoröle gefunden. Für das Militär ist seit 1997 die Spezifikation MIL-PRF-2104G gültig. Sie lässt Einbereichsöle SAE 10W, 30 und 40, sowie den Mehrbereichsgrad SAE 15W-40 als Viskosität zu. In ihrem Anforderungsprofil entspricht diese Spezifikation Elementen aus API CF, CF2 und CG4. Hinzu kommen für den Einsatz in taktischen Fahrzeugen der US-Armee, neben der Erfüllung chemisch-physikalischer Anforderungen, auch die Erfüllung spezieller Reibungstests wegen der spezifischen Bauweise taktischer militärischer Fahrzeuge, zum Beispiel Panzern. Die Verwendung der Kennzeichnung „MIL“ für die Leistungsaussage von Ölen ist seit einigen Jahren nur noch erlaubt, wenn das entsprechende Öl eine Zulassung durch die amerikanischen Militärbehörden besitzt.

Fahrzeughersteller-Spezifikationen

Über die API-Klassifikationen und ACEA-Spezifikationen hinaus definieren speziell die europäischen Fahrzeughersteller für die Freigabe einzelner Motoröle spezielle Leistungsklassen, die neben API- und ACEA-Spezifikationen zu erfüllen sind und deren Anforderungen zum Teil deutlich übertreffen. Vor dem Hintergrund der rasanten Entwicklungsfortschritte in der Motorentechnologie befinden sich die Anforderungen in einem in immer kürzeren Intervallen ablaufenden Veränderungsprozess. Die Erfüllung der speziellen Anforderungen wird durch schriftliche Freigaben bestätigt. Einige Fahrzeughersteller geben Listen mit den freigegebenen Ölen heraus. Die wichtigsten Fahrzeughersteller-Anforderungen sind in **Bild 22-79** zusammengefasst. Es gibt noch weitere spezielle Anforderungen, die teilweise mit formellen Freigaben verknüpft sind, von anderen Fahrzeug- beziehungsweise Motorenherstellern wie zum Beispiel Ford, Opel, Peugeot, Porsche, Renault, Rover (Pkw und Nkw), sowie DAF, Iveco, MTU, Scania und Volvo (nur Nkw).

Motorische Prüfverfahren

Für die Erfüllung der in den einzelnen Motoröl-Spezifikationen festgelegten Anforderungen sind neben den üblichen physikalischen und chemischen Nachweisen verbindliche motorische Prüftests vorgeschrieben. Sie werden bei Bedarf von Zeit zu Zeit aktualisiert, für ACEA in der Regel im Abstand von zwei Jahren. Einige Fahrzeughersteller erkennen nur Tests an, die in neutralen, speziell zugelassenen Prüfinstituten gefahren wurden.
Zunächst ein historischer Rückblick auf die vielen, heute überholten Prüfverfahren der letzten Jahrzehnte. Bereits Ende der 1950er Jahre waren für Ottomotoröle im Rahmen der API-Klassifikationen die so genannten MS-Test-Sequences in amerikanischen V8-Motoren zu bestehen, solche von General Motors (Seq. I/II/III), Chrysler (Seq. IV) und Ford (Seq. V). Für Dieselmotoren waren zur Zulassung nach MIL

API-Klasse	Jahr der Einführung	Wichtige Anforderungen
CA[1)]	Mitte der 40er Jahre	für Saugdieselmotoren, gelegentlich auch niedrig belastete Ottomotoren. Schutz gegen Lagerkorrosion und Ringnutablagerungen
CB	1949	für Saugdieselmotoren unter Verwendung von schlechterem Dieselkraftstoff mit höherem Schwefelgehalt. Gelegentlich auch in Ottomotoren. Schutz gegen Lagerkorrosion und Ringnutablagerungen
CC	1961	für Saugdieselmotoren mit mittlerer Belastung, gelegentlich auch in Ottomotoren mit hoher Belastung. Schutz gegen Hochtemperaturablagerungen, Lagerkorrosion und Kaltschlamm in Ottomotoren
CD	1955	für Saugdieselmotoren, aufgeladene und hochaufgeladenen Turbodieselmotoren bei Verwendung von Dieselkraftstoff auch mit sehr hohem Schwefelgehalt. Erhöhter Schutz gegen Ablagerungen im Ringnutbereich bei hohen Temperaturen und gegen Lagerkorrosion
CD-II	1985	für 2-Takt-Dieselmotoren mit erhöhten Anforderungen an Verschleißschutz und Ablagerungen
CE	1984	für hochaufgeladene Dieselmotoren unter hoher Belastung bei niedrigen und hohen Drehzahlen. Verbesserter Schutz gegen Öleindickung, Kolbenablagerungen, Verschleiß sowie Ölverbrauch im Vergleich zu API CD
CF-4[2)]	1990	Verbesserung gegenüber API CE in Kolbensauberkeit und Ölverbrauch
CF[2)]	1994	wie CD, jedoch für Kammerdieselmotoren bei sehr unterschiedlichen DK mit Schwefelgehalt über 0,5 % (m/m). Verbesserte Kontrolle der Kolbensauberkeit, des Verschleißes und Lagerverschleißes
CF-2[2)]	1994	für 2-Takt-Dieselmotoren mit erhöhten Anforderungen an Zylinder- und Kolbenringverschleiß, sowie verbesserter Kontrolle von Ablagerungen
CG 4[2)]	1994	für hochbelastete, schnelllaufende 4-Takt-Dieselmotoren im Straßeneinsatz, sowie im Off-road-Einsatz bei Dieselkraftstoff mit Schwefel-Gehalt von 0,5 % (m/m). Speziell geeignet für Motoren, die die Emissionsstandards von 1994 erfüllen. Deckt API CD, CE und CF-4 mit ab. Zusätzlich erhöhte Oxidationsstabilität und Schutz vor Verschäumung
CH-4[2)]	1998	gegenüber CG-4 weiter erhöhte Anforderungen für Dieselmotoren, die dem Emissionsstandard von 1998 entsprechen. Schwefelgehalt im Dieselkraftstoff bis zu 0,5 % (m/m). Bei längeren Ölwechselintervallen erhöhter Schutz gegen Nicht-Eisenkorrosion, Eindickung durch Oxidation und ölunlösliche Verschmutzungen, Verschäumung und Scherverlust
CI-4	2002	für schnellaufende Viertakt-Dieselmotore, die dem Emissionsstandard 2004 entsprechen. Anforderung im Zusammenhang mit Abgasrückführungen und Kraftstoff-Schwefelgehalt von bis zu 0,5 % m. Höhere Anforderungen gegenüber CH-4
CJ-4	2006	für schnellaufende Viertakt-Dieselmotoren, die dem Emissionsstandard 2007 entsprechen. Anforderung im Zusammenhang mit Abgasrückführungen und Kraftstoff-Schwefelgehalt von bis zu 0,05 % m. Übertrifft die Anforderungen von CI-4 unter Berücksichtigung der Anforderungen von Abgasnachbehandlungssystemen wie Oxydationskatalysatoren und Partikelfilter

[1)] Commercial = Großverbrauchergeschäft, [2)] gültig

Bild 22-78 API-Klassifikationen für Nkw-Motoröle [1]

die Caterpillar Einzylinder-Prüfläufe über 480 Stunden in L-IA/E Saugmotoren und L-1H, L-1D und L-1G ATL Motoren zu bestehen. Ergänzend hierzu gab es im kleineren CLR (**C**oordinating **L**ubricant **Re**search) Labeco-Einzylindermotor, sowie die Testläufe L-38 und LTD über 40 beziehungsweise180 Stunden. In Deutschland begann man Anfang der 1960er Jahre mit dem MWM KD 12E Einzylinder Dieselmotor mit

Hersteller	Spezifikation	Bezeichnung	Motorart	Anforderungen
BMW	Spezialöle und Longlife-Öle	Spezialöl; Longlife-Öl	Pkw Otto und Diesel	ACEA A3/B3 plus zusätzlicher BMW-Motor- und Verschäumungstest, LL-Öle 0W-X und 5W-X. Longlife-Öle für flexible Ölwechselintervalle, Version 04 mit Low SAPS-Anforderung für DPF
MAN	MAN-Normen	M 3271-1	Nkw Gas	CNG/LPG-Spezialöle
		M 3275	Nkw Diesel	ACEA E3, schärfere physikalische Anforderungen, Hochleistungsöle
		M 3277	Nkw Diesel	ACEA E3 plus OM 441 LA entsprechend MB Blatt 228.5 plus Ablagerungstest, Hochleistungsöle für längste Ölwechselintervalle
		M 3477	Nkw Diesel	Sulfatasche-Gehalt maximal 1,4 m% für Motoren mit Abgasnachbehandlung
Mercedes	Mercedes-Benz Betriebsstoff-vorschriften	MB Blatt 229.3/229.5	Pkw Otto und Diesel	ACEA A3, B3 und B4 plus MB-Motorteste und besondere Anforderungen, Hochleistungsmehrbereichsöle für deutlich verlängerte Intervalle
		MB Blatt 229.31/229.51	Pkw Otto und Diesel	ACEA A3, B3, B4 plus weitere Motorenteste, Low SAPS-Anforderung für DPF
		MB Blatt 229.1	Pkw Otto und Diesel	ACEA A2 oder A3 und B2 oder B3 plus MB-Motorteste, Mehrbereichsöle für verlängerte Intervalle
		MB Blatt 227.0	Nkw Diesel	ACEA E1 plus zusätzliche Bewertungskriterien im OM 602A, Einbereichsöle für kurze Ölwechselintervalle
		MB Blatt 227.1	Nkw Diesel	ACEA E1 plus zusätzliche Bewertungskriterien im OM 602A, Mehrbereichsöle für kurze Ölwechselintervalle
		MB Blatt 228.0	Nkw Diesel	ACEA E2 plus zusätzliche schärfere Bewertungskriterien im OM 602A, Einbereichsöle für normale Ölwechselintervalle
		MB Blatt 228.1	Nkw Diesel	ACEA E2 plus zusätzliche schärfere Bewertungskriterien im OM 602A, Mehrbereichsöle für normale Ölwechselintervalle
		MB Blatt 228.2[1)]	Nkw Diesel	ACEA E3 plus zusätzliche nochmals verschärfte Bewertungskriterien im OM 602A, Einbereichsöle für verlängerte Ölwechselintervalle
		MB Blatt 228.3[1)]	Nkw Diesel	ACEA E3 plus zusätzliche nochmals verschärfte Bewertungskriterien im OM 602A, Mehrbereichsöle für verlängerte Ölwechselintervalle, SHPD[2)]-Typ
		MB Blatt 228.5[1)]	Nkw Diesel	ACEA E4 plus zusätzliche nochmals verschärfte Bewertungskriterien im OM 602A, Mehrbereichsöle für längste Ölwechselintervalle, USHPD[3)]-Typ
		MB Blatt 228.51	Nkw Diesel	ACEA B3, B4 und E6-06 plus MB-Haustest
VW/Audi	VW-Norm	501 01[4)] [5)]	Pkw Otto und Saugdiesel	ACEA A2 plus VW-spezifische Motor und Aggregatetests. Standard-Mehrbereichsöle.
		505 00[5)]	Pkw Saug- und ATL Diesel	ACEA A3 plus VW-spezifische Motor und ACEA B3 plus VW-spezifische Dieselmotor- und Aggregatetests. Standard- oder LL-Mehrbereichsöle für normale Ölwechselintervalle bis etwa Ende Modelljahr 1999

Hersteller	Spezifikation	Bezeichnung	Motorart	Anforderungen
		502 00	Pkw Otto	ACEA A3 plus VW-spezifische Motor- und Aggregatetests unter besonderer Berücksichtigung der Langzeitstabilität. Standard oder LL-Mehrbereichsöle
		505 01	Pkw Diesel	Spezialöl SAE 5W-40 für direkt einspritzende Dieselmotoren mit Pumpe-Düse-Einspritzsystem, normale Intervalle
		503 00[6)]	Pkw Otto	VW-spezifische Motor- und Aggregatetests unter besonderer Berücksichtigung der Langzeitstabilität und der Fuel-Economy. Abgesenkte HTHS-Viskosität auf ≥2,9 und <3,4 mPas. Umfangreiche werksseitige Erprobungen. Für Fahrzeuge etwa ab Modelljahr 2000 mit verlängerten Ölwechselintervallen. Nicht geeignet für davor gebaute Fahrzeuge
		503 01[8)]	Pkw Otto	Spezifische werksseitige Erprobungen in ATL-Ottomotoren von Audi mit hoher spezifischer Leistung
		504 00[7)]	Pkw-Otto	Nachfolger von 503 00, HTHS-Viskosität >3,5; rückwärtskompatibel
		506 00[6)]	Pkw Diesel	Abgesenkte HTHS-Viskosität auf ≥2,9 und <3,4 mPas. Umfangreiche werksseitige Erprobungen. Für Fahrzeuge mit DI-Dieselmotoren, die kein Pumpe-Düse-Einspritzsystem haben, etwa ab Modelljahr 2000 mit verlängerten Ölwechselintervallen. Nicht geeignet für davor gebaute Fahrzeuge
		506 01	Pkw Diesel	Umfangreiche spezifische werksseitige Erprobung unter besonderer Berücksichtigung der Langzeitstabilität und der Fuel-Economy. Abgesenkte HTHS-Viskosität auf ≥2,9 und <3,4 mPas. Für Fahrzeuge mit DI-Dieselmotoren mit Pumpe-Düse-Einspritzssystem und verlängerten Ölwechselintervallen.
		507 00	Pkw Diesel	Nachfolger von 506 00/506 01, HTHS-Viskosität >3,5; rückwärtskompatibel bis auf wenige Ausnahmen, Low SAPS-Anforderung für DPF

[1)] für Mehrbereichsöle XW-30 beziehungsweise 0W-40 zusätzliche Testung im OM 441LA-Test mit vorvermessenen Lagern und Stößeln
[2)] **S**uper **H**igh **P**erformance **D**ieseloil
[3)] **U**ltra **S**uper **H**igh **P**erformance **D**ieseloil
[4)] Neue Freigaben werden seit 1997 nicht mehr erteilt
[5)] Kombinationen sind als 502 00 und 505 00 möglich und üblich
[6)] Nur in Kombination miteinander
[7)] Nur in Kombination mit 507 00
[8)] ab 04/2009 obsolet, Ersatz VW 504 00

Bild 22-79 Wichtige Motoröl-Spezifikationen einiger Fahrzeughersteller [1, 14]

den Testmethoden A und später B über 50 Stunden Laufzeit die Eignung von legierten Ölen in Bezug auf Kolbensauberkeit und Ringstecken zu prüfen, während in England der Petter AV.1 Einzylinder Dieselmotor mit 120 Stunden Laufzeit in Kombination mit dem Petter W.1 Einzylinder Ottomotor mit 36 Stunden Laufzeit zur Erlangung eines DEF-Approvals verwendet wurde. Bald kamen auch die von Daimler-Benz verlangten Zulassungstests in Mercedes-Benz 4-Zylinder-Pkw-Dieselmotoren in Gebrauch.

Die rasante Weiterentwicklung der Motoren, die Forderung nach weiter verbesserter Zuverlässigkeit, längerer Lebensdauer und längeren Ölverweilzeiten mit immer geringerem Ölverbrauch erforderte immer

ACEA	Methode	Testbezeichnung	Bauart	Hauptkriterien
A/B/C	CEC L-53-T-95	Mercedes-Benz M111SL	R4-Zyl.-Ottomotor	Schwarzschlamm, Nockenverschleiß
	CEC L-54-T-96	Mercedes-Benz M111FE	R4-Zyl.-Ottomotor	Fuel Economy
	CEC L-88-T-XX	Peugeot TU-5JP-L4	R4-Zyl.-Ottomotor	Hochtemperaturablagerungen, Ringstecken, Öleindickung
	CEC L-38-A-94	Peugeot TU-3M S	R4-Zyl.-Ottomotor	Ventiltriebverschleiß
	ASTM D-659300	Ford Sequence VG	R4-Zyl.-Ottomotor	Tieftemperaturablagerungen, Verschleiß
	CEC L-78-T-99	VW TDI	R4-Zyl.-DI-Dieselmotor	Ringstecken, Kolbensauberkeit
	CEC L-093-04	Peugeot DV4TD	R4-Zyl.-DI-Dieselmotor	Öleindickung, Kolbensauberkeit
	CEC L-099-08	Mercedes-Benz OM646LA	R4-Zyl.-DI-Dieselmotor	Verschleiß (Ventiltrieb, Zylinder) Kolbensauberkeit, Schlamm
E	CEC L-101-08	Mercedes-Benz OM501LA	V6-Zyl-Dieselmotor ATL	Kolbensauberkeit, Schlamm, Ölverbrauch, Bore Polishing
	CEC L-099-08	Mercedes-Benz OM646LA	R4-Zyl.-DI-Dieselmotor	Nockenwellenverschleiß
	ASTM D 5967	Mack T-8E (oder T11)	R6-Zyl.-ATL-Dieselmotor	Öleindickung durch Ruß
	ASTM RR: D-2-1440	Cummins ISM	R6-Zyl.-ATL-Dieselmotor	Ölfilterverstopfung d. Ruß, Ventiltriebverschleiß, Schlamm
	Mack T12	Mack T12	R6-Zyl.-ATL-Dieselmotor	Zylinder/Ringverschleiß, Ölverbrauch

Bild 22-80 Motorprüftests für die ACEA-Spezifikation [1, 12]

aktuellere und modernere Prüfmotoren und Prüfmethoden, um die in den ACEA-Spezifikationen niedergelegten Anforderungen zu erfüllen. Heute stehen entsprechend geeignete, europaweit spezifizierte Motorölprüftests zur Verfügung. Sie sind in **Bild 22-80** aufgelistet.

Daneben sind die Motoröltests der API-Klassifikation und besonders die der europäischen Fahrzeughersteller zu beachten. Für die seit 1996 geltende API-Klasse SJ für Ottomotoren ist zusätzlich für die Ermittlung der Fuel Economy eines Motoröls der Sequence VI-A-Test vorgesehen. Für Dieselmotoren ist seit 1998 API CH-4 in Kraft mit den Testläufen im CAT I K und Cummins NTC 400.

Die korrekte Einhaltung der Testvorschriften und -durchführung, sowie die Einhaltung des in der Testung beziehungsweise Entwicklung befindlichen Schmierstoffes nach seiner Art und Zusammensetzung wird auf freiwilliger Basis mit Hilfe des Europäischen Qualitäts-Management Systems EELQMS für Motoröle (**E**uropean **E**ngine **L**ubricant **Q**uality **Ma**nagement **S**ystem) sichergestellt, einer gemeinsamen Initiative von ATC (**T**echnical **C**ommittee of Petroleum **A**dditive Manufacturers) und ATIEL. Die europäische Technische Vereinigung der Motorölhersteller und -vertreiber ATIEL und die europäische Technische Vereinigung der Additivhersteller ATC haben jeweils ein festes Regelwerk (ATC Code of Practice beziehungsweise ATIEL Code of Practice) entwickelt, denen sich die Mitgliedsfirmen freiwillig durch jährliche schriftliche Absichtserklärungen (Letter of Conformance) unterwerfen können. Sie verpflichten sich damit, dass die Leistungsklassen der von ihnen hergestellten, beziehungsweise vertriebenen Öle auf Basis exakter und kontrollierter Tests entsprechend den vorgeschriebenen Bedingungen der beiden Code of Practice in nach EN 45001 zertifizierten Prüfeinrichtungen durchgeführt worden sind. Die Tests werden beim ERC (**E**uropean **R**egistration **C**entre) angemeldet und registriert, welches jedoch keine namentlichen Freigabelisten ausgibt. Die Liste der an diesem freiwilligen Qualitätssicherungssystem teilnehmenden Firmen steht den Verbrauchern zur Verfügung und kann bei ATIEL und ATC angefordert oder über das Internet eingesehen werden.

22.2.8.9 Gebrauchtölbeurteilung

Im Motoröl sammelt sich während der Verweilzeit im Motor eine Vielzahl von Fremdstoffen an, vor allem Rückstände aus der Kraftstoffverbrennung, wie Ruß, insbesondere in Dieselmotoren, unverbrannte Kohlenwasserstoffe, saure Reaktionsprodukte, Abriebelemente aus dem Motorverschleiß sowie Wasser. Die durch diese Fremdeinträge verursachte Belastung des Öls durch flüssige (niedermolekulare) und feste (hochmolekulare) Alterungs- und Reaktionsprodukte verändert naturgemäß den physikalischen und chemischen Zustand des Gebrauchtöls. Physikalisch verändert sich die Viskosität, meistens durch Eindickung, aber, besonders in der kalten Jahreszeit, auch durch Verdünnung mit Kraftstoffkondensat. Chemische Veränderungen betreffen insbesondere die Alkalitätsreserve als Maß für den Wirkstoffverbrauch. Die Bewertung dieser Veränderungen und die Bestimmung der im Gebrauchtöl vorhandenen Abriebselemente werden anhand von Gebrauchtölanalysen als wichtiges Hilfsmittel der Zustandsbestimmung des Öls im Rahmen der Motoröl- und Motorenentwicklung, aber auch zur Beurteilung des Zustandes der Motoren und des Motoröls in Abhängigkeit von der Verweilzeit in den Motoren großer Flottenbetreiber genutzt. Bei der Gebrauchtölbeurteilung ist die Wirkung unterschiedlicher Betriebsbedingungen zu beachten. Pkw, insbesondere Zweitwagen, werden überwiegend unter stop and go Bedingungen mit vielen Kaltstarts eingesetzt, die selten von Langstreckenfahrten unterbrochen werden. Andererseits gibt es circa 10 % aller Nutzer, die ihre Fahrzeuge hauptsächlich auf langen Strecken mit andauernd hoher Belastung betreiben. Bekanntlich haben Heißbetrieb und Kaltbetrieb recht unterschiedliche Auswirkungen auf den Motorölzustand. Die gebräuchlichsten Untersuchungen bei der Gebrauchtölanalyse betreffen:

- Verdünnung durch Kraftstoff
- Viskosität bei 40 °C und 100 °C
- Alkalität $\Rightarrow$ Wirkstoffreserve; Basenzahl beziehungsweise Säurezahl $\Rightarrow$ TBN/TAN
- Dispergiervermögen
- Nitration $\Rightarrow$ Schwarzschlamm
- Gesamtverschmutzung $\Rightarrow$ feste Fremdstoffe, ölunlösliche Alterungsprodukte
- Abriebelemente und Verschmutzung $\Rightarrow$ Eisen-, Kupfer-, Chrom-Siliziumgehalt
- Wasser- und Glykolgehalt $\Rightarrow$ Kühlkreislaufundichtigkeit
- spektrometrische Infrarotanalyse nach DIN 51451 $\Rightarrow$ Identität.

Physikalische Veränderungen

Die Öleindickung, also der Viskositätsanstieg von Motorölen während des Betriebs, kann durch Verdampfung leichtflüchtiger Ölkomponenten, durch Zunahme des Gehalts an festen Fremdstoffen aus der Verbrennung und Abrieb beziehungsweise Verschleiß sowie durch die Ölalterung infolge von Oxidation und Polymerisation von Ölanteilen erfolgen. Längere Laufzeiten mit hoher Last bei hoher Drehzahl begünstigen den Viskositätsanstieg. Er hat zur Folge, dass der Kaltstart und die Ölversorgung kritischer Schmierstellen erschwert werden und dass der Kraftstoffverbrauch ansteigt. Die Öleindickung ist daher eines von mehreren wichtigen Kriterien für die Festlegung der Ölwechselintervalle. Hierbei dienen als Maßstab einige der unter 22.2.8.7 beschriebenen Motorölprüfverfahren, aber insbesondere die von den einzelnen Automobilherstellern verlangten beziehungsweise durchgeführten Prüfungen. Der Viskositätsabfall durch Ölverdünnung ist in erster Linie durch Kraftstoff und Wasser, insbesondere im Kalt- und Kurzstreckenbetrieb, gegeben. Hierbei kondensieren unverbrannte Kraftstoffanteile und Wasserdampf aus der Verbrennung im kalten Motor aus und gelangen an den Kolbenringen vorbei in die Ölwanne. Bei modernen, schadstoffarm betriebenen Motoren, die im Kaltbetrieb über eine elektronisch gesteuerte Gemischanreicherung verfügen, ist die Neigung zur Kondensation geringer. Ölverdünnung kann auch dann auftreten, wenn es in einem Zylinder, zum Beispiel durch Ausfall der Zündkerze oder Schaden an der Einspritzdüse, zu einer unvollständigen Verbrennung kommt, was bei modernen Motoren allerdings eher die Ausnahme ist, da gesteigerte Lebensdauer und Qualität der Bauteile sowie elektronisch gesteuerte Zündung für einen sicheren Betrieb sorgen. Schließlich kann in Mehrbereichsölen ein permanenter Viskositätsverlust durch Abscherung des V.I.-Verbesserers eintreten, wenn dieser nicht ausreichend scherstabil ist (vergleiche 22.2.5.3).

Aus **Bild 22-81** geht das doch sehr eindruckvolle Ausmaß der Ölverdünnung im extremen Kurzstreckenbetrieb, gemessen am Kraftstoffgehalt des Gebrauchtöls, bei Flottentests in Ottomotoren im typischen Zweitwagenbetrieb hervor. Bemerkenswert ist der Effekt einer Autobahnfahrt, wie im 1,4 l-Motor festgestellt. Die dabei nach Verdampfung des Kraftstoffs festgestellte Ölverdünnung von 2,5 % dürfte der im Allgemeinen vorhandenen Verdünnung bei wechselndem Betrieb zwischen Kurzstrecke und Langstrecke entsprechen. Eintrag von FAME-Bestandteilen (**F**atty **A**cid **M**ethyl **E**ster) aus Biodiesel können aufgrund ihres hohen Siedepunkts von über 200 °C allerdings nicht durch Autobahnfahrt „ausgedampft“ werden und reichern sich im Motorenöl an. Insbesondere Dieselfahrzeuge mit Nacheinspritzung zur DPF-Regeneration sind davon betroffen.

Es darf nicht übersehen werden, dass die für die Festlegung der Ölwechselintervalle bedeutende Ölverdünnung durch die gegenläufigen Effekte einer Öleindickung maskiert sein können. Bei modernen Motoren erwärmt der thermostatisch geregelte Kühlwasserkreislauf über einen Öl-/Wasserwärmetauscher in der Regel das Öl im kalten Zustand durch die schnellere Erwärmung des Kühlwassers schnell auf, so dass das Öl rasch auf Betriebstemperatur gebracht

	2,0 l-Motor	1,8 l-Motor	1,4 l-Motor
Laufstrecke [km]	Kraftstoffgehalt %	Kraftstoffgehalt %	Kraftstoffgehalt %
1000	3,5	7,5	5,5
2000	7,0	18,0	15,0
4000	6,5	20,5	12,0
6000	12,5	19,5	10,0
8000	15,2	20,5	11,5
10000	15,6	27,0	17,5
12000	18,5		2,5*
14000	17,0		2,5
16000	17,5		

* nach Autobahnfahrt

Bild 22-81 Ölverdünnung durch Kraftstoff im Ottomotor bei extremem Kurzstreckenbetrieb [12]

wird und Kondensationsprodukte besser ausdampfen können. Steigt die Motoröltemperatur im Betrieb über die des Kühlwassers an, wird über den Wärmetauscher das Öl wiederum über das Kühlwasser beziehungsweise den Kühler gekühlt.

Der Anstieg der Metallgehalte im extremen Kurzstreckenbetrieb in denselben drei Fahrzeugen geht am Beispiel des Eisens, das aus Verschleiß der Zylinderwand oder des Ventiltriebs stammen kann, aus **Bild 22-82** hervor. Hier wird die Auswirkung derartig stark durch Kraftstoff verdünnter Motoröle auf den Motorverschleiß deutlich. Die Untersuchung der zerlegten Motoren nach 10000 km Laufleistung unter diesen Bedingungen ergab, dass ein signifikanter Verschleiß an den Zylinderlaufbahnen, Kolbenringen, Lagern und am Ventilantrieb eingetreten war.

Eine deutliche Verlängerung der Ölwechselintervalle durch zusätzliche Nebenstromfilter ist, sowohl in Otto- als auch in Dieselmotoren, nicht ohne Weiteres möglich. Ottomotoren enthalten weniger herausfilterbare Verbrennungsprodukte im Motoröl als Dieselmotoren. Insofern machen Nebenstromölfilter für Ottomotoren keinerlei Sinn, bei Dieselmotoren, insbesondere Nkw-Dieselmotoren mit großem Ölvolumen kann ein gewisser Nutzen durch eine Reduzierung der unlöslichen Bestandteile im Öl erzielt werden. Es hat sich gezeigt, dass der größte Teil der Verunreinigungen aber auch in diesem Fall im Öl verbleibt. Der überwiegende Teil der festen Fremdstoffe im Öl weist eine Teilchengröße von 0,1 bis 0,5 µm auf und die Porenweite der feinsten Ölfilter ist weitaus größer. Die Dispergierwirkung der Öladditive ist erheblich größer als die Adsorptionskraft des Filtermediums. Gleiches gilt für die niedermolekularen Alterungsprodukte. Auf keinen Fall kann durch den Filter der natürliche Abbau der Additivwirksam-

	2,0 l-Motor	1,8 l-Motor	1,4 l-Motor
Laufleistung km	Eisengehalt mg/kg	Eisengehalt mg/kg	Eisengehalt mg/kg
1000	10	7,5	20
2000	15	10	50
4000	25	45	75
6000	40	75	90
8000	80	110	100 (7500 km)
10000	100	250	650
12000	175		
14000	400		
16000	650		
18000	800		

Bild 22-82 Metallabrieb im Ottomotor im extremen Kurzstreckenbetrieb [12]

keit verlangsamt werden. Lediglich das durch den Einbau eines zusätzlichen Filters erhöhte Ölvolumen führt zu einer Entlastung, wodurch eine proportionale Verlängerung der Ölwechselintervalle möglich erscheint. Ein Ölzusatzbehälter, wie er für schwere Nkw denkbar ist, würde eher ein besseres Ergebnis liefern und zur Vermeidung zusätzlichen Sondermülls durch die notwendige Entsorgung der regelmäßig zu wechselnden Nebenstromölfilterpatronen beitragen. Ziel moderner flexibler Wartungsintervallsysteme ist, die großen Unterschiede der in der Praxis stark variierenden Betriebsbedingungen zu erfassen und den Betriebsbedingungen entsprechende, maximale Ölwechselintervalle zu gewährleisten. Mit diversen Daten, teilweise aus der Gemischbildung, werden die Belastungsparameter für das Motorenöl laufend erfasst, zum Beispiel Betriebstemperaturen, Anzahl der Kaltstarts, verbrauchte Kraftstoffmenge, Ölstand und -temperaturen, Zeit und Streckenwerte etc. Mit Hilfe von durch Flottentests erarbeiteten Rechenmodellen wird auf den wahrscheinlichen Zustand des Motorenöls geschlossen und das Wartungsintervall belastungsspezifisch berechnet, eine sogenannte indirekte Qualitätsüberwachung des Motoröls im Fahrzeug. Die Elektronik erlaubt eine gewisse Zustandsüberwachung des Motoröls im Fahrzeug mit Hilfe von Sensoren im Ölkreislauf, die auch Ölnachfüllungen registrieren. Die Qualität des beim Ölwechsel im Autohaus eingefüllten Öls kann beim Service teilweise sogar elektronisch eingegeben werden, so dass der Verbraucher sich für eine bestimmte Qualität des Motoröls und damit für dic Länge des Intervalls entscheiden kann.

Chemische Veränderungen

Die Alkalitätsreserve im Frischöl ist durch die TBN (**T**otal **B**ase **N**umber) definiert. Sie ist ein Maß für das Neutralisationsvermögen des Öles gegen saure Verbrennungsprodukte, um Rückstandsbildung, Korrosion und Verschleiß zu vermindern oder zu verhindern. Ihr gegenüber steht die TAN (**T**otal **A**cid **N**umber), die den Gehalt an schwachen und starken Säuren im Gebrauchtöl angibt. Beide werden zur Beurteilung des Gebrauchtöls herangezogen. Die über pH-9 hinausreichenden Werte (höchstlegierte Dieselmotoröle) werden als SBN (**S**trong **B**ase **N**umber) und die unter pH-4 abfallenden Werte (Ölwechsel fällig) als SAN (**S**trong **A**cid **N**umber) bezeichnet. In **Bild 22-83** ist die Zuordnung von Base Number und Acid Number dargestellt. Eine allmähliche Erschöpfung des Neutralisationsvermögens im Gebrauchtöl bis zu 50 % gegenüber der TBN des Frischöls gilt allgemein als noch akzeptabel.

Mit der Verbreitung von verbrauchsoptimierten Ottomotoren vor der Einführung von Motoren mit geregeltem Katalysator, die mit stöchiometrischem Luft-Kraftstoff-Verhältnis laufen, stellte sich vor einigen Jahren Schwarzschlammbildung als gravierendes Problem ein. Ursache hierfür war der Betrieb der Motoren mit magerem Luftverhältnis, der infolge heißerer Verbrennung vermehrt Stickoxide entstehen ließ, die mit den Verbrennungsgasen über die Kolbenringe ins Kurbelgehäuse und damit ins Motoröl gelangten. Dort wurden sie entweder in der Gasphase oder durch Reaktion mit Ölbestandteilen zu NO_2 umgeformt. Anschließend reagiert dieses mit polaren Additivkomponenten zu organischen Nitraten und bildet so den gefährlichen Schwarzschlamm. Man nennt diesen Vorgang auch Nitration. Der Gehalt an organischen Nitraten im Gebrauchtöl ist ein Indikator für dessen weitere Verwendbarkeit. Mit der Entwicklung geeigneter Motoröle und Kraftstoffadditive konnte die Schwarzschlammbildung deutlich reduziert werden. Die Einführung der Katalysatortechnik und der damit verbundene Betrieb mit $\lambda = 1$ entschärfte das Problem. Bei Ottomotorkonzepten mit Direkteinspritzung, die, je nach Auslegung, im mageren Bereich betrieben werden, muss sichergestellt werden, dass sich dieses Problem nicht wiederholt.

pH-Wert	TBN	SBN	TAN	SAN
1 bis 4				nimmt ab
4 bis 9	nimmt zu		nimmt ab	
9 bis 11		nimmt zu		

Bild 22-83 TBN und TAN [1]

Abschließend sei daran erinnert, dass moderne Pkw-Motoren im Allgemeinen circa 100 ml Öl auf 1.000 km verbrauchen, so dass bei größeren Ölumlaufmengen im Motor innerhalb der bis jetzt üblichen Ölwechselintervalle von 15.000 km kein eigentlicher Nachfüllbedarf entsteht. Bei Motoren mit flexiblen Intervallen, die mehr und mehr in den Markt gelangen, kann jedoch wieder ein Nachfüllbedarf entstehen, der oft über einen Sensor in der Ölwanne erfasst und dem Fahrer signalisiert wird. Bei Fahrzeugen, die vornehmlich auf Langstrecken gefahren werden, ist angesichts der zahlreichen vorerwähnten negativen Einflüsse auf die Wirkstoffreserve eine gelegentliche Ergänzung der Ölfüllung empfehlenswert, um einerseits das Ölvolumen nicht zu weit absinken zu lassen und andererseits die Reserven an chemischen Wirkstoffen aufzufrischen. Allerdings ist dabei zu beachten, dass ein vermeintlich viel zu geringer Ölverbrauch fast immer ein Hinweis auf eine schädliche Ölverdünnung durch Kraftstoff ist. In größeren Nkw-Dieselmotoren sind nach der Einlaufphase Ölverbräuche bis zu 400 ml/1.000 km üblich.

22.2.8.10 Rennmotoröle

Öle für Motoren in Wettbewerbsfahrzeugen müssen auf die jeweiligen Einsatzzwecke optimiert sein. Hier nur ein Hinweis auf die Motoröle in heutigen Rennmotoren der Formel 1 im Vergleich zur früheren Grand-Prix-Formel in den 1930er Jahren. Für die früheren Kompressormotoren mit bereits sehr hoher spezifischer Leistung (120 kW/l bei 7.000^{-1}) wurde eine Mischung aus Rizinusöl und synthetischen Estern verwendet, womit vor allem die Sicherheit gegen Kolbenklemmen erhöht werden konnte. Bei Rizinusöl handelt es sich um ein pflanzliches Öl aus dem Samen der in Brasilien und Indien heimischen Rizinusstaude. Es besteht zu 80 bis 85 % aus dem Glycerid der Rizinussäure sowie aus Glyceriden anderer organischer Säuren. Nachteilig war jedoch die mangelnde Oxidationsstabilität und die Bildung harzartiger Ablagerungen, die zum Zerlegen und Reinigen praktisch nach jedem Einsatz zwangen. Für die heutigen 3,0 l-Saugmotoren, die bei circa 19.000 min^{-1} mehr als 300 kW/l leisten, kommen oft nur vollsynthetische, sehr dünnflüssige Öle zum Einsatz, die auf geringsten Reibungswiderstand bei gleichzeitig höchster Scher- und Hochtemperaturfestigkeit optimiert sind. Sie müssen hohe Oxidationsstabilität, hohen Verschleißschutz und, wegen der extrem hohen Drehzahlen und Ölbewegungen im Trockensumpftank und im Motor, eine besonders gute Schaumdämpfung aufweisen. Wenn bei Höchstleistung eine besonders fette Verbrennung vorliegt, muss mit vermehrter Kraftstoffverdünnung des Öls gerechnet werden, so dass zur Vermeidung des Ausschleuderns von Fremdstoffen und Additiven eine hohe Dispergierfähigkeit gegeben sein muss. Andererseits braucht ein Rennöl dieser Art keinerlei Kaltstartfähigkeit zu haben und muss nur über eine äußerst geringe Lebensdauer – nur ein Rennen, also rund 300 km – halten. Ebenso spielen Kosten keine Rolle. Bei Langstreckenrennen wie zum Beispiel 24 Stunden Le Mans gelten natürlich verschärfte Anforderungen; es müssen neben erhöhten Leistungsreserven auch Ölverbrauch und Ölnachfüllung berücksichtigt werden.

22.2.8.11 Wankelmotoröle

Für die Schmierung des Kreiskolbenmotors (KKM) kommen die gleichen Motoröle zur Anwendung wie bei den Hubkolbenmotoren. Dies ist aus wirtschaftlichen Gründen wegen der geringen Verbreitung verständlich, obwohl die Eigenheiten der KKM sicherlich mit gezielt darauf abgestimmten Motorölen – am besten mit aschearmer Additivierung – besser bedient werden könnten. Im KKM wird ein Teil des Öles zur Schmierung der Dichtleisten gebraucht und dadurch laufend verbrannt. Wegen des systembedingten hohen Ölverbrauchs von circa 1 l/1.000 km und der damit ständig erforderlichen Ergänzung des Ölvorrats und wegen der konstruktiven Eigenheiten des KKM stehen die sonst relevanten Gesichtspunkte wie geringer Verdampfungsverlust, hohe Oxidationsstabilität, hoher Verschleißschutz etc. nicht im Vordergrund. Neuere Motorkonstruktionen (Mazda) realisieren einen Ölverbrauch von 0,5–0,6 l/1000 km.

22.2.9 Motoröle für Zweitaktmotoren

Zweitaktmotoren erfordern auf Grund ihres Konstruktionsprinzips gegenüber dem Viertaktmotor eine andere Schmierstoffversorgung, da bei Auslegung mit Kurbelkammerspülung eine Druckumlaufschmierung nicht anwendbar ist. Man unterscheidet zwischen der althergebrachten Mischungsschmierung, bei der ein besonderes Motoröl in geringer Konzentration im Kraftstoff vorgemischt ist und der heute vermehrt verwendeten last- und drehzahlabhängig aus einem separaten Öltank zudosierten Frischölschmierung. Im Verlauf der Entwicklung der Zweitaktmotoren und des vermehrten Umweltschutzbewusstseins wurde das Mischungsverhältnis bei gleichzeitig erheblich gesteigerter Leistungsausbeute von anfänglich 1:20 über 1:25, 1:50, 1:100 bis zu 1:150 reduziert. Trotzdem liegt der Ölverbrauch des Zweitakters gegenüber dem Viertakter immer noch um ein mehrfaches höher. Vor allem ist durch die ständige Beteiligung des Öl an der Verbrennung die dadurch bedingte Ablagerungsneigung an der Zündkerze, in den Gaswechselöffnungen und im Auspuffsystem zu beachten. Öle für Zweitaktmotoren erfordern daher eine deutliche andere Schmierstofftechnologie als Öle für Viertaktmotoren.

Als wesentliche Forderungen an Zweitaktöle können angesehen werden:

- gute Löslichkeit im Kraftstoff
- erhöhter Korrosionsschutz, da Kurbeltrieb und Lager ständig Verbindung zur Umgebungsluft haben
- möglichst geringe Rückstandsbildung bei ihrer Verbrennung (Kerze/Auspuffschlitze)
- Fressschutz für Kolbenringe, Kolbenhemd und Zylinderlaufbahn
- möglichst rauch- und geruchsarme Verbrennung.

Das bei den Motorölen für Viertaktmotoren so wichtige Viskositäts-Temperatur-Verhalten und das Dispergiervermögen sind hier ohne Bedeutung. Mehrbereichsöle kommen nicht in Betracht. Das geforderte Leistungsvermögen wird durch die Auswahl geeigneter Grundöle und spezieller Additive sichergestellt. Es kommen in erster Linie SAE-30-Grundöle zum Einsatz. Für die heute besonders kritisch betrachtete Auspuffrauchentwicklung haben sich zur Rauchunterdrückung im Abgas als Basisflüssigkeiten Polyisobutylene und synthetische Ester als besonders geeignet erwiesen. Als Additive zur Erzielung der vorgenannten Eigenschaften kommen Detergents, Dispersants sowie Korrosions- und Rostschutzadditive zur Anwendung. Eingesetzt werden in erster Linie aschefreie Substanzen, zumal keine EP-Anforderungen abzudecken sind. Sie sind auch hinsichtlich der umweltrelevanten Forderungen von Vorteil.

22.2.9.1 Leistungsklassen

Zur Qualitätsbeurteilung von Zweirad-Zweitaktölen wurden früher die API-Klassen TA bis TC herangezogen, wobei TA für Mopeds, TB für Motorroller und Motorräder und TC für Hochleistungsmotoren galt. Die hierfür erforderlichen motorischen Testläufe können nicht mehr durchgeführt werden, da die dafür vorgeschriebenen Motoren nicht mehr hergestellt werden. Allerdings hat API TC (CEC TSC-3) noch Gültigkeit. Sie wurden durch die JASO- und ISO-Spezifikationen (zuvor Global) ersetzt. Durch die Vorherrschaft der japanischen Zweitaktmotorenhersteller steht die JASO (**J**apanese **A**utomotive **S**tandard **O**rganisation) im Vordergrund. Die weltweit gültige ISO-Spezifikation (**I**nternational **S**tandard **O**rganisation) unterscheidet sich nur geringfügig. In **Bild 22-84** sind die seit 1996 eingeführten JASO- und ISO-Klassen dargestellt. Sie gelten für luft- und wassergekühlte Zweitakt-Zweiradmotoren und beurteilen das Leistungsvermögen der Öle nach Schmierfähigkeit, Motorsauberkeit, Freiheit des Auspuffsystems und Abgasrauch. Als immer wichtiger hat sich die Vermeidung von sichtbarem und riechbarem Abgasrauch erwiesen. Praktisch müssen heute alle leistungsfähigen Zweitakt-Markenprodukte Anforderungen nach JASO-FC beziehungsweise ISO-L-EGD erfüllen. Letztere stellen auf Grund ihrer Zusammensetzung höchste Leistungsansprüche sicher. Die Klassifikation NMMA TC-W3 (**N**ational **M**arine **M**anufacturers **A**ssociation) berücksichtigt zusätzlich die biologische Abbaubarkeit des Zweitaktöles für Outboardmotoren. Diese Öle können auch in Kettensägen eingesetzt werden. Die Klassifikation TISI 1040 (**T**hailand **I**ndustrial **S**tandards **I**nstitute) hat in Europa keinerlei Bedeutung, sie gilt ausschließlich für den thailändischen Markt und berücksichtigt besonders die durch das Öl im Abgas bedingte Rauchbildung.

Während am Beginn der Zweitakt-Entwicklung das Öl-Kraftstoffgemisch noch in der „Mischkanne“ zubereitet werden musste, standen dann bald die mithilfe eines Lösungsvermittlers „selbstmischenden“ Zweitaktöle aus Kleingebinden zur Zugabe zum Benzin in den Fahrzeugtank zur Verfügung. Die weite Verbreitung der „Autolubeschmierung“ in heutigen Zweirädern mit Zweitakt-Motoren macht eine Vermischung von Öl und Kraftstoff außerhalb oder innerhalb des Fahrzeugtanks überflüssig. Das Öl wird last- und drehzahlabhängig in den Strom des Luft-Kraftstoff-Gemisches zudosiert und daher in einem separaten Tank mitgeführt. Auf diese Weise lassen sich über eine gezielte Abmagerung oder Anhebung des Ölanteils im Kraftstoff sowohl Lebensdauer als auch Umweltanforderungen zusätzlich berücksichtigen.

JASO	ISO	Bemerkungen
FA	–	
FB	L-EGB	
FC	L-EGC	Raucharm
–	L-EGD	Raucharm

Bild 22-84 JASO- und ISO-Klassen [14]

22.2.9.2 Prüfverfahren

In **Bild 22-85** sind die physikalischen Kennwerte für die Spezifikationen von Motorölen für Zweirad-Zweitaktmotoren entsprechend der internationalen ISO-Anforderungen und der japanischen JASO-Anforderungen wiedergegeben.

In **Bild 22-86** sind die Motorentests für Zweirad-Zweitaktöle japanischer Hersteller zusammengefasst.

22.3 Kühlmittel

Das Kühlmittel besteht aus Wasser plus Kühlerschutzmittel. Das Kühlerschutzmittel, welches als Konzentrat verfügbar ist, dient dem Frost- und dem Korrosionsschutz. Kühlerschutzmittel und Wasser werden in der Regel im Verhältnis 1:1 gemischt, womit ein ausreichender ganzjähriger Gefrierschutz in nicht arktischen Einsatzgebieten und der erforderliche Korrosionsschutz gegeben ist. Wasser allein ist für heutige Kühlsysteme nicht ausreichend. Optima-

Prüfzweck	Prüfung von
Viskosität bei Betriebstemperatur	Mindestviskosität bei 100 °C 6,5 $mm^2 s^{-1}$
Zündkerzenbrückenbildung	Begrenzung des Sulfataschegehalts: ISO max 0,18 % (m/m) JASO max 0,25 % (m/m)
Lebensdauer von Oxidationskatalysatoren	JASO: kein Phosphor zugelassen
Sicherheit bei Lagerung und Transport	Flammpunkt entsprechend nationaler Gesetzgebung

Bild 22-85 Kennwerte von Zweirad-Zweitaktölen [12]

Prüfzweck	Motor	Testbedingungen	Testkriterien
Sicherheit gegen Kolbenfressen	Honda DIO AF 27	Wechsellast bei 4000 min^{-1}; Zündkerzensitztemperatur 160–300 °C Mischungsverhältnis 50 : 1	Drehmomentabfall nach Kaltstart und bei Betriebstemperatur
Motorsauberkeit an Kolbenringen, Kolbenhemd, Brennraumrückstände	Honda DIO AF 27	Volllast bei 6000 min^{-1} Mischungsverhältnis 100 : 1 JASO 1 Stunde	Bewertung der Motorteile nach Testende
Rauchbildung im Abgas	Suzuki SX 800R	Teillast und Leerlauf bei 3000 min^{-1} Mischungverhältnis 10 : 1	Bewertung des sichtbaren Rauchs
Sauberkeit der Auslassschlitze	Suzuki SX 800R	Lastwechsel für Abgastemperatur von 330–370 °C bei 3600 min^{-1} Mischungsverhältnis 10 : 1	Grenzwert des Unterdrucks im Ansaugbereich

Bild 22-86 Motorentests für Zweirad-Zweitaktöle [12]

les Wasser für Kühlsysteme sollte folgende Kenndaten aufweisen:

- Wasserhärte 5 bis 9 Grad deutscher Härte
- pH-Wert bei 20 °C 7 bis 8
- Chlorionengehalt maximal 40 mg/l
- Summe > Chloride + Sulfate maximal 80 mg/l.

22.3.1 Gefrierschutz

Bei Temperaturen unter dem Gefrierpunkt muss das Kühlmittel gegen Einfrieren geschützt werden, anderenfalls würde es sich ausdehnen, mit der Folge von unzulässig hohem Systemdruck und der Gefahr der Zerstörung des Kühlsystems und des Motorblocks beziehungsweise Zylinderkopfs. Der Gefrierschutz wird durch Zugabe von im Kühlerschutzmittel enthaltenen Gly-kolen – mehrwertigen Alkoholen – zum Kühlwasser gewährleistet. **Bild 22-87** zeigt die Kennwerte der drei als Kühlerfrostschutzmittel geeigneten Glykole.

Monoethylenglykol (MEG) ist das überwiegend verwendete Kühlergefrierschutzmittel. Die Messung der Dichte des Kühlmittels liefert eine einfache und schnelle Kontrolle seiner Konzentration. In **Bild 22-88** ist die gemessene Dichte bei der jeweiligen Messtemperatur als Maß für die Konzentration dargestellt. Wie erwartet steigt die Dichte mit zunehmender Konzentration und nimmt mit zunehmender Temperatur ab. Ein auf MEG aufgebautes Kühlmittelkonzentrat hat einen höheren Siedepunkt als Wasser, was für den Wirkungsgrad des Motors vorteilhaft ist. Heute werden Kühlmitteltemperaturen bis zu 120 °C bei 1,4 bar Systemdruck angewendet. Die zur jeweiligen MEG-Konzentration zuzuordnenden Siedepunkte sind in **Bild 22-89** wiedergegeben, während **Bild 22-90** das Kälteverhalten von Wasser-Glykolmischungen zeigt. Die spezifische Wärme eines Kühlmittels, also sein Wärmeaufnahmevermögen oder dessen Fähigkeit, Motorwärme aufzunehmen und abzuführen, sollte möglichst hoch sein. Sie steigt mit der Temperatur an, fällt jedoch mit der MEG-Konzentation ab.

	Monoethylenglykol	Monopropylenglykol	Diethylenglykol
Summenformel	$C_2H_6O_2$	$C_3H_8O_2$	$C_4H_{10}O_3$
Dichte b. 20 °C kg/m^3	1113	1036	1118
Siedepunkt °C	198	189	245
Schmelzpunkt °C	–12	–60,0	–11
Spezifische Wärme bei 20 °C [kJ/kg K]	2,3	2,5	2,3

Bild 22-87 Kennwerte der Glykole [12]

	Dichte in kg/m³ bei % (V/V) Monoethylenglykol			
	50	40	30	20
10 °C	1084	1073	1051	1035
30 °C	1075	1063	1038	1030
50 °C	1064	1049	1031	1022
70 °C	1050	1037	1025	1015
90 °C	1038	1025	1015	995

Bild 22-88 Dichte des Kühlmittels MEG [1]

Konzentration % (V/V)	Siedepunkt °C
0	100,0
10	101,5
20	103,0
30	104,5
40	106,5
50	109,0

* MEG/Wasser Mischungen bei Normaldruck

Bild 22-89 Siedepunkte* [1]

Monoethylenglykol % (V/V)	Eisflocken-punkte °C	Stockpunkte °C
0	0	0
5	–2	–2,5
10	–4	–5
15	–6,5	–8,5
20	–9,5	–12
30	–17	–20,5
40	–27	–32
50	–37	–47

Bild 22-90 Frostschutz durch Monoethylenglykol [1]

22.3.2 Korrosionsschutz

Das Kühlmittelkonzentrat enthält sorgfältig aufeinander abgestimmte Additive (Korrosionsinhibitoren), die verhindern, dass an den verschiedenen Metallen, die mit dem Kühlmittel in Kontakt sind, Korrosion auftritt. **Bild 22-91** gibt Aufschluss über die auftretenden korrosiven Substanzen und die erforderlichen Inhibitoren. Einzelne Inhibitoren können zwar jeweils eines der Metalle schützen, jedoch andere Metalle unter Umständen korrosiv angreifen. Es kommt auch auf die Konzentration der einzelnen Wirkstoffe an. Zu viel kann ebenso schädlich sein wie zu wenig. Auch sind die Synergien zwischen den einzelnen Komponenten zu beachten. Eine ausreichende Reserve-Alkalität sorgt dafür, dass saure Substanzen, die unkontrolliert aus dem Abgas ins Kühlmittel gelangen oder Oxidationsprodukte des Glykols, neutralisiert werden können. Die hauptsächlich angewendeten Korrosionsinhibitoren sind:

- Benzoat/Nitrit
- Nitrit-Amin-Phosphat-freie Inhibitoren (NAP)
- Silikatfreie Inhibitoren (OAT).

Das Kühlmittelkonzentrat enthält im Regelfall circa 93 % (V/V) MEG und bis zu 7 % (V/V) Korrosionsinhibitoren. Außer den Korrosionsinhibitoren werden noch kleine Anteile weiterer Additive einge-

Eigenschaft	Einheit	Kennwert	ASTM Testmethode
Dichte bei 15,5 °C	kg/m³	1.110 bis 1.145	D 1122
Gefrierpunkt 50 % (V/V) in destilliertem Wasser	°C	maximal –37	D 1177
Siedepunkt (unverdünnt)	°C	minimal 163	D 1120
Siedepunkt 50 % (V/V) in destilliertem Wasser	°C	minimal 107,8	D 1120
Angriff auf Fahrzeuglackierung	–	kein Angriff	D 1882
Aschegehalt	% (m/m)	maximal 5	D 1119
pH-Wert 50 % (V/V) in destilliertem Wasser	–	7,5 bis 11,0	D 1287
Chlorgehalt	mg/kg	maximal 25	D 3634
Wasser	% (m/m)	maximal 5	D 1123
Reserve-Alkalität	ml	*	D 1121

* Zwischen Hersteller und Anwender zu vereinbaren

Bild 22-91 ASTM-Norm D 3306 für Kühlmittel auf Basis MEG (physikalisch/chemische Kennwerte) [12] setzt, wie Antischaummittel, Sequestierungsmittel zur Komplexierung von Kalzium- und Magnesium-Ionen in hartem Wasser, Silikatstabilisatoren sowie Vergällungs- und Farbstoffe. Es handelt sich also alles in allem um eine komplexe Mischung. Zur Sicherstellung der Erfüllung aller Anforderungen sollte die Kühlflüssigkeit nicht unter 40 % (V/V) Kühlmittelkonzentrat enthalten.

22.3.3 Spezifikationen

Auf Grund der Komplexität der Kühlmittelkonzentrate ist ihre Zulassung an die Erfüllung der in entsprechenden Spezifikationen festgelegten Kennwerte gebunden. Sie beschreiben Qualität und Leistungsverhalten. Die beschriebenen Messwerte werden mit genormten Methoden ermittelt. In **Bild 22-91** sind die ASTM-Norm D 3306 für Kühlmittel auf MEG-Basis und die Anforderungen an das Leistungsverhalten für Kühlmittel wiedergegeben.
Daneben gibt es zahlreiche Vorschriften der einzelnen Fahrzeughersteller für Kühlerschutzmittel.
Zu den Anforderungen ist ergänzend Folgendes anzumerken:

Ablagerungen	Es dürfen sich keine Ablagerungen im Kühlsystem bilden, weil sonst die Wärmeabfuhr nicht mehr gewährleistet ist. Bei zu hoher Wasserhärte können ab circa 60 °C Kalk und andere Mineralien ausfallen und sich besonders an kritischen Stellen hinsichtlich des Wärmeübergangs absetzen
Heißwasserkorrosion	In heutigen Hochleistungsmotoren können die Temperaturen an den Oberflächen, die mit dem Kühlmittel in Kontakt sind, sehr hoch sein.
Oberflächenkorrosion	Alle Metalloberflächen werden infolge ihrer relativen Rauigkeit von korrodierenden Substanzen angegriffen
Kontaktkorrosion	Im Kühlsystem sind unterschiedliche Metalle vorhanden. Wenn sich zum Beispiel ein darin mitgeführtes Eisenpartikel an einer Aluminiumfläche anlagert, bildet sich ein Lokalelement, wodurch Löcher in seiner Oberfläche entstehen können
Spaltkorrosion	In Spalten des Kühlsystems, in denen das Kühlmittel nicht gleichförmig zirkuliert, können sich vermehrt die mitgeführten, korrosiv wirkenden Bestandteile ablagern und so verstärkt zu Korrosion führen
Kavitation	Durch Schwankungen im Systemdruck des Kühlkreislaufs können sich Dampfblasen im Zylinderkopf und in der Wasserpumpe bilden. Bei Wiederanstieg des Drucks fallen diese in sich zusammen. Durch diesen Druckstoß entstehen an der Metalloberfläche Materialabtragungen, die bis zum Durchfressen gelangen können

Bei der zukünftig zu erwartenden häufigeren Verwendung von Magnesium als Gusslegierungsbestandteil muss genau untersucht werden, ob die derzeitig verwendeten Kühlerschutzmittel nach Art und Zusammensetzung den unter Umständen neuen Anforderungen entsprechen.

Literatur

[1] Aral Forschung Archiv

[2] *Aral (Hrsg.):* Verkehrstaschenbuch 2000/2001. 43. Aufl. Bochum, 2001

[3] *Aral (Hrsg.):* Fachreihe Forschung und Technik – Kraftstoffe für Straßenfahrzeuge, Grundlagen. Bochum: 1998

[4] *Aral (Hrsg.):* Fachreihe Forschung und Technik – Dieselkraftstoffe. Bochum: 2001

[5] *Aral (Hrsg.):* Fachreihe Forschung und Technik – Ottokraftstoffe. Bochum: 2001

[6] *Aral (Hrsg.):* Fachreihe Forschung und Technik – Umweltfreundliche Kraftstoffe. Bochum: 1995

[7] *Aral (Hrsg.):* Fachreihe Forschung und Technik – Kraftstoffadditive. Bochum: 1995

[8] *Aral (Hrsg.):* Fachreihe Forschung und Technik – Alternative Kraftstoffe. Bochum: 2001

[9] *Waldmann, H.; Seidel, G. H.:* Kraft- und Schmierstoffe, Sonderdruck ARAL AG aus Automobiltechnisches Handbuch. 18. Aufl. 1965, Berlin: Walter de Gruyter, Ergänzungsband, 1979

[10] *Aral (Hrsg.):* Fachreihe Forschung und Technik – Schmierstoffe Grundlagen/Anwendung. Bochum: 1997/98

[11] *Aral (Hrsg.):* Fachreihe Forschung und Technik – Schmierstoffadditive. Bochum: 1996

[12] *Basshuysen, R. v.; Schäfer, F. (Hrsg.):* Lexikon Motorentechnik. Wiesbaden: Vieweg Verlag 2006

[13] *Menrad, H. (Hrsg.):* Alkohol Kraftstoffe. Wien: Springer-Verlag, 1982

[14] *DEKRA (Hrsg.):* Betriebsstoff-Liste. Stuttgart: Motor-Presse-Verlag, 1999

23 Filtration von Betriebsstoffen

23.1 Luftfilter

23.1.1 Bedeutung der Luftfiltration für Verbrennungsmotoren

Die Automobile zu Anfang der 1920er Jahre litten häufig unter der begrenzten Einsatzdauer der Motoren. Hohe Staubkonzentrationen auf den unbefestigten Straßen verursachten starken Abrieb an den Kolbenringen, was zu abnehmender Motorleistung führte, so dass die Kolbenringe schließlich durch neue ersetzt werden mussten, wodurch der Motor wieder Leistung brachte. Mit Hilfe von sogenannten Luftreinigern [1] gelang es, die Reparatur- und Serviceintervalle auf 4.000 km zu verdoppeln.
Auch heutige Motoren saugen im Verlauf ihres Betriebs erhebliche Mengen Staub an, abhängig vom Ort, wo sie betrieben werden. Die Teilchen gelangen schließlich in den Ölkreislauf, wo sie für den Verschleiss im Motor mit verantwortlich sind, wobei die Stärke und Intensität des Verschleisses der Bauteile (zum Beispiel Pleuellager), beeinflusst wird von Teilchenzahl, Art, Form, Größe und Härte. Können diese Partikel in die Lagerspalten gelangen, erzeugen sie Riefen in den Reibflächen oder produzieren Sekundärteilchen, da sie auf Grund der hohen Belastungen zwischen den Reibflächen zerbrechen. Verschleissrelevant sind alle Teilchengrößen bis zum Nennmaß der Spaltweite, da Mischreibung in den Pleuellagern auftreten kann und diese Partikel in die Zwischenräume gelangen können. Die Filter haben die Aufgabe, diese Partikel aus der Ansaugluft zu entfernen [5].
Moderne Filter erreichen heute Abscheidegrade bis 99,9 %, das heißt von 1.000 Teilchen der spezifizierten Größe kann maximal ein Teilchen das Filterelement durchdringen. Die nicht abgeschiedenen Partikel können in den Ölkreislauf gelangen, wo sie im Haupt- und Nebenstromölfilter abgeschieden werden müssen.

23.1.2 Verunreinigung der Motoransaugluft

Die Umgebungsluft enthält Staubteilchen, deren Größen von 0,01 μm bis 2.000 μm reichen können. Ungefähr 75 % der Masse der Luftverunreinigungen liegen im Größenbereich zwischen 0,1 und 100 μm, wobei dieser Bereich und die Konzentrationsverteilung ortsabhängig ist.

23.1.3 Kenngrößen zur Beurteilung von Luftfiltermedien

Die Aufgabe moderner Luftfilter ist es, die Verschmutzung der Ansaugluft unter den gegebenen Betriebsbedingungen auf akzeptable Werte zu reduzieren. Die spezifizierten Filtrationswerte sind in den Lastenheften niedergelegt. Hierzu zählen die Staubaufnahmekapazität, der Abscheidegrad, Pulsationsfestigkeit – das heißt kein Staubdurchtritt bei Motoransaugluftpulsationen – und Stabilität, Erhalt der Faltenstruktur des Filterelements, **Bild 23-1**, auch bei erhöhtem Wasseranfall, wie er zum Beispiel bei Gischtfahrten oder bei Gewitterregen auftreten kann. Wichtig für ein einwandfreies Funktionieren der Filterelemente ist eine ausreichend stabile Form der Faltengeometrie während des Betriebs und insbesondere bei Beaufschlagung mit Wasser, da sich nur bei gleichmäßiger Anordnung der Faltentaschen die maximale Staubkapazität erhalten lässt. Das Filtermedium muss weiterhin mit Motorölen, Kraftstoffen, sowie Kurbelgehäusegasen verträglich sein, das heißt es muss chemische

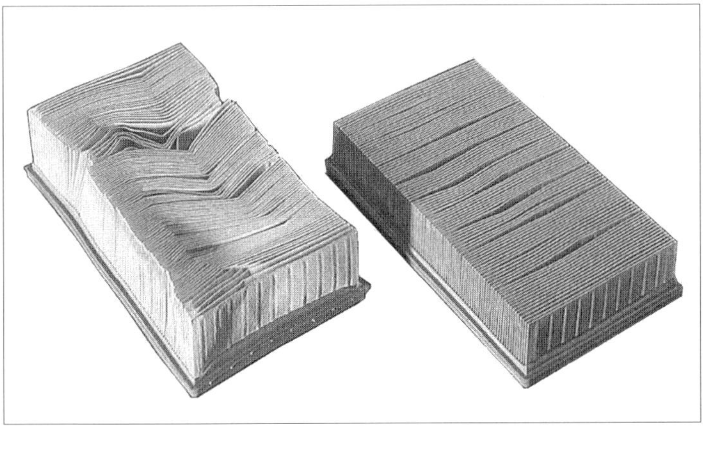

Bild 23-1 Zerstörte Faltenstruktur, mit reduzierter Filterleistung (links), ursprünglicher Zustand (rechts)

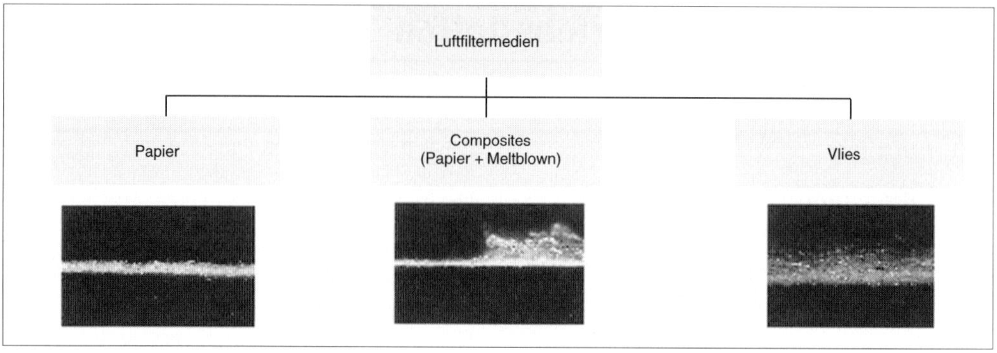

Bild 23-2 Filtermedien für den Einsatz in Verbrennungsmotoren

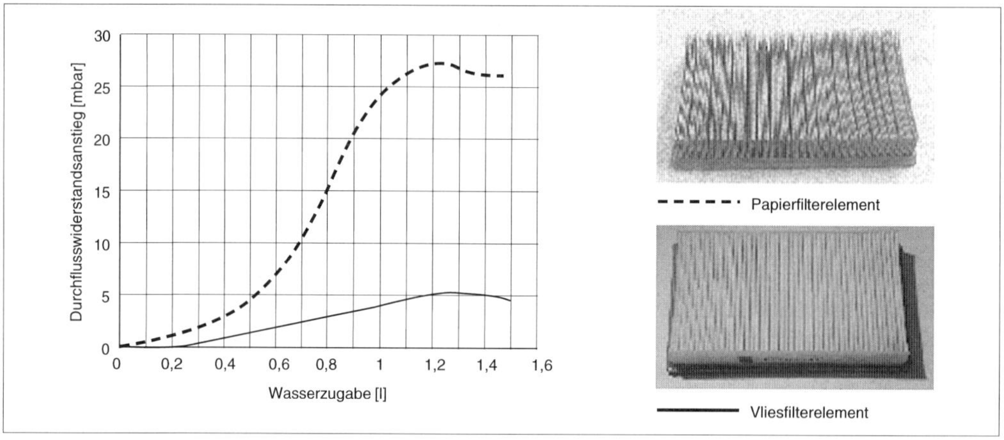

Bild 23-3 Durchflusswiderstand bei Wasserbelastung

Widerstandsfähigkeit aufweisen. Die thermische Stabilität der Werkstoffe ist bis zu Temperaturen des Motorraums von circa 85–90 °C gefordert. Moderne Filtervliese haben bei gleicher Baugröße einen wesentlich kleineren Druckverlust am Filterelement, **Bild 23-3**.

Die für diese Aufgaben geeigneten Filtermedien bestehen aus Zellstoff- oder Kunststofffasern oder auch Mischungen aus beiden.

Die neuesten Entwicklungen von Filtermedien orientieren sich an den geforderten, längeren Wartungsintervallen von bis zu 120.000 km bei Pkw. Hierzu setzt man Medien mit einer ausgeprägten Gradientenstruktur bezüglich der Porenvolumenverteilung ein. Mehrlagenmedien, **Bild 23-2**, bestehen aus Filterpapieren in Kombination mit Meltblown-Schichten (Kunststofffaserschichten). Dadurch erhöht sich die Staubspeicherkapazität und damit die Standzeit um bis zu 30 %. Medien aus reinen Kunststofffasern (Vliesen), **Bild 23-2**, ermöglichen die Ausbildung stärkerer Gradientenstrukturen und erzielen damit eine um bis zu 50 % gesteigerte Staubkapazität [2].

23.1.4 Messmethoden und Auswertung

Die Prüfungen der Filtermedien finden unter normierten Bedingungen statt, die in der DIN/ISO 5011 festgeschrieben sind [3]. Der Abscheidegrad kann nach zwei Verfahren ermittelt werden. Einmal entsprechend der Norm als gravimetrischer Abscheidegrad, der aus dem Verhältnis der Massenzunahme des zu prüfenden Filtermediums zur gesamten zugeführten Staubmasse während des Versuches ermittelt wird.

Um detaillierte Angaben über den Leistungsbereich der Filtermedien für verschleissrelevante Teilchen machen zu können, misst man den Abscheidegrad in Abhängigkeit von den Partikelgrößen. In **Bild 23-4** ist dieser in Abhängigkeit der Teilchengröße zwischen 0,1 µm und 10 µm dargestellt. Bereits nach Aufbau eines geringen Druckanstieges steigt der Abscheidegrad steil an, und es werden nahezu 100 % der Teilchen zurückgehalten.

Zur Beurteilung der Leistungsfähigkeit eines Filtermediums muss der Abscheidegrad zusammen mit der

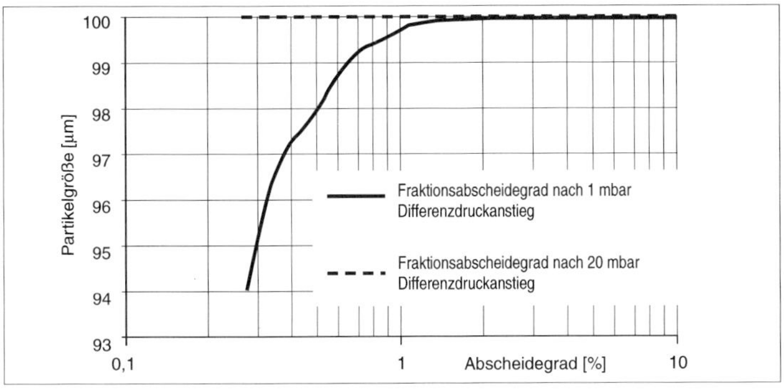

Bild 23-4 Fraktionsabscheidegrade eines Standardfiltermediums

Staubaufnahmekapazität betrachtet werden. Diese lässt sich dadurch ermitteln, dass man das Filterelement bei Belastung durch einen konstanten Luftvolumenstrom so lange mit Staub belädt, bis sich ein Druckverlust von zum Beispiel 20 mbar einstellt.

23.1.5 Anforderungen an moderne Luftfiltersysteme

Moderne Luftfiltersysteme, das heißt ein System aus Rohluftleitung mit Lufteintritt, Filtergehäuse, sowie Dämpfern zur Reduzierung der Mündungsgeräusche, Filterelement und Reinluftleitung mit Heißfilmluftmassenmesser (HFM) incl. Motorsaugrohr, müssen geometrisch an den unter der Motorhaube begrenzt vorhandenen Bauraum angepasst werden. Dies führt zur Entwicklung neuer Filtermedien, die deutlich kleinere Bauräume bei gleichen Filterleistungen beanspruchen. Die erforderlichen Filtrationswerte bei Pkw (Diesel) sowie Lkw, sind in **Bild 23-5** beschrieben.

Die Leistungsfähigkeit des gesamten Luftansaugstrangs hängt von den Leistungen der jeweiligen Einzelkomponenten, wie zum Beispiel der Lage der Luftansaugstelle unter dem Aspekt minimaler Staub- und Wasserbelastung ab. Vorzugsweise wird der Ansaugbereich in strömungsberuhigte Zonen am Fahrzeug gelegt, wie zum Beispiel unter die Abdeckung im Radhaus oder an nicht durchströmten Zonen im Motorraum, sowie bei Lkw über das Fahrerhausdach (Überdachansaugung) beziehungsweise seitlich am Fahrerhaus, um längere Serviceintervalle zu erhalten.

Ein strömungsoptimiertes Filtergehäuse gewährleistet die vollständige Ausnutzung des Medienpotenzials bezüglich Staubaufnahme und Abscheidegrad, da das Medium an keiner Stelle eine Überbelastung bezüglich Anströmgeschwindigkeit erfährt und somit der hohe Abscheidegrad immer gewährleistet ist.

Als weitere wichtige Aufgabe neben der Filtration der Verbrennungsluft muss das Luftfilterelement Verschmutzung vom Heissfilmluftmassenmesser fernhalten. Wird dieser von Partikeln verschmutzt, wird die Motorsteuerung beeinflusst, und die Filtration greift somit unmittelbar in den Fahrkomfort ein.

23.1.6 Auslegungskriterien für Motorluftfilterelemente

Bei der Auslegung eines Motorluftfilterelements unterscheidet man bzgl. der Filterfeinheit zwischen Pkw mit Otto- oder Dieselmotor und Lkw, wie in **Bild 23-5** gezeigt ist.

Ausgehend vom Luftvolumenbedarf des Motors pro Zeiteinheit ($\mathring{V}$ (m^3/min)) wird die Filtermedienfläche berechnet [4]. Zur Reinigung dieses Luftvolumenstroms von Partikeln wird soviel Fläche vorgesehen, dass die Stömungsgeschwindigkeit der Luft einen bestimmten kritischen Geschwindigkeitsbereich $v < v_{\text{krit}}$ nicht überschreitet. Bei zu hohen Filtrationsgeschwindigkeiten führt dies dazu, dass die Partikel beim Durchströmen an den Fasern nicht „anfiltriert" werden. Der zu hohe Impuls führt zu Abprallern an den Fasern und die Teilchen können das Filtermedium passieren. Abhängig von den Filtermaterialien, wie zum Beispiel Filterpapier, Mehrlagenmedien (Composites) oder synthetischen Vliesen können die zulässigen Strömungsgeschwindigkeiten v_{krit} stark unterschiedlich sein.

Unter Berücksichtigung des Abscheidegrades, wie er für Otto- oder Dieselmotoren gefordert ist, ergeben sich für typische Filtermedien die folgenden kritischen Geschwindigkeiten v_{krit} und Staubaufnahmekapazitäten, **Bild 23-5**.

Im folgenden Beispiel wird die erforderliche Filterfläche berechnet:

Ausgehend vom Luftvolumenstrom (zum Beispiel 5 m^3/min) und Fahrzeugtyp (Pkw/Diesel) wird unter Berücksichtigung der Strömungsgeschwindigkeit die Filterfläche so berechnet, dass der geforderte Abscheidegrad eingehalten wird. Zur Auslegung für Serviceintervalle von zum Beispiel 60.000 km (entsprechend circa 200 g Laborstaub) greift man auf die spezifischen Staubkapazitäten der Filtermedien zurück. Damit man die geforderte Staubkapazität von

Filtermedium	v_{krit} [cm/s]	Grav. Abscheidegrad % Pkw (Otto)	Pkw (Diesel)	Nkw	Spezifische Staubkapazität g/m²	Flächengewicht g/m²
Papier	10	>99,5	>99,8	>99,9	190–220	100–120
Mehrlagenmedium (Composite)	17	>99,5	>99,8	>99,9	230–250	100–120
Vlies	33	>99,8	>99,8	>99,9	900–1100	230–250

Bild 23-5 Kritische Filtrationsgeschwindigkeit, spezifische Laborstaubkapazitäten, Abscheidegrade von Filtermedien und Flächengewichte von Filtermedien

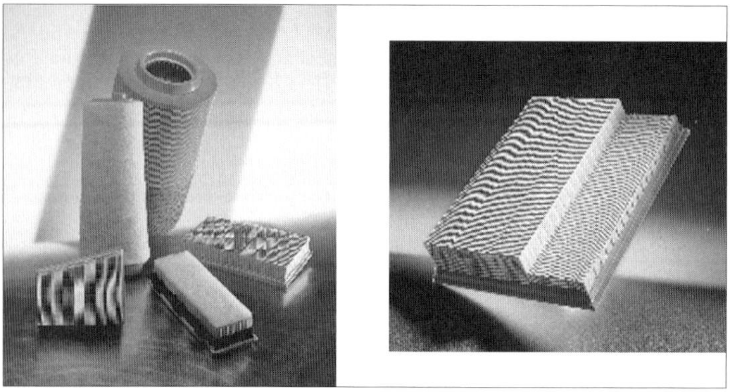

Bild 23-6 Bauformen von Luftfilterelementen

200 g erreicht, wird ein Quadratmeter Standardfilterpapier benötigt, wobei dann allerdings die kritische Geschwindigkeit überschritten würde, so dass bei der endgültigen Auslegung der höhere Wert von 1,25 m² vorgesehen wird.

23.1.7 Filtergehäuse

23.1.7.1 Konstruktive Auslegung von Filtergehäusen

Für die konstruktive Auslegung der Filtergehäuse sind neben der Bauraumproblematik die Servicefreundlichkeit, das heißt ein problemloses Wechseln des Filterelements, von großer Bedeutung. Diese Funktionalität ist direkt verknüpft mit der Dichtheitsanforderung an das Gehäuse. Die Luftfilterelemente sind nahezu ausschließlich mit einer PUR-Dichtung versehen. Die Filtergehäuse werden unterteilt in Flach- oder Rundfilterelemente, **Bild 23-6**. Bei einem Rechteckfilter wird die PUR-Profildichtung in die Gehäusenut eingelegt und in axialer Richtung durch den Filterdeckel verspannt. Im Nutzfahrzeugsektor dominieren wegen der einfacheren Dichungstechnik und der höheren Stabilität Rundfilterelemente.
Die konstruktive Auslegung des Filtergehäuses wird wesentlich durch die Forderung nach einer homogenen Strömung im Gehäuse bestimmt. Dadurch wird der Druckverlust minimiert, und es kommt zu einer gleichmässigen Anströmung der Oberfläche des Filterelements.

Literaturverzeichnis

[1] *Katz, H.:* Die Luft-, Brennstoff- und Ölreiniger im Kraftwagen. Autotechnische Bibliothek, Bd. 80, Berlin W62, Richard Carl Schmidt & Co, 1927

[2] *Purchase, D. B.:* Handbook of Filter Media, Elsevier Science Ltd. 1997

[3] DIN/ISO 5011

[4] *Lechner, F.:* Diplomarbeit 2000, Fachhochschule Heidelberg

[5] *Affenzeller, J.; Gläser, H.:* Lagerung und Schmierung von Verbrennungsmotoren, Springer Wien, New York, 1996

23.2 Kraftstofffilter

Einspritzsysteme für moderne Otto- und Dieselmotoren reagieren empfindlich auf kleinste Verunreinigungen im Kraftstoff. Schäden entstehen vor allem durch Partikelerosion und bei Dieselmotoren zusätzlich durch Korrosion, hervorgerufen durch Wasseranteile im Kraftstoff. Die Verschmutzung setzt sich sowohl aus sehr harten, mineralischen Partikeln, als auch aus organischen Partikeln wie Ruß und Teer zusammen. Nach DIN EN 590 angebotene Dieselkraftstoffe müssen Partikelgehalte unter 24 mg/kg aufweisen. Die internationalen Verbände der Auto-

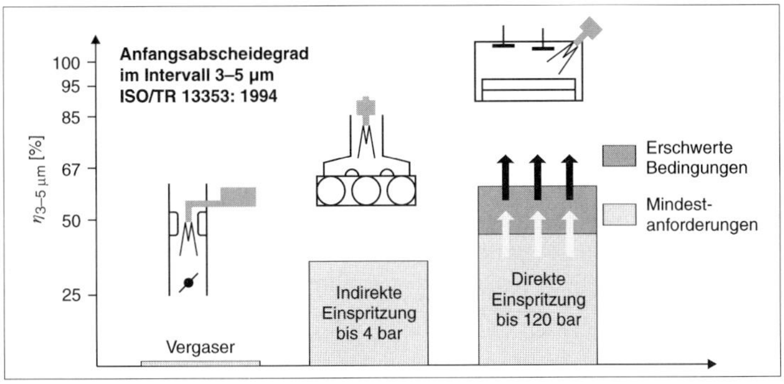

Bild 23-7 Empfehlung der Mindestfilterfeinheit für Ottokraftstofffilter

mobilindustrie empfehlen Werte unter 24 mg/kg. In Deutschland verfügbare Dieselkraftstoffe weisen in der Regel Partikelgehalte unter 10 mg/kg auf, während bei weltweit verkauften Kraftstoffen oben genannter Grenzwert der Partikelkonzentration zum Teil erheblich überschritten wird. Der Kraftstofffilter muss alle größeren (>15 µm) Partikel sicher zurückhalten. Verschleißuntersuchungen an neueren Einspritzsystemen belegen aber auch die Verschleißrelevanz der Feinfraktion um 5 µm. Aus diesem Grund wurde in den letzten Jahren der Abscheidegrad für die Partikelfraktion von 3 bis 5 µm als Kenngröße für die Filterfeinheit etabliert. Entsprechend der viel höheren Einspritzdrücke benötigen Diesel-Einspritzsysteme einen gegenüber Otto-Einspritzsystemen erhöhten Verschleißschutz und damit feinere Filter. Darüber hinaus muss der Kraftstofffilter eine ausreichende Fähigkeit besitzen, Partikel zu speichern.

23.2.1 Ottokraftstofffilter

Moderne Ottomotoren sind mit elektromagnetisch betätigten Einspritzventilen bestückt. Aufgabe des Kraftstofffilters ist die Verhinderung erosiven Verschleißes am Elektroeinspritzventil sowie die Verhinderung des Eintritts verschleißverursachender Partikel in den Brennraum des Motors. Motoren mit Benzin-Direkteinspritzung müssen, verglichen mit Saugrohreinspritzern, durch erheblich feinere Kraftstofffilter vor Verschleiß geschützt werden. Zum einen liegen am Einspritzventil um den Faktor 30 höhere Drücke an, zum anderen müssen weitere Komponenten wie der Druckspeicher und das Drucksteuerventil des Einspritzsystems gegen Partikeleintrag geschützt werden.

Benötigte Filterfeinheiten

Die notwendige Filterfeinheit (Anfangsabscheidegrad nach ISO/TR 13353, Teil 1: 1994) ist das Ergebnis von Prüfstands- und Felderprobungen, die Motorenhersteller und Hersteller von Einspritzanlagen in Zusammenarbeit mit Filterherstellern durchgeführt haben. **Bild 23-7** zeigt Empfehlungen zur Mindestfilterfeinheit für Otto-Einspritzsysteme. Wird der Motor bei hohen Partikelkonzentrationen im Kraftstoff oder in der Außenluft betrieben (erschwerte Bedingungen), sind feinere Kraftstofffilter für einen effizienten Verschleißschutz notwendig.

Bauformen von Ottokraftstofffiltern

Die bevorzugte Bauform von Ottokraftstofffiltern ist der Leitungseinbaufilter (Inlinefilter). Bei einigen Ausführungen ist das Druckregelventil in den Filterkopf integriert. Die Filtergehäuse werden je nach ihrer Position im Motorraum (Crashsicherheit) und nach Vorgabe des Fahrzeugherstellers aus Kunststoff, Aluminium oder auch aus Stahlblech gefertigt. Für Ottomotoren werden zunehmend wartungsfreie Lebensdauer-Kraftstofffilter gefordert. Ein weiterer Trend wird durch die Absenkung der Grenzwerte für Kohlenwasserstoff-Emissionen vorgegeben. Diese erfordert, alle außen liegenden Komponenten des Niederdruckkreislaufs wie EKP, Feinfilter und Druckregelventil zu einer Tankeinbaueinheit zusammenzufassen. Weitere Komponenten wie der Tankstandgeber, der Schwalltopf, der mittels einer Saugstrahlpumpe aktiv befüllt werden kann, und das optionale Vorsieb, das als Pumpenschutz dient, können ebenfalls in der Tankeinbaueinheit integriert werden. **Bild 23-8** zeigt ein modernes Lebensdauer-Filterelement. Derartige Filterelemente werden auch heute in komplexen, nicht zylindrischen Geometrien ausgeführt, um eine maximale Bauraumausnutzung in der Tankeinbaueinheit zu erhalten.

Aufbau des Filterelements und Filtermediums

Die heutigen Anforderungen an die Filterfeinheit und die Schmutzspeicherfähigkeit bedingen innovative Filterkonzepte. Ein einfaches Siebfilter (Oberflächenfilter) erreicht bei gleicher Filterfeinheit nur etwa ein Zehntel der Standzeit (Partikelspeicherfähigkeit) eines modernen Tiefenfiltermediums. Um die für die Ottokraftstofffiltration vorgegebenen Leistungsdaten einhalten zu können, ist daher der Einsatz von Tiefenfiltermedien erforderlich, die darüber hinaus mit einer sehr hohen Packungsdichte verbaut werden. Dies

Bild 23-8 Sterngefaltetes Filterelement für Lebensdauerfiltration in einer Tankeinbaueinheit

wird vor allem über die sternförmige Faltung erreicht (vergleiche **Bild 23-8**). Der Faltenbalg, der eine große Filterfläche besitzt, stützt sich auf einem druckstabilen Mittelrohr ab. Der Kraftstoff durchströmt den Filter radial von außen nach innen. Alternativ sind sogenannte Wickelfilter im Einsatz, die aus konzentrischen Papier-Filtertaschen bestehen. Tiefenfilter bestehen heute überwiegend aus feinsten Zellstofffasern. Neuere sterngefaltete Elemente weisen zunehmend mehrlagige Filtermedien mit synthetischen Feinstfasern auf. Die Zellstofffasern des Filtermediums sind mit speziellen, kraftstoffbeständigen Imprägnierungen ummantelt.

23.2.2 Dieselkraftstofffilter

Die rasante Entwicklung der Dieseltechnologie ermöglicht heute eine hocheffiziente Nutzung des Kraftstoffs sowohl bei Pkw- als auch Nkw-Motoren. Der Kraftstoff wird bei allen modernen Dieselmotoren direkt in den Zylinder eingespritzt. Aufgabe des Kraftstofffilters ist es, alle Komponenten des Hochdruck-Einspritzsystems zu schützen. Hierzu kann der Filter im Niederdruckkreislauf entweder druckseitig im Zulauf der Hochdruckpumpe oder saugseitig im Zulauf der Kraftstoff-Vorförderpumpe (EKP) angeordnet sein. Bei druckseitiger Anordnung steht je nach Auslegung des Systems ein Differenzdruck von bis zu 6 bar für die Kraftstofffiltration zur Verfügung und damit erheblich mehr als bei saugseitiger Anordnung. Bei Nkw-Motoren und zunehmend auch bei Pkw-Motoren überwiegt daher die druckseitige Anordnung.

Benötigte Filterfeinheiten

Mit der Einführung der modernen, magnetventilgesteuerten Diesel-Einspritzsysteme wurde es notwendig, die Filterfeinheit deutlich zu verbessern [2, 3]. Insbesondere bei Nkw-Pumpe-Düse-Systemen zeigte sich schnell, dass der Einsatz früherer Feinstfilter (Anfangsabscheidegrad $\eta_{3\text{–}5\,\mu m} = 45\,\%$, bis 1997 feinste in Europa für Verteilereinspritzpumpen eingesetzte Filterqualität) zu Verschleiß der Ventilsitze des Magnetventils führt. In der Praxis macht sich dieses Schadensbild durch eine abnehmende Motorleistung, ungleichmäßigen Motorlauf (verursacht durch unterschiedlich starken Verschleiß an den einzelnen Injektoren) und vermehrte Rußbildung bemerkbar. Die Ermittlung der erforderlichen Filterfeinheit erfolgt vor allem durch die Verschleißbeurteilung nach Felderprobung am Fahrzeug. Dieses zeitaufwändige Verfahren wird zunehmend durch spezielle, von Dieselmotorherstellern und Herstellern von Einspritzanlagen durchgeführte Verschleißuntersuchungen ersetzt beziehungsweise ergänzt. Hierbei wird am Einspritzpumpenprüfstand ein Kraftstoff verwendet, der speziell mit Feinstpartikeln (zum Beispiel mit ISO 12103-M1 oder -A2 Teststaub) versetzt wurde. Der bei Bestückung mit unterschiedlichen Filtern auftretende Spritzmengenverlust dient als Verschleißindikator und wird mit dem Anfangsabscheidegrad des Filters in Beziehung gesetzt. Sowohl bei Feldtests als auch bei Prüfstandserprobungen korrelieren praxisrelevante Verschleißindikatoren sehr gut mit dem nach ISO/TR 13353: 1994 ermittelten Anfangsabscheidegrad im Partikelintervall von 3 bis 5 µm. Untersuchungen an PLD-Motoren (Nkw, USA) bestätigen ebenfalls die Verschleißrelevanz der Feinstfraktion um 5 µm [4]. **Bild 23-9** zeigt Empfehlungen zur Mindest-Filterfeinheit für Diesel-Einspritzsysteme. Analog zu **Bild 23-7** wird zwischen normalen und erschwerten Bedingungen unterschieden.

Wasserabscheidung

Gelangt Wasser auf die Hochdruckseite des Dieseleinspritzsystems, können durch lokale Mangelschmierung und vor allem durch Korrosion Schäden entstehen [5]. In vielen Fällen hat der Kraftstofffilter daher auch die Aufgabe, dieses freie oder emulgierte Wasser abzuscheiden. Für VE- und CR-Systeme wird im Allgemeinen ein Schutz gegen den Eintritt unzulässig hoher Wassermengen gefordert. PD-Systeme sind auf Grund kurzer Kontaktzeiten relativ unempfindlich, benötigen aber, sofern ein sehr hoher Wasseranfall erwartet wird, ebenfalls eine Vorrichtung zur Wasserabscheidung. Die Wasserabscheidung erfolgt heute überwiegend durch Koaleszenz an speziellen Filtermedien. Besonders geeignet sind hierbei Filtermedien, die aus Fasern mit hydrophober Oberfläche aufgebaut sind. Das abgeschiedene Wasser sammelt sich in einem unten liegenden Reservoir des Filters und wird nach Füllung dieses Wassersammelraums über manuelle oder automatische Vorrichtungen abgelassen. Die Prüfung der Wasserabscheidung erfolgt durch Zugabe einer 2 %-Wasser in Diesel Emulsion und ist in der ISO 4020 beschrieben.

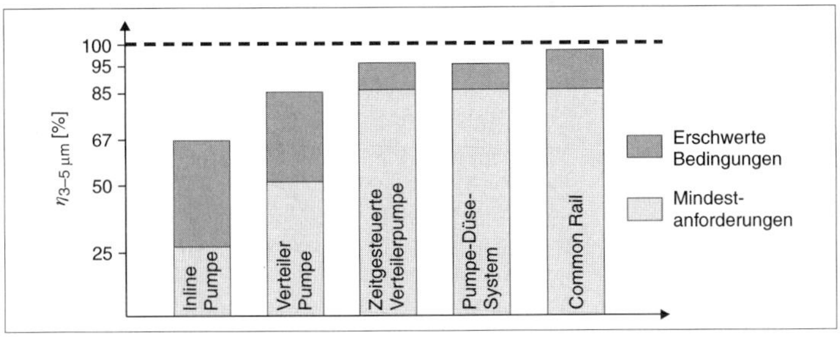

Bild 23-9 Empfehlung der Mindestfilterfeinheit für Dieselkraftstofffilter

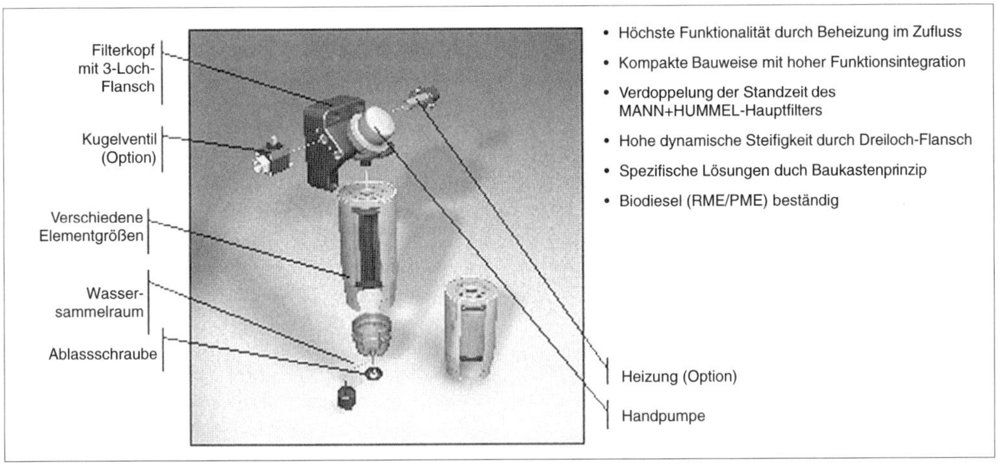

Bild 23-10 Dieselkraftstoff-Vorfilter für Nkw in Wechselfilterausführung

Bauformen von Dieselkraftstofffiltern

Man unterscheidet zwischen Dieselkraftstofffiltern, die sich öffnen lassen und solchen, die beim Service mitsamt dem Filtergehäuse gewechselt werden. Zu dieser Filterkategorie zählen Leitungseinbaufilter (Inlinefilter) in Stahlblech-, Aluminium- oder Kunststoffausführung. Gerade die erhöhten Anforderungen an die Crashsicherheit haben zu einer Renaissance der Stahlblechkonstruktion geführt. Auch Zusatzelemente wie ein Wasserauslass, ein Wassersensor (in Form eines Leitfähigkeitssensors), ein Thermostatventil (zur Rückführung heißen Kraftstoffs) und Heizungen können in Inlinefiltern integriert werden. Ein weiterer sehr verbreiteter Filtertyp, der sich nicht öffnen läßt, ist der Kraftstoffwechselfilter. Der Wechselfilter wird auf einen mit Außengewinde versehenen Filterkopf geschraubt und durch eine außen liegende Elastomerdichtung abgedichtet.
Der Forderung nach maximaler Filterfeinheit und gutem Wasserabscheidevermögen bei gleichzeitig immer längeren Wechselintervallen kann insbesondere bei Nkw nur noch durch mehrstufige Filterkonzepte entsprochen werden. Hierbei wird zunächst druckseitig oder saugseitig ein Vorfilter eingebaut, der zur Wasserabscheidung und Partikelvorfiltration dient. Anschließend durchströmt der Kraftstoff einen druckseitig angeordneten Feinfilter, in dem die Feinstpartikelabscheidung erfolgt. **Bild 23-10** zeigt einen Kraftstoffvorfilter für Nkw in Wechselfilterausführung, in den zahlreiche Zusatzfunktionen (zum Beispiel eine thermostatisch geregelte Kraftstoffrückführung, eine elektrische Beheizung, eine Befüllpumpe, Sensoren für Wasserstand und Differenzdruck) integriert sind.
Gehäusekraftstofffilter sind Filter, die sich öffnen lassen. Beim Filterwechsel wird der Gehäusedeckel aufgeschraubt und nur das sterngefaltete Filterelement gewechselt. Aus Servicegründen wird der Gehäusedeckel bevorzugt oben liegend positioniert. Gehäusekraftstofffilter können Zusatzelemente wie ein Druckregelventil, ein Thermostatventil, eine elektrische Beheizung sowie Wasserstand- und Differenzdrucksensoren beinhalten. In modernen Ausführungen besteht das Filterelement ausschließlich aus nicht metallischen und daher problemlos thermisch recycelbaren Werkstoffen **(Bild 23-11)**.

Aufbau des Filterelements und Filtermediums

Filterelemente für Dieselkraftstoffe sind heute überwiegend sterngefaltet. Die Forderung nach einer hohen Filterfeinheit bei gleichzeitig langen War-

Bild 23-11 Filterelement für einen Nkw-Gehäusekraftstofffilter in metallfreier Ausführung

tungsintervallen erfordert den Einsatz neuartiger Filtermedien. Mit Compositefiltermedien in mehrlagigem Aufbau (Mann + Hummel Multigrade) können höchste Filterfeinheiten bei gleichzeitig hoher Partikelspeicherfähigkeit realisiert werden. Die Leistungssteigerung gelingt nur noch durch gezielte Optimierung der Zusammensetzung und des Aufbaus der faserigen Filtermedien. Hierzu werden modernste Prüfmethoden eingesetzt, die auf Abscheidegradmessungen mittels automatischen Partikelzählern basieren. Die empirischen Entwicklungstools werden neuerdings durch den Einsatz der Strömungssimulation (Computational Fluid Dynamics, CFD) zur Berechnung der Partikelabscheidung in faserigen Tiefenfiltermedien sinnvoll ergänzt [6]. Bei modernen Composite-Filtermedien sind auf einer Optimierung der Faserstruktur basierende Erkenntnisse umgesetzt. **Bild 23-12** zeigt den schematischen Aufbau der MULTIGRADE-Filtermedien. Gegenüber konventionellen cellulosebasierten Mischfasermedien

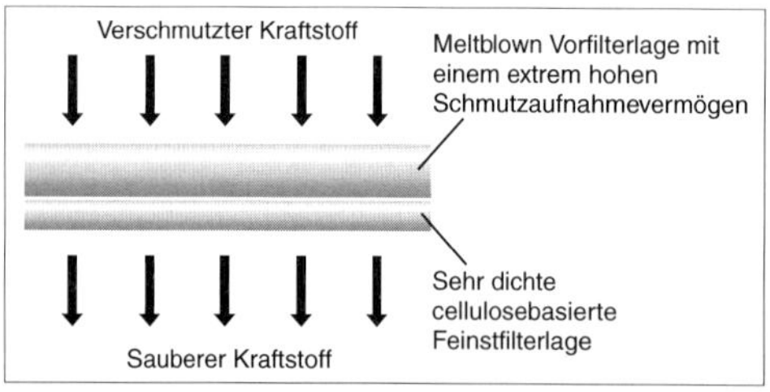

Bild 23-12 Schematischer Aufbau der MULTIGRADE-Filtermedien

können die Leistungsdaten sowohl bezüglich Partikelspeicherfähigkeit (Standzeit) als auch Filterfeinheit deutlich gesteigert werden.
Die anströmseitig positionierte Synthetic-Faserlage weist auf Grund der hydrophoben Eigenschaften der Grundwerkstoffe und kleinster Faserdurchmesser eine sehr gute Wasserkoaleszenz auf. Die Wasserabscheidung erfolgt daher anströmseitig. Gegenüber einlagigen Filterpapieren erhöhte Leistungsdaten lassen sich auch durch Verwendung sogenannter Glasfaser-Mischpapiere realisieren. Derartige Filtermedien enthalten 5 bis 20 % Mikroglasfasern mit Faserdurchmessern um 1 µm. Diese außerhalb Europas eingesetzten Filtermedien sind nicht unumstritten, da sich die ultrafeinen und brüchigen Glasfasern ablösen können.

23.2.3 Leistungsdaten von Kraftstofffiltern

In Richtung maximaler Partikelspeicherfähigkeit entwickelte MULTIGRADE-Medien sind Kraftstofffilter für Ottomotoren in Tankeinbaueinheiten (Lebensdauereinsatz) geeignet. Für Hochleistungs-Dieselkraftstofffilter ist es hingegen erforderlich, in Richtung maximaler Filterfeinheit entwickelte Filtermedien einzusetzen. Das MULTIGRADE-Konzept ermöglicht dies ohne Einbußen bei der Standzeit. **Bild 23-13** zeigt die Standzeit und den Abscheidegrad eines Filterelements mit MULTIGRADE F_GAS für Lebensdauer-Benzinfilter sowie die Leistungsdaten von Dieselfiltern mit den Feinstfiltermedien MULTIGRADE F_HC und MULTIGRADE F_HE im Vergleich zu einem früheren Standard (Zellulose-Polyester-Mischfaserpapier, bis 1997 feinstes Diesel-Filtermedium in Europa).

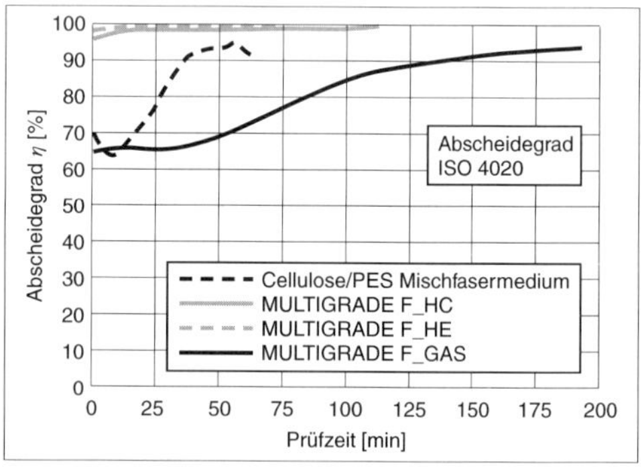

Bild 23-13 Leistungsdaten von Otto- und Dieselkraftstofffiltern mit konventionellen und modernen Filtermedien

Ausblick

Mit weiter fortschreitender Entwicklung der Diesel- und Benzineinspritzung ist auch zukünftig eine ständige Steigerung der Leistungsdaten der Filtermedien und Filter für Kraftstoff verbunden. Der heute bereits hohe Standard kann dabei nur noch durch die Verwendung neuartiger, immer feinerer Fasern als Werkstoff des Filtermediums und die Optimierung der Mikrostruktur des Filtermediums übertroffen werden. Im Fokus künftiger Weiterentwicklungen von Filtermedien für Dieselkraftstoff stehen die immer noch ansteigenden Filterfeinheiten bei gleichzeitig längeren Serviceintervallen und kleineren Bauräumen. Künftige Dieselkraftstofffiltersysteme werden neben integrierten, bereits heute verwendeten Zusatzfunktionen auch Lösungen für die wartungsfreie Entsorgung des aus dem Kraftstoff abgeschiedenen Wassers aufweisen. Bei Ottokraftstofffiltern besteht die zukünftige technologische Herausforderung vor allem in der Umsetzung der für DI-Motoren benötigten höheren Filterfeinheit in kompakten Lebensdauer-Filterelementen für Tankeinbaueinheiten.

23.3 Filtration von Motoröl

23.3.1 Verschleiß und Filtration

Die Aufgabe des Öls im Motor ist in erster Linie die Schmierung der bewegten Teile, aber auch die Kühlung heißer Motorteile (zum Beispiel Kolbenbodenkühlung) sowie die Dichtungsfunktionen dünner Ölfilme in den Zylinderlaufflächen und die Kraftübertragung. Partikuläre Verunreinigungen in verschleißrelevanter Größe verursachen in den Schmierspalten zwischen den sich bewegenden Motorkomponenten stark erhöhten Abrieb und beschädigen die Oberflächen, was zu weiterem Verschleiß führen kann. Dies führt zu erhöhtem Öl- und Kraftstoffverbrauch, reduzierter Motorleistung und einer erheblich gestiegenen Umweltbelastung durch schlechte Abgaswerte [8].
Im Motoröl sammeln sich die Verschmutzungen, die aus den verschiedensten Quellen in den Motor eingetragen werden. Dies ist zum Beispiel der Restschmutz aus der Fertigung und Montage des Motors, metallischer Abrieb (Verschleißteilchen) die während des Betriebs des Motors entstehen, Staubpartikel aus der Umgebung die auch von guten Luftfiltern noch durchgelassen werden oder über Dichtstellen und Wellenabdichtungen in den Motor gelangen oder Ruß aus unvollständig verbranntem Kraftstoff. Hinzu kommen Wasseranteile aus der Verbrennung sowie unverbrannter Kraftstoff und Reaktionszwischenprodukte des Verbrennungsprozesses, die zusammen mit den Reaktionsprodukten des Öls, wie zum Beispiel Öloxidationsprodukte und Reaktionsprodukte der Öladditive, eine komplexe Mischung bilden. Da das Motoröl permanent im Kreislauf gefördert wird, reichern sich die Verschmutzungen im Motoröl an und müssen zum Schutz des Motors soweit möglich aus dem Öl wieder entfernt werden, beziehungsweise zumindest unterhalb eines kritischen Grenzwertes gehalten werden. Kri-

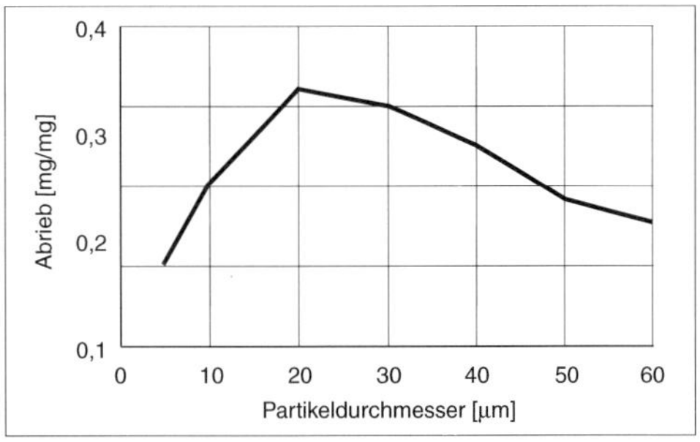

Bild 23-14 Verschleißdiagramm, zeigt die Verschleißwirkung verschieden großer Partikeln in einem Verbrennungsmotor

tisch ist auch der Rußeintrag in das Motoröl, da höhere Konzentrationen zu einer höheren Viskosität des Motoröls und zu verminderter Schmierfähigkeit führen. Ein nicht rechtzeitig ausgeführter Ölwechsel kann schwere Motorschäden hervorrufen [7].
Die Verschleißrelevanz von Partikeln hängt auch vom Motor selbst ab, von seinen Toleranzen und der Größe der Lagerspalte. Hier hat die Motorentwicklung der vergangenen Jahre große Veränderungen durchlaufen. Die Anforderungen durch steigende Verbrennungsdrücke (Downseizing der Motoren) und höhere Energieeffizienz führte zu einer drastischen Verringerung der zulässigen Fertigungstoleranzen. Daher sind bereits Partikel ab etwa 1 µm kritisch – vor allem in höheren Konzentrationen. Besonders gefährlich sind Partikelgrößen ab 8 µm bis etwa 60 µm, wie Verschleißmessungen zeigen. **Bild 23-14** zeigt ein typisches Verschleißdiagramm. Der metallische Abrieb des Motors wurde durch tracermarkierte Metalle quantitativ erfasst und zeigt die unterschiedliche Verschleißrelevanz verschieden großer mineralischer Partikel, mit denen der Motor beaufschlagt wurde. Besonders kritisch sind Partikel im Größenbereich der Schmierspalte. Diese Aussagen sind auf andere Motoren übertragbar, das heißt, dass mit abnehmenden Spaltweiten immer kleinere Partikel verschleißrelevant werden. Es ist auch zu beachten, dass bei hohen Konzentrationen sehr kleiner Teilchen im Öl ebenfalls erhöhter Abrieb auftritt. Auch größere Teilchen sind sehr gefährlich, weil sie zerkleinert werden und dann wieder in die relevanten Partikelgrößenklassen fallen.
Die Ölfilter, **Bild 23-15**, stellen eine Senke für die partikulären Verunreinigungen dar. Sie sind Tiefenfilter, die es dem Öl erlauben, seine bestimmungsgemäßen Aufgaben in dem vom Hersteller angegebenen Intervall zu erfüllen. Das Ölfilterelement kann die Ölwechselintervalle nicht verlängern oder Abbauprozesse verzögern.

23.3.2 Hauptstromölfilter

Bild 23-16 zeigt schematisch den Ölkreislauf eines Verbrennungsmotors mit Hauptstromölfilter. Das ist

Bild 23-15 Auswahl verschiedener Ölfilter (Wechselfilter (mit Metallgehäuse zum Anschrauben), metallfreie Elemente zum Einbau in Ölfiltermodule, jeweils mit Papier-, Composite- und vollsynthetischen Filtermedien)

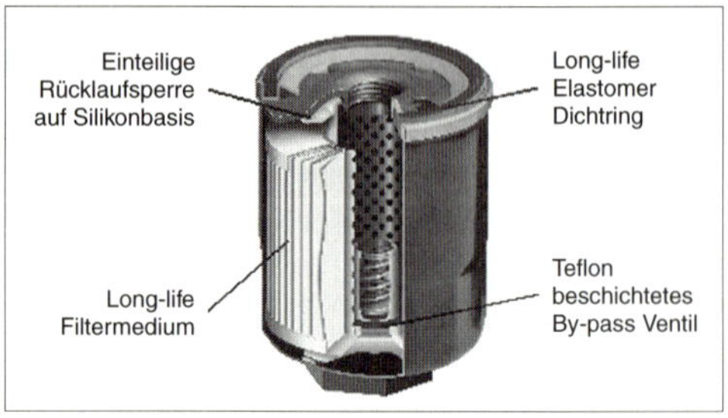

Bild 23-17 Anschraub-Wechselfilter im Schnitt

ausreichend, wenn zwischen den Serviceintervallen nicht mit einem hohen Feinstanteil von Partikeln zu rechnen ist. Im Hauptstromölkreislauf, wie es für Pkw-Benzin- und Dieselmotoren der Fall ist, saugt die Ölpumpe aus der Ölwanne (drucklos) das Öl an, das bei Bedarf im Ölkühler zurückgekühlt wird und dann den Hauptstromölfilter passiert. Ein Druckregelventil steuert den überschüssigen Ölmassenstrom zurück in die Ölwanne. Das zum Motor strömende Öl muss vollständig den Hauptstromölfilter passieren, wodurch sich zumeist ein Kompromiss zwischen Filterfeinheit (im Allgemeinen gleichbedeutend mit Druckverlust bei vergleichbaren Filtermedien) und der Baugröße des Filters ergibt. Auch der Hauptstromölfilter besitzt ein Umgehungsventil, das in Abhängigkeit vom anliegenden Differenzdruck am Filter öffnet und so die Ölversorgung des Motors sicherstellt – vorrangig vor einer Filtration des Öls. Dies kann zum Beispiel bei sehr tiefen Temperaturen und zähem Öl notwendig sein. Deshalb ist es sehr wichtig, dass das Filterelement nicht verbraucht, das heißt verstopft ist. Sonst ist dieses Bypassventil auch im normalen Betrieb teilweise geöffnet und lässt ständig einen ungefilterten Ölteilstrom mit allen Folgen eines erhöhten Verschleißes passieren. Die maximale, von den Automobilherstellern empfohlene Druckdifferenz liegt zwischen 1,0 und 2,5 bar. Durch eine entsprechende Falt- und Prägetechnik werden die Filtermedien diesen Beanspruchungen gerecht. **Bild 23-17** zeigt einen typischen Wechselfilter im Schnitt. Man erkennt das sterngefaltete Filterelement und das Überströmventil (unten) sowie die einteilige Rücklaufsperre, die ein Leerlaufen des Filterelements bei Stillstand verhindert und so nach dem Start sofort die volle Schmierwirkung des Öls erlaubt.

Eine aufwändigere Lösung ist in **Bild 23-18** dargestellt, das ein komplettes Ölfiltermodul zeigt. Neben

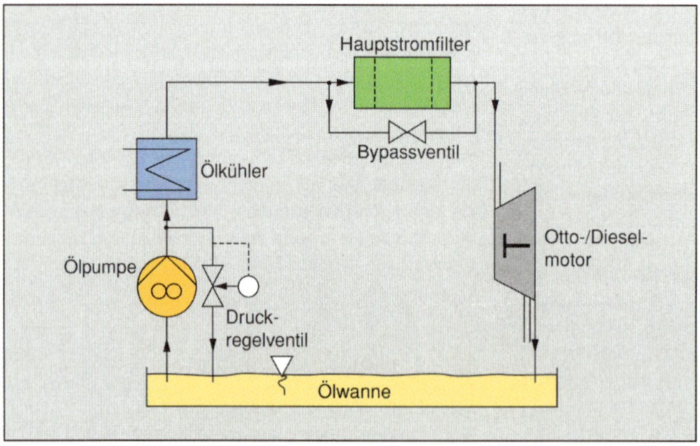

Bild 23-16 Ölkreislauf eines Verbrennungsmotors mit Hauptstromölfilter

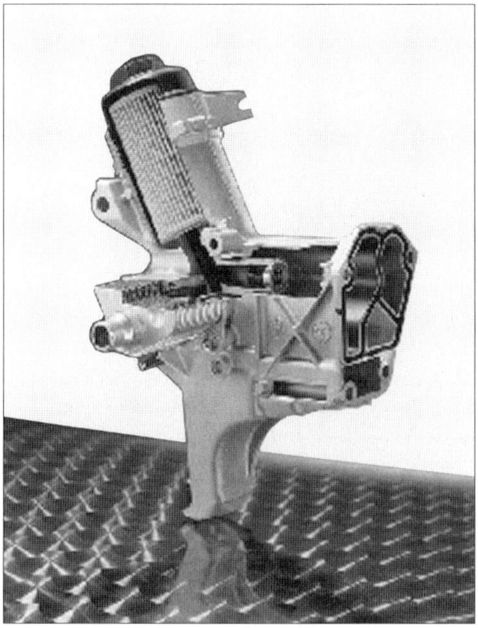

Bild 23-18 Ölfiltermodul für einen 4-Zylinder-Dieselmotor mit metallfreiem Filterelement und diversen, integrierten Zusatzfunktionen (Ölkühler, Druck- und Temperatursensoren, Halterung für Lichtmaschine, Rücklauf- und Überdruckventile, Öl-/Wasserströmungsführung)

dem umweltfreundlich zu entsorgenden, metallfreien Filterelement ist dort auch der Ölkühler direkt integriert. Dazu kommen Sensoren zur Messung des Öldrucks, der Temperatur und – zukünftig – der Ölbeschaffenheit, die eine exakte Bestimmung des aktuellen Ölzustandes erlauben. Durch die Integration weiterer Funktionen, wie einer Heizung, eines separaten Abscheiders zur Kurbelgehäuseentlüftung oder von Haltefunktionen für andere Bauteile am Motor, ersetzen diese multifunktionalen Ölmodule mehr und mehr die bisherigen Wechselfilter.

23.3.3 Abscheidegrad und Filterfeinheit

Im Gegensatz zu den Filterfeinheiten bei der Motoransaugluft oder bei der Kraftstofffiltration gibt es bei der Motorölfiltration keinen festgesetzten Mindestabscheidegrad. Die Hersteller definieren die Filterfeinheit beim Öl in ihren Lastenheften sehr unterschiedlich; entsprechend verschieden fallen die spezifizierten Trennkurven aus. **Bild 23-19** zeigt verschiedene Trennkurven in Abhängigkeit von der Partikelgröße. Die Filterfeinheit wird über den Partikeldurchmesser definiert, der zu 50 % aus dem Öl abgeschieden wird. Übliche Werte für Hauptstromölfilter sind Partikeldurchmesser von 9 µm beziehungsweise 12 µm. Für neuere Applikationen kommen weiterentwickelte Filtermedien zum Einsatz, die Motorenöle mit einer Filterfeinheit von 4 µm und kleiner filtrieren. Allerdings muss beachtet werden, dass mit zunehmender Filterfeinheit die Schmutzmenge steigt, die vom Filter zurückgehalten wird. Diese Filter benötigen also bei gleichem Serviceintervall eine größere Schmutzspeicherkapazität. Demgegenüber steht, dass als genereller Trend mit zunehmender Filterfeinheit innerhalb eines Medientypes die Schmutzkapazität sinkt. Filter mit zunehmender Filterfeinheit müssen also größer gebaut werden oder sie benötigen höherentwickelte Medien.

Nicht durchgesetzt haben sich die sogenannten Lifetime Ölfilter, die unter Verzicht auf die Filtration kleiner Partikel nur den sicheren Rückhalt relativ großer Partikel sicherstellen. Diese Filter müssen eine sehr gute chemische Beständigkeit aufweisen und haben im Verhältnis zu Standardölfilterelementen bei gleicher Baugröße eine über 200 % größere Schmutzspeicherkapazität und lassen entsprechend längere Serviceintervalle zu. Wegen des langfristig höheren

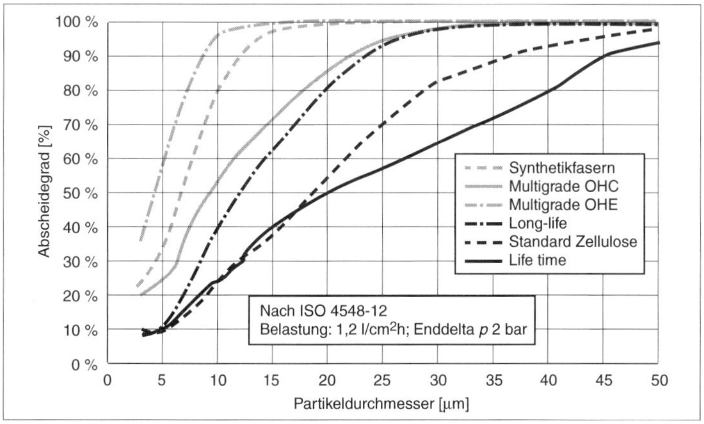

Bild 23-19 Fraktionsabscheidegradkurven sechs verschiedener Ölfiltermedien

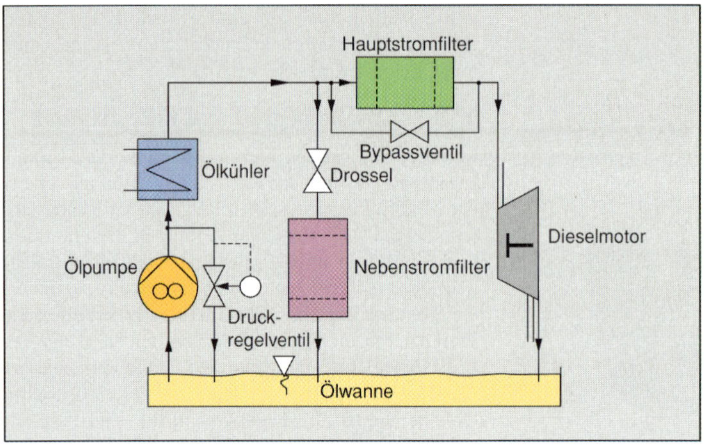

Bild 23-20 Ölkreislauf eines Verbrennungsmotors mit Haupt- und Nebenstromölfilter

innermotorischen Verschleißes ist vom Einsatz solcher Filter abzuraten.

Die zur Ölfiltration eingesetzten Filtermedien sind Tiefenfiltermedien. Verwendet werden Cellulose, Cellulose-Synthesefasern-Mischmedien, Composites aus Cellulose und synthetischen Fasern, Glasfaser-Cellulose-Mischmedien, Glasfasermedien und vollsynthetische Medien. Die reinen Cellulosemedien sind auf Grund ihrer geringeren chemischen Beständigkeit für die Verwendung mit voll- und teilsynthetischen Leichtlaufmotorölen oder in Longlife Filtern nicht geeignet [10]. Die Beständigkeit kann durch synthetische Fasern (als Mischmedium, im Composite oder als Vollvlies) signifikant erhöht werden. Glasfaserhaltige Medien zeichnen sich durch ausgezeichnete Filtrationseigenschaften und sehr gute chemische Beständigkeit aus. Sie finden aber derzeit nicht durchgängig Verwendung, da sie von vielen Fahrzeugherstellern wegen der Gefahr der Fasermigration abgelehnt werden.

23.3.4 Nebenstromölfiltration

Ein Aufbau des Schmiersystems entsprechend 23.3.2 ist ausreichend, wenn zwischen den Serviceintervallen nicht mit einem hohen Anteil von sehr kleinen Partikeln zu rechnen ist. Ist dies der Fall, zum Beispiel bei Dieselmotoren mit großen Wechselintervallen (Nutzfahrzeuge) oder hohem Rußeintrag ins Motoröl, wird zusätzlich zum Hauptstromölfilter ein Nebenstromölfilter verwendet. Eine hohe Konzentration feinster Teilchen kann ähnlich verschleißrelevant sein wie größere Partikel. Gefürchtet ist das sogenannte „Bore Polishing“, ein Effekt, bei dem Stellen an den Zylinderlaufflächen so extrem fein poliert werden, dass die Oberflächengüte selbst Ölfilmen ein Anhaften unmöglich macht und der Schmierfilm abreißen kann.

Bild 23-20 zeigt den prinzipiellen Aufbau eines Ölkreislaufs mit Haupt- und Nebenstromfilter. Über eine Drosselstelle wird aus dem Hauptstrom ein Teilstrom von ca. 5 – 10 % des Gesamtvolumenstroms durch einen Nebenstromfilter gereinigt in die Ölwanne zurück gefördert. Der Nebenstromfilter enthält zumeist wesentlich feinere Filtermedien mit denen auch kleinste Partikel wie zum Beispiel Ruß, aus dem Motoröl entfernt werden. Zur Erzielung der entsprechenden Filterwirkung für Rußpartikel <1 µm muss die Filtrationsgeschwindigkeit geringer sein als beim Hauptstromfilter und das Filtermedium entsprechend feiner. Mit zunehmender Belegung des Tiefenfilters reduziert sich die Durchflussmenge; die Filterfeinheit nimmt aber zu [9].

Eine weitere, effektive Möglichkeit, feinste Rußpartikel im Nebenstrom abzuscheiden wird durch den Einsatz von Freistrahlzentrifugen erreicht. An Stelle des größer bauenden Nebenstromfilterelements wird eine Freistrahlzentrifuge aus Metall oder Kunststoff (geringeres Gewicht, umweltfreundlichere Entsorgung) gesetzt. Der Antrieb erfolgt durch das mit Druck durch die Zentrifuge strömende Öl, der diese Zentrifugen auf bis zu 10.000 Umdrehungen pro Minute beschleunigen kann. Das Öl strömt aus dem Zentrifugengehäuse drucklos in die Ölwanne zurück.

Bild 23-21 zeigt den Kunststoffrotor einer Freistrahlzentrifuge. Man erkennt die Treibdüsen am unteren Ende des Rotors. Zu sehen ist auch ein aufgeschnittenen Rotor neu und nach 500 h Einsatz im Fahrzeug. Auf Grund der hohen Fliehkräfte wird nicht nur ein guter Abscheidegrad für die relevanten, kleinen Partikel erreicht, auch das sich bildende Sediment ist sehr kompakt. Diese Freistrahlzentrifugen sind eine Alternative zu den Nebenstromfilterelementen. Bei jedem Service entsprechend den Ölwechsel- und Hauptstromölfilterwechselintervallen, wird der mit kompakten Feinstpartikeln gefüllte Rotor entnommen und durch einen neuen Rotor ersetzt.

Ein potentieller zukünftiger Markt für kleinbauenden Freistrahlzentrifugen ist auch die Anwendung in Pkw-Dieselmotoren. Durch die sich weiter verschärfenden Gesetze hinsichtlich der Abgasvorschriften

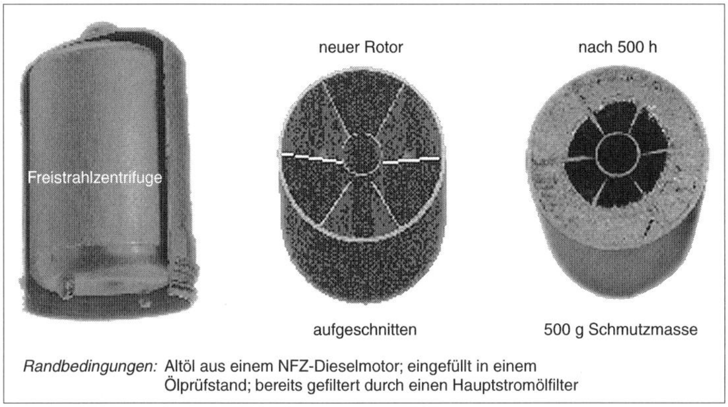

Bild 23-21 Freistrahlzentrifuge aus Kunststoff zur Abscheidung feinster Partikel im Nebenstromölkreislauf. Rotor im Schnitt, neu und beladen

(EURO 5 und EURO 6), ergibt sich auf der motorischen Seite ein Zielkonflikt zwischen geringen Stickoxid- und Rußpartikelkonzentrationen. Bei einer Optimierung des Verbrennungsprozesses in Richtung geringe NO_x-Konzentrationen zur Umgehung der ansonsten erforderlichen SCR-Technologie (Selective Catalytic Reduction) wird zwangsläufig die Rußentstehung verstärkt. Dies führt zu erhöhtem Rußeintrag ins Motoröl. Bei gleichbleibenden oder sich verlängernden Serviceintervallen stellen Freistrahlzentrifugen eine Alternative zu größer bauenden Ölnebenstromfilterelementen dar.

Literatur

[1] World-Wide Fuel Charter, Broschüre der Internat. Verbände der Automobilindustrie: ACEA, Alliance, EMA, JAMA, April 2000

[2] *Klein, G.-M.:* Kraftstofffilter. Kraftfahrtechnisches Taschenbuch. Bosch, Bauer, H. (Hrsg.), 23. Aufl. Braunschweig, Wiesbaden: Vieweg, 1999, S. 436 + 437

[3] *Klein, G.-M.:* Changes in Diesel Fuel Filtration Concepts. Proceedings 2nd Int. Conf. Filtration in Transportation, Stuttgart, Bergmann, L. (Hrsg.), Filter Media Consulting, LaGrange, USA, 1999, S. 45–49

[4] *Bessee, G. B. et al.:* High-Pressure Injection Fuel System Wear Study. SAE 980869

[5] *Projahn, U.; Krieger, K.:* Diesel-Kraftstoffqualität – Erkenntnisse aus Sicht des Einspritzlieferanten. Proceedings 9. Aachener Kolloquium Fahrzeug- und Motorentechnik, Pischinger, S. (Hrsg.), Aachen 2000, S. 929–944

[6] *Klein, G.-M.; Banzhaf, H.; Durst, M.:* Fuel Filter Solutions for Future Diesel Injection Systems. Proceedings World Filtration Congress 8, Brighton, UK 2000, S. 887–890

[7] *Mach, W.; Trabandt, T.:* Auswirkungen fester Fremdstoffe in Gebrauchtölen auf das Verschleißverhalten von Dieselmotoren, Mineralöltechnik 10, 1998

[8] *Spanke, J.; Müller, P.:* Neue Ölwechselkriterien durch Weiterentwicklung von Motoren und Motorenölen, MTZ Motortechnische Zeitschrift 58 (1997), 10

[9] *Dahm, W.; Daniel, K.:* Entwicklung der Ölwechselintervalle und deren Beeinflußbarkeit durch Nebenstromfeinstölfilterung, MTZ Motortechnische Zeitschrift 57 (1996), 6

[10] *Banzhaf, H.; Yates, B.; Trautmann, P.; Durst, M.:* Small elements, big performance, best price – challenges for oil filter elements. Proceedings International Filtration Conference, San Antonio 2008.

Banzhaf, H.; Yates, B.; Trautmann, P.; Durst, M.: Small Elements, Big Performance, Best Price – Challenges for Oil Filter Elements. Proceedings 9th International Filtration Conference 2008, San Antonio

Durst, M.; Klein, G.-M. (Hrsg.): Filtration in Fahrzeugen, Renningen: Expert-Verlag 2006

Durst, M.; Klein, G.-N.; Moser, N.; Trautmann, P.: Filtration und Separation in der Automobiltechnik. CIT, 2007, Vol. 79 No. 11, pp. 1845–1859

Fell, A.; Samways, A.; Wächter, H.-G.: Entwicklung einer neuen Freistrahlzentrifuge für Dieselmotoren. In: MTZ 65 (2004), Heft 9, S. 664–669

Reyinger, J.; Durst, M.; Klein, G.-M.: Kraftstofffilter für zukünftige Diesel- und Ottomotoren mit Direkteinspritzung. In: MTZ 65 (2004), Heft 3, S. 196 ff.

24 Berechnung und Simulation

In den letzten Jahren konnte sich der entwicklungsbegleitende Einsatz von Verfahren der Computersimulation im industriellen Umfeld als ein wesentlicher Beitrag zur Steigerung der Effizienz etablieren. Neben Funktionserweiterungen der technisch-wissenschaftlichen Software sowie der rasant gestiegenen Rechnerleistungen ist dieser Erfolg im Wesentlichen auf die Verankerung des Prozesskettengedankens im CAE-unterstützten Entwicklungsablauf zurückzuführen. Hierdurch wurde es möglich, die Detaillierung und Aussagefähigkeit der verwendeten Berechnungsverfahren dem Entwicklungsstadium des Motors und damit den aktuell zu lösenden Problemstellungen anzupassen. Dazu gehört die Erkenntnis, dass die Wertschöpfung der Berechnungsverfahren erst durch eine gesamtheitliche Betrachtung mit den durch CAD-geprägten Konstruktionsmethoden optimiert werden kann.

Die Konsequenz ist, dass das Ablaufschema

- Daten der Geometrie, Werkstoffeigenschaften, Kennfelder und so weiter in der für die Berechnung geeigneten Form verfügbar machen,
- Definition der Belastung/Randbedingungen entsprechend der Problemstellung,
- Erstellung des Rechenmodells,
- Auswertung und Interpretation der Ergebnisse,

im Konstruktionsprozess verankert sein muss unter Berücksichtigung des Zeit- und Kostenmanagements.

24.1 Festigkeits-und Schwingungsberechnung

24.1.1 Verfahren und Methoden

Festigkeits- und Schwingungsuntersuchungen nehmen beim Bauteilentwurf eine zentrale Stellung ein. Zum einem sind diese Voraussetzung einer optimalen Werkstoffausnützung und beeinflussen damit direkt die Herstellkosten, und zum anderen kann in vielen Fällen eine Verbesserung der Funktion erreicht werden: zum Beispiel führt eine Verringerung der Masse des Kurbeltriebes direkt zu einer Reduzierung der Schwingungsamplituden des Aggregates. Die im Entwicklungsablauf eingesetzten Berechnungsmethoden richten sich nach der Problemstellung, den Anforderungen an Genauigkeit und dem einzusetzenden Aufwand an Zeit und Ressourcen.

In vielen Fällen kann durch ingenieurmäßige Ansätze mit vereinfachten Beziehungen eine Bauteildimensionierung vorgenommen werden. Damit können sehr schnell und wirkungsvoll Aussagen zur Unterstützung des Konstruktionsprozesses gewonnen werden. Für komplexe Belastungszustände und für Bauteile, deren Geometrie durch Freiformflächen beschrieben werden, müssen aufwändigere Verfahren eingesetzt werden. Dafür hat sich als effektivstes Werkzeug die **Finite-Element Methode** erwiesen; diese erlaubt, Beanspruchungen infolge statischer und dynamischer Kräfte sowie Temperaturen zu simulieren [1].

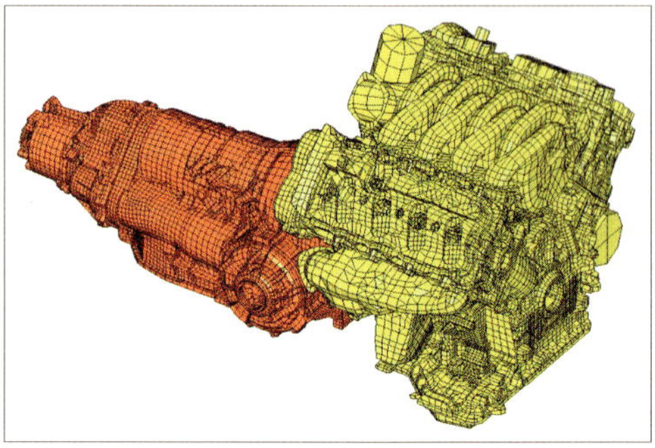

Bild 24-1 Finite-Element Modell eines Aggregates

Bild 24-1 zeigt das Finite-Element Modell eines Aggregates. Die Geometrie der Struktur wird durch Raumelemente nachgebildet. Zusammen mit einer definierten Belastung werden in jedem Element und damit an jeder Stelle des Bauteils die Deformationen und Beanspruchungen durch das Rechenprogramm im Computer ermittelt. Erkauft werden die Ergebnisse durch den Aufwand der Erstellung dieses Modells. Trotz leistungsfähiger Softwaresysteme zur Unterstützung der Modellerstellung muss deutlich mehr Zeit investiert werden, als beim Einsatz der klassischen Ingenieur-Formeln. Erst durch den konsequenten Einsatz von CAD auf breiter Basis konnten daher diese Simulationsverfahren in den Entwicklungsprozess als vollwertiges Hilfsmittel integriert werden. Die mit CAD aufbereiteten Geometriedaten werden direkt von Computersystemen übernommen, die weitgehend automatisch die Modellgenerierung durchführen.

Neben den Fragestellungen zur Bauteildimensionierung nach den Gesichtspunkten der Festigkeit spielen Schwingungsprobleme bei der Auslegung von Aggregaten eine dominierende Rolle. Im niederfrequenten Bereich dominieren Festigkeitsfragen, die aus den Schwingungsamplituden resultieren; und bei höheren Frequenzen überwiegen akustische Phänomene. Zur Behandlung letzterer werden spezielle Finite-Element Verfahren eingesetzt. Dazu gehört als wichtiges Einsatzgebiet die Berechnung des akustischen Verhaltens infolge der Gaskräfte und der oszillierenden Massen. Unterschieden werden muss zwischen Körperschall, der im Wesentlichen über die Motorlager wirksam wird und so den Schallpegel im Fahrzeuginneren beeinflusst, der Schallabstrahlung des Aggregates und dem Mündungsschall der Ansaug- und Abgasanlage, zu deren rechnerischen Optimierung auf [2] hingewiesen sei.

Nur mehr von historischer Bedeutung zur Integration der Berechnung in die CAD-Umgebung sind die sogenannte **p-Methode** und die **Boundary-Methode**. Erstere erlaubt, ein weitgehend unstrukturiertes Netz des zu untersuchenden Bauteils einzusetzen; für den Benutzer unsichtbar werden intern über Polynomansätze höherer Ordnung die Beanspruchungsgrößen und deren Verteilung innerhalb der Raumelemente entsprechend den Genauigkeitsanforderungen ermittelt. Beim Einsatz der Boundary-Methode reduziert sich die Diskretisierung auf die Geometrie der Oberfläche der Struktur. Wegen grundsätzlicher Nachteile (Beanspruchungswerte nur an der Oberfläche, hoher Bedarf an Rechenzeit, beschränkt auf lineare Probleme) hat sich die Methode für Beanspruchungsanalysen nicht durchgesetzt. Die Boundary-Methode ist allerdings sehr gut geeignet zur Berechnung des Schallfeldes infolge der Schallabstrahlung zum Beispiel eines kompletten Aggregates. Heute werden sämtliche Fragestellungen zur Bauteildimensionierung mit Hilfe der Finite-Element Methode behandelt. Im Vordergrund stehen Festigkeitsaufgaben zur Auslegung von Bauteilen und Untersuchungen deren dynamischen Eigenschaften.

Während die Berechnungsverfahren selbst abgesichert sind, stellt die Nachbildung der Belastungen das eigentliche Problem dar und zwar in unterschiedlicher Ausprägung. Durch die Rotation (Kurbelwelle) oder Translation (Kurbeltrieb) eines Bauteils entstehen dynamische Effekte, die die Beanspruchung bestimmen. Zur Analyse dieser Kräfte haben sich die sogenannte Mehr-Körper-Systeme (MKS), auf die später genauer eingegangen wird, etabliert.

Die Lastvorgaben für die Berechnung eines Pleuels sind relativ einfach zu bestimmen; für die Ermittlung der Kräfte zur Spannungsermittlung in der Kurbelwelle muss dagegen eine Simulation des kompletten Kurbeltriebs unter Berücksichtigung der dynamischen Effekte durchgeführt werden. Ähnlich komplex stellt sich die Spannungsanalyse der Anbauteile wie Lichtmaschinenhalter und so weiter dar, da deren kritischer Lastzustand aus Schwingungserregungen resultiert. Mindestens ebenso aufwändig sind Beanspruchungsuntersuchungen, die durch thermische Belastungen hervorgerufen werden. Diese treten vor allem im Zylinderkopf infolge der Temperaturgradienten auf. Hier ist die Bestimmung der Wärmeübergangskoeffizienten aus Strömungsrechnungen, wie später beschrieben, eine wesentliche Voraussetzung.

Neben den Spannungsberechnungen werden auch Aussagen über die Deformation der Bauteile mittels der Rechnung gewonnen. Dazu gehören die Ovalisierung von Zylinderlaufbuchsen, zum Beispiel infolge der Vorspannung der Zylinderkopfschrauben, und die Ausdehnung des Abgaskrümmers.

Sämtliche Belastungen treten zyklisch auf und sind daher nur in Verbindung mit einer Lebensdauraussage zu bewerten. Weiter führende Verfahren ermöglichen, aus den ermittelten Spannungen die Lebensdauer des Bauteils abzuschätzen unter der Voraussetzung, dass der Belastungsverlauf bekannt ist [3]. Derartige Untersuchungen erfordern zusätzliche Informationen wie Werkstoffeigenschaften, Bearbeitungszustand und Ähnliche. Zur Anwendung kommen spezielle Rechenmethoden, auf deren Grundlagen in Kapitel 24.1.3 näher eingegangen wird.

Häufig treten große Bewegungen von Bauteilen in Verbindung mit dynamischen Effekten auf (Kurbelwelle, Ventil). Da die Finite-Element Methode kleine Deformationen voraussetzt, müssen andere Verfahren eingesetzt werden. Zur Beanspruchungsanalyse derartiger Phänomene hat sich die Methode der **Mehr-Körper-Systeme** (MKS) durchgesetzt. Zum Unterschied zur Finite-Element Methode, bei der die zu untersuchenden Teile in Zellen aufgelöst werden, werden bei MKS-Verfahren Bauteile als Körper mit Trägheits- und Elastizitätseigenschaften beschrieben. Die Lösung liefert die dynamischen Größen wie Geschwindigkeit, Beschleunigung, Kräfte und so weiter jeden Körpers im Zeitbereich unter Berücksichtigung der geometrisch nichtlinearen Effekte. Die Modellerstellung gestaltet sich meist aufwändig, da für ein verlässliches Ergebnis auch die Nichtlinearität der Systemparameter, wie zum Beispiel die Dämpfung, vorgegeben werden muss. MKS-Verfahren dienen vorwiegend zur Ermittlung von Kräften unter Betriebsbedingungen als Eingabe für Beanspruchungsuntersuchungen mit der Finite-Element Methode. MKS-Verfahren können allerdings nur in beschränktem Umfang elastische Eigenschaften des Bauteils nachbilden. Für spezielle Fragestellungen werden daher beide Verfahren gekoppelt. Teile der Struktur, deren elastische Eigenschaften wesentlich sind, werden mittels Finiter Elemente beschrieben, und die daraus ermittelten modalen Parameter (Frequenzen und Eigenformen) werden Bestandteile des MKS-Modells. Voraussetzung ist, dass sich das durch Finite Elemente beschriebene Teil linear-elastisch verhält. Typisches Beispiel einer derartigen Vorgehensweise ist die Berechnung der Schallabstrahlung des Motor-Getriebeverbandes. Während das Zylinder-Kurbelgehäuse durch seine Elastizität eine schwingende Oberfläche mit kleinen Amplituden bildet, die mit Finite-Element Verfahren sehr gut ermittelt werden können, erfolgt die Krafterregung durch rotierende beziehungsweise oszillierende Massen, die nach MKS-Methoden modelliert werden.

Die Finite-Element Methode dient auch als Basis der mathematischen **Optimierungsverfahren** [4]. Mit diesen können spezielle Aufgabenstellungen wie zum Beispiel die Minimierung des Bauteilgewichtes in sehr effizienter Weise durchgeführt werden. Vorgegebene Parameter, zum Beispiel Materialstärke oder Geometrie, bestimmende Größen, werden so errechnet, dass der Zielwert – zum Beispiel das Gewicht – zum Minimum wird. Hier bietet die Rechnung ein großes Potenzial, da die auf diesem Weg erzielten Ergebnisse meist besser sind und in wesentlich kürzerer Zeit zur Verfügung stehen als die nach der klassischen Vorgehensweise durch „Try and Error“ gewonnenen. Allerdings ist der Bedarf an Rechenzeit hoch, der die Zahl der – auch als Design-Variable bezeichneten – Parameter beschränkt.

Während diese Optimierungsverfahren von einer vorgegebenen Bauteilform ausgehen und ausschließlich deren Parameter (zum Beispiel die Koordinaten wesentlicher Punkte) variieren, bietet als spezielle Ausprägung dieser Verfahren die **Topologieoptimierung** die Möglichkeit, die Form des Bauteils ohne Vorgabe so zu gestalten, dass eine bestimmte Größe (zum Beispiel das Gewicht) minimiert wird. Auch wenn zusätzlich eine konstruktive Ausarbeitung zur Festlegung der Bauteilgeometrie nötig ist, liefert der Optimierungsvorgang in der Regel wertvolle Hinweise zu deren Gestaltung.

Diese Verfahren werden vorwiegend zur Bauteildimensionierung eingesetzt, das heißt zur Optimierung der Werkstoffausnützung bei einer vorgegebenen statischen Belastung. Auch komplexe Fragestellungen wie dynamische Beanspruchungen und die Berücksichtigung nichtlinearer Effekte können einbezogen werden [5].

24.1.2 Ausgewählte Anwendungsbeispiele

Festigkeit der Kurbelwelle

Aussagen über die Spannungen und damit die Festigkeit eines Bauteils spielen eine wesentliche Rolle bei dessen Dimensionierung. Deshalb sind Verfahren zur Ermittlung der Beanspruchungen ein wichtiger Bestandteil im Konstruktionsprozess. Die Beanspruchung der Kurbelwelle erfolgt durch die Massenkräfte des Kurbeltriebs, die zusammen mit den Gaskräften auf die Welle als oszillierende Kräfte wirken. Die dynamischen Lasten aus den Beschleunigungen von Kolben und Pleuel werden mittels einer MKS-Analyse bestimmt, und der Verlauf der Gaskräfte wird aus einem Indikator-Diagramm entnommen. Die Kurbelwelle wird durch ein Finite-Element Modell abgebildet, wodurch Steifigkeitseigenschaften und die Massenverteilung in der Berechnung wirklichkeitsgetreu berücksichtigt werden. Für die Dämpfung – die vor allem die Schwingungsamplituden beeinflusst – müssen Erfahrungswerte eingesetzt werden.

Bild 24-2 zeigt ein typisches Finite-Element Netz einer Kurbelwelle. Zum Einsatz kommen Quader-

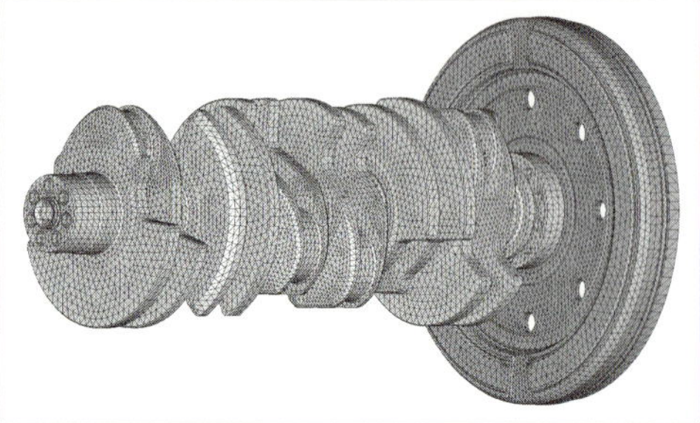

Bild 24-2 Finite-Element Netz einer Kurbelwelle

Elemente oder sogenannte Trias (Pyramide auf der Basis eines Dreiecks). Erstere ermöglichen eine höhere Genauigkeit, stellen aber höhere Anforderungen an die Netzgenerierung. Leistungsfähige Computer-Systeme erlauben, über eine entsprechend hohe Anzahl von Tria-Elementen eine befriedigende Genauigkeit zu erzielen. Ausgangspunkt der Netzerstellung ist die Geometriebeschreibung des CAD-Modells. Ausgereifte Software-Systeme ermöglichen, daraus weitgehend automatisch das FE-Netz zu erstellen.

Um eine hohe Effizienz zu erreichen, ist es wesentlich, dass die Berechnung im Entwicklungsprozess verankert ist. Wesentlich ist eine Projektplanung, die die Verfügbarkeit der für die Berechnung benötigten Geometriedaten (erstellt mittels CAD) und den Werkstoff- und Bearbeitungsinformationen sicher stellt. Als vorteilhaft erweist sich, Berechnung und Konstruktion organisatorisch möglichst nahe zusammen zu führen.

Als Ergebnisse erhält man Deformationen, Schwingungsformen und dazugehörende Frequenzen, sowie die Spannungsverläufe an der Oberfläche. Die für Designentscheidungen benötigten Größen werden graphisch aufbereitet, um zum Beispiel Größe und Ort von Spannungskonzentrationen darzustellen (**Bild 24-3**).

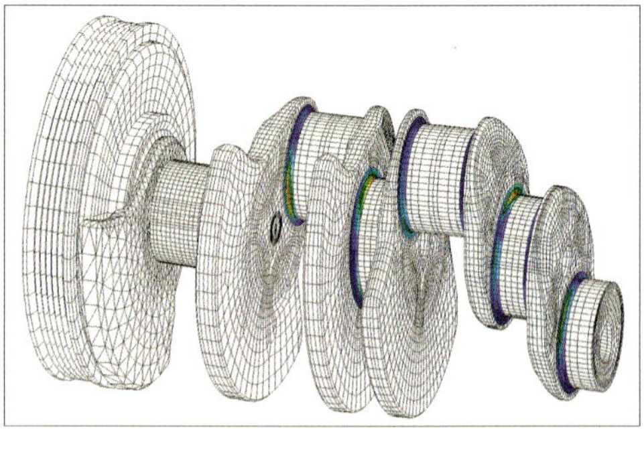

Bild 24-3 Spannungsverteilung infolge Gas- und Massenkräfte

Festigkeit eines Abgaskrümmers

Zu den schwierigsten Problemen der Bauteildimensionierung des Motors zählt die Auslegung eines Abgaskrümmers. Die thermische Belastung sowie die starke Temperaturabhängigkeit der Werkstoffeigenschaften erfordert eine intensive Einbindung der Versuchstechnik bei der Auslegung der Konstruktion; oft ist nur durch die Wahl eines teuren Werkstoffes eine ausreichende Standfestigkeit zu erreichen. Simulationsverfahren erlauben hier im besonderen Maße, einen kostenintensiven Prozess zu optimieren.

Die vorgegebene Belastung besteht in einer Aneinanderreihung mehrerer Aufheiz- (heat up) und Abkühlvorgänge (cool down). Die zu ermittelnden Beanspruchungen entstehen zum einen durch die Temperaturgradienten im Krümmer und dadurch, dass dessen Ausdehnung durch die Befestigung am Zylinderkopf behindert wird. Zur Berechnung der Spannungen und Temperaturverteilungen dient die Finite-Element Methode; die Bestimmung der Wärmeübergangszahlen erfolgt mittels einer dreidimensionalen Strömungssimulation innerhalb des Krümmers, wie später beschrieben wird. Selbstverständlich muss die Temperaturabhängigkeit sämtlicher Materialwerte berücksichtigt werden.

Mit den zunächst gefundenen Wärmeübergangszahlen und den aus der eindimensionalen Prozess-Rechnung ermittelten Abgastemperaturen wird das (instationäre) Temperaturfeld errechnet, woraus sich mit Hilfe der Finite-Element Rechnung die Spannungsverteilung ergibt, aus der mit geeigneten Werkstoffwerten eine Abschätzung der ertragbaren Lastzyklen erfolgen kann. Als Ergebnis erhält man eine Darstellung der bruchgefährdeten Stellen, **Bild 24-4**.

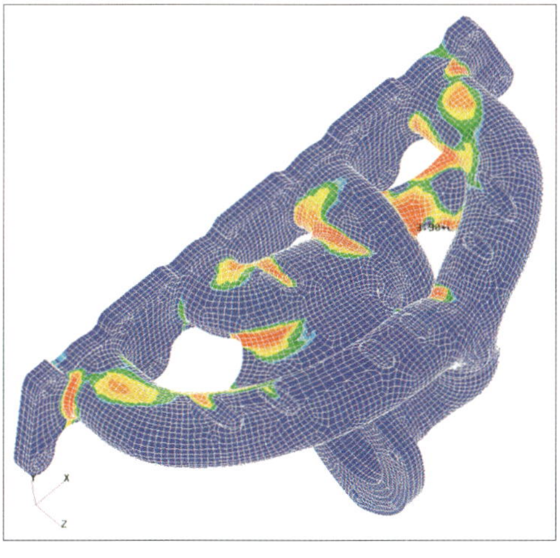

Bild 24-4 Verteilung der Bruchlast-Zyklen eines Abgaskrümmers

Akustik

Das Schall-Abstrahlungsverhalten des Aggregates wird wesentlich von der Ausbildung der Bauteilgeometrie bestimmt. Die rechnerische Simulation erlaubt, bereits in einem sehr frühen Stadium der Konstruktion wesentliche Hinweise zur Gestaltung und zur Materialauswahl zu gewinnen. Allerdings ist die Modellerstellung sehr aufwändig, da neben einer detaillierten Berücksichtigung der Elastizität der Struktur des Kurbelgehäuses mit Getriebe, Zylinderkopf und so weiter durch Finite Elemente zusätzlich der Kurbeltrieb als wesentliche Größe zur Nachbildung der Erregungskräfte beschrieben werden muss. Außerdem muss berücksichtigt werden, dass die Kurbelwellenlager wegen der hydraulischen Eigenschaften des Schmierfilms ein nichtlineares Verhalten zeigen. Aus diesen Gründen wird in der Praxis, um für erste Entwürfe zumindest eine qualitative Aussage zu erhalten, eine vereinfachte Methode eingesetzt. Die sogenannte Impulsklangmethode ersetzt die durch den Kurbeltrieb hervorgerufenen Erregungskräfte durch Einheitskräfte, die an den Hauptlagern angebracht werden; dadurch umgeht man die Modellierung des Schmierfilms und des Kurbeltriebes. Bewertet wird damit das Übertragungsverhalten der Struktur, aus dem bereits wesentliche Entscheidungen abgeleitet werden können. Die komplette Modellierung des Aggregates wird anschließend zur Detailoptimierung eingesetzt. Ausgewertet werden in jedem Fall zunächst die Schallschnellen an der Oberfläche zur Identifizierung der Bereiche, die hauptsächlich die Abstrahlung beeinflussen. Eine Anwendung aus der Praxis ist in [6] beschrieben.

Bild 24-5 zeigt eine errechnete Schnellenverteilung, aus der kritische Teile der Oberfläche identifiziert werden können. Aus den Schnellen an der Oberfläche können durch eine anschließende Berechnung die Schalldrücke im Nahfeld ermittelt werden. Die daraus ermittelten Werte sind allerdings für Fahrzeugmotoren nur für spezielle Fragestellungen interessant, zum

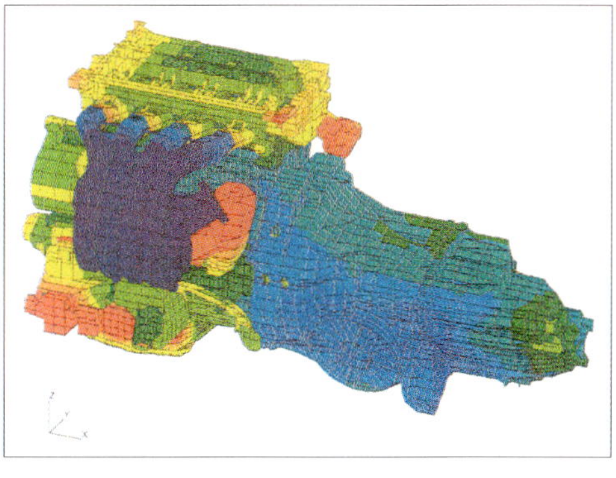

Bild 24-5 Verteilung der Schallschnellen auf der Oberfläche eines Aggregates

Beispiel das Abstrahlverhalten der Ölwanne. Entscheidend für die Akustik im Fahrzeuginneren ist das Verhalten des Aggregats im Fahrzeug. Dessen Simulation erfordert eine weitere Eskalation der Modellierung – benötigt wird eine Nachbildung der den Motor umgebenden Fahrzeugteile wie Karosserie und Fahrwerk. Eine derartige Simulation ist aus Gründen des Aufwandes nicht in den Entwicklungsprozess zu integrieren und kann nur dazu dienen, im Rahmen von Grundsatzuntersuchungen Erkenntnisse zum akustischen Verhalten des Motors im Fahrzeug zu gewinnen.

Ventiltriebdynamik

Die Abstimmung der Steifigkeit der Ventilfeder mit der Nockenerhebungskurve erfolgt durch kinematische Betrachtungen, die auch die Beschleunigung beziehungsweise Verzögerung des Ventils beinhalten. Diesen Bewegungen überlagert sind Schwingungen des Ventils und der Komponenten des gesamten Nockenwellenantriebs. Die daraus resultierenden Kräfte sind maßgebend für die Lebensdauer des Ventiltriebs.

Zur Erfassung der Dynamik werden Mehrkörpermodelle eingesetzt, mit denen Nichtlinearitäten zum Beispiel des Kettentriebs und Dämpfungsmechanismen erfasst werden können. **Bild 24-6** zeigt das Rechenmodell eines Ventiltriebs, mit dem die Eigendynamik der Kette, der Ventilfedern und Nockenwelle simuliert wird. Zur Erfassung sämtlicher Kräfte im Aggregat werden zusätzlich Kette beziehungsweise Riemen des Nockenwellenantriebs und der Kurbeltrieb in einem Motormodell abgebildet, mit dem das dynamische Verhalten des kompletten Ventiltriebs simuliert wird.

Bauteiloptimierung

Eine wesentliche Aufgabe des Konstrukteurs ist es, die Bauteilform zu finden, für die bei einem Minimum an Materialeinsatz die zulässige Beanspruchung

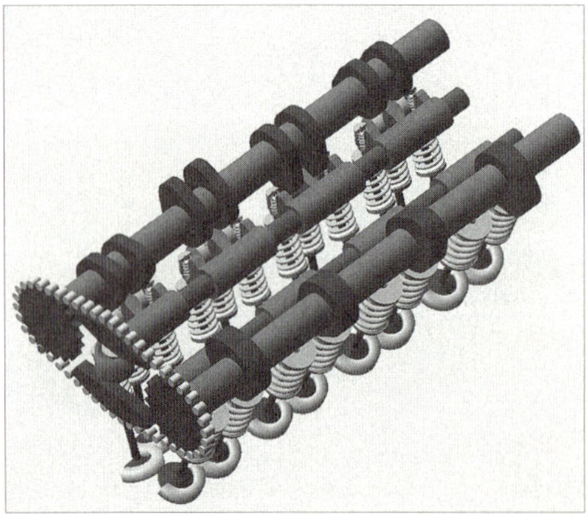

Bild 24-6 MKS-Modell eines Ventiltriebs

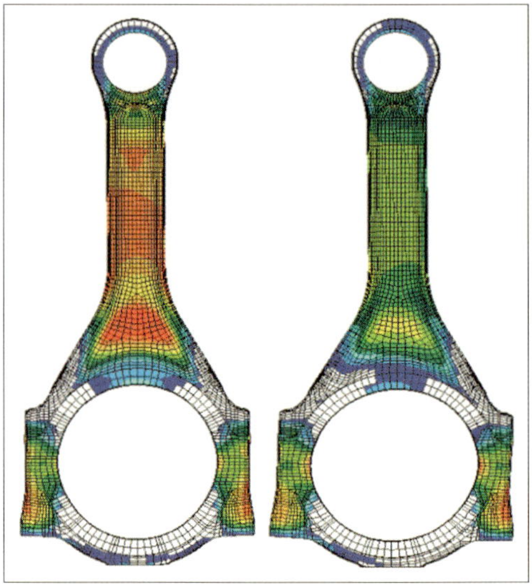

Bild 24-7 Formoptimierung eines Pleuels: Spannungsverlauf des Ausgangszustandes (links) und optimiert (rechts)

nicht überschritten wird. Dafür bietet die Finite-Element Methode eine wertvolle Unterstützung, da mit deren Einsatz sämtliche mögliche Varianten bewertet werden können und damit die beste ausgewählt werden kann. Wesentlich effizienter wird dieses Ziel durch die Verwendung von Optimierungsverfahren erreicht, mit denen – in einem begrenzten Rahmen – die Bauteilform auf Grund einer Optimierungsstrategie unter Berücksichtigung von bestimmten Randbedingungen ermittelt wird. Für das in **Bild 24-7** gezeigte Pleuel wurde als zu minimierende Größe das Gewicht definiert, und als Randbedingung die zulässige Spannung. Der Ausgangszustand ist im linken Bild dargestellt, das Ergebnis im rechten. Die Schattierungen repräsentieren die Spannungsverteilungen; bei einer Gewichtszunahme von lediglich sechs Gramm konnte eine Reduzierung der maximalen Spannungen von circa 40 % erreicht werden.

24.1.3 Kolbenberechnungen

24.1.3.1 Überblick

Kolben moderner Verbrennungsmotoren gehören zu den am höchsten thermomechanisch belasteten Bauteilen im Motor. Die aktuellen Trends in der Motorenentwicklung wie Downsizing, Direkteinspritzung und Aufladung führen alle zu einer weiteren Erhöhung der thermomechanischen Belastung des Kolbens, wodurch der Entwicklungsprozess noch anspruchsvoller geworden ist.

Die Kombination aus thermischer Beanspruchung durch heiße Verbrennungsgase und zyklischer mechanischer Beanspruchung durch hohe Spitzendrücke im Wechsel mit hohen Fliehkräften bei gleichzeitiger Vorgabe von anspruchsvollen Gewichtszielen erfordert eine sehr genaue Bauteilauslegung, um die geforderte Betriebsfestigkeit sicher erfüllen zu können. Der Berechnung kommt dabei auch die Aufgabe zu, immer weitere konstruktive Potentiale zur Gewichtsreduzierung aufzuzeigen, beziehungsweise zu überprüfen, da durch eine Gewichtsreduktion der oszillierenden Massen wie der Kolbengruppe ebenfalls die Massen der Gegengewichte, der Ausgleichswellen und des Schwungrades reduziert werden können. Eine höhere Motordynamik, eine bessere Laufruhe und eine geringere Lagerbelastung kommen als Sekundäreffekte hinzu.

Aufgrund der komplexen dreidimensionalen Struktur und der vielfältigen Belastungen ist eine zuverlässige Auslegung über analytische Formeln bei Kolben nicht möglich.

Numerische Berechnungsverfahren wie die Finite Elemente Methode (FEM) [33] und die Betriebsfestigkeitsberechnung [34] sind daher ein unverzichtbarer Bestandteil des gesamten Entwicklungsprozesses geworden. Bedingt durch die verkürzten Entwicklungszeiten und den permanenten Kostendruck wird im Rahmen der virtuellen Produktentwicklung zuerst mittels CAD eine Bauteilgeometrie entworfen, in ihrer Funktion über numerische Verfahren wie die FEM abgeprüft und in mehreren Entwicklungsschleifen bis zur virtuellen Funktionssicherheit weiter entwickelt. Erst nach der virtuellen Freigabe werden Prototypen gefertigt und in Komponenten- und Motorenversuchen abschließend verifiziert.

Da der Kolben zusammen mit dem Kolbenbolzen und dem Pleuel den Verbrennungsdruck auf die Kurbelwelle überträgt, ist es erforderlich, diese Bauteile gemeinsam auszulegen, um eine optimale Systemperformance zu erreichen. Weiterhin wird die Geometrie der Kolbennabe maßgeblich über Länge und Durchmesser des Kolbenbolzens und Breite und Winkel des oberen Pleuelauges festgelegt, wodurch diese Werte bereits zu Beginn des Entwicklungsprozesses definiert werden sollten, um grundlegende Geometrieänderungen in einer späteren Entwicklungsphase zu vermeiden. Die Vorauslegung dieser Grundabmessungen kann zuverlässig auf Basis analytischer Formeln für die mittlere Lagerbelastung in der Kolbennabe und im kleinem Pleuelauge und die Durchbiegung und Ovalisierung des Kolbenbolzens durchgeführt werden.

Der Prozess der Kolbenberechnung gliedert sich in die folgenden Teilschritte, welche repräsentativ für zyklisch thermomechanisch belastete Bauteile sind (siehe **Bild 24-8**):

- Erstellung des Finite-Elemente-Modells auf Basis der CAD-Geometrie
- Thermodynamische Simulation des Verbrennungsprozesses zur Bestimmung der thermischen Randbedingungen
- FE-Berechnung des Temperaturfeldes
- FE-Berechnung der Spannungen und Deformationen für jeden zu betrachtenden Lastfall
- Abschätzung der Betriebsfestigkeit unter Berücksichtigung der unterschiedlichen Lastfälle
- Auswertung der Berechnungsergebnisse.

Das Ergebnis der Kolbenberechnung ist bei bestandenen Betriebsfestigkeitskriterien die virtuelle Bauteilfreigabe oder bei nicht bestandenen Kriterien eine Liste detaillierter Vorschläge, mit denen der Bauteilentwurf verbessert werden kann.

Das dynamische Verhalten des Kolbens im Zylinder wird mit Hilfe der Kolbensekundärbewegungsberechnung analysiert. Hierbei wird insbesondere die hydrodynamische Dämpfung des Ölfilms zwischen Kolben und Zylinderwand berücksichtigt. Der Begriff Kolbensekundärbewegung bezieht sich auf die rotatorische und translatorische Bewegung in Abgrenzung zur primären axialen Bewegung. Ein wichtiges Ergebnis dieser Berechnungen ist der Kontaktdruck zwischen Kolben und Zylinder als Funktion des Kurbelwinkels. Er erlaubt Aussagen über den Verschleiß des Kolbenhemdes oder im Extremfall über

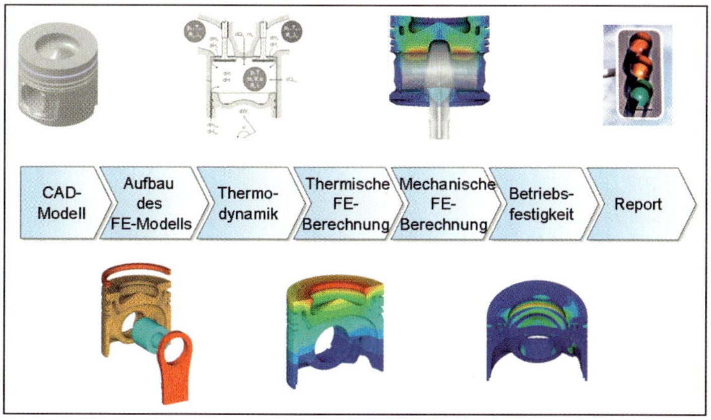

Bild 24-8 Die Teilprozesse der Kolbenberechnung

die Gefahr eines Festgehens des Kolbens im Zylinder. Des Weiteren wird die Reibleistung und die sekundäre kinetische Energie des Kolbens beim Anlagewechsel berechnet, wodurch die Geräusch-Emission (englisch *Noise, Vibration and Harshness – NVH*) des Kolbens beurteilt werden kann.

Die unterschiedlichen Kolbenkonzepte stellen auch unterschiedliche Anforderungen an die virtuelle Bauteilauslegung. Bei Aluminiumkolben ist beispielsweise die Betriebsfestigkeit und damit die thermische und mechanische Belastung das wichtigste Kriterium. Die Kolbensekundärbewegung ist auf Grund der höheren Flexibilität des Kolbenschaftes eher ein Komfortkriterium. Bei Stahlkolben hingegen ist die Betriebsfestigkeit aufgrund der hohen Festigkeit des Grundwerkstoffes ein eher untergeordnetes Kriterium. Wichtige Auslegungskriterien sind hier die Temperaturverteilung aufgrund der geringeren Wärmeleitfähigkeit und die Kolbensekundärbewegung aufgrund der geringeren Nachgiebigkeit sowie die Optimierung des Bauteilgewichtes aufgrund des höheren spezifischen Gewichtes. In Summe ist die rechnerische Auslegung sehr erfolgreich um die gegensätzlichen Anforderungen zu erfüllen.

In allen Betrachtungen darf nicht vergessen werden, dass die Wechselwirkungen mit anderen Bauteilen einen entscheidenden Einfluss auf das Betriebsverhalten des Kolbens haben. So beeinflussen die Verformungen des Zylinders beispielsweise die Kolbensekundärbewegungen und damit den Kontaktdruck zwischen Zylinder und Kolben. Die Kolbensekundärbewegungen haben wiederum einen Einfluss auf das dynamische Verhalten der Kolbenringe und damit auf die Blow-by Werte und den Ölverbrauch. Dies führt dazu, dass letztendlich nur eine Betrachtung des Gesamtsystems (Zylinder, Kolbenringe, Kolben, Kolbenbolzen, Pleuel, Lagerungen) eine detaillierte Aussage über das Betriebsverhalten erlaubt.

24.1.3.2 Anforderungen an Kolbenwerkstoffe und deren Eigenschaften

Aufgrund der hohen spezifischen Anforderungen wurden neue Kolbenwerkstoffe auf Basis eutektischer Aluminium-Silizium Gusslegierungen entwickelt und erfolgreich am Markt etabliert. Diese Legierungen unterscheiden sich hauptsächlich durch die Höhe des Kupfer- und Nickel-Gehaltes, sowie durch die Art ihrer Gefügemodifikation. Ziel der Legierungsentwicklung ist es, die mechanischen und physikalischen Eigenschaften des Werkstoffs gezielt zu optimieren. Diese Eigenschaften hängen im Wesentlichen von der Mikrostruktur der gegossenen Kolben ab. Ein typisches Beispiel für die Mikrostruktur einer eutektischen Kolbenlegierung zeigt **Bild 24-9**.

Diese sehr komplexe Mikrostruktur mit erkennbarem primärem α-Aluminium, Primärsilizium, eutektischem Silizium und verschiedenen intermetallischen Phasen zeichnet sich vor allem dadurch aus, dass es

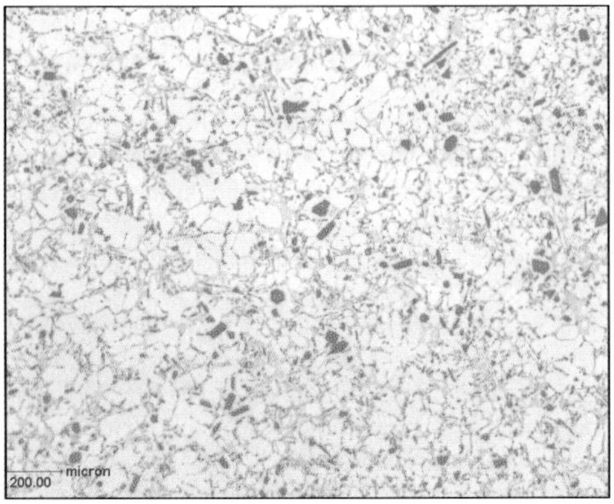

Bild 24-9 Mikrostruktur einer eutektischen Kolbenlegierung

daneben auch kleinste, fein verteilte Ausscheidungen gibt, die nur im Transmissionselektronenmikroskop nachweisbar sind und einen entscheidenden Beitrag für die Leistungsfähigkeit einer Kolbenlegierung liefern. Deren Art, ihre Größe und ihre Form bestimmen im Wesentlichen die mechanischen Eigenschaften der Legierung in Abhängigkeit von der Temperatur. Ihr Auftreten wiederum ist stark durch die chemische Zusammensetzung der Legierung und durch die Prozessführung während der Herstellung der Kolben bestimmt. Der Schlüssel für die Entwicklung moderner Kolbenwerkstoffe ist daher ein umfassendes Verständnis für die Zusammenhänge zwischen Zusammensetzung, Prozess und Mikrostruktur.

Zur genauen Berechnung der Temperatur, der thermischen und mechanischen Spannungen und der Betriebsfestigkeit eines Kolbens sind genaue Werkstoffdaten für den jeweiligen Werkstoff notwendig. Die grundlegenden Daten umfassen die Dichte, die Wärmeleitfähigkeit, die spezifische Wärmekapazität, den E-Modul und die Querkontraktionszahl. Diese werden erweitert durch Werkstoffdaten zur Beschreibung des elastisch-plastischen Materialverhaltens, der thermisch bedingten Relaxation und der Betriebsfestigkeit. Da die Kolbenlegierungen in der Regel Spezialentwicklungen der Kolbenhersteller sind, gehört auch die Bestimmung der Materialdaten zur deren Kernkompetenz. Diese Daten müssen für den gesamten zulässigen Temperaturbereich experimentell ermittelt werden. Bei der notwendigen Anzahl an Versuchen ist ebenfalls auf eine statistische Absicherung der Messwerte für jedes Temperaturniveau zu achten. Für die vollständige Charakterisierung einer Kolbenlegierung ergeben sich dadurch über 500 einzelne Versuche.

24.1.3.3 Erstellung des Finite-Elemente Modells auf Basis der CAD-Geometrie

Zur Erstellung der Referenzgeometrie für das Finite-Elemente Modell werden in der Fertigteil-Geometrie des Kolbens bestimmte, für die Berechnung nicht notwendige Details, wie beispielsweise Nutgrundradien der Ringnuten, unterdrückt und anschließend in einem geeigneten CAD-Format exportiert. Diese Vereinfachungen sind notwendig, um den Modellierungsaufwand und die Rechenzeit in einem vertretbaren Rahmen zu halten. Auf Basis dieser Referenzgeometrie wird mit einem Preprocessor ein Finite-Elemente Netz erstellt, wobei besonders hoch belastete Zonen wie der Muldenrand eines Dieselkolbens oder die Schaftanbindung eines Ottokolbens zur Sicherstellung einer hohen Genauigkeit relativ fein und weniger belastete Zonen entsprechend gröber vernetzt werden. Da die Rechenzeit überproportional mit der Anzahl an Knoten steigt, ergibt sich die optimale Netzgröße aus einer Abwägung zwischen hinreichender Genauigkeit und zulässiger Rechenzeit.

Aufgrund der komplexen Kolbengeometrie werden zur Vernetzung überwiegend Tetraeder-Elemente mit parabolischen Ansatzfunktionen verwendet, da mit diesen Elementen eine automatische Volumenvernetzung möglich ist. Die Alternative einer semi-automatischen Vernetzung mit linearen Hexaeder-Elementen erfordert einen wesentlich höheren Aufwand bei der Modellerstellung bei nahezu gleichwertigen Ergebnissen. Idealerweise wird das gleiche FE-Modell für die thermische und mechanische Berechnung verwendet. Je nach Symmetrie des Bauteils und der Randbedingungen wird entweder ein Vollmodell oder ein Halbmodell mit Teilung in der Pleuelschwenkebene aufgebaut.

Zur korrekten Abbildung der nicht-linearen Kontaktsituation wird ein Assembly aus Kolben (sofern vorhanden mit Ringträger und Kolbenbuchse), Kolbenbolzen, obere Hälfte des Pleuels (sofern vorhanden mit Pleuelbuchse) und eine geeignete Vereinfachung der Laufbuchse beziehungsweise des Zylinderblocks in der strukturmechanischen Berechnung verwendet (siehe **Bild 24-10**). Das Ringpaket kann bei dieser Berechnungsart vernachlässigt werden. Alle Kontaktpaare werden je nach Berechnungsart über geeignete Kontaktbedingungen miteinander gekoppelt. Die Formbohrung der Kolbennabe und die genaue Außenkontur des Kolbenschaftes werden hierbei unter Berücksichtigung der jeweiligen Ovalität und des Axialprofils über die Definition des Spaltmaßes pro Knoten exakt erfasst, so dass die polygonale Diskretisierung der Kontaktflächen nicht zu einer Störung der Kontaktspannungen führt.

24.1.3.4 Thermodynamische Simulation zur Bestimmung der thermischen Randbedingung

Das korrekte Temperaturfeld und damit auch die zur Bestimmung notwendigen thermischen Randbedingungen bilden das Fundament einer aussagekräftigen und genauen Kolbenberechnung. Die Temperatur beeinflusst direkt die thermische Dehnung, die thermischen Spannungen aufgrund von Temperaturgradienten und die lokale Bauteilfestigkeit aufgrund der Temperaturabhängigkeit der Materialeigenschaften. In der ersten rein virtuellen Entwicklungsphase steht jedoch noch keine Temperaturmessung zur Verfügung, so dass eine genaue Berechnung der thermischen Randbedingungen unerlässlich ist.

Hierzu kann auf Basis der Betriebsparameter eine thermodynamische Simulation des Arbeitsprozesses durchgeführt werden, welche den brennraumseitigen Wärmeeintrag auf den Kolben ergibt (siehe **Bild 24-11**). Über geeignete Modelle werden ebenfalls die

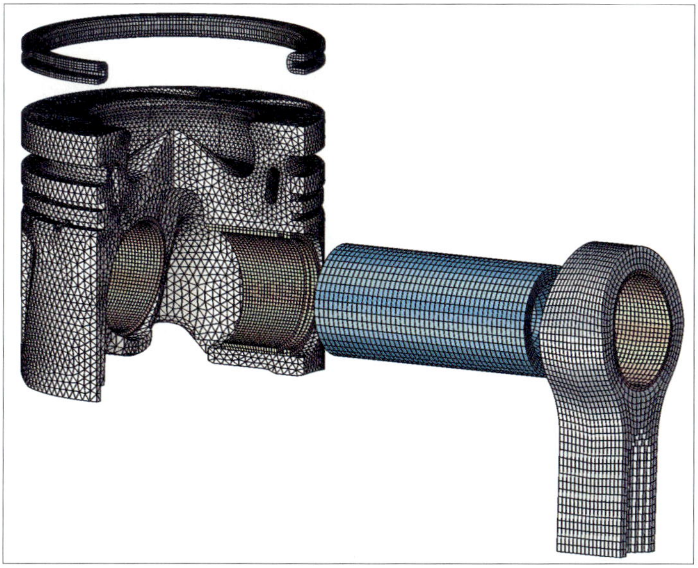

Bild 24-10 Finite-Elemente Modell eines Kolben-Assemblies in Explosionsdarstellung

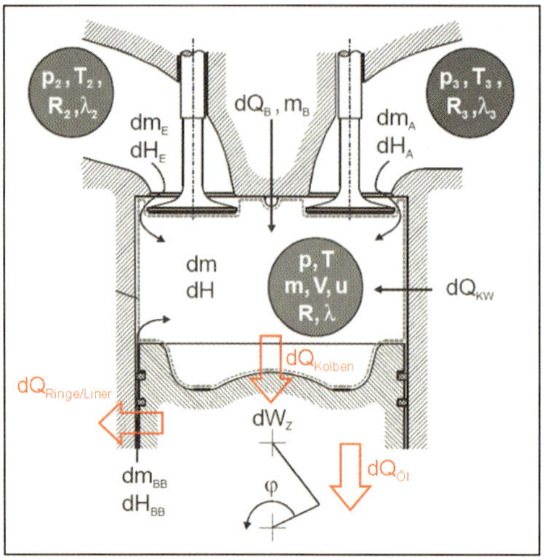

Bild 24-11 Wärmestrombilanz des Kolbens [35]

Wärmeströme über die Kolbenringe und den Kolbenschaft auf die Zylinderlaufbahn und die Wärmeströme an das Öl ermittelt. Hierbei ist insbesondere die Kolbenkühlung durch den Ölstrahl zu berücksichtigen. Anhand der ermittelten Wärmeströme wird die räumliche Verteilung der thermischen Randbedingung abgeleitet und auf das Finite-Elemente Modell aufgebracht. Üblicherweise werden hierzu konvektive Randbedingungen mit Wärmeübergangskoeffizienten und Grenztemperaturen verwendet.

Ein entscheidender Vorteil dieses Verfahrens ist es, dass die Auswirkungen unterschiedlicher Motorbrennverfahren auf die Kolbentemperatur effizient simuliert werden können. Weiterhin können alternative Kraftstoffe in der Arbeitsprozessrechnung mit geringem Aufwand berücksichtigt werden.

24.1.3.5 FE-Berechnung des Temperaturfeldes

Aufgrund der thermischen Trägheit des Kolbens und der hochfrequenten brennraumseitigen Temperaturbelastung während eines Arbeitsspieles können die Temperaturen in nicht oberflächennahen Bereichen des Kolbens über ein Arbeitsspiel als zeitlich konstant angenommen werden. Diese Temperaturen werden daher allein vom Betriebszustand über den Arbeitsprozess bestimmt. Dünne Oberflächenschichten am Kolbenboden unterliegen aufgrund des Wechsels aus heißen Verbrennungsgasen und kühler Frischluft einer dem stationären Temperaturfeld überlagerten zyklischen Temperaturbelastung innerhalb eines Arbeitsspiels. Die dadurch bedingten thermischen Spannungen stellen eine zusätzliche Belastung für das Material dar, welche in der späteren Betriebsfestigkeitsberechnung in der Regel durch geringfügig erhöhte Sicherheitsfaktoren berücksichtigt werden können.

Zur Berechnung der Temperaturverteilung im Kolben werden die Temperaturen des Verbrennungsgases,

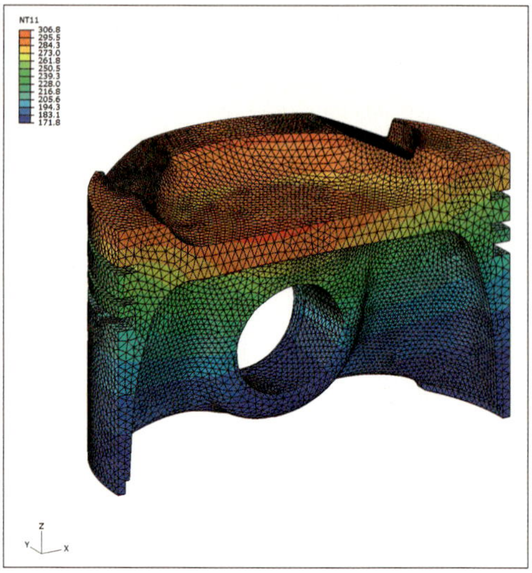

Bild 24-12 Temperatur eines Aluminiumkolbens für einen Pkw Ottomotor bei Nennleistung

des Zylinders und des Öls bei Spritzkühlung (beziehungsweise des Ölnebels) zusammen mit den entsprechenden Wärmeübergangszahlen über eine thermodynamische Simulation (siehe oben) bestimmt.

Aus diesen Vorgaben wird mittels FEM das Temperaturfeld des Kolbens berechnet. Im Allgemeinen stellen sich dabei die höchsten Temperaturen für den Nennleistungs-Betriebspunkt ein. Typische Temperaturfelder sind für Aluminiumkolben für Pkw-Ottomotoren in **Bild 24-12**, für Aluminiumkolben für Pkw Dieselmotoren in **Bild 24-13** und für Stahlkol-

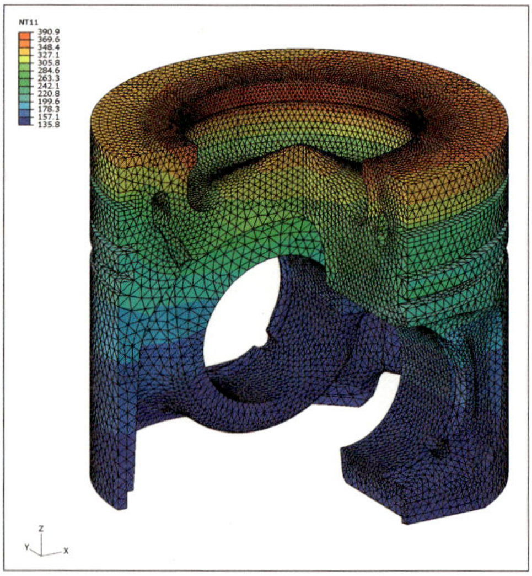

Bild 24-13 Temperatur eines Aluminiumkolbens für einen Pkw Dieselmotor bei Nennleistung

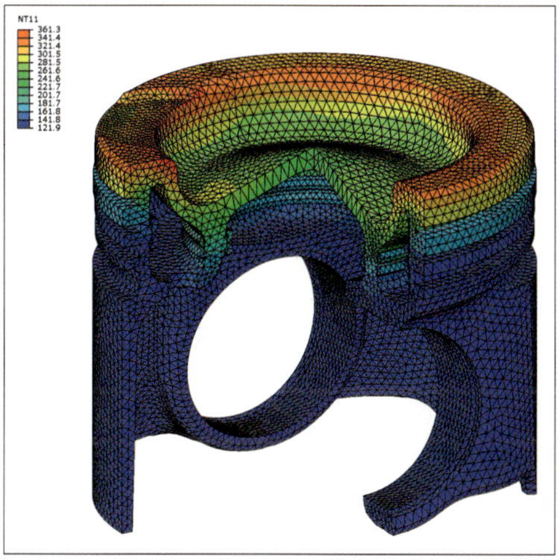

Bild 24-14 Temperatur eines Stahlkolbens für einen Lkw Dieselmotor bei Nennleistung

ben für Lkw-Dieselmotoren in **Bild 24-14** zu sehen. Die maximalen Kolbentemperaturen sind für unterschiedliche Anwendungsgebiete in **Tabelle 24-1** angegeben. Die Extremwerte stellen sehr heiße Motoranwendungen oder thermisch ungünstige Verbrennungsmulden dar. Es ist jedoch zu beachten, dass derartig hohe Temperaturen aufgrund der damit verbundenen Reduktion der Festigkeit die mechanische Belastbarkeit des Kolbens reduzieren.

Die zulässigen Grenzen für die Kolbentemperaturen ergeben sich in erster Linie aus den temperaturabhängigen Wechselfestigkeiten der jeweiligen Legierung und sind daher eine lastabhängige Größe. Lediglich bei extremen Missbrauchslastfällen ist ein Anschmelzen einzelner Legierungsphasen zu beobachten. Weiterhin sind die maximalen Temperaturen der Ringnuten und der Kolbennabe zu beachten, da die Funktion der Kolbenringe und des Bolzens bei zu hohen Temperaturen nicht mehr gewährleistet ist.

Im Verlauf des Entwicklungsprozesses werden üblicherweise Temperaturmessungen im Motor durchgeführt, sobald erste Prototypen bereit stehen. Bei signifikanter Abweichung der Temperaturverteilung zwischen Prognoserechnung und Messung wird das Temperaturfeld für die Simulation angepasst und die nachfolgenden Berechnungsschritte erneut durchlaufen.

24.1.3.6 FE-Berechnung der Spannungen und Deformationen für jeden zu betrachteten Lastfall

Die Kinematik des Kurbeltriebs und die sich daraus ergebenden Kräfte auf den Kolben sind ausführlich in Kapitel 6.1 beschrieben. Neben der vertikalen Kolbenkraft aus dem Verbrennungsdruck und den Beschleunigungskräften ist auch die Seiten- oder Normalkraft zu beachten, welche als Reaktionskraft vom Zylinder auf den Kolben in Abhängigkeit der Kolbenkraft und des jeweiligen Pleuelwinkels wirkt (siehe **Bild 24-15** und **Bild 24-16**). Insbesondere bei schnell laufenden Ottomotoren stellt die Seitenkraft eine beachtliche Belastung des Kolbenschaftes dar.

Zur effizienten Modellierung wird der reale dynamische Arbeitszyklus für die wichtigsten Betriebspunkte – in der Regel maximales Drehmoment und maximale Leistung – auf eine möglichst geringe Anzahl an statischen Ersatzlastfällen (zum Beispiel Fliehkraftbelastung im GWOT oder maximale Druckbelastung kurz nach ZOT) reduziert. Für jeden Ersatzlastfall wird eine eigene statische Berechnung durchgeführt. In der anschließenden Betriebsfestigkeitsrechnungen werden alle Ersatzlastfälle als gemeinsames Lastkollektiv betrachtet, welches dann eine vergleichbare Schädigung wie der komplette dynamische Zyklus ergeben sollte.

Auf Basis des Temperaturfeldes für den jeweiligen Lastpunkt wird zunächst die thermische Ausdehnung des Kolbens im Zylinder berechnet (siehe **Bild 24-17**). Deutlich erkennbar sind die Auswölbung des Kolbenbodens und die zunehmende Durchmesservergrößerung vom Schaftende bis zum Kolbenboden. Diese Durchmesservergrößerung unter Betriebsbedingungen wird in der Auslegungsphase bereits durch eine geeignete Spielgebung am Feuersteg und den Ringstegen und durch ein entsprechendes Schaftprofil antizipiert. Ebenso ist die thermische Ausdehnung des Kolbens bei der Kollisionsprüfung mit den Ventilen zu berücksichtigen.

Tabelle 24-1 Maximaltemperaturen unterschiedlicher Kolbenanwendungen

	Normale Kolbenanwendungen	Extreme Kolbenanwendungen
Aluminiumkolben Ottomotoren	290–310 °C	350 °C
Aluminiumkolben Diesel Pkw	360–390 °C	420 °C
Aluminiumkolben Diesel Lkw	300–350 °C	360 °C
Stahlkolben Diesel Lkw	350–460 °C	500 °C

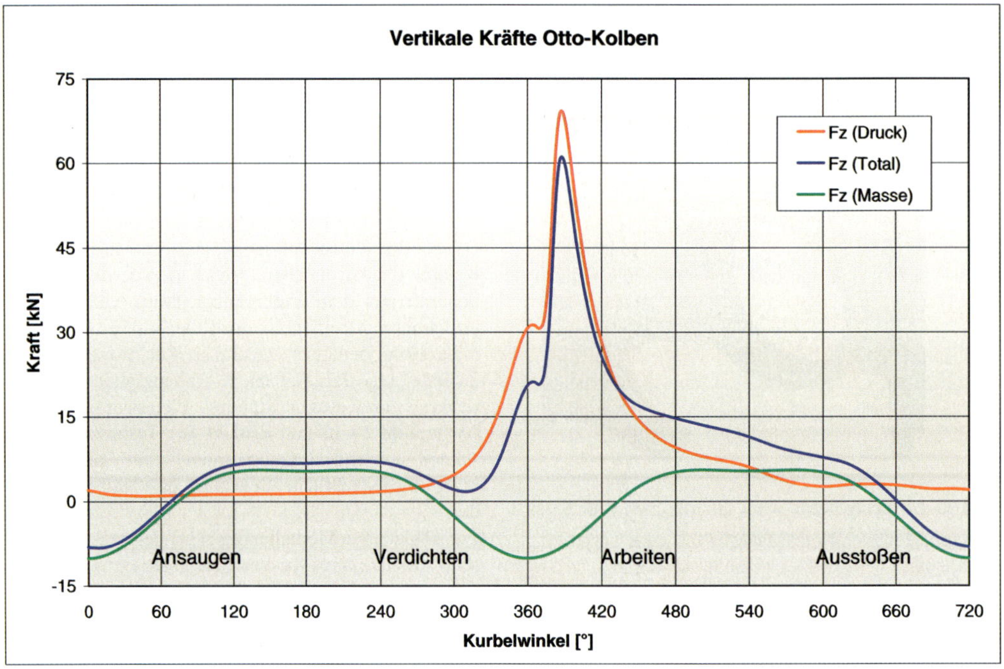

Bild 24-15 Vertikale Kolbenkraft eines Otto-Kolbens (Betriebspunkt maximale Leistung)

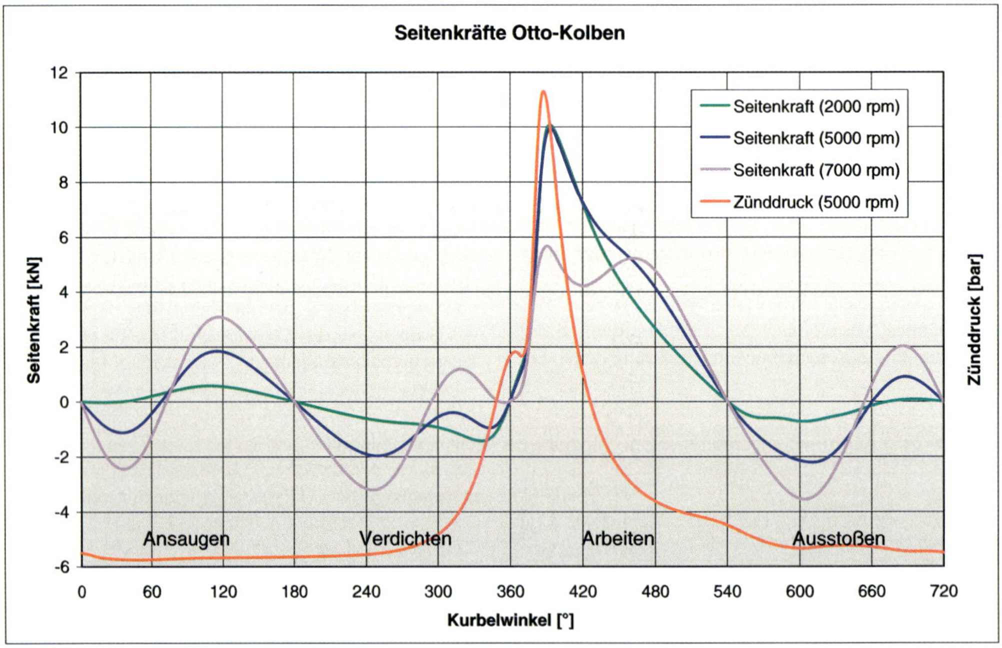

Bild 24-16 Seitenkraft eines Otto-Kolbens in Abhängigkeit der Drehzahl

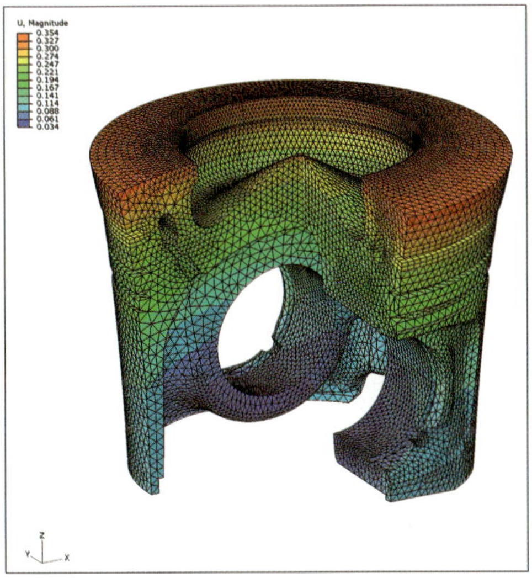

Bild 24-17 Thermische Deformation eines Dieselkolbens (50fach überhöhte Darstellung)

Aufgrund der inhomogenen Temperaturverteilung ergeben sich insbesondere bei Dieselkolben signifikante thermische Spannungen. So wird beispielsweise die thermische Dehnung am heißen Muldenrand durch den verhältnismäßig kühleren Kolbenboden behindert, wodurch sich am Muldenrand Druckspannungen und am Feuersteg Zugspannungen aufbauen. Durch die hohen Bauteiltemperaturen wird allerdings ein großer Anteil der thermischen Spannungen über Relaxation abgebaut, was ebenfalls in der Simulation berücksichtigt werden muss (siehe **Bild 24-18**).

Im nächsten Schritt wird das Bauteil mit dem Zylinderdruck und der Beschleunigung des jeweiligen Auslegungspunktes beaufschlagt. Der Zylinderdruckverlauf kann entweder durch Messungen oder durch Simulationen erhalten werden. Letzteres wird üblicherweise in der Auslegungsphase von neuen Motoren angewandt, wenn entsprechende Messungen am realen Motor noch nicht vorliegen. Alternativ kann mit Werten aus vergleichbaren Anwendungen oder mit Zielwertvorgaben gerechnet werden. Eine Übersicht des maximalen Zylinderdrucks für unterschiedliche Motorkonzepte ist in **Tabelle 24-2** gegeben.

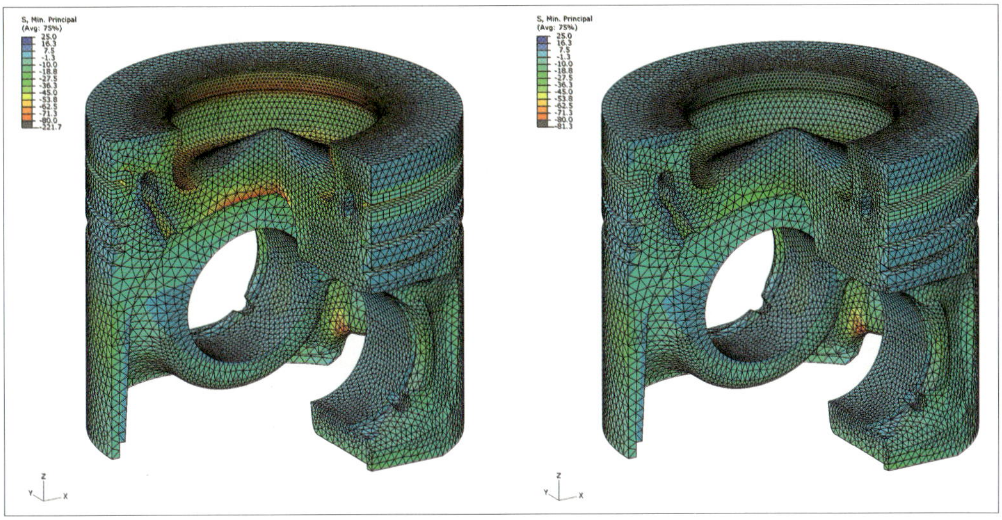

Bild 24-18 Thermische Spannungen (3. Hauptspannung) vor und nach der Relaxation

Tabelle 24-2 Maximaler Zylinderdruck unterschiedlicher Motorenkonzepte

Motorenkonzept	Maximaler Zylinderdruck
Nicht-aufgeladene Ottomotoren	70–90 bar
Aufgeladene Ottomotoren	100–120 bar
Aufgeladene Pkw-Dieselmotoren	165–190 bar
Aufgeladene Lkw-Dieselmotoren	200–240 bar

Bei der Wahl des Auslegungszylinderdrucks ist darauf zu achten, dass keine Überdimensionierung des Bauteils stattfindet, da dies dem Ziel einer Gewichtsoptimierung entgegensteht. Da der maximale Zylinderdruck insbesondere bei Ottomotoren aufgrund von Unterschieden in der Gemischbildung relativ hohen Schwankungen unterliegt, muss hier eine statistische Betrachtung vorgenommen werden. Unter Annahme einer Gauß-Verteilung des maximale Zylinderdrucks mit Mittelwert $\bar{p}$ und Standardabweichung σ und einer linearen Schädigungsakkumulation des Kolbens ergibt sich ein hinreichender Auslegungszylinderdruck von $\bar{p}+1\sigma$. Hinreichend bedeutet, dass eine zyklische Belastung des Bauteils mit dem konstanten Auslegungszylinderdruck über alle Lastspiele die gleiche Schädigungswirkung wie die gesamte reale Verteilung des maximalen Zylinderdrucks von $\bar{p}-6\sigma$ bis $\bar{p}+6\sigma$ bewirkt. Während des Betriebs können demnach durchaus Zylinderdrücke auftreten, die über dem Auslegungszylinderdruck liegen. Diese Ereignisse sind jedoch aufgrund der statistischen Betrachtungsweise bereits in der Auslegung berücksichtigt.

Die mechanische Deformation und der mechanische Anteil der von Mises Vergleichsspannung eines Dieselkolbens ist für den Lastfall maximaler Druck kurz nach dem oberen Totpunkt Zündung (ZOT) in **Bild 24-19** dargestellt. Zur anschaulichen Darstellung wurden dabei die Anteile der thermischen Deformation und der thermischen Spannungen vom ursprünglichen thermomechanischen Zustand subtrahiert und zusätzlich die mechanische Deformation 25-fach überhöht dargestellt. In der Abbildung ist die Kraftübertragung über den Kolbenbolzen auf das Pleuel und die damit verbundene Ovalisierung und Durchbiegung des Kolbenbolzens gut zu erkennen. Aufgrund der in diesem Beispiel verwendeten Formbohrung in der Kolbennabe wird eine gleichförmige Kraftübertragung ohne kritische Belastungsspitzen erreicht. Bei hohen lokalen Kontaktdrücken, wie sie ohne Formbohrung an der Nabeninnenseite entstehen, ist eine elastisch-plastische Rechnung erforderlich, um die plastische Deformation der Nabe und die damit verbundene Umlagerung der Kontaktspannungen korrekt abzubilden. Aufgrund des Systemverhaltens haben neben dem Kolbendesign auch die Gestaltung des Kolbenbolzens (Durchmesser außen/innen, Länge etc.), die Abstützlänge (Gesamtlänge des Kolbenbolzens, Breite des kleinen Pleuelauges) und die Gestaltung des oberen Pleuelauges (parallel oder trapezförmig) einen wesentlichen Einfluss auf die Spannungsverteilung im Kolben.

Die von Mises Vergleichsspannung des Kolbenbolzens unter maximalen Zünddruck ist in **Bild 24-20** mit 25-fach überhöhter mechanischer Deformation dargestellt. Da die Enden des Bolzens nur noch eine geringe Belastung aufweisen, wird dort in der Regel zur Gewichtsersparnis ein Innenkonus verwendet.

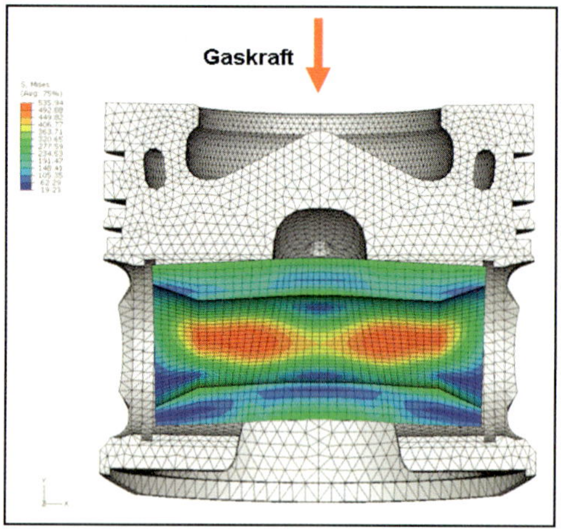

Bild 24-20 Von Mises Spannung im Kolbenbolzen mit 25-facher Skalierung der mechanischen Deformation beim maximalen Zünddruck (ZOT).

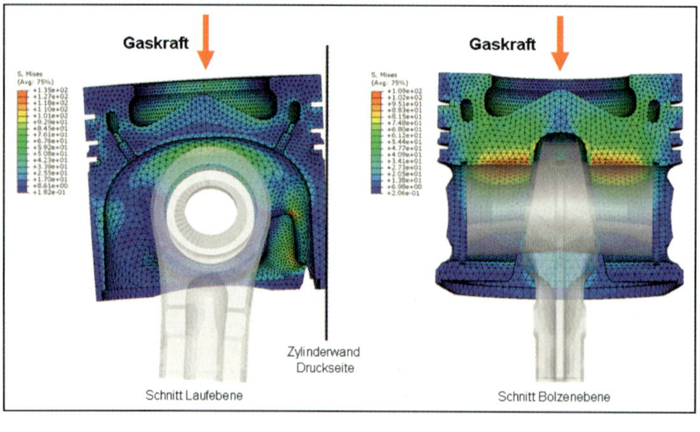

Bild 24-19 Mechanische von Mises Spannung mit 25-facher Skalierung der mechanischen Deformation beim maximalen Zünddruck (ZOT)

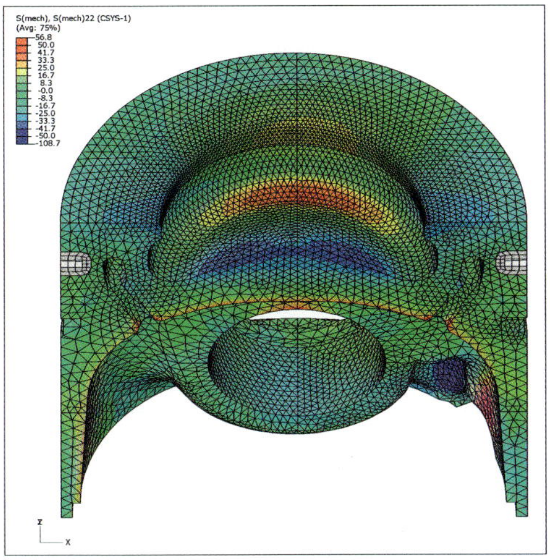

Bild 24-21 Mechanische Umfangsspannung in der Mulde eines Dieselkolbens

Bild 24-21 zeigt exemplarisch die mechanische Belastung der Mulde eines Dieselkolbens. Zur Veranschaulichung der relevanten Spannungskomponente ist hier die mechanische Umfangsspannung in einem zylindrischen Koordinatensystem entlang der Mittelachse des Motorzylinders dargestellt, wobei die thermischen Spannungsanteile subtrahiert worden sind. Aufgrund des Verbrennungsdrucks ergibt sich eine globale Biegung des Kolbens über den Kolbenbolzen, was in der Bolzenebene zu Zugspannungen und in der Laufebene zu Druckspannungen führt. Durch geeignete Wahl der Ovalität der Kolbennabe und der damit verbundenen Änderung der Abstützung des Kolbens auf dem Bolzen kann eine teilweise Umlagerung der Spannungen zwischen Kolbennabe und Muldenrand in der Bolzenebene erreicht werden. Über eine Modifikation des Formbohrungsprofils der Kolbennabe und damit eine Verschiebung des äquivalenten Lagerdruckpunktes wird eine teilweise Umlagerung der Spannungen am Muldenrand zwischen Laufebene und Bolzenebene erzielt.

24.1.3.7 Abschätzung der Betriebsfestigkeit

Bei der Abschätzung der Betriebsfestigkeit dient die Anzahl an Lastwechseln und die Art der Beanspruchung als Klassifizierungsmerkmal. Bei einer sehr hohen Anzahl an Lastwechseln ($>10^5$) mit überwiegend elastischer Belastung spricht man von Langzeitermüdung (englisch *high cycle fatigue – HCF*), während eine verhältnismäßig geringe Anzahl an Lastwechseln ($\leq 10^5$) mit überwiegend elastisch-plastischer Beanspruchung als Kurzzeitermüdung (englisch *low cycle fatigue – LCF*) bezeichnet wird. Die Überlagerung einer zyklischen mechanischen Belastung mit einer zyklischen thermischen Belastung bezeichnet man als thermo-mechanische Ermüdung (englisch *thermo-mechanical fatigue – TMF*). Die Belastung des Kolbens durch den in jedem Arbeitsspiel auftretenden Zünddruck bei einem konstanten Betriebszustand des Motors ist demnach eine isotherme HCF-Belastung, da die Kolbentemperatur konstant ist. Wechsel der Betriebszustände (zum Beispiel von Leerlauf nach Volllast und zurück) und damit verbundene transiente Änderungen der Kolbentemperatur und der thermischen Spannungen stellen eine low-cycle TMF-Belastung dar. Die transiente thermische Beanspruchung von dünnen Oberflächenschichten am Kolbenboden durch heiße Verbrennungsgase in jedem Arbeitsspiel ist eine high-cycle TMF Beanspruchung, die jedoch aufgrund der Komplexität der Belastung experimentell nur schwer zugänglich ist und daher in der Simulation überwiegend durch zusätzliche Sicherheitsfaktoren berücksichtigt wird.

Zur Bestimmung der Betriebsfestigkeit des Kolbens müssen die Wechselfestigkeitswerte der verwendeten Kolbenlegierung in Abhängigkeit der Temperatur für unterschiedliche Lastspielzahlen bekannt sein. Hierzu werden temperaturabhängige Wöhlerkurven aus spannungsgesteuerten Dauerschwingversuchsergebnissen für $10^5 - 10^8$ Schwingspiele ermittelt (siehe **Bild 24-22**). In einem doppellogarithmischen Diagramm ergibt sich ein linearer Zusammenhang zwischen Spannungsamplitude S_a und Schwingspielzahl N:

$$\log N = -b \log S_a + C$$

Bei einem bekannten Punkt (N_A, S_A) auf der Wöhlerkurve gilt:

$$\frac{N}{N_A} = \left(\frac{S_a}{S_A}\right)^{-b}$$

Aufgrund der unterschiedlich starken Belastung durch Druck- und Fliehkräfte bei gleichzeitig vorliegenden thermischen Spannungen sind die Mittelspannungen im Kolben im Allgemeinen nicht Null, weshalb auch die Abhängigkeit der zulässigen Amplitude von der Mittelspannung über eine Mittelspannungs-

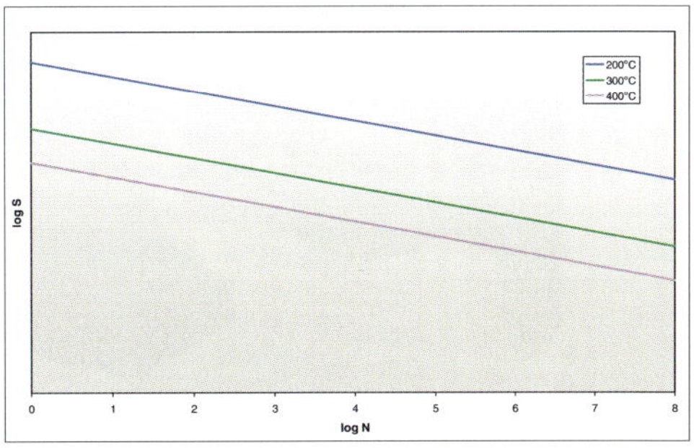

Bild 24-22 Wöhler-Diagramm

korrektur nach Smith oder Haigh berücksichtigt werden muss.

Der Begriff der Schädigung D eines Betriebszustandes ist definiert als das Verhältnis zwischen der Anzahl an geforderten Lastspielen n und der Anzahl an ertragbaren Lastspielen N:

$$D = \frac{n}{N}$$

Überschreitet die Schädigung den Wert 1,0 ist mit einem Versagen des Bauteils vor Erreichen der geforderten Lebensdauer zu rechnen.

Eine intuitivere Darstellung ist über den Sicherheitsfaktor s_F gegeben, welcher für eine Anzahl an Lastspielen das Verhältnis aus zulässiger Spannung S_{zul} und vorhandener Spannung S angibt. Liegt dieser Wert über 1.0 ist das Bauteil sicher:

$$s_F(N) = \frac{S_{zul}(N)}{S}$$

Zur numerischen Lebensdauerabschätzung werden die Temperaturverteilungen und Spannungszustände der einzelnen Betriebspunkte für jeden Oberflächenknoten mit temperaturabhängigen Wechselfestigkeiten verglichen. Bei einer einachsigen schwingenden Belastung zwischen zwei Lastzuständen kann die zu erwartende Lebensdauer direkt aus dem Vergleich der vorliegenden Spannungsamplitude und Mittelspannung mit der zulässigen Amplitude für das jeweilige Spannungsverhältnis abgeleitet werden. Bei den im Kolben vorliegenden mehrachsigen, nichtproportionalen Spannungszuständen ist eine einfache Betrachtungsweise auf Basis der Hauptspannungen nicht möglich und es wird stattdessen die „Methode der kritischen Schnittebene“ verwendet.

Hierbei werden für jeweils zwei Lastfälle in einem ersten Schritt die Amplituden und Mittelspannungen aus den beiden örtlichen Spannungszuständen für eine beliebig gewählte Schnittebene berechnet. Die in dieser Schnittebene operierenden Amplituden und Mittelspannungen ermöglichen bei Verwendung einachsiger oder mehrachsiger Schädigungshypothesen die Bestimmung der auf dieser Schnittebene wirkenden Schädigung. Anschließend wird die Schnittebene schrittweise um alle drei Raumachsen gedreht und für jede neue Orientierung werden erneut die Amplituden und Mittelspannungen mit der zugehörigen Schädigung berechnet. Die Ebene mit der höchsten Schädigung wird als „kritische Ebene“ bezeichnet. Für die Berechnung der voraussichtlichen Lebensdauer wird der Schädigungswert dieser kritischen Ebene verwendet. Zusätzlich kann der Sicherheitsfaktor berechnet werden. Die räumliche Verteilung und die jeweiligen kritischen Zonen können mittels üblicher FEM-Postprozessoren dargestellt und ausgewertet werden (siehe **Bild 24-23**).

Da die verwendeten Materialkennwerte auf Basis einachsiger Versuche an Probestäben gewonnen worden sind und außerdem notwendige Vereinfachungen bei der Modellbildung getroffen wurden, werden die realen Betriebsbedingungen im Motor in der Simulation nicht absolut exakt wiedergegeben. Auf Basis umfangreicher Motorenerprobungen werden daher Mindestsicherheitsfaktoren für die unterschiedlichen Belastungszonen definiert, um die realen Betriebsbedingungen mit der geforderten Sicherheit erfüllen zu können.

Der oben betrachtete, einfache Belastungsfall einer schwingenden Bauteilbelastung zwischen zwei Betriebspunkten ist hinreichend genau zur Abbildung

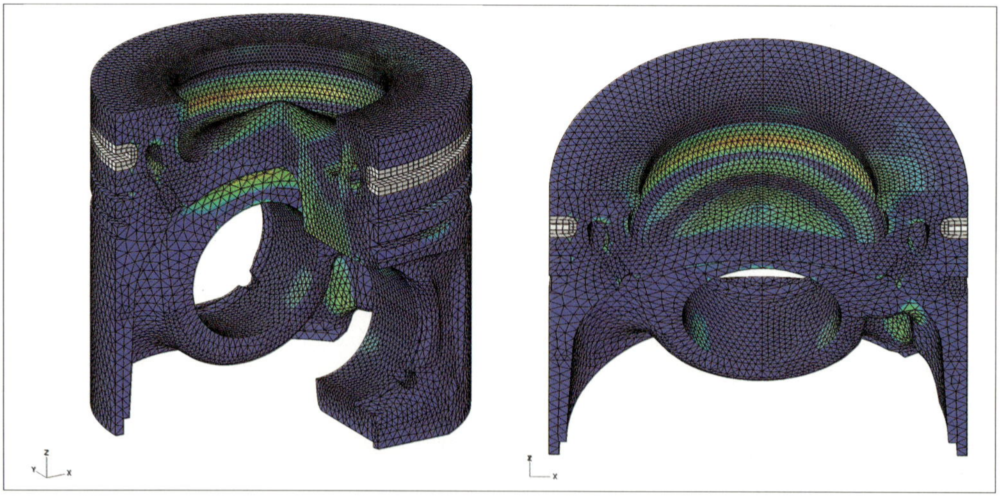

Bild 24-23 Sicherheitsfaktor

eines Dauerlauftests geeignet, bei dem der Kolben im Motor bei der gleichen Last, üblicherweise beim Betriebspunkt maximale Leistung, über eine lange Laufzeit getestet wird. Soll der Einfluss von mehreren Betriebszuständen auf die Lebensdauer berücksichtigt werden, müssen geeignete Schadensakkumulationshypothesen angewandt werden wie zum Beispiel die Miner-Regel, bei der für jeden Betriebszustand das Verhältnis aus der Anzahl an geforderten Zyklen zu der Anzahl an ertragbaren Zyklen gebildet und über alle Betriebszustände aufsummiert wird:

$$D = \sum_{(i)} \frac{n_i}{N_i}$$

Ebenfalls ist hier mit einem Versagen des Bauteils vor Erreichen der geforderten Gesamtlebensdauer zu rechnen, sofern die akkumulierte Schädigung den Wert 1,0 überschreitet.

24.1.3.8 Auswertung der Berechnungsergebnisse

Bei der Auswertung der Berechnungsergebnisse ist darauf zu achten, dass jede für die Betriebsfestigkeit relevante Stelle des Kolbens untersucht wird. Durch Vergleich der Ergebnisse mit den Ergebnissen der vorherigen Designstände können Modifikationsanweisungen abgeleitet werden, um das Produktdesign weiter zu verbessern.
Um einen zuverlässigen und robusten Auswertungsprozess zu gewährleisten, muss der Prozess entweder detailliert spezifiziert und kontrolliert oder über Makroprogrammierung weitestgehend automatisiert werden. Auf diese Weise können Variationen bei der Auswertung durch unterschiedliche Personen minimiert werden. Aufgrund der ähnlichen Topologie selbst stark unterschiedlicher Kolbendesigns ist ein hoher Automatisierungsgrad möglich und gleichzeitig wirtschaftlich sinnvoll.
Die vielfältigen Ergebnisse aus Temperaturen, Spannungen und Sicherheitsfaktoren für alle Auswertungsbereiche werden in Berichtsform zusammengefasst und ergeben eine Gesamtbewertung des Designs. Bei einem sicheren Designstand ist damit die virtuelle Bauteilfreigabe erreicht.

24.2 Strömungsberechnung

Die Ergebnisse von Strömungssimulationen vermitteln dem Entwicklungsingenieur eine detaillierte Einsicht in motorische Vorgänge, die zum einen Verbesserungspotenzial offen legen und zum anderen einer virtuellen Funktionsabsicherung dienen. So werden heute zum Beispiel Abgasanlagenkonzepte mit Hilfe dreidimensionaler Strömungssimulationen beurteilt.
Das Potenzial dieser „virtuellen Produktentwicklung“ wird erst im Zusammenspiel mit dem verstärkten Einsatz optischer Messverfahren sinnvoll erschließbar, da in vielen Anwendungen eine Abstimmung numerischer Modelle mit Hilfe von Messergebnissen notwendig ist.
Nachdem die Rechenverfahren bereits vor einiger Zeit einen hohen Reifegrad erreicht hatten, lag der Fokus in den letzten Jahren auf der Entwicklung und Beschleunigung von Prozessabläufen, um die erarbeiteten Berechnungsverfahren durchgängig in der Breite einsetzen zu können. Ziel in einem modernen Entwicklungsprozess ist die entwicklungsbegleitende Optimierung aller strömungsführenden Bauteile mittels CFD-Verfahren. Dies gilt gleichermaßen für die Luft- wie Abgasstrecke, den Kühl- und Ölkreislauf sowie die Vorgänge im Zylinder einschließlich Einspritzung und Verbrennung.
Ausgangspunkt einer Motorentwicklung ist die Simulation der Gaswechsel-Vorgänge, die zusammen mit einer Arbeitsprozessrechnung Trend-Aussagen über die Leistungsdaten, das Emissionsverhalten, den Energieverbrauch, die mechanische Belastung und die Akustik des Motors liefert. Obwohl hier einbeziehungsweise quasidimensionale Berechnungsverfahren zum Einsatz kommen, ermöglichen die verwendeten Ansätze eine räumlich differenzierte Ausgabe von Wärmeübergangszahlen für Finite-Element-Berechnungen, in denen Aussagen über die Bauteilfestigkeit getroffen werden können.
Nach einer ersten Phase der groben Bauteildimensionierung sind zur Unterstützung des Entwicklungsprozesses lokal und zeitlich aufgelöste Informationen zu Geschwindigkeiten, Drücken, Temperaturen und Gemischzusammensetzungen gefragt, die nur über dreidimensionale Strömungsberechnungen ermittelt werden können.

24.2.1 Ein- und Quasidimensionale Verfahren

Ladungswechsel- und Arbeitsprozessrechnung

Nicht nur in der Konzeptphase des Motors, sondern durchgängig im gesamten Entwicklungsprozess ist die eindimensionale Ladungsberechnung ein sinnvolles Werkzeug, das sich wegen des Zusammenwirkens unterschiedlicher Einflüsse (Strömung, Gasdynamik, Energieumsetzung, ...) zur Abstimmung der Komponenten anbietet. Dieses eindimensionale Verfahren hat sich als optimaler Kompromiss zwischen Aufwand und erforderlicher Genauigkeit zur Beschreibung der Strömungsphänomene etabliert. Der Vorteil des Verfahrens gegenüber den klassischen dreidimensionalen Ansätzen ist der wesentlich einfachere Modellaufbau und der deutlich geringere Bedarf an Rechenzeit. Dem steht der Nachteil gegenüber, dass physikalische Größen, wie zum Beispiel die Strömungsgeschwindigkeit, örtlich gemittelt werden, wodurch lokale Effekte nicht aufgelöst werden können. Um trotzdem zuverlässige Ergebnisse zu erhalten, müssen die nicht im Rechenmodell abzubilden-

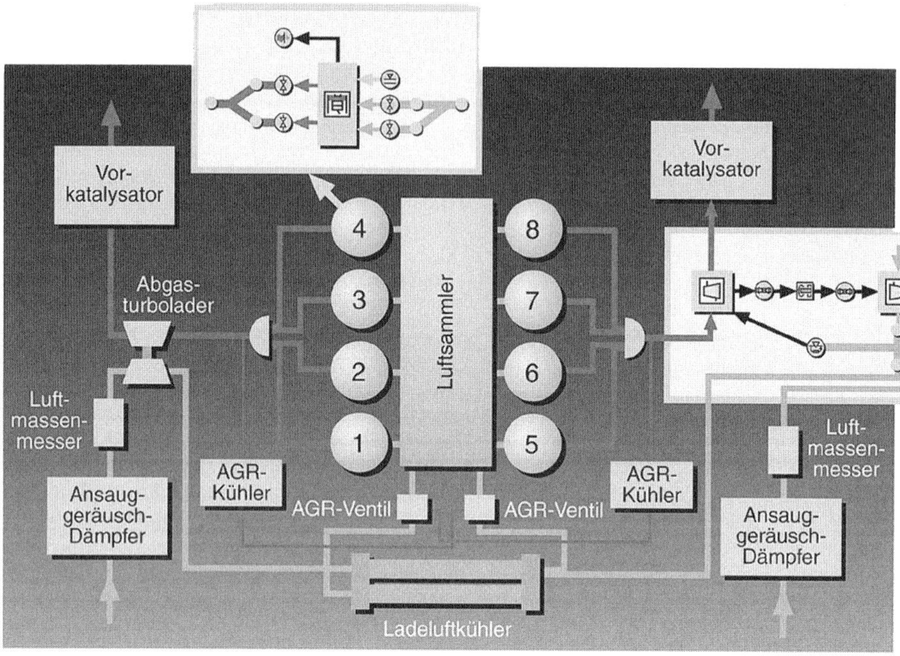

Bild 24-24 Schematische Darstellung der Luft- und Abgasführung mit Elementen der Ladungswechselrechnung, aus [7]

den Eigenschaften – soweit sie für das Ergebnis relevant sind – empirisch korreliert werden.

Bild 24-24 zeigt eine schematische Darstellung der Luft- und Abgasführung eines Achtzylindermotors, in dem wichtige Bausteine des Rechenmodells für die Ladungswechselberechnung hervorgehoben sind. Ein wesentliches Ergebnis der Simulation ist der Füllungsgrad der Zylinder. Die Ergebnisse ermöglichen die Dimensionierung der Saug- und Abgasanlage (Rohrlängen und -querschnitte) sowie die Optimierung der Steuerzeiten des Ventiltriebs.

Saugrohre und Abgasanlage sind durch Rohre dargestellt, in denen die Gasströmung eindimensional mit allen dynamischen Effekten nachgebildet wird. Zur Erfassung des Druckabfalls an Rohrkrümmungen und Verzweigungen werden gerechnete beziehungsweise gemessene Beiwerte verwendet. Der Abgasturbolader wird mit Hilfe von Kennfeldern beschrieben.

Eine dominierende Größe in der Berechnung ist der Verlauf der Verbrennung während der Energieumsetzung. Mit dem eindimensionalen Verfahren können die höchst komplexen Verbrennungsvorgänge nicht aufgelöst werden. Hier bietet sich die Einbindung einer Arbeitprozessrechnung in das Ladungswechselprogramm an, das mit einem vorgegebenen Ersatzbrennverlauf rechnet. Zur Bestimmung der Wärmefreisetzungsrate wird häufig eine semiempirische Beziehung verwendet, die von Wiebe [8] vorgeschlagen wurde. Neben den empirisch gefundenen Parametern muss eine Größe aus dem gemessenen Indikatordiagramm eingeführt werden. Das Verfahren vernachlässigt den Zündverzug und ist deshalb vorzugsweise für langsam laufende Ottomotoren geeignet. Für die Betrachtung von Dieselmotoren, und hier besonders von Common Rail-Dieselmotoren mit Direkteinspritzung, sind Anpassungen eines empirischen Modells zur Vorausberechnung des Brennverlaufs vorzunehmen, um den speziellen Gegebenheiten wie Mehrfacheinspritzungen, variabler Raildruck und variabler AGR-Rate Rechnung zu tragen, siehe zum Beispiel [9].

Gleiches gilt für die neue Ottomotorgeneration mit Direkteinspritzung. Ist die Wärmefreisetzungsrate und damit der Brennverlauf bekannt, kann diese auch direkt eingesetzt werden.

Eine präzisere Nachbildung der Verbrennung erlaubt das Zweizonenmodell. Unter Annahme eines homogenen Gemisches und eines rotationssymmetrischen Brennraums wird dieser in einen Teil mit verbranntem Gas und einen mit unverbranntem geteilt.

Die Flammfront, deren Ausbreitungsgeschwindigkeit durch das Brenngesetz bestimmt wird, bildet die Trennebene. Eine Abstimmung des Modells erfolgt durch Vergleich mit Messungen am Hochdruckteil des Systems. Vorteil dieses Verfahrens ist, dass es zumindest näherungsweise an der Brennraumwand eine Bestimmung der Wärmeübergangszahlen erlaubt, die weiter verwendet werden können zur Spannungsberechnung infolge Temperaturbelastung. Das Zweizonenmodell ist wegen der dem Modell zu Grunde liegenden Annahmen vor allem für Ottomotoren geeignet.

Solange es nicht gelingt, allgemein gültige Brennverlaufsmodelle zu entwickeln beziehungsweise den ausnutzbaren Parameterbereich bestehender Modelle vorab zu bestimmen, werden Daten des Vorgängermotors zur Abstimmung der Rechenmodelle benötigt. Die in letzter Zeit entwickelten Klopfmodelle können zwar zusätzliche Fragestellungen nach der Wahrscheinlichkeit des Auftretens unerwünschter Zündungen beantworten helfen. Bedingt durch viele zu wählende Eingangsparameter und fehlender Ortsauflösung des Verfahrens ist die Aussagekraft allerdings eingeschränkt.

Zudem lösen sie nicht das prinzipielle Problem der fehlenden Allgemeingültigkeit der Modellierungsansätze.

Im Falle der Betrachtung aufgeladener Motoren werden insbesondere im Teillastbereich detaillierte Turbinen- und Verdichter-Kennfelder benötigt. Das Fehlen solcher Daten erschwert den Einsatz des Berechnungsverfahrens in der Konzeptphase des Motors.

Ein wichtiger Anwendungsfall sind hier Untersuchungen des Zusammenspiels zwischen Turbolader und Motor, um Aussagen über Leistung, Wirkungsgrad/Verbrauch und Ansprechverhalten zu erhalten, Turbolader-Mapping genannt. Dabei wird auf hinterlegte Kennfelder verschiedener Turbolader zurückgegriffen, um die optimale Kombination von Turbolader und Motor herauszuarbeiten.

In der Literatur finden sich auch Ansätze zur rechnerischen Auslegung von Turbolader-Betriebskennfeldern, siehe zum Beispiel [28], die an Stelle der hinterlegten Kennfelder benutzt werden können.

Fahrzeug-Kühlkreislaufberechnung

Eine Standardanwendung in der Auslegung der Motorkühlung ist die Simulation des gesamten Fahrzeug-Kühlkreislaufs auf Basis eines eindimensionalen Berechnungsverfahrens. Ähnlich dem Aufbau von Ladungswechselmodellen werden alle Komponenten des Kühlkreislaufs – im Wesentlichen Kühlmittelpumpe, Motor, Thermostat, Kühlmittel- und Ölkühler, Verschlauchung und Ausgleichsbehälter – in einem Netzwerk miteinander verbunden und mit Kennzahlen oder Kennfeldern belegt. Ergebnisgrößen sind der aktuelle Volumenstrom, die Systemdrücke und die Kühlmitteltemperaturen. Zur Beurteilung unterschiedlicher Kühlkonzepte ist es sinnvoll, die Simulation des Kühlkreislaufs mit einer eindimensionalen Simulation des Kühler/Lüfter-Pakets unter Berücksichtigung der wesentlichen Wärmeströme zu verbinden, siehe zum Beispiel [10]. Hiermit wird es möglich, die Auswirkungen der Variation von Lüfter und Wärmetauscher oder den Einfluss von geänderten Betriebszuständen auf die erreichten Fahrzeugkühlleistungswerte zu berechnen.

Ölkreislaufberechnung

Ähnlich den oben dargestellten Verfahren ist es heute ebenfalls möglich, den Ölkreislauf eines Motors in einem eindimensionalen Rechenmodell abzubilden. Insbesondere der Modellierung der Ölströmung in den Hauptlagern der Kurbel- und Nockenwellen ist hier Aufmerksamkeit zu schenken, um realistische Ergebnisse zu erhalten.

Komplexere Fragestellungen zur Auslegung eines Ölkreislaufs, der Zusatzaufgaben wie zum Beispiel die Betätigung eines Nockenwellenverstellers übernimmt, werden in der Simulation zunehmend unter Berücksichtigung der dynamischen Vorgänge beantwortet. Damit können zum Beispiel aus der mechanischen Anregung von verschiedenen Motorkomponenten dynamische Druckspitzen beziehungsweise eine Kavitationsgefahr bewertet werden.

Simulation des Kraftstoffhydraulikkreislaufs

Eine weitere Anwendung dieser Art Berechnungsverfahren stellt der Kraftstoffhydraulikkreislauf dar.

Hierbei werden allerdings hochdynamische Vorgänge simuliert, in denen Kompressibilitätseinflüsse mitberücksichtigt werden müssen. Insbesondere bei Hochdruck-Dieseleinspritzsystemen mit variablen Raildrücken sind die Auswirkungen der Führung der Kraftstoffzuleitungen auf die einzelnen Injektoren hinsichtlich Gleichverteilung der Kraftstoffmenge auf die einzelnen Zylinder zu berechnen. Die Simulation der Auswirkungen der Raildruckregelung auf die Kraftstoffmengendosierung ist ein weiterer Anwendungsfall.

Das Verhalten des Injektors selbst muss nicht im Detail aufgelöst werden, sondern kann mit Hilfe von Kennfeldern beschrieben werden.

Gesamtprozessanalyse

Die Kenntnis des stationären Betriebsverhaltens von Motoren ist vielfach nicht ausreichend. Insbesondere für die Funktionsauslegung und -prüfung der Motorsteuerungselektronik müssen transiente Motorzustände simuliert werden können. Neben der genauen, thermodynamischen Modellierung des Motors gehen somit spezifische Daten des Fahrzeugs, des Antriebsstrangs, des Getriebes, der Motorelektronik, die Umgebungsbedingungen und das Verhalten des Fahrers in das Rechenmodell ein [11]. Als ein Anwendungsbeispiel sei hier die Simulation der Fahrzeugbeschleunigung unter Berücksichtigung verschiedener Regelstrategien zur Verstellung der Leitschaufelapparatur eines Abgasturboladers mit variabler Turbinenschaufelgeometrie genannt.

24.2.2 Dreidimensionale Strömungsberechnung

Finite-Volumen-Verfahren

Die oben aufgeführten Berechnungsverfahren sind nicht in der Lage, Strömungsvorgänge lokal aufgelöst zu beschreiben. Insbesondere die Durchströmung sehr komplexer Geometrien wie zum Beispiel eines Wassermantels oder den Einlasskanälen eines Motors erfordert den Einsatz einer dreidimensionalen Strömungssimulation.

Bild 24-25 zeigt das Rechenmodell des Wassermantels eines Vierzylindermotors.

Bestand das im Bild dargestellte Modell vor wenigen Jahren noch aus circa 500.000 Volumenzellen, die zusammen die durchströmte Struktur ausfüllen, so besteht ein solches Modell heute typischerweise aus mehr als 2.000.000 Rechenzellen.

Jede geometrische Einzelheit des Wassermantels wird dabei aufgelöst. In der industriellen Anwendung haben sich die Finite-Volumen-Verfahren gegenüber den Finite-Differenzen- oder Finite-Element-Verfahren durchgesetzt. In jedem einzelnen Volumen werden die Erhaltungsgleichungen der Masse und des Impulses gelöst.

Dieser Satz von Gleichungen wird Navier-Stokes-Gleichungen genannt, siehe zum Beispiel [12]. Nahezu alle technisch relevanten Strömungsvorgänge sind turbu-lenter Natur. Zur Charakterisierung der Strömungsturbulenz werden zusätzliche Gleichungen, sogenannte Turbulenzmodelle, benötigt. Der klassische Weg geht über eine Zeitmittelung der Navier-Stokes-Gleichungen. Die bei dieser Mittelung entstehenden zusätzlichen Terme müssen modelliert werden. Standardmäßig wird auch heute noch das *k*-ε-Modell eingesetzt, das die Lösung zweier zusätzlicher Gleichungen zur Charakterisierung eines turbulenten Längen- und Zeitmaßstabs erfordert.

Erweiterungen dieses Modells, sogenannte „nichtlineare Turbulenzmodelle", werden heute verstärkt in Anwendungsbereichen eingesetzt, in denen die Interaktion verschiedener turbulenter Wirbelstrukturen wesentlich die Strömungstopologie bestimmt.

Um Ablösungen, die nicht auf Diskontinuitäten in der Geometrie zurückzuführen sind, oder um Wärmeübergangsprobleme ausreichend genau zu behandeln, muss die Wandgrenzschicht aufgelöst werden. In diesen Bereichen werden dann so genannte „Low-Re-Turbulenzmodelle" eingesetzt. Nachteil dieser Methodik ist die hohe Anzahl von Rechenzellen mit dem damit verursachten erhöhten Ressourcenaufwand hinsichtlich Speicherplatzbedarf und Rechenzeiten.

Werden zusätzlich thermodynamische Problemstellungen behandelt, wie etwa kompressible Strömungen, Strömungen mit Energiezufuhr oder Wärmeübertragung, muss auch die Energieerhaltungsgleichung gelöst werden.

Das System von partiellen, nichtlinearen Differentialgleichungen muss in einem ersten Schritt diskretisiert und linearisiert werden, um es einer Lösung zuführen zu können. Wesentliche Schwierigkeiten bereitet hierbei der sogenannte Konvektionsterm, der den Transport einer physikalischen Lösungsgröße über die Systemgrenzen der einzelnen Volumina beschreibt.

Die gebräuchlichen Diskretisierungsschemata unterscheiden sich in der Genauigkeit, mit der sie den physikalischen Sachverhalt beschreiben. Insbeson-

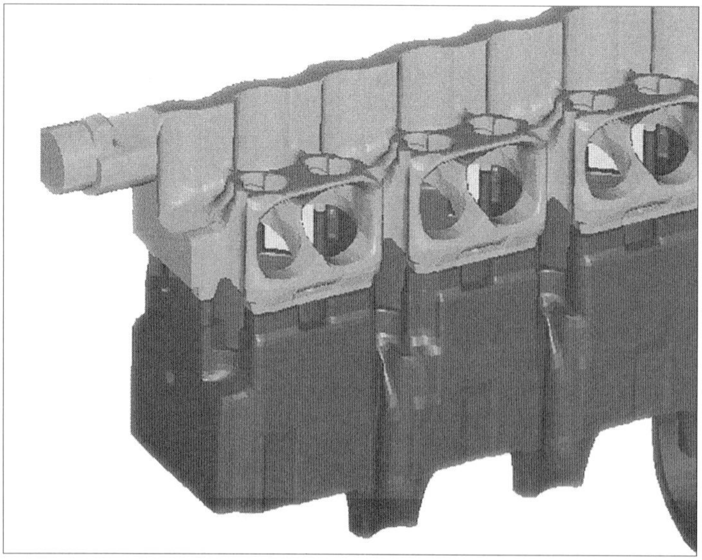

Bild 24-25 Rechennetz des Wassermantels eines Vier-Zylindermotors

dere die Abbildung großer Gradienten einer Lösungsgröße ist hiervon betroffen. Nachteil eines aufwändigen Diskretisierungsschematas ist die in aller Regel mit einhergehende Schwierigkeit, eine konvergente Lösung zu erzielen.
Die Lösung wird in einem iterativen Prozess erreicht. Dabei bedeutet die Lösung von Strömungsproblemen im industriellen Umfeld in aller Regel die Lösung eines Randwertproblems. Das bedeutet, dass auch weit stromab liegende Bereiche des Lösungsgebiets Strömungsphänomene, wie zum Beispiel das Auftreten einer Ablösung im gesamten Lösungsgebiet, auch weit stromauf liegend, verursachen können. Damit kommt der Definition der Randbedingungen eine entscheidende Bedeutung zu.
Eine Beschreibung der numerischen Verfahren der Strömungsmechanik ist zum Beispiel in [13] zu finden.
Als Lösungsgrößen stehen in jedem Volumenelement die drei Geschwindigkeitskomponenten, der Druck, die Temperatur, die Dichte und die charakteristischen Turbulenzkennwerte (Turbulenzgrad und -länge) zur Verfügung. In jeder so genannten „Wandzelle" kann zudem der Wärmeübergangskoeffizient beziehungsweise der an die Wand übertragene Wärmestrom ermittelt werden. Diese Größen werden vielfach in Finite-Element-Programmen mit dem Ziel weiterverarbeitet, Aussagen über die Bauteilfestigkeit zu treffen.
Ein wesentlicher Schritt auf dem Weg zur Lösung von Strömungsproblemen stellt die Vernetzung des Strömungsgebiets dar. Hier sind in den letzten fünf Jahren die größten Fortschritte erzielt worden. Voraussetzung für eine „automatische" Vernetzung ist eine vollständig geschlossene Oberfläche. Damit verlagern sich die Anstrengungen in Richtung auf CAD-Systeme, um bereits während der Konstruktion auf die Bereitstellung einer bestmöglich aufbereiteten Oberfläche zu achten.
Im Wesentlichen gibt es fünf Trends:

- Automatische Vernetzung auf Basis eines kartesischen Rechengitters, das nicht körperangepasst ist, aber mit Hilfe von Zusatzalgorithmen die exakte Geometrie abbildet
- Automatische Vernetzung auf Basis von Tetraedergittern (zum Beispiel Delauney-Methode), teilweise mit der Möglichkeit, Tetraeder im Inneren des Rechengebiets in Hexaeder-Elemente zurückzuführen
- Halbautomatische Vernetzung auf Basis von blockstrukturierten Gittern
- Halbautomatische Vernetzung auf Basis von Hexaeder-Elementen unter in Kaufnahme von wenigen Tetraeder- oder Polynom-Elementen.
- Weitestgehend automatische Vernetzung auf Basis von Polyeder-Zellen.

Jede der oben genannten Techniken hat Vor- und Nachteile, abhängig von der benötigten Qualität des Rechengitters (insbesondere wichtig bei der Auflösung von Wärmeübergangsproblemen), der benötigten Aussagegenauigkeit der Rechenergebnisse, der zur Verfügung stehenden Ingenieurszeit, der Qualität der CAD Oberfläche, der zur Verfügung stehenden Rechnerleistung und des insgesamt verfügbaren Zeitraums, innerhalb dessen belastbare Ergebnisse vorgestellt werden müssen.
Hier gilt das Prinzip, dass das Verfahren gesamtheitlich bewertet werden muss und nur so gut ist, wie das schwächste Glied in der Kette. Eine fehlende Randbedingung kann nicht durch ein extrem fein aufgelöstes Rechengitter aufgewogen werden. Im Gegenzug wird ein Rechengitter, das viele verzerrte Volumenelemente enthält, die Rechenzeit erhöhen und die Genauigkeit der Ergebnisse verringern.

Simulations-Verfahren basierend auf der „Lattice Gas Theorie"

Zunächst im Bereich der Simulation der Außenumströmung von Fahrzeugen hat sich ein Berechnungsverfahren etabliert, das keine Erhaltungsgleichungen auf makroskopischer Ebene (in finiten Volumen) löst, sondern die Vorgänge auf einer mikroskopischen Skala (Stoßvorgänge auf Molekülebene) auflöst.
Aufgrund der unten genannten Vorteile wird dieses Verfahren heute verbreitet auch auf die Betrachtung der Motorraumdurchströmungen angewandt. Anwendungen auf Motorströmungen sind dagegen die Ausnahme geblieben.
Es handelt sich um ein partikelbasiertes Verfahren, in dem Partikel in Raum und Zeit existieren und sich in diskreten Richtungen mit diskreten Geschwindigkeiten bewegen. Mit Hilfe einer Statistik auf Basis der diskreten kinetischen Theorie können alle relevanten Strömungsgrößen ermittelt werden.
Die Turbulenzmodellierung geschieht hier über eine VLES (Very Large Eddy Simulation).
Weitere Informationen zu diesem Verfahren sind zum Beispiel in [14] zu finden.
Die Vorteile dieses Verfahrens sind:

- Automatische Erstellung des Rechengitters
- Entfall numerischer Fehler
- Verwendung einfacher Lösungsverfahren, da keine partiellen, nichtlinearen Gleichungen gelöst werden
- Explizites Verfahren, das heißt instationäre Vorgänge werden zeitgenau wiedergegeben
- Kurze Turnaround-Zeiten mit geringem Anteil an Ingenieurs-Arbeitsstunden.

Die Nachteile dieses Verfahrens sind:

- Fehlende Erfahrungsbasis für motorische Anwendungen
- Stationäre Lösungen sind derzeit nur über transiente Rechnungen als asymptotische Näherung darstellbar

- Schwierige Behandlung der Turbulenz
- Hoher Ressourcenbedarf.

Kopplung von Berechnungsverfahren unterschiedlicher Komplexität

Aufgrund der zunehmenden Komplexität der zu lösenden Fragestellungen werden Berechnungsverfahren miteinander gekoppelt. Dies betrifft sowohl die Kopplung verschiedener eindimensionaler Verfahren untereinander, die Kopplung eines 3d-Verfahrens mit einem 1d-Code als auch die Kopplung zweier 3d-Verfahren.

Hier ist zu beobachten, dass zunehmend gekoppelte Fragestellungen unterschiedlicher Thematiken in einem Software-Paket gelöst werden, um die Anzahl an Schnittstellen zu reduzieren und somit den Berechnungsablauf effizient zu halten. Als ein Beispiel sei hier der Code star-ccm+ genannt, [29], ursprünglich ein reiner CFD-Code. „ccm" steht für „computational continuum mechanics" und verweist auf die Möglichkeiten der Lösung von allgemeinen Kontinuumsmechanik-Fragestellungen.

Es werden 1-dimensionale Ladungswechselrechnungen mit 3d-CFD-Simulationen gekoppelt, um gasdynamische Vorgänge über die Grenzen des 3d-Rechengebiets hinaus zu erfassen. Im Gegenzug liefert die 3d-Rechnung bedeutend bessere Ergebnisse zum Beispiel bezüglich der Reflexion von Druckwellen an Verzweigungen oder des Druckverlusts bei der Durchströmung komplexer Bauteile. Die Simulation der Rückführung von Abgas in die Ansaugung sei hier als ein Beispiel aufgeführt.

Ein Beispiel der Kopplung zweier 3d-Codes betrifft die Berechnung von Bauteiltemperaturen im Motor. Hier ist sowohl der gas- als auch der wasserseitige Wärmeübergang zu betrachten. Die Kopplung geschieht folgendermaßen: Dem FE-Verfahren werden von dem CFD-Code, als Ergebnis einer isoliert durchgeführten Berechnung, Wärmeströme übergeben.

Nach erfolgter Berechnung im FE-Programm übergibt dieses wiederum die Wandtemperaturen an den CFD-Code. Nach dem Austauschen etlicher Lösungen zwischen den beiden Programmen werden die Verteilungen der Wärmeströme und der Wandtemperaturen einen stabilen Endzustand erreicht haben.

24.2.3 Ausgewählte Anwendungsbeispiele

Kühlmittelströmung im Wassermantel eines Motors

Die Grenzen von leistungssteigernden Maßnahmen am Motor werden im zunehmenden Maße von der Bauteilfestigkeit gesetzt. Eine effektive Motorkühlung in allen Betriebszuständen des Motors ist darum eine Voraussetzung heutiger Motorentwicklungen.

Auf Basis von CAD-Daten wird der zur Verfügung stehende Wasserraum vernetzt und eine strömungsmechanische Simulation durchgeführt, siehe **Bild 24-25**. Als Ergebnis können Gebiete sehr niedriger oder sehr hoher Geschwindigkeiten ausgemacht werden. Gebiete niedriger Geschwindigkeiten deuten auf eine geringe konvektive Kühlung hin.

Solche Situationen sind in der Nähe von hochbelasteten Bauteilen wie zum Beispiel dem Auslasskanal zu vermeiden. Im Gegensatz dazu bedingen hohe Geschwindigkeiten in Bereichen, in denen das Druckniveau bereits stark gefallen ist und die Kühlmitteltemperaturen bereits sehr hoch sind, die Gefahr der Bildung von Kavitationsblasen bedingt durch lokales Unterschreiten des Dampfdrucks.

Eine wichtige Zielgröße ist die gleichmäßige Kühlung aller Zylinder. Durch Variationen der Größe der Durchtrittsbohrungen in der Zylinderkopfdichtung kann in aller Regel diese Gleichverteilung erreicht werden.

Bild 24-26 zeigt beispielhaft die Verteilung des Wärmeübertragungskoeffizienten im Bereich der hochbelasteten Auslasskanäle eines 5-Ventilmotors. Durch eine systematische Variation der Größe und der Lage der Durchtrittsbohrungen in der Zylinderkopfdichtung wurde eine Optimierung der Durchströmung des Bereichs zwischen den beiden Kanälen erreicht.

Die heutige Entwicklung der Berechnungsverfahren bezieht die Lösung der Energiegleichung im Kühlmedium sowie temperaturabhängige Stoffwerte des Kühlmediums mit ein und berechnet den vom Bauteil abgegebenen Wärmestrom. Die hierfür benötigten Bauteiltemperaturen werden entweder iterativ aus

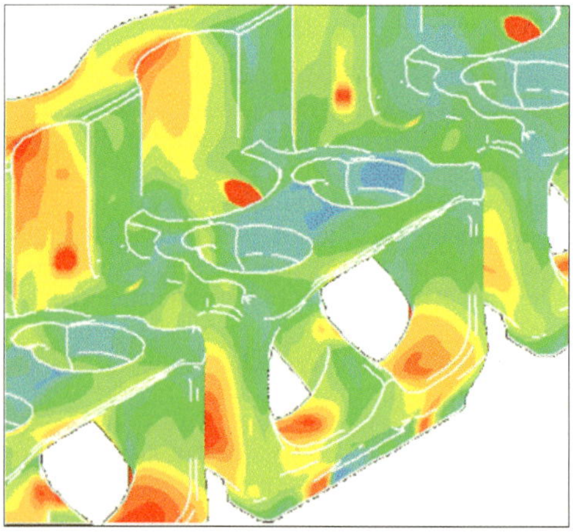

Bild 24-26 Verteilung der Wärmeübergangskoeffizienten im Bereich der Auslasskanäle eines Vierzylinder-5-Ventilmotors

einer FE-Simulation übernommen oder sie werden direkt in dem Strömungssolver als sogenanntes „Conjugate Heat Transfer“ Problem gelöst. Hierzu wird das Rechennetz um das Bauteil erweitert, in dem die Wärmeleitungsgleichung gelöst wird. Der konvektive Wärmestrom wird in beiden Fällen um einen Anteil korrigiert, der den Wärmestrom durch Film beziehungsweise Blasensieden enthält.
Die Korrektur entfällt, wenn zusätzlich ein Siedemodell implementiert wird, wie es zum Beispiel in [30] beschrieben ist.

Ladungswechsel

Die Ziele der heutigen Ottomotor-Entwicklung sind:

- Hohes Drehmoment über dem gesamten Drehzahlbereich
- Geringer Kraftstoffverbrauch
- Niedrige Abgasemissionen.

Wesentlichen Einfluss auf diese Ziele hat der Ladungswechsel.
Mit einer festen Einstellung der Steuerzeiten der Gaswechselventile sind die oben genannten Anforderungen nicht zu erfüllen. Erst eine Variation der Steuerzeiten über dem Drehzahl/Lastbereich ermöglicht die Erfüllung der Zielkriterien. Hierzu sind zahlreiche Simulationen zum Einfluss der Steuerzeiten auf Liefergrad, Restgasanteil und Ladungswechselarbeit durchzuführen. Eine Möglichkeit, die Anzahl der durchzuführenden Simulationen sinnvoll einzuschränken, ist die Durchführung einer „Versuchsplanung“ mit DoE (Design of Experiments).
Hierdurch kann die Optimierung von Zielkriterien im gesamten Drehzahl/Lastbereich mit wenigen Simulationen erreicht werden [15].

Gemischbildung und Energieumsetzung

Ladungsbewegung in Otto- und Dieselmotoren

Mit Einführung von Dieselmotoren mit Direkteinspritzung sowie Ottomotoren mit Direkteinspritzunggewinnt die Kenntnis der innermotorischen Vorgänge an Bedeutung. Hier ist zunächst die Ladungsbewegung zu nennen, die hinsichtlich ihrer Ausrichtung (Drall oder Tumble) sowie ihrer Intensität optimiert wird [7].
Eine Beurteilung der Einlasskanäle erfolgt heute standardmäßig auf Basis transienter Strömungssimulationen unter Berücksichtigung der jeweiligen Ventilhubkurven und Verwendung eines 2-Gleichungs-Turbulenzmodells. Hiermit wird die sich im realen Motorbetrieb ausbildende Ladungsbewegung gegebenenfalls einschließlich der Einspritzung simuliert.
Derzeit wird ein Trend beobachtet, mit Hilfe von LES-Simulationen die Bewertung von zyklischen Schwankungen anzugehen.
Bild 24-27 zeigt die iterative Annäherung der Integralwerte Drall und Durchfluss der Einlasskanäle eines Dieselmotors an die Zielwerte, die eine gleichzeitige Reduktion der Drallstärke sowie der Strömungswiderstandes in den Kanälen vorsahen.
Mit Hilfe einer anschließenden Simulation der transienten Zylinderinnenströmung ist es zusätzlich möglich, den Einfluss der Integralwerte Drall und Durchfluss auf die Ladungsbewegung zum Einspritz- oder Zündzeitpunkt zu bewerten.
Diese Simulationen, sowohl transient als auch stationär, gehören heute zum Tagesgeschäft. Da es allerdings noch nicht möglich ist, in sinnvollen Turnaround-Zeiten den gesamten Motor von der Ansaugung bis zur Abgasanlage simultan zu betrachten, ist

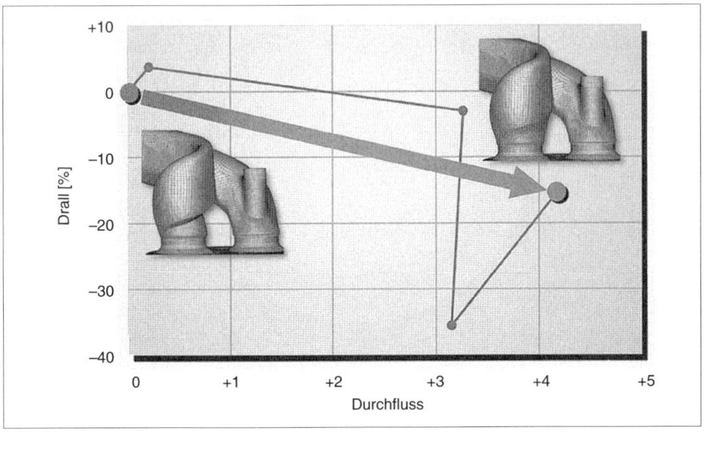

Bild 24-27 Iterative Annäherung der Integralwerte der Einlasskanäle an die Zielwerte, aus [7]

die 3d-Strömungssimulation auf Randwerte einer Ladungswechselrechnung angewiesen. Deren Qualität bestimmt auch die Qualität der nachfolgenden, örtlich und zeitlich hochaufgelösten dreidimensionalen Strömungsrechnung.

Gemischbildung in Ottomotoren mit Direkteinspritzung

Aufbauend auf der Simulation der Ladungsbewegung wird anschließend die Gemischbildung im Motor betrachtet.
Simulationstechnisch bedeutet dies, dass eine Mehrphasenströmung berechnet werden muss. Während die numerische Behandlung eines aus mehreren Komponenten zusammengesetzten Gases (etwa zur Charakterisierung eines Luft-Kraftstoff-Gemischs im Verbrennungsmotor) mit einer zusätzlichen Gleichung pro Komponente (einer Spezies-Massenerhaltungsgleichung) auskommt, wird der Aufwand zur Behandlung einer zusätzlichen Phase in demselben Rechengebiet deutlich aufwändiger. Lange Zeit wurde im Wesentlichen die zweite Phase in einem Lagrange'schen Bezugssystem (= mitbewegtes Bezugssystem) berechnet.
Hier spricht man von einer Euler-Lagrange Betrachtung. Für jedes Partikel beziehungsweise jeden Tropfen wird eine Bewegungsgleichung unter Berücksichtigung des Massen-, Energie- und Impulsaustausches gelöst. Die Euler-Lagrange Formulierung hat allerdings die Beschränkung, bei hohen Massenbeladungen (zum Beispiel in sogenannten „dichten" Sprays, wie sie von Hochdruck-Dieselinjektoren erzeugt werden) zu versagen.
Im Gegensatz dazu steht die Euler'sche Formulierung, die auch die Tropfen eines Sprays als Kontinuum betrachtet. Eine Euler-Euler Formulierung bedeutet einen sehr hohen Aufwand und findet seine Grenzen zum Beispiel in stark verdünnten Sprays. Neuerdings wird versucht, beide Ansätze in getrennten Bereichen simultan anzuwenden und so die Vorteile der jeweiligen Methode zu nutzen, [16].
Die Simulation benötigt ein sogenanntes „Spray-Modell" als Eingabe, welches den Einspritzvorgang beschreibt. In aller Regel werden heute Einspritzsysteme zunächst unter kontrollierten Bedingungen (Druck und Temperatur) in einer Druckkammer untersucht. Diese experimentellen Daten dienen der Simulation zum Abgleich.
Die zu beschreibenden Sprays sind messtechnisch sehr gut zu erfassen und erfüllen wesentliche Kriterien, die eine Euler-Lagrange'sche Betrachtungsweise als Voraussetzung stellt.
Daneben etablieren sich Spraymodelle, die auf Basis geometrischer Parameter von Injektoren den primären Strahlzerfall modellieren und somit direkt den Input für weitergehende Gemischbildungssimulationen liefern.
Bild 24-28 zeigt anhand der zeitlichen Entwicklung der anzahlgemittelten Tropfengröße und der, ebenfalls anzahlgemittelten Tropfengeschwindigkeit die Qualität auf, die mit einem abgestimmten Spray-Modell erreicht werden kann. Hierbei wurden für den Vergleich zwischen Rechnung und PDA-Messung zwei unterschiedliche, radiale Positionen 15 mm unterhalb des Injektors ausgewählt.
Die Validierung der Berechnungsverfahren für spezifische Anwendungen, wie oben beispielhaft für Spray-Rechnungen ausgeführt, ist ein wichtiger Schritt in Richtung Akzeptanz von Simulationsergebnissen und Integration der Berechnungsverfahren im Entwicklungsprozess. In den nachfolgend aufgeführten Beispielen wird deshalb immer wieder auf Validierungsexperimente hingewiesen.

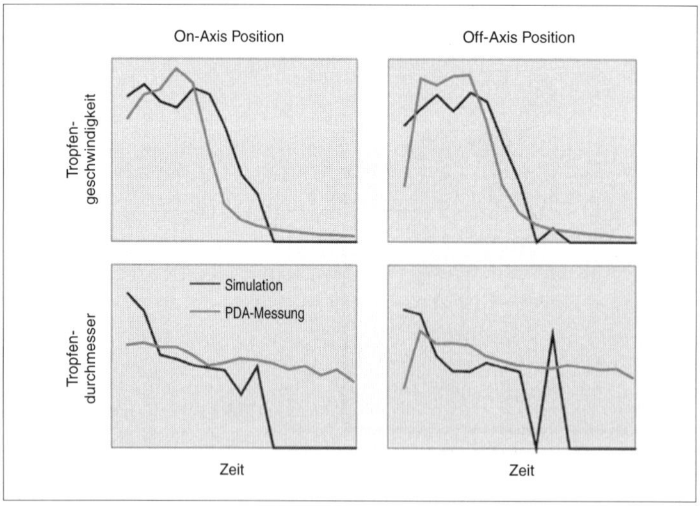

Bild 24-28 Vergleich zwischen Rechen- und Messergebnissen, dargestellt als zeitliche Entwicklung der Werte der Tropfengrößen (obere Reihe) und -geschwindigkeiten (untere Reihe). Die linke Bildreihe gilt für die Strahlachse, die rechte Bildreihe stellt den Vergleich an einer Off axis-Position dar [17]

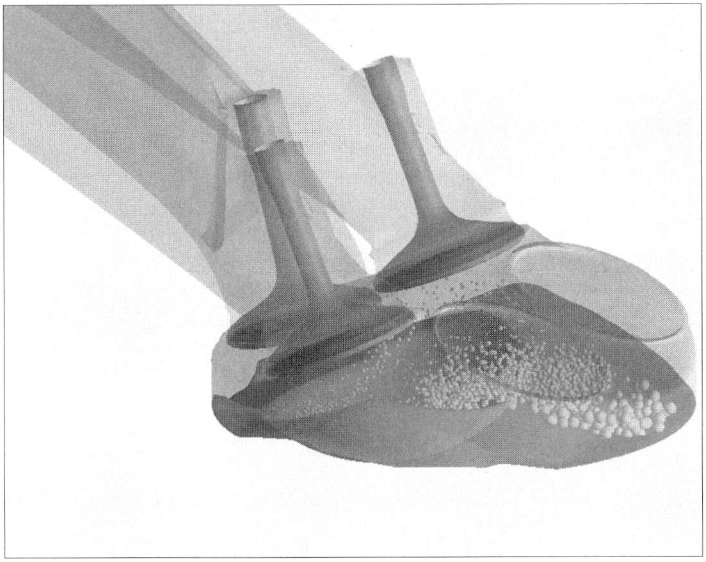

Bild 24-29 Darstellung von Kraftstofftropfen, die zum Zünd-OT im Brennraum verblieben sind

Mit einem solchermaßen abgestimmten Spray-Modell wird der Einspritzvorgang im drehenden Motor simuliert.
Wesentliche Zielgrößen sind:

- Visualisierung des Kraftstoff-Luft-Gemischs
- Charakterisierung der zeitlichen wie örtlichen Ausbreitung der Gemischwolke
- Analyse der Interaktion zwischen dem Einspritzstrahl und der Ladungsbewegung.

Bild 24-29 zeigt beispielhaft die im Brennraum verbliebenen Tropfen im Zünd-OT. Aus dieser Verteilung wird ersichtlich, dass sich insbesondere große Tropfen unterhalb der Auslassventile ansammeln. Zusammen mit der Verteilung des verdampften Kraftstoffs im Brennraum können wertvolle Hinweise auf notwendige Änderungen am Motorkonzept abgeleitet werden.
Die Simulation erlaubt die Bewertung des Einflusses der Motordrehzahl, des Lastpunktes, der Brennraumgeometrie, der Einspritzcharakteristik (Strahlwinkel, . . .) sowie des Einspritztimings.
Allerdings ist einschränkend hinzuzufügen, dass in der Simulation nur ein über viele Zyklen gemittelter Vorgang abgebildet wird. Einflüsse, die durch Schwankungen der Ladungsbewegung oder des Einspritzvorgangs verursacht werden, finden keine Berücksichtigung. Das Gebiet des Feintunings am Motor bleibt damit der Simulation (vorerst) verschlossen.

Gemischbildung in Ottomotoren mit Saugrohreinspritzung

Der sich ausbildende Wandfilm im Einlasskanal und auf den Ventilen erfordert die vollständige Betrachtung von bis zu 20 Motorzyklen. Die physikalische Modellierung der Tropfen-Wandinteraktion sowie des Sekundäraufbruchs von Tropfen aus dem Wandfilm gestaltet sich äußerst schwierig. Die Simulation des Problems erfordert sehr lange Rechenzeiten, so dass in Folge nur wenige Untersuchungen bekannt sind, indenen die Vorgänge der Saugrohreinspritzung örtlich und zeitlich aufgelöst simuliert wurden.

Gemischbildung in Dieselmotoren mit Direkteinspritzung

Im Gegensatz zu der Direkteinspritzung in Ottomotoren besitzen Dieseleinspritzstrahlen einen wesentlich höheren Impuls. Die Einspritzdrücke können über 2.000 bar betragen. Innerhalb des Injektors können Kavitationserscheinungen auftreten, die Auswirkungen auf den entstehenden Spray haben.
Das Auftreten von Kavitationsblasen wird mit Hilfe der Simulation der Düseninnenströmung untersucht und minimiert.
Bedingt durch den hohen Impuls wird in sehr kurzer Zeit eine große Anzahl sehr kleiner Tropfen in einem kompakten Spraykegelbereich in den Brennraum eingebracht. Aufgrund der hohen Tropfendichten kommt es somit zu Tropfen-Kollisionen. Die an den Tropfen angreifenden, aerodynamischen Kräfte führen dagegen zu einem weiteren Zerfall der Tropfen. Diese verdampfen innerhalb sehr kurzer Zeit.
Allerdings kommt es auf Grund des geringen Abstands zwischen Injektor und Kolben zum Einspritzzeitpunkt dennoch zu einer intensiven Tropfen-Wand-Interaktion.
Laufen bei einem Ottomotor die Phasen der Gemischbildung und Verbrennung zeitlich getrennt ab,

so beeinflusst beim Dieselmotor, bedingt durch den kurzen Zündverzug, die Wärmefreisetzung die Gemischbildung.
In der Simulation steht zunächst die Abstimmung des Spray-Modells an, die sich im Wesentlichen aber nur an integralen Messgrößen wie der Eindringtiefe des flüssigen Strahls orientieren kann. Messtechnisch ist die Hochdruck-Dieseleinspritzung sehr schwer zu erfassen, da die konventionelle PDA-Messtechnik zur Messung von Tropfengrößen und -geschwindigkeiten in großen Bereichen des „dichten“ Sprays keine Informationen liefern kann. Quantitative Messungen der Kraftstoffdampfkonzentration mittels der Raman-Spektroskopie sind wiederum nur in Bereichen möglich, in denen keine Tropfen mehr existieren. Als Folge ist die Qualität eines Spray-Modells, das sowohl das zeitliche Ausbreitungsverhalten der flüssigen wie der gasförmigen Phase bestimmt, sehr schwer zu beurteilen.
Erschwerend kommt hinzu, dass die Tropfen-Verdampfung und damit die Gemischaufbereitung entscheidend von dem sogenannten „Entrainment“, der in den Flüssigkeitsstrahl eingesaugten, heißen Umgebungsluft, bestimmt wird. Dieses Entrainment kann auf Basis der heute verwendeten, kommerziellen CFD-Codes nicht hinreichend genau aufgelöst werden. Bei Injektorlochdurchmessern kleiner als 0,2 mm wäre im düsennahen Bereich eine räumliche Auflösung des Rechengitters mit Kantenlängen von circa 0,01 mm erforderlich. Dies würde zu einer gigantischen Anzahl von Rechenzellen und damit zu extrem langen Rechenzeiten führen. Diese Schwachstelle in der Simulation dieselmotorischer Vorgänge, die alle nachgeschalteten oder simultan ablaufenden Phänomene wie die Verbrennung oder die Tropfen-Wand-Interaktion maßgeblich beeinflusst, ist Gegenstand intensiver Forschungsarbeiten [18].
Damit ist die Simulation der Gemischbildung in Dieselmotoren noch nicht zu einer Standardanwendung geworden. Die vorhandenen Rechenergebnisse zur Dieselverbrennung wurden in aller Regel erst nach der Anpassung von Modellkonstanten erzielt. Die Gültigkeit dieser Modellkonstanten bei Variation des Einspritzsystems oder anderer, motorrelevanter Parameter ist a priori nicht abzuschätzen.
Nach dem derzeitigen Stand der Simulations-Technik sind deshalb Vorausberechnungen nicht möglich.

Simulation der Verbrennung in einem Ottomotor

Verfahren und Methoden zur experimentellen Untersuchung von Verbrennungsvorgängen in Motoren entwickeln sich zeitlich parallel zu den Simulationsverfahren.
Damit ergeben sich erst die Möglichkeiten, numerische Verbrennungsmodelle zu validieren beziehungsweise abzustimmen. Andererseits ermöglicht die Analyse einer Verbrennungssimulation einen tieferen Einblick in die Vorgänge im Motor und ergänzt so das Wissen aus experimentellen Untersuchungen.
Wesentliche Schwierigkeit der Beschreibung der Verbrennungsphänomene ist die Tatsache, dass die aktuelle Umsetzung sowohl von dem lokalen Strömungszustand als auch den thermodynamischen Zustandsgrößen Druck, Temperatur und Zusammensetzung abhängt.
Die in Motoren ablaufenden Verbrennungsvorgänge lassen sich in folgende Kategorien unterteilen:

- Homogen vorgemischte Verbrennung (Volllastbetriebspunkt eines Ottomotors)
- Diffusionskontrollierte Verbrennung (Volllastbetriebspunkt eines Dieselmotors mit Direkteinspritzung ohne Voreinspritzung)
- Teils vorgemischte Verbrennung (Teillastbetriebspunkt eines Ottomotors mit Direkteinspritzung)
- Kombination aus diffusionskontrollierter und teils vorgemischter Verbrennung (Teillastbetriebspunkt eines Dieselmotors mit Direkteinspritzung und Voreinspritzung).

Für jede der oben genannten Klasse von Verbrennungsprozessen sind physikalische Modelle entwickelt worden. Zu den ersten Modellen gehörten die sogenannten „Eddy-Dissipation-Modelle“, siehe [19]. Sie wurden vor allem in der Simulation der Dieselverbrennung eingesetzt. Hierbei wird vorausgesetzt, dass die chemischen Vorgänge deutlich schneller ablaufen als die Mischung von Kraftstoff und Luft auf einer mikroskopischen Ebene, für die ein turbulenter Zeitmaßstab den limitierenden Faktor darstellt. Diese Bedingungen sind in Diffusionsflammen erfüllt.
Diese Klasse von Modellen wurde und wird immer weiter entwickelt. Sie sind heute in der Lage, eine Verbindung zwischen der turbulenzdominierten Umsetzung und den chemischen Umsetzungszeiten herzustellen.
Speziell für homogene Verbrennungsvorgänge (Vorliegen einer vollständigen Durchmischung von Luft und Kraftstoff) wurden die sogenannten „Flame Area Modelle“ entwickelt, [20]. Über eine Fortschrittsvariable wird die Flammenfront und deren Ausbreitungsgeschwindigkeit berechnet. Erweiterungen dieses Modells um eine Gleichung, die den Mischungszustand beschreibt, erlaubt auch die Anwendung auf eine teils vorgemischte Verbrennung, wie sie in Teillastbereichen in Ottomotoren mit Direkteinspritzung vorliegt. „Flamelet Modellen“ liegt ein detaillierter chemischer Reaktionsmechanismus zugrunde. Die Berücksichtigung des Einflusses der Turbulenz gelingt durch die Einführung von Flammenstreckfaktoren, die von den turbulenten Kenngrößen bestimmt werden. Die Lösung der komplexen, chemischen Umsetzungen kann vorab erfolgen und der Simulation als Look-up Table zur Verfügung gestellt werden.

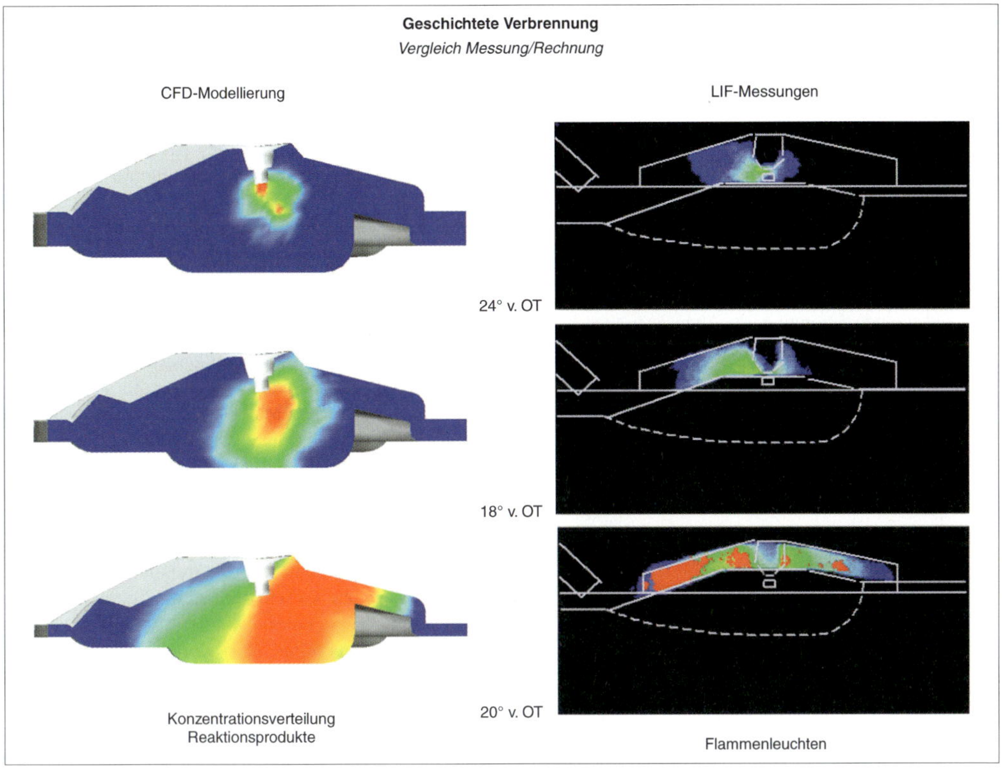

Bild 24-30 Verbrennung bei Ladungsschichtung – Vergleich Rechnung/Messung [22]

„RIF" steht für Representative Interactive Flamelet Modell und verringert den Aufwand, die Kopplung zwischen Turbulenz und Chemie zu berücksichtigen, indem nur zwischen einem bis maximal 20 unterschiedliche Turbulenzkennwerte in die Berechnung der aktuellen Umsetzungsraten einbezogen werden. Eine andere Klasse von Verbrennungsmodellen stellen die PDF-Verbrennungsmodelle dar, in denen die Interaktion zwischen der Turbulenz und der Chemie über eine mehrdimensionale Wahrscheinlichkeitsdichtefunktion (PDF) beschrieben wird. Die chemische Umsetzung wird hier oftmals mit Hilfe einer einstufigen Globalreaktion beschrieben.

Detaillierte Informationen zu den Verbrennungsmodellen sind zum Beispiel in [21] zu finden.

Bild 24-30 zeigt exemplarisch die Gegenüberstellung einer berechneten und gemessenen Entwicklung der Verbrennung bei Ladungsschichtung im AVL-DGIMotor, dargestellt in einem Schnitt durch die Zylinder- und Injektorachse. Hier wurde das PDF-Verbrennungsmodell verwendet. Unmittelbar nach der Einleitung der Entflammung kommt es zunächst zur Ausbildung eines Flammenkerns mit einer bevorzugten Ausbreitungsrichtung im Bereich stöchiometrischer Gemischzusammensetzung.

Die Verbrennungssimulationen dienen heute dem Verständnis von Phänomenen, die im realen Motorbetrieb beobachtet werden. Angesichts der bis dato noch ungelösten Probleme in der Modellierung erscheint die Beantwortung von Fragen hinsichtlich Zündstabilität verfrüht beziehungsweise die Vorausberechnung von absoluten Schadstoffkonzentrationen neuer Motorkonzepte unrealistisch.

Ein neues Motorkonzept, welches seit einigen Jahren entwickelt wird, ist der HCCI-Motor (Homogeneous Charge Compression Ignition). Dabei zündet ein homogenes Gemisch gleichzeitig im gesamten Brennraum. Die Simulation der Selbstzündung des Gemisches ist aus Modellierungssicht die wesentliche Herausforderung [31].

Abgasnachbehandlung

Mit den steigenden Anforderungen an die Abgasemissionen von Neufahrzeugen gewinnt das Thema „Numerische Strömungssimulation" in dem Bereich Abgasnachbehandlung an Bedeutung.

Zunächst lag der Schwerpunkt auf Fragen zur Betriebsfestigkeit des Katalysators, vornehmlich von Ottomotoren.

Heute kommen folgende Fragestellungen hinzu:

- Konvertierungsverhalten
- Funktionsüberprüfung von λ-Sonden
- Auslegung von Dieselpartikelfiltern
- Dieselabgasnachbehandlung nach einem SCR-Verfahren.

Die Simulation der Anströmung eines Katalysators ist zur Standardanwendung geworden. Um die Qualität einer Variante einordnen zu können, wird ein Gleichförmigkeitsparameter definiert, siehe zum Beispiel [23]. Die Genauigkeit des Berechnungsverfahrens für eine pulsierende Strömung im Abgaskrümmer konnte in einer Validierungsstudie nachgewiesen werden [24]. **Bild 24-31** zeigt den Vergleich zwischen Rechnung und Messung für den zeitlichen Verlauf einer Massenstromgeschwindigkeit bei einer Motordrehzahl von 2.000 1/min. Die Messungen wurden mit einem optischen Messverfahren in einem Krümmerquerschnitt durchgeführt, der unmittelbar nach der Vereinigung der Abgasströme von Zylinder 3 und 4 angeordnet war.

In der Zwischenzeit konnte nachgewiesen werden, dass Rechnungen unter Zugrundelegung von zeitlich nicht veränderlichen Randbedingungen ausreichen, um Trendaussagen zur Standfestigkeit und Güte selbst bei Konzepten mit motornahen Katalysatoren zu treffen. Dabei wird der jeweils betrachtete Zylinder mit dem Massenstrom beaufschlagt, der im Motorbetrieb kurzfristig während des sogenannten „Vorauslassstoßes" auftritt.

Ziel einer rechnerischen Optimierung ist die gleichmäßige Beaufschlagung des Monolithen, um das Volumen und damit den Bauraum sowie die Kosten des Katalysators zu verringern.

Daneben wird aus dem berechneten Druckgradienten in der ersten Rechenzellschicht im Monolithen ein Kriterium zur Haltbarkeit der Beschichtung des Katalysators abgeleitet.

Die Kopplung der Strömungssimulation in Abgasanlagen mit einer Festigkeitsrechnung ist in der Weise

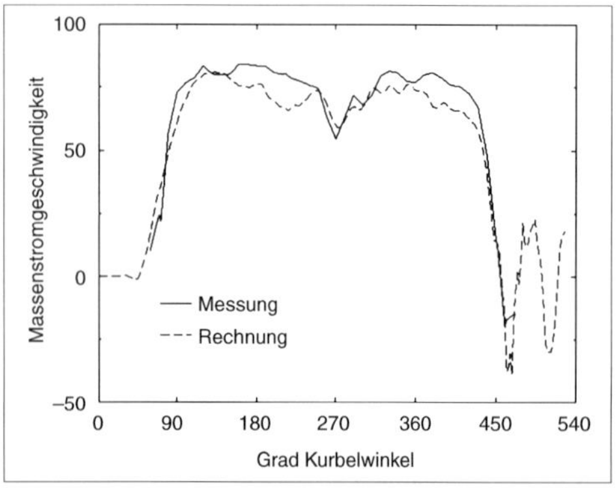

Bild 24-31 Gegenüberstellung der berechneten und gemessenen Massenstromgeschwindigkeit in einem Abgaskrümmer als Funktion des Kurbelwinkels

etabliert, dass aus der CFD-Rechnung die Wärmeübergangskoeffizienten an das FE-Programm übergeben werden, um dort die thermomechanische Beanspruchung des Bauteils zur rechnen.

Alle oben gemachten Aussagen gelten primär für Saugmotoren. Motoren mit Abgasturboaufladung sind in der numerischen Beschreibung deutlich aufwändiger.

Aussagen über das Konvertierungsverhalten sind aus den Rechenergebnissen einer 3d-Strömungssimulation nur mit hohem Aufwand ableitbar. Hierzu werden die Oberflächenreaktionen sowie der Wärmetransport innerhalb des Monolithen aufgelöst.

Die entscheidende Randbedingung aller Berechnungen zur Abgas-Konvertierung ist die Angabe der Rohemissionen des Motors, die zeitlich aufgelöst angegeben werden muss. Diese Informationen sind heute mit der erforderlichen Genauigkeit nur aus Messungen zu entnehmen.

Die Funktionsüberprüfung der λ-Sonden kann ebenfalls rechentechnisch optimiert werden. Entscheidend hierfür ist der Aufbau einer Korrelation zwischen den Ergebnissen zu Geschwindigkeit, Temperatur und Konzentrationen einer in aller Regel transienten Strömungsberechnung und gemessenen λ-Sondensignalen.

In der Entwicklung der Abgasnachbehandlung von Dieselmotoren steht die Auslegung des Dieselpartikelfilters (DPF) im Fokus: Bei der Regeneration des Filters treten hohe thermische Belastungen im Filtermaterial auf, die im Extremfall zur Zerstörung des DPFs führen können. Die räumliche Rußverteilung im Filter und die physikalisch-chemischen Prozesse während des Rußabbrands sind bei dieser Betrachtung die maßgeblichen Einflussgrößen der Regeneration und können nur mit 3D-Simulationsverfahren korrekt abgebildet werden [32].

Die vor allem in den USA geführte Diskussion um die Sauberkeit von Dieselmotoren hat zur Entwicklung von Abgasreinigungsverfahren nach dem SCR (Selective catalytic reduction) Prinzip in Fahrzeugen geführt. Diese Technik wurde zuerst in den frühen 1980er Jahren in Kraftwerken zur Abgasreinigung eingesetzt. Der Hauptaugenmerk der Simulation liegt auf der Bewertung und Optimierung des Einmischverhaltens der eingespritzen Harnstofflösung.

Einschränkungen, die in der Qualität der Eingaberandbedingungen sowie der zu simulierenden physikalischen Zeit von mehreren Sekunden begründet sind, bedingen bis heute, dass das Kaltstartverhalten einer Abgasanlage nicht mit Hilfe der 3d-Strömungssimulation untersucht wird.

CFD-Anwendungen in der Entwicklung aufgeladener Motoren

Der Trend geht heute auch im Bereich Ottomotoren zu aufgeladenen Motoren, die mit Turbolader, mit Kompressor oder mit einer Kombination mehrerer

Aufladeaggregate ausgestattet sind. Für numerische Untersuchungen ergeben sich daraus eine Reihe weiterer Anwendungen, die eine Abwandlung bereits beschriebener Berechnungsverfahren darstellen. Das große, neue Thema in diesem Zusammenhang ist die Unterstützung der Turboladerauslegung mittels CFD einschließlich der Berücksichtigung der Interaktion zwischen dem Lader und dem Motor.

Literatur

[1] *Deger, Y.*: Die Methode der Finiten Elemente; Expert-Verlag, Renningen, 2008

[2] *Enderich, A.; Handel, R.*: Mündungsschallprognose mit der Finiten Element Methode; MTZ 60 (1999), 1

[3] *Haibach, E.*: Betriebsfeste Bauteile; Springer Verlag, Berlin, 1992

[4] *Vanderplaats, G. N.*: Numerical Optimization Techniques for Engineering Design – with Applications; McGraw-Hill, Inc.

[5] *Albers, A.; Häusler, P.; Puchner, K.; Fischer, F.; Witteveen, W.; Lauber, B.*: Topology Optimization of Dynamic Loaded Parts Using Multibody Simulation and Durability Analysis; NAFEMS Seminar Optimization in Structural Mechanics, Wiesbaden, 27./28. April 2005

[6] *Fischer, P.; Nefischer, P.; Kraßnig, G.*: Akustikberechnung lokal gedämpfter Motorstrukturen unter Einbeziehung stochastischer Erregungsprozesse. Kongress Berechnung und Simulation im Fahrzeugbau, Würzburg 2000, VDI Berichte 1559

[7] *Nefischer, P.; Grafenberger, P.; Hölle, C.; Kronawetter, E.*: Verkürzter Entwicklungsablauf durch Einsatz von CAEMethoden beim neuen Achtzylinder-Dieselmotor von BMW, Teil 2: Thermodynamik und Strömung; MTZ 60 (1999) Nr. 11

[8] *Wiebe, I.*: Brennverlauf und Kreisprozess von Verbrennungsmotoren. Berlin: VEB Verlag Technik, 1970

[9] *Barba, C.; Burkhard, C.; Boulouchos, K; Bargende, M.*: Empirisches Modell zur Vorausberechnung des Brennverlaufs bei Common-Rail-Dieselmotoren. In: MTZ 60 (1999) Nr. 4

[10] *Betz, J.; Beck, L.; Micko, S.; Hager, J.; Marzy, R.; Gumpoldsberger, T.*: Entwicklung von Motorkühlsystemen bei erhöhten Anforderungen an transiente Betriebsbedingungen. In: 22. Int. Wiener Motorensymposium2001, Wien

[11] *Ertl, C.; Kronawetter, E.; Stütz, W.*: Simulation des dynamischen Verhaltens von Dieselmotoren mit elektronischem Management. In: MTZ 58 (1997) Nr. 10

[12] *Zierep, J.*: Grundzüge der Strömungslehre. 4. Aufl. G. Braun Verlag, 1990

[13] *Ferziger, J. H.; Peric, M.*: Computational Methods for Fluid Dynamics. Springer Verlag, 1996

[14] *Durst, F. (Editor)*: Lattice Boltzmann Methods: Theory and Applications in Fluid Mechanics. LSTM Erlangen, KONWIHR Workshop, March 2001

[15] *Knight, J. W.*: Design of Experiments and Simultaneous Engineering. Society of Automotive Engineers, International Congress, Detroit, February 1989

[16] *Wan, Y. P.; Peters, N.*: Application of the Cross-Sectional Average Method to Calculations of the Spray Region in a Diesel Engine. SAE 972866, 1997

[17] *Blümcke, E.*: Strategies for Simulating Transient In-Cylinder Flows Emphasizing Mixture Formation. In: Proceeding of Workshop on CFD in Automobile Engineering, JSAE 2000 (edited by T. Kobayashi and S. R. Ahmed)

[18] *Islam, M.*: Numerical and Experimental Investigations of High-Pressure Diesel Sprays. Doctoral Thesis, Imperial College London, 2002

[19] *Magnussen, B.; Hjertager, B.*: On mathematical modelling of turbulent combustion. In: 16th Int. Symp. On Combustion, 1976

[20] *Weller, H. G.; Uslu, S.; Gosman, A. D.; Maly, R.; Herweg, R.; Heel, B.*: Prediction of Combustion in Homogeneous-Charge Spark-Ignition Engines. In: COMODIA 94, 1994

[21] *Peters, N.*: Fifteen Lectures on Laminar and Turbulent Combustion. ERCOFTAC Summer School Proceedings, Aachen, 1992

[22] *Tatschl, R.; v. Künsberg Sarre, Ch.; Priesching, P.; Riediger, H.*: Mehrdimensionale Simulation der Gemischbildung und Verbrennung in einem Ottomotor mit Benzin-Direkteinspritzung. In: 7. Tagung „Der Arbeitsprozess des Verbrennungsmotors" (Editor: Prof. R. Pischinger), 1999

[23] *Bressler, H.; Rammoser, D.; Neumaier, H.; Terres, F.*: Experimental and Predicitve Investigations of Close Coupled Catalytic Converter with Pulsating Flow. SAE 960564, 1996

[24] *Bratschitz, B.; Blümcke, E.; Fogt, H.*: Numerische und Experimentelle Untersuchungen an der Abgasanlage des Audi 1.8 l 5V-Turbomotors. In: VDI Berichte Nr. 1559, 2000

[25] *Küntscher, V. (Hrsg.)*: Kraftfahrzeugmotoren Auslegung und Konstruktion. Berlin: Verlag Technik, 1995

[26] Society of Automotive Engineers, Inc. (Hrsg.): SAE Fatigue Design Handbook AE-22, Warrendale USA: Society of Automotive Engineers, 3. Aufl. 1997

[27] *Draper, J. (Hrsg.)*: Modern Metal Fatigue Analysis, Sheffield UK: Safe Technology, 1999

[28] *King, A. J.*: A turbocharger unsteady performance model for the GT-Power internal combustion engine simulation; Dissertation, Purdue Universität, 2002

[29] http://www.cd-adapco.com/products/STAR-CCM_plus/index.html

[30] *Kobor, A.*: Entwicklung eines Siedemodells für die Simulation des kühlmittelseitigen Wärmeübergangs bei Verbrennungskraftmaschinen; Dissertation TU Graz, 2003

[31] *Kung, E. H.; Priyadarshi, S.; Nese, B. C.; Haworth, D. C.*: A CFD Investigation of Emissions Formation in HCCI Engines, Including Detailed NOx Chemistry; 2006 Multidimensional Engine Modeling Users' Group Meeting, Detroit, MI, 2 April 2006

[32] *Hinterberger, C.; Kaiser, R.; Olesen, M.*: 3D-Simulation von Rußbeladung und Dieselpartikelfilter-Regeneration; MTZ 2006-0

[33] *Bathe, K.-J.*: Finite-Elemente-Methoden. Springer Verlag, Berlin, 2002.

[34] *Haibach, E.*: Betriebsfestigkeit. Springer Verlag, Berlin, 2002.

[35] *Merker, G. P.*: CTI-Seminar Motorsimulation, 2006.

25 Verbrennungsdiagnostik – Indizieren und Visualisieren in der Verbrennungsentwicklung

25.1 Themenstellung

Verbrennungsdiagnostik wird in der Motorenentwicklung immer dann eingesetzt, wenn bei Messungen von Verbrauch, Leistung und Emissionen ungenutztes Potential im Vergleich zu thermodynamisch möglichen Zielwerten festgestellt wird. Bei den hohen Zielanforderungen, die an moderne Motoren gestellt werden, ist zumindest eine thermodynamische Verbrennungsanalyse durch Messen des Zylinderdrucks immer ein fester Bestandteil im Entwicklungsablauf.
Zylinderdruckmessungen werden durch eine Reihe von Messgrößen erweitert, die Medienzustand und Bauteilfunktionen beschreiben. Diese „Indizierdaten", die je nach Fragestellung zumeist in einer nach Zyklus- und Kurbelwinkel aufgelösten Form erfasst werden, bilden die Grundlage für die thermodynamische Bewertung der Verbrennung und für die Optimierung der Einstellparameter des Motors. Ihr Vergleich mit theoretisch möglichen Zielwerten, die aus Motorsimulationsrechnungen vorliegen, gibt Richtlinien für zweckmäßige Entwicklungsmaßnahmen vor.
Solche Entwicklungsmaßnahmen betreffen im Wesentlichen den Ladungswechsel, die Gemischbildung, die turbulente Ladungsbewegung und letztendlich die Flammenausbreitung. Die Motorindizierung gibt zwar im Rahmen ihrer thermodynamischen Aussagen Hinweise auf Defizite bei diesen Vorgängen, jedoch kann sie wegen der Eigenschaft der Sensorik keine Aussagen über lokale Vorgänge treffen oder über die bauteilbedingten Ursachen der Defizite. Hier tritt der Wunsch auf, durch einen direkten Einblick in den motorischen Strömungs- und Verbrennungsvorgang zu erkennen, was dem Erreichen der theoretisch möglichen Potentiale entgegensteht. Dies erfolgt durch Methoden der Strömungs- und Verbrennungsvisualisierung.
Die Möglichkeiten, innermotorische Vorgänge der Strömung, Gemischbildung und Verbrennung sichtbar zu machen oder optisch zu vermessen, sind so vielfältig wie die dahinter liegenden Fragestellungen. Unter der Vielzahl im Labor erprobter Methoden sind jedoch nur sehr wenige, die sich für den praktischen Einsatz an seriennahen Motoren eignen. Einige dieser Verfahren nutzen die Flammenstrahlung als Signalquelle und haben daher auch das Potential, direkt zu zeigen, in welcher Weise sich Veränderungen am Motor auf die lokalen Vorgänge der Flammenausbreitung auswirken. Solche Verfahren werden hier zum Thema der Verbrennungsvisualisierung näher beschrieben.
Für diese Aufgabenstellungen sind in zunehmendem Ausmaß seriengefertigte Sensoren und Messgeräte verfügbar, so dass diese Flammendiagnoseverfahren auch in den Routineablauf der Verbrennungsentwicklung Eingang finden. Neben diesem Hauptaspekt der Verbrennungsvisualisierung in seriennahen Motoren werden auch einige weitere Methoden vorgestellt, die zumindest in Teilbereichen eines Betriebskennfeldes bei entsprechender Adaptierung des Motors zum Einsatz kommen.

25.2 Indizieren

Indizieren ist die Bezeichnung für die Messung und Darstellung des Zylinderdruckverlaufs über die Zeit, oder der Kurbelwinkelstellung.
Wegen der hohen Bedeutung des Zylinderdrucks für das thermodynamische Verständnis der motorischen Verbrennung hat die Druckindizierung einen zentralen Stellenwert in der Verbrennungsentwicklung [1, 2] und wird weit über die reine Druckverlaufsanalyse hinaus eingesetzt [3–5]. Die dafür nötige Sensorik, die Datenerfassung und die Ergebnisanalyse haben durch die Bereitstellung benutzerfreundlicher Messsysteme eine weite Verbreitung gefunden und werden heute standardmäßig an den meisten Prüfständen eingesetzt. Dabei schließt sich die Erfassung ergänzender Kenngrößen, wie etwa die Messung des Einspritzvorgangs, des Zündstroms, oder thermischer Größen, in natürlicher Weise an die Druckindizierung an. Einen besonderen Stellwert nimmt das Indizieren bei der Applikation von Motoren ein, da hier im direkten Datenaustausch mit der Steuerelektronik des Motors eine Optimierung der Aktuatoren des Motors vorgenommen werden kann.
Die Hochdruckindizierung im Zylinder wird hauptsächlich zur Verbrennungsanalyse eingesetzt. Ein Beispiel an einem Ottomotor ist in **Bild 25-1** angeführt. Aus dem mit der Kurbelwinkelstellung als Zeitbasis erfassten Drucksignal wird das p-v-Diagramm erstellt, oder aber der bei Kenntnis der Zylinderfüllung nach einem Verbrennungsmodell ermittelte Brennverlauf.
Ergänzend zur Druckmessung im Zylinder bildet die Niederduckindizierung auf der Einlass- und der Abgasseite die Voraussetzung für die Ladungswechselanalyse und für die Bestimmung der im Zylinder für die Verbrennung bereitstehenden Gasmassen. Eine Vollindizierung ist in **Bild 25-2** angeführt, mit Messdaten für den Saugrohrdruck, den Zylinderdruck und dem vor der Turbine des Abgasturboladers er-

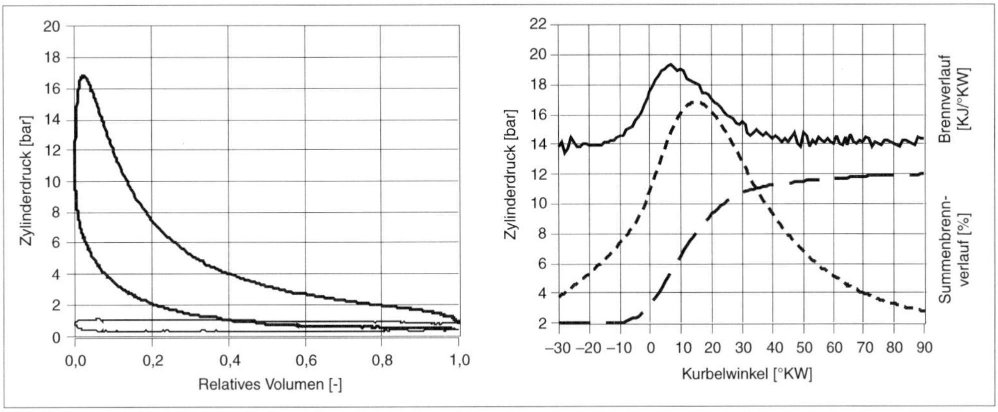

Bild 25-1 Druckindizierung: *p*-*v*-Diagramm und Brennverlaufsanalyse

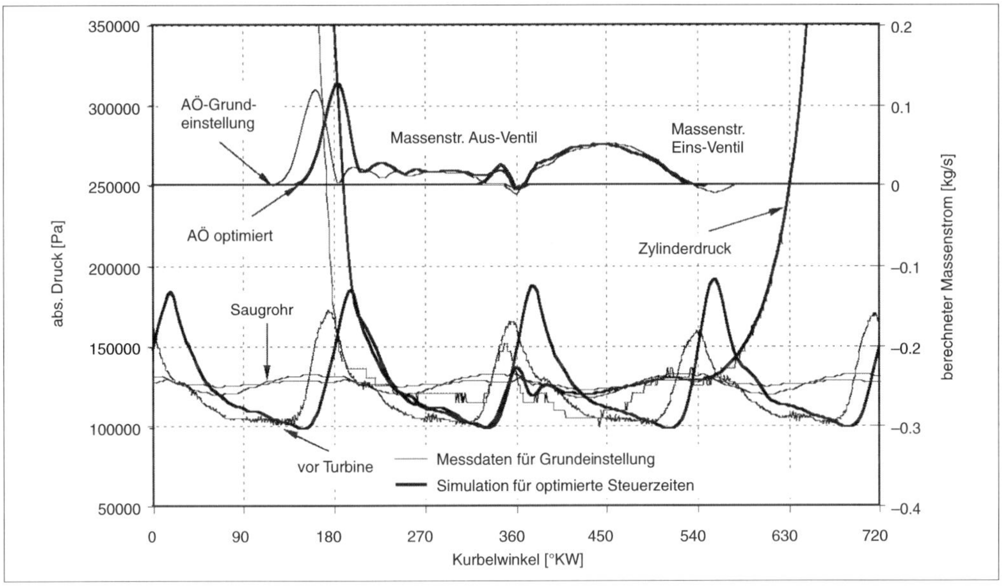

Bild 25-2 Vollindizierung in Einlass-, Zylinder und Auslasstrakt. Ladungswechselrechnung für Massenstromverlauf, Simulation optimierter Massenströme und Druckverläufe

fassten Druckverlauf. Mit diesen Werten lassen sich die Massenströme nach einem Ladungswechselmodell berechnen. Ergänzend zu diesen Messdaten sind errechnete Druck- und Massenstromverläufe angeführt, die sich einstellen, wenn der zeitliche Auslassventilhubverlauf in Hinblick auf eine Liefergradoptimierung in einer Ladungswechselsimulation verändert wird.

Eine vergleichende Verbrennungsanalyse unterschiedlicher Brennverfahren in einem Teillast Betriebspunkt wird in **Bild 25-3** gezeigt. Durch die Gegenüberstellung der Druckverläufe und der daraus wiederum nach einem einfachen Verbrennungsmodell abgeleiteten Brennverläufe gewinnt man sehr schnell einen Überblick über den Verlauf, die Dauer und Schwerpunktlage der Verbrennung und kann dadurch die thermodynamische Qualität der Brennverfahren bewerten.

Die Druckindizierung und Massenbilanz stellt neben weiteren Messgrößen auch einen wesentlichen Beitrag zur Erstellung einer Energiebilanz und Verlustanalyse von Brennverfahren dar. **Bild 25-4** zeigt dazu

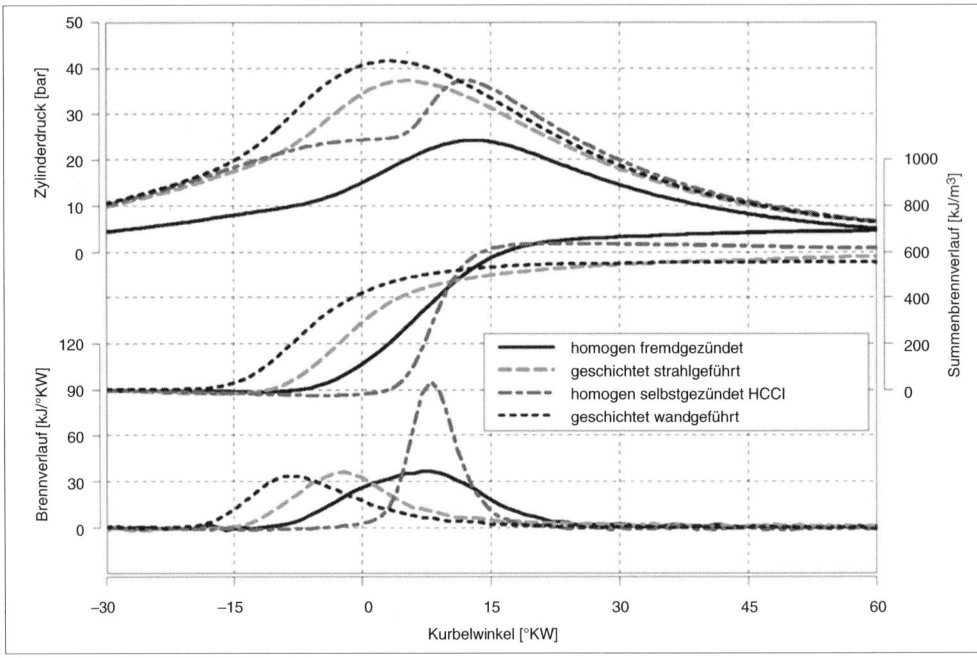

Bild 25-3 Brennverlaufsanalyse verschiedener ottomotorischer Verbrennungsverfahren. 2.000 1/min, 2 bar BMEP

einen Vergleich der Verlustaufteilung in einem DI-Ottomotor wenn derselbe Betriebspunkt auf verschiedene Weise betrieben wird.

Das Aufgabenfeld der vorgestellten Indizierbeispiele betrifft vor allem Arbeiten in der Konzeptentwicklung und Optimierung von Brennverfahren. Darüber hinaus besteht aber auch bei modernen Motoren der Bedarf nach einer Indizierung in Phase der Kalibration, um aus den Indizierdaten Kenngrössen abzuleiten, mit denen die Verbrennung transient bewertet wird und über Aktuatoren die Gemischbildung und der Ladungswechsels aktiv gesteuert wird.

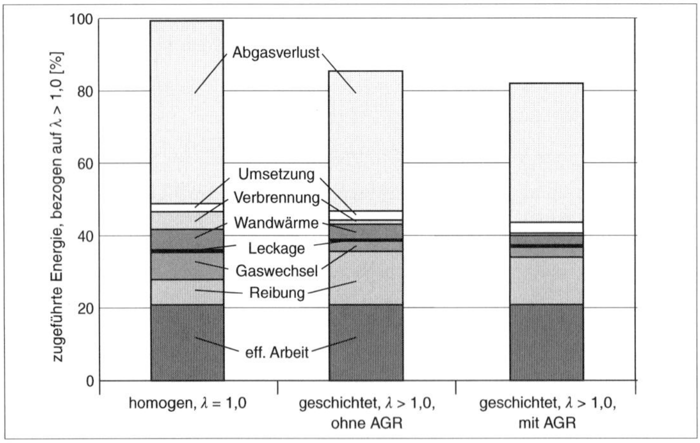

Bild 25-4 DI-Ottomotor: Verlustteilung in stöchiometrischen und im geschichteten Betrieb, 2.000 1/min, 2 bar BMEP

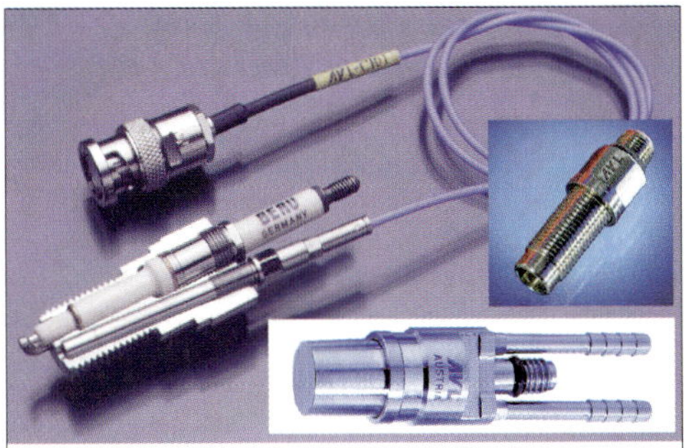

Einsatzgebiete: Verbrennungswerte, Wirkungsgradbestimmung, Energiebilanzen, Reibungskennfeld, Grenzwertüberwachung, Aussetzerkennung, Verbrennungsgeräusch, Klopferkennung, Schwingungsanregung, Restgasermittlung, Abstimmung AGR, automatische Kennfeldoptimierung, Einspritzverlauf, mechanische Beanspruchung.

Bild 25-5 Ausführungsbeispiele piezoelektrischer Sensoren für die Zylinderdruckmessung

25.2.1 Messtechnik

Der prinzipielle Aufbau einer Indiziermesskette für die Druckmessung besteht aus:

- Druckaufnehmer: beruht meist auf dem piezoelektrischen Prinzip und wird entweder direkt über eine eigene Bohrung zum Brennraum eingebaut oder über spezielle Adaptierungen in vorhandenen Bohrungen wie zum Beispiel Zünd- oder Glühkerze. **Bild 25-5** zeigt Beispiele typischer piezoelektrischer Drucksensoren.
- Messverstärker: Dieser wandelt die abgegebene Ladung des Druckaufnehmers in ein Spannungssignal und verstärkt dieses auf einen ausreichend großen Spannungsbereich, um auch bei größeren Leitungslängen zum Datenerfassungsgerät hin ein hohes Signal-zu-Rauschverhältnis sicherzustellen. Eine kurze Leitungslänge zwischen Drucksensor und Verstärker begünstigt eine hohe Signalqualität. Neben der eigentlichen Signalkonditionierung übernimmt der moderne Verstärker auch die Kommunikation zum Sensor, um Parametrierinformationen sensor- und messaufgabengerecht für die Datenerfassung bereitzustellen.
  Für spezielle Ergebnisse (zum Beispiel Spitzendruck, Geräuschanalyse) können diese Algorithmen auch im Verstärker implementiert und damit ohne Datenerfassung bereitgestellt werden.
- Datenerfassung: Sie ist einerseits mit dem Messverstärker und Kurbelwinkelmarkengeber und andererseits mit einem PC zur Steuerung des Gesamtsystems verbunden. Die Hauptaufgabe besteht darin, die notwendigen Messwerte mit der geforderten Messauflösung aufzunehmen. Neben dieser Grundfunktion ist die Fähigkeit eine Ergebnisberechnung bereits während des Messvorgangs in „Echtzeit“ vorzunehmen, ein zunehmend wichtiges Qualitätsmerkmal aus den oben genannten Gründen.
- Echtzeit Kennwertrechner: Erzeugt Steuersignale – hauptsächlich zur Steuerung von Einzylindermotoren- auf der Basis gemessener Druckverläufe im Vergleich zu Zielwerten, die für das jeweilige Brennverfahren als Modellgrößen vorgegeben werden. Die Steuersignale wirken über die ECU auf Aktuatoren, die auf den Brennverlauf Einfluss nehmen (zum Beispiel Injektor, Zündung, Steuerzeiten, Ventilhub, etc).
- Gerätebedienung: Sie erfolgt über eine spezielle PC-Software, die es erlaubt, die gesamte Messkette und die Messung zu parametrieren, Kennwerte und Berechnungen anzufordern oder selbst die Algorithmen für die Kennwertbestimmung oder Ergebnisberechnung aus den Messdaten festzulegen, und diese Mess- und Rechenwerte darzustellen. Diese Software steuert neben der eigentlichen Messung auch die Datenablage und die Kommunikation zu integrierbaren Submesssystemen (zum Beispiel langsamere Datenerfassungen) und zum übergeordneten Automatisierungssystem.
- Postprocessing: Dient zur Darstellung und Nachverarbeitung der gemessenen Daten. Hier werden aufwendigere Berechnungen, Ergebnisvergleiche und Dokumentationen mit entsprechenden graphischen und rechentechnischen Hilfsmitteln vorgenommen. Deren Umfang wird vom Benutzer jeweils an den Bedarf der Versuchsdurchführung angepasst.

25.2.2 Qualitätskriterien

- Sensoren: Entscheidend sind hier Empfindlichkeit, Signaldynamik und Eigenfrequenz, um den Anforderungen der jeweiligen Messaufgabe entsprechen zu können. Die Sensoreigenschaften müssen für den praktischen Einsatz am Prüfstand vor allem unempfindlich gegenüber den thermischen und mechanischen Einsatzbedingungen sein und mit verlässlich hoher Langzeitstabilität zur Verfügung stehen.
- Messverstärker: Neben einer rauscharmen Verstärkung ist die Kurzschlussfestigkeit und Langzeitstabilität von besonderer Bedeutung
- Datenerfassung: An die reine Messwerterfassung schließt sich hier bereits während des Messvorgangs die „Echtzeit“-Ergebnisanalyse an. Aus den Messwerten selbst werden direkte Indizierkennwerte für die Klassifizierung des Druckverlaufs ermittelt, etwa durch Angabe der Werte für Spitzendruck p_{max}, Lage des Spitzendrucks α zu p_{max}. Druckanstieg $dp/d\alpha$, Lage des maximalen Druckanstiegs α zu $(dp/d\alpha)_{max}$, oder Druckanstiegsgeschwindigkeit $dp/d\alpha^2$. Indirekte Indizierkennwerte stehen in der Form für indizierte Mitteldrücke p_{mi}, $p_{mi\text{-}HD\,(Hochdruck)}$, $p_{mi\text{-}LW\,(Ladungswechsel)}$ Reibmitteldruck p_{mr}, Brennbeginn, Brenndauer oder Energieumsatz-

punkte zur Verfügung. Je nach Bedarf und Zweckmäßigkeit und abhängig von den rechentechnischen Möglichkeiten unterliegen solche Echtzeitanalysen einer laufenden Anpassung.

- Postprocessing: In Datenbanken abgelegte Messdaten und Ergebnisse der Echtzeitanalysen werden vom Benutzer in definierte Offlineanalysen eingebunden. Entscheidend ist hier das Verwenden offen lesbarer Datenformate, und der Fähigkeit diese von der Postprocessingsoftware schnell über eine Reihe von vordefinierten, oder für den jeweiligen Fall vorkonfigurierter Benutzerfunktionen zuzugreifen. Dadurch wird beispielsweise aus dem Indiziervorgang und aus Modellfunktionen oder Kenngrößen eine schnelle und effektive Beurteilung der Verbrennung nach Kriterien möglich, die Fragestellungen zu Themen behandeln wie etwa:
- Maximale Bauteilbelastung
- Geräuschentwicklung durch die Verbrennung
- Klopf- und Aussetzererkennung
- Abmagerbarkeit des Gemisches
- Optimale Energieumsetzung.

25.2.3 Indizieren – Ausblick

Indizieren hat unter den klar formulierten Anforderungen einer thermodynamischen Verbrennungsanalyse und durch den technischen Fortschritt auf den Gebieten der Sensorik und Datenerfassung eine zentrale Stellung in der Verbrennungsentwicklung erlangt. Diese bewährte Stellung in der Motorenentwicklung hat zu dem Wunsch geführt, die Zylinderdruckmesstechnik nicht nur für die Analyse in der Verbrennungsentwicklung zu nutzen, sondern auch für die Überwachung des Motors bis zum Dauerlauf als eine der letzten Phasen in der Entwicklung eines Motors. Dazu sind spezielle Bausteine in der Bediensoftware geschaffen worden, die die zu speichernden Daten auf ein Minimum reduzieren und andererseits aber Verbrennungsphänomene – wann immer diese auch auftreten – mit hinreichender Genauigkeit dokumentieren beziehungsweise Sicherheitsfunktionen im Überwachungssystem auslösen.

Im Weiteren hält die Indizierung als Funktionalität Einzug im Betriebseinsatz der Motoren. Die Einführung einer derartigen Funktionsdiagnostik wird sich entscheidend an der Massentauglichkeit der Sensorik und an deren direkten Nutzen im Einsatz orientieren.

Von besonderem technischen Anreiz ist die Verwendung der Druckindizierung als Steuergröße bei Brennverfahren, die ihr Potential im Alltagseinsatz nur durch zyklusgenaue Regelung der Verbrennung realisieren können. Über die Massentauglichkeit der Sensorik hinaus wird aber hier die Entwicklung vor allem von der Verfügbarkeit der verbrennungsrelevanten Aktuatoren bestimmt werden. Neben dieser Aufgabe sind die Motorüberwachung und die Aussage über den Zustand des Aggregates als weitere Ziele eines solchen Einsatzes zu nennen.

25.2.4 Zyklusgenaue signal- und modellbasierte Motorsteuerung

Neuartige Brennverfahren verwenden neben den zyklusgenau wirksamen Aktuatoren wie Einspritzung und Zündung noch weitere schnelle Aktuatoren, mit denen auch der thermodynamische Gemischzustand auf den Zyklus genau geregelt werden kann. Um solche schnelle Regelvorgänge in der motorischen Anwendung auch nutzbringend einsetzen zu können, müssen die Parameter der Aktuatoren den jeweiligen aktuellen Erfordernissen und Betriebszuständen angepasst werden. Die Erfordernisse werden über die Fahreranforderung und über Motormodelle definiert; die aktuellen Betriebszustände werden aus der Motordiagnose entnommen; der thermodynamische Gemischzustand wird aus Kennwerten bestimmt, die vorzugsweise aus dem Zylinderdrucksignal abgeleitet werden. Im Idealfall steht damit bereits bei Ende eines jeden Arbeitstaktes und mit der aktuellen Fahreranforderung fest, in welcher Weise die Aktuatorparameter für den nächsten Motorzyklus zu korrigieren sind.

Derartige schnelle Motorregelungen sind für die Entwicklung und den Betrieb all jener Brennverfahren hilfreich, deren Zündung und Brennverlauf über den Ladungszustand bestimmt wird und nicht wie in konventionellen Motoren durch den Einspritzverlauf oder durch Fremdzündung.

Sensoren, Signale und Signalverarbeitung

In praktischen Ausführungen von zumeist experimentellen Brennverfahren, die zumindest in begrenzten Last-Drehzahlbereichen das teilweise oder vollständig homogenisierte Gemisch durch Selbstzündung zur Verbrennung bringen, werden herkömmliche Drucksensoren zur Bestimmung von Kenngrößen des Brennverlaufs verwendet [6, 7]. Daraus kann im Indiziersystem oder einem Echtzeit-Kennwertrechner die Schwerpunktlage der Verbrennung bestimmt werden. Diese wird für nachfolgende Zyklen über Aktuatoren ausgeregelt, die unter Berücksichtigung der Lastanforderung an den Motor auf den Ladungszustand zum Beispiel über Ventilsteuerzeiten und Ventilhub Einfluss nehmen.

Der Grenzabstand zu Zündaussetzern und zu überschneller Verbrennung wird über die Druckanstiegsgeschwindigkeit erfasst. Die exakte Steuerung der Füllungszusammensetzung ist insbesondere im Hinblick auf den hochdynamischen Betrieb, wie er in Fahrzeuganwendungen erforderlich ist, von entscheidender Bedeutung. Grundsätzlich eignen sich für die Verbrennungsregelung jegliche Sensoren, die Zündung, Schwerpunktlage und Verbrennungsgeräusch zuverlässig in jedem Zyklus und Zylinder erfassen und deren Signal in sehr schnellen Algorithmen als Messgröße für die Verbrennungsregelung verwendbar ist. Drucksensoren werden in aktuellen Anwendungen

vor allem auch deshalb verwendet, weil die Steuergrößen direkt aus thermodynamisch relevanten Größen abgeleitet werden. Bei Verwendung alternativer Sensoren müsste deren gleichwertige Funktionalität bei der Erzeugung der erforderlichen Regelgrößen erarbeitet und nachgewiesen werden.
Die Signalverarbeitung und insbesondere die Auswertealgorithmen müssen im Hinblick auf die begrenzte Rechenkapazität von Motorsteuerungssystemen optimiert sein, um unter allen Betriebszuständen eine Verbrennungsregelung sicherzustellen.

25.3 Visualisieren

25.3.1 Aufgaben- und Themenstellung

Im Motorentwicklungsablauf übernehmen optische Diagnoseverfahren die Aufgabe, Einblicke in jene entwicklungsentscheidenden Vorgänge der Strömung, Gemischbildung und Verbrennung herzustellen, deren Verhalten aus Ergebnissen der konventionellen Indiziertechnik nicht ausreichend interpretierbar ist. Insbesondere bei der Entwicklung von Verbrennungssystemen stellen sich dabei aus der normalen Druckindizierung im Vergleich mit thermodynamischen Berechnungen und der dreidimensionalen Verbrennungsmodellierung Fragen nach den Detailabläufen der für eine optimale Verbrennung maßgebenden Vorgänge.
Das Hauptinteresse liegt hier vor allem auf den Themengebieten:

- Einfluss der innermotorischen Strömung auf die Verbrennung
- Vorgänge der Strahlausbreitung und Gemischbildung
- Gemischzustand: Homogenität – Heterogenität der Zylinderladung und ihrer Temperatur.
- Verbrennung bei Fremdzündung: Flammenkernbildung, Flammenfortschritt, Ausbrand der Endgaszonen, Selbstzündung von Endgas, Verbrennungsanomalien.
- Verbrennung bei Selbstzündung: Zündorte, Diffusionsverbrennung, Rußbildung und Abbrand, Luftausnutzung, Flammentemperatur.
- Bewerten von Betriebszuständen, die zu irregulärer Verbrennung führen, Erkennen der Risiken und Ursachen.

Die Bearbeitung solcher Fragestellungen erfolgt auf mehreren Ebenen.

- In der Grundlagenforschung: Für grundlegende Funktionsanalysen werden Forschungsmethoden und Messtechniken angewandt, bei denen der motorische Aspekt zwar die Themenstellung vorgibt, der Versuchsaufbau aber sehr weit vom tatsächlichen Motorbetrieb abweichen kann.
- Bei Komponententests: Hier werden standardisierte Prüfprozeduren für die vergleichende Bewertung von Bauteileigenschaften verwendet.
- In Forschungsmotoren, deren Brennraum mit speziellen Bauteilen und Sichtfenstern optisch zugänglich gemacht wird. Der Motorbetrieb unterliegt hier Kompromissen, die sich aus der Verwendung der Sichtfenster und Hilfsbauteile ergeben.
- Im realen Motorbetrieb: Optische Sensorik und Messtechnik werden hier speziell auf die Bedürfnisse eines vom Messablauf ungestörten Motorbetriebs ausgerichtet. Methoden der Flammenbeobachtung unter diesen realen Motorbedingungen bilden den Themenschwerpunkt des vorliegenden Beitrags. Fortschritte in der Gestaltung und Verwendung von Strahlungssensorik eröffnen hier auch zunehmend die Möglichkeit für eine berührungslose Messung von Temperaturen hochbelasteter Brennraumbauteile.

25.3.2 Visualisieren im realen Motorbetrieb

Während bei Themen der Grundlagenforschung und beim Aufbau von Komponententests das Messobjekt immer an die spezifische Fragestellung und an die Erfordernisse der Versuchstechnik angepasst wird, steht bei der Visualisierung im realen Motorbetrieb die ungestörte Funktion des Motors im Vordergrund. Dementsprechend restriktiv sind hier die Einschränkungen, die sich bei der Anpassung der Versuchstechnik an den Motorbetrieb ergeben.
Welche Ergebnisse sind unter diesen Beschränkungen des realen Motorbetriebs mit modernen Visualisierungsverfahren erzielbar, wie sind sie nutzbar, welche Voraussetzungen und welcher Aufwand stehen dahinter?

25.3.2.1 Strahlungseigenschaften von Gas-, Benzin- und Dieselflammen

Die Lichtstrahlung, die bei der Verbrennung von CH-Flammen auftritt, entsteht durch die Chemolumineszenz der bei der Verbrennung gebildeten Moleküle und durch die thermische Strahlung von Ruß. Die spektrale Zusammensetzung der dominierend beitragenden Strahlungsanteile ist in den Emissionsspektren in **Bild 25-6** dargestellt, Flammenfotografien sind dazu beispielhaft in **Bild 25-7** angeführt. Generell finden sich bei der Oxidation von CH Molekülen immer die Anteile des Kraftstoffs (CH), der Zwischenprodukte OH, CO sowie strahlende Anteile von CO_2, H_2O, O_2 und weiterer Moleküle und Radikale. Wenn es bei sauerstoffarmer Verbrennung zu Rußbildung kommt, trägt auch die thermische Strahlung der Rußpartikel zum Eigenleuchten der Flamme bei. Bei lokal fetter Verbrennung in geschichteter Ladung kann diese Partikelstrahlung mit erheblicher Intensität zum Flammenleuchten beitragen, bei der Diffusionsverbrennung in Dieselmotoren wird die Flammenstrahlung massiv von dieser thermischen Rußstrahlung dominiert.

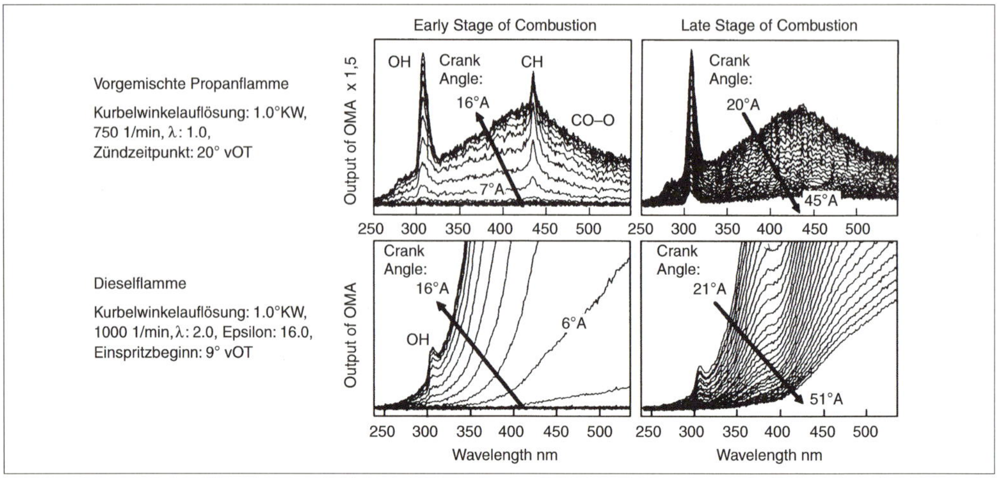

Bild 25-6 Spektraler Emissionsverlauf einer vorgemischten Propanflamme und einer Dieselflamme (Kuwahara, Ando [8])

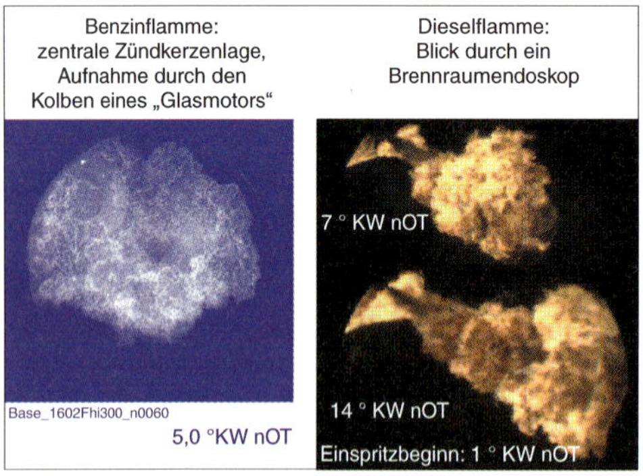

Bild 25-7 Flammenfotografie

25.3.2.2 Flammenspektroskopie

Die spektrale Intensitätsverteilung der Emissionsspektren enthält Information über die Konzentration der strahlenden Moleküle und ihrer Ausgangskomponenten, über deren Temperatur, sowie über die Temperatur der strahlenden Rußpartikel. Weil aber bei den transienten Vorgängen der motorischen Verbrennung und bei den Lebensdauern der strahlenden Moleküle sehr oft die Voraussetzungen für thermisches Gleichgewicht nicht zutreffen und weil auch starke örtliche Gradienten in den erfassten Messvolumina vorliegen, lassen sich die spektralen Strahlungseigenschaften nur in Sonderfällen für quantitative Messungen nutzen (Lambda [9], OH-Temperatur [9], Rußtemperatur [10]). Standardisierte Messverfahren beschränken sich daher auf einige wenige Anwendungsfälle. In Diffusionsflammen nutzen sie beispielsweise die thermische Rußstrahlung, entweder in räumlich integraler Form [11] oder in einem der Flammenfotografie nachgeschalteten Bildauswerteverfahren zur Bestimmung von Rußkonzentration und Temperatur der Diffusionsflamme (**Bild 25-8**, [12]). Entwicklungsrelevante Ergebnisse zur Klärung eines

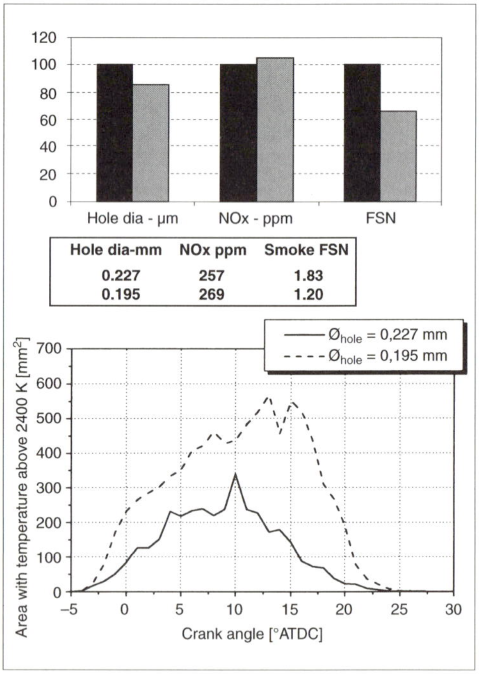

Bild 25-8 Verbrennungsanalyse Dieselmotor: Verkleinern der Spritzlochbohrung, Einfluss auf NO_x und Rußemission. Dazu Temperaturzonenverlauf der Dieselflammen (Larson [12]). Die Temperaturflächenanalyse zeigt den Wirkmechanismus für den verstärkten Rußabbrand

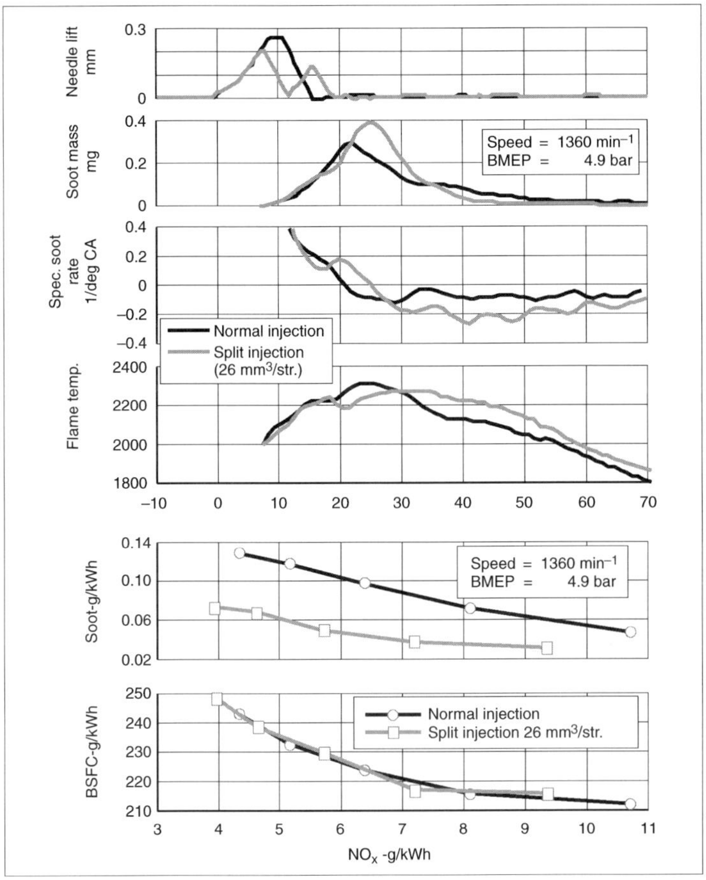

Bild 25-9 Rußstrahlungsanalyse im Dieselmotor. Durch geteilte Einspritzung gelingt ein verstärkter Rußabbrand. Das Ergebnis reduziert den NO_x-Ruß-Tradeoff und ist verbrauchsneutral [13]

verbesserten Rußabbrands bei geteilter Einspritzung sind dazu in **Bild 25-9** angeführt [13].

25.3.2.3 Flammenausbreitung in vorgemischter Ladung bei Fremdzündung

Nach der Zündung und Ausbildung des Flammenkerns soll sich die Flamme so ausbreiten, dass ein zeitlich optimaler und örtlich gleichmäßiger und vollständiger Abbrand der Ladung erfolgt. Getragen wird die Flammenausbreitung vom Fortschreiten der Flammenfront unter dem Einfluss der turbulenten Ladungsbewegung. **Bild 25-7** zeigt dazu ein Flammenbild mit der durch die Ladungsturbulenz eingeprägten Flammenfrontstruktur.

Weil die Vorgänge der turbulenten Flammenausbreitung und einer gerichteten innermotorischen Strömung mit vergleichbaren Geschwindigkeiten ablaufen können, kann es über weite Phasen der Verbrennung zu einer intensiven Wechselwirkung zwischen Strömung und Flammenfortschritt kommen. Hier liegt das Aufgabenfeld der innermotorischen Verbrennungsoptimierung.

Vorrangig stellen sich dabei folgende entwicklungsrelevante Fragen:

- Wie weit ist die aktuelle Flammenausbreitung vom oben beschriebenen Idealzustand entfernt?
- Durch welche Maßnahmen wird die Flammenausbreitung verbessert?

Vorausgesetzt wird dabei das Vorhandensein einer homogen vorgemischten Zylinderladung. Diese Voraussetzung ist bei Ottomotoren mit Saugrohreinspritzung im Normalbetrieb zwar weitgehend erfüllt, muss aber durch die Gestaltung der Gemischbildungsorgane sichergestellt werden. Bei Ottomotoren mit Direkteinspritzung ist die Sicherstellung dieser Voraussetzung ein zentraler Bestandteil des Entwicklungsvorgangs und ein wichtiges Anwendungsfeld optischer Flammendiagnostik [14].

Irregulärverbrennung

Durch die Steigerung der Leistungsdichte in aufgeladenen Motoren kann es als Folge der damit verbundenen erhöhten Wärmebelastung zu unkontrollierten

Zündvorgängen kommen. Solche „Irregulärverbrennungen“ stellen ein Funktionsrisiko für die Bauteile des Brennraums dar. Das Erkennen der Risiken und Ursachen gewinnt daher zunehmende Bedeutung in der Verbrennungsentwicklung. Da solche Vorgänge sporadisch auftreten und an den realen Motorbetrieb gebunden sind, stellt ihre Analyse im normalen Prüfbetrieb des Motors besondere Anforderungen an die Verbrennungsmesstechnik.

25.3.2.4 Flammenausbreitung bei Diffusionsverbrennung im Dieselmotor

Zündung und Verbrennung werden hier vom Gaszustand und entscheidend auch von den Eigenschaften des Einspritzvorgangs gesteuert. Angestrebt wird eine optimale Luftausnutzung und ein effizienter Rußabbrand nach dem Ende der Einspritzung. Die Ausdehnung der Diffusionsflamme **(Bild 25-7)** wird durch Einspritzung und turbulente Diffusion der Kraftstoffdampfwolke und deren Wechselwirkung mit der Innenströmung bestimmt. Unmittelbar nach der Selbstzündung wird die Flammenstrahlung von der Chemolumineszenz der Reaktanten getragen, dann aber sehr schnell vom thermischen Leuchten der Rußpartikel dominiert.
Vorrangige entwicklungsrelevante Fragen sind:

- Wie kann durch die Gestaltung der Einspritzung und Ladungsbewegung die Luftausnutzung gesteigert werden?
- Welche Maßnahmen bei Einspritzung und Ladungsbewegung nehmen auf Rußbildung und Abbrand Einfluss und reduzieren die Rußemission?
- Wie können Überhöhungen der Flammentemperatur vermieden werden?

25.3.3 Visualisieren der Verbrennung im realen Motorbetrieb durch das Eigenleuchten der Flamme

Hier wird der Motor auf einem Versuchsprüfstand oder im Fahrzeug beim Rollentest betrieben. Für die Motorentwicklung von Interesse sind hier solche Analysen, die die normale Motorindizierung durch Angaben über den örtlichen und zeitlichen Ablauf der Strömung, Gemischbildung und Verbrennung erweitern, um daraus Richtlinien für eine systematische Motorverbesserung abzuleiten.
Als Messobjekt wird hier vor allem die Eigenstrahlung der Flamme verwendet, da diese mit geringstem technischen Aufwand zugänglich ist, wodurch auch eine Störung der Verbrennung durch den Beobachtungsvorgang weitestgehend vermieden wird. Idealerweise sollte durch ein Visualisierungsverfahren die zeitlich aufgelöste, dreidimensionale Ausbreitung der Flamme im Brennraum erfasst werden, um damit Abweichungen des Verbrennungsfortschritts vom theoretischen Optimum feststellen zu können. Diese rigorose Anforderung kann jedoch aus technischen Gründen nur mit großen Einschränkungen realisiert werden.

25.3.3.1 Technische Umsetzung: Flammenausbreitung

Für die technische Umsetzung der Flammenbeobachtung stehen einerseits abbildende Verfahren der Flammenfotografie zur Verfügung, und andererseits Messverfahren, die die Strahlungsintensität der Flamme aufzeichnen und daraus Informationen über den örtlichen und zeitlichen Fortschritt der Verbrennung ableiten.
Der optische Zugang erfolgt bei der Flammenfotografie über Brennraumfenster. Über Endoskope wird dann der Brennraum in die Bildebene einer geeigneten Kamera abgebildet. Das für den Motorbetrieb relevante Systemelement ist dabei das Brennraumfenster. Dieses wird entweder über eigene Bohrungen an den Brennraum herangeführt [15], oder aber in speziell adaptierte Motorbauteile eingesetzt [16].

Flammenfotografie

Der Vorteil der direkten Flammenbeobachtung durch ein Endoskop liegt darin, dass durch die Bilderfassung mit der Kamera sofort ein interpretierbares Bild vorliegt. Bei geeigneter Wahl der Fensterposition und der Blickrichtung in den Brennraum hinein können damit Flammenbilder erhalten werden, die etwa bei Dieselmotoren sehr deutlich die Ausdehnung und die turbulente Struktur der Diffusionsflamme wiedergeben **(Bild 25-7)**. Die Lage der Flamme im Brennraum kann dabei durch Bildüberlagerung mit Referenzaufnahmen in einer nachträglichen Bildverarbeitung ermittelt werden [12].
Bei der Flammenfotografie wird eine leuchtende, sich ständig verändernde Gaswolke mit stark strukturierter Oberfläche abgebildet. Von der Flamme selbst wird dabei die Oberfläche erfasst und je nach optischer Transparenz der Flamme auch Strahlung aus deren Innenbereich. Die Bildqualität wird bei diesen Objekteigenschaften durch folgende Faktoren beeinflusst:

- Bewegungsunschärfe: Sie wird durch entsprechend kurze Verschlusszeiten der Kamera minimiert.
- Variabler Objektabstand: Solange die Flammenoberfläche ausreichend weit vom abbildenden Objektiv entfernt ist, gelingt durch die hohe Blendenzahl und die kurze Brennweite des Endoskops eine scharfe Abbildung. Jedoch werden die Objektabmessungen infolge der kurzen Brennweite, der ausgedehnten Flammenwolke und des variablen Objektabstands verzerrt wiedergegeben.
- Optisch dichte Diffusionsflammen (Diesel): Hier tragen nur dünne Oberflächenschichten zur Abbildung bei. Sobald die Diffusionsflamme das Sicht-

fenster berührt, ist die Flammenabbildung wegen der hohen Absorption in der Diffusionsflamme nur noch von geringer Aussagekraft.

- Optisch dünne (transparente) Flammen, vorgemischte Flammen in Benzin und Gasmotoren: Hier gelangen sowohl die stark strukturierte Flammenoberfläche wie auch die dahinter liegenden diffusen Schichten der verbrannten Ladung zur Abbildung. Sobald die Flamme das Sichtfenster berührt, dominieren der Innenteil und der gegenüberliegende Randbereich der leuchtenden Flammenwolke [16].

Kriterien zur Bewertung bildgebender Systeme sind:

- Brennraumfenster: Baugröße darf den Motorbetrieb nicht stören.
- Bildübertragung: Blickwinkelbereich des Objektivs, Blendenzahl, spektraler Transmissionsbereich
- Kameraeigenschaften: Ortsauflösung (Pixelanzahl), Empfindlichkeit (Lichtausbeute), spektrale Empfindlichkeit, Signaldynamik, Bildaufnahmefrequenz, Belichtungsdauer, Verschlussabschwächung.

Flammenstrahlung

Der Vorteil der hohen Ortsauflösung, der bei der Flammenfotografie durch die Endoskop- und Kameraeigenschaften erzielbar ist, kann nicht bei allen motorrelevanten Fragestellungen genutzt werden und ist in vielen Fällen wegen der hohen Datenmengen auch hinderlich. Ebenso kann auch die Fixierung auf einen einzigen Fensterort bei der Beobachtung wichtiger Ausbreitungsvorgänge eine übermäßige Einschränkung darstellen. Abhilfe schaffen hier Beobachtungsverfahren, bei denen die Flammenausbreitung aus der Messung der Flammenstrahlung in abgegrenzten Volumenbereichen des Brennraums rekonstruiert wird.

Dies kann in einer einfachen Anordnung über „Lichtschranken" erfolgen, die durch den Einbau in den Mantel einer Zündkerze etwa die Ausbreitung des Flammenkerns detektieren [17], oder in einer Vielkanalanordnung verteilt über den gesamten Brennraum den Flammenfortschritt verfolgen [18].

Kombinationen kleiner Frontlinsen oder „mikrooptischer" Bauteile und einzelner Lichtleiter ergeben eine Vielzahl von Gestaltungsmöglichkeiten für eine gerichtete und örtlich begrenzte Erfassung der Flammenstrahlung. Mit der in **Bild 25-10** als Beispiel skizzierten Anordnung wird die Lichtstrahlung aus fünf eng abgegrenzten Kegelbereichen des Brennraums erfasst. Ein für einen Einzelkanal typisches Messsignal ist ebenfalls in **Bild 25-10** zusammen mit der Druckkurve der Verbrennung dargestellt. Maßgebend für die Nutzung dieser Signale ist neben der eindeutigen Ortszuordnung, die hohe Signalqualität (Empfindlichkeit, Signal-Rauschabstand, Signaldynamik), der Intensitätsabgleich aller Messkanäle und besonders bei der Auswertung klopfender Verbrennung, eine der Druckwellenausbreitung angepasste hohe Zeitauflösung.

Eine Sensoranordnung im Mantel einer Zündkerze ist in **Bild 25-11** dargestellt. Wie das Einbauschema zeigt, wird damit das Wachstum des Flammenkerns verfolgt. Vergleichend sind dazu die fotografische Aufnahme (in einem Glasmotor) und das im gleichen Zyklus mit dem Zündkerzensensor aufgenommene Signal dargestellt. Da mit dem Zündkerzensensor Strahlungsintensitäten aufgenommen werden, ist der Intensitätsableich aller Messkanäle immer Bestandteil des Messvorgangs. Die Wahl von Intensitätsschwellen bei der Ergebnisauswertung obliegt dem Benutzer. Ergebnissicherheit wird hier durch den Vergleich abgestufter Schwellwerte erzielt.

Flammentomografie

Maximaler Nutzen wird aus einer Vielkanalmessung der Flammenstrahlung dann gezogen, wenn die geometrische Anordnung der beobachteten Brennraumausschnitte für eine tomografische Bildrekonstruktion verwendet werden kann. Dies gelingt mit einer Sensoranordnung, die ein optisches Beobachtungsnetz über den Brennraumquerschnitt aufspannt [19].

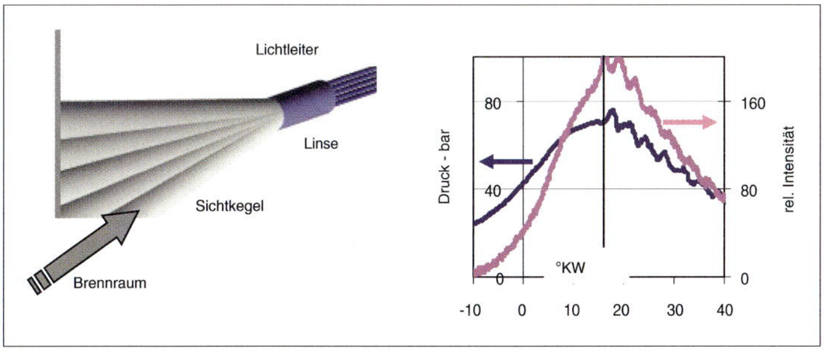

Bild 25-10 Erfassung der Flammenstrahlung mit mikrooptischen Bauteilen, Strahlungsintensität der Flamme im Erfassungsbereich eines Sichtkegels und vergleichend dazu das Drucksignal der Verbrennung

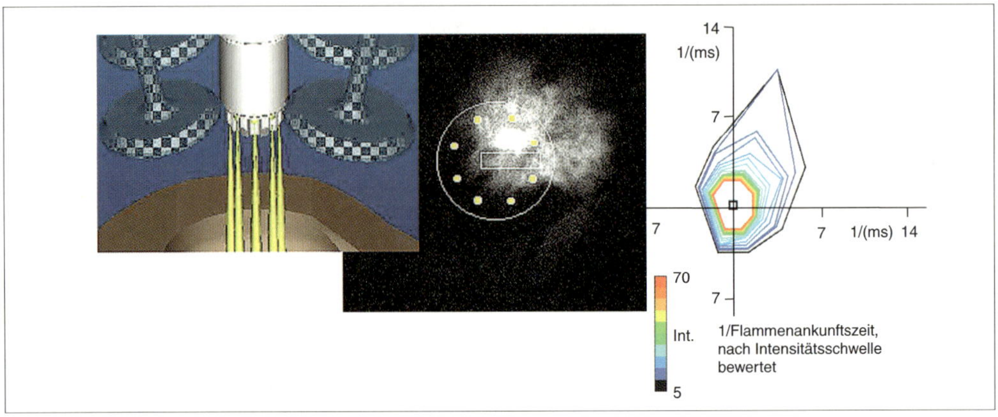

Bild 25-11 Flammenkernbildung, Beobachtung mit einem Zündkerzensensor. Das Ergebnis zeigt die Symmetrie/Asymmetrie des Flammenkerns und dessen bevorzugte Ausbreitungsrichtung

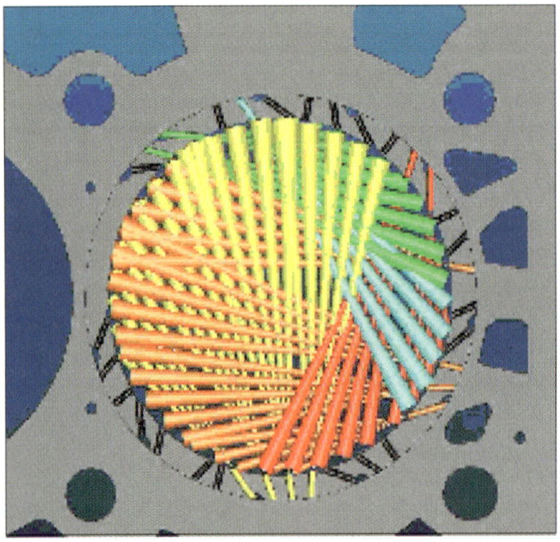

Bild 25-12 Anordnung einer mikro-optischen Sensorik in der Zylinderkopfdichtung für tomografische Flammenrekonstruktion

Die Anordnung einiger Beobachtungskegel ist in **Bild 25-12** skizziert. Aus den Messsignalen aller Kanäle des Beobachtungsgitters und aus der Kenntnis der einzelnen Erfassungsbereiche kann die örtliche Flammenintensität rekonstruiert werden. **Bild 25-13** zeigt dazu Beispiele aus einem DI-Ottomotor. Bei niedrigem Drall wird erkennbar, dass im Muldenbereich des Kolbens eine intensiv leuchtende Diffusionsverbrennung abläuft, die entsprechend hohe Rußemissionen zur Folge hat. Bei Drallströmung wird der zentrale Muldenbereich offenbar besser mit Luft durchmischt, so dass es erst gar nicht zu übermäßiger Diffusionsverbrennung und Rußemission kommt.

Die Ortsauflösung wird bei der Flammentomografie durch die Gitternetzdichte bestimmt und liegt bei technisch praktikablen Systemen bei 3 bis 5 mm. Dies verfehlt um Größenordnungen die mit bilderfassenden Kameras erzielbaren hohen Ortsauflösungen. Durch die Verteilung der Sensoren über den gesamten Brennraumumfang wird jedoch der Brennraumquerschnitt gleichmäßig und ohne Bildfeldverzerrung erfasst, so dass die Flammenausbreitung auch über den gesamten Querschnitt eindeutig und mit gleichmäßig verteilter Auflösung aufgezeichnet wird.

Neben der Intensitätsdarstellung wird die Flammenausbreitung nach der Bildrekonstruktion unter Vorgabe eines Schwellwerts auch sehr anschaulich in der Form von fortschreitenden Flammenfrontkonturen wiedergegeben. **Bild 25-14** zeigt dazu Ausbreitungsformen, die für bestimmte Strömungsverhältnisse in modernen Vierventilmotoren typisch sind. Deren Kenntnis und die Erfassung ihrer Abhängigkeit von Betriebsbedingungen oder der Ausführungsart von Motorbauteilen können entscheidende Hinweise für Verbesserungen geben. Anwendungsbeispiele aus der Entwicklungspraxis an sehr unterschiedlichen Moto-

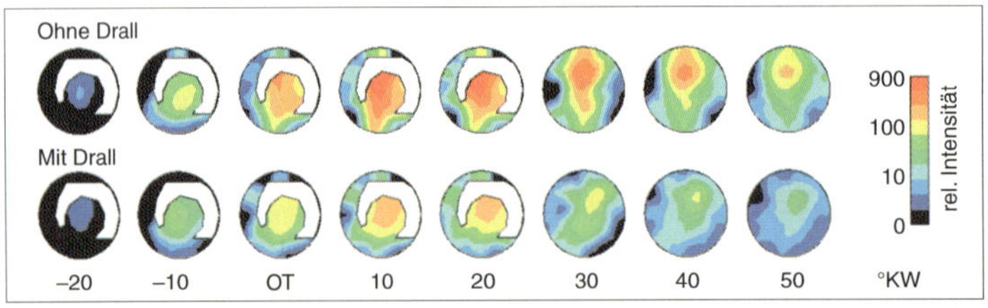

Bild 25-13 DI-Ottomotor: Flammentomografie zeigt die örtliche Lage heller, rußender Diffusionsflammen. Durch Drallströmung wird eine deutliche Verbesserung erzielt

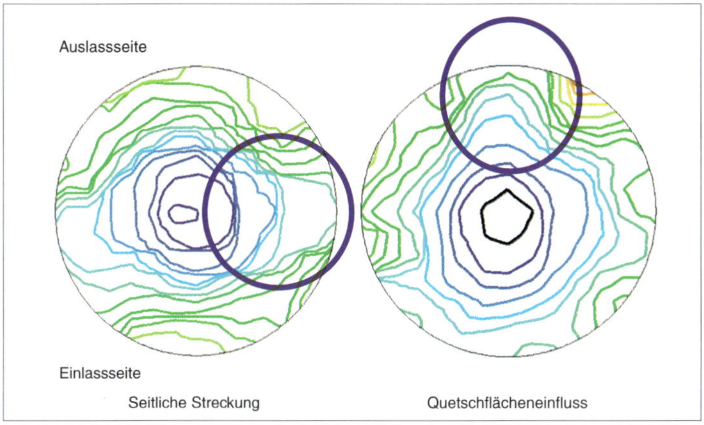

Bild 25-14 Flammenausbreitung: Tomografie mit Sensorik in der Zylinderkopfdichtung. Isolinien zeigen das zeitliche Fortschreiten der Flammenfront. Der Einfluss der Innenströmung auf die Flammenausbreitung wird deutlich erkennbar

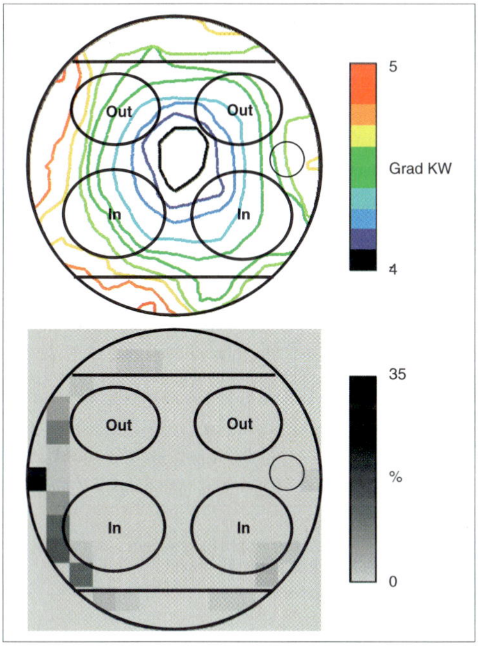

Bild 25-15 Flammentomografie liefert eine umfassende Dokumentation der Flammenausbreitung und der Klopfortverteilung

ren sind dazu in Veröffentlichungen zu finden [20, 21].

Der Hauptvorteil bei der Messung der Flammenstrahlung und der Rekonstruktion der Flammenausbreitung liegt in der motorspezifischen Anordnung der Sensorik und in der Flexibilität der Signalaufzeichnung, deren Zeitauflösung genau an die Erfordernisse der Messaufgabe angepasst werden kann. **Bild 25-15** zeigt dies am Beispiel einer Klopfortverteilung. Der unzureichende Flammenfortschritt in die linke Seite des Brennraums führt hier vermehrt dazu, dass Endgas zur Selbstzündung gelangt. Die Flammenausbreitung, ihre einseitige Verzögerung am Brennraumrand und die daraus entstehende Selbstzündung werden durch die Flammentomografie routinemäßig erfassbar.

Zündkerzensensorik

Aufbauend auf die Ergebnisse der Flammenbeobachtung mit tomografischen Sensoren und auf Modellvorstellungen über Vorgänge der Flammenausbreitung, können bestimmte Fragestellungen auch mit vereinfachten Messverfahren behandelt werden. Deren Signalerfassung muss aber wegen der verminderten Ortsauflösung genau auf die Signalmuster einzelner Verbrennungsphänomene abgestimmt sein. Für die Untersuchung der Flammenkernbildung haben sich dafür die bereits vorgestellten Zündkerzensensoren mit eingebauten Lichtleitern bewährt. Speziell für die Beobachtung der Selbstzündung bei klopfendem Motorbetrieb gibt es Zündkerzensensoren, die das Kompressionsvolumen des Motors mit einem umlaufenden Beobachtungsfächer erfassen. Die Signalauswertung ist dabei an die spezifischen Ausbreitungseigenschaften der bei der Selbstzündung von Endgas entstehenden Druck- und Dichtewelle angepasst [22]. **Bild 25-16** zeigt in einem Überblick das Sensorprinzip, Signalmuster, Ortszuordnung und eine Ergebnisstatistik, die dem Entwicklungsingenieur als Entscheidungshilfe für Bauteilmodifikationen zur Verfügung steht.

Kriterien für die Nutzung der Mikrosensorik für die Flammenstrahlung sind

- Spektrale Empfindlichkeit, Signalempfindlichkeit und Rauschabstand.
- Signaldynamik besonders auch bei hoher Signalamplitude
- Ortszuordnung der Einzelkanäle, Kalibrierprozeduren der Vielkanalsysteme
- Signalauswertung und Datenreduktion.

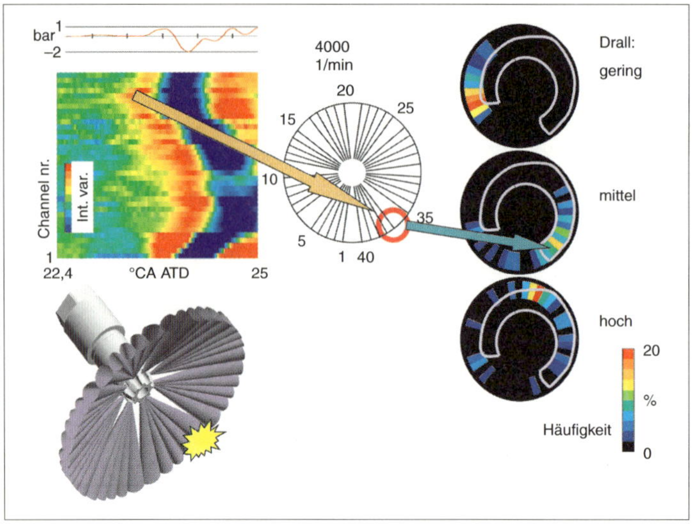

Bild 25-16a Klopfortbestimmung mit einem Fächersensor, Ergebnisdarstellung: Einzelzyklus und daraus abgeleitete Klopfortstatistik

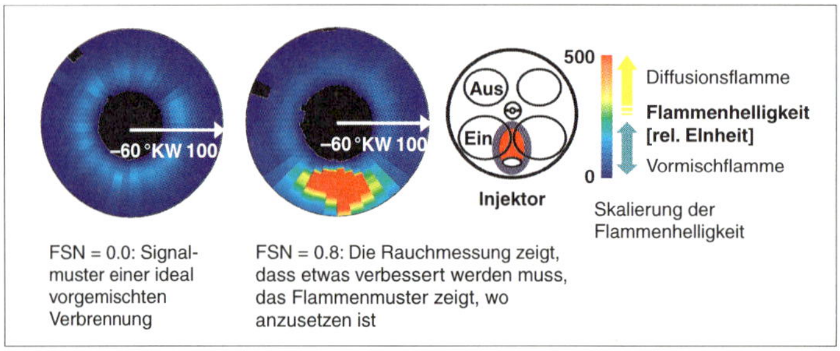

Bild 25-16b Flammenmusterbestimmung mit einem Fächersensor. Die Polardarstellung zeigt wann und in welchem Brennraumsektor Flammenanomalien auftreten. Bewertet wird die Flammenhelligkeit aus dem ungefilterten Intensitätssignal

Flammenmusterbewertung zur Optimierung der Gemischbildung

Sensoren, die größere Bereiche des Brennraums in getrennten Messkanälen mit hoher zeitlicher Auflösung erfassen, sind auch gut geeignet, örtliche Unterschiede des Flammenleuchtens aufzuzeigen. Dies kommt zum Beispiel einer Bewertung der Gemischbildung zugute. Vor allem bei der Entwicklung und Applikation von Ottomotoren mit Direkteinspritzung wird dadurch eine zylinder- und zyklusgenaue Prüfung der rußenden Diffusionsanteile einer Benzinflamme möglich **(Bild 25-16b)**. Durch örtliche und zeitliche Bewertung der Signalmuster wird damit eine schnelle und systematische Optimierung der Gemischbildung für minimale Rußbildung unterstützt [14].

Zündorterfassung bei Irregulärverbrennung

Eine Irregulärzündung tritt im Extremfall spontan auf und muss daher mit einem Messsystem festgehalten werden, das ereignisgetriggert Sensorsignale aus Zyklen aufzeichnet, die vor und nach dem Zündereignis auftreten. Die Sensorik selbst muss in der Lage sein, den Zündort mit zuverlässiger Ortsauflösung festzuhalten. Hier haben sich Zündkerzensensoren bewährt, die in bis zu 80 Sichtkanälen die Flammenstrahlung aus dem Brennraum erfassen und damit auch Zündorte außerhalb des Elektrodenraums der Zündkerze feststellen können. Ergebnisbeispiele sind in **Bild 25-17**

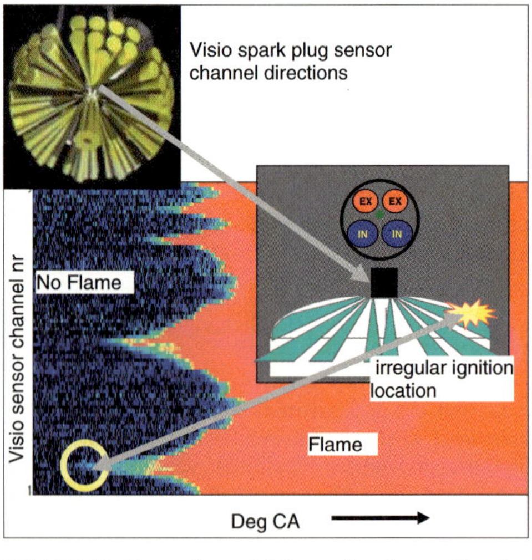

Bild 25-17 Sensorik und Mustersignale zur Bestimmung der Zündorte bei Irregulärverbrennung

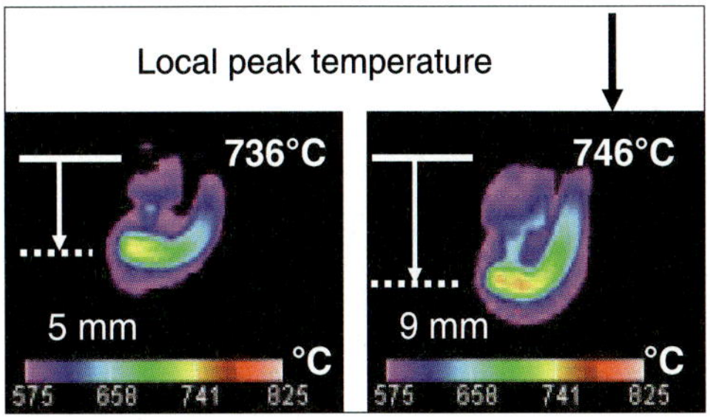

Bild 25-18a Wärmebildaufnahme einer Zündkerze im Volllastbetrieb. Einschraubtiefe der Zündkerze zeigt messbare Temperaturunterschiede

angeführt. Die Signalaufzeichnung erfolgt mit Transientenrecordern, die im Ringspeichermodus über einen Ereignistrigger die relevanten Verbrennungszyklen festhalten [23].

Berührungslose Temperaturmessung im Brennraum

Bildaufnahmen

Brennraumoptiken, die für eine Flammenerfassung verwendet werden, können mit entsprechender Abstimmung der Signalerfassung und mit Verwendung von infrarotempfindlichen Signalwandlern auch für die Messung der Strahlungstemperatur heißer Bauteile eingesetzt werden [24]. Dazu zeigt **Bild 25-18a** das Beispiel der Temperaturmessung an Zündkerzen im Volllastbetrieb eines freisaugenden Ottomotors. Der Einfluss der Einschraubtiefe ist aus der Eigenstrahlung erkennbar. Mit geeigneten Kalibrierverfahren und Kalibrierprozeduren wird eine Messgenauigkeit von +/– 10 K erzielt.

Kontinuierliche Temperaturmessung

Zündkerzensensoren und IR empfindliche Strahlungswandler bilden hier die Basis für eine kurbelwinkelaufgelöste Temperaturmessung im Brennraum. Ergebnisse einer Messung an Ventilen sowie Vergleiche der maximalen Temperaturen sind in **Bild 25-18b** dargestellt. Mit entsprechenden Kalibrierverfahen wird auch hier eine Messgenauigkeit von +/–10 K erzielt.

25.3.3.2 Messgeräte – Messsysteme

Die aufgezählten Verfahren zur Bewertung von Flammeneigenschaften finden zunehmend in den Versuchsalltag und in den Routinebetrieb der Brennverfahrensentwicklung und auch der Motorkalibrierung Einzug. Dies wird durch standardisierte Methoden und serienmäßig gefertigte Sensoren und Messgeräte einiger Hersteller unterstützt und vom Bedarf der Motorenentwickler vorangetrieben. Ein Indiz für die Migration der ehemals forschungsorientierten Messverfahren in die Alltagspraxis des Motorenversuchs ist die wachsende Zahl der Fachpublikationen zu diesen Themen, siehe auch den Literaturanhang zu diesem Fachbeitrag.

25.3.4 Visualisieren beleuchteter Vorgänge

Eine Reihe von Fragestellungen in der Verbrennungsentwicklung kann nur durch aktives Beleuchten der Vorgänge behandelt werden. Dabei wird im einfachsten Fall das Objekt, zum Beispiel ein Kraft

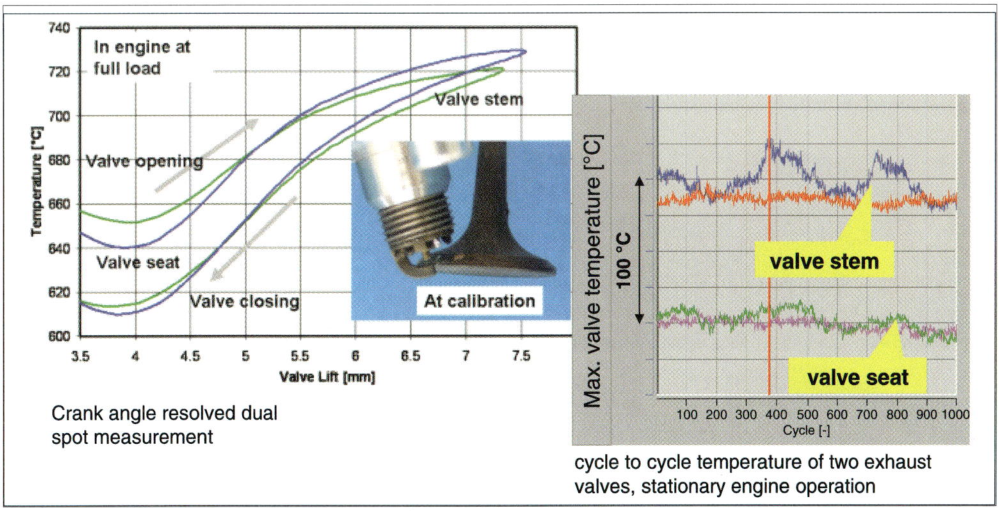

Bild 25-18b Messung der Strahlungstemperatur an Auslassventilen. Zündkerzensensorik mit Mehrkanaloptik, Einsatz im normalen Motorbetrieb

Bild 25-19 Maximaler optischer Zugang in den Brennraum durch den Einsatz von Glaszylinder und Glasfenster im Kolben. Der Motor wird für den Messbetrieb kurzzeitig gefeuert betrieben

stoffstrahl, diffus beleuchtet und mit einer geeigneten Kamera abgebildet. Durch die Beleuchtung und Aufnahmetechnik können aber auch Objekteigenschaften genutzt werden, mit denen etwa Geschwindigkeitsfelder, Kraftstoffverteilung oder die Verteilung spezifischer Verbrennungsprodukte sichtbar gemacht werden. Bei der Entwicklung von Ottomotoren mit Direkteinspritzung ist hier beispielsweise die Kraftstoffvisualisierung durch die Methode der Laser induzierten Fluoreszenz (LIF) zum unverzichtbaren Hilfsmittel geworden.

Voraussetzung für den Einsatz einer Objektbeleuchtung ist immer der dafür nötige optische Zugang, der gleichzeitig mit dem optischen Zugang für die Objektabbildung vorhanden sein muss. In Sonderfällen kann dabei ein einziges Fenster zum Brennraum für beide Aufgaben genutzt werden, die nötige Flexibilität und Qualität wird aber oft nur durch getrennte Zugänge erreicht. Im Extremfall wird dazu der Motor mit großflächigen Fenstern ausgerüstet, oder Glasbauteile übernehmen die Funktion des Kolbens und der Zylinderbüchse (**Bild 25-19**, [25, 26]).

Solche Motoren können in eingeschränkten Last- und Drehzahlbereichen unter realitätsnahen Bedingungen betrieben werden und liefern dort die Voraussetzung für die Applikation entsprechender Visualisierungstechniken.

25.3.4.1 Visualisieren der Gemischverteilung

Hier hat insbesondere die Entwicklung von DI Ottomotoren den Bedarf nach praxisgerechten Methoden zum Beobachten der Ladungsschichtung vorangetrieben. Bewährt haben sich dafür die Techniken der Laser induzierten Fluoreszenz mit denen Kraftstoff- oder Tracermoleküle in einem planaren Laserlichtschnitt zum Fluoreszieren gebracht werden. Dieses Fluoreszenzleuchten wird mit geeigneten Kameras aufgenommen und liefert damit zunächst eine qualitative Abbildung der Gemischverteilung.

Bei sehr sorgfältiger Versuchsführung kann aus der Intensitätsverteilung solcher Aufnahmen durch Kalibrierprozeduren und durch die Bewertung der druck- und temperaturabhängigen Fluoreszenzausbeute eine quantitative Bewertung der Kraftstoffkonzentration gewonnen werden [27]. Mit wesentlich geringerem Aufwand und mit relativ einfachen Bildauswerteverfahren kann aus Gruppen von Einzelaufnahmen eine Wahrscheinlichkeitsanalyse darüber erstellt werden, wie zuverlässig sich eine Verteilung zu einer bestimmten Kurbelwinkelstellung von Zyklus zu Zyklus wiederholbar einstellt. Diese Verteilungsstatistik über das Vorhandensein von Gemischwolken kommt der Erfordernis nach praxisrelevanten und aussagekräftigen Visualisierungsverfahren entgegen, Beispiele dazu sind in **Bild 25-20** angeführt.

25.3.4.2 Visualisieren von Geschwindigkeitsfeldern

Particle Image Velocimetry (PIV): Hier werden Streuteilchen, die sich im Strömungsfeld befinden, wie etwa Kraftstofftropfen, oder die der Strömung als Tracerteilchen zugeführt werden, durch doppelte Beleuchtung oder doppelte Belichtung in ihrer Bewegung abgebildet. Durch Auswerten der Teilchenver

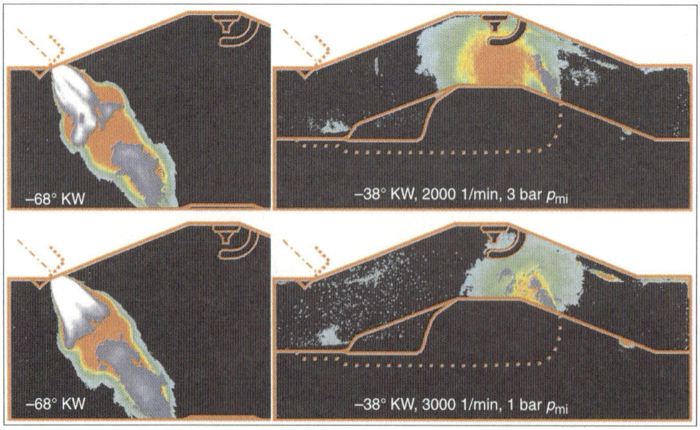

Bild 25-20 Benzin Direkteinspritzung: Kraftstoffverteilung beim Einspritzvorgang und nach der Umlenkung aus dem Kolben. Aus Einzelaufnahmen wird durch Bildstatistik die Stabilität von Verteilungszuständen ermittelt. Grün-rot: Kraftstoffdampf mit zunehmender Stabilität, blau-weiß: Kraftstofftropfen mit zunehmender Stabilität

schiebung im Zeitintervall der Doppelabbildung wird das Geschwindigkeitsfeld im betrachteten Strömungsfeld bestimmt.

Doppler Global Velocimetry (DGV): Ist eine der PIV Technik in der flächenhaften Visualisierung von Geschwindigkeitsfeldern gleichwertige Methode. Auch hier werden dem Strömungsfeld Tracerteilchen für die Streuung des eingestrahlten Lichts zugegeben. Durch extrem schmalbandige Beleuchtung und entsprechend angepasste Spektralfilter wird dabei die beim Streuvorgang an den Teilchen erzeugte Dopplerverschiebung als Geschwindigkeitssignal ausgewertet [28].

25.3.5 Visualisieren – Ausblick

Methoden zur Visualisierung von innermotorischen Vorgängen werden seit langem in der Grundlagenforschung eingesetzt, ebenso finden die Ergebnisse in der Verifizierung von Rechenverfahren der dreidimensionalen Simulation der Strömung und Verbrennung in Motoren ihre Anwendung. Einen verbreiteten Einsatz in der Motorenentwicklung finden Visualisierungsmethoden aber erst, seitdem die Entwicklungserfordernisse moderner Brennverfahren ein umfassendes Detailverständnis und die Optimierung innermotorischer Vorgänge notwendig machen.

Im Vergleich mit der Indiziertechnik, bei der die Zylinderdruckmessung wegen der thermodynamischen Bedeutung des Drucksignals eine zentrale Stellung einnimmt, könnte auf dem Gebiet der Visualisierung die Erfassung der Flammenausbreitung eine ähnliche Bedeutung gewinnen. Auch hier gibt das theoretische Verständnis einer optimalen Verbrennung klare Richtlinien für die Flammenausbreitung vor. Deren messtechnische Kontrolle kann dann dem Entwicklungsprozess die nötige Systematik in der Komponentenoptimierung verschaffen.

Im Gegensatz zur Indiziertechnik sind Visualisierungsmethoden in der Motorenentwicklung aber erst am Beginn ihrer Einsatzmöglichkeiten. Hier muss der bisher demonstrierte Nutzen durch die Flexibilität der Sensorik und die Präzision der Ergebnisse gesichert werden. Die Vielfalt der Methoden erfordert dabei die Standardisierung zentraler Messaufgaben und die Möglichkeit, Neuerungen in der Sensorik und Messtechnik auf einfache Weise in offene Messsysteme integrieren zu können. Da letztendlich die Bewertung der Verbrennung nach thermodynamischen Kriterien und nach den Ergebnissen der Emissionsmessung erfolgt, ist eine Verknüpfung der Ergebnisse aus Visualisierung, Indizierung und Abgasmessung eine Hauptanforderung an die Entwicklung der Systeme für die Verbrennungsdiagnostik [29].

Literatur

[1] *Pischinger, R.; Kraßnig, G.; Taucar, G.; Sams, Th.*: „Thermodynamik der Verbrennungskraftmaschine“ Springer, 1989.

[2] *Heywood, J. B.*: „Internal combustion engine fundamentals“ McGraw-Hill,1988.

[3] *Witt, A.; Siersch, W.; Schwarz, Ch.*: „Weiterentwicklung der Druckverlaufsanalyse für moderne Ottomotoren“, Der Arbeitsprozess des Verbrennungsmotors, 7. Tagung, Graz, 18.–19. Oktober 1999.

[4] *Binder, S.; Zipp, W.*: „Charakterisierung von Verbrennungsgeräuschen und Strategie zur Optimierung mittels Indizierung“, 7. Internationales Symposium für Verbrennungsdiagnostik, AVL Deutschland, 18./19. Mai 2006

[5] *Leifert, Th.; Fairbrother, R.; Moreno Nevado, F.*: „Durch Messung unterstützte thermodynamische Analyse von Zylinder internen Vorgängen unter transienten Bedingungen“, 8. Internationales Symposium für Verbrennungsdiagnostik, AVL Deutschland, 10./11. Juni 2008.

[6] *Agrell, F.; Angstrom, H. E.; Eriksson, B.; Wikander, J.; Linderyd, J.*: „Transient control of HCCI through combined intake and exhaust valve actuation“, SAE 2003-01-3172.

[7] *Fürhapter, A.; Piock, W. F.; Fraidl, G. K.*: „Homogene Selbstzündung: Die praktische Umsetzung am transienten Vollmotor“, MTZ 2/2004, pp. 94–101.

[8] *Kuwahara, K.; Ando, H.*: „Time series spectroscopic analysis of the combustion process in a gasoline direct injection engine“, 4. Internationales Symposium für Verbrennungsdiagnostik, 18., 19. Mai, 2000, Baden-Baden, AVL Deutschland.

[9] *Hirsch, A.; Philipp, H.; Winklhofer, E.; Jaeger, H.*: „Optical temperature measurements in spark ignition engines“, 28th EGAS conference, 16–19 July 1996, Graz.

[10] *Gstrein, W.*: „Ein Beitrag zur spektroskopischen Flammentemperaturmessung bei Dieselmotoren“, Dissertation, Techn. Univ. Graz, 1987.

[11] *Hötger, M.*: „Einsatzgebiete der Integralen Lichtleit-Messtechnik“ Motortechnische Zeitschrift (MTZ), 56/5, pp. 278–280, 1995.

[12] *Larsson, A.*: „Optical Studies in a DI Diesel Engine“, SAE 1999-01-3650.

[13] *Chmela, F.; Riediger, H.*: „Analysis methods for the effects of injection rate control in direct injection diesel engines“ Thermofluidynamic processes in diesel engines, CMT Valencia, 13–15 September 2000.

[14] *Winklhofer, E.; Nohira, H.; Beidl, Ch.; Hirsch, A.; Piock, W. F.*: „Combustion Quality Assessment for New Generation Gasoline Engines“, JSAE 20045451.

[15] *Winklhofer, E.*: „Optical access and diagnostic techniques for internal combustion engine development“, Journal of Electronic Imaging, Juli 2001, Vol. 10(3).

[16] *Wytrykus, F.; Duesterwald, R.*: „Improving combustion process by using a high speed UV-sensitive camera“, SAE 2001-01-0917.

[17] *Geiser, F.; Wytrykus, F.; Spicher, U.*: „Combustion control with the optical fibre fitted production spark plug“, SAE 980139.

[18] *Spicher, U.; Schmitz, G.; Kollmeier, H. P.*: „Application of a new optical fiber technique for flame propagation diagnostics in IC engines“, SAE 881647.

[19] *Philipp, H.; Plimon, A.; Fernitz, G.; Hirsch, A.; Fraidl, G.; Winklhofer, E.*: „A Tomographic Camera System for Combustion Diagnostics in SI Engines“, SAE 950681.

[20] *Liebl, J.; Poggel, J.; Klüting, M.; Missy, S.*: „Der neue BMW Vierzylinder-Ottomotor mit Valvetronic“, MTZ Motortechnische Zeitschrift 62 (2001) 7/8 MTZ 2001.

[21] *Grebe, U. D.; Kapus, P.; Poetscher, P.*: „The Three Cylinder Ecotec Compact Engine from Opel with Port Deactivation – a Contribution to reduce the Fleet average Fuel Consumption“, 18th International VDI/VW Conference Braunschweig, 16–18 Nov. 1999.

[22] *Philipp, H.; Hirsch, A.; Baumgartner, M.; Fernitz, G.; Beidl, Ch.; Piock, W.; Winklhofer, E.*: „Localisation of Knock Events in Direct Injection Gasoline Engines“, SAE 2001-01-1199.

[23] *Kapus, P.; Sauerwein, U.; Moik, J.: Winklhofer, E.*: „Ottomotoren im Hochlasttest“, 10. Tagung „Der Arbeitsprozess des Verbrennungsmotors“, September 2005, Institut für Verbrennungskraftmaschinen und Thermodynamik, TU Graz.

[24] *Hirsch, A.; Kapus, P.; Philipp, H.; Winklhofer, E.*: „Risikoanalyse und Entwicklungstechniken für DI Otto Brennverfahren hoher Leistungsdichte“, 12. Tagung „Der Arbeitsprozess des

Verbrennungsmotors“, September 2009, Institut für Verbrennungskraftmaschinen und Thermodynamik, TU Graz, eingereicht.

[25] *Winklhofer, E.; Fuchs, H.; Fraidl, G. K.*: „Optical research engines – tools in gasoline engine development?“, Proc Instn Mech Engrs Vol 209, pp. 281 – 287, 1995.

[26] *Gärtner, U.; Oberacker, H.; König, G.*: „Analyse der Brennverläufe moderner NFZ Motoren durch Hochdruckindizierung und Verbrennungsfilmtechnik“, 3. Internationales Indiziersymposium, AVL Deutschland, 21. – 22. April 1998.

[27] *Ipp, W.; Egermann, J.; Schmitz, I.; Wagner, V.; Leipertz, A.*: „Quantitative Bestimmung des Luftverhältnisses in einem optisch zugänglichen Motor mit Benzindirekteinspritzung“, Motorische Verbrennung, BEV Heft 2001.1, pp. 157 – 172, *Leipertz, A. (Hrsg.)*, Erlangen, 2001.

[28] *Willert, C.; Röhle, I.; Beversdorff, M.; Blümcke, E.; Schodl, R.*: „Flächenhafte Strömungsgeschwindigkeitsmessung in Motorkomponenten mit der Doppler Global Velocimetrie“, Optisches Indizieren, Haus der Technik, Essen, Veranstaltung Nr. H030-09-033-0, September 2000.

[29] *Winklhofer, E.; Beidl, Ch.; Fraidl, G. K.*: „Prüfstandsystem für Indizieren und Visualisieren – Methodik, Ergebnisbeispiele und Ergebnisnutzen“, 4. Internationales Indiziersymposium, AVL Deutschland, 18. – 19. Mai 2000.

26 Kraftstoffverbrauch

Die Absenkung von Kraftstoffverbrauch und Abgasemissionen ist in den letzten Jahren zu einer der Hauptaufgaben in der Fahrzeugentwicklung geworden. Gründe dafür sind neben den Vorgaben des Gesetzgebers der bewusstere Umgang mit den Vorräten an fossilen Energiequellen und ein gestiegenes Umweltbewusstsein, sowohl seitens der Kunden als auch der Fahrzeughersteller.

Trotz ständig steigender Fahrzeuggewichte konnte der Verbrauch in den letzten Jahren erheblich gesenkt werden, siehe **Bild 26-1**.

Direkt abhängig vom Kraftstoffverbrauch sind die CO_2-Emissionen, zu deren Absenkung auf 140 g/km (≅5,7 l/100 km Kraftstoffverbrauch) bis zum Jahr 2008 sich der Verband europäischer Automobilhersteller ACEA gegenüber der EU verpflichtete. Diese Verpflichtung konnte nicht voll umgesetzt werden.

Eine Einigung zwischen Europaparlament und EU-Mitgliedstaaten Ende 2008 sieht vor, dass bei Neuwagen der Grenzwert für Kohlendioxid bis zum Jahre 2015 auf 120g CO_2/km gesenkt wird. Das entspricht einem Kraftstoffverbrauch von 4,9 Liter pro 100 km. Erreicht werden soll dieser Grenzwert wie folgt: Durch sparsamere Motoren wird künftig ein durchschnittlicher CO_2 Ausstoß von 130 g erreicht. Weitere 10 g CO_2 sollen etwa durch Biokraftstoff, rollwiderstandsoptimierte Reifen und sparsamere Klimaanlagen eingespart werden. Laut EU Angaben liegt der durchschnittliche Ausstoß eines Neuwagens derzeit bei 160 g CO_2/km. Die Grenzwerte müssen wie im **Bild 26-2** dargestellt stufenweise erreicht werden.

Während im Jahre 2012 65 % der Neuwagen eines Herstellers auf einen Wert von 130 g CO_2/km kommen sollen, müssen es im Jahr 2015 100 % der Fahrzeuge sein. Werden die Grenzwerte von den Herstellern nicht eingehalten, so sind von 2012–2018 Geldbußen fällig, die im **Bild 26-3** aufgeführt sind.

Für kleine Hersteller mit einer Jahresproduktion von weniger als 10.000 Fahrzeugen gelten Sonderregelungen. Sie können bei der Kommission Ausnahmen von den Grenzwerten beantragen. Vergünstigungen gibt es auch bei Autoproduzenten mit weniger als 300.000 Neuwagen pro Jahr.

26.1 Allgemeine Einflussgrößen

Zur Überwindung der Fahrwiderstände wird eine bestimmte Energiemenge in Form von Kraftstoff benötigt. Zur Verringerung des Kraftstoffverbrauches gibt es die Möglichkeit, den Wirkungsgrad der Antriebsquelle und des Antriebsstranges zu verbessern und die Fahrwiderstände des Fahrzeuges zu senken.

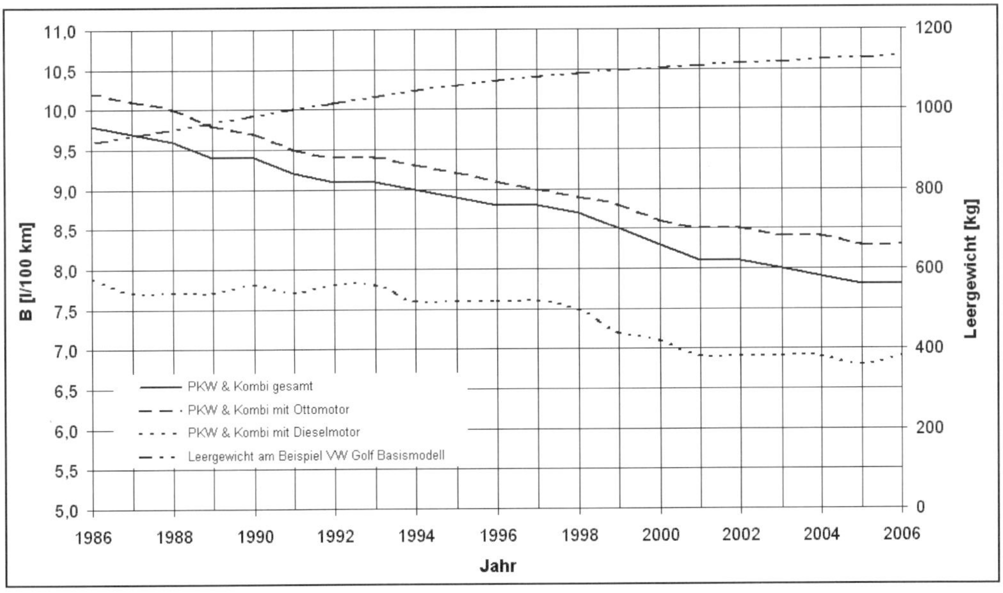

Bild 26-1 Entwicklung des Kraftstoffverbrauches und des Fahrzeugleergewichts der in Deutschland zugelassenen Pkw und Kombi. Daten nach [1], erweitert

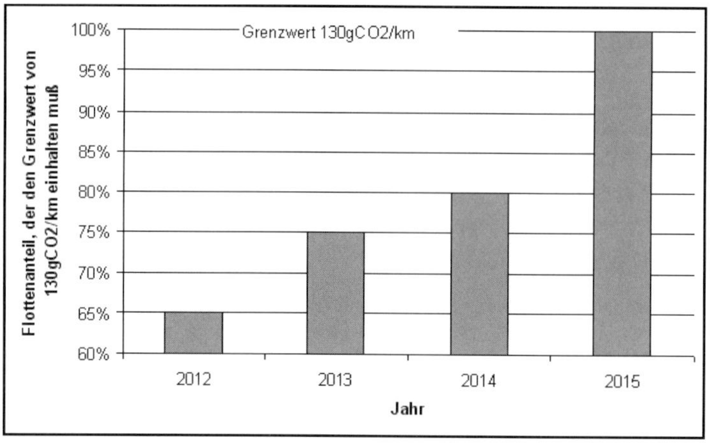

Bild 26-2 Stufenweise Einführung des CO_2-Grenzwertes bis 2015

26.1.1 Luftwiderstand

Der Luftwiderstand nimmt mit dem Quadrat der resultierenden Anströmgeschwindigkeit, also bei Längsanströmung von vorn mit dem Quadrat der Fahrgeschwindigkeit zu:

Luftwiderstand:

$$F_L = c_w \cdot A \cdot \frac{\rho_L \cdot v^2}{2}$$

mit: c_w: Luftwiderstandsbeiwert
ρ_L: Luftdichte
v: Fahrgeschwindigkeit
A: Querspantfläche

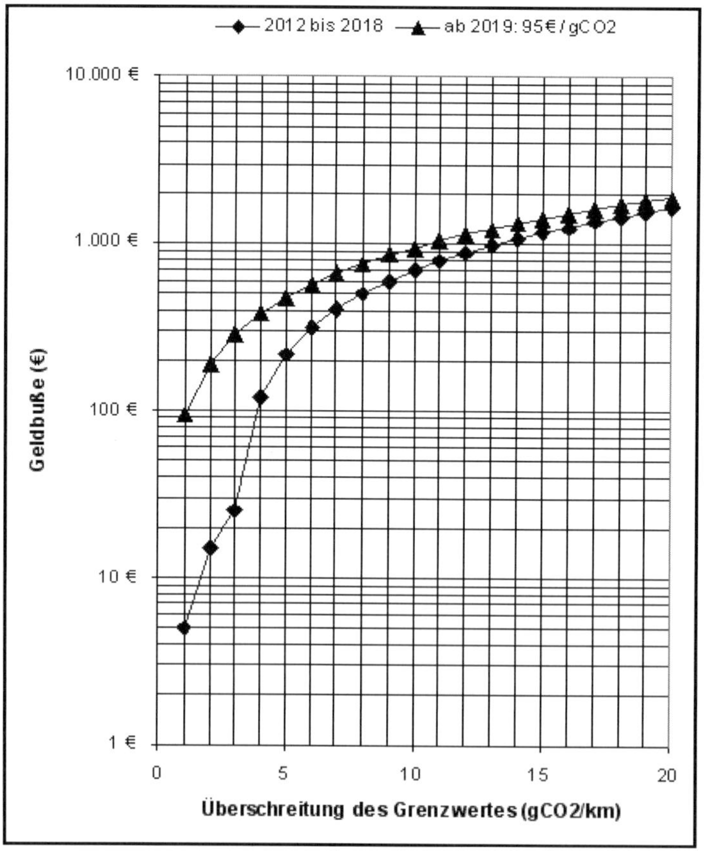

Bild 26-3 Geldbuße bei Grenzüberschreitung im Zeitraum von 2012–2018 und ab 2019

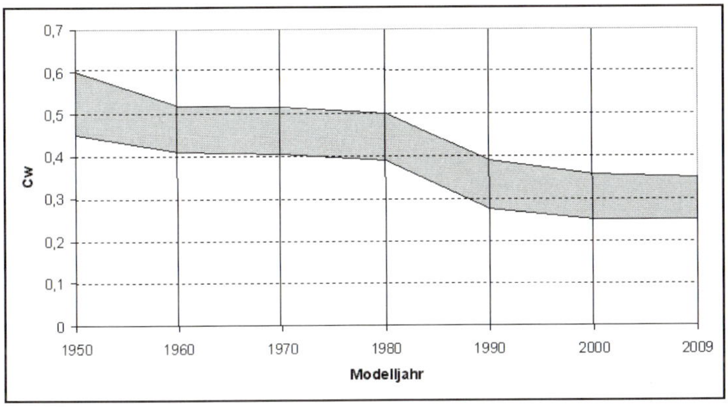

Bild 26-4 Entwicklung des c_w-Wertes seit 1950

Konstruktiv beeinflussbar sind der c_w-Wert als Formfaktor und die Querspantfläche A als Größenfaktor. Zur Realisierung einer bestimmten Größe der Fahrgastzelle und zur Unterbringung aller Baugruppen kann die Querspantfläche nur in geringem Maß verkleinert werden. Die Entwicklung des c_w-Wertes seit 1950 zeigt **Bild 26-4**.

Der Verringerung des c_w-Wertes sind durch Designtrends, Übersichtlichkeit des Fahrzeuges, notwendige Motorraum- und Innenraumdurchströmung, Freigang der Räder, Maßnahmen gegen den Auftrieb an beiden Achsen, Radhausdurchströmung zur Bremsenkühlung, Unterbodenanströmung zur Kühlung der Abgasanlage und notwendige Anbauten wie Spiegel, Scheibenwischer, Antennen und Griffe Grenzen gesetzt. Betrachtet man **Bild 26-4**, so erkennt man in den Bemühungen nach der Absenkung des Luftwiderstandsbeiwertes eine gewisse Stagnation. Dieses führt bei den jeweiligen Nachfolgefahrzeugen häufig zu einer Erhöhung des Luftwiderstandes, da die Querschnittsfläche im Allgemeinen größer wird. Obwohl im neuen europäischen Fahrzyklus (NEFZ) nur mit einer Durchschnittsgeschwindigkeit von 34 km/h gefahren wird, hat der c_w-Wert eine große Bedeutung für den Kraftstoffverbrauch. So kann man davon ausgehen, dass eine 10 %ige Reduzierung des c_w-Wertes eine Kraftstoffverbrauchsverbesserung im NEFZ von 2,5 % erreicht.

In **Bild 26-5** [32] sind mögliche realistische Verbesserungen des c_w-Wertes durch einzelne Maßnahmen dargestellt. Das größte Kraftstoffverbrauchspotenzial eines Vollheckfahrzeuges aus der Golfklasse bietet das Heck. Hier ist eine Verbrauchsverbesserung im NEFZ von 4,7 % machbar. Mehrere Maßnahmen am Chassies, wie glatte Unterseite, Heckdiffusor und Optimierung der Strömung im Bereich der Räder bringen ein ähnliches Verbrauchsverbesserungspotential. Eine Minimierung der Kühlerdurchströmung mit einer Jalousie oder mit Klappen bringt einen Verbrauchsvorteil von etwa 1,6 % und Maßnahmen im Bereich der A-Säule mit Verzicht auf außen angebrachte Spiegel ergibt noch mal eine Verbrauchsreduzierung von 0,8 %.

Bild 26-6 zeigt einen Fiat Punto mit der Maßnahme „Fluid Tail" [33]. Mit dieser Maßnahme wurde eine Verbesserung des c_w-Wertes von 18 % nachgewiesen. Mit den einwärtsgebogenen Flächen am Heck wird die Strömung gebündelt. Die Felgen der Hinterachse sind als Radialgebläse ausgebildet, was in **Bild 26-6**

Massnahmen am:		Δc_W	Δbe bei cw =0,32
Heck		0,06	4,7%
Chassis	glatte Unterseite	0,015	1,2%
	Heckdiffusor	0,025	2,0%
	Räder	0,02	1,6%
Kühler		0,02	1,6%
A-Saule und Spiegel		0,01	0,8%

Bild 26-5 Mögliche Maßnahmen zur Reduktion des c_w-Wertes bei einem Vollheckfahrzeug mit einem Ausgangswiderstandsbeiwert von 0,32 und damit erreichbare Verbrauchsverbesserungen im NEFZ [32]

Bild 26-6 Fiat Punto mit „Fluid Tail" [33]

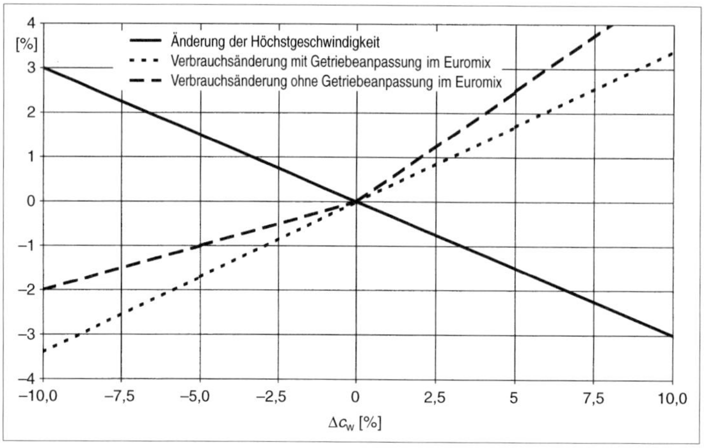

Bild 26-7 Einfluss des c_w-Wertes auf Höchstgeschwindigkeit und Verbrauch. Daten nach [2]

gut zu erkennen ist. Das Gebläse füllt den Nachlauf der Hinterräder mit Luft auf.

Die untere Grenze für einen zukünftigen realistischen c_w-Wert wird momentan bei einem Wert von 0,2 gesehen.

Den Einfluss des c_w-Wertes auf die Höchstgeschwindigkeit und den Kraftstoffverbrauch zeigt das folgende **Bild 26-7**.

26.1.2 Gewicht

Das Fahrzeuggewicht spielt maßgeblich bei Beschleunigungen und Bergfahrten eine Rolle. Dabei geht die Fahrzeugmasse linear in die Fahrwiderstände ein.

Steigungswiderstand:

$$F_\alpha = m \cdot g \cdot \sin\alpha$$

Beschleunigungswiderstand:

$$F_a = e_i \cdot m \cdot a$$

Drehmassenfaktor:

$$e_i = \frac{\theta_{\mathrm{Red}_i}}{m \cdot R_{\mathrm{dyn}}^2} + 1$$

mit:
- g = 9,81 m/s²
- m: Fahrzeugmasse incl. Zuladung
- α: Fahrbahnsteigungswinkel
- θ_{Red}: reduziertes Drehmassenträgheitsmoment
- R_{dyn}: Dynamischer Reifenradius
- i: betrachtete Gangstufe

Das durchschnittliche Fahrzeuggewicht steigt heute immer noch an beziehungsweise stagniert auf hohem Niveau. Gründe dafür sind einerseits gestiegene Komfortansprüche wie elektrische Aktuatoren für Fenster, Schiebedach, Spiegel und Sitze, erhöhter Ausstattungsgrad mit Klimaanlagen, Sitzheizungen und Servolenkungen. Andererseits erhöhen die in den letzten 20 Jahren entwickelten Sicherheitseinrichtungen wie Antriebs- und Bremsschlupfregelsysteme, Fahrdynamikregelungen, aktive Stoßdämpfer und Querstabilisatoren, Airbags und Gurtstraffer das Fahrzeuggewicht. Der Trend zu stärkeren Motorisierungen mit den damit verbundenen massiveren Bauteilen im Antriebsstrang wirkt ebenso wie die zunehmende Verwendung von Dieselmotoren gewichtser-

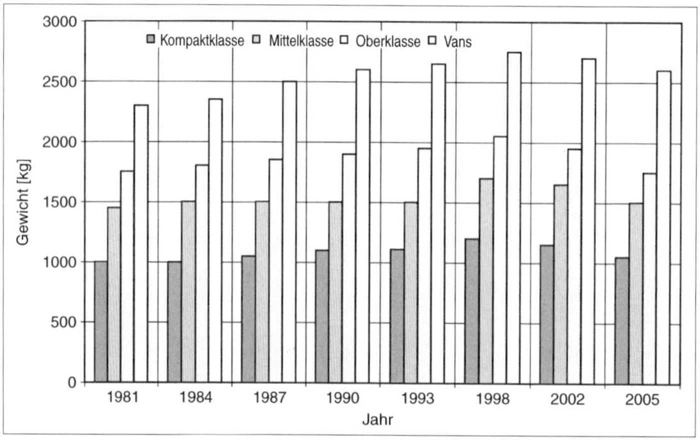

Bild 26-8 Gewichtsentwicklung seit 1981 und Gewichtsprognose verschiedener Fahrzeugklassen. Daten nach [3]

höhend. Weitere Gewichtserhöhung wird durch zunehmende Crashsicherheit und dementsprechende zusätzliche Karosseriestrukturen erzeugt. Die Gewichtsentwicklung verschiedener Fahrzeugklassen in den letzten Jahren zeigt **Bild 26-8**.

Durch das steigende Gewicht sind für gleiche Fahrleistungen leistungsstärkere (schwerere) Motoren notwendig, man befindet sich in einer Gewichtsspirale. Zur Umkehrung der Gewichtsspirale gibt es mehrere Ansätze. Dabei wird ein großer Anteil des Gesamtgewichts an der Karosserie und den Radaufhängungen durch intelligente Leichtbaustrukturen und Ersatz von Stahl durch Leichtmetalle, hauptsächlich Aluminiumlegierungen verringert. Bei konsequenter Konzeption sollten auch leistungsschwächere, aufgeladene Motoren verwendet werden, die neben geringerem Gewicht des gesamten Antriebsstranges Betriebspunktverlagerungen in Bereiche höheren Mitteldruckes zur Folge haben. Das ist derzeit jedoch nur bei ausgesprochen auf Sparsamkeit ausgelegten Fahrzeugen der Sub-Kompaktklasse der Fall.

Pro 100 kg-Gewichtsreduzierung kann der Kraftstoffverbrauch um 0,15–0,2 l/100 km (NEFZ) abgesenkt werden.

Im HYZEM Fahrzyklus, wo das Fahrzeuggewicht auf Grund der hohen Fahrdynamik eine wichtige Rolle spielt, kann bei einer 10 %igen Gewichtsreduktion von einer Absenkung des Kraftstoffverbrauches von circa 5 % ausgegangen werden.

26.1.3 Radwiderstand

Der Radwiderstand setzt sich aus Anteilen durch Verformung am Reifen beim Kontakt mit der Fahrbahn, aus Verlusten durch Lagerreibung, aus Schwallwiderständen durch Verdrängen des Wassers auf nasser Fahrbahn sowie aus Vorspur- und Seitenkraftwiderständen zusammen. Den größten Anteil besitzt der Rollwiderstand. Er ergibt sich näherungsweise aus dem Fahrzeuggewicht und dem Rollwiderstandsbeiwert, welcher die am Reifen entstehenden Widerstände zusammenfasst.

Rollwiderstand:

$$F_R = f_R \cdot F_G$$

mit: f_R: Rollwiderstandsbeiwert
F_G: Fahrzeuggewicht

Der Rollwiderstandsbeiwert bewegt sich in Größenordnungen von 0,01 … 0,04, je nach Reifentyp, Fahrbahnoberfläche und Geschwindigkeit. Ansätze zur Verringerung des Rollwiderstandes sind in den oben angegebenen Sub-Kompaktwagen zu finden. Da eine drastische Verringerung des Rollwiderstandes mit Abstrichen bei Fahrkomfort und Haftvermögen, besonders Nassgrip, verbunden ist, kann das Verbrauchspotential von rollwiderstandsarmen Reifen nicht voll genutzt werden. Neben der Änderung der Materialmischung müssen auch die Reifenbreite verringert und der Fülldruck erhöht werden.

Mit Erhöhung des Luftdruckes verringert sich die Walkarbeit des Reifens. So kann der Rollwiderstandsbeiwert eines Pkw-Reifens um circa 25 % reduziert werden, wenn der Luftdruck um 0,5 bar angehoben wird.

Der Rollwiderstandsbeiwert nimmt mit der Fahrgeschwindigkeit zu.

Rollwiderstandsbeiwert:

$$f_R = C_0 + C_1 \cdot v + C_2 \cdot v^4$$

mit: C_0, C_1, C_2: reifenspezifische Konstanten
v: Fahrgeschwindigkeit

Durch die Wahl der Gummimischung ist der Rollwiderstand des Reifens und somit der Verbrauch beeinflussbar. Der größte Einfluss ist dabei durch die Variation des Materials der Lauffläche erreichbar. Durch dämpfungsarme Mischungen kann hier der Rollwiderstand um bis zu 35 % reduziert werden. Bei den anderen Reifenkomponenten wie Seitenwand und Wulstbereich liegt die Verbesserung durch Materialvariation nur im Bereich von 1 … 5 %.

Der Kraftstoffverbrauchsvorteil von handelsüblichen Energiesparreifen der Größe 195/65R15 wurde gegenüber herkömmlichen Reifen bei 3 Konstantfahrpunkten ermittelt (50, 100 und 130 km/h). Dabei ergab sich im Mittel je nach Fabrikat ein Verbrauchsvorteil von 0 bis 0,29 Liter pro 100 km [36].

Für den Alltagsgebrauch schätzt der ADAC den Verbrauchsvorteil von Reifen mit optimiertem Rollwiderstand auf 0,15 Liter pro 100 km. Bei einer Laufleistung von 15.000 km pro Jahr sind das 22,5 Liter Kraftstoff.

26.1.4 Kraftstoffverbrauch

Zusammengefasst ergeben die verschiedenen Faktoren folgenden Einfluss auf den Strecken-Kraftstoffverbrauch:

$$B_e = \frac{\int b_e \cdot \frac{1}{\eta_{ü}} \cdot \left[\begin{array}{c} \left(m \cdot f_R \cdot g \cdot \cos\alpha + \frac{\rho}{2} \cdot c_w \cdot A \cdot v^2 \right) \\ + m \cdot (e_i \cdot a + g \cdot \sin\alpha) \end{array} \right] \cdot v \cdot dt}{\int v \cdot dt}$$

Hinzu kommen im Stillstand der Leerlaufverbrauch (circa 1 l/h) und ständig oder zeitweise die Leistungsaufnahme elektrischer Verbraucher, die bis in den kW-Bereich gehen. Beispiele sind dem **Bild 26-10** zu entnehmen.

Eine Alternative zu derzeit üblichen Drehstrom-Generatoren ist der Kurbelwellen-Startergenerator, dessen Verbrauchspotential in **Bild 26-11** aufgelistet ist.

Größe	Einheit	Größe	Einheit
B_e Streckenverbrauch	g/km	m Fahrzeugmasse	kg
b_e spezifischer Verbrauch	g/kWh	f_R Rollwiderstandsbeiwert	–
$\eta_{ü}$ Wirkungsgrad Antriebsstrang	–	g Erdbeschleunigung	m/s^2
α Fahrbahnsteigungswinkel	°	v Fahrgeschwindigkeit	m/s
ρ Luftdichte	kg/m^3	e_i Drehmassenzuschlagsfaktor im Gang i	–
c_W Luftwiderstandsbeiwert	–	a Längsbeschleunigung	m/s^2
A Querspantfläche	m^2	t Zeit	s

Bild 26-9 Größen und Einheiten

Verbraucher	Leistungsaufnahme	Verbraucher	Leistungsaufnahme
Heckscheibenheizung	0,12 kW	Borddisplay	0,15 kW
Frontscheibenheizung	0,3 kW	Soundanlage	0,2 kW
Wischermotor	0,1 kW	Bordcomputer	0,15 kW
Außenbeleuchtung	0,16 kW	Lüftungsgebläse	0,1 kW
Steuergeräteversorung	0,2 kW	ABS/FDR-Pumpen	0,6 kW
Kraftstoffpumpe	0,06 kW	Kühlerlüfter	0,2 kW
Benzineinspritzung	0,06 kW	Summe	2,4 kW

Bild 26-10 Leistungsaufnahme elektrischer Verbraucher im Pkw

Funktion/Eigenschaft	Gesamtes Einsparpotential
Start-Stop (ECE-Zyklus)	15 … 25 %
Wirkungsgraderhöhung/42-Volt-Bordnetz	
Bremsenergierückgewinnung	
Boosterbetrieb	

Bild 26-11 Verbrauchsminderungspotential durch Kurbelwellen-Startergenerator [5], erweitert

26.2 Motorische Maßnahmen

Im folgenden **Bild 26-12** sind charakteristische Werte moderner Otto- und Dieselmotoren dargestellt. Der spezifische Kraftstoffverbrauch ist bei Dieselmotoren zur Zeit deutlich besser als bei Ottomotoren.

Dieselmotoren besitzen in der Regel ein etwas höheres Leistungsgewicht als Ottomotoren. Wegen der verschiedenen Vor- und Nachteile werden beide Verfahren also auch in Zukunft in den für sie geeignetsten Anwendungen weiter Verwendung finden. Hinsichtlich des Kraftstoffverbauches ist der moderne Dieselmotor dem Ottomotor überlegen, wobei der Ottomotor noch ein größeres Potential besitzt als der Dieselmotor. Dieses wird durch vollvariable Ventiltriebe und Direkteinspritzung, Downsizing, Kurbelwellenstartergenerator, Reibleistungsabsenkung, variable Verdichtung, variables Hubvolumen einschl. Zylinderabschaltung und Aufladung erschlossen und auf etwa 30 … 40 % Verbrauchsabsenkung geschätzt. Damit ließen sich geringere spez. Verbräuche als mit derzeitigen aufgeladenen, direkteinspritzenden Dieselmotoren erreichen. Das Verbrauchspotential des Dieselmotors wird auf etwa 15 … 25 % geschätzt. Hier sind zielführende Maßnahmen ebenfalls Kurbelwellenstartergenerator, Reibleistungsminimierung, Verbesserung der Gemischbildung (siehe Kapitel 6.2.2).

Motorart		maximale Drehzahl [min⁻¹]	maximales Verdichtungsverh. ε	maximaler Mitteldruck [bar]	Literleistung [kW/l]	Kraftstoffverbrauch Bestpunkt [g/kWh]
Ottomotor für Pkw	Saugmotor	5.500 … 8.500	bis etwa 12	bis etwa 13	90	minimal 225
	Mit Aufladung	bis 6.800	bis etwa 10,5	bis etwa 19	bis etwa 110	minimal 225
Ottomotor für Motorräder		15.000	bis etwa 13	bis etwa 12	50 … 150	k.A.
Dieselmotor für Pkw (Direkteinspritzer)	Saugmotor	bis 5.000	bis etwa 20	bis 9	bis etwa 30	etwa 210
	Mit Aufladung	3.500 … 4.500	16 … 21	bis etwa 25	bis etwa 70	etwa 205

Bild 26-12 Vergleich charakteristischer Daten von Otto- und Dieselmotoren

26.2.1 Downsizing

Durch die Erhöhung des Mitteldrucks lässt sich bei gleichem Hubraum die effektive Leistung steigern. Sinnvolle Maßnahme dafür ist die Aufladung, da moderne Saugmotoren bereits relativ hohe Mitteldrücke aufweisen, die ohne Aufladung kaum gesteigert werden können. Bei kleinerem Hubraum werden gleiche Leistungsdaten wie mit einem größeren Motor erreicht. Kleinere Motoren besitzen geringere absolute Reibleistungen. Durch die Betriebspunktverlagerung und den höheren Mitteldruck bewegt man sich bei gleicher Leistungsanforderung in Bereichen besseren thermischen Wirkungsgrads, also generell bei höherer Last und niedrigerer Drehzahl. Die Anhebung des Einspritzdrucks bewirkt zum Beispiel bei Dieselmotoren eine Anhebung des Mitteldrucks. Nach [6] führt die Anhebung des Einspritzdrucks von 600 auf 1.000 bar zu einer Mitteldrucksteigerung um 17 % bei gleichem spezifischem Verbrauch. Heutige Systeme erreichen bereits Drücke von über 2.000 bar. Die dadurch mögliche Anhebung des Mitteldrucks wurde in der Vergangenheit hauptsächlich zur Leistungssteigerung bei gleichem Hubraum benutzt. Seit einigen Jahren sind jedoch echte Downsizingkonzepte auf dem Markt, was großteils geänderten Kundenpräferenzen und politischen Impulsen zu verdanken ist.

Bei Ottomotoren lässt sich der thermische Wirkungsgrad mit Erhöhung des Verdichtungsverhältnisses verbessern. Die daraus resultierende Vebrauchsverbesserung zeigt **Bild 26-13**.

Zur Klopfvermeidung ist das Verdichtungsverhältnis jedoch bei Volllast auf $\varepsilon \approx 12$ (Saugrohreinspritzer) begrenzt. Bei Teillast sind erheblich höhere Verhältnisse bis $\varepsilon = 15$ möglich. Zur Optimierung ist eine Variation des Verdichtungsverhältnisses wünschenswert. Damit kann auch der Wirkungsgradabfall von aufgeladenen Motoren im Teillastgebiet vermieden werden, wenn hier das Verdichtungsverhältnis angepasst wird. Die dann mögliche Hochaufladung bringt nochmals eine Verbesserung des thermischen Wirkungsgrades. Realisierte Konzepte benutzen die Verlagerung der Kurbelwelle mittels Exzenterverstellung oder das Ankippen eines sogenannten Monoheads, der die Zylinder und den Zylinderkopf umfasst.

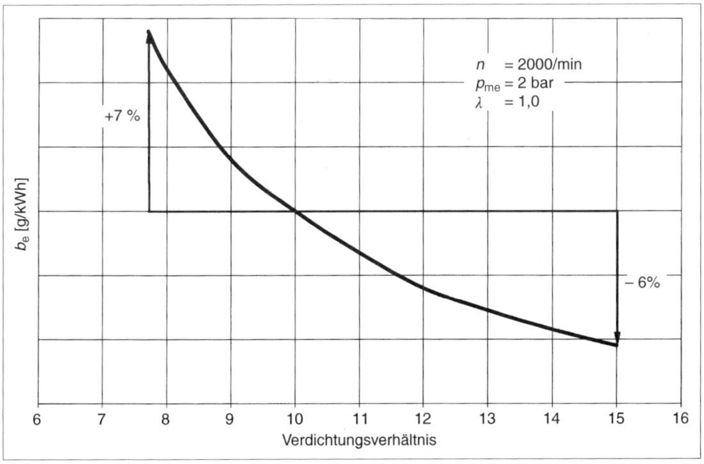

Bild 26-13 Einfluss des Verdichtungsverhältnisses auf den spezifischen Kraftstoffverbrauch [12]

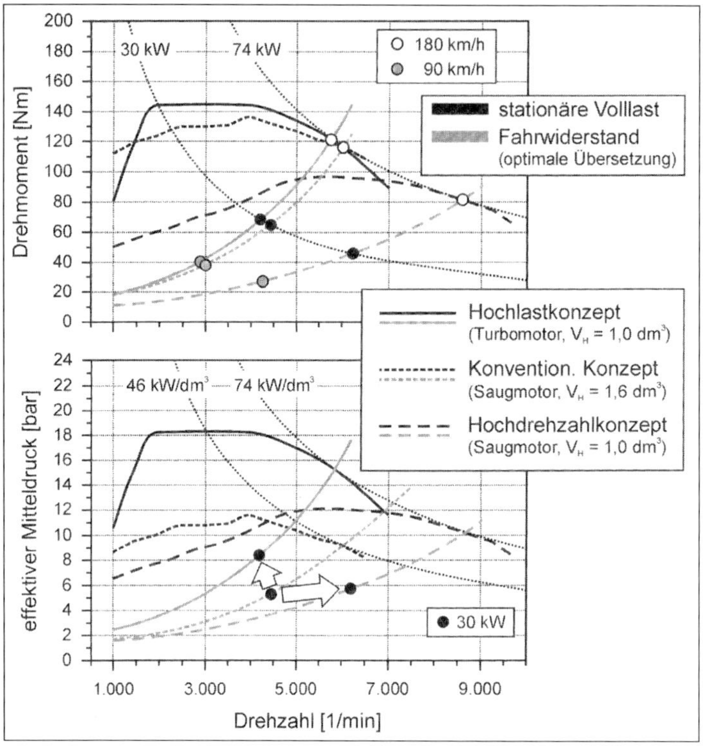

Bild 26-14 Betriebspunktverlagerung durch unterschiedliche Motorkonzepte [30]

Zusammenfassend bedeutet Downsizing die Verlagerung häufig durchfahrener Betriebspunkte in Bereiche geringen spezifischen Verbrauchs. Da dieser Bereich bei hoher Last liegt, ist der Motor so auszulegen, dass er im Hauptteil des vom Kunden genutzten Lastkollektivs unter dieser hohen Last betrieben wird. Dabei stößt die geringere Maximalleistung jedoch bisher auf wenig Kundenakzeptanz, obwohl die Leistungsreserve eines größeren Motors im realen Betrieb äußerst selten genutzt wird. Die Betriebspunktverlagerung ist in **Bild 26-14** gut erkennbar, wenn man die Punkte gleicher Geschwindigkeit beziehungsweise gleicher Leistung betrachtet.

Ein viel versprechendes Downsizing Konzept stellen Verbrennungsmotoren mit Doppel- beziehungsweise Registeraufladung dar. Hierbei wird der Motor konzeptabhängig von einem Kompressor und einem Abgasturbolader (ATL) oder von zwei geometrisch verschiedenen ATL aufgeladen. Bei der Doppelaufladung übernimmt ein Kompressor die Ladungswechselarbeit im unteren Drehzahlbereich, im mittleren Bereich erfolgt ein gemeinsamer Betrieb von ATL und Kompressor und im oberen Drehzahlbereich übernimmt allein der ATL den Gaswechsel. Bei der Registeraufladung kommen zwei geometrisch verschiedene Abgasturbolader zum Einsatz. Zum einen ein ATL mit kleinem Turbinen- und Verdichterdurchmesser und zum anderen ein ATL mit deutlich größeren Laufzeugdurchmessern. Die Regelung erfolgt ähnlich wie bei der Doppelaufladung. Der kleine Abgasturbolader übernimmt den unteren Drehzahlbereich, dann folgt ein kurzer Bereich der Zusammenarbeit beider ATL und im oberen Drehzahlbereich arbeitet der größere ATL wieder autonom. Der Vorteil eines Konzeptes mit zwei Abgasturboladern liegt vor allem im instationären Betrieb. Durch die Aufteilung auf zwei Aufladeaggregate erfolgt ein deutlich schnellerer Ladedruckaufbau. Beide Konzepte konnten bisher in der Serienentwicklung realisiert werden.

Durch dieses Konzept ist eine effektive Reduzierung des Hubraums und damit verbunden auch der gesamten Motorgeometrie (Reibleistungsvorteile), jedoch mit gleich bleibender effektiver Leistung möglich. Weiterhin kann durch die schon zuvor erwähnte Betriebspunktverlagerung ein beachtlicher Teil des spezifischen Verbrauches eingespart werden. Einen weiteren Vorteil bieten direkteinspritzende Turbomotoren bezüglich des Wirkungsgrades. Durch die verbesserte Innenkühlung bei der Direkteinspritzung ist ein Betrieb des aufgeladenen Motors bei hohen Verdichtungsverhältnissen möglich. Weiterhin kann der Motor überwiegend mit stöchiometrischem oder überstöchiometrischem Gemisch betrieben werden [20]. Auf eine Anfettung kann durch die Tolerierung von Abgastemperaturen um 1050 °C verzichtet werden. Dies führt zu einer signifikanten Verringerung

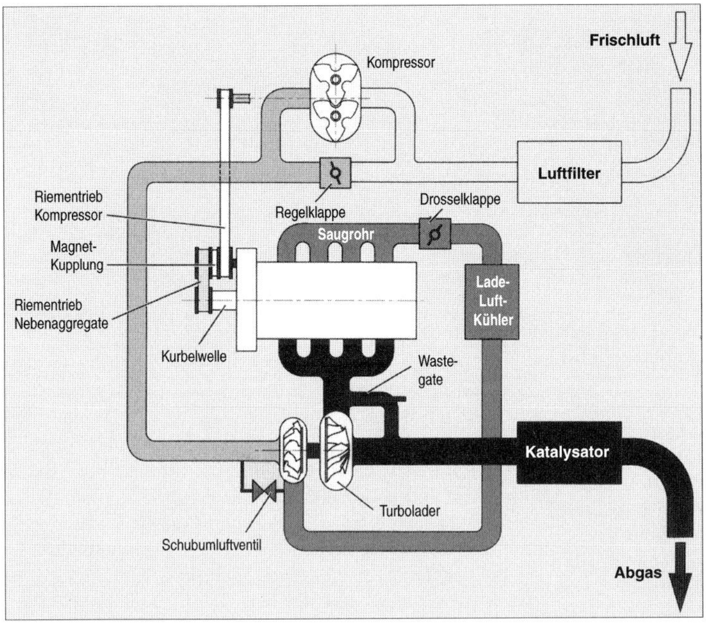

Bild 26-15 Doppelaufladung Volkswagen AG, VW Golf GT, 2,0 l Reihenvierzylinder Otto – DI [20]

des Kraftstoffverbrauches. Weitere Vorraussetzungen für die Verwirklichung dieses Konzeptes ist der Einsatz von thermisch hochbelastbaren Katalysatoren, welche in der Lage sind die erhöhten Abgastemperaturen dauerhaft zu ertragen.

In jüngster Zeit konnte auch das Ansprechverhalten der Turbolader im instationären Betrieb deutlich verbessert werden. Dies wurde durch sogenannte Twin – Scroll – Lader erreicht, welche getrennte Abgasführungen aus den Zylindern bis in das Turbinengehäuse besitzen. Dabei werden bei Vierzylindermotoren jeweils zwei Zylinder in einer Abgasleitung zusammengefasst. Dieses Prinzip nutzt die kinetische Energie des Abgasstromes deutlich besser aus als Systeme mit nur einer Abgaszuführung zur Turbine. In **Bild 26-17** ist der Kraftstoffverbrauch eines aktuellen Downsizing Konzeptes dargestellt.

Nachteile und Risiken des Downsizing sind im Wesentlichen: höhere Bauteilbelastung infolge höherer Mitteldrücke (Einfluss auf Lebensdauer), aufwendige Gemischbildungssysteme um große Ladungsmassen gezielt und effizient zur Verbrennung zu bringen, großer Regelaufwand, aufwendige Abstimmung des Lastwechselverhaltens (response) und letztendlich die Kundenakzeptanz insbesondere bei Fahrzeugen der Mittelklasse und höherer Segmente.

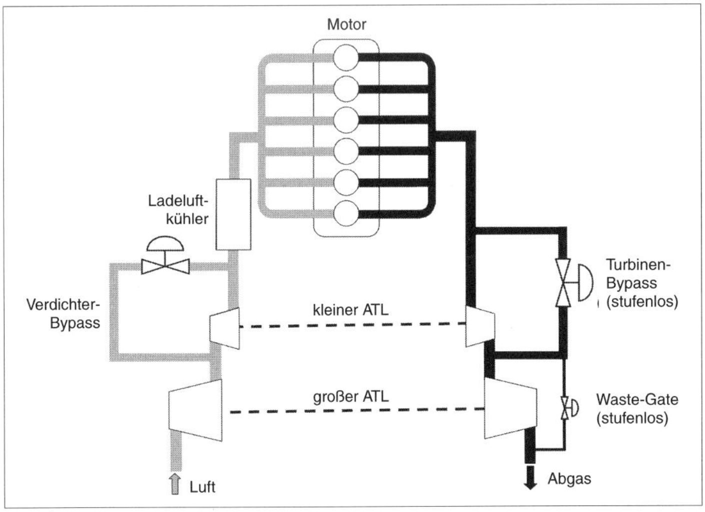

Bild 26-16 Prinzip Stufenaufladung, BMW Group, BMW 535d, 3.0 l Reihensechszylinder Diesel, Stufenaufladung [24]

	Wettbewerber I	Wettbewerber II
Brennverfahren	OTTO – DI Turbo	OTTO
Motorbauart	4-Zylinder Reihe	4-Zylinder Reihe
Hubraum	1390 cm^3	1997 cm^2
Verdichtung	10 : 1	11 : 1
Leistung	125 kW/6600 min^{-1}	127 kW/7000 min^{-1}
Drehmoment	240 Nm/1750–4500 min^{-1}	200 Nm/4250 min^{-1}
Verbrauch	7,2 l/100 km	8,9 l/100 km

Bild 26-17 Vergleich Kraftstoffverbrauch konventionell und Downsizing Konzept [20, 27]

26.2.2 Downspeeding

Als logische Konsequenz des Downsizing bietet sich die Anpassung der Gesamtübersetzung (siehe auch 26.3 Getriebeübersetzung) an. Dabei wird eine längere Gesamtübersetzung gewählt, so dass sich der Betriebspunkt des Motors für gleiche Fahrleistung zu niedrigerer Drehzahl bei höherem Mitteldruck verschiebt. Damit nähert man sich prinzipiell Kennfeldbereichen besseren spezifischen Kraftstoffverbrauches. Solche Konzepte befanden sich schon in den 80er Jahren in Serie (zum Beispiel Audi Mitteldruck-Motor, BMW eta-Modelle, Schongangcharakteristik des höchsten Ganges mehrerer Hersteller), erreichten jedoch wegen der seinerzeit relativ unkritischen Rohstofflage und -kosten nur relativ niedrige Stückzahlen.
Drehzahlabsenkung zur Verbrauchsreduzierung ohne kompensatorische Maßnahmen, wie zum Beispiel Aufladung oder Hubraumerhöhung, wird auch als Verdieselung bezeichnet. Hierbei wird die Beschleunigungsfähigkeit des Fahrzeuges geringer. Solche Strategien bieten sich bei Fahrzeugen mit Automatikgetriebe an und werden serienmäßig dargestellt. Dabei nimmt das Steuergerät des Getriebes sehr zeitige Gangwechsel vor, wenn der Fahrer als ökonomisch orientiert eingestuft wird. Fordert der Fahrer mehr Dynamik, wird später hochgeschaltet und das Niedrigdrehzahlkonzept zeitweise aufgegeben. Bei handgeschalteten Fahrzeugen ist ein Kompromiss zwischen Kundenakzeptanz bzgl. der Beschleunigungsfähigkeit und Kraftstoffverbrauchseffekt notwendig.

26.2.3 Dieselmotor

Die drei Systeme der Dieselverbrennung Vorkammerverfahren, Wirbelkammerverfahren und Direkteinspritzung fanden bis Ende der 80er Jahre nebeneinander Verwendung. Seit der Einführung der Direkteinspritzung im Pkw-Dieselmotor wurden Vor- und Wirbelkammermotoren zunehmend verdrängt. Neue Pkw-Dieselmotoren erscheinen heute fast nur noch als Direkteinspritzer.
Der bis zu 15 % niedrigere spezifische Verbrauch des Direkteinspritzers gegenüber den Kammermotoren beruht hauptsächlich auf den geringeren Wärmeverlusten durch den nicht unterteilten Brennraum, der zudem im Kolbenboden liegt und auf den geringeren Verlusten durch Entfall der Strömung zwischen Kammer und Hauptbrennraum. Mit Kammermotoren wird ein effektiver Wirkungsgrad von etwa 36 % erreicht, gegenüber 43 % bei Direkteinspritzung. Nachteilig wirken sich der steilere Druckanstieg (Geräusche) und die höheren Abgasemissionen gegenüber Kammermotoren aus.
Ein weicherer und homogenerer Verbrennungsverlauf kann durch Voreinspritzung kleiner Mengen beziehungsweise getaktete Einspritzung erreicht werden. Voraussetzung ist ein Einspritzsystem mit schneller, weitestgehend freier Ansteuerung der Einspritzdüsen und eineraufwendigen Abstimmung des Schwingverhaltens von der Kraftstoff-Hochdruckbereitstellung bis zu den Düsen. Das wird mit Common-Rail, Pumpe-Düse-Systemen und magnetventilgesteuerten Verteilerpumpen erreicht. Die beiden erstgenannten Systeme bedienen sich der Druckspeicherung des Kraftstoffes. Aus dem Druckspeicher wird die notwendige Einspritzmenge entnommen. Beim Pumpe-Düse-System ist die Speicherung in einem von der Nockenkontur vorgegeben Kurbelwinkel-Fenster begrenzt, das Common-Rail-System stellt kontinuierlich einen hohen Systemdruck bereit. Beide Systeme arbeiten mit Spitzendrücken zwischen 1.000 und 2.000 bar. Der hohe Einspritzdruck gegenüber früheren Systemen hat folgende Effekte:

- Höhere Strahlgeschwindigkeit, größere Eindringtiefe
- Früher einsetzende Gemischbildung durch mehr Reaktionsoberfläche und bessere Verteilung
- Kleinere mittlere Tropfendurchmesser, mehr Reaktionsoberfläche
- Intensivere Gemischbildung
- Schnellere Verdampfung
- Schnellere Gemischverteilung
- Höhere Umsatzraten
- Höherer Homogenisierungsgrad der Gemischwolke
- Kürzere Brenndauer

- Bessere (innere) Rußoxidation, kleinere Partikel (Feinstaub).

Aufgrund der Vorteile geht der Trend zu höheren Einspritzdrücken. Es ist jedoch ein Kompromiss zwischen Verbrauchsvorteilen durch hohe Einspritzdrücke und Mehrverbrauch durch die Antriebsleistung für die Hochdruckpumpe beziehungsweise die Nockenwelle mit Pumpe-Düse-Elementen erforderlich. Dabei besitzt das Common-Rail-System die geringste notwendige maximale Antriebsleistung. Es benötigt etwa 40 bis 50 % der Antriebsleistug der Verteilerpumpe, beziehungsweise 20 % der Antriebsleistung eines Pumpe-Düse-Systems.

Durch die besseren Eingriffsmöglichkeiten zur Steuerung der Gemischbildung und der Umsatzrate im Brennraum kann mit variablen Hochdruckeinspritzsystemen eine Drehmomentanhebung bei gleichem spezifischem Verbrauch erreicht werden, die die Verluste durch das zusätzlich benötigte Antriebsdrehmoment überkompensiert.

Voreinspritzungen beziehungsweise Spritzmengenanpassungen können durch variable Düsengeometrien realisiert werden. Zunehmend werden auch sogenannte Piezoinjektoren eingesetzt, welche die notwendige schnelle und genaue Kraftstoffzumessung für bis zu 5 Vor-, eine Haupt- und eine Nacheinspritzung gestatten.

Für die Ausnutzung des Potentials von Hochdruckeinspritzsystemen ist ein elektronisches Motormanagement (DDE = Digitale Diesel Elektronik) notwendig, welches Einspritzmenge und -zeitpunkt betriebspunktgerecht steuert. Die Einlasskanalgeometrie muss ebenfalls auf das jeweilige Einspritzsystem und die Düsengeometrie hinsichtlich definierter Strömungs- und damit Gemischbildungsvorgänge im Brennraum abgestimmt werden.

26.2.4 Ottomotor

26.2.4.1 Magerkonzept, Direkteinspritzung

Der beim Ottomotor im Teillastgebiet wesentlich höhere spezifische Kraftstoffverbrauch gegenüber Vollast lässt sich durch Betrieb mit Luftüberschuss, also Magerbetrieb, verringern. Gründe dafür sind:

- Teilweise Entdrosselung durch höheren Luftbedarf bei gleichem Mitteldruck, Verminderung der Ladungswechselarbeit
- Vergrößerung des thermischen Wirkungsgrades durch die Erhöhung des Isentropenexponenten
- Verminderung der Wandwärmeverluste durch geringere Gemischdichten im Wandbereich.

Der Abmagerung sind Grenzen gesetzt durch:

- Zündgrenze (Magerlaufgrenze)
- Unvollständige Verbrennung durch lokal unterschiedliche Gemischzusammensetzungen
- Zyklusschwankungen durch Wandern des Verbrennungsschwerpunktes, Zündaussetzer
- Verlangsamung der Verbrennung.

Der thermische Wirkungsgrad ist:

$$\eta_{\text{th}} = 1 - \varepsilon^{1-\kappa}$$

mit: ε: Verdichtungsverhältnis
κ: Isentropenexponent

Bei Magerbetrieb erhöht sich infolge des Luftüberschusses die Gesamtladungsmasse, was steigende Kompressionsenddrücke und -temperaturen zur Folge hat. Die freigesetzte Wärmemenge wird aber einer größeren Ladung zugeführt, damit sinkt die mittlere Prozesstemperatur. Beide Effekte, größere Ladungsmasse und größere Temperaturspreizung, bewirken eine Erhöhung des Isentropenexponenten κ, wodurch sich der thermische Wirkungsgrad erhöht.

Durch die verringerte Ladungswechselarbeit lässt sich der effektive Gesamtwirkungsgrad je nach Betriebspunkt und Grad der Abmagerung um bis zu 4 % steigern [7].

Bei den in den 80er-Jahren ausgeführten Versuchsmotoren betrug das Kraftstoffeinsparpotential im Teillastgebiet (übliche FTP- und ECE-Zyklen) bis zu 15 %. Wegen der verschärften Abgasgesetzgebung wurden diese Magerkonzepte jedoch nicht weiterverfolgt.

Die katalytische Nachbehandlung bei Magerbetrieb bereitet für Kohlenwasserstoff- und Kohlenmonoxidemissionen keine Probleme. Wegen der hohen Brenngastemperaturen entstehen jedoch mehr Stickoxide als bei stöchiometrischem Betrieb, die durch das hohe Sauerstoffangebot im Abgas nicht vollständig reduziert werden können.

In Verbindung mit der Benzin-Direkteinspritzung können die Potentiale des Magerbetriebs besser genutzt werden. Die Vorteile sind:

- Ersatz der Quantitäts- durch die Qualitätsregelung, Reduzierung/Entfall der Drosselverluste
- Ladungsschichtung durch entsprechende Einspritzstrahllage und Einspritzmenge in Verbindung mit erzwungener Luftströmung
- Bessere Dynamik bei Lastwechseln, Verzugszeit durch Saugrohrbefüllung und Aufbau des Kraftstoff-Wandfilmes entfallen
- Innere Kühlung der angesaugten Luft durch Kraftstoffverdampfung im Zylinder, dadurch höhere Verdichtungsverhältnisse (Aufladung) und folgend höhere thermische Wirkungsgrade möglich (Verschiebung der Klopfgrenze)
- Anpassung des Luftverhältnisses an verschiedene Betriebspunkte, siehe **Bild 26-18**.

Pauschale Angaben über Verbrauchsreduzierungen durch Benzin-DI sind wenig sinnvoll, da diese von den verschiedenen Varianten und Betriebspunkten abhängen. Signifikante Verbrauchspotentiale existieren im Teillastbetrieb, da im Schichtladebetrieb mit großen mittleren Luftverhältnissen gefahren werden kann. In den derzeit üblichen europäischen, amerika-

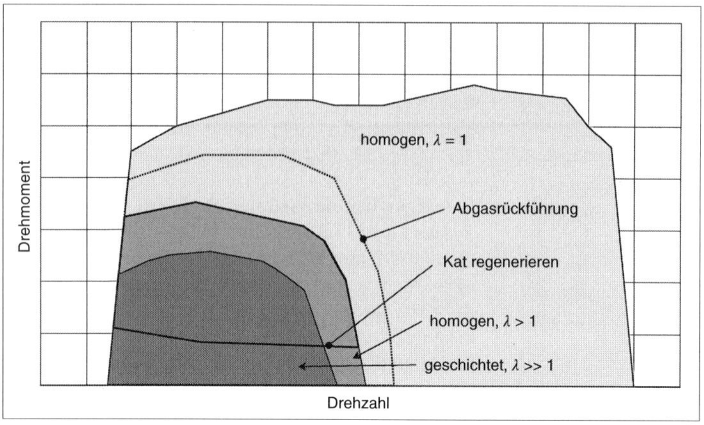

Bild 26-18 Strategien bei Benzin-Direkteinspritzung

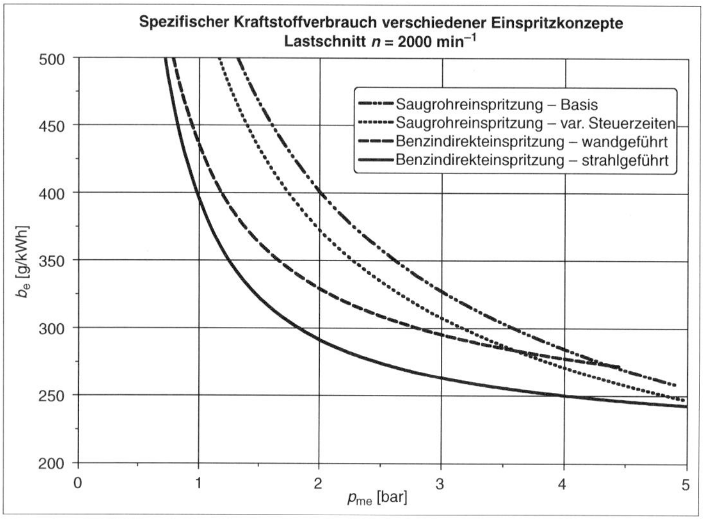

Bild 26-19 Spezifischer Kraftstoffverbauch verschiedener DI – Brennverfahren, Daten nach [29]

nischen und japanischen Testzyklen kann von einer Verbrauchsreduzierung von 10 ... 15 % ausgegangen werden. Im Volllastbetrieb treten durch den stöchiometrischen Betrieb nur geringe Verbrauchsvorteile infolge der besseren Innenkühlung auf. Hierbei kann die Volllastanfettung reduziert oder das Verdichtungsverhältnis erhöht werden.

Teile der Verbrauchsreduzierung werden durch zur Stickoxidreduktion notwendige Regenarationsphasen im Teillastbetrieb kompensiert. Dazu wird der Motor kurzzeitig (mehrere Sekunden) mit unterstöchiometrischen Luftverhältnissen betrieben, um die während des Magerbetriebs im Speicherkatalysator gebundenen Stickoxide wieder zu desorbieren. Der Katalysator arbeitet während dieser Phase wie ein herkömmlicher 3-Wege-Katalysator.

Große Vorteile können durch die Benzindirekteinspritzung bei aufgeladenen Motoren erzielt werden. Durch das direkte Einbringen des Kraftstoffes in den Brennraum und die damit verbundene deutlich gesteigerte Innenkühlung ist der Betrieb des aufgeladenen Motors mit Verdichtungsverhältnissen ähnlich denen des Saugmotors möglich. Dies führt zu einer deutlichen Verbesserung des thermischen Wirkungsgrades. Weiterhin kann durch den Einsatz hochtemperaturunempfindlicher Abgasturbinen auf eine Anfettung im Volllastbereich verzichtet werden. Gerade durch den Verzicht des unterstöchiometrischen Motorbetriebs bei Volllast kann eine enorme Kraftstoffeinsparung in diesem Gebiet realisiert werden. Heutige Motoren (Saugrohreinspritzer) werden bei vollem Leistungseinsatz mit Gemischen von bis zu $\lambda = 0{,}7$ betrieben, um die anfallenden Wärmeströme durch Innenkühlung zu beherrschen. Das Prinzip des stöchiometrischen Volllastbetriebs setzt jedoch hochwarmfeste Materialien im gesamten Brennraum und auch auf der Abgassseite voraus.

Weiterhin bestehen zwischen den einzelnen Brennverfahren der Benzindirekteinspritzung Unterschiede im spezifischen Kraftstoffverbrauch. Der geringste

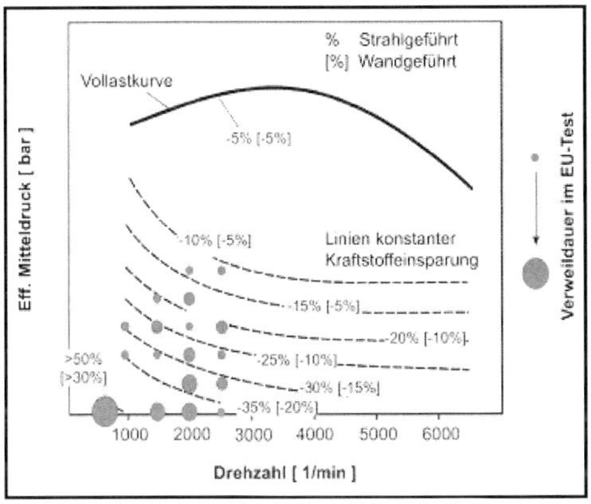

Bild 26-20 Kraftstoffverbrauchseinsparung durch Direkteinspritzung [34]

spezifische Verbrauch kann nur mit dem strahlgeführten Verfahren erzielt werden, siehe **Bild 26-19**.

Bild 26-20 zeigt mögliche Kraftstoffverbrauchsreduzierungen beim Übergang auf direkteinspritzende Ottomotoren. Die Verbrauchsvorteile liegen im unteren Teillastbereich bis zu 35 % und im Volllastbereich immerhin noch bei 5 %. Die in Klammern gesetzten Verbrauchseinsparungspotentiale im **Bild 26-19** gelten für das wandgeführte Verfahren, die Werte ohne Klammer gelten für das strahlgeführte Verfahren, welches besser in der Lage ist, die theoretischen Verbrauchsvorteile des Direkteinspritzers umzusetzen.

26.2.5 Brennverfahren HCCI

Die Abkürzung HCCI steht für Homogenous Charge Compressed Ignition und lässt sich mit dem Begriff der kontrollierten homogenen Selbstzündung übersetzen. Bei dieser Art der Verbrennung verdampft der in den Brennraum eingespritzte Kraftstoff und bildet schon vor der Zündung ein homogenes Gemisch, welches dann kontrolliert durch die Kompression und eine erhebliche, extern zugeführte Restgasmenge selbstzündet. Damit stellt dieses Verfahren eine Kombination aus diesel- und ottomotorischer Verbrennung dar. Um bei herkömmlichen Ottokraftstoffen eine Selbstzündung zu erreichen sind Temperaturen von etwa 1.000 K nötig. Diese hohen Temperaturen können bei heute üblichen Verdichtungsverhältnissen ($\varepsilon = 9 \ldots 13$) allein durch die Kompression nicht erreicht werden. Deshalb wird über das Abgas des vorangegangenen Zyklus eine Prozesstemperaturerhöhung bereitgestellt. Eine Kontrolle der Selbstzündung kann durch vorverlagerte Piloteinspritzungen erfolgen, ähnlich wie beim Common Rail System des Dieselmotors. Damit können der Verbrennungsschwerpunkt und der indizierte Mitteldruck zylinderindividuell eingestellt werden. Im neuen europäischen Fahrzyklus (NEFZ) ist mit diesem Brennverfahren eine Kraftstoffeinsparung von circa 3 % [18] gegenüber herkömmlichen Verfahren möglich.

26.2.6 Variabler Ventiltrieb

Variable Ventiltriebe stellen eine weitere Möglichkeit der Beeinflussung des Ladungswechsels und der Abgasrückführung und damit der Verbrauchs- und Schadstoffabsenkung dar.

Im Teillastgebiet kann durch die Anpassung des Einlass-Ventilhubes und der Öffnungsdauer an die benötigte Frischgasmenge eine teilweise Entdrosselung realisiert werden. Dabei tritt im Leerlauf und im leerlaufnahen Bereich eine Verbesserung des Laufverhaltens durch geringe Ventilhübe auf. Gründe dafür sind die infolge höherer Gasgeschwindigkeiten (bis zur Schallgeschwindigkeit) am engen Ventilspalt bessere Durchmischung und somit gleichmäßigere und schnellere Verbrennung. Durch die mögliche Absenkung der Leerlaufdrehzahl besteht durch die geringeren Reibverluste ein zusätzliches Verbrauchspotential.

Für die Einlass-Öffnungsdauer bieten sich zwei Möglichkeiten an: Frühes Einlass-Schließen, bei Erreichen der notwendigen Frischgasladung und spätes Einlass-Schließen. Dabei schließt das Einlassventil erst im Verdichtungstakt, wenn die nicht benötigte Ladungsmasse wieder in den Ansaugtrakt ausgeschoben wurde. Hier treten gegenüber dem frühen Einlass-Schließen Verluste durch die zweimalige Bewegung eines Teils der Ladungsmasse auf, siehe **Bild 26-21**.

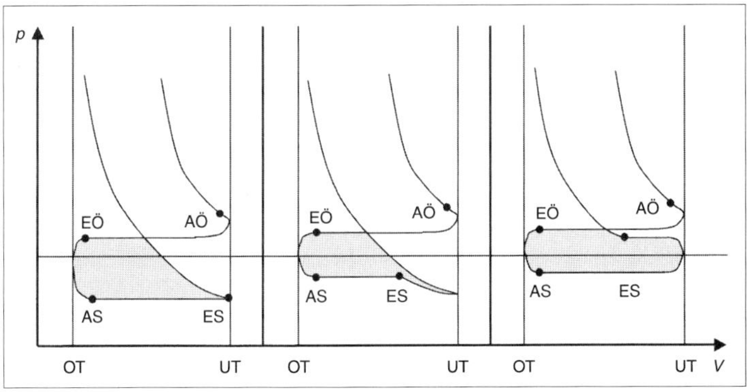

Bild 26-21 Ladungswechselschleifen: konventionell, frühes Einlass-Schließen und spätes Einlass-Schließen

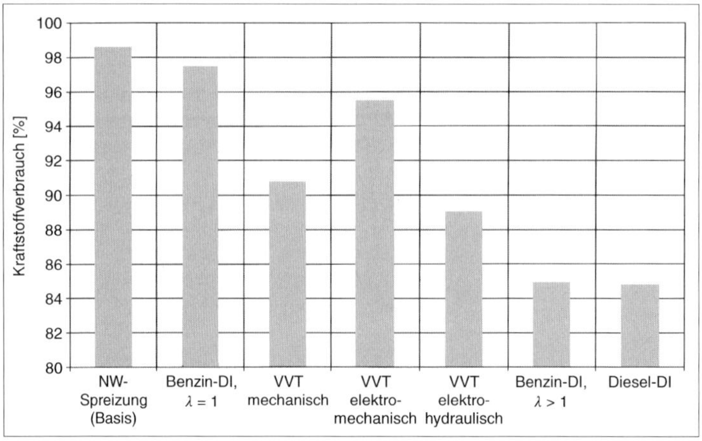

Bild 26-22 Vergleich des Verbrauchspotentials verschiedener Ottomotorenkonzepte und der Diesel-Direkteinspritzung, Daten nach [8], erweitert

Mit variablen Ventilsteuerzeiten und -hüben ist durch Verschiebung und Ausdehnung der Ventilüberschneidung außerdem eine gezielte interne Abgasrückführung möglich. Die Vorteile sind Verdünnung und bessere Durchmischung der Frischladung. Die bessere Durchmischung impliziert folgenden Effekt. Durch die Verdünnung werden die Stickoxid-Emissionen deutlich abgesenkt, da die Gesamtladungsmasse zum Teil aus inertem Abgas besteht. Dadurch sinken die Brenngastemperaturen, es steht weniger Energie zur Stickoxidbildung zur Verfügung. Der Verbrauchsvorteil wird jedoch teilweise durch die geringeren Brenngastemperaturen und damit langsamere und ungleichmäßigere Verbrennung kompensiert.

Durch die komplette Schließung der Einlassventile einzelner Zylinder über mehrere Arbeitsspiele lässt sich ebenfalls eine Zylinderabschaltung verwirklichen.

Die größten Chancen besitzen in Zukunft Ottomotoren, bei denen die vorteilhaften Effekte aus variabler Ventilsteuerung und Direkteinspritzung mit Schichtladekonzept kombiniert werden. Die Verbrauchspotentiale verschiedener Konzepte im Vergleich zum derzeitigen Serienstand mit Nockenwellenspreizung zeigt das **Bild 26-22**.

In nächster Zeit werden auch Konzepte des vollvariablen Ventiltriebes zunehmend an Bedeutung gewinnen. Dazu zählt vor allem der elektromechanische Ventiltrieb. Mit einer solchen Steuerung des Ladungswechsels von Ottomotoren könnten circa 15 % Kraftstoff gespart werden [21].

26.2.6.1 Zündung

Zur Erzielung eines hohen Mitteldrucks und guten thermischen Wirkungsgrads sind eine schnelle, gleichmäßige Entflammung und hohe Umsatzraten notwendig. Die Entflammung hängt unter anderen von der Zündkerzenlage und der Qualität der Funkenübertragung ab. Generell ist eine zentrale Kerzenlage anzustreben, um gleichmäßiges Durchbrennen und kurze Flammwege zu erreichen, siehe **Bild 26-23**. Für den Einsatz der Vierventiltechnik ist die zentrale Kerzenlage gut realisierbar. So lassen sich die besseren Gaswechselbedingungen mit optimaler Kerzenlage verbinden. Der Verbrennungsvorgang im realen Ottomotor weicht von der beim vollkommenen Motor angenommenen Gleichraumverbrennung ab. Wird der Energieumsatz während des Verdichtungs- und Arbeitstaktes über dem Kurbelwinkel betrachtet, so erhält man eine Fläche, die den Brennverlauf ausdrückt. Der Schwerpunkt dieser Fläche sollte für gute innere Wirkungsgrade nahe des oberen Totpunktes liegen. Der Brennverlauf und damit die Lage des Brennverlaufschwerpunktes sind unter anderen vom Zündwinkel α_Z und der Luftverhältniszahl λ abhängig, siehe **Bild 26-23**. Dabei führt arbeitsoptimale Frühzündung zu geringem spezifischen Verbrauch, wegen Klopfvermeidung und Abgasemissionsabsenkung sind jedoch oft Kompromisse in Richtung späterer Zündwinkel notwendig. Das Verbrauchsminimum stellt sich bei homogenen Betriebsstrategien bei leicht mageren Mischungsverhältnissen ein.

Die Zündung des Gemisches kann durch Einsatz zweier Zündkerzen weiter verbessert werden. Es wird mehr Zündenergie bereitgestellt, so dass auch in kritischen Betriebspunkten, zum Beispiel im Leerlauf und bei Betrieb mit Abgasrückführung, eine gleichmäßigere Verbrennung und damit geringere Zyklenschwankungen erreicht werden. Zusätzlich wird ein schnelleres Durchbrennen erreicht, was den thermischen Wirkungsgrad verbessert. Die optimale Lage des Verbrennungsschwerpunktes kann zuverlässiger erreicht werden. Im Serienbetrieb werden etwa 2 % Verbrauchsabsenkung gegenüber Einzelzündung erreicht [9]. Außerdem lassen sich durch eine phasenverschobene Doppelzündung Druckanstieg und Druckverlauf so steuern, dass ohne Spätverstellung der Zündung und entsprechenden Wirkungsgradverlust die Verbrennungsgeräusche verringert werden können. Hier wurde im Serienbetrieb eine Absenkung um 3 dB(A) erzielt [9].

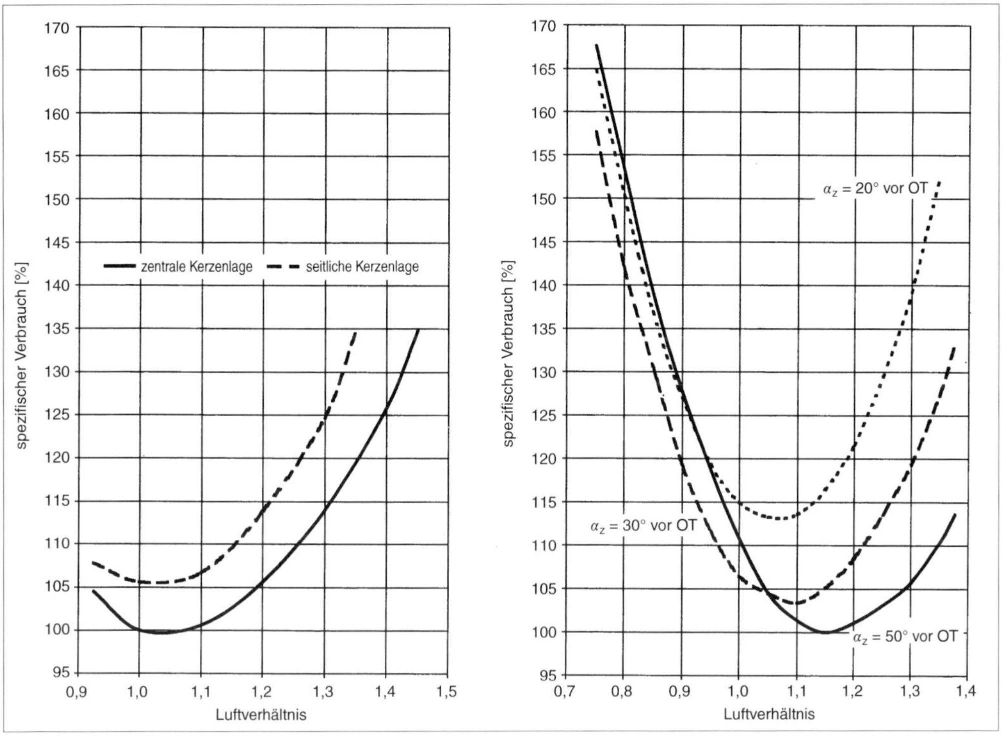

Bild 26-23 Einfluss der Zündkerzenlage (links), der Vorzündung und der Luftverhältniszahl auf den Kraftstoffverbrauch, nach [10]

26.2.7 Zylinderabschaltung

Betrachtet man das Kraftstoffverbrauchskennfeld eines Ottomotors **(Bild 26-32)**, so erkennt man, dass besonders bei niedrigen Motordrehmomenten oder niedrigen Mitteldrücken der spezifische Kraftstoffverbrauch mehr als doppelt so hoch sein kann wie im Bereich des Bestpunktes bei hohen Mitteldrücken. Dieser Verbrauchsnachteil bei niedrigen Mitteldrücken entsteht neben weiteren Faktoren durch:

- Verdichtungsverhältnis ist auf Volllast ausgelegt
- Niedrige Strömungsgeschwindigkeiten am Einlassventil
- Hohe Drosselverluste beim Ottomotor durch die fast geschlossene Drosselklappe
- Verhältnismäßig hohe Reibleistung im Vergleich zur geforderten Motorleistung
- Hohe Wandwärmeverluste.

Bei großvolumigen Pkw-Motoren mit einem großen Leistungs- und Drehmomentangebot wird im Stadtverkehr oder auf der Landstrasse nur ein Bruchteil der verfügbaren Leistung des Motors abgefragt. Je leistungs- und drehmomentstärker ein Motor ist, desto tiefer fällt der Motorbetriebspunkt dabei in sein Teillastgebiet. Dieses führt zu hohen Kraftstoffverbräuchen.

26.2.7.1 Konzept zur Verbrauchsreduzierung

Der Grundgedanke der Zylinderabschaltung liegt darin, dass man im Teillastgebiet das Drehmoment einzelner Zylinder erhöht um für diese Zylinder in einen Betriebspunkt mit besserem Kraftstoffverbrauch zu kommen. Als Kompensation dazu werden Zylinder abgeschaltet. Für das Konzept der Zylinderabschaltung bieten sich besonders 8-Zylinder- und 12-Zylindermotoren an. Bei diesen Motoren können bei niedriger Last- und Drehzahlanforderung jeweils die Hälfte der Zylinder abgeschaltet werden. Die abzuschaltenden Zylinder ergeben sich aus der Zündfolge des Motors mit der Forderung, auch bei abgeschaltetem Betrieb eine konstante Zündfolge zu erhalten. Bei 8-Zylinder-V-Motoren bietet es sich an, jeweils zwei Zylinder einer Bank abzuschalten, während bei einer 12-Zylindermaschine eine Bank stillgelegt werden kann.
Um bei den Zuschaltvorgängen keine Komforteinbußen zu erhalten sind umfangreiche Regelalgorithmen und Vorsteuerungen für Drosselklappe, Einspritzung und Zündung vorzusehen.

26.2.7.2 Verbrauchsvorteile im Teillastgebiet

Bild 26-24 zeigt den Mitteldruckverlauf für den 8-Zylinder-Vollmotor und für den Abschaltbetrieb

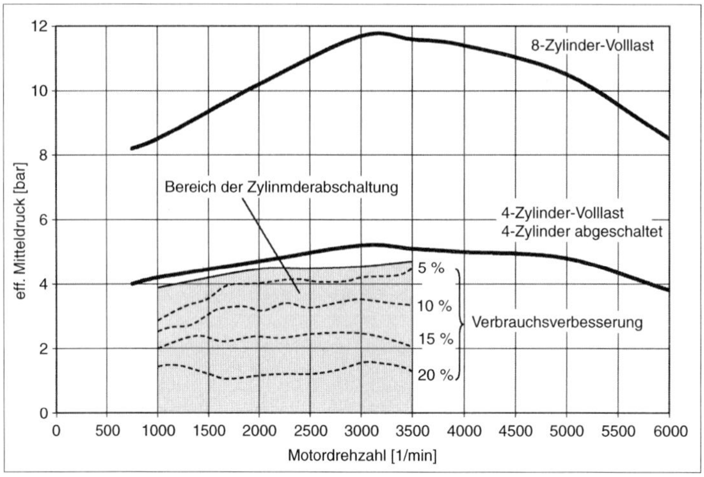

Bild 26-24 Verbrauchsvorteil durch Zylinderabschaltung eines 8-Zylinder-Motors. Nach [13]

sowie den Bereich der Zylinderabschaltung. Die Verbrauchsvorteile liegen bei Zylinderabschaltung je nach Betriebspunkt zwischen 5 und 20 %.

Bild 26-25 zeigt den Verbrauchsvorteil für einen 12-Zylindermotor bei einem Teillastpunkt mit Zylinderabschaltung. Für ein Fahrzeug mit 8-Zylindermotor (W220 5,0 l) wurde für die Konstantfahrt bei 90 km/h und 120 km/h eine Verbrauchsverbesserung von 15 % beziehungsweise 13 % ermittelt, im NEFZ konnte der Kraftstoffverbrauch durch Zylinderabschaltung um 6,5 % gesenkt werden [13, 14].

26.2.8 Nebenaggregate

Nicht zu unterschätzen ist der Energiebedarf und damit verbunden der Kraftstoffverbrauch der Nebenaggregate. Zu diesen zählen der Generator zur Versorgung des Bordnetzes, der Kompressor der Klimaanlage, die Lenkhilfepumpe, bei entdrosselt betriebenen Motoren eine Unterdruckpumpe für den Bremskraftverstärker, die mechanische Kühlmittelpumpe und die Ölpumpe(n). Für den Antrieb dieser Bauteile wird eine große Menge Energie benötigt. Als Beispiel soll hier der Kompressor der Klimaanlage aufgeführt werden. Der Kraftstoffverbrauch einer Klimaanlage (verursacht durch den Klimakompressor) kann sehr verschieden sein. Hauptsächlich kommt es dabei auf die Umgebungstemperatur an. Je heißer die Außenluft, umso mehr Energie ist für deren Abkühlung notwendig. Der Streckenverbrauch in l/100 km ist weiterhin davon abhängig, wie lange ein Fahrzeug für die Strecke von 100 km benötigt. Werden an einem heißen Tag bei stockendem Verkehr in einer Stunde 20 km zurückgelegt so sind circa 0,4 l Kraftstoff für die Klimatisierung erforderlich. Hochgerechnet auf 100 km würde dies einen Kraftstoffverbrauch von 2 l/100 km ausmachen. Auf der Autobahn kann der Verbrauch pro 100 km jedoch deutlich sinken, abhängig von der gefahrenen Geschwindigkeit. Der Kraftstoffverbrauch pro Zeiteinheit bleibt mit circa 0,4 l pro Stunde konstant. Werden eine durchschnittliche Fahrstrecke mit durchschnittlicher Geschwindigkeit und ein für Deutschland typisches Klima zu Grunde gelegt, kann von einem Verbrauch von circa 0,62 l/100 km für die Fahrzeugklimatisierung ausgegangen werden, dies entspricht bei einem Durchschnittskraftstoffverbrauch von 8 bis 12 Litern auf 100 km einem Anteil von 5 bis 8 Prozent [23].

Die Ölpumpe ist ein weiteres energieintensives Nebenaggregat. Sie wird meist direkt von der Kurbelwelle angetrieben und stellt einen drehzahlabhängigen Ölvolumenstrom bereit. Als Auslegungspunkt dient meist der Heißleerlauf mit Öltemperaturen von 140 °C. In diesem Betriebsbereich ist für eine betriebssichere Ölversorgung ein Öldruck von zirka 1,0 bar nötig. Der Öldruckbedarf eines Motors steigt fast linear mit der Drehzahl an. Die Ölfördermenge einer Ölpumpe nimmt mit ihrer Drehzahl proportional zu, wogegen der Öldurchsatz durch den Motor im Wesentlichen vom drehzahlunabhängigen Durchflusswiderstand bestimmt wird. Der Motordurchfluss-widerstand ist jedoch öldruckproportional und wiederum von der Betriebstemperatur abhängig. Besonders bei niedrigen Temperaturen kommt es zu einer starken Diskrepanz zwischen Ölpumpenfördermenge und Motoröldurchsatz. Die Ölfördermenge der Ölpumpe ist in diesem Bereich deutlich höher als der Öldurchsatz durch den Motor. Das „überflüssige" Öl wird nun durch einen Bypass abgesteuert. Die mechanische Arbeit, welche benötigt wird, um Öl über den Motorbedarf zu fördern, ist somit Verlust. Abhilfe aus dieser Situation können bedarfsgeregelte Ölpumpen schaffen, welche in der Lage sind den Ölvolumenstrom an den Öldurchsatz durch den Motor anzupassen. Damit ist eine effektive Verbesserung des Wirkungsgrades der Ölpumpe möglich. Mit einer Bedarfsregelung des Ölvolumenstromes können im Schnitt circa 2 % Kraftstoff eingespart werden [28].

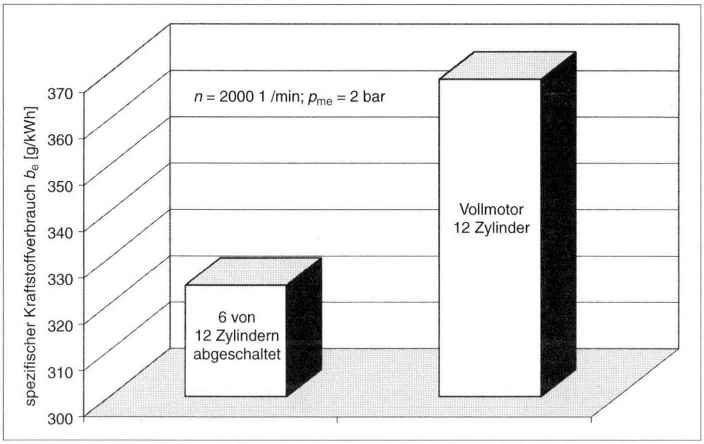

Bild 26-25 Verbrauchsvorteil durch Zylinderabschaltung eines 12-Zylinder-Motors. Nach [12]

26.2.9 Wärmemanagementmaßnahmen zur Verbrauchsreduzierung

Wärmemanagement bezeichnet die gezielte Beeinflussung und Nutzung der im Fahrzeug anfallenden Wärmeströme. Zielsetzungen sind dabei die Gewährleistung der thermischen Betriebssicherheit, die Erhöhung des Fahrkomforts und die Verringerung des Kraftstoffverbrauches und damit verbunden auch der Abgasemissionen. Im Vordergrund aller Bemühungen, ein intelligentes Wärmemanagementsystem in das Fahrzeug zu integrieren, steht die Verkürzung der besonders kraftstoffverbrauchsintensiven Warmlaufphase. Eine weitere Aufgabe des Wärmemanagements ist die Optimierung der Wärmeströme bei betriebswarmem Motor.

In der Serie konnte sich bisher verstärkt der Kennfeldthermostat als einfaches Basiswärmemanagementsystem auf breiter Ebene durchsetzen. Mit Hilfe dieses Systems ist der Betrieb des Verbrennungsmotors im Teillastgebiet mit deutlich höheren Kühlmitteltemperaturen möglich. Dieses gesteigerte Temperaturniveau wirkt sich positiv auf den Kraftstoffverbrauch aus.

Ein höheres Temperaturniveau kann durch Herabsetzen der Kühlmittelwärmeströme und des Ölmittelwärmestroms erreicht werden. Den Einfluss der Kühlmitteltemperatur beziehungsweise der Öltemperatur auf den Kraftstoffverbrauch ist in **Bild 26-26** dargestellt. Höhere brennraumumgebende Bauteiltemperaturen (in erster Linie erzielt durch höhere Wassertemperatur) sorgen für bessere Brennbedingungen im Brennraum. Die Reibleistung des Motors wird sowohl von der Kühlmitteltemperatur als auch von der Schmieröltemperatur beeinflusst. Siehe **Bilder 26-26 und 26-27**.

Die elektrische Kühlmittelpumpe ist ein weiteres Wärmemanagementsystem mit hohem Potential zur Verbesserung des Kraftstoffverbrauches. Durch elektrische Ansteuerung der Pumpe konnten zusätzliche Freiheitsgrade gewonnen werden. Diese werden sowohl im Warmlauf als auch im betriebswarmen Zustand deutlich. In der Warmlaufphase des Verbrennungsmotors kann die Zwangskonvektion des Kühlmittels unterdrückt werden. Das stehende Kühlmittel wirkt isolierend und verkürzt die Warmlaufphase des Motors deutlich. Beim Erreichen einer zuvor festgelegten Grenztemperatur läuft die elektrische Kühlmittelpumpe selbsttätig an und kann dann, wie bisher die Wärme durch Zwangskonvektion abführen. Im betriebswarmen Zustand ist eine wärmeeintragsabhängige Wärmeabfuhr möglich. Dieses System bietet aber nicht nur Vorteile in der Warmlaufphase, auch nach Abstellen des Motors kann der Kühlmittelkreislauf aufrechterhalten werden, dies ist angesichts der heutzutage wieder mehrfach auf den Markt drängenden abgasturboaufgeladenen Motoren ein durchaus interessanter Aspekt.

Weiterhin bietet die elektrische Kühlmittelpumpe Vorteile im Sinne der Verlustleistung, welche hier deutlich niedriger als beim mechanischen Pendant ausfällt. Somit kann auch im stationären Betrieb eine Kraftstoffverbrauchseinsparung erfolgen. Im NEFZ ist eine Kraftstoffverbrauchsreduzierung abhängig von Fahrzeug und Motorisierung von circa 2 % [20] mit Hilfe einer elektrischen gegenüber einer mechanischen Kühlmittelpumpe möglich.

26.2.10 Hybridkonzepte

Hybridfahrzeuge gewinnen immer mehr an Bedeutung. Auf den Märkten im asiatischen und nordamerikanischen Raum werden Hybridfahrzeuge sehr stark nachgefragt, im Zuge der CO_2-Diskussion und angesichts steigender Kraftstoffpreise sind in Europa ebenfalls steigende Zulassungszahlen und ein vermehrtes Fahrzeugangebot zu verzeichnen. Zur zeit wird zwischen vier verschiedenen Hybridkonzepten unterschieden, dazu zählen der Mirco-, Mild-, Basic- und Full-Hybrid. Die Aufteilung der einzelnen Klassen ist im **Bild 26-28** [22] dargestellt.

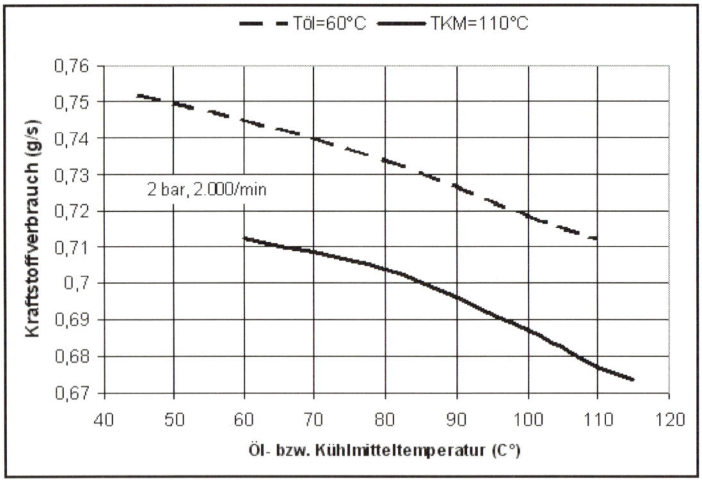

Bild 26-26 Einfluss der Öl- und Kühlmitteltemperatur auf den Kraftstoffverbrauch [35]

Hybridkonzepte bieten vor allem im Teillastgebiet Vorteile hinsichtlich des Kraftstoffverbrauches und der Emissionen. Die in **Bild 26-28** angegebenen CO_2-Reduktionspotentiale können, gemäß Kohlenstoffbilanz, auf den Kraftstoffverbrauch übertragen werden. Ein Nachteil dieser Fahrzeugkonzepte ist das hohe Gewicht der Energiespeicher der elektrischen Antriebsaggregate und der Leistungsverzweigung, was sich besonders bei Überland- und Autobahnfahrten negativ auf den Kraftstoffverbrauch auswirkt. In diesen Betriebszuständen ist nur der Verbrennungsmotor aktiv und die Masse der mitgeführten elektrischen Energiequelle stellt einen zusätzlichen Fahrwiderstand dar. **Bild 26-29** zeigt die zu erwartenden Mehrgewichte für unterschiedlich starke Hybridisierungen.

Der überproportional steigende Anteil des Speichers (Battery pack) macht deutlich, dass unter Verbrauchsgesichtspunkten Hybridisierungen nur bis etwa 20 kW sinnvoll erscheinen. Um die gewünschte Batterielebensdauer zu gewährleisten ist bei derzeiti-

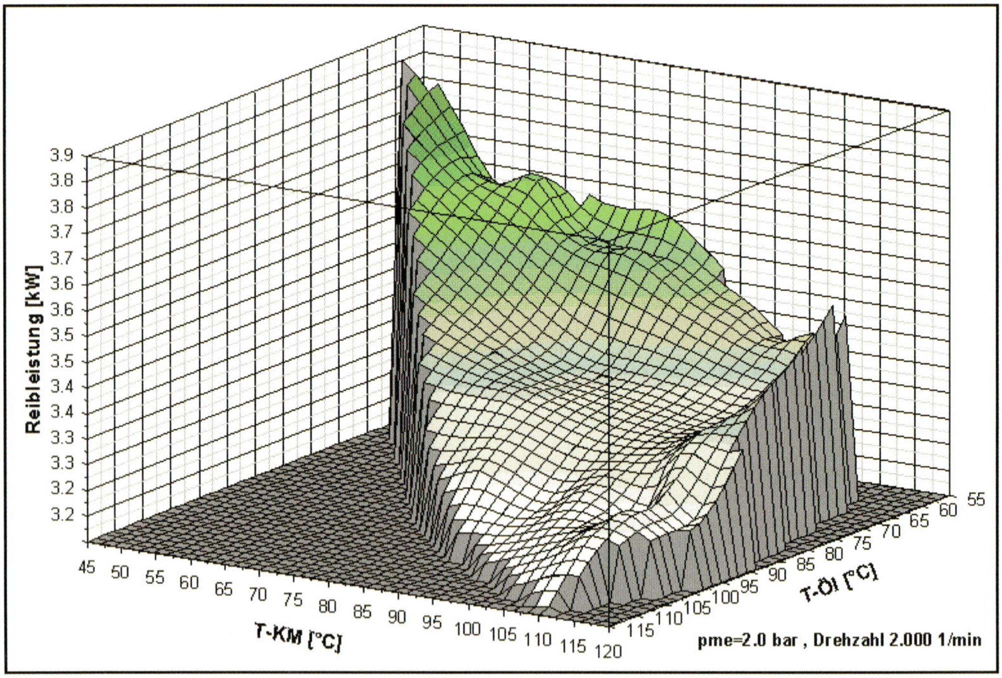

Bild 26-27 Reibleistungskennfeld bei verschiedenen Fluidtemperaturen [35]

Micro- Mild- Basic- Full- **Hybrid**

Charakteristika:
- Riemen-Starter-Generator ersetzt Lichtmaschine und Anlasser
- 12/14V-Bleibatterie als E-Speicher, ggf. kondensator intern als Puffer
- Keine größere Änderung an Verbrennungsmotor und Fahrzeugpackage
- Drehmoment durch Riemenkapazität begrenzt

Funktionen:
- Stop/Start mit Schnellstarter/Hochdrehzahlstart
- Variable Ladeleistung und Anhebung im Schub („Rekuperation light")
- Evtl. Standklimatisierung

CO_2-Vorteil:
- ca. 5 % bis 10 %

Emissionswirkung:
- Schneller Motorhochlauf beim Start
- Warmer Kat hält Temperatur in Standpahsen besser, da kein Gasstrom

Fahrverhalten:
- Weitgehend unverändert, kein Laufgeräusch im Stand

Sekundärvorteile:
- Hohe Generatorleistung für Bordnetzversorgung

Beispiele:
- Citroen C3 Stop & Start
- GM-Saturn BAS
- Toyota CrownTHS-M

Micro- **Mild-** Basic- Full- **Hybrid**

Charakteristika:
- Wie Micro-Hybrid
  + Ausführung als Kurbelwellen-Starter-Generator (KSG)

Funktionen:
- Wie Micro-Hybrid
  + Höheres Anlass- und Rekuperationsmoment
  + Schwingungsdämpfung bei Lastübergängen
  + Leichte dynamische Drehmomentunterstützung (Begr. durch E-Speicher)
  + Stromerzeuger-Funktion für 110V/220V On-Board

CO_2-Vorteil:
- ca. 10 % bis 15 %

Emissionswirkung:
- Wie Micro-Hybrid

Fahrverhalten:
- Verbesserung im Ansprech- und Lastwechselverhalten
- Verbesserte Akustik

Sekundärvorteile:
- Wie Micro-Hybrid
  + Ggf. riemenloser Motor möglich
  + Hybrid-Image gegenüber Micro-Hybrid stärker

Beispiele:
- GM Silverado/Sierra-Hybrid
- Dodge Ram HEV

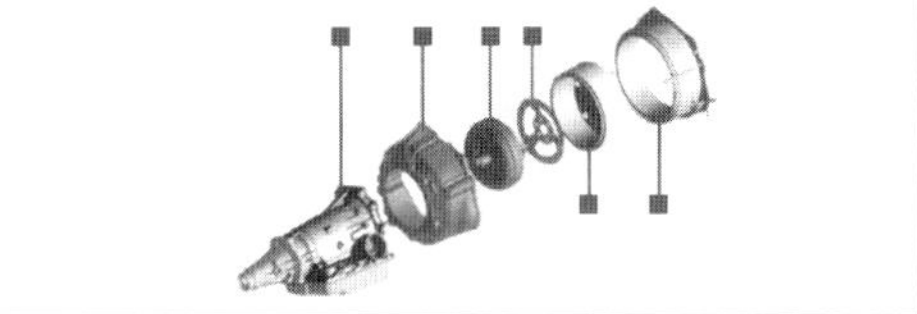

Micro- Mild- **Basic-** Full- **Hybrid**

Charakteristika:
- Strukturell wie Mild-Hybrid
  + Erheblich leistungsfähigerer Elektromotor und Speicher
  + Speicherauslegung auf Leistung (Super/Ultracaps) oder auf Leistung und Kapazität (NiMH-, evtl. Li-Batterie)
  + Anpassung des Verbrennungsmotors

Funktionen:
- Wie Mild-Hybrid
  + Annähernd optimale Rekuperation durch leistungsfähigen Speicher und ggf. reduziertes Verbrennungsmotor-Schleppmoment
  + Starke Boostwirkung kurzzeitig (< ca. 30 s) bei Leistungsspeicher
  + Starke Boostwirkung langfristig (min. 10 min) bei Kapazitätsspeicher

CO_2-Vorteil:
- ca. 15 % bis 20 %

Emissionswirkung:
- Lastspitzen werden vom E-Antrieb abgefangen (VM-Phlegmatisierung)

Fahrverhalten:
- Wie Mild-Hybrid
  + Sehr gute Dynamik durch schnellen und überlastfähigen Elektromotor

Sekundärvorteile:
- Wie Mild-Hybrid mit stärkerer On-Board-Stromerzeugerleistung

Beispiele:
- Honda IMA (Insight, Civic, Accord)
- Prototypen VW Turan, BMW X5

Micro- Mild- Basic- **Full-** **Hybrid**

Charakteristika:
- Ausführung als Parallelhybrid mit Trennkupplung zum Verbrennungsmotor, mit elektrisch leistungsverzweigten (LV) Getriebe oder als serieller Hybrid
- i. d. R. mit Kapazitätsspeicher
  → integrierte Lösung mit Möglichkeit zu rein elektrischem Fahren

Funktionen:
- Wie Basic-Hybrid
  + Optimale Rekupertation durch VM-Abkopplung und ggf. Brake-By-Wire
  + Starke Boosterwirkung langfristig (min. 10 min) durch Kapazitätsspeicher

CO_2-Vorteil:
- ca. 25 % bis 30 %

Emissionswirkung:
- Wie Basic-Hybrid, zusätzlich Drehzahlentkopplung bei LV/Seriell

Fahrverhalten:
- Wie Basic-Hybrid
  + Sehr guter Rangier-/Stop & Go-Komfort durch elektrisches Fahren

Sekundärvorteile:
- Wie Basic-Hybrid
  + Optimales Hybrid-Image durch E-Fahren
  + Ggf. Netzladefähigkeit für Länder mit sauberer Stromerzeugung

Beispiele:
- Toyota Prius/Hilander, Lexus RX400h, Ford Escape

Bild 26-28 Unterscheidungen Hybridantriebe [22]

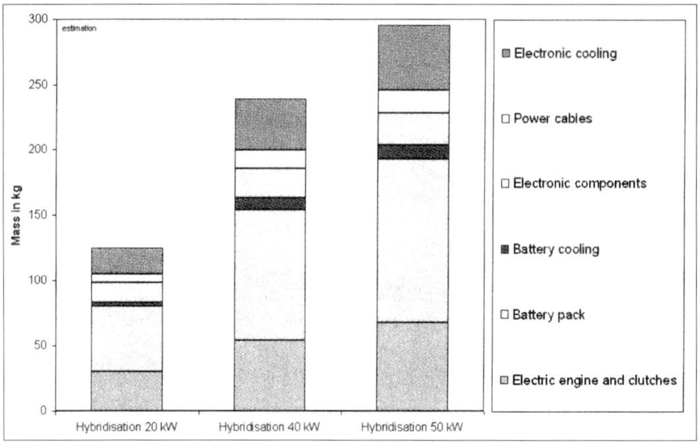

Bild 26-29 Gewichtsprognose und Hybridisierungsgrad [31]

gen Systemen ein Ladehub von nur 10 % der Nennkapazität nicht oder nur äußerst selten zu überschreiten. Der größte Teil des Zusatzgewichtes wird also in Form nicht nutzbarer Batterriekapazität im Fahrzeug verbaut und mindert somit den Verbrauchsvorteil erheblich.

In [26] wird ein aktuelles Hybridfahrzeug (Lexus RX400h) mit am Markt befindlichen Fahrzeugen mit konventionellem Antrieb, bezüglich des Kraftstoffverbrauches verglichen. Beim Hybridfahrzeug ist der Verbrennungsmotor über ein E-CVT Getriebe mit einem Generator verbunden. Dieser gibt seine Energie weiter an eine Power Control Unit (PCU), welche wiederum dann die Elektromotoren oder in entsprechenden Fällen die Batterie speist. Das Motordrehmoment wird permanent in einem Verhältnis von 28 zu 72 % (Generator/Fahrzeug) aufgeteilt. Dadurch werden permanent 28 % der erzeugten Leistung des Verbrennungsmotors mit drei Wirkungsgraden beaufschlagt ($\eta_{Generator}$, η_{PCU}, $\eta_{Elektromotor}$). Diese Multiplikation von drei einzelnen Wirkungsgraden führt zwangsläufig zu einem schlechten Gesamtwirkungsgrad.

Nach [26] kann der reale Fahrbetrieb von Hybridfahrzeugen in drei Phasen unterteilt werden. Im ersten Bereich, bis circa 60 km/h wird der Verbrennungsmotor zyklisch betrieben, die Generatordrehzahl ist relativ niedrig und der Wirkungsgrad des E-CVT Getriebes ist hoch. Dadurch ist ein deutlicher Verbrauchsvorteil gegeben. Allerdings kommt es bei hochdynamischer Fahrweise mit höheren Mitteldruckanforderungen sehr schnell zu einer Betriebspunktverschiebung in Gebiete mit schlechtem Wirkungsgrad. Im Fahrbetrieb auf Landstraßen und Autobahnen, also im Geschwindigkeitsbereich von 60 bis 150 km/h, ist durch Optimierung des Verbrennungsmotors sowie spezielle Betriebsstrategien des Hybridsystems ein leichter Verbrauchsvorteil vorhanden. In diesem Bereich wurde das System so ausgelegt, dass der Generator stillsteht. Dadurch ist der Fluss über den elektrischen Pfad nahezu Null, einen konstanten Fahrbetrieb vorausgesetzt. Auch in dieser Phase gilt eine sanfte Fahrweise als verbrauchsoptimal. Bei hochdynamischem Fahrbetrieb steigt jedoch der Kraftstoffverbrauch gegenüber konventionellen Antrieben überproportional an. Bei konstanten Geschwindigkeiten über 150 km/h bietet das Hybridsystem keine Vorteile. Die Verluste steigen merklich an und verschieben den Verbrauch in Regionen, die deutlich über denen konventioneller Antriebe liegen. Die Einsparpotentiale der einzelnen Subsysteme des Hybridantriebes können **Bild 26-30** entnommen werden.

Dabei ist deutlich erkennbar, dass der größte Benefit durch die Betriebspunktverschiebung des Verbrennungsmotors und nicht durch Rekuperation erreicht wird.

Aktuelle Entwicklungen deuten darauf hin, dass Hybridsysteme mit kleinen, hochaufgeladenen Verbrennungsmotoren die größten Verbrauchspotenziale bieten. Bei solchen Systemen kann der Verbrennungsmotor in großen Fahrzeitanteilen in seinem Bestpunkt hinsichtlich des spezifischen Kraftstoffverbrauches betrieben werden und dadurch insbesondere den aus dem Zusatzgewicht resultierenden Verbrauchsnachteil überkompensieren. Diese Systeme werden Range-Extender genannt. Der Verbrennungsmotor hat dabei die Aufgabe, die Batterie zu laden und wird nicht zur Bereitstellung von Fahrleistung benutzt.

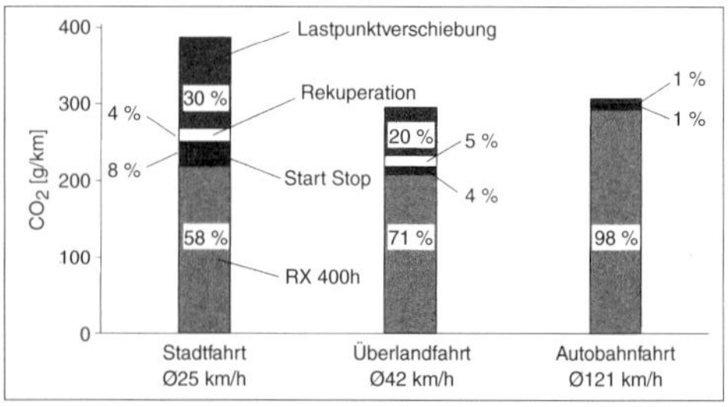

Bild 26-30 Kraftstoffeinsparpotentiale Hybridantrieb Lexus RX 400h nach [26]

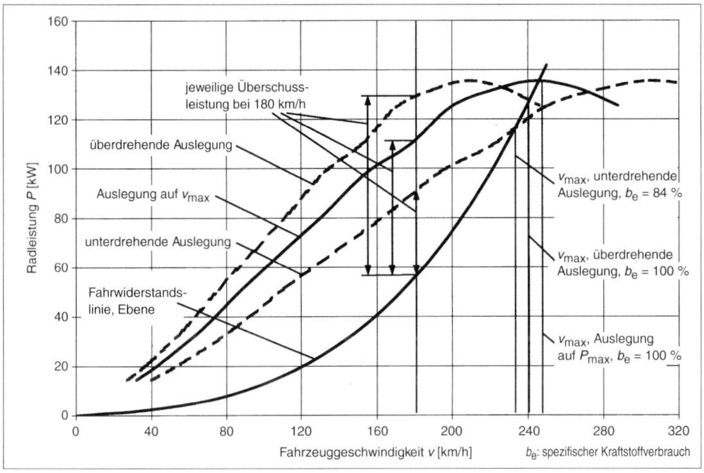

Bild 26-31 Unterschiedliche Auslegung der Gesamtübersetzung im größten Gang

26.3 Getriebeübersetzungen

Getriebeübersetzungen findet man im Antriebsstrang einerseits im Schaltgetriebe, wo die einzelnen Gangübersetzungen durch den Fahrer manuell oder durch eine Automatik geschaltet werden und andererseits im Achsgetriebe (Ausgleichgetriebe), welches ein festes Übersetzungsverhältnis aufweist. Für die Gesamtübersetzung vom Motor zum Rad sind demnach wirksam:

- Gangübersetzung im gewählten Gang i_{Gi}
- Achsgetriebeübersetzung i_D

Damit wird die Gesamtübersetzung des Antriebsstranges im eingelegten Gang *i*:

$$i_A = i_{\mathrm{Gi}} \cdot i_D$$

26.3.1 Auswahl des direkten Ganges

Das Drehmoment des Verbrennungsmotors wird über das Stufengetriebe mit den einzelnen Gangübersetzungen und der Übersetzung des nachgeschalteten Achsgetriebes entsprechend dem Zugkraftbedarf an den Antriebsrädern gewandelt. Bei Motoren mit Stirnradgetrieben hat man die Möglichkeit, einen der Gänge direkt (Übersetzung = 1 : 1) auszulegen (gleichachsiges Getriebe). Da bei diesem direkten Durchtrieb kein Zahnradpaar unter Last im Eingriff steht, ist hier ein hoher Getriebewirkungsgrad gegeben. Um diesen Verbrauchsvorteil voll zu nutzen, wählt man für die direkte Übersetzung den im Fahrbetrieb häufigst benutzten Gang aus. Bei Pkw ist dies in der Regel der höchste Gang, welcher einen Laufzeitanteil von über 80 % erreichen kann. In den unteren Gängen liegt der Getriebewirkungsgrad bei 95 % bis 96 %, während im direkten Gang ein Wirkungsgrad von 98 % anliegt.
Die erforderliche Gesamtübersetzung in diesem reibungsarmen Gang übernimmt dann das Achsgetriebe.

26.3.2 Auswahl der Gesamtübersetzung im größten Gang

Die kleinste Übersetzung des Antriebsstranges ($i_{\mathrm{Gi_{max}}} \cdot i_D$) beeinflusst die erreichbare Höchstgeschwindigkeit, die Überschusskraft und somit die Agilität des Fahrzeuges, aber auch den Kraftstoffverbrauch, die Geräuschemission und den Motorverschleiß. Die Auslegung der Gesamtübersetzung ist stark von der Philosophie des Fahrzeugherstellers abhängig und es kann somit keine generelle Abstimmungsempfehlung gegeben werden.
Grundsätzlich hat man drei Möglichkeiten der Auslegung, welche in **Bild 26-31** dargestellt sind.

26.3.2.1 Auslegung auf maximale Höchstgeschwindigkeit

Hierbei wird die Gesamtübersetzung so gewählt, dass sich die Fahrwiderstandslinie in der Ebene (Radwiderstand + Luftwiderstand) mit der maximalen Radantriebsleistung schneidet. Nur bei dieser Auslegung wird die maximal mögliche Höchstgeschwindigkeit des Fahrzeuges erreicht. Der Motor dreht bei diesem Betriebspunkt mit Nenndrehzahl.

26.3.2.2 Überdrehende Auslegung

Die Gesamtübersetzung des Antriebsstranges ist in diesem Fall größer als bei der Auslegung auf maximale Höchstgeschwindigkeit. Der Schnittpunkt der Radantriebsleistung mit der Fahrwiderstandslinie der Ebene liegt nach dem Leistungsmaximum, also bei entsprechend hoher Motordrehzahl. Dieses hohe Motordrehzahlniveau führt zu einem höheren Kraftstoffverbrauch (vergleiche **Bild 26-31**). Die maximal mögliche Höchstgeschwindigkeit wird mit dieser kurzen Übersetzung nicht erreicht, jedoch steht unterhalb der Höchstgeschwindigkeit eine hohe Überschussleistung am Rad zur Verfügung, die für die Überwindung zu

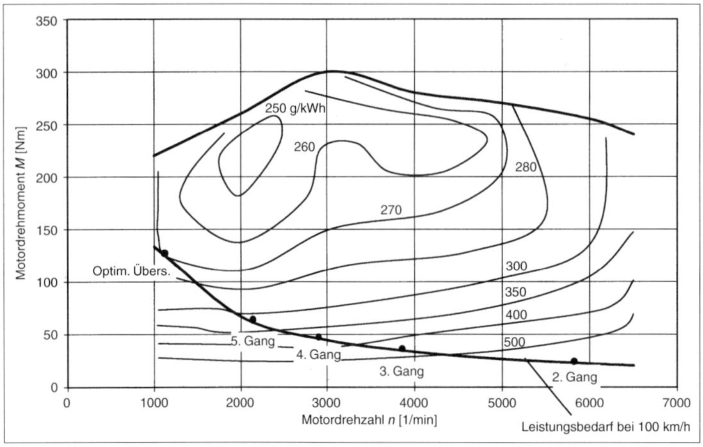

Bild 26-32 Verbrauchskennfeld und Einfluss des gewählten Ganges bei Konstantfahrt

sätzlicher Fahrwiderstände genutzt werden kann. Diese hohe Überschussleistung ergibt ein sehr agiles Fahrzeug.

26.3.2.3 Unterdrehende Auslegung

Die Gesamtübersetzung ist hierbei kleiner als bei der Auslegung auf maximale Höchstgeschwindigkeit. Der Schnittpunkt der Radleistung mit der Fahrwiderstandslinie liegt unterhalb der Drehzahl der maximalen Antriebsleistung. Die Motordrehzahl ist hierbei geringer als bei den beiden anderen Auslegungsarten und sorgt so für Motorbetriebspunkte mit günstigem Kraftstoffverbrauch. Die maximal mögliche Höchstgeschwindigkeit wird auch bei dieser Auslegung nicht erreicht und die Überschussleistung bei niedrigeren Geschwindigkeiten ist gering, wodurch das Fahrzeug nicht so spontan auf Lastsprünge reagiert.
Ist eine sehr stark unterdrehende Auslegung gewählt, so wird bei steigendem Fahrwiderstand zurückgeschaltet, weil die zur Verfügung stehende Überschussleistung nicht ausreicht. Durch diese Fahrweise wird der Verbrauchsvorteil der unterdrehenden Auslegung durch das Herunterschalten aufgegeben.
Zwischen der in **Bild 26-31** dargestellten sehr kurzen und sehr langen Übersetzung im größten Gang ergibt sich bei der jeweiligen Höchstgeschwindigkeit ein Vorteil im spezifischen Kraftstoffverbrauch von 16 % zugunsten der stark unterdrehenden Auslegung.

26.3.2.4 Wahl des verbrauchsgünstigsten Ganges

Soll die Motorleistung voll ausgenutzt werden, wie bei einer Fahrt mit Höchstgeschwindigkeit oder voller Beschleunigung mit vollem Ausdrehen der einzelnen Gänge, hat man natürlich keine freie Wahl der Gänge. Anders ist dies bei einer Fahrt im Teillastgebiet. Hier kann eine benötigte Antriebsleistung in mehreren der vorhandenen Gänge bereitgestellt werden. Dann hat der Fahrer beziehungsweise die Getriebesteuerung des Automaten die Wahl, den verbrauchsgünstigsten Gang auszuwählen, ohne bei Konstantfahrt Nachteile in Kauf nehmen zu müssen.
Betrachtet man das Verbrauchskennfeld eines Verbrennungsmotors (**Bild 26-32**), so erkennt man, dass es nur einen Betriebspunkt gibt, in dem der Motor seinen besten spezifischen Verbrauch hat. Der Bestpunkt liegt immer bei hoher Last und mittleren bis kleineren Drehzahlen. Je weiter man sich in diesem Kennfeld von diesem Punkt entfernt, desto höher wird der spezifische Verbrauch. Hat man die freie Wahl der Gänge, so ist immer der höchstmögliche Gang zu wählen, damit die Motorlast groß wird und keine zu hohen Drehzahlen gefahren werden. Dieses ist an einem Beispiel in **Bild 26-32** dargestellt.
In dem Verbrauchskennfeld wurde eine Linie konstanter Leistung eingezeichnet, wie sie etwa für eine Fahrgeschwindigkeit von 100 km/h vom Fahrzeug gefordert wird. Diese Fahrleistung kann der Motor in den Gängen 2 bis 5 bereitstellen. Mann erkennt, dass mit höherer Gangwahl der Motor in Bereiche von Linien mit niedrigerem spezifischem Verbrauch kommt. So verschlechtert sich der Verbrauch bei konst. 100 km/h um 60 %, wenn anstatt im 5. Gang im 2. Gang gefahren wird. Der verbrauchsgünstigste Fall wäre, wenn die Gesamtübersetzung bei dieser Fahrgeschwindigkeit so gewählt werden könnte, dass der Motor mit einer Drehzahl von 1.100 bis 1.200 min^{-1} betrieben würde. Wäre dieses der Fall, so würde im Vergleich zur Fahrt im 5. Gang nochmals eine Verbrauchseinsparung von 15 % möglich sein.
Je mehr Gänge zur Verfügung stehen, desto besser kann man das Betriebsoptimum des Motors für den jeweiligen Leistungsbedarf anvisieren. Sehr gut ist dies mit einem vollvariablen Getriebe möglich, wobei die Wahl der Übersetzung einer Elektronik überlassen wird. In diesem Falle könnte für obige 100 km/h-Fahrt in **Bild 26-32** der optimale Betriebspunkt eingestellt und der angegebene Verbrauchsvorteil ausgenutzt werden.

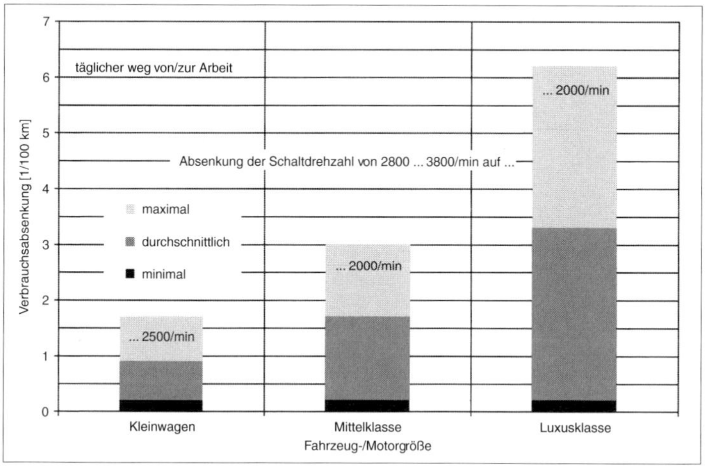

Bild 26-33 Verbrauchseinsparung durch Absenkung der Schaltdrehzahlen. Nach [11]

26.4 Fahrerverhalten

Aus den Kennfeldern für spezifischen Verbrauch über Drehmoment und Drehzahl ist bekannt, dass Verbrennungsmotoren nur in einem engen Bereich des gesamten Kennfeldes den besten Wirkungsgrad entwickeln. Dieser Bereich liegt, je nach Motorauslegung, bei niedriger bis mittlerer Drehzahl und hoher Last. In diesem Bereich sollte sich der Fahrer bewegen. Das bedeutet:

- Bei der niedrigst möglichen Drehzahl hochschalten
- Mit hoher Last bei niedrigen Drehzahlen beschleunigen (keine Volllast bei aufgeladenen Motoren)
- Gleichmäßig im größtmöglichen Gang, vorausschauend fahren, Bremsen vermeiden
- Nur 70 ... 80 % der Fahrzeughöchstgeschwindigkeit nutzen
- Bei längeren Leerlaufphasen Motor abstellen (ab 20 sec sinnvoll).

Im **Bild 26-33** sind die Einsparpotentiale durch niedrige Schaltdrehzahlen im täglichen Berufsverkehr dargestellt.

Durch eine bei betriebswarmem Motor aktive Stop/Start-Automatik lässt sich der Verbrauch weiter absenken. Seriensysteme existieren seit mehreren Jahren und werden in einer immer breiteren Fahrzeugpalette eingesetzt. Dabei werden nach [32] im NEFZ in der Stadtphase 8 % und in der Überlandphase 4 % Verbrauchsvorteil erzielt. Zukünftig wird der Einsatz des Integrierten Kurbelwellen-Starter-Gene-rators eine breitere Anwendung von Stop/Start-Automatiken ermöglichen.

In der Warmlaufphase ist der Kraftstoffverbrauch aufgrund der hohen Reibleistung durch kaltes Schmieröl und durch die niedrigen Bauteiltemperaturen besonders hoch. Zusätzlich wird der Kraftstoffverbrauch erhöht durch Anfettung zur Erhöhung des Fahrkomforts (Ruckeln, Gasannahme) und durch Heizstrategien zur Katalysatorerwärmung wie Spätzündung beim Ottomotor.

Die Erhöhung des Kraftstoffverbrauches in der Warmlaufphase gegenüber der Warmphase im NEFZ beträgt je nach Starttemperatur 40 % ... 50 %!

Für das Fahrerverhalten bedeutet dies, möglichst auf Kaltstarts mit anschließender Kurzstrecke zu verzichten oder Motorvorwärmungssysteme zu verwenden.

Bei Betrachtung von **Bild 26-34** zeigt sich, dass sich der Fahrer eines Mittelklasse-Pkw am häufigsten bei niedrigen bis mittleren Drehzahlen und niedrigen Lasten aufhält. Je nach Temperament verschieben sich die Werte zu höheren Drehzahlen und hohen Lasten bis Volllast. Deutlich erkennbar ist, dass der NEFZ nur einen Bruchteil des wahren Fahrerverhaltens abbildet und somit nur eingeschränkte Aussagefähigkeit bzgl. des Kraftstoffverbrauches besitzt.

26.5 CO_2-Emissionen

Emissionen werden hinsichtlich ihres Ursprunges aufgeteilt. Natürliche Emissionsquellen sind zum Beispiel Fauna, Flora, Vulkane, Meere und Blitze. Die vom Menschen verursachten Emissionen (anthropogene Emissionen) entstehen beispielsweise durch Energieumwandlung, Industrie, Verkehr, Hausbrand und Abfallverbrennung.

Zu den lokal wirkenden Emissionen zählen die für das Fahrzeug reglementierten Schadstoffe wie Kohlenmonoxid (CO), Kohlenwasserstoffe (HC), Stickoxide (NO_x) und Partikel.

Global wirksam ist vor allem die Kohlendioxidemission (CO_2), welche neben anderen Treibhausgasen für die globale Erwärmung verantwortlich gemacht wird.

Die globale CO_2-Emission beträgt circa 800 Gt/Jahr und wird gemäß der Aufteilung in **Bild 26-35** verursacht. Etwa 3,5 % der gesamten CO_2-Emissionen

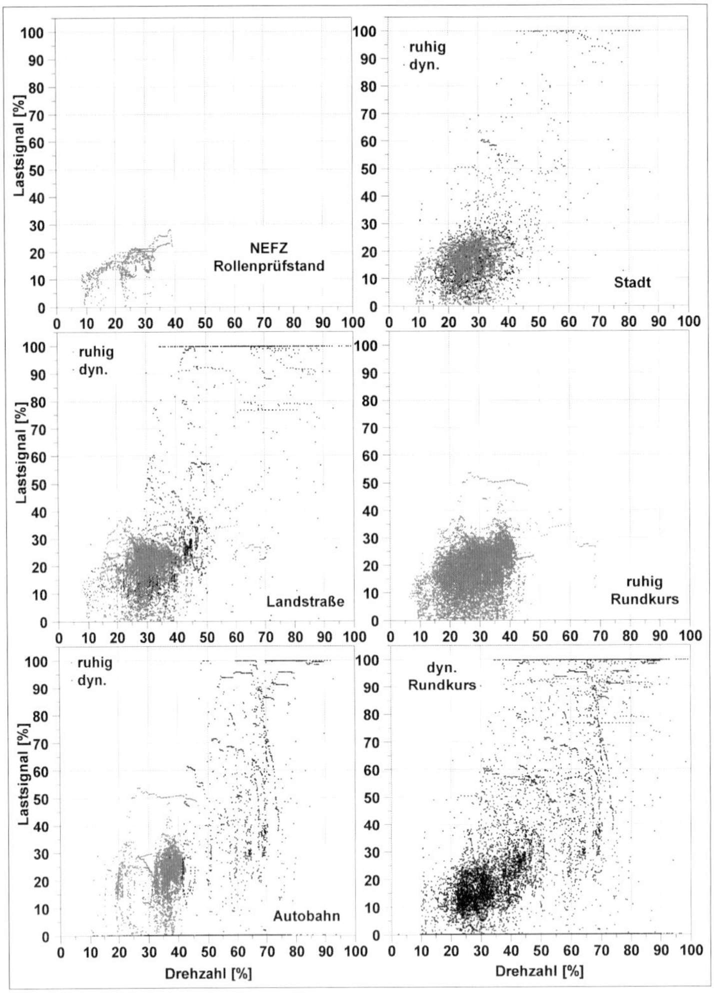

Bild 26-34 Häufigkeiten von Fahrpedalstellung und Motordrehzahl für verschiedene Fahrer und Strecken

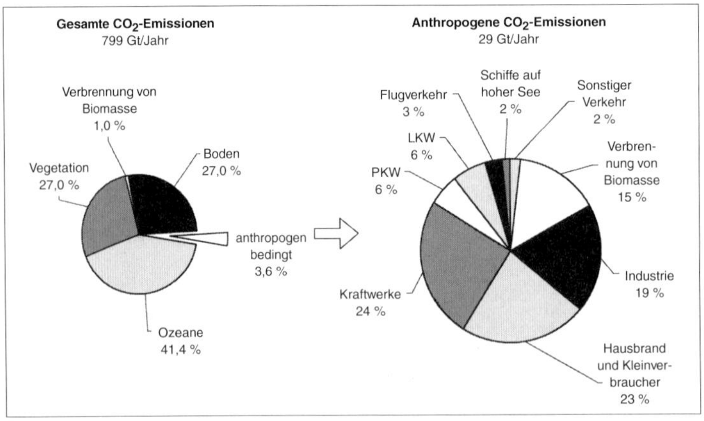

Bild 26-35 Globale CO_2-Emissionen pro Jahr und deren Verursacher [15]

haben eine antropogene Herkunft (circa 28 Gt/Jahr). Der Anteil des Straßenverkehrs an den antropogenen CO_2-Emissionen beträgt circa 11,5 %.

26.5.1 CO_2-Emission und Kraftstoffverbrauch

Die CO_2-Massenemission eines Fahrzeuges hängt direkt von seinem Kraftstoffverbrauch ab und kann nach [16] mit folgender Formel berechnet werden:

$$m_{CO_2} = \frac{0,85 m_{Kr} \cdot 0,429CO - 0,866HC}{0,273}$$

mit: m_{Kr} = Kraftstoffmasse, CO und HC Emissionsfaktoren für Kohlenmonoxid und nicht verbrannte Kohlenwasserstoffe

Damit trägt jede Maßnahme zur Verbrauchsreduzierung direkt zur Verringerung der CO_2-Emission bei. So bewirkt beispielsweise eine Gewichtsreduzierung eines Fahrzeuges von 1.500 kg auf 1.300 kg eine Verringerung der CO_2-Emission um circa 20 g/km.
Aus der oben angegebenen Gleichung ist erkennbar, dass die Kraftstoffzusammensetzung die CO_2-Emissionen beeinflusst. Der im Dieselkraftstoff höhere Kohlenstoffanteil, die größere Dichte und der niedrigere Heizwert führen bei gleichem Verbrauch zu höheren CO_2-Emissionen als bei Ottokraftstoff. Je 1 l/100 km Kraftstoffverbrauch emittiert ein Dieselfahrzeug 26,5 g/km CO_2, ein Fahrzeug mit Ottomotor 24 g/km CO_2.

26.5.2 Motorapplikationseinfluss auf die CO_2-Emission

Die limitierten Abgasemissionen eines Fahrzeugmotors sind unter anderem abhängig von den Applikationswerten wie Steuerzeiten, Zündzeitpunkt und dem Luftverhältnis λ. Auch die nicht limitierte CO_2-Emission zeigt eine Abhängigkeit von der Luftzahl gemäß **Bild 26-36**.

Das Maximum der CO_2-Emission wird beim stöchiometrischen Luft-Kraftstoffverhältnis ($\lambda = 1$) erreicht. Mit diesem Luftverhältnis laufen Ottomotoren, welche mit einem geregelten 3-Wege-Katalysator ausgerüstet sind. Zusätzlich entsteht aus der im Abgas enthaltenen CO-Emission nach entsprechend langer Verweildauer in der Umgebungsluft nachträglich CO_2, indem sich ein Teil des Kohlenmonoxides mit dem Lauftsauerstoff verbindet.

26.5.3 Entwicklung der globalen CO_2-Emission

Der deutsche Fahrzeugbestand lag im Jahr 2000 bei circa 45 Mio. Fahrzeugen. Die von diesen Fahrzeugen erbrachte Fahrleistung liegt bei etwa 650 Milliarden km/Jahr. Die Fahrleistung hat sich in den letzten 20 Jahren etwa verdoppelt. Mit der ständig steigenden Fahrleistung ging auch eine entsprechende Steigerung des Kraftstoffbedarfes und der CO_2-Emission einher (vergleiche **Bild 26-37**).
In [15] wird prognostiziert, dass zukünftig trotz steigender Fahrleistung der gesamte Kraftstoffbedarf und somit die CO_2-Emission abnimmt. Diese Erwartung stützt sich darauf, dass die Reduzierung von Kraftstoffverbrauch in der Automobilindustrie zu den höchsten Entwicklungszielen zählt. Man erkennt dies an Entwicklungen wie direkteinspritzenden Ottomotoren, vollvariablen Ventiltrieben, direkteinspritzenden Dieselmotoren und dem Leichtbau.
Bei Verwendung von Wasserstoff als Kraftstoff würde keine CO_2-Emission entstehen. Wasserstoff ist aus Solar- oder Kernkraft beziehungsweise aus Biomasse herstellbar.
Bei sogenannten geschlossenen Kreisläufen werden aus Biomasse Alkohole gewonnen, welche den Treibstoff für den Fahrzeugmotor bilden. Die bei der Verbrennung der Alkohole entstehende CO_2-Emission wird von der Biomasse während des Wachstums unter Einwirkung der Sonnenenergie wieder abge-

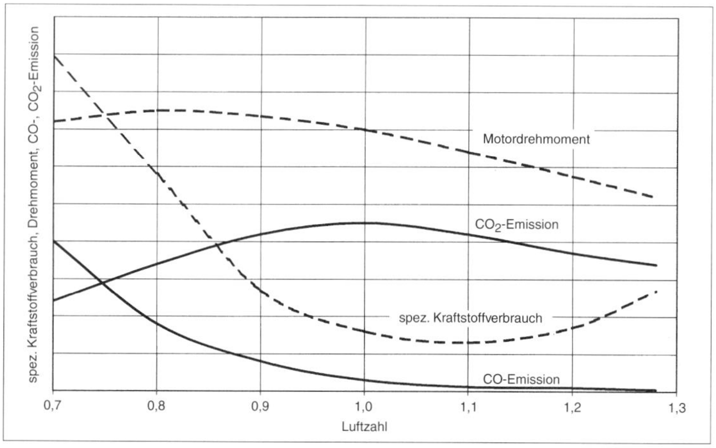

Bild 26-36 CO_2-Konzentration, Motordrehmoment und spez. Kraftstoffverbrauch über dem Luftverhältnis

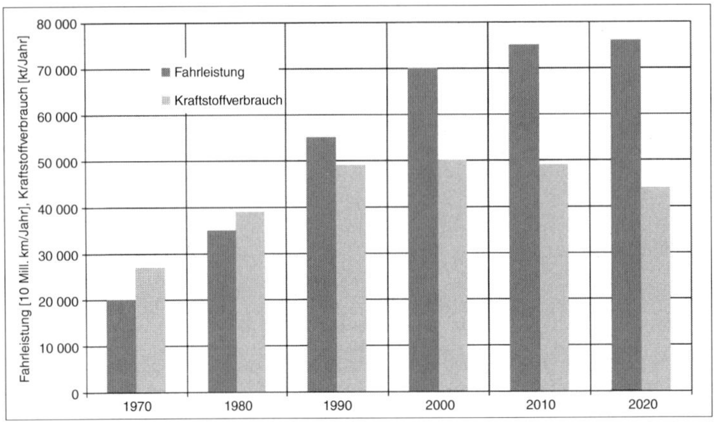

Bild 26-37 Fahrleistung und Kraftstoffverbrauch von Pkw und Nfz in Deutschland von 1970–2020

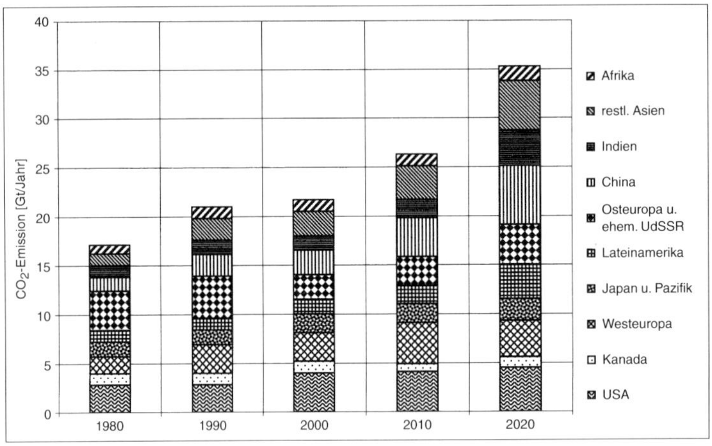

Bild 26-38 Globale CO_2-Emission durch Verbrennung fossiler Brennstoffe [15]

baut. Nicht zu vergessen ist bei diesen sogenannten geschlossenen Kreisläufen die beachtliche Energie und die Belastung des Bodens, die zur Erzeugung der Biomasse eingebracht werden.

Die weiter wachsende Weltbevölkerung und die zunehmende Industrialisierung in Ländern wie China und Indien sorgt für die globale Zunahme der CO_2-Emisson, die nicht durch eine Reduzierung der CO_2-Emission der heutigen Industriestaaten kompensiert werden kann (vergleiche **Bild 26-38**).

Literatur

[1] Bundesministerium für Verkehr, Bau- und Wohnungswesen, Verkehr in Zahlen 2004/05, Deutscher Verkehrsverlag Hamburg, 2005

[2] *Breass/Seiffert (Hrsg.):* Vieweg Handbuch Kraftfahrzeugtechnik, Wiesbaden: Vieweg Verlag, 2007

[3] 20. Internationales Wiener Motorensymposium, VDI-Verlag, Düsseldorf 1999

[4] *Hucho, W. H. (Hrsg.):* Aerodynamik des Automobils, 5. Aufl. Wiesbaden: Vieweg Verlag, 2005

[5] Kraftfahrwesen und Verbrennungsmotoren, 4. Internationales Stuttgarter Symposium, Expert Verlag, Renningen 2001

[6] *Essers, U. (Hrsg.):* Dieselmotorentechnik 98, Expert Verlag, Renningen 1998

[7] *Carstensen, H.:* Systematische Untersuchung der Konstruktions- und Betriebsparameter eines Zweiventilmagermotors auf Kraftstoffverbrauch, Schadstoffemission und Maximalleistung

[8] MTZ Motortechnische Zeitschrift 3/2000, Friedrich Vieweg & Sohn Verlagsgesellschaft mbH, Wiesbaden 2000

[9] 18. Internationales Wiener Motorensymposium, VDI-Verlag GmbH, Düsseldorf 1997

[10] *Robert Bosch GmbH (Hrsg.):* Ottomotor-Management,. Wiesbaden: Vieweg Verlag, 2005

[11] *Aral AG (Hrsg.):* Kraftstoffe für Straßenfahrzeuge, Fachreihe Forschung und Technik, 1998

[12] MTZ 11/97, Kurbeltrieb für variable Verdichtung, Verlag Vieweg, Wiesbaden

[13] *Fortnagel, M.; Doll, G.; Kollmann, K.; Weining, H. K.:* Aus Acht macht Vier Die neuen V8-Motoren mit 4,3 und 5 l Hubraum, ATZ/MTZ Jahresband 1998, Verlag Vieweg, Wiesbaden

[14] *Fortnagel, M; Schommers, J; Clauß, R.; Glück, R.; Nöll, R.; Reckzügel, C. H.; Treyz, W.:* Der neue Mercedes-Benz-Zwölfzylindermotor mit Zylinderabschaltung, MTZ 5/6/2000, Verlag Vieweg, Wiesbaden

[15] VDI-Bericht: Das Auto und die Umwelt, http://www.ivk.tu.wien.ac.at

[16] *Abthoff, J.; Noller, C.; Schuster, H.:* Möglichkeiten zur Reduzierung der Schadstoffe von Ottomotoren, Fachbibliothek Daimler-Benz, 1983

[17] MTZ Motortechnische Zeitschrift, Sonderheft 25 Jahre Dieselmotoren von Volkswagen, 5/2001, Friedrich Vieweg & Sohn Verlagsgesellschaft mbH, Wiesbaden 2001

[18] 14. Aachener Colloquium „Fahrzeug- u. Motorentechnik", IKA Aachen, 2005

[19] *Wallentowitz, H.; Neunzig, D.*: „Reduzierung der Schadstoffbelastunug"; IKA Aachen

[20] *Krebs, R.; Szengel, R.; Middendorf, H.; Fleiß, M.; Laumann, A.; Voeltz, S.*: „Neuer Ottomotor mit Direkteinspritzung und Doppelaufladung von Volkswagen Teil 1: Konstruktive Gestaltung"; MTZ Motortechnische Zeitschrift 11/2005, S. 844–856 Friedrich Vieweg & Sohn Verlagsgesellschaft mbH, Wiesbaden 2005

[21] FEV Spectrum, Ausgabe 12, August 1999, FEV Motortechnik GmbH Aachen

[22] *Blumenröder, K.; Buschmann, G.; von Essen, C.; Mehler, O.; Voß, B.*: MTZ Motortechnische Zeitschrift, Sonderheft „Antriebe mit Zukunft", „Der Hybridantrieb – eine Technikoffensive"; 10/2005, S. 27–29, Friedrich Vieweg & Sohn Verlagsgesellschaft mbH, Wiesbaden 2005

[23] Webseite www.behr.de/produkte/fahrzeug/klimatipps Stand: 04.08.2006

[24] Webseite www.borg-warner.com Stand: 22.08.2006

[25] VDIK eV; Geschäftsbericht Umwelt; 2006

[26] *Hohenberg, G.; Indra, F.*: „Theorie und Praxis des Hybridantriebs am Beispiel des Lexus RX 400h"; VDI-Bericht: 27. Internationales Wiener Motorensymposium, 27.–28. April 2006, Band 1, VDI – Verlag, Düsseldorf 2006

[27] Webseite www.bmw.de Stand: 29. 08. 2006

[28] MTZ Motortechnische Zeitschrift, 12/2003, Friedrich Vieweg & Sohn Verlagsgesellschaft mbH, Wiesbaden 2003

[29] *Borrmann, D.; Davies, M.; Friedfeldt, R.; Philips, P.; Pingen, B.; Wirth, M.; Zimmermann, D.*: MTZ Motortechnische Zeitschrift, Sonderheft „Antriebe mit Zukunft", „Downsizing – Konzepte auf der Basis strahlgeführter DI – Brennverfahren"; 10/2005, S. 20–25, Friedrich Vieweg & Sohn Verlagsgesellschaft mbH, Wiesbaden 2005

[30] *Golloch, Rainer:* Downsizing bei Verbrennungsmotoren; Springer-Verlag, Berlin Heidelberg; 2005

[31] 28. Internationales Wiener Motorensymposium, VDI-Verlag, Düsseldorf 2007

[32] *Wolf-Heinrich Hucho:* Luftwiderstand kostet Treibstoff; VDI Nachrichten 30.01.2008

[33] *Morelli A.; Di Giusto, N.*: A New Step in Automobile Aerodynamics – Performance Improvements and Design Implications, International Conference Vehicles and System Progress; Ed. The Ministry of General and Professional Education, Volgograd, Russia 1999

[34] *Reissing, J.*: Spektroskopische Untersuchung an einem Ottomotor mit Benzin-Direkteinspritzung; Dissertation, Universität Karlsruhe (TH)

[35] *Briesemenn, Sven:* Diplomarbeit am Lehrstuhl Fahrzeugtechnik & -antriebe, TU Cottbus 2003

[36] www.autobild.de/artikel/oeco-reifen.html

27 Geräuschemissionen

Wer jemals ein Fahrzeug mit starr verschraubtem Motor oder ein Ansauggeräusch ohne Schalldämpfer erleben durfte – ganz zu schweigen vom „nackten" Auspuffgeräusch –, der wird kaum Zweifel daran haben, dass aus den vielen Gebieten der Fahrzeugakustik die Motorakustik der erste und lange Zeit wichtigste Zweig war. Komfortansprüche der Insassen und Selbstschutzansprüche der Passanten – vertreten durch die Gesetzgebung – haben denn auch eine motorakustische Entwicklung vorangetrieben, die heute trotz enorm gestiegener Leistungen der Motoren auf einem sehr hohen Niveau ist. So wundert sich kaum noch jemand, wenn er im Leerlauf auf den Drehzahlmesser schauen muss, um festzustellen, ob der Fahrzeugmotor läuft. Im Fahrbetrieb ist das Motorgeräusch soweit zurückgedrängt, dass andere Geräuschquellen wie Roll- und Windgeräusche ebenbürtig, wenn nicht dominant werden. Ein weiteres Zeichen für eine gut beherrschte Motorakustik ist die Tatsache, dass man sich nun schon seit langen Jahren über sogenanntes Sound-Design Gedanken machen „darf".

Konzentrierten sich die ursprünglichen Aufgaben der Motorakustiker auf die Bekämpfung der elementaren Außengeräusch- und Schwingungskomfortprobleme durch Verbesserung der Schalldämpfer, des innermotorischen Massenausgleichs und der elastischen Lagerung, so ist das Gebiet der Motorakustik heute deutlich vielfältiger. Dies betrifft sowohl die Art der Geräuschquellen – Stichworte: Sekundärabstrahlung, Generatorgeräusche, Steuertriebsgeräusche – als auch die Arbeitsmethoden der Ingenieure – Stichworte: Transferpfadanalyse, Schallintensitätsmessung, Holographie, Vibrometrie, Kunstkopftechnik, FEM, BEM, SEA. Zusammen mit der Vielzahl der nicht-akustischen Anforderungen (Kraftstoffverbrauch, Emissionen, Wärmehaushalt, Kosten, Package etc.) führt dies zu einer Komplexität, die sich innerhalb der Herstellerhäuser durch entsprechend große Arbeitsgruppen und bei den Zulieferern durch einen hohen Grad der Spezialisierung äußert. Man denke hierbei etwa an Komponenten wie Abgasanlagen, Kapselteile, Motorlager oder Mehrmassenschwungräder.

Alle diese Zweige arbeiten aber auf Basis derselben physikalischen Grundlagen und Methoden und benutzen dieselben Grundbegriffe der physikalischen Akustik und der Psychoakustik. Die wesentlichen Grundbegriffe sind daher im folgenden Abschnitt zusammengefasst, bevor im Weiteren auf Einzelthemen eingegangen wird. Eine kurze Erläuterung gängiger Analysemethoden findet sich in Abschnitt 27.7.

27.1 Physikalische Grundlagen und Begriffe

Auch wenn das Wort „Motorakustik" dies nicht unmittelbar deutlich macht, geht es dabei nicht ausschließlich um „hörbare" Phänomene sondern auch um die von den Insassen spürbaren Vibrationen, die, wie etwa beim sogenannten Leerlaufschütteln, auch recht niederfrequent sein können. Der sogenannte Körperschall ist aber auch deswegen wichtig, weil die wenigsten Geräusche direkt als Luftschall erzeugt werden (wie zum Beispiel Abgasmündungsschall) sondern zunächst als Festkörperschwingung generiert und dann von schwingenden Oberflächen abgestrahlt werden (zum Beispiel Massenkräfte, Gaskräfte, Verzahnungskräfte) und/oder auf ihrem Weg in den Fahrzeuginnenraum die Karosseriewand in Form von Körperschall passieren müssen. Denkt man zum Beispiel an das Kolbenkippgeräusch, so hat dieses auf seinem Übertragungsweg zum Teil auch noch eine kurze Strecke in Form von Flüssigkeitsschall (bei flüssigkeitsgekühlten Motoren) zurückzulegen. Da Flüssigkeiten wie Gase keine Schubspannungen aufnehmen können, bildet dieser Schritt eine erhebliches Hindernis für die Schallausbreitung. Ein wesentlicher Unterschied zum Luftschall liegt aber in der erheblich höheren Schallkennimpedanz (Wellenwiderstand), die eine deutlich bessere Ankopplung an den Körperschall senkrecht zur Oberfläche bedeutet und unter anderem zur Folge hat, dass auf Grund der deutlichen Wechselwirkungen Körperschall und Flüssigkeitsschall nicht mehr getrennt behandelt werden können.

Die verbreitetste Größe zur Beschreibung des Körperschalls ist die Beschleunigung, die vor allem wegen ihrer relativ einfachen Messbarkeit „beliebt" ist. Dabei ist jedoch zu beachten, dass es sich im Gegensatz etwa zum Luftschalldruck um eine richtungsbezogene Größe handelt, was oft bedeutet, dass an einem Punkt in drei Richtungen gemessen wird. Im Allgemeinen ist die Erfassung von Körperschall wesentlich aufwändiger und vielfältiger als die von Luftschall, da Festkörper auf Grund ihrer Fähigkeit, auch Schubspannungen aufzunehmen, viele verschiedene Ausbreitungsformen von Schallwellen ausbilden (auch gleichzeitig). Als Beispiele seien genannt: Dehnwellen (Ventilschaft); Biegewellen (Ölwanne); Torsionswellen (Kurbelwelle, Nockenwelle). Auf Grund der Forderung, das Schwingungssystem nicht zu beeinflussen, wegen beengter Platzverhältnisse oder sonstiger einschränkender Randbedingungen (Temperatur, Druck, Dichtheit etc.), vor allem aber aus dem Wunsch heraus, etwas über die herrschenden Kräfte zu erfahren, werden neben der Beschleunigung diverse andere Messgrößen herangezogen, wie etwa die berührungslose Wegmessung (drehende oder dünnwandige Teile) oder die Messung von Dehnungen (Kurbelgehäuse), Druckverteilungen (Lagersitze) oder Kräften (Motorlager). Insbesondere bei der Motor- und Antriebsstrangakustik ist eine weitere physikalische Erscheinung von großer Bedeutung, nämlich die Drehschwingung. Basismessgröße ist hier meist die Winkelgeschwindigkeit, die man aus diskreten Winkelimpulsen (Zahnräder, Inkrementalgeber) ermittelt. Hieraus lässt sich dann die Drehbeschleunigung bei Bedarf durch Differentiation ermitteln.

Die Erfassung und Quantifizierung des Luftschalls, sowohl im Innenraum als auch beim Außengeräusch ist im Vergleich zum Körperschall zunächst relativ einfach, da man selten Platz- oder Temperaturprobleme vorfindet und die für das menschliche Gehör relevante Größe, nämlich den Schalldruck, unmittelbar mit Hilfe von Mikrofonen messen kann. Mit Schalldruck p wird dabei die Amplitude der Druckschwankung um den statischen Luftdruck herum bezeichnet, wobei Wechseldruckamplituden von beispielsweise 3 Pa bereits als sehr laut empfunden werden (zum Vergleich 1 bar = 10^5 Pa). Während zur Beschreibung der Luftschallimmission der Schalldruck im Allgemeinen ausreicht, ist die geeignete Größe zur Quantifizierung der Luftschallemission (Aussendung) die Schallleistung P. Sie ist die durch eine gedachte Hüllfläche hindurchtretende gesamte Leistung der Schallwellen und berechnet sich aus dem Integral der Schallintensität I über die Hüllfläche s:

$$P = \int_s \boldsymbol{I} \cdot \mathrm{d}\boldsymbol{s} \,. \tag{27.1}$$

Die Schallintensität repräsentiert den mittleren Leistungstransport pro Flächeneinheit. Sie ist eine Vektorgröße, die parallel zum Vektor der Schallschnelle $\boldsymbol{v}$ gerichtet ist und berechnet sich aus

$$\boldsymbol{I} = \overline{p(t) \cdot \boldsymbol{v}(t)} \tag{27.2}$$

(Zeitbereichsmittelung) beziehungsweise aus

$$\boldsymbol{I} = \tfrac{1}{2} \cdot \mathrm{Re}\left\{\tilde{p}\tilde{\boldsymbol{v}}^*\right\} \tag{27.3}$$

(Frequenzbereich) analog zur mechanischen Leistung $P = Fv$. Die Schallschnelle ist dabei die Geschwindigkeit der lokalen Schwingbewegung der Luftteilchen. Den Vektorcharakter der Schallintensität macht man sich messtechnisch bei der Ortung von Quellen in komplizierten Schallfeldern sowie bei der Schallleistlungsmessung zu Nutze, die damit auch in reflektierender Umgebung möglich wird.

Die Auswertung der Schallsignale erfolgt im Wesentlichen unter zwei Gesichtspunkten. Zum einen ist dies eine möglichst gute Bewertung hinsichtlich des subjektiven Empfindens des Menschen (wir beschränken uns dabei auf den Luftschall), zum anderen hinsichtlich möglichst effizienter Informationsextraktion über die Geräuschentstehung und den Übertragungsweg.

Bezüglich des subjektiven Empfindens ist zunächst zu berücksichtigen, dass das menschliche Gehör in der Lage ist, Schalldrücke in einem Größenordnungsbereich von einigen Zehnerpotenzen zu erfassen. Daher hat sich in der Akustik die Pegeldarstellung in einer logarithmischen dB-Skala eingebürgert und zwar nicht nur für den Schalldruck (SPL = Sound pressure level), sondern zum Beispiel auch für Körperschallgrößen, wobei immer eine zur Energie proportionale Größe definiert wird:

$$L_x = 10 \cdot \log_{10} \cdot \left(\frac{x^2}{x_0^2}\right) \mathrm{dB} = 20 \cdot \log_{10} \cdot \left(\frac{x}{x_0}\right) \mathrm{dB} \quad \text{bzw.}$$

$$L_X = 10 \cdot \log_{10} \cdot \left(\frac{X}{X_0}\right) \mathrm{dB}\,, \tag{27.4}$$

wobei x eine Feldgröße (zum Beispiel Schalldruck, Beschleunigung) und X eine Energiegröße (zum Beispiel Schallintensität, Schallleistung) ist und x_0 beziehungsweise X_0 deren Bezugsgrößen sind. Für den Schalldruck ist $p_0 = 2 \cdot 10^{-5}$ Pa (Effektivwert), für die Schallleistlung $P_0 = 10^{-12}$ W und für die Schallintensität $I_0 = 10^{-12}$ W m^{-2}.

Das menschliche Gehör arbeitet nicht nur nichtlinear sondern auch frequenzabhängig, das heißt seine Empfindlichkeit nimmt zu tiefen und sehr hohen Frequenzen hin deutlich ab. Dabei ist der Schwankungsbereich umso größer, je geringer der absolute Schalldruck ist. Die verschiedenen Frequenzanteile werden daher vereinfacht mit festgelegten Bewertungskurven (DIN IEC 651, Kurve A für geringe, B für mittlere und C für hohe Lautstärken) gewichtet, bevor sie zu einem Gesamtpegel zusammengefasst werden, der dann entsprechend gekennzeichnet wird (zum Beispiel dB (A)). Bewertete Pegel dienen wegen ihrer Einfachheit zwar als Basis für eine Reihe von gesetzlichen Vorschriften, sind aber, da sie keine Information über die spektrale oder zeitliche Struktur des Geräusches mehr beinhalten, weder für Diagnosezwecke geeignet noch für Aussagen über die „Qualität“ (siehe Abschnitt 27.9 und 27.10) eines Geräusches.

Als begriffliche Basis für wiederkehrende akustische Phänomene haben sich im Automobilbereich eingängige Bezeichnungen eingebürgert, die einerseits mit bestimmten Mechanismen in Verbindung gebracht werden und andererseits implizit Aussagen über den betroffenen Frequenzbereich oder die zeitliche Struktur eines Geräusches machen. Einige typische, das Aggregat betreffende Beispiele sind in **Bild 27-1** enthalten.

Eine wesentliche Basis zur Analyse von Geräuschen ist zunächst ihr Spektrum, das heißt die Aufspaltung eines Signals in seine Frequenzanteile. In der Praxis werden Spektren aus digitalen Signalen mit Hilfe der sogenannte FFT (Fast Fourier Transformation), einer sehr effizienten Variante der digitalen Fourier-

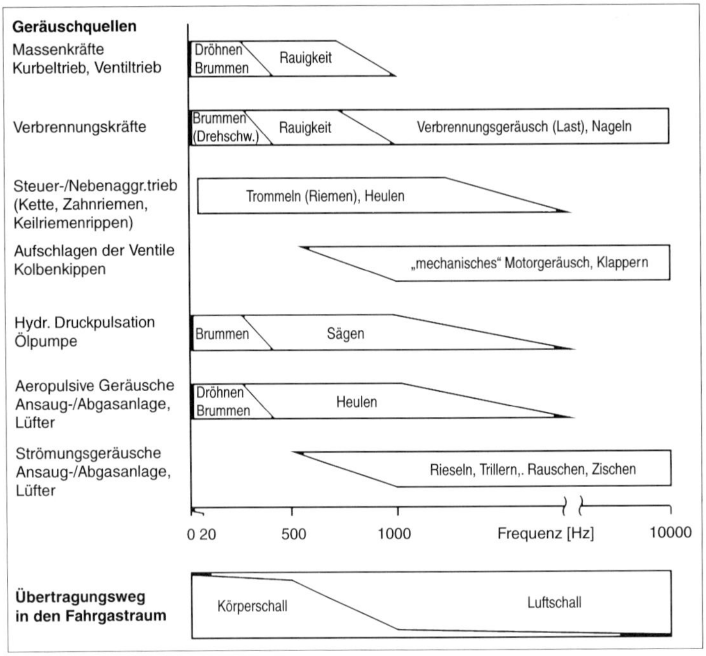

Bild 27-1 Beispiele für Geräuschquellen

Transformation ermittelt. Diese liefert üblicherweise sogenannte Schmalbandspektren, das heißt eine relativ hohe Frequenzauflösung, wobei die klassischen gröberen Einteilungen in Oktav- (Frequenzverdopplung) und Terzspektren (1/3 Oktav) gegebenenfalls hieraus näherungsweise berechnet werden können. Erst durch die hohe Frequenzauflösung ist eine detaillierte Analyse des Geräusches möglich. So erscheinen zum Beispiel sinusförmige Geräuschanteile, die auf Massenkräfte des Kurbeltriebs zurückgehen und damit definierte Frequenzen besitzen, als schmale Spitzen im Spektrum (Linienspektrum). Solche deterministischen Frequenzanteile, die proportional mit der Drehzahl „wandern", werden als Ordnungen bezeichnet. Ein typisches Beispiel ist die 2. Ordnung der Kurbelwelle beim 4-Zylinder-Reihenmotor, die wegen der nicht ausgeglichenen Massenkräfte dominiert. Die Grundfrequenz oder 1. Ordnung kann beim 4-Zylindermotor vollständig ausgeglichen werden. Ist die Dominanz einer Ordnung von vornherein bekannt, wird oft mit Hilfe eines so genannten Ordnungsfilters nur der Pegel dieser Ordnung betrachtet. Im Spektrum erscheinen dagegen auch die höheren Ordnungen, die maßgeblich den Klang beeinflussen. Auch Modulationen, das heißt die für die Lästigkeit bedeutenden Schwankungen der Amplitude (auch Schwebung) oder Frequenz werden als so genannte Seitenbänder sichtbar, Spitzen, die im Abstand der Modulationsfrequenz neben den Mittenfrequenzen auftreten.

Ein Verbrennungsmotor stellt eine vielfältige Schallquelle dar. Lässt man einmal die Nebenaggregate außer Acht, so ist für das Außengeräusch neben den sogenannte aeropulsiven und aeroakustischen Quellen wie Auspuffmündungsgeräusch, Ansauggeräusch und Lüftergeräusch die Schallabstrahlung der schwingenden Oberfläche von Motor und Anbauteilen verantwortlich. Deren Effektivität kann durch den sogenannten Abstrahlgrad charakterisiert werden, der das Verhältnis der tatsächlich abgestrahlten Schallleistung P einer Oberfläche S zur der einer großen (wesentlich größer als die Schallwellenlänge) konphas schwingenden Platte mit gleicher mittlerer quadratischer Schnelle darstellt. Sind die gegenphasig schwingenden Bereiche des Strahlers wesentlich größer als die Luftwellenlängen, ist der Abstrahlgrad nahe eins. Der umgekehrte Fall ist wesentlich komplizierter zu behandeln, jedoch ist hier – vereinfacht – die abgestrahlte Schallleistung umso geringer, je mehr gegenphasige Bereiche vorhanden sind und je dichter diese beieinander liegen (hydrodynamischer Kurzschluss).

Ist der Luftschall erst einmal erzeugt, so kann man ihm mit Dämmung (Energiereflexion) und/oder Dämpfung (Energiedissipation) begegnen, wobei zumindest ein gewisses Maß an Dämpfung immer erforderlich ist. Dämmmaßnahmen (zum Beispiel Kapseln) und kombinierte Maßnahmen wie Schalldämpfer werden spezifisch durch den Transmissionsgrad oder absolut durch das Einfügungsdämmmaß, den Pegelunterschied vor und nach dem Einfügen einer Maßnahme

$$D_e = L_{\mathrm{o.D.}} - L_{\mathrm{m.D.}} \tag{27.5}$$

bewertet, während die charakterisierende Größe für reine Luftschalldämpfungsmaßnahmen wie zum

Beispiel absorbierende Auskleidungen deren Absorptionsgrad ist, das heißt das Verhältnis aus absorbierter und einfallender Intensität

$$\alpha = \frac{I_{\text{absorb}}}{I_{\text{einfall}}} . \tag{27.6}$$

Betrachtet man das Innengeräusch, so tritt neben den genannten Quellen noch eine weitere, im Frequenzbereich bis circa 500 Hz sogar dominierende Komponente hinzu, nämlich die Übertragung des Motorkörperschalls über die Karosserie in den Innenraum. Die wesentlichen Einleitungsstellen sind hierbei neben den vor allem bei Frontantrieb relevanten Antriebswellen die Aggregatelager. Daher ist ein Entwicklungsziel der Motorakustik, die aggregateseitigen Körperschallamplituden an den Lagerpunkten zu minimieren, weil die erreichbare Schwingungsisolation über die Gummilager begrenzt ist.

Karosserieseitig ist das entsprechende Entwicklungsziel die Minimierung der „Empfindlichkeit“ an den Koppelstellen, die durch die so genannte akustische Übertragungsfunktion quantifiziert ist [3]. Diese ist das frequenzabhängige Verhältnis aus Schalldruck an einem Innenraummikrofon und der dynamischen Kraft am Anregungspunkt:

$$\tilde{H}_{ij} = \frac{\tilde{p}_j}{\tilde{F}_i} . \tag{27.7}$$

Sie beinhaltet damit den kompletten Übertragungsweg einschließlich der Abstrahlung in den Innenraum, die dortige Absorption und den Einfluss von Hohlraumresonanzen der Fahrgastzelle. Demgegenüber deckt die so genannte Eingangsinertanz als Verhältnis aus Schwingbeschleunigung am Kraftangriffspunkt in Kraftrichtung und angreifender Kraft

$$\tilde{I} = \frac{\tilde{a}}{\tilde{F}} \tag{27.8}$$

lokale Schwachstellen der Karosserie auf [12, 13, 16].

27.2 Gesetzliche Außengeräuschvorschriften

27.2.1 Außengeräusch-Messverfahren

Während das Geräusch- und Komfortniveau im Fahrzeuginnenraum dem Wettbewerb überlassen bleibt, wurde das in die Umgebung emittierte Betriebsgeräusch („Außengeräusch“) schon sehr früh gesetzlich geregelt. Das dafür angewandte Messverfahren ist nach DIN ISO 362 international genormt. Der Messaufbau erklärt sich aus dem Stand der Messtechnik in seiner Entstehungszeit. Der einfache Messaufbau hat den Vorteil, dass diese Messung in allen Ländern der Welt gleich und mit wenig Aufwand durchgeführt werden kann.

Die prinzipielle Vorgehensweise ist in **Bild 27-2** dargestellt: Das Fahrzeug nähert sich mit konstant 50 km/h einer 20 Meter langen Messstrecke, an deren Beginn die Drosselklappe schlagartig geöffnet wird. Der Geräuschpegel während der darauffolgenden circa 1,5 s lang dauernden Volllastbeschleunigung wird von zwei Mikrofonen in je 7,5 m Abstand von der Fahrbahnmitte gemessen („Beschleunigte Vorbeifahrt“). Der höchste dabei erreichte Schalldruckpegel in [dB(A)] ergibt das Messergebnis dieses Getriebeganges.

Da der Motorgeräuschpegel überproportional mit der Drehzahl ansteigt, ist das Messergebnis in erster Linie vom Drehzahlniveau abhängig, das in diesem kurzen Zeitabschnitt erreicht wird. Die zu fahrenden Getriebegänge sind daher genau festgelegt: Für Fahrzeuge mit Handschaltgetrieben wird üblicherweise im 2. und 3. Gang gemessen und das Ergebnis gemittelt, Fahrzeuge mit Automatikgetriebe fahren in Fahrstufe D ohne Benutzung des Kickdown.

27.2.2 Kritische Betrachtung der Aussagefähigkeit des bestehenden Außengeräusch-Messverfahrens

Die Nachteile des bestehenden Verfahrens sind lange bekannt: Ein nur circa 1,5 s lang dauernder Ausschnitt bei einem bestimmten Betriebszustand eines Fahrzeugs kann dessen Beitrag zum Verkehrslärm im realen Straßenverkehr nur unzureichend beschreiben.

Im Laufe der letzten Jahrzehnte wurde daher versucht, mit Sonderregelungen die Änderungen des realen Fahrzeugkollektivs und der Fahrzustände abzubilden: Es wurden Sonderregelungen für Sportfahrzeuge, für Pkw Dieselmotoren mit Direkteinspritzung und für Geländewagen in das Grundverfahren integriert.

Die hohe Drehzahlabhängigkeit und die Fahrbedingung „Volllast“ beschreiben zusammen allerdings einen absolut unrealistischen Missbrauchstest, der sich stark vom heute üblichen durchschnittlichen Fahrverhalten im Stadtverkehr unterscheidet. Nachdem sich in den letzten Jahren die Drehmomentcharakteristik der Motoren (insbesondere der Dieselmo-

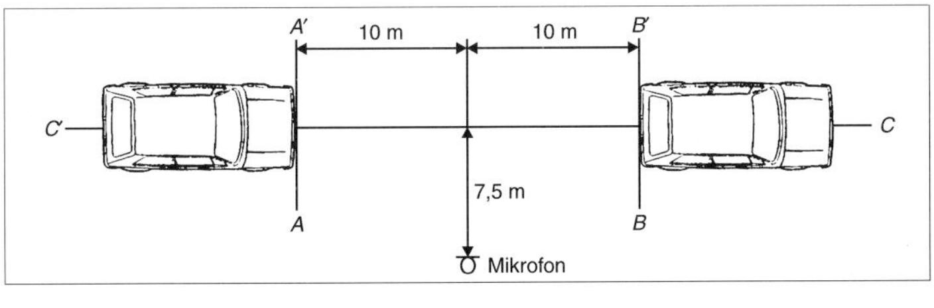

Bild 27-2 Außengeräuschmessung [14]

toren) wesentlich änderte und daher mit deutlich niedrigeren Drehzahlen gefahren wird, war es an der Zeit, ein praxisgerechteres Messverfahren zu entwickeln, bei dem sich technische Verbesserungen der Fahrzeuge (im Antriebsstrang und bei den Reifen) auch in tatsächlichen Absenkungen der Verkehrslärmpegel widerspiegeln. Denn aufgrund des praxisfernen Messverfahrens führten die von der Automobilindustrie bisher mit hohem Aufwand durchgeführten Absenkungen der nominellen Typprüfwerte nur zu einer geringen Entlastung der Bevölkerung von Verkehrslärm.
Die Ursachen dafür liegen neben den nicht repräsentativen Motordrehzahlen darin, dass beim derzeit gültigen Geräuschmessverfahren das Reifen/Fahrbahn-Geräusch nur eine untergeordnete Rolle spielt.

27.2.3 Zukünftiges Außengeräusch-Messverfahren und Grenzwerte

Die seit Mitte der 1990er Jahre laufenden Bestrebungen, ein **neues Außengeräusch-Messverfahren** zu erarbeiten, leiteten sich einerseits aus Überlegungen der realen Fahrmodi und andererseits aus der technischen Notwendigkeit ab, das Reifen/Fahrbahn-Geräusch stärker einzubeziehen. Ziel war es, das **reale Fahrverhalten im Stadtverkehr** („urban traffic") so gut wie möglich abzubilden.
Neben dem eigentlichen Messverfahren werden derzeit weltweit die **Klasseneinteilung** der Fahrzeuge und die zugehörigen **Grenzwerte** diskutiert. Mit hoher Wahrscheinlichkeit ist ab dem Jahr 2010 die Festschreibung des neuen Messverfahrens sowie die Festlegung neuer Fahrzeugklassen und Grenzwerte zu erwarten.
Das neue Messverfahren setzt auf das bewährte Messstrecken-Layout auf. Es soll nun allerdings eine realistische **Teillastbeschleunigung simulieren** und setzt sich daher aus **beschleunigten Fahrten** (Volllast, 50 km/h auf Höhe des Mikrofons) **und Konstantfahrten** (50 km/h) zusammen. Die dabei zu fahrenden Beschleunigungen und Getriebegänge richten sich nach dem **Leistungsgewicht** des Fahrzeugs, wobei alle vorgegebenen Werte das Ergebnis umfangreicher Messreihen und statistischer Auswertung der dabei erhaltenen Daten darstellen. Beim Lkw werden nun die Fahrbedingungen (Ausfahrgeschwindigkeit, Drehzahl) am Ende der Messstrecke festgelegt statt wie bisher am Beginn der Messstrecke. Weiter wird eine realitätsnahe Beladung vorgesehen.
Um die Leistungsfähigkeit des neuen Außengeräusch-Messverfahrens zu prüfen, wurde in der ECE und in der EG von der EU-Kommission eine **jeweils zweijährige „Monitoring"-Phase** beschlossen: Alle zwischen 1.7.2007 und 30.6.2009 (ECE) beziehungsweise 1.7.2008 und 30.6.2010 (EG) typgeprüften neuen Fahrzeugtypen müssen sowohl nach dem bisherigen wie auch nach dem neuen Verfahren gemessen werden. Aus dem dann vorliegenden Datenpool werden die neuen Grenzwerte und Fahrzeugklassen abgeleitet.

Nach ersten Messungen zeigt sich, dass die meisten Fahrzeuge gegenüber dem bisherigen Messverfahren um 2–3 [dB(A)] niedrigere Werte aufweisen, was sich aus dem geringeren Drehzahlniveau und der Beimischung der Konstantfahrten ergibt. Allerdings wird es für den Fahrzeughersteller damit **deutlich schwerer, noch wesentliche Absenkungen zu erzielen.** Am ehesten gelingt dies über Absenkung des Reifen/Fahrbahn-Geräuschs, wobei die Eigenschaft „Außengeräusch" eines Reifens immer niedrigere Priorität als Sicherheitsaspekte (Nassgriff, Bremsen, Schnelllauffähigkeit) haben wird.
Nachdem sich das Gesamtgeräusch eines Fahrzeugs aus Antriebsstranggeräusch und **Reifen/Fahrbahn-Geräusch** zusammensetzt, stellt die Summe aus reinem Rollgeräusch des Reifens (circa 65–69 dB(A)) sowie des bei Beschleunigung durch Schlupf entstehenden zusätzlichen Lastanteils des Reifens (plus circa 1–3 dB) die **Untergrenze für Optimierungen** des Gesamtfahrzeugs und damit das akustische Potential dar.
Im Rahmen einer **„General Safety Directive" der EU-Kommission** werden ferner demnächst wesentlich strengere Grenzwerte für das Rollgeräusch des Reifens bei dessen Komponenten-Typprüfung (Rollen mit 80 km/h beim Pkw beziehungsweise 70 km/h beim Lkw) vorgegeben. Die dann für die Fahrzeugtypprüfung verfügbaren Werte für das Reifen/Fahrbahn-Geräusch lassen sich daraus ableiten. Bisher wurde die Entwicklung leiserer Reifen fast nur dadurch getrieben, dass insbesondere Premiumfahrzeug-Hersteller durch hauseigene Vorgaben strenger Geräuschgrenzwerte die Reifenhersteller zu Verbesserungen zwangen.
Zusätzlich ist zum Einsatzzeitpunkt des neuen Messverfahrens auch mit einer **neu definierten Prüffahrbahn ISO 10844 „neu"** zu rechnen, welche eher die auf europäischen Straßen verwendeten Fahrbahnbeläge repräsentiert als die bisherige.
Weiters werden in der neuen Regelung der ECE R51 auch **Zusatzvorschriften ASEP** (additional sound emission provisions) enthalten sein, die das Umgehen der sinngemäßen Auslegung der Vorschriften mittels aktiver Systeme oder elektronischer Methoden durch die Fahrzeughersteller verhindern werden. Dieses Zusatzmessverfahren ist zum Zeitpunkt der Drucklegung dieses Buches noch in Diskussion.
Es bleibt abzuwarten, ob sich Staaten wie USA, Japan, Indien, China, oder Korea der neuen ECE-Regelung anschließen werden. Die Ausarbeitung einer **GTR** (Global Technical Regulation) im Rahmen der UN-ECE ist angedacht.

27.3 Geräuschquellen des Außengeräusches

Die Beiträge zum Verkehrslärm sind geschwindigkeitsabhängig vor allem 2 Verursachern zuzuordnen, dem Motor und den Reifen. Bei niedrigen Geschwindigkeiten dominiert das Motorgeräusch, bei Autobahngeschwindigkeit das Fahrbahn-Reifengeräusch. Windgeräusche sind demgegenüber vernachlässigbar. Physikalisch unterschiedliche Effekte tragen zum Motoraußengeräusch bei:

- **Ansaug- und Abgasmündungsgeräusch**. Die von den Gaswechselvorgängen im Motor angeregten Druckpulsationen in Ansaug- und Abgasanlage führen am jeweils offenen Rohrende („Mündung“) zur direkten Ausbreitung von Luftschallwellen. Im Spektrum dominiert die Zündfrequenz, das heißt die 2. Ordnung beim 4-Zylinder-, die 3. Ordnung beim 6-Zylindermotor und so weiter.. Bei hohen Drehzahlen und Volllast kommt durch die hohe Strömungsgeschwindigkeit am Endrohr noch hochfrequentes, breitbandiges Strömungsrauschen dazu.
- **Sekundärabstrahlung von Ansaug- und Abgasanlage**. Die Druckpulsationen im Inneren versetzen auch die Rohr- und Wandflächen in Schwingungen, so dass diese Luftschall nach außen abstrahlen, der dann Sekundärluftschall genannt wird.
- **Geräuschabstrahlung der Aggregatstruktur**, das heißt der Außenflächen des Motor-Getriebe-Blocks. Die Verbrennungsdrücke und alle nicht gleichmäßig bewegten Teile in Motor, Getriebe und Nebenaggregaten führen zu dynamischen Kräften auf die Gehäusestruktur und damit zu Bewegungen und Deformationen der Außenwände, die damit Ausgangspunkt von Druckwellen in der Umgebungsluft werden, das heißt Schall abstrahlen. Das Spektrum dieses Luftschalls wird von den hochfrequenten Anteilen oberhalb 500 Hz dominiert, die subjektiv als „mechanisches Motorgeräusch“ wahrgenommen werden. Die Beiträge zum mechanischen Motorgeräusch sind zum Beispiel:
  - Druckanstieg bei der Verdichtung und Verbrennung, insbesondere beim Dieselmotor
  - Aufschlagen der Ventile am Ventilsitz
  - Kolbenkippen
  - Zahnradschwingungen des Ventiltriebs
  - Klappern der Losräder in Schaltgetrieben („Getrieberasseln“)
  - Druckstöße der Hydraulikpumpen.

27.4 Maßnahmen zur Außengeräuschminderung

27.4.1 Motorseitige Maßnahmen

Am konsequentesten und auch effizientesten sind stets Maßnahmen an der Quelle, das heißt eine Motorkonstruktion, die möglichst wenig Geräusch entstehen lässt [2]. Das konstruktive Ziel ist:

- **Maximale Steifigkeit** der kraftleitenden Gehäusestruktur und des Kurbeltriebes, so dass die Schwingungsanregung der Gehäusewandflächen minimiert wird.
- **Schwingungsmindernde Ausführung der Aggregataußenwände** entweder durch
  - Verrippung (hohe dynamische Steifigkeit, zum Beispiel Motorblock und Getriebegehäuse)
  - Entkopplung, zum Beispiel elastische Befestigung des Zylinderkopfdeckels oder des Saugrohrs
  - Bedämpfung, zum Beispiel einer Blechölwanne.

  Alle 3 Alternativen stehen im Zielkonflikt zu Kostenoptimierung und Funktionsanforderungen. Verrippung: Mehrgewicht und Platzbedarf; Entkopplung: Öldichtigkeit, Befestigung von Anbauteilen oder Nebenaggregaten; Bedämpfung: Wärmeabfuhr und Mehrgewicht. Bei der Ölwanne hat sich vor allem bei den Aluminium-Motoren die verrippte Alu-Ölwanne gegenüber der bedämpften Blechölwanne durchgesetzt, da sie als tragendes Strukturteil zur Steifigkeitserhöhung des Motor-Getriebe-Verbundes erforderlich ist, siehe auch Kapitel 27.6.
- **Schallabsorbierende Vorsatzschalen** als Teile einer so genannten „hautnahen Kapsel“ werden bereits zu den Sekundärmaßnahmen gerechnet, die die Abstrahlung von Schall vermindern. Häufig ausgeführtes Beispiel sind die in erster Linie aus Gründen des Motorraum-Styling (Verkleidung von Kabeln und Einspritzleitungen) eingesetzten Zylinderkopfabdeckungen, die als hinterschäumte Kunststoffschalen auch eine akustische Funktion übernehmen [1, 8].
- **Weichere Verbrennung** heißt die Aufgabenstellung auf der Gemischbildungsseite, die vor allem beim Dieselmotor die subjektiv empfundene Lästigkeit des Verbrennungsgeräusches deutlich reduziert und sowohl Schallemission als auch Innengeräuschkomfort verbessert.
- **Großvolumige Ansaug- und Abgasschalldämpfer** sind in erster Linie Forderungen an die Fahrzeugkonzeption bezüglich Raumbedarf und Kosten. Zur Erfüllung heutiger Grenzwerte darf das Mündungsgeräusch keinen messbaren Beitrag zum Gesamtaußengeräusch mehr liefern. Das gilt dann als erreicht, wenn ein „Absolutschalldämpfer“ genannter Zusatzschalldämpfer bei der Außengeräuschmessung keine Verringerung des dB(A)-Pegels mehr ergibt. Beim Innengeräusch wird allerdings vor allem bei Volllastbeschleunigung ein hörbarer Beitrag der Abgasanlage zu einem möglichst angenehmen Motorgeräusch angestrebt. Erreicht wird dies unter anderem mit Unterstützung durch Analyse- und Simulationsmethoden des Sound-Design in der Entwicklungsphase. Aufwändige Lösungen mit Abgasklappen, die bei niederen Drehzahlen das

tieffrequente Dröhnen verhindern und bei hohen Drehzahlen und großen Abgasströmen durch Öffnen eines Zusatzquerschnitts das Strömungsrauschen (und gleichzeitig den Abgasgegendruck) reduzieren, sind Ergebnis solcher Entwicklungen.

- **Drehzahlabsenkung** als eine der wirksamsten Geräuschminderungsmaßnahmen ist ebenfalls eine Frage der Fahrzeugkonzeption. Sie führt im praktischen Fahrbetrieb nur dann zu niedriger Geräuschemission, wenn eine längere Getriebeübersetzung mit hohem Drehmomentenangebot des Motors im unteren Drehzahlbereich verbunden und damit auch akzeptabel fahrbar ist.
- **Geräuschoptimierte Nebenaggregate**, wie Kühlerlüfter oder Generator spielen zur Erreichung der niedrigen Grenzwerte für Pkw trotz ihres relativ geringen Beitrags bereits eine Rolle.

27.4.2 Fahrzeugseitige Maßnahmen

Karosserieseitige Sekundärmaßnahmen zur Verringerung der Motorgeräuschabstrahlung werden als „hautferne“ oder „motorferne Kapsel“ bezeichnet. Ziel ist, mit karosserieseitig montierten Zusatzteilen den Motorraum zu einem weitgehend geschlossenen Raum zu machen, aus dem nur wenig Motorgeräusch nach außen dringt. Zur Reduktion des erhöhten Geräuschpegels im Motorraum werden zusätzlich die Begrenzungsflächen innen mit schallabsorbierenden Werkstoffen, wie Schaumstoff oder Baumwollvlies ausgekleidet, die speziell in den unteren Bereichen gegen Öl- und Feuchtigkeitsaufnahme geschützt und nicht brennbar ausgeführt sein müssen. Fast alle Serien-Pkw, vor allem mit Diesel-Motorisierung, sind mit einer Kombination der folgenden Kapselelemente ausgestattet (**Bild 27-3**):

- Absorbierende Motorhaubenauskleidung aus Schaumstoff, Faservlies, teilweise in Kassettenbauweise mit Abstand zum Blech, so dass durch Plattenresonator-Effekte verstärkte Absorption bei tiefen Frequenzen erzielt wird, oder in Wabenbauweise mit der Wirkung von Helmholtzresonatoren.
- Unterschutz: bezeichnet eine Kunststoff- oder Metallschale, die den Motorraum nach unten

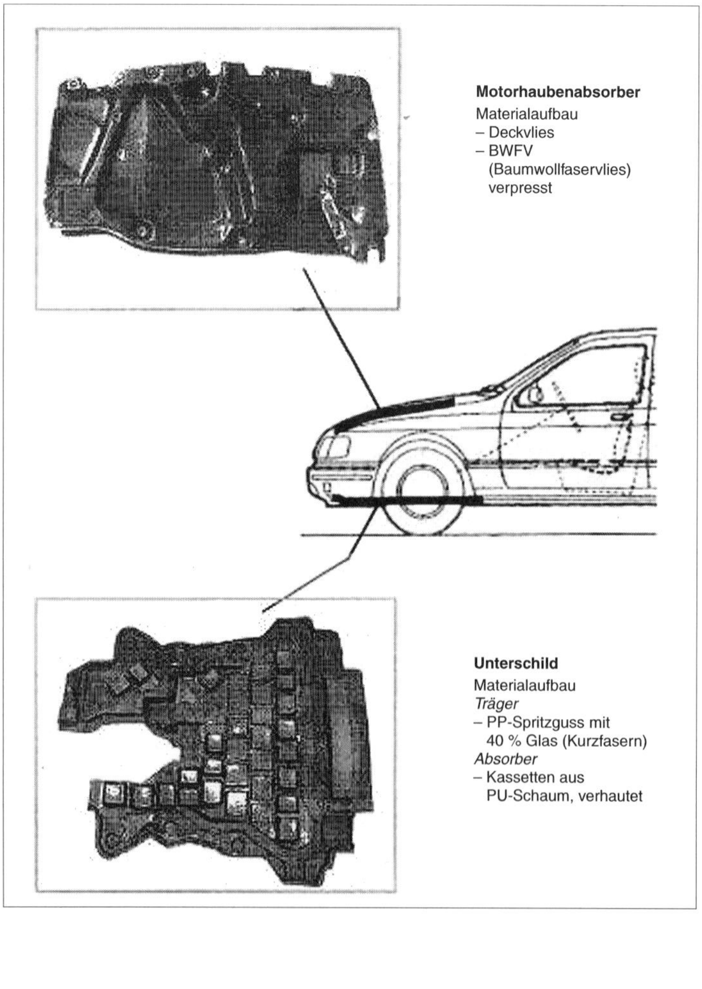

Bild 27-3 Motorkapsel [HP-Chemie Pelzer]

schließt und schon aus Gründen des Luftwiderstands erforderlich ist. Häufig zu Erhaltung der Bodenfreiheit mit einer Aussparung für die Ölwanne versehen, endet sie üblicherweise vor der Stirnwand. In Sonderfällen wird bei akustisch kritischen Fahrzeugen auch der vordere Teil des Getriebetunnels nach unten geschlossen, sofern die dadurch entstehenden Kühlprobleme beherrschbar sind. Auch der Unterschutz ist auf der Innenseite schallabsorbierend ausgekleidet, wobei hier der Schutz gegen Vollsaugen mit Öl, Kraftstoff und Ähnliche Vorrang gegenüber optimaler Absorptionswirkung hat. Daher werden an Stelle offenporiger Werkstoffe, die aus akustischer Sicht wünschenswert wären, zum Beispiel verhauteter Schaum oder Kassettenabsorber eingesetzt.

- Seitliches Schließen der Durchbrüche zum Radhaus zum Beispiel mit Gummibälgen für die Spurstangen und gegebenenfalls Vorsehen von tunnelförmigen, mit Schaum ausgekleideten Absorptionsstrecken für die Antriebswellen der Vorderräder.
- Schließen des Kühllufteintritts vorn, zum Beispiel durch thermisch gesteuerte Lamellen, ist eine recht aufwändige Maßnahme, die bei Dieselmotoren in der oberen Fahrzeugklassse eingesetzt wird. Beim Kaltstart sind die Lamellen geschlossen und reduzieren das Kalt-Nagelgeräusch des Dieselmotors. Aus Gründen der Funktionssicherheit (Zufrieren im Winter) sind solche Systeme nur hinter dem Kühler einsetzbar, das heißt es muss genügend Platz zwischen Kühler und Motor vorhanden sein.

Die Außengeräusch-Reduktion, die mit einer Motorkapselung zu erzielen ist, wird begrenzt von Größe und Anzahl der Öffnungen, die zur Kühlung des Fahrzeugs notwendig sind. Die Entwicklung einer vollständigen Motorkapsel ist daher mehr ein Kühlungsproblem als ein Akustikproblem. Studienfahrzeuge mit vollständig gekapselten Motorräumen erzielen zwar spektakuläre Publikumseffekte, sind aber meist weit davon entfernt, eine Alpenpassfahrt mit Anhänger oder eine Heißlanderprobung zu überstehen. Bei den Zahlenangaben in dB(A), die die gemessene Geräuschreduktion durch eine Kapsel quantifizieren, ist zu unterscheiden:

- dB(A)-Wert der Reduktion des abgestrahlten Motorgeräusches
- Reduktion des Außengeräusch-Emissionswertes, das heißt des Gesamt-Fahrgeräusches bei der gesetzlichen Vorbeifahrtmessung. Beispiel: In der Vorbeifahrt wird bei einem Pkw ein Wert von 74,8 dB(A) gemessen, der sich aus der Summe der Energieinhalte von 70 dB(A) Reifengeräusch und 73 dB(A) Motorgeräusch ergibt. Durch eine aufwändige Motorkapselung wird die vom Motor abgestrahlte Schallenergie auf die Hälfte, das heißt auf einen Schalldruckpegel von 70 dB(A) reduziert. Reifengeräusch und Motorgeräusch von je 70 dB(A) ergeben dann zusammen einen Summenpegel von 73 dB(A). Die Reduktion des Außengeräusch-Emissionswertes durch die Kapselung beträgt also 1,8 dB(A).

27.5 Motorgeräusch im Innenraum

Während die unter 27.4.1 beschriebenen Maßnahmen auch das Innengeräusch verbessern, treten hier im Gegensatz zum Außengeräusch noch die Körperschallpfade hinzu, die im unteren Frequenzbereich das Innengeräusch dominieren. Alle mechanischen Verbindungen des Motor-Getriebe-Blocks zur Karosserie sind potenzielle Körperschall-Übertragungswege, vor allem die Motorlagerung und die Antriebswellen, die speziell beim Frontantrieb ohne isolierende Zwischenelemente mit dem Fahrwerk verbunden sind, von wo aus der Körperschall über relativ steife Fahrwerkslager den Weg in die Karosseriestruktur findet. Auf dem Luftschallweg gelangen lediglich die höherfrequenten Geräuschanteile oberhalb circa 500 Hz, das sogenannte „mechanische" Motorgeräusch und Verbrennungsgeräusche **(Bild 27-1)** aus dem Motorraum durch Stirnwand und Bodenblech hindurch in den Fahrgastraum.

Verursacher der Körperschallschwingungen sind an erster Stelle die oszillierenden Massenkräfte, weshalb bei 3- bis 5-Zylindermotoren die tieffrequenten Brumm- und Dröhngeräusche auch bei lastlosem Betrieb des Motors vorhanden sind. Die Gaskräfte als Hauptverursacher der Drehungleichförmigkeit des Kurbeltriebs und der gegenphasigen äußeren Reaktion des Motor-Getriebe-Blocks in Form einer Drehschwingung um die Trägheitshauptachse in Kurbelwellenrichtung sind die zweite Körperschallquelle. Deren Geräuschbeitrag ist durch seine Lastabhängigkeit und den Anstieg des Ungleichförmigkeitsgrades bei niederen Drehzahlen leicht zu unterscheiden.

Zu beeinflussen ist die Anregung durch die freien Massenkräfte und -momente nur durch den Massenausgleich, das heißt Zylinderzahl und -anordnung, oder zusätzliche Ausgleichswellen, die mit Kurbelwellendrehzahl (zum Beispiel Ausgleich der Massenmomente 1. Ordnung beim 3-Zylinder-, 5-Zylinder- oder V6-Motor) oder doppelter Kurbelwellendrehzahl (zum Beispiel „Lancaster-Ausgleich" der Kräfte 2. Ordnung beim 4-Zylinder-Reihenmotor) rotieren. Der akustischen Verbesserung stehen dabei erhöhte Kosten und Reibungsverluste gegenüber. Eine Reduzierung der Massenkräfte über geringere Kolben- und Pleuelmassen ist theoretisch möglich, in der Praxis aber meist schon ausgereizt. Die höheren Ordnungen (>2. Ordnung) sind meist nicht mehr Gegenstand von Massenausgleichsbetrachtungen, weil ihre Anregung deutlich geringer ist, vor allem aber auch, weil die Voraussetzung für den Massenausgleich – Starrkörperverhalten von Kurbeltrieb und Kurbelgehäuse – bei den Frequenzen oberhalb 250 Hz nicht mehr erfüllt ist. Im Innengeräusch macht sich der Beitrag der höheren Ordnungen als „Rauigkeit" des Motorgeräusches bemerkbar und ist bei Pkw-Motoren vor allem ein Problem langhubiger (Erfahrungswert $H >$ circa 80 mm), drehmomentstarker Triebwerke mit größerem Pleuelstangenverhältnis λ, da die höheren Ordnungen mit λ überproportional anwachsen. Wenn zwei oder mehrere etwa gleich große Ordnungen im Spektrum nebeneinander liegen, zum Beispiel 4te, 4,5te und 5te Ordnung, führt deren Überlagerung zu einer Modulation, einer pulsierenden Pegelschwankung, des Geräusches, die als unangenehmer Geräuschcharakter empfunden wird. Da die halben Ordnungen von der Verbrennung herrühren (= Zündfrequenz des einzelnen Zylinders beim 4-Takt-Motor) tritt dieses so genannte „Hämmern" oder „Kurbelwellen-Rumpeln" bei Volllast in Erscheinung.

Die zweite Körperschallquelle, die Ungleichförmigkeit der Momentenabgabe, führt vor allem im unteren Drehzahlbereich zu einem Brummen mit Zündfrequenz (2. Ordnung beim 4-Zylinder, 3. Ordnung beim 6-Zylinder und so weiter), verbunden mit zum Teil starken Vibrationen. Physikalisch bedingt, das heißt vom Konstrukteur nicht beeinflussbar, ist dieses Problem mit dem Drehmoment bei niederen Drehzahlen gekoppelt, das heißt je besser die Drehmomentencharakteristik des Motors, desto größer das Vibrations- und Brummproblem. Dies war lange ein Grund dafür, dass Dieselmotoren mit Direkteinspritzung nur im Nutzfahr-zeugbereich eingesetzt wurden. Erst

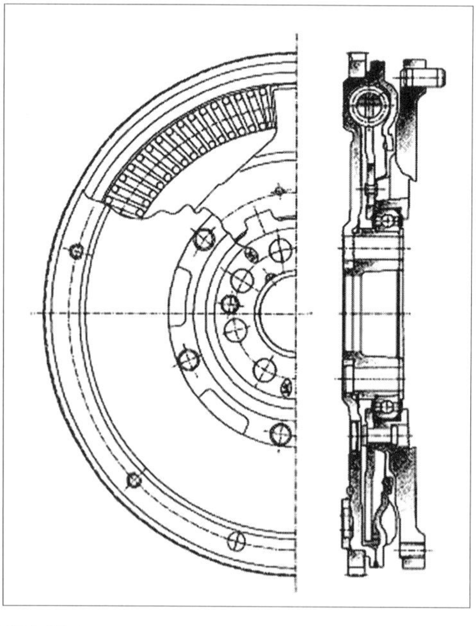

Bild 27-4 Zweimassenschwungrad [LuK]

jahrelange Entwicklungsanstrengungen auch bei der Schwingungsisolation führten zum Durchbruch beim Pkw. Die Drehschwingungen der Kurbelwelle selbst können durch ein schwereres Schwungrad reduziert, beziehungsweise durch ein Zweimassenschwungrad **(Bild 27-4)** von der Abtriebswelle weitgehend abgekoppelt werden. Die Reaktionskräfte auf das Kurbelwellengehäuse bleiben dabei allerdings ungeändert; daher sind es die Drehschwingungen des Gehäuses, die das Problem so schwer lösbar machen.

Die Massenkräfte des Ventiltriebs und Eigengeräusche des Steuertriebes spielen mehr bei vielzylindrigen Triebwerken der oberen Fahrzeugklassen eine Rolle, da sie ähnlich wie die störenden Geräusche von Nebenaggregaten (Generator-Pfeifen, „Sägen" von Hydraulikpumpen und dergleichen) das Klangbild des Motors beeinträchtigen. Die Massenkräfte des Ventiltriebs entstehen als Reaktion auf die Beschleunigung der Ventile, Stößel, Kipphebel etc. und bewirken prinzipiell dasselbe wie die Massenkräfte aus der Kolbenbewegung. Obwohl eine Größenordnung niedriger, können sie bei Motoren mit gutem Massenausgleich, das heißt 6- und 8-Zylindermotoren, den Brummpegel mitbestimmen. Das Geräusch des Steuertriebs, „Steuerkettenheulen" beziehungsweise „Zahnriemenheulen" genannt, liegt im mittleren Frequenzbereich, entsprechend der Zahneingriffsfrequenz der Ketten- oder Zahnriemenräder. Ähnlich wie bei Zahnrädern entsteht es durch die periodische Be- und Entlastung der Zähne beziehungsweise Kettenglieder, beim Zahnriemen zusätzlich durch die Luftverdrängung beim Zahneingriff („Air Pumping"). Hörbar werden diese Heulgeräusche vor allem im Leerlauf und unteren Drehzahlbereich, wo sie noch nicht von den ansteigenden restlichen mechanischen Geräuschen und Verbrennungsgeräuschen des Motors überdeckt werden. Zusätzlich können niederfrequente Geräusche durch Saitenschwingungen von Kette oder Zahnriemen entstehen [11].

27.6 Akustische Leitlinien für den Motorkonstrukteur

Die Frage, wie man bereits bei der Konstruktion eines Motors das Ziel einer niedrigen Geräuschentwicklung berücksichtigen kann, war schon Gegenstand zahlreicher Untersuchungen. Sofern man ohne Kenntnis der individuellen Konstruktion überhaupt allgemein gültige Richtlinien aufstellen kann, gehen diese im Allgemeinen in Richtung maximale Steifigkeit. Physikalisch lässt sich das damit begründen, dass dadurch zum einen bei gleichen Kräften die für die Schallabstrahlung und Körperschalleinleitung verantwortlichen Verformungen verringert werden und zum anderen die Strukturresonanzen zu höhren Frequenzen verschoben werden, wo die Amplituden der anregenden dynamischen Kräfte kleiner werden.

Letzteres beginnt mit der ersten Biegeform des Motor-Getriebe-Blocks, die beim 4-Zylinder-Motor beispielsweise auf jeden Fall in den Frequenzbereich deutlich oberhalb der stärksten Schwingungsanregung, der 2. Motorordnung, verschoben werden muss, das heißt ≥ circa 250 Hz beim Ottomotor. Steifigkeitsmäßige Schwachstelle ist meist die Verschraubung Motorgehäuseflansch-Kupplungsglocke beziehungsweise Wandlerglocke, vor allem, wenn eine nicht tragende Blechölwanne oder ein „kurzes Hemd" (Motorseitenwände nicht über die Hauptlagerstühle heruntergezogen) die Krafteinleitung unterhalb der Kurbelwellenachse verhindert. Eine Abhilfe liegt in der Verwendung einer Alu-Druckguss-Ölwanne mit entsprechender Verrippung, sowie Verrippung der Getriebeglocke. Generell gilt dabei das Ziel möglichst „geradliniger Kraftfluss", das heißt jede Ein- oder Ausbeulung des Gehäuses verringert die erreichbare Steifigkeit. Bei 6- oder 8-Zylinder-Motoren ohne Anregekräfte der 2. Motorordnung ist eine Biegeeigenfrequenz oberhalb der 1. Ordnung, das heißt ≥ circa 120 Hz ausreichend. Die größeren Massen dieser meist großvolumigen Aggregate senken die Eigenfrequenz jedoch soweit ab, dass speziell bei Längsanordnung des Aggregats und langbauenden Allradgetrieben trotzdem auf hohe Biegesteifigkeit konstruiert werden muss. Bei diesen niedersten Schwingungsformen reichen statische Steifigkeitsbetrachtungen, beziehungsweise -berechnungen noch aus, da die Massen der Gehäusewände wenig Einfluss auf die Schwingungsform haben.

Die 1. Torsionseigenfrequenz eines üblichen Pkw-Aggregats liegt meist oberhalb der Frequenz der stärksten Drehschwingungsanregung. In Sonderfällen kann aber auch diese Eigenschwingungsform zu Geräuschproblemen führen und Strukturversteifungsmaßnahmen erforderlich machen. Auch hier sind Ausbuchtungen in der Getriebeglocke typische Steifigkeitsschwachstellen.

Im Frequenzbereich oberhalb circa 500 Hz spielen Gehäusewand-Eigenschwingungen zunehmend eine Rolle, die sich als „Hot Spots" der Motor- oder Getriebegeräuschabstrahlung äußern können. Solche Geräuschprobleme sind aber so spezifisch für die jeweilige Konstruktion, dass ohne messtechnische Analyse oder Simulation keine genaue Empfehlung zum Beispiel für eine Verrippung oder Bedämpfung gegeben werden kann. Größere ebene, dünnwandige Bereiche sollten jedoch von vornherein vermieden werden, zum Beispiel durch Bombierung, Rippen, Sicken, Zwischenwände etc.

Eine maximale dynamische Steifigkeit der Aggregatstützen, an denen die elastischen Motorlager befestigt sind, ist ebenso ein unbedingt anzustrebendes konstruktives Ziel. Sie sind als Kragträger mit zusätzlichen Massen am freien Ende (mitschwingende Motorlagermasse) zu betrachten, deren Resonanzen den über sie in die Karosserie geleiteten Körperschall des Motors um bis zu eine Zehnerpotenz überhöhen. Daher sollte man stets versuchen, die 1. Stützen-Eigenfrequenz auf über 1.000 Hz zu bringen, wo die Körperschallanregung des Motors nicht mehr dominant ist. Das ist in der Praxis nur zu erreichen, wenn die Stützen

1. kurz sind, das heißt nicht mehr als 100 bis 150 mm über die Aggregatwand auskragen,
2. über eine ausreichende Anschraubbasis an der Aggregatwand verfügen (Quadrat mit annähernd Stützenlänge als Seitenmaß), die entsprechend steif sein muss, und
3. als geschlossener, sich verjüngender Hohlkastenträger ausgeführt sind.

Aus diesem Grund werden für Aggregatlagerungen im Pkw heute kaum noch Stahlblechstützen mit offenem Profilquerschnitt eingesetzt, sondern in der Regel Alu-Druckgussstützen, für die **Bild 27-5** ein Beispiel zeigt. Die aggregatseitige Stützenlänge ist eine Frage der Anordnung der Aggregatlager bei der Fahrzeugkonzeption, bei der eine Fülle funktioneller Anforderungen zu erfüllen ist. Wenn dabei eine Wahl zu treffen ist zwischen längeren karosserieseitigen Aggregatlagerkonsolen oder längeren aggregatseitigen Stützen, ist aus akustischer Sicht im Allgemeinen die kürzere aggregatseitige Stütze von Vorteil.

Ähnliche Steifigkeitsgesichtspunkte sind bei der Anordnung und Befestigung der Nebenaggregate zu beachten. Ihre Anordnung an der Motorstirn ergibt sich im Wesentlichen aus dem Motorraum-Packaging und der konstruktiven Auslegung des Riementriebs.

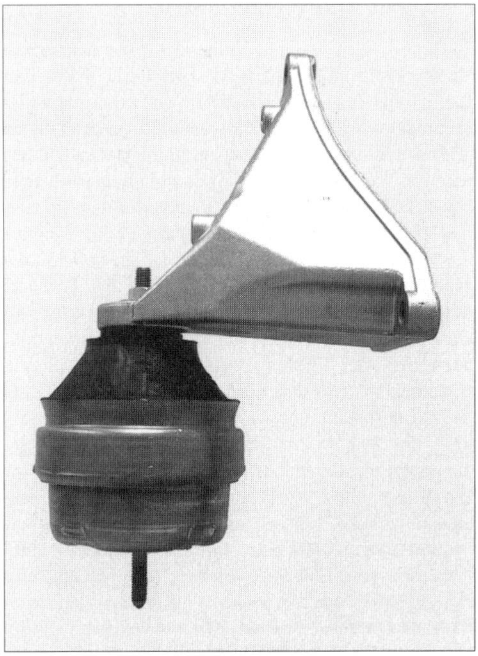

Bild 27-5 Motorstütze

Schwingungstechnisch sind sie als Massen anzusehen, die über eine bestimmte Federsteifigkeit mit der Aggregatmasse verbunden sind und daher bei der entsprechenden Frequenz in Resonanz gehen. Auch hier gilt im Normalfall das Ziel, diese Resonanzfrequenz möglichst hoch zu legen, also eine möglichst steife Halterung zu konstruieren. Die elegant und kostengünstig erscheinende Anordnung von zwei oder mehr Nebenaggregaten auf ein und demselben Halter macht durch die Anhäufung von Massen das Erreichen einer hohen Resonanzfrequenz schwierig und ist auch aus einem weiteren Grund nicht zu empfehlen: Der Körperschall eines Nebenaggregats, zum Beispiel der Lenkhilfepumpe, wird direkt auch in das benachbarte Nebenaggregat, zum Beispiel den Klimakompressor, eingeleitet und dann zusätzlich auch von dessen Verbindungselementen, in diesem Fall den Klimaschläuchen, auf die Karosserie übertragen. Ferner empfiehlt es sich im Allgemeinen, für den Nebenaggregateantrieb kein ganzzahliges Übersetzungsverhältnis, sondern zum Beispiel 1,1 oder 0,9 vorzusehen, damit die von den Nebenaggregaten erzeugte Schwingungsanregung frequenzmäßig nicht mit einer der Motorordnungen zusammenfallen kann. Durch den unvermeidlichen Riemenschlupf kommt es sonst zur Überlagerung von 2 Schwingungen fast gleicher Frequenz, was zu akustisch sehr unangenehmen periodischen Pegelschwankungen, sogenannten Schwebungen, führt [15, 17, 18].

27.7 Messtechniken und Analysemethoden

Aufgrund der Komplexität der Geräuschquelle Verbrennungsmotor inklusive Peripherie wurden im Laufe der Zeit eine Vielzahl von experimentellen Methoden entwickelt, die zusammen genommen ein sehr detailliertes Bild des Gesamtsystems liefern würden. Wegen des zum Teil erheblichen Aufwands, etwa für die Messung der Druckverteilung in einer Kurbelwellenlagerschale, wird in der Praxis zunächst mit einem Standard-Repertoire an Diagnosemethoden gearbeitet, mit dem sich die Mehrzahl der Problemfälle bereits lösen oder zumindest identifizieren und einschätzen lassen. Hiervon zu unterscheiden sind Methoden der Prüfung typischer Vorgaben oder Benchmarks, wie der Beschleunigungspegel an den Aggregatestützen oder der abgestrahlten Schallleistung des Motors, wofür in der Regel festgelegte, einfache Prozeduren existieren.

Ein universelles Werkzeug, das meist am Anfang einer Diagnose steht, ist die Anwendung der so genannten Signaturanalyse auf ein Luftschallsignal, entweder von Einzelmikrofonen (Nahbereich oder Innenraum) oder von einer Kunstkopfaufnahme **(Bild 27-6)** des Geräusches. Hierbei werden über eine Drehzahlrampe eine Vielzahl von Spektren in 3D-Form als so genanntes Wasserfalldiagramm (**Bild 27-7** links) oder in Form eines (meist farbig) kodierten 2D-Bilds als Campbell-Diagramm aufgetragen (**Bild 27-7** rechts). Eine solche Darstellung ist vor allem deswegen sehr nützlich, weil man in ihr zum einen das Maß der Anregung in Form ihrer relevanten Ordnungen als schräg durchlaufende Linien erkennen kann, und zum anderen Resonanzen im Übertragungsweg durch Überhöhungen mit feststehender Frequenz sichtbar werden. Können zusätzlich einzelne Ordnungen oder Frequenzbereiche herausgefiltert oder angehoben werden, lassen sich die für das zu untersuchende Problem kritischen Anteile im Hörvergleich identifizieren.

Sind nur wenige Ordnungen relevant oder genaue quantitative Aussagen gefordert, so beschränkt man sich auf die Darstellung von Ordnungskurven über der Drehzahl **(Bild 27-8)**. Hierbei ist durch den Einsatz von mitlaufenden (frequenzvariablen) Filtern die Datenreduktion schon während der Messung erreichbar. Typische Ordnungskurven beim Verbrennungsmotor sind die der größten nicht ausgeglichenen Massenkräfte und -momente sowie die der Zündfrequenz, beim 4-Zylinder-Reihenmotor also die 2. Motorordnung, beim 5-Zylinder die 1., 2. und 2,5te Motorordnung. Im höherfrequenten Luftschallbereich („mechanisches" Motorgeräusch) ist es üblich, das Geräusch in Frequenzbänder aufzuteilen (meist Terzen oder Oktaven) und deren Pegel über der Motordrehzahl aufzuzeichnen. Eine Erhöhung dieser Pegel kann zum Beispiel ein Hinweis sein, dass die Schalldämmung zwischen Motorraum und Innenraum Mängel aufweist.

Geht es um die Detailanalyse der Schallabstrahlung so ist die klassische aber aufwändige Fenstermethode, bei der aus einer vollständigen eng anliegenden Dämmkapsel (zum Beispiel aus Mineralwolle und Bleiblech)

Bild 27-6 Kunstkopf [Head acoustics]

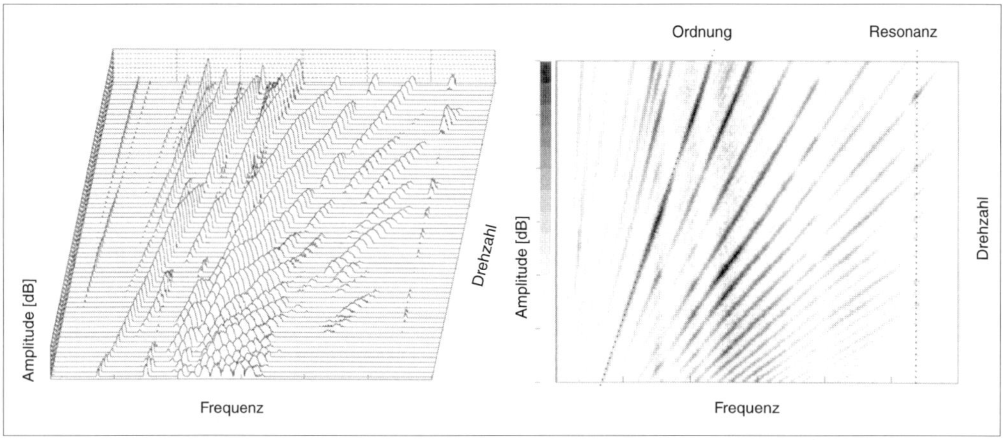

Bild 27-7 Signaturanalyse: Campbell-Diagramm (rechts), Wasserfalldiagramm (links) [AFT Atlas Fahrzeugtechnik]

punktweise kleine „Fenster" geöffnet und deren Einfluss auf die Abstrahlung gemessen wird, in vielen Fällen durch modernere Verfahren mit geringeren Rückwirkungen auf den Prüfling und das Schallfeld abgelöst oder ergänzt worden. Beim Intensitätsverfahren wird der Strahler in relativ geringem Abstand zur Oberfläche Punkt für Punkt abgetastet. Das Auftragen der Schallintensität über der projizierten Oberfläche liefert dann ein gutes Bild über die Verteilung von stark und schwach abstrahlenden Bereichen, wobei gleichzeitig die gesamte abgestrahlte Schallleistung bestimmt werden kann. Nachteilig ist die lange Messzeit, über die ein stabiler Betriebszustand aufrecht erhalten werden muss. Ferner ist für die Bewegung der Intensitätssonde aus Sicherheits- und Wiederholbarkeitsgründen oft eine automatische Vorrichtung notwendig. Kurze Messzeiten und die Beobachtung instationärer Vorgänge erlauben die Array-/Beamforming-Verfahren, bei dem der Schalldruck in einem gewissen Abstand von der Schallquelle von einer Reihe speziell angeordneter Mikrofone (Array) parallel aufgezeichnet wird. Spezielle Algorithmen erlauben die Auswertung der Richtungsabhängigkeit der Schalldruckherkunft, so dass für die Ebene der Strahleroberfläche eine „Quellenverteilung" dargestellt werden kann. Bei der sogenannten räumlichen Schallfeldtransformation (STSF)/akustische Holografie, kann mit Hilfe mathematisch-physikalischer Modelle aus gemessenen Schalldrucksignalen das vollständige Schallfeld ermittelt werden, also auch unmittelbar auf der Strahleroberfläche. Die Schalldrucksignale werden an einem im Abstand vom Strahler befindlichen Mikrofongitter aufgezeichnet; zur Trennung unabhängiger Quellen werden gegebenenfalls zusätzliche Referenzsensoren verwendet. Leistungsfähige Systeme erlauben ebenfalls kurze Messzeiten. Mit neueren Varianten des Verfahrens können auch instationäre Schallereignisse analysiert werden [21].

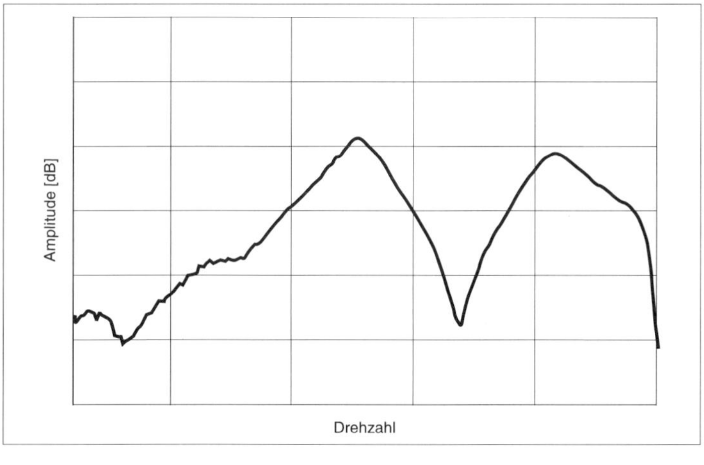

Bild 27-8 Ordnungspegel über Drehzahl, Schnitt aus Bild 27-7 [AFT Atlas Fahrzeugtechnik]

Um die für die Abstrahlung oder für die Körperschalleinleitung relevanten Schwingungsformen zu ermitteln und gegebenenfalls zu beeinflussen, bedient man sich gegebenenfalls der so genannten Betriebsschwingungsanalyse, welche die unter realen Betriebsbedingungen auftretenden Bewegungsformen sichtbar macht. Im Gegensatz dazu arbeitet die experimentelle Modalanalyse mit definierter künstlicher Anregung (zum Beispiel Impulshammer) und dient meist dem Abgleich von Rechenmodellen oder der Kontrolle, ob bestimmte Eigenfrequenzen und -formen in vorgegebenen Grenzen liegen (zum Beispiel erste Biegeeigenfrequenz des Motor-Getriebe-Verbunds) [10]. Die für die Modalanalyse und die Betriebsschwingungsanalyse am häufigsten gewählte Methode ist die punktweise Messung von Beschleunigungen in jeweils drei Richtungen. Diese können dann mit Unterstützung eines Computers den Knotenpunkten eines Drahtgittermodells zugeordnet und frequenzselektiv in Zeitlupe animiert werden. Prinzipiell eignen sich auch andere Körperschallsignale, wie induktiv gemessene Wege, für eine Betriebsschwingungsanalyse. Bei hohen Temperaturen, rotierenden oder dünnwandigen Bauteilen kommen häufig optische Verfahren zum Einsatz. Bei der Laser-Vibrometrie wird die Oberflächenschnelle punktweise in einer Richtung als Zeitsignal gemessen. Dies erlaubt zwar eine Aufspaltung in Frequenzanteile, erfordert aber durch die notwendige punktweise Abtastung relativ lange Messzeiten und damit stabile stationäre Betriebszustände. Demgegenüber liefert die Laser-Doppelpuls-Holographie Momentaufnahmen der Verformung großer Flächen (**Bild 27-9**), die jedoch die gesamte Deformation in der Zeit zwischen den zwei Laserpulsen darstellt und eine „eigenformselektive“ Auswertung nur bedingt und nur durch geschickte Wahl des Triggerzeitpunkts und des Zeitabstands (typisch 0,8 msec) erreicht werden kann.

Für die genaue Analyse der Körperschallbeiträge zum Innengeräusch stellt die sogenannte Übertragungsweganalyse (auch Transfer Path Analysis) ein sehr leistungsfähiges Werkzeug dar und ist deshalb oft Grundlage einer akustischen Fahrzeuguntersuchung [4, 5]. Sie läuft im Wesentlichen in drei Schritten ab:

1. Bestimmung der Schnittkräfte an den als relevant betrachteten Stellen auf direktem (Kraftmesselemente, DMS) oder indirektem Wege (Lagerverformungen, Eingangsimpedanzen)
2. Bestimmung der akustischen Übertragungsfunktionen von den Einleitungsstellen zum Empfängerpunkt (zum Beispiel Fahrerohr) bei abgekoppelter Geräuschquelle mittels künstlicher Anregung
3. Bestimmung der einzelnen Beitrager zum Geräusch durch Multiplikation der Kräfte mit den zugehörigen Übertragungsfunktionen. Auf diese Weise kann beispielsweise für die 2. Motorordnung ermittelt werden, welches Motorlager in welcher Richtung den größten Beitrag zum Brummgeräusch am Fahrerohr liefert.

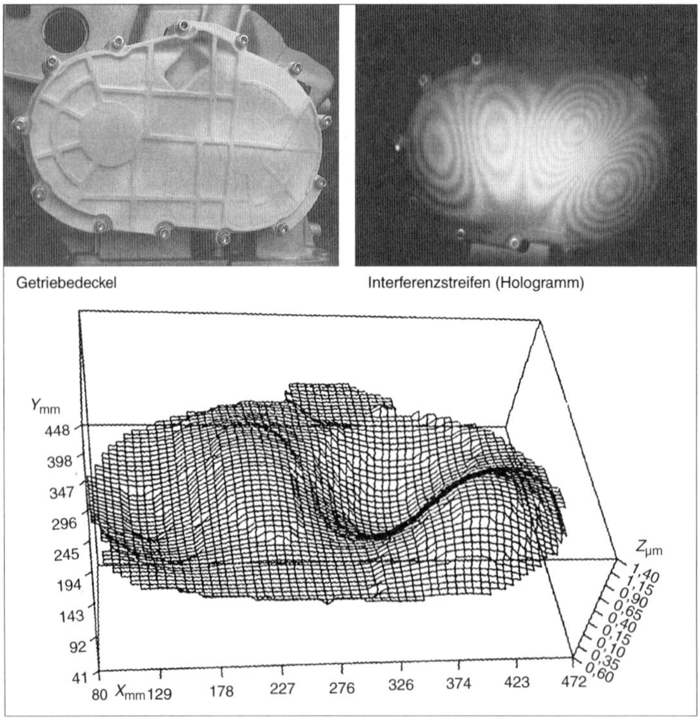

Bild 27-9 Laser-Doppelpuls-Holographie, Momentaufnahmen der Verformung großer Flächen [Laserlabor FHT-Esslingen]

27.8 Psychoakustik

Die in DIN IEC 651 festgelegten Bewertungskurven (zum Beispiel A-Bewertung) für Schallsignale sind ein erster grober Ansatz zur Berücksichtigung des nichtlinearen Verhaltens des menschlichen Gehörs. Will man aber eine Aussage über die subjektiv empfundene Lästigkeit eines Geräuschs treffen, so ist dies mit einer einfachen Frequenzbewertung nicht möglich. Besonders lästig empfunden werden zum Beispiel impulshaltige Geräusche, wie das Diesel-Nageln, während gleichmäßiges Rauschen bei gleichem Pegel eine geringe Lästigkeitsempfindung bewirkt, was weniger im Spektrum als vielmehr im Zeitverlauf dieser Signale erkennbar wird. Die objektive Erfassung dieser Unterschiede ist ein Ziel der sogenannte Psychoakustik, die dazu auf der Basis von Modellen und detaillierten Hörversuchen verschiedene so genannte psychoakustische Parameter definiert.
Grundlage für viele psychoakustische Parameter ist eine modifizierte Frequenzskala, die Tonheitskala (0 ... 24 Bark), die sich auf die nichtlineare Frequenz-Orts-Transformation der Basilarmembran stützt und damit die natürliche Frequenzeinteilung des Gehörs nachbildet. Durch Berücksichtigung von spektralen und zeitlichen Verdeckungseffekten sowie Empfindlichkeiten des Gehörs gegenüber Schwankungen von Amplitude und Frequenz berechnen sich die psychoakustischen Parameter aus gemessenen Signalen nach zum Teil komplizierten Algorithmen.
Gebräuchliche psychoakustische Parameter sind:

1. Lautheit: Lineare Größe zur Bewertung der Lautstärkeempfindung mit der Einheit sone (Referenz: 1 kHz Sinuston, 40 dB entspricht 1 sone). Ein Berechnungsverfahren (nach Zwicker) ist in ISO 532 genormt.
2. Lautstärke: Pegelgröße zur Beurteilung der Lautstärkeempfindung mit der Einheit phon. Sie lässt sich näherungsweise aus der Lautheit berechnen.
3. Schärfe: Bewertung, die die hohen Frequenzen betont, welche die Schärfe eines Geräusches ausmachen (Einheit: 1 acum).
4. Schwankungsstärke: Beurteilt sehr tieffrequente (<20 Hz) Modulationen des Signalpegels, die üblicherweise als störend empfunden werden.
5. Rauigkeit: Beurteilt Modulationen im Frequenzbereich 20 Hz ... 300 Hz, die ein Geräusch als „rau" erscheinen lassen, was nicht unbedingt immer eine negative Eigenschaft ist (sportlicher Klang).
6. Klanghaftigkeit (Tonalität): Dient zur Klassifizierung von Geräuschen hinsichtlich ihres Anteils an reinen Tönen im Verhältnis zum Rauschanteil [20].

Diese psychoakustischen Parameter charakterisieren in ihrer Gesamtheit ein Geräusch wesentlich besser als ein bewerteter Pegel, so dass auch versucht wird, durch geeignete Kombination der Parameter Kennzahlen für die „Qualität" eines Geräusches abzuleiten, welche aber dennoch auf bestimmte Kontexte beschränkt sind. Zur Verdeutlichung der Grundschwierigkeit sei das Auspuffgeräusch eines Ferrari genannt, das von einem jugendlichen Mann positiv bewertet wird, von dessen Großmutter aber nicht. So wurden und werden eine Vielzahl von zugeschnittenen Hörstudien mit Beurteilern aus dem Kreise der Fahrzeugkunden und/oder der Experten durchgeführt, um die richtigen Ziele zu definieren. Basis hierfür sind auf Grund der hohen Wiedergabequalität und der Manipulationsmöglichkeiten der damit verbundenen Analysesysteme meist Kunstkopfaufnahmen **(Bild 27-6)**, zum Teil sogar wiedergegeben in einer Original-Umgebung und unter Fühlbarmachung des tieffrequenten Körperschalls (Hand-, Fuß- und Sitzvibrationen). Hier liegt auch die Schnittstelle zwischen Psychoakustik und Sound-Engineering.

27.9 Sound-Engineering

Zu den Selbstverständlichkeiten der Fahrzeugakustik gehört nun schon seit vielen Jahren die Erkenntnis, dass einfaches „Leisermachen" vielfach nicht mehr zielführend ist, da eine gewisse akustische Rückmeldung vom Fahrzeug benötigt und auch erwartet wird. Die Aufgabe des Sound-Engineering besteht nun darin, die gewünschten akustischen Informationen mit einem möglichst angenehmen und gegebenenfalls auch markentypischen Klang auszustatten und dabei je nach Fahrzeugtyp bestimmte Charakteristika wie „sportlich", „kraftvoll", „dynamisch" oder „gediegen" zu treffen. Dem Motorgeräusch kommt hierbei naturgemäß eine besondere Bedeutung zu. Gleichzeitig liegen beim Motor auch die meisten Möglichkeiten der Beeinflussung, was in der Vielfalt der Übertragungswege und der Zusammensetzung des Geräusches als Ordnungsgemisch begründet ist. Sieht man einmal von rein elektronischen Manipulationen ab, mit denen zwar spektakuläre aber „unechte" Ergebnisse erzielt werden können, so hat man je nach Motortyp zum Beispiel durch Modifikationen der Ansaug- und Abgasanlage die Möglichkeit, einzelne Ordnungen zu betonen und damit einen gewünschten Klang, oft in Richtung „sportlich, dynamisch", zu erzeugen.
Wesentliche Grundlagen für die Qualität des Motorgeräusches werden jedoch in der Konzeptphase gelegt, wo über Zylinderzahl und -anordnung, Zündfolge, Massenausgleich, Gehäuse- und Kurbelwellensteifigkeit, Luftführung etc. entschieden wird. Werden hier die wesentlichen Kriterien berücksichtigt, ergibt sich fast automatisch ein gutes Motorgrundgeräusch, so dass zur Erreichung eines perfekten Klangbilds oft erst wieder das „Leisermachen" von

unerwünschten höherfrequenten Komponenten aus Gaskräften, Steuertrieb und Nebenaggregaten gefordert ist, die zweifellos mit steigender Komplexität der Aggregate und Fahrzeuge zunehmen. Welche Komponente sich wie stark verändern muss, ist nicht immer einfach zu entscheiden, da einerseits das subjektive Empfinden der Menschen sehr unterschiedlich ausfallen kann und andererseits die Kosten für Entwicklung und Umsetzung von Abhilfemaßnahmen nicht unerheblich sind. Zur Erleichterung dieser Entscheidung bedient man sich daher verstärkt der Modelle, Parameter und Methoden der Psychoakustik [19].

27.10 Simulationswerkzeuge

Die Vorausberechnung der Schwingungen und des abgestrahlten Luftschalls eines noch im Entwurfsstadium befindlichen Motors ist auch heute noch eine anspruchsvolle Zielsetzung **(Bild 27-10)**.
Neben der hohen Zahl der notwendigen Freiheitsgrade an sich ist es vor allem die Modellierung der Ladungswechsel- und Verbrennungsvorgänge sowie der nichtlinearen Kopplungsvorgänge (Stöße, Schmierfilme, Reibung etc.) zwischen den vielen beweglichen und feststehenden Komponenten, die ein aussagekräftiges Gesamtmodell sehr schwierig realisierbar machen. So entstanden eine Reihe von spezialisierten Modellen und Methoden, deren Ergebnissemeist erst zu einem Gesamtresultat zusammengeführt werden müssen.
Ausgangspunkt auf der strukturdynamischen Seite ist ein FE-Modell des Motor-Getriebe-Blocks sowie ein FE- beziehungsweise Mehrkörpermodell des drehenden Kurbeltriebs und gegebenenfalls auch des Steuertriebs, die fein genug sind, die komplexen Schwingungsformen im akus-tisch relevanten Frequenzbereich zu erfassen. Ihre Verifikation erfolgt im Allgemeinen in Teilsystemen über den Abgleich mit experimentellen Modalanalysen. Eine Hauptschwierigkeit liegt hierbei in der richtigen Erfassung der Dämpfung. Der aufwändigste und schwierigste Teil ist jedoch, die Kräfte zu berechnen, die im Betriebszustand auf die Blockstruktur einwirken. Dazu sind die Teilmodelle zu koppeln, wobei die Kopplungsbedingungen über den hydrodynamischen Ölfilm der Lager und der Zylinderlaufbahn stark nichtlinear sind. Die Gaskräfte auf den Kurbeltrieb wiederum sind entweder einer Indiziermessung zu entnehmen oder müssen ebenfalls durch ein aufwändiges Ladungswechsel- und Thermodynamik-Modell berechnet werden. Gesamtergebnis der Simulation ist die Schnelleverteilung auf der Oberfläche des Aggregats einschließlich der Aggregatestützen.
Die Berechnung des abgestrahlten Luftschalls, etwa für die Quantifizierung des Außengeräusches, ist auf dieser Basis mit Hilfe von FE- oder BE-Methoden (Boundary Element) verhältnismäßig einfach zu bewerkstelligen, da man es nur noch mit einem einzigen homogenen Medium zu tun hat. Bei der Berechnung des Fahrzeuginnengeräusches muss zwischen dem durch die Karosseriewand hindurchtretenden Luftschall und dem über die Aggregatelager, Antriebswellen und diverse andere Verbindungsstellen in die Karosserie eingeleiteten Körperschall unter

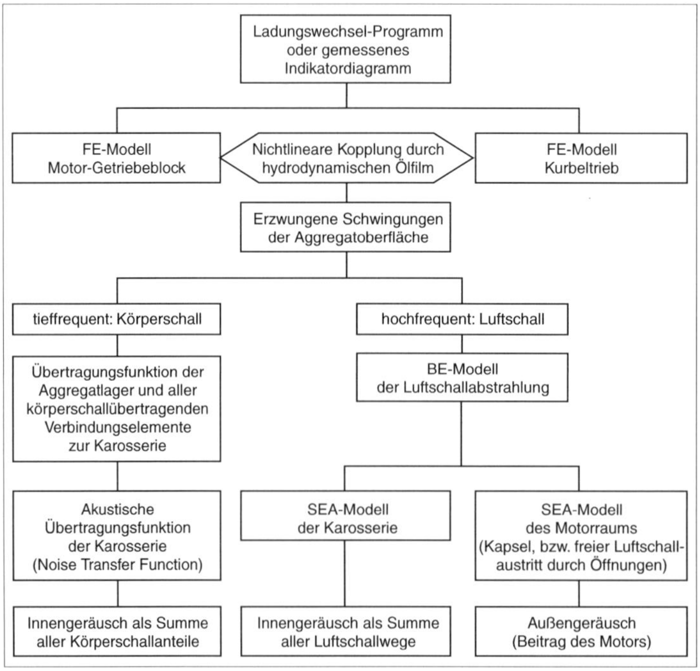

Bild 27-10 Beispiel für den Ablauf einer Motorgeräuschsimulation

schieden werden. Bei Frequenzen unterhalb circa 500 Hz ... 1.000 Hz sind die Körperschallübertragungswege im Allgemeinen dominant. Hier können die Schwingungsamplituden der Motorstützen als sogenannte „Weg-Erregung" der Gummilager der Aggregatlagerung angesehen werden, weshalb sie häufig als Referenzgrößen herangezogen werden, die bestimmte Grenzlinien nicht überschreiten dürfen. Mit der dynamischen Steifigkeit der Aggregatlager und der akustischen Übertragungsfunktion der Karosserie an den Lagerstellen kann für jedes Lager der Körperschallbeitrag zum Gesamtinnengeräusch berechnet und diese Beiträge dann für alle Lager und alle Schwingungsrichtungen phasenrichtig aufsummiert werden. Die akustischen Übertragungsfunktionen der Karosserie können wiederum sowohl in Form gemessener Daten oder als Ergebnis einer dynamischen FE-Berechnung von Karosseriestruktur und Hohlraum vorliegen. Die rechnerische Ermittlung von Karosserieübertragungsfunktionen gestaltet sich allerdings auf Grund des komplexen Aufbaus einer ausgekleideten Karosserie mit vielen schwer definierbaren Fügestellen sehr schwierig. Im höheren Frequenzbereich, der meist von der Luftschallanregung aus dem Motorraum dominiert wird, werden die Verhältnisse zum Teil dadurch wieder vereinfacht, dass man auf Grund eines breitbandigen Geräuschcharakters und der hohen Dichte von Eigenfrequenzen der Karosserie mit Hilfe statistischer Betrachtungen unter Vernachlässigung von Phasenbeziehungen Energieflüsse für ganze Frequenzbereiche betrachten kann und so wieder zu einfachen algebraischen Beziehungen kommt (SEA, statistical energy analysis). Wegen des sehr hohen Aufwandes für ein aussagekräftiges akustisches Gesamtfahrzeugmodell – allein die entwicklungsbegleitende Aktualisierung der Submodelle ist eine nicht unerhebliche organisatorische Aufgabe – geht man in der Praxis vielfach zu sogenannte „Hybrid-Modellen" über, das heißt der Kombination von messtechnisch erfassten Baugruppen oder Eingangsgrößen mit Rechenmodellen neuer Komponenten. Insbesondere bei Neuentwicklungen, die auf einer bestehenden Fahrzeug-Bodengruppe oder auf einer bereits vorhandenen Motorenfamilie aufbauen, bietet sich dieser Lösungsweg an [9].

27.11 Anti-Noise-Systeme: Geräuschminderung durch Gegenschall

Störende Geräusche durch künstlich erzeugten Gegenschall auszulöschen, ist eine Möglichkeit, die seit der Verfügbarkeit schneller digitaler Regelsysteme technisch realisierbar ist. Dabei wird möglichst nahe an der Quelle des Störgeräusches dessen Signal erfasst, im Rechner ein gegenphasiges Signal erzeugt und über ein Verstärkersystem abgestrahlt. Am besten funktioniert die Auslöschung harmonischer Signalanteile, zum Beispiel einer oder mehrerer Motorordnungen. Das analoge mechanische Prinzip ist die bekannte Auslöschung von Massenkräften des Kurbeltriebes durch gegenphasige Kräfte mittels Ausgleichswellen.

Anti-Noise-Systeme für 4-Zylinder-Fahrzeuge, die mit mehreren Mikrofonen das Motorgeräusch im Fahrzeuginnenraum erfassen und über gezielt platzierte Lautsprecher das Brummen der 2. Motorordnung um mehr als 10 dB reduzieren, wurden bereits in den 80er Jahren als serienreife Prototypen am Markt angeboten. Ebenso liefen in fast allen Forschungsabteilungen der großen Automobilhersteller Eigenentwicklungen, die auch der Fachpresse publikumswirksam vorgestellt wurden in Form von Versuchsfahrzeugen, bei denen die Brummgeräusche während der Fahrt auf Knopfdruck ausgelöscht werden konnten. Diese zunächst eindrucksvollen Vorführungen brachten aber gleichzeitig ein Manko zu Tage: Die auf demselben Weg vom Motor erzeugten Vibrationen konnten von den Lautsprechern mit Gegenschall nicht beeinflusst werden, bestimmen aber den subjektiven Komforteindruck mit. Konsequenterweise gingen die Weiterentwicklungen in die Richtung, bereits den Körperschall, und damit auch die Vibrationen, an den Einleitungsstellen in die Karosserie durch gegenphasig geregelte Schwingungserreger, zum Beispiel in Form von Piezoaktuatoren auszulöschen, was allerdings den technischen Aufwand weiter in die Höhe treibt.

Der Aufwand, beziehungsweise das Kosten-Nutzen-Verhältnis war in der Vergangenheit auch der Hauptgrund, dass sich Anti-Noise beim Großserien-Pkw nicht durchgesetzt hat. Vereinfacht auf den Punkt gebracht: „Für die 4-Zylinder-Fahrzeuge, die es brauchen, ist es zu teuer, und die teuren Fahrzeuge mit 6- und 8-Zylindermotoren brauchen es nicht." Die dagegen häufig geäußerte Vision „Elektronik statt Masse", das heißt die Kosten für das Regelsystem durch Einsparungen an Schalldämmmaterial zu kompensieren, konnte schon vom physikalischen Prinzip her nicht funktionieren: Das so genannte Sound-Package in der Pkw-Karosserie wird fast ausschließlich zur Reduktion der hochfrequenten Geräuschanteile eingesetzt, die stochastischen Signalcharakter haben, und damit keinen definierbaren Phasenbezug. Kohärenz der Signale ist aber die Voraussetzung für alle stabilen Interferenzerscheinungen und somit auch für die Geräuschauslöschung.

Die Neuentwicklungen bei den höherwertigen 4-Zylindermotoren in den letzten Jahren zeigen einen klaren Trend zur klassischen Ausgleichswellen-Lösung („Lancaster-Ausgleich"), mit der die Massenkräfte der 2. Motorordnung und die von ihnen verursachten Vibrationen und Brummgeräusche praktisch vollständig eliminiert werden. Im Gegensatz dazu werden Anti-Noise-Systeme im Flugzeug-, oder im Anlagenbau, auf Grund des ganz anderen Kostenrahmens in einer Reihe von Anwendungen eingesetzt. Bei Hubschrauberpiloten kann der Gegenschall zur Auslöschung des tieffrequenten Rotorgeräusches in idealer Weise in den Helm in Ohrnähe ausgestrahlt werden und so Sprachverständlichkeit beim Sprechfunk und Komfort verbessert werden. In Windkanälen kommen Gegenschallanlagen zur Auslöschung des tieffrequenten Gebläsegeräusches durch ein Lautsprechersystem unmittelbar am Gebläseaustritt zum Einsatz. Anwendungsbereich sind vorzugsweise tieffrequente Geräuschprobleme, wo die üblichen Schallabsorptions- und -dämmmaterialien wenig wirksam sind.

Literatur

[1] *Albenberger, J.; Steinmayer, T.; Wichtl, R.*: Die temperaturgesteuerte Vollkapsel des BMW 525 tds. In: ATZ 94 (1992), Nr. 5, S. 244–247

[2] *Basshuysen, R. v.*: Motor und Umwelt. In: ATZ 93 (1991), Nr. 1, S. 36–39

[3] *Bathelt, H.; Bösenberg, D.*: Neue Untersuchungsmethoden in der Karosserieakustik. In: ATZ 78 (1976) 5, S. 211–218

[4] *Bathelt, H.*: Analyse der Körperschallwege in Kraftfahrzeugen. In: Automobil-Industrie 1, März 1981, S. 27–33

[5] *Bathelt, H.*: Innengeräuschreduzierung durch rechnergestützte Analyseverfahren. In: ATZ 83 (1981) 4, S. 163–168

[6] *Betzel, W.*: Einfluss der Fahrbahnoberfläche von Geräuschmessstrecken auf das Fahr- und Reifen-Fahrbahn-Geräusch. In: ATZ 92 (1990), Nr. 7/8, S. 411–416

[7] *Ehinger, P.; Großmann, H.; Pilgrim, R.*: Fahrzeug-Verkehrsgeräusche. Messanalyse- und Prognose-Verfahren bei Porsche. In: ATZ 92 (1990), Nr. 7/8, S. 398–409

[8] *Eikelberg, W.; Schlienz, G.*: Akustik am Volkswagen Transporter der 4. Generation. In: ATZ 93 (1991), Nr. 2, S. 56–66

[9] *Estorff, O. v.; Brügmann, G.; Irrgang, A.; Belke, L.*: Berechnung der Schallabstrahlung von Fahrzeugkomponenten bei BMW. In: ATZ 96 (1994), Nr. 5, S. 316–320

[10] *Ewins, D. J.*: Modal Testing, Theory and Practice. Research Studies Press Ltd., Letchworth, 1984

[11] *Geib, W., (Hrsg.)*: Geräuschminderung bei Kraftfahrzeugen. Braunschweig: Friedr. Vieweg & Sohn, 1998

[12] *Heckl, M.; Müller, H. A.*: Taschenbuch der Technischen Akustik. Berlin Heidelberg: Springer-Verlag, 1994

[13] *Henn, H.; Sinambari, G. R.; Fallen, M.; Erhard, Ch.*: Ingenieurakustik 4. Aufl. Wiesbaden: Vieweg+Teubner, 2008

[14] *Klingenberg, H.*: Automobil-Messtechnik, 2. Aufl. Band A: Akustik. Berlin: Springer Verlag, 1991

[15] *Kollmann, F. G.*: Maschinenakustik. Berlin Heidelberg: Springer-Verlag, 1993

[16] *Kremer, L.; Heckl, M.*: Körperschall, 2. Aufl. Berlin: Springer Verlag, 1996

[17] *Küntscher, V. (Hrsg.)*: Kraftfahrzeugmotoren. 3. Aufl. Berlin: Verlag Technik, 1993

[18] *Mollenhauer, K. (Hrsg.)*: Handbuch Dieselmotoren. Berlin Heidelberg: Springer-Verlag, 1997

[19] *Quang-Hue, V. (Hrsg.)*: Soundengineering. Renningen-Malmsheim: Expert Verlag, 1994

[20] *Zwicker, E.; Fastl, H.*: Psychoacoustics, Facts and Models. Berlin New York: Springer-Verlag, 1990

[21] *Quickert, M.; Andres, O.*: Moderne Verfahren zur Ortung von Schallquellen am Beispiel schwerer Nutzfahrzeugdieselmotoren. In: Tschöke, H.; Henze, W. (Hrsg.): Motor- und Aggregate-Akustik, Haus der Technik Fachbuch Band 25, Expert Verlag, Renningen, 2003.

28 Motorenmesstechnik

Die Versuchsphase stellt einen entscheidenden Abschnitt in der Entwicklung eines Verbrennungsmotors dar. Die Grundaufgaben umfassen die Validierung der Auslegung des Motors, den Nachweis der sicheren Einhaltung von Grenzwerten, sowie die Optimierung und Kalibrierung des gesamten Antriebsstrangs.

Um dieser Aufgabenstellung gerecht zu werden, müssen alle Kennwerte des Motors eindeutig und reproduzierbar erfasst werden. Dies bedingt einen logisch modularen Aufbau des Prüfstand-Gesamtsystems, eine realistische Darstellung der Belastungsbedingungen des Motors, sowie eine definierte Präzision für alle Messgrößen.

Die innermotorischen Kenngrößen eines Motors sind von besonderer Bedeutung. Ihre Erfassung ist unverzichtbarer Bestandteil der Prüfstandsmesstechnik und wird in Kapitel 25, Verbrennungsdiagnostik, besonders behandelt. Für besondere Aspekte der Abgasmesstechnik und einzuhaltender gesetzlicher Bestimmungen sei auf Kapitel 21, Abgasemissionen, verwiesen.

Die zunehmende Komplexität moderner Motoren bei gleichzeitiger Verkürzung der Entwicklungszeiten stellt hohe Anforderungen an die Messtechnik und resultiert in einer signifikanten Veränderung der in den gesamten Entwicklungsprozess integrierten Versuchsmethodik. Statistische Versuchsplanung (DoE – Design of Experiments) [1], modellgestützte Versuchsdurchführung [2] sowie die Darstellung dynamischer Fahrverhältnisse am Prüfstand sind Standard geworden, und ein leistungsfähiges Prüfstandsystem [3] soll hoch automatisierte Abläufe mit möglichst kurzen Messzeiten und ausgewiesener Vertrauenswürdigkeit der Ergebnisse ermöglichen.

Die geforderte Datensicherheit und Reproduzierbarkeit der Messergebnisse auch an unterschiedlichen Prüfständen bedeutet auch eine Steigerung der Leistungsfähigkeit der zum Einsatz kommenden Methoden und Werkzeuge. Am Beispiel der Kraftstoffverbrauchsmesstechnik soll dieser Zusammenhang kurz erläutert werden. Der spezifische Kraftstoffverbrauch [vergleiche Kapitel 3.5] ist eine zentrale Zielgröße einer jeden Motorentwicklung. Um bei der Optimierung den erforderlichen Prüfaufwand gering zu halten werden computergestützte Optimierungs- und DoE-Methoden [4] eingesetzt – mit der Folge, dass zur Beurteilung des Motorverhaltens im gesamten Kennfeld nur relativ wenige Messpunkte zur Verfügung stehen. Um trotzdem den Verlauf in Abhängigkeit von eingestellten Parametern und das gesuchte Optimum sicher erkennen zu können, muss die Messunsicherheit in diesen Punkten extrem gering sein. Dabei ist innerhalb eines Messablaufes die Wiederholbarkeit entscheidend, für die Austauschbarkeit von Ergebnissen verschiedener Prüfstände auch die Absolutgenauigkeit [5].

Wichtig bei den Genauigkeitsforderungen ist das Zusammenwirken von unterschiedlicher Messtechnik. Es geht immer um praxisgerechte Werte des gesamten Prüfsystems [6]. Zum Beispiel bei der Ermittlung des spezifischen Kraftstoffverbrauchs können schwankende Drehmomentverläufe oder eine unzureichende Konditionierung des Motors auch bei hoher Präzision der Verbrauchsmesstechnik eine automatisierte Optimierung und damit eine effiziente Versuchsdurchführung verhindern.

Die folgenden Abschnitte sollen einen kompakten Überblick über die auf praktisch jedem Motorprüfstand erforderliche Messtechnik geben. Für weitere Messtechnikthemen sei auf das Literaturverzeichnis verwiesen, zum Beispiel Ölverbrauchsmessung [7], Einspritzsystemmesstechnik [8], optische Verbrennungsdiagnostik [9].

Messtechnik im Prüfstand-Gesamtsystem

Moderne Prüfstände für die Motorentwicklung erfassen mit einem Netzwerk von Messgeräten mit bis zu mehreren Hundert Messkanälen eine Vielzahl physikalischer Größen, von der Temperatur- und Druckmessung bis hin zur Messung der emittierten Schadstoffmassen.

Die Größe des Prüfstands richtet sich nach der Größe beziehungsweise Leistung des zu prüfenden Motors.

Je nach Art des Prüflings gibt es folgende Prüfstands-Grundtypen:

- Motor-Prüfstand: Am Prüfstand ist nur der Motor, ohne weitere Komponenten des Antriebsstrangs. Das Schwungrad des Motors bildet die Schnittstelle zwischen Prüfling und Prüfstand.
- Power-Pack-Prüfstand: Geprüft wird der Motor mitsamt Fahrzeuggetriebe. Die Abtriebswelle des Getriebes ist mit der Belastungsmaschine des Prüfstands verbunden.
- Antriebsstrang-Prüfstand (auch: Powertrain-Prüfstand): Prüfling ist der Motor mit dem gesamten Fahrzeug-Antriebsstrang. Die zwei Belastungsmaschinen – bei Allradantrieb sind es vier – werden mit den radseitigen Halbachs-Enden verbunden. In manchen Anwendungen wird der Verbrennungsmotor durch eine elektrische Antriebsmaschine (englisch: Prime Mover) ersetzt, wobei sehr spezielle Aggregate für die Darstellung der hochfrequenten Komponenten im Drehmomentverlauf des Verbrennungsmotors benötigt werden.

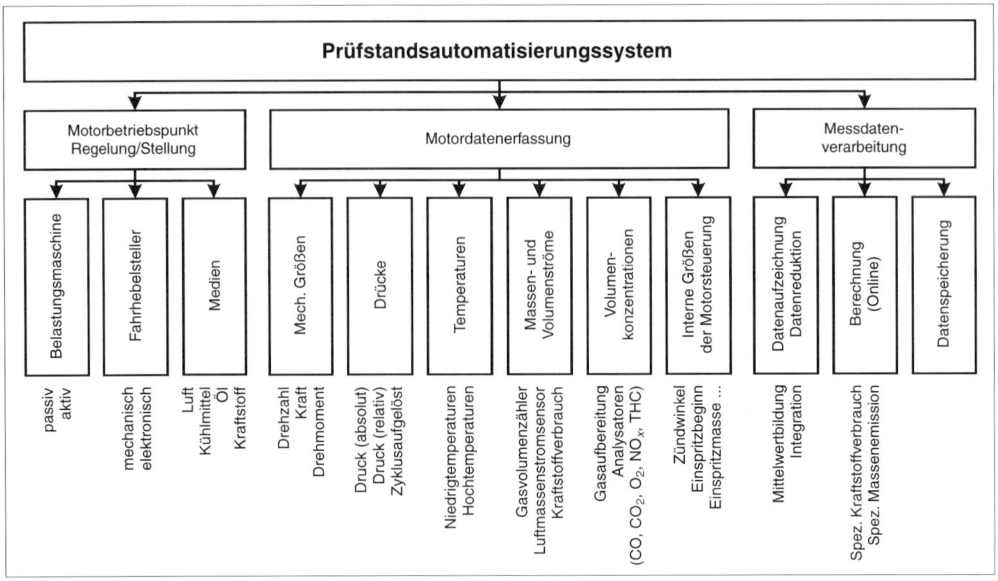

Bild 28-1 Systemaufbau und Aufgaben eines Prüfstandsystems [3]

- Fahrzeug-Prüfstand (auch: Rollen-Prüfstand): Das vollständige Fahrzeug wird mit den Reifen auf die Prüfstandsrollen gesetzt. Schnittstelle zwischen Fahrzeug und Prüfstand sind die Reifenaufstandsflächen. Die Rollen mindestens der Fahrzeugantriebsräder sind direkt mit einer Belastungsmaschine, beziehungsweise mit mehreren Belastungsmaschinen verbunden.

Je nach Prüfbetrieb unterscheidet man folgende Hauptkategorien von Motorenprüfständen:

- Stationäre Prüfstände: Sie erlauben den Betrieb des Prüflings unter stationären Bedingungen.
- Dynamische Prüfstände: Sie erlauben die Darstellung von auch dynamischen Betriebszuständen. Power-Pack-, Anstriebsstrang-, und Fahrzeugprüfstände sind zumeist den dynamischen Prüfständen zuzuordnen.

Dem Prüfstand-Automatisierungssystem [3] sind eine Vielzahl von Aufgaben zugeordnet, **Bild 28-1**. In Abhängigkeit vom durchzuführenden Prüfprogramm müssen der Betriebspunkt des Motors eingestellt und die Messdaten erfasst und ausgewertet werden. Moderne Prüfstandsysteme ermöglichen darüber hinaus einen Betrieb auch ohne Bedienpersonal. Damit können Kosten und Zeitaufwand für Entwicklungs- und Abstimmarbeiten reduziert werden, insbesondere wenn moderne Werkzeuge zur Versuchsplanung und computerunterstützten Optimierung zur Anwendung kommen.

Belastungsmaschinen

Die Art der Belastungsmaschine, **Bild 28-2**, (englisch: Dynamometer, kurz: Dyno) ist ein wesentliches Merkmal eines Prüfstands. Man unterscheidet aktive und passive Belastungsmaschinen. Aktive Belastungsmaschinen können den Verbrennungsmotor bremsen und antreiben, während die passiven nur bremsen können. Aktive Belastungsmaschinen ermöglichen also auch einen Schleppbetrieb des Verbrennungsmotors. Im Allgemeinen sind sie tauglich für den Vier-Quadranten-Betrieb, bei dem alle vier Vorzeichenkombinationen von positiver und negativer Drehgeschwindigkeit und positivem und negativem Drehmoment auftreten können. Unter anderem deshalb werden sie für dynamische Prüfstände verwendet. Aber auch wenn das Antreiben des Verbrennungsmotors nicht zwingend erforderlich ist, werden ihrer größeren Flexibilität, höheren Dynamik sowie der geringeren Wartungs- und Betriebskosten wegen vielfach aktive Bremsen eingesetzt.

Als passive Belastungsmaschinen für Motorprüfstände werden hauptsächlich hydraulische Leistungsbremsen und elektrische Wirbelstrombremsen eingesetzt. Beide Typen sind mechanisch vorwiegend als sogenannte Pendelmaschinen gebaut.

Bei Motorleistungen bis zu etwa 500 kW werden Wirbelstrombremsen aufgrund ihrer besseren Regeleigenschaften den hydraulischen Leistungsbremsen vorgezogen. Für große und stationäre Bremsleistungen größer als 500 kW sind hydraulische Leistungs-

Bild 28-2 Beispiele für Belastungsmaschinen: Links eine Pendelmaschine, rechts eine Fußmaschine

bremsen ihres geringeren Anschaffungspreises und der größeren Robustheit wegen im Vorteil. Typische Anwendungen sind Dauerlaufprüfstände, Qualitätsprüfstände, sowie Prüfstände für einfache Forschungs- und Entwicklungsaufgaben.

Als aktive Leistungsbremsen kommen Synchron-, Asynchron- und Gleichstrommaschinen zum Einsatz. Sie werden sowohl als Fußmaschinen als auch als Pendelmaschinen für hochdynamische Anwendungen gebaut, zum Beispiel für die Pkw-Abgasmessung mit Fahrzeug- und Fahrersimulation, für die Fahrbarkeitsbewertung (englisch: Driveability), die automatisierte Optimierung sowie für Rennsportanwendungen. Extrem geringe Trägheitsmomente für eine höchstmögliche Dynamik, beispielsweise zur Darstellung der Drehmomentstöße eines Verbrennungsmotors, können mit Permanentmagnetmaschinen erreicht werden.

Pendelmaschinen **(Bild 28-2)** ermöglichen eine hohe Drehmoment-Messgenauigkeit sowie eine sehr dynamische und genaue Drehmoment-Regelung. Sie verfügen über einen drehbar gelagerten Stator, so dass die Abstützkraft des Stators am festen Gehäuse gemessen und zur Bestimmung des Drehmoments verwendet werden kann. Vorteilhaft ist auch die besonders einfache und genaue Kalibriermöglichkeit, nämlich durch Belastung eines definierten Stator-Hebels mit Kalibriergewichten.

Bei den Fußmaschinen **(Bild 28-2)** ist der Stator fest mit dem Gehäuse verbunden. Das Drehmoment wird mit Hilfe einer Drehmoment-Messwelle oder bevorzugt mit einem Drehmoment-Messflansch gemessen. Wegen der auftretenden Drehmoment-Stoßbelastung ist auf eine ausreichende Überlastfähigkeit dieser Sensoren zu achten.

In Verbindung mit einer hochentwickelten Prüfstandsregelung ist es mit den permanent erregten Synchronmaschinen (PMM) der neuesten Generation möglich, einen Großteil der in der Realität auftretenden Fahrzustände, sowohl von konventionellen als auch von hybriden Antriebssträngen, am Motorenprüfstand nachzubilden beziehungsweise zu applizieren. Dazu gehören neben der Simulation von Triebstrangschwingungen bis 40 Hz auch der fahrzeugrealistische (realitätsnahe) Motorstart mit unterschiedlichen Startern (ISG, RSG, konv. Anlasser) und eine „Theta-Null-Simulation", bei der Zündaussetzer von der On-Board-Diagnose (OBD) erkannt werden können.

Durch die Positionierung der besonders klein bauenden PM-Maschine in einem Portalrahmen eröffnet sich zusätzlich die Möglichkeit, die Abgasanlage entsprechend der Anordnung im Fahrzeug aufzubauen und somit aufgrund der realistische Anströmung die Kalibrierung von Abgasnachbehandlungssystemen (NO_x-Speicherkatalysator, DPF, …) fahrzeugrealistisch vorzunehmen [6, 7].

Mechanische Messgrößen

Zu den wichtigsten mechanischen Messgrößen am Prüfstand zählen Drehmoment und Drehzahl. Für schnelle, sogenannte kurbelwinkelbezogene Messungen, wie sie beispielsweise zur Verbrennungsdiagnose durchgeführt werden, ist die laufende Bestimmung der aktuellen Drehstellung der Kurbelwelle (°KW – Grad Kurbelwinkel) während jeder einzelnen Umdrehung von Bedeutung.

Zur Drehmomentmessung werden im Allgemeinen Dehnmessstreifen (kurz: DMS) verwendet, die im Kraftfluss der Messwelle, des Messflansches oder, im Fall der Pendelmaschine, am Biegebalken der Lastmesszelle angeordnet sind. Elektronisch ausgewertet wird die dehnungsabhängige Änderung des elektrischen Widerstands der Dehnmessstreifen, wobei die Steifigkeit des DMS-Trägers berücksichtigt wird. Weiters kann das sogenannte Luftspaltmoment der Belastungsmaschine aus maschinen-internen Messgrößen, zum Beispiel aus dem Statorstrom, mit Hilfe

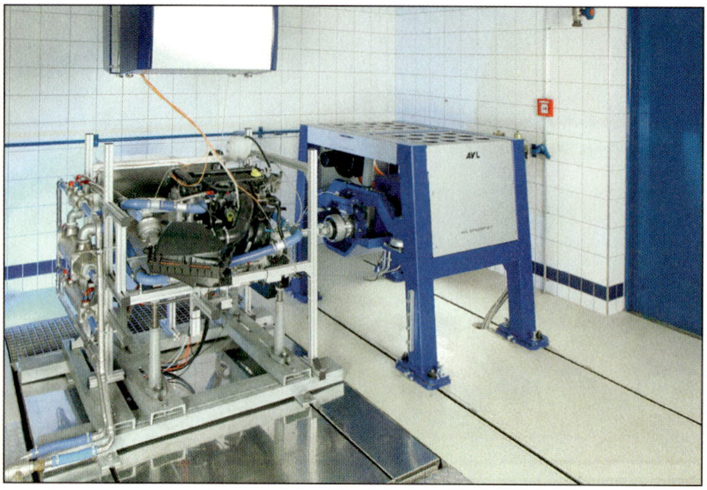

Bild 28-3 Prüfstandsaufbau mit hochdynamischer Belastungsmaschine

mechanischer Modelle der Maschine gerechnet und insbesonders für hochdynamische Anwendungen genutzt werden.

Die Messung von Drehzahl und Kurbelwinkel erfolgt hauptsächlich nach dem Impulszählverfahren, beispielsweise mit Hall-Sensor und Zahnscheibe, oder mit einem optischen Detektor für die Teilungsmarken einer Glasscheibe. Aus praktischen Gründen wird der Kurbelwinkelmarkengeber häufig am frei zugänglichen Ende des Motors montiert (**Bild 28-4**).

Bei präzisen und zeitlich hochaufgelösten Messungen ist zu beachten, dass im Betrieb des Motors eine nicht vernachlässigbare Torsion der Kurbelwelle und überlagerte Drehschwingungen auftreten können. Die Momentanwerte von Drehmoment, Winkelgeschwindigkeit und Drehwinkelstellung der Kurbelwelle (Kurbelwinkel) sind daher möglichst am selben Ort zu messen oder rechnerisch auf den selben Ort zu beziehen.

Zusätzlich zu marktüblichen Winkelaufnehmern existieren Systeme, die eine Drehrichtungs- oder auch

Bild 28-4 Kurbelwinkelmarkengeber zur Bestimmung von Drehzahl und aktueller Drehstellung der Kurbelwelle

Absolutwinkelerkennung ermöglichen. Bei einem System, das auf optischem Messprinzip basiert, werden beispielsweise die Signale einer Markenscheibe mit zwei gleichen Sensoren erfasst, die zueinander – meist um 90° – bezüglich der Phase verschoben sind. Vor- oder Nacheilen eines Signals entspricht der jeweiligen Drehrichtung. Andere Systeme mit mehreren Spuren auf einer Markenscheibe ermöglichen die Ausgabe des absoluten Drehwinkels, wenn die Spuren unterschiedlich codiert sind. Die Auflösung hängt von der Anzahl der Spuren ab. Messungen aus dem Stillstand lassen sich mit einem induktiven Messsystem realisieren, da selbst in Ruhe ein Signal anliegt. Durch Aufzeichnung der räumlichen Verteilung des Magnetfeldes eines mit der Kurbelwelle rotierenden Permanentmagneten ist die Winkellage zu jedem Zeitpunkt bestimmbar. Ein besonderer Vorteil solcher induktiver Systeme besteht in dem geringen Platzbedarf des Sensors, der so einfach mit einem optischen Winkelaufnehmer kombiniert werden kann. Ist dieser Winkelaufnehmer bereits auf ein Indiziersystem abgestimmt, werden so zwei Messaufgaben mit einem System bei zusätzlich kleinem Bauraum erfüllt.

Spezielle Sensoren werden für Sondermessaufgaben eingesetzt. Erwähnenswert sind beispielsweise optische Sensoren nach dem Reflexionsprinzip für die Drehzahlmessung am Turbolader, piezoelektrische Sensoren als Beschleunigungsaufnehmer und zur Klopferkennung, der kapazitive Kolbenhubsensor zur präzisen Bestimmung des oberen Totpunkts, sowie die induktiven Wegaufnehmer zur Messung des Nadelhubs bei Einspritzdüsen oder des Ventilhubs [8].

Thermodynamische Messgrößen

Die Thermodynamik des Verbrennungsmotors wird im Wesentlichen durch Temperatur- und Druckmes-

sungen an der umgebenden Atmosphäre, an den zuströmenden Fluiden Verbrennungsluft und Kraftstoff, im Brennraum selbst und am Abgas erfasst.
Zur Messung niedriger Temperaturen, zum Beispiel der Luft an verschiedenen Stellen der Ansaugstrecke oder des Schmieröls, werden der höheren erzielbaren Genauigkeit wegen zumeist genormte Widerstandsthermometer wie Pt100 oder Pt1000 verwendet. Zur Messung von hohen Temperaturen, zum Beispiel am Abgas des Verbrennungsmotors, werden hauptsächlich Thermoelemente eingesetzt. Die thermische Trägheit dieser Sensoren ist je nach mechanischer Ausführung unterschiedlich und bewirkt eine deutliche Limitierung der zeitlichen Auflösung.
Zur Druckmessung werden je nach Messaufgabe Sensoren mit sehr spezifischen Eigenschaften eingesetzt. Man unterscheidet grundsätzlich zwischen absolut und relativ messenden Druckaufnehmern für einerseits dynamische und andererseits dynamische und statische Drücke, und häufig sind die wesentlichsten Merkmale die der Messaufgabe angepasste Messgenauigkeit und zeitliche Auflösung.
Für die Messung von statischen Drücken, wie zum Beispiel dem barometrischen Absolutdruck und dem Relativdruck an verschiedenen Stellen der Ansaugstrecke, des Abgassystems oder des Schmierölkreises, steht die Genauigkeit im Vordergrund. Zur Anwendung kommen die entsprechenden industriell verfügbaren Sensoren.
Für dynamische Druckmessungen, zum Beispiel am Einspritzsystem oder im Brennraum des Motors während eines Arbeitsspiels, werden meistens piezoelektrische Sensoren verwendet, die sowohl hinsichtlich des Messbereichs (Brennraumdrücke bis etwa 250 bar, Einspritzdrücke bis etwa 2500 bar) als auch hinsichtlich des zeitlichen Ansprechverhaltens (Eigenfrequenzen bei rund 100 kHz) optimiert sind. Quarzdruckaufnehmer müssen, um den im Zylinderkopf herrschenden Temperaturen und den Genauigkeitsanforderungen genügen zu können, im Allgemeinen gekühlt werden. Druckaufnehmer mit $GaPO_4$-Messelementen benötigen keine Fremdkühlung und verringern den notwendigen Einbauraum im Zylinderkopf. Auch im Niederdruckbereich, beispielsweise zur Bestimmung der Gasdynamik im Ansaug- und Abgaskanal, werden diese Sensoren verwendet.

Durchflussmesstechnik

Den Massenströmen von angesaugter Verbrennungsluft und dem vom Verbrennungsmotor zur Leistungserzeugung umgesetzten Kraftstoff kommen am Motorprüfstand aus mehreren Gründen eine zentrale Bedeutung zu. Das Verhältnis von Luftmassenstrom zu Kraftstoffmassenstrom stellt einen zentralen Kennwert für die Art der Verbrennung dar (vergleiche Kapitel 3). Das Verhältnis von verbrauchtem Kraftstoff zur abgegebenen Arbeit – der spezifische Kraftstoffverbrauch – muss optimiert werden, was allgemein als eines der wichtigsten Entwicklungsziele moderner Motoren gilt. Eine weitere Durchfluss-Messgröße, die Menge an Leckgas (Blow-By Gas), das aus dem Brennraum in das Kurbelgehäuse entweicht, wird zwar häufig als Überwachungsgröße und zur Motorzustandsbeurteilung herangezogen, ist aber auch bei der Optimierung des Systems Kolben, Kolbenringe und Zylinder von entscheidender Bedeutung. Aber auch die Durchflüsse oder der Verbrauch von Schmieröl und Kühlwasser sind von Bedeutung.
Im Folgenden soll von der Messung der Ansaugluftmenge, der Kraftstoff-Verbrauchsmessung und der Bedeutung der zugehörigen Kraftstoffkonditionierung, sowie von der Ölverbrauchsmessung, von der Leckgas-Messtechnik (Blow-By) und von der Harnstoff-Verbrauchsmesstechnik die Rede sein. Die direkte Bestimmung des Abgasmassenstroms wird im Zusammenhang mit der Abgasmesstechnik behandelt.

Ansaugluft-Durchflussmessung

Die Systeme zur Bestimmung der vom Motor angesaugten Luftmenge unterteilt man grundsätzlich in volumenbasierende und massenbasierende Messverfahren. Beide Arten von Messverfahren sind als gleichwertig anzusehen, sofern man die Dichte der Ansaugluft berücksichtigt. Wesentliche Eigenschaften der am Motorprüfstand zum Einsatz kommenden Messverfahren sind das dynamische Verhalten, der von der Messanordnung bewirkte Druckverlust, sowie mögliche Verfälschungen des Messergebnisses aufgrund von Pulsation der Luftsäule. Allen Systemen gemeinsam ist, dass der Lufteintritt des Motors dicht an das Messystem anzuschließen ist.
Als wesentliche volumenbasierende Messverfahren sind zu nennen:

- Durchflussmessung nach dem Verdrängerprinzip: Zu dieser Kategorie gehören beispielsweise Drehkolbengaszähler und Balgengaszähler, die vielfach im Anlagenbau eingesetzt werden. Sie sind aufgrund der ihnen eigenen Trägheit überwiegend nur für den stationären Motorbetrieb geeignet. Als geschlossenes System ist der Einfluss der Pulsation von untergeordneter Bedeutung.
- Durchflussmessung durch Differenzdruckmessung an einer Blende (englisch: Laminar Flow Element – LFE): In Abhängigkeit vom Volumenstrom bildet sich an einer durchströmten Blende bekannter Geometrie ein messbarer Differenzdruck aus, aus dem mit Hilfe der Strömungsgesetze der Volumenstrom berechnet wird. Das Verfahren eignet sich sowohl für stationäre als auch für dynamische Messungen. Wesentlich ist ein ungestörtes Strömungsprofil an der Messstelle. Vorzugweise ist die Blende etwa in der Mitte eines ausreichend (>20 Durchmesser) langen Rohrstücks einzubauen.

Als wichtigsten Vertreter der massenbasierenden Messverfahren ist das Heißfilm-Anemometer zu nennen. Das Funktionsprinzip – Bestimmung des massenstrombedingten Wärmetransports zwischen zum Beispiel einem elektrisch beheizten und einem als Temperatursensor verwendeten Platin-Dünnschichtwiderstand – wird auch bei modernen Motorsteuerungen zur dynamischen Luftmassenstrombestimmung angewendet (vergleiche Kapitel 18). Am Prüfstand, mit deutlich höheren Genauigkeitsanforderungen, werden auch die Heißfilm-Anemometer in lange gerade Rohrstücke mit ungestörter Strömung eingebaut. Sie sind allerdings pulsationsempfindlich, weshalb der Einsatz von Dämpfungsbehältern oder flexiblen Verbindungsschläuchen zwischen Messrohr und Motor empfehlenswert ist.

Kraftstoffverbrauchsmessung

Für die Messung des Kraftstoffverbrauchs von Verbrennungskraftmaschinen sind kontinuierlich und diskontinuierlich messende volumetrische und gravimetrische Messverfahren bekannt. Bei den volumetrischen Messprinzipien wird das vom Motor verbrauchte Kraftstoffvolumen erfasst. Für die Ermittlung der verbrauchten Kraftstoffmasse, etwa um den spezifischen Kraftstoffverbrauch in [g/kWh] angeben zu können, ist die temperaturabhängige Kraftstoffdichte zu berücksichtigen. Die gravimetrischen Messverfahren hingegen erfassen direkt die verbrauchte Kraftstoffmasse, so dass die zusätzliche Unsicherheit der Dichteermittlung entfällt.

Zu den volumetrischen Messverfahren zählen auf dem Gefäß- und dem Verdrängerprinzip beruhende Messverfahren.

- Das Gefäßprinzip wird beim traditionellen Seppelergefäß und bei artverwandten Geräten angewendet. Die Auslaufzeit eines definierten Volumens wird gemessen und zum Kraftstoffverbrauch umgerechnet. Das Verfahren misst diskontinuierlich und ist auf streng stationäre Betriebszustände beschränkt.
- Beim Verdrängerprinzip (**Bild 28-5**) wird ein Verdrängerkörper vom Kraftstoffstrom in Bewegung versetzt und dadurch der volumetrische Kraftstoffverbrauch kontinuierlich und – abhängig von der Trägheit des Sensors – auch dynamisch erfasst. Bei den passiven Verdrängerzählern treten Druck- und Spaltverluste auf, die sich negativ auf Motorbetrieb und Messgenauigkeit auswirken. Aktive Verdrängerzähler vermeiden diesen Nachteil durch einen Fremdantrieb [10]. Allen zuvor beschriebenen Messverfahren ist gemeinsam, dass während der Messphase auf eine Gasblasenabscheidung aus dem Kraftstoff, wie es im normalen Fahrbetrieb im Kraftstofftank automatisch geschieht, verzichtet werden muss.

Eine Weiterentwicklung des servogeregelten Verdrängerzählers erlaubt die zeitlich hochaufgelöste Messung von diskontinuierlichen Durchflüssen einzelner Einspritzvorgänge. **Bild 28-6** zeigt die Applikation dieser schnellen Durchflussmessung im Zulauf des Injektors eines direkteinspritzenden Ottomotors, womit die Analyse von Mehrfacheinspritzungen mit Separationszeiten bis herunter zu 150 Mikrosekunden möglich ist.

Zu den gravimetrischen Messverfahren zählen das Coriolis- und das Wheatstone-Brücken-Massendurchflussgerät nach dem kontinuierlich messenden Durchflussprinzip und die diskontinuierlich nach dem Gefäßprinzip arbeitenden Verfahren Auslaufgewichtsmessung, Gewichtsmessung mittels Bürette und Wiegeprinzip.

Die kontinuierlich arbeitenden Massendurchflussmesser benötigen Blasenabscheider zur Entlüftung von Kraftstoffvorlauf und Rücklauf. Nicht abgeschiedene Gasblasen im Kraftstoff verringern die Qualität des Messsignals und bewirken eine reduzierte Genauigkeit und Dynamik des Systems.

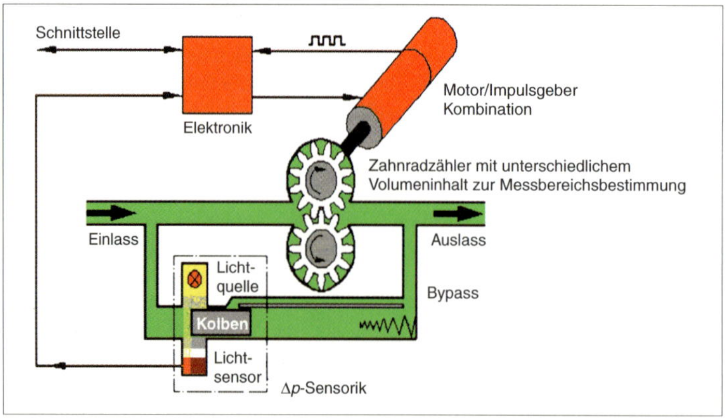

Bild 28-5 Messprinzip servogeregelter Verdrängerzähler ($\Delta p = 0$) [10]

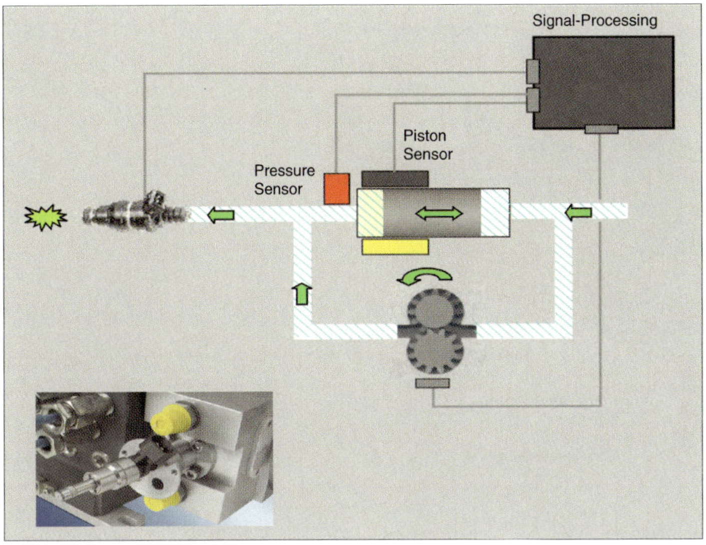

Bild 28-6 Shot To Shot PLU-Messprinzip in Upstream-Konfiguration (Messgerät auf der Hochdruckseite des Injektors)

- Wichtigster Vertreter des Durchflussprinzips ist das Coriolis-Massendurchflussgerät **(Bild 28-7)**. Der Kraftstoff strömt durch elektromagnetisch zum Schwingen angeregte Rohrstücke, so dass die Rohre infolge der Coriolis-Kraft verdreht werden. Erfasst wird der zur Massenströmung proportionale Verdrehungswinkel [11].
- Der Massendurchflussmesser nach dem Prinzip einer Wheatstone-Brücke enthält insgesamt vier Blenden als hydraulische Widerstände. Eine Pumpe erzeugt einen konstanten Fluss über eine Brückendiagonale und somit gleiche Druckverluste an den Blenden in jedem Zweig. Tritt nun ein Durchfluss über die andere Diagonale auf, so wird über die Brücke ein dem Massendurchfluss proportionaler Druckverlust gemessen.

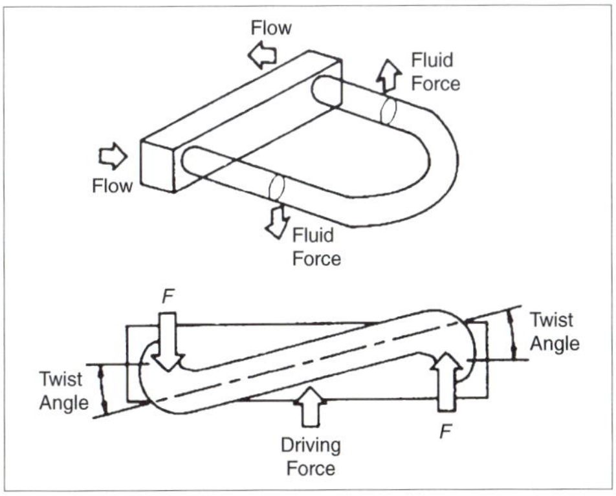

Bild 28-7 Coriolis Messprinzip für die Bestimmung des Massendurchflusses

Massendurchflussmesser nach dem gravimetrischen Gefäßprinzip sind offene Systeme: Bei ihnen erfolgt die Blasenabscheidung im Messgefäß:

- Die Auslaufgewichtsmessung erfolgt ähnlich dem volumetrischen Gefäßprinzip (Seppelergefäß). Parallel zum Kraftstoffauslaufgefäß befindet sich ein zweites Auslaufgefäß, das an der Basis Druckausgleich über eine Membrane gestattet und mit einer Flüssigkeit bekannter Dichte gefüllt ist. Als Maß für die verbrauchte Kraftstoffmasse dient nun das Auslaufen eines definierten Volumens der Vergleichsflüssigkeit. Dieses Prinzip eignet sich wiederum nur für streng stationäre Motorbetriebszustände.
- Bei der Gewichtsmessung mit Bürette wird der vom Motor verbrauchte Kraftstoff einer Bürette entnommen und ein Differenzdrucksensor misst die Spiegelabsenkung. Bei bekanntem Bürettenquerschnitt lässt sich daraus die verbrauchte Kraftstoffmasse auch im dynamischen Motorbetrieb berechnen.
- Beim Wiegeprinzip **(Bild 28-8)** wird der vom Motor verbrauchte Kraftstoff einem Vorratsbehälter entnommen, der alle Eigenschaften des Fahrzeugtanks hat – auch die Aufnahme des Kraftstoffrücklaufs und die Gasblasenabscheidung. Aus dem kontinuierlich bestimmten Gewicht und der laufenden Gewichtsabnahme des Wiegebehälters wird sowohl der akkumulierte Kraftstoffverbrauch des Motors als auch der momentane dynamische Kraftstoffdurchfluss gravimetrisch bestimmt. Je nach Methode und Auflösung des Wiegeverfahrens werden verschieden große Wiegegefäße verwendet. Übliche Behältergrößen reichen vielfach aus, auch während ganzer Pkw-Abgasemissions-

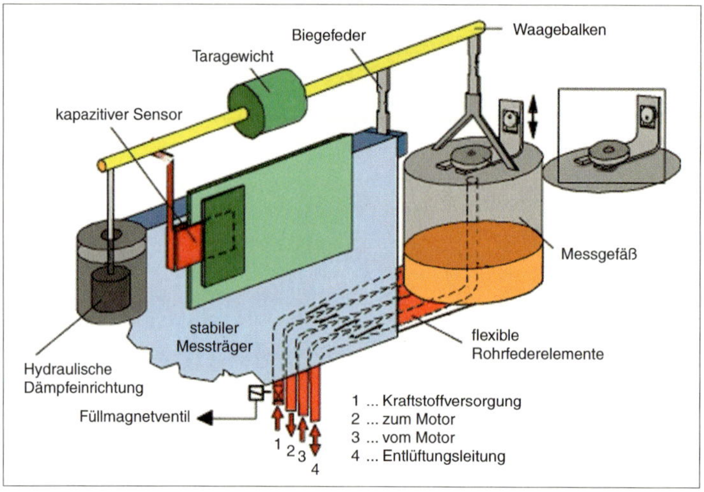

Bild 28-8 Funktionsschema einer Kraftstoffwaage

testzyklen den dynamischen Kraftstoffverbrauch ohne Unterbrechung mit hoher Genauigkeit messen zu können. Für hohe Kraftstoffverbräuche, etwa bei Nutzfahrzeugmotoren, werden häufig zwei Kraftstoffwaagen, die durch eine stoßfrei schaltende Umschalteinheit verbunden sind, eingesetzt. Durch diese Erweiterung wird auch ein echter kontinuierlicher Betrieb ermöglicht.

Kraftstoff-Konditionierung

Entscheidend für die im praktischen Messbetrieb erzielbare Wiederholbarkeit und Vergleichbarkeit der Messergebnisse ist die Verbindung zwischen Verbrauchsmessgerät und Einspritzsystem des Motors. Um Effekte, wie zum Beispiel scheinbarer Mehr- oder Minderverbrauch infolge Temperaturänderungen im Messkreis, zu vermeiden und die für die Funktion des Einspritzsystem erforderlichen Druckniveaus für Vor- und Rücklauf einhalten zu können, ist der Einsatz aufwändiger Konditioniertechnik erforderlich. Dabei liegen die Anforderungen an Stabilität und Präzision der Temperaturregelung im Kraftstoffmesskreis etwa um zwei Größenordnungen höher als für die übrige Medienkonditionierung am Prüfstand. Die Kraftstoffkonditionierung ist daher integraler Bestandteil heute üblicher Messsysteme und entscheidend für die Qualität der praktisch erreichbaren Messergebnisse.

Bild 28-9 zeigt beispielhaft einen Vergleich zweier Messreihen mit variierter Abgasrückführrate (AGR), einerseits bei ungeregelter Kraftstoffkühlung und andererseits bei Konditionierung der Kraftstofftemperatur mit einem hochgenauen Temperaturregelsystem. Die deutlich geringere Streuung der Messwerte mit geeigneter Konditionierung der Kraftstofftemperatur **(Bild 28-9 unten)** dokumentiert eindrucksvoll den Einfluss der Konditioniertechnik auf die Qualität der Messergebnisse [12].

Bild 28-10 zeigt eine vorteilhafte Anordnung eines Gesamtsystems zur Messung des Kraftstoffverbrauchs und zur Konditionierung von Temperatur und Druck des dem Motor zugeführten Kraftstoffs.

Ölverbrauchs-Messtechnik

Die strenge Gesetzgebung und die hohen Anforderungen an die Spezifikation der Motoren bezüglich des Ölverbrauchs, verlangen eine hochwertige Messtechnik in den entsprechenden Abschnitten des Entwicklungsprozesses. Da der Ölverbrauch in direktem Zusammenhang mit der Partikelemission steht, ist eine genaue Bestimmung der Ölverbrauchswerte unumgänglich. Die Messwerte beeinflussen die weitere Entwicklungsstrategie und zahlreiche Entscheidungen in folgenden Anwendungsgebieten:

- Optimierung von Zylinderkopfdichtungen, Kolbenringe oder Ventilführungen, sowie Untersuchung bei großen Abnutzungserscheinungen
- Überwachung von Dauerlauf-Prüfläufen
- Untersuchung und Vergleiche von Quellen des Ölverbrauches
- Messungen in verschiedenen Lastpunkten des Motorkennfeldes
- Untersuchungen bei Auftreten von Ölverdünnung
- Produktionsüberwachung.

Zur Durchführung einer Ölverbrauchsmessung stehen verschiedene Möglichkeiten zur Auswahl. Eine Beschreibung und eine Gegenüberstellung der Methoden sind in **Bild 28-11** dargestellt.

Typische Ölverbrauchswerte für moderne Motoren sind circa 0,20 ± 0,05 g/kWh im Nutzfahrzeugsektor, beziehungsweise 0,50 ± 0,1 g/kWh im Diesel Pkw Bereich, sowie noch etwas höher bei benzinbetriebenen Motoren wobei zu beachten ist, dass der Verbrauch steigt je kleiner der Motor ist.

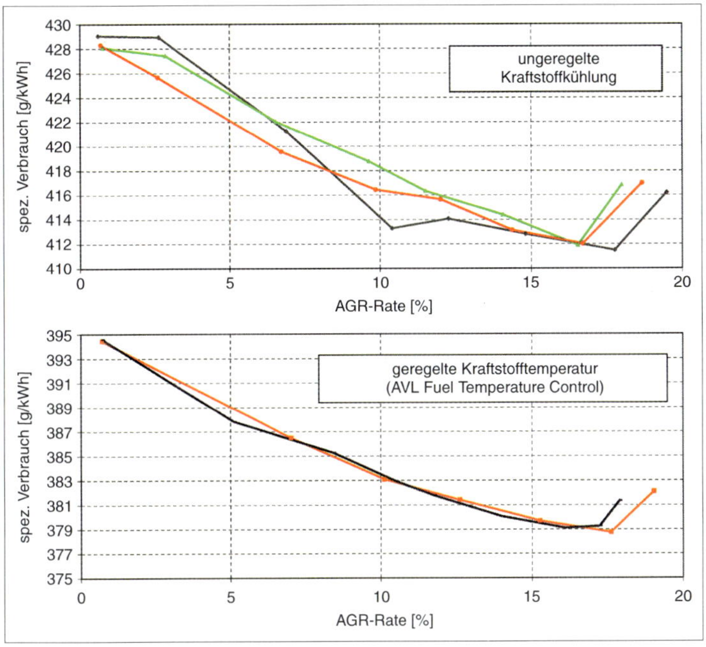

Bild 28-9 Auswirkungen der Kraftstoffkonditionierung auf Messergebnisse [12]

Leckgas-Messtechnik (Blow-By)

Die Messung der Kurbelgehäusegase, auch Blow-By genannt, ist heute Standard bei Motorprüfständen. Einerseits finden sich Anwendungsbereiche in der Motorforschung und -Entwicklung zur Optimierung der Zylinder-Kolben-Paarung und des Kolbenschliffbildes, der Entwicklung einer vorteilhaften Kolbenringgeometrie oder bei der Auslegung von Kurbelgehäuseentlüftungssystemen. Andererseits werden Blow-by- Messungen zur Kontrolle der Fertigung und zur Abnahmeprüfung bei der Dauerlauf- und Einfahrüberwachung an Prüfständen zur Qualitätssicherung durchgeführt. Verschiedene Messprinzipien kommen zur Anwendung:

- Bei der Schwebekörper-Durchflussmessung wird ein Widerstandskörper vom Blow-By gegen die Schwerkraft senkrecht von unten nach oben umspült. Die Kraft, die von der Blow-By-Strömung ausgeübt wird, verursacht eine Höhenänderung des Schwebekörpers, über die man auf den Durchfluss schließt.
- Heißfilm-Anemometer werden wie auch bei der Ansaugluftmengenmessung verwendet.
- Beim Flügelradzähler-, Turbinenzähler- und Impellerprinzip wird ein mit Schaufeln besetztes Laufrad durch die Blow-By Strömung in eine messbare Umdrehung versetzt.
- Das Gaszählerprinzip verwendet zwei Messkammern mit je einem Balg, die abwechselnd gefüllt

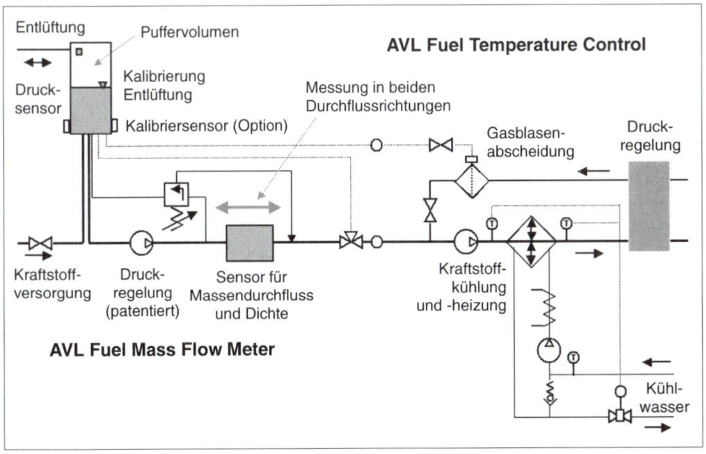

Bild 28-10 Schema eines Messsystems zur Kraftstoff-Konditionierung und -Verbrauchsmessung

	AVL 403S	AVL 406	Ablassen und Wiegen	Auffüllmethode
Prinzipien	Kommunizierende Gefäße	Absaugen und Wiegen	Ablassen und Wiegen	Kommunizierende Gefäße
Anwendung	Für alle Forschungs- und Entwicklungsarbeiten der Ölverbrauchsoptimierung. Überwachung des Dauerlauftests	Für alle Forschungs- und Entwicklungsarbeiten der Ölverbrauchsoptimierung. Produktionsüberwachung	Einmalige Messung während Entwicklung oder im Feld	Überwachung des Dauerlauftests
Online-Messung eines Drehzahllastpunktes	Ja	Nein	Nein	Nein
Messung während laufendem Motor	Ja	Ja	Nein	Ja
Setup-Dauer	4–5 Std. (einmalig)	15 min.	2–3 Std. pro Test	15 min. pro Test
Minimale Messdauer	5 Std.	3 Std. pro Testlauf, der 3 mal zu wiederholen ist	10 Std. pro Testlauf, der 3 mal zu wiederholen ist	5 Std. pro Testlauf, der 3 mal zu wiederholen ist
Messung empfindlich auf	Kurbelgehäusedynamik; Ölalterung und Belüftung; Öltemperaturschwankung; Änderungen der Einbauhöhe der kommunizierenden Gefäße; Kraftstoffverdünnung	Kurbelgehäusedynamik; Ölalterung und Belüftung; Öltemperaturschwankung; Instabilität des Ölstandes aufgrund von Rückflüssen; Kraftstoffverdünnung	Ölrückfluss und hang up charakteristisch für den Motor; Motorabkühlung; Motor Stopsequenz-Fehler; Ablasszeitintervallfehler	Ölbelüftung; Öltemperaturunterschiede im Motor und im Schauglas

Bild 28-11 Vergleich: Verschiedene Ölverbrauchsmessmethoden

und entleert werden. Die Bewegung der Membrane wird auf eine Kurbelwelle übertragen und die Umdrehungen dieser gezählt.
Das Wirbelfrequenz- oder Vortex-Durchflussmessprinzip beruht auf dem Effekt, dass ein umströmter Körper eine Wirbelströmung verursachen kann und dass sich hinter einem zylindrischen Prallkörper in Abhängigkeit von der Anströmgeschwindigkeit ein konstantes Verhältnis von Wirbelabstand und Wirbelfolge einstellt. Bei gleichmäßiger Strömung ist die Wirbelfrequenz proportional der Strömungsgeschwindigkeit. Zur Erfassung dient ein senkrecht zur Strömungsrichtung gesendetes und durch die Wirbel moduliertes Ultraschallsignal.

- Beim Blendenmessprinzip wird – wie bei der Ansaugluft-Mengenmessung erwähnt – der Wirkdruck an einem Strömungshindernis mittels Differenzdrucksensor gemessen. Das Prinzip ermöglicht einen großen Messbereich, durch die symmetrische Gestaltung der Messblende können auch Rückströmungen erfasst werden und an der scharfen Kante der Lochblende treten praktisch keine querschnittsverändernden Ablagerungen auf.

In **Bild 28-12** werden die Eigenschaften verschiedener Blow-By-Messverfahren zusammengefasst gegenübergestellt [13]. Die Angabe der Genauigkeit meint die Messunsicherheit und bezieht sich auf den Messbereich (FS – Full Scale). Da das Blow-By-Gas im Allgemeinen stark mit Öl verschmutzt ist und die Strömung stark pulsierend und auch rückströmend sein kann, sind jene Messverfahren, die bei entspre-

	Schwebekörperdurchflussmessung	Heißfilmanemometer	Flugelrad, Turbinenrad, Impeller	Gaszähler	Wirbelfrequenz-Durchflussmessung	Blendenmessprinzip
Genauigkeit	~ 5 % FS	2 %	2 % FS	1 %	1–2 % FS	1 % FS
Reproduzierbarkeit	0,5 %	0,2–0,5 %	k.A.	0,3 %	0,5 %	< 0,1 %
Verschmutzungsempfindlichkeit	mittel	groß	mittel	groß	groß	sehr klein
Kleinster erfassbarer Messwert [l/min]	ca. 8	ca. 28	ca. 6	ca. 0,5	ca. 7	0,2
Antwortverhalten *t* 90 [sek]	ca. 1	ca. 0,1 s	ca. 1	ca. 10	ca. 0,002	ca. 0,1
Erfassung bei Strömungsumkehr	nein	nein	nein	nein	nein	ja
Gegendruck bei halbem Durchfluss [Pa]	80	100–800	200	50	400	60
Gegendruck bei vollem Durchfluss [Pa]	500	600–3000	1200	300	1000	300

positiv · mittel · schlecht

Bild 28-12 Gegenüberstellung verschiedener Messprinzipien zur Blow-By-Messung

chender Gestaltung verschmutzungsunempfindlich und richtungserkennend sind, wie beispielsweise das Blendenmessprinzip, im Vorteil.

Harnstoff-Verbrauchsmesstechnik

Moderne Abgasnachbehandlungskonzepte für Dieselmotoren verwenden SCR-Systeme (Selective Catalytic Reduction) wegen ihrer hohen Effizienz bei der Verringerung der Stickoxid-Emission (NO_x) um 60–80 % und ihres damit verbundenen Potentials zur Verringerung des Kraftstoffverbrauchs durch innermotorische Maßnahmen um bis zu 5 %.

Ein SCR-System besteht aus einem Niederdruck-Einspritzsystem, welches eine wässrige Harnstofflösung (auch bekannt unter dem Markennamen AdBlue®) als Reduktionsmittel in den Abgasstrom einsprüht und einem Katalysator, in welchem das im heißen Abgas entstandene Ammoniak mit NO_x zu Stickstoff und Wasser reagiert.

Die notwendige Kalibrierung der Harnstoff-Dosiermengen für das Gesamtsystem Motor-Einspritzsystem-Katalysator über das gesamte Motorkennfeld erfordert eine präzise Harnstoff-Verbrauchsmessung am Motorprüfstand unter stationären Bedingungen ebenso wie während hochdynamischer Testzyklen (ETC, FTP).

Im Vergleich zur Kraftstoffverbrauchsmessung sind hier die extrem kleinen Durchflussraten bis unterhalb von 10 g/h (<5 % des Kraftstoffverbrauchs) zu beachten. Daraus ergeben sich unmittelbar drei wesentliche physikalische Voraussetzungen für die präzise Harnstoff-Verbrauchsmessung:

1. Ein möglichst geringer Abstand des Messgeräts zum Injektor. Die Minimierung des Schadvolumens zwischen Sensor und Injektor verringert Scheindurchflüsse aufgrund von Temperaturänderungen (vergleiche Abschnitt Kraftstoff-Konditionierung).
2. In der Nähe des Injektors herrschen pulsierende Druckverhältnisse durch die niederfrequente Harnstoffeinspritzung. Diese dürfen das Messgerät nicht stören. Andererseits darf das Messgerät die Verhältnisse im Einspritzsystem nicht verändern ($\Delta p = 0$).
3. Die vollständige Entlüftung des SCR-Einspritzsystems. Bei den möglichen Durchflussraten <10 kg/h ist der Transport von Luftblasen im Leitungssystem nicht ausreichend gesichert um die zügige Aus- oder Abscheidung zu gewährleisten.

Das PLU-Messprinzip (vergleiche Abschnitt Kraftstoffverbrauchsmessung) ist für die Kleinstmengenmessung unter diesen Bedingungen sehr gut geeignet.

Bild 28-13 zeigt schematisch eine Systemlösung mit automatischem Entlüftungssystem und Schutz gegen Entleerung bei der automatischen Rücksaugung bei Abschalten des SCR-Systems.

Bild 28-14 zeigt die dynamische Verbrauchsmessung der Harnstoff-Eindosierung während eines transienten ETC-Testzyklus. Eine dynamische Online-Korrelation zu der vom Steuergerät angeforderten Sollmenge ermöglicht es Abweichungen oder Fehlfunktionen des Dosiersystems sofort zu erkennen und bestimmten Betriebszuständen beziehungsweise Ursachen zuzuordnen [14].

Direkte Abgasmengenmessung

Bei der Emissionsmessung mittels Konstantstrom-Verdünnungsentnahme (CVS-Prinzip: Constant Volume Sampling) sind der Detektion geringster Schadstoffmengen Grenzen gesetzt. Auch hochpräzise Detektoren weisen bei Emissionen im Stationärbetrieb heutiger Fahrzeuge bei zusätzlicher Verdünnung nicht mehr zu vernachlässigende Messunsicherheiten

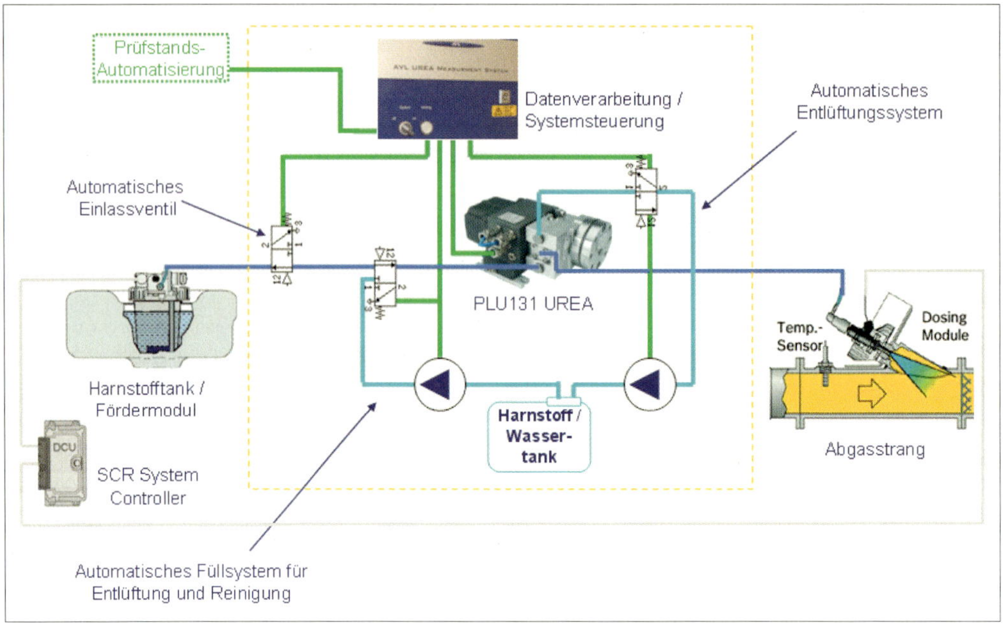

Bild 28-13 Schematischer Aufbau des AVL PLUrea™ Harnstoff-Verbrauchsmesssystems

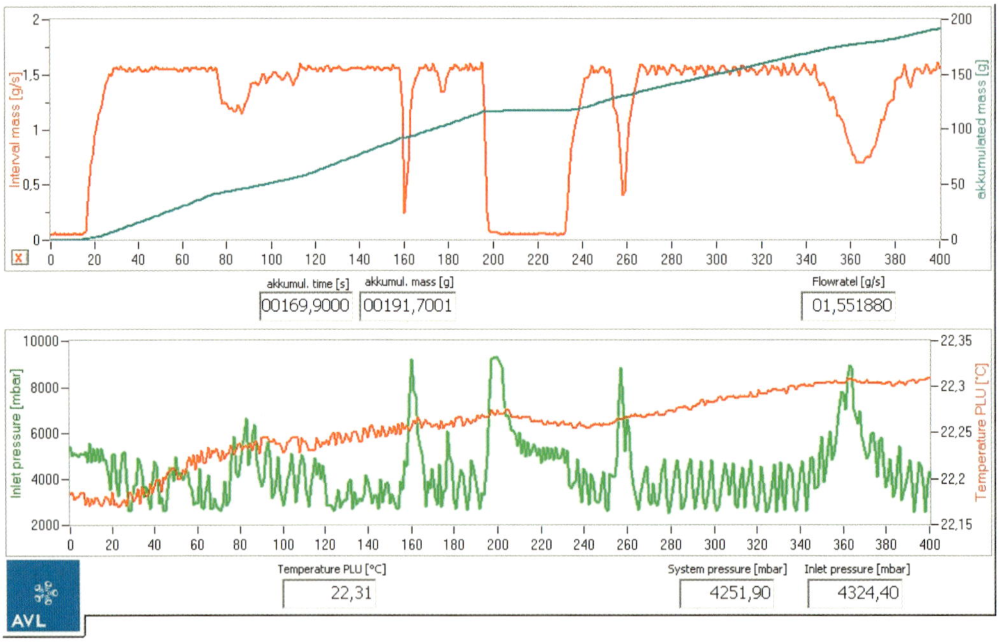

Bild 28-14 AVL PLUrea™ Harnstoff-Verbrauchsmessung: AdBlue®-Durchflussrate, akkumulierte Durchflussmenge (oben), Druck und Temperatur (unten); Ausschnitt aus europäischen Testzyklus (ETC-Zyklus) bei 4 Hz-Taktfrequenz

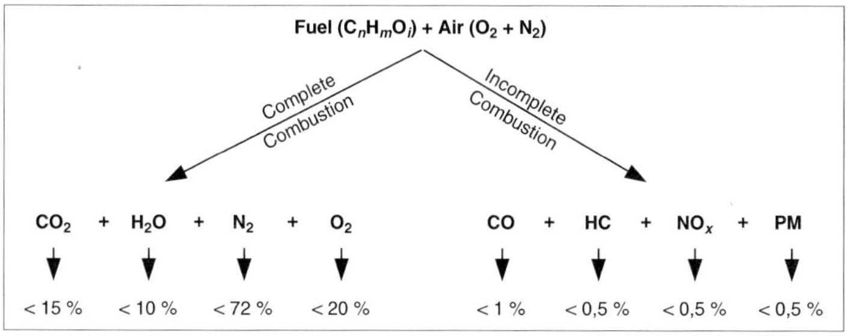

Bild 28-15 Richtwerte der Abgaszusammensetzung

auf. Daher wäre es wünschenswert, auf die Verdünnung dieser bereits niedrigen Emissionen zu verzichten. Neben den hohen Kosten einer CVS-Anlage hat auch der hohe Platzbedarf zur Suche nach alternativen Konzepten geführt.
Die Anforderungen an eine derartige Messtechnik sind allerdings außerordentlich hoch [14, 15]:

- Temperaturen bis zu 450 °C auch am Ende des Abgasstrangs
- Nahezu kein Druckabfall, um den Motorbetrieb nicht zu beeinflussen
- Pulsationsraten zwischen 5 und 50 %, je nach Einbauort des Sensors
- Zur Vermeidung von Aliasing-Effekten werden bei hoher zeitlicher Auflösung der Messdaten (~20–50 Hz) interne Abtastraten der Sensorik von 400 Hz bis zu 5 kHz benötigt.
- Messunsicherheit von <1 % vom Messwert
- Geringst mögliche Verzugszeiten, um auch bei dynamischem Betrieb des Motors eine zeitrichtige Multiplikation der gemessenen Konzentrationen mit dem Abgasmassenfluss realisieren zu können.

Als Messverfahren werden aufgrund der positiven Erfahrungen im Industrie-Anlagenbau überwiegend Ultraschall-Laufzeitverfahren eingesetzt. Dabei wird einmal in Richtung der Strömung und einmal in Gegenrichtung jeweils ein Ultraschallsignal gesendet und die Laufzeit gemessen. Aus den Laufzeiten wird die aktuelle Strömungsgeschwindigkeit sowie die Schallgeschwindigkeit ermittelt, und eine zusätzliche Druckmessung erlaubt die rechnerische Bestimmung des Massenstroms und des normierten Volumenstroms [16].
Die Schwierigkeiten liegen vor allem in den geforderten hohen Temperaturen sowie den hohen Abtastraten. Herkömmliche piezoelektrische Ultraschallwandler erlauben derzeit bei Betrieb in heißem Gas Maximaltemperaturen von bis zu 250 °C und Abtastraten von maximal 20–50 Hz. Damit und mit alternativen Ultraschall-Wandlerkonzepten können einzelne Anwendungen bereits abgedeckt und teilweise sehr gute Ergebnisse erzielt werden [17]. Der Hochtemperaturbereich und schnelle Abtastraten zur Vermeidung von Aliasing-Effekten bei Abgas-Pulsationen wurden bisher nicht erreicht.

Eine direkte Messung der Abgasmenge kann auch mit der Methode der Karman'schen Wirbelstraße (Vortex-Prinzip) realisiert werden. Dabei wird die der Strömungsgeschwindigkeit des Gases proportionale Frequenz der an einem Strömungshindernis erzeugten Strömungswirbel mittels Druckmessung detektiert [18].
Auch die Messung des Druckabfalls an einem definierten Strömungshindernis, beispielsweise an einer Blende oder einem einfachen Rohr, wird zur direkten Messung der Abgasmenge vorgeschlagen. Nachteilig dabei wirkt sich der strömungsabhängige und nicht zu vernachlässigende Druckabfall am Strömungshindernis aus. Des Weiteren kommt es im Abgasstrang durch thermische Effekte und durch Resonanzphänomene zu Rückströmungen, die mit derartigen Messverfahren im Allgemeinen nicht erfasst werden können.

Abgasmesstechnik

Neben der Absenkung des Kraftstoffverbrauchs ist die Minimierung der Schadstoffemission von Kraftfahrzeugen die zweite wesentliche Entwicklungsaufgabe bei modernen Motoren. **Bild 28-15** gibt einen groben Überblick über die wichtigsten bei vollständiger und bei unvollständiger Verbrennung auftretenden Abgaskomponenten und ihrer Konzentrationen. Je nach Schadstoffkomponente und Motor- beziehungsweise Fahrzeugkategorie gelten verschiedene gesetzliche Beschränkungen der zulässigen Massenemission, die bei Motorrädern und Personenkraftwagen auf die Wegstrecke (g/km) und bei Nutzfahrzeugen auf die geleistete Arbeit (g/kWh) bezogen werden.

Messung der volumetrischen Konzentration gasförmiger Abgaskomponenten

Die Konzentrationen der einzelnen Schadstoffkomponenten werden mit Gasanalysatoren bestimmt. Die eingesetzten Messprinzipien **(Bild 28-16)** richten sich auch bei Prüfständen für Forschung und Entwicklung zumeist nach den Vorgaben der Abgasgesetzgebung.
Alle gebräuchlichen Detektortypen bestimmen die volumetrischen Konzentration der jeweiligen Komponente. Hinsichtlich ihrer Funktionsweise sei auf die einschlägige Literatur verwiesen [19]. Besonders zu beachten sind die teilweise nicht vernachlässigbaren

Gaskomponente	Detektor-Messprinzip	Abkürzung
CO (Kohlenmonoxyd) CO_2 (Kohlendioxyd)	Nicht dispersiver Infrarot Detektor	NDIR
NO_x (Stickoxyde)	Chemilumineszenzdetektor oder Ultraviolett Resonanzabsorptionsdetektor	CLD NDUV
HC (Kohlenwasserstoffe)	Flammenionisationsdetektor	FID
O_2 (Sauerstoff)	Paramagnetischer Detektor	PMD

Bild 28-16 Übliche Messverfahren zur Bestimmung der Konzentration wichtiger gasförmiger Abgaskomponenten

Querempfindlichkeiten vieler Instrumente. Beispielsweise wird CO und CO_2 wegen der ausgeprägten Querempfindlichkeit zu Wasserdampf bei unverdünntem Abgas praktisch nur im getrockneten Abgas bestimmt.

Die oben angeführten Messprinzipien, oft auch konventionelle Messtechnik genannt, sind am weitesten verbreitet und von den meisten Abgasgesetzgebungen vorgeschrieben. Im Forschungs- und Entwicklungsbereich werden darüber hinaus andere Meßmethoden benötigt und eingesetzt um auch Gaskomponenten zu messen, die nicht oder noch nicht limitiert sind. Besonders bei neuen Dieselmotorenkonzepten mit Abgasnachbehandlungssystemen, wie NO_x Speicher-, SCR Katalysatoren und Dieselpartikelfilter, ist dies unumgänglich. Dazu werden dann Mehrkomponenten Messsysteme eingesetzt. Das Weitverbreiteste ist dabei die Fourier Transform Infrarot Spectroscopy (FTIR). FTIR ist eine optische Infrarot-Absorption Meßmethode, die eine Vielzahl an Abgaskomponenten zeitgleich messen kann. Mittels eines Michelson Interferometers wird die Intensität von einzelnen Infrarot-Wellenlängen kontinuierlich verändert. In der Messzelle kommt es zur Absorption einzelner Wellenlängen durch die unterschiedlichen Gaskomponenten in der Abgasprobe. Durch komplexe mathematische Formeln kann aus diesen Infrarot Spektren die Konzentrationen der einzelnen Gaskomponenten ermittelt werden [20].

Die Bestimmung der Massenemissionen des Motors erfolgt durch rechnerische Verknüpfung der gemessenen volumetrischen Konzentrationen mit dem entsprechenden Massen- oder Volumenstrom des Abgases unter Berücksichtigung der physikalischen Eigenschaften des Abgases und der betrachteten Komponente. Beispielsweise muss auch für die oben erwähnte Messung im getrockneten Abgas eine rechnerische Korrektur der volumetrischen Konzentrationendurchgeführt werden.

Schadstoffmassenbestimmung am unverdünnten Abgas

Unverdünnte Messung liegt dann vor, wenn ein direkt aus dem Abgasstrom entnommener Teilstrom ohne jegliche Verdünnung den verschiedenen Detektoren der Analysenanlage zugeführt wird. Zur Bestimmung der Massenemissionen kann entweder der Abgasmassenstrom direkt gemessen werden – siehe oben. Oder man betrachtet den Gesamtmotor als abgeschlossenes System, für das die Massenbilanz fordert, dass die Zuströme an Luft und Kraftstoff gleich groß sein müssen wie der aus dem System abfließende Abgasmassenstrom. Diese Gesetzmäßigkeit, die auch vielen Richtlinien zugrunde liegt, erlaubt die einfache Bestimmung des Abgasmassenstroms, allerdings nur im Stationärbetrieb des Motors. Der Standard ISO 16183 [20] und darauf aufbauend die europäische Euro IV Nutzfahrzeug Abgasgesetzgebung [21] erlaubt diese Methode auch im transienten Motorbetrieb.

Unverdünnte Messung im dynamischen Motorbetrieb („Modalanalyse") ist zwar in Forschung und Entwicklung weit verbreitet, da sie mit der entsprechenden Messtechnik **(Bild 28-17)** an jedem Prüfstand durchgeführt werden kann. Sie darf aber für die Auswertung richtlinienkonformer dynamischer Prüfläufe vorläufig noch nicht verwendet werden (siehe unten). Wesentliches Kriterium bei der Auswertung solcher Messungen im dynamische Betrieb ist, dass alle für die Berechnung benötigten Signale um Ihre Verzugszeiten korrigiert sein müssen. Zu beachten ist auch, dass die unverdünnte Messung zur Partikelmessung (siehe dort) nicht geeignet ist.

Schadstoffmassenbestimmung am verdünnten Abgas

Im transienten Motorbetrieb musste für die richtlinienkonforme Schadstoffmassenbestimmung bis vor Kurzem die Verdünnungsmethode, vorzugsweise die Vollstromverdünnung, angewendet werden. Mit dem Standard ISO 16183 [20], der einerseits die korrekte Modalanalyse und andererseits die korrekte Teilstromverdünnung für den transienten Motorbetrieb definiert, ist dies auch in die europäische Gesetzgebung für Nutzfahrzeuge [21] eingeflossen. Ebenso ist dies für die kommenden US Gesetzgebungen [22] bereits vorgesehen.

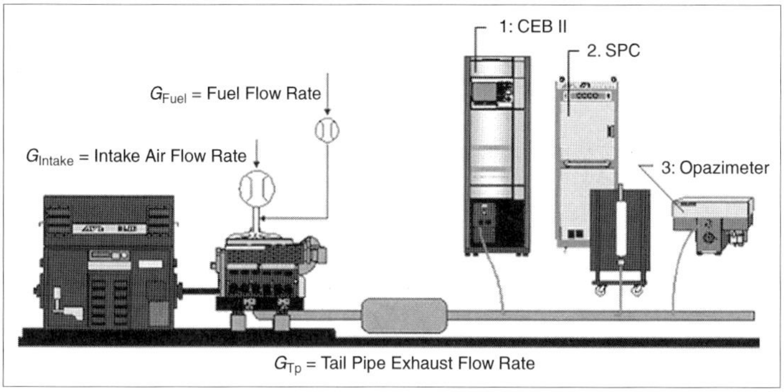

Bild 28-17 Motorprüfstand mit Abgasmessanlage zur unverdünnten Messung

Die Verdünnungsmethode kann allgemein in die Vollstrom- und in die Teilstrom-Verdünnung eingeteilt werden:

- Bei einem Vollstromverdünnungsystem [21, 22] **(Bild 28-18 oben)** wird der gesamte Abgasmassenstrom des Motors im Verdünnungstunnel mit gefilterter Luft möglichst ideal vermischt, also verdünnt. Der Gesamtstrom am Austritt des Verdünnungstunnels wird annähernd konstant gehalten, daher die Bezeichnung „Constant Volume Sampler" (CVS). Die Verwendung eines CVS-Systems ist praktisch für alle richtlinienkonformen Messungen von Abgasemissionen im dynamischen Motorbetrieb vorgeschrieben. Allgemeines Ziel ist es, die gesamte während eines Prüfzyklusses emittierte Schadstoffmasse zu ermitteln. Dabei kann die Bestimmung der akkumulierten gasförmigen Massenemissionen des Motors entweder durch rechnerische Integration der im Verdünnungstunnel zeitlich aufgelöst gemessenen Massenströme erfolgen, oder sie erfolgt durch eine pneumatische Integration, indem ein dem Hauptstrom des verdünnten Abgases stets proportionaler Teilstrom in Beuteln gesammelt und anschließend die Volumskonzentration der im Beutel gesammelten Komponente bestimmt wird. Letztere Methode ist aufgrund verschiedener Absorptionseffekte nicht für alle Schadstoffkomponenten geeignet. Speziell zur Partikelmessung ist eine direkte Entnahme eines proportionalen Teilstroms nur dann möglich, wenn die maximale Mischtemperatur 52 °C nicht übersteigt (siehe Abschnitt Partikelmessung). Wird diese Grenztemperatur während des Tests überschritten, so kann eine zweite Verdünnungsstufe nach Art der im Folgenden genannten Teilstromverdünnungssysteme verwendet werden.
- Bei einem Teilstromverdünnungssystem **(Bild 28-18 unten)** wird lediglich ein konstanter, kleiner Prozentsatz des Abgasmassenstromes in einen entsprechend kleineren „Tunnel" geleitet und dort mit sauberer Luft verdünnt [23]. Da Kosten und Platzerfordernisse von Vollstromverdünnungssystemen insbesondere für Nutzfahrzeug-Prüfstände sehr hoch sind, war im stationären Motorbetrieb die Verwendung von Teilstromsystemen für die Partikelmessung schon seit längerer Zeit zulässig [24–26]. In letzter Zeit haben sich Systeme durchgesetzt, bei denen der gesamte teilstromverdünnte Abgasstrom über das Messfilter geleitet wird („total sampling type partial flow dilution tunnel"). Obwohl physisch kleiner, ist ein Teilstromverdünnungssystem komplexer als eine CVS Anlage, da der Probestrom auf ein konstantes Verhältnis zum Abgasstrom geregelt werden muss. Bei modernen Systemen konnte die Regelung derart verbessert werden, dass die Proportionalität der Massenströme auch bei transienten Fahrzyklen gegeben ist. Solche Teilstromverdünnungssysteme werden nur in Ausnahmefällen zur Bestimmung der Massenemission gasförmiger Schadstoffe verwendet. Sie werden allerdings häufig als zweite Verdünnungsstufe bei CVS-Anlagen eingesetzt.

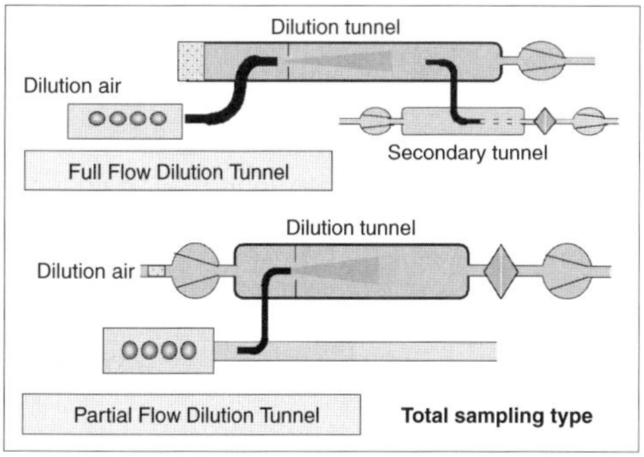

Bild 28-18 Schematische Darstellung eines Vollstrom- und eines Teilstrom-Verdünnungssystems

Für weitere Informationen hinsichtlich Richtlinien, richtlinienkonformer Fahrzyklen sowie Grenzwerte sei auf Kapitel 21 dieses Buches verwiesen.

Abgas-Partikelmesstechnik

Im Gegensatz zu Gasen, die im Abgasstrang und in der Messkette im Allgemeinen nur geringen Veränderungen unterliegen, werden die sogenannten „flüchtigen“ Anteile der Partikel erst bei Abkühlung und Verdünnung gebildet. „Dieselpartikel“ im Sinne des Gesetzgebers sind daher durch die CVS Messmethode (siehe oben) definiert [27, 28]. Wesentlichste Forderung der Partikelmesstechnik ist dabei, dass die Temperatur des verdünnten Abgases am Ende der Mischstrecke unter 52 °C liegt.

Gravimetrische Partikelmessung

Die gravimetrische Partikelmessung dient zur integralen Messung der Partikelemission während einer bestimmten Messphase, zum Beispiel während eines gesamten dynamischen Fahrzyklus. Dabei wird ein dem verdünnten Abgas entnommener konstanter Teilstrom über einen teflonbeschichteten Glasfaserfilter oder über einen Teflon-Filter gezogen. Aus dem Gewichtszuwachs des Filters wird die Masse der angelagerten Partikel bestimmt. Da mit abnehmender Emission die Partikelmasse am Filter abnimmt, werden in neueren gesetzlichen Regelungen die Umgebungsparameter, zum Beispiel Verdünnungsluft-Temperatur und -Feuchte, Filtertemperatur etc. enger toleriert. Damit, und mit einer optimierten Einstellung von Verdünnungsluftstrom und Probemenge über das Filter ist eine ausreichend reproduzierbare Messung auch für die nach Euro 4 beziehungsweise US2007 geforderten Niedrig-Emissionen möglich [22, 29].

Dynamische Partikelmessung

Die wichtigsten Verfahren, um die Emission nicht nur integral aus dem Filtergewicht zu bestimmen, sondern bei der Messung von Abgas aus dem Verdünnungstunnel auch den zeitlichen Verlauf der Emission beobachten zu können, sind:

- Kontinuierliche Massenermittlung mittels Größen- und Dichtebestimmung der Partikel über elektrische Mobilitätsanalyse kombiniert mit einem elektrischen Impaktor. Dieses Gerät ist erst seit kurzem unter den Bezeichnungen „DMM“ (Dekati Mass Monitor“) beziehungsweise „Micro Particle Monitor“ auf dem Markt.
- TEOM: Massenbestimmung aufgrund der Frequenzänderung einer schwingenden Glaskanüle, durch die das Abgas geleitet wird und auf die ein Filter aufgesetzt ist, dessen Gewichtszunahme die Frequenzänderung bewirkt.

Messung der Ruß- beziehungsweise Rauchemission

„Ruß“ beziehungsweise „Rauch“ ist die auffälligste Emission von Dieselmotoren und ein dominanter Bestandteil der Partikelemission. Er besteht im Wesentlichen aus „schwarzen“ elementaren Kohlenstoffpartikeln. Die Messung und Minimierung der Rußemission ist eine Standardaufgabe bei der Entwicklung von Dieselmotoren. Von den im folgenden beschriebenen Messmethoden werden die ersten zwei seit langem eingesetzt, während die neueren Methoden Photoakustik und LII insbesondere für moderne, niedrig emittierende Motoren entwickelt wurden und mit erhöhtem messtechnischem Aufwand verbunden sind.

- **Rauchwertmessung mit „Smoke Meter“**

Die Rauchwertmessung wird seit mehreren Jahrzehnten erfolgreich für die stationäre Emissionsoptimierung am Prüfstand eingesetzt. Sie ist aufgrund der unkomplizierten Handhabung die weitest verbreitete Prüfstandsmessmethode zur Rußmessung an Dieselmotoren [30].

Bei der Rauchwertmessung wird eine frei wählbare Abgasmenge durch ein sauberes Filterpapier gesaugt **(Bild 28-19)**. Die gesaugte Abgasmenge wird zum Beispiel mit einer Blendenmessstrecke gemessen und daraus die effektive Sauglänge berechnet (405 mm gemäß ISO 10054). Mit einem optischen Messkopf wird die Schwärzung (Papierschwärzung) des Filterpapiers, verursacht durch den Ruß im Abgas, erfasst. Das Ergebnis wird dann als FSN (Filter Smoke Number) oder Pollution Level (in %) ausgegeben.

Innerhalb eines 20 % Konfidenzbandes kann aus Papierschwärzung und effektiver Sauglänge der Rußgehalt im Abgas ermittelt und als Rußkonzentration (in mg/m^3) ausgegeben werden.

- **Trübungsmessung mit „Opazimeter“**

Ein Opazimeter misst die Lichtabschwächung (Trübung, Opazität) durch Partikel, insbesondere Rußpartikel, in Dieselabgasen. Eine Messkammer mit definierter Messlänge und mit nicht reflektierender Ober-

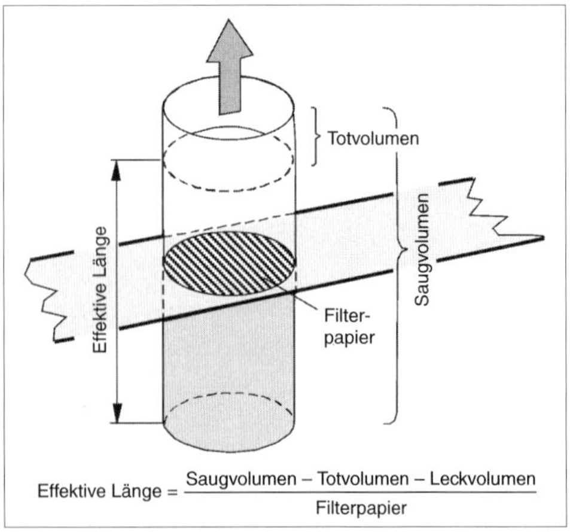

Bild 28-19 Messprinzip – Smoke Meter

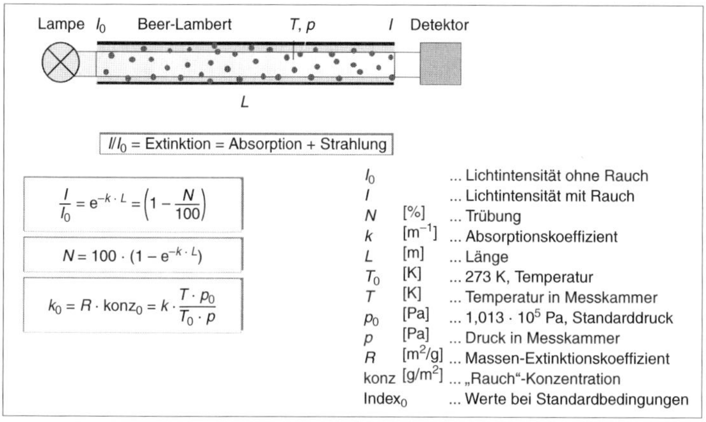

Bild 28-20 Messprinzip – Opazimeter

fläche wird homogen mit Abgas befüllt. Die Lichtabschwächung zwischen einer Lichtquelle und einem Empfänger wird gemessen und daraus wird die Trübung des Abgases berechnet. Grundlage für diese Berechnung ist das Beer-Lambert-Gesetz **(Bild 28-20)**. Diese Methode ist für einige gesetzliche Prüfungen (zum Beispiel „ECE R24, ELR Test") vorgeschrieben. Sie gestattet die zeitaufgelöste Messung kurzer Rußstöße und ist bisher die Standardmethode bei der dynamischen Optimierung der Partikelemission von Dieselmotoren [31].

- **Photoakustik (PASS)**

Beim Photoakustischen Prinzip **(Bild 28-21)** wird in der Intensität moduliertes Licht durch das Messgas mit den „schwarzen", das heißt stark absorbierenden, Rußpartikeln gestrahlt. Die periodische Erwärmung und Abkühlung und die daraus resultierende Ausdehnung und Kontraktion des Trägergases kann als Schallwelle betrachtet und mit Mikrophonen detektiert werden. Saubere Luft produziert kein Signal. Bei rußbeladener Luft beziehungsweise Abgas steigt das Signal proportional mit der Konzentration des Rußes im Messvolumen. Dies ist ein wesentlicher Vorteil gegenüber opazimetrischen Methoden, wo die Abnahme des „Nullsignals" von 100 % Lichtintensität, die Trübung, den Messwert bildet. Dadurch wird die Empfindlichkeit wesentlich gesteigert; die Detektionsgrenze liegt unter 10 µg/m^3 [32, 33].

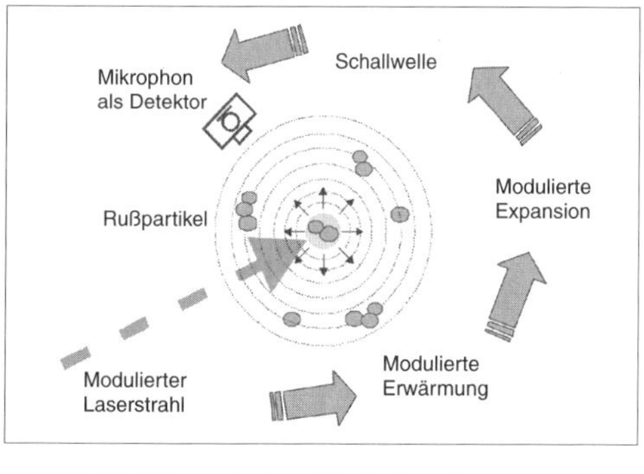

Bild 28-21 Messprinzip – Photoakustik

- **Laserinduzierte Incandeszenz (LII)**

Die Partikel werden von einem Laser hoher Intensität auf circa 4000 K aufgeheizt. Aus der maximalen Intensität des von den Partikeln dabei abgestrahlten Lichtes kann auf die Massenkonzentration im Probevolumen zurückgerechnet werden, während das Abklingverhalten Rückschlüsse auf den mittleren Primärpartikeldurchmesser erlaubt. Dieses Verfahren wird vorwiegend für die Messung von Kohlenstoffpartikeln verwendet [34].

- **Streulichtmessung**

Verfahren, die nur das Streulichtsignal auswerten, wie Nephelometer und Tyndalometer, eignen sich vor allem für größere Partikel. Solche Geräte sind auch als Handgeräte in großer Vielfalt verfügbar Eine Proportionalität zur Massenbeladung des Abgases mit Ruß oder Partikeln ist aber nur in sehr beschränktem Maß gegeben. Daher kommt die Methode bei Prüfstandsmessungen kaum zum Einsatz.

Partikelgruppe und Partikelanzahl

Siehe Kapitel 26.6.3.12.

Messdatenverarbeitung und -bewertung

Das Prüfstandsautomatisierungssystem mit der Gesamtheit der verschiedenen Subsysteme übernimmt die wesentlichen Aufgaben der Messdaten-Erfassung und Verarbeitung. Dazu sind zunächst die Datenaufzeichnung und die Datenreduktion der Mess- und Rechenwerte von bis zu einigen Hundert Messkanälen gleichzeitig zu zählen. Bei Messungen im Stationärbetrieb des Motors werden aus den mit einer bestimmten Abtastrate erfassten Messkanälen die Messergebnisse durch Mittelwertbildung über eine bestimmte Messzeit gewonnen. Indiziersignale wie

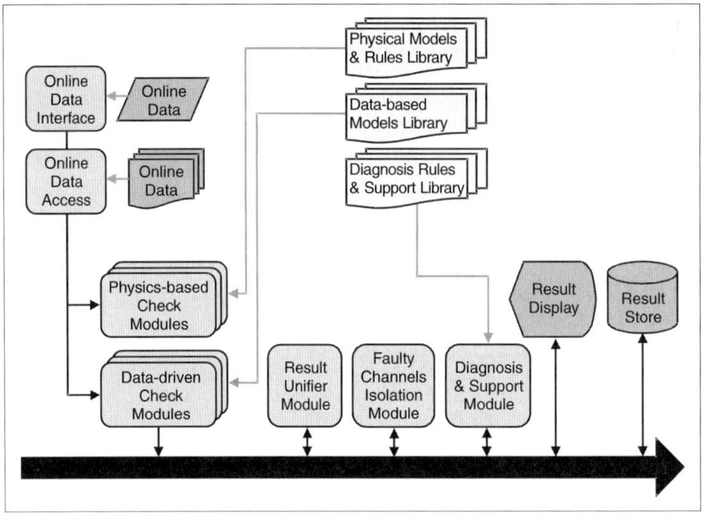

Bild 28-22 Plausibilitätsbetrachtung von Mess- und Rechendaten

etwa der Brennraumdruckverlauf werden im Allgemeinen nicht zeitlich gemittelt, sondern es wird aus einer bestimmten Anzahl von Verbrennungszyklen ein mittlerer Verbrennungszyklus berechnet. Bei dynamischen Versuchen wird der Verlauf der Messwerte mit einer bestimmten Abtastfrequenz aufgezeichnet. In manchen Fällen kann eine Vorverarbeitung durch Integration sinnvoll sein, so zum Beispiel bei Bestimmung der verbrauchten Kraftstoffmasse während eines Fahrzyklus.

Die Qualität der so gewonnenen Messdaten ist eine unabdingbare Voraussetzung, um verlässliche Aussagen über das Motorverhalten zu gewinnen. Die erfassten Daten vor ihrer Weiterverwendung zu bewerten ist daher von entscheidender Bedeutung. Dabei geht es um das Auffinden etwaiger Anomalien des Messsystems, nicht des Motors. Als Fehler sind dabei Abweichungen der Messwerte zu verstehen, die über die normalen Ergebnisstreuungen hinausgehen.

Der hohe Durchsatz an Mess- und Rechendaten ist eine große Herausforderung für die nötige rasche Bewertung der Daten, die möglichst noch während des Versuchslaufs erfolgen soll. Eine Bewertung aller Messkanäle durch den Messtechniker oder Motorenentwickler ohne automatisierte Hilfe ist kaum möglich. Einfache Methoden der Datenbewertung wie Grenzwertüberwachungen sind üblicherweise bereits Teil des Messsystems oder Automatisierungssystems. Zur Bewertung von hochfrequent erfassten Daten bieten sich Methoden der Signalverarbeitung (Erfassung von Störspitzen, Störfrequenzen etc.) an.

Zur Absicherung der Messqualität scheint aber auch eine darüber hinausgehende Bewertung der Plausibilität der Messdaten erforderlich. Diese ergibt sich aus der Kenntnis von Zusammenhängen zwischen den Messwerten aus unterschiedlichen Datenkanälen. Beispiele für solche Prüfregeln sind Massen- und Stoffmengenbilanzen oder bekannte Größenrelationen in Form von Ungleichungen für Temperatur- und Druckmessketten. Neben solchen – physikalisch exakt berechenbaren – Bewertungsregeln liegt vielfach Erfahrungswissen vor, das „ungefähre" Zusammenhänge zwischen Messkanälen in verschiedenen Motorzuständen beschreibt.

Automatisierte Bewertungssysteme können hier helfen, die Plausibilität der Messdaten auch in komplexen und schnellen Messsystemen zu bewerten, (**Bild 28-22**). Bestimmte konfigurierbare Module können die Bewertung gemäß physikalischen, vom Benutzer zu parametrierenden, Prüfregeln durchführen. Daneben können andere, selbstlernende Module eingesetzt werden, um zunächst aus bereits vorhandenem Datenmaterial „Erfahrungswissen" zu extrahieren und dieses dann für die Bewertung neuer Daten zu nutzen.

Literatur

[1] *Kleppmann, W.:* Taschenbuch Versuchsplanung – Produkte und Prozesse optimieren. 5. Auflage, München, 2008, ISBN 3-446-41595-9

[2] *Riel, A.; Hasewend, W.; Bogner, E.; Fischer, R.:* Modellierung von Fahrzeug und Antriebstrang im gesamten Entwicklungsprozess. Automobiltechnische Zeitschrift ATZ 6 (2004), Jg. 106, S. 522 – 531

[3] *Apschner, M.; Hauser, G.:* PUMA Open: Prüfsystem für Motor und Antriebstrang. Motortechnische Zeitschrift MTZ 3 (2001) Jg. 103, Seiten 228 – 234

[4] *Fortuna, T.; Mayer, M.; Pflügl, H.; Gschweitl, K.:* Optimierung von Verbrennungsmotoren mit DoE und CAMEO. HDT – 2. Tagung DoE in der Motorenentwicklung, Berlin, 2003

[5] ISO/BIPM-Leitfaden „Guide to the Expression of Uncertainty in Measurement". 8., überarbeitete Auflage, Genf, 2008

[6] *Bier, M. et.al.:* „Hybridentwicklung auf dem Motorenprüfstand – Ein wichtiger Schritt zu mehr Effizienz im Entwicklungsprozess". 14. VDI-Fachtagung- Erprobung und Simulation in der Fahrzeugtechnik, Jun. 2009-08-18

[7] *Denger, D. et.al.*: „Effizientere Konzeptevaluierung und Kalibration von Fahrzeugflotten am Motorenprüfstand". 14. VDI-Fachtagung- Erprobung und Simulation in der Fahrzeugtechnik, Jun. 2009-08-18

[8] *Schyr, C.*:AVL-Indizier-TechDay, Darmstadt, Oct. 2008

[9] *Weidinger, C. R.*: Messgüte am Prüfstand für die Motorenentwicklung. Dissertation, Technische Universität Wien, 2002

[10] *Gohl, M.*: Massenspektrometrisches Verfahren zur dynamischen Online-Messung der Ölemission von Verbrennungsmotoren. Dissertation, Technische Universität Hamburg – Harburg, 2003

[11] *Kammerstetter, H.; Werner, M.*: Vorbedatung von Steuergeräten am Komponentenprüfstand unter Einbezug kompletter Diesel-/ Otto-Einspritzsysteme. Expert-Verlag, Messtechnik und Simulation in der Motorentwicklung, Essen, 2004

[12] *Winklhofer, E.; Beidl, C.; Hirsch, A.; Piock, W.*: Flammendiagnostik für die Leistungs- und Emissionsentwicklung. Motortechnische Zeitschrift MTZ 5 (2004) Jg. 65, S. 362 – 369

[13] *Werner, M.*: Kraftstoffverbrauchsmessung: Kürzere Entwicklungszeiten durch kontinuierliche Messtechnik. Motortechnische Zeitschrift MTZ 99 (1997) Nr. 11

[14] *Schmitt, A. et al.*: „Methodik und Sensorik zur Applikation von Harnstoff-SCR-Systemen am dynamischen Motorprüfstand". VDI – Fachkonferenz: NOx – Control, Nürnberg, Jul. 2009

[15] *Ebner, H. W.; Köck, K.*: Coriolis Fuel Meter – A Modern and Reliable Approach to Continuous and Accurate Fuel Consumption Measurement. SAE2000 World Congress, Detroit, March 2000

[16] *Graf, F., Hofmann, P., Köck, K., List, R.*: Höhere Prüfstandseffizienz durch moderne Kraftstoffverbrauchs-Messtechnik. Motortechnische Zeitschrift MTZ 65 (2004) Nr. 7 – 8

[17] *Ebner, H. W.; Jaschek, A. O.*: Die Blow-By-Messung – Anforderungen und Messprinzip. Motortechnische Zeitschrift MTZ 59 (1998)

[18] *Wiesinger, M.*: Entwicklung eines Abgas-Massenflusssensors. Dissertation, Technische Universität Wien, 1999

[19] *Lohde, S.*: Direkte Abgasdurchflußmessung mittels Ultraschalllaufzeitverfahren. Dissertation, Naturwissenschaftliche Universität Lübeck, 2001

[20] *Yassine, M. K.*: „Parameters Affecting Direct Vehicle Exhaust Flow Measurement". Society of Automotive Engineers, SAE Paper 2003-01-0781, 2003

[21] *Gätke, J.*: Akustische Strömungs und Durchflussmessung. Akademie-Verlag-Berlin, 1991

[22] *Beck, M.; Hinterhofer, K.*: Direct dynamic Flow Measurement in the Exhaust of Combustion Engines. Society of Automotive Engineers, SAE Paper 980880, 1998, pp. 95 – 104

[23] *Hardy, J. E.; McKnight, T. E.; Hylton, J. O.; Joy, R. D.*: Real Time Exhaust Gas Flow Measurement System. Society of Automotive Engineers, SAE Paper 982105, 1998

[24] *Klingenberg, H.*: Automobil-Messtechnik. Band C: Abgasmesstechnik. Springer-Verlag Berlin Heidelberg New York, 1995

[25] *Engeljehringer, K.*: Abgasmesssystem für die Entwicklung schadstoffarmer Dieselmotoren. Motortechnische Zeitschrift MTZ 07-08 (2006)

[26] Directive 2005/78/EC of the European Parliament and of the Council

[27] Code of Federal Regulations (CFR) Title 40 Part 1065 – Engine Testing Procedures

[28] Heavy duty engines – Measurement of gaseous emissions from raw exhaust gas and of particulate emissions using partial flow dilution systems under transient test conditions. International Standard ISO 16183

[29] Directive 2001/1/EC of the European Parlament and of the Counsil, 2001

[30] CFR Vol 66, No 12, Part 86, § 86007-11, 2001

[31] *Silvis, W. M.; Marek, G.; Kreft, N.; Schindler, W.*: Diesel particulate measurement with partial flow sampling systems: A new probe and tunnel design that correlates with full flow tunnels. SAE Technical Paper Series No. 2002-01-0054

[32] *Steigerwald, K.*: „Weiterentwicklung eines Teilstromverdünnungssystems für die Partikelmessung am instationär betriebenen Dieselmotor". Dissertation, Technische Universität Darmstadt, 2008

[33] Directive 1991/542/EC of the European Parlament and of the Counsil, 1991

[34] Directive 1999/96/EC of the European Parlament and of the Counsil, 1999

[35] Reciprocating internal combustion engines – Exhaust emission measurement – Part 1: Test bed measurement of gaseous and particulate exhaust emissions. International Standard ISO 8178-1: 2006

[36] *Schweinle, G.; Graf, A.*: Interaktion von Testverfahren und Fahrzyklen bei PKW Abgasmessungen. 3. Internationales Forum Abgas- und Partikelemission, Sinsheim, Sept. 2004

[37] *Vouitsis, E.; Ntziarchristos, L.; Samaras, Z.*: Particulate Matter Mass Measurements for low Emitting Diesel Powered Engines: What's Next?. Elsevier Ltd., Progress in Energy and Combustion Science 29 (2003) 635 – 672

[38] *Khalek, I. A.*: „2007 Diesel particulate measurement research, Final Report, Project E-66 Phase 1". Southwest Research Institute Report 03.10415, Mai 2005

[39] *Stein, H. J.*: „Weiterentwicklung der Partikelmessung für Nutzfahrzeugmotoren nach 2005 – ISO 16183 und US 2007". 2. Internationales Forum Abgas- und Partikelemission, Nürnberg, Sept. 2002

[40] *Silvis, W.*: „Standardized dilution conditions for gravimetric PM sampling – measures to assure results that correlate". 5. Internationales Forum Abgas- und Partikelemission, Ludwigsburg, Feb. 2008

[41] *Schindler, W.; Nöst, M.; Thaller, W.; Luxbacher, Th.*: Stationäre und transiente messtechnische Erfassung niedriger Rauchwerte. MTZ 62 (2001) Nr. 10, p. 808

[42] *Pongratz, H.; Schindler, W.; Singer, W.; Striock, St.; Thaller, W.*: Messtechnik für transiente Erfassung der Dieselemissionen – Entwicklung, Messtechnik und Prüftechnik. MTZ 64 (2003) Nr. 10, p. 824

[43] *Beck, H. A.; Niessner, R.; Haisch, Ch.*: Development and characterisation of a mobile photoacoustic sensor for on-line soot emission monitoring in diesel exhaust gas. Anal. Bioanal. Chem. 375 (2003) 1136

[44] *Haisch, C.*: „Simultaneous Detection of Gaseous and Particulate Exhaust Components by Photoacoustic Spectroscopy". 5. Internationales Forum Abgas- und Partikelemission, Ludwigsburg, Feb. 2008

[45] *Schindler, W.; Haisch, Ch.; Beck, H. A.; Niessner, R.; Jacob, E; Rothe, D.*: A photoacoustic sensor system for time-resolved quantification of diesel soot emissions. SAE Technical Paper Series No. 2004-01-0968

[46] *Schraml, S.; Heimgärtner, C.; Will, S.; Leipertz, A.; Hemm, A.*: Applications of a new soot sensor for exhaust emission control based on time resolved laser induced incandescence. SAE Technical Paper Series No 2000-01-2864

29 Hybridantriebe

29.1 Historie

In den Anfängen der Automobilentwicklung konkurrierten verschiedenste Antriebskonzepte miteinander. Neben Otto- und Dieselmotoren wurden auch Dampfmaschinen und Elektromotoren als Fahrzeugantriebe eingesetzt. Ferdinand Porsche gilt als einer der ersten, der im Jahr 1900 bei seinem damaligen Arbeitgeber „K.u.K. Motorenwagen- und Automobil-Fabrik Jacob Lohner&Co“ ein Fahrzeug mit Hybridantrieb entwickelt hat. Bei dem „Lohner-Porsche Mixte“ handelte es sich um einen Seriellen-Hybridantrieb mit Radnaben-Elektromotoren und einem 4-Zylinder-Verbrennungsmotor von Daimler.
Aber auch andere Entwickler, zum Beispiel Henri Pieper und Louis Antoine Kriéger [1], experimentierten zur selben Zeit mit Hybridantrieben. Henri Pieper unter anderen meldete 1904 eine „Regelungsvorrichtung für mit Dynamomaschinen gekuppelte Explosionskraftmaschinen“ beim österreichischen Patentamt an [2]. Aus dem Inhalt der Patentschrift lässt sich vermuten, dass er bereits früher an Hybridantrieben gearbeitet hat.
Im Gegensatz zu heutigen Entwicklungszielen waren Emissionen und Kraftstoffverbrauch der Fahrzeugantriebe zum damaligen Zeitpunkt vermutlich nicht die Gründe für einen Hybridantrieb. Vielmehr galt es, die mangelnde Dauerhaltbarkeit der mechanischen Bauteile, zum Beispiel der Getriebe, zu umgehen.
In den folgenden Jahren setzte sich insbesondere bei den Personenkraftwagen zunehmend der Verbrennungsmotor als alleiniger Antrieb durch, und die Elektro-, Hybrid- und Dampfmaschinenantriebe verschwanden vom Markt. Einer der letzten Hersteller für Hybridfahrzeuge aus dieser Zeit war die Marke Owen Magnetic, die bis 1921 Hybridfahrzeuge herstellte.
Abgesehen von vereinzelten Fahrzeugstudien und Behelfslösungen im Zuge der Kraftstoffknappheit nach dem zweiten Weltkrieg konzentrierte sich die Kraftfahrzeugentwicklung nahezu ausschließlich auf Verbrennungsmotoren. Erst als gegen Ende der 60er Jahre erstmals akute Probleme im Zusammenhang mit der Luftverschmutzung in einigen Metropolen auftraten und infolgedessen die ersten Abgasvorschriften erlassen wurden, wurde wieder verstärkt an Alternativen zu Otto- und Dieselmotoren geforscht. Neben Gasturbinenantrieben und Elektrofahrzeugen wurden auch neue Hybridantriebe entwickelt, denen jedoch die Serieneinführung verwehrt blieb.
Im Jahr 1968 stellte GM [4] seine Studie STIR-LEC I vor. Auf Basis des Opel Kadett wurde ein Hybridantrieb bestehend aus einem Stirlingmotor und einem Elektromotor aufgebaut (siehe **Bild 29-2**).
Nur ein Jahr später wurde von GM ein weiteres Konzeptfahrzeug in Amerika vorgestellt: Der XP-883 basierte auf einem Vauxhall Chevette (ähnlich einem Chevrolet Chevette oder einem Opel Kadett City) **Bild 39-3**. Im Gegensatz zum Stir-Lec I befanden sich beide Motoren nun vorne, und als Verbrennungsmotor war ein kleiner 2-Zylinder Ottomotor mit 0,573 l (35 $inch^3$) Hubraum vorgesehen [6].

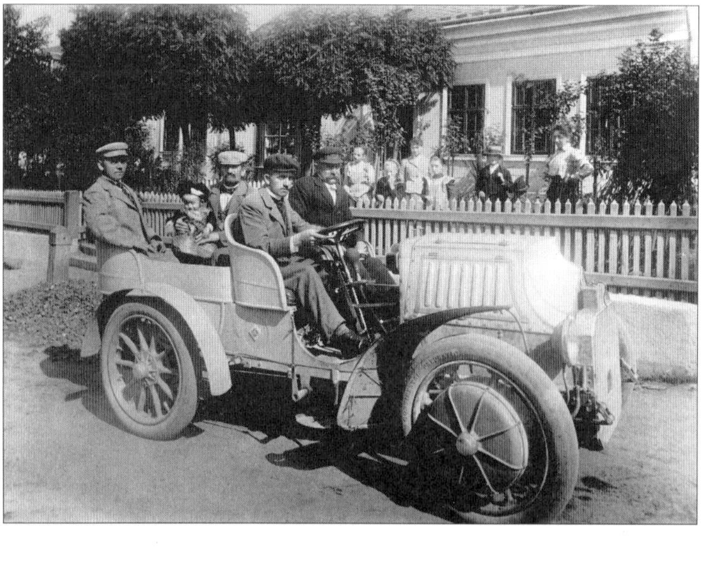

Bild 29-1 1902, Ferdinand Porsche am Steuer eines Lohner-Porsche-Benzin-Elektromobil-Kraftwagens vor seinem Eltern- und Geburtshaus in Maffersdorf [3]

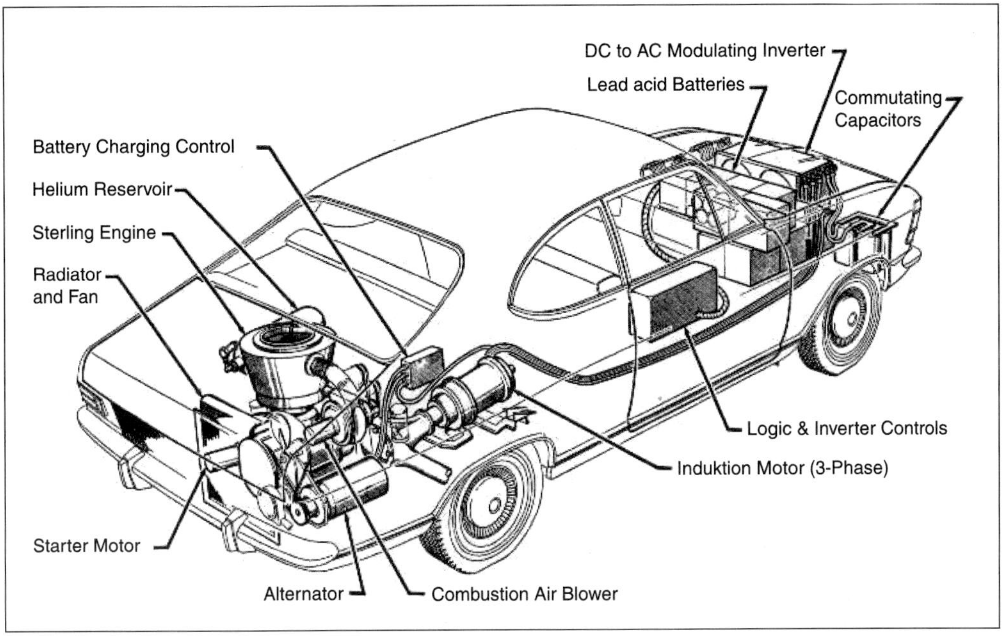

Bild 29-2 GM Stir-Lec I auf Basis eines Opel Kadetts [5]

Die Firma Toyo Kogyo präsentierte auf einer Automobilausstellung in Tokio unter anderen den Prototyp eines zukünftigen Stadtwagens, den Mazda EX 005 (siehe **Bild 29-4**). Sein Antrieb war eine Kombination aus einem 2-Scheiben-Kreiskolbenmotor und einem Elektromotor mit einer Leistung von 3 kW [7]. Wie in **Bild 29-4** zu erkennen, handelte es sich dabei eher um eine Konzeptstudie als um einen seriennahen Prototyp.

In Amerika kombinierten Victor Wouk und Charlie Rosen 1973 in einen 1972er Buick Skylark einen Mazda Wankelmotor und einen Elektromotor. Das Fahrzeug übertraf die damals gültigen Abgasnormen, verbrauchte 7,84 l/100 km (30 mpg) und erreichte eine Höchstgeschwindigkeit von 137 km/h (85 mph). Der Versuchsträger wurde im Rahmen des „Federal Clean Car Incentive Program" gefördert.

Zu den Problemen im Zusammenhang mit der Luftverschmutzung durch Autoabgase kam Mitte der 1970er Jahre noch die Ölkrise hinzu, so dass verbrauchsärmere Antriebe einen weiteren Schub erhielten.

Wie an zahlreichen anderen Universitäten wurde auch an der TU Berlin an alternativen Antrieben geforscht. Unter anderem wurde damals an einem Fiat mit Elektro- und Hydroantrieb und an einem BMW 2000 mit Verbrennungs- und Hydromotor gearbeitet [8], **Bild 29-5**.

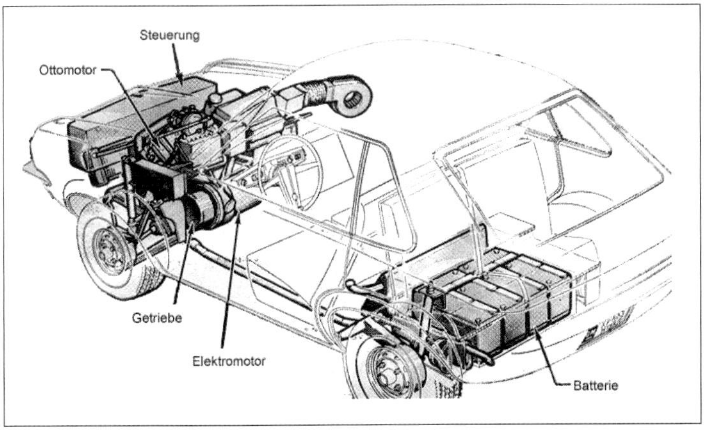

Bild 29-3 GM XP-883 [6]

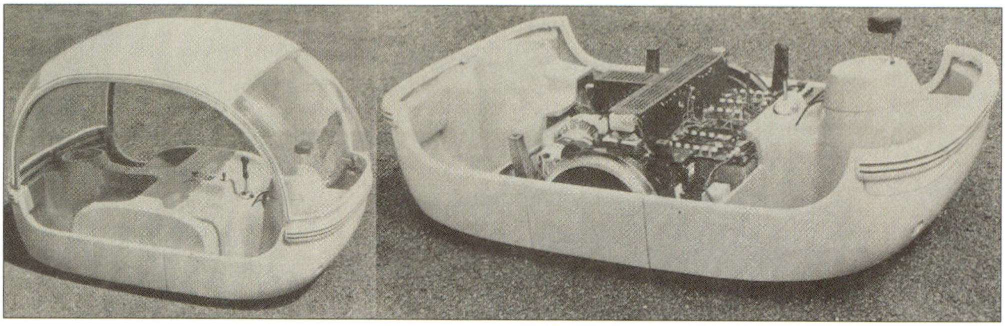

Bild 29-4 Mazda EX 005 [7]

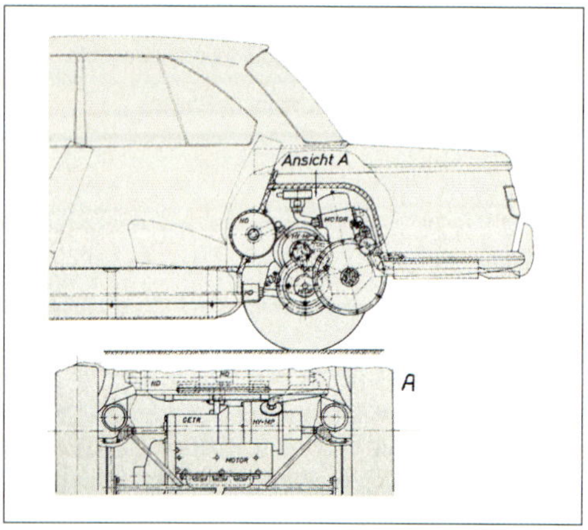

Bild 29-5 Entwurf eines BMW 2000 mit Verbrennungs- und Hydromotor [8]

Eine weitere interessante Antriebskombination stellte 1977 die Firma Toyota vor: einen Sports 800 mit einer Gasturbine und einem Elektromotor (siehe **Bild 29-6**). Gasturbinen galten damals durchaus als eine Alternative zu Otto- und Dieselmotoren.

Im gleichen Jahr zeigte VW anlässlich einer Ausstellung des „Museum of Modern Art" in New York ein VW Bus Taxi mit einem Ottohybridantrieb, **Bild 29-7**.

Im Jahr 1989 präsentierte Audi die erste von drei Generationen des Audi duo. Es handelte sich hierbei um einen Audi 100 Avant quattro mit einem 12,6 PS (8,8 kW) Elektromotor, der an der Hinterachse für den Antrieb sorgte. Die elektrische Energie stellte eine Nickel-Cadmium-Batterie zur Verfügung. Die Vorderachse wurde von einem 2,3-Liter-Fünfzylinder mit 136 PS (100 kW) angetrieben, **Bild 29-8**.

Die zweite Generation des Audi duo folgte zwei Jahre später. Die Leistung des Drehstrom-Elektromotors wurde auf 28,6 PS (20,6 kW) gesteigert. Der 2,0-Liter-Vierzylinder-Dieselmotor war nun über ein Torsen-Differenzial ebenfalls mit der Hinterachse verbunden.

Zwischen 1991 und 1993 führte VW einen Flottenversuch mit 20 Golf II-Parallelhybrid-Fahrzeugen in Zürich durch, **Bild 29-9**. Vor Ort wurde das Projekt von der ETH Zürich betreut. Zum Einsatz kam ein 1,6 l Vierzylinder-Dieselmotor mit 44 kW und eine Elektromotor mit 7 kW. Acht Fahrzeuge wurden mit einem Blei-Gel Akku und jeweils sechs mit Nickel-Cadmium und Natrium-Schwefel-Akkus ausgerüstet. Der Verbrauch der Fahrzeuge in einem zuvor definierten Fahrzyklus (Züricher Stadtzyklus, 41 Ampeln auf 10,3 km) lag bei 3,8 l/100 km und die elektrische Leistung betrug 21,7 kW [12], ein Serien-Golf-Diesel verbrauchte 8,6 l Diesel. Als Probleme wurden die mangelnde Zuverlässigkeit, Lebensdauer und Speicherkapazität der getesteten Akkus genannt.

Bild 29-6 Toyota Sports 800 [9]

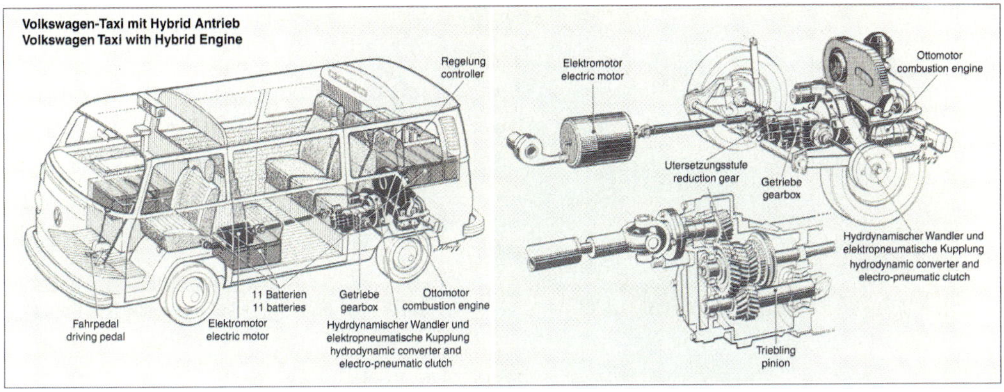

Bild 29-7 VW Bus Prototyp Taxi mit Hybridantrieb [10]

Bild 29-8 Audi duo [11]

Bild 29-9 Elektro-Hybrid Golf II, Flottenversuch in Zürich, 1991–1993

Bild 29-10 Audi duo III [12]

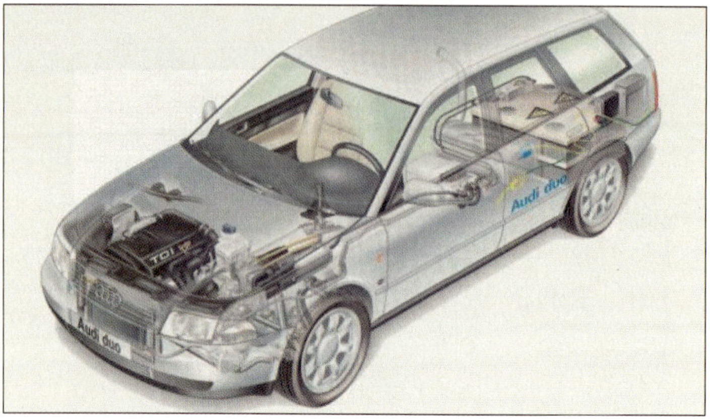

Bild 29-11 Audi duo III [11]

Im Jahr 1997 präsentierte Audi die dritte und letzte Generation des Audi duo, **Bilder 29-10** und **29-11**. Zum Einsatz kam ein 1,9-Liter-TDI mit 66 kW und ein Elektromotor mit 21 kW. Beide Antriebe wirkten nun auf die Vorderachse. Als elektrischer Energiespeicher kam ein Blei-Gel-Akkumulator zum Einsatz. Das Fahrzeug auf der Basis des A4 Avant konnte für 60.000 DM gekauft beziehungsweise geleast werden. Streng genommen ist Audi somit der erste europäische Hersteller eines Hybridfahrzeugs in Serie. Aufgrund des extrem hohen Kaufpreises hielt sich die Nachfrage in Grenzen, so dass die Produktion bereits einige Monate später eingestellt wurde.

Noch im selben Jahr (1997) begann Toyota mit dem Verkauf des ersten Prius in Japan. Mit 323 Kunden war auch dieses Fahrzeug anfangs kein Verkaufsschlager, doch bereits im folgenden Jahr stiegen die Verkaufzahlen auf 17.653 Einheiten.

Gegen Ende 1999 wurde auch von Honda ein Hybridfahrzeug auf den Markt gebracht. Der „Insight" konnte zunächst nur in Japan und den USA gekauft werden. Sein Antrieb bestand aus einem 3-Zylinder-Ottomotor und einem Elektromotor auf der Kurbelwelle.

Einen ersten Modellwechsel beim Prius gab es Ende 2000: Der Prius I ging in Serie [9]. Doch erst mit dem Prius II, der 2003 auf den Markt kam, setzte das öffentliche Interesse an Hybridantrieben ein. Die Verkauferfolge in den USA und Japan sowie die gestiegene Sensibilität bezüglich CO_2-Emissionen führten schließlich dazu, dass alle namhaften Fahrzeughersteller mit der Serienentwicklung von Hybridantrieben für Pkw begannen.

Literatur

[1] „Electric Vehicle-Technology and Expectations in the Automobile Age", The Johns Hopkins University Press, Baltimore and London, 2004

[2] *Pieper, H.:* „Regelungsvorrichtung für mit Dynamomaschinen gekuppelte Explosionskraftmaschinen.", Patentschrift Nr. 21202, Kais. Königl. Österreichische Patentamt, 1905

[3] Dr. Ing. h.c. F. Porsche AG, Historisches Archiv, 2007

[4] *Rajashekara, K.:* „History of electric vehicles in General Motors", Industry Applications Society Annual Meeting, 1993, Conference Record of the 1993 IEEE

[5] Car Craft: „An electric Car that makes its own electricity", August 1969

[6] *Norbye, J. P.; Dunne, J.:* „... and a Commuter Car with Hybrid Drive", Popular Science, 1969

[7] *Rixmann, W.:* „Toyo Kogyo zeigte neue Verwendung des Kreiskolbenmotors Bauart NSU-Wankel", ATZ, Dezember 1970

[8] *Christian, M.:* „Verringerte Schadstoffemission durch Hybridantrieb", ATZ, Januar 1974

[9] *Yaegashi, T.:* „The History of Hybrid Technology", AutoTechnology, Vieweg Verlag/GWV Fachverlags GmbH, Wiesbaden, 2005

[10] VW: „Volkswagen-Taxi mit Hybridantrieb", 1977, Wolfsburg

[11] www.audi.de: „Audi Q7 hybrid concept 15 Jahre Pionierarbeit", 2007

[12] Presseinformation vom 08.11.1993: „Abschluß des Volkswagen-Hybrid-Versuchs in Zürich", VW, Wolfsburg, 1993

29.2 Grundlagen der Hybridantriebe (allgemeiner Überblick)

Hybridantriebe bestehen aus einer Kombination von mindestens zwei unterschiedlichen Antrieben. Daraus folgt, dass Hybridantriebe mindestens zwei unterschiedliche Energiewandler (im Sinne von Motoren) und -speicher aufweisen. Eine ähnliche Definition wurde unter anderen 2003 von der UNECE übernommen [1]: „Hybrid vehicle (HV) means a vehicle with at least two different energy converters and two different energy storage systems (on vehicle) for the purpose of vehicle propulsion.".

Dessen ungeachtet wird ein Hybridantrieb häufig fälschlich auf das Vorhandensein zweier unterschiedlicher Motoren reduziert.

Für Kraftfahrzeugantriebe hat sich eine Kombination aus Otto- oder Dieselmotor und Elektromotor durchgesetzt. Die Definition legt diese Aufteilung jedoch nicht zwingend fest. So gab es in der Vergangenheit auch Kombinationen aus Diesel-/Schwungscheibenmotor und Gasturbine/Elektromotor mit den jeweiligen Energiespeichern.

29.2.1 Prinzip

Mit einem Hybridantrieb sollen die Vorteile zweier Antriebe kombiniert werden, heutzutage mit dem Ziel, die Emissionen und/oder den Energieverbrauch des Fahrzeuges zu senken. Ein Vergleich der Bedarfskennung eines Fahrzeugs mit der Lieferkennung eines Diesel-, Otto- (siehe **Bild 29-12**) und eines Elektromotors zeigt, dass Verbrennungsmotoren deutliche Schwächen im unteren Drehzahlbereich aufweisen.

Elektromotoren bieten hingegen eine nahezu ideale Lieferkennung, jedoch stellen hier die Energiespeicher ein Problem dar. Für Pkw mit einem reinen Elektroantrieb sind kurz- und mittelfristig keine ausreichend leistungsfähigen und langlebigen Energiespeicher in Sicht, so dass zur Zeit lediglich Nischenanwendungen möglich sind.

Wird das Zusammenspiel von Verbrennungskraftantrieben und Elektroantrieben betrachtet, so wird das Potenzial einer Kombination deutlich. Der Elektromotor ergänzt die Lieferkennungsschwäche des Verbrennungsmotors, wohingegen der effiziente Energiespeicher „Kraftstofftank" die Schwächen von Batterien/Akkumulatoren ausgleicht.

Darüber hinaus ist es möglich, einige für Verbrennungsmotoren nicht nutzbare Energieformen in elektrische Energie umzuwandeln, wie zum Beispiel die Bremsenergie. Außerdem können Betriebsbedingungen des Verbrennungsmotors vermieden werden, in denen erhöhte Emissionen auftreten. Hier sind insbesondere hochdynamische Zustände und schwachlastige Betriebspunkte zu nennen.

Im Extremfall eines Hybridantriebs wird der Verbrennungsmotor lediglich in einem Drehzahl-Lastpunkt betrieben.

29.2.2 Komponenten

Gegenüber einem Diesel- oder Ottomotorantrieb sind für einen Hybridantrieb einige Anpassungen und zusätzliche Komponenten erforderlich. Neben den elektrischen Maschinen und einem elektrischen Speicher wird außerdem ein Energiemanagement, eine Anbindung der E-Maschinen an den Triebstrang und die Leistungselektronik benötigt.

29.2.2.1 Verbrennungsmotor

Am Verbrennungsmotor sind aus technischer Sicht nur wenige Änderungen zwingend notwendig. So muss berücksichtigt werden, dass aufgrund der geänderten Betriebstrategie, zum Beispiel häufiger Motor Start/Stop, die benötigte Katalysatortemperatur weiterhin eingehalten werden muss. Auch sind Änderungen an den Motorlagern notwendig, da die zusätzlichen E-Maschinen das Schwingungsverhalten des Triebstranges verändern. Wird der Verbrennungsmotor aufgrund der gewählten Betriebstrategie eher in hohen Lasten betrieben, sind ebenfalls die entsprechenden Bauteile neu auszulegen. Ungeachtet dessen ist aber auch aus wirtschaftlichen Gründen eine Anpassung an die neuen Anforderungen, wie zum Beispiel geringere Dynamik, zu empfehlen.

29.2.2.2 E-Motor

Als elektrische Maschine kommen prinzipiell alle bekannten Arten in betracht. Gleichstrom-Maschinen sind aufgrund ihres vergleichsweise schlechten Wirkungsgrades (lediglich 80–85 %) jedoch weniger gut geeignet, zumal sie wegen der benötigten Bürsten wartungsintensiver sind als andere, bürstenlose Maschinenarten. Außerdem sind sie empfindlich gegen Schwingungen und Stöße.

Asynchron-Maschinen sind robuste Elektromotoren, die bei richtiger mechanischer und thermischer Auslegung keine Verschleißteile aufweisen. Es handelt sich um einfache und kostengünstige Motoren [2].

Synchron-Maschinen haben gegenüber Asynchron-Maschinen einen höheren Wirkungsgrad und eine höhere Leistungsdichte, aufgrund der benötigten Magnete sind die Systemkosten jedoch höher.

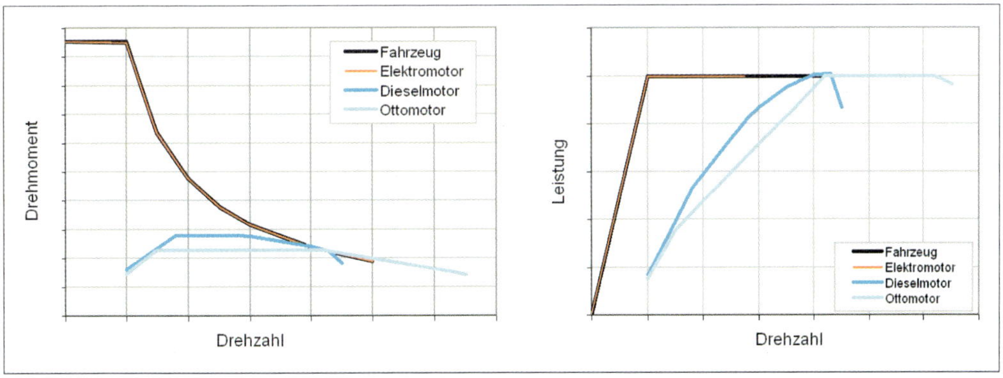

Bild 29-12 Lieferkennung von Verbrennungsmotoren und Elektromotoren

29.2.2.3 Generator

Die Funktion eines Generators kann auf verschiedenen Wegen realisiert werden. Für geringe Leistung (~5 kW) oder einfache Konzepte kann eine klassische Lichtmaschine verwendet werden. Aufgrund der vorhandenen Elektromotoren bietet es sich jedoch an, diese auch als Generator zu verwenden. Ist dies aus technischen Gründen nicht möglich, wird bei größerem Leistungsbedarf eine elektrische Maschine speziell für den Generatorbetrieb eingesetzt.

29.2.2.4 Elektrischer Energiespeicher

Der Energiespeicher beziehungsweise die Batterie ist der „Tank“ der E-Maschine. Energiedichte, Leistungsdichte, Lebensdauer und Kosten sind die entscheidenden Bewertungskriterien. Zum Einsatz kommen unter anderen Blei-Akkumulatoren, Nickel-Metallhydrid-Akkumulatoren und vereinzelt auch schon Lithium-Ionen-Akkumulatoren. Während in früheren Versuchsfahrzeugen häufig auf die preiswerten Blei-Akkumulatoren zurückgegriffen wurde, werden mittlerweile hauptsächlich Nickel-Metallhydrid-Akkumulatoren eingesetzt. Sobald es die Kosten und Funktionssicherheit zulassen, wird es einen Wechsel zu den leistungsstärkeren Lithium-Ionen-Akkumulatoren geben.
Die Ultra Caps stehen nicht in direkter Konkurrenz zu NiMh und Li-Ion. Ihre Stärke liegt vielmehr in der kurzfristigen Aufnahme sehr hoher Leistungen.

29.2.2.5 Getriebe

Soll bei einem Hybridkonzept die Leistung des Verbrennungsmotors und der E-Maschinen mechanisch zusammengeführt werden, sind gegenüber den gängigen Fahrzeuggetrieben Änderungen erforderlich. Belastungsart und thermische Beanspruchung unterscheiden sich deutlich von herkömmlichen Fahrzeuggetrieben.

29.2.2.6 Energiemanagement

Dem Energiemanagement kommt bei Hybridantrieben eine entscheidende Bedeutung zu, gilt es doch, den Fahrerwunsch nun mit zwei Antriebseinheiten zu bedienen. Darüber hinaus muss gewährleistet sein, dass die elektrischen Speicher immer ein Mindestmaß an Energie enthalten um zum Beispiel längere Stillstandszeiten oder kalte Witterung zu überbrücken. Ein ausgeklügeltes Energiemanagement führt zu kleineren Komponenten, weniger Gewicht und schließlich geringeren Kosten.

29.2.2.7 Leistungselektronik

Die Leistungselektronik formt die anfallende elektrische Energie bezüglich Spannung, Frequenz oder Polarität in die jeweils benötigte um. Ihre Kosten hängen direkt mit der Leistungsfähigkeit und der benötigten Stromstärke zusammen. Aufgrund ihrer Baugröße und ihrem Kühlungsbedarf nimmt die Leistungselektronik deutlichen Einfluss auf das Package eines Hybridfahrzeuges.

29.2.3 Funktionen

Gegenüber einem Fahrzeugantrieb mit Verbrennungsmotor können mit einem Hybridantrieb je nach Hybridisierungsgrad zusätzliche Funktionen wie zum Beispiel elektrisches Fahren oder Bremsenergierekuperation realisiert werden. Es kann dabei in Funktionen unterschieden werden, die lediglich mit einem Hybridantrieb möglich sind und Funktionen, die theoretisch auch mit einem Otto- oder Dieselantrieb möglich wären, jedoch aus wirtschaftlichen Gründen bisher nur in wenigen Fahrzeugen realisiert wurden.

29.2.3.1 Start/Stopp (Stopp/Start)

Die Bezeichnung Start/Stopp oder auch Stopp/Start bezieht sich lediglich auf den Verbrennungsmotor des Hybridantriebs. Bei stillstehendem Fahrzeug wird er abgeschaltet, verbraucht somit keinen Kraftstoff und produziert auch keine Emissionen. Häufigster Anwendungsfall ist das Anhalten an einer Ampel sowie der Stop-and-go-Betrieb in einem Stau. Der Start des Motors beziehungsweise das Anfahren erfolgt mit Hilfe des E-Motors des Hybridantriebs. Aufgrund des im Verhältnis zum Anlasser starken E-Motors können bei leistungsstarken Hybridantrieben alternative Startkonzepte verwirklicht werden, wie zum Beispiel Impulsstart oder Hochdrehzahlstart.
Die Start/Stopp-Funktion wird mittlerweile auch in reine Otto- und Dieselantriebe implementiert. Zu diesem Zweck benötigen diese einen stärker dimensionierten Anlasser und ein Batteriemanagement.

29.2.3.2 Elektrisches Fahren

Sind der Elektromotor und die Energiespeicher ausreichend stark dimensioniert, so ist ein rein elektrisches Fahren möglich, das heißt der Verbrennungsmotor ist in diesem Fahrzustand abgeschaltet. Je nach Speichergröße kann so eine Distanz von einigen 100 Metern bis einigen Kilometern (Prius II: circa 6 km) überbrückt werden. Diese Funktion wird mit leistungsfähigeren und preiswerteren Speichern an Bedeutung gewinnen.

29.2.3.3 Lastpunktverschiebung

Da in einem Hybridantrieb neben dem Verbrennungsmotor eine weitere Antriebsquelle zur Verfügung steht, ist die Lastanforderung des Verbrennungsmotors vom Fahrerwunsch entkoppelt. Je nach Bedarf kann die E-Maschine unterstützend wirken und somit den Lastpunkt für den Verbrennungsmotor absenken oder im Generatorbetrieb die Last zusätzlich erhöhen. Ziel der Lastpunktverschiebung ist es, den Verbrauch und/oder die Abgasemissionen zu

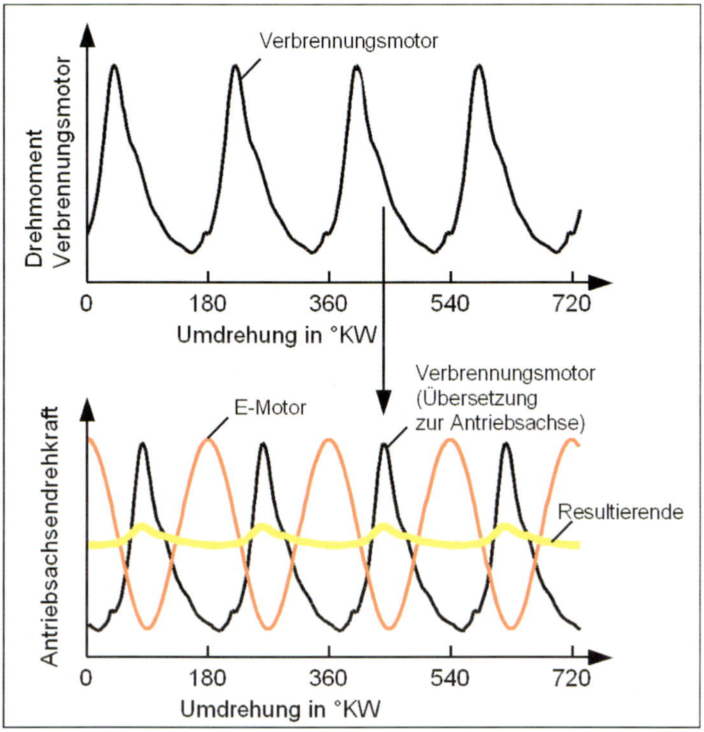

Bild 29-13 Ausgleich von Drehmomentschwingungen

senken. Werden die dynamischen Anforderungen an den Verbrennungsmotor reduziert, so spricht man auch von Phlegmatisierung des Verbrennungsmotors. Im Extremfall wird der Verbrennungsmotor lediglich in einem Lastpunkt betrieben.

29.2.3.4 Boosten

Boosten ist die kurzzeitige Unterstützung des Verbrennungsmotors durch den Elektromotor. Die Boostdauer ist hauptsächlich durch die Größe und den aktuellen Ladezustand der elektrischen Energiespeicher begrenzt und kann im Bereich mehrerer Sekunden liegen.

29.2.3.5 Ausgleich von Drehmomentschwingungen

Werden der Verbrennungsmotor und der Elektromotor gleichzeitig betrieben, kann der Elektromotor zum Ausgleich von Drehmomentschwingungen genutzt werden. Die Schwankungen aufgrund der einzelnen Verbrennungsverläufe können in erster Näherung mit einer sinusförmigen Ansteuerung des E-Motors reduziert werden (siehe **Bild 29-13**).

29.2.3.6 Bremsenergierekuperation

Unter Bremsenergierekuperation wird die Umwandlung der kinetischen Energie des Fahrzeuges in eine

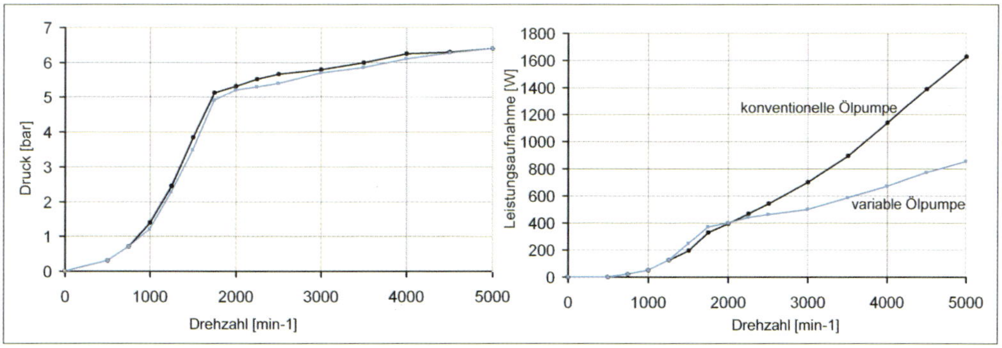

Bild 29-14 Vergleich einer konventionellen Ölpumpe und einer variablen Ölpumpe [3]

nutzbare Energieform während des Bremsens verstanden. In der Regel erfolgt die Umwandlung in elektrische Energie. Die zum Rekuperieren der Bremsenergie benötigte Leistung muss dabei sowohl von der elektrischen Maschine als auch von der Leistungselektronik und den Speichern bewältigt werden. Da beim Bremsen zum Teil erhebliche Leistungen gefordert werden, wird aus technischen und wirtschaftlichen Gründen nur ein Teil der Bremsenergie rekuperiert und für höhere Leistungen weiterhin eine mechanische Bremse eingesetzt. Zudem darf auch aus gesetzlichen Gründen noch nicht auf eine mechanische Bremse verzichtet werden.

29.2.3.7 Elektrische Nebenaggregate

Die Nebenaggregate werden bei Verbrennungsmotoren in der Regel über einen Keilriemen oder eine Kette angetrieben. Elektrische Nebenaggregate sind prinzipiell auch in konventionellen Antrieben einsetzbar, jedoch begünstigt das bei Hybridantrieben vorhandene Hochvoltnetz deren Einsatz. Einige elektrische Nebenantriebe sind sogar aufgrund der Stopp/Start Funktion des Verbrennungsmotors obligatorisch. Elektrische Nebenaggregate haben den Vorteil, dass ihre Leistung an die Erfordernisse angepasst werden kann; so ist zum Beispiel in den ersten Sekunden nach dem Motorstart der Betrieb einer Kühlmittelpumpe noch nicht notwendig. Ebenso entspricht das Förderverhalten einer Ölpumpe über der Drehzahl nicht dem Bedarf. In **Bild 29-14** sind der Förderdruck und der Leistungsbedarf einer konventionellen Ölpumpe und einer variablen Ölpumpe gegenübergestellt.

29.2.3.8 Automatisches Einparken

Für das automatische Einparken ist neben den Sensoren für die Erfassung der Parklücke auch eine für das Fahrzeug steuerbare Lenkung notwendig. Soll das Fahrzeug eigenständig rangieren können, müssen sich auch der Antrieb und die Fahrrichtung automatisch ansteuern lassen. Grundsätzlich ist das mit einem Dieselmotoren- oder Ottomotorenantrieb möglich, jedoch haben Fahrzeuge mit einem Hybridantrieb den Vorteil, dass sie mit ihren E-Maschinen über einen gut regelbaren Antrieb verfügen und häufig bereits eine elektrische Lenkung besitzen.

Literatur

[1] UNECE: „Agreement concerning the Adoption of Uniform Technical Prescriptions (Rev.2)“, Regulation No. 85 Amendment 4, 2005
[2] *Voß, B.; Mehler, O.; Lintz, S.*: „Serienentwicklung von Hybridfahrzeugen Teil 2: Elektrokomponenten, Nebenaggregate, Bremssystem, Steuerung/Regelung“, ATZ 109. Jahrgang, Vieweg Verlag, 2006
[3] Kolbenschmidt Pierburg Gruppe: „Ölpumpen für Verbrennungsmotoren – konventionell und variabel“, Neuss, 2005
[4] *Wandt, H.-P.*: „Energiemanagement und Regelungsstrategien bei Hybridfahrzeugen, in Energiemanagement und Bordnetze“, expert verlag, Renningen, 2004

29.3 Einteilung der Hybridantriebe

Hybridantriebe können nach ihrem Aufbau in verschiedene Arten und in Abhängigkeit der installierten elektrischen Leistung in verschiedene Leistungsklassen eingeteilt werden.

29.3.1 Arten

Je nach Kombinationen des Verbrennungsmotors und der E-Maschine werden die Hybridantriebe in die drei Arten, nämlich Serielle-, Parallele- und Mischhybride eingeteilt (siehe **Bild 29-15**).
Das Grundprinzip dieser drei Arten ist in **Bild 29-16** dargestellt. Beim Seriellen Hybridantrieb befinden sich der Verbrennungsmotor und die E-Maschinen in Reihe. Der Verbrennungsmotor treibt einen Generator an, die anfallende elektrische Energie wird dann entweder in einer Batterie gespeichert oder direkt an den Elektromotor weitergeleitet. Der Elektromotor treibt über eine mechanische Verbindung die Antriebsachse an. Ein Vorteil des seriellen Hybridantriebs ist, dass der Verbrennungsmotor stets im optimalen Betriebspunkt betrieben werden kann, so dass

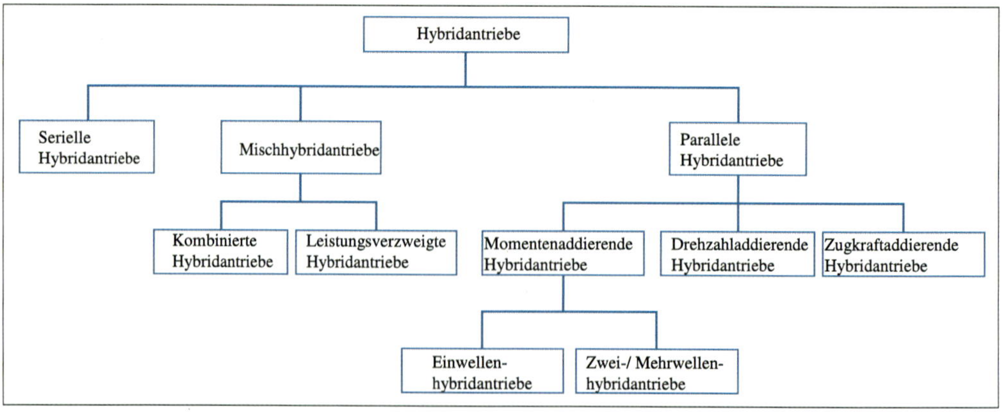

Bild 29-15 Klassifizierung von Hybridantrieben [1]

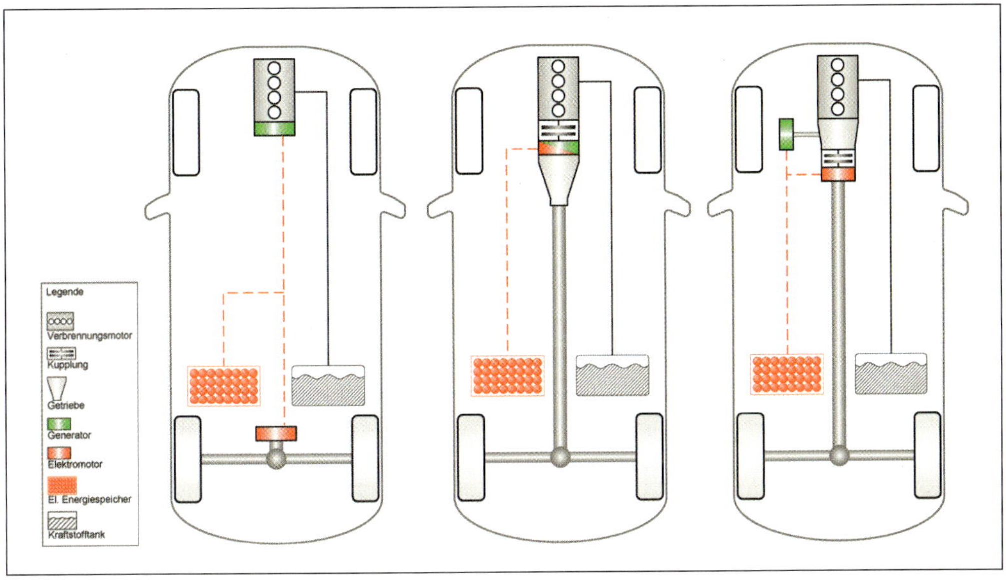

Bild 29-16 Prinzip eines seriellen, parallelen und eines leistungsverzweigten Hybridantriebs (von links nach rechts)

sowohl der Verbrauch als auch die Emissionen sehr gering sind. Nachteile sind jedoch die benötigte Energiewandlung mechanisch-elektrisch-mechanisch, die hohe zu installierende Leistung, das Gewicht und die Kosten. Beide Antriebsmaschinen und der Generator müssen die benötigte Leistung bereitstellen können; die Antriebsleistung ist somit 3-fach vorhanden. Des Weiteren muss die Leistungselektronik auf die maximale Fahrzeugleistung ausgelegt sein.

Beim Parallel-Hybrid sind der Verbrennungsmotor und der E-Motor parallel im Antriebsstrang angeordnet. Der Verbrennungsmotor ist dementsprechend mechanisch mit einer Achse verbunden. Die Leistung der beiden Motoren können einzeln oder gleichzeitig auf die Antriebsachse wirken. Je nach dem wie das Zusammenspiel der beiden Motoren realisiert wird, wird zwischen Drehzahl-, Drehmoment- und Kraftaddition unterschieden. Beide Motoren müssen dabei nicht zwingend mit der gleichen Welle verbunden sein, so dass es 1-Wellen und 2-Wellen-Lösungen gibt.

Neben dem Seriellen-Hybrid und dem Parallel-Hybrid existieren auch Mischformen dieser beiden Varianten.

Eine Mischform ist der leistungsverzweigte Hybridantrieb, bei ihm wird die Leistung des Verbrennungsmotors in einen elektrischen und einen mechanischen Zweig aufgeteilt. Er bietet somit ein breites Spektrum an Betriebsstrategien für die einzelnen Motoren. Als verbindendes Getriebe wird häufig ein Planentengetriebe eingesetzt.

Eine weitere Mischform aus Seriellem- und Parallel-Hybrid kann dadurch erreicht werden, dass ein Verbrennungsmotor und zwei E-Maschinen in Reihe angeordnet sind, wobei zwischen den E-Maschinen eine schaltbare Kupplung liegt. Mit diesem Konzept kann zwischen einem Seriellen-Hybridantrieb und einem Parallel-Hybridantrieb gewechselt werden.

29.3.2 Leistungseinteilung

Unabhängig von ihrem Prinzip werden die Hybridantriebe in Abhängigkeit der elektrischen Leistung und den damit verbundenen Funktionen in Micro-, Mild- und Full-Hybrid (auch: Mikro-, Mild- und Voll-Hybrid) eingeteilt. Gelegentlich finden sich noch weitere Abstufungen, wie zum Beispiel der Basic-Hybrid oder analoge Begriffe, wie zum Beispiel Strong-Hybrid für den Full-Hybrid Anwendung. Eine Möglichkeit, die Unterscheidung quantitativ auszudrücken, ist die, die Leistung des Elektromotors (P_e) auf die Gesamtleistung aus Elektromotor und Verbrennungsmotor (P_{VKM}) zu beziehen [2]:

$$H = P_e/(P_e + P_{VKM})$$

Da dieser Ansatz die elektrischen Speicher vernachlässigt, muss vorausgesetzt werden, dass deren Leistungsfähigkeit dem Potenzial des Gesamtantriebs entspricht. Werden die einzelnen Bezeichnungen Micro-, Mild- und Full-Hybrid quantitativ zugeordnet, so bewegen sich Micro-Hybride im Bereich $H = 0{,}05$, die Mild-Hybride um $H = 0{,}1$ und ab $H = 0{,}25$ kann vom Full-Hybrid gesprochen werden [2]. Für die Werte $H = 0{,}25$, 0,10 und 0,05 sind die Geraden in **Bild 29-17** dargestellt.

Die Grenzen zwischen den einzelnen Leistungsvarianten sind fließend, so dass in einigen Fällen eine eindeutige Zuordnung nicht gegeben ist. In **Bild 29-18** sind typische Ausprägungen der einzelnen Hybridantriebe dargestellt. Die mit ihnen realisierbaren Funktionen sind in **Bild 29-19** abgebildet.

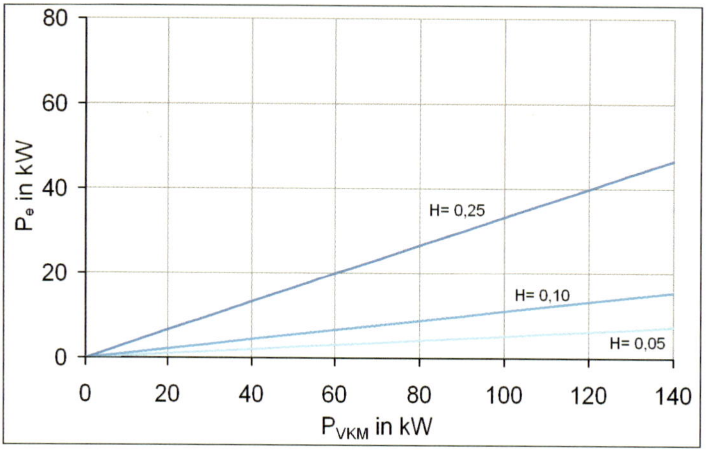

Bild 29-17 Hybridisierungsgrad

	Micro Hybrid	Mild Hybrid	Full Hybrid
max. elektrische Leistung	5 kW	20 kW	200 kW
Spannung Traktionsnetz	12 V	144 V	200 - 650 V
Batteriebauart	Blei-/Säure-Bauart (AGM)	NiMH	Ni-MH/ Li-Ion
Batterieleistung	< 10 kW	10 - 25 kW	> 20 kW
max. Kraftstoffersparnis	3 – 8 %	10 – 20 %	30 %
Kostenzuwachs (Marktpreis)	4 %	8 – 13 %	25 %

Bild 29-18 Ausprägung verschiedener Hybridisierungsgrade

	Micro Hybrid	Mild Hybrid	Full Hybrid
Stop / Start	✓	✓	✓
Hochdrehzahlstart	✓	✓	✓
Rekuperation	minimal	hoch	maximal
Lastpunktverschiebung	–	reduziert	✓
Coasting (Segeln)	–	✓	✓
Boost	–	schwach	✓
E-Fahrt	–	–	✓

Bild 29-19 Mögliche Funktionen der verschiedenen Hybridarten

Die Micro-Hybride besitzen lediglich eine Start/Stopp-Funktionalität und können im begrenzten Maß Energie bei Schubphasen zurück gewinnen. Da sie keinen nennenswerten Beitrag zum Antriebsdrehmoment leisten, kann kontrovers diskutiert werden, ob sie überhaupt zu den Hybridantrieben gehören. Die Leistung der E-Maschine liegt im Bereich von 5 kW. Häufigste Bauform ist ein Riemen Starter/Generator. Trotz der geringen Leistung kann die Kraftstoffersparnis gegenüber einem Otto-/Dieselantrieb bis zu 8 % betragen.
Der Mild-Hybrid ist aufgrund seiner höheren elektrischen Leistung in der Lage, neben der Stopp/Start-Funktion den Verbrennungsmotor in Grenzen zu unterstützen. Darüber hinaus kann die Bremsenergie bereits nennenswert zurückgewonnen werden. Außerdem ist eine leichte Betriebspunktverschiebung des Verbrennungsmotors möglich. Die Leistung der E-Maschine liegt im Bereich von 15 kW. Als Bauform kommt unter anderen ein Kurbelwellenstartergenerator (zum Beispiel Honda IMA, GM mit Continental ISAD) in Betracht. Die Kraftstoffersparnis eines solchen Systems liegt im Bereich von 10–20 %.
Der Full-Hybrid ermöglicht das gesamte Spektrum an Hybridantriebsfunktionen insbesondere das rein elektrische Fahren. Aufgrund der vorhandenen elektrischen Leistung kann der Arbeitspunkt des Verbrennungsmotors nahezu gänzlich vom Fahrerwunsch entkoppelt werden. So können sowohl Verbrauchsvorteile als auch Emissionsvorteile erzielt werden.
Stärker als bei Otto- oder Dieselantrieben ist der Kraftstoffverbrauch eines Hybridantriebs vom Fahrprofil abhängig. Die angegebenen Verbrauchsvorteile sind daher als maximal mögliches Potenzial anzusehen. Je gleichmäßiger und schneller das Fahrzeug im Straßenverkehr bewegt wird, desto geringer ist der Verbrauchsvorteil gegenüber den klassischen Antrieben.

Literatur

[1] *Bady, R.; Biermann, J.-W.:* „Hybrid-Elektrofahrzeuge – Strukturen und zukünftige Entwicklungen", 6. Symposium „Elektrische Straßenfahrzeuge", Technische Akademie Esslingen, 2000
[2] *Hohenberg, G.; Spurk, P.:* „Comparing the hybrid propulsion to the conventional drive", CTI Hybrid Drivetrains and Transmissions, Germany, 2007

29.4 Elektrische Antriebssysteme

Die elektrischen Maschinen haben sich neben dem Verbrennungsmotor als zweiter Motor für den Hybridantrieb durchgesetzt. Sie kompensieren mit ihrer Lieferkennung die Schwächen des Verbrennungsmotors im unteren Drehzahl/Last-Bereich, wandeln Energie mit einem hohen Wirkungsgrad (zum Teil >90 %) um und können mechanische Energie wieder in elektrische umwandeln. Darüber hinaus können sie kurzzeitig, das heißt im Bereich von einigen Sekunden, deutlich überlastet werden. Speziell für den Einsatz im Fahrzeug sind die folgenden Eigenschaften von Bedeutung:

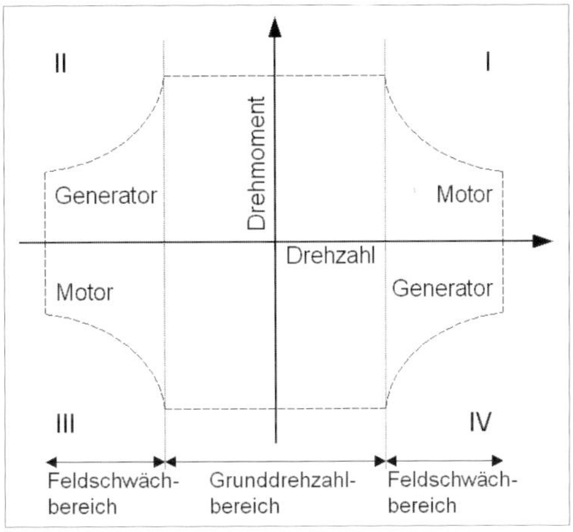

Bild 29-20 Funktionsbereiche einer E-Maschine

- niedriges Gewicht
- geringer Bauraum
- niedrige Kosten
- hohe Lebensdauer
- hoher Wirkungsgrad.

29.4.1 E-Maschinen

Elektrische Maschinen wandeln, je nach Wirkrichtung, entweder elektrische Energie in mechanische Energie um oder umgekehrt. Die Umwandlung hin zur mechanischen Energie wird als motorischer Betrieb bezeichnet, derjenige hin zur elektrischen Energie als generatorischer Betrieb. Da die Drehrichtung sowohl links als auch rechts sein kann, ergeben sich im Drehzahl-Drehmomentdiagramm 4 Quadranten (**Bild 29-20**). Der Drehzahlbereich, in dem eine E-Maschine ihr maximales Drehmoment erreicht, wird Grunddrehzahlbereich genannt. Er wird unter anderen durch den maximal zulässigen Strom in der E-Maschine beziehungsweise in der Ansteuerung begrenzt. Oberhalb dieser Drehzahl muss aus thermischen Gründen die Leistung beschränkt werden, so dass das Drehmoment über der Drehzahl absinkt. Dieser Bereich wird Feldschwächebereich genannt.
Die Funktion der E-Maschinen basiert auf der Lorentzkraft, das heißt die Krafteinwirkung eines Magnetfeldes auf eine bewegte Ladung und auf dem Faradayischen Gesetz. Je nach Bauart wird zwischen Gleichstrommaschinen, Wechselstrommaschinen und Drehstrommaschinen mit jeweils weiteren Unterarten unterschieden (**Bild 29-21**). Stand der Technik heutiger Hybridantriebe sind die Drehstrommaschinen.
Trotz ihres hohen Wirkungsgrades sind die Verluste der E-Maschinen nicht zu vernachlässigen. Die Verlustleistung setzt sich dabei aus Kupfer-, Eisen- und Reibungsverlusten zusammen, **Bild 29-22**, wobei Kupferverluste die Erwärmung der Leiter infolge des

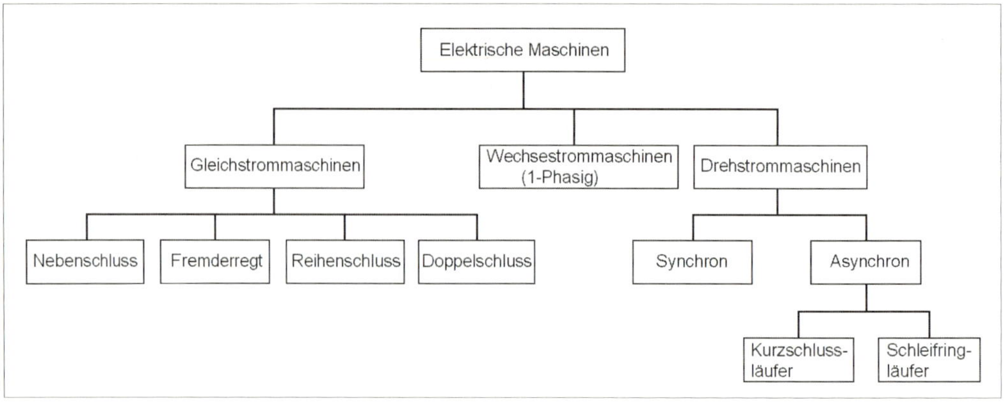

Bild 29-21 Einteilung der elektrischen Maschinen

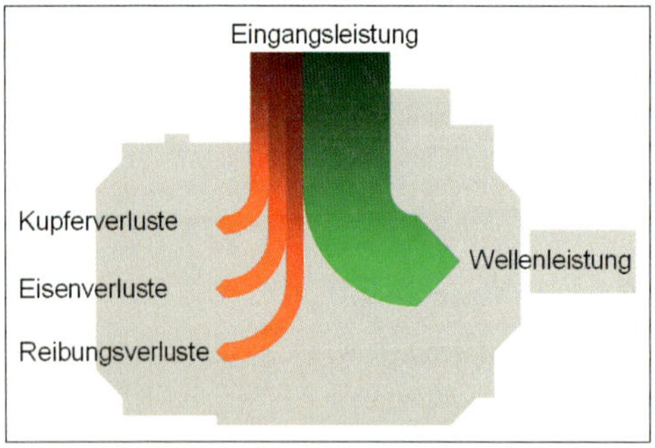

Bild 29-22 Verluste einer E-Maschine

Stromflusses durch die Maschine bezeichnen und die Eisenverluste für die Verluste aufgrund der ständigen Ummagnetisierung einzelner Bauteile stehen. Lagerreibung, Reibung von Kommutatoren und gegebenenfalls auch die Lüfterleistung werden zu den mechanischen Verlusten gezählt. Je nach Art und Aufbau der E-Maschinen treten die einzelnen Verlustarten unterschiedlich stark auf.

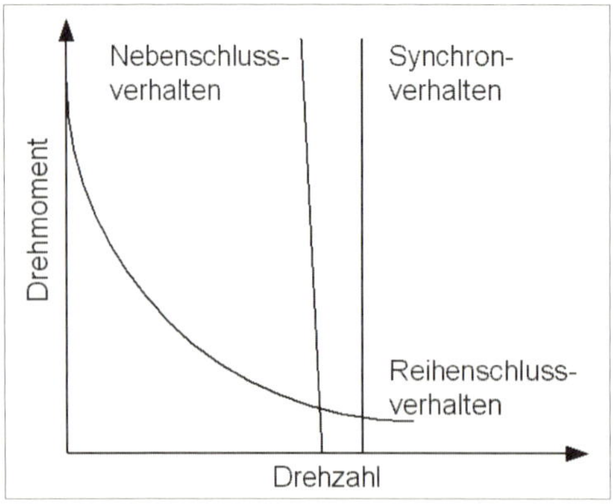

Bild 29-23 Kennlinie verschiedener E-Maschinen

Gleichstrommaschine (GM)

Unter Belastung zeigen die einzelnen E-Maschinen ein unterschiedliches Drehzahl-Drehmoment-Verhalten. In **Bild 29-23** sind drei charakteristische Verläufe dargestellt, nämlich das Nebenschluss-, das Reihenschluss- und das Synchronverhalten.

Gleichstrommaschinen sind E-Maschinen, die mit Gleichstrom betrieben werden. Sie bestehen aus einem Stator (Ständer), dem alle festsstehenden Bauteile zugeordnet werden, und einem drehbar gelagerten Läufer (Anker). Im Stator ist entweder ein Elektromagnet oder ein Permanentmagnet verbaut. Der Läufer besteht aus Leiterwicklungen, die über Kommutatoren mit Strom versorgt werden.

Die Drehzahl des Motors kann durch einen Vorwiderstand im Ankerkreis, durch die Änderung des magnetischen Feldes oder durch Änderung der Ankerspannung **(Bild 29-24)** verändert werden.

Besteht das Erregerfeld aus einem Magneten, so kann die Drehzahl des Elektromotors nur über die Ankerspannung eingestellt werden.

Je nach Verschaltung der Erreger- und Ankerwicklung werden die Gleichstrommaschinen in Neben-

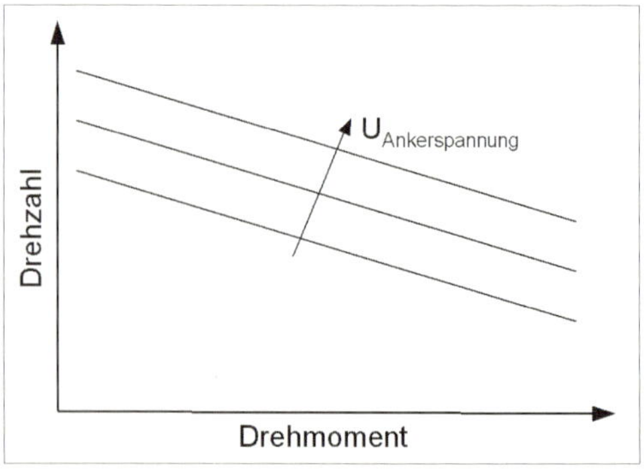

Bild 29-24 Steuerung eines Gleichstrommotors

schluss-, Reihenschluss-, Doppelschlussmaschine eingeteilt. Darüber hinaus unterscheidet man Gleichstrommaschinen, die fremderregt sind.

Reihenschlussmotor

Beim Reihenschlussmotor sind die Erreger- und Ankerwicklung in Reihe geschaltet **(Bild 29-25)**; folglich werden beide mit dem gleichen Strom belastet.

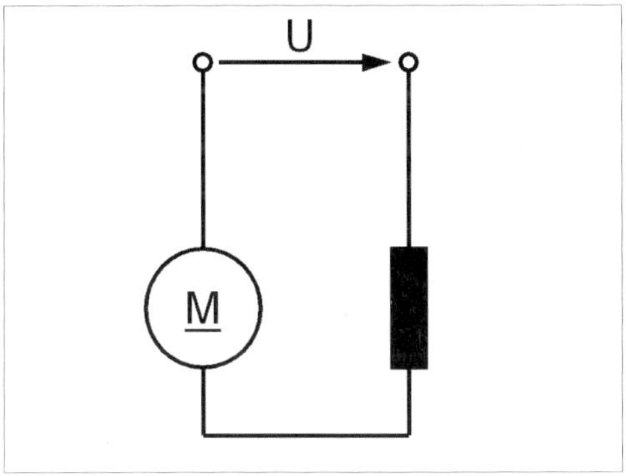

Bild 29-25 Reihenschlussschaltung

Reihenschlussmotoren dürfen nicht ohne Last betrieben werden, da die Drehzahl ansonsten zu sehr ansteigt und somit unter Umständen der Motor zerstört wird. Ein Vorteil dieser Schaltung ist jedoch das hohe Anlaufmoment des Motors (**Bild 29-26**). Die Drehzahl kann entweder direkt über die Spannung oder mit Hilfe eines regelbaren Vorwiderstands beeinflusst werden.

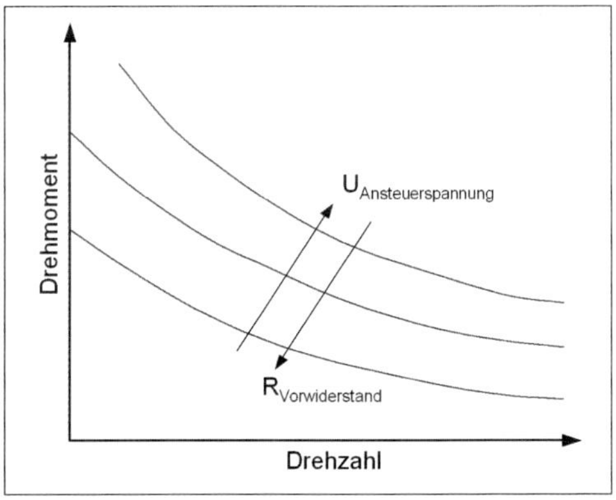

Bild 29-26 Kennlinie eines Reihenschlussmotors

Nebenschlussmotor

Beim Nebenschlussmotor sind die Ankerwicklung und die Erregerwicklung parallel geschaltet, **Bild 29-27**.

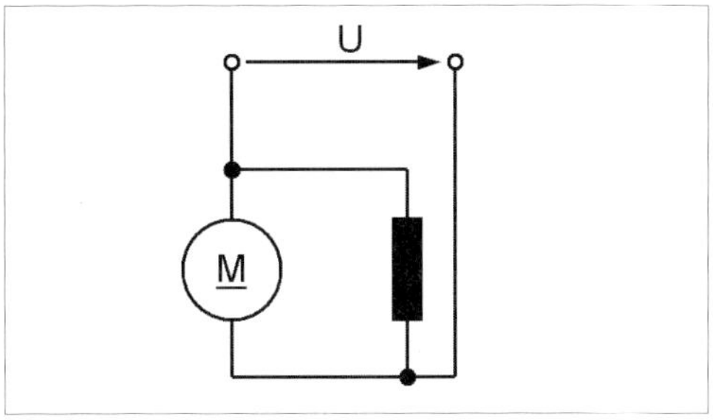

Bild 29-27 Nebenschlussschaltung

Fremderregte Gleichstrommaschine

Bei der fremderregten Gleichstrommaschine werden Erregerwicklung und Ankerwicklung von zwei separaten Spannungsquellen versorgt, **Bild 29-28**.

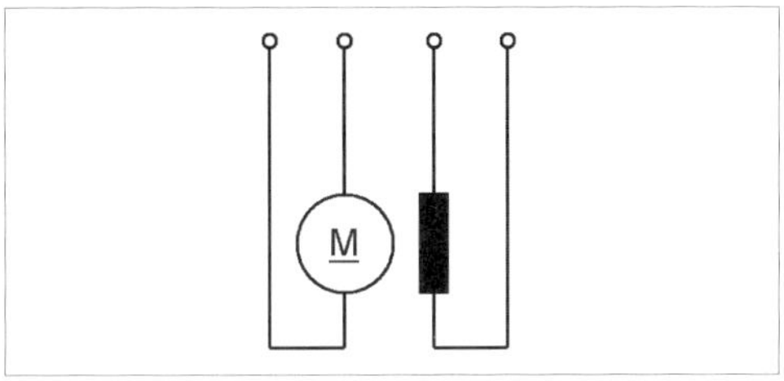

Bild 29-28 Fremderregte Gleichstrommaschine

Bürstenlose Gleichstrommaschine

Bei der bürstenlosen Gleichstrommaschine wird die Funktion des mechanische Kommutators durch einen Umrichter erfüllt. Der Läufer trägt einen Permanentmagneten und der Stator die vom Umrichter angesteuerten Spulen. Die Maschinen entsprechen vom Aufbau her einem Synchronmotor.
Somit ist diese Maschine deutlich wartungs- und verschleißärmer, jedoch aufgrund der notwendigen Elektronik auch teurer. Die elektronischen Störungen, die durch den Kommutator auftreten können, entfallen, allerdings treten unter Umständen bei der Leistungselektronik andere Störgrößen auf.

Asynchronmaschine (ASM)

Asynchronmaschinen gehören zu den Drehstrommaschinen. In ihrem Ständer (Stator) sind drei Spulen so angeordnet, dass sich bei entsprechender Ansteuerung ein magnetisches Drehfeld ausbildet. Der Läufer besteht aus einzelnen Leitern, die parallel zur Drehachse verlaufen und entweder an ihren Enden miteinander kurzgeschossen sind (= Kurzschlussläufer) oder aber den auftretenden Strom über Schleifringe abführen, **Bild 29-29**. Bei Verwendung eines Kurzschlussläufers tritt lediglich an dessen Lagerung Verschleiß auf, so dass der Motor dementsprechend langlebig ist.

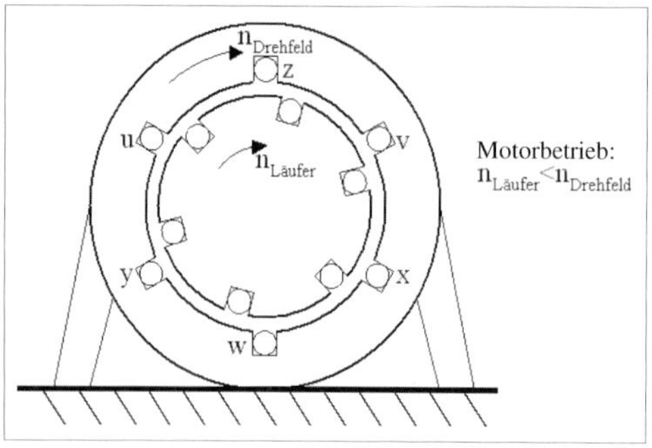

Bild 29-29 Asynchronmaschine

Im motorischen Betrieb induziert das magnetische Drehfeld in den Leitungen des Läufers eine Spannung, die einen Stromfluss zur Folge hat. Aus dem Zusammenwirken des Stromflusses mit dem Magnetfeld bildet sich das Drehmoment, so dass der Läufer sich dreht. Die Drehzahl des Drehfeldes (n_{Feld}) ergibt sich dabei aus der Ansteuerfrequenz (f_{Ansteuer}) und der Anzahl der Polpaare im Ständer (p):

$$n_{\text{Feld}} = \frac{f_{\text{Ansteuer}}}{p}$$

Der Läufer kann prinzipbedingt die Drehzahl des Feldes nicht erreichen sondern weicht, je nach Belastung, von dieser ab. Die Abweichung der Läuferdrehzahl ($n_{\text{Läufer}}$) von der Drehzahl des Feldes (n_{Feld}) wird als Schlupf (s) bezeichnet und berechnet sich nach:

$$s = \frac{n_{\text{Feld}} - n_{\text{Läufer}}}{n_{\text{Feld}}} \cdot 100 \quad \text{in } \%$$

Bei Stillstand des Läufers und gleichzeitig drehendem Feld ergibt sich folglich $s = 100\ \%$, bei gleicher Drehzahl theoretisch $s = 0\ \%$.

Im Leerlauf, das heißt bei lastfreiem Betrieb, entspricht die Drehzahl des Läufers fast der des Drehfeldes ($n_{\text{Läufer}}$):

$$n_{\text{Läufer, Leerlauf}} \approx n_{\text{Feld}}$$

In **Bild 29-30** ist die Kennlinie einer Asynchronmaschine mit den charakteristischen Punkten: Moment bei Stillstand (M_{A}), Kippmoment (M_{K}) und -drehzahl (n_{K}) sowie Synchrondrehzahl (n_{syn}) dargestellt. Das höchste Drehmoment wird als Kippmoment M_{K} bezeichnet. Es nimmt bei konstanter Ständerspannung und -strom quadratisch mit der Ansteuerfrequenz ab:

$$M \sim \frac{1}{f_{\text{Ansteuer}}^2} \quad \text{mit} \quad U_{\text{Ständer}} = \text{konst} \quad \text{und} \quad I_{\text{Ständer}} = \text{konst}$$

Die Drehzahl einer Asynchronmaschine kann prinzipiell durch Ändern der Polpaaranzahl, durch Variation der Ansteuerfrequenz, Variation der Spannung und bei den Schleifringläufern zusätzlich durch Widerstände im Läuferkreis variiert werden.

Eine Drehzahlregelung über die Spannung ist jedoch nur im begrenzten Maße möglich, da sich das Motormoment quadratisch zur Spannung ändert, weshalb die Regelung im Fahrzeug über die Frequenz erfolgt. Da der magnetische Fluss mit der Frequenz abnimmt, muss allerdings gleichzeitig die Spannung erhöht werden. **Bild 29-31** zeigt das Wirkungsgradkennfeld (Linien gleichen Wirkungsgrades) einer Asynchronmaschine.

Neben dem einfachen und kostengünstigen Aufbau hat die Asynchronmaschine gegenüber der Gleichstrommaschine noch den Vorteil einer geringeren Drehmomentenwelligkeit und einer geringeren Geräuschentwicklung.

Synchronmaschine (SM)

Synchronmaschinen, **Bild 29-32**, gehören wie die Asynchronmaschinen ebenfalls zu den Drehstrommaschinen. Der Stator ist vom Aufbau her identisch mit dem der Asynchronmaschine, lediglich der Läufer

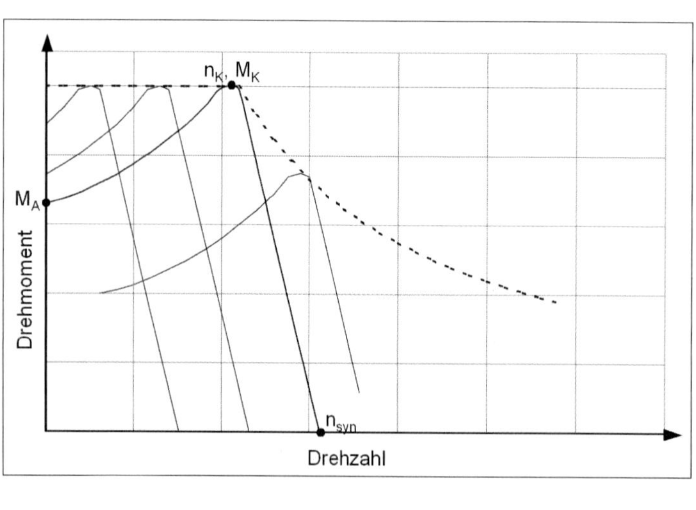

Bild 29-30 Kennlinie einer Asynchronmaschine

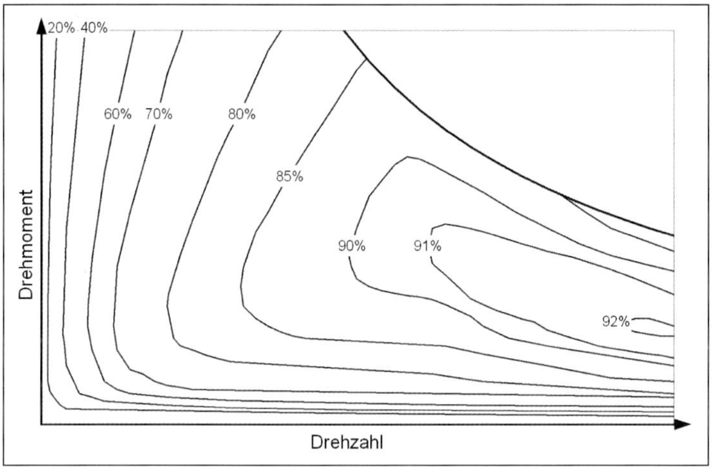

Bild 29-31 Wirkungsgradkennfeld einer Asynchronmaschine

unterscheidet sich: Er besteht aus einem Polrad. Die einzelnen Polpaare können dabei entweder durch einen Dauermagneten oder durch einen Elektromagneten erzeugt werden. Die permanenterregte Synchronmaschine (PSM) bietet den Vorteil, dass bei ihr keine Verluste im Rotor entstehen und die Maschine verschleißarm ist, was einen hohen Wirkungsgrad und eine hohe Leistungsdichte zur Folge hat. Jedoch sind die notwendigen magnetischen Werkstoffe sehr teuer.

Im Betrieb dreht sich der Läufer mit der selben Drehzahl wie das Drehfeld des Stators, also synchron zu ihm. Diese Synchrondrehzahl (n_{synchron}) berechnet sich zu:

$$n_{\text{syn}} = \frac{f_{\text{Ansteuer}}}{p}$$

wobei f_{Ansteuer} die Ansteuerfrequenz und p die Anzahl der Polpaare ist.

Je nach Belastung hinkt der Läufer dem Statordrehfeld jedoch um den Polradwinkel α_{Pol} hinterher, **Bild 29-33**. Beim Überschreiten des maximalen Drehmoments, dem sogenannten Kippmoment M_{Kipp}, bricht das Wirksystem zusammen, und die Maschine läuft unkontrolliert bei hoher Stromaufnahme weiter.

Während des Betriebes neigen Synchronmaschinen zu sogenannten Polradwinkelschwingungen, das heißt der Polradwinkel schwankt periodisch. Wenn erforderlich können sie mit am Umfang des Rotors verteilten Dämpferstäben (Dämpfer-Käfig) gedämpft werden.

Wie auch anhand ihrer Kennlinie **(Bild 29-34)** deutlich wird, können Synchronmaschinen nicht selbstständig anlaufen. Für den Start stehen drei Möglichkeiten zur Verfügung, nämlich der asynchrone Anlauf, der Anlauf per Hilfsmotor oder der mit einem Frequenzumrichter. Für die automobile Anwendung ist letzteres die Wahl.

Gegenüber der Asynchronmaschine können mit der permanenterregten Synchronmaschine höhere Spitzenwirkungsgrade und eine höhere Leistungsdichte [4] erzielt werden, da im Läufer keine Verluste auftreten. In **Bild 29-35** sind die charakteristischen Wirkungsgradkennfelder beider Maschinenarten dargestellt. Ihren Spitzenwirkungsgrad erreicht die Synchronmaschine im mittleren Drehzahlbereich nahe oder an der Volllast. Gegenüber der Asynchronmaschine ergeben sich Vorteile im Bereich unterer bis mittlerer Drehzahl bei Teil- und Volllast [5] sowie Nachteile bei hohen Drehzahlen.

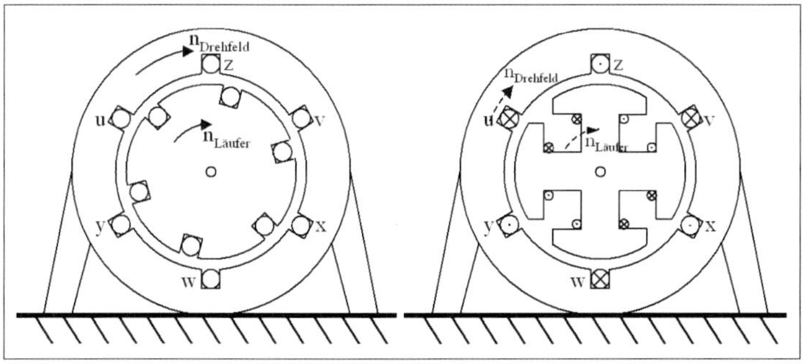

Bild 29-32 Synchronmaschine (links: Vollpolmaschine, rechts: Innenpolmaschine)

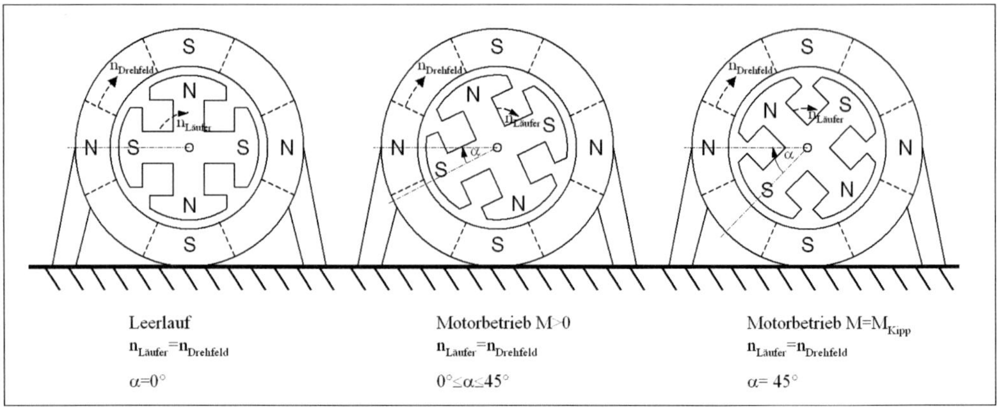

Bild 29-33 Polradwinkel bei Leerlauf, Motorbetrieb und maximalem Drehmoment

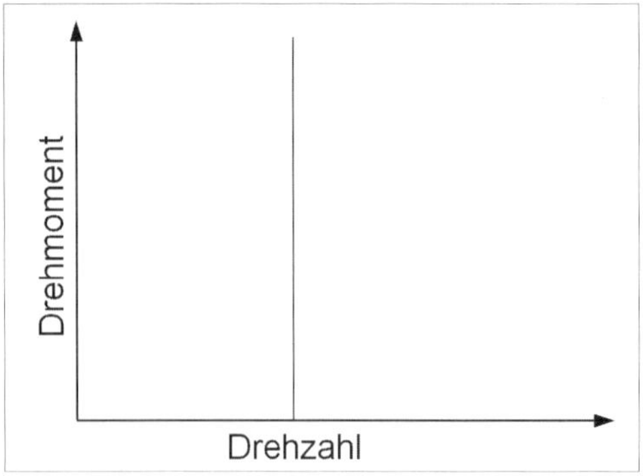

Bild 29-34 Kennlinie einer Synchronmaschine

Insbesondere aufgrund ihres hohen Wirkungsgrades und der geringeren Baugröße sind permanenterregte Synchronmaschinen bevorzugte Konzepte für den Einsatz in Hybridfahrzeugen [6]. Dabei ist jedoch zu beachten, dass permanenterregte Synchronmaschinen bei einem Kurzschluss in der Ständerwickelung sehr hohe Momente aufbauen können. Diese Eigenschaft muss im Sicherheitskonzept des Fahrzeuges berücksichtig werden.

Geschaltete Reluktanzmaschine

Reluktanzmaschinen, **Bild 29-36**, nutzen das Prinzip des geringsten magnetischen Widerstandes. Der Ständer besteht aus diversen Spulen, die über eine Leistungselektronik gezielt zu – und abgeschaltet werden und so ein schaltbares Magnetfeld erzeugen. Der Läufer besteht entweder aus einem weichmagnetisierten Werkstoff oder aus einem an seinem Umfang abwechselnd magnetisierten Werkstoff. Wird über die Spulen im Ständer ein Magnetfeld erzeugt, so richtet sich der Läufer derart aus, dass der magnetische Widerstand minimal wird. Die geschaltete Reluktanzmaschine ist eine Bauform der Reluktanzmaschine. Das Leistungsgewicht liegt unter dem einer Asynchronmaschine [7]; außerdem treten prinzipbedingt Geräusche auf.

Ein interessanter Ansatz ist es, das Prinzip der Reluktanzmaschine mit dem einer Synchronmaschine zu kombinieren um so die Vorteile beider Maschinen zunutzen [7a].

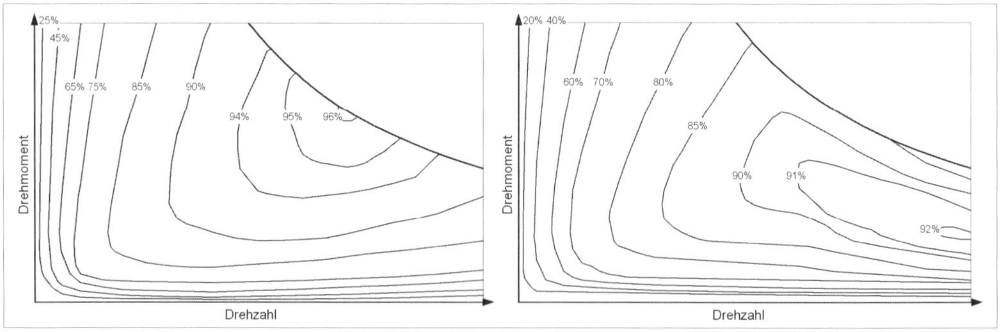

Bild 29-35 Charakteristische Wirkungsgradkennfelder für eine Synchronmaschine (links) und eine Asynchronmaschine (rechts)

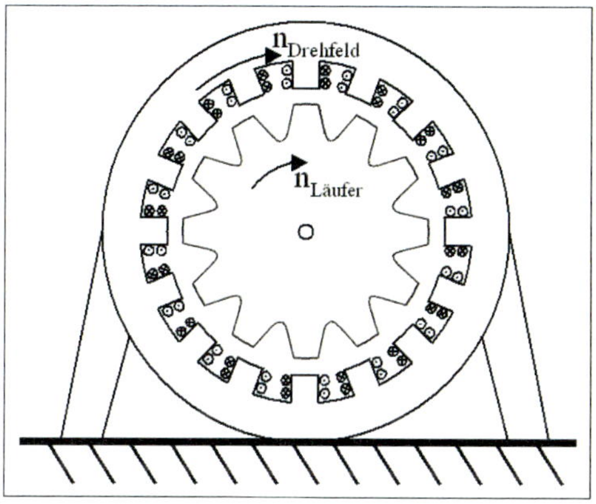

Bild 29-36 Reluktanzmaschine

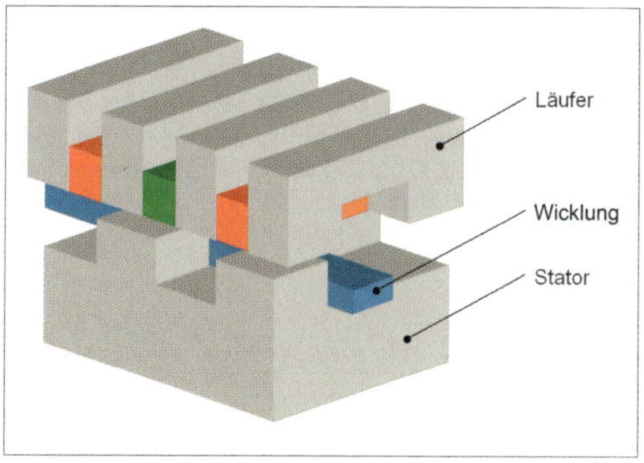

Bild 29-37 Transversalflussmaschine

Transversalflussmaschine

Die Transversalflussmaschine ist eine Sonderbauform, bei der der magnetische Fluss senkrecht zur Drehebene und somit transversal geführt wird, **Bild 29-37**.
Dieser Maschinentyp weist bei niedrigen Drehzahlen ein hohes Drehmoment auf; darüber hinaus ist der Platzbedarf dieser Maschinenart niedrig. Dem stehen die Nachteile einer starken Drehmomentenwelligkeit und das Auftreten von Geräuschen und Vibrationen gegenüber [8].

Radnabenmotoren

Radnabenmotoren sind Motoren, die in den Rädern beziehungsweise Felgen des Fahrzeuges eingebaut sind und diese antreiben (Beispiele in **Bild 29-38**). Ein großer Vorteil ist die damit gewonnene Freiheit im Fahrzeugpackage, da neben dem Bauraum für die E-Maschine auch der für Getriebe, Wellen und Differentiale frei wird. Insbesondere für Kleinwagen kann der so gewonnene Bauraum für Batterien, Brennstoffzellen oder Kraftstofftanks genutzt werden. Desweiteren entfallen mit den oben genannten Bauteilen auch deren Leistungsverluste, was dem Gesamtwirkungsgrad des Antriebsstrangs zugute kommt. Bei Verwendung von Radnabemotoren an allen Rädern des Fahrzeuges können darüber hinaus fahrdynamische Vorteile erzielt werden.
Demgegenüber stehen die Nachteile der ungefederten Massen der einzelnen E-Motoren, die höheren Kosten für mehrere Motoren und deren Leistungselektronik sowie die am Einbauort ungünstigen Umwelteinflüsse wie Verschmutzung, Spritzwasser und Hitze.

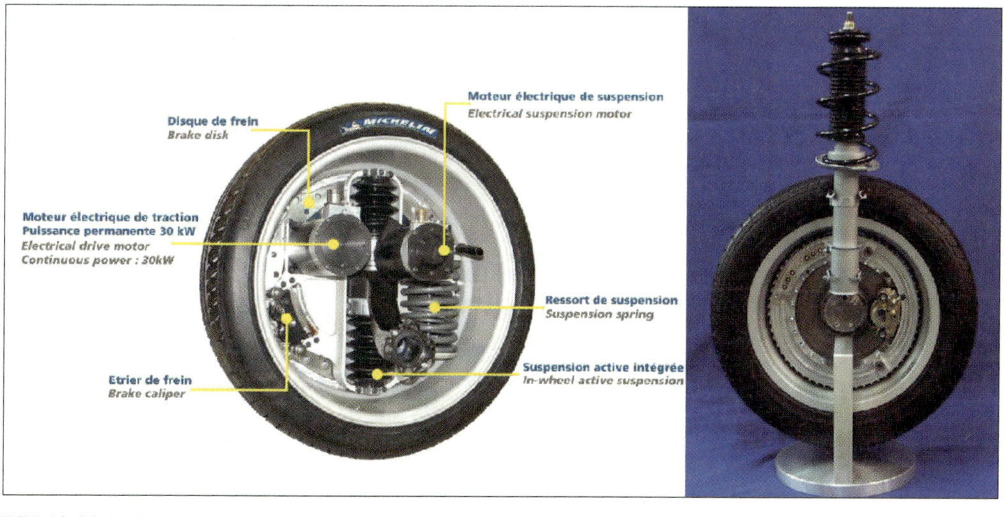

Bild 29-38 Radnabenmotor (links: Konzept der Firma Michelin [9], rechts: Konzept der Firma Magnet Motor)

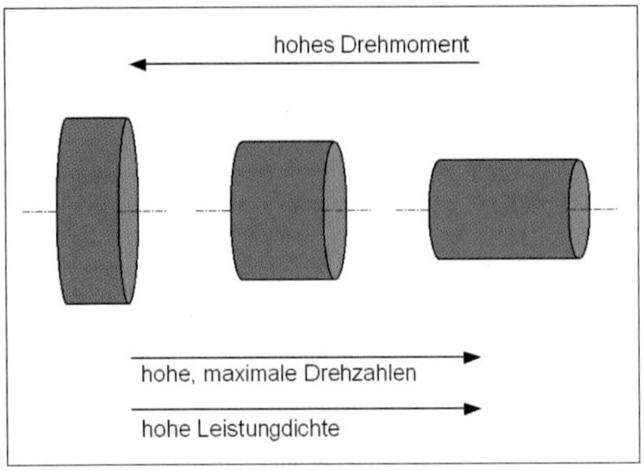

Bild 29-39 Unterschiedliche Auslegungen einer E-Maschine[10]

Bei einem Radnabenmotor muss insbesondere das Drehzahlband angepasst werden. Es liegt im Bereich von 0 bis circa 1500 min^{-1}. Da die am häufigsten auftretenden Raddrehzahlen nicht im Bereich guter Wir-kungsgrade liegen, müssen Kompromisse beim Gesamtwirkungsgrad eingegangen werden.

29.4.2 Leistungsbereich

E-Maschinen können für ein breites Leistungsspektrum von einigen mW bis hin zu einigen MW hergestellt werden. Für Hybridantriebe sind Leistungen von 5 kW bis 100 kW interessant, wobei je nach gewähltem Hybridkonzept und Einbauort eher ein hohes maximales Drehmoment oder eine hohe maximale Drehzahl gefordert ist **(Bild 29-39)**. Soll die E-Maschine den Verbrennungsmotor starten können, so benötigt sie darüber hinaus ein hohes Startmoment. Wird die E-Maschine sowohl als Motor als auch als Generator genutzt, so ist neben der Antriebsleistung auch die maximal zu rekuperierende Bremsleistung für die Auslegung entscheidend.

29.4.3 Steuerung

Die Steuerung der E-Maschinen im Hybridantrieb erfolgt mit der Steuerungs- und Leistungselektronik, **Bild 29-40**. Die Steuerungselektronik erhält ihre Befehle über einen Datenbus, zum Beispiel CAN; darüber hinaus erhält sie Messwerte über die E-Maschine von verschiedenen Sensoren. Aus diesen Informationen wird dann die Ansteuerung für die Leistungselektronik berechnet.

29.4.4 Leistungselektronik

Die Leistungselektronik setzt die Vorgaben der Steuerungselektronik um. Sie schaltet die elektrische Energie und wandelt sie, je nach Erfordernissen, bezüglich Polarität, Spannung, Frequenz und Phasenlage. Nach DIN 41750 T1/2.85 wird dabei das Umwandeln von Wechselspannung (AC) zu Gleichspannung (DC) als Gleichrichten, von AC zu AC als Wechselstromumrichten, von DC zu AC als Wechselrichten und von DC zu DC als Gleichstromumrichten bezeichnet **(Bild 29-41)**.

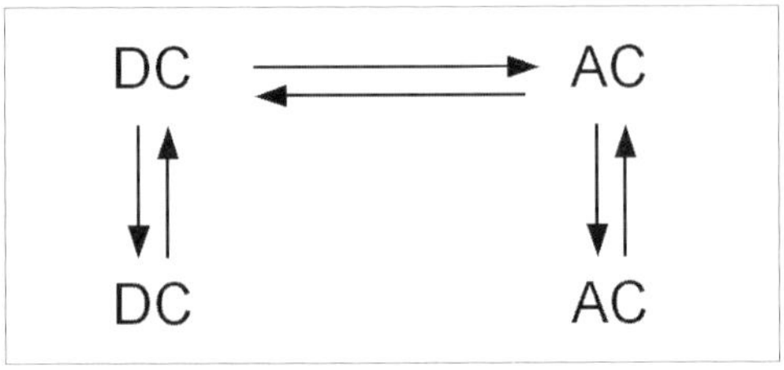

Bild 29-41 Aufgaben von Wandlern

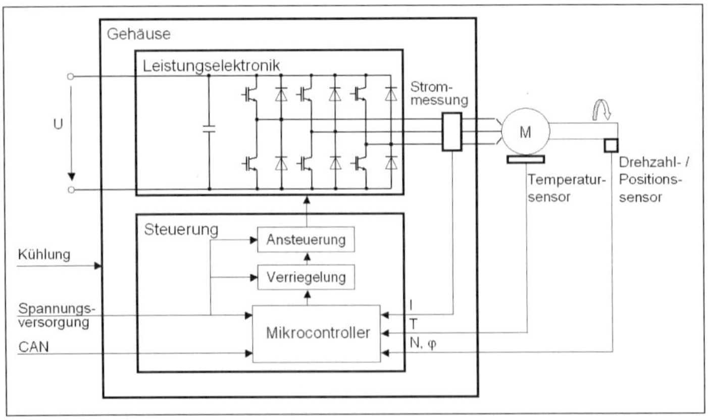

Bild 29-40 Steuerung einer E-Maschine

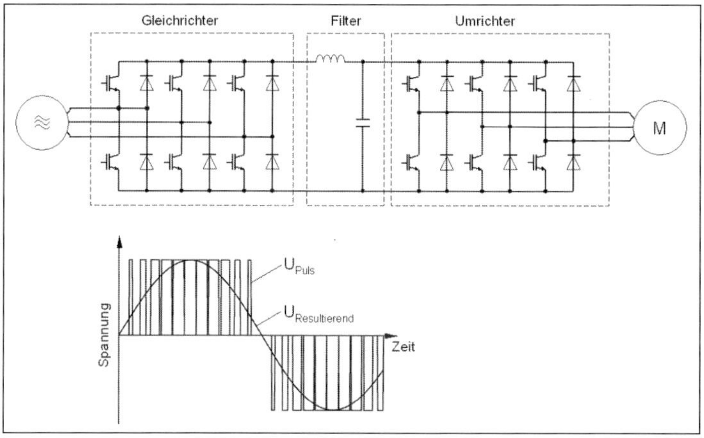

Bild 29-42 Prinzip des Pulsumrichters

Bei einem Hybridantrieb fließt die elektrische Energie sowohl von der Batterie, die eine Gleichspannung liefert, hin zu den E-Maschinen, die eine Wechselspannung benötigen, als auch zurück, so dass sämtliche Umwandlungsarten auftreten. Die einzelnen Umwandlungen übernehmen Stromrichter.

29.4.5 Stromrichter

Ein Stromrichter ist eine elektronische Schaltung, die aus verschiedenen Halbleiterbauelementen aufgebaut ist und die jeweilige Wandlungsart ausführt. Hier kommen insbesondere Dioden, Transistoren, Thyristoren, Triacs, IGBTs (Bipolartransistor) und MOSFET (Feldeffekttransistor) zum Einsatz. Die Dioden sind nur in eine Richtung stromleitend; entgegengesetzt sperren sie den Stromfluss. Transistoren, IGBTs, MOSFET und Thyristoren können über ein elektrisches Signal geschaltet werden, so dass sie in eine Richtung, je nach Signal, sperren oder leiten und in die andere Richtung, wie eine Diode, den Strom sperren. Ein Triac verhält sich im Prinzip wie zwei gegeneinander geschaltete Thyristoren, so kann mit ihm der Strom in beide Richtungen gezielt geschaltet werden. Die einzelnen elektronischen Schalter unterscheiden sich vorwiegend in der Fähigkeit, hohe Ströme zu schalten und in den dabei auftretenden Schaltverlusten.

Analog zu ihrer Funktion werden die Stromumrichter als Gleichrichter, Gleichstromwandler, Wechselrichter und Wechselstromumrichter bezeichnet [11].

Demzufolge wandelt ein Gleichrichter eine Wechselspannung in eine Gleichspannung. Ein Gleichstrom- oder auch Gleichspannungswandler wandeln eine Gleichspannung in eine Gleichspannung mit einer anderen Polarität oder Spannung. Sie werden auch als DC/DC Wandler bezeichnet und können zum Beispiel als Spannungsstabilisator und Ladewandler eingesetzt werden.

Ein Wechselrichter formt eine Gleichspannung in eine Wechselspannung um.

Der Wechselstromumrichter oder auch Frequenzumrichter formt aus einer Wechselspannung eine andere Wechselspannung. Er besteht aus einem Gleichrichter, einem Gleichspannungszwischenkreis und einem Wechselrichter. Setzt er die gewünschte Wechselspannung dabei aus verschiedenen Gleichspannungspulsen zusammen (**Bild 29-42**), so wird er auch als Pulsumrichter, **Bild 29-42**, bezeichnet.

Beim Schalten der hohen Ströme entstehen im Umrichter Verluste, so dass aufgrund der hohen Schaltleistung eine Kühlung der Bauteile notwendig ist. Aus Kostengründen wird dabei auf den Kühlkreislauf des Verbrennungsmotors zurückgegriffen, wobei das Kühlwasser allerdings Temperaturen bis 115 °C erreichen kann. Um die Verluste niedrig zu halten, sind möglichst hohe Spannungen und niedrige Schaltfrequenzen nötig. Dem gegenüber steht jedoch der Wunsch nach möglichst kleinen Spannungen für die Batterie und hohen Schaltfrequenzen für die E-Maschinen. Zudem begrenzt der ausgewählte Halbleiter die Spannung ebenfalls nach oben.

Literatur

[1] *Brechmann, G.; Dzieia, W.; Hörnemann, E.; Hübscher, H.; Jagla, D.; Klaue J.:* „Elektrotechnik – Tabellen, Energieelektronik, Industrieelektronik“, Westermann, 3. Auflage, Braunschweig, 1994

[2] *Paul, M.; Hofmann, W.; Frei, B.:* „Schleppverluste bei permanenterregten Synchronmaschinen und deren Reduzierung“ in EMA 2008, Aschaffenburg, 2008

[3] *Böckl, M.; Rius-Sambeat, B.:* „Auslegung des elektrischen Antriebs und Auswirkungen auf die Betriebsstrategie bei einem Parallelhybrid“ in „Hybridantrieb – die Zukunft des Automobilantriebs?“, Berlin, 2005

[4] *Soon-O Kwon, Jeong-Jong Lee, Geun-Ho Lee, Jung-Pyo Hong:* „Torque Ripple Reduction Control of Permanent Magnet Synchronous Motor for Electric Power Steering Using Harmonic Current at Loaded Conditions“, in EVS 24 Towards Zero Emission, Norway, 2009

[5] *Brauer, M.; Brendel, B.; Holl, E.*: „ELFA® – Innovative Serienhybridantriebe für Citybusse in Solo- und Gelenkbusausführung“ in EMA 2008, Aschaffenburg, 2008

[6] *Gröter, H.-P.*: „Weiterentwicklung bei Hybridantrieben“ in Hybrid- und Brennstoffzellen-Elektrofahrzeuge: Energiemanagement-Aufgaben und Strukturen, DGES ,Ingolstadt, 2005

[7] *Wallentowitz, H.; Gnörich, B.*: „Entwicklungstrends in der KFZ-Antriebstechnik“ in Hybrid- und Brennstoffzellen-Elektrofahrzeuge: Energiemanagement-Aufgaben und Strukturen, DGES, Ingolstadt

[7a] *Mathoy, A.*: „Die Entwicklung bei Batterien und Antriebstechnik für Elektromobile“, Bulletin SEV/VSE 1/2008

[8] *Schüttler, J.; Werner, U.; Vinogradski, M.; Orlik, B.*: Stromregelung einer zweisträngigen Transversalflussmaschine in Sammlerbauweise, DFMRS 2004, Bremen

[9] Press Kit „MICHELIN ACTIVE WHEEL“, 2008 Paris Motor Show, Paris, 2008

[10] *Ulrich, K.*: „Elektromotor-Getriebe-Kombination für kompakte PKW“ in E-Motive Elektrifizierter Fahrzeugantriebsstrang, Hannover, 2008

[11] *Schröder, D.*: „Leistungselektronische Schaltungen – Funktion, Auslegung und Anwendung“, 2. Auflage, Springer, Berlin, 2008

29.5 Energiespeichersysteme

Für den Antrieb von Motoren wird Energie benötigt, die in entsprechenden Speichern im Fahrzeug mitgeführt wird. Neben dem bekannten Kraftstofftank vor allen für die chemischen Energieträger Benzin, Diesel, CNG, LPG und H_2, sind auch Schwungradspeicher, Druckspeicher und Batterien/Akkumulatoren denkbare Alternativen.

Hybridantriebe haben mindestens zwei unterschiedliche Energiespeicher. In der Regel sind das bei heutigen Hybridfahrzeugen ein Kraftstofftank und ein elektrischer Energiespeicher, so dass in diesem Kapitel lediglich auf die elektrischen Speicher eingegangen wird.

Speicher für elektrische Energie zeichnen sich dadurch aus, dass sie die Energie in Form von chemischer Energie oder elektrostatisch speichern und dieUmwandlung in elektrische Energie ohne den Zwischenschritt über mechanische Energie oder Wärmeenergie erfolgt.

Zwei der wichtigsten Eigenschaften sind Energie- und Leistungsdichte des Speichers. Wie in **Bild 29-43** zu erkennen, gibt es hier deutliche Unterschiede zwischen den verschiedenen Speicherarten. Während mit wiederaufladbaren Batterien, den Akkumulatoren, eine vergleichsweise hohe spezifische Energiedichte erreicht werden kann, ist die Stärke der elektrostatischen Speicher die spezifische Leistungsdichte. Mit circa 150 Wh/kg erreichen diese Systeme jedoch nicht annähernd die Energiedichte von Otto- oder Dieselkraftstoffen. Deren unterer Heizwert liegt im Fall von Ottokraftstoff bei 40,1 – 41,8 MJ/kg, das heißt bei 11,14 kWh/kg – 11,61 kWh/kg [2]. Auch wenn das Gewicht des Kraftstofftankes hinzugerechnet werden muss, sind die Unterschiede überdeutlich. Ebenfalls unter Berücksichtigung des benötigten Volumens für das Speichersystem sind die herkömmlichen Kraftstoffe den Batterien und Kondensatoren weit überlegen (siehe **Bild 29-44**). Der Unterschied zwischen den einzelnen Speicherarten wird jedoch etwas relativiert, wenn zusätzlich der nachfolgende Energiewandler betrachtet wird. Die Energie der flüssigen Kraftstoffe Benzin und Diesel wird von einem Verbrennungsmotor nur mit einem verhältnismäßig geringen Wirkungsgrad in mechanische Energie umgewandelt, wohingegen die in Batterien gespeicherte Energie mit Elektromotoren gewandelt wird, deren Wirkungsgrad zum Teil über 95 % liegt.

Für das Prinzip der Batterien stehen diverse Elemente des Periodensystems zur Verfügung, **Bild 29-45**. Dabei kann die theoretisch höchste Energiedichte

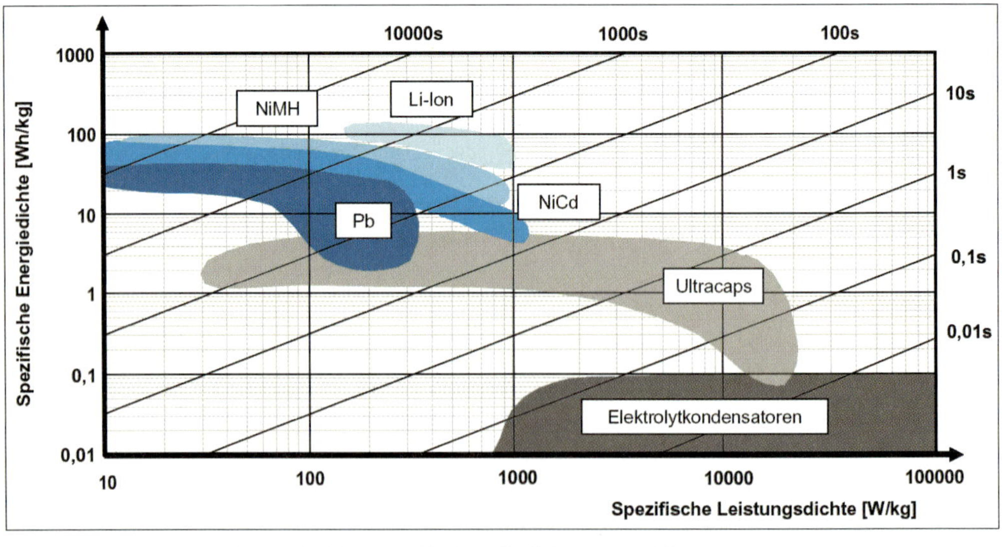

Bild 29-43 Leistungs- und Energiedichte verschiedener Speichersysteme [1]

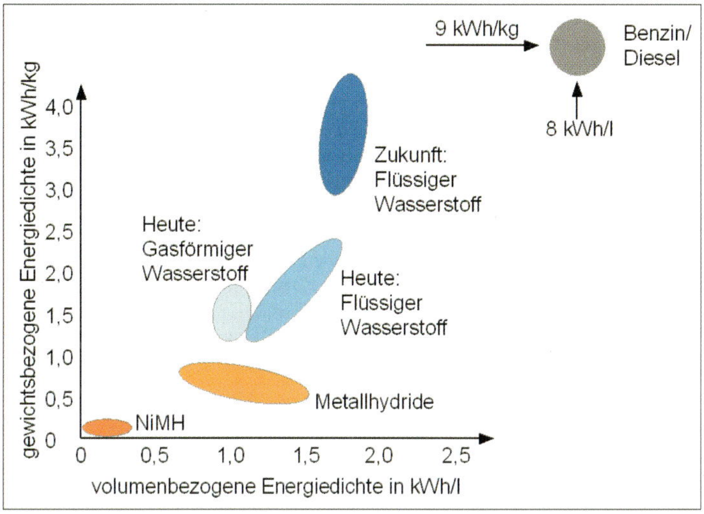

Bild 29-44 Energieinhalt verschiedener Speicher bezogen auf ihr Gewicht und ihr Volumen [3]

mit der Paarung Lithium (Li) und Fluor (F) erreicht werden. Eine Batterie mit dieser Materialpaarung könnte theoretisch eine Energiedichte von 6100 Wh/kg [4] erreichen, das Gewicht der Bauteile nicht mitgerechnet. Bei der praktischen Umsetzung spielen jedoch weitere Eigenschaften der Elemente eine Rolle, die zum Beispiel einer hohen Lebensdauer und niedrigen Kosten entgegenstehen können. So befindet sich die Li/Fluor Batterien noch in der Grundlagenforschung.

Neben der Energie- und der Leistungsdichte sind je nach Anwendung weitere Eigenschaften bedeutend. So müssen Batteriesysteme, die in einem Fahrzeug eingesetzt werden, folgende Anforderungen erfüllen:

- hohe spezifische Energie
- hohe spezifische Leistung
- guter Entlade- und Ladewirkungsgrad
- hohe Anzahl von Lade- und Entladezyklen
- hohe Sicherheit
- Temperaturbeständig im Einsatzbereich von Automobilen
- niedrige Kosten.

Die jeweils geforderte Ausprägung dieser Eigenschaften ist dabei vom konkreten Einsatz des Batteriesystems abhängig. Für die Anwendung in Otto- und Dieselantrieben haben sich die ausgereiften und kostengünstigen Bleibatterien durchgesetzt. Ihre Energie- und Leistungsdichte ist jedoch für Hybridantriebe nicht ausreichend, so das hier NiMH und künftig Li-Ion Akkumulatoren Anwendung finden, **Bild 29-46**. Speziell für Hybridantriebe wurden die Anforderungen an Akkumulatoren vom USABC (United States Council for Automotive Research) festgelegt, **Bild 29-47**.

Im folgenden werden einige der Systeme kurz vorgestellt.

29.5.1 Blei-Säure Batterie

Die Blei-Säure-Batterie besteht im wesentlichen aus zwei Bleielektroden mit Schwefelsäure als Elektrolyt. Wird der Speicher geladen, läuft dabei folgende chemische Reaktion ab:

$$Pb + PbO_2 + 2\,H_2SO_4 \Rightarrow 2\,PbSO_4 + 2\,H_2O$$

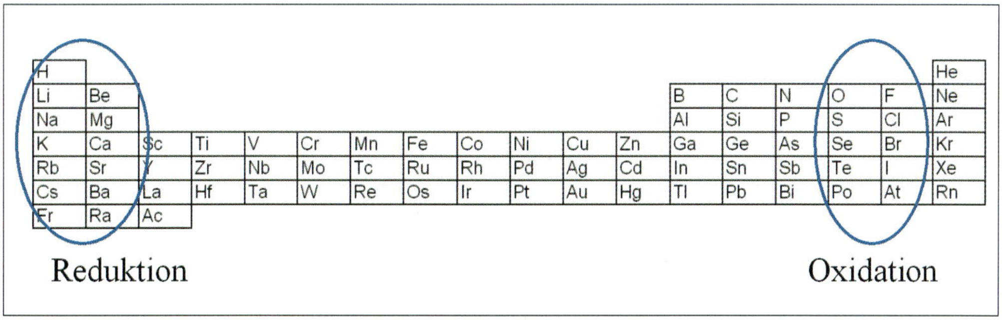

Bild 29-45 Mögliche Materialpaarungen für Batterien mit hoher Energiedichte

Speicherart	Leistungs-dichte [W/kg]	Energie-dichte [Wh/kg]	Betriebs-temperatur [°C]
Blei-Säure (AGM)	600	40	-20 bis +70
Nickel Metal Hydrid - energieoptimiert - leistungsoptimiert	 500 1300	 90 46	 -10 bis +45 -10 bis +45
Lithium Ionen - energieoptimiert - leistungsoptimiert	 600 3000	 200 80	 -30 bis +60 -30 bis +60
Ultra-Caps (leistungsoptimiert)	15100	3	-40 bis +65

Bild 29-46 Energie- und Leistungsdichte

Im geladenen Zustand enthält der Elektrolyt dann circa 70 % Säure und 30 % Wasser.
Wird die Batterie entladen, so kehrt sich die Reaktion um:

$$2\,PbSO_4 + 2\,H_2O \Rightarrow Pb + PbO_2 + 2\,H_2SO_4$$

An den jeweiligen Elektroden laufen dabei folgende Teilreaktionen ab:

Positive Elektrode:

$$PbO_2 + HSO_4^- + 3\,H^+ + 2\,e^- \Rightarrow PbSO_4 + 2\,H_2O$$

Parameter(Units) of fully burdened system	Minimum Goals for Long Term Commercialization	Long Term Goal
Power Density(W/L)	460	600
Specific Power – Discharge, 80% DOD/30 sec(W/kg)	300	400
Specific Power - Regen, 20% DOD/10 secW/kg	150	200
Energy Density - C/3 Discharge Rate(Wh/L)	230	300
Specific Energy - C/3 Discharge Rate(Wh/kg)	150	200
Specific Power/Specific Energy Ratio	2:1	2:1
Total Pack Size(kWh)	40	40
Life(Years)	10	10
Cycle Life - 80% DOD (Cycles)	1,000	1,000
Power & Capacity Degradation(% of rated spec)	20	20
Selling Price - 25,000 units @ 40 kWh($/kWh)	<150	100
Operating Environment(°C)	-40 to +50 20% Performance Loss (10% Desired)	-40 to +85
Normal Recharge Time	6 hours (4 hours Desired)	3 to 6 hours
High Rate Charge	20-70% SOC in <30 minutes @ 150W/kg (<20min @ 270W/kg Desired)	40-80% SOC in15 minutes
Continuous discharge in 1 hour - No Failure(% of rated energy capacity)	75	75

Bild 29-47 Anforderungen an eine Batterie [5]

Negative Elektrode:

$$Pb + HSO_4^- \Rightarrow PbSO_4 + H^+ + 2\,e^-$$

Es haben sich verschiedene Bauformen durchgesetzt. Generell kann zwischen der offenen und geschlossenen Blei-Säure Batterie unterschieden werden. Bei der offenen Batterie liegt der Elektrolyt in flüssiger Form vor. Neben der oben beschriebenen Hauptreaktion kommt es an den Elektroden beim Laden zu einer Wasserzersetzung, so dass bei dieser Bauart regelmäßig Wasser nachgefüllt werden muss. Bei der geschlossenen Bauform liegt der Elektrolyt entweder in fester oder gelartiger Form vor. Das Gel wird durch Zugabe von Kieselsäure zur Schwefelsäure erzeugt, beim festen Elektrolyten wird die Flüssigkeit in einem Glasvlies gebunden. Beide geschlossene Bauarten haben eine bessere, das heißt niedrigere Selbstentladungsrate als das offene System.
Wie auch andere Batteriesysteme, so zeigt auch die Blei-Säure eine deutliche Abhängigkeit zwischen dem Entladestrom und der entnehmbaren Energie, **Bild 29-48**. Die Vorteile der Blei-Säure Batterie sind ihre Robustheit und ihr niedriger Preis unter anderen deshalb hat sie sich bei Fahrzeugen mit Verbrennungsmotor durchgesetzt. Dem stehen die Nachteile der geringen Energiedichte aufgrund des spezifischen Gewichts von Blei gegenüber. Für alle Hybridantriebe, die über ein Start/Stopp-System hinausgehen, sind Blei-Säure Batterien aufgrund ihres hohen Gewichtes somit nicht geeignet.

29.5.2 Nickel-Metallhydrid-Batterie

Bei der Nickel-Metallhydrid Batterie besteht die negative Elektrode aus Wasserstoff, der in einem Metall gespeichert wird und somit in fester Form vorliegt. Die positive Elektrode ist Nickel(II)-hydroxid ($Ni(OH)_2$) und als Elektrolyt kommt Kalilauge (KOH) zum Einsatz.
In den einzelnen Zellen läuft die folgende chemische Reaktion beim Laden ab:

$$x\,Ni(OH)_2 + M \Rightarrow x\,NiOOH + MH\,x$$

wobei M für ein wasserstoffspeicherndes Metall steht.
Die Gleichung für das Entladen lautet:

$$x\,NiOOH + MH\,x \Rightarrow x\,Ni(OH)_2 + M$$

Die Zellspannung der Ni-MH-Batterien beträgt 1,25 V und die Energiedichte optimierter Ni-MH-Batterien kann bis zu 90 Wh/kg erreichen. Auf Leistung optimiert sind Werte bis zu 1300 W/kg möglich. Sie weisen folglich gegenüber den Blei-Säure-Batterien eine bessere Energie- und Leistungsdichte auf. Allerdings ist ihrer Selbstentladungsrate mit circa 40 %/Monat innerhalb der ersten 15 Tage [6] sehr hoch.

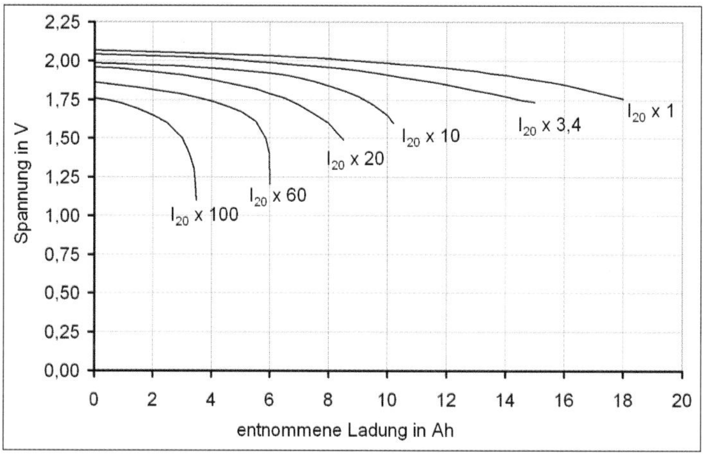

Bild 29-48 Entladekurve einer Bleibatterie (Gel) bei verschiedenen Entladeströmen [6]

Auch Ni-MH-Zellen zeigen eine Abhängigkeit der entnehmbaren Energiemenge und Zellspannung vom Entladestrom, **Bild 29-49**.
Aufgrund ihrer Eigenschaften sind Ni-MH-Batterien für den Einsatz in Hybridantrieben geeignet. Lediglich für Full- und Plug-In-Hybridsysteme ist ihre Energiedichte zu niedrig.

29.5.3 Natrium-Nickelchlorid-Batterie

Die Natrium-Nickelchlorid Batterie gehört zu den Hochtemperaturbatterien, das heißt sie funktioniert erst ab einer bestimmten Systemtemperatur (hier: 300–400 °C). Im Bereich der Raumtemperatur liegt das Elektrodenmaterial in fester Form vor, eine chemische Reaktion ist bei dieser Batterie dann unterbunden [7]. Die negative Elektrode besteht aus flüssigem Natrium und die positive Elektrode aus Nickelchlorid.

Wird die Batterie geladen, läuft folgende chemische Reaktion ab:

$2\ Na + NiCl \Rightarrow 2\ NaCl + Ni_2$

In umgekehrter Reihenfolge erfolgt das Entladen:

$2\ NaCl + Ni_2 \Rightarrow 2\ Na + NiCl$

Die Nennspannung beträgt $U = 2{,}6$ V. Da auch bei guter Isolierung des Batteriesystems zum Erhalt der Wärme ein erheblicher Energiebetrag notwendig ist, ist der Einsatz in Hybridfahrzeugen umstritten. Bei Flottenfahrzeugen, zum Beispiel Busse des öffentlichen Nahverkehrs mit ihren kurzen Standzeiten, ist ein Einsatz durchaus denkbar.

29.5.4 Lithium-Ionen-Batterie

Li-Ion Batterien besitzen eine Kathode aus Lithium-Metalloxid und eine Anode aus Graphit. Als Elektro-

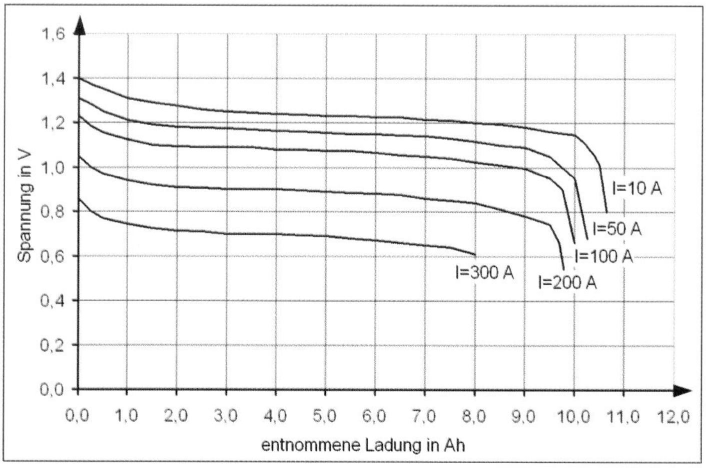

Bild 29-49 Entladekurve einer NiMh-Zelle für verschiedene Entladeströme [6]

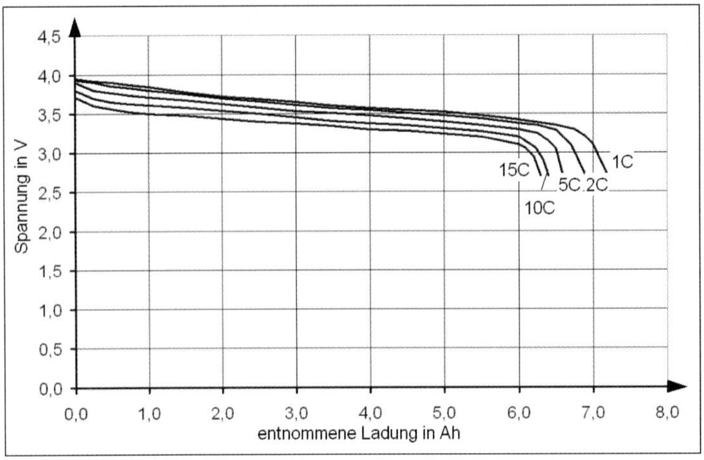

Bild 29-50 Spannungsverlauf für verschiedene Entladeströme [8]

lyt wird häufig ein Lithiumsalz oder ein Polymer verwendet. Beim Laden und Entladen wandern lediglich Li-Ionen zwischen den Elektroden hin und her.

Folgende Reaktion wird beim Laden durchlaufen:

$LiMeO_2 + x\,C_6 \Rightarrow Li_{1-x}MeO_2 + x\,LiC_6$
(Me = Ni, Mn, Co)

Beim Entladen kehrt sich die Reaktion um:

$Li_{1-x}\,MeO_2 + x\,LiC_6 \Rightarrow LiMeO_2 + x\,C_6$

Der große Vorteil der Lithium-Ionen-Batterie ist ihre gegenüber Blei-Säure und Ni-MH-Batterien deutlich höhere spezifische Energiedichte. Die Zellspannung beträgt bei Li-Ion-Batterien 3,6 V oder höher, je nach Material, und liegt folglich über der von anderen für Hybridantrieb infrage kommenden Batteriesystemen. Eine hohe Zellspannung hat den Vorteil, dass für das jeweils geforderte Spannungsniveau weniger Zellen und somit weniger Bauraum benötigt wird. Wie auch bei anderen Batteriearten ist die Zellspannung der Li-Ion Batterie vom Ladezustand abhängig **(Bild 29-50)**. Sie sinkt mit fallendem Ladezustand. Das Spannungsniveau ist darüber hinaus aber auch vom Entladestrom abhängig.

Li-Ion-Batterien können aus verschiedenen Materialen, **Bild 29-51** aufgebaut werden. Dabei unterscheidet sich nicht nur die Zellspannung voneinander, sondern auch die übrigen Eigenschaften. In **Bild 29-52** sind die unterschiedlichen Eigenschaften einiger Werkstoffe bewertet. Insbesondere in der kalendarischen Lebensdauer und in der Sicherheit gibt es hier Unterschiede.

Im Vergleich zu den bisher bei Hybridantrieben eingesetzten Nickel-Metallhydrid-Batterien weisen

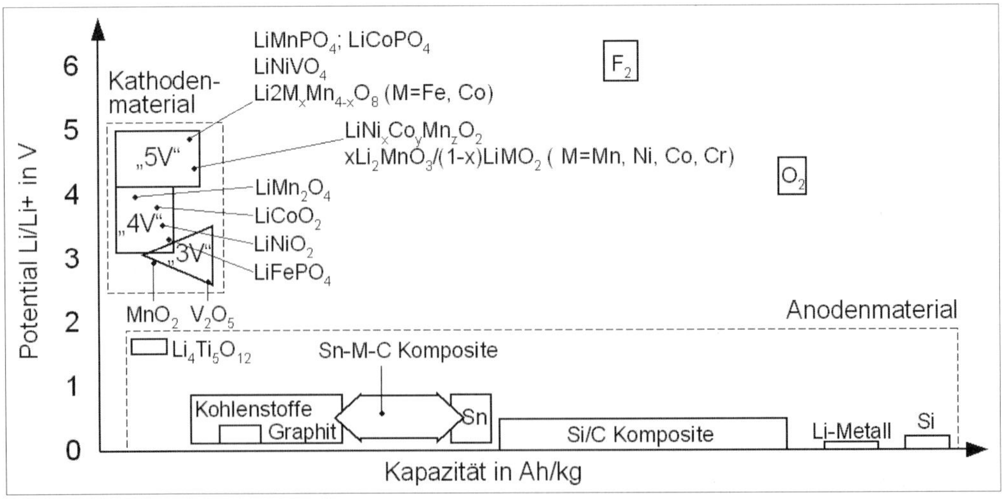

Bild 29-51 Verschiedene Materialien für den Aufbau von Li-Ion-Batterien [9]

	Leistung	Lebensdauer (kalendarische)	Sicherheit	Prozess-fähigkeit	Kosten
$Li(NiCoAl)O_2$	++	++	+	+	o
$Li(NiMnCo)O_2$	++	+	+	+	o
$LiMn_2O_4$	++	-	+	+	o
$LiFePO_4$	+	o	++	o	o

++: Überdurchschnittlich
+ : Durchschnittlich
o : Eigenschaft ist verbesserungswürdig
- : Problematisch

Bild 29-52 Vergleich verschiedener Werkstoffe [10]

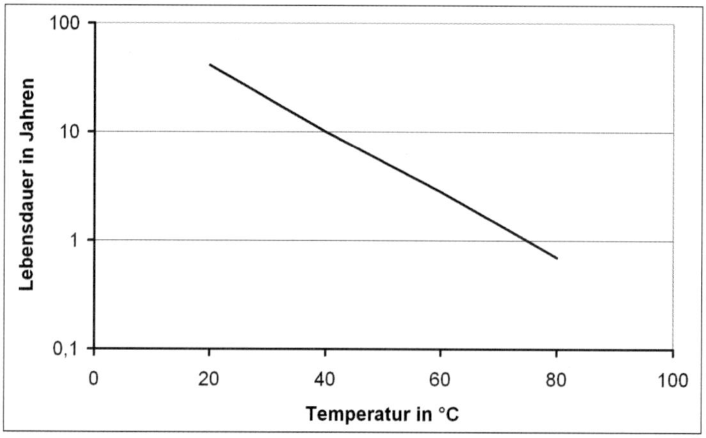

Bild 29-53 Lebensdauer einer Li-Ion-Batterie in Abhängigkeit der Temperatur[11]

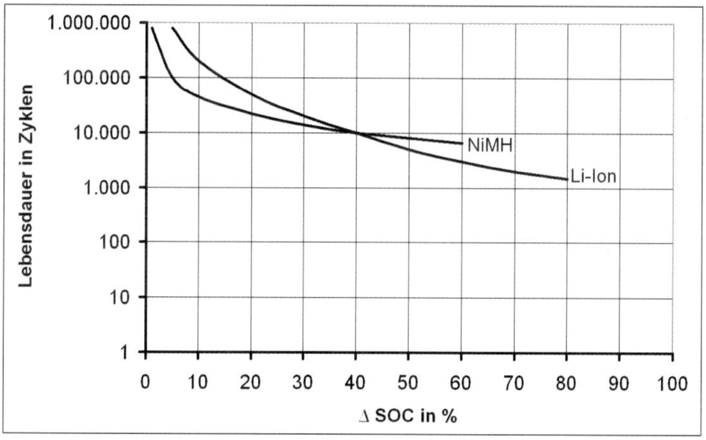

Bild 29-54 Lebensdauer einer Li-Ion-Batterie in Abhängigkeit des Entladehubs [11]

Li-Ion-Batterien ein besseres Verhalten bei niedrigen Temperaturen auf. Darüber hinaus haben sie keine Spannungshysterese beim Laden/Entladen, so dass theoretisch ein Wirkungsgrad von 100 % möglich ist.

Li-Ion-Batterien befinden sich bezüglich des Einsatzes im Automobil noch in einer frühen Phase der Entwicklung. Ein gravierender Nachteil derzeitiger Li-Ion-Batterien ist ihre Empfindlichkeit gegenüber Kurzschlüssen und Überladung. Aus diesem Grund und da im Vergleich zu anderen Anwendungen im Fahrzeug sehr große Energiemengen gespeichert werden, ist ein Forschungsschwerpunkt die Sicherheit. Im Gegensatz zu anderen Batteriesystemen erfordern Li-Ion-Batterien deshalb eine Zellüberwachung.

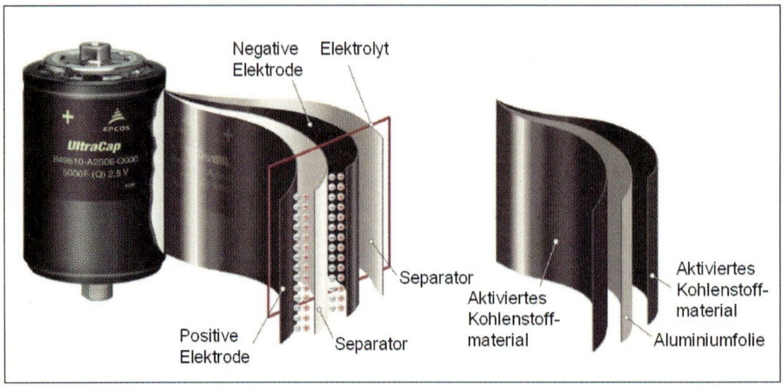

Bild 29-55 Aufbau eines SuperCap der Firma Epcos

29.5.5 SuperCaps

SuperCaps (auch: Ultracaps, Powercaps) sind Doppelschichtkondensatoren und arbeiten im Prinzip wie ein Kondensator. Im Gegensatz zu den Batterien nutzen sie somit kein chemisches Prinzip, sondern speichern die Energie elektrostatisch. In **Bild 29-55** ist der prinzipielle Aufbau eines Doppelschichtkondensators dargestellt. Die Elektroden bestehen aus aktivierter Kohle. Als Separator kommt Aluminium zum Einsatz [12]

Ihre Energiedichte liegt deutlich unter der von Batterien (circa Faktor 100 geringer als Li-Ion), dafür ist ihre Leistungsdichte um so höher, circa um den Faktor 10. Ein weiterer Vorteil gegenüber Batterien ist ihre hohe Kalendarische- und Zykluslebensdauer mit >10 Jahren und >1,5 Millionen Zyklen.

Doppelschichtkondensatoren weisen einen sehr guten Lade-/Entladewirkungsgrad auf, wobei bei schnellen Ladungs- und Entladungszyklen die Frequenzabhängigkeit der Kapazität zu beachten ist. Mit steigender Frequenz nimmt die Kapazität der Kondensatoren ab.

Ein wichtiger Unterschied zwischen Batterien und Kondensatoren ist der Spannungsverlauf. Bei Kondensatoren ist die Spannung proportional zum Ladegrad und somit stärker von ihm abhängig als bei Batteriesystemen, **Bild 29-56**).

Aufgrund ihrer Eigenschaften sind sie als alleinige Energiespeicher für Hybridantriebe mit einem hohen Hybridisierungsgrad wenig geeignet, jedoch können sie mit ihrer sehr hohen Leistungsdichte für kurzzeitige Energiespeicherung/-abgabe, zum Beispiel bei der Bremsenergierekuperation, beim kurzzeitiges Boosten oder zur Lastspitzenglättung eingesetzt werden.

29.5.6 Batteriemanagement

Die zahlreichen elektrischen Verbraucher und die damit einhergehenden Energiemengen sowie die Abhängigkeit der Batterielebensdauer vom Laden, Entladen und der Temperatur machen ein Batteriemanagement notwendig. Das Batteriemanagement in einem Hybridantrieb steuert die Ladung und Entladung der Speicherzellen; es überwacht die Batterie und berechnet Kenngrößen, leitet gegebenenfalls Maßnahmen ein und kommuniziert mit den anderen Systemen im Fahrzeug [13].

Batterieüberwachung

Die Batterieüberwachung ist ein zentraler Bestandteil des Batteriemanagements, um zum einen Information darüber zu erhalten, welche Fahrfunktionen möglich sind, zum anderen, um die Funktion der Batterie möglichst lange zu gewährleisten. Insbesondere bei Li-Ion-Batterien ist eine Batterieüberwachung auch aus Sicherheitsgründen notwendig.

Mittels verschiedener Sensoren werden die Temperatur, die Spannung und der Strom gemessen. Dabei

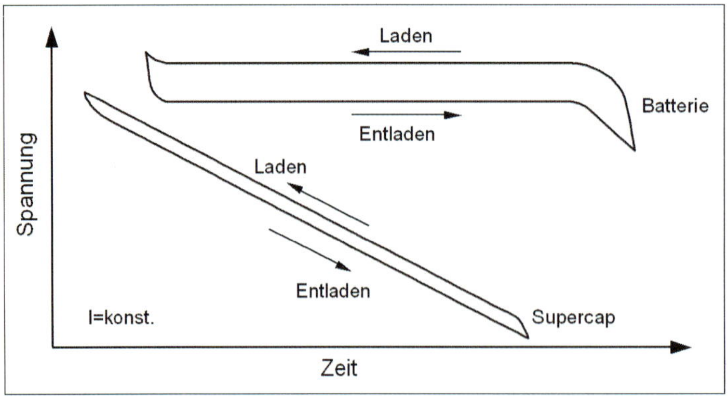

Bild 29-56 Lade-/Entladekennlinie von Ultracaps und Batterien

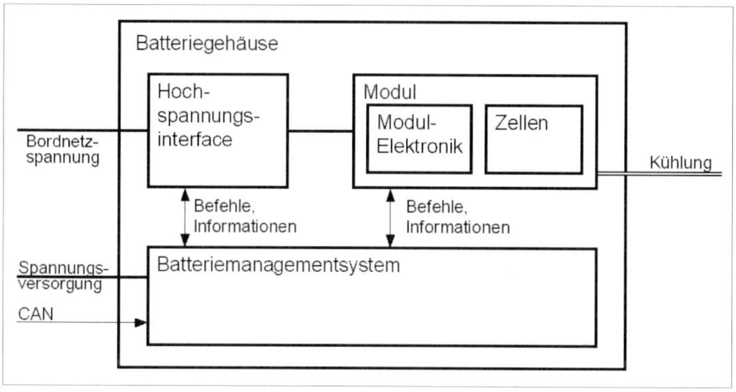

Bild 29-57 Batteriesystem

werden die Messwerte sowohl für das Batteriemodul als auch zum Teil für jede einzelne Zelle erfasst. Aus den Messwerten lassen sich verschiedene Kennwerte berechnen, die für weiterführende Auswertungen benötigt werden, aber auch anderen Systemen, zum Beispiel die Betriebsstrategie über Bus-Systeme, die zur Verfügung stehen.
Die wichtigsten Kenngrößen sind State of Charge (SOC), Depth of Discharge (DoC), State of Function (SOF) und State of Health (SOH).
SOC gibt den aktuellen Ladezustand der Batterie in % an, wobei die aktuelle Kapazität der Batterie auf die maximal mögliche oder auch auf die Nennkapazität bezogen wird. Da die Kapazität nicht direkt gemessen werden kann, wird der SOC indirekt aus der Spannungs- und Strommessung bestimmt. Hierbei wird ausgenutzt, dass die Ruhespannung unter anderen vom SOC abhängig ist, so dass mit der Spannungsmessung auf den SOC geschlossen werden kann. Ist eine Ruhespannungsmessung nicht möglich, zum Beispiel weil die Batterie gerade geladen wird, kann durch Integration des Stroms in Verbindung mit einem früheren Ruhespannungswert auf den SOC geschlossen werden. Aufgrund der mangelnden Messqualität im Fahrzeug, aber auch weil der SOC noch von anderen Größen beeinflusst wird, ist es notwendig, die Messung mit mathematischen Modellen abzugleichen.
Der reziproke Wert zum SOC ist die Entladungstiefe DoC, die sich aus 100 %-SOC berechnet.
Als Maß für die Alterung der Batterie wird der SOH verwendet, der der Quotient aus der aktuell maximal möglichen Kapazität des Speichers und der Nennkapazität ist. In der Regel wird sich ein SOH <1 einstellen.
Insbesondere für andere Systeme im Fahrzeug ist der SOF wichtig, weil er darüber Auskunft gibt, ob eine bestimmte Funktion mit der nötigen Energiemenge oder Leistung versorgt werden kann.

Batterielebensdauer

Die Batterie ist bei einem Hybridantrieb ein entscheidender Kostenfaktor. Gegenüber anderen Anwendungsfeldern, wie zum Beispiel in Fotoapparaten oder in Mobiltelefonen, muss die Batterie hier vergleichsweise lange funktionieren. Aufladbare Batterien haben, je nach Typ, eine unterschiedliche charakteristische Lebensdauer, wobei zwischen der kalendarischen und der Zykluslebensdauer unterschieden wird. Die kalendarische Lebensdauer gibt über die zeitliche (Tage, Monate, Jahre) Lebensdauer einer Batterie Auskunft. Hier sind Zersetzungs- und Verdunstungseffekte sowie Verschleiß die limitierenden Faktoren. Die Zykluslebensdauer gibt darüber Auskunft, wie viele Lade- und Entladezyklen eine Batterie aushält. Da die Zykluslebensdauer auch von der Charakteristik der Lade-Entladevorgänge abhängig ist, sind quantitative Aussagen für eine einzelne, konkrete Anwendung schwierig. Wie in **Bild 29-58** zu erkennen ist, sinkt die Lebensdauer gemessen an der durchgesetzten Energie deutlich in Abhängigkeit mit dem Entladehub; das prinzipielle Verhalten der einzelnen Batteriesysteme bleibt jedoch in diesem Punkt immer gleich.
Ein weiterer wichtiger Einflussfaktor auf die Lebensdauer ist die Batterietemperatur. Bis auf die Hochtemperatur-Batterie sind alle Batterien empfindlich gegenüber zu niedrigen oder zu hohen Temperaturen. Die Temperatur der Batterie wird zum einen von der Umgebung, zum anderen vom ständigen Laden und Entladen beeinflusst. Dabei sind Autofahrten im Sommer in der prallen Sonne oder im Winter auf einer verschneiten Straße die Extremzustände. Um dennoch die Funktion der Batterie zu gewährleisten, ist das Batteriesystem mit einer Luft- oder Kühlmittelkonditionierung versehen, so dass die Batterie gekühlt und gegebenenfalls auch beheizt werden kann. Bei Verwendung von Luft muss diese unter Umständen entfeuchtet und von Partikeln befreit werden.
Da sich die einzelnen Zellen einer Batterie geringfügig unterscheiden, kommt es beim ständigen Laden- und Endladen zu unterschiedlichen Ladezuständen, das heißt der SOC der einzelnen Zelle entspricht nicht dem des Gesamtsystems; folglich werden in Grenzsituationen einige Zellen überladen oder tiefentladen. Außerdem kann es zu negativen, wechselseitigen Effekten zwischen den einzelnen Zellen kommen,

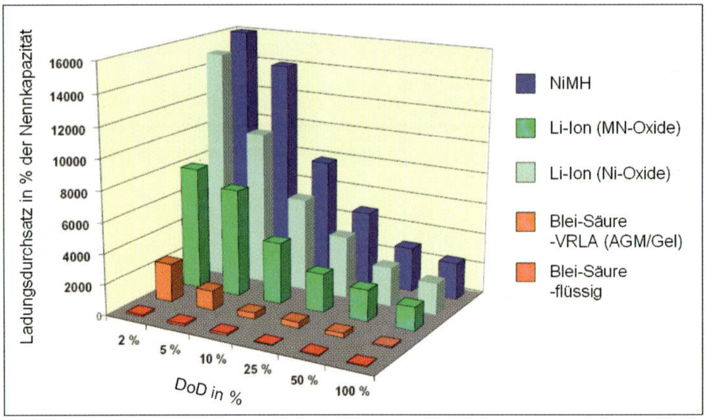

Bild 29-58 Lebensdauer in Abhängigkeit der Entladetiefe für verschiedene Batterien [14]

was zu einer Verkürzung der Lebensdauer führt. Um das zu verhindern, werden die Zellen überwacht und gegebenenfalls kontrolliert aneinander angeglichen.

Lade- und Entladesteuerung

Für die einzelnen Batterietypen sind unterschiedliche Lade- und Entladeverfahren geeignet. So eignet sich für Blei-Säure-Akkumulatoren das Laden mit einer konstanten Spannung oder mit einer Spannungs-Strom-Kennlinie (UI-Kennlinie). Dabei wird zunächst mit einem konstanten Strom geladen, bis sich eine bestimmte Ladespannung einstellt. Danach wird mit konstanter Spannung zu Ende geladen. Mit steigendem SOC sinkt dabei die Stromstärke. Um den Ladevorgang zu beschleunigen, kann gegebenenfalls bei Unterschreiten eines vorgewählten Stroms wieder auf Ladung mit konstantem Strom umgeschaltet werden.
Li-Ion-Batterien werden im Idealfall bis zum Erreichen der Zellspannung mit konstantem Strom geladen und anschließend mit konstanter Spannung.

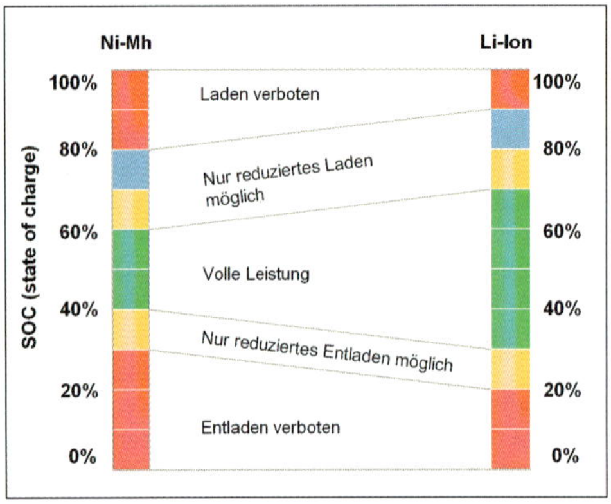

Bild 29-59 Nenn- und Nutzenergie von Batterien [15]

Außerdem ist die Leistungsfähigkeit der Batterie unter anderem vom SOC abhängig. Für Ni-Mh und Li-Ion-Batterien ist in **Bild 29-59** der SOC-Bereich dargestellt, in welchem das Laden und Entladen unter Berücksichtigung der Haltbarkeit sinnvoll ist. Wie zu erkennen ist, kann bei Li-Ion-Batterien im Vergleich zu Ni–MH-Batterien ein weitaus höherer Anteil der Nennkapazität genutzt werden, was in Verbindung mit der ebenfalls höheren Energiedichte der Li-Ion Batterien einen entscheidenden Vorteil darstellt. Im Batteriemanagement sind diese Grenzen hinterlegt, zum Beispiel wie in **Bild 29-60**, wo auch die Betriebspunkte der Batterie eines Hybridfahrzeuges eingezeichnet sind.
Das optimale Laden und Entladen ist bei einem Hybridantrieb selten möglich, da in der Regel der Fahrerwunsch dem entgegensteht. Das Batteriemanagement muss entscheiden, welcher Kompromiss zwischen Haltbarkeit des Batteriesystems und Funktionserfüllung eingegangen werden kann.

Reichweitenabschätzung

Um zu entscheiden, welche elektrische Fahrzeugfunktion aktuell zur Verfügung steht und welche nicht sowie um eventuell Maßnahmen zum Sicherstellen dieser Funktion einzuleiten, benötigt das Energiemanagement des Fahrzeuges vom Batteriemanagement Informationen über die aktuelle Leistungsfähigkeit des Energiespeichers. Die Leistungsfähigkeit setzt sich dabei aus der zur Verfügung stehenden Energie und der maximal möglichen Leistungsbelastung zusammen. Die in der Batterie gespeicherte Energie wird über den SOC und einem hinterlegten Batteriemodell berechnet. Die maximal möglich Leistung wird über Kennfelder unter anderen in Abhängigkeit vom Ladezustand und der Temperatur, ermittelt.
Je nach Funktion sind eher der Energieinhalt und/ oder die Leistung entscheidend. Für die Kalkulation der Reichweite, bei ausschließlich elektrischem

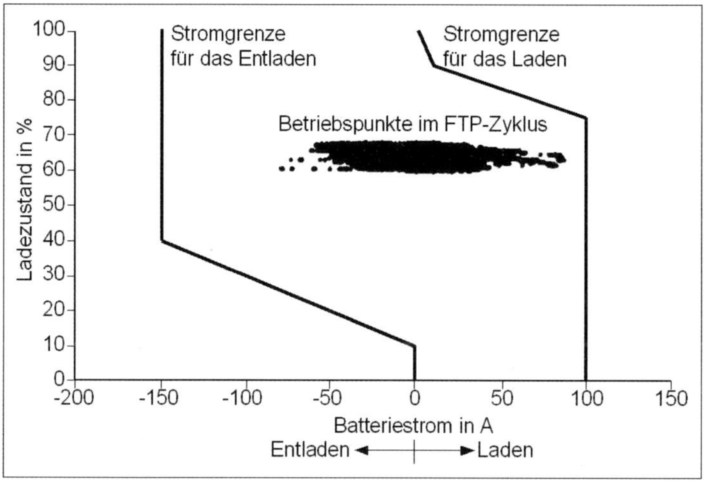

Bild 29-60 Betriebspunkte und -grenzen der Batterie am Beispiel des FTP-Zykluses [16]

Betrieb, ist zum Beispiel hauptsächlich der Energieinhalt von Interesse, wohingegen für das Starten des Verbrennungsmotors oder für kurzzeitigen Boostbetrieb bei Überholvorgängen auch die maximal abrufbare Leistung wichtig ist.

Ergeben die ermittelten Kennwerte, dass eine Funktion nicht oder nur eingeschränkt möglich ist, so muss über eine Verschiebung des Betriebspunktes vom Verbrennungsmotor der Energiespeicher gefüllt oder geleert werden.

Literatur

[1] SAFT: Quelle für Leistungsdichte

[2] *www.aral.de*

[3] *Brunner, T.*: „BMW CleanEnergy – Fuel Systems, Liquid Hydrogen Vehicle Storage", ZEV Technology Symposium, Sacramento, 2006

[4] *Friedrich, J.*: „Anforderungen an elektrische Antriebssysteme für Kraftfahrzeuge und resultierende Anwendungsspektren", E-MOTIVE Elektrifizierter Fahrzeugantriebsstrang, Hannover, 2008

[5] *Habib, A.*: „High-Power Electrochemical Storage Devices and Plug-In Hybrid Electric Vehicle Battery Development", Presentation from the U.S. DOE Office of Vehicle Tchnologies „Mega Merit Review", US advanced Battery Consortium, Bethesda, Maryland, 2008

[6] *Hauck, B.*: „Elektronische Überwachungs- und Steuergeräte zum Erhalt der aktuellen Qualität vielzelliger elektrochemischer Speichersysteme", Kaiserslautern, 2003

[7] *Sauer, D. U.*: „Optionen zur Speicherung elektrischer Energie in Energieversorgungssystemen mit regenerativer Stromerzeugung", Solarzeitalter-Politik, Kultur und Ökonomie Erneuerbarer Energien, 4/2006

[8] *Barsacq, F.; Liska, J.-L.; Genin, P.*: „High Power Lithium-ion technology for full hybrid automotive applications", Tagung Hybridantrieb – die Zukunft des Automobilantriebs?, expert verlag, Germany,2005

[9] *Steiger, W.*: „Der elektrifizierte Fahrzeugantrieb-Chancen und Herausforderungen aus Sicht eines Automobilkonzerns" E-Motive Elektrifizierter Fahrzeugantriebsstrang, Hannover, 2008

[10] *Köhler, U.; Liska, J.-L.*: „Status and Trends of Li-ion Battery technology for automotive applications", 7th International ATA Conference on engines, Sardinien, 2008

[11] *Truckenbrodt, A.; Mohrdieck, C.; Noreikat, K. E.*: „Plug-in hybrids- promise, hype or the solution?", Tag des Hybrids, Aachen, 2007

[12] *Kötz, R.*: „Doppelschichtkondensatoren – Technik, Kosten, Perspektiven", Kasseler Symposium Energie Systemtechnik, Kassel 2002

[13] *Czarkowski, U.*: „Modular Battery Management System for Lithium Ion Batteries for Plug-in Hybrid Vehicles", 5th Symposium Hybrid Vehicles and Energy Management, Braunschweig, GZVB, 2008

[14] *Kümpers, J.; Schmitz, C.*: „Nickel-metallhydrid-Batterien für Hybridfahrzeuganwendungen", Tagung Hybridantrieb – die Zukunft des Automobilantriebs?, expert verlag, Germany, 2005

[15] *Hackenberg, U.*: „Optionen zur Reduzierung von CO_2-Emissionen", ATZ/MTZ Konferenz – Energie CO_2 – Die Herausforderung für unsere Zukunft, München, 2008

[16] *Ullrich, M.*: „Energiespeichersysteme für Hybrid- und Brennstoffzellenfahrzeuge", DGES-Fachtagung Hybrid- und Brennstoffzellen-Elektrofahrzeuge: Energiemanagement-Aufgaben und Strukturen, Ingolstadt, 2005

29.6 Getriebe für Hybridantriebe

Das Getriebe hat in einem Fahrzeugantrieb die Aufgabe, die Lieferkennlinie des Motors an die Bedarfskennlinie des Fahrzeuges anzupassen. Aus der Vielzahl der technischen Möglichkeiten haben sich, je nach Region, für Otto- und Dieselantriebe Schalt-, konventionelle Automatik- und CVT-Getriebe, sowie in jüngster Zeit Doppelkupplungsgetriebe durchgesetzt.

Gegenüber Antrieben mit Otto- und Dieselmotor hat ein Hybridantrieb zusätzlich mindestens einen weiteren Motor im Antriebsstrang. Je nach dem, welche Funktionen (Start/Stop, Boosten, Betriebspunktverschiebung, rein elektrisches Fahren, etc.) mit dem Hybridantrieb realisiert werden sollen, ergeben sich verschiedene Optionen für die Anordnung der Motoren und des Getriebes. Das Getriebe kann beide Motoren zusammenführen, es kann zwischen beiden angeordnet sein und somit lediglich den Verbren-

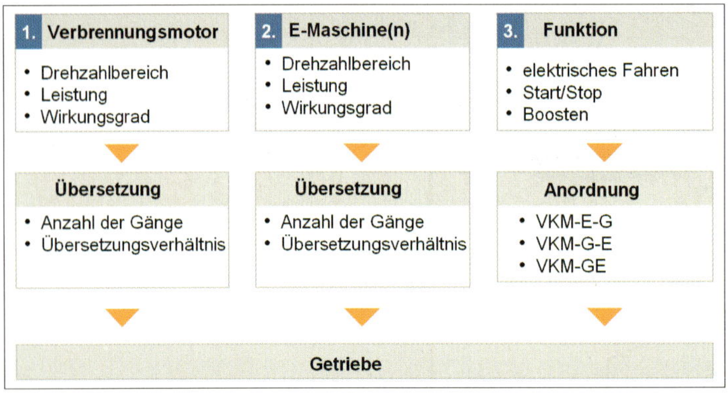

Bild 29-61 Technische Einflüsse auf das Getriebe

nungsmotor beeinflussen, oder es kann die E-Maschine aufnehmen.
Hinzu kommen die jeweiligen Drehzahl- und Leistungsbereiche sowie der betriebspunktabhängige Wirkungsgrad der einzelnen Komponenten, **Bild 29-61**. Damit sind gegenüber den Getrieben für reine Otto- und Dieselantriebe zum Teil erhebliche Änderungen notwendig.
Für Microhybridsysteme, dass heißt für Systeme mit niedrigem Hybridisierungsgrad, sind in der Regel keine Änderungen am Getriebe notwendig, wohingegen für leistungsverzweigte Systeme neue Getriebe erforderlich sind. Ein Sonderfall ist der serielle Hybridantrieb, da hier lediglich der Elektromotor mechanisch mit der Antriebsachse verbunden ist. Aufgrund der guten Lieferkennlinie der Elektromotoren wird bei dieser Anbindung in der Regel auf ein mechanisches Stufengetriebe verzichtet.
In den folgenden Unterkapiteln wird auf die Integration und Kombination der Getriebe mit den E-Maschinen der Hybridantriebe eingegangen. Die eigentliche Funktion der verschiedenen Getriebetypen kann in Kapitel 29.6.1, 29.6.2, 29.6.3 nachgelesen werden. Die Vor- und Nachteile verschiedener Getriebearten in Kombination mit Hybridantrieben zeigt **Bild 29-62**.

29.6.1 Getriebe ohne integrierte E-Maschine

Nicht bei allen Hybridantriebskonzepten muss das Getriebe das Drehzahl-/Drehmomentangebot der beiden Motoren zusammenführen.
Wenn die E-Maschine

- mit dem Verbrennungsmotor über einen Riemenantrieb verbunden ist
- zwischen Verbrennungsmotor und Getriebe angeordnet ist
- zwischen Getriebe und Antriebsachse angeordnet ist
- oder der Verbrennungsmotor und die E-Maschine auf unterschiedlichen Fahrzeugachsen arbeiten

besteht die Aufgabe, weiterhin das Drehzahl/Drehmoment-Angebot an der Getriebeeingangswelle auf die Erfordernisse anzupassen. Es können somit konventionelle, das heißt bei Verbrennungsmotoren übliche Getriebe verwendet werden.

Manuelle Schaltgetriebe

Manuelle Schaltgetriebe sind aus Sicht der Energieeffizients für Hybridantriebe oberhalb des Micro-Hybrids nicht geeignet. Sie weisen zwar den höchsten

	Schaltgetriebe	autom. Schaltgetriebe	Automatikgetriebe	CVT	Doppelkupplungsgetriebe	elektr. CVT
Bauteilkosten	+	+	o	-	-/o	-
Applikationsaufwand (hängt stark vom Funktionsdesign ab)	+	o	o	o	o	o
Bauraum/Package	+	o	+	+	-	+ (nur Getriebe)
Wirkungsgrad Beschleunigungsfahrt	+	+	o	o	o/+	-
Wirkungsgrad Konstantfahrt	+	+	o	-	o/+	-
Wirkungsgrad Rekuperation	+	+	o	-	o/+	+
Möglichkeit zum rein elektrischen Fahren	-	+	+	+	+	+
Effiziente Schaltstrategie	--	+	+	++	+	++

Bild 29-62 Vor- und Nachteile verschiedener Getriebearten in Kombination mit Hybridantrieben

Wirkungsgrad aller mechanischen Fahrzeuggetriebe auf, jedoch wird die Getriebeübersetzung vom Fahrer frei gewählt; eine energiesparsame Betriebsstrategie ist somit schwer umsetzbar. Aus dem gleichen Grund ist ein rein elektrisches Fahren in Kombination mit manuellen Schaltgetrieben nicht sinnvoll. Nur wenn der Grad der Hybridisierung so niedrig ist, dass die E-Maschine im Fahrbetrieb keinen nennenswerten Beitrag leistet, zum Beispiel bei Micro- oder schwachen Mild-Hybriden, kann ein manuelles Schaltgetriebe verwendet werden. Bei Micro-Hybriden werden die E-Maschinen analog zur Lichtmaschine mit dem Verbrennungsmotor gekoppelt oder die vorhandenen E-Maschinen (Anlasser und Lichtmaschine) lediglich um eine intelligente Steuerlogik ergänzt. Bei den Mild-Hybriden wird die E-Maschine üblicherweise zwischen dem Verbrennungsmotor und dem Getriebe platziert. Eine Modifikation am Getriebe ist in diesem Fall nicht notwendig.

Automatisierte Schaltgetriebe

Gegenüber den manuellen Schaltgetrieben ist das automatisierte Schaltgetriebe für den Einsatz in Hybridfahrzeugen besser geeignet, da mit ihm definierte Schaltstrategien umgesetzt werden können. Automatisierte Schaltgetriebe weisen jedoch bisher einen geringen Schaltkomfort auf, so dass sie sich bislang nicht durchgesetzt haben. Ein Hybridkonzept bringt diesbezüglich keine Vor- oder Nachteile.

Automatikgetriebe

Automatikgetriebe eignen sich insbesondere für parallele Hybridantriebe. Zwar kann der Fahrer bei heutigen Automatikgetrieben die Gangwahl beeinflussen und somit ein optimales Energiemanagement verhindern, jedoch erfolgt die Gangwahl in der Regel automatisch, so dass sich eine effiziente Strategie auch umsetzen lässt. Die E-Maschine wird entweder zwischen dem Verbrennungsmotor und dem Automatikgetriebe oder direkt an der Eingangswelle des Getriebes eingebaut. Je nach geforderter Funktionalität werden zusätzlich Kupplungen zwischen dem Verbrennungsmotor und der E-Maschine und/oder dem Getriebe und der E-Maschine benötigt. Im Gegenzug kann unter Umständen der hydrodynamische Wandler entfallen und so der Getriebewirkungsgrad verbessert werden.

Doppelkupplungsgetriebe

Doppelkupplungsgetriebe sind ähnlich der Automatikgetriebe und den automatisierten Schaltgetrieben für parallele Hybridantriebe geeignet. Der Einbauort der E-Maschine ist ebenfalls zwischen dem Verbrennungsmotor und dem Getriebe. Wird die Gangwahl vom Fahrer getroffen, ergeben sich die gleichen Nachteile wie bei den manuellen Schaltgetrieben. Der Getriebewirkungsgrad ist gegenüber dem Automatikgetriebe höher.

CVT-Getriebe

CVT-Getriebe eignen sich aufgrund ihrer stufenlosen Übersetzungsverhältnisse ähnlich gut wie Automatikgetriebe für Hybridantriebe. Allerdings ist der Betriebspunkt immer ein Kompromiss aus dem optimalen Betriebspunkt der E-Maschine und dem des Verbrennungsmotors.

29.6.2 Getriebe mit integrierter E-Maschine

Obwohl E-Maschinen eine ideale Lieferkennlinie aufweisen und ihr Wirkungsgrad gegenüber Verbrennungsmotoren sehr hoch ist, sind auch bei ihnen Übersetzungen sinnvoll beziehungsweise manchmal auch notwendig. So gibt es bei E-Maschinen, analog zu den Verbrennungsmotoren, Drehzahlgrenzen und Betriebsbereiche mit einem verhältnismäßig geringen Wirkungsgrad (**Bild 29-63**).
Für ein Getriebe mit integrierter E-Maschine ergeben sich demzufolge Anforderungen bezüglich:

- Leistungsaufteilung und -zusammenführung
- Betriebspunktanpassung an den Verbrennungsmotor
- Betriebspunktanpassung an die E-Maschine(n)
- rein mechanischem Leistungszweig (vom Verbrennungsmotor bis zum Rad)
- rein elektrischem Leistungszweig (von der E-Maschine bis zum Rad)
- Start des Verbrennungsmotors über die E-Maschine
- Rückwärtsgang.

Für eine Lösung steht das gesamte Spektrum der Getriebebauarten zur Verfügung, jedoch eignen sich insbesondere Konzepte mit Planetenradgetrieben, weil sie ohne Zugkraftunterbrechung geschaltet werden können und sie zudem zwei Freiheitsgrade je Radsatz bieten.
In Verbindung mit E-Maschinen werden diese Getriebe auch ECVT (Electronically controlled Continuously Variable Transmission) genannt.
Im Folgenden sind in aufsteigender Komplexität verschiedene Getriebelösungen dargestellt. In **Bild 29-64** ist das System THS (Toyota Hybrid System) abgebildet. Die beiden E-Maschinen und der Verbrennungsmotor sind über einen Planetenradsatz miteinander verbunden, nämlich der Verbrennungsmotor mit dem Planetenträger, die eine E-Maschine mit dem Sonnenrad und der Abtrieb sowie die zweite E-Maschine mit dem Hohlrad. Bei dieser Anordnung wird immer ein Teil der mechanischen Leistung des Verbrennungsmotors in elektrische umgewandelt, da sich der Verbrennungsmotor über das Sonnenrad abstützt. Diese Leistung kann mit den entsprechenden Wechselverlusten von der zweiten E-Maschine wieder hinzugefügt werden. Bei konstanter Fahrt oder

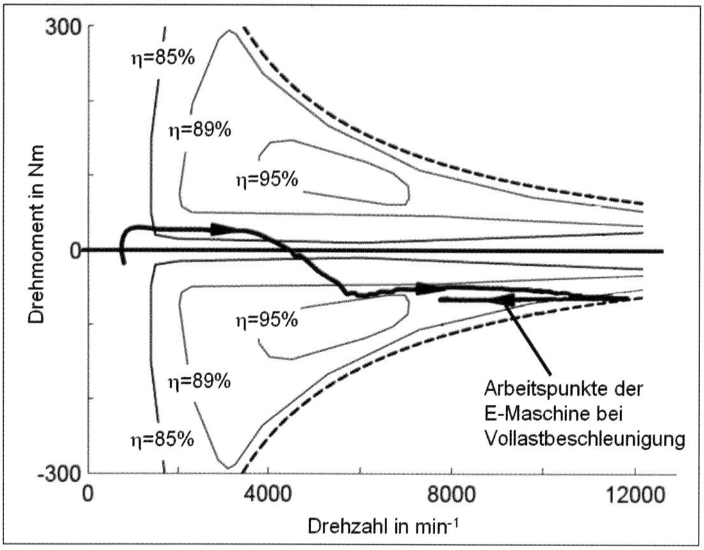

Bild 29-63 Betriebsbereich bei einer Volllastbeschleunigung im Wirkungsgraddiagramm [1]

auch maximaler Leistung führt dies allerdings zu Wirkungsgradverlusten.

Ein weiteres Hybridgetriebekonzept ist das Dualdrive von der Firma Nexxtdrive. Es handelt sich dabei um eine Kombination aus verschiedenen Planetenradsätzen und zwei E-Maschinen (siehe **Bild 29-65**, **Bild 29-66**). Der Verbrennungsmotor treibt den Planetenträger an, auf dessen drei Achsen sich jeweils drei Zahnräder befinden. Die eine E-Maschine ist direkt über ein Sonnenrad mit einem Zahnrad der 3er Gruppe gekoppelt, die zweite E-Maschine ist über ein weiteres Sonnenrad und einer zusätzlichen Übersetzung verbunden [2]. Diese unterschiedlichen Übersetzungen haben den Vorteil, dass die eine E-Maschine drehzahlstark und die andere drehmomentenstark ausgelegt werden kann. Der Abtrieb erfolgt über das dritte Zahnrad und einem Sonnenrad.

In **Bild 29-67** zeigt eine Weiterentwicklung des THS für den Lexus GS450h. Gegenüber dem zuvor beschriebenen Planetenradsatz des THS ist nun ein Ravigneaux-Satz (bestimmte Kombination zweier Planetenradsätze) zwischen dem Elektromotor und der Abtriebswelle geschaltet. Folglich kann die Leistung des E-Motors mit zwei verschiedenen Übersetzungen (hier: Untersetzung 1,9 und 3,9) und somit mit einem besseren Wirkungsgrad eingekoppelt wer-

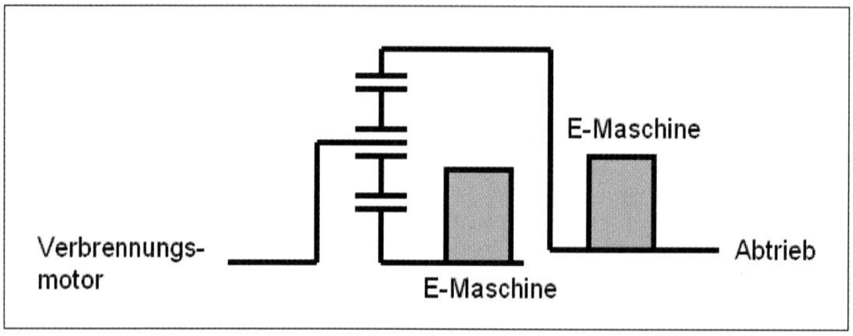

Bild 29-64 Schema des Getriebes für den Prius

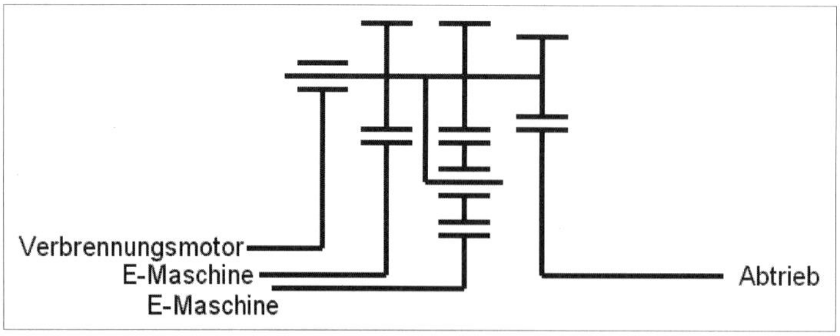

Bild 29-65 Prinzipbild des Dualdrive

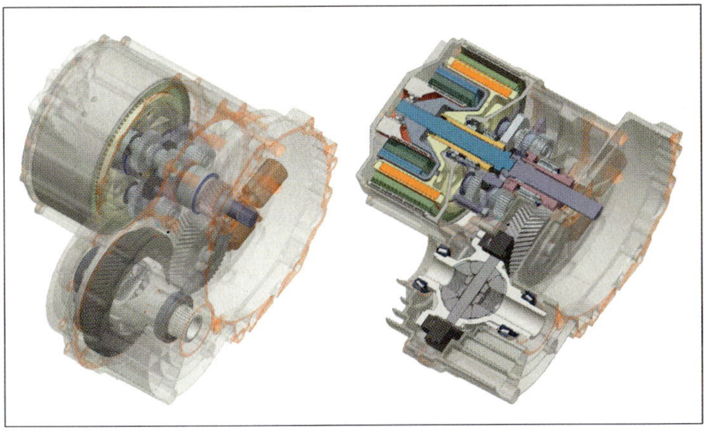

Bild 29-66 Schnittbild Dualdrive [2]

den. Das Schalten erfolgt mittels der beiden Kupplungen K1 und K2. Auch bei diesem Getriebe wird immer ein Teil der mechanischen Leistung in elektrische umgewandelt.
Dieser Nachteil wird unter anderen vom Two-Mode Getriebe (entwickelt von GM-DC-BMW) umgangen. Neben dem kombinierten Betrieb mit verschiedenen Übersetzungen ist darüber hinaus sowohl der rein elektrische Antrieb als auch der direkte mechanische Durchtrieb des Verbrennungsmotors möglich. Das Schema des Two-Mode Getriebes ist in **Bild 29-68** dargestellt. Ein Schnitt durch das Getriebe zeigt **Bild 29-69**.
Die aufgeführten Beispiele verdeutlichen das breite Spektrum an Lösungsansätzen. Ebenfalls denkbar ist die Kombination zweier CVT-Getriebe, um sowohl

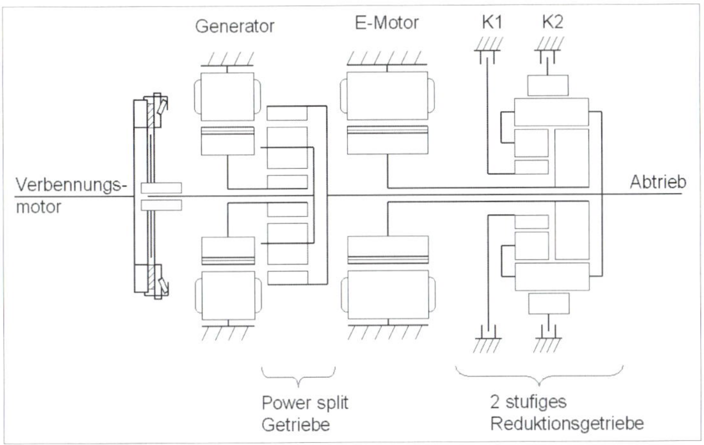

Bild 29-67 Schema des Getriebes eines Lexus GS450h [3]

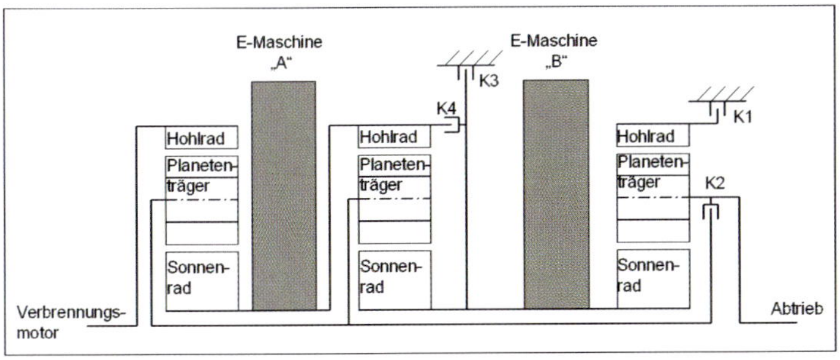

Bild 29-68 Schema des 2-Mode Getriebes [4]

Bild 29-69 Schnittbild des 2-Mode Getriebes [4]

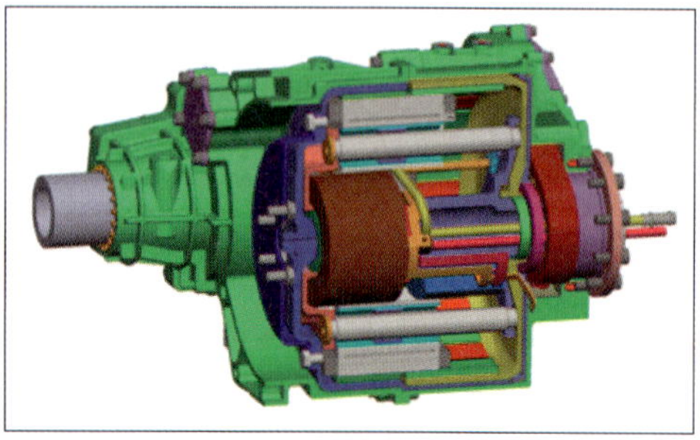

Bild 29-70 Schnittbild des MEGA (Magnetisch-Elektrische GetriebeAutomat)-Getriebes [5]

den Verbrennungsmotor als auch die E-Maschine immer im Bestpunkt zu betreiben. Der Komplexität des Getriebes sind jedoch insofern Grenzen gesetzt, als dass der Nutzen in Form eines günstigeren Betriebspunktes größer sein muss als der eventuelle Wirkungsgradverlust des Getriebes.

29.6.3 Sonderbauformen von Getrieben

Neben den Getrieben mit mechanischer Kraftübertragung gibt es noch die Möglichkeit der elektrischen Kraftübertragung. Ein solches Getriebe wurde unter anderen von Volkswagen vorgestellt, **Bilder 29-70 und 29-71**).

Bei diesem Getriebe sind ein Generator und ein Elektromotor gegenüberliegend angeordnet, wobei sich beide einen gemeinsamen Stator teilen. Dieser kann stufenlos auf seiner Längsachse verschoben werden und ermöglicht folglich eine variable Übersetzung. Der Verbrennungsmotor ist am Außenläufer des Generators, der Abtrieb zu den Rädern an dem des Elektromotors angeflanscht. Abhängig von der Position des Stators können drei Betriebsbereiche unterschieden werden:

1. Der Stator befindet sich vollständig auf der Seite des Verbrennungsmotors.
   In dieser Position kann er mit dem Läufer entweder als Generator oder als Starter für den Verbrennungsmotor arbeiten, da dem Stator sowohl Energie zugeführt alsauch entzogen werden kann. Ein Kraftübertragung auf den Abtrieb findet nicht statt.
2. Der Stator befindet sich vollständig auf der Seite des Abtriebs.
   Befindet sich der Stator auf der Abtriebsseite, kann entweder unter Zufuhr von elektrischer Energie das Fahrzeug rein elektrisch angetrieben oder beim Ausrollen/Bremsen des Fahrzeuges Energie rekuperiert werden.
3. Der Stator befindet sich in einer Zwischenposition.
   Jede Zwischenposition entspricht einem Übersetzungsverhältnis zwischen dem Verbrennungsmotor und dem Abtrieb.

Ein weiteres Konzept ist die Kombination der E-Maschinen mit dem Achsdifferential. Jeweils eine E-Ma-

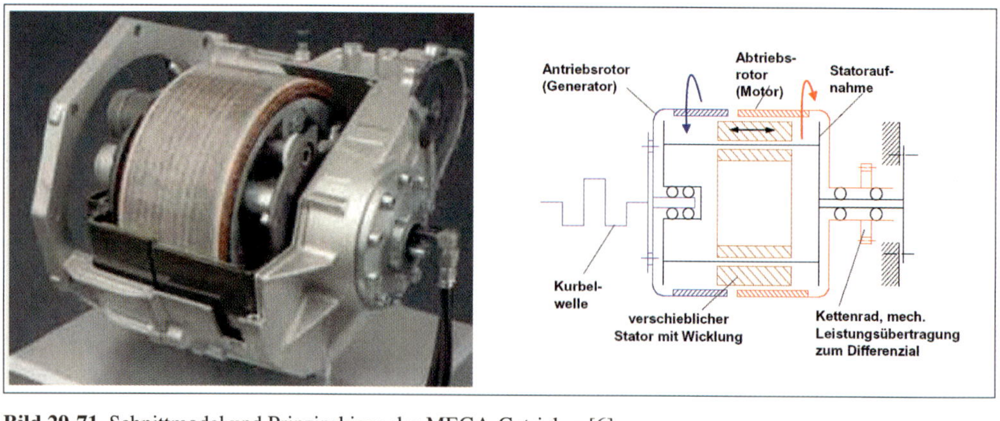

Bild 29-71 Schnittmodel und Prinzipskizze des MEGA-Getriebes [6]

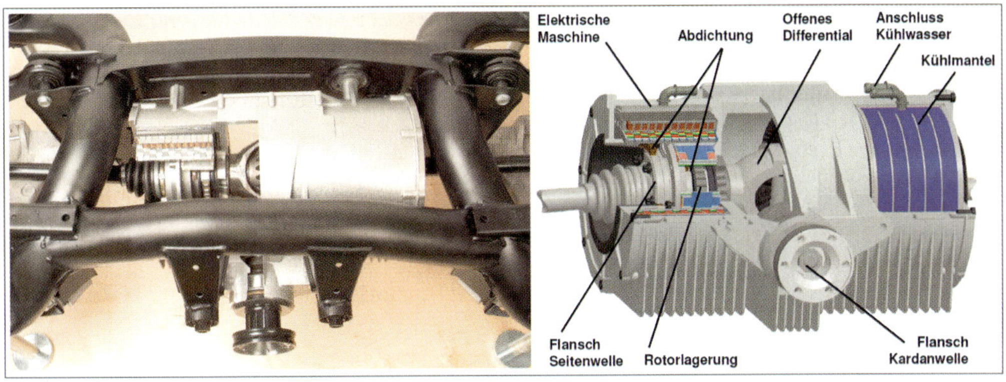

Bild 29-72 Konzept einer elektrischen Hinterachse [7]

schine wirkt auf einen Abtrieb des Achsdifferentials, siehe **Bild 29-72**. Ein mechanischer Durchtrieb ist weiterhin möglich. Da die E-Maschinen unabhängig von einander als Generator oder Elektromotor betrieben werden können, ist neben den üblichen Hybridantriebsfunktionen ein Drehmomentvektoring möglich. Das vom Verbrennungsmotor gelieferte Drehmoment kann so, je nach Ansteuerung der E-Maschinen, individuell zwischen den beiden Rädern verteilt werden. Mit Hilfe eines Energiespeichers und einer zusätzlichen Kupplung kann auch ein rein elektrischer Antrieb realisiert werden.

Literatur

[1] Toyota

[2] *Möller, F.; Vocht, W.:* „DualDrive® E-CVT Getriebe- Ein innovatives E-CVT Getriebe – nicht nur für den Einsatz im Hybrid-Fahrzeug“, 5. Internationales CTI Symposium Innovative Fahrzeug-Getriebe, Berlin, 2006

[3] *Killmann, G.:* „Toyota Hybrid Vehicles, Technology Evolution from 1997 to 2007“, Hybrid Drivetrains and Transmissions“, 4th Symposium Hybrid Vehicles and Energy Management, Braunschweig, 2007

[4] *Kaehler, B.; Kersting, K.; Brouwer, M.; Christ, T.:* „Entwicklungskriterien, Analysemethoden und Beurteilung von leistungsverzweigten Hybridgetrieben, am Beispiel eines Two-Mode Hybridantriebs“, 16. Aachener Kolloquium Fahrzeug- und Motorentechnik, Aachen, 2007

[5] *Steiger, W.; Böhm, T.; Schulze, B.-G.:* „Direkthybrid – eine Kombination von Verbrennungsmotor mit einem elektrischen Getriebe“, 15. Aachener Kolloquium Fahrzeug- und Motorentechnik, Aachen, 2006

[6] *Schöttel, M.:* „VW revolutioniert Hybridantrieb“, Automobil-Produktion, Dezember 2006

[7] *Lindemann, M.; Freimann, R.; Cebulski, B.:* „Konzept eines aktiv momentenverteilenden Achsdifferentials mit Hybridfunktionalität“ in H. Schäfer (Hrsg.), Neue elektrische Antriebskonzepte für Hybridfahrzeuge, expert verlag, Renningen, 2007

29.7 Energiemanagement

Das Energiemanagement eines Fahrzeuges hat die Aufgabe, die zur Verfügung stehende Energie optimal für den Betrieb des Fahrzeuges zu nutzen und die Energieströme so zu steuern, so dass alle Funktionen in der gewünschten Form sichergestellt werden können, **Bild 29-73**.

Nach [1] bilanziert das Energiemanagement die verbrauchte Energie gegenüber der erzeugten und sorgt für einen Ausgleich zwischen erzeugter, gespeicherter und benötigter Energie.

Einem Hybridfahrzeug stehen neben den zwei Motorenarten auch zwei Energiespeichersysteme zur Ver-

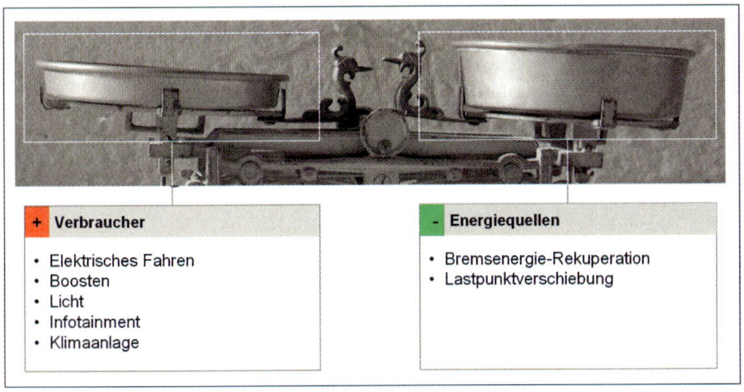

Bild 29-73 Aufgaben des Energiemanagements

fügung, wobei nur der elektrische Speicher in der Lage ist, Energie sowohl abzugeben als auch aufzunehmen. Zugeführt wird dem Fahrzeug die Energie in Form von Kraftstoff und bei Plug-In-Hybridfahrzeugen zusätzlich durch das Aufladen der Batterie über eine externe Energiequelle. Aufgrund der hohen Energiedichte von flüssigen, aber auch gasförmigen Kraftstoffen gegenüber Batterien, ist der Anteil der elektrischen Energie an der Gesamtenergie jedoch gering. Durch den Verbrennungsmotor und einer angeschlossenen E-Maschine kann zudem Kraftstoff auch in elektrische Energie umgewandelt werden. Funktionen wie die Lastpunktanhebung, Bremsenergierekuperation und eventuell zukünftig die Abgasenergierückgewinnung ergänzen die Möglichkeiten zur Erzeugung elektrischer Energie.

Aus den genannten Punkten ergeben sich für einen Hybridantrieb deutlich mehr Freiheitsgrade, Energie bereitzustellen als für einen reinen verbrennungsmotorischen Antrieb.

Dem gegenüber stehen die Verbraucher. Neben den klassischen Komponenten, wie zum Beispiel Steuergeräte, Klimaanlage, Infotainment und Licht, gibt es bei einem Hybridfahrzeug zusätzlich noch die E-Maschine, mit der gegebenenfalls die Antriebsfunktionen Boosten und elektrisches Fahren realisiert werden, **Bild 29-74**.

Es ist ersichtlich, dass das gewählte Energiemanagement auch einen Einfluss auf den Kraftstoffverbrauch hat. Können die Stärken der einzelnen Antriebskomponenten genutzt werden?

Das Energiemanagement ist eng verknüpft mit der generellen Betriebsstrategie, mit der der Fahrerwunsch auf die beiden Antriebsmaschinen verteilt wird. Welche Funktionen umgesetzt beziehungsweise freigegeben werden können, ist auch vom Energiemanagement abhängig. In **Bild 29-74** ist beispielhaft die Freigabe von Funktionen in Abhängigkeit des Ladezustandes der Batterie für einen Parallel-Hybrid dargestellt.

Das Energiemanagement unterscheidet sich jedoch je nach Art des Hybridantriebs zum Teil sehr deutlich.

Der Ausgleich zwischen erzeugter, gespeicherter und benötigter Energie kann perspektivisch durch eine Analyse des Fahrverhaltens in sportliches oder defensives Fahrverhalten weiter verbessert werden [3]. Auch Informationen über das Umfeld mittels Sensoren, GPS und Car-to-Car Kommunikation, sind für ein optimales Energiemanagement hilfreich um die jeweilige Fahrsituationen besser zu erfassen und so zum Beispiel den Ladezustand der Batterie geeignet auf einen Ampelstopp oder einen Überholvorgang anzupassen.

29.7.1 Start/Stopp

Eine Maßnahme, um Energie und demzufolge auch Kraftstoff zu sparen ist den Verbrennungsmotor immer dann abzuschalten, wenn er nicht benötigt wird. Start-Stopp Systeme (auch: Stopp-Start Systeme) schalten den Verbrennungsmotor immer dann aus, wenn das Fahrzeug still steht, also zum Beispiel an Ampeln oder im Stau und der Fahrer das Bremspedal betätigt, sowie bei einem Fahrzeug mit Schaltgetriebe den Gang herausgenommen hat. Gegenüber einem konventionellen Antrieb steigt somit die Anzahl der Motorstarts und -Stopps deutlich, circa um den Faktor 10, [4] was bei der Lebensdauerauslegung der beteiligten Bauteile berücksichtigt werden muss [5]. Vor jedem Stopp muss sichergestellt sein, dass genug Energie für den nächsten Start zur Verfügung steht. Dabei muss auch der aktuelle Energiebedarf der einzelnen eingeschalteten Verbraucher, zum Beispiel Radio, Heckscheibenheizung beachtet werden. Im Vergleich zu Fahrzeugen ohne ein Start-Stopp System dürfen bei einem Motorstopp die Verbraucher nicht zwingend abgeschaltet werden. Ferner sollte aus Komfortgründen ein Motorstopp zeitlich nicht zu dicht an einem Motorstart liegen. Gegebenenfalls sollte dann auf einen Stopp verzichtet werden.

Die Funktion Start/Stopp ist die elementarste Hybridantriebsfunktion.

29.7.2 Regelung des Generators

Ein Großteil der elektrischen Energie wird trotz Bremsenergierekuperation, eventuellem externen Aufladen der Batterie oder Abgasenergierückgewin-

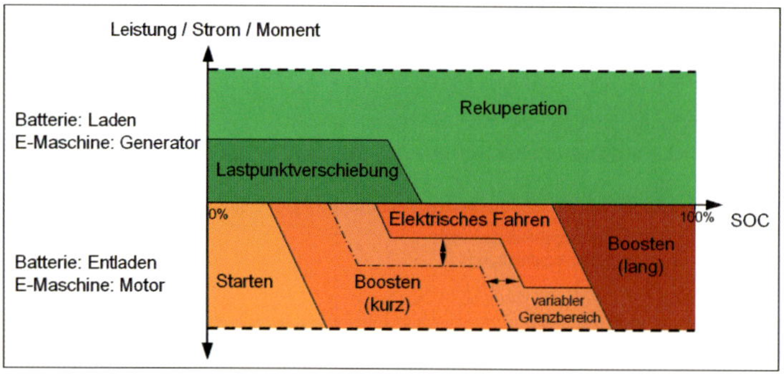

Bild 29-74 Beispiel für ein Energiemanagement [2]

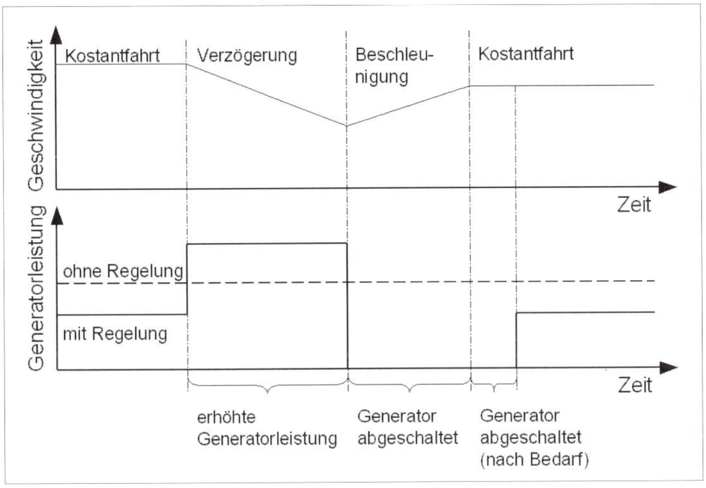

Bild 29-75 Intelligente Generatorregelung [6]

nung vom Verbrennungsmotor durch einen Generator erzeugt. Sofern das Konzept des Hybridantriebs es erlaubt, ist es sinnvoll, die Stromproduktion bevorzugt in verbrauchsgünstige Phasen des Verbrennungsmotors zu verlegen. Infrage kommen hier Schubphasen und stationäre Betriebszustände. Beim Anfahren oder starken Beschleunigen sollte der Generator hingegen deaktiviert werden. Somit wird der Verbrennungsmotor im besonders wirkungsgrad- und leistungsschwachen unteren Drehzahl-Last Bereich entlastet. Der Übergang zwischen einer intelligenten Generatorregelung **(Bild 29-75)** und der Bremsenergierekuperation beziehungsweise Lastpunktverschiebung ist allerdings fließend.

29.7.3 Energierückgewinnung

Bei Verbrennungsmotoren wird nur ein relativ geringer Teil der eingesetzten Kraftstoffenergie in mechanische Arbeit und somit in Bewegung des Fahrzeuges umgesetzt. Der weitaus größere Teil geht in Form von Wärme ungenutzt verloren, **Bild 29-76**. Des Weiteren wird die Bewegungsenergie des Fahrzeuges unter anderen durch Bremsen ebenfalls in Wärme umgewandelt. Die Energierückgewinnung, zum Beispiel die Umwandlung der Abgaswärme oder der Bewegungsenergie in eine, für das Fahrzeug wieder nutzbare Energieform ist somit eine Möglichkeit, den Kraftstoffverbrauch spürbar zu reduzieren. Das gilt unabhängig davon, ob es sich dabei um einen Hybridantrieb handelt oder nicht. Hybridantriebe bieten jedoch den Vorteil, dass ihre Komponenten, nämlich E-Maschinen, Leistungselektronik und Batterie, für die Energieumwandlung und -speicherung geeignet sind. Im generatorischen Betrieb können die E-Maschinen die kinetische Energie des Fahrzeuges in elektrische Energie wandeln und so die klassische Bremse ersetzen oder zumindest entlasten.

Da beim Bremsen des Fahrzeuges kurzzeitig hohe Leistungsspitzen auftreten, muss jedoch ein Kompro-

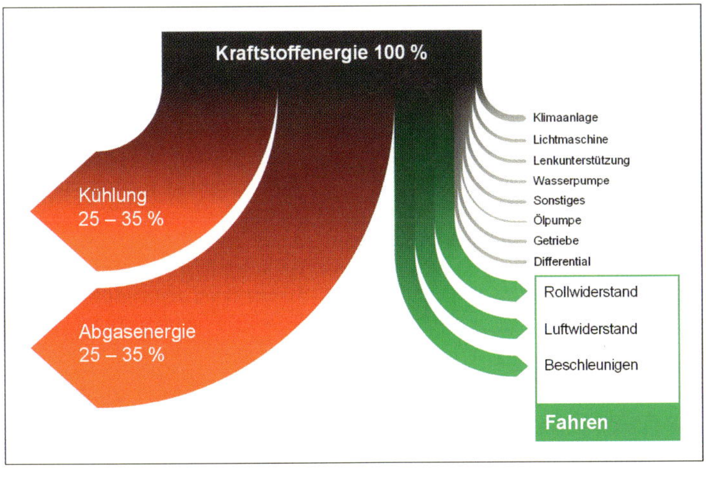

Bild 29-76 Aufteilung der Kraftstoffenergie

miss zwischen der Leistungsstärke der E-Maschine und der Batterie auf der einen Seite und dem Anteil der umgewandelten Energie auf der anderen Seite eingegangen werden. Ansonsten müssten die einzelnen Hybridkomponenten eine deutliche Leistungssteigerung erfahren und würden damit wesentlich teurer und schwerer ausfallen.

Neben diesem Zielkonflikt sind die Integration der E-Maschine in den Antriebsstrang und die mit ihr gekoppelte Fahrzeugachse weitere wichtige Einflussgrößen für eine hohe Energierekuperation. Um einen hohen Ertrag beim Bremsen des Fahrzeuges zu erhalten, müssen der Verbrennungsmotor und das Getriebe von der Achse und der E-Maschine abgekoppelt werden, da auch sie einen Teil der Bewegungsenergie des Fahrzeuges in Wärme umwandeln würden. Dies ist jedoch nicht bei jedem Hybridkonzept möglich beziehungsweise führt aufgrund zusätzlicher Kupplungen zu höheren Kosten.

Ferner führt die unterschiedliche Radlastverteilung beim Bremsen dazu, dass die Bremsleistung an der Vorderachse höher als an der Hinterachse ist. Dazu kommt noch, dass aus fahrdynamischen Gründen die Hinterräder niemals blockieren dürfen. Für eine optimale Bremsenergierekuperation müssten die E-Maschinen somit auf beide Achsen wirken. Ist das nicht möglich, so ist eine Anbindung an die Vorderachse die nächst bessere Option.

Es soll nicht unerwähnt bleiben, dass aufgrund der hohen benötigten Bremsleistung aber auch aus gesetzlichen Gründen eine mechanische Bremse weiterhin notwendig ist. Das Zusammenspiel der beiden Bremssysteme und die Rückwirkung über das Bremspedal auf den Fahrer bedürfen dabei einer feinen Abstimmung.

Das Energiemanagement muss gewährleisten, dass der elektrische Speicher die anfallende Energie auch aufnehmen kann, ansonsten muss mit der mechanischen Bremse unnötig stark gebremst und Bewegungsenergie in Wärme umgewandelt werden.

Für die Umwandlung der im Abgas enthaltenen Wärmeenergie sind verschiedene Methoden denkbar, zum Beispiel über eine kleine Wärmekraftmaschine oder einen thermoelektrischen Generator. Insbesondere letztere, sogenannte TEG sind zur Zeit Gegenstand der Forschung. Mit ihnen soll sich der Kraftstoffverbrauch im NEFZ um circa 0,2 l/100 km senken lassen [7]. Ihr Vorteil gegenüber anderen Konzepten ist, dass sie die Wärme direkt in elektrische Energie umwandeln und keine beweglichen Teile haben. Auch wenn das Potenzial der Abgaswärmeenergie sehr groß ist, so sind die bisherigen Abgasenergierückgewinnungskonzepte entweder sehr kostenintensiv oder noch nicht serienreif.

29.7.4 Ladezustandsregelung

Um die verschiedenen elektrischen Fahrfunktionen sicher zu stellen, aber auch die Haltbarkeit der Batterie zu gewährleisten, muss der Ladezustand der Batterie geregelt werden. In Abhängigkeit des verwendeten Energiespeichers, zum Beispiel Li-Ion oder Ni–MH müssen dabei sowohl sehr niedrige als auch sehr hohe Ladezustände vermieden werden. Da die Lebensdauer auch von der Anzahl der Lade-Entladezyklen abhängt, muss ein unnötiges, starkes Laden und Entladen der Batterie vermieden werden. Gleichzeitig ist sowohl eine lange, elektrische Fahrunterstützung als auch zum Beispiel das Rekuperieren der Bremsenergie über lange Stecken gewünscht.

Um all die Funktionen des Hybridantriebs zu ermöglichen und gleichzeitig die Batterie zu schonen, muss aus den Umweltbedingungen zunächst ein Sollwert für den Ladezustand (SOC) ermittelt werden. Auf diesen Sollwert wird dann über die einzelnen Verbraucher und Stromlieferanten geregelt. Zum Anheben des Ladezustandes der Batterie stehen die Lastpunktanhebung des Verbrennungsmotors, das Starten des Motors um dann mit dem Generator Strom zu produzieren und die Bremsenergierekuperation zur Verfügung. Abgesenkt werden kann der Ladezustand durch eine verstärkte elektrische Fahrunterstützung. Auch hier stehen, je nach Hybridkonzept, alle oder nur einige Funktionen zur Verfügung.

29.7.5 Energieverteilungsmanagement

Das Energieverteilungsmanagement umfasst den Über- und Unterspannungsschutz des Bordnetzes, das heißt es kontrolliert die Soll-Spannungen und leitet bei Störungen Maßnahmen ein. Um gegebenenfalls Verbraucher sinnvoll ab- oder zuzuschalten, müssen sie zunächst klassiert werden. Neben einer Priorisierung nach Sicherheitsaspekten ist eine Einteilung nach Einschaltdauer und der möglichen Leistungsregelung sinnvoll [8]. So dürfen Sicherheitsfunktionen wie ESP, Lenkungsunterstützung oder Licht nie vom Energiemanagement abgeschaltet werden, wohingegen auf Komfortgeräte wie Klimaanlage oder Navigationsgerät unter Umständen verzichtet werden kann. Die Einteilung nach typischer Einschaltdauer ist als weitere Entscheidungshilfe sehr sinnvoll. So ist ein Blinker in der Regel nur kurz aktiv, ein Steuergerät die ganze Zeit. Schließlich ist auch die Regelart wichtig, kann der Verbraucher nur an- und abgeschaltet werden oder sind Zwischenstufen möglich.

29.7.6 Bordnetz

Der elektrische Energie- und Leistungsbedarf eines Hybridantriebs liegt deutlich über dem der konventionellen Antriebe. Bereits der Leistungsbedarf eines Pkw ohne Hybridantrieb ist in den letzten Jahren derart angestiegen, dass das übliche 12 V Bordnetz an seine Grenzen stößt. Mit den zusätzlichen E-Maschinen eines Hybridantriebs steigt der Leistungsbedarf noch einmal sprunghaft an, so dass das übliche 12 V Bordnetz unter anderen aufgrund der auftretenden

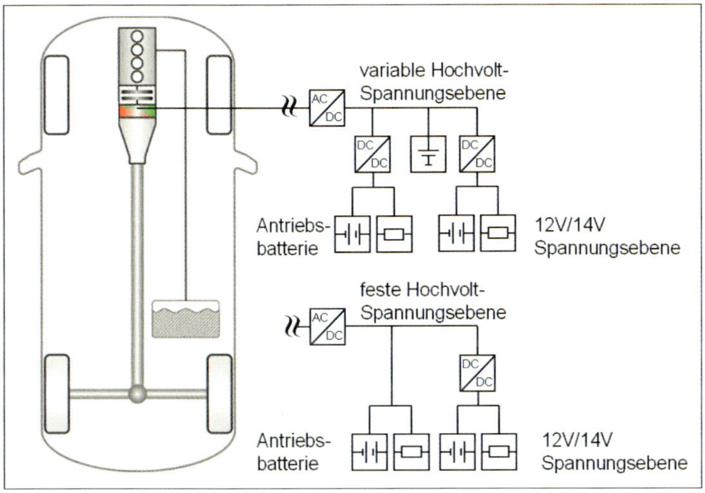

Bild 29-77 Beispiel für ein Bordnetz mit Hochvolt-Zwischenkreis

hohen Ströme den Anforderungen nicht mehr gerecht wird.

Mit Ausnahme eines Micro-Hybrid wird deshalb neben dem 12 V-Netz ein zweites Netz mit einer höhere Spannungsebene eingefügt, **Bild 29-77**. Die Anpassung der elektrischen Energie an die unterschiedlichen Anforderungen der Komponenten übernehmen dabei Stromrichter. Der Spannungswert für das zusätzliche Niveau wird im Wesentlichen von der zu übertragenden Leistung bestimmt. Für Mild Hybride mit E-Maschinen im Leistungsbereich von 20 kW eignen sich Spannungsniveaus von 144 V, für Full Hybride können Spannungen bis zu 650 V notwendig werden. Das maximal mögliche Spannungsniveau wird dabei von den zur Verfügung stehenden Halbleitern und aus Gründen der Sicherheit begrenzt. Im Rahmen dieser Grenze muss der Zielkonflikt nach einer möglichst hohen Spannung für die E-Maschinen, die Umrichter und die Leitungen sowie einer möglichst niedrigen Spannung für die Batterie gefunden werden.

Um die einzelnen Spannungsebenen stabil zu halten und Störungen zu vermeiden wird die jeweilige Spannungsebene entweder direkt von einer Batterie gestützt oder es werden Kondensatoren eingesetzt, die kurzeitige Störungen glätten.

Literatur

[1] *Schöllmann, M.; Olk, J.; Rosenmayr, M.:* „Trends bei der Batterieüberwachung" in Hybrid- und Brennstoffzellen- Elektrofahrzeuge: Energiemanagement-Aufgaben und Strukturen mit Sensoren, DGES, Ingolstadt, 2005

[2] *Hofmann, L.:* „Antriebs- und Steuerungskonzept des VW Golf TDI Hybrid" in DGES Hybrid- und Brennstoffzellen-Elektrofahrzeuge: Energiemanagement-Aufgaben und Strukturen, Ingolstadt, 2005

[3] *Reiser, C.; Zellbeck, H.; Härtle, C.; Reisemann, M.; Klaiß, T.; Vroegop, S.:* „Incorporating customer's driving behaviour in vehicle development", in 8. internationales Stuttgarter Symposium, Stuttgart, 2008

[4] *Auer, F.:* „Von der Lichtmaschine zum Micro-Hybrid – Eine Einführung in Generator-Regler-ICs für Standard-Batterien, Start-Stop-Systeme und Micro-Hybrid-Antriebe in PKWs" in EMA 2008 Elektromobilausstellung, Aschaffenburg, 2008

[5] *Hochkirchen, T.:* „How to Use Designed Experiments to Understand Real-World Usage Driven System Requirements", in Design of Experiments (DoE) in Engien Development III, expert Verlag, Renningen, 2007

[6] *Ertl, C.; Honeder, J.; Schinnerl, M.:* „Die Motorsteuerung des neuen 4-Zylinder Motors in der BMW 1er Serie" in 6. Steuerungssysteme für den Antriebsstrang von Kraftfahrzeugen, Berlin, 2007

[7] *Breitling, T.; Siegert, R.; Steffens, D.; Baumgärtner, W.:* „Potenziale des Energiemanagement für den Realverbrauch" in Thermoelektrik – Eine Chance für die Automobilindustrie, Berlin, 2008

[8] *Bäker, B.; Kutter, S.; Morawietz, L.:* „Energiemanagement – vom 12 V Verbraucherbordnetz zum elektrischen Antriebsstrang" in ATZ/MTZ Konferenz Energie, CO_2 – Die Herausforderung für die Zukunft, München, 2007

29.8 Betriebsstrategien

Die Betriebsstrategie legt fest, wie der Fahrerwunsch von den beiden Antriebsmotoren erfüllt wird. Im Gegensatz zu Fahrzeugen mit Otto- oder Dieselmotoren als Antrieb besteht bei Hybridantrieben kein eindeutiger Zusammenhang zwischen dem Leistungswunsch des Fahrers und der Leistung des Verbrennungsmotors. Somit kann durch eine geeignete Wahl des Betriebspunktes der Kraftstoffverbrauch und die Emissionen beeinflusst werden. Dabei gilt es jedoch, neben den Wirkungsgraden der verschiedenen Antriebe einige Beschränkungen zu berücksichtigen. So ist der Energievorrat in der Batterie in der Regel so niedrig, dass einige elektrische Antriebsfunktionen nicht beliebig lange genutzt werden können.

Einen entscheidenden Einfluss auf die Betriebsstrategie hat das gewählte Hybridkonzept und der Grad der Hybridisierung. So wird der Fahrerwunsch bei einem Micro-Hybride aufgrund seiner niedrigen elektrischen Leistung nahezu ausschließlich vom Verbrennungsmotor übernommen. Die Betriebsstrategie umfasst hier lediglich die Frage: Wann wird der Verbren-

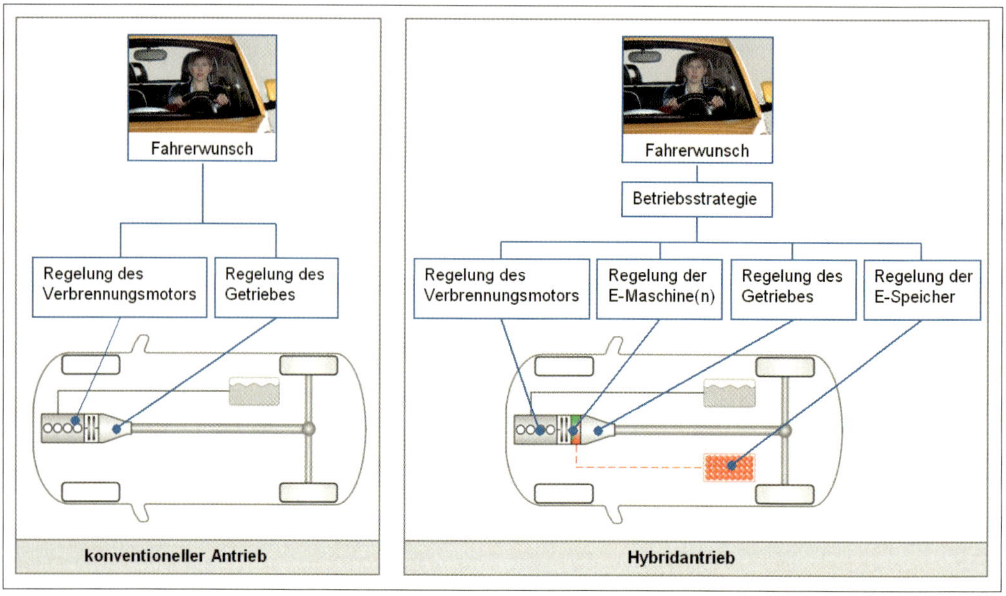

Bild 29-78 Vergleich der Komplexität zwischen einem konventionellen Antrieb und einem Hybridantrieb [1]

nungsmotor gestoppt und gestartet sowie in welchen Fahrzuständen wird die E-Maschine generatorisch zu- und abgeschaltet.

Ein anderes Extrem ist ein Plug-In-Hybridfahrzeug, da hier dem Fahrzeug auch über den elektrischen Zweig Energie von Außen zugeführt werden kann und seine Energiespeicher unter Umständen derart leistungsstark sind, dass das Fahrzeug auch längere Strecken nur mit elektrischer Energie zurücklegen kann.

Bei einem seriellen Hybridantrieb reduziert sich wiederum die Komplexität der Betriebsstrategie. Der Verbrennungsmotor übernimmt hier keine direkte Traktionsaufgaben, er produziert in Verbindung mit einer E-Maschine lediglich die elektrische Energie für die Antriebs-E-Maschine. Hier ist wichtig, inwieweit der Verbrennungsmotor der Dynamik folgt, das heißt die im Augenblick benötigte Traktionsenergie zur Verfügung stellt oder lediglich im Bestpunkt arbeitet und die elektrische Energie zunächst in eine Batterie einspeist.

29.8.1 Wirkungsgrade

Für die Festlegung der Betriebsstrategie ist die Betrachtung der verschiedenen Wirkungsgrade der Antriebsmotoren hilfreich. Otto- und Dieselmotoren haben im Vergleich zu den E-Maschinen, je nach Betriebspunkt (Last/Drehzahl) einen sehr niedrigen Wirkungsgrad von circa 30 %.

In **Bild 29-79** ist der spezifische Kraftstoffverbrauch für einen Otto- und einen Dieselmotor dargestellt.

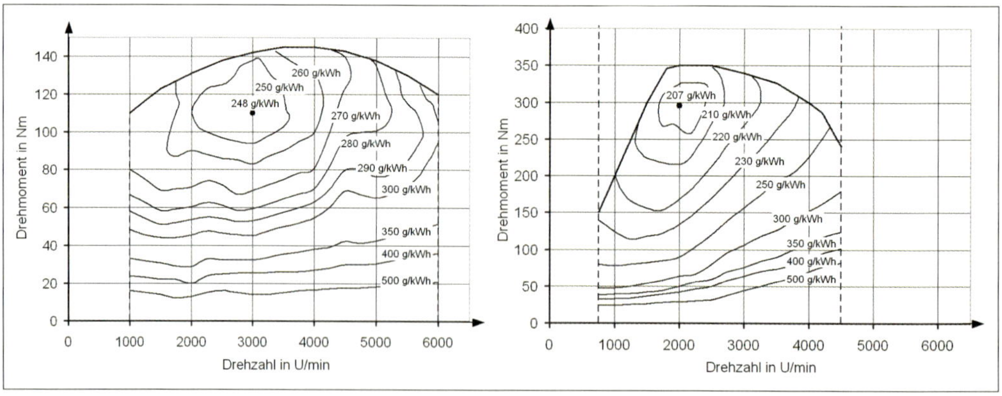

Bild 29-79 Kennfeld eines Verbrennungsmotors (links: Ottomotor, rechts: Dieselmotor)

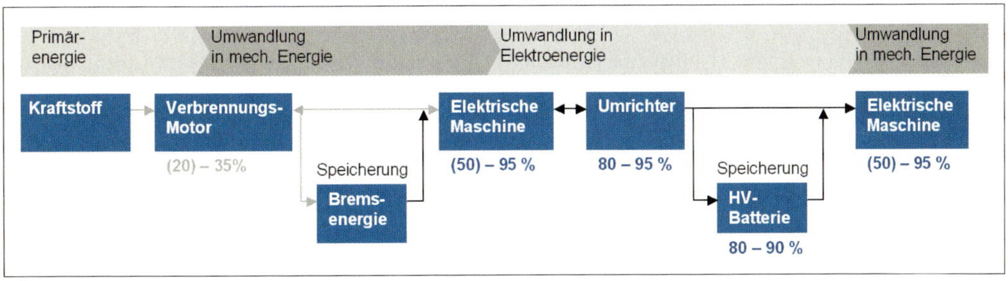

Bild 29-80 Wirkungsgradkette [2]

Beide Motoren weisen die charakteristischen, muschelförmigen Verbrauchs-Isolinien auf, wobei der Bestpunkt jeweils im oberen Lastbereich, bei mittlerer Drehzahl liegt. Hin zu niedrigen Lasten geht der spezifische Kraftstoffverbrauch und somit der Wirkungsgrad im gesamten Drehzahlband stark zurück.
Demgegenüber liegen die Wirkungsgrade der E-Maschinen auf einem deutlich höheren Niveau, im Bestpunkt oberhalb von 95 %. In **Bild 29-35** sind die Kennfelder für eine Synchron- und eine Asynchronmaschine dargestellt. Beide Maschinentypen weisen leicht unterschiedliche Charakteristiken auf. Da auch bei diesen Motoren bei kleinen Drehzahlen und nahe der Null-Last der Wirkungsgrad deutlich abfällt, sollte dieser Bereich ebenfalls vermieden werden.
Beim Vergleich beider Motorarten müssen darüber hinaus noch die Wirkungsgrade für die Speicherung und Umwandlung der elektrischen Energie berücksichtigt werden. Für Umrichter kann ein Wirkungsgrad zwischen 80 % und 95 % und für die Speicherung der elektrischen Energie kann ein Wirkungsgrad von 80–90 % angesetzt werden, siehe **Bild 29-81**.

29.8.2 Energiebilanz

Die Energiebilanz ist neben dem Schadstoffausstoß entscheidend für die Wahl der Betriebsstrategie.
Eine wichtige Entscheidungshilfe sind hier die Willans-Linien [3], **Bild 29-81**, des Verbrennungsmotors, bei denen für verschiedene Drehzahlen der stündliche Kraftstoffverbrauch über dem Mitteldruck beziehungsweise dem Drehmoment aufgetragen wird. Analog dazu kann für die E-Maschinen die Ausgangsleistung über die Eingangsleistung in einem P_{in}/P_{out}-Diagramm [4] dargestellt werden. Wird darüber hinaus die Wirkungsgradkette für die Erzeugung und Speicherung der elektrischen Energie, sowie der Bremsenergierekuperation betrachtet, so kann für jeden Betriebspunkt die jeweils günstigste Antriebsvariante gewählt werden.

$$E_{\text{rekuperiert}} = \eta_{\text{Generator}} \cdot \eta_{\text{Umrichter}} \cdot \eta_{\text{Batterie}} \cdot E_{\text{kinetisch}}$$

$$E_{\text{Batterie}} = \eta_{\text{VKM}} \cdot \eta_{\text{Generator}} \cdot \eta_{\text{Umrichter}} \cdot \eta_{\text{Batterie}} \cdot E_{\text{Kraftstoff}}$$

$$E_{\text{kin, E-Maschine}} = \eta_{\text{Umrichter}} \cdot \eta_{\text{Batterie}} \cdot \eta_{\text{Motor}} \cdot E_{\text{Batterie}}$$

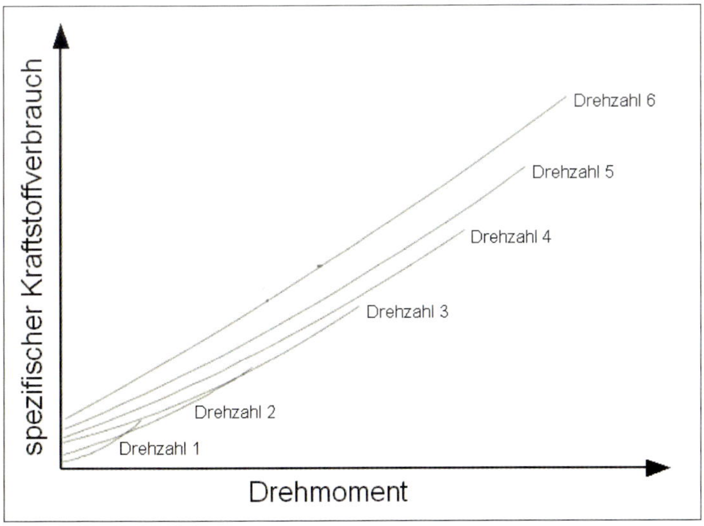

Bild 29-81 Willans-Linien für einen Verbrennungsmotor

29.8.3 Kraftstoffverbrauch

Der Kraftstoffverbrauch von Hybridantrieben kann gegenüber reinen Otto- und Dieselantrieben durch vier Maßnahmen reduziert werden:

- Zum einen kann der Verbrennungsmotor in Phasen abgeschaltet werden, in denen er nicht benötigt wird, was zum Beispiel im Leerlauf der Fall ist.
- Zum anderen können Betriebsbereiche vermieden werden, in denen der Wirkungsgrad des Verbrennungsmotors überproportional gering ist, zum Beispiel Niedriglastbereiche. Insbesondere im Stadtverkehr und im Stau wird so Kraftstoff eingespart.
- Des Weiteren kann mit den leistungsstarken E-Maschinen die Produktion benötigter elektrischer Energie in günstige Betriebsphasen des Verbrennungsmotors verlegt werden.
- Schlussendlich kann die E-Maschine den Verbrennungsmotor in der Volllast ergänzen, so dass der Verbrennungsmotor kleiner ausgelegt werden kann. Diese Unterstützung ist jedoch durch die Batterien nur zeitlich beschränkt möglich. Auch wenn der elektrische Speicher von extern geladen werden kann, so sinkt zwar der Kraftstoffverbrauch, aber nicht zwangsläufig der Energieverbrauch des Fahrzeuges.

Wird der Kraftstoffverbrauch reduziert indem die Batterie des Hybridantriebs von extern geladen wird, so ist die Gesamtenergiebilanz des Fahrzeuges zu berücksichtigen. Bei diesen Verfahren verbraucht das Fahrzeug nämlich nicht zwingend weniger Energie.

29.8.4 Abgasemissionen

Neben dem Kraftstoffverbrauch können auch die Abgasemissionen eines Hybridantriebs im Vergleich zu reinen Otto- und Dieselantrieben gesenkt werden. Dabei müssen jedoch die Wechselwirkungen zwischen Kraftstoffverbrauch und Abgasemissionen beachtet werden. Es treten sowohl positive als auch negative Korrelationen auf.

Ist der Verbrennungsmotor abgeschaltet und verbraucht demzufolge keinen Kraftstoff, so werden zunächst auch keine Schadstoffe produziert. In einer kalten Umgebung und bei häufigem Start/Stopp Betrieb kann es jedoch dazu kommen, dass die Abgasnachbehandlungssysteme ihre Betriebstemperatur nicht erreichen, so dass über die schlechte Konvertierungsrate die Abgasemissionen in Summe höher sind, als wenn der Verbrennungsmotor zunächst warm gelaufen wäre.

Eine Maßnahme zur Schadstoffreduzierung ist die Reduzierung der Dynamik des Verbrennungsmotors, auch Phlegmatisierung genannt. Schnelle Drehzahl- und Lastwechsel führen bei Verbrennungsmotoren zu überdurchschnittlich hohen Schadstoffemissionen, da die Steuerzeiten der einzelnen Aktuatoren des Motors nicht schnell und genau genug angepasst werden können.

29.8.5 Fahrleistungen

Je nach Art des Hybridantriebs und dem Grad der Hybridisierung ist die Fahrleistung hauptsächlich von einem Motor oder aber der Kombination aus dem Leistungsvermögen des Verbrennungsmotors und der E-Maschine abhängig. So ist beim Seriellen-Hybrid die E-Maschine für die Fahrleistung allein verantwortlich, vorrausgesetzt, sie wird mit genügend elektrischer Energie versorgt. Beim Parallel-Hybrid hingegen setzt sich die Fahrleistung aus beiden Motoren zusammen; hier ist jedoch der Hybridisierungsgrad entscheidend. Beim Micro-Hybrid, mit seinem geringen elektrischen Anteil, ist der Verbrennungsmotor für die Fahrleistung zuständig. Bei Mild- und Full-Hybriden ist es im unteren Lastbereich die E-Maschine und im oberen Dauerlastbereich der Verbrennungsmotor der die Fahrleistung bestimmt.

Inwiefern die Fahrleistung eines Fahrzeuges mit Hybridantrieb gegenüber einem konventionellen Antrieb besser oder schlechter ist, ist somit vom gewählten Hybridkonzept abhängig. Eine allgemeingültige Aussage ist nicht möglich.

Dadurch, dass ein Hybridantrieb aufgrund der zusätzlichen Komponenten E-Maschine und Batterie schwerer ist als ein konventioneller Antrieb, ergibt sich bei Beschleunigungen nahe der Volllast, zum Beispiel bei hoher Geschwindigkeit auf einer hügligen Autobahn, ein Nachteil.

Im unteren Drehzahl- und Lastbereich weist ein Hybridantrieb aufgrund der günstigen Drehmomentkennlinie der E-Maschinen eher Vorteile auf, so dass hier bessere Fahrleistungen möglich sind.

29.8.6 Ansätze zur Festlegung einer Betriebsstrategie

Die grundlegenden Ansätze für eine Betriebsstrategie sind von der Art des Hybridantriebes abhängig. Bei einem seriellen Hybrid ist die Antriebsachse ausschließlich mit der E-Maschine mechanisch verbunden. Demzufolge ist der Betriebspunkt der E-Maschine direkt an den Fahrerwunsch gekoppelt. Dafür ist der Betriebspunkt des Verbrennungsmotors frei wählbar, vorausgesetzt, er stellt mit dem angekoppelten Generator ausreichend elektrische Energie zu Verfügung. Unter zu Hilfenahme der Batterie kann der Verbrennungsmotor zum Beispiel lediglich in einem Drehzahl-Lastpunkt, der den mittleren Energiebedarf deckt, betrieben werden oder er folgt dem momentanen Leistungsbedarf der E-Maschinen und beansprucht somit die Batterie nur sehr wenig. Zwischen diesen beiden Extremen sind verschiedene Zwischenlösungen möglich, zum Beispiel dass der Verbrennungsmotor in mehreren, diskreten Drehzahl-Lastpunkten arbeiten kann oder er bei einer festen Drehzahl kontinuierlich die Last verändern kann.

Bei einem Parallel- oder Mischhybridantrieb können beide Antriebsmotoren den Fahrerwunsch bedie-

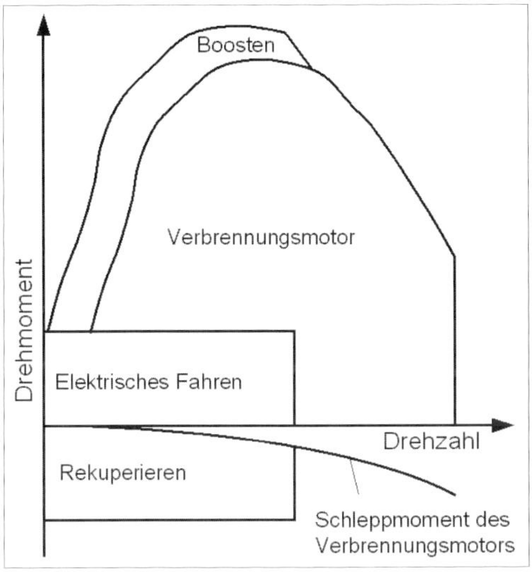

Bild 29-82 Betriebsstrategie eines Parallel-Hybrid [5]

nen. Eine Grundstrategie ist im unteren Lastbereich möglichst „elektrisch" zu fahren, die Volllast des Verbrennungsmotors durch die E-Maschine zu erweitern und bei höherer Fahrzeuggeschwindigkeit die benötigte Energie nur mit dem Verbrennungsmotor bereitzustellen. Ein Beispiel ist in **Bild 29-82** dargestellt.

Da für jedes der zahlreich möglichen Hybridkonzepte auch diverse Möglichkeiten für eine Betriebsstrategie existieren und der Fahrzeugantrieb sowohl gesetzliche Emissionsnormen, Kundenerwartungen, Kostenrahmen etc. erfüllen muss, ist hier der Einsatz von Simulationsprogrammen zum Beispiel Advisor oder Velodyn [6] und effizienten Optimierungsverfahren sinnvoll.

Mit Hilfe einer Gesamtfahrzeugsimulation können so für jedes Konzept der Kraftstoffverbrauch, die Abgasemissionen und die Fahrleistung abgeschätzt werden. Um nun für jeden der zahlreichen Parameter E-Maschine, Speicher, Getriebe, Anordnung etc. ein Optimum zu finden, sind ferner moderne Modellbildungs- und Optimierungsmethoden [7], sowie DoE [8] notwendig.

Literatur

[1] *Scholz, N.; Küçükay, F.:* „Modulare Simulation Evironment for Structural Analysis of Hyprid Drives", 4th Symposium Hybrid Vehicles and Energy Management, GZVB, Braunschweig, 2007

[2] *Männel, R.; Reimann, W.:* „Verbrauchseinfluss der elektrischen Energie" in ATZ/MTZ-Konferenz – Energie/CO_2 – die Herausforderung für unsere Zukunft, München, 2007

[3] *Pischinger, R.; Klell, M.; Sams, T.:* „Thermodynamik der Verbrennungskraftmaschine – Der Fahrzeugantrieb", Zweite, überarbeitete Auflage, Springer-Verlag, Wien, 2002

[4] *Böckl, M.; Rius-Sambeat, B.:* „Auslegung des elektrischen Antriebs und Auswirkungen auf die Betriebsstrategie bei einem Parallelhybrid" in 1. Tagung: Hybridantrieb – die Zukunft des Automobilantriebs?, Berlin, 2005

[5] *Bäker, B.; Kutter, S.; Morawietz, L.:* „Energiemanagement – vom 12 V Verbraucherbordnetz zum elektrischen Antriebsstrang" in ATZ / MTZ-Konferenz – Energie/CO_2 – die Herausforderung für unsere Zukunft, München, 2007

[6] *Wolter, T.-M.; Nasdal, R.:* „Integration of GALOP into HEV Control" in 5. Braunschweiger Symposium Hybridfahrzeuge und Energiemanagement, Braunschweig, 2008

[7] *Lindemann, M.; Große-Siestrup, L.; Link, M.; Neßler, A.:* „Einsatz von Optimierungsverfahren in der Hybrid-Antriebssimulation" in Hybridfahrzeuge, Hrsg. B. Voß, expert verlag, 2005

[8] *Ploumen, S.; Kok, D.; Nessler, A.; Gühmann, C.:* „Anwendung in Modellbildung und Simulation – Applications in Modelling and Simulation" in Design of Experiments (DoE) in der Motorenentwicklung, Hrsg. K. Röpke, expert verlag, 2003

29.9 Aktuelle Hybridfahrzeuge

Auch wenn es Hybridantriebe, wie wir sie heute kennen, bereits seit 1997 in Serie gibt, so stehen sie im Vergleich zu den Otto- und Dieselantrieben noch am Anfang ihrer Entwicklung. Das breiteste Modellspektrum bietet zur Zeit die Firma Toyota an. Neben dem weltweit ersten Großserienhybridfahrzeug Prius, dem Camry Hybrid, dem Estima Hybrid und dem Highlander Hybrid werden unter dem Markennamen Lexus noch der RX 400 h, GS 450 h und LS 600 h vertrieben, siehe **Bild 29-83**.

Honda, ebenfalls ein Pionier der Serienhybridfahrzeuge, hat die Limousinen Honda Accord Hybrid und den Honda Civic Hybrid im Programm. In den USA war Honda mit dem Insight der erste Hersteller mit einem Hybridantrieb. Darüber hinaus werden vor allem in den USA diverse SUVs in einer Hybridversion angeboten, unter anderen Nissan Altima Hybrid, Chevrolet Silverado und Tahoe, GMC Sierra, GMC Yukon, Ford Escape, Ford Mariner Hybrid, Mazda Tribute und GM Saturn Vue. Zum Teil handelt es sich bei den erwähnten Fahrzeugen um baugleiche Typen beziehungsweise verfügen zumindest über gleiche Hybridkomponenten. Eine nur kurze Produktionsphase wurde dem Chrysler Aspen und dem Dodge Durango zu teil. Beide Fahrzeuge sind nach nur 2 Monaten aus dem Programm genommen worden.

Die übrigen Fahrzeughersteller werden erst ab 2009 mit Hybridfahrzeugen auf den Markt kommen. Mercedes Benz hat für 2009 eine Hybridversion der S-Klasse mit Li-Ionen Batterien angekündigt. Mercedes, GM und BMW haben darüber hinaus gemeinsam ein Hybridgetriebe entwickelt, das ab 2008 bereits von GM und später auch von Mercedes und BMW verwendet wird. Fahrzeuge mit einem Start/Stop-System werden zur Zeit von BMW, nämlich 1er und 3er, und PSA (C2 und C3) angeboten.

29.9.1 Systeme

Zur Zeit sind nur wenige Hybridsysteme im Serieneinsatz. Auch an dieser Stelle sei der Vollständigkeit halber auf die Micro-Hybride eingegangen, obwohl diese Fahrzeuge in der Regel nicht mit Hybridantrieben in Verbindung gebracht werden.

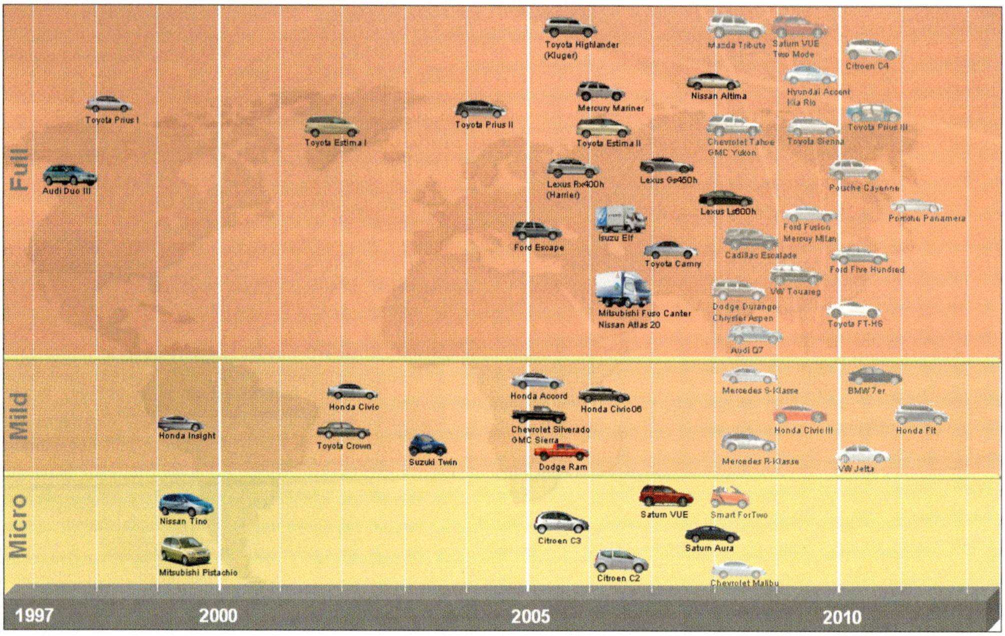

Bild 29-83 Zeitleiste der Hybridfahrzeuge [1]

Bei den Start/Stopp-Systemen setzt PSA auf einen Starter-Generator von der Firma Valeo, siehe **Bild 29-84**. Die Funktion des Starters und des Generators sind in einer elektrischen Maschine vereint. Als Energiespeicher kommt eine Blei-Säure-Batterie zum Einsatz.

Die Firma BMW verwendet ein System von Bosch, siehe **Bild 29-85**, welches aus zwei E-Maschinen, einem leicht modifiziertem Anlasser und einer Lichtmaschine besteht. Auch hier wird eine Blei-Säure-Batterie als Speicher eingesetzt. Ein einfaches Batteriemanagement kontrolliert den Zustand der Batterie. Beide Systeme ermöglichen in Kombination mit der Motorelektronik einen sehr schnellen Start und einen komfortablen Stopp des Verbrennungsmotors, zwei wichtige Eigenschaften, damit der Kunde die Systeme annimmt und nicht als störend empfindet. Insbesondere ein langer Motorstart kann beim Fahrer zu Irritationen führen.

Oberhalb der Micro-Hybridsysteme, das heißt der elektrische Zweig des Antriebs hat hier einen spürbaren Anteil, dominiert die Firma Toyota beziehungsweise ihre Marke Lexus den Markt. Sie setzt verschiedene Variationen eines Planetenradgetriebes mit jeweils zwei elektrischen Maschinen (synchron Drehstrommotoren) in ihren Hybridfahrzeugen ein,

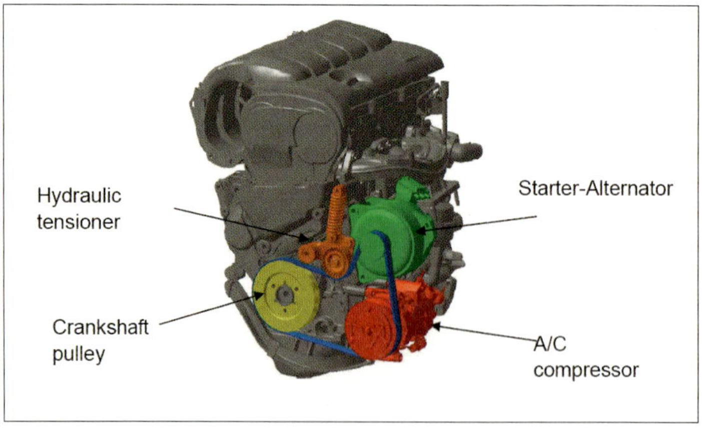

Bild 29-84 Start/Stopp System von PSA [2]

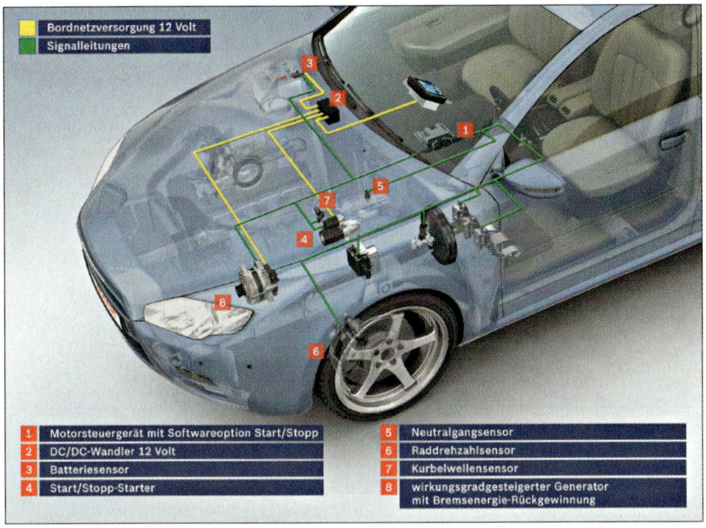

Bild 29-85 Start Stopp System der Firma Bosch [3]

siehe **Bild 29-86** und **Bild 29-88**. Je nach Fahrmodus arbeiten die E-Maschinen als Generator oder Elektromotor.

Der Verbrennungsmotor ist dabei mit dem Planetenträger, eine E-Maschine mit dem Sonnenrad und die andere mit dem Hohlrad verbunden. Die E-Maschine am Sonnenrad arbeitet lediglich generatorisch, die andere E-Maschine sowohl als auch. Eine Besonderheit weist der Lexus RX400h auf. Bei diesem Fahrzeug wird der Vierradantrieb über einen zusätzlichen Elektromotor realisiert. Diese Konstruktion hat den Vorteil, dass keine zusätzliche Antriebswelle zur Hinterachse geführt werden muss, was nicht nur Bauraum sondern auch Gewicht spart. In **Bild 29-87** ist der Elektromotor mit seiner Ankopplung an die Hinterachse zu erkennen.

Bisher werden in allen Toyota und Lexus Hybridantrieben NiMH-Batterien eingesetzt. Die Kühlung der Batterien erfolgt über eine Luftkühlung, zumindest beim Prius wird diese aus dem Innenraum des Fahrzeuges entnommen. Ein Wechsel auf Li-Ion-Batterien ist bereits angekündigt.

Ebenfalls ein Powersplit-Hybridantrieb wurde von einem Konsortium der Hersteller GM, Mercedes Benz und BMW entwickelt. Bisher wird das sogenannte Two-Mode-Getriebe lediglich in Fahrzeugen von GM eingesetzt. Die Serienanläufe bei Mercedes und BMW sind für das Jahr 2009 geplant.

Im Gegensatz zu Toyota verwendet die Firma Honda einen Kurbelwellenstartergenerator, **Bild 29-89**, welcher ein bürstenloser Gleichstrommotor ist. Das System trägt die Bezeichnung IMA (Integrated Motor Assist).

Für das Honda Hybridsystem stehen zwei Ottomotoren zur Verfügung. Das eine Hybridsystem besteht aus einem 4-Zylindermotor mit einem CVT Getriebe, dass andere aus einem 6-Zylindermotor mit einem Automatikgetriebe. Im Gegensatz zu Toyota hat Honda einige Veränderungen am Verbrennungsmotor vorgenommen. So verfügen die beiden Motoren über

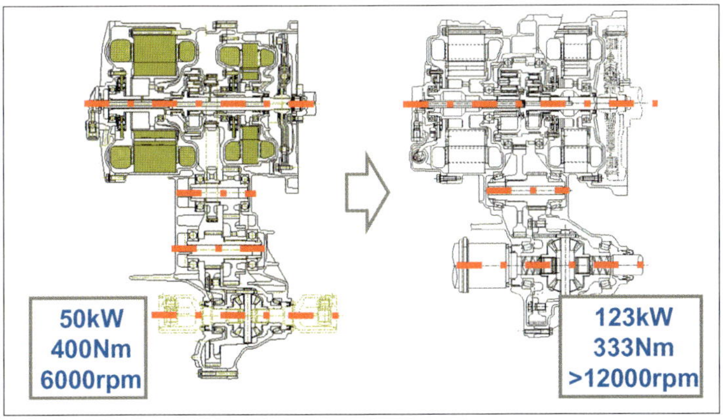

Bild 29-86 Schnittbild des Prius- und des RX400h-Getriebes [4]

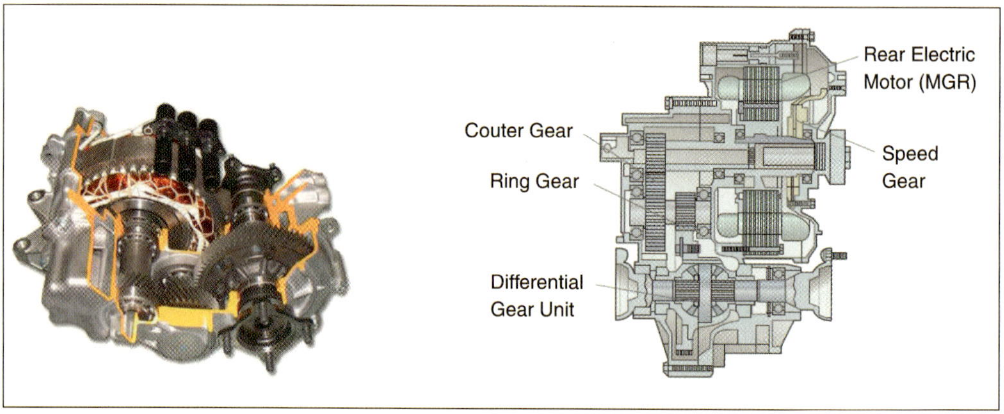

Bild 29-87 Elektromotor und Getriebe an der Hinterachse des RX400h [5]

ein ausgeklügeltes Ventilsteuersystem. Es werden vier Betriebsmodi unterschieden: Verbrennungsmotor aus, Ventilsteuerzeiten für niedrige und für hohe Drehzahlen, sowie geschlossene Ventile.
Das Zusammenspiel zwischen der E-Maschine und dem Verbrennungsmotor ist für den 6-Zyl. Ottomotor in **Bild 29-90** dargestellt. Im unteren Lastbereich werden bei kleinen Drehzahlen drei Zylinder abgeschaltet. Im mittleren Lastbereich und unteren Drehzahlbereich werden die drei Zylinder von der E-Maschine unterstützt. Erst bei hoher Last und/oder hohen Drehzahlen werden alle sechs Zylinder aktiviert. Im Volllastbereich des Verbrennungsmotors ist über das gesamte Drehzahlband eine Unterstützung durch die E-Maschine möglich.
Auch Honda verwendet als Energiespeicher NiMH-Batterien.
Im Chevrolet Silverado wird ebenfalls ein Kurbelwellenstartergenerator eingesetzt. Zwischen dem Verbrennungsmotor und einem Automatikgetriebe ist eine 15 kW starke E-Maschine der Firma Continental eingebaut. Steht der Wagen still und wird zusätzlich das Bremspedal betätigt, so schaltet das System den

Bild 29-89 4-Zylinder Benzinmotor mit Kurbelwellenstartergenerator und CVT-Getriebe [7]

Verbrennungsmotor ab. Des Weiteren dämpft die E-Maschine den Antriebsstrang, so dass der Wandler des Automatikgetriebes verkleinert werden konnte. Das Hybridsystem arbeitet auf 42 V Basis und verwendet eine Blei-Säure Batterie. Zusätzlich kann der

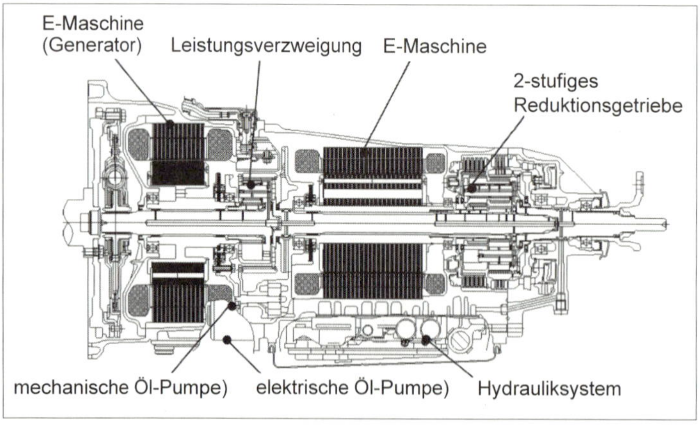

Bild 29-88 Schnittbild des GS450h Getriebes [6]

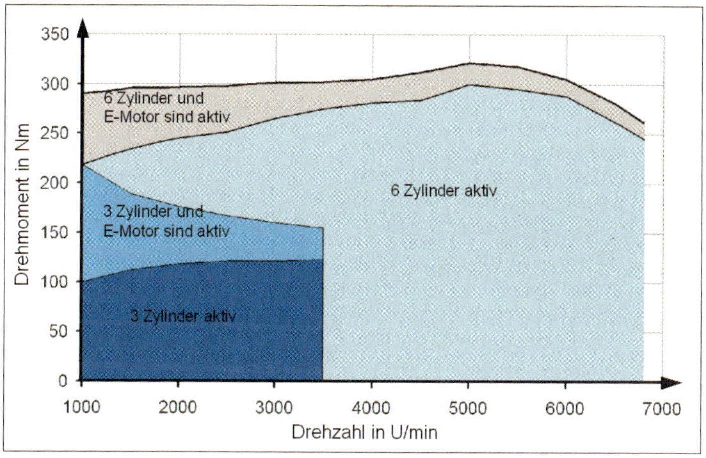

Bild 29-90 Zusammenspiel von Verbrennungsmotor und Elektromotor [7]

Bild 29-91 15kW E-Maschine von Continental [8]

Bild 29-92 Toyota Prius [5]

Hybridantrieb auch als Generator genutzt werden. Dafür steht eine in den USA herkömmliche Steckdose zur Verfügung.

29.9.2 Fahrzeugaufbau

Nur wenige Fahrzeuge, wie zum Beispiel der Toyota Prius oder der Honda Insight, wurden bisher ausschließlich für den Hybridantrieb konzipiert und auch nur mit einem solchen produziert. Der Fahrzeugaufbau der übrigen Hybridfahrzeuge ist hauptsächlich von den üblichen Antriebskonzepten mit Otto- und Dieselmotor geprägt. Der Hybridantrieb wird hier in ein bestehendes Fahrzeugkonzept „hinein" konstruiert.

Neben den Elektromaschinen des Hybridantriebssystems sind insbesondere die Energiespeicher und die Leistungselektronik relevant für das Package des Fahrzeuges. Bei der Wahl des Einbauortes müssen aber auch eventuell notwendige Kühlmittelleitungen und die Stromleitungen berücksichtigt werden. Des Weiteren verändern die zusätzlichen Bauteile die Schwerpunktlage des Fahrzeuges und demzufolge sein Schleuder- und Crashverhalten. Für den Energiespeicher und die unter Hochspannung stehenden Stromkabel müssen für den Fall eines Unfalles Sicherheitsmechanismen vorgesehen werden. Wird das Fahrzeug auch mit anderen Antrieben, das heißt ohne Hybridantrieb angeboten, so muss die Platzierung der zusätzlichen Komponenten auch unter Produktionsgesichtspunkten erfolgen.

Bei den E-Maschinen bestehen bezüglich des Einbauortes die geringsten Freiheiten. Ihr Platz wird mit der Wahl des Hybridkonzeptes festgelegt. Lediglich bei seriellen Hybriden besteht für die Anordnung des Elektromotors eine gewisse Freiheit, da er mit dem Verbrennungsmotor nicht mechanisch verbunden ist. Nur wenig Einfluss auf das Fahrzeugpackage hat der Kurbelwellen-Generator. Er wird direkt zwischen Verbrennungsmotor und Getriebe platziert. Das Getriebe wird dabei so modifiziert, dass es mit der E-Maschine zusammen den gleichen Bauraum einnimmt wie der Antriebsstrang ohne Hybridantrieb. Erreicht wird das hauptsächlich, in dem der Wandler

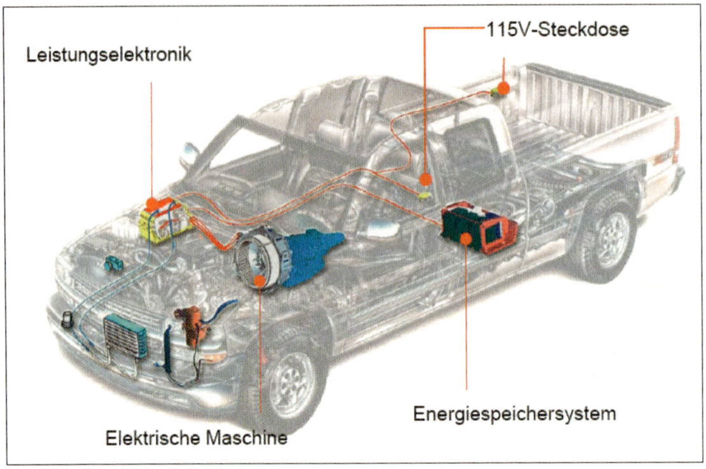

Bild 29-93 GMC Sierra Hybrid mit einem Kurbelwellengenerator [9]

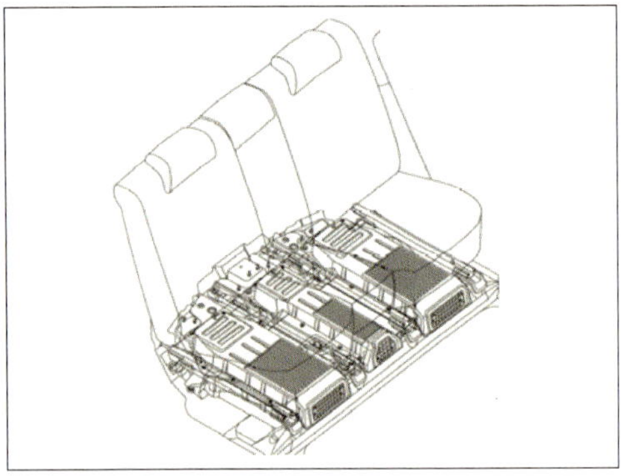

Bild 29-94 Batterie des RX400h unter der Rücksitzbank [5]

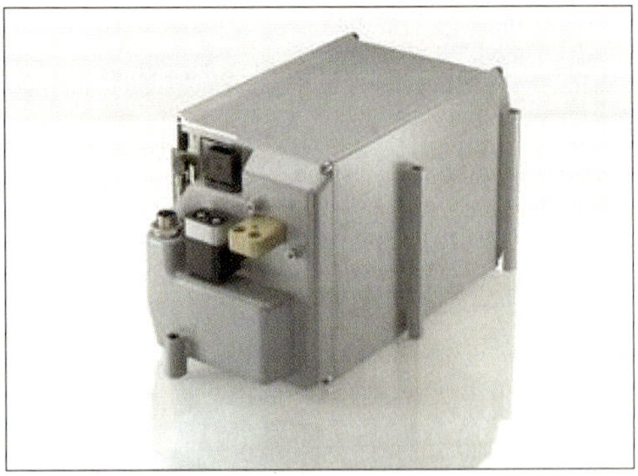

Bild 29-95 Li-Ion Batterie für die S-Klasse von Mercedes Benz [10]

des Getriebes verkleinert und die E-Maschine sehr schmal ausgelegt wird. Sollen die E-Maschinen im Motorraum platziert werden, so muss der Verbrennungsmotor entsprechend weniger Platz einnehmen. Ein Vorteil ist hier, dass bei Hybridantrieben häufig ein eher kleiner Verbrennungsmotor zum Einsatz kommt, so dass sich entsprechende Freiheiten ergeben.

Im Vergleich zu den E-Maschinen können die Energiespeicher verhältnismäßig frei im Fahrzeug platziert werden. Bei den heutigen Hybridfahrzeugen werden die Energiespeicher in der Regel im Bereich der hinteren Sitzbank eingebaut. Beim GMC Sierra, siehe **Bild 29-93**, und beim Lexus RX400h liegen sie direkt unter der Sitzbank, **Bild 29-94**, beim Honda Civic, **Bild 29-97**, im Rückenlehnenbereich und beim Prius, **Bild 29-92** hinter der Sitzbank, direkt über der Hinterachse. Eine Ausnahme bildet die S-Klasse von Mercedes. Hier befindet sich die Li-Ion-Batterie im Bereich des Motorraums. Aufgrund des gewählten Hybridkonzepts und der neuen Batterietechnologie ist der Energiespeicher sehr kompakt (siehe **Bild 29-95**) und findet im Motorraum Platz. Zudem wird der Energiespeicher über die Klimaanlage, die sich ebenfalls im Vorderwagen befindet, gekühlt. Für die nächsten Jahre sind jedoch bereits Fahrzeuge angekündigt, bei denen die Batterie unter anderen im Unterboden verbaut sein wird.

Das dritte größere Bauteil eines Hybridantriebs, die Leistungselektronik, wird bisher entweder im Motorraum oder, wie bei Honda, in der Nähe der Batterie platziert. Auch sie bedarf der Kühlung, so dass neben den Stromkabeln zur E-Maschine und zur Batterie sowie dem Datenkabel zum Steuergerät auch Platz für den Transport eines Kühlmediums vorhanden sein muss. Die Leistungselektronik muss so platziert sein, dass bei einem Crash keine ungewollten Fahrzeugteile stromführend werden. Ähnlich wie bei den Batterien wird sich bei der Leistungselektronik das spezifische Volumen in Zukunft verbessern. Während diese Weiterentwicklung bei den Batterien vermutlich für eine Steigerung der speicherbaren Energiemenge verwendet wird, ist das Ziel bei der Leistungselektronik eher ein geringeres Bauvolumen.

Bild 29-96 2-Mode Hybrid System des Chevrolet Tahoe [11]

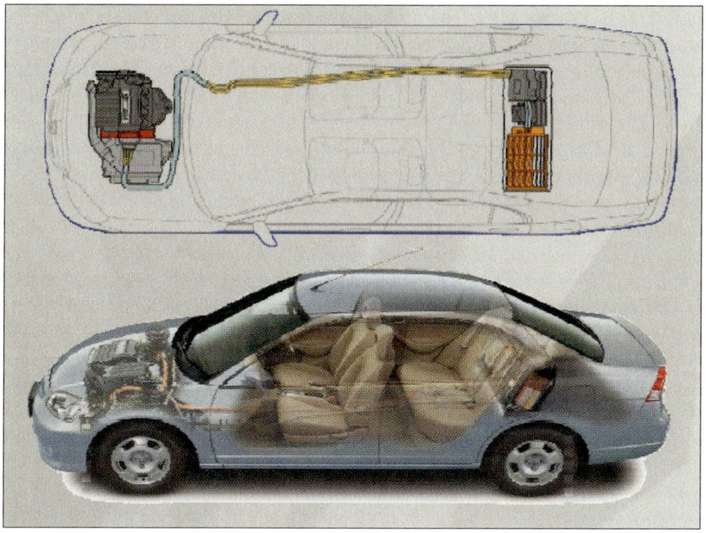

Bild 29-97 Honda Civic [7]

Literatur

[1] IAV GmbH

[2] *Chabot, L.; Simon, O.; Kernen, V.:* „Start-Stop-Technologie – Funktionelle Auslegung der Systemarchitektur“, 14. Aachener Kolloquium Fahrzeug- und Motorentechnik, Aachen, 2005

[3] Pressebild der Firma Bosch: 1-SG-14942

[4] *Killmann, G.:* „Toyota Hybrid Systems – Technology Evolution from 1997 to 2007“, Hybrid Vehicles and Energy Management, Braunschweig, 2007

[5] *Schuermans, R.:* „Toyota Motor Europe Technology Evolution from 1997 to 2007“, CTI Hybrid Drivetrains and Transmissions, Berlin, 2007

[6] *Fujikawa, M.; Ito, M.; Hattori, H.; Noda, K.:* „Toyota’s new hybrid transmission for RWD vehicles“, CTI Transmission Symposium, 2006

[7] *Böttcher, J.:* „Transmissions for Hybrids Matching transmissions to mild Hybrid applications“, CTI Hybrid Drivetrains and Transmissions, Berlin, 2007

[8] *Warburg, N.; Mailänder, E.; Saatkamp, T.; Reckziegel, C.; Stutz, M.:* „Das ISAD System in der Ökobilanz“, ATZ 10/2002 Jahrgang 104, Vieweg Verlag, 2002

[9] *Kozlowski, F.; Spazierer, J.:* „Der ISAD-Starter-Generator: Eine Innovoation im Antriebsstrang zur Reduktion des Treibstoffverbrauchs geht in Serie“, Hybridfahrzeuge und Energiemanagement, Braunschweig, 2004

[10] Pressebild der Firma Continental: img_2006_02_28_genf_hybrid_1_en

[11] *Nitz, L.:* „Tahoe and GMC Yukon Hybrids – Integration von Fahrzeug- und Powertrain-Technologien zur Verbesserung des Kraftstoffverbrauchs und der Fahrleistungen“ 16. Aachener Kolloquium Fahrzeug- und Motorentechnik, Aachen, 2007

29.10 Zukünftige Entwicklung

Bisher werden Hybridantriebe nur von wenigen Herstellern angeboten. Dies wird sich jedoch in den nächsten Jahren deutlich ändern. Alle namenhaften Hersteller haben serienahe Prototypen auf Messen vorgestellt und deren Markteinführung angekündigt [1]. Demzufolge handelt es sich für zahlreiche

Hersteller um die erste Generation der Hybridantriebe (abgesehen von den nicht mehr verwertbaren Entwicklungsergebnissen bis 1998: Audi Duo, 3L Lupo, ...).
Die daran anschließende zukünftige Entwicklung kann in die Themenblöcke

- technische Weiterentwicklung,
- Kundenwünsche und
- Kostenreduzierung gegliedert werden.

Technisch weisen alle Baugruppen des Hybridantriebs aufgrund ihrer noch jungen Entwicklungsgeschichte großes Optimierungspotenzial auf. Trotz moderner Entwicklungs- und Testmethoden werden einige Schwächen der jeweiligen Hybridsysteme erst deutlich, wenn sie in der Breite genutzt werden.
Bei den Energiespeichern wird es mittelfristig einen Wechsel von den Ni-MH-Akkumulatoren hin zu den Li-Ion-Akkumulatoren geben. Eine höhere elektrische Reichweite, weniger Gewicht und niedrigere Kosten sind das Ergebnis. Trotzdem wird die elektrische Reichweite aus heutiger Sicht über einen sehr langen Zeitraum nicht denen von Antrieben auf Kohlenwasserstoffbasis nahe kommen. Das Aufladen der Energiespeicher wird zukünftig auch über eine externe Stromzufuhr möglich sein. Diese sogenannten Plug-In-Hybridfahrzeuge können dann an einer Steckdose aufgeladen werden. In Kombination mit größeren Energiespeichern ist somit ein lokal emissionsfreier Kurzstreckenbetrieb möglich.
Ein weiteres Entwicklungsfeld ist die Reduzierung der elektrischen Verluste. Im Fokus stehen hier die elektrischen Maschinen, die Leistungselektronik und das Energiemanagement. Obwohl Elektromotoren bereits einen sehr guten Wirkungsgrad aufweisen, können mit speziell angepassten Maschinen noch Verbesserungen im einstelligen Prozentbereich erreicht werden. Weiterentwicklungen beim Energiemanagement werden die Energieströme noch gezielter steuern und so unter anderen unnötige Lade- und Entladevorgänge in die Energiespeicher weiter reduzieren. Des Weiteren wird der Anteil der zurückgewonnen Bremsenergie bei zukünftigen Hybridantrieben steigen. Aufgrund der zur Verfügung stehenden Hochvoltnetze werden sich zunehmend variable, elektrische Nebenaggregate durchsetzen. Die Leistungsaufnahme der einzelnen Geräte wird zunehmend bedarfsorientiert sein.
Wie in Kapitel 29.3.2 erwähnt, ist der Kraftstoffverbrauchsvorteil von Hybridantrieben stark abhängig vom jeweiligen Fahrprofil, so dass er sich unter Umständen ins Negative umkehren kann. Hier wird es, unabhängig vom gesetzlichen Fahrzyklus, eine fahrzeugtypische Ausrichtung geben. Kleinfahrzeuge werden im Kurzstreckenverkehr sehr effizient sein, aber auf Langstrecken und bei hohen Geschwindigkeiten verhältnismäßig viel Kraftstoff verbrauchen, wohingegen größere Fahrzeuge für den Langstreckeneinsatz optimiert werden. Die Beachtung der je nach Fahrzeugklasse typischen Nutzung gewinnt demzufolge an Bedeutung.
Beim Fahrzeugpackaging wird es Vereinheitlichungen für die einzelnen Antriebsarten geben. Der Hybridantrieb wird nicht mehr ein Add-on sein, sondern in zukünftigen Fahrzeugkonzepten als gleichberechtigte Antriebsvariante vorgesehen werden. Teilweise werden einzelne Funktionen und Merkmale, die über den Hybridantrieb Einzug nehmen in den konventionellen Antriebsstrang integriert (Start/Stopp, Elektrifizierung, ...).
Zu Beurteilen, welche Erwartungen der Kunde an diesen Antrieb stellt beziehungsweise welche der nun möglichen Funktionen für ihn einen Mehrwert darstellen, fällt aufgrund der noch geringen Verbreitung von Hybridantrieben schwer. Welche Eigenschaften verlangt der Kunde? Für welche ist er bereit zu bezahlen? Diese Fragen gilt es für zukünftige Hybridantriebe zu beantworten. So wird der Kunde zum Beispiel entscheiden, in wie weit der Verbrennungsmotor phlegmatisiert werden kann und unter Umständen nur noch in vereinzelten Lastpunkten betrieben wird. Technisch steht einer solchen Lösung nichts im Wege. Vermutlich werden sich je nach Fahrzeugklasse unterschiedliche Lösungen durchsetzten.
Eine für den Fahrzeughersteller nicht zu vernachlässigende Größe sind die Kosten. Darunter sind nicht nur allein die Stückkosten zu verstehen. Aufgrund der schnellen Einführung dieser Antriebsart dürften bei den Herstellern die neuen Prozessabläufe und Abteilungsstrukturen erhebliches Einsparpotenzial aufweisen. Bei den Stückkosten wird es auf die exakte Auslegung der einzelnen Komponenten ankommen. Ein überdimensionierter Energiespeicher ist nicht nur teuerer, sondern auch schwerer und größer, was sich sowohl auf die Logistik bei der Fahrzeugproduktion als auch später im Fahrzeug aufgrund des erhöhten Gewichts ungünstig auswirkt. Die Kenntnis des maximal nutzbaren Lade-/Entladehubs vom jeweiligen Energiespeicher ist hier ein entscheidender Kostenfaktor.

29.10.1 Ottohybridantrieb

Der Ottohybridantrieb steht kurz- und mittelfristig im Fokus der Antriebsentwicklung. Gegenüber dem Dieselmotor ist ein Ottomotor deutlich preiswerter und hat zudem das höhere absolute CO_2-Einsparpotenzial, da sein CO_2-Ausstoß über dem des Dieselmotors liegt [2]. Aus diesen beiden Gründen werden neue Hybridantriebstechnologien zunächst mit Ottomotoren und erst anschließend in Verbindung mit den kostenkritischen Dieselmotoren in Serie gehen. Das Zusammenspiel der beiden Antriebe wird weiter optimiert. In Verbindung mit Ottomotoren wird es kurzfristig alle Varianten vom Micro- bis hin zum Fullhybrid geben.

29.10.2 Dieselhybridantrieb

Der Dieselhybridantrieb ist die Kombination der beiden kostenintensiven Technologien Dieselmotor und Hybridantrieb [3]. Gleichzeitig stellt er jedoch, im Vergleich zum Ottohybrid, absolut gesehen die CO_2-ärmere Antriebslösung dar, so dass auf diese Technologie nicht verzichtet werden sollte. Auf Absatzmärken mit einem hohen Dieselanteil, wie zum Beispiel Europa, wird es bereits mittelfristig auch Mild- und Full-Dieselhybridantriebe geben, wohingegen es in den übrigen Märkten zunächst nur Ottohybridantriebe geben wird. Eine entscheidende Rolle nimmt hier der Gesetzgeber ein. Inwieweit wird er zukünftig die Gewichtung zwischen Abgasemissionen und Kraftstoffverbrauch beeinflussen? Lokale Vorschriften in Ballungsräumen, die zum Beispiel eine bestimmte Technologie erzwingen, können hier für eine schnelle Änderung sorgen. Insbesondere im Lieferverkehr, wo rein wirtschaftliche Gründe zählen, können entsprechende Verordnungen dem Dieselhybridantrieb schnell zum Durchbruch verhelfen. Da die Micro-Hybridsysteme bei weitem nicht so kostenkritsch sind, werden sich diese Systeme bereits kurzfristig durchsetzen.

29.10.3 Reiner Elektroantrieb

Der reine Elektroantrieb zählt nicht zu den Hybridantrieben. Da die Hybridantriebe jedoch häufig als Brückentechnologie hin zu den Elektrofahrzeugen, insbesondere zu denen mit einer Brennstoffzelle angesehen wird, soll hier kurz auf sie eingegangen werden.

Die Schwachstelle der Elektroantriebe mit einem elektrischen Speicher ist die mangelnde Reichweite. Batterien und Akkumulatoren werden auf absehbare Zeit keine ausreichende Energiedichte aufweisen, um die bisher gewohnten Reichweiten zu erreichen. Zwar sind Fortschritte in der Batterietechnologie abzusehen, dennoch liegen die prognostizierten Leistungswerte deutlich unter denen flüssiger Kraftstoffe.

Ein Ansatz um längere Fahrstrecken zu ermöglichen ist es, einen Teil des Stroms im Fahrzeug zu erzeugen, zum Beispiel mit einen Verbrennungsmotor in Verbindung mit einem Generator oder einer wasserstoffbetriebenen Brennstoffzelle. Dieses Konzept wird als „Elektroantrieb mit Range Extender" bezeichnet und kann auch den seriellen Hybridantrieben zugeordnet werden.

Unabhängig davon kann sich in Ballungsräumen aufgrund gesteigerter lokaler Emissionsanforderungen und der reduzierten Anforderungen an die Reichweite ein Markt für Elektrofahrzeuge bilden. Hier ist der Einsatz von Kleinstfahrzeugen in Verbindung mit innovativen Möglichkeiten der Batterieaufladung, zum Beispiel per Stromanschluss im Parkhaus, denkbar. Die vom Kunden geforderte Reichweite eines Fahrzeuges ließe sich somit deutlich reduzieren.

Es muss jedoch berücksichtigt werden, dass bei einem Elektroantrieb die Emissionen nur verlagert und nicht zwingend reduziert werden. Der Elektroantrieb ist so sauber wie das Kraftwerk, das den Strom produziert. Insbesondere in Hinblick auf die Verwendung von Brennstoffzellen und demzufolge Wasserstoff als Kraftstoff wird häufig lokale Emissionsfreiheit mit auch global emissionsfrei verwechselt. Ähnlich einer Batterie ist Wasserstoff lediglich ein Energieträger.

Literatur

[1] *Olschewski, I.; Freialdenhoven, A.:* „Technologiepotentiale und Herausforderungen von Automobilstandorten vor dem Hintergrund des globalen Wettbewerbs", 16. Aachener Kolloquium Fahrzeug- und Motorentechnik, Aachen, 2007

[2] *Buschmann, G.; Mayr, B.; Link, M.; Knobel, C.:* „Hybrid – Konkurrenz oder Unterstützung für Verbrennungsmotoren?", Hybridfahrzeuge, HdT 2005

[3] *Buschmann, G.; Nietschke, W.; von Essen, C.:* „Welchen Beitrag können alternative Kraftstoffe und die Hybridtechnik zur CO_2-Absenkung leisten?", 8. Symposium Entwicklungstendenzen bei Ottomotoren, Leipzig, 2006

30 Alternative Fahrzeugantriebe und APUs (Auxiliary Power Units)

30.1 Gründe für Alternativen

Die heutigen Fahrzeuge werden bis auf wenige Ausnahmen mit Otto- und Dieselmotoren und den dazu relevanten Kraftstoffen betrieben, wobei in einigen Ländern dem Ottokraftstoff Ethanol beigemischt wird beziehungsweise der Ottomotor mit Ethanol betrieben wird und Rapsmethylester RME, allerdings nicht in ausreichender Menge, für Dieselfahrzeuge zur Verfügung steht. Die Ausnahmen bilden Fahrzeuge, die mit CNG = Compressed Natural Gas oder LPG = Liquified Petroleum Gas betrieben werden. Hybridantriebe, einige Elektrofahrzeuge und die besondere Variante der Hybridantriebe „plug-in"-Versionen, auch Brennstoffzellenfahrzeuge werden in einigen Ländern wie China, Deutschland und den USA in größerem Umfang eingesetzt. In Zukunftsprognosen von Mercer [1] werden weltweit im Jahr 2011 bis zu 4,5 Millionen Fahrzeugen, das entspricht 6,7 % der Weltproduktion, mit alternativen Antrieben prognostiziert. Der Marktanteil des Ottokraftstoffes beträgt zur Zeit weltweit etwas weniger als 90 %, der des Dieselkraftstoffes mehr als 10 %. Wegen der steigenden Kraftstoffkosten und der hohen Effizienz der Dieselmotoren sowie den Entwicklungsfortschritten bezüglich der Reduzierung der Partikel und der NO_x-Emissionen ist auch diese Antriebsart besonders interessant.

Die Gründe für alternative Energien sind entweder lokal bedingt oder richten sich nach der Verfügbarkeit von eigenen Energiequellen in dem jeweiligen Land oder der Region. Während in der Vergangenheit genügend Erdöl als Ausgangsenergie für den Otto- und Dieselkraftstoff zur Verfügung stand, hat die Suche nach Alternativen in den letzten Jahren massiv zugenommen. Die wesentlichen Ursachen dafür sind:

- Viele Staaten versuchen, ihren Energieverbrauch unabhängiger vom Diktat der Erdöl fördernden Länder zu machen. Außerdem wird die Förderung von Erdöl zunehmend aufwendiger.
- Die Kohlendioxidemission soll deutlich reduziert werden. Das Kohlendioxid wird mit für die globale Erwärmung der Atmosphäre verantwortlich gemacht. Kohlendioxid entsteht bei der Verbrennung kohlenstoffhaltiger Energieträger. Die Diskussionen der Gesetzgebung in Europa ist besonders intensiv. So gelten 120 g CO_2/km als Zielwert für die Durchschnittsemission in diesem Jahr aller EU – weit neu zugelassenen Pkw's. Zu dieser Regelung gibt es zahlreiche Unterpunkte, die im EU-Parlament Ende 2008 beschlossen wurden. Bei einem 40-prozentigen Dieselanteil würde dies einem Verbrauch von 4,8 l/100 km entsprechen. Weitere Verschärfungen sollen folgen. Für 2020 soll dieser Wert 95 g CO_2/km betragen.
- Lokal besteht der Wunsch nach völlig emissionsfreien Fahrzeugen.

Wenn man den Einsatz von alternativen Energien für die Fahrzeugantriebe beurteilt, muss man die erwähnten Faktoren berücksichtigen. **Bild 30-1** gibt eine Übersicht über die Pro's und Con's für die verschiedenen Energien.

	Benzin (Referenz)	Diesel mit DPF	SynFuel aus Erdgas mit DPF	CNG	LPG	Methanol (fossil/ regenerativ)	Ethanol (regenerativ)	RME mit DPF	SunFuel aus Biomasse mit DPF	Wasserstoff (regenerativ) BZ/VKM
Eignung	○	○	○	–	–	–	–	○	○	– –/– –
Verfügbarkeit	○	○	–	○	–	–	–	–	–	– –/– –
Wirtschaftlichkeit	○	+	+	○/+²)	○/+²)	–//–/+³)	–/+³)	–/+³)	–/+³)	– –/– –
Infrastruktur	○	○	○/–¹)	–	–	–	–	–	○/–¹)	– –/– –
CO	○	○	○	○	○	○	○	○	○	++/+⁴)
HC	○	○	○	○	○	○	○	○	○	++/+⁴)
NO_x	○	–	–	○	○	○	–	–	–	++/○⁵)
Partikel	○	○	○	○	○	○	○	○	○	++/+⁴)
CO_2	○	+	+	+	+	+//++	++	++	++	++/++

BZ = Brennstoffzelle VKM = Verbrennungskraftmaschine DPF = Dieselpartikelfilter

¹) Verteilungsinfrastruktur/Produktionsinfrastruktur

²) ohne/mit Mineralölsteuerermäßigung bis 2020

³) ohne/mit Mineralölsteuerbefreiung bis 2009 und landwirtschaftliche Subventionen

⁴) aus dem Schmieröleintrag

⁵) bei leistungsoptimaler Abstimmung

Bild 30-1 Bewertung ausgewählter Kraftstoffe für den Zeitraum bis 2010 (Basis: Benzin EU 4) – eigene Daten und Volkswagen AG-Forschung)

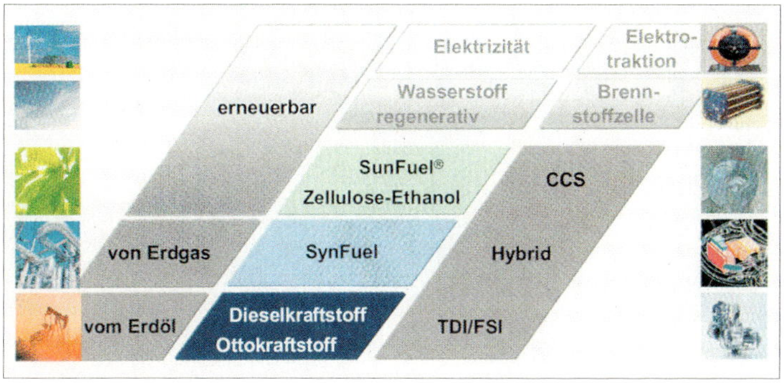

Bild 30-2 Kraftstoffe und Antriebe [2] [3]

Ein umfassender Ansatz wurde von [2, 3] erläutert. In Zusammenarbeit zwischen der Automobilindustrie (Volkswagen und DaimlerChrysler) und der Mineralölindustrie (Shell) werden Sunfuel (Kraftstoff auf Basis Biomasse) und Synfuel (Kraftstoff auf Basis Erdgas) hergestellt. Erste industrielle Anwendungen haben bereits begonnen. Das **Bild 30-2** zeigt eine entsprechende Prognose für den Einsatz unterschiedlicher Kraftstoffe.

Die Art der eingesetzten Energie ist für die Beurteilung von Fahrzeugantrieben von entscheidender Bedeutung. Auf jeden Fall muss immer die gesamte Energiekette berücksichtigt werden (well to wheel). Dazu gehört die Gewinnung der Rohenergie, die Veredlung, der Transport und der Verbrauch im Fahrzeug. Ganz wesentlich ist, dass neben der Weiterentwicklung der Fahrzeugtechnologie durch die politischen Entscheidungsträger auch der Rahmen für die zur Verfügung stehenden Energien definiert wird.

30.2 Hybridfahrzeuge

Als Hybridantrieb werden in der allgemeinen Definition Fahrzeuge mit zwei verschiedenen Antrieben und zwei unterschiedlichen Energiespeichern bezeichnet. Durch ein entsprechendes elektronisches Management können einige Vorteile gegenüber dem konventionellen Antrieb erzielt werden, zum Beispiel Reduzierung des Verbrauchs an fossiler Energie, dadurch, dass man den Verbrennungsmotor im oder nahe dem Wirkungsgrad-Bestpunkt betreibt und die Beschleunigung durch den Elektromotor unterstützt wird beziehungsweise man mit dem Elektromotor anfährt. Dadurch ist auch ein Downsizing des Verbrennungsmotors möglich. Die teilweise Rückgewinnung der Bremsenergie trägt zur Verbesserung des Gesamtwirkungsgrades bei. Die Emissionen können durch die Gesamtoptimierung des Antriebsaggregates gering gehalten werden, im elektrischen Mode nahe Null. Geräuscharmut besonders im elektrischen Betrieb ist ein weiterer Vorteil. Im Gegensatz zum reinen Nischenangebot, wenn man Elektrofahrzeuge betrachtet, haben Hybridfahrzeuge schon eine signifikante Stückzahl erreicht. Die Ausführung von Hybridfahrzeugen kann man nach dem Schema in **Bild 30-3** [4–6] unterteilen. Dargestellt sind der serielle, parallele und Mischhybrid.

Die Hybridfahrzeuge erlauben eine Reihe von neuen Technologien im gesamten Fahrzeugbereich wie Energie- und Antriebsmanagement, Abgasoptimierung, Wärmemanagement und Fahrleistungsoptimierung. Zahlreiche Komponenten sind noch in der Entwicklungsphase wie Hochtemperaturelektronik (Silizium-Karbid), neue Getriebe, Abwärmerückgewinnung, weiterentwickelte Lithium-Ion-Batterien etc. Mit der Hybridisierung entsteht gleichermaßen eine neue Querschnittstechnologie, die weitere Synergien einschließt. Einzelne Fahrzeughersteller [7] sprechen daher heute schon nicht mehr von alternativen Antrieben, sondern von einer gezielten Weiterentwicklung des Otto- und Dieselmotors nach dem Motto „In Zukunft steckt in jedem Fahrzeug ein Teil Hybrid".

Der Parallelhybrid erlaubt, dass der Antrieb gleichzeitig durch beide Antriebsaggregate erfolgen kann. Der serielle Hybrid hat immer einen elektromotorischen Antrieb, daher muss „on board" Strom erzeugt, beziehungsweise von außen zugeführt werden. Dies kann durch die verschiedensten Aggregate erreicht werden, zum Beispiel durch Otto- oder Dieselmotoren, Gasturbine, Stirlingmotor, Brennstoffzelle. Der Vorteil ist, dass das stromerzeugende Aggregat möglichst wirkungsgrad- und emissionsoptimal betrieben werden kann. Unter den Mischhybriden stellt der leistungsverzweigende Hybridantrieb eine weitere Variante, wenn nicht sogar die weitreichendste aller Hybridvarianten dar. Das konventionelle Getriebe (Handschalt- und Automatikgetriebe) wird hier durch ein ein- oder mehrstufiges Planetengetriebe mit direkter Einkopplung von mindestens zwei E-Maschinen ersetzt. Diese äußerst kompakte Einheit stellt ein stufenloses Getriebe (ECVT) dar, mit der alle Hybridfunktionen Start/Stopp, Rekuperation und teil oder voll elektrisches Fahren realisiert werden kann. **Bild 30-4** [8] zeigt die konzeptbedingten Eigenschaften von Hybridantrieben.

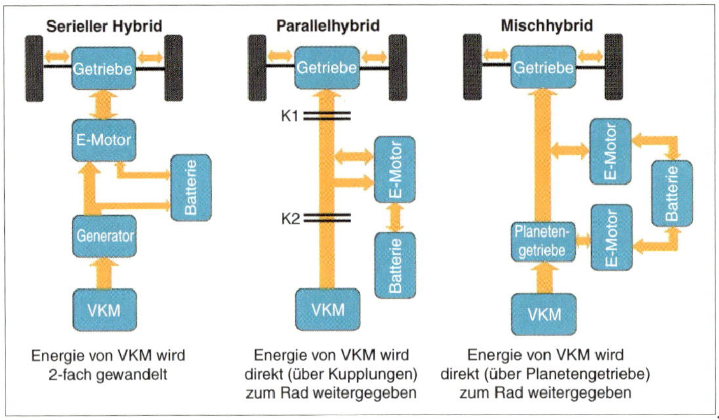

Bild 30-3 Definition von Hybridantrieben [4]

In [8] werden aus Marketingsicht die globalen Gründe für den Einsatz alternativ angetriebener Fahrzeuge analysiert. Zunächst zeigen die politischen und rechtlichen Rahmenbedingungen deutlich Unterschiede:

Europa
- Flottenverbrauchsreduzierung ab 2012: 120 g CO_2/km Teilweise Besteuerung mit hoher CO_2-Emission durch einzelne Länder.

USA
- Erfüllung ZEV (Zero Emission Vehicles)-Mandat ab 2010: Mercedes Benz benötigt 2 % ZEV's (BZ – Brennstoffzelle, EV – Electrical Vehicles) und 2 % AT-PZEV's – Advanced Technology partial Zero Emisson Vehicle (Hybride) oder 4 % ZEV's (Gesetz)
- Verschärfung der CAFE (Corporate Avarage Fuel Economy)-Grenzwerte auf 30 mpg (circa 8 l/100 km) bis 2010 (Gesetzesvorlage mit hoher Wahrscheinlichkeit
- Vorschriften zur Reduzierung von CO_2-Emissionen von Pkw's und leichten NFZ in Kalifornien beziehungsweise ganz USA

Japan
- Ab 2010 klassenabhängige CO_2-Steuer (Gesetz): (JAMA/KAMA (Japan/Korea Automobile Manufacture Association) – Ankündigung: Vorerfüllung der Grenzwerte bereits ab 2005)
- Ab 2009 Verbrauchsreduzierung auf 140 g CO_2/km (JAMA/KAMA-Selbstverpflichtung)

Serieller Hybrid (Voll Hybrid)	**Paralleler Hybrid (Voll Hybrid)**	**Starter/Generator (Mild Hybrid)**
Rein elektrischer Achsantrieb + Starter/Generator-Funktion + Rein elektrisches Fahren + Rekuperation mit voller Leistung + Stromversorgung bei 0 km/h + Optimales Energiemanagement + Komfortabler Motorstart auch bei $v > 0$ km/h – Hohes Gewicht (dreifach installierte Nennleistung) – Boost-Funktion nur elektrisch durch Überlast – Hohe Kosten – Hohes Gewicht – Aufwändiges Packaging	*Kombinierter VM-elekt. Achsantrieb* + Starter/Generator-Funktion + Boost-Funktion + Rekuperation mit beiden E-Motoren + Rein elektrisches Fahren + Optimales Energiemanagement möglich + Sofortiger VM-Start bei $v > 0$ km/h + Relativ kleine PM E-Motoren + Stromversorgung auch bei 0 km/h – Hohe Kosten – Hohes Gewicht – Komplizierter Aufbau – längerer Triebstrang – leistungsbegrenzte Rekuperation	*E-Maschine starr mit VM gekoppelt* + Starter/Generator-Funktion + Boost-Funktion (ISG) + Einfacher Aufbau + Geringe Kosten + 42 V-Leistung möglich + auch mit Riementrieb (RSG) – VM kann nicht abgekoppelt werden – begrenzte Rekuperation (Schleppmoment des Motors) – kein reiner E-Betrieb – geringe Verbrauchseinsparung

Bild 30-4 Technische Beurteilung von Hybridantrieben nach [8]

- Staatliche Förderung von alternativen Antrieben durch Steuervorteile (Hybrid: bis –73 % Vehicle Akquisation Tax, bis –75 % Annual Vehicle Tax) und direkte Incentives.

China

- Schon jetzt zeichnet sich in China ein großer Energiebedarf ab, so dass auch dort alternative Kraftstoffe (nicht erdöl-basiert) und sparsame Fahrzeugkonzepte (Hybrid) sehr wichtig sind.

Aber auch die Verkehrsverhältnisse sind Basis für unterschiedliche Technologieansprüche

Europa	• Ausgewogene Mischung von Autobahn (hohe Geschwindigkeiten) und Stadtverkehr • Dynamisches Fahrprofil	Hybride Otto-Hybrid (möglich) Diesel-Hybrid (möglich) Diesel (Präferenz)
USA	• Signifikanter Anteil von Highwayfahrten • Charakteristischerweise gleichförmiger Verkehrsfluss im moderaten Geschwindigkeitsbereich	Otto-Hybrid oder Diesel Dieselmotoren wären ideal, aber in den USA steigt der Marktanteil nur sehr langsam.
Japan	• Stadtverkehr mit hohem Anteil Stop & Go • Kaum höhere Geschwindigkeiten • Kein Dieselkraftstoff für Pkw • Durchschnittlich kurze Fahrtstrecken	Hybride! Otto-Hybride als logische Konsequenz, auch getragen von Technologiebegeisterung
China	• Hoher Anteil am Stadtverkehr • Geringe eigene Erdölvorkommen • Kaum höhere Geschwindigkeiten über längere Strecken	Alternative Kraftstoffe Hybride

Die Prognosen über den Marktanteil von Hybridfahrzeugen schwanken erheblich. Die bereits erwähnte Studie von Mercer schätzt im Jahr 2011 bezogen auf Pkw, SUV's, Pickups und Vans 1,1 Millionen Fahrzeuge. Eine optimistische Studie aus den USA [9] zeigt für das Jahr 2022 circa 50 % Hybridfahrzeuge der neu in den US-Markt kommenden Fahrzeuge. Dies wären immerhin 6 Millionen pro Jahr. Unabhängig

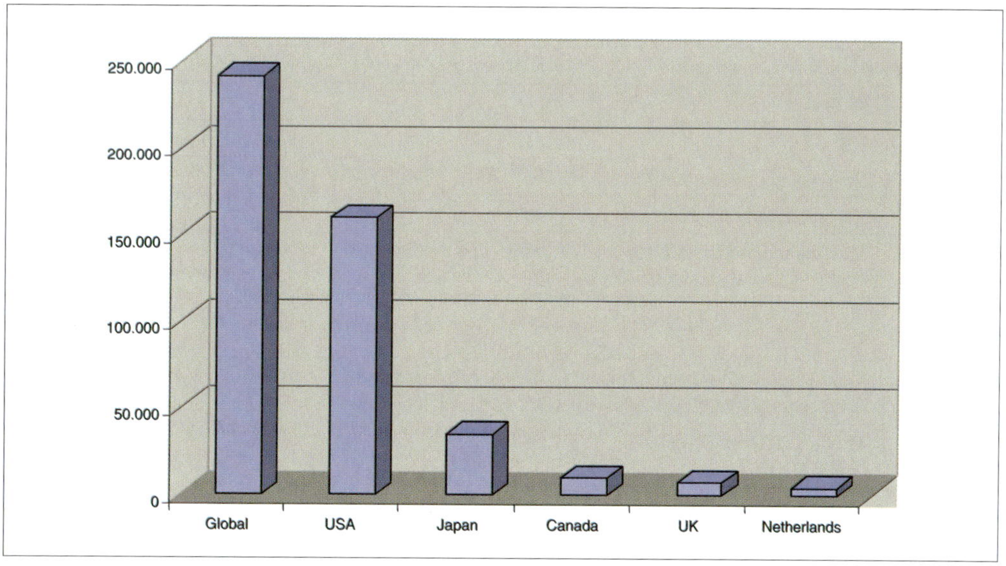

Bild 30-5 Neue Hybridfahrzeugregistrierungen 01.07.2008 [9]

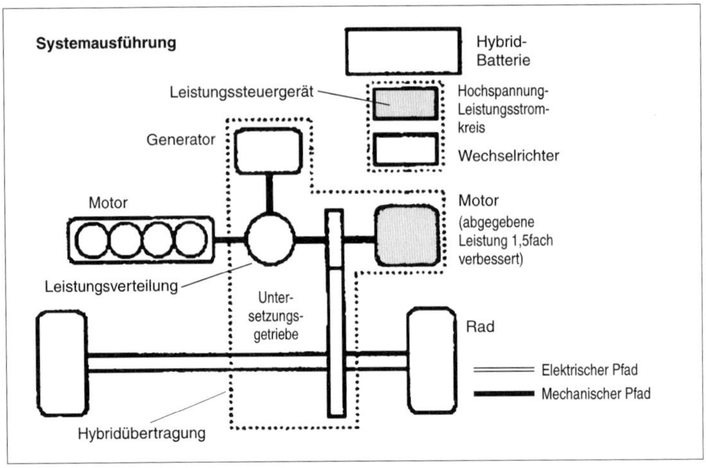

Bild 30-6 Systemausführung des Toyota Prius II

von den Prognosen kann man erkennen, dass die Hybridtechnik auf dem Vormarsch ist. Marktführer sind Toyota und Honda, beide bereits in der 2. beziehungsweise in der 3. Generation. Beim Toyota Prius, RX 400 h und anderen Toyota-Modellen handelt es sich um Vollhybride und beim Honda Civic um einen „mild Hybrid“. Wie aus dem **Bild 30-5** erkennbar ist, wurden in den ersten 7 Monaten 2008 weltweit circa 250.000 neue Hybridfahrzeuge verkauft. Toyota und Lexus allein haben weltweit in 2007 circa 430000 Hybridfahrzeug verkauft, von 1997–2008 circa 1,675 Millionen [10]. Das Toyota Hybrid System THS II ist dem THS I (Prius) gefolgt, welcher im Dezember 1997 [11] erstmalig in Serie gegangen ist. Der plötzliche Erfolg der Hybridisierung ist aus einem Strategiewechsel durch Toyota erkennbar. Der Prius II hat gegenüber dem Prius I wesentlich bessere Fahrleistungen, so dass der THS II auch so vermarktet wurde. Vom THS I sind weltweit mehr als 200.000 Fahrzeuge verkauft worden. Der Systemaufbau des Prius II [12] ist aus **Bild 30-6** zu erkennen.

Das **Bild 30-7** gibt eine Gegenüberstellung der Kenndaten von THS II zu THS I.

		THS II	THS I
Motor	Typ	1,5 l Ottomotor (hohe Ausdehnungsrate)	1,5 l Ottomotor (hohe Ausdehnungsrate)
	Maximale Leistung (kW)	57/5.000	53/4.500
	Maximales Drehmoment (Nm)	115/4.200	115/4.200
E-Motor	Typ	AC-Synch	AC-Synch
	Maximale Leistung (kW)	50/1.200–1.540	33/1.040–5.600
	Maximales Drehmoment (Nm)	400/0–1.000	350/0–400
System	Maximale Leistung (kW)/ Fahrzeuggeschwindigkeit (km/h)	82/85 oder höher	74/120 oder höher
	Maximale Leistung (kW) bei 85 km/h	82	65
	Maximales Drehmoment (Nm)/ Fahrzeuggeschwindigkeit (km/h)	478/22 oder niedriger	421/11 oder niedriger
	Maximales Drehmoment bei 22 km/h	478	378
Batterie	Typ	Nickel-Metall-Hydrid	Nickel-Metall-Hydrid
	Maximale Leistung (kW)	21	21

Bild 30-7 Gegenüberstellung der Kenndaten von THS II zu THS I

Kraftstoff-Verbräuche im offiziellen Testmodus

Testmode	THS II Prius 2		THS Prius 1	
10–15 M	35,5 (km/l)	2,82 l/100	31 (km/l)	3,23 l/100
US-Comb	65,8 (mpg)	3,57 l/100	57,6 (mpg)	4,08 l/100
EEC	104 (g CO_2/km)	4,33 l/100	120 (g CO_2/km)	5,0 l/100

Besonders hervorzuheben sind die Verbesserung des Ottomotors, die Leistungs- und die Drehmomentssteigerung des elektrischen Antriebs bei gleichzeitig höherer Spannung von THS I zu THS II. Sie wurde von 274 auf 500 V gesteigert. Der AC synchro permanent Motor zeigt optimale Werte bezüglich des eingesetzten Gewichts und Volumens. Auch der Generator wurde verbessert, zum Beispiel eine Drehzahlsteigerung von 6.500 auf 10.000 1/min. Das Gleiche gilt auch für die Verbesserung der Nickel-Metall-Hydrid-Batterie, deren Leistungsdichte von 880 W auf 1.250 W pro kg erhöht wurde. Die erzielten Kraftstoff-Verbräuche in den Fahrzyklen in den offiziellen Fahrmodi sind in der Tabelle angegeben, wobei die unterschiedlichen Daten in l/100 km umgerechnet wurden. Der Weg der Leistungs- und Drehmomentsteigerung wurde auch beim Prius 3, vorgestellt im Jahr 2009 in Detroit, konsequent fortgesetzt. Der Ottomotor leistet jetzt 73 kW, der Elektromotor 60 kW und die kombinierte Leistung 100 kW.

Allerdings sind die erzielten Kraftstoff-Verbräuche im Praxisverbrauch deutlich unterschiedlich zu dem offiziellen Test. Ein von AutoMotorSport [13] durchgeführter Vergleich ergab folgende Werte:

Praxisverbrauch Normrunde: AMS

Fahrzeugtyp	l/100 km	g CO_2/km
Audi A3 1,6 FSI	6,6	158
Honda 1,3 IMA	5,4	130
Toyota Prius II	5,5	133
Volkswagen 1,9 l TDI	4,9	131

Zu berücksichtigen ist dabei die geringe Beschleunigungsfähigkeit des Honda im Vergleich mit den anderen Fahrzeugen. Das Honda IMA-Konzept arbeitet im Gegensatz zum Toyota Prius II als mild Hybrid [14] mit einem 15 kW Elektromotor, welcher zwischen dem Motor und dem Getriebe platziert ist. Der Gleichstrommotor arbeitet bei 158 V; als Energiespeicher wird eine Nickel-Metall-Hydrid-Batterie mit 158 V und 5,5 Ah verwandt. Das **Bild 30-8** zeigt die generelle Auslegung des Systems. Inzwischen ist die neueste Version des Honda Insight auf dem Markt, mit einer CO_2-Emission von 101 g CO_2/km.

Auch das ISAD-System ist zwischen Motor und Getriebe angeordnet. Das **Bild 30-9** [15] zeigt eine besonders raumsparende Lösung für den Chevrolet Silverado. Die Antriebsstrangverlängerung beträgt weniger als 5 mm. Einige Lösungen bevorzugen einen Keilriemen zur Verbindung des Starter/ Generators mit der Kurbelwelle.

Im Lexus GS 450 h kombiniert Toyota die Hybrid-Technologie mit Hinterradantrieb. Der GS 450 h ist mit 250 kW (340 PS) Leistung ausgestattet, schafft die Disziplin von null auf Tempo 100 km/h in unter sechs Sekunden. Sein Mittelverbrauch ist mit 7,9 l Super je 100 Kilometer angegeben. Der Lexus RX 400 h, **Bild 30-10** [16], verfügt neben dem Verbrennungsmotor und der vom Toyota Prius bekannten Anordnung vom leistungsverzweigenden Getriebe mit Elektromotor und Generator über eine zusätzliche E-Maschine an der Hinterachse, die den Allradantrieb herstellt. Im Vergleich zum Toyota Prius II weist der RX 400 h, neben dem zweiten Fahrmotor auch eine höhere Systemspannung auf. Zudem wurde der vordere Elektromotor durch Erweitern des Drehzahl-

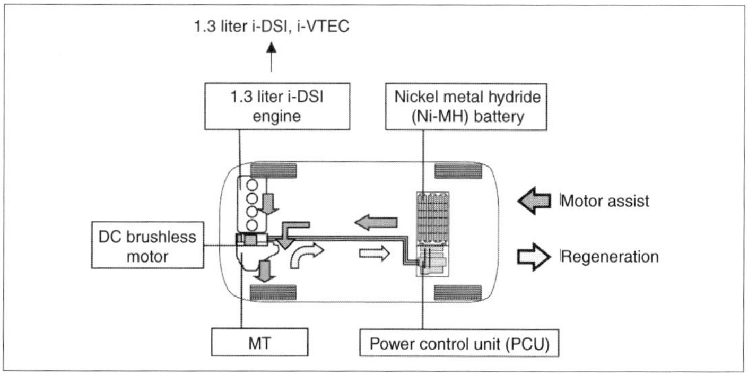

Bild 30-8 Das Honda IMA-Konzept [14]

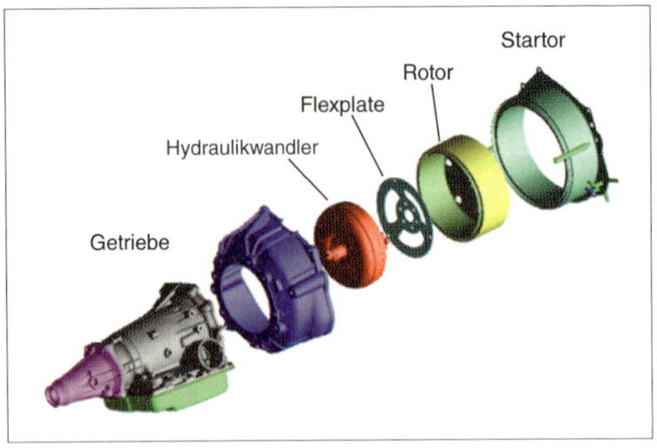

Bild 30-9 Mild-Hybridsystem für den Chevrolet Silverado [15]

bereiches in der Leistung mehr als verdoppelt. Die Nickel-Metallhydrid-Batterie wurde ebenfalls in der Leistung nahezu verdoppelt.

Im Jahr 2007 hat Toyota den Lexus LS 600h eingeführt. Der V8- und Elektromotor bringen es gemeinsam auf ≥ 330 KW (≥ 445 PS). Das System soll im LS 600 h eine Leistungs- und Drehmomentausbeute haben wie ein Zwölfzylinder-Benziner. Die Leistungen in den Lexus-Fahrzeugen werden unter anderem durch die Arbeitsweise der E-Motoren erreicht. Gegenüber denen im Prius arbeiten die E-Motoren im Lexus mit bis zu doppelter Drehzahl und erreichen ihre Grenzen erst bei 13.000 1/min. Die Betriebsspannung beträgt im aktuellen Prius über 500 Volt, im Lexus sind es 650 Volt.

Die folgende Auflistung zeigt weitere, in Serie angebotene Hybridfahrzeuge:

Microhybrid	Citroen C3 BMW
Mildhybrid	Chevrolet Silverado Honda Civic IMA Honda Insight
Vollhybrid	Saturn
	Cadillac
	Chevrolet Silverado
	Chevrolet Tahoe
	GMC – Yukan
	Ford Mercury Mariner
	Lexus LS 600 h
	Lexus GS 400 h
	Lexus RX 400 h
	Mazda Tribute
	Mercedes-S-Klasse (Lithium-Ion)
	Nissan Altima
	Toyota Estima
	Toyota Prius

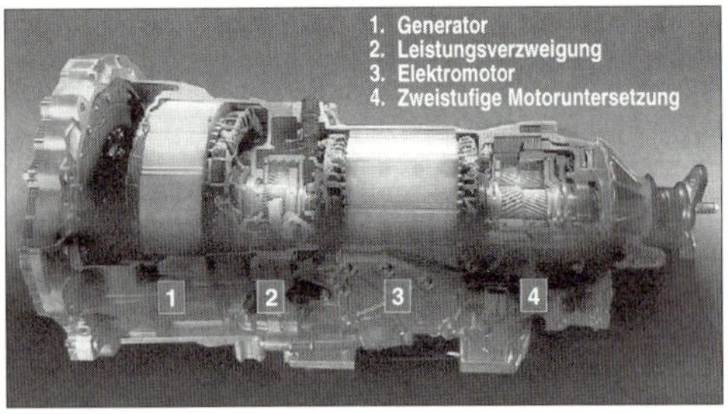

Bild 30-10 Schnitt durch das Hybridgetriebe des Lexus RX 400 h [17]

Inzwischen haben sämtliche Fahrzeughersteller Hybridfahrzeuge und oder auch als Plugin Versionen für die Serienproduktion angekündigt, Quelle:www.hybrid-autos.info. Aus den bisherigen Erfahrungen zeigt sich, wie wichtig die Batterietechnik ist. Die Rückläufer der bisher eingesetzten Batterien ist für größere Stückzahlen noch viel zu hoch.

Durch [18] wurden die CO_2-Emissionen im neuen europäischen Fahrzyklus verglichen. Das **Bild 30-11** zeigt im Vergleich das Ergebnis von acht Hybridfahrzeugen.

Im **Bild 30-12** [19] wird eine Abschätzung über die Reduzierung der CO_2-Emissionen und der zusätzlichen Systemkosten gegeben. Diese fallen umso weniger ins Gewicht, wenn durch die Hybridisierung andere Eigenschaften, die einen hohen Kundenwert haben, leichter realisiert werden können, zum Beispiel automatisches Einparken.

Durch die Diskussion zum Thema CO_2, aber auch durch die beschriebenen technischen Möglichkeiten arbeiten alle Fahrzeughersteller intensiv an der Einführung von neuen Hybridfahrzeugen. Besonders herauszuheben sind dabei das Konsortium von BMW/DaimlerChrysler/GM [20] und das von Volkswagen, Audi und Porsche. Auch der Dieselmotor eignet sich als Hybridvariante, wie aus mehreren Konzeptfahrzeugen [4] erkennbar ist.

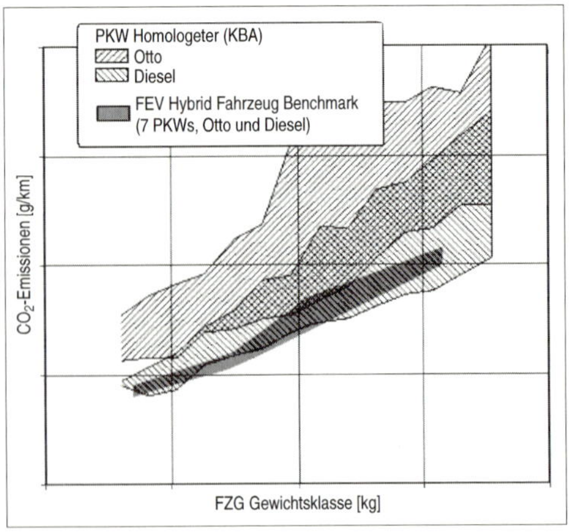

Bild 30-11 CO_2 Emissionen im NEFZ-Zyklus [18]

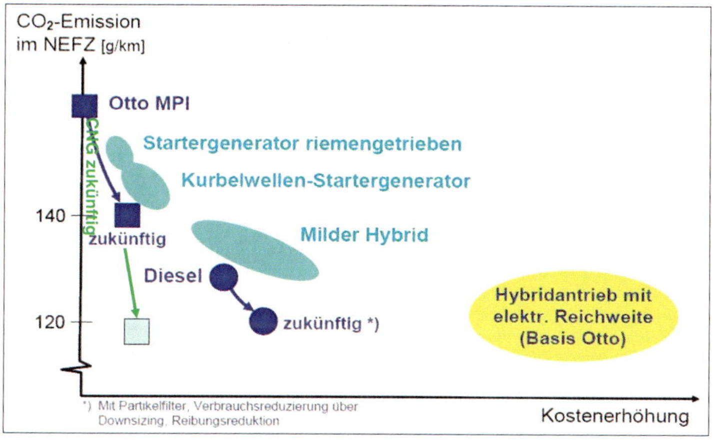

Bild 30-12 CO_2 Emissionen und Kosten zukünftiger Antriebe [19]

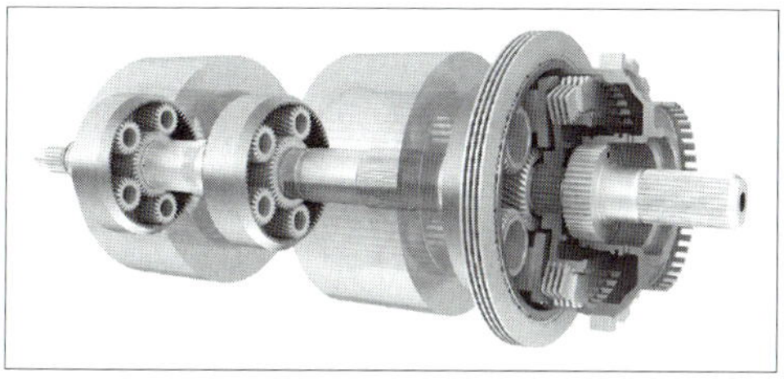

Bild 30-13 Two-Mode-Konzept GM/DaimlerChrysler/BMW

Das **Bild 30-13** zeigt den Ansatz zur Entwicklung von Standardkomponenten für das Two-Mode Hybrid-Konzept [20]. Das Two-Mode Hybrid-System ist ein Vollhybrid, bei dem je nach Fahrsituation mit den zwei Elektromotoren oder dem Verbrennungsmotor als auch mit beiden Antrieben gleichzeitig gefahren werden kann. Außerdem kann durch das Two-Mode-Konzept ein einfach und ein doppelt leistungsverzweigter Fahrbereich zur Verfügung gestellt werden. Die Kooperation sieht eine individuelle Modulentwicklung für unterschiedliche Fahrzeugkonzepte vor.

Der vom Konsortium beschriebene Weg soll nach Aussagen von DaimlerChrysler den bisherigen Lösungen überlegen sein und sei auch patentrechtlich abgesichert.

Wie schon aus den Detailbeschreibungen zu dem Thema Hybrid erkennbar ist, gibt es kaum einen Bereich, welcher nicht von der Hybridisierung betroffen ist. Das **Bild 30-14** erläutert die Beeinflussung der einzelnen Baugruppen und Funktionen. Dazu kann man noch weitere Querschnittsaufgaben zählen, wie zum Beispiel die Themen Akustik und Schwingungen (NVH) und die elektromagnetische Verträglichkeit. Es ist davon auszugehen, dass zukünftig die Hybridisierung der Fahrzeuge vorangehen wird, zumal dadurch speziell beim Downsizing die Fahrleistungen erhalten bleiben beziehungsweise übertroffen werden.

Plug-IN Hybridantriebe

Auch die Plugin-Fahrzeuge sind Hybridantriebe (parallel oder seriell). Sie können jedoch auch von außen elektrische Energie zuführen und haben somit eine große Flexibilität bei noch moderaten Kosten für die Batterie (im Vergleich zum reinen Elektrofahr-

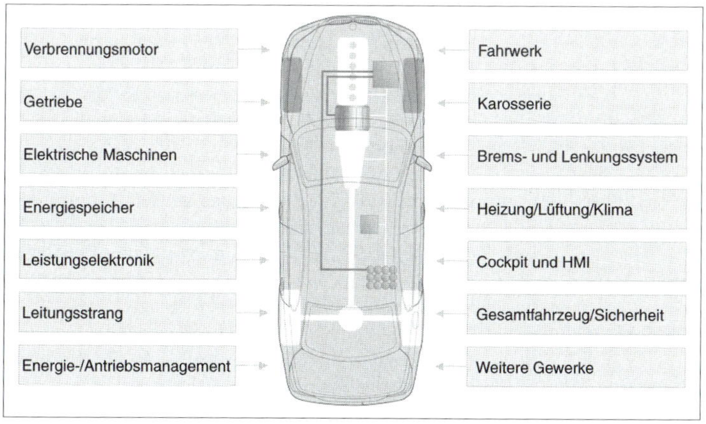

Bild 30-14 Durch Hybridisierung betroffene Fahrzeugbereiche [21]

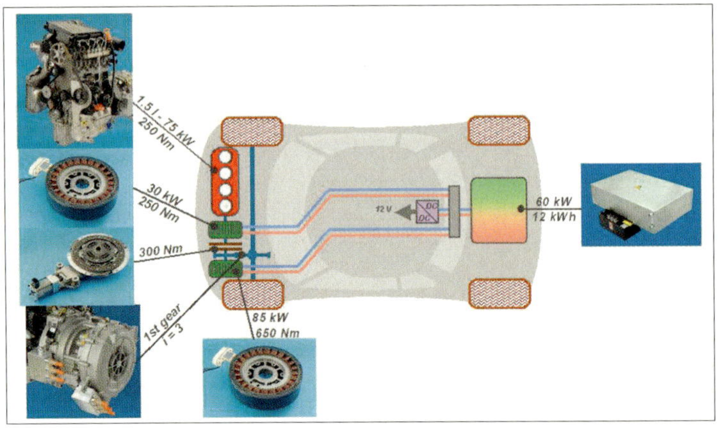

Bild 30-15 Plugin Twindrive von Volkswagen als Frontantriebfahrzeug [22]

zeug). Bereits 2007 zeigt Chevrolet die Studie Volt. Eine Kombination von einem kleinen Verbrennungsmotor mit einem Elektromotor und einer Lithium-Ionen Batterie. Diese Version soll 2009/2010 in Serie gehen. Ein weiteres erfolgversprechendes Konzept hat Volkswagen mit dem Twindrive entwickelt. Auch hier findet man, **Bild 30-15**, eine Kombination von einem dieselmotorischen Verbrennungsmotor (77 KW) mit einem Elektromotor (60 KW) und einer Lithium-Ionen Batterie [22]. Die Verbräuche sind hoch interessant. Sie betragen im NEFZ 2,5 l/100 km Dieselkraftstoff bei 8 KWh elektrische Energie. Auch Toyota hat Plug-IN-Hybrids entwickelt und fährt entsprechende Versuche in Japan, Europa und USA.

Nach Meinung der Autoren sind Plug-IN-Konzepte die Lösung für die mittlere Zukunft, da sie viele Optionen auch für die Energieherstellung ermöglichen. Im Jahr 2008 zeigte die FEV [23] eine Lösung mit einem 20 KW Wankel- mit 75 KW Elektromotor, auch andere Fahrzeughersteller, zum Beispiel Toyota und GM setzen auf den Plug-IN-Antrieb.

30.3 Elektroantrieb

Elektroantriebe in Kraftfahrzeugen waren schon sehr früh in der Entwicklungsgeschichte der Kraftfahrzeuge im Einsatz. Sie haben sich bis heute wegen des ungenügenden Energiespeichers (Batterie) im Vergleich zum Otto- und Dieselmotor nur in Kleinserien durchgesetzt. Obwohl das Elektromobil im Betrieb emissionsfrei sein kann, hängt die Gesamtbeurteilung der Emissionen von der Art der Stromerzeugung ab. Das Antriebssystem der Elektrofahrzeuge umfasst [24]:

- Elektromotor mit elektronischer Steuerung (Umrichter) und Kühlung
- Traktionsbatterie mit Batteriemanagement und erforderlichem Ladegerät
- Gegebenenfalls notwendiges Getriebe inklusive Differential
- Kraftübertragung auf die Antriebsräder
- Elektrische Lenk- und Bremskraftunterstützung
- Heizungs- und Klimatisierungssystem
- Ladegeräte (stationär oder „on board").

Für den Antrieb stehen verschiedene Elektromotoren zur Verfügung. Auswahlkriterien sind: geringes Gewicht, hoher Wirkungsgrad, kompakte Bauweise, niedrige Kosten (Herstellung und Wartung) und ein hohes Drehmoment über einen möglichst weiten Drehzahlbereich. Die möglichen Varianten sind der folgenden Auflistung zu entnehmen:

- Gleichstrommotoren
  - Gleichstromreihenschlussmotoren
  - Gleichstromnebenschlussmotoren
- Drehstrommotoren
  - Asynchronmotoren
  - Synchronmotoren
    a) Permanent erregte Synchronmotoren
    b) Fremderregte Synchronmotoren
- Spezialmotoren
  - Bürstenlose Gleichstrommotoren (DC-Brushless-Motors)
  - Transversalflussmotoren
  - Geschaltete Reluktanzmotoren (Switched Reluctance Motors).

Bild 30-16 zeigt einen Vergleich von verschiedenen Elektromotoren bezogen auf die vom Autor gewählten Parameter. Besonders interessant bezüglich der Baulänge erscheint der geschaltete Reluktanzmotor.

Für die Übertragung des Drehmomentes auf die Antriebsräder werden häufig über den zentralen Elektromotor Vorder- und/oder Hinterräder angetrieben; in Einzelfällen, zum Beispiel in Bussen, findet man auch die Elektromotoren in den Rädern. Aufgrund des hohen Drehmomentes und der Tatsache, dass man Elektromotoren kurzfristig überlasten kann, reicht meistens ein einstufiges Getriebe mit fester Übersetzung für den Antriebsstrang aus.

Der Hauptgrund für den zahlenmäßig geringen Einsatz von Elektrofahrzeugen sind die begrenzte Leistungsfähigkeit und die Kosten der Batterie. Die Traktionsbatterie ist die wichtigste Komponente des

	GM	ASM	FSM	DSM	SRM	TFM
Wirkungsgrad	–/+	+	+	++	+	++
Maximale Drehzahl	––	++	+	++	++	––
Volumen	–	+	+	++	+	+
Gewicht	–	+	+	++	–	+
Kühlung	––	+	+/–	++	++	+
Fertigungsaufwand	–	++	+/–	+	++	+/–
Kosten	+	++	+	+	++	–

GM: Gleichstrommaschine; ASM: Asynchronmaschine; FSM: fremderregte Synchronmaschine; DSM: dauermagneterregte Synchronmaschine; SRM: geschaltet Reluktanzmaschine; TFM: Tranversalflussmaschine

Bild 30-16 Elektromotoren für Elektrofahrzeuge im Vergleich

Elektroantriebes. Die Reichweite des Fahrzeugs richtet sich nach dem Energieinhalt. Die abgegebene elektrische Leistung bestimmt die Fahrleistungen. **Bild 30-17** [25] gibt einen Überblick über mögliche Traktionsbatterien. Die Frage nach der Batterie der nahen Zukunft wird stets mit Li-Ion beantwortet, der Serieneinsatz in Hybridantrieben hat 2008 begonnen. Die Preise werden sich trotz des in Zukunft breiten Einsatzes und des Wettbewerbs der Batteriehersteller zunächst auf höherem Niveau bewegen.

Selbst wenn die angegeben Zielwerte einzeln erreicht werden, können die Energiespeicher aus Gründen der Dauerhaltbarkeit nur in einem schmalen Band von maximal 50 % der eigentlichen Kapazität genutzt werden (NiMH, Li-Ion). Zudem leidet bei einer Optimierung der Energiedichte die Leistungsdichte und umgekehrt.

Dabei ist festzustellen, dass durch die kalifornische Forderung nach Nullemissionsfahrzeugen und durch die CO_2-Problematik die Batterie-Entwicklungen besonders für Nickel-Metallhybrid und Lithium-Ion vorangetrieben wurden. Mit steigender Leistungsfähigkeit der Batterien wird sich sicherlich das Angebot erhöhen. Der Abstand zum Energiegehalt des Otto- beziehungsweise Dieselkraftstoff ist jedoch sehr groß.

Im Vergleich zur Bleisäurebatterie ist es der Faktor ≅350 und zur Lithium-Ionen-Batterie der Faktor ≅120. Auch die Lithium-Ionen Batterie hat hohe technische Anforderungen und muss ihre Leistungfähigkeit erst noch im realen Kundeneinsatz beweisen.

Bild 30-18 zeigt mehrere Versionen von Elektrofahrzeugen der norwegischen Firma Think, dem Marktführer von Elektrofahrzeugen. Der THINK CITY zeichnet sich durch folgende Daten aus:

TECHNISCHE DATEN DES THINK CITY

Sitzplätze	2 + 2
Abmessungen	Länge 3,12 m, Breite 1,604 m, Höhe 1,548 m
Leergewicht	1.113 kg
Zul. Gesamtgewicht	1.397 kg
Gepäckraum	350 Liter
Maximale Beladung	284 kg
Höchstgeschwindigkeit	100 km/h
Beschleunigung	0–50 km/h in 6,5 Sekunden
Reichweite	170 km

Batterietyp	Elektrofahrzeugbatterie (hohe Energie)				
	spezifische Energie Wh/kg	spezifische Leistung W/kg	Energiedichte Wh/l	Leistungsdichte W/l	Kosten EUR/KWh
Bleisäure	35	200	90	510	100–150
Nickel Cadmium	50	200	150	600	225–350
Nickel-Metall-Hybrid	70	140	200	400	225–300
Lithium-Ionen	100	200	250	500	?
	Hybridfahrzeuge (hohe Leistung)				
	spezifische Energie Wh/kg	spezifische Leistung W/kg	Energiedichte Wh/l	Leistungsdichte W/l	Kosten EUR/KWh
Bleisäure	32	430	68	910	100–150
Nickel Cadmium	35	700	100	2.000	225–350
Nickel-Metall-Hybrid	40	1.200	100	3.000	225–300
Lithium-Ionen	70	2.000	150	4.200	?

Bild 30-17 Leistungsdaten von Batterien

RAHMEN UND KAROSSERIE

Rahmen	Stahl, zinkbeschichtet
Fahrwerk	Mc'Pherson Front, Längslenkerhinterachse
Karosserie	Thermoplast (Polyethylen)
Dach	ABS-Kunststoff

BATTERIEN UND MOTOR

Batterien	Zebra Li-Ion
Energiegehalt	28,3 kWh
Aufladegerät (intern)	220V – 16A/10 A (32,2/2 kW)
Ladezeit	4 – 6 Stunden (80 % der Batterieleistung), aufladbar an jeder 220 V-Steckdose
Motortyp	3 Phasen Asynchronmotor
Maximale Motorleistung	30 kW
Spannung	114 V
Reifen	165/65X14

Die Firma Mitsubishi hat im Jahr 2006 ein neues Konzeptfahrzeug vorgestellt, welches mit Lithium-Ion-Batterien (159 kg) eine Reichweite von 150 km hat und durch weitere Verbesserung der Batterie auf 250 km gesteigert werden kann. Das mit Radnabenmotoren ausgestattete Fahrzeug stellt eine interessante Alternative dar, **Bild 30-19**. Die Schnellladbarkeit und die Kostensenkung der Batterie sind momentan noch wichtige Entwicklungsziele.

Weitere Modelle sind schon im Handel zu erwerben, beziehungsweise laufen in großen Feldversuchen, für den Londoner Stadtverkehr der Elektro-Smart, das Angebot der Firma REVA aus Indien und der Elektro-Mini, den man in Kalifornien für 1.000 U$ pro Monat mieten kann. Die technischen Daten des Elektro-Minis sind wie folgt: Asynchron Vierpolmotor mit 150 kW, maximales Drehmoment 220 Nm, Lithium-Ionen Batterie mit 35 kW/h, Ladedauer bei 220 Volt 8 h (110 Volt 20 h) und mit einer Reichweite von 250 km Auch die Firma Subaro bietet ab 7/2009 das Minicar Stella als Elektroauto an. Die Zukunft der Elektrotraktion ist im wesentlichen von der Batterieleistungsfähigkeit und den Kosten abhängig. Im Moment werden sie beim Mini mit 20.000,00 U$ angesetzt.

30.4 Speichersysteme

Besonders im Zusammenhang mit Hybridantrieben werden UltraCaps (super capacitors) als mögliche Energiespeicher gesehen, selbst für die Formel 1 werden sie interessant. Während Schwungradspeicher

Bild 30-18 Aktuelle und zukünftige Elektrofahrzeuge der Firma Think, Think-City, Think Ox, Think Open [26]

Bild 30-19 Radnabenantrieb Mitsubishi [27]

zur Zeit eher in größeren Fahrzeugen (Bussen/Straßenbahnen) eingesetzt werden [28–30] ist der Einsatz von super capacitors = Hochleistungskondensatoren, auch für Pkw denkbar. Aufgrund der Tatsache, dass super capacitors elektrische Energie sehr schnell speichern und wieder abgeben können, sind zahlreiche Einsatzmöglichkeiten vorhanden. Sie reichen von der Katalysatorvorheizung, Startunterstützung, Leistungsspeicher bei Elektro- und Hybridfahrzeugen bis zur Anwendung bei der möglichen Bremsenergierückgewinnung [31]. Im **Bild 30-20** zeigt ist einen Technologievergleich der Leistungsfähigkeit verschiedener Speichersysteme zu sehen.

30.5 Stirlingmotor

Der Stirlingmotor (erfunden bereits im Jahr 1918) wird immer wieder als ein mögliches Antriebsaggregat für Fahrzeuge diskutiert. Er arbeitet mit kontinuierlicher äußerer Verbrennung beziehungsweise Wärmezufuhr. Über einen Wärmetauscher wird diese Wärmenergie auf das Arbeitsgas im Zylinder übertragen. Mittels eines Verdrängers wird das Gas zwischen einem Raum mit konstant hoher und einem Raum mit konstant niedriger Temperatur hin- und hergeschoben. Dadurch schwankt der Innendruck periodisch. Durch einen Arbeitskolben und einen entsprechenden Kurbeltrieb werden die Druckschwankungen in mechanische Energie umgesetzt. Nach [32] kann der theoretische Zyklus des Prozesses (geschlossener Kreisprozess mit kontinuierlicher Wärmezufuhr) durch zwei Isothermen und zwei Isochoren beschrieben werden. Im **Bild 30-21** ist der theoretische Kreisprozess des Stirlingmotors als *p-V-* und *T-s*-Diagramm dargestellt.

Beim Motorprozess wird der Zyklus rechtsläufig und bei der Kältemaschine beziehungsweise Wärmepumpe linksläufig realisiert. Die Einzelschritte des theoretischen Kreisprozesses sind:

1 nach 2: isotherme Kompression; das Arbeitgas wird nach der adiabaten Verdichtung in einem Kühler auf seine Anfangstemperatur rückgekühlt, wobei die Wärme an die Umgebung oder an ein aufzuheizendes Medium abgeben wird;

2 nach 3: isochore Wärmeaufnahme; Wärmeaufnahme in einem Regenerator;

3 nach 4: isotherme Expansion; das Arbeitsgas wird nach adiabater Expansion im Erhitzer auf den Ausgangszustand rückerhitzt, wobei eine Zufuhr von Wärme durch eine äußere, kontinuierliche Verbren-

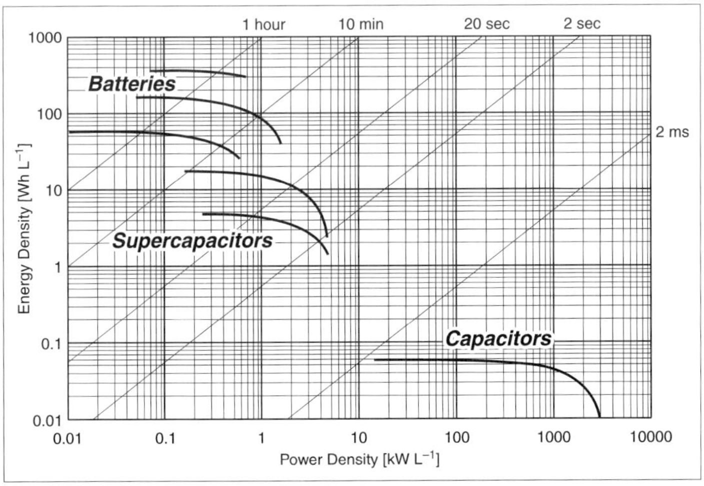

Bild 30-20 Technologievergleich von Energiespeichersystemen

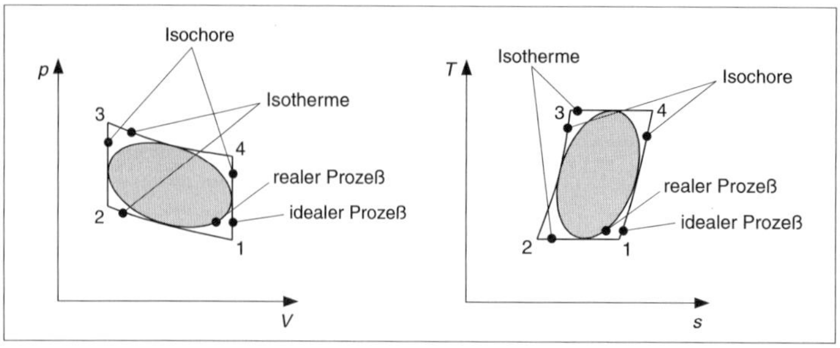

Bild 30-21 Stirling-Prozess im *p*-*V* und *T*-*s*-Diagramm

nung notwendig ist: in diesem Teilschritt wird die Nutzarbeit abgegeben;
4 nach 1: isochore Wärmeabfuhr; Wärmeabfuhr im Regenerator.
Dieser dargestellte Idealprozess kann nur erreicht werden, wenn sich die Arbeits- und Verdrängerkolben diskontinuierlich bewegen. Der Wirkungsgrad des Idealprozesses entspricht dem Carnot-Wirkungsgrad. Der Carnot-Wirkungsgrad kann Basis sein für die Beurteilung des Wirkungsgrades von Verbrennungsmotoren:

$$\eta = 1 - T_1/T_3 = 1 - T_{min}/T_{max}$$

Die wichtigsten Vorteile der Stirlingmotoren, das **Bild 30-22** zeigt eine Ausführung der Firma STM, sind die niedrigen Emissionen, beliebig nutzbare Wärmequellen, die durch unterschiedliche Energien erzeugt werden können, ein sehr guter Wirkungsgrad im Bestpunkt, bei Hubraumregelung auch in der Teillast, geringe Vibrationen und Geräusche.
Als Nachteile sind zu verzeichnen: das schlechtere Ansprechverhalten, hoher Lastregelaufwand, großer Raumbedarf wegen der Größe der Wärmetauscher und hohe Fertigungskosten, so dass sich der Stirlingmotor in der mobilen Anwendung im Gegensatz zu stationär eingesetzten Aggregaten noch nicht durchgesetzt hat.

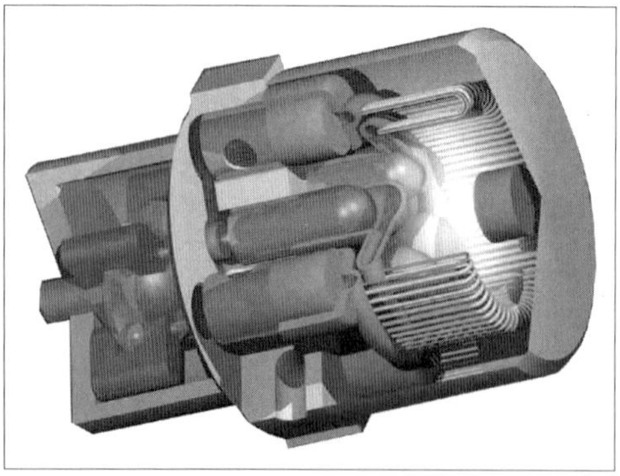

Bild 30-22 Stirlingmotor (25 kW) der Firma STM

30.6 Gasturbine

Hochtemperatur-Gasturbinen sind Antriebe, die mit sehr vielen unterschiedlichen Kraftstoffen, das heißt unterschiedlichen Energieformen, betrieben werden können. Teilweise könnten sogar chemische Umwandlungsprozesse, die sonst für den Einsatz im konventionellen Motor nötig sind, entfallen. So sind Fahrzeug-Gasturbinen versuchsweise direkt mit pulverisierter Kohle betrieben worden. Für den Gesamtwirkungsgrad der Umwandlungskette vom Primärenergieträger bis zum Fahrzeugantrieb ergäben sich daraus Vorteile.
Der Aufbau einer Fahrzeug-Gasturbine ergibt sich aus den speziellen Anforderungen des Kraftfahrzeugbetriebes. **Bild 30-23** [33] zeigt schematisch das Prinzip. Die Zweiwellenbauart, bei der dem Gaserzeugersatz aus Verdichter und Verdichterturbine eine getrennte Nutzerturbine nachgeschaltet ist, ergibt die in einem Fahrzeug zum Anfahren benötigte Überhöhung des Drehmoments. In diesem Bild sind auch verstellbare Leitschaufeln vor der Nutzerturbine angedeutet.
Im Betrieb kann über die Stellung dieser Schaufeln der Durchlassquerschnitt verändert und damit der Massenstrom so variiert werden, dass jeweils die geforderte Leistung mit der höchsten zulässigen Turbineneintrittstemperatur gefahren wird. Damit wird der geringste Kraftstoffverbrauch erreicht. Beim Gasgeben kann durch kurzzeitiges Öffnen des Schaufelquerschnittes die Ansprechzeit verkürzt werden, und im Schubbetrieb kann der Gasstrom durch Schwenken der Leitschaufeln in Gegenrichtung so auf die Laufradschaufeln gelenkt werden, dass ein bremsendes Moment erzeugt wird.
Neben der Höhe der Arbeitstemperaturen ist der Wärmetauscher das wichtigste Element, um einen geringen Kraftstoffverbrauch zu erreichen. Die gebräuchlichen Bauarten der Gasturbine (offene Bauweise), die für den Einsatz in Kraftfahrzeugen denkbar wären, unterscheiden sich in der Anzahl der Wellen und der Einsatzaggregate. Möglich sind dabei:

- Einwellenturbine (Gaserzeugersatz und Nutzerturbine auf einer Welle)

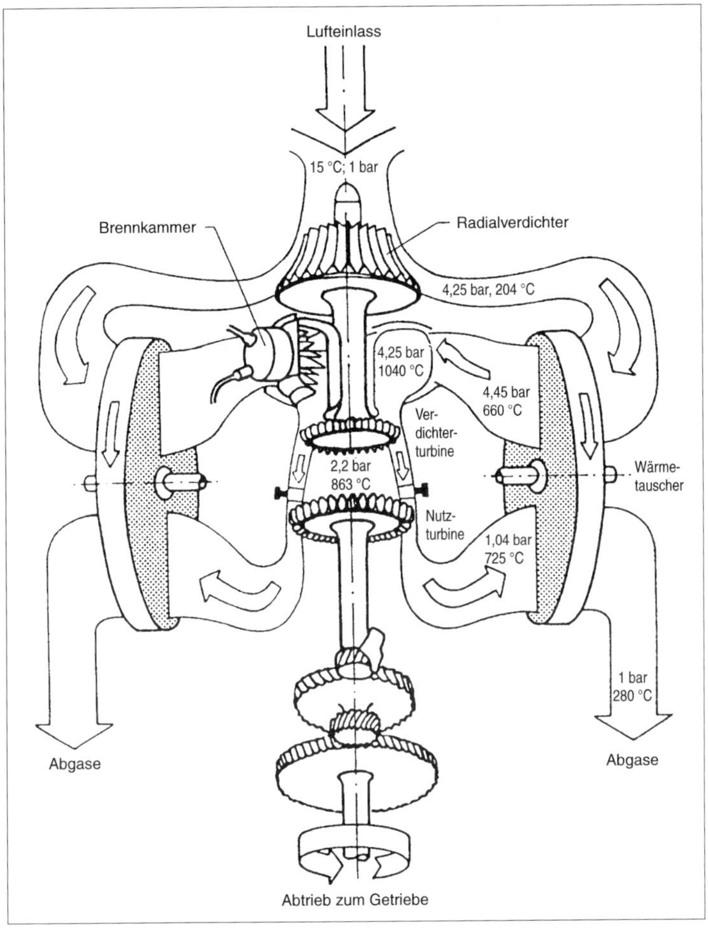

Bild 30-23 Aufbau einer Zwei-Wellen Fahrzeug-Gasturbine

- Zweiwellenturbine (Gaserzeugerwelle und Antriebswelle sind entkoppelt)
- Dreiwellenturbine.

Die Zweiwellengasturbine ist ein guter Kompromiss zwischen Aufwand und Leistungsfähigkeit. Der Drehmomentverlauf ist zum Beispiel deutlich günstiger als bei der Einwellenmaschine, die Lastregelung erfolgt über die Regelung der Arbeitsgastemperatur und/oder über verstellbare Leitschaufeln an Turbine und Verdichter. Trotz der Emissionsvorteile, der Vielstofffähigkeit, der geringen Vibrationen und des relativ günstigen Drehmomentverlaufs bewirken der höhere Kraftstoffverbrauch die notwendigen hochtemperaturfesten Keramiken, die starke Geräuschentwicklung eine zu eingeschränkte Eignung für kleinere Leistungsbereiche. Auch das schlechtere Ansprechverhalten im Vergleich zum Hubkolbenmotor hat bewirkt, dass ein Serieneinsatz als Direktantrieb im Kraftfahrzeug noch nicht vorgesehen wurde.

30.7 Brennstoffzelle als Fahrzeugantrieb

Wenn man die unter 30.2 beschriebenen Hybridkonzepte inklusive der PLUGIN-Versionen als Erweiterung des Otto- und Dieselmotorischen Antriebs betrachtet, dann sind zur Zeit nur die Brennstoffzelle und das reine Elektrofahrzeug Alternativen. Die Elektrofahrzeuge, die nur aus der Batterie gespeist werden, konnten sich wegen der geringen Speicherfähigkeit der Batterie und der langen Aufladezeit noch nicht im Markt durchsetzen, die Brennstoffzelle als Energieerzeuger „onboard", die wiederum die erzeugte Energie in einer Batterie speichert beziehungsweise den oder die Elektromotoren antreibt, zeigt hier deutlich bessere Potentiale. Die Motivation für die Entwicklung der Brennstoffzellenfahrzeuge basiert auf folgenden Faktoren:

- Null Emissionen im Fahrbetrieb (Tank-to-Wheel = TTW)
- Sehr hoher Wirkungsgrad TTW, etwa doppelt so hoch wie beim Ottomotor

- Gute Beschleunigungselastizität durch den Elektromotor
- Hoher Komfort
- Unabhängigkeit vom Erdöl, zum Beispiel kann der Wasserstoff aus zahlreichen unterschiedlichen Quellen produziert werden. Dies gilt auch für den Verbrennungsmotor, wenn der Kraftstoff nicht aus Erdöl hergestellt wird.
- Stromversorgung der ständig steigenden Anzahl von elektrischen Verbrauchern im Fahrzeug.

Aus der Aufzählung kann man eine Reihe von Vorteilen erkennen, allerdings sind in Teilbereichen noch wesentliche Weiterentwicklungsschritte erforderlich und die Wasserstofferzeugung, -Distribution und -Speicherung im Fahrzeug bekommt eine immer größere Bedeutung. In den letzten Jahren der Entwicklung hat sich herausgestellt, dass der Weg den Wasserstoff mit einem Reformer on board aus Otto- beziehungsweise Dieselkraftstoff zu erzeugen, nicht zum Ziel führt. Das gleiche gilt für die Direkt-Methanol-Brennstoffzelle zu gelten.

Die Forschungs- und Entwicklungsarbeiten für die Brennstoffzelle als Fahrzeugantrieb werden seit mehr als 15 Jahren intensiv betrieben. Fast alle Fahrzeughersteller und zahlreiche Forschungsinstitute sowie Zulieferanten arbeiten am Brennstoffzellenantrieb, den Batterien und der Wasserstoffspeichertechnik. [34] Obwohl es eine Anzahl verschiedener Brennstoffzellentypen gibt, gilt die PEM = Polymer-Elektrolytmembran für den Einsatz in mobilen Systemen als besonders aussichtsreich.

30.7.1 Der Aufbau der PEM-Brennstoffzelle

Das **Bild 30-24** [35, 36] zeigt das Funktionsprinzip einer PEM-Brennstoffzelle. Die Zelle besteht aus der Elektromembran, den darauf beidseitig angebrachten Katalysatoren und Elektroden sowie den Bipolorplatten, die für die Zuführung der Gase und die Ableitung des Stroms verantwortlich sind. Die Membran ist eine circa 1/10 Millimeter dicke Folie aus einem sulfonierten Fluorcopolymer, welches die Reaktionsgase Sauer- und Wasserstoff trennt und nur die Protonen diffundieren lässt. Diese entstehen durch Oxidation von Wasserstoff an der Anode. Auf der Kathodenseite reagiert der Luftsauerstoff mit den durch die Elektrolyte hindurchgewanderten Protonen zu Wasserdampf. Die Potenzialdifferenz lässt sich in einem äußeren Stromkreis in elektrische Arbeit umwandeln. Die einzelnen Zellen werden nun mehrfach hintereinander geschaltet und bilden somit einen Brennstoffzellenstack, zum Beispiel mit circa 25 kW. Mehrere Stacks können ohne weiteres Leistungen von 150 kW und mehr abgeben.

Der Aufbau eines PEM-Brennstoffzellenstacks ist aus dem **Bild 30-25** [34] zu erkennen. Ganz wichtig ist, dass bei der Reaktion von Wasserstoff und Sauerstoff entstehende Wasser zu entsorgen.

Der Wirkungsgrad des Brennstoffzellenstacks hängt von zahlreichen Faktoren, insbesondere den Membran- und Katalysatoreingenschaften, ab. Im Jahr 2003 betrug das Leistungsgewicht 1,3 kW/kg und Leistungsvolumen 1,7 kW/l. Neben des erwähnten Wassermanagements sind die Themen Wärmeabfuhr und Sauerstoffzufuhr durch entsprechende Kompressoren außerordentlich wichtig. Anfangs waren Brennstoffzellensysteme nicht kaltstartfähig und selbst bei Temperaturen >0 °C lag die Startdauer im Minutenbereich. Heute dagegen kann man bereits bei –25 °C in wenigen Sekunden starten.

30.7.2 Die Brennstoffzelle im Fahrzeug

Das **Bild 30-26** zeigt die Unterbringung in einem frontgetriebenen Pkw A-Klasse der Daimler AG. Der Platzbedarf wird ganz wesentlich auch durch die Kühlung, den Wasserstoffspeicher und die Batterie beeinflusst.

Die bei der Umsetzung im Fahrzeug zu beherrschende Komplexität zeigt eine Übersicht über die Einzelkomponenten in **Bild 30-27** [36].

Wenn man sich die in **Bild 30-28** dargestellte Aufstellung der Pkw- und Nfz-Brennstoffzellenantriebe der Daimler AG betrachtet, dann kann man die erheblichen Anstrengungen erkennen, um aus der Laborphase in die Vorserie und Kundenerprobung zu kommen.

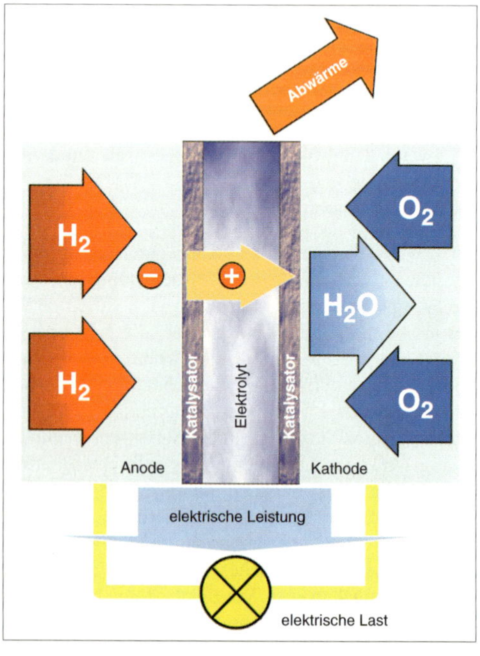

Bild 30-24 Prinzipdarstellung einer Brennstoffzelle

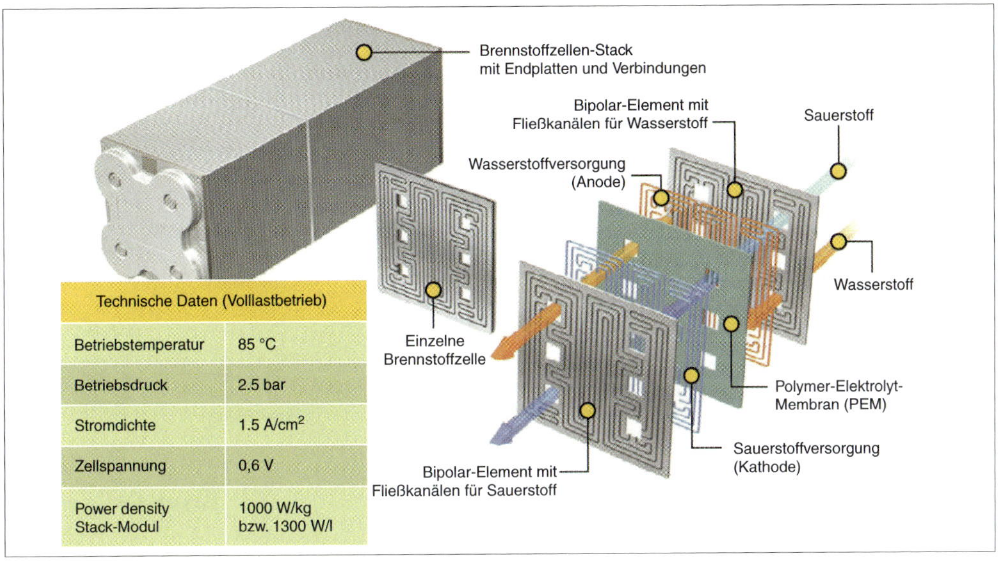

Technische Daten (Volllastbetrieb)	
Betriebstemperatur	85 °C
Betriebsdruck	2.5 bar
Stromdichte	1.5 A/cm^2
Zellspannung	0,6 V
Power density Stack-Modul	1000 W/kg bzw. 1300 W/l

Bild 30-25 Aufbau eines PEM-Brennstoffzellen-Stacks [34]

Der Weg den die Daimler AG beschritten beziehungsweise noch plant, zeigt wie schwierig die Einführung von neuen Technologien ist, **Bild 30-29**. Neben intensiven Testfahrten (erste Fahrzeuge bereits 1994) mit verschiedenen Modellen (Bus, kl. NFZ, Pkw's) sind auch parallel Verbesserungen am System selbst durchzuführen, so dass vom System her der Einsatz eher im Bereich 2015 bis 2020 liegt. Inzwischen sind mit den verschiedenen Fahrzeugen in vielen Teilen der Welt beachtliche Kilometer Laufleistung und Betriebsstunden erreicht worden. Parallel dazu muss auch die Kraftstoffseite gelöst werden, das heißt die Wasserstoffherstellung und der Vertrieb inklusive des Tankstellennetzes.

Wenn man den erzielten technologischen Fortschritt betrachtet, dann kann man leicht erkennen, dass die Entwicklung noch lange nicht in der Sättigungsphase ist. So zeigt das **Bild 30-30** mögliche Fortschritte bei der Stack-Technologie mit einem Leistungsgewichtspotential von 1,5 kW/kg und 2,0 kW/l. In dem im Jahr 2005 erstmals vorgestellten Mercedes-Benz-Fahrzeug und dem Forschungsfahrzeug F 600 HY Genius [37] hatten die neu konzipierten BZ-Stacks 30 % mehr Leistung, 16 % weniger Verbrauch und 40 % weniger Platzbedarf als das Fuel-Cell-Fahrzeug 2003. Sie konnten außerdem in wenigen Sekunden bei –25 °C gestartet werden.

Daneben wird intensiv an H_2-Druckspeichern mit 700 bar gearbeitet und als neuerer Batterietyp die Lithium-Ion-Batterie integriert. Weiterhin müssen die Anforderungen Kaltstart und Einfriertauglichkeit, Kühlung (BZ-Leistung), an Lebensdauer und Systemkomponentenzuverlässigkeit sowie an der Kostenreduzierung gearbeitet werden [38].

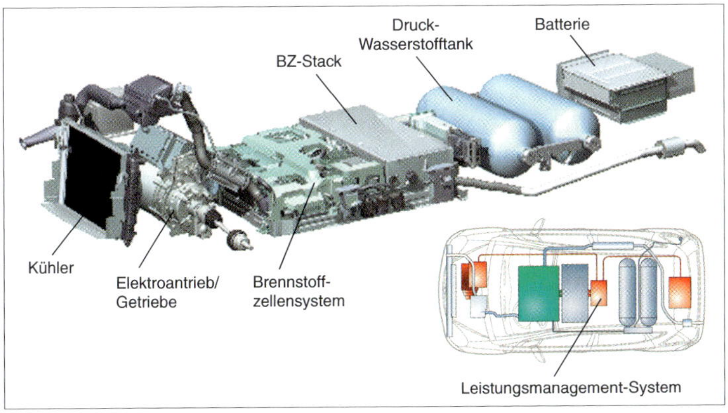

Bild 30-26 Komponenten eines Brennstoffzellen-Antriebs

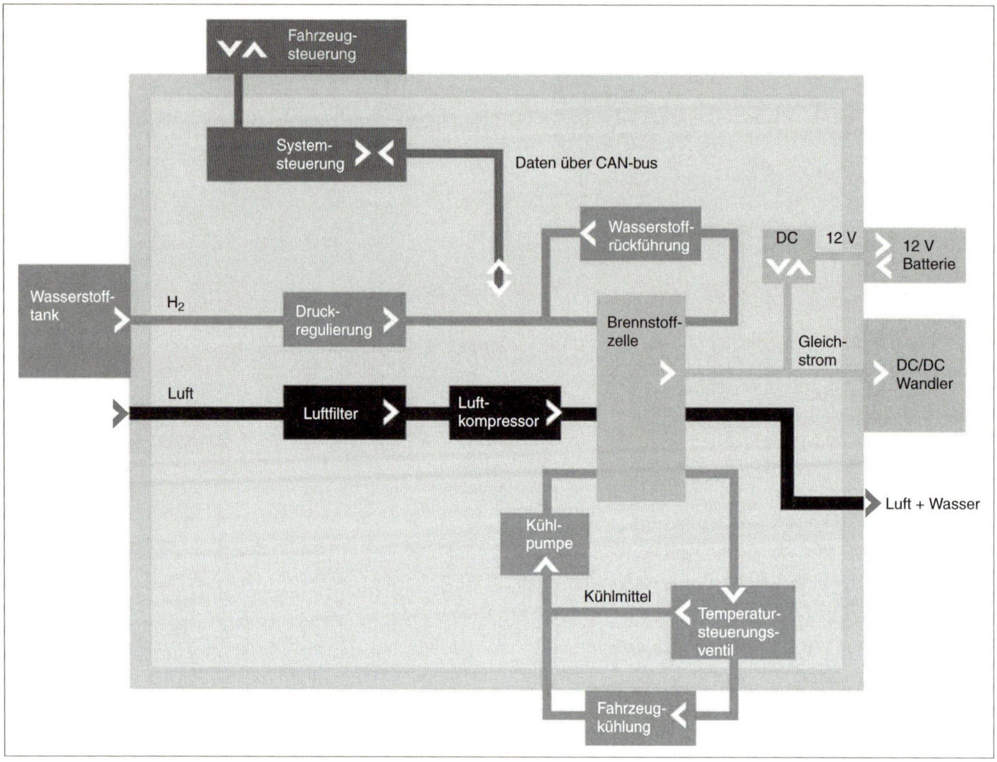

Bild 30-27 Brennstoffzellen-Antrieb mit Wasserstoff als Treibstoff [36]

Neben der Firma Daimler AG haben zahlreiche andere Institutionen und Fahrzeughersteller Brennstoffzellen und Brennstoffzellenfahrzeuge entwickelt. Besonders intensiv wird die BZ-Forschung von der Regierung in in China unterstützt. Die bei der Olympiade im Jahr 2008 eingesetzten Fahrzeuge liefen relativ problemlos und wurden inzwischen von China nach Kalifornien gebracht. Eine besonders interessante Lösung ist von der Volkswagenforschung vorgestellt worden [39].

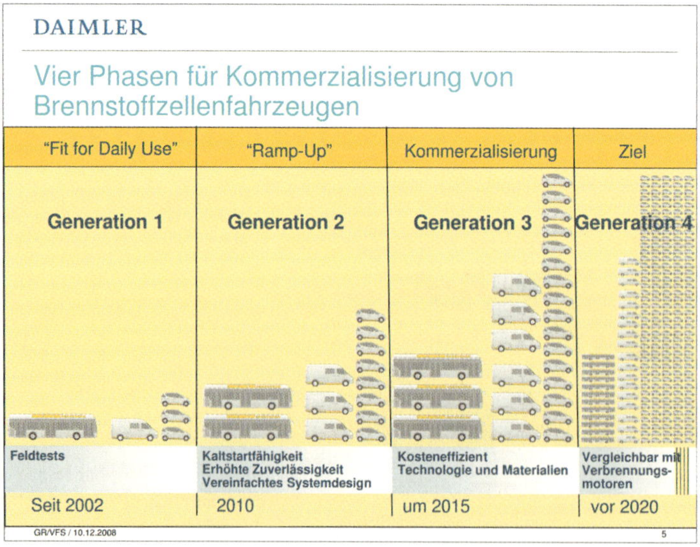

Bild 30-28 Brennstoffzellenfahrzeuge Einführungsstrategie der Daimler AG [36, 37]

Konzeptfahrzeuge	BZ-System	Tanksystem			Elektromotor	Fahrleistungen	
	Stacksystem	Art*	Volumen	Druck	maximale Leistung	v_{max}	Reichweite**
Necar 1 (Basis: MB 100)	50 kW	CH2	150 l	300 bar	30 kW	90 km/h	>130 km
Necar 2 (Basis: MB V-Klasse)	50 kW	CH2	2 × 140 l	250 bar	45 kW	110 km/h	>250 km
Necar 3 (Basis: MB A-Klasse)	50 kW	MeOH	38 l	–	45 kW	120 km/h	>300 km
Necar 4 (Basis: MB A-Klasse)	70 kW	LH2	100 l	9 bar	55 kW	145 km/h	>450 km
Necar 4a (Basis: MB A-Klasse)	75 kW	CH2	3 × 140 l	350 bar	55 kW	145 km/h	>200 km
Necar 5 (Basis: MB A-Klasse)	75 kW	MeOH	45 l	–	55 kW	145 km/h	>400 km
Nebus (Basis: MB O 405 N)	250 kW	CH2	7 × 150 l	300 bar	2 × 75 kW	80 km/h	>250 km
BZ-Sprinter (Basis: MB Sprinter)	75 kW	CH2	308 l	300 bar	55 kW	120 km/h	>150 km
A-Klasse (HW1)	55kw	CH_2	110 l	350 bar	65 kw	140 km/h	170 km
B-Klasse (HW23*)**	80kw	CH_2	170 l	300 bar	55 kw	120 km/h	150 km

** CH_2 – Druckwasserstoff, LH2 – Flüssigwasserstoff, MeOH – Methanol
** aufgrund unterschiedlicher Fahrzyklen kein Quervergleich möglich
*** 2009

Bild 30-29 Technische Daten von Brennstoffzellen-Konzeptfahrzeugen [36]

Diese spezielle Brennstoffzelle besteht aus einer Hochtemperatur stabilen Folie aus Polybenzimidazol(PBI), die mit Phosphorsäure durchsetzt ist [HT-PEM] **Bild 30-31** und arbeitet bei einer Betriebstemperatur von 160 °C (die konventionelle Membran ist für 80 °C ausgelegt).

Die Vorteile der HT-PEM sind aus dem **Bild 30-31** erkennbar. Es wird weniger katalytisches Material benötigt, ist kompakter und hat eine längere Laufzeit.

30.7.3 Bewertung der Brennstoffzelle im Vergleich zu anderen Antrieben

Der Brennstoffzellenantrieb hat durchaus seine Chance, neben den anderen Alternativen zukünftig eingesetzte werden.

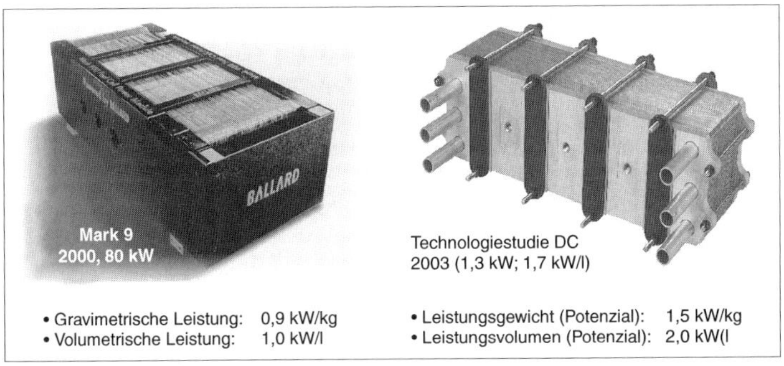

Bild 30-30 PEM-Brennstoffzellen-Stacks auf Basis Wasserstoff [37]

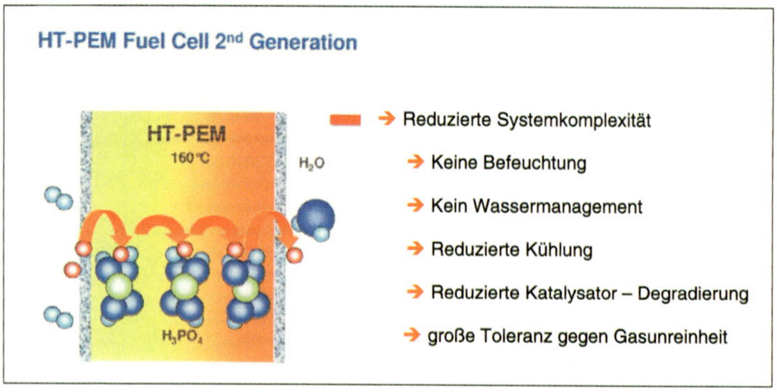

Bild 30-31 Prinzip und Vorteile einer Hochtemperatur – PEM [39]

Die Vorteile:

- Guter Wirkungsgrad
- Keine CO_2 Emissionen im Betrieb
- Große Reichweite, gegenüber reinen E-Fz, 1kg H_2 etwa 100 km, Ziel 5 kg = 500 km
- Herstellung H_2 aus regenerativen Quellen möglich, auch Abdeckung von Energiespitzen.
- Reduktion der Abhängigkeit vom Öl.

Nachteile z.Zt.

- Kosten
- Gewicht
- Infrastruktur
- Gesamtwirkungsgrad schlechter als bei reinen E-Fahrzeugen, falls Batterieleistungsfähigkeit die Ziele erreicht.
- H_2 Speicherung im Fahrzeug
- Kaltstartfähigkeit noch nicht zufriedenstellend.

Bei einem Vergleich von Kraftstoffen und Antrieben muss zusätzlich zu den reinen Zahlen wie WTW (Well-to-Wheel; Quelle-zu-Rad) von Wirkungsgraden und Emissionen auch die Verfügbarkeit des Rohstoffs (Erdöl, Gas, Biomasse, Kohle, Kernkraft, Wasser etc.) betrachtet werden. Dies gilt sowohl geografisch als auch politisch. Die Energieversorgung für den Mobilitätsbereich muss sich in Ergänzung zum Erdöl intensiv mit anderen Energieformen und daraus folgend Antrieben befassen. Wasserstoff kann aus den verschiedensten Energiequellen hergestellt werden, von Erdgas über Kernkraft bis hin zur Biomasse. Die Brennstoffzellenfahrzeuge können außerdem viele der in Hybridfahrzeugen erprobten Technologien benutzen, zum Beispiel Batterien, Elektromotoren, Klimakompressoren und Leistungselektronik. Neben den Anforderungen der Verfügbarkeit gibt es weitere Forderungen wie geringst mögliche Emissionen bei der WTW-Betrachtung. Dies gilt im übrigen auch oder gerade für das Kohlendioxid per Kilometer. Die geforderten 120 g CO_2/km im Jahr 2012 für den Mittelwert der neu in den Markt kommenden Fahrzeuge in Europa sind eine der größten Herausforderungen der Gegenwart und müssen bereits alternative Kraftstoffe berücksichtigen.

Zu dem Thema „Wirkungsgrad für Kraftstoffe und Antriebe“ gibt es zahlreiche Untersuchungen. Die umfangreichsten Well-to-Wheel-Studie kann man unter http://ies.jrc.ec.europe.eu/wtw aus dem Internet abrufen. Für die Technologien im Jahr 2010 ergeben sich für einige Beispiele die in **Bild 30-32** gezeigten Werte. Hier zumindest ist Kombination günstige Wasserstoffherstellung und Brennstoffzellenantrieb dem auf Erdöl basierten Otto- und Dieselkraftstoff deutlich überlegen. Allerdings gibt es auch für Verbrennungsmotore – Konzepte mit minimaler CO_2-Emssion, siehe Kapitel 30.1.

Warum hat sich der Einsatz der Brennstoffzelle als Fahrzeugantrieb immer wieder verzögert? Zum einen liegt das daran, dass die erwähnten notwendigen Weiterentwicklungsschritte besonders auf der Kostenseite für die Serienentwicklung realisiert werden müssen und zum anderen müssen sich große politische Einheiten wie die USA, EU, Japan etc. zu einer Energiepolitik entschließen, bei der der Fahrzeugentwickler, der Kraftstoffhersteller und der Kunde weitgehende Sicherheit haben, dass der Wasserstoff wirtschaftlich zur Verfügung steht. Auf jeden Fall hat die bisherige Entwicklung der Brennstoffzellen-Fahrzeuge einen massiven Druck auch auf die Weiterentwicklung der konventionellen Fahrzeuge ausgeübt.

30.8 Zusammenfassende Bewertung der alternativen Energien und Antriebe

Alternative Energien und Antriebe haben mittelfristig eine Chance, größere Marktanteile zu erringen. Voraussetzung dafür ist, dass sie in Kundenhand gleichwertige Fahrleistungen erbringen und bezüglich der anderen Kriterien Komplexität, Komfort und Kosten soweit optimiert werden können, dass die Kunden sie akzeptieren. Dabei muss berücksichtigt werden, dass die heutigen Fahrzeuge (Motor, Getriebe, Antriebsmanagement) auch einer ständigen Verbesserung unterliegen. Gegen diese zukünftige Leistungsfähigkeit müssen sich neue Entwicklungen durchsetzen.

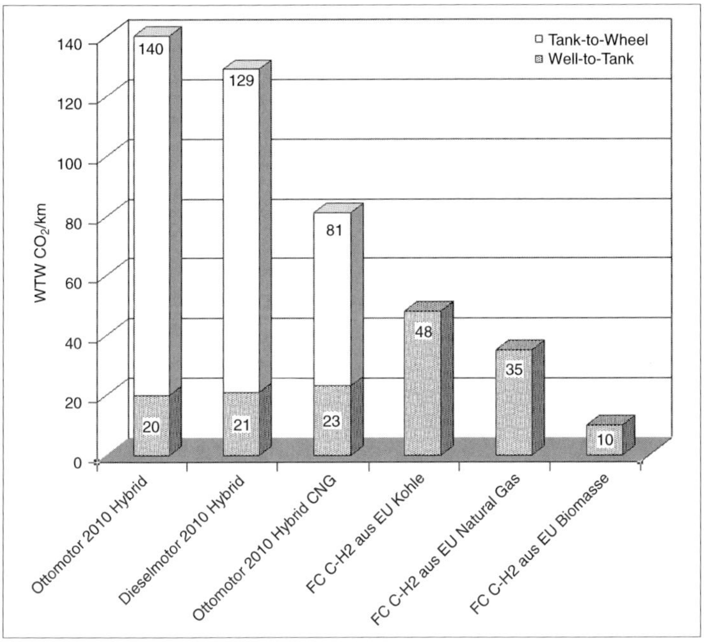

Bild 30-32 WTW CO_2-Emissionen verschiedener Antriebe und Kraftstoffe

30.9 Stromerzeugung durch Auxiliary Power Unit = APU

Der ständig wachsende Bedarf an elektrischer Leistung und Klimatisierung in Kraftfahrzeugen (Pkw und Nfz) hat zu einer deutlichen Verbesserung der Wirkungsgrade der Fahrzeuggeneratoren und der Klimaanlagen geführt. Gleichzeitig wurden aber die Grenzen bezüglich Wirkungsgrad, Bauraum und Energiebedarf aufgezeigt. Unter der APU versteht man eine Einrichtung, die die elektrische Energie für die Nebenaggregate erzeugt. Zur Zeit wird an daher Alternativen geforscht und entwickelt: mögliche Lösungen werden im Folgenden beschrieben: Thermoelektrik, die SOFC-Brennstoffzelle als APU (Auxiliary Power Unit) und ein Freikolbenlineargenerator als Stromerzeuger.

30.9.1 Thermoelektrik

Thermoelektrische Elemente sind bezüglich Ihrer Leistungsfähigkeit seit 1894 durch Peltier bekannt. Ihre Anwendung in Fahrzeugen erlauben grundsätzlich Funktionen (siehe auch Kapitel „Energiemanagement“) wie:

1) Heizen und Kühlen

2) Stromerzeugung durch Wärmezuführung.

Das **Bild 30-33** zeigt die entsprechenden Effekte. Auf der linken Seite ist der Peltier Effekt = Kühlen und Heizen, auf der rechten Seite die Stromerzeugung (Seebeck Effekt) dargestellt.

Dass sich die Thermoelektrik auch in Großserie einsetzen lässt, zeigt das **Bild 30-34** [40].

Hier sind klimatisierte Fahrzeugsitze dargestellt, von denen zum Zeitpunkt Ende 2007 fast 1 Million Systeme verkauft worden sind.

Für die weitere Anwendung im Fahrzeug bieten sich drei Fälle an:

- Die Ausführung als Fahrzeugklimaanlage
- Die Erzeugung von elektrischer Energie aus der Abgaswärme
- Die Kühlung der Batterie.

Besonders die Applikation als Klimaanlage für Plug – IN und Elektrofahrzeuge scheint interessant zu sein, wenngleich noch erhebliche Entwicklungsarbeiten zu tätigen sind, um das Gesamtsystem unter Berücksichtigung der Möglichkeiten der Thermoelektrik ins Fahrzeug zu optimieren.

30.9.2 Die Brennstoffzelle als APU

Während sich die Brennstoffzelle als Fahrzeugantrieb für einen Serieneinsatz aufgrund der Kosten und der fehlenden Wasserstoff-Infrastruktur zeitlich nach hinten verschoben hat, scheint die Brennstoffzelle als APU früher eine Chance für einen Serieneinsatz in Fahrzeugen mit einen hohen Anteil an elektrischen Verbrauchern zu haben. Gegenüber der existierenden Bordnetztechnologie sind die Kundenvorteile überzeugend und die Mehrkosten fallen bei kleineren Leistungen nicht so stark ins Gewicht.

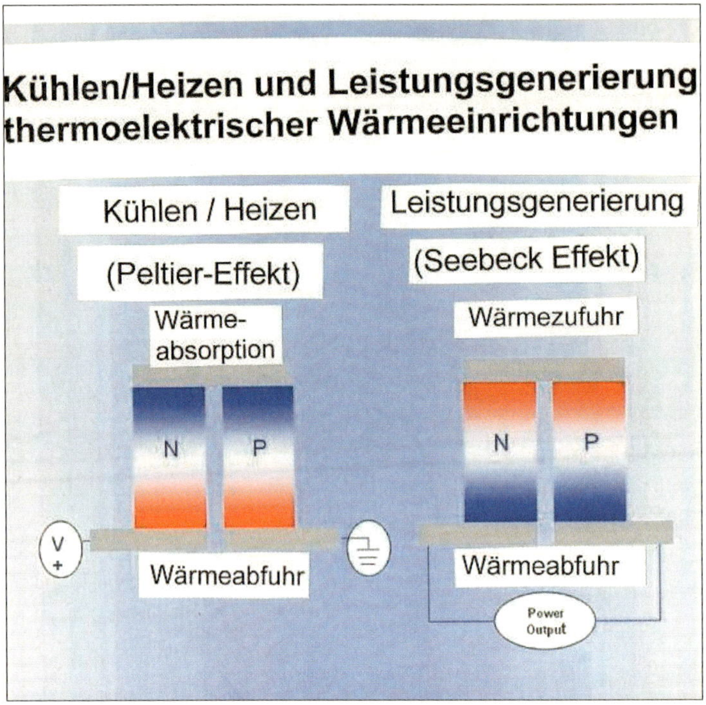

Bild 30-33 Mögliche Thermoelektrik – Applikation [40]

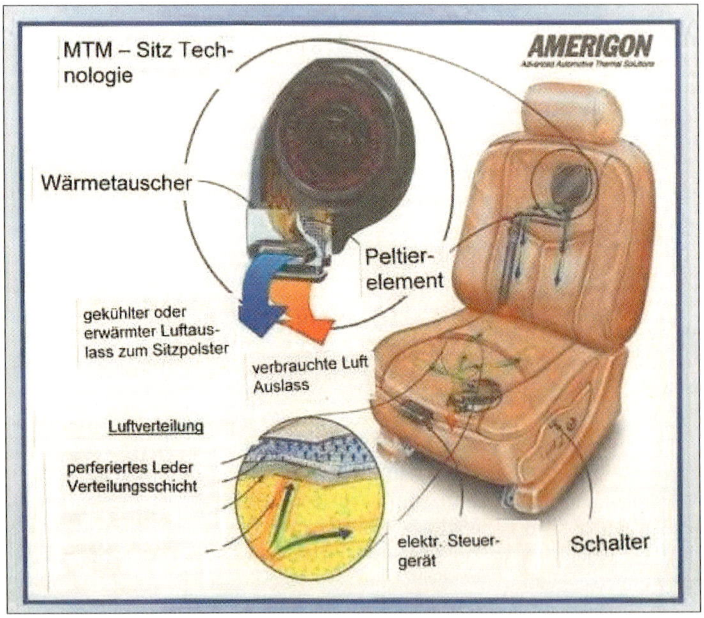

Bild 30-34 Klimatisierung in Fahrzeugsitzen

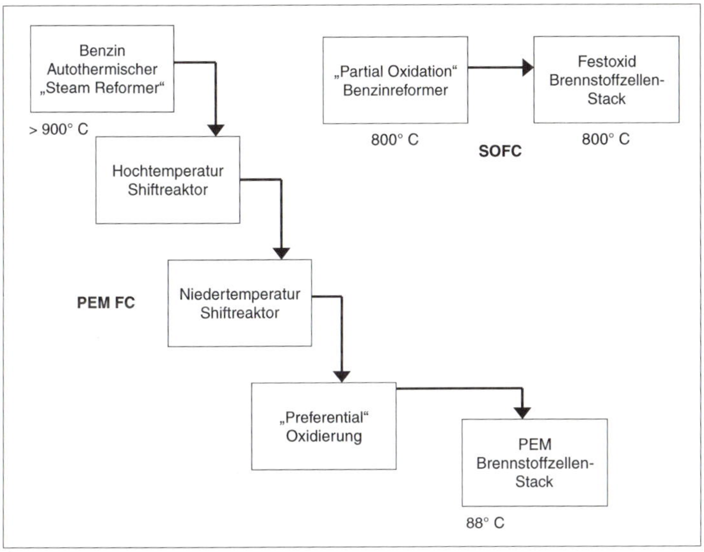

Bild 30-35 Vergleich der Kraftstoffaufbereitung für die PEM + SOFC [41]

Bereits 1999 wurde von BMW eine APU auf Basis der PEM (Proton Exchange Membran) vorgestellt. Diese Lösung lässt sich hervorragend in ein Fahrzeug integrieren, welches bereits mit Wasserstoff betrieben wird. Die Kosten und die Komplexität steigen allerdings erheblich, wenn die PEM-Brennstoffzelle mit flüssigem Kraftstoff wie Benzin oder Diesel betrieben werden soll. Hier muss über einen komplexen Reformer und ein mehrstufiges Gasreinigungssystem zunächst aus dem Kraftstoff Wasserstoff erzeugt werden.

Für Diesel- und Benzinfahrzeuge arbeiten deshalb mehrere Firmen an APU Systemen auf Basis von Hochtemperatur Brennstoffzellen, vor allem mit der SOFC (Solid Oxide Fuel Cell). Deren Arbeitstemperatur liegt bei circa 700–800 °C und sie ermöglicht einen wesentlich einfacheren Reformer zum Beispiel nach dem POX-Prinzip (**P**artials**Ox**idation). **Bild 30-35** zeigt einen schematischen Vergleich eines Systems mit PEM und SOFC Brennstoffzelle.

Die SOFC hat damit für die APU den Vorteil, dass handelsübliche Kraftstoffe verwendet werden können und dennoch die Komplexität des Systems in Grenzen gehalten werden kann. Den Aufbau einer SOFC-Brennstoffzellen APU zeigt **Bild 30-36**.

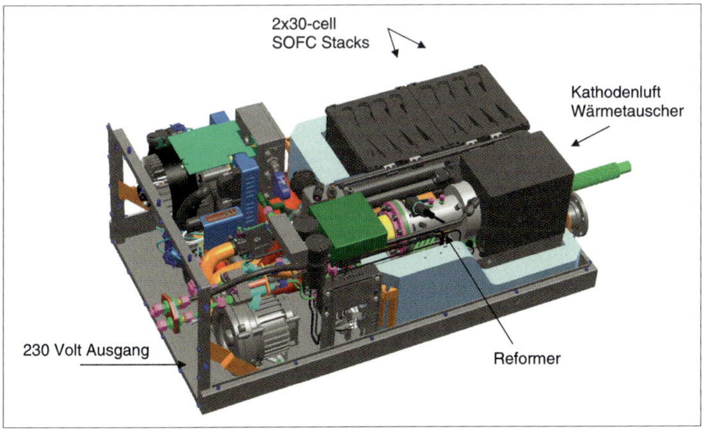

Bild 30-36 Delphi Solid Oxide fuel Cells [42]

Die angestrebten Leistungsdaten einer APU für den Einsatz im Pkw sind wie folgt:

Leistung	5 kW
Kraftstoff	Benzin
Lebensdauer (kontinuierlich)	>5.000 h
Lebensdauer (Startzyklen)	>5.000
Effizienz	>35 %
Startzeit	<10 Minuten
Gewicht	<4 kg/kW
Volumen	2 l/kW

Die angestrebten Leistungsdaten einer APU für den Einsatz im Nfz sind wie folgt:

Leistung	1–3 kW
Kraftstoff	Diesel
Lebensdauer (kontinuierlich)	>25.000 h
Effizienz	>25 %
Startzeit	<60 Minuten
Gewicht	<30 kg/kW
Volumen	<80 l/kW

Ein interessanter Fall für eine dieselbetriebene SOFC-APU ist der Nutzfahrzeugbereich, vor allen Dingen dann, wenn im Standbetrieb ohne Ver-brennungsmotor größere elektrische Leistungen zum Beispiel für Standklimaanlagen abgefordert werden.
Hier ist besonders die amerikanische Gesetzgebung (Kalifornien) zu beachten, die fordert, dass der Motor bei Ruhe- und Wartepausen abgestellt wird.
Erste Ansätze sind in [22–24] zu finden. Dabei wird der Dieselkraftstoff analog zur Benzinvariante mittels eines POX-Reformers aufbereitet und einer SOFC-Brennstoffzelle zugeführt. Ein Nachbrenner sorgt für die Verbrennung der Restgase und heizt dabei Prozessluft für die Brennstoffzelle auf. Ein Prototypsystem einer SOFC-APU für Dieselkraftstoff zeigt **Bild 30-37**.
Der Serieneinsatz von SOFC-Systemen wird im Wesentlichen davon abhängen, ob die Gesetzgebung eine entsprechende Forderung stellt, ob man die Startzeit deutlich reduzieren und die Ziele für die thermische Zyklenzahl des Systems erreichen kann.

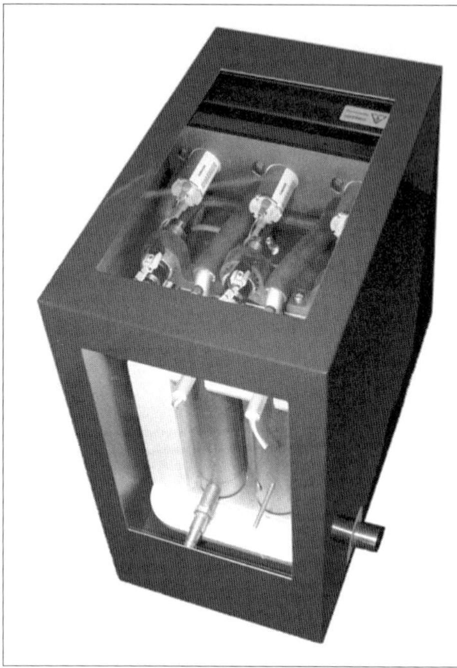

Bild 30-37 Prototyp einer SOFC-APU für Dieselkraftstoff von Webasto [43, 44]

30.9.3 Brennkraftmaschine in Kombination mit einem Lineargenerator (Freikolbenlineargenerator)

Eine weitere Lösung zur effizienten Erzeugung von elektrischer Energie „onboard" ist ein als Zweitaktmotor mit Direkteinspritzung vorgesehener Verbrennungsmotor, der durch die Hin- und Herbewegung des Kolbens über einen permanentmagnetischen Läufer Spulen induziert und damit elektrische Energie erzeugt. Die Steuerung des Gaswechsels über Schlitze in der Zylinderwand zeichnet sich durch geringen Bauaufwand aus, bringt aber zusätzliche HC-Emissionen im Abgas mit sich. Der Einsatz von konventionellen Ventilen löst dieses Problem, erhöht aber gleichzeitig den konstruktiven Aufwand. An die Steuerungs- und Regelungstechnik werden große Anforderungen gestellt, da es sich um ein rein mechatronisches System handelt [45–48]. Die im **Bild 30-38** gezeigte Lösung (DLR – Institut für Fahrzeugkonzepte, Stuttgart) zeigt ein System bei dem statt eines zweiten Brennraums eine Gasfeder mit einstellbarer Federkennlinie verwendet wird [49]. Neben der systemimmanenten variablen Verdichtung ergibt sich die Möglichkeit der Hubraumvariation, womit eine Laststeuerung über die Hubanpassung möglich wird. Dadurch lassen sich Drossel-und Reibverluste minimieren, was zu einer deutlichen Wirkungsgradsteigerung im Teillastbereich führt. Darüber hinaus kann eine kompakte Bauform realisiert werden, da für den Massenausgleich zwei Systeme hintereinander geschaltet werden müssen. Eine weitere Herausforderung stellt dabei die elektrische Synchronisierung der beiden Systeme dar. Auf Prüfständen wurden bereits die Komponenten: Verbrennungszylinder, Gasfeder und Lineargenerator realisiert. Die nächsten Schritte müssen eine fahrzeuggerechte Ausführung sein, die man in ein Hybridfahrzeug als Antriebseinheit integrieren kann.

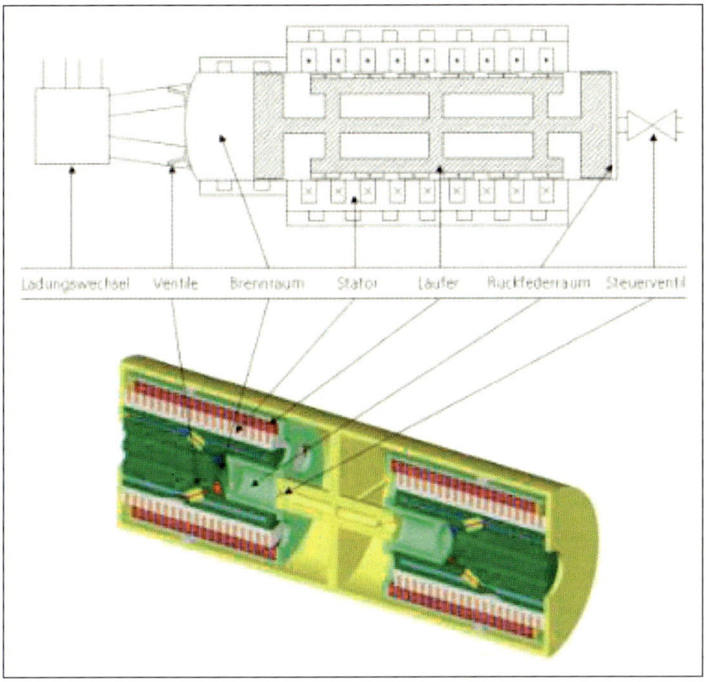

Bild 30-38 Prinzip einer Brennkraftmaschine mit Linearmotor

Literatur

[1] *Behlmer, A.:* Zünglein an der Waage, Automobil Industrie 1 – 21/2004.

[2] *Drescher, I.; Steiger, W.:* Volkswagen Fuel and Powertrain Strategy FISITA, 2008, F-2008-06-139, proceedings by ATZ.

[3] *Weber, Th.:* Innovative Vehicle concepts towards accident and emission free driving, plenary lectures, FISITA 2008, proceedings by ATZ.

[4] *Köhle, S.:* Entwicklungsziele, Fahrzeugbeschreibung und erste Messergebnisse des VW Bora mit Hybridantrieb, Hybridfahrzeuge und Energiemanagement, GZVB, Braunschweig 2004, ISBN 3-937655-00-X.

[5] *Antony, P.; et al.:* Vieweg Handbuch Kraftfahrzeugtechnik, Vieweg, Wiesbaden, 2007, ISBN 978-3-8348-0222-4.

[6] *Noreikat, K. E.; et al.:* Hybride Fahrzeugantriebe. Die Evolution zum Mehrwerthybrid, VDI-Bericht 1565, Düsseldorf.

[7] *Borgmann, K.; et al.:* Effiziente Dynamik als Lösung des Zielkonflikts zwischen Kundenwunsch und Gesetzesforderung, In: Proceedings Technischer Kongress, VDA, Frankfurt, 2006.

[8] *Miska, J.:* Hybridfahrzeuge – Produktausprägungen als Antowrt auf Kundenanforderungen, GZVB e.V. Braunschweig 2004, ISBN 3-937655-00-X.

[9] *Kemper, H.; et al.:* Elektrische Energiespeichersysteme für zukünftige Hybridfahrzeuge, AachenerKolloqium 2008, Tagungsband.

[10] Angabe von Toyota – Deutschland Januar 2009

[11] *Harada, I.:* Entwicklung eines neuen Toyota Hybrid Fahrzeuges, Proceedings Motor und Umwelt, AVL Graz 7. und 8. September 2000.

[12] *Muta, K.; et al.:* Development of New Generation Hybrid System THS II – Drastic Improvement of Power Performance and Fuel Economy, SAE SP 1833, USA 2004, ISBN 0-7680-1369-0.

[13] *Hack, G.; et al.:* Die Liter-Leistung. www.auto-motor-sport.de 6/2004 und Honda Pressematerial 2004.

[14] *Brachmann, Th.:* Development of Powertrain for the Civic IMA, a Gasoline-Electric-Hybrid-Vehicle, Honda RD-Center, Offenbach, Germany 2004.
Iigima, T.: Development of Hybrid Systems for 2006 Compact Sedan, SAE International SP_2008, Warren, USA, 2006.
Brachmann, Th.: Today's and future Hybrid-Fuel Cell Vehicles of Honda, 6. Symposium Hybrid and Energy Management! GZVB 18. + 19.02.2009. ISBN 967-3-937655-20-8.

[15] *Hövermann, M.:* Die Continental-Strategie für Mild und Full-Hybrid-Systeme, In: Proceedings 3. Braunschweiger Hybridsymposium, 2006, ISBN 3-937655-06-9.

[16] *Adachi, M. et al.:* Developement of a new Hybrid Transmission for RWD Car, SAE International SP_2008, Warren, USA, 2006.

[17] *Wandt, H.-P.:* Das Antriebskonzept des Hybrid Pkw Toyota Lexus RX 400 h, Vortrag an der TU Braunschweig, November 2005.

[18] FEV Motorentechnik GmbH, Hybrid Technology, Aachen 2008, http://www.fev.com.

[19] IAV GmbH, Berlin 2009.

[20] *BMW, Daimler Group, GM:* Hybrid Kooperation Sonderdruck, 27. Internationales Wiener Motorensymposium 2006.

[21] *Nietschke, W.:* Hybrid-Hype oder technologische Chance?, Proceedings MTZ Konferenz Motor 2006, Stuttgart.

[22] *Hofmann, L.; et al.:* twin Drive – Ein Schritt in Richtung Elektromobilität, Innovative Fahrzeugantrieb 2008, VDI-Berichte 2030, VDI-Verlag, ISBN 978-3-18-092030-6.

[23] FEV Motorentechnik GmbH, Electrical Vehicle technology …, Aachen, 2009.

[24] *Wüchner, E.:* Elektroantriebe, Vieweg Handbuch Kraftfahrzeugtechnik, Wiesbaden, 2007, ISBN 978-3-8348-0222-4.

[25] *Köhler, U.:* Batterien für Elektro- und Hybridfahrzeuge in Hybrid-, Batterie- und Brennstoffzellen-Elektrofahrzeuge, Expert Verlag, 2005, ISBN 3-8169-2433-6.

[26] www.thinkmobility.com.

[27] Mitsubishi Motors 2006.

[28] *Noreikat, K.*: Stirlingmotor, Dampfmotor, Gasturbine und Schwungrad, Vieweg Handbuch Kraftfahrzeugtechnik, Vieweg, Wiesbaden 2007 ISBN 978-3-8348-0222-4.

[29] *Täubner, F.; et al.*: Ergebnisse aus Prototypen neuer Schwungradspeicher, VDI-Bericht 1565, Innovative Fahrzeugtechnik, Düsseldorf 2000 ISBN 3-18-091565-X.

[30] *Dietrich, T.*: Ultracapacitors – Power für innovative Automobilanwendungen, VDI-Bericht 1565, Innovative Fahrzeugtechnik, Düsseldorf 2000 ISBN 3-18-091565-X.

[31] *Michel, H.; et al.*: Ultracap-Module – Leistungsfähige Energiespeicher für Hybridfahrzeuge, Hybridfahrzeuge und Energiemanagement, GZVB Braunschweig 2004, ISBN 3-937655-00-X.

[32] *Noreikat, K. E.*: Handbuch Kraftfahrzeugtechnik, Vieweg, Wiesbaden 2007, ISBN 978-3-8348-0222-4.

[33] *Seiffert, U.; et al.*: Automobiltechnik der Zukunft, VDI Verlag Düsseldorf 1989, ISBN 3-18-400836-3.

[34] *Mohrdieck, Ch.*: Die Brennstoffzelle – Emissionsfreier Antrieb der Zukunft, Brennstoffzellentechnologie-Nachmittag, Hamburg, 2006.

[35] *Lamm, A.*: Alternative – Innovative Ansätze zur Senkung von Verbrauch und Emissionen, Vortrag an der Universität Stuttgart, 29.11.2005.

[36] *Truckenbrodt, A.*: Brennstoffzellen als Antrieb für mobile Systeme, Vieweg Handbuch Kraftfahrzeugtechnik, Vieweg 2005, ISBN 3-528-33114-3.

[37] *Lamm, A.*: Vortrag Brennstoffzelle, Aachener Kolloquium, 2005.

[38] *u.a.:*
Steiger, W.: Nachhaltige Antriebssysteme – Chancen und Herausforderungen, 10. Handelsblatt Jahrestagung Automobiltechnologien München, 2006.
Dietrich, P.; et al.: Erste Ergebnisse des HyPower VW-Bora, VDI-Tagung Innovative Fahrzeugantriebe Dresden 2002.
Schubert, U.; et al.: Entwicklung der Brennstoffzelle bei GM/Opel, VDI-Tagung Innovative Fahrzeugantriebe, Dresden, 2002.
Matsumoto, T.; et al.: Development of Fuel-Cell-Hybrid Vehicle, Toyota SAE-Paper 2002-01-0096, Warren, USA.
Lee, K.-C.; et al.: Hyundai Santa Fe FCV Powered by Hydrogen, SAE Paper 2002-01-0093, Warren, USA.
Honda: New Honda Fuel Cell Stack Operates at Low Temperatures, Auto Technology 6/2003.

[39] *Steiger, W.; et al.*: Zweite Generation PEM-Brennstoffzellen Erste Erfahrungen MTZ 12/2007 Jahrgang 68.

[40] Bell, Lon broader Use of Thermoelectric Systems in vehicles expert verlag, 2009 ISBN 978-3-8169-2877-5.

[41] *Zizelman, J.; et al.*: Solid Oxide Fuel Cell Auxiliary Power Unit – A Development Update, SAE, Warrendale, März 2002.

[42] Delhi, USA, 2008.
Biyendolo, J. M.: European market Potential for a Delphi Solid Oxide FuelCell based truck Auxiliary Power Unit Hochschule für Technik und Wirtschaft des Saarlandes, 2007.

[43] *Boltze, M.; Wunderlich, Chr.*: The SOFC-APU for long haul trucks – A promising early market application. Ninth Grove Fuel Cell Symposium 09/2005, London.

[44] *Boltze, M.; Wunderlich, Ch.*: Bordstromversorgung mittels SOFC-APU. 4. Fachtagung Innovative Fahrzeugantriebe, Dresden, 2004; VDI-Bericht 1852, Düsseldorf, ISBN 3-18-0918527.

[45] Deutsches Patent- und Markenamt: Offenlegungsschrift DE 19943993A1. *Rotthäuser, S.; et al.*: Der Freikolbenmotor – Eine Informationsschrift, Juni 1996.

[46] *Blaringan, P. van:* Advanced internal combustion electrical generator, Proceedings of the 2001 DOE Hydrogen Program Review, Livemore, CA 91556.

[47] *Arshad, W. M.; et al.*: Integrated Free-Piston Generators:An Overview, Royal Institute of Technology, Stockholm 2002.

[48] *Aichlmayr, H. T.; et al.*: Miniature free-piston homogeneous charge compression ignition engine-compressor concept – Part I: performance estimation and design considerations unique to small dimensions, Chemical Engineering Science 57, Perganon (2002) 4161–4171.

[49] *Gräf, M.; et.al.*: Investigation of a high efficient Free Piston Linear generator with variable Stroke end variable Compression Ratio, WEVA Journal, pp. 116–120, Vol. 1, 2007.

[50] *Mohrdieck, Ch.*: Elektrifizierung des Automobils-Die technischen und wirtschaftlichen Herausforderungen, Innovative Fahrzeugantriebe 2008, Dresden, VDI-Verlag Düsseldorf ISBN 978-3-18-092030-6.

Weitere Literatur zum Thema Hybrid und Brennstoffzelle

GZVB, Hybridfahrzeuge und Energiemanagement, Februar 2004, Braunschweig, ISBN 3-937655-00-X.

GZVB, Hybridfahrzeuge und Energiemanagement, Februar 2006, Braunschweig, ISBN 3-937655-06-9.

GZVB, Hybridfahrzeuge und Energiemanagement, Februar 2007, Braunschweig, ISBN 978-3-937655-10-9.

GZVB, Hybridfahrzeuge und Energiemanagement, Februar 2008, Braunschweig ISBN 978-3-937655-15-4.

VDA, Technischer Kongress 2006, Frankfurt.

VDA, Technischer Kongress 2007, Sindelfingen.

VDA, Technischer Kongress 22008, Ludwigsburg.

SAE International, Advanced Hybrid Vehicle Powertrains 2006, SP_2008, Warren, USA.

VDI, Innovative Fahrzeugantriebe, VDI-Bericht 1852, November 2004, ISBN 3-18-091852-7.

VDI, 27. Internationales Wiener Motorensymposium 2006, Fortschritt-Berichte, Reihe 12, 622, VDI-Verlag, Düsseldorf 2006, ISBN 3-18-362212-2.

VDI, Innovative Fahrzeugantriebe, VDI-Berichte 1975, November 2006, ISBN 3-18-091975-2.

VDI, Innovative Fahrzeugantriebe, VDI-Berichte 2030, November 2008 , ISBN 978-3-18-092030-6.

VDI, Brennstoffzelle, VDI-Berichte 2036, Mai 2008 Braunschweig ISBN 978-3-18-092036-8.

Braess/Seiffert: Handbuch Kraftfahrzeugtechnik, 5. Auflage, Vieweg, 2007, ISBN 978-3-8348-0222-4.

Kurzweil, P.: Brennstoffzellentechnik, Vieweg Verlag, 2003, ISBN 3-528-03965-5.

Stan, C.: Alternative Antriebe für Automobile, 2. Auflage, Springer Verlag, Berlin-Heidelberg, 2008, ISBN 978-3-540-76372-7.

Mettner, M.: Hybrid-, Batterie- und Brennstoffzellen-Elektrofahrzeuge, Expert Verlag 2005, ISBN 3-8169-2433-6.

Voß, B.: Hybridfahrzeuge, Expertverlag, 2005, ISBN 3-8169-2501-4.

31 Energiemanagement in Motor und Fahrzeug

Die Suche nach Potenzialen zur Verbrauchsreduktion beim Betrieb von Kraftfahrzeugen ist eine der zentralen Forschungs- und Entwicklungsebenen im Automobilbau. Dies insbesondere, weil mit einer Senkung des Kraftstoffverbrauchs auch die direkte Minderung von CO_2-Emissionen einhergeht.

Der Flottendurchschnitt aller neu zugelassenen Pkw lag im Januar 2009 in Deutschland bei 159,3 g CO_2 pro km. Das entspricht etwa dem EU-Flottendurchschnitt des Jahres 2006. Für 2012 ist für Europa der mittlere Kohlendioxidausstoß der Pkw-Flotten auf 120 g/km limitiert. Der erzielte Kompromiss in der EU sieht eine Auflockerung dieser Zielvorgaben durch eine Übergangsphase vor. Ab dem Jahr 2012 müssen 65 % der Neuwagen einen herstellerspezifischen Grenzwert einhalten. Dieser ist abhängig vom durchschnittlichen Gewicht der verkauften Flotte. Ab 2013 sollen es 75 % und ab 2014 80 % sein. Ab dem Jahre 2015 gilt der Grenzwert für die gesamte Flotte eines Herstellers. Ein weiteres Absenken der CO_2-Emission ist ab dem Jahr 2020 geplant und zwar auf die Obergrenze von 95 g/km. Wie **Bild 31-1** zeigt, gibt es nur wenige Fahrzeuge, die diese Forderung bereits heute erfüllen.

Werden die oben genannten Grenzwerte überschritten, ist eine Strafzahlung geplant. Für das erste Gramm, das den herstellerspezifischen gewichtsabhängigen Grenzwert überschreitet werden 5 €, für ein weiteres zweites Gramm 15 € und ein weiteres drittes Gramm 25 € berechnet. Ab 4 Gramm Überschreitung müssen 95 € je Gramm vom Hersteller gezahlt werden. Nach Berechnungen des VDA ist das der 24-fache Betrag, den zum Beispiel die Kohle- und Stahlindustrie im Emissionshandel zu bezahlen hat. Damit liegt ein deutliches Ungleichgewicht zu Ungunsten der Automobilhersteller vor.

Für Kleinserien- und Nischenhersteller soll es Ausnahmeregelungen geben. Fahrzeuge mit einem CO_2-Ausstoß unter 50 g Kohlendioxid pro km erhalten sogenannte Supercredits, die mehrfach auf die Flotte angerechnet werden.

Ein Entwicklungsschwerpunkt in der Motoren- und Fahrzeugtechnik, diesen Forderungen gerecht zu werden, ist ein wirkungsvolles Energiemanagement im Fahrzeug. Hierbei ist es wichtig, dass Energie nur in der Form und Menge bereitgestellt werden soll, wie diese auch von den Verbrauchern angefordert wird. Es ist also nur soviel Energie bereitzustellen, wie zur Erfüllung der Funktionen nötig ist. Das klingt zunächst trivial. Da aber häufig eine energetische Gesamtbetrachtung des Fahrzeugs fehlt, haben sich viele energetische Bypässe entwickelt, die es neu zu ordnen gilt.

Neben einer bedarfsgerechten Zuteilung von Energie sind für eine hohe Effizienz ergänzend noch wichtig:

- Energieverluste so gut es geht zu vermeiden und
- entstandene Energieverluste zurückzugewinnen.

Betrachtet man die Energieflüsse im Fahrzeug, so steht am Anfang der Energieinhalt des Kraftstoffs in Form von chemischer Energie. Daraus speisen sich energetisch alle Funktionen, die während des Fahrzeugbetriebs abgerufen werden.

Will man wirkungsvoll die Effizienz der Energieströme im Fahrzeug steigern, so ist deren Kenntnis ebenso von zentraler Bedeutung wie die Betrachtung

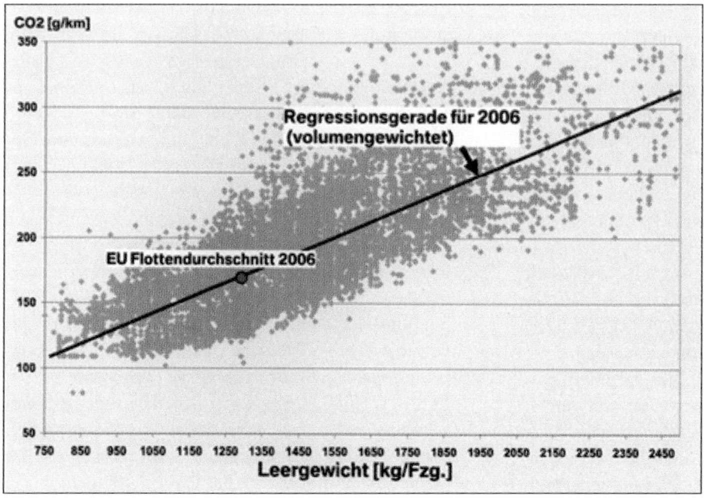

Bild 31-1 Flottendurchschnitt an CO_2 in der EU (Quelle BMW)

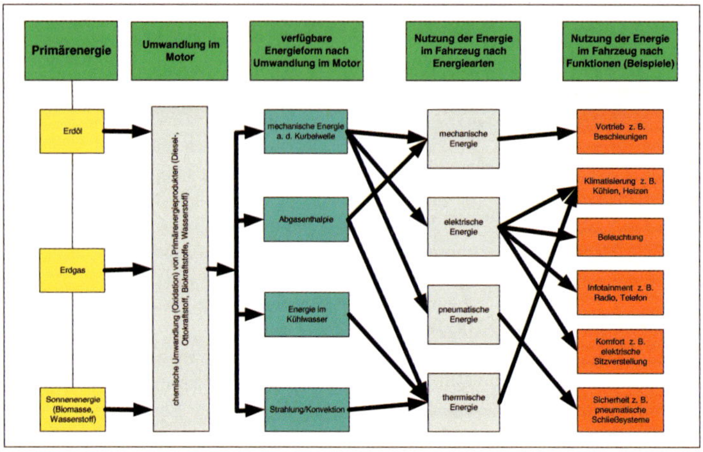

Bild 31-2 Energieflüsse im Fahrzeug

des gesamten Energieflusssystems im Fahrzeug. Es müssen daher alle Wirkzusammenhänge betrachtet werden.

Mögliche Energieflüsse im Fahrzeug zeigt **Bild 31-2**. Die Primärenergie kann man unterteilen in fossile Energieträger wie zum Beispiel Erdöl und Erdgas, aber auch in alternative Energiequellen, zum Beispiel Sonnenenergie. Die Umwandlung im konventionellen Verbrennungsmotor erfolgt durch chemische Reaktionen des Kraftstoffs mit dem Luftsauerstoff. Daraus ergeben sich eine Reihe von verfügbaren Energieformen im Fahrzeug, welche mehr oder weniger sinnvoll eingesetzt werden können. Zentral ist dabei die verfügbare mechanische Energie, die zum Teil für den Vortrieb des Fahrzeuges genutzt wird, aber auch noch in andere Energieformen umgewandelt wird. Diese beträgt jedoch nur etwa 1/3 der chemischen Energie des Kraftstoffs. Ein Großteil der Kraftstoffenergie (circa ein weiteres Drittel) findet sich als Abgasenergie wieder. Da diese Abgasenergie ein hohes thermisches Potenzial aufweist, und höher ist als das der Umgebung, ist dieses exergetische Energiepotenzial (nach dem zweiten Hauptsatz der Thermodynamik) in andere Energieformen wandelbar. Das letzte Drittel der chemischen Energie geht überwiegend in das Kühlmittel.

Für den zunehmenden Strombedarf der Fahrzeuge durch elektrisch angetriebene Komponenten wird es immer wichtiger, diesen Bedarf nicht mehr wie bisher aus der mechanischen Energie zu decken, sondern dafür die bisher ungenutzten Energiequellen zu erschließen.

Hybridfahrzeuge haben hier den Vorteil, zusätzlich eine große elektrische Maschine nutzen zu können. So kann mit dieser Technik, zum Beispiel viel (kinetische) Bremsenergie als Strom zurückgewonnen werden.

Dieser preiswerte Strom kann dann über ein intelligentes Energiemanagement entweder dafür verwendet werden, die Nebenaggregate zu versorgen, den Verbrennungsmotor mit elektrischer Energie zu unterstützen, oder sogar elektrische Fahranteile zu realisieren.

31.1 Verluste bei der Energieumwandlung

Betrachtet man den Wirkungsgrad eines Motors, so ist theoretisch ein hohes Potenzial vorhanden, die „Verlustenergie“ weiter zu nutzen. Dabei wird die Wandlung in elektrische Energie die größten Vorteile bringen, weil zudem die „Elektrifizierung“ der Fahrzeuge unverändert weiter voranschreitet.

Einige Beispiele für die Rückgewinnung in „nutzbare“ Energieformen beziehungsweise die Vermeidung von Energieverlusten sind:

- **Bremsenergie**. Das reale Potenzial, das heute als rückgewinnbar angesehen wird, liegt im MVEG-Zyklus für ein Mittelklassefahrzeug mit circa 1.500 kg Masse bei circa 700 kJ. Dabei sind alle Verluste wie Roll- und Luftwiderstand und Wirkungsgrad der elektrischen Maschine bereits einbezogen. Das entspricht einer Kraftstoffeinsparung von circa 0,5 Liter/100 km. Um diese Energie möglichst vollständig zu erschließen, sind zusätzliche elektrische Maschinen im Fahrzeug nötig, wie sie zum Beispiel in Vollhybrid-Fahrzeugen installiert oder auch als Radnaben-Maschinen ausgeführt sind.
- **Generatorsteuerung**. Üblicherweise werden Generatoren (Lichtmaschine) über einen Riementrieb von der Kurbelwelle aus angetrieben. Das bedeutet, dass mechanische Energie am Abtrieb (Kurbelwelle) des Motors abgezweigt wird und so den Energiefluss zu den Antriebsrädern vermindert. Mit einer entsprechenden Generatorregelung ist auch hiermit Bremsenergie rückgewinnbar. Dies geschieht dadurch, dass in Schub- beziehungsweise Bremsphasen (Fahrzeug rollt – Fuß ist vom Gaspedal – Kraftstoffzufuhr ist abgeschaltet) möglichst viel Bremsenergie in elektrische Energie umgewandelt wird, das heißt der Generator nimmt möglichst viel Leistung auf.

Voraussetzung dafür ist jedoch, dass der Batterieladezustand weniger als 100 % ist. Hier darf die Batterie also nur teilweise geladen sein, damit sie für die Energieaufnahme im Schubbetrieb bereit ist. Dies setzt wiederum eine Regelung des Batterieladezustandes voraus, der in ein elektrisches Energiemanagement eingebunden sein muss.

- **Elektrisches Energiemanagement.** Ein erster Schritt in die Richtung eines elektrischen Energiemanagements heutiger Bordnetzsysteme ist mit der Regelung des Batterieladezustandes erfolgt. Zyklusfeste Batterien sind dafür Grundvoraussetzung. Folgende Elemente sind wichtig:
  - **Batteriezustandserkennung.** Basis des Energiemanagements ist eine exakte Kenntnis des Batterieladezustandes, der aus den Größen Batteriestrom, -spannung und -temperatur gewonnen und mittels eines Batteriesensors ermittelt wird. Daraus erfolgt die Berechnung des Batterielade- und Verschleißzustandes sowie eine Prognose des notwendigen Mindestladezustands für den nächsten Start.
  - **Leerlaufdrehzahlanpassung.** Durch die exakte Kenntnis des Batterieladezustandes und der Hochrechnung für die nächste Fahrsituation ist es möglich, die Drehzahl im Leerlauf abzusenken. Das bringt Vorteile bezüglich des Kraftstoffverbrauchs und der Schadstoffemissionen. Wird der Ladezustand kritisch beziehungsweise dem Generator volle Leistung abverlangt, muss die Leerlaufdrehzahl wieder angehoben werden.
  - **Verteilung der Energieströme.** Wird der Ladezustand der Batterie als kritisch gewertet, muss die Leistung im Bordnetz so verteilt werden, dass zunächst alle sicherheitskritischen Verbraucher versorgt werden. Die weitere Entladung der Batterie muss durch entsprechende Leistungsanhebung des Generators vermieden werden.
  - **Batterieladung**. Die Reglerspannung des Generators wird so eingestellt, dass sich die gewünschte Ladespannung an den Batteriepolen einstellt um Spannungsverluste zu minimieren. Ist der Ziel-Ladezustand erreicht, wird die Generatorspannung zur Verbrauchsreduzierung abgesenkt. Für die Einspeisung rekuperierter Energie darf die Batterie nicht mehr bedingungslos voll geladen werden. In Abhängigkeit von relevanten Umgebungs- und Fahrbedingungen wird ein ausreichender Ladezustand ermittelt.
  - **Energiediagnose des Bordnetzes.** Aus der Speicherung von Batteriedaten lassen sich Alterungszustand, Fahrprofil und typische Energieanforderungen des Kunden ableiten. Eine Korrektur der Betriebsstrategie des elektrischen Energiemanagements daraus ist sinnvoll.

31.2 Bedarfsorientiertes Energiemanagement

Ein Beispiel für ein nicht-elektrisches-Energiemanagement zur Effizienzsteigerung ist die bedarfsgerechte Steuerung des Ölstroms mit Hilfe einer geregelten Ölpumpe, wie sie zum Beispiel im Audi A4 und in den meisten Motoren der BMW Group seit 2007 im Einsatz ist. Dabei wird der Volumenstrom der Ölpumpe geregelt. Die Vorteile dabei sind, dass nur soviel Öl gefördert wird, wie der Motor anfordert und der Öldruck in mehreren Stufen, abhängig von einem abgelegten Kennfeld, einstellbar ist. Das führt im NEFZ zu einer Absenkung von circa 5 g CO_2/km. Dieses Beispiel ist auch auf andere Komponenten übertragbar, wie zum Beispiel die Kraftstoffpumpe, den Klimakompressor und so weiter.

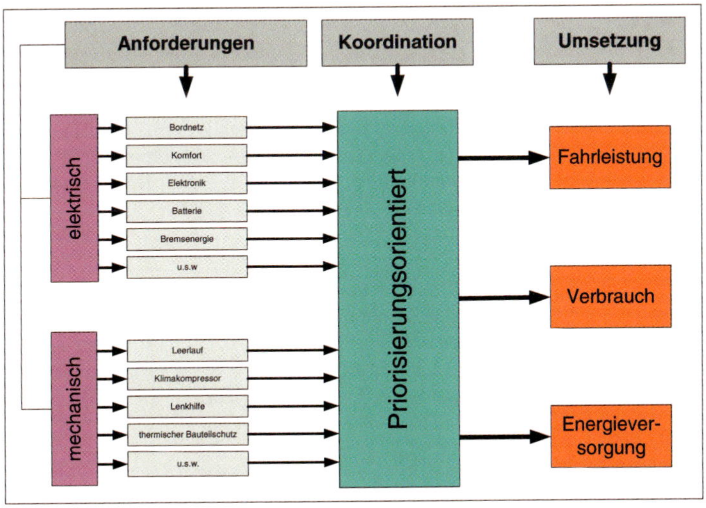

Bild 31-3 Energiemanagement-Koordinator (nach BMW)

Derzeit werden immer mehr Fahrzeuge mit intelligenten Energiemanagementsystemen angeboten. Dabei werden generell folgende Möglichkeiten sichtbar:

- Optimierter Betrieb der elektrischen Verbaucher, welche zwar für Extremanforderungen ausgelegt sein müssen, deren maximale Leistung je nach Fahrsituation, Fahrerwunsch, Verwendung etc. aber nicht unbedingt benötigt wird.
- Bedarfs- und zustandsabhängiges Zu- und Abschalten von elektrischen Verbrauchern
- Definition und Umsetzung eines maximal erreichbaren Einsparpotenzials durch Abschaltung von elektrischen Verbrauchern, mit Komforteinbußen, die vom Fahrer noch akzeptiert werden.
- Automatisierung aller Steuerungseingriffe. Dies wird zum Beispiel über einen Energiemanagement-Koordinator erreicht, wie er im neuen BMW 7er Modelljahr 2009 realisiert ist, **Bild 31-3**. Über eine Priorisierungsliste wird gewährleistet, dass stets die „richtige" Entscheidung bezüglich eines effizienten Energieeinsatzes getroffen wird. Damit können Energieverluste und eine unerwünschte Schwankung der Bordnetzspannung vermieden werden. Dies ist notwendig, weil einerseits zum Beispiel Rekuperationsenergie bereitsteht, andererseits bestimmte Verbraucher wie Kraftstoffpumpe und Klimagebläse empfindlich auf Spannungsschwankungen reagieren.

31.3 Stromerzeugung im Fahrzeug

Der ständig wachsende Bedarf an elektrischer Leistung und Klimatisierung in Kraftfahrzeugen, verbunden mit der Notwendigkeit, den mechanischen Energiepfad im Fahrzeug aus Verbrauchsgründen zu entlasten, hat zu einer deutlichen Verbesserung der Wirkungsgrade der Fahrzeuggeneratoren, Klimaanlagen und elektrischen Verbraucher geführt. Gleichzeitig wurden aber die Grenzen bezüglich Wirkungsgrad, Bauraum und Energiebedarf aufgezeigt.

Darüber hinaus werden immer mehr Funktionen im Fahrzeug durch elektrische Energie versorgt, wobei ein separater Energiepfad, der nicht aus der mechanischen Energie des Motors gespeist wird, zukünftig an Bedeutung gewinnen wird.

Den steigenden Bedarf an elektrischer Leistung im Fahrzeug zeigt **Bild 31-4**.

Dieser Bedarf kann nur noch begrenzt durch herkömmliche Systeme (Generator und eine Batterie) gedeckt werden. Daher sind Ansätze notwendig, um eine vom Verbrennungsmotor unabhängige elektrische Energiequelle zu schaffen. Parallel dazu sind Bestrebungen im Gang, von dem 14 V Bordnetz wegzukommen und zu Bordnetzen mit höheren Spannungen zu gelangen. Diesem Ansatz stehen die höheren Kosten für ein solches Bordnetz entgegen.

Zur Zeit werden daher Alternativen untersucht, sogenannte Auxiliary Power Units (APUs) zu entwickeln,

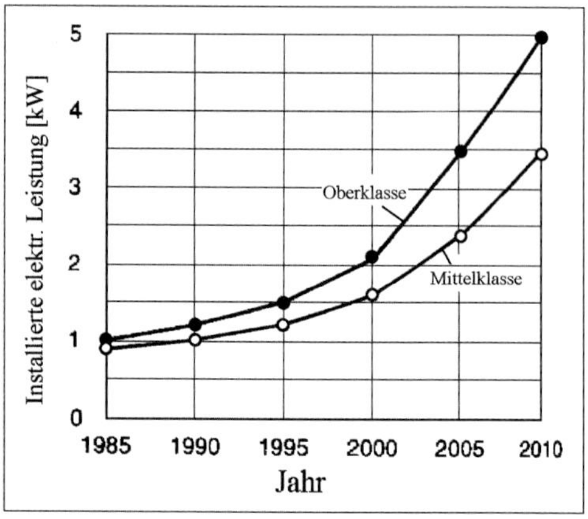

Bild 31-4 Bedarf an elektrischer Energie im Fahrzeug

welche die Erzeugung elektrischer Energie, unabhängig vom zentralen Antriebsaggregat, an Bord ermöglichen. Hier sind eine Reihe von Entwicklungen sichtbar, von denen zum Beispiel die Brennstoffzelle als aussichtsreich angesehen werden kann (siehe Kapitel 30: Alternative Fahrzeugantriebe und APUs (Auxiliary Power Units)). Als sehr sinnvoll erscheint außerdem die Verlustwärmenutzung mit der direkten Umwandlung in elektrischen Strom. Dies soll Schwerpunkt der nachfolgenden Ausführungen sein.

31.3.1 Thermoelektrischer Generator (TEG)

Die Wandlung von Wärme in Strom mit einem thermoelektrischen Generator basiert auf dem von Thomas Seebeck im Jahre 1821 entdeckten Effekt. Dieser Effekt beschreibt die Erzeugung einer elektrischen Spannung U_{therm} zwischen den Kontaktstellen zweier leitenden Werkstoffe, sofern diese einer Temperaturdifferenz $\Delta T = T_{\text{heiss}} - T_{\text{kalt}}$ ausgesetzt werden. Die Umkehrung des Seebeckeffekts ist als Peltiereffekt (nach J. Peltier aus dem Jahr 1834) bekannt und beschreibt die Ausbildung einer Temperaturdifferenz sofern eine Spannung angelegt wird. Die Höhe der erzeugbaren Spannung pro Kelvin für ein bestimmtes Material wird mit dem Seebeck Koeffizienten α beschrieben (**Bild 31-5**):

$$\alpha = \frac{U_{\text{thermo}}}{\Delta T} \tag{1}$$

Mit Hilfe dieses Seebeck Koeffzienten lässt sich die dimensionslose Kennzahl ZT eines thermoelektrischen Materials in Abhängigkeit von α, der absoluten Temperatur T, des elektrischen Widerstands ρ und der thermischen Leitfähigkeiten κ bestimmen.

$$\text{ZT} = \frac{\alpha^2 T}{\rho \kappa} \tag{3}$$

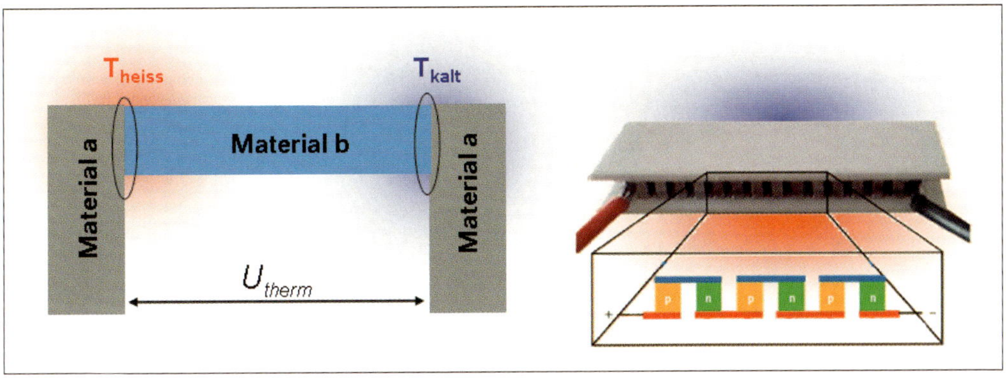

Bild 31-5 Thermoelektrischer Effekt und technische Umsetzung im Modul

Dieser ZT-Wert ist eine gängige Größe zur Beurteilung der Leistungsfähigkeit eines thermoelektrischen Werkstoffs bei einer bestimmten Temperatur T und geht direkt in die Berechnung des energetischen Wandlungswirkungsgrads bei der Wandlung von Wärme die von T_{heiss} nach T_{kalt} fließt ein.

$$\eta_{\text{TE}} = \frac{(1+\text{ZT})^{1/2} - 1}{(1+\text{ZT})^{1/2} + \dfrac{T_{\text{kalt}}}{T_{\text{heiss}}}} \cdot \eta_{\text{Carnot}} \quad (3)$$

Wie aus dieser Formel ersichtlich ist, nähert sich der Wirkungsgrad dem Carnot Wirkungsgrad an, wenn der ZT-Wert unendlich groß wird. Die Herausforderung zur Entwicklung eines hocheffizienten thermoelektrischen Werkstoffs, wie an der Definition für ZT erkennbar ist, liegt darin, die intrinsischen Eigenschaften einer guten elektrischen Leitfähigkeit gepaart mit einer schlechten thermischen Leitfähigkeit, zu vereinen. Das Optimum ergibt sich hierbei bei Halbleiterwerkstoffen wie zum Beispiel Wismuttelluriden (Bi_2Te_3) für niedrige Temperaturen sowie Bleitelluride (PbTe) oder Silziumgermanium (SiGe) für die höheren Temperaturen (siehe **Bild 31-6**).

Diese Halbleiterwerkstoffe werden dabei so stark dotiert, dass ihre Transporteigenschaften denen von reinen Metallen entsprechen. In technischen Anwendungen werden dabei p- und n-dotierte Halbleitermaterialien als ein thermoelektrisches Element verbunden (**Bild 31-5**), wobei dann bei Aufprägung einer Temperaturdifferenz die freien Elektronen (bei dem n-dotierten Werkstoff) und die freien Löcher (bei dem p-dotierten Werkstoff) von der heißen zur kalten Seite fließen und somit eine Spannung erzeugen, siehe **Bild 31-7**.

Bisher lagen die maximalen ZT-Werte bei circa 1, gerade aber durch den Einsatz der Nanotechnologie ist es neuerdings gelungen, im Labor Werkstoffe mit deutlich höheren ZT-Werten bis zu ZT = 1,5 herzustellen. Für die Fahrzeugintegration, wie aus obigen Gleichungen ersichtlich ist, sind die Temperatur und ein guter Wärmeübergang ein wesentliches Element für einen hohen Wirkungsgrad eines TEG. Diese

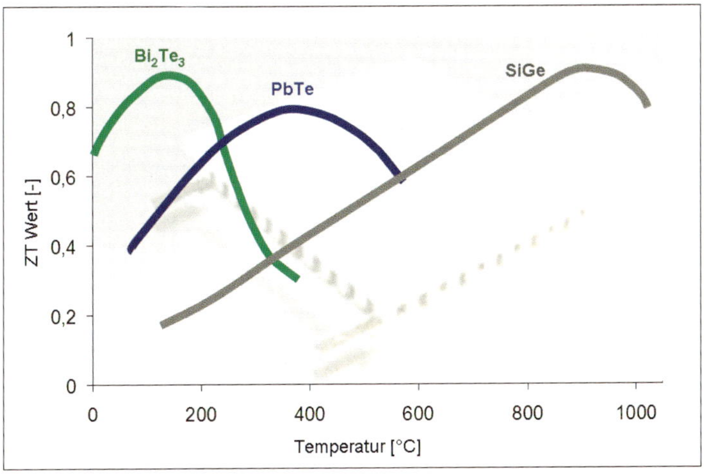

Bild 31-6 ZT-Werte für verschiedene, kommerziell verfügbare Werkstoffe

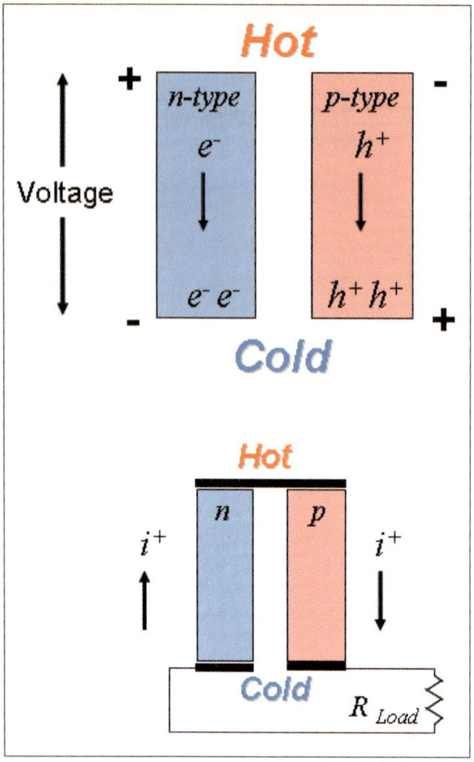

Bild 31-7 Elektronenfluss in einem thermoelektrischen Material

beiden Kriterien sind im Abgas von Motoren vorhanden. Die Integration eines thermoelektrischen Generators in einer Abgasanlage erfordert, je nach geforderter elektrischer Rekuperationsleistung, systemintensive Anpassungen. Dabei stellen der maximale Abgasgegendruck und die maximale Temperatur, mit der die thermoelektrischen Werkstoffe beaufschlagt werden können, den Orientierungsrahmen für die Auslegung des Gesamtsystems dar.

Wenn die Kaltseite des thermoelektrischen Moduls über eine Kühlwasseranbindung realisiert wird, stellt der maximale Wärmeeintrag ins Kühlmedium eine zusätzliche limitierende Größe für den Gesamtwirkungsgrad dar.

Bei steigendem Motorlastpunkt erhöht sich sowohl die Abgastemperatur als auch der Abgasmassenstrom. Um somit bei hohen Lasten sowohl eine Überhitzung der Module, als auch einen zu hohen Abgasgegendruck durch die Heißgaswärmeübertrager zu vermeiden, muss ein Bypass, parallel zum TEG-Heißgaspfad, integriert werden.

Mit dieser Anordnung wurde zum Beispiel in einem BMW Versuchsträger, unter Verwendung eines Standard Wismut-Tellurid Werkstoffs, circa 200 W TEG-Leistung bei einer Fahrzeuggeschwindigkeit von 130 km/h erreicht. Die Erhöhung der Materialkennzahl ZT auf circa 1,2–1.5 würde zum Beispiel bei einer Fahrzeuggeschwindigkeit von 100–130 km/h den kompletten Bordnetzbedarf eines Mittelklasse-Fahrzeugs von 600–700 W decken, was einer Kraftstoffersparnis von circa 5 % entspricht, **Bild 31-8**.

31.4 Wärmemanagement

Das Wärmemanagement bietet eine weitere Möglichkeit der effizienten Energienutzung im Sinne einer CO_2-Minimierung im Fahrzeug.

Ziel ist es, den mechanischen Energiepfad durch das Wärmemanagement insbesondere durch eine Reduzierung der Reibleistung während der Warmlaufphase des Antriebsstrangs oder durch Entkopplung von Zusatzaggregaten zu entlasten. Beispiel für eine solche Entlastung ist die Wasserpumpe. Üblicherweise wird die Wasserpumpe im Riementrieb

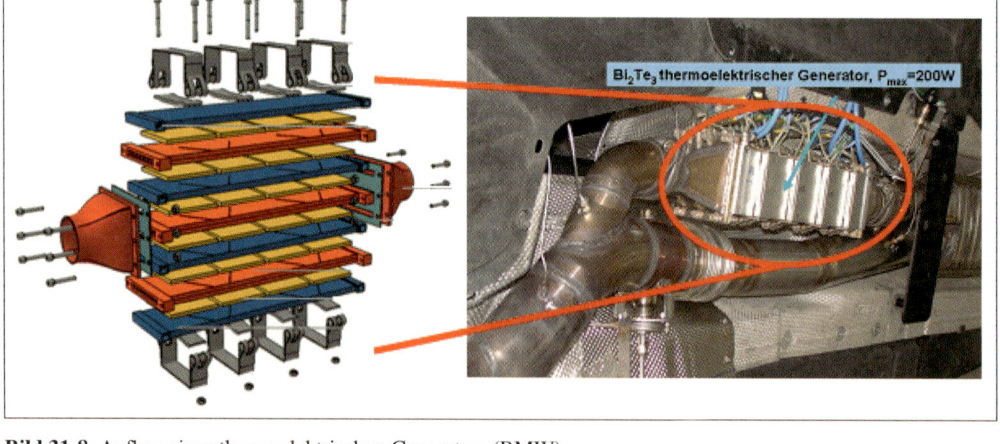

Bild 31-8 Aufbau eines thermoelektrischen Generators (BMW)

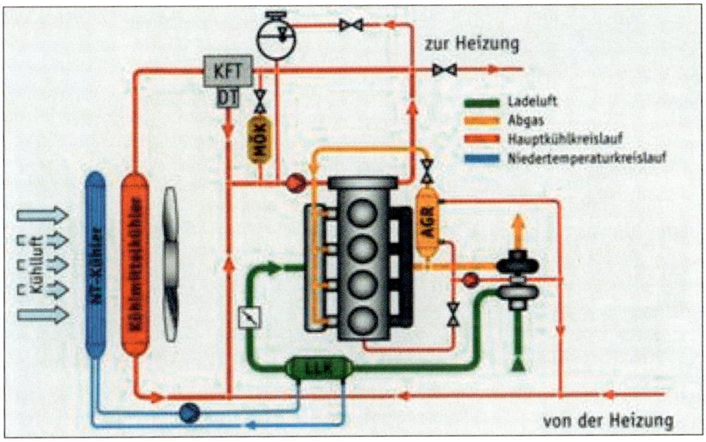

Bild 31-9 Kühlkreislauf für optimiertes Wärmemanagement (Quelle MTZ)

des Motors starr angetrieben. Damit ist keine Variabilität des Volumenstroms vom jeweiligen Bedarf gegeben. Da die Auslegung des Volumenstroms der Wasserpumpe sich an niedrigen Drehzahlen orientiert (geringe Motordrehzahl, hohe Motorleistung, geringe Fahrzeuggeschwindigkeit, geringe Kühlwirkung), werden bei hohen Drehzahlen hohe Volumenströme erzeugt, ohne dass diese benötigt werden.

Abhilfe schafft eine bedarfsabhängige Steuerung der Wasserpumpe. Dazu muss diese aus der motordrehzahlabhängigen Koppelung herausgenommen werden zum Beispiel durch einen elektrischen Antrieb. Das hat den zusätzlichen Vorteil, dass im Fall der Warmlaufphase des Motors der Kühlmittelfluss unterbunden werden kann, was zu einem schnellen Erreichen der Motorbetriebstemperatur führt. Messungen ergaben einen Verbrauchsvorteil von 2 % und einen Leistungsvorteil von 2 kW.

Das Wärmemanagement bietet des Weiteren das Potenzial einer signifikanten Verbrauchsreduzierung durch die effiziente Steuerung beziehungsweise Regelung von thermischen Energieströmen im Antriebsstrang, insbesondere im Zusammenhang mit der Kühlflüssigkeits- und der Ölversorgung. Das Wärmemanagement ist keine singuläre Maßnahme sondern, sein Potenzial erschließt sich insbesondere im Zusammenwirken mit weiteren Verfahren zur Verbrauchsreduktion wie zum Beispiel Downsizing, Direkteinspritzung, AGR-Kühlung und Verringerung der Reibleistung.

Zentrales Element ist die Regelung und Verschaltung des Kühlkreislaufs im Motor und den angrenzenden Systemen.

Als Beispiel ist der Aufbau eines solchen Kühlsystems in **Bild 31-9** dargestellt.

Über Pumpen und Regelventile sind die Abgasrückführung (AGR), die Fahrzeugheizung, und der Motorölkühler (MÖK) in das System eingebunden. Wichtiges Element in der Kühlmittelkette ist der Kennfeldthermostat, mit einem integrierten Drosselthermostaten in der Bypassleitung sowie elektrisch zu betätigenden Magnetventilen.

Für einen optimalen Motorbetrieb in den unterschiedlichen Betriebspunkten sind unterschiedliche Betriebstemperaturen notwendig. Dies lässt sich mit Hilfe eines kennfeldgesteuerten Thermostaten realisieren. Die damit mögliche Erhöhung der Kühlmitteltemperatur verringert die Reibungsverluste mit positiven Auswirkungen auf den Kraftstoffverbrauch.

Kritisch bezüglich des Kraftstoffverbrauchs ist beim Motor der Kaltstart und die Warmlaufphase, weil hier höhere Reibungsverluste auftreten. Daher ist es sinnvoll, dass das Kühlmittel an kritischen Stellen im Motor möglichst schnell auf Betriebstemperatur gebracht wird, **Bild 31-10**. Insbesondere sind dies der Zylinderkopf und der gesamte Kurbeltrieb zusammen mit den Zylinderlaufbuchsen. Erreicht werden kann dies durch einen Stillstand des Kühlmittels während der Start- beziehungsweise Aufheizphase des Motors, durch einen Transfer von Wärme in das Öl oder das Kühlmittel zum Beispiel aus der Abgasenergie oder durch Einsatz eines Wärmespeichers.

Eine bedarfsgerechte Motorkühlung hat als weiteren Aspekt die aktive Motorkühlung mit Hilfe einer

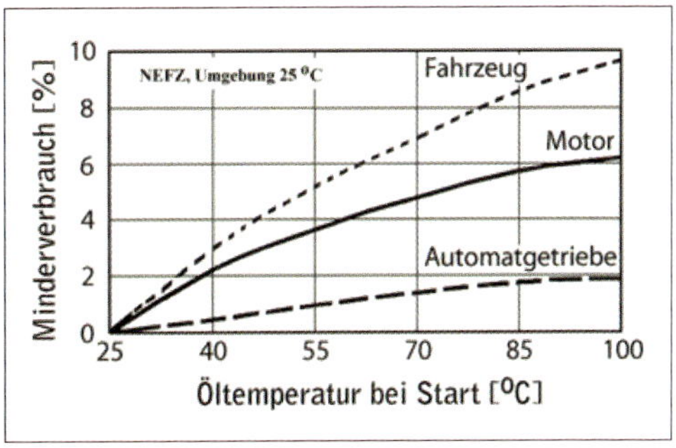

Bild 31-10 Minderverbrauch als Funktion der Öltemperatur (Quelle BMW)

Variation des Kühlluftzuflusses. Der maximale Kühlluftbedarf ist neben den Lastzuständen auch eine Funktion der Motorleistung. Abhängig von diesen Parame-tern wird mit Hilfe von Klappensystemen der Kühlluftbedarf geregelt. Laut BMW sind damit circa 2 % Verbrauchseinsparung möglich. Außerdem wirkt diese Maßnahme der Auskühlung des Motorraums entgegen. Positiv wirkt sich diese Maßnahme auch auf den Luftwiderstandsbeiwert und die Akustik aus.

Literatur

[1] *Liebl, J.*: Wärmemanagement – ein weiterer Schlüssel zu Efficient Dynamics, ÖVK Vortragsreihe, Graz, Feb. 2008

[2] *Böhme, J.; Fröhlich, G.; Dornhöfer, R.; Grigo, M.*: Der neue 1,8-l-TFSI-Motor im Audi A4, ATZ/MTZ extra, 2007

[3] *Eifler, G.; Burkard, M.; Kawert, F.*: Bedarfsabhängig geregelte Motorkühlung, MTZ 3/2005

[4] *Edwards, S.; Müller, R.; Feldhaus. G.; Finkeldei, T.; Neubauer, M.*: CO_2-Minderung bei einem Turbo-DI-Ottomotor durch optimiertes Thermomanagement, MTZ 01/2008

[5] *Liebl, J.*: Der BMW-Weg zur CO2-reduzierung, 13. Internationaler Kongress Elektronik im Automobil, Baden-Baden, 2007

[6] *Krist, S.; Mayer, J.; Neuendorf, R.*: Aerodynamik und Wärmehaushalt, Der neue BMW 5er, MTZ/ATZ extra, 2003

[7] *Jänsch, D. (Hrsg.)*: Thermoelektrik – Eine Chance für die Automobilindustrie, expert Verlag 2009

[8] *Dillann, G.; u.a.*: Effizientes Fahren, Der neue BMW 7er, ATZ extra, 2008

[9] *Schmidt, M.*: Elektrische Energiemanagementstrategien zur CO_2-Reduktion – Technische Voraussetzungen und Auswirkungen auf das Bordnetz, CO_2 – Die Herausforderung für unsere Zukunft, ATZ/MTZ-Konferenz-Energie, München, 2007

[10] *Hübner, W.; Lindemann, U.*: Energiemanagement – Analyse und virtuelle Abbildung energetischer Zusammenhänge im Fahrzeug, CO_2 – Die Herausforderung für unsere Zukunft, ATZ/MTZ-Konferenz-Energie, München, 2007

[11] *Heckenberger, T.; Edwards, S.; Kroner, P.*: Potenziale im Thermomanagement von Fahrzeugen zur Reduktion des CO_2-Ausstoßes bei Erhalt des thermischen Komforts, CO_2 – Die Herausforderung für unsere Zukunft, ATZ/MTZ-Konferenz-Energie, München, 2007

[12] *Liebl, J.*: Energiemanagement – ein Beitrag zur effizienten Dynamik, Der Antrieb von morgen, MTZ-Konferenz-Motor, Stuttgart, 2006

[13] *Thumm, A.*: Thermomanagement reduziert Verbrauch und Emissionen, Der Antrieb von morgen, MTZ-Konferenz-Motor, Stuttgart, 2006

[14] *Böhm, T.*: Energiemanagement für Hybridantriebsstränge, Hybridfahrzeuge und Energiemanagement, Braunschweiger Symposium, Braunschweig, 2006

[15] *Treffinger, P.; Friedrich, E.*: Unkonventionelle Nutzung von Abgaswärmeströmen im Fahrzeug, 8. Internationales Stuttgarter Symposium Automobil- und Motorentechnik, 2008, Stuttgart

[16] *Steinberger, T.*: Wärmemanagement des Kraftfahrzeugs VI, Expert-Verlag, ISBN 978-3-81-69-2820-1

32 Ausblick

Seit mehr als hundert Jahren gibt es Kraftfahrzeuge; und sie werden zu fast 100% mit Hubkolbenmotoren angetrieben. Otto- und Dieselmotoren entwickelten sich rasant und die Entwicklungsfortschritte sind noch lange nicht ausgeschöpft. Bei genauerem Hinsehen drängt sich sogar die Erkenntnis auf, dass die Entwicklungsgeschwindigkeit und damit einhergehend Fortschritte auf allen Ebenen in den letzten Jahren deutlich zugenommen haben.
Konkurrenten, wie zum Beispiel der Stirlingmotor, die Gasturbine, der Wankelmotor, der Dampfmotor und auch der Elektromotor mit dem dazugehörenden Energiespeicher hatten bis jetzt und werden in der nächsten Zukunft keine ernsthafte Chance haben, den Hubkolben-Verbrennungsmotor zu verdrängen.
Seit einiger Zeit schickt sich auch die Brennstoffzelle an, das Rennen aufzunehmen. Um deren Aussichten beurteilen zu können, darf sie nicht mit den heutigen Hubkolbenmotoren verglichen werden, was fälschlicherweise immer wieder geschieht, sondern es müssen die Entwicklungspotenziale beider Systeme mitbewertet werden. Sie liegen beim Hubkolbenmotor vor allem beim Kraftstoffverbrauch und den Schadstoffemissionen, bei Leistung und Drehmomentverlauf, beim Aggregategewicht und dem Bauraumbedarf (Packaging) und nicht zuletzt bei den Kosten. Die Brennstoffzelle hat hingegen das zusätzliche Problem, dass es keine Infrastruktur für die Wasserstoffversorgung gibt und die Herstellung von Wasserstoff als Energieträger aus fossilen und auch erneuerbaren Energien völlig unwirtschaftlich ist und energetisch kontraproduktiv. Bei der Elektrolyse beträgt der Wirkungsgrad zum Beispiel weniger als 50 %.
An dieser Stelle soll der Versuch unternommen werden, vor allem das Kraftstoffverbrauchspotenzial der miteinander konkurrierenden Otto- und Dieselmotoren zu bewerten.

Zum Ottomotor:

Durch die Einführung der Direkteinspritzung beim Pkw-Dieselmotor 1989 mit Abgasentgiftung wurde der volumetrische Kraftstoffverbrauchsvorsprung des Dieselmotors um weitere 15 bis 20 Vol% auf circa 35 Vol% vergrößert [6]. Nachdem die Direkteinspritzung seit einigen Jahren nun auch bei den Ottomotoren mehr und mehr in Serie eingeführt wurde, ergeben sich mit diesem Verfahren Kraftstoff-Verbrauchseinsparungen im EUDC-Test von 7 bis 12 % je nach Motorhubvolumen.
Bei den in Serie befindlichen Verbrennungsverfahren bei Magerbetrieb mit Direkteinspritzung handelt es sich überwiegend um wand- oder luftgeführte Verfahren. Seit 2006 befinden sich die ersten strahlgeführten Verfahren mit Mehrlochventilen und erhöhtem Einspritzdruck von über 200 bar in Serie, die durch noch bessere Ladungsschichtung und somit auch geringeren Wandwärmeverlusten Verbrauchsverbesserungen im Fahrzyklus von über 20 Vol%, bezogen auf Motoren mit äußerer Gemischbildung, ermöglichen. Durch die Einführung dieses Verfahrens verringert sich der Verbrauchsnachteil zum Dieselmotor mit Direkteinspritzung bei Teillast auf nur noch 10 Vol%. Bei niedriger Teillast hat der Ottomotor mit Direkteinspritzung den Dieselmotor beim Kraftstoffverbrauch, Masse bezogen, bereits eingeholt oder überholt. Weitere Entwicklungsschritte, die den Kraftstoffverbrauch positiv beeinflussen und zum Teil schon in Serie eingesetzt werden, sind:

- In Serie befindliche vollvariable Ventiltriebe erzielen eine Verbrauchsverbesserung von circa 8 %. Die Mehrkosten betragen allerdings bei mechanischen Systemen circa 10 – 15 %. In Entwicklung befinden sich seit langem auch elektrohydraulische und elektromechanische Systeme, die sich jedoch bisher nicht durchsetzen konnten. Bei elektromechanischen Systemen könnten die Nockenwellen entfallen.
- Impulsaufladung mittels Lufttaktventil. Damit lassen sich mit relativ geringerem Aufwand ähnliche Effekte erzielen wie mit der vollvariablen Ventilsteuerung, und es kann wegen hoher Füllung über dem gesamten Drehzahlbereich auf Schaltsaugrohre verzichtet werden. Weitere Funktionen wie beispielsweise Wärme- und Kälteladung sind möglich. Noch befindet sich die Impulsaufladung im Vorentwicklungsstadium. Die neuesten Forderungen der EU in Bezug auf drastische Verbrauchssenkungen werden jedoch die Entwicklung beschleunigen.
- Zylinderabschaltung bei Motoren mit hoher Zylinderzahl lassen Kraftstoffverbrauch und Schadstoffausstoß drastisch sinken. Die damit zu erzielende geschätzte Kraftstoffeinsparung beträgt 20 Vol% bei niedriger Last.
- Variables Hubvolumen bringt eine Verbrauchsreduktion von 8 – 20 Vol% im Teillastbereich. Motorinterne mechanische Systeme sind in der Entwicklung.
- Mit einem Zweikerzenmotor und sequenzieller Doppelzündung ist eine Verbrauchsreduzierung von circa 5 Vol% zu erreichen.

- Variables geometrisches Verdichtungsverhältnis in Verbindung mit Aufladung bringen bis zu 30 Vol% Verbrauchsreduktion.
- Downsizing durch Hochaufladung über 25 bar Mitteldrücke bei gleichzeitiger Reduzierung des Hubvolumens durch Verringerung der Anzahl der Zylinder von zum Beispiel sechs auf vier oder von vier auf drei Zylinder in Verbindung mit Downspeeding. Hochaufladung lässt sich besonders wirkungsvoll mit Zweistufenaufladung verwirklichen. Solche Konzepte verringern auch das Motorgewicht und den Bauraumbedarf (Packaging). Das Verbrauchspotenzial beträgt 20 bis 25 Vol%.
- Turboaufladung als Verbrauchskonzept, das heißt mit einem relativ kleinen Lader, ermöglicht eine Verbrauchsreduktion von circa 15 Vol%.
- Reibleistungsminderung. In den vergangenen zwanzig Jahren wurde die Reibleistung um beachtliche 25 Vol% verringert. Trotzdem ist noch ein erhebliches Potenzial vorhanden, denn der theoretische Fall des reibungslosen Ottomotors würde circa 20 Vol% besser im Wirkungsgrad sein. Gelänge es, davon die Hälfte zu erschließen, würde das eine Verbrauchsverringerung von circa 10 Vol% nach sich ziehen. Die Verwendung von Rollen- oder Wälzlager statt Gleitlager und neue Behandlungen der Gleitflächen mit zum Beispiel Nanobeschichtungen sind erfolgversprechende Ansätze.
- Energie- und Thermomanagement mit Heißkühlung bei Teillast. Hier sind Einsparungen von 5 bis 10 Vol% denkbar.
- Kraftstoff- und Schmieröloptimierung besitzen ein Einsparpotenzial von 5 bis 10 Vol%.
- Drastische Verkürzung der Warmlaufzeit. Damit sind Verbrauchseinsparungen bis zu 5 Vol% denkbar.
- Hybridisierung. Micro-Hybridisierung. (das heißt Stopp/Start-Systeme) senken den Kraftstoffverbrauch um etwa 4 Vol%, eine Mild-Hybridisierung (riemengetriebener Starter-Generator) um circa 10 Vol% und Strong-Hybridisierung, das heißt Full-Hybrid mit Power-Split um 14 Vol%.
- Elektrischer Antrieb von Hilfsaggregaten. Diese elektrischen Antriebe dürfen nicht auf Motoraggregate beschränkt bleiben.
- Kühlung abgasführender Bauteile wie zum Beispiel den Abgaskrümmer, um Volllastanfettung vermeiden zu können.
- Abwärmenutzung. Das höchste Potenzial hat die Abgaswärme. Sie kann unter anderem mit Hilfe des thermoelektrischen Generators (TEG) genutzt werden. Das System arbeitet nach dem Seebeck-Effekt [9] und liefert gewonnene elektrische Energie in die Batterie. Die Kraftstoffverbrauchsverbesserung beträgt circa 6 Vol% und ein Serieneinsatz wird in etwa fünf Jahren erwartet.
- Mechanische Aufladung sollte vermieden werden, da sie zwar auch Vorteile gegenüber Abgasturboaufladung besitzt, jedoch bezüglich Kraftstoffverbrauch bei Vergleichtests schlechter abschneidet. Gründe sind die hohe Verlustleistung durch den mechanischen Antrieb des Laders und der thermodynamische Nutzen des Abgases für den Abgasturbolader.

Zählt man alle genannten Verbrauchsverbesserungen zusammen, müsste der Ottomotor demnächst Kraftstoff produzieren können. Ernsthaft betrachtet wird deutlich, dass bei konsequenter und sinnvoller Kombination sich ergänzender Maßnahmen eine Verbrauchsreduktion von 40 Vol% bis zum Jahr 2015 praktisch möglich ist. Dabei sind Getriebefortschritte in Bezug auf Verbrauchseinsparungen noch nicht berücksichtigt. Hier ist je nach Vergleichsbasis bis zu weiteren 15 Vol% Einsparpotenzial vorhanden. Das trifft auch für den Dieselmotor zu.

Zum Dieselmotor:

Das Potenzial des Dieselmotors zur Verringerung des Kraftstoffverbrauchs ist deutlich geringer, da hier die Direkteinspritzung mit einer Verbrauchsverringerung von 15–20 Vol% in praktisch allen neuen Motoren bereits Einzug gehalten hat. Aber auch hier gibt es noch viele Verbesserungsschritte:

- Variable Ventilsteuerungen sind auch beim Dieselmotor sinnvoll. Der Verbrauchsgewinn ist jedoch geringer, da der Dieselmotor mit Qualitätsregelung arbeitet und daher bei Teillast schon entdrosselt betrieben wird. Die Verbrauchsreduktion beträgt 5 bis 10 Vol%.
- Impulsaufladung mittels Lufttaktventil. Das Verbrauchspotenzial ist auch hier beachtlich und beträgt circa 20 Vol%. Sie erlaubt den Wegfall des Glühstiftes oder die Reduktion des Verdichtungsverhältnisses, was höhere Aufladegrade und damit höhere Leistungen zulässt. Bei Anwendung der Wärmeladung und der Kälteladung wird auch die Emission von Schadstoffen verringert.
- Zylinderabschaltung ist möglich; die Verbrauchssenkung ist jedoch geringer als beim Ottomotor.
- Kurbelwellen-Starter-Generatoren bringen ähnliche Effekte wie beim Ottomotor.
- Variables geometrisches Verdichtungsverhältnis ist nicht sinnvoll, da die neuesten Dieselmotoren bereits im Wirkungsgradoptimum ($\varepsilon < 16$) betrieben werden.
- Reibleistungsminderung. Die Reibleistung verschlechtert den Wirkungsgrad beim Dieselmotor um circa 26 Vol%. Davon die Hälfte zu realisieren, käme einer Verbrauchsverringerung von

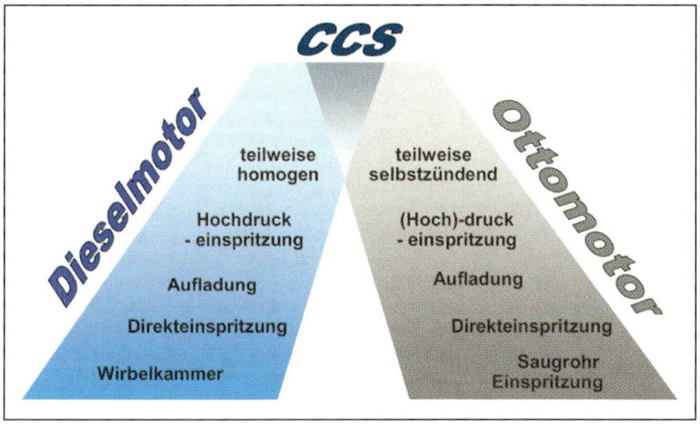

Bild 32-1
Vom Diesel- und Ottomotor zum Combined Combustion System (CCS) [7]

13 Vol% gleich, die somit etwas größer als beim Ottomotor ausfiele. Maßnahmen wie beim Ottomotor sind denkbar.

- Downsizing ist möglich wie beim Ottomotor. In Entwicklung sind Spitzendrücke bei der Verbrennung von über 200 bar bei Pkw und von 250 bis 300 bar bei Lkw zwecks höherer spezifischer Leistungen. Um der Anfahrschwäche zu begegnen, werden zum Beispiel elektrisch unterstützte Turbolader entwickelt, die den Mitteldruck bei Anfahrdrehzahl deutlich anheben.
  Ein weiterer hoffnungsvoller Ansatz ist zum Beispiel die variable Twin Turboaufladung (Hochaufladung), die im Herbst 2004 erstmals beim Dieselmotor in Serie eingeführt wurde. Die Verbrauchsgewinne betragen 20 bis 25 Vol%.
- Varioventile (Teillast-Volllastdüse). Sie optimiert die Lochdurchmesser der Bohrungen für die Einspritzstrahlen zwischen Teillast und Volllast. Der Verbrauchsvorteil beträgt mehr als 5 Vol%. In Bezug auf Schadstoffe, Verbrennungsgeräusch, Drehmoment und die spezifische Leistung ergeben sich dramatische Verbesserungen. Ein Serieneinsatz ist wegen des großen Aufwandes jedoch noch nicht in Sicht. Stattdessen werden die Einspritzdrücke immer weiter angehoben, was eine Variodüse überflüssig machen könnte. Einspritzdrücke von 2.500 bis 3.000 bar sind bereits in der Diskussion.
- Energie- und Thermomanagement. Heißkühlung und Kraftstoff- und Schmiermitteloptimierung bringen Verbrauchsabsenkungen von 5 bis 10 Vol%.
- Thermodynamische Optimierung ist mit 5 Vol% Verbrauchsreduktion zu bewerten.
- Turbocompoundaufladung. Durch bessere Nutzung der Abgasenergie gegenüber reiner Abgasturboaufladung lässt sich der Verbrauch um 5 Vol% senken und die Leistung um 10 Vol% erhöhen.
- Hybridisierung. Mit der Hybridisierung des Dieselmotors lassen sich die absolut niedrigsten Kraftstoffverbräuche erzielen. Die Kosten sind jedoch aus heutiger Sicht im Vergleich zum Ottohybriden wesentlich höher. Trotzdem arbeiten verständlicherweise alle namhaften Automobilfirmen an diesem System, um das Problem der Kostenoptimierung zu lösen.

Schlussbetrachtung

Unter Berücksichtigung der Unschärfe der genannten Annahmen kommt man zu dem Ergebnis, dass unter den bewerteten Randbedingungen Otto- und Dieselmotoren sich in Zukunft im Verbrauch annähern werden. Es ist zu erwarten, dass in Zukunft der Dieselmotor nur noch einen volumetrischen Verbrauchsvorteil von 15 – 20 % haben wird. Die Folge davon wird sein, dass die jetzige außerordentliche Bedeutung des Dieselmotors wieder etwas zurück gehen wird, da seine Herstellungskosten um den Faktor 1,5 bis 2 über denen des Ottomotors liegen. Auch der vielfach höhere Bedarf an Platin für die Schadstoffnachbehandlung könnte langfristig ein Wettbewerbsnachteil für den Dieselmotor sein, wenn es nicht gelingt, einen Ersatzstoff zu finden.
Die Verbrauchseinsparungen von Otto- und Dieselmotoren im mobilen Einsatz werden so beachtlich sein, dass im Vergleich zur Brennstoffzelle, die natürlich auch noch Entwicklungspotenziale besitzt, sich der Vorsprung weiter ausbauen wird. Hierbei müssen auch die relativ hohen Herstellungskosten der Brennstoffzelle berücksichtigt werden, die heute noch 10 bis 20mal höher liegen. Das Argument der Schadstofffreiheit für die Brennstoffzelle gegenüber Hubkolbenmotoren ist beim Ottomotor bereits gegenstandslos, weil gelöst, und beim Dieselmotor wird es spätestens mit der homogenen und kalten Verbrennung (zum Beispiel HCCI) und mit weiterentwickelten Kraftstoffen gelöst sein [1]. Auch die flächendeckende Einführung des Rußpartikelfilters hat dazu einen wesentlichen Beitrag geleistet.
Darüber hinaus laufen Forschungsarbeiten zum Beispiel bei VW unter dem Begriff Combined Combustion System (CCB), **Bild 31-1**, [7] und bei Mercedes mit dem Namen Diesotto (Diesel/Otto) [8], die zum Ziel haben, die Vorteile des Diesel-

motors mit denen des Ottomotors zu kombinieren. Das ist ein langgehegter Traum der Entwicklungsingenieure.
Aus all dem lässt sich mit Sicherheit ableiten, dass dem Hubkolbenmotor noch ein jahrzehntelanges spannendes und erfolgreiches Leben beschieden sein wird [5].

Literatur

[1] Proceedings: Verbrennungsmotor versus Brennstoffzelle – Potenziale und Grenzen für den Automobilantrieb, 13. Internationaler AVL-Congress, 6. und 7. September 2001

[2] *Takimoto, M.:* Ausblick auf zukünftige Fahrzeugantriebe und deren Herausforderung für Toyota, 10. Aachener Kolloquim Fahrzeug- und Motorentechnik, 2001

[3] *Heil, B.; Weining, H. K.; Karl, G.; Panten, D.; Wunderlich, K.:* Verbrauch- und Emissionen-Reduzierungskonzepte beim Ottomotor. In: MTZ 62 (2001), Heft 11, S. 900–915, Teil 1

[4] *Heil, B.; Weining, H. K.; Karl, G.; Panten, D.; Wunderlich, K.:* Verbrauch- und Emissionen-Reduzierungskonzepte beim Ottomotor. In: MTZ 62 (2001), Heft 12, S. 1022–1035, Teil 2

[5] *van Basshuysen, R.; Schäfer, F.:* Lexikon Motorentechnik, 2. Auflage, Wiesbaden: Vieweg Verlag, 2006

[6] *van Basshuysen, R.:* Ottomotor mit Direkteinspritzung, Verfahren · Systeme · Entwicklung · Potenzial. Wiesbaden: Vieweg+Teubner, 2008

[7] *Pfeil, J.; Fischer, J.; Kettner, M.; Spicher, U.:* Influence of Spray Propagation on the Gas Phase in Direct Injection Gasoline Engine. In: 10th International Symposium on Flow Visualization, 2002

[8] *Herden, W.; Vogel, M.:* Perspektiven alternativer Zündsysteme. In: Diesel-Benzindirekteinspeirzung. Essen: Expert-Verlag, 2004

[9] *Jänsch, D. (Hrsg.) und 67 Mitautoren:* Thermoelektrik. Expert-Verlag, 2009

■

Sachwortverzeichnis

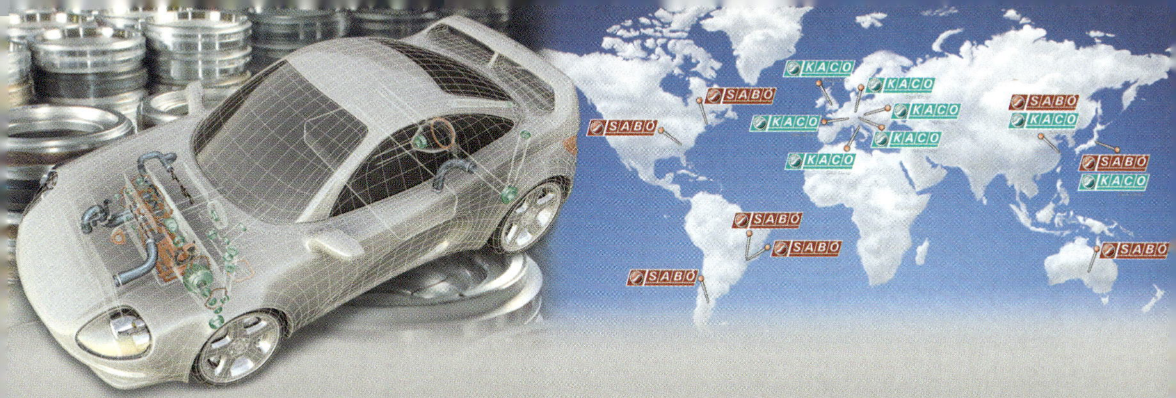
KACO
SABÓ

F

H

L